# 乙烯装置
## 分离工艺与工程

王子宗　王振维　主编

中国石化出版社

## 内 容 提 要

本书包括25章，从乙烯原料、裂解气组成、工艺原理及工艺技术、附属设施及公用工程、单元设计、仪表及装置智能化、动静设备和材料、电气、配管布置和应力分析、催化剂、节能及安全环保、装置开停车等方面对乙烯装置分离工艺与工程做了全面系统的论述，是几代乙烯技术研发、设计和生产操作人员的智慧结晶，填补了我国在该领域的空白。

本书对从事乙烯工业的科研人员、设计人员、生产技术与操作人员、项目规划人员以及大专院校相关师生等都具有很高的参考价值。

**图书在版编目(CIP)数据**

乙烯装置分离工艺与工程 / 王子宗,王振维主编.—北京：中国石化出版社，2023.1

ISBN 978-7-5114-6909-0

Ⅰ.①乙… Ⅱ.①王…②王… Ⅲ.①乙烯-分离设备-生产工艺 Ⅳ.①TQ325.1

中国版本图书馆 CIP 数据核字(2022)第216300号



**中国石化出版社出版发行**

地址:北京市东城区安定门外大街58号

邮编:100011 电话:(010)57512500

发行部电话:(010)57512575

http://www.sinopec-press.com

E-mail:press@sinopec.com

北京科信印刷有限公司印刷

全国各地新华书店经销

*

787×1092毫米 16开本 77印张 1838千字

2023年1月第1版 2023年1月第1次印刷

定价:780.00元

# 《乙烯装置分离工艺与工程》
## 编写人员

| | |
|---|---|
| 第一章 | 王振维　刘永莉　赵百仁 |
| 第二章 | 张利军　王子宗　赵百仁　王振维 |
| 第三章 | 杨丽庆　王振维　刘　罡　李雨霖　赵明瑞　杨意絮 |
| 第四章 | 白宇辰　邓国宏　潘　珂　陈　海　赵溪志　宋健健 |
| 第五章 | 刘永莉　高　斌　赵溪志　彭　勃 |
| 第六章 | 熊秋思　吴　翔　赵百仁 |
| 第七章 | 田　野　欧阳熠玫 |
| 第八章 | 夏庆宁　田　野　李　仑 |
| 第九章 | 张兴春　邵福喜　刘向莉　王　锐　郭　方　赵春凤 |
| 第十章 | 邓国宏　王子宗 |
| 第十一章 | 肖在峰 |
| 第十二章 | 赵百仁　毕铁成　杨　旭 |
| 第十三章 | 唐　平 |
| 第十四章 | 林　融　王振雷　刘　罡 |
| 第十五章 | 周　宁　李　恒　史京平 |
| 第十六章 | 丁振生　张发有　杨庆朝　孙鹏波　许永超 |
| 第十七章 | 鲁卫国　董怡斌　凌　通　杨国奇　崔　凯　李炎生 |
| 第十八章 | 陈建娟 |
| 第十九章 | 宁　静　秦婷婷　徐　鹏　徐　宏　田国华 |
| 第二十章 | 李金波　陈亚林 |
| 第二十一章 | 段　瑞　谢智刚　郭雪华　李力松　王一闲 |
| 第二十二章 | 章有虎　张国兴　陈环琴　黄成华　钟晓龙　苟文广 |
| 第二十三章 | 彭　晖　张立岩　鲁树亮　孙　昊 |
| 第二十四章 | 赵百仁　雷正香　田　野 |
| 第二十五章 | 杨　旭　陈　海　潘　珂　刘亚朝　吴　迪　李东凤 |

# 编写人单位列表

| 姓名(按姓氏笔画) | 单位 |
| --- | --- |
| 王子宗 | 中国石油化工集团公司 |
| 丁振生、王一闲、王振维、王　锐、邓国宏、田　野、史京平、白宇辰、宁　静、毕铁成、刘永莉、刘亚朝、刘向莉、刘建立、刘　罡、许永超、孙鹏波、李力松、李　仑、李雨霖、李金波、李　恒、杨　旭、杨庆朝、杨丽庆、杨意絜、肖在峰、吴　迪、吴　翔、宋健健、张发有、张兴春、陈亚林、陈建娟、陈　海、邵福喜、林　融、欧阳熠玫、周　宁、赵百仁、赵明瑞、赵春凤、赵溪志、段　瑞、秦婷婷、夏庆宁、高　斌、郭　方、郭雪华、唐　平、彭　勃、谢智刚、雷正香、熊秋思、潘　珂 | 中国石化工程建设有限公司 |
| 孙　昊、李东凤、张立岩、张利军、彭　晖、鲁树亮 | 中国石化北京石油化工研究院 |
| 张国兴、陈环琴、苟文广、钟晓龙、黄成华、章有虎 | 杭州中泰深冷技术股份有限公司 |
| 李炎生、杨国奇、凌　通、崔　凯、董怡斌、鲁卫国 | 中韩(武汉)石油化工有限公司 |
| 徐　鹏 | 无锡化工装备股份有限公司 |
| 王振雷、徐　宏 | 华东理工大学 |
| 田国华 | 隆华科技集团(洛阳)股份有限公司 |

# 序 一

石化工业是国民经济的支柱产业，乙烯装置以油气田的轻烃、炼油装置生产的石脑油等馏分油为原料，通过蒸汽裂解生产乙烯，是石化工业的龙头。乙烯装置生产的乙烯、丙烯、丁二烯及副产的苯、甲苯、二甲苯是最重要的基本有机化工原料，下游衍生的合成树脂、合成纤维、合成橡胶及有机化工产品广泛应用于各行各业，对发展经济、改善民生和保障国防具有重要作用。

一般认为，乙烯装置主要包括裂解、分离两大系统，其中分离系统所承担的主要功能为将裂解炉高温裂解产生的裂解气经过各工段分离、除杂、精制处理，最终获得氢气、甲烷氢尾气、聚合级乙烯、聚合级丙烯、混合碳四、裂解汽油、裂解柴油及裂解燃料油。乙烯装置分离系统处理的物料组成复杂、产品多种、工艺流程长，聚烯烃等下游装置对于来自分离系统的乙烯、丙烯等产品的纯度具有很高要求，乙烯装置分离系统的技术对于整个乙烯装置的能耗、物耗、投资、绿色低碳、环境友好的水平有显著影响。深入进行装置分离系统的技术研究开发是提高乙烯装置技术水平的重要举措。在我国研究人员和工程技术人员的持续努力下，分离系统的工艺流程、催化剂、过程强化技术、重要装备技术、控制技术、安全环保技术都在不断进步，取得了一批创新成果。集成上述技术开发成果、自主设计建设的多套百万吨级使用复杂原料的蒸汽裂解装置已经成功运行，经济技术指标处于世界领先水平。自主设计的乙烯产能150万吨/年的复杂原料蒸汽裂解装置正在建设中。

王子宗、王振维主编、78位专家参与撰写的专著《乙烯装置分离工艺与工程》深入系统地介绍了乙烯装置分离技术各方面各环节的知识，包括分离技术总体技术发展情况、工艺路线选择、裂解气物性分析，急冷、压缩、冷热分离、制冷系统的工艺与设计，分析、环保、安全、仪表、电气等专业的设计等内容，集中了乙烯行业分离技术数十年来的研究成果。本书内容全面、理论深度适中、系统性及指导性强，是国内第一本全面系统介绍乙烯装置分离工艺与工程技术的专著。本书既是重要的参考书，也是乙烯生产一线管理及技术人员加强生产过程工艺技术管理、优化装置运行、进行技术改进与改造的指导书。

该书的正式出版和发行，将对提高乙烯领域从业人员的专业素质、推进我国乙烯技术进步和乙烯装置的设计及运行管理水平进入世界领先行列发挥重要作用。

**2022年12月**

# 序 二

近40年来，我国乙烯工业从无到有，走过了一条高速发展之路，2021年我国的乙烯产能达到4168万吨/年，已经位列世界第二，一批百万吨级大型乙烯装置已经或即将建成投产。伴随着乙烯工业的发展，我国自有乙烯技术也走过了一条从引进吸收到自主开发，再到全面创新的发展之路，在这一发展过程中，我国乙烯工业发展对于包括分离技术在内的先进的乙烯成套技术有巨大需求。

乙烯装置分离系统按照区域功能可以分为：急冷区、压缩区、冷分离区、热分离区、制冷区及公用工程区，工艺流程长、设备台数多、产品纯度要求高，属于典型的巨系统流程工业装置，其研究、开发、设计与建设难度都极大。从科学学科范畴上看，乙烯装置的分离过程属于分离系统工程范畴，在工业实践中的乙烯分离系统基本上涵盖了化工过程几乎全部的单元操作，被视为石化行业技术难度最高的过程之一。因此，对于乙烯装置分离系统的相关技术进行全面的研究、分析与汇总，不仅可以为我国乙烯工业的提质增效提供支撑，也可以推动化工行业整体技术水平的进步，具有显著的技术、经济和社会意义。

中国石化乙烯成套技术的研发要追溯到1983年，我国石化工业百废待兴之际，肩负着强国兴邦使命的中国石化总公司成立。时任国务院副总理的万里在总公司第一次直属企业经理(厂长)会议上指出：“有了乙烯，就可以做成各种合成材料。一个国家石油化工行业是不是很发达，其标志就是乙烯产量。”石化总公司成立之初，时任总经理的陈锦华提出“振兴石化，科技先行”的方针，首批研发直指乙烯，产学研联合攻关团队随即成立。

经过近40年两代科技人员筚路蓝缕，终于使我国率先成为世界上全面掌握轻质原料、重质原料及高含烯烃非常规原料大型乙烯成套技术的国家。在这一过程中，伴随着科研人员对于乙烯分离技术的研究不断深入，以王子宗同志为代表的一大批高水平的乙烯技术专家开始涌现，也取得了一批重要的成果，我本人也一直期望这些专家可以结合技术开发与实践的经验进行总结与展望，让乙烯工业分离技术领域好的经验得到分享。

今天很高兴看到《乙烯装置分离工艺与工程》一书成稿，这是国内第一部系统介绍乙烯装置分离技术的工程科技专著，首次对于分离系统的工艺、设备、仪表、电气、安全、环保、配套系统、工程实践的技术、方法与经验进行了全面且细致的总结，内容十分翔实、丰富且实用。该专著是多学科知识的集成，便于读者对于乙烯装置分离系统的技术发展现状与未来进行全面的了解，可用于培养和造就乙烯技术领域工艺及工程方面的研究、设计、建设、操作和管理人才。

该著作的出版，对于指导乙烯工业分离技术的发展，促进乙烯工业结构优化、降本增效，提高国内乙烯工业经济效益、技术水平和整体竞争力具有重要意义。

袁晴棠

**2022年12月**

# 前言

自1921年首套乙烯装置投产以来，世界乙烯产业发展迅速，到2021年，全球蒸汽裂解装置乙烯产能已经达到1.96亿吨，占总乙烯产能的95%。中国大陆乙烯工业起步于20世纪60年代，2021年乙烯产能已达4168万吨/年，居世界第二位，其中蒸汽裂解装置产能占比达到80%，2022年中国大陆乙烯产能将跃居世界第一。据预测，未来无论在全球范围内还是中国大陆，乙烯的需求仍在不断增加，而且以蒸汽裂解技术生产乙烯的路线仍然占据绝对统治地位。

在乙烯技术方面，经过数十年的努力，自主乙烯技术取得突破性进展。80年代自主裂解炉技术取得成功，90年代关键装备三机、冷箱研制成功。2013年，中韩(武汉)80万吨/年乙烯装置的顺利投产，标志着中国已全面掌握包括裂解、分离、三机、冷箱和催化剂等的成套乙烯技术。2021年，镇海120万吨/年乙烯装置一次投料成功，标志着中国首次掌握了前脱丙烷、前脱乙烷和顺序分离全系列乙烯技术。近十年来，自主技术的技术许可占比迅速增加，其中中国石化技术许可占比达到40%，中国石油技术许可占比15%，未来还会进一步增大。

乙烯装置分离部分将裂解气分离后生产出各类产品，是乙烯装置的关键。为适应我国乙烯工业快速发展的需要，我们组织了数家单位的数十位乙烯科研、设计和生产方面的专家和学者，编著了《乙烯装置分离工艺与工程》一书。本书对现代乙烯技术的发展历史、分离工艺技术原理、国内外工艺技术的特点进行了论述；对各工艺系统的控制与操作、关键设备进行了细致的介绍；对乙烯装置涉及的塔器、换热器、冷箱、流体输送设备从原理、类型、计算和操作控制等各方面进行了详细的阐述；对装置的仪表控制、设备布置、电气、安全、环保、分析化验等设计与生产的关注问题做了详细的说明；阐述了配套设施如乙烯产品的储存方式、废碱处理、蒸汽系统、燃料系统、循环水系统、消防系统、给排水系统技术原理和设计方案；介绍了乙烯装置在节能降碳和环保方面的技术应用及效果。书中还介绍了其他制乙烯的方法，如甲醇制烯烃技术、催化裂解技术、烯烃催化裂解技术、合成气制烯烃技术等。

本书对乙烯装置分离系统工艺与工程技术进行了全面系统的归纳总结，是国内介绍乙烯分离工艺与工程的第一本专著。本书既对从事乙烯技术研究开发的科技人员极具参考价值，也可指导乙烯装置生产一线负责操作运行管理的管理人员、技术人员和技术工人优化操作和运行管理，又可作为高等学校石油化工专业老师和学生的重要教学和学习参考书。

本书由王子宗和王振维负责总体框架构思设计、章节策划和提出编写要求，七十多位具有丰富经验的专家进行编写，盛在行、曹力威、王晋、雷昊、乔玉珍、刘苗苗等也为本书做出了贡献。在编写过程中，中国石化工程建设有限公司、中国石化北京石油化工研究院、中韩(武汉)石油化工有限公司、杭州中泰深冷技术股份有限公司、华东理工大学、无锡化工装备股份有限公司和隆华科技集团(洛阳)股份有限公司多家单位给予了大力的支持。中国工程院曹湘洪和袁晴棠院士为本书作序，谨在此表示感谢。

本书虽经多次审稿及修改完善，但仍难免有疏漏、不妥和失误之处，敬请读者批评指正。

编者

**2022. 12**

# 目录

第一章　概论……………………………………………………………………（ 1 ）
第一节　国外分离技术发展……………………………………………………（ 7 ）
第二节　国内分离技术发展……………………………………………………（ 11 ）
一、发展历史……………………………………………………………………（ 11 ）
二、中国石化 LECT 技术………………………………………………………（ 14 ）
三、中国石化 ART 技术 ………………………………………………………（ 17 ）
四、中国石化 AERP 技术………………………………………………………（ 21 ）
五、双塔前脱乙烷技术…………………………………………………………（ 23 ）
六、中国石油乙烯分离技术……………………………………………………（ 24 ）
第三节　分离流程选择…………………………………………………………（ 25 ）
一、不同流程分析与比较………………………………………………………（ 25 ）
二、分离流程的选择……………………………………………………………（ 27 ）
参考文献…………………………………………………………………………（ 28 ）
第二章　裂解原料及裂解气组成………………………………………………（ 29 ）
第一节　裂解原料的性质与裂解性能…………………………………………（ 29 ）
一、天然产品……………………………………………………………………（ 29 ）
二、加工产品……………………………………………………………………（ 33 ）
第二节　裂解原料的发展趋势…………………………………………………（ 42 ）
第三节　裂解气中杂质及影响…………………………………………………（ 42 ）
一、酸性气体……………………………………………………………………（ 43 ）
二、$NO_x$ ………………………………………………………………………（ 44 ）
三、有机硫………………………………………………………………………（ 44 ）
四、汞……………………………………………………………………………（ 45 ）
五、砷……………………………………………………………………………（ 45 ）
六、$N_2$ 和 $O_2$ ………………………………………………………………（ 45 ）
七、甲醇…………………………………………………………………………（ 46 ）
八、MTBE ………………………………………………………………………（ 46 ）
九、水和 CO ……………………………………………………………………（ 46 ）
第四节　原料结构变化对乙烯装置的影响……………………………………（ 47 ）
一、典型原料的产品结构………………………………………………………（ 47 ）
二、裂解单元……………………………………………………………………（ 47 ）

三、急冷单元……………………………………………………………………………………（48）
四、裂解气压缩单元………………………………………………………………………………（48）
五、冷分离单元……………………………………………………………………………………（49）
六、热分离单元……………………………………………………………………………………（50）
七、制冷单元………………………………………………………………………………………（50）
参考文献……………………………………………………………………………………………（51）
**第三章　急冷系统工艺与设计**……………………………………………………………………（52）
第一节　原料预热…………………………………………………………………………………（55）
一、轻烃原料预热系统……………………………………………………………………………（55）
二、液体原料预热系统……………………………………………………………………………（55）
三、原料预硫化……………………………………………………………………………………（55）
第二节　汽油分馏塔及急冷油减黏………………………………………………………………（55）
一、工艺原理及流程………………………………………………………………………………（55）
二、工艺参数与控制………………………………………………………………………………（59）
三、急冷油黏度控制方法及减黏塔………………………………………………………………（64）
四、汽油分馏塔设计………………………………………………………………………………（77）
五、结焦及除焦方法………………………………………………………………………………（83）
六、轻燃料油汽提塔及燃料油产品外送…………………………………………………………（88）
第三节　急冷水塔及稀释蒸汽系统………………………………………………………………（89）
一、工艺原理及流程………………………………………………………………………………（89）
二、控制与操作……………………………………………………………………………………（91）
三、急冷水塔设计…………………………………………………………………………………（96）
四、工艺水及稀释蒸汽发生系统设计……………………………………………………………（99）
第四节　急冷系统模拟计算………………………………………………………………………（111）
一、急冷系统模拟计算存在的问题………………………………………………………………（111）
二、热力学方法……………………………………………………………………………………（112）
三、裂解气中重组分的表征………………………………………………………………………（112）
四、模拟过程中的特殊处理………………………………………………………………………（116）
参考文献……………………………………………………………………………………………（116）
**第四章　裂解气压缩及酸性气脱除系统**…………………………………………………………（119）
第一节　压缩工艺原理及流程……………………………………………………………………（119）
一、原理……………………………………………………………………………………………（119）
二、顺序分离流程…………………………………………………………………………………（120）
三、前脱丙烷流程前加氢…………………………………………………………………………（123）
四、前脱乙烷流程…………………………………………………………………………………（138）
第二节　压缩机结焦及控制方法…………………………………………………………………（143）
一、引言……………………………………………………………………………………………（143）
二、裂解气压缩机段间换热器的腐蚀……………………………………………………………（143）
三、聚合物形成的聚合机理………………………………………………………………………（144）

四、聚合种类……………………………………………………………………………………（146）
五、裂解气压缩系统防结垢的应对措施……………………………………………………（147）
第三节 酸性气脱除原理及流程………………………………………………………………（152）
一、酸性气的产生及影响……………………………………………………………………（152）
二、酸性气脱除技术…………………………………………………………………………（153）
三、黄油的产生及对装置的影响……………………………………………………………（161）
第四节 废碱处理………………………………………………………………………………（163）
一、废碱液的预处理…………………………………………………………………………（163）
二、废碱处理技术……………………………………………………………………………（165）
第五节 裂解气干燥及再生系统………………………………………………………………（181）
一、裂解气干燥………………………………………………………………………………（181）
二、乙烯装置中的干燥器……………………………………………………………………（182）
三、干燥吸附剂………………………………………………………………………………（185）
四、干燥器的顺序控制………………………………………………………………………（190）
五、干燥系统的特殊工况……………………………………………………………………（192）
六、裂解气干燥脱水的典型操作示例………………………………………………………（192）
第六节 裂解气压缩系统控制…………………………………………………………………（193）
一、压缩机性能曲线…………………………………………………………………………（193）
二、裂解气压缩系统的工艺控制……………………………………………………………（194）
三、裂解气压缩系统的防喘振控制…………………………………………………………（196）
四、裂解气压缩系统的反转问题……………………………………………………………（198）
参考文献…………………………………………………………………………………………（199）
**第五章 前冷及脱甲烷系统**……………………………………………………………………（201）
第一节 工艺原理及流程………………………………………………………………………（201）
一、顺序分离流程……………………………………………………………………………（201）
二、前脱乙烷流程……………………………………………………………………………（205）
三、前脱丙烷流程……………………………………………………………………………（210）
第二节 控制与操作……………………………………………………………………………（218）
一、前脱丙烷前加氢技术前冷及脱甲烷系统………………………………………………（218）
二、前脱乙烷前加氢技术深冷及脱甲烷系统………………………………………………（224）
三、顺序分离技术深冷及脱甲烷系统………………………………………………………（229）
第三节 冷箱工艺设计…………………………………………………………………………（230）
一、冷箱设计要求……………………………………………………………………………（230）
二、冷箱在深冷系统应用……………………………………………………………………（232）
三、冷箱开车注意事项………………………………………………………………………（236）
四、冷箱冻堵原因分析………………………………………………………………………（237）
五、$NO_x$ 的来源及危害……………………………………………………………………（238）
六、汞腐蚀机理………………………………………………………………………………（243）
七、冷箱设备配管要求………………………………………………………………………（245）

第四节　塔设计…………………………………………………………………………………（248）
一、脱甲烷塔…………………………………………………………………………………（248）
二、乙烯回收塔……………………………………………………………………………（250）
三、分凝分馏塔……………………………………………………………………………（252）
四、分凝分离器……………………………………………………………………………（253）
五、热集成精馏系统………………………………………………………………………（254）
第五节　膨胀/再压缩机及尾气压缩机 …………………………………………………（257）
一、膨胀/再压缩机 ………………………………………………………………………（257）
二、尾气压缩机……………………………………………………………………………（258）
三、甲烷制冷压缩机………………………………………………………………………（259）
参考文献………………………………………………………………………………………（262）
第六章　碳二分离系统 ………………………………………………………………（263）
第一节　工艺原理及流程…………………………………………………………………（263）
一、顺序分离流程…………………………………………………………………………（263）
二、前脱丙烷分离流程……………………………………………………………………（265）
三、前脱乙烷分离流程……………………………………………………………………（270）
第二节　控制与操作………………………………………………………………………（273）
一、顺序分离流程…………………………………………………………………………（273）
二、前脱丙烷分离流程……………………………………………………………………（276）
三、前脱乙烷分离流程……………………………………………………………………（280）
第三节　脱乙烷塔设计……………………………………………………………………（285）
一、概述……………………………………………………………………………………（285）
二、工艺参数选取及分离控制指标………………………………………………………（285）
三、乙烯装置原料结构变化对脱乙烷塔的影响…………………………………………（286）
四、脱乙烷塔负荷分布及塔板温度变化曲线……………………………………………（286）
五、双塔脱乙烷技术………………………………………………………………………（287）
六、间壁精馏脱乙烷技术…………………………………………………………………（287）
第四节　乙烯精馏塔设计…………………………………………………………………（288）
一、概述……………………………………………………………………………………（288）
二、乙烯塔的设计方案……………………………………………………………………（289）
三、乙烯装置原料结构变化对乙烯精馏塔的影响………………………………………（293）
四、乙烯塔的不凝气脱除…………………………………………………………………（294）
五、乙烯塔堵塞问题………………………………………………………………………（294）
第五节　应用全馏分加氢和产品加氢的碳二系统 ………………………………………（295）
一、概述……………………………………………………………………………………（295）
二、全馏分加氢工艺………………………………………………………………………（295）
三、产品加氢工艺…………………………………………………………………………（296）
四、部分馏分加氢工艺……………………………………………………………………（299）
参考文献………………………………………………………………………………………（300）

第七章　热分离系统 …………………………………………………………（302）
第一节　工艺原理及流程………………………………………………………（302）
一、脱丙烷塔系统……………………………………………………………（302）
二、碳三加氢系统……………………………………………………………（303）
三、丙烯精馏系统……………………………………………………………（307）
四、脱丁烷塔系统……………………………………………………………（310）
第二节　控制及操作…………………………………………………………（311）
一、脱丙烷塔系统……………………………………………………………（311）
二、碳三加氢系统……………………………………………………………（313）
三、丙烯精馏系统……………………………………………………………（314）
四、脱丁烷塔系统……………………………………………………………（315）
第三节　脱丙烷塔设计………………………………………………………（315）
一、前脱丙烷流程脱丙烷塔的设计…………………………………………（315）
二、后脱丙烷流程脱丙烷塔的设计…………………………………………（317）
三、裂解原料对脱丙烷塔釜温的影响………………………………………（320）
四、脱丙烷塔再沸器结焦问题讨论…………………………………………（321）
第四节　碳三加氢系统设计…………………………………………………（322）
一、反应器内件设计…………………………………………………………（322）
二、碳三加氢催化剂的毒物和机理…………………………………………（322）
三、反应器日常维护和操作要求……………………………………………（323）
第五节　丙烯精馏塔设计……………………………………………………（324）
一、丙烯精馏塔的设计………………………………………………………（324）
二、丙烯精馏系统运行状况分析……………………………………………（324）
第六节　脱丁烷塔设计………………………………………………………（326）
一、脱丁烷塔的设计…………………………………………………………（326）
二、脱丁烷塔结焦问题讨论…………………………………………………（327）
参考文献………………………………………………………………………（329）
第八章　制冷系统 ……………………………………………………………（330）
第一节　概述…………………………………………………………………（330）
一、制冷循环过程……………………………………………………………（330）
二、制冷剂性质………………………………………………………………（330）
第二节　制冷原理……………………………………………………………（331）
一、等焓节流…………………………………………………………………（331）
二、制冷循环原理……………………………………………………………（334）
三、复叠制冷…………………………………………………………………（336）
四、混合冷剂…………………………………………………………………（336）
五、热泵………………………………………………………………………（337）
六、冷量用户换热方式………………………………………………………（339）
七、防喘振线…………………………………………………………………（339）

第三节　乙烯制冷…………………………………………………………………（341）
一、密闭乙烯制冷系统…………………………………………………………（342）
二、开式乙烯热泵/制冷系统 …………………………………………………（343）
第四节　丙烯制冷…………………………………………………………………（346）
一、密闭丙烯制冷系统…………………………………………………………（347）
二、丙烯热泵/制冷系统 ………………………………………………………（349）
第五节　二元制冷…………………………………………………………………（349）
第六节　三元制冷…………………………………………………………………（350）
一、某改造装置三元制冷系统…………………………………………………（351）
二、某新建装置三元制冷系统…………………………………………………（352）
第七节　LNG 冷量利用 …………………………………………………………（354）
一、技术现状……………………………………………………………………（354）
二、LNG 冷量的直接利用技术 ………………………………………………（355）
三、LNG 冷量的间接利用技术 ………………………………………………（356）
第八节　低温乙烷、丙烷冷量利用……………………………………………（357）
一、概述…………………………………………………………………………（357）
二、乙烷裂解装置中低温乙烷冷量的利用……………………………………（358）
三、低温乙烷/丙烷作为补充原料的冷量利用 ………………………………（359）
四、装置改造中低温乙烷冷量利用一…………………………………………（361）
五、装置改造中低温乙烷冷量利用二…………………………………………（362）
六、以丙烷为主的装置的原料冷量利用………………………………………（363）
参考文献……………………………………………………………………………（364）
**第九章　附属设施及公用工程**……………………………………………………（365）
第一节　蒸汽及冷凝水系统………………………………………………………（365）
一、蒸汽参数、分级……………………………………………………………（365）
二、除氧给水系统………………………………………………………………（370）
三、乙烯装置蒸汽管网及冷凝水收集系统设计………………………………（372）
第二节　火炬系统…………………………………………………………………（377）
一、装置内排放系统……………………………………………………………（377）
二、高架火炬……………………………………………………………………（384）
三、地面火炬……………………………………………………………………（391）
第三节　给排水系统………………………………………………………………（396）
一、原水系统……………………………………………………………………（396）
二、冷却水系统…………………………………………………………………（397）
三、生活给水系统………………………………………………………………（406）
四、生产给水系统………………………………………………………………（406）
五、排水系统……………………………………………………………………（406）
六、给排水管道布置及材料选用………………………………………………（409）
第四节　消防系统…………………………………………………………………（410）

一、乙烯装置火灾危险性特点及分析……（410）
二、乙烯装置消防水系统设计……（415）
第五节 燃料系统……（420）
一、燃料的用户……（420）
二、燃料气系统的设备及流程……（421）
三、燃料平衡……（421）
四、燃料系统节能措施……（423）
参考文献……（423）
第十章 乙烯产品储存和运输……（424）
第一节 球罐……（425）
一、工艺技术……（425）
二、储存系统……（427）
三、安全防护及设施……（430）
第二节 常压低温储罐……（430）
一、低温罐类型及选择……（431）
二、低温罐储存原理及流程……（435）
三、主要设备……（437）
四、控制及操作……（438）
第三节 乙烯输送系统……（439）
一、低温船运输……（439）
二、槽车运输……（441）
参考文献……（443）
第十一章 分析化验……（444）
第一节 石油化工中心化验室发展历程和趋势……（444）
一、中心化验室设计模式的改革……（444）
二、新建中心化验室的特点和发展趋势……（445）
第二节 乙烯装置分离工艺部分对取样分析的要求……（446）
第三节 原料预热及急冷系统……（447）
一、原料预热及急冷系统典型取样分析项目……（447）
二、取样分析的目的、分析方法的选择和仪器配置的建议……（449）
第四节 压缩及前脱丙烷前加氢系统……（461）
一、压缩及前脱丙烷前加氢系统典型取样分析项目……（461）
二、取样分析的目的、分析方法的选择和仪器配置的建议……（464）
第五节 冷分离系统……（475）
一、冷分离系统典型取样分析项目……（475）
二、取样分析的目的、分析方法的选择和仪器配置的建议……（477）
第六节 热分离系统……（482）
一、热分离系统典型取样分析项目……（482）
二、取样分析的目的、分析方法的选择和仪器配置的建议……（486）

第七节　乙烯精馏塔和热泵制冷压缩系统……………………………………（495）
一、乙烯精馏塔和热泵制冷压缩系统典型取样分析项目…………………………（495）
二、取样分析的目的、分析方法的选择和仪器配置的建议……………………（497）
第八节　丙烯制冷系统……………………………………………………………（500）
一、丙烯制冷系统典型取样分析项目……………………………………………（500）
二、取样分析的目的、分析方法的选择和仪器配置的建议……………………（500）
第九节　其他分析…………………………………………………………………（501）
一、其他典型取样分析项目………………………………………………………（501）
二、取样分析的目的、分析方法的选择和仪器配置的建议……………………（502）
参考文献……………………………………………………………………………（503）
**第十二章　节能与环保** ……………………………………………………………（504）
第一节　节能………………………………………………………………………（504）
一、各专利商的节能技术…………………………………………………………（505）
二、通用节能措施…………………………………………………………………（509）
三、特殊节能技术和节能措施……………………………………………………（512）
第二节　环保………………………………………………………………………（522）
一、污染物排放……………………………………………………………………（522）
二、污染治理措施…………………………………………………………………（525）
三、排放标准………………………………………………………………………（526）
参考文献……………………………………………………………………………（528）
**第十三章　安全、健康与卫生**……………………………………………………（529）
第一节　概述………………………………………………………………………（529）
第二节　危险性分析………………………………………………………………（529）
一、物质的危险性…………………………………………………………………（529）
二、泄漏……………………………………………………………………………（531）
三、火灾、爆炸……………………………………………………………………（531）
四、中毒……………………………………………………………………………（533）
五、其他危害………………………………………………………………………（533）
第三节　安全与职业病防控措施…………………………………………………（534）
一、防泄漏…………………………………………………………………………（534）
二、防火、防爆……………………………………………………………………（537）
三、防中毒…………………………………………………………………………（539）
四、其他防控措施…………………………………………………………………（540）
参考文献……………………………………………………………………………（540）
**第十四章　控制与仪表** ……………………………………………………………（542）
第一节　概述………………………………………………………………………（542）
第二节　控制系统与仪表选型……………………………………………………（542）
一、乙烯工厂管控一体化架构……………………………………………………（542）
二、过程控制系统…………………………………………………………………（543）

三、仪表选型……………………………………………………………………………（546）
第三节　过程控制与紧急停车方案…………………………………………………（550）
一、过程控制方案………………………………………………………………………（550）
二、紧急停车联锁方案…………………………………………………………………（560）
第四节　控制系统设计…………………………………………………………………（562）
一、集成控制系统网络架构……………………………………………………………（562）
二、控制系统组态………………………………………………………………………（564）
三、现场总线控制系统在乙烯装置中的应用…………………………………………（564）
第五节　先进过程控制与实时优化…………………………………………………（567）
一、概述…………………………………………………………………………………（567）
二、先进控制与实时优化的基本原理…………………………………………………（567）
三、先进控制与实时优化技术简介……………………………………………………（568）
四、乙烯装置先进控制与实时优化设计………………………………………………（569）
五、乙烯装置先进控制与优化实例……………………………………………………（572）
第六节　乙烯装置智能化………………………………………………………………（574）
一、技术背景……………………………………………………………………………（574）
二、发展态势……………………………………………………………………………（575）
三、乙烯装置智能化关键技术进展……………………………………………………（576）
四、未来发展展望………………………………………………………………………（579）
参考文献…………………………………………………………………………………（580）
**第十五章　电气**………………………………………………………………………（581）
第一节　概述……………………………………………………………………………（581）
第二节　供配电…………………………………………………………………………（581）
一、配电系统设置………………………………………………………………………（581）
二、应急电源、不间断电源……………………………………………………………（588）
三、电源故障和分批再启动……………………………………………………………（589）
第三节　变电所设置……………………………………………………………………（591）
一、负荷分配原则………………………………………………………………………（591）
二、所址选择……………………………………………………………………………（591）
三、变电所的形式和建筑布置…………………………………………………………（592）
四、配电装置的布置……………………………………………………………………（592）
五、对建筑物的要求……………………………………………………………………（592）
六、抗震措施……………………………………………………………………………（593）
七、变电站微机综合自动化系统………………………………………………………（593）
八、电气作业安全管控一体化系统……………………………………………………（593）
第四节　爆炸危险区与电气设备选型………………………………………………（597）
一、爆炸危险区…………………………………………………………………………（597）
二、防爆设备选型及供电………………………………………………………………（600）
第五节　防雷与接地……………………………………………………………………（600）

一、一般原则……………………………………………………………………（600）
二、常用工频接地电阻值…………………………………………………………（600）
三、建构筑物的防雷分类…………………………………………………………（601）
四、户外装置区防雷………………………………………………………………（601）
五、压缩机厂房防雷………………………………………………………………（603）
六、变电所、机柜间防雷…………………………………………………………（604）
七、防静电接地……………………………………………………………………（604）
第六节　节能与减碳………………………………………………………………（605）
一、节能的主要措施………………………………………………………………（605）
二、“双碳”背景下的技术发展 …………………………………………………（605）
参考文献……………………………………………………………………………（607）
第十六章　乙烯装置设备布置与配管 ……………………………………………（608）
第一节　设备布置…………………………………………………………………（608）
一、装置总平面布置………………………………………………………………（608）
二、急冷区设备布置………………………………………………………………（613）
三、压缩区设备布置………………………………………………………………（615）
四、冷区设备布置…………………………………………………………………（618）
五、热区设备布置…………………………………………………………………（620）
第二节　管道布置…………………………………………………………………（622）
一、管道布置一般规定……………………………………………………………（622）
二、管廊上管道布置………………………………………………………………（623）
三、急冷油系统管道布置…………………………………………………………（624）
四、反应器和干燥器管道布置……………………………………………………（626）
五、压缩机管道布置………………………………………………………………（626）
六、汽轮机蒸汽管道布置…………………………………………………………（627）
七、段间换热器管道布置…………………………………………………………（629）
八、冷箱管道布置…………………………………………………………………（630）
九、丙烯塔系统管道布置…………………………………………………………（633）
第三节　管道材料设计……………………………………………………………（634）
一、乙烯装置管道材料选用概述…………………………………………………（634）
二、乙烯装置的管道连接…………………………………………………………（637）
三、乙烯装置的阀门选用…………………………………………………………（638）
四、管道特殊件选用………………………………………………………………（641）
五、乙烯装置管道材料等级规定…………………………………………………（642）
第四节　管道应力分析……………………………………………………………（650）
一、管道应力分析的安全评定……………………………………………………（650）
二、设备接管许用外载荷…………………………………………………………（650）
三、管道支吊架的分类……………………………………………………………（651）
四、关键管线的应力分析…………………………………………………………（653）

参考文献……………………………………………………………………………………（656）
第十七章　分离系统开停工、正常运行操作与异常事故处理………………………（657）
第一节　开工操作……………………………………………………………………（657）
一、急冷单元开车操作………………………………………………………………（657）
二、压缩单元开车操作………………………………………………………………（663）
三、分离单元开车操作………………………………………………………………（672）
四、20000$m^3$ 低温罐单元开车操作……………………………………………（685）
第二节　停车操作……………………………………………………………………（692）
一、急冷单元停车操作………………………………………………………………（692）
二、压缩单元停车操作………………………………………………………………（701）
三、分离单元停车操作………………………………………………………………（707）
第三节　正常运行……………………………………………………………………（711）
一、急冷单元正常运行操作…………………………………………………………（711）
二、压缩单元正常运行操作…………………………………………………………（716）
三、分离单元正常运行操作…………………………………………………………（719）
四、低温罐单元正常运行操作………………………………………………………（725）
第四节　异常事故处理………………………………………………………………（728）
一、急冷单元不正常现象和事故处理………………………………………………（728）
二、压缩单元不正常现象和事故处理………………………………………………（731）
三、分离单元不正常现象和事故处理………………………………………………（740）
四、低温罐区不正常现象和事故处理………………………………………………（746）
第十八章　塔器计算及设计…………………………………………………………（749）
第一节　乙烯装置中塔器的特点……………………………………………………（749）
第二节　塔内件选型…………………………………………………………………（750）
一、板式塔和填料塔的比较和选型…………………………………………………（750）
二、各类板式塔的选型………………………………………………………………（752）
三、填料塔的选型……………………………………………………………………（752）
第三节　板式塔………………………………………………………………………（753）
一、板式塔的分类……………………………………………………………………（753）
二、塔板结构参数……………………………………………………………………（756）
三、板式塔的性能指标和典型变量…………………………………………………（757）
四、筛孔塔板…………………………………………………………………………（763）
五、浮阀塔板…………………………………………………………………………（764）
六、固定阀型塔板……………………………………………………………………（772）
七、泡罩塔板…………………………………………………………………………（777）
八、穿流塔板…………………………………………………………………………（778）
九、多降液管塔板……………………………………………………………………（780）
十、板式塔的设计……………………………………………………………………（781）
十一、板式塔的优化设计……………………………………………………………（797）

十二、板式塔的其他辅助装置……………………………………………………………（800）
第四节　填料塔…………………………………………………………………………（818）
一、填料塔的分类………………………………………………………………………（818）
二、填料的几何特性……………………………………………………………………（820）
三、填料塔的性能参数…………………………………………………………………（821）
四、乙烯装置中常用的散装填料………………………………………………………（824）
五、乙烯装置中常用的规整填料………………………………………………………（829）
六、塔内件与辅助装置…………………………………………………………………（838）
七、填料塔的设计………………………………………………………………………（866）
参考文献…………………………………………………………………………………（872）
**第十九章　传热计算及换热设备设计** …………………………………………（873）
第一节　管壳式热交换器………………………………………………………………（873）
一、管壳式热交换器特点………………………………………………………………（873）
二、管壳式热交换器类型………………………………………………………………（874）
三、GB/T 151 热交换器 ………………………………………………………………（875）
四、热交换器选型导则…………………………………………………………………（880）
五、热交换器的传热设计方法…………………………………………………………（881）
第二节　冷凝器…………………………………………………………………………（888）
一、冷凝器型式和特性…………………………………………………………………（888）
二、传热计算……………………………………………………………………………（889）
三、压降计算……………………………………………………………………………（893）
四、乙烯分离装置重要冷凝器…………………………………………………………（894）
第三节　再沸器…………………………………………………………………………（895）
一、再沸器型式和特性…………………………………………………………………（895）
二、传热计算……………………………………………………………………………（898）
三、压降计算……………………………………………………………………………（900）
四、乙烯分离装置重要再沸器…………………………………………………………（900）
第四节　高效热交换器…………………………………………………………………（901）
一、高热通量管热交换器………………………………………………………………（902）
二、高效冷凝热交换器…………………………………………………………………（907）
三、螺旋折流板热交换器………………………………………………………………（910）
四、螺旋槽管热交换器…………………………………………………………………（913）
五、高效热交换器应用建议……………………………………………………………（914）
第五节　空冷器…………………………………………………………………………（915）
一、空冷器………………………………………………………………………………（915）
二、复合型高效空冷器…………………………………………………………………（917）
第六节　热交换器金属学问题…………………………………………………………（919）
参考文献…………………………………………………………………………………（920）

第二十章　流体输送设备 ………………………………………………………（921）
第一节　过程流体机械概述 …………………………………………………（921）
一、过程流体机械的含义 ……………………………………………………（921）
二、流体机械的分类 …………………………………………………………（921）
三、石油、石化行业流体机械发展趋势 ……………………………………（922）
四、乙烯装置主要流体机械 …………………………………………………（923）
第二节　压缩机 ………………………………………………………………（924）
一、压缩机类型及基本计算 …………………………………………………（924）
二、离心式压缩机 ……………………………………………………………（930）
三、活塞式压缩机 ……………………………………………………………（958）
四、螺杆式压缩机 ……………………………………………………………（968）
第三节　泵 ……………………………………………………………………（973）
一、泵的分类 …………………………………………………………………（973）
二、离心泵 ……………………………………………………………………（976）
三、计量泵 ……………………………………………………………………（987）
四、乙烯装置典型泵 …………………………………………………………（989）
第四节　驱动机 ………………………………………………………………（1002）
一、电动机 ……………………………………………………………………（1002）
二、工业汽轮机 ………………………………………………………………（1004）
参考文献 ………………………………………………………………………（1004）
第二十一章　静设备 …………………………………………………………（1008）
第一节　概述 …………………………………………………………………（1008）
第二节　材料选择 ……………………………………………………………（1008）
一、一般材料选择 ……………………………………………………………（1008）
二、低温材料选择 ……………………………………………………………（1008）
第三节　塔器 …………………………………………………………………（1009）
一、概述 ………………………………………………………………………（1009）
二、大高径比塔器设计 ………………………………………………………（1010）
三、塔内件设计 ………………………………………………………………（1016）
四、塔内件支撑结构 …………………………………………………………（1017）
五、大直径塔盘的防吹翻设计 ………………………………………………（1020）
六、乙烯装置中塔器的典型结构设计 ………………………………………（1024）
七、高耸塔器的气液组合试验 ………………………………………………（1028）
八、塔器制造 …………………………………………………………………（1029）
第四节　换热器 ………………………………………………………………（1030）
一、高效换热器的应用 ………………………………………………………（1030）
二、换热器结构优化设计 ……………………………………………………（1032）
三、波齿密封垫片的应用 ……………………………………………………（1037）
第五节　反应器和干燥器 ……………………………………………………（1037）

一、反应器的选材……………………………………………………………………（1037）
二、分析设计的应用…………………………………………………………………（1038）
三、高效支撑内件的应用……………………………………………………………（1039）
第六节　聚结器和急冷油旋液分离器…………………………………………………（1040）
一、聚结器……………………………………………………………………………（1040）
二、急冷油旋液分离器和过滤器……………………………………………………（1040）
第七节　球罐……………………………………………………………………………（1042）
一、概述………………………………………………………………………………（1042）
二、选材………………………………………………………………………………（1043）
三、结构设计…………………………………………………………………………（1043）
四、工厂制造及现场组焊……………………………………………………………（1043）
五、分析设计应用……………………………………………………………………（1045）
六、乙烯球罐的国产化过程…………………………………………………………（1047）
第八节　双壳低温储罐…………………………………………………………………（1048）
一、概述………………………………………………………………………………（1048）
二、低温罐的类型及其选择…………………………………………………………（1049）
三、乙烯低温罐的结构及材料………………………………………………………（1051）
四、乙烯低温罐的设计………………………………………………………………（1051）
参考文献…………………………………………………………………………………（1054）
**第二十二章　冷箱及板翅式换热器** ……………………………………………（1055）
第一节　概述……………………………………………………………………………（1055）
第二节　冷箱……………………………………………………………………………（1057）
一、冷箱工作原理……………………………………………………………………（1057）
二、乙烯冷箱介绍……………………………………………………………………（1057）
三、乙烯冷箱设计……………………………………………………………………（1060）
第三节　板翅式换热器…………………………………………………………………（1064）
一、概述………………………………………………………………………………（1064）
二、板翅式换热器的结构特点………………………………………………………（1065）
三、板翅式换热器的工艺设计………………………………………………………（1071）
四、板翅式换热器的制造与检验……………………………………………………（1073）
五、热虹吸换热器……………………………………………………………………（1076）
六、乙烯装置板翅式换热器的两相流设计…………………………………………（1079）
第四节　冷箱及板翅式换热器的安装、运行和维护…………………………………（1081）
一、设备安装简述……………………………………………………………………（1081）
二、设备运行…………………………………………………………………………（1083）
三、冷箱的日常维护…………………………………………………………………（1085）
四、检修………………………………………………………………………………（1086）
五、经验和建议………………………………………………………………………（1086）
参考文献…………………………………………………………………………………（1088）

第二十三章　催化剂……………………………………………………………………（1090）
第一节　乙炔选择加氢…………………………………………………………………（1090）
一、概述……………………………………………………………………………（1090）
二、乙炔选择加氢反应的机理……………………………………………………（1091）
三、乙炔选择加氢催化剂研究进展………………………………………………（1093）
四、碳二前脱丙烷前加氢催化技术………………………………………………（1095）
五、碳二前脱乙烷前加氢催化技术………………………………………………（1099）
六、碳二后加氢催化技术…………………………………………………………（1101）
第二节　丙烯和丙二烯选择加氢……………………………………………………（1103）
一、概述……………………………………………………………………………（1103）
二、丙烯和丙二烯选择加氢反应的机理…………………………………………（1103）
三、丙炔和丙二烯选择加氢催化剂研究进展……………………………………（1105）
四、丙炔和丙二烯气相选择加氢催化技术………………………………………（1106）
五、丙炔和丙二烯液相选择加氢催化技术………………………………………（1107）
第三节　甲烷化催化剂………………………………………………………………（1111）
一、甲烷化反应……………………………………………………………………（1111）
二、甲烷化工艺……………………………………………………………………（1113）
三、低温甲烷化反应的影响因素…………………………………………………（1114）
四、甲烷化装置开停车注意事项…………………………………………………（1115）
五、商业化甲烷化催化剂…………………………………………………………（1115）
第四节　净化催化剂…………………………………………………………………（1116）
一、脱砷催化剂……………………………………………………………………（1117）
二、脱汞催化剂……………………………………………………………………（1118）
三、脱磷催化剂……………………………………………………………………（1120）
四、脱硫催化剂……………………………………………………………………（1120）
五、结语……………………………………………………………………………（1121）
参考文献………………………………………………………………………………（1121）
第二十四章　乙烯装置改扩建………………………………………………………（1124）
第一节　概述…………………………………………………………………………（1124）
一、改造的必要性及意义…………………………………………………………（1124）
二、改造的一般原则………………………………………………………………（1127）
第二节　乙烯装置扩能50%项目简介 …………………………………………（1127）
一、燕山石化乙烯装置改造的方案研究…………………………………………（1127）
二、燕山石化乙烯装置改造的主要内容…………………………………………（1136）
三、燕山石化乙烯装置改造效果…………………………………………………（1141）
四、两头一尾改造模式总结………………………………………………………（1141）
第三节　百万吨级乙烯装置改造项目简介…………………………………………（1142）
一、概况……………………………………………………………………………（1142）
二、改造方案确定及改造涉及设备汇总…………………………………………（1142）

三、分离回收系统主要工艺设备改造说明……………………………………………（1144）
四、性能考核及总结……………………………………………………………………（1149）
五、百万吨级乙烯装置改造成套技术推广应用……………………………………（1149）
参考文献…………………………………………………………………………………（1154）
**第二十五章　低碳烯烃其他生产技术** ……………………………………………（1155）
第一节　丙烷脱氢制烯烃………………………………………………………………（1155）
一、移动床 PDH 技术 ………………………………………………………………（1156）
二、固定床 PDH 技术 ………………………………………………………………（1158）
三、流化床 PDH 技术 ………………………………………………………………（1159）
第二节　催化裂解技术…………………………………………………………………（1159）
一、DCC/CPP ……………………………………………………………………（1159）
二、K-COT ………………………………………………………………………（1170）
第三节　甲醇制烯烃……………………………………………………………………（1176）
一、生产技术……………………………………………………………………………（1176）
二、工艺流程简介………………………………………………………………………（1178）
三、经济性及前景展望…………………………………………………………………（1184）
第四节　甲醇制丙烯……………………………………………………………………（1184）
一、反应机理……………………………………………………………………………（1185）
二、工艺技术简介………………………………………………………………………（1186）
第五节　甲烷氧化偶联制乙烯…………………………………………………………（1189）
一、技术背景……………………………………………………………………………（1189）
二、OCM 反应机理 ……………………………………………………………………（1190）
三、OCM 反应催化剂 …………………………………………………………………（1190）
四、OCM 反应器 ………………………………………………………………………（1191）
五、OCM 产物分离工艺 ………………………………………………………………（1191）
六、OCM 工业应用 ……………………………………………………………………（1192）
七、OCM 技术展望 ……………………………………………………………………（1192）
第六节　由合成气制乙烯………………………………………………………………（1193）
一、技术现状……………………………………………………………………………（1193）
二、费托合成路线………………………………………………………………………（1193）
三、合成气耦合转化制烯烃……………………………………………………………（1194）
四、结论与展望…………………………………………………………………………（1195）
第七节　炼厂干气回收技术……………………………………………………………（1196）
一、深冷分离法…………………………………………………………………………（1196）
二、吸收分离法…………………………………………………………………………（1197）
三、吸附分离法…………………………………………………………………………（1202）
四、其他方法……………………………………………………………………………（1203）
五、小结…………………………………………………………………………………（1203）
参考文献…………………………………………………………………………………（1203）

# 第一章 概论

乙烯生产技术诞生于 20 世纪 20 年代，美国 George Oliver Curme Jr. 博士（1888-1976 年）是乙烯生产技术的先驱。在芝加哥大学获得化学博士学位并在德国威廉皇帝研究所（Kaiser Wilhelm Institute）工作了一年后，Curme 博士于 1914 年成为匹兹堡梅隆研究所（Mellon Institute）的 Prest-O-Lite 公司照明研究员，目标是开发一种合成乙炔的替代方法。

Prest-O-Lite 公司为汽车和自行车制造乙炔灯。在 1900 年代早期，该公司是碳化钙的最大消费者之一，碳化钙在与水反应时会产生乙炔。然而，联合碳化物公司当时几乎垄断了碳化钙，因此 Prest-O-Lite 希望找到乙炔的替代生产路线来为其灯提供燃料。通过用电击矿物油使矿物油升温并分解，Curme 博士和他的同事成功生产了乙炔以及副产品乙烯。为了提高该方法的工业价值，Curme 着手探索乙烯的用途。他惊奇地发现乙烯可以用来生产几乎所有由乙炔生产的化学品。

1917 年，联合碳化物公司（现在是陶氏化学公司的一部分）与 Prest-O-Lite、林德空气产品公司和国家碳公司合并，成立了联合碳化物和碳素公司（Union Carbide and Carbon Company），该公司于 1957 年更名为联合碳化物公司。1920 年，联合碳化物和碳素公司成立了子公司碳化物和碳化学品公司（Carbide and Carbon Chemicals Corporation）。该公司的建立是为了开发一种制造乙烯的工艺，并可利用乙烯生产具有应用前景的化合物。

这家新公司在西弗吉尼亚州克伦德宁（Clendenin）拥有一家小型工厂，将天然气中的汽油与粗天然气分离，并将汽油作为燃料出售。但是天然气中产生的主要由乙烷和丙烷组成的另一部分液体并没有现成的市场，因此该公司安装了加工单元和炉子，以将其转化为更有价值的产品。该炉于 1921 年开始运行，以生产乙烯。

当时，联合碳化物和碳素公司不可能知道，在克伦德宁小镇取得的成功开启了现代石化工业的大门，奠定了乙烯工业的基础。在这之前乙炔一直是生产化学品的主要原料，因此，1921 年也被称为乙烯工业的元年。

乙烯装置是石油化工的龙头装置，将乙烷、丙烷、液化石油气（LPG）、轻烃、石脑油、加氢尾油、煤油、柴油等原料转化为多种产品，为下游多套装置提供原料，最后得到聚乙烯、环氧乙烷、乙二醇、乙烯-醋酸乙烯酯（EVA）、聚丙烯、丁二烯、甲基叔丁基醚（MTBE）、1-丁烯、苯、甲苯、二甲苯、苯乙烯等多种基本化工原料。烯烃和芳烃所用原料烃约占石化生产总耗用原料的四分之三。在石油化学工业中，除由重整生产芳烃以及由催化裂化副产物中回收丙烯、丁烯和丁二烯之外，主要由乙烯装置生产各种烯烃和芳烃。乙烯主要用于生产聚乙烯、氯乙烯及聚氯乙烯、环氧乙烷和乙二醇、乙醇、苯乙烯、乙醛及醋酸、$\alpha$-烯烃和高碳醇、乙丙橡胶等。丙烯主要用于生产聚丙烯、丙烯腈、苯酚和丙酮、丁醇和辛醇、异丙醇、丙烯酸及酯、环氧丙烷、环氧氯丙烷及汽油添加剂等。丁二烯主要用于生产顺丁橡胶、丁苯橡胶、丁腈橡胶、氯丁橡胶、聚丁二烯、SBS 树脂、ABS 树脂。苯主要用于生产苯乙烯、环己烷(进一步生产锦纶)、苯胺、烷基苯、顺酐以及医药和农药等。甲苯主要用于生产二甲苯、溶剂、涂料、农药、炸药、甲酚、甲苯二异氰酸酯(TDI)等。二甲苯中用量最大的是对二甲苯，主要用于生产对苯二甲酸(PTA)和对苯二甲酸二甲酯(DMT)，由此进一步生产聚酯(PET)，少量用于生产对苯二甲酸丁二酯(PBT)等。

图 1.0-1 为某乙烯厂的乙烯及下游装置方案。由图可见，乙烯装置的稳定运行与否直接关系到下游装置是否可以连续得到稳定的原料供应，毋庸置疑处于举足轻重的地位。

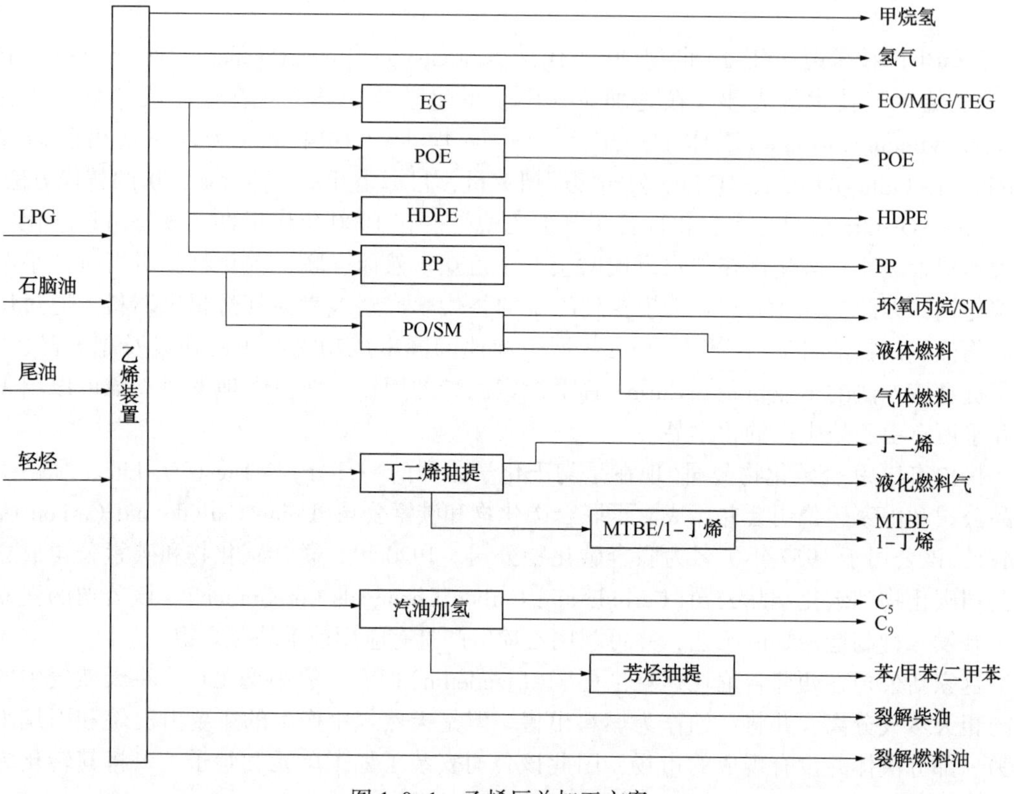


图 1.0-1 乙烯厂总加工方案

LPG—液化石油气；EG—乙二醇；EO—环氧乙烷；MEG—单乙二醇；TEG—三乙二醇；POE—聚烯烃弹性体；HDPE—高密度聚乙烯；PP—聚丙烯；PO—环氧丙烷；SM—苯乙烯；MTBE—甲基叔丁基醚；甲烷氢—甲烷与氢气混合物；$C_5$—碳五混合物；$C_9$—碳九及以上的汽油馏分

## 1. 乙烯装置产品要求

乙烯装置可以分为裂解和分离两大部分。裂解炉相当于一个复杂的反应器，它将不同的裂解原料通过高温裂解的方式得到含有从氢气、甲烷、碳二、碳三等轻组分到分子量超过 300 的裂解燃料油等重组分的裂解气；分离部分的作用是将裂解气通过复杂的物理和反应过程分离得到符合下游进料要求的各种产品。其中乙烯、丙烯需要达到聚合级。GB/T 7715—2014 和 GB/T 7716—2014 给出了聚合级乙烯和丙烯的纯度及杂质要求(表 1.0-1、表 1.0-2)。聚合级乙烯分为一等品和优等品，可满足下游不同装置的要求，随着乙烯装置的大型化，现在乙烯产品一般会作为下游两套或两套以上装置的原料，因此通常按优等品设计乙烯装置。聚合级丙烯分为合格品、一等品和优等品三个等级以满足下游不同装置的要求，基于类似的原因，通常按优等品设计乙烯装置。其余产品混合碳四、裂解汽油、氢气产品规格见表 1.0-3～表 1.0-5。

**表 1.0-1 聚合级乙烯产品规格**

| 序号 | 项目 | | 指标 | | 试验方法 |
|---|---|---|---|---|---|
| | | | 优等品 | 一等品 | |
| 1 | 乙烯含量/%(体积) | ≥ | 99.95 | 99.90 | GB/T 3391 |
| 2 | 甲烷和乙烷含量/($mL/m^3$) | ≤ | 500 | 1000 | GB/T 3391 |
| 3 | 碳三及碳三以上含量/($mL/m^3$) | ≤ | 10 | 50 | GB/T 3391 |
| 4 | 一氧化碳含量/($mL/m^3$) | ≤ | 1 | 3 | GB/T 3394 |
| 5 | 二氧化碳含量/($mL/m^3$) | ≤ | 5 | 10 | GB/T 3394 |
| 6 | 氢含量/($mL/m^3$) | ≤ | 5 | 10 | GB/T 3393 |
| 7 | 氧含量/($mL/m^3$) | ≤ | 2 | 5 | GB/T 3396 |
| 8 | 乙炔含量/($mL/m^3$) | ≤ | 3 | 6 | GB/T 3391①<br>GB/T 3394① |
| 9 | 硫含量/(mg/kg) | ≤ | 1 | 1 | GB/T 11141② |
| 10 | 水含量/($mL/m^3$) | ≤ | 5 | 10 | GB/T 3727 |
| 11 | 甲醇含量/(mg/kg) | ≤ | 5 | 5 | GB/T 12701 |
| 12 | 二甲醚含量③/(mg/kg) | ≤ | 1 | 2 | GB/T 12701 |

① 在有异议时，以 GB/T 3394 测定结果为准。

② 在有异议时，以 GB/T 11141—2014 中的紫外荧光法测定结果为准。

③ 蒸汽裂解工艺对该项目不做要求。

**表 1.0-2 聚合级丙烯产品规格**

| 序号 | 项目 | | 指标 | | | 试验方法 |
|---|---|---|---|---|---|---|
| | | | 优等品 | 一等品 | 合格品 | |
| 1 | 丙烯含量/%(体积) | ≥ | 99.6 | 99.2 | 98.6 | GB/T 3392 |
| 2 | 烷烃含量/%(体积) | | 报告 | 报告 | 报告 | GB/T 3392 |
| 3 | 乙烯含量/($mL/m^3$) | ≤ | 20 | 50 | 100 | GB/T 3392 |
| 4 | 乙炔含量/($mL/m^3$) | ≤ | 2 | 5 | 5 | GB/T 3394 |
| 5 | 甲基乙炔+丙二烯含量/($mL/m^3$) | ≤ | 5 | 10 | 20 | GB/T 3392 |
| 6 | 氧含量/($mL/m^3$) | ≤ | 5 | 10 | 10 | GB/T 3396 |
| 7 | 一氧化碳含量/($mL/m^3$) | ≤ | 2 | 5 | 5 | GB/T 3394 |
| 8 | 二氧化碳含量/($mL/m^3$) | ≤ | 5 | 10 | 10 | GB/T 3394 |
| 9 | 丁烯+丁二烯含量/($mL/m^3$) | ≤ | 5 | 20 | 20 | GB/T 3392 |
| 10 | 硫含量/(mg/kg) | ≤ | 1 | 5 | 8 | GB/T 11141① |
| 11 | 水含量/(mg/kg) | ≤ | 10② | | 双方商定 | GB/T 3727 |
| 12 | 甲醇含量/(mg/kg) | ≤ | 10 | | 10 | GB/T 12701 |
| 13 | 二甲醚含量③/(mg/kg) | ≤ | 2 | 5 | 报告 | GB/T 12701 |

① 在有异议时，以 GB/T 11141—2014 中的紫外荧光法测定结果为准。

② 该指标也可以由供需双方协商确定。

③ 该项目仅适用于甲醇制烯烃、甲醇制丙烯工艺。

表 1.0-3　混合碳四产品规格

| 项目 | 指标 | 项目 | 指标 |
|---|---|---|---|
| 碳三混合物 | ≤0.3%(摩尔) | 相态 | 液相 |
| 碳五混合物 | ≤0.2%(摩尔) | | |

表 1.0-4　裂解汽油产品规格

| 项目 | 指标 | 项目 | 指标 |
|---|---|---|---|
| 碳四混合物 | ≤0.4%(摩尔) | 相态 | 液相 |
| 干点 | 205℃ | | |

表 1.0-5　氢气产品规格

| 项目 | 指标 | 项目 | 指标 |
|---|---|---|---|
| 氢气 | ≥95%(体积) | 水+氧 | $\leq 5\times10^{-6}$(体积) |
| 甲烷 | 平衡 | $H_2S$ | $\leq 1\times10^{-6}$(体积) |
| 乙烯+乙烷 | ≤0.1%(摩尔) | HCl | $\leq 1\times10^{-6}$(体积) |
| 一氧化碳 | $\leq 5\times10^{-6}$(体积) | $N_2$ | ≤0.05%(摩尔) |
| 二氧化碳 | $\leq 5\times10^{-6}$(体积) | 相态 | 气相 |

乙烯装置是最复杂和技术含量最高的石油化工装置之一。乙烯装置的典型组成见图 1.0-2，装置内还有氮气、仪表空气、装置空气、循环水等公用工程。裂解炉急冷换热器出口的裂解气温度比较高，一般在 350～540℃之间，首先在急冷系统进行降温并使重组分裂解燃料油和重汽油冷凝为液相作为产品采出，降温后的裂解气进入压缩系统进行升压，然后进入冷分离系统分出氢气、甲烷氢尾气和碳二组分，制冷系统为装置提供所需的冷量；碳三和碳四组分在热分离系统分离，得到丙烯、混合碳四产品。燃料系统为裂解炉提供稳定可靠的燃料气，再生系统为干燥器、反应器提供一定温度和压力的再生气，火炬系统收集各种排放工况的气液物料，经气液分离后送至界外火炬燃烧。蒸汽和凝液系统接收裂解炉和界外的各级蒸汽并送不同用户，并处理各用户产生的凝液。

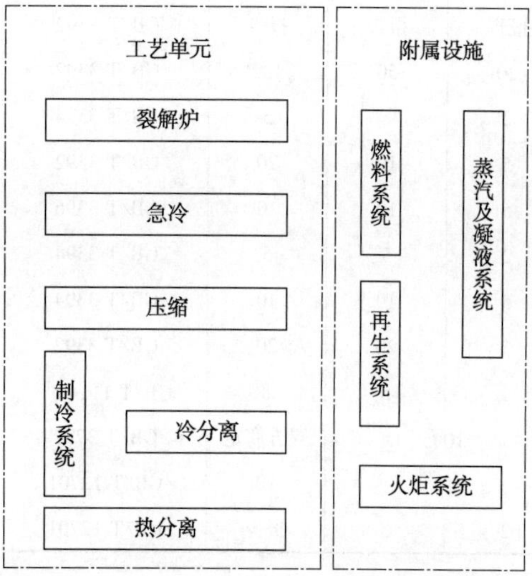


图 1.0-2　乙烯装置典型组成

乙烯装置分离部分的进料裂解气组成复杂、产品多、产品纯度高，因此分离部分工艺流程长且复杂，操作条件苛刻。

## 2. 深冷分离技术

经过几十年的研究与发展，业界已经公认深

冷分离方法是裂解乙烯最佳的分离方法。裂解气的分离已发展出三大分离技术，分别是顺序分离技术、前脱丙烷前加氢分离技术和前脱乙烷前加氢分离技术。表 1.0-6 是裂解气的主要组成。

**表 1.0-6　裂解气主要组成**

| | |
|---|---|
| （裂解炉出口）：氢气 | |
| 甲烷($C_1$) | |
| **乙炔**($C_2$) | |
| 乙烯($C_2$) | |
| **乙烷**($C_2$) | |
| 丙二烯/丙炔($C_3$) | |
| **丙烯**($C_3$) | |
| 丙烷($C_3$) | |
| **丁二烯**/丁炔、丁烯、丁烷($C_4$) | |
| 戊二烯/戊炔、戊烯、戊烷($C_5$) | |
| $C_6$～$C_8$ 非芳 | 杂质 |
| **苯、甲苯、二甲苯**/乙苯/苯乙烯 | CO |
| $C_9$～205℃ | $CO_2$ |
| 205～288℃(裂解柴油) | $H_2S$ |
| $288^+$℃(裂解燃料油) | $H_2O$ |

所谓顺序分离是指按碳原子数从轻到重顺序分离的工艺技术，也是最早工业应用的分离技术，流程简图见图 1.0-3。在生产实践中，顺序分离技术也暴露出一些缺点，人们又开发出了前脱丙烷前加氢技术(图 1.0-4)和前脱乙烷前加氢技术(图 1.0-5)。所谓前脱丙烷是指首先将碳三及轻组分与碳四及重组分进行分离，所谓前脱乙烷是指首先将碳二及轻组分与碳三及重组分进行分离，这两种工艺均采用前加氢技术，不仅没有重组分进入深冷系统，还减少了加氢后绿油量，乙烯塔也可采用开式热泵技术降低能耗。

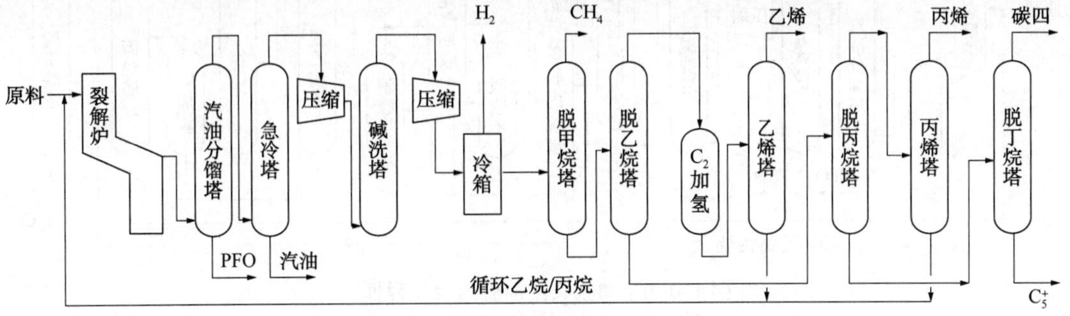


图 1.0-3　顺序分离技术流程框图

PFO—裂解燃料油

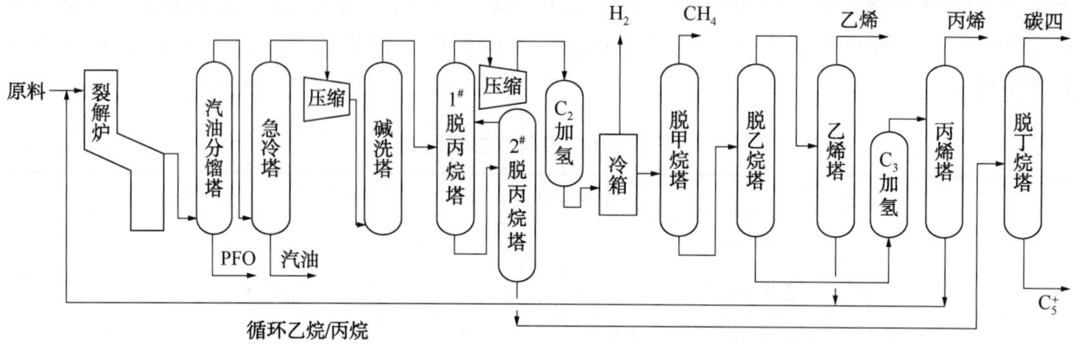


图 1.0-4　前脱丙烷前加氢流程框图

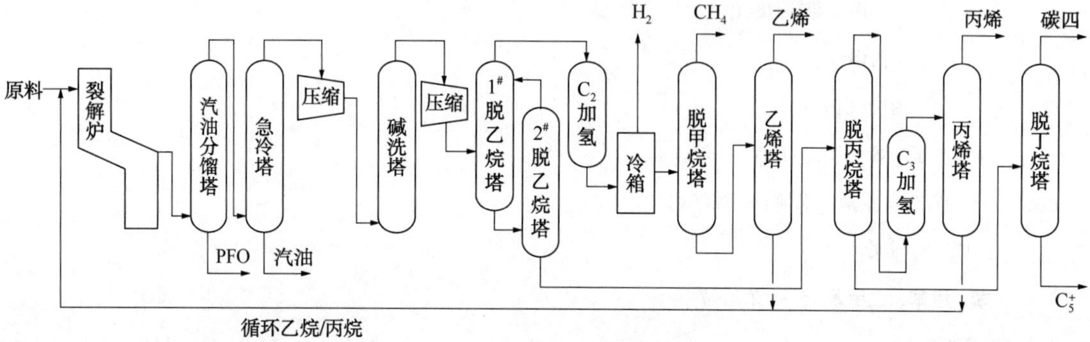


图 1.0-5　前脱乙烷前加氢流程框图

3. 油吸收分离方法

油吸收法是利用吸收剂(如碳三或碳四馏分)吸收裂解气中碳二以上烃类而从裂解气中分离出甲烷和氢气，其所需低温条件比较缓和，可以在-40℃以上。可以取消深冷部分和乙烯制冷系统，仅设置丙烯制冷系统，使制冷系统大为简化，对设备和管道材质要求也降低，因而有可能降低投资。图 1.0-6 为 KTI 与 Brown 公司合作开发的前脱丙烷和吸收法脱甲烷的工艺技术。

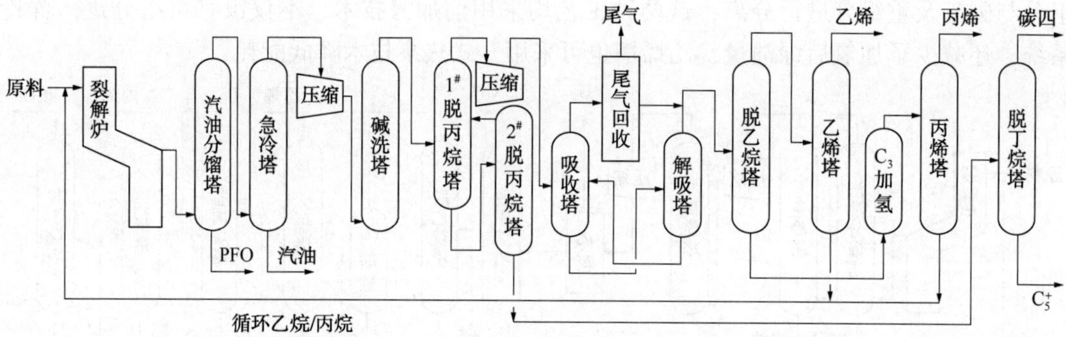


图 1.0-6　油吸收法前脱丙烷流程框图

但是，油吸收法由于采用大量吸收剂的循环，因而其能耗较高，生产 1t 乙烯的能耗约为深冷法的 1.5 倍以上。油吸收法所得甲烷氢物料中乙烯和丙烯含量可能高达 3%~6%(体积)，烯烃损失较大。另外，油吸收法不能获得氢气产品，而只能获得吸收塔顶部的甲烷氢混合组分，如需用氢气产品尚需增设变压吸附装置。相应，其脱除炔烃的方案也较多采用前加氢脱炔烃或吸收法(如丙酮或二甲基甲酰胺)脱炔烃。由于能耗高、烯烃损失大等缺点，油吸收法在20世纪60年代已被深冷分离法所取代。

## 第一节 国外分离技术发展

尽管George Oliver Curme Jr. 博士的电弧工艺成功地生产了乙炔和乙烯，但由于需要大量电力，成本很高，于是Curme和同事研究用乙烷生产乙烯的可能性，并开发了热裂解技术，在裂解炉中乙烷被加热到高温转化为乙烯和氢气。1923年，Curme和Pierre E. Haynes获得了乙烷裂解制乙烯的专利(美国专利，#1，460，545)。1921年夏天，采用Curme博士乙烷裂解制乙烯技术的工厂在美国西弗吉尼亚州克伦德宁(Clendenin)建成投产，标志着蒸汽裂解技术的历史性开端，装置流程见图1.1-1。

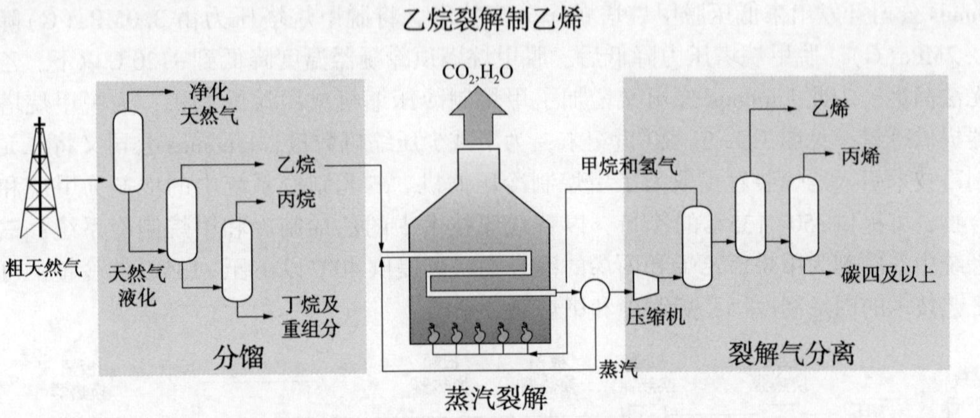


图1.1-1 世界第一套蒸汽裂解装置流程示意图

20世纪40年代的第二次世界大战促进了乙烯工业的快速发展，随后多家公司开发了自己的乙烯技术，裂解原料也从乙烷拓展到丙烷、石脑油等。分离部分采用顺序分离技术：裂解气首先在急冷系统降温，然后压缩提高压力。深冷部分与现在的工艺不同，为裂解气先进入脱甲烷塔将$C_1$与$C_2$分离，塔顶气相再深冷进行甲烷氢分离的工艺技术。脱甲烷塔为高压塔，压力为3.0MPa(G)；脱甲烷塔釜物料进入脱乙烷塔，脱乙烷塔顶的$C_2$再进入乙烯塔，最后得到乙烯产品。由于温度更低的甲烷氢分离部分位于脱甲烷塔下游，为了区别现在的技术流程，此流程被称为后冷流程。此流程存在乙烯损失大、能耗高的缺点，已被前冷工艺取代。我国1973年在辽阳建成的化纤乙烯装置即采用了Technip开发的后冷顺序分离技术，见图1.1-2。

随着乙烯技术的发展，人们开发出了更加节能的前冷分离工艺，即裂解气先通过深冷将甲烷氢分离，同时液相送入脱甲烷塔。世界著名的乙烯专利商Lummus、Stone & Webster、Kellog、Brown & Root、Technip均开发了顺序分离技术。80年代以后，节能降耗成为乙烯技术关注的重点，乙烯分离技术逐渐呈多样化，先后产生低压脱甲烷顺序分离技术、中压脱甲烷顺序分离技术(渐进分离技术)、前脱丙烷前加氢技术、前脱乙烷前加氢技术和前脱丙烷前加氢-低压激冷/脱甲烷技术等。

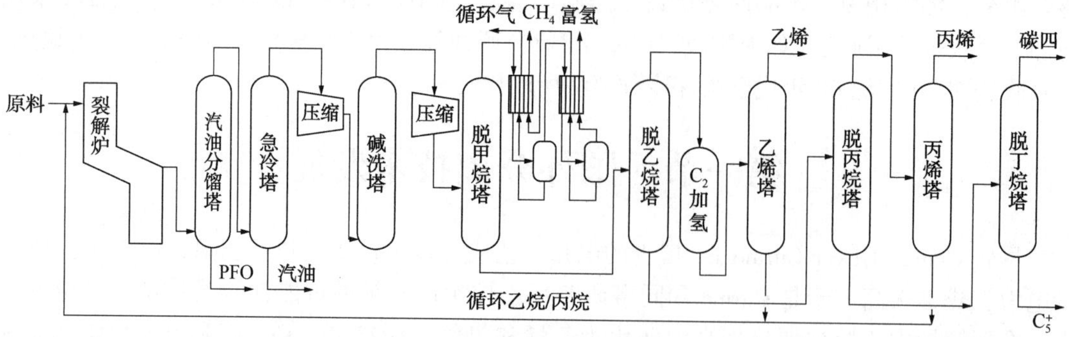


图 1.1-2　后冷流程示意图

Lummus 公司研究认为，高压脱甲烷塔的回流比高，因此需要消耗较多的高等级乙烯冷量，如果降低脱甲烷塔压力，回流比大幅度降低，进而降低了乙烯装置的能耗。为此，Lummus 公司开发出来低压脱甲烷塔顺序分离技术，将脱甲烷塔压力由 3.0MPa(G)降低到约 0.7MPa(G)。脱甲烷塔压力降低后，脱甲烷塔顶冷凝器温度降低到-120℃以下，乙烯冷剂无法满足，为此 Lummus 公司又增加了甲烷制冷压缩机或甲烷膨胀机，为脱甲烷塔顶冷凝器提供冷量，见图 1.1-3。20 世纪末，为了减少压缩机数量，Lummus 公司又将二元和三元制冷技术引入乙烯装置，取消了甲烷制冷压缩机。二元制冷系统中的冷剂为甲烷和乙烯混合物，可提供-50~135℃的冷量，以替代原技术中的乙烯制冷和甲烷制冷系统；三元制冷系统中的冷剂为甲烷、乙烯和丙烯的混合物，可提供 40℃以下至-135℃的冷量，可替代原工艺技术的丙烯制冷、乙烯制冷和甲烷制冷系统。

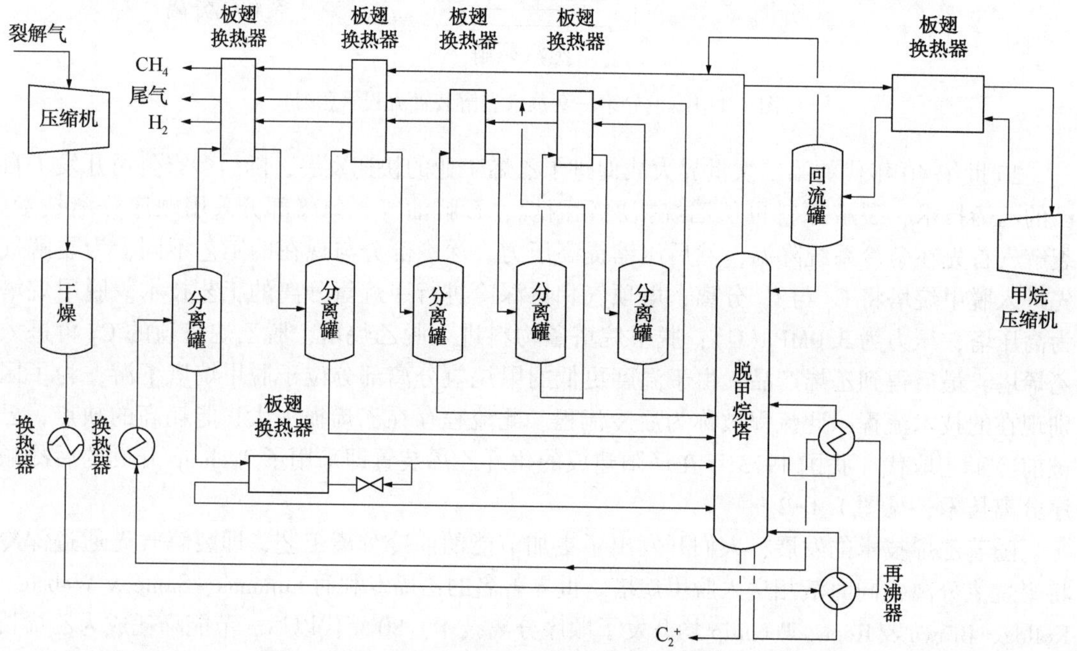


图 1.1-3　低压脱甲烷塔流程示意图

与 Lummus 公司观点不同，Technip 公司认为脱甲烷塔压力不宜过低，而是适当降低。

为此，开发了中压脱甲烷工艺，将脱甲烷塔压力降低到 1. 2MPa(G)，并设置了双塔，采用甲烷膨胀机为脱甲烷塔冷凝器提供冷量，见图 1. 1-4。

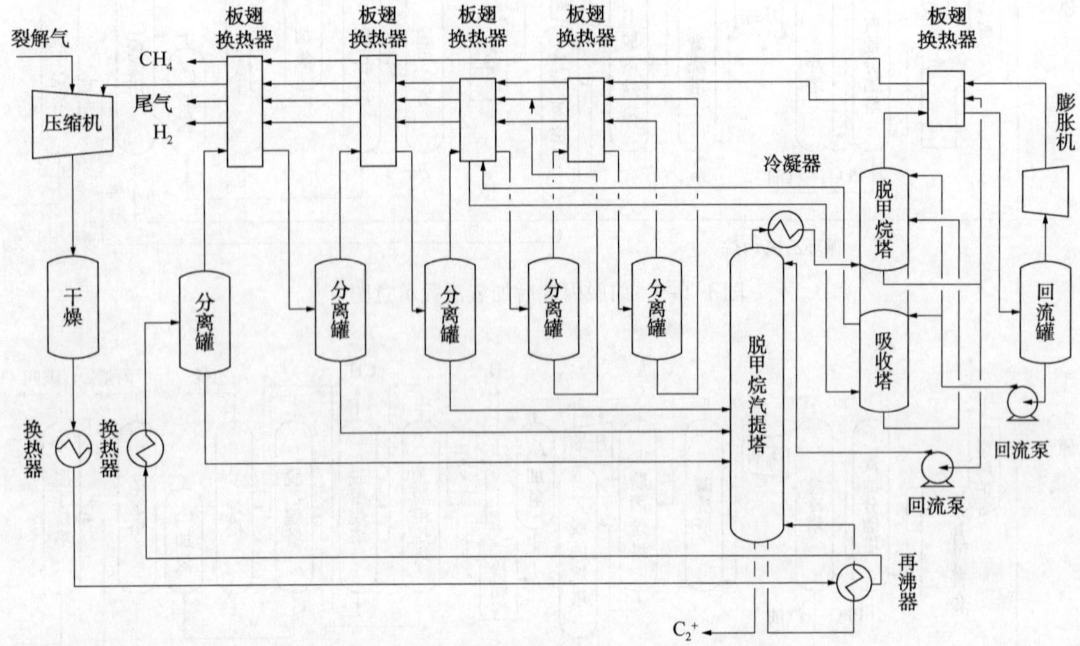


图 1. 1-4 Technip 公司中压脱甲烷流程示意图

另一些公司则另辟蹊径，开发了前脱丙烷分离技术，如图 1. 1-5 所示。首先将裂解气中的 $C_3^-$ 与 $C_4^+$ 分离，为了抑制脱丙烷塔釜结焦，将脱丙烷塔设置在裂解气压缩机末端入口，并拆成高低压两个塔，高压塔与压缩机末段形成开式热泵以使塔顶冷凝器温度提高，降低冷剂的能耗。高压脱丙烷塔顶物料进入前冷、脱甲烷系统分离出氢气和甲烷氢尾气，脱甲烷塔釜物料进入脱乙烷塔，脱乙烷塔顶 $C_2$ 加氢后进入乙烯塔。以后随着乙炔加氢催化剂的发展，将 $C_3^-$ 组分加氢脱除乙炔后再进入深冷系统。由于碳二加氢系统位于脱甲烷塔上游，所以该工艺被称为前脱丙烷前加氢工艺，将原来的前脱丙烷工艺称为前脱丙烷后加氢工艺。由于乙炔在进入前冷之前已经加氢脱除，所以进入乙烯塔的物料只包含乙烯和乙烷，乙烯塔可以与乙烯制冷压缩机形成开式热泵以降低分离能耗。近年来前脱丙烷前加氢工艺技术的市场占有率增加迅速。Stone & Webster 公司将裂解气压缩仍保留 5 段，而 Brown & Root 公司则采用 4 段压缩。图 1. 1-6 为 Stone & Webster 公司的前脱丙烷前加氢流程示意图。

鉴于前脱丙烷前加氢工艺的一些优点，近期市场占有率增长，Lummus 公司于本世纪开发了低压激冷的前脱丙烷前加氢工艺技术，参见图 1. 1-7 流程示意图。该技术仍保持低压脱甲烷，并将裂解气压缩机的最终压力由 3. 6MPa(G)以上降至 2. 2MPa(G)，四段压缩。高低压脱丙烷塔位于裂解气压缩机四段出口，高压脱丙烷塔顶气相进行碳二加氢后进入低压激冷系统。脱甲烷塔为低压塔，压力 0. 7MPa(G)，裂解气在前冷系统中冷却到一定温度气液分离后，气相进一步压缩升压到 3. 6MPa(G)后进行氢气与甲烷分离。乙烯塔仍采用高压[1. 7MPa(G)]。制冷系统采用二元制冷与丙烯制冷，或采用三元制冷。

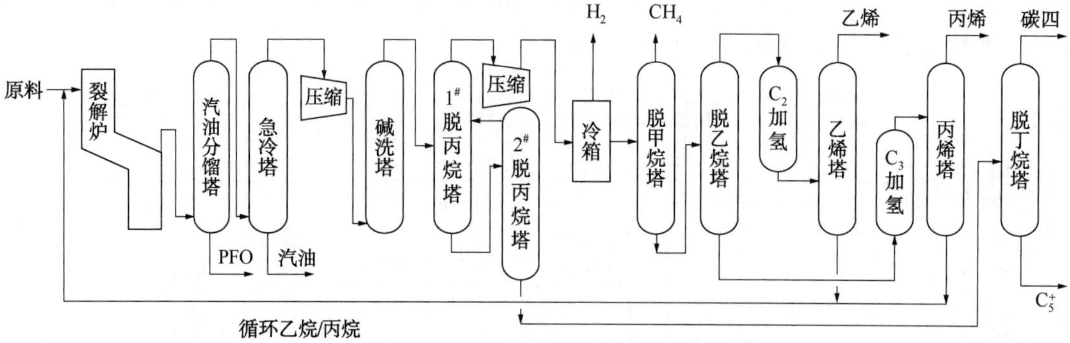


图 1.1-5　前脱丙烷后加氢流程示意图

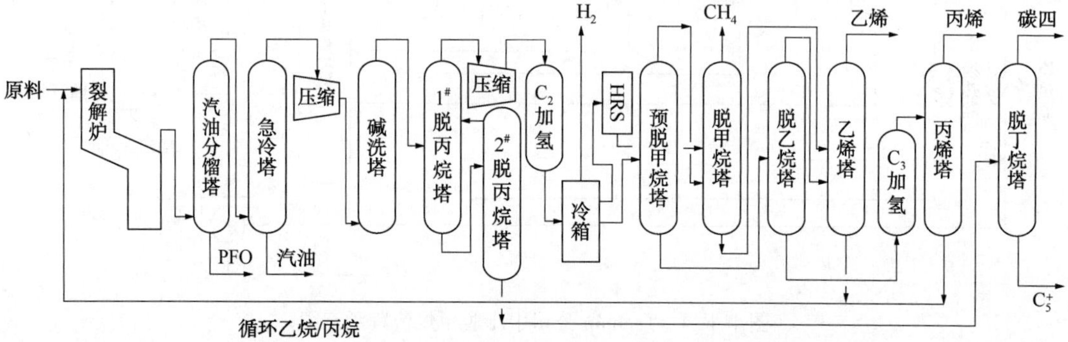


图 1.1-6　Stone & Webster 公司前脱丙烷前加氢流程示意图

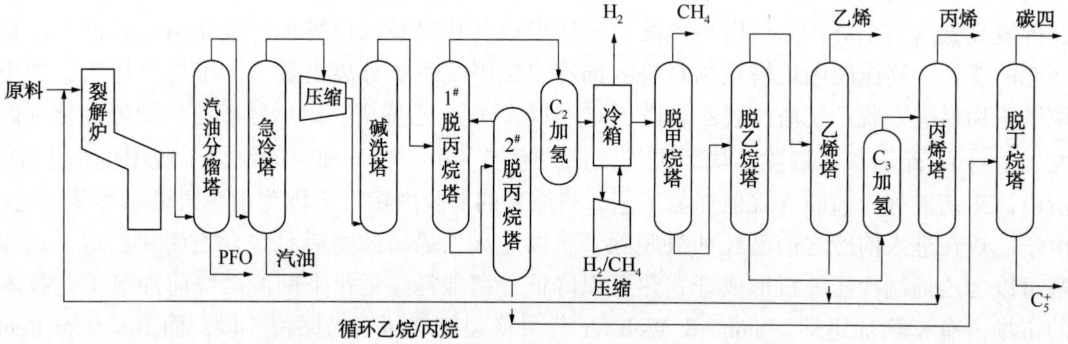


图 1.1-7　低压激冷前脱丙烷前加氢流程示意图

Linde 公司则开发前脱乙烷前加氢技术，参见图 1.1-8。该技术仍采用 5 段，裂解气升压后首先脱乙烷，将 $C_2^-$ 与 $C_3^+$ 分离，塔顶的 $C_2^-$ 进行碳二加氢或抽提脱除乙炔，然后进入深冷系统。碳二加氢采用等温床。在抽提脱除乙炔的工艺中，用 *N*,*N*-二甲基甲酰胺(DMF)作为溶剂。脱乙烷塔为高低压双塔，以抑制塔釜结焦，脱甲烷为高压塔，乙烯塔压力为 0.8MPa(G)，并与乙烯机组成开式热泵。

在 100 年的乙烯生产历史上，顺序分离技术历史最悠久，曾用于所有原料的裂解气分离。20 世纪 80 年代后，前脱丙烷技术日趋成熟，被用于混合原料的裂解气分离，市场份额

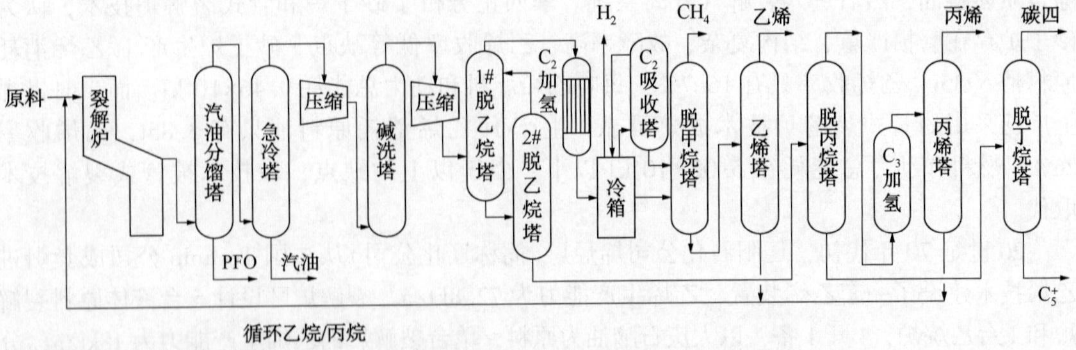


图 1.1-8 Linde 公司前脱乙烷前加氢流程示意图

迅速增大，国外专利商 KBR、TechnipFMC(S&W)、Lummus 均开发了自己的前脱丙烷前加氢技术。对于纯乙烷或乙烷为主的气体原料，研究发现前脱乙烷前加氢技术更具优势，近年来得到广泛应用。与 Linde 公司用于液体原料的前脱乙烷分离技术不同，用于乙烷原料的前脱乙烷工艺除急冷系统简化外，裂解气也只进行 4 段压缩，压缩机的末段出口压力均有降低。脱乙烷塔、脱甲烷塔压力也降低，并采用单塔。

# 第二节 国内分离技术发展

## 一、发展历史

中国乙烯生产的历史可追溯到 20 世纪 50 年代，从苏联引进方箱炉技术，年生产能力 5000t 乙烯，分离采用中压油吸收技术，技术比较落后，后来被改造为深冷分离技术。1961 年 12 月，引进联邦德国鲁奇开发的砂子炉裂解技术，年生产能力 36kt 乙烯，于 1970 年生产出了新中国第一批合格的工业乙烯。1974 年又开始建设第二套砂子炉装置，并于 1978 年投产。

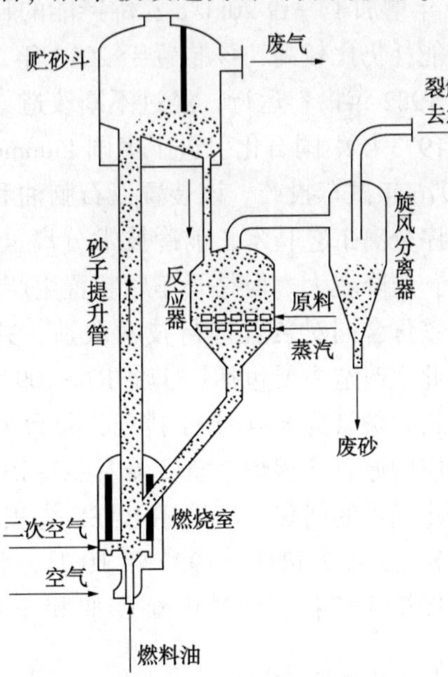


图 1.2-1 砂子炉示意图

砂子炉由原油闪蒸、闪蒸馏分油裂解和裂解气后处理三部分组成(图 1.2-1)。原油经加热闪蒸蒸出约 60% 的轻质馏分油作为裂解原料，剩余重油用于生产合成气或用作燃料。闪蒸馏分油经预热到 350~450℃ 后沿反应器四周由喷枪喷入，同时也喷入数量相等的 450℃ 过热蒸汽以降低烃分压。原料与温度约为 850℃ 的热砂在流化状态下接触，发生反应。反应后降温到约为 700℃ 的热砂借助重力沉降进入燃烧室烧焦而提高温度，然后再经提升管由空气提升至贮砂斗，最后重新进入反应器。裂解气离开反应器，经旋风分离器脱除夹带砂，在进行急冷后进入油洗系统回收热能和脱除重质燃料油，然后进入裂解气分离系统。李西正分析了砂子炉和管式裂解炉技术，认为砂子炉存在磨损严重、结构复杂、故障率高、乙烯收率低等缺点。砂子炉生产1t乙烯消耗原料油6.35t，乙烯收率只有16.7%，每吨乙烯燃料和动力总能耗$9.46\times10^7$kJ。而当时世界上广泛采用的管式裂解炉技术成熟可靠，生产1t乙烯消耗原料油只有3.85t，乙烯收率26%，燃料和动力总能耗在$5.02\times10^7$kJ以下。由于以上的缺点，该技术被管式裂解技术取代。

20世纪70年代初，辽阳石化公司烯烃厂(简称辽化公司)从法国Technip公司成套引进乙烯技术建设了一套乙烯装置，乙烯生产能力为72.8kt/a。裂解炉区设计5台液体原料裂解炉和1台乙烷炉，4开1备，以大庆石脑油为原料，单台裂解炉的乙烯生产能力为18kt/a，分离部分采用后冷顺序分离技术。1986—1987年专利商Technip公司对装置进行了局部改造：裂解炉区引进了1台GK-1型裂解炉(25kt/a)，并对原有2台裂解炉进行了改造，改造后单炉生产能力提高到22kt/a；分离系统将脱甲烷塔、脱乙烷塔全部浮阀塔盘更换为Intalox填料，碱洗塔的水洗段、乙烯精馏塔产品采出板以上10层浮阀塔盘更换为Intalox填料，改造后装置生产能力提高到88kt/a。由于裂解原料变化和裂解气压缩机运行不够稳定，在改造后的几年中，乙烯年产量在70kt/a左右徘徊，一直没有达到设计能力。为了解决制约装置生产能力的瓶颈问题，利用1991年、1992年检修期间进行了第二次局部改造。急冷系统将急冷塔的2~34层浮阀塔盘更换为Intalox填料；从德国Demag公司引进1台裂解气压缩机；扩大了部分机泵的能力。通过此次改造，乙烯产量达到设计值。

1974年3月，上海石化115kt/a乙烯装置开工建设，1976年7月开车成功。该装置裂解原料为煤油和柴油，采用日本三菱油化的倒梯形裂解炉和前脱丙烷后加氢分离技术，其流程可参见前述图1.1-5。5台液体炉产能为20kt/a乙烯，乙烷炉产能为15kt/a乙烯。1991年增加了一台20kt/a乙烯产能的日立-西拉斯裂解炉。2007年对该装置进行了节能改造后能耗仍比较高，该装置于2013年11月停产。吉化公司于1970年代也引进了该技术，并于1982年投料运行，经过不断改造，产能已经达到145kt/a乙烯。

1973年中国石化引进了美国Lummus技术在燕山建设中国首套300kt/a乙烯装置，装置于1976年试车投产。该装置以石脑油和柴油为原料，采用SRT-Ⅱ型裂解炉，分离部分采用顺序分离工艺技术，前冷技术分离氢气，高压单塔脱甲烷。急冷油塔和急冷水塔均采用浮阀，压降较大。但是开车后装置生产能力和能耗均与设计有一定差距，1985年与Lummus公司签订合同对装置进行技术改造，并于1987年完成，1988年装置达到300kt/a乙烯产能。此次改造主要包括：①将BA-109和BA-110两台裂解炉由SRT-Ⅱ型炉改为SRT-Ⅳ型炉，新炉炉管为8-4-1-1排列，每台炉4组炉管。为满足SRT-Ⅳ型炉裂解产物急冷要求，把相应的原急冷锅炉、急冷器及急冷锅炉和急冷器之间的管道，也做了更换。裂解炉炉管和急冷锅炉的清焦，均采用BASF烧焦技术。②急冷塔原有12块塔盘，1~5块为浮阀塔盘，7~12块为角铁。1987年10月，将1~5块塔盘改为Intalox填料；③增加了脱甲烷塔预分馏塔系统；④增加甲烷膨胀机PA-350以提供更多冷量；⑤脱乙烷塔系统进行了改造。

80年代，我国乙烯行业得到一定的发展，相继建设了4套300kt/a乙烯装置，见表1.2-1。到1990年，我国乙烯年产能达到2092kt。

表 1.2-1 1980 年代建设的 4 套 300kt/a 乙烯装置

| 厂名 | 裂解技术 | 裂解原料 | 开车时间 |
|---|---|---|---|
| 大庆石化总厂 | Stone & Webster，顺序分离 | 油田轻烃、石脑油 | 1986 年 |
| 齐鲁石化公司 | Lummus，顺序分离 | 石脑油、轻柴油 | 1987 年 |
| 扬子石化公司 | Lummus，顺序分离 | 轻柴油、减压柴油 | 1987 年 |
| 上海石化总厂 | Lummus，顺序分离 | 石脑油、轻柴油 | 1989 年 |

90 年代开始，随着我国经济快速发展，乙烯行业进入快速增长阶段，陆续建设了不同规模的乙烯装置，到 2021 年末，我国蒸汽裂解技术的乙烯产能达到 34360kt，位居世界第二。我国乙烯行业(蒸汽裂解技术)发展见表 1.2-2。

表 1.2-2 我国蒸汽裂解技术年产能

| 年份 | 年产能/kt | 年份 | 年产能/kt | 年份 | 年产能/kt |
|---|---|---|---|---|---|
| 1969 | 5.1 | 2002 | 5520 | 2012 | 16900 |
| 1979 | 440 | 2003 | 5670 | 2013 | 17700 |
| 1985 | 720 | 2004 | 6060 | 2014 | 18500 |
| 1986 | 1020 | 2005 | 7560 | 2015 | 18500 |
| 1987 | 1612 | 2006 | 9890 | 2016 | 18500 |
| 1988 | 1210 | 2007 | 9970 | 2017 | 18500 |
| 1989 | 1907 | 2008 | 9970 | 2018 | 19500 |
| 1990 | 2092 | 2009 | 12700 | 2019 | 21500 |
| 2000 | 4450 | 2010 | 14700 | 2020 | 27460 |
| 2001 | 4760 | 2011 | 15000 | 2021 | 34360 |

乙烯产能是一个国家石化工业发展水平的标志。乙烯装置生产的三烯(乙烯、丙烯、丁二烯)、三苯(苯、甲苯、二甲苯)是重要的基本有机化工原料，大部分化工产品由此衍生而来，众多的衍生产品广泛应用于各行各业，对国民经济发展和人民生活水平的提高具有重要的作用和影响。直到 20 世纪末，乙烯成套技术完全被国外专利商垄断，我们不仅要付出高昂的专利和专有技术费，同时设备的国产化也受国外专利商的制约，装置投资高，市场竞争力弱。随着我国乙烯行业的发展，开发自有乙烯技术成为国家发展的需要。

中国石化在 20 世纪 80 年代认真研究了我国的开发环境和乙烯技术难点，并结合我国乙烯产业的发展，制定了乙烯技术开发规划，提出了“联合攻关、重点突破”的策略，采取“首先实现裂解技术突破，同时开展分离技术攻关”的开发思路。2000 年后，随着乙烯产业的快速发展及中国石化乙烯技术的进步，中国石化又将开发策略调整为“联合攻关、重点突破、系统集成、跨越发展”。争取国家相关部委的大力支持，组织研究、设计、生产、装备制造等多家单位进行联合攻关，目标是从裂解、分离、催化剂、重大装备等关键技术的单点突破，到百万吨级乙烯成套技术的集成创新，最终实现我国乙烯技术的飞跃，达到世界领先水平。

80 年代，中国石化在规划建设茂名 300kt/a 乙烯装置时，组织开发完成了 300kt/a 乙烯装置分离工艺包的模拟设计，进行技术储备，其目的在于熟悉并掌握流程模拟软件及各种工具软件的使用方法，发现问题并通过与引进工艺包的对比发现差距，为下一步针对性的研究开发指明了方向。自主开发了第一代碳二加氢催化剂 BC-1-037，并在扬子、齐鲁等 300kt/a 乙烯装置上成功替代国外催化剂。自主开发了碳三液相加氢催化剂 BC-L-83，并在上海石化完成了单段床碳三液相选择加氢新工艺的工业侧线试验。

倪进方于 1990 年代提出了双塔前脱乙烷的非清晰分割分离流程，用于顺序分离系统的扩能改造，并在独山子 1#乙烯装置改造中得到应用。但是该技术会造成冷量后移，增加装置能耗，现在已不采用。

1997 年，中国石化开发了分凝分馏塔专利技术及设备，其技术特点为同时传质传热，在高效回收不同温度级位冷量的同时提高了乙烯回收率，2000 年在天津联化完成了工业侧线试验，为开发国际先进的深冷流程打下技术基础。2001 年国家科技部委托中国石油化工集团公司组织“大型乙烯工程关键技术开发”项目的课题之二“80 万吨/年乙烯分离成套技术开发”，2003 年通过国家科技部验收。开发了前脱丙烷前加氢(LECT，Low Energy Consumption Technology)分离技术，该技术适用于处理纯乙烷原料以外的裂解气，采用该技术的中韩(武汉)800kt/a 乙烯装置于 2013 年一次开车成功。随后中国石化又开发了用于以乙烷为主的气体原料的前脱乙烷前加氢技术(ART，Advanced Recovery Technology)，采用该技术的宁波华泰 600kt/a 乙烯装置于 2021 年一次投料成功。开发了用于混合原料和液体原料的顺序分离技术(AERP，Advanced Ethylene Recovery Process)，采用该技术的镇海炼化 1200kt/a 乙烯装置于 2022 年一次投料成功，并创造了开车时间最短的纪录。从此中国石化成为首个掌握了全系列乙烯分离技术的专利商。

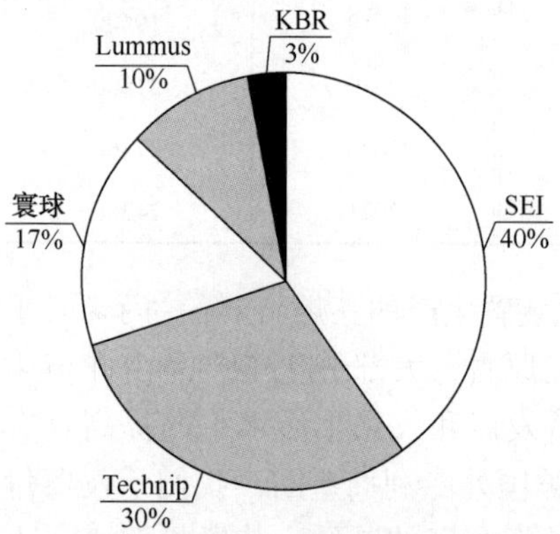

图 1.2-2 国内分离技术许可占有率

中国石油开发了前脱丙烷前加氢技术，并采用此技术建设了大庆 600kt/a 乙烯装置(大庆 3#线)。该公司开发的前脱乙烷前加氢技术也获得工业应用。

随着 2022 年 1 月镇海炼化 1200kt/a 乙烯装置一次试车成功，标志着中国已掌握乙烯三大分离技术。近十年，随着国内乙烯技术的日趋成熟，国内乙烯技术的市场占有率迅速上升。图 1.2-2 为统计的自 2012—2021 年底国内乙烯新建及改造技术许可数量市场占有率情况，其中中国石化工程建设有限公司(SEI)以 40%的份额占有率第一。

## 二、中国石化 LECT 技术

### 1. LECT 总流程介绍

低能耗乙烯分离技术(LECT)，是中国石化工程建设有限公司开发的低能耗乙烯分离技术，采用前脱丙烷前加氢分离流程。前脱丙烷流程系裂解气经三段或四段压缩后，先把比 $C_3$ 轻的馏分($C_3^-$)和比 $C_4$ 重的馏分($C_4^+$)分开，使 $C_4^+$ 不再进入压缩机高压段和精馏分离系统，然后再从 $C_3^-$ 轻组分中依次分出甲烷、氢气、乙烯、丙烯等产品，脱炔采用前加氢。此法适用于含有较大量 $C_4^+$ 的裂解气(如以石脑油、加氢尾油、柴油等重质烃作裂解原料)。LECT 流程采用先进的前脱丙烷前加氢分离技术，结合乙烯塔热泵及膨胀/再压缩技术，充分考虑能量的合理利用，最大限度地降低了分离系统能量消耗。图 1.2-3 为 LECT 前脱丙烷流程图。

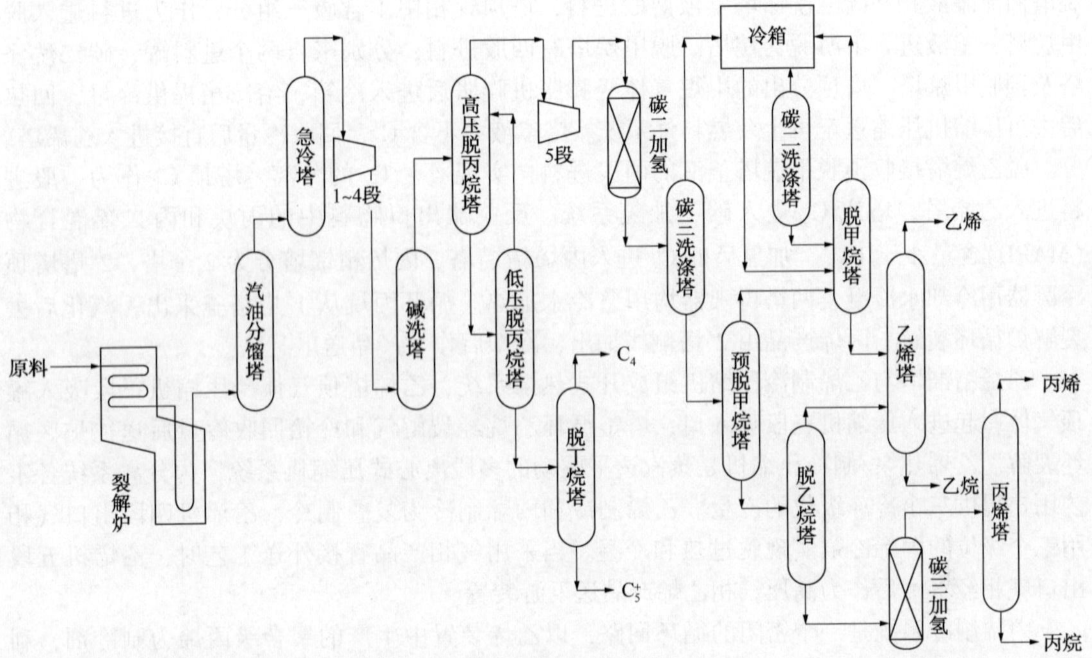


图 1.2-3 前脱丙烷流程示意图

自裂解炉急冷锅炉出来的裂解气经急冷油冷却后进入急冷油塔，分离出轻重燃料油副产品，裂解气中高温位的热能分别经循环急冷油和盘油回收，间接用于发生稀释蒸汽、工艺用加热器或再沸器。急冷油塔顶部的裂解气送到急冷水塔，分离出汽油馏分，裂解气中低温位的热能经循环急冷水回收，间接用于各工艺用加热器或再沸器。

自急冷水塔顶出来的裂解气进入裂解气压缩系统，经压缩机四段压缩后进入碱洗塔，除去裂解气中的 $CO_2$、$H_2S$ 等酸性气体组分。$CO_2$ 在低温下形成干冰，会造成深冷分离系统堵塞，$H_2S$ 将造成乙烯装置的加氢脱炔催化剂和甲烷化催化剂中毒，也可造成下游装置的聚合过程或催化反应过程的催化剂中毒，甚至严重影响产品质量。酸性气的诸多危害性都使其脱除过程成为必然。碱洗后的裂解气用丙烯冷剂冷却，气相和液相分别被送到裂解气干燥器和液体干燥器，将含水量脱除至 $1\times10^{-6}$以下。

LECT 采用双塔前脱丙烷工艺，高低压脱丙烷塔釜温都控制在 80℃以下，可有效减缓双烯烃的聚合结垢。干燥后的裂解气用丙烯冷剂冷却后进入高压脱丙烷塔，塔顶部采出的不含 $C_4$ 及以上重组分的气体进入裂解气压缩机的五段中压缩，裂解气压缩机的五段与高压脱丙烷塔系统一起构成开式热泵系统。压缩机出料送到碳二加氢反应器，乙炔全加氢，MAPD 部分加氢，加氢后乙炔的含量不高于 $1\times10^{-6}$(摩尔)，以满足乙烯产品规格的要求。裂解气再经干燥和逐级冷却冷凝，气体被送到深冷系统的冷箱中，液态烃送往下游预脱甲烷塔。低压脱丙烷塔底馏出物去脱丁烷塔分离出混合 $C_4$ 产品及粗裂解汽油。

进入深冷系统的裂解气在冷箱和板翅换热器中被循环乙烷、甲烷氢尾气、各级丙烯冷剂和乙烯冷剂等逐级冷却，并先后经碳三洗涤塔、碳二洗涤塔脱除 $C_3$ 和 $C_2$，最后分离出摩尔分数为95%粗氢及高、低压甲烷。粗氢进入甲烷化反应器中除去CO杂质，干燥后成为氢气产品送出。脱甲烷塔系统包括预脱甲烷和脱甲烷两个塔系。预脱甲烷塔接收高压脱丙烷塔回流罐液相和碳三洗涤塔釜液两股进料，塔顶气相中不含碳三组分，作为进料进入脱甲烷塔，釜液进入下游脱乙烷塔。脱甲烷塔有四股进料，分别来自两个进料罐、碳二洗涤塔及预脱甲烷塔，塔顶分出的甲烷气体经膨胀机膨胀后进入冷箱，给冷箱提供冷量，回热后去再压缩机压缩送至再生及燃料气系统。塔釜液中不含 $C_3$，回收冷量后直接进入乙烯塔。

脱乙烷塔接收预脱甲烷塔釜液的两股进料，实现 $C_2$、$C_3$ 的分离。塔顶 $C_2$ 作为一股进料进入乙烯塔，塔底 $C_3$ 进入碳三加氢系统。反应器出口物料中的丙炔和丙二烯混合物(MAPD)含量小于 $10^{-4}$，加氢后的 $C_3$ 进入丙烯精馏塔。丙烯精馏塔分为2个塔，2#塔塔顶冷凝器用冷却水冷凝，两塔再沸器均用急冷水加热。循环丙烷从1#塔塔釜采出，汽化后去裂解炉循环裂解。丙烯产品由2#塔侧线抽出，冷却后作为产品送出。

乙烯精馏塔与乙烯制冷压缩机组成开式热泵系统，乙烯塔顶气体与压缩机三段吸入罐顶气体一起进入压缩机三段吸入口，塔釜循环乙烷经裂解气和冷箱回收冷量后送往炉区循环裂解。乙烯热泵/制冷压缩机是蒸汽透平驱动的多段离心式压缩机系统，为分离系统各工艺用户提供三个冷冻级位的冷量。乙烯制冷和丙烯制冷为复叠制冷，乙烯机四段出口气相用三个级位的丙烯冷剂实现脱过热和冷凝。当采用气相产品直接外送工艺时，乙烯机五段出口气相经水冷后作为高压气相乙烯产品送下游装置。

丙烯制冷系统是一个密闭的循环回路，以乙烯装置中生产的聚合级丙烯为制冷剂，利用蒸汽透平驱动的四段离心式压缩机在环路中循环制冷。用液态丙烯在不同压力下节流汽化来为工艺用户提供四个等级的丙烯冷剂，各个级别的丙烯气体返回丙烯压缩机循环使用。

2. LECT 流程特点

LECT 前脱丙烷前加氢分离技术的流程特点主要体现在如下方面：

① 急冷油塔设置盘油循环取热，使塔内的温度分布更合理，同时也可为下游的分馏塔提供再沸器热源。

② 采用高效的新急冷技术，乙烷炉裂解气经三级急冷后进入急冷油塔上段，使乙烷炉能够增产更多超高压蒸汽，提高裂解气热量回收率。采用高效减黏技术，液体炉裂解气对急冷油汽提后，送入急冷油塔下段，使中间组分返回急冷系统循环，从而达到控制急冷油黏度、提高急冷油塔塔釜温度的目的。

③ 裂解气压缩机采用五段，压缩比低，减少了裂解气在压缩机内结焦的趋势；裂解气压缩机前四段采用注水冷却技术，降低压缩机内部裂解气温度，可延长压缩机连续运行的周期。

④ 双塔双压前脱丙烷系统降低了塔釜再沸器的结焦；低压脱丙烷塔顶碳三馏分返回高压脱丙烷塔，降低了装置能耗，同时更多的碳三进入碳二加氢反应器，使裂解气的总热容增大，能有效减缓反应剧烈程度，更好地避免床层飞温。在碳二前加氢系统不仅脱除了全部的乙炔，同时也脱除了大量的MAPD，降低了碳三加氢系统的负荷。此外绝热固定床反应器比等温反应器投资更低。

⑤ 冷区采用碳三洗涤塔、碳二洗涤塔、冷箱、预脱甲烷塔和脱甲烷塔的合理布置形成新的流程，使物料得到了合理分配，能量得到了合理利用，既减少了冷量消耗也减少了乙

烯的损失。

⑥ 采用分凝分馏塔(CFT)，该设备不仅有传热作用也有传质作用，既使物料得到分离，同时还更加有效地回收了系统的冷量。该设备为拥有自主知识产权的专利设备。

⑦ 乙烯塔和乙烯制冷压缩机组成开式热泵系统，乙烯塔在低压下操作，回流比降低。热泵系统使制冷机总功率减少。乙烯塔的热泵压缩机与乙烯制冷压缩机共用一台压缩机，减少一套压缩机组。

⑧ 采用国产催化剂。中国石化北京化工研究院开发的碳二加氢、碳三加氢及甲烷化技术，其中碳二加氢反应技术具有投资少、选择性高等优点，装置开车期间不需要深冷系统分离出的氢气，也不需要从界外引氢气，开车方便；碳三一段加氢技术采用滴流床反应器，具有投资少、选择性高、再生周期长等优点。

3. LECT 适用原料

对于新建乙烯装置，顺序分离、前脱丙烷、前脱乙烷三种工艺都可以达到分离要求，但需根据装置的原料特点选用合适的分离工艺。对于以乙烷为主要原料的装置，优选方案是前脱乙烷流程。对于液体原料，如石脑油、加氢尾油、轻烃、LPG 等，前脱丙烷流程和顺序分离流程都可以选用。

LECT 技术采用前脱丙烷流程，更适合以重质烃作裂解原料的乙烯装置，如石脑油、加氢尾油、柴油，直至原油裂解。重原料将使得裂解产物中 $C_4$ 及以上的重组分含量偏高，选用前脱丙烷流程后，裂解气压缩机五段出口裂解气中的 $C_4$ 及以上重组分先经高低压脱丙烷塔脱除，而后直接进入热区脱丁烷塔，从而减少了前冷和冷区的负荷，有利于降低装置能耗。

4. LECT 应用情况

LECT 乙烯分离技术首次应用于中韩(武汉)石化 800kt/a 乙烯装置，该装置于 2013 年 8 月成功投产并稳定运行至今。此后又有多套乙烯装置采用该技术，包括新建和改扩建装置，具体如表 1.2-3 所示。

**表 1.2-3　LECT 应用情况汇总**

| 项目名称 | 装置规模/(kt/a) | 开车时间 | 项目类型 |
|---|---|---|---|
| 中韩(武汉)80 万吨/年乙烯装置 | 800 | 2013 年 | 新建 |
| 中韩(武汉)乙烯装置改造 | 800→1100 | 2020 年 | 改造 |
| 中科 80 万吨/年乙烯装置 | 800 | 2020 年 | 新建 |
| 古雷 100 万吨/年乙烯装置 | 1000 | 2021 年 | 新建 |
| 海南 100 万吨/年乙烯装置 | 1000 | 施工中，预计 2022 年底 | 新建 |
| 吉化 120 万吨/年乙烯装置 | 1200 | 设计中 | 新建 |

## 三、中国石化 ART 技术

1. 技术背景

随着世界能源形势的变化和科学技术的不断进步，乙烯的生成技术越来越多样化，原料可以来自石油、煤甚至天然气，但传统的石油产品管式炉蒸汽热裂解工艺仍占据主导地位。

乙烯装置的裂解原料主要有乙烷/丙烷等轻烃、饱和 LPG、石脑油、加氢尾油和轻柴油等，一般原料越轻乙烯的收率越高。乙烷作为裂解原料，乙烯的收率最高，能耗最低。

北美、中东、北海沿岸(英国、挪威等)、拉美和非洲等国外油气资源丰富的国家，主要以轻烃为原料，如美国轻烃裂解原料占 75%左右，其中约一半为乙烷。随着中东油田伴生气和北美页岩气的大量开采利用，以乙烷为主要裂解原料的乙烯装置势必会得到进一步的发展和应用。

根据国家能源战略规划，我国已经着手规划建设多个大规模的进口液化天然气(LNG)基地，LNG 中通常含有 10%~20%的乙烷、丙烷等优质的裂解资源。页岩气中含有丰富的乙烷、丙烷和丁烷等重组分(即 NGL)，国内页岩气探明储量世界领先。2016 年我国的原油加工量达到 $5.24\times10^8$t，居世界第二，副产数量可观的饱和干气。我国还可以从北美、中东等轻烃资源丰富的国家，直接进口乙烷、丙烷和 LPG 等。

为了充分利用好数量越来越多的这一部分轻烃资源，也为了乙烯装置的节能降耗，未来我国以轻烃特别是以乙烷为裂解原料是现实可能的，更是一种发展趋势。

2. ART 简介

先进的乙烯分离回收工艺(ART)，是前脱乙烷前加氢及深冷分离技术的一种，特别适应于乙烷等气相原料裂解气的分离回收，具有流程短、设备台数少、投资省、占地小、乙烯和氢气回收率高等特点，属中国石化/SEI 的专利技术。

2014 年，由 SEI 负责的中国石化乙烷原料裂解装置(1000kt/a 乙烯)分离工艺技术方案开发完成，并通过了中国石化科技部组织的专家验收。2016 年，以中国石化参股的俄罗斯 Sibur ECU(乙烷蒸汽裂解装置)报价为契机，中国石化/SEI 又成功开发出了乙烷原料 1500kt/a 乙烯装置的工艺包。2017 年，SEI 又将 ART 技术应用到了炼厂干气+丙烷原料乙烯装置的分离上。

3. ART 流程框图

ART 分离工艺流程方框示意图见图 1.2-4。

4. ART 工艺流程说明

外购常压低温乙烷用泵送至界区内，经过乙烯冷剂的脱过冷、汽化和多级液相丙烯冷剂的过热，回收其冷量，然后与装置自产的循环乙烷汇合，用急冷水进一步加热到约 60℃，送国产 CBL 气相北方炉裂解。装置分离出的少量丙烷，也可汽化与过热后，一起循环裂解。

裂解炉产生的裂解气，先经两级废锅回收热量生产超高压蒸汽，再经第三级换热器进一步急冷后，直接进入急冷水塔。该塔下部设油水分离器，急冷水先用于工艺加热，再经冷却水冷却后返回急冷水塔作为冷却介质循环使用；工艺水经处理后用于发生稀释蒸汽，返裂解炉循环使用；冷凝下来的少量裂解重油，经重油汽提塔汽提后，作为重油产品采出冷却外送。

裂解气压缩采用五段离心式压缩机，出口设水冷器及气液分离罐，碱洗塔设在 4、5 段之间。段间凝液依次前返，最终由急冷水塔回收。五段排出的裂解气经冷却、冷凝后，气相由分子筛干燥及丙烯冷剂进一步冷却，作为脱乙烷塔进料；分出的液相主要为水，前返

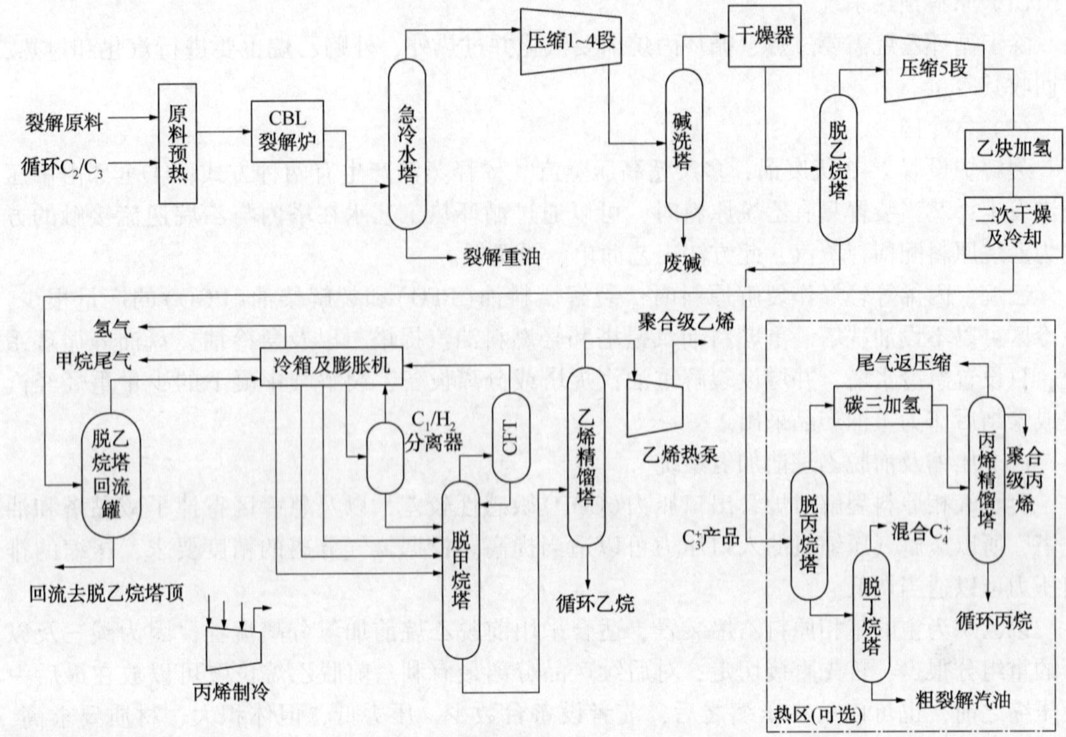


图 1.2-4 ART 分离工艺流程示意图

段间罐一起回收。

脱乙烷塔分离出的 $C_2^+$ 及以下的轻组分去碳二加氢，$C_3^+$ 及以上的重组分送热区脱丙烷塔。碳二前加氢为两段绝热床工艺，反应器流出物经冷却和二次干燥后送下游深冷系统。

冷分离区包括 3~4 级激冷、一级甲烷/氢分离和单塔高压脱甲烷，在脱甲烷塔顶用分凝分馏塔(CFT)回收乙烯，所需要的冷量由丙烯制冷、乙烯制冷和甲烷/氢膨胀机提供，并回收粗氢、甲烷尾气、乙烯产品和循环乙烷等物流的冷量。所得粗氢纯度在 95.0%(摩尔)以上，可以进行甲烷化处理，也可送变压吸附(PSA)制氢单元制取高纯氢。所得甲烷尾气复热后，用作裂解炉燃料，不足部分由 PSA 尾气补充。脱甲烷塔底 $C_2$ 组分经裂解气回收部分冷量后，送往乙烯塔作为进料。

乙烯精馏采用低压塔与乙烯制冷系统耦合的开式热泵流程。乙烯产品由乙烯机出口冷剂收集罐采出，自压送至中间罐区。乙烯塔釜采出的循环乙烷，汽化后返回裂解。

热区包括低压单塔脱丙烷、碳三液相加氢(采用中国石化北京化工研究院国产 BC-H-30B 催化剂)、丙烯双塔精馏和脱丁烷等系统，可分离出少量的聚合级丙烯产品、混合 $C_4^+$ 和粗裂解汽油。分离出的丙烷送裂解炉循环裂解。

制冷系统采用传统的丙烯和乙烯复叠制冷，其中丙烯制冷设 4 个冷级，乙烯制冷与乙烯塔热泵合并，分 3 个冷级。

5. ART 技术特点分析

与以石脑油为主的液相原料乙烯装置相比，适应于气相原料的 ART 技术具有以下不同的特点：

(1) 原料预热系统

除了循环乙烷需要过热、循环丙烷需要汽化并过热外，外购乙烷也要进行汽化和过热，并回收其冷量。

(2) 急冷区

裂解炉设置2~3级废锅，多产超高压蒸汽。稀释蒸汽产生有两种方式：①全部由中压蒸汽发生；②当装置只有乙烷原料时，可以通过循环热工艺水在塔内与乙烷逆流接触的方式为乙烷原料配稀释蒸汽，此方法工艺简单、投资低。

乙烷、丙烯等轻烃作裂解原料时，裂解燃料油(PFO)和裂解柴油(PGO)的产量很少，急冷区可以不设油洗塔、重燃料油汽提塔和轻燃料油汽提塔，以及急冷油、盘油等循环系统；只设置急冷水塔，并增设裂解重油汽提塔或分离设备，裂解气中凝下的少量重烃经汽提或聚结后作为重油产品采出。

(3) 压缩及前脱乙烷前加氢系统

鉴于气相原料裂解对炉管出口压力(COP)敏感性较差，以及急冷区省掉了减黏塔和油洗塔，所以裂解气压缩机的入口压力可以适当提高。根据氢气分离的精度要求，压缩的排出压力可以适当调低。

以乙烷为主的气相原料乙烯装置，适合采用前脱乙烷前加氢分离流程，因为碳三及以下的重组分很少，首先直接切走，对后续产品分离最有利。前脱乙烷位置可以放在最后一段压缩之前，也可以放在压缩之后，前者设备台数少，压力低，但体积大、材质要求高，后者反之，不过两者能耗相差不大。

(4) 冷分离区

冷区设置三级乙烯激冷、两级膨胀尾气激冷和甲烷/氢分离，单塔高压脱甲烷，用分凝分馏塔(CFT)回收乙烯，冷量高效回收利用，并最大限度地提高氢气和乙烯的回收率。

采用低温甲烷化脱除CO或变压吸附(PSA)技术制取高纯氢。

关于裂解炉所需要的富甲烷燃料气，原料以乙烷为主时不足，以丙烷为主时则过剩，但当氢气也可作燃料气时，即便是纯乙烷原料装置的自产燃料也满足裂解炉的需求。

(5) 乙烯塔及热泵系统

采用低压乙烯精馏，设置开式乙烯热泵，并与乙烯制冷系统联合，减少一台机组，节能降耗。乙烯塔和乙烯机出口压力的设定，要综合考虑压缩机功率、乙烷循环返回、液相乙烯产品送中间球罐以及乙烯热泵可以回收利用乙烷原料汽化冷量等多种因素。

乙烯产品也可以直接引出气相，冷却外送，以减少能耗。

(6) 热分离区

乙烷原料裂解时，碳三及以上的组分很少(占进料量质量分数约8%)，根据需要，热区有多种设定方式，甚至可以不设。若不设，$C_3^+$ 直接采出作为LPG产品；若设置，规模也很小。

(7) 制冷系统

采用传统的乙烯(或热泵)、丙烯复叠制冷方式，操作简捷、平稳。

**6. ART技术应用情况**

2021年4月26日，宁波华泰盛富聚合材料有限公司600kt/a乙丙烷脱氢装置开车成功；同年5月8日，黑龙江龙油石油化工股份有限公司450kt/a轻烃裂解装置开车成功。这两套气体原料（乙烷/丙烷/丁烷）裂解制乙烯装置，均采用中国石化/ST 的 ART（先进的回收技术）前脱乙烷前加氢技术，由 SEI 提供工艺包并进行工程设计，是我国自主国产化技术在气体原料蒸汽裂解制乙烯项目上的首次工业应用，证明了该技术的可靠性和先进性，标志着 SEI 自主乙烯工艺技术达到又一新的里程碑。

在两套装置中，ART 工艺应用了气体原料冷量高效回收措施，采用不含油洗塔的新型急冷流程，创新了气相原料裂解气的重油分离及工艺水处理方法，开发出了适应于乙/丙烷原料裂解气的前脱乙烷前加氢、深冷及脱甲烷高效分离工艺，并优化了与热泵结合的低压乙烯精馏技术，最终形成了气相原料裂解制乙烯的成套技术。

采用 SEI 技术的两套气体原料裂解制乙烯装置在国内首开成功，填补了国产化技术的又一空白，是践行中国石化加快绿色低碳转型，打造世界级自主品牌的具体体现，在即将到来的乙烯原料轻质化转变浪潮中必将助力中国智造大放光彩！

## 四、中国石化 AERP 技术

### 1. AERP 总流程介绍

先进乙烯回收工艺（AERP）是 SEI 开发的顺序流程乙烯分离技术。其流程如图 1.2-5 所示。裂解气经急冷和压缩后，按照分子量从轻到重的顺序分离甲烷、碳二、碳三等馏分，并最终生产乙烯产品、丙烯产品及各种副产品。

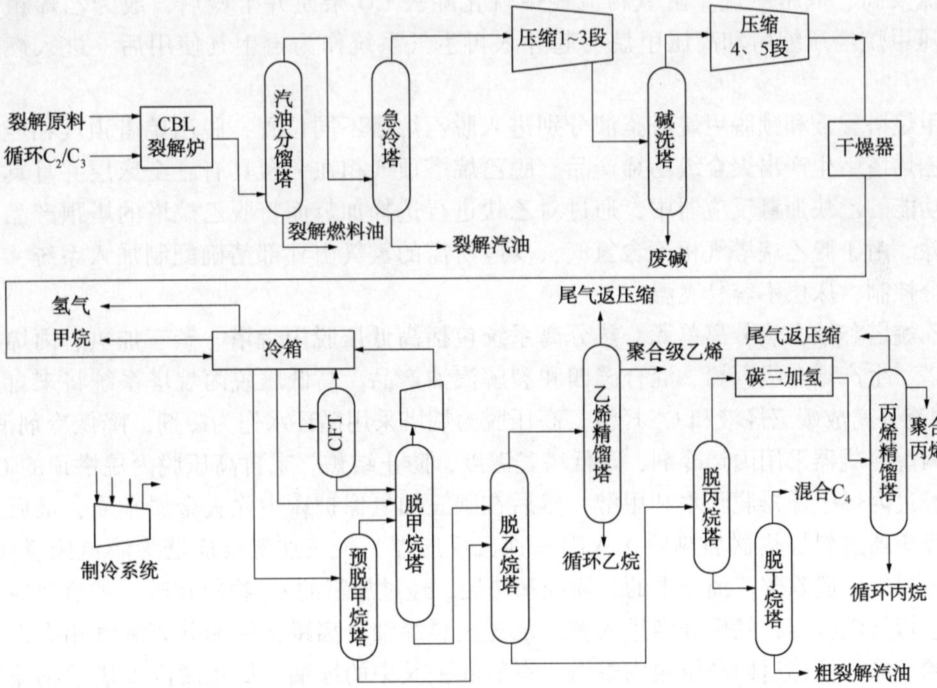


图 1.2-5　AERP 顺序分离流程示意图

自裂解炉急冷锅炉出来的裂解气进入急冷油塔，分离出轻重燃料油副产品，裂解气中高温位的热能分别经急冷油和盘油回收，用于发生稀释蒸汽、加热工艺用加热器或再沸器。急冷油塔顶部的裂解气送到急冷水塔，分离出汽油馏分，裂解气中低温位的热能经循环急冷水回收，用于各工艺用加热器或再沸器。

自急冷水塔顶出来的裂解气进入裂解气压缩系统，经压缩机三段压缩后进入碱洗塔，除去裂解气中的$CO_2$、$H_2S$等酸性气体组分。$CO_2$在低温下形成干冰，会造成深冷分离系统堵塞，$H_2S$将造成乙烯装置的加氢脱炔催化剂和甲烷化催化剂中毒，也可造成下游装置的聚合过程或催化反应过程的催化剂中毒，甚至影响产品质量。碱洗后的裂解气水冷后，气液混合物进入裂解气压缩机四段吸入罐进行气液分离，再进入裂解气压缩机分别经过四、五段压缩。五段排出罐顶裂解气经干燥器进料激冷器1#和干燥器进料激冷器2#，分别用甲烷汽提塔釜液和丙烯冷剂冷却后进入干燥器进料分离罐。气相进入裂解气干燥器干燥，再送往前冷单元。

在前冷脱甲烷系统，基于分配分离原则，构建“甲烷汽提塔+高压脱甲烷塔+膨胀/再压缩机”为核心的顺序深冷分离流程，充分利用系统冷量，实现分离的最优化配置。自干燥器来的裂解气为脱甲烷再沸器做热源后，经冷箱冷却后，在气液分离罐中分离出的液相作为甲烷气提塔的进料，该塔将碳三以及部分碳二从塔釜分离出来，作为脱乙烷塔的最下面一股进料，降低脱甲烷进料系统的乙烯冷剂负荷；罐的气相返回冷箱进一步逐级冷却，并将分离出的液相依次作为脱甲烷塔的另外三股进料。深冷后的裂解气进碳二洗涤塔，碳二洗涤塔采用两段式分凝分馏塔专利技术，上部为具有传热和传质作用的两段板翅式换热器，下部为一段填料，气相在洗涤脱除碳二后，进入两级氢/甲烷分离罐分离出富氢物流及高、低压甲烷。富氢物流经甲烷化除去CO杂质并干燥后，成为乙烯粗氢产品。低压甲烷经压缩后和高压甲烷一起并入再生气系统作为再生气使用后，进入燃料气系统。

脱甲烷塔釜液和预脱甲烷塔釜液分别进入脱乙烷塔不同位置，脱乙烷塔顶气相经碳二加氢、乙烯塔，生产出聚合级乙烯产品。脱乙烷塔顶气相在一台具有三个床层并且具有段间冷却功能的乙炔加氢反应器中，通过对乙炔进行选择加氢而将脱乙烷塔的塔顶产品中的乙炔脱除。由于脱乙烷塔气相不含氢气，反应所需的氢气由外部精确配制加入系统，反应得到充分控制，床层不容易飞温。

脱乙烷塔釜液去热分离单元，热分离系统包括高低压脱丙烷塔、碳三加氢、丙烯塔和脱丁烷塔，生产聚合级丙烯、混合碳四和裂解汽油产品。高低压脱丙烷塔系统将来自上游的$C_3^+$物流分离成碳三烃液和$C_4^+$烃液。高压脱丙烷塔采用循环水作为冷剂，降低冷剂消耗，低压脱丙烷冷凝器采用丙烯冷剂，降低塔釜温度，防止结焦。来自高压脱丙烷塔顶的$C_3$物流首先经过丙烯干燥器脱除水和甲醇，然后在碳三加氢保护床中除去金属杂质，最后被碳三加氢反应器进料加热器加热后送入碳三加氢反应器，碳三加氢反应器为滴流床反应器，定量配入氢气，脱除碳三馏分中的二烯烃和炔烃。经过加氢的$C_3$物料在碳三加氢反应器底部首先进行气液分离，然后分别进入碳三加氢出料绿油分离罐，绿油分离罐气相去丙烯塔生产丙烯产品，液相返回高压脱丙烷塔，有效除去其中的绿油。低压脱丙烷塔釜物流进料去脱丁烷塔。脱丁烷塔顶生产混合碳四产品，塔釜出料是$C_5$及更重组分，与汽油汽提塔底部液体混合，冷却后作为粗汽油产品送至界区。

装置制冷系统是由闭式乙烯制冷和闭式丙烯制冷组成的复叠制冷流程。

丙烯制冷系统是一个闭式循环回路，以乙烯装置中生产的聚合级丙烯为制冷剂，利用蒸汽透平驱动的四段离心式压缩机在环路中循环制冷。用液态丙烯在不同压力下节流汽化来为工艺用户提供四个等级的丙烯冷剂，各个级别的丙烯气体返回丙烯压缩机循环使用。其中丙烯设 4 个制冷级位。

乙烯制冷系统是一个密闭的循环回路，以乙烯装置中生产的聚合级乙烯为制冷剂，利用蒸汽透平驱动的三段离心式压缩机在环路中循环制冷。用液态乙烯在不同压力下节流汽化来为工艺用户提供三个等级的乙烯冷剂，各个级别的乙烯气体返回丙烯压缩机循环使用。乙烯冷剂设 3 个制冷级位。

2. AERP 流程特点

AERP 顺序分离技术的流程特点主要体现在如下方面：

① 急冷油塔设置盘油循环取热，使塔内的温度分布更合理，同时也可为下游的分馏塔提供再沸器热源。

② 增加重燃料油汽提塔，用高温乙烷炉裂解气对急冷油汽提，使中间组分返回急冷系统循环，重质组分(PFO)作为产品采出，从而达到控制急冷油黏度、提高急冷油塔釜温度的目的。

③ 裂解气压缩机采用五段，压缩比低，减少裂解气在压缩机内结焦的趋势；裂解气压缩机采用注水冷却技术，降低压缩机内部裂解气温度，延长压缩机连续运行的周期。

④ 冷区采用甲烷汽提塔、碳二洗涤塔、冷箱和脱甲烷塔合理的布置形成新的流程，使物料得到合理分配，能量得到合理的利用，既减少冷量消耗也减少乙烯的损失。脱甲烷塔回流罐设置尾气洗涤，进一步降低乙烯损失。

⑤ 采用两段式分凝分馏塔(CFT)，该设备不仅有传热作用也有传质作用，既使物料得到分离，同时还更加有效地回收了系统的冷量。该设备为拥有自主知识产权的新型专利设备。

⑥ 利用多股物料充分回收低温液相原料冷量，减轻制冷机组负荷，降低装置能耗。

3. AERP 应用情况

AERP 乙烯分离技术首次应用于镇海 1200kt/a 乙烯装置，该装置于 2022 年初成功投产并稳定运行至今。此后又有多套乙烯装置采用该技术，包括新建和拟建装置，具体如表 1.2-4所示。

**表 1.2-4　AERP 应用情况汇总**

| 项目名称 | 装置规模/(kt/a) | 开车时间 | 项目类型 |
|---|---|---|---|
| 镇海 120 万吨/年乙烯装置 | 1200 | 2022 年 | 新建 |
| 天津 120 万吨/年乙烯装置改造 | 1200 | 预计 2023 年 | 新建 |
| 镇海 150 万吨/年乙烯装置 | 1500 | 预计 2026 年 | 新建 |

## 五、双塔前脱乙烷技术

1992 年，倪进方开发了双塔前脱乙烷工艺技术，见图 1.2-6。该工艺采用双塔前脱乙烷和低压脱甲烷流程，脱甲烷塔进料先节流降温为前冷提供冷量，然后再进入脱甲烷塔，希望通过此方法降低装置能耗。

裂解气压缩机出口的裂解气冷却至一定温度后，成为气液两相混合物，将气液相分离，

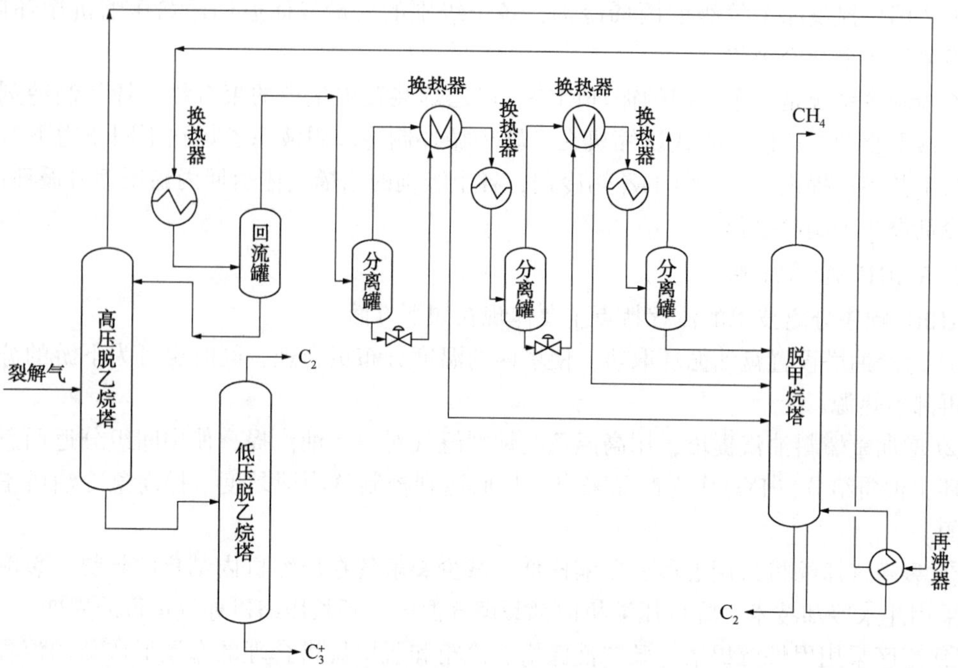


图 1.2–6　双塔前脱乙烷工艺流程示意图

液相进入双塔脱乙烷系统的高压塔，气相进一步冷却后再进入高压塔。在高压塔内所有甲烷及轻组分和一部分碳二被分离到塔顶，塔釜物料只含有碳二及以上组分。塔顶产品送入脱甲烷塔预冷系统，塔釜产品进入低压脱乙烷塔。低压脱乙烷塔将碳二和碳三组分清晰切割，塔顶产品去乙炔加氢系统，塔釜产品去脱丙烷塔。

由于脱甲烷塔进料脱除了部分碳二馏分和全部碳三以上的重组分，脱甲烷塔的负荷减低。但是由于进料组分变轻，进料冷却冷凝的负荷向低温方向移动，使乙烯机的负荷大幅度增加，产生了冷量后移现象。倪进方希望采用将分离罐出口的液体经减压闪蒸降低温度后和分离罐出口的气体进行热交换的方法降低乙烯机负荷。但是由于脱甲烷塔进料被加热后会增加塔顶冷凝器负荷，此流程能否降低乙烯负荷有待商榷。该工艺的主要特点是：①高压脱乙烷塔采用多股进料，进料在冷却过程中不另加能量就得到几股组成不相同的物流，降低了高压脱乙烷塔的能耗；②合理选择高压脱乙烷塔的操作参数，实现高压脱乙烷塔和脱甲烷塔之间的热集成；③将脱甲烷进料分离罐出口的液体经减压闪蒸降低温度和同一分离出口的气体进行热交换，大幅度降低了高能位冷量的消耗。

该技术曾用于国内两套小乙烯装置的改造。由于冷量后移的问题并没有得到很好的解决，并没有大规模应用。

## 六、中国石油乙烯分离技术

中国石油寰球工程有限公司先后开发了前脱丙烷前加氢分离技术和前脱乙烷前加氢分离技术，并获得工业应用。其工艺流程和技术特点未见公开报道。

# 第三节 分离流程选择

## 一、不同流程分析与比较

对于乙烷裂解，最适宜的流程是前脱乙烷前加氢，已得到广泛认识。对于混合原料的乙烯装置，顺序分离技术、前脱丙烷前加氢技术和前脱乙烷前加氢技术都占有一定的市场。三种分离技术具有各自的特点和优缺点，针对包含轻重原料的三大分离技术简单分析如下。

目前各大专利商的急冷系统工艺流程设计差别不大。SEI 开发的用于急冷油塔的正交波纹塔板处理量大、压降低、抗堵性好、效率高，非常适用于大型乙烯装置；TechnipFMC(S&W)开发的波纹塔板(ripple tray)在急冷油塔的应用已有几十年的历史；Lummus、KBR、Linde 在急冷油塔的设计中采用常规的散堆填料或板式塔。有的专利商对一些含有重质裂解原料的装置增加了萃取设施以脱除工艺水中的苯乙烯，对于稀释蒸汽发生系统的长周期有一定效果。

除 KBR 公司外，裂解气的压缩普遍采用 5 段。顺序分离技术将碱洗塔和凝液汽提塔设置在 3 段出口；前脱乙烷技术将碱洗塔设置在 4 段出口，没有设置凝液汽提塔，4 段冷凝后的液相返回 4 段吸入罐，裂解气压缩机的第 5 段裂解气仍含有 $C_4$ 以上组分；前脱丙烷技术将碱洗塔、干燥器和脱丙烷塔设置在 4 段出口，裂解气压缩机的第 5 段裂解气只含有 $C_3^-$ 组分，且温度低。为了降低能耗和抑制结焦，在顺序分离技术和前脱乙烷技术中裂解气压缩机各段压缩比相同。而在前脱丙烷技术中，由于裂解气压缩机第 5 段组分轻且入口温度低，没有结焦问题，所以第 5 段压缩比适当提高，进而降低前 4 段压缩比，所以前脱丙烷流程的裂解气压缩机各段出口温度低，更有利于长周期运行。不同工艺技术裂解气压缩机对比见表 1.3-1。

表 1.3-1 不同工艺技术裂解气压缩机对比

| 工艺 | | 一段 | 二段 | 三段 | 四段 | 五段 |
|---|---|---|---|---|---|---|
| 顺序或前脱乙烷 | 压比 | 2.14 | 2.09 | 2.07 | 2.09 | 2.17 |
| | 出口温度/℃ | 87.92 | 88.39 | 88.87 | 88.88 | 84.92 |
| 前脱丙烷 | 压比 | 2.07 | 2.04 | 1.99 | 1.97 | 2.72 |
| | 出口温度/℃ | 84.83 | 87.11 | 86.81 | 87.23 | 48~84 |

在前脱丙烷前加氢技术中，裂解气干燥器位于裂解气压缩机 4 段出口，压力比较低[1.8MPa(G)]，裂解气中总的含水量比较多，所以干燥器比较大。而顺序分离和前脱乙烷前加氢技术中的裂解气干燥均位于裂解气压缩机末段下游，压力比较高[3.8MPa(G)]，裂解气含水量降低，干燥器相对较小。顺序分离技术常不设置液相干燥器，前脱丙烷前加氢技术和前脱乙烷前加氢技术因为分离塔的要求，均需设置液相干燥器。

前冷脱甲烷部分：顺序分离技术中，进入该部分的裂解气仍含有 $C_4$ 和 $C_5$ 以上汽油组分，其中苯的冰点比较高，为 5.5℃，当达到一定含量后会引起系统堵塞，此现象在顺序分离的乙烯装置中时有发生。为了降低进入深冷系统的苯含量，常需要设置洗苯设施，增加了循环物料量。前脱丙烷技术和前脱乙烷技术的裂解气只含有轻组分，不存在苯冻堵的问题。当裂解气中含有少量 $NO_x$ 和 $O_2$ 时，在低温区生成的 $N_2O_3$ 会沉积到系统中引起堵塞，如果遇到二烯烃还会形成胶质和铵盐，产生爆炸的危险。由三种工艺技术的裂解气组成可知，顺序分离技术深冷系统中二烯烃存在的可能性更大，所以对于 $NO_x$ 和 $O_2$ 引起的风险也更大。

顺序分离技术的碳二加氢为后加氢，另两种技术均采用前加氢。后加氢的反应进料中只有 $C_2$ 组分，氢气通过控制进行配送；后加氢的反应进料除了 $C_2$ 组分外，还包括氢气、甲烷和 CO，其含量也不能控制。后加氢反应的反应温度和配氢量均可以控制，而且系统中没有 CO 影响催化剂活性，发生飞温的可能性比较低。但是由于乙炔含量相对高，绿油产生量大，因此，后加氢均设置洗绿油措施，增加了碳二的循环，催化剂也需要定期再生。另外，由于后加氢反应的氢气来自装置自产的氢气产品，所以前冷系统的波动将造成加氢不合格，影响产品质量，如果没有外补氢气，装置开车时间也长。前加氢的反应只有温度控制一个手段，因此发生飞温的可能性更大。前加氢反应的进料中氢气含量高，乙炔浓度相对低，所以绿油产生少，催化剂可运行 4 年以上不需再生。

三种技术的脱乙烷塔差别比较大。前脱乙烷塔进料为全组分裂解气，塔顶塔釜温差大，塔顶组分轻温度低，需要乙烯冷剂为塔顶冷凝器提供冷量，该塔在工艺流程中的位置决定了在三种流程中操作压力最高，为了抑制塔釜重组分聚合结焦，设计为高低压双塔。顺序分离的脱乙烷塔釜也含有易聚合的重组分，也必须控制塔釜温度。相对比较，前脱丙烷流程的脱乙烷塔只处理 $C_2$ 和 $C_3$ 组分，最简单。

采用裂解气进行前加氢后，进入乙烯塔的进料中只含有乙烷和乙烯，乙烯塔的塔顶是聚合级乙烯，因此可以与乙烯制冷压缩机组成开式热泵系统以降低分离能耗。还可以通过增加乙烯机段数，将塔顶气相升压后送下游装置，避免常规工艺中先液化再升压汽化的高能耗过程。所以前脱丙烷前加氢和前脱乙烷前加氢技术的乙烯塔普遍采用乙烯塔开式热泵工艺。顺序分离技术的乙烯塔顶含有甲烷和氢气，乙烯产品侧线液相采出，不能与乙烯机组合成开式热泵系统。

与脱乙烷塔类似，三种工艺技术的脱丙烷塔与碳三加氢差别也比较大。前脱丙烷塔进料为全组分裂解气，塔顶塔釜温差大。为了降低冷剂等级，脱丙烷塔顶气相经过压缩机第 5 段后再加氢冷却，为了抑制塔釜重组分聚合结焦，设计为高低压双塔。顺序分离技术的脱丙烷塔的一部分进料来自裂解气压缩系统的凝液汽提塔塔釜，该股物料常不经过干燥脱水，增加脱丙烷塔结垢堵塞风险。在前脱丙烷前加氢技术中，丙炔和丙二烯混合物(MAPD)在碳二加氢反应器中脱除了很大一部分，使碳三加氢反应器进料中的 MAPD 大幅度降低，不需要开启循环线，绿油生成量也降低。另两种技术中，裂解气中 MAPD 全量进入碳三加氢系统，需要开启循环线，并设置洗绿油设施，丙烯塔顶不凝气返回压缩系统的循环量也大。三种分离技术的特点汇总见表 1.3-2。

**表 1.3-2　三种分离技术的特点汇总**

| 项目 | 顺序分离流程 | 前脱丙烷流程 | 前脱乙烷流程 |
|---|---|---|---|
| 适用原料 | 除纯乙烷外的原料 | 除纯乙烷外的原料 | 乙烷或以乙烷为主的原料 |
| 分离次序 | $H_2/C_1 \to C_2 \to C_3 \to C_4$ 及 $C_5^+$ | 先 $C_3^-/C_4^+$ 切割<br>$C_3^- \to H_2/C_1 \to C_2$ 及 $C_3$<br>$C_4^+ \to C_4$ 及 $C_5^+$ | 先 $C_2^-/C_3^+$ 切割：<br>$C_2^- \to H_2/C_1 \to C_2$<br>$C_3^+ \to C_3 \to C_4$ 及 $C_5^+$ |

续表

| 项目 | 顺序分离流程 | 前脱丙烷流程 | 前脱乙烷流程 |
|---|---|---|---|
| 塔数量 | 17 | 16~18 | 17 |
| 裂解气压缩段数 | 5 | 5 | 5 |
| 裂解气干燥器 | 小 | 大 | 小 |
| 烃液干燥器 | 一般没有 | 有 | 有 |
| 洗苯设施 | 需要 | 无 | 无 |
| 碳二加氢 | 后加氢<br>需要绿油洗涤系统<br>催化剂须再生<br>控制飞温手段多 | 前加氢<br>不需要绿油洗涤系统<br>可连续运行4年<br>控制飞温手段少 | 前加氢<br>不需要绿油洗涤系统<br>可连续运行4年<br>控制飞温手段少 |
| 脱甲烷塔 | 单塔低压或高压 | 双塔高压 | 单塔高压 |
| 脱乙烷塔 | 单塔<br>需考虑结焦问题 | 单塔<br>没有结焦问题 | 双塔<br>需考虑结焦问题 |
| 乙烯塔 | 高压<br>产品侧线采出 | 低压/热泵<br>产品塔顶采出 | 低压/热泵<br>产品塔顶采出 |
| 脱丙烷塔 | 单塔或双塔<br>存在重组分结焦问题<br>存在水分导致结焦问题 | 双塔<br>存在重组分结焦问题<br>不存在水分导致结焦问题 | 单塔<br>存在重组分结焦问题<br>不存在水分导致结焦问题 |
| 碳三加氢 | MAPD 含量高<br>需洗绿油<br>再生周期短 | MAPD 含量低<br>无洗绿油措施<br>再生周期长 | MAPD 含量高<br>需洗绿油<br>再生周期短 |
| 自产氢气对乙烯的影响 | 有 | 无 | 无 |
| 乙烯机直接外送乙烯 | 不可行 | 可行 | 可行 |

## 二、分离流程的选择

三种分离技术各有长处和短处，没有明显的技术优劣，也都占有一定的市场。用户在选择分离技术时，需综合考虑投资、能耗和稳定性等各方面的因素，并结合原料情况把握重点，选择出适合的分离技术。

确定分离顺序主要有三种方法，即试探法、调优法和最优化法。通常是三种方法结合使用，对于一组新的物料，一般先采用试探法确定一个基本流程，然后再用另外的方法优化。下面简要介绍三种方法的原则。

1. 试探法

试探法是根据多年的经验和对过程热力学性质总结的规则进行排序的方法，但仅适用于简单的清晰切割塔。其优选的目标是年生产费用最低，其规则有以下几条：

① 关键组分的相对挥发度最接近 1 的难分离组分放在最后，即将其他组分全部切除后再进行分离。乙烯装置的乙烯-乙烷体系和丙烯-丙烷体系相对挥发度接近 1，非常难分离，所以在乙烯装置中，两个产品塔放在最后。

② 如果改变分离次序不能提高关键组分的相对挥发度，应把轻组分逐个脱除，即采用顺序分离流程。最早的乙烯分离技术都采用顺序分离就是对该规则的简单利用，当时的脱甲烷塔采用高压塔，还没有考虑提高相对挥发度的问题。后随着技术的进步及对节能越来越重视，产生的中压脱甲烷塔、低压脱甲烷塔、乙烯塔热泵等技术应用，进而产生不同的技术路线。

③ 应首先把混合物分成分子数接近的两股物流。理论上，如果分离塔的塔顶/塔釜分子数接近，有可能使能量更好地匹配从而降低能耗。但具体应用时应根据具体系统具体分析。

④ 对于回收率要求高的分离应放在最后。回收率高要求的分离精度高、产品纯度高，需要的分离级数多，当有非关键组分存在时会增加设备投资，因此，宜放在最后。

⑤ 容易造成系统腐蚀或产生聚合结焦的组分应先除去，以降低投资，更利于装置的稳定运行。乙烯装置中碱洗塔的作用就是先将酸性气加以脱除。

2. 调优法

调优法是以某流程为基础，对其进行修正而接近最优系统的方法。一般是将基础流程的分离顺序进行调整，或将一个分离任务的方法进行改变，进而找出优化流程。

3. 最优化法

最优化法是借助数学方法，对某多组分进料的分离顺序的费用进行计算，找出操作费用最低的分离顺序，数学表达式为：

$$F=\min \sum F_i(x_i,\ u_i)$$

式中 $F$——分离费用；

$F_i$——某一分离的费用；

$u_i$——设计变量；

$x_i$——状态向量。

求解该式可采用动态规划法和分枝界限法。

## 参 考 文 献

[1] Augustus B Kinzel. George Oliver Curme, Jr. [M]. Washington, D. C.: National Academy Press, 1980.

[2] 盛在行，王振维. 乙烯顺序分离技术[J]. 乙烯工业，2009，21(1)：61-64.

[3] 盛在行. 氮氧化物在深冷分离过程中的危险性分析[J]. 石油化工安全环保技术，2009，25(4)：40-42.

[4] 李西正. 砂子炉和管式炉的经济效益对比[J]. 化工厂设计，1986，(04)：49-50.

[5] 王振维，盛在行. 乙烯装置分离顺序选择机前脱丙烷技术[J]. 乙烯工业，2008，20(4)：52-58.

[6] 张东平，齐耀柱. 辽化裂解装置技术改造[J]. 乙烯工业，2003，15(1)：48-53

[7] 王延获. 我国乙烯工业发展状况[J]. 乙烯工业，1992，4(1)：8-17.

# 第二章　裂解原料及裂解气组成

乙烯装置裂解原料按照其来源可以概括为两类：一类是天然产品来源，包括天然气及原油开采过程中所得的轻烃原料，如乙烷、丙烷、油田轻烃、凝析油等；原油开采过程中所得的轻质原油，如API度大于40的轻质原油等。另一类是加工产品来源，加工产品来源一部分是炼油工业副产的低碳烷烃，如炼厂干气、丙烷、丁烷、抽余油等，炼油工业一次加工所得的拔头油、石脑油、轻柴油等，以及二次加工所得的焦化加氢石脑油、加氢精制柴油、加氢尾油等；另一部分是费托合成煤制油工艺得到的费托合成石脑油、费托合成柴油等。

## 第一节　裂解原料的性质与裂解性能

### 一、天然产品

1. 天然气及油田轻烃

天然气是存在于地下岩石储集层中以烃类为主体的混合气体的统称，相对密度约0.65，比空气轻，具有无色、无味、无毒的特点。页岩气是蕴藏于页岩层可供开采的天然气资源，我国的页岩气可采储量较大。

天然气主要成分为烷烃，其中甲烷占绝大多数，另有少量的乙烷、丙烷和丁烷。一般来说，天然气中甲烷含量在95%以上的称作干气。甲烷含量低于95%，而乙烷以上等烷烃的含量在5%以上的称作湿气。显然，天然气作乙烯裂解原料，是指分离后所得乙烷、丙烷、丁烷等正构烷烃。乙烷、丙烷、丁烷均是优质的裂解原料，其裂解性能如表2.1-1所示。

表2.1-1　乙烷、丙烷、丁烷裂解气组成

| 项目 | 乙烷 | 丙烷 | 正丁烷 | 异丁烷 |
|---|---|---|---|---|
| 转化率/% | 65.00 | 93.00 | 97.00 | 95.40 |
| 裂解气组成/%(质量) | | | | |
| 氢气 | 4.09 | 1.35 | 1.44 | 1.30 |
| 一氧化碳 | 0.20 | 0.20 | 0.15 | 0.18 |
| 二氧化碳 | 0.23 | 0.22 | 0.17 | 0.19 |
| 甲烷 | 3.63 | 24.17 | 19.50 | 24.74 |
| 乙炔 | 0.36 | 0.46 | 0.73 | 0.80 |

续表

| 项目 | 乙烷 | 丙烷 | 正丁烷 | 异丁烷 |
| --- | --- | --- | --- | --- |
| 乙烯 | 52.74 | 38.62 | 39.56 | 13.51 |
| 乙烷 | 35.00 | 3.66 | 3.52 | 0.57 |
| 丙二烯 | 0.04 | 0.19 | 0.48 | 1.43 |
| 丙炔 | 0.05 | 0.27 | 0.67 | 2.15 |
| 丙烯 | 0.82 | 13.46 | 15.60 | 19.27 |
| 丙烷 | 0.16 | 7.00 | 0.12 | 0.33 |
| 丁二烯 | 1.14 | 3.72 | 4.24 | 2.63 |
| 丁烯 | 0.18 | 0.77 | 1.50 | 16.26 |
| 丁烷 | 0.20 | 0.10 | 3.00 | 4.60 |
| 混合碳五 | 0.26 | 1.40 | 1.44 | 1.38 |
| 苯 | 0.29 | 1.99 | 2.62 | 3.86 |
| 碳六非芳 | 0.20 | 0.25 | 0.86 | 0.84 |
| 甲苯 | 0.08 | 0.38 | 0.58 | 1.68 |
| 碳七非芳 | 0.12 | 0.25 | 0.56 | 0.57 |
| 二甲苯 | 0.04 | 0.04 | 0.50 | 0.30 |
| 乙苯 | 0.03 | 0.03 | 0.03 | 0.13 |
| 苯乙烯 | 0.02 | 0.32 | 0.26 | 0.42 |
| 碳八非芳 | 0.12 | 0.15 | 0.47 | 0.49 |
| 裂解汽油 | 0.00 | 0.83 | 0.88 | 0.90 |
| 裂解柴油 | 0.00 | 0.14 | 1.00 | 1.29 |
| 裂解燃料油 | 0.00 | 0.03 | 0.12 | 0.18 |
| 总计 | 100.00 | 100.00 | 100.00 | 100.00 |

油田轻烃是指油气田开采过程中的伴生副产品，主要含 $C_4 \sim C_6$ 饱和烃的液态烃类混合物。目前，国内外油田轻烃主要应用领域是为生产乙烯提供裂解原料，其次是将油田轻烃分馏生产各种单组分烷烃。油田轻烃是优质的裂解原料，典型油田轻烃的裂解性能如表 2.1-2所示。

**表 2.1-2　油田轻烃裂解气组成**

| 项目 | 正戊烷 | 异戊烷 | 正己烷 | 环己烷 |
| --- | --- | --- | --- | --- |
| 转化率/% | 99.50 | 99.50 | 99.50 | 99.50 |
| 裂解气组成/%(质量) | | | | |
| 氢气 | 0.93 | 1.01 | 0.79 | 1.49 |
| 一氧化碳 | 0.18 | 0.18 | 0.15 | 0.15 |
| 二氧化碳 | 0.19 | 0.19 | 0.18 | 0.18 |

续表

| 项目 | 正戊烷 | 异戊烷 | 正己烷 | 环己烷 |
|---|---|---|---|---|
| 甲烷 | 18.42 | 22.82 | 12.82 | 5.64 |
| 乙炔 | 0.88 | 0.45 | 0.74 | 0.68 |
| 乙烯 | 41.61 | 21.88 | 39.32 | 32.39 |
| 乙烷 | 3.98 | 3.13 | 4.09 | 2.66 |
| 丙二烯 | 0.62 | 0.78 | 0.53 | 0.42 |
| 丙炔 | 0.92 | 1.16 | 0.83 | 0.60 |
| 丙烯 | 16.69 | 17.33 | 17.34 | 6.64 |
| 丙烷 | 0.43 | 0.37 | 0.63 | 0.13 |
| 丁二烯 | 4.34 | 4.66 | 4.95 | 18.82 |
| 丁烯 | 2.10 | 10.13 | 4.05 | 1.81 |
| 丁烷 | 0.10 | 0.10 | 0.05 | 0.20 |
| 混合碳五 | 1.47 | 7.98 | 4.69 | 4.75 |
| 苯 | 2.71 | 2.53 | 3.15 | 9.00 |
| 碳六非芳 | 0.08 | 0.03 | 0.24 | 0.80 |
| 甲苯 | 0.75 | 1.18 | 1.01 | 2.60 |
| 碳七非芳 | 0.07 | 0.02 | 0.12 | 0.30 |
| 二甲苯 | 0.10 | 0.25 | 0.14 | 1.30 |
| 乙苯 | 0.02 | 0.03 | 0.04 | 0.96 |
| 苯乙烯 | 0.05 | 0.12 | 0.07 | 1.70 |
| 碳八非芳 | 0.07 | 0.02 | 0.10 | 0.81 |
| 裂解汽油 | 1.51 | 1.65 | 1.83 | 2.95 |
| 裂解柴油 | 1.58 | 1.70 | 1.90 | 2.79 |
| 裂解燃料油 | 0.20 | 0.30 | 0.24 | 0.23 |
| 总计 | 100.00 | 100.00 | 100.00 | 100.00 |

### 2. 凝析油

凝析油是指从凝析气田或者油田伴生天然气凝析出来的液相组分，又称天然汽油。其主要成分是 $C_5 \sim C_{11}^+$ 烃类的混合物，并含有少量的大于 $C_8$ 的烃类以及二氧化硫、噻吩类、硫醇类、硫醚类和多硫化物等杂质。其馏分多在20~200℃之间，重质烃类和非烃组分的含量比原油低，挥发性好。凝析油的石脑油收率在60%~80%，柴油收率在20%~40%，API度在50以上。和原油一样，凝析油也可分成石蜡基、中间基和环烷基，石蜡基凝析油适用于作为裂解原料，中间基和环烷基的凝析油可作为催化重整原料。凝析油作为乙烯裂解原料具有成本低、产率高的优势。如果全馏分凝析油不适合作裂解原料，可切割取出一定的轻馏分作为裂解原料，余下的组分是很好的柴油馏分。典型凝析油的物性如表2.1-3所示，裂解性能如表2.1-4所示。

表 2.1-3　典型凝析油的物性参数

| 项目 | 数据 | 项目 | 数据 |
|---|---|---|---|
| 原料 | 涪陵凝析油 | 终馏点 | 525 |
| 相对密度 $d_4^{20}$ | 0.7726 | 族组成/% | |
| 馏程/℃ | | 链烷烃 | 73.85 |
| 初馏点 | 5 | 总环烷烃 | 21.72 |
| 10% | 88 | 一环烷烃 | 14.28 |
| 30% | 98 | 二环烷烃 | 4.30 |
| 50% | 197 | 三环及以上环烷烃 | 3.14 |
| 70% | 295 | 总芳烃 | 4.43 |
| 90% | 469 | | |

表 2.1-4　典型凝析油裂解气组成

| 项目 | 数据 | 项目 | 数据 |
|---|---|---|---|
| 入口温度/℃ | 592 | 丁二烯 | 5.28 |
| 出口温度/℃ | 835 | 1-丁烯 | 4.30 |
| 水油质量比 | 0.5 | 异丁烯 | 1.93 |
| 裂解气组成/%(质量) | | 反丁烯 | 0.54 |
| 氢气 | 0.47 | 顺丁烯 | 0.41 |
| 一氧化碳 | 0.11 | 正丁烷 | 0.19 |
| 二氧化碳 | 0.15 | 异丁烷 | 0.07 |
| 甲烷 | 8.09 | 混合碳五 | 5.13 |
| 乙炔 | 0.20 | 苯 | 2.83 |
| 乙烯 | 27.65 | 甲苯 | 2.61 |
| 乙烷 | 3.24 | 碳八芳烃 | 2.60 |
| 丙炔 | 0.41 | 裂解汽油 | 11.64 |
| 丙二烯 | 0.17 | 裂解柴油 | 3.36 |
| 丙烯 | 16.93 | 裂解燃料油 | 1.05 |
| 丙烷 | 0.63 | 合计 | 100.00 |

### 3. 轻质原油

石油是储存于地下岩石孔隙中，以碳氢化合物为主的液态可燃有机矿产。石油从地下开采出来，没有经过加工提炼之前通常称之为原油。原油中的 C、H 元素约占 97%~99%，S、O、N 元素不同的原油差异较大，S 的含量一般低于 1%，但也有一些原油的硫含量高达 5%。N、O 含量一般都低于 1%，多数在每千克几百至几千毫克。原油中还存在微量的金属和非金属元素，称之为灰分。

一般而言，原油组成十分复杂，对原油进行精确的分类较为困难。工业上一般按照原油的密度、硫含量、氮含量、蜡含量和胶质含量等进行分类，国际原油市场常用的是按照比重指数 API 度进行分类。API 度大于 35 的原油一般称为轻质原油，这部分原油适合采用原油直接裂解制乙烯工艺进行烯烃生产，因此，轻质原油近年来也逐渐成为裂解原料之一。另外，从提高烯烃收率的角度看，石蜡基的原油更适合作为裂解原料。典型轻质原油的物性如表 2.1-5 所示，裂解性能如表 2.1-6 所示。

表 2.1-5　典型原油的物性参数

| 项目 | 数据 | 项目 | 数据 |
|---|---|---|---|
| 原料 | 顺北原油 | 馏程/℃ | |
| 相对密度 $d_4^{20}$ | 0.7917 | 初馏点 | 41.7 |
| API 度 | 42.6 | 10% | 115.5 |
| 硫含量/% | 0.12 | 30% | 174.0 |
| 氮含量/% | 0.017 | 50% | 242.9 |
| 蜡含量/% | — | 70% | 321.4 |
| 胶质含量/% | 1.3 | 90% | 473.1 |
| 沥青质含量/% | <0.1 | 终馏点 | 544.3 |

表 2.1-6　典型原油的裂解气组成

| 项目 | 数据 | 项目 | 数据 |
|---|---|---|---|
| 入口温度/℃ | 550 | 1-丁烯 | 3.06 |
| 出口温度/℃ | 810 | 异丁烯 | 2.13 |
| 水油质量比 | 0.75 | 反丁烯 | 0.55 |
| 裂解气组成/%(质量) | | 顺丁烯 | 0.44 |
| 　氢气 | 0.51 | 正丁烷 | 0.15 |
| 　甲烷 | 8.68 | 异丁烷 | 0.05 |
| 　乙炔 | 0.22 | 混合碳五 | 5.84 |
| 　乙烯 | 23.85 | 苯 | 4.68 |
| 　乙烷 | 3.02 | 甲苯 | 4.23 |
| 　丙炔 | 0.43 | 碳八芳烃 | 4.12 |
| 　丙二烯 | 0.2 | 裂解汽油(不含碳五、BTX) | 9.16 |
| 　丙烯 | 15.17 | 裂解柴油 | 4.51 |
| 　丙烷 | 0.52 | 裂解燃料油 | 3.28 |
| 　丁二烯 | 5.2 | 合计 | 100 |

注：BTX 指苯(benzene)、甲苯(toluene)和二甲苯(xylene)。

## 二、加工产品

原油加工中有一次加工、二次加工、深度加工等。一次加工主要指常减压蒸馏，基本属于物理蒸馏过程，蒸馏所得轻、重石油产品统称直馏产品。以炼油厂的直馏产品(常减压蒸馏产品)为原料再进行加工，以增加炼油厂轻油收率或提高产品的质量、增加油品品种的过程。如：热裂化、催化裂化、延迟焦化、催化重整、加氢裂化等均属二次加工过程。

原油经过常压蒸馏可得到沸点范围不同的馏分，如汽油、煤油、柴油等轻质馏分油和常压重油，这些产品仍然是复杂的混合物。如：汽油馏程的干点不能高于205℃。35～150℃馏分是石脑油(naphtha)或重整原料，130～250℃是煤油馏分，250～300℃是柴油馏分，300～350℃是重柴油馏分，可作催化裂化原料。>350℃馏分是常压重油。原油在常压蒸馏的条件下，只能够得到各种轻质馏分。常压塔底产物即常压重油，是原油中比较重的部分，沸点一般高于350℃，而各种高沸点馏分，如裂化原料和润滑油馏分等都存在其中。要想从重油中分出这些馏分，就需要把温度提到350℃以上，而在这一高温下，原油中的稳定组分和一部分烃类就会发生分解，降低了产品质量和收率。为此，将常压重油在减压条件下蒸馏，蒸馏温度一般限制在420℃以下。降低压力使油品的沸点相应下降，上述高沸点馏分就会在较低的温度下汽化，从而避免了高沸点馏分的分解。减压塔是在压力低于100kPa的负压下进行蒸馏操作。

1. 炼厂轻烃

炼油装置副产多种低碳烃，包括丙烷、丁烷、轻碳四、重碳四。利用这些低价值的炼厂副产物料，使之从低价值的副产品转变为高价值的乙烯裂解原料，不仅是缓解裂解原料短缺的途径之一，也是提高炼化企业炼化一体化整体经济效益的有效途径。典型的炼厂轻烃组成如表2.1-7所示，其裂解气组成可参考表2.1-1。

**表2.1-7 典型炼厂轻烃的组成**

| 项目 | 丙烷 | 正丁烷 | 轻碳四 | 重碳四 |
|---|---|---|---|---|
| 平均分子量 | 44.05 | 58.04 | 56.50 | 57.08 |
| 氢含量/% | 18.16 | 17.34 | 15.03 | 16.02 |
| 碳含量/% | 81.84 | 82.66 | 84.97 | 83.98 |
| 组成/%(质量) | | | | |
| 丙炔 | 0.34 | 0.00 | 0.00 | 0.04 |
| 丙烯 | 2.37 | 0.58 | 0.27 | 0.05 |
| 丙烷 | 97.11 | 0.30 | 0.42 | 0.03 |
| 1-丁二烯 | 0.00 | 0.00 | 0.36 | 0.00 |
| 1-丁烯 | 0.00 | 0.01 | 34.28 | 0.78 |
| 异丁烯 | 0.00 | 0.00 | 4.12 | 0.44 |
| 反-2-丁烯 | 0.13 | 0.04 | 3.77 | 37.00 |
| 顺-2-丁烯 | 0.00 | 0.00 | 0.88 | 39.06 |
| 异丁烷 | 0.00 | 16.16 | 50.27 | 0.11 |
| 正丁烷 | 0.05 | 83.15 | 5.19 | 22.40 |
| 异戊烷 | 0.00 | 0.00 | 0.33 | 0.00 |
| 正戊烷 | 0.00 | 0.00 | 0.00 | 0.00 |
| $C_6^+$ | 0.00 | 0.00 | 0.11 | 0.09 |

## 2. 抽余油

催化重整是石油加工过程中重要的二次加工方法，其目的是生产高辛烷值汽油或者芳烃化工原料。抽余油一般指富含芳烃的催化重整产物经萃取抽提芳烃后剩余的馏分油，其主要成分为 $C_6 \sim C_8$ 的烷烃及一定量的环烷烃，可用于烃类裂解制乙烯，是良好的裂解原料。典型抽余油的物性如表 2.1-8 所示，裂解性能如表 2.1-9 所示。

**表 2.1-8 典型重整抽余油物性参数**

| 项目 | 数据 | 项目 | 数据 |
|---|---|---|---|
| 原料 | 重整抽余油 | 50% | 72.7 |
| $d_4^{20}$ | 0.6746 | 60% | 74.8 |
| 芳烃指数 BMCI | 4.5684 | 70% | 77.8 |
| 平均分子量 | 91.90 | 80% | 82.6 |
| 氢含量/% | 16.12 | 90% | 91.1 |
| 馏程/℃ | | 终馏点 | 123.9 |
| 初馏点 | 57.7 | 组成/%(质量) | |
| 5% | 67.6 | 正构烷烃 | 26.76 |
| 10% | 68.3 | 异构烷烃 | 66.47 |
| 20% | 68.9 | 环烷烃 | 2.81 |
| 30% | 69.9 | 烯烃 | 0.05 |
| 40% | 71.1 | 芳烃 | 3.89 |

**表 2.1-9 典型重整抽余油裂解气组成**

| 项目 | 数据 | 项目 | 数据 |
|---|---|---|---|
| 入口温度/℃ | 640 | 1-丁烯 | 1.29 |
| 出口温度/℃ | 840 | 异丁烯 | 3.61 |
| 水油质量比 | 0.5 | 反丁烯 | 0.44 |
| 裂解气组成/%(质量) | | 顺丁烯 | 0.36 |
| 氢气 | 0.95 | 正丁烷 | 0.02 |
| 甲烷 | 17.17 | 异丁烷 | 0.02 |
| 乙炔 | 0.75 | 混合碳五 | 4.01 |
| 乙烯 | 29.16 | 苯 | 5.25 |
| 乙烷 | 3.41 | 甲苯 | 3.16 |
| 丙炔 | 0.94 | 碳八芳烃 | 2.46 |
| 丙二烯 | 0.69 | 裂解汽油(不含碳五、BTX) | 2.62 |
| 丙烯 | 16.01 | 裂解柴油 | 1.49 |
| 丙烷 | 0.49 | 裂解燃料油 | 0.51 |
| 丁二烯 | 5.19 | 合计 | 100.00 |

3. 石脑油

石脑油是由 $C_4$ ~ $C_{12}$ 烷烃、环烷烃、芳烃、烯烃组成的混合物，常温常压下为无色透明或微黄色液体，有特殊气味，不溶于水。密度通常在 650 ~ 750kg/$m^3$，硫含量一般在 200mg/kg 左右，烯烃含量不大于 1%。石脑油是由原油蒸馏和石油二次加工切取相应的馏分而得，其沸点范围依据需要而定。一般而言，70 ~ 145℃ 馏分，称为轻石脑油；70 ~ 180℃ 馏分，称为重石脑油或全馏分石脑油。

石脑油是管式炉裂解制取乙烯的重要原料。由于原油性质的不同，蒸馏所得石脑油组成差异较大，其裂解性能也有较大差异。作为蒸汽裂解制乙烯原料，一般情况下要求石脑油组成中烷烃和环烷烃的含量不低于 70%(体积)。表 2. 1-10 是典型全馏分石脑油的物性参数，表 2. 1-11 是典型全馏分石脑油的裂解气组成。

**表 2. 1-10　典型石脑油的物性参数及组成**　　%(质量)

| 项目 | 数据 | 项目 | 数据 |
|---|---|---|---|
| 密度($d^{20}$)/(g/$cm^3$) | 0. 7038 | 正壬烷 | 2. 95 |
| 芳烃指数 BMCI | 5. 67 | 正癸烷 | 2. 48 |
| 平均分子量 | 106. 25 | 正十一烷 | 1. 66 |
| 氢含量 | 15. 61 | 正十二烷 | 1. 13 |
| 馏程/℃ | | 碳四异构烷烃 | 0. 14 |
| 初馏点 | 31. 4 | 碳五异构烷烃 | 4. 04 |
| 5% | 49. 4 | 碳六异构烷烃 | 6. 95 |
| 10% | 56. 2 | 碳七异构烷烃 | 9. 71 |
| 20% | 67. 7 | 碳八异构烷烃 | 6. 75 |
| 30% | 79. 0 | 碳九异构烷烃 | 4. 74 |
| 40% | 90. 6 | 碳十异构烷烃 | 2. 43 |
| 50% | 102. 2 | 碳十一异构烷烃 | 1. 32 |
| 60% | 114. 0 | 重质饱和烃 | 1. 19 |
| 70% | 129. 5 | 碳五环烷烃 | 0. 60 |
| 80% | 152. 7 | 碳六环烷烃 | 2. 81 |
| 90% | 187. 2 | 碳七环烷烃 | 4. 27 |
| 95% | 210. 4 | 碳八环烷烃 | 4. 04 |
| 终馏点 | 224. 5 | 碳九环烷烃 | 1. 81 |
| 组成/%(质量) | | 碳十环烷烃 | 0. 08 |
| 正丁烷 | 1. 39 | 碳十二环烷烃 | 0. 05 |
| 正戊烷 | 7. 68 | 碳九异构烯烃 | 0. 02 |
| 正己烷 | 7. 20 | 碳十异构烯烃 | 0. 07 |
| 正庚烷 | 7. 62 | 碳五二烯烃 | 0. 01 |
| 正辛烷 | 4. 69 | 碳六芳烃 | 0. 49 |

续表

| 项目 | 数据 | 项目 | 数据 |
|---|---|---|---|
| 碳七芳烃 | 1.11 | 正构烷烃 | 36.82 |
| 碳八芳烃 | 1.48 | 异构烷烃 | 36.07 |
| 碳九芳烃 | 1.39 | 环烷烃 | 13.66 |
| 碳十芳烃 | 2.41 | 烯烃 | 0.1 |
| 碳十一芳烃 | 2.66 | 芳烃 | 10.4 |
| 碳十二芳烃 | 0.85 | 其他 | 2.95 |
| | | 合计 | 100.00 |

**表 2.1-11　典型石脑油的裂解气组成**

| 项目 | 数据 | 项目 | 数据 |
|---|---|---|---|
| 入口温度/℃ | 600 | 正丁烷 | 0.26 |
| 出口温度/℃ | 840 | 1-丁烯 | 1.13 |
| 水油质量比 | 0.50 | 异丁烯 | 1.98 |
| 裂解气组成/%(质量) | | 反丁烯 | 0.47 |
| 氢气 | 0.85 | 顺丁烯 | 0.35 |
| 甲烷 | 14.33 | 丁二烯 | 4.64 |
| 乙烷 | 3.81 | 碳五和 | 5.84 |
| 乙烯 | 28.67 | 苯 | 7.85 |
| 乙炔 | 0.47 | 甲苯 | 3.95 |
| 丙烷 | 0.41 | 碳八芳烃 | 2.85 |
| 丙烯 | 14.45 | 裂解汽油(不含 $C_5$、BTX) | 2.73 |
| 丙炔 | 0.19 | 裂解柴油 | 2.87 |
| 丙二烯 | 0.35 | 裂解燃料油 | 1.47 |
| 异丁烷 | 0.06 | 合计 | 100.00 |

### 4. 轻柴油

轻柴油是密度相对较轻的一类柴油。通常指 180～370℃ 馏分段直馏柴油。一般而言，随着裂解原料优质化和轻质化的需要，轻柴油不再作为乙烯裂解原料，仅仅在柴油价格较低或者市场低迷等特殊时期，轻柴油才作为乙烯裂解原料。典型的柴油物性参数如表 2.1-12所示，典型柴油裂解气组成如表 2.1-13 所示。

### 5. 加氢尾油

加氢尾油是加氢裂化的副产品之一，又叫作“未转化油”，是指在加氢裂化过程中未裂化的饱和烃。其典型流程通常在 320～520℃之间，由于所含脂肪支链比例较高，因此在我国加氢尾油也是一种较为常用的裂解原料。典型的加氢尾油物性参数如表 2.1-14 所示，典型加氢尾油裂解气组成如表 2.1-15 所示。

**表 2.1-12　典型柴油的物性参数**

| 项目 | 数据 | 项目 | 数据 |
|---|---|---|---|
| 相对密度 $d_4^{20}$ | 0.8116 | 95% | 328 |
| 芳烃指数 BMCI | 20.06 | 终馏点 | 345 |
| 平均分子量 | 214.74 | 组成/%(质量) | |
| 氢含量/% | 13.92 | **链烷烃** | **57.6** |
| 馏程/℃ | | 一环烷烃 | 20.8 |
| 初馏点 | 176 | 二环烷烃 | 8.9 |
| 10% | 218 | 三环烷烃 | 2.2 |
| 20% | 233 | **总环烷烃** | **31.9** |
| 30% | 244 | 烷基苯 | 8.4 |
| 40% | 255 | 茚满或四氢芳 | 1.0 |
| 50% | 265 | 茚类 | 0.4 |
| 60% | 274 | 萘类 | 0.3 |
| 70% | 285 | 苊烯类 | 0.4 |
| 80% | 298 | **总芳烃** | **10.5** |
| 90% | 316 | **合计** | **100** |

**表 2.1-13　典型柴油的裂解气组成**

| 项目 | 数据 | 项目 | 数据 |
|---|---|---|---|
| 入口温度/℃ | 600 | 正丁烷 | 0.06 |
| 出口温度/℃ | 810 | 1-丁烯 | 2.83 |
| 水油质量比 | 0.75 | 异丁烯 | 1.94 |
| 裂解气组成/%(质量) | | 反丁烯 | 0.59 |
| 氢气 | 0.62 | 顺丁烯 | 0.44 |
| 甲烷 | 9.66 | 丁二烯 | 5.76 |
| 乙烷 | 2.94 | 混合碳五 | 5.41 |
| 乙烯 | 24.71 | 苯 | 4.99 |
| 乙炔 | 0.28 | 甲苯 | 4.19 |
| 丙烷 | 0.41 | 碳八芳烃 | 4.26 |
| 丙烯 | 14.71 | 裂解汽油 | 4.31 |
| 丙炔 | 0.41 | 裂解柴油 | 8.24 |
| 丙二烯 | 0.27 | 裂解燃料油 | 2.88 |
| 异丁烷 | 0.02 | 合计 | 100.00 |

**表 2.1-14 典型加氢尾油的物性参数**

| 项目 | 数据 | 项目 | 数据 |
|---|---|---|---|
| 相对密度 $d_4^{20}$ | 0.8179 | 90% | 433.4 |
| 芳烃指数 BMCI | 9.38 | 95% | 456.8 |
| 平均分子量 | 313.36 | 终馏点 | 512.8 |
| 氢含量/% | 14.24 | 组成/%(质量) | |
| 馏程/℃ | | **链烷烃** | **65.2** |
| 初馏点 | 198 | 一环烷烃 | 16.0 |
| 10% | 297.6 | 二环烷烃 | 9.0 |
| 20% | 317 | 三环烷烃 | 4.2 |
| 30% | 331.8 | 四环烷烃 | 1.5 |
| 40% | 344.8 | **总环烷烃** | **30.7** |
| 50% | 357.4 | 烷基苯 | 4.1 |
| 60% | 371 | **总芳烃** | **4.1** |
| 70% | 387 | **合计** | **100** |
| 80% | 405.6 | | |

**表 2.1-15 典型加氢尾油的裂解气组成**

| 项目 | 数据 | 项目 | 数据 |
|---|---|---|---|
| 入口温度/℃ | 550 | 正丁烷 | 0.06 |
| 出口温度/℃ | 810 | 1-丁烯 | 2.47 |
| 水油质量比 | 0.8 | 异丁烯 | 1.63 |
| 裂解气组成/%(质量) | | 反丁烯 | 0.47 |
| 氢气 | 0.56 | 顺丁烯 | 0.38 |
| 甲烷 | 9.69 | 丁二烯 | 6.08 |
| 乙烷 | 2.92 | 混合碳五 | 4.92 |
| 乙烯 | 28.29 | 苯 | 4.09 |
| 乙炔 | 0.37 | 甲苯 | 2.75 |
| 丙烷 | 0.42 | 碳八芳烃 | 2.44 |
| 丙烯 | 15.17 | 裂解汽油(不含 $C_5$、BTX) | 8.17 |
| 丙炔 | 0.39 | 裂解柴油 | 5.24 |
| 丙二烯 | 0.28 | 裂解燃料油 | 3.19 |
| 异丁烷 | 0.02 | 合计 | 100.00 |

### 6. 费托合成石脑油

费托合成油是以合成气($CO+H_2$)为原料，经过费托合成反应，催化转化为液体产品，再经加氢精制和加氢裂化装置，生成的加氢石脑油、裂化石脑油、轻柴油、重柴油等产品。合成气可由天然气、煤炭、轻烃、重质油、生物质等原料制备，因此费托合成油的原料来源非常丰富。其中，费托合成石脑油由不同的碳氢化合物混合组成，主要成分是 5~12 个碳原子的直链烷烃，是适宜的乙烯裂解原料。典型的费托合成石脑油物性参数如表 2. 1-16 所示，典型费托合成石脑油裂解气组成如表 2. 1-17 所示。

**表 2. 1-16　典型费托合成石脑油的物性参数**

| 项目 | 数据 | 项目 | 数据 |
|---|---|---|---|
| 原料 | 裂化石脑油 | 馏程/℃ | |
| 相对密度 $d^{15.6}$ | 0. 6840 | 初馏点 | 30. 7 |
| 折射率(20℃) | 1. 38 | 10% | 56. 7 |
| 硫含量/(mg/L) | 0. 54 | 20% | 69. 0 |
| 氮含量/(mg/L) | <0. 2 | 30% | 82. 7 |
| 氧含量/%(质量) | <0. 2 | 40% | 96. 7 |
| 碳含量/%(质量) | 83. 44 | 50% | 109. 6 |
| 氢含量/%(质量) | 16. 56 | 60% | 121. 2 |
| 特性因数 | 12. 84 | 70% | 128. 6 |
| 芳烃指数 BMCI | -4. 1326 | 80% | 137. 8 |
| 平均分子量 | 107. 98 | 90% | 147. 1 |
| 体积平均沸点/℃ | 104. 9 | 终馏点 | 156. 2 |

**表 2. 1-17　典型费托合成石脑油的裂解气组成**

| 项目 | 数据 | 项目 | 数据 |
|---|---|---|---|
| 入口温度/℃ | 592 | 正丁烷 | 0. 53 |
| 出口温度/℃ | 835 | 1-丁烯 | 2. 53 |
| 水油质量比 | 0. 5 | 异丁烯 | 3. 20 |
| 裂解气组成/%(质量) | | 反丁烯 | 0. 63 |
| 氢气 | 0. 75 | 顺丁烯 | 0. 50 |
| 甲烷 | 13. 30 | 丁二烯 | 4. 75 |
| 乙烷 | 4. 19 | 混合碳五 | 7. 56 |
| 乙烯 | 29. 47 | 苯 | 2. 19 |
| 乙炔 | 0. 34 | 甲苯 | 1. 09 |
| 丙烷 | 0. 68 | 碳八芳烃 | 0. 85 |
| 丙烯 | 18. 29 | 裂解汽油 | 6. 65 |
| 丙炔 | 0. 51 | 裂解柴油 | 1. 10 |
| 丙二烯 | 0. 32 | 裂解燃料油 | 0. 14 |
| 异丁烷 | 0. 44 | 合计 | 100. 00 |

### 7. 费托合成柴油

费托合成柴油是费托合成油的一种，是以合成气($CO+H_2$)为原料，经过费托合成反应，催化转化再经精制后获得的馏程在 180～370℃的馏分。与石蜡基柴油相比，费托合成柴油具有低硫、低氮和低芳烃含量的特点，可以作为乙烯裂解原料。典型的费托合成柴油物性参数如表 2. 1-18 所示，典型费托合成柴油裂解气组成如表 2. 1-19 所示。

**表 2.1-18　典型费托合成柴油的物性参数**

| 项目 | 数据 | 项目 | 数据 |
|---|---|---|---|
| 原料 | 轻柴油 | 馏程/℃ | |
| 相对密度 $d^{15.6}$ | 0.7569 | 初馏点 | 122.7 |
| 折射率(20℃) | 1.42 | 10% | 191.3 |
| 硫含量/(mg/L) | 0.59 | 20% | 195.5 |
| 氮含量/(mg/L) | <0.2 | 30% | 200.5 |
| 氧含量/%(质量) | <0.2 | 40% | 206.2 |
| 碳含量/%(质量) | 84.25 | 50% | 213.0 |
| 氢含量/%(质量) | 15.75 | 60% | 221.2 |
| 特性因数 | 12.67 | 70% | 230.8 |
| 芳烃指数 BMCI | 0.6637 | 80% | 242.8 |
| 平均分子量 | 186.54 | 90% | 257.2 |
| 体积平均沸点/℃ | 218.6 | 终馏点 | 279.3 |

**表 2.1-19　典型费托合成柴油的裂解气组成**

| 项目 | 数据 | 项目 | 数据 |
|---|---|---|---|
| 入口温度/℃ | 560 | 正丁烷 | 0.13 |
| 出口温度/℃ | 800 | 1-丁烯 | 6.04 |
| 水油质量比 | 0.75 | 异丁烯 | 0.48 |
| 裂解气组成/%(质量) | | 反丁烯 | 0.43 |
| 氢气 | 0.46 | 顺丁烯 | 0.34 |
| 甲烷 | 8.16 | 丁二烯 | 5.48 |
| 乙烷 | 3.90 | 混合碳五 | 6.03 |
| 乙烯 | 35.13 | 苯 | 1.97 |
| 乙炔 | 0.18 | 甲苯 | 1.21 |
| 丙烷 | 0.48 | 碳八芳烃 | 0.79 |
| 丙烯 | 18.33 | 裂解汽油(不含碳五、BTX) | 5.20 |
| 丙炔 | 0.43 | 裂解柴油 | 4.32 |
| 丙二烯 | 0.12 | 裂解燃料油 | 0.36 |
| 异丁烷 | 0.01 | 合计 | 100.00 |

受石油资源的限制，我国的乙烯装置原料构成较为复杂，大部分乙烯装置的裂解原料为包含气体、轻烃、轻质油和重质油的混合原料，裂解单元一般配置气体炉、轻油炉和重油炉三种炉型，并且每种炉型都具有裂解不同原料的灵活性，乙烯装置的原料结构在不同时间内有所变化。乙烯装置一般需要考虑轻重不同工况，以适应将来原料结构的变化。

## 第二节 裂解原料的发展趋势

乙烯成本中裂解原料费用所占比例最大，占总成本的80%~85%。做好乙烯原料的优化和平衡，是降低乙烯生产成本、提高竞争力的重要措施。同时，也对降低乙烯后续石化产品的生产成本具有重要意义。

影响裂解原料变化的主要因素是石油和天然气的供应状况和价格。从未来趋势看，世界乙烯裂解原料中石脑油仍占主导地位，但原料结构将继续向轻质化方向发展。世界乙烯裂解原料中，乙烷用量的年均增长率为2.3%，LPG用量的年均增长率为0.2%，石脑油需求将以2.3%的年均速度递减。

从世界各地区乙烷原料在乙烯原料中所占比重看，由于北美地区页岩气的开发将使乙烷产量继续较快增长，北美地区乙烷原料所占比重最高，为84.3%，西欧和亚太地区分别为36.3%和32.6%，中东地区为77%。从石脑油在乙烯原料中所占比重看，亚洲和西欧分别高达60.1%和59.7%，北美地区仅为6.7%。

亚太地区不断扩大的炼油能力将为乙烯裂解装置提供大量原料。由于亚太地区石化产品的需求增速比炼油能力的增长速度更快，未来该地区还将需要进口大量石脑油。在丙烷或丁烷的吨价为石脑油价格90%的情况下，亚洲乙烯装置运营商通常选择LPG作为乙烯裂解原料。在韩国、日本和中国台湾，乙烯装置运营商的裂解原料中5%~15%为LPG，东南亚裂解装置运营商的裂解原料中LPG所占比重高达20%。乙烯装置运营商一般使用LPG/轻石脑油、LPG/全馏程石脑油、LPG/公开规格石脑油及LPG/重石脑油混合物作原料进行裂解。亚太地区乙烯原料将更加多元化，中国的煤制烯烃、甲醇制烯烃将继续发展。

中东新建单套装置规模都在1200~1800kt/a，加之以乙烷等轻质烃为原料，乙烯产率高、流程短、设备少，投资省。中东地区也将最大限度地利用乙烷作为裂解原料，但中东地区廉价乙烷产量增加将受到天然气开发和生产成本的制约。随着天然气在工业领域需求增加，中东地区可供石化生产用天然气趋于紧张，价格也将逐渐有所提高，中东新建乙烯生产装置将增加采用其他轻烃或较重质原料。

我国目前已投产的乙烯装置其原料范围很广，有天然气凝析油、轻烃、石脑油、轻柴油以及轻柴油中掺入少量减一线油以及加氢尾油等。由于我国原油馏分较重，原油中轻馏分所占比例较少，直馏石脑油、轻柴油一般只占原油的30%左右。多年来，我国乙烯原料的构成向轻质化、优质化方向发展，乙烷、LPG、石脑油、加氢尾油用量上升，轻柴油、煤油等用量下降，随着成品油消费峰值的到来，加工产品原料将在达到峰值后逐年下降，天然产品原料将逐渐上升，因此未来乙烷裂解、轻烃裂解以及原油裂解将有更大的发展前景。

## 第三节 裂解气中杂质及影响

裂解气中含有的杂质有$N_2$、$O_2$、$CO_2$、$H_2S$、$NO_x$、羰基硫(COS)、硫醇、硫醚、砷(As)和汞(Hg)等，下面介绍这些杂质可能对乙烯装置的影响。

## 一、酸性气体

裂解气中含有的酸性气体主要是 $CO_2$ 和 $H_2S$。

$CO_2$ 是裂解反应生成的焦炭与水进行反应，以及烃类与水进行反应的产物。裂解炉出口的裂解气中 $CO_2$ 体积分数一般在 0.02%左右。裂解气中的 $CO_2$ 进入下游分离系统后，如果不加以脱除，可能在低温条件下结成干冰堵塞设备管道。同时，作为一种酸性气体，$CO_2$ 溶于水后形成碳酸，将对设备管线造成腐蚀。此外，$CO_2$ 进入乙烯产品后，还将影响产品质量，给下游聚乙烯装置造成严重影响。裂解气中的 $CO_2$ 主要在裂解气压缩系统的碱洗塔中脱除。

裂解原料中的硫含量对裂解反应有较大影响。如果裂解原料完全脱硫，硫含量低于 80μg/g 时，裂解过程中产生的 CO 量会增加，炉管表面会发生渗碳作用，炉管机械强度降低；同时，裂解产物中也将有较多的 CO 和 $CO_2$ 生成。这是炉管材料中金属镍等的催化作用造成的。原料中含有少量的硫可以抑制炉管管壁的催化效应，因此在缺硫的原料(如循环乙烷、循环丙烷和加氢尾油等)中应加入少量的硫化物，常用的是 $CS_2$ 和二甲基二硫(DMDS)。裂解原料中的硫含量一般应控制在 80~100μg/g。

裂解原料中的硫经高温反应后，约有 30%~40%(以硫的质量分数计)以多种形态进入裂解气中，并在碱洗系统中被脱除；约有 5%~10%进入裂解汽油中，还有 50%~60%最终进入裂解燃料油中。由于裂解原料中硫的形态多种多样，进入炉管后发生复杂的反应，生成多种产物，其中对乙烯装置影响最大的是硫化氢($H_2S$)。如果裂解气中的硫化氢含量过高，会造成急冷水系统酸性增强，加快系统腐蚀。如果硫化氢含量在碱洗系统设计裕量内，可以通过增大碱循环量，提高循环碱浓度，增加新鲜碱补入量等手段进行调节，但碱的消耗量增大。如果硫化氢含量超出碱洗系统的能力，硫化氢将进入分离系统，使加氢催化剂中毒。

根据裂解原料中硫含量的不同，建议采用不同的处理方法(表 2.3-1)。

**表 2.3-1　脱硫方法选择**

| 硫含量/%(摩尔) | 处理方案 | 备注 |
|---|---|---|
| >2.0 | 原料脱硫 | |
| >0.2 | 胺洗+碱洗 | 乙醇胺 MEDA |
| ≤0.2 | 碱洗 | |

在酸性气脱除之前的急冷区和压缩区，酸性气体随水蒸气液化溶解在水中，使凝液呈酸性，如循环急冷水、工艺水等要注碱(NaOH 或有机胺)调 pH 值，压缩段间注防腐剂等，以调节其酸碱度，减轻对设备、管道的腐蚀。

$H_2S$ 是强酸性气体，碱洗很容易脱除，所以 $CO_2$ 是碱洗塔的控制性酸性组分。$CO_2$ 对乙烯产品的规格影响较大，自碱洗塔顶至乙烯产品出口，$CO_2$ 摩尔浓度大约浓缩 3 倍，即若碱洗塔顶为 $10^{-6}$(摩尔)，则乙烯产品中约为 $3\times10^{-6}$(摩尔)。见表 2.3-2。

表 2.3-2 $CO_2$ 随乙烯产品的浓缩倍数模拟计算结果

| 乙烯装置 | 天津 160kt/a 装置 | 福建 800kt/a 装置 | 武汉 800kt/a 装置 | 天津 1000kt/a 装置 | 镇海 1000kt/a 装置 | 福建 1100kt/a 装置(改) |
|---|---|---|---|---|---|---|
| 浓缩倍数 | 3.3 | 3.2 | 3.1 | 3.1 | 3.1 | 3.0 |

## 二、$NO_x$

当裂解原料中含有氮化合物时就可能形成 $NO_x$，也会形成氨、卟啉等有害物质。$NO_x$ 也可由炼厂回收的催化干气和焦化干气等直接带入。

据资料介绍，少量的 NO 能与氧反应生成 $NO_2$，继而生成 $N_2O_3$ 和 $N_2O_4$。$N_2O_3$ 和 $N_2O_4$ 在深冷低温下凝积，而且能在-100℃下与干气中的氨生成硝酸铵和亚硝酸铵，同时 $N_2O_3$ 和 $N_2O_4$ 还能与重组分中的双烯烃反应生成树胶状硝化物而沉积在深冷低温设备中。由于硝酸铵和亚硝酸铵是不稳定的强氧化物，与可燃的烃类混合且受高温影响时会迅速分解燃烧爆炸，而硝化树胶即使在低温下也是极不稳定的物质，一旦突然受热和受力冲击，即可能发生爆炸。国外已经有冷箱爆炸的案例。

还有一种解释是 $NO_x$ 在-130℃下会生成蓝冰，蓝冰本身不爆炸，但遇到丁二烯或更重的二烯烃后会形成 $NO_x$ 胶质，$NO_x$ 胶质是爆炸物，即使在-150～-165℃的极低温下也会发生爆炸。

顺序分离流程，丁二烯进入冷区，若有 $NO_x$ 带入，存在风险。前脱丙烷流程，进入冷区的碳四很少，前脱乙烷流程更少，$NO_x$ 风险大为减小。所以顺序分离流程对回收炼厂干气的 $NO_2$ 含量要求更严格。

## 三、有机硫

裂解气含有的有机硫种类较多，如羰基硫、甲硫醇、乙硫醇、硫醚等。

裂解原料所含的大部分羰基硫将在裂解炉中转化成硫化氢，但同时，在裂解过程中硫发生的副反应还可产生羰基硫。裂解气中羰基硫的含量与裂解原料、裂解炉的设计和操作条件有关，通常原料越重、硫含量越高、稀释比越大，产生的羰基硫越多。

羰基硫离开裂解炉后，随裂解气进入压缩系统。乙烯装置通常在裂解气压缩机三段或四段出口设置碱洗或胺洗单元，通过 NaOH 或乙醇胺与酸性气体的反应来脱除裂解气中的酸性气体。部分羰基硫会在胺洗过程中被除去，但在碱洗中无法除去。在胺洗系统中，由于羰基硫的盐不可再生，会加重胺洗系统的结垢和腐蚀。经过碱洗或胺洗后，羰基硫随裂解气进入裂解气干燥器，由于羰基硫不会被干燥器中的 3A 分子筛吸附，它将随工艺物料进入 $C_3$ 馏分中，造成丙炔和丙二烯的混合物(MAPD)加氢催化剂活性下降。虽然催化剂的活性可通过再生恢复，但催化剂的运行周期和使用寿命缩短。随后，羰基硫进入丙烯精馏塔并最终进入丙烯产品中，导致下游聚丙烯催化剂严重失活。丙烯产品中羰基硫的质量浓度不大于 0.05mg/L。

其他有机硫，同样也会使乙烯装置的碳二加氢和碳三加氢催化剂中毒，影响乙烯、丙烯及混合碳四产品的规格，需要提前脱除。脱除有机硫方法有胺洗、吸附等。若有机硫含量大，需要先使用胺洗脱除大部分，再通过吸附剂进行精脱。另外，据了解，强 NaOH 溶液洗涤也可脱除部分甲硫醇，但对其他有机硫几乎无效果。

## 四、汞

许多裂解原料中都含有微量(质量分数 $1\times10^{-9}\sim1\times10^{-7}$)的汞化合物。汞能在低温设备中累积，并降低催化剂的活性。汞的累积可能导致以下问题：检修期间对人员造成伤害，与铝合金形成汞铝合金(汞齐)导致设备故障，主要是损坏冷箱，降低 $C_3$、$C_4$ 和裂解汽油加氢催化剂的寿命。

裂解原料中的汞经裂解炉进入分离系统，可在分离系统中以液态或固态的形式累积。分离系统中很多低温设备采用铝合金材质，汞能侵蚀铝合金。如果铝合金表面的氧化层有缺陷或有裂纹，液态汞就会侵入，造成铝合金设备损坏。

如果乙烯原料中含有痕量的汞，则冷箱中的铝合金管线和设备存在汞脆化的可能性，尤其是腐蚀焊缝。多次暴露在液态汞中，裂纹扩展才能危及管道或设备的完整性。

汞的熔点为-39℃，由裂解气带入冷箱，以固态形式沉积在操作温度低于熔点的部位。停车期间，系统升温，会引起汞熔化，并腐蚀冷箱中的铝合金管道和设备，最终可能引发灾难性的故障。

冷箱入口一般要求：汞含量≤20μg/kg。

## 五、砷

砷能形成-3、3 和 5 价，其配位数为 3、4、5 或 6，在砷的少数多重键的化合物中，配位数也可为 2。$AsH_3$ 一般具有还原性，叔胂能还原大多数二价铜盐，$AsH_3$ 就是一种强还原剂。三价砷的一对孤对电子能与Ⅷ族元素的 d 轨道结合，形成很强的配位键，很难再与其他反应物的电子云结合。由于砷元素的这些性质，对于大多数石油化工催化剂，砷化物是毒物。在碳二和碳三加氢过程中，三价砷能与催化剂的金属钯(Pd)的 d 轨道结合，形成配位健，从而使 Pd 催化剂中毒失活，这种中毒很难通过活化等方法排除。对于金属镍催化剂，砷化物也能与镍形成砷化镍($Ni_3As_2$)，而使镍催化剂永久失活。

原料中砷含量太高会引起乙炔、碳三、汽油加氢催化剂中毒，通常要求加氢反应器进料中砷含量≤5μg/kg。因此裂解原料中要求砷含量≤20μg/kg，否则原料要脱砷。砷在裂解各馏分中的含量分布如表 2.3-3 所示。

**表 2.3-3　砷含量在原料和裂解产品中的分布概况**

| 物流 | 液态原料 | 裂解汽油 | 碱洗塔裂解气 | $C_2$ 加氢入口 | $C_3$ 加氢入口 | 中压甲烷 | 低压甲烷 |
|---|---|---|---|---|---|---|---|
| 砷含量/(μg/kg) | 100~180 | 80~120 | 20~30 | 15~20 | 20~30 | 2~3 | 5~15 |

最近设计的乙烯装置，若裂解气中可能含有一定量的砷，前脱丙烷分离流程多在碳二加氢前设置脱砷保护床，顺序分离和前脱乙烷工艺一般只在碳三加氢前设置脱砷保护床。

## 六、$N_2$ 和 $O_2$

$N_2$ 在乙烯装置分离过程中属惰性气体，一般不发生化学反应。进入裂解气中的 $N_2$ 约

有一半随 $H_2$ 产品分出，因而若含量大，会影响95%(摩尔)氢气的规格；另一半进入甲烷燃料气中，若含量大，对燃料热值有所影响。

对于前脱丙烷或乙烷前加氢流程，裂解气中的 $O_2$ 在碳二加氢反应中，会与 $H_2$ 反应生成水，水引起催化剂结焦而缩短催化剂寿命；也会与CO发生反应 $O_2+CO \rightarrow CO_2$，使CO减少，并放热，引起反应波动。裂解气中微量的 $O_2$ 影响有限，但含 $O_2$ 量达到一定的限度对碳二加氢催化剂不利。

## 七、甲醇

甲醇在高温下将进行分解，当温度<550℃时，发生如下反应：$2CH_3OH \rightarrow CO_2 + CH_4 + 2H_2$；当温度在550~700℃时，反应为 $2CH_3OH \rightarrow CO_2 + [C] + 4H_2$；当温度>700℃时，反应为 $CH_3OH \rightarrow CO + 2H_2$。由于乙烯装置裂解炉的操作温度均在800~850℃区间内，而裂解原料中的甲醇在大于700℃的情况下，会部分热分解为一氧化碳和氢气，导致后加氢工艺中甲烷化反应器床层温度出现快速上涨甚至飞温的现象；而对于前加氢工艺而言，会使得加氢反应器因一氧化碳浓度的突然波动，造成漏炔，导致产品不合格或飞温失控现象，影响乙烯装置的安全及平稳运行。而未参加反应的甲醇会在急冷水和裂解气压缩机段间水相中的溶解度趋于饱和后，甲醇便在丙烯馏分出口出现了相对滞后的质量超标现象，并率先在聚合级丙烯中体现出来。

## 八、MTBE

石脑油等液体原料中可能含有甲基叔丁基醚(MTBE)，来自MTBE装置的循环物料中也可能含有MTBE。另外，如果运输石脑油的船、管道或储罐以前储存过含有MTBE的汽油，则MTBE也可能进入裂解原料中。MTBE在裂解炉中能反应生成甲醇、异丁醇、CO和其他氧化物及有机酸，它们可能导致：

① 丙烯产品被甲醇污染；

② 降低工艺凝液的pH值，导致设备腐蚀速率加快；

③ CO使乙炔前加氢反应器催化剂的活性降低；

④ 有机酸可造成下游 $C_4$ 加氢催化剂中毒；

⑤ 由于甲醇可分解并降低分子筛对水的吸附能力，从而缩短裂解气和丙烯干燥剂的寿命；

⑥ CO影响甲烷化或变压吸附PSA单元的运行，引起操作波动，并影响乙炔后加氢反应器的稳定运行；

⑦ 羰基化合物可增加胺洗和碱洗系统的结垢，并污染混合碳四和裂解汽油产品；

⑧ MTBE会污染 $C_4$ 和 $C_5$ 馏分并影响下游裂解汽油加氢单元的运行。

## 九、水和CO

裂解气中的水分在低温下会凝结成冰和固态水合物，堵塞设备和管道，影响分离操作。所以裂解气进入分离系统之前必须进行干燥脱水。

裂解气中的CO约三分之一多进入粗氢，其他主要进入甲烷尾气中。CO对碳二加氢催化剂活性有影响，可使其暂时失活。所以对前加氢分离流程，重点要保持裂解气中CO的稳定；或者 CO 浓度发生变化时，适时做好操作调整，防止碳二加氢漏炔或飞温。

进入粗氢中的 CO 可通过甲烷化或变压吸附 PSA 脱除，当裂解原料发生变化或裂解炉清焦切换时，也要注意 CO 浓度的变化，适时做出调整。

## 第四节　原料结构变化对乙烯装置的影响

近年来尽管以甲醇制烯烃(MTO)、催化裂解为代表的非蒸汽裂解技术路线得到一定的发展，但是受到环保、水资源及技术等方面的限制，在可预见的未来传统的蒸汽裂解技术仍将占据主导地位(见图 2.4-1)，所以优化乙烯装置、提升装置竞争力一直是各生产企业的重要工作。由于乙烯装置的原料占成本的比例在 80%以上，其品质与结构对以乙烯为龙头的化工企业效益具有重要影响，所以优化原料结构常作为企业的重中之重来抓。一方面进行炼化一体化，利用炼厂副产干气、LPG 为乙烯装置提供优质的轻质原料；另一方面，随着近年来能源革命特别是美国页岩气技术的突破，从市场获取优质轻质原料也成为可能。乙烯装置原料轻质化在过去和未来仍是主要方向。

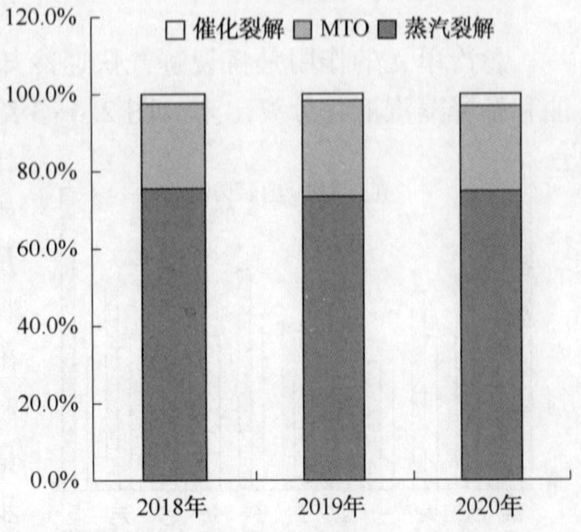

图 2.4-1　不同乙烯技术路线占比

不同的乙烯原料性质差别决定了其裂解条件和产品结构不同，不管是对新建装置及下游配套装置的建设方案还是对现有装置的运行都有影响。下面将对原料结构变化对乙烯装置的影响进行初步分析。

### 一、典型原料的产品结构

由于中国石油资源有限，乙烯装置的原料比较复杂，包括乙烷、丙烷、LPG、轻烃、石脑油、加氢尾油和柴油各种轻重原料。2015 年以前建设的乙烯装置均以石脑油和加氢尾油为主，近年来才开始建设气体原料或轻烃原料为主的乙烯装置。图 2.4-2 给出了丁烷、丙烷和乙烷几种具有代表性原料的裂解气组成与石脑油的比较结果。由图可以看出：①随着原料的轻质化，乙烯收率提高；②原料越轻，重组分含量越低；③正丁烷、丙烷原料的甲烷收率高于石脑油；④乙烷原料的氢气收率明显高于其他原料，而甲烷及碳三以上组分明显低于其他原料。下面按照乙烯装置的工艺单元分析原料变化带来的影响。

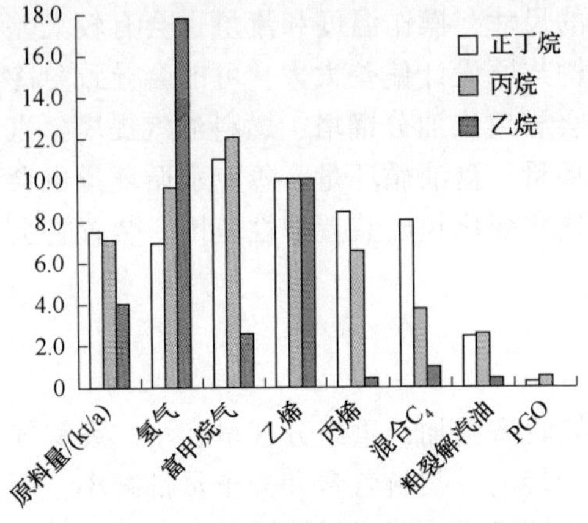

图 2.4-2　不同裂解原料的产品结构与石脑油对比

### 二、裂解单元

不同的裂解原料其稀释蒸汽配比、对流段设

计、反应温度、废热锅炉出口温度等相差比较大。在裂解原料比较复杂时，常设置气体炉、轻油炉和重油炉三种炉型，而且考虑到裂解炉清焦再生问题，一般会设计一两台轻油炉可以裂解气体原料、重油炉可以裂解石脑油。因此，裂解炉对每种原料的变化有一定的适应范围，但是超出原料的设计波动范围后裂解单元也需要进行改造。具体到每套装置需要根据装置的具体情况进行考虑。

近几年，新建的乙烯装置努力使原料轻质化，某些装置以轻烃和气体为原料，如大连恒力、烟台万华乙烯装置，有些装置则以纯气体乙烷和丙烷为原料，如宁波华泰、新浦化学、卫星能源以及中国石油的长庆和塔里木乙烷裂解装置。这些装置不能裂解重石脑油和尾油柴油。

## 三、急冷单元

急冷单元的作用是将裂解气快速冷却到约40℃左右，同时重组分裂解燃料油、裂解汽油和稀释蒸汽液化分离出来。图2.4-3给出了尾油和柴油裂解产物与石脑油裂解产物的对比。结合图2.4-2可知，在乙烯产量相同时，原料越重所需原料量越多，裂解汽油、裂解燃料油的产量越大，柴油是最不好的裂解原料。对于液体原料，由于裂解气中重组分在降温过程中冷凝分离放出较多的热量，需要设置汽油分馏塔(急冷油塔)，利用循环急冷油(或盘油)和汽油取出不同温位的热量，然后再通过急冷塔由急冷水将裂解气温度进一步降低。设置燃料油汽提塔、汽油汽提塔对产品裂解燃料油和裂解汽油处理以满足闪点和干点的要求。而对于乙烷、丙烷和丁烷为裂解原料的乙烯装置，由于裂解气中重组分含量很低，不需要设置汽油分馏塔，来自裂解炉的裂解气可以直接进入急冷塔。

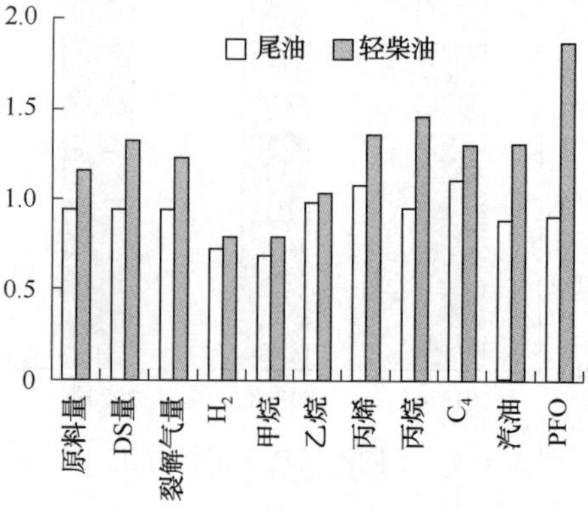


图2.4-3　尾油和柴油裂解产物与石脑油对比

急冷单元工艺设备的操作条件和尺寸均按照一定的原料结构确定。即使乙烯装置的规模相同，如果原料结构不同，则急冷单元工艺设备的尺寸、操作温度和流量也会有较大差别。同样，对于已经运行的乙烯装置，如果原料结构与原设计偏差太大，可能会导致急冷单元无法正常运行。例如，增加柴油原料的比例将会导致汽油分馏塔、燃料油汽提塔、汽油汽提塔、稀释蒸汽发生系统负荷增加，急冷油循环量、盘油循环量、急冷水循环量也会不同程度地增加，急冷油黏度控制难度加大，如果这些变化超出装置弹性范围，装置将会难以运行。

## 四、裂解气压缩单元

在乙烯产量一定，当裂解原料变轻时，由于乙烯收率增加，重组分含量变小，裂解气的分子量将减小，如图2.4-4所示。即当裂解原料变轻时，裂解气量和分子量都减小，所以裂解气压缩机的功率将降低(图2.4-5)，裂解气压缩机后冷器和碱洗塔的负荷随原料的轻质化而减小。

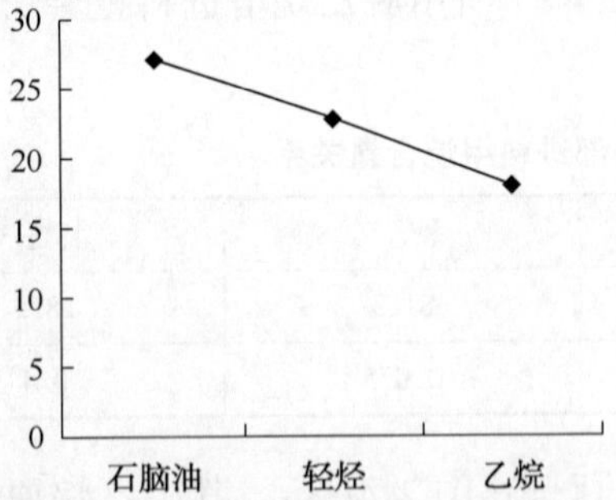

图 2.4-4　裂解气压缩机入口分子量

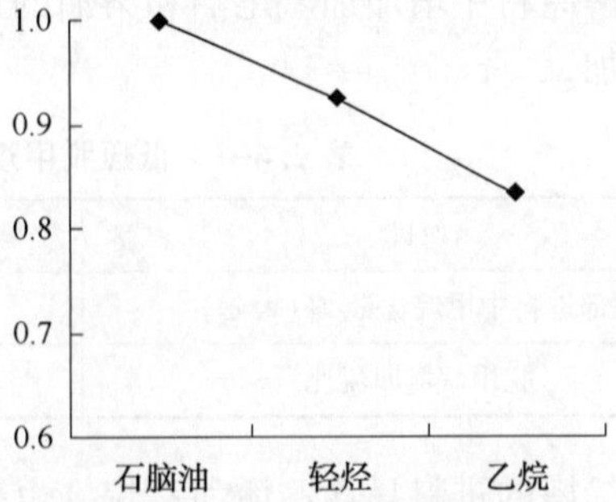

图 2.4-5　裂解气压缩机功率对比

对于裂解气压缩机，原料轻质化后功率降低并不意味着压缩机和透平没有问题，还需要分析所需转速是否能达到要求。根据压缩机欧拉公式我们可以知道，对于离心式压缩机，在压缩比一定的情况下，分子量越小，所需要的转速越高。图 2.4-6 给出了离心式压缩机分子量降低时转速的理论变化曲线。

因此，当某装置的原料变轻后，裂解气压缩单元的静设备如罐、后冷器、碱洗塔可能可以处理，但是裂解气压缩机和透平是否满足要求，建议咨询压缩机制造商进行核算。

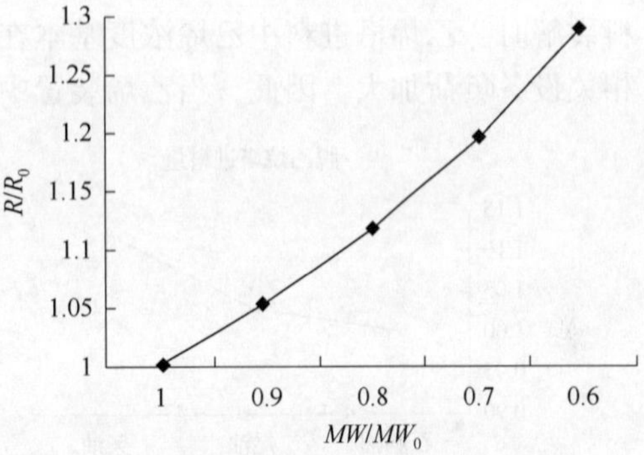

图 2.4-6　分子量变化与压缩机转速的关系

## 五、冷分离单元

冷分离单元包括前冷脱甲烷和碳二系统。以顺序分离流程为例，前冷系统的进料组分包括氢气、甲烷、碳二、碳三、碳四等。根据图 2.4-2 可知，这些组分的含量随原料的不同变化较大，而且与原料量没有固定的函数关系。当裂解气在前冷系统中逐级降温闪蒸时，即使裂解气量相同，由于进料组分不同，当冷却到相同温度时，冷凝的液体量和气液组成也不一样，所需的冷量也不同。也就是说当裂解原料变化时，前冷系统各级冷用户的热负荷变化及冷箱各流道的流量与裂解气量不呈线性关系，具体变化量需要进行模拟计算才能确定。一般来讲，原料变轻后，低等级冷量负荷如丙烯冷剂负荷将减小，高等级冷剂负荷如乙烯冷剂负荷将增加。

对于采用低压脱甲烷技术的顺序分离流程，脱甲烷塔有多股进料，其最上部的一股进料中甲烷含量很高，一般为 75%~82%(摩尔)，起到一部分回流的作用，其甲烷含量越高，脱甲烷塔顶的回流比越小。而对于乙烷原料，由图 2.4-2 可以很清楚看出，乙烷裂解后甲烷含量很低，因此，如果乙烯装置增加乙烷原料的比例将对脱甲烷塔有不利的影响，需要增加回流量，参见表 2.4-1。其与高压脱甲烷塔受进料中甲烷浓度的影响类似，但不像低压脱甲烷塔对甲烷浓度那样敏感。

脱乙烷塔进料中包含碳二、碳三及碳四以上组分，根据图 2.4-2 的产品结构，当裂解原料变轻后，由于 $C_3^+$ 组分含量降低，所以脱乙烷塔进料量会减少，但碳二含量增加。但是如果裂解原料中增加加氢尾油和柴油的比例，如图 2.4-7 所示脱乙烷塔进料量会增加，负荷会增加。

**表 2.4-1　低压脱甲烷塔回流比与顶部进料甲烷含量关系**

| 项目 | 装置 1 | 装置 2 | 装置 3 |
| --- | --- | --- | --- |
| 顶部进料中甲烷含量/%(摩尔) | 78.7 | 81.3 | 28.2 |
| 脱甲烷塔回流比 | 0.092 | 0.075 | 0.4 |

乙烯塔的进料只含乙烯和乙烷，也受原料变化的影响(图 2.4-8)，其中乙烷原料的影响最大。当乙烷为裂解原料时，没有反应的乙烷原料将全部进入乙烯塔。一般乙烷裂解时转化率通常控制在 65%左右，这样就造成乙烯塔进料中乙烯含量只有 60%左右，而其他原料裂解时，乙烯塔进料中乙烯浓度基本在 80%以上。进料浓度的降低势必导致回流比增大，相关设备负荷加大。因此，当乙烯装置中增加乙烷原料时，乙烯塔系统受影响比较大。

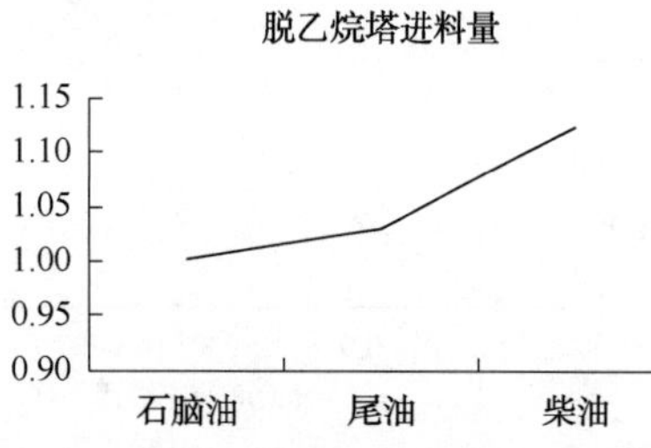


图 2.4-7　不同裂解原料的脱乙烷塔进料对比

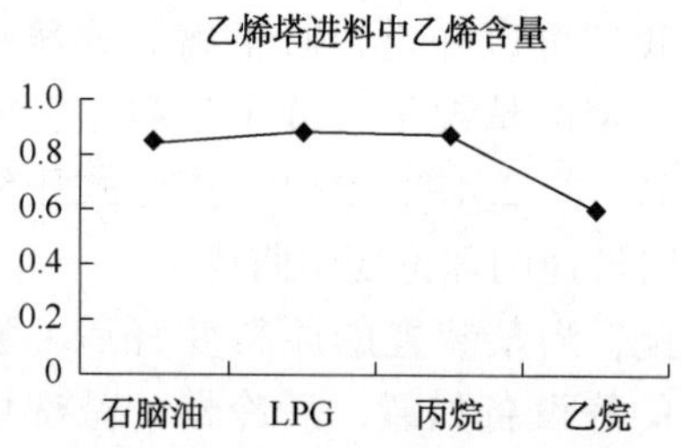


图 2.4-8　不同裂解原料的乙烯塔进料浓度

## 六、热分离单元

热分离单元包括脱丙烷塔、碳三加氢和脱丁烷塔。当原料变轻如增加轻烃、LPG 和气相原料时，由于碳三以上组分产量降低，所以本单元的负荷总体降低。但是，当增加重质原料尾油和柴油时，本单元的负荷将会增加。

丙烯和丙烷的分离难度比较大，所以丙烯塔回流比一般超过 12。乙烯装置裂解原料变化时，丙烯塔的进料中丙烯含量也会产生波动，进而影响塔的回流比。图 2.4-9 给出了几种原料裂解时丙烯塔进料中丙烯含量的变化，可以看出丙烷裂解时丙烯塔进料中丙烯含量最低。所以，当乙烯装置中轻质裂解原料比例增加时，一方面丙烯塔进料中丙烯含量降低，需要增加回流比；另一方面丙烯的产量也降低，总进料量会减少，需要结合塔径和内件对丙烯塔系统进行核算以确定是否还能满足装置要求。

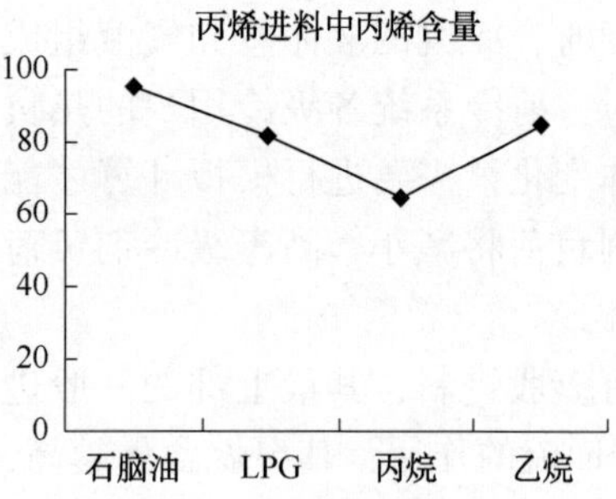


图 2.4-9　不同裂解原料的丙烯塔进料浓度

## 七、制冷单元

乙烯装置的制冷方式分为下列三种：①乙烯、丙烯复叠制冷技术，是最传统也是常用的方式；②Lummus 公司提出的丙烯、二元复叠制冷技术；③Lummus 公司提出的三元制冷技术。后两种技术的提出主要是出于取消 Lummus 低压脱甲烷塔所需的甲烷压缩机，减少压缩机数量的考虑，并不是节能的新技术。

当裂解原料变轻时，裂解气中碳三以上组分减少，因此低等级冷量负荷减少，丙烯制冷机功率降低。但是高等级的冷量需要量增加，因此乙烯制冷压缩机或二元制冷压缩机功率将增加，而且各段的增加幅度也不相同，需要根据裂解气组成进行计算确定。所以裂解原料轻质化后，乙烯或二元/三元制冷系统是否能满足要求，需要进行工艺计算后再由压缩机供货商进行核算才能确定。当重质裂解原料增加时，情况相反，丙烯机负荷增加，需要进行核算，乙烯或二元/三元制冷系统负荷将有所减少。

**小结**

乙烯装置通常设置不同类型的裂解炉以处理不同的裂解原料，而分离系统只设置一条线，因此当原料发生变化时，裂解气组成的改变对分离各单元的影响是不同的，分离系统的适应性分析难度更大。乙烯装置原料变化对分离各工艺单元的影响可汇总如下：

① 急冷单元负荷随原料轻质化降低，汽油分馏塔釜温降低，急冷油、盘油、急冷水循环量减少；稀释蒸汽发生系统负荷降低。

② 裂解原料变轻后，裂解气压缩机进料量降低，分子量减小；静设备负荷减少；压缩机功率减少，但转速需要增加。

③ 原料轻质化将导致前冷系统负荷加大，脱乙烷塔负荷减少。当乙烷原料增加时，脱甲烷塔、乙烯塔负荷增加较大。

④ 热分离单元的处理量随裂解原料轻质化而减小，但是丙烯塔回流比将增大。

⑤ 轻质裂解原料比例增加时，丙烯制冷压缩机功率降低，但乙烯或二元制冷压缩机功率将增加。制冷机各段的变化幅度并不相同。

每套装置的原料性质、各种原料的比例、采用的工艺技术和设计余量都不相同，而且当装置原料发生变化时，各系统和设备的负荷变化比例也不相同。因此，要想判断原料变化后乙烯装置各系统的适应情况，必须对该装置的各系统和设备进行针对性核算。

## 参 考 文 献

[1] 胡天生．乙烯裂解炉进料中杂质的危害与控制[J]．扬子石油化工，2006，21(3)：1-4.
[2] 孙国臣．微量物质对乙烯装置的影响[J]．石油化工，2010，39(2)：198-203.
[3] 李海周，姜涛．裂解炉对流段结焦原因及解决方法[J]．石油化工安全技术，2000，16(4)：16-18.
[4] 李作政，冷寅正主编．乙烯生产与管理[M]．北京：中国石化出版社，1992.
[5] 陈滨．乙烯工学[M]．北京：化学工业出版社，1997.
[6] 郝庆军，王文，柳念先，等．裂解高硫石脑油对碱洗塔及废碱液氧化系统的影响[J]．乙烯工业，2008，20(4)：19-22.
[7] 李新学，刘迎新，魏雄辉．羰基硫脱除技术[J]．现代化工，2004，24(8)：19-22.
[8] 方磊，张永春，周锦霞，等．脱除工业废气中微量 COS 杂质的研究进展[J]．低温与特气，2007，25(4)：15-18.
[9] 杨顺迎．丙烯质量对催化剂活性的影响[J]．河南化工，2005，22(5)：30-32.
[10] 王松汉主编．乙烯装置技术与运行．北京：中国石化出版社，2009：192.

# 第三章 急冷系统工艺与设计

在蒸汽裂解过程中，裂解原料经高温裂解生成含有乙烯、丙烯、丁二烯和芳烃等组分的裂解气，如果产生的裂解气在高温条件下时间过长，会继续发生二次反应，从而导致裂解产物中的烯烃收率降低，甲烷、氢气、重质焦油增加，结焦趋势增大，因此需要将裂解气进行降温。在工程实践中，裂解气的降温过程是分步实现的，通常首先在裂解炉区利用裂解气的高温发生蒸汽，随后经急冷器冷却后的裂解气进入急冷系统，进行进一步降温，最终裂解气以接近常温的温度(一般为40℃左右)被送入裂解气压缩系统。因此，实现裂解气的降温(同时回收热量)是急冷系统最主要的功能之一。除此以外，从流程功能上看，急冷系统的主要作用还包括以下5点：

- 实现柴油、燃料油分离；
- 实现部分汽油分离；
- 产生稀释蒸汽；
- 预热/汽化原料；
- 接收下游单元/装置返回物料。

急冷系统作为裂解气进入分离系统后的第一个系统，其所需要处理的裂解气的组分跨度是最大的，从分子量最小的氢气一直到标准沸点(NBP)大于800℃的重质燃料油，此外还包括水分、酸性气等其他非烃类组分。需要说明的是，虽然本书在描述乙烯装置急冷系统所处理的物料时采用的是汽油、柴油、燃料油组分这样的描述方式，但实际上由于乙烯装置基于自由基反应的热裂解原理，其所产生的上述重质产品的组成与炼油流程中常减压系统所处理的类似馏程物料的组成存在显著差异，其不饱和度和稠环芳烃的占比要显著高于后者。上述组分的差异决定了乙烯急冷系统的流程设计具有其鲜明的特点。

目前，全球主要的乙烯技术专利商在急冷系统的流程、设备等方面的设计上各有不同，但总的来说可以按照裂解原料结构的差异分为液体原料裂解急冷流程和气体原料裂解急冷流程两大类。

*1. 液体原料裂解急冷流程*

液体原料裂解急冷流程，指的是装置的原料以石脑油、尾油等液体裂解原料为主的急冷系统流程。裂解气组成较重，汽油、柴油、燃料油组分占比较高。从系统构成上看，一般可分为汽油分馏塔系统(含轻、重燃料油汽提塔)、急冷水塔系统(含汽油汽提塔)和稀释蒸汽发生系统三大部分，此外原料预热系统也经常归由急冷系统操作人员管理，被视为急冷系统的一部分。

典型液体原料裂解急冷系统的流程为：在裂解炉区经急冷油冷却后的裂解气被送入汽油分馏塔系统，在汽油分馏塔中，裂解气自下而上通过急冷油循环(洗涤)段、盘油循环段、精馏段三个部分，被冷却至100~110℃左右，送入急冷水塔，通过急冷水循环取热后，冷却至接近常温送往下游裂解气压缩系统。

在取热过程中，柴油、燃料油组分在汽油分馏塔中发生冷凝，其中柴油组分借助汽油分馏塔侧线采出至轻燃料油汽提塔，经过汽提后，作为轻燃料油产品的主要成分采出。燃料油组分则一般借助重燃料油汽提塔(减黏塔)依靠闪蒸和蒸汽汽提的共同作用，作为重燃料油产品采出。

需要注意的是，由于乙烯裂解重组分不饱和度高的特点，汽油分馏塔中的燃料油馏段的物料存在更显著的自聚倾向。这一倾向导致的后果之一，就是汽油分馏塔中的急冷油循环在长期高温大循环量的运行下，会出现黏度上升的趋势。急冷油黏度的失控，会导致急冷系统运转不畅、换热效果恶化，而解决这一问题的一个主要措施，就是将急冷油中的重质燃料油组分持续采出，这便使得燃料油组分的持续稳定采出不仅是保持装置物料平衡的需求，也成了急冷油系统保持稳定运行的需求。

在裂解气进入急冷水塔后，裂解气在该塔内直接与循环急冷水接触，被进一步冷却到40℃。裂解气中的稀释蒸汽和汽油馏分被冷凝，分离出的一部分汽油用于汽油分馏塔的回流，其余部分用作汽油汽提塔的一部分进料，与来自压缩系统的汽油组分为主的凝液在汽油汽提塔中脱除轻组分后，作为汽油产品的一部分采出。

在急冷水塔被冷凝的工艺水则作为稀释蒸汽发生系统的进料，首先经过除油，再由工艺水汽提塔脱除烃、酸性气体，然后在稀释蒸汽发生器中借助盘油、急冷油循环所提供的热量产生稀释蒸汽送往炉区与裂解原料混合后进行裂解。

在急冷系统中，存在三个取热循环，分别是位于汽油分馏塔的急冷油循环、盘油循环及位于急冷水塔的急冷水循环。这三个循环分别以主要成分为燃料油与柴油混合物的急冷油、主要成分为柴油和汽油混合物的盘油和主要成分为水的急冷水作为介质，实现从近200℃到约175℃、从约165℃到120℃和从约83℃到40℃三段取热。

依照温位高低不同，三个取热循环可以为全装置提供从近200℃到80℃不同温位的热量供应，除了作为急冷系统的稀释蒸汽发生、工艺水汽提和原料预热/汽化热源外，还可以为炉区、压缩、热分离系统提供空气预热、裂解气加热、脱丙烷塔再沸、脱乙烷塔再沸、丙烯塔再沸等多处热量供应。

虽然在部分生产装置中由于专利商工艺路线、原料结构等因素的差异，上述三个取热循环有时会被简化为仅设置急冷油、急冷水两个循环，但各家专利商在急冷系统的取热方案设计原则上是基本一致的，即充分利用高温裂解气降温过程中的热量，实现装置内工艺物料之间高效热集成，以提高装置能效水平，改善装置效益。

对于液体原料裂解装置，原料预热系统处理的物料种类较为复杂，一般既包括石脑油、加氢尾油，也包括LPG及乙烷、丙烷。在原料预热阶段，一般会借助急冷水系统的热量对于包括石脑油在内的液体原料进行初步预热，对丙烷、LPG原料进行汽化与过热，对于乙烷原料进行过热。其主要目的是充分利用装置工艺物料热量，降低物料在裂解炉区的加热需求。

### 2. 气体原料裂解急冷流程

气体原料裂解急冷流程，指的是装置的原料以乙烷、丙烷等气体裂解原料为主的急冷系统流程。裂解气组成较轻，汽油、柴油、燃料油组分占比很低，从系统构成上看，一般只设置急冷水塔系统和稀释蒸汽发生系统两大部分，原料预热系统也一般较为简单。

典型气体原料裂解急冷系统的流程为：裂解气在裂解炉区经急冷换热器冷却后，进入急冷水塔系统，在急冷水塔中，裂解气自下而上直接与循环急冷水接触，被进一步冷却到约40℃，然后送往下游裂解气压缩系统。在此过程中，裂解气中汽油、柴油、燃料油组分将被冷凝，并从急冷水塔塔釜与水分离后采出。而在急冷水塔被冷凝的工艺水处理则与液体原料裂解类似，被作为稀释蒸汽发生系统的进料，经过除油、固体颗粒、烃、酸性气体后，参与稀释蒸汽发生。

与液体原料裂解不同的是，气相原料裂解由于裂解气中重组分较少，多不设置汽油分馏塔，其裂解气的热量回收更多借助裂解炉区的急冷换热器完成，进入分离系统的急冷系统时，一般温度仅有200℃左右，后续的取热循环也只有急冷水循环一个。虽然带入急冷系统的裂解气总体热量较少，但是由于气相原料裂解的丙烯产量通常较低，作为主要急冷水热量用户之一的丙烯塔再沸需求很小或是没有，因此气相原料裂解的急冷水热量富裕量一般相对较高，急冷水经常有更大比例被用作裂解炉区的空气预热或锅炉给水加热。

同时，由于没有用于采出重组分的汽油分馏塔，在气相原料裂解装置中与急冷水塔中的急冷水接触的裂解气中，重组分及焦炭、焦油含量要高于液相原料裂解装置。这导致气相原料裂解装置的急冷水、工艺水水质显著劣于液相原料裂解装置，乳化倾向也更为严重。对于这一问题，在各大专利商对于工艺水的净化处理方案是多样化的，既包括类似于液相原料裂解装置的过滤、聚结方案，也包括气浮、专用滤料过滤等方案，其关注的重点集中于更高效地实现油水分离以及水中微量油、焦粒、焦油的脱除。

而在稀释蒸汽发生环节，相较于液相原料裂解装置依靠急冷油、盘油循环实现加热与蒸汽发生，并在蒸汽单独发生后与裂解原料在裂解炉区混合的方案，气相原料裂解装置还经常采用将蒸汽发生与裂解原料混合同步完成的饱和塔方案。

对于气体原料裂解装置，原料预热系统处理的物料一般以乙烷、丙烷为主。在原料预热阶段，主要是进行上述物料的汽化与过热。对于一些外购乙烷、丙烷原料的乙烯装置，由于多采取低温液相运输、接卸、储存原料的方案，所以乙烷、丙烷原料预热阶段的流程除了常规的汽化与过热外，在低温温区时，还通常与制冷机组和低温物料进行耦合换热，以充分利用低温液态烃类所携带的冷量，降低装置制冷能耗。

3. 其他

由于急冷系统所处理的物料组分和温度跨度比较大，同时整体的操作压力比较低且系统容量大，因此急冷系统通常被作为下游单元/装置返回物料的回收接收系统，在这其中急冷水塔是最常见的选择。这种物料的回收在经济上通常是有意义的，可以提高装置的物料利用率。但同时也应注意到，随着乙烯装置下游装置配置方案的多样化，在实际工程应用中出现的返回物料已由常见的聚丙烯、聚乙烯、汽油加氢装置的返回气，进一步拓展到了含有机酸、复杂有机物的物料范围，这些物料的返回会给急冷水塔及相关系统带来潜在的腐蚀、结垢和pH值波动风险，在接受物料前，一般需要进行审慎的评估分析。

## 第一节 原料预热

对于乙烯装置，裂解原料的供给必须保持连续、稳定，否则直接影响裂解操作的稳定性，甚至有损毁炉管的危险。原料预热系统的目的，一方面是使原料预热及汽化，另一方面是使进入裂解炉的液体进料、气体进料及循环物料的流量连续而且可控。通常乙烯装置的裂解原料主要有乙烷、丙烷、丁烷、LPG、炼厂干气、石脑油、凝析油、柴油及加氢裂化尾油等。

### 一、轻烃原料预热系统

乙烷、丙烷、丁烷、LPG 和炼厂干气可统称为轻烃原料。常温气相乙烷原料经急冷水加热到 40℃后，送往裂解炉的预热段。低温液相乙烷原料先在分离系统回收冷量同时被汽化，经急冷水加热后送往裂解炉的预热段。常温液相丙烷原料经 24℃气相丙烯冷剂或急冷水汽化，然后用急冷水过热到 40℃，进入裂解炉的预热段。如果是低温液相丙烷原料，汽化之前先用 40℃气相丙烯冷剂回收冷量，使低温丙烷原料脱过冷。常温丁烷或 LPG 原料通常设置汽化罐进行汽化，汽化热源采用急冷水或者低压蒸汽。

循环乙烷和循环丙烷是乙烯装置内部循环物流。其中循环乙烷用急冷水预热到 40℃，进入裂解炉的预热段。循环丙烷与丙烷或 LPG 原料一起汽化。

### 二、液体原料预热系统

液体原料包括石脑油、凝析油、加氢裂化尾油及柴油等。其中，石脑油基本不含杂质，是优质和最主要的裂解原料，占乙烯裂解原料的 50%以上；凝析油为短链烃和长链烃的混合物，近年来越来越多地用作裂解原料；柴油和加氢裂化尾油属于重质原料。

液体原料进料系统通常包括过滤器和预热器。从储罐来的石脑油、柴油大多是常温的，经过过滤后需用急冷水加热到 40~60℃，送往裂解炉的预热段。有些装置中储罐来的石脑油是 40~60℃，则过滤后直接送往裂解炉的预热段。自上游炼油装置来的加氢裂化尾油通常是 90~130℃，过滤后可以直接送往裂解炉的预热段。对于某些装置，为了兼顾裂解炉的烟气的余热回收，加氢裂化尾油经过滤后还需用急冷水冷却到 70~90℃，然后送往裂解炉的预热段。

### 三、原料预硫化

所有原料在进入裂解炉之前需注入二甲基二硫化物(DMDS)进行预硫化。液体原料的 DMDS 注入点位于预热器前或后，气体原料的注入位置一般是过热器出口。

## 第二节 汽油分馏塔及急冷油减黏

### 一、工艺原理及流程

1. 汽油分馏塔

急冷系统为乙烯分离装置的裂解气预分馏系统，其中汽油分馏塔(也称急冷油塔)是该系统的主要组成部分。在汽油分馏塔内裂解气、裂解汽油、裂解柴油(即轻燃料油)及重燃料油进行初步分离，同时回收急冷锅炉出口裂解气所携带的中位热能，循环急冷油是主要的传热介质。同时，汽油分馏塔将裂解气中的燃料油与汽油进行分离，以防汽油在急冷水系统冷凝时，燃料油引起急冷水乳化。图 3.2-1 是典型的液相原料蒸汽裂解装置汽油分馏塔系统工艺流程图。

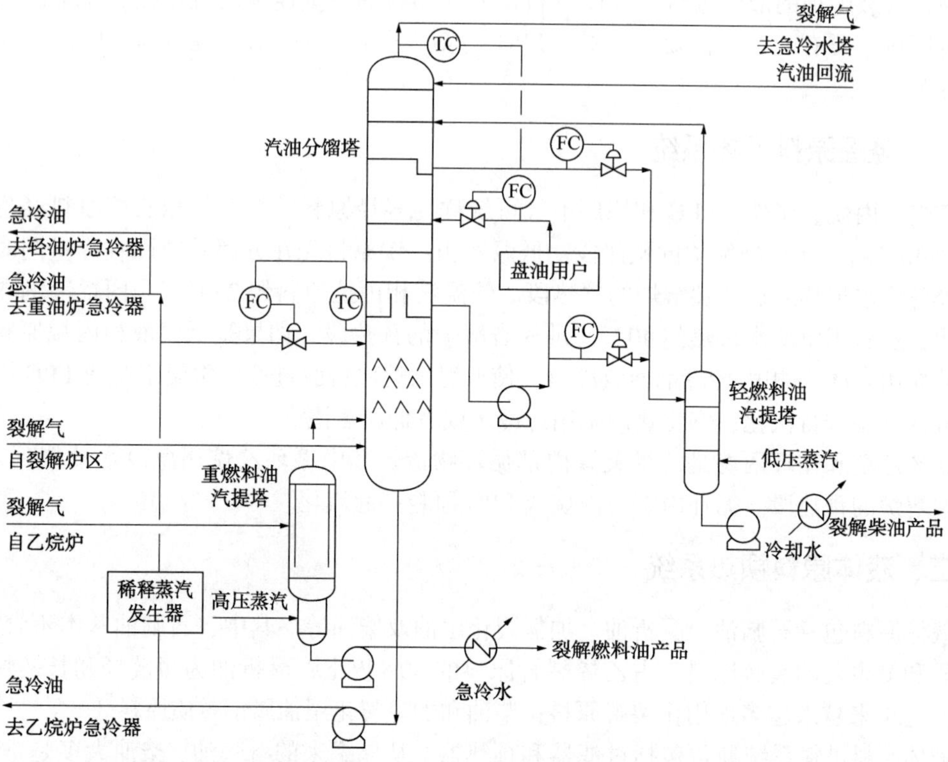


图 3.2-1　液相原料蒸汽裂解装置汽油分馏塔系统流程示意图

裂解重油中的稠环芳烃极易自聚，当裂解气离开急冷油洗涤段顶部时，其中的稠环芳烃等重质馏分冷凝下来进入急冷油中。随着急冷油不断循环，稠环芳烃等不断聚合形成焦炭颗粒。通常需在循环急冷油系统设置除焦设备，在用户回收热量之前将焦炭颗粒从急冷油系统中脱除，以防下游设备或管线堵塞。

除焦后大部分急冷油送至用户回收热量，冷却后的急冷油返回汽油分馏塔急冷油洗涤段顶部；少量的热急冷油送至(重)燃料油汽提塔进行汽提。急冷油用户主要是急冷油/稀释蒸汽发生器，某些装置中还设有稀释蒸汽发生器进料预热器、工艺水汽提塔进料预热器、急冷油/低压蒸汽发生器、原料预热等用户。早期引进技术的乙烯装置中，大庆石化 300kt/a 乙烯装置采用两级急冷油循环，如图 3.2-2 所示。经过用户回收热量后，第一级急冷油冷却至 181℃返回汽油分馏塔下部，第二级急冷油冷却至 127℃返回汽油分馏塔中部，以期最大限度回收热量。由于急冷油具有黏度大、易堵塞的特点，急冷油的冷却温度不宜过低，特别是对于以重质裂解原料为主的乙烯装置，因此在近年新建乙烯装置中已很少采用两级急冷油循环流程。

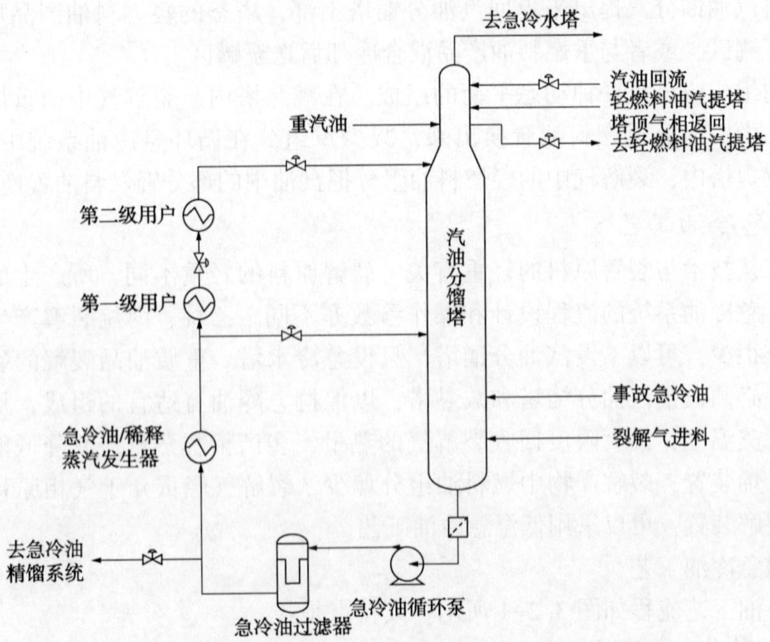


图 3.2-2　大庆石化 300kt/a 乙烯装置急冷油系统流程示意图

在汽油分馏塔的中段冷凝一部分中质油，从侧线采出用循环泵增压后，除了一小部分送至汽油分馏塔塔釜，大部分中质油送至用户回收相当于低压蒸汽等级的热量，然后返回汽油分馏塔进一步冷却裂解气，如此反复循环，该中段称为盘油循环段，循环取热的中质油称为盘油。盘油用户主要有稀释蒸汽发生器进料预热器、工艺水汽提塔进料预热器、工艺水汽提塔再沸器、高/低压脱丙烷塔再沸器等。早期的乙烯装置中，广州石化 150kt/a 乙烯装置及北京东方化工厂 150kt/a 乙烯装置的脱丁烷塔再沸器也采用盘油作为热源。此外，盘油组分相当于轻质燃料油或柴油，适合作为急冷系统仪表的冲洗油及急冷油泵、重燃料油泵等的密封冲洗油。

汽油分馏塔的顶部为精馏段，裂解气中残留的轻质燃料油及中质油均在该段冷凝分离，并冷却裂解气使其温度略高于裂解气露点温度，以防止稀释蒸汽在塔顶冷凝。裂解气从汽油分馏塔顶部流出至急冷水塔，从急冷水塔底冷凝下来的裂解汽油作为汽油分馏塔的回流。轻质燃料油在精馏段冷凝后，在该段的轻质燃料油收集盘收集，抽出送至轻质燃料油汽提塔。

2. 减黏塔及轻燃料油汽提塔

减黏塔(也称为重燃料油汽提塔)的目的是从急冷油中汽提出低黏度、高沸点的中间馏分，再将其返回到汽油分馏塔塔釜，使循环急冷油保持合适的组成和沸程，从而达到黏度控制和最佳的热量回收条件。急冷油的黏度大小主要取决于其中沸点在 350℃以下馏分的含量。应当使急冷油中保持较多沸点低于 350℃的馏分，并不断脱除沥青质等重组分以使其含量保持较低的水平，从而控制急冷油的黏度不增大，同时使汽油分馏塔达到较高的塔釜温度，使急冷油系统有较好的操作状态。

自汽油分馏塔上部侧线采出轻燃料油送至轻燃料油塔顶部，底部通入中压或低压蒸汽进行汽提，将汽油馏分汽提出来返回汽油分馏塔上部，塔釜的轻燃料油产品用泵抽走，冷却后单独送至罐区，或者与重燃料油产品混合冷却后送至罐区。

急冷油的组成应该是一种动态平衡的组成。在减黏塔内，裂解气中的重燃料油组分不断地把急冷油中的部分重燃料油置换出来，减少重组分在循环急冷油系统中的停留时间。在轻燃料油汽提塔内，裂解气中的轻燃料油组分把盘油中的部分轻燃料油置换出来。

3. 不同急冷油工艺

急冷油工艺技术与裂解原料的轻重有关。裂解原料的轻重不同，所产生的裂解气的组分分布不同，急冷油系统的流程设计和操作参数亦不同。乙烷、丙烷裂解产生的裂解气中的燃料油组分很少，可以不设汽油分馏塔，只设急冷水塔。重质油品裂解的裂解气中燃料油组分较多，必须设置汽油分馏塔和减黏塔，以保持急冷油有适宜的组成，从而有较高的汽油分馏塔塔釜温度，最大限度回收裂解气的热量，多产稀释蒸汽，并降低能耗。以轻质油品为主的乙烯装置，裂解产物中燃料油组分偏少，裂解气轻重介于气相原料和重质油品原料之间的裂解装置，可以采用低温急冷油工艺。

(1) 高温急冷油工艺

高温急冷油工艺流程如图 3.2-1 所示。其特点是：

① 设置减黏塔，塔顶温度为 250~300℃；

② 汽油分馏塔设置中段盘油循环系统，以控制和改善汽油分馏塔的轴向温度分布；

③ 汽油分馏塔塔釜急冷油温度较高，通常 180~220℃，急冷油中重质油馏分含量高，急冷油为用户提供热量后的冷却温度通常 170~180℃左右，回收热量一般主要用于发生稀释蒸汽；

④ 设置轻燃料油汽提塔，与减黏塔一起用以控制急冷油黏度。

目前高温急冷油工艺流程已在多套新建和改造的乙烯装置中采用，适用于各种重油品裂解的乙烯装置。

(2) 低温急冷油工艺

低温急冷油工艺流程如图 3.2-3 所示。其特点是：

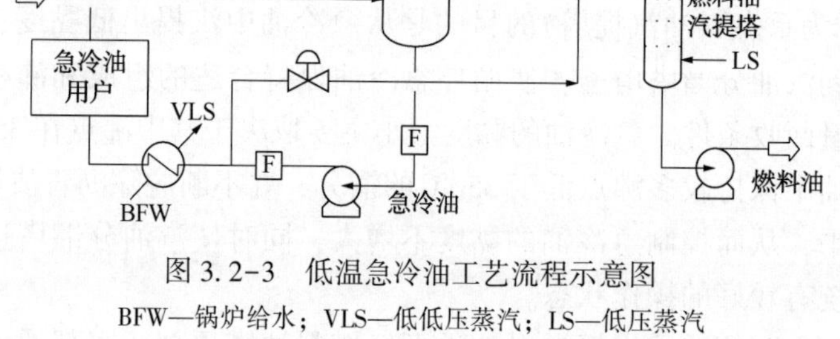


图 3.2-3 低温急冷油工艺流程示意图

BFW—锅炉给水；VLS—低低压蒸汽；LS—低压蒸汽

① 无减黏塔，设置燃料油汽提塔；
② 汽油分馏塔无中段盘油循环系统；
③ 汽油分馏塔塔釜急冷油温度较低，通常低于160℃，急冷油不用于发生稀释蒸汽。

裂解原料轻重与急冷油工艺的关系见表3.2-1。

**表3.2-1 裂解原料轻重与急冷油流程和操作参数的关系**

| 裂解原料及名称（质量分数） | 减黏塔 | 汽油分馏塔 | 备注 |
|---|---|---|---|
| 乙烷(100%) | 不设减黏塔 | 不设汽油分馏塔，只设急冷水塔 | 无汽油分馏塔系统 |
| 乙烷、丙烷各占50% | 不设减黏塔 | 不设汽油分馏塔，只设急冷水塔 | 无汽油分馏塔系统 |
| $C_2$、$C_3$、$C_4$（$C_4$占62%） | 不设减黏塔 | 设汽油分馏塔，釜温164℃ | 低温急冷油工艺，急冷油不用于发生稀释蒸汽 |
| 石脑油(90%)<br>加氢裂化尾油(10%)<br>循环乙烷 | 设减黏塔 | 设汽油分馏塔，釜温205℃ | 高温急冷油工艺，用急冷油发生稀释蒸汽 |
| 混合石脑油(68%)<br>加氢尾油(23%)<br>常压柴油(9%)<br>循环乙烷及丙烷 | 设减黏塔，顶温281℃ | 设汽油分馏塔，釜温210℃ | 高温急冷油工艺，用急冷油发生稀释蒸汽 |
| 轻烃(27%)<br>石脑油(30%)<br>加氢尾油(43%)<br>循环乙烷及丙烷 | 设减黏塔，顶温280℃ | 设汽油分馏塔，釜温205℃ | 高温急冷油工艺，用急冷油发生稀释蒸汽 |
| 石脑油(57%)<br>常压柴油(28%)<br>加氢裂化尾油(15%)<br>循环乙烷 | 设减黏塔，顶温292℃ | 设汽油分馏塔，釜温224℃ | 高温急冷油工艺，用急冷油发生稀释蒸汽 |

## 二、工艺参数与控制

汽油分馏塔的主要作用可以概括为以下4个方面：

- 继续冷却来自裂解炉的裂解气；
- 冷凝并分离裂解气中的燃料油；
- 获取干点合适的汽油及闪点合适的燃料油；
- 最大限度从裂解产物中回收热量。

为了达到上述目的，汽油分馏塔的物料和能量平衡需要优化。

### 1. 产品回收-物料平衡

在汽油分馏塔内，重燃料油和轻燃料油作为产品得以回收，汽油馏分随着塔顶气体离开汽油分馏塔，燃料油的闪点和汽油干点会随汽油分馏塔的工艺参数变化而变化。要获得合格的燃料油和汽油产品，应确保汽油分馏塔有足够的汽提气和塔顶回流，其汽提气是来自急冷锅炉(TLE)的裂解气，塔顶回流来自急冷水塔塔釜冷凝下来的汽油。裂解气或回流汽油两者之一发生变化将在一定程度上改变汽油分馏塔的操作状态。与一般精馏塔不同，该塔的平衡必须由操作人员及时进行调整，如果不能恰当地设置物料平衡，则无法获得合格的产品。

为了优化和保持物料平衡，操作人员需要关注以下几个方面。首先，塔的总物料平衡必须提前预测。根据裂解原料组成、流量及裂解条件，可以计算裂解炉里生产的重燃料油和轻燃料油量，这些重油必须通过本系统分离出来并送出乙烯装置。其次，可据此对系统内的物流进行合理设定，包括去重燃料油汽提塔的急冷油流量、去轻燃料油汽提塔的轻燃料油流量以及轻/重燃料油汽提塔塔釜的产品流量，这是汽油分馏塔得以正常运转的前提条件。如果设定流量太低，重物料将累积或进入塔顶产品，会影响汽油的干点。如果设定流量太高，进入侧线抽出柴油中的汽油将会比设计值大，不能达到轻燃料油的规定闪点。因此，如果塔的物料平衡条件没有满足，即使汽油分馏塔有足够的汽提气和回流，但产品规格仍可能达不到。

轻/重燃料油汽提塔也会使平衡发生变化。汽提介质将轻组分和中间组分汽提出来，使轻/重燃料油达到要求的闪点值，轻组分和中间组分返回汽油分馏塔，并在塔内累积直至达到平衡。轻/重燃料油汽提塔的汽提量越大，循环量也加大，过大的循环量将导致一些重组分进入汽油分馏塔的塔顶气，影响裂解汽油规格。

当以下参数设定后，如自急冷水塔去汽油分馏塔的回流量、注入轻燃料油汽提塔的蒸汽流量以及急冷器出口温度，汽油分馏塔内的分馏过程即确定。产品质量一方面受分馏过程的影响，另一方面也受物料强制平衡的影响(如轻/重燃料油采出量及汽提蒸汽流量的设定值)。

在急冷系统的产品中，裂解汽油价值最高，重燃料油则价值最低。裂解汽油进入重燃料油或轻燃料油会造成汽油的损失，装置经济效益降低，应当尽量避免。

2. 热量回收-能量平衡

急冷区的作用是对热量进行回收，有三种介质依次从裂解气中回收不同温位的热量。TLE 出口的裂解气所携带的热量首先转移到急冷油，然后再转移到盘油，最后转移到急冷水。转移到急冷油的热量主要用来发生稀释蒸汽，回收相当于中压蒸汽的热量；转移到盘油的热量用于预热工艺水、为工艺水汽提塔再沸器等提供热量，回收相当于低压蒸汽的热量；转移到急冷水的热量通过给低温度级别工艺用户提供热量来回收，剩余的热量用冷却水吸收。为了优化能量平衡，必须最大化回收裂解气所携带的热量。

热量回收的主要步骤是将裂解气的热量最大化转移到急冷油，其次是转移到盘油。急冷油的热量具有较高的温度级别，有较高的利用价值。急冷水的热量温度级别较低，其能量价值较低。盘油的热量温度级别居中，可以作为塔的再沸热源。影响热量回收的主要变量是汽油分馏塔的回流量，最小的回流量有利于急冷油和盘油最大化的回收热量。

操作中应尽量提高汽油分馏塔釜温度，同时使急冷油洗涤段和盘油段顶部的裂解气维持在较低的温度，这有利于热量回收。急冷油、盘油和回流汽油相互影响，必须综合考虑对塔的操作影响，在不影响其他工艺要求的情况下，调整三股物料的量，使热量回收最大化。

3. 工艺变量

前面已经讨论到汽油分馏塔系统几个关键工艺变量的作用，相关的工艺变量及其作用详述如下。需要注意的是，汽油分馏塔系统对工艺变量的变化反应相对较慢，达到稳定状态或许要用几天的时间。

(1) 汽油分馏塔回流量

一般认为增加回流会提高精馏效果。比如说，增加回流会产生更清晰的分离，从而使汽油的干点更低，也会使侧线采出的柴油更轻，塔釜温度和急冷油热量回收会降低。

然而对汽油分馏塔来说，回流对塔顶温度的影响是非常规的，有可能会误导操作人员。原因是，与其他精馏塔不同，汽油分馏塔的回流汽油比净塔顶气(即裂解炉流出物扣除裂解燃料油及裂解汽油产品)要重得多，所有的回流在塔里再次蒸发，然后作为塔顶气的一部分离开汽油分馏塔。总的塔顶气(净塔顶气加上回流)为露点状态(塔顶温度)。增加回流对塔顶的组分有两个作用：其一，精馏效果提高，减少塔顶气的重组分，结果是汽油的干点变低；其二，由于回流汽化后进入塔顶气，因而塔顶汽油增加，结果是汽油的干点提高。在固定塔釜温度的情况下，根据每个作用的影响程度，增加回流有可能降低塔顶温度，也有可能使塔顶温度提高。因此，汽油的干点和塔顶温度并没有直接的关联。一般来说，增加回流后塔顶气起初会表现为温度降低，但这不是一种稳态，后续的变化趋势取决于整个热量平衡及相平衡受到多大的影响。

为了使急冷油热量回收最大化，汽油分馏塔应该在允许的最小回流下操作，这个回流量通常和裂解炉流出物的流量成一定比例。在蒸汽热备状态下，汽油分馏塔顶汽油回流应该增加3%~4%以补偿因额外的蒸汽产生的汽提效应。

(2) 轻燃料油采出量

如前所述，操作中需设定合理的轻燃料油和重燃料油的采出量以满足汽油分馏塔的物料平衡。如果轻燃料油的采出量太高，将会发生如下变化：

① 汽油进入轻燃料油；

② 汽油干点降低；

③ 循环急冷油及重燃料油的黏度上升。

如果轻燃料油的采出量过低，会发生相反的变化，并且塔顶裂解气会变重，汽油分馏塔釜温降低，用于发生稀释蒸汽的热量变少。由于轻燃料油的采出量对获得合适的汽油干点、热量回收及急冷油黏度控制都至关重要，因此必须根据进料组成及时合理调整轻燃料油及重燃料油的采出量，使之与整个物料平衡相匹配。

(3) 重燃料油采出量

重燃料油的采出量太大，会导致更多的中间馏分损失到重燃料油里，汽油分馏塔的釜温降低，同时塔釜的急冷油存量减少，汽油分馏塔的塔釜液位降低，从而使急冷油循环泵的有效汽蚀余量降低。

重燃料油的采出量太小，会导致重组分在急冷油中积累，使急冷油黏度增大，影响稀释蒸汽发生器的换热效果，汽油分馏塔的釜温升高，急冷油黏度进一步增大，如此恶性循环，严重时迫使装置停车检修。

（4）汽油分馏塔塔釜温度

汽油分馏塔的釜温之所以重要，有两个原因。如果釜温太低，通过循环急冷油回收的热量将会减少。如果釜温太高，由于聚合反应，急冷油的黏度会上升。因此汽油分馏塔釜温应该尽量高一些，以使循环急冷油在稀释蒸汽系统回收最多的热量，但同时要维持急冷油黏度处于合理范围。

塔釜温度很大程度上取决于四个影响因素。第一个也是最主要的影响因素，是在稀释蒸汽发生器发生稀释蒸汽后注入急冷油混合器的急冷油的流量，增加此急冷油流量会使塔釜温度趋于降低。其次是轻燃料油的产量，增加采出量会使塔釜温度趋于升高。不同于第一个影响因素，第二个影响因素主要是组分的影响，而不是热量平衡的影响。这是因为增加轻燃料油抽出量意味着汽油分馏塔塔釜的轻组分变少，从而导致塔釜的组成更重并达到更高的平衡温度。第三个影响因素是塔顶的回流量，固定采出量及急冷油/盘油循环量，增加回流会使塔釜温度趋于降低。回流的影响不如前两个影响因素敏感，通常需要较长时间才能观察到。第四个因素是盘油取热量，在其他因素不变的情况下，增大盘油取热量会使塔釜温度和塔顶温度都降低。此外，稀释蒸汽与进料的比例对塔釜的组成也会有影响，稀释蒸汽配比较高时，汽油分馏塔内的烃分压会变低，在给定的温度下，泡点液体的组成较重。换言之，在较低的分压及给定的组成的情况下，泡点温度会较低。

一般来说，在急冷油稀释蒸汽发生器最大限度发生稀释蒸汽的前提下，塔釜的操作温度应该低一些，以避免黏度过大而带来的问题。

（5）循环急冷油黏度

汽油分馏塔塔釜的黏度是急冷系统操作中一个重要关注点。在黏度低于 3～4mPa · s 时，循环急冷油的黏度对泵效率和传热系数影响很小；若高于该值，急冷系统的操作状态会急速恶化，导致急冷油循环泵出现问题，低流量管线和阀门堵塞，以及稀释蒸汽发生器换热效果下降或堵塞问题。在常温条件下，急冷油其实就是固体。

循环急冷油的黏度受以下因素的影响：

1）易聚合物的浓度以及停留时间

如果易聚合物的浓度低，并且停留时间短，那么聚合反应速度相对较低，黏度上升不明显。如果裂解进料中环烷烃含量高，则裂解炉流出物中产生的油馏分(轻燃料油和重燃料油)中反应性物质的含量会相对较低，同时裂解燃料油的产量也高，那么在塔釜循环中的停留时间也短。高的裂解深度会产生高浓度非饱和烃，但同时由于产生更大量的裂解燃料油会减少停留时间，因此两者的影响可以相互抵消。

2）总的物料平衡

总的物料平衡对固定急冷油的黏度(给定温度下)至关重要。如果维持某些低黏度组分停留在急冷系统，这些组分在急冷油里的浓度会上升，容易结垢的反应性组分的浓度将被稀释。重燃料油汽提塔的操作对急冷油质量起到最明显的物料平衡。控制重燃料油汽提塔的温度在一定的范围内可使急冷油中黏度大的组分有效地分离出来，随裂解燃料油产品送出装置，而低黏度的中间馏分又返回系统。如此，循环急冷油中保留了较多的黏度低、沸点相对较高的中间馏分，对提高汽油分馏塔釜温度非常有利。

在正常操作时，要监视急冷油循环泵的功率(电流量)，用开车调质油或已知特性的急冷油对急冷油泵的功率进行一次标定，作为参考值。在装置运转期间，如果功率增加，这很有可能是急冷油黏度上升的结果，此时应该采取步骤降低黏度。如果急冷油黏度还是很高，可加入调质油以降低急冷油的黏度。由于费用的问题，这应该作为最后的手段。

需要说明的是，通常高沸点范围(230℃)、高芳烃的裂解物料最适合用作调质油。如果使用原料作为调质油，很有可能和急冷油不兼容，从而导致在换热器表面石蜡的累积以及沥青质的析出，在燃料油系统也会有同样的问题。

(6) 急冷油循环流量

急冷油的塔釜温度在一定程度上由去重燃料油汽提塔进料急冷混合器的急冷油流量决定。这股流量增加，釜温会下降。通常只有当塔釜维持在适宜的温度时才可以考虑减少这股急冷油的循环量。另外，去折流板的急冷油的流量不应低于正常流量的80%，以确保折流板上有效的接触。

(7) 汽提蒸汽流量

轻燃料油的闪点主要由轻燃料油汽提塔的汽提蒸汽量决定。蒸汽将非常轻的组分汽提出来，从而获得合适的闪点。重燃料油汽提塔的操作温度很高，易于结焦和堵塞设备，需要注入蒸汽防止设备堵塞。

(8) 系统限制

和其他类似的系统一样，急冷油系统有自己的限制条件，如液泛、塔顶水的露点等。某些限制条件可能共同起作用，判断难度较大。表3.2-2归总了这些限制条件、误操作后果以及操作人员需要采取的动作。

**表3.2-2 裂解原料轻重与急冷油流程和操作参数的关系**

| 工艺参数 | 限制条件 | 误操作后果 | 动作 |
|---|---|---|---|
| 汽油分馏塔塔顶温度 | 温度应至少高出水的露点温度(WDPT)5℃以上。WDPT随着压力的增加而增大，稀释蒸汽比增大，WDPT也增大 | 水的冷凝会导致发泡问题，还会引起明显的腐蚀问题 | 调整急冷油循环量，保持温度高出WDPT 5℃以上 |
| 中段塔盘液体流量 | 应该监视轻燃料油抽出塔盘的液位，确保中段塔盘不出现干板 | 操作如出现干板，会引起塔的波动和结垢 | 增大回流量或减少采出量。只有当系统物料平衡显示轻燃料油采出量太大时，才可以改变轻燃料油采出量 |
| 汽油分馏塔塔釜温度 | 最大允许的釜温取决于裂解原料。进料越重，允许的塔釜温度越高 | 太高的塔釜温度会引起重组分聚合速度的加快，从而会导致过高的急冷油黏度。塔釜温度太低，则急冷油在稀释蒸汽发生系统回收的热量变少 | 通过重新设定急冷混合器出口的温度来调整急冷油喷入量，降低流量可以提高温度。检查折流挡板上的回流及急冷油循环流量 |
| 汽油分馏塔塔底液位 | 液位应该维持在正常值，绝不允许降到最小液位以下 | 低液位会导致急冷油循环泵的有效汽蚀余量减少，这样泵有可能损坏或循环急冷油量减少。流量的损失有可能引起“急冷油故障”而导致停车 | 确定液位下降的原因：<br>● 是否轻燃料油侧线抽出量太大？<br>● 放净阀是否关闭？<br>● 是否重燃料油采出量过大？<br>密切关注泵汽蚀的信号 |

续表

| 工艺参数 | 限制条件 | 误操作后果 | 动作 |
| --- | --- | --- | --- |
| 汽油分馏塔中段温度 | 温度应该维持在正常值或低于正常值 | 太高的温度表明重油组分进入塔的上半部，这会导致结垢以及塔的能力损失。另外，此温度也反映了能量回收效率。这个温度越低，急冷油回收热量越多 | 检查以下方面：<br>• 去折流部分的急冷油是否足够？如果不够，增加到设计值。<br>• 去折流部分的急冷油的温度是否足够低？如果不是，检查盘油/稀释蒸汽预热器的操作。<br>• 回流是否足够？<br>• 轻燃料油抽出量是否太大？<br>• 塔釜温度是否太高？ |
| 循环急冷油黏度 | 在 201℃ 正常黏度约为 1mPa·s，但不必维持在某个特定值，只要泵及换热器操作正常，黏度都是可以接受的 | 高的急冷油黏度会导致循环量和传热效率的减少，从而使得塔釜温度升高，进而聚合物形成速度加快，这样的话，黏度会继续增大 | 为了降低黏度，调整重燃料油汽提塔操作温度和重燃料油汽提塔进料量。<br>急冷黏度的变化通常很慢。该系统应密切监视，必要时补调质油 |

## 三、急冷油黏度控制方法及减黏塔

### 1. 急冷油黏度分析

(1) 急冷油的组成分析

急冷油黏度与其组成有关。参照石油馏分四组分分析方法，对乙烯装置的急冷油进行组分分析，如表 3.2-3 所示。从表中可以看出，急冷油组成以芳香分为主，占 70% 以上，其次为沥青质，再次为胶质，饱和分含量仅占 2%~3%。从急冷油黏度随组成变化关系来看，急冷油黏度大小与沥青质及胶质总含量成正比关系。

**表 3.2-3 急冷油四组分组成**

| 项目 | 样品 A | 样品 B |
| --- | --- | --- |
| 黏度(80℃)/($cm^2$/s) | 70.31 | 155.43 |
| 芳香分(含 2%~3%饱和分)/%(质量) | 76.43 | 72.47 |
| 胶质/%(质量) | 8.04 | 7.27 |
| 沥青质/%(质量) | 17.95 | 20.26 |
| 合计/%(质量) | 100.00 | 100.00 |

注：合计=沥青质+胶质+芳香分。

对急冷油的烃类组成和馏程进一步分析，结果如表 3.2-4 和表 3.2-5 所示。

从表 3.2-4 可知，急冷油的主要成分为芳烃，总占比 70.96%，其中总单环芳烃占 10.22%，总双环芳烃占 45.81%，三环芳烃占 9.90%，芘类、屈类四环芳烃占 3.05%。此外，胶质占 8.04%，沥青质占 17.95%。

从表 3.2-5 可看出，急冷油大多是重燃料油组分，其中沸点 351℃ 以下的馏分占 28%，沸点 629℃ 以下的馏分占 67%。急冷油的黏度大小主要取决于其中沸点 350℃ 以下馏分的含量，沸点低于350℃的馏分黏度较低。

表 3.2-4 急冷油的烃类组成分析

| 烃类组成 | 含量/%(质量) | 烃类组成 | 含量/%(质量) |
|---|---|---|---|
| 链烷烃 | 0.99 | 屈类 | 0.33 |
| 总环烷烃 | 2.06 | 总五环芳烃 | 0.25 |
| 总单环芳烃 | 10.22 | 苯并噻吩 | 0.99 |
| 萘类 | 36.59 | 二苯并噻吩 | 0.16 |
| 苊类+二苯并呋喃 | 4.86 | 萘苯并噻吩 | 0.08 |
| 芴类 | 4.38 | 未鉴定芳烃 | 0.49 |
| 菲类 | 8.90 | 胶质 | 8.04 |
| 环烷菲类 | 0.99 | 沥青质 | 17.95 |
| 芘类 | 2.72 | 合计 | 100 |

表 3.2-5 急冷油馏程分析

| 馏程/%(质量) | 温度/℃ | 馏程/%(质量) | 温度/℃ |
|---|---|---|---|
| 初沸点 | 161 | 28 | 351 |
| 5 | 252 | 50 | 491 |
| 10 | 274 | 67 | 629 |
| 20 | 309 | | |

此外，进一步对急冷油系统结垢物进行组成分析，结果列于表3.2-6。从表可知，急冷油系统的结垢物主要是以聚苯乙烯、聚茚、聚二乙烯基苯等稠环芳烃为主的有机物，其含量为96.6%，其余的3.4%为Fe、Ni、Mn、Cr等金属杂质。

表 3.2-6 急冷油系统结垢物的组成分析 %(质量)

| 组成 | 含量 | 二级分析含量 |
|---|---|---|
| 无机物 | 3.4 | |
| Fe、Ni、Mn、Cr | | 2.6 |
| Ca、Mg、Na | | 0.8 |
| 有机物 | 96.9 | |
| 聚苯乙烯 | | 43 |
| 聚茚 | | 17 |
| 聚二乙烯基苯 | | 14 |
| 聚环戊二烯 | | 5 |
| 蒽类 | | 3 |
| 菲类 | | 4 |
| 萘类 | | 3 |
| 聚甲基苯乙烯 | | 3.6 |
| 脂肪族二烯烃聚合物 | | 4 |
| 合计 | | 100 |

（2）急冷油黏度增大的原理

急冷油的主要成分是芳香分、胶质和沥青质，含有大量的稠环化合物和不饱和烃等。当急冷油在急冷器中与高温裂解气接触时，会发生自由基链式或脱氢式缩合反应，其中的芳香分转化为胶质、沥青质，这种缩合反应属于裂解的二次反应。随着急冷油循环的进行，此缩合反应不断进行，急冷油中芳香分不断转化为胶质、沥青质，胶质、沥青质越积越多，急冷油的黏度越来越大，严重时甚至发生"飞黏"现象，最终导致设备或管线堵塞，影响装置正常运转。

（3）急冷油黏度的影响因素

1）原料组成的影响

原料经裂解炉高温裂解反应生成乙烯、丙烯等目标产品的同时，还会副产重质馏分，即裂解燃料油。裂解气在与急冷油接触冷却时，裂解燃料油冷凝后进入急冷油中。裂解燃料油是高黏度、高沸点馏分，裂解气中裂解燃料油含量越大，急冷油的组成越重，黏度越大。

不同原料经裂解炉高温裂解后，裂解产物中重质燃料油的含量也不同，见表3.2-7。

**表3.2-7　不同原料的裂解产物中裂解燃料油的收率对比**　　%(质量)

| 炉型 | AGO | HP-HVGO | MP-HVGO | NAP | LNAP | 炉管出口压力/MPa |
|---|---|---|---|---|---|---|
| SRT-VI 型炉 | 14.94 | 7.98 | 9.09 | 5.08 | 2.77 | 0.071 |
| | 15.40 | 8.28 | 9.39 | 6.34 | 3.31 | 0.106 |
| SRT-III 型炉 | 15.89 | 12.37 | 13.46 | 9.53 | 4.36 | 0.106 |
| SRT-V 型炉 | 14.31 | 10.95 | 10.13 | 7.33 | 3.97 | 0.106 |

注：AGO—常压柴油；HP-HVGO—高压加氢裂化尾油；MP-HVGO—中压加氢裂化尾油；NAP—石脑油；LNAP—轻石脑油。不同原料的裂解炉出口温度分别为：AGO、HP-HVGO、MP-HVGO为798℃，NAP为835℃，LNAP为838℃。

从表3.2-7可知，不同原料的裂解产物中裂解燃料油的收率差异较大。其中AGO的裂解燃料油收率最高，为14%~16%(质量)；LNAP的裂解燃料油收率最低，为2%~4%(质量)。因此，原料中AGO占比越大，即裂解原料越重，急冷油的组成越重，急冷油黏度增大的倾向性更大。

2）工艺参数的影响

裂解和急冷系统的工艺参数对急冷油的黏度影响很大，合理的工艺条件以及适宜的裂解原料结构有助于降低急冷油黏度。

① 裂解深度。裂解压力不变的情况下，裂解炉出口温度(COT)越高，裂解深度越高，液相产物收率越低，但液相产物中的重质稠环芳烃含量升高，导致急冷油黏度增大。调整裂解炉的裂解深度，使重质稠环芳烃的生成量与重燃料油汽提塔底部采出的重质稠环芳烃的量相当，以维持急冷油中重质稠环芳烃的占比，从而使急冷油黏度稳定。

对于裂解原料以石脑油为主的乙烯装置，在满足设计条件的情况下，小幅调整裂解深度就能起到调节急冷油黏度的作用。但对于裂解原料构成复杂，轻重原料比例变化大，尤其是实际生产投入原料比设计时原料较重的乙烯装置，调整裂解深度的效果并不理想。

② 汽油分馏塔釜温的影响。汽油分馏塔的釜温对急冷油的黏度有直接影响。在其他因素固定的条件下，塔釜急冷油中重组分的浓度取决于塔釜温度。塔釜温度升高会汽化更多的中间组分，降低釜液内中间组分的浓度，从而造成塔釜急冷油黏度升高。如前所述，汽油分馏塔的釜温可以通过调整急冷器出口裂解气温度、裂解轻柴油采出量及在急冷油循环量不变的情况下改变回流量来控制。

但汽油分馏塔的釜温的调节也应适度。虽然塔釜温度越低，急冷油黏度越小，但稀释蒸汽发生量会明显减少，以致必须补入更多的中压蒸汽于稀释蒸汽系统，增加了装置能耗。通常情况下，将塔釜温度控制在 195~205℃，这样既能最大程度地利用高位热能，又能使急冷油黏度维持在合理的范围内。

③ 裂解柴油采出量的影响。侧线裂解轻柴油采出量也会影响急冷油的黏度。裂解轻柴油的采出量太大，会使汽油分馏塔中的中间组分含量减少；同时分压降低，导致急冷油中的轻组分更多地挥发出来，急冷油组分变重，黏度增大。采出量太小，会造成裂解柴油馏分随裂解汽油进入急冷水塔，造成急冷水的乳化。故应根据生产实际情况适度控制裂解轻柴油的采出量。

另外，裂解柴油采出量越大，随着轻馏分不断被拔出，燃料油的黏度也会不断增大，而且拔出的轻馏分越多，燃料油的黏度增加越快。因此，裂解柴油的采出量不仅要考虑到汽油分馏塔的减黏需要，还需兼顾燃料油黏度的规格要求，以防因轻馏分拔出过多而导致燃料油黏度超标，出现泵送困难，甚至出现燃料油缩合全塔堵塞的现象。

④ 汽油分馏塔回流量的影响。增大汽油回流将有助于急冷油黏度的降低，但回流过大，会使塔釜急冷油温度降低，稀释蒸汽发生量下降。其次，还可能会导致汽油分馏塔液泛现象的发生，影响塔的正常运行。

⑤ 装置生产负荷的影响。对于一定容量的急冷油循环系统，其撤热效率也是确定的。如果装置负荷过高，那么进入汽油分馏塔的裂解气与急冷油的温度会升高，进而造成塔釜温度升高。从塔底采出的急冷油温度升高，受到换热器传热面积的制约，被冷却返回汽油分馏塔的急冷油和去裂解炉急冷器的急冷油温度也会升高。这种恶性循环将使得汽油分馏塔釜温升高到难以控制，严重威胁装置的安全稳定运行。如果是因为装置负荷太高，造成急冷油系统黏度过高无法控制，应适当降低生产负荷。

3）恒温时间的影响

陈兴銮等采用如图 3.2-4 所示的实验装置，研究了急冷油黏度随恒温时间的变化。该装置中设置有冷凝管，以保证急冷油中的轻组分在恒温过程中不受损失，排除了因轻组分挥发损失所引起的急冷油黏度增大，实验结果如表 3.2-8 和图 3.2-5所示。

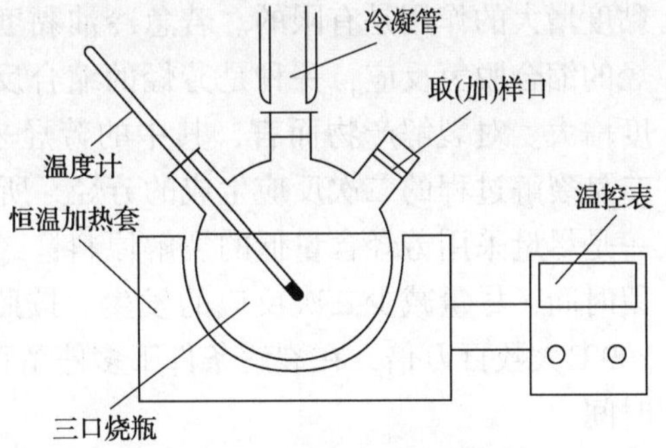


图 3.2-4 恒温实验装置简图

表 3.2-8 恒温前后急冷油的四组分组成变化

| 恒温时间/h | 0 | 24 | 70 | 118 | 194 | 240 | 350 | 480 |
|---|---|---|---|---|---|---|---|---|
| 急冷油黏度(50℃)/($10^{-4}m^2/s$) | 300.4 | 1471 | 1836 | 2185 | 2421 | 2501 | 3045 | 4863 |

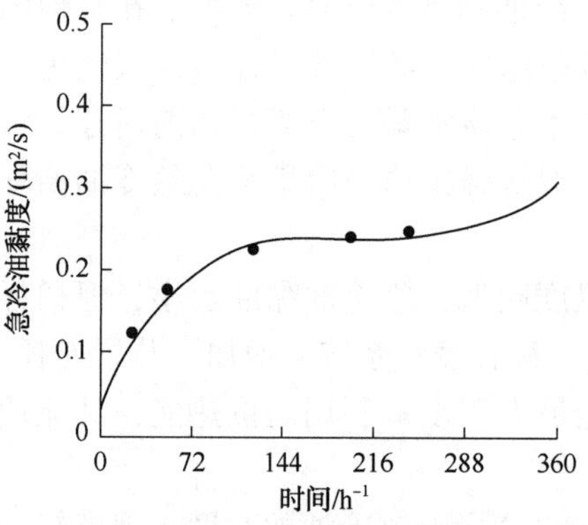


图 3. 2-5　急冷油黏度随恒温时间的变化

由图 3. 2-5 所示的急冷油黏度随恒温时间的变化趋势看出，在温度 200℃条件下，急冷油黏度随着恒温时间增加而增大。尤其在恒温 70h 以前，急冷油的黏度随恒温时间的变化基本呈直线上升；而在恒温 70h 以后，急冷油黏度的上升速率变慢；当恒温时间超过 280h 以后，急冷油黏度再度急速上升。这表明急冷油在系统中的循环时间不能过长，应尽可能控制在 24h 左右，否则急冷油黏度会大大增加。

这种急冷油黏度随恒温时间增加而增大的现象可归因于其组成。如表 3. 2-9 可知，急冷油原样的分析数据表明，饱和分仅约 2. 0%，芳香分约为 72%，胶质约为 6%，沥青质为 19. 80%。而经过恒温一段时间后，胶质增加到了 18. 91%，沥青质增加到了 28. 23%，而饱和分和芳香分加和却降至 52. 86%。很显然，在恒温过程中相当比例的芳香分发生缩合反应转化为胶质和沥青质，从而引起了急冷油黏度的急剧增加。

**表 3. 2-9　恒温前后急冷油的四组分组成变化**　　%(质量)

| 原样 | 恒温前 | 恒温后 |
|---|---|---|
| 沥青质 | 19. 80 | 28. 23 |
| 胶质 | ~6 | 18. 91 |
| 芳香分(含饱和分约 2. 0%) | ~74 | 52. 86 |

此外，还可以采用核磁分析急冷油芳烃、烯烃含量及摩尔质量随恒温时间的变化。

由核磁分析得到的急冷油的芳烃率约为 96%(质量)，恒温前后没有明显的变化。这说明急冷油以及裂解燃料油主要是由芳香结构的分子所组成，也说明芳环的基本结构在急冷系统条件下是稳定的。烯烃含量低于 2%(质量)，可认为急冷油系统中烯烃聚合引起急冷油黏度增大的作用是有限的。若急冷油黏度的增加是由芳烃缩合所引起的，一种是环烷基芳烃的缩合脱氢反应，一种是芳烃的缩合反应，这些反应最终导致急冷油的分子量增加，黏度增大。对裂解产物而言，其中的芳烃来源主要有两个：一是裂解原料中所含有的芳烃；二是裂解过程的二次反应生成的芳烃。所以，防止急冷油黏度增大可以采取两种有效措施：一是尽量采用芳烃含量低的裂解原料；二是选择合理的裂解条件，严格控制在炉管内的停留时间，尽量减少二次反应的发生。按照二次反应动力学计算，其反应速度在 800℃比在 200℃大数百万倍，在裂解条件下多停留百分之几秒就相当于汽油分馏塔条件下停留 24h 的时间。

恒温前急冷油原样的摩尔质量为 301g/mol，恒温后的摩尔质量变化为 311g/mol，恒温后急冷油的分子量有所增加，说明在恒温过程中发生了聚合反应。黏度大的油样，其摩尔质量也较大，即聚合程度越大，急冷油的黏度就越大。

(4) 急冷油黏度增大的影响

为了充分利用裂解气的高温热能并尽快中止裂解二次反应，循环急冷油是必不可少的，这是由乙烯生产装置的工艺特点所决定的。急冷油是重要的热载体，其一方面可以将裂解炉出口的裂解气温度降低；另一方面又发生稀释蒸汽供裂解炉使用。急冷油循环系统的正常运转是裂解炉、汽油分馏塔以及稀释蒸汽发生系统正常运转的基本条件之一。而从以上讨论的急冷油的黏度变化特征看，只要急冷油在该系统条件下循环就不可避免地出现黏度不断增大的现象。

乙烯装置正常运行时，急冷油黏度一般控制在 $2000mm^2/s$ 以下[设计为 $500mm^2/s$ (50℃)]，如果黏度超过 $2000mm^2/s$，则需补充调质油减黏。当急冷油黏度超过 $4000mm^2/s$ 时，急冷油循环系统的操作将受到威胁，急冷油的传热系数将有较大下降，系统运行恶化，发生堵塞现象。急冷油循环系统发生堵塞的事故在国内外均有发生，其影响和损失十分巨大，而且处理非常困难。

为了把黏度变化控制在合理范围内，工业上采用较大的急冷油循环比，要求循环急冷油在急冷油系统的停留时间不超过 24h，为此不惜采用较为庞大的泵送设备。然而即使如此，在实际操作中也还是常常出现循环急冷油黏度超标现象，造成整个急冷油系统操作状况恶化。这主要是因为循环急冷油黏度过高后，其传热性能变差，直接影响到稀释蒸汽发生器的传热效果，不能有效地把裂解气的高温热能传递给稀释蒸汽，从而进入急冷器时循环急冷油的温度仍偏高。此时即使废热锅炉的出口温度不变，也会使油急冷器出口的裂解气温度超标，进入汽油分馏塔的热量增多，造成汽油分馏塔的分离效果明显降低，表现在塔顶采出的裂解气温度偏高，夹带了过多的裂解柴油，给后序的分离设备带来困难。塔釜温度也会进一步升高，导致循环急冷油黏度进一步增加。如此反复，油急冷系统形成了恶性循环，严重时会导致乙烯生产装置停车。因此，想方设法采取有效措施防止急冷油黏度增大是十分必要的。

### 2. 无减黏工艺及问题

传统的急冷油减黏方法是将从汽油分馏塔侧线采出的部分裂解柴油直接返回汽油分馏塔塔釜。裂解柴油掺混到汽油分馏塔塔釜，由于塔釜温度高，裂解柴油中较轻的馏分汽化，中间馏分则进入到急冷油中，起到降低急冷油黏度的作用。为了对裂解柴油的减黏效果进行研究，陈兴銮等将一定量的裂解柴油掺入急冷油油样中，并加热到 200℃，测定急冷油黏度随恒温时间的变化。表 3.2-10 列出了实验数据，同时还对比了相同条件下原急冷油油样的黏度。

**表 3.2-10　在 200℃下掺入裂解柴油前后急冷油的黏度变化**　　$10^{-4}m^2/s$

| 恒温时间/h | 未掺入裂解柴油的急冷油黏度(50℃) | 掺入裂解柴油的急冷油黏度(50℃) |
|---|---|---|
| 0 | 500 | 412.72 |
| 24 | 1471.5 | 817.06 |

对比表 3.2-10 数据可以看出，在相同的实验条件下，掺入部分裂解柴油后急冷油的黏度明显低于未掺油样的黏度，而且恒温 24h 后，掺入裂解柴油后的急冷油黏度的增大幅度仅为急冷油原样增加幅度的一半，这说明掺入裂解柴油对急冷油减黏有一定作用。

但是，这种减黏方法有一些弊端。首先，由于急冷油的容量很大，为了降低急冷油的黏度，通常需要大流量的裂解柴油，且需长时间注入，否则减黏效果不明显。但是长时间注入大量的裂解柴油，汽油分馏塔内裂解柴油的循环量增加，造成汽油分馏塔中部气相负荷偏高，降低汽油分馏塔的处理能力。其次，裂解柴油中含有较多的苯乙烯和茚等易聚合组分，其中有45%的较重组分可聚合为树脂状物质。当裂解柴油在汽油分馏塔循环时，其中的易聚合组分发生聚合反应，所产生的聚合物有些会慢慢沉积在塔板或填料上，有些会进入急冷油循环系统中。沉积在塔盘上的聚合物影响塔板或填料的传质传热效果，严重时还会出现塔板或填料的堵塞现象，造成汽油分馏塔分离能力降低，塔釜温度偏高，塔顶裂解气夹带裂解柴油重组分。而残留在塔釜急冷油中的聚合物还会进一步聚合为更大的分子，导致循环急冷油黏度上升太快乃至"飞黏"。尤其汽油分馏塔在高负荷下操作时，上述现象可能更为明显。正常操作时，通常不使用裂解柴油掺混到急冷油中作为减黏"稀释剂"，只有在急冷油黏度很高并呈上升趋势时才考虑使用。

国内某乙烯装置的汽油分馏塔采用裂解柴油减黏时，曾经出现过裂解柴油循环量越大，塔釜温度越高，急冷油黏度越高的现象。早期的乙烯装置中，燕山、齐鲁、扬子、上海2号乙烯、大庆乙烯等装置都采用该减黏方法，导致汽油分馏塔的处理能力下降，曾针对急冷油系统进行过不止一次的技术改造，主要把汽油分馏塔由板式塔改造为填料塔，以提高塔的通量，从而达到额定的生产能力。这些改造基本都偏重于从设备方面入手来解决问题，但是从急冷油减黏和节能降耗的角度来说，效果并不理想。

总的来说，早期乙烯装置的急冷油系统的增黏问题主要原因不在于设备的设计，而在于工艺流程设计不合理，专利商对急冷油系统的设计存在一定的缺陷。早期的乙烯装置，专利商并没有针对特定的裂解原料找到适宜的急冷油组成、流量、温度等参数以及实现这些参数的合理流程配置，使得装置在投入运转后运行参数和设计参数偏离很大，特别是急冷油黏度高、稀释蒸汽发生量少、需要补入较多的中压蒸汽，装置能耗增加，污水排出量增大。

综上所述，用裂解柴油维持急冷油黏度是一种权宜之计，无法从根本上解决急冷油黏度升高的问题。要稳定急冷油黏度在适宜范围内，仍需要从工艺流程上进行优化，针对特定的裂解原料找到合理的流程配置。

3. 急冷油减黏技术

(1) 真空减黏技术及问题

真空减黏技术是指从急冷油/稀释蒸汽发生器上游抽出一部分急冷油，与循环的重质燃料油混合，经过高压蒸汽加热后进入急冷油真空闪蒸塔，在负压下闪蒸，轻馏分和低黏度、高沸点的中间馏分汽化后用急冷水冷却，冷凝液返回汽油分馏塔，闪蒸后的液相一部分与急冷油混合循环，返回急冷油真空闪蒸塔，其余作为重质燃料油产品采出。真空减黏技术的工艺流程如图 3.2-6 所示。

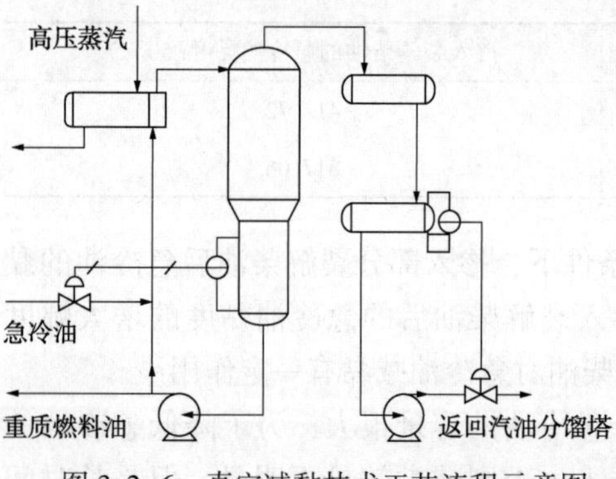

图 3.2-6 真空减黏技术工艺流程示意图

广州乙烯 150kt/a 乙烯装置、大庆石化 300kt/a 乙烯改造装置采用真空减黏技术，从急冷油/稀释蒸汽发生器上游抽出一小部分急冷油送至急冷油真空闪蒸塔，闪蒸出的气相为轻馏分和高沸点 300~400℃的低黏度馏分，冷凝后用泵送回汽油分馏塔中段，残余的重燃料油产品从急冷油真空闪蒸塔底部用泵抽走。同时自汽油分馏塔上部侧线采出轻燃料油送至轻燃料油汽提塔，用中压蒸汽汽提出200℃以下的轻组分，塔釜分离出轻燃料油用泵抽走，单独作为燃料送至锅炉，或与重燃料油产品混合冷却后送出界区。

真空减黏技术的优点是没有气体返回汽油分馏塔，不影响汽油分馏塔或急冷水塔的负荷。其缺点如下：

①操作温度低，急冷油汽化率低，减黏效果不明显；

②负压下操作对设备和系统的密封要求较高，成本高；

③系统状态异常时，容易在汽抽处抽出油造成泄漏，或者造成汽抽凝液污染事故；

④不适合装置大型化。

(2) 蒸汽汽提减黏技术及问题

蒸汽汽提减黏技术是指，从急冷油/稀释蒸汽发生器上游抽出一部分急冷油，与循环的重质燃料油混合后进入重燃料油汽提塔，在低压下用蒸汽进行汽提，轻馏分和中间馏分汽化后和蒸汽一起返回汽油分馏塔，塔釜的液相一部分与急冷油混合循环返回重质燃料油汽提塔，其余作为重质燃料油产品采出。蒸汽汽提减黏技术的工艺流程如图3.2-7所示。

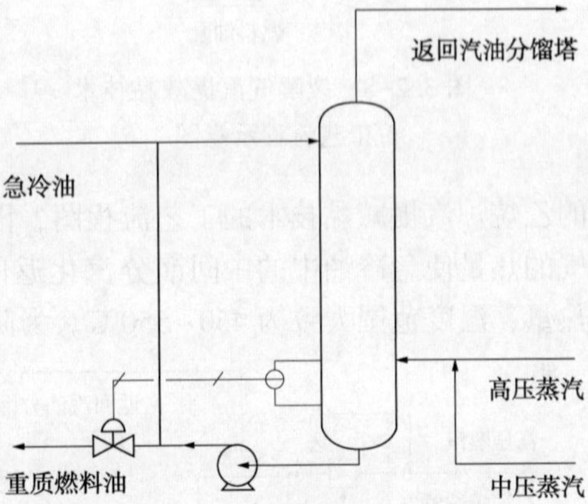


图3.2-7　蒸汽汽提减黏技术工艺流程示意图

盘锦130kt/a乙烯装置、抚顺120kt/a乙烯装置、中原140kt/a乙烯装置都采用了蒸汽汽提减黏技术。设置重燃料油汽提塔，抽出部分急冷油送往重燃料油汽提塔顶部，塔釜通入中压蒸汽汽提，把汽提出来的轻馏分和中间馏分返回到汽油分馏塔底部，目的是使循环急冷油中保持较多的中间馏分，从而维持低黏度和高沸点。轻燃料油从汽油分馏塔的侧线采出，单独送出界区，或者与燃料油汽提塔底部的重燃料油混合送出界区。为防止堵塞，汽提塔为板式塔。

蒸汽汽提减黏技术的优点主要是操作温度高(与蒸汽量有关)；汽提蒸汽起到防焦作用，可防止重燃料油汽提塔堵塞。其缺点如下：

① 塔顶气相直接返回汽油分馏塔，增加汽油分馏塔及急冷水塔的负荷；

② 汽提操作只利用蒸汽的显热，不能充分回收急冷油中低黏度有效组分，减黏效果不佳；

③ 在异常状态和汽提塔出现温度波动时，循环的重质燃料油容易冷凝黏结在塔盘上；

④ 消耗蒸汽。

(3) 裂解气汽提减黏技术及问题

裂解气汽提减黏技术与蒸汽汽提减黏技术类似，区别在于将汽提介质由蒸汽改为裂解气，参见图3.2-8。从急冷油/稀释蒸汽发生器上游抽出一部分急冷油进入汽提塔顶部，裂解气自塔底部进入，在低压下对急冷油进行汽提，轻馏分和中间馏分汽化后和裂解气一起返回汽油分馏塔，塔釜的液相一部分返回汽油分馏塔，其余作为重质燃料油产品采出。为防止堵塞，汽提塔为板式塔。为保证减黏效果，裂解气的温度比较高，温度范围大致为450~550℃。

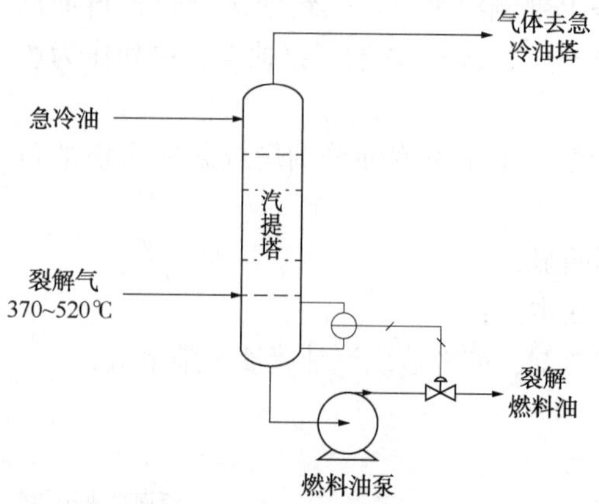


图 3.2-8　裂解气汽提减黏技术工艺流程示意图

裂解气汽提减黏技术的优点主要是操作温度高，可以起到一定的减黏效果，其缺点如下：

① 裂解气温度高，发生超高压蒸汽量减少；

② 由于减黏后的急冷油分子量更大，汽提塔容易发生堵塞，而且处理困难。

（4）热闪蒸减黏技术及问题

本技术是目前比较流行的技术，减黏效果较好。从急冷油/稀释蒸汽发生器上游抽出一部分急冷油，与乙烷炉或轻烃裂解炉的高温裂解气在急冷器中混合，然后送入重燃料油汽提塔闪蒸分离，塔釜保持少量汽提蒸汽。闪蒸后的气相进入急冷油塔，液相为重燃料油，泵出界区。参见图 3.2-9，其中图(a)是国内最早采用的乙烷炉汽提减黏技术的工艺流程图，图(b)是在图(a)基础上的改进型。本技术是用裂解气的热量使急冷油中的中间馏分汽化返回系统，因此裂解气须维持较高温度以提供足够的热量，温度范围大致为 450~550℃。为防止堵塞，重燃料油汽提塔不设塔内件。

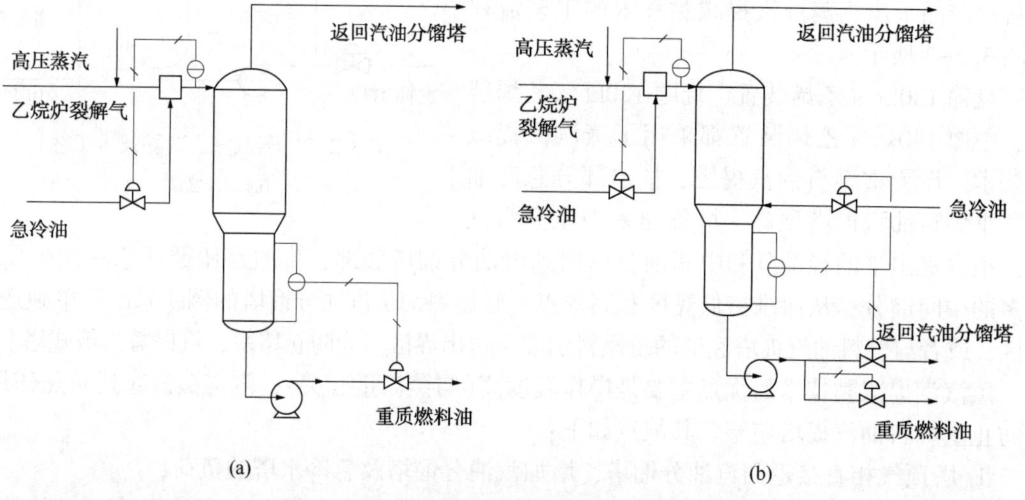


图 3.2-9　热闪蒸减黏技术工艺流程示意图

这种技术的优点是裂解气温度高，减黏效果好，且不会额外增加汽油分馏塔/急冷水塔的负荷。其缺点如下：

① 为保证减黏效果，减黏的裂解气温度需保持较高，使超高压蒸汽发生量降低；

② 在循环乙烷炉或循环乙/丙烷炉烧焦时必须用高压蒸汽汽提，气相直接返回汽油分馏塔，增加汽油分馏塔的负荷。

4. 节能型减黏工艺及优点

针对现有减黏技术的不足，SEI 开发了一种新型节能减黏工艺。该技术采用分为上下两段的新型汽油分馏塔，其中上部为急冷及精馏段，下部为减黏段。减黏介质为除气体炉之外的所有裂解气，这些裂解气经过废热锅炉发生超高压蒸汽后喷入急冷油，降温至 250~300℃后进入汽油分馏塔下部减黏段，目的是脱除裂解气中的重组分和焦粒。气体炉裂解气经过废热锅炉和三级急冷，最大限度地发生超高压蒸汽，降温后进入汽油分馏塔上部急冷段底部。在减黏段内，裂解气中的焦粉脱除，同时将急冷油中的中间馏分汽化后分离，气体穿过隔板进入汽油分馏塔上部，与气体炉裂解气混合进一步油洗冷却。新型节能减黏技术流程示意图如图 3.2-10 所示。

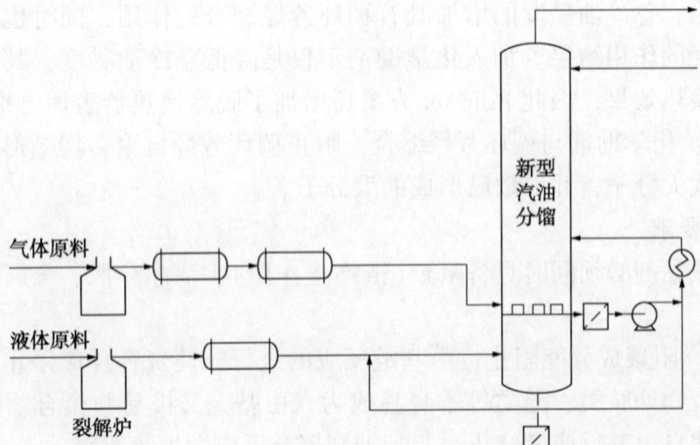


图 3.2-10　SEI 新型节能减黏技术工艺流程示意图

新型节能减黏技术通过对裂解气热量回收流程和汽油分馏塔结构的改进，一方面能够多产超高压蒸汽，降低装置能耗；另一方面有效脱除液体炉裂解气中重组分及焦粒，更有利于急冷油黏度的控制，从而保障急冷油系统长周期平稳运行，对乙烯装置节能降耗和“平、稳、长”运行有重要意义。

5. 其他减黏技术

(1) 减黏剂

1) 减黏剂的使用

早期的减黏剂是单剂，基本上是单一的抗氧剂，如酚类或胺类化合物，它们能抑制自由基生成和阻止双烯聚合。随着乙烯生产的发展，减黏剂除了要有抗氧阻聚性能外，还要具有良好的分散、金属钝化和抗腐蚀性能，这就需要复剂。近几年又发展了高效减黏剂，在对聚合机理研究的基础上采用完全新的配方，提高了组分间协同效应及配伍性。

现行的减黏剂主要成分大都是阻聚剂和金属钝化剂的混合物。阻聚剂主要是酚类抗氧剂、胺类抗氧剂、酚类和胺类复合物、烷基苯酚-醛树脂等。金属钝化剂可以分为阳离子型、阴离子型和非离子型 3 种。其中阳离子型如聚甲基异丁烯酸，阴离子型如烷基苯磺酸及其胺中和盐，非离子型如聚琥珀酰亚胺。此外，还可以向减黏剂中添加少量阻垢剂，以减少垢物在装置表面积垢，减少清焦处理，延长设备运转周期。含磷类阻垢剂能形成含磷自由基与金属表面生成金属-磷配合物，覆盖金属表面，抑制结垢速度；聚烷基硅氧烷阻垢剂在高温下能分解出抑制焦油、沥青质缩合和聚合反应的基团，维持边界层的流动。

减黏剂的使用普遍受到重视。国外以 Nalco 公司为代表开发出一系列减黏剂来抑制急冷油黏度取得了较好的效果。国内以杭州市化工研究所开发的 HK 系列产品为代表。

2）减黏剂的减黏原理

国内部分减黏剂生产厂家认为，急冷油黏度增加主要是由于稠环芳烃缩合导致分子增大造成的，加入减黏剂可使减黏剂分子与稠环芳烃缩合，阻止稠环芳烃的自聚，以避免急冷油黏度的增加。经过一段时间的运行，由于急冷油系统中的重质稠环芳烃从系统中不断脱出，急冷油的黏度即可得到控制，从而达到降低黏度的目的。

国外 Nalco 化学公司提供的 PrimAct 减黏方案包括了汽油分馏塔的阻聚、急冷油黏度的改善等。研究认为，急冷油黏度的增加既有稠环芳烃缩合的作用，同时也有裂解产物中含有的重质稠环芳烃的作用结果。加入化学助剂不仅是降低急冷油黏度，其最终的目的是提高急冷油系统的换热效果，因此 PrimAct 方案还增加了脱除换热器表面已形成的垢体。PrimAct 方案原理是：化学助剂与稠环芳烃缩合，阻止稠环芳烃自聚；切割形成立体的稠环芳烃使之变成平面式大分子，并分散已形成的大分子。

3）减黏剂的要求

一种良好的减黏剂必须同时具备阻聚(链终止作用)、清净分散、金属表面钝化和阻垢的功能。

① 阻聚作用。阻聚成分能阻止自由基链反应的进行，使聚合反应停止，从而遏制黏度的增大。有些化合物如胺类、酚类等本身易成为自由基，又极易与聚合物单体产生的自由基相结合，从而使自由基反应链终止，起到抑制聚合反应发生的作用。

② 清净分散作用。分散是改变聚合物的物理性质和形态，使之松散，易于清除。减黏剂应能有效屏障积炭和胶状物相互聚积，通过电荷斥力胶溶更大粒子，使之分散于油中。

③ 金属表面钝化和阻垢作用。Ni、Fe、Zn、Cu 等金属被粒子化以后成为路易斯酸中心，对聚合反应有催化作用，而且汽油分馏塔物料带有 $H_2S$、$CO_2$、有机硫等酸性气体，增加了对设备的腐蚀作用，这种腐蚀的金属盐极易与高分子聚合物粘连在一起，附着在塔壁、塔盘和塔釜上，因此一种优良的减黏剂还应考虑有金属表面钝化和抑制脱氢作用。

此外，减黏剂还需有良好的掺和性，能完全溶解于急冷油中，而且需要有良好的溶焦能力，可分散已经形成的垢物。此外，减黏剂应有较高的分解温度。若减黏剂随急冷油经过一次循环，全部或大部分分解，那么连续不断注入减黏剂的数量就会很大，这必然会增加车间的费用。

4）减黏剂的合成与复配

根据掌握的急冷油黏度增长机理和减黏剂减黏机理，筛选出合适的阻聚剂、钝化剂类型。

现在各装置使用的减黏剂价格偏高，而且用量不好控制。用量太少减黏效果太差，用量太多能起到明显的减黏效果，但会造成急冷水严重乳化，给急冷水的分离带来困难。因此，现在还需要充分考虑合成的减黏剂馏出点一定要高，尽量少地被夹带到气相中。

围绕高效减黏剂进行有效配伍、筛选，发挥阻聚剂与金属钝化剂的协同效应，以减黏效果为标准，兼顾成本，进行技术经济综合评价，这是减黏剂未来的发展方向。

5）减黏剂性能评价

复配出高效的减黏剂后还需建立准确可靠的、重复性好的评价方法。评价可以分为动态评价和静态评价两种。

静态评价方法设备简单，操作方便，但其结果的准确性差，且由于评价方法远离实际工况，故不能很好地反映不同减黏剂实际使用的差别，因而只适合粗筛选。

动态评价方法能较好地模拟实际生产条件，较准确地反映减黏剂的实际减黏性能，但需要建立一套专门的动态评价装置，而且评价一个减黏剂需要较长的时间。因此对合成的减黏剂应采取先进行静态评价，对静态评价效果较好的减黏剂再进行动态评价的方法。

(2) 超临界减黏技术

所谓超临界态，就是物质根据温度和压力的不同，呈现出液体、气体、固体等状态变化，如果提高温度和压力到某点以上，会出现液体与气体界面消失的现象，该点被称为临界点。超临界流体(SCF)指的是处于临界点以上温度和压力区域的流体，是即使提高压力也不液化的非凝聚态。在临界点附近，会出现流体的密度、黏度、溶解度、热容量、介电常数等所有流体的物性发生急剧变化的现象。超临界流体的物性兼具液体与气体双重性质，密度接近液体，扩散度接近气体，黏度介于气液之间。另外，根据压力和温度的不同，这些物性会发生变化，因此，在提取、精制、反应等方面，越来越多地被用作代替原有有机溶剂的新型溶剂使用。炼油工业中的渣油脱沥青技术就是超临界技术工业应用的成功典范。

1) 急冷油超临界减黏技术的原理

北京化工研究院开发的超临界减黏技术，就是以超临界或近临界的低碳烃类为溶剂，利用其优良的溶解和渗透能力，将急冷油中的低黏度组分抽提出来；然后再通过调节温度或压力等方法，降低溶剂对急冷油的溶解度，从而实现溶剂的分离和循环利用；而急冷油中无法被抽提出的高黏度重组分，从急冷系统中排出，降低了急冷油整体黏度。

2) 急冷油超临界减黏技术的工艺流程

超临界减黏技术的工艺流程见图 3. 2-11，超临界或近临界态的低碳烃类循环溶剂进入抽提塔下部，从急冷油中引出一股进入抽提塔下部，急冷油与溶剂在抽提塔内充分接触，溶剂将急冷油中低黏度组分抽提出来并从塔顶引出，急冷油中不溶于溶剂的高黏度重组分从塔底排出。抽提塔顶引出溶剂和急冷油中低黏度组分调整压力或温度后进入溶剂回收塔，溶剂溶解能力下降而与急冷油低黏度组分分离，溶剂循环使用，急冷油中低黏度组分返回急冷系统，降低急冷油整体黏度。

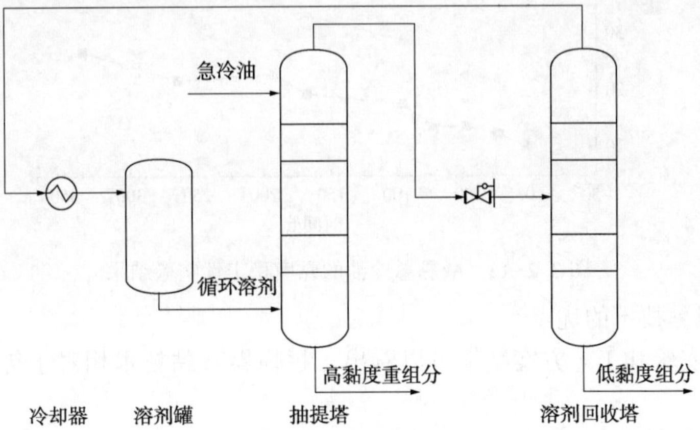


图 3. 2-11　超临界减黏技术工艺流程示意图

3) 超临界减黏技术的应用效果

北京化工研究院利用流程模拟软件 Aspen Plus 和 VMG 进行了模拟研究，模拟结果显示超临界减黏技术以超临界区或近临界液相区的低碳烃类或低碳烃类混合物为溶剂，对急冷油进行抽提减黏，可以去除急冷油中的高黏度重组分，将急冷油黏度由 10000mPa · s 降低至 50mPa · s 以下。

(a)抽提油

(b)抽余物

图 3.2-12　异丁烷超临界抽提产物

北京化工研究院利用超临界减黏实验装置，以丙烷、正丁烷、异丁烷为溶剂，对黏度范围在48~1030mPa·s的急冷油进行超临界减黏实验。实验结果显示，急冷油减黏后得到的减黏急冷油的黏度均低于10mPa·s。以异丁烷为溶剂，在120℃、6MPa下进行急冷油抽提减黏实验，得到的抽提产物见图3.2-12。其中，抽提油(图a)的黏度(50℃)低于10mPa·s；而抽余物(图b)近乎固体，基本全是沥青质。

对急冷油经过超临界减黏后得到的减黏急冷油，在180℃、200℃和220℃条件下进行了黏度稳定性实验，结果如图3.2-13所示，即便在220℃下恒温加热336h，减黏急冷油的50℃黏度仅从10mPa·s增加到71mPa·s。减黏前急冷油在220℃下恒温加热72h，黏度就从1030mPa·s增加到70000mPa·s，黏度完全失控。以上实验结果说明，超临界减黏技术不但可以大幅度降低急冷油黏度，而且可以提高急冷油高温下的黏度稳定性。

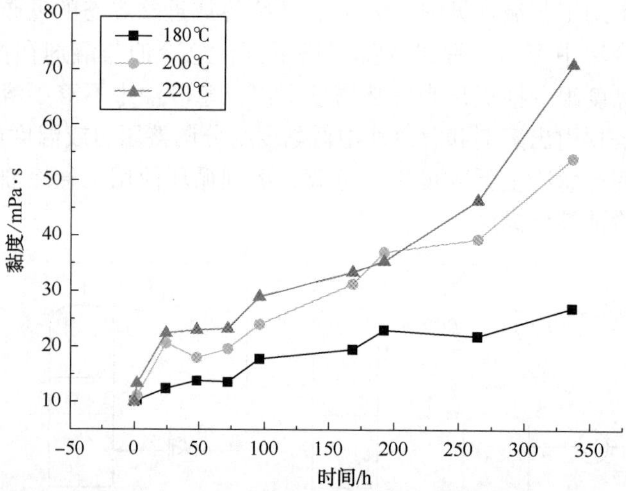


图 3.2-13　减黏急冷油的黏度稳定性实验结果

4）超临界减黏技术的优点

通过模拟、实验和工艺方案结果可以看出，超临界减黏技术相对于传统减黏技术有如下优点：

① 低温：采用丙烷、丁烷等低碳烷烃为超临界溶剂，操作温度在70~160℃范围内，不会促进急冷油中沥青质增加，更不会导致急冷油结焦。

② 高效：超临界流体有较高的溶解能力和良好的传质性能，能将急冷油中低黏度组分充分抽提出来，只排出高黏度重组分，减黏效率高，可以在控制急冷油黏度的同时提高油洗塔塔釜温度，增产稀释蒸汽，降低能耗。

③ 稳定：独立运行的超临界减黏系统，溶剂循环使用，摆脱了乙烷炉的限制，彻底解决了急冷油黏度这个瓶颈，可以保障乙烯装置的长期安全稳定运行。

## 四、汽油分馏塔设计

### 1. 各段的功能说明

在整个乙烯装置塔系中，汽油分馏塔是国际公认的高难度塔。汽油分馏塔是一个传热控制的“传热-分馏型”塔，塔的中下段为传热段，上段为精馏段。其中传热段主要用于冷却裂解气并回收裂解气所携带的热量，包括盘油循环段和急冷油循环(洗涤)段。精馏段的作用主要在于将裂解汽油与轻燃料油分离，保证裂解汽油的干点和燃料油闪点合格。裂解炉出口的裂解气在急冷器中经急冷油直接喷淋并冷却至200℃左右，进入汽油分馏塔底部。急冷油和裂解气中重质馏分油大部分留存于急冷油循环段，轻组分沿塔上升与中部盘油循环段的盘油及上部精馏段的汽油回流液接触逐级冷却。汽油分馏塔是第一个塔，而且位于裂解气压缩机上游，其运行的好坏对乙烯装置的稳定运行、处理能力和能耗有重要影响。

汽油分馏塔的设计需要解决三个问题。首要问题是抗堵性。由于裂解气中夹带裂解炉产生的焦粒，裂解气中的重组分存在自聚现象，所以下部塔内件必须具有足够的抗堵性能。其次是降低塔压降。中部盘油段结垢现象减弱，气液负荷大，是决定塔径的关键部分，内件需要高通量、一定的抗堵性。最后是适应性。由于裂解原料和裂解炉运行模式的变化，裂解气组分和流量变化幅度比较大，急冷油塔需要适应装置的负荷变化。为了解决上述问题，乙烯专利商开发了不同的技术，图 3.2-14 归纳了 4 种典型的急冷油塔。

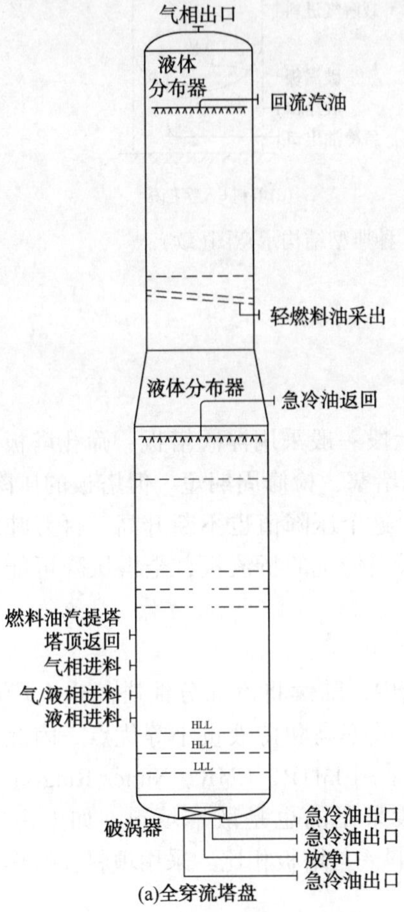


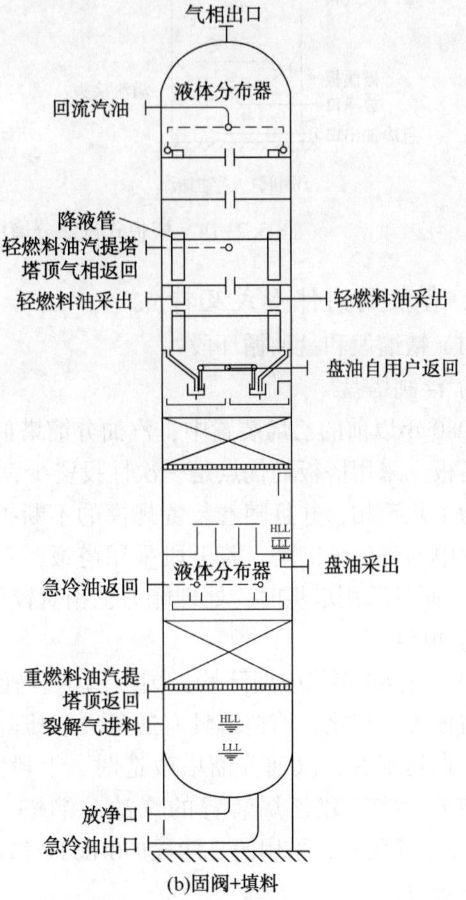


图 3.2-14　塔板式汽油分馏塔的 4 种典型结构示意图

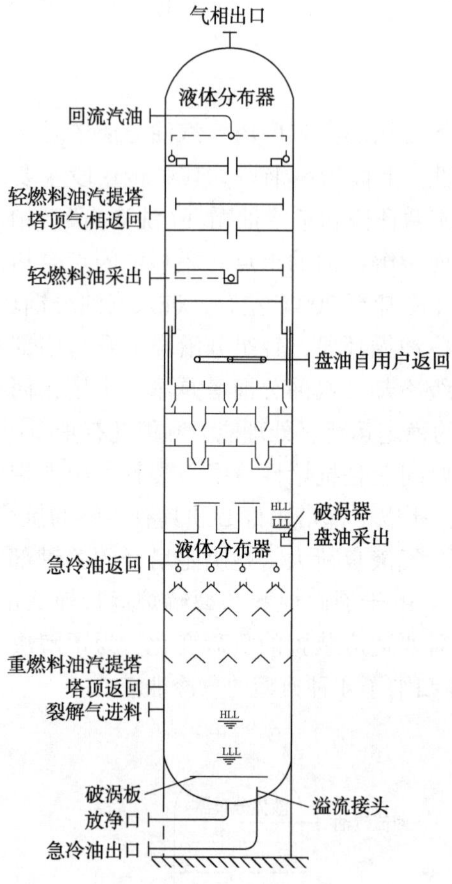

(c)固阀+人字挡板

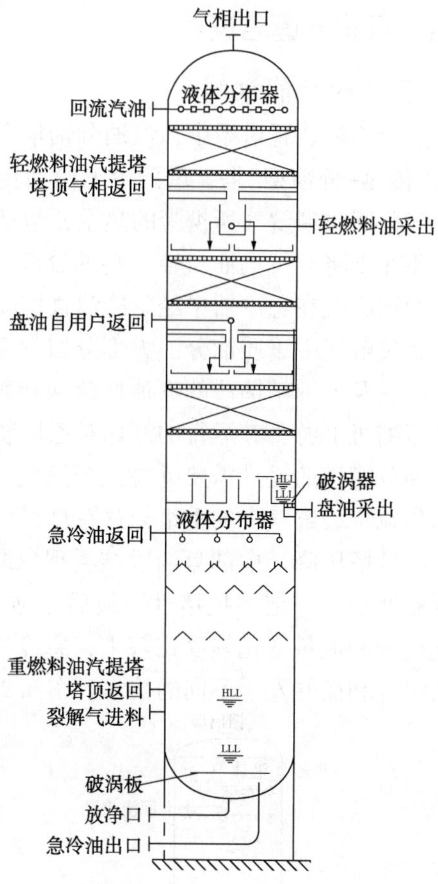

(d)填料+人字挡板

图 3.2-14　塔板式汽油分馏塔的 4 种典型结构示意图(续)

## 2. 各段的内件形式及特点

(1) 精馏段和盘油循环段

1) 浮阀塔盘

1980 年以前的乙烯装置中，汽油分馏塔的中上段一般采用浮阀塔板、筛孔塔板或波纹筛孔塔板。采用塔板的优点是一次性投资少，不易堵塞，检修周期短。但塔板的压降很高，一般为十几千帕，并且随着装置规模的不断扩大，这个压降值也不断升高，百万吨级的乙烯装置中的汽油分馏塔，若上段采用塔板，下段采用传统的折流板，全塔压降可能会达到 20kPa。而且采用塔板时，处理能力也相对较低。

2) 填料

20 世纪 80 年代中期开始，国内乙烯装置改造中，陆续将汽油分馏塔的中上段改为填料。与板式塔相比，填料塔具有通量大、压降小、效率高和持液量小等优点。因此，从那之后一直到现在，汽油分馏塔改造时，上段大都采用 IMTP、CMR、Nutter Ring 等散堆填料。甚至一些新建乙烯装置的汽油分馏塔，上段采用的也是散堆填料，如上海赛科的 900kt/a 乙烯装置，采用的是两段#50 IMTP 散堆填料。与塔板相比，采用填料在操作上可获得如下效益：

• 在相同的裂解炉操作压力下，提高了裂解气压缩机的吸入压力，可降低一段压缩机的压缩比，通常可节能 10%以上；

• 在相同的稀释蒸汽与烃的比率下，可降低裂解压力，增加乙烯收率；

• 在相同的烃分压下，可降低裂解压力，节省稀释蒸汽的用量。

燕山石化 300kt/a 乙烯装置扩能改造时，将汽油分馏塔的上段改为金属板波纹规整填料。但金属板波纹填料容易引起焦的积累，很难完成 3 年以上的长周期运行。因此，在易脏、易堵、易焦化、易聚合的汽油分馏塔中应慎重选用金属板波纹规整填料并辅以防堵措施。

部分研究者认为，精馏段抗堵塞填料的最佳选择是组片式波纹填料(Zupak)与自分布填料和再分布填料组成的复合规整填料，其分离效率比同型号的金属孔板波纹填料提高约 10%，通量提高 20%，压力降低 30%以上，其抗脏堵能力亦有显著提高。但是基于燕山乙烯发生的问题，现在汽油分馏塔已不采用规整填料。

然而，随着装置规模越来越大，汽油分馏塔的塔径也越来越大。如果采用填料塔，则需要的填料数量非常巨大；且在大修时，冲洗、装填填料的时间非常长，影响检修进度。另外，一旦发生堵塞，可能在短时间内来不及生产制造如此大量的填料来补充，延长恢复生产的时间。

3）固阀塔盘

近 10 年来，国外开始在汽油分馏塔中上部采用固定阀塔板。与普通浮阀相比，固定阀的压降相对较低，处理能力稍大，最重要的是不易堵塞且成本更低。采用这种方案虽然塔压降下降不多，相对比用填料能耗要高一些，但其具有一次性投资少、不堵塞、可延长运行周期的优点。

4）穿流型塔盘

SEI 开发的正交波纹塔盘(OWT)和 Stone & Webster 公司开发的波纹塔盘(Ripple Tray)都属于穿流型塔盘，其主要特点是：结构简单、压降低(单板压降约为常规塔盘的 1/2)、生产能力大、抗堵塞。穿流型塔盘无降液管，气液都从位于塔盘全截面积上的开孔通过，湍动程度比较剧烈，塔盘上基本不存在流动死区，因此抗堵的能力明显优于带降液管结构的塔盘。

OWT 已应用百万吨级乙烯，S&W 工艺中汽油分馏塔全塔采用 18～22 块波纹塔盘，其结构见图 3.2-15 所示。

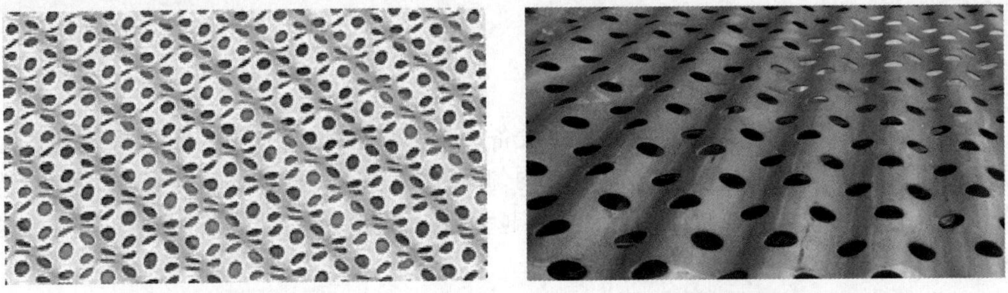

(a)正交波纹塔盘(OWT)　　(b)波纹塔盘(Ripple Tray)

图 3.2-15　SEI 开发的正交波纹塔板和 S&W 公司的波纹塔盘

(2) 急冷油循环(洗涤)段

急冷油循环段要求所用的填料或塔盘具有以下性能：通量大、压降低、传热效率高、刚度大、抗脏堵能力强。

一般新塔设计为折流板，其优点是结构简单，造价低，抗脏堵能力强，但传热、洗涤效果低，压降较大。随着要求的装置处理能力越来越大，塔径也越来越大，裂解气进料对其冲击也非常厉害。因此，对折流板的固定提出了很高的要求。

以前，塔下部的折流板为水平折流板，由于裂解炉清焦和切换操作频繁，使塔内操作参数波动较大，不可避免地形成气体冲击，国内多套乙烯装置中的折流板都曾出现过被吹翻的现象，严重时甚至吹弯大梁。因此，在设计时，不得不增大有关结构的抗冲击强度，加大部件的尺寸，这又给气液分布带来了不利的影响。1992 年燕山石化乙烯装置大修后，曾因汽油分馏塔第 17 层塔盘积液过多导致塔压差上升。因此，折流板的设计也应受到重视。

现在设计的折流板称为人字挡板，基本上都采用倾斜结构，汽液分布比水平折流板要好一些。但是，由于汽液接触不够充分，洗涤效果较差。在折流板上加溢流堰、开孔(大筛孔或斜孔)，洗涤效果会有所改善。

(3) 大型液体分布器的设计

当汽油分馏塔采用填料塔时，由于其塔径很大，填料段高径比低，在任一截面上保证气液均匀分布的难度要比小直径塔大得多，因此必须精心设计该塔的液体分布器。

针对汽油分馏塔气液比大、低压降和易结垢的特点，目前国内大乙烯装置中主要采用二级槽式液体分布器(图 3. 2-16)和新型槽盘式液体分布器(图 3. 2-17)。这两种分布器都具有一定的抗脏堵能力。此外，塔顶回流液体分布器也有采用喷淋式结构的。

图 3. 2-16　槽式液体分布器

图 3. 2-17　槽盘式液体分布器

(4) 大型塔器进气分布器的设计

由于汽油分馏塔是一个低压降的大型设备，依靠气相的自分布，在裂解气到达急冷油循环段的折流挡板或格栅填料之前不易均匀分布。一旦气相在塔内分布不均匀，势必影响到该塔的分离和传热效果。因此，越来越多的人开始关注大型塔的进气初始分布器的设计。

汽油分馏塔底的裂解气进料通常为高液气比下的气液固三相流进气。设计裂解气进气分布器时，主要应考虑压降要小、气体分布要均匀、液沫夹带率要低，具有防冲、卸能和分液的功能。

就性能而言，直入敞口式压力降最小，因此大部分新建乙烯装置中，均不加任何气体分布设备，或是采用结构比较简单、压降较低的挡板结构。如大庆乙烯装置中采用一排角钢，还有一些厂商则采用简单的V型挡板，如图3.2-18所示。

图3.2-18　V型防冲挡板

3. SEI设计及优势

（1）SFV固阀塔板专利技术

该固阀塔板的阀体由塔板本体冲出，通过阀腿与塔板相连，阀面为长条形，两端为弧形，阀面与塔板之间夹角为锐角，沿液流方向的末端与塔板平行。阀面上根据需要冲出一个或多个舌片，舌片与阀面的夹角呈锐角且方向与液流方向相同。SFV固阀塔板的结构示意如图3.2-19所示。

近年来投入运行的武汉800kt/a乙烯装置、中科800kt/a乙烯装置、古雷900kt/a乙烯装置，以及正在设计中的海南1000kt/a乙烯装置，其汽油分馏塔的精馏段和盘油循环段均采用了由SEI开发的SFV固阀塔板专利技术。

SFV固阀塔板除具有抗堵性强的特点外，与其他现有固定阀塔板相比，其流体力学性能的优势还表现在塔板压降更低、雾沫夹带量更小、传质效率更高、气液通量更大等方面。

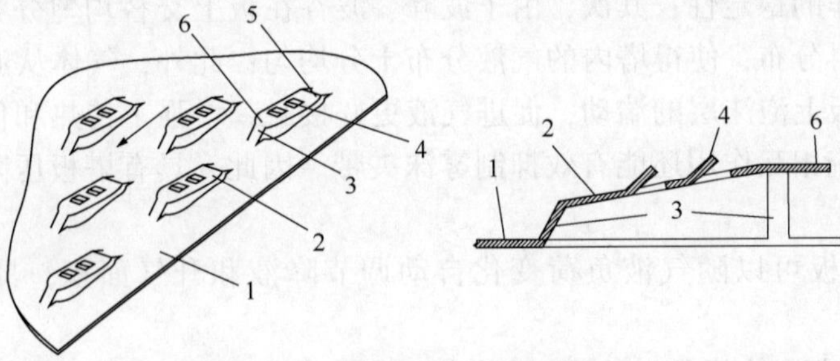


图3.2-19　SFV固阀塔板的结构示意图

1—塔板；2—阀；3—阀腿；4—舌片；5、6—弧形端头

（2）正交波纹塔盘（OWT）专利技术

穿流型塔盘因其操作弹性小和稳定性差，应用会受到一定制约。针对上述问题，在保持穿流板结构简单的特点基础上，以提高塔板操作弹性和稳定性为目的，由SEI与北洋国家精馏技术工程发展有限公司（北洋精馏）等单位合作开发了一种新型穿流塔板——正交波纹板（OWT），通过将冲好孔的金属板按照特定的波纹方程压弯成波纹状而形成。该波纹方程如下：

$$z=\frac{H}{4}\left[\sin\left(\frac{2\pi}{L'}x\right)+\sin\left(\frac{2\pi}{L'}y\right)\right]$$

式中　$H$——波纹的深度，mm；

$L'$——波纹的长度，mm。

$H$ 和 $L'$ 的具体数值根据设计条件来选取。

图 3.2-20 为正交波纹塔板的结构示意，图中 $T$ 为波纹板的厚度。

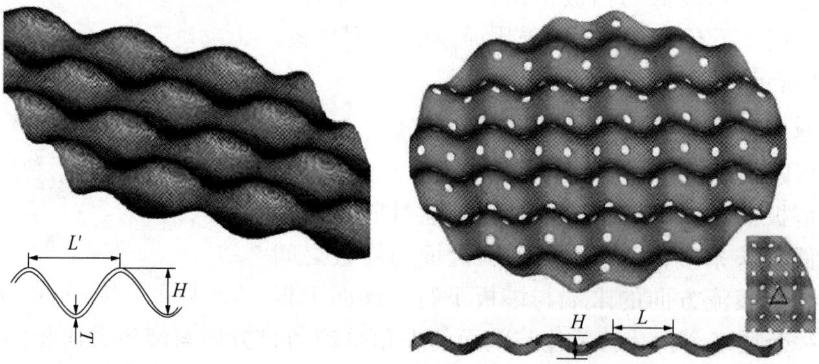


图 3.2-20　正交波纹塔板的结构示意图

正交波纹板具有凹凸不平的特殊结构，这种结构特点决定了其具有良好的流体力学性能，其优势具体表现在以下几个方面：

① 塔板的降液区和鼓泡区交错排布，液相朝多个方向流动，实现对塔板各区域的有效冲刷，降低结垢风险，具有良好的抗堵性。

② 凹凸不平的特殊结构使得波峰和波谷分别成为气相和液相的既定通道，减小阻力损失的同时保证了操作的稳定性；其次，由于波峰、波谷在板上交替均匀分布，气液通过塔板后相当于进行了再分布，使得塔内的气液分布十分均匀；此外，气体从波纹的斜向筛孔喷入液层，加剧了板上泡沫层的湍动，促进气液更好接触，增强了传热和传质效果，而且不同方向的斜向气流相互作用还能有效抑制雾沫夹带。因此，具有塔板压降低，传质、传热效果好的优点。

③ 正交波纹塔板可以随气液负荷变化自动调节降液和升气面积，具有很大的操作弹性。

对比几种不同塔板的全塔效率随基于空塔截面积的动能因子 $F_S$ 的变化趋势，如图 3.2-21 所示。$F_S$ 用于表征塔内气液负荷的大小。正交波纹塔板与穿流筛板的最高传质效率基本相同，但在最高传质效率下正交波纹塔板的 $F_S$ 因子显著大于穿流筛板。另外，在最高效率点附近，正交波纹塔板的曲线比穿流筛板更平缓，后者曲线在最高效率点以后出现大幅下降。因此，在相同开孔率条件下，正交波纹塔板具有更高的通量和稳定性。

此外，正交波纹塔板的传质效率低于固阀塔板，是因为正交波纹塔板为逆流接触，固阀塔板为错流接触，错流塔板的效率更高。但正交波纹塔板能处理更大的气液负荷，更适合用于扩能改造。武汉 1100kt/a 乙烯装置改造扩能时采用了正交波纹塔盘，在不增加塔压降的情况下，能够实现扩能约 40%。

图 3.2-22 是正交波纹塔板与穿流筛板压降对比。可以看出，正交波纹塔板压降明显低于穿流筛板。因此采用正交波纹塔板可以降低裂解气压缩机的压缩比，进而降低功率，使乙烯装置能耗进一步降低。

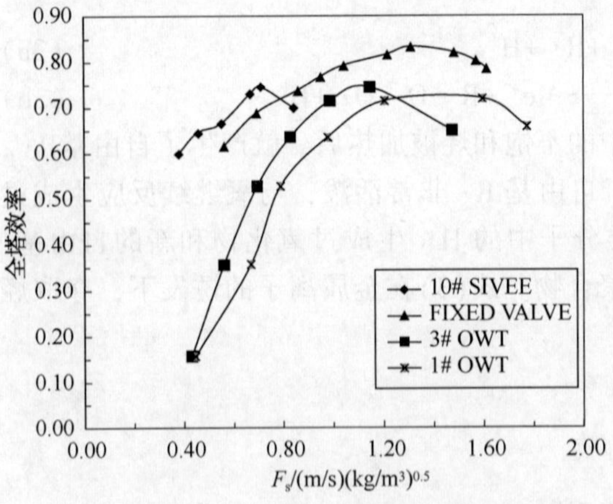


图 3.2-21　几种塔板的全塔效率对比

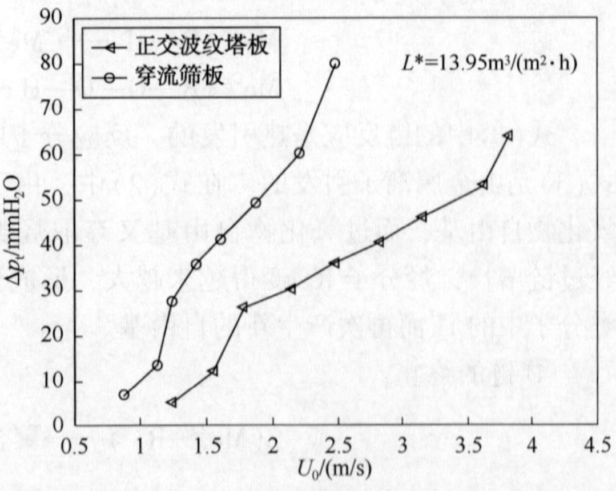


图 3.2-22　正交波纹塔板与穿流筛板压降对比

注：$L^*$ 为喷淋密度

## 五、结焦及除焦方法

乙烯生产过程中的操作难点之一，是急冷油系统经常会出现结焦堵塞而危及装置的稳定运转。分析结焦产生原因有二：一是急冷油与高温裂解气接触后不稳定，会逐步缩聚成易于结焦的聚合物；二是裂解炉管、急冷器的焦粒随着裂解气进入急冷油系统中。

1. 结焦机理

结焦机理包括苯乙烯、茚和二烯烃类的自由基聚合反应，共轭双键化合物与含有活化双键或三键化合物间的加成反应(狄尔斯-阿尔德反应)，以及聚稠环芳烃反应。

(1) 自由基聚合反应

急冷油组分中的苯乙烯、茚、二乙烯基苯、丁二烯和胶质等不饱和烃的聚合属于自由基链反应，由链引发、链增长和链终止等基元反应组成。在痕量氧、光、热、金属离子和水的作用下诱发这类反应，形成聚合物。自由基引发生成交联聚合物的反应过程如下：

① 链的引发 1：

$$R—H \longrightarrow R\cdot + H \quad (1)$$

② 链的增长：

$$R\cdot + O_2 \longrightarrow R—O—O\cdot \quad (2a)$$

$$R—O—O\cdot + R'—H \longrightarrow R'\cdot + R—O—O—H \quad (2b)$$

$$R—O—O—H \longrightarrow R—O\cdot + O—H\cdot \quad (2c)$$

$$R—O\cdot + R—H \longrightarrow R—O—H + R\cdot \quad (2d)$$

$$O—H\cdot + R—H \longrightarrow H_2O + R\cdot \quad (2e)$$

$$R'\cdot + C═C \longrightarrow R'—C—C\cdot \longrightarrow 聚合物 \quad (2f)$$

③ 链的引发 2：

$$Me^{2+}+R—H \longrightarrow Me^{2+}+R\cdot +H^{+} \quad (3a)$$

$$Me^{2+}+R—O—O—H \longrightarrow Me^{2+}+R—O—O\cdot +H^{+} \quad (3b)$$

式(1)中的链反应是热引发的，反应分子中的不饱和烃被加热后，就产生了自由基R·，式(3)是由金属离子引发的。在式(2)中，由于自由基 R· 非常活泼，与氧继续反应生成过氧化物自由基，而过氧化物自由基又夺取烃类分子中的 H，生成过氧化物和新的自由基，经过链增长，烃分子 R· 变得越来越大，形成聚合物。式(3)在金属离子的诱发下，夺取烃类分子中的 H 而再次产生新的自由基。

④ 链的终止：

$$2(Me^{2+}+R\cdot)\longrightarrow 聚合物$$

$$R\cdot +R—O—O\cdot \longrightarrow ROOR$$

(2) 狄尔斯-阿尔德反应(Diels-Alder)

环戊二烯等组分和丁二烯类(或炔类)反应，经过聚合、环化、芳构生成芳环的反应，该反应可以一直发生下去，因而产物是稠环芳烃，再经过脱氢，生成焦炭，反应过程如图 3.2-23所示。

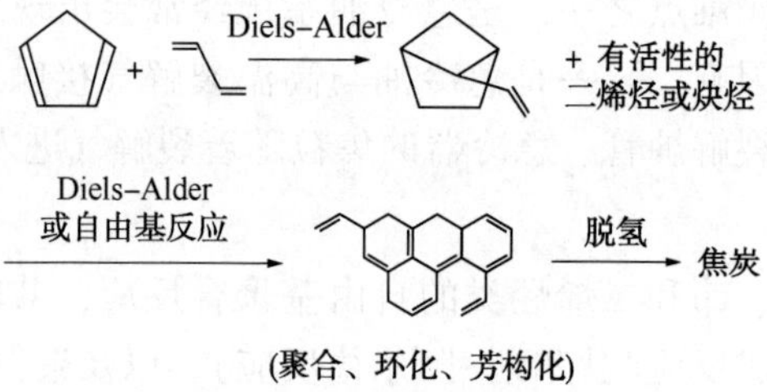


图 3.2-23　不饱和烃结焦示意图

(3) 聚稠环芳烃反应

聚稠环芳烃(PNA)的扰动可以形成沥青类和树脂类较重物质。该类物质极其不稳定，进一步脱氢形成焦炭。

## 2. 主要结焦设备

(1) 汽油分馏塔

汽油分馏塔的结垢现象已经成为当今乙烯装置运转中普遍存在的问题，结垢的发生是一个逐渐产生和积累的过程，通常会在装置运转 12~18 个月后出现。在实际生产过程中发现，汽油分馏无论采用板式塔还是填料，都无法避免结垢现象。汽油分馏塔结垢会导致装置能力下降，或是装置停车，将带来巨大的经济损失。

1) 精馏段

汽油分馏塔发生结垢的主要特征包括塔的压降升高，回流汽油的终沸点升高，以及塔的处理量降低或者发生液泛。经过对精馏段结垢物的取样分析，结垢物的典型组成如表 3.2-11所示。其组成与国内对急冷油的结垢物的组成分析结果类似，其中的典型组成基本一致。国内某乙烯装置汽油分馏塔操作中遇到聚合物堵塞，3 次堵塞的位置均位于精馏段填料，且越往上塔盘的结焦情况越严重，如图 3.2-24 所示。

表 3.2-11 汽油分馏塔精馏段结垢物的典型组成

| 组成 | 含量/%(质量) | 组成 | 含量/%(质量) |
|---|---|---|---|
| 聚苯乙烯 | 20~60 | 茛 | 5~10 |
| 聚茚 | 10~25 | 萘的衍生物 | 1~5 |
| 聚二乙烯基苯 | 5~15 | 甲基苯乙烯 | 15~20 |
| 环戊二烯 | 2~5 | | |

图 3.2-24 汽油分馏塔填料堵塞情况

经分析化验表明，在进出汽油分馏塔的回流汽油、轻燃料油、盘油和急冷油中，含有大量易聚合的不饱和芳烃、环烯烃及脂肪族二烯烃，这些组分是产生结垢物的母体。这些母体可以通过上述机理中的任一机理发生聚合结垢，一旦结垢物积累并交联，即会从液相中分离出来，并沉积在塔内件的死角处。随着运转时间的延长，结垢物越积越多，将会减小塔的流通面积，造成塔的压力降升高，甚至发生液泛。通常在汽油分馏塔的回流汽油中，不饱和芳烃的含量高达 54% 以上，过大的回流汽油量会在一定程度上增加精馏段结垢的速率。

2）传热段

急冷油中含有的不饱和芳烃随其在急冷油系统停留时间的延长和温度的升高，会逐步聚合成高分子量的多环芳烃，而多环芳烃在一定组成的急冷油中的溶解度是一定的，当含量超过确定的溶解度后，多环芳烃就会聚结起来，从而使急冷油的黏度和密度增加，甚至生成沥青质的焦油和固体残渣，这也是结垢堵塞的重要原因。

影响传热段结垢的因素包括重燃料油汽提塔的操作温度，急冷油中的沥青质含量，裂解原料的烃类组成(PONA)值，急冷油过滤器的性能，以及稀释蒸汽发生器等的传热情况。其中，保持急冷油中合适的沥青质含量，是防止急冷油黏度升高和产生结垢的重要指标。一般认为沥青质的含量必须低于(质量分数)15%，最好低于 10%。

3）结垢预防

对汽油分馏塔精馏段塔内件的型式，从预防结垢和处理结垢的费用来看，塔板比填料应更有优势。由于塔板比填料易于清理，而填料一旦堵塞，只能支付高昂费用予以更换，因此精馏段宜选用塔板。

对于传热段的结垢，要利用合理的工艺流程，把裂解气中含有的燃料油组分能够全部分离出来。用乙烷炉的裂解气作为重燃料油汽提塔的汽提介质，并保持该塔的塔顶温度在

250~300℃是合适的。其他手段包括：要经常分析急冷油中的沥青质含量；保持急冷油换热器的良好传热状态；注意急冷油过滤器的性能并及时清理。

总的来说，通过调整工艺操作来控制结垢是很困难的，不论是聚合反应机理的相关变数，还是温度、停留时间等参数，在设计体系确定以后，都很难有较大调整。生产实践证明，比较切实可行的办法是加入“阻垢剂”，在这方面国内外均有成功解决结垢问题的事例。印度某乙烯装置裂解液态原料，由于未对急冷油系统采取预防结垢措施，在开车后 30 个月汽油分馏塔发生了堵塞。经过向塔中注入含有链终止剂、金属钝化剂和分散剂的复合阻垢剂后，操作恶化现象很快停止，压力降显著降低，塔的负荷增加。茂名乙烯装置在进行第一次大检修并于 1999 年初开车以后，在装置运转的第 17 个月发现汽油分馏塔有堵塞迹象，由于及时采取了注入阻垢剂的措施，使塔系又稳定下来，之后连续运转 56 个月以上，且能保持原设计的处理能力。

（2）急冷油/稀释蒸汽发生器

稀释蒸汽发生系统能否正常运行，直接关系到裂解炉乃至乙烯装置的长周期满负荷稳定运行和节能降耗减排。稀释蒸汽发生系统与急冷油系统密切相关，急冷油系统塔顶温度偏高，塔釜温度偏低、循环急冷油黏度过大都会影响稀释蒸汽发生系统的正常操作。

急冷油系统中的细小焦粉颗粒热容量低，会降低急冷油的热容量，导致急冷油系统内换热器取热量降低。严重时，细小焦粉随急冷油流动，在流速较慢的急冷油系统内换热器管束中沉积，堵塞换热器管束，进一步影响换热器传热效果。在急冷油与工艺水换热的稀释蒸汽发生换热器中，急冷油中的焦粉会导致稀释蒸汽发生量降低，严重时导致换热器发生堵塞。

天津 140kt/a 乙烯装置稀释蒸汽系统主要是通过主稀释蒸汽发生器利用循环重急冷油与工艺水换热发生稀释蒸汽，循环重急冷油作为换热器管程介质，由于黏度的变化导致急冷油在换热器内传热效率下降，同时流速下降，导致稀释蒸汽发生量减少。检修时发现稀释蒸汽发生器管程内存有大量焦炭颗粒堵塞管束。彻底清理后装置运行 15 个月后，急冷油系统运行状况再次恶化，稀释蒸汽发生器无法及时将急冷油系统的热量撤走，破坏了急冷油系统的热量平衡，最终导致装置无法正常运行，被迫停车清理检修。停车清理时观察到换热器 1/3 的管束被颗粒焦粉和焦块堵塞，焦块直径 3~32mm 不等。

（3）减黏塔

急冷油系统运行状况的好坏是制约乙烯装置“安稳长满优”运行的关键因素之一，减黏塔(重燃料油汽提塔)运行状况直接决定急冷油系统的运行状况。重燃料油汽提塔担任着从急冷油中分离出含有大量胶质和沥青质的重质物料的任务，使重组分在急冷油中含量不至于过高，维持急冷油系统正常运转。但这引发了新的问题，分离出的大量重组分集中于减黏塔塔釜的重燃料油中，使得减黏塔的塔釜及管线极易发生堵塞，严重时会危及整个急冷系统乃至装置的正常运行。

镇海 1000kt/a 乙烯装置的减黏塔相关系统的工艺流程如图 3. 2-25 所示。从首次开工之初，减黏系统运行状态不稳定，运行参数偏离设计值，见表 3. 2-12。运行 5 个月左右后，减黏塔塔釜管线出现严重堵塞现象，险些造成减黏塔系统局部停工。分析发现，很有可能是急冷器内结成了大焦块，在气流冲击下落入减黏塔塔釜，然后进入塔釜管线，在管线下部造成堵塞。通过采取有效措施避免减黏塔上游急冷器结焦，并防止大焦块进入减黏塔塔釜管线，后续减黏系统工况明显好转，保证了装置高负荷、平稳运行。

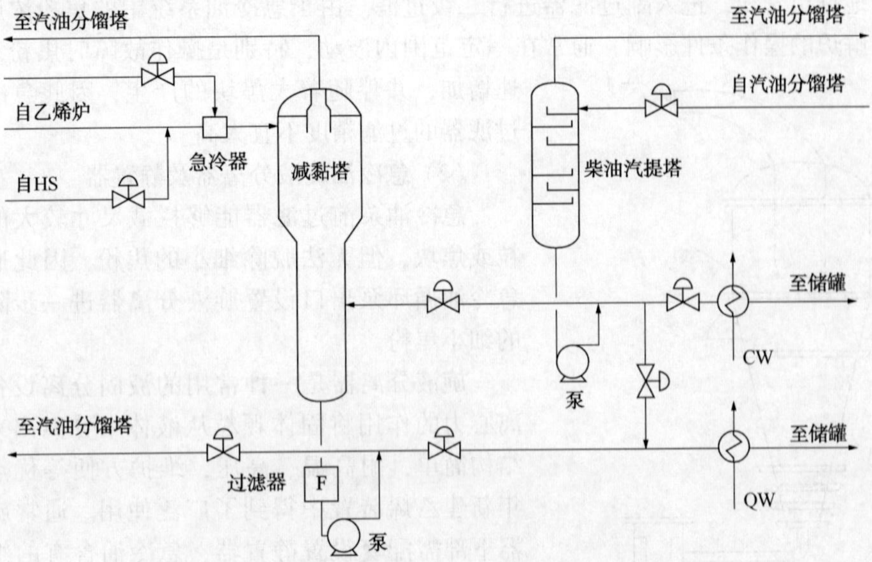


图 3.2-25 镇海 1000kt/a 乙烯装置减黏系统流程示意图

HS—中压蒸汽；CW—循环水；QW—急冷水

**表 3.2-12 镇海 1000kt/a 乙烯装置减黏系统运行参数**

| 项目 | 设计值 | 运行值 | 备注 |
|---|---|---|---|
| 裂解气量(包括 DS)/(t/h) | 40 | 39 | 正常 |
| 裂解气温度/℃ | 500 | 495 | 正常 |
| 急冷油进料量/(t/h) | 103.3 | 105.0 | 正常 |
| 减黏塔塔顶温度/℃ | 246 | 246 | 正常 |
| 裂解燃料油返回汽油分馏塔流量/(t/h) | 22.8 | 56.0 | 异常 |
| 急冷器汽化率/% | 65 | 41 | 异常 |

### 3. 脱焦流程及设备

急冷油系统中的焦粉对急冷油的换热及稳定运行都会有不良影响，要及时清除。急冷油系统焦粉颗粒脱除问题也是一直困扰急冷油系统稳定运行的难题。

(1) 急冷油泵前过滤器

早期的乙烯装置，大多只在急冷油循环泵入口设置粗过滤器，但是这种工艺流程无法把产生的焦炭颗粒脱除干净，导致焦炭颗粒在急冷油/稀释蒸汽发生器换热管束中积累、堵塞，影响系统热平衡，严重时导致装置被迫停车清理稀释蒸汽发生器。此外，循环急冷油中的焦炭颗粒还会致使急冷油泵运行中壳体被长期冲刷致漏。

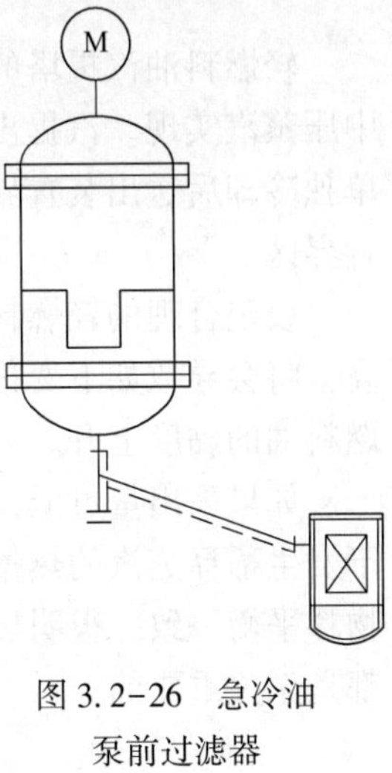


图 3.2-26 急冷油泵前过滤器

近年来新建的乙烯装置中，急冷油泵前过滤器一般采用“主过滤器+副过滤器”的配置方案，如图 3.2-26 所示。循环急冷油通过主过滤器进行粗过滤，主过滤器采用刮刀防止堵塞，滤网上的焦粉被刮下随着主过滤器底部小流量地排出管线，进入副过滤器进行二级过滤。由于急冷油系统中的焦粉浓度及颗粒大小受裂解炉的操作条件影响，通常在一定范围内波动，特别是操作故障时焦粉浓度会快速增加，并伴随着大焦块的产生，因此急冷油泵前过滤器的过滤精度不宜太高。

(2) 急冷油旋液分离器及静置器

急冷油泵前过滤器能够拦截尺寸较大的焦炭颗粒或焦块，但无法脱除细小的焦粉，因此通常需在急冷油循环泵出口设置旋液分离器进一步除去其中的细小焦粉。

旋液分离器是一种常用的液固分离设备，利用离心力的作用将固体颗粒从液体中分离出来，具有结构简单，耐高温、高压，维护方便等优点，在近年新建乙烯装置中得到了广泛使用。通常旋液分离器下部需配套设置静置器，急冷油含有的细小焦粉在旋液分离器的作用下分离至静置器内，在静置器中沉降和过滤，最终将焦渣从静置器底部脱除。急冷旋液分离器及静置器的结构示意如图 3.2-27 所示。

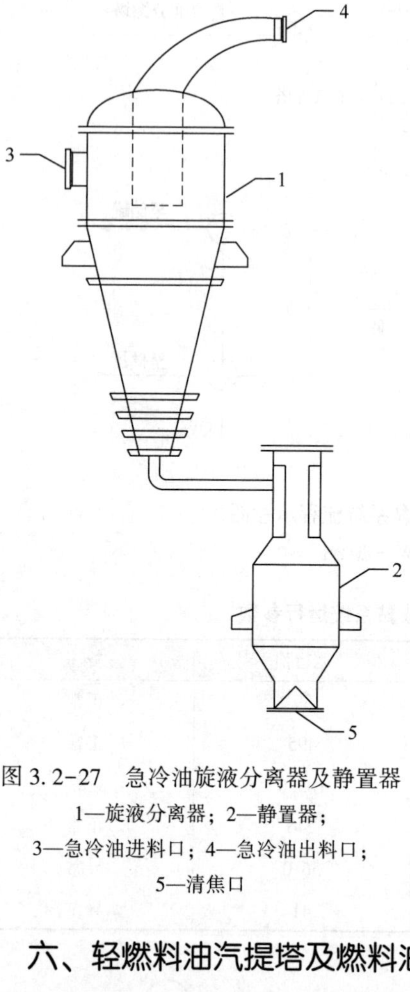

图 3.2-27 急冷油旋液分离器及静置器
1—旋液分离器；2—静置器；
3—急冷油进料口；4—急冷油出料口；
5—清焦口

急冷油旋液分离器及配套静置器是整个急冷油系统最关键的清焦设备。其中，静置器运行状况的好坏直接影响旋液分离器的分离效果，急冷油中焦粉能否及时清理会极大地影响后续流程中急冷油换热器的热量回收效果及运行周期，对乙烯装置长周期运行起着极为关键的作用。

## 六、轻燃料油汽提塔及燃料油产品外送

轻燃料油汽提塔的进料来自汽油分馏塔精馏段的塔盘抽出。轻组分的汽提通过低压或中压蒸汽实现。汽提出的气相返回汽油分馏塔的精馏段，塔釜的轻燃料油产品用泵抽出，单独冷却后送出装置界区，或与重燃料油汽提塔底来的重燃料油产品混合、冷却后送出装置界区。

设定合理的轻燃料油采出量以满足汽油分馏塔的物料平衡。如果轻燃料油的采出量太高，将会导致如下变化：汽油进入轻燃料油的损失增加；汽油干点降低；循环急冷油及重燃料油的黏度上升。

如果采出量过低，会发生相反的变化，并且塔顶气会变重。同时会导致釜温较低，用于发生稀释蒸汽的热量变少。轻燃料油的采出量必须根据进料组成进行调整，使之与整个物料平衡一致。很明显，轻燃料油的采出量对获得合适的汽油干点、热量回收及黏度控制都是至关重要的。

# 第三节　急冷水塔及稀释蒸汽系统

## 一、工艺原理及流程

### 1. 急冷水塔系统

来自汽油分馏塔的高温裂解气(98~110℃)在急冷水塔内部与循环急冷水直接接触并冷却至40℃左右，冷却及冷凝裂解气中大部分的重汽油和稀释蒸汽，为裂解气压缩机进气做准备。冷凝汽油馏分作为急冷油塔回流和汽油汽提塔进料，冷凝稀释蒸汽产生的工艺水作为稀释蒸汽系统进料。急冷水对裂解气的可用热量进行最大化回收，提供60~80℃温度级位的热量。急冷水塔系统典型流程见图3.3-1。

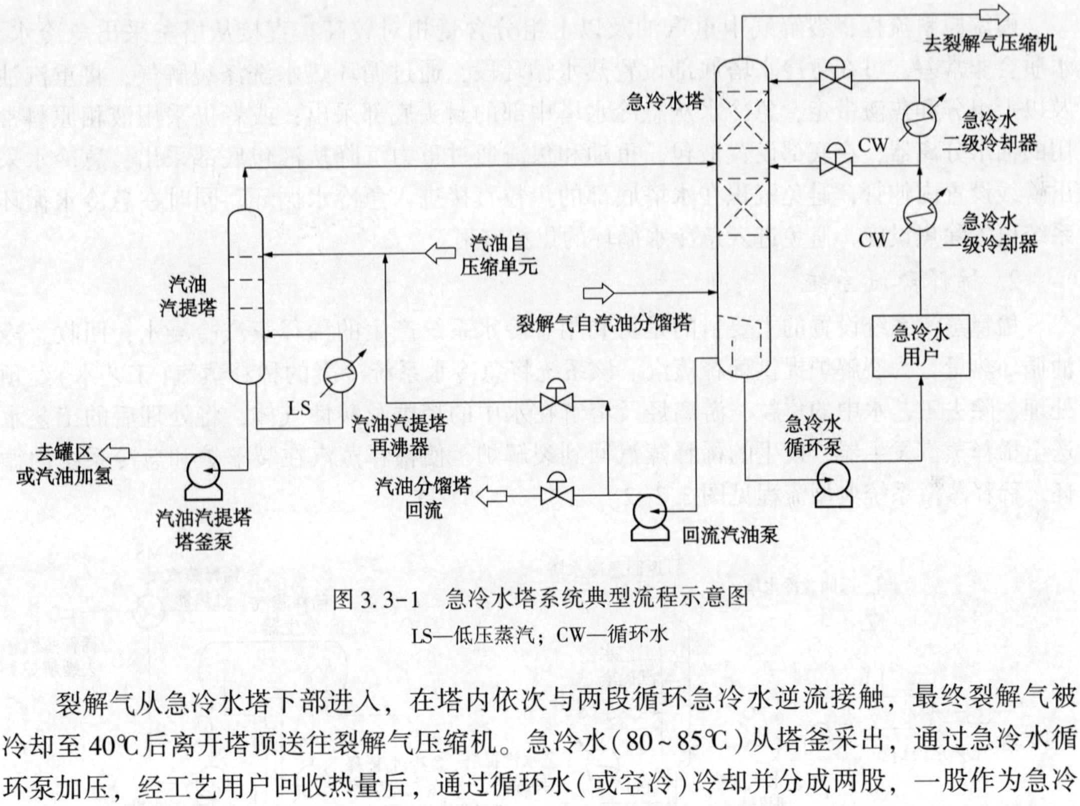


图3.3-1　急冷水塔系统典型流程示意图

LS—低压蒸汽；CW—循环水

裂解气从急冷水塔下部进入，在塔内依次与两段循环急冷水逆流接触，最终裂解气被冷却至40℃后离开塔顶送往裂解气压缩机。急冷水(80~85℃)从塔釜采出，通过急冷水循环泵加压，经工艺用户回收热量后，通过循环水(或空冷)冷却并分成两股，一股作为急冷水塔中部回流(称作一级急冷水)，另一股经冷却水或其他介质进一步冷却返回急冷水上部(称作二级急冷水)。冷凝汽油馏分和稀释蒸汽在急冷水塔底部和分离罐中分离，分离出的工艺水送入稀释蒸汽系统，汽油馏分则大部分作为汽油分馏塔回流，其余部分作为汽油汽提塔进料，汽油汽提塔塔釜分离出汽油产品送出界区，塔顶分离出碳四馏分及更轻组分返回急冷水塔。

(1) 液体原料工艺流程特点

液相原料通常设置汽油分馏塔，进入急冷水塔系统的裂解气已经过焦粒/焦粉脱除，裂解气中燃料油组分已经过初步分离，急冷水水质相对较好，通常不设置急冷水除杂设施，在急冷水塔塔釜设置油水分离设施或外接分离罐。急冷水用户的排布需优先满足高温位大用户的热量需求，如有可回收的热量应优先回收，以此提高急冷水用户的换热温差，降低换热面积，避免因大用户热量不足被迫使用蒸汽加热而增加能耗。急冷水循环通常设置有急冷水/急冷油或急冷水/盘油热交换器回收急冷油塔系统过剩的热量。以急冷水为热源的工艺用户通常有原料汽化器/过热器、裂解气加热器、脱乙烷塔再沸器和丙烯塔再沸器等。

(2) 气体原料工艺流程特点

乙烷原料流程不设置汽油分馏塔，裂解气会夹带有少量焦粒/焦粉和燃料油组分，需在急冷水塔底部设置液包收集焦油及焦粒或焦粉，急冷水塔釜不再设置专门的油水分离设施，仅用几块挡板代替。急冷水用户通常有乙烷过热器、裂解气加热器、脱乙烷再沸器。由于乙烷裂解产物中碳三组分很少，有时不设置丙烯精馏塔，急冷水热量极其富裕，通常会设置裂解炉空气预热器。

丙烷原料流程，裂解气中重汽油及以上组分含量相对较高，直接从塔釜采出急冷水，水质会非常差。可在急冷水塔底部设置热水循环段，通过循环热水洗涤裂解气，将重汽油及以上组分和焦渣带走，急冷水从急冷水塔中部的封头底部采出；或者仍采用液相原料常用的油水分离器，在底部设置液包，重油和焦渣通过重力沉降从液包底部采出，急冷水采出管线设置内伸管，避免沉积在水塔底部的焦粒直接进入急冷水循环。同时在急冷水循环系统设置除焦设施，避免进入急冷水循环的焦粒富集。

2. 稀释蒸汽系统

稀释蒸汽系统设置的主要目的是再利用急冷水系统产生的稀释蒸汽冷凝水，回收急冷油循环热量，为裂解炉提供稀释蒸汽。该系统将急冷水系统冷凝的稀释蒸汽(工艺水)经预处理，除去工艺水中的焦粒、游离烃及溶解在水中的烃类及酸性气体，将处理后的工艺水送至稀释蒸汽发生器，发生的稀释蒸汽回到裂解炉，使稀释蒸汽在裂解炉和急冷系统内循环。稀释蒸汽系统典型流程见图3.3-2。

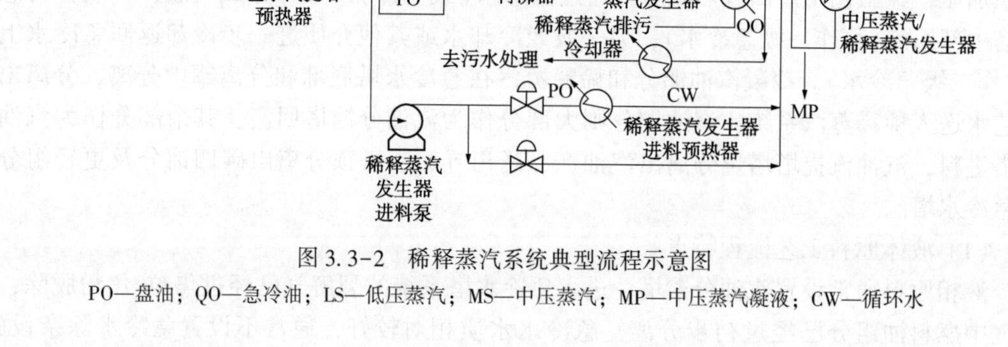


图3.3-2 稀释蒸汽系统典型流程示意图

PO—盘油；QO—急冷油；LS—低压蒸汽；MS—中压蒸汽；MP—中压蒸汽凝液；CW—循环水

裂解气中的大部分稀释蒸汽在急冷水塔中冷凝(通常称作工艺水)，通过工艺水泵加压或直接从急冷水循环采出，送到稀释蒸汽发生系统。通过工艺水汽提塔进料过滤器，以除去可能削弱下游聚结器效率的微量固体。过滤后的水进入工艺水汽提塔进料聚结器，使游离的烃液滴从水中被分离。来自聚结器的水经预热进入工艺水汽提塔。在工艺水汽提塔中烃、酸性气体被汽提出来，顶部的气相返回急冷水塔，底部的工艺水经稀释蒸汽发生器进料泵加压，并通过中压蒸汽凝液/稀释蒸汽排污水或其他工艺物料预热后进入稀释蒸汽发生器。稀释蒸汽发生器中的工艺水通过中压蒸汽/稀释蒸汽发生器和急冷油/稀释蒸汽发生器加热产生稀释蒸汽。稀释蒸汽发生器中的蒸汽送到裂解炉区作为稀释蒸汽，或用于清焦、热备或吹扫。用于发生稀释蒸汽的中压蒸汽在进入稀释蒸汽发生器前首先用于过热稀释蒸汽，使其保持足够的过热度以避免在进入裂解炉时含有冷凝液。中压蒸汽也可直接补充到稀释蒸汽系统去裂解炉。稀释蒸汽发生器底部的排污通过稀释蒸汽排污换热器和排污冷却器冷却后排到污水处理系统。

(1) 液体原料工艺流程特点

根据急冷油系统的配置，通常设置换热器回收急冷油、盘油的热量。对于高温汽油分馏塔系统，稀释蒸汽的发生部分依赖急冷油和中压蒸汽的热量，而对于低温汽油分馏塔系统，稀释蒸汽的发生完全依赖中压蒸汽。由于汽油分馏塔以及急冷水塔底部油水分离设施的设置，工艺水水质相对较好，通常采用传统的过滤+聚结的方式就能实现工艺水分离指标。

(2) 气相原料工艺流程特点

工艺水的预热完全依赖低压蒸汽或蒸汽凝液，系统能耗相对较高。稀释蒸汽完全依赖中压蒸汽发生。特别对于丙烷原料装置，工艺水水质较差，乳化倾向高，采用传统方式经常无法达到液相原料工艺相同的分离指标。通常采用过滤、聚结、气浮、核桃壳过滤器以及甲苯/二甲苯洗涤等多种方式的组合型式。

## 二、控制与操作

### 1. 急冷水塔的优化及控制

(1) 急冷水塔顶压力

急冷水塔顶压力由裂解气压缩机吸入压力控制，通过改变裂解气压缩机转速实现。通常控制在0.02~0.04MPa(G)(液相原料裂解装置)，对于气相原料裂解装置，由于乙烷裂解的乙烯收率对压力变化不敏感，可以适当提高裂解气压缩机的吸入压力以降低压缩机能耗。急冷水塔顶部设置有压控阀用于高压泄放，避免安全阀泄放。开车时急冷和压缩机分开运行时可用于急冷系统放火炬。急冷水塔压力低时可以通过补充燃料气来防止真空，燃料气不足时可采用低压氮气作为备用气源。

(2) 急冷水塔顶温度

通过调节急冷水塔上段的二级急冷水循环量可以调节急冷水塔顶温度。急冷水塔顶温度应该最小化，降低此温度会降低裂解气压缩机的功耗。此温度受当地冷却水和空冷条件影响，通常情况下控制在40℃左右，对于有丙烷原料的装置，采用二级急冷水作为原料丙烷汽化的热源，可以降低二级急冷水返回温度。

(3) 急冷水塔釜温度

急冷水塔釜温度主要依赖急冷水塔中部的一级急冷水循环控制，较低的塔釜温度能够降低急冷水乳化倾向，减少结垢的发生。较高的塔釜温度可以降低急冷水循环量。

(4) 急冷水循环

急冷水用急冷水循环泵加压，经过多个用户后，进入第一急冷水冷却器用冷却水进行冷却。冷却器出口的急冷水的大部分返回急冷水塔的中段，小部分经第二急冷水冷却器冷却后返回急冷水塔顶部。由于总的循环量不能全部通过用户，各级用户设置用压差进行控制的旁路让剩余的急冷水通过。各级用户流量的推动力等于旁路阀的压降。

(5) 急冷水塔的界位

急冷水塔的界位通常依靠塔釜的急冷油塔回流泵出口去汽油汽提塔的流量串级控制，因此要避免急冷水乳化，防止乳化的重点是控制温度和 pH 值。急冷水塔釜温度越低，乳化的倾向越低。通常为避免急冷水乳化，急冷水水量不宜太低，控制水塔温度在 80~85℃左右，设计时正常温度不宜超过 83℃。急冷水在 80℃的 pH 值建议控制在 6.5~7.5。为控制 pH 值，建议在急冷水塔底部或者急冷水返塔管线上注碱/胺用于防止酸腐蚀。同时，在急冷水塔釜有乳化迹象时应考虑注破乳剂。

(6) 急冷水 pH 值

急冷水 pH 值影响整个乙烯装置的平稳运行，pH 值过高会引起急冷水和工艺水乳化，pH 值过低会导致设备和管线腐蚀，降低使用寿命。为控制 pH 值，通常在急冷水循环泵出口设置在线 pH 值监测，并在急冷水循环泵入口设置注碱/胺设施。

(7) 急冷水乳化的处置

急冷水的乳化会导致以下后果：

① 回流汽油带水，导致水在汽油分馏塔顶爆沸，损坏塔盘；

② 工艺水带油，工艺水汽提塔中苯乙烯聚合导致塔盘结垢堵塞；

③ 稀释蒸汽带油，裂解炉烧焦时会导致炉管堵塞或者损坏；

④ 急冷水带油，导致急冷水用户结垢，长期下来会影响换热效果，导致能耗增加。

可能导致急冷水乳化的因素有很多，必须优先判断急冷水乳化原因，再执行适当的处置措施。急冷水乳化，可能是由于急冷水 pH 值过高，也可能是汽油分馏塔系统操作不当导致裂解气夹带重油进入急冷水系统、急冷水换热器内漏或者急冷水塔釜温过高。

急冷水乳化总的处理原则是在急冷水塔塔釜大量引入锅炉给水进行置换，加大工艺水汽提塔的汽提蒸汽量，避免烃类通过稀释蒸汽进入裂解炉。严重乳化时，应加大稀释蒸汽排污量，必要时直接引入中压蒸汽作为稀释蒸汽补充。在原始设计时有条件应在二级急冷水冷却器下游设置事故急冷水排污管线，乳化时将急冷水引到界外污水罐中处置，并及时向急冷水塔补充锅炉给水保证水平衡。急冷水乳化长期下来会导致换热器结垢、换热器能力不足。对于急冷水系统的换热器应及时判断换热效果，对于换热效果变差的换热器应及时切出检修。

当 pH 值控制不利导致急冷水 pH 值过高时，应加强 pH 值在线监控，采用 pH 值自动化控制，及时调整注碱/胺量，避免被动滞后。采用注碱调整急冷水 pH 值的，可能导致急冷水 pH 值变化幅度大且波动剧烈，应考虑采用低浓度的碱液或更换为单乙醇胺或等同注剂。

汽油分馏塔系统操作不当，导致裂解气夹带重油，应增加汽油回流量，并增加汽油分馏塔侧线采出柴油组分量，控制好汽油干点在208~210℃。

换热器内漏引起的急冷水乳化主要发生于盘油/急冷水换热器以及燃料油产品冷却器上，应定期对相关换热器进行检测急冷水侧出入口油含量变化。

如急冷水塔釜温过高，应加大急冷水中段回流量，保证急冷水塔釜温在80~83℃。

除此以外，在急冷水中段回流处增加破乳剂注入也是有效的防止急冷水乳化的措施。

2. 汽油汽提塔的控制

汽油汽提塔需要控制的变量是塔釜碳四组分的浓度。塔釜硫化氢的浓度也很重要，因为硫化氢会使下游加氢单元的催化剂中毒。然而，如果塔的操作能使碳四浓度满足设计值，那么硫化氢也不会有问题。通常可在汽油汽提塔釜泵出口管线上设置在线分析或手动取样器来监测塔釜中碳四组分和硫化氢的浓度。

该塔唯一可控的变量是灵敏板的温度。通过改变塔的热量输入来控制灵敏板温度。通常保持一个足够高的温度来满足上述组分的要求。然而，过多的汽提会把碳五以上重组分送回裂解气压缩机一段吸入罐，从而增加压缩机能耗，同时会由于温度过高导致结垢。汽油汽提塔结垢是由于二烯烃、二聚物、苯乙烯等非稳定物的聚合而产生的，聚合会因高温和长停留时间而加快。因此，在满足产品规格的前提下，塔釜温度应尽量低。热虹吸再沸器的设计循环量应较大，为的是降低管壁温度，从而可以减少结垢的发生。

3. 工艺水汽提塔的控制

工艺水进料流量由流量控制，工艺水汽提塔的塔釜液位控制与流量控制组成串级控制。塔顶气送回急冷水塔。用盘油/急冷油/低压蒸汽作为再沸器热源，通过这种间接汽提的方式对工艺水进行汽提；直接蒸汽注入通常采用流量控制。工艺水汽提塔的塔顶气流量通过流量控制器设定为常量，此流量控制器测量塔顶气流量并通过串级控制来控制再沸器热源的输入量或直接注入的蒸汽量。建议操作方式为：开车初始阶段，控制再沸器热源的流量，使得塔顶气流量维持在工艺水进料流量的5%；然后根据稀释蒸汽罐排污的有机物浓度调节塔顶气量。

4. 稀释蒸汽发生系统的控制

由急冷油发生的稀释蒸汽通常不足以满足裂解炉的需要，因此额外需要的稀释蒸汽由中压蒸汽/稀释蒸汽发生器来发生。对稀释蒸汽总管进行温度和压力控制。温度控制通过稀释蒸汽过热器中压蒸汽侧的温控阀控制，压力控制通过一对“A/B”阀的组合来实现，如图3.3-3所示。如果稀释蒸汽总管压力太低，压力控制器打开“A”阀，向中压蒸汽/稀释蒸汽发生器输送更多中压蒸汽，提高稀释蒸汽发生能力；如果压力继续下降，那么控制器打开“B”阀，让中压蒸汽直接补入稀释蒸汽总管。

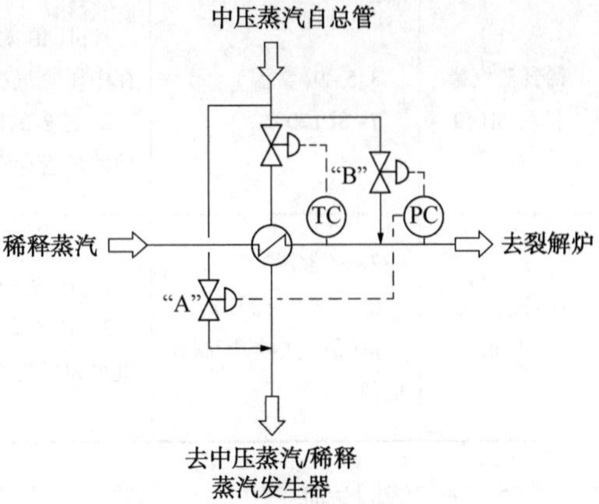


图3.3-3 稀释蒸汽的温压控制

稀释蒸汽罐设置不锈钢的除沫器，或上部设置泡罩塔盘以及锅炉给水洗涤除去可能夹带的液滴。需要对水平衡进行控制或紧急补充时，用锅炉给水对稀释蒸汽罐进料进行补充，使用流量控制。从稀释蒸汽罐来的夹带液滴中可能带有的碱会损坏下游的管线及裂解炉管。部分装置会在稀释蒸汽罐顶设置一个稀释蒸汽分离罐(带除沫器)，以进一步除去可能的夹带。

从稀释蒸汽罐来的稀释蒸汽在稀释蒸汽过热器里用中压蒸汽进行过热，脱过热后的中压蒸汽然后进入中压蒸汽/稀释蒸汽发生器发生稀释蒸汽。对稀释蒸汽进行过热是为了防止稀释蒸汽的冷凝，而冷凝会产生诸如腐蚀、控制等问题。

稀释蒸汽罐底设置连续排污，用来排出溶解的固体及防止苯酚的积累。排污为流量控制，可先在稀释蒸汽排污换热器用工艺水冷却回收热量，然后在稀释蒸汽排污冷却器里用冷却水冷却后送污水处理。排污管线上设置在线分析仪对 pH 值进行连续监测。一般排污量为稀释蒸汽流量的 5%~10%。开车阶段排污量可设定为 1~2 台裂解炉稀释蒸汽进料量。

(1) pH 值控制

工艺水的 pH 值必须进行连续地监测，进行必要的调节以防止腐蚀问题。为了控制 pH 值，通常在工艺水汽提塔进料，稀释蒸汽发生器进料泵入口设置注碱/胺点。过量的碱/胺注入量会导致从稀释蒸汽罐到裂解炉的碱胺液夹带问题。因此，碱/胺注入量必须严格控制并最小化。

稀释蒸汽罐的 pH 值在排污冷却器的下游进行监测。pH 值太低会导致腐蚀的加快，特别是在中压蒸汽/稀释蒸汽发生器的稀释蒸汽侧。过多的碱/胺会导致夹带，对裂解炉的炉管存在潜在的威胁。稀释蒸汽排污的 pH 值常温下应该为 8.5~9(170℃左右时 7~8)。

和其他类似的系统一样，此系统有自己的限制条件。某些限制是不同的，很难去诊断，需要操作人员的处理。表 3.3-1 总结了这些限制条件、后果以及操作人员需要采取的动作。

**表 3.3-1　稀释蒸汽系统的 pH 控制**

| 工艺参数 | 限制条件 | 误操作的后果 | 动作 |
|---|---|---|---|
| 稀释蒸汽罐排污 pH 值 | 8.5~9(常温)<br>7~8(170℃) | 1. pH 值太低，腐蚀加速，特别是在中压蒸汽/稀释蒸汽发生器；<br>2. 过多的碱液会导致夹带，对裂解炉的炉管存在潜在的威胁 | 通过在线 pH 计监测排污 pH 值；<br>控制稀释蒸汽发生器进料泵入口管线上碱/胺的注入量来控制 pH 值 |
| 循环急冷水 pH 值 | 7~8(常温)<br>6.5~7.5(82℃)<br>pH 值应尽量控制在低值 | 1. pH 值太低，腐蚀加速；<br>2. pH 值太高导致在急冷水沉降槽里水和烃的乳化 | 通过在线 pH 计监测急冷水循环泵出口管线 pH 值；<br>控制在急冷水循环泵入口管线上碱/胺的注入量来控制 pH 值 |

(2) 水平衡控制

稀释蒸汽经裂解炉和汽油分馏塔后在急冷水塔里冷凝，用流量控制加入重燃料油汽提塔和轻燃料油汽提塔的汽提蒸汽也经过汽油分馏塔，然后在急冷水塔里冷凝。部分水蒸气和裂解气从急冷水塔顶进入裂解气压缩系统，这些水分在压缩工段冷凝然后返回急冷水塔。

根据需要量，将从急冷水塔来的水送往工艺水汽提塔和稀释蒸汽罐，水量用液位进行控制。正常操作时，用流量控制锅炉给水作为补充水加入稀释蒸汽系统中。必要时，可通过流量控制直接将中压蒸汽补入稀释蒸汽中。稀释蒸汽罐的排污为流量控制。如裂解炉清焦工况，稀释蒸汽进入清焦罐，会损失相当量的水，因此可以通过向稀释蒸汽罐输入锅炉给水、向工艺水汽提塔补入低压蒸汽或向稀释蒸汽总管直接注入中压蒸汽来补充所需的水。也可通过开车填充线向急冷水塔补充水。

水的损失来自以下几个地方：稀释蒸汽排污、裂解炉清焦、蒸汽高备及开车；在裂解气干燥器里也有少量损失。裂解气压缩机的段间注水及碱洗塔的饱和裂解气也会将水带入系统。

稀释蒸汽系统的水存量通过工艺水汽提塔和稀释蒸汽罐的液位控制器来维持恒量。由于水的输入或输出而引起的水的不平衡会显示在急冷水塔釜液位的升降上。由于与流入及流出的净水量相比，急冷水塔和稀释蒸汽系统的水存量要大得多，因此急冷水塔的液位变化很慢。

下列物流对整个急冷水系统/稀释蒸汽系统的水平衡有着最明显的影响：

① 稀释蒸汽罐的排污。

② 稀释蒸汽罐的锅炉给水补水。

③ 注入稀释蒸汽总管的中压蒸汽。

④ 清焦工况下，去裂解炉的稀释蒸汽。

⑤ 去工艺水汽提塔的直接汽提蒸汽。

⑥ 去重燃料油汽提塔和轻燃料油汽提塔的汽提蒸汽。

水平衡的维持方法如下：

① 对于任一裂解原料，注入重燃料油汽提塔和轻燃料油汽提塔的汽提蒸汽量应该是一定的。

② 调整工艺水汽提塔再沸器的热量输入，使得塔顶气的流量大约为工艺水汽提塔进料量的5%；仅当必要时才使用汽提蒸汽直接汽提；如果需要，重新调整，维持稀释蒸汽排污的总有机碳(TOC)小于450mg/L。

③ 根据急冷水塔的液位设定去稀释蒸汽罐的补水量。

④ 设定排污量为稀释蒸汽罐产生的总稀释蒸汽质量流量的7%。如果需要，重新调整，维持排污水的电导率低于1000mS/cm。开车时，排污量可设定在15%，要考虑排污冷却器的设计限制。

⑤ 观察急冷水塔塔釜的液位变化。如果液位下降，增加去稀释蒸汽罐的补水量。如果液位上升，首先减少去工艺水汽提塔的汽提蒸汽量，然后减少去稀释蒸汽罐的补水量，最后增加排污量。

⑥ 工艺水汽提塔再沸器不用时，工艺水汽提塔的汽提蒸汽全部来自蒸汽直接注入，这将导致急冷水塔塔釜液位的上升，此时需要重新设定稀释蒸汽罐的排污量来维持平衡，排污量大约是正常值的两倍。如果需要，重置排污量来维持急冷水塔的液位恒定。在高排污量的情况下，去污水处理系统的排污水的温度需要检测，避免温度过高导致污水处理系统

的故障。

⑦ 在裂解炉清焦时，稀释蒸汽罐需要补充额外的锅炉给水或工艺水汽提塔直接用蒸汽汽提。

## 三、急冷水塔设计

### 1. 液体原料的急冷水塔

经过急冷油塔后，进入急冷水塔的物料中重组分含量很少，且塔的操作温度比较低，因此此塔没有结垢堵塞的问题，降低压降是急冷水塔考虑的重点。近年来急冷水塔通常采用填料设计，设计压降由原来板式塔10kPa以上降低到5kPa以内。填料类型包括散堆填料Pall环、Intalox、阶梯环等，底部气体量大，可以设置格栅和EFA规整填料。液体分布器通常采用多级槽式或槽盘式，以保证液体分布均匀。

底部油水分离是急冷水塔设计的另一个重点。以往通常在塔釜设置静置空间，保证一定的停留时间，以使裂解汽油的急冷水分离。随着乙烯装置的大型化，只基于停留时间的静置分离的方法造成设备过大，分离效果也有所欠缺。所以各专利商开发了相关技术，通过增加内构件的方式，减少液体扰动，提高分离效率。不同专利商设计见图3.3-4。

专利商1设计了一组折叠式隔板，如图3.3-4(a)所示。在隔板末段脊背处开条形孔，条形孔四周焊接垂直隔板，所围成的空间形成汽油上升通道，各层的通道垂直方向上在一条线上，每层通道上端与上层板底部留有一定间隙，以便于本层形成的油相可进入条形孔。油水混相纵向流动穿过隔板，隔板减少了液体在流动过程中的相互干扰，每层隔板内的空间可使油水较好地分离，每层分出的汽油通过通道上升，最后最上部溢流到集油箱，水相则沉积到底部。专利商2采用斜隔板，并在流体流动的末段斜隔板高点设置了升油管，每一层分出的油相通过升油管向上流动，最后到达顶部，如图3.3-4(b)所示。专利商3则采用大V形隔板，并在两侧设置了升油通道，如图3.3-4(c)所示。专利商4仍通过传统的静置方式进行油水分离，所以塔釜塔径进行了扩大，如图3.3-4(d)所示。

此外也可以在急冷水塔外部单独设置急冷水分离罐用于油水分离，如图3.3-5所示。急冷水分离罐的内部结构如图3.3-6所示，其通过内设两个竖隔板分为三个区域。急冷水和汽油自进料口进入A区，重组分沉降到底部的沉降包，然后进入B区。B区内设有水平隔板以减少液体水平流动时的扰动，油水在B区内分层，汽油越过竖直隔板进入C区，脱油后的水相自B区另侧底部的管口泵出，作为工艺水进入后系统。进入C区的汽油进一步静置，分出的水相进入底部的水包在界位控制下排出，汽油在液位控制下泵出。此方式急冷水经过多级分离，可以较好地脱出重组分和汽油，工艺水较干净，有利于后续处理系统和稀释蒸汽发生系统的长周期运行。缺点是分离罐尺寸较大，占地稍多。

### 2. 气相原料的急冷水塔

气相原料工艺尤其是丙烷原料在国内应用较少，急冷水塔设计方式多样，如某以乙烷、丙烷为原料的乙烯装置，急冷水塔为板式塔，采用两段设计，底部设置热水循环段，上段是急冷水段。热水段设置角钢，用于阻挡裂解气夹带的焦粒。

如某纯乙烷原料装置，由于汽油组分非常少，不需要复杂油水分离结构。

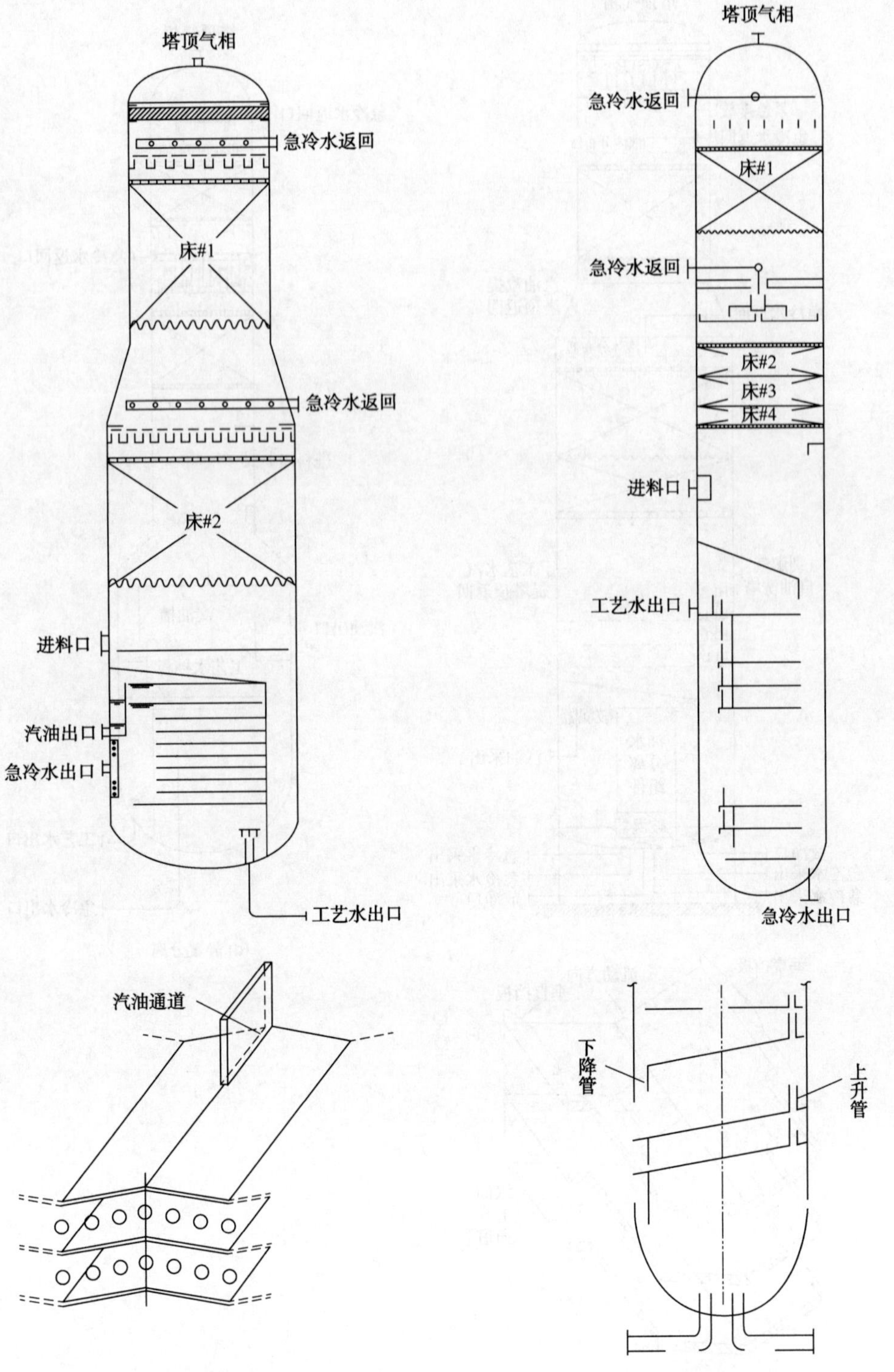


(a) 折叠式隔板结构　　(b) 斜隔板结构

图 3.3-4　急冷水塔油水分离结构示意图

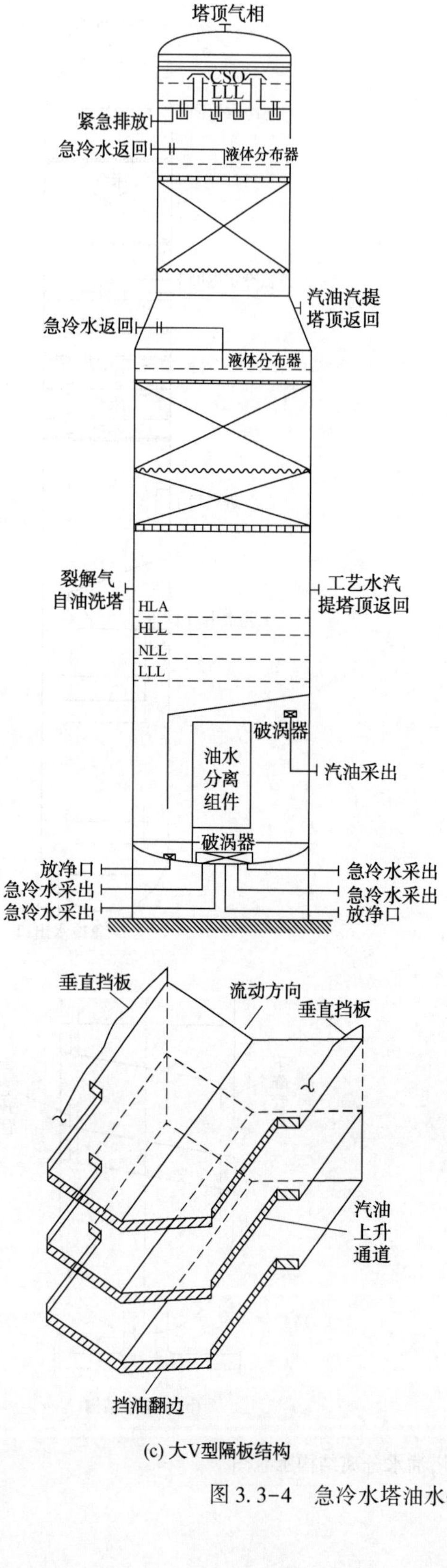


(c) 大V型隔板结构

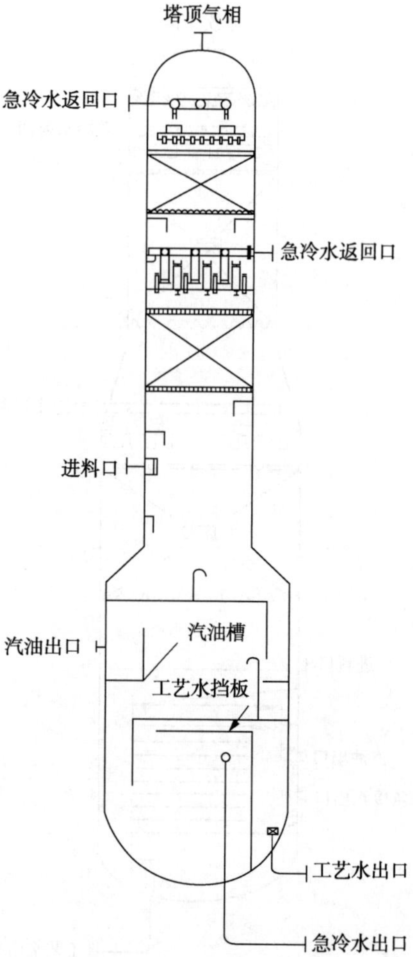


(d) 静置分离

图 3.3-4　急冷水塔油水分离结构示意图(续)

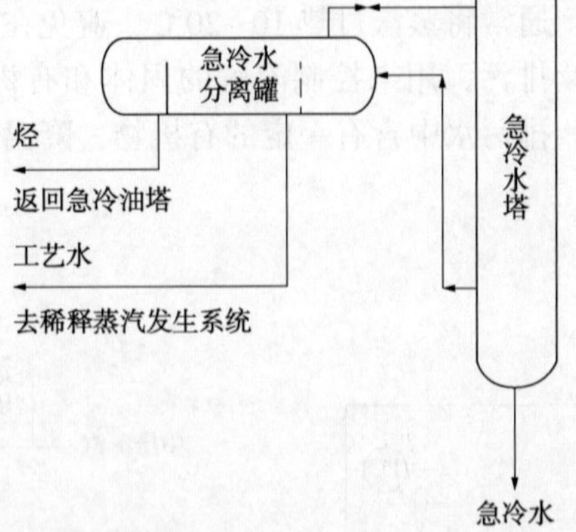


图 3.3-5　急冷塔与急冷水分离罐流程简图

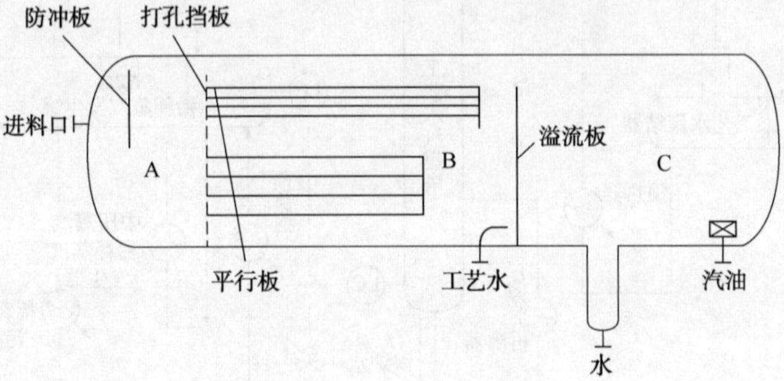


图 3.3-6　急冷水分离罐

## 四、工艺水及稀释蒸汽发生系统设计

裂解气中大部分的稀释蒸汽在急冷水塔中冷凝，经过油水分离后的工艺水通过工艺水泵送入稀释蒸汽发生系统。稀释蒸汽发生系统的主要作用是为裂解炉提供稀释蒸汽，以降低裂解烃分压，提高烯烃收率，改善反应选择性，缓解结焦反应，延长清焦周期。

稀释蒸汽发生系统主要包括工艺水脱油、工艺水汽提、稀释蒸汽发生几部分。

### 1. 工艺水及稀释蒸汽发生系统设计

自急冷水塔或油水分离罐采出的工艺水仍然含有油、可挥发性烃类、有机酸及轻气体，必须经过预处理后才能进入稀释蒸汽发生系统，典型流程见图 3.3-7。工艺水先经过聚结器处理，尽量脱除工艺水中的游离油，聚结器脱除的汽油返回急冷水塔，工艺水经预热后进入工艺水汽提塔。工艺水在汽提塔将溶解的有机杂质脱除。工艺水汽提塔的再沸器热源通常为低压蒸汽或盘油。塔顶气返回急冷水塔，塔釜工艺水进一步预热后进入稀释蒸汽发生罐。预热热源及预热温度需根据装置的热量平衡考虑，一般利用装置的盘油或稀释蒸汽罐排污的废热。

稀释蒸汽发生系统对装置有以下作用：①给裂解炉提供稀释蒸汽；②冷却急冷油使之对裂解炉流出物进行急冷；③再利用自稀释蒸汽和汽提蒸汽的冷凝水。在裂解原料较重时，急冷油塔温度超过 180℃时，急冷油的热量可用于发生稀释蒸汽。若急冷油的热量发生的稀释蒸汽量不满足裂解炉的需求，则通过中压蒸汽稀释蒸汽发生器用来补充额外的稀释蒸汽量。对于低温急冷油工艺的乙烯装置，稀释蒸汽全部由中压蒸汽发生。发生的稀释蒸汽在罐内气液分离后进入过热器，通常将蒸汽过热10~20℃，避免在输送管线内凝结。

稀释蒸汽发生罐设置连续排污，用来控制溶解的固体和有机杂质以保证水质，减少工艺水腐蚀并保持工艺水平衡。排污水中含有一定的有机物，降温后送入界外污水处理设施。

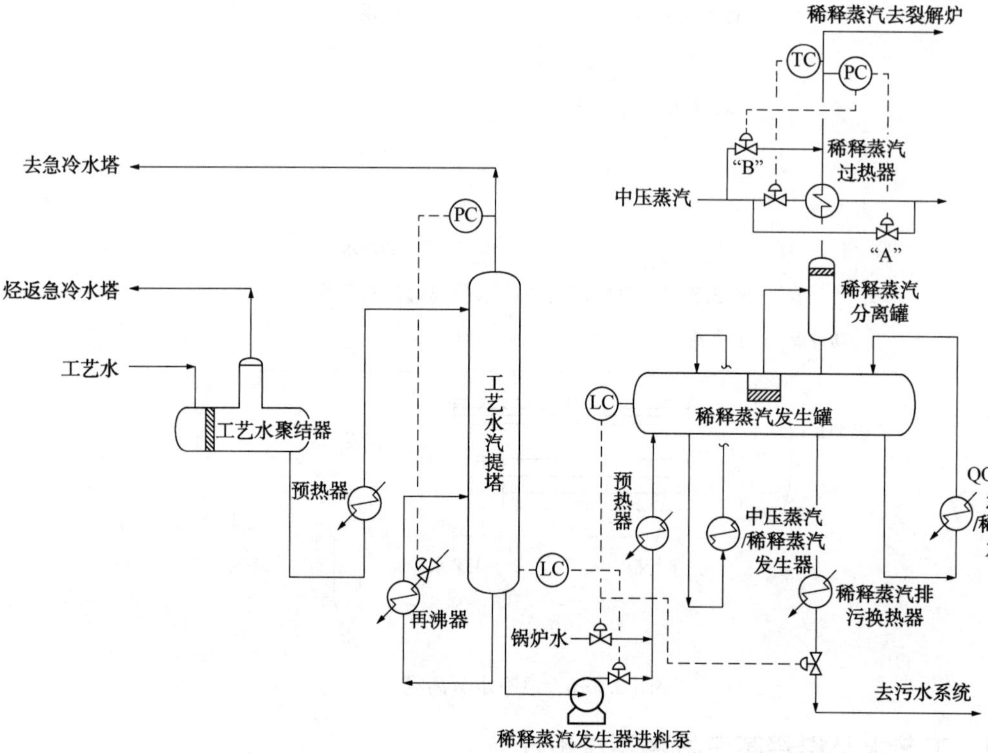


图3.3-7　典型的稀释蒸汽发生系统工艺流程示意图

稀释蒸汽发生罐一般分为三种，分别为卧式、立式和带塔板的发生塔。卧罐占地大，但是有利于多台稀释蒸汽发生器的布置。立罐虽然占地少，但是稀释蒸汽发生器的设备及管线布置难度较大。稀释蒸汽发生塔类似汽提塔设计(图3.3-8)，一般设有几块塔板，底部设有排污线。工艺水自顶部第1块塔板或中部进入塔内，稀释蒸汽发生器作为塔的再沸器。

2. 乙烷原料的饱和塔技术

对于以乙烷为裂解原料的乙烯装置，可以采用饱和塔技术将乙烷预热、稀释蒸汽发生和乙烷/稀释蒸汽混合结合在一起，简化流程、降低投资。工艺流程简图见图3.3-9。工艺水汽提塔底部的工艺水经过饱和塔进料泵送至饱和塔底部，乙烷原料也送入饱和塔底部。饱和塔釜的工艺水经塔釜泵加压后送至加热器，加热到所需温度后返回塔的上部，由于分压大幅度降低，水相汽化与乙烷气体达到相平衡，处于饱和状态，再经过热后送至裂解炉。乙烷在塔内自下而上流动，与水相逆流接触，乙烷增湿加热，同时对工艺水进行了进一步的汽提。塔釜设有排污线，排污水冷却后送至界外处理设施。设定排污水流量，作用是清除工艺水中沉积的固体杂质和盐。当裂解炉处于热备工况时，控制一部分工艺水送入热备蒸汽发生器产生热备蒸汽，送入裂解炉区，作为热备、清焦或吹扫使用。饱和塔的塔顶温度是重要控制指标，反映了稀释蒸汽的配比，塔顶温度通过饱和塔循环工艺水量控制。

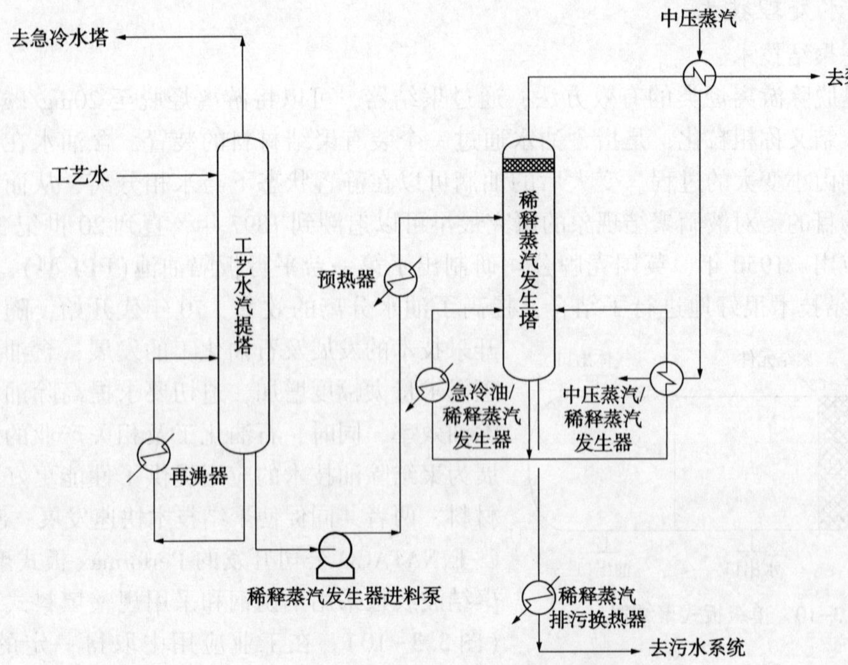


图 3.3-8 稀释蒸汽发生塔系统流程示意图

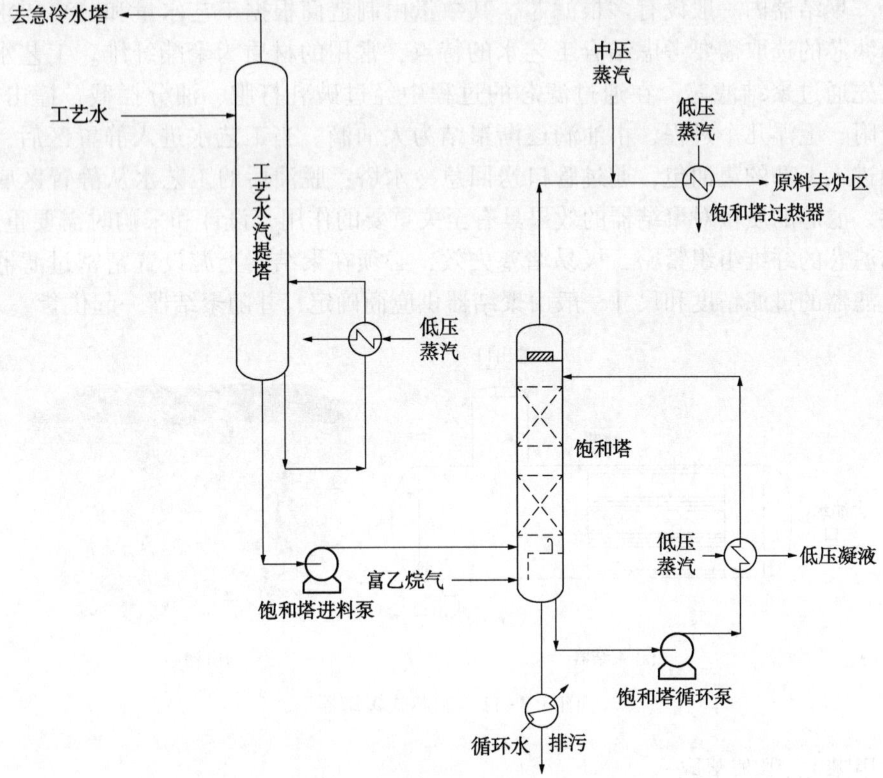


图 3.3-9 饱和塔工艺流程示意图

3. 工艺水处理技术

(1) 过滤聚结技术

聚结器是脱除游离烃类的有效方法，通过聚结器，可以将游离烃脱至 20mg/kg，有效改善水质。聚结又称粗粒化，是指含油水通过一个装有聚结材料的装置，含油水在经过聚结材料时油滴由小变大的过程。变大后的油滴可以在静置状态下与水相分离，从而达到脱除游离油相的目的。对液滴聚结现象的研究最早可以追溯到 1897 年，直到 20 世纪 30 年代才开始工业应用。1950 年，英国壳牌公司研制出了第一台平行板隔油池(PPI 型)，将“浅池原理”和聚结技术很好地进行了结合，提高了油水分离的效率。70 年代开始，随着原油开采技术的发展及石油化工的发展，含油污水处理需求量大幅度增加，迫切要求提高除油技术的除油效率，同时，石油化工及相关产业的迅猛发展为聚结除油技术的应用提供了性能更好的聚结材料，两者共同促使聚结技术快速发展。80 年代 C-E NATACO 公司开发的 Performax 板式聚结器，聚结波纹板采用不锈钢和采用规整填料式聚结器(图 3. 3-10)。在工业应用中取得一定的效果，但出口烃含量仍不理想。

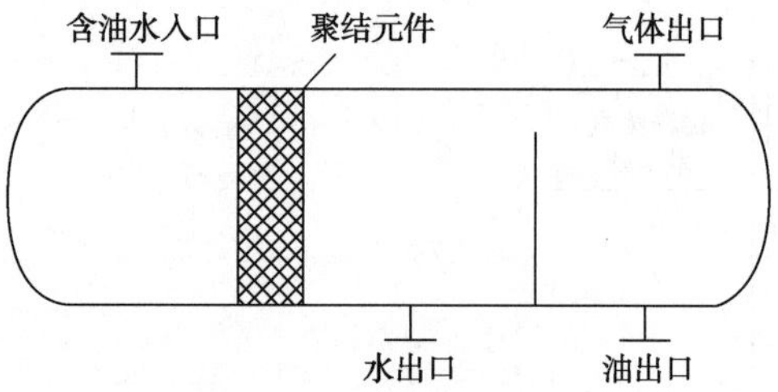

图 3. 3-10　单级板式聚结器

近年来普遍采用滤芯式聚结器(图 3. 3-11)，该设备主要包括滤芯、油水分离区和集油包三部分。聚结器内一般设有多根滤芯，其数量由制造商根据工艺水量和分离要求计算确定，聚结滤芯的选取需要考虑结合工艺水的特点，常用的材质为聚酯纤维。工艺水进入设备后，首先通过聚结滤芯，在通过滤芯的过程中经过破乳打胞、油分拦截、撞击、亲和、凝聚、吸附、上浮几个过程，小油滴逐渐聚结为大油滴。当工艺水进入静置区后，油水分离。油相进入上部的集油包，通过管口送回急冷水塔；脱油后的工艺水从静置区底部管口送入下游。滤芯的质量对聚结器的效果具有至关重要的作用，设计和采购时需要重点关注。由于聚结滤芯的纤维组织紧密，极易堵塞失效，必须在聚结器上游设置精密过滤器保护聚结器。过滤器的过滤精度和尺寸一般由聚结器供应商确定，并随聚结器一起供货。

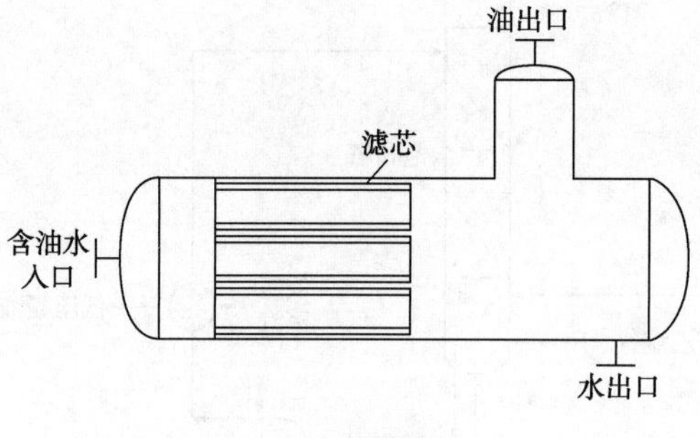

(a) 聚结器

(b) 滤芯

图 3. 3-11　滤芯式聚结器

(2) 甲苯/二甲苯萃取

经过聚结器处理后的工艺水已基本脱除游离烃类，但是仍有溶解烃。另外，在实际生产过程中，发现仅使用工艺水聚结器处理工艺水，效果有时并不理想。由于急冷水分离罐脱烃效果较差，导致大量烃类被夹带至后系统，导致后系统发生聚结堵塞。容易堵塞的设备有工艺水汽提塔再沸器、稀释蒸汽发生器进料泵、稀释蒸汽发生器及稀释蒸汽排污换热器。分析堵塞情况，发现造成堵塞的苯乙烯聚合物含量>97%。苯乙烯聚合不需要诱导剂，在120℃高温下，苯乙烯打开双键，引发聚合反应。工艺水预热器和工艺水汽提塔再沸器壁温比较高，苯乙烯会发生聚合结垢，使设备堵塞，影响装置运行。鉴于苯乙烯聚合物溶于芳香类物质的特点，开发出了利用甲苯萃取的方法脱除苯乙烯和其他不饱和烃的方法。

甲苯/二甲苯萃取典型工艺见图3.3-12。甲苯/二甲苯按照比例与工艺水混合，工艺水中的苯乙烯和其他烃类被吸收到甲苯/二甲苯中，混合物进入工艺水萃取罐，水相与甲苯在罐内分离形成水油界面，分离出工艺水再进入工艺水聚结器进一步脱油，然后送入工艺水汽提塔。分离出的甲苯/二甲苯作为萃取介质循环使用。实际工业应用证明，经甲苯/二甲苯萃取后的工艺水，后续系统中聚合物结垢现象显著降低。甲苯/二甲苯萃取法脱烃的投资小，脱烃效果明显，已在多套装置中应用。

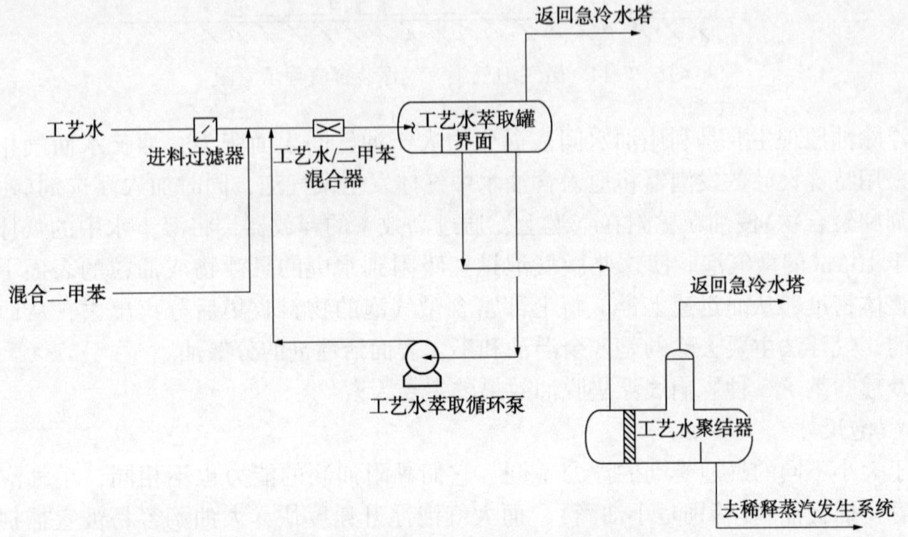


图3.3-12　甲苯萃取典型工艺流程示意图

有些设计将萃取分离罐与聚结器合并以减少设备数量。Stone & Webster则利用文丘里原理，使循环甲苯在文丘里管出口的低压区与工艺水混合，而不是采用循环泵增压的方式，减少了动设备，效果也不错。如图3.3-13所示。

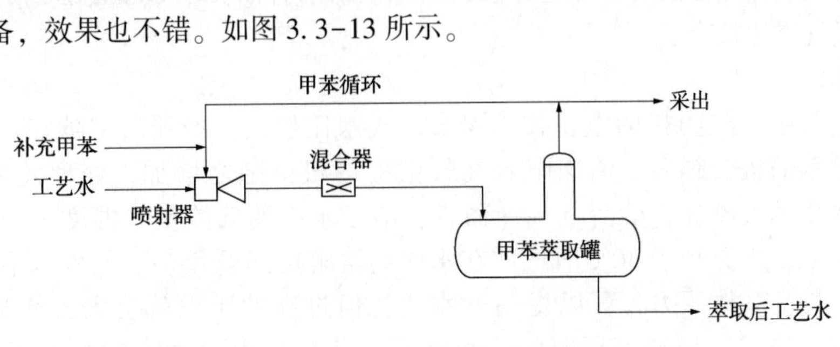


图3.3-13　Stone & Webster甲苯萃取流程示意图

(3) 气浮+核桃壳过滤技术

在只有气体原料的乙烯装置中，由于裂解气中重组分含量很少，不再需要汽油分馏塔，裂解气直接进入急冷水塔处理。裂解气中少量的重质燃料油和柴油组分不可避免地会进入急冷水，这些重组分可能处于悬浮状态，难以通过聚结和汽提方式脱除。比较好的方法是采用气浮+核桃壳过滤进行处理。工艺水首先经气浮单元脱除大量的分散油和悬浮物，然后进入核桃壳过滤单元进一步去除细小油滴和悬浮物，如图 3. 3-14 所示。

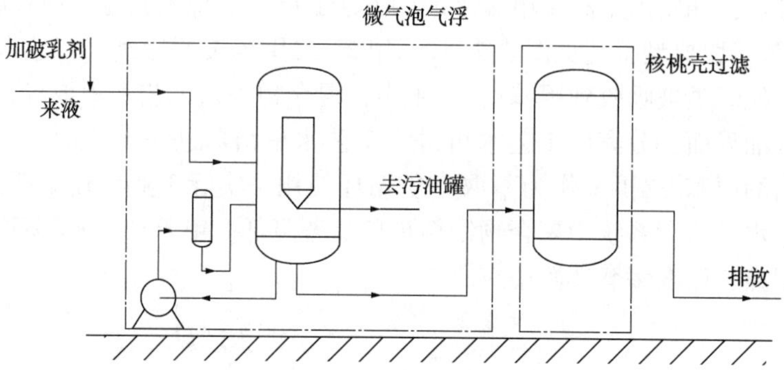


图 3. 3-14　微气泡气旋流气浮装置流程示意图

气浮除油原理主要是利用油水间表面张力大于油气间表面张力，油疏水而气相亲水的特点，采用特殊设计的发泡器将通入含油水中气体发生微气泡，同时加入浮选剂(主要为表面活性剂和聚合物)使油粒黏附在气泡上，通过高效率的释放器，将溶于水中的气体释放成粒径小于 10μm 的微气泡。使这些微气泡迅速吸附到水中的悬浮物或油粒的表面上，减轻絮体的整体密度，从而迅速上浮。将上部富含微气泡的物料收集后分离出去，从而达到脱油的目的。气浮法主要去除的是残余浮油和不含表面活性剂的分散油。

杨梦瑶归纳了 3 种影响气浮法脱油效果的主要因素：

1) 气泡尺寸

由于大小不同的气泡受到的浮力不同，它们黏附油滴的能力也不相同，小气泡浮升速度慢，容易捕捉油滴(特别是小油滴)，而大气泡浮升速度快，大油滴容易被它捕捉。但气泡太大，过快的浮升速度使之不容易黏附油滴，而且容易破裂，除油效果不好。当进口介质含油在 1. 0~200mg/L 时，溶气气浮的除油率最大。但溶气气浮产生的气水比对除油不利。因为气体在水中的溶解度十分有限，而叶轮式气浮机和喷射式浮选机的气泡尺寸不十分理想，但对气水比却比前两者优越许多，所以当污水含油大于 200mg/L 时，使用叶轮式气浮和喷射式气浮比较合适。

2) 气水比

气水比是气浮(浮选)机的重要技术参数。气水比越大，处理效果越好。气泡数量越多，与油珠接触的机会越多。油珠附着在气泡上的机会随之增加，处理效果就会提高。但并不是气水比越大越好，就溶气气浮而言，溶于水中的气体量受温度、压力等条件限制，一般情况下，水温高于 40℃时气体在水中的溶解度降低较多。另外，溶气量与气体压强成正比，提高气体压力，可以提高气水比，但过高的压力就会大大增加运行费用，经济上不合算。当然，增加停留时间也可提高气水比，但这种方法降低了设备的使用效率。

3）浮选剂

气浮法作为一种物化法，不仅要提高气泡质量，而且还要重视絮粒的性能。如果能得到憎水性、吸附性强的絮粒，则将大大有助于提高气浮效果。气浮法处理含油污水的效果在很大程度上受投加药剂的影响，且有时起决定性作用。采用气浮助剂、混凝剂和发泡剂等可以大大提高气浮法处理油田采出水的效率。

气浮工艺有压力溶气气浮、涡凹气浮、诱导气浮等。压力溶气气浮是通过加压泵将含油污水与空压机提供的空气在一定压力的溶气罐中混合，形成的溶气水返回到气浮池中，在常压下释放出微小气泡，黏附油滴上浮到水面，进而实现油水分离。涡凹气浮是利用安装于气浮机上部的电机，带动液下叶轮高速旋转，叶轮内部形成负压，空气从进气管吸入，然后随着旋转的叶轮被甩出。被甩出的空气，形成雾化气泡，在叶轮的搅拌下，空气被粉碎成细小的气泡，并与水充分混合后被导向叶片甩出，甩出的细小气泡和水中的油滴、絮粒相互黏附。诱导气浮是利用循环泵将部分处理水加压返回至安装于气浮机内部的喷射器，利用诱导和喷射的原理，当回流水流经喷射器时，能将气浮机上部气体介质吸入。气体经喷射器作用，被破碎成500~1000μm 大小的气泡，与所处理的污水充分混合，在气浮分离室内，微气泡在上浮过程中吸附悬浮油滴到液面，实现油水分离。诱导气浮机内部没有转动部件，依靠水力作用产生气泡。

三种方法的主要特点汇总见表 3.3-2。加压溶气气浮和涡凹气浮技术占地面积大，且为常压开式系统，不适用于乙烯装置。诱导气浮占地小、密闭，而且可以在加压下运行，可以用于工艺水脱油。

**表 3.3-2　气浮除油技术主要特点对比**

| 项目 | 加压溶气气浮 | 涡凹气浮 | 诱导气浮 |
|---|---|---|---|
| 除油效率/% | 80~90 | 75~85 | 75~85 |
| 气浮分离时间/min | 30~40 | 20~25 | 4~8 |
| 占地面积 | 大 | 中 | 小 |
| 设备型式 | 混凝土水池或矩形碳钢设备 | 矩形碳钢设备或卧式圆形碳钢容器 | 卧式圆形碳钢容器 |
| 化学药剂 | 混凝剂、絮凝剂 | 絮凝剂的选择对处理效果影响较大 | 一般只需要絮凝剂 |
| 系统密封性 | 通常为开式系统 | 开式系统 | 通常为密闭系统 |

近年来，旋流气浮以其独特的优势得到迅速发展。图 3.3-15 为文献报道的一种旋流气浮装置，包括微气泡发生器、气液混合泵、气浮罐等。基本原理是，首先利用微气泡发生器向含油水中注入大量微气泡，微气泡与油滴发生一定的碰撞黏附后，自上部切向进入气浮罐，在罐上部产生旋流。旋流促使重量轻的油相和微气泡向气浮罐中心移动，同时还促进油滴和微气泡碰撞黏附。处理后的水相一部分作为产品采出，另一部分利用气液混合泵再返回气浮罐顶部，再次产生大量的微气泡进行二次气浮分离。这种技术占地小、脱油效果好，具有很好的发展前景。

气浮罐取水经微气泡发生器生成微气泡溶气水，重新注入气浮罐，与工艺水混合，释放微气泡与工艺水中的油滴黏附，进行浮选分离除油。气浮罐中设置水力混合、分离装置，使工艺水中的油滴、悬浮物在浮力和旋流离心力的复合作用下，与水分离，上浮的油渣排

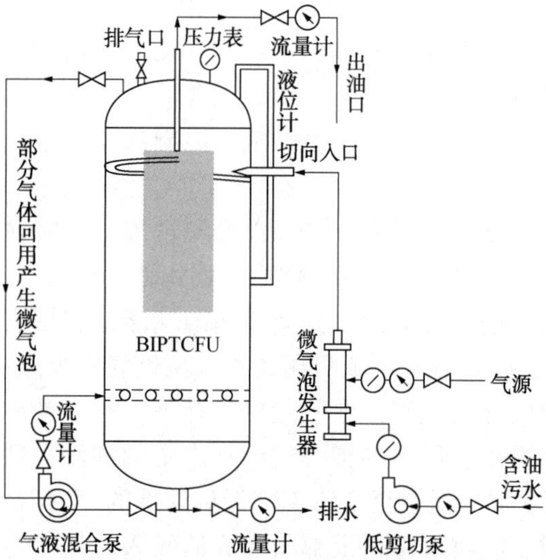


图 3.3-15　旋流气浮示意图

至污油罐，设备底部沉积的焦粒定期排污。

（4）核桃壳过滤器

核桃壳过滤器主要用于分离气浮装置中不能自然上浮的细分散乳化油，该滤流分离法也称粗粒化附聚，利用经过破碎、抛光、蒸煮、药物处理，两次筛选处理而成的野生核桃壳作为滤料。该技术起源于欧美等发达国家，1980年代已广泛应用。我国第一套核桃壳过滤器于1985年从美国颇尔公司引入，可全自动运行。在大庆油田投入使用后，经过处理后的污水含油量及悬浮物固体都在5~10mg/L以下，使用结果良好。随后，我国开始进行自主开发。核桃壳具有硬度高、密度适宜、多孔和多面性，经过特殊的物理和化学处理后，在水中具有很强的吸收消除油滴能力和去除固体颗粒的能力，和石英砂纤维束球等其他滤料介质相比，化学性能稳定性、抗压能力、耐磨性能、亲水性能、防油的入侵性等方面均有优势。其最大的特点就是过滤反洗容易、运行成本低、管理方便，是代替石英砂、纤维束球等的理想滤料。原理是借助油滴对滤料表面的疏水附聚作用，在滤料表面形成油膜，随后被滤层孔隙间水流剪力洗刷下来，形成粗颗粒油滴上浮而分离。将工艺水中悬浮物和油滴拦截或吸附在滤料层表面，运行一个周期之后，停止进水，进行反冲洗，使滤料恢复原有特性，滤料再生能力强。化学稳定性好，有利于过滤器性能长期稳定。核桃壳过滤器装置流程示意见图 3.3-16。

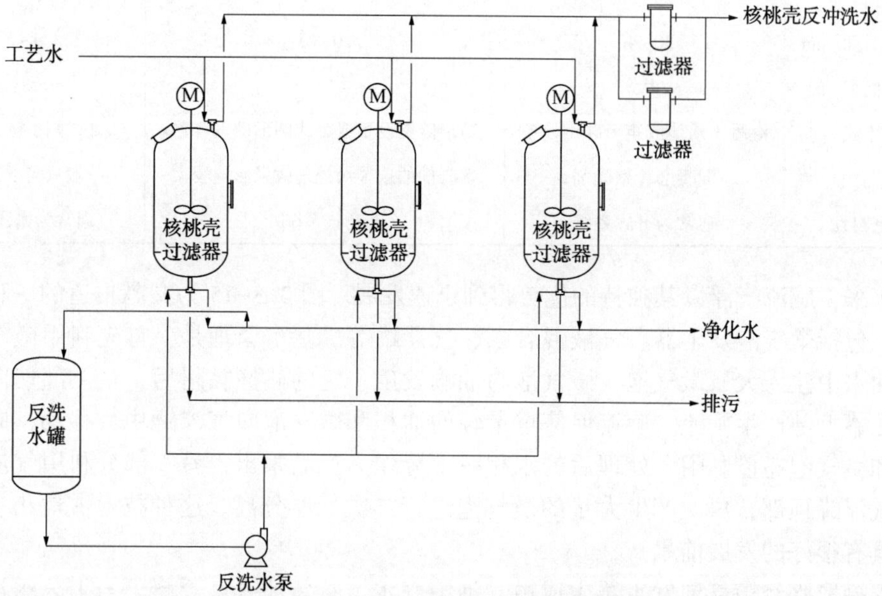


图 3.3-16　核桃壳过滤器装置流程示意图

核桃壳过滤器的优点主要有：滤料再生能力强，抗压能力强，化学性能稳定；耐磨性好，可长周期使用，吸附截污能力强，亲水性好，抗油污；无需借助化学药剂；运行成本低。

4. 工艺水处理及稀释蒸汽发生系统运行问题

在乙烯装置运行期间，稀释蒸汽发生系统比较突出的问题是存在换热器泄漏和堵塞的问题，相关的报道也不少，基本集中于稀释蒸汽发生器和工艺水汽提塔再沸器。

陈志雄报道了某装置急冷油稀释蒸汽发生器泄漏情况，并进行了分析。该换热器管程介质为急冷油，壳程介质为工艺水。外观形貌显示换热管外表面的腐蚀比较严重，其表面覆盖了一层龟裂状的锈蚀层。换热管外表面主要为蒸汽交界面。换热管内表面为通油面，其表面留存一些结垢物，主要是重急冷油焦化残物。将垢物清除后，其表面比较光滑，除一些流体冲刷痕迹外，无明显的大面积腐蚀。铁锈用砂纸擦拭换热管外表面，发现锈蚀层较薄，锈蚀层下材质金属光泽好，表面比较均匀，虽然没发现裂纹，但肉眼可见的凹坑布满管子表面，如图 3. 3-17 所示。

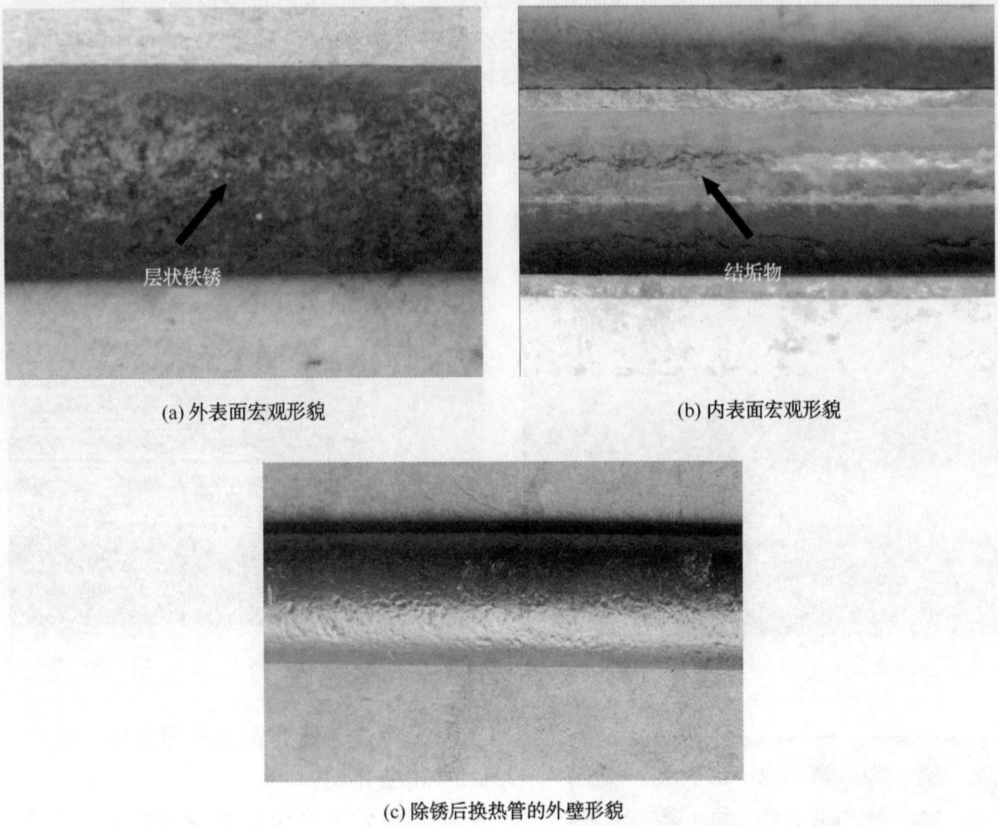


(a) 外表面宏观形貌　　(b) 内表面宏观形貌

(c) 除锈后换热管的外壁形貌

图 3. 3-17　某装置急冷油稀释蒸汽发生器换热管腐蚀照片

分析稀释蒸汽凝液和结垢物发现稀释蒸汽呈酸性，垢物主要为铁的氧化物或氢氧化物和有机碳化物等物质。根据分析结果，换热管外表面主要有以下几种腐蚀失效形式。

(1) 氢致电化学腐蚀

当工艺水呈酸性时，可能造成氢腐蚀。系统中有机酸和 $H_2CO_3$ 存在，电离释放出的氢离子是一种强去极化剂，易在阴极夺取电子，促进阳极反应使钢铁发生腐蚀反应。同时，氢离子是强氧化剂，极易夺取电子还原，促进阳极铁溶解导致腐蚀。这个电化学腐蚀过程的反应式如下：

阳极：$Fe \longrightarrow Fe^{2+}+2e$

阴极：$H_2O+CO_2 \longrightarrow 2H^++CO_3^{2-}$

阴极产物：$Fe+H_2CO_3 \longrightarrow FeCO_3+H_2$

（2）溶解氧与铁的电化学反应腐蚀

由于急冷油稀释蒸汽发生器工艺水的耗氧量较高，在电化学腐蚀过程中，管束外表面的碳钢作为阳极发生氧化腐蚀，而水中的溶解氧在阴极发生还原反应，其还原产物 $OH^-$，与阳极氧化产物 $Fe^{2+}$ 进一步形成氢氧化物，在管子外表面形成垢层(铁的氢氧化物)。

（3）氯腐蚀和硫化氢腐蚀

工艺水中含少量氯和硫。由于 $Cl^-$ 半径小，穿透力极强，很容易穿透保护膜内极小的孔隙，破坏局部钝化膜，而进入裂缝尖端生成盐酸，产生自催化加速腐蚀过程，同时氯离子在尖端析出，渗入裂缝前缘，使金属脆化。硫主要由于产生 $H_2S$ 而使金属腐蚀。

黄新泉报道了中压蒸汽发生稀释蒸汽换热器腐蚀泄漏情况。从图 3.3-18 可以看出，泄漏部位主要集中在换热器中下部，也是气液两相的交汇处；腐蚀未穿孔部位蚀坑呈凿沟状，蚀坑深约 1~2mm；腐蚀环境温度 170℃；凿沟状腐蚀形貌符合 API 571 所描述的碱腐蚀形貌(1)。腐蚀失效部位局部减薄严重。换热器管束内壁及管板外观情况见图 3.3-19。从图可以看出，换热器管束内壁及管板焊缝光洁，无明显腐蚀迹象。因此，腐蚀主要是由壳程工艺水介质引起的。

图 3.3-18　管束腐蚀泄漏部位及腐蚀形貌

图 3.3-19　管束内壁及管板处腐蚀形貌

黄新泉对换热器的腐蚀机理进行了说明：

（1）腐蚀介质

稀释蒸汽发生系统的腐蚀主要来自工艺水的少量酸性物质，多以硫化氢的形式存在；为防止工艺水的酸腐蚀，一般采取在工艺水汽提塔进口处注氨或注碱的措施。但如果长时间注碱过量，在某些特定部位，如换热器管板和管束的胀结焊缝处，因稀释蒸汽换热器温度高达 260℃ 左右，很可能导致较严重的碱浓缩腐蚀。

此次换热器腐蚀泄漏，管板表面与管束焊接焊缝完好，未见腐蚀，但管束泄漏部位仍先发生在管板内侧与管束胀接处。泄漏管束多位于管板胀接处，下部管束有明显白色沉积物，上部管束浮锈明显，但无大面积腐蚀。未发生管板焊缝腐蚀穿孔，仅出现管束腐蚀断裂，应当是碱浓缩腐蚀严重，导致管束局部腐蚀断裂。

(2) 腐蚀环境

对工艺水塔底出口泵处工艺水的 pH 值变化情况进行分析，发现工艺水 pH 值大多控制在 9.0 以上，最高 9.66，且呈上升趋势，工艺水系统盐类结垢趋势增加，碱浓缩可能性增大。工艺水中能带来腐蚀的只有硫化氢类的酸性物质和注碱产生的氢氧化钠和有机胺之类的碱性物质。pH 值监测结果表明：不存在硫化氢腐蚀的酸性环境，但存在碱浓缩腐蚀的碱性环境。

表 3.3-3 为腐蚀管束外壁腐蚀坑的能谱分析结果，可见主要含有 O、Fe、S 元素，其次还含有少量的 Na、Al、Si 等元素。

**表 3.3-3 能谱分析结果**

| 元素 | 线型 | 表观浓度 | 系数倍率 | 质量分数/% | 原子百分数/% |
|---|---|---|---|---|---|
| O | K 系列 | 134.31 | 0.451 98 | 34.62 | 62.61 |
| Na | K 系列 | 3.48 | 0.014 69 | 1.65 | 2.08 |
| Al | K 系列 | 0.56 | 0.004 03 | 0.30 | 0.32 |
| Si | K 系列 | 0.70 | 0.005 51 | 0.35 | 0.36 |
| S | K 系列 | 10.27 | 0.088 51 | 5.05 | 4.55 |
| Fe | K 系列 | 111.65 | 1.116 47 | 58.03 | 30.07 |
| 合计 | | | | 100.00 | 100.00 |

基于以上分析认为，碱腐蚀机理本质上仍是氧的去极化腐蚀，能谱分析发现 Na、O 等元素，从微观上证明了碱腐蚀的发生。碱腐蚀反应方程式及过程如下：

$$Fe+4OH^{-} \longrightarrow FeO_2^{2-}+2H_2O+2e$$

$$O_2+2H_2O+4e \longrightarrow 4OH^{-}$$

工艺水中的轻烃类物质，注碱产生的盐类物质及过量的碱随工艺水进入稀释蒸汽发生系统，由于换热器温度控制不当，出口水汽比未达到操作规程要求的 1∶7，换热器管束外表面温度过高，导致轻烃类物质在换热器管束外表面结焦，盐类物质在换热器外表面沉积；另外，由于水汽比不足，工艺水未能有效冲刷换热器内的结焦物质和盐类沉积物，换热器内工艺水含量相应减少，致使工艺水中的碱性物质在局部区域浓缩，在高温的环境下，对换热器管束外壁造成严重的碱腐蚀，最终使少量换热器管束腐蚀断裂失效。

另外也有一些作者也报道了稀释蒸汽发生泄漏的情况，并对原因进行了分析。引起换热器泄漏的原因基本集中在酸性腐蚀、碱性腐蚀、氧腐蚀和苯乙烯结焦引起的垢下腐蚀。

王强、张乐等从工艺方面分析了中压蒸汽/稀释蒸汽发生器泄漏的原因。稀释蒸汽发生的工艺设计可归纳为图 3.3-20 中(a)、(b)、(c)三类。(a)方案中，中压蒸汽脱过热后进入稀释蒸汽发生器，走管侧，工艺水走壳侧；(b)方案中，过热中压蒸汽直接进入稀释蒸汽发生器，走管侧，工艺水走壳侧；(c)方案中，中压蒸汽脱过热后进入稀释蒸汽发生器，但是走壳侧，工艺水走管侧。调查发现，在运行稳定性方面三种方案排序如下：(c)>(a)>(b)。

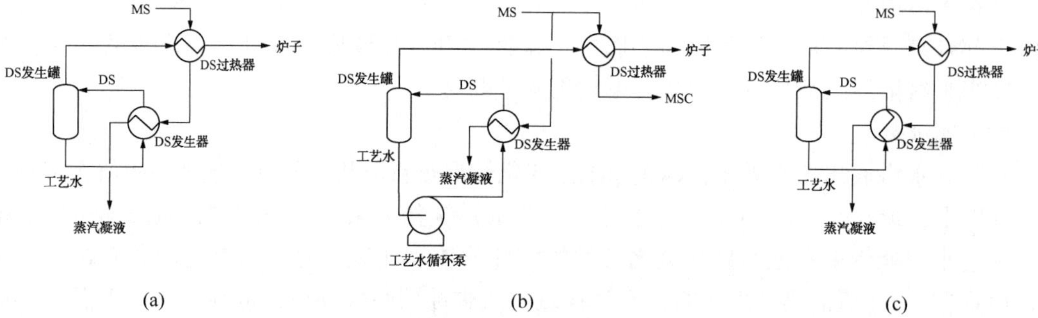


图 3.3-20 稀释蒸汽发生工艺设计方案

MS—中压蒸汽；DS—稀释蒸汽；MSC—中压蒸汽凝液

(a)、(c)方案工艺水与中压蒸汽之间温差比较小，约 50℃，(b)方案流程工艺水与中压蒸汽之间温差比较大，超过 100℃，因此(b)方案换热器运行条件更恶劣。(b)方案中工艺水走换热器壳程降低了工艺水流速，流速过低会使传热效率降低并出现沉淀，同时工艺水中含有苯乙烯等油类物质，这些物质在高温下易发生聚合，形成局部滞留区，使局部过度蒸发，碱性腐蚀加重。工艺水走壳程，换热器两侧物料温差过大，在中压蒸汽侧出口凝液收集罐液位控制不稳定情况下，中压蒸汽进气也会波动，换热器内部工艺水蒸发量不稳定，使换热器内部形成比较严重的空泡腐蚀，空泡形成的冲刷腐蚀导致换热器泄漏加剧。换热器检修时发现管板后 20cm 左右管线腐蚀最为严重，并有断管现象，使换热管腐蚀穿孔、断裂，最终造成泄漏。

根据以上装置运行分析可以看出，降低中压蒸汽/稀释蒸汽发生器泄漏，延长运行周期的工艺方案为：①中压蒸汽脱过热后再作为发生稀释蒸汽的热源；②在发生器内，中压蒸汽走壳程，工艺水走管程。

### 5. 稀释蒸汽发生系统长周期运行措施

稀释蒸汽发生系统为裂解炉提供蒸汽同时回收裂解气带出的热量，一旦发生故障轻则增加能耗、影响长周期运行，重则导致装置非计划停车，因此采取了各种措施保障该系统的稳定性。

该系统运行主要问题包括急冷水乳化、酸性腐蚀、碱性腐蚀、氧腐蚀、苯乙烯结垢等导致的设备和系统故障，采取的具体措施包括：

① 控制急冷水塔温度。急冷水温度高易导致急冷水乳化，进而影响聚结器和工艺水汽提塔，石脑油为裂解原料的急冷水塔釜一般控制不高于 87℃，以防止急冷水乳化。

② 设计时为急冷水提供足够的停留时间，使急冷水和裂解汽油有足够的时间沉降分离。另外设置单独的工艺水油水分离器，使粗工艺水中的烃含量尽量低。

③ 设置工艺水聚结器进一步脱除工艺水中的游离烃。

④ 设置甲苯萃取设施，利用甲苯将工艺水中的苯乙烯和其他不饱和烃溶解萃取出来，改善工艺水水质。

⑤ 必要的工艺设备设置备台，如工艺水汽提塔再沸器和急冷油稀释蒸汽发生器。

⑥ 由于裂解气中含有 $CO_2$、$H_2S$ 及微量的有机酸，急冷水呈酸性，因此需要通过注入

碱性中和剂控制急冷水的 pH 值维持在 6~9 的范围，注入的碱性物质包括低浓度 NaOH、$NH_3$、一乙醇胺(MEA)等。NaOH 为强碱，需要控制注入量和注入时间，避免注入过量导致的碱腐蚀。$NH_3$和 MEA 比较缓和，但是可能影响产品质量，建议考虑脱除措施；中和剂可由不同的注入点注入，根据装置运行情况操作，见图 3.3-21。

⑦ 急冷水塔设置破乳剂注入点，在急冷水乳化时通过注入破乳剂尽快破除乳化，使系统恢复正常。有些装置在正常运行时也进行小剂量注入，以增加急冷水的稳定性。

⑧ 工艺水注入分散剂(图 3.3-21)，帮助分散焦油、聚苯乙烯或者两者的混合物，避免在工艺水汽提塔、进料换热器和稀释蒸汽发生器等处造成沉积。

⑨ 急冷水或工艺水中注入除氧剂以脱除系统中的氧元素，避免系统产生氧腐蚀。

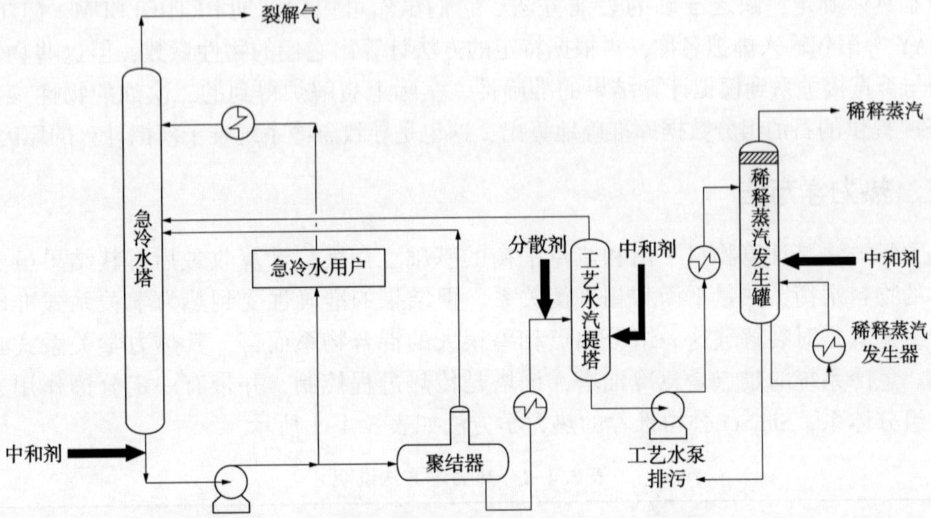


图 3.3-21 稀释蒸汽发生系统中和胺、分散剂注入点

# 第四节 急冷系统模拟计算

乙烯装置的流程模拟是工艺设计的基础，其准确性直接影响装置设计的准确性，对设备尺寸、管线尺寸、装置参数和装置运行均有较大的影响。常用的模拟软件是两款商用软件 PROⅡ和 ASPEN，其版本在不断提升。乙烯装置包括急冷、裂解气压缩、冷分离、热分离和制冷几个系统，每个系统均有其特点，流程模拟中的难点也不尽相同。不过，业内公认流程模拟难度最大的部分是急冷系统，不少人对该部分的模拟进行了探讨与分析，介绍了流程模拟的经验，对存在的问题和解决方法发表了自己的见解。

## 一、急冷系统模拟计算存在的问题

不同的文献报道了急冷系统流程模拟存在的问题，这些问题可归纳如下：

① 急冷油塔温度分布实际值和设计值不符。对于石脑油为主的裂解原料，塔釜操作温度的设计值一般为 190~210℃，但实际操作温度往往低于设计值，一般为 180~200℃。而塔顶实际温度则往往偏高，有的偏差达到 10℃以上。另外模拟计算的塔内温度分布不均匀，存在跳跃性。

② 急冷油循环量实际值和设计值不符。由于塔釜操作温度达不到设计值，换热前后急冷油温差减小，急冷油循环量有时成倍增长。

③ 轻重燃料油汽提塔的实际操作和设计值有很大的差异，包括温度和轻重燃料油的采出量。而且在模拟过程中，裂解气中的燃料油量和在急冷系统采出的燃料油量很难达到平衡。

④ 从急冷水塔返回急冷油塔的粗汽油量模拟不准，而且其组分、性质的实际值与设计值存在较大差异。实际的粗汽油中 $C_9$~204℃组分应该占 60%~85%(因原料而异)，而模拟结果却往往只能算到50%甚至30%左右，其中芳烃含量占了较大比例。

⑤ 工艺水量模拟结果和实际操作值也有较大差异。

急冷系统流程的模拟之所以存在以上问题，主要原因是裂解气中的重组分($C_9$ 以上)太多也很难具体确定，缺乏准确的表征方法。它们虽然可用关键词 PETROLEUM、CUTPOINT 或 ASSAY 等语句输入虚拟名称，再根据特定的方法计算出它们的物性参数，但这些物性参数的准确与否直接关系到模拟计算结果的准确性。实际上裂解炉得到的二次油的物性参数很难用 SimSci 提供的石油组分数据库准确地算出，这也是导致急冷系统难于模拟计算的原因之一。

## 二、热力学方法

热力学方法是计算物料平衡和热量平衡的基础。在模拟计算收敛后，其结果虽然能满足总体的物料平衡、热量平衡和相平衡关系，但结果的准确性受到热力学关系式准确程度的影响，尤其是对裂解气这一组分沸点相差很大的混合物系而言，其热力学关系式必然是近似的。急冷系统的难点是急冷油塔，该塔是传热过程控制，并带有一定分馏作用。对于这类重组分体系，SimSci 公司推荐的热力学方法如表 3.4-1 所示。

表 3.4-1　热力学方法说明

| 方法 | 说明 |
|---|---|
| BK10 | 速度快易使用，答案可接受 |
| GS/GSE | 对低压系统与 BK10 相当，用 LK 代替 CP 可以得到更好的答案 |
| SRK/PR | 对于轻馏分在塔顶附近较多时，其结果比用 BK10 要好一点，但计算时间长些 |

## 三、裂解气中重组分的表征

### 1. 产品特性表征法

急冷系统采出三种物料，分别为重燃料油、轻燃料油和裂解汽油，通过分析测量可以获得这三种产品的密度、平均分子量、馏程数据。吴兴松用三种产品物料表征重组分，对急冷系统进行了模拟计算，并与实际运行数据进行了对比，见表 3.4-2。

表 3.4-2　三组分表征法计算结果与实际值对比

| 项目 | 燃料油产品量/(kg/h) | 急冷油塔釜温/℃ |
|---|---|---|
| 实际值 | 5626 | 224.0 |
| 收敛结果 1 | 5626 | 199.8 |
| 收敛结果 2 | 50182 | 223.5 |

采用三组分分割法所得的结果和实际相差甚远，而且塔板的温度和气液负荷存在突变，计算结果不合理。该作者指出需要将重组分进行更为详细的切割以提高计算准确性。

2. 石油馏分馏程表征法

该方法是将重组分进行馏程切割，用几组石油馏分替代裂解气中的重组分。堵祖荫采用此方法对乙烯装置急冷系统进行了流程模拟，将重裂解汽油划分为标准沸点(NBP)为160℃、170℃、185℃和240℃等几种馏分；裂解燃料油的ASTM蒸馏曲线见表3.4-3，用ASPEN切割为表3.4-4的组分。

表3.4-3　裂解燃料油(含裂解柴油)的ASTM蒸馏曲线

| ASTM蒸馏 | 初 | 10% | 20% | 30% | 40% | 50% | 60% | 70% | 80% |
|---|---|---|---|---|---|---|---|---|---|
| 沸点/℃ | 182.5 | 216.5 | 229.5 | 240.3 | 259.3 | 289.5 | — | 311.5 | 329.5 |

表3.4-4　裂解燃料油组分分割后的虚拟组成

| 沸点/℃ | 204 | 220 | 245 | 270 | 288 | 300 | 345 | 400 | 500 |
|---|---|---|---|---|---|---|---|---|---|
| 组成/%(质量) | 9 | 4 | 6 | 10 | 9 | 7 | 28 | 17 | 9 |

采用此方法对急冷系统进行模拟计算，塔板温度变化和气液负荷变化较为平滑，较三组分分割法的准确性增强。

3. 真实组分表征法

吴兴松通过文献获悉急冷油、裂解汽油和燃料油中绝大部分物质属于茚、萘、菲、蒽、芴、苊及联苯类物质，文献也给出了这些物质的组成分布。据此将裂解气中的石油馏分用文献给出的物质分布引入计算，得出的结果仍不太理想。

许斌、高光英等报道了另一种真实组分表征法。该方法是首先测定了某乙烯装置油品的实沸点曲线和密度曲线，并将密度曲线转换为密度-沸点曲线。采用PRO/II软件中虚拟组分的切割方法，将馏分油实沸点曲线切割成一系列窄区间，如图3.4-1所示。

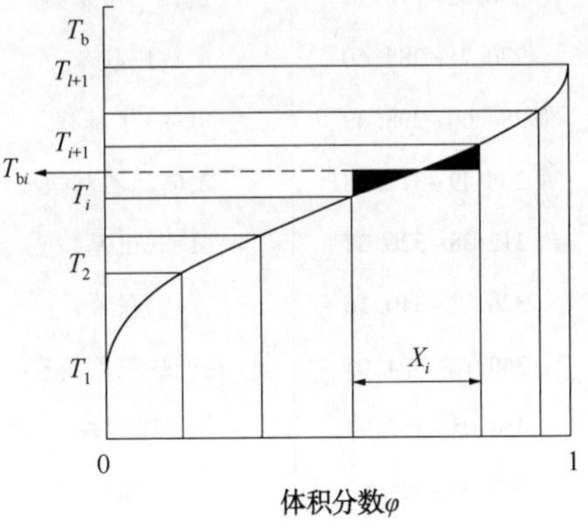


图3.4-1　实沸点切割

$T_b$—沸点；$T_i$—第 $i$ 个切割区间初始温度；$T_{bi}$—第 $i$ 个切割区间平均沸点；下标 $l$—切割的区间个数

选择真组分时，主要在裂解产物组分所属的化合物类型中选择。选择标准是每个组分的沸点应在上述实沸点曲线切割的窄区间内，至少在每个窄区间内应有一个组分。为了使每个窄区间内只有一个组分，使用式(3.4-1)作为判断标准。在每个实沸点曲线切割窄区间内满足式(3.4-1)的组分被选定：

$$\frac{|\rho_{r,c}-\rho_{m,c}|}{\rho_{m,c}} \longrightarrow \min \qquad (3.4-1)$$

式中：$\rho_{r,c}$ 为真组分在软件组分库中的密度，$\rho_{m,c}$ 为由式(3.4-1)确定真组分的密度，下标r表示文献数据，m表示测量数据，c为每个实沸点曲线切割窄区间内真组分的数目，min为最小。急冷系统馏分油的真实组分选择结果见表3.4-5、表3.4-6。

表 3.4-5　裂解汽油真实组分选择结果

| 温度范围/℃ | 组分名称 | 沸点/℃ | 密度(15.6℃)/(kg/m³) | 候选组分个数 |
|---|---|---|---|---|
| 82.52~96.41 | 对-1,2-二甲基环戊烷 | 91.87 | 772.06 | 9 |
| 96.41~110.30 | 顺-1,2-二甲基环戊烷 | 99.53 | 776.52 | 14 |
| 110.30~124.19 | 甲苯 | 110.63 | 870.98 | 10 |
| 124.19~138.08 | 乙苯 | 136.19 | 870.96 | 2 |
| 138.08~151.97 | 二甲苯 | 144.41 | 883.91 | 6 |
| 151.97~165.86 | 甲苯 | 165.15 | 884.18 | 7 |
| 165.86~179.75 | 反-2-苯基-2-丁烯 | 174.00 | 899.50 | 17 |
| 179.75~193.64 | 2-乙基-*m*-二甲苯 | 190.40 | 893.94 | 14 |
| 193.64~198.73 | 顺-2-苯基-2-丁烯 | 194.70 | 926.69 | 6 |

表 3.4-6　裂解燃料油真实组分选择结果

| 温度范围/℃ | 组分名称 | 沸点/℃ | 密度(15.6℃)/(kg/m³) | 候选组分个数 |
|---|---|---|---|---|
| 173.48~187.37 | 丙烯苯 | 178.88 | 912.90 | 22 |
| 187.37~201.26 | *m*-二乙烯基苯 | 199.50 | 933.01 | 12 |
| 201.26~215.15 | 1,2,3,4-四氢萘 | 207.55 | 976.24 | 3 |
| 215.15~229.04 | 1,2,3-三甲基茚 | 217.85 | 1018.3 | 5 |
| 229.04~242.93 | 2-甲基萘 | 241.05 | 1009.0 | 4 |
| 242.93~256.82 | 联苯 | 255.00 | 1025.7 | 6 |
| 256.82~270.71 | 2,7-二甲基萘 | 263.00 | 1006.3 | 7 |
| 270.71~284.60 | 1,1-联苯 | 272.63 | 1003.1 | 7 |
| 284.60~298.49 | 1-*n*-丁基萘 | 289.39 | 979.75 | 5 |
| 298.49~312.38 | 2,6-二乙基萘 | 302.85 | 1022.5 | 7 |
| 312.38~326.27 | 1-*n*-己基萘 | 322.00 | 960.08 | 8 |
| 326.27~340.16 | 三联苯 | 331.85 | 1048.2 | 4 |
| 340.16~354.05 | 1,1,2-三乙基苯 | 348.85 | 1150.8 | 5 |
| 354.05~367.94 | 三苯甲烷 | 359.00 | 1068.7 | 6 |
| 367.94~381.83 | *p*-三联苯 | 375.85 | 1078.6 | 7 |
| 381.83~395.72 | 蒽 | 382.80 | 1162.1 | 3 |
| 395.72~409.61 | 三乙烯苯 | 395.85 | 1068.7 | 3 |
| 409.61~437.39 | 四乙烯苯 | 420.00 | 1221.7 | 4 |

沸点高于500℃的芳烃组分很少，对于实沸点曲线高于500℃的部分，仍采用虚拟组分法。

为了使每个真组分的沸点等于其所代表的窄区间的体积平均沸点，又对每个窄区间的范围重新优化确定，修正结果见表3.4-7和表3.4-8。

表 3.4-7　裂解汽油真实组分体积分数和质量分数

| 序号 | 组分名称 | 体积分数/% | 质量分数/% |
|---|---|---|---|
| 1 | 对-1,2-二甲基环戊烷 | 5.30 | 4.67 |
| 2 | 顺-1,2-二甲基环戊烷 | 2.45 | 2.17 |
| 3 | 甲苯 | 15.00 | 14.93 |
| 4 | 乙苯 | 15.35 | 15.27 |
| 5 | 二甲苯 | 19.80 | 19.99 |
| 6 | 甲苯 | 20.10 | 20.30 |
| 7 | 反-2-苯基-2-丁烯 | 11.60 | 11.92 |
| 8 | 2-乙基-*m*-二甲苯 | 7.30 | 7.46 |
| 9 | 顺-2 苯基-2-丁烯 | 3.10 | 3.28 |

表 3.4-8　裂解燃料油真实组分体积分数和质量分数

| 序号 | 组分名称 | 体积分数/% | 质量分数/% |
|---|---|---|---|
| 1 | 丙烯苯 | 0.82 | 0.69 |
| 2 | *m*-二乙烯基苯 | 1.44 | 1.23 |
| 3 | 1,2,3,4-四氢萘 | 1.00 | 0.90 |
| 4 | 1,2,3-三甲基茚 | 2.21 | 2.07 |
| 5 | 2-甲基萘 | 2.67 | 2.47 |
| 6 | 联苯 | 1.73 | 1.63 |
| 7 | 2,7-二甲基萘 | 1.30 | 1.20 |
| 8 | 1,1-联苯 | 2.51 | 2.31 |
| 9 | 1-*n*-丁基萘 | 2.79 | 2.51 |
| 10 | 2,6-二乙基萘 | 3.19 | 2.99 |
| 11 | 1-*n*-已基萘 | 2.94 | 2.59 |
| 12 | 三联苯 | 2.85 | 2.74 |
| 13 | 1,1,2-三乙基苯 | 2.96 | 3.13 |
| 14 | 三苯甲烷 | 3.05 | 2.99 |
| 15 | *p*-三联苯 | 2.73 | 2.70 |
| 16 | 蒽 | 2.36 | 2.52 |
| 17 | 三乙烯苯 | 4.51 | 4.43 |
| 18 | 四乙烯苯 | 3.83 | 4.30 |
| 19 | NBP 430~NBP595① | 55.11 | 56.60 |

① 对高于 500℃的组分仍采用虚拟组分法。

文献采用此方法对某乙烯装置急冷系统进行了模拟计算，并与装置实际数据进行了对比，结果如下：

① 油洗塔和水洗塔的塔顶、塔釜温度和标定值基本相近。柴油汽提塔和减黏塔的塔顶、塔釜温度稍有差异，这主要和组分的选取有关。

② 各个物流的流量与标定值基本符合。裂解柴油、裂解燃料油的流量有一定误差，这主要也和组分的选取有关。

③ 裂解汽油干点和裂解燃料油密度的计算值虽与标定值有一些差距，认为可以满足工程设计的精度需要。

此方法基于特定的装置实际数据模型再对该装置进行模拟计算，其准确性有大幅度提高，是否适用于其他原料结构和工艺技术还有待于进一步检验。

## 四、模拟过程中的特殊处理

吴兴松认为，为了得到准确的模拟计算结果，除了需要准确的重组分表征和正确的热力学方法外，下列问题也是必须考虑的。

（1）急冷系统模拟初值的给定

在编制模拟流程图之后，所有外部进料物流必须提供其热状况、流率和组成。对于循环物流，尽管不是必须的，但要提供初值估算数据，这样可以加速循环计算的收敛。对于急冷油这样一种多组分、多股进出物料和多个循环物流的复杂系统，不同的计算初值往往可以得到不同的收敛结果，所以模拟时必须结合工程技术经验进行调整，给出合理的初值。包括循环急冷油流量、组成、塔采出量及温度分布等。

（2）物流收敛精度和塔计算收敛系数的确定

对于急冷区这样复杂的系统，模拟计算较难收敛，且耗费大量的计算时间。为得到合理的模拟结果，且减少程序收敛运行时间，必须设置合理的收敛精度和塔计算收敛系数。对处理重组分的急冷油塔和燃料油汽提塔，其计算所用的阻尼系数及泡点、焓、平衡常数的容差系数等均需要调整，这对提高收敛速度有很大的帮助。

（3）裂解汽油产品的特殊考虑

裂解气在急冷水塔中冷却到40℃左右，冷凝出部分裂解汽油产品，这部分产品只占汽油产品中的一小部分，大部分汽油产品来自压缩系统的段间分离罐。段间分离罐的操作参数对裂解汽油采出量的模拟影响很大。现有很多装置的粗汽油流量的实际值和设计值不符，而且组成也有较大区别。例如急冷水塔釜粗汽油的分子量一般在120左右，$C_9$以上组分在80%左右（因原料而异），但用常规方法得到的分子量仅为105左右，且$C_9$以上组分只占30%左右，主要原因是输入的组分偏差太大，所以需要调整组分数据进行修正。

综上所述，急冷系统的模拟计算面临热力学方法、重组分表征和初值设定、计算技巧等方面的难题，需要积累数据和计算经验。其中重组分的表征是影响结果准确性的最重要因素，裂解气中的重组分包含的组分非常多，而且分子结构极其复杂，合适的表征方法一直是重点研究的课题之一，随着各方面技术的进步，人们对重组分的认识也在快速提高，计算方法和数据库也日益完善，将促进急冷系统流程模拟的精度不断提高。

### 参 考 文 献

[1] 关霁阳．武汉乙烯裂解原料的优化探讨[J]．化工设计通讯，2017，43(07)：137.

[2] 赵云涛．用凝析油作乙烯裂解原料的研究[J]．乙烯工业，2001，(04)：15-18.

[3] 傅承碧，沈国良．化工工艺学[M]．北京：中国石化出版社，2014.
[4] 王松汉．引进的乙烯生产技术(中册)[M]．北京：石油化工编辑部，1990.
[5] 王松汉．引进的乙烯生产技术(下册)[M]．北京：石油化工编辑部，1992.
[6] 王松汉．引进的乙烯生产技术(第4册)[M]．北京：石油化工编辑部，1998.
[7] 王松汉．引进的乙烯生产技术(第5册)[M]．北京：石油化工编辑部，2000.
[8] 胡杰，王松汉．乙烯工艺与原料[M]．北京：化学工业出版社，2018.
[9] 王松汉．乙烯工艺与技术[M]．北京：中国石化出版社，2012.
[10] 苟红霞，朱永乐．乙烯装置初分馏系统模拟计算和系统分析[J]．化工设计，2003，(02)：8-13+15.
[11] 杨春生．乙烯装置急冷油系统的设计和节能改造[J]．中外能源，2011，16(01)：106-111.
[12] 赵明瑞．轻质原料乙烯装置急冷系统的能耗探讨[J]．乙烯工业，2021，33(03)：21-25+4.
[13] 张文慧，陈兴銮，齐选良，等．裂解急冷油的热稳定性研究[J]．石油大学学报(自然科学版)，1995，(02)：80-84.
[14] 董忠杰，盖月庭，谢红霞，等．乙烯装置急冷油系统减黏技术的研究[J]．乙烯工业，2004，(02)：67-71+76.
[15] 汪红文．乙烯装置急冷油减黏技术[J]．乙烯工业，2003，(02)：22-27+11.
[16] 李兵．急冷油减黏技术在燕化乙烯装置中的应用[J]．乙烯工业，2007，(01)：49-54+68.
[17] 陈兴銮，张文慧，齐选良，等．乙烯装置油急冷塔急冷油减黏措施分析[J]．石油大学学报(自然科学版)，1994，(06)：106-111.
[18] 刘同举，郭莹，刘俊杰，等．急冷油超临界溶剂抽提减黏技术的模拟和实验研究[J]．石油化工，2016，45(4)：393-397.
[19] 陈滨．乙烯工学[M]．北京：化学工业出版社，1997：200.
[20] 刘同举，杜志国，郭莹，等．超临界流体技术在石油化工中的应用[J]．化工进展，2011，30(8)：1676-1680.
[21] 张明利．急冷油系统结垢机理探究与优化[C]．全国乙烯行业“循环水系统与急冷油系统‘安稳长’运行”专题研讨会．青岛：全国乙烯工业协会，2021：39-46.
[22] 王新刚，赵高升，屈宏亮．乙烯装置急冷油系统聚合物控制优化对装置“安稳长”运行的影响[C]．全国乙烯行业“循环水系统与急冷油系统‘安稳长’运行”专题研讨会．青岛：全国乙烯工业协会，2021：145-149.
[23] 刘同举．急冷油的超临界减黏技术简介[C]．全国乙烯行业“循环水系统与急冷油系统‘安稳长’运行”专题研讨会．青岛：全国乙烯工业协会，2021：232-234.
[24] 杨春生．乙烯装置节能减排的重点是改造急冷油系统[J]．中外能源，2009，14(05)：101-106.
[25] 杨春生，吴兴松．乙烯装置急冷油系统存在问题的分析[J]．乙烯工业，2003，(02)：5-8+11.
[26] 刘陆军，李东风．乙烯装置急冷油系统减黏技术的研究进展[J]．化工时刊，2005，19，(12)：43-47.
[27] 廖昌勇，张春利．乙烯装置急冷油减黏系统运行分析[J]．乙烯工业，2002，(04)：43-46+6.
[28] 张炜．三种乙烯装置急冷油减黏流程的分析评价[J]．乙烯工业，2014，26，(01)：19-23+5.
[29] 陈建娟，孙希瑾．乙烯装置中汽油分馏塔设计浅析[C]．2005年全国塔器及塔内件技术研讨会会议论文集，2005：186-190.
[30] 赵汝文，张敏卿，王吉红，等．乙烯装置汽油分馏塔的优化设计[J]．石油化工设计，2001，(01)：5-12+67.
[31] 谢国学．乙烯装置汽油分馏塔的技术改造[J]．石油化工，1993，(12)：819-824.
[32] 王斌．天津乙烯装置汽油分馏塔技术改造[J]．乙烯工业，2007，(04)：25-30+21.
[33] 杨春生．防止设备结垢延长乙烯装置运行周期[J]．乙烯工业，2003，(04)：8-11+4.

[34] 曾利平. 汽油分馏塔结垢问题的分析[J]. 乙烯工业, 1995, (03): 15-22.
[35] 吴剑. 乙烯装置汽油分馏塔堵塞问题探讨[J]. 乙烯工业, 2015, 27(02): 20-24+19.
[36] 袁波, 张文超, 刘岱滨, 等. 乙烯装置急冷油系统稳定运行分析[J]. 乙烯工业, 2022, 34(01): 35-39+6.
[37] 中国石化工程建设有限公司. 固定阀塔板: 中国, 200720169706.6[P]. 2008-06-25.
[38] 中国石化工程建设有限公司, 北洋国家精馏技术工程发展有限公司, 北京汇丰方圆石化设备有限责任公司. 一种高通量塔板: 中国, 201310141403.3[P]. 2014-10-22.
[39] 刘永莉. 乙烯装置急冷油塔改造技术方案探讨[J]. 石油化工设备技术, 2021, 42(02): 11-15+4-5.
[40] 王华金, 谢宛妮, 孙永利, 等. 新型正交波纹板流体力学性能 CFD 模拟[J]. 化工学报, 2015, 66(12): 4743-4750.
[41] 刘崇明. 乙烯装置稀释蒸汽发生器及急冷油系统改进[J]. 乙烯工业, 2003, (02): 28-31+11-12.
[42] 陈亚宽, 王超, 占少虎. 急冷油旋液分离系统附属静置器运行中的问题及改进措施[J]. 乙烯工业, 2021, 33(04): 28-32+4.
[43] 常亮. 乙烯装置急冷油除焦系统的设备改造应用[J]. 设备管理与维修, 2020, (06): 76-77.
[44] 张孝明. 镇海乙烯装置急冷油减黏系统运行分析[J]. 乙烯工业, 2013, 25(02): 37-39+49+6.
[45] 陈文征, 张贵才, 尹海峰. 波纹板聚结油水分离技术研究进展[J]. 石油矿产机械, 2007, 36(5): 27-29.
[46] Miranda J G. Designing parallel-plates separators[J]. Chemical Engineering, 1977: 94-96.
[47] 刘亚莉, 吴山东, 戚俊清, 等. 用于油水分离的聚结技术及其进展[J]. 西南石油大学学报(自然科学版), 2008, 30(1): 129-132.
[48] 杨梦瑶. 气浮法除油工艺技术的研究[J]. 全面腐蚀控制, 2015, 29(8): 31-33.
[49] 李建平, 孙继涛. 几种气浮除油工艺的应用比较[J]. 工业用水与废水, 2015, 46(6): 28-31.
[50] 陈家庆, 蔡小垒, 等. 旋流气浮一体化技术在低含油污水处理中的应用[J]. 石油机械, 2013, 41(9): 62-66.
[51] 胡小平, 王锋, 汤佳香. 工艺水甲苯萃取脱烃技术研究[J]. 乙烯工业, 2017, 29(4): 5.
[52] 陈志雄. 急冷油稀释蒸汽发生器换热管服役状态研究[J]. 江西化工, 2020, (3): 62-67.
[53] 黄新泉. 裂解装置稀释蒸汽发生器泄漏原因分析[J]. 石油化工安全环保技术, 2019, 35(5): 37-39.
[54] 王强. 稀释蒸汽发生器频繁泄漏原因分析及优化措施[J]. 石油石化绿色低碳, 2020, 5(6): 59-63.
[55] 周殿莹, 费伯成, 等. 稀释蒸汽发生器系统换热器腐蚀原因分析[J]. 当代化工, 2019, 48(1): 207-210.
[56] 郭建, 赵敏. 乙烯装置稀释蒸汽发生器腐蚀与防护[J]. 腐蚀研究, 2021, 35(12): 127-131.
[57] 宫琦, 姜洋, 等. 乙烯装置稀释蒸汽发生器工艺防腐处理方法[J]. 当代化工, 2021, 50(11): 2762-2766.
[58] 吴兴松, 杨春生. 乙烯装置急冷系统流程模拟计算方法的探讨[J]. 乙烯工业, 2003, 15(2): 9-15.
[59] 堵祖荫. 用 ASPEN PLUS 模拟汽油分馏塔系统[J]. 乙烯工业, 2002, 14(4): 13-17.
[60] 高光英, 全先亮, 等. 真组分法模拟乙烯装置急冷系统[J]. 化学工程, 2008, 36(8): 66-69.
[61] 许斌, 干爱华, 李鑫钢. 汽油分馏塔工艺模拟计算与比较[J]. 现代化工, 2004, 24(11): 52-55.

# 第四章　裂解气压缩及酸性气脱除系统

## 第一节　压缩工艺原理及流程

### 一、原理

压缩系统包括裂解气压缩、脱除酸性气体和干燥及制冷。裂解气的压缩和脱除酸性气体，目的是除去杂质和达到分离所需的压力。裂解气中酸性气体、水分、炔烃等杂质的存在对深冷分离和烯烃的进一步加工利用妨碍极大。酸性气体不但会使催化剂中毒，还会腐蚀设备管道。水分和二氧化碳在低温下会凝结成冰和固态水合物，堵塞设备管道，影响分离操作。因此，裂解气在深冷分离前必须进行预处理。

对裂解气进行压缩，一方面可提高深冷分离的操作温度，从而节约低温能量和低温材料；另一方面加压会促使裂解气中的水与重质烃冷凝，所以可除去相当量的水分和重质烃，从而减少了干燥脱水和精馏分离的负担。但是，加压太大也是不利的，这会增加动力消耗，提高对设备材质的强度要求，此外还会降低烃类的相对挥发度，增加分离的困难。一般认为经济上合理而技术上可行的压力约为3.7MPa。

压缩比以及温度的限制，是抑制在离心压缩机内产生聚合物的主要措施。虽然控制了压缩机出口裂解气的温度，但少量的聚合物还是会产生的，需用较高沸点的芳香族系洗油洗净叶轮。

压缩机的入口压力一般为10~40kPa(G)，提高入口压力虽可节约压缩机功率，但对裂解反应不利。压缩机的类型主要有离心式和往复式两种，新建的大型乙烯生产工厂均采用离心式压缩机。

由于裂解气分离的需要，裂解气一般要压缩到3.6MPa(G)左右。裂解气压缩的压比较大，一般均在25以上，为降低能耗并限制裂解气在压缩过程中的温升，均采用多段压缩，段间设置中间冷却。裂解气压缩合理的段数，主要是由压缩机各段出口温度所限定。为避免在压缩过程中温升过大造成裂解气中二烯烃在较高温度下发生大量聚合，以致发生形成聚合物堵塞叶轮流道和密封件的情况，通常要求正常操作时各段裂解气出口温度低于100℃。裂解气段间冷却通常采用水冷，相应各段入口温度一般均为38~40℃。在此限定条件下，裂解气压缩的单级压缩比被限制在2.2以下，相应裂解气压缩一般均需采用五段才能满足各段出口温度低于100℃的要求。为减少段数，方案之一是适当提高压缩机各段出口温度。这种方案适用于轻烃裂解装置，此时，裂解气中二烯烃含量较低，可以适当提高压缩机各段出口温度，由此可以采用四段压缩，压缩机由三缸减少为二缸，可以节省投资。另一方案是适当降低压缩机段间冷却温度而采用四段压缩。此时，为保证各段出口温度低于100℃，常常在某段段间冷却时先用循环冷却水冷却后再用丙烯冷剂冷却，使下一段入口温度降至38℃以下，从而可以提高该段压缩比并保证出口温度低于100℃。段间采用丙烯冷剂冷却虽然会增加冷冻功耗，但可能由降低投资、减小段间压力降而在经济上得到平衡。必须注意，裂解气段间冷却的温度受水合物形成的限制。为防止水合物形成而堵塞设备和管道，加压后裂解气温度不宜低于15℃。表4.1-1以几个装置为例给出了不同专利商的裂解气压缩工艺参数。

**表4.1-1　乙烯装置裂解气压缩工艺参数**

| 项目 | 装置A | 装置B | 装置C | 装置D |
|---|---|---|---|---|
| 工艺技术 | ABB Lummus | SEI | KBR | TechnipFMC |
| 乙烯生产能力/(kt/a) | 800 | 800 | 1000 | 1000 |
| 裂解气压缩段数 | 五段压缩 | 五段压缩 | 四段压缩 | 五段压缩 |
| 裂解气压缩机出口压力/MPa(G) | 4.173 | 3.84 | 3.952 | 3.908 |

由表4.1-1可见，近年来多数装置采用五段压缩，压缩达到的最终压力取决于各流程后续工艺的要求。例如TechnipFMC的工艺，裂解气压缩机五段作为高压脱丙烷塔的热泵，高压脱丙烷塔塔顶气体加热后进入裂解气压缩机五段，五段压缩出口压力是由后续流程中脱甲烷塔冷凝器中用-101℃的乙烯冷剂冷却分离甲烷和乙烯所需的压力确定的。装置D中，脱甲烷塔冷凝器工艺物料出口温度-98℃，出口压力2.957MPa(G)，相应的裂解气压缩机五段出口压力为3.908MPa(G)。

## 二、顺序分离流程

顺序分离技术的裂解气压缩系统包括五段压缩和四段压缩，当裂解原料较重时，如裂解以石脑油为主的液体原料时，为了抑制裂解气压缩机结焦，延长运行周期，常采用五段压缩工艺，以降低每段出口温度。当裂解轻烃或气体原料时，裂解气中重组分含量少，结焦现象比较轻，为了降低投资，可以采用四段压缩工艺。下面介绍几种典型的压缩工艺。

1. SEI工艺

自急冷水塔顶的裂解气进入裂解气压缩系统，在进入裂解气压缩机一段之前，裂解气先经过裂解气压缩机一段吸入罐，分离气体中夹带的液滴。裂解气经裂解气压缩机压缩，压力从0.025MPa(G)提高到3.85MPa(G)，裂解气压缩机采用五段，压缩比低，减少了裂解气在压缩机内结焦的趋势，段间采用一次循环水冷至38℃。裂解气压缩机采用注水冷却技术，降低压缩机内部裂解气温度，可延长压缩机连续运行的周期。一段压缩的吸入压力通过调节透平速度来控制，设置两个防喘振最小流量循环系统，第一个在一、三段之间，第二个在四、五段之间。

三段罐出口的裂解气被急冷水加热至45℃后进入碱洗塔，除去裂解气中的二氧化碳、硫化氢等酸性组分。碱洗的目的是：①满足所需的乙烯、丙烯产品质量规格；②保护下游的催化剂操作，因为一些酸性气体组分可使催化剂中毒；③防止在深冷系统形成$CO_2$干冰而堵塞设备或管道。碱洗塔从下至上由四部分组成，在塔的底部和中部分别用弱碱、中碱和强碱的循环碱液洗涤裂解气。顶部为水洗段，用来洗涤碱洗后的裂解气，以防止碱液被带到下游设备。在废碱聚结器中用汽油洗去废碱中的聚合物。汽油与废碱通过在线混合器混合后送入聚结器内。洗涤过废碱的汽油进入废汽油聚结器，使用裂解炉区的连排水对废汽油中的废碱进行洗涤，洗涤后的废碱液与废碱聚结器出来的废碱液合并后进入废碱脱气罐。废碱脱气罐闪蒸出来的烃类气体排放到火炬系统。废碱液最终通过废碱泵经液面控制送到废碱处理设施。

五段吸入罐液相经油水分离，烃类进入凝液汽提塔，水相返回裂解气压缩机四段吸入罐。五段排出罐顶裂解气经冷却至16℃后进入干燥器进料分离罐，该温度可以在保证不生成水合物的前提下，尽量减少裂解气中的水分，以减轻裂解气干燥器的负荷。气相进入裂解气干燥器干燥，再送往前冷单元；冷凝的液相经油水分离，烃类经泵送返回至裂解气压缩机五段排出罐，水相则返回至裂解气压缩机五段吸入罐。参见图4.1-1。

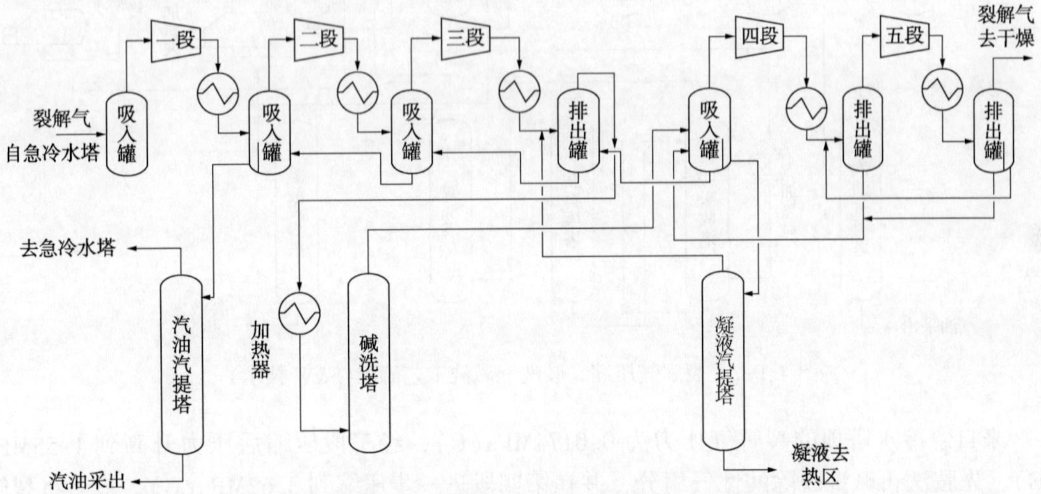


图4.1-1　裂解气压缩、碱洗工艺流程(SEI技术)

裂解气在干燥单元，除去水分，防止在下游低温设备中形成水合物。干燥是在含有两个干燥器的系统中进行，该系统由3A分子筛干燥剂组成的固定床构成。一个床层进行干燥操作，另一个床层进行再生后备用。

当气体通过干燥剂时，其水分被主床层吸附，主床层设计的操作周期暂定为48h。

湿度分析仪设置在主床层的底部，用来连续监测干燥器的性能，直到干燥周期结束。当检测到有水漏过时，工艺气体被切换到已完成再生的备用干燥器，被水饱和的干燥剂进行再生，供下一干燥周期使用。

2. Lummus 工艺

来自急冷水塔顶的裂解气经压缩，压力从0.03MPa(G)提高到3.7MPa(G)。裂解气压缩机采用五段压缩，为降低裂解气压缩机功率，段间采用一次循环水冷至38℃，在第三段和第四段之间，采用碱洗脱除裂解气中的酸性气体。

五段吸入罐和五段排出罐分离出的烃类液体送至凝液汽提塔，脱除乙烷和其他较轻的组分。塔顶物料返回四段吸入罐，塔底物料冷却后送往脱丙烷塔。三段排出罐的冷凝液先送回三段吸入罐，然后再送到汽油汽提塔。二段凝液的一部分也送到急冷水塔，以便在所有操作方式下都可以向汽油分馏塔提供回流，冷凝水则返回急冷水塔。

若后续深冷流程采用低压甲烷，五段出口需要设置洗苯塔，裂解气在洗苯塔中脱除苯，使其含量降低至 $2mL/m^3$ 以下，防止在深冷系统的温度下冻堵。脱苯后的裂解气经丙烯和脱乙烷塔进料冷却至 15℃后进入裂解气干燥器，干燥后继续送往后续深冷系统。

3. Stone & Webster 工艺

国内某 300kt/a 乙烯装置采用 Stone & Webster 公司的顺序分离技术，由于裂解原料中硫含量比较高，在压缩系统设置了胺洗工段。参见图 4.1-2。

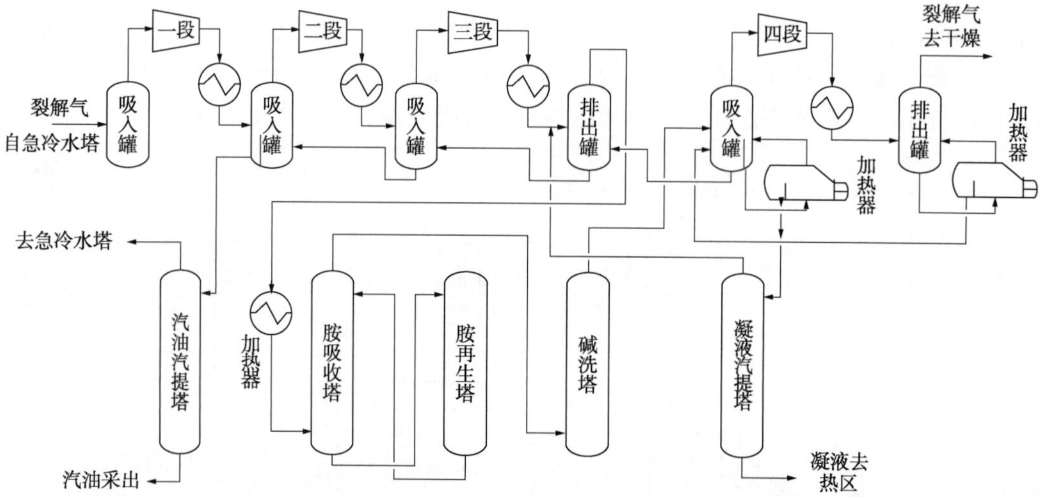


图 4.1-2 裂解气压缩、胺洗、碱洗工艺流程(S&W 技术)

来自急冷水塔顶的裂解气压力为 0.0174MPa(G)，经三段压缩后压力升高到 1.55MPa(G)，先胺洗再碱洗脱除酸性气组分，并在第四段进一步压缩到 3.62MPa(G)，最后将裂解气冷却到 15.6℃送入干燥器。

裂解气经每一段压缩后，都会进入气液分离罐，脱除冷凝下来的水和烃。第二段和第三段排出罐的冷凝液经闪蒸后分别返回第一段和第二段排出罐。

进入第一段排出罐的凝液被分为水相和油相，水相排至油水分离器。油相排至馏出物汽提塔。第四段排出罐的凝液在第四段凝液加热器中预热，并闪蒸返回第四段吸入罐。液体烃排入凝液汽提塔，水相则排往第二段排出罐。

裂解气压缩机为四段，用抽气-凝气式透平驱动。压缩机第一段吸入压力由透平控制器调节，对透平调速器进行微调。整个压缩系统防喘振回路为“三返一，四返四”。

压缩过程中，由于温度升高，裂解气易形成聚合物，并在压缩机内部聚集，降低设备能力。压缩机每段吸入口设置洗油注入措施。通过安装在吸入管线上的喷嘴喷入洗油，可以润滑压缩机机组的内件，防止聚合物聚集。

胺洗单元使用的浓度为 15%(质量)的一乙醇胺(MEA)溶液，控制指标见 4.1-2。

**表 4.1-2 胺洗单元的控制指标**

| 酸性气浓度/[mol($CO_2$+$H_2S$)/mol MEA] | | | |
|---|---|---|---|
| 贫胺液 | 0.112 | 富胺液 | 0.210 |

碱液为一次性使用，而胺液可以循环使用，脱酸单元采用胺洗加碱洗可以有效降低废碱液的生成量，但胺液中的微量固体杂质如氧化铁、硫化铁等对操作稳定性影响很大，容易引起塔盘堵塞、换热器结垢、溶剂发泡等故障，因此需要设置胺液净化设施，以保证系统的清洁。

4. 东方乙烯

来自急冷水塔顶的裂解气经压缩，压力从 0.03MPa(G)提高到 3.2MPa(G)。裂解气压缩机的进出口压力，由裂解选择性和"三机"功率优化所共同确定。裂解气压缩机出口压力增高，裂解气压缩机的功率随之升高，同时会降低制冷机组功率。

裂解气压缩机采用五段压缩，出口温度控制在 95℃之内，相比四段压缩，一方面可以节约能耗，另一方面可以减少聚合现象发生，实现长周期运行。

裂解气经三段压缩后碱洗，除去 $CO_2$ 和 $H_2S$，以避免酸性气进入深冷系统。碱洗塔包括两段碱洗和一段水洗。新鲜的碱液送到上部碱洗段，碱的浓度约为 10%～12%(质量)，碱液在循环中浓度维持在 8%(质量)。塔底和废碱液中的碱浓度约为 2%(质量)，碱液经独立的循环泵在两段内进行循环。新鲜的碱液在上段循环泵的入口处注入，补充量约为 10%～12%(质量)，新鲜碱液的浓度要越低越好，避免碱液在碱洗塔内结晶。

第五段压缩先经循环水冷却，然后被冷介质降低到合适的温度区间，如 12～15℃，在保证不生成水合物的前提下，尽量减少裂解气中的水分，以减轻裂解气干燥器的负荷。裂解气冷却后形成水相、液态烃和气态烃等三个物相。水相返回急冷水塔；液态烃闪蒸后，气相返回压缩机五段入口，液相进入凝液汽提塔，凝液汽提塔是一个脱乙烷塔，塔顶气相返回压缩机四段入口，塔底物料送至脱丙烷塔。该塔采用急冷水作为再沸器热源，可以减少送至脱甲烷系统的重组分，同时显著降低装置能耗；气态烃送至装有分子筛的两台干燥器系统，其中一台运转，另一台处于再生或备用状态。分子筛干燥剂将裂解气中的水分降至 $1mL/m^3$ 以下，以适应后面低温分馏系统的需要。

## 三、前脱丙烷流程前加氢

1. SEI 技术

(1) 流程简介

SEI 技术的前脱丙烷前加氢流程包括裂解气压缩、碱洗、干燥及前脱丙烷前加氢等几部分。裂解气压缩、碱洗和干燥主要包括裂解气前四段压缩、碱洗塔系统和裂解气干燥器及凝液干燥器(图 4.1-3)；前脱丙烷前加氢系统(图 4.1-4)主要包括高压脱丙烷塔系统、裂解气压缩机五段、碳二加氢反应器系统及低压脱丙烷塔系统。

1) 裂解气前四段压缩

自急冷水塔顶出来的约 40℃裂解气进入裂解气压缩系统，在进入裂解气压缩机一段之前，裂解气先经过裂解气压缩机一段吸入罐，分离气体中夹带的液滴。罐顶出来的裂解气进入裂解气压缩机一段，自一段压缩的裂解气在裂解气一段后冷器中用冷却水冷却到约 38℃后进入裂解气压缩机二段吸入罐，在二段吸入罐中分离出冷凝的烃和水。罐顶部的气体再进入裂解气压缩机，分别经过二、三、四段压缩。各段之间通过后冷器进行段间冷却至约 38℃，通过裂解气压缩机三段吸入罐、裂解气压缩机四段吸入罐和裂解气压缩机四段排出罐进行气液分离。自四段排出罐来的气体进入裂解气加热器用急冷水加热至约 45℃后

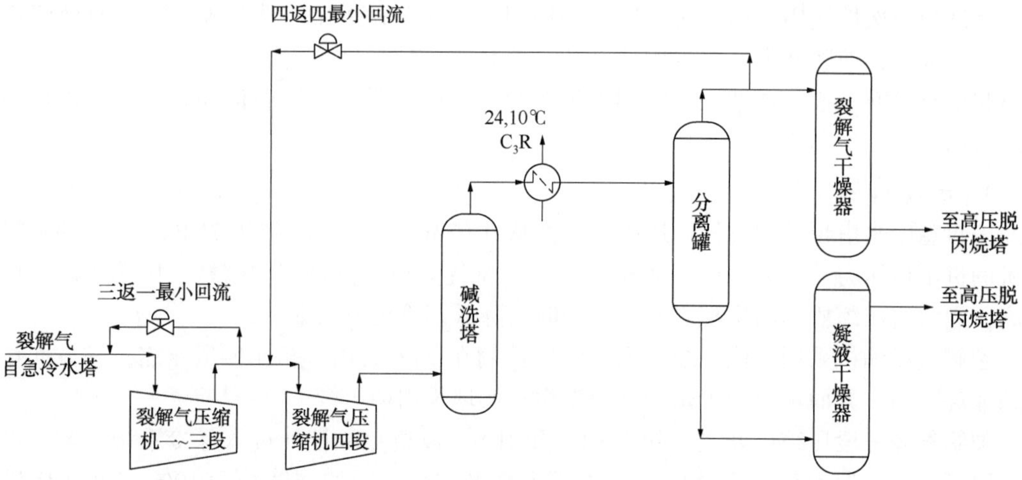


图 4.1-3　SEI 技术裂解气压缩、碱洗和干燥

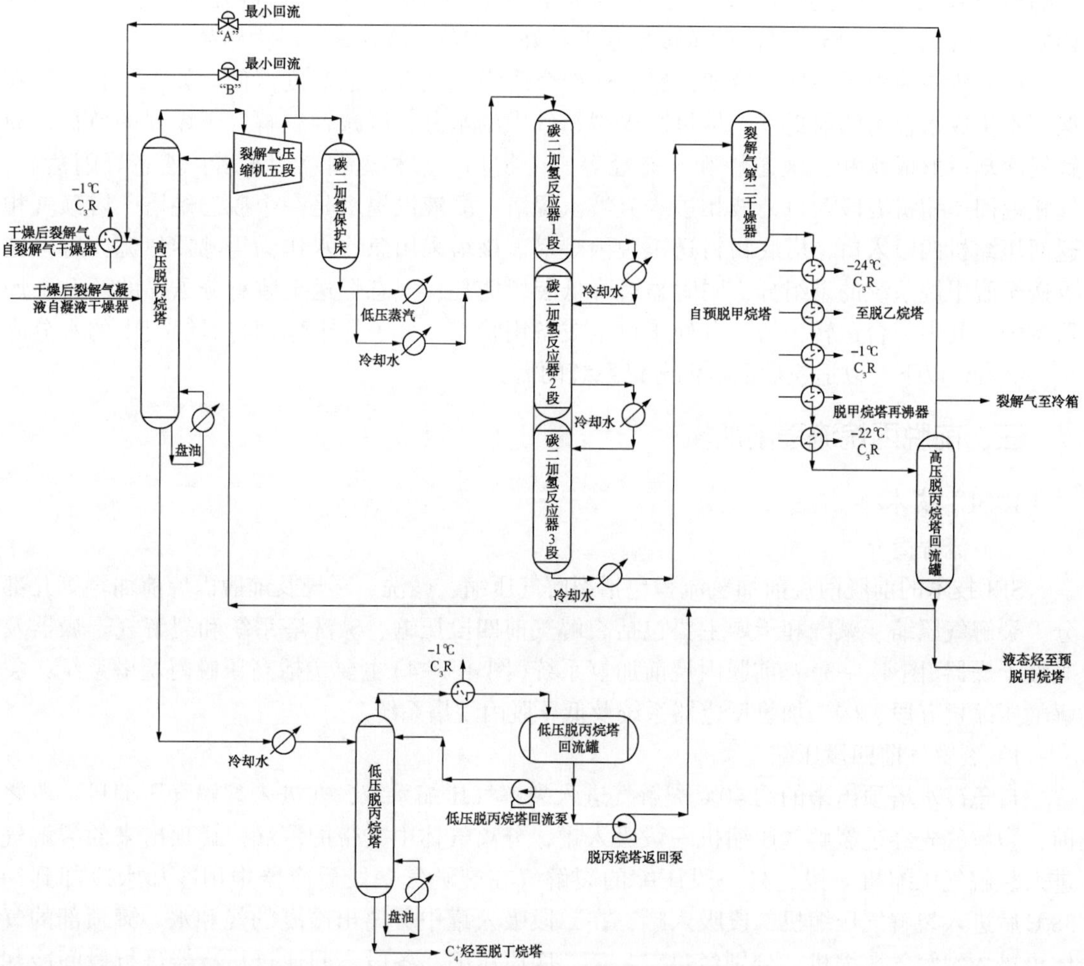


图 4.1-4　SEI 技术前脱丙烷前加氢系统

进入碱洗塔底部，除去裂解气中的$CO_2$、$H_2S$等酸性气体组分。碱洗塔顶部出来的裂解气通过碱洗塔顶物流1#冷却器和2#冷却器，分别用24℃丙烯冷剂和10℃丙烯冷剂冷却，气液混合物进入裂解气压缩机过冷器缓冲罐，在罐中分成三相即烃气体、烃液体和水。烃气体被送到裂解气干燥器，裂解气干燥器出口的裂解气送至高压脱丙烷塔，烃液体用泵送到烃凝液聚结器，然后进入凝液干燥器，再进入高压脱丙烷塔。

四段吸入罐、四段排出罐的液体和缓冲罐中的分离出来的水通过三段及二段吸入罐闪蒸。在二段吸入罐中将烃、水分离，烃液用泵送到汽油汽提塔，二段吸入罐中的水返回一段吸入罐，通过一段吸入罐底泵将一段吸入罐中的液体送回至急冷水塔。

2）碱洗塔系统

碱洗塔由四段组成，在塔的中部和底部分别用强碱、中碱和弱碱的循环碱液洗涤裂解气；顶部为水洗段，用来洗涤碱洗后的裂解气，以防止碱液被带到下游操作单元。裂解气进入碱洗塔的底部与循环的弱碱溶液逆向接触，在气体向上流动时，裂解气直接被循环的弱碱洗涤，除去其中的部分酸性气体，弱碱用弱碱循环泵循环。被弱碱洗涤后的裂解气向上进入中碱洗涤段用中碱洗涤除去其中的部分酸性气体，中碱由中碱循环泵循环。带有少量酸性气体的裂解气向上进入强碱洗涤段与循环的强碱溶液接触除去裂解气中剩余的酸性气体，强碱由强碱循环泵循环。碱洗塔顶部为水洗段，使用冷却后的裂解炉连续排污水以洗去夹带的碱。水洗还可以将裂解气冷却至接近烃的露点，以使离开碱洗塔前将过量的水汽除去。

碱洗塔底部的废碱与汽油通过在线混合器混合后送至废碱脱油罐，在废碱脱油罐中用汽油洗去废碱中的聚合物。洗涤过废碱的汽油进入废汽油罐，使用锅炉给水对废汽油中的废碱进行洗涤，废汽油罐出来的废碱液与废碱脱油罐出来的废碱液合并后进入废碱脱气罐。废碱脱气罐闪蒸出来的烃类气体回收至裂解气压缩机一段吸入罐或排放到火炬系统，废碱液最终通过废碱泵经液面控制送到废碱处理设施。

3）干燥

裂解气压缩机过冷器缓冲罐顶的裂解气进入裂解气干燥器，在裂解气干燥器中除去水分，防止在下游低温设备中形成水合物。裂解气压缩机过冷器缓冲罐底部的烃类由泵送至烃凝液聚结器后进入液相干燥器。裂解气干燥器和液相干燥器出口的裂解气和烃凝液分别进入高压脱丙烷塔。

4）干燥器再生系统

干燥器的再生系统由再生气进料加热器、再生气进出料换热器、再生气出料冷却器和再生气分离罐组成。干燥器的再生是由来自冷箱1#换热器的富甲烷尾气通过干燥器床层来实现的，先将冷箱1#换热器出口的冷再生气送入干燥器进行冷吹扫，干燥器出口的冷再生气返回至再生气分离罐。冷吹扫后进行热吹扫。热吹扫时再生气先经过再生气进出料换热器，被干燥器出口的热再生气加热，接着用高压蒸汽经过再生气进料加热器再加热至约235℃后进入干燥器进行再生。干燥器出口的热再生气，先经过再生气进出料换热器，与来自冷箱1#换热器的富甲烷尾气进行换热后，再经过再生气出料冷却器，用冷却水冷凝至约40℃后，进入再生气分离罐进行气液相分离。再生气分离罐顶的再生气送入燃料气系统，底部冷凝的液相返回至急冷水塔。

5）高压脱丙烷塔

脱丙烷塔系统的设计使裂解气中$C_3$及更轻组分和$C_4$及以上重组分在进入冷分离系统前

进行分离。脱丙烷塔系统包括高压脱丙烷塔和低压脱丙烷塔两个塔系。

高压脱丙烷塔有两股进料，一是来自裂解气干燥器出口的裂解气，在进料冷却器中经丙烯冷剂冷却后进入高压脱丙烷塔；另一股是来自液体干燥器的裂解气凝液。高压脱丙烷塔的再沸器采用盘油作为热源，塔釜出料经冷却水冷却后送入低压脱丙烷塔。

6）裂解气五段压缩和碳二加氢系统

裂解气压缩机的五段压缩与高压脱丙烷系统构成热泵。高压脱丙烷塔顶的气体进入裂解气压缩机五段进行压缩，压缩机出口的裂解气进入碳二加氢反应器系统。碳二加氢为前加氢系统，由三个体积相等的反应器串联组成，还有一台碳二加氢保护床，一台进料加热器，一台进料冷却器、两台中间冷却器和一台后冷器。该系统的主要作用是把裂解炉高温裂解时副产的乙炔通过催化加氢使之变成乙烯或乙烷，从而使乙烯产品的规格达标。另外该工艺也会把一些甲基乙炔(MA)和丙二烯(PD)加氢生成丙烯或丙烷。

高压脱丙烷塔顶气体经过裂解气压缩机五段压缩后，先进入碳二加氢保护床，保护床层有附着在氧化铝上的氧化铅颗粒，可以保护碳二加氢系统的钯系催化剂，使其避免发生砷中毒。保护床可不用再生，到其使用寿命后，应将床层催化剂倒入密闭容器中，在厂区外进行处理。

保护床出料经低压蒸汽加热/冷却水冷却后送至碳二加氢第一反应器。根据催化剂活性要求，反应器进料可选择加热或冷却，加热采用低压蒸汽，冷却采用冷却水，通过调节进入加热器/冷却器的流量来调节反应器入口温度。加氢反应是放热反应，第一反应器的出料在第一中间冷却器中经冷却水冷却，然后进入第二反应器。第二反应器出料在第二中间冷却器中经冷却水冷却，再进入第三反应器。第三反应器出料在后冷器中经冷却水冷却后，送至裂解气第二干燥器以脱除加氢反应时生成的微量水。碳二加氢反应器通常在厂区外进行催化剂再生，因此不需要设置备用反应器。反应器进料气体中有过量的氢气，因而不必再补入氢气。进料中氢分压较高，与传统的后加氢系统相比需要较低的操作温度，可允许较高的空速。绿油生产极少，大部分生产的绿油能随着回流物料一起返回至高压脱丙烷塔。

裂解气第二干燥器出口的裂解气首先用24℃丙烯冷剂冷却，然后用预脱甲烷塔釜液冷却，再用-1℃丙烯冷剂冷却，之后经脱甲烷塔再沸器冷凝，最后用-22℃丙烯冷剂进一步冷凝，进入高压脱丙烷塔回流罐。高压脱丙烷塔回流罐顶的裂解气进入冷分离单元，罐底部的液态烃一部分作为高压脱丙烷塔的回流，其余送至下游的预脱甲烷塔。

7）低压脱丙烷塔

低压脱丙烷塔塔顶冷却介质采用-1℃的丙烯冷剂，塔顶气体冷凝后进入低压脱丙烷塔回流罐，回流罐中一部分液相经回流泵送至低压脱丙烷塔作为回流，其余部分用脱丙烷塔返回泵送出，与高压脱丙烷塔回流罐底物料合并后一起作为高压脱丙烷塔的回流。低压脱丙烷塔再沸器采用盘油作为热源，备用再沸器用低压蒸汽加热，塔釜为 $C_4$ 及以上的重组分，送至下游的脱丁烷塔。

(2) 操作变量及控制

1）裂解气前四段压缩

裂解气压缩机的前四段中每段都是由一个吸入罐、压缩机和后冷器所组成。气体首先在前四段进行压缩，每一段之后都进行冷却和凝液分离。前四段冷凝下来的凝液，通过液位控制逐级返回至前一段，最终返回至裂解气压缩机一段吸入罐。裂解气压缩机一段吸入罐中冷凝下的水由泵通过液位控制送至急冷水塔。在裂解气压缩机二段吸入罐中，水和烃是可以分离的。分离出的水通过界面液位控制返回裂解气压缩机一段吸入罐中；分离出的烃由泵通过液位和流量的串级控制返回至汽油汽提塔。

前四段的最小流量测量和控制分成两部分：一部分是通过三段排出返回一段吸入的回流来控制前三段的流量，该最小流量旁路是在三段排出的位置进行流量控制；另一部分回流是在裂解气压缩机过冷器缓冲罐顶的位置通过流量控制返回至裂解气压缩机的四段吸入。在压缩机运行的整个过程中最小流量返回旁路不能受阻。

2）碱洗塔系统

裂解气压缩机四段排出的裂解气被急冷水加热至大约45℃后送入碱洗塔底部弱碱段，通过塔顶部水洗段下方温度和急冷水出口流量串级控制调节急冷水用量。在碱洗塔最下面一段循环碱的浓度大约为2%(质量)，可以去掉大约90%~95%的酸性气体，弱碱段碱液的循环量可以就地测量并可以进行手动调节；之后裂解气经过上面一层碱洗段(中碱段)，此段碱的浓度大约在7%(质量)，在这一段可以基本将残留的所有酸性气体都脱除掉，此段碱液的循环量可以就地测量并可以手动调节；裂解气继续通过强碱段进行洗涤，去掉微量的酸性气体并使酸性气体含量达到最终乙烯产品的规格要求，强碱段碱液的循环量也可以就地测量并可以进行手动调节；最后裂解气会通过最上面的水洗段将碱液洗掉。塔顶裂解气出料管线上装有在线分析仪用来检测 $H_2S$ 和 $CO_2$ 的含量。

从界区来的新鲜碱液通过高液位超驰流量控制间断注入至新鲜碱储罐，新鲜碱由碱液进料泵连续注入至强碱循环泵的入口。碱洗塔顶部水洗段中过量的洗涤水与新鲜碱的流量通过比例控制，将新鲜碱的浓度稀释至10%(质量)后注入强碱循环泵中，强碱段的少量碱液通过降液管溢流至中碱洗涤段(填料段)。水洗段液位与稀释新鲜碱的洗涤水流量采用低液位超驰控制，以防止水洗段液位过低。来自炉区的连排污水作为洗涤水通过流量控制送入碱洗塔水洗段的顶部。如果水洗段的洗涤水量不足，不能将碱稀释至10%(质量)，则用炉区的连排污水稀释碱，同样采用流量比例控制。如果碱洗塔顶部水洗段洗涤水过量，则需通过液位控制将水排至界区外的废碱氧化单元处理。

强碱段的少量碱液通过降液管溢流至中碱段，中碱段的少量碱液通过降液管溢流至弱碱段，此溢流速度近似等于碱液补充速度。弱碱段的底部由挡板隔成两部分，循环液体流入较大的部分作为弱碱循环泵入口的进料，与碱液补充速度基本相等的一定量的废碱液和黄油一起溢流到挡板的另一侧较小的部分。通过界面液位计检测黄油的生成量，以便定期将黄油排至黄油罐。一旦检测到黄油开始产生，则通过塔釜分隔室上的平板将黄油撇出并定期送至黄油罐，以防止结垢。

废碱液通过液位流量串级控制送至废碱脱油罐。在进入废碱脱油罐前，废碱与洗涤汽油用流量比例控制进行混合，并与废碱脱油罐底的循环汽油经过混合器混合。废碱脱油罐是一个卧式罐，分为三个分隔室。碱和汽油的混合物进入第一个分隔室后，一些重组分或固体沉淀物将沉淀下来，碱和汽油通过隔板溢流至第二个分隔室中。在第二个分隔室中，经过沉降静置分层，碱被沉淀下来，汽油通过隔板溢流至第三个分隔室中。被分离出的碱通过液位控制被送至废碱脱气罐中。汽油分为两部分：一部分作为循环，由循环汽油泵通过泵出口流量控制，返回至废碱脱油罐入口；另一部分汽油，通过液位流量串级控制，并与洗涤水(高压锅炉给水)按流量比例控制在混合器中混合后送至废汽油罐。洗涤水通过压力控制，在与汽油混合前在锅炉给水冷却器中用冷却水冷却。保持废碱脱油罐压力的稳定是由压力分程控制实现的。从碱洗塔进料线上引一根裂解气管线作为保压线，压力低时通入裂解气，压力高时将气体排至废碱脱气罐中。

废汽油罐也是一个卧式罐，分为两个分隔室。碱液和汽油的混合物进入第一个分隔室后，经过沉降静置分层，碱液被沉淀下来，汽油通过隔板溢流至第二个分隔室中。被分离出的碱液通过液位控制被送至废碱脱气罐中。汽油通过液位控制返回至急冷油塔中，或者根据需要送往界区外的污油罐。保持废汽油罐压力的稳定也是由压力分程控制来实现的。从碱洗塔进料线上引一根裂解气管线作为保压线，压力低时补入裂解气，压力高时将气体返回至裂解气压缩机三段吸入罐中，或排放至火炬系统。

废碱脱气罐底部的废碱液，在液位控制下，由罐底废碱输送泵送至废碱氧化单元进行进一步处理。废碱脱气罐的压力通过压力控制阀进行控制，当压力升高时，可返回至裂解气压缩机一段吸入罐中，或排放至火炬系统。

3）干燥系统

碱洗塔顶的裂解气先用24℃丙烯冷剂冷凝至30℃，再用10℃丙烯冷剂冷凝至13℃后进入裂解气压缩机过冷器缓冲罐。丙烯冷剂的流量通过釜式换热器壳程丙烯的液位进行控制。冷却后的裂解气温度与10℃的丙烯冷剂出口的压力进行串级控制，用以控制该丙烯冷剂的出口流量。

裂解气压缩机过冷器缓冲罐顶部的裂解气从干燥器的顶部进入，自上而下流动；再生过程再生气则为下进上出。干燥是在含有两个干燥器的系统中进行，该系统由3A分子筛干燥剂组成的固定床构成，一个床层进行干燥操作，第二个床层进行再生后备用。裂解气干燥器在DCS系统中采用顺序控制，并在SIS系统中设置了阀位联锁，以防止再生气进料阀门、泄压阀门和裂解气主阀门同时打开。每台干燥器底部靠近出料位置和裂解气出料管线上均设置了在线水分析仪，以监测床层是否被水分穿透。当干燥器达到“设定干燥时间”或水分析仪达到设定值后，需立即投用备用干燥器，切出在线干燥器。切出的在线干燥器需立即泄压，再生，充压后备用。

在裂解气压缩机过冷器缓冲罐底部，有一块挡板，将底部分隔成两部分。被冷凝下来的水相和烃相经过静置分层，烃类从挡板处溢流至另一个分隔室。水相通过界面液位控制返回至裂解气压缩机四段吸入罐中；烃类则由泵送至烃凝液聚结器，通过裂解气压缩机过冷器缓冲罐液位和流量的串级控制来调节送往高压脱丙烷塔的烃凝液流量。

裂解气凝液从凝液干燥器的底部进入，自下而上流动；再生过程再生气则为上进下出。烃凝液的干燥也是在含有两个干燥器的系统中进行的，该系统由3A分子筛干燥剂组成的固定床构成，一个床层进行干燥操作，第二个床层进行再生后备用。烃凝液干燥器同样在DCS系统中采用顺序控制，并在SIS系统中设置了阀位联锁，以防止再生气进料阀门、倒液阀门、泄压阀门和裂解气凝液主阀门同时打开。每台干燥器顶部靠近出料位置和裂解气凝液出料管线上均设置了在线水分析仪，以监测床层是否被水穿透。当干燥器达到“设定干燥时间”或水分析仪达到设定值后，需立即投用备用干燥器，切出在线干燥器。切出的在线干燥器需立即排液，泄压，再生，充压，充液后备用。

4）干燥器再生系统

进入干燥器的再生气流量是通过冷再生气管线上的流量进行控制的，而进入干燥器的再生气温度则是通过混入热再生气的温度控制来实现的。用再生气进料加热器出口的热再生气温度来控制进入加热器的高压蒸汽流量。干燥器床层再生过程结束后，通过降低热/冷再生气流量的比例来降低再生气的出口温度，使干燥器冷却下来，并保持再生气总流量不变。干燥器的正常操作及再生过程是通过顺序控制来实现的。

再生气分离罐底部凝液通过液位控制返回至急冷水塔。

5）高低压脱丙烷塔系统

前脱丙烷部分包括两个塔系统，分别在不同的压力下操作。高压脱丙烷塔塔顶压力约为1.37MPa(G)，低压脱丙烷塔塔顶压力约为0.64MPa(G)。这样可以降低提馏段的温度，使塔釜的操作温度均低于80℃，缓解了仅使用单一塔系存在的结焦问题，并把高、低压脱丙烷塔内的结焦程度降到了最低。同时，通过减少进入裂解气压缩机五段、碳二加氢反应器及第二干燥器及回流冷凝器进塔的回流量，大大节省冷剂用量，从而达到节能目的。

裂解气干燥器出口13.5℃的裂解气，经-1℃的丙烯冷剂冷却至2℃左右进入高压脱丙烷塔，丙烯冷剂的用量通过换热器丙烯冷剂侧的液位来进行控制。

高压脱丙烷塔灵敏板的温度与再沸器加热介质盘油的流量进行串级控制，根据设定值对盘油的流量进行调节。

高压脱丙烷塔塔釜出料通过塔釜液位与塔釜出料流量串级控制进行调节，送至低压脱丙烷塔。

高压脱丙烷塔回流冷却器和冷凝器分别用24℃、-1℃和-22℃的丙烯冷剂将加氢后的高压脱丙烷塔塔顶物料冷凝到适当的温度。丙烯冷剂的流量通过冷却器和冷凝器的丙烯冷剂侧液位进行控制。预脱甲烷塔釜部分液体减压后冷却碳二加氢后的裂解气，之后送至脱乙烷塔。高压脱丙烷塔回流冷却器裂解气侧的出口温度串级控制预脱甲烷塔的釜液流量。

高压脱丙烷塔回流罐顶部超压时，可通过压力控制器排至火炬。罐底一部分液态烃通过流量控制作为高压脱丙烷塔的回流，其余液态烃在回流罐液位和流量的串级控制下送至下游预脱甲烷塔。

低压脱丙烷塔的塔顶出料在塔顶冷凝器中用-1℃的丙烯冷剂完全冷凝，同时作为高、低压脱丙烷塔的回流。调节低压脱丙烷塔冷凝器的丙烯冷剂用量来控制塔顶压力，同时用丙烯冷剂侧的液位进行高液位超驰控制。通过回流罐顶压力控制器将低压脱丙烷塔回流罐中的不凝气排到裂解气压缩机三段吸入罐。

低压脱丙烷塔回流罐底出料的一部分在回流罐液位和脱丙烷塔返回泵出口流量串级控制下送到高压脱丙烷塔，其余部分的出料在流量控制下作为低压脱丙烷塔的回流。

低压脱丙烷塔灵敏板的温度与再沸器加热介质盘油的流量进行串级控制，根据设定值对盘油的流量进行调节。

低压脱丙烷塔的塔釜出料通过塔釜液位与塔釜出料流量串级控制进行调节，送至脱丁烷塔。

为满足$C_3$产品的规格，需严格控制高压脱丙烷塔塔顶$C_4$的含量，因此塔顶设置有在线分析仪，通过调整操作尽量将塔顶中$C_4$的量降至最低。同时，低压脱丙烷塔塔釜出料线上设置有在线分析仪，用以监控塔釜$C_3$的含量。

6）裂解气压缩机“五返五”最小流量控制

裂解气压缩机第五段的最小流量测量和控制分为两部分，通过压缩机控制系统(CCS)实现。一部分从五段出口直接通过最小流量阀“B”阀返回至高压脱丙烷塔；另一部分从高

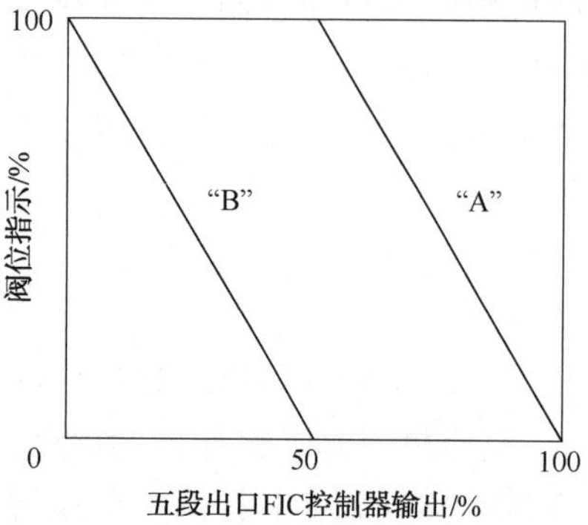


图 4.1-5　裂解气压缩机五段防喘阀控制

压脱丙烷塔回流罐顶气相出口通过最小流量阀"A"阀返回至高压脱丙烷塔。当压缩机发生喘振时，先打开"A"阀，使碳二加氢反应器尽量维持在一定的空速，若打开"A"阀后仍不能满足压缩机五段的最小流量要求，再打开"B"阀，以保护压缩机远离喘振区域。两个阀门的阀位指示与五段出口流量的调节关系见图 4.1-5。

7）碳二加氢反应器

裂解炉高温裂解副产乙炔，聚合级乙烯产品的规格要求裂解气必须脱除乙炔。可以通过催化加氢使之转化为乙烯或乙烷。我们希望发生的反应为乙炔加氢变成乙烯，丙炔和丙二烯加氢变成丙烯，丁二烯加氢变成丁烯，而不希望发生的反应有乙烯、丙烯分别加氢变成乙烷和丙烷。因此碳二加氢的操作应该促使主反应发生，同时尽可能抑制副反应的发生。催化剂的选择性主要受温度的影响，高反应温度可提高催化剂的活性但同时降低了催化剂的选择性。因此，应采用尽可能低的反应温度，这样既可达到乙炔所需的转化率，也使乙烯损失最少。由于是前加氢反应器，物料中含有足够的一氧化碳，与后加氢反应器不同，可以不用连续注入一氧化碳，仅在开车过程中注入即可以满足需求。

操作初期(SOR)的催化剂是新鲜或者刚刚经过再生，第一段反应器的入口温度约为60℃。操作末期(EOR)的催化剂老化活性有所降低。为了补偿催化剂的活性，需要将第一段反应器入口温度提高到约90℃，此时第一段反应器的进料需要采用低压蒸汽加热。随着反应温度的提高，副反应变得更加显著，进一步降低了催化剂的选择性。进料换热器采用温度的分程控制，进料加热器入口温度控制阀为"A"阀，进料冷却器入口温度控制阀为"B"阀，通过调节进入加热器及冷却器的裂解气流量来调节进料温度。两个控制阀的阀位指示与反应器入口温度的调节关系见图 4.1-6。

第一段和第二段反应器出料均设有中间冷却器，用冷却水冷却后分别进入第二段和第三段反应器。第二段和第三段反应器的进料温度通过温度控制器分别调节第一段和第二段中间冷却器旁路的流量实现。中间冷却器入口温度控制阀为"A"阀，旁路阀为"B"阀，采用温度的分程控制。两个阀门的阀位指示与中间冷却器出口温度的调节关系见图 4.1-7。

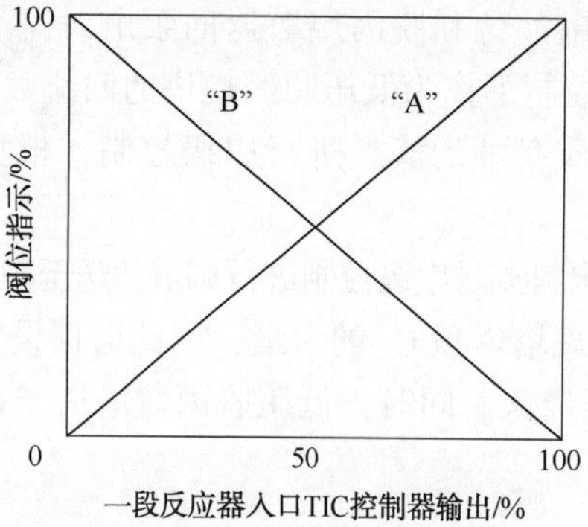


图 4.1-6　碳二加氢反应器入口温度控制

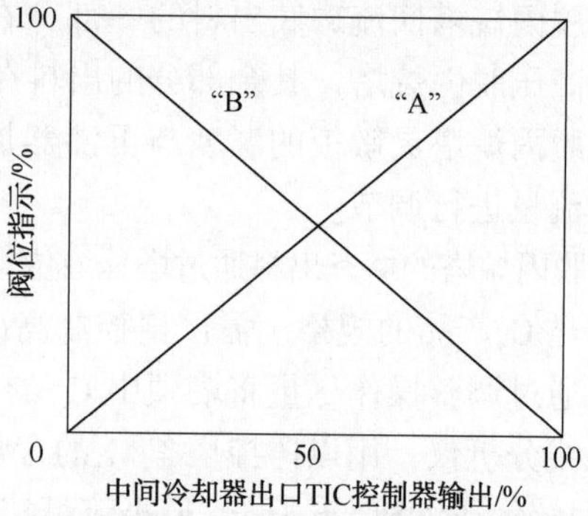


图 4.1-7　碳二加氢反应器中间冷却器出口温度控制

如上所述，乙炔加氢最关键的操作参数是裂解气进入每段催化剂床层的温度，反应操作主要是通过反应温度来进行控制的。尤其是第一段床层的温度，为了收到最好的效果，床层入口的温度必须尽量保持在出口炔烃含量满足工艺需要的最低温度。每段反应床层设有四层热电偶套管，每层中有三个套管，每个套管中有两个热电偶，共计24个测温点，每段反应器出口有一个测温点。碳二加氢反应器设有高温报警和高高温停车联锁。高高温停车联锁触发后，自动关闭碳二加氢反应器进料和出料联锁切断阀，将碳二加氢系统中物料排放至火炬，此时物料将通过碳二加氢反应器旁路直接进入裂解气第二干燥器。每段床层的12个测温点分布在四个不同的床层高度上，尽可能监控不同床层高度的温度以检测局部的过热点。反应床层温度分布可作为反应进行程度的指示。对于理想的反应，温差应随床层高度均匀分布。一定高度间隔床层的温差较小，说明几乎没有反应发生或催化剂没有足够的活性，必须提高反应器入口温度。另外，床层的温差较大，说明反应速度过高而且可能有过多的乙烯转化为乙烷。正确的操作应降低温度以提高催化剂的选择性，同时监测对反应器出口乙炔含量的影响。测量变量和控制变量的相互作用有很重要的关系，必须正确理解这一关系以适应加氢反应控制的要求。

碳二加氢反应器中发生的反应是放热反应，如果物料中的氢气过量，有可能导致飞温。有三个工艺变量可导致飞温。如果操作人员没有及时采取适当措施，将会自动触发反应器停车系统。此外，系统开车时最可能发生飞温。

① 过快提高反应器入口温度可导致飞温。刚投用新鲜的催化剂时，反应的初始温度应设在45℃左右(具体根据催化剂厂商的要求)。随着进口温度的缓慢提高，操作人员应密切关注表明反应开始的反应器床层的温升。

② 通过催化剂床层的流量过低会使床层产生局部过热点并导致飞温。应在低于反应起始温度、全流量下将反应器接入系统。

③ 裂解炉出料中CO含量的变化对反应操作有着重要的影响。CO对加氢反应有抑制作用，CO含量较高时，为维持反应需要较高的反应器入口温度。当出现任何可能导致裂解炉出料中CO含量发生变化的工况时，裂解炉岗位操作人员必须立即通知碳二加氢岗位操作人员以采取适当措施。

8）裂解气第二干燥器

在碳二加氢反应器下游设置了裂解气第二干燥器以防止加氢反应过程中生成的微量的水带入至后续系统，避免下游设备发生水合物堵塞的现象。第二干燥器为一开一备，一台操作，一台再生或备用，干燥过程中裂解气上进下出，再生过程中再生气下进上出，第二干燥器与裂解气干燥器共用一个再生系统。第二干燥器在DCS系统中采用顺序控制，并在SIS系统中设置了阀位联锁，以防止再生气进料阀门、泄压阀门和裂解气主阀门同时打开。每台干燥器底部靠近出料位置和裂解气出料管线上均设置了在线水分析仪，以监测床层是否被水穿透。当干燥器达到“设定干燥时间”或水分析仪达到设定值后，需立即投用备用干燥器，切出在线干燥器。切出的在线干燥器需立即泄压，再生，充压后备用。

## 2. KBR 技术

KBR前脱丙烷流程的裂解气压缩系统采用四段压缩，高、低压双塔脱丙烷。高压脱丙烷塔设置在裂解气压缩机三段和四段之间，四段压缩进口气为高压脱丙烷塔顶气体，仅含有$C_3$及$C_3$轻组分，没有结焦的问题，因此压缩机四段的出口温度可以不受限制，并且由于高压脱丙烷塔顶温度较低，相应四段出口温度也低，因此压缩机四段的压比可以较大。同时 KBR 的前脱丙烷流程尽量降低了高压脱丙烷塔的操作压力，使前三段压缩的压比尽量低，压缩机采用注水技术，降低压缩机前三段的出口温度。碳二加氢位于四段压缩出口。

图 4.1-8 为 KBR 技术前脱丙烷四段压缩工艺流程。

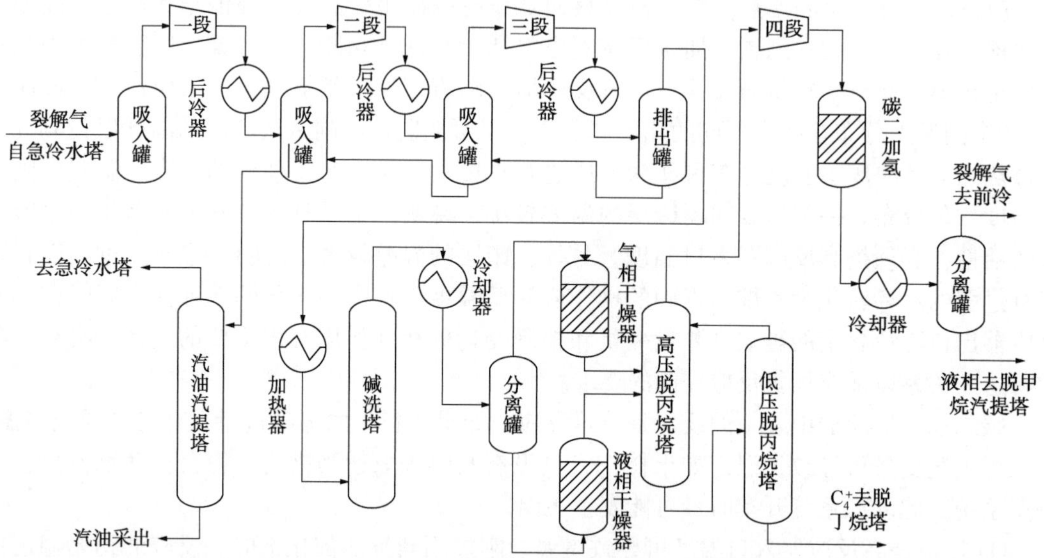


图 4.1-8　KBR 技术前脱丙烷四段压缩工艺流程

来自急冷水塔顶的裂解气进入裂解气压缩机一段吸入罐，在裂解气压缩机中进行压缩。裂解气压缩机是四段压缩，由可调速的蒸汽透平驱动。压缩机前三段设置注水系统来控制裂解气的排出温度，同时为了抑制压缩机的结垢现象，在前三段注入洗油。

裂解气压缩机一段吸入罐顶的裂解气进入压缩机一段，罐底冷凝水返回急冷水塔。压缩机一段出口裂解气在一段后冷器中用循环冷却水冷却，冷却后的裂解气进入二段吸入罐，在二段吸入罐水和烃液进行分离，冷凝的烃液送入汽油汽提塔，水相则返回一段吸入罐。汽油汽提塔把裂解气压缩机段间冷凝的粗汽油中的 $C_4$ 及其他轻组分汽提出来，塔顶物料返回急冷水塔。汽油汽提塔再沸器使用盘油作为热源，塔底物料由汽油汽提塔釜泵送出，和脱丁烷塔塔釜的粗裂解汽油合并后作为产品送出。二段吸入罐顶部气相经压缩后进入二段后冷器中用循环冷却水冷却，冷却后的裂解气进入裂解气压缩机三段吸入罐进行气液分离，液相返回二段吸入罐，三段吸入罐罐顶裂解气进入压缩机三段，经压缩后进入三段后冷器中用循环冷却水冷却，冷却后的裂解气进入压缩机三段排出罐气液分离，液相返回压缩机三段吸入罐，裂解气继续进行脱酸性气处理。

裂解气的酸性气脱除是通过碱洗塔系统实现的。碱洗塔由三个碱洗循环段和一个水洗段组成，用来脱除裂解气中的 $CO_2$ 和 $H_2S$，碱洗塔的设计能把 $CO_2$ 和 $H_2S$ 降低到聚合级乙烯产品规格的要求。裂解气从碱洗塔底部进入，依次与弱碱段、中碱段、强碱段接触，然后到达塔顶的水洗段，裂解气中夹带的碱液在水洗段脱除，为了防止氧气进入该系统，水洗段使用冷却后的锅炉给水作为洗涤水和 20%(质量，下同)新鲜碱液稀释为 10%碱液的稀释用水。碱洗塔的补充碱液是来自界区外浓度为 20%碱液，这些碱液从界外进入 20%碱液缓冲罐，通过碱液补充泵把 20%的碱液送到强碱循环泵的出口，这部分碱液在强碱段通过与水洗段下来的水混合后稀释到10%。为了防止裂解气中的烃类在碱洗塔中冷凝，裂解气进入碱洗塔前需要在碱洗塔进料加热器中预热到烃类露点5~10℃以上，这样可以减少聚合物的生成和结垢。含有一些冷凝烃类的废碱液在塔釜隔板位置溢流，然后在塔釜液位控制下进入碱液分离罐。在碱液分离罐中，含1%~2%NaOH的废碱液用裂解汽油进行洗涤，除去其中的烃类聚合物。从碱液分离罐来的废汽油进入废汽油分离罐，在废汽油分离罐中用来自稀释蒸汽罐的排污水对废汽油进行洗涤，废碱液在界面控制下进入废碱脱气罐进行脱气，废汽油通过废汽油泵送至界外污油罐。

碱洗塔塔顶气体在干燥器进料冷却器中用7℃丙烯冷剂冷却，裂解气从冷却器出来进入干燥器进料分离罐，冷凝的液体在此罐中被分离出来，裂解气中的大部分水在罐中冷凝并分离出来，这样就降低了后续干燥器的负荷，在罐底设置有隔板，把烃类和水相分开，冷凝的烃类在液位控制下返回裂解气压缩机三段吸入罐，水相则在界面控制下进入废碱脱气罐。

从干燥器进料气液分离罐出来的裂解气进入裂解气干燥器中进行干燥，防止在后续的低温操作中发生结冰以及形成结晶水合物。裂解气干燥器设置一开一备，一台在线投用、一台再生备用，循环操作。每台干燥器有48h在线运行和4h保护时间的干燥剂床层，在两层之间设置有水含量在线分析仪，当干燥剂接近最大吸水量时一个周期结束，干燥后的裂解气进入高压脱丙烷塔进料冷却器。

由高压脱丙烷塔、低压脱丙烷塔构成的双塔脱丙烷系统用来脱除裂解气中的碳四和更重组分，采用双塔系统的设计可以显著降低塔釜再沸器的操作温度，以减少结垢现象的发生。

来自裂解气干燥器的裂解气在高压脱丙烷塔进料冷却器中用-15℃的丙烯冷剂冷却后进入高压脱丙烷塔，高压脱丙烷塔要保证塔顶的碳四及更重组分含量合格，含有部分碳三的物料从塔釜抽出，用来降低塔釜温度，以便可以利用急冷水作为热源加热高压脱丙烷塔再沸器。

高压脱丙烷塔顶气体在裂解气压缩机四段被压缩后去加氢脱炔。塔釜物料进入低压脱丙烷塔，低压脱丙烷塔实现$C_3/C_4$的最终分离，使$C_4$中的$C_3$含量满足要求，低压脱丙烷塔塔顶物料在塔顶冷凝器中用7℃丙烯冷剂冷凝，然后进入低压脱丙烷塔回流罐，回流罐的凝液经过回流泵增压后，一部分液体作为低压脱丙烷塔回流，另一部分液体则被送到高压脱丙烷塔作为回流。

来自压缩机四段的裂解气进入乙炔加氢反应器进料预热器中用低压蒸汽加热后送入乙炔加氢反应器。乙炔加氢反应器由三段床层和一系列冷却水换热器组成，乙炔反应器段间$1^{\#}$和$2^{\#}$冷却器在床层中间，在裂解气通过反应器床层的过程中发生加氢反应，裂解气中含有乙炔加氢所需的过量氢气，同时高分压的氢气可以降低反应温度，从而提高乙炔加氢生成乙烯的选择性。乙炔加氢反应器最重要的操作参数就是进入各催化剂床层的温度，为了得到更好的性能，在出口乙炔含量合格的前提下，床层入口温度应尽量低，乙炔反应器附属的换热器可以应对各种工况，如开车、波动、运行初期、运行末期。为应对开车和生产波动，反应器设置了全流量旁路。反应器出口物料在乙炔反应器出口$1^{\#}$冷却器中冷却，这个冷却器的设计能力可以在反应器温度偏离时提供较高的冷却负荷，冷却后的裂解气从乙炔反应器流出物$1^{\#}$冷却器出来之后进入第二干燥器。

从乙炔加氢反应器出口1#冷却器来的裂解气在第二干燥器中进行干燥，因为在乙炔反应器来的进料中，只有痕量的水分，因此这个干燥器不需要经常再生。设计基准是以入口物料水含量35mL/m³，连续运行96h，外加4h保护层，不设置备用干燥器。在靠近干燥剂床层底部处设置水含量在线分析仪以进行床层穿透与否的实时监测，干燥器设置有全流量旁路，干燥后的气体从第二干燥器出来进入乙炔加氢反应器出口2#冷却器。

从第二干燥器来的裂解气在一系列冷却流程中部分冷凝，这个冷却流程包括乙炔反应器出口2#冷却器、乙炔反应器出口3#冷却器、乙炔反应器出口4#冷却器，这些冷却器依次使用7℃丙烯冷剂、脱甲烷汽提塔塔釜流出物、-15℃丙烯冷剂，冷却后的物料进入高压脱丙烷塔回流罐。在高压脱丙烷塔回流罐中进行气相和液相的分离，液相中的一部分作为高压脱丙烷塔的回流，另一部分与罐顶气相都送往下游的前冷系统做进一步分离。

3. LUMMUS技术

LUMMUS公司的前脱丙烷流程一般采用低压深冷技术，裂解气压缩机出口压力在2.5MPa(G)左右，可以采用三段压缩或四段压缩，压缩机总功率比其他专利商要降低很多。此外如果采用三段压缩的话，从传统的三缸改为两缸，可有效降低压缩机系统的投资。三段压缩是LUMMUS公司在海外项目中的主推流程，但是在国内由于业主要求，目前还是采用比较传统的四段三缸流程。下面以四段压缩为例介绍LUMMUS前脱丙烷压缩流程(图4.1-9)。

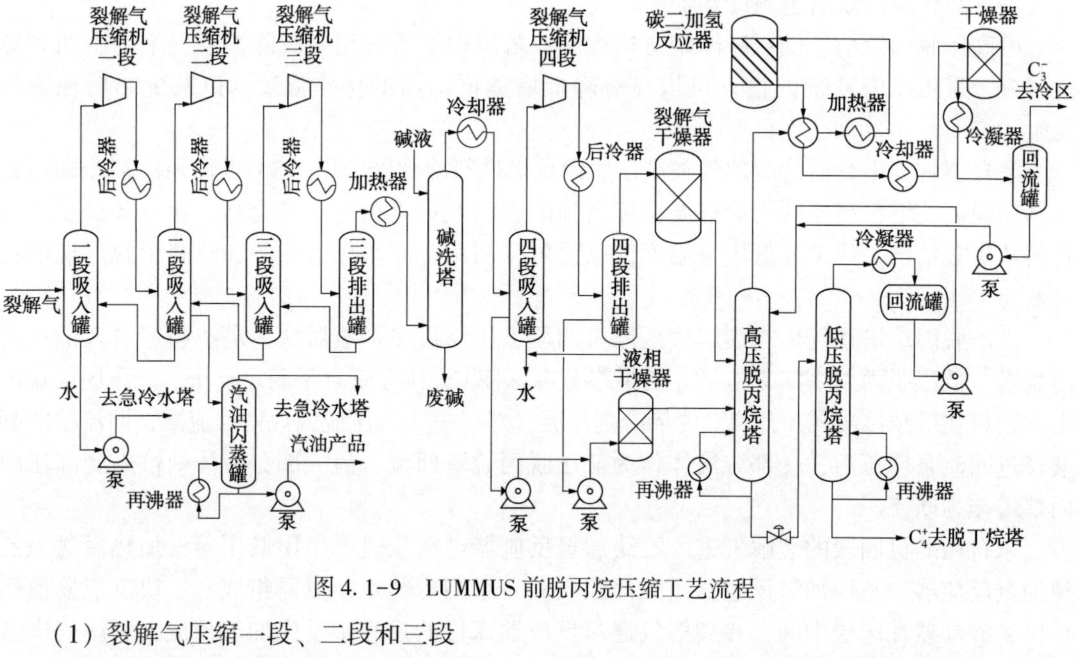


图4.1-9　LUMMUS前脱丙烷压缩工艺流程

(1) 裂解气压缩一段、二段和三段

自急冷水塔顶出来的裂解气进入裂解气压缩机一段吸入罐。罐底用泵将收集的油水送到急冷水塔。罐顶气相进入压缩机一段。裂解气压缩机由超高压蒸汽透平驱动。注入锅炉给水(BFW)以保持出口温度低于90℃，降低结垢风险。根据需要在压缩机各段分别注入洗油来冲洗转子。

一段出口的压缩气体在一段后冷器中用循环冷却水冷却，之后进入裂解气压缩机二段吸入罐。从低压脱丙烷塔回流罐以及下游装置返回的尾气汇入二段吸入罐的进料管线。

二段吸入罐收集的冷凝烃类进入中间汽油闪蒸罐，使用低压蒸汽将轻组分汽化并返回急冷水塔，汽化温度与低压蒸汽的流量进行串级控制。罐底物料(中间汽油)用泵加压后分为两股，一股在流量控制下返回急冷水塔，另一股由罐的液位串级控制流量并与急冷水塔底出来的重汽油产品混合，用循环冷却水冷却后送界外储存。二段吸入罐分离出来的水相在界面控制下返回一段吸入罐。二段吸入罐顶出来的气相进入裂解气压缩机二段。

二段出口的压缩气体在二段后冷器中用循环冷却水冷却，之后进入裂解气压缩机三段吸入罐。从丙烯塔回流罐和下游装置返回的尾气以及富乙烯气等汇入三段吸入罐进料管线。

三段吸入罐收集的烃液和水返回至二段吸入罐。三段吸入罐顶出来的气相进入裂解气压缩机三段。

三段出口的压缩气体在三段后冷器中用循环冷却水冷却，之后进入裂解气压缩机三段排出罐。不合格乙烯、不合格丙烯气相返回线以及一些下游装置返回的尾气汇入三段排出罐进料管线。

(2) 酸性气体的脱除(碱洗)

三段排出罐出来的裂解气经过碱洗塔进料加热器，用急冷水加热到45℃后送到碱洗塔。加热的目的是防止烃类冷凝产生黄油和发生结垢现象。但是也不宜高于这个温度，因为较高的温度会造成盐类的沉淀并发生堵塞。

加热后的裂解气从碱洗塔底部进入，首先经过弱碱段，该段利用弱碱循环泵强制弱碱循环并将裂解气中酸性气($H_2S$ 和 $CO_2$)洗涤并脱除。酸性气与碱反应生成硫化钠和碳酸钠，与剩余未发生反应的氢氧化钠和水一起作为废碱液从塔釜排出去废碱预处理。经弱碱段洗涤后的裂解气继续向上依次经过中碱段和强碱段，分别利用中碱循环泵和强碱循环泵强制碱液循环并进一步将裂解气中酸性气洗涤并脱除。在经过强碱段后，裂解气中的酸性气指标已经可以满足聚合级乙烯产品的规格要求。在脱除了酸性气的裂解气离开碱洗塔之前，最后还要经过塔顶的水洗段，以保证进入下游的裂解气不会夹带碱。洗涤水使用经冷却后的裂解炉连排水。洗涤后的废水从水洗段底部排出，一部分用于稀释新鲜碱液，配制适宜浓度的强碱段碱液，另一部分送至废碱预处理的废汽油聚结器。

如果碱洗的效果不彻底，发生 $H_2S$ 和 $CO_2$ 穿透，则将会危害下游操作和造成最终产品不合格。20%(质量)的新鲜碱液和稀释水按比例从强碱循环泵入口管线补入，以补充塔釜废碱液所带出的碱量。通过(弱、中、强)碱循环泵保证塔内的碱液负荷，使裂解气与碱液进行充分接触。碱液循环量与裂解气流量没有直接关系。

新鲜碱液的补入量决定了塔内循环碱液的浓度。补入量不足会造成循环碱液的浓度过低，以至发生酸性气体穿透。这种情况即使加大循环量也无法弥补。而新鲜碱液补入量过大将会造成碱液的浪费，同时也增加了废碱处理单元的负荷。此外，碱液浓度过高还会导致仪表堵塞和其他操作问题。因此，应当根据估算的碱液消耗量来设定新鲜碱液的补入量，然后定期取样分析来进行调整。

(3) 废碱预处理

碱洗塔底出来的废碱液中除水外还含有碳酸钠、硫化钠和少量未反应的氢氧化钠，此外还带有一些烃类。废碱液(和黄油)不能未经处理直接排放。

废碱液离开碱洗塔后首先与急冷水塔釜来的汽油(洗涤汽油)在静态混合器充分混合，然后进入废碱聚结器。洗涤汽油流量与废碱液流量构成比例控制。在与废碱液混合前，洗涤汽油先经过废碱洗油冷却器用循环冷却水冷却。用洗涤汽油可回收废碱液中的烃类。在废碱聚结器中，混合后的物料依次经过脱气包、聚结滤芯床层，最后在静置分离室中实现汽油和碱液的分离。分离出的废碱液最终送往湿空气氧化(WAO)单元。

废碱聚结器分出的废汽油需要进一步水洗，以脱除其中夹带的碱，避免其pH值过高所引发的问题。废汽油首先与洗涤水在静态混合器充分混合，然后进入废汽油聚结器。洗涤水来自工艺水汽提塔釜泵，洗涤水的流量与废汽油的流量构成比例控制。在废汽油聚结器中，混合后物料经过聚结滤芯床层，然后在静置分离室中实现汽油和水的分离。分出的含碱废水送往湿空气氧化单元，废汽油则返回急冷油塔的盘油段或急冷水塔塔釜。

(4) 裂解气压缩四段

碱洗塔顶出来的净化裂解气(脱除了酸性气)经碱洗塔出料冷却器，用丙烯冷剂冷却到14℃后，进入裂解气压缩机四段吸入罐。冷凝的烃相和水相在该罐中静置分层。烃相采出后分为两部分。其中一部分返回急冷水塔釜，维持塔釜汽油液位，该部分正常情况下无流量。另一部分烃相用泵加压后送入凝液聚结器(包设备)。罐底水相在界面控制下返回急冷水塔。罐顶气相进入裂解气压缩机四段。

四段压缩后的裂解气首先经过裂解气压缩机四段1#后冷器，用循环冷却水冷却；然后再经过裂解气压缩机四段2#后冷器，用丙烯冷剂冷却后进入四段排出罐。冷凝的烃相和水相在该罐中静置分层。烃相用泵加压后送入凝液聚结器(包设备)。罐底水相在界面控制下返回四段吸入罐。罐顶气相去裂解气干燥器，经凝液聚结器处理后的烃相送至液体干燥器。

裂解气压缩系统的若干变量之中，最基本的是蒸汽透平/压缩机转速控制。通过调节透平的转速来控制裂解气压缩机的一段吸入压力，以维持其保持不变。其他变量如裂解气进气量、气体密度和分子量、气体温度、可凝油相和水相的量等，并不在压缩机系统控制范围内，也不会对系统运行造成影响。

将裂解气压缩机设计成四段压缩并带后冷器的工艺流程。预计前三段出口温度(不注水)大约是90℃左右。可通过注入锅炉给水将出口温度降至90℃以下。第四段出口温度大约70℃左右。多级压缩的设计使裂解气中的较重组分尽早冷凝并被分离出来，这样可降低后续压缩系统的功耗。同时维持较低的出口温度亦可降低聚合与结焦的可能性。

裂解气压缩机降负荷运行(turndown)的能力不强。当进料量低于最小流量要求时需要打开最小流量循环线。但是如果只是希望降低出口压力，或者升高入口压力，可以通过适当降低转速和功率的方法实现，而不需要打开循环线。最小流量循环线的设置分为两部分。一部分是由三段出口返回一段入口来控制前三段的裂解气流量，流量控制器设在三段出口；另一个是由四段出口返回四段入口，流量控制器设在四段出口。压缩机运行期间最小流量控制系统必须始终在线。

压缩机段间系统会自动应对裂解气的相应变化，不需要采取措施将各段入口温度控制在可能的最低水平。只要控制好各段间罐的液位，就不用担心气体通过烃凝液管线从高压分离罐串压至低压分离罐。

(5) 裂解气干燥和冷凝烃液体干燥

裂解气经过裂解气干燥器脱除水分。干燥后的裂解气过滤后进入高压脱丙烷塔。干燥的目的是防止在高压脱丙烷塔中结冰和形成水合物。

裂解气干燥器一共三台，两台并联操作，一台再生和备用。每台干燥器有两段干燥剂床层：上段为主床层，下段为保护床。在主床层下面设置在线水分析仪，用来监测湿气“前锋”(front)的到来。保护床的作用是防止水分的穿透。只要水分析仪监测到“前锋”，就说明干燥器已经达到饱和并需要立即切换和再生了。再生操作时持续通入来自再生系统的232℃热甲烷气体，将干燥器床层吸附的水分脱除。在床层达到所需温度并持续一段时间后，改用未经加热的冷再生气将床层降温。使用过的甲烷再生气返回至燃料气系统。

裂解气压缩机四段排出罐和四段吸入罐中的烃凝液分别用泵加压并汇合后送入凝液聚结器(包设备)，分出的烃相进入液体干燥器脱除水分，聚结器底部集水包排出水相送至四段吸入罐。干燥后的烃液经过滤后进入高压脱丙烷塔。

液体干燥器一共两台，一台操作，一台再生和备用。每台液体干燥器只有一段干燥剂床层。在线水分析仪设置在靠近床层出口端，用来监测湿气“前锋”的到来。只要水分析仪监测到“前锋”，就说明干燥器已经达到饱和并需要立即切换和再生了。液体干燥器的再生程序与前述裂解气干燥器大致相同。在液体干燥器出口管线上还设了一个在线水分析仪，用来监测干燥器的床层是否被水分所穿透。

(6) 再生系统

乙烯装置中的干燥器和反应器保护床的工作原理都是变温吸附(TSA)，即水分或杂质在操作温度下被吸附在床层，而再生时在高温下被解吸。床层尺寸决定了吸附周期的长短，达到吸附周期后床层就会饱和并需要及时进行再生。

来自乙烯装置冷箱的甲烷尾气(高压甲烷)被用作再生气。甲烷再生气分为两个总管，一个冷再生气总管，一个热再生气总管。热再生气是由甲烷依次经过再生气进出料换热器和再生气加热器(热源为高压蒸汽)而获得。通过调节再生气加热器的高压蒸汽流量来控制热再生气的温度。冷、热再生气混合后在流量控制下送往各干燥器和反应器。

再生程序包括几个主要步骤：用再生气缓慢加热床层至再生所需温度、保持在再生温度直至水分和杂质脱除干净、用再生气逐渐冷却床层、最后进入备用状态。从各用户返回的再生气先经过进出料换热器，然后经再生气冷却器用循环冷却水进行冷却，最后在再生气分液罐中脱除水滴后送往燃料气系统。分液罐中收集的水相排往急冷水塔。

乙烯装置的反应器再生需要不同种类的再生气。还原气加热器用来加热氮气和氢气。还原气温度由加热器的热侧介质(中压蒸汽)流量来控制。反应器再生的空气烧焦阶段还需要工厂风、超高压蒸汽和低压蒸汽的配置。根据需要还可能设置电加热器。

(7) 脱丙烷塔系统和碳二加氢

脱丙烷塔系统的目标是保证塔顶所采出碳三产品中的碳四指标合格。根据塔釜物料的组成确定合适的塔釜操作温度，以减小再沸器和塔盘结垢的可能性。脱丙烷塔系统采用双塔系统，分别在高、低不同的压力下进行操作。与单塔系统相比，双塔系统可节省冷剂消耗，并降低结垢可能性。

来自裂解气干燥器的裂解气和来自液体干燥器的烃凝液分别进入高压脱丙烷塔。塔顶出来的气体经1#碳二加氢进出料换热器加热并经过脱砷保护床后，依次被2#碳二加氢进出料换热器、碳二加氢进料加热器加热到反应所需温度后进入碳二加氢反应器。反应器进料温度采用分程控制，A阀为2#碳二加氢进出料换热器旁路调节阀，B阀为碳二加氢进料加热器热侧的中压蒸汽调节阀。高压脱丙烷塔顶气相采出物流通过在线分析监测碳四指标，及时反馈塔的操作情况。

高压脱丙烷塔顶出料经过一系列加热并经保护床后进入碳二加氢反应器。提供冷旁路的设置来调节反应器入口温度，注意避免温度过低而生成水合物。在线分析仪检测反应器进料中 CO 指标，CO 可使催化剂暂时性中毒，进而降低活性。前加氢流程的碳二加氢反应器系统选择性地将乙炔加氢生成乙烯和乙烷。少量丙炔/丙二烯(MAPD)也被加氢生成丙烯和丙烷。反应器进料管线上的在线分析仪检测乙烯、乙烷和 MAPD 等指标。

碳二加氢反应器共三台串联操作。每一级反应后有中间冷却器，被循环冷却水所冷却。在反应器中发生两个基本反应：主反应为乙炔转化为乙烯，竞争性副反应为乙烯转化为乙烷。反应器操作条件应当促进主反应，并抑制副反应。催化剂对主反应的选择性主要受温度影响。反应温度高则催化剂活性增强，但选择性反而降低。因此在保证乙炔转化率的前提下，应当尽可能降低反应温度。每一级中间冷却器的下游都设有温度控制，通过调节中间冷却器旁路的流量来控制进入下一级反应器的温度。反应器再生需要将催化剂移出场外进行。三台反应器的配置可以实现任意顺序，以方便其中任何一台更换催化剂。反应器最终出料首先经过 2#碳二加氢进出料换热器，然后再经碳二加氢反应器后冷器，用循环冷却水冷却。该出料管线上有在线分析仪，用以检测乙烯、乙烷和 MAPD 等指标。

反应器出料经碳二加氢反应器后冷器冷却后，进入碳二加氢干燥器脱除水分。干燥器出料经过滤后先通过 1#碳二加氢进出料换热器，再经高压脱丙烷塔冷凝器，用-27℃丙烯冷剂将烃类部分冷凝，然后进入高压脱丙烷塔回流罐。回流罐液相用高压脱丙烷塔回流泵加压后，在流量控制下返回高压脱丙烷塔塔顶作为回流。

高压脱丙烷塔回流罐液相只提供了该塔的一部分回流，其余部分来自低压脱丙烷塔塔顶的产出。高压脱丙烷塔顶净产出(组成为裂解气中的全部碳三及更轻组分)，从回流罐顶部送出至冷分离单元。

高压脱丙烷塔再沸器负荷由脱过热低压蒸汽提供。再沸器共设置两台，一开一备，以满足定期清焦除垢的操作。塔底出料经过高压脱丙烷塔釜冷却器，用循环冷却水进行冷却后送入低压脱丙烷塔。提供在线分析仪来监测塔釜出料 $C_2$ 指标，该指标反映塔的分离效果。为了抑制聚合现象，使用阻聚剂注入系统(注入包设备)将合适的阻聚剂注入至高压脱丙烷塔的进料管线中。

高压脱丙烷塔釜出料进入低压脱丙烷塔。低压脱丙烷塔顶出料首先在乙烯塔 2#中沸器中被冷却，然后经过低压脱丙烷塔顶冷凝器用-27℃丙烯冷剂全部冷凝。低压脱丙烷塔的塔压设计需满足-27℃丙烯冷剂的使用要求。冷凝后物料进入低压脱丙烷塔回流罐。全部塔顶冷凝液相用泵加压后，一部分返回低压脱丙烷塔顶作为回流，另一部分送至高压脱丙烷塔塔顶(补充回流)。

低压脱丙烷塔再沸器负荷由脱过热低压蒸汽提供。再沸器共设置两台，一开一备，以满足定期清焦和除垢操作。低压脱丙烷塔釜出料主要为碳四及更重组分，直接送入脱丁烷塔。塔顶、塔釜产出物料分别配置在线分析仪，以监测塔顶 $C_4$ 指标和塔釜 $C_3$ 指标，随时反映塔的分离效果。使用阻聚剂注入系统(注入包设备)将合适的阻聚剂注入低压脱丙烷塔的进料管线中。低压脱丙烷塔回流罐顶的不凝气可排放至裂解气压缩机二段吸入罐。

## 四、前脱乙烷流程

1. 气体原料

国内某 600kt/a 乙丙烷脱氢制乙烯装置采用 SEI 开发的 ART 技术，裂解气压缩采用五段压缩，段间注水冷却工艺，在四段与五段之间设置碱洗单元。SEI 的裂解气压缩工艺流程示意图见图 4.1-10。

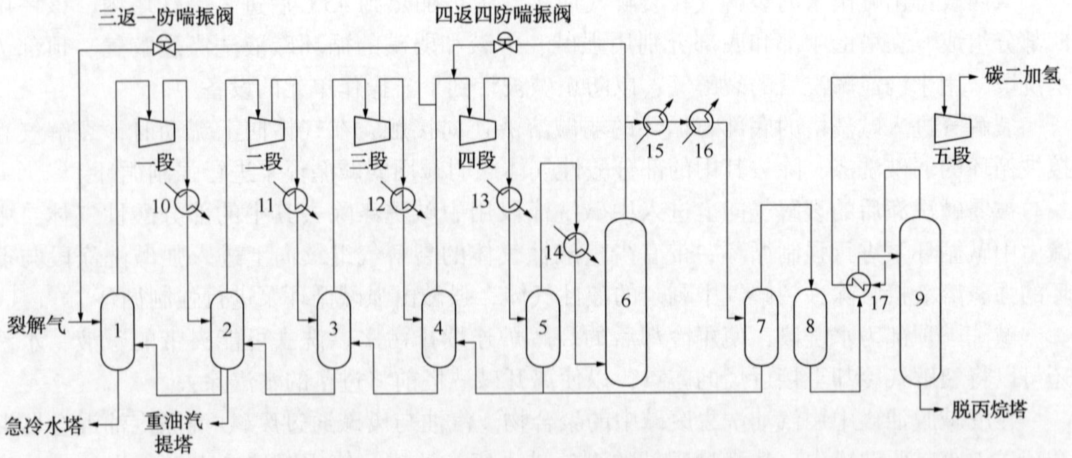


图 4.1-10　气体原料裂解气五段压缩工艺流程

1~4—裂解气压缩机一段~四段吸入罐；5—裂解气压缩机四段排出罐；6—碱洗塔；7—裂解气干燥器进料分离罐；8—裂解气干燥器；9—脱乙烷塔；10~13—裂解气压缩机一段~四段后冷器；14—碱洗塔进料加热器；15、16—碱洗塔顶 1#/2#冷却器；17—脱乙烷塔进出料换热器

(1) 裂解气压缩

自急冷水塔顶出来的约 40℃裂解气进入裂解气压缩系统，在进入裂解气压缩机一段之前，裂解气先经过裂解气压缩机一段吸入罐，分离气体中夹带的液滴。罐顶出来的裂解气进入裂解气压缩机一段，自一段压缩的裂解气在一段后冷器中用循环冷却水冷却到约 39℃后进入裂解气压缩机二段吸入罐，在二段吸入罐中分离冷凝的烃和水。顶部的气体再进入裂解气压缩机分别经过二、三、四段压缩，压缩后裂解气压力达到约 1.64MPa (G)。裂解气在各段之间通过后冷器进行段间冷却到约 39℃，通过裂解气压缩机三段吸入罐、四段吸入罐和四段排出罐进行气液分离。自四段排出罐来的气体进入裂解气加热器加热到约 45℃后进入碱洗塔底部，除去裂解气中二氧化碳、硫化氢等酸性气体组分。碱洗塔顶部出来的裂解气汽化外购丙烷回收冷量，自身冷却至 25℃，再经丙烯冷剂冷凝到约 13℃，通过裂解气压缩机过冷器缓冲罐进行气液分离。裂解气压缩机过冷器缓冲罐的液体返回四段吸入罐，四段排出罐罐底液体返回四段吸入罐，四段吸入罐罐底分离出来的液体通过三段及二段吸入罐闪蒸。在二段吸入罐中将烃、水分离，烃液用泵送到重汽油汽提塔，二段吸入罐中的水返回一段吸入罐，通过一段吸入罐底泵将液体送到急冷水塔底部。

一段压缩的吸入压力通过调节透平速度来控制，设置两个防喘振最小流量循环系统，第一个在一、三段之间，第二个在碱洗塔顶和四段吸入罐之间。

(2) 酸性气体的脱除

设置碱洗塔的目的是用来除去在裂解过程中生成的二氧化碳、硫化氢。从裂解气中除去这些酸性气体是为了下列目的：①满足所需的聚合级乙烯、聚合级丙烯产品质量规格；

②保护下游的催化剂操作，因为一些酸性气体组分可使催化剂中毒；③防止在深冷系统形成 $CO_2$ 干冰而堵塞设备或管道。

从四段排出罐出来的裂解气在裂解气加热器中被加热到45℃后进入碱洗塔内。该塔由四部分组成，在塔的中部和底部分别用强碱、中碱和弱碱的循环碱液洗涤裂解气。顶部为水洗段，用来洗涤碱洗后的裂解气，以防止碱被带到下游操作单元的设备中。

裂解气进入碱洗塔的底部与循环的弱碱溶液逆向接触，在气体向上流动时，裂解气直接被循环的弱碱洗涤，除去其中的部分酸性气体。弱碱用弱碱循环泵进行强制循环。

被弱碱洗涤后的裂解气向上进入中碱洗涤段用中碱洗涤除去其中的部分酸性气体，中碱由中碱循环泵进行强制循环。带有少量酸性气体的裂解气继续向上进入强碱洗涤段与循环的强碱溶液接触除去裂解气中剩余的酸性气体，强碱由强碱循环泵进行强制循环。

碱洗塔顶部为水洗段，使用冷却后的裂解炉连续排污水以洗去可能夹带的碱液。水洗还可以将裂解气冷却至接近烃的露点，以使离开碱洗塔前将过量的水汽除去。

在废碱脱油罐中用汽油洗去废碱中的聚合物。汽油与废碱通过废碱/洗涤汽油混合器混合后送入废碱脱油罐内。洗涤过废碱的汽油进入废汽油罐，使用锅炉给水对废汽油中的废碱进行洗涤，出来的废碱液与废碱脱油罐出来的废碱液合并后进入废碱脱气罐。

废碱脱气罐闪蒸出来的烃类气体排放到火炬系统。废碱液最终通过废碱泵经液面控制送到废碱处理设施。

(3) 裂解气干燥

来自酸性气体脱除系统的裂解气被干燥以除去水分，防止在下游低温设备中形成水合物。干燥是在包含两个干燥器的系统中进行，该系统由3A分子筛干燥剂组成的固定床构成。每个干燥器的操作周期为24h，一个床进行干燥操作，另一个床进行再生后备用。

裂解气自过冷器缓冲罐的顶部进入裂解气干燥器，裂解气从干燥器的顶部进入，自上而下流动。当气体通过干燥剂时，其水分被主床层吸附，主床层设计的操作周期为24h。

湿度分析器设置在主床层的底部，用来连续监测干燥器的性能，直到干燥周期结束。当检测到有水分漏过时，工艺气体需被切换到已完成再生的备用干燥器，用再生气对已被水饱和的干燥剂进行再生，供下一个干燥周期使用。

(4) 脱乙烷塔系统

脱乙烷塔系统采用单塔脱乙烷，设计是用来使裂解气中的碳三及碳三以上组分不进入装置后续的冷分离系统。

自干燥器出来的裂解气先进入脱乙烷塔进出料换热器，与脱乙烷塔塔顶气进行换热，冷却后进入脱乙烷塔。脱乙烷塔塔釜再沸器使用急冷水为加热介质，塔釜流出物经节流后进入脱丙烷塔。

裂解气压缩机的五段与脱乙烷塔构成热泵系统。塔顶部气体在经过脱乙烷塔进出料换热器回收冷量后，进入裂解气压缩机的五段被压缩。压缩机出口的裂解气送到碳二加氢反应器和裂解气第二干燥器，然后在脱乙烷塔回流1#冷却器中用20℃丙烷冷却，再依次进入脱乙烷塔回流2#冷却器，脱乙烷塔回流3#冷却器，脱乙烷塔回流1#冷凝器，分别被1℃、-20℃、-37℃丙烯冷剂冷却和冷凝，物流最后进入脱乙烷塔回流2#冷凝器中被脱甲烷塔釜液冷凝后进入脱乙烷塔回流罐。脱乙烷塔回流罐顶部的气体被送到冷分离系统，回流罐底部的液态烃全部作为脱乙烷塔的回流返回塔顶。

(5) 碳二加氢和第二干燥器系统

碳二加氢是前加氢系统，位于脱乙烷塔和裂解气压缩机五段的下游。该系统由三个体积相等的反应器串联组成，还有一台进料加热器、一台进料冷却器、二台中间冷却器以及一台后冷却器。该系统的主要作用是把乙炔加氢生成乙烯和乙烷。

脱乙烷塔顶气体经裂解气压缩机的第五段压缩之后，通过乙炔加氢进料加热/冷却器后进入第一反应器。加氢反应是放热反应，第一反应器的流出物料在一段中间冷却器中用循环冷却水冷却，然后进入第二反应器。第二反应器的流出物在二段中间冷却器中用循环冷却水冷却，然后进入第三反应器。该反应器的流出物在后冷器中用循环冷却水冷却，然后气体进入裂解气第二干燥器以除去加氢反应生成的微量水分。

碳二加氢系统进料中的氢气足以使乙炔加氢生成乙烯和乙烷。最后一个反应器的流出物内乙炔的含量不应高于 $1mL/m^3$，以满足聚合级乙烯产品规格的要求。对加氢反应的期望是乙炔加氢生成乙烯，不希望发生乙烯加氢生成乙烷。在满足所需乙炔转化率的情况下，反应器床层尽量在最低温度下操作，以使乙烯的损失最小。

加氢反应器的进料温度的设定与调节取决于催化剂的活性。全部三个反应器的入口温度近似相同，在运转初期催化剂是新鲜的和高活性的，要求裂解气进入反应器的温度较低。随着催化剂的老化，为了补偿催化剂活性的衰减，需要提高反应器的入口温度。上述方案可通过一个分程温度控制器实现，该温度控制器位于第一反应器的进口，通过调节进入进料加热器的裂解气流量来调节温度。为了获得适宜的转化率，需要控制第二和第三乙炔反应器的入口温度，此时可通过使用两个中间冷却器的旁路流量来进行调节。

如果出现温度偏差，位于各反应床层不同位置的温度计将检测出过高的温升。一旦达到设定的高温联锁值，停车系统将会动作，使装置处于本质安全的条件下。经过碳二加氢后，所有残留的水分将在第二干燥器中用 3A 分子筛除去。

2. Linde 技术

国内某 1000kt/a 乙烯装置采用林德前脱乙烷前加氢技术，裂解气压缩采用五段压缩，段间注水工艺，在四段与五段之间设置碱洗单元。Linde 公司的裂解气压缩工艺流程示意图见图 4.1-11。

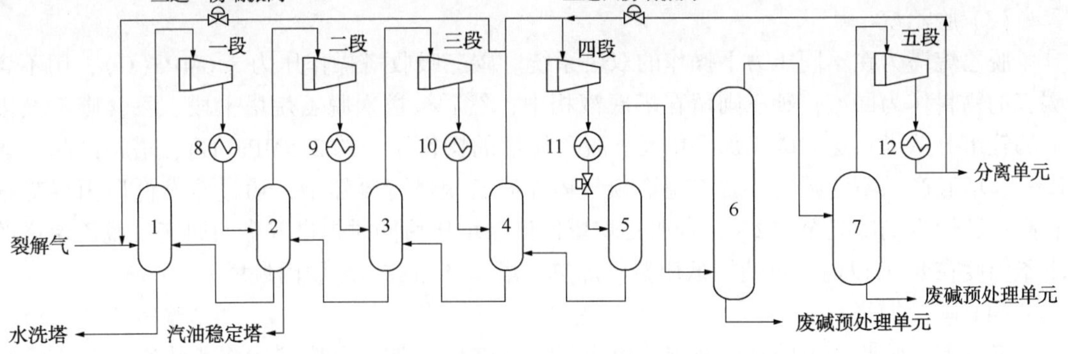


图 4.1-11　Linde 裂解气五段压缩工艺流程

1~4—一段~四段吸入罐；5—碱洗塔入口分离罐；6—碱洗塔；7—五段吸入罐；8~12—一段~五段冷却器

(1) 裂解气压缩

裂解气压缩机为五段离心式压缩机。裂解气入口压力约0.03MPa(G)，经压缩后出口压力约3.7MPa(G)。每段压缩后，裂解气分别由段间冷却器进行冷却。裂解气中的水和重组分在这些冷却器中冷凝。富含芳烃的凝液和工艺水在段间分离罐分离。

来自水洗塔塔顶的38℃、0.03MPa(G)裂解气，经一段吸入罐送至裂解气压缩机的一段增压至0.15MPa(G)，再经一段冷却器冷却至36℃后，与三段吸入罐返回的液相混合冷却至31℃送入二段吸入罐；经二段增压至0.40MPa(G)，再经二段冷却器冷却至36℃后，与四段吸入罐返回的液相混合冷却至33℃送入三段吸入罐；经三段增压至0.87MPa(G)，再经三段冷却器冷却至36℃后，与碱洗塔入口分离罐返回的液相混合冷却至34℃送入四段吸入罐；经四段增压至1.82MPa(G)，再经四段冷却器冷却至36℃后，送入碱洗塔入口分离罐；经碱洗塔洗涤脱除酸性气体后送入五段吸入罐经五段增压至3.73MPa(G)，再经五段冷却器冷却至35℃后，送入裂解气1#冷却器。压缩机设有注水和注油系统。

来自碱洗塔入口分离罐的凝液返回至裂解气压缩机四段吸入罐。四段吸入罐的凝液返回三段吸入罐，三段吸入罐的凝液返回至二段吸入罐，再由粗汽油凝液2#泵送至汽油/水分离罐。分离出的汽油被送至汽油稳定塔，$C_4$及轻组分从汽油中分出，并返回压缩机三段入口，而游离水则返回至汽油/水分离器。

碱洗塔包括三段碱洗和一段水洗。上部碱洗循环的浓度为6.5%(质量)，碱洗塔底的废碱抽出后与一小股汽油混合，经汽油/废碱分离罐送至废碱处理的废碱汽提塔，用甲烷汽提后送至废碱储罐，再送入高压废碱氧化单元[反应器操作条件温度200℃，压力3.6MPa(G)]进行氧化中和。

(2) 预冷和干燥

来自裂解气压缩机的裂解气在换热器中逐级冷却至15℃，送至预冷1#分离罐，罐顶气相进入裂解气干燥器，干燥后的裂解气在裂解气逆流换热器中冷至约-11℃，再送至裂解气2#冷却器冷却至约-17℃，进入预冷2#分离罐进行气、液分离，气体进入碳三吸收塔，液体馏分进入脱乙烷塔。预冷1#分离罐液体馏分在裂解气凝液干燥器中去除水分，烃液体经干燥后进入脱乙烷塔的下部。干燥器的吸附时间为36h。

(3) 脱乙烷

脱乙烷塔为在不同压力下操作的双塔系统。碳三吸收塔操作压力3.6MPa(G)，用不含碳三的物料作为回流，碳三则留在塔底液相中，然后被送入脱乙烷塔上段。不含碳三及以上的轻组分从塔顶送去碳二加氢单元。脱乙烷塔的操作压力约2.5MPa(G)，塔顶产品不含碳三，塔底产品不含碳二。脱乙烷塔顶气体在脱乙烷塔冷凝器中，通过蒸发低压丙烯冷剂和高压乙烯冷剂冷凝至-52℃，经脱乙烷塔回流泵增压后同时提供双塔的回流。脱乙烷塔的塔釜温度在85℃以内，可使用低压蒸汽加热。塔釜产品被送至脱丙烷塔。

(4) 碳二加氢

来自碳三吸收塔顶的碳二及碳二以下轻组分在碳二加氢反应器中将乙炔转化为乙烯和乙烷。乙炔加氢反应在等温管式反应器中进行。两台并联操作，每个反应器能力为50%。反应器的管中填充钯系催化剂。催化剂不在线再生，加氢反应所放出的热量通过壳程中的甲醇带走。反应温度通过沸腾甲醇的温度来控制。不含乙炔的裂解气从反应器的底部送出，经换热冷却后进入绿油分离罐进行分离。气相进入保护干燥器以除去残余的水，干燥器运行周期为21天左右。

## 第二节　压缩机结焦及控制方法

### 一、引言

裂解气压缩机是乙烯装置的核心设备，它的运行状态直接决定着整个乙烯装置的负荷能力。对裂解气进行压缩，一方面可提高深冷分离的操作温度，从而节约低温能量和低温材料；另一方面加压会促使裂解气中的水与重质烃冷凝，所以可以除去相当量的水分和重质烃类，从而减少了干燥脱水和精馏分离的负担。但是，加压太大也是不利的，这会增加动力消耗，提高对设备材质的强度要求。此外，还会降低烃类的相对挥发度，增加分离的困难。一般认为经济上合理而技术上可行的压力约为3.7MPa。

裂解气的组成是比较复杂的，主要包括：过氧化物、烯烃类、多环芳烃、硫化物、氧化氮等，这些组分在一定温度和压力的作用下，尤其是烯烃物质在这种情况下会发生聚合反应，形成焦油式的黏稠沉淀物，会黏附在叶轮、隔板、机壳流道转子上。这种经常会出现的结垢和腐蚀现象，是乙烯装置压缩区工艺系统普遍存在的、影响正常运行的重大问题，对压缩机的工艺性能、机械性能和运转周期都会造成较为严重的影响。同时，也会造成压缩机的段间换热器内形成大量的聚合物，导致换热器堵塞，工艺侧的压差增加，最终导致压缩机的排出压力增加，温度也随之升高，机械振动增大，对压缩机的运行效率造成巨大的负面效果。裂解气压缩机级间一旦出现结焦现象，很容易造成气流通道发生变化，导致压缩机的负荷降低，引发喘振，将对气体输送的温度、流量、压力变化更加敏感，此时很难控制机组实现平稳运行，严重时将导致被迫停工，这是压缩机长期平稳运行的重要阻碍。

裂解气中自由基的聚合是造成裂解气压缩机和相应管线结垢的主要因素。裂解气中的丁二烯和苯乙烯在较高的温度下发生聚合，聚合物黏附在压缩机叶轮和级间的流道、裂解气管线、段间冷却器内等。随着操作时间的延长，黏附的聚合物会逐渐积累，直至影响压缩机的长周期运转。温度是引发结垢的主要因素，同时裂解气中微量氧的存在也为聚合反应提供了一定的条件。

### 二、裂解气压缩机段间换热器的腐蚀

换热器是生产装置的关键设备之一。裂解气系统段间换热器为裂解气和循环冷却水换热，国内一些乙烯装置现场经常反馈换热器长周期运行后期效率降低和腐蚀泄漏问题。裂解原料通过裂解炉后会生成不同的腐蚀介质：单质硫、硫化物(包括硫化氢)、氨、二氧化碳、一氧化碳、有机酸等。在压缩工艺系统会产生有机酸与无机酸的双重腐蚀作用，严重制约了装置的安全稳定运行。

统计数字表明，日常大量的故障及事故抢修，约60%左右是由于换热器管材的腐蚀损坏所至。因换热器的构造、材质、使用条件和冷却水质等因素的不同，经常导致管束、管口、管板处发生腐蚀泄漏的问题。

石脑油等裂解的化学过程是比较复杂的，生成的裂解气是一种复杂的混合气体，它除

了主要含有乙烯、丙烯、丁二烯等不饱和烃外，还含有甲烷、乙烷、氢气、硫化氢等，同时裂解气里烯烃含量比较高。碱洗前物料组分中含有硫化氢等酸性物质，同时含有有机酸。段间换热器壳程的腐蚀属于典型的 $H_2S-HCl-H_2O$ 体系腐蚀。介质中的 $H_2S$ 与 $Cl^-$ 均参与了腐蚀过程。从裂解气凝结水化验出的总铁离子含量(0.11~115mg/L)情况分析，所含的铁离子高出行业标准(总铁含量<3mg/L)38 倍，腐蚀情况相当严峻。具体影响说明如下：

① 介质成分和浓度：碱洗前裂解气物料组分中含有 $H_2S$、$SO_2$ 等酸性物质。

图 4.2-1 裂解气压缩机段间换热器的腐蚀情况

② 温度：腐蚀是一种化学反应，温度每提升 10℃，腐蚀速度约增加 1~3 倍。

③ pH 值：一般 pH 值越小，金属的腐蚀越大。

④ 流速：多数情况下流速越大，腐蚀也越大。

$H_2S$ 的腐蚀特征是使金属表面受到非均匀性的电化学腐蚀，形成层状的剥落与局部的蚀坑。

列管式换热器换热管与管板之间一般采用焊接的方式进行连接，焊缝及其附近是最容易发生腐蚀的地方。裂解气压缩机段间换热器的腐蚀情况见图 4.2-1 和图 4.2-2。

图 4.2-2 换热器浮头侧螺栓腐蚀

此外，多年运行的设备必然会带来沉积物的附着，腐蚀结垢严重，造成换热器的换热效率和换热能力下降，因此裂解气经换热器后的排出温度较高甚至超出控制温度指标，尤其是经压缩机一级级压缩后的气体温度和压力将会变得更高，积炭形成较厚的阻垢层，换热效果大幅度降低，造成裂解气温度更高的恶性循环。其次，因部分换热器中的换热管泄漏形成气阻，以及泄漏的裂解气对循环水的加热是造成工艺物料无法被冷却的又一个重要因素。因此换热器未能提供足够的冷量是裂解气结焦的重要原因。长期使用冷却水后，在换热器管程(冷却水侧)会有污垢或固体填料杂质，导致换热器的效率降低，严重影响其换热能力，这也是裂解气压缩机发生结焦问题所不容忽视的因素。

## 三、聚合物形成的聚合机理

黏附在设备、管道等表面的，且对传质传热造成影响的物质称为垢物。垢物一般由无机盐、腐蚀、不饱和化合物聚合或是有机化合物脱氢反应形成。一般在管线、泵入口过滤器的过滤网、再沸器、塔板、裂解炉管等部位易发生结垢的现象。当发生结垢后，会对系统的传质带来如下的影响：造成塔器分离效果下降，可能导致产品不合格；塔压差升高。同时，会造成再沸器换热效果降低，影响传热，造成装置的能耗增加。

聚合结垢由链引发、链增长和链终止构成，机理如下所示。

链引发：

$$M \longrightarrow M\cdot$$

链增长：

$$M_1\cdot + M \longrightarrow M_2\cdot$$
$$M_2\cdot + M \longrightarrow M_3\cdot$$
$$\cdots\cdots$$
$$M_n\cdot + M \longrightarrow M_{n+1}\cdot$$

链终止：

$$M_n\cdot + M_m\cdot \longrightarrow M_n-M_m$$
$$M_n\cdot + M_m\cdot \longrightarrow M_n + M_m$$

温度升高会加快聚合反应的速率，水是氧气和金属离子的载体。当系统中水含量增加时，氧气和金属离子的含量会相应增加，聚合反应的速率也会随之加快。

美国纳尔科公司(NALCO)的 Sheri Snider 对裂解气压缩机产生结焦问题进行了原理性的阐述，其中结论集中在如下三点：自由基聚合反应、Diels-Alder 冷凝和热降解导致结焦。

在自由基聚合反应中，带有活性双键的单体，例如丁二烯(butadiene)、苯乙烯(styrene)、异戊二烯(isoprene)和乙烯基乙炔(vinyl acetylene)，如图 4.2-3 所示，发生反应时可生成聚合物。

自由基聚合反应，链引发阶段(initiation)中，通过氢过氧化物分解(hydroperoxide decomposition)(如果存在氧气源、热源或者金属催化剂)或者加热形成原子团。一旦不稳定原子团形成，它就会和单体迅速发生反应，产生新的原子团，新的原子团继续和单体发生链增长反应(propagation)。随着聚合物链的增长，分子量增大到聚合物开始变得不可溶。聚合物就会附着在管道和工艺设备上。

不论聚合物是通过自由基机制生成还是由于 Diels-Alder 反应(狄尔斯-阿尔德反应，又名双烯加成，由共轭双烯与烯烃或炔烃反应生成六元环的反应)生成，如图 4.2-4 所示，随着时间的推移，环状单体都会和其他环状、二烯型或炔基单体反应生成多核芳香烃(PNA)物质。PNA 会逐渐脱氢，形成一种类结焦状产物。

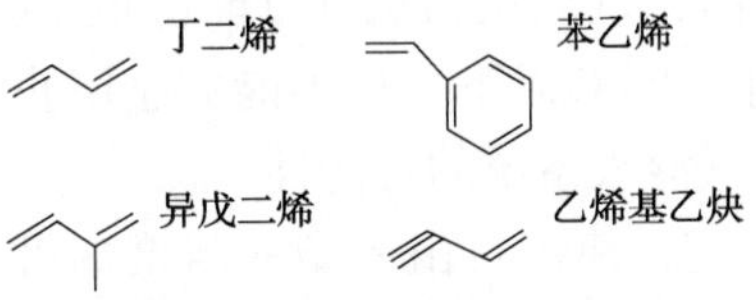


图 4.2-3　自由基聚合反应的单体

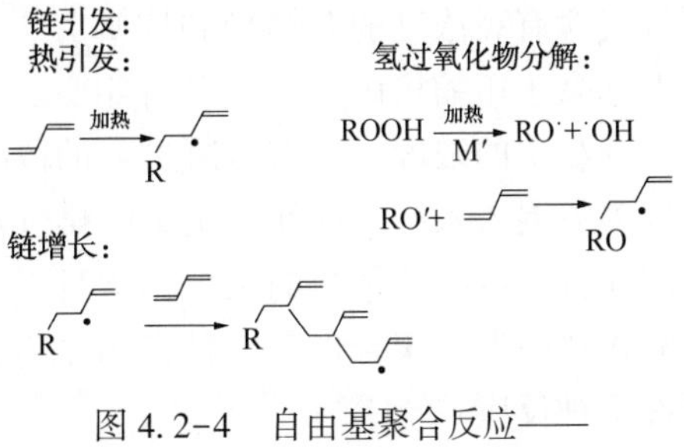


图 4.2-4　自由基聚合反应——链引发阶段和链增长阶段

## 四、聚合种类

1. 热引发的聚合

苯乙烯类物质具有易被诱导极化的大 π 键，是引发热聚合的物质基础，此类物质包括苯乙烯、甲基苯乙烯、二甲基苯乙烯、茚、甲茚、二甲茚等。苯乙烯在热作用下，先由两分子发生 Diels-Alder 反应，生成环状的产物，这种环状产物再与另一个苯乙烯分子发生反应，生成两个自由基，称为初级自由基。这些初级自由基然后再与苯乙烯单体反应，生成具有高度聚合活性的苯乙烯自由基，它具有连续打开其他单体 π 键的能力，这时聚合分子链的生长速度就会变得很快，短时间内可成形成千上万分子量的聚合物。热聚合的本质是一种链式自由基聚合过程。有文献认为，只要排气温度降到 90℃或 85℃以下就可防止聚合，这是裂解气压缩机应用注水技术的理论基础。实际上对于苯乙烯等物质，在低温储存条件下就有一定的聚合倾向，降低温度仅能减慢聚合，而不能彻底防止聚合，所以应用注水技术同时，需要同时考虑其他措施。

2. 过氧化物引发的聚合

氧是引发聚合的重要因素，其机理与烃类的自动氧化所产生的中间产物——过氧自由基有关。大多数有机化合物在适当的温度下(<200℃)，均能被氧自动氧化，而且在较低的氧分压下自动氧化即可开始，金属离子和碱性条件可以促进自动氧化反应。自动氧化的中间产物过氧自由基是一种高活性的聚合引发物，因此烃类自动氧化的难易程度与聚合关系较大，其难易程度顺序为：烷基芳香烃>二烯烃>单烯烃>烷烃。烷烃一般在超过 100℃时才开始自动氧化反应，因此在压缩机内可不考虑烷烃的氧化过程。烯烃在 25~125℃下可发生自动氧化反应，所生成的过氧化物仅在较低温度下稳定存在；烯烃在与氧的反应中，竞争力低于烷基芳香烃和二烯烃，因此在裂解气压缩机内，也可不考虑烯烃自动氧化的影响。烷基芳香烃和二烯烃最易发生自动氧化，因为共轭作用，所生成的氢过氧化物可以在较高的温度下稳定存在，但又能缓慢持续分解，为聚合反应提供“活性种子”。例如，过氧化氢异丙苯和过氧化氢乙苯可通过无催化空气氧化生成，是工业中间体。丁二烯的过氧化物的自聚物是一种淡黄色黏稠液体，在丁二烯生产和储存条件下能较长时间存在，同时缓慢分解。聚合的链式自由基一旦生成，可通过“链转移反应”，夺取其他单体的电子或氢原子，使其他物质也参与聚合反应，最后形成的共聚物十分复杂，多含有不饱和键，容易发生交联反应。过氧化物本身又是一种优良的交联剂，较长时间后，所形成的聚合物通常是交联聚合物，难以被溶解或被分散。

裂解气含有高浓度的双烯烃和烷基芳香烃，易与氧气反应形成过氧化物，这些过氧化物的沸点远高于压缩机内裂解气各种组分，具有较强的被吸附特性，其在机组内件表面的浓度高于气相中的浓度。在有冷凝过程的段间冷却器内，过氧化物也有可能富集于凝液中。如果有较多氧混入系统，即使将机组的排气温度控制在 85℃以下，也不能完全阻止结垢的发生，故在分析压缩机系统的聚合因素时，必须考虑氧混入系统的可能性。

过氧化物引发的聚合也是一种自由基链式聚合反应，使用自由基型的阻聚剂可有效阻止或减慢这种反应。

另一个可能的结焦位置是压缩机每一段的出口管线，图 4.2-5 显示了各段出口管线结焦的实例。聚合物会导致压缩机出口换热器的换热效果变差，差压增加，还会导致压缩机的压比增加，进而降低压缩机的整体性能。

图 4. 2-5　压缩机出口管线的结焦

## 五、裂解气压缩系统防结垢的应对措施

1. 裂解气压缩机采用多级压缩

当温度过高时，重组分中的二烯烃将发生聚合反应，反应产生类似的结焦聚合物会沉积在压缩机流道内，严重危及正常生产。为了尽可能延缓聚合现象的发生，就必须严格控制压缩机各段温度。裂解气压缩机一般采用四段或五段压缩，裂解气在压缩机中压力提高的同时，温度也随之上升，所以段间设置分离器和换热器，对裂解气进行冷却，严格控制压缩机各段的排气温度，同时也便于气体压缩，节省功耗。

2. 工艺操作的优化

(1) 工艺操作的调整

1) 严格控制段间凝液的 pH 值

在裂解气压缩的工艺流程中，裂解气碱洗前含有酸性气体，碱洗前压缩机各段间设备为碳钢材质，无防腐措施。为确保装置的长周期运行，需要严格控制段间凝液的 pH 值，降低其腐蚀设备和管线的风险，延长设备运行周期，提高装置的经济效益与竞争性。

此外，需要严格控制碱洗塔顶气体的 $CO_2$ 和 $H_2S$ 含量小于 $1mL/m^3$，同时避免碱液夹带到压缩机造成盐沉积，进一步发生腐蚀结垢的现象。

2) 严格控制急冷水塔顶温度

压缩机吸入物料温度高，物料中重组分太多，会引起机组的振动。此类振动发生的原因是由于裂解气中的重组分在叶轮表面、一段入口位置暂时性累积，使机组的动平衡遭到破坏而产生振动。一般处理方法是降低裂解气压缩机的吸入温度，使重组分在分离罐冷凝下来即可。因此，需要严格控制急冷水塔顶的温度，裂解气的温度用冷却水作为冷媒冷却时，尽量降低被冷却的温度，以抑制结垢现象的发生。

3) 严格控制段间吸入罐的液位

乙烯装置高负荷运行时，特别是新改造的裂解炉在投用初期，裂解温度偏低，而整个系统投油量又较大，因此有可能造成急冷水塔的洗涤效果不好，重组分后移，段间吸入罐的除沫网能力不足，造成进入裂解气压缩机的裂解气带液，使得聚合、结焦、结垢的概率大大增加。因此在装置的运行过程中，一定要严格控制好段间吸入罐的液位，尽可能避免裂解气带液的现象发生，从本质上减少聚合结焦的现象发生。

4）严格控制压缩机出口的温度

压缩机出口的温度是引发聚合结垢的主要因素。随着出口温度的升高，聚合反应的速度会加快。当温度超过 85℃的时候，聚合速度会增加得很快。因此，阻止和降低压缩机系统聚合结焦最有效的途径就是降低压缩机的出口温度，使得出口温度不超过 85℃，这样聚合反应发生的概率就会大大降低。在日常的生产操作中，需要对压缩机的操作进行严格控制，对转速、吸入压力、裂解气流量、吸入温度等进行实时监控，同时需要避免防喘振系统的打开造成机组运行波动。

5）严格控制裂解气的组分

重组分的增加将增加裂解气压缩机聚合结焦的可能性。因此需要通过调整裂解炉的裂解深度，尽量减少重组分的产生，使得裂解气的组成尽量接近设计值，降低机组在运行过程中与工艺设计的偏离。

（2）裂解气压缩机注入洗油

为减少乙烯装置裂解气压缩机的结焦，人们采取了很多措施，最早也是最常用的方法就是在压缩机入口管道上设置注油系统，目前也有压缩机厂家在级间同样设置机壳注油。在裂解气压缩机入口管道上或级间设置注油喷嘴，把雾化的油分散在裂解气中，此时夹带油的裂解气在流过压缩机流道和叶轮表面会形成一层油膜，使得聚合物不易黏附于流道和叶轮等的表面。同时，由于相似相溶的原理，附着在流道处的聚合物会溶于矿物油中，并通过段间罐排出，最终达到防止压缩机结焦的目的。因此洗油的注入量必须足够，注入量一般为裂解气质量流量的 2%～3%。

压缩机的洗油一般使用抽余油（芳烃含量≥85%，沸点在 204～343℃之间，低硫，无砷）。一般裂解气压缩机均有注入洗油的措施，通过向叶轮持续不断地喷入洗油，将生成初期的聚合物溶解并带走，如果洗油中加入阻聚剂，则效果更好。洗油要求是无烃类固体蒸馏物、无腐蚀性、溶解性好的油品。部分乙烯装置就地取材，使用加氢的裂解碳九，也有的装置使用轻柴油作为洗油。使用洗油时需要注意以下几点：第一，洗油的组成应为提高溶解性，且多富含芳香烃。储存时应注意与大气隔离，防止形成过氧化物。第二，因为压缩机内的聚合物有发生交联反应的倾向，因此注入洗油应当作为一项基本措施持续应用，不宜中断。第三，洗油是以溶解的原理清除聚合物，不能以注水替代。第四，经核算，碳九洗油在压缩机内部的温度下可大量蒸发，特别是排气温度高的机组。因此在注入碳九洗油时，注入量要适当，以保证足够的冲洗量。

压缩机注入洗油可以在机组叶轮处形成湿润的通道，使聚合物在叶轮和隔板上不易黏附，但此方法无法降低压缩机出口温度，因此对机体内发生的聚合反应并无抑制作用。压缩机每次检修后开工运行 12～18 个月，机组就会出现明显的效率下降及振动上涨的情况。如果仅在系统内注入洗油，只能缓解或减慢机体内的聚合作用，并不能从根本上解决压缩机的结焦问题。

注洗油期间，裂解气压缩机叶轮和级间缸体内壁上的焦状物将被冲洗下来，造成段间凝液中的胶粒含量增加，这些物质最终都将聚集在压缩机二段吸入罐中，导致其罐底凝液泵入口的过滤网堵塞，但这至少可以说明焦粉已被冲洗出压缩机本体。另外，待洗油注入完毕，经过若干小时后，可以通过对比注洗油前后压缩机出口温度来判断注入洗油的效果。

因为在压缩机转速不变的情况下，随着注洗油时间延长，叶轮及缸体内壁的焦被清除后，会使流通面积增加，必然会造成排气温度呈现降低的趋势，表明清焦效果较好。

如果注入洗油结束后，压缩机各缸体的轴振动有降低的迹象，这将表明压缩机内部的焦状物质减少了。如假设目前每段注洗油的时间为1h，此期间如果引起工艺系统波动，则立即停止注入，待系统稳定后继续进行操作；反之，如果期间未发生波动，则延长30min的注入时间，尽可能将多的聚合物从压缩机叶轮及内部件上冲洗下来，这可以缓和机组轴位移增加的趋势。

以某采用前脱丙烷前加氢的1000kt/a乙烯装置为例，注油采用来自芳烃抽提装置的碳八冲洗油，总共注油量约为8m$^3$/h。其中，低压缸约为2m$^3$/h，中压缸约为4m$^3$/h，高压缸约为2m$^3$/h。

(3) 裂解气压缩机级间注水技术

目前，国内越来越多的机组开始采用"注水防结焦"的技术。通过水分的蒸发，降低机组内部气相温度，从而降低聚合反应的速率来达到防结焦的目的。一般使用氧含量低的锅炉给水或冷凝水。注水不仅可以解决由于工艺条件变化等引起的超温问题，还可以更有效地防止压缩机流道内的结焦。在确保压缩机长周期高效运行的同时，保证压缩机的机械性能稳定可靠。

级间注水是通过把锅炉给水喷在叶片出口、扩压器入口。水经喷嘴雾化后进入压缩机壳内与裂解气接触汽化，利用水较大的汽化潜热吸收大量的热。采用压缩机级间注水技术，可明显降低压缩机的段间出口温度，并有效防止介质中的不饱和烃聚合结焦，有效延长裂解气压缩机的运行周期，减少安全生产事故的发生。另外，由于对压缩机级间进行注水，尽管使得压缩机实际处理能力略有增加，但是从热力学上分析，由于压缩机排气温度降低，使得压缩机的效率有所提高，更接近于等温压缩。同时级间换热器的负荷下降，使气体更容易压缩，减少了规定压比所需的能量头，总的效应就是降低了压缩机的功耗。采用注水技术可将裂解气压缩机出口温度控制在85℃以下。喷嘴是注水系统中最为重要的部件之一，其工作情况将直接影响压缩机注水后的运行环境及工作效果。采用小喷嘴注水时，由于雾化效果达不到要求，致使裂解气排出温度可能会在设计值以上。

注水系统由过滤器、差压变送器、气动调节阀、压力变送器、手动调节阀、减压孔板、注水旁路、阀组、流量计和喷嘴组件等构成。典型的注水系统如图4.2-6所示。

结合乙烯装置工艺流程来说，顺序分离流程所有段间都可以采用注水，前脱丙烷前加氢流程除最后一段外都可以注水。一般来说，在每段的入口管道上和每级叶轮的入口弯道上均设置1~2个喷嘴。对于五段的裂解气压缩机，需要设置16~20个喷嘴。

根据相关文献，注水还可节能。1套四段压缩的240kt/a机组(以乙烯产量计，下同)可降低功耗150kW，1套四段压缩的300kt/a机组注水改造核算节能133kW，1套三段压缩的180kt/a机组设计制造阶段即应用了注水技术，核算降低功耗131kW。以200kt/a的四段压缩机组为实例，在可能最大的注水量下，按设计压缩效率核算，可降低轴功率167.2kW。如果按实际效率核算，可降低轴功率130kW，如果再减去注水泵的功耗，实际节能约110kW。注水技术的关键是雾化效果，在有限的空间内，注入的水应能迅速汽化，避免液相"挂壁"，受雾化能力限制，不能随意加大注水量。

注入水的量也是由压缩机制造商确定，最少要求是取代注入洗油能润湿转子及内件，

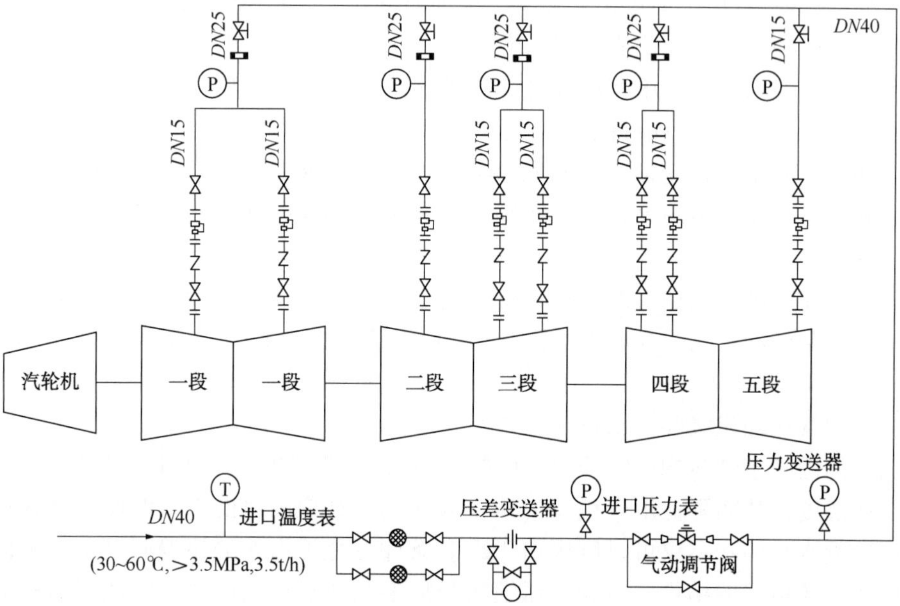


图 4.2-6　典型的注水系统

以节省洗油的注入。但同时要求制造商提供可允许注入的最大注水量，因为水的潜热较大，在汽化过程中同时具有降温作用，如在压缩的过程中处处温度可降到 80℃以下，则可以从根本上终止聚合结垢反应的发生，而不再仅仅被动防止压缩机转子及内件积垢。

以某采用前脱丙烷前加氢的 1000kt/a 乙烯装置为例，注水采用高压锅炉给水，总共注水量约为 7t/h。其中，低压缸约为 3t/h，中压缸约为 2t/h，高压缸约为 2t/h。

此外，需注意的是，当压缩机紧急停车时，需增设相关安全联锁，及时停泵或切断注入的水源，防止大量水会积存在压缩机缸体内。

3. 阻聚剂和缓蚀剂的应用

造成裂解气压缩机段间腐蚀的主要原因是有机酸特别是乙酸的腐蚀，而乙酸有一个非常特殊的物理特性，就是它既能溶于水，又能溶于有机相。由于裂解气压缩机每级均有水相的冷凝，乙酸可随着裂解气夹带到每一级，这样乙酸会在每一级都存在。在有水的情况下，当水冷却时乙酸也会随着冷却造成露点腐蚀，控制手段是在碱洗塔前的裂解气压缩机每一级裂解气出口线加注缓蚀剂。该缓蚀剂能快速进入初始冷凝的水滴中，中和有机酸，快速提升露点位置的 pH 值，降低系统发生腐蚀的风险。

阻聚剂是防止聚合的一项主要措施。与丁二烯抽提、苯乙烯精馏等过程相比，压缩机内的聚合倾向非常弱，物料在压缩机内和段间冷却系统的停留时间是以秒计，对“诱导期”的要求短，在注水和注油的同时加入适当阻聚剂或“缓聚剂”，效果十分明显。阻聚剂加入后，可使聚合反应停止或大幅减慢，即使发生聚合反应，所生成聚合物的分子量也会大幅降低，更易被溶解和分散。

阻聚剂稳定自由基机理如下：

$$R^- + A^+(\text{阻聚剂主要成分}) \longrightarrow RA$$

$$ROO^- + A^+(\text{阻聚剂主要成分}) \longrightarrow ROOA$$

压缩机的阻聚剂以阻止自由基型聚合的药剂为主，可不考虑其他聚合类型。阻聚剂一般辅有分散剂，选取时要考虑防止污染产品。所用溶剂通常选用裂解气自身就含有的成分，而且是溶解性能优良、廉价易得的组分，比如甲苯、乙苯等。压缩机内部是气相聚合，但段间换热器内存在冷凝过程，因此阻聚剂最好用复合配方，以便同时兼顾段间换热器气液两相同时存在时的阻聚。如果有注水措施，也要考虑阻聚剂的水溶性问题。考虑到高压段和低压段之间冷凝成分相差较大，如有可能，低压段和高压段的阻聚剂应采用不同的配方。

此外，分散清净型阻聚剂以表面活性剂为主要成分，具有润湿、渗透和分散作用。对于已经聚合结垢的工况，加入助剂后，表面活性剂也会从物料当中迁移吸附在压缩机表面，并会在压缩机表面与结垢物之间形成的微缝隙中渗透，表面活性剂中的疏水基将吸附在压缩机表面和结垢物表面，从而削弱压缩机表面和结垢物的作用力，使其比较容易剥落。而分散作用则使清除下来的结垢物不易再迁往压缩机表面进行沉积结垢，而将随物料一起被带出压缩机。

目前国内裂解气压缩机注水系统在运行期间，发现压缩机各段间冷凝液 pH 值在 2~4.5 左右，$Fe^{2+}$ 在 150mg/L 左右，三段后冷器甚至发现有铁锈生成，说明压缩机已出现了腐蚀结垢的现象。由于裂解气中不同程度地含有硫化物，这些物质在经过高温裂解之后，会转化为 $H_2S$ 等酸性物质。经过注水后，这些酸性物质有一部分会溶入水中，产生酸性腐蚀。具体腐蚀情况见图 4.2-7。

图 4.2-7　裂解气压缩机系统的腐蚀

碱洗之前段间换热器的腐蚀通常为酸性腐蚀，酸性腐蚀介质主要有硫化物(包括 $H_2S$)、$CO_2$、CO、乙酸、丙酸以及其他有机酸等，$H_2S$ 与乙酸具有协同腐蚀作用。

金属的酸性腐蚀为氢去极化过程：

阳极反应：$Fe-2e \longrightarrow Fe^{2+}$

阴极反应：$2H^{+}+2e \longrightarrow H_2$

硫化氢和乙酸的协同腐蚀：

$$Fe^{2+}+S^{2-} \longrightarrow FeS$$

$$FeS+2CH_3COOH \longrightarrow Fe(CH_3COO)_2+H_2S$$

根据压缩机的注水腐蚀机理，压缩机缓蚀剂具有高效中和成膜的双重作用，内含有机胺和有机酰胺，其活性成分带有极性基团。中和成分可以中和 $H_2S$ 释放的氢离子：

$$R—NH_2+H^{+} = RNH_3^{+}$$

成膜成分是某种表面活性物质，可形成一层防止腐蚀性溶液侵蚀基体金属的机械隔层。由于不断向系统添加助剂，因此可使保护膜在遭到破裂之后能够自行恢复。注入点选择在压缩机各段出口处，助剂在此处与裂解气混合进入换热器、段间冷凝器，可防止换热器和段间吸入罐的腐蚀。添加量以各段裂解气流量为基准，一般添加量为 5~15μg/g。

对比注剂注入前后压缩机各段冷却器出口排出液的 pH 值、$Fe^{2+}$ 含量的变化可以作为助剂的考核指标。

由于压缩机缓蚀剂呈碱性，而压缩机段间凝液中的水相又返回至急冷水塔，所以使用缓蚀剂后会造成急冷水系统的 pH 值上升，需要采取必要的措施防止急冷水乳化。一般来说，压缩机每一级的段间腐蚀严重程度不同，需要的缓蚀剂量也不同，需要通过分析结果对每一级缓蚀剂的加注量进行有针对性的调整。

4. 控制氧的混入

氧是通过设备检修、急冷水塔补水、加入药剂等途径混入系统的，因为烷基芳香烃和二烯烃的过氧化物在操作温度下有一定稳定性，因此氧的影响往往持续较长时间，有“一次注入，长期有效”的特点。设备检修后，氧含量置换标准一般是0.2%，这是从防爆角度制定的标准，如果从防止过氧化物的生成角度考虑，这个标准显然太宽松。如果可能，尽量提高氧的置换标准，这不仅对压缩机系统的防结垢有意义，而且对下游丁二烯抽提等易聚合的装置的稳定运行意义更大。

乙烯装置所用药剂，应避免使用含有甲苯、乙苯、丙苯烷基芳香烃含量高的溶剂，尽管这些溶剂的性能优良，但在制造储存和运输过程中易吸氧生成较稳定的过氧化物。建议采用环烷烃作为溶剂。

另外，急冷水塔经常有补水的工艺操作，未经除氧的脱盐水氧含量可达3~6μg/g，经急冷水塔的汽提后，几乎全部进入裂解气压缩机，在可能的最大强度补水时，计算的裂解气氧含量峰值有可能高达1μg/g，所以应尽量使用除氧水进行补水。

5. 采用结焦抑制剂

结焦抑制剂主要有碱金属和碱土金属盐类、含硫化合物、含磷及硫磷化合物、含硼化合物、稀土元素及其化合物、有机聚硅氧烷化合物等。以稀土类抑制剂为例，采用周期表中B族中的15个元素及其化合物或多种元素混合物，但以廉价的铈和镧系化合物效果最好，如氧化铈、六水硝酸铈、硝酸铵铈、六水硝酸镧。溶剂可用水、醇、乙二醇等极性物质，并需少量稳定剂。稀土类结焦抑制剂能够有效抑制高温结焦。

北京化工研究院研究开发的硫磷系列有机复合物结焦抑制剂，适用于重质裂解原料，可减少裂解气压缩机的结焦量，焦炭容易清除，有利于缩短清焦时间，对后续系统无负面影响。开发的成套结焦抑制剂，操作简便，注入器可在线清理，满足工业装置的长期使用。经过某乙烯装置的工业应用，裂解气压缩机的运行周期可延长50%以上，经济效益显著。

总而言之，裂解气压缩机处理的介质是一种复杂的混合气体，而且不同的乙烯装置原料不尽相同，因此裂解气的组分区别较大，其中的不饱和烃组分会导致裂解气压缩机不同部位结焦，从而影响裂解气压缩机正常运行。单纯的注油技术无法从根本上解决结焦问题，只是延缓结焦现象的发生。注水技术是目前解决结焦问题的有效方法，但由于气体中的某些物质，即使在低温储存条件下也有聚合倾向，因此即使采用了注水技术，有时候也不能彻底防止这些物质的聚合。同时，需要对裂解气压缩系统的工艺操作进行优化。在装置生产操作中应做到具体情况具体分析，可以将上述防结焦措施中的若干项整合到一起，组成一套有效的解决方案，应会取得很好的效果。

## 第三节　酸性气脱除原理及流程

### 一、酸性气的产生及影响

裂解气中的酸性气体主要是指$CO_2$、$H_2S$和其他气态硫化物，主要来自以下几方面：

① 气体裂解原料带入的硫化物和 $CO_2$；

② 液体原料中所含硫化物(如硫醇、硫醚、噻吩、硫茚等)在高温下与氢气和水蒸气反应生成 $H_2S$ 和 $CO_2$；

③ 裂解原料烃和炉管中的结炭与水蒸气反应可生成 CO 和 $CO_2$；

④ 烃与水蒸气反应也可生成 $CO_2$；

⑤ 当裂解炉中有氧进入时，氧与烃类反应生成 $CO_2$。

这些酸性气体的带入和生成，对裂解气的进一步加工危害较大。$H_2S$ 含量较高时能严重腐蚀设备，还能使裂解气脱水操作所用的分子筛寿命缩短，使脱炔烃操作所用的钯催化剂中毒(少量硫化物对非钯催化剂可增加其加氢脱炔烃的选择性)。$CO_2$ 在深冷低温操作的设备中结成干冰堵塞设备和管道，破坏正常生产。酸性气体杂质对于产品合成也有危害，例如乙烯低压聚合时，$CO_2$ 和硫化物会使低压聚合催化剂的金属碳键分解，破坏其催化活性；乙烯高压聚合时，$CO_2$ 在循环乙烯气中积累，降低了乙烯的分压，从而影响聚合速率和聚乙烯的分子量。鉴于上述原因，在分离裂解气之前首先要脱除其中的酸性气体。工业上一般是用物理吸收方法，或用化学反应与吸收相结合的方法，采用吸收剂洗涤裂解气，可同时除去 $CO_2$ 和 $H_2S$、RSH 等。吸收剂最好能满足下列要求：

① 对 $H_2S$ 和 $CO_2$ 的溶解度大或反应性能强，而对乙烯、丙烯溶解度小或不起反应；

② 在操作条件下其蒸气压低、稳定性高，可减少消耗和避免污染产品；

③ 黏度小，可节省循环动力费用；

④ 腐蚀性小，设备可用一般钢材；

⑤ 来源丰富价格便宜。

裂解气中的酸性气含量为 0.2%~0.4%(体积)，一般要求将裂解气中的 $H_2S$ 和 $CO_2$ 分别脱除至 $1mL/m^3$ 以下。一般，乙烯装置采用碱洗法脱除裂解气中的酸性气。当裂解原料硫含量过高时(例如，硫含量超过 0.2%)，为降低碱耗量，可考虑增设可再生的溶剂吸收法(常用乙醇胺法)脱除大部分酸性气，然后再用碱洗法作进一步精细净化，以保证将 $H_2S$ 和 $CO_2$ 脱除至 $1mL/m^3$ 以下。

可以针对这些要求去寻找和研究各种有效的吸收剂。工业上使用最多的吸收剂是 NaOH 溶液和醇胺溶液等。下面介绍几种工业上常用的吸收剂及其净化方法。

## 二、酸性气脱除技术

### 1. 胺洗法

(1) 原理

胺洗法是用乙醇胺作吸收剂除去裂解气中的 $CO_2$ 和 $H_2S$，是一种物理吸收和化学吸收相结合的方法，所用的吸收剂主要是一乙醇胺(MEA)和二乙醇胺(DEA)。

一乙醇胺(MEA)与二乙醇胺(DEA)是气体净化工业中最常用的两种胺类。三乙醇胺由于它的效率低(因为它的当量值较高)、反应能力弱(因为它是叔胺)和稳定性差，所以大部分已经被一乙醇胺和二乙醇胺所取代了。乙醇胺是无色黏稠的吸湿性液体，能以任意比例与水及低碳醇类相混合。

醇胺的分子结构特点是分子中至少有一个羟基(—OH)和一个氨基(—$NH_2$ 或>NH)。按一般规律，羟基能降低化合物的蒸气压，并能增加其在水中的溶解度，因而可以配成水溶液。氨基则赋予水溶液以碱性，以促使其对酸性气体杂质的吸收，一般配成10%~30%水溶液使用。

以一乙醇胺为例，吸收 $CO_2$ 和 $H_2S$ 时，发生如下反应：

$$2HO—C_2H_4—NH_2 \underset{}{\overset{H_2S}{\rightleftharpoons}} (HO—C_2H_4—NH_3)_2S \overset{H_2S}{\rightleftharpoons} 2HO—C_2H_4—NH_3HS$$

$$2HO—C_2H_4—NH_2 \overset{CO_2+H_2O}{\rightleftharpoons} (OH—C_2H_4—NH_3)_2CO_3 \overset{CO_2+H_2O}{\rightleftharpoons} 2HO—C_2H_4—NH_3HCO_3$$

$$2HO—C_2H_4—NH_2+CO_2 \rightleftharpoons HO—C_2H_4—NHCOONH_3—C_2H_4—OH$$

以上反应是可逆反应，其特点是温度低、压力高时反应向右，并放热；温度高、压力低时反应向左，并吸热。所以，可在常温和常压或加压下吸收 $H_2S$ 和 $CO_2$，此时的吸收剂称为富液。富液在加热、低压下(或汽提)按反应的逆反方向分解出 $H_2S$ 和 $CO_2$(解吸)，使吸收剂再生，此时的吸收剂称为贫液，重新循环使用，可减少消耗量。

MEA 与羟基硫和二硫化碳反应是不可逆的，反应产生的固体产物将在溶液中累积，不仅造成溶剂损失，而且还需不断过滤以便净化溶液。DEA 与羟基硫和二硫化碳反应速率较 MEA 慢，反应产物也不相同，因此以 DEA 为吸收剂时羟基硫和二硫化碳造成的溶剂损失比 MEA 少。

在乙醇胺溶液中，$H_2S$ 的吸收速率比 $CO_2$ 快得多，但是在 $H_2S$ 和 $CO_2$ 共存时，二者的溶解度均有明显下降。

乙醇胺水溶液是表面活性物质，易于形成稳定的泡沫，尤其在气体及液体负荷较高时，更易起泡。为防止起泡，除限制流速之外，可通过蒸馏和过滤除去系统中的杂质(如硫化铁、重质烃、硫化硫酸盐均可促进起泡)。必要时需注入消泡剂(硅油及高沸点醇)。

含 $CO_2$ 的乙醇胺溶液对碳钢有一定腐蚀性，对碳钢的腐蚀速率为 Cr18Ni10Ti 不锈钢的10~100倍。在115℃，碳化度 $\alpha=0.65$ 时，对碳钢的腐蚀速率可达 0.34mm/a。提高温度，腐蚀速率进一步加快。因此，部分设备应使用不锈钢。

(2) 典型工艺流程

图 4.3-1 所示是鲁姆斯公司曾在乙烯装置上采用的乙醇胺脱酸性气的工艺流程。乙醇胺洗涤系统设置在裂解气压缩机三段出口，三段出口裂解气经冷却并分离凝液，再用急冷水加热至45℃后送入吸收塔底部。裂解气中酸性气大部分被乙醇胺溶液吸收，再经塔顶凝液洗涤后，送入碱洗塔作精细净化。

吸收了 $CO_2$ 和 $H_2S$ 的富液由吸收塔塔釜采出，在富液中注入少量洗油(裂解汽油)以溶解富液中的重质烃及聚合物。富液和洗油经分离器分离洗油后，送到汽提塔进行解吸。汽提塔中解吸出的酸性气经塔顶冷却并回收凝液后放空。解吸后的贫液再返回吸收塔进行吸收。

乙醇胺法的缺点如下：

① 与羰基硫(COS)反应后不能再生，所以不宜用于净化 COS 含量高的气体；

② 容易腐蚀设备；

③ 乙醇胺吸收剂在再生过程中一部分要挥发，同时在高温下乙醇胺还易分解；

④ 由于吸收剂需要再生循环，所以其能耗高；

⑤ 乙醇胺溶液吸收时，也能吸收丁二烯和重质二烯烃，再生受热易聚合。

为了克服乙醇胺法的上述缺点，还发展了一种环丁砜-醇胺混合溶液的吸收剂，即

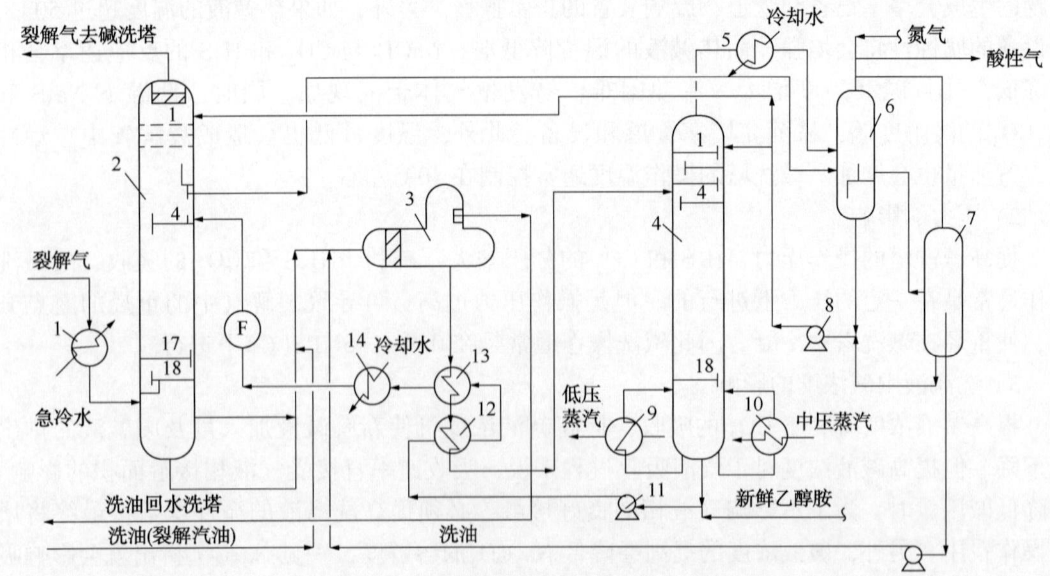


图 4.3-1　乙醇胺脱除酸性气工艺流程

1—加热器；2—吸收塔；3—汽油-胺分离器；4—汽提塔；5、14—冷却器；6、7—分离罐；8—回流泵；9、10—再沸器；11—胺液泵；12、13—换热器

Sulfinol法。此法仍可用图 4.3-1 所示的设备和流程，可用于脱除 $CO_2$、$H_2S$、RSH，尚可脱除 COS，溶剂不易被 COS 劣化、不起沫、不腐蚀设备，溶剂负荷大于一乙醇酸溶液。目前，已用于天然气的净化。

裂解气脱除酸性气体过程中，胺(如一乙醇胺)可发生降解，生成硫代硫酸盐或碳酸铵等，大部分可再生循环使用，一部分作废胺液。大部分一乙醇胺从降解物中回收后返回胺洗系统再利用，少部分浓缩物专门储存在废胺槽里，集中去焚烧炉焚烧。

2. 碱洗法

(1) 原理

碱洗法是用 NaOH 溶液洗涤裂解气，在洗涤过程中 NaOH 与裂解气中的酸性气体发生化学反应，生成的碳酸盐和硫化物溶于废碱液中，因而使酸性气体自裂解气中脱除。

$$CO_2+2NaOH \longrightarrow Na_2CO_3+H_2O$$

$$H_2S+2NaOH \longrightarrow Na_2S+2H_2O$$

比较 $CO_2$ 和 $H_2S$ 与 NaOH 的反应速率发现，后者的速率要比前者快得多，过程的总反应速率受 $CO_2$ 与 NaOH 反应速率的控制。因此，在进行碱洗塔设计时主要考虑 $CO_2$ 的吸收速率，可忽略 $H_2S$ 的吸收速率，或者是用总酸性气体的含量，即($H_2S+CO_2$)的含量来代替 $CO_2$ 的含量进行设计计算。

(2) 影响碱液洗涤的主要因素

1) 温度的影响

碱洗塔的温度升高，可加快 NaOH 与 $CO_2$ 和 $H_2S$ 的反应速率，加快吸收，随着洗涤操作温度的升高所需塔板数是下降的。升高洗涤塔操作温度虽然有利于降低塔高，但是温度不能过高，因为过高的温度将导致裂解气中重烃的聚合加剧，相应废碱中黄油量增多。聚合物的生成会堵塞设备和管道，影响装置的正常操作。另外，如果热碱液的温度超过 50℃，对设备的腐蚀性将会增强。而热碱液的温度降低时，NaOH 与 $CO_2$ 和 $H_2S$ 的反应速率会相应降低，并且碱液黏度增大，流动困难，易发生气体带液现象。同时，低温下 $Na_2S$ 和 $Na_2CO_3$ 的溶解度低，易沉淀堵塞管道和设备。此外，温度过低也会造成裂解气中重烃冷凝，黄油量也会增加。碱洗塔的操作温度通常控制在 40℃左右。

2）压力的影响

提高碱洗塔的操作压力，$H_2S$ 和 $CO_2$ 的分压增大，有利于 $H_2S$ 和 $CO_2$ 的吸收，故碱洗操作通常是在一定的压力下进行的。但是操作压力过高，可导致裂解气中的重烃的露点升高，使重烃在碱洗塔中冷凝。因此碱洗操作通常是在 0.8~1.6MPa(G)下进行。

3）洗涤液中碱浓度的影响

提高碱液浓度有利于 $CO_2$ 的吸收，提高碱液浓度可使新鲜碱液加入量及废碱液的排出量下降。但提高碱液浓度对于气液吸收过程来说，吸收速率直接受气液相接触面积的影响。当降低碱用量时，为了不影响气液相的良好接触，必须提高洗涤液的循环次数，最终将增加操作费用。另外，碱液浓度的提高会降低 $Na_2CO_3$ 的溶解度，一旦 $Na_2CO_3$ 析出就会影响吸收操作的正常进行。

同时，如果碱液无法完全反应，则产生过多的废碱，处理困难，操作费用也增加。随着碱液浓度的提高，裂解气中烯烃的聚合速度也会加快，生成的聚合物也会给操作带来困难。碱洗塔碱液的浓度低，吸收酸性气体的能力下降，脱除酸性气体所需的塔板数增加。因此，碱液浓度的选择应该既保证一定的吸收速率(所需的塔板数不是很多)，又要使洗涤液的循环次数不多(所需的操作费用不是很大)。碱液浓度通常控制在 5%~10%(质量)。

4）碱利用率的影响

提高碱利用率会降低新鲜碱液的加入量，当洗涤液循环比不变时，为保持气液相的良好接触，必须增加塔板数。因此，随着碱利用率的提高，所需塔板数要增加，若不增加塔板数，就要增大洗涤液的循环次数，这就会增大操作费用。

5）塔板结构的影响

随着溢流堰高度的提高所需塔板数是下降的。但是，溢流堰高度应该适当，溢流堰过高会增大每块塔板的压力降，同时也会降低塔的操作弹性。

(3) 工艺流程

裂解气经加热器被加热至 42℃，比碱洗塔操作温度高 2℃，以防烃在塔中冷凝，进入碱洗塔的底部，在碱洗塔中自下而上流动与从上部淋下的碱液逆流接触。碱液浓度自下而上递增，碱液浓度越高，则中和能力越强；但同时使底段生成的 $N_2S$、$Na_2CO_3$ 和其他硫化物浓度增高，容易结晶析出而堵塞设备和管道。因此碱液浓度不能太高。为了捕集碱液，在碱洗塔的上部通常设置一段水洗段，脱除任何可能夹带的碱液雾滴，防止碱进入压缩机段间及急冷水系统。净化后的裂解气自塔顶引出。废碱液自塔底排出，进入脱气槽，脱除溶解在废碱液中的轻烃，若硫化物含量高则排放到脱硫系统，含硫化物低可用作燃料气。废碱液经中和后排出净化系统，也可做其他用途。

即使在常温操作条件下，在有碱液存在时，裂解气中的不饱和烃仍会发生聚合，生成的聚合物将聚积于塔釜。这些聚合物为液体，但与空气接触易形成黄色固体，通常称为“黄油”。“黄油”的生成可能造成碱洗塔塔釜和废碱液罐的堵塞，而且也为废碱液的处理造成麻烦。由于“黄油”可溶于富含芳烃的裂解汽油中，因此，常常采用注入裂解汽油的方法，分离废碱液中的“黄油”。

在碱洗塔中新鲜碱液的加入量应该等于净化裂解气中所含的酸性气体所需的耗碱量，但由于酸性气体含量不是很高，所以新鲜碱液加入量不是很多。如果新鲜碱液一次通过碱洗塔，其浓度降低到废碱液的排出浓度，因此全塔碱浓度比较低，这样就增加了所需的塔板数，并提高了压力降，而其碱的利用率也比较低。

为了解决上述问题，生产中常采用多段碱洗塔。在每一段中碱的浓度下降不多，这样就可以减少所需的塔板数，并降低压力降。

当采用乙醇胺法脱酸性气体而后用碱洗法做精细净化时，一般采用两段碱洗法。图 4.3-2 为两段碱洗的工艺流程(以 KTI/TPL 采用的工艺流程为例)。如图所示，裂解气压缩机三段出口裂解气经冷却并分离凝液后，再由 37℃预热至 42℃，然后进入碱洗塔。该塔为三段，一段水洗段为泡罩塔板，二段和三段为碱洗段(填料层)，裂解气经两段碱洗后，再经水洗段水洗后进入压缩气四段吸入罐。补充新鲜碱液浓度为 18%~20%(质量)，保证一段循环碱液 NaOH 浓度为 5%~7%(质量)。部分一段循环碱液补充到二段循环碱液中，以平衡塔釜排出的废碱。二段循环碱液 NaOH 浓度为 2%~3%(质量)。

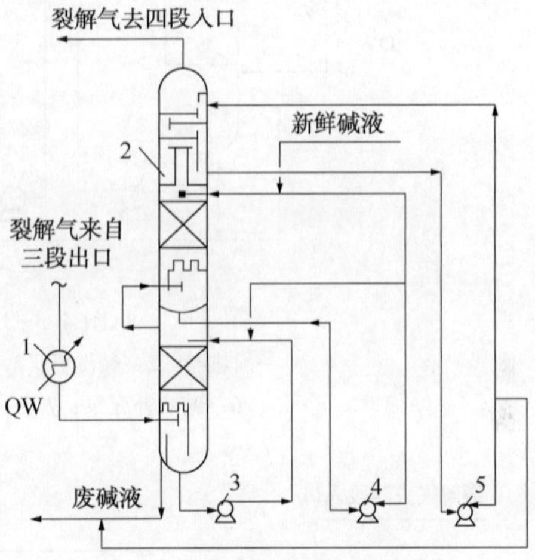


图 4.3-2　两段碱洗工艺流程

1—预热器；2—碱洗塔；
3、4、5—碱液循环泵；QW—急冷水

林德公司也较多采用两段碱洗，但碱洗工艺系统设在裂解气压缩机四段出口，且入口裂解气不进行预热。

图 4.3-3 所示为鲁姆斯公司设计采用的三段碱洗工艺流程。与传统三段碱洗工艺相比，其改进主要在两方面，其一是碱洗塔的三段碱洗均采用填料塔，与采用浮阀塔盘相比，全塔压力降可由浮阀塔盘时的 80~120kPa 降为 50~60kPa，由此可使裂解气压缩机功耗降低 1%~1.5%；其二是改进了废碱液与“黄油”的分离，将碱洗塔釜液采出的废碱液与“黄油”一起送入废碱罐，罐内注入一定量裂解汽油，使“黄油”溶解于裂解汽油，再经裂解汽油分离器使废碱与裂解汽油分离，分离出的裂解汽油返回裂解气预处理系统(水洗塔)。此时必须注意碱液和裂解汽油分离，当界面控制不佳时，可能使大量碱液带入水洗塔，不仅会造成急冷水乳化，而且可能将碱带入裂解炉。与两段碱洗相比，该工艺可以有效地提高碱的利用率。

图 4.3-4 为斯通-韦伯斯特公司(S&W)曾采用的三段碱洗流程。如图所示，压缩机三段出口裂解气经冷却并分离凝液后进入碱洗塔釜，三段循环碱液用急冷水加热，再由碱液加热裂解气。塔顶为水洗段，向下依次为强碱段、中碱段和弱碱段。各段循环碱液的碱质量浓度分别控制为 10%~12%、5%~7%、2%。塔釜排出的废碱液加注裂解汽油后，在分离罐内可以分离废碱中的“黄油”。操作过程中需要严格控制三段碱液的浓度，尤其是弱碱的浓度。碱浓度过高，$OH^-$电离效果不好，黏性大，与酸性气体接触不充分，不利于反应进行，并且 $OH^-$对“黄油”的产生有催化作用，影响碱洗效果。

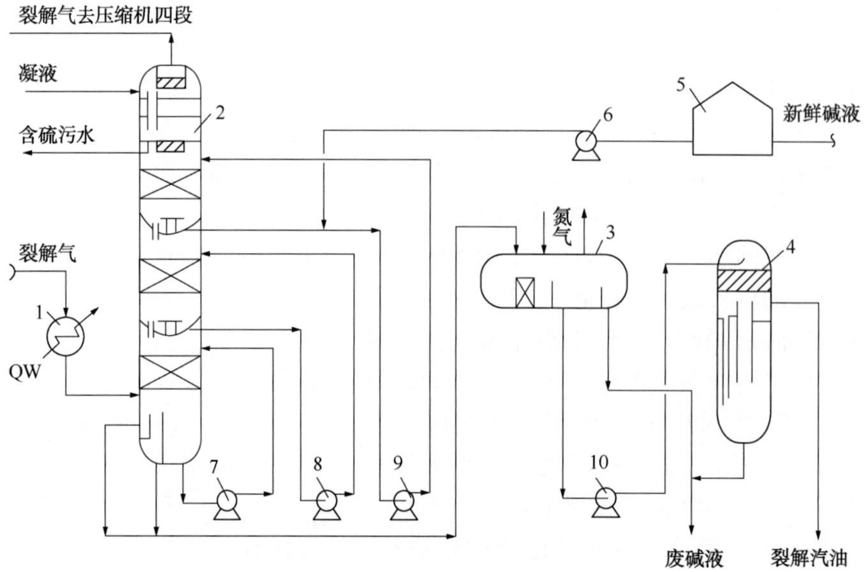


图 4.3-3 鲁姆斯三段碱洗工艺流程

1—预热器；2—碱洗塔；3—废碱分离罐；4—裂解汽油分离罐；5—碱液槽；
6—碱液补充泵；7~9—碱液循环泵；10—废碱液泵；QW—急冷水

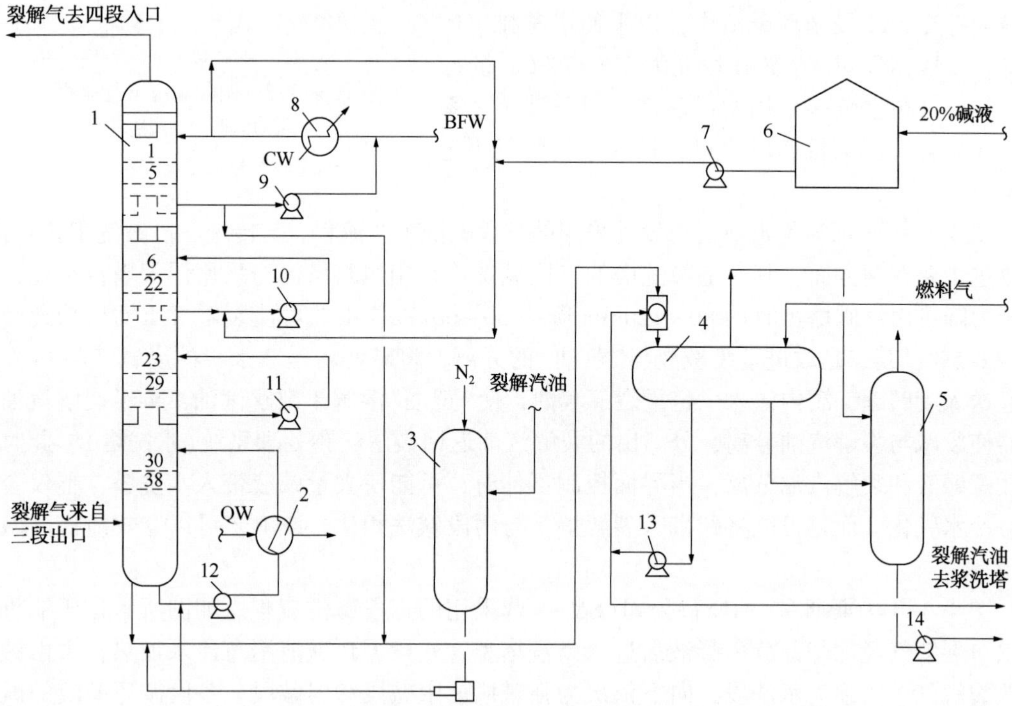


图 4.3-4 三段碱洗工艺流程(S&W)

1—碱洗塔；2—加热器；3—裂解汽油罐；4—分离罐；5—脱气罐；6—碱液槽；7—碱液泵；
8—冷却器；9~12—碱液循环泵；13—裂解汽油泵；14—废碱液泵；
CW—循环水；QW—急冷水；BFW—锅炉给水

图 4.3-5 是一段、二段、三段碱洗塔的比较。碱洗塔所处理的裂解气在净化前含 $CO_2$ 量为 40mL/m³，净化后要求下降到 1mL/m³。从图中可以看出，以碱利用率为 85%做比较，段数增多所需塔板数就减少，一段洗涤需要 25 块塔板，两段洗涤需要 16 块塔板，三段洗涤需要 15 块塔板。另外多段操作还可以提高碱利用率。例如，由图 4.3-5 可见，当采用单段操作，碱利用率为 85%时，欲要求碱利用率提高至 95%，必须有 42 块塔板。同样的任务，当采用二段操作时，若要求碱利用率也为 95%，只需要 20 块塔板即可。

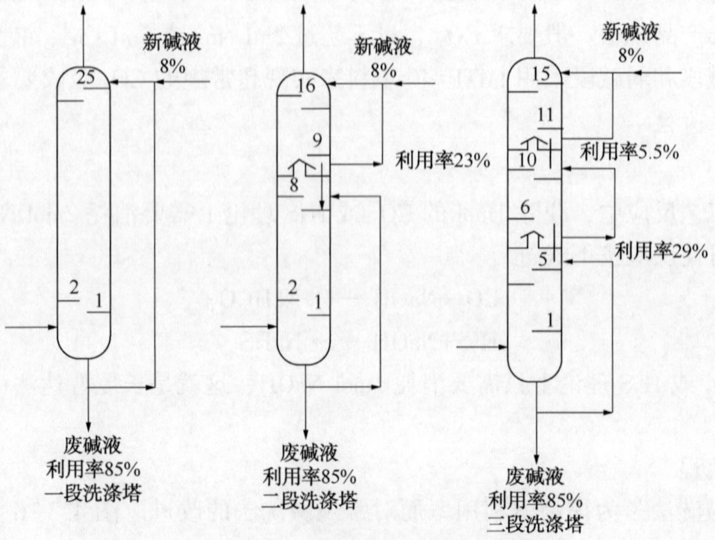


图 4.3-5　不同段数的碱洗塔比较

对几套乙烯装置中碱洗塔典型的工艺参数进行归纳和比较，如表 4.3-1 所示。

**表 4.3-1　乙烯装置碱洗塔典型工艺参数**

| 项目 | | 装置 A | 装置 B | 装置 C | 装置 D | 装置 E |
|---|---|---|---|---|---|---|
| 工艺技术 | | ABB Lummus | SEI | KBR | Technip FMC | Technip FMC |
| 乙烯生产能力/(kt/a) | | 800 | 800 | 1000 | 1000 | 1500 |
| 碱洗工艺 | | 三段碱洗 | 三段碱洗 | 三段碱洗 | 三段碱洗 | 三段碱洗 |
| 裂解气压缩 | | 五段压缩 | 五段压缩 | 四段压缩 | 五段压缩 | 五段压缩 |
| 碱洗塔位置 | | 三段出口 | 四段出口 | 三段出口 | 四段出口 | 四段出口 |
| 碱洗塔压力/MPa(G) | | 0.858~0.889 | 1.55~1.58 | 1.10~1.17 | 1.56~1.63 | 1.60~1.64 |
| 塔釜操作温度/℃ | | 45 | 45 | 45 | 48 | 48 |
| 塔径/mm | | 5100 | 5000 | 4500 | 4200 | 5000 |
| 塔结构 | 水洗段 | 泡罩板<br>5 个 | 泡罩板<br>3 个 | 筛板<br>3 个 | 波纹板<br>5 个 | 波纹板<br>5 个 |
| | 碱洗段 | 强碱段<br>泡罩板 15 个 | 强碱段<br>固阀板 15 个 | 筛板<br>40 个 | 波纹板<br>43 个 | 波纹板<br>46 个 |
| | | 中碱弱碱段<br>填料 IMTP#40 | 中碱弱碱段<br>填料 IMTP#4 | | | |
| 各段碱洗循环量/($m^3$/h) | | 158 | 108 | 36.6~38.8 | 72 | 132~133 |
| 裂解气进气量/(kg/h) | | 310693 | 307433 | 359389 | 334429 | 439348 |

从上表可以看出，碱洗过程一般设置在压缩机三段出口和四段入口之间，当采用五段压缩时，碱洗塔也有时设置在四段出口和五段入口之间。碱洗塔大多为三段碱洗、一段水洗的设置形式。水洗段大多采用3~5层泡罩塔板或者波纹筛板。碱洗段内件多采用波纹筛板形式，也有的专利商采用浮阀或者散堆填料形式，如IMTP或鲍尔环。与塔板相比，填料可以提高塔的通量，降低塔的压降，但是相对于塔板来讲填料比较容易堵塞，所以在采用填料塔设计时，要采取必要的防堵塞措施。表4.3-1中，装置A的乙烯产品规格要求 $CO_2$ 含量不超过0.1mL/m$^3$，而其他装置的乙烯产品规格一般要求 $CO_2$ 含量不超过2mL/m$^3$ 或5mL/m$^3$，装置A强碱段采用泡罩塔板，中碱段和弱碱段采用IMTP#40填料来实现超常规的 $CO_2$ 吸收要求。

3. 长尾曹达法

(1) 原理

常规碱洗工艺反应中，脱除1mol的 $CO_2$ 或 $H_2S$ 理论上需要消耗2mol NaOH，如果能控制碱洗条件，可使反应按下式进行：

$$CO_2+NaOH \longrightarrow NaHCO_3$$

$$H_2S+NaOH \longrightarrow NaHS$$

1mol的 $CO_2$ 或 $H_2S$ 理论上只需要消耗1mol NaOH，这就是长尾曹达法(改进的碱洗法)的基本出发点。

(2) 工艺流程

长尾曹达碱洗法是为提高碱利用率而对常规碱洗法的改进。图4.3-6为长尾曹达法工艺流程，全塔分为四段，一段为水洗段(泡罩板)，其余三段为碱洗段(浮阀塔板)。新鲜碱液补入一段碱洗，在按常规碱洗操作时，一段循环碱洗循环液NaOH含量(质量分数)控制为15%左右，二段和三段循环液NaOH含量则分别控制为5%~7%和2%~3%。按长尾曹达法工艺过程操作时，一段循环液碱浓度控制为8%~10%，二段循环液碱浓度控制为3%~5%。三段循环液碱浓度为零，循环液中无游离碱。显然，按长尾曹达法工艺过程设计碱洗塔，碱洗塔塔板数高于常规碱洗的过程。

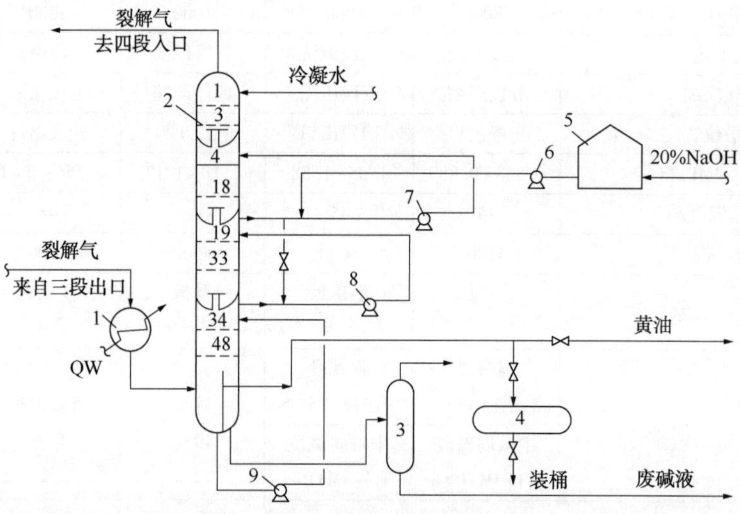


图4.3-6 长尾曹达法三段碱洗流程

1—预热器；2—碱洗塔；3—脱气罐；4—黄油罐；5—碱液槽；6—碱液泵；7~9—碱液循环泵；QW—急冷水

装置开车时可按常规碱洗法操作，以后逐步过渡到长尾曹达法。

醇胺法与碱洗法相比，其主要优点是吸收剂可再生循环作用，当酸性气含量较高时，从吸收液的消耗和废水处理量来看，醇胺法明显优于碱洗法。

醇胺法与碱洗法相比，其主要缺点如下：

① 醇胺法对酸性气杂质的吸收不如碱洗彻底，一般，醇胺法处理后的裂解气中酸性气含量仍达 30~50mL/$m^3$，尚需在醇胺法处理裂解气后，再用碱洗法进一步脱除裂解气中的酸性气，使 $CO_2$ 和 $H_2S$ 含量均低于 1mL/$m^3$，以满足乙烯生产的要求。

② 醇胺液吸收剂虽可再生循环使用，但由于挥发和降解，仍有一定损耗。由于 MEA 等醇胺液与羟基硫、二硫化碳反应是不可逆的，气体中这些硫化物含量高时，吸收剂损失更大。

③ 醇胺水溶液呈碱性，但当有酸性气存在时，溶液 pH 值急剧下降，从而对碳钢设备产生腐蚀。尤其在酸性气浓度高而且温度也高的部位(如贫富液换热器、汽提塔及再沸器)，腐蚀更为严重。因此，醇胺法对设备材质要求高，投资相应较大。

④ 醇胺溶液可吸收丁二烯和其他二烯烃，吸收二烯烃的吸收剂在高温下再生时易生成聚合物，由此既造成系统结垢，又损失了丁二烯。

因此，一般情况下乙烯装置均采用碱洗法脱除裂解气中的酸性气，只有当酸性气含量较高(例如：裂解原料硫含量超过 0.2%)时，为减少碱耗量以降低生产成本，可考虑采用醇胺法预脱裂解气中的酸性气，但仍需用碱洗法进一步作精细脱除，以保证裂解气中 $CO_2$ 和 $H_2S$ 均小于 1mL/$m^3$。

## 三、黄油的产生及对装置的影响

### 1. 碱洗塔黄油的产生原因

(1) 黄油的生成机理

造成碱洗塔系统发生聚合，生成黄油等聚合物的主要原因有三种：首先是裂解气中含有大量不饱和烃，其中双烯烃等会冷凝或溶解在碱液中，在有痕量氧气的作用下，有可能诱发自由基，为交联聚合物的形成提供诱发条件，自由基引发生成交联聚合物；其次，裂解气中醛或酮在碱的作用下，易引起羟醛缩合(Aldol)反应，即两个分子 $\alpha$-位碳原子上有活泼氢原子的醛或酮，在 NaOH 作用下，反应生成 $\beta$-羟基醛，进一步发生加成反应生成具有一定分子量的聚合物；另外，有机硫化物构成黄色无定形油状沉淀物，在碱液中，这种物质经加热或氧化，有机硫会转化成多硫化合物，低聚物转化成高聚物。这些聚合物冷凝在碱液中，会形成黄色水型碱性乳化液，这种乳化液俗称黄油。

(2) 黄油的组成分析

根据黄油的红外光谱分析结构表明，黄油主要由含氧聚合物以及烯烃聚合物组成，烯烃聚合物主要来自裂解气中丁二烯的聚合；含氧聚合物主要是由醛酮的 Aldol 缩合聚合反应生成的，而裂解气中的醛酮主要来自蒸汽裂解制乙烯的二次反应。

(3) 碱洗塔操作问题对黄油生成的影响

1) 碱洗塔压力

碱洗塔压力越高，越有利于 $CO_2$ 的吸收，但压力过高会导致裂解气中的重烃更容易在碱洗塔内冷凝，并发生聚合反应。碱洗塔压力越高，生成的黄油量越大。

2）碱液浓度

碱液浓度越高，越有利于 $CO_2$ 的吸收。为提高碱浓度，需要增加新鲜碱和废碱的排出量，既会增加操作费用，也会增加废碱处理单元的负荷。同时碱液浓度的提高会降低碳酸钠的溶解度，一旦碳酸钠析出就会影响吸收效率，进而影响黄油生成量。

3）进料温度

作为碱洗塔操作的重要参数之一，碱洗塔的操作温度的高低直接决定碱洗塔的通气速率的高低和黄油生成量的多少。因为温度过高，裂解气中的不饱和烃容易发生聚合反应，从而产生黄油；如果温度过低，会使不饱和烃冷凝，同样也会形成黄油。另外，碱洗塔温度过高，还会使黄油转化为高聚物，形成结垢堵塞各段碱洗分布器和填料空隙，在塔内产生偏流，使碱洗塔吸收效果下降，严重影响到碱洗塔系统的长周期运行。

### 2. 黄油对装置的影响

碱洗塔是乙烯装置的重要设备，主要作用是脱除裂解气中的硫化氢和二氧化碳等酸性气体，防止下游的催化剂中毒、污染乙烯产品，同时酸性气体的脱除还可以避免工艺管线的腐蚀，并降低深冷系统内形成二氧化碳固体的可能性，因此碱洗塔的稳定运行对整个乙烯装置的运行周期影响重大。国内外对碱洗塔的聚合问题都十分重视。国内乙烯装置虽然在防止聚合方面采取了很多措施，但普遍存在碱洗塔黄油生成量高，废碱液含油量高、COD 超标等问题，造成下游废碱氧化系统操作困难，影响环保排放指标，同时大量黄油聚合结垢容易造成堵塔的现象，使碱洗塔的运行周期缩短。具体来说，黄油对装置的危害有以下四个方面：

（1）结垢

黄油会附着在塔内件上，并不断缩合导致结垢。这种垢物在液体存在的情况下，显现出黏稠的特性，质地柔软，能够随着气流、液体在塔板上流动，积聚在塔内件的低洼处。一旦液体不存在，这种物质就会变得坚硬，并不会再次变软，故该种物质即使在检修期间进行清理，也是非常困难的。正常生产时，它将影响碱洗塔效率和限制装置负荷，严重时导致装置停车。

（2）发泡

在操作过程中，由于黄油的存在，会在塔盘上发泡。此物质可完全溶入碱液，和碱液混成一体，在塔的循环泵进出口形成很大的障碍，影响泵的流量、压力，使塔内的循环非常不稳定。这将降低碱利用率，增加碱耗量，并导致雾沫夹带，增加了产品不合格的危险。

（3）乳化

黄油会在塔内以“水包油”型和“油包水”型存在，导致废碱液油水分离差，增加废碱处理系统的处理难度和费用，并可能带来安全环保方面的不稳定因素。

（4）副产品增加

碱洗塔内黄油生成后，将会以成倍的速率发生连锁反应，导致大量黄油的生成，使之无法回收利用，只能作为废油处理。增加处理量的同时，也会从整体上降低装置的产品收率和经济效益。

### 3. 抑制黄油生成的措施

（1）优化碱洗塔操作温度

由于碱洗塔操作温度对塔的通气速率的高低和黄油生成量有很大的影响，技术人员对碱洗塔的操作温度与黄油生成量的关系进行了研究。结果表明，碱洗塔的操作温度越高，塔压差越大，塔操作难度越大。为降低碱洗塔内的黄油生成量，对裂解气进塔的参数进行了调节，适当提高其温度；另外，对碱洗塔的操作温度进行了多次尝试，找到了碱洗塔的最佳操作温度，应控制在40~45℃。

(2) 加强碱洗塔黄油排放

生产负荷提高后，黄油生产量增加，发生聚合的几率增加，为了保证碱洗塔系统运行平稳，规定每班至少排黄油两次，加大碱洗塔水洗段的补水量和置换量，解决了碱洗塔弱碱段碳酸钠含量高的问题，并且减少黄油在塔内的停留时间，避免黄油积累形成结垢堵塞各段分布器和填料空隙，在塔内产生偏流，使碱洗塔吸收效果下降，造成裂解气中硫化氢含量不合格。

(3) 严格控制各段碱浓度

控制碱洗塔的碱浓度，根据石脑油的硫含量及装置的负荷，及时调整配碱量，保证各段碱洗有一定浓度，梯度合理；降低了弱碱段的碳酸钠的含量和pH值，减少了不饱和烃在碱液中的溶解度，降低了不饱和烃聚合的几率。

(4) 防止氧气进入碱洗塔系统

氧离子的存在会加速黄油的生成，因此，在检修、投用循环碱泵时要用氮气置换干净，防止将空气带入碱洗系统。另外，在接收新鲜碱液时，尽量减少氧的存在，碱罐收碱时要先将氧气置换干净，碱罐收碱结束后，用氮气吹扫管线，断绝氧气进入的途径。

(5) 加黄油抑制剂

根据黄油生成的机理和黄油成分的分析可知，防止碱洗塔聚合的方法就是抑制黄油的生成途径。国内同类装置采取碱洗塔注入黄油抑制剂的措施能有效地减少黄油的生成。黄油抑制剂能捕捉乙醛的羟基，生成不带氧基的小分子有机物，使有机物不再与NaOH和乙醛发生反应而进入废碱系统。同时新型黄油抑制剂还能快速捕捉可能存在于系统中的微量氧，能够对已形成的黄油进行有效的分散，避免其沉积在塔盘等设备上，并能在废碱液油水分离时避免乳化发生。

## 第四节 废碱处理

乙烯装置排出的废碱液中含有$Na_2S$、NaHS、$Na_2CO_3$、NaOH和少量的$Na_2SO_3$、$Na_2S_2O_3$等。另外，还含有硫醇等有机硫化物，因而使废碱液具有难闻的臭味。在碱洗过程中会发生部分烃类的冷凝和溶解，因此在废碱液的上面存在一层黄色的油状物(即黄油)。这种黄油是以油包水型的乳状液存在的，而在废碱液层中也有少量的黄油以水包油的形式存在，故需进一步处理。

### 一、废碱液的预处理

碱洗脱酸性气所得的废碱液可用于造纸工业。废碱液送至造纸厂用于代替硫化碱，在使用前需对废碱液做除油、除有机物(主要是硫醇)的处理，以避免这些物质影响纸的质量和引起污染。

其处理方法比较简单，可在常压下蒸馏去除有机物，然后再在加热的情况下过滤除去少量的溶解油和碱的皂化物，最后再进行适当的浓缩，即可代替硫化碱用于造纸。

废碱液另一综合利用的途径是用作其他装置排放液的 pH 值调节。例如，用含 2%~3% NaOH 的废碱液调节含氰污水 pH 值，使含氰污水 pH 值保持在 12 以上，从而有利于采用加压水解法除去污水中的氰化物及有机腈类。此时，仍要求彻底脱除废碱中的“黄油”，以免堵塞管道。

当废碱液不能综合利用而需经生化处理作为废水排放时，则应在生化处理前进行预处理。预处理的目的除了中和碱液外，更主要的是脱硫化物（$Na_2S$ 或 NaHS）。常用的预处理方法有硫酸中和法、$CO_2$ 中和法、空气氧化法。目前以空气氧化法应用最广。

1. 硫酸中和法

常用硫酸中和废碱液，除油后的废碱液经过混合喷嘴，与浓硫酸混合进入中和槽，反应产生的硫化氢、二氧化碳，由中和槽顶排入汽提塔，分出的气相排入火炬。溶液 pH 值为 4 左右，用 2%碱液中和后，进入聚合物分离槽，沉降分出烷烃聚合物和固体硫化物，然后送去隔油，浮选，出界区去二级生化处理。

2. $CO_2$ 中和法

二氧化碳一般来自联合企业中的其他装置的副产物（如乙二醇、丁辛醇装置），副产的二氧化碳用来中和废碱液，用 $CO_2$ 中和时，其主要化学反应如下：

$$H_2O+CO_2 \longrightarrow H_2CO_3$$

$$NaOH+H_2CO_3 \longrightarrow NaHCO_3+H_2O$$

$$RSNa+H_2CO_3 \longrightarrow RSH+NaHCO_3$$

$$Na_2S+2H_2CO_3 \longrightarrow H_2S\uparrow+2NaHCO_3$$

$$NaHS+H_2CO_3 \longrightarrow H_2S\uparrow+NaHCO_3$$

式中，R 为有机基团。

反应生成的 $H_2S$ 可由多余的 $CO_2$ 带出中和设备。为了尽可能地将 $H_2S$ 从液体产物中移走，可在中和装置之后增加蒸汽汽提装置。

汽提处理后的废水中含有硫酸盐或者碳酸盐，从中可回收副产纯碱，或者将处理后的废水送污水处理厂，进行活性污泥处理。

对于汽提所得的 $H_2S$ 气体可视气量及各厂的具体条件选择以下方法进行处理：

① 气量大时，可采用 Claus 法或氧化还原法（Redox 法）回收硫。在有生产硫酸装置的情况下，$H_2S$ 可作为制备硫酸的原料。

② 气量小时，可将 $H_2S$ 气体经焚烧后排空。

用副产物二氧化碳处理废碱液，其二氧化碳价廉易得，同时处理流程短、设备少、结构简单、材质无特殊要求，生产过程能耗少、费用低、操作简便，汽提出的 $H_2S$ 可排入火炬或回收硫黄；产品碱液可用于加气混凝土预制件，节约纯碱，从而消除了高硫废碱液对环境的污染。

经 $CO_2$ 中和后的处理液中尚含有油及酚，可用活性污泥法等继续处理。

3. 空气氧化法

空气氧化法分为催化氧化法和非催化氧化法。

(1) 催化氧化法

该法关键在于选择合适的催化剂，需将废碱液中的 $Na_2S$ 尽量多地氧化成 $Na_2S_2O_3$、

$Na_2SO_3$和$Na_2SO_4$。此法与中和汽提法相比不仅节约硫酸、减少设备、节省费用，还避免了中和汽提法的聚合物堵塞设备的弊端。

(2) 非催化氧化法

非催化氧化是在加压加热的条件下进行，反应温度约为180℃，压力为2.7MPa(G)。在此条件下$Na_2S$主要氧化为$Na_2SO_4$。本法处理1t废碱液，约需330kg蒸汽和330kg空气。

1) NPCC湿空气氧气法

乙烯装置废碱处理通常在高温高压条件下操作，往往伴随着设备维护问题。传统的工艺过程采用活塞流型的反应器。活塞流型反应器系统需要进料预热器而且在反应器结构上存在潜在的阻塞问题，易形成热点导致高的腐蚀性，所以此类反应器需要高等级的材料，如蒙乃尔高强度耐蚀镍铜合金或铬镍铁合金。NPCC公司的湿空气氧化工艺主要在反应器的结构上不同于传统的湿空气氧化法工艺，采用全混型反应器。此反应器具有以下优点：

① 消除了阻塞问题。

② 具有较低的腐蚀率。

2) 高压湿式氧化法和低压湿式氧化法

在一定的反应条件下，污水中的硫化物可以被空气中的氧气所氧化。脱硫反应按下述化学反应方程式进行：

$$2S^{2-}+H_2O+2O_2 \longrightarrow S_2O_3^{2-}+2OH^-$$

$$S_2O_3^{2-}+2O_2+H_2O \longrightarrow 2SO_4^{2-}+2H^+$$

高压湿式氧化技术(HP WAO)，反应压力较高，约2.6MPa(G)，反应温度约为200℃，进出料换热器、出料冷却器和相连管道需要用合金600材料，反应器主体用碳钢材质，用合金600衬里。此技术的优点是可将硫化物彻底转变为硫酸盐，且能耗低。缺点是设备需外购。

低压湿式氧化技术(LP WAO)，操作温度低于150℃，压力小于1.0MPa(G)。此技术的优点是反应温度、压力较低，设备成本低，反应设备均为碳钢材质，可在国内制造。缺点是处理过程中一部分硫化物转变为硫代硫酸盐，因此处理后的废碱液中COD浓度较高；且运转时公用工程消耗量如用电量、高压蒸汽量、冷却水量较大，产生的废水量大。

## 二、废碱处理技术

### 1. 西门子技术

湿式氧化技术和湿式氧化系统主要用于对高浓度工业废水进行处理。湿式氧化技术是以氧气作为氧化剂，对水中的可溶解性或悬浮组分进行氧化。当空气用作氧气来源时，该工艺便被称为湿式空气氧化。湿式空气氧化(WAO)工艺最早是由美国西门子Rothschild基地的创办人Zimmerman研制开发，1958年由Zimmerman首次将其应用于污水处理。该工艺是将待处理的物料置于密闭的容器中，在高温高压条件下通入空气或纯度较高的氧作为氧化剂，按湿式燃烧原理使污水中有机物降解。

(1) 原理

高温湿式氧化法应用于废碱处理主要涉及的化学反应为：

$$2Na_2S+3O_2 \longrightarrow 2Na_2SO_3$$

$$2Na_2S+2O_2+H_2O \longrightarrow Na_2S_2O_3+2NaOH$$

$$Na_2S_2O_3+2O_2+2NaOH \longrightarrow 2Na_2SO_4+H_2O$$

$$2Na_2S_2O_3+O_2 \longrightarrow 2Na_2SO_4$$

上述反应的速度非常慢，高温湿式氧化法的主旨是升高操作温度和反应压力，从而加快反应速度，缩短反应时间。

反应温度是湿式氧化过程中的主要因素。温度越高，反应速率越快，反应进行得越彻底，同时温度升高还有助于增加溶氧量和氧气的传质速度，降低液体的黏度，产生低表面张力，有利于氧化反应的进行。高温会使反应停留时间缩短，反应器的尺寸会有所减小，有利于减少投资。

反应压力不是氧化反应的直接影响因素，主要是为了使反应物呈液相进行反应，且应不低于反应温度下的饱和蒸气压。

（2）工艺流程

为了避免管线或设备堵塞，在进入高温湿式氧化单元之前，需要先对乙烯装置产生的废碱进行预脱油处理，以除去废碱液所带的大部分浮油固体或颗粒。从乙烯装置内碱洗塔塔釜出来的废碱液经萃取除去大部分废油后，再经废碱储罐的撇油设施进一步除去浮油后，送至废碱氧化单元。

高温湿式氧化法的工艺流程如图 4.4-1 所示。废碱液依靠重力流入高压进料泵的入口，高压进料泵将废碱液压力升高到系统所需要的压力。来自空气压缩机的高压空气被注入加压的废碱液内，形成两相混合物。在进/出料换热器中，进料被反应器高温出料预热。预热后的废碱液/空气混合物进入反应器底部。

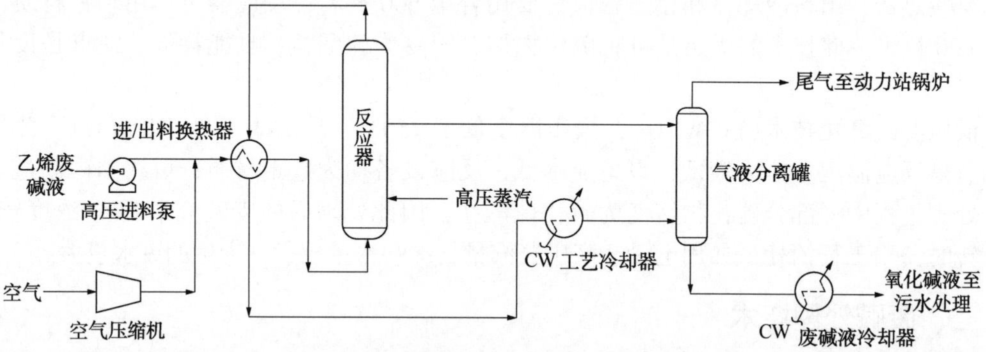


图 4.4-1 高温湿式氧化法的工艺流程

反应器内物料在上升穿过液体的气相作用下得以混合。随着溶解氧的消耗，来自不凝空气的氧被溶解到废碱液中，进一步发生氧化反应。反应器中液体停留时间大约为 60min，可使硫化物完全氧化。氧化反应是放热反应，会加热反应器内的物料，另外还有高压蒸汽通入反应器，将反应器内的物料加热至 200℃的操作温度。

氧化反应完成后，出料混合物从顶部离开反应器，通过进/出料换热器预热进料，然后在工艺冷却器中用冷却水将氧化废碱冷却到约 55℃后，送往工艺分离器。在进入分离器之前，降温的两相混合物料已经通过反应器的压力控制阀进行减压，氧化后的废碱液和不凝气在分离器中分离出气相和液相。分离器的压力通过分离器尾气管线上的调节阀来控制。分离器的液体出料在出料冷却器中用冷却水冷却至 40℃。尾气和液体出料被送到界区外。

其中，尾气进入动力锅炉进行焚烧，处理后的废碱送污水处理场进行后续处理。

高温湿式氧化技术处理后的水质指标如表 4.4-1 所示。

表 4.4-1 废碱液处理系统性能指标

| 项目 | 硫化物(以 $S^{2-}$ 计)/(mg/L) | 硫代硫酸盐(以 $S^{2-}$ 计)/(mg/L) | COD/(mg/L) | pH 值(中和后) |
|---|---|---|---|---|
| 指标 | <1 | <100 | <5000 | 7~9 |

2. S&W 技术

(1) 技术背景

废碱产生于乙烯装置裂解气的碱洗系统，是一种液态排放物，同时包含烃类物质与无机化合物，其化学与生物需氧量(COD/BOD)较高。废碱处理装置系统的设计宗旨是氧化硫类物质并且降低化学与生物需氧量，然后再排放到生物废水处理厂。废碱液中包含了大量的 $Na_2S$、$Na_2CO_3$ 和过量的 NaOH，以及裂解气中的羰基化合物和双烯烃聚合形成的聚合物。其中主要组分为硫化钠，其含量(质量分数)在 2%~8%。硫化钠和有机烃类对环境污染极为严重，如果未能有效处理，将对水质造成严重污染。

硫化钠不仅无法用生化法脱除，而且对生化细菌有毒性，也不能通过抽提技术降低或脱除，但是硫化钠在一定温度和压力下能够被氧气所氧化生成硫酸盐。因此，采用湿气氧化技术，直接把空气注入废碱溶液，把硫化钠氧化成化学需氧量为零的化合物硫酸盐。

湿气氧化过程中发生了以下化学反应：

$$2Na_2S+3O_2 \longrightarrow 2Na_2SO_3\text{(较慢)}$$

$$2Na_2S+2O_2+H_2O \longrightarrow Na_2S_2O_3+2NaOH\text{(较慢)}$$

$$Na_2S_2O_3+2O_2+2NaOH \longrightarrow 2Na_2SO_4+H_2O\text{(很慢)}$$

$$2Na_2SO_3+O_2 \longrightarrow 2Na_2SO_4\text{(很慢)}$$

湿气氧化反应可以在高压或中压环境下进行。S&W 的技术采用了中压湿式氧化[约 150℃，<1.38MPa(G)]，控制氧化反应条件稍低于高压过程。相比于高压高温操作，这种方式本质更安全。流程框图见图 4.4-2。

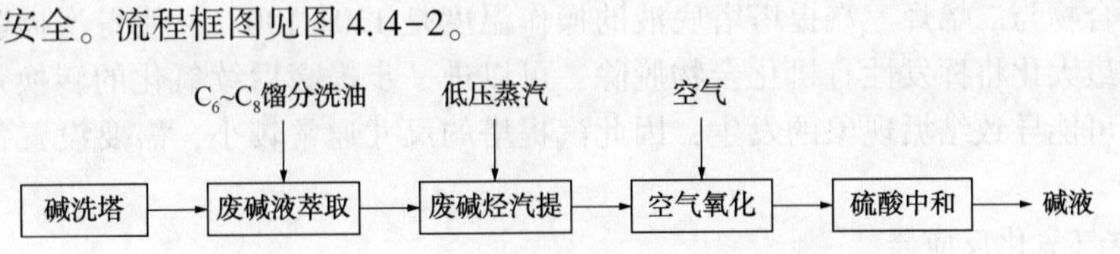


图 4.4-2 废碱液处理流程示意框图

高压湿式氧化的操作条件要求更高的压力和温度，虽然可以加快氧化反应，但是高压湿式氧化系统通常要求较高的资本成本，原因是必要的结构材料需具备较高的温度/压力等级，而且更可能泄漏，通常是因为垫片腐蚀造成的。

(2) S&W 中压湿式氧化工艺流程简介

废碱产生于乙烯装置压缩单元的碱洗塔，来源于裂解气中的硫化氢和二氧化碳与碱性物质(氢氧化钠)发生的反应。进入废碱处理设施的废碱是一种含水溶液，含有碳酸钠、硫化钠、高含量氢氧化钠以及裂解气中羟基化合物与二烯烃聚合生成的聚合物材料。这种废碱物料还含有溶解的来自裂解气的烃类组分。

脱除黄油后的废碱液储存在废碱储罐中，首先用泵将废碱送入汽提塔，在进入汽提塔前通过进出料换热器与反应器出料换热，在汽提塔中用燃料气汽提出废碱液中残留的芳烃类有机物。汽提塔顶燃料气排至火炬或回水洗塔。废碱液从塔釜出来，再用进料泵送至反应器。在泵出口的混合器内废碱液与中压蒸汽和来自空压机的空气充分混合后，进入反应器发生氧化反应。氧化的废碱液流入分离罐，分离罐出来的尾气通过压控阀送到界区，分离罐内的废碱液通过液位控制阀后进入进出料换热器与反应器进料换热降温后进入出料冷却器，用冷却水进一步冷却。最后送废碱中和罐被硫酸中和，中和后的废水去全厂污水处理系统进一步生化处理。流程示意图见图 4.4-3。

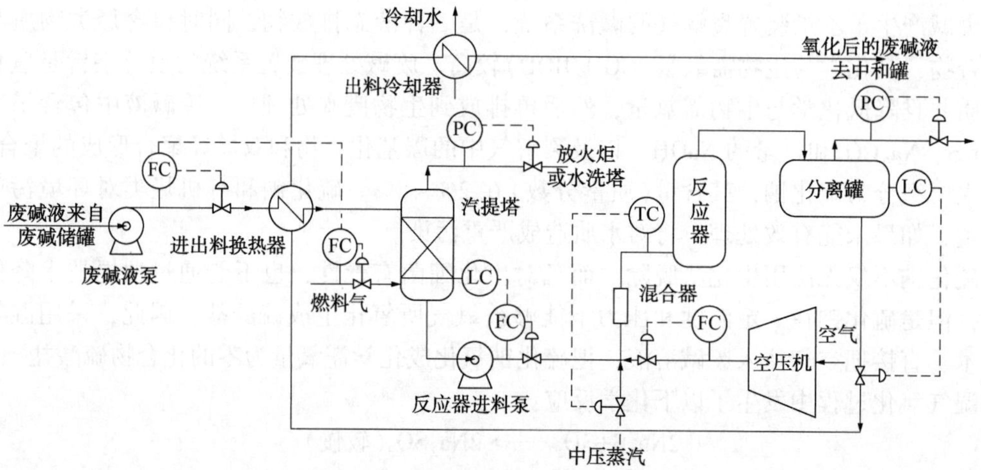


图 4.4-3　S&W 技术废碱氧化流程示意图

1）烃类汽提

用泵把原始废碱从废碱储罐输送至烃类物质汽提塔顶部塔盘的分离段，在这里用低压蒸汽把甲苯溶剂里的轻质烃类组分除去。通过蒸汽汽提把轻质烃类物料除去，包括聚合物前体羟基化合物与二烯烃。汽提塔塔底液的操作温度是 120~130℃，使得汽提塔内部发生聚合反应，最大化将挥发性有机化合物脱除，可以进一步提高后续氧化的转换效率。这种汽提的模式可能导致结垢现象的发生，因此汽提塔的尺寸通常较小，需要设置备用烃类汽提塔。

2）湿空气氧化反应器

在湿气氧化反应器中，压缩空气被注入反应器中，通过气泡进入废碱溶液。通常设置 3 个反应器以保证完全反应。3 个反应器采用 6 个反应区域，每个含有两个气泡柱，空气和废碱平行发生接触，废碱的最低停留时间约是 10h。用于氧化的压缩空气通过分布器元件进入每个区域。非常重要的是，只要反应器里有液体就必须保持空气流过分布器，避免分布器发生结垢的风险。液体向上缓慢地流动，被从其中通过的细小空气泡所氧化，与上升的空气在每个区域形成高度混合。每个反应器装有水平挡板以增强液体/气体混合并形成湍流，这样有助于质量传递。液体和气体一起向上流动，到达第一反应区域的顶部，在这里和来自第二反应区域分布器发生更多的气体接触。来自第二反应区域顶部的液体被除去，经过过滤然后和更多空气接触，被引导至第三反应区域的底部进料，在这里重复这个过程，最终通过所有 6 个反应区域。同时中压蒸汽被添加到每个区域的空气入口，用于把反应器温度维持在 140~150℃。每个反应器的放空气体被送至湿空气氧化洗涤接触器进行洗涤。

3）湿空气氧化洗涤接触器

来自湿空氧化反应器的放空气体被逆向洗涤，在水洗接触器中冷却并脱除水滴，并溶解尾气中携带的钠盐。洗涤水被冷却水所冷却，然后再循环进入接触器。接触器塔顶被洗涤的气体送至裂解炉燃烧室或某些适当的焚烧系统。

4）湿气氧化碱洗闪蒸罐

来自最后一个湿气氧化反应器的废碱进入湿气氧化废碱闪蒸罐中闪蒸，将剩余的尾气排放到裂解炉燃烧室。经过处理的废碱液体被循环冷却水冷却，然后被引入中和设施。

5）中和设施

用硫酸中和来自废碱氧化出料冷却器的废碱，除去其中的氢氧化钠。将稀释的 20%(质量)酸溶液通过计量加入至中和装置的容器中，和废碱液混合。内部的冷却水盘管用来除去中和反应所生成的热。中和反应的 pH 值最好控制在 8~9。最后将经过废碱氧化单元的出料用泵输送至界外的污水处理场。

(3) S&W 中压湿式氧化工艺技术特点

废碱被归类为危险材料。在恶劣条件下废碱溶液，特别是高温废碱溶液，会导致设备或管线的开裂或腐蚀进而发生泄漏，并造成装置发生生产故障。S&W 湿气氧化技术采用中压与中温操作条件，而不是采用较高的压力与温度。以某乙烯装置为例，中压废碱氧化的 3 台反应器压力从前到后分别为 1.0MPa、0.8MPa、0.6MPa，其特点是压力较低，反应过程相对平稳，要求设备的耐压强度较低，反应过程容易控制。而高压废碱氧化反应器的压力约为 2.8MPa，其反应过程比较剧烈，尤其对设备的耐压强度要求较高。

S&W 的中压湿式氧化工艺技术有着如下的特点：

1）烃类物质汽提塔

无论是挥发性有机化合物(VOC)还是较重的有机聚合物，都不能通过湿空气氧化技术进行氧化并且从废碱中脱除，因为湿空气氧化所采用的反应温度不够高，因而不能把烃类物质氧化成二氧化碳和水。为了从废碱中脱除有机物 COD，S&W 的湿气氧化技术包含烃类物质气提塔，把湿空气氧化反应器上游的挥发性有机化合物脱除。在操作温度为 129~140℃的烃类物质汽提塔中，废碱中的挥发性有机化合物被脱除。而且，废碱中较重的有机聚合物在汽提过程中被持续地聚合并形成分子量更大的固态有机物，因而能够在下游过滤器中脱除。如果没有汽提塔，废碱中较重的聚合物则可以在湿空气氧化反应器中聚合。湿空气氧化反应器中的较高操作温度将会促进聚合反应，对反应器和下游装置可能形成结垢。S&W 的设计使得聚合物形成于汽提塔，并且使用湿空气氧化反应器上游的过滤器除去这些聚合物。

需要额外注意的是，如果烃类汽提塔内聚合物多，塔顶气相、液相管线会经常发生堵塞。原因是废碱液中带黄油较多，黄油在脱烃塔内氧化后发生聚合反应，产生聚合物堵塞塔底出料泵以及塔顶气相、液相管线。因此，需要严格控制废碱液中带入的黄油量。

2）湿空气氧化放空气体脱盐系统

来自反应器的原始放空气体可能携带碱性物质，对任何下游热氧化器或炉子形成腐蚀。S&W 的湿空气氧化系统包括放空气体水洗系统，先把钠盐从放空气体中除去，然后再送出湿空气氧化装置。来自湿空气氧化反应器与废碱闪蒸罐的放空物料相结合，被湿空气氧化水洗接触器中的再循环洗涤水所洗涤，然后才被处理。

3）空气分布

采用烧结金属粉末制造的空气分布器性能独特，能够获得均匀的空气分布。该分布器孔眼能够形成非常细小的空气泡，促进有效的质量传递。

4）灵活性

S&W 的湿气氧化装置能够利用工厂风操作，采用工厂风总管压力，降低废碱进料速率。为了降低资本成本，不要求备用空气压缩机(离心式)。采用工厂风操作能够处理大约一半的正常流量。这种操作灵活性使得不用湿气氧化装置停车就可以维护空气压缩机。

5）低成本

湿空气氧化反应器的操作温度较低(<150℃)而操作压力适中[<1.38MPa(G)]，因而管道与设备可以采用 316L 不锈钢。较高压力/温度反应系统则必须使用更为昂贵的合金 600 的钢材。采用 316L 不锈钢的重要考虑是碱性物流中的氯离子含量。采用 316L 不锈钢可以耐受 10mg/kg 的氯离子浓度。采用氯化钠低含量的 Rayon 等级碱液通常就可以取得这种效果。如果不可行则必须考虑高铬合金，例如超级双相钢与合金 600，这将相应地增加安装成本。

(4) S&W 中压湿式氧化工艺控制方案

S&W 的废碱氧化技术通常采用的工艺控制方案如下：

1）烃类物质气提塔

① 废碱液进料通过流量控制。

② 汽提塔系统压力通过塔顶压力控制来保持。

③ 汽提塔塔釜液被输送到液位控制下的湿空气氧化反应器。

2）湿空气氧化反应器

① 第一湿气氧化反应器温度通过空气流速的温度复位得以保持。

② 相应的湿空气氧化反应区域温度通过设置进料中压蒸汽流量控制器而得以保持。

③ 每个湿空气氧化反应区域氧化空气进料通过流量进行控制。

④ 每个湿空气氧化反应器(每个容器有两个反应区域)系统压力通过塔顶尾气压力控制而保持。

⑤ 每个湿空气氧化反应器顶部反应区域液体排放通过液位控制输送。

3）湿空气氧化水洗接触器

① 系统压力通过塔顶压力控制而保持。

② 循环洗涤水通过流量进行控制。

③ 洗涤水清洗率通过接触器液位控制而保持。

4）湿气氧化废碱闪蒸罐

① 系统压力通过塔顶压力控制而保持。

② 经过废碱氧化单元处理后的废碱液出料到界外通过液位控制而保持。

5）压缩机

① 空气总管压力通过排放管线上的放空压力控制器而保持。

② 空气压缩机排放压力通过供货商的空气压力控制器而保持。

(5) 中压湿式氧化与高温湿式氧化的主要区别

在国内的乙烯装置中，中压湿式氧化技术与高温湿式氧化技术都有着一定范围的应用，但是两者在很多方面还是有着很大的不同。具体表现在：

1）反应条件

中压湿式氧化反应的温度在130~160℃，反应条件相对温和；而高压湿式氧化反应温度在180℃以上，反应过程更加剧烈。相对于中压反应过程，从热力学角度讲，氧化反应在升高温度和升高压力的条件下，反应过程将向着产物的方向进行，故高温和高压有利于氧化反应的进行。

2）反应物浓度和停留时间

废碱液中主要存在的硫化物为硫化钠，这些物质的浓度高低会直接影响氧化反应的结果。浓度升高，所需要的空气量也将随之升高，但实际运行中，因为硫化物的氧化反应平衡常数很小，要求反应达到平衡的时间很长。这在很大程度上制约了废碱氧化装置的处理能力。当硫化物浓度较高时，在同样的进料量条件下，经过反应器反应后，反应过程很难达到平衡，使得产物中硫化物的浓度依然很高，造成废碱液外排的COD严重超标。因此，对于既定的装置，要是反应产物中硫化物含量达到排放标准，必须严格控制进料中的硫化物含量，一般其质量分数在4%以下时，基本可以满足达标要求。如果有未完全氧化的$Na_2SO_3$和$Na_2S_2O_3$，将会使废碱液的化学需氧量(COD)不合格，因此有足够的反应停留时间和充足的空气是控制反应的关键。

此外，反应温度越低，反应受停留时间的影响越大。对于相同的废碱处理量，S&W中压湿式氧化单元的反应器的尺寸较大；对于相同的反应器尺寸，中压湿式氧化的废碱的处理量较小。

受反应条件温和的影响，废碱氧化反应器的材质可以降低，不像高温湿式氧化技术必须选用合金600，这样可以降低设备类的投资。

3）蒸汽注入

对于中压湿式氧化，因为反应停留时间有所增加，因此正常操作时通常需要持续地注入中压蒸汽，来维持反应器的入口温度。蒸汽与空气混合注入，在混合器中与废碱液进行充分混合后，再进入氧化反应器。

4）空气的注入量

对于中压湿式氧化，需要通入较多的过量空气以促进废碱液氧化反应的进行。过多的反应剩余空气可能会引起废碱液中残留的有机物反应，如果这种情况发生，会造成反应器内反应剧烈，产生飞温，甚至有爆炸的危险性。所以为避免上述情况发生，在脱硫氧化前需要设置汽提塔，汽提出废碱液中残留的芳烃等有机物后，再混入空气进行氧化反应。

5）处理后水质指标设计值(以$S^{2-}$浓度衡量)

高压湿式氧化相对二价硫离子转化得更完全，但高、中压反应后的废碱液都可以达到污水处理厂接收的要求，浓度低于20mg/L。同时由于具有还原性的硫化物转化为盐类，脱硫后废碱液中的COD浓度也随之降低。

在中压湿式氧化中，由于反应不完全，一部分硫化物反应转变为硫代硫酸盐，其仍具有还原性可被氧化；而在高压湿式氧化中，硫化物彻底转变为硫酸盐。因此对于同一废碱液，采用中压法进行处理后，废碱液中COD浓度较高。相比而言，采用高压法处理，可以使得废碱液有着较低的COD浓度，可以减轻污水处理厂的进一步处理难度，对最终废水达标排放更为有利。

6）公用工程消耗

中压湿式氧化公用工程消耗量如用电量、蒸汽量、冷却水量相对较大；同时因蒸汽的连续补入，产生的废水量也相对较大。

（6）硫化钠超标的处理措施

某国内乙烯装置开工期间，由于使用的裂解原料直接影响了进入碱洗塔中的裂解气硫化氢浓度，使得废碱液中硫化钠含量不稳定，和设计值相比有较大的增幅，造成废碱处理单元的操作非常困难。针对硫化钠含量高，废碱液萃取效果差，除油罐中的黄油和聚合物未能被及时分离出去，洗油分离效果差，废碱液含油造成总有机碳（TOC）偏高的情况，采取了如下的措施，效果很好，有助于降低废碱液中的COD指标，使得排放达标。

① 改变洗油的成分。将最初使用的重整$C_9^+$馏分改为裂解汽油加氢装置的脱碳九塔侧线采出的$C_6 \sim C_8$馏分，开启洗油强制循环，延长废碱液萃取时间。由于$C_6 \sim C_8$馏分是全馏分加氢芳烃，使其在废碱除油罐中更容易分离，可以解决废碱含油问题，防止烃汽提塔的结垢。

② 提高烃汽提塔的低压蒸汽量，通过蒸汽汽提，降低废碱液的TOC和硫化钠含量。

③ 废碱液中硫化钠含量大，如果碱浓度偏低，氧化反应废碱液容易变酸性腐蚀设备。因此从新鲜碱泵增加1条新鲜碱补充线，用于控制氧化反应器的pH值。

④ 根据废碱液中的硫化钠含量调节空气的注入量，由于反应易在第一、二台反应器发生，因此控制每台反应器的空气注入速率，注意反应温度不超温。

⑤ 空气的注入量必须按照反应温度做到及时调整。

⑥ 氧化反应放出的热量足可以维持操作温度，可以暂时停止高压蒸汽的注入。

⑦ 提高碱洗塔入口的裂解气温度，可以适当减少碳氢化合物在碱洗塔中的冷凝和黄油的产生。

⑧ 如果硫化钠含量过高，可以通过反应器出口返回废碱储罐的循环管线处理并降低反应器入口的硫化钠含量。

废碱氧化作为乙烯装置的环保处理单元，其运行结果严重制约着乙烯装置的生产过程。如果对废碱液重硫化物处理的效果不佳，将会给后续废水处理过程造成巨大的环保压力。因此，装置在运行过程中，要结合生产实际情况，严密监控乙烯装置碱洗塔排放废碱液中的硫化物含量，采取必要措施控制氧化反应器进料中硫化物浓度在可接受范围内，使氧化后废水COD指标达到环保排放要求。

中压湿式氧化反应过程温和，温度较低，故其设备投资和操作费用较低。相比而言，高压法反应温度较高，相应的能耗较高，而且设备投资、维护费用也会升高，操作难度较大。在装置技术选择设计时，要综合考虑废碱液组成、设备投资、操作费用以及环保要求等各方面的因素。综合评价后，才能决定采用何种废碱氧化的工艺技术。

3. 催化氧化技术

废碱液的催化氧化技术包括催化氧化和生化处理两部分，西安德兴环保科技有限公司开发的催化氧化技术已得到工业应用。

废碱液的湿式氧化法，是在高端材质反应器中，借助高温高压的反应条件，对废碱液进行化学氧化脱硫处理，体现的是一种局部处理工艺的“硬实力”。处理方法是在碳钢材质的反应器中，采用低温低压或常温常压的反应条件，对废碱液进行催化氧化脱硫，即将废碱液中99%左右的硫化物转化为硫代硫酸盐浓度可控的脱硫废碱液，然后将该脱硫废碱液作为微生物培养液，在不利的高含盐情况下，于缺氧生化反应器中，培养用于废水脱氮处理的自养脱氮硫杆菌，于好氧生化反应器中，培养可分解难生化处理有机物的兼性异养硫细菌，达到对多种水质的废水和多种污染物指标进行协同处理，实现以废治废的目的，这体现的是一种整体处理工艺的“巧实力”。

这项技术适用于石化企业，特别是大型炼化一体化装置生产企业，包括：生产过程中产生的高含油、高含硫、高 COD 的炼油废碱液和原油直接裂解、石脑油蒸汽裂解、重油催化热裂解、乙烷裂解和丙烷脱氢等制烯烃装置废碱液，以及其他化工废碱液；高含油、高硝态氮、高 COD 的苯乙烯精制废碱液；高硝态氮、高含盐难生化的烟气脱硫脱硝废水、污水零排放除盐处理单元的蒸发结晶离心机分离母液和污水回用反渗透浓水。

（1）工艺原理

在温度为50~75℃，压力为0.5~1.5MPa(G)的条件下，通过投加脱硫剂和鼓入压缩空气对废碱液进行催化氧化脱硫处理，发生以下脱硫反应：

$$S^{2-}+A(\text{催化剂})\longrightarrow AS(\text{反应中间体})$$

$$AS(\text{反应中间体})+O_2\longrightarrow SO_4{}^{2-}+A$$

$$S^{2-}+O_2\longrightarrow S_2O_3{}^{2-}(\text{副反应})$$

催化氧化脱硫反应，通过投加催化剂，改变了反应历程，降低了反应的活化能，避免了高温高压的反应条件。

通过投加浓硫酸对脱硫废碱液进行中和处理，化学反应方程式如下：

$$2NaOH+H_2SO_4 = Na_2SO_4+2H_2O$$

$$2Na_2CO_3+H_2SO_4 = 2NaHCO_3+Na_2SO_4$$

脱硫中和后废碱液与高盐废水在缺氧反应器内混合，在高盐废水管线上投加拮抗剂，在缺氧条件下，兼性厌氧的自养脱氮硫杆菌利用硫代硫酸盐获取能量，将硝态氮转化为氮气，将硫代硫酸盐转化为硫酸盐，反应过程不需要外加有机碳源。反应方程式如下：

$$0.844S_2O_3{}^{2-}+NO_3^-+0.347CO_2+0.086HCO_3^-+0.086NH_4{}^++0.434H_2O\longrightarrow$$
$$1.689SO_4{}^{2-}+0.5N_2+0.086C_5H_7O_2N(\text{生物细胞})+0.697H^+$$

缺氧出水进行好氧生化处理，在好氧条件下，利用贫氧空气进行曝气，以耐盐的好氧兼性异养硫菌群利用硫代硫酸钠获取能量，好氧生化处理前期硫菌群氧化硫代硫酸钠占优势，同时，该氧化过程产酸。反应方程如下：

$$Na_2S_2O_3+2O_2+H_2O\longrightarrow Na_2SO_4+SO_4{}^{2-}+2H^+$$

在生化反应器中停留一段时间后，水中的硫代硫酸钠大部分被消耗，此时好氧生化反应转变成硫细菌和其他好氧微生物共同去除 $Na_2S_2O_3$ 和有机物，达到以废治废的效果。反应方程式如下：

$$C_xH_yO_z+1/2(2x+y/2-z)O_2\longrightarrow xCO_2+y/2H_2O$$

（2）工艺流程及工艺说明

催化氧化流程示意见图4.4-4。

1）废碱液的除油处理

经除黄油后的混合废碱液自压进入除油调节器中，除油调节器采用连通器原理，利用污油和废碱液的密度差对高含油废碱液进行水力全自动除油处理。除油调节器具有自动除

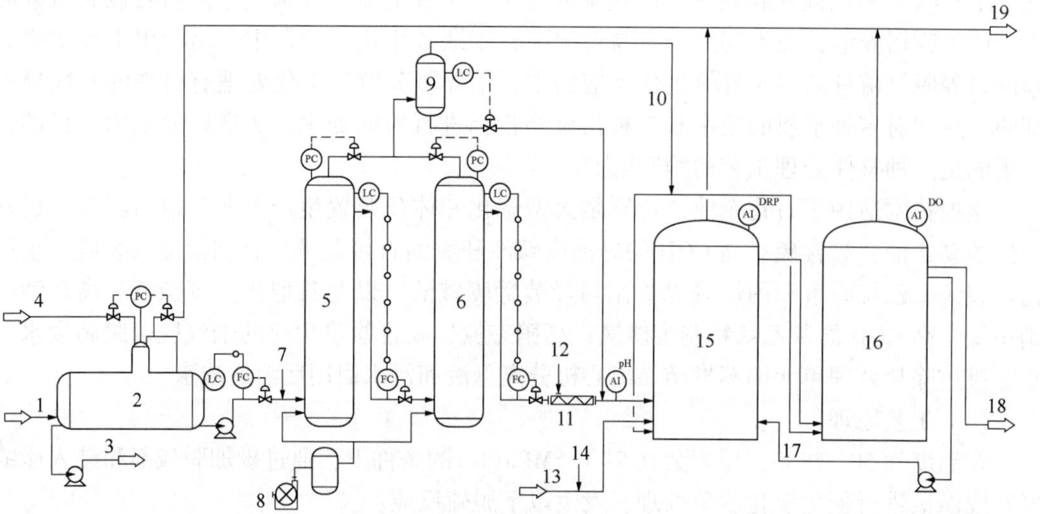


图 4.4-4　催化氧化流程示意图

1—废碱液；2—除油调节器；3—污油回收；4—氮封；5—脱硫反应器 A；6—脱硫反应器 B；7—脱硫剂；8—螺杆压缩机；9—分液罐；10—贫氧空气；11—管道混合器；12—浓硫酸；13—高盐废水；14—拮抗剂；15—缺氧生化反应器；16—好氧生化反应器；17—回流液；18—至后续处理系统；19—至废气处理系统

油和缓存调节的功能，除油后的废碱液经泵提升至脱硫反应器，污油进行回收利用。

来料废碱液中游离油的浓度在 500~1500mg/L 之间，一般为轻油。经除油处理后，可以将排液中的游离油降至 50mg/L 以下。

2）废碱液催化氧化脱硫处理

除油后的废碱液在脱硫反应器中进行催化氧化脱硫，在温度为 50~75℃、压力为 0.5~1.5MPa(G)的条件下，按废碱液量的 1‰~2‰(质量)投加脱硫剂，同时鼓入压缩空气，将废碱液中硫化物氧化成硫酸盐和硫代硫酸盐；脱硫后的废碱液经中和后自压进入缺氧生化反应器。脱硫反应器的贫氧空气进入分液罐中，分液后的脱硫废碱液按照设定的液位自压进入缺氧生化反应器入口管线，分液后的贫氧空气作为后续生化处理系统的气源，通过设定压力 0.2~0.3MPa(G)进入生化处理系统，进行二次利用。

废碱液的硫化物浓度在 4000~15000mg/L 之间、COD 在 15000~45000mg/L 之间，脱硫反应时间控制在 15~20h 之间。脱硫反应器采用碳钢制作，直径在 2.5~3.8m 之间，直段高度在 15~30m 之间。可根据后续生化脱氮和去除有机物对硫代硫酸钠浓度的需要，通过调节脱硫反应的温度、和/或脱硫反应的压力、和/或曝气量、和/或脱硫剂的投加量等，控制氧化脱硫处理深度。反应分离器出水硫化物可控制在 10~100mg/L 之间，COD 可根据生化处理需要控制在 3000~9000mg/L 之间。

3）脱硫废碱液中和处理

为满足后续生化反应条件，通过投加浓硫酸对废碱液进行中和处理。脱硫废碱液与硫酸在管道混合器内混合，调节 pH 值后自压进入缺氧生化反应器。在管道混合器后设有 pH 计，通过设定 pH 值调节硫酸投加量。

中和后废碱液的 pH 值在 9.5~11.5 之间，溶解性总固体(TDS)在 80000~150000mg/L 之间。

4）高含盐混合废水的水质情况

中和后的废碱液自压进入缺氧生化反应器中，同时引入需要协同处理的高盐废水，高盐废水包括高 $NO_3^-$-N 的烟气脱硫脱硝废液、和/或污水零排放除盐处理单元蒸发结晶离心机分离母液、或(和)污水回用装置反渗透除盐环节的浓盐水等。高盐废水的 COD 在 150~500mg/L 之间，总氮(TN)在 70~200mg/L 之间，$NO_3^-$-N 在 50~180mg/L 之间，pH 值在 6~9 之间，TDS 在 4500~10000mg/L 之间，

脱硫废碱液与高盐废水混合后，混合废液的盐含量在 10000~23000mg/L 之间，COD 在 400~1000mg/L 之间，总氮在 70~200mg/L 之间，$NO_3^-$-N 在 50~180mg/L 之间，石油类 <10mg/L，pH 值在 7~10 之间。混合废液温度在 25~38℃。

废液中主要的盐类物质有：$Na_2SO_4$、$Na_2S_2O_3$、$NaNO_3$ 和 $NaHCO_3$。这种高浓度的单一钠盐，对微生物具有较强的毒性，将抑制微生物的正常代谢。按废碱液量的 1‰~1.5‰(质量)向混合废液中投加拮抗剂，微生物在含盐量在 10000~23000mg/L 的环境中，也可以保持良好的活性，维持正常的生长和代谢。

5）缺氧生化脱氮处理

混合废液在缺氧生化反应器内进行脱氮反应，该技术的生物脱氮是以兼性厌氧的自养脱氮硫杆菌(thiobacillus denitrificans)为优势菌，在缺氧条件下，脱氮硫杆菌利用硫代硫酸盐进行脱氮反应，将水中硝态氮转化为氮气，将硫代硫酸盐氧化成硫酸盐，去除 $NO_3^-$-N，达到以废治废的效果，无须外加碳源。

反应器内设有生物填料和曝气装置，采用脱硫单元产生的贫氧空气或(和)氮气作为气源，对缺氧生化反应器进行限制性曝气，同时，缺氧脱氮反应产酸，好氧生化的回流水与偏碱性的混合废液，在缺氧生化反应器中对脱氮和好氧生化产生的酸度进行中和，通过调节脱硫单元中和废碱液 pH 值，控制缺氧出水 pH 值在 7~9 之间。缺氧生化反应器为高水深的立式反应器，有效水深一般在 15~18m 之间，脱氮反应段的水力停留时间在 8~10h 之间，液面下 0.3~1.0m 处氧化还原电位(ORP)值控制在-80~70mV 之间。

6）好氧生化处理

缺氧生化反应器的出水，排入好氧生化反应器进行处理。在好氧生化反应器中，存在大量通过氧化 $Na_2S_2O_3$ 获取能量的耐盐的好氧兼性异养硫菌群。硫菌群利用硫代硫酸钠获取能量，将硫代硫酸盐氧化为硫酸盐，硫菌群和其他好氧微生物的共同作用下，可以同时对 $Na_2S_2O_3$ 和难生化的有机物进行生物氧化处理，达到以废治废的效果。

好氧生化反应器内设有生物填料和曝气装置，采用脱硫单元产生的贫氧空气作为气源，对好氧生化反应器进行曝气，控制好氧生化出水 pH 值在 6~9 之间，回流比控制在 50%~100%。好氧生化反应器为高水深的立式反应器，有效水深一般在 15~18m 之间，好氧生化的水力停留时间在 10~16h 之间，液面下 0.3~1.0m 处 DO 值控制在 1~4mg/L 之间。好氧生化出水的 TN<40mg/L，COD<100mg/L，$S^{2-}$<1mg/L，石油类<5mg/L，pH 值在 6~9 之间。

(3) 技术特点

该技术可根据需要，对废碱液进行脱硫预处理，也可以采用脱硫和生化的组合工艺。此项技术已在石化企业成功地实现了工业化应用。

该技术的特点和优势如下；

① 总投资费用省。在低温、低压运行条件下，废碱液的腐蚀性弱，设备材质选用碳钢

材料即可。

② 运行费用低。由于在低温低压工况下脱硫，不需要高压蒸汽和高压锅炉给水等，公用工程消耗少，节省能耗。

③ 工艺灵活，可根据需要选择处理深度。可根据需要，灵活选择脱硫处理深度，生化处理深度以及达标处理深度；高盐废水硝态氮或总氮不高时，无须设置缺氧反应器，脱硫废碱液与高盐废水直接进入好氧生化反应器；也可根据后续生化处理单元的需求，调节脱硫反应条件及加药量，灵活调节氧化脱硫处理深度。

④ 除油设计精巧，效果好。水力全自动除油，除油过程中不需要控制仪表，不需要运动部件，不需要动力消耗，操作简单，节省能耗。

⑤ 以废治废，节省投资和运行成本。利用废碱液中的硫代硫酸盐为能量，进行生物脱氮和好氧生化处理，脱氮反应无须外加碳源。同时以脱硫的贫氧空气作为生化系统的气源，进行废气的二次利用，实现以废治废。

⑥ 废气 VOC 含量低。水力全自动除油，污油进行回收利用，避免大量油类气化产生高 VOC 废气。同时，脱硫后的贫氧空气进入生化，废气再利用的同时进行洗气，废气 VOC 浓度在 100~200mg/$Nm^3$。

⑦ 抗冲击能力强。催化氧化脱硫单元可通过调整加药量来应对水质和水量的波动，同时生化处理单元通过投加拮抗剂，保证微生物在高含盐的环境中，也可以进行正常的生长和代谢，也可应对水质和水量的波动。

⑧ 氧的利用率高。生化系统采用塔式反应器，有效水深 15~18m，氧利用率高，同时采用脱硫后的贫氧空气进行曝气，脱硫和生化总的氧利用率在 55%~75%之间。

⑨ 故障率低，操作维护简便，运行稳定可靠。在低温低压的工况下，不会存在盐类物质的沉积、结垢和堵塞问题，同时也不会存在硫化氢溢出的风险。

⑩ 占地省。单从废碱液脱硫处理而言，装置占地面积较大，但该装置综合处理了废碱液和其他难处理的高含盐废水，出水水质好，装置整体技术含量高，占地省，性价比高。

（4）应用案例

该技术目前在国内已有 16 套装置应用。典型案例如下：

1）废碱液和高含盐污水综合达标处理

某石化公司主装置 2020 年扩容至 1100kt/a 乙烯，废碱液处理装置处理规模为 15t/h，操作弹性为 50%~120%，废碱液来料硫化物在 7000~12000mg/L 之间，脱硫出水与高含盐的 EO/EG 废水及高盐高硝态氮的烟气脱硫脱硝废水混合，进行达标处理后，石油类<1mg/L，$S^{2-}$<1mg/L，COD<40mg/L，出水达标外排长江。

2）废碱液、高盐高硝态氮废水的脱氮和除 COD 处理

某石化公司 1000kt/a 乙烯及炼油改扩建项目，废碱液处理装置 2020 年 8 月投产，设计处理规模为 18t/h，操作弹性为 60%~110%，废碱液来料硫化物在 5000~14700mg/L 之间，经除油、催化氧化脱硫和中和处理后，与高盐高硝态氮的 RO 浓水混合，进行缺氧脱氮和好氧生化处理，缺氧进水总氮<130mg/L，脱氮过程无须投加碳源，好氧生化出水 $S^{2-}$<1mg/L，COD<150mg/L，氨氮<5mg/L，总氮<35mg/L，出水进入后续生化处理系统。

3）乙烯、炼油废碱液及高含盐高 COD 废水的处理

某石化公司 800kt/a 乙烯和 10000kt/a 炼油项目，废碱液处理装置 2020 年 8 月投产，设

计处理规模为 18.61t/h，操作弹性为 60%~110%。其中，乙烯废碱液 17.6t/h，COD 在 10000~35000mg/L 之间，$S^{2-}$ 在 5000~14500mg/L 之间，炼油废碱液 1.01t/h，包括液化气精制碱液、轻烃回收碱液和硫黄回收碱液，COD 在 30000~50000mg/L 之间。经除油、催化氧化脱硫和中和处理后，与气浮除油处理后 COD 为 900mg/L 的高盐废水混合，进行生化处理后，$S^{2-}$<1mg/L，COD<200mg/L，石油类<10mg/L，出水进入后续生化处理系统。项目脱硫和生化处理，吨废碱液处理成本约 40 元，同比进口的高温高压湿式氧化工艺，运行成本低廉，装置运行稳定可靠。见图 4.4-5。

4）高含硫废碱液及高含盐废水的处理

某石化公司 800kt/a 乙烯项目，污水处理场废碱液处理单元 2021 年 8 月投产，设计处理规模为 6t/h，操作弹性为 40%~110%。废碱液来料 $S^{2-}$ 在 10000~15000mg/L 之间，经除油、催化氧化脱硫和中和处理后，与生产生活废水、污水零排放蒸发结晶离心机分离母液及其他高含盐废水混合，经气浮、生化处理后，$S^{2-}$<1mg/L，COD<100mg/L，出水进入污水零排放处理系统。见图 4.4-6。

图 4.4-5　某装置的炼化脱硫反应器

图 4.4-6　某装置的生化反应器

## 4. 中国石化技术

（1）工艺原理

1）反应原理

石油化工废碱液一般来源于两种生产过程，根据来源不同，可将其分为乙烯废碱液和炼油废碱液。乙烯废碱液主要来自乙烯裂解气的碱洗过程，主要包括酸性气与 NaOH 反应生成的 $Na_2CO_3$ 和 $Na_2S$ 以及反应剩余的 NaOH；同时，裂解气中的烃类和烃类聚合物在碱液中冷凝下来形成“黄油”。炼油废碱液（碱渣）主要来自减压蒸馏装置和催化裂化装置，这些装置在对原料及产品进行碱洗精制过程中排放的废液被称为炼油废碱液，主要包括硫化物（硫醇、硫酚和硫醚等）、酚类、环烷酸类的钠盐、油类、杂环芳烃和反应残余的游离氢氧化钠。由于废碱液成分复杂，含高浓度 COD 和硫化物且生物降解性差，采用湿式氧化工艺对废碱液进行处理后才能进入污水处理场，以防止对污水处理厂的生化系统冲击和造成空气污染。

含硫废碱液湿式氧化(WAO)工艺是在一定的温度和压力下，以空气或纯氧为氧化剂，将废碱液中的无机硫化物和有机硫化物，在液相下氧化为硫代硫酸盐、亚硫酸盐和硫酸盐；同时，废碱液中的烃及酚类化合物按湿式燃烧原理氧化分解为易生物降解的低分子量羟酸的化学过程。低浓度的烃及酚类化合物被氧化成易生物降解的低分子量羟酸，其主要化学反应为：

① 无机物的脱硫反应：

硫化钠的氧化反应：

$$2S^{2-}+2O_2+H_2O \longrightarrow S_2O_3^{2-}+2OH^-$$

$$S_2O_3^{2-}+2OH^-+2O_2 \longrightarrow 2SO_4^{2-}+H_2O$$

硫醇钠的氧化反应：

$$NaSR+O_2 \longrightarrow R'COOH+NaHS$$

$$NaHS+NaOH+O_2 \longrightarrow Na_2SO_4+H_2O$$

② 有机物的氧化反应：

烃类的氧化反应：

$$R-H+O_2 \longrightarrow R'COOH \longrightarrow CH_3COOH \longrightarrow CO_2+H_2O$$

苯酚的氧化反应：

$$C_6H_5OH+O_2 \longrightarrow C_6H_4O_2(\text{苯醌}) \longrightarrow RCOOH \longrightarrow CH_3COOH$$

苯的氧化反应：

$$C_6H_6+O_2 \longrightarrow RCOOH \longrightarrow CH_3COOH$$

酯在碱性条件下水解生成酸和醇：

$$RCOOR'+H_2O \longrightarrow RCOOH+R'OH$$

酮的氧化反应：

$$RCOR'+O_2 \longrightarrow RCOOH \longrightarrow CH_3COOH$$

2）反应参数

乙烯废碱液中的硫化钠是湿式空气氧化工艺处理的主要污染物。硫化钠在湿式空气氧化过程的氧化是一个两步的连串不可逆反应，首先硫化钠被氧化为硫代硫酸钠，然后，硫代硫酸钠在碱性条件下氧化为硫酸钠，把硫化钠完全氧化为硫酸钠是废碱液湿式空气氧化处理的目的。含硫废碱液湿式氧化工艺的主要反应参数包括：反应温度、反应压力、停留时间和氧浓度等。

$Na_2S$ 转化为 $Na_2S_2O_3$ 氧化还原电位差为－0.79eV；$Na_2S_2O_3$ 转化 $Na_2SO_4$ 电位差为－1.51eV，由 $S^{2-}$转化为 $S^{6+}$更为困难，需要达到更高的反应温度。当反应温度小于150℃时，$S^{2-}$在氧化后废碱液中以 $S_2O_3^{2-}$的形式为主；由于 $SO_4^{2-}$生成率随反应温度和停留时间的增加而增大，根据实验研究，针对乙烯废碱液的典型水质，为了保证经过湿式氧化处理后的废碱液中硫化物<1.0mg/L，含硫废碱液湿式氧化工艺的反应条件为：

① 反应氧化剂：空气；

② 反应温度：190℃；

③ 反应时间：120min；

④ 反应压力：3.0MPa。

乙烯装置废碱液的典型水质见表4.4-2。

**表4.4-2 乙烯废碱液的典型水质**

| 主要组分 | 浓度范围/%(质量) | 主要组分 | 浓度范围/%(质量) |
|---|---|---|---|
| NaOH | 0.7~1.5 | $Na_2CO_3$ | 5.0~6.8 |
| $Na_2S$ | 1.3~3.5 | $COD_{Cr}$ | 10000~37000mg/L |

3）反应特点

废碱氧化反应是典型的气液相反应，传质过程的关键是氧气从气液界面输送到液相主体；因此，提高氧化反应的传质通量将有效提高氧的利用率，在获得更优出水水质的条件下减少反应所需的空气量，降低尾气氧含量。

$$K_{La}=K_L\cdot A=\frac{\dot{n}}{\Delta C}$$

根据废碱氧化的动力学传质特点，反应器内气泡尺寸、压强、含气率等参数存在自相似性质，提高传质速率的重点在于强化气液传质：

① 增大传质界面扰动，提升传质系数($K_L$)；

② 缩小部分气体尺寸，增大传质界面面积($A$)。

气泡尺寸减小后，气泡上升速度减缓，气泡聚并概率同时降低；但气泡尺寸过低后，由于气液滑移速度缓慢，传质系数 $K_L$ 反而变小。

含硫废碱液湿式氧化工艺的主要参数见表4.4-3。

**表4.4-3 含硫废碱液湿式氧化工艺主要参数**

| 项目 | | 内容 |
|---|---|---|
| 反应器结构及材质 | | 升流式内循环反应器<br>材质：合金600 |
| 操作条件 | 反应器 | 温度：190℃<br>压力：3.0MPa(G)<br>停留时间：2h |
| | 分液罐 | 温度：45~55℃<br>压力：0.4MPa(G) |
| | 导热水预热器 | 将废碱液预热至90~110℃ |
| 出水水质 | $S^{2-}$ | ≤1.0mg/L |
| | COD | <2000mg/L |

(2) 工艺流程

含硫废碱液湿式氧化工艺主要包括以下流程：

1）废碱液进料流程

废碱液经调节、除油后，通过高压进料泵加压，经流量调节后进入工艺反应流程。

2）能量利用流程

本工艺一体化集成换热流程利用导热水作为换热媒介，在避免废碱液中双烯烃类物质受热聚合的前提下，有效利用氧化后气液混合物的热量，保证装置长周期运行。

3）工艺反应流程

本工艺采用气升式内回流反应器，内筒进行氧化反应，反应器顶部下降流至内外筒间的环隙形成大比例循环，实现全混合反应流态。

4）反应产物气液分离流程

本工艺对反应器出料采用先减压后冷却的方式，避免盐类析出堵塞工艺管线，保证装置长周期运行。

气液分离罐内内采用惯性导流分离和微旋流精细分离两级分离工艺，5μm 以上液滴脱除率可达 95%以上，消除气相雾沫夹带。

5）空气和蒸汽注入流程

提供氧化反应所需的氧化剂即空气，通过蒸汽补充反应热不足时反应所需的温度。

工艺流程框图见图 4. 4-7 所示。

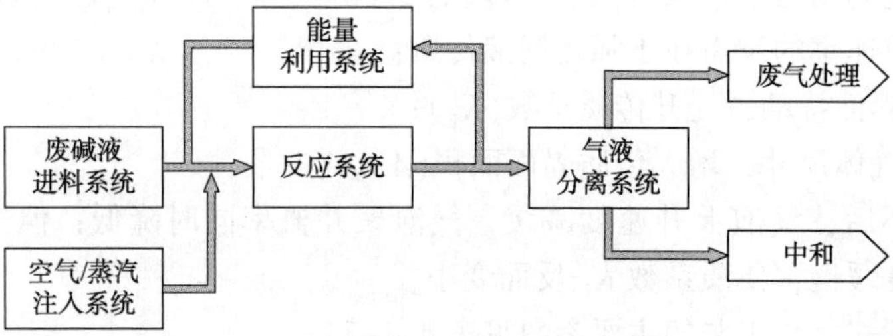


图 4. 4-7　含硫废碱液湿式氧化工艺流程

（3）工艺特点

① 高效去除废碱液中的硫化物和 COD 等污染物。在进水硫化物质量分数为 2. 5%～3. 5%、COD 浓度约为 37000mg/L 的条件下，废碱液经本工艺处理后，出水中硫化物小于 1. 0mg/L、COD 小于 2500mg/L。

② 采用升流式内环流湿式氧化反应器耦合气泡群粒径可控的分形式气体分布器，保证反应器为全混流状态，反应器内温差小于 1℃，装置抗水质水量变化能力强。与传统技术相比，空气使用量降低 20%以上，尾气氧含量低于 6%(体积)。

内环流反应器实现内筒气体传质、环隙液相循环，根据流体循环的推动力可知：提高内筒气含率可提高环隙液相循环，液相循环越快则反应全混程度越高；提高内筒含气率可增大气液传质面积，增强气液传质。

分形式气体分布器采用多尺度气泡强化氧化反应气液传质，微细气泡藏身于较大气泡间隙；较大气泡维持较高的传质系数 $K_L$，微细气泡提供较大的传质界面面积 $A$；产生分形维数大于 1 的气泡群，200～800μm 气泡占绝大多数，传质面积呈指数型增长；3mm 气泡少量存在，维持废碱液体系的局部扰动，强化传质。

③ 采用以除氧水为导热媒介的一体化集成换热技术，在避免废碱液中双烯烃类物质受热聚合的前提下，高效回收利用系统内热量，降低装置运行能耗。

④ 通过工艺流程设计、核心设备(反应器、分液罐、换热器)结构设计和运行参数优

化，解决同类工艺非计划停车频次高的问题，保障装置长周期运行，实现与工艺生产装置的同步开停工。

# 第五节 裂解气干燥及再生系统

## 一、裂解气干燥

裂解气中含有水，这些水分在深冷分离操作时会结成冰。另外，在高压和低温条件下，水还能与甲烷、乙烷、丙烷等烃生成烃水合物(白色结晶物)，简称水合物，例如 $CH_4 \cdot 6H_2O$、$C_2H_6 \cdot 7H_2O$、$C_3H_8 \cdot 17H_2O$ 等。图 4.5-1 表示了各种烃水合物的生成条件，其各线表示了各种物质生成水合物的起始条件。只要操作温度和压力所对应的点处在图线左上方的区域，即生成水合物。例如，当有水分存在下，混合气中 $C_3H_8$ 的分压为 506.5kPa，温度降到 5℃时，就能生成水合物。如继续升高压力或降低温度，也能生成水合物。一般的规律是压力愈高，生成水合物的起始温度也愈高，但到达某状态后，压力再升高，其生成水合物的起始温度不变，如图中垂直于横坐标的线段所示的位置。对于烃类混合气体，则生成水合物的起始条件可由其相对密度来预计。见图 4.5-2。

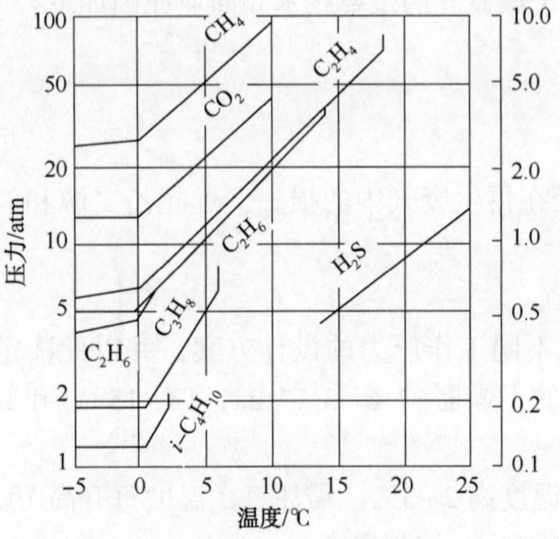


图 4.5-1 各种物质生成水合物的温度和压力
(1atm=101.3kPa)

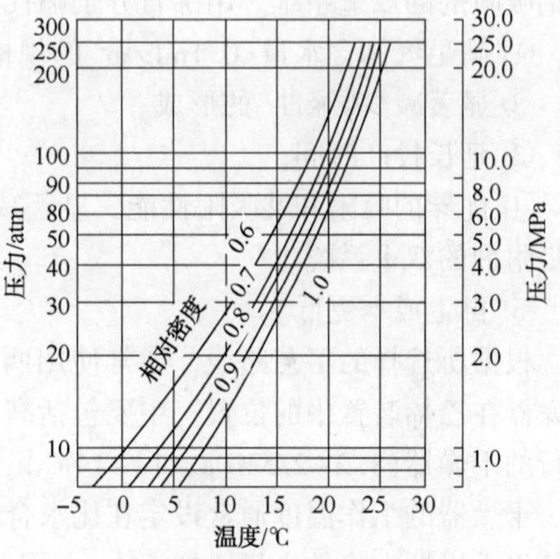


图 4.5-2 烃类气体生成水合物的温度和压力

图中曲线为裂解气经压缩、除去重组分后的相对密度，曲线所对应的温度和压力即为该相对密度下的裂解气生成烃水合物的起始条件，凡温度和压力的点落在曲线左上方的区域，即能生成烃水合物。由图可见，裂解气如含有水分不脱除，就能与烃在塔内或管道内生成烃水合物。冰或烃水合物冻结在管壁，增加动力消耗，甚至堵塞管道和设备，以至造成停车。为了排除这个故障，可用氨、甲醇、乙醇来解冻，因为这些物质可以降低水的冰点和烃水合物的生成起始温度。

裂解气压缩机出口压力约 3.9MPa，经冷却至 15℃左右送入低温分离系统，此时饱和水含量为 600~700mg/kg，需要进行干燥脱水处理。进入低温分离系统的裂解气露点在−70℃以下。

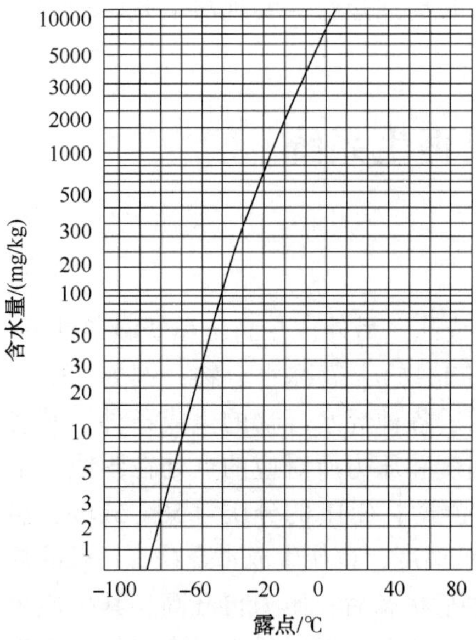


图 4.5-3　空气的露点与含水量关系

由图 4.5-2、图 4.5-3 可见，在加压条件下，水与烃类生成水合物的温度比水分结冰的温度高得多。为减少裂解气干燥器的负荷，常常将裂解气压缩机出口裂解气冷却至尽可能低的温度。但为避免水合物的生成，此冷却温度一般限制在 15℃左右。

## 二、乙烯装置中的干燥器

为防止水分在下游低温段冻结或形成水合物而堵塞管线，必须完全去除裂解气中的水分。根据裂解原料和乙烯装置工艺技术的不同，可能会用到以下类型的干燥器：

### 1. 裂解气干燥器

裂解气干燥器位于酸气脱除装置(碱洗/水洗塔)下游的裂解气压缩机工艺段，用于将水含量降低至<1mL/$m^3$的水平。3A 沸石分子筛是适合此类干燥器应用的最先进的技术，几乎完全取代了乙二醇和氧化铝吸附剂的双重系统。用沸石分子筛代替早期干燥概念的主要技术和商业原因如下：

① 满足气体含水量<0.1mL/$m^3$ 的规格。

② 显著减少“绿油”的形成。

③ 延长投产时间。

④ 优异的吸附和共吸附性能，显著减少了烃在再生废气中的损失，远超乙二醇和氧化铝吸附剂的双重系统。

⑤ 再生成本更低。

根据所选择的工艺路线，通常使用两种具有不同工作压力的设计方案，并以此决定了干燥器在乙烯装置中的位置。主要包括高压运行的干燥器(2.6~3.7MPa，13~15℃)和低压运行的干燥器(1.2~2.5MPa，12~14℃)。

干燥器的工作温度通常设定在比水合物形成温度高 2~3℃。需注意，温度每升高 1℃都会使得干燥器去除的水量增加 6.5%，因此需要务必小心控制温度。

鉴于裂解气体的性质，乙烯装置的压缩工艺段容易结垢，并且其中可能含有不同浓度的氢气、链烷烃和芳烃，以及乙炔、烯烃和二烯烃等反应性化合物。在某些条件下，丁二烯、苯乙烯、异戊二烯和乙烯基乙炔等化合物会发生聚合反应。因此，处于该工艺段的裂解气干燥器也会受到这种结垢趋势的影响。结垢是由低聚、聚合和缩合反应导致的，主要为自由基聚合反应和活性二烯(环戊二烯、甲基环戊二烯等)的 Diels Alder(DA)聚合反应。

自由基聚合反应仅由高温引起，在遇到过氧化物会加剧聚合反应。此外，Diels-Alder 缩合反应形成的重质烃会在金属表面上冷凝并逐渐脱氢，进而导致结垢的现象发生。两种聚合反应都是在铁存在的情况下发生，其中温度是影响反应剧烈程度的关键变量。

格雷斯(GRACE)工程材料的 SYLOBEAD 3A 分子筛目前已在 35 套世界级规模的蒸汽裂解装置中使用，主要用于以气体和/或液体为原料的蒸汽裂解干燥器。该型号的分子筛与同类型其他产品相比可以提供更小的压力降，从而降低装置的能耗，节省更多的能源。在我国“双碳”的目标要求下，乙烯装置的节能目标显得尤为重要。同时，GRACE SYLOBEAD 产品以其球形外观，具有较高的堆积密度，更易于在干燥床内以较低的空隙率进行堆积。在等量分子筛的吸附效果下，更高的堆积密度意味着更低的床层高度。这在扩能项目中尤为突出，因为在原设计基础上提高了进料速率，所以需在干燥设备的容积内装填更多的分子筛吸附剂。由于干燥器的直径已经确定，所以增加分子筛量意味着增加床层高度。SYLOBEAD 球形产品具有更高的堆积密度，分子筛增加量相同，球形产品所需增加的床层高度较其他类型产品会小一些。这样可以节省干燥器的设备空间，留出更多干燥床的顶层空间，以获得更好的气体流动分配效果。GRACE SYLOBEAD 产品为球形外观，接触面无尖锐缘，因此当设备运转，吸附剂间摩擦产生粉尘将会减少。SYLOBEAD 产品以其球形外观，因而具有更高的机械强度。

作为吸附剂的厂商，GRACE 也在乙烯装置的干燥器运行中积累了以下的经验：

① 有气体原料裂解装置在压缩机工艺段的结垢率都很高，而液体原料裂解装置报告的结垢率要低一些，属于中等或较低水平。

② 使用压力范围为 1.2~2.2MPa 的低压裂解气干燥器的工厂往往要应对较高的水含量（表 4.5-1），因此相比于在压缩工艺段后使用压力范围为 3.2~3.7MPa 的高压裂解气干燥器的装置更容易结垢。这种结垢是由未冷凝和未分离的较重结垢物质而引起的。

**表 4.5-1 裂解气水含量与工作压力的关系**

| 干燥器工作压力/MPa | 3.5 | 1.5 |
|---|---|---|
| 工作温度/℃ | 15 | 15 |
| 裂解气含水量/($mg/Nm^3$) | 450 | 840 |

关于第 1 个经验，众所周知，气体原料裂解装置通常采用四段压缩，由于每级的压缩比更高，因此排气温度也较高。而更高的氢浓度及其更高的各向同性指数 $k=C_p/C_v$ 会进一步加剧这种效应：

$$T_D = T_S \cdot \left(\frac{p_D}{p_S}\right)^{\frac{k-1}{k}} \tag{4.5-1}$$

式中 $T_S$，$p_S$——吸入温度、压力；

$T_D$，$p_D$——排出温度、压力。

相比之下，液体原料裂解装置的裂解气体中的芳烃含量较高，有助于溶解和洗掉由压缩热产生的聚合物。

不必要的裂解气-吸附床层相互作用也会损坏吸附床层。期间会形成聚合产物和焦炭，进而导致吸附床层容量降低，压降增大。图 4.5-4 显示了石脑油制乙烯装置的裂解气干燥器的典型老化曲线和相应的压降发展趋势。这是高压操作条件下的干燥器，运行时长为 60 个月，相当于大约 650 次再生循环。如图所示，经过 50 次循

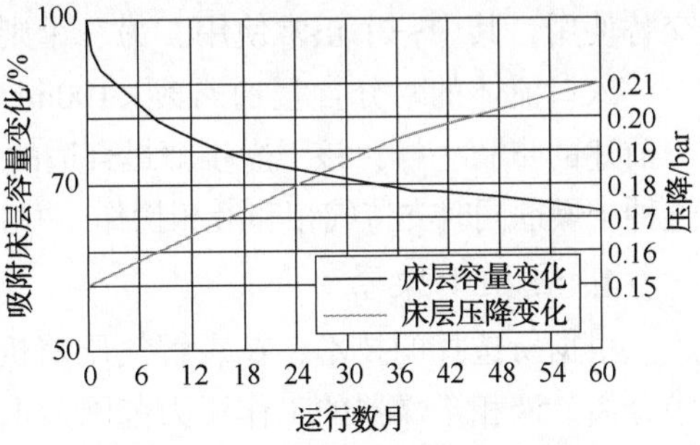


图 4.5-4 乙烯装置裂解气干燥器床层老化及压降增加曲线（$1bar=10^5Pa$）

环后，吸附床床层的容量便降低到近 70%，而床层上的压降从 0. 15bar 增加到 0. 21bar。

裂解气干燥器的设计理念通常如下：

① 主保护床层配置：在床层之间安装水分分析仪。保护床层的高度通常可支持 6~8h 的额外吸附时间，允许操作人员在发生突发情况时采取必要的行动。这种保护床层的另一个功能是吸附痕量污染物，如氨和甲醇。

② 水分分析仪下方的单床层吸附剂部分用作保护床层。这个设计中无需支撑网，并且能在相同的可用空间内安装更多的吸附材料。此外，还能简化吸附材料的装载。

③ 典型布置：总共两个或三个干燥器，一个或两个用于吸附模式，一个则用于再生模式。

④ 流向：吸附期间工艺介质向下流动，再生期间再生气向上流动。

⑤ 再生气体：来自脱甲烷塔顶部的甲烷/氢气体，也可用于后续的所有干燥器。典型的再生气体入口温度范围为 220~230℃。

⑥ 吸附时间：通常为 48~64h。

低压吸附装置的干燥剂典型使用寿命通常小于 5 年，而高压吸附装置的使用寿命更长，可能超过 5 年。

2. 二级干燥器(裂解气二级干燥器/乙烯干燥器)

二级干燥器的作用是除去乙炔选择性加氢期间在乙炔转化器中形成的水分。

这些水是由含氧化合物分解后生成的游离氧和/或有氧气进入乙烯装置后发生化学反应而引起。入口气体的典型湿度通常<20mL/m$^3$，不过许可方提供的设计通常具有 50~100mL/m$^3$ 安全裕度。出口气体的目标水分浓度通常<1mL/m$^3$，以防止水分在乙烯分离器中结冰或形成气体水合物而导致堵塞。二级干燥器通常以单容器模式运行，再生前的服务时间为 14~20 天。因此，在再生期间，二级干燥器在短期内被旁路。二级干燥器选用的干燥剂具有超低聚合和结焦特性，并且是对乙炔和烯烃具有较低共吸附特点的 3A 沸石。根据所用的技术和分离的顺序，工作压力和工作温度通常为 1. 9~3. 7MPa 和-30~45℃，而再生气体和再生温度则与前述的裂解气干燥器相同。

3. 丙烯干燥器

丙烯干燥器用于去除 $C_3$馏分 MAPD 加氢过程中形成的所有水分，从而避免最终产品中出现水分导致产品不合格，这对于石脑油裂解装置尤其重要。通常设置两个干燥器，以便交替使用，其中一个正常使用，另一个则处于再生模式。

入口流体的水分含量通常须<100mL/m$^3$，干燥器出口流体的水分含量必须<1mL/m$^3$。与前述的步骤一样，该干燥步骤最合适的干燥剂依然是具有极低聚合和结焦特性的 3A 沸石。这种干燥剂同时支持气相和液相操作，并且再生气体和再生温度与上述裂解气干燥器相同。

4. 液相干燥器

根据所选择的技术，在裂解气压缩机第四段产生的烃凝液必须在干燥器上游的分离罐中分离。液相干燥器的工作压力范围为 1. 8~3. 5MPa，工作温度范围为 12~15℃。通常，需要两台干燥器：一台处于运行状态，另一台则处于再生模式。3A 沸石是适合这类干燥器使用的最先进的吸附剂。

烃凝液包含在上游压缩过程中形成的低聚物。因此，所选择的吸附剂应具有超低的结焦和聚合特性，使用寿命可达5~6年，具体取决于循环时间(24~48h)。冷凝物会按照其组分和工作条件进行水饱和处理。上游的分离器必须确保几乎没有微量游离水到达干燥器。若烃凝液中持续存在游离水，则应在干燥剂床层入口安装一层大孔硅胶以保护沸石吸附床层免受游离水的影响。出口中的水分浓度应<1mL/$m^3$，以避免在下游管道和装置中形成水合物。再生气体和再生温度与裂解气干燥器相同。

5. 氢气干燥器

乙烯工厂中冷箱的粗氢产品中不仅含有甲烷，还含有一氧化碳。由于CO会抑制钯和银加氢催化剂的活性，因此未经处理的粗氢不能用于加氢(乙炔转化器、MAPD转化器)过程，必须先去除CO。通常可选如下两种方式进行粗氢的提纯。

① 用于低纯度氢气的甲烷化反应器。

② 用于高纯度氢气纯化的PSA装置。

在第一种情况下，粗氢中的CO被催化转化为甲烷：

$$CO+3H_2 \longrightarrow CH_4+H_2O$$

由于$H_2O$会使得加氢催化剂中毒，必须去除。配备3A或4A沸石的TSA干燥器的典型循环时间为24h，工作压力为0.6~3.0MPa；温度为15~30℃；再生温度为230℃。再生气体来自脱甲烷塔顶的甲烷/氢。如果进料不含烯烃和炔属化合物，则使用寿命可能在5~10年之间。

在第二种情况下，富氢气流通过三层PSA装置进行提纯。该装置包括：去除氮和CO的5A沸石；去除甲烷和$CO_2$的活性炭；去除$H_2O$和$NH_3$的活性氧化铝。装置吸附压力为1.5~3.0MPa；脱附压力通常要比吸附压力降低10~13倍，但始终略高于大气压；工作温度为15~35℃。高纯度氢气的典型纯度为99.9%(体积)，其中CO浓度<10mL/$m^3$、$CH_4$浓度<10mL/$m^3$和$N_2$浓度<10mL/$m^3$。

## 三、干燥吸附剂

几乎所有干燥吸附剂都有七个特点，其中前六个用于确定此类材料是否适合特定的吸附任务，即：吸附容量；选择性；动力学；过程相容性；可再生性；机械稳定性(压碎强度、磨损)；成本。

下面对如上几个特点做具体说明：

① 吸附容量是指单位吸附剂所吸附的吸附质的最大量。它是工作温度和吸附质部分压力的函数。

实际应用中，人们必须区分通过等温线给出的平衡容量和通常较低的总体动态容量，后者是基于特定的操作条件给出的。

② 选择性是指吸附的目标吸附质的量和待处理流体中所有其他组分的量之比。实际上，由于共吸附，目标吸附质的选择性不可能达到100%，不过吸附剂供应商可通过对所选吸附剂进行化学改性将其最小化。

③ 动力学，更确切地说传质动力学，是对导致突破行为和吸附床层质量损失的相关粒子间传质特性的总称。丢失的质量本身是吸附床层的一部分，在突破刚开始时仍然处于活动状态。快速动力学具有急剧的突破曲线，能减少床层损失；而慢速动力学的突破曲线会延长，加大床层损失。突破曲线延长带来的影响能通过使用更多的吸附剂或降低每个指定

吸附循环的通量来抵消。当然还有第三种选择，即使用粒径更小的吸附剂体来加大整体吸附床层的表面积。经验表明，1.6~3mm 粒子的传质区仅为 2.5~5mm 粒子的三分之一。不过，较小的粒子会导致较高的压降。使用分流床可以优化压降和传质区。在典型的床层设计中，通常使用较小的粒子构成传质区，而用较大的粒子创建平衡区。

④ 过程相容性泛指吸附/脱附过程中出现的可能会缩短吸附床层使用寿命的诸多影响因素。在乙烯装置中，气体原料中含有乙炔、烯烃、二烯烃和苯乙烯等超活跃组分，它们会发生低聚/聚合反应，并最终在再生过程中导致焦化。业内常用“绿油”来评估关键的相容性问题。“绿油”是指在干燥剂体的催化活性位点由重质烃类形成的富碳物质，主要是 $C_4$~$C_{20}$低聚物的混合物，沸点范围为 120~400℃。吸附剂供应商必须降低此类活性位点的浓度，或通过化学添加剂屏蔽以使它们失活。

⑤ 可再生性可确保连续循环中的吸附和脱附具有一致的性能。吸附质必须是可逆的物理吸附，因为不可逆的副反应以及由此产生的反应产物会在沸石孔隙系统中积累，从而降低吸附床层的容量，该过程通常称为“吸附床老化”。吸附床层的容量下降会缩短循环时间、增加再生气体消耗和压降，从而推高运营成本，并最终导致更换。

⑥ 另一个是固定床层中吸附剂的机械稳定性。商业吸附剂应具有足够的机械强度，以便最大限度减少处理和加工期间的损失。通常通过三个参数来描述预期的机械特性，即单颗粒压碎强度(ASTM D-4179 和 ASTM D-6175)、整体压碎强度(ASTM 7084-04)和磨损(ASTM 4058)。单颗粒压碎强度的测量方法是在两块板之间放置一个吸附体、粒珠或挤出物，并逐渐加大负荷至其被压碎，测量压碎时施加的力。不同样品的测试结果差异很大，具体取决于其几何形状。使用这种方法进行的比较测量仅适用于具有相同几何形状和尺寸的粒珠，以及相同 $D$ 和 $L/D$(孔深/孔径)比相同的挤出物。由于施加到样品上的力类型不同，比如指向性与线性甚至面性，直接将粒珠和挤出物形状的样品进行对比不切实际。按照 ASTM 的建议，比较实际的方法是将测得的力除以挤出物的长度。

整体压碎强度的测试通常是将具有代表性的粒珠或挤出物样品放入指定圆筒内，用活塞施加力，然后通过 420μm 筛孔测量细粉的量。整体压碎强度表示为产生 1%细粉所施加的压力。这种方法最能代表固定床层吸附剂中的真实情况，应用也越来越广。

磨损测试提供了有关吸附剂在包装、运输、装载等过程及其在固定床层中运行期间的预期行为的信息。整体压碎强度和磨损测试都非常重要，因为它们模拟了固定床层中的颗粒和颗粒之间的相互机械作用而产生磨损粉尘的过程。

通过模拟固定床层中的颗粒和颗粒之间的相互机械作用而产生磨损粉尘。在吸附剂制造过程中应用复杂的成珠或造粒程序，可以生产具有高整体压碎强度和低磨损的吸附剂。在比较不同供应商的材料时，重要的是要确保测量方法相同，否则结果会产生误导。

⑦ 吸附剂的成本包括其购买成本和装置运行成本。选择性、动力学、相容性和可再生性会直接影响吸附剂的性能和使用寿命，进而影响所有气体纯化工艺的生产力和财务可行性。然而，因吸附装置故障导致的生产损失的成本可能远高于更换装置的成本。因此，设计和更换吸附剂时，需要尽可能咨询有经验的吸附剂供应商，以确保装置的可靠运行。

常用的再生方法有两种：变温吸附/脱附(TSA)和变压吸附/脱附(PSA)。其事实依据为吸附和脱附不仅受到吸附质的物化性质影响，还受压力、温度和时间等因素的影响。在 TSA 装置中，温度是过程变量；而在 PSA 装置中，压力是过程变量。

在乙烯工厂中，除氢气 PSA 吸附床外，所有其他吸附装置，包括甲烷化反应器下游的氢气干燥器，均为 TSA 类型。在 TSA 情况下，热再生是采用将热产品气体通过床层，将其加热到显著高于吸附过程温度来完成。加热后，吸附床层对吸附质的亲和力会降低，从而将吸附质释放到气流中充当吹扫流体。完成后，吸附床层会冷却下来，恢复吸附能力，并准备好进行下一个循环。3A 分子筛的典型再生气体温度为 220~230℃，4A 分子筛的典型再生气体温度为 250~280℃。

相反，变压再生保持和吸附过程相同的温度。在高压下的吸附模式下，沸石孔对吸附质分子的亲和力会增强；而在减压模式下，吸附剂容器内的压力将降低至十分之一还多，此时沸石孔对吸附质分子的亲和力会明显降低，致使吸附质从吸附床层中释放出来。当吸附剂材料充分释放吸附质后，就能准备好进行下一个循环。

为实现连续的 TSA/PSA 气体调节，气体处理装置中通常设置两个或多个吸附床层，并且各自处于吸附、再生或待机模式。

裂解气干燥器采用的干燥剂为 3A 分子筛或活性氧化铝，其性能如表 4.5-2、表 4.5-3 所示。

**表 4.5-2　3A 型分子筛技术指标**

| 指标名称 | $\phi$2.00~2.80mm | $\phi$2.80~4.75mm |
|---|---|---|
| 静态水吸附/% | ≥21.0 | ≥21.0 |
| 静态乙烯吸附/% | ≤0.30 | ≤0.30 |
| 松装堆积密度/(g/mL) | ≥0.68 | ≥0.68 |
| 粒度/% | ≥95 | ≥95 |
| 点接触抗压碎强度/(件/颗) | ≥45 | ≥70 |
| 抗压碎力变异系数 | ≤0.20 | ≤0.20 |
| 磨耗率/% | ≤0.30 | ≤0.30 |
| 包装品含水量/% | ≤1.50 | ≤1.50 |

**表 4.5-3　活性氧化铝技术指标**

| | | | | | |
|---|---|---|---|---|---|
| 含铝量/% | 91.0 | 91.5 | 93.6 | 94.6 | 92.3 |
| 烧失量 | 8 | 7.2 | 6.0 | 4.5 | 1.6 |
| 表面积/($m^2$/g) | 301 | 303 | 385 | 395 | 380 |
| 堆密度/(kg/$m^3$) | 900 | 900 | 890 | 850 | 910 |
| 填装密度/(kg/$m^3$) | 910 | 909 | 900 | 880 | 920 |
| 静态吸附容量/%(质量)($KH$=60%) | 16.5 | 17.0 | 18~20.5 | 19~21 | 18.5 |
| 动力吸水 | 31.0 | 32.0 | 34~36 | 38~40 | 34.0 |
| 机械强度/(kg/粒) | 40.0 | 35.0 | 41.0 | 32.0 | 45.6 |
| 孔容积/(mL/g) | 0.480 | 0.525 | 0.598 | 0.625 | 0.528 |

图 4.5-5 为活性氧化铝和 3A 分子筛吸附水分的等温吸附曲线和等压吸附曲线。分子筛是典型的平缓接近饱和值的朗格谬尔型等温吸附曲线，在相对湿度达 20%以上时，其平衡

吸附量接近饱和值。但即使在很低的相对湿度之下，仍有较大的吸附能力。而活性氧化铝的吸附容量随相对湿度变化而变化很大，在相对湿度超过60%时，其吸附容量高于分子筛。随着相对湿度的降低，其吸附容量远低于分子筛。由等压吸附曲线可见，在低于100℃的范围内，分子筛吸附容量受温度的影响较小，而活性氧化铝的吸附量受温度的影响较大。

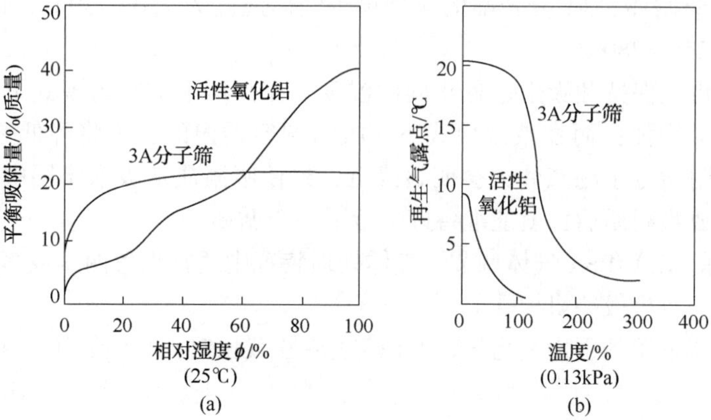


图 4.5-5　活性氧化铝和分子筛的等温吸附曲线(a)和等压吸附曲线(b)

3A 分子筛是钾型晶体结构，能吸附临界直径不大于 0.3nm 的分子。3A 分子筛也是离子型极性干燥剂，对极性分子特别是水有极大的亲和力，易于吸附；而对 $H_2$、$CH_4$ 和碳三以上烃类均不易吸附。因而，用于裂解气和烃类干燥时，不仅烃的损失少，也可减少高温再生时形成聚合物或结焦而使干燥吸附性能劣化。相反，活性氧化铝可吸附碳四不饱和烃，不仅造成碳四烯烃损失，影响操作周期，而且再生时易形成聚合物或结焦而使干燥剂性能劣化。

3A 分子筛的吸附能力大，约比活性氧化铝大 3 倍。吸附水量为分子筛质量的 21%。

早期，裂解气干燥以活性氧化铝为干燥剂，采用三床操作(两床串联操作，一床再生)；目前裂解气干燥广泛采用 3A 分子筛，并采用两床操作。

(1) 穿透吸附容量

当干燥系统处于稳定吸附平衡状态时，其浓度梯度的分布形状和长度基本不变，称之为吸附带。吸附带以一定的速度在固定床中移动，当吸附带到达固定床底部时，流出物中水分浓度开始急剧上升的位置就是穿透点。流体达到穿透点所用的时间称为穿透时间。与穿透时间对应的吸附容量称为干燥床的穿透吸附容量。

穿透吸附容量 $f_c$ 与干燥剂平衡吸附量 $q_0$、吸附带长度 $L_a$、干燥床层高度 $H$ 的关系如下：

$$f_c = q_0\left(1-\frac{L_a}{2H}\right) \tag{4.5-2}$$

吸附带长度可由流速 $u$(cm/s)、床层高度 $H$(cm)和总容量系数 $K_a$ 估算如下：

$$L_a = 4\sqrt{\frac{Hu}{K_a}} \tag{4.5-3}$$

对活性氧化铝，可取 $K_a = 3.15s^{-1}$；对分子筛，可取 $K_a = 4.0s^{-1}$。

相应，穿透时间 $t_B$ 可估算如下：

$$t_B = \frac{Vf_c}{W_{H_2O}} \tag{4.5-4}$$

式中　$V$——干燥剂填装量，kg；

$f_c$——穿透吸附量，kg/kg；

$W_{H_2O}$——水分量，kg/h；

$t_B$——穿透时间，h。

（2）有效平衡吸附量

有效平衡吸吸量 $q_d$ 代表干燥剂实际反复使用时的有效平衡吸附量，表示如下：

$$q_d = q_0(1-B) - q_R \tag{4.5-5}$$

式中　$q_0$——平衡吸附量，kg/kg；

$B$——平衡剂劣化度，即为劣化后吸附量与初期吸附量之比；

$q_R$——残留吸附量，kg/kg。

在不同再生条件下，总会在干燥剂中残留一定量的水分，称之为残留吸附量。除再生时床层温度不均匀，或出现短路而影响残留吸附量之外，残留吸附量主要取决于再生温度和再生气露点。图 4.5-6 和图 4.5-7 为活性氧化铝和分子筛残留水含量与再生条件的关系。由图可见，不同干燥剂在相同再生条件下的残留水量不同。为保持相同的残留水量，分子筛需要的再生温度比活性氧化铝所需再生温度略高。

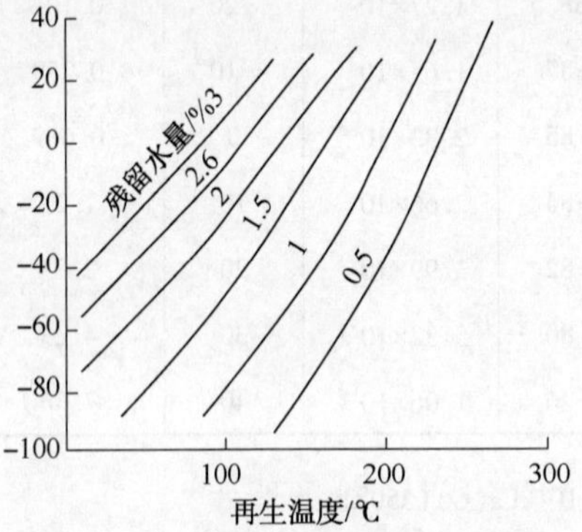


图 4.5-6　活性氧化铝残留水量与再生条件的关系

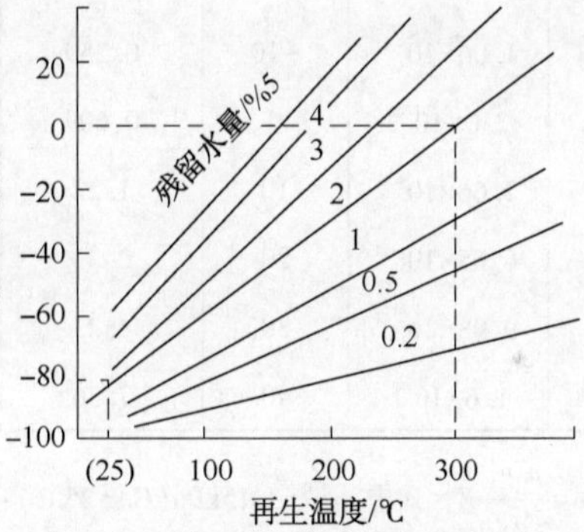


图 4.5-7　分子筛残留水量与再生条件的关系

（3）干燥度

以同样相对湿度的再生气在相同温度下再生干燥剂，得到的干燥度也是相同的，与干燥剂的种类无关。活性氧化铝作为干燥剂时，出口气体干燥度可表示如下：

$$p = \frac{p_0 p_1}{p_2} E \tag{4.5-6}$$

式中　$p$——出口气体中水蒸气分压；

$p_0$——出口温度对应的饱和水蒸气分压；

$p_1$——再生气的水蒸气分压；

$p_2$——再生温度下的饱和水蒸气分压；

$E$——再生系数。

对分子筛而言，当再生温度超过150℃后，再生系数 $E$ 稳定在0.1~0.11之间。可见，提高出口气的干燥度，使用湿度无限低的再生气并无意义。表4.5-4为林德公司分子筛分别在200℃和350℃再生温度下，改变再生气体中水蒸气分压所得出口气体的干燥度(露点)。由表可以看出，在350℃再生时，要想得到出口气体的露点为-96℃的干燥度，就必须使用露点为-57℃的再生气体。此时 $E$ 值为10左右，这与平衡曲线的偏离是很显著的。而为得到露点为-76℃干燥度的出口气体，如使用露点为40℃的再生气于350℃加热再生即可，此时，再生系数 $E$ 约为0.1。通常，经济的再生条件应选择在 $E<1$ 的范围。

乙烯装置正常操作中均以深冷分离所得甲烷馏分为再生气，其露点在-70℃以下。按此，再生温度为200~220℃时，裂解气的干燥度最低可达-96~-102℃之间。

**表4.5-4 干燥度与再生条件的关系①**

| 再生温度200℃ | | | | | 再生温度350℃ | | | | |
|---|---|---|---|---|---|---|---|---|---|
| 出口水量 | | 再生气露点 | | 系数 $E$ | 出口水量 | | 再生气露点 | | 系数 $E$ |
| 露点/℃ | 分压/kPa | 露点/℃ | 分压/kPa | | 露点/℃ | 分压/kPa | 露点/℃ | 分压/kPa | |
| -96 | $3.06\times10^{-6}$ | -74.5 | $1.32\times10^{-4}$ | 11.8 | -96 | $3.11\times10^{-6}$ | -57 | $1.61\times10^{-3}$ | 10 |
| -89 | $1.06\times10^{-5}$ | -60 | $1.08\times10^{-3}$ | 5.0 | -93 | $5.52\times10^{-6}$ | -40 | $2.13\times10^{-3}$ | 2.33 |
| -86 | $2.0\times10^{-5}$ | -50 | $3.8\times10^{-3}$ | 2.6 | -91 | $8.02\times10^{-6}$ | -30 | $3.79\times10^{-2}$ | 1.14 |
| -82 | $4.0\times10^{-5}$ | -30 | $3.79\times10^{-2}$ | 0.54 | -88.5 | $1.27\times10^{-5}$ | -20 | 0.102 | 0.665 |
| -76 | $1.06\times10^{-4}$ | -10 | 0.259 | 0.212 | -87 | $1.65\times10^{-5}$ | -10 | 0.259 | 0.343 |
| -72 | $2.0\times10^{-4}$ | 0 | 0.609 | 0.170 | -85 | $2.33\times10^{-5}$ | 0 | 0.609 | 0.206 |
| -70 | $2.66\times10^{-4}$ | 10 | 1.22 | 0.110 | -84 | $2.66\times10^{-5}$ | 10 | 1.22 | 0.18 |
| -68 | $6.65\times10^{-4}$ | 20 | 2.33 | 0.145 | -82 | $3.99\times10^{-5}$ | 20 | 2.33 | 0.09 |
| -60 | $9.98\times10^{-4}$ | 30 | 4.23 | 0.120 | -80 | $5.32\times10^{-5}$ | 30 | 4.23 | 0.068 |
| -57 | $1.6\times10^{-3}$ | 40 | 7.36 | 0.109 | -76 | $1.06\times10^{-4}$ | 40 | 7.36 | 0.08 |

① $p=\frac{p_0p_1}{p_2}E$，式中 $p_1$ 为3.15kPa(G)(25℃)；$p_2$ 为 $1.702\times10^4$kPa(G)(350℃)。

## 四、干燥器的顺序控制

顺序控制系统可在DCS或PLC系统中实现。每个顺序控制系统都分为在线操作过程和离线再生过程两个部分。整个顺序控制逻辑由程序自动完成，当顺序控制逻辑无法正常自动完成时，可用DCS操作画面上的软手动操作按钮完成。

裂解气进料和出料的阀门由逻辑控制，这个逻辑系统用来防止工艺气阀门与再生气阀门同时打开。任何时候，当工艺气进、出口阀门打开时，再生气进、出口阀门关闭。这个安全系统可以防止由于阀门的误动作而使再生气系统超压。而且，在再生温度下，工艺气中的乙烯和其他一些不饱和烃发生聚合，严重时会使分子筛结垢。

当在线操作的干燥器离线再生之前，一定要先与备用干燥器一起并联操作。否则，工艺气会被切断，造成大量碳氢化合物排放至火炬。

简单说明一下裂解气干燥器干燥和再生的过程。假设A台在线操作，准备切换至B台，并假设 B 台已经再生完毕处于备用状态，如图 4.5-8 所示。

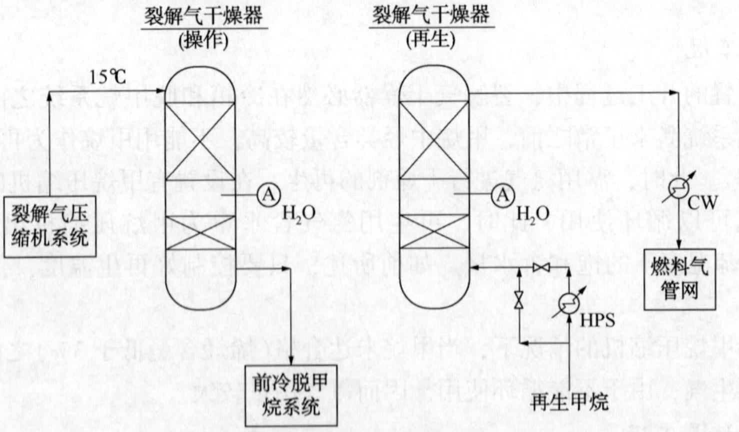


图 4.5-8 裂解气干燥器示意图

CW—循环水；HPS—高压蒸汽

① 步骤 1：备用干燥器 B 台切换至干燥状态。

打开 B 台工艺气进、出口阀门，投入使用。确定 B 台在线后，关闭 A 台工艺气进、出口阀门，确认 A 台离线。

② 步骤 2：A 台泄压。

打开泄压阀门，物料去往急冷水塔。如果泄压过程中干燥器内有液体，则从干燥器出口管线低点引出管道的手操出料阀门将被打开。泄压结束时，关闭手操出料阀门。

③ 步骤 3：A 台再生充压。

打开再生气进料充压阀门，由于出口阀门关闭，干燥器最终会达到正常再生操作的压力。当再生操作压力达到正常时，充压进料阀门关闭。

④ 步骤 4：A 台再生。

打开 A 台干燥器再生气进料阀门和出料阀门，A 台开始再生。

⑤ 步骤 5：A 台冷却。

再生完成后，需要对 A 台进行降温，大约降至裂解气正常操作时的 15℃左右。冷却是用冷再生气来完成的。再生气冷却过程结束时，再生气进、出口阀门关闭。而冷再生气只能使干燥器达到 38℃左右。为了获得更多冷量，打开干燥器出料阀门下游的旁路阀门和泄压阀门，从 B 台干燥器出来的裂解气进入 A 台，并经泄压阀门去急冷水塔，这样使 B 台干燥器的温度逐渐降至正常操作过程的 15℃左右。

⑥ 步骤 6：A 台充压。

用裂解气使 A 台干燥器达到正常操作压力。充压时关闭泄压阀门，打开充压阀门。由于裂解气出口阀门处于关闭状态，因此干燥器的压力最终会达到正常操作时裂解气的压力。一旦操作压力达到正常值，可关闭充压阀门。此时，A 台干燥器已再生完毕，只要打开裂解气的进、出口阀门，A 台就可投入使用。

同样，B 台再生也要经过上述六个步骤。这些步骤可以通过 DCS 系统中的顺控程序完成，也可通过手动操作完成。

## 五、干燥系统的特殊工况

### 1. 开工工况

在乙烯装置的开工过程中，裂解气干燥器必然在冷箱和脱甲烷系统之前投入运转。在冷箱和脱甲烷系统尚未正常之前，甲烷中烃类含量较高，不能用甲烷作为再生气(易在高温下生成聚合物)。此时，需用氮气进行干燥剂的再生。在设置有甲烷压缩机的情况下，作为再生用的氮气可以循环使用。此时，再生用氮气含水量为甲烷压缩机出口压力(0.35~0.4MPa)和冷却温度下的饱和含水量。如前所述，只要控制好再生温度，仍然可以保证裂解气的干燥度。

在未设置甲烷压缩机的情况下，当甲烷未达合格(烯烃含量低于3%)之前，则需连续提供氮气作为再生气，由于不能循环使用，因而氮气用量较大。

### 2. 空气干燥工况

新建乙烯装置施工完毕后，需在系统进行氮气置换之前对低温分离系统用空气进行干燥。此时，由裂解气压缩机进行空气运转，压缩空气由裂解气干燥器进行干燥脱水。干燥后的空气由空气干燥线分配到各低温系统。

空气干燥操作时，再生用气为干燥空气。

再生气的加热过去多用加热炉进行加热，目前大多使用高压或超高压蒸汽进行加热。

## 六、裂解气干燥脱水的典型操作示例

裂解气干燥脱水的典型工艺参数如表4.5-5所示。

表4.5-5 裂解气干燥脱水工艺参数实例

| 项目 | A装置 | B装置 | C装置 | |
|---|---|---|---|---|
| 过程特点 | 气相双床吸附 | 气相双床吸附 | 气相双床 | 液相双床 |
| 裂解气量/(kg/h) | 49300 | 91520 | 165995 | 30690 |
| 操作压力/MPa(G) | 3.375 | 3.479 | 3.893 | 3.580 |
| 操作温度/℃ | 15 | 15 | 15.6 | 15.6 |
| 平均分子量 | 23.0 | 23.45 | 22.70 | 42.72 |
| 含水量/$10^{-6}$(摩尔) | ~670(饱和) | ~650(饱和) | ~510(饱和) | ~1.1% |
| 吸附剂 | 3A分子筛 | 3A分子筛 | 3A分子筛 | 3A分子筛 |
| 吸附剂量/kg | 10390 | 20500 | 32500 | |
| 干燥器直径/mm | 2100 | 2800 | 35000 | |
| 床高/mm | 4000 | 5300 | — | |
| 设计吸附容量/% | 7.1<br>(按再生周期30h) | 5.35<br>(按再生周期30h) | 5.0 | |
| 允许压差/kPa | 40 | 80 | 40 | 18 |
| 出口含水量/$10^{-6}$(摩尔) | <1 | <1 | <1 | <1 |
| 再生周期/h | 30 | 24 | 24<br>(初期可达36) | 16 |

续表

| 项目 | A 装置 | B 装置 | C 装置 | |
|---|---|---|---|---|
| 再生气 | 高压甲烷 | 高压甲烷 | 高压甲烷 | 高压甲烷 |
| 最大再生气量/(kg/h) | 2800 | 5000 | 8500 | |
| 最高再生温度/℃ | 230 | 250 | 250 | 250 |

裂解气干燥剂再生过程如图 4.5-9 所示。如再生周期为 24h，再生时间应控制在 16h 以内。主要步骤如下(泄压并倒空后)：

① 冷再生。以 30℃冷甲烷吹 1h，再将甲烷升温至 50~60℃进行冷再生，至出口温度达 5℃左右，冷再生完成。

② 升温。使床层入口温度按 50~80℃/h 速度升温至 220~230℃。

③ 恒温。待床层出口温度升至 190~200℃时，恒温 1h。

④ 降温。以 60℃/h 的降温速度降低入口温度，待出口温度达 30℃时，再生完成。

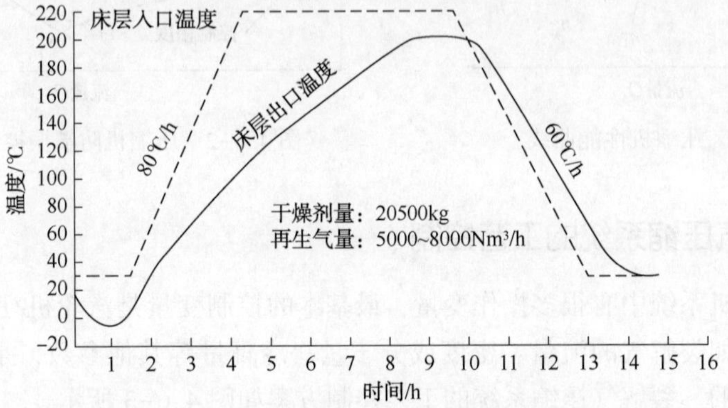


图 4.5-9 裂解气干燥剂(3A 分子筛)再生曲线举例

# 第六节 裂解气压缩系统控制

## 一、压缩机性能曲线

离心式压缩机的运行工况常常发生变化，为了反映不同工况下压缩机的性能，通常在一定的进气状态及某个转速下，把压缩机出口压力(或压力比)与流量、功率及效率与流量的关系用曲线形式表示出来，这些曲线称为压缩机的性能曲线(或特性曲线)。在不同的转速下，会得到不同的性能曲线，如图 4.6-1 所示。压缩机性能曲线的特点如下：

① 当流量一定时，转速越高，出口压力越高，性能曲线向着图中的右上方移动。

② 当转速一定时，压缩机的出口压力随着流量的增加而降低。当流量增加到一定程度时，出口压力将呈直线下降，所对应的流量称为最大滞止流量；反之，出口压力随着流量的减少而升高，当流量减少到一定程度时，压缩机将因喘振而无法正常工作，此流量称为喘振流量，该点称为喘振点，不同转速下的喘振点连接起来所形成的曲线称为喘振线。

③ 性能曲线上的某一点即为压缩机的某一运行工况。在一定转速下，当流量为某一值时，压缩机的效率最高。当流量大于或小于此值时，效率都将下降。通常以此流量的工况

点为压缩机的设计工况点，对应的流量为设计流量。

④ 为防止压缩机发生喘振，在压缩机运行时，需控制压缩机的最小流量大于喘振流量，流量裕度一般为5%~10%。不同转速下的最小流量连接起来所形成的曲线称为防喘振线，如图4.6-2所示。

⑤ 如图4.6-2所示，压缩机性能曲线的左边受喘振工况的限制，右边受阻塞工况的限制，两个工况之间的区域为压缩机可正常工作的稳定工况区(即工作区)。稳定工况范围的大小是压缩机性能的重要指标之一。

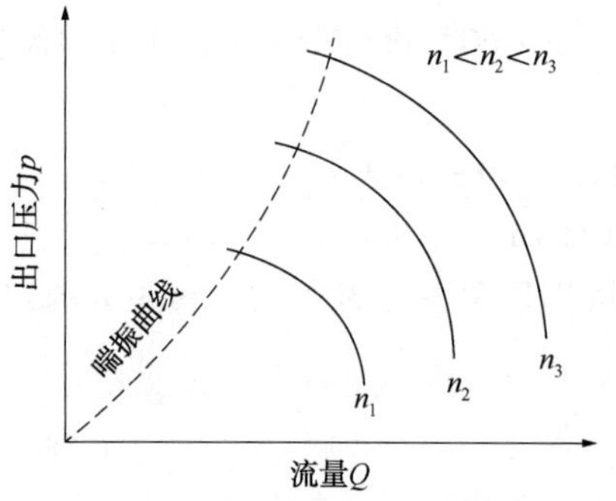


图4.6-1　压缩机性能曲线

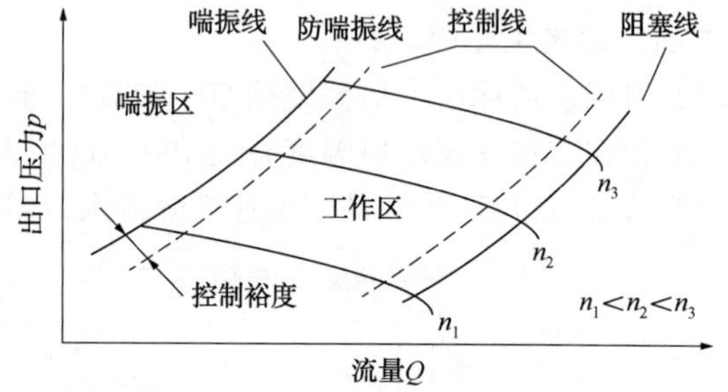


图4.6-2　压缩机防喘振控制原理图

## 二、裂解气压缩系统的工艺控制

裂解气压缩机系统中有很多操作变量，最基本的控制变量是汽轮机/压缩机的转速。其他一些变量，例如裂解气的流量、密度或分子量、冷凝量等其他参数，是不受裂解气压缩机控制系统控制的。裂解气压缩系统的工艺控制方案如图4.6-3所示。

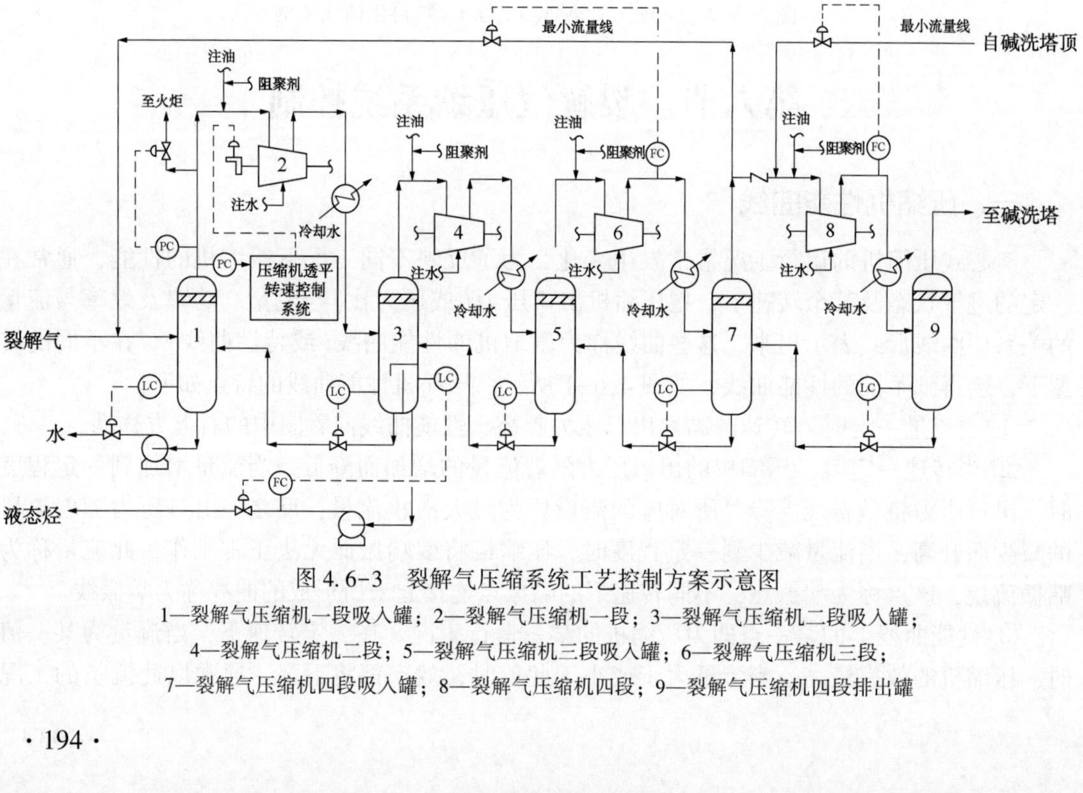


图4.6-3　裂解气压缩系统工艺控制方案示意图

1—裂解气压缩机一段吸入罐；2—裂解气压缩机一段；3—裂解气压缩机二段吸入罐；
4—裂解气压缩机二段；5—裂解气压缩机三段吸入罐；6—裂解气压缩机三段；
7—裂解气压缩机四段吸入罐；8—裂解气压缩机四段；9—裂解气压缩机四段排出罐

1. 压力控制

一般来说，压缩机入口压力越低，裂解炉炉管出口压力也越低，这样会产生更多的有价值的烯烃。但若入口压力过低，将导致气体在进料速率高的情况下充满压缩机，限制压缩机的能力。

压缩机出口压力越低，虽可以使压缩机减少能耗，但是下游系统会消耗更多的冷剂。

通常情况下，裂解气压缩机一段吸入管线上设有压力控制，一段吸入压力串级透平的转速控制，通过调节汽轮机的转速以维持稳定的一段吸入压力。此外，一段吸入罐顶部另设有一个压力控制，当吸入罐的压力由于压缩机突然停车等原因升高至一定值时，压控阀将打开将物料泄放至火炬系统。

2. 温度控制

在压缩过程中，压缩机出口温度升高。由于裂解气中的二烯烃(如丁二烯、高分子二烯烃等)易在高温下发生聚合反应，当温度大于 90℃后聚合反应急剧加快，形成的聚合物或焦油将沉积在压缩机流道内，导致叶轮流道和密封件堵塞。因此，裂解气压缩系统中需严格控制压缩机各段的出口温度。

裂解气压缩系统一般采用多段压缩，在工艺流程设置时，压缩段数的设计不仅需要满足工艺要求，而且还需保证裂解气压缩机出口的温度不能过高(一般不高于 100℃)，以避免或限制裂解气中的二烯烃聚合。

正常操作时，需严格控制裂解气压缩机各段的出口温度(一般不高于 100℃)，通常采用段间冷却和向压缩机入口或段间注水的方式降低段间温度。

段间冷却一般采用水冷器，将下一段的入口温度控制在 37~40℃。在某些情况下，为满足较高的压缩比要求，段间冷却可采用先水冷再用丙烯冷剂冷却的方式，通过进一步降低入口温度以满足出口温度限制。此时，段间加压后的裂解气温度不宜低于 15℃，以避免因水合物形成而堵塞设备和管道。

当采用注水方式时，需避免压缩机段间出口温度过低(一般不低于 75℃)，以防止注水量过大损坏设备。同时，注水后应控制碱洗塔操作，避免液泛和雾沫夹带，并控制好碱洗塔水洗段的操作，防止碱液进入下游系统，腐蚀气封。

实际操作中，即使能够控制压缩机出口裂解气的温度，系统中仍会有少量的聚合物产生。可采用注入较高沸点的芳香族洗油冲洗叶轮，虽然注油无法降低段间温度，但可润湿压缩机的流道，预防聚合物在叶轮和隔板黏附。

此外，压缩机出口管线上一般设有高温联锁，当出口温度超过一定值时，联锁系统将使压缩机自动停车以保护设备。

3. 液位控制

裂解气压缩过程中，随着压力的升高，在段间冷却过程中将有部分重组分冷凝。正常操作时，压缩机段间罐的液位通过调节罐底烃的冷凝液体量来进行控制。段间吸入罐的液面检测可避免由于段间罐液位过低，导致气体通过高压处的罐底烃冷凝液管线随液串压排至低压处，造成气体短路。同时，也可避免由于段间吸入罐液位过高，导致压缩机因吸入气体中带液而造成损坏。压缩机段间吸入罐一般设置有高液位报警及高高液位联锁，当吸入罐中的液位过高时，联锁系统将使压缩机自动停车以保护设备。

## 三、裂解气压缩系统的防喘振控制

### 1. 压缩机喘振的原因及危害

喘振是由于气体的可压缩性而造成的，是离心式压缩机的一种固有特性，此时系统在某个最小流量点性能变得不稳定，工作点进入不稳定区。根据压缩机的性能曲线，在某一固定转速下最高工作压力点所对应的最小流量，当低于这个流量时，压缩机就会发生喘振现象。

当压缩机的气体流量减小时，进入叶轮或扩压器流道的气流方向将发生变化，气流向着叶片的工作面冲击，在叶片的非工作面前缘部分，产生较大的局部扩压度，在叶片非工作面上出现了气流边界层分离现象并形成旋涡区，并向叶轮出口处逐渐扩大。气体流量越小，此分离现象越严重，气流的分离区域也就越大。当流量减少至最小流量之下时，气流边界层分离现象将由叶轮(或叶片扩压器)的某个叶道扩大到整个流道，且气流分离将沿着叶轮旋转的反方向扩展，而使叶道中形成气流旋涡，再从叶轮外圆折回到叶轮内圆，此现象称为旋转脱离(或旋转失速)。此时，叶道中的气流受到严重阻塞，叶轮虽仍旋转对气流做功，但却不能提高气体的压力，于是压缩机出口压力显著下降。由于管网具有一定的容积，故管网中的气体压力无法很快下降，管网中的压力将大于压缩机的出口压力，导致管网中的气体向压缩机倒流，并使压缩机中的气体冲出压缩机的进口，直到管网中的压力下降至与压缩机出口处的压力一致时，倒流过程停止。然后，在叶轮的旋转作用下，气流又开始正向流动，使压缩机出口压力升高并向管网供气，随之流经压缩机的流量又增大。但当管网中的压力迅速回升，流量又下降时，系统中的气流又发生倒流，如此倒流和正流反复，使整个系统产生了周期性的气流振荡现象，这种现象称为压缩机喘振。

当压缩机的喘振现象发生时，由于气流的强烈脉动和周期性振荡，气体压力和流量等参数将大幅度地波动，引起压缩机的负荷波动，造成驱动汽轮机处于不稳定的工作状态，破坏工艺系统的稳定性。同时，压缩机将出现异常的噪声、吼叫和爆音，机体及相连管线将产生强烈的振动。压缩机喘振的危害性及后果十分严重，轻则可导致压缩机的内件磨损、轴产生弯曲变形，重则可产生轴向窜动，甚至打碎转子叶轮、烧毁轴瓦，使压缩机遭受严重破坏或导致安全生产事故。

### 2. 影响喘振的因素

(1) 压缩机流量对喘振的影响

不同转速 $n$ 下，压缩机出口压力 $p$ 与流量 $Q$ 之间的曲线如图 4.6-4 所示。从图中可以看出，当转速一定时，压缩机出口压力随着流量的减少而逐渐增大，当达到该转速下最大的出口压力时，压缩机进入喘振区，机组发生喘振。在喘振区内，压缩机出口压力随流量减小而降低。由此可见，压缩机流量减小是导致喘振现象发生的重要原因之一。

(2) 压缩机转速对喘振的影响

如图 4.6-4 所示，压缩机转速增大，喘振界限向大流量区移动。当压缩机流量一定时，压缩机转速越高，压缩机的运行点越靠近喘振区，喘振现象越容易发生。

(3) 压缩机入口压力对喘振的影响

当压缩机转速一定时，不同入口压力下，压缩机出口压力 $p$ 与流量 $Q$ 之间的曲线如图 4.6-5所示。由图可知，当转速和出口压力一定时，压缩机的入口压力越低，压缩机的运行点越靠近喘振区，喘振现象越容易发生。

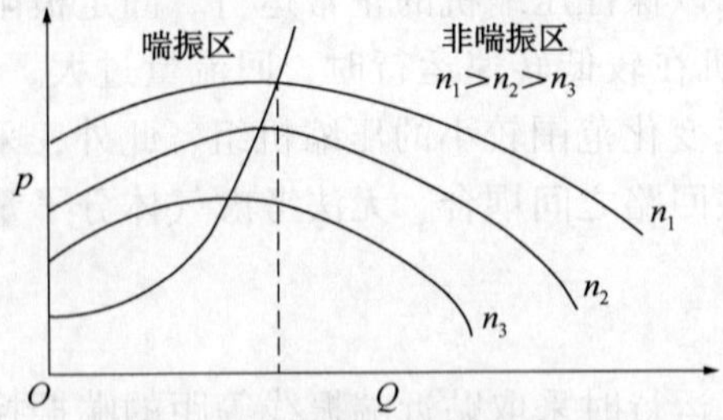


图 4.6-4　不同转速下出口压力与流量的关系

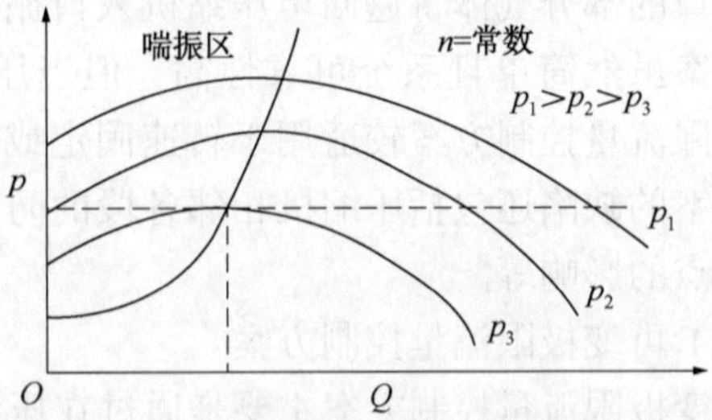


图 4.6-5　不同入口压力下出口压力与流量的关系

（4）压缩机入口温度对喘振的影响

当压缩机转速一定时，不同入口温度下，压缩机出口压力 $p$ 与流量 $Q$ 之间的曲线如图 4.6-6 所示。由图可知，当转速和出口压力一定时，进入压缩机的气体温度越高，压缩机的运行点越靠近喘振区，喘振现象越容易发生。

（5）气体分子量对喘振的影响

当压缩机转速一定时，不同气体分子量下，压缩机出口压力 $p$ 与流量 $Q$ 之间的曲线如图 4.6-7 所示。从图中可以看出，当转速和出口压力一定时，气体分子量越小，压缩机的运行点越靠近喘振区，喘振现象越容易发生。

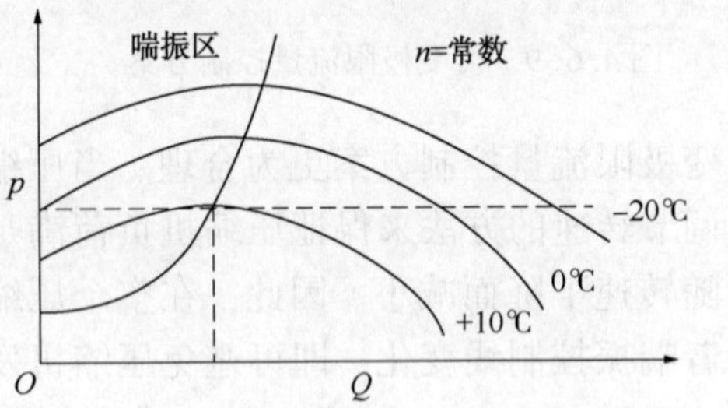


图 4.6-6　不同入口温度下出口压力与流量的关系

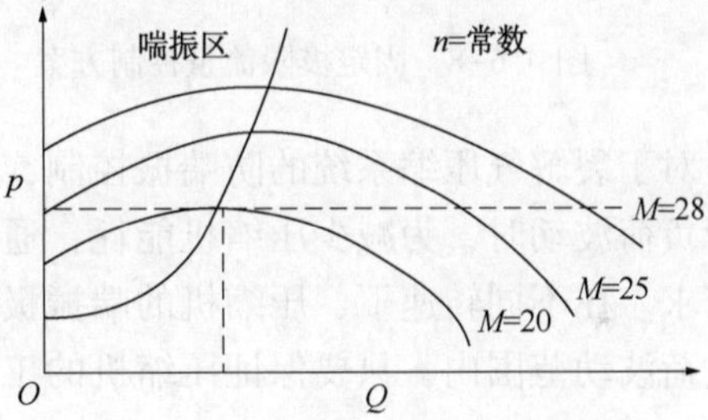


图 4.6-7　不同气体分子量下出口压力与流量的关系

3. 压缩机的防喘振控制系统

裂解气压缩机设有防喘振控制系统，压缩机正常运行时，通常采用将压缩机出口的部分气体通过防喘振阀回流至压缩机入口，保证压缩机入口流量大于喘振流量，使压缩机的运行工况点始终位于性能曲线中喘振曲线右侧的稳定工况区(即工作区)，如图 4.6-2 所示。在防喘振阀的作用下，无论压缩机下游系统所需气量为多少，均可保证压缩机的入口流量始终大于喘振流量，避免发生喘振。传统的防喘振控制方案包括固定极限流量控制方案和可变极限流量控制方案。

（1）固定极限流量控制方案

固定极限流量控制方案主要通过保持压缩机的入口流量始终大于某一固定的流量设定值(该设定值一般为正常运行时可达到最高转速下的喘振流量并考虑一定的安全裕度)，以避免压缩机的运行工况点进入喘振区，如图 4.6-8 所示。当压缩机入口流量大于该设定值时，防喘振阀将始终保持关闭。当压缩机入口流量小于该设定值时，防喘振阀将打开，压缩机出口的部分气体将返回至压缩机入口循环，以保证压缩机的正常运行。固定极限流量控制方案虽然简单且系统可靠性高，但当压缩机在较低转速运行时，回流量过大。因此，固定极限流量控制方案较适用于转速固定或转速变化范围较小的压缩机组。此外，采用此控制方案的缺陷还包括压缩机相邻各段的防喘振回路之间耦合、无法考虑气体分子量变化对操作点的影响等。

(2) 可变极限流量控制方案

可变极限流量控制方案主要是通过在压缩机运行时采取贴近喘振线等距的喘振控制线的方法来实行防喘振控制，如图 4.6-9 所示。采用此控制方案的算法可自动补偿温度、压力及分子量变化所引起的操作点变化。

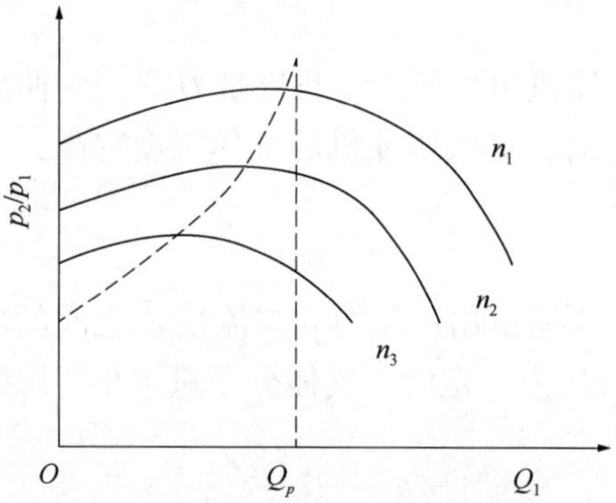


图 4.6-8　固定极限流量控制方案

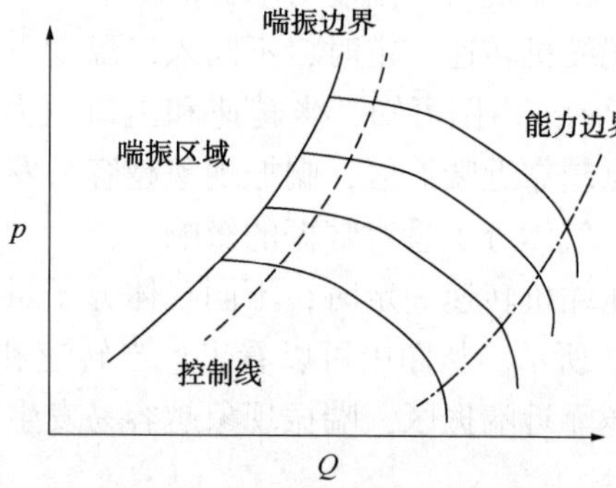


图 4.6-9　可变极限流量控制方案

对于裂解气压缩系统的防喘振控制，采用可变极限流量控制方案更为合理。当压缩机运行负荷波动时，为减少压缩机能耗，通常采用调节转速的方法来保证压缩机负荷满足工艺需求。在不同转速下，压缩机的喘振极限流量随转速下降而减小。因此，在整个压缩机的负荷波动范围内，只要保证压缩机的工作点沿着喘振控制线变化，即可避免压缩机发生喘振。

## 四、裂解气压缩系统的反转问题

1. 反转的原因及危害

(1) 原因

正常运行时，由于来自急冷系统的裂解气流量和组成是变化的，裂解气压缩系统可通过各段间的最小流量线调节，以确保压缩机的工作点远离喘振区运行。当裂解气压缩机发生紧急停车时，各段间最小流量线上的防喘振阀将迅速打开，整个压缩机系统被防喘阀下游的单向阀分成多个相对独立的循环系统，高压侧的气体通过防喘振阀流向低压侧，由此系统可快速实现压力平衡。

压缩机故障停车反转时的转速随时间变化的曲线如图 4.6-10 所示，由图中可知，裂解气压缩机发生故障停车后，转速迅速降低至零后，压缩机开始反向运转。反转开始时，压缩机首先经历了一个加速过程，而后反转速度逐渐降低，直至最终停止。

机组反转通常由故障停车后压缩机系统过多的反向推动力引起。当压缩机发生紧急停车后，转子开始降速，高压侧的气体通过防喘振阀向低压侧流动，压缩机转子转速在反向气流的作用下迅速下降为零，若此时系统内尚存有大量的高压气体(包括液体闪蒸)，且压缩机各段进出口压力仍没有平衡，这些高压气体便会因压缩机进出口压差逆向流动，使压缩机转子发生反转。

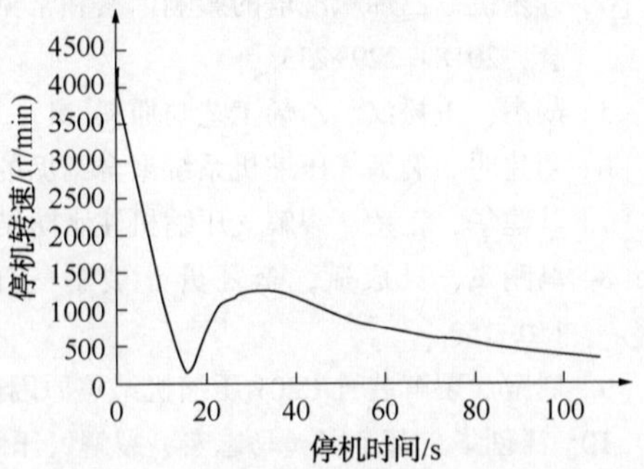


图 4.6-10　压缩机反转时转速随时间变化曲线示意图

(2) 反转的危害

离心式压缩机在故障停车过程中的反转可对压缩机干气密封系统、轴承系统和转子造成损坏，影响压缩机系统和整个装置的安全运行。

对于采用单向旋转式干气密封作为轴封的压缩机，为保证密封面形成有效气膜以达到轴端密封的效果，密封气体只能沿着固定的方向进入单向干气密封动压螺旋槽，若停车过程中发生反转，动静环将直接接触而发生干摩擦，导致干气密封迅速烧毁。对于采用双向旋转式干气密封作为轴封的压缩机，反转不会对其造成影响。压缩机组若装配浮环式轴封，只要保证正常的油气压差，短时的反转也不会造成轴封的泄漏事故。

对于采用单向旋转型可倾瓦径向轴承的压缩机，机组的反转可能将导致轴承故障。此外，当反转发生时，转子的运动状态急剧变化，若转子长时间在此状态下以较低转速运行，易导致轴承系统的润滑油油膜破坏，使轴承的润滑面相接触，最终使轴承烧毁。对于采用双向旋转型可倾瓦径向轴承的压缩机，反转不会对其寿命产生影响。

此外，在压缩机故障停车过程中，若转子在短时间内由额定转速降为零后瞬时反转，压缩机内部高压工艺气体将对转子施加巨大的扭应力，易导致转子叶片断裂。同时，若反转转速达到转子一阶临界转速时，压缩机系统的振动也将明显增加。

2. 反转预防措施

为防止压缩机停车反转，需在合理的时间内有效降低反向推动力，有效的预防措施如下：

(1) 在设计时，应通过合理的管路布置以及在靠近压缩机各段出口的位置设置单向阀等措施，尽可能地减少压缩机各段出口高压系统的容积。

(2) 优化防喘振控制系统和防喘阀设计，对于防喘振阀流通能力的选择时，需在保证防喘振控制的前提下，尽可能地兼顾压缩系统内部压力的快速平衡。

裂解气压缩机系统流程复杂，转子的反转问题还与停机时防喘振阀的动作时间、汽轮机速关阀的关闭时间、抽汽单向阀的严密性，以及压缩机出口单向阀的严密性等相关。在无法确保压缩机不发生反转问题时，建议选择双向旋转型的干气密封和双向旋转型的滑动轴承压缩机组，以避免反转带来的风险和危害。

## 参 考 文 献

[1] 王松汉. 乙烯装置技术与运行[M]. 北京：中国石化出版社，2009.
[2] 白宇辰，等. 高温湿式氧化法在乙烯装置废碱液处理上的应用[J]. 乙烯工业，2017，29(1)：48-50.
[3] 李云龙，等. 乙烯装置碱洗塔稳定运行及黄油的抑制[J]. 乙烯工业，2019，31(2)：38-40.

[4] 亓东键．乙烯碱洗塔的影响因素和常见问题的对策．第二十次全国乙烯年会．上海：全国乙烯工业协会，2018：229-233.
[5] 胡杰，王松汉．乙烯工艺与原料[M]．北京：化学工业出版社，2018.
[6] 刘建明．裂解气压缩机系统聚合结垢的形成与防止[J]．乙烯工业，2011，23(4)：45-48.
[7] 马建华，王毅．裂解气压缩机注水防结焦改造[J]．石化技术与应用，2006，24(6)：487-488.
[8] 马鹏飞，吴成斌，李复员．裂解气压缩机结焦原因分析及改造[J]．化工机械，2009，36(2)：150-153.
[9] 周罡．裂解装置C201压缩机结焦原因简析[J]．石油化工腐蚀与防护，2001，18(3)：20-21.
[10] 汪创华，薛宇飞，马志宏．裂解气压缩机的注水技术[J]．风机技术，2002，(3)：3-4+7.
[11] 盛在行．乙烯装置裂解气压缩机级间注水技术[J]．石油化工设备技术，2009，30(4)：16-18.
[12] 李吉辉．抑制裂解气压缩机结焦的技术措施[J]．化学工业与工程技术，2010，31(4)：46-48.
[13] 白宇辰．典型的乙烯装置压缩流程及其工艺操作技术[J]．乙烯工业，2021，33(2)：1-6.
[14] 周巍．乙烯装置裂解气压缩机结焦问题研究与对策[J]．乙烯工业，2011，23(3)：47-49.
[15] 刘振斌，刘智存，蒋鹏飞．裂解气压缩机段间换热器腐蚀原因及措施分析[J]．乙烯工业，2019，31(3)：61-64.
[16] 赵伟奇，高俊杰．防止裂解气压缩机结焦的对策措施[J]．石油化工和设备，2012，15(2)：39-40，51.
[17] 任兰学．裂解气压缩机注水技术的节能应用[J]．节能技术，2011，29(1)：73-75，82.
[18] 董万军，张林涛，喻芳，等．乙烯装置废碱液氧化法处理过程对比分析．乙烯工业，2015，27(3)：37-39.
[19] 郝昭，李智新，李光勇．中压湿式空气氧化装置原始开车总结[J]．乙烯工业，2015，27(1)：33-37.
[20] 吴晓平，盛在行，罗德春，等．废碱液综合处理工艺[J]．石油化工安全环保技术，2013，29(6)：49-52，56.
[21] 俞大绂，李季纶．微生物学(第二版)[M]．北京：科学出版社，1985.
[22] 王松汉．石油化工设计手册[M]．化学工业出版社，2002.
[23] 姜培正．过程流体机械[M]．北京：化学工业出版社，2001.
[24] 王松汉，何细藕．乙烯工艺与技术[M]．北京：中国石化出版社，2000.
[25] 侯振宇，刘春旺．离心压缩机反转的原因及预防[J]．中国设备工程，2013，(08)：11-12.
[26] 张喆．乙烯装置裂解气压缩机反转故障分析和对策[J]．石油化工设备技术，2013，34(03)：40-44+73.
[27] 董玉波．石化装置离心式压缩机反转的分析及对策[J]．石油化工设备技术，2011，32(04)：43-48+53+6.
[28] 徐忠．离心式压缩机原理[M]．北京：机械工业出版社，1988.
[29] 魏龙，常新忠，滕文锐．离心压缩机喘振分析及实例[J]．通用机械，2003，(07)：38-41.
[30] 肖绍嵩．离心压缩机的喘振分析与控制[J]．压缩机技术，2002，(03)：4-7.
[31] 赵玉峰，关学忠，姚建红，王金玉．离心式压缩机操作曲线及防喘振控制系统[J]．佳木斯大学学报(自然科学版)，2006，(01)：31-33.
[32] 张成宝．离心式压缩机的喘振分析与控制[J]．压缩机技术，2002，(06)：4-8.
[33] 苏灵波，房旭鹏．压缩机喘振及其预防[J]．压缩机技术，2011，(01)：15-17+31.
[34] 苏鹏．多级离心式压缩机故障停机反转特性研究[D]．上海交通大学，2012.
[35] 魏龙，袁强．离心式压缩机的喘振及控制[J]．风机技术，2004，(01)：43-47.

# 第五章 前冷及脱甲烷系统

## 第一节 工艺原理及流程

### 一、顺序分离流程

顺序分离技术是最早的深冷分离技术，在世界范围内建有多套装置，目前仍有专利商和用户情有独钟。顺序分离技术最早采用高压脱甲烷技术，脱甲烷塔压力约 3.0MPa(G)。随着人们深入的研究和技术的发展，不同专利商又开发低压脱甲烷技术[约 0.6MPa(G)]和中压脱甲烷技术[约 1.2MPa(G)]，认为通过降低脱甲烷塔压力可以降低装置能耗。同时，高压脱甲烷技术也在不断提升改进，使能耗进一步降低，与中低压脱甲烷塔顺序分离流程相比，高压法对原料的适应性更强。下面对三种脱甲烷塔压力的前冷脱甲烷系统进行简要介绍。

1. 高压脱甲烷技术

由于流程比较落后，以往的高压脱甲烷塔技术乙烯损失偏高、能耗也高。SEI 经过多年的研究，改进了顺序分离流程，降低了乙烯损失和装置能耗，开发出 AERP 顺序分离技术，并成功工业应用。下面以 AERP 为例介绍高压脱甲烷顺序分离技术，参见图 5.1-1。

AERP 基于分配分离原则，针对不同的裂解气组成设置深冷分离温度，特别是 1#分离罐温度，开发了“甲烷汽提塔+高压脱甲烷塔+膨胀/再压缩机”为核心的顺序深冷分离流程，充分利用系统冷量，实现分离的最优化配置，降低冷分离能耗。自干燥器来的裂解气为脱甲烷再沸器提供热量，经一系列降温后在第一级深冷温度进行闪蒸(1#分离罐)，闪蒸后的液相作为甲烷汽提塔的进料，该塔将碳三以及部分碳二从塔釜分离出来，甲烷汽提塔釜液作为脱乙烷塔的最下面一股进料；一级深冷闪蒸后的气相进入冷箱再进行三级降温和气液分离(2#、3#和 CFT)，分离出的液相依次作为脱甲烷塔的另外三股进料。最后一级闪蒸温度低于-110℃，气相进入碳二洗涤塔(CFT)进一步回收乙烯。碳二洗涤塔采用分凝分馏塔专利技术，上部为具有传热和传质作用的两段板翅式换热器，下部为一段填料或塔盘，气相在洗涤脱除碳二后，进入两级氢/甲烷分离罐分离出富氢物流及中、低压甲烷。富氢物流经甲烷化除去 CO 杂质并干燥后，成为乙烯粗氢产品。低压甲烷经压缩后和高压甲烷一起并入再生气系统作为再生气使用后，进入燃料气系统。脱甲烷塔为高压塔，塔顶气相进入膨胀机，经膨胀降温后为冷箱提供高等级冷量(低于-140℃)，再压缩后送入燃料系统，脱甲烷塔釜液作为脱乙烷塔上股进料。

2. 低压脱甲烷技术

目前采用低压脱甲烷技术的专利商以美国 Lummus 公司为代表，该公司早年的顺序分

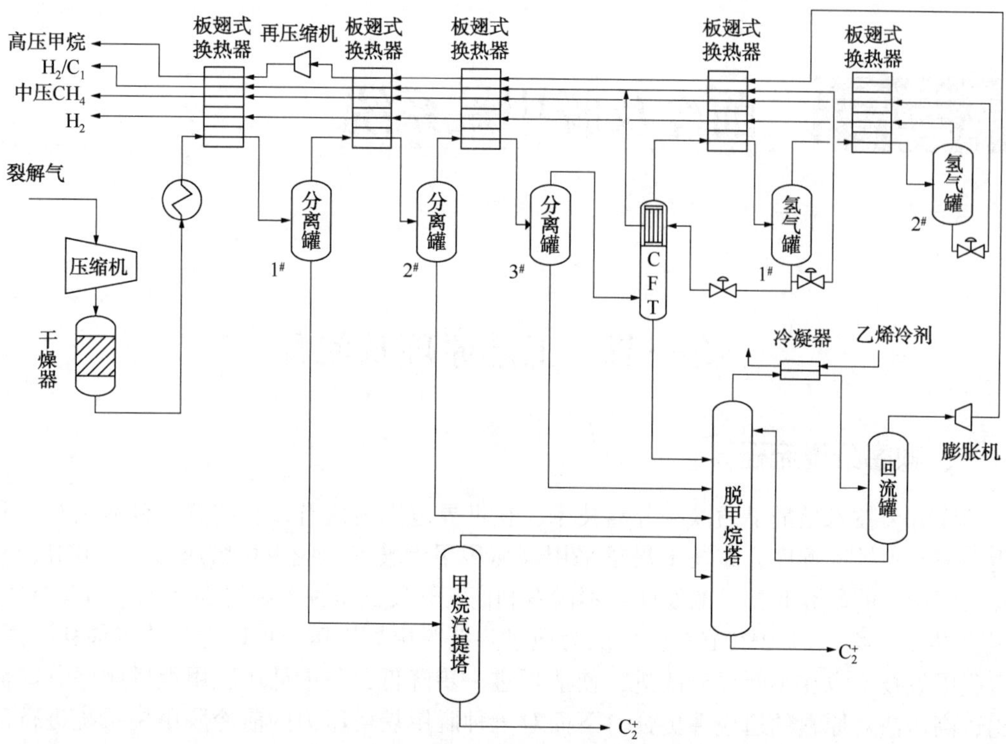


图 5.1-1　AERP 前冷及脱甲烷示意图

离流程采用高压脱甲烷技术，我国 20 世纪 70 年代引进的燕山石化 300kt/a 乙烯装置就是采用的高压单塔脱甲烷顺序分离技术。随着对分离技术的研究，Lummus 公司认为降低脱甲烷塔压力可以降低分离能耗，并于 80 年代开发了低压脱甲烷顺序分离流程，脱甲烷塔压力降至 0.6MPa(G)左右。脱甲烷塔压力降低后，塔顶温度降低，传统的乙烯制冷无法为脱甲烷塔冷凝器提供冷量，为此 Lummus 公司研究了几种制冷方式为脱甲烷塔冷凝器提供低于 -100℃的冷量。

(1) 甲烷循环结合膨胀机的低压脱甲烷塔分离技术

利用液相甲烷节流制冷和甲烷氢膨胀制冷是 Lummus 公司为低压脱甲烷塔冷凝器提供冷量的方式之一，国内有几套装置采用此工艺。裂解气经压缩后压力达到约 3.7MPa(G)，经过干燥后进入前冷系统。经过降温后在 1#分离罐中进行第一次闪蒸分离(1#分离罐)，液相经歧化换热后分别作为脱甲烷塔下部的两股进料，气相继续在冷箱序列中被冷却到约 -98℃，在 2#分离罐中进行第二次闪蒸，罐底液相作为脱甲烷塔的顶部进料，气相进过脱甲烷塔顶冷凝器进一步降温后进入 3#分离罐气液分离，罐底液相以甲烷为主，节流降温后为脱甲烷塔顶冷凝器提供冷量，然后经冷箱回收冷量后返回裂解气压缩机循环；3#分离罐顶部的气相一部分去后续的制氢系统，另一部分经膨胀机三次膨胀为脱甲烷塔冷凝器提供冷量。脱甲烷塔的操作压力为 0.55MPa(G)，脱甲烷塔再沸器和中沸器由裂解气作热源，塔顶冷量由甲烷氢膨胀机提供，脱甲烷塔进料分离罐的液体甲烷作为补充。此流程工艺复杂，投资高。参见图 5.1-2。

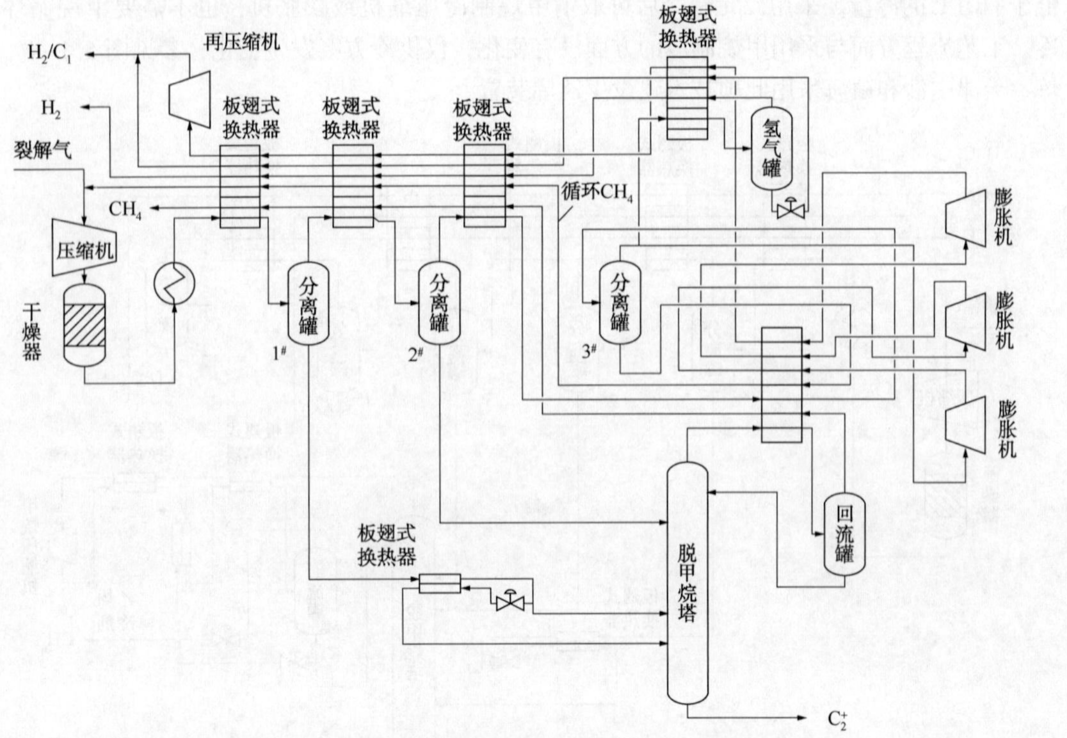


图 5.1-2　甲烷循环结合膨胀机的低压脱甲烷塔流程示意图

（2）带甲烷制冷机的低压脱甲烷塔分离技术

甲烷循环结合甲烷膨胀机为低脱压脱甲烷塔冷凝器提供冷量的技术不仅投资高，而且流程复杂、能耗高。为此 Lummus 公司又开发了甲烷制冷工艺，将脱甲烷塔顶气相先通过甲烷压缩机升压以提高冷凝温度，然后再通过乙烯冷剂使甲烷冷凝，冷凝后的甲烷一部分作为塔的回流，一部分节流降温后为冷箱提供高等级冷量，最后作为产品。流程方案参见图 5.1-3。来自压缩单元的裂解气，在冷箱序列中被冷却后在 1#分离罐闪蒸分离，液相经歧化换热后分别作为脱甲烷塔的第 3 股和第 4 股进料，气相继续在冷箱序列中依次被冷却到-98℃后，在 2#分离罐中闪蒸分离，液相作为脱甲烷塔的第 2 股进料；2#分离罐顶的气相进一步冷却到-131℃并在 3#分离罐中气液分离，3#分离罐液相作为脱甲烷塔的第 1 股进料(最上部)，气相经过两级降温在 1#和 2#氢气罐中气液分离，温度分别为-145℃和-165℃，最后得到含量为 95%(摩尔)的氢气和甲烷氢尾气。脱甲烷塔操作压力为 0.55~0.60MPa(G)，脱甲烷塔再沸器和中沸器采用裂解气作热源，塔顶采用开式的甲烷制冷系统，脱甲烷塔塔顶一部分气相在冷箱中复热之后，进入甲烷制冷压缩机，经两级压缩后压力升高至 3.7MPa(G)，在冷箱中冷却，并由-101℃的乙烯冷剂部分冷凝，部分冷凝后的混相进入脱甲烷塔回流罐作为脱甲烷塔回流，回流罐顶气相、回流罐底一部分液相和脱甲烷塔塔顶另一部分气相作为高压甲烷产品，回冷箱回收冷量后去燃料气系统。

（3）采用二元制冷的低压脱甲烷塔顺序分离技术

为了减少制冷压缩机数量，Lummus 公司于本世纪初又推出了二元制冷技术为冷箱和低压脱甲烷塔冷凝器提供冷量。二元冷剂主要组分为乙烯和甲烷，并有少量氢气，可以提供低于-101℃的冷量。采用二元制冷后可取消甲烷制冷压缩机或膨胀机，也不需要甲烷循环制冷。工艺流程方面与采用甲烷制冷的方面没有变化，仅供冷方案发生变化，参见图5.1-4。福炼、天津中沙和镇海采用此项技术建设了乙烯装置。

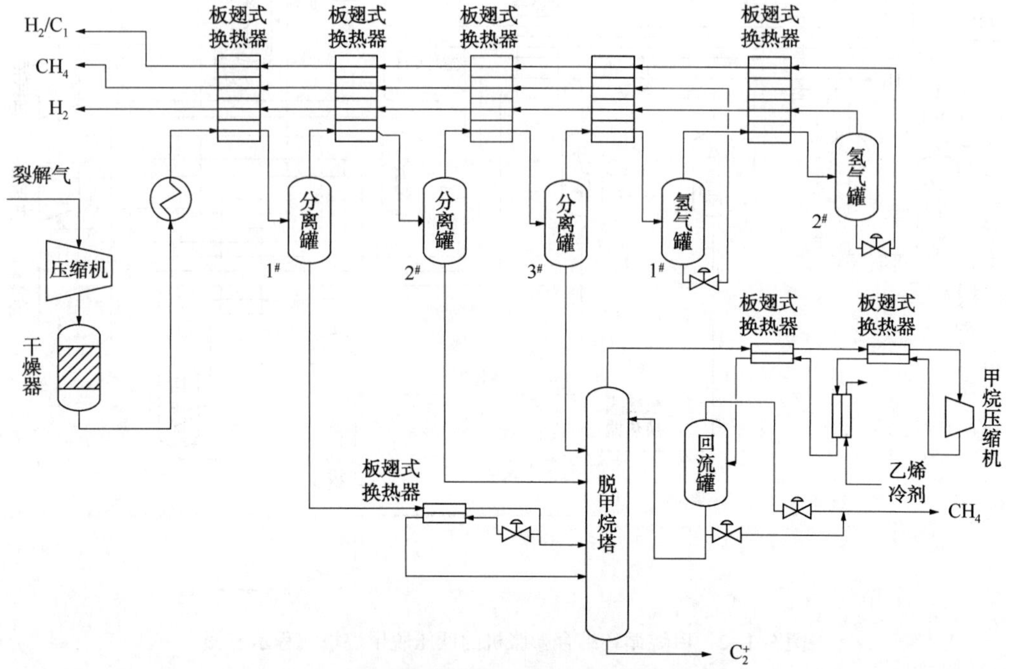


图5.1-3　甲烷压缩机的低压脱甲烷塔流程示意图

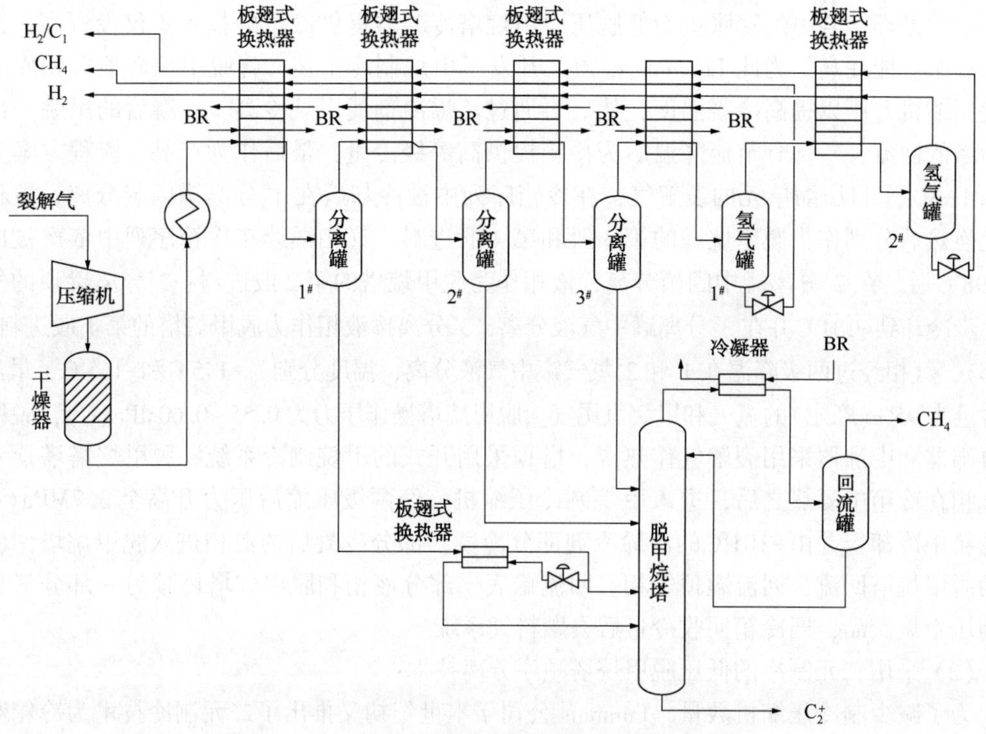


图5.1-4　采用二元制冷的低压脱甲烷流程示意图

BR—二元冷剂

3. 中压脱甲烷技术

德西尼布通过自己的研究认为，顺序分离技术最佳的脱甲烷塔压力为1.2MPa(G)，并提出了渐近分离(progressive separation)概念，将其顺序分离技术命名为渐进分离技术，我国20世纪90年代建设北京东方乙烯装置采用了此技术。前冷及脱甲烷工艺可参见第一章图1.1-4。

经过干燥的裂解气被回收冷量的复热物料、丙烯冷剂和乙烯冷剂冷却到-33℃、-73℃和-95℃。冷却下来的液相分别作为甲烷汽提塔的进料，甲烷汽提塔操作压力为1.2MPa(G)，塔釜采用裂解气作为热源，塔顶冷凝器采用-101℃的乙烯冷剂，塔顶气相冷却至-95℃后送入脱甲烷塔，脱甲烷塔塔底液相，一部分作为冷箱序列的低温位冷剂，复热后的冷剂返回裂解气压缩机一段前，另一部分增压后作为甲烷汽提塔回流，塔甲烷塔顶气相在冷箱中进一步冷却到-119℃，液相作为乙烯吸收塔回流，气相进入膨胀机，为冷箱提供温度低至-137℃的冷量，该股物流复热至-37℃后由膨胀机再压缩机压缩，再返回冷箱回收冷量，最终送至燃料气系统。在冷箱序列中冷却至-95℃气相进入乙烯吸收塔，进一步回收乙烯后，进入两级甲烷氢分离罐，温度分别为-146℃和-163℃，乙烯粗氢中的氢气含量为95%(摩尔)。

## 二、前脱乙烷流程

前脱乙烷流程的一个主要优点在于进入深冷系统的裂解气组成更为简单，主要是乙烯、乙烷、甲烷和氢气，碳三以上物料已经通过脱乙烷塔全部脱除。由于组成简单，深冷系统流程相应更为简洁，不需要预脱甲烷塔和碳三回收塔等设备，冷箱尺寸也大为降低。

前脱乙烷流程既适用于液体裂解原料，也适用于气体原料，但是更适用于分离以乙烷为主的气体原料裂解气。目前主要乙烯专利商均可提供前脱乙烷流程技术，包括中国石化(SEI)、美国Lummus、德国林德、TechnipFMC和中国石油。下面介绍几种典型的前脱乙烷深冷分离系统。

1. SEI开发的ART技术

SEI前脱乙烷前加氢(ART)流程的深冷分离包括一系列板翅换热器和冷箱、各级脱甲烷塔进料分离罐、高压脱甲烷塔系统和膨胀再压缩机系统。经过脱乙烷塔和碳二加氢后的裂解气中只包含碳二及轻组分，在冷分离区被逐级冷却，大量的甲烷和$C_2$组分被冷凝下来，在高压脱甲烷塔中分出$C_2$组分和甲烷汽，未被冷凝下来的气相进一步冷却，在氢/甲烷分离罐中分离出低压甲烷和95%(摩尔)的粗氢产品。工艺流程如图5.1-5所示。

冷区的冷量由乙烯冷剂、甲烷尾气膨胀机和一些低温工艺流股提供，这些低温流股包括粗氢、甲烷尾气、脱甲烷塔釜液和循环乙烷。

裂解气进入冷区后，首先在板翅换热器中先后被脱甲烷塔釜液和-57℃的乙烯冷剂冷却，两相流体进入脱甲烷塔进料1#分离罐，罐底液体进入脱甲烷塔，罐顶部气体先进入冷箱，冷却后的两相流体进入脱甲烷塔进料2#分离罐。2#分离罐底液体进入脱甲烷塔，罐顶部气体在冷箱内冷却后两相流体进入脱甲烷塔进料3#分离罐。3#分离罐底液体进入脱甲烷塔，罐顶气体中仍有一定量的乙烯，先进入冷箱内冷却，后进入脱甲烷塔进料4#分离罐。4#分离罐顶气体再进入冷箱冷却后进入脱甲烷塔进料5#分离罐，4#罐和5#罐罐底液体都含有一定量的乙烯，汇合后经过冷箱复热，后送入脱甲烷塔。5#罐罐顶的甲烷氢气体经过冷箱内换热器深冷后进入氢气罐，罐顶产生95%(摩尔)的氢气产品，氢气通过冷箱各级换热器回收冷量后，用于装置内的加氢用户，多余氢气产品送出界外；氢气罐罐底液相经J-T阀减压节流后进入冷箱各级换热器中提供冷量，出冷箱的低压甲烷汽体送入燃料气管网。

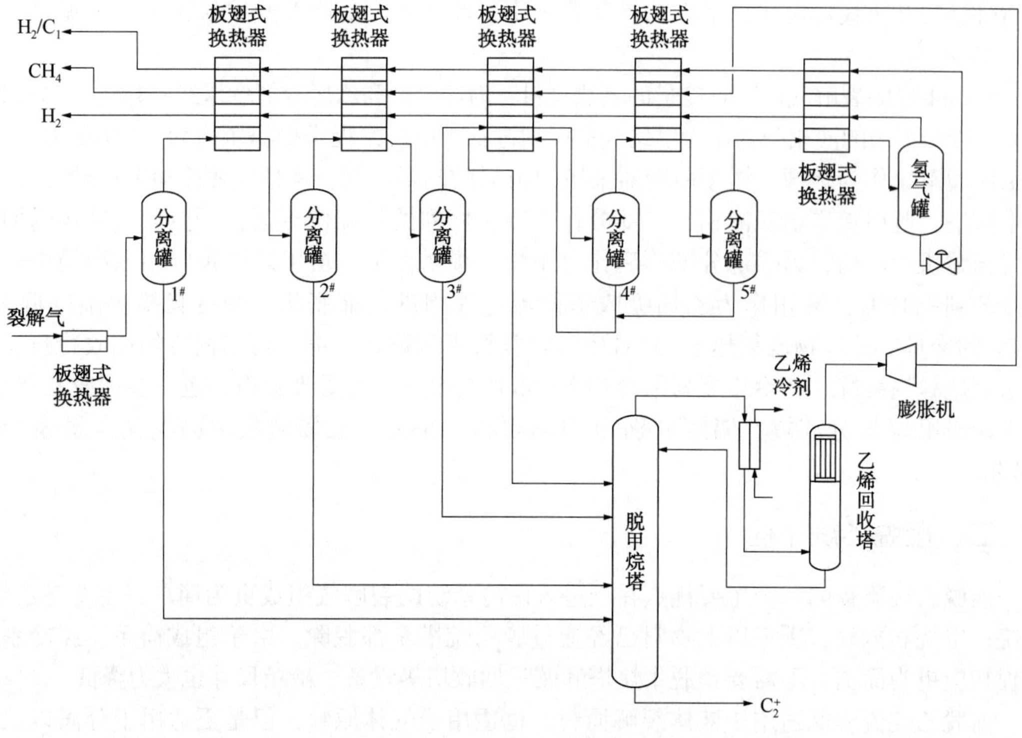


图5.1-5　ART前冷及脱甲烷流程示意图

高压脱甲烷塔共有四股进料，根据温度和组成的不同分别进入不同的进料位置。脱甲烷塔塔顶操作压力大约为3.1MPa(G)，塔顶气在冷凝器中用-101℃乙烯冷剂冷凝，冷凝后的两相流进入脱甲烷塔回流罐，液相通过回流泵送回塔顶作为回流，罐顶的气体主要是甲烷，经膨胀机膨胀后进入冷箱提供冷量，回热后去再压缩机压缩，最后作为高压甲烷送往再生气系统或燃料气系统。

脱甲烷塔的再沸器用丙烯机抽出气体作为热源，塔釜液相产品先进入脱甲烷塔釜液冷却器用-40℃的丙烯过冷，过冷后的液体分成三股，其中两股节流后分别经裂解气回收冷量，汽化后进入乙烯塔，另一股作为调节跨线节流后以两相流的形式进入乙烯塔。

2. Lummus公司前脱乙烷流程

某装置以乙烷为裂解原料生产乙烯，采用LUMMUS公司的前脱乙烷前加氢分离技术，前冷及脱甲烷系统主要特点是：

① 采用低压深冷系统，将裂解气压缩至1.5~2.0MPa(G)后送入深冷系统逐级冷凝。

② 采用低压脱甲烷塔系统，低压下乙烯和甲烷的相对挥发度较高，分离过程更容易，节省了装置能耗；同时，低压脱甲烷塔系统更易操作，对装置产率和进料变化敏感度更低，能够灵活应对装置运行变化。

③ 采用由LUMMUS公司开发的甲烷和乙烯混合的二元制冷技术，以二元制冷压缩机代替常规的乙烯制冷压缩机和甲烷(或膨胀机)制冷系统，由二元制冷系统与丙烯制冷系统构

成复叠制冷系统。

④ 由于乙烷原料的裂解产物中氢气含量高，甲烷含量低，采用变压吸附(PSA)进一步提纯氢气，属无甲烷化系统。

该装置前冷及脱甲烷系统设有五个小冷箱，其工艺流程如图5.1-6所示。冷箱系统的主要作用是冷却干燥后的裂解气，并通过将脱乙烷塔塔顶气相中的大部分甲烷及以上重组分冷凝后，得到纯度较高的富氢气。在冷箱中，甲烷、富氢气尾气、乙烷原料和脱甲烷塔釜液等工艺物流作为冷物流，与丙烯冷剂、二元冷剂一起，为裂解气、脱甲烷塔塔顶和脱乙烷塔塔顶的气相提供冷量。

经干燥后的裂解气，首先在5#板翅式换热器中通过丙烯冷剂被逐渐冷却下来，并从各种尾气和产品中回收冷量，再通过为脱甲烷塔再沸器提供热量而被进一步冷却后，作为进料送至脱乙烷塔。脱乙烷塔塔顶气相经碳二加氢反应器脱除乙炔后送至4#板翅式换热器，经4#和3#板翅式换热器冷却后，冷凝的液相送至脱乙烷塔回流罐。回流罐顶部气相经2#板翅式换热器内的尾气和二元冷剂激冷后，送至脱甲烷塔第一进料分离罐，罐底液相作为脱甲烷塔的1号进料进入脱甲烷塔。从脱甲烷塔第一进料分离罐顶部分离出的气相在1#板翅式换热器中通过二元冷剂和尾气进一步冷却后，送至脱甲烷塔第二进料分离罐，罐底液相作为2号进料进入脱甲烷塔，罐顶气相与自脱甲烷塔回流罐底部的液相甲烷混合，通过甲烷洗涤以减少富氢气尾气中的乙烯损失，随后进入甲烷洗涤罐。自甲烷洗涤罐底的液相作为3号进料，与脱甲烷塔塔顶回流混合进入脱甲烷塔。自甲烷洗涤罐罐顶的富氢气尾气依次通过1#至5#板翅式换热器复热后，一部分送至PSA提纯后作为氢气产品，另一部分送至再生气系统或燃料气系统。

脱甲烷塔塔顶气相通过1#板翅式换热器中的二元冷剂部分冷凝后，送至脱甲烷塔回流罐，罐底液体分为两部分，一部分送至脱甲烷塔顶部作为回流，另一部分用于洗涤自脱甲烷塔第二进料分离罐顶部的裂解气。脱甲烷塔回流罐顶部的甲烷组分依次通过1#至5#板翅式换热器复热后，直接送至燃料气系统。脱甲烷塔塔釜物料依次通过3#至5#板翅式换热器，经裂解气、脱乙烷塔塔顶气体和高温的二元冷剂加热至接近其泡点后，作为进料送至乙烯精馏塔。

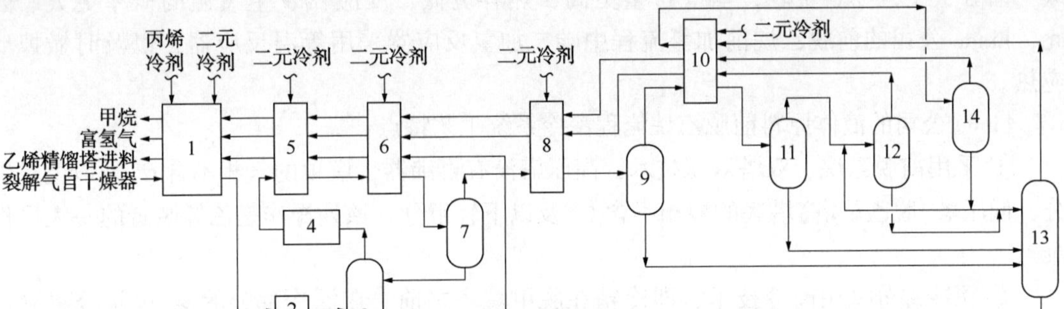


图5.1-6　LUMMUS公司前脱乙烷技术前冷及脱甲烷系统流程示意图

1—5#板翅式换热器；2—脱甲烷塔再沸器；3—脱乙烷塔；4—碳二加氢反应器；5—4#板翅式换热器；6—3#板翅式换热器；7—脱乙烷塔回流罐；8—2#板翅式换热器；9—脱甲烷塔第一进料分离罐；10—1#板翅式换热器；11—脱甲烷塔第二进料分离罐；12—甲烷洗涤罐；13—脱甲烷塔；14—脱甲烷塔回流罐

### 3. Linde 公司液体原料前脱乙烷流程

Linde 公司采用高压脱甲烷和增设碳二吸收塔的深冷分离工艺流程(图 5.1-7)，高压脱甲烷塔的操作压力较高，约为 3.3MPa，裂解气经逐级冷却后分离出的液相送至脱甲烷塔。2#分离罐分出的气相经冷箱内板翅式换热器冷却后进入碳二吸收塔底部，自脱甲烷塔顶引一股液相作为吸收塔的吸收剂，与气体逆流接触后吸收碳二组分。碳二吸收塔底部液相进入脱甲烷塔，顶部气相进入后续的制氢系统。

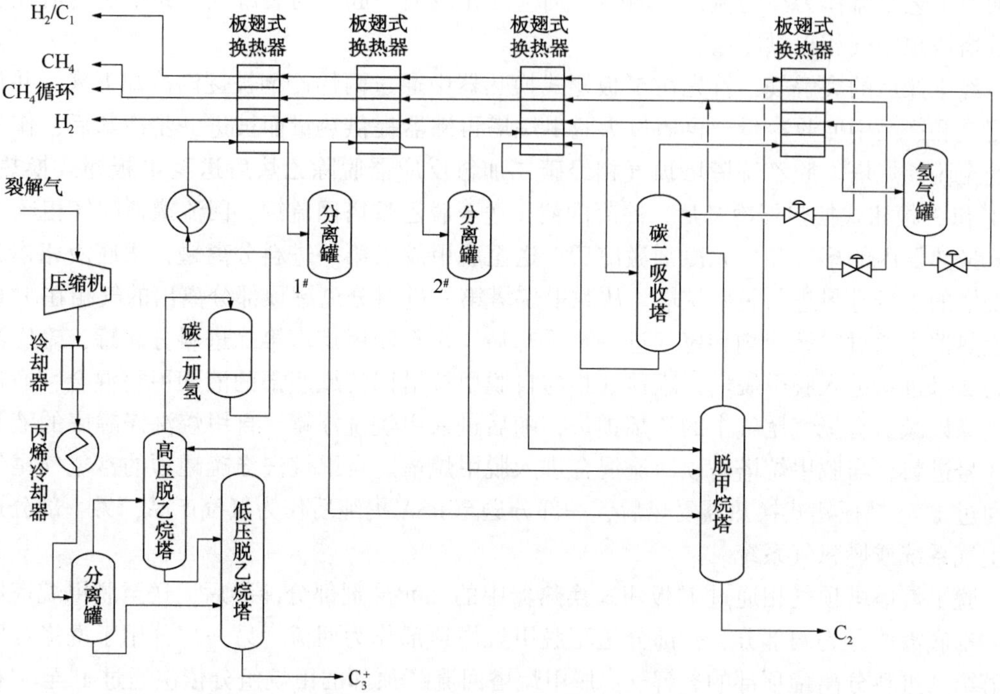


图 5.1-7 Linde 公司前脱乙烷工艺深冷分离流程示意图

与前脱丙烷前加氢工艺比较，前脱乙烷的碳二加氢反应器中少了前脱丙烷工艺中的碳三馏分，工艺物料更轻，氢气含量更高，热容更低，反应器发生飞温的概率更大。因此，Linde 公司的前脱乙烷前加氢流程中碳二加氢反应器采用等温反应器，以及时撤掉反应热。

Linde 公司的液体原料前脱乙烷流程深冷系统工艺特点：

① 采用前脱乙烷、双塔双压技术，高压塔没有再沸器，塔顶的气相不含 $C_3$ 及以上重组分，低压塔(脱乙烷塔)塔底的液相不含 $C_2$ 及以下轻组分，该处操作是乙烯装置的一大操作难点。

② 深冷部分采用前冷技术，即冷箱在脱甲烷塔之前。在深冷部分的氢/甲烷分离罐之前，设碳二吸收塔，以减少冷箱尾气中乙烯损失。

③ 碳二加氢采用前加氢工艺，反应器设置在高压脱乙烷塔顶气相去深冷之前。该反应器采用等温管式反应器；反应放出的热量通过蒸发管式反应器壳程中的闭式循环甲醇撤走。

④ 乙烯精馏塔与乙烯压缩机结合在一起，构成开式热泵循环。

该技术的工艺流程简述如下：

（1）预冷和干燥

来自裂解气压缩机五段出口的裂解气在一系列换热器中逐级冷却，将裂解气冷却至约15℃以避免水合物生成，然后在分离罐中气液分离。分离罐分离出的气液分别进入气液干燥器，在干燥器中水的含量降低至所需的露点。干燥后的烃液进入低压脱乙烷塔的下部。

干燥后的裂解气在裂解气换热器（冷箱）中，以循环乙烷、冷甲烷和氢气馏分、中压丙烯冷剂和其他冷的馏分为冷剂冷却后进入裂解气冷却器。裂解气在裂解气冷却器中被低压丙烯冷剂进一步冷却后，直接进入分离罐进行气液分离，分出的气体进入高压脱乙烷塔，液体馏分在裂解气换热器中部分蒸发后，进入低压脱乙烷塔的中部。

（2）脱乙烷

脱乙烷系统由高、低压脱乙烷塔组成两个不同压力的双塔系统。来自裂解气干燥器的含有 $C_3$ 的轻组分进入高压脱乙烷塔（碳三吸收塔），该塔的回流液不含 $C_3$，使 $C_3$ 留在高压脱乙烷塔（碳三吸收塔）塔底液相中，然后送入低压脱乙烷塔上段。$C_3$ 以下的轻组分从高压脱乙烷塔（碳三吸收塔）塔顶送至 $C_2$ 加氢系统。

低压脱乙烷塔在较低的压力下操作。它的进料有三股：一是凝液干燥器出口物料；二是在裂解气冷却器中部分冷凝又经裂解气换热器汽化的裂解气；三是高压脱乙烷塔的塔底产品。低压脱乙烷塔塔顶产品不含 $C_3$，塔底产品不含 $C_2$。低压脱乙烷塔塔顶气体在塔顶冷凝器中，通过丙烯冷剂和高压乙烯冷剂冷凝，然后送至脱乙烷塔回流罐。从回流罐中分出的少量 $C_2$ 以下不凝轻组分循环至裂解气压缩机五段。通过控制该物流，控制低压脱乙烷塔的压力。

脱乙烷塔回流泵同时提供高、低压脱乙烷塔的回流。

低压脱乙烷塔塔底温度控制在85℃以内，从而减少了再沸器和塔的结垢，延长了运行周期。脱乙烷塔再沸器用低压蒸汽加热。塔底产品被送至脱丙烷塔做进一步的分离。

（3）$C_2$ 加氢

来自碳三吸收塔塔顶的 $C_2$ 及 $C_2$ 以下轻组分在 $C_2$ 加氢反应器中将乙炔转化为乙烯和乙烷。由于本身含有氢气，不用另外补充氢气。反应处在全氢环境，过量的氢分压使得反应产生绿油量较少，同时还具有反应压降低、催化剂稳定运行寿命周期长等特点。催化剂的活性受反应温度、催化剂初期/末期、乙炔在裂解气中的分压、CO 浓度等因素影响。反应器空速在 7000～10000Nm³/(m³·h)，操作条件在 3～4MPa(G)、55～90℃，CO 浓度范围 300～2000mL/m³，可处理最大乙炔浓度 1.6%（体积），催化剂的选择性为 80%（运行初期，SOR）～30%（运行末期，EOR）。乙炔加氢反应在等温管式反应器中进行。反应器的管中填充钯系催化剂。催化剂不能再生，在催化剂寿命末期，用新的催化剂置换或在装置外再生。

反应放出的热通过蒸发管式反应器壳程中的甲醇撤走。甲醇循环是闭式自然循环回路，来自反应器的汽化甲醇进入甲醇相分离罐，从罐中出来的气体在甲醇冷凝器中经冷却水冷凝后返回甲醇罐。甲醇汽化温度由系统压力决定，通过改变甲醇冷凝器中冷却水的用量来控制甲醇系统的压力，从而达到调节温度的目的。

$C_2$ 加氢反应器进料加热器在开车和运行末期使用。不含乙炔的裂解气从反应器出来，与未加氢的 $C_2$ 轻组分换热，在绿油分离罐分离掉绿油，气相部分进入第二干燥器除去残余的水，以确保低温部分的长期运行。干燥器运行周期为3周，在短暂的再生期间，裂解气可走旁路。

(4) 深冷系统

$C_2$ 及轻组分经过逐级冷凝，所有的乙烯、乙烷和几乎所有的甲烷被冷凝，剩下的气体是富氢气。深冷部分所用的冷剂包括：脱甲烷塔塔底冷物料、来自乙烯冷剂单元的乙烯、深冷部分产生的冷流股(如氢气和甲烷)，深冷部分分离罐分出的含有乙烯的凝液送入脱甲烷塔的适宜进料位置。

$C_2$ 加氢单元来的裂解气在板翅式换热器中被冷却，部分 $C_2$ 馏分、氢气和甲烷冷凝，并在 $1^{\#}$分离罐进行气液分离，分离出的凝液直接送到脱甲烷塔最底部，分离出的气体在板翅式换热器中进一步冷却后进入 $2^{\#}$分离罐。$2^{\#}$分离罐分离出的凝液送到脱甲烷塔底部的第二个进口，$2^{\#}$分离罐顶的裂解气送到在板翅式换热器内冷却后进入碳二吸收塔。从脱甲烷塔顶部采出的液态产品作为 $C_2$ 吸收塔的吸收剂，其塔底产品通过板翅式换热器回收冷量后进入脱甲烷塔。$C_2$ 吸收塔的塔顶气相在板翅式换热器中被冷却到-163℃，然后进入氢气罐。氢气罐中的气相中氢气浓度达到95%(摩尔)，氢气罐中分离的液体节流降压到燃料气压力由板翅式换热器回收冷量后送入燃料系统。

(5) 脱甲烷

从 $1^{\#}$、$2^{\#}$分离罐和乙烯吸收塔塔底分离出的凝液，被送至脱甲烷塔的适宜位置。脱甲烷塔塔顶分离出包括甲烷、CO、氢气的组分，塔底的 $C_2$ 组分在换热器中回收冷量后送入乙烯精馏塔。脱甲烷塔的操作压力约3.2MPa(A)，脱甲烷塔再沸器所需的热量通过冷凝丙烯冷剂获得。脱甲烷塔冷凝器直接置于塔顶，既不需要回流罐也不需要回流泵。在冷凝器中冷凝的甲烷馏分返回塔上部进行气液分离，一部分液体用作脱甲烷塔自身的回流，另一部分液态甲烷用甲烷泵抽出，经过冷后用作 $C_2$ 吸收塔的回流。塔顶甲烷汽体经一系列换热器回收冷量后送入燃料/再生系统。

(6) 甲烷化

从乙烯装置深冷部分来的氢气含有少量裂解反应生成的一氧化碳需要脱除。甲烷化反应器装的催化剂的操作温度范围为200℃(SOR)到323℃(EOR)，催化剂具有五年以上寿命，在此期间不需要再生。

## 三、前脱丙烷流程

1. SEI 前脱丙烷流程的前冷及脱甲烷系统

在SEI前脱丙烷流程(LECT)中，前冷及脱甲烷系统采用带膨胀机的高压脱甲烷流程，采用碳三洗涤塔、碳二洗涤塔、冷箱、预脱甲烷塔和脱甲烷塔的合理布置，使物料得到合理分配，能量得到合理利用，既减少了冷量消耗也减少了乙烯的损失。其典型工艺流程如图5.1-8所示。

来自高压脱丙烷塔回流罐的气态裂解气(主要含氢、甲烷、碳二和碳三馏分)经冷箱、循环乙烷、-40℃丙烯冷剂和脱甲烷塔釜液逐步冷却后，自底部进入碳三洗涤塔。碳三洗涤塔目的是将进料气中的所有碳三及大量的碳二和部分碳一洗涤到塔釜，使进入下游脱甲烷系统的物料不含碳三组分。从碳三洗涤塔顶部出来的气相再经板翅式换热器用-80℃、-100℃的乙烯冷剂分别冷却，得到的两股液相进料至脱甲烷塔的不同位置。气相经冷箱冷却后，进入碳二洗涤塔塔釜。该塔采用分凝分馏塔专利技术，上部为具有传热和传质作用的板翅式换热器，下部为填料，气相在洗涤脱除碳二后，进入两级氢/甲烷分离罐分离出氢

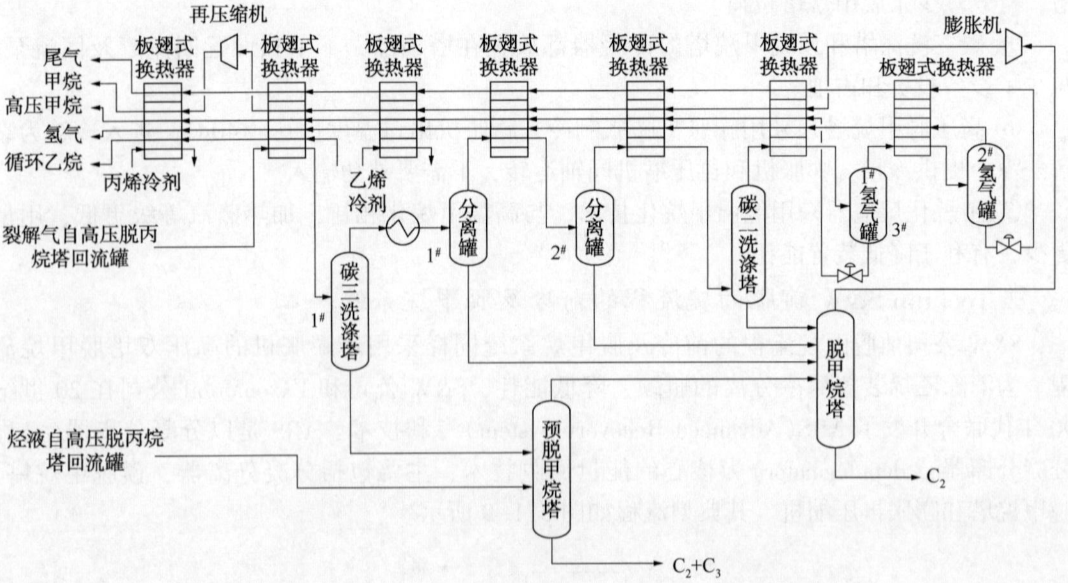


图 5.1-8　LECT 的前冷及脱甲烷系统工艺流程示意图

气产品及高、低压甲烷。碳二洗涤塔釜液进料至脱甲烷塔。

来自高压脱丙烷塔回流罐的液相和碳三洗涤塔的釜液分别进入预脱甲烷塔的不同塔板，操作中控制塔顶气相中不含碳三组分，塔底液相中不含甲烷。一部分釜液直接去脱乙烷塔，另一部分经裂解气回收冷量后再进入脱乙烷塔。塔顶气相作为进料进入脱甲烷塔。冷凝器放置在塔顶部，不单独设置回流罐及回流泵。

脱甲烷塔有四股进料，分别来自 1#、2#分离罐，碳二洗涤塔釜液及预脱甲烷塔顶气相，塔顶冷凝器用-101℃乙烯作为冷剂，回流罐顶的气体主要是甲烷，经膨胀机膨胀后进入冷箱，给冷箱提供冷量，回热后去再压缩机压缩送至再生或燃料气系统。再沸器用裂解气作为热源，塔釜液减压节流膨胀后分成三股，为三个不同用户提供冷量，汽化后进入乙烯塔。

深冷的两级氢/甲烷分离罐分出的氢气纯度已经达到95%(摩尔)，但其中含有少量的一氧化碳，为避免下游加氢催化剂中毒失活，需经甲烷化反应器去除。经冷箱回热后的粗氢加热到一定温度后进入甲烷化反应器中，除去 CO 杂质。LECT 采用低温甲烷化，反应器进料温度 160℃(SOR)~200℃(EOR)。甲烷化以后的氢气冷却后进入氢气干燥器，脱除水分至含水量小于 $1\times10^{-6}$(摩尔)，氢气产品部分用于本装置加氢反应器，其余送出界区。

LECT 的前冷及脱甲烷工艺流程具有如下特点：

① 采用前冷(前脱氢)工艺，裂解气逐级冷凝分离先脱除氢和甲烷，使得脱甲烷塔进料中甲烷量减少，降低 $H_2/CH_4$ 比值，有利于脱甲烷塔的分离。脱甲烷塔多股进料，减少了冷量消耗，也减少了脱甲烷塔负荷。

② 对裂解气组分分配分离，实现 $C_2$ 组分的最佳分配，使得脱乙烷塔负荷下降 50%，制冷压缩机功耗降低 5%~7%。

③ 设置碳二洗涤塔，该塔采用传热传质高效协同的分凝分馏塔专利技术，有效控制了甲烷氢中的乙烯损失，同时也有效回收了系统的冷量。

④ 设置预脱甲烷塔，在脱甲烷塔前进行预分离，重组分不经脱甲烷塔直接去脱乙烷

塔，有效减少了脱甲烷塔负荷。

⑤ 碳三洗涤塔和预脱甲烷塔的冷凝器都放置在塔顶部，不单独设置回流罐及回流泵，减少了设备投资和占地。

⑥ 高压脱甲烷塔顶采用膨胀机膨胀制冷，膨胀机出口温度可达-140℃，进入冷箱为裂解气深冷提供冷量。膨胀机和再压缩机同轴运转，不需要外功输入。

⑦ 甲烷化反应器采用低温甲烷化技术，与高温甲烷化相比，加热蒸汽等级更低、用量更少，有利于降低装置能耗。

2. Technip S&W 前脱丙烷流程的前冷及脱甲烷系统

S&W 公司前脱丙烷流程的前冷及脱甲烷系统同样采用带膨胀机的高压双塔脱甲烷流程。为消除乙烯装置深冷分离的瓶颈、降低能耗，S&W 公司和 ExxonMobil 公司在 20 世纪 90 年代联合开发了 ARS(Advanced Recovery System)专利技术。ARS 是以分凝分离器(又称分凝分馏器)(dephlegmator)为核心的能量回收技术，主要包括分凝分离器、预脱甲烷塔、脱甲烷塔和膨胀再压缩机。其典型流程如图 5.1-9 所示。

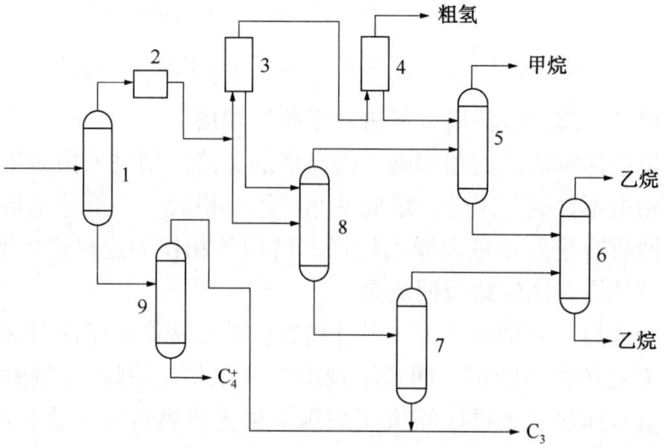


图 5.1-9　ARS 技术典型流程示意图

1—高压脱丙烷塔；2—碳二加氢反应器；3—第一分凝分离器；4—第二分凝分离器；5—脱甲烷塔；6—乙烯精馏塔；7—脱乙烷塔；8—预脱甲烷塔；9—低压脱丙烷塔

高压脱丙烷塔回流罐顶的裂解气经冷却后进入第一分凝分离器，在分凝分离器内裂解气自下而上被温度更低的冷剂或尾气冷却，冷凝的液相因重力作用向下流动，与向上流动的气相逆向接触进行传质，分凝分离器顶部的气相经分馏而进一步净化，同时物料的冷量也得到合理利用。第一分凝分离器底部液相和高压脱丙烷塔回流罐底液相进入预脱甲烷塔，预脱甲烷塔塔顶气相中不含碳三，塔底液相中不含甲烷，液相送入脱乙烷塔。第一分凝分离器顶部气相再进入第二分凝分离器进一步深冷分离，其顶部气相中主要是氢气和甲烷，其中的乙烯损失因分馏作用得到有效控制，气相进一步深冷，最后分离出氢气和甲烷尾气。第二分凝分离器底部液相不含碳三，送入脱甲烷塔。由于脱甲烷塔的两股进料中均不含碳三，因此其塔釜物料可直接送入乙烯精馏塔。

分凝分离器实现了激冷和预分馏功能的组合，降低了脱甲烷塔的负荷，也使尾气中的乙烯损失降低，提高了乙烯的回收率。但分凝分离器也存在比较大的缺点：第一，分凝分离器是专利设备，且必须由 S&W 供货，造价昂贵；第二，单台分凝分离器处理能力有限，必须多台并联使用，设备体积大；第三，装置运行时出现分凝分离器顶部气相温度高、乙烯回收率降低的问题，可能的原因是：分凝分离器的回流由上升气体部分冷凝提供，越靠近顶部回流越小，可能存在回流不足。

为解决 ARS 技术的不足，S&W 公司将 ARS 技术更新升级为 HRS（Heat－integrated Rectifier System）技术，于 2002 年获得专利，先后在国内多套乙烯装置上取得工业应用。HRS 将分馏塔与板翅式换热器相结合，取代昂贵的分凝分离器，在保证同样传质传热效果的同时，设备投资大幅度降低，同时也节省了乙烯冷剂的消耗，从而节省压缩机功率。相较于 ARS 技术，HRS 的优势可以概括如下：

① 显著降低投资成本；

② 保持了分凝分离器的节能特性；

③ 稳定且可预测的乙烯回收率；

④ 设计紧凑，占地空间更小；

⑤ 采用传统设备组件；

⑥ 缩短了设备交付时间。

采用 HRS 技术的前冷及脱甲烷系统典型流程如图 5.1-10 所示。

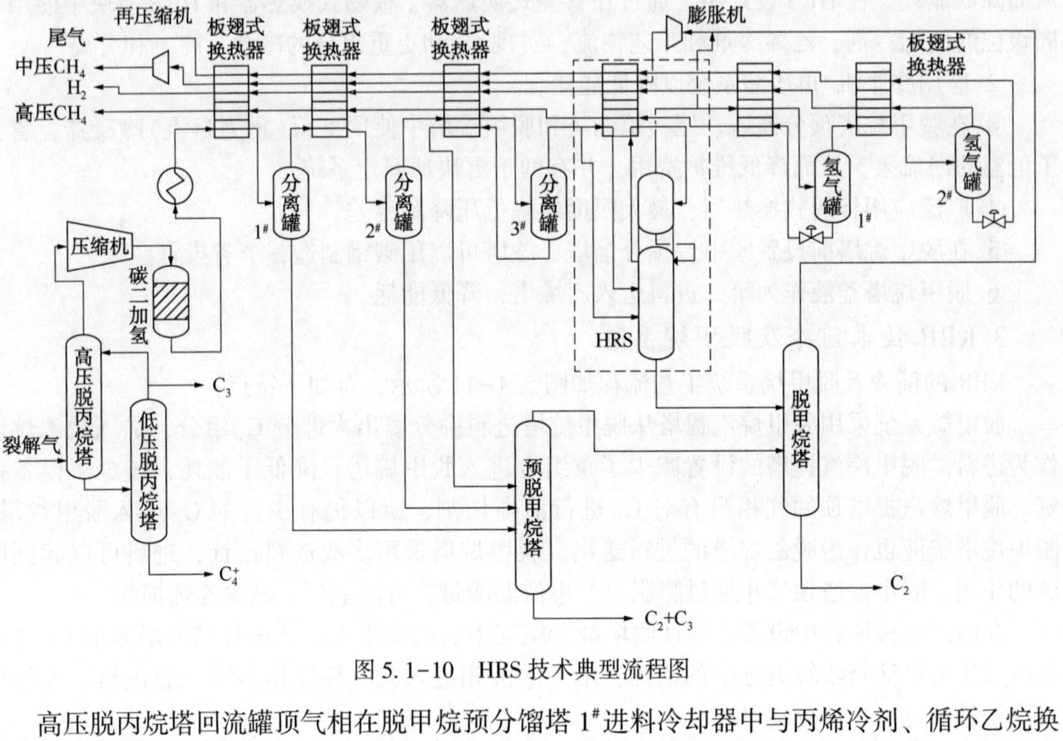


图 5.1-10　HRS 技术典型流程图

高压脱丙烷塔回流罐顶气相在脱甲烷预分馏塔 1#进料冷却器中与丙烯冷剂、循环乙烷换热降温，然后经脱甲烷预分馏塔 1#进料分离罐进入脱甲烷预分馏塔。高压脱丙烷塔回流罐的液体直接进入脱甲烷预分馏塔。脱甲烷预分馏塔 1#进料分离罐气相被乙烯冷剂和其他工艺物流冷却，先后在该塔 2#和 3#进料分离罐中分离。这些罐分离出的液体进入脱甲烷预分馏塔。

脱甲烷预分馏塔塔顶冷凝器置于塔的顶部而成为自回流形式，利用脱甲烷塔釜液体作为冷媒，不含碳三的塔顶气相进入脱甲烷塔进料接触塔，不含甲烷的塔底液相进入脱乙烷塔。

从脱甲烷预分馏塔进料分离罐来的气体进入 HRS，HRS 单元主要包括尾气精馏塔、冷凝器和回流罐，回流罐放置在塔顶，省去了回流泵。冷凝器是多流道的板翅式换热器，由乙烯冷剂和多股甲烷氢尾气作为冷媒。HRS 的液体物流送入接触塔，HRS 的顶部气相去氢气回收系统，其中的乙烯含量得到控制。

预分馏塔塔顶气相和 HRS 底部液相在接触塔中换热传质后进入脱甲烷塔，脱甲烷塔塔底物料经过一系列换热后直接进入乙烯精馏塔。脱甲烷塔顶冷凝器也为自回流型式，用乙烯冷剂将塔顶气冷凝，塔顶气相送至尾气膨胀机。膨胀机出口的两相物流在分离罐中分离，气相依次在 HRS 冷凝器和预脱甲烷塔冷却器中回收冷量，再经尾气压缩机压缩后，与来自氢气回收系统的尾气混合作为干燥器的再生气或送入燃料气系统。膨胀机出口的液相与循环甲烷混合，回收冷量后循环回裂解气压缩机去回收乙烯。

HRS 来的气相进入两段自制冷氢气回收系统，液体从第一氢气罐闪蒸至再生压力，从第二分离罐顶得到氢气，尾气和氢气物流在 HRS、脱甲烷塔进料冷却器、丙烯冷剂过冷器中依次加热。氢气进入甲烷化系统反应后脱除 CO 得到 95%纯度的氢气产品。

S&W 公司的前冷及脱甲烷系统以 HRS 技术为核心，其工艺流程具有如下特点：

① HRS 专利技术的应用有助于减少制冷负荷，并将制冷负荷转移到更高的温度级位，从而降低能耗。在 HRS 设计中，通过在管壳式换热器、板翅式换热器和 HRS 模块中使用不同级位的丙烯冷剂、乙烯冷剂和工艺物流，实现 $C_2$ 和更重组分的冷却、冷凝和分离。

② 应用膨胀机/再压缩系统以降低能耗。

③ 在脱甲烷塔预分馏塔、尾气精馏塔和脱甲烷塔中使用下行(重力自流)冷凝器，省去了低温的回流泵，从而降低维护费用，并有助于更快地稳定系统。

④ 广泛应用板翅式换热器，最大限度地降低压降和温差。

⑤ 在脱甲烷塔前设置脱甲烷预分馏塔，该塔可以用碳钢制造，节省投资。

⑥ 脱甲烷塔釜液作为第二进料送入乙烯塔，降低能耗。

### 3. KBR 技术前冷及脱甲烷系统

KBR 的前冷及脱甲烷系统工艺流程如图 5.1-11 所示，有如下特点：

脱甲烷系统采用脱甲烷汽提塔从脱甲烷塔进料中分离出大部分 $C_3$ 组分，送入脱乙烷塔作为进料。脱甲烷汽提塔的设置减少了重组分进入脱甲烷塔，降低了能耗，减少了设备投资。脱甲烷汽提塔顶的气相没有对 $C_3$ 进行清晰切割，所以仍有少量的 $C_3$ 进入脱甲烷塔，脱甲烷塔釜液也作为脱乙烷塔的进料送出。脱甲烷塔采用多股进料设计，进料可以起到回流的作用。脱甲烷塔顶气相通过膨胀机产生低温冷量，分离氢气，减少乙烯损失。

在前冷分离流程中设置乙烯回收塔减少尾气中的乙烯损失，从丙烯精馏塔来的 $C_3$ 经过深冷后作为贫液吸收轻组分中的乙烯，塔釜的液相进入脱甲烷塔作为第二股进料，气相进入冷箱进行进一步的分离。

前冷及脱甲烷系统的作用是分离出 $H_2$ 产品、富甲烷尾气产品和 $C_2/C_3$ 物料。从脱丙烷塔回流罐顶来的气体进入脱甲烷汽提塔 1#冷却器冷却到-12.2℃，发生部分冷凝的同时将脱乙烷塔进料部分汽化，接下来在循环乙烷汽化器中通过循环乙烷的汽化和在脱甲烷汽提塔 2#进料冷却器中与-42℃丙烯冷剂换热进行进一步冷凝，出口物料进入脱甲烷塔 1#进料罐，物料被分为气相和液相，液相进入脱甲烷汽提塔作为顶部进料，气相进入脱甲烷塔 1#进料冷却器中部分冷凝，同时汽化乙烯精馏塔塔釜物料，脱甲烷塔 1#进料冷却器同时也是乙烯

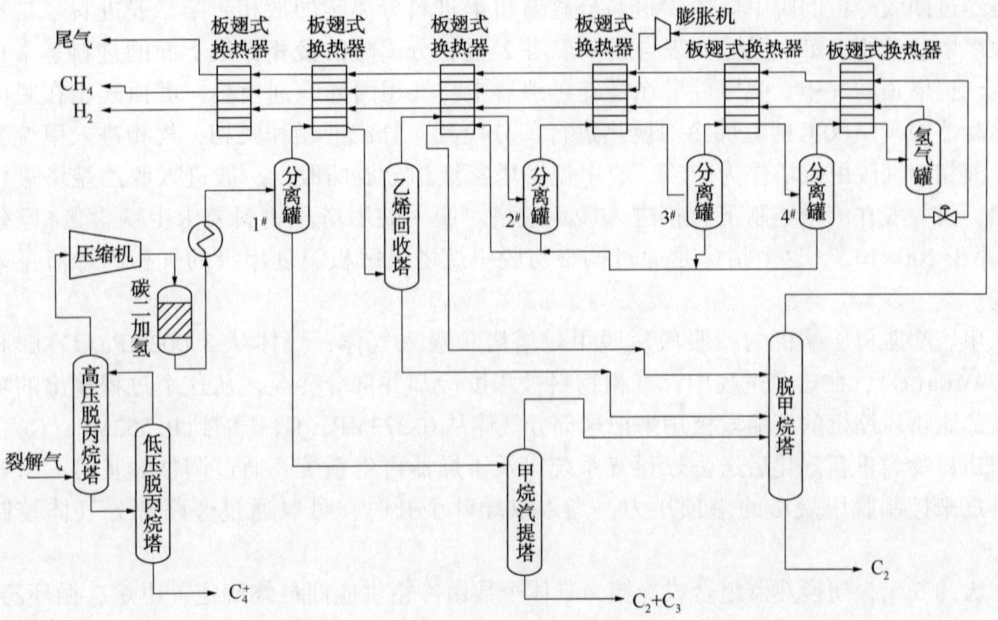


图 5.1-11　KBR 技术前冷及脱甲烷系统工艺流程

精馏塔一个再沸器。从脱甲烷塔 1#进料冷却器出来的物料接着在脱甲烷塔进料 2#冷却器中通过乙烯精馏塔进料的部分汽化和在脱甲烷塔 3#进料冷却器中与-76℃乙烯冷剂换热进行进一步冷凝，从脱甲烷塔 3#进料冷却器出来的物料进入脱甲烷塔 2#进料罐分离为气相和液相，液相作为脱甲烷塔第三股进料，气相进入 4#板翅式换热器进行部分冷凝后进入脱甲烷塔 4#进料冷却器与-100℃乙烯冷剂换热，从脱甲烷塔 4#进料冷却器出来的气相和液相物料进入乙烯回收塔。在乙烯回收塔中，从丙烯精馏塔来的 $C_3$ 经过深冷后作为贫液吸收轻组分中的乙烯，乙烯回收塔塔釜的液相进入脱甲烷塔作为第二股进料，气相进入 3#板翅式换热器进行部分冷凝，然后进入脱甲烷塔 3#进料分离罐，3#进料分离罐的液相和脱甲烷塔 4#进料分离罐的液相混合后进入 3#板翅式换热器进行热交换后进入脱甲烷塔作为第一股进料，3#进料分离罐气相进入 2#板翅式换热器进行部分冷凝，然后进入脱甲烷塔 4#进料分离罐中进行气液相分离，液相和上述的脱甲烷塔 3#进料分离罐底液相一起进入脱甲烷塔，从脱甲烷塔 4#进料分离罐来的气相中的一小部分在流量控制下进入膨胀机。这股流量可以增加膨胀机(用来控制乙烯损失)的制冷量，剩余的气相进入 1#板翅式换热器进行部分冷凝，富含氢气的气相和富含甲烷的液相在氢气罐中分离，液相经过减压和氢气物流一起用来在冷箱中对热物流进行深冷。一小股粗氢在流量控制下进入液相尾气中，用来降低氢气罐的温度，通过调整氢气罐的温度，可以控制粗氢的中氢气的浓度。

脱甲烷汽提塔将进料中的甲烷及轻组分从 $C_2$ 及重组分中分离出来，脱甲烷汽提塔顶部进料来自脱甲烷塔 1#进料罐，而下部进料是来自高压脱丙烷塔回流罐的液相，脱甲烷汽提塔再沸器使用饱和液体丙烯冷剂作为热源，塔釜液相作为脱乙烷塔最低的进料，其中甲烷摩尔含量控制在 $20\times10^{-6}$ 以下，通过调整进入脱甲烷汽提塔再沸器的丙烯量来达到控制目标，丙烯流量和脱甲烷汽提塔灵敏板温度串级控制。

脱甲烷塔把进料中的甲烷及更轻的组分与 $C_2$ 及更重的组分分离出来，脱甲烷塔顶部进料是经过回收冷量的脱甲烷塔3#进料分离罐和4#进料分离罐的液相，第二股进料来自乙烯回收塔塔釜液相，第三股进料来自脱甲烷塔2#进料分离罐的液相，最下面的进料是来自脱甲烷汽提塔顶的气相。脱甲烷塔在塔釜再沸器中与气相丙烯冷剂换热，塔顶气相在脱甲烷塔冷凝器中与-100℃的乙烯冷剂换热进行部分冷凝，分成液相和气相，气相进入甲烷膨胀机，液相返回脱甲烷塔作为回流。脱甲烷塔塔釜液相分成两股，一股进入脱乙烷塔进料蒸发器，另一股在流量控制下直接进入脱乙烷塔。脱甲烷塔塔釜物料要求甲烷含量(摩尔分数)小于$100\times10^{-6}$，这个指标是通过调整与脱甲烷塔灵敏板温度串级的气相丙烯流量来控制的。

甲烷膨胀再压缩机的膨胀段从脱甲烷塔塔顶吸入气体，气体从3.002MPa(G)膨胀到0.379MPa(G)，在这个过程中，气相物料被深度冷却并部分冷凝，从这个过程输出的功在甲烷膨胀再压缩机的压缩段被用来把这部分气体从0.323MPa(G)压缩到0.552MPa(G)，膨胀机出口物料重新汽化后送去燃料气系统以及干燥器再生系统。通过调整膨胀机入口导叶的开度来控制脱甲烷塔的塔顶压力，当入口导叶全开时，可以通过旁路部分气体控制该压力。

大约6个板翅换热器组合成冷箱，具体个数由冷箱供应商最终确定，甲烷、循环乙烷、氢气产品经过一系列板翅式换热器冷量回收后温度可升至约30℃，送入下游系统。

脱甲烷塔顶气相在膨胀内膨胀降压，排出的混相物料进入冷箱，并与2#分离罐的气相进行部分换热而汽化。其后经乙烯回收塔的气相、1#分离罐的气相、乙烯冷剂回收冷量，最后经再压缩端进行压缩后进入燃料气系统或用作干燥器的再生气。氢气罐产生的粗氢在冷箱中回收冷量，然后送到甲烷化反应器中脱除CO。

4. Lummus 技术前脱丙烷流程

LUMMUS公司的前脱丙烷流程采用低压深冷技术结合二元/三元制冷，脱甲烷塔的操作压力一般低于0.7MPa(G)。较低的操作压力可以提高物料的相对挥发度，有利于分离，但是需要与之匹配的低温冷源；另外设备设计压力也可以降低，从而降低设备壁厚和投资，尤其是对于不锈钢材质的脱甲烷塔系更有意义。由于裂解气进入冷箱时的压力一般低于1.8MPa(G)，这个压力下无法实现甲烷和氢气的高效分离，因此如果需要较高纯度的氢气产品的话，需要在甲烷氢分离罐上游将裂解气引出冷箱，用氢气/甲烷压缩机提高压力后再返回冷箱，这样会增加冷箱通道和流程复杂性。但是如果用户不要求通过深冷达到特别高的氢气纯度，比如下游配备了氢气PSA单元，这种情况下可以省略氢气/甲烷压缩机，冷箱设计也更简单。

下面的流程描述基于前一种工况(带氢气/甲烷压缩机)，氢气产品可以达到95%(摩尔)，并且附带甲烷化系统来满足CO达标。

(1) 裂解气深冷和甲烷氢分离

来自高压脱丙烷塔回流罐的裂解气依次经过乙烯塔1号中沸器、冷箱5号换热器、脱甲烷塔再沸器、冷箱4号换热器(一段)、脱甲烷塔中沸器、冷箱4号换热器(二段)，被逐级冷却到-75℃并且部分冷凝，然后进入脱甲烷塔1号进料罐。通过调节进入冷箱4号换热器(二段)的二元冷剂(BR)量来控制脱甲烷塔1号进料罐的入口温度。该罐底部采出液相作为脱甲烷塔进料之一(底部进料)。

脱甲烷塔1号进料罐顶部采出的裂解气经过冷箱3号换热器，被二元冷剂和尾气冷却到$-119℃$并且部分冷凝，然后进入脱甲烷塔2号进料罐。通过调节进入冷箱3号换热器的二元冷剂量来控制脱甲烷塔2号进料罐的入口温度。该罐底部采出液相作为脱甲烷塔进料之二(中间进料)。

脱甲烷塔2号进料罐顶部采出的裂解气依次经过冷箱3~6号换热器回热后，用氢气/甲烷压缩机压缩到大约3.5MPa(G)，然后先用循环水冷却，再反向依次经过冷箱6~2号换热器，利用氢气、甲烷尾气、二元冷剂等物流的冷量冷却到$-130℃$，进入脱甲烷塔3号进料罐。通过调节进入冷箱2号换热器的二元冷剂量来控制脱甲烷塔3号进料罐的入口温度。该罐底部采出液相作为脱甲烷塔进料之三(顶部进料)，这股进料同时也作为脱甲烷塔顶回流。

脱甲烷塔3号进料罐顶部采出的裂解气(主要为甲烷和氢气)进入所谓的焦耳-汤姆逊膨胀系统。在这个系统中，裂解气(甲烷氢)经过冷箱1号换热器深冷到$-161℃$并且将甲烷冷凝，然后进入氢气/甲烷分离罐。过程所需冷量主要来自罐底液相甲烷节流膨胀(焦耳-汤姆逊膨胀)，以及罐顶氢气的显热。节流膨胀后的甲烷经冷箱1~6号换热器回收冷量后进入燃料气系统。

(2) 甲烷化系统

氢气/甲烷分离罐顶出来的氢气经冷箱1~6号换热器回收冷量后进入甲烷化系统。该系统脱除氢气中的CO，以保护下游的反应器催化剂。进料氢气依次经过进出料换热器和甲烷化进料加热器，用中压蒸汽加热到所需温度后进入甲烷化反应器。反应出料依次经过进出料换热器、甲烷化出料冷却器(用循环水冷却)、甲烷化出料深冷器(用9℃丙烯冷剂)冷却后，进入氢气干燥器进料罐脱除甲烷化反应生成的水，最后经过氢气干燥器干燥之后的氢气产品除供应碳三加氢反应器之外，其余送出界外。

(3) 脱甲烷塔系统

脱甲烷塔为多段填料塔，主要目的是从裂解气中脱除甲烷及更轻组分。塔顶操作压力刚好足够将塔顶甲烷送入燃料气系统。塔压最小化可使分离效率提高，降低回流比并节省能耗。工艺流程见图5.1-12。

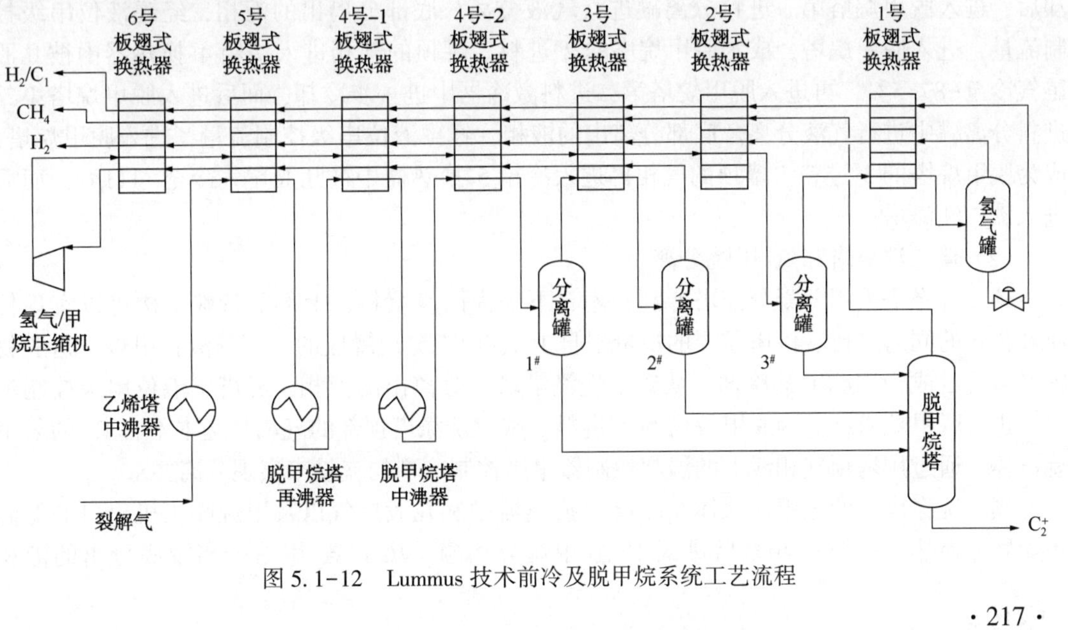


图5.1-12　Lummus技术前冷及脱甲烷系统工艺流程

塔釜再沸器和中沸器均以裂解气作为热源。塔釜产品用泵加压后分为两股，在比例控制下经冷箱 5 号和 6 号换热器回收冷量后，分别以液相和气相进入脱乙烷塔上下两个进料口。

脱甲烷塔回流来自脱甲烷塔 3 号进料罐底部排液，不需要另外设计回流泵。

# 第二节　控制与操作

## 一、前脱丙烷前加氢技术前冷及脱甲烷系统

1. SEI LECT 技术深冷及脱甲烷单元(参考图 5.1-8)

在 LECT 的前脱丙烷流程中，经过碳二加氢和干燥后的裂解气进入前冷系统逐级进行激冷和冷凝，实现最大量地回收氢气和尽量减少乙烯损失，另外也要尽量减少制冷系统的功耗以及裂解气压缩机的功耗。

(1) 碳三洗涤塔

来自高压脱丙烷塔回流罐顶的裂解气首先进入冷箱 2#换热器，再进入循环乙烷汽化器，通过汽化来自乙烯塔釜的循环乙烷而将裂解气冷至-26℃。进汽化器的循环乙烷的流量受气体炉进料总管的压力控制，同时也受循环乙烷汽化器的高液位超驰以及乙烯塔釜的低液位超驰控制。裂解气继续进入下游的碳三洗涤塔进料冷却器，在其中用-40℃丙烯冷剂将裂解气冷至-37℃。换热器的负荷由丙烯冷剂侧的液位来控制。

冷却后的裂解气进入碳三洗涤塔的塔釜。自回流式的冷凝器设在塔顶，冷凝器采用-62.5℃的乙烯冷剂作为冷却介质。碳三洗涤塔把裂解气进料分离为不含 $C_3$ 的顶部气相产物和较重的塔底液相产物。冷凝器的负荷是通过塔顶气相的温度控制器串级控制乙烯冷剂的流量来控制的，冷剂的流量同时也受冷凝器壳侧冷剂的高液位超驰控制。塔底液相产物送去下游的预脱甲烷塔进一步分离，其流量由塔底液位串级控制。

从碳三洗涤塔冷凝器出来的不含 $C_3$ 的裂解气进入脱甲烷塔第一进料激冷器中进一步冷却后，进入脱甲烷塔第一进料分离罐进行气液分离。底部分离出的液相，经罐液位串级控制流量，进入脱甲烷塔，成为脱甲烷塔的 2#进料。罐顶的气相进入冷箱 4#换热器中被几股尾气冷至-87.5℃，再进入脱甲烷塔第二进料激冷器中进一步冷却，而后进入脱甲烷塔第二进料分离罐中进行气液分离。底部分离出的液相，经罐液位串级控制流量，进入脱甲烷塔，成为脱甲烷塔的 3#进料。罐顶的气相再进入冷箱 5#换热器中被几股尾气冷至-111℃，而后进入碳二洗涤塔。

(2) 碳二洗涤塔和氢/甲烷分离

碳二洗涤塔采用分凝分馏塔专利技术，下部为两段填料，上部的特殊结构可以实现传质和传热的同时进行。该塔需要的冷量来自 1#氢/甲烷分离罐底的一部分液相甲烷，这股物料经节流后成为-144℃的冷剂。从碳二洗涤塔塔底分离出的液相，经塔釜液位串级控制流量，进入脱甲烷塔，成为脱甲烷塔的 4#进料。碳二洗涤塔顶部的气相是基本不含 $C_2$ 的氢甲烷汽体，通过用塔顶气相线上的温度控制器串级控制冷剂的流量来实现分离要求。

碳二洗涤塔顶的氢甲烷汽体在冷箱 6#换热器中和几股尾气以及甲烷膨胀机出口的低温甲烷物流换热，冷至-140℃后进入 1#氢/甲烷分离罐。从 1#氢/甲烷分离罐底分出的液相

(其中主要组分是甲烷)分成两股，一股经控制阀节流后作为冷剂送往碳二洗涤塔，另一股由罐液位串级控制流量，经控制阀节流降温后返回冷箱6#换热器提供冷量。而后这两股物流再汇合到一起，经冷箱中的多台尾气换热器回收冷量，最后进入再生气或燃料气系统。

1#氢/甲烷分离罐顶的气体进入冷箱7#换热器，被氢气和低压甲烷尾气冷却至-162.8℃后进入2#氢/甲烷分离罐。罐底分出的液相由罐液位串级控制流量，经控制阀节流降温后返回冷箱7#换热器提供冷量，再经冷箱中的多台尾气换热器回收冷量，最后进入燃料气系统。2#氢/甲烷分离罐顶的气相是纯度为95%(摩尔)的氢气，经冷箱回收冷量后作为粗氢气送至甲烷化系统。2#氢/甲烷分离罐设有液位高高报警，目的是防止罐顶物流中夹带液体。在2#氢/甲烷分离罐进料管线上也设置了温度高高报警，目的是对气相中的高乙烯含量发出警告。

冷箱1#换热器的热侧是丙烯冷剂物流，如果因为丙烯制冷压缩机跳车而使这股热物流中断，就可能使冷侧的高压甲烷、氢气、尾气和循环乙烷这些物流的出口温度过低，而过低的温度将超过下游管道和设备的设计温度。冷箱1#换热器出口的高压甲烷和循环乙烷物流管线上都设有低温报警和温度低低联锁，当检测出温度低低时联锁启动，切断所有从冷箱流向下游的过冷的气相物流。目的是避免因热侧物流中断造成冷侧物流的出口温度过低，超过下游管道和设备的设计温度，造成低温冷脆。

(3) 预脱甲烷塔和脱甲烷塔

预脱甲烷塔操作压力的稳定通过设在塔顶出料线上的压差控制器调节压差控制阀的开度来维持。在塔顶冷凝器管侧出口的裂解气管线上设有温度控制器，这一信号去串级控制作为冷剂的脱甲烷塔釜液的流量，流量同时也受换热器壳侧液位的高液位超驰控制。预脱甲烷塔塔釜液相产物中基本不含甲烷，这一分离指标通过塔内灵敏板上的温度控制器串级控制再沸器热侧丙烯的流量来实现。

脱甲烷塔回流罐顶的甲烷汽中要控制乙烯损失量，采用的控制方案是用回流罐的液位去控制进入冷凝器的乙烯冷剂量，即控制冷凝器的负荷。乙烯冷剂量同时也受换热器壳侧液位的高液位超驰控制。脱甲烷塔塔釜液相中甲烷的分离指标通过塔内灵敏板上的温度控制器去调节再沸器热侧裂解气的旁路阀来实现。塔底管线上设有在线分析仪，用来检测甲烷的含量。

甲烷膨胀机和再压缩机同轴运转。膨胀机入口的压力采用分程控制，分别去控制膨胀机的入口导向叶片和膨胀机旁路阀。为防止甲烷膨胀机进口的气相夹带液体，在脱甲烷塔回流罐上设置了高高液位联锁，当检测出液位高高时，将引发膨胀再压缩机联锁跳车。另外在压缩机入口管线上也设置了温度低低联锁，当检测出温度低低时，也将引发膨胀再压缩机联锁跳车。当发生联锁时，应迅速切断膨胀机和压缩机的进口切断阀。当膨胀机跳车时，膨胀机旁路阀可用作焦耳-汤姆逊阀来代替膨胀机产生低温的甲烷汽为冷箱提供冷量。但由于提供的冷量不足，将使尾气中的乙烯含量增加。

(4) 氢气甲烷化

甲烷化反应器所需的进料温度与催化剂的使用时间有关，利用反应器入口温度分程控制加热中压蒸汽的流量以及进出料换热器和加热器的旁路流量，用来维持反应所需的入口温度。反应器设置高温联锁，当反应器床层九个取温点中的两个出现温度高高或者反应器出口出现温度高高时将引发联锁，切断反应器进出口阀，把反应器内氢气放入火炬系统并用氮气降温。反应器入口设置温度低低联锁，避免发生漏一氧化碳，联锁时氢气也要放入火炬系统不能进入下游加氢单元。2#氢/甲烷分离罐设置有液位高高联锁，目的是避免超量的乙烯和一氧化碳进入甲烷化反应器引起飞温。

2. S&W HRS 技术(参考图 5.1-10)

(1) 脱甲烷预分馏塔

来自高压脱丙烷塔回流罐顶的气相在脱甲烷预分馏塔 1#进料冷却器中先后经循环乙烷和丙烯冷剂激冷降温，激冷后的裂解气在脱甲烷预分馏塔 1#进料分离罐中闪蒸，罐底液相进入脱甲烷预分馏塔，流量由罐液位串级控制。来自高压脱丙烷塔回流罐的液体也进入脱甲烷预分馏塔的下层塔板。

脱甲烷预分馏塔 1#进料分离罐顶气相继续与 2#和 3#进料分离罐底的液相、-60.6℃乙烯冷剂、低压尾气、循环甲烷、甲烷产品、氢气、低压氢/甲烷和高压尾气进行激冷换热，在分离罐中分出的 $C_3^+$ 组分进入液相，2#和 3#进料分离罐底液相混合后进入脱甲烷预分馏塔，流量由罐液位串级控制。3#进料分离罐顶的气相进料至 HRS 模块，其中不含 $C_3$ 组分。

脱甲烷预分馏塔的再沸热源是丙烯冷剂，塔釜温度保持在 11.8℃，以控制甲烷含量，这对于避免乙烯产品不合格至关重要。脱甲烷预分馏塔塔顶冷凝器置于塔的顶部，利用过冷的脱甲烷塔釜液(由丙烯冷剂过冷，以减少闪蒸)作为冷剂，以降低能耗。用于开车的备用冷剂是经脱甲烷塔釜液汽化器过冷后的乙烯冷剂。冷凝器为 CIK 型式，冷剂在釜侧，塔顶气相在芯侧。冷剂流量由釜侧液位串级控制，同时由脱甲烷塔釜的低液位超驰控制。冷剂气相出口设有背压控制，用以维持塔顶温度稳定。冷凝的液体受重力作用自流回塔，免去了回流泵，回流量通过流量计监控。脱甲烷预分馏塔塔顶气相中不含 $C_3$，进料至脱甲烷塔进料接触塔。塔釜液经液位串级流量控制，进料至脱乙烷塔。

(2) HRS 模块和脱甲烷进料接触塔

来自 3#进料分离罐的气体进料至 HRS 模块。进料分成两股，一股在流量控制下被送至尾气精馏塔底部，另一股进料在差压控制下进入尾气精馏塔冷凝器冷却和冷凝重组分，该差压控制器维持将液体从进料分离罐送至脱甲烷预分馏塔所需的差压。该压差计设在分离罐顶和冷凝器入口之间，随着氢气总管压力而变化，控制着裂解气压缩机的排放压力。两股进料的流量分配需要根据塔的运行情况进行调整。

尾气精馏塔顶气相在冷凝器中被-101℃乙烯冷剂、高/低压尾气、低压氢甲烷、循环甲烷、甲烷产品和氢气冷凝，冷凝下来的液体作为回流自流回塔，气相去往氢气回收系统，部分去往尾气膨胀机。精馏塔底液相在液位串级流量控制下被送至脱甲烷进料接触塔。

脱甲烷进料接触塔的进料是来自 HRS 模块的冷、重液体，以及来自脱甲烷预分馏塔顶的较热但较轻的气体。如果这些进料合理化，低温的脱甲烷塔尺寸可以更小，需要低级位冷剂的回流也更少。作为 HRS 开发的一部分，S&W 设计了一个简单的接触塔来实现此功能。这是一个小型塔，较重的冷液体向下流动，与向上流动的较轻气体逆流接触，进行传质和传热，得到两股脱甲烷塔进料，一股是顶部的冷/轻气体，另一股是底部的较重、较热的液体，这在热力学上更为理想。节省的低温脱甲烷塔安装成本和制冷功耗远远超过了小接触塔的成本。接触塔底部液体流量由液位控制器串级控制。塔压由压差控制器根据脱甲烷塔压力自动调整。-45.6℃的底部液体和-52.2℃的顶部气体都送至脱甲烷塔。

（3）脱甲烷塔

从接触塔到低温脱甲烷塔的两股进料基本上是 $C_2$ 和更轻组分，因此该塔的底部物料不需要脱乙烷，而直接向乙烯塔进料。上进料是来自接触塔的塔顶气相，该气体在接触塔塔顶冷却器中，由来自脱甲烷塔顶的部分冷气体冷却至-81.8℃(-60.6℃和-83.6℃的乙烯冷剂作为备用冷剂)，至冷却器的脱甲烷塔顶气相的流量由去尾气膨胀机的尾气总管的温度控制。下进料来自接触塔的底部。

低温脱甲烷塔使用来自丙烯机四段吸入罐的 $C_3R$ 气体(7℃)进行再沸。$C_3R$ 气体的流量由脱甲烷塔板温度控制器串级控制。塔盘温度根据底部甲烷($CH_4$)量进行调整，确保不会因为甲烷过量导致乙烯产品不合格非常关键。

塔顶气相在脱甲烷塔冷凝器中由-101℃的乙烯冷剂冷凝，该冷凝器为 CIK 型式，液体通过重力流回流，优点是不需要冷泵。此种低温泵价格昂贵，操作和维护难度大，给乙烯装置运行带来不稳定性。CIK 换热器中的乙烯冷剂液位在液位控制器控制下保持恒定，以确保 $C_2$ 组分的最大冷凝。塔顶损失的乙烯将进入燃料气系统中。回流罐的液位通过溢流密封回路的设计保持稳定，以避免气相倒流。脱甲烷塔回流罐顶气相进入膨胀机，塔顶压力由膨胀机入口压力调节。

部分冷凝液在流量控制下作为循环甲烷被送回裂解气压缩机二段吸入罐，这有助于利用闪蒸温度冷却串联换热器中的裂解气。该股物流通常在膨胀机不在线或运行效率较低时使用。另一部分液体在流量控制下作为甲烷产品送出界区，并带有低压超驰控制，以避免脱甲烷塔在异常情况下失压。

脱甲烷塔塔底液相由丙烯制冷剂过冷至-36.5℃，部分过冷液体用作脱甲烷预分馏塔塔顶冷凝器的冷剂，流量由塔釜液位低液位超驰控制。其余釜液在塔底液位对流量串级控制下进入脱甲烷塔釜液闪蒸罐，而后在脱甲烷塔釜液汽化器中经来自 $C_2R$ 缓冲罐中的乙烯液体而汽化，气体直接输送至乙烯精馏塔。在开车期间通过备用线将不合格釜液输送至脱乙烷塔。溶解的甲烷部分随着脱乙烷塔顶物流进入乙烯塔。需要仔细监测釜液中的甲烷量，以避免乙烯产品不合格(规格要求 500mL/m$^3$)。

（4）氢气回收和净化

来自 HRS 模块的气相物流进料至两级自冷氢气回收系统。来自尾气精馏塔回流罐顶的气相在 1#氢气换热器中被来自 1#氢气罐和 2#氢气罐的闪蒸液体以及富氢物流冷却。来自 1#氢气罐的液体被闪蒸至与干燥器再生系统一致的低压，从而提供更冷的温度，而后与甲烷尾气增压机出口气体和来自 2#氢气罐底部的低压氢气/甲烷混合。

来自 1#氢气罐的气体在 2#氢气换热器中被来自 2#氢气罐底部的闪蒸液体以及富氢物流冷却。来自 2#氢气罐的冷凝液体被闪蒸至低压，成为低压氢气/甲烷，通过甲烷尾气增压机(K-425)增压至再生气压力。K-425 通过最小流量循环保护，以防止喘振。增压后气体在尾气后冷器中用冷却水冷却，以避免在循环模式操作期间过热。2#氢气罐顶气相是氢气产品，最终进料至甲烷化系统。2#氢气换热器的冷却效果以及氢气的纯度由 2#氢气罐顶氢气物流的温度控制器控制，该控制器控制注入 2#氢气罐底低压甲烷物流的氢气量。氢气的引入使低压甲烷物流温度更低，从而达到最冷板翅换热器的低温要求。

低温分离后，尾气和氢气物流先后在 HRS 模块、脱甲烷预分馏塔 3#和 2#进料冷却器以及丙烯冷剂过冷器中被连续加热。所有离开丙烯冷剂过冷器的物流被来自 $C_3R$ 缓冲罐的液态丙烯加热至环境温度。在此设有低温保护措施来切断尾气物流，并在压力控制下排放，以保护下游碳钢管道。$C_3R$ 液体的流量由来自尾气膨胀机的低压尾气的温度控制器控制。

氢气在甲烷化反应器中被净化，一氧化碳在低温催化剂作用下转化为甲烷和水。

(5) 膨胀再压缩机

尾气膨胀机是单台单级膨胀机，将脱甲烷塔塔顶气相和 HRS 罐的多余富氢物流的压力由 3061kPa(G)膨胀至 374kPa(G)，以达到将尾气中乙烯损失降至最低所需的低温。脱甲烷塔塔顶气体先用脱甲烷进料接触塔塔顶气体预热，然后与来自 HRS 模块的富余气体混合进入膨胀机。膨胀机出口气流在尾气精馏塔冷凝器、脱甲烷预分馏塔进料冷却器和丙烯冷剂过冷器中被连续加热，再进入尾气再压缩机压缩至再生系统压力。尾气再压缩机出口处的温度控制器分程控制进入丙烯冷剂过冷器的尾气量和旁路的尾气量。再压缩机通过最小流量循环保护，以防止喘振。膨胀机转速由入口压力控制器控制。如果膨胀机跳车，压力控制器将打开旁通控制阀。

膨胀机出口物料在膨胀机分离罐中分离。气体被再加热、再压缩，并与来自氢气回收系统的高压尾气混合，然后用作干燥器再生气体或输送至燃料气系统。液体与循环甲烷混合，蒸发、加热后循环至裂解气压缩机以回收乙烯。罐底部流量控制器由液位控制器串级控制。

当尾气膨胀机/再压缩机停止运行时，乙烯装置仍可继续运行，尽管此时乙烯损失较高。如果膨胀机停机，HRS 模块所需冷量将由来自 HRS 模块和脱甲烷塔的高压塔顶气体经焦耳-汤姆逊(J-T)膨胀来提供。HRS 模块冷凝器需要-101℃的乙烯冷剂提供部分冷量。为了解决冷量的不足，来自脱甲烷塔回流管线的一部分液体甲烷减压后，在脱甲烷系统各板翅换热器中被加热，再循环回裂解气压缩机。预计尾气中的乙烯含量将增加到 1.0%~1.5%(摩尔)。为了避免过多的乙烯损失到燃料气中，受乙烯制冷压缩机的负荷限制，装置的生产量将不得不降低。因此在设计中考虑了一些额外的设备设计余量，以应对这种情况。

3. KBR 前脱丙烷前加氢技术深冷及脱甲烷单元(参考图 5.1-11)

(1) 脱甲烷汽提塔

脱甲烷汽提塔再沸器采用饱和的液体丙烯冷剂作为热源，通过调整进入脱甲烷汽提塔再沸器的丙烯量来达到控制塔釜甲烷摩尔含量在 $20\times10^{-6}$以下，丙烯流量和脱甲烷汽提塔灵敏板温度串级控制。

(2) 脱甲烷塔

脱甲烷塔釜再沸通过气相丙烯冷剂冷凝提供热量，脱甲烷塔塔釜物料要求甲烷含量小于 $100\times10^{-6}$，这个指标是通过调整与脱甲烷塔灵敏板温度串级的气相丙烯量来控制的。

脱甲烷塔顶压力通过膨胀机入口导叶和膨胀机旁路阀分程调节。调整膨胀机入口导叶的开度来控制脱甲烷塔的塔顶压力，当入口导叶全开时，可以通过旁路部分气体控制该压力。

脱甲烷塔顶回流罐液位串级控制塔顶冷凝器冷剂的液位。

(3) 乙烯回收塔

乙烯回收塔釜液位串级控制塔釜去脱甲烷塔进料的流量。

(4) 尾气中乙烯损失

通过脱甲烷塔 4#进料分离罐顶气相温度串级控制脱甲烷塔回流罐液相至膨胀机出口的

旁路阀，调节进入冷箱的冷量，控制乙烯损失。

4. LUMMUS 低压深冷技术(参考图 5.1-12)

(1) 裂解气温度控制

来自高压脱丙烷塔回流罐的裂解气在整个深冷过程中，除了在冷箱内由制冷剂、甲烷/氢尾气、脱甲烷塔釜出料等提供冷量之外，在到达第一个脱甲烷塔进料罐之前，还先后多次进出冷箱去回收乙烯塔中沸器、脱甲烷塔再沸器、脱甲烷塔中沸器的冷量。裂解气的温度控制非常重要，可以保证这些再/中沸器有适当的温差。控制手段为通过冷箱换热器旁路阀来控制进入上述再/中沸器的裂解气温度。此外每个脱甲烷塔进料罐和甲烷氢分离罐的温度控制也同样重要，决定着脱甲烷塔内负荷分布以及甲烷/氢气产品中的乙烯损失。进入各脱甲烷塔进料罐的裂解气温度主要由冷剂侧调节阀来控制(A 阀)，当温度过低时由冷箱换热器旁路阀来控制(B 阀)。进入甲烷氢分离罐的裂解气温度由注入甲烷尾气的氢气节流阀来控制。

(2) 各级脱甲烷塔进料罐和甲烷氢分离罐液位控制

控制方式相同，即液位串级罐底出料流量控制。其中甲烷氢分离罐液位控制尤其重要，因液位过高容易造成罐顶氢气产品中乙烯含量超标，引发甲烷化反应器飞温。因此甲烷氢分离罐除液位控制外，还有液位高报和液位高高联锁。

(3) 冷箱出口气体压力控制

冷箱出口气体主要指经回收冷量后温度在 35~40℃ 的甲烷尾气、氢气产品、循环乙烷气体和气相乙烯产品等。其中甲烷尾气、氢气产品和循环乙烷气体在冷箱出口都设有压力控制排火炬系统。气相乙烯产品压力串级控制进入冷箱的液相乙烯产品流量。

(4) 氢/甲烷压缩机的主要工艺参数及控制

LUMMUS 低压深冷流程设计氢/甲烷压缩机的目的是在甲烷和氢气分离之前把裂解气压力从 1.5MPa(G)左右提高到大约 3.4MPa(G)，从而进一步冷凝来减少乙烯损失和提高氢气纯度。该压缩机为电机驱动的单级离心式压缩机。压缩机出口有流量控制器，当流量过低时可通过最小流线(或防喘振线)，将出口冷却后的气体经防喘阀返回压缩机入口。压缩机入口工艺管线上的调节阀可控制上游压力。另外入口和出口管线都设有排火炬的压控阀。

(5) 脱甲烷塔的主要工艺参数及控制

脱甲烷塔釜产品指标是由塔灵敏板温度间接控制的。灵敏板温度由再沸器热侧裂解气旁路调节阀来控制。根据塔釜出料管线上的在线分析数据来设定灵敏板温度。中沸器侧线抽出为流量控制。塔釜气相空间设压力变送器，由塔顶产出的高压甲烷调节阀(位于冷箱出口)来控制塔压。塔压过低时超驰控制送界外的甲烷尾气调节阀。塔釜液位串级控制塔釜采出流量。

(6) 甲烷化反应系统主要工艺参数及控制

反应器入口温度是主要的控制指标。入口温度采用分程控制，主控为进料加热器和进出料换热器的总旁路调节阀，副控为进料加热器热侧的中压蒸汽调节阀。经过干燥后的氢气产品压力串级控制出界区的氢气流量调节阀，同时压力过高时可压力控制排火炬系统。

## 二、前脱乙烷前加氢技术深冷及脱甲烷系统

### 1. SEI ART 技术深冷及脱甲烷单元(参考图 5.1-5)

(1) 裂解气温度控制

来自脱乙烷塔回流罐的裂解气在整个深冷过程中，主要由乙烯冷剂、甲烷/氢尾气(含膨胀再压缩机)、脱甲烷塔釜出料等提供冷量，甲烷和氢气分离冷量主要来自液相低压甲烷节流产生的焦耳-汤姆逊效应。在前冷系统冷箱和板翅换热器的设计中，裂解气各级出口冷凝温度与乙烯冷剂温度夹点(冷端温差)较小，而各级乙烯冷剂的温度是恒定的，因此裂解气出口温度不需要专门控制手段。但是为了保证氢气纯度，进入甲烷氢分离罐的裂解气温度需要控制，该温控通过调节注入低压甲烷侧的氢气节流阀来实现。

(2) 各级脱甲烷塔进料罐和甲烷氢分离罐液位控制

控制方式相同，即液位串级罐底出料流量控制。

(3) 冷箱出口气体压力控制

冷箱出口气体包括经回收冷量后温度在 35~40℃ 的甲烷尾气、氢气产品、循环乙烷气体。这些气体在冷箱出口都设有压力控制排火炬系统。另外为了保持前冷系统操作压力和控制乙烯损失，在最后一级脱甲烷塔进料罐设压力控制器，通过冷箱出口氢气产品调节阀来控制罐顶压力。

(4) 热虹吸罐液位控制

板翅式换热器冷剂侧为热虹吸式设计，通过热虹吸罐液位控制器，调节罐的进料量来保证热虹吸罐液位稳定。

(5) 脱甲烷塔的主要工艺参数及控制

脱甲烷塔顶冷凝器为 CIK 式板翅换热器，壳体内的冷侧为-101℃乙烯冷剂，壳体高液位超驰回流罐液位控制器，执行机构为进入冷凝器壳体的乙烯冷剂调节阀。塔顶回流为流量控制，执行机构为回流泵出口调节阀。脱甲烷塔釜产品指标是由塔灵敏板温度间接控制的。灵敏板温度串级再沸器热侧气相丙烯冷剂流量控制器，执行机构为丙烯冷凝罐出口调节阀，该阀还接受丙烯冷凝罐低液位超驰。根据塔釜出料管线上的在线分析数据来设定灵敏板温度。脱甲烷塔压力是由膨胀机入口压力来间接控制的。塔压过高时通过分程控制器打开膨胀机旁路调节阀。脱甲烷塔塔釜液位串级控制塔釜采出去乙烯塔的流量。

(6) 膨胀再压缩机的工艺参数及控制

高压甲烷膨胀机和再压缩机同轴运转。膨胀机入口压力采用分程控制，分别去控制膨胀机入口导向叶片和膨胀机旁路阀。再压缩机出口有流量控制器，流量过低时打开最小流线上的防喘阀。为防止甲烷膨胀机进口的气相夹带液体，在脱甲烷塔回流罐上设置了高高液位联锁停机跳车。另外再压缩机入口管线上也设置了温度低低联锁停机跳车。

### 2. LUMMUS 公司前脱乙烷技术深冷及脱甲烷单元(参考图 5.2-1)

某装置以乙烷为裂解原料，采用 LUMMUS 公司前脱乙烷前加氢分离技术，其前冷及脱甲烷系统的主要工艺参数及控制如下：

(1) 冷箱系统

经干燥后的裂解气首先在 5# 板翅式换热器中被丙烯冷剂和多股工艺冷物流从 16℃ 冷至-25℃，再通过为脱甲烷塔再沸器提供热量而被进一步冷却至-48℃，随后作为进料进入脱乙

烷塔。5#板翅式换热器裂解气入口设有一旁路，旁路的流量由冷箱出口裂解气的温度控制。

自脱乙烷塔塔顶经碳二加氢反应器进行脱炔处理后，经干燥的裂解气依次通过4#和3#板翅式换热器，被二元冷剂和多股工艺冷物流由-37℃深冷至-55℃，随后送入脱乙烷塔回流罐。回流罐顶气相在2#板翅式换热器中，裂解气被二元冷剂和多股工艺冷物流进一步冷却至-98℃后，进入脱甲烷塔第一分离罐。脱甲烷塔第一分离罐底部分离出的液相作为脱甲烷塔的1号进料进入脱甲烷塔，其流量通过罐内液位串级控制。脱甲烷塔第一分离罐顶部气相在冷箱中经二元冷剂冷却并通过回收富氢气尾气和甲烷的冷量后，被深冷至-134℃，随后进入脱甲烷塔第二分离罐。脱甲烷塔第一分离罐顶的温度控制2#板翅式换热器入口的二元冷剂调节阀。脱甲烷塔第二分离罐底部液相经液位-流量串级控制进入脱甲烷塔，作为脱甲烷塔的2号进料。脱甲烷塔第二分离罐顶部气相与自脱甲烷塔回流罐的液相甲烷混合后进入甲烷洗涤罐，混合后的物料温度因液相甲烷汽化而进一步降低至-148℃。通过液相甲烷的洗涤，可降低富氢气尾气中的乙烯含量，减少乙烯损失。甲烷洗涤罐底部分离出的液相，通过液位-流量串级控制，作为脱甲烷塔的3号进料进入脱甲烷塔。

甲烷洗涤罐顶部的富氢气尾气依次通过1#至5#板翅式换热器回收冷量，5#板翅式换热器出口设有在线分析，可分析尾气中一氧化碳、氢气、甲烷、乙烷和乙烯组分的含量。富氢气尾气经冷箱复热至38℃后，一部分经变压吸附(PSA)系统提纯后作为氢气产品，另一部分送至再生气系统或燃料气系统。

为避免当丙烯制冷压缩机或二元制冷压缩机停车时，冷箱系统出口的物料温度过低，导致下游管线和设备材质不耐受，因此，在富氢气尾气、甲烷等工艺物料的出口设有温度低报警，且当冷箱出口物料温度过低时，将触发联锁并关闭工艺物料出口的联锁阀。

(2) 脱甲烷塔系统

脱甲烷塔塔顶操作压力为0.55MPa(G)，塔顶温度为-121℃，塔釜温度为-57℃。

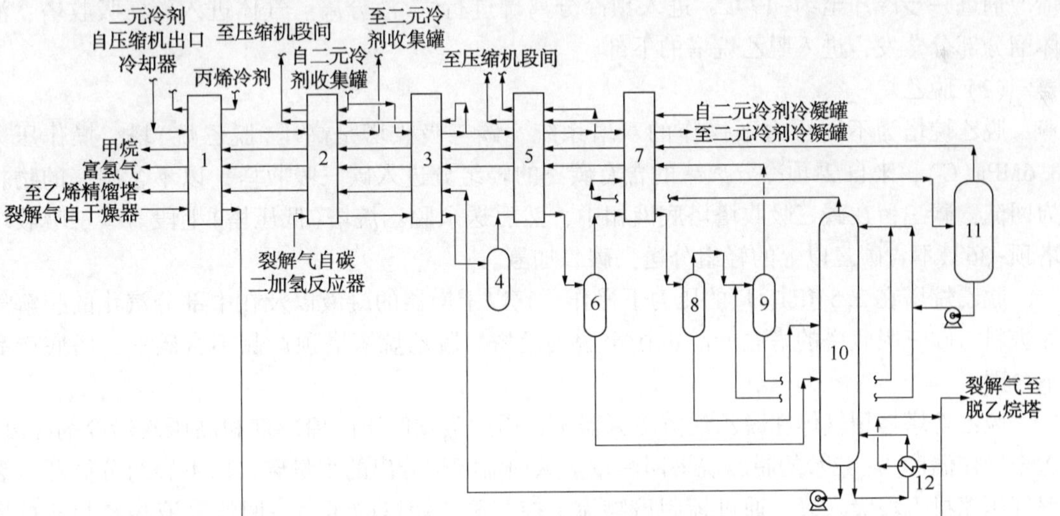


图5.2-1　LUMMUS公司前脱乙烷前加氢技术前冷及脱甲烷塔系统工艺控制示意图

1—5#板翅式换热器；2—4#板翅式换热器；3—3#板翅式换热器；4—脱乙烷塔回流罐；
5—2#板翅式换热器；6—脱甲烷塔第一进料分离罐；7—1#板翅式换热器；8—脱甲烷塔第二进料分离罐；
9—甲烷洗涤罐；10—脱甲烷塔；11—脱甲烷塔回流罐；12—脱甲烷塔再沸器

脱甲烷塔塔顶气相通过1#板翅式换热器中的二元冷剂部分冷凝后，送至脱甲烷塔回流罐。进入1#板翅式换热器的二元冷剂流量由脱甲烷塔回流罐的液位控制。回流罐底部分离出的液相分为两部分，一部分在流量控制下送至脱甲烷塔顶部作为回流，另一部分与自脱甲烷塔第二进料分离罐顶部的裂解气混合后进入甲烷洗涤罐。脱甲烷塔回流罐顶部的甲烷组分依次通过1#至5#板翅式换热器复热至38℃后，直接送至燃料气系统。脱甲烷塔的塔压通过调节5#板翅式换热器出口送至燃料气系统的甲烷流量控制。

脱甲烷塔再沸器热量由裂解气提供，塔釜温度通过调节裂解气侧的旁路阀控制。塔釜物料经泵升压后，依次通过3#、4#和5#板翅式换热器，经裂解气、脱乙烷塔塔顶气体和高温的二元冷剂加热至接近其泡点后，送至下游乙烯精馏塔，其流量通过脱甲烷塔塔釜液位串级控制。塔釜管线上设有在线分析仪，用以检测塔釜甲烷的含量。正常操作时，塔釜液相中的甲烷含量控制在0.02%(摩尔)。

3. Linde公司前脱乙烷前加氢技术深冷及脱甲烷单元(参考图5.1-7)

(1) 预冷和干燥

来自裂解气压缩机的3.8MPa(G)裂解气在换热器中逐级冷却。来自低温部分的冷分离产品(氢气、甲烷)和丙烯冷剂将裂解气冷至所需的温度。在裂解气冷却器中，以高压丙烯为冷剂，将裂解气冷却至约15℃，以避免水合物生成。

来自裂解气冷却器15℃裂解气送至预冷分离罐，分离出的裂解气气相进入裂解气干燥器(分子筛)，在干燥器中水的含量降低至所需的露点。

来自分离罐的液态烃送入预冷分离罐，在预冷分离罐中通过重力分离将游离水分离出来。液体馏分在裂解气凝液干燥器(分子筛)中去除水。烃液体干燥后进入脱乙烷塔的下部。

干燥后的裂解气在裂解气逆流换热器(冷箱)中，以循环乙烷、冷甲烷和氢气馏分、中压丙烯冷剂和其他冷的馏分为冷剂，冷至约-11℃，再送至裂解气冷却器，裂解气被低压丙烯冷剂进一步冷却至约-17℃，进入预冷分离罐进行气/液分离。气体进入碳三吸收塔，液体馏分部分蒸发，进入脱乙烷塔的下部。

(2) 脱乙烷

脱乙烷塔为不同压力下操作的双塔系统。碳三吸收塔是高压(脱乙烷)塔，操作压力3.6MPa(G)，来自2#预冷分离罐的含有碳三的轻组分进入碳三吸收塔，以不含碳三的物料为回流，碳三留在碳三吸收塔塔底液相中，然后送入脱乙烷塔(低压塔)上段。碳三吸收塔塔顶-36℃不含碳三以上的轻组分送去碳二加氢。

脱乙烷塔在2.5MPa(G)的压力下操作。它以干燥器的凝液以及在中部分汽化的裂解气为进料。碳三吸收塔的塔底产品也送至脱乙烷塔。脱乙烷塔塔顶产品不含碳三，塔底产品不含碳二。

脱乙烷塔塔顶气体在脱乙烷塔冷凝器中，通过蒸发低压丙烯冷剂和高压乙烯冷剂冷凝。送至操作温度为-52℃的脱乙烷塔回流罐。从回流罐中分出的少量碳二以下轻组分循环至裂解气压缩机五段吸入罐。通过控制该物流，控制脱乙烷塔的压力。回流罐液相经脱乙烷塔回流泵同时提供碳三吸收塔和脱乙烷塔的回流。

由于脱乙烷塔的压力较低，所以塔底的温度在85℃以内，从而减少了再沸器和塔的结垢，延长了运行周期。脱乙烷塔再沸器用低压蒸汽加热。塔底产品被送至脱丙烷塔作进一步的分离。

(3) 碳二加氢

来自碳三吸收塔顶的碳二及碳二以下轻组分在碳二加氢反应器中将乙炔转化为乙烯和乙烷。由于氢气还没有从中分离出来，所以不用另外补充氢气。反应器出口控制乙炔含量<0.5mL/m$^3$。

乙炔加氢反应在等温管式反应器中进行。这个系统含有两个并联的碳二加氢反应器。每个反应器能力为50%。反应器的管中填充钯系催化剂。催化剂不能在线再生，在催化剂寿命末期，用新的催化剂置换或在装置外再生。反应器中发生如下的放热反应：

$$C_2H_2+H_2 = C_2H_4 \tag{1}$$

$$C_2H_2+2H_2 = C_2H_6 \tag{2}$$

$$C_2H_4+H_2 = C_2H_6 \tag{3}$$

只有反应(1)是希望的反应，但是反应(2)和(3)无法避免。在一些不利的操作条件下，反应(3)占据了主导，超过了另两个反应。在这样的情况下(即所谓的飞温工况)，反应器中将会产生大量的热，系统将被切出操作。

反应通过反应器壳程甲醇的温度[64.8℃，3kPa(G)]来控制。通过改变甲醇冷凝器中冷却水的用量以及通过对壳程氮封的氮气压力控制，来控制甲醇系统的压力，从而达到调节温度的目的。当甲醇压力低于大气压时，通过甲醇冷凝器氮气喷射器将壳程中的不凝气体去除到火炬系统。

$C_2$ 加氢反应器进料加热器主要用于开车和运行末期。

不含乙炔的裂解气从反应器的底部出来，与未加氢的碳二及碳二以下轻组分在进出料换热器中换热，冷却后进入绿油分离罐，分离在加氢过程可能产生的重烃。气相部分在进入低温部分前，先进入保护干燥器除去残余的水(如果有的话)，以确保低温部分的长期运行。干燥器运行周期为3个星期，再生期间，裂解气可走旁路。

(4) 冷分离

在低温段，碳二及轻组分经过逐级冷凝，所有的乙烯、乙烷和几乎所有的甲烷被冷凝，剩下的气体是富氢气。低温部分所用的冷剂包括：脱甲烷塔塔底冷物料、来自乙烯冷剂单元的乙烯、低温部分产生的冷流股(例如氢气和甲烷)。通过合理的换热器排布以获取最适宜的乙烯冷剂和冷流股的平衡。低温部分收集的凝液送入脱甲烷塔的适宜进料位置。

碳二加氢单元来的干燥的裂解气进入1#低温逆流换热器。用碳二馏分、氢气和甲烷及0.75MPa(G)、-56℃的乙烯冷剂使其部分冷凝，以大约3.356MPa(G)，-54℃离开换热器去低温1#分离罐。同时，使脱甲烷塔部分塔底产品挥发，出口温度-47℃，压力0.826MPa(G)。

在低温1#分离罐中从气体流股分离出的凝液被直接送到脱甲烷塔。来自低温1#分离罐的裂解气在2#低温逆流换热器(冷箱)中用冷氢气和甲烷流股及0.25MPa(G)、-79℃的乙烯冷剂进一步冷却到-77℃，压力为3.341MPa(G)去低温2#分离罐分离出的凝液直接送到脱甲烷塔，分离出的裂解气送到3#低温逆流换热器(冷箱)，用冷氢气和甲烷及0.03MPa(G)、-99.6℃的乙烯冷剂等流股部分冷凝到-110℃、压力为3.326MPa(G)，送至碳二吸收塔。

从脱甲烷塔的顶部采出的液态产品由泵加压至3.5MPa(G)，经4#低温逆流换热器(冷箱)冷却至-162℃后作为碳二吸收塔的回流。这股冷物流能够保证的塔顶气体温度在-120℃，塔底产品通过3#低温逆流换热器(冷箱)后进入脱甲烷塔。碳二吸收塔的塔顶气相组分包括甲烷、氢气和痕量CO，这股物料在4#低温逆流换热器(冷箱)中部分冷凝和冷却到-163℃[压力为3.296MPa(G)]送至氢气分离罐。在氢气分离罐中的气相流股中包含95%(摩尔)的氢气，分离的液体部分膨胀到燃料气压力后送到4[#]低温逆流换热器(冷箱)，换热后和脱甲烷塔的塔顶气体混合，在低温和预冷部分的逆流换热器中进一步加热后送到燃料气系统和再生气系统。另一部分液体凝液(主要是甲烷)膨胀到0.2MPa(A)，一小股氢气加入此流股中为了获得膨胀后非常低的温度，此混合物为换热器4[#]低温逆流换热器提供足够的平衡冷量，再经3[#]/2[#]/1[#]低温逆流换热器(冷箱)复热至12℃后送至甲烷增压机。从氢气分离罐顶部得到氢气流股，经一系列逆流换热器中加热到12℃，进入CO甲烷化单元。

(5) 脱甲烷

1[#]和2[#]低温分离罐的凝液和碳二吸收塔的塔底物流(部分蒸发后-81℃)送至脱甲烷塔的适宜位置，脱甲烷塔塔顶气相组分[3.11MPa(G)、-97.3℃]包括甲烷、CO、氢气，塔底的$C_2$组分[3.15MPa(G)、-7.6℃]在换热器中部分蒸发至0.78MPa(G)、-53℃后送入乙烯精馏塔。

脱甲烷塔的操作压力大约3.106MPa(G)，通过低压乙烯冷剂(约-100℃)冷凝塔顶气体，脱甲烷塔再沸器所需的热量通过冷凝丙烯冷剂获得[约0.606MPa(G)]。

脱甲烷塔冷凝器直接装于塔顶，既不需要回流罐也不需要回流泵。来自脱甲烷塔被部分冷凝的甲烷馏分返回脱甲烷塔的上部进行气液分离，一部分液体用作脱甲烷塔自身的回流。另一部分液态甲烷馏分用甲烷泵抽出，经过4[#]低温逆流换热器(冷箱)的过冷后用作碳二吸收塔的回流。脱甲烷塔塔顶甲烷汽体和来自4[#]低温逆流换热器(冷箱)的甲烷馏分混合后，经过低温和预冷部分的一系列再返回低温逆流换热器(冷箱)中加热到12℃。

(6) 一氧化碳甲烷化

从乙烯装置低温部分来的氢气包含裂解炉裂解反应生成的一氧化碳。一氧化碳是加氢反应催化剂的抑制剂，在这个工艺单元里除去氢气中的一氧化碳，除去一氧化碳的氢气用于碳三加氢和汽油加氢。一氧化碳甲烷反应器装填催化剂，催化剂的操作温度范围从200℃(SOR)到323℃(EOR)，此催化剂具有五年以上的生命周期，在此时间内不需要再生。为了提高使用其他催化剂的灵活性，加热蒸汽是用超高压蒸汽，此单元设计的操作温度可到330℃。

从预冷部分的裂解气逆流换热器来的氢气在一氧化碳甲烷化反应器进/出料逆流换热器中加热到大约243.9℃，然后用超高压蒸汽在一氧化碳甲烷化加热器中进一步加热到反应器入口温度，通过一氧化碳甲烷化反应器。一氧化碳按照下列反应式转化为甲烷和水。

$$CO+3H_2 \longrightarrow CH_4+H_2O$$

反应器的流出物用进料再冷却到大约57℃，压力为3.101MPa(G)，然后在一氧化碳甲烷化冷却器中用冷却水继续冷却到大约35℃。液态水的分离在一个大管径的竖管里。不含一氧化碳和液态水的氢气适合于汽油加氢单元的氢气。对于碳三加氢反应和输出界区的氢气需要在氢气干燥器中继续干燥，以满足氢气和丙烯的规格。裂解汽油加氢单元需要的氢气不需要干燥，从干燥器的上游抽出。过量的氢气输出界区供其他装置使用；在过量的氢气不能输出到界区的情况下，可以排到燃料气系统或者排到火炬。

## 三、顺序分离技术深冷及脱甲烷系统

1. SEI AERP 技术深冷及脱甲烷单元(参考图 5.1-1)

经压缩和干燥后的裂解气首先作为脱甲烷塔再沸器热源为再沸器提供热量，脱甲烷塔灵敏板温度控制进入再沸器的裂解气量。裂解气然后进入乙烯塔中沸器回收乙烯塔冷量，以降低制冷机负荷，随后经循环乙烷、丙烯冷剂、乙烯冷剂冷却降温后进入 1#分离罐，三台换热器的冷侧均设置液位控制。1#分离罐的液相在液位控制下进入甲烷汽提塔顶部，液相经冷箱和乙烯冷剂冷却后进入 2#分离罐。2#分离罐的液相在液位控制下送入脱甲烷塔，气相经冷箱和-101℃乙烯冷剂冷却后进入 3#分离罐。3#分离罐的液相在液位控制下送入脱甲烷塔，气相经冷箱冷却后进入碳二洗涤塔(CFT)底部。CFT 底部的液相在液位控制下送入脱甲烷塔，顶部气体在冷箱内进一步冷却后进入 1#氢气罐，并在 1#氢气罐内分离气相氢气和含甲烷氢的液相。1#氢气罐液相一部分节流后为碳二洗涤塔顶换热器提供冷量，其流量由塔顶出料温度控制，另一部分液相节流后返回冷箱回收冷量后为中压甲烷产品，其流量由罐的液位控制。

甲烷汽提塔釜控制甲烷含量，由灵敏板温度控制再沸器丙烯冷剂量，塔釜液位控制液相采出量，甲烷汽提塔与脱甲烷塔为联通系统，其压力由脱甲烷塔系统控制。脱甲烷塔釜控制甲烷含量，由灵敏板温度控制再沸器裂解气量，塔釜液位控制液相采出量。脱甲烷塔顶压力分程控制膨胀机转速和膨胀机旁路流量，塔顶回流为定流量控制，可由操作人员修改流量设定值，回流罐液位控制塔顶冷凝器的乙烯冷剂流量。

2. Lummus 顺序分离技术前冷低压脱甲烷和甲烷制冷单元(参考图 5.1-3)

裂解气干燥后在前冷系统中被冷却并冷凝，在进入脱甲烷塔之前尽可能地除去氢气，冷凝以制冷和裂解气压缩机总功率最小为目标。

自干燥器出口的裂解气首先被脱乙烷塔下部进料冷却，然后由乙烯塔中间再沸器冷却降温，裂解气回收了系统冷量，可减少制冷机负荷。自乙烯塔中沸器的裂解气随后由丙烯冷剂冷却至适宜的温度，此温度既能使裂解气最大幅度降温又需兼顾为脱甲烷塔再沸器提供足够的热量。离开丙烯冷却器的裂解气用于汽化循环乙烷并再次降温，此汽化器由乙烷压力控制乙烷进料量并换热器高液位超驰。乙烷冷却后的裂解气进入脱甲烷塔再沸器提供热量，脱甲烷塔灵敏板温度控制进入再沸器的裂解气量。裂解气继续由乙烯冷剂和脱甲烷塔中沸器降温，中沸器液相采出为定流量，操作人员可根据运行情况设置此流量。离开中沸器的裂解气由乙烯冷剂冷却后在 1#分离罐，分离出的液相进入板翅式换热器。离开此换热器后液相烃一分为二：一股节流降温后返回此冷箱提供自冷却冷量，流量比例控制，升温后作为脱甲烷塔第 4 股进料(最下部)；另一股作为脱甲烷塔第 3 股进料。1#分离罐的气相在冷箱内进一步降温后进入 2#分离罐，分出的液相在液位控制下作为脱甲烷塔第 2 股进料；气相进入冷箱再次降温后进入 3#分离罐，分出的液相在液位控制下作为脱甲烷塔第 1 股进料(最上部)；气相进入冷箱进一步降温进入 1#氢气罐闪蒸分离，液相在液位控制下节流返回冷箱提供冷量，气相分出一部分节流后并入节流后的液相，气流量由罐的温度控制；另一股气相进入冷箱降温后进入 2#氢气罐，2#氢气罐分离出的液相节流降温后返回冷箱为冷箱提供冷量，最后作为尾气送入燃料系统；气相为 95%(摩尔)氢气，大部分返回冷箱回收冷量后作为粗氢产品，另一部分在 2#氢气罐温度控制下节流并入液相线以保证罐的温度。

脱甲烷塔顶物料经板翅式换热器升温后由甲烷压缩机提升压力，然后在板翅式换热器内经塔顶气相和乙烯冷剂冷却后部分冷凝，在回流罐内气液分离。脱甲烷塔顶压力由甲烷压缩机决定，压缩后系统压力通过回流罐顶气相采出量控制。脱甲烷塔釜控制甲烷含量，由灵敏板温度控制再沸器裂解气量，塔釜液位控制液相采出量。

# 第三节　冷箱工艺设计

## 一、冷箱设计要求

冷箱是一组高效、绝热、保冷的低温换热器，其主要由巨大的钢结构箱体、箱内铝制板翅式换热器和绝热保冷材料三部分组成。铝制板翅式换热器作为冷箱制冷的核心，特点如下：

① 换热效率高。翅片使流体形成强烈湍流，传热系数比列管式换热器高出 5~10 倍。可适应<-100℃的冷热介质换热，板翅式换热器可以达到 1~2℃的传热温差(通常冷热两侧最大温差不允许超过 30℃，避免设备受损)。受限于铝合金材质的限制，不适用>65℃的工艺介质换热，较高的温度会导致铝合金的应力变差，由于换热介质的压力差别较大时会导致冷箱损坏。

② 结构紧凑。换热器的传热面积密度可以高达 17000$m^2/m^3$，为普通管壳式换热器的 6~10 倍。

③ 成本低。铝合金材质，重量轻，材料成本低。

④ 可靠性高。钎焊结构，翅片兼具支撑作用，耐压强度高。

⑤ 多介质换热。可设计成多达十几股流体同时换热。

⑥ 易堵塞。板换通道狭小，易被粉尘等堵塞，疏通困难，因此对流道的工艺介质清洁度有很高的要求，不适用于黏度高、有固体悬浮颗粒的工艺介质。

⑦ 易腐蚀。翅片和隔板较薄，铝合金材质，很容易被酸性气体等腐蚀穿孔，致泄漏。

冷箱分离系统内的物流一般为低温工况，为适应低温工况的运行，冷箱内主体设备一般采用铝合金，连接主体设备的连接管道也选用铝材。选择铝材作为冷箱内使用的主体材料是由于铝材具有耐低温性能、伸缩柔性好、密度低，与不锈钢相比，用材节省，能够降低整个冷箱的重量和成本。如果主体设备需要与钢制容器相连接，需增加过渡管材进行连接过渡。钎焊铝板翅式换热器的设计、制造和试验都必须按照 ALPEMA 的标准进行。换热器和内部管道的材料都是铝或不锈钢。铜、含铜和含银的材料不能与工艺物料接触。所有外部的连接必须是通过法兰的方式。穿过冷箱的结构都需要是不锈钢，那些冷箱内部的管道和阀门在穿出冷箱外壁的部分都需要用金属密封。不锈钢和铝制材料之间的转换部分设置在冷箱内部。冷箱内部不准许有法兰和膨胀节。对于所有混相流动的换热器入口处提供分配器。

冷箱内工艺管道管材的确定奠定了管道选型和流速选择的第一步。管道的压降较小，但需要的管道管径就较大，而流体的速度大，则管道的压降大。如果流体的速度过大，显然增加了压力降，能量消耗也大为增加，从而使得整个管道系统长期运行费用增加，这是不经济的。其次，如果流体速度设计太大，当做急变流量控制时，液体会产生猛烈的“水锤”现象，有时甚至可以击破管道管件或其他联接配件。另外，根据确定的管道规格和介质流速及介质物性参数就可以计算介质的流动压降，即流速也决定了流动的能耗大小。

在管道造价、能耗(压力)损失和其他经营管理费用之和最小的情况下，必有一个相对应的流速，这个流速称为管道的平均经济流速。在冷箱内工艺管道的选型上，选用经济流速非常重要，因为选择最为经济的流速作为工艺管道设计流速，计算出最优管径，不但可以降低建设投资费用，还可降低能量损失，更重要的是可以使整个冷箱系统安全平稳运行。对于强度刚度弱于钢管的铝管而言，高流速的管道潜在一定的危险性，不适合在以铝材为主的冷箱分离系统中。

对气体介质，根据气体的组分不同，选择的流速也不同。对含氢量不同的气体，气体的流速可以选择在4~25m/s的范围内，在满足整个系统的压力降要求的同时选择一个最为经济的流速。对液体介质，根据组分不同，液体的流速选择也不同。对含烯烃的易燃易爆液体，液体的流速可以选择在0.6~2.5m/s的范围内，在确定液体的流速同时要满足整个系统的压力降的要求。从目前冷箱的运行案例情况来看，让冷箱的流速控制在合理的范围内，可以节约材料安装成本，管道运行振动小，冷箱系统运行安全。管道管径和流速的选取不能仅局限于设计手册推荐值，可以根据具体项目的要求选择最适合、最经济的管道和流速。在管道的设计中，一般要求两相流的流型为分散流或环状流，避免柱状流和活塞流，以免引起管路及设备严重振动，若选用的管路经计算后为柱状流，应在压力降允许的情况下尽量缩小管径，增大流速，使其形成环状流或分散流，也可采用增加旁路、补充气体、增加流量等其他办法避免柱状流。

对气液两相流管道，在流型确定的前提下，流速尽量降低，同时满足系统压力降的要求，这样管径缩小，节约制造安装成本，设计出来的管径合理，流速经济。在冷箱分离系统实际运行中，这样设计出来的管道振动较小，设备和管道均稳定安全运行。

冷箱的氮气吹扫系统有以下要求：用法兰和阀门连接氮气吹扫系统和冷箱；氮气吹扫总管设置在冷箱内部；需设置顶部泄压阀和泄压人孔；有流量计、压力表；有高低压报警；在顶部、中间和底部都设置取样点；冷箱需要用珠光砂隔热。制造商要保证隔热层在运送和安装过程中保持干燥。隔热层要求达到要求的隔热能力。珠光砂最大的密度是90kg/m$^3$。

冷箱需要能够经受各种压力测试，比如水压试验，气压试验，氦气和泡沫测试。设计实验时要保证冷箱和其箱体可以承受所有工况的机械应力要求。

出厂前，需要把冷箱内部的残留物打扫干净，内外部的一些不必要的材料、污垢清除干净。在运送过程中需要用干燥的氮气保护，保护的压力不能小于0.07MPa(G)，以防止湿空气在运送和安装的过程中进入冷箱内部。

为了降低装置运行能耗，冷箱的低压降特点充分得到体现。在深冷分离中，通常工艺物料从最低温到最高温的单流道总压力降控制在0.07MPa(G)以下，更低的流通压降会增加冷箱尺寸和投资。最大准许压降在将来的优化计算中可以变更，但不准许超过这个界限。制造商可以根据最大准许压降优化流道的排布。

冷箱系列正常操作温度很低，在开车过程中逐步冷却降温时，由于温度不同，导致设备、管线、法兰、螺丝等收缩程度不同，造成联结松动而易泄漏，所以要在冷却过程中，随时进行冷把紧。

## 二、冷箱在深冷系统应用

深冷分离工艺是利用原料组分的沸点差(相对挥发度差)实现分离。由于氢气的挥发度比烃类和一般组分高，因此最简单和最常用的深冷工艺是采用分级部分冷凝法，根据冷凝液的特性可采用二级或三级部分冷凝。深冷分离工艺的最主要的优点是在获得所需要的氢气产品的同时，还可以获得富含碳四和乙烷、丙烷等烃类副产品。深冷分离在热力学上比其他氢气提纯工艺效率高，95%以上氢气纯度的氢收率可达92%~98%，而提高氢纯度，氢收率也不会降低。

在氢气提纯工艺中，尾气中一般都含有一些有用成分，尤其是含有烯烃。把它们分离出来再利用，则能够生产出有价值的产品。深冷分离系统最适合于回收烃类副产品。即使用一个简单的部分冷凝工艺，也能分离回收含有 $C_2$ 或 $C_3$ 和 $C_4$ 以上组分的烃类物流。$C_2$ 和 $C_3$ 的回收率可达90%以上，$C_4$ 以上的烃类回收率可高达100%。

深冷分离单元的冷箱是利用焦耳-汤姆逊效应，以甲烷、乙烯、丙烯为主要冷剂介质获取低温的多台板翅式换热器的组合体。由于制冷温度很低，极易散冷，因此用绝热材料将高效率换热器和气液分离罐等都包在一个箱子里，统称为冷箱。冷箱获得的低温冷量是依靠丙烯、乙烯甲烷二元冷剂复叠制冷及甲烷节流膨胀。通常冷箱和脱甲烷塔组合实现氢气、甲烷、碳二等组分的分离。在深冷分离流程中，将冷箱放在脱甲烷塔之前的流程布置叫作前冷分离流程。在前冷流程中，氢气和甲烷的分离是在脱甲烷塔之前进行的。在深冷分离流程中，将冷箱放在脱甲烷塔之后的流程布置叫作后冷分离流程。在后冷流程中，氢气和甲烷的分离是在脱甲烷塔之后进行的。常见的深冷分离多采用前冷分离流程。见图 5.3-1。

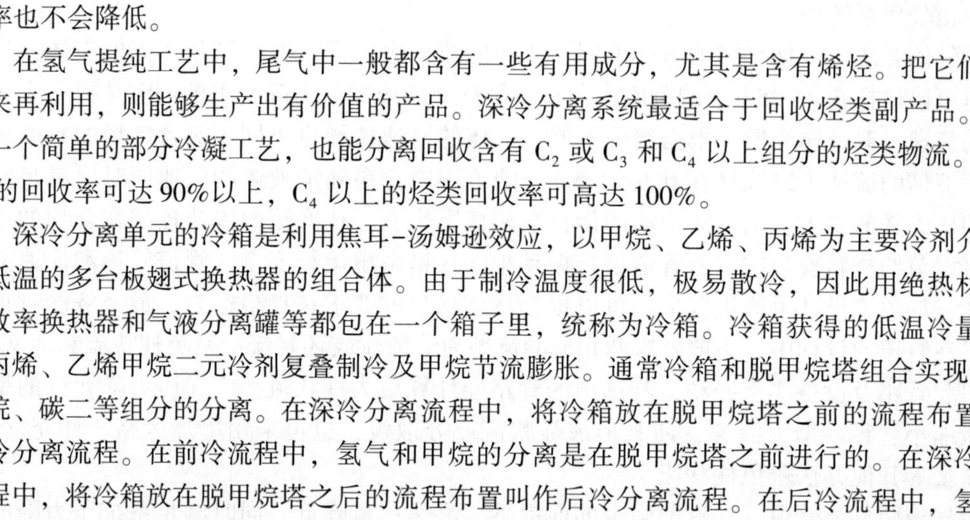


图 5.3-1　脱甲烷塔前冷前脱氢流程示意图

1~5—板翅式换热器；6~10—气液分离罐；A、B、C—节流阀；

a~o—代表了裂解气经过逐级分离后轻重组分分别走的管线或流道

压缩后的裂解气进入冷箱冷却分离的具体工艺流程如下：裂解气经过-7℃、-23℃、-40℃丙烯冷剂和-36℃循环乙烷预冷到-37℃，在第一气液分离罐分成气液两相，液态烃进脱甲烷塔；气态烃经-52℃、-74℃乙烯冷剂、尾气和高压甲烷在第二气液分离罐冷却到-72℃，出来的气液两相，液态烃进脱甲烷塔；气态烃经尾气和高压甲烷、-102℃乙烯冷剂冷却到-98℃进入第三气液分离罐被分成气液两相，液相回热后作为脱甲烷塔进料；气相部分经尾气和高压甲烷冷却到-130℃后进入第四气液分离罐，被分成气液两相，液相回热后作为脱甲烷塔进料，气相进入氢气冷箱，冷凝后进入氢气-甲烷分离罐(第五气液分离罐)，气相作为尾气回收冷量，液相甲烷则经节流膨胀后得到-165℃的低温作为冷箱冷源，并回收尾气中的乙烯、富集氢气。

深冷分离过程的制冷系统为丙烯、乙烯复叠制冷系统。在丙烯-乙烯复叠制冷系统流程中，丙烯冷剂经丙烯压缩机压缩后，经冷却水冷却后全部冷凝，在不同压力下闪蒸，得到不同温度的液相，来提供不同温阶的冷量(最低可达-45℃)。乙烯制冷循环大体相同，不同之处在于乙烯冷剂从乙烯压缩机出口，先经冷却水再经丙烯冷剂冷却，从而被全部冷凝，可提供更低的温度(约-100℃)。对于少量更低温度需求的冷量，则可通过甲烷-氢馏分的等熵膨胀而获得。

脱甲烷系统以及冷箱系统是整个乙烯装置中温度最低的部位，此部分消耗的冷量占整个乙烯装置的50%甚至更多，因此降低脱甲烷系统以及冷箱系统的冷量消耗是降低乙烯装置能耗的重中之重。脱甲烷系统以及冷箱系统的优化主要包含两部分的内容，第一是精馏分离系统的优化，第二是制冷系统能耗的优化。整个乙烯装置的冷量来源基本由制冷系统来供给，通过优化制冷系统压缩机的轴功，可以保证整个系统的冷量消耗最少，达到整个系统的最优化。

优化乙烯装置中脱甲烷分离系统能够使乙烯的损失降到最少，明显提高装置收益，然而在优化脱甲烷系统过程中，会使整个冷箱系统换热网络发生变化，换热网络的改变又直接影响到系统各等级冷剂用量及等级的改变，即制冷系统的设计将发生改变。乙烯装置中，各等级冷剂的提供完全靠制冷压缩机完成，尽管脱甲烷系统的优化实现了乙烯产品损失最少，并且能够同时设计相应的能量回收最多的冷箱换热网络系统，但系统制冷压缩机消耗的轴功往往并不最少，不能保证系统整体性能达到了最优。因此从系统整体角度看，体现系统效率或水平的指标因素之间存在着冲突，降低物耗可能以高能耗为代价。

1. 顺序流程中的冷箱和脱甲烷塔组合

顺序流程以美国Lummus的技术为例(图5.3-2)，该技术采用顺序分离、低压脱甲烷、碳二馏分部分全馏分加氢、双塔脱丙烷、碳三液相加氢、甲烷-乙烯二元制冷等。

乙烯装置冷箱、脱甲烷塔系统要完成氢气、甲烷($C_1$)和碳二以上馏分($C_2^+$)的分离任务。它采用高压激冷-低压脱甲烷方案，即冷箱部分保持3.5MPa(G)的高压操作，而脱甲烷部分采用0.57MPa(G)的低压操作，并且采用甲烷-乙烯二元制冷压缩机，以获得低压脱甲烷所需的-135℃的低温。冷箱、脱甲烷塔系统对保证乙烯收率、乙烯产品、氢气及甲烷副产品的质量起着决定性的作用。装置高负荷时，由于冷箱操作不当，致使冷箱各点温度上升，氢气纯度下降。

1#分离罐的温度对系统乙烯损失影响由图5.3-3可知，当1#分离罐温度在-70～-71℃时乙烯损失最小。升高1#分离罐温度可带来以下结果：

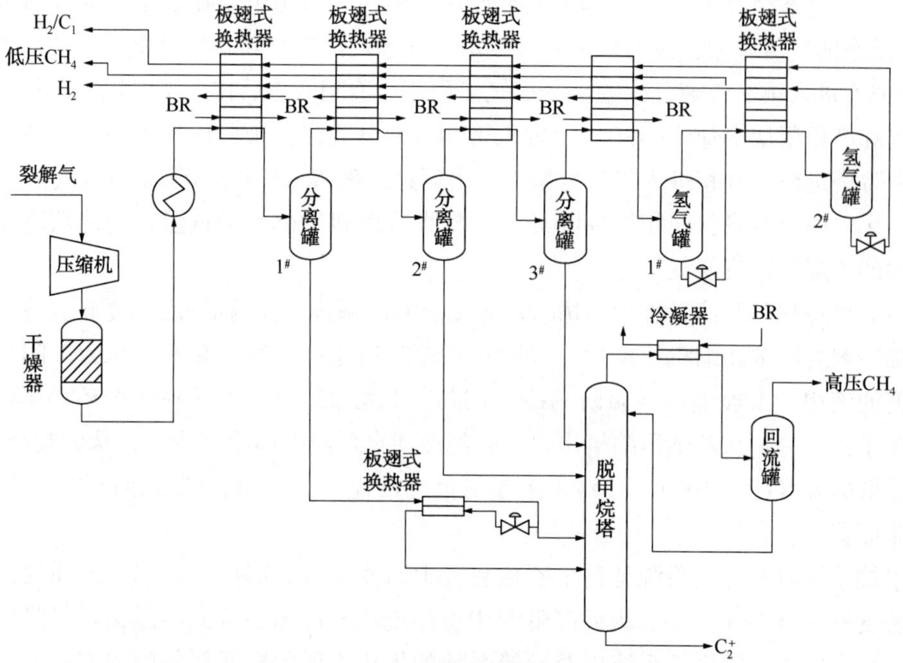


图 5.3-2　顺序分离冷箱脱甲烷塔典型流程示意图

BR—二元冷剂

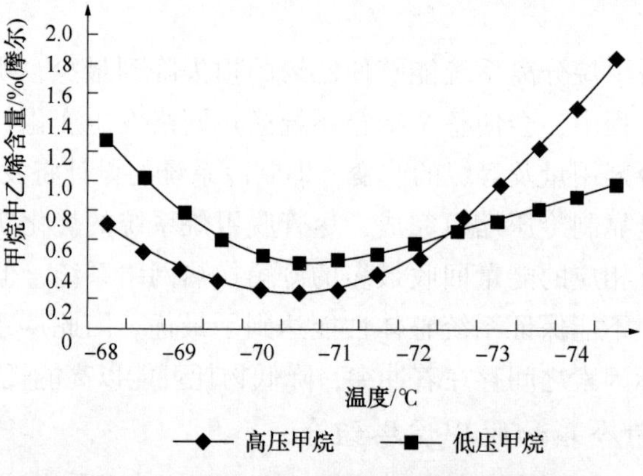


图 5.3-3　1#分离罐温度对乙烯损失的影响

① 二元制冷压缩机一段负荷明显下降，但二段负荷有所增加。

② 脱甲烷塔第 1、2 股进料明显增加，第 3、4 股进料量减少。由于第 1、2 股进料在脱甲烷塔上部，进料量增加，相当于增大回流，结果导致高压甲烷中乙烯含量降低。但如果增加太多，则重组分进入塔上部，超过塔上部分离的能力，高压甲烷中乙烯含量反而增加。

③ 1#分离罐温度升高，低压甲烷中乙烯浓度增大，当温度升到-67.6℃以上时，则会使 3#分离罐冷凝率下降，脱甲烷塔第 1 股进料减少，恶化塔的操作；同时使氢气罐温度升高，$H_2$ 中甲烷浓度增大，当温度升到-66.5℃以上时，则 $H_2$ 产品不合格。

裂解气在冷箱部分的压力变化将会影响 1#、2#、3#及氢气罐的冷凝率。压力变化和 1#分离罐温度的变化一样会改变 4 股进料比例。降低压力使第 1、2 股进料增加，第 3、4 股进料减少。这种变动对减少高压甲烷中乙烯损失有利，压力降低会影响裂解气中乙烯的冷凝，使低压甲烷中乙烯损失量加大，同时会引起二元制冷压缩机负荷的加大和影响 $H_2$ 外送压力等问题，因此一般不改变裂解气压力。适当提高冷箱操作压力，可以提高乙烯回收率，但将导致二元制冷机负荷的增大。

2. 前脱丙烷前加氢流程中的冷箱和脱甲烷塔组合

以中国石化的前脱丙烷前加氢(LECT)技术为例(图 5.3-4)。在深冷和脱甲烷塔系统，由碳三洗涤塔和碳二洗涤塔来达到以上目的。碳三洗涤塔要控制顶部物料不含碳三，而碳二在塔顶和塔釜的分配控制一适当的比例。碳二洗涤塔要控制顶部物料不含碳二，而甲烷在塔顶和塔釜的分配控制一适当的比例。脱甲烷系统采用高压双塔脱甲烷。预脱甲烷塔要求塔顶物料不含碳三，而碳二在塔顶和塔釜的分配控制一适当的比例，该股物料进入到脱甲烷塔。脱甲烷塔釜液为一股纯碳二馏分，该股物流不再进脱乙烷塔，而直接进入乙烯精馏塔系统。

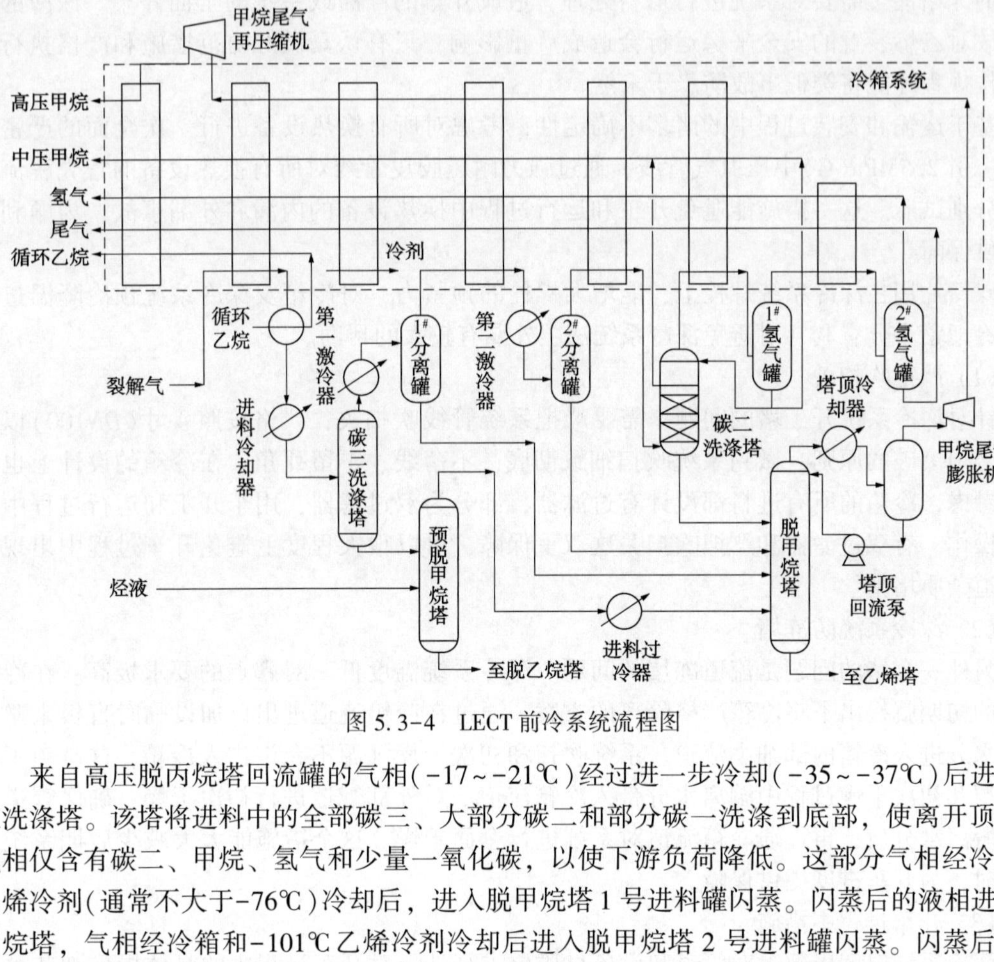

图 5.3-4 LECT 前冷系统流程图

来自高压脱丙烷塔回流罐的气相(-17～-21℃)经过进一步冷却(-35～-37℃)后进入碳三洗涤塔。该塔将进料中的全部碳三、大部分碳二和部分碳一洗涤到底部，使离开顶部的气相仅含有碳二、甲烷、氢气和少量一氧化碳，以使下游负荷降低。这部分气相经冷箱和乙烯冷剂(通常不大于-76℃)冷却后，进入脱甲烷塔 1 号进料罐闪蒸。闪蒸后的液相进入脱甲烷塔，气相经冷箱和-101℃乙烯冷剂冷却后进入脱甲烷塔 2 号进料罐闪蒸。闪蒸后的液相同样进入脱甲烷塔，气相经冷箱冷却后进入碳二洗涤塔下部。该塔将进料中的全部碳二洗涤到塔釜，并送入脱甲烷塔上部，塔顶的气相进入下游的氢气分离系统。前述组分分配单元的釜液和高压脱丙烷塔回流罐的液相进入预脱甲烷塔的不同部位。预脱甲烷塔分出不含碳三的塔顶气和不含碳一的釜液，分别进入脱甲烷塔和脱乙烷塔。脱甲烷塔将碳一和碳二分离，塔顶甲烷经冷箱回收冷量后作为裂解炉燃料，塔釜碳二进入乙烯精馏塔上部。脱乙烷塔将碳二和碳三分离，塔顶碳二进入乙烯精馏塔下部，塔釜碳三与低压脱丙烷塔顶碳三一同进入碳三加氢系统。由于脱乙烷塔的进料只来自预脱甲烷塔釜，所以其处理量仅为全部碳二的20%~45%，比常规脱乙烷塔负荷小。

该流程采用的碳三洗涤塔和碳二洗涤塔可采用普通的板式塔或填料塔，由于达到分离要求所需要的理论板很少，且不需要再沸器，所以相应的投资较少。

## 三、冷箱开车注意事项

深冷系统的冷箱、塔器以及管线发生冻堵，几乎在所有乙烯装置都曾经历过。特别是在原始开车和检修后开车过程中经常会出现冻堵事故。深冷发生冻堵时，一般处理方法是对系统进行升温处理，这都会造成系统大面积波动和大量物料放火炬。严重的冻堵或关键部位的冻堵甚至需要对系统进行退料处理，造成开车的停滞或系统的全面停车。深冷的堵漏事故对乙烯装置的安全平稳运行会造成严重影响，只有认真做好防范措施和严格执行相关操作规程才能将类似事故防患于未然。

基于运输和安装过程中的诸多不确定性，考虑对所有换热设备进行一次全面的严密性试压。引2.5MPa(G)中压氮气管线，通过强力耐压胶皮管线对所有换热设备的管壳程流道进行分别试压。这一措施能避免开工和运行过程中换热设备的内漏和外漏事故，为顺利开车提供保障。

碟簧片用在深冷系统螺栓上，能增大螺栓的预紧力，对冷箱及深冷系统预冷降温过程中的冷把紧十分有利，对避免深冷系统法兰外漏有较大的帮助。

(1) 严把吹扫关

针对深冷系统开工堵的问题，需要严把系统管线吹扫关，严格按照4寸(*DN*100)以上管线必须爆破的原则，做到系统吹扫细致彻底，不落线、不留死角。在冷箱的设计上也有相关考虑，冷箱的所有进料都设计有过滤器，部分为双过滤器，用于开工和运行过程中的切换操作。有双过滤器和严把吹扫关这双重保障，可以很大程度上避免开车过程中出现冷箱流道杂质堵塞。

(2) 深冷系统防冻堵

另外一个堵的问题是流道冻堵的问题。深冷系统温度低，对露点的要求极高。在冷箱配管的初期就提出了将冷箱严格隔离的方案，通过在冷箱流道进出口加设临时盲板来避免游离水分进入冷箱内部细小流道。系统吹扫和初次干燥气源不允许进入冷箱，这避免了吹扫气源和初次干燥过程中游离水分带入冷箱流道。对外部管道进行初次干燥，确保管道内不含游离水分后，再连通冷箱流道对系统进行全面干燥。这个措施能大大减少后期系统干燥用时，为开车进度提供保障。

(3) 开车过程中措施

深冷系统温度极低，对管道和设备材质要求高外，对开车过程中的具体操作细节也有较高的要求。深冷系统降温采用氮气预冷降温，控制降温速度小于30℃/h。采用氮气预冷降温同时对法兰螺栓进行冷把紧，这在很大程度上避免了深冷系统降温过程中物料泄漏引发事故，把开车过程的危险性降到最低。

## 四、冷箱冻堵原因分析

冷箱堵塞是影响乙烯装置稳定运行的因素之一，主要有以下原因：

① 对于水的脱除，目前工业上广泛采用、效果较好的方法是用分子筛作为吸附剂的脱除法。乙烯装置通常使用3A分子筛作为裂解气干燥器的吸附剂。当分子筛吸附了液态烃并结焦时，将导致吸附水能力下降，致使干燥器出口水含量超标。裂解气干燥系统未达标，少量水分在低温下冻结或生成水合物，即由于裂解气在冷箱内逐渐降温过程中，当温度低于经过干燥的裂解气露点温度后，水分冷凝；深冷系统在高压、低温的条件下，若有水存在，水与低烃类(如$C_1^0$、$C_2^0$)生成烃水合物结晶体，经过长期积累，造成冷箱冻堵。各种烃水合物的生成条件，压力愈高，生成水合物的起始温度也愈高，见第四章图4.5-1。对于烃类混合气体，其生成水合物的起始条件，可由其相对密度来预计，见图4.5-2。裂解气中若含有未被完全脱除的水，就有可能与烃在深冷系统中生成烃水合物而堵塞管道及设备。另外，裂解气干燥器故障使分子筛粉化，粉末带入冷箱；同时，裂解气干燥不良，水与烃生成水合物结晶，逐渐积累堵塞冷箱的流道。

② 重组分物料冻堵，特别是苯引起冷箱堵塞，在顺序分离流程中较易发生。因为进入顺序分离流程冷箱系统的裂解气并未对碳四以上组分进行严格分离，洗苯效果不好使重烃带入后系统，如果苯的含量达到一定值，可导致冷箱堵塞。对于前脱丙烷流程和前脱乙烷流程，由于在上游已将碳四以上组分彻底分离，不会发生类似问题。另外，碱洗效果不好时二氧化碳带入后系统，凝固点较高的物质(如$CO_2$)温度下降而逐渐析出并附着在冷箱内，造成冻堵。

③ 低压脱甲烷塔所需的甲烷制冷压缩机也是原因之一。顺序分离流程的低压脱甲烷塔设有往复式甲烷制冷压缩机，密封环磨损下来的粉末进入冷箱换热器的表面及过滤网上并积存下来，影响换热器的换热效果，造成系统压差增大，直接影响到装置的正常运行。长时间积累造成堵塞；制冷机的密封油和润滑油漏入机体，会随冷剂一起进入冷箱，在低温下凝结在传热面上，日积月累会堵塞冷箱的流体通道。

④ 碳二前加氢技术使乙炔在深冷之前已全部脱除，不会在冷箱内冻结。对于顺序分离流程，脱甲烷塔操作不良，使塔顶甲烷中含有较多的乙炔和乙烯等，在甲烷压缩机的高温高压条件下，乙炔和乙烯会与气体中存在的一氧化碳和氢气发生羰基聚合反应，生成高度交联的聚合物，这种聚合物在冷箱中聚集起来便会造成堵塞。

冷箱发生堵塞的首要特征是被堵塞的管道系统压差增大，继而被堵塞的通道流量下降，传热效果变差，冷箱和脱甲烷塔的温度上升，脱甲烷塔操作恶化，乙烯损失增加，氢气纯度降低。

对于冷箱的冻堵，要针对引起堵塞的具体原因采取具体的措施：①制冷压缩机的密封应该采用干气密封，对已有的油膜密封可以改造为干气密封。齐鲁石化乙烯装置的裂解气压缩机由油密封改造为干气密封，改造后效果良好，不仅维护与操作简单，而且有效降低了密封油进入裂解气堵塞冷箱的风险；②精心操作脱甲烷塔系统和制冷压缩机系统，避免发生羰基聚合反应；③选择性能良好的分子筛干燥剂，严格干燥剂的使用和再生条件；④严格操作洗苯塔和碱洗系统，保证洗涤效果。

独山子1#乙烯装置在甲烷压缩机磨损严重时，冷箱连续运行不到6个月就出现了堵塞。

即使设置精密过滤器，过滤精度达到2μm，仍然会有更小的杂质进入冷箱，长时间积累而造成堵塞。天津联化乙烯开车后运转不到1年，即出现了冷箱堵塞现象，表现为换热器的甲烷冷剂一侧出口压力严重偏离设计值，压差增大，甲烷冷剂的流量由5t/h降为2t/h，脱甲烷塔塔顶物料中的乙烯含量由≤0.5%逐步增加到1.5%～2.0%。厂家建议用干气密封的离心压缩机取代往复式压缩机。应避免乙烯冷剂带油，例如乙烯机的密封油漏入乙烯冷剂中。冷剂进入冷箱以后，油会冻结在换热器内，不断积累会堵塞设备。北京东方乙烯厂在1997年3月发生过这种问题，用甲苯清洗，取得了良好的处理结果。

## 五、$NO_x$ 的来源及危害

### 1. $NO_x$ 的产生原因

$NO_x$ 可以分为燃料型、快速型和热力型三类，产生原因为裂解原料进料中的含氮化合物、裂解炉内火焰区域内空气中的氮气和助燃空气中的氮气在燃烧和高温下氧化生成。高温裂解工艺过程中，正常情况下裂解气中NO小于18.75mg/m$^3$，$NO_2$ 小于19.1mg/m$^3$，深加工后，进冷箱深冷分离加工前后的气体中 $NO_x$ 含量无明显变化。

两个时间段的检测结果表明，中沙乙烯低压甲烷和裂解气中的NO含量已高于正常水平(见表5.3-1)，$NO_2$ 在酸性气体脱除过程已被除去。冷箱中 $NO_x$ 的形成原因是裂解单元带入NO，在冷箱中与 $O_2$ 反应。

**表5.3-1　低压甲烷和裂解气 $NO_x$ 含量分析数据**　　mg/m$^3$

| 采样时间 | 采样点 | 样品名称 | NO | $NO_2$ |
|---|---|---|---|---|
| 2019-10-25 | 低压甲烷压缩机入口 | 低压甲烷 | 147.0 | 未检出 |
| 2019-10-25 | 裂解气干燥器出口 | 裂解气 | 33.0 | 未检出 |
| 2019-12-26 | 低压甲烷压缩机入口 | 低压甲烷 | 232.0 | 未检出 |
| 2019-12-27 | 裂解气干燥器出口 | 裂解气 | 84.5 | 未检出 |

裂解工艺与FCC工艺不同，流程中没有采取检测和减轻 $NO_x$ 问题的方法，随着乙烯装置运转周期的延长和设备老化，$NO_x$ 含量完全依赖于裂解原料品质，原料中的氮化物是氮氧化物形成的根本所在。基于蒸汽裂解制烯烃的技术，当某些进料存在氮或含氮杂质时，在裂解炉中就会形成 $NO_x$，这些杂质可能包括：*N*-亚硝基苯胺、亚硝酸钠、羟胺、乙基羟胺。一些发生事故的烯烃工厂，并没有发现 $NO_x$ 的来源，可能是氮气含在水处理用化学品中或稀释蒸汽中，注入系统后可能形成少量 $NO_x$。还有一种可能是，所有液态原料都会溶解少量的氮气，裂解时形成一些 $NO_x$。

基于催化裂化的制低碳烯烃的技术中由于明确存在 $NO_x$ 和氧气，所以如果其采用深冷分离的方法来分离，在其流程中都将设有脱除 $NO_x$ 和氧气的设施。并且由于基于催化裂化技术产生的裂解气中氧气的含量较大，其会形成氧自由基并引起重二烯烃的聚合反应而堵塞设备，同时裂解气中氧气的含量较高会影响聚合级乙烯和丙烯产品的质量，所以现有设计的流程中采用比较多的是在适当位置设置固定床催化反应器将 $NO_x$ 和氧气一起除去，在此过程中 $NO_x$ 加氢生成氨(在下游吸附脱除)和水，氧气则加氢生成水。

一般反应物出口要求氮氧化物小于5～10μL/m$^3$，氧气含量小于1mL/m$^3$，即使这样也不能从本质上完全消除 $NO_x$ 在深冷分离可能发生的 $N_2O_3$ 的积聚。

目前大多数蒸汽裂解制乙烯的装置中都没有采取检测和减轻 $NO_x$ 的方法，但是，这个问题应该引起注意，因为即使蒸汽裂解制乙烯的裂解气中 $NO_x$ 的含量很低，但现在的趋势是乙烯装置的运转周期越来越长，目前国内新建装置的运转周期都在 4 年左右。可以以 1000kt/a 乙烯装置为例做如下估算：进入深冷的物料量为：285t/h，假设其中 $NO_x$ 含量为 $10\times10^{-9}$，主要为 NO($NO_2$ 在酸性气体脱除过程中被除去)，则一个运转周期进入深冷分离区域的 NO 的量为：99.86kg/h，可以生成 $N_2O_3$ 的量为：136.17kg/h。

如果这些 $N_2O_3$ 都沉积在冷备中，一旦遇到装置故障或波动，有二烯烃进入将是很危险的。

2. 富乙烷气中的 $NO_x$

富乙烷气作为气相裂解原料，其产自催化裂化干气为原料的 $C_2$ 回收装置。其中的 $NO_x$ 大部分被吸附、分离到吸收塔顶脱除。

3. 裂解原料中的含氮杂质

除富乙烷气外，中沙乙烯的主要裂解原料有(轻、重)石脑油、加氢裂化尾油和饱和液化气，原料基本来源于天津石化，也有部分石脑油和饱和液化气通过外购的方式获得，其中外购饱和液化气自 2019 年 7 月汽运进厂。根据天津石化以往重石脑油氮化物历史数据，其氮含量处于合格水平。气态烃原料中总氮含量均高于其在石脑油中的水平。技术人员认为从原料带入的含氮化合物，以气相原料中的小分子为主要输入途径。从含氮化合物的类型分布看，不同来源和不同馏分段的油品中含氮化合物的类型有着不同的分布。有研究表明，液相裂解原料中的含氮化合物类型主要为吡啶类、喹啉类、咔唑类、吲哚类、苯胺类等，主要以非碱性氮为主，而气相原料中的氮化物主要以氨、$NO_x$、甲胺、乙胺等挥发性小分子氮化物为主，在进入裂解炉后，对于氮化物的产生影响更为直接。

4. $NO_x$ 引起危险的原理

$NO_x$ 在低温条件下反应并存积，导致冷箱爆炸，虽然目前尚没有足够的证据证明这些物质是引发爆炸的元凶，但仍需要对 $NO_x$ 进行处理，否则，如果引起安全事故，后果难以估量。

虽然 $NO_2$ 能在碱洗过程中反应完全，但裂解气中含有的微量 NO 及 $O_2$ 无法通过碱洗去除。少量的 NO 可与氧反应生成 $NO_2$，继而生成 $N_2O_3$ 和 $N_2O_4$。$N_2O_3$ 和 $N_2O_4$ 在低温下凝积，而且能在-100℃下与富乙烷气中的氨生成硝酸铵和亚硝酸铵，同时 $N_2O_3$ 和 $N_2O_4$ 还能与重组分中的双烯烃反应，生成树胶状硝化物而沉积在深冷低温设备中。硝酸铵和亚硝酸铵是不稳定的强氧化物，与烃类混合且受高温影响会迅速分解燃烧爆炸，而硝化树胶即使在低温下也属于极不稳定的物质，一旦突然受热或受力冲击，立即引发爆炸。

在烯烃生产中，因氮氧化合物(NO 与 $NO_2$)能造成不稳定化合物积聚在低温工艺设备内，氮氧化合物始终是关注的一个焦点。在低温下(即-100～-170℃)，$NO_x$ 会生成 $NO_x$ 胶质(不稳定易爆炸)和氨基盐(或硝酸盐)，并可能沉积下来。一般认为，在进入冷箱之前，$NO_2$ 会在碱洗单元被洗掉，但 NO 可以随工艺气体进入冷箱的最冷部分，进入深冷分离系统后与系统内的氧气反应生产 $NO_2$ 以及 $N_2O_3$。而 $N_2O_3$ 在-102℃时会变成蓝色固体，俗称蓝冰。蓝冰积聚在冷箱中，形成冻堵。当温度处于 0～30℃时，伴随着热量释放，$NH_4NO_2$ 开始分解。之后大量的物料分解并释放热量，当温度高于 60℃时引发爆炸。只要做好低于 -100℃的监控，就可以判断硝酸铵及胶质氮氧化物是否已经生成，清洗时只要确保清洗液的排放温度不高于 30℃，就可以规避爆炸事故的发生。

在基于催化裂化和蒸汽裂解产生的裂解气分离过程中，$NO_2$ 会在酸气脱除设备中进行脱除，而 NO 和 $O_2$ 则不能被脱除，基于催化裂化制烯烃的技术虽然有酸性气体脱除设备及脱 NO 和氧气的设施，但很少量的 NO 和氧气还是会带入深冷分离区域，并且在装置的最冷段会进行如下反应：

$$NO+1/2O_2 = NO_2$$

$$NO_2+NO = N_2O_3$$

生成 $N_2O_3$ 的关键在第一个反应，第一个反应的反应速率：

$$\gamma=k(pp_{NO}^2 pp_{O_2}-pp_{NO_2}^2/k)$$

$$k=\exp(1468/T-10.9)$$

式中 $k$——反应速率常数，$(kPa^2 \cdot s)^{-1}$；

$pp$——反应物、产物分压，kPa；

$T$——反应温度，K。

由以上反应速率方程可以看出，当温度降低时，反应速率提高，因此，最高反应速率发生在装置的最冷段中。生成产物 $N_2O_3$ 作为固态或液态可能沉积下来。当 $N_2O_3$ 形成时，其会冻结，并且沉积在管线、阀门和冷箱等换热器中。其危险性除了堵塞设备外，当其遇到重质二烯烃时，会和二烯烃化合物形成 $NO_x$ 胶质，遇到氨时会和氨形成氨基盐。

$$N_2O_3+\text{重质二烯} \longrightarrow \text{硝化树脂}(<-115℃)$$

$$N_2O_3+NH_3 \longrightarrow NH_4NO_x(<-115℃)$$

从深冷分离的流程来看，通常在没有不饱和烃的区域中形成 $N_2O_3$，所以 $NO_x$ 胶质不会马上形成，$NO_x$ 富集的前期表现只是冷箱的冻堵，但如果重质二烯烃(尤其是丁二烯、环戊二烯)或氨由于设备故障或操作波动进入深冷系统，则胶质和盐可能聚积的区域是高压和 -100℃以下温度的区域，最有可能的区域是冷箱中，特别是粗氢气分离相关系统。在低于 -115℃的条件下，可以与一定量的烯烃反应生成硝化树脂的 $NO_x$ 胶质，且温度越低越容易生成。胶质的稳定性极差，甚至能在低温下分解爆炸。$N_2O_3$ 也能够与氨发生反应，形成不稳定的氨基盐。这些氨基盐危险性小一些，但是当温度升高到环境温度时，其能够快速分解，并且释放出大量热。因此，$NO_x$ 对于装置的影响不仅限于冻堵，更可能带来极大的安全隐患。虽然在乙烯加工的急冷序列进料中，对于 $NO_x$ 没有绝对的安全标准，在一套大型装置中即使少量的 $NO_x$ 均可能累积成为爆炸性物质。

有关 $NO_x$、$N_2O_3$、氨基盐、$O_2$ 的物理性，见表 5.3-2。

**表 5.3-2 不同组分物理性质** ℃

| 种类 | 沸点[0.1MPa(G)] | 熔点 | 种类 | 沸点[0.1MPa(G)] | 熔点 |
|---|---|---|---|---|---|
| NO | -151 | -163.8 | $NH_4NO_3$ | 210 | 169 |
| $NO_2$ | 21 | -10.8 | $NH_4NO_2$ | 爆炸 60~70① | |
| $N_2O_3$ | 3.5 | -103 | $O_2$ | -182 | -218 |

① $NH_4NO_2$ 在 0~30℃之间开始分解、放热。因此，物料远低于 60℃开始产生热量，最终达到爆炸点。

## 5. $NO_x$ 的监测及分析

无论是基于催化裂化的制低碳烯烃的技术还是蒸汽裂解制烯烃的技术，如果采用深冷分离流程，都应该加强对 $NO_x$ 的检测，给出以下建议：

① 定期检测并控制原料中氮及含氮杂质的含量，并研究原料中氮或含氮杂质和裂解气中 $NO_x$ 含量的关系。

② 应对装置深冷区域中的冷箱等换热器和其他设备的压降进行监测，如果压降升高，分析是否可能由于 $N_2O_3$ 的沉积引起的。

③ 定期对深冷分离区域的排液、排气管线进行排放冲洗，特别是操作温度通常在-80℃以下的排放管线，防止 $N_2O_3$ 的聚积。

④ 如果装置的制冷丧失，或存在任意类型的故障，使深冷区的冷凝减少或消失，则在温度开始上升之前应停止去深冷装置的流量。如果流量继续，并且温度上升，则重质二烯烃会被带到深冷装置的更冷段，可能接触到 $N_2O_3$ 沉积物。

⑤ 当装置深冷区域有设备或管线被堵塞，应监测温度和压力。如果最冷段的温度上升到-90℃，则应从入口端放气，使深冷段减压。从冷端放气，会带入重质物料。如果由于氢气分离系统调节阀内漏，压力开始下降，这会造成重质物料被带入。应遏止住泄漏，或通过入口端进入减压系统。

⑥ 在停车期间，用氮气或甲烷对系统进行吹扫，不要将重质化合物带到深冷区的最冷部分中。

⑦ 在停车期间，操作人员应注意任何释放出的棕色气体，或蓝色液体，或排出的固体。棕色气体说明存在 $NO_2$（NO 是无色的）。$N_2O_3$ 是蓝色液体或固体，习惯称为“蓝冰”。

⑧ 当深冷区在停车之后重新启动时，如没有经过 $NO_x$ 测试或清洗，则应避免重质物料进入深冷区域中，直到达到或接近装置正常运行温度。因为深冷区可能有胶质或氨基盐，所以必须防止重质二烯烃到达该区域的最冷部分。

对 $NO_x$ 的检测分为两种：

① 在线监控。主要是在乙烯装置操作温度在-170～-100℃区域设置压差计，按照 $NO_x$ 相互转化的原理，只要有硝酸铵和亚硝酸铵，及 $N_2O_3$ 和 $N_2O_4$ 与重组分中的双烯烃反应生成的树胶状硝化物，就会堵塞管道，造成设备的两端压差变化。如果发现设备的压差计异常，装置就有必要采取甲醇清洗的方法来去除这种危险源。

② 化验分析。在日常操作中，将裂解气中 $NO_x$ 及装置内操作温度低于-100℃区域内进行正常频次分析。如果在分析的过程中，发现裂解气及重点监控区域 $NO_x$ 出现异常，装置应及时用甲醇清洗。

某乙烯装置的裂解气各取样点的形态氮含量采用北京化工研究院气相色谱-氮化学发光检测(GC-NCD)的方法测定，该方法主要测定挥发性有机氮，如氨、甲胺、乙胺等，与 $NO_x$($NO_2$、NO、$N_2O$)难以同时在一根色谱柱上进行分离检测。中沙乙烯原料、裂解气中的总氮含量采用化学发光法测定，检测除氮分子以外的氮元素含量。各取样点的形态氮和总氮测定结果见表 5.3-3。

表 5.3-3 裂解气中含氮化合物分析数据 mg/L

| 项目 | 循环 $C_2/C_3$ 炉裂解气 | 轻石脑油炉裂解气 | 加氢尾油炉裂解气 | 石脑油炉裂解气 | 干气/液化气/$C_2$、$C_3$ 混合炉裂解气 | 急冷水塔裂解气 | 干燥器后裂解气 | 低压甲烷 |
|---|---|---|---|---|---|---|---|---|
| | BA101 | BA102 | BA107 | BA108 | BA111 | DA152 | S2001 | GB301 |
| 氨 | 0.029 | 0.020 | 0.024 | 0.047 | 0.025 | 0.038 | 0.023 | 0.036 |
| 甲胺 | <0.010 | <0.010 | <0.010 | <0.010 | <0.010 | <0.010 | <0.010 | <0.010 |
| 二甲胺 | 0.071 | <0.010 | 0.087 | 0.111 | 0.280 | 0.087 | <0.010 | <0.010 |
| 三甲胺 | <0.010 | <0.010 | <0.010 | <0.010 | <0.010 | <0.010 | <0.010 | <0.010 |
| 乙胺 | <0.010 | <0.010 | <0.010 | <0.010 | <0.010 | 0.047 | <0.010 | <0.010 |
| 二乙胺 | <0.010 | <0.010 | <0.010 | <0.010 | <0.010 | <0.010 | <0.010 | <0.010 |
| 丙胺 | <0.010 | <0.010 | <0.010 | <0.010 | <0.010 | <0.010 | <0.010 | <0.010 |
| 乙腈 | <0.010 | <0.010 | <0.010 | <0.010 | <0.010 | <0.010 | <0.010 | <0.010 |
| $NO_x$ | <0.010 | <0.010 | <0.010 | <0.010 | <0.010 | <0.010 | <0.010 | <0.010 |
| *N*,*N*-二甲基甲酰胺 | <0.010 | <0.010 | <0.010 | <0.010 | <0.010 | <0.010 | <0.010 | <0.010 |
| 苯胺 | <0.010 | <0.010 | <0.010 | <0.010 | <0.010 | <0.010 | <0.010 | <0.010 |
| *N*-甲基吡咯烷酮 | <0.010 | <0.010 | <0.010 | <0.010 | <0.010 | <0.010 | <0.010 | <0.010 |
| 总氮 | 1.590 | 3.180 | 4.450 | 3.980 | 3.250 | 3.940 | 3.200 | 3.010 |

由表可见：除循环 $C_2$、$C_3$ 为装置内部自产轻烃，其他以外供原料为来源的裂解炉出口，总氮含量均在 5mL/m³ 以上，随着工艺过程向后推进，经过碱洗和干燥后，总氮含量呈下降趋势。

基于该装置乙烯蒸汽裂解的原料结构和裂解气分离过程，判断 $NO_x$ 的来源有以下情况：一是催化裂化的干气回收低碳烯烃带有 $NO_x$，直接带入深冷分离系统或进入裂解炉。二是某些进料存在氨或者含氮杂质，在裂解炉中形成 $NO_x$。这些杂质可能包括：*N*-亚硝基苯胺、亚硝酸钠、羟胺、乙基羟胺。三是所有液态原料都会溶解少量氮气，裂解时形成部分 $NO_x$；四是氮气或含氮化合物含在水处理用化学品中或稀释蒸汽中，注入系统可能形成少量 $NO_x$。

## 6. 甲醇清洗处理方法

乙烯装置冷箱平时因不能在线切出，所以采用装置停工检修时的甲醇浸泡清洗方法。甲醇清洗时注意事项：

① 在裂解炉开始退料并维持裂解气压缩机最低负荷运行时，分离回收部分开始回收塔和罐中的物料，回收部分维持最低负荷运行。

② 当裂解气压缩机停车后，关闭裂解气干燥器的出入口阀门，冷箱出口的高、低压甲烷，氢气出口阀压力设自动，冷箱系统保温、保压。

③ 丙烯制冷压缩机继续运行，二元制冷压缩机视具体情况决定是否停车，以最大能力回收冷箱中的物料，冷箱的分离罐物料进脱甲烷塔回收，脱甲烷塔汽提操作。

④ 调整丙烯冷剂各用户的冷量，使冷箱缓慢回温，注意控制冷箱的温度，尽可能避免重组分后移，因为 $N_2O_3$ 和 $N_2O_4$ 还能与重组分中的双烯烃反应生成树胶状硝化物。

⑤ 由于氮氧化物形成的盐类和胶质物极易受热分解，甲醇清洗操作应该在系统设备还处于低温的情况下执行，但必须控制在甲醇凝固点-98℃以上。建议冷箱回温至-80℃时，开始注入甲醇进行清洗和浸泡，但同时也要注意，冷箱的温度不能高于 30℃。

⑥ 根据氮氧化物的形成条件和同类装置的经验，主要对低压甲烷和高压甲烷至冷箱的

通道以及第一、第二氢/甲烷分离罐底部管道、氢气及裂解气部分管道进行清洗。

⑦ 干燥的甲醇能腐蚀铝制品。因此，甲醇中的水含量至少为2000mL/$m^3$。

⑧ 由于冷箱在设计时没有考虑用甲醇清洗冷箱和承重荷载，因此在清洗之前必须征求冷箱制造厂的建议，确保冷箱的安全。

⑨ 对于装置的排凝、盲板以及设备连接处等，应该特别注意清洗。

⑩ 对清洗排出的甲醇进行分析，如果其氮含量增长，说明已有氮氧化物清洗出冷箱。甲醇清洗液需要专门回收，不可在系统内随意排放，建议使用槽车回收清洗液，并需要有冷却措施，使得清洗液温度不超过30℃，并且需要分析清洗液中总的氮含量。

冷箱清洗选择对低压甲烷和高压甲烷至冷箱的通道以及第一、第二氢/甲烷分离罐底部管道、氢气及裂解气部分管道进行清洗，原因如下：

① 氮氧化物胶类或盐类最有可能形成积聚的位置是氢气提纯区域，其操作温度极低(小于-140℃)。这样的区域在冷箱的位置即是低压甲烷和高压甲烷至冷箱的通道以及第一、第二氢/甲烷分离罐底部。

② 清洗低压甲烷和高压甲烷至冷箱的通道以及第一、第二氢/甲烷分离罐底部管道、氢气及裂解气部分管道在操作上具备可行性。停车前，将需要清洗的管道、容器等连接完成；停车后，冷箱与前系统隔离，保温、保压。当最低的测量部位温度超过-98℃时，可立即执行清洗操作，如此在清洗时机上能较好把握。

7. 小结

① 冷箱低压甲烷侧堵塞的主要原因是在低温高压环境下的$NO_x$积累。

② 冷箱中$NO_x$的形成原因是进入深冷系统的裂解气从裂解单元带入NO，在冷箱中与$O_2$反应形成。

③ 原料中的氮化物是$NO_x$形成的根本所在，但仍需要进一步确定具体是何种原料引发的$NO_x$积累。

④ 乙烯装置应当建立裂解气中$NO_x$的监控机制，不定期对裂解气进行$NO_x$取样分析。

## 六、汞腐蚀机理

汞是一种重金属元素，俗称水银，常温下呈液态，银白色，易流动，密度13.596g/$cm^3$(0℃)，沸点356℃，凝固点-39℃。汞能溶解多种金属(如金、银、钾、钠、锌、铝等)形成汞齐，尤其对金属铝。一般说来，与汞性质相近的金属易于被溶解，铊在汞中的溶解度最大，铁在汞中的溶解度最小。在20℃时，铝在汞中的溶解度约为$2.3\times10^{-3}$%。一旦轻烃装置的天然气中含汞，尽管其含量极微，在一定条件下都可能对冷箱造成严重损坏，其腐蚀机理主要有如下几种：

1. 溶解腐蚀

纯净的金属铝极易与空气中的氧气反应，生成一层致密的$Al_2O_3$钝化膜。但保护膜不仅在一定工况下(如变形)容易破裂，而且在天然气的密闭厌氧条件下无法再次钝化生成保护膜，且很少量的汞就可导致钝化膜破裂。汞在铝合金上生成附着力很小的汞齐，通过表面扩散分离钝化膜，使其抗腐蚀性能不断下降。这样，汞和铝之间的润湿也变得容易，不断发生汞对铝的溶解腐蚀。

2. 化学反应腐蚀

溶解于汞齐中的铝易与天然气中的微量的水反应生成$Al(OH)_3$，生成的$Al(OH)_3$不溶解于汞而浮在汞表面。这样就会有新的(再下一层的)铝溶解于汞中，然后又与水反应生成 $Al(OH)_3$，即：

$$Al+Hg \longrightarrow AlHg \tag{1}$$

$$2AlHg+6H_2O \longrightarrow 2Al(OH)_3+3H_2+2Hg \tag{2}$$

反应(1)和(2)形成了一个催化循环，产生了对铝合金的连续腐蚀破坏。这样反复下去，汞不会减少，铝却不断与天然气中微量的水反应而不断变薄，直至腐蚀开裂。

若天然气中含氧，则氧也将与汞齐中的铝反应生成 $Al_2O_3$。生成的 $Al_2O_3$ 不溶于汞，而浮在汞表面，这样就会有新的(再下一层的)铝溶解于汞中。其化学反应腐蚀机理同与水反应类似。

3. 液体金属脆/断

固体金属和液体金属(如 Hg，Ga)接触而引起强度和韧性降低或低应力脆断的现象称为液体金属脆。1874 年首次发现液体金属汞可以导致锌的脆性以来，人们对液体金属脆现象进行了广泛的研究，提出了各种机制。关于液体金属脆断已发表了不少研究工作和评述性论文，其理论主要有吸附降低表面能或键合力理论和吸附促进局部塑性变形导致脆断理论。但还没有一种理论能解释所有的实验现象。因此，关于液体金属脆断机理一直有争议，目前在学术界仍未形成系统理论认识，是一个尚未解决的问题。

吸附降低表面能或键合力理论认为：裂尖吸附液体金属后，固体金属表面能或键合力的降低使得裂纹扩展的阻力大大降低，但发射位错的阻力并未降低，故裂纹扩展先于裂尖发射位错，从而导致脆断。但由此无法判定局部塑性变形是脆性裂纹扩展的伴生现象，还是先决条件。

吸附促进局部塑性变形导致脆断理论则认为：吸附降低表面能的同时也促进局部塑性变形(即促进位错发射、增殖和运动)，当它发展到临界条件时就会导致脆性微裂纹的形核。即裂尖前方的局部塑性变形是液体金属脆断裂纹形核、扩展的先决条件，进而导致脆断。Lynch 通过对各种环境脆断断口的观察和对比后认为，液体金属脆的本质和氢脆相同，都是吸附促进局部塑性变形的结果。即液体金属和氢一样吸附在加载裂尖表面后，通过降低表面能，促进局部塑性变形，进而导致脆断。

这个看法在二十多年前就已提出，但由于缺乏有力的实验证据而未被广泛认同。

国内北京科技大学宿彦京、褚武扬等在 20 世纪末通过透射电子显微镜(TEM)原位观察、激光云纹干涉法和理论计算金相跟踪等方法，对 Al-Hg、Ti-Hg、Al-Ga 和 Cu-Ga 的液体金属脆机理做了大量试验观测和机理探索，并发表了多篇重要论文，得出：

① 液体金属吸附降低表面能的同时也降低局部塑性变形功，在液体金属脆断过程中伴随大量局部塑性变形(塑性区增大，塑性变形量升高)，且裂尖前方的局部塑性变形是液体金属脆断微裂纹形核、扩展的先决条件。

② 得出液体金属脆断的机理如下：液体金属吸附后通过降低表面能，促进位错的发射和运动，从而导致在很低的外应力下位错发射和运动就可达到临界状态，即局部应力集中等于原子键合力时，液体金属脆断微裂纹就形核，并沿晶扩展，进而导致脆断。由于液体金属的吸附作用，这些微裂纹并不钝化成空洞而是解理扩展。

③ 只有拉伸应力才能使液体金属脆断、微裂纹形核及扩展，宏观压应力阻碍裂纹形核及扩展。

④ 金属材料的任何断裂过程[韧断，本质脆断，各种环境脆断(指氢致开裂、应力腐蚀

以及液体金属脆)]均以位错的发射、运动为先决条件，只有局部塑性变形发展到临界条件，局部应力等于原子键合力时，才出现微裂纹形核。环境(氢、腐蚀介质、液体金属)通过促进局部塑性变形引起低应力脆断。但不同环境促进位错发射和运动的原因不同，环境脆断的细节和定量描述有待进一步研究。

对任一物质，在某一特定的温度、压力下，三相(气相、液相、固相)便可平衡共存，这个压力、温度平衡点称为三相点(图 5.3-5)。图中三条线相交的点是三相点($H$)，它是三种相能稳定存在的唯一的状态点。曲线 $A$-$H$ 表示将固相和气相分开的升华线，曲线 $H$-$B$ 表示将固相和液相分开的熔化线，曲线 $H$-$d$ 表示将液相和气相分开气化线；气化线结束的端点叫作临界点($d$)，当压力和温度大于临界点处的值时，不管有多大的压力作用，没有物质能以液态形式存在。$m$-$n$ 表示固相区间，$o$-$b$ 表示液相区间，$d$-$f$-$g$-$h$ 为过热蒸汽或气体区间($q$)，即超临界流体。而汞的三相点为-38.8344℃，0.2MPa。

当物料经过冷箱时，随着温度的逐步降低，物料中的微量汞降逐渐被冷凝液化(图 5.3-6)，从而产生液体汞聚集在冷箱下面的集流管束(铝合金材质)底部，致使冷箱发生汞腐蚀。温度越低，天然气中的汞液化率就越高，也就易造成冷箱汞腐蚀。

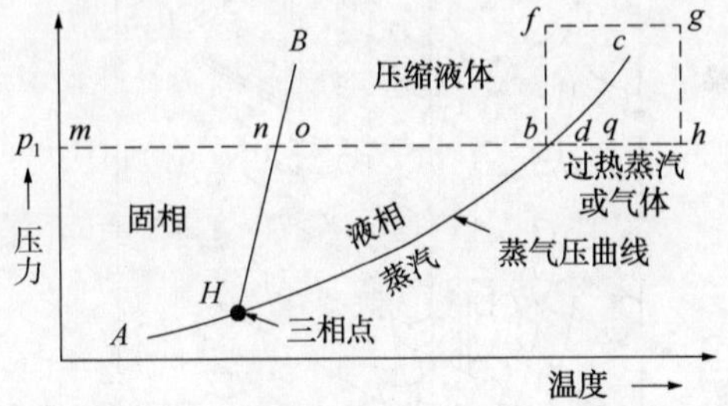


图 5.3-5　物质的压力-温度关系图

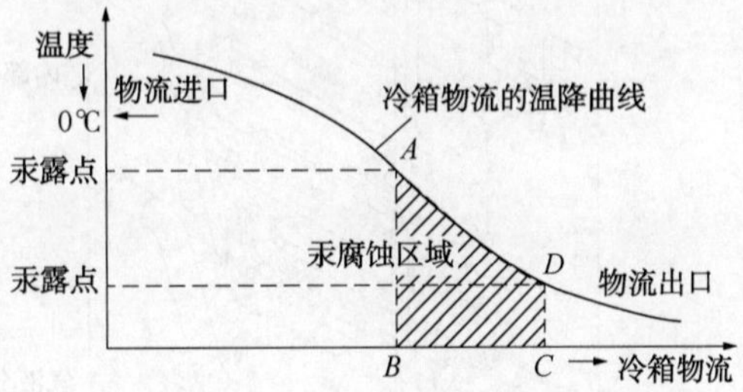


图 5.3-6　冷凝温度-汞关系图

但当温度低于-39℃时，汞将凝固成固体，使冷箱过冷部位(低于-39℃部位)发生汞腐蚀可能性大幅降低。故冷箱温度在 $ABCD$ 温度区域(图 5.3-6)的部位发生汞腐蚀的可能性最大。

冷箱其板束体为 3003 铝锰合金[化学成分：Si(~0.6)，Fe(~0.7)，Cu(0.05~0.2)，Mn(1.0~1.5)，Zn(~0.1)，Al 余量]；接管和封头为 5083 铝镁合金[化学成分：Si(~0.4)，Fe(~0.4)，Cu(~0.1)，Mn(0.4~1.0)，Mg(4.0~4.9)，Cr(0.05~0.25)，Zn(~0.25)，Ti(~0.15)，Al 余量]。Mg 是 5083 铝合金主要合金元素，随着 Mg 含量增加，抗拉强度和屈服强度逐渐升高。而冷箱发生汞腐蚀的部位也以接管和封头的焊缝部位最严重，这可能与 5083 合金含镁量较高，在含汞环境中的耐蚀性较差有关。在元素周期表上，镁(原子序号 12)紧邻铝(原子序号 13)，与铝化学性质十分接近，能与物料中的 $CO_2$、$H_2O$、$H_2S$、$O_2$ 等众多杂质性气体反应。由于其化学性质比铝更活泼，故在含汞环境中比铝更易被腐蚀。而合金当中含有某些金属杂质元素如 Si、Zn 等，也会降低其耐蚀性。

## 七、冷箱设备配管要求

要设计冷箱的外部管道，必须对冷箱及其内部结构有所了解，冷箱外形及内部配管示意图见图 5.3-7。目前，冷箱的国产化程度越来越高，鉴于国内生产水平和运输条件，设计时要考虑冷箱的大小及冷箱管口(铝制、或为钢铝接头)的强度，做好冷箱的布置和管道的应力分析。

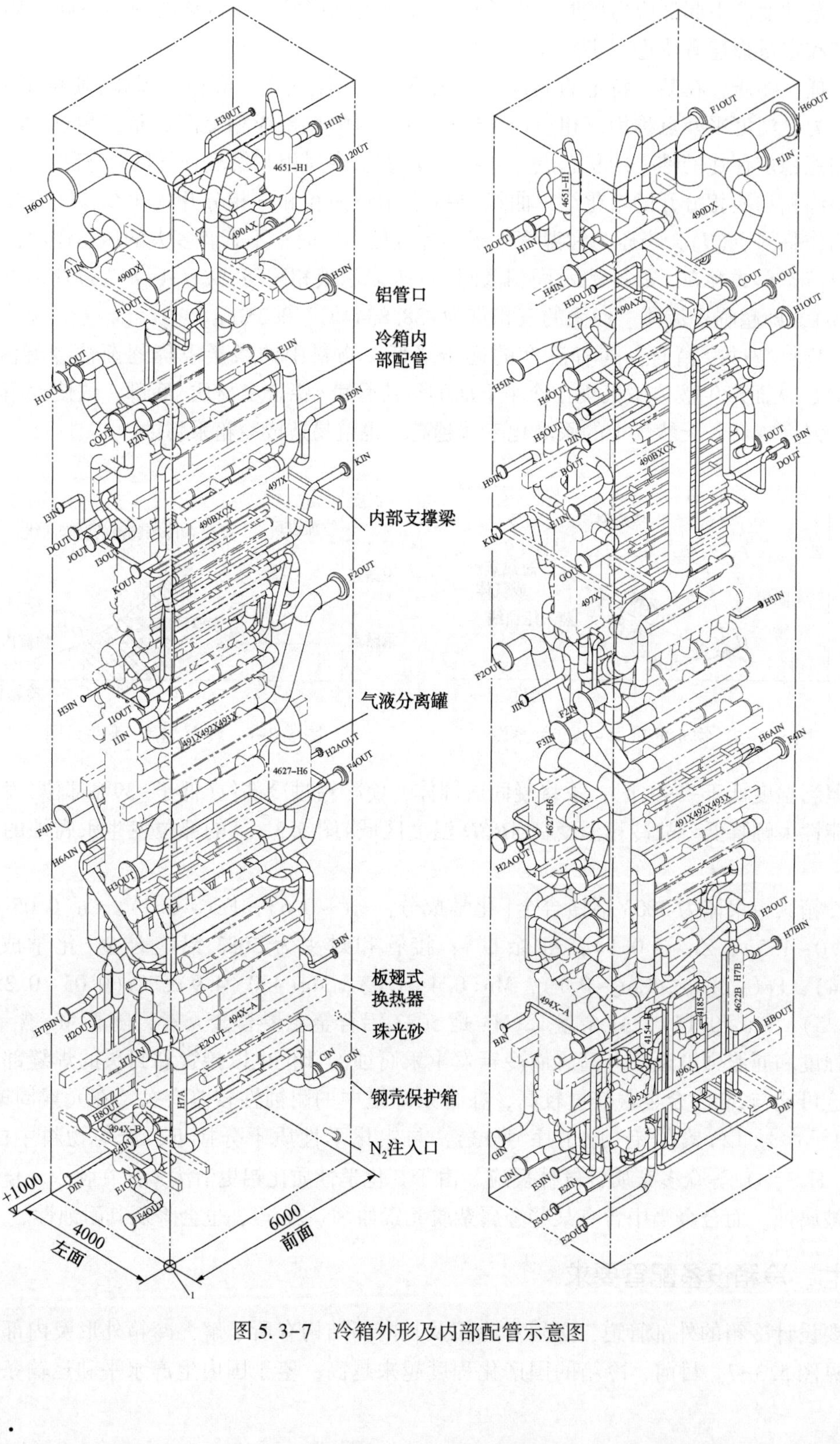


图 5.3-7　冷箱外形及内部配管示意图

根据工艺流程，裂解气深冷系统一般布置在脱甲塔系统周围，冷箱作为多个换热器组合体，工艺管口多达约60个，考虑相连管线上过滤器和阀组的摆放，冷箱周围大都设置框架平台，脱甲烷进料分离1号罐、脱甲烷进料分离2号罐和脱甲烷塔回流罐布置在冷箱框架一侧，脱甲烷塔系布置在旁边。

1. 冷箱本身的布置

① 布置的基本原则。冷箱布置时，首先要确定冷箱四个面的作用，其中两个面为大冷箱的运输面，另外两个面为工艺管口面。

② 周围平台的设置。由于冷箱内板翅换热器易堵塞，清洗和检修困难，所以冷箱入口管线都有过滤器，同时要求过滤器靠近管口，设置平台时，要留有足够的滤网抽出空间且便于操作，平台应尽量靠近各管口。

冷箱框架平台大小，在考虑留有足够的配管空间条件下，越经济越好。所需平台大小，主要和冷箱入口管线所采用的过滤器型式(T型、Y型或锥型)和数量(是否采用双过滤器)、冷箱出口管线上需设置的安全阀数量多少及是否需要一开一备、冷箱上需摆放的调节阀组数量多少有关。冷箱框架层数与冷箱的高度有关，一般6层平台，层距一般为3~4.5m，首层平台标高可依据相邻管廊标高进行调节。

2. 管线布置原则

① 注意管道走向，最好采用自然补偿方式满足管口受力要求，管架设置合理。

② 合理布置阀组和过滤器，考虑操作和检修空间。

③ 配管研究按大直径、两相流、低温管线次序进行，同时完成冷箱火炬系统设计。

3. 工艺管线布置

通常情况下，由于冷箱的管口数量多，冷箱平台之间层距相对较小，物料操作温度低，管道保冷，所以冷箱周围配管非常密集。架空敷设的管道(管线保冷层底部距下层平台至少2.2m)宜分区域集中布置在平台下方，通过合理布置管道，做到尽可能不错层，便于设置支架及合理有效地利用空间。其他需要操作的阀门过滤器等布置在平台上方便于操作的地方，所有管线尽量做到无袋形配管。注意冷箱管线大部分为低温，配管时当流体是液相时，低温阀的阀杆应向上安装，低温阀的阀杆较长，安装阀门时应格外注意；带泄压孔的低温闸阀，除水平安装外，要注意阀门的安装方向，阀杆要垂直或45°范围安装，阀体的阀盖上标记的泄压孔方向要在图纸上加以注明。

① 大直径管线。在冷箱入口管线上安装过滤器，过滤器前后加切断阀，利于清洗和检修。通常阀和过滤器放在平台上，周围留操作和检修通道，然后与管口相接。冷箱的出口管线在满足管道对冷箱管口的许用力和力矩不超出允许值的情况下，可以更有效地通过自然补偿消除热应力对设备管口的影响。

② 两相流管线。在冷箱低温管道中是较为常见的，出现两相流动时，管道流量减小，阻力增大，甚至还会产生液击现象。由于物料气相和液相的密度相差很大，因此管道极易产生振动。为使冷箱配管中两相流管道稳定，避免振动，需对管道进行有效固定，设置的支架要有一定的刚度和强度。

管卡为扁钢制成，保冷管托材质为硬质聚氨酯，其抗压强度、导热系数、容重及氧指数等性能参数都有严格的要求。其间距2mm的要求是通过分析各支架处的管道位移后确定的，若小于此间距的要求，管架有可能影响管系正常的变形而产生不必要的二次应力。所以两相流管线要紧密固定，配管要尽量避免出现袋形，按步步高或步步低的顺序配管。

4. 其他管线布置

冷箱火炬系统管线要与工艺管线同时进行，安全阀应尽量布置在冷箱上层平台上，所有安全阀出口管线合为一根或几根主管步步低坡向火炬总管，并应通过自然补偿增加管系柔性；氮气注入管线上通常装有转子流量计，在安装时要注意转子流量计应装于立管上，且流向为自下而上流。

5. 应力和管架

管线的应力计算主要是通过对管线柔性的分析来校核管道在操作温度和设计温度下的一次应力和二次应力均应满足许用要求；校核操作温度下管道对设备管口的作用力在许用范围内。

冷箱设备的铝管口所能承受的许用力及许用力矩极小，所以与冷箱内板翅式换热器相连的每一根管道，都必须进行应力计算。原则上，在进行管道应力计算时需对冷箱外部配管和内部配管进行联算，设计中不但要考虑冷箱外的配管自身应力问题，还要利用外部配管自然补偿产生的柔性吸收冷箱内铝接管的位移。在设置管道支架时要考虑把冷箱管口附近第一个支架设置为可调刚性支架或弹簧架，以免管口变形引起附加载荷，同时也有助于管口的无应力配管施工。

## 第四节 塔 设 计

### 一、脱甲烷塔

1. 脱甲烷塔操作条件

脱甲烷塔是乙烯装置的关键塔之一，该塔运行的状态直接影响乙烯产品的质量和乙烯的回收率，对装置的能耗也有很大影响，不同的专利商结合其工艺流程特点方案设计脱甲烷塔，以最大满足工艺流程的需要。20 世纪 80 年代前，乙烯装置规模比较小，装置中只设置一个脱甲烷塔。1970 年代的能源危机促使人们开发更加节能的技术，乙烯装置中开始设置与工艺流程匹配的双脱甲烷塔。脱甲烷塔压力是重要的工艺参数，传统脱甲烷塔为高压，塔顶操作压力约 3. 0MPa(G)，可由乙烯冷剂提供塔顶冷凝器冷量，目前仍被多数专利商采用(表 5. 4-1)。Technip 开发的中压脱甲烷塔顶压力 1. 2MPa(G)，Lummus 开发的低压脱甲烷塔顶压力 0. 55~0. 7MPa(G)，塔顶温度降低，乙烯冷剂无法满足要求，采用了甲烷制冷和二元制冷的方法。

表 5. 4-1 不同技术脱甲烷塔参数

| 专利商 | 流程技术 | 数量 | 塔顶压力/MPa(G) | 温度/℃顶/底 |
|---|---|---|---|---|
| SEI | 前脱丙烷前加氢 | 2 | 3. 0~3. 2 | -97/-9 |
| | 前脱乙烷前加氢 | 1 | 2. 0~3. 2 | — |
| | 顺序分离 | 2 | 3. 0~3. 2 | -96/-5. 5 |

续表

| 专利商 | 流程技术 | 数量 | 塔顶压力/MPa(G) | 温度/℃顶/底 |
|---|---|---|---|---|
| TechnipFMC | 前脱丙烷前加氢(S&W) | 2 | 3.0~3.2 | -96/-8 |
| | 顺序分离(原 Technip) | 1 | 1.2 | -113 |
| Lummus | 顺序分离 | 1 | 0.55~0.60 | -130/-52 |
| | 前脱丙烷前加氢 | 1 | 0.55~0.70 | -130/-48 |
| | 前脱乙烷前加氢 | 1 | 0.55~0.57 | -122/-57 |
| KBR | 前脱丙烷前加氢 | 2 | 3.0 | -98/-3 |
| | 前脱乙烷前加氢 | 1 | 3.0 | — |
| Linde | 前脱乙烷前加氢 | 1 | 3.3 | -95.5/-8 |

2. 脱甲烷塔外形结构

裂解气在前冷系统中需经过多级降温和气液分离，分离出的富含乙烯的液相作为脱甲烷塔进料，因此，脱甲烷塔往往有多股进料。一般脱甲烷塔进料为 3~4 股，预脱甲烷塔或甲烷汽提塔进料为 1~2 股。多股进料造成脱甲烷塔轴向气液负荷会有较大变化，为了适应气液负荷的变化，预脱甲烷塔和脱甲烷塔可设计为变径塔，随负荷的变化由上至下塔径分级增加。也有专利商维持全塔塔径不变，通过内件设计减小有效面积的方式满足负荷的变化，这种方式的优点是降低了塔壳制造难度。典型的预脱甲烷塔和脱甲烷塔外形见图 5.4-1。

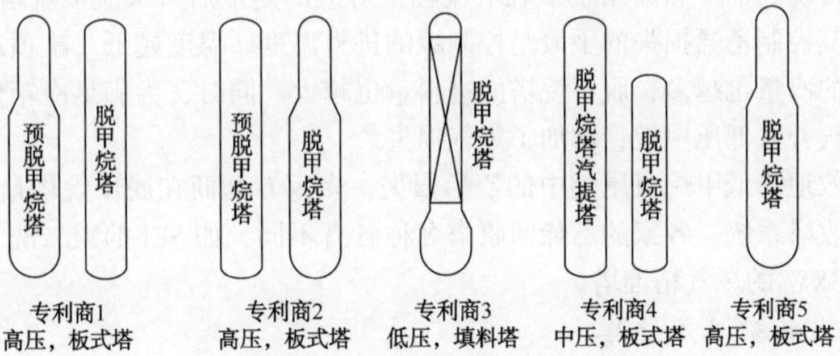


图 5.4-1 脱甲烷塔外形示意图

3. 脱甲烷塔内物料起泡特性

脱甲烷塔物料在低温操作条件下有一定的发泡性，对塔径设计有重要影响，塔的操作压力越低，发泡性越高。在低压脱甲烷技术最初应用的乙烯装置中，人们并没有认识到该物系的发泡性，仍按高压脱甲烷塔方法设计，运行发现该塔运行不正常，处理能力严重不足。在随后的物性研究中才发现发泡特性的影响，修改设计后才使问题得以解决。因此，如果该塔内件为塔板，在塔板水力学计算时需要将发泡性考虑进去，从而对塔内流速、板间距等加以控制。与板式塔相比，填料塔处理高发泡物系更具优势，因此，低压脱甲烷塔首选塔内件为填料。表 5.4-2 为脱甲烷塔内物料的物理性能和发泡性数据。由表可见，低压脱甲烷塔内物料的表面张力成倍增加，相应其发泡性更强。

表 5.4-2 脱甲烷塔物料性质和发泡性

| 名　　称 | 高压脱甲烷塔 | | 低压脱甲烷塔 | |
|---|---|---|---|---|
| | 塔顶 | 塔底 | 塔顶 | 塔底 |
| 气体密度/(kg/m³) | 53.95 | 67.71 | 10.57 | 11.52 |
| 液体密度/(kg/m³) | 291.86 | 385.93 | 391.4 | 542.8 |
| 表面张力/(mN/m) | 1.88 | 2.5 | 8.8 | 11.7 |
| 操作条件 | | | | |
| 温度/℃ | -96 | -8.7 | -131 | -51 |
| 压力/MPa | 3.12 | 3.15 | 0.62 | 0.64 |
| 发泡性 | | | | |
| 发泡因子 | 2.3 | 2.0 | 3.7 | 1.8 |
| 消泡时间/s | 3 | 3 | 7 | 6 |

## 二、乙烯回收塔

乙烯回收率是乙烯装置的一项重要性能指标，因此必须严格控制乙烯损失。乙烯的损失主要发生在前冷、脱甲烷系统和乙烯精馏系统，具体是指前冷进入氢甲烷分离系统前的甲烷氢尾气、脱甲烷塔顶的甲烷尾气和乙烯塔釜的循环乙烷这三股物流中的乙烯损失。脱甲烷塔顶和乙烯塔釜的乙烯损失都是通过塔的分馏作用来实现控制。对于氢甲烷分离前的甲烷氢尾气，传统的前冷和高压脱甲烷塔流程中对应的是最后一级脱甲烷塔进料分离罐顶分出的气相，其控制乙烯损失的手段是控制罐的进料温度。温度越低，罐顶乙烯损失越少，但冷箱中消耗的冷量也越多，脱甲烷塔的进料量也越大。同时，为满足冷箱传热温差要求，需要将更多氢气补入低压甲烷，增加了氢气损失。

为了更有效地降低甲烷氢尾气中的乙烯损失，多家专利商在脱甲烷塔最上部进料前都设置了乙烯回收塔系统。各家的乙烯回收塔名称各有不同，如 SEI 的碳二洗涤塔、Linde 的乙烯吸收塔、S&W 的尾气精馏塔。

### 1. SEI 技术的碳二洗涤塔

SEI 开发的低能耗乙烯分离专利技术中，在最后一级闪蒸罐下游设置了碳二洗涤塔，使高低压甲烷中的乙烯损失降低。闪蒸罐分离的气相经冷却器冷却后进入碳二洗涤塔的下部，从塔的上部引入一股只含甲烷和少量氢气的液体对塔内气体进行洗涤，使碳二洗入塔釜液中，塔釜液送入脱甲烷塔的最上部；塔顶气进入下游氢气/甲烷分离系统。

碳二洗涤塔可以使轻烃混合物中的碳二和甲烷组分按一定比例转入塔底部的任何分离装置，例如洗涤塔、分馏塔、分凝分离器或分凝分馏塔。如选用洗涤塔，可以是任何形式的塔，包括板式塔和填料塔。塔板数一般少于 20 块，所以塔不会很高，投资也不多。优选的方法是采用塔顶气的冷凝液作为洗涤液。当采用塔顶气相冷凝液作为洗涤液时，冷凝器和冷凝液闪蒸罐可置于塔顶或较高的平台上，液体依靠重力返回塔顶，这样可减少管线用量和取消一台低温泵。

采用分凝分馏塔的碳二洗涤塔流程如图 5.4-2 所示。此时碳二洗涤塔顶气的冷凝液即高压甲烷不作为洗涤液引入塔顶，而是作为冷剂，部分用于分凝分馏塔塔顶冷凝器，另一部分去冷箱换热器。分凝分馏塔上部的冷凝器为具有传热和传质作用的板翅式换热器，下部为填料。碳二在塔内得到有效脱除，使得塔顶甲烷氢尾气中基本不含乙烯。

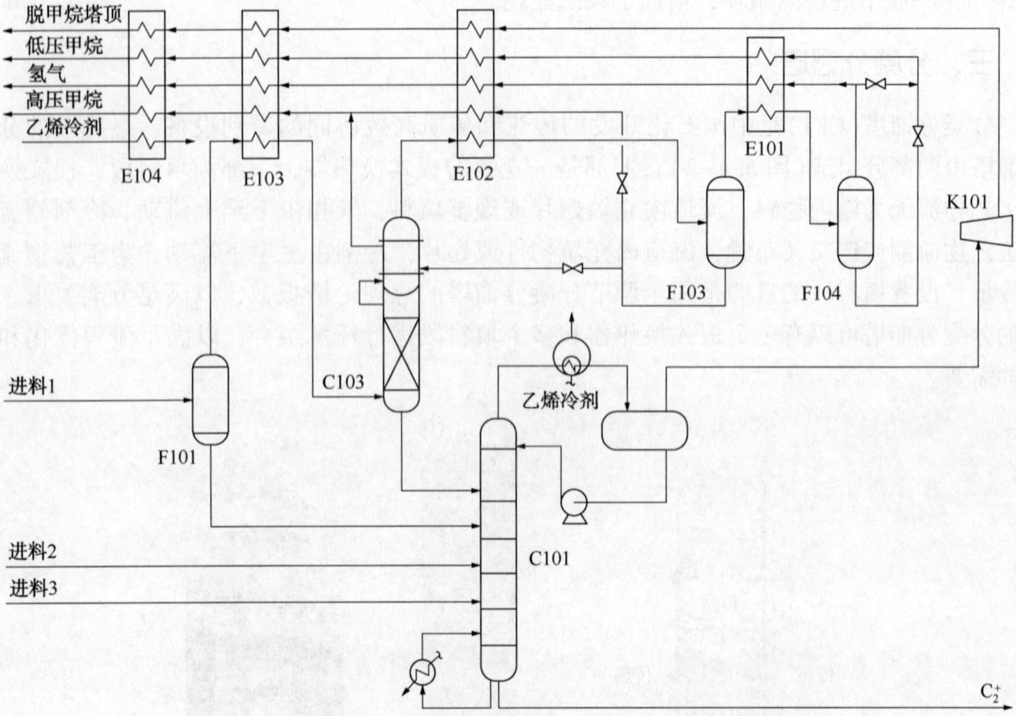


图 5.4-2　SEI 技术的碳二洗涤塔(分凝分馏塔)流程示意图

F101—脱甲烷塔进料分离罐；C103—碳二洗涤塔；F103、F104—氢/甲烷分离罐；C101—脱甲烷塔；K101—甲烷尾气膨胀机；E101-104—冷箱换热器

SEI 技术的碳二洗涤塔方案具有如下优点：

(1) 乙烯回收率高

碳二洗涤塔将进入氢气分离系统的物料中的乙烯洗涤到塔釜，使氢气和尾气中基本不含乙烯。在一般的流程中，进入氢气分离系统的物料中含有 0.15%~0.23%(摩尔)的乙烯，而采用碳二洗涤塔可使这股物料中乙烯的含量低于 300mL/$m^3$。深冷系统乙烯回收率可高达 99.7%。

(2) 能耗降低

碳二洗涤塔在提高乙烯回收率的同时也减少了脱甲烷塔的负荷，减少乙烯冷剂消耗量。

2. Linde 技术的乙烯回收塔

Linde 技术的前冷流程中，用来回收乙烯的办法是设置乙烯吸收塔，流程示意如图 5.1-7 所示。高压脱乙烷塔塔顶分出的碳二及更轻组分经过两级(-54℃、-77℃)激冷后，分离罐中分出的气体则进入冷箱，冷却到-108℃后进入乙烯吸收塔的下部。乙烯吸收塔的洗涤液来自脱甲烷塔回流泵出口的一部分甲烷液体，洗涤后的塔顶尾气中乙烯含量降低，从而减少了乙烯损失。乙烯吸收塔塔底物料经冷箱回收冷量后作为第三股进料进入脱甲烷塔。塔顶尾气在冷箱中继续冷却至-140℃，甲烷氢分离罐顶分出的氢气纯度约 80%(摩尔)，再通过变压吸附(PSA)得到纯度为 99.9%(摩尔)的高纯氢。

吸收塔为板式塔，为了保证吸收效果，吸收液甲烷必须降低到约-140℃后再进入吸收塔，因而消耗一定量的高等级冷量，为了满足冷量的需求，设置了一部分甲烷在裂解气压缩机-前冷-脱甲烷塔间循环，增加了系统能耗。

## 三、分凝分馏塔

分凝分馏塔(CFT)是中国石化开发的传热和传质高效协同的专利设备，最简单的分凝分馏塔由两部分组成(图5.4-3)，上部是一立装的板式换热器，下部为填料段。板式换热器工艺物流侧为塔内物料，流道内充填翅片或规整填料，气相由下至上流动。冷剂侧流道与工艺物流侧流道交叉布置，流道内充填构件或翅片，冷剂由上至下流动，为工艺物流提供冷量。设置填料段的目的是用于调节分凝分馏塔的总理论塔板数，以满足分离要求。复杂的分凝分馏塔可以有多个板式换热器和多个填料段进行任意组合，以满足流程优化和分离的需要。

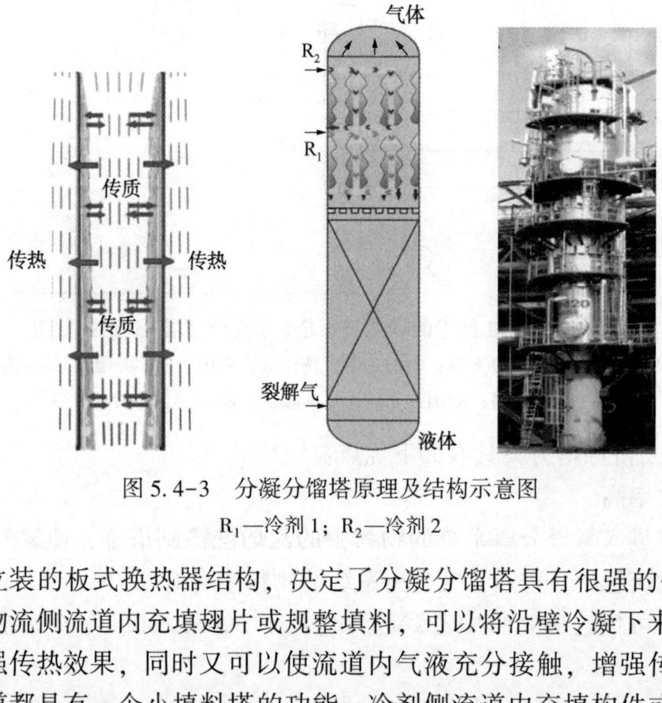


图5.4-3　分凝分馏塔原理及结构示意图

$R_1$—冷剂1；$R_2$—冷剂2

分凝分馏塔立装的板式换热器结构，决定了分凝分馏塔具有很强的传热和传质性能。板式换热器工艺物流侧流道内充填翅片或规整填料，可以将沿壁冷凝下来的液体迅速分配到整个流道，加强传热效果，同时又可以使流道内气液充分接触，增强传质效果，使工艺物流侧的每个流道都具有一个小填料塔的功能；冷剂侧流道内充填构件或翅片，可以强化传热，增大传热面积，因此分凝分馏塔单段也可以具有较多的理论塔板数。

分凝分馏塔的整体结构决定了它是最节能的塔。在常规精馏塔系统中，为了节省能量，往往会设置一些中间冷凝器和中间再沸器，但无论如何都不可能实施在精馏段的每块塔板上都加一台中间冷凝器和在提馏段的每块塔板上都加一台中间再沸器，并且使用级位均不相同的冷剂或热源，以做到最节能；而一台分凝分馏塔就可以完全做到这一点，并且就只有一台塔设备，没有附属的冷凝器、回流罐、回流泵、中间冷凝器、中间再沸器、再沸器等相关设备。但受分凝分馏塔内部结构的限制，分凝分馏塔只能适用于清洁的物流。

## 四、分凝分离器

ARS 的英文全称是 Advanced Recovery System，该技术是深冷分离系统技术的发展，其使用基础和应用范围也在深冷分离系统之中。该技术的核心部分是美国空气产品公司的一个专利设备分凝分离器(dephlegmator)。ARS 技术的其他主要设备还包括进料预冷器、膨胀机及分离罐等。

S&W 公司在深冷和脱甲烷系统中采用 ARS 技术，即在系统中设两台传热传质作用的分凝分离器，称之为 20 世纪 70 年代乙烯技术基础上开发的“第二代乙烯技术”的一部分。

1. ARS 技术在乙烯装置上的应用

ARS 技术在乙烯分离装置中应用流程见图 5.4-4 所示。

ARS 技术用于乙烯装置分离烃类的流程：经压缩后的裂解气，冷却到一定的温度进入分离罐Ⅰ，分出的液相直接送往脱甲烷塔，气相则进入分离罐Ⅱ，在该罐中气相与从分凝分离器流下的液体发生一定的传热、传质作用，分离得到的液相进入脱甲烷塔，气相则继续上升进入分凝分离器中。主要的传热、传质作用在分凝分离器中实现。分凝分离器顶部出料经一系列的换热、膨胀过程，一方面分成富氢(含氢气 90% 以上)和富甲烷汽(燃料)，另一方面获得分凝分离器所需的低温冷量，用于冷却分凝分离器中上升的气体，采用 ARS 技术，使得制冷机功率有所降低。1978 年美国空气产品公司将其用于日本三井石化的乙烯装置。1985 年，S&W 公司将此技术用于烃气分离工艺，该技术的主要组成是分凝分离器、进料预冷、膨胀机、分离罐等。

2. ARS 技术的缺点不足

分凝分离器在乙烯装置的实际应用中有一定的缺点和不足，以某乙烯装置为例进行具体说明。该装置的分凝分离器流程见图 5.4-5。

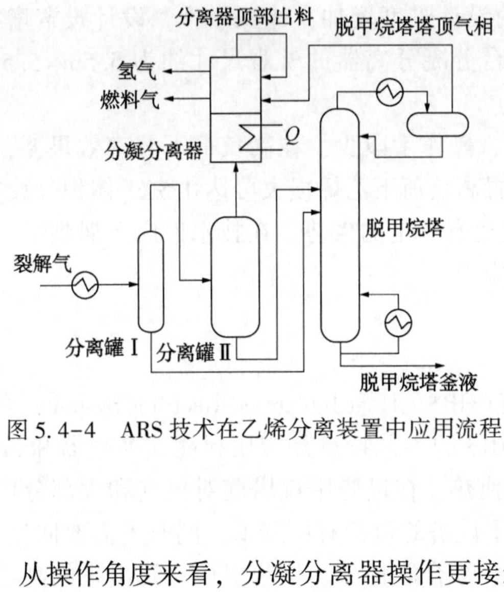


图 5.4-4　ARS 技术在乙烯分离装置中应用流程

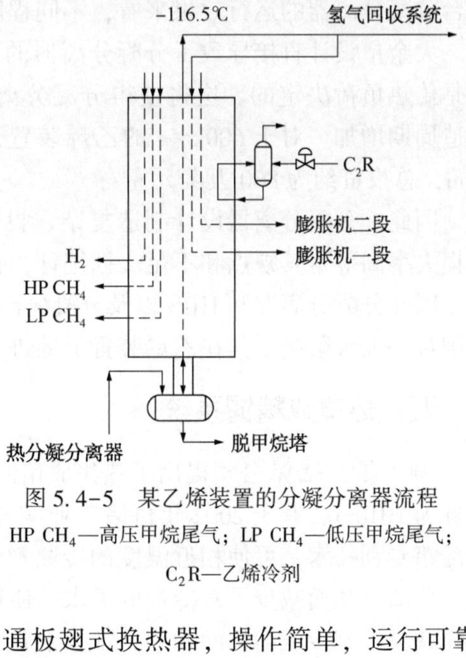


图 5.4-5　某乙烯装置的分凝分离器流程

HP $CH_4$—高压甲烷尾气；LP $CH_4$—低压甲烷尾气；

$C_2R$—乙烯冷剂

从操作角度来看，分凝分离器操作更接近普通板翅式换热器，操作简单，运行可靠。

其分离效果可以用顶部裂解气中的乙烯含量来评价。按照设计，该股裂解气中乙烯含量应小于0.1%(体积)。在实际运行中，主要控制指标为顶部裂解气温度，该温度应低于-116.5℃，以控制乙烯损失。温度的调节主要有两种手段：一是-101℃乙烯冷剂流量；二是去膨胀机裂解气的流量。增加这两股物料流量，可以为分凝分离器提供更多的冷量，提高分离效果。但增大去膨胀机裂解气流量将导致氢气损失增加，而氢气是乙烯装置的高附加值产品。该装置分凝分离器运行数据见表5.4-3。

**表5.4-3 分凝分离器实际运行数据**

| 负荷/% | 顶气压力/kPa | 顶气温度/℃ | 顶气乙烯含量/%(体积) |
|---|---|---|---|
| 100(设计值) | 3365 | -116.5 | 0.1 |
| 92 | 3402 | -114.3 | 0.5 |
| 101 | 3438 | -113.4 | 0.8 |

从精馏塔操作角度看，因分凝分离器没有回流罐，因此当装置的负荷改变时，无法通过直接改变外部回流量来控制顶部乙烯的含量，只能通过调节冷量，改变内回流量来间接控制产品纯度，而分凝分离器冷量的调节往往受分离系统冷量平衡的制约。分凝分离器操作手段较少，分离性能主要取决于其设计。同时，分凝分离器的理论板数一般较少，传质效率不高。

在分凝分离器的设计中，对两相传热、传质过程的预测及通过其中物流的温度、组成流量等工艺参数进行正确估算非常困难，很难准确模拟出通道内从上至下液膜厚度分布以及冷量变化时液膜厚度的变化趋势。从分离角度，分凝分离器的设计也与常规精馏塔一样需要考虑气泛和液泛淹塔的现象，操作弹性的确定也很困难。另外与常规填料塔、板式塔相比，气液接触面积小，分离效率低。因此分凝分离器的设计难度要大很多。为了保证其分离效果，分凝分离器在设计时通常采用200%设计余量，即采用大余量设计。从已投用的多台分凝分离器的运行效果来看，不同程度存在高负荷下乙烯损失量增大的问题。

大余量设计直接导致了分凝分离器的尺寸增大，实际上分凝分离器的尺寸由其传质而不是传热负荷决定的。这将使得分凝分离器的设计难度增加，体积增大，设计投资增加，制造周期增加。对于600kt/a的乙烯装置，每台分凝分离器的外观尺寸约为5.5m×5.5m×22m，总投资约为800万美元左右。

因此，分凝分离器设计制造复杂、投资大、操作手段少，在高负荷下分离效果差，乙烯损失率高等是其缺点和不足。据统计，在装置高负荷下乙烯损失可达0.5%(体积分数)以上。因此分凝分离器和HRS以及分凝分馏塔相比有一定的劣势，在技术推广上遇到了一定的困难，大大限制了其在乙烯装置上的进一步应用。

## 五、热集成精馏系统

2001年，S&W公司提出了热集成精馏系统(HRS，Heat Integrated Rectifier System，有时也称为HIRS)，并于2002年付诸工业实施。HRS的工艺特点是应用板翅式换热器和S&W的冷箱专利技术，可使相近温度的冷物料进行换热，在进脱甲烷塔前对氢气和大部分甲烷进行分离，从而减少了对冷剂的需求，使得脱甲烷塔的负荷有所降低，同时不需要回流泵。这样减少了制冷压缩机的功率，能量利用率高、综合能耗少。从脱甲烷系统出来的高乙烯浓度物流完全绕过脱乙烷塔，直接进乙烯精馏塔，大大降低了脱乙烷塔的负荷及设备投资。乙烯精馏塔的两股进料减少了对冷剂的需求，在低压操作并用独立的开式热泵系统进一步节约了冷剂用量。用乙烯精馏塔进料的潜在冷冻能力替代了-40℃的丙烯冷剂，从而既降低了能耗又节约了投资。此外，HRS 冷箱系统投资低，比原有 ARS 的分凝分离器费用降低了一半以上，供货周期短、部分部件可国内供货而且占地较为紧凑。

某乙烯装置的 HRS 流程简图见图 5.4-6。来自预脱甲烷进料分离系统的罐顶气相被送入 HRS 系统，回收残留乙烯的同时分离出氢气和燃料气。尾气精馏塔进料被分成 2 股，约 30%的物料在第 19 块塔板下送入精馏塔底部。剩余 70%物料通过塔顶冷凝器预冷后送至精馏塔第 11 块塔板上。精馏塔塔顶气相进入塔顶冷凝器被部分冷凝，在回流罐中液相作为精馏塔的回流，气相送入氢气冷箱分离出装置的自产氢气、循环甲烷、高压尾气、低压尾气等。高压尾气与来自脱甲烷塔顶的低压尾气混合后送入燃料气系统，循环甲烷返回裂解气压缩机，氢气送至甲烷化系统。在精馏塔回流罐顶测量乙烯损失可以评估 HRS 系统的性能。精馏塔塔底物料主要含有甲烷和回收的全部碳二，通过液位控制送到脱甲烷塔系统。

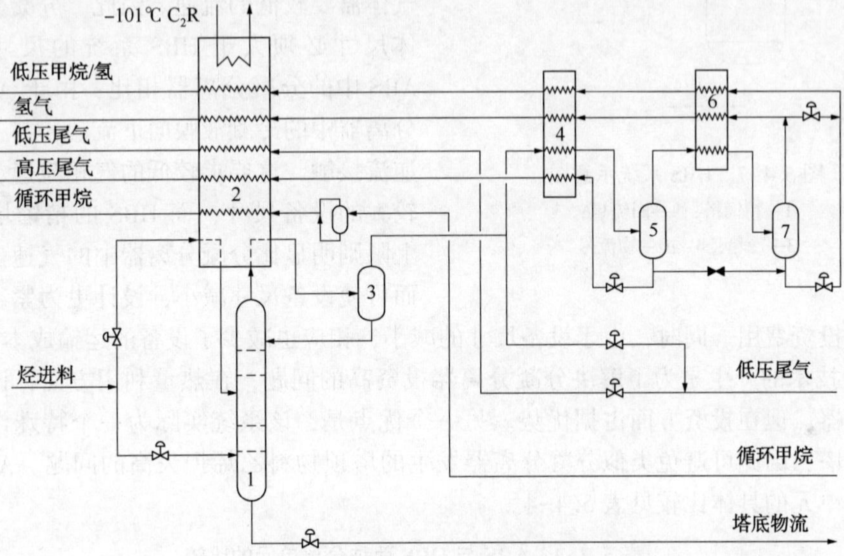


图 5.4-6　HRS 工艺流程示意图

1—尾气精馏塔；2—尾气精馏塔冷凝器；3—尾气精馏塔回流罐；4—1 号氢气换热器；5—1 号氢气罐；6—2 号氢气换热器；7—2 号氢气罐

图 5.4-7 是 HRS 系统的原理及结构图。精馏塔(1)是该精馏系统的核心，精馏塔有 4 块理论塔板。精馏塔主进料管线(4)被分成两股进料，第一股进料是一小部分，占总进料的 5%~50%，最好为 25%~35%，第二股进料是进料的大部分。小部分进料经由管线(5)作为系统的汽提蒸气进入精馏塔底部。总进料主要部分经由管线(6)进入位于高处的冷箱(3)，在此被冷却后，在比精馏塔管线(5)进料口位置更高的进料口进入精馏塔。塔顶气相经由管线(7)进入冷箱冷却后再进入回流罐(2)闪蒸。正常操作时，闪蒸后的液体经由管线(8)靠重力作为回流返回精馏塔；从回流罐顶部分离出来的气相作为产品经由管线(9)送出。精馏塔的液体经由管线(10)送出。

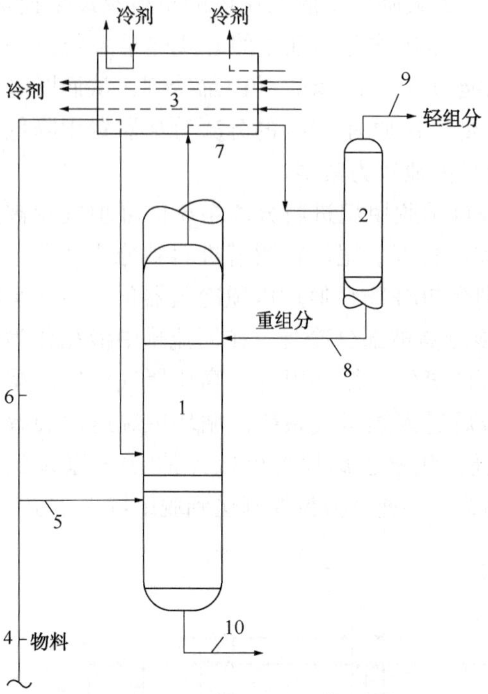


图 5.4-7　HRS 系统示意图
1—精馏塔；2—回流罐；
3—冷箱；4～10—物流号

HRS(由精馏塔、板翅式换热器和分离罐组成)是一种热集成精馏系统，是对分凝分流器的改进。在 HRS 系统中，将常规板翅式换热器、回流罐和精馏塔进行热集成，无回流泵，是 S&W 第二代 ARS 技术的核心设备。与常规的精馏塔系统相比：在常规的精馏系统中，冷剂与精馏塔塔顶的气相换热，所需的冷剂冷级较高；而在 HRS 中，冷剂先与塔顶部气相换热再与部分进料换热，提高了冷剂冷量的利用率，节省了制冷机的功率，在能量利用方面比传统方法更为有效。

分凝分离器的工作原理是基于冷凝的液膜回流进行分馏。为了实现该分馏过程的要求，气体需要较低的流速。因此，分凝分离器的整体尺寸必须大于 HRS 系统的尺寸。HRS 与 ARS 中的分凝分离器相比：由于 ARS 的分凝分离器中的冷凝液膜向下流动，与上升的气相逆流接触，这要求较低的气相流速，从而导致较大的设备尺寸；而 HRS 的精馏塔中的气速上限则明显比分凝分离器中的气速上限大，从而可使设备尺寸减小，设计更为紧凑，从而进一步节省投资费用。同时，由于设备尺寸的减小，相应也减少了设备的运输成本。

HRS 技术的产生是为了解决分凝分离器投资高的问题，在热量利用方面，该技术不及分凝分离器，但在投资方面占据优势。另一个优点是，该系统实际为一个特殊设计的带回流的分馏塔，因此可避免类似分凝分离器发生的塔顶物料乙烯损失高的问题。ARS 与 HRS 两种分离单元的具体比较见表 5.4-4。

**表 5.4-4　ARS 与 HRS 两种分离单元的比较**

| 项目 | ARS 分凝分离器 | HRS 热集成精馏系统 |
|---|---|---|
| 机理 | 在 1 个板翅式换热器中同时传质传热 | 精馏塔与板翅式换热器热集成 |
| 设计制造难度与投资 | 设计制造难度大，投资高 | 常规精馏塔和冷箱设计，投资低 |
| 可靠性 | 高 | 低 |
| 分离效果(传质) | 设计为 10～15 块理论板，实际分离效果一般 | 分离效果好 |
| 板翅式换热器作用 | 传热和传质 | 只传热 |
| 乙烯损失 | 高负荷下较大，0.5%(体积)以上 | 低 0.05%～0.1%(体积) |
| 回流 | 内回流 | 外回流 |
| 设备安装 | 板翅式换热器和分离罐被安装在 1 个大的箱体内 | 对板翅式换热器的安装无特殊要求 |

从乙烯装置的实际运行效果来看，采用 HRS 系统的装置乙烯损失(体积分数)可以小于 0.1%。影响 HRS 系统稳定运行的主要因素有裂解原料性质及裂解深度、乙烯制冷压缩机的运行情况、甲烷膨胀/再压缩机的稳定运行等，在装置的操作中需要重点注意。

# 第五节　膨胀/再压缩机及尾气压缩机

## 一、膨胀/再压缩机

在各种乙烯深冷分离技术中，获得低温和冷量的主要方法只有两种：节流阀(焦耳-汤姆逊阀)和膨胀机。这两种方法虽然都是利用高压流体急剧减压后温度降低的原理，但是它们的热力学机理和特征是不同的。前者广泛应用在各种压缩制冷系统以及冷箱中氢气与甲烷分离，是所有乙烯专利商深冷分离流程必不可缺的手段。而后者需要大量高压甲烷气体，一般只有采用高压脱甲烷流程的专利商才会使用。

相对于不做功的节流过程，由于膨胀机对外做功，根据热力学第一定律会额外损失内能而使自身温度进一步降低，因此相同温度和压力下的高压气体分别通过节流和膨胀做功达到相同低压，膨胀机会比节流阀获得更低的温度和更多冷量。如果结合再压缩机，将膨胀机所做的功用于压缩膨胀后低压气体，这样在达到相同终端压力的前提下，膨胀机出口压力可进一步降低而得到更低的温度和冷量，膨胀机相对于节流阀的制冷优势更加明显。基于这个原因，不同乙烯专利商只要使用高压脱甲烷流程，都会倾向于使用膨胀/再压缩机工艺来为冷箱提供足够的低温冷量，以降低甲烷氢尾气中乙烯含量，减少乙烯损失。

在具体流程方面，不同乙烯专利商膨胀/再压缩设计略有不同。图 5.5-1a 是一种典型流程，主要特征是膨胀机出口不设气液分离罐，直接送至冷箱入口，进入冷箱同一个通道。另外为了提高压缩效率，再压缩机入口温度比较低，压缩后的甲烷尾气再次进入冷箱回收冷量。图 5.5-1b 是另一种流程，主要特征是膨胀机出口设置分液罐，气液两相分别进入冷箱不同通道；其中气相经再压缩后作为甲烷尾气，而液相由于乙烯指标较高，将返回裂解气压缩机一段打循环(这股物流被称作循环甲烷)。而且再压缩机入口温度较高，压缩后直接送下游系统，不再返回冷箱。在某些装置中 S&W 流程还会采用两级膨胀，其中一级膨胀后的液相作为循环甲烷，气相经二级膨胀后气液全部作为甲烷尾气。比较而言，第一种流程比较注重简单实用、节省设备投资、提高再压缩机效率；而第二种的流程主要用于补充冷量，但是膨胀机和冷箱的设计都更趋复杂，而且循环甲烷会略微增加裂解气压缩机功率。具体采用哪种流程还要看裂解原料，当裂解气中甲烷含量过低时，可以考虑采用循环甲烷的方案。

表 5.5-1 提供了国内某乙烯装置膨胀/再压缩机主要工艺参数(100%负荷)。

**表 5.5-1　膨胀/再压缩机主要工艺参数**

| 项　　目 | 膨胀机 | 再压缩机 | 项　　目 | 膨胀机 | 再压缩机 |
|---|---|---|---|---|---|
| 流量/(kg/h) | 25180 | 25180 | 出口温度/℃ | -144 | 11.6 |
| 分子量 | 15.15 | 15.15 | 功率/kW | 707 | 706 |
| 入口压力/MPa(A) | 3.201 | 0.334 | 等熵效率/% | 84.5 | — |
| 入口温度/℃ | -97.6 | -32 | 多变效率/% | — | 77.5 |
| 出口压力/MPa(A) | 0.384 | 0.579 | 出口液相分率/%(质量) | 19.4 | — |

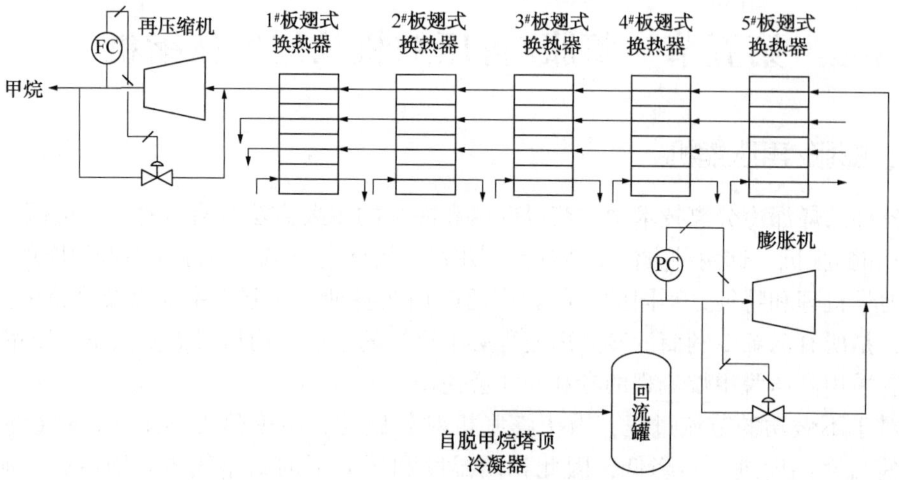


图 5.5-1a　膨胀-再压缩机流程示意图

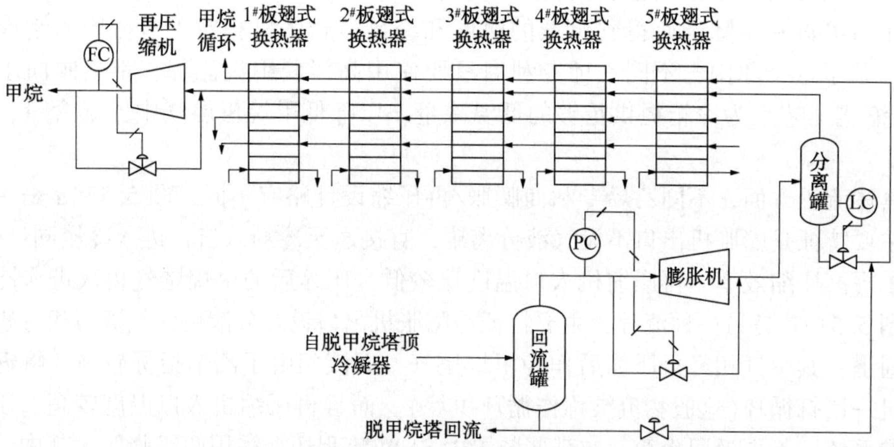


图 5.5-1b　带甲烷循环的膨胀-再压缩机流程示意图

为防止甲烷膨胀机进口的气相夹带液体，在脱甲烷塔回流罐上设置了高高液位联锁，当检测出液位高高时，将引发膨胀再压缩机联锁跳车。另外再压缩机入口管线上也设置了温度低低联锁，当检测出温度低低时，也将引发膨胀再压缩机联锁跳车。当发生联锁时，应迅速切断膨胀机和压缩机的进口切断阀。膨胀机停车期间，膨胀机旁路阀可用作焦耳-汤姆逊阀来代替膨胀机产生低温的甲烷气为冷箱提供冷量。但由于提供的冷量不够，将使尾气中的乙烯含量增加。

## 二、尾气压缩机

乙烯粗氢的分离在 3.3MPa(G)、-163℃的条件下进行，可以保证乙烯粗氢中氢气含量不低于 95%(摩尔)。分离所需的冷量大部分由氢气罐底的液相辅之以少量罐顶气相粗氢提供，二者减压后进入冷箱最冷端的同一流道，为冷箱提供最低级位的冷量，该股物流在冷箱中汽化和复热之后，送干燥器再生系统或燃料气系统。再生系统和燃料气系统压力一般为 0.55MPa(G)和 0.35MPa(G)，氢气罐底液相按此背压节流后提供的冷量有所欠缺，需要将氢气并入尾气中以满足生产95%(摩尔)氢气所需冷量，所以氢气回收率大幅度降低。为了提高氢气回收率，可设置低压甲烷压缩机以降低节流背压，提供更多冷量，提高氢气回收率。

低压甲烷压缩机一般为两段，各段出口通过循环水冷却，二段水冷后设有最小旁路线，返回压缩机一段入口。表5.5-2为某乙烯装置低压甲烷压缩机工艺参数，机组为一台水平剖分离心式压缩机。

**表5.5-2　某乙烯装置低压甲烷压缩机工艺参数**

| 项　目 | | 一段 | 二段 |
|---|---|---|---|
| 体积流量/($m^3$/h) | | 11715 | 5691 |
| 质量流量/(kg/h) | | 8968 | 8968 |
| 吸入条件 | 压力/kPa(A) | 136 | 291 |
| | 温度/℃ | 30 | 42 |
| | 绝热指数($C_p/C_v$) | 1.3126 | 1.3106 |
| | 平均分子量 | 14.12 | 14.12 |
| 排出条件 | 压力/kPa(A) | 311 | 671 |

低压甲烷压缩机采用电机驱动，正常工况下，介质低压甲烷的平均分子量约为14，单机试车时，与空气的分子量相差较大，故电机功率应适当考虑设计余量。

低压甲烷压缩机发生故障，对再生气系统和燃料气系统造成影响，装置将不能有效运行和达到设计能力。不过，如果该压缩机能够很快投用，则不需要对整个装置停车。

## 三、甲烷制冷压缩机

### 1. 概述

乙烯装置深冷分离单元使用低温位的冷剂满足分离要求。为减少甲烷中乙烯损失，保证装置乙烯回收率，脱甲烷的操作温度需降至-100℃以下；为保证乙烯粗氢浓度达到95%(摩尔)左右，其操作温度需降至-160℃左右。乙烯冷剂最低能够提供-101℃级位的冷量，温度低于-101℃级位的冷量，通常可以采用以下几种方式提供：

① 纯组分甲烷冷剂制冷系统。丙烯制冷系统、乙烯制冷系统和甲烷制冷系统，组成丙烯-乙烯-甲烷复叠制冷系统。

② 含有甲烷的二元或三元制冷系统。制冷系统为二元或三元闭式制冷系统，其中含甲烷的冷剂提供最冷级位的冷量。

③ 裂解气中的富甲烷物流，通过膨胀机进行等熵膨胀或通过节流阀进行等焓节流膨胀。

当裂解原料偏轻，裂解气中的甲烷/氢比例偏低时，受到甲烷含量限制，提供的冷量不能满足冷量需求，部分甲烷产品可以循环返回裂解气压缩机，平衡装置冷量。此时裂解气压缩机对甲烷增压，起到甲烷制冷压缩机的作用。

采用高压脱甲烷分离流程，利用裂解气中的甲烷进行等熵或等焓膨胀制取低温冷量可以满足冷量的平衡。在采用中压脱甲烷时，若仅用裂解气中的甲烷制取低温冷量，冷量略显紧张。此时，常常采用少量甲烷返回裂解气压缩机段间，为系统补充冷量。当采用低压脱甲烷时，仅用裂解气中甲烷制取的低温冷量远远不足以满足冷量需求。此时，需要设置甲烷制冷系统，或采用甲烷循环的方式平衡低温冷量。由于低温冷量缺口较大，故低压脱甲烷比中压脱甲烷的循环甲烷量要大。

2. 流程简述

乙烯装置中的甲烷制冷系统均采用丙烯-乙烯-甲烷复叠制冷系统，此时，甲烷压缩机一般为常温压缩机，段间设置水冷器，一般为两段。

甲烷制冷系统可采用开式循环系统，也可采用闭式循环系统。开式循环系统中作为制冷介质的甲烷与脱甲烷塔塔顶相连，而闭式循环系统中作为制冷介质的甲烷在封闭系统中独立循环。这两种系统相比，开式循环系统的功耗比闭式循环系统的功耗高 1.0~1.2kW/t 乙烯产品。但开式循环系统投资较闭式循环系统低。开式循环系统的操作简单、可靠，尤其在要求输出高压甲烷量较大时，其应用比闭式循环系统更为广泛。

图 5.5-2 为乙烯装置中闭式甲烷制冷系统典型工艺流程。如图所示，经冷量回收的低压甲烷[约 0.5MPa(G)]进入甲烷压缩机，经两段压缩后，分别水冷，二段压缩出口[约 3.2MPa(G)]，再经板翅式换热器冷却，然后在冷凝器中用乙烯冷剂使其冷凝。冷凝后的液态甲烷经过冷后，减压节流至 0.5MPa(G)，送入甲烷压缩机分离罐。分离罐中的液态甲烷供脱甲烷塔顶冷凝器作为冷剂，蒸发的甲烷返回吸入罐，吸入罐中的气态甲烷经换热器回收冷量后(温度升至 3.5℃左右)返回甲烷压缩机一段。

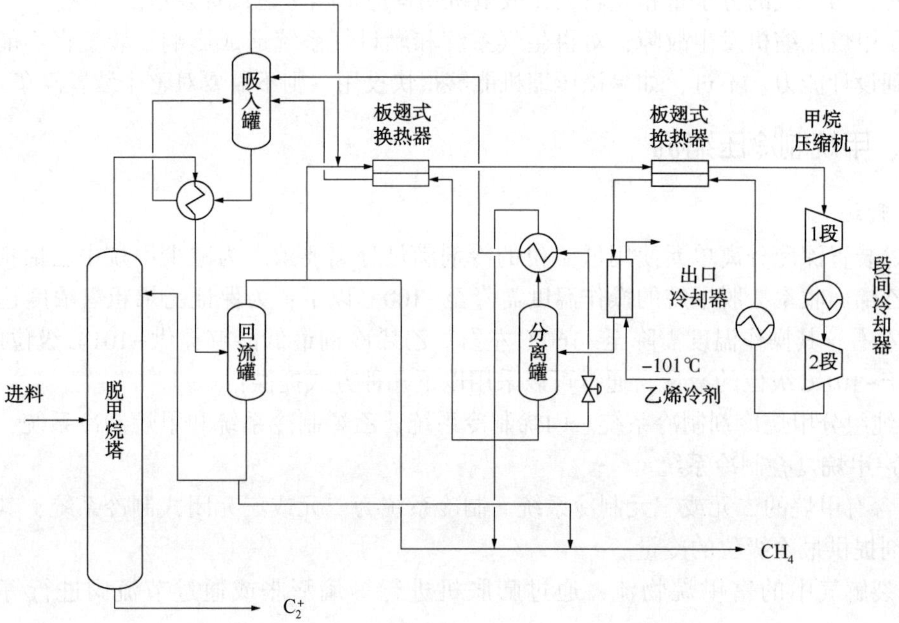


图 5.5-2　闭式甲烷制冷系统典型工艺流程

闭式甲烷制冷系统设备多、效率低，后被开式制冷系统取代。图 5.5-3 为乙烯装置中开式循环甲烷制冷系统典型工艺流程。如图所示，脱甲烷塔塔顶气体[0.57MPa(G)]经换热器回热后进甲烷压缩机，经第一段压缩用循环水冷却，然后进入第二段压缩，第二段压机出口压力约 3.97MPa(G)，再经出口冷却器、板翅式换热器冷却后用乙烯冷剂使其部分冷凝。混相再经板翅式换热器降温后进入脱甲烷塔回流罐，回流罐中的液态甲烷部分作为脱甲烷塔回流，部分节流降温后送入冷箱作为冷剂。回流罐中的气态甲烷与脱甲烷塔顶甲烷混合，部分返回甲烷压缩机，部分作为中压甲烷输出。

当需要输出高压甲烷时，可从甲烷压缩机二段出口水冷器后直接输出界区。

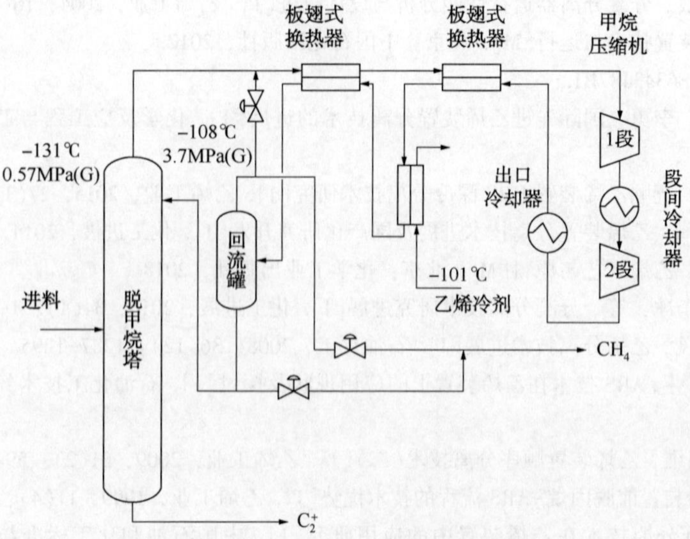


图 5.5-3 开式甲烷制冷系统典型工艺流程

## 3. 工艺参数

当乙烯装置规模较小时，甲烷制冷系统可采用往复式压缩机。考虑到往复式压缩机的停车维修，一般设置两台一开一备，适应负荷变化的要求。往复式压缩机设有卸载装置，压缩机可在0%、25%、50%、75%、100%五个负荷工况下操作，但厂家一般不建议在非满负荷长时间操作。大型装置甲烷制冷机常采用离心式压缩机。某乙烯装置甲烷制冷压缩机工艺参数见表 5.5-3。

**表 5.5-3 某乙烯装置甲烷制冷压缩机工艺参数**

| 项　目 | 正　常 | |
|---|---|---|
| | 一级 | 二级 |
| 流量/(kg/h) | 21327 | 21327 |
| 吸入条件 | | |
| 压力/MPa(A) | 0.649 | 1.602 |
| 温度/℃ | 36.1 | 132.9 |
| 分子量 | 15.44 | 15.44 |
| $C_p/C_v$ | 1.317 | 1.275 |
| 压缩因子 $Z$ | 0.992 | 0.996 |
| 出口条件 | | |
| 压力/MPa(A) | 1.583 | 3.896 |
| 温度/℃ | 40.5 | 140.9 |
| $C_p/C_v$ | 1.337 | 1.295 |
| 压缩因子 $Z$ | 0.981 | 0.994 |
| 压比 | 2.44 | 2.43 |

## 参 考 文 献


[1] 李立新，邹余敏．分凝分离器运行性能分析与设计改进[J]．乙烯工业，2004，16(1)：21-23.

[2] 王松汉．乙烯装置技术与运行[M]．北京：中国石化出版社，2012.

[3] Chen，David. US6343487B1.

[4] 陈明辉，王俭，李勇．国际先进乙烯装置分离技术的进展[J]．化学反应工程与工艺，2005，21(6)：542-561.

[5] 尤成宏，付裕．抚顺乙烯装置 HRS 深冷分离技术研究[J]．乙烯工业，2015，27(1)：38-42.

[6] 王子宗，何细藕．乙烯装置分离技术进展及国产化研究开发[J]．化工进展，2014，33(3)：523-538.

[7] 胡杰，王松汉．乙烯工艺与原料[M]．北京：化学工业出版社，2018.

[8] 李梅，郭浩，李冰，等．分凝分离技术研究进展[J]．化工进展，2015，34(1)：1-9.

[9] 李晓风，李东风．乙烯分离技术进展[J]．石油化工，2008，36(12)：1287-1295.

[10] 潘晓磊，朱绍芬．ARS 技术在乙烯装置上的应用现状及探讨[J]．石油化工技术经济，1996，12(4)：56-59.

[11] 盛在行，王振维．乙烯装置顺序分离技术(二)[J]．乙烯工业，2009，21(2)：59-64.

[12] 杨春生．乙烯装置前脱丙烷-ARS 流程的技术优势[J]．乙烯工业，1999，11(4)：1-5.

[13] 王琳琳．分凝分馏技术在乙烯装置中的应用研究[J]．中国石油和化工标准与质量，2018，(6)：147-150.

[14] 盛在行．氮氧化物在深冷分离过程中的危险性分析[J]．石油化工安全环保技术，2009，25(4)：40-43.

[15] 张爱华．大型乙烯装置裂解气深冷系统设备和管道布置研究[J]．石油化工设计，2011，28(3)：40-42.

[16] 付秀勇，吐依洪江，吴昉．轻烃装置冷箱的汞腐蚀机理与影响因素研究[J]．石油与天然气化工，2009，38(6)：478-484.

[17] 李国诚，诸林．油气田轻烃回收技术[M]．成都：四川科技出版社，1998.

[18] 邹玉军，白林，张志飞，等．乙烯制冷压缩机冷箱流道堵塞原因分析及处理[J]．中国设备工程，2018，10(上)：113-116.

# 第六章 碳二分离系统

## 第一节 工艺原理及流程

碳二分离系统的主要作用是将碳二及碳二以下的轻组分从裂解气中分离出来，并通过乙烯精馏塔进一步精制得到聚合级乙烯产品，该系统主要包括脱乙烷塔系统和乙烯精馏塔系统。不同的分离流程，碳二分离系统的原料及运行条件也不相同。本章将从不同的分离工艺流程介绍碳二分离系统的工艺流程、工艺参数及控制方案，以及脱乙烷塔和乙烯精馏塔的相关设计要点。

### 一、顺序分离流程

在典型的顺序分离流程当中，碳二分离系统主要由脱乙烷塔、碳二加氢、绿油脱除、干燥、乙烯精馏塔组成。典型的顺序分离技术碳二分离系统如图 6.1-1 所示，通常采用产品加氢方案，即脱乙烷塔塔顶产品进入加氢单元。

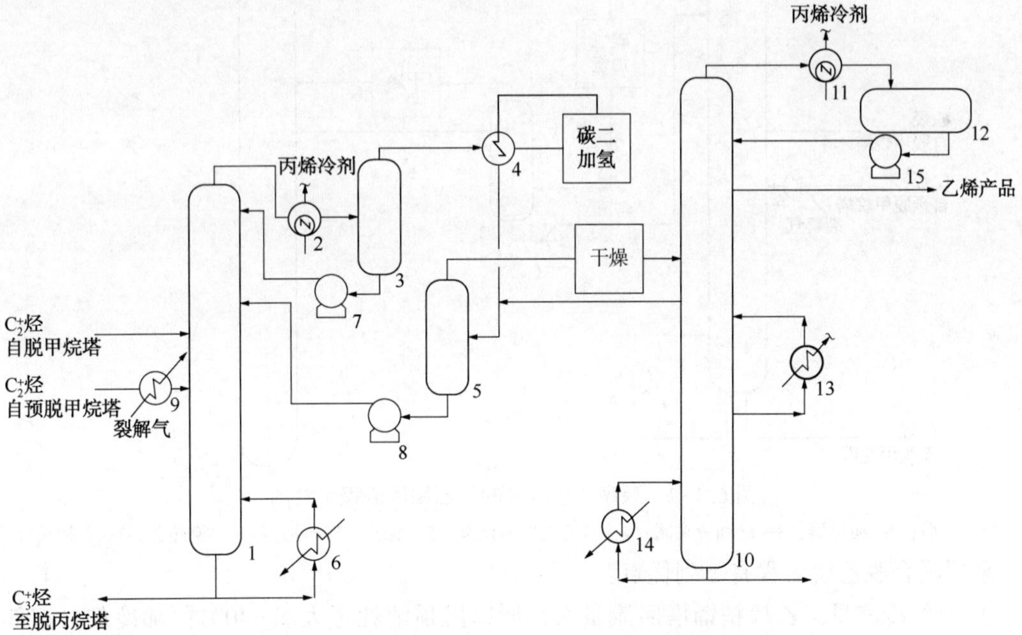


图 6.1-1 典型的顺序分离技术碳二分离系统流程示意图

1—脱乙烷塔；2—脱乙烷塔冷凝器；3—脱乙烷塔回流罐；4—碳二加氢进出料换热器；5—绿油分离罐；6—脱乙烷塔再沸器；7—回流泵；8—绿油回流泵；9—换热器；10—乙烯精馏塔；11—乙烯精馏塔冷凝器；12—乙烯精馏塔回流罐；13—乙烯精馏塔中沸器；14—乙烯精馏塔再沸器；15—乙烯精馏塔回流泵

裂解气经过预脱甲烷塔(如有)及脱甲烷塔脱除甲烷及更轻组分后，塔釜碳二及更重组分进入脱乙烷塔进行分离。脱乙烷塔塔顶分离出的碳二组分，在冷凝器中被丙烯冷剂冷却后进入回流罐进行分液，其中液相部分通过回流泵返回脱乙烷塔作为回流，气相部分经过换热器与加氢后的工艺气换热后进入碳二加氢反应器脱除乙炔。在脱炔的过程中，会产生一定量的低聚物，俗称绿油，绿油会干扰后续的干燥过程，因此在碳二加氢后还设置有绿油分离罐。在绿油分离罐中，加氢后的工艺气与自乙烯精馏塔中段抽出的液相碳二混合，脱除碳二加氢反应副产的绿油，随后经过干燥进入乙烯精馏塔，绿油分离罐底部的液相经绿油回流泵增压返回脱乙烷塔，绿油最终会随脱乙烷塔塔釜物流进入脱丙烷塔系统。进入乙烯精馏塔的碳二工艺气，经分离后聚合级乙烯自塔顶侧线抽出，工艺气中的不凝气在乙烯精馏塔顶的巴式精馏段进行分离，并从乙烯精馏塔回流罐顶不凝气冷凝器排出。乙烯精馏塔塔釜产出的乙烷经回收冷量汽化后，作为裂解炉循环原料返回原料预热单元。

当采用全馏分加氢时，脱乙烷塔塔顶采出的碳二馏分不经冷凝直接进入碳二加氢单元，去除其中的乙炔，随后经过乙烯精馏塔中段物流洗涤，去除其中的绿油，而后干燥进入乙烯精馏塔，带有绿油组分的乙烯精馏塔中段物流作为脱乙烷塔回流。改进的脱乙烷塔系统流程如图 6.1-2 所示。改进的脱乙烷塔系统没有设置塔顶冷凝回流的流程，而是从乙烯精馏塔进料以下位置抽出一股侧线作为脱乙烷塔回流。这股液体先在绿油分离罐中对乙烯精馏塔进料进行洗涤，脱除其中的绿油，随后泵送回脱乙烷塔作为回流。由于将脱乙烷塔塔顶气相全部引入碳二加氢，该物流中的乙炔含量较低，碳二加氢反应器可仅设置单个床层。

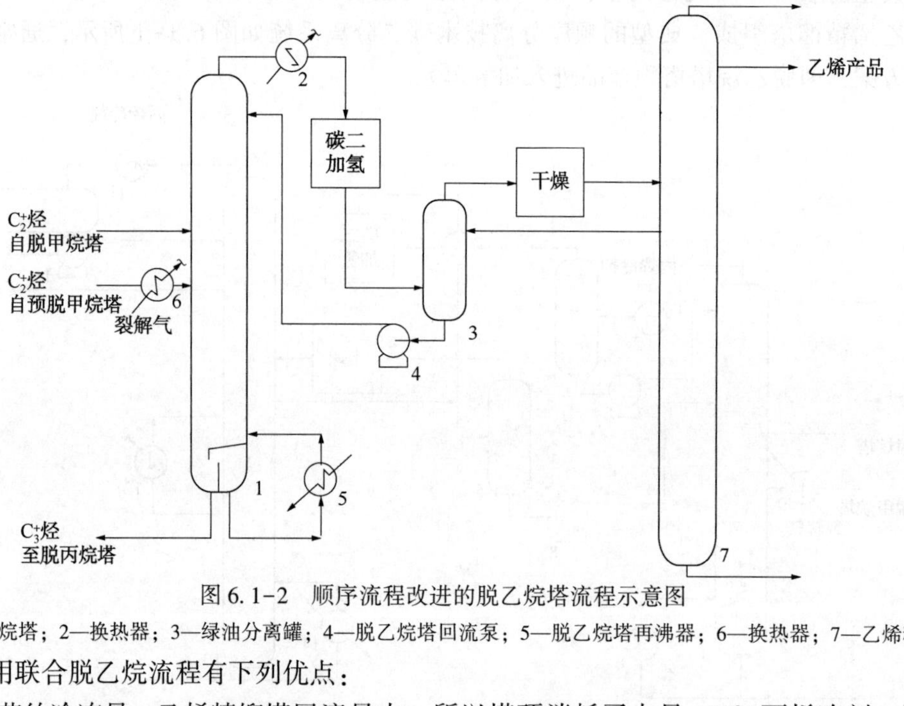


图 6.1-2　顺序流程改进的脱乙烷塔流程示意图

1—脱乙烷塔；2—换热器；3—绿油分离罐；4—脱乙烷塔回流泵；5—脱乙烷塔再沸器；6—换热器；7—乙烯精馏塔

采用联合脱乙烷流程有下列优点：

① 节约冷冻量。乙烯精馏塔回流量大，所以塔顶消耗了大量-40℃丙烯冷剂，该部分冷量的回收十分重要。由于乙烯精馏塔进料中乙烯浓度较高，相应塔板的温度比较低，因此可以采用中间再沸器来回收冷量。但用预冷裂解气来回收冷量受到一定的限制，同时又没有更合适的物料充分回收中间再沸器的冷量，为此提出了改进的脱乙烷塔方案，将脱乙

烷塔和乙烯精馏塔联合操作，实际上是乙烯精馏塔又增加了一个中间再沸器。它的热负荷相当于脱乙烷塔塔顶冷凝器，相当于节约脱乙烷塔顶-25℃左右的丙烯冷剂，少回收了乙烯精馏塔塔釜-10℃左右的冷量。

② 省掉了脱乙烷塔顶冷凝器，节约了投资。

③ 减小了乙烯精馏塔再沸器的加热面积。

## 二、前脱丙烷分离流程

前脱丙烷分离工艺流程通常采用前端加氢工艺，典型的前脱丙烷前加氢分离技术工艺流程如图 6.1-3 所示。从裂解炉来的裂解气，经急冷、压缩后，首先在脱丙烷塔系统中将碳三及以下轻组分与碳四及以上重组分分离，分离出的碳三及以下轻组分经碳二加氢脱除乙炔后，再进入深冷分离及脱甲烷塔系统分离氢气和甲烷等轻组分，自脱甲烷塔底的碳二和碳三组分进入碳二分离系统进一步精制分离，碳二分离系统主要包括脱乙烷塔及乙烯精馏塔。脱甲烷塔底物料进入脱乙烷塔，分离出的塔顶混合碳二送至乙烯精馏塔系统，塔釜混合碳三进入碳三加氢及后续系统。乙烯精馏塔塔顶得到聚合级乙烯产品，塔釜的乙烷组分送至裂解炉循环裂解。

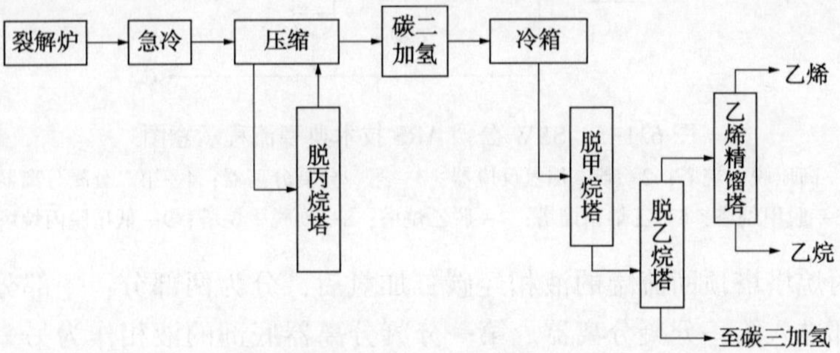


图 6.1-3　典型的前脱丙烷前加氢分离技术工艺流程示意图

典型的前脱丙烷前加氢分离技术中碳二分离系统的主要特点是：

① 前碳二加氢所产生的绿油量甚微，无需绿油洗涤系统，乙烯精馏塔进料中不含污染产品的杂质，且塔釜再沸器不易因绿油在塔釜累积而导致传热效果变差。

② 由于乙烯精馏塔进料中不含氢气和甲烷轻组分，乙烯精馏塔无需巴氏精馏段，也无不凝气返回。

③ 通常采用低压乙烯精馏塔和乙烯制冷压缩机组成的开式热泵系统，乙烯精馏塔在低压下操作，更有利于乙烯组分和乙烷组分的分离，结合热泵技术，可有效节省装置能耗。典型的开式热泵系统如图 6.1-4 所示。

以下简单介绍几大专利商的前脱丙烷前加氢分离技术中碳二分离系统的技术特点及工艺流程。

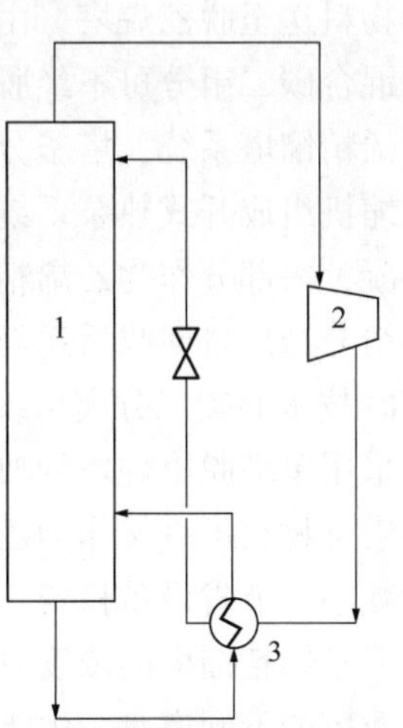


图 6.1-4　典型的开式热泵系统示意图

1—乙烯精馏塔；2—乙烯制冷压缩机；3—乙烯精馏塔再沸器

1. TechnipFMC 公司前脱丙烷前加氢分离技术

S&W 公司前脱丙烷前加氢分离流程早期主要采用 ARS(Advanced Recovery System)技术，以分馏分凝器(dephlegmator)取代典型流程中的冷箱，脱甲烷塔系统采用双塔脱甲烷技术。S&W 公司 ARS 技术典型流程见图 6.1-5。

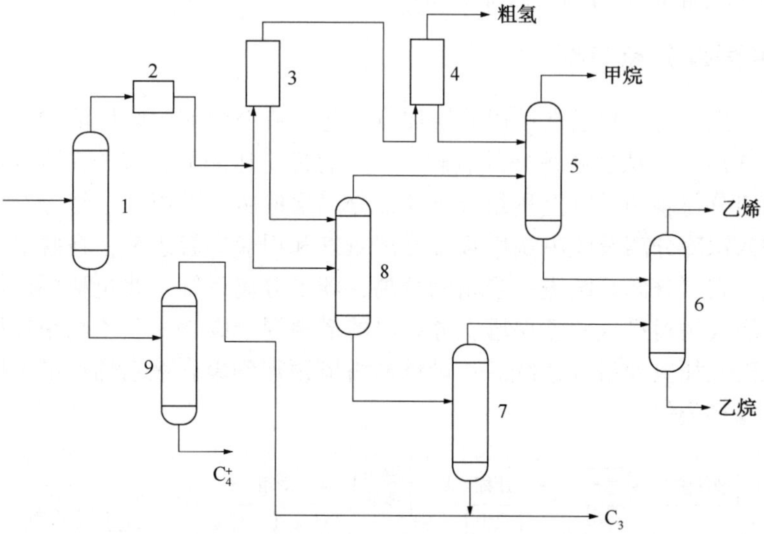


图 6.1-5　S&W 公司 ARS 技术典型流程示意图

1—高压脱丙烷塔；2—碳二加氢反应器；3—第一分凝分离器；4—第二分凝分离器；5—脱甲烷塔；6—乙烯精馏塔；7—脱乙烷塔；8—预脱甲烷塔；9—低压脱丙烷塔

自高压脱丙烷塔塔顶回流罐的液相经碳二加氢后，分为两部分：一部分直接进入预脱甲烷塔，另一部进入第一分凝分离器。第一分凝分离器底部的液相作为另一股进料进入预脱甲烷塔，顶部气相经第二分凝分离器进一步深冷分离后，底部不含碳三组分的液相送至脱甲烷塔。预脱甲烷塔塔顶不含碳三组分的物料送至脱甲烷塔，预脱甲烷塔塔釜不含甲烷组分的物料送至脱乙烷塔。由于脱甲烷塔的几股进料中均不含碳三组分，因此，脱甲烷塔塔釜的混合碳二组分可不经脱乙烷塔直接送至乙烯精馏塔。脱乙烷塔塔顶分离出混合碳二送至乙烯精馏塔系统，塔釜分离出混合碳三进入碳三加氢及后续系统。乙烯精馏塔与乙烯制冷压缩机组成开式热泵系统，塔顶物料经压缩机升压后再为塔釜再沸器提高热量，同时自身冷凝，一部分作为乙烯精馏塔的回流，另一部分作为乙烯产品采出。乙烯精馏塔塔釜的乙烷组分经冷量回收后送至裂解炉循环裂解。

ARS 技术的碳二分离系统除了具有前述典型流程的特点外，还具有以下几个特点：

与采用单塔脱甲烷塔的典型流程相比，ARS 技术所采用的双塔脱甲烷塔流程，由于脱甲烷塔塔釜物料可直接作为乙烯精馏塔的进料，脱乙烷塔的负荷降低，脱乙烷塔相关的设备尺寸减小，节省设备投资，且明显降低了丙烯制冷压缩机的负荷。

根据乙烯精馏塔的浓度分布，自脱乙烷塔塔顶和自脱甲烷塔塔釜的两股进料分别进入乙烯精馏塔的不同塔盘。由于上部进料可起到一定的回流作用，因此，乙烯精馏塔的回流比减小，节省能耗。

由于 ARS 技术中所采用的分凝分离器属专利设备，价格昂贵，单台处理能力有限，且在国内外的乙烯装置中存在由于分凝分离器顶部气相温度高而导致乙烯回收率降低等问题，S&W 公司在 ARS 技术的基础上，提出了热集成精馏 HRS(Heat-integrated Rectifier System)技术，将传统的板翅式换热器、分离罐和精馏塔进行了热集成，以替代分凝分离器。其碳二分离系统的流程与 ARS 技术类似。S&W 公司 HRS 技术典型流程见图 6.1-6。

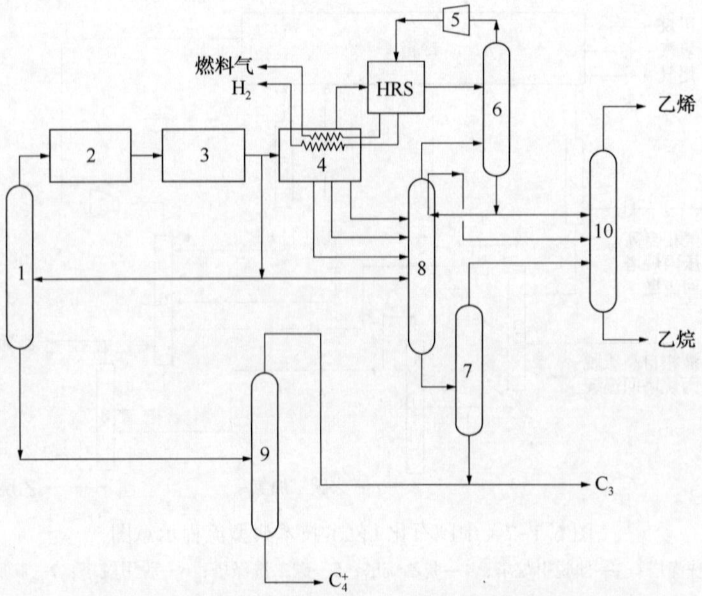


图 6.1-6　S&W 公司 HRS 技术典型流程示意图

1—高压脱丙烷塔；2—裂解气压缩机五段；3—碳二加氢反应器；4—冷箱；5—膨胀机；6—脱甲烷塔；7—脱乙烷塔；8—预脱甲烷塔；9—低压脱丙烷塔；10—乙烯精馏塔

以下以某装置为例，简单介绍 S&W 公司前脱丙烷前加氢分离流程 HRS 技术中碳二分离系统的工艺流程，该装置的裂解原料为石脑油、$C_4$~$C_6$ 烷烃和炼厂干气等。

脱乙烷塔将自预脱甲烷塔塔釜的进料分离为塔顶的混合碳二馏分和塔釜的碳三馏分。脱乙烷塔塔顶气相经-21℃丙烯冷剂完全冷凝后，进入脱乙烷塔回流罐。回流罐底部液相一部分经泵送至脱乙烷塔塔顶作为回流，另一部分作为进料进入乙烯精馏塔。脱乙烷塔塔釜再沸器采用急冷水作为热源，塔釜液相经冷却水冷却后进入碳三加氢系统。

乙烯精馏塔的进料有两股，分别来自脱乙烷塔回流罐和脱甲烷塔塔釜。乙烯精馏塔系统与乙烯制冷系统组成开式热泵系统，塔顶气体与乙烯制冷压缩机三段吸入罐顶的气体一起进入乙烯制冷压缩机三段，塔釜循环乙烷经冷量回收后送至循环乙烷炉裂解。

乙烯制冷压缩机采用蒸汽透平驱动的五段离心式压缩机系统。压缩机三段出口气体经丙烯冷剂脱过热后，作为乙烯精馏塔中沸器的热源。压缩机四段出口气相经-7℃和-21℃级丙烯冷剂脱过热后，一部分作为乙烯精馏塔再沸器的加热介质而被冷凝，其余乙烯气体用-37℃级丙烯冷剂冷凝，冷凝后的乙烯液体送至乙烯冷剂收集罐。罐中的乙烯液体一部分经泵升压后作为液相乙烯产品送至界区，另一部分经脱甲烷塔釜液汽化器回收冷量后分为两股，一股作为冷剂循环利用，另一股与乙烯精馏塔中沸器冷凝的液体合并作为乙烯精馏塔的回流。

2. 中国石化前脱丙烷前加氢技术

中国石化的前脱丙烷前加氢分离流程采用低能耗乙烯技术(Low Energy Consumption

Technology，简称 LECT)，其冷分离系统采用分配分离原理，脱乙烷塔只有一股来自预脱甲烷塔塔釜的进料。乙烯精馏塔的进料有两股，一股为脱乙烷塔的塔顶物料，另一股为脱甲烷塔的塔釜物料。低压乙烯精馏塔与乙烯制冷压缩机组成开式热泵系统。中国石化 LECT 技术的典型流程见图 6.1-7。

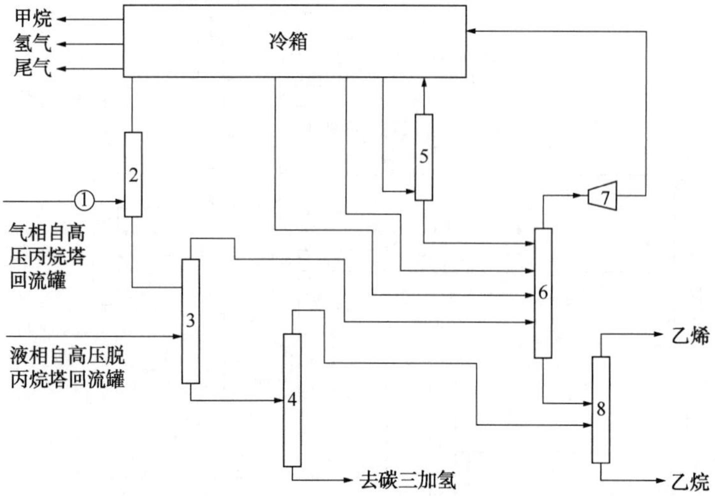


图 6.1-7　中国石化 LECT 技术典型流程示意图

1—激冷器；2—碳三洗涤塔；3—预脱甲烷塔；4—脱乙烷塔；5—碳二洗涤塔；6—脱甲烷塔；7—膨胀机；8—乙烯精馏塔

预脱甲烷塔釜液分为两部分，其中一部分直接作为进料进入脱乙烷塔，另一部分为高压脱丙烷塔回流提供冷量冷却裂解气后自身汽化，进入脱乙烷塔较低层塔板。脱乙烷塔塔顶气相经-22℃丙烯冷剂冷凝后，进入脱乙烷塔回流罐。回流罐底部液相一部分经泵送至脱乙烷塔塔顶作为回流，另一部分作为进料进入乙烯精馏塔。脱乙烷塔塔釜液相经冷却水冷却后送至碳三加氢系统。

乙烯精馏塔的进料有两股，一股来自脱乙烷塔回流罐，另一股来自脱甲烷塔塔釜。乙烯精馏塔系统与乙烯制冷压缩机组成开式热泵系统，塔顶气体与乙烯制冷压缩机三段吸入罐顶的气体一起进入乙烯制冷压缩机三段，塔釜循环乙烷经裂解气和冷箱回收冷量后送往裂解炉区循环裂解。

乙烯制冷压缩机采用蒸汽透平驱动的五段离心式压缩机系统。压缩机三段出口抽出一部分乙烯气体作为乙烯精馏塔中沸器的加热介质而被冷凝，冷凝后的液相作为乙烯精馏塔的一部分回流。压缩机四段出口气相经-1℃和-22℃级丙烯冷剂脱过热后，一部分乙烯气体作为乙烯精馏塔再沸器的加热介质而被冷凝，其余乙烯气体用-40℃级丙烯冷剂冷凝，冷凝后的乙烯液体送至乙烯冷剂收集罐，罐中的乙烯液体经冷箱回收部分冷量后，一部分作为冷剂循环利用，另一部分与自乙烯精馏塔中沸器冷凝的液相合并作为乙烯精馏塔的回流。

### 3. KBR 公司前脱丙烷前加氢分离技术

KBR 公司的前脱丙烷前加氢分离流程采用 ALCET(Advanced Low Capacity Ethylene Technology)技术，其碳二分离系统的主要特点是采用双塔脱甲烷系统，脱乙烷塔有两股进料，一股来自脱甲烷塔的塔釜，另一股来自深冷系统的脱甲烷塔汽提塔的塔釜。脱乙烷塔压力较低，塔顶冷凝器采用-40℃级位的丙烯冷剂作为冷源。乙烯精馏塔操作压力较低，约为

0.4MPa(G)，且进料只有一股，来自脱乙烷塔的塔顶混合碳二组分。采用低压乙烯精馏塔与乙烯制冷压缩机组成的开式热泵系统。乙烯精馏塔塔顶物料直接进入乙烯制冷压缩机的二段吸入罐，经二段压缩后的气体，采出一股作为乙烯精馏塔塔釜再沸器的热源，冷凝后作为乙烯精馏塔的一股回流。压缩机三段出口的部分物料经冷凝后分为两部分，一部分作为乙烯精馏塔的第二股回流；另一部分经泵加压后分成两股，一股作为脱乙烷塔的回流，另一股作为液相乙烯产品送出界区。KBR公司ALCET技术的典型流程见图6.1-8和图6.1-9。

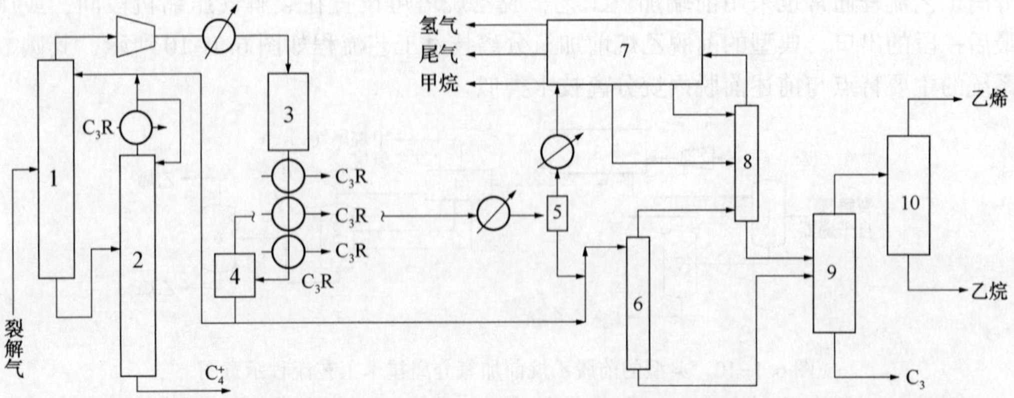


图6.1-8　KBR公司ALCET技术典型流程示意图

1—高压脱丙烷塔；2—低压脱丙烷塔；3—碳二加氢反应器；4—高压脱丙烷塔回流罐；5—第一分离罐；6—脱甲烷塔汽提塔；7—冷箱；8—脱甲烷塔；9—脱乙烷塔；10—乙烯精馏塔

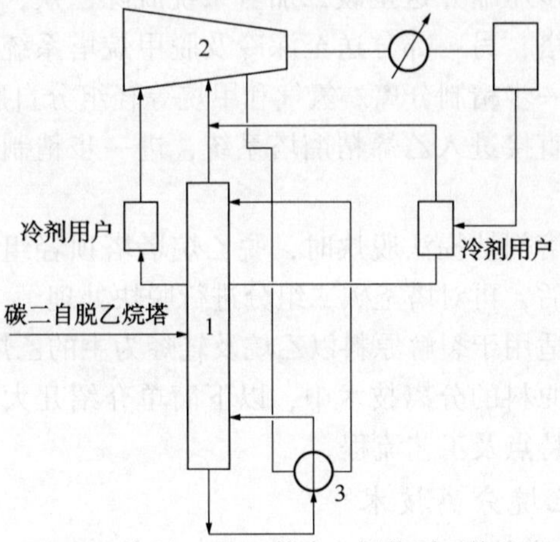


图6.1-9　KBR公司ALCET技术乙烯热泵系统流程示意图

1—乙烯精馏塔；2—乙烯制冷压缩机；3—乙烯精馏塔再沸器

典型的前脱丙烷前加氢分离流程中的脱乙烷塔和顺序流程比较类似，但是前脱丙烷流程中，脱乙烷塔的进料不包含比碳三更重的组分，因此相比之下，前脱丙烷流程的脱乙烷塔组分更加单一。脱乙烷塔的作用主要是将碳二和碳三分离，并分别送至乙烯精馏塔和丙烯精馏塔。脱乙烷塔塔顶采用丙烯冷剂冷凝，塔釜温度受塔压影响，一般不超过70℃，可以用急冷水作为塔釜热源。

KBR公司在其推出的前脱丙烷流程中将脱乙烷塔进行了优化调整，在传统脱乙烷塔的顶部又增加了约50块塔盘，由脱乙烷塔顶部采出部分合格乙烯产品，据报道采出的乙烯可占总产量的30%。脱乙烷塔侧线采出一股乙烯和乙烷混合的碳二产品进入乙烯塔，使得进入乙烯塔的流量减少，降低了乙烯热泵系统的负荷。

## 三、前脱乙烷分离流程

与前脱丙烷分离流程不同，在前脱乙烷分离工艺流程中，裂解气经压缩和一系列冷却后，首先进入脱乙烷塔，将碳二及比碳二轻的组分和碳三及比碳三重的组分分离。前脱乙烷分离工艺流程通常也采用前端加氢工艺，脱乙烷塔可设置在裂解气压缩机段间，或压缩机最后一段的出口。典型的前脱乙烷前加氢分离技术工艺流程如图6.1-10所示，其碳二分离系统的主要特点与前述前脱丙烷分离技术类似。

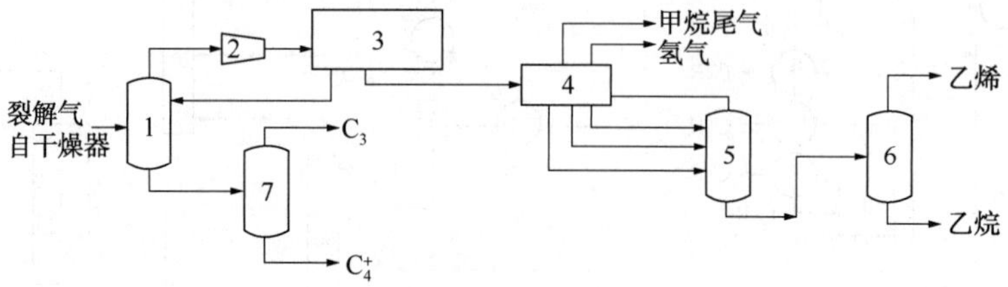


图6.1-10 典型的前脱乙烷前加氢分离技术工艺流程示意图

1—脱乙烷塔；2—裂解气压缩机五段；3—碳二加氢反应器；4—冷箱；5—脱甲烷塔；6—乙烯精馏塔；7—脱丙烷塔

从裂解炉来的裂解气，自急冷、压缩后，在干燥器中脱除水分，经过预冷后，首先在脱乙塔系统中将碳二及以下轻组分与碳三及以上重组分分离。脱乙烷塔塔顶含氢气、甲烷、碳二馏分的轻组分被进一步压缩并送至碳二加氢系统脱除乙炔，加氢后的物料经冷凝一部分作为回流返回至脱乙烷塔，另一部分送至深冷及脱甲烷塔系统。脱乙烷塔塔釜重组分送至脱丙烷塔及后续系统进一步精制分离。氢气和甲烷等轻组分自脱甲烷塔的塔顶分离出来，脱甲烷塔塔釜的碳二组分直接进入乙烯精馏塔系统，进一步精制分离出塔顶聚合级乙烯产品和塔釜乙烷组分。

采用后端加氢工艺或溶剂抽提法脱炔时，脱乙烷塔塔顶轻组分先送至脱甲烷塔，由塔顶分离出氢气和甲烷组分后，再对塔釜碳二组分进行脱炔处理。

前脱乙烷流程通常较适用于裂解原料以乙烷及轻烃为主的乙烯装置，但Linde公司也将前脱乙烷流程应用于重烃原料的分离技术中，以下简单介绍几大专利商的前脱乙烷分离技术中碳二分离系统的技术特点及工艺流程。

### 1. Linde公司前脱乙烷分离技术

Linde公司前脱乙烷分离技术碳二分离系统的典型流程如图6.1-11所示。裂解气经五段压缩、干燥，并被丙烯冷剂逐级冷却后，进入高压脱乙烷塔进行“非清晰分割”，高压脱乙烷塔塔釜仍含有碳二组分的物料进入低压脱乙烷塔。低压脱乙烷塔操作压力相对较低，碳二和碳三组分在低压塔中实现“清晰分割”，塔顶物料经冷凝后，一部分返回至塔顶作为回流，另一部分经丙烯冷剂进一步冷却后，作为回流返回至高压脱乙烷塔塔顶。低压脱乙烷塔塔釜碳三及以上重组分经冷却水冷却后，送至脱丙烷塔及后续系统。当采用前端加氢工艺时，高压脱乙烷塔塔顶碳二及以下轻组分送至碳二加氢反应器，在钯系催化剂的存在下，乙炔加氢为乙烯和乙烷，再经脱水干燥后，进入冷箱及脱甲烷塔系统，自脱甲烷塔塔釜的碳二组分作为进料进入乙烯精馏塔。当采用后端加氢工艺时，高压脱乙烷塔塔顶轻组分则直接送至脱甲烷塔系统先脱除氢气和甲烷，再送至碳二加氢反应器对碳二组分进行脱炔处理。

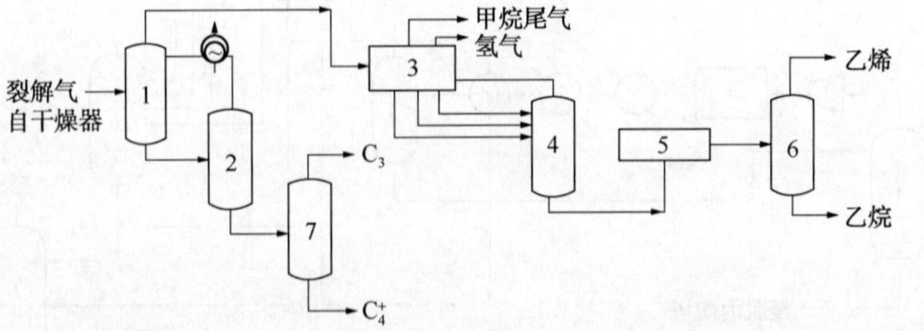


图 6.1-11 Linde 公司前脱乙烷分离技术典型流程示意图

1—高压脱乙烷塔；2—低压脱乙烷塔；3—冷箱；4—脱甲烷塔；5—碳二加氢反应器；6—乙烯精馏塔；7—脱丙烷塔

乙烯精馏塔与乙烯制冷压缩机组成开式热泵系统，塔顶气相经过两次过热，分别与塔顶回流和乙烯制冷压缩机段间抽出气体换热。Linde 公司乙烯精馏塔热泵技术的流程如图 6.1-12 所示。乙烯精馏塔塔釜的乙烷送至裂解炉循环裂解。

由于脱乙烷塔系统位于裂解气压缩机五段出口，塔压较高，若采用单塔脱乙烷，塔下段及再沸器易因较高的塔釜温度而结焦。Linde 公司采用双塔双压脱乙烷技术，裂解气首先进入高压脱乙烷塔，高压脱乙烷塔不设再沸器，碳三在高压脱乙烷塔中全部脱除到塔釜，高压塔的塔釜温度因塔内组分分离的苛刻程度降低而降低，低压脱乙烷塔将碳二与碳三分离，但塔压较低，塔釜温度可控制在 80~85℃。此技术通过降低塔釜温度以减少塔釜聚合物的形成，缓解脱乙烷塔系统的结焦问题。

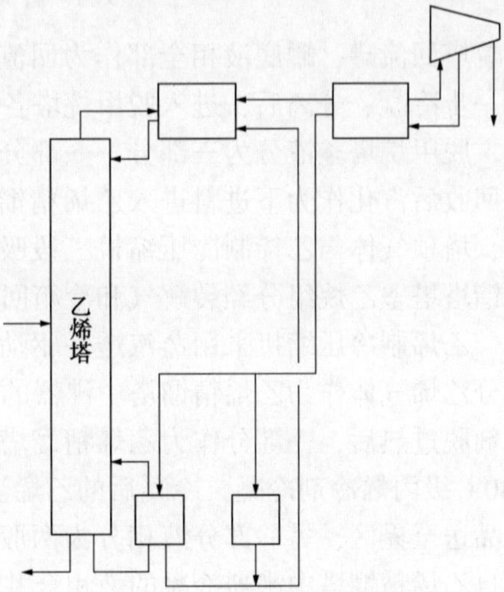


图 6.1-12 Linde 公司乙烯精馏塔热泵技术流程示意图

2. 中国石化 SEI 公司前脱乙烷前加氢分离技术

SEI 公司自主开发的前脱乙烷前加氢 ART 乙烯分离回收技术，主要用于以气体原料裂解制乙烯的流程，其碳二分离系统的流程如图 6.1-13 所示，主要技术特点为采用单塔脱乙烷系统，脱乙烷塔顶物料经裂解气压缩机五段压缩后，部分冷凝作为脱乙烷塔回流，形成热泵流程。乙烯精馏塔系统采用低压乙烯精馏塔，并和乙烯制冷压缩机组成开式热泵系统。

自裂解气干燥器脱水干燥后的裂解气在脱乙烷塔进出料换热器中，与脱乙烷塔塔顶气进行换热，裂解气自身被冷却后进入脱乙烷塔。脱乙烷塔塔顶分离出碳二及碳二以下轻组分，塔釜含碳三及碳三以上重组分的物料经冷却水冷却后进至脱丙烷塔及后续系统。

裂解气压缩机的五段同时用作脱乙烷塔的热泵压缩机，脱乙烷塔塔顶气体在经过脱乙烷塔进出料换热器回收冷量后，进入裂解气压缩机五段压缩。压缩机出口物料送至碳二加氢反应器。经脱炔处理并干燥后的裂解气，先通过 16℃ 丙烷冷却，再依次被 1℃、-20℃、-40℃ 丙烯冷剂冷却冷凝，最后被脱甲烷塔塔釜液相冷凝。冷凝后的裂解气进入脱

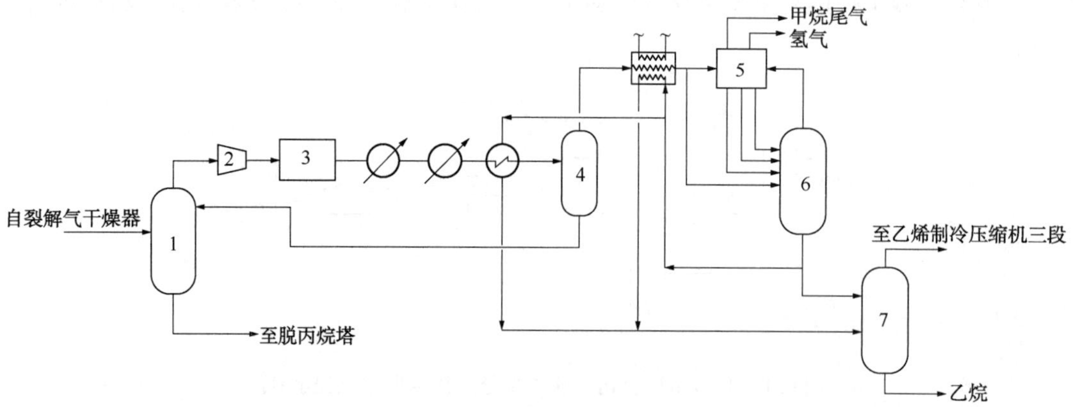


图 6.1-13　SEI 公司前脱乙烷前加氢分离技术碳二分离系统典型流程示意图

1—脱乙烷塔；2—裂解气压缩机五段；3—碳二加氢反应器；4—脱乙烷塔回流罐；
5—冷箱；6—脱甲烷塔；7—乙烯精馏塔

乙烷塔回流罐，罐底液相全部作为回流返回至脱乙烷塔塔顶，罐顶气体被送到冷分离系统进一步冷凝、分离后，进入脱甲烷塔各级进料分离罐，分离出液相送入脱甲烷塔。

脱甲烷塔釜液分为三部分，一部分直接作为上进料进入乙烯精馏塔，其余两部分经冷量回收后汽化作为下进料进入乙烯精馏塔。乙烯精馏塔与乙烯制冷压缩机组成开式热泵系统，塔顶气体与乙烯制冷压缩机三段吸入罐顶的气体一起进入乙烯制冷压缩机三段。乙烯精馏塔塔釜乙烷组分经裂解气和冷箱回收冷量后送往炉区循环裂解。

乙烯制冷压缩机采用蒸汽透平驱动的四段离心式压缩机系统。压缩机三段出口抽出一部分乙烯气体作为乙烯精馏塔中沸器的热源。压缩机四段出口气相通过 0℃ 和 −21℃ 级丙烯冷剂脱过热后，一部分作为乙烯精馏塔再沸器的加热介质而被冷凝，另一部分乙烯气体用 −40℃ 级丙烯冷剂冷凝，冷凝后的乙烯液体送至乙烯冷剂收集罐，罐底液相一部分作为乙烯产品送至界区，另一部分液相分为两股，一股作为冷剂循环利用，另一股经回收冷量后与来自乙烯精馏塔中沸器冷凝的液相合并作为乙烯精馏塔的回流。

### 3. LUMMUS 公司前脱乙烷前加氢分离技术

某装置以乙烷为裂解原料生产乙烯，采用 LUMMUS 公司的前脱乙烷前加氢分离技术。该技术碳二分离系统的主要特点为采用单塔脱乙烷系统和高压乙烯精馏塔系统，乙烯精馏塔设置中间再沸器，乙烯精馏塔中沸器和再沸器均采用丙烯冷剂作为热源。其碳二分离系统的流程如图 6.1-14 所示。

自裂解气干燥器出来的裂解气先在大冷箱中经丙烯冷剂和各种尾气及产品回收冷量，并通过为脱甲烷塔再沸器提供热量后被进一步冷却，随后作为进料送至脱乙烷塔。脱乙烷塔塔顶分离出的碳二及以下轻组分送至碳二加氢反应器，塔釜分离出的碳三及以上重组分送至脱丙烷塔系统。经乙炔加氢处理并被干燥后的裂解气通过在大冷箱中与二元冷剂和工艺物流换热而被冷凝后，进入脱乙烷塔回流罐，罐顶气相被送到冷分离及脱甲烷塔系统进一步冷凝、分离，罐底液相作为回流返回至脱乙烷塔塔顶。

来自脱甲烷塔塔釜的物料经回收冷量后，作为进料进入乙烯精馏塔。乙烯精馏塔塔顶气相经冷凝后，一部分作为回流返回至乙烯精馏塔塔顶，另一部分作为乙烯产品送至界区，塔釜的乙烷组分在冷箱中回收冷量后送至裂解炉循环裂解。

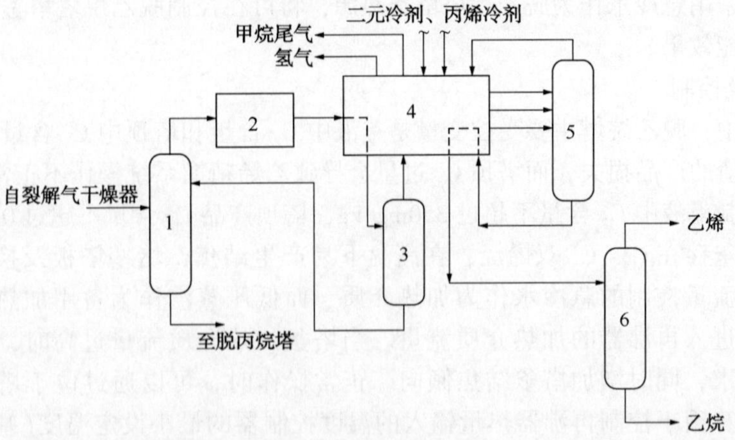


图 6.1-14 LUMMUS 公司前脱乙烷前加氢分离技术碳二分离系统典型流程示意图

1—脱乙烷塔；2—碳二加氢反应器；3—脱乙烷塔回流罐；4—大冷箱；5—脱甲烷塔；6—乙烯精馏塔

# 第二节 控制与操作

## 一、顺序分离流程

### 1. 典型脱乙烷塔系统

(1) 工艺参数

顺序流程的脱乙烷塔主要以预脱甲烷塔(如有)及脱甲烷塔塔釜碳二及以上组分作为原料，以将其中的碳二组分分离为目的。与常规精馏塔一样，随着脱乙烷塔压力的升高，塔顶冷凝要求的冷剂温度可随之升高，但是随着塔压的升高，塔内相对挥发度降低，同时塔釜温度也会随之上升。在顺序流程下，由于脱乙烷塔进料中含有 $C_4$ ~ $C_5$ 双烯烃，特别是丁二烯，为避免过高温度导致的塔釜、再沸器结焦堵塞问题，通常会将塔釜温度控制在 80℃以下。因此在顺序流程时，脱乙烷塔的操作压力通常会控制在 2.0~2.8MPa(G)之间，当塔釜温度低于 70℃时，宜采用急冷水作为塔釜热源。表 6.2-1 列出了目前一些采用顺序流程的工厂的脱乙烷塔操作参数。

表 6.2-1 顺序流程下脱乙烷塔操作压力与温度实例

| 项 目 | A厂 | B厂 | C厂 | D厂 | E厂 |
|---|---|---|---|---|---|
| 技术来源 | kellogg | S&W | ST | Lummus | Lummus |
| 操作压力/MPa(G) | 2.85 | 2.56 | 2.30 | 2.27 | 2.02 |
| 塔顶温度/℃ | -10.0 | -13.5 | -18.7 | -17.3 | -17.0 |
| 进料温度/℃ | 1.1/2.2 | 11.7 | -15.2/17.1 | -0.5/14.9 | -11.5/14.5 |
| 塔釜温度/℃ | 82.2 | 74.2 | 69.7 | 67.4 | 63.0 |
| 回流比 | 0.425 | — | 0.545 | 0.590 | 0.370 |
| 塔板数 | 63 | 54 | 70 | 68 | 66 |

考虑到通常丙烯机系统会设置有-25℃左右的丙烯冷剂级位，在装置内急冷水供应充足

的条件下，宜采用急冷水作为脱乙烷塔塔釜热源，将可在控制脱乙烷塔塔釜温度的情况下，取得良好的节能效果。

(2)操作及控制

顺序流程中，脱乙烷塔主要受控变量是釜液中 $C_2$ 含量和塔顶中 $C_3$ 含量。釜液中 $C_2$ 过量意味着有价值的产品损失，而塔顶 $C_3$ 过量会导致乙烯精馏系统操作不正常。通常情况脱乙烷塔需要控制釜液中 $C_2$ 含量不超过 350mg/kg，塔顶产品 $C_3$ 含量不超过 0.075%(摩尔)。

考虑到塔釜存在 $C_4$ ~ $C_5$ 双烯烃，在高温下易产生结焦，堵塞塔板及换热器，因此脱乙烷塔宜使用流量控制的急冷水作为加热介质，而低压蒸汽作为备用加热介质，通过灵敏板温度控制进入再沸器的加热介质流量。当塔釜加热介质流量过高时，会增加塔顶冷凝器的冷量需求，同时增加塔釜结焦倾向。正常操作时，可以通过位于塔釜物流上的在线分析仪，估算用于控制再沸器热量输入的温度控制器的最小设定温度(基于塔釜物流的碳二含量)。

脱乙烷塔的塔顶气相产品采出通常使用流量控制，以确保去碳二加氢反应器有稳定的流量。当脱乙烷塔塔顶压力高于正常值时，可以通过塔顶高压超驰，增大去往碳二加氢反应器的流量。当塔顶压力远高于正常值时，可以通过设置高压联锁切断脱乙烷塔再沸器热源的方式，防止脱乙烷塔超压，同时这样做也可以降低停水或停电工况下，乙烯装置的火炬气排放总量。但须注意的是，由于下游高压脱丙烷塔通常采用普通碳钢材质，因而当脱乙烷塔因超压导致再沸器热源切出时，需密切关注塔釜轻组分含量，以避免轻组分减压后的低温对设备及管道造成损伤。

脱乙烷塔冷凝器采用部分冷凝的方式进行设计，回流罐液位通过调节塔顶冷凝器丙烯冷剂进料量来保持，同时釜式冷凝器丙烯侧在高液位时超驰控制丙烯冷剂进料阀，防止气相丙烯出口带出液相。回流罐里的液体用脱乙烷塔回流泵送往塔顶作为回流。回流量是利用流量控制器进行调节，而每进行一次变化就需要对流量控制器进行一次手动设定。设定值是根据塔顶净产物中的 $C_3$ 浓度进行调整。回流罐顶物流的取样分析可得到 $C_3$ 的浓度，以此来确定回流控制器的设定值。

脱乙烷塔塔釜液位是由液位控制器进行控制的，由它设定塔底流量控制器，以调节由塔底去高压脱丙烷塔的流量。

当脱乙烷塔由于工艺限制需要使用较高温位的介质作为再沸器热源时，由于再沸器金属壁温较高，为避免可能出现的结焦，可以在进入再沸器前注入阻聚剂，以降低塔底和再沸器里形成聚合物以及结焦的速度。注入量设定为保持脱乙烷塔塔底的含量为 30mg/kg，并且通过调整注入泵的行程来控制。阻聚剂亦可注入去再沸器的塔底物料总管中。

### 2. 典型乙烯精馏塔系统

在各种烯烃分离顺序中，乙烯精馏塔均以混合碳二作为原料，以分离聚合级乙烯为目的，塔釜获得乙烷产品。在顺序流程中，乙烯精馏塔以脱乙烷塔顶产品经碳二加氢后作为原料，其中碳二组分的含量约占 99.6%(摩尔)以上，此外还含有少量氢气、甲烷以及碳三组分。因此，为了获得聚合级乙烯，通常会在乙烯精馏塔顶部设置巴式精馏段。

在顺序流程方案中，大多数装置采用高压乙烯精馏方案，多采用乙烯精馏塔侧线采出乙烯产品，塔顶含氢气、甲烷的不凝气返回裂解气压缩机。由于乙烯精馏塔操作温度较低，回流比大，由再沸器和中沸器可回收相当数量的冷量。

(1) 工艺参数

由于乙烯对乙烷的相对挥发度较低，在相同的回流比下，随着操作压力的下降，所需的理论板数也随之下降，但与此同时，塔顶冷凝所需的温度也随之下降。有效能分析结果表明，高压乙烯精馏与低压乙烯精馏的过程效率大致相等，但是，高压乙烯精馏对材质要求低，操作简便，总功耗低，因而目前在非热泵流程中大多采用高压乙烯精馏[大于1.65MPa(G)]方案，此时乙烯精馏塔塔顶使用丙烯冷剂即可达到冷凝要求。

(2) 操作及控制

乙烯精馏塔的作用，主要是将含乙烯、乙烷、氢气、甲烷和$C_3$的进料分离为以下几种物料：含有氢气和甲烷的排放循环物流、纯度至少为99.95%(摩尔)的乙烯产品以及乙烯含量最大为0.5%(摩尔)的循环乙烷。

塔的主要作用是生产符合规格要求的乙烯产品。主要控制参数是乙烯产品侧线中的乙烷含量。该侧线产品是由流量控制器所设定的流量比控制器来控制的，这就使得侧线产品与回流的量保持恒定的比值，以防止采出不合格的乙烯产品。回流流量和产品采出量是由回流罐的液位控制器进行设定的。

乙烯精馏塔塔底的乙烷作为裂解原料返回原料预热单元，对其流量进行控制可以控制汽化后的乙烷压力。相对于乙烷流量，塔底的液体量比较大，在液位上的变化慢，所以通常不直接对液位进行控制。低液位超驰控制器通过调节压力控制阀来避免出现低液位。

通过分析仪控制，使用底部再沸器来保持塔底的乙烯含量。分析仪监测从乙烯精馏塔中段抽出来的液体中的乙烯浓度，同时通过重新设定流量控制器来控制去再沸器的热介质流量。在从塔出来的乙烷产品管线上也配置了一台分析仪，用于辅助性监测。通过淹没换热面积来控制再沸器的负荷，这样，当热介质流量增大时，再沸器的返流就会减少，以便能有更多的冷凝表面。液相丙烯收集罐的低液位超驰会将流量控制阀关闭，以防收集罐中排空液位，气相发生短路。

乙烯精馏塔设有一台中沸器。该中沸器用来冷却前冷系统中的裂解气体。来自提馏段某塔盘的液体作为中沸器的进料，而中沸器的流出物则返回到下几块塔盘。去中沸器的流量由流量控制器进行控制，并且和换热器上的高液位控制构成串级控制，以防止该换热器的壳程中出现高液位。

乙烯精馏塔的压力用两台压力控制器来控制。其中一台压力控制器用来控制去乙烯精馏塔冷凝器的丙烯冷剂流量。而冷凝器壳程冷剂侧液位控制器的高液位超驰控制则能够在冷凝器中出现高液位的情况下对控制阀进行调节。另一台压力控制器为压控排火炬，当主压力控制器不能防止压力继续上升时，辅助压力控制器就能够起到紧急控制的作用，通过将未经冷凝的气相放空到火炬来防止塔顶的安全阀跳闸放空。

冷凝器之后设置不凝气冷却器，不凝气在流量控制下循环到裂解气压缩机三段排出罐。放空流量取决于氢气的纯度以及碳二加氢反应器中使用的过剩氢气。这个流量应当减小到最低限度，并且必须设定，以防止辅助压力控制器放空到火炬。

乙烯产品侧线上的一台分析仪用来监测氢气、甲烷、乙炔、乙烷、一氧化碳和二氧化碳。如果产品不合格并且其中比乙烯更轻的组分含量超过了允许浓度，就必须对放空量进行调节。如果已经调节了放空量，但是产品中仍然含有过多的轻组分，则可能表示上游设备中存在问题。提高乙烯精馏塔的回流量不会对产品中的甲烷浓度有很大的改变，因此必须对上游设备的操作进行调节。乙烯产品中甲烷含量高通常和脱甲烷塔的操作不当是有关系的。此外，氢气纯度的降低(甲烷含量高)也会导致乙烯产品中的甲烷和氢气含量的提高。同样，过剩乙炔也表示碳二加氢反应器中有问题。

如果产品由于重组分的问题(比乙烯重的组分)而不合格，但是循环乙烷中的乙烯却是合格的，则必须调节回流量。如果循环乙烷中的乙烯过多，则在调节回流量之前必须调节再沸器的运行状况。

在乙烯干燥器发生故障的情况下，在乙烯精馏塔中就有可能生成水合物，这是由于塔中的微量水分导致的。这将表现在塔盘上的压力降会逐渐提高。乙烯精馏塔上提供了甲醇注入点，以便溶解生成的水合物，并且使得塔盘的压力降恢复正常。甲醇可以在产品抽出线的塔下部注入以防止产品受到污染，并且可以注入两个降液管以确保均匀地分布。甲醇也可以在去绿油分离罐的乙烯抽出线下面注入并且在去中沸器的抽出线下面注入。加注时应当小心谨慎，避免大量甲醇随同循环乙烷一起被引至下游冷箱系统。

富集在分馏塔或者再沸器底部的甲醇应当通过分馏塔或者再沸器的导凝阀排放到干火炬系统。

## 二、前脱丙烷分离流程

### 1. 中国石化SEI公司前脱丙烷前加氢分离技术

某800kt/a乙烯装置主要以加氢尾油、液化石油气、轻石脑油和轻烃为裂解原料，采用SEI公司的LECT前脱丙烷前加氢分离技术，其碳二分离系统的工艺控制流程如图6.2-1和图6.2-2所示，主要工艺参数如表6.2-2所示。该装置碳二分离系统相关的工艺参数及控制方案如下：

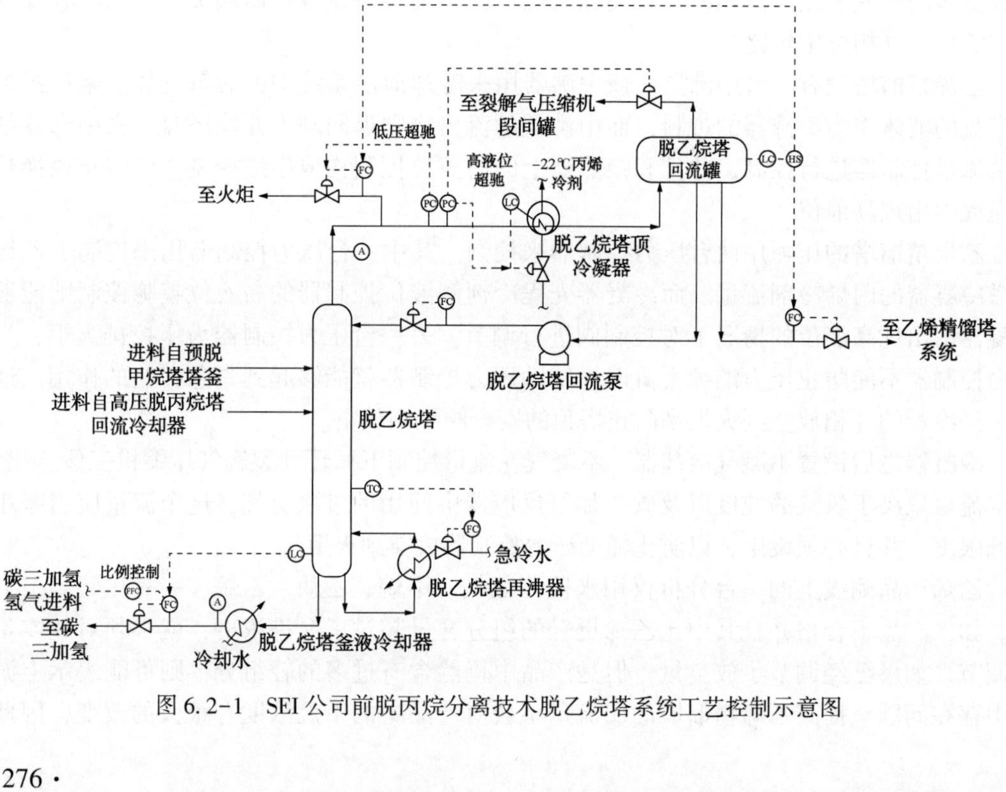


图6.2-1　SEI公司前脱丙烷分离技术脱乙烷塔系统工艺控制示意图

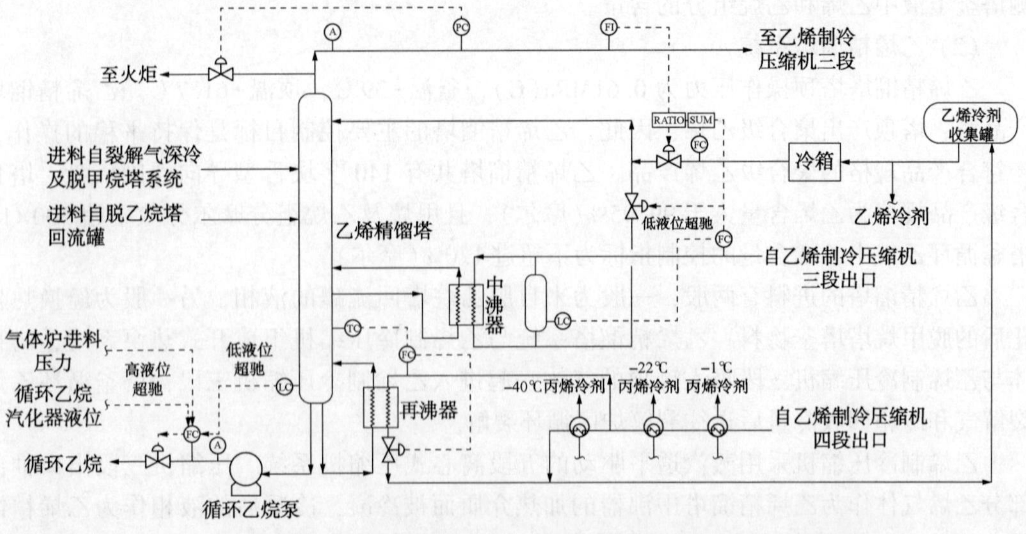


图 6.2-2　SEI 公司前脱丙烷分离技术乙烯精馏塔系统工艺控制示意图

**表 6.2-2　SEI 公司前脱丙烷前加氢分离流程碳二分离系统主要工艺参数举例**

| 主要工艺参数 | 脱乙烷塔 | 乙烯精馏塔 | 主要工艺参数 | 脱乙烷塔 | 乙烯精馏塔 |
|---|---|---|---|---|---|
| 塔顶操作压力/MPa(G) | 2.442 | 0.610 | 塔釜采出量/(kg/h) | 46410 | 20602 |
| 塔顶操作温度/℃ | -15.5 | -61.7 | 回流量/(kg/h) | 73442 | 216285 |
| 塔釜操作温度/℃ | 61.7 | -39.1 | 冷凝器热负荷/MW | 11.89 | — |
| 总进料量/(kg/h) | 118631 | 120789 | 再沸器热负荷/MW | 8.81 | 12.69 |
| 塔顶采出量/(kg/h) | 145663 | 316472 | 中沸器热负荷/MW | — | 12.38 |

(1) 脱乙烷塔系统

脱乙烷塔塔顶操作压力为 2.442MPa(G)，塔顶温度为-15.5℃，塔釜温度为 61.7℃。脱乙烷塔的基本控制变量是塔顶气相中的碳三组分含量和塔釜釜液中的碳二组分含量。脱乙烷塔共有 70 多块浮阀塔板，塔顶产品碳三组分含量控制指标为不超过 0.08%(摩尔)，塔釜釜液中碳二组分含量控制指标为不超过 400mg/kg。

脱乙烷塔塔顶气相在脱乙烷塔冷凝器中，经-22℃丙烯冷剂冷凝后进入脱乙烷塔回流罐。脱乙烷塔回流罐底液相一部分通过流量控制送回脱乙烷塔塔顶作为回流，另一部分通过回流罐液位串级流量控制送至乙烯精馏塔。脱乙烷塔塔顶设有在线分析仪，塔回流量通过监测塔顶物料中的碳三组分含量来调整。塔釜液相经冷却器用冷却水冷却到 43℃后送往碳三加氢系统。

脱乙烷塔塔顶压力主要通过调节进入脱乙烷塔冷凝器的丙烯冷剂流量来控制。当塔顶压力高时，塔顶不凝气通过压力控制排放至裂解气压缩机段间。冷凝器丙烯冷剂侧同时设有高液位超驰，当丙烯冷剂的液位过高时，将关闭丙烯冷剂的入口调节阀。塔顶设有压力高高联锁，操作过程中，塔压过高或发生全厂性冷却水或电力故障时，塔釜再沸器的热源将被切断。

脱乙烷塔再沸器采用急冷水作为热源，急冷水的流量通过灵敏板的温度串级控制。脱乙烷塔塔釜液位串级控制塔釜至碳三加氢系统的物流流量。塔釜设有在线分析仪，用于监测塔釜釜液中乙烯和乙烷组分的含量。

(2) 乙烯精馏塔系统

乙烯精馏塔塔顶操作压力为0.61MPa(G)，釜温-39℃，顶温-61.7℃。乙烯精馏塔为产品塔，塔顶产出聚合级乙烯，因此，乙烯精馏塔的主要控制目标是保持平稳的操作，生产符合产品规格的聚合级乙烯产品。乙烯精馏塔共有140多块舌型导向浮阀塔盘，塔顶聚合级产品规格为乙烯含量大于99.95%(摩尔)，且甲烷及乙烷组分摩尔分数不超$500\times10^{-6}$，塔釜循环乙烷中乙烯含量的控制指标为不超过1.0%(摩尔)。

乙烯精馏塔的进料有两股，一股为来自脱乙烷塔回流罐的液相，另一股为经换热器汽化后的脱甲烷塔塔釜物料。乙烯精馏塔系统与乙烯制冷压缩机组成开式热泵系统，塔顶气体与乙烯制冷压缩机三段吸入罐顶的气体一起进入乙烯制冷压缩机三段，塔釜循环乙烷经裂解气和冷箱回收冷量后送往裂解炉区循环裂解。

乙烯制冷压缩机采用蒸汽透平驱动的五段离心式压缩机系统。压缩机三段出口抽出一部分乙烯气体作为乙烯精馏塔中沸器的加热介质而被冷凝，冷凝后的液相作为乙烯精馏塔的一部分回流。压缩机四段出口气相经-1℃和-22℃级丙烯冷剂脱过热后，一部分乙烯气体作为乙烯精馏塔再沸器的加热介质而被冷凝，流量通过下段灵敏板的温度串级控制，另一部分乙烯气体用-40℃级丙烯冷剂冷凝，冷凝后的乙烯液体送至乙烯冷剂收集罐，罐中的乙烯液体经冷箱回收部分冷量后，一部分作为冷剂循环利用，另一部分与自乙烯精馏塔中沸器冷凝的液相合并作为乙烯精馏塔的回流。乙烯精馏塔的这两部分回流物流分别设有流量控制器及调节阀。正常操作时，来自乙烯精馏塔中沸器冷凝的回流量与来自乙烯冷剂收集罐的回流量之和，即等于乙烯精馏塔塔顶气相流量减去乙烯产品外送量。乙烯精馏塔总回流量与塔顶气相流量构成比例控制，来控制自乙烯冷剂收集罐的回流流量调节阀。

乙烯精馏塔塔釜乙烷组分的流量控制器串级控制气体炉进料总管的压力，循环乙烷汽化器高液位将超驰关小乙烷组分的流量调节阀，乙烯精馏塔塔釜低液位也将超驰关小该流量调节阀。

2. TechnipFMC(S&W)公司前脱丙烷前加氢分离技术

某装置以石脑油、$C_4\sim C_6$烷烃和炼厂干气等为裂解原料，采用S&W公司前脱丙烷前加氢分离流程HRS技术，其碳二分离系统的工艺控制流程如图6.2-3和图6.2-4所示，该装置碳二分离系统相关的工艺参数及控制方案如下：

(1) 脱乙烷塔系统

脱乙烷塔塔顶操作压力为2.366MPa(G)，塔顶温度为-15.9℃，顶釜温度为59.5℃。

预脱甲烷塔的塔釜物流分成两股，一股通过塔釜液位控制直接进入脱乙烷塔，另一股通过流量控制与裂解气换热并被回收冷量后，作为脱乙烷塔的另一股进料。

脱乙烷塔将进料分离为塔顶的混合碳二馏分和塔釜的碳三及碳三以上馏分。脱乙烷塔塔顶气相经-21℃丙烯冷剂完全冷凝后，进入脱乙烷塔回流罐。回流罐底部液相一部分经泵送至脱乙烷塔塔顶作为回流，另一部分作为进料进入乙烯精馏塔。脱乙烷塔塔顶设有在线分析仪，塔回流量通过塔顶气相中的丙烯组分含量来调整，塔顶物流中的丙烯摩尔分数设计值为不高于0.12%。

脱乙烷塔塔压通过调节塔顶冷凝器中冷侧的丙烯冷剂流量来维持塔压。塔顶冷凝器壳侧的丙烯冷剂设有高液位超驰控制塔顶压力。当塔顶压力高时，塔顶气相在压力控制下排放至火炬系统。

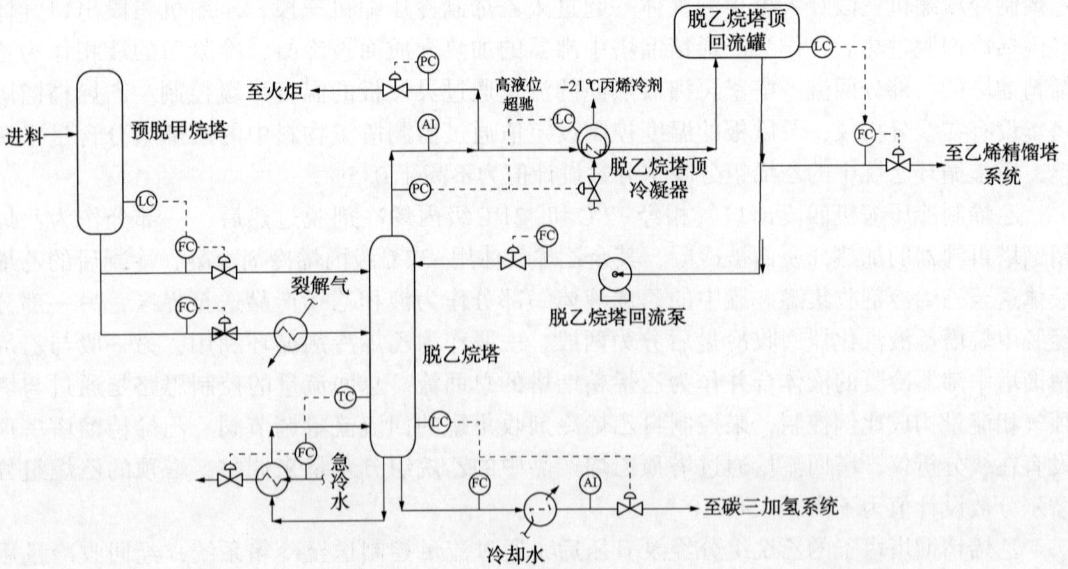


图 6.2-3　S&W 公司前脱丙烷分离技术脱乙烷塔系统工艺控制示意图

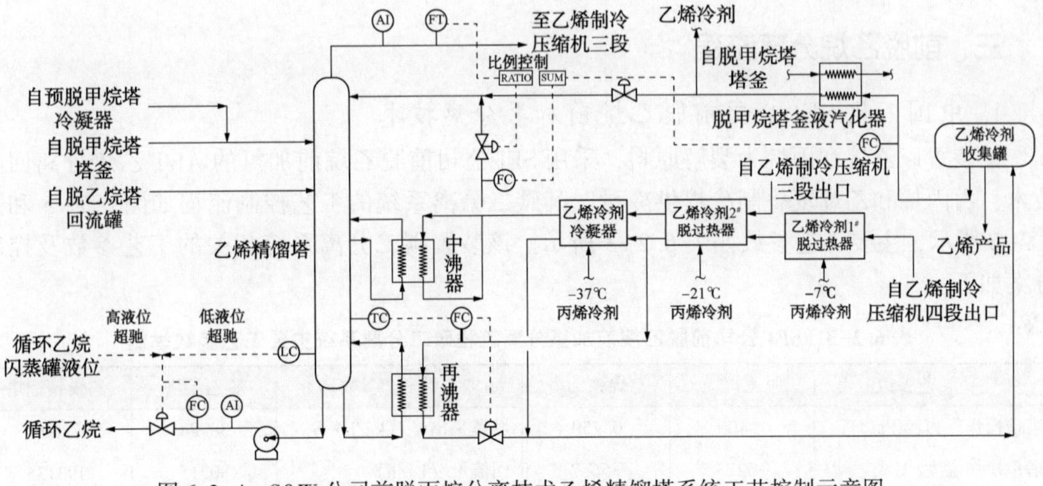


图 6.2-4　S&W 公司前脱丙烷分离技术乙烯精馏塔系统工艺控制示意图

脱乙烷塔塔釜再沸器采用急冷水作为热源，塔釜液相经冷却水冷却后进入碳三加氢系统。塔釜再沸器热源的流量通过塔下段灵敏板的温度串级控制。脱乙烷塔塔釜设有在线分析仪，灵敏板的温度控制设定值需通过监测塔釜物料中的乙烷组分含量来调整。

（2）乙烯精馏塔系统

乙烯精馏塔塔顶操作压力为 0.639MPa（G），塔顶温度为-60.6℃，塔釜温度为-38.4℃。

乙烯精馏塔有两股进料，上进料来自脱甲烷塔塔釜，脱甲烷塔釜液在脱甲烷塔釜液冷却器中过冷后分为两部分，一部分经脱甲烷塔釜液汽化器汽化后，与另一部分经预脱甲烷塔冷凝器中汽化后的脱甲烷塔釜液气相产物混合作为乙烯精馏塔的上段进料进入乙烯精馏塔。下进料来自脱乙烷塔塔顶。乙烯精馏塔系统与乙烯制冷压缩机组成开式热泵系统，塔顶气体送至乙烯制冷压缩机三段，塔釜乙烷组分经回收冷量后送往裂解炉区循环裂解。

乙烯制冷压缩机采用蒸汽透平驱动的五段离心式压缩机系统。乙烯精馏塔塔顶气体与乙烯制冷压缩机三段吸入罐顶的气体一起进入乙烯制冷压缩机三段，压缩机三段出口气体经丙烯冷剂脱过热后，作为乙烯精馏塔中沸器的加热介质而被冷凝，冷凝后的液相作为乙烯精馏塔的一部分回流。塔釜再沸器热源的流量通过灵敏板的温度串级控制。乙烯精馏塔塔釜设有在线分析仪，灵敏板的温度控制设定值通过监测塔釜物料中的乙烯组分含量来调整，塔釜循环乙烷中的乙烯组分摩尔分数设计值为不高于 0.5%。

乙烯制冷压缩机四段出口气相经-7℃和-21℃级丙烯冷剂脱过热后，一部分作为乙烯精馏塔再沸器的加热介质而被冷凝，其余乙烯气体用-37℃级丙烯冷剂冷凝，冷凝后的乙烯液体送至乙烯冷剂收集罐。罐中的乙烯液体一部分作为液相乙烯产品送至界区，另一部分经脱甲烷塔釜液汽化器回收冷量后分为两股，一股作为乙烯冷剂循环利用，另一股与乙烯精馏塔中沸器冷凝的液体合并作为乙烯精馏塔的总回流。总回流量的控制思路是通过与塔顶气相流量构成比例控制，来控制自乙烯冷剂收集罐的回流流量调节阀。乙烯精馏塔塔顶设有在线分析仪，塔回流量通过塔顶乙烯产品中的乙烷组分含量来调整，塔顶的乙烷组分摩尔分数设计值为不高于 $350\times10^{-6}$。

乙烯精馏塔塔釜的乙烷组分经泵升压后，通过流量控制送至冷箱系统，经回收冷量后送至裂解炉。冷箱系统循环乙烷闪蒸罐的高液位将超驰关小循环乙烷的流量调节阀，乙烯精馏塔塔釜低液位也将超驰关小该流量调节阀。

## 三、前脱乙烷分离流程

### 1. 中国石化 SEI 公司前脱乙烷前加氢分离技术

某装置以乙烷和丙烷为裂解原料，采用 SEI 公司前脱乙烷前加氢的 ART 乙烯分离回收技术，由丙烯和乙烯复叠制冷提供冷量。其碳二分离系统的工艺控制流程如图 6.2-5 和图 6.2-6 所示，主要工艺参数如表 6.2-3 所示。该装置碳二分离系统相关的工艺参数及控制方案如下：

**表 6.2-3　SEI 公司前脱乙烷前加氢分离流程碳二分离系统主要工艺参数举例**

| 主要工艺参数 | 脱乙烷塔 | 乙烯精馏塔 | 主要工艺参数 | 脱乙烷塔 | 乙烯精馏塔 |
|---|---|---|---|---|---|
| 塔顶操作压力/MPa(G) | 1.400 | 0.750 | 塔釜采出量/(kg/h) | 38784 | 22804 |
| 塔顶操作温度/℃ | -52.3 | -56.7 | 回流量/(kg/h) | 80215 | 193135 |
| 塔釜操作温度/℃ | 46.6 | -34.1 | 冷凝器热负荷/MW | — | — |
| 总进料量/(kg/h) | 173621 | 97809 | 再沸器热负荷/MW | 5.47 | 9.51 |
| 塔顶采出量/(kg/h) | 215052 | 268140 | 中沸器热负荷/MW | — | 9.30 |

(1) 脱乙烷塔系统

脱乙烷塔塔顶操作压力为 1.40MPa(G)，塔顶温度为-52.3℃，塔釜温度为 46.6℃。脱乙烷塔塔顶气相中需要严格控制碳三组分的含量，塔釜液相中需要严格控制碳二组分的含量。

脱乙烷塔塔顶气体在经过脱乙烷塔进/出料换热器回收冷量后，进入裂解气压缩机五段压缩，压缩机出口物料送至碳二加氢反应器。经脱炔处理并干燥后的裂解气，先通过 16℃丙烷冷却，再依次被 1℃、-20℃、-37℃丙烯冷剂冷却冷凝到适当的温度后，最后被脱甲烷塔塔釜液相冷凝至-36.6℃。冷凝后的裂解气进入脱乙烷塔回流罐，罐顶气体被送到冷分离系统进一步冷凝、分离，罐底液相全部作为回流返回至脱乙烷塔塔顶。回流罐的液位串级控制进入脱乙烷塔 2#冷凝器中的脱甲烷塔釜液流量。

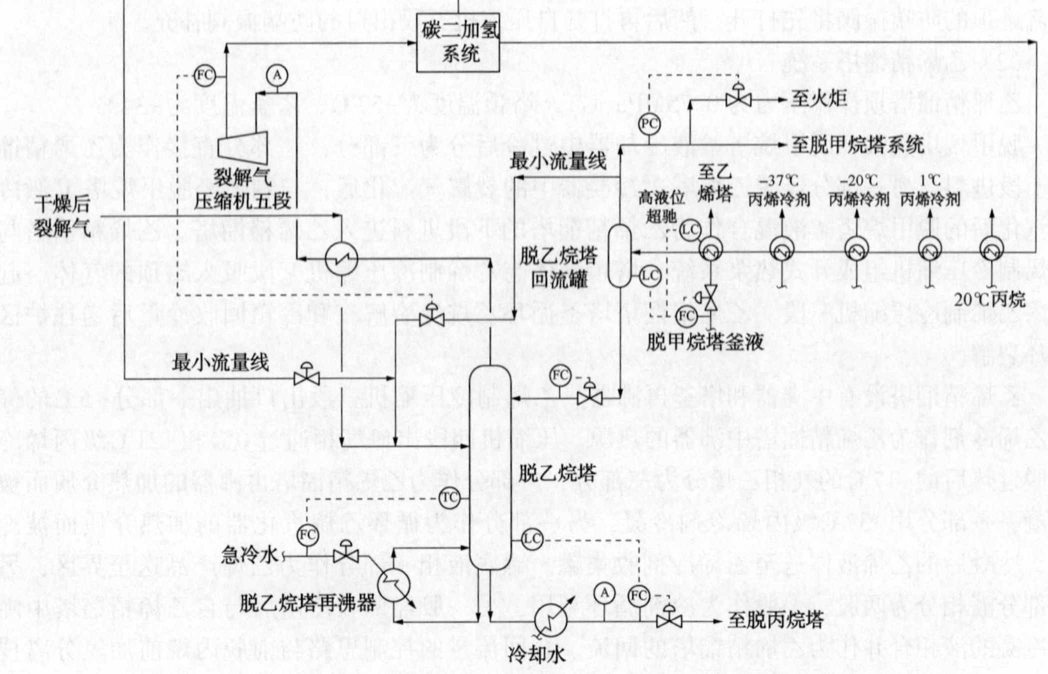


图 6.2-5 SEI公司前脱乙烷分离技术脱乙烷塔系统工艺控制示意图

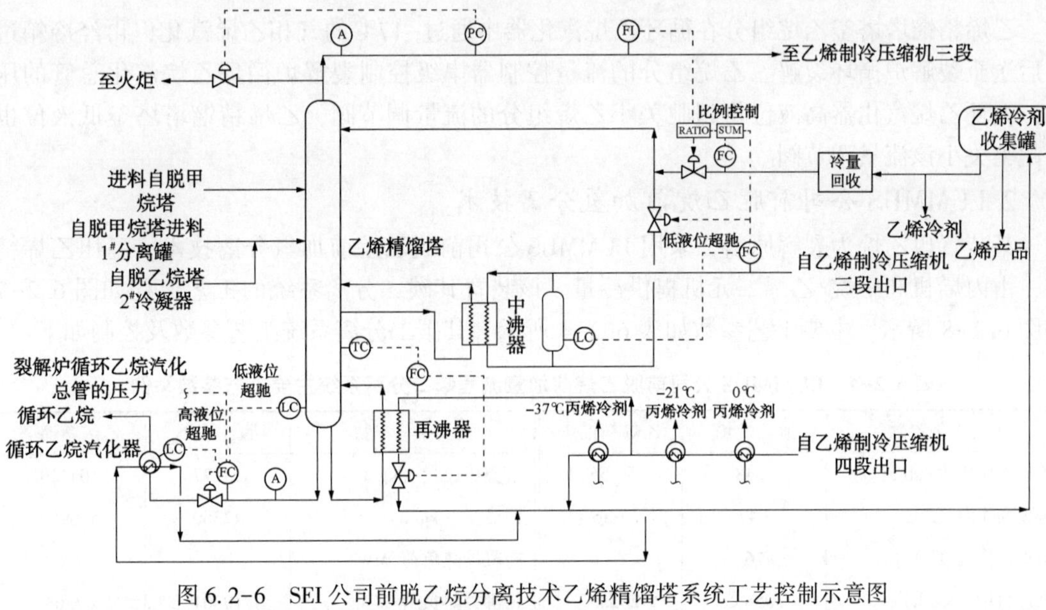


图 6.2-6 SEI 公司前脱乙烷分离技术乙烯精馏塔系统工艺控制示意图

脱乙烷塔塔釜再沸器采用急冷水作为热源，塔釜液相经冷却水冷却后进入碳三加氢系统。该塔下段灵敏板设有温度控制器来调节塔釜再沸器热源的流量。脱乙烷塔塔釜出料为流量调节，通过塔釜液位串级，送至脱丙烷塔系统。塔釜设有在线分析仪，用以监测塔釜物料中碳二组分的含量。

裂解气压缩机五段的最小流量的测量和控制分成两部分，一部分从五段出口直接返回脱乙烷塔，另一部分从脱乙烷塔回流罐顶的气相出口返回到脱乙烷塔。当发生喘振时，自回流罐顶的防喘振阀将先打开，然后再打开自压缩机五段出口的防喘振阀补充。

(2) 乙烯精馏塔系统

乙烯精馏塔顶操作压力为0.75MPa(G)，塔顶温度为-57℃，塔釜温度为-34℃。

脱甲烷塔釜液在脱甲烷塔釜液冷却器中过冷后分为三部分，一部分直接作为乙烯精馏塔上段进料，另一部分经脱乙烷塔2#冷凝器中的裂解气汽化后，与剩余经脱甲烷塔1#激冷器汽化后的脱甲烷塔釜液混合作为乙烯精馏塔的下段进料进入乙烯精馏塔。乙烯精馏塔与乙烯制冷压缩机组成开式热泵系统，塔顶气体与乙烯制冷压缩机三段吸入罐顶的气体一起进入乙烯制冷压缩机三段。乙烯精馏塔塔釜循环乙烷经裂解气和冷箱回收冷量后送往炉区循环裂解。

乙烯精馏塔设有中沸器和塔釜再沸器。乙烯制冷压缩机三段出口抽出一部分-5℃的气相乙烯冷剂作为乙烯精馏塔中沸器的热源。压缩机四段出口气相通过0℃和-21℃级丙烯冷剂脱过热后的-17℃的气相乙烯分为三部分，一部分作为乙烯精馏塔再沸器的加热介质而被冷凝，一部分用-37℃级丙烯冷剂冷凝，另一部分作为循环乙烷汽化器的加热介质而被冷凝，冷凝后的乙烯液体送至乙烯冷剂收集罐。罐底液相一部分作为乙烯产品送至界区，另一部分液相分为两股，一股作为冷剂循环利用，另一股经回收冷量后与自乙烯精馏塔中沸器冷凝的液相合并作为乙烯精馏塔的回流。总回流量的控制思路与前脱丙烷前加氢分离技术中的乙烯精馏塔一致，同样通过与塔顶气相流量构成比例控制，来控制自乙烯冷剂收集罐的回流流量调节阀。

乙烯精馏塔塔釜乙烷组分在循环乙烷汽化器中通过-17℃的气相乙烯汽化，再经冷箱过热后送至裂解炉循环裂解。乙烷组分的流量控制器串级控制裂解炉循环乙烷汽化总管的压力，循环乙烷汽化器高液位将超驰关小乙烷组分的流量调节阀，乙烯精馏塔塔釜低液位也将超驰关小该流量调节阀。

### 2. LUMMUS公司前脱乙烷前加氢分离技术

某装置以乙烷为裂解原料，采用LUMMUS公司前脱乙烷前加氢分离技术，高压乙烯精馏，由丙烯机和甲烷/乙烯二元机提供冷量。该装置其碳二分离系统的工艺流程如图6.2-7和图6.2-8所示，主要工艺参数如表6.2-4所示，其碳二分离系统工艺参数及控制如下：

表6.2-4 LUMMUS公司前脱乙烷前加氢流程碳二分离系统主要工艺参数举例

| 主要工艺参数 | 脱乙烷塔 | 乙烯精馏塔 | 主要工艺参数 | 脱乙烷塔 | 乙烯精馏塔 |
|---|---|---|---|---|---|
| 塔顶操作压力/MPa(G) | 1.48 | 1.56 | 塔釜采出量/(kg/h) | 13177 | 104129 |
| 塔顶操作温度/℃ | -47 | -36 | 回流量/(kg/h) | 42360 | 546962 |
| 塔釜操作温度/℃ | 76 | -11 | 冷凝器热负荷/MW | — | 67.68 |
| 总进料量/(kg/h) | 305855 | 262357 | 再沸器热负荷/MW | 10.01 | 47.63 |
| 塔顶采出量/(kg/h) | 335038 | 705190 | 中沸器热负荷/MW | — | 20.41 |

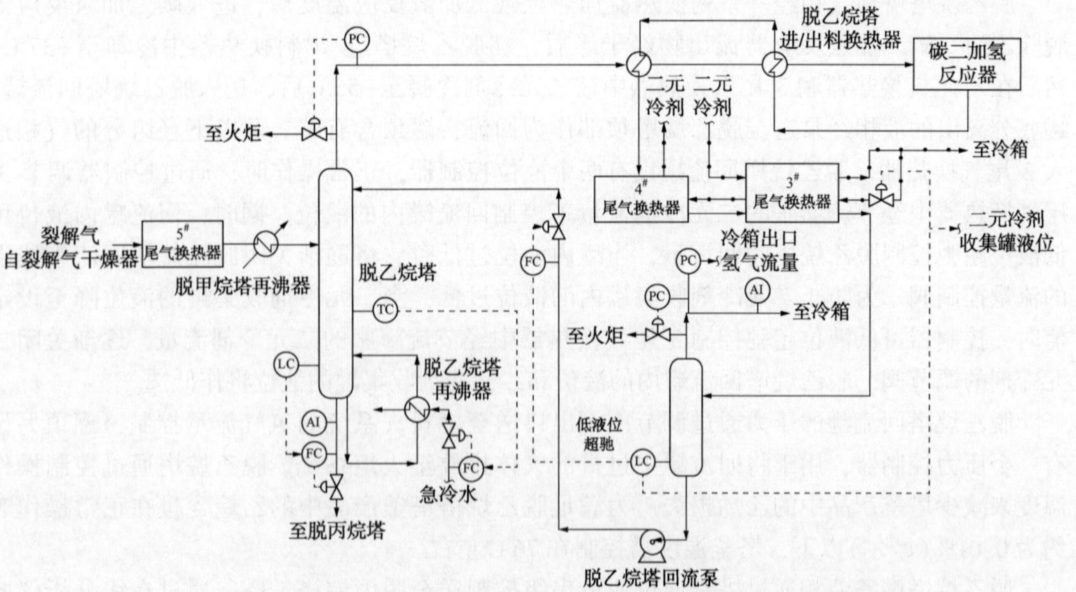


图 6.2-7 LUMMUS 公司前脱乙烷分离技术脱乙烷塔系统工艺控制示意图

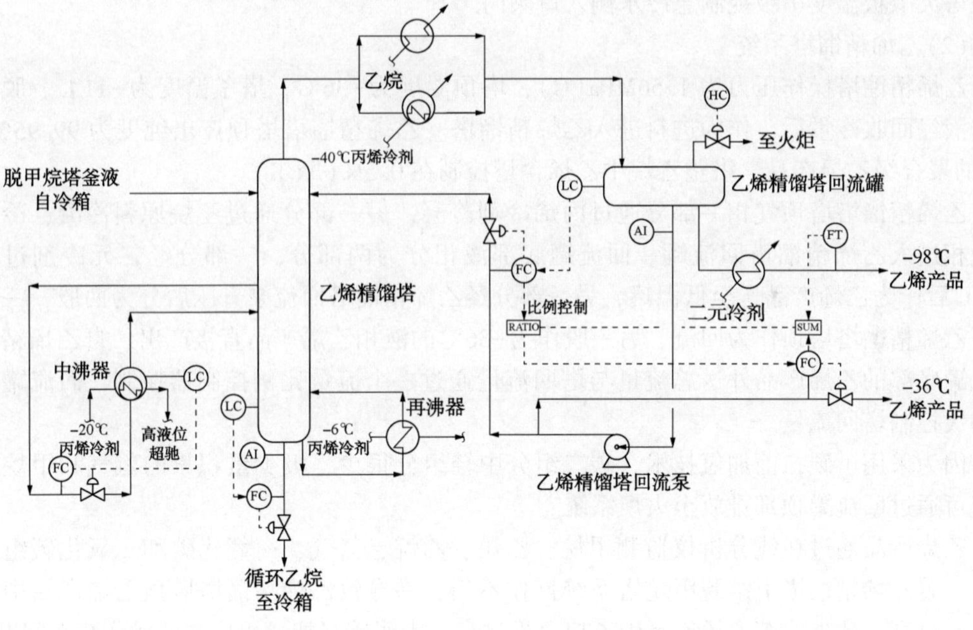


图 6.2-8 LUMMUS 公司前脱乙烷分离技术乙烯精馏塔系统工艺控制示意图

(1) 脱乙烷塔系统

脱乙烷塔操作压力为 1.48MPa(G)，塔顶温度为-47℃，塔釜温度为 76℃。脱乙烷塔的控制目标是尽量减少塔釜混合碳三物料中的乙烯损失，以及塔顶物料中的丙烯损失。脱乙烷塔塔顶设有在线分析仪，分析塔顶气相中一氧化碳、氢气、乙炔、乙烯、乙烷和丙烯的含量。

来自裂解气干燥器的裂解气在 5#尾气换热器中从 16℃冷至-25℃。然后，裂解气通过为脱甲烷塔再沸器提供热量而进一步冷却至-48℃，进入脱乙烷塔。

脱乙烷塔塔顶气相经一系列换热器加热至碳二加氢反应温度后，进入碳二加氢反应器脱除乙炔。碳二加氢反应器流出物经干燥后，在脱乙烷塔进/出料换热器中冷却至-37℃，然后在4#尾气换热器和3#尾气换热器中被二元冷剂冷凝至-55℃后，送入脱乙烷塔回流罐。罐底分离出的液相经泵送至脱乙烷塔顶部作为回流，罐顶含有碳二及以下轻组分的气相送入2#尾气换热器。脱乙烷塔回流罐设有两个液位控制器，正常操作时，通过控制器调节3#尾气换热器中经节流膨胀的二元冷剂流量来控制回流罐内的液位。同时，回流罐内液位可低液位超驰控制脱乙烷塔的回流量，当罐内液位过低时，将逐渐关闭脱乙烷塔回流管线上的流量控制阀。为防止二元冷剂收集罐内的液位过低，当二元冷剂收集罐的液位降至设定值时，控制器可低液位超驰控制3#尾气换热器中经节流膨胀的二元冷剂流量，逐渐关闭二元冷剂的调节阀。脱乙烷塔回流罐内的液位和二元冷剂收集罐的液位将作低选。

脱乙烷塔回流罐的压力通过调节冷箱出口送至燃料气系统的氢气流量控制，罐顶另设有一个压力控制器，用于将回流罐中过量的气体排放至火炬系统。脱乙烷塔通过控制操作温度来减少塔釜产品中的乙烯损失。为满足脱乙烷塔塔釜产品中的乙烷含量在正常操作时约为0.01%(摩尔)以下，塔釜温度需控制在76℃左右。

脱乙烷塔塔釜液相通过塔釜液位流量串级控制送至脱丙烷塔。塔釜通过在线分析仪监测碳二组分的含量。脱乙烷塔再沸器热量由急冷水提供。再沸器热源的流量控制器，与脱乙烷塔灵敏板温度串级控制急冷水侧入口阀门。

(2)乙烯精馏塔系统

乙烯精馏塔操作压力为1.56MPa(G)，塔顶温度为-36℃，塔釜温度为-11℃。脱甲烷塔釜液经回收冷量后，作为进料进入乙烯精馏塔。乙烯精馏塔塔顶产出纯度为99.95%(摩尔)的聚合级乙烯产品，塔釜乙烷中乙烯含量控制在0.5%(摩尔)。

乙烯精馏塔塔顶气相一部分通过丙烯冷剂冷凝，另一部分通过乙烷原料冷凝，冷凝后的液相进入乙烯精馏塔回流罐。回流罐底部液相分为两部分，一部分经二元冷剂过冷至-98℃后作为乙烯产品送至低温罐，另一部分经乙烯精馏塔回流泵升压后分为两股，一股返回至乙烯精馏塔塔顶作为回流，另一股作为-36℃的液相乙烯产品直接产出。自乙烯精馏塔回流罐底部的乙烯产品外送总流量与塔回流量通过一个流量比例控制器控制，回流罐的液位串级控制塔回流量。

因为采用了碳二前加氢技术，碳二组分中轻组分很少，极少量积累的氢气和甲烷等不凝气可通过回流罐顶部排放至火炬系统。

乙烯产品通过在线分析仪监测甲烷、乙炔、乙烷、氢气、一氧化碳和二氧化碳组分的含量。若乙烯精馏塔上游脱甲烷塔系统操作不当，易导致乙烯精馏塔塔顶乙烯产品中轻组分含量过高。此外，若乙烯产品中乙炔含量过高，表明碳二加氢反应器的操作存在问题。

乙烯精馏塔中沸器的热量通过将-11℃气相丙烯冷剂冷凝至-21℃的液相丙烯冷剂获得，工艺侧物料在中沸器中被全部汽化。塔釜再沸器的热量通过将20℃气相丙烯冷剂冷凝至-6℃的液相丙烯冷剂获得，乙烯精馏塔塔釜物料在再沸器中的汽化率约为50%。

乙烯精馏塔塔釜采出的循环乙烷组分送至冷箱中经回收冷量后，最终送入裂解炉裂解，乙烷的流量由塔釜液位串级控制。塔釜设有一个在线分析仪，用以监测塔釜乙烯损失和碳三组分的含量。当乙烯产品中重组分超标，但循环乙烷中乙烯含量正常时，需调整回流量。当塔釜循环乙烷中乙烯组分超标时，需先调整再沸器的操作再调整回流量。

# 第三节　脱乙烷塔设计

## 一、概述

在顺序分离流程中，脱乙烷塔进料为脱甲烷塔塔釜的碳二及碳二以上馏分。脱乙烷塔塔顶分离出的碳二馏分送至乙烯精馏塔，进一步精制分离出塔顶乙烯产品和塔釜乙烷。脱乙烷塔塔釜分离出碳三及碳三以上馏分送至脱丙烷塔。

在前脱丙烷分离流程中，裂解气在进入脱乙烷塔前已通过脱丙烷塔系统脱除碳四及碳四以上重组分，并通过脱甲烷塔系统脱除氢气、甲烷等轻组分，脱乙烷塔进料中仅包含碳二和碳三的混合馏分。脱乙烷塔塔顶分离出的碳二馏分送至乙烯精馏塔，进一步精制分离出塔顶乙烯产品和塔釜乙烷。脱乙烷塔塔釜分离出碳三送至碳三加氢反应器及后续系统进一步加工。

在前脱乙烷分离流程中，经干燥后的裂解气进入脱乙烷塔，塔顶分离出含有氢气、甲烷和碳二的轻组分，塔釜分离出碳三及碳三以上重组分。脱乙烷塔塔顶气相经碳二加氢反应器脱除炔烃后，送至后续的深冷及脱甲烷塔系统，脱乙烷塔塔釜液相送至脱丙烷塔及后续系统进一步加工。

## 二、工艺参数选取及分离控制指标

不同的分离流程，脱乙烷塔的进料不同，塔顶及塔釜分离出的产品有较大差异，脱乙烷塔工艺参数的选取不仅可影响脱乙烷塔的操作，还会影响乙烯装置的节能效果。因此，需根据分离流程的特点，选取合理的脱乙烷塔工艺参数。

脱乙烷塔操作压力越高，塔顶温度越高，塔顶冷凝所需要的冷剂温度越高，但塔釜温度随着塔压的升高而升高，相对挥发度随着塔压的升高而降低，因此，脱乙烷塔的塔压通常需要综合考虑多种因素，以寻求一个最优操作值。

对于顺序分离流程和前脱乙烷分离流程，当脱乙烷塔塔釜温度过高时，塔釜物料中碳四和碳五二烯烃等重组分易发生聚合反应，导致塔釜再沸器和塔盘上结垢。因此，为避免塔釜生成聚合物，塔釜温度一般需控制在80℃以下，脱乙烷塔塔压选取范围一般为1.6~2.3MPa(G)。通常情况下，脱乙烷塔系统均配有阻聚剂注入点，以防止或减缓塔内结垢现象的发生。对于前脱丙烷分离流程，由于脱乙烷塔塔釜为碳三馏分，因此塔操作压力可以更高一些。

在一定塔板数和压力的情况下，增大脱乙烷塔回流比，塔釜乙烷组分的含量和塔顶丙烯组分的含量将降低，塔顶冷凝器负荷将增加。脱乙烷塔回流比对塔釜乙烷含量及冷凝器负荷的影响如图6.3-1所示，由图可知，增大回流比后，冷凝器负荷变化幅度较大，塔釜乙烷含量变化相对较小。

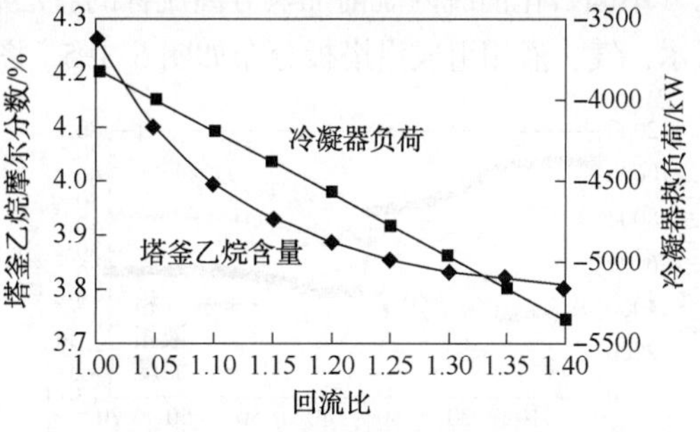

图6.3-1　脱乙烷塔回流比对塔釜乙烷含量及冷凝器热负荷的影响

在不同的分离流程中，虽然脱乙烷塔的塔顶和塔釜产品组成各有差异，但通常脱乙烷塔都以塔顶气相中碳三组分的含量和塔釜液相中碳二组分的含量作为塔的分离控制指标。早期的脱乙烷塔设计中，回流比较大，塔板数较少，塔釜碳二组分的含量一般控制在0.6%(摩尔)。近期的脱乙烷塔设计中，一般采用较小回流比和较多塔板数的设置，塔釜碳二组分的摩尔分数一般控制在$100\times10^{-6}$。

## 三、乙烯装置原料结构变化对脱乙烷塔的影响

不同的乙烯裂解原料，其裂解产品结构也不相同，几种具有代表性原料的裂解产物分布比较结果如图6.3-2所示。脱乙烷塔系统进料的组成主要为碳二、碳三及碳四以上重组分，不同的裂解产物组成也将对脱乙烷塔系统造成影响。根据图6.3-2所示的产品结构，当裂解原料变轻后，裂解产物中碳三及以上重组分含量降低，脱乙烷塔的总进料量将减少，但进料中的碳二组分含量增加。

当裂解原料中增加加氢尾油和柴油的比例后，脱乙烷塔进料量与裂解原料为石脑油时的进料量对比结果如图6.3-3所示。当裂解原料中重质原料比例增加后，脱乙烷塔进料量将增加，脱乙烷塔系统的负荷也将随之增加。

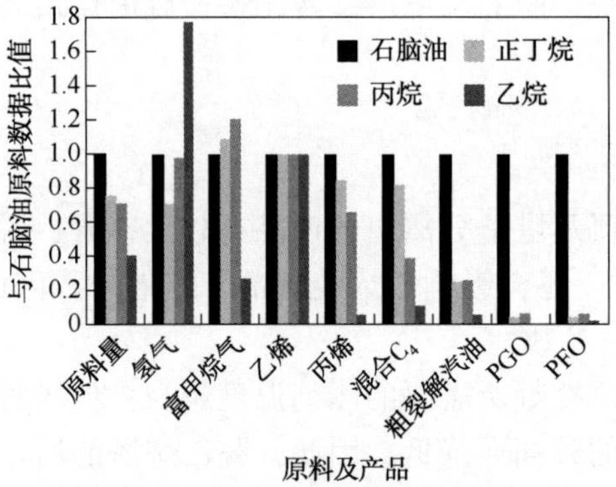


图6.3-2　不同裂解原料的产品结构与石脑油对比

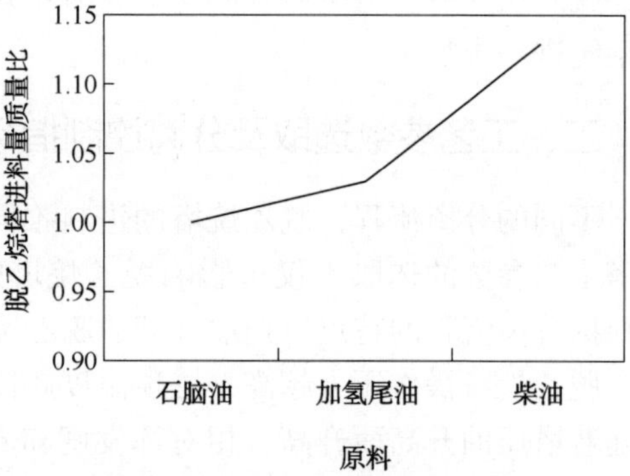


图6.3-3　重质原料与石脑油的脱乙烷塔进料对比

## 四、脱乙烷塔负荷分布及塔板温度变化曲线

中国石化前脱丙烷前加氢分离流程的脱乙烷塔气、液负荷及温度沿塔板分布曲线如图6.3-4所示，气、液相组成沿塔板分布如图6.3-5、图6.3-6所示，脱乙烷塔操作压力2.30MPa(G)。

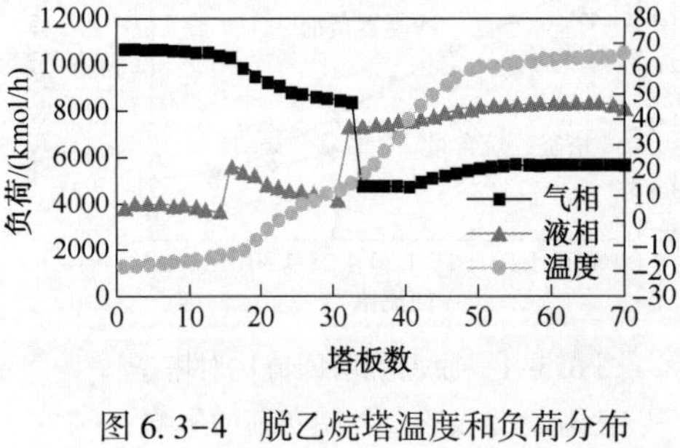


图6.3-4　脱乙烷塔温度和负荷分布

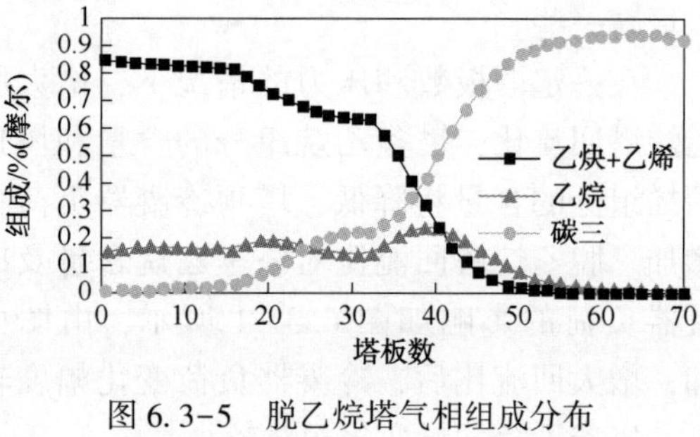


图6.3-5　脱乙烷塔气相组成分布

## 五、双塔脱乙烷技术

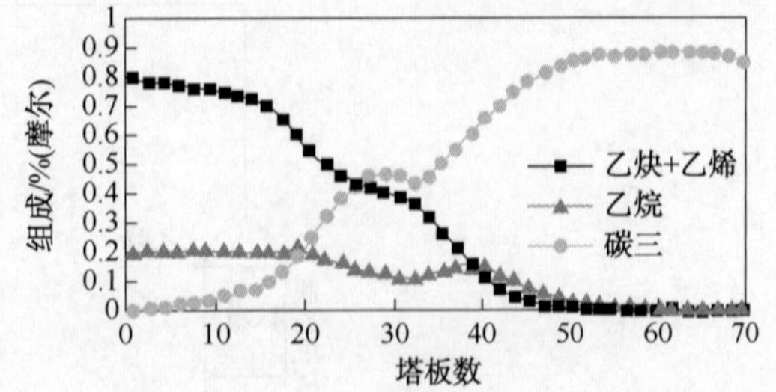


图 6.3-6　脱乙烷塔液相组成分布

对于以石脑油和加氢尾油为裂解原料的乙烯装置，仅 Linde 公司采用高低压双塔脱乙烷的前脱乙烷分离流程，其工艺流程如图 6.1-11 所示，工艺流程和原理如本章第一节所述。高压脱乙烷塔位于裂解气压缩机五段出口，操作压力约为 3.5MPa(G)，高压塔可保证碳二组分与氢气、甲烷等轻组分在足够压力下通过后续的深冷分离系统进行分离。低压脱乙烷塔的操作压力较低，约为 2.45MPa(G)，塔釜温度为 82℃，较低的塔压可缓解塔釜重组分中的不饱和双烯烃因塔釜温度过高而发生聚合反应，导致塔釜再沸器和塔盘上结垢。而高压脱乙烷塔不设再沸器，塔釜仍含有一定的乙烯，因此塔釜温度低，避免了塔釜的结焦问题。

## 六、间壁精馏脱乙烷技术

中国寰球工程公司开发了将间壁精馏塔应用于脱乙烷塔分离碳二和碳三的工艺技术，已经获得国家专利授权，该技术适用于前脱丙烷分离流程。在塔内部设置一块隔板，将塔分为四部分(见图 6.3-7)，混合碳二和碳三馏分进入脱乙烷塔的区域 2，由区域 1 顶部分离出聚合级乙烯，由区域 4 底部分离出碳三，区域 3 侧线采出碳二组分。区域 2 内主要实现碳二和碳三的分离，区域 2 和区域 4 的作用相当于传统脱乙烷塔，区域 3 为区域 1 的延伸，通过将碳二和碳三分离与乙烯和乙烷的精馏分隔，可大幅度降低进入乙烯精馏系统的物料量。根据需要，后续乙烯精馏塔可为高压乙烯精馏，也可为低压乙烯精馏与乙烯制冷压缩机组成的热泵系统(见图 6.3-8)。

与常规脱乙烷塔与乙烯精馏塔组成的系统相比，采用间壁技术的脱乙烷塔与乙烯精馏塔组成的系统能耗更低。当采用相同理论板数时，两者的对比结果如表 6.3-1 所示。

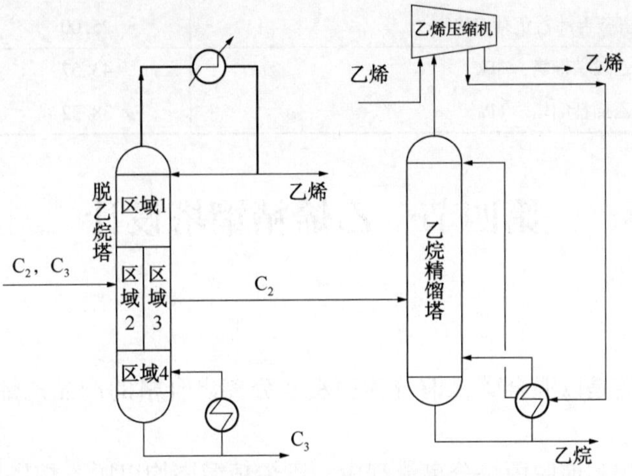


图 6.3-7　间壁精馏塔脱乙烷和乙烯精馏工艺系统(一)

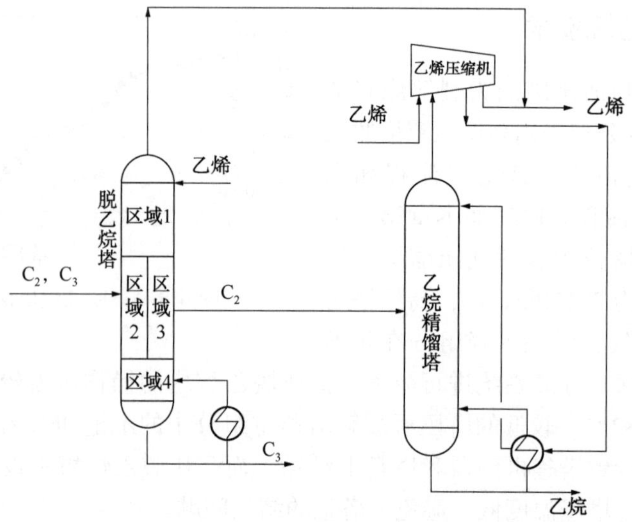


图 6.3-8　间壁精馏塔脱乙烷和乙烯精馏工艺系统(二)

**表 6.3-1　传统技术和间壁精馏技术的对比**

| 项　目 | | 传统系统 | 分隔壁系统 |
|---|---|---|---|
| 脱乙烷塔 | 乙烯产品流量/(kmol/h) | — | 2447.6 |
| | 塔顶温度/℃ | -34 | -36.5 |
| | 塔顶冷凝器负荷/MW | 15.50 | 30.47 |
| | 塔釜再沸器负荷/MW | 13.32 | 28.28 |
| 乙烯精馏塔 | 进料乙烯含量(摩尔分数)/% | 85 | 51.0 |
| | 进料流量/(kmol/h) | 3539 | 1088 |
| | 乙烯产品流量/(kmol/h) | 2997 | 550 |
| | 塔顶温度/℃ | -76 | -76 |
| | 塔顶冷凝器负荷/MW | 28.07 | 6.70 |
| | 塔釜再沸器负荷/MW | 25.00 | 5.68 |
| 冷凝器负荷(脱乙烷器+乙烯精馏塔)/MW | | 43.57 | 37.17 |
| 再沸器负荷(脱乙烷塔+乙烯精馏塔)/MW | | 38.32 | 33.96 |

# 第四节　乙烯精馏塔设计

## 一、概述

乙烯精馏的目的是以混合碳二馏分为原料，分离出合格的产品乙烯，并由塔釜获得乙烷产品。

在顺序分离流程和前脱丙烷分离流程中，乙烯精馏塔均以脱乙烷塔塔顶产品作为进料。其中，顺序分离流程中，脱乙烷塔塔顶产品在进入乙烯精馏塔前，还需经过加氢脱炔和干燥处理等步骤。在前脱乙烷分离流程中，则以脱甲烷塔釜液作为乙烯精馏塔进料。无论采用哪种分离流程，乙烯精馏塔进料均以碳二馏分为主，碳二馏分含量约占99.6%(摩尔)以上，另外含氢气和甲烷等轻组分在0.12%~0.15%(摩尔)以下，丙烯等重组分在0.1%~0.25%(摩尔)以下。因此，乙烯精馏塔可以近似看作乙烯-乙烷二元精馏系统。

乙烯对乙烷的相对挥发度随压力的降低而升高。在相同压力下，乙烯对乙烷的相对挥发度将随温度的升高而升高，随乙烯浓度的增加而下降。由于乙烯对乙烷的相对挥发度随操作压力的下降而升高，因此，随操作压力的下降，在相同回流比下所需理论塔板数降低，在相同塔板数下所需回流比下降。乙烯精馏塔压力对回流比和理论塔板数的影响如图6.4-1所示。

在相同塔板数的情况下，随着操作压力的下降，所需回流比降低，但塔顶冷凝温度也随之下降。低压乙烯精馏过程虽然降低了回流比而减少了冷冻功耗，但由于压缩功耗的增加，其总功耗仍比高压乙烯精馏过程的总功耗高。

## 二、乙烯塔的设计方案

由图6.4-1可见，降低乙烯塔操作压力可以大幅降低乙烯塔所需理论板数及操作回流比，但压力的降低也意味着需要更低级位的冷剂来冷凝塔顶气，同时乙烯塔的整体材质也需提升，乙烯塔塔顶操作压力对应冷凝温度可见图6.4-2。为了解决乙烯塔冷凝问题，同时尽可能降低能耗，多家专利商提出了不同解决方案，主要包括低压热泵方案以及高压精馏方案，其中低压热泵方案又包含开式热泵方案以及闭式热泵方案。

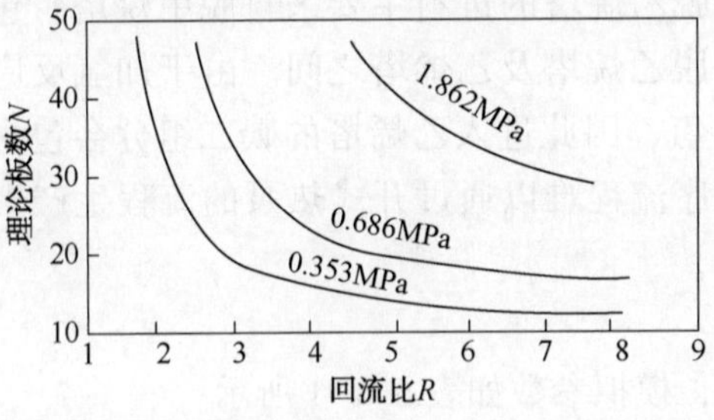


图6.4-1　乙烯塔压力对回流比和理论板数的影响

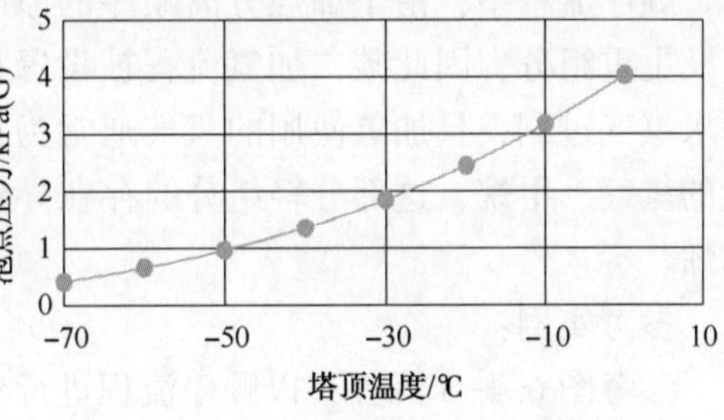


图6.4-2　乙烯塔塔顶压力对应泡点温度

### 1. 高压精馏方案

高压精馏方案，即是通过提高乙烯塔操作压力，以利用丙烯冷剂作为塔顶冷凝器冷剂的方案，通常要求塔顶操作压力在1.6MPa(G)以上，对应冷凝温度-35℃以上。这一方案的好处主要在于乙烯塔的材质要求较低，采用低温碳钢即可，但由于高压条件下乙烯-乙烷的相对挥发度较低，所需的理论板数较多。图6.4-3为典型高压乙烯精馏塔方案。

该方案中，乙烯塔顶的气相经丙烯冷剂冷凝后，液相全部返回乙烯塔作为回流，未凝的气相在尾气冷凝器中被乙烯冷剂二次冷却，其中仍未冷凝的部分，返回裂解气压缩机。高压方案乙烯塔的釜温约为-10℃左右，可以利用裂解气或气相丙烯冷剂回收其中的冷量。由于高压乙烯精馏方案回流比较高，整体温度较低，因而还可以在乙烯塔中段设置中沸器，以回收低于塔釜温度级位的冷量。

高压精馏方案由于操作压力高，回流比大，因而塔顶需要消耗大量的丙烯冷剂，通常是丙烯制冷压缩机最大用户，且温位低，因而消耗丙烯制冷压缩机总功率的60%~70%。

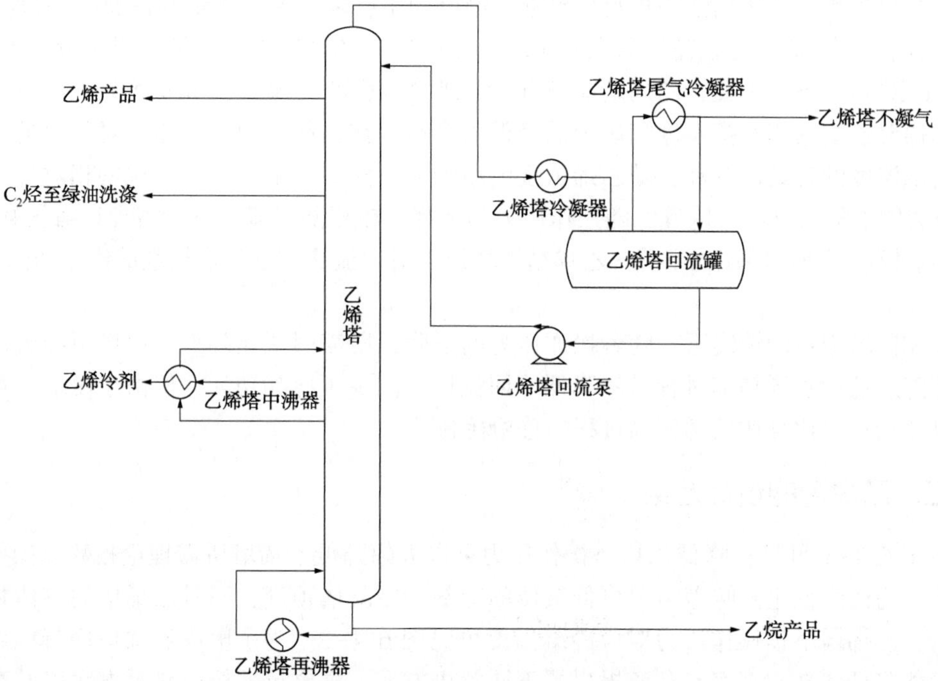


图 6.4-3　典型高压乙烯精馏塔方案

顺序流程中，由于烯烃分离顺序的原因，脱乙烷塔的进料主要来自脱甲烷塔，包含碳二及更重组分，因此碳二加氢流程被设置在了脱乙烷塔及乙烯塔之间。由于加氢反应过程要求氢气过剩，且加氢使用的氢气通常为95%氢，因此进入乙烯塔的碳二组分会包含一定量的氢气、甲烷，这部分轻组分的存在导致顺序流程难以通过开式热泵的流程生产聚合级乙烯。

参考实例：

参考图 6.4-3 流程，以顺序流程进行模拟，模拟参数如表 6.4-1 所示。

**表 6.4-1　高压乙烯塔参考实例**

| 项　目 | 数　值 | 项　目 | 数　值 |
|---|---|---|---|
| 塔顶压力/MPa(G) | 1.65 | 回流比 | 3.9 |
| 塔顶温度/℃ | -34.3 | 塔釜压力/MPa(G) | 1.8 |
| 理论板数 | 120 | 塔釜温度/℃ | -9.7 |

模拟所得的计算结果如图 6.4-4、图 6.4-5 所示。

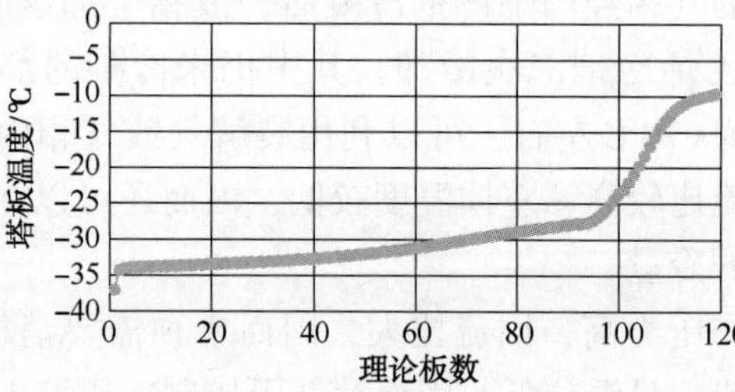


图 6.4-4　典型高压乙烯塔塔内温度变化

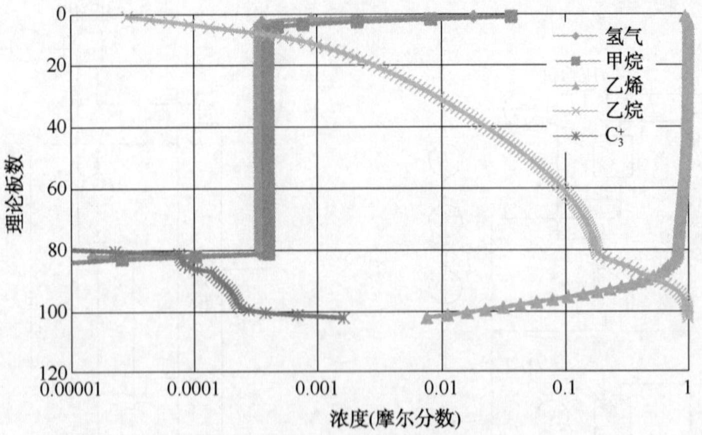


图 6.4-5　典型高压乙烯塔塔内组分变化

由图 6.4-5 可以看到，在乙烯塔精馏段，存在这一段甲烷和氢气的恒浓区，直到乙烯产品从侧线抽出后，甲烷和氢气的浓度才明显增加。恒浓区内甲烷和氢气的浓度，与进料中甲烷和氢气的浓度正相关，这意味着，当上游脱甲烷塔塔釜操作不正常时，产品乙烯中甲烷和氢气的含量也会随之升高。

2. 低压精馏方案

低压精馏方案，即是通过将乙烯塔的操作压力维持在较低水平，以提高相对挥发度，降低回流比，从而降低能耗。这一方案通常的乙烯塔通常操作于 0.3~0.8MPa(G)，塔顶温度在-76~-55℃之间，塔釜温度在-52~-32℃之间，因此需要使用乙烯冷剂或二元冷剂作为冷凝器冷源。相比高压精馏方案，低压精馏方案对设备材质的要求较高，需要采用不锈钢。

由于低压精馏方案整体温度低，乙烯塔精馏段温度变化较小，提馏段温度变化较大，同时塔釜温度也足够低，由此很多专利商便将乙烯塔与制冷压缩机系统相结合，组成热泵系统，既取代了外供热源，也提高了冷凝所需的温度，节约制冷压缩机功率。

乙烯塔与乙烯制冷压缩机组成的热泵系统主要包含开式热泵与闭式热泵。在两种热泵系统中，均使用乙烯制冷压缩机排出的高温气体作为乙烯塔中沸及再沸热源，从中回收冷量。区别在于，开式热泵中乙烯塔不设置冷凝器，乙烯塔顶气相全部进入乙烯制冷压缩机，乙烯塔的回流及乙烯产品均来自乙烯制冷压缩机系统。闭式热泵中，乙烯制冷压缩机系统与乙烯塔之间物料不相通，乙烯塔需设置冷凝器，制冷压缩机系统仅用于回收中沸/再沸冷量并为乙烯塔冷凝器提供冷量。

在前加氢流程，如前脱乙烷前加氢及前脱丙烷流程前加氢中，由于烯烃分离顺序的原因，脱乙烷塔的进料通常来自脱甲烷塔，原料中仅包含碳二组分(前脱乙烷)或碳二及碳三组分(前脱丙烷)，碳二加氢流程被放置于脱甲烷塔前，自脱乙烷塔至乙烯塔的进料几乎不含甲烷、氢气等轻组分。因此前加氢流程通常会采用开式热泵。

而在后加氢流程中，如前脱乙烷后加氢及前脱丙烷流程后加氢中，由于乙烯塔的进料中可能包含甲烷和氢气等轻组分，因此仅能采用闭式热泵。

图 6.4-6~图 6.4-8 展示的是最具代表性的三种开式热泵流程。

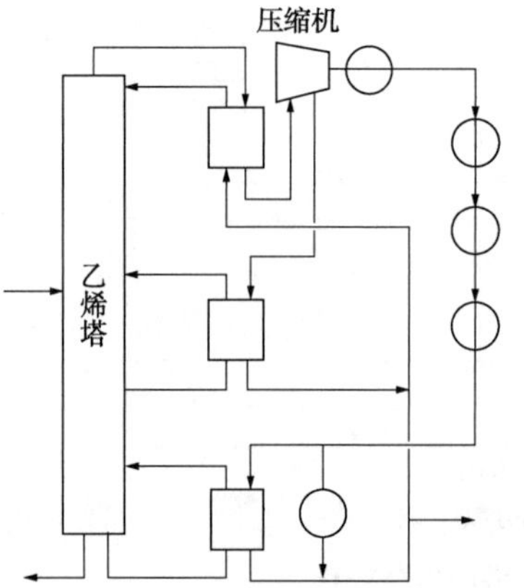

图 6.4-6 Technip(S&W)技术乙烯塔热泵流程示意图

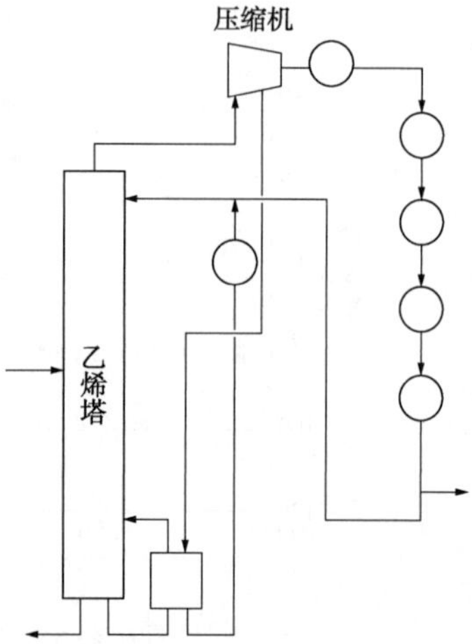

图 6.4-7 KBR 技术乙烯塔热泵流程示意图

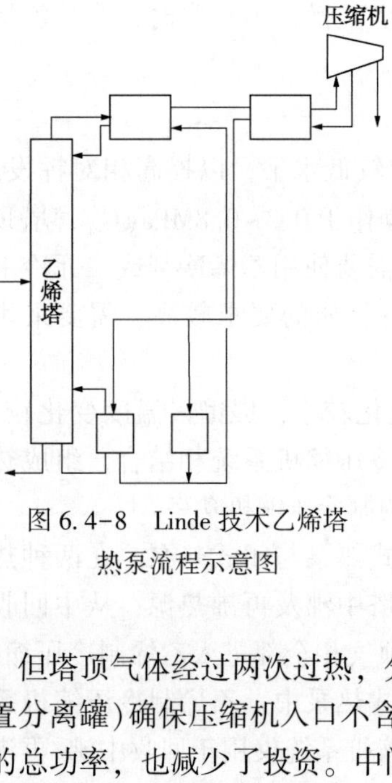

图 6.4-8 Linde 技术乙烯塔热泵流程示意图

以上三种不同流程的开式热泵系统都利用乙烯机同时作为热泵压缩机。

TechnipFMC(S&W)公司的乙烯塔热泵系统比较复杂，具有以下特点：第一，设置了乙烯塔中间再沸器。由于中间再沸器的操作温度较低，故可从乙烯机压力较低的段间抽出一股气相为其提供热量，进而减少乙烯机功率，但是设备投资较多。第二，塔顶气相与回流进行热交换，过热后进入乙烯机。塔顶气相过热会增加乙烯机和丙烯机的总功率，但是对乙烯机的保护更加可靠。另外，回流液过冷后再降压，减少了降压后的汽化量。

KBR 公司设计的乙烯塔热泵系统使乙烯塔顶物料直接进入乙烯机，最大限度地降低乙烯机功率和出口温度，乙烯塔没有中间再沸器，流程最简单。

Linde 公司的乙烯塔热泵技术也没有设置中间再沸器，但塔顶气体经过两次过热，分别与回流和抽出气体进行热交换。如果采取适当措施(如设置分离罐)确保压缩机入口不含液相，可不必设置过热器，这样不仅降低乙烯和丙烯压缩机的总功率，也减少了投资。中间再沸器的设置要综合考虑投资和能耗两方面的因素，如果以降低能耗为主要考虑因素，可增设中间再沸器，否则可不予考虑。

热泵系统操作参数的选择：

① 低温差系统最适宜采用热泵，温差越大越不宜采用热泵。

② 热泵一般不适于冷凝温度为 40~120℃ 的系统。

③ 在需要制冷剂冷凝的系统中，可通过热泵提高冷凝温度，甚至可以提高至可以使用冷却水的温度。

④ 对于相对挥发度小的组分，可以采用热泵使塔的操作压力降低，这样增加组分的相对挥发度，降低塔的回流比。

⑤ 进料和产品的状态对系统的热平衡有较大的影响。

⑥ 为提高系统的稳定性和保护设备不受损害，压缩机入口气相一般过热，冷凝后的液体应过冷。

在采用热泵技术时，一般都要考虑上面的因素。在合理的操作条件下，乙烯塔采用开式热泵可比常规方法减少能耗约 50%。塔的操作压力和热泵压缩机的吸入温度都对压缩机功率有明显的影响：降低精馏塔的操作压力可提高轻重组分的相对挥发度，减少压缩机的流量，但同时使单位物流消耗的功率增大。降低塔压最终使压缩机的功率增大，如图 6.4-9 所示。然而，如果将乙烯塔在低压下操作，热泵压缩机与乙烯机可以合并，减少一套压缩机组，否则必须单设热泵压缩机。另外塔的回流比得以降低，再沸器面积可以减小。这就是目前乙烯塔热泵系统采用低压操作的原因。

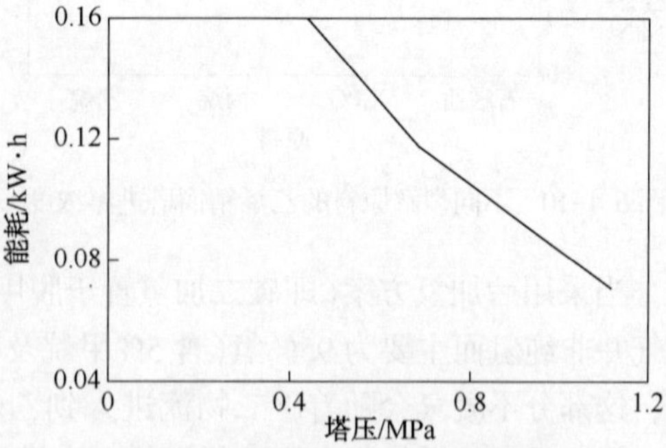

图 6.4-9　塔压与热泵压缩机每千克乙烯的能耗关系

从保护压缩机的角度出发，压缩机入口气体可以适当过热。但由热力学可知，压缩机入口温度越高其所需的功率越大。所以，压缩机入口的过热度应同时考虑工艺和机械两方面的要求。

经济方面，乙烯塔采用开式热泵后，投资回收期比常规乙烯塔系统可减少约三分之二。对常规乙烯塔系进行开式热泵改造，投资回收期只有 5~6 个月。表 6.4-2 为国内现有三套采用开式热泵技术的装置参数。

**表 6.4-2　乙烯塔热泵参数**

| | 装置 A | 装置 B | 装置 C |
|---|---|---|---|
| 乙烯产量/(kg/h) | 39667 | 45900 | 30860 |
| 乙烯塔顶压力/MPa | 0.83 | 0.6585 | 0.408 |
| 乙烯塔顶温度/℃ | -57.3 | -63.8 | -76 |
| 乙烯塔釜温度/℃ | -36.2 | -41.1 | -55 |
| 回流比 | 2.14 | 2.10 | 1.95 |
| 压缩机吸入压力/MPa | 0.798 | 0.618 | 0.401 |
| 压缩机吸入温度/℃ | 21 | -51.9 | -65.05 |
| 压缩机排出压力/MPa | 2.201 | 1.757 | 1.114 |
| 压缩机功率/kW·h | 4095 | 2804 | 2803 |
| 热负荷/($10^6$kcal/h) | 12.0 | 10.9 | 7.06 |
| 传热系数(COP) | 3.39 | 4.50 | 2.92 |

注：1kcal=4.1868kJ。

## 三、乙烯装置原料结构变化对乙烯精馏塔的影响

乙烯精馏塔的进料组成只有乙烯和乙烷，当裂解原料中增加乙烷原料时，对乙烯精馏

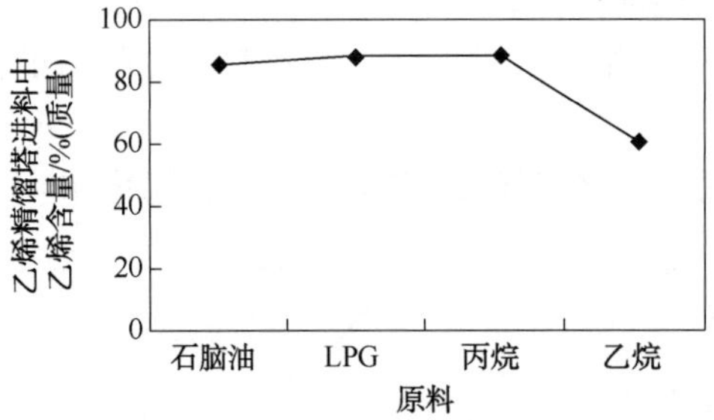


图 6.4-10　不同裂解原料的乙烯精馏塔进料浓度

塔系统的影响较大。由于乙烷裂解的转化率通常控制在65%左右，裂解时未反应的乙烷原料将全部进入乙烯精馏塔精制分离，乙烯精馏塔的进料中乙烯的浓度将降低，导致回流比增大，相关设备的负荷增加。不同的乙烯裂解原料组成下，乙烯精馏塔进料中乙烯的浓度如图 6.4-10 所示。

## 四、乙烯塔的不凝气脱除

当采用后加氢方案(即碳二加氢置于脱甲烷塔后)时，如顺序流程，由于碳二加氢使用的氢气并非纯氢而主要为95%氢(含5%甲烷及其他杂质)，且在加氢过程中会有部分氢气参与反应，这部分不凝气会随着碳二物流进入到乙烯塔中，如果不进行脱除，会导致乙烯产品不合格。因此常见的后加氢方案乙烯塔均会在塔顶设置巴式精馏段，通常为5~10块实际板，液相乙烯产品自巴式精馏段下方抽出，精馏塔回流罐液相则全部作为回流返回乙烯塔。后加氢方案乙烯塔塔顶气相含有氢气、甲烷等杂质，这也是后加氢方案通常不采用热泵方案的原因。

当采用前加氢方案(即碳二加氢置于脱甲烷塔前)时，由于绝大部分氢气、甲烷已在脱甲烷塔脱除，仅有脱甲烷塔塔釜残留的甲烷随碳二组分进入乙烯塔。此时，如乙烯塔采用开式热泵，则这部分甲烷可以通过乙烯冷剂收集罐顶随不凝气排出；如乙烯塔采用闭式热泵，则这部分甲烷需要从乙烯塔回流罐顶随不凝气排出。

## 五、乙烯塔堵塞问题

乙烯塔的堵塞主要为水合物堵塞和绿油堵塞两种，根据装置流程顺序的不同，发生的几率及原因也各不相同。

### 1. 水合物导致堵塞

水合物堵塞的原因主要为干燥器出口含水量不合格，过量的水与烃类在低温环境下，会生成水合物，从而堵塞设备、塔盘和控制阀。在后加氢流程如顺序流程中由于碳二加氢反应器设置在乙烯塔前，乙烯干燥器出口含水量不合格将直接导致进入乙烯塔的水量增大；在前加氢流程如前脱丙烷前加氢流程中，主要表现在第二干燥器出口含水量不合格，过量的水将沿预脱甲烷塔塔釜进入脱乙烷塔，从而导致进入乙烯塔的碳二组分含水超标。

当乙烯塔由于水合物而堵塞时，可以很明显地从塔的段间压差以及塔釜液位变化看出，此时可以通过注入甲醇的方法解决。

### 2. 绿油导致的堵塞

绿油是一种烯烃加氢过程中产生的低聚物，可导致精馏塔堵塞及降低干燥器效果，当加氢过程中氢气不足时，将导致绿油产生量增加。由绿油产生的乙烯塔堵塞主要发生在后加氢流程如顺序流程中。由于在后加氢流程中，碳二加氢反应器设置在脱乙烷塔和乙烯塔之间，因此需要在碳二加氢及乙烯塔之间设置绿油分离流程。绿油分离流程的设置有多种形式，可以采用绿油洗涤塔也可仅使用绿油分离罐。用于洗涤绿油的物料主要来自乙烯塔中段，自乙烯中段采出的碳二混合物与碳二加氢出口产品接触后，带有绿油的碳二物流返回脱乙烷塔作为回流，从而避免绿油进入乙烯塔。

由绿油导致的堵塞通常不会发生在前加氢流程中，首先前加氢流程中进入碳二加氢反应器的物料带有过量的氢气，不容易产生绿油。其次碳二加氢产生的微量绿油会返回脱乙烷塔(前脱乙烷流程)或脱丙烷塔(前脱丙烷)，最终随塔釜进入重组分当中。由绿油导致的堵塞通常较为缓慢，现象与水合物导致的堵塞较为相似。

# 第五节　应用全馏分加氢和产品加氢的碳二系统

## 一、概述

乙烯装置顺序分离流程采用后加氢工艺，乙炔加氢过程设在脱乙烷塔之后。这时对脱乙烷塔塔顶采出的碳二馏分进行加氢，可以采用全馏分加氢，也可以采用产品加氢。全馏分加氢是将脱乙烷塔塔顶碳二馏分全部进行加氢，加氢后的产品一部分作为脱乙塔回流，一部分送至乙烯精馏塔。产品加氢是仅对脱乙烷塔塔顶净产品进行加氢，而不对其回流进行加氢的加氢方式。

某石化公司原300kt/a乙烯装置是20世纪80年代中后期由国外引进投产的，采用的是常规顺序分离工艺技术。后于1988年和2004年先后进行过两轮大规模的扩能改造，其分离冷区碳二系统，配合流程和设备的改造，两次改变乙炔加氢方式，成功地使装置的乙烯生产能力分别扩大到450kt/a和720kt/a。

## 二、全馏分加氢工艺

该装置原设计采用脱乙烷塔和乙烯精馏塔联合系统，脱乙烷塔塔顶气体不经冷凝，全部进入乙炔加氢反应系统进行加氢即所谓全馏分加氢。加氢的气体经碳二绿油吸收塔洗涤绿油、乙烯干燥器除去含有的微量水分后，进入乙烯精馏塔进行精馏。由乙烯精馏塔进料口下部的塔盘，采出一股液相侧线靠重力流入碳二绿油吸收塔作洗涤液，之后用泵送往脱乙烷塔作为回流(见图6.5-1)。

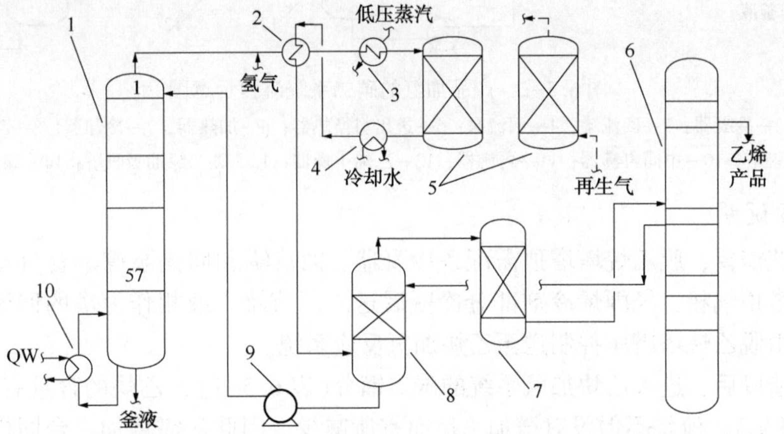


图6.5-1　全馏分加氢的碳二系统流程示意图

1—脱乙烷塔；2—进出料换热器；3—加热器；4—冷却器；5—乙炔加氢反应器；6—乙烯精馏塔；7—乙烯干燥器；8—碳二绿油吸收塔；9—绿油塔釜液泵；10—再沸器

脱乙烷塔用急冷水(QW)再沸，塔釜为 $C_3$ 及其以上重组分。由于脱乙烷塔自身无冷凝回流设备，开车时乙烯精馏塔后开，无法提供侧线回流，所以脱乙烷塔还需设置一台开车冷凝器。

在该流程中，脱乙烷塔顶冷凝器相当于乙烯精馏塔一台中间再沸器，因而可以减少设备的台数和能耗；由于回流的稀释作用，进料中乙炔的浓度降低，因此可以采用单床层加氢。但也有以下问题：①乙炔加氢、绿油洗涤和乙烯干燥三个子系统中，单台设备的设计以及气液相管线的尺寸都相对大一些；②脱乙烷塔开车用冷凝器仅在开车时使用，平时处于闲置状态；③采用两塔联合系统，它们的操作容易相互影响。在实际运行中，该流程存在的最大问题是操作稳定性稍差。

## 三、产品加氢工艺

在第一轮450kt/a乙烯的改扩建中，冷区碳二部分需通过改造，使其生产能力至少提高60%。结合全馏分加氢中部分系统设计偏大的特点，可以考虑改造成产品加氢(见图6.5-2)。这样可以相对减少流经碳二加氢系统的流量，以及降低碳二绿油吸收塔和乙烯干燥器的负荷，从而最大限度地减少对系统的改造。

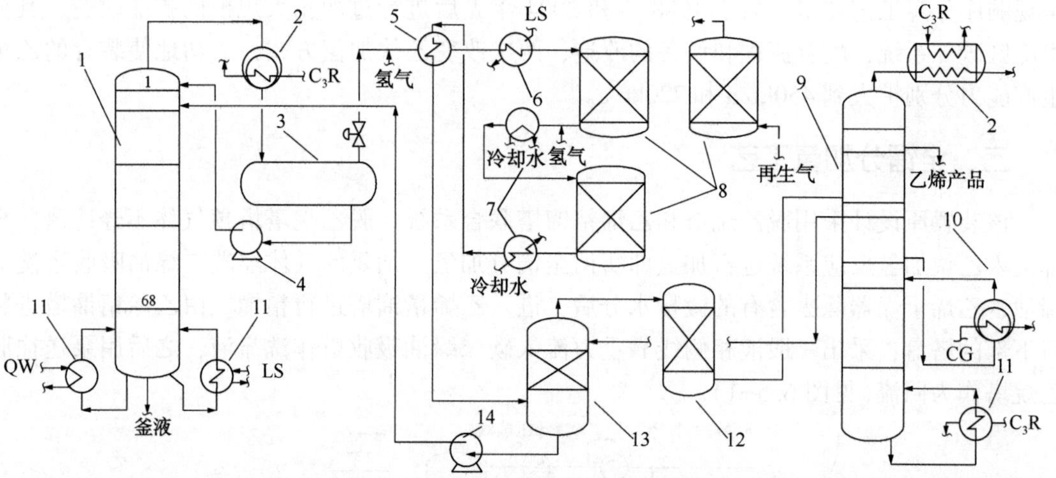


图6.5-2 产品加氢的碳二系统流程示意图

1—脱乙烷塔；2—冷凝器；3—回流罐；4—回流泵；5—进出料换热器；6—加热器；7—冷却器；8—乙炔加氢反应器；9—乙烯精馏塔；10—中间再沸器；11—再沸器；12—乙烯干燥器；13—碳二绿油吸收塔；14—绿油塔釜液泵

### 1. 方案说明

根据工艺需要，脱乙烷塔塔顶需配备冷凝器、回流罐和回流泵等一套自身冷凝回流设备。脱乙烷塔顶气相，经丙烯冷剂部分冷凝后送入回流罐，液相作为塔的回流，气相则作为碳二产品由脱乙烷塔塔压控制送至乙炔加氢反应系统。

这样改造以后，进入乙炔加氢系统的碳二馏分(表6.5-1)，乙炔的含量有了明显提高，达1.02%(摩尔)；流量不但没有增加，反而有所减少。因此只需增加一台同样规格的反应器，两两串联进行二段加氢，并在段间新增一台中间冷却器即可。乙炔加氢系统原有的反应器、进出口的换热器、加氢/再生管线以及复杂的控制仪表等原则上都可以不动。

表 6.5-1 碳二加氢系统进料流量和乙炔的含量

| 对比项 | 乙炔含量/%(摩尔) | 流量/(t/h) |
|---|---|---|
| 原设计 | 0.71 | 82.45 |
| 一轮改造 | 1.02 | 78.81 |
| 二轮改造 | 0.91 | 144.59 |

由乙烯精馏塔侧线采出的碳二洗涤液，此时仅用于满足加氢碳二馏分的绿油洗涤，因此流量可以大幅度减少(表 6.5-2)。这对于碳二绿油吸收塔，不但气相负荷稍有降低，而且液相负荷也显著下降，所以该塔无须改造。同理，分别与其气、液相出料相关的乙烯干燥器和碳二绿油吸收塔釜液泵也完全可以不动。碳二洗涤液吸收绿油以后仍然泵送到脱乙烷塔顶段，回收加氢中的副产物。

表 6.5-2 碳二绿油洗涤塔进/出料流量

| 流程 | 碳二洗涤液/(t/h) | 出料/(t/h) | |
|---|---|---|---|
| | | 塔顶气相 | 塔釜液相 |
| 原设计 | 40.23 | 88.51 | 34.17 |
| 一轮改造 | 8.52 | 84.63 | 2.75 |
| 二轮改造 | 42.24 | 155.43 | 31.47 |

注：碳二气相进料流量与乙炔加氢系统的进料基本相当。

脱乙烷塔和乙烯精馏塔更换，这两个子系统其他的冷凝、回流和再沸等辅助设备也有不同的改造处理。

2. 压降的调配

对比碳二流程中各处的操作压力和各系统的压降变化可以看出，在装置改造过程中，乙烯精馏塔塔顶的操作压力始终保持不变，乙炔加氢系统的入口压力基本维持恒定(图 6.5-3、表 6.5-3)。因为这两个系统比较关键，它们的操作条件要优先予以保证。由于改为二段加氢，新增设备所增加的阻力降，主要由碳二绿油吸收塔液相负荷降低而减少的阻力降来弥补；不足部分及由改为产品加氢在脱乙烷塔顶新增设备和流量控制元件所带来的压降，则只能通过提高脱乙烷塔的塔压实现。

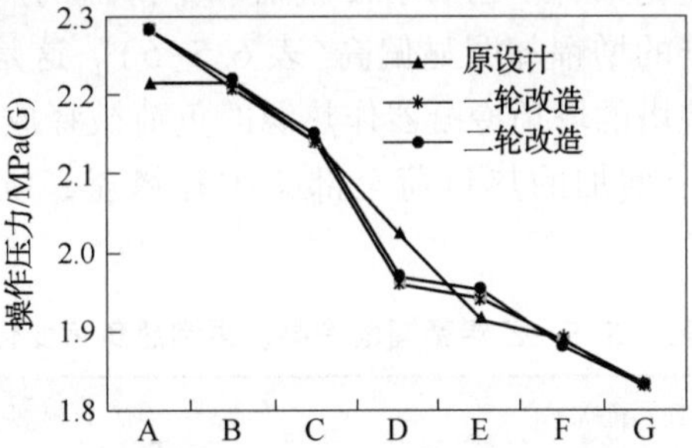


图 6.5-3 碳二流程各点的气相碳二馏分操作压力对比

A—脱乙烷塔塔顶；B—加氢系统进料；C—一段反应器入口；D—加氢系统出料；E—绿油吸收塔出口；F—乙烯干燥器出口；G—乙烯精馏塔塔顶

表 6.5-3　不同时期碳二流程各系统压降　kPa

| 对比项 | 脱乙烷塔顶至加氢系统 | 乙炔加氢系统 | 碳二绿油吸收塔系统 | 乙烯干燥器系统 | 乙烯塔进料至塔顶 |
|---|---|---|---|---|---|
| 原设计 | — | 192 | 110 | 24 | 59 |
| 一轮改造 | 76 | 251 | 15 | 57 | 54 |
| 二轮改造 | 66 | 251 | 15 | 67/78 | 54/43 |

但随着脱乙烷塔塔压的升高，其组分的相对挥发度会下降，对分离不利；同时釜温也将随之上升，这对急冷水的再沸不利，而且塔釜结焦的可能性增大。因此，系统压力的变化要尽可能在系统内部平衡，脱乙烷塔塔压的升高，应尽量控制在最小的范围之内。

3. 不利因素的消除

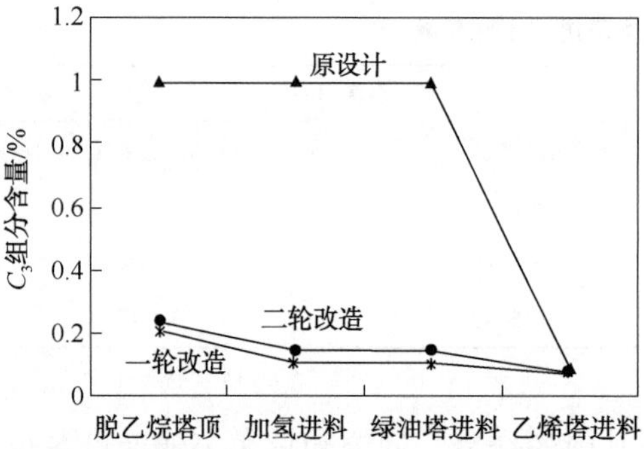


图 6.5-4　气相馏分中 $C_3$ 组分的含量

除了塔压升高对脱乙烷塔的上述不利影响外，碳二绿油吸收塔液相负荷降低以后，对气相馏分中 $C_3$ 组分的洗涤作用也将下降，为保证乙烯精馏塔的进料要求，脱乙烷塔的分离精度也必须相应提高，见图 6.5-4。

因此，借助脱乙烷塔更换，除了放大塔径之外，还增加了塔板数，适当提高回流比，以满足新的分离要求(表 6.5-4)。同时，增加一台低压蒸汽(LS)作热源的再沸器，以备开车或急冷水加热不足时使用。

表 6.5-4　脱乙烷设计操作参数

| 对比项 | 塔径/mm | 塔顶操作压力/MPa(G) | 釜温/℃ | 实际塔板数 | 回流比 | 塔顶气相产品中的 $C_3$ 含量/% |
|---|---|---|---|---|---|---|
| 原设计 | 2200 | 2.216 | 67 | 57 | 0.709 | 0.99 |
| 一轮改造 | 3400 | 2.283 | 70 | 68+1 | 0.738 | 0.10 |
| 二轮改造 | 3400 | 2.284 | 70 | 67+1 | 0.744 | 0.14 |

从改造前后热负荷的变化来看，乙烯塔冷凝器和中沸器的热负荷增幅基本与装置生产能力的增长相当，而再沸器的增幅却明显偏高(表 6.5-5)。这是由于碳二系统改造为产品加氢流程以后，原由脱乙烷塔的塔顶冷凝器作热源的负荷被释放了出来，而裂解气(CG)作热源增加有限，所以将多余增加的热负荷全部集中在塔釜，统一由 2℃ 的丙烯冷剂气来回收。

表 6.5-5　乙烯精馏塔冷凝、再沸热负荷变化

| 对比项 | 乙烯装置能力/(t/h) | 热负荷/(GJ/h) | | |
|---|---|---|---|---|
| | | 冷凝器 | 中间再沸器 | 再沸器 |
| 原设计 | 37.5 | 56.78 | 12.96 | 16.39 |
| 一轮改造 | 60.0 | 93.65 | 19.99 | 47.90 |
| 增幅/% | 60 | 65 | 54 | 192 |

这次改造因负荷的增加，乙烯精馏塔和制冷系统的丙烯制冷压缩机都进行了更新。借助它们的改造，改变它们的内部结构和负荷分配，以适应新流程的需要。

## 四、部分馏分加氢工艺

在该装置第二轮 720kt/a 乙烯装置的改扩建中，冷区碳二部分的流程又由产品加氢改造为介于产品加氢和全馏分加氢之间的一种加氢形式的流程(图 6.5-5)。这样做同样也是减少装置改动量的需要。

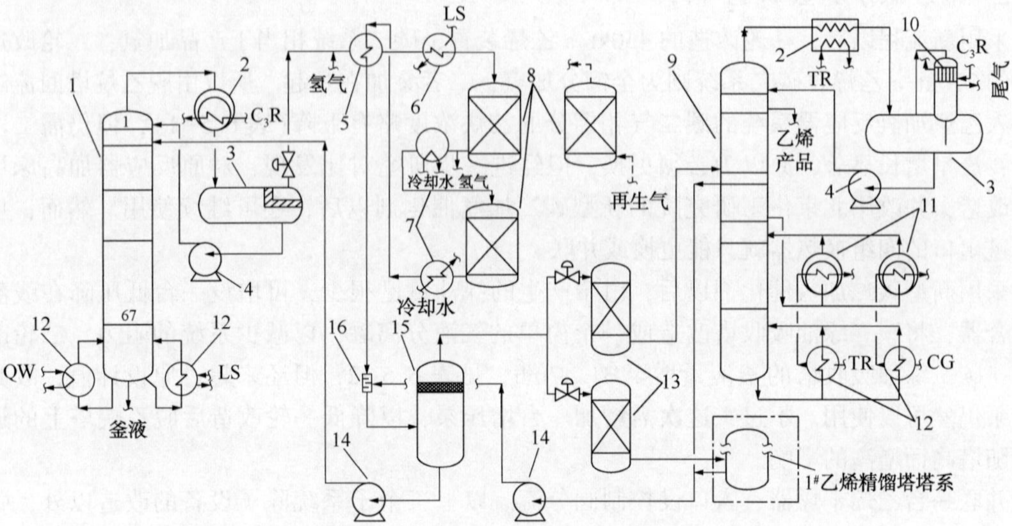


图 6.5-5　二轮改造后碳二系统的流程示意图

1—脱乙烷塔；2—冷凝器；3—回流罐；4—回流泵；5—进出料换热器；6—加热器；7—冷却器；8—乙炔加氢反应器；9—2#乙烯精馏塔；10—尾气冷凝器；11—中间再沸器；12—再沸器；13—乙烯干燥器；14—釜液(或增压)泵；15—碳二绿油吸收塔；16—在线混合器

### 1. 问题与分析

经水力学核算发现，一轮改造中更换的脱乙烷塔，塔壳不动，现有的普通浮阀塔板用 MD 高效塔盘进行改造，可以满足二轮扩建后负荷增大的要求。其设计操作参数基本不变(表 6.5-4)，但塔顶塔底的冷凝、再沸负荷要相应增加。急冷水由装置本身自产，所以增加再沸不难，然而冷凝器的改造却不那么简单。

在第一轮扩建中，原 300kt/a 乙烯装置的丙烯、乙烯和甲烷三台制冷压缩机均进行了更换或改造，所以这轮改造原则上不动，新增的冷量全部由新增的三元制冷压缩机一个系统提供。这里面有投资方面的考虑，更有场地布置限制的因素。

一轮改造以后，脱乙烷塔塔顶冷凝器用-23℃的丙烯冷剂作冷凝介质。显然二轮改造更换不合适，若并联一台三元冷剂冷凝器，两台换热器的大小、型式不一致，分流控制存在难度。但如果采用像全馏分加氢那样的方法，脱乙烷塔塔顶增加的冷凝由乙烯精馏塔的中间再沸提供，则问题得以转移，可以集中解决。而脱乙烷塔已有的自身冷凝回流系统也可以不动。

在二轮改造中，乙烯的生产规模增加了近 300kt/a，重新启用封存于现场的原设计的原乙烯精馏塔(2#)正好适合，而一轮改造的乙烯精馏塔(1#)塔系可以完全不动。物料从碳二绿油吸收塔之后开始分流，两条乙烯干燥、精馏线并联操作。新启用塔的外围辅助设备相应增加一套。除了尾气冷凝器负荷很小仍使用-62℃的乙烯冷剂以外，塔底的一部分再沸和中沸首先由新增的裂解气完成，不足部分以及塔顶的冷凝则全部由三元冷剂(TR)承担。采用新流程后脱乙烷塔新增的冷凝可相当于新启用乙烯塔中沸的一部分，体现在由该乙烯塔下部采出一股碳二液相，经碳二绿油洗涤塔作为脱乙烷塔回流的一部分，在脱乙烷塔内汽化后随碳二进料返回。原300kt/a 的乙烯精馏塔也正是这么设计。

2. 部分馏分加氢工艺

采用新流程以后，一轮改造的450kt/a 乙烯装置，碳二系统相当于产品加氢；二轮改造新增的270kt/a 乙烯，碳二系统则为全馏分加氢，二者叠加在一起。所以由脱乙烷塔回流罐顶进入乙炔加氢反应器系统的碳二气相馏分的乙炔浓度略有下降(表6.5-1)，但仍需二段加氢；流量增长显著，原以为必须更换，但经进一步研究对比发现，对原反应器加高床层适当改造，并改用北京化工研究院的新型碳二加氢催化剂以后，还可继续使用。然而，反应器进出口的四组换热器就只能更换或并联。

采用新型碳二加氢催化剂以后，由于产生的绿油量已很少，可增设一台低压降在线静态混合器，将碳二绿油吸收塔改造成一个简单的气液分离罐，以减少系统的阻力。二轮改造中，碳二绿油吸收塔的釜液量增至31.47t/h，见表6.5-2，但还未超过原设计值，故其釜液泵仍然可以使用。不过，这次需增加一台增压泵，以降低一轮改造后脱乙烷塔上的返回口随塔高而增高的影响。

并联一台乙烯干燥器，入口设控制阀分流。以上三个子系统除了设备的改造以外，碳二气相馏分的主工艺管线，从脱乙烷塔回流罐的顶部出口到并联乙烯干燥器入口的分流点，也全部扩径，以适应流量增大的需求。

同一轮改造比较，系统的压力控制基本不变(图6.5-3和表6.5-3)，反应器床层因加高及流量增大和乙烯干燥器入口设分流阀，所新增的阻力降，由系统内部平衡。若产品加氢不变，中间的这三个子系统，除少增一台增压泵之外，上述改造基本也一样，所以借助其中流量元件与换热器的更换、管线与设备管口的扩径，加之绿油塔的改造，消除这些新增的阻力降，对整体工作量的影响并不大。

乙烯装置的冷区碳二系统，在第一轮改扩建中，由全馏分加氢改造为产品加氢，五个子系统中的中间三个子系统(乙炔加氢、绿油洗涤和乙烯干燥)，除增加一组反应器和中冷器外未做大的改动；在第二轮改扩建中，又进一步被改造成介于全馏分加氢和产品加氢之间的叠加加氢，解决了改造中制冷剂使用上遇到的困难，并配合和方便原乙烯塔的重新启用，从而有效降低了装置改造的工作量，节省了投资。

与此同时，使脱乙烷塔和乙烯精馏塔的操作方式，由联合操作到独立运行，再到既能独立开车，又可联合操作，适当加强了碳二系统操作的稳定性，同时又少用设备和兼顾节能。

## 参 考 文 献

[1] 胡杰，王松汉．乙烯工艺与原料[M]．北京：化工工业出版社，2017.

[2] 周尖，曾飞鹏，薛新超，等．脱乙烷塔再沸器结垢影响因素及对策[J]．乙烯工业，2019，31(01)：

37-39+6.
[3] 赵雄．乙烯装置脱乙烷塔的模拟分析与优化探讨[J]．石油炼制与化工，2018，49(10)：95-98.
[4] 王振维，盛在行．乙烯装置分离顺序选择及前脱丙烷技术[J]．乙烯工业，2008，20(04)：52-58+22.
[5] 王振维．乙烯分离技术分析[J]．乙烯工业，2004，(03)：40-43+10.
[6] 王振维．原料结构变化对乙烯装置的影响[J]．乙烯工业，2020，32(04)：1-4+9+5.
[7] 王子宗．乙烯装置分离技术及国产化研究开发进展[J]．化工进展，2014，33(03)：523-537.
[6] 王振维．大庆新区前脱丙烷前加氢分离技术[J]．乙烯工业，2001，(01)：44-45+78.
[7] 杨春生．乙烯装置前脱丙烷—ARS 流程的技术优势[J]．乙烯工业，1999，(04)：1-5.
[8] 王明耀，李广华．乙烯装置前脱乙烷分离技术(一)[J]．乙烯工业，2009，21(03)：62-64+22.
[9] 王明耀，李广华．乙烯装置前脱乙烷分离技术(二)[J]．乙烯工业，2009，21(04)：60-64+20.
[10] 邓硕．前脱乙烷分离流程在乙烯装置中应用的分析研究[J]．中外能源，2021，26(01)：82-91.
[11] 陈滨．乙烯工学[M]．北京：化学工业出版社，1997：356-361.
[12] 王振维，杨春生．热泵在乙烯裂解装置中的应用[J]．石油化工，2001，(08)：645-650.
[13] F Moser，H Schnitzer. Heat Pumps in Industry[M]. Amsterdam：Elsevier，1985：117-125.
[14] 王松汉，何细藕．乙烯工艺与技术[M]，北京：中国石化出版社，2000：487-556.
[15] 赵百仁，王鑫泉，李广华，等．全馏分加氢和产品加氢在乙烯 $C_2$ 系统改造中的应用[J]．化工进展，2006，25(11)：1368-1372.

# 第七章　热分离系统

乙烯装置热分离系统，顾名思义，一般指的是裂解气分离过程中操作温度较高的分离精馏系统。热分离系统主要设备包括高低压脱丙烷塔、碳三加氢反应器、丙烯精馏塔、脱丁烷塔等，主要作用是通过分离得到丙烯、丙烷、混合碳四、粗汽油等产品。

不同分离流程中，热分离系统的流程方案总体差别不大，主要区别体现在由于脱丙烷塔系统所处位置的不同，因此脱丙烷塔处理的裂解气组分及工艺流程也不同。对于顺序分离流程和前脱乙烷流程，脱丙烷塔位于脱乙烷塔之后，进料主要来自脱乙烷塔塔底碳三及更重馏分。对于前脱丙烷流程，裂解气经压缩后，首先经过脱丙烷塔，将碳三及更轻馏分与碳四及更重馏分分离，脱丙烷塔与裂解气压缩机耦合形成热泵流程。

## 第一节　工艺原理及流程

### 一、脱丙烷塔系统

1. 前脱丙烷流程

在前脱丙烷流程中，裂解气在干燥后被送至脱丙烷塔。脱丙烷塔的进料为含氢气、甲烷、碳二、碳三及碳三以上馏分的裂解气，在此流程中，脱丙烷塔也是第一个将裂解气进行分割的塔。由于进料中含大量轻组分，要达到在塔顶分离出碳三组分，塔顶所需的冷凝温度大大降低。为防止冻结堵塞，裂解气在进入脱丙烷塔前需要进行干燥。

图 7.1-1 所示为双塔前脱丙烷前加氢工艺流程图，来自裂解气干燥器的裂解气及来自液体干燥器的凝液进入高压脱丙烷塔，高压脱丙烷塔塔顶气体经过裂解气压缩机第五段压缩后进入碳二加氢系统。碳二加氢反应器出料经后冷器进入裂解气第二干燥器，以脱除存在的微量水分。第二干燥器出料经冷却后进入高压脱丙烷塔回流罐，冷凝的高压脱丙烷塔塔顶出料从回流罐底部作为回流返回高压脱丙烷塔顶部，回流罐罐顶出料含有裂解气中的碳三和轻组分，被送往深冷系统。为避免塔釜过高的温度，高压脱丙烷塔塔釜出料中允许有一些碳三组分。

高压脱丙烷塔塔釜出料在低压脱丙烷塔进料冷却器用冷却水冷却，然后送往低压脱丙烷塔分离。低压脱丙烷塔的塔顶出料在低压脱丙烷塔冷凝器中用丙烯冷剂完全冷凝，冷凝的塔顶出料经低压脱丙烷塔回流罐分成两股物料，分别经低压脱丙烷塔回流泵和脱丙烷塔返回泵送往低压脱丙烷塔和高压脱丙烷塔作为回流。低压脱丙烷塔的塔釜出料含有碳四和重组分，送往脱丁烷塔。

2. 顺序分离流程和前脱乙烷流程

在顺序分离流程中，裂解气通过脱甲烷系统脱除氢气、甲烷等轻组分，脱甲烷塔塔釜

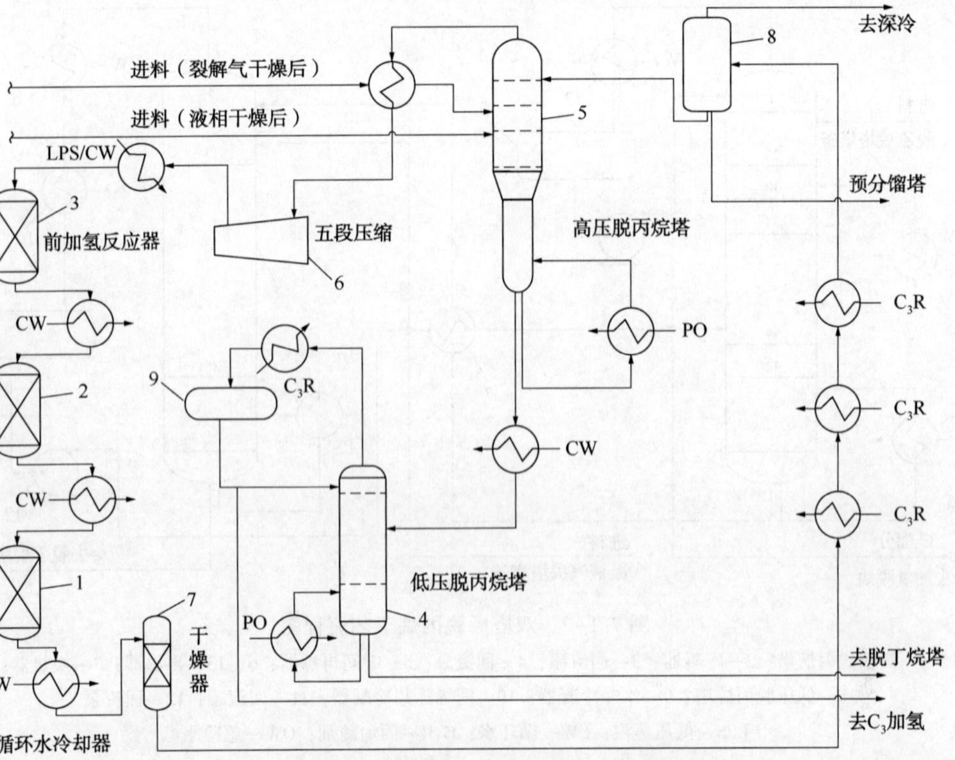


图 7.1-1 双塔前脱丙烷前加氢工艺流程图

1~3—前加氢反应器；4—低压脱丙烷塔；5—高压脱丙烷塔；6—裂解气五段压缩机；7—干燥器；8—高压脱丙烷塔回流罐；9—低压脱丙烷塔回流罐；LPS—低压蒸汽；CW—循环水；PO—盘油；$C_3R$—丙烯冷剂

组分进入脱乙烷塔。在脱乙烷塔塔顶切割出碳二馏分，塔釜液为碳三及碳三以上馏分，脱乙烷塔塔釜液送至脱丙烷塔，在脱丙烷塔塔顶分离出碳三组分。

在前脱乙烷流程中，脱乙烷塔将干燥后的裂解气切割为两种馏分，即塔顶为碳二及以下的轻组分，塔釜为碳三及碳三以上的重组分。随后脱乙烷塔的塔顶轻组分经过碳二加氢反应器后进入脱甲烷系统，塔釜的重组分进入脱丙烷塔进一步分离，在脱丙烷塔塔顶分离出碳三组分。在此流程中，进入脱丙烷塔的馏分为干燥后的组分。

脱乙烷塔底物料是脱丙烷塔的主要进料。为了避免单塔操作釜温较高出现结焦等现象，脱丙烷塔通常分成两个塔，每个塔的操作压力不同。图 7.1-2 所示为双塔后脱丙烷工艺流程图，产生大部分碳三及更重馏分的脱乙烷塔底物料被送至高压脱丙烷塔，塔的操作压力正好可使用冷却水全部冷凝塔顶气相，一部分蒸馏物作为塔的回流，另一部分送至碳三加氢系统，再沸器热量由低压蒸汽提供。

高压脱丙烷塔底物料送到低压脱丙烷塔，对于顺序分离流程，凝液汽提塔的塔釜物料也送至低压脱丙烷塔进一步分离。低压脱丙烷塔塔顶气体用丙烯冷剂冷凝，塔底再沸器热量由低压蒸汽提供。低压脱丙烷塔的塔顶液体产品，在返回高压脱丙烷塔底以前，用高压塔底物料预热。含有碳四及更重馏分的低压脱丙烷塔底物料送到脱丁烷塔。

## 二、碳三加氢系统

液态烃蒸汽裂解得到的裂解气中，丙炔（MA）和丙二烯（PD）的含量通常达到 0.2%~

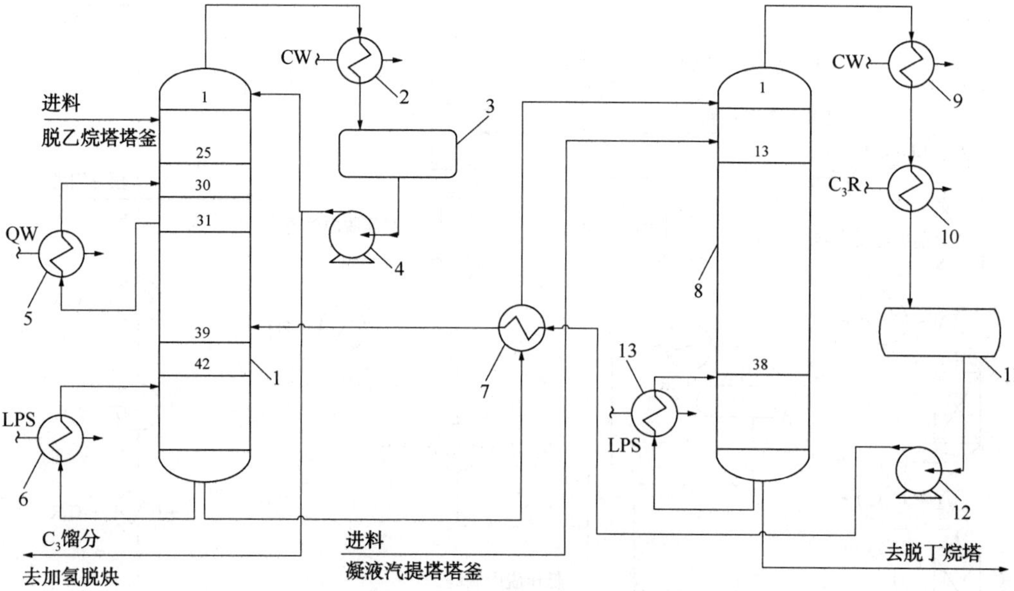


图 7.1-2　双塔后脱丙烷工艺流程图

1—高压脱丙烷塔；2—冷凝器；3—回流罐；4—回流泵；5—中间再沸器；6、13—再沸器；7—换热器；8—低压脱丙烷塔；9—水冷冷凝器；10—丙烯冷却冷凝器；11—回流罐；12—回流泵

LPS—低压蒸汽；CW—循环水；$C_3R$—丙烯冷剂；QW—急冷水

0.9%(摩尔)。在裂解气的分离过程中，丙炔和丙二烯(MAPD)将富集于碳三馏分，通常MAPD富集于碳三馏分的浓度约为1%~5%(摩尔)。

丙烯产品所含的炔烃会给丙烯衍生物的生产过程带来麻烦，造成影响催化剂寿命、恶化产品质量、形成不安全因素或产生一些不希望的副产品等负面作用。因此，大多数丙烯衍生物的生产都对原料丙烯中所含的炔烃含量有着较为严格的要求。对于丙烯产品而言，一般要求丙炔和丙二烯摩尔分数总和低于$5\times10^{-6}$。

脱除MAPD的方法有催化加氢法、精馏法和催化加氢精馏法。催化加氢法是脱除MAPD最常用的方法，此法可保证丙烯产品和碳三液化气的质量。此外，一些乙烯装置也曾采用精馏法脱除丙烯产品中的MAPD，在丙烯精馏塔内，通过精馏法保证丙烯产品的MAPD含量达到规定要求。该法流程简单、投资省，但MAPD富集于塔釜，其浓度过高，可能引起聚合和爆炸，丙烯损失严重，丙烯精馏塔塔釜丙烷产品中含大量炔烃，既不宜直接作为民用液化气使用，也不宜返回裂解炉循环裂解，造成严重浪费。鲁姆斯公司的MAPD催化精馏脱除法将催化加氢和精馏结合在一起，实现了碳三加氢在脱丙烷塔中一步完成。

由于MAPD催化选择加氢法工艺流程简单，能耗较低，没有环境污染，且随着新型高效加氢催化剂的研究开发成功，MAPD催化选择加氢法的应用日趋普遍，成为目前最常用的经济简单方法。

1. MAPD选择加氢反应原理

碳三馏分中含有丙烯、丙烷、丙炔、丙二烯和少量的碳二与碳四，因此碳三馏分选择加氢过程中主要存在以下反应：

主反应

$$CH_3—C≡CH + H_2 \longrightarrow C_3H_6+165kJ/mol$$

$$CH_2=C=CH_2+H_2 \longrightarrow C_3H_6+173kJ/mol$$

副反应

$$C_3H_6+H_2 \longrightarrow C_3H_8+124kJ/mol$$

$$nC_3H_4 \longrightarrow (C_3H_4)_n \text{ 低聚物}$$

$$C_4H_6 \longrightarrow \text{聚合物}$$

选择加氢时在催化剂上的吸附顺序为：丙炔>丙二烯>丙烯，且丙炔加氢速率比丙二烯快。但是，在MAPD的加氢过程中，加氢反应不是唯一可能的反应；由于半氢化状态自由基互相发生反应，热聚合及催化聚合的连续反应亦可能同时存在，在某些不利的反应条件下，可加速$C_6$烃类甚至$C_9$烃类的生成，特别是正已烯、甲基戊烯以及其他$C_6$~$C_9$烯烃，随着碳链增长，生成$C_{12}$~$C_{24}$低聚物烃类。

在上述反应中主反应是目标反应，反应脱除MAPD同时增加丙烯产量，提高经济效益。从反应热数据看，MAPD加氢是强放热反应，MAPD含量越高，总反应热越大。因此需要及时有效地移出反应热，避免催化剂床层产生较大的温升，加快副反应进行，造成丙烯损失。同时加氢反应中生成的低聚物还会黏附在催化剂表面，降低催化剂活性，缩短其使用周期。

2. MAPD选择加氢流程

目前MAPD选择加氢有气相和液相加氢两种工艺。MAPD气相加氢工艺与乙炔后加氢工艺类似，需将碳三馏分加热使之汽化，呈气态通过催化剂床层。液相加氢时，碳三馏分以液态通过反应器床层，因此催化剂的负荷能力大，即空速大，相对气相加氢而言，催化剂用量可以大大减少，反应器体积相应减小。

（1）MAPD气相加氢工艺

如图7.1-3所示是某公司曾采用的双段床MAPD气相加氢工艺流程。在该流程中，脱丙烷塔顶冷凝的碳三馏分一部分作为回流，另一部分经预热后送至碳三加氢反应器进行脱炔。反应器段间设有冷却器用来控制反应器床层温度。加氢后产品经过冷却后被送入绿油吸收塔，由下塔脱除绿油，并由塔釜采出吸收了绿油的碳三馏分返回脱丙烷塔。上塔分离加氢时残留的氢和丙烷塔顶带入的碳二馏分，起到第二脱乙烷塔的作用。绿油塔上塔塔釜采出的碳三馏分部分作为下塔的回流，另一部分送至碳三馏分干燥器进行干燥。

MAPD气相加氢催化剂活性低，反应温度高（60~100℃），气体空速低（1500~2500$h^{-1}$），选择性差，绿油生成量大，运行周期仅有1~3个月，近年来已很少被采用。

（2）MAPD液相加氢工艺

液相MAPD加氢典型的工艺分为单段床和双段床加氢工艺，法国石油研究院（IFP）MAPD液相加氢工艺流程一般采用双段床，如图7.1-4所示。当有未干燥物料进入脱丙烷塔时，碳三馏分需进行干燥，采用MAPD液相加氢脱炔时，碳三馏分的干燥一般设在加氢脱炔之前。干燥后的液相碳三馏分进入加氢反应器。一段床和二段床之间设有段间冷却器，以移出一段床的反应热。通常一段床炔烃转化率约80%~90%，其余部分在二段床中进行。当炔烃含量较高时，为控制一段床层温升，可以将一段加氢产品部分返回一段床入口，以达到稀释进料中炔烃浓度的目的。

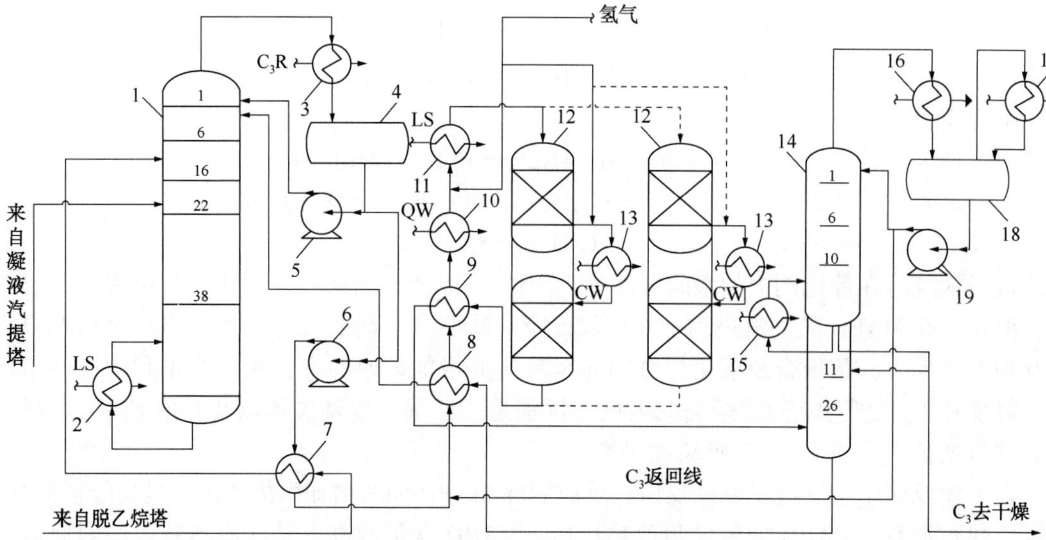


图 7.1-3 MAPD 气相加氢工艺流程图

1—脱丙烷塔；2—再沸器；3—冷凝器；4—回流罐；5—回流泵；6—碳三输送泵；7~9—换热器；10、11—加热器；12—加氢反应器；13—段间冷却器；14—绿油塔；15—再沸器；16—冷凝器；17—冷却器；18—回流罐；19—回流泵；LS—低压蒸汽；CW—循环水；$C_3R$—丙烯冷剂；QW—急冷水

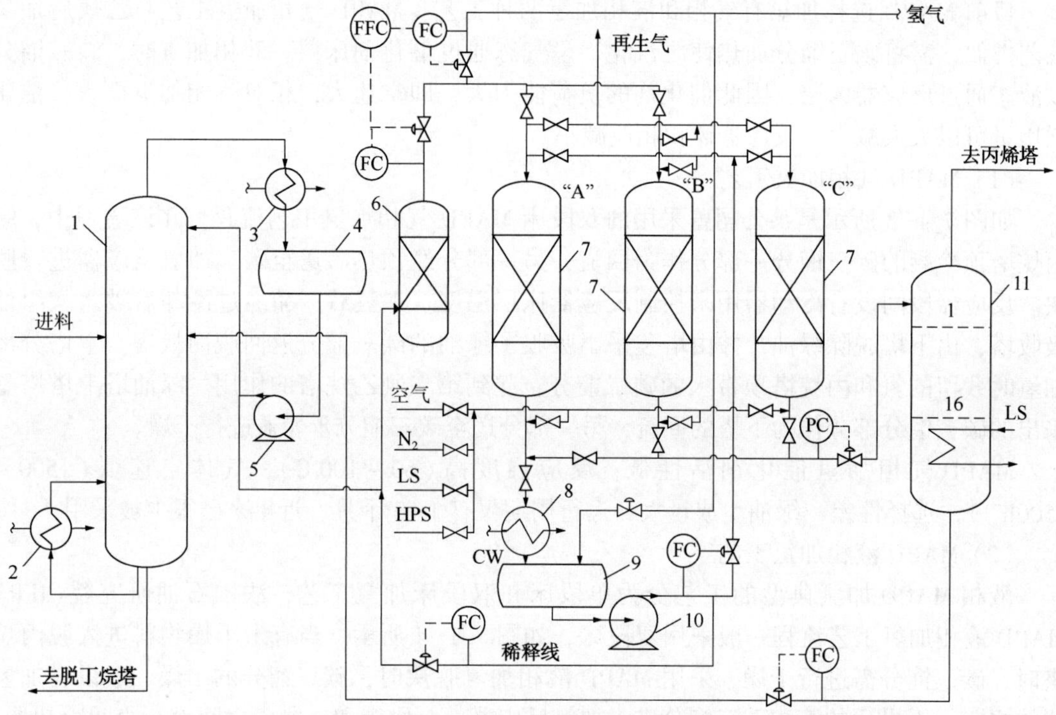


图 7.1-4 MAPD 液相加氢工艺流程图

1—脱丙烷塔；2—再沸器；3—冷凝器；4—回流罐；5—回流泵；6—干燥器；7—加氢反应器；8—冷却器；9—碳三罐；10—输送泵；11—绿油塔；LS—低压蒸汽；HPS—高压蒸汽；CW—循环水

MAPD液相加氢工艺被广泛采用，其催化剂活性高，运行周期可长达18个月，液体空速高(20~90h$^{-1}$)，反应温度低(10~60℃)，绿油生成量很少，而且溶于液相中随反应物排出反应器，一般不需要再设置绿油吸收塔或绿油罐。加氢后产品如果含有一定量的炔烃，也可以通过丙烯塔而使丙烯产品中的炔烃含量达到要求。因此也有采用一段床液相加氢工艺流程，加氢后碳三馏分炔烃含量控制在0.1%(摩尔)以下，残余的炔烃在丙烯精馏塔中分离。

北京化工研究院(BRICI)成功开发了MAPD液相加氢新工艺，流程见图7.1-5。该新工艺的特点是：单段床液相加氢流程；催化剂性能好，生产能力大，液体体积空速高；工艺流程特别简单，因而投资省，且操作、维修方便，运转稳定。MAPD液相加氢新工艺经实际应用后，经济效益显著。

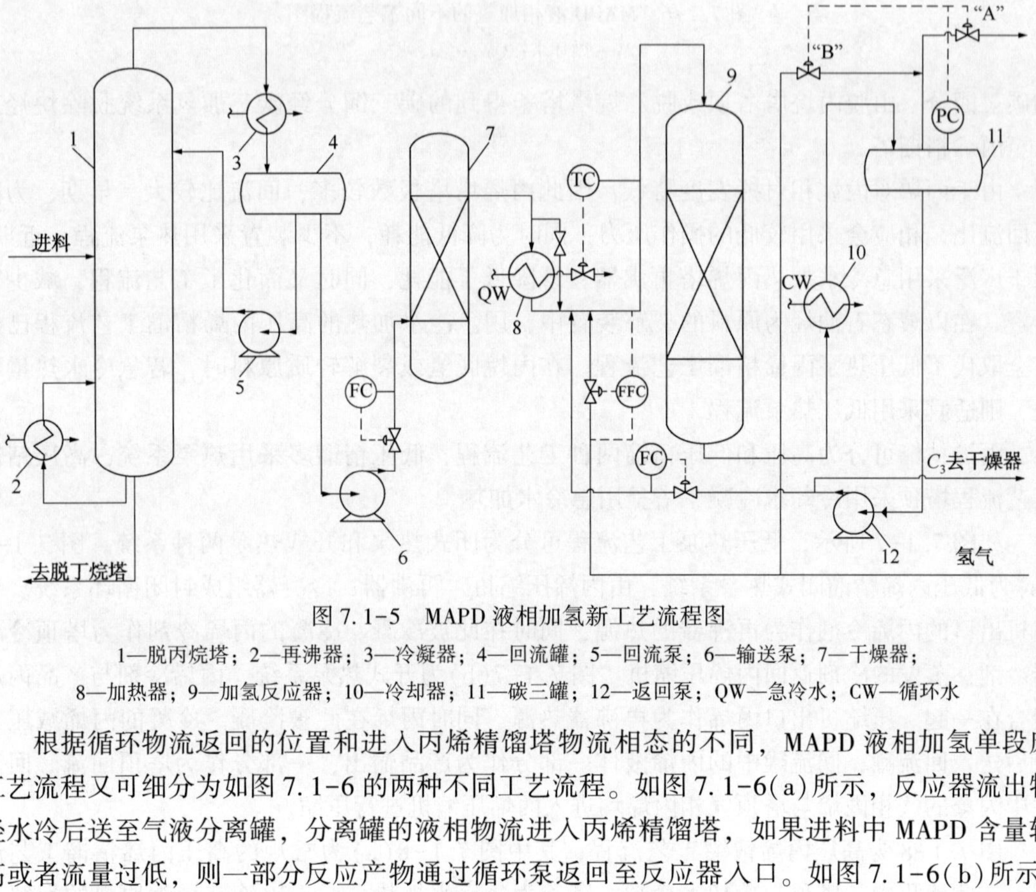


图7.1-5 MAPD液相加氢新工艺流程图

1—脱丙烷塔；2—再沸器；3—冷凝器；4—回流罐；5—回流泵；6—输送泵；7—干燥器；8—加热器；9—加氢反应器；10—冷却器；11—碳三罐；12—返回泵；QW—急冷水；CW—循环水

根据循环物流返回的位置和进入丙烯精馏塔物流相态的不同，MAPD液相加氢单段床工艺流程又可细分为如图7.1-6的两种不同工艺流程。如图7.1-6(a)所示，反应器流出物经水冷后送至气液分离罐，分离罐的液相物流进入丙烯精馏塔，如果进料中MAPD含量较高或者流量过低，则一部分反应产物通过循环泵返回至反应器入口。如图7.1-6(b)所示，反应器流出物直接送至气液分离罐，在这里闪蒸的汽相和通过急冷水再沸的碳三作为进料送往丙烯精馏塔。从分离罐出来的液体，作为进料再循环回脱丙烷塔。

## 三、丙烯精馏系统

在顺序分离工艺流程和前脱乙烷分离工艺流程中，由脱丙烷塔塔顶获得含有丙烯、丙烷、丙炔和丙二烯的碳三馏分；在前脱丙烷分离工艺流程中，则由脱乙烷塔塔釜获得相应

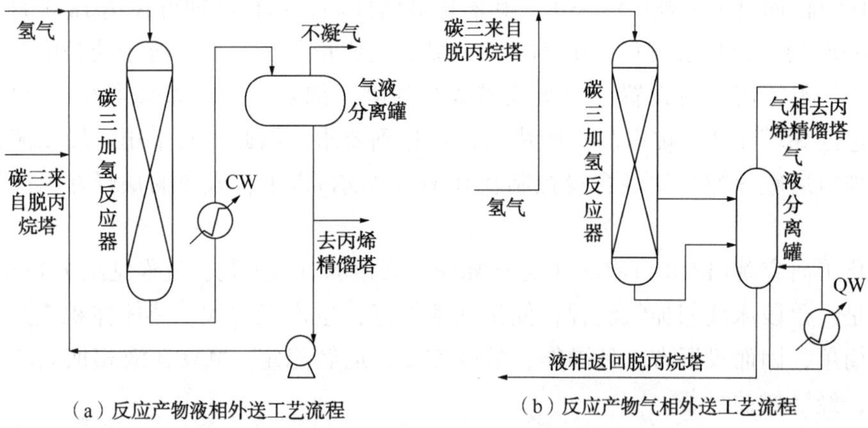


图 7.1-6　MAPD 液相加氢的不同工艺流程图

CW—循环水；QW—急冷水

的碳三馏分。由脱丙烷塔塔顶或脱乙烷塔塔釜得到的碳三馏分经碳三加氢系统脱除炔烃后送至丙烯精馏塔。

由于丙烯对丙烷相对挥发度特低，因此丙烯塔塔板数较多，回流比较大。早期，为降低回流比，相应会采用较低的操作压力，同时为降低能耗，不少装置采用热泵流程。近期，由于广泛采用急冷水加热丙烯塔再沸器，既降低了能耗，同时又简化了工艺流程，减少了投资。在以液态石油烃为原料的裂解装置中，用急冷水加热的高压丙烯精馏工艺流程已经完全取代了低压热泵丙烯精馏工艺流程。在丙烷脱氢或裂解轻质原料时，若急冷水热量不足，则适宜采用低压热泵流程。

丙烯精馏可分为高压和低压精馏两种工艺流程，低压精馏多采用热泵系统，高压精馏工艺流程塔顶采用冷却水冷凝，塔釜用急冷水加热。

如图 7.1-7 所示，低压热泵工艺流程可分为闭式热泵和开式热泵两种系统。图 7.1-7(a)为低压丙烯精馏闭式热泵系统，由丙烯压缩机、再沸器、冷凝器组成封闭循环系统。压缩机出口的丙烯冷剂作为再沸器的热源，同时在此被冷凝。冷凝的丙烯冷剂作为塔顶冷凝器冷剂，蒸发的冷剂返回丙烯压缩机。图 7.1-7(b)为开式热泵系统，丙烯冷剂与产品丙烯混合在一起。压缩机出口丙烯作为再沸器热源，同时丙烯在此被冷凝。冷凝的丙烯减压节流后送入回流罐，回流罐中的丙烯液体一部分作为产品输出，一部分作为塔顶回流。回流罐中闪蒸的气相丙烯与塔顶气相丙烯均进入丙烯压缩机进行压缩。

图 7.1-8 为高压丙烯精馏工艺流程，其中图 7.1-8(a)为常规的高压丙烯精馏工艺流程。在此流程中，塔顶为冷却水冷却，塔釜为急冷水加热。对于以液态烃为原料的裂解装置而言，急冷水余热如果不在工艺过程中回收，还需要用冷却水冷却，而用急冷水为丙烯塔提供再沸器热源，并不增加全装置的供热和冷却水负荷。高压精馏的耗电量比低压精馏的耗电量低很多。在运行费用方面，高压精馏也比低压精馏有较高的经济性。因此，当装置中有急冷水可以利用时，一般采用急冷水加热的高压精馏流程。

当裂解原料采用轻烃时，急冷水提供的热量有限，不足以满足丙烯精馏塔再沸器的热源。此时，除了用急冷水作为再沸器的热源以外，还会设置低压蒸汽加热的再沸器，以满

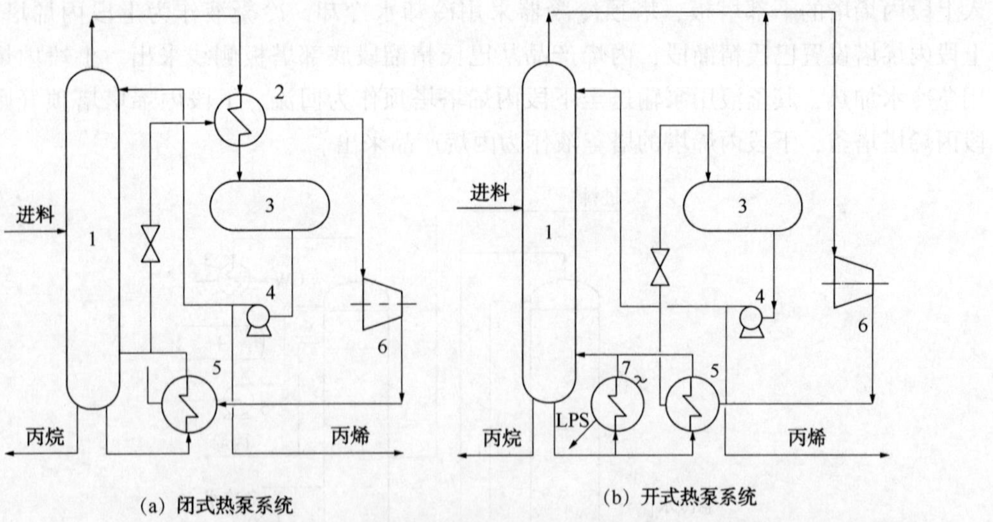


图 7.1-7 低压丙烯精馏热泵工艺流程图

1—丙烯精馏塔；2—塔顶冷凝器；3—回流罐；4—回流泵；5—丙烯加热再沸器；
6—丙烯制冷压缩机；7—蒸汽加热再沸器；LPS—低压蒸汽

足再沸器的负荷。此时，为减少蒸汽用量，可设置急冷水加热的中间再沸器，如图 7.1-8 (b)所示。此外，也有装置在急冷水不足的情况下，先用急冷油加热急冷水，再用被加热的急冷水加热丙烯精馏塔再沸器，由此提高低位能热量的利用率。

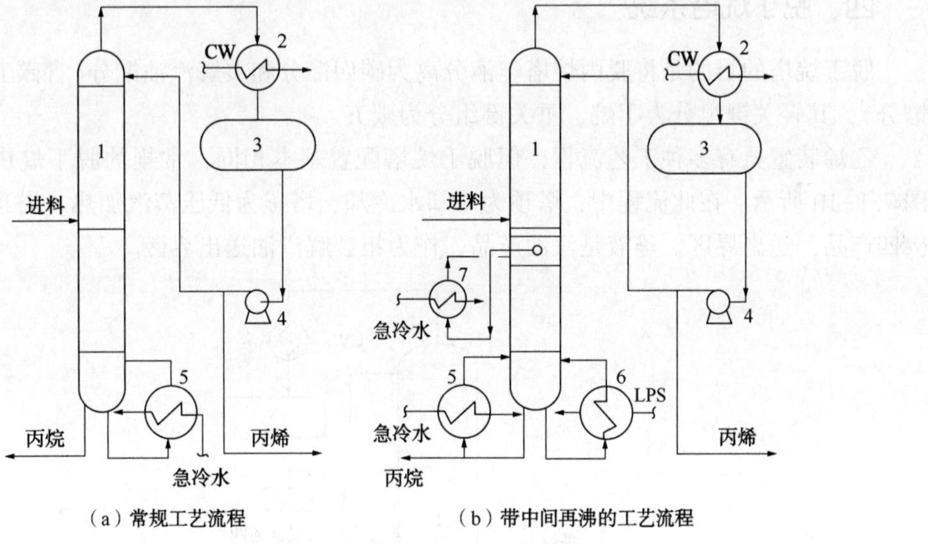


图 7.1-8 高压丙烯精馏工艺流程图

1—丙烯精馏塔；2—塔顶冷凝器；3—回流罐；4—回流泵；5—急冷水加热再沸器；
6—蒸汽加热再沸器；7—中间再沸器；CW—循环水；LPS—低压蒸汽

在生产聚合级丙烯产品时，因丙烯精馏塔塔板数较多(大多在 220~260 块之间)，相应塔高一般均在 90m 以上，因此大多数装置采用双塔丙烯精馏串联工艺流程。这样可以降低单塔高度，同时可以在保持较小回流比的操作下获得较高纯度的丙烯产品。

图 7.1-9 所示为典型的双塔丙烯精馏工艺流程。在该流程中，经过脱炔的碳三馏分进

入上段丙烯塔的下部塔板，塔顶冷凝器采用冷却水冷却，冷凝液作为上段丙烯塔的回流。上段丙烯塔设置巴氏精馏段，丙烯产品从巴氏精馏段底部塔板侧线采出。上段丙烯塔塔釜用急冷水加热，其釜液用泵输送至下段丙烯塔塔顶作为回流。下段丙烯塔塔顶气则送至上段丙烯塔塔釜，下段丙烯塔的塔釜液作为丙烷产品采出。

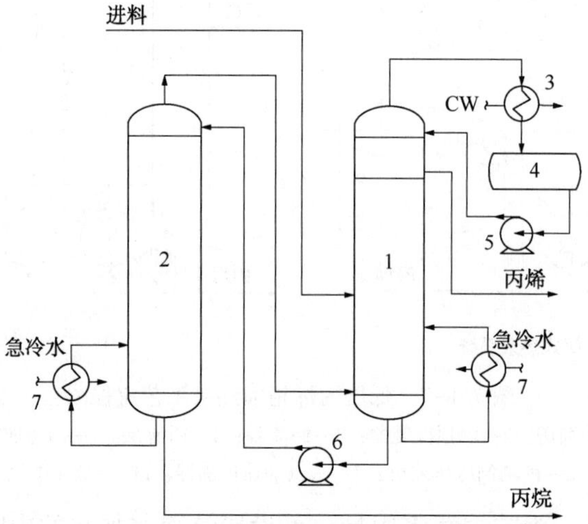


图 7.1-9 典型双塔丙烯精馏工艺流程图

1—上段丙烯塔；2—下段丙烯塔；3—塔顶冷凝器；4—回流罐；5—回流泵；6—输送泵；7—再沸器；CW—循环水

## 四、脱丁烷塔系统

脱丁烷塔的目的是将脱丙烷塔釜液分离为碳四馏分和裂解汽油馏分(含碳五和碳五以上馏分)，其轻关键组分为丁烷，重关键组分为碳五。

乙烯装置虽有多种工艺流程，但脱丁烷塔配置基本相同，常规的脱丁烷塔工艺流程如图 7.1-10 所示。在此流程中，塔顶为冷却水冷却，塔釜为低压蒸汽加热。塔顶物流是混合碳四产品，送出界区。釜液是汽油产品，作为粗裂解汽油送出界区。

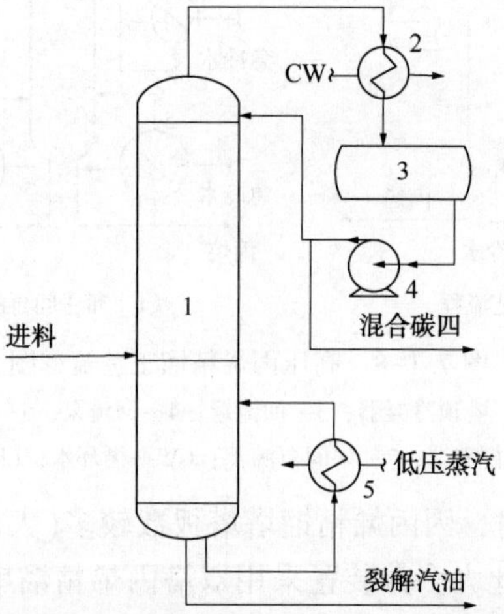


图 7.1-10 常规脱丁烷塔工艺流程图

1—脱丁烷塔；2—塔顶冷凝器；3—回流罐；4—回流泵；5—塔釜再沸器；CW—循环水

# 第二节 控制及操作

## 一、脱丙烷塔系统

### 1. 前脱丙烷流程

对于不同的工艺流程，脱丙烷塔的进料组成情况和操作条件都会有差别。在前脱丙烷流程中，因为进入脱丙烷塔的馏分为含氢气、甲烷、碳二、碳三及碳三以上馏分的裂解气，使得切割碳三馏分的过程较为复杂。脱丙烷塔的轻关键组分为丙烷，重关键组分为丁二烯。塔顶碳三馏分中的碳四含量一般控制在$500×10^{-6}$(摩尔)以下，塔釜液中的碳三馏分控制在$500×10^{-6}$(摩尔)以下。塔顶碳四馏分超标会导致丙烯精馏塔塔釜温度过高，而过多碳三馏分带入塔釜会造成下游脱丁烷塔塔压升高。脱丙烷塔进料中含大量碳四和碳四以上的不饱和烃，在高温下极易生成聚合物导致结焦，进而导致再沸器结垢甚至造成塔板堵塞。

对于双塔前脱丙烷工艺流程，高压脱丙烷塔的操作目的要使塔顶净出料中的碳四组成符合最终碳三产品规格的允许值。高压脱丙烷塔的塔压取决于裂解气压缩机四段出口经过工艺设备的压降，低压脱丙烷塔的塔压则由使用丙烯冷剂冷凝的凝液温度决定。两个塔运行的塔釜温度设计值都低于82℃，该温度可减轻塔板和再沸器的结焦倾向。

高压脱丙烷塔回流冷却器和冷凝器分别用-1℃和-22℃的丙烯冷剂将加氢后的高压脱丙烷塔塔顶物料冷凝到适当的温度。冷剂的流量通过冷却器和冷凝器上的液位控制。高压脱丙烷塔再沸器的加热介质蒸汽通过流量调节，通过位于高压脱丙烷塔第36块塔板的温度控制器重置。高压脱丙烷塔塔釜出料通过流量调节，通过塔釜液位重置，送往低压脱丙烷塔。

低压脱丙烷塔的塔顶出料在冷凝器中用-1℃的丙烯冷剂完全冷凝，低压脱丙烷塔的塔压通过控制冷凝器的丙烯冷剂进行调节。冷凝的低压脱丙烷塔塔顶出料一部分在流量控制下通过泵送到高压脱丙烷塔，通过低压脱丙烷塔回流罐的液位控制器重置，其余部分的冷凝物料在流量控制下通过泵送到低压脱丙烷塔。低压脱丙烷塔再沸器的加热介质盘油通过流量调节，通过位于低压脱丙烷塔第38块塔板的温度控制器重置。低压脱丙烷塔的塔釜出料在流量控制下送往脱丁烷塔，通过塔釜液位重置。塔釜出料线上设有在线分析仪，用以监控碳三杂质。

某前脱丙烷流程乙烯装置的高低压脱丙烷塔操作参数如表7.2-1所示。

表7.2-1 前脱丙烷流程乙烯装置高低压脱丙烷塔的操作参数

| 项 目 | 高压脱丙烷塔 | 低压脱丙烷塔 | 项 目 | 高压脱丙烷塔 | 低压脱丙烷塔 |
|---|---|---|---|---|---|
| 塔底压力/MPa(G) | 1.403 | 0.720 | 塔顶出料温度/℃ | -21.9 | 11.2 |
| 塔顶压力/MPa(G) | 1.377 | 0.667 | 回流温度/℃ | -24.7 | 8.5 |
| 回流罐压力/MPa(G) | 3.458 | 0.636 | 再沸器入口温度/℃ | 69.6 | 74.2 |
| 塔底温度/℃ | 76.7 | 74.2 | 再沸器出口温度/℃ | 77.2 | 79.4 |

### 2. 顺序分离流程和前脱乙烷流程

在顺序分离流程和前脱乙烷流程中，脱丙烷塔均设置在脱乙烷塔后，以脱乙烷塔塔釜液作为脱丙烷塔的进料，所以和前脱丙烷流程相比，脱丙烷塔塔顶组分为碳三馏分，仅含极少量的碳二轻组分。脱丙烷塔的进料为碳三及碳三以上的馏分，当塔压为 1.1～1.2MPa(G)时，塔顶温度为27～30℃，塔釜温度达到104℃以上。在此操作条件下，脱丙烷塔再沸器会因聚合导致结垢，一般需要每两到三个月清理一次，同时塔釜附近也会因生成聚合物而产生塔板堵塞的问题。因此，除需设置备用再沸器外，同时还需要设置备用下塔，以便切换对设备进行清洗。

为解决塔釜的堵塞问题，20 世纪 70 年代初很多炼厂开始采用低压脱丙烷的方式，将脱丙烷塔的操作压力由 1.1～1.2MPa(G)降至 0.76MPa(G)左右。在此塔压下，塔顶温度由27～30℃降为14℃左右，塔釜温度则由 104℃以上降为 82℃以下。因为塔釜温度可以控制在 82℃以下，注入阻聚剂可以大大减少再沸器中聚合物的生成，在塔釜温度控制良好且适当注入阻聚剂的情况下，脱丙烷塔再沸器可以实现一年仅需要清理一次，大大降低了设备的投资成本和维护成本。降低脱丙烷塔的操作压力虽然很好地解决了下塔的设置和再沸器因聚合物的生成而造成的结垢和堵塞问题，但随着塔压的降低，塔顶冷凝温度随之降低，所需冷量随之增加。为降低塔顶冷凝器能耗，近年来较多采用双塔脱丙烷工艺流程，分别设置高低压脱丙烷塔，既可以降低能耗，又解决了下塔和再沸器发生聚合反应的问题。但与此同时，设备的投资将有所增加。

某顺序分离流程乙烯装置采用双塔脱丙烷系统，其操作参数如表 7.2-2 所示。两塔在不同压力下运行。高压脱丙烷塔的工作压力为 1.625MPa(G)，而低压脱丙烷塔的工作压力为 0.625MPa(G)，这种设置大大节约了制冷量，并最大限度地减少单塔系统中存在的结垢问题。对高压脱丙烷塔，塔的压力由塔顶冷凝温度和进入塔顶冷凝器的冷却水量进行控制。为最大限度地降低塔底再沸器的壳体温度，高压脱丙烷塔采用低压脱过热蒸汽。流向再沸器的蒸汽采用流量控制，并利用位于 58 层塔盘降液管上的温度控制器进行调节。

**表 7.2-2　顺序分离流程乙烯装置高低压脱丙烷塔的操作参数**

| 项　目 | 高压脱丙烷塔 | 低压脱丙烷塔 | 项　目 | 高压脱丙烷塔 | 低压脱丙烷塔 |
|---|---|---|---|---|---|
| 塔釜压力/MPa(G) | 1.663 | 0.650 | 塔顶出料温度/℃ | 42.6 | 36.5 |
| 塔顶压力/MPa(G) | 1.625 | 0.625 | 回流温度/℃ | 40.5 | 19.6 |
| 回流罐压力/MPa(G) | 1.555 | 0.520 | 再沸器入口温度/℃ | 77.3 | 73.6 |
| 塔釜温度/℃ | 80 | 76.8 | 再沸器出口温度/℃ | 80 | 76.8 |

高压脱丙烷塔塔顶设置有两个压力控制回路，其中一个压力控制器对塔顶热旁通回路进行控制，以维持塔的压力。另一个压力控制器，通过将脱高压丙烷塔回流罐的气体物料放空到火炬而维持压力。设有一个 DCS 操作的手动调节阀，便于将不凝物排放到裂解气压缩机第三段出口罐。来自高压脱丙烷塔的塔顶物料，由高压脱丙烷塔塔顶产品泵在流量控制下，抽送到丙烯干燥器，并由回流罐上的液位控制器调节。高压脱丙烷塔的回流，在流量控制下，由高压脱丙烷塔回流泵送回到 1 层塔盘。

高压脱丙烷塔的塔底出料，在流量控制下送往低压脱丙烷塔，并由高压塔塔底出料线上的液位控制器调节。低压脱丙烷塔底出料，在流量控制下流向脱丁烷塔，并由低压塔塔底流量管线上的液位控制器调节。在低压塔塔底管线上设有一个在线分析仪，监测碳三杂质。低压脱丙烷塔再沸器的热源为饱和低压蒸汽，由一个流量控制器进行控制，并由位于

10层塔盘降液管上的温度控制器调节。低压脱丙烷塔塔顶物料，在低压脱丙烷塔冷凝器中，用12℃的丙烯冷剂进行冷凝，并收集在低压脱丙烷塔回流罐内。塔顶物料在流量控制下被抽送到高压脱丙烷塔，由位于回流罐上的液位控制器调节。至低压脱丙烷塔的回流，在流量控制下，从低压脱丙烷塔回流泵的出口抽出。在回流罐上设有一个水包和聚结丝网，这样，来自凝液汽提塔的水可以在低压脱丙烷塔回流罐中进行分离，并通过手动控制定期排至急冷水塔。

低压脱丙烷塔塔顶设置有两个压力控制回路，其中一个压力控制器通过调整冷凝器中的丙烯冷剂，对低压脱丙烷塔的压力进行控制。另一个压力控制器，通过将过量的不凝气体从回流罐排放到火炬而维持塔的压力。

## 二、碳三加氢系统

碳三加氢系统的主要功能是选择性地对丙炔(MA)和丙二烯(PD)进行加氢，反应器出口流出物中MAPD的含量大约为$100\times10^{-6}$(摩尔)，以满足丙烯产品中MAPD不超过$5\times10^{-6}$(摩尔)的要求。选择性是指尽可能地将MAPD转化为丙烯，而不是丙烷。提高选择性非常重要，因为它会增加丙烯量并提高最终产品的规格。MAPD反应器设计运行在最大化丙烯收益的工作区间。

碳三加氢系统的主要控制变量是循环量、氢气加入量和系统操作压力。循环量可控制反应器中的汽化量，同时也稀释了反应器进料、降低了MAPD浓度。如果碳三进料中MAPD含量大于2.5%(摩尔)或者流量过低，则一般需要开启MAPD循环线。过量汽化会导致物流流经催化剂床层时分配不匀，导致“热点”的产生，这会造成选择性降低，“绿油”生成量增加，不过循环量也会降低选择性。反应器中要转换大部分MAPD需要足够的氢气，然而过量的氢气会导致丙烯转化为丙烷，造成选择性下降。因此，碳三馏分与氢气充分的混合和精确的控制非常重要。另外，操作压力决定了反应器中的汽化温度，对于该系统的控制也有着关键的作用。

来自脱乙烷塔釜液的碳三物流被冷却后送入碳三加氢反应器，流量由脱乙烷塔塔釜液位-流量串级控制。反应器进料在管道混合器中与氢气混合。氢气流量由基于反应器进料流量的比例控制器控制。对碳三物流中的MAPD进行分析，据此手工调整该比例。

碳三加氢反应器是混相进料，入口温度根据操作工况进行设置，通过改变脱乙烷塔釜液冷却器的冷却水量进行控制。反应器出料温度大约是57~58℃，部分汽化，为了得到较高的选择性，应尽可能维持低的出口温度。反应器一般设置有三组位于不同层高的温度计，每层有三个测温点，每个测温点有一个双支热电偶。当其中两支热电偶出现温度“高-高”信号时，自动切断进口和出口隔离阀以及氢气进料。测温点应均匀分布以便发现局部热点。

碳三加氢反应器流出物为气液混相，经冷却器冷凝后进入碳三加氢反应出料分离罐，出口温度通过调节冷却水量进行控制。碳三加氢反应出料分离罐的操作压力采用分程控制，压力低时，打开氢气管线；压力高时，罐内的气相返回裂解气压缩机的段间。碳三加氢反应出料分离罐的液相物流在液位-流量串级控制下，送至丙烯塔进一步分离。

某乙烯装置碳三加氢系统的操作参数如表7.2-3所示。

表 7.2-3 某乙烯装置碳三加氢系统的操作参数

| 项目 | 指标 | 项目 | 指标 |
| --- | --- | --- | --- |
| MAPD 反应器压力/MPa(G) | 2.35 | 反应器出口温度/℃ | 58 |
| 反应流出物分离罐压力/MPa(G) | 2.30 | 反应流出物分离罐温度/℃ | 40 |
| 反应器入口温度/℃ | 36(SOR)/42(EOR) | | |

注：SOR—运行初期；EOR—运行末期。

## 三、丙烯精馏系统

对于典型的双塔丙烯精馏工艺流程，丙烯精馏塔进料来自碳三加氢反应器的出口物流，通过精馏得到聚合级丙烯和循环丙烷物流。在此流程中，两个丙烯塔串联操作：1#丙烯塔是丙烯塔的下段，1#丙烯塔再沸器用急冷水作为热源，1#丙烯塔釜液循环丙烷返回至裂解炉。2#丙烯塔是丙烯塔的上段，1#丙烯塔塔顶物料送入2#丙烯塔塔釜，2#丙烯塔釜液由泵送入1#丙烯塔的顶部塔板。2#丙烯塔塔顶物流在冷凝器中用冷却水部分冷凝，液体进入回流罐，不凝气进入丙烯塔尾气冷凝器，在此回收大部分未冷凝的丙烯。回流罐中的液体由泵送入2#丙烯塔作为回流。聚合级丙烯从2#丙烯塔侧线采出。

丙烯精馏塔的基本控制变量是聚合级丙烯产品中丙烷的含量，在线分析仪用于分析聚合级丙烯中的乙烯、乙烷、MAPD和丙烷。丙烯产品中过量的丙烷意味着需要加大回流或者降低再沸器蒸发量，乙烯和乙烷含量高则意味着要增加排气量和调整脱乙烷塔的碳二规格。进料流量由碳三加氢反应器流出物分离罐的液位-流量串级控制，操作压力由调节冷凝器的冷却水流量进行控制。另外一个压力控制器用于将回流罐中过量的气相排到火炬。丙烯塔尾气冷凝器排出的气体在流量控制下送回裂解气压缩机的第四级出口管线，其流量是根据氢气纯度和MAPD加氢所使用的过量氢气设定的。

2#丙烯塔的回流由2#丙烯塔回流罐液位-流量串级控制，聚合级丙烯产品从第11块板的集液板侧线采出。产品流量由相对于塔回流的流量比例控制，从而保持需要的回流比，确保丙烯产品始终合格。丙烯产品经丙烯产品冷却器冷却到40℃，靠压力送往罐区。

1#和2#丙烯塔的再沸器采用急冷水作为加热介质。进入1#丙烯塔再沸器的急冷水量由位于第62块板的组成分析仪-换热器负荷串级控制，进入2#丙烯塔再沸器的急冷水量为流量控制。通常使用组成分析而不是温度作为控制变量，是因为组成变化很大时温度变化却很小。1#丙烯塔的丙烷采出也设有在线分析仪以监测塔釜中丙烯和MAPD组成，在此处分析MAPD是为了监测MAPD是否有累积，因为如果超过MAPD的爆炸极限(摩尔分数40%)，则会有爆炸风险。

某乙烯装置的丙烯精馏塔操作参数如表7.2-4所示。

表 7.2-4 某乙烯装置的丙烯精馏塔操作参数

| 项目 | 1#丙烯塔(下塔) | 2#丙烯塔(上塔) | 项目 | 1#丙烯塔(下塔) | 2#丙烯塔(上塔) |
| --- | --- | --- | --- | --- | --- |
| 塔底压力/MPa(G) | 1.977 | 1.919 | 塔顶温度/℃ | 49.6 | 46.1 |
| 塔顶压力/MPa(G) | 1.919 | 1.816 | 回流温度/℃ | — | 42.5 |
| 回流罐压力/MPa(G) | — | 1.755 | 再沸器入口温度/℃ | 59.8 | 49.6 |
| 塔釜温度/℃ | 59.8 | 49.6 | 再沸器出口温度/℃ | 59.8 | 49.6 |

## 四、脱丁烷塔系统

脱丁烷塔的分离目标要使塔顶混合碳四中碳五的含量以及釜液裂解汽油中碳四的含量符合要求。该塔再沸器的热源是低压蒸汽，蒸汽量由灵敏板温度-流量串级控制。温度控制器用于控制釜液中碳四的含量，釜液采出线上设有在线分析仪，用于分析和监测釜液中碳四损失。脱丁烷塔釜液采出由塔釜液位-流量串级控制。汽油汽提塔釜液与脱丁烷塔釜液在粗裂解汽油产品冷却器前汇合，然后在粗裂解汽油产品冷却器中由冷却水冷却，冷却后的汽油作为粗裂解汽油送到界区外的罐区，向罐区输送裂解汽油时要加入抗氧化剂。

脱丁烷塔塔顶物流由冷却水全部冷凝后收集在回流罐中，回流在流量控制下送回脱丁烷塔。塔顶混合产品在回流罐液位-流量串级控制下送出界区。混合碳四产品线上设有在线分析仪用于分析及监测碳三和碳五的浓度。如果碳三超标，要调整上游脱丙烷塔操作。如果碳五超标，要调整脱丁烷塔回流比或者再沸器加热量。混合碳四产品被送往储罐时要加入阻聚剂以减少聚合。

塔的操作压力由调节回流罐的热旁路流量进行控制，另外一个压力控制器用于排放回流罐中过量的气体。压力低时采用热旁路控制，压力高时排放不凝气。

某乙烯装置的脱丁烷塔操作参数如表 7.2-5 所示。

表 7.2-5 某乙烯装置的脱丁烷塔操作参数

| 项　目 | 指　标 | 项　目 | 指　标 |
|---|---|---|---|
| 塔顶压力/MPa(G) | 0.418 | 塔顶出料温度/℃ | 46.6 |
| 塔釜压力/MPa(G) | 0.448 | 塔釜温度/℃ | 109.9 |
| 回流罐压力/MPa(G) | 0.37 | 回流温度/℃ | 42.6 |

# 第三节 脱丙烷塔设计

## 一、前脱丙烷流程脱丙烷塔的设计

前脱丙烷流程中，裂解气在进入脱丙烷塔前尚未分离氢气、甲烷和碳二等轻组分，所以此时脱丙烷塔塔顶馏分为含有氢气、甲烷、碳二和碳三的混合物，因此塔顶冷凝温度较低，与顺序分离流程相比，裂解气压缩机功耗较低，冷冻功耗较高。脱丙烷塔可设置在裂解气压缩机三段出口，也可以设置在四段出口。

1. 单塔脱丙烷

在单塔前脱丙烷流程中，裂解气三段出口气体脱除酸性气后，由丙烯冷剂冷却至 15℃左右，冷却后的裂解气分别经气相干燥器和液相干燥器干燥后进入脱丙烷塔。脱丙烷塔顶的碳三及碳三以下组分送入压缩机四段，压缩后送入冷箱和脱甲烷系统，塔釜液送往脱丁烷塔。

由于脱丙烷塔在单塔操作时塔釜温度高[当操作压力为 1.05MPa(G)时，塔釜温度高达约 98℃]，不仅再沸器因聚合结垢需要频繁清理，其下塔也因聚合物生成而可能造成塔板堵塞。因此，除设置备用再沸器之外，尚需设置备用下塔，以便切换清理。

2. 双塔脱丙烷

在双塔前脱丙烷工艺流程中，裂解气压缩机三段出口裂解气经脱除酸性气后再进一步干燥脱水。干燥后的裂解气经丙烯冷剂冷却后送入高压脱丙烷塔，塔顶所得碳三及碳三以下馏分送入四段压缩。四段压缩出口气体经加氢脱炔后再经第二干燥器干燥脱水，干燥后气体经丙烯冷剂冷却而部分冷凝。未冷凝气体送至深冷系统，冷凝的凝液则作为高压脱丙烷塔回流。

为避免高压脱丙烷塔塔釜温度过高而产生聚合物的堵塞问题，需将其塔釜温度控制在82℃以下；由于塔压较高，塔釜液中含有相当量的碳三组分，需将含有碳三及碳三以上重组分的釜液送至低压脱丙烷塔进一步分离。低压脱丙烷塔塔顶采出物经冷凝后返回高压脱丙烷塔，塔釜液为碳四及以上重组分，送至脱丁烷塔。

图7.3-1和图7.3-2分别为某1000kt/a乙烯装置双塔前脱丙烷流程中两塔的温度和负荷分布图。

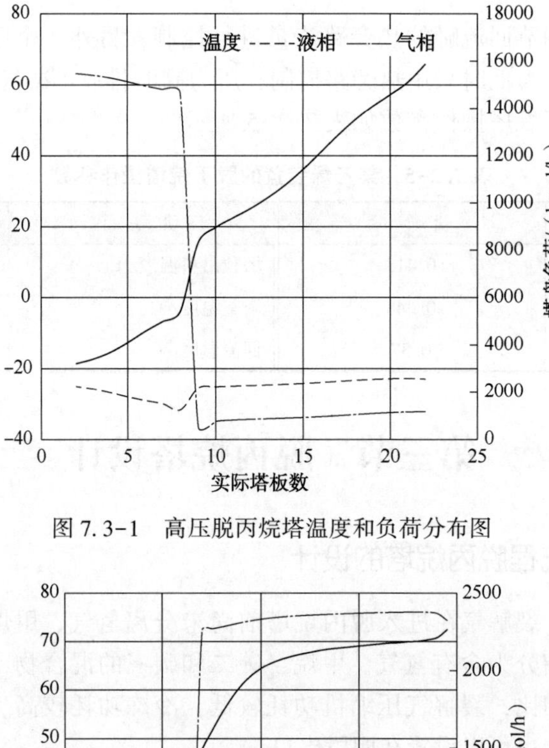


图7.3-1 高压脱丙烷塔温度和负荷分布图

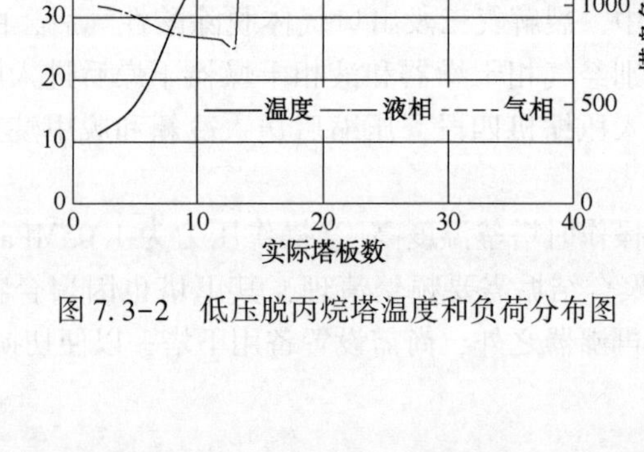


图7.3-2 低压脱丙烷塔温度和负荷分布图

表 7.3-1 为某 1000kt/a 乙烯装置双塔前脱丙烷流程中两塔工艺参数实例，其中高压塔进料量为 323.6t/h，低压塔进料量为 78.3t/h。

**表 7.3-1　双塔前脱丙烷流程中两塔工艺参数实例**

| 项　目 | 高压塔 | | 低压塔 | |
|---|---|---|---|---|
| 塔板数 | 1~23 | 24~48 | 1~27 | 28~78 |
| 板型 | 浮阀 | 筛板 | 筛板 | 筛板 |
| 板间距/mm | 650 | 600 | 600 | 650 |
| 塔内径/mm | 4600 | 2500 | 3000 | 3000 |
| 温度/℃ | -20.9~-3.93 | 15.5~70.1 | 11.3~42.7 | 51.6~78.6 |
| 压力/MPa(G) | 1.377~1.385 | 1.386~1.403 | 0.667~0.682 | 0.684~0.720 |
| 气体流量/(kg/h) | 358295 | 55649 | 59958 | 78375 |
| 气体密度/(kg/m³) | 18.12 | 31.74 | 15.80 | 18.80 |
| 液体流量/(kg/h) | 86331 | 133904 | 41455 | 138127 |
| 液体密度/(kg/m³) | 530.72 | 523.83 | 531.14 | 549.07 |
| 液体黏度/mPa·s | 0.1140 | 0.0885 | 0.1071 | 0.1066 |
| 表面张力/(mN/m) | 9.95 | 6.56 | 9.17 | 8.47 |
| 起泡特性 | 正常 | 正常 | 正常 | 正常 |
| 全塔允许压降/kPa | 26 | | 53 | |

## 二、后脱丙烷流程脱丙烷塔的设计

在顺序分离流程和前脱乙烷分离流程中，都是以脱乙烷塔釜液作为脱丙烷塔进料。当裂解气压缩过程中设有凝液汽提塔时，凝液汽提塔的塔釜液也将作为脱丙烷塔的进料。由于脱丙烷塔设置在脱乙烷塔下游，因此脱丙烷塔塔顶组分为碳三馏分，仅含有少量的碳二轻组分。

### 1. 单塔脱丙烷

在后脱丙烷分离流程中，为降低冷耗，早期较多采用高压单塔脱丙烷。此时脱丙烷塔塔顶的冷却器只需要冷却水即可，不必消耗冷剂的冷量。但是由于塔釜温度较高，聚合物生成速度快，再沸器和下部塔板均产生大量结垢，不仅需要设置备用再沸器，同时需要设置备用下塔，增加了设备投资。为此，目前多采用低压脱丙烷塔以避免下塔的切换清理，但冷冻功耗略有增加。

图 7.3-3 为 600kt/a 乙烯装置脱丙烷塔温度和负荷的沿塔分布图。

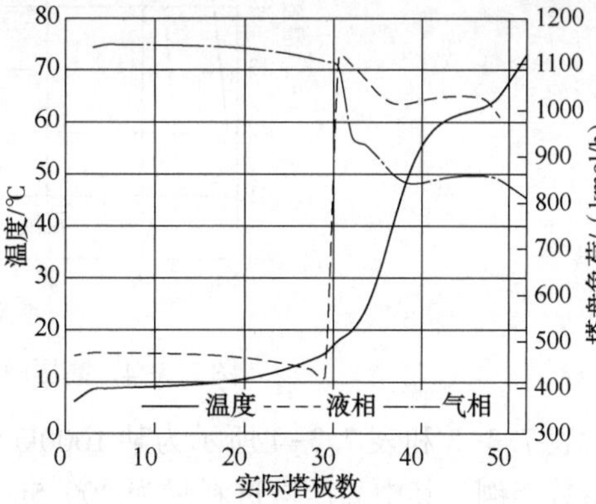


图 7.3-3　脱丙烷塔温度和负荷分布图

表 7.3-2 为某 600kt/a 乙烯装置后脱丙烷流程中脱丙烷塔(单塔)的工艺参数实例，其中塔进料量为 38.8t/h。

表 7.3-2　后脱丙烷流程脱丙烷塔(单塔)的工艺参数实例

| 项　　目 | 脱丙烷塔 | |
|---|---|---|
| 塔板数 | 1~31 | 32~52 |
| 板型 | 浮阀 | 筛板 |
| 板间距/mm | 500 | 600 |
| 塔内径/mm | 2200 | 2200 |
| 温度/℃ | 8.5~18.0 | 19.9~70.3 |
| 压力/MPa(G) | 0.600~0.623 | 0.623~0.64 |
| 气体流量/(kg/h) | 48781 | 47035 |
| 气体密度/(kg/m³) | 14.83 | 16.91 |
| 液体流量/(kg/h) | 20337 | 57376 |
| 液体密度/(kg/m³) | 522.9 | 556.6 |
| 液体黏度/mPa·s | 0.116 | 0.124 |
| 表面张力/(mN/m) | 8.17 | 8.77 |
| 起泡特性 | 正常 | 正常 |
| 全塔允许压降/kPa | 40 | |

## 2. 双塔脱丙烷

在后脱丙烷分离流程中，采用双塔脱丙烷工艺可以降低塔釜温度抑制聚合反应的发生，同时可以节省冷量的消耗。

图 7.3-4 和图 7.3-5 分别为某 1000kt/a 乙烯装置双塔后脱丙烷流程中两塔的温度和负荷分布图。

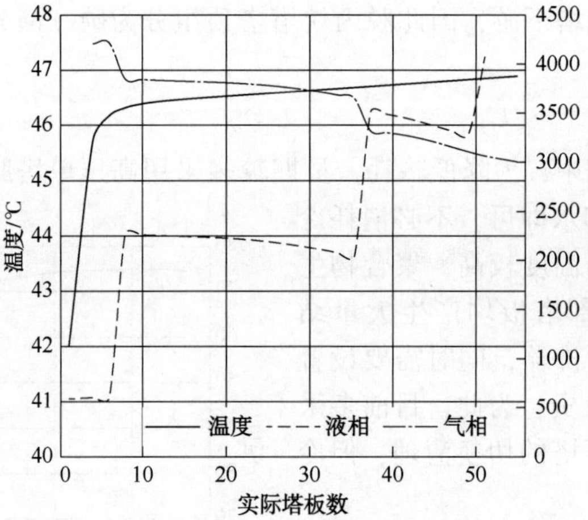


图 7.3-4　高压脱丙烷塔温度和负荷分布图

表 7.3-3 和表 7.3-4 所示为某 1000kt/a 乙烯装置后脱丙烷流程中脱丙烷塔(双塔)的操作参数实例，其中高压塔进料量为 209.5t/h，低压塔进料量为 123.3t/h。

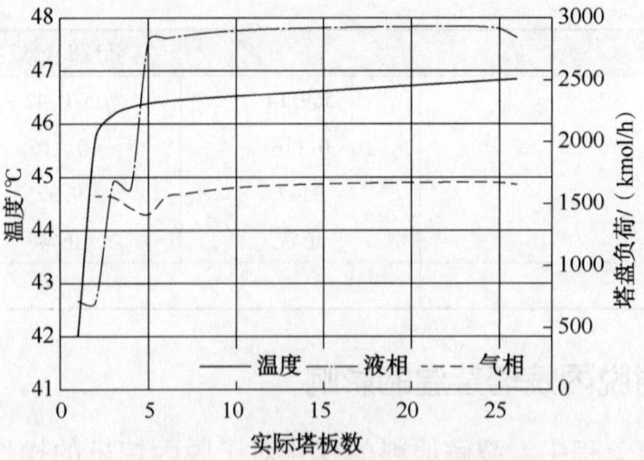


图 7.3-5 低压脱丙烷塔温度和负荷分布图

**表 7.3-3 双塔后脱丙烷流程中高压脱丙烷塔的工艺参数实例**

| 项 目 | 高压脱丙烷塔 | | | |
|---|---|---|---|---|
| 塔板数 | 1~5 | 6~35 | 36~50 | 51~55 |
| 板型 | 浮阀 | 浮阀 | 筛板 | 筛板 |
| 板间距/mm | 450 | 550 | 600 | 800 |
| 塔内径/mm | 3400 | 3400 | 3400 | 3400 |
| 温度/℃ | 43.9 | 44.1 | 51.4 | 82.0 |
| 压力/MPa(G) | 1.65 | 1.65 | 1.67 | 1.68 |
| 气体流量/(kg/h) | 202615 | 190931 | 173973 | 175456 |
| 气体密度/($kg/m^3$) | 37.81 | 37.89 | 38.23 | 41.31 |
| 液体流量/(kg/h) | 56246 | 111246 | 181733 | 236695 |
| 液体密度/($kg/m^3$) | 473.33 | 473.31 | 485.89 | 501.33 |
| 液体黏度/mPa·s | 0.071 | 0.071 | 0.073 | 0.079 |
| 表面张力/(mN/m) | 4.56 | 4.55 | 4.77 | 4.82 |
| 起泡特性 | 正常 | 正常 | 正常 | 正常 |
| 全塔允许压降/kPa | 35 | | | |

**表 7.3-4 双塔后脱丙烷流程中低压脱丙烷塔的工艺参数实例**

| 项 目 | 低压脱丙烷塔 | | |
|---|---|---|---|
| 塔板数 | 1 | 2~3 | 4~26 |
| 板型 | 筛板 | 筛板 | 筛板 |
| 板间距/mm | 500 | 500 | 650 |
| 塔内径/mm | 3200 | 3200 | 3200 |
| 温度/℃ | 43.1 | 52.4 | 69.2 |
| 压力/MPa(G) | 0.61 | 0.61 | 0.63 |
| 气体流量/(kg/h) | 83035 | 78635 | 104768 |
| 气体密度/($kg/m^3$) | 15.3 | 15.26 | 16.93 |
| 液体流量/(kg/h) | 36382 | 94850 | 193758 |

续表

| 项　　目 | 低压脱丙烷塔 | | |
|---|---|---|---|
| 液体密度/(kg/m³) | 569.14 | 570.42 | 578.6 |
| 液体黏度/mPa·s | 0.116 | 0.116 | 0.117 |
| 表面张力/(mN/m) | 9.47 | 9.37 | 9.14 |
| 起泡特性 | 正常 | 正常 | 正常 |
| 全塔允许压降/kPa | 18 | | |

## 三、裂解原料对脱丙烷塔釜温的影响

在前脱丙烷前加氢流程中，裂解原料的变化对于脱丙烷塔的操作参数会产生很大的影响，当釜温偏高时将导致堵塞甚至结焦，大大缩短了再沸器的切换周期，严重时甚至会影响装置的正常运行。根据乙烯装置的实际运行情况，选取几种有代表性的裂解原料：乙烷、丙烷、LPG、混合石脑油和加氢尾油。通过流程模拟计算，得到高压脱丙烷塔的塔釜温度与釜液组成、釜液分子量的变化曲线，如图7.3-6所示。

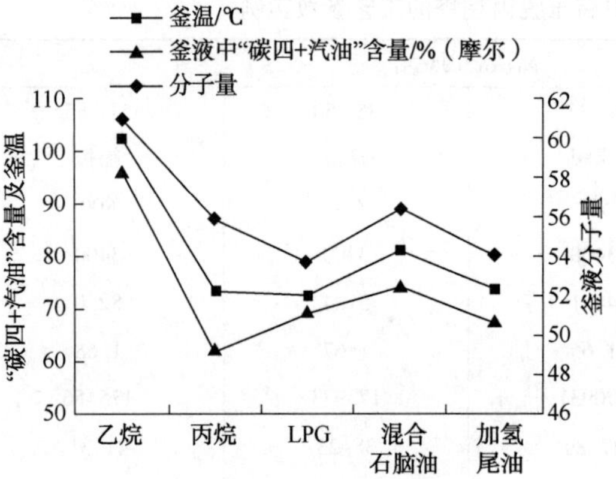

图7.3-6　高压脱丙烷塔釜温、釜液组成与分子量情况

从图7.3-6可看出：高压脱丙烷塔釜温的高低与釜液中“混合碳四+裂解汽油”中总含量的多少（或釜液分子量的大小），变化规律基本一致。例如乙烷作原料时，高压脱丙烷塔釜液中“混合碳四+裂解汽油”总含量（或釜液分子量）最大，则釜温最高；混合石脑油次之，釜温也次之。釜液中“混合碳四+裂解汽油”总含量最大即相当于碳三组分最少，也就是说在其他条件不变的情况下，釜液碳三组分的含量是影响高压脱丙烷塔釜温的关键因素。

低压脱丙烷塔中碳三与碳四进行清晰分离，因此塔釜组分主要为混合碳四和裂解汽油。将不同原料裂解时，前脱丙烷低压脱丙烷塔的釜温与釜液分子量、釜温与釜液中裂解汽油含量分别作图，见图7.3-7和图7.3-8。

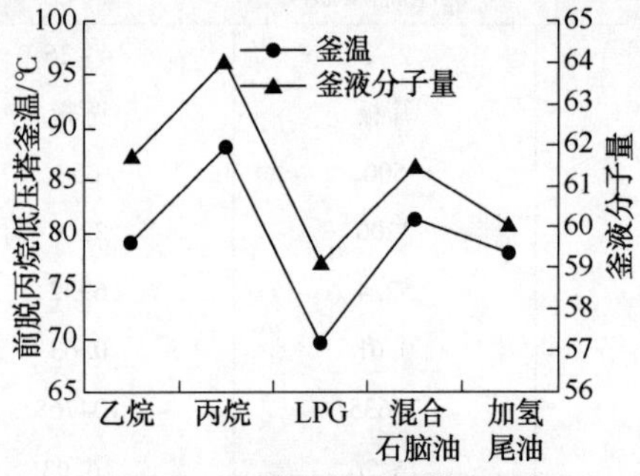

图7.3-7　低压脱丙烷塔釜温与釜液分子量情况

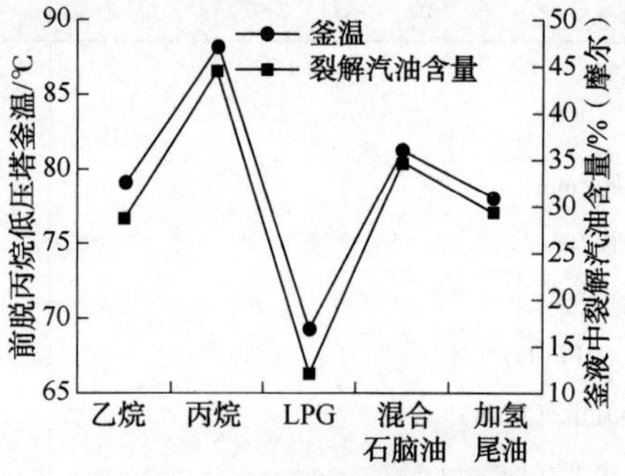

图7.3-8　低压脱丙烷塔釜温与釜液裂解汽油含量情况

从图 7. 3-7、图 7. 3-8 可看出：前脱丙烷低压塔釜液中裂解汽油含量与釜液分子量对釜温的影响是一致的，汽油含量越多，釜液分子量也越大，釜温相应越高。

## 四、脱丙烷塔再沸器结焦问题讨论

### 1. 聚合物结焦机理

因为脱丙烷塔进料中含大量碳四和碳四以上的不饱和烃，所以在高温下很容易发生聚合反应，形成聚合物进而导致再沸器结焦，严重时甚至会导致塔板堵塞，影响装置运行。脱丙烷塔进料中的双烯烃主要是 1,3-丁二烯、环戊二烯和少量的苯乙烯，其中丁二烯的含量达到了 20%，有的甚至超过了 30%，环戊二烯的含量大约都在 10%~15%。结焦产物中还有接近 20%是无机物，无机物组分主要为氧化铁和氢氧化物。

高压脱丙烷塔聚合物主要是由 1,3-丁二烯聚合产生，原理是反应性化合物的自由基聚合。这种自由基聚合主要是因高压脱丙烷塔再沸器向塔提供的热量引发，同时也会因为工艺物料中含有的微量氧气、氧化物、过氧化物或金属离子的存在而加剧聚合反应的发生。自由基随着聚合反应的发生而增长，形成不断增长的聚合物链。随着聚合物链的不断增长，聚合物分子量变得非常大，从而开始不溶于液体，并从烃类物料中沉积下来形成结垢物。如图 7. 3-9 和图 7. 3-10 所示为某装置脱丙烷塔再沸器聚合物。

图 7. 3-9 再沸器结焦聚合物(一)

图 7. 3-10 再沸器结焦聚合物(二)

### 2. 再沸器清理问题

高压脱丙烷塔再沸器为管壳式换热器，以前多采用物料走壳侧、盘油走管侧。当再沸器结焦后，大量聚合物聚集在管束外壁，普通的水力清焦已无法彻底清除靠近中间部位的聚合物。随着使用周期的增加，内部的聚合物逐渐累积且无法完全清理，进而导致换热流通面积逐渐减小，导致再沸器的换热效果越来越差。故在清理时，要求施工单位对再沸器上、下部及侧部进行水力清洗，同时内部也被清理干净。

### 3. 丁二烯浓度问题

丁二烯浓度是影响聚合反应速率的重要原因，通常来说丁二烯的浓度越高，聚合反应发生的速度越快。但因为裂解原料变化较小，在裂解深度不变的情况下，高压脱丙烷塔系统内的丁二烯组分浓度变化幅度很小，基本维持在 24%~26%，所以在实际生产中，丁二烯浓度的变化不足以影响再沸器的运行周期。

4. 系统中微量氧问题

系统中存在的微量氧也会和1,3-丁二烯作用，发生氧化反应，生成过氧化自聚物。这种自聚物是一种淡黄色、密度大、硬度高的油状物质，易沉积在设备和管线的死角处。系统中氧的存在，极易引起多种后果，应高度重视。在每台再沸器检修后投用时确保氧含量低于0.2%，但微量氧的存在依然不可避免。

5. 全塔热负荷问题

高压脱丙烷塔有2股进料，分别是气相进料和液相进料。某乙烯装置2017年检修后，液相进料由原来的25t/h增加至34t/h，液相进料的增加会相应地增大塔釜再沸器的负荷，过高的热负荷会导致再沸器结垢。

## 第四节　碳三加氢系统设计

### 一、反应器内件设计

碳三加氢反应器的工艺和机械设计会影响碳三加氢系统的脱炔效果以及反应器的运行水平与寿命。以林德公司的碳三加氢反应器为例，反应器采用两床层在1个容器中，反应器内配备集散功能的分布器。为适应不同催化剂供应商的催化剂物性数据，反应器的设计应同时满足不同催化剂供应商的需求，如堆积密度、粒径和催化剂形状等。

碳三加氢反应器的进料设有脱砷保护床，以脱除痕量重金属毒物。反应器的进料未设置进料加热器，反应器入口温度的调节主要靠循环碳三物料的温度来调节。物料从反应器顶部进入，靠重力经分布盘均匀流经床层。1个反应器内设有两段催化剂床层，段间不设换热器，出口换热器采用水冷，并在换热器出口设置了液相流出线和气相流出线，将反应器出口物料的不凝气通过气相流出线引入分离罐，避免不凝气在水冷器中占据换热面积，影响换热效率。

反应器入口设置了一个360°全方位的喷洒入口篮，内部上床层和下床层的催化剂上部设计了集中和分散分布功能的分布盘。和氢气混合后的碳三物料从反应器入口管线进入分布盘，再通过分布盘的筛孔均匀流入反应床层，使物料能在反应器中均匀分布。

反应器内件具有集中和分散分布功能的分布盘设计示意见图7.4-1。

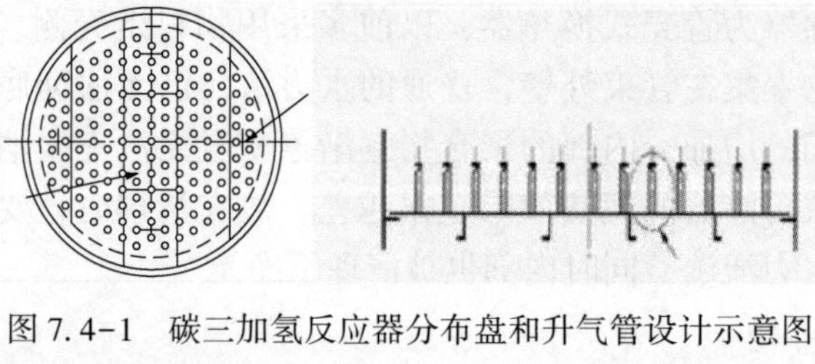

图7.4-1　碳三加氢反应器分布盘和升气管设计示意图

### 二、碳三加氢催化剂的毒物和机理

对碳三加氢反应器进料中杂质进行严格监控，同时采取相应措施对其进行脱除，可以有效减缓催化剂活性下降的速度，使催化剂可以在保持较高的活性和选择性的情况下良好运行，有利于延长催化剂的再生周期和使用寿命，这对于降低乙烯装置运行成本、提高经济效益具有现实意义。归纳总结有多种杂质会影响催化剂长周期稳定运行，常见碳三加氢催化剂的毒物和机理见表 7.4-1。

**表 7.4-1　常见碳三加氢催化剂的毒物和机理**

| 序号 | 毒物名称 | 毒性机理 | 限值 | 脱除工艺 | 出现频次 |
|---|---|---|---|---|---|
| 1 | 砷 | 三价砷具有的孤对电子极易与钯的空 d 轨道形成非常强的配位键，使催化剂失去加氢活性。是永久性毒物，会造成催化剂不可逆失活 | <3μg/g | 可以在裂解原料进入裂解炉前采用硅铝小球吸附脱砷、过氧化异丙苯氧化脱砷、催化剂加氢脱砷方法等，从源头将砷导致贵金属催化剂中毒的问题解决。还可以在使用贵金属催化剂的反应器前设置脱砷保护床，有针对性地将砷脱除 | 经常 |
| 2 | 重金属 | 物料腐蚀设备管道的铁和脱砷反应器催化剂的粉化，常见的重金属有汞、铁、铅、铜等，该杂质使催化剂中毒、杂质会附着在催化剂表面。是永久性毒物，会造成催化剂不可逆失活 | <3μg/g | 吸附脱除 | 偶尔 |
| 3 | 硫化物 | 二价硫与活性钯结合，造成催化剂失效 | <5mg/L | 经过碱洗塔处理的裂解气中的硫含量即可满足碳三加氢催化剂的要求。碳三加氢催化剂发生硫中毒可通过再生恢复活性 | 偶尔 |
| 4 | 水 | 水会造成碳三加氢催化剂暂时性中毒 | <2.5mg/L | 设置进料干燥器。如果该原因下失效，可采用热氮气吹扫催化剂或者进行活化操作即可恢复催化剂活性 | 经常 |
| 5 | 甲醇 | 碳三加氢催化剂暂时性的毒物 | <1mg/L | 吸附脱除。如果该原因下失效，可采用热氮气吹扫催化剂或者进行活化操作即可恢复催化剂活性 | 经常 |
| 6 | 不饱和碳四组分 | 碳三加氢催化剂结焦 | <0.5%(摩尔) | 采用热氮气吹扫催化剂或者进行活化操作即可恢复催化剂活性 | 经常 |
| 7 | 聚丙烯装置返料含有引发剂 | 虽然含量很低，但对碳三加氢催化剂会产生持续影响 | 无确切值 | 无确切脱除工艺，需进一步研究，聚丙烯装置返料要慎重对待 | 经常 |

## 三、反应器日常维护和操作要求

为有效延长碳三加氢反应器的运行周期，在日常维护和检修期间应做好如下工作：

① 碳三加氢反应器在运行和停工检修期间要避免受到杂质污染，在系统波动期间，必须稳定进料使符合设计条件，尤其是碳四组分不允许超过设计值。同时，在停工检修期间，应对反应器采取独立氮气置换、氮气保压等措施，期间使用的胶管不能含有污油、污水等污染物。

② 操作时应严格按照催化剂供应商的要求对催化剂进行活化、再生、开车和停车等，防止因操作不到位而影响催化剂的运行。催化剂在开始投用之前必须经含氢气的混合气体进行氢气还原活化，之后必须保证催化剂干燥合格。再生期间升温和降温的速度保持在50℃/h，再生时间越长，对催化剂损坏程度越大。一旦确定烧焦完毕，立即转入降温，确保再生时间不宜过长。

# 第五节　丙烯精馏塔设计

## 一、丙烯精馏塔的设计

如上文所述，对于丙烯精馏塔的设计，由于高压精馏的电耗比低压精馏的电耗低得多，因此当装置中有急冷水可以利用时，一般采用急冷水加热的高压精馏流程。同时为了降低单塔高度，工厂多采用双塔丙烯精馏的串联工艺流程。

某1000kt/a乙烯装置丙烯精馏塔温度和负荷沿塔分布如图7.5-1所示。

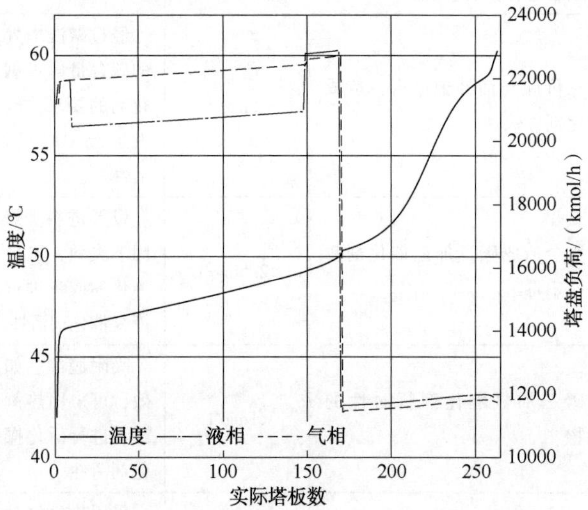


图7.5-1　丙烯精馏塔气液负荷沿塔板分布

表7.5-1为某1000kt/a乙烯装置采用这种高压双塔丙烯精馏流程的工艺参数实例，该装置丙烯产品的采出量为61.6t/h，循环丙烷的流量为7.5t/h。

## 二、丙烯精馏系统运行状况分析

### 1. 塔压对丙烯精馏塔的影响

塔压影响了丙烯和丙烷的相对挥发度，因此不同的塔压对分离效果以及能耗有着不同的影响。塔压越高，相对挥发度越小，越难分离，相应的能耗就越大。提高塔压，在满足丙烯产品规格的前提下，塔顶冷凝器和塔釜再沸器的负荷均要提高。因此对于丙烯塔而言，选择合适的塔压对于该系统的节能起到了十分关键的作用。

表 7.5-1　高压双塔丙烯精馏工艺参数实例

| 项　目 | 丙烯塔(上段) | | | 丙烯塔(下段) |
|---|---|---|---|---|
| 塔板数 | 1~10 | 11~149 | 150~170 | 1~93 |
| 板型 | 浮阀 | 浮阀 | 浮阀 | 浮阀 |
| 板间距/mm | 500 | 500 | 500 | 500 |
| 塔内径/mm | 7800 | 7800 | 7800 | 6000 |
| 温度/℃ | 45.7~46.5 | 46.5~49.3 | 49.3~50.1 | 50.3~60.0 |
| 压力/MPa(G) | 1.808~1.814 | 1.814~1.905 | 0.906~1.919 | 1.929~1.991 |
| 气体流量/(kg/h) | 923827 | 948186 | 963224 | 521313 |
| 气体密度/(kg/m$^3$) | 42.26 | 44.87 | 45.41 | 49.20 |
| 液体流量/(kg/h) | 923390 | 886111 | 970719 | 528809 |
| 液体密度/(kg/m$^3$) | 464.5 | 457.8 | 455.6 | 428.28 |
| 液体黏度/mPa·s | 0.0672 | 0.0662 | 0.0663 | 0.0661 |
| 表面张力/(mN/m) | 4.15 | 3.87 | 3.81 | 3.14 |
| 起泡特性 | 不发泡 | 不发泡 | 不发泡 | 不发泡 |
| 全塔允许压降/kPa | | 111 | | 62 |

但在实际的丙烯精馏系统设计中，没有控制塔压的手段。在实际操作中，塔压是由丙烯精馏系统热量和物料不平衡运行决定的，因此塔压的大幅波动在一定程度上是无法避免的。当塔压上升时，说明塔釜加热量超过塔顶回流需要的热量，塔板温度逐渐上升，引起塔釜重组分上移，塔顶产品中丙烷浓度逐渐上升；当塔压下降时，说明回流量超过塔釜加热量所需要的回流，塔板温度逐渐下降，塔顶重组分逐渐下移，塔顶产品中丙烷浓度逐渐降低。

2. 回流比对丙烯精馏塔的影响

回流比是精馏塔设计和操作的一个重要控制参数，回流比的大小不仅影响理论塔板数、塔径、塔板结构尺寸，还影响加热急冷水和冷却水的消耗量。如果选取的回流比太大，不仅会增大急冷水和冷却水的消耗量，同时还可能影响塔径，增加了设备的投资费用。因此，在精馏塔的设计和操作时都应该选取合适的回流比。

通过流程模拟，不同进料位置下的回流比计算结果如图 7.5-2 所示，在正常操作中，塔顶液相回流量与侧线产品采出量之比应控制在 17 左右。

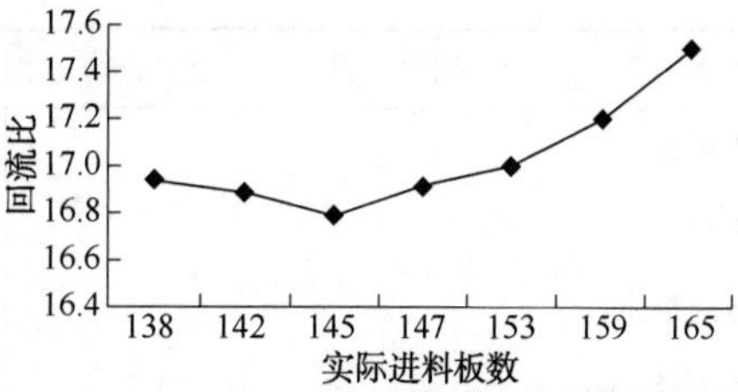


图 7.5-2　不同进料位置与回流比的关系示意图

3. 塔顶冷凝量对丙烯精馏塔的影响

无论是引起塔压波动还是回流比波动，均有一个重要的影响因素就是塔顶冷凝器的冷凝量的控制。

在丙烯精馏塔稳定运行的情况下，进料、产出、塔釜加热量、回流比、塔顶冷凝器液位、塔压及回流罐不凝气含量及排放量均趋于稳定状态。此时，任何一个参数的变化，都会引起塔顶冷凝器冷凝量的变化，进而引起系统波动。因此，只有在确保塔顶冷凝量在一个合适的可控量下，塔压、回流罐液位、塔顶回流量、塔顶和塔釜组分才能保持稳定。

控制塔顶冷凝量有多种可行方案：如增加气相热旁通回路、设置塔压与冷却水流量的串级控制、将回流罐液位与不凝气排放量进行串级控制等。

# 第六节　脱丁烷塔设计

## 一、脱丁烷塔的设计

脱丁烷塔的目的是将脱丙烷塔釜液分离为碳四馏分和裂解汽油馏分(含碳五和碳五以上馏分)，其轻关键组分为丁烷，重关键组分为碳五。

脱丁烷塔的塔釜温度限制塔的操作压力。因此，为避免塔釜发生聚合反应导致聚合物的产生，一般限制塔釜温度不超过112℃，相应地，操作压力应在0.55MPa(G)以下。随着塔压的降低，塔顶冷凝温度也相应下降。当塔顶操作压力为0.4MPa(G)时，塔顶冷凝温度约为38℃。一般地，为了达到塔顶冷凝器采用冷却水避免丙烯作为冷源的目的，脱丁烷塔塔顶操作压力一般在0.4MPa(G)以上。

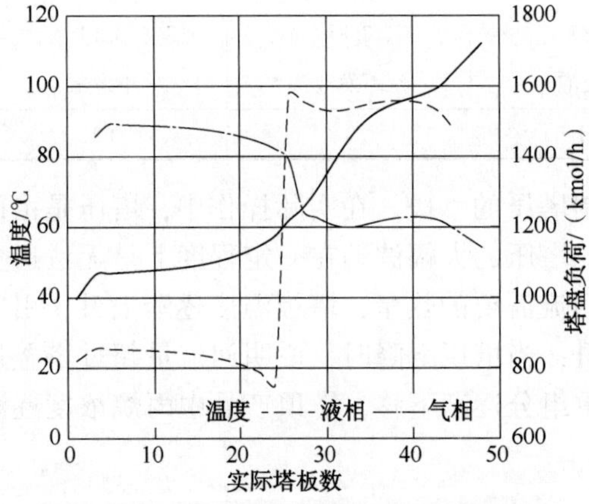

图7.6-1　脱丁烷塔温度和负荷沿塔分布

某1000kt/a乙烯装置脱丁烷塔温度和负荷沿塔分布如图7.6-1所示。可以看出，脱丁烷塔精馏段内气相和液相负荷沿塔变化很小，温度变化也不大。在提馏段内，气相和液相负荷沿塔变化不大，但温度沿塔变化较大。

表7.6-1为某1000kt/a乙烯装置脱丁烷塔工艺参数实例，脱丁烷塔混合碳四产品35.3t/h，粗裂解汽油产品41.8t/h。

**表7.6-1　脱丁烷塔工艺参数实例**

| 项　目 | 脱丁烷塔 | |
|---|---|---|
| 塔板数 | 1~25 | 26~48 |
| 板型 | 浮阀 | 浮阀(26~45)/固阀(46~48) |
| 板间距/mm | 500 | 600 |
| 塔内径/mm | 3100 | 3100 |
| 温度/℃ | 46.6~61.9 | 65.3~109.6 |

续表

| 项 目 | 脱丁烷塔 | |
|---|---|---|
| 压力/MPa(G) | 0.421~0.437 | 0.438~0.451 |
| 气体流量/(kg/h) | 82699 | 85879 |
| 气体密度/(kg/m³) | 12.31 | 14.20 |
| 液体流量/(kg/h) | 47359 | 110290 |
| 液体密度/(kg/m³) | 557.43 | 590.25 |
| 液体黏度/mPa·s | 0.1139 | 0.1358 |
| 表面张力/(mN/m) | 9.79 | 9.88 |
| 起泡特性 | 不发泡 | 不发泡 |
| 全塔允许压降/kPa | 30 | |

## 二、脱丁烷塔结焦问题讨论

乙烯装置脱丁烷塔等在运行过程中，由于处理物料含有重组分，在高温下具备了烯烃自聚的条件，极易形成结垢堵塞等现象，影响塔的正常操作甚至装置的稳定运行。

目前，在国内外一些乙烯装置中，脱丁烷塔由于塔釜重组分积聚，造成了生产过程中的波动现象，甚至引起了停车等问题，制约了装置的安全稳定运行。

### 1. 脱丁烷塔结焦原因分析

脱丁烷塔塔顶物料主要为丁烯、丁烷和丁二烯等不饱和烃，塔釜物料主要为戊烯、戊烷和戊二烯的不饱和烃。组分化学性质活泼，极易发生聚合反应。其中丁二烯在系统中与氧发生反应产生油状过氧化自聚物，密度大，易沉积在塔中造成堵塞。同时，这种过氧化自聚物极不稳定，受热会断裂，生成活性自由基，活性自由基与丁二烯分子反应，在线性方向形成爆米花状端基聚合物。该反应为放热反应且反应速度快，导致聚合物体积快速增加，局部温度急剧上升，产生的热量又会加剧聚合反应的发生，形成恶性循环。

### 2. 脱丁烷塔降温操作

某乙烯装置在2015年5月大修后投入运行至2017年11月，在正常操作运行的情况下，脱丁烷塔塔压差从17kPa左右开始逐渐上升，最后达到58kPa，塔顶碳四产品质量不合格，塔釜碳四损失增加。

因脱丁烷塔塔盘堵塞，导致塔顶和塔釜间压差过大。如果塔釜再沸器依然按照设计值通入正常工况所需的低压蒸汽，则气相的碳四轻组分将由于塔盘的堵塞无法上升至塔顶进入冷凝器分离。与此同时，塔的液相进料由于底部压力过高无法进入塔釜，反串至冷凝器，导致碳四产品不合格，无法保证装置的正常运行。因此，为确保碳四产品合格，只能采取降温操作。通过减少低压蒸汽的流量，减少分离出的碳四以保证产品合格，但同时也会导致部分碳四进入塔釜粗裂解汽油中，造成物料损失。

采取降温操作后的碳四收率及粗裂解汽油中的碳四含量变化如图7.6-2和图7.6-3所示。由图可看出：采取降温操作后，碳四收率下降，由48%降至35%；塔釜裂解汽油碳四含量明显上升，远超控制指标0.5%(质量)。由于较多碳四轻组分进入粗裂解汽油，不仅造成碳四物料损失，给下游汽油加氢装置也会造成较大的生产波动。综上所述，当脱丁烷塔塔盘发生结焦时，仅通过减少塔釜低压蒸汽用量而降温的措施，并不能从根本上达到脱丁烷塔稳定运行的目标。

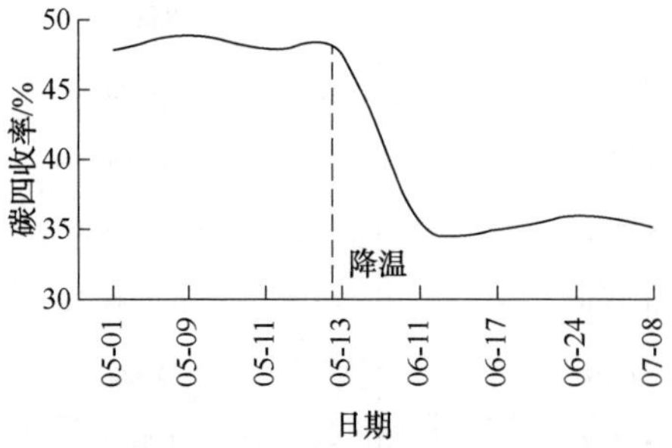


图 7.6-2　降温操作前后碳四收率变化曲线图

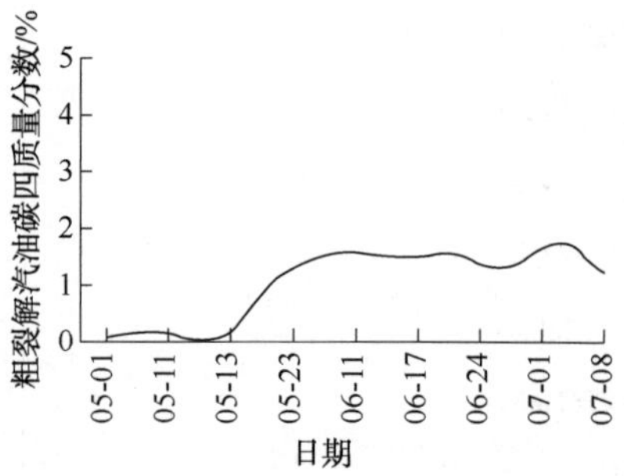


图 7.6-3　降温操作前后裂解汽油中碳四含量变化曲线图

3. 脱丁烷塔阻聚剂及冲塔操作

生产经验表明，当脱丁烷塔开始出现运行异常时，保持阻聚剂的注入并适当配合冲洗塔操作，可有效缓解脱丁烷塔的堵塞现象。

某乙烯装置使用分散型阻聚剂在线除垢，同时配合塔的冲洗操作，脱丁烷塔系统相关工艺参数逐渐趋于正常。目前塔压差保持在 19~20kPa，塔釜温度控制在 114~118℃，塔釜的碳四损失也由 2.7%降至 1.0%(摩尔)，脱丁烷塔运行良好。在此期间，注入阻聚剂的第一个月，对塔内已形成的垢物具有渗透、剥离、分散的作用，同时，对系统内的自由基具有阻聚作用，达到了在线除垢和阻聚的良好效果。同时，配合对脱丁烷塔的冲洗，使垢物能够分散并冲落，塔压随之下降。脱丁烷塔在注入分散型阻聚剂前后，塔压差变化如图 7.6-4 所示。通过使用阻聚剂及冲塔操作，脱丁烷塔逐渐恢复正常状态，保持了塔的正常分离效果，确保塔顶的碳四产品合格。

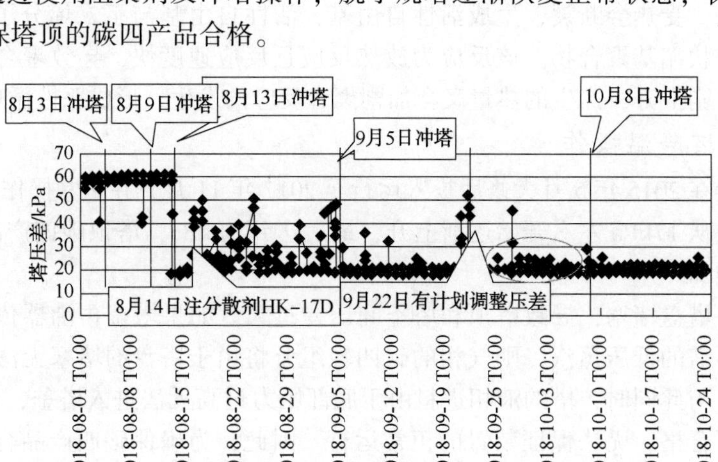


图 7.6-4　注入分散型阻聚剂前后塔压差变化曲线图

4. 脱丁烷塔降压操作

理论和实践都已证明，充分利用循环水低温，降低脱丁烷塔操作压力，不仅可减少再沸器蒸汽用量，而且可降低塔内温度、提高塔顶冷凝器循环水流量，减少塔盘及再沸器的结垢和腐蚀，对脱丁烷塔的长运行周期有明显效果。

某装置在发现脱丁烷塔堵塞现象后，通过逐步降低塔压的手段，将塔操作压力由0.38MPa(G)降至0.33MPa(G)。脱丁烷塔压力调整过程中，塔釜温度的变化如图7.6-5所示。

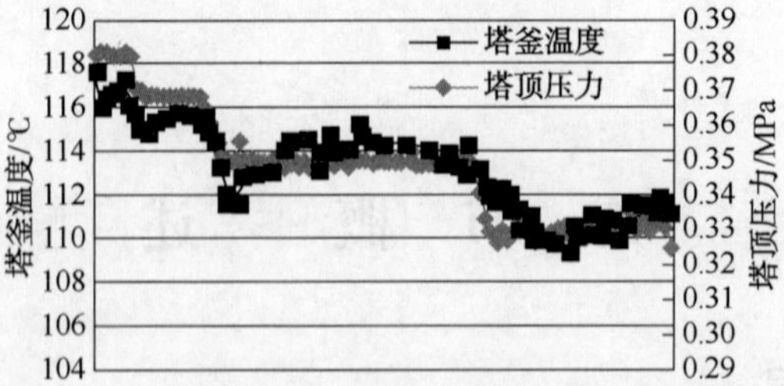


图7.6-5　脱丁烷塔塔釜温度与操作压力变化趋势图

由图可以看出，在操作压力由0.38MPa(G)降低至0.33MPa(G)的过程中，塔釜温度逐渐从117.5℃降低到110.2℃。从操作角度，既减少了聚合物结焦的趋势，又降低了装置运行的蒸汽消耗。脱丁烷塔的降压操作，可以从根本上解决脱丁烷塔的结焦问题，但降压操作需建立在充分利用循环水低温的基础上，一般在冬季工况或北方地区循环水温较低的情况下更为适用。

## 参考文献

[1] 胡杰，王松汉．乙烯工艺与原料[M]．北京：化学工业出版社，2017.

[2] 陈滨．乙烯工学[M]．北京：化学工业出版社，1997.

[3] 王松汉．乙烯装置技术与运行[M]．北京：中国石化出版社，2009.

[4] 李鹏，赵百仁，王振维，等．裂解原料对前脱丙烷塔釜温的影响分析及系统优化[J]．乙烯工业，2012，24(4)：11-15.

[5] 于洋．高压脱丙烷塔再沸器结焦原因分析及对策[J]．乙烯工业，2018，30(2)：16-19.

[6] 周尖，张勇，周家成，等．碳三加氢长周期运行的技术分析[J]．乙烯工业，2018，30(2)：12-15.

[7] 杨建平，邹生耀，刘荣，等．丙烯精馏系统控制优化[J]．乙烯工业，2013，25(3)：30-36.

[8] 白宇辰，邵璐，范欣．浅析乙烯装置丙烯精馏塔操作的影响因素[J]．乙烯工业，2018，30(2)：8-11.

[9] 刘茂，吴金辉，吴儒毅．茂名乙烯装置脱丁烷塔堵塞原因分析及对策[J]．乙烯工业，2021，33(1)：23-28.

# 第八章 制冷系统

## 第一节 概 述

### 一、制冷循环过程

制冷循环一共经过四个过程：压缩过程、冷凝过程、膨胀过程、蒸发过程，如图 8.1-1 所示。

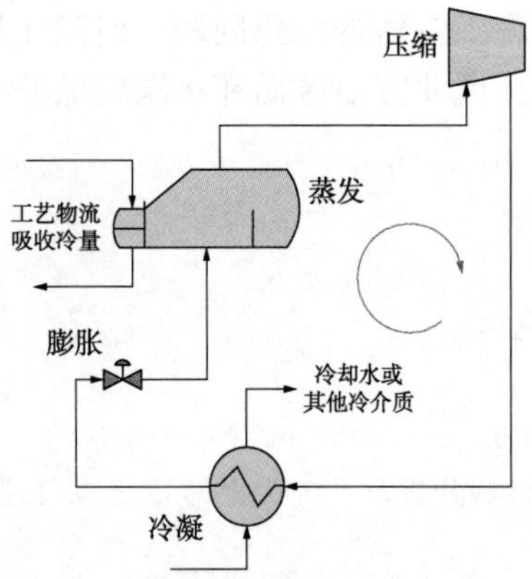


图 8.1-1 单级压缩制冷循环示意图

① 压缩过程，外界对气相制冷剂做功，将气相制冷剂的压力升高到指定区间，相应的温度也随之升高。

② 冷凝过程，高温高压的气相制冷剂作为热侧经一段或多段换热，先冷却再冷凝后变为高压液相，其热量转移给冷却水或其他冷介质。

③ 膨胀过程，高压液相制冷剂通过调节阀减压，阀后压力降低，由于节流膨胀过程极为迅速，制冷剂汽化所需的热量来不及从周围环境中吸收，而全部取自制冷剂本身，制冷剂节流后除小部分汽化外，大部分为低压低温的液态，制冷剂成为两相流，其温度也下降至阀后压力的饱和温度。

④ 蒸发过程，两相流制冷剂作为冷侧与工艺物流换热，将自身的冷量传递给工艺物流，从而实现给工艺物流制冷的目的，两相流制冷剂中的液相吸收热量后蒸发变为气相，汽化后的气相制冷剂再进入压缩过程，实现整个制冷循环。

### 二、制冷剂性质

在乙烯装置中，乙烯和丙烯是主要产品，来源方便、纯度高，且乙烯和丙烯具有良好的热力学特性，因此乙烯装置常用乙烯和丙烯做制冷剂。乙烯装置中乙烯制冷提供-40℃以下至-101℃的冷量，丙烯制冷提供-40℃以上的冷量，如需要大量更低温度冷量时，比如设置有低压脱甲烷塔，还需要甲烷制冷。

这几种常见制冷剂的主要理化性质见表 8.1-1。

表 8.1-1　常用制冷剂的主要理化性质

| 名　　称 | | 甲烷 | 乙烯 | 丙烯 |
|---|---|---|---|---|
| 分子式 | | $CH_4$ | $C_2H_4$ | $C_3H_6$ |
| 分子量 | | 16.04 | 28.05 | 42.08 |
| 对空气相对密度 | | 0.56 | 0.99 | 1.48 |
| 常压下蒸发温度/℃ | | -161.5 | -103.9 | -47.4 |
| 临界温度/℃ | | -82.5 | 9.2 | 91.9 |
| 临界压力/MPa | | 4.59 | 5.04 | 4.62 |
| 凝固点/℃ | | -182 | -169 | -185 |
| 爆炸界限/%(体积) | 下限 | 5.0 | 2.7 | 2.4 |
| | 上限 | 15.4 | 37.0 | 10.3 |

# 第二节　制冷原理

## 一、等焓节流

当一混合物，其压力为 $p_2$、温度为 $T_2$，在绝热情况下瞬间降压(例如通过阀门)至 $p_1$ 时，其中一部分汽化，一部分仍为液相(见图 8.2-1)。汽化所需的潜热由原混合物的显热供给，温度降至 $T_1$。分离前混合物料的焓基本等于分离后这两股物料的焓之和，这个过程就称为等焓节流。

等焓节流的计算方法是规定节流前物料的量($F$)、节流前的温度($T_2$)、节流前后的压力($p_2$、$p_1$)，求节流后的温度($T_1$)、节流后的气体量($D$)、节流后的液体量($B$)。

① 先求 $F$ 的露点和泡点温度。

② 暂设一个在露点、泡点两温度之间的温度 $T$，当 $\sum y_i = 1$ 时，得汽化率 $v$ 值；用同样方法，每个温度 $T$ 值都可得对应的汽化率 $v$ 值。在未受等焓的限制之前，无穷多的 $T$ 值对应无穷多的 $v$ 值。根据几组 $T$、$v$ 值，可绘制成在恒压 $p_1$ 下的闪蒸曲线(图 8.2-2)。

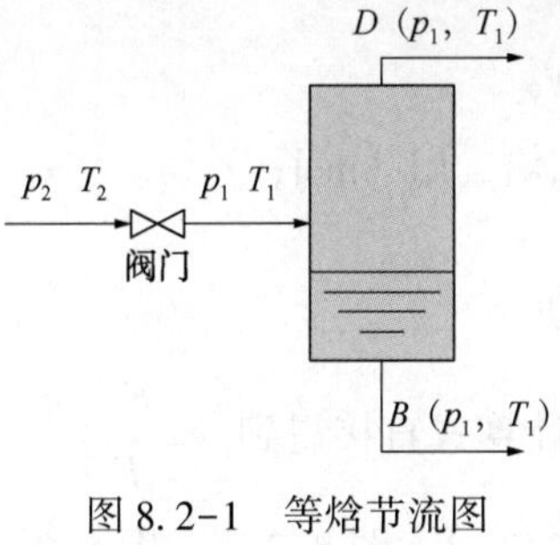


图 8.2-1　等焓节流图

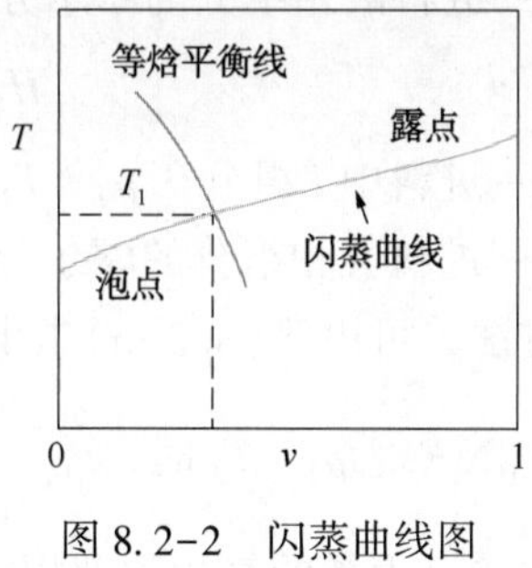


图 8.2-2　闪蒸曲线图

③ 当进料 $F$ 全部为液相时，焓平衡方程式为：

$$FH_F = DH_D + BH_B \tag{8.2-1}$$

式中　$H_B$——节流后液相焓，kJ/kmol；

$H_D$——节流后气相焓，kJ/kmol；

$H_F$——进料中液相焓，kJ/kmol。

$$H_F = \sum H_{F,i} \cdot x_{F,i} \tag{8.2-2}$$

式中 $H_{F,i}$——进料中 $i$ 组分在 $p_2$、$T_2$ 条件下的液相焓，kJ/kmol；

$x_{F,i}$——进料液相组分的摩尔分数,%。

将 $v=\frac{D}{F}$和 $1-v=\frac{B}{F}$代入式(8.2-1)即得

$$v=\frac{H_F-H_B}{H_D-H_B} \tag{8.2-3}$$

在固定的 $p_2$、$p_1$ 条件下，$H_F$、$H_D$、$H_B$ 均为温度 $T$ 的函数，不同的 $T$ 值对应不同的 $v$ 值，根据几组 $T$、$v$ 值，可绘制成等焓平衡线(图 8.2-2)。

等焓平衡线与闪蒸曲线的交点，即为所求的 $T_1$ 值和 $v$ 值，由 $v$ 值可以计算出 $D$ 和 $B$ 值。

④ 当进料 $F$ 为气液混合物时，焓平衡方程式为：

$$F_L H_L + F_V H_V = DH_D + BH_B \tag{8.2-4}$$

将 $v=\frac{D}{F}=\frac{D}{F_L+F_V}$代入式(8.2-4)即得

$$v=\frac{\left(\frac{F_L H_L+F_V H_V}{F_L+F_V}\right)-H_B}{H_D-H_B} \tag{8.2-5}$$

式中 $F_L$——进料中液相量，kmol/h；

$F_V$——进料中气相量，kmol/h；

$H_L$——进料中液相焓，kJ/kmol；

$H_V$——进料中气相焓，kJ/kmol。

$$H_L = \sum H_{L,i} \cdot x_{L,i} \tag{8.2-6}$$

式中 $H_{L,i}$——进料中 $i$ 组分在 $p_2$、$T_2$ 条件下的液相焓，kJ/kmol；

$x_{L,i}$——进料液相组分的摩尔分数,%。

$$H_V = \sum H_{V,i} \cdot y_{V,i} \tag{8.2-7}$$

式中 $H_{V,i}$——进料中 $i$ 组分在 $p_2$、$T_2$ 条件下的气相焓，kJ/kmol；

$y_{V,i}$——进料气相组分的摩尔分数,%。

用前述方法，可由式(8.2-5)求出 $T_1$、$D$ 和 $B$ 值。

当已知 $F_L$、$F_V$、$p_2$、$T_2$ 时，$x_{L,i}$、$y_{V,i}$可由有关计算式直接得到$\left(e=\frac{F_L}{F}\right)$。

甲烷、乙烯、丙烯的气相和液相的焓分别见图 8.2-3、图 8.2-4、图 8.2-5。

过冷冷剂节流的制冷效率高于饱和液体节流。对于同一种纯组分物质，比如过冷的乙烯、丙烯冷剂，其节流后的汽化率低于饱和状态节流后的汽化率。

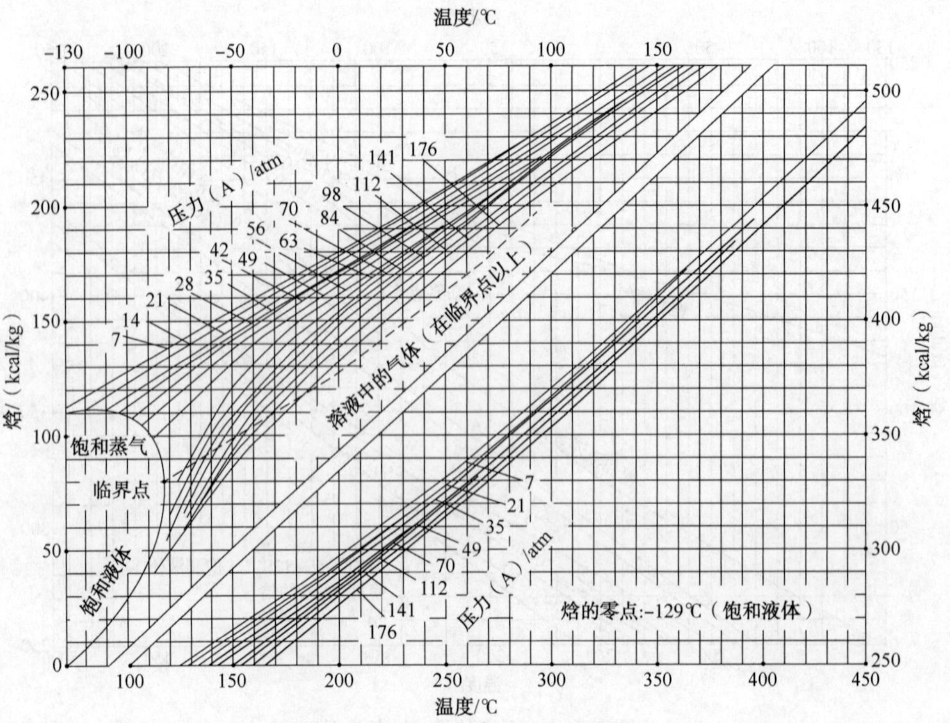


图 8.2-3　甲烷的焓-温度关系图

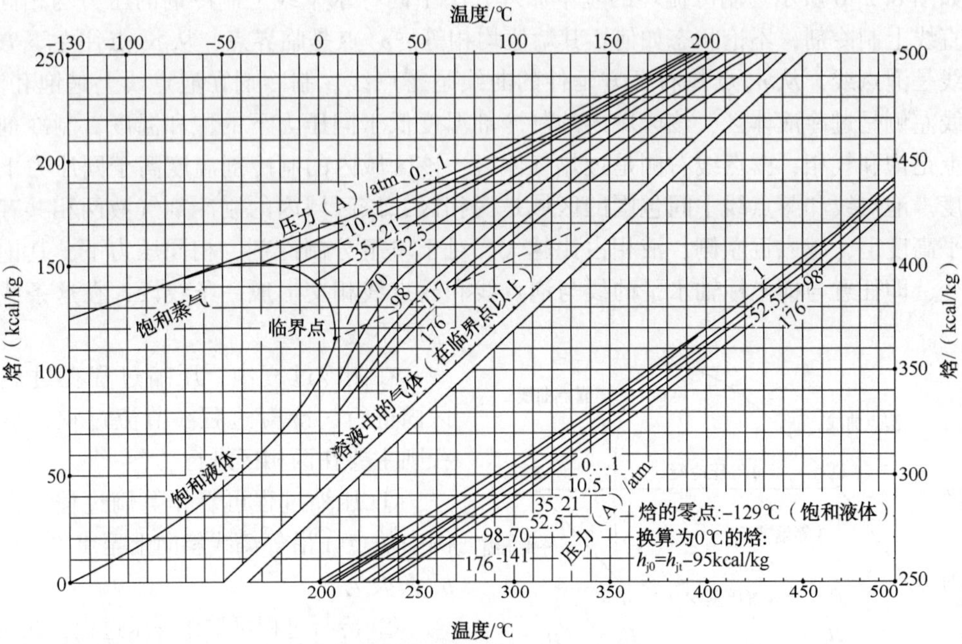


图 8.2-4　乙烯的焓-温度关系图

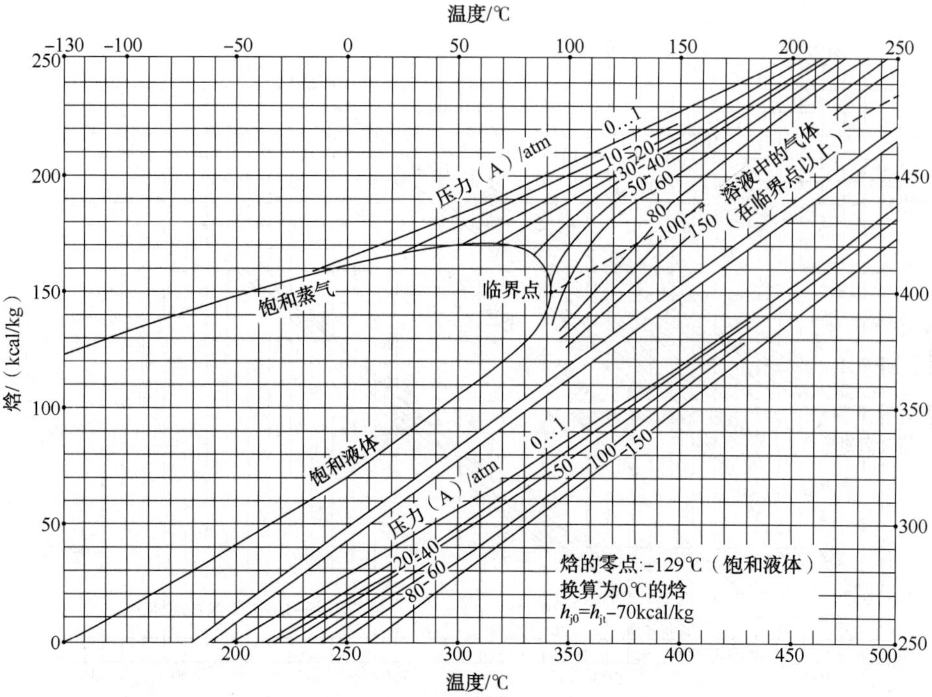


图 8.2-5　丙烯的焓-温度关系图

## 二、制冷循环原理

如图 8.2-6 所示为制冷循环的基本原理。图中同一水平线上制冷剂的压力均相同。同一垂直线上制冷剂，不论状态如何，其焓值均相等。$p_c$ 点是临界点，从 $p_c$ 点往左下方延伸的曲线是泡点线，从 $p_c$ 点往右下方延伸的曲线是露点线。制冷剂在泡点线上是饱和液相，泡点线左侧是过冷液体区，该区域内的制冷剂温度低于同压力下的饱和温度。制冷剂在露点线上是饱和气相，露点线右侧是过热气体区，该区域内的制冷剂温度高于同压力下的饱和温度。泡点线和露点线中间包围的区域是两相区，该区域内的制冷剂气液两相共存，同一水平高度上，越靠近左侧，液相占比越大。对于单组分制冷剂，相同压力下，其饱和温度不变，即任意与横坐标轴水平的线与泡点线和露点线相交形成一条线段，在这条线段上温度不变。

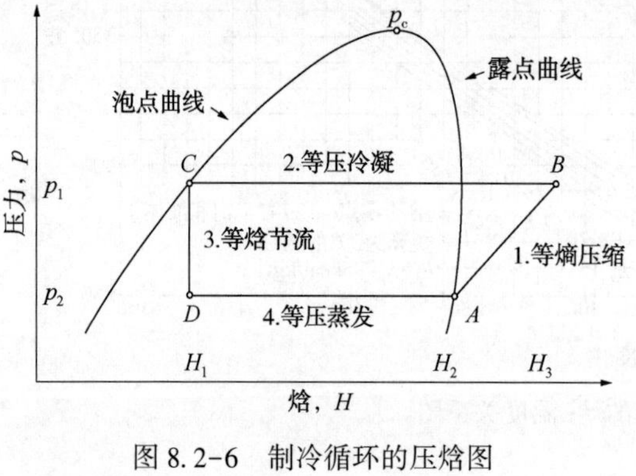


图 8.2-6　制冷循环的压焓图

在制冷过程中，压缩过程在过热气体区内进行，冷凝过程、节流过程、蒸发过程则主要在两相区进行。

① 压缩过程可看作等熵过程，在压焓图中从点 $A$ 沿等熵线斜向上至点 $B$，压力由 $p_1$ 增大为 $p_2$。

② 冷凝过程可看作等压过程，在压焓图上是一条水平线，从 $B$ 开始水平向左移动，先经过露点线，最后与泡点线相交于 $C$。

③ 节流过程可看作可逆绝热过程，是一个等焓过程，在压焓图中点 $C$ 沿等焓线下行至 $D$，压力由 $p_2$ 减至 $p_1$。

④ 蒸发过程也可看作等压过程，从点 $D$ 开始水平向右移动与露点线相交于点 $A$。

制冷过程中单位质量制冷剂蒸发过程吸收的热量也就是向系统提供的冷量，为 $Q_1=H_2-H_1$，压缩机理论功为 $W=H_3-H_2$，理想制冷系数为：

$$\varepsilon=\frac{Q_1}{W}=\frac{H_2-H_1}{H_3-H_2} \tag{8.2-8}$$

但是对于实际制冷循环系统来说，循环过程中总会有部分功转化为热，实际功耗 $W'$ 大于理论功耗 $W$，实际制冷系数 $COP$ 为：

$$COP=\frac{Q_1}{W'}<\varepsilon \tag{8.2-9}$$

$COP$ 值可以评价制冷系统的性能。$COP$ 值越大，说明制冷系统做同样的功可向系统提供的冷量越多。考虑到机械能、电能和热能的转化效率，通常制冷系统的 $COP$ 值大于4才有意义。

在乙烯装置中，需要多个不同级别的低温，采用多级压缩制冷实现这一目的，见图 8.2-7。

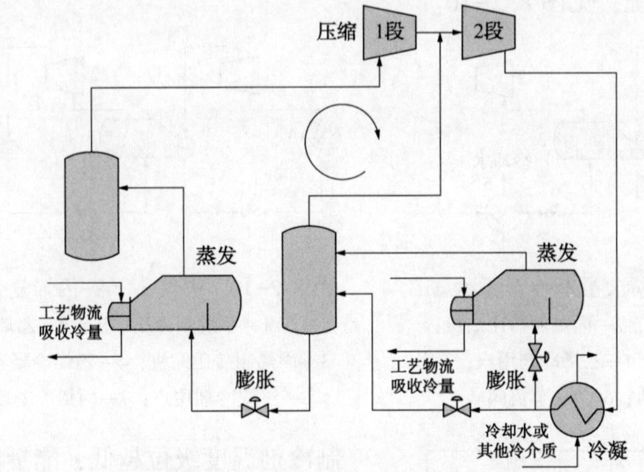


图 8.2-7 多级压缩制冷循环示意图

通常最低温度级别作为一段，温度级别最低，压力也最低，在这一段中液相全部蒸发汽化后进入压缩机。气相制冷剂从压缩机出来后，首先冷却和冷凝，得到的液相制冷剂经过逐级不同压力的闪蒸，同时逐级获得不同温度的液相制冷剂，从而满足不同级别的用户使用。

图 8.2-8 为多级制冷循环的压焓图，$A \to B$、$D \to E$ 为压缩过程，$F \to G$、$H \to I$ 为等焓节流过程，$C \to D \leftarrow B$ 为混合过程，$C \leftarrow G \to H$ 为分离过程，$E \to F$ 为冷却冷凝过程，$I \to A$ 为蒸发(提供冷量)过程。若有合适温度级别的冷量用户需求，$G \to C$ 也可视作蒸发过程。

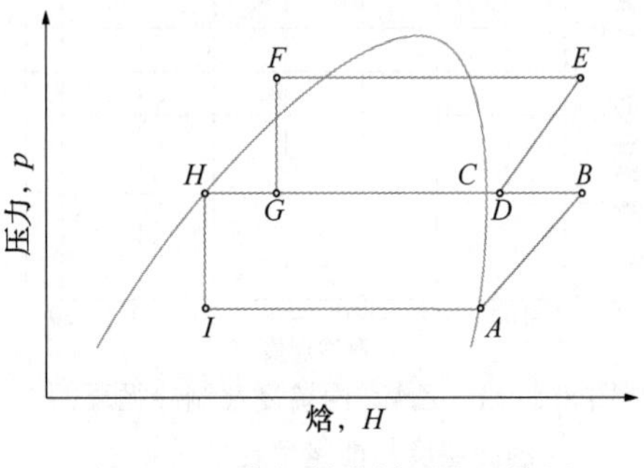


图 8.2-8 多级制冷循环的压焓图

## 三、复叠制冷

丙烯制冷循环中，其冷凝温度大约在40℃，可采用冷却水或空冷。在节流至接近常压的情况下，丙烯的沸点是-45℃左右。如果真空操作整个系统会复杂很多，所以-45℃是丙烯冷剂能够提供的极限低温。若装置中还需要更低级位的冷量，就需要设置乙烯制冷。

乙烯制冷循环中，在节流至接近常压的情况下，乙烯的沸点是-102℃左右，也就是乙烯冷剂可以提供最低-102℃的低温。乙烯的临界温度是9.2℃，其冷凝温度必须低于临界温度。因此，乙烯制冷循环中需要使用冷剂进行冷却，通常是使用丙烯冷剂。这种乙烯制冷和丙烯制冷联合起来的制冷系统就是乙烯-丙烯复叠制冷系统，见图8.2-9。

如果乙烯装置中还需少量的低于-102℃温度级别的冷量，可通过甲烷氢的节流膨胀或等熵膨胀获得，也可以采用少量甲烷循环返回裂解气压缩机的方式。但是当低于-102℃温度级别的冷量需求很大时，比如乙烯装置采用低压脱甲烷塔时，塔顶冷凝负荷大，通过甲烷氢的节流膨胀或等熵膨胀获得无法满足冷量需求，甲烷循环返回裂解气压缩机的循环甲烷量会非常大，配套以甲烷为制冷剂的甲烷制冷系统成为合适的选择。

甲烷的临界温度为-82.5℃，通常需要用乙烯冷剂为其提供冷量，此时形成甲烷-乙烯-丙烷复叠制冷系统，见图8.2-10。

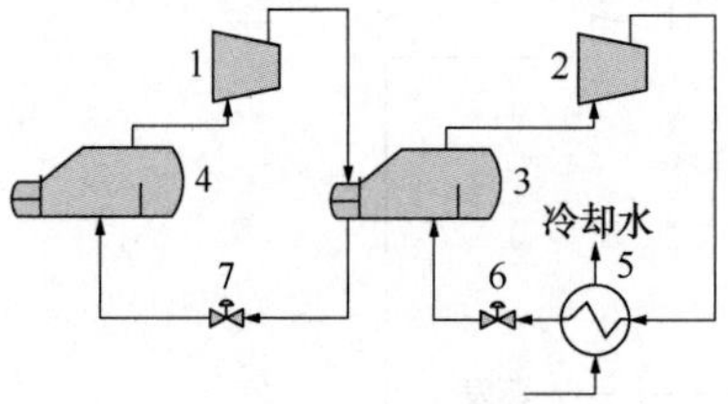


图8.2-9 乙烯-丙烯复叠制冷循环示意图

1—乙烯制冷压缩机；2—丙烯制冷压缩机；3—乙烯冷凝器；4—乙烯冷剂用户；5—丙烯冷凝器；6、7—节流阀

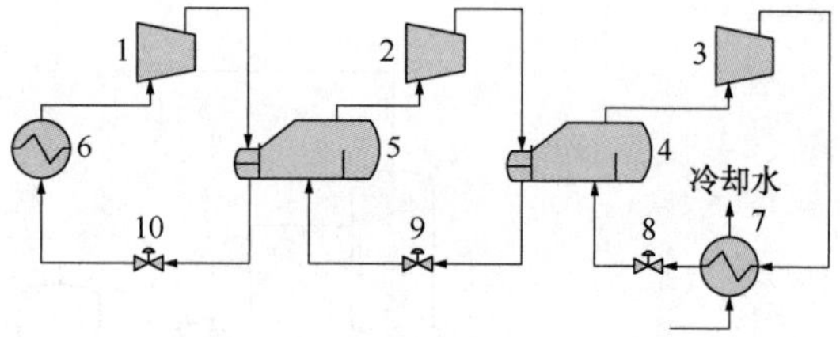


图8.2-10 甲烷-乙烯-丙烯复叠制冷循环示意图

1—甲烷制冷压缩机；2—乙烯制冷压缩机；3—丙烯制冷压缩机；4—乙烯冷凝器；5—甲烷冷凝器；6—甲烷冷剂用户；7—丙烯冷凝器；8~10—节流阀

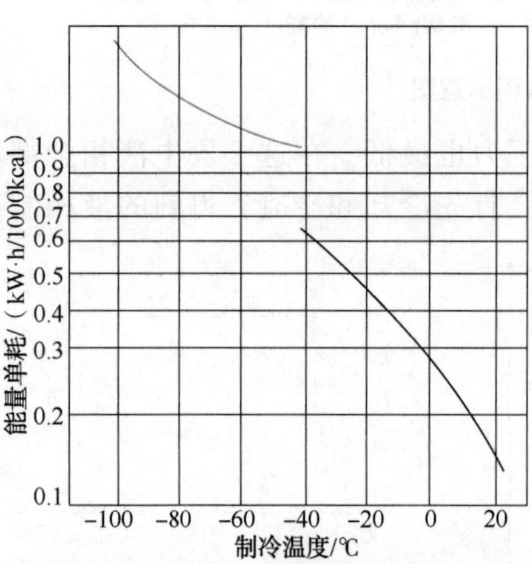


图8.2-11 乙烯-丙烯复叠制冷循环的制冷温度与能量单耗的关系

（丙烯冷凝温度为43.4℃时标绘）

制冷剂温度级位越低，能量单耗就越高，需要合理的匹配冷剂的级位数量和负荷分配。乙烯-丙烯复叠制冷循环的制冷温度与能量单耗关系见图8.2-11。

## 四、混合冷剂

乙烯装置中，通常采用有限温度级位供应相应的冷量用户。对裂解气来说，冷却过程的冷却曲线是连续而平滑的，冷剂供冷曲线(蒸发曲线)是非连续的级跃式。图8.2-12表示了工艺流体冷却曲线与单组分冷剂供冷的关系。由于只以一定级位冷剂向工艺流体提供冷量，平均传热温差较大，说明传热过程不可逆性较大，即换热系统的熵增较大，能量利用效率较低。

理论上，从降低换热不可逆性和提高能量利用效率来看，闪蒸级数越多，制冷剂温度级别越多，平均温差越小，能量利用效率越好，制冷压缩机的功耗也可降低，但设备投资越大，操作也越复杂。

如果采用混合冷剂使其蒸发曲线与工艺流体的冷却曲线十分靠近，传热平均温差就可大大缩小，从而提高冷量利用效率，降低制冷压缩机功耗。图 8.2-13 表示了工艺流体冷却曲线与混合冷剂供冷的关系。

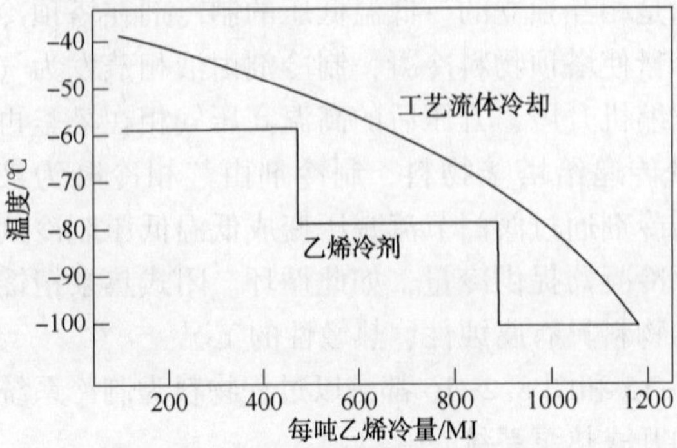


图 8.2-12　乙烯冷剂温度级位与工艺流体冷却曲线

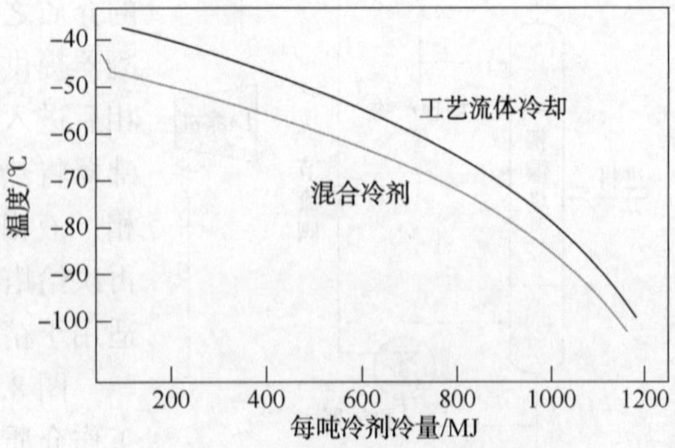


图 8.2-13　混合冷剂蒸发曲线与工艺流体冷却曲线

虽然混合冷剂的蒸发曲线与工艺流体冷却曲线很靠近，具有热力学效率高的潜在优越性，但是实际中混合冷剂在换热过程中出现气液两相流，使传热过程更加复杂，其冷剂侧的传热系数显著低于单组分冷剂复叠制冷系统，两相流在换热器内的流动分布不均匀的现象也很明显，同时因传热平均温差较小导致换热器总的换热面积也增大很多。

单组分冷剂在一定温度范围内过冷后节流，只要发生汽化，其汽化温度与饱和液体节流后的温度相同，等于该压力下的沸点，并且汽化率发生变化时汽化温度保持不变。混合冷剂的汽化温度不是一个固定的沸点，而是一段沸程，过冷度越高，节流后的初始汽化温度也就越低。通过过冷混合冷剂，可以提高换热器的传热温差，也可以为工艺用户提供更低温度级别的冷量。所以混合冷剂大多需要过冷后使用，特别是低温度级别的冷量，出于可利用的冷剂配比和所能达到的节流汽化压力的限制，先用自身一部分冷剂的冷量过冷后再节流获得。

乙烯装置中的冷剂主要是乙烯、丙烯、甲烷三种。把其中两种冷剂混合在一起配比就组成了二元冷剂，把这三种冷剂都混合在一起配比就组成了三元冷剂，其中由甲烷和乙烯组成的二元冷剂和全部组合在一起的三元冷剂都已在某些实际乙烯装置中成功应用。

制冷系统采用混合冷剂时，冷剂可提供的制冷温度范围更大，可实现一个多元制冷系统替代单组分复叠制冷系统。在乙烯装置的应用中，甲烷、乙烯二元制冷系统可替代乙烯制冷系统和甲烷制冷系统，与丙烯制冷系统构成复叠制冷，三元制冷系统可完全替代乙烯制冷系统、丙烯制冷系统和甲烷制冷系统。

## 五、热泵

常规的精馏塔是从塔顶冷凝器使用低温介质取走热量，从塔釜再沸器使用高温介质吸收热量。塔顶和塔釜的热量分配没有交集。若能将塔顶气相冷凝的热量传递给塔釜再沸器，就能充分利用能量，可以大幅度地降低精馏塔的能量消耗。但是同一台塔的塔顶温度低于塔釜温度，根据热力学第二定律，“热量不可能自发地从低温物体传到高温物体”，除非通过外力做功。这种通过做功以逆循环方式迫使热量从低温介质流向高温介质的系统称为热泵系统。

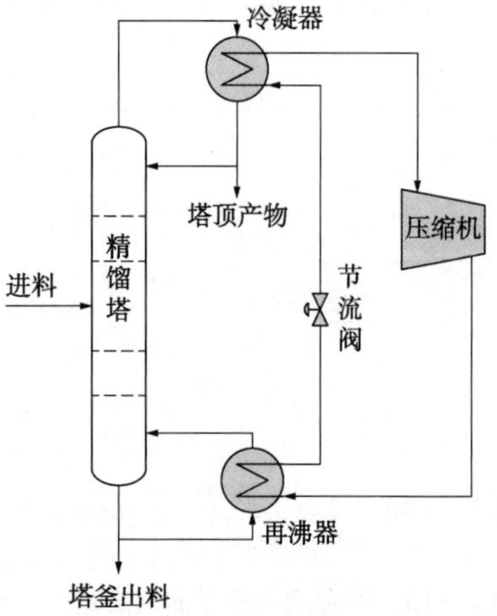

图 8.2-14　闭式热泵精馏流程图

用于精馏塔的热泵有以下三种形式。

图 8.2-14 为闭式热泵精馏，塔内物料与制冷系统的介质之间是相互独立的。低温低压的制冷剂在塔顶冷凝器提供冷量使塔顶物料冷凝，制冷剂由液相蒸发为气相后进入压缩机升压，升压后的高温高压气相在塔釜再沸器将热量传递给塔釜物料，制冷剂由气相冷凝为液相，液相制冷剂通过阀门节流减压变成低温低压制冷剂再次给塔顶冷凝器提供冷量，如此循环。闭式热泵精馏适用于精馏物料具有腐蚀性、热敏性的工况。

图 8.2-15 和图 8.2-16 都是以过程物料为制冷系统工作介质的开式热泵系统。

图 8.2-15 是以塔顶物料为制冷剂并取消冷凝器的过程，塔顶气相经压缩机升压后变成高温高压气体，给塔底再沸器提供热量后冷凝成液体，一部分冷凝液体节流膨胀降温后作为塔顶回流，另一部分作为塔顶产物出料。

图 8.2-16 是以塔釜物料为制冷剂并取消再沸器的过程，一部分塔釜液相作为塔釜出料，另一部分塔釜液相经节流膨胀降温后变成低温低压的两相流，给塔顶冷凝器提供冷量并全部汽化后经压缩机升压变成高温高压气体直接回到塔釜。

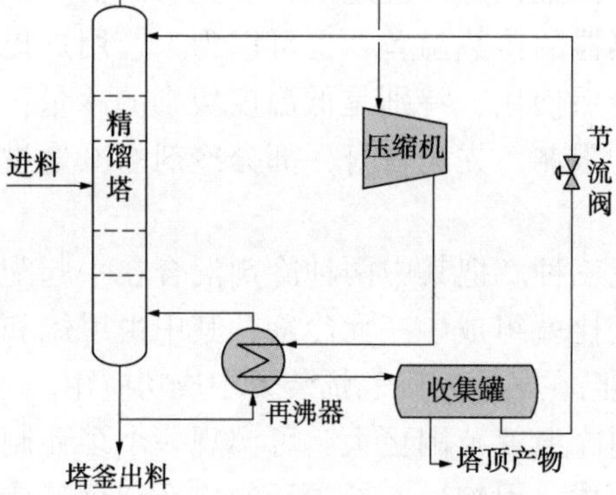

图 8.2-15　开式热泵精馏流程图 A

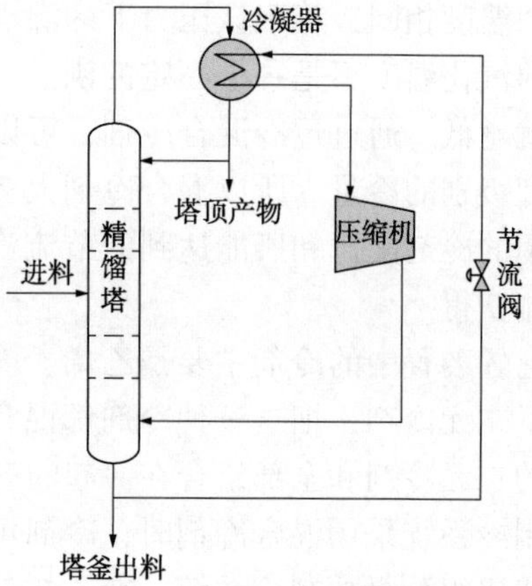

图 8.2-16　开式热泵精馏流程图 B

开式热泵比闭式热泵结构简单，当塔顶物料或塔釜物料有较好的压缩特性和较大汽化潜热时，宜采用开式热泵。

在乙烯装置中可将乙烯精馏塔与乙烯制冷系统组成乙烯热泵，也可将丙烯精馏塔与丙烯制冷系统组成丙烯热泵，均可提高精馏过程的热效率。

## 六、冷量用户换热方式

制冷剂的种类、组成和性质对返回制冷压缩机各段吸入罐气相冷剂的过热度要求也不一样。

丙烯、乙烯等传统的单组分制冷剂，其制冷压缩机段间吸入罐一般为气液相共存的饱和状态，在压力恒定时，其温度不变，进入制冷压缩机入口的制冷剂过热度为0，也就是无须过热。

丙烯、乙烯作为制冷剂提供冷量时，大多使用釜式换热器，釜式换热器的壳侧上部留有一定的气液分离空间，见图 8.2-17。

如果在板翅或冷箱流道里给用户提供冷量，通常设置热虹吸气液分离罐，汽化以后的气相可以很快与液相分离，从上部返回压缩机，见图 8.2-18。

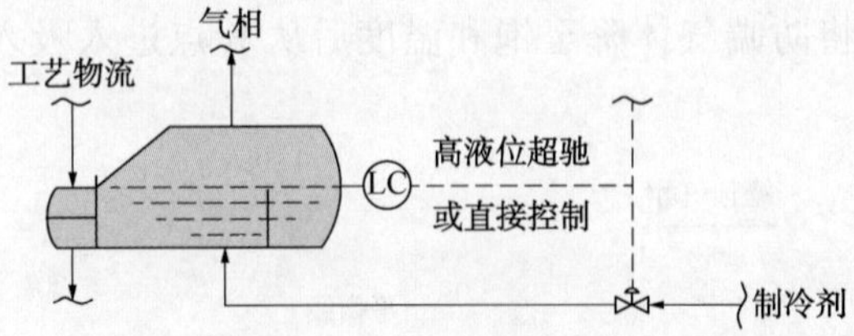


图 8.2-17　釜式换热器

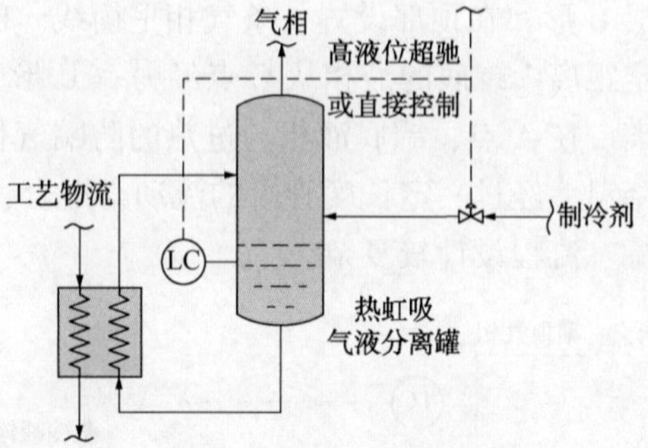


图 8.2-18　冷箱流道

上面两种型式，气液都处于平衡状态，气相一般不能被过热。

混合冷剂在某一恒定压力下汽化时，汽化温度和气液两相的组成都在不断地发生变化，操作中很难将正在露点状态的混合冷剂返回至制冷压缩机，为了操作便利，保持混合冷剂组分的稳定，一般将混合冷剂适当过热。所以混合冷剂不适合在釜式换热器壳侧等有气液分离空间的设备中换热，一般选用板翅或平放的管壳式换热器的管侧(便于两相同步流动)进行换热，经常多台串联使用，利用窄长的流道将混合冷剂过热，见图 8.2-19。

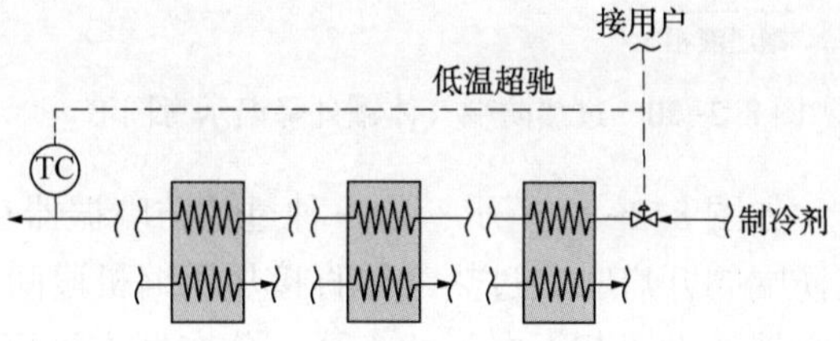


图 8.2-19　混合冷剂出口气相的过热控制

## 七、防喘振线

如果离心式压缩机入口流量低于某特征值，流体就会在压缩机内旋转失速，导致压缩机出口压力下降，此时压缩机出口管道及设备中的压力比压缩机出口的压力高，流体会产生倒流现象，直到压缩机出口的压力平衡，压缩机恢复正常工作。这时如果压缩机入口流量还是低于某特征值，又会导致压缩机产生旋转失速，继而出口压力下降，出口气流倒流，周而复始，压缩机的流量和出口压力周期性波动，这种现象形象地称为喘振。这是在流量减少到一定程度时所发生的一种非正常工况下的振动。喘振对离心式压缩机危害非常严重，一旦发生，如不及时阻断或停车，机组部件的强烈振动和热端超温会对压缩机造成严重损坏，必须采取有效的调节措施阻止喘振现象的发生。

防喘振线启用时，会有大量过热气体返回至各级段间罐，如果不采取措施，会导致压缩机吸入温度迅速上升，超过其机械容限，对压缩机运行产生不良后果。需要采取措施将过热的防喘气体迅速降温至饱和温度，有罐外降温和罐内降温两种。

如图 8.2-20 所示，是传统的过热防喘气体罐外降温的流程。当制冷压缩机防喘阀开启时，来自其他容器的激冷液体在调节阀的控制下从特殊件 A 喷入给过热的防喘气体降温，特殊件 A 通常为静态混合器或喷射器或特殊喷嘴。通过混合后的气相温度控制喷液量。流程同样较复杂，调节阀控制采用的是反馈控制，温度控制滞后。且喷液量不易控制，即使喷入的液体过量，温度计仍指示为饱和温度。操作中为了保证必须达到饱和温度，喷液量经常过量，导致罐内液位快速升高，甚至造成吸入罐高高液位触发压缩机联锁停车。

如图 8.2-21 所示，是过热防喘气体罐外降温的一种流程。过热的防喘气体管道需设置成 U 形，在顶部设置一条气相平衡线。U 形底部 A 点的高度需低于压缩机吸入罐下切线一定距离。罐底的液相从 C 点经另一 U 形管道流至 A 点，此 U 形底部高度需低于 A 点一定距离。在 A 点，罐底液相与过热的防喘气体开始混合，饱和液相开始汽化，过热的防喘气体降温，经过一定长度管段的流动与混合，最终将防喘气体降至饱和温度后从 B 点进入吸入罐。流程设计较复杂。

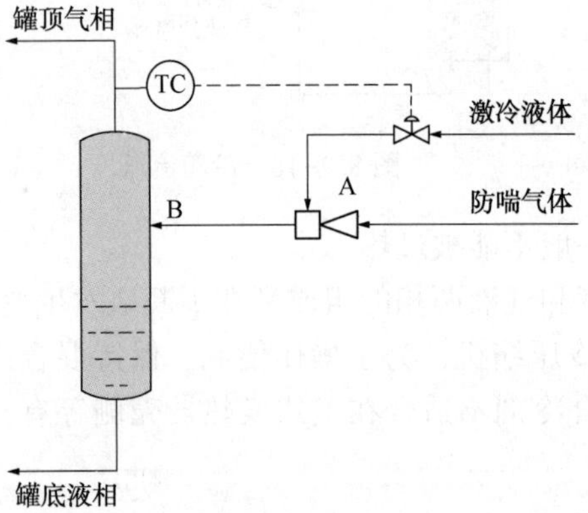


图 8.2-20　过热防喘气体罐外降温示意图 B

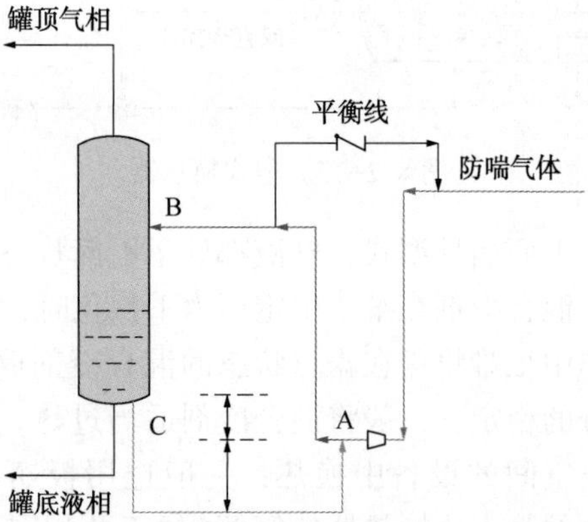


图 8.2-21　过热防喘气体罐外降温示意图 A

如图 8.2-22 所示，是一种过热防喘振器在罐内液下直接喷气降温的流程。当制冷压缩机防喘阀开启时，过热气体直接从压缩机段间罐侧面较低处通入罐内，罐内设置有分布器，分布器上设置若干向下的小孔，分布器在液面以下，过热的防喘气体从分布器中喷射到液相中，降温至饱和气体后在罐内实现气液分离。流程较简单，但是防喘气体喷射时，罐内液位波动较大，罐内液体暴沸，影响液位控制。

如图 8.2-23 所示，是中国石化工程建设有限公司(SEI)开发的过热防喘气体罐内降温的流程。当制冷压缩机防喘阀开启时，过热防喘气体直接从压缩机段间罐底部通入罐内。罐内设置有特殊内件，称作自饱和罐。过热防喘气体通过特殊内件的过程中气液两相充分湍动混合，保证两相达到相平衡，气相温度降低至饱和温度，随后气液两相从特殊内件流出，然后气液两相在自饱和罐内分离，不干扰罐内液相。自饱和罐流程简单，不受防喘气体的大幅度流量变化的影响，且防喘气体通过时罐内的液层能够保持稳定。

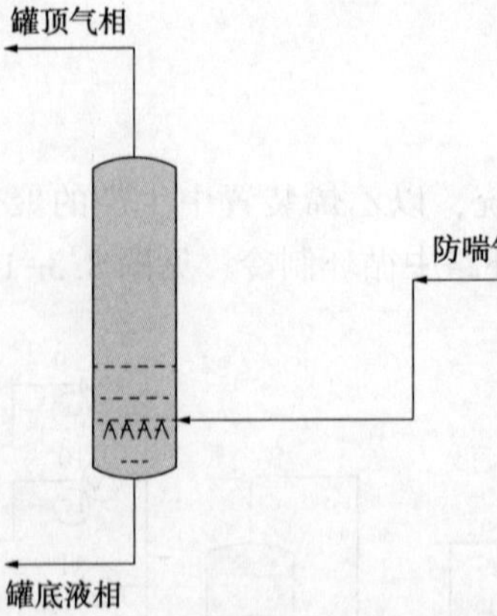


图 8.2-22　过热防喘气体罐内降温示意图 A

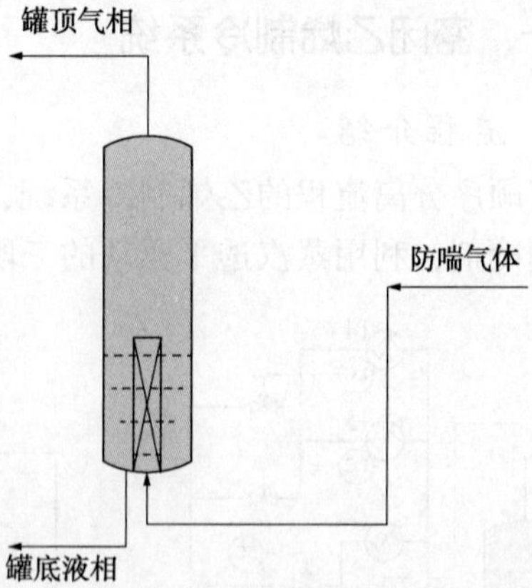


图 8.2-23　过热防喘气体罐内降温示意图 B

以上几种型式都是适用于传统的丙烯、乙烯单组分制冷剂防喘振线。对于混合冷剂压缩机，其吸入罐中的气体为过热气体，要求不能有液相的出现。如图 8.2-24 所示，激冷液体注入防喘气体管线后还设有静态混合器，流经一定长度的管段后，自顶部进入吸入罐气相冷剂主物流线，保证液相能够充分地混合汽化，将温控点设置在距接入点(A)一定距离的管段上，防止温度过低带入液相。

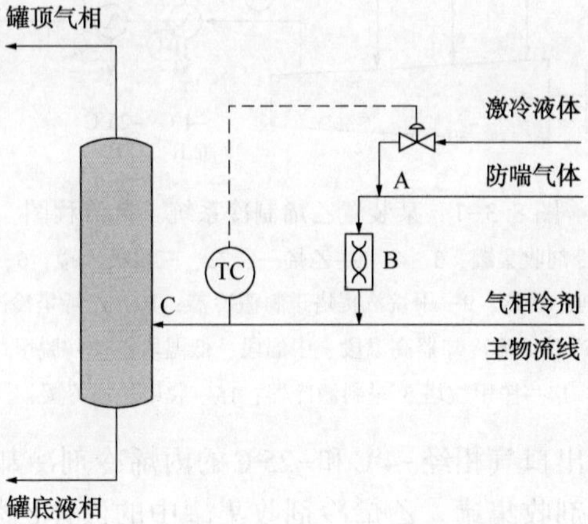


图 8.2-24　混合冷剂过热防喘气体降温示意图

A—接入点；B—混合器；C—气相进料口

# 第三节　乙烯制冷

乙烯制冷系统主要为分离装置提供-40℃以下至-101℃各温度级的冷量。其主要冷量用户为裂解气在冷箱的预冷以及脱甲烷塔顶冷凝(高压脱甲烷流程)。

大多数乙烯制冷系统采用三级节流的制冷循环，相应提供三个温度级的冷量。也有采用两级节流或四级节流的制冷循环，相应提供两个或四个温度级的冷量。

采用三级节流制冷循环时通常为-60℃、-80℃、-100℃三个温度级位，以满足不同用户的需要。

## 一、密闭乙烯制冷系统

1. 流程介绍

某顺序分离流程的乙烯制冷系统，是一个全封闭系统，以乙烯装置中生产的聚合级乙烯为制冷剂，利用蒸汽透平驱动的三段离心式压缩机在环路中循环制冷，见图 8.3-1。

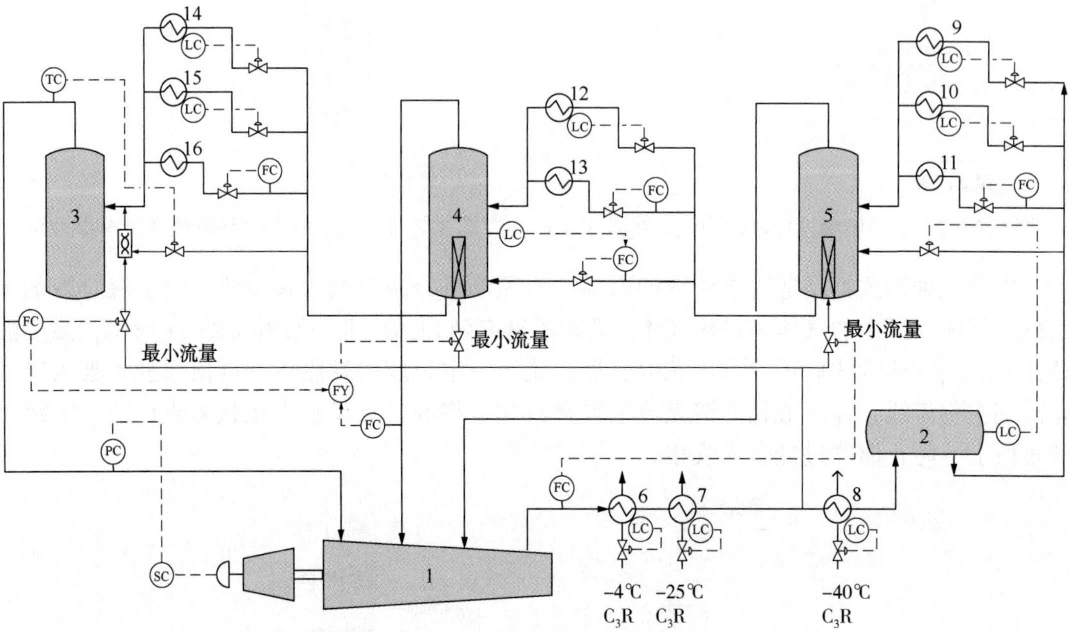


图 8.3-1　某装置乙烯制冷系统工艺流程图

1—乙烯制冷压缩机；2—乙烯冷剂收集罐；3、4、5—乙烯一、二、三段吸入罐；6、7—乙烯冷剂 1#、2#脱过热器；8—乙烯冷剂冷凝器；9—甲烷汽提塔进料激冷器；10—乙烯塔冷凝器后冷器；11、13、16—乙烯产品低温冷却器高温段、中温段、低温段；12—脱甲烷塔 2#进料激冷器；14—脱甲烷塔 3#进料激冷器；15—脱甲烷塔冷凝器

乙烯制冷压缩机三段出口气相经-4℃和-25℃的丙烯冷剂冷却后，再通过-40℃丙烯冷剂冷凝，液相进入乙烯冷剂收集罐。乙烯冷剂收集罐中的液体乙烯通过逐级降压供给各用户乙烯冷剂。乙烯冷剂收集罐的液相一部分给甲烷汽提塔进料激冷器、乙烯塔冷凝器后冷器、乙烯产品低温冷却器高温段(如需)提供-55℃级冷量后汽化进入乙烯机三段吸入罐，另一部分直接减压以两相流形式进入乙烯机三段吸入罐。乙烯机三段吸入罐的气相进入乙烯制冷压缩机第三段吸入口，液相一部分给脱甲烷塔 2#进料激冷器提供-82℃级冷量将裂解气预冷以及给乙烯产品低温冷却器中温段(如需)提供冷量后汽化，另一部分直接减压以两相流形式进入乙烯机二段吸入罐。乙烯机二段吸入罐的气相进入乙烯制冷压缩机第二段吸入口，液相直接给用户提供乙烯装置中最低温度级位(-101℃级)的冷量，将经过脱甲烷塔 3#进料激冷器的裂解气进一步预冷、给脱甲烷塔冷凝器和乙烯产品低温冷却器低温段(如需)提供冷量后汽化进入乙烯机一段吸入罐。乙烯机一段吸入罐通常无液位，气相从罐顶进入乙烯制冷压缩机第一段吸入口。

乙烯制冷压缩机系统需要设置防喘振线，以保证各段气量不低于最小流量，如图 8.3-1

所示，乙烯制冷压缩机三段出口气相在经过-4℃和-25℃的丙烯冷剂冷却后分别设置去往乙烯机一段吸入罐的“三返一”防喘振线、去往乙烯机二段吸入罐的“三返二”防喘振线、去往乙烯机三段吸入罐的“三返三”防喘振线。

冷量分配见表8.3-1，乙烯制冷系统的冷量近80%用于裂解气脱甲烷进料的预冷。

**表8.3-1 某密闭乙烯制冷系统冷量分配统计表**

| 名称 | 冷剂温度/℃ | 冷量负荷比例/% | 工艺侧进口温度/℃ | 工艺侧出口温度/℃ |
|---|---|---|---|---|
| 乙烯塔后冷器 | -55 | 6.6 | -37 | -45 |
| 脱甲烷塔1#进料冷却器 | -55 | 43.8 | -39 | -52 |
| 脱甲烷塔2#进料冷却器 | -85 | 22.1 | -61 | -77 |
| 脱甲烷塔3#进料冷却器 | -101 | 11.2 | -88 | -98 |
| 脱甲烷塔冷凝器 | -101 | 16.4 | -96 | -98 |

### 2. 控制与操作

(1) 正常操作控制

压缩机一段吸入压力控制器，调节透平转速。

二段吸入罐设有液位控制器，调节液体乙烯冷剂流量。

乙烯冷剂收集罐设有液位控制器，调节液体乙烯冷剂流量。

用户方面，甲烷汽提塔进料激冷器、乙烯塔冷凝器后冷器是釜式换热器，壳侧液位控制乙烯冷剂流量；脱甲烷塔2#进料激冷器、脱甲烷塔3#进料激冷器是板翅并设置热虹吸气液分离罐，罐的液位控制乙烯冷剂流量；脱甲烷塔冷凝器是一种兼有壳侧外壳和板翅式换热器内芯的高通量换热器，由脱甲烷塔回流罐的液位控制乙烯冷剂流量，脱甲烷塔冷凝器壳侧高液位超驰。乙烯产品低温冷却器高温段、中温段、低温段可以是釜式换热器，也可以是板翅并设置热虹吸气液分离罐，通过流量控制乙烯冷剂流量。

(2) 最小流量控制(防喘振控制)

在装置低负荷运转期间，压缩机维持每段吸入体积流量在各段的喘振点之上，保持偏离喘振。这由防喘振控制回路来完成。循环气体来自最小流量管线，各段吸入的防喘振线采出点设置在乙烯冷剂2#脱过热器下游。

一段吸入的最小流量控制器作用于一段防喘振阀，控制去乙烯机一段吸入罐的最小流量。二段吸入的最小流量控制器与一段求和后作用于二段防喘振阀，控制去乙烯机二段吸入罐的最小流量。三段排出的最小流量控制器作用于三段防喘振阀，控制去乙烯机三段吸入罐的最小流量。

来自最小流量控制阀(防喘振阀)的热排出气体在进入吸入罐之前，都必须冷却至该罐的温度。对于二段和三段，段间吸入罐为自饱和罐，防喘振阀排出的气体进入特殊内件，通过液体的汽化和混合来达到饱和温度。而对于一段，由于一段吸入罐正常无液体，因此要通过温控调节阀从二段吸入罐底部提供激冷液体，来冷却一段防喘振气体。

## 二、开式乙烯热泵/制冷系统

### 1. 流程介绍

乙烯塔与乙烯制冷系统组成乙烯热泵，可提高精馏过程的热效率，但乙烯制冷压缩机的功耗会相应增加。在乙烯装置中乙烯塔顶冷凝器是丙烯制冷系统的最大用户，采用乙烯热泵流程可以减少大量的丙烯制冷系统负荷，也省去了乙烯塔顶冷凝器、乙烯塔回流罐和乙烯塔回流泵等设备，优势明显。

某前脱丙烷前加氢分离流程的乙烯制冷系统，乙烯塔低压操作，它和乙烯热泵/制冷压缩机相联合，作为一个开式热泵系统运行。乙烯热泵/制冷压缩机一共有五级压缩，见图 8. 3-2。

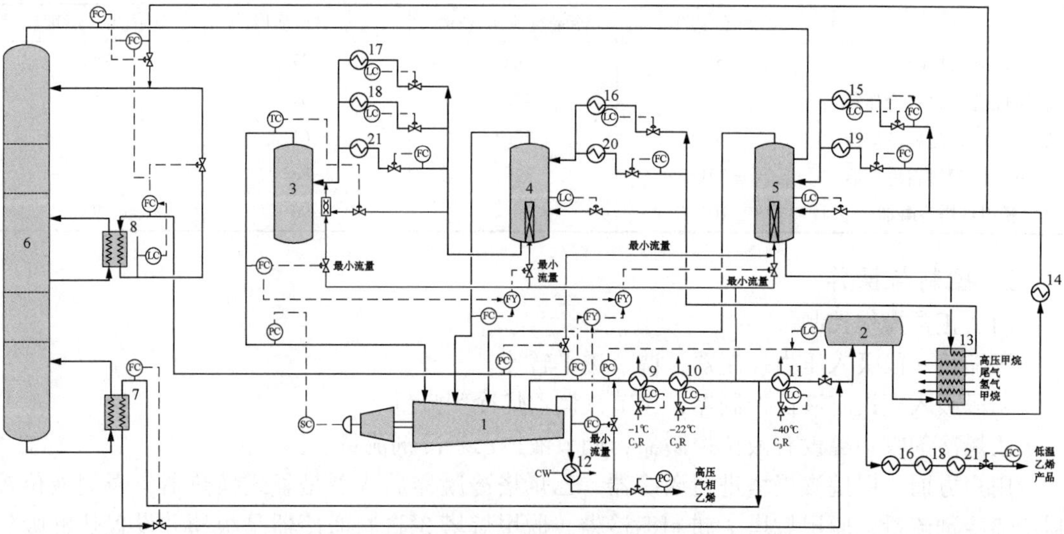


图 8. 3-2　某装置乙烯热泵制冷系统工艺流程图

1—乙烯热泵/制冷压缩机；2—乙烯冷剂收集罐；3~5—乙烯机一、二、三段吸入罐；6—乙烯塔；7—乙烯塔再沸器；8—乙烯塔中沸器；9、10—乙烯冷剂 1#、2#脱过热器；11—乙烯冷剂冷凝器；12—乙烯产品水冷器；13—冷箱 3#换热器；14—脱甲烷塔釜液汽化器；15~18—用户；19~21—乙烯产品低温冷却器高温段、中温段、低温段

乙烯塔塔顶气相为高纯度的乙烯，塔釜主要为乙烷，设中沸器和塔釜再沸器，使用不同的乙烯冷剂气体作为热源。乙烯塔顶气相物流进入乙烯机三段吸入罐，乙烯热泵/制冷压缩机三段出口气相[1. 12MPa(G)/-16℃]作为乙烯塔中沸器热源后冷凝为液相，这股液相减压节流降温后作为乙烯塔回流的一部分。四段出口气相经-1℃和-22℃的丙烯冷剂冷却至-17℃，一部分继续通过-40℃丙烯冷剂冷凝，另一部分作为乙烯塔再沸器的热源后冷凝为液相，两股液相汇合后进入乙烯冷剂收集罐[1. 64MPa(G)/-34℃]。乙烯冷剂收集罐中的大部分液体乙烯通过一个阶式系统供给各用户乙烯冷剂，少量作为乙烯产品采出。乙烯冷剂收集罐的液相乙烯冷剂先经过冷箱 3#换热器的高温段回收甲烷、氢气等的冷量，然后与部分脱甲烷塔釜液换热回收冷量，将脱甲烷塔釜液汽化后再次降低温度，此时液相乙烯冷剂分成三股，一股作为乙烯塔回流的另一部分，一股给碳三洗涤塔冷凝器提供-62℃级冷量后汽化进入乙烯机三段吸入罐，最后一股直接减压以两相流形式进入乙烯机三段吸入罐。乙烯机三段吸入罐的气相进入乙烯热泵/制冷压缩机第三段吸入口，液相经过冷箱 3#换热器的低温段再次回收甲烷、氢气等的冷量降温后分为两股，一股给脱甲烷塔 1#进料激冷器提供-80℃级冷量将裂解气预冷后汽化，一股直接减压以两相流形式进入乙烯机二段吸入罐。乙烯机二段吸入罐的气相进入乙烯热泵/制冷压缩机第二段吸入口，液相直接给用户提供乙烯装置中最低温度级位(-101℃级)的冷量，一股将经过脱甲烷塔 2#进料激冷器的裂解气进一步预

冷汽化，一般给脱甲烷塔冷凝器提供冷量后汽化，汽化后的乙烯冷剂进入乙烯机一段吸入罐。乙烯机一段吸入罐通常无液位，气相从罐顶进入乙烯热泵/制冷压缩机第一段吸入口。

对于乙烯热泵/制冷系统，要求的乙烯产品相态对乙烯制冷压缩机的设计也有影响。通常情况下，如果乙烯产品液相送出，直接从乙烯制冷压缩机四段出口的乙烯冷剂收集罐下采出，此时乙烯机不设第五段压缩。如果乙烯产品可以直接气相送出，乙烯机设置第五段压缩，五段出口的高压气相乙烯经水冷后即可送出至下游装置。气相送出时，乙烯机四段出口流量满足为用户提供冷量和乙烯塔回流的需求量即可；液相送出时，乙烯机四段出口流量还要增加一股采出的乙烯产品量，同时四段出口的一系列使用丙烯冷剂的换热器负荷也相应增大。

乙烯热泵/制冷压缩机系统需要设置防喘振线，以保证各段气量不低于最小流量，如图8.3-2所示，乙烯制冷压缩机三段出口设置去往乙烯机三段吸入罐的“三返三”防喘振线，四段出口气相在经过-1℃和-22℃的丙烯冷剂冷却后分别设置去往乙烯机一段吸入罐的“四返一”防喘振线、去往乙烯机二段吸入罐的“四返二”防喘振线、去往乙烯机三段吸入罐的“四返三”防喘振线。“五返四”的防喘线设置在五段出口水冷器后。

冷量分配见表8.3-2，乙烯制冷系统的冷量约80%多用于裂解气脱甲烷进料的预冷，其余约19%用于脱甲烷塔塔顶冷凝。

**表8.3-2 某乙烯热泵制冷系统冷量分配统计表**

| 名　称 | 冷剂温度/℃ | 冷量负荷比例/% | 工艺侧进口温度/℃ | 工艺侧出口温度/℃ |
|---|---|---|---|---|
| 碳三洗涤塔冷凝器 | -63 | 29.5 | -51 | -59 |
| 脱甲烷塔1#进料激冷器 | -80 | 38.3 | -56 | -77 |
| 脱甲烷塔2#进料激冷器 | -100.3 | 13.5 | -86 | -98 |
| 脱甲烷塔冷凝器 | -100.3 | 18.7 | -97 | -98 |

## 2. 控制与操作

### (1) 乙烯塔操作控制

乙烯塔设计为塔顶操作压力0.5~1.0MPa(G)，塔顶物料需满足乙烯产品规格要求，乙烯含量最小为99.95%(摩尔)。塔釜产品循环乙烷重乙烯含量尽量低。乙烯精馏塔的控制目标是确保平稳操作，满足产品纯度规格。

通过比例控制乙烯塔的总回流量。总回流量是通过中沸器的三段抽出冷剂量(三段回流)再加上来自乙烯冷剂收集罐的回流物料量(产品回流)。三段回流和产品回流分别有流量控制器及调节阀，其流量加和后作为总回流量与塔顶气相流量构成比例控制，来控制产品回流调节阀。三段回流流量调节阀位于凝液罐下游，通过液位高低来调节实际冷凝面积，进而调节上游气体流量。低液位超驰控制器将关闭流量调节阀，防止凝液罐失去液位。

通过调节塔釜再沸器的冷剂流量来串级控制乙烯精馏塔灵敏板的温度。流量调节阀位于乙烯冷剂凝液罐下游，通过液位高低来调节再沸器实际冷凝面积，进而调节上游气体冷剂流量。低液位超驰控制器将关闭流量调节阀，防止凝液罐失去液位。

确定塔压的原则是要能提供一个合理的温度，使乙烯冷剂在塔釜再沸器里能够冷凝。压缩机三段排出的压力应尽可能降低，以减小压缩机的功率；但压头也应足够大，保证三段排出气体能够在中沸器冷凝。中沸器采出位置是以冷凝回流气体所需温度为依据的。

由于是热泵联合系统，塔压起着非常重要的作用。如果塔压升高，再沸器和中沸器会由于失去温度推动力而无法正常工作。如果乙烯机压头不足，塔也会失去回流，那么压缩机就要按最小流量循环的方式操作。由于这些开式热泵系统固有的特性，这个塔不会因为塔压高而发生液泛。

(2) 压缩机系统正常操作控制

乙烯热泵/制冷压缩机一段吸入压力控制器，调节透平转速。

二段、三段吸入罐分别设有液位控制器，调节液体乙烯冷剂流量。

四段出口压力控制器，调节乙烯冷剂冷凝器出口阀门，乙烯冷剂收集罐设有液位超驰，高液位会关闭乙烯冷剂冷凝器出口阀门。乙烯冷剂收集罐底部分乙烯通过乙烯产品低温冷却器过冷后送至低温罐，设有流量控制阀。

五段出口高压乙烯外送设有压力控制阀，压力点设置在下游乙烯管网上。

用户方面，用户 1 是一种兼有壳侧外壳和板翅式换热器内芯的高通量换热器，工艺侧出口温度控制串级控制乙烯冷剂的流量，冷剂的流量同时也受冷凝器壳侧的高液位超驰控制；用户 2 和用户 3 是板翅并设置热虹吸气液分离罐，罐的液位控制乙烯冷剂流量；用户 4 也是一种兼有壳侧外壳和板翅式换热器内芯的高通量换热器，由工艺侧的液位控制乙烯冷剂流量，并设置壳侧高液位超驰。乙烯产品低温冷却器高温段、中温段、低温段可以是釜式换热器，也可以是板翅并设置热虹吸气液分离罐，通过流量控制乙烯冷剂流量。

(3) 最小流量控制(防喘振控制)

在装置低负荷运转期间，压缩机维持每段吸入体积流量在各段的喘振点之上，保持偏离喘振。这由防喘振控制回路来完成。循环气体来自最小流量管线，前三段吸入的防喘线设置在乙烯冷剂 2#脱过热器下游以及压缩机三段排出管线，五段返四段的防喘线设置在五段出口水冷器后。

一段吸入的最小流量控制器作用于一段防喘振阀，控制去乙烯机一段吸入罐的最小流量。二段吸入的最小流量控制器与一段求和后作用于二段防喘振阀，控制去乙烯机二段吸入罐的最小流量。

由于乙烯机四段、五段没有吸入，所有流量来自前三段的吸入流量，故一、二、三段入口流量之和与四段、五段排出流量之和进行低选，用来控制四段排出返回三段的防喘阀。三段排出有另外一个返回三段的防喘阀，它是通过三段出口的压力进行控制的，由于三段出口流量不足导致的压力升高会打开该防喘阀。

来自最小流量控制阀(防喘振阀)的热排出气体在进入吸入罐之前，都必须冷却至该罐的温度。对于二段和三段，段间吸入罐为自饱和罐，防喘振阀排出的气体进入特殊内件，通过液体的汽化和混合来达到饱和温度。而对于一段，由于一段吸入罐正常无液体，因此要通过温控调节阀从二段吸入罐底部提供激冷液体，来冷却一段防喘振气体。

## 第四节 丙烯制冷

丙烯制冷系统主要为乙烯装置提供-40℃以上各温度级冷量，其主要冷量用户为裂解气的预冷、乙烯冷剂的冷凝、乙烯精馏塔、脱乙烷塔、脱丙烷塔塔顶冷凝等。各部分冷剂用量因分离流程的不同有所差异。

用液态丙烯在不同压力下节流汽化来为工艺用户提供不同等级的丙烯冷剂，各个级别的丙烯气体返回丙烯压缩机循环使用。通常设置四个、三个或两个温度等级，相应地采用四级节流、三级节流和两级节流的制冷循环。

## 一、密闭丙烯制冷系统

### 1. 流程介绍

某前脱丙烷前加氢分离流程的丙烯制冷系统，是一个密闭的循环回路，以乙烯装置中生产的聚合级丙烯为制冷剂，利用蒸汽透平驱动的四段离心式压缩机在环路中循环制冷，见图 8.4-1。

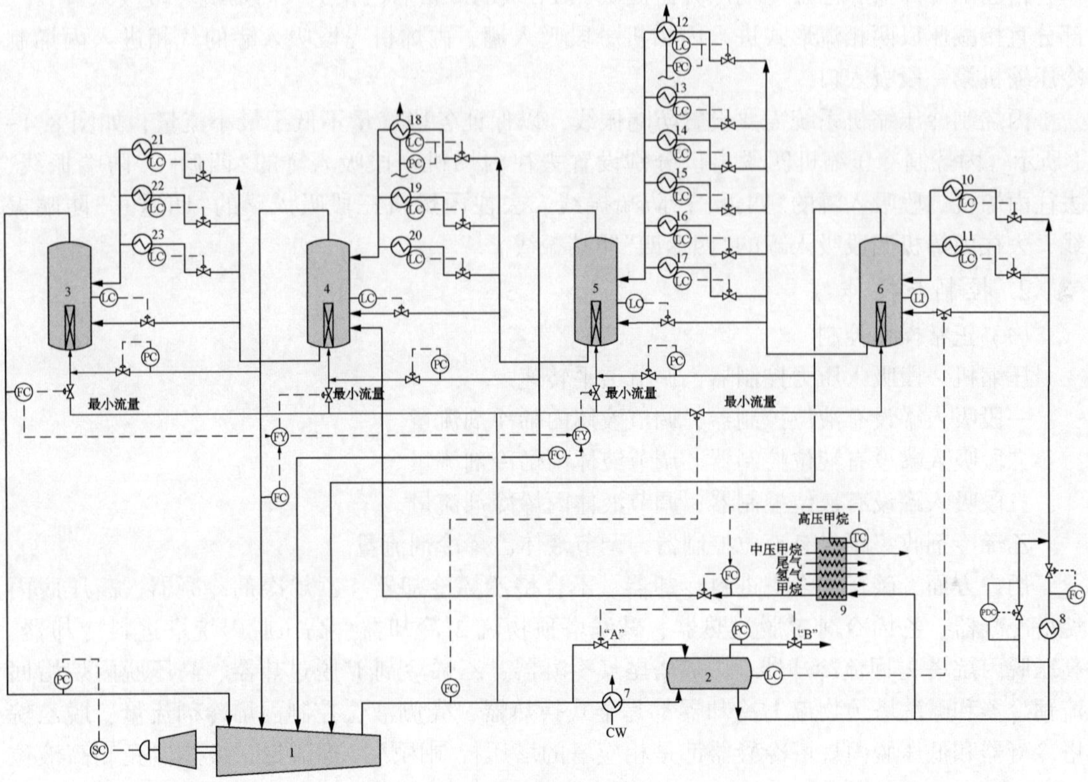


图 8.4-1　某装置丙烯制冷系统工艺流程图

1—丙烯制冷压缩机；2—丙烯冷剂收集罐；3~6—丙烯机一、二、三、四段吸入罐；7—丙烯机出口冷凝器；8—预脱甲烷塔再沸器；9—冷箱 1[#]换热器；10—高压脱丙烷塔回流预冷器；11—碱洗塔顶物流 1[#]冷却器；12—低压脱丙烷塔冷凝器；13—碱洗塔顶物流 2[#]冷却器；14—高压脱丙烷塔进料冷却器；15—高压脱丙烷塔回流 2[#]冷却器；16—丙烯塔尾气冷凝器；17—乙烯冷剂 1[#]脱过热器；18—脱乙烷塔冷凝器；19—高压脱丙烷塔冷凝器；20—乙烯冷剂 2[#]脱过热器；21—碳三洗涤塔进料冷却器；22—不合格乙烯冷却器；23—乙烯冷剂冷凝器

丙烯制冷压缩机四段出口气相压缩到 1.61MPa(G)，用冷却水脱过热并冷凝，冷凝后的丙烯流入丙烯冷剂收集罐。液体丙烯通过一个阶式系统供给各用户丙烯冷剂。丙烯冷剂收集罐的液相丙烯冷剂分为两股，一股先经过冷箱 1[#]换热器回收甲烷、氢气、循环乙烷等的冷量后减压进入丙烯机二段吸入罐，另一股与预脱甲烷塔釜液换热回收冷量，将预脱甲烷塔釜液汽化后降低温度，此时液相丙烯冷剂分成两部分，一部分给高压脱丙烷塔回流预

冷器和碱洗塔顶物流 1#冷却器提供 24℃级的冷量后汽化进入丙烯机四段吸入罐，另一部分直接减压以两相流形式进入丙烯机四段吸入罐。丙烯机四段吸入罐的气相进入丙烯制冷压缩机第四段吸入口，液相一部分给碱洗塔顶物流 2#冷却器、高压脱丙烷塔进料冷却器、高压脱丙烷塔回流 2#冷却器、低压脱丙烷塔冷凝器、丙烯塔尾气冷凝器和乙烯冷剂 1#脱过热器提供-1℃级的冷量后汽化进入丙烯机三段吸入罐，另一部分直接减压以两相流形式进入丙烯机三段吸入罐。丙烯机三段吸入罐的气相进入丙烯制冷压缩机第三段吸入口，液相一部分给高压脱丙烷塔冷凝器、脱乙烷塔冷凝器和乙烯冷剂 2#脱过热器提供-22℃级的冷量后汽化进入丙烯机二段吸入罐，另一部分直接减压以两相流形式进入丙烯机二段吸入罐。丙烯机二段吸入罐的气相进入丙烯制冷压缩机第二段吸入口，液相给碳三洗涤塔进料冷却器、不合格乙烯冷却器和乙烯冷剂冷凝器提供-40℃级的冷量后汽化进入丙烯机一段吸入罐，一部分直接减压以两相流形式进入丙烯机一段吸入罐，丙烯机一段吸入罐的气相进入丙烯制冷压缩机第一段吸入口。

丙烯制冷压缩机系统需要设置防喘振线，以保证各段气量不低于最小流量，如图 8.4-1 所示，丙烯制冷压缩机四段出口分别设置去往丙烯机一段吸入罐的“四返一”防喘振线、去往丙烯机二段吸入罐的“四返二”防喘振线、去往丙烯机三段吸入罐的“四返三”防喘振线、去往丙烯机四段吸入罐的“四返四”防喘振线。

2. 控制与操作

(1) 正常操作控制

压缩机一段吸入压力控制器，调节透平转速。

一段吸入罐设有液位控制器，调节液体丙烯冷剂流量。

二段吸入罐设有液位控制器，调节液体丙烯冷剂流量。

三段吸入罐设有液位控制器，调节液体丙烯冷剂流量。

乙烯冷剂收集罐设有液位控制器，调节液体乙烯冷剂流量。

用户方面，碳三洗涤塔进料冷却器、不合格乙烯冷却器、乙烯冷剂冷凝器、高压脱丙烷塔冷凝器、乙烯冷剂 2#脱过热器、碱洗塔顶物流 2#冷却器、高压脱丙烷塔进料冷却器、高压脱丙烷塔 2#回流冷却器、丙烯塔尾气冷凝器、乙烯冷剂 1#脱过热器、高压脱丙烷塔回流预冷器和碱洗塔顶物流 1#冷却器都是釜式换热器，壳侧液位控制丙烯冷剂流量；脱乙烷塔冷凝器和低压脱丙烷塔冷凝器都是相应塔的塔压控制丙烯冷剂流量，换热器壳侧高液位超驰。

四段罐顶部设置压力控制阀，四段吸入罐的压力高或者三段吸入罐的压力低时通过压力控制阀向三段吸入罐排放丙烯气。多余的气体返回到压缩机四段入口。

三段吸入罐的压力则由三段吸入的压力控制器完成。当压力高时，打开三段吸入罐到二段吸入罐的补气阀，压力低时打开四段吸入罐到三段吸入罐的补气阀。多余的气体返回到压缩机三段入口。

一段吸入罐压力高时，通过调快压缩机转速来控制一段吸入罐的压力，当一段吸入罐的压力低于正常值时，打开二段吸入罐到一段吸入罐的补气阀，提高一段吸入罐的压力。

(2) 最小流量控制(防喘振控制)

在装置低负荷运转期间，压缩机维持每段吸入体积流量在各段的喘振点之上，保持偏离喘振。这由防喘振控制回路来完成。循环气体来自最小流量管线，各段吸入的防喘振线采出点设置在丙烯机四段出口。

一段吸入的最小流量控制器作用于一段防喘振阀，控制去丙烯机一段吸入罐的最小流量。二段吸入的最小流量控制器与一段求和后作用于二段防喘振阀，控制去丙烯机二段吸入罐的最小流量。前两段吸入的总流量与二段抽出的最小流量控制器作差后作用于三段防喘振阀，控制去丙烯机三段吸入罐的最小流量。四段排出的最小流量控制器作用于四段防喘振阀，控制去丙烯机四段吸入罐的最小流量。

来自最小流量控制阀(防喘振阀)的热排出气体在进入吸入罐之前，都必须冷却至该罐的温度。丙烯机的所有段间吸入罐为自饱和罐，防喘振阀排出的气体进入特殊内件，通过液体的汽化和混合来达到饱和温度。

### 二、丙烯热泵/制冷系统

丙烯与丙烷的相对挥发度特别低，因而塔板数较多，回流比特别大。早期的乙烯装置中，为降低回流比，相应采用较低操作压力，为降低能耗，经常使用低压丙烯热泵/制冷系统，可采用闭式热泵系统或开式热泵系统。

但是近期的乙烯装置中，广泛使用急冷水加热丙烯塔再沸器，从能量分析来看，并不增加全装置的供热和冷却水负荷，既降低能耗，又简化了工艺流程。

采用急冷水加热的高压丙烯精馏流程能够高效利用装置内低位热能，优势明显，已完全取代了低压丙烯热泵精馏流程。丙烯热泵/制冷系统不再具备竞争力。

## 第五节 二元制冷

鲁姆斯公司推出的二元制冷技术，使用甲烷和乙烯混合冷剂制冷代替甲烷制冷和乙烯制冷。二元制冷系统与甲烷制冷系统一样，适用于存在低压脱甲烷塔(塔顶温度-128～-135℃)的分离流程。在二元冷剂的配制过程中从甲烷中会带入一定量的氢气，氢气在二元冷剂中的含量会影响到冷剂的制冷温度。为了便于控制，配比时使二元冷剂中含有一定量的氢气。一般二元冷剂中氢气含量为0.6%～2%(摩尔)，甲烷含量为25%～50%(摩尔)，乙烯含量为50%～75%(摩尔)，操作中可根据装置情况在一定范围内调节。二元制冷系统可提供-40～-140℃的冷量。

二元压缩机出口的气相冷剂，依次在1#二元冷剂冷却器中与冷却水换热，在2#二元冷剂冷却器中与13℃和-4℃丙烯冷剂换热，在3#二元冷剂冷却器中与-27℃丙烯冷剂换热。然后进入冷箱8#换热器被-40℃丙烯冷剂部分冷凝，最后在冷箱7#换热器里通过自身换热而全部冷凝。冷凝后的液相冷剂收集在二元冷剂收集罐里。

部分液相冷剂在冷箱5#换热器、冷箱4#换热器以及冷箱3#换热器中过冷到-134℃，进入二元冷剂返回罐。罐底的过冷液相减压到一段入口压力后，分别向脱甲烷塔顶冷凝器、分凝分馏塔冷凝器、冷箱3#换热器、冷箱4#换热器中的裂解气提供冷量，在冷箱4#换热器中过热到-96℃后送往一段吸入罐。

从冷箱5#换热器来的部分过冷后的液相冷剂，减压到二段入口压力，向裂解气提供深冷冷量，然后在冷箱7#换热器中过热至-40℃，进入二段吸入罐。二元冷剂收集罐来的部分液相冷剂减压到三段入口压力，在冷箱7#换热器中为二元冷剂自身冷凝提供冷量。然后在冷箱 8#换热器中过热至-28℃，进入三段吸入罐。

为防止二元冷剂组成发生变化，二元冷剂进入每段吸入罐之前都是过热状态，以保证进入罐内的二元冷剂不带液相。一段的二元冷剂出冷箱的温度较高，需要设置液体喷淋控制一段吸入罐的温度。某装置二元制冷系统工艺流程见图 8.5-1。

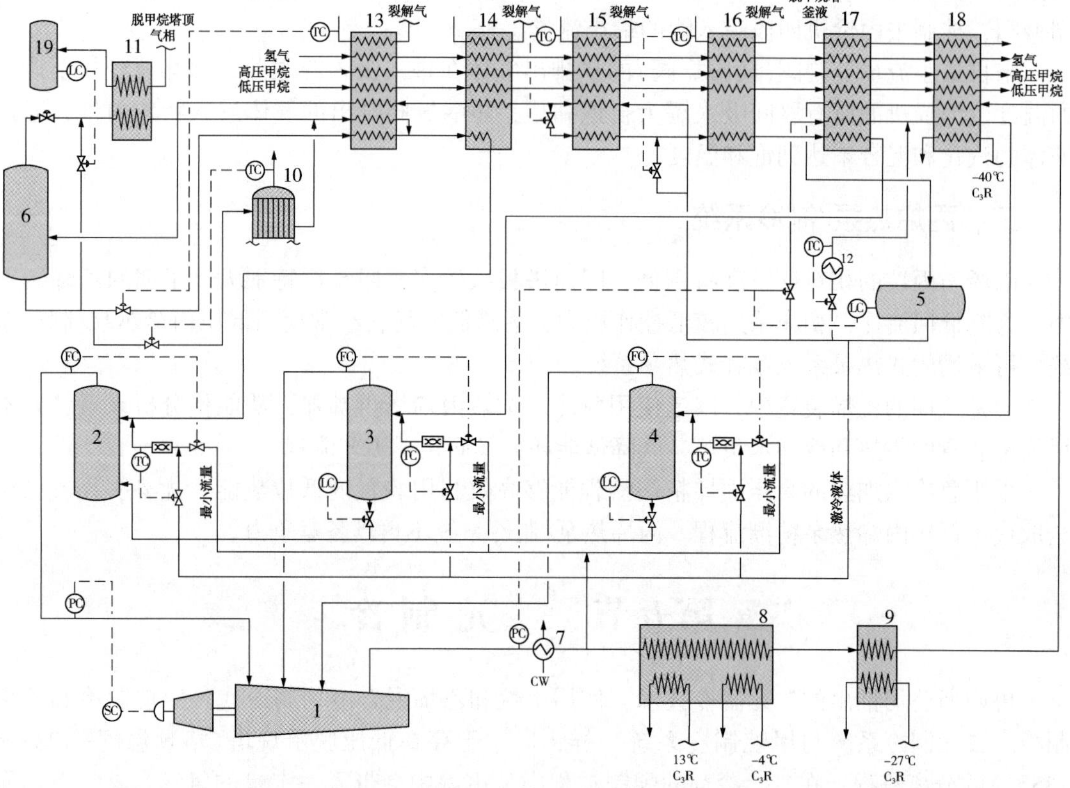


图 8.5-1　某装置二元制冷系统工艺流程图

1—二元制冷压缩机；2~4——、二、三段吸入罐；5—二元冷剂收集罐；6—二元冷剂返回罐；7~9—1#、2#、3#二元冷剂冷却器；10—分凝分馏塔冷凝器；11—脱甲烷塔顶冷凝器；12—乙烯精馏塔放空冷凝器；13~18—冷箱 3#、4#、5#、6#、7#、8#换热器；19—脱甲烷塔回流罐

二元制冷系统具有占地少、投资省的特点。二元制冷对冷量的匹配要求较高，并且换热过程较为复杂，在提供冷量的过程中轻组分容易汽化，结果是两相的冷剂中气相的分率增加很快，致使冷箱的换热面积更大，二元冷剂在冷箱和换热器中的传热效果不一定比复叠制冷系统的效果好。

## 第六节　三元制冷

鲁姆斯公司成功将二元制冷技术应用于乙烯装置后，又开发了三元制冷技术。

将甲烷、乙烯、丙烯三种常用冷剂按照一定比例混合在一台制冷压缩机中，并进行压缩制冷循环，称作三元制冷。

三元制冷压缩机出口的混合冷剂在循环冷却水的作用下第一次部分冷凝，第一次的冷凝液做为重冷剂(heavy tertiary refrigerant)，相当于传统制冷技术中的丙烯冷剂，为第一次未冷凝的气相和工艺物料提供较高温度级别的冷量；第一次未冷凝的气相在重冷剂的作用下第二次部分冷凝，第二次的冷凝液作为中冷剂(medium tertiary refrigerant)，中冷剂主要为丙烯和乙烯的混合物，为第二次未冷凝的气相和工艺物料提供较低温度级别的冷量；第二次未冷凝的气相在中冷剂的作用下全部冷凝，这次的冷凝液作为轻冷剂(light tertiary refrigerant)，轻冷剂主要为甲烷和乙烯的混合物，为工艺物流提供最冷级别的冷量。一台三元制冷压缩机就能完成传统制冷技术中甲烷制冷压缩机、乙烯制冷压缩机和丙烯制冷压缩机 3 台压缩机的作用。

## 一、某改造装置三元制冷系统

某装置改造工程中，额外增加的冷量全部由三元制冷系统提供，见图 8.6-1。采用三段压缩，设置三个吸入罐。所有轻冷剂和中冷剂及乙烯冷凝器的重冷剂返回一段吸入罐，其他重冷剂返回二段吸入罐，三段吸入罐除去段间可能存在的冷凝液。

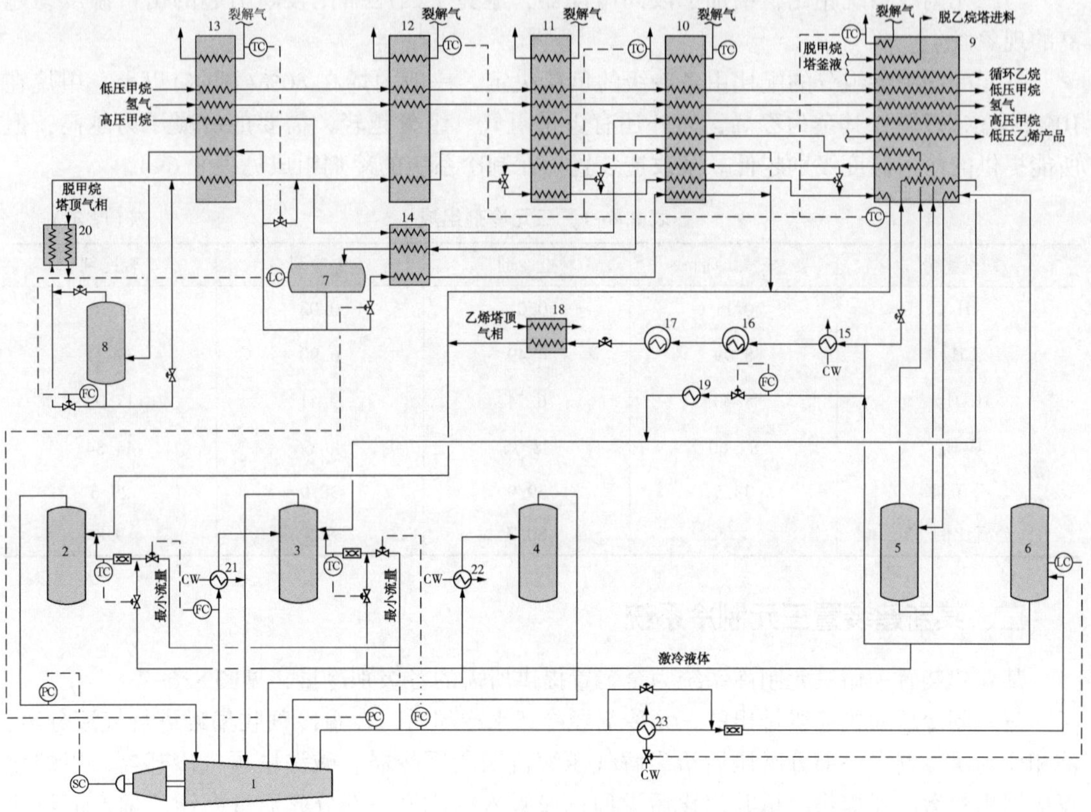


图 8.6-1 某改造装置三元制冷系统工艺流程

1—三元制冷压缩机；2~4—一、二、三段吸入罐；5—中冷剂收集罐；6—重冷剂收集罐；7—轻冷剂收集罐；8—三元冷剂返回罐；9~14—1#、2#、3#、4#、5#、6#三元冷剂激冷器；15—乙烯塔再沸器；16—乙烯塔中沸器；17—2#低压乙烯产品汽化器；18—乙烯塔冷凝器；19—低压脱丙烷塔冷凝器；20—1#段间冷却器；21—2#段间冷却器；22—三元冷剂冷凝器

三元制冷压缩机排出气体在控制压力下为 75℃，在三元冷剂冷凝器中被冷却水冷却并

部分冷凝至39℃，部分冷凝的物流进入重冷剂收集罐，重冷剂罐的液位通过控制三元冷剂冷凝器的冷却水量实现。罐底的重冷剂分为三股，一股去低压脱丙烷塔冷凝器冷凝部分塔顶气相；一股经乙烯塔再沸器、中沸器、2#低压乙烯产品汽化器过冷后来冷凝乙烯塔塔顶气相，最后一股在1#三元冷剂激冷器中给罐顶气相提供冷量，罐顶气相部分冷凝至24℃后进入中冷剂收集罐，气液分离后顶部为轻冷剂，罐底为中冷剂。

自中冷剂收集罐罐底的中冷剂进一步在1#三元冷剂激冷器、2#三元冷剂激冷器、3#三元冷剂激冷器被过冷至-72℃，这股物流闪蒸到压缩机一段吸入罐压力后向3#三元冷剂激冷器、2#三元冷剂激冷器和1#三元冷剂激冷器提供冷剂。罐顶的轻冷剂进一步在1#三元冷剂激冷器、2#三元冷剂激冷器中部分冷凝并在6#三元冷剂激冷器中全部冷凝。

被冷凝的物流送至轻冷剂收集罐，罐底的液体分为两路，一路作为自身冷剂去冷凝轻冷剂，另一路经5#三元冷剂激冷器过冷至最低温度-136℃后送至三元冷剂返回罐。该罐的液体闪蒸到一段吸入罐的压力后，先为脱甲烷塔塔顶冷凝器提供-142℃冷剂来冷凝脱甲烷塔塔顶气相，然后在5#、4#、3#和2#三元冷剂激冷器将各级裂解气由-45℃激冷至-130℃。

与二元制冷系统相比，增加了段间冷却器，避免了因压缩比较高引起的出口温度易超高的现象发生。

三元冷剂中各组分的配比由各冷级的负荷决定，一般丙烯在80%(摩尔)以上，甲烷在10%(摩尔)以下，其余为乙烯，另外还有少量氢气。组分越轻，需要的冷凝压力越高，但所能提供的冷量温度级别越低。某改造装置三元制冷系统的冷剂组成见表8.6-1。

**表8.6-1　三元冷剂组成**　　%(摩尔)

| 冷剂组分 | 三元冷剂 | 重冷剂 | 中冷剂 | 轻冷剂 |
|---|---|---|---|---|
| $H_2$ | 0.11 | 0.02 | 0.03 | 0.76 |
| $CH_4$ | 8.99 | 4.49 | 6.90 | 37.37 |
| $C_2H_4$ | 8.30 | 6.74 | 9.41 | 17.03 |
| $C_3H_6$ | 82.60 | 88.75 | 83.66 | 44.84 |
| 分子量 | 38.5 | 39.9 | 38.9 | 29.6 |
| 分凝比例/% | | 80.7 | 9.5 | 9.8 |

## 二、某新建装置三元制冷系统

某新建装置采用三元制冷系统为全装置提供所需的各级别冷量，见图8.6-2。

三元制冷压缩机三段排出的三元冷剂经冷却水冷却后，在重冷剂收集罐进行气液分离，液相作为重冷剂，一部分减压后给裂解气压缩机四段后冷器、碱洗塔顶气冷却器、甲烷化反应器出料激冷器提供冷量并汽化后返回三段吸入罐。另一部分先通过高压乙烯产品汽化器过冷，再通过第一尾气换热器，此时有一股重冷剂分出来作为第一尾气换热器的冷量汽化后返回三段吸入罐，其余的重冷剂在其他流道中继续过冷，然后减压给低压脱丙烷塔冷凝器提供冷量，这时另有一股重冷剂也进入中冷剂收集罐闪蒸以稳定中冷剂收集罐的温度，去往低压脱丙烷塔冷凝器的重冷剂汽化后返回二段吸入罐。

重冷剂收集罐的罐顶气相依次通过第一、二、三、四尾气换热器，与甲烷氢尾气、脱甲烷塔釜液、循环乙烷、重冷剂等换热，部分冷凝后进入轻冷剂收集罐，此时罐内的气体排放火炬或脱甲烷塔，液相在第五尾气换热器中与甲烷氢尾气和轻冷剂进一步过冷后进入三元冷剂返回罐，该罐的液体为整个乙烯装置提供最低温度级别的冷量，一部分减压后为第五尾气换热器提供冷量，一部分减压后为分凝分馏塔顶冷凝器提供冷量，之后两部分合并，依次给第四、三、二、一尾气换热器提供冷量，最后与来自中冷剂收集罐并且经循环乙烷汽化器过冷的液相中冷剂汇合，汇合后给乙烯塔冷凝器提供冷量并汽化后进入一段吸入罐。

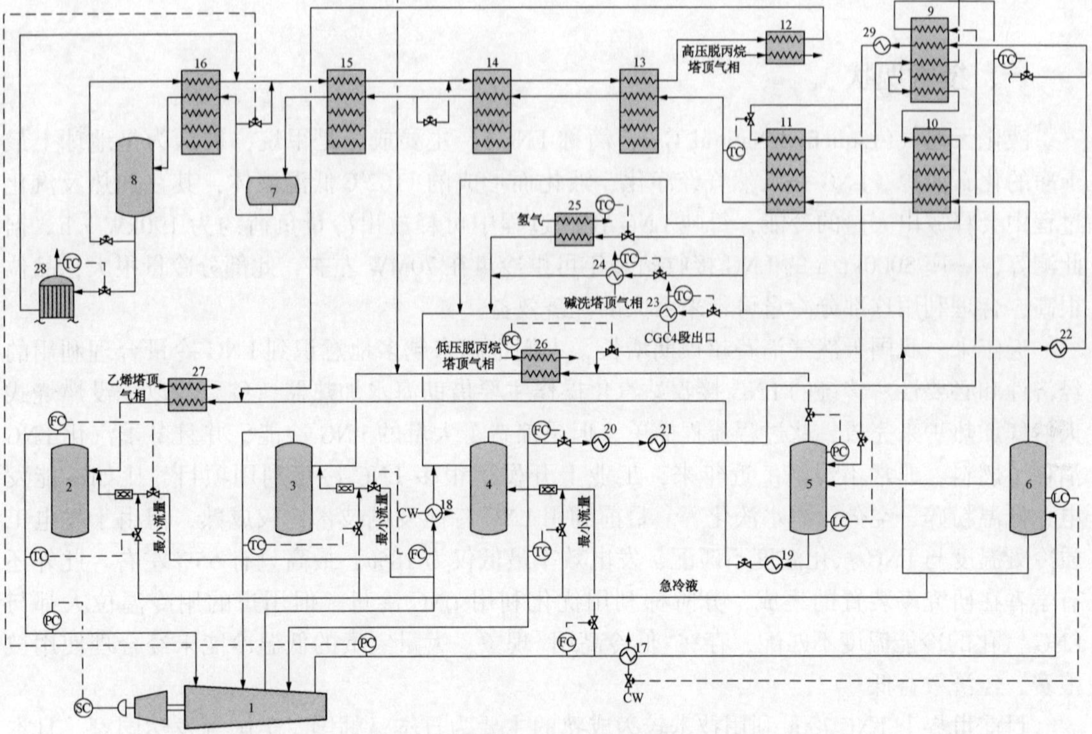


图 8.6-2　某新建装置三元制冷系统工艺流程

1—三元制冷压缩机；2~4——、二、三段吸入罐；5—中冷剂收集罐；6—重冷剂收集罐；7—轻冷剂收集罐；8—三元冷剂返回罐；9~12—第一尾气换热器 A、B、C、D；13~16—第二、三、四、五尾气换热器；17—三元冷剂冷凝器；18—三元制冷压缩机二段后冷器；19—循环乙烷汽化器；20—乙烯塔再沸器；21—乙烯塔中沸器；22—高压乙烯产品汽化器；23—裂解气压缩机四段后冷器；24—碱洗塔顶气冷却器；25—甲烷化反应器出料激冷器；26—低压脱丙烷塔冷凝器；27—乙烯塔冷凝器；28—分凝分馏塔顶冷凝器；29—高压乙烯产品加热器

一段和二段吸入罐罐顶的气相分别进入压缩机一段和二段入口。

二段排出的三元冷剂在二段后冷器用冷却水脱过热后也进入三段吸入罐。三段吸入罐顶的气相一部分进入压缩机三段入口，一部分在流量控制下向乙烯塔的中沸器和再沸器提供热源，最后在第一尾气换热器过冷后进入中冷剂收集罐。中冷剂收集罐的气相与重冷剂汇合后经低压脱丙烷塔冷凝器返回二段吸入罐。

相比传统的丙烯制冷系统、乙烯制冷系统和甲烷制冷系统，三元制冷系统设备台数少、设备布置面积小，投资低；三元冷剂的汽化曲线与工艺物料的冷凝曲线接近，冷剂与物料的平均换热温差小，能量利用效率高；可根据需要提高或降低重冷剂、中冷剂和轻冷剂的用量，操作弹性大。

与二元制冷系统一样，在提供冷量的过程中轻组分容易汽化，换热过程较为复杂。

当裂解原料或裂解气收率分布发生较大变化后，单组分制冷系统可通过自动调整各个制冷系统的负荷来适应这一变化，操作简单。而三元制冷则必须通过手动操作来调整三元冷剂的配比，操作复杂并且由于制冷系统容量大，短时间调节效果不明显，且制冷效果受裂解原料组成和装置负荷影响较大。

## 第七节 LNG冷量利用

### 一、技术现状

液化天然气(Liquefied Natural Gas，简称LNG)，主要成分是甲烷，被认为是地球上最干净的化石能源。LNG是天然气经净化、液化而形成的-162℃低温液体，其在加热及汽化过程中会释放出大量的冷能，每吨LNG在此过程中可释放出冷量负荷约为190kW·h。据此测算，一座3000kt/a的LNG接收站每年可供冷量在70MW左右，此部分冷量很大，品位很高，合理利用这部分冷量可带来巨大的经济效益。

近年来，我国天然气消费超预期增长，人们也越来越多地意识到LNG冷量合理利用的经济性和必要性。传统的LNG接收站汽化操作主要借助海水加热器，冬季辅以浸没燃烧式天然气加热炉来完成，此过程流程简单，但是浪费了大量的LNG冷能，并且冬季汽化LNG消耗了燃料，非常不经济。近年来，工业上开发了很多LNG冷量利用项目，比如冷能发电、低温粉碎、空分、海水淡化等。目前利用LNG冷能发电技术比较成熟，但由于发电工质冷凝温度与LNG汽化温度不匹配，发电效率最低仅为18%，最高只有55%左右。此外还有学者在研究多装置的集成，分阶梯利用优化利用LNG冷量，但用户的用冷温位大都与LNG汽化的冷能温度不匹配，存在“低冷高用”现象，大量宝贵的低温冷能未经合理使用被浪费，经济效益低。

目前世界上LNG冷量利用技术较为成熟的主要为日本、韩国、美国等发达国家，日本作为曾经世界上进口LNG最多的国家，同时也是LNG冷量利用最多的国家。日本LNG冷量利用主要分成两类：一类供接收站自身使用，如对蒸发气(BOG)进行再冷凝和冷能发电；另一类是与外部工厂或冷却系统集成使用，如空分、生产液体二氧化碳和冷藏等。其中空分利用的是LNG深冷部分的冷量，可获得较高的能量利用效率。

如前文所述，在乙烯装置的深冷分离过程中，需要制冷系统(乙烯制冷、丙烯制冷、二元制冷、三元制冷等)提供大量冷量使裂解气中的$C_1$、$C_2$、$C_3$烃类分离，制冷压缩机的能耗是乙烯装置分离系统能耗的重要指标之一。乙烯装置生产规模较大，据统计，前脱丙烷工艺流程的百万吨级乙烯装置在分离过程中需要的冷量负荷约90MW；另外，乙烯装置需要的冷量温位范围广泛，通常从-150℃到10℃各个级位均需要提供相应的冷量。因此，若能将LNG冷量利用在乙烯装置的分离过程中，替代乙烯装置的部分冷剂消耗，这样不仅能做到LNG冷量的合理梯级利用，更能降低乙烯装置制冷压缩机的功率，从而降低乙烯装置的能耗。资料显示，三井化学大阪工厂结合其乙烯装置与大阪燃气公司的LNG冷量利用，开发出世界上首个大规模冷能节能工艺技术。三井化学公司在新工艺中，将现有制冷机定位于应对LNG冷能不足时的储备装置，当LNG冷能供应量低于乙烯装置冷能需求量时，以储备制冷机弥补其不足的冷能。三井化学大阪工厂自2011年正式采用该工艺以来，实现了乙烯装置的高效节能，这是跨企业和跨行业合作的成功先例。近年来，中国石化也完成了基于 LNG 冷能利用的节能乙烯技术开发，即将开展工业应用。

从乙烯装置与 LNG 接收站的能量耦合方案而言，LNG 冷量在乙烯装置的综合利用可分为直接利用和间接利用两种技术方案。

## 二、LNG 冷量的直接利用技术

LNG 冷量在乙烯装置中直接利用的流程框图如图 8.7-1 所示，即直接将液相低温 LNG 送至乙烯装置，通过乙烯装置利用其冷量使其汽化后，将气相 NG 送至外输管网。

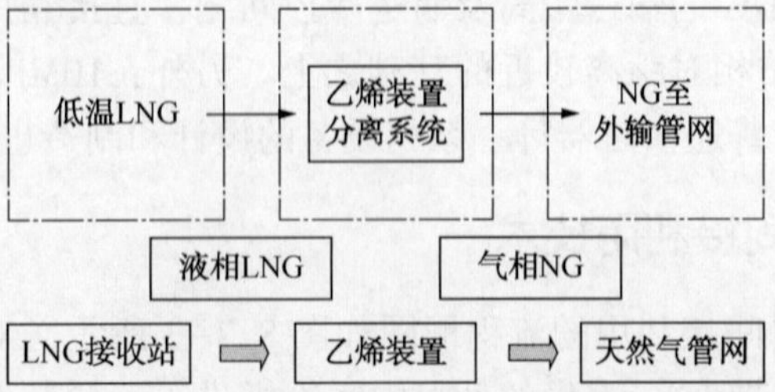


图 8.7-1　LNG 冷量在乙烯装置直接利用的流程框图

对于 LNG 冷量的直接利用，LNG 的相变热与操作压力直接相关。如果 LNG 资源的操作压力较低，LNG 冷量主要在汽化过程中释放，其在脱过冷和过热过程中所提供的冷量负荷很有限。TechnipFMC 曾在某大型乙烯装置中研究过低压 LNG 的冷量直接利用方案，对于 1650kt/a 乙烯装置，可利用-160℃、0.8MPa(G)的 LNG 量仅为约 30t/h。使用 30t/h 的 LNG，可以取消膨胀/再压缩机、取消乙烯制冷系统的-101℃温位冷级，同时还可以最大限度地提高氢气的回收率。-101℃乙烯冷剂的主要用户是脱甲烷塔冷凝器和尾气精馏塔冷凝器，两个用户都可以通过切换到使用液化天然气来代替乙烯冷剂的使用。通过消除-101℃级乙烯冷剂，乙烯制冷压缩机和丙烯制冷压缩机的功率也相应降低。

一般而言，天然气管网需要的压力较高，通常可达 10MPa(G)。在此压力下，LNG 为超临界状态，在脱过冷、汽化、过热的不同过程中，LNG 所提供的冷量负荷则相差不大。如图 8.7-2 所示，10MPa(G)天然气可提供的冷量负荷在-160~-10℃区间内相对稳定，只是在汽化温度区间内(-70~-40℃)稍高。因此，高压状态的 LNG 进入乙烯装置后，可梯级替换乙烯装置不同温位的冷剂，降低乙烯装置的制冷压缩机功率。

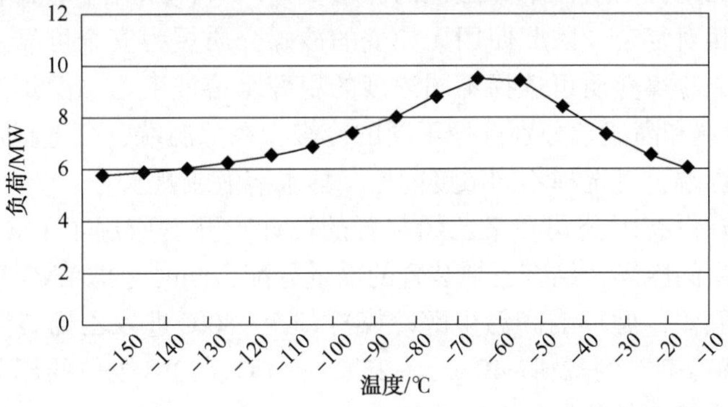


图 8.7-2　高压 LNG[10MPa(G)]在不同温度区间的冷量负荷

近年来，中国石化工程建设有限公司深入研究了高压 LNG 与乙烯装置的冷量耦合方案，以 1200kt/a 乙烯装置为例：①如果使用 2000kt/aLNG，其低温位(-160~-60℃)冷量可以取消膨胀/再压缩机和乙烯制冷压缩机，相应的高温位(-60~0℃)则可以部分替代丙烯冷剂，乙烯装置的单位综合能耗可降低约 45kg 标油/t 乙烯。②如果使用 6000kt/aLNG，其冷量则可以满足同时取消膨胀/再压缩机、乙烯制冷压缩机、丙烯制冷压缩机的需求，乙烯装置的单位综合能耗可至少降低 100kg 标油/t 乙烯。

高压 LNG 冷量在乙烯装置的直接利用方案，可大幅提高 LNG 冷量的利用效率，结合乙烯装置的分离流程，LNG 资源在不同温位的冷量均可以得到充分合理的利用。但需要说明的是，由于超临界状态 LNG 的输送距离及输送冷损问题，直接利用方案的工业应用需建立在乙烯装置和 LNG 接收站相对距离较近的基础之上。另外，10MPa(G)压力的 LNG 进入乙烯装置后，其对于冷箱、普通换热器等一系列设备的设计和制造也提出了更严苛的要求。

## 三、LNG 冷量的间接利用技术

LNG 冷量在乙烯装置间接利用的流程框图如图 8.7-3 所示。对于间接利用，需要选择合适的中间冷媒介质，携带 LNG 冷量的低温中间冷媒进入乙烯装置，通过提供冷量使自身加热变成高温中间冷媒，然后循环返回至 LNG 接收站作为 LNG 汽化的热源。

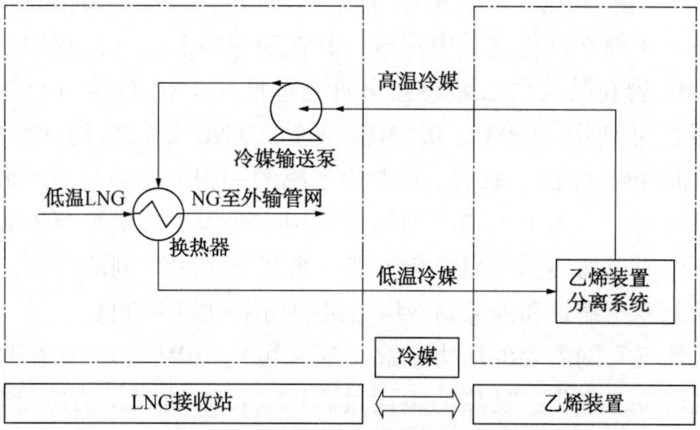


图 8.7-3　LNG 冷量在乙烯装置间接利用的流程框图

冷媒介质所携带的冷能在乙烯装置内可通过无相变(显热)和有相变(潜热)的形式释放。由于乙烯装置深冷分离所需不同温位的冷量负荷不同，并且考虑到有相变的汽化过程控制及介质输送等相对复杂，因此使用无相变的冷媒介质更为安全可靠。根据乙烯装置相关用户的用冷需求，冷媒介质可选择不同浓度的甲醇水溶液、乙二醇水溶液或氨水等。也可以在 LNG 的低温端和高温端分别选择不同的冷媒，在低温端，可选择乙烷、丙烷、丁烷或其混合物；在高温端，可选择不同浓度的乙二醇水溶液或氨水。

中国石化工程建设有限公司在某乙烯装置的设计中开发应用了 LNG 冷量间接利用技术，采用甲醇作为中间冷媒，结合乙烯装置的冷量分配，同时考虑 LNG 接收站内低温 LNG 与中间冷媒的换热温差，循环的高温甲醇冷媒冷却至-80℃进入乙烯装置，依次替代乙烯机-55℃级位的乙烯冷剂、丙烯机-40℃、-25℃、-4℃、12℃级位的部分丙烯冷剂。该乙烯装置的甲醇冷媒系统冷量分配见表 8.7-1。

表 8.7-1 某乙烯装置的甲醇冷媒系统冷量分配表

| 冷量用户 | 冷媒名称 | 冷媒出口温度/℃ | 冷量负荷/MW |
|---|---|---|---|
| 脱甲烷塔 1#进料冷却器 | 甲醇冷媒 | -58 | 7.49 |
| 乙烯塔尾气冷凝器 | 甲醇冷媒 | -58 | 1.12 |
| 甲烷汽提塔进料冷却器 | 甲醇冷媒 | -46 | 5.58 |
| 脱乙烷塔冷凝器 | 甲醇冷媒 | -22 | 9.03 |
| 乙烯机脱过热器 | 甲醇冷媒 | -22 | 3.03 |
| 丙烯塔尾气冷凝器 | 甲醇冷媒 | 12 | 2.05 |

采用上述-80℃甲醇冷媒替代乙烯、丙烯冷剂的方案，经计算，对于 1200kt/a 乙烯装置，甲醇冷媒的用量约为 800t/h。甲醇冷媒的循环量取决于两个重要因素：一是 LNG 接收站内可利用的低温 LNG 流量；二是乙烯装置中与之匹配的冷量用户负荷。另外，考虑到接收站内 LNG 的汽化温度，应使返回的甲醇冷媒温度尽量高，可在乙烯装置内使用急冷水或循环水加热甲醇冷媒至 30℃左右，然后将冷媒循环返回至 LNG 接收站。该方案下，接收站内 LNG 的使用量约为 2500kt/a。相应地，制冷压缩机的功率对比见表 8.7-2。

表 8.7-2 制冷压缩机的功率对比表

| 方案描述 | 丙烯压缩机功率/kW | 乙烯压缩机功率/kW |
|---|---|---|
| 不考虑 LNG 冷能利用 | 38351 | 5879 |
| 使用携带 LNG 冷量的甲醇冷媒 | 26738 | 4409 |

由计算结果可以看出，对于 1200kt/a 乙烯装置，在使用携带 LNG 冷能的-80℃甲醇冷媒替代部分乙烯、丙烯冷剂后，两台制冷压缩机的功率均大幅降低，丙烯机功率降低约 11600kW，乙烯机功率降低约 1500kW。在此基础上，折算蒸汽消耗量的变化，乙烯装置的单位综合能耗降低了约 30kg 标油/t 乙烯。

相比于直接利用方案，通过采用合适的中间冷媒，LNG 冷量间接利用方案可在一定程度上满足较长距离输送的要求。但是，由于 LNG 冷量在接收站内经过了与冷媒的一次传递，其低温位的冷量并没有直接应用到乙烯装置分离过程中，因此也造成了高品位冷量的浪费。

另外，综合乙烯装置和 LNG 接收站的运行情况来看，需要关注 LNG 汽化操作和乙烯装置用户对冷能的利用在时间上可能存在的不同步问题。由于接收站汽化负荷必须根据下游需求而变化，主要有季节性和昼夜性两类波动；而乙烯装置冷能用户对冷能负荷的需求随生产过程、市场需求而变化。两者的规律不同，基本上是不同步的。需要通过建立安全可靠的控制系统，积极响应装置间的生产操作和负荷波动，这对于装置的稳定运行有着至关重要的作用。

## 第八节 低温乙烷、丙烷冷量利用

### 一、概述

目前乙烯的生产大多采用传统的蒸汽裂解工艺，原料来源可靠，技术成熟先进。乙烷或丙烷裂解与传统石脑油为原料的蒸汽裂解相比，具有乙烯收率高、副产品较少的特点。

尤其是乙烷裂解装置，具有流程相对简化、投资较小等优势。

乙烷裂解制乙烯的兴起源于美国2010年的页岩气革命，使美国乙烷产量大幅增加。美国乙烷主要产自油气田伴生气经简单加工后得到的天然气凝析液，部分产自炼厂，但90%以上均来自伴生气加工。中国自2017年开始乙烷裂解项目也突然增多。从供应来源看，乙烷供应来源相对比较单一，美国是目前世界上唯一大规模出口乙烷的国家。

随着轻烃资源的落实，乙烷或丙烷作为全部或部分原料的乙烯装置逐渐增多，它们一般均配套乙烷和丙烷储罐。根据储罐条件的不同，常见低温乙烷、丙烷储罐的操作条件见表8.8-1。

**表8.8-1　常见低温乙烷、丙烷存储条件**

| 项目 | 乙烷压力罐 | 乙烷常压罐 | 丙烷常压罐 |
|---|---|---|---|
| 操作温度/℃ | -25 | -90 | -40 |
| 操作压力/MPa(G) | 1.5 | 0.005 | 0.005 |

沿海项目大多考虑乙烷、丙烷的贸易问题，将低温乙烷罐和低温丙烷罐建立在乙烯装置附近，设置从低温罐将物料加压送到乙烯装置进行冷量回收、汽化和过热的一体化流程。由于泵的增压过程导致的升温，以及低温物料在管输过程中均有一定程度的冷损，进入乙烯装置的原料温度略高于储罐的存储温度。

乙烷、丙烷的冷量包含脱过冷、汽化潜热和过热部分，最后利用急冷水将乙烷、丙烷气体过热到60℃进入裂解炉。原则上，低温原料的冷能首先供应给工艺物流，如不能很好地匹配温度级位和负荷的关系，再考虑利用制冷机组回收冷量。由于各装置低温乙烷的用量差别比较大，乙烯装置的原料结构和工艺技术不同，造成冷量回收条件的差异，所以必须具体装置具体分析。低温原料的冷量回收，还要考虑开车和原料无法供应等特殊工况对装置操作的影响。

## 二、乙烷裂解装置中低温乙烷冷量的利用

某乙烷裂解装置，乙烷进料200t/h，操作条件为-84℃，0.9MPa(G)。低温乙烷冷量利用流程如图8.8-1所示。从界外低温常压罐送来的新鲜乙烷首先在大冷箱中脱过冷，穿过合适的温度区间后加热至-51℃，回收冷量约4.8MW。由于原料乙烷的汽化潜热太大，无法在制冷机组中直接回收，采用在乙烯精馏塔塔顶并联一台乙烯塔2#冷凝器，利用乙烷的蒸发冷凝乙烯塔塔顶气相。乙烷在0.7MPa(G)的泡点约-39℃，适合作为乙烯塔顶冷凝器替换-40℃丙烯冷剂的消耗。原料乙烷的汽化潜热为22.4MW，约占整个乙烯塔冷凝器67MW的三分之一。汽化后的低温乙烷为-34℃，进入丙烯机的级位，仍然需要继续过热。低温乙烷通过与丙烯机各级吸入罐/收集罐的液相串联换热，将乙烷加热至37℃的同时也过冷了各级丙烯冷剂，降低冷剂至用户节流后的汽化率，回收冷量约9MW。最后，常温乙烷经过急冷水过热器加热至60℃进入裂解炉对流段。

总体来看，乙烷裂解装置中低温乙烷潜热部分的冷量远大于显热部分冷量，潜热部分冷量节省了丙烯机一段超过20%的负荷。如这股冷量减少甚至没有，对丙烯机的影响难以通过设计进行调整，因此，投料时需兼顾原料的汽化和丙烯机负荷的匹配。

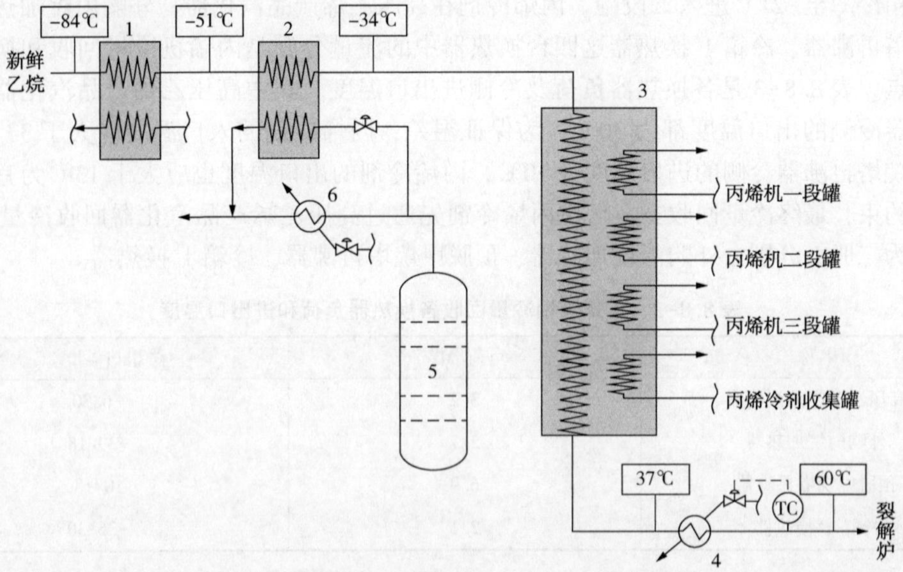


图 8.8-1　乙烷裂解装置低温乙烷冷量利用流程图

1—冷箱；2—乙烯塔 2#冷凝器；3—丙烯制冷机乙烷过热器；4—急冷水过热器；5—乙烯塔；6—乙烯塔 1#冷凝器

## 三、低温乙烷/丙烷作为补充原料的冷量利用

某 800kt/a 乙烯装置的原料包括有 200kt/a 低温乙烷、370kt/a 低温丙烷原料。至装置界区低温乙烷操作条件为：1.0MPa(G)，-86℃，低温丙烷操作条件为 1.0MPa(G)，-39℃。

装置共有三个原料工况，分别是基准工况、轻工况、重工况。表 8.8-2 是外购乙烷、丙烷在不同工况下的进料量，可以看出，三个工况下进料量的差异很大。对于低温乙烷，仅在轻工况下作为裂解料。低温丙烷在基准工况下进料量最大，轻工况次之，重工况则不作为裂解料。

**表 8.8-2　三种工况低温原料进料量对比**　　kg/h

| 工况 | 基准工况 | 轻工况 | 重工况 | 设计最大进料量 |
|---|---|---|---|---|
| 低温乙烷 | 0 | 25000 | 0 | 25000 |
| 低温丙烷 | 47429 | 19692 | 0 | 68000 |

基于此原因，在考虑低温乙烷、丙烷的冷量回收方案时，既需要考虑合理的冷量回收位置，也需要考虑当工况发生变化时，冷量回收方案对工艺流程的影响。

1. 外购丙烷冷量回收方案研究

外购丙烷的进料温度为-39℃，可利用的温度区间在-39～18℃之间，其可利用的冷量在基准工况时约为 1.9MW，轻工况时约为 0.8MW，达到设计最大进料量时约为 2.7MW。根据丙烷的温度和冷量，适合采用丙烯冷剂进行冷量回收。其中最适宜的位置是冷却丙烯冷剂收集罐出口 40℃的液相丙烯冷剂。40℃丙烯冷剂自丙烯冷剂收集罐流出后，一部分需回收高压乙烯产品、外购丙烷原料中冷量，一部分用作预脱甲烷塔再沸器的热源，另一部分经冷箱冷却至-21℃进入二段罐。丙烯冷剂在高压乙烯产品汽化器、外购丙烷加热器、预脱甲烷塔再沸器、冷箱 1#换热器这四台换热器中的流量分配是丙烯机冷量回收和换热器设计的重点。表 8.8-3 是各换热器负荷及冷侧进出口温度。其中高压乙烯产品汽化器和冷箱 1#换热器冷侧的出口温度都为 30℃，为保证温差，丙烯冷剂的入口温度应大于 33℃为宜。预脱甲烷塔再沸器冷侧的进口温度为 10℃，丙烯冷剂的出口温度也应大于 13℃为宜。考虑到以上约束，最终冷量回收方案考虑丙烯冷剂先通过高压乙烯产品汽化器回收冷量至 34℃后，分为三股，分别去外购丙烷加热器、预脱甲烷塔再沸器、冷箱 1#换热器。

**表 8.8-3　丙烯液相冷量回收各换热器负荷和进出口温度**

| 名称 | 负荷/MW | 进出口温度/℃ |
|---|---|---|
| 高压乙烯产品汽化器 | 3.2 | -6/30 |
| 外购丙烷加热器 | 2.7 | -39/18 |
| 预脱甲烷塔再沸器 | 6.9 | 10/13 |
| 冷箱 1#换热器 | 2.1 | -26/30 |

经计算，丙烯冷剂的分配及去向如图 8.8-2 所示。对于外购丙烷加热器的冷量回收方案，理想状况是将丙烯冷剂过冷至-35℃，然后节流送至一段用户乙烯冷剂冷凝器，作为其冷剂的补充物流。考虑到丙烷在不同工况的负荷不同，以及换热器温差的问题，也可以将外购丙烷加热器将丙烯冷剂过冷至-21℃，然后节流后送入丙烯机二段罐的方案。

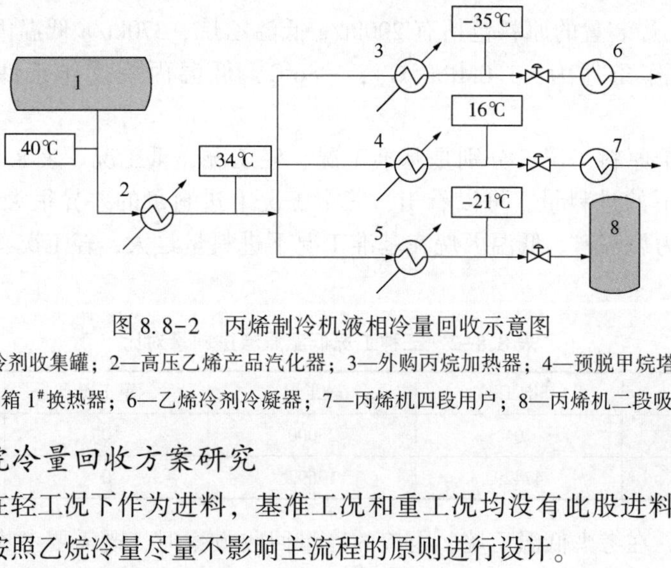


图 8.8-2　丙烯制冷机液相冷量回收示意图

1—丙烯冷剂收集罐；2—高压乙烯产品汽化器；3—外购丙烷加热器；4—预脱甲烷塔再沸器；5—冷箱 1#换热器；6—乙烯冷剂冷凝器；7—丙烯机四段用户；8—丙烯机二段吸入罐

## 2. 外购乙烷冷量回收方案研究

外购乙烷仅在轻工况下作为进料，基准工况和重工况均没有此股进料，因此乙烷原料的冷量回收方案按照乙烷冷量尽量不影响主流程的原则进行设计。

外购乙烷可利用的冷量分为三个部分：

① 液态显热，温度区间为-86～-36.6℃，约 1MW；

② 潜热，温度区间为-36.6～-35℃，约 2.9MW；

③ 气态显热，温度区间为-35℃～常温，约 0.8MW。

其中，液态显热部分适合采用乙烯冷剂回收。理论上可以从乙烯冷剂收集罐抽出一股-34℃的乙烯和乙烷液态显热匹配，送往-81℃的二段罐。但由于二段罐罐底流量仅为 22t/h，没有回收全部冷量的能力。即使能够匹配，将乙烯冷剂过冷至-62℃的三段罐，当没有这股乙烷冷量时，跨级的冷量回收方式将引起乙烯机不同级位间吸入量的较大变化，并因此影响乙烯机的设计。基于以上原因，乙烷这股温度跨度较大的冷量，适合放在乙烯冷剂收集罐出口，冷却总量约 200t/h 的-34℃乙烯。这样做的好处是避免了对冷剂进行跨级回收，低温乙烷仅用于过冷-62℃级位乙烯冷剂用户的液相，在没有乙烷进料的基准工况和重工况时，对乙烯机的影响最小。

综合各方面考虑，最终的冷量回收方案如图 8.8-3 所示，将-86℃的低温乙烷放入冷箱的一个流道，和其他甲烷氢等尾气共同冷却乙烯冷剂收集罐出口液体。经冷量回收后，乙烷被加热到-35℃，略高于露点温度，如直接与循环乙烷及循环丙烷混合后，混合料温度仅为-1℃，可能会造成换热器急冷水侧冻堵。设置一台小冷箱，利用-22℃丙烯气相回收潜热，利用 40℃丙烯回收显热过热部分，分级利用乙烷的各阶段冷量，并将外购乙烷过热至 35℃。

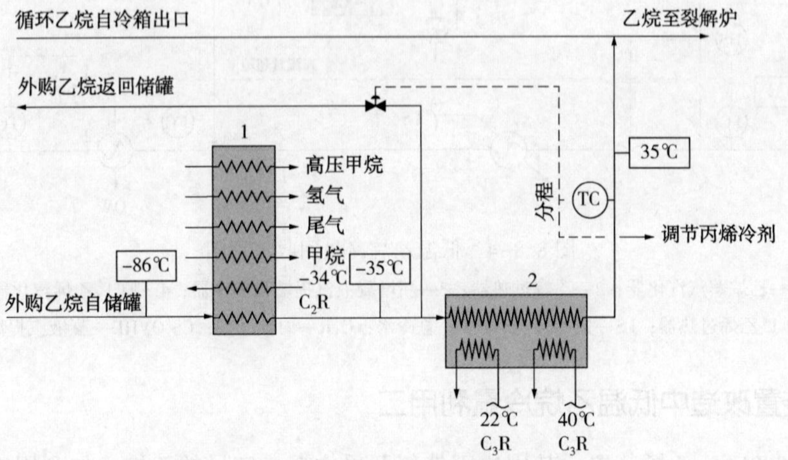


图 8.8-3 低温乙烷冷量回收流程图

1—乙烯装置大冷箱；2—乙烷过热器

针对装置的三种不同原料工况，上述控制方案克服了不同工况下低温原料流量差异大的难点，对-86℃低温乙烷、-39℃低温丙烷原料冷量进行分级回收，轻工况下高效节省了制冷压缩机功率约 1560kW，实现了对物料、能量的双高效利用。

## 四、装置改造中低温乙烷冷量利用一

某 800kt/a 乙烯装置可以获得 LNG 接收站回收的低温乙烷原料，拟对装置进行部分改造以实现乙烷原料裂解，低温乙烷冷量利用流程如图 8.8-4 所示。

从接收站汽运入装置的乙烷液体为常压，送入设计压力为 2.16MPa(G)，设计温度为-40℃的压力式球罐储存，需先进行升温升压。考虑到卸车属于间断操作，这部分冷量不能作为裂解装置的稳定冷源。为了最大化的节能，仅利用循环水(甲醇作为中间换热介质)进行冷量回收。

送入乙烯装置的液相乙烷约 16.5t/h，压力约 1.5MPa(G)，温度为-20℃，在进裂解炉之前需要进行减压汽化并过热到 60℃。受限于装置改造，并与装置操作和流程匹配，采用如下方案：约一半乙烷用于干燥后的凝液汽提塔顶气的冷却与冷凝，汽化并加热到 24℃；另一部分借用停用的1[#]低压乙烯产品外送线处理，利用丙烯冷剂汽化并加热到30℃。由于1[#]低压乙烯产品能力有限，将剩余部分的乙烷补入至循环乙烷当中，利用原有乙烷线的设计余量。

为应对乙烯装置运行工况和下游低压乙烯需求的变化，同时设立一条用低压蒸汽作加热介质的备用汽化线，按乙烷的全量设计，以提高装置操作的灵活性。

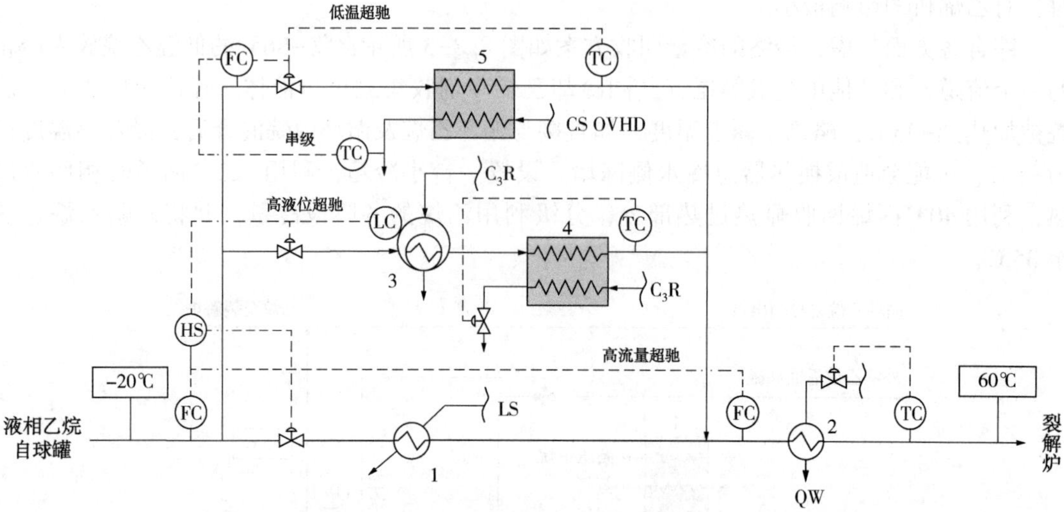


图8.8-4　低温乙烷冷量回收流程图

1—乙烷蒸汽汽化器；2—乙烷过热器；3—新增凝液汽提塔顶预冷器；4—原1[#]乙烯汽化器；5—原1[#]乙烯过热器；LS—低压蒸汽；QW—急冷水；$C_3R$—丙烯冷剂；CS OVHD—凝液汽提塔顶气

## 五、装置改造中低温乙烷冷量利用二

某内陆800kt/a乙烯装置，其周边天然气开采中有一定量的乙烷，如利用该股原料，需要通过汽运送至该装置。汽运入装置的乙烷液体为低压或常压，若送入球罐储存，需先进行升温升压。考虑到卸车属于间断操作，这部分冷量仍采用循环水回收。

低温乙烷自乙烷球罐送入乙烯装置，平均流量为15t/h，压力约1.5MPa(G)，温度为-20℃，在进裂解炉裂解之前需要进行减压汽化并过热到60℃。外购乙烷进入装置区后首先节流至0.8MPa(G)左右，节流后温度约为-39℃，而该股乙烷原料的露点为-32℃左右。乙烷冷量分为脱过冷、汽化、过热三部分，乙烷脱过冷部分负荷较小，脱过冷和汽化采用一台换热器进行换热。过热部分采用急冷水换热，即改造需要新增两台换热器。流程见图8.8-5。

外购乙烷的汽化采用乙烯机四段出口气相进行换热。乙烯机四段出口设有四台冷却器和一台冷凝器。外购乙烷汽化器设置在乙烯冷剂冷凝器之前，和其他冷却器串联操作。外购乙烷首先被乙烯加热至30℃后，进入外购乙烷过热器，然后被急冷水加热至60℃，最终汇入原有乙烷原料管线进入裂解炉。

如乙烯机系统波动甚至停车时，会导致低温乙烷穿过汽化器，进入碳钢材质的过热器中。为避免这种情况，除设置低温联锁外，设置一条旁路将外购乙烷并入原有循环乙烷汽化器中，通过外购乙烷汽化器出口的温度调节。

外购乙烷汽化器负荷约为1.94MW，乙烯机出口气如果匹配外购乙烷汽化器的负荷，需消耗掉乙烯机出口4台冷却器的全部和冷凝器的部分负荷。换句话说，如保证乙烷汽化，需关闭乙烯机出口 4 台冷却器的丙烯冷剂，减小冷凝器的丙烯用量。

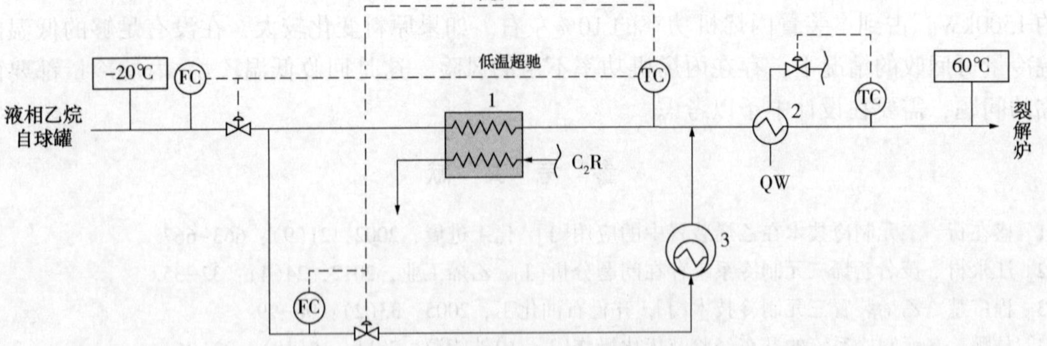


图 8.8-5　低温乙烷冷量回收流程图

1—外购乙烷汽化器；2—乙烷过热器；3—原乙烷汽化器；QW—急冷水；$C_2R$—乙烯冷剂

## 六、以丙烷为主的装置的原料冷量利用

某 600kt/a 轻烃原料的乙烯装置，采用前脱乙烷流程，约 70%的原料为低温丙烷，每年有 880kt 的-40℃的低温丙烷进入装置。低温丙烷的过冷部分利用丙烯冷剂进行冷量回收，利用 40℃丙烯和-40℃的丙烷在一台板翅中逆流换热，总负荷约 3MW。丙烯侧冷却至-37℃，节流后直接送往-40℃丙烯中最大的用户乙烯机出口冷凝器。丙烷脱过冷后约 16℃，由于丙烷的汽化负荷太大，约 8.5MW，无法在装置中找到一个用户完全回收这部分的冷量。故将丙烷的正常汽化分为三股，两股分别用碱洗塔顶裂解气和碳二加氢干燥后裂解气汽化，剩余部分与循环丙烷合并后用丙烯冷剂四段吸入罐罐顶气汽化。考虑工艺操作的稳定性，另设置一台紧急汽化器，用蒸汽作为紧急热源进行汽化。汽化后三股气相丙烷合并，最后用急冷水过热后送入裂解炉。丙烷冷量回收流程见图 8.8-6。

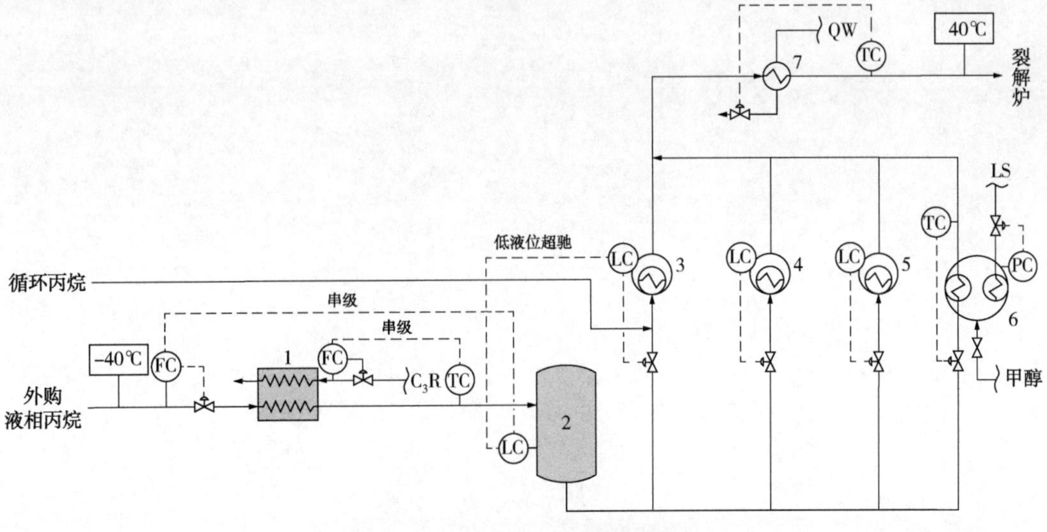


图 8.8-6　丙烷冷量回收流程图

1—外购丙烷脱过冷器；2—外购丙烷缓冲罐；3—外购丙烷汽化器；4—碱洗塔顶 1#冷却器；5—脱乙烷塔回流 1#冷却器；6—外购丙烷紧急汽化器；7—丙烷过热器；QW—急冷水；$C_3R$—丙烯冷剂

本装置丙烷冷量回收得比较彻底，其中丙烯机四段的温度级位专门为回收丙烷汽化的冷量而设计，可节省丙烯机功率700kW；加上脱过冷部分节省的能量，共节省丙烯机功率约1500kW，占到本装置丙烯机功率的10%左右。如果原料变化较大，在没有足够的低温丙烷冷量可回收的情况下，存在丙烯机功率不足的风险，这是回收低温乙烷/丙烷冷量都要面临的问题，需要在设计中予以考虑。

## 参 考 文 献

[1] 盛在行．二元制冷技术在乙烯装置中的应用[J]．化工进展，2002，21(9)：663-667.

[2] 江永材．茂名乙烯三元制冷系统存在问题分析[J]．乙烯工业，2012，24(4)：32-35.

[3] 程广慧．乙烯装置三元制冷技术[J]．齐鲁石油化工，2005，33(2)：96-99.

[4] 林鹏．二元制冷系统的开车经验及优化操作[J]．中外能源，2011，16(10)：92-96.

[5] 华赉．大型LNG接收站冷能的综合利用[J]．天然气工业，2008，28(3)：10-15.

[6] 张小锋，冯霄．LNG轻烃分离与乙烯冷分冷量联合[J]．化工学报，2014，65(12)：4844-4848.

[7] 田野，赵百仁，王振维．考虑LNG冷能利用的乙烯装置制冷系统节能分析[J]．乙烯工业，2021，33(3)：1-6.

[8] 陈晓昀．国内乙烷裂解制乙烯项目应关注问题探讨[J]．乙烯工业，2019，(2)：6-10.

# 第九章 附属设施及公用工程

## 第一节 蒸汽及冷凝水系统

### 一、蒸汽参数、分级

乙烯装置的蒸汽系统包含蒸汽的生产、分配、使用。

蒸汽的生产设备主要为裂解炉废热锅炉(简称废锅)、工艺余热锅炉(如有)、驱动工艺压缩机、泵或风机的汽轮机、减温减压器等。

蒸汽的用户主要包括驱动用的汽轮机、工艺换热器、除氧器以及管线、设备伴热等。

回收系统包括二次闪蒸蒸汽乏汽回收。

1. 蒸汽等级及参数确定

(1) 蒸汽等级

蒸汽等级根据各驱动设备功率大小、装置工艺用汽，以及废热锅炉、余热锅炉副产蒸汽参数、开工锅炉容量等来确定，同时要考虑蒸汽能级水平和蒸汽性质，更大化地利用蒸汽的有效能，降低装置产品单位能耗。现代大型乙烯装置蒸汽等级通常划分为四个或五个等级，分别为超高压蒸汽(VHS 或 SHP)、高压蒸汽(HS)、中压蒸汽(MS)、低压蒸汽(LS)，及低低压蒸汽(LLS)。

(2) 蒸汽名义等级参数

乙烯装置裂解和分离工艺选用的各等级蒸汽的管网名义参数如表 9.1-1 所示。

表 9.1-1 乙烯装置各等级蒸汽的管网名义参数

| 等级名称 | 操作压力/MPa(G) | 操作温度/℃ |
| --- | --- | --- |
| 超高压蒸汽(VHS) | 10.5~12.0 | 505~535 |
| 高压蒸汽(HS) | 3.6~4.2 | 360~400 |
| 中压蒸汽(MS) | 1.2~1.6 | 260~300 |
| 低压蒸汽(LS) | 0.35~0.5 | 180~210 |
| 低低压蒸汽(LLS) | 0.20~0.30 | 饱和+5~10 |

(3) 蒸汽质量指标

按照现行国家标准，主蒸汽压力大于等于 3.8MPa(G)的蒸汽质量应满足《火力发电机组及蒸汽动力设备水汽质量》(GB/T 12145)最新版标准的要求。主蒸汽压力低于 3.8MPa(G)的蒸汽质量至少应满足《工业锅炉水质》(GB/T 1576)的最新版标准的要求。乙烯装置的产用汽设备主要属于10.0MPa(G)、>500℃的超高压蒸汽，为保护设备及管道，蒸汽品质通常按照表9.1-2所列参数进行监督、控制。

**表9.1-2 蒸汽质量控制指标**

| 项目 | 指标 | 项目 | 指标 |
|---|---|---|---|
| 钠/(mg/kg) | ≤0.005 | 铁/(mg/kg) | ≤0.015 |
| 氢电导率(25℃)/(μS/cm) | ≤0.15 | 铜/(mg/kg) | ≤0.003 |
| 二氧化硅/(mg/kg) | ≤0.015 | 污垢系数/($m^2$·K/W) | 0.00009 |

## 2. 乙烯装置大型压缩机的驱动方案及蒸汽平衡

(1) 三大压缩机驱动方案

乙烯装置的三机，一般是指裂解气压缩机、丙烯制冷压缩机以及乙烯制冷压缩机。裂解炉配置的废锅通常会副产一定数量的超高压蒸汽，工艺稀释蒸汽系统需要补充一定数量的中压蒸汽，分离工艺需要中低压蒸汽，产汽和用汽存在能级差。为实现蒸汽的梯级利用，且避免减温减压使用浪费能量，通常三大压缩机采用汽轮机驱动以满足装置产、用汽的要求。同时，根据汽轮机本身的性能特点，背压或抽汽背压机型受抽汽下游、排汽下游管网影响较大，为了保证压缩机的运行稳定，设计上通常要考虑透平抽、排汽下游蒸汽管网具有一定的可调节性，用于驱动压缩机汽轮机型式一般为抽凝式。乙烯装置典型的汽轮机型式见表9.1-3。

**表9.1-3 典型的汽轮机型式**

| 名称 | 型式 | 进汽 | 抽汽 | 备注 |
|---|---|---|---|---|
| 裂解气压缩机汽轮机 | 抽凝式 | 超高压蒸汽 | 高压蒸汽 | 凝汽比例>20% |
| 丙烯制冷压缩机汽轮机 | 抽凝式 | 超高压蒸汽 | 中压蒸汽 | 凝汽比例>20% |
| 乙烯制冷压缩机汽轮机 | 抽凝式 | 超高压蒸汽 | 低压蒸汽 | 凝汽比例>20% |

针对不同的乙烯装置，汽轮机的型式并不是绝对不变的，可根据裂解和分离工艺不同，以及全厂蒸汽平衡需求进行适当的调整，最终达到蒸汽能量梯级利用的目的。

不同的乙烯工艺路线，乙烯装置可能还会有其他压缩机采用汽轮机驱动，如干气压缩机或甲烷气压缩机等采用汽轮机驱动，蒸汽平衡会根据需求进行调整。

(2) 蒸汽平衡

蒸汽平衡是对蒸汽的产生、分配和使用进行能量和质量的平衡，是指导蒸汽系统设计的上层设计。一套优化的蒸汽平衡方案，不但可以提高能量利用率，降低生产成本，更能提高生产运行的安全稳定可靠性。

1) 蒸汽平衡编制的基本原则

① 尽量避免在正常连续运行的工况下出现蒸汽减温减压使用。

② 功率大的汽轮机一般采用高等级参数的蒸汽驱动。

③ 尽可能选用抽汽、背压式汽轮机，抽汽和背压排出的蒸汽供下一级管网使用，实现蒸汽能量的逐级利用并降低装置能耗。

④ 选择抽、凝式汽轮机时在满足汽轮机运行稳定的前提下尽量降低凝汽量。

⑤ 工艺副产蒸汽的余热应遵循高位余热用于副产高压蒸汽、低位余热副产低等级的蒸汽或余热直接利用的基本原则。

2）蒸汽平衡的表示方法

蒸汽平衡一般分为两种表示方法：一是蒸汽平衡表，二是蒸汽平衡图。

蒸汽平衡表：在蒸汽平衡表中，按照不同蒸汽等级的产汽设备、用汽设备，分别列出其产汽量、用汽量，各等级蒸汽的产、用汽量应相等。常用的蒸汽平衡表格式见表9.1-4。该表只列出了一种等级蒸汽的产/用汽情况，对于不同等级蒸汽，应列出不同表格。

**表9.1-4　蒸汽平衡表**

| 蒸汽参数： | 压力/MPa(G) | 温度/℃ | |
|---|---|---|---|
| 产/用汽 | 设备名称 | 流量/(kg/h) | 备注 |
| 产汽 | | | |
| | | | |
| | 合计 | | |
| 用汽 | | | |
| | | | |
| | 合计 | | |

蒸汽平衡图：蒸汽平衡图较直观地反映了乙烯装置产、用汽情况，在蒸汽平衡图中，根据确定的蒸汽等级画出各等级蒸汽母管，再按照蒸汽系统中的各主要部件所产生或消耗的蒸汽参数，在相应的蒸汽母管下画出这些主要部件，然后经过计算调整，使各级蒸汽母管的进出蒸汽量相等。典型的蒸汽平衡图可参照乙烯装置蒸汽平衡图(图9.1-1)。

蒸汽平衡表和蒸汽平衡图的区别：蒸汽平衡表对于同等级各部件的产、供汽的平衡数据表示比较清楚，便于核对同等级的蒸汽产、需量的正确性。蒸汽平衡图显示了蒸汽产、需的上下游关系，便于工程上进一步的蒸汽系统设计，以及运行及管理人员对整个系统不同工况的安全性、稳定性、可靠性进行分析、评估，并能及时在系统设计和运行维护中采取相应的控制措施，或在生产中进行适当的调度。通常做法是平衡表用于简单系统，多级蒸汽使用的复杂系统采用蒸汽平衡图表示。

3）蒸汽平衡的计算方法

在拟定蒸汽平衡图时，应依据乙烯工艺条件、有关设计规定和项目特殊要求。在进行蒸汽平衡计算前应明确的内容和准备的工作包括：

① 确定蒸汽系统的级数。

② 确定蒸汽系统的初参数、末级蒸汽参数。

③ 根据工艺用汽要求，在用户允许的最低压力基础上，相应叠加管道阻力、调节阀阻力等，确定母管蒸汽压力。为此，需将各蒸汽用户提出的接近或相同参数要求进行必要的等级划分和归类。

④ 根据不同的操作工况，确定减温减压器、超压放空阀、安全阀的容量。

⑤ 将系统中可能回收的冷凝水回收，并在热量平衡中加以考虑。

⑥ 明确乙烯与全厂总体的关系，初步确定各等级外送(或引入)的蒸汽量。

⑦ 蒸汽平衡的计算步骤：在获取压缩机、泵等的轴功率，主要工艺蒸汽用户的用汽参数等级、用量之后，对蒸汽系统中的各部件进行初步计算得到初步的蒸汽消耗量。对于整个系统，按照从低压到高压的顺序，逐级进行平衡计算。

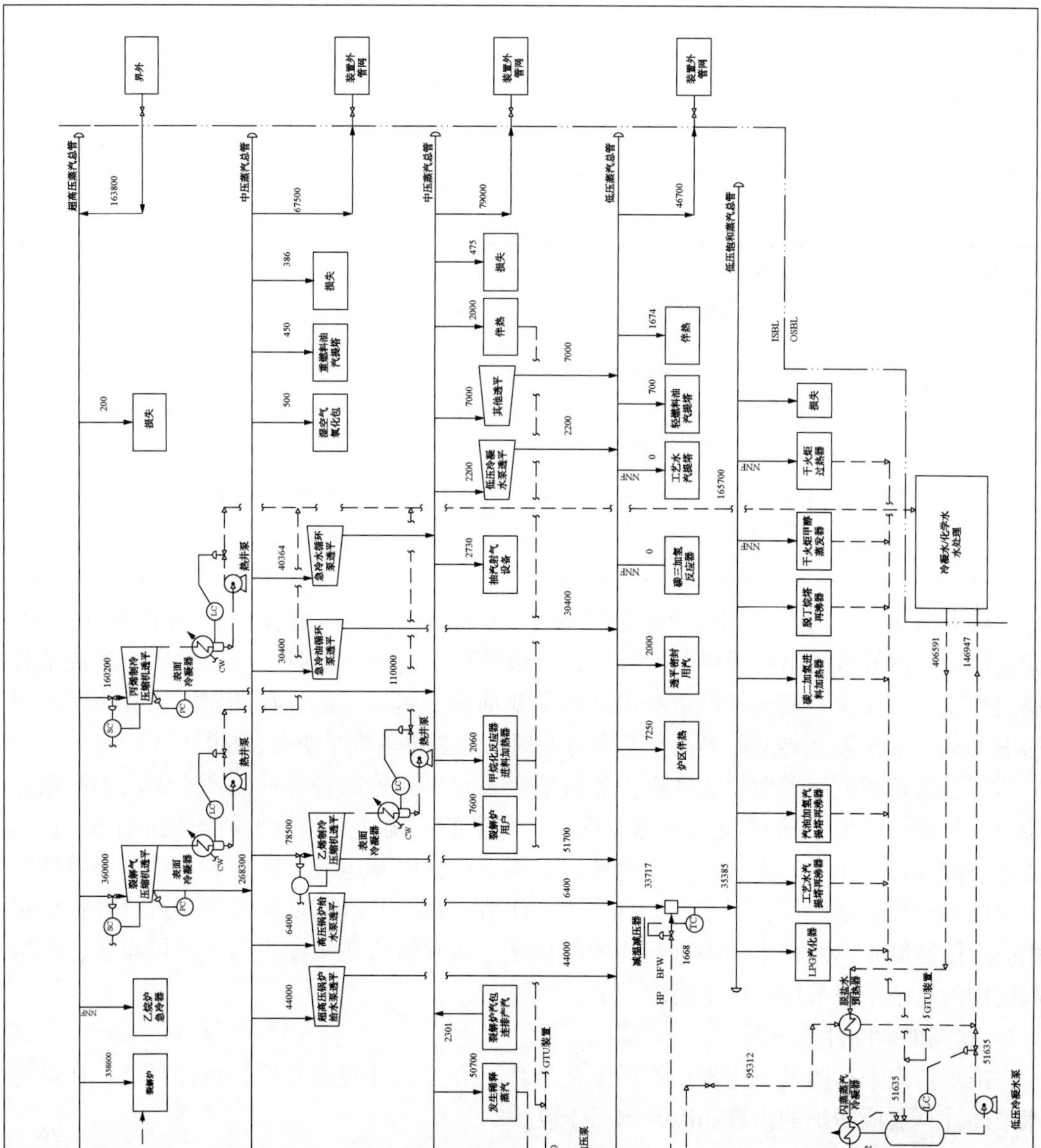

图9.1-1 某800kt/a乙烯装置蒸汽平衡图

4) 蒸汽平衡工况分析

为使蒸汽系统具有较大的操作灵活性和适应性，应对生产系统可能出现的工况进行分析。这种可能出现的工况多达数十种。根据工艺条件，一般需做到如下典型工况的分析：

① 正常运行工况：通常是指设计的基准工况，此时生产最理想，运转时间最长，产品能耗较低。平衡计算时，此工况作为项目技术经济比较的基础应作详尽计算。

② 乙烯开车工况(裂解炉投油前后)：此工况下裂解炉未投料，部分炉子处于热备状态，副产的蒸汽量少，而装置用汽量大，特别是裂解炉热备数量越多，稀释蒸汽补入量越大，需要乙烯装置界外提供的蒸汽量也越大。

③ 事故工况：压缩机跳车工况，包括裂解气压缩机、丙烯制冷压缩机跳车瞬间、丙烯制冷压缩机跳车/乙烯制冷压缩机跳车，此种工况用于分析、判断减温减压器及超压放空阀的能力；装置低负荷运行工况；在一些外部电源不太可靠时，还需要考虑停电工况，此时裂解炉副产蒸汽为零，压缩机至少在75%负荷运行。

④ 如有其他特殊工况，对蒸汽平衡有较大影响的，也应作为典型工况进行分析，如北方地区，冬夏季环境温差较大，一般还应作冬季、夏季工况蒸汽平衡。

### 3. 开工蒸汽来源及锅炉设置方案

正如前面对乙烯蒸汽需求的工况分析，现代大型乙烯装置在装置边界上蒸汽引入和供出是一个动态变化的过程，需求发生剧烈变化的工况是在装置开车、压缩机跳车和停电等情况，原则上需要外部气源作保障，装置副产的蒸汽量少，蒸汽用量反而更大，需界外提供大量蒸汽。外部蒸汽供应主要有以下途径：

① 依托项目建设地点的公用化石燃料电厂或核电厂供汽。

② 随项目新建锅炉，一般采用与裂解炉同等级的产汽参数，为了实现蒸汽的逐级利用，通常同时配套背压或抽汽背压式汽轮发电机组，机组容量按照以热定电的原则确定，既能实现供汽需求，又能发电。新建锅炉的规模和数量，一般按照乙烯装置投油前开车工况下的蒸汽需求来确定。锅炉的配置原则，燃油燃气锅炉为 $N+1$ 模式(即1台锅炉检修备用)，燃煤锅炉一般为 $N+2$ 模式(即1台锅炉检修备用，1台锅炉紧急停炉)，单纯天然气作燃料的锅炉可以不设备用，但全部锅炉应处于在线运行状态。

### 4. 蒸汽系统的主要控制方案简述

(1) 蒸汽管网压力控制

驱动大型压缩机的汽轮机均应设置事故旁路减温减压器，当发生压缩机汽轮机跳车时，相应的减温减压器及时联锁打开，然后切换到自动调节状态，以保证上、下游蒸汽管网的压力稳定。

(2) 超压排空

各等级管网均应超压放空系统，主要用于该等级大用户紧急停用，或外部蒸汽大量进入，无法快速启用减温减压器，通过超压放空以维持管网压力稳定，过度超压通过安全阀排空。

(3) 汽轮机抽汽控制

与常规发电厂汽轮发电机不同，机械拖动式汽轮机式通过调节转速来维持压缩机需要的轴功率，乙烯装置抽、凝型式或抽背式汽轮机抽汽采用压力或流量调节抽汽，实际运行中根据管网和用户情况选择其一对抽汽进行控制。

## 二、除氧给水系统

为了能及时、可靠地为裂解炉废锅供水，一般在乙烯装置蒸汽冷凝水单元配套设置除氧给水系统，主要为裂解炉提供超高压锅炉给水，同时为装置内减温减压器以及个别工艺用户提供一定压力的锅炉给水。除氧给水系统主要包括除氧器，锅炉给水泵，给水及炉水加药系统，配套的管道、仪表、阀门等。

1. 除氧器工艺

(1) 除氧器功能

除氧器是将脱盐水或蒸汽凝结水经除氧后作为蒸汽生产用水。水中存在的氧气(>0.007mg/L)在高温环境下氧化形成对金属的腐蚀，使金属设备及管道的有效壁厚降低，造成设备、管道的损坏甚至可能引起人身安全事故。水的除氧实际上是一种对蒸汽锅炉、动力设备及管道的保护措施。

(2) 除氧的基本原理

① 根据拉乌尔定律，在同种压力下随着水温升高，气体在水中的含量就降低；同时根据道尔顿气体分压定律，气体在水中的总溶解量是一定的，当蒸汽在水中的分压力升高时，其蒸汽含量增大，相应氧气的含量降低，其分压就越低。

水经过喷嘴形成雾状，与加热蒸汽进行充分接触，达到蒸汽携带作用，同时蒸汽从水下蒸汽分配管小孔喷出，再形成二次携带作用，对水进行深度除氧。

② 锅炉给水要求水中氧含量是微量的，除氧喷嘴的雾化效果以及低压加热蒸汽进入水空间喷射加热的均匀度直接影响除氧器的性能。除氧器结构设计上应使蒸汽与水充分接触加热，不溶气体才能从水中逸出、通过排气管排入大气，达到除氧目的。

(3) 除氧水质控制

对于副产高压或超高压蒸汽的锅炉或废热锅炉，除氧器额定出力的20%~110%负荷范围内出水残留氧含量≤0.007mg/L；在开车状态下(脱盐水温度为常温)的出水残留氧含量短时可控制在≤0.010mg/L范围。

(4) 除氧器配置方案

乙烯装置除氧器按照结构形式不同，可分为喷淋盘式、旋膜式、内置喷嘴无头式除氧器，内置除氧器作为新型除氧器具有负荷调节范围大、出水水质稳定、排汽损失小(通常只有其他类别除氧器的20%)等优点。除氧器的设计处理应满足最大锅炉给水需求量再预留10%~15%的设计余量。

(5) 除氧器工作压力和加热蒸汽参数

乙烯装置除氧器的工作压力在0.2~0.3MPa(G)，特殊情况为了更好地利用低低压蒸汽加热和更大限度降低裂解炉的排烟温度，工作压力也可以选用0.1MPa(G)，最终达到余热利用、节能降耗的目的。

除氧器的设计压力、设计温度一般同加热用低压蒸汽的设计参数，设计压力还需考虑0.1MPa(A)的外压进行校核计算。

(6) 除氧器水箱有效容积

除氧器水箱有效容积的设计原则为：在正常出水流量下维持从正常水位到最低水位停留时间为10~20min。锅炉给水消耗量稳定时取下限，用量变化大时取上限。

(7) 除氧器材质选择

① 喷嘴。选择优质低合金钢，喷嘴碟片应能长期运行不发生变形，避免喷嘴碟片变形水雾化效果变差影响除氧后的水质。

② 蒸汽分配管。蒸汽分配管长时间浸没在水中，且不论是脱盐水或蒸汽凝结水，很难将水的 pH 值控制在 7 以上，蒸汽分配管的材质要求不低于 304SS。

③ 除氧水箱。常规除氧器水箱筒体及风头采用 16MnR 或 Q345R。

(8) 锅炉给水水质控制指标

为保证产生的蒸汽品质满足用户需求，经过除氧器的锅炉给水应满足表 9.1–5 所列水质指标要求。

**表 9.1–5　锅炉给水水质控制典型指标**

| 项　目 | 指　标 | 项　目 | 指　标 |
|---|---|---|---|
| pH 值(25℃) | 8.8~9.3 | 残留氧/(mg/L) | ≤0.007 |
| 二氧化硅/(mg/L) | ≤0.02 | 硬度/(μmol/L) | 0 |
| 氢电导率(25℃)/(μS/cm) | ≤0.3 | 有机物/(mg/L) | ≤0.5 |
| 总铁/(mg/L) | ≤0.02 | 污垢系数/($m^2$·K/W) | 0.00009 |
| 铜/(mg/L) | ≤0.003 | | |

## 2. 锅炉给水泵配置

(1) 配套超高压锅炉给水泵

乙烯装置内除氧给水系统配套设置若干台超高压锅炉给水泵，为裂解炉汽包供给锅炉给水。根据装置的规模配置台数不同，为了保证给水系统的连续、稳定运行，提升装置的可靠性，其中一台采用透平驱动，再配数台电动超高压锅炉给水泵，正常透平泵运行、电泵运行或备用。规模较大的乙烯装置，例如 1000kt/a 及以上规模的乙烯装置，大都配置三台至四台给水泵，其中有一台至两台透平泵正常运行，备用一台至两台电泵。几台正常运行泵的总能力应不小于给水最大总用量的 110%。

(2) 锅炉给水集中供应

在一些乙烯装置规模较小，动力站或动力锅炉靠近乙烯装置，给水加热系统简单，可以利用动力站锅炉给水进行集中供水。由于动力锅炉和裂解炉废锅的水循环系统存在的差异，应做好两个蒸汽生产装置的给水系统匹配工作，避免一个系统不稳定关联另一个系统，造成整个蒸汽系统波动，甚至整个蒸汽系统停产。

(3) 给水系统液位、压力联锁、控制方案

除氧水箱液位由补给水流量控制，工作压力由加热蒸汽压力控制。同时还设有除氧水箱液位高高联锁溢流阀外排除氧水，以及除氧水箱液位低低联锁停锅炉给水泵的三取二联锁。除此之外，为保证供水压力稳定，通常在锅炉给水泵出口锅炉给水总管上还设置有锅炉给水压力低低联锁启动备用泵的三取二联锁控制。

## 3. 给水及炉水加药系统

为了保证乙烯装置锅炉给水、蒸汽及凝结水系统长期安全稳定运行，除了前面设置的给水除氧器外，同时还配置三种用于给水、炉水的化学药品注入系统。

三种化学药品分别是除氧剂、pH 控制剂、锅炉炉水阻垢剂，以上药剂的主要功能、注

入点以及加药系统的配置如下：

(1) 除氧剂

现在比较常选用的除氧剂包括丙酮肟、二甲基酮肟，其主要功能是进一步去除给水中的微量氧，防止水或蒸汽对金属表面形成高温氧化腐蚀。药品一般按液态形式进行溶液箱的设计。除氧剂一般直接加入除氧器水箱中。

除氧剂加药系统常规设置一台除氧剂溶液制备罐和两台计量泵(一用一备)。主要利用水喷射器进行抽吸、转子流量计进行计量，带压的脱盐水将除氧剂丙酮肟抽入药剂制备罐进行稀释，稀释后的药剂浓度为0.1%~0.5%，之后再用计量泵加压按需求量注入除氧器水空间。注入量为给水量比例0.2~0.5mg/L。

(2) 挥发性处理剂

挥发性处理剂常规选用氨水，但由于其强挥发性和腐蚀性，造成人身体伤害。逐步用更环保的吗啉溶液作为挥发性处理剂。挥发性处理剂的主要功能是提高水系统的pH值，吗啉具有与水接近的挥发性能，可以存在于汽水管道、设备的水空间和汽空间，维持介质的pH值均大于7，以保护金属表面不受腐蚀。药品一般按液态形式进行溶液箱的设计。挥发剂注入点在除氧器出水管道或给水泵入口总管上。

挥发剂加药系统常规设置一台挥发剂溶液制备罐和两台计量泵(一用一备)。主要利用水喷射器抽吸、转子流量计计量，带压的脱盐水作为动力将化学药品抽入药剂制备罐进行稀释，稀释后的氨水浓度为1.0%~2.0%，之后再用计量泵加压按需求量注入给水中。注入量为给水量比例1.0~2.0mg/L。

(3) 锅炉炉水阻垢剂

在锅炉汽包中注入微量的碱性药品，使水在高温环境下具有pH值维持在8.8~9.3的弱碱性，以防止水及蒸汽在金属表面结垢。

磷酸盐药品按固态形式购入，投入溶液箱加入脱盐水进行稀释。磷酸盐加药系统是在裂解炉汽包中加入适当的磷酸盐药剂，注入点分别在各裂解炉汽包本体。

磷酸盐加药系统常规设置一台磷酸盐溶液制备罐和多台计量泵(多用一备)。此制备系统不需要设置水抽子，固体的药品直接加入药剂罐上方的网状篮子中，再注入脱盐水，并利用药剂制备罐中心设置的搅拌器将固体药品充分溶解并稀释，稀释后的磷酸盐溶液浓度为1.5%，之后再用计量泵加压至20MPa(G)，按需求量分别注入裂解炉每台汽包内。磷酸盐注入量为：炉水磷酸根维持量(mg/L)×锅炉排污流量(含连排和定排)。

计量泵选型：由于乙烯装置中裂解炉台数较多，因此配置的计量泵台数较多，常规做法是一台计量泵对应一台裂解炉汽包。后来随着乙烯装置的规模越来越大，裂解炉的台数甚至增加到八至十台。为了优化设计，进一步减少占地、节省投资，目前比较常见的做法是选择双头泵，即每台计量泵有两个输出口，可以分别将药剂注入两台裂解炉汽包，这样就可以使得计量泵台数减半，占地和投资得到明显改观。

## 三、乙烯装置蒸汽管网及冷凝水收集系统设计

### 1. 蒸汽管网系统设计

(1) 蒸汽产生及分配系统

乙烯装置内大致有四个等级的蒸汽系统，分别为超高压蒸汽系统、高压蒸汽系统、中

压蒸汽系统和低压蒸汽系统。其中低压蒸汽系统又分为低压过热蒸汽系统和脱过热低压饱和蒸汽系统。分别简述如下：

1）超高压蒸汽

乙烯装置所用的超高压蒸汽有两个来源，一是由乙烯装置内的裂解炉废锅产生，二是由装置外自建的开工锅炉、汽电联产装置锅炉或社会电厂供应。界内外超高压蒸汽汇集后形成超高压管网分配到驱动透平(如裂解气压缩机透平和丙烯制冷压缩机透平)。界内外超高压蒸汽汇集由于压力高、流速快，蒸汽冲量大，在管线并网时应尽量避免蒸汽流向形成对冲。

2）高压蒸汽

装置内高压蒸汽来自乙烯装置裂解气压缩机透平的抽汽，形成装置高压蒸汽管网。主要用于乙烯制冷压缩机透平、超高压锅炉给水泵透平、急冷油泵透平、急冷水泵透平驱动，剩余蒸汽送出装置界区外。在装置开车或其他异常工况，可能出现界外蒸汽引入，界区流量计宜设置为双向测量。

3）中压蒸汽

中压蒸汽来自乙烯装置丙烯制冷压缩机透平的抽汽和部分泵透平的背压排汽，形成装置中压蒸汽管网，主要用于工艺稀释蒸汽发生器补充汽和其他换热器加热，剩余蒸汽送出装置界区外。在装置开车或其他异常工况，可能出现界外蒸汽引入，界区流量计宜设置为双向测量。

4）低压蒸汽

低压过热蒸汽主要来自乙烯装置乙烯制冷压缩机透平的抽汽、泵透平背压排汽，形成装置低压蒸汽管网，主要用户为装置除氧器、工艺再沸器及其他加热器、管道伴热，剩余蒸汽送出装置界区外。

5）低低压蒸汽

为了有效利用装置低温热量，工艺物料温位在160℃以上时，可以产生0.2~0.3MPa(G)的低低压蒸汽，潜在用户为除氧器、低温段工艺换热器等，蒸汽管道应接近敷设，减少输送过程阻力。

（2）蒸汽减温减压管道系统

1）装置减温减压器配置

为保证乙烯装置各蒸汽用户正常运行，一般在装置内设置五台减温减压设备。功能和作用分别如下：

① 超高压-高压蒸汽减温减压器a：设计流量一般要覆盖裂解气压缩机透平的抽汽最大量，作为裂解压缩机透平事故旁路，靠近裂解气压缩机厂房设置。

② 超高压-高压蒸汽减温减压器b：设计流量一般要覆盖丙烯制冷压缩机透平的抽汽最大量，作为丙烯制冷压缩机透平事故旁路，靠近丙烯制冷压缩机厂房设置。

③ 高压-中压蒸汽减温减压器：设计流量一般要覆盖丙烯制冷压缩机透平的抽汽最大量，作为丙烯制冷压缩机透平事故旁路。

④ 高压-低压蒸汽减温减压器：设计流量一般要覆盖乙烯制冷压缩机透平的抽汽最大量，作为乙烯制冷压缩机透平事故旁路，靠近乙烯制冷压缩机厂房设置。

⑤ 低压蒸汽减温器：设计流量一般要覆盖特殊工况下低压饱和蒸汽用户的用汽量。

2）减温减压器的联锁动作说明

乙烯装置正常运行时，低压蒸汽减温器投入运行，给下游工艺用户提供低压饱和蒸汽。

当裂解气压缩机跳车时，超高压-高压减温减压器 a 联锁投用。

当丙烯制冷压缩机跳车，超高压-高压减温减压器 b、高压-中压蒸汽减温减压器同时联锁投用。

当乙烯制冷压缩机跳车时，高压-低压蒸汽减温减压器联锁投用。

3）动作时间

压缩机跳车旁路减温减压器的动作时间宜越快越好，通常从动作开始至动作完成时间周期为 3~5s。

(3)闪蒸及二次蒸汽回收系统

乙烯装置内设有裂解炉废锅连排闪蒸和中压冷凝水闪蒸回收二次蒸汽，二次蒸汽并入相应等级的蒸汽管网，应远离透平进汽的取汽点。

连排闪蒸罐收集的是裂解炉汽包连续排污水，一般温度为 320~335℃，水的焓值较高，通过汽化闪蒸中压蒸汽并入中压蒸汽管网利用，若排污水流量较大(如达到蒸汽产量的2%)，则排污水进入低压蒸汽闪蒸罐，进一步回收低压蒸汽，末级闪蒸罐排出的排污水可送入循环水回水总管回收利用，减少项目的水资源利用。

对于常用的乙烯工艺，高压蒸汽产生的饱和冷凝水和中、低压蒸汽产生的饱和冷凝水量较少，一般统一设置高/中压蒸汽冷凝水闪蒸罐统一收集并闪蒸低压蒸汽并入低压蒸汽管网，闪蒸之后的冷凝水再进入低压工艺冷凝水密闭回收系统回收再利用。

2. 汽轮机汽水工艺检测及控制方案

(1) 汽轮机入口压力、温度、流量监测

通常应设置压力、温度和流量测量仪表，流量仪表需要利用管道介质的压力、温度补偿修正。根据汽轮机厂家要求，考虑是否设置汽轮机启动低低温蒸汽允许进入汽轮机的温度联锁仪表。

(2) 汽轮机抽汽管线仪表监测、安全排放

① 为防止系统管网的蒸汽倒流至汽轮机，需要在抽汽管线上设置抽汽止回阀。

② 为防止抽汽超压，在汽轮机抽汽管线上设置全抽汽排量的超压排放蒸汽安全阀。

③ 抽汽管线上应设置压力高高、低低联锁保护。

④ PID 控制器上应注明从汽轮机抽汽口至抽汽止回阀之间要求的最小距离，防止管网蒸汽倒流造成汽轮机翻转毁坏汽轮机设备内部蒸汽倒流。

(3) 汽轮机排汽管线仪表监测、安全排放

① 在排汽管线上应设置介质压力、温度显示的仪表。

② 在排汽管线上应设置介质压力高、温度高报警。

③ 根据下游系统情况考虑是否设置排汽止回阀。

④ 背压排汽管线应设置超压排放安全阀。

3. 汽轮机真空排汽冷却系统

通常为了维持乙烯装置内的蒸汽系统稳定，也是遵循蒸汽就近使用、减少管线输送距离、减少输送热损失的原则，乙烯装置的大型压缩机组驱动汽轮机基本上采用抽、凝式机组，以提供高、中、低压蒸汽为本装置及全厂所用。相对于背压或抽汽背压式汽轮机，抽

凝式汽轮机运行具有相对稳定、负荷调节性能好等优点，即使存在一些冷源损失，抽、凝式汽轮机作为大型压缩机驱动设备的首选。

常规汽轮机真空排汽冷却可以采用水冷和空冷方式。

（1）汽轮机排汽水冷系统

汽轮机排汽水冷系统与乙烯装置循环水的使用进行耦合，为保证工艺换热，不论国产乙烯分离工艺还是引进工艺技术，在乙烯装置内部首先用循环水的前区温度（如 33~37℃）用作工艺换热器冷却，37℃以上的循环水再用于汽轮机排汽的乏汽冷却。

汽轮机真空排汽冷却系统的设备包括凝汽器、抽真空系统以及冷凝水泵加压外排管道系统。这种冷却系统一般适用于项目建设地水资源充沛、全年环境温度较高、湿度较大的地区，具有占地小、投资少、耗电量少等优点。缺点是受工艺侧循环水冷却回水温度影响较大，尤其在夏季环境温度较高时会抬升汽轮机排汽背压、汽轮机出力下降，需增加蒸汽消耗。

（2）汽轮机排汽水空冷系统

汽轮机乏汽可以采用直接或间接式空气冷却系统进行冷却。即汽轮机的乏汽进入空冷凝汽器，采用轴流风机使冷空气流过空冷凝汽器，以此使蒸汽得到冷凝，冷凝水经过冷凝水泵加压后汇入总管送出乙烯装置界区外凝结水处理系统。对于凝汽量≤250t/h 的乏汽，直接冷却系统简单，拖动汽轮机排汽使用常用方式之一，使用节水效果明显，比常规循环水冷却节水 60%以上。

直接空冷系统与水冷系统配置上最大的区别之一就是将凝汽器和水箱分开设置，并且因空冷汽空间大、抽真空量大等，抽真空系统大都选用水环真空泵。空气蒸汽冷却器一般布置在距离地面大概 20m 以上的钢结构框架或管廊顶上，凝结水箱布置在地面以上适当高度，水环真空泵布置在地面上。此种汽轮机排汽冷却工艺在缺水的三北等干旱缺水的区域成功应用。存在的缺点有：投资相对较高、厂用电耗高、土建投资较高，同时还要考虑大风和寒冷堵塞问题。

（3）透平冷凝水加压输送和水质监测

根据装置布置和汽轮机凝结水送出界区方位，乙烯装置内透平冷凝水加压输送泵扬程选择要考虑输送阻力降的差异，避免加压后汇总到总管时压力不平衡影响凝结水泵出力，甚至无法将冷凝水送出。每个机组冷凝水泵出口需设电导率监测仪表，如不合格，则排放至循环水回水总管，以免污染全厂回收的其他装置透平冷凝水。

4. 饱和工艺冷凝水收集系统设计

① 不同压力等级的饱和冷凝水不能接入同一管网，等级压力差大于 0.4MPa 或温差大于 20℃的饱和冷凝水要分别独立进入冷凝水收集罐进行回收。

② 从工艺换热器返回的各等级蒸汽冷凝水管线在核算管径时，如果是饱和冷凝水，流速要≤0.5m/s，最佳流速为 0.3~0.4m/s，需要兼顾最大量和正常量。饱和冷凝水返回过程中随着沿程的阻力降会增加两相流的汽相比例，流速过高会引起输送过程的水击，管径大的取大值，管径小的取小值。

③ 根据饱和冷凝水两相流的特点，工艺选择疏水器或调节阀背压时根据装置布置，各个换热器与回收罐的距离等因素，距离较远的背压取高值，距离较近的背压取低值，避免运行背压不同影响换热器的设计出力。

④ 饱和冷凝水在输送时管道走向避免形成上袋或下袋型等形状，且沿途要固定牢靠，应对潜在的水击。支管并入总管时要沿流动方向斜45℃接入总管，保证流动畅通。

5. 低压工艺冷凝水密闭回收工艺

(1) 常规收集工艺

乙烯装置潜在污染的低压工艺冷凝水送入常压闪蒸罐闪蒸，通常设计时为了防止闪蒸蒸汽排入大气，污染环境和汽水损失，一般在罐顶部设置一汽-水换热器，冷却介质包括循环水、低温脱盐水，由于工艺过程的原因，难以准确判定进入常压闪蒸罐的冷凝水量和闪蒸蒸汽量，即使在设计中选择了较大的冷却面积和足够量的冷却介质，换热器无法100%耦合瞬间换热，造成部分乏汽进入大气。

(2) 改进后的收集工艺

为了尽可能回收冷凝水量和乏汽热量，也为了简化系统配置，近年来在乙烯装置饱和冷凝水收集方式上做了改进，工艺返回的低压工艺冷凝水采用密闭带压回收系统，即低压工艺冷凝水和水质超标的中压冷凝水闪蒸罐闪蒸之后的冷凝水分别进入低压闪蒸罐[操作压力由常压提升至0.1~0.15MPa(G)]，冷凝水加压后送至乙烯装置界区外的冷凝水处理系统。

基本流程是：低压闪蒸罐闪蒸蒸汽通过蒸汽引射器回收至低压冷凝水泵后的低压冷凝水管中，再通过加热供入乙烯装置的除氧器补给水，脱盐水升温后进入除氧器，降低除氧器蒸汽消耗，降温后的不合格冷凝水送出界区。

冷凝水密闭收集罐技术特点：

冷凝水闪蒸罐罐体内部设置除污装置、汽水分离装置、内部溢流装置、汽蚀消除装置。

1) 除污装置

闪蒸罐内设除杂质的除污装置，相当于内置一冷凝水过滤器，用于提高水质纯净度。

2) 汽蚀消除装置

当闪蒸罐内的水位降到底部时，原平静的水面立即出现降水漏斗(与龙卷风形状相同)，二次汽入泵仍发生“汽蚀”。用不锈钢做成的多层导流体，在水位下降时，上部导流结构自动闭锁，确保了低水位时无“汽蚀”现象发生。此设施可以降低罐体裙座高度和减少泵的汽蚀。

3) 引射泵简介及配置

引射泵是利用一种高速工作流体(液体或气体)来输送另一种流体介质的流体机械。引射泵本身没有运动部件，结构简单，工作可靠，安装维护简便。引射泵由工作流入口、喷嘴、被引流入口、喷嘴室、喉管、扩散管等零件组成。

针对乙烯装置返回冷凝水在不同的操作工况下流量变化较大的情况，为了保证系统能够可持续不间断工作，引射泵一般配置两台(一用一备)，单台能力满足正常的闪蒸蒸汽量的引射，乙烯开车等闪蒸蒸汽量比较大时可以两台引射泵同时投入使用。每台引射泵能力调节范围为25%~110%。

4) 冷凝水泵

低压工艺冷凝水密闭回收系统一般设置两台离心式冷凝水泵，用于将闪蒸罐闪蒸之后的冷凝水加压送出乙烯装置，同时加压后的冷凝水也作为引射泵的动力流，将压力较低的闪蒸蒸汽抽入引射泵，最终混合后一起送出装置外。

6. 冷凝水罐液位控制和水质在线监测

低压冷凝水闪蒸罐的液位通过出水流量控制阀和泵出口回流调节阀维持液位稳定。同时罐的液位与冷凝水泵之间还设置了联锁关系，当液位高高时联锁启动备用泵、液位低低时联锁停泵。

工艺冷凝水送出界区之前管道上设置总有机碳(TOC)在线分析仪，如检测到水质污染超限时自动切至旁路进入循环水回水系统，严重污染(如 TOC≥30mg/L)时污染的低压冷凝水送至污水系统，但需要降温冷却至40℃后。

# 第二节　火炬系统

## 一、装置内排放系统

1. 火炬排放系统的设置原则

乙烯装置由于工艺单元多，操作温度、压力、介质组成差别大，介质大都易燃易爆，因而必须密闭排放到火炬系统。火炬气的组分、温度、压力不同，排放系统比较复杂，根据排放物料状态不同，一般分别设置湿火炬系统(WF)或热火炬系统(HFL)、干火炬系统(DF)或冷火炬系统(CFL)、热液体排放系统(HBD)和冷液体排放系统(LD 或 CBD)四种。如果在系统中有腐蚀性酸性气体排放，常常单独设置酸性气体排放系统。图 9.2-1 为乙烯装置的典型火炬排放系统示意图。

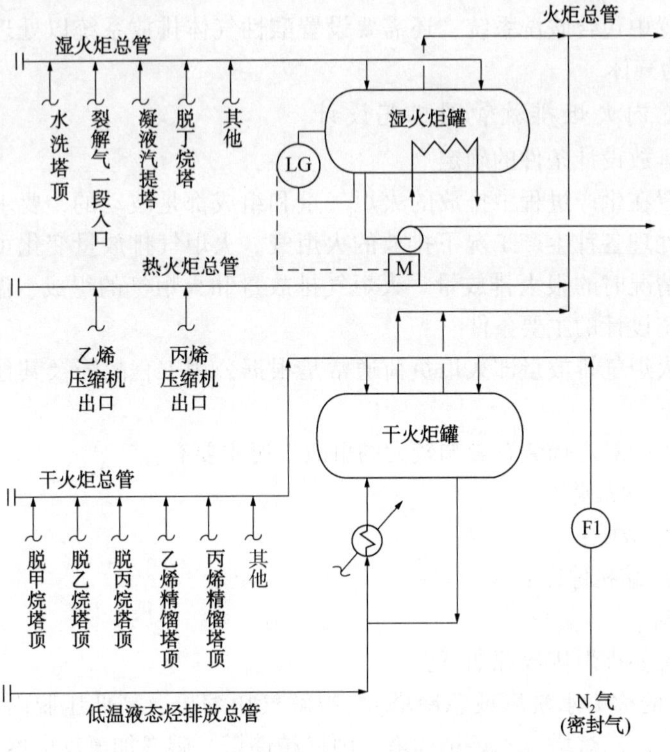


图 9.2-1　乙烯装置的典型火炬排放系统示意图

(1) 湿火炬系统或热火炬系统

湿火炬系统或热火炬系统用于处理高于4℃的湿(即含有水分)或热气体的排放，其设有一个湿(热)火炬罐，目的是将该系统中夹带的或冷凝的液体在湿火炬罐中分离出来，湿火炬罐出来的火炬气通过火炬总管送出乙烯装置到界区外火炬装置处理，湿火炬罐内液体通过泵送回乙烯装置内急冷塔回收轻烃或送出乙烯装置到界区外污油罐。湿火炬罐内通常设蒸汽盘管，防冻和加热汽化碳四混合烃。有的乙烯装置丙烯制冷压缩机和乙烯制冷压缩机末段出口安全阀和控制阀排放的火炬气温度较高，这些火炬气可以绕过湿火炬罐，直接进入火炬总管。

(2) 干火炬系统或冷火炬系统

干火炬系统用于低于0℃的干(即不含水)气体排放，其设有一个干(冷)火炬罐，目的是将该系统中夹带的或冷凝的液体在干火炬罐中分离出来，干火炬罐内液体在液体排放蒸发器里汽化后再返回干火炬罐，干火炬分液罐出来的冷火炬气经过加热到5℃以上，并入火炬总管后送出乙烯装置到界区外火炬装置处理。

(3) 热液体排放系统

该系统用于收集含水或烃类的常温或高于常温的物料，这些气液排放物料进入湿火炬罐，进行气液分离。

(4) 冷液体排放系统

该系统用于低温部分和制冷部分干的冷液体排放，这些气液排放物料也进入干(冷)火炬分液罐，进行气液分离。

(5) 酸性气体排放系统

如果乙烯装置中包含胺洗系统，还需要设置酸性气体排放系统以处理胺液再生时产生的含 $H_2S$、$CO_2$ 的气体。

### 2. 乙烯装置内火炬排放管网工艺设计

(1) 火炬气排放设计条件的确定

由于乙烯装置在生产过程中排放的火炬气量和组成都是波动的，要求设计的火炬系统能够安全输送和处理各种生产工况下排放的火炬气。火炬气排放量变化可从几乎为零即泄放阀泄漏到紧急情况时的很大排放量。火炬气排放量和火炬气的组成、温度、压力、排放频率等是火炬系统设计的主要条件。

乙烯装置的火炬气排放量即火炬负荷通常是根据公用工程故障及其他故障下影响范围的分析而确定。

设计中所考虑的对乙烯装置影响较大的事故工况主要有：

① 全装置冷却水故障；

② 全装置停电故障；

③ 丙烯制冷压缩机停车；

④ 急冷水故障。

乙烯装置的主要火炬排放源如下：

急冷水塔(有的称为水洗塔或急冷塔)、裂解气压缩机、高低压脱丙烷塔、深冷系统、丙烯机和乙烯机、脱乙烷塔、乙烯精馏塔、丙烯精馏塔、碳二加氢反应器、脱丁烷塔。

不同排放系统的总管直径由不同的故障决定，湿火炬系统和干火炬系统管线汇合后的火炬总管尺寸一般由全停冷却水或停电故障时的排放量(取大)决定，湿火炬系统的总管尺寸一般是由急冷水故障时的排放量决定，干火炬系统总管的尺寸则由大面积停电故障时的排放量决定。因丙烯机和乙烯机末段排出气体温度、压力较高，不含水，安全阀和排放阀排放的气量大，火炬气直接排放到火炬总管，减少进湿火炬罐的火炬气量，以缩小湿火炬罐的尺寸。

大型乙烯装置的火炬系统负荷如果不进行减排控制，火炬气最大排放总量非常大，某百万吨乙烯装置大约2600t/h，如按此排放量计算火炬总管及火炬头尺寸超大，工程投资高，实施难度大，国内2002年后新建或改造的特大型(规模在800kt/a乙烯及以上)乙烯装置都采用安全仪表系统(SIS)减轻火炬负荷。

SIS仪表减排通常做法：

全厂停冷却水、停电故障联锁，塔或压缩机系统局部超压或超温联锁。

仪表减排措施即采用全厂停电、停冷却水故障联锁信号及塔顶超压联锁信号启动切断塔的再沸器热源，压缩机系统则切断驱动透平的蒸汽进料，乙烯装置的丙烯精馏塔和丙烯制冷压缩机系统的火炬气排放量大，通常采用安全完整性等级SIL3仪表减排措施。

表9.2-1为某1000kt/a乙烯装置(顺序分离工艺流程)冷却水故障时有火炬减排和没有火炬减排的火炬负荷。

**表9.2-1　某1000kt/a乙烯装置全停冷却水时无减排和有减排的火炬负荷**　kg/h

| 排放源 | 无减排排放量 | 有减排排放量 | 排放源 | 无减排排放量 | 有减排排放量 |
|---|---|---|---|---|---|
| 急冷水塔 | 466091 | 613780 | 丙烯精馏塔 | 820541 | 107698 |
| 裂解气压缩机 | 15988 | 15988 | 脱丁烷塔 | 42514 | 6727 |
| 脱甲烷塔/冷箱/甲烷压缩机 | 4993 | 4993 | 炼厂干气脱甲烷塔 | 0 | 0 |
| 甲烷化反应器 | 4500 | 4500 | 丙烯制冷压缩机 | 855000 | 26238 |
| 碳二加氢反应器 | 102500 | 102500 | 二元制冷压缩机 | 0 | 0 |
| 脱乙烷塔及乙烯精馏塔 | 155459 | 212905 | 湿火炬总负荷 | 2369512 | 744193 |
| 高压脱丙烷系统 | 169377 | 0 | 干火炬总负荷 | 267452 | 351136 |
| 低压脱丙烷系统 | 0 |  | 火炬总负荷 | 2636964 | 1095329 |

以某1000kt/a乙烯装置(顺序分离工艺流程)为例，几种典型故障的火炬负荷(有仪表减排措施)见表9.2-2~表9.2-5。

**表9.2-2　全停冷却水时火炬负荷**　kg/h

| 排放源 | 排放量 | 排放系统 | 排放源 | 排放量 | 排放系统 |
|---|---|---|---|---|---|
| 急冷水塔 | 613780 | 湿火炬 | 丙烯精馏塔 | 107698 | 湿火炬 |
| 裂解气压缩机 | 15988 | 湿火炬 | 脱丁烷塔 | 6727 | 湿火炬 |
| 脱甲烷塔/冷箱/甲烷压缩机 | 4993 | 干火炬 | 丙烯制冷压缩机 | 26238 | 湿火炬 |
| 甲烷化反应器 | 4500 | 干火炬 | 二元制冷压缩机 | 0 | 干火炬 |
| 乙炔转化器 | 102500 | 干火炬 | 湿火炬总负荷 | 744193 | 湿火炬 |
| 脱乙烷塔及乙烯精馏塔 | 212905 | 干火炬 | 干火炬总负荷 | 351136 | 干火炬 |
| 脱丙烷系统 | 0 | 湿火炬 | 火炬总负荷 | 1095329 | 湿火炬+干火炬 |

表 9.2-3　大面积停电和停冷却水时火炬负荷　kg/h

| 排放源 | 排放量 | 排放系统 | 排放源 | 排放量 | 排放系统 |
|---|---|---|---|---|---|
| 急冷水塔 | 295608 | 湿火炬 | 丙烯精馏塔 | 107698 | 湿火炬 |
| 裂解气压缩机 | 15988 | 湿火炬 | 脱丁烷塔 | 6727 | 湿火炬 |
| 脱甲烷塔/冷箱/甲烷压缩机 | 4993 | 干火炬 | 炼厂干气脱甲烷塔 | 0 | 干火炬 |
| 甲烷化反应器 | 4500 | 干火炬 | 丙烯制冷压缩机 | 26238 | 湿火炬 |
| 乙炔转化器 | 102500 | 干火炬 | 二元制冷压缩机 | 0 | 干火炬 |
| 脱乙烷塔及乙烯精馏塔 | 212905 | 干火炬 | 湿火炬总负荷 | 438571 | 湿火炬 |
| 高压脱丙烷系统 | 12550 | 湿火炬 | 干火炬总负荷 | 351136 | 干火炬 |
| 低压脱丙烷系统 | 0 | 干火炬 | 火炬总负荷 | 789707 | 湿火炬+干火炬 |

表 9.2-4　急冷水故障时火炬负荷　kg/h

| 排放源 | 排放量 | 排放系统 | 排放源 | 排放量 | 排放系统 |
|---|---|---|---|---|---|
| 急冷水塔 | 999361 | 湿火炬 | 干火炬总负荷 | 0 | 干火炬 |
| 裂解气压缩机 | 15988 | 湿火炬 | 火炬总负荷 | 1015349 | 湿火炬+干火炬 |
| 湿火炬总负荷 | 1015349 | 湿火炬 | | | |

注：急冷水故障，只有湿火炬排放，火炬减排无效，即火炬气排放量不变。

表 9.2-5　丙烯机跳车时火炬负荷　kg/h

| 排放源 | 排放量 | 排放系统 | 排放源 | 排放量 | 排放系统 |
|---|---|---|---|---|---|
| 急冷水塔 | 0 | 湿火炬 | 丙烯精馏塔 | 0 | 湿火炬 |
| 裂解气压缩机 | 385994 | 湿火炬 | 脱丁烷塔 | 0 | 湿火炬 |
| 脱甲烷塔/冷箱/甲烷压缩机 | 0 | 干火炬 | 炼厂干气脱甲烷塔 | 19474 | 干火炬 |
| 甲烷化反应器 | 0 | 干火炬 | 丙烯制冷压缩机吸入罐 | 31115 | 干火炬 |
| 碳二加氢反应器 | 0 | 干火炬 | 二元制冷压缩机 | 0 | 干火炬 |
| 脱乙烷塔及乙烯精馏塔 | 189381 | 干火炬 | 湿火炬总负荷 | 385994 | 湿火炬 |
| 高压脱丙烷系统 | 0 | 湿火炬 | 干火炬总负荷 | 239970 | 干火炬 |
| 低压脱丙烷系统 | 0 | 干火炬 | 火炬总负荷 | 625964 | 湿火炬+干火炬 |

最近建成投产的国内最大规模某 1500kt/a 乙烯装置(前脱丙烷前加氢工艺)，几种典型故障的火炬负荷(有无仪表减排措施)见表 9.2-6~表 9.2-9。

表 9.2-6　某 1500kt/a 乙烯装置全停冷却水时无减排和有减排的火炬负荷　kg/h

| 排放源 | 无减排排放量 | 有减排排放量 | 排放源 | 无减排排放量 | 有减排排放量 |
|---|---|---|---|---|---|
| 急冷水塔 | 556486(HF) | 556486(HF) | 高压脱丙烷塔 | 34107(DF) | 0 |
| 碳二加氢反应器 | 374262(HF) | 374262(HF) | 低压脱丙烷塔 | 64781(DF) | 0 |
| 丙烯精馏塔 | 782725(HF) | 0 | 冷箱 | 137176(DF) | 137176(DF) |
| 脱丁烷塔 | 62810(HF) | 3676 | 脱乙烷塔 | 137643(DF) | 137643(DF) |

续表

| 排放源 | 无减排排放量 | 有减排排放量 | 排放源 | 无减排排放量 | 有减排排放量 |
|---|---|---|---|---|---|
| 丙烯制冷压缩机 | 1438368(HF) | 0 | 乙烯热泵/制冷压缩机 | 274307(DF) | 13076(DF) |
| 乙烯热泵/制冷压缩机 | 739171(HF) | 0 | 乙烯精馏塔 | 57579(DF) | 57579(DF) |
| 干气进料罐 | 135092(HFL) | 135092(HFL) | 干气脱乙烷塔 | 66606(DF) | 66606(DF) |
| 干气脱丁烷塔 | 59455(HF) | 0 | 其他 | 0 | 3600(DF) |
| 其他 | 0 | | | | |
| 热火炬总负荷 | 4148369(HF) | 1069516(HF) | 干火炬总负荷 | 772199(DF) | 415680(DF) |
| 火炬总负荷 | 4920568 | 1485196 | | | |

注：HF、HFL—热火炬；DF—干火炬。下同。

**表 9.2-7　某 1500kt/a 乙烯装置全停电时无减排和有减排的火炬负荷**　kg/h

| 排放源 | 无减排排放量 | 有减排排放量 | 排放源 | 无减排排放量 | 有减排排放量 |
|---|---|---|---|---|---|
| 急冷水塔 | 377083(HF) | 377083(HF) | 高压脱丙烷塔 | 33613(DF) | 0 |
| 碳二加氢反应器 | 374262(HF) | 374262(HF) | 低压脱丙烷塔 | 66795(DF) | 0 |
| 丙烯精馏塔 | 786453(HF) | 0 | 冷箱 | 85415(DF) | 85415(DF) |
| 脱丁烷塔 | 73060(HF) | 3676(HF) | 脱乙烷塔 | 137643(DF) | 137643(DF) |
| 丙烯制冷压缩机 | 1222613(HF) | 0 | 乙烯热泵/制冷压缩机 | 274307(DF) | 13076(DF) |
| 乙烯热泵/制冷压缩机 | 628296(HF) | 0 | 乙烯精馏塔 | 57579(DF) | 57579(DF) |
| 干气进料罐 | 135092(HF) | 135092(HF) | 干气脱乙烷塔 | 66606(DF) | 66606(DF) |
| 干气脱丁烷塔 | 59455(HF) | 0 | 其他 | 0 | 3600(DF) |
| 其他 | 82080(HF) | 82080(HF) | | | |
| 热火炬总负荷 | 3738393(HF) | 972192(HF) | 干火炬总负荷 | 680812(DF) | 363919(DF) |
| 火炬总负荷 | 4419205 | 1336111 | | | |

**表 9.2-8　某 1500kt/a 乙烯装置丙烯机跳车时无减排和有减排的火炬负荷**　kg/h

| 排放源 | 无减排排放量 | 有减排排放量 | 排放源 | 无减排排放量 | 有减排排放量 |
|---|---|---|---|---|---|
| 急冷水塔 | 0 | 0 | 高压脱丙烷塔 | 538401(DF) | 538401(DF) |
| 碳二加氢反应器 | 374262(HF) | 374262(HF) | 低压脱丙烷塔 | 43325(DF) | 0 |
| 丙烯精馏塔 | 0 | 0 | 冷箱 | 137176(DF) | 137176(DF) |
| 脱丁烷塔 | 0 | 0 | 脱乙烷塔 | 239652(DF) | 151715(DF) |
| 丙烯制冷压缩机 | 0 | 0 | 乙烯热泵/制冷压缩机 | 274307(DF) | 0 |
| 乙烯热泵/制冷压缩机 | 739171(HF) | 0 | 乙烯精馏塔 | 57579(DF) | 57579(DF) |
| 干气进料罐 | 0 | 0 | 干气脱乙烷塔 | 66606(DF) | 66606(DF) |
| 干气脱丁烷塔 | 0 | 0 | 其他 | 0 | 0 |
| 其他 | 91309(HF) | 0 | | | |
| 热火炬总负荷 | 1204742(HF) | 374262(HF) | 干火炬总负荷 | 1357046(DF) | 951477(DF) |
| 火炬总负荷 | 25671788 | 1325739 | | | |

**表 9.2-9 某 1500kt/a 乙烯装置急冷水故障时的火炬负荷** kg/h

| 排放源 | 排放量 | 排放源 | 排放量 |
|---|---|---|---|
| 急冷水塔 | 668372(HF) | 干火炬总负荷 | 0 |
| 碳二加氢反应器 | 374262(HF) | 火炬总负荷 | 1042634(HF) |
| 湿火炬总负荷 | 1042634(HF) | | |

注：急冷水故障，只有热火炬排放，火炬减排无效，即火炬气排放量不变。

(2) 火炬减排联锁的 SIL 等级及联锁切断阀设置

随着我国乙烯工厂操作人员对工艺技术的掌握，操作经验更加丰富，同时新建乙烯装置自动化水平相应提高，一些乙烯装置已经实现了火炬系统零排放目标。尽管如此，由于火炬系统是装置的最后一道安全防线，在装置设计过程中，专利商还是需要对各事故工况进行减排前后火炬排放量分析和确定装置的设计火炬排放量。

乙烯装置火炬负荷采用仪表减排，联锁的 SIL 等级及联赛切断阀设置典型例子如表 9.2-10 所示。

**表 9.2-10 某乙烯装置的火炬减排 SIL 等级及 PID 中阀门设置**

| 排放源 | 减排方式 | SIL 等级 | PID 阀门设置情况 |
|---|---|---|---|
| 高压脱丙烷塔 | 切断塔釜再沸器热源 | 2 | 1 切断阀(单电磁阀)，1 调节阀(单电磁阀) |
| 低压脱丙烷塔 | 切断塔釜再沸器热源 | 1 | 1 切断阀(单电磁阀)，1 调节阀(单电磁阀) |
| 脱乙烷塔 | 切断塔釜再沸器热源 | 1 | 1 切断阀(单电磁阀)，1 调节阀(单电磁阀) |
| 乙烯精馏塔及热泵 | 压缩机联锁停车<br>切断乙烯塔进料 | 2 | 压缩机透平入口：2 切断阀<br>乙烯塔上进料：1 切断阀(单电磁阀)<br>乙烯塔下进料：1 调节阀(单电磁阀) |
| 丙烯精馏塔 | 切断塔釜再沸器热源 | 3 | 2 切断阀(双电磁阀)，1 调节阀(双电磁阀) |
| 丙烯制冷压缩机 | 压缩机联锁停车 | 2 或 3 | 压缩机透平蒸汽入口 1 切断阀或 2 切断阀 |
| 脱丁烷塔 | 切断塔釜再沸器热源 | 1 | 1 切断阀(单电磁阀)，1 调节阀(单电磁阀) |

通常新建装置保守一点，有利于将来扩能改造；改造装置受时间、空间等限制，冒进一点，采用更高的 SIL 等级，如改造装置，为了保证全停冷水、停电重大事故工况丙烯塔顶不排放大量火炬气，再沸器的热源在 SIL3 基础上再加一道切断阀(做法称 $SIL^{3+}$)，确保能切断再沸器热源，塔顶不超压排放火炬，即火炬减排有效，减少火炬排量，不超过火炬的设计能力，减少火炬总管和火炬装置的改造，降低改造难度和施工周期。但目前 $SIL^{3+}$ 是没有标准认证。SIS 仪表减排做法中仪表及联锁系统维护量大，需要业主方书面签字确认。

不同的乙烯装置工艺技术专利商，工艺流程不同，配套的冷却水系统、供电系统的设置都对火炬系统负荷分析及 SIS 仪表减排的措施及火炬系统的安全考虑有所不同，业主也有安全原则，因此火炬系统负荷和最终的减排方案需要工艺技术专利商、工程设计承包商和业主兼顾安全和投资综合考虑确定。

由于乙烯装置比较复杂，准确地进行火炬排放分析比较困难，虽然装置内各排放源在事故时并非同时排放，目前动态模拟技术应用越来越广泛，部分专利商和工程公司开始利用该技术对火炬排放进行分析，但也只是在一定程度上降低了排放的峰值，还无法准确模拟真实的排放情况。

（3）管径和压力降的确定

1）设计基本原理

安全阀起跳前出口侧压力称为本底背压（superimposed back pressure），安全阀起跳后在排放状态下出口侧压力称为组合背压（built up back pressure）。当组合背压升至一定值时，安全阀的排放量将急剧下降，因此必须确定安全阀的最大允许组合背压，以保证安全阀的排放量。对弹簧式安全阀常常以设定起跳压力的10%作为最大允许组合背压，对平衡式安全阀常常以设定起跳压力的30%作为最大允许组合背压。每个安全阀的最大允许组合背压可能不同，一般取最小的安全阀的最大允许组合背压作为管网的最大允许组合背压。火炬管道的管径受流速和最大允许组合背压的限制，火炬总管的管径通常由最大允许组合背压决定，安全阀出口管尺寸大多受音速限制，安全阀入口管尺寸由管内压力损失而定，通常要求入口管内压力损失限制在起跳压力的3%以内。

流速对管径的限制如下（以马赫数 Ma 表示，马赫数是流体的实际流速与音速之比）：

| 火炬系统位置 | 最大流速 |
|---|---|
| 安全阀出口管（水平） | 不超过 1.0Ma |
| 干管 | 不超过 0.7Ma |
| 总管 | 不超过 0.7Ma |
| 火炬头 | 不超过 0.5Ma |

一般根据经验预定管径，计算管网的背压，如果计算值高于管网的最大允许组合背压，则调整管径，再次计算，经过多次试差计算确定。

2）计算软件的应用

美国 ASPEN 公司推出一款用于稳态网状泄放系统的计算软件：原称为 FLARENET，现称为 Aspen Flare System Analyzer，该软件可用于火炬系统设计和核算。软件采用逆向求解，从火炬点开始，往回推算到排放源即装置和设备排放点。根据各排放源的排放条件（排放量、温度、组成等）、排放管网的布置、火炬点所需的压力和总排放负荷，进行计算。

FLARENET 软件在火炬系统中的应用方法：

① 从物性库中选取火炬气中可能存在的烃类组分或简化采用分子量表示火炬气组成。

② 定义管道的粗糙度、阻力降的计算方法和各管段对马赫数的要求，以及需要建立的泄放工况等基本参数。

③ 按照装置的布置情况搭建火炬总管、各级支管及安全阀构成的计算模型；管道的长度、弯头等配管资料可由配管专业提供或初估。

④ 管道尺寸在计算之前可不给，由软件根据各工况下安全阀的泄放量进行计算得出。但复杂管网计算时间长，为了加快软件运行速度，建议根据工程经验先给管径初值，根据计算结果分析背压或马赫数等是否不合适，如不合适（软件结果有报警提示），调整管径再进行计算，直到得到合理的计算结果。

⑤ FLARENET 软件除了能够计算背压和火炬管线尺寸外，还可以对安全阀的选型有指导作用。

⑥ 根据安全阀的订货资料，复核火炬系统的设计。

（4）管道材料的选择

管材的选择主要根据事故状态下，管内可能达到的最不利参数（压力和温度等）对管材性能的影响来确定。火炬气管道的压力一般都低于1MPa，火炬气的最高温度一般为100~150℃，因此，管材的选取主要决定于火炬气可能达到的最低温度。

通常火炬总管、湿火炬管线、热火炬管线采用碳钢，干火炬管线采用不锈钢、低温合金钢，液体排放管线采用不锈钢。

(5) 管道设计特殊要求

火炬气排放管道设计中，应注意以下几个问题：

1) 管道坡度的确定

火炬气不同于一般气体物料，管网的存液直接影响管网的安全运行。有的资料认为，火炬气管道一定要设坡度，装置内的排放设备或排放阀后的火炬支管坡度不小于5‰，装置的支干管或火炬主干管的坡度以不小于2‰为宜。火炬气主干管最好全部坡向火炬区内的分液罐或水封罐。如确实有困难，可在主干管的适当位置设最低点，最低点处应设凝液收集和转送设施。装置大型化后火炬管道尺寸大，火炬主干管的坡度采用1‰。

2) 吹扫系统的设置

为了保证火炬气排放管网的安全运行，在管网施工和检修完毕，投入运行前，应用惰性气体吹扫掉管网的空气。火炬气排放管网停止运行准备检修前，同样要用惰性气体将火炬气吹扫至火炬燃尽，直至符合动火或检修要求时，方可停止吹扫，进行检修。吹扫气体一般用燃料气、氮气或蒸汽。由于蒸汽温度高且易在管网中冷凝，相应要求管网设热补偿及排除冷凝液的设施，故在有氮气来源的工厂，吹扫气一般用氮气而不用蒸汽。

### 3. 湿火炬罐和干火炬罐及液体蒸发器

乙烯装置内设置湿火炬罐、干火炬罐和液体蒸发器，如图9.2-1所示。火炬气出界区前一般都要先在湿火炬罐、干火炬罐内分离掉夹带的直径较大的液滴。干、湿火炬罐的工艺设计可参见《石油化工可燃性气体排放系统设计规范》(SH 3009)有关分液罐的计算章节。

由于湿火炬系统排放的物料含水，湿火炬罐内出现油水两相，因而湿火炬罐带有集水包，并配备凝液泵将罐内液体输送到急冷水塔或去污油系统处理。干火炬系统排放的物料温度低，因而设有加热器或蒸汽夹套来加热火炬气。低温液态烃经蒸发器加热汽化后送入干火炬罐。干火炬罐出来的火炬气经加热器或蒸汽夹套加热到4℃后并入火炬总管。

## 二、高架火炬

### 1. 高架火炬的设计范围和原则

(1) 设计范围

火炬系统的设计一般包括火炬气收集管网和火炬装置两部分。火炬气收集管网的设计内容包括火炬气管道、凝液回收输送设备和管道的设计。火炬装置的设计内容包括火炬头、火炬筒体、分液罐、水封罐、点火器、泵等设备，及相应的工艺、配管、电气、电信、自控、土建、给排水、环境保护等设计。一般石油化工企业通常根据物料特性和公用工程配置情况考虑多套生产装置共用一套火炬装置。

(2) 设计基本原则

火炬对装置和人员安全有着很大的影响，火炬是“明火”，其设置位置、高度及与装置设备、操作人员的距离等都直接影响装置的安全，必须遵循有关设计规范，进行科学的计算，慎重地选择设备、管道材质，并结合使用经验进行认真细致的设计。

火炬气排放系统的工艺设计可参见《石油化工可燃性气体排放系统设计规范》(SH 3009)。

2. 高架火炬装置的工艺流程

为了保证设备及人身安全，火炬通常设在装置界区外，通过管道将火炬气输送至火炬进行燃烧处理。各设备来的火炬气汇总到一根或几根总管，通过总管将火炬气送到火炬筒体前的分液罐，分离凝液后进入水封罐，气体冲破水封进入火炬筒体，沿着火炬筒体上升到火炬头燃烧后放空。典型的高架火炬系统工艺流程如图 9.2-2 所示。

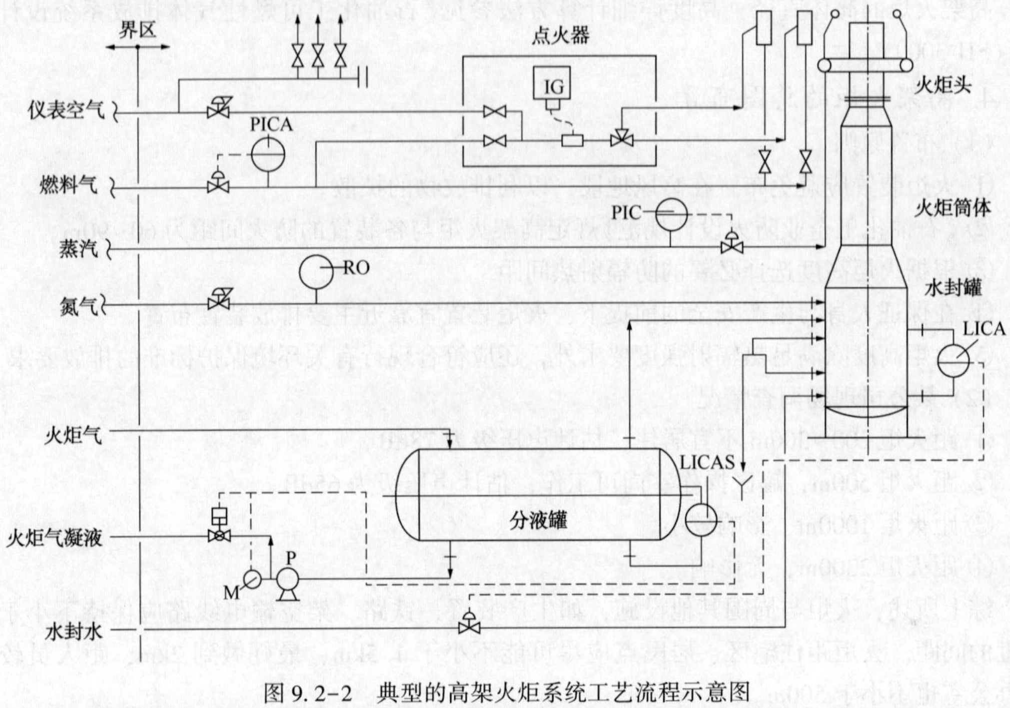


图 9.2-2　典型的高架火炬系统工艺流程示意图

A—报警；C—控制；F—流量；I—指示；L—液位；O—孔板；P—压力；R—限流；S—开关或联锁

图 9.2-2 所示火炬的消烟是采用蒸汽喷入火焰的方式。喷入火焰的蒸汽及其带入火焰的空气起助燃作用，促进火炬气完全燃烧，从而达到消烟的目的。

该火炬的点火方式为燃料气和空气强制混合，电点火，密闭传焰点燃长明灯，长明灯再点燃火炬气。点火过程为：由厂区用管道输送来的点火用燃料气和压缩空气，经阀门调节混合气到爆炸极限范围后，用电火花引爆发火，再经密闭传焰管点燃火炬顶部的长明灯，这样即可随时点燃从火炬头排出的火炬气。

火炬气经过较长的管道输送后会产生一些凝液，所以总管来的火炬气先进入分液罐，进行气液分离，当分液罐里的凝液达到一定液位时泵启动，把凝液打到凝液管线，送回装置重新利用或由全厂统一考虑其处理。

为了防止火炬管线回火和维持火炬系统正压，分液罐出来的火炬气进入密封罐(通常用水封，也称水封罐)，火炬气冲破水封，排入火炬筒体，再沿着火炬筒体上升到火炬头进行燃烧，边燃烧边放空。

水封罐的液位由溢流管保持，流出的含油污水用管道输送排入污水管网，集中到污水处理厂处理。在寒冷地区水封罐和密封水管道及排污管道等设备和管道还应有加热保温措施。

3. 高架火炬高度和火炬周围安全界限的确定

高架火炬的高度应符合下列规定：

① 按受热点的允许热辐射强度计算火炬高度。

② 按 GB/T 3840 对按允许热辐射强度计算出的火炬高度进行核算，如不符合要求，应增加火炬高度再进行核算，直到满足大气污染物的排放标准的要求为止。

高架火炬的筒体直径、高度详细计算方法参见《石油化工可燃性气体排放系统设计规范》(SH 3009)。

4. 高架火炬的总图布置

(1) 布置原则

① 火炬装置应避免布置在窝风地段，以利排放物的扩散。

②《石油化工企业防火设计规范》规定高架火炬与各装置的防火间距为 60~90m。

③ 根据火炬高度选择必要的防辐射热间距。

④ 在保证人身与生产安全的前提下，火炬装置宜靠近主要排放装置布置。

⑤ 火炬高度除满足热辐射强度要求外，还应符合现行有关环境保护标准的排放要求。

(2) 某公司现场调查情况

① 距火炬 200~300m 不宜居住，估计声压级为 78dB。

② 距火炬 500m，罐区操作室尚可工作，估计声压级为 65dB。

③ 距火炬 1000m，影响较小。

④ 距火炬 2300m，无影响。

综上所述，火炬与周围其他设施，如生产装置、铁路、架空输电线路应保持不小于其高度的间距。火炬距住宅区、居民点应尽可能不小于 1. 5km，最好做到 2km，距人员较多的办公室也不小于 500m。

5. 火炬装置的主要设备

火炬装置的主要设备有火炬头本体、法兰、长明灯、分子密封或流体密封、点火器、消烟喷嘴等。火炬头是火炬装置中的一个关键设备，它的作用是将排放到火炬系统的火炬气燃烧掉。根据不同的要求，火炬头的种类很多，但对火炬头设计的基本要求如下：

① 能安全燃烧掉各种工况(指不同流量、不同参数和不同组成)下的火炬气。

② 将火炬气达到完全燃烧，燃烧产物对周围环境的污染符合有关规定。

③ 在保证火炬气完全燃烧的前提下，要求能耗低(蒸汽、电或水)。

④ 结构简单，制造容易，选材得当，使用寿命长，质量轻，便于安装和维护检修。

⑤ 燃烧中产生的噪声和光害小。

2000 年以前国内火炬装置的火炬头大都由国外引进，2000 年之后，国内有高新企业开始研发生产火炬头及相关产品。2003 年国内某高新企业火炬装置的设计、制造水平已不断进步，可以承接火炬装置的工程设计和采购(EP)或工程设计、采购和施工(EPC)，2010 年开始走出国门，承接涉外项目的火炬 EP，2015 年成为国外某著名石油公司的火炬供应商。

(1) 火炬头本体的主要尺寸和材质确定

火炬头的种类很多，一般由专业厂家设计制造，高架火炬头常采用蒸汽消烟，典型的火炬头结构如图 9.2-3、图 9.2-4 所示。

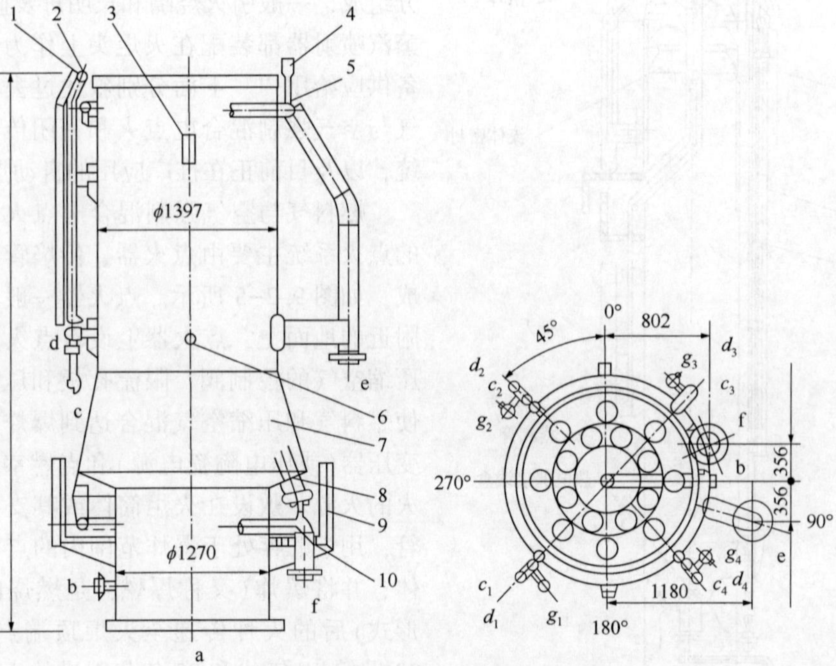


图 9.2-3　火炬头结构图

1—长明灯引火管；2—长明灯；3—吊耳；4—蒸汽喷嘴；5—上部蒸汽盘管；6—重心标记；7—火炬头本体；8—内部喷射管；9—消音室；10—下部蒸汽盘管；a—气体进口；b—中心蒸汽进口；c—长明灯气体；d—长明灯点火；e—上部蒸汽盘管；f—下部蒸汽盘管；g—热电偶

火炬头本体在水平切面上的内净面积，原则上应与火炬筒体的内切面积相等。只有在火炬气压力比较低，火炬气在火炬本体(包括筒体、气封和火炬头)内的允许压力降小，又要求保证火炬气从火炬头(即火炬顶端出口)排出的规定流速时，才选取火炬头本体水平切面的内净面积小于火炬筒体的内切面积。火炬头长度主要由火焰热辐射的影响和火炬头结构本身的要求等因素来决定，一般取 2.5~4m。火炬头处于比较苛刻的条件下操作，在装置发生事故而大量排气时，火炬头表面温度可达 700~900℃。火炬头位于高空，一般都有风，火焰受风的影响而偏斜，火炬头迎风面温度较低，背风面恰好受到火焰辐射热的照射，温度升高。由于风向经常变化，所以火炬头壳壁实际处于交变热应力的作用下，经过一段时间作用之后，极易产生裂纹。

对于处理一般腐蚀性不强的以烃类为主的火炬，根据经验火炬头上半部(大约 3m)的材料以 SUS310 这类耐热材料为宜，设计温度不应低于 1200℃，而下半部(3m 以下)则可采用 SUS304 不锈钢。火炬头顶部的一些部件如长明灯烧嘴、点火烧嘴、密封挡板、热电偶保护套、蒸汽喷嘴等，其操作条件甚为恶劣，而材料用量不大，也要采用 SUS310，甚至更好的材料。

(2) 点火设施

点火设施是安全可靠地点燃火炬气，保证火炬气安全燃烧的一个必不可少的设备。点火设施倘若不能及时点燃排放的火炬气，使火炬气在大气中和某处的地面(火炬气中密度比

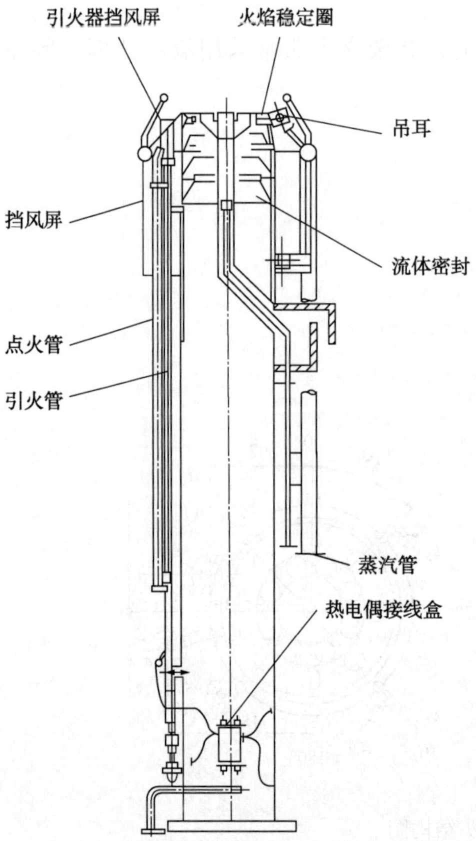


图 9.2-4　带流体密封的高架火炬头结构图

空气大的组分有可能落于下风向的某地)集聚，是造成火灾危险因素之一。

点火设施一般由火源、引火和长明灯三部分组成，一般引火烧嘴和长明灯及监测热电偶、蒸汽喷射器都装配在火炬头上作为一个整体设备供应给用户。下面分别叙述过去常用的燃料气与空气强制混合电点火和密闭传焰的点火系统，以及目前正在推广应用的自动点火系统。

燃料气与空气强制混合电点火和密闭传焰的点火系统主要由点火器、传焰管和长明灯组成，如图 9.2-5 所示。点火器一般布置在火炬附近的地面上，点火器上设有点火用燃料气和压缩空气的控制阀、限流孔板和压力表，用来使燃料气和压缩空气混合达到爆炸范围。升压变压器(或压电陶瓷电源)和点燃室用来产生点火的火源。敷设在火炬筒体或其支架上的传焰管，用于贮存处于爆炸范围内的点火用混合气体，并将爆炸(又称爆燃，是燃烧的一种特殊形式)后的火种传递至火炬顶端点燃长明灯。20 世纪 70 年代和 80 年代引进的乙烯装置和其他聚烯烃装置等石油化工装置的火炬大多采用上述点火系统。

根据使用经验，在设计和运行中应注意的问题如下：

① 点火用的燃料气宜采用组分不变气体(最好用单一组分)。因为组分变化，会引起爆炸范围的变化，从而增加控制燃料气和压缩空气的混合气体达到爆炸范围的困难。

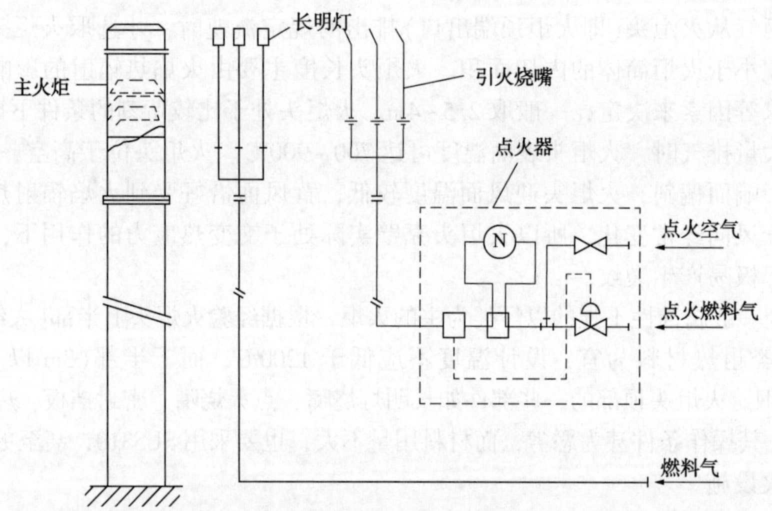


图 9.2-5　点火系统示意图

② 在点火用燃料气和压缩空气混合前，必须分别进行过滤和气液分离，以便将其中可能含有的直径大于150μm的液滴(包括水滴)和固体杂质清除掉。

③ 正确设计压缩空气和燃料气管道上的限流孔板，以便于控制该两种气体混合物达到爆炸范围。一般以选取两种气体在控制阀后、限流孔板前的压力相等为合适。通过限流孔板的燃料气和空气的流量，应根据该燃料气的爆炸范围，选定燃料气和空气混合的体积比，再予以分别确定。

④ 点燃室和传焰管的强度，应能满足爆炸时产生的气体压力和管壁可能达到的温度。

⑤ 正确掌握点火要领，要在传焰管内充满爆炸性气体后，方能按动电钮，发生电火花。当按动电钮发生火花后，不能点燃长明灯时，首先应分析原因，不宜连续按动电钮。一般首次发生电火花没有点燃长明灯的原因，多数是引火管内没有形成爆炸性气体或没有被爆炸性气体充满，这样电火花只能点燃传焰管下部的气体，而不能将火种传至火炬顶端点燃长明灯。为此应根据火炬高度停15~20s或稍多些时间，使传焰管内的燃烧产物排出，新的燃料气和空气被输入，待其形成的爆炸性混合气体充满传焰管后，再继续按动电钮发生电火花。

近十多年来由于能源紧张和为了降低产品成本，各企业采取了不少措施减少火炬气排放量和排放频率，回收火炬气，但因存在产用不平衡，同时又受点火技术的限制，火炬大都点着长明灯，白白消耗大量燃料。各企业围绕着消灭长明灯采取了一系列措施，开发火炬自动点火装置就是其中极有成效的一项措施，新近推广应用的火炬自动点火系统流程如图9.2-6所示。

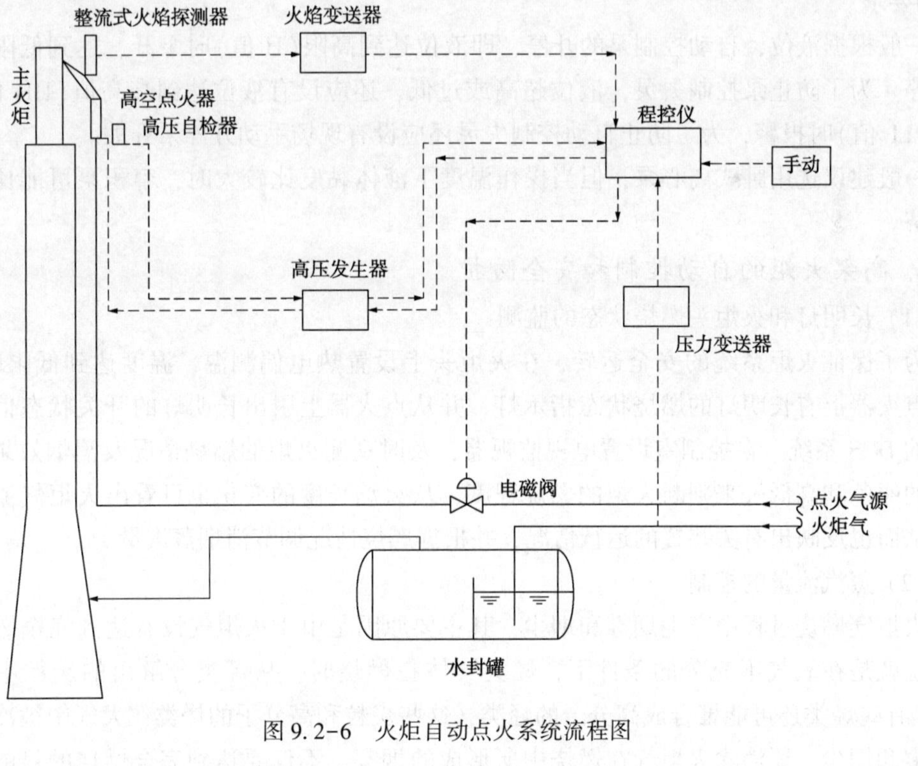


图9.2-6　火炬自动点火系统流程图

火炬自动点火系统的工作原理如下：压力变送器把标准信号输送到程控仪，程控仪把采集的信号与设定值进行比较、判断，若超过设定值说明火炬内将有火炬气排放，此时程控仪按照点火程序启动高压发生器，启动点火气源线上的电磁阀，点燃高空点火器，引燃火炬。当火炬点燃后，整流式等离子火焰探测器立即把探测到的标准信号反馈给程控仪，程控仪与设定值进行比较、判断，若高出设定值，则关闭高压发生器，高空点火器停止点火，同时命令关闭电磁阀切断点火气源，熄灭长明灯，程控仪处于检测状态。若由于外部环境恶劣，火炬熄灭，则等离子火焰探测器及时无误地反馈信号，程控仪指令按点火程序及时点火。手动启动也会按照点火程序进行点火；紧急点火可不经过程控仪，而直接启动现场点火。高压自检器在点火状态下处于检测状态，并不断进行信号反馈。点火完毕后，程控仪、火焰探测器、压力变送器处于检测状态，而高空点火器、高压发生器、高压自检器、电磁阀处于休息状态，有效地延长了其寿命。

(3) 火炬筒体、分液罐、水封罐的工艺计算

火炬筒体、分液罐、水封罐的详细计算方法参见《石油化工可燃性气体排放系统设计规范》(SH 3009—2013，或最新版)。

(4) 泵

泵的作用是将分液罐中积存的液体输送出，大部分情况下是通过管道送到污油罐或集中处理。泵的小时最大输送量应相当于火炬气最大排放量时，在该点的管道约 1h 内冷凝下来的凝液量。泵的正常小时输送量一般按分液罐正常液位时 1~2h 的凝液储存量确定。凝液泵的扬程，应能满足在最大输送量时，将凝液输送至终点的管道压降(包括位差引起的静压头)的要求。

一般根据液位，自动控制泵的开停，即液位达到高限(H 值)时泵开，达到低限(L 值)时泵停。为了防止泵控制失灵，液位超高或过低，还应设有液位达到高高值(HH 值)和低低值(LL 值)时报警，为了防止自动控制失灵还应设有现场手动开停泵开关。

一般建议选用卧式离心泵，但当操作温度下液体黏度比较大时，容积泵可能比离心泵要经济。

### 6. 高架火炬的自动控制和安全防护

(1) 长明灯和火炬头燃烧状态的监测

为了保证火炬系统的安全运转，在火炬头上设置热电偶测温，温度达到低限时报警，现场点火器上有长明灯的燃烧状态指示灯，并从点火器上引出长明灯的开关状态信号到控制室的 DCS 系统。在控制室设置电视监视器，及时观测火炬的燃烧情况及消烟效果，可从火焰的颜色和高低等来判断火炬的燃烧程度，从火焰长度的变化也可看出火炬气流量的变化，从而也反映出有关装置的运行情况，并根据燃烧情况调节消烟蒸汽量。

(2) 蒸汽流量的控制

火炬气燃烧过程中产生烟雾和烟尘，其主要原因是由于火炬气没有达到完全燃烧的结果，也就是在氧气不充分的条件下，烃类气体在燃烧时，从烃类分解出的炭粒不能生成 $CO_2$，有些烃类还可能聚合成高分子的烃类，这些炭粒和高分子的烃类在大气中被冷却而形成烟雾和烟尘。要消除火炬气在燃烧中所形成的烟雾，不仅要达到完全燃烧的目的，而且还要消除燃烧产物中的 CO 有害气体。

## 三、地面火炬

### 1. 地面火炬发展和类型

20 世纪 70 年代初，国外就开始针对排放装置开发地面火炬系统，90 年代针对大型石化生产装置和油气开采工程又开发出了一种多级多燃烧器地面火炬排放系统，其中的代表是美国 John Zink 公司和 Callidus 公司的地面火炬，其产品遍及世界十几个大型乙烯项目及一些大型炼油生产和天然气开采项目。

地面火炬，是相对高架火炬而言，近些年逐步发展起来的新型有机废物排放系统。地面火炬主要有两大类，一类适用于排放量小、压力低、比较独立的小型装置，液态储罐系统使用系统单级多头燃烧系统，国内有十多套装置在使用；另一类是多级多燃烧器敞开式地面火炬，主要针对大型联合石化企业生产装置大量废气排放而开发的一种火炬系统，目前国内赛科等公司在使用。

地面火炬按照运行压力可分为低压火炬系统和高压火炬系统。低压火炬和高压火炬的燃烧器可以混合集中在一个燃烧隔离区域。根据不同装置的最大排放能力，高压火炬系统和低压火炬系统可以设置多个燃烧区域。

### 2. 地面火炬工艺设计

(1) 地面火炬工艺设计特点

地面火炬工艺设计特点如下：

① 地面火炬用于处理毒性轻度危害和无毒的可燃性气体，不得用于处理毒性为极度或高度危害的有毒可燃性气体。

② 根据生产装置或储运系统排放的气体组成、压力及排放量、排放频率等设置一个或几个高压或低压地面火炬，高压火炬、低压火炬可以根据总体排放量及各支管排放设置能力，设置多级排放系统、燃烧系统，确保火炬总管排放压力和各火炬头的燃烧效果。

③ 根据最大操作压力并结合可燃性气体排放条件及燃烧器的性能曲线合理分级，每级的操作压力应在燃烧器的最佳操作弹性范围内，避免各级之间发生跳跃。

④ 各分级管道前排放总管的最大允许排放背压值及分级数量应根据排放总管、分级系统的投资及公用工程介质消耗等因素通过经济比较后确定。

⑤ 每个火炬系统由若干排组成的多个火炬头构成。火炬头根据不同等级排放气体组分的不同，采用不同的型号燃烧器。在燃烧时每个燃烧头补充一定量的中低压蒸汽，确保排放气体在燃烧过程中实现无烟火焰，同时水蒸气被排放到大气中。

⑥ 各分级管道上的压力开关阀宜选用严密关闭阀，阀门开启动作快，开启时间不宜大于 1s，各分级管道上的压力开关阀和旁路上爆破针阀的泄漏等级不应低于 ANSI V 级。各分级管道上的压力开关阀应设置爆破针阀或爆破片旁路，爆破针阀或爆破片的爆破压力不得高于各分级管道前的最大允许背压。

⑦ 各分级管道上的压力开关阀后应设氮气吹扫系统，长燃级系统应设连续氮气吹扫，防止回火。

⑧ 低压力级排放系统宜采用蒸汽助燃型燃烧器，蒸汽宜根据火炬气的排放量及分子量进行调节。

(2) 地面火炬系统工艺流程简述

火炬系统由界区外总管和分液罐以及界区内总管、分管、分液罐、水封罐和地面火炬组成，用于收集从特定的工艺装置中在工艺波动时排出的可燃气体。典型的地面火炬工艺流程如图 9. 2-7 所示。

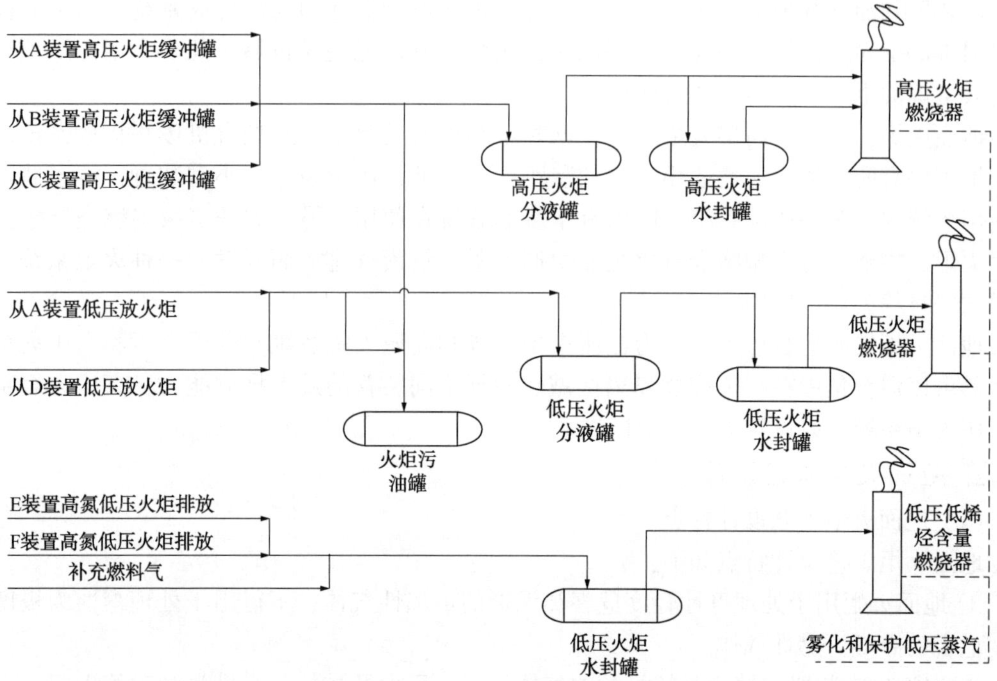


图 9. 2-7　高、低压地面火炬联合工艺流程示意图

来自火炬管网的排放物料进入火炬头前，设置分液罐和液封罐。分液罐设两台离心泵，把液体排放到废油罐中，每个泵都能完全提供最大排放量时的流量。密封罐的水封一般由工业水提供，密封罐和水封罐根据实际运行环境温度设置蒸汽加热盘管，通过密封罐中水的温度自动控制蒸汽流量。高、低压地面火炬联合工艺流程示意图见图 9. 2-7。

高压火炬用于工艺装置正常和事故工况下的放空。高压火炬系统独立操作，排放气经过分液罐和水封罐，气体进入地面火炬，地面火炬包括点火系统、控制仪表设备、多组火炬燃烧器喷嘴和防辐射设施。高压火炬根据排放量设定多个压力等级，为了便于调节，火炬头被分成不同区域，排放气体经各级排放阀根据压力控制自动排放到各火炬支管，火炬支管与火炬头直接连接，排放火炬气量根据管网压力的增加逐步增加启动的燃烧火炬头。当火炬排放恢复正常后，各级火炬排放阀关闭，火炬排放支管通过吹扫管线置换管内烃类气体。为了防止分级排放阀不能正常打开，每级排放阀都设置了相同管径的分段阀和爆破隔膜旁通，在分段阀故障时确保废气的安全排放。在燃烧时每个燃烧头补充一定量的中低压蒸汽，确保排放气体在燃烧过程中实现无烟火焰，同时水蒸气被排放到大气中。

低压火炬主要用于工艺装置含氮烃类物质的放空。每一个低压火炬系统都有自己的密封罐，低压火炬根据排放物料性质决定是否需要分液罐，低压火炬气通向适当的高压火炬包，在地面高压火炬的防辐射墙内，使用单独的低压火炬燃烧器燃烧这些气体。低压火炬可以看作是地面火炬内的一个或多个燃烧器。低压火炬由长明灯、点火器、遮风板和火焰稳定器组成。当燃烧负载超过设计流量的5%时，总管的压力增加，旁路管线的阀门才会一个接一个打开，使气体通过旁路排到密封罐。当流量下降时，这些燃烧器的管线一个接一个地关闭，直到气体仅通过未关闭的管线去密封罐。

（3）氮气吹扫

当某级阀关闭时，阀门和燃烧器之间的管道充满可燃气体。如果没有气体流经燃烧器，氧气会从燃烧器进入管道。一旦足够的氧气进入管道，就会形成爆炸混合气，并且由点火器引燃，形成爆炸。这种爆炸会对火炬系统造成严重的损害。使用氮气后吹扫可以防止这种危险。当某级阀门关闭时，该级的氮气后吹扫阀门会打开，并把可燃气体通过燃烧器吹出管道。氮气吹扫阀门会打开一段时间，确保管道中所有的可燃气体已经被氮气置换。如果某级阀门在吹扫完成后要打开，那么氮气吹扫阀门会马上关闭。

（4）蒸汽控制

火炬系统的某些级需要注入蒸汽以实现无烟燃烧。蒸汽控制阀的控制信号是火炬总管压力的函数。当总管压力上升时，送往打开级的蒸汽数量会增加。所有的蒸汽控制阀都有一个电磁阀。当该级打开时，电磁阀通电，并且允许火炬该级阀门进行调节。当该级关闭时，在一段设定时间之后，蒸汽控制阀关闭。蒸汽控制阀并联一个小的流量孔板，这样就会有一股较小的流量的蒸汽不断地流到燃烧器。这些蒸汽会保证管子的温度，并且减少在刚打开蒸汽控制阀时形成的凝液。这些蒸汽还起到冷却蒸汽注射元件的作用，这些元件会由于周围的燃烧器的辐射变热。

### 3. 地面火炬的主要设备

（1）火炬头

火炬头即燃烧器是地面火炬的关键设备，由燃烧器、点火器、蒸汽喷射器等组成。

燃烧器要选用高效能、多点、蒸汽辅助火炬燃烧器，采用易起烟的气体，并且在禁止起烟的场合下使用。地面火炬的燃烧器具有多个喷嘴，与炉子有点类似，而不是像高架火炬的火炬头那样，只有一个火炬气排出口。地面火炬的燃烧器及控制系统比较复杂，大多是专利技术产品，成套引进，目前也有外资和合资企业在国内制造，以降低价格。

地面火炬消烟通过喷射蒸汽、水、空气或采用特殊烧嘴实现，图 9.2-8 是多喷嘴地面火炬燃烧器装配示意图。

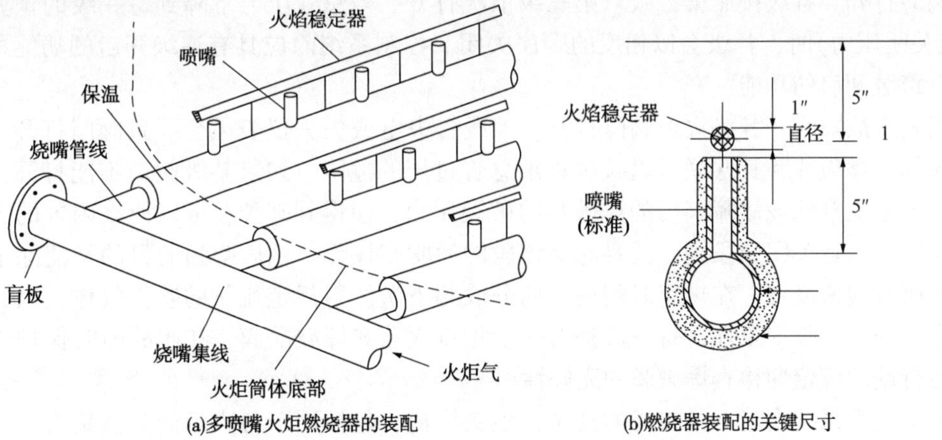


图 9.2-8　多喷嘴火炬燃烧器装配示意图

蒸汽喷射器吸入空气进入火焰管束，协助控制火焰。

每个火炬头配备蒸汽三脚架，在三脚架臂末端有多个蒸汽喷口和一根中央废气管。

每个喷头至蒸汽三脚架的蒸汽保持连续的流量用于冷却，并且防止蒸汽三脚架和管道裂开。通常在蒸汽调节阀周围安装节流孔板旁通。

喷头的位置和设计随不同的燃烧器而不同，一般前两级排放系统每个燃烧器配置一只长明灯，其他各级每个燃烧器配置长明灯的数量应不少于 2 只，蒸汽助燃型燃烧器每个燃烧器均需配置一只长明灯。

点火器使用联合火焰柱探测器和直接火花点火，火焰柱也可以用作点火。当点火器上没有火焰，微电子点火模块可让火焰柱打 6s 火花，并进行 15s 的探测。如果这样 4 次都检测不到火焰，警报会发生。装置可连续地点火。现场控制盘设有开关可以把点火器从自动模式切换到手动模式，或从手动切换到自动。

点火器组件包括一个高效能的燃烧器喷嘴，配有自吸入混合器，用来生成适用于点火器火焰的燃料-空气混合物。高合金电极用来传导点火火花，并且监测喷嘴内点火器火焰。点火器同时包括所需要的组件，便于电气连接和特殊防护。点火器单元采用不锈钢和陶瓷材料。

(2) 分液罐和水封罐

参见前面章节中分液罐和水封罐的表述。

4. 地面火炬系统控制

地面火炬采用 DCS 系统和 SIS 系统进行运行控制。

火炬管网压力根据装置排放量采用压力分段控制，随着火炬管网压力上升，自动启动第二等级和其他等级燃烧系统，直到控制管网压力。

控制系统在压力低于设定点时要减少燃烧器的使用数量(降段)。为了防止装置过压，控制系统在压力高于设定点时，要增加燃烧器的使用数量(升段)。

为了优化控制，分段程序中的每个步骤都有其特有分段设定点。

每一个高压火炬系统的第一级常开，管内有液封。当到达第一级的流量增加时，火炬总管的压力也会增加。当总管压力到达预先设定值(级启动压力)时，第二级的自动开关阀会打开。如果总管的压力继续增长，当压力增加到它的上级启动压力时，再次一级的自动开关阀会打开。各级按照第二级、第三级依次打开。当总管压力下降到每一级的预先设定值(级关闭压力)时，各级会以相反的顺序关闭。控制系统除应具有逐级开启的功能外，尚应具有跨级开启的功能。

当发生故障时，各级火炬阀门打开。螺线管失电或失去仪表风会导致阀门打开。各级火炬阀都有爆破片和其并联，以减少火炬总管过压的危险。如果某级阀门不能打开，火炬总管压力会上升到该故障阀门的爆破片的破裂压力，使得其破裂，可以使该闲置的火炬能够起作用。一旦关闭分段阀，就要起动该段的后吹扫操作。该后吹扫的目的是清除下游管道中的所有残留废气。在规定时间内，向分段阀下游注射规定流量的吹扫气体，以完成吹扫程序。为了增强安全性，每一段都有一定量点火器和爆破隔膜，在阀故障时保护工艺系统。运行期间应定期检查爆破膜的完好性。

每个火炬系统由若干排组成的多个火炬头构成，包括用于各火炬的分段集管。这些集管通过分段阀，将废气分配到各段中(高压第 1 段不包括分段阀。该段接收通过液体密封的气体，并且不与高压火炬分段集管连接)。

火炬区域的分段控制逻辑被编程进安全仪表系统(SIS)中。该逻辑程序包括分段阀、后吹扫阀的操作，爆破隔膜状态和引火器状态。火炬区域中的现场控制面板用来指出分段阀的位置、爆破隔膜状态和引火器状态。该面板同时提供引火器点火的开关。蒸汽辅助燃烧器的蒸汽控制程序被编程进 DCS 中。

现场控制系统通常位于地面或操作平台上易接近的地方。控制系统包括生成高压的高压变压器、检测点火器火焰存在的模块、配套继电器、指示灯、开关和终端。每个点火器有其特有的独立控制器，提供高度可靠性。通过位于 PCB(印刷电路板)上 LED 型状态指示灯，监测电子周期和状态。

### 5. 地面火炬需要注意的问题

地面火炬由多级多组燃烧器、独立的控制单元、独立点火系统和防辐射结构四部分组成，每个高压火炬系统或低压火炬系统都设立独立的分液储罐和水封罐。同时，地面火炬都设立独立的长明灯燃料供给系统，可以用丙烷或天然气等可连续供给的气体，并且设置备用燃料供给系统，确保任何时间、任何条件下都有可燃气体供给点火系统；所有的火炬管线埋在地面以下以避免燃烧过程中的热辐射。

(1) 燃烧器的可靠性

地面火炬燃烧器的设计原理与常规高架火炬相同，但是在正常操作中，除第一级燃烧器外其余的各级燃烧器并不使用，第一级燃烧器常开，用来处理连续排放的废气。由于大多数的燃烧器仅在紧急放空时偶尔操作，所以该方法能极大地延长燃烧器的寿命。设计应选用防结焦、堵塞及高温下不易变形的燃烧器。

1) 热辐射

在火炬燃烧区域，设置辐射隔离墙，将各等级火炬支管、高压火炬头和低压火炬头围起来，既防止人员非正常进入燃烧区域，又缓和了风对火焰的干扰。辐射隔离墙设计根据火焰燃烧的高度决定，同时限制对周围建筑物的辐射。隔离墙支柱和护板全部采用热镀锌碳钢，以最大化延长使用寿命。

相对高空火炬，地面火炬主要考虑热辐射的安全问题。辐射热来自火炬燃烧的热辐射，包括水蒸气、二氧化碳和烟灰颗粒。表 9.2-11 汇总了国外对热辐射的设计标准。国内标准见 SH3009—2013《石油化工可燃性气体排放系统设计规范》。

**表 9.2-11　国外热辐射设计标准**　　$kW/m^2$

| 项目 | API 标准 | BP RP44-3 | 项目 | API 标准 | BP RP44-3 |
|---|---|---|---|---|---|
| 安全区域 | <1.58 | 1.6(完全暴露) | 防护区域 | 4.5~6.3 | 4.7(60s 峰值逃离到安全地带) |
| 防护距离 | 1.58~4.5 | 3.2(30min 停留时间) | 严重致死区域 | >6.3 | 6.3(20s 峰值逃离到安全地带) |

地面火炬燃烧区域周围安装垂直的金属围栏将地面火炬的热量包揽在内部，从而减少向四周扩散热辐射，正常时围栏外的热辐射值低于 $1.6kW/m^2$。燃烧室周围的地面建筑所受的辐射很小，在火炬运行过程中，可在阀组上进行维修工作。在燃烧过程中，金属围栏与支撑可能因被烤而变热，应采取热表面保护措施设置金属丝围栏，以免人员接近不允许进入的火炬区域。

2）噪声

火炬燃烧时，伴随着热量、气体、光的能量释放会产生噪声，大多数火炬都会产生噪声。地面火炬燃烧的噪声大致有三个来源：

① 来自火炬燃烧器的喷射气流与周围空气相混合的噪声。

② 消烟媒介以及相关的混合。

③ 排放气体通过管道和阀门时产生的噪声，它们会沿着火焰传播消失在火炬顶端。

地面火炬设计时考虑到多级燃烧器的噪声对周边的影响，选择优质、气体混合稳定的全铸造不锈钢蜘蛛型燃烧器，在围栏设计上采用非透明型、高风载负荷和地震负荷的热浸镀锌钢结构，可大大削弱噪声。在正常燃烧状态下，距离辐射围栏 1m 处的任何一点的噪声（在周长上的或在两截面之间）为 85dB(A)左右；最大排放量燃烧时，在围栏外 50m 处的噪声约为 95~100dB(A)。

3）紧急排放时的完全燃烧

燃烧气体的入口压力高，设计的分级阀随总管压力的上升而打开，安装防爆膜盘或其他类型的后备保险装置保证紧急释放时的放空，在所有级上安装的长明灯用于点燃第一与第二燃烧器，邻近的燃烧器可以通过第一与第二燃烧器成排点燃。

（2）维修

只有分级入口阀及总管需常规检查与检修，而该部分位于底部围栏的外面，在火炬燃烧过程中，可以对其检修；其次燃烧室内的火炬头只在装置的开停车期间可以进行检修或检查。

（3）长明灯设计

长明灯点火系统与高架火炬的设计相同，应安全可靠。长明灯可以抵御 44.7m/s 的风速而不被吹灭，其电打火可以在水中工作。

（4）火炬与其他建筑物或装置的安全间距

地面火炬的安全间距问题是地面火炬设计必须重点考虑的因素之一。对地面火炬的安全间距，20 世纪 90 年代的 API 521 标准规定，地面火炬必须远离石化厂设施和边界线，火炬周围最小的无障碍距离范围为 76~152m。2001 年最新版的 API 521 标准规定：火炬的安全间距需要根据实际情况进行详细的计算和实际的模拟设计，以确定其最优化的安全距离，没有明确地限制无障碍距离范围，而是把间距的问题交给了设计方和业主。火炬的设计方可以根据业主的需要在进行精确的模拟计算后，给出最优化距离。从目前对国外地面火炬考察的实际情况可以看到，地面火炬的安全距离已可以做到离装置较近，这主要取决于事故状态下生产装置的最大排放量、安全排放控制系统和防护设施的设计标准。

## 第三节　给排水系统

### 一、原水系统

原水是指采集于自然界，包括海水、地下水、山泉水、水库水等自然界中的天然水源，未经过任何人工的净化处理，用作供水水源的水，或者指流入水处理厂的第一个处理单元的水。

天然水中含有多种杂质，包括：悬浮物质、胶体物质、溶解物质等，需要在净化水场内经过不同的处理方式处理后才能作为乙烯装置的生产、生活、冷却用水。常规的净水工艺流程如图 9.3-1 所示。

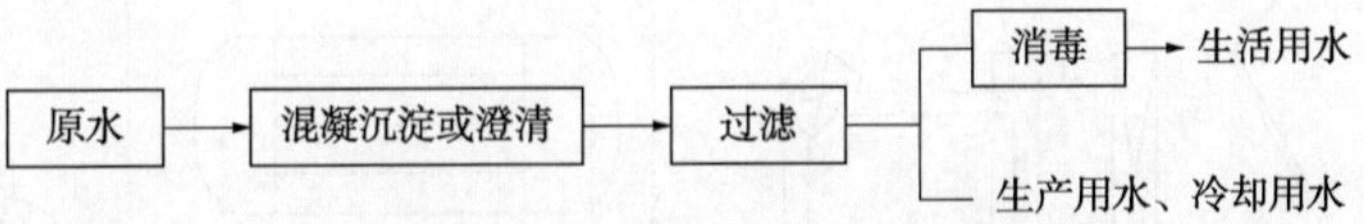


图 9.3-1　原水净化工艺流程

净化后的原水经输配水管网送至各用水单元。

## 二、冷却水系统

### 1. 冷却水系统的定义及分类

冷却水系统分为直接冷却水系统和间接冷却水系统。直接冷却水系统是指冷却水与被冷却介质直接接触而换热的冷却水系统；间接冷却水系统是指冷却水与被冷却介质间接传热的冷却水系统。

冷却水系统主要为乙烯装置内换热器、冷凝器、冷却器、机泵等设备提供冷却用水。水在该系统内作为冷却介质。根据冷却水的来源不同，可分为：海水冷却水系统和淡水冷却水系统；根据冷却水是否循环利用，可分为：直流冷却水系统和循环冷却水系统；循环冷却水系统根据冷却方式的不同，可分为：开式循环冷却水系统和闭式循环冷却水系统。目前国内乙烯装置多采用敞开式循环冷却水系统。但随着国家对水资源利用的管理日益加强，节水要求的不断提升，海水冷却水系统将会越来越多地应用于沿海地区石化企业新建乙烯装置内。海水冷却水系统的应用将大幅度降低淡水资源的利用，实现传统石化企业向新型绿色节能的转变。

乙烯装置的冷却水用量主要取决于工艺要求的冷却负荷及冷却水的供水及回水温度。乙烯装置循环冷却水的工艺设计通常采用串联冷却方案，满足不同温度段的工艺冷却要求，以减少冷却水的用量，降低装置能耗。乙烯装置的冷却负荷与裂解原料、规模及工厂的热回收方案有关。其中急冷水冷却、压缩机段间冷却、透平复水器冷却、丙烯精馏塔塔顶冷凝是乙烯装置冷却水的主要用户。随着乙烯装置规模逐渐大型化，达到 1500kt/a 甚至以上，装置所需的循环冷却水量最高也达到了接近 100kt/h，供水规模的加大更加凸显了循环冷却水系统稳定安全运行的重要性。

(1) 直流冷却水系统

直流冷却水系统可分为淡水直流冷却水系统和海水直流冷却水系统。在直流水系统中，冷却水只经换热器一次利用后就被排放，相比较循环冷却水系统，该系统对于水资源的利用率不高，故淡水直流冷却水系统在乙烯装置内未得到应用。由于海水直流冷却具有取水温度低、冷却效果好、运行管理简单等优点，适合用于取、排水量较大而且对海水不造成污染的设备或单元。近年来，海水直流冷却系统和闭式循环冷却水系统结合在一起已引入乙烯装置。海水直流冷却系统可直接为乙烯“三机”(裂解气压缩机、丙烯压缩机、乙烯压缩机)提供冷却水。

海水直流冷却水系统主要由取水泵站、管道和冷却设备等组成。

工艺流程如图 9. 3-2 所示。

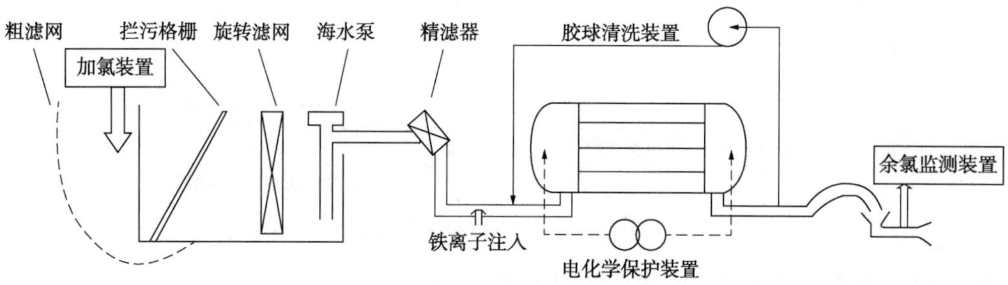


图 9. 3-2　海水直流冷却系统工艺流程图

海水直流冷却水的水质应根据选用的换热器材质及型式，结合工艺的需要确定，宜符合表 9. 3-1 的规定。

**表 9. 3-1　海水直流冷却水水质指标**

| 项目 | 要求和使用条件 | 允许值 |
|---|---|---|
| 悬浮物/(mg/L) | 根据生产工艺要求确定 | ≤30 |
| 浊度/NTU | 根据生产工艺要求确定 | ≤20 |
| pH 值 | | 7. 0~8. 5 |

注：应用于极间冷却器、表面复水器时，水质指标可根据海域水质特点、生产工艺要求调整。

(2) 开式循环冷却水系统

开式循环冷却水系统可分为淡水开式循环冷却水系统和海水开式循环冷却水系统。本章节介绍的开式循环冷却水系统均为淡水开式循环冷却水系统。

开式循环冷却水系统是乙烯装置目前应用最广泛的冷却水系统，由开式冷却塔、冷却设备、水处理设施、水泵、管道及其他有关设备及设施组成。经乙烯装置内各设备换热升温后的循环冷却回水靠余压回至冷却塔进行冷却，冷却后的水汇入塔下水池，经循环水泵加压后再送至乙烯装置内冷凝器、冷却器、压缩机、机泵等冷却设备。

常规开式循环冷却水系统流程如图 9. 3-3 所示。

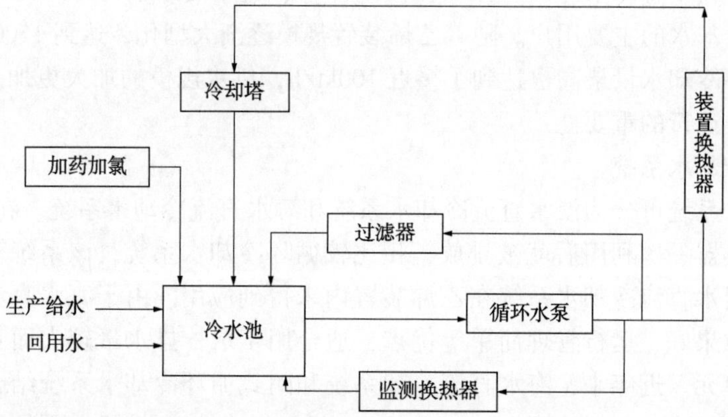


图 9. 3-3　开式冷却循环水系统工艺流程图

开式循环冷却水系统由于在循环过程中受到浓缩、蒸发、风吹、升温、渗漏等各种作用，使系统中的循环水具有腐蚀性(结垢性)、易产生沉积物、易微生物繁殖等特点。如果不能很好地解决腐蚀(结垢)控制、沉积物控制及微生物控制这三大问题，控制循环冷却水的水质，会对乙烯装置的正常运转产生很大影响。循环冷却水的水质处理应根据换热设备的结构型式、材质、工况条件、污垢热阻值、腐蚀率以及所采用的水处理配方等因素综合确定。循环冷却水水质处理通常包括补充水处理、阻垢缓蚀处理、微生物控制、旁流水处理、排污水处理等。这些处理设施都设置在为乙烯装置服务的开式循环水场内。

开式循环冷却水的水质指标应根据换热设备的结构型式、材质、工况条件以及采用的水处理药剂配方等因素综合确定，并应考虑污垢热阻值和腐蚀速率的影响，宜符合表 9. 3-2 的规定。

**表 9. 3-2　敞开式循环冷却水水质指标**

| 项　目 | 要求或使用条件 | 许用值 |
|---|---|---|
| 浊度/NTU | 根据生产工艺要求确定 | ≤20. 0 |
| | 换热设备为板式、翅片管式、螺旋板式 | ≤10. 0 |
| pH 值(25℃) | — | 6. 8~9. 5 |
| 钙硬度+全碱度(以 $CaCO_3$ 计)/(mg/L) | 稳定指数 RSI≥3. 3 | ≤1100 |
| | 传热面水侧壁温大于 70℃ | 钙硬度小于 200 |
| 总 Fe/(mg/L) | — | ≤2. 0 |
| $Cu^{2+}$/(mg/L) | — | ≤0. 1 |
| $Cl^-$/(mg/L) | 水走管程：碳钢、不锈钢换热设备 | ≤1000 |
| | 水走壳程：不锈钢换热设备<br>传热面水侧壁温小于或等于 70℃<br>冷却水出水温度小于 45℃ | ≤700 |
| $SO_4^{2-}$+$Cl^-$/(mg/L) | — | ≤2500 |
| 硅酸(以 $SiO_2$ 计)/(mg/L) | — | ≤175 |
| $Mg^{2+}$×$SiO_2$($Mg^{2+}$以 $CaCO_3$ 计)/(mg/L) | pH(25℃)≤8. 5 | ≤50000 |
| 游离氯(循环回水总管处)/(mg/L) | 连续加氯 | 0. 1~0. 5 |
| | 冲击加氯 | 0. 5~1. 0 |
| 氨氮(以 N 计)/(mg/L) | — | ≤10. 0 |
| | 铜合金设备 | ≤1. 0 |
| 石油类/(mg/L) | 非炼油企业 | ≤5. 0 |
| | 炼油企业 | ≤10. 0 |
| $COD_{Cr}$/(mg/L) | — | ≤150 |

(3) 闭式循环冷却水系统

密闭式循环冷却水系统按照热交换的形式不同分为闭式冷却塔循环冷却水系统和以海水为冷源的闭式循环冷却水系统。本章节主要介绍以海水为冷源的闭式循环冷却水系统。

闭式循环冷却水系统是指循环水不与大气直接接触的系统。开式循环冷却水系统由于在冷却塔中循环水和大气充分接触，导致水溶解氧饱和，吸收了大量的灰尘和微生物，系统的污泥和生物黏泥增加，水质波动大，工艺换热设备易结垢和腐蚀，降低了传热效率，能耗增加。而闭式循环冷却水系统中的水是在密闭的回路中循环实现热量交换，避免了水质污染和波动，有效解决了开式循环冷却水系统运行存在的问题。

以海水为冷源的闭式循环冷却水系统，是通过板式换热器将海水作为冷源对循环水进行冷却的系统。利用板式换热器板片之间不同波纹形成的复杂流道，海水、循环水在板片之间通过并流或逆流的流动方式进行换热。由于板式换热器具有传热系数高、对数平均温差大、热损失小、占地面积小、易于拆卸及清洗等特点，因而在换热效果和系统运行方面较开式循环冷却水系统和闭式冷却塔循环冷却水系统均有较大的优势。特别是对于乙烯装置这类循环水耗量大、换热要求高的核心装置，可有效地节水节能，降低成本。

以海水为冷源的闭式循环冷却水系统主要由板式换热器、冷却设备、水泵、管道及其他有关设施组成。

闭式循环冷却水系统流程如图 9.3-4 所示。

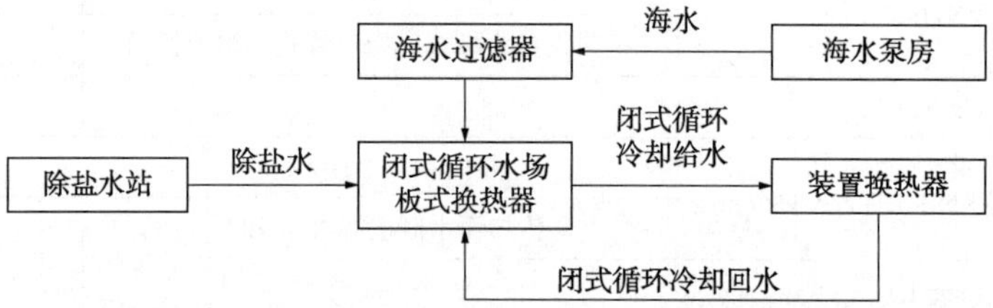


图 9.3-4　闭式冷却循环水系统工艺流程图

闭式循环冷却水水质指标应根据系统特性和用水设备的要求确定，其补充水宜采用除盐水或优质再生水，总铁含量应不大于 2.0mg/L，设备传热面水侧污垢热阻值应不大于 $0.86\times10^{-4}m^2\cdot K/W$。

(4) 二次冷却水系统

乙烯装置物料种类复杂，设备数量多，各类物料对于换热的需求也不相同，为了更好地利用循环水热能，对于装置内换热需求低，循环水温差变化小的设备，循环水在一次换热后，再进入其他设备进行二次换热，此类系统称之为二次冷却水系统。

2. 循环水场

(1) 开式循环水场

1) 工艺系统简述

① 循环冷却水加压系统。乙烯装置所用循环水靠余压经管道回至冷却塔进行冷却，冷却后的水汇入冷却塔水池，经渠道和格网流入吸水池，由循环水泵通过吸水管道将吸水池的水加压送至乙烯装置使用。

冷却塔水池宜为钢筋混凝土结构，有效水深宜为 1.0~1.5m，池壁超高不宜小于 0.3m 并宜高出地面 0.5m 以上。水池应设置溢流、排空或排泥和通向池内的爬梯，池底宜有不小于 0.3%的坡度坡向排水坑。

吸水池应根据系统需要分成几个隔间，隔间可用壁板阀或管道、阀门连通。吸水池的进水渠道(管道)应设格栅、格网、起吊设施及防污物脱落设施。吸水池与冷却塔水池间的连通管道(渠道)的运行水位差，不宜超过 0.3m。

循环水泵的设置应满足用户对水量和水压的需求，宜设同型号的水泵，运行台数大于 4

台时应备用 2 台，不大于 4 台时应备用 1 台。当水泵流量不同时，备用泵宜按最大流量泵确定。循环水泵效率不应低于 80%。

② 水质处理系统。循环冷却水水质处理应包括：补充水处理、阻垢缓释处理、微生物控制、旁流水处理、排污水处理，水质指标应根据补充水水质及换热设备的结构型式、材质、工况条件、污垢热阻值、腐蚀速率，并结合水处理药剂配方等因素综合确定。

a. 加药系统。为防止设备结垢腐蚀，达到满足生产合格水质的要求，根据有关规范要求设置投加缓蚀剂、阻垢剂等药剂系统，并实现加药系统自动化。阻垢缓释药剂应选择高效、无毒、低磷或无磷、化学稳定性及复配性能良好的水处理药剂，当采用含锌盐药剂配方时，循环冷却水中的锌盐含量应小于 2.0mg/L(以 $Zn^{2+}$ 计)。

加药系统由药剂罐、计量泵、管道和控制盘等组成，一般采用 PLC 控制。

b. 旁流水处理系统。为了降低循环水浊度，减少循环水中生物黏泥量的增加，采用旁流水处理设施，通常采用节水型自动过滤器，PLC 控制。

旁流过滤的水量应根据循环冷却水中悬浮物的含量、滤后悬浮物含量，以及循环冷却水系统运行悬浮物含量要求通过计算确定，也可结合相似条件的运行经验确定。当不具备计算条件或无相似条件运行经验时，旁流过滤的水量可按循环冷却水水量的 1%~5%选取。

旁流过滤设置宜采用均质滤料的石英砂过滤器，也可结合循环水水质特点通过技术经济比较，采用纤维过滤器、多介质过滤器等过滤设备。旁流过滤的出水浊度宜小于 3NTU。

c. 微生物控制系统。循环冷却水系统需投加杀微生物剂对微生物进行控制。杀微生物剂以氧化型为主，非氧化型为辅。氧化型可采用次氯酸钠、液氯、二氧化氯、无机溴化物等杀微生物剂。氧化型杀微生物剂可采用连续投加模式。非氧化性杀微生物剂宜根据微生物监测数据不定期投加。

d. 水质监测系统。为了有效及时的地循环水的腐蚀和结垢进行监测，采用模拟换热器。一般采用 PLC 控制。

e. 循环水排污系统。该系统主要收集循环水排污水、过滤器排污水、水池溢流和放空水。经生产废水系统收集后自流至生产废水池，再经泵提升送至全厂污水处理场进行处理。

2）主要设计参数(表 9.3-3)

**表 9.3-3　敞开式循环冷却系统主要设计参数**

| 名　称 | 设计参数 | 名　称 | 设计参数 |
|---|---|---|---|
| 污垢热阻 | 设备传热面水侧<$3.44\times10^{-4}m^2\cdot K/W$ | 腐蚀速率 | 碳钢设备传热面水侧<0.075mm/a |
| 旁滤量 | 1%~5% | | 铜合金和不锈钢传热面水侧<0.005mm/a |

3）设备布置

根据场地情况，结合所在地气候条件，循环水冷却塔可采用在同一轴线上单排布置的方式或双排布置的方式。

单排布置，冷却塔可双侧进风，冷却效果好，但占地稍大；典型单排布置如图 9.3-5 所示。

双排布置，可节约占地，但由于冷却塔只能单侧进风，冷却效果较单排布置要差。双排布置如图 9.3-6 所示。

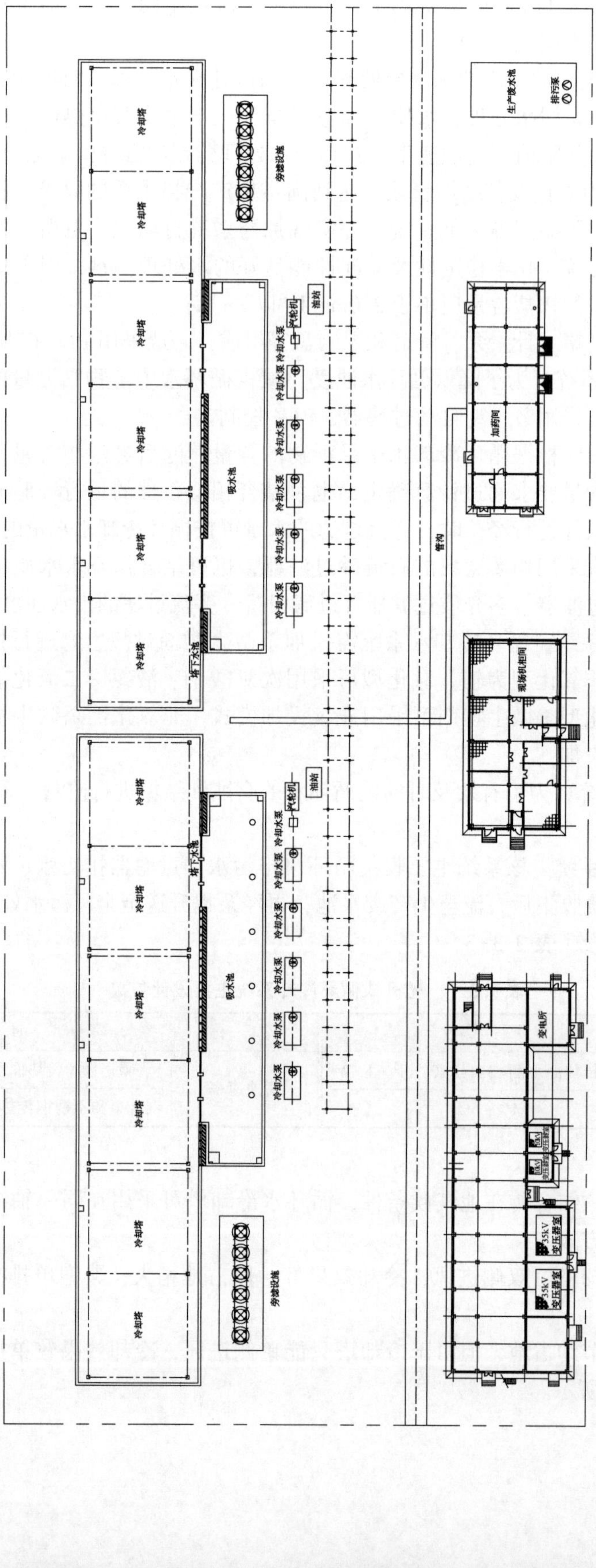


图9.3-5 单排开式循环水场典型设备布置图

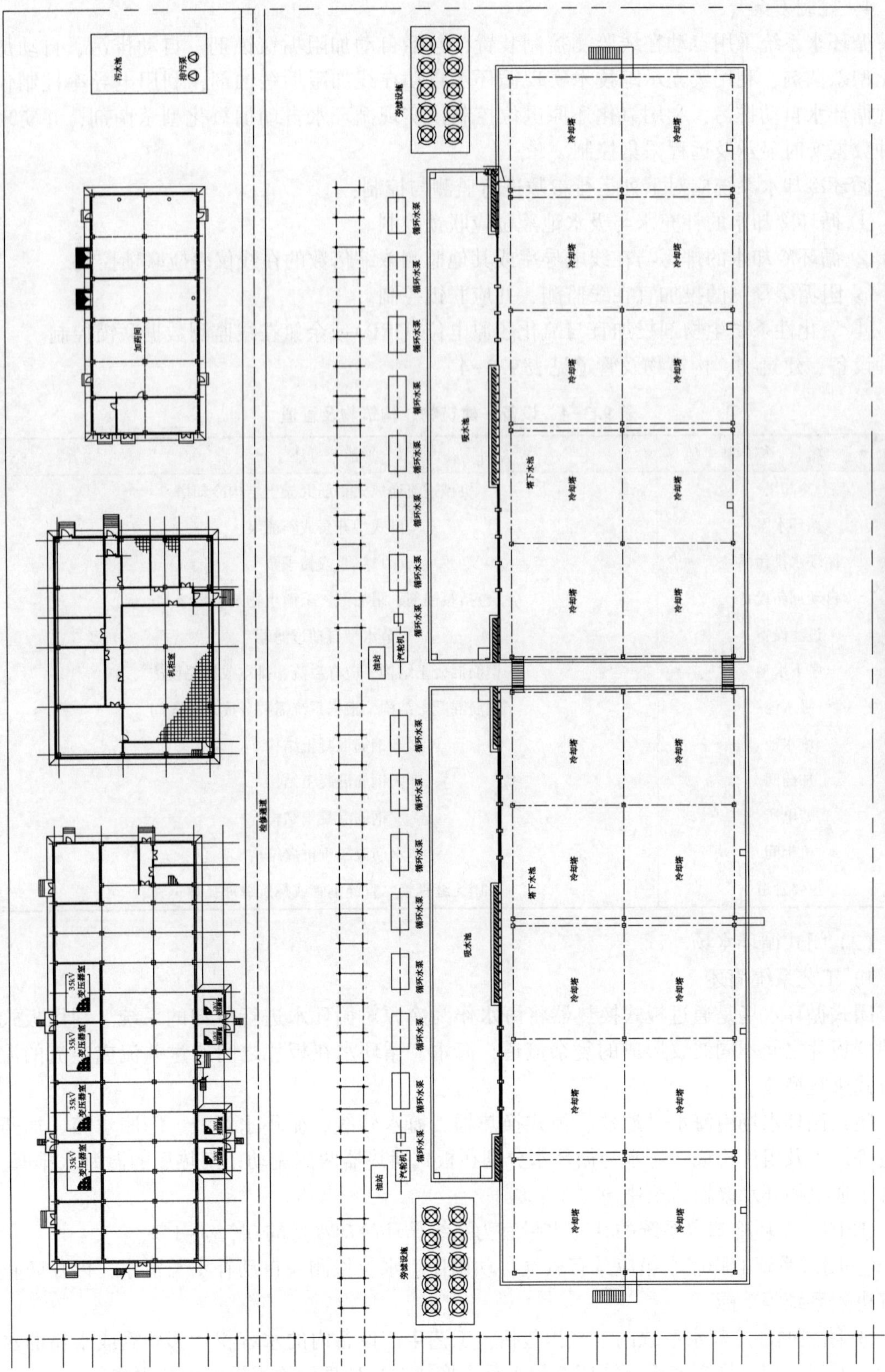


图9.3-6　双排开式循环水场设备布置图

4）控制方案

循环水系统采用自动在线监测控制装置，包括自动加阻垢缓蚀剂、自动排污、自动加氧化型杀菌剂，利用荧光示踪技术实现循环水自动在线加阻垢缓蚀剂，利用电导率控制仪实现循环水自动排污，利用氧化还原电位控制仪实现循环水自动加氧化型杀菌剂，并实现各种数据实时显示及远程采集控制。

循环冷却水系统应对下列运行参数进行监测与控制：

① 循环冷却水的补充水与吸水池液位应联锁控制。

② 循环冷却水的排污与在线电导率或其他监测浓缩倍数的在线仪表应联锁控制。

③ 阻垢缓释剂的投加宜在线监测，并应联锁控制。

④ 氧化性杀微生物剂投加宜与氧化还原电位（ORP）或余氯在线监测数据联锁控制。

设备、建筑物、构筑物及管道见表9.3-4。

**表9.3-4　设备、建筑物、构筑物及管道**

| 名　称 | 描　述 |
| --- | --- |
| 冷却塔 | 机械逆流通风式钢筋混凝土结构冷却塔 |
| 循环水泵 | 卧式中开泵或斜流泵 |
| 循环水排污泵 | 自吸泵或转子泵 |
| 自动加药设备 | 包括缓蚀剂、阻垢剂、杀微生物剂、酸液等 |
| 过滤设备 | 节水型自动过滤器 |
| 塔下水池 | 钢筋混凝土结构，应有溢流、排空或排泥设施 |
| 吸水池 | 钢筋混凝土结构，根据系统需要分成几个隔间 |
| 废水池 | 钢筋混凝土结构 |
| 加药间 | 钢筋混凝土结构 |
| 变电所 | 钢筋混凝土结构 |
| 机柜间 | 钢筋混凝土抗爆结构 |
| 主要管道 | 采用无缝钢管、直缝钢管或螺旋缝埋弧焊钢管 |

（2）闭式循环水场

1）工艺系统简述

闭式循环水场是通过板式换热器将海水作为冷源对循环水进行冷却的系统。利用板式换热器板片之间不同波纹形成的复杂流道，海水、循环水在板片之间通过并流或逆流的流动方式进行换热。

闭式循环水场由海水过滤器、板式换热器、海水管线、循环水管线、膨胀水箱、加药装置等设备及组件构成，海水与循环水分别在板式换热器两侧流动，换热后的温海水排海，循环水通过循环水泵输送至用户。

① 闭式循环冷却水系统的补充水量宜为系统循环冷却水量的0.5‰~1‰。

② 闭式系统的膨胀水箱应具有氮气自动调压、水位检测、自动补水与泄水，以及防止空气进入系统等功能。

③ 闭式循环冷却水系统的水容积包括：工艺生产设备内的水容积、膨胀罐或水箱的水容积、循环冷却水管道容积及循环冷却水泵、换热器、处理设施等设备中的水容积。

④ 闭式循环冷却水系统排出的含有高浓度药剂的循环冷却水排污水在闭式循环水场内收集后加压送至污水处理场处理。

2）主要设计参数(表 9.3-5)

**表 9.3-5 闭式循环冷却系统主要设计参数**

| 名　称 | 设计参数 | 名　称 | 设计参数 |
|---|---|---|---|
| 污垢热阻 | $0.86\times10^{-4}m^2\cdot K/W$ | $Cl^-$含量 | ≤25mg/L |
| 总铁含量 | ≤2.0mg/L | | |

3）设备布置

闭式循环水场设备布置如图 9.3-7 所示。

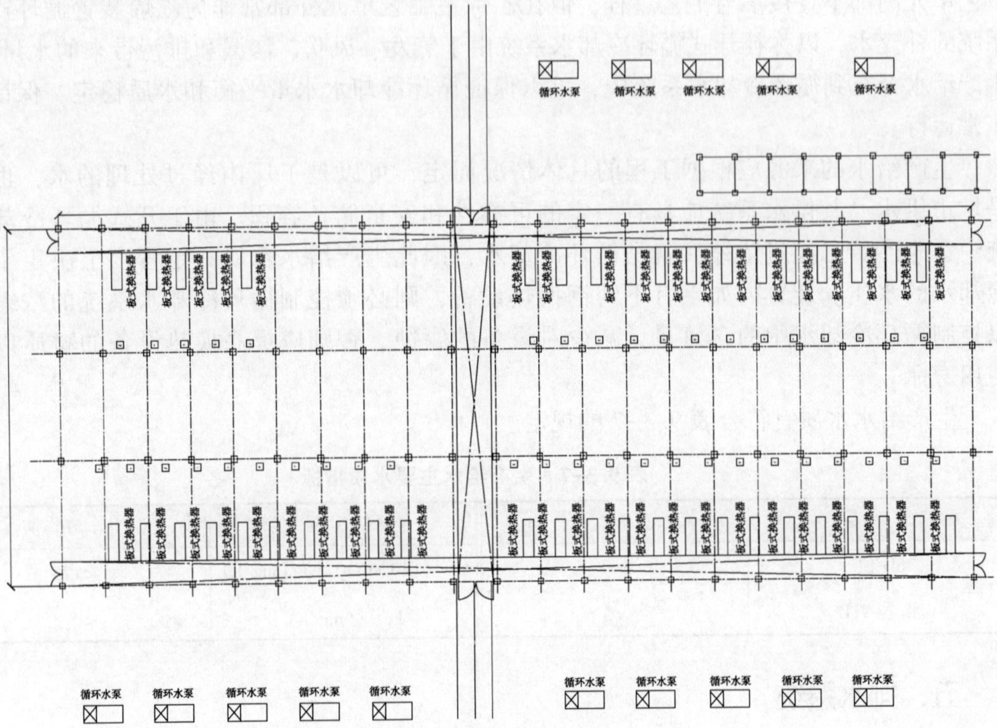


图 9.3-7 闭式循环水场设备布置图

4）设备、建筑物、构筑物及管道(表 9.3-6)

**表 9.3-6 设备、建筑物、构筑物及管道**

| 名　称 | 描　述 | 名　称 | 描　述 |
|---|---|---|---|
| 闭式冷却塔（板式换热器） | | 变电所 | 钢筋混凝土结构 |
| 循环水泵 | 卧式中开泵 | 机柜间 | 钢筋混凝土抗爆结构 |
| 污水泵 | 自吸泵或转子泵 | 管道 | 采用无缝钢管、直缝钢管或螺旋缝埋弧焊钢管 |
| 自动加药设备 | 包括缓蚀剂、阻垢剂、杀菌剂 | | |

## 三、生活给水系统

乙烯装置内的生活给水一般用于辅助房间(机柜间、变电所)内的卫生器具用水、生产单元的安全淋浴洗眼器用水等。生活给水的水质应符合现行《生活饮用水卫生标准》(GB 5749)的要求。

生活给水通常来自市政给水，当水质条件不满足要求时，需要在厂内建设净化水厂对原水进行处理，达到生活给水水质要求。

## 四、生产给水系统

生产给水系统在乙烯装置里主要作为设备、地面的冲洗用水。生产给水系统在乙烯主工艺单元内部不直接参与工艺过程，但在乙烯主工艺单元外部常作为乙烯装置循环冷却水系统的补充水，以弥补开式循环冷却水系统由于蒸发、风吹、渗漏和排污带来的水量损失。生产给水补充到循环冷却水系统中，可以保证循环冷却水水量平衡和水质稳定，保证系统正常运行。

生产给水的来源应根据工程的具体情况而定，可以是工厂内经过处理的水，也可以是城市供水。其供水系统应具有一定的可靠性和安全储备容积。由于开式循环冷却水系统中，生产给水经过浓缩后就是循环冷却水，因此生产给水水质一定程度上决定了循环冷却水的水质。装置内如果有不锈钢换热设备，则必须控制循环冷却水系统的浓缩倍数以控制循环冷却水中的含氯量，减少对设备的腐蚀，否则应提高换热设备的材质以提高使用寿命。

生产给水水质宜符合表 9.3-7 的规定。

**表 9.3-7　生产给水主要水质指标**

| 项　目 | 允 许 值 | 项　目 | 允 许 值 |
|---|---|---|---|
| pH 值 | 6.5~8.5 | $Ca^{2+}$(以 $CaCO_3$ 计)/(mg/L) | <175 |
| 浊度/NTU | <3 | $Fe^{2+}$/(mg/L) | <0.3 |

## 五、排水系统

乙烯装置的排水包括生产污水、生活污水、初期雨水及清净雨水。

生产污水是指在使用过程中受到较严重污染的水。乙烯装置正常运行时排放的生产污水主要是来自稀释蒸汽排污、氧化中和后的废碱液及裂解炉连排罐排放的清焦废水。中和后废碱液由于含盐量及化学需氧量(COD)值高，常作为含盐污水排放至污水处理厂的含盐污水处理系统。而稀释蒸汽排污及裂解炉连排罐的清焦废水则作为低盐污水排放至污水处理场的低盐污水处理系统。乙烯装置内的生产污水收集后通过重力流生产污水管道送至装置内的生产污水池，经泵提升后送至界区外污水处理场处理。生产污水的收集及排放流程如图 9.3-8 所示。

生活污水主要来自辅助设施(变电所、机柜间)的排水，经过化粪池简单处理后，送至装置内的生活污水池，经泵提升后送至界区外污水处理场处理。生产污水的收集及排放流程如图 9.3-9 所示。

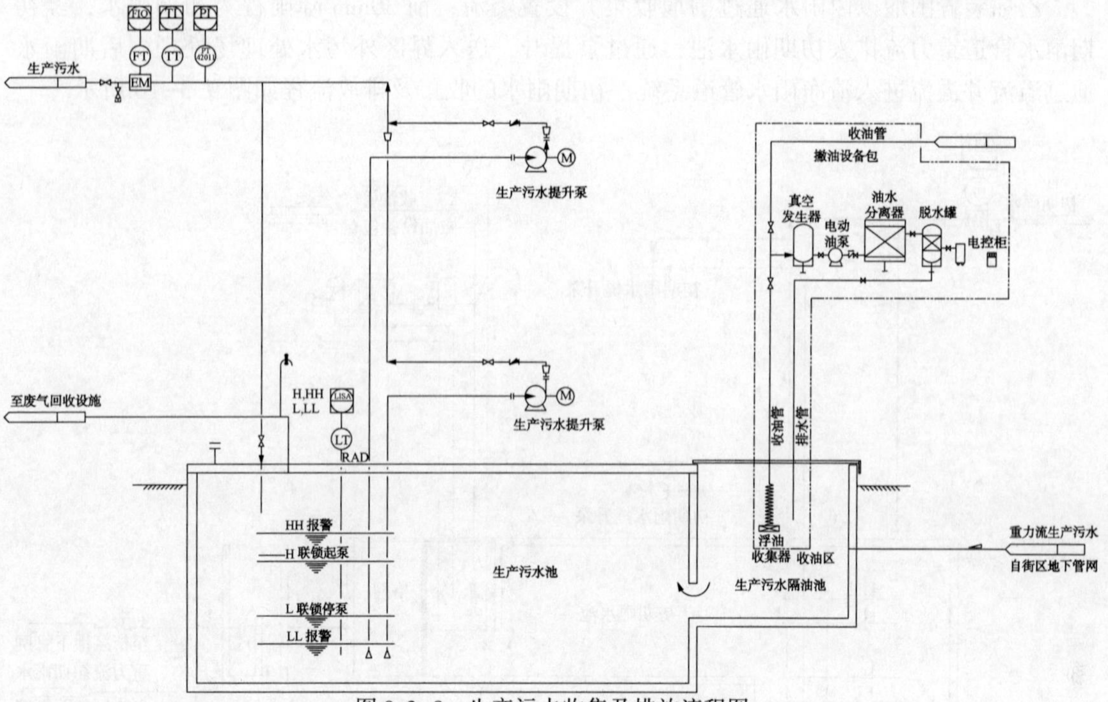


图 9.3-8　生产污水收集及排放流程图

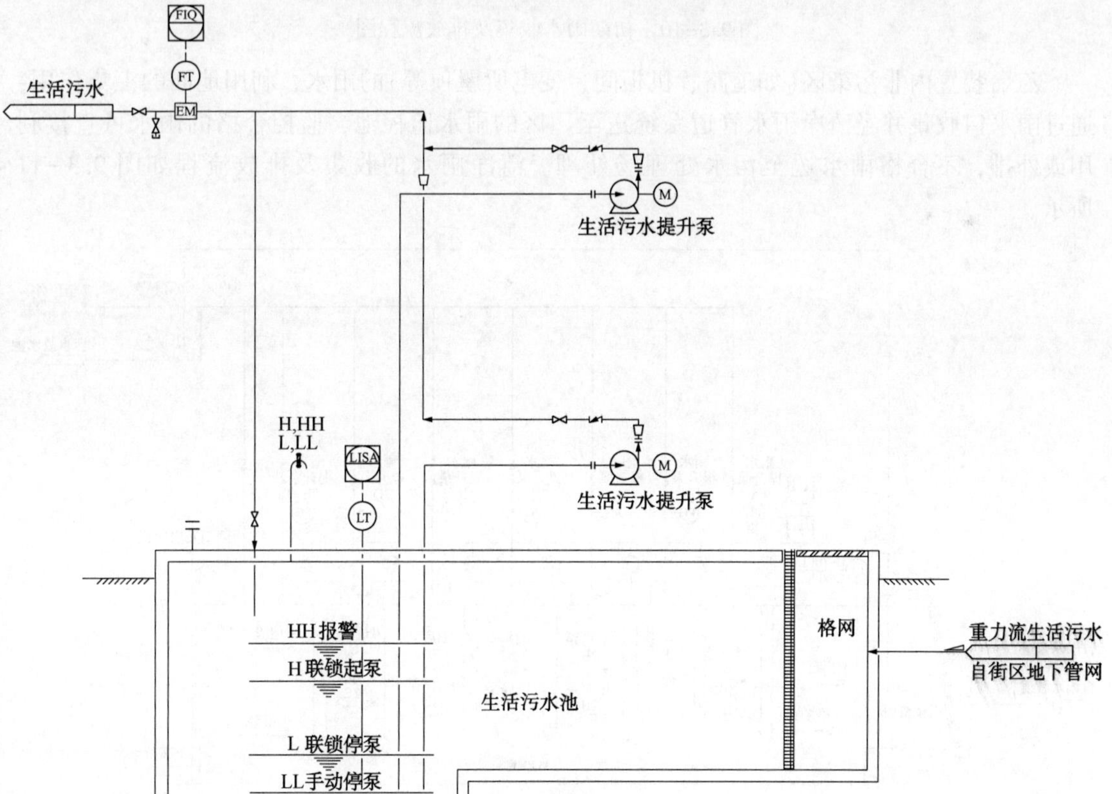


图 9.3-9　生活污水收集及排放流程图

乙烯装置围堰以内雨水通过围堰收集并设置溢流，前 30mm 降雨视为初期雨水，经初期雨水管道重力流排入初期雨水池，通过泵提升，送入界区外污水处理场处理。后期雨水通过溢流井溢流进入清净雨水管道系统。初期雨水的收集及排放流程如图 9. 3-10 所示。

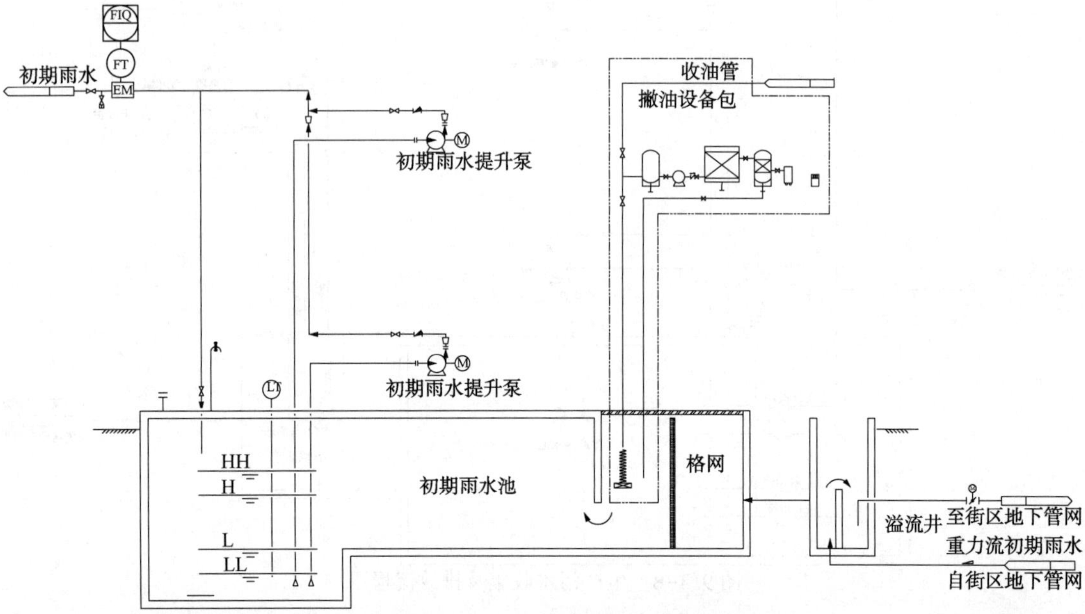


图 9. 3-10　初期雨水收集及排放流程图

乙烯装置内非污染区(如道路、机柜间、变电所屋顶等)的雨水，利用地面的汇集作用，通过雨水口收集并经清净雨水管道系统送至厂区的雨水监控池，监控合格的雨水可直接利用或外排，不合格雨水送至污水处理场处理。清净雨水的收集及排放流程如图 9. 3-11 所示。

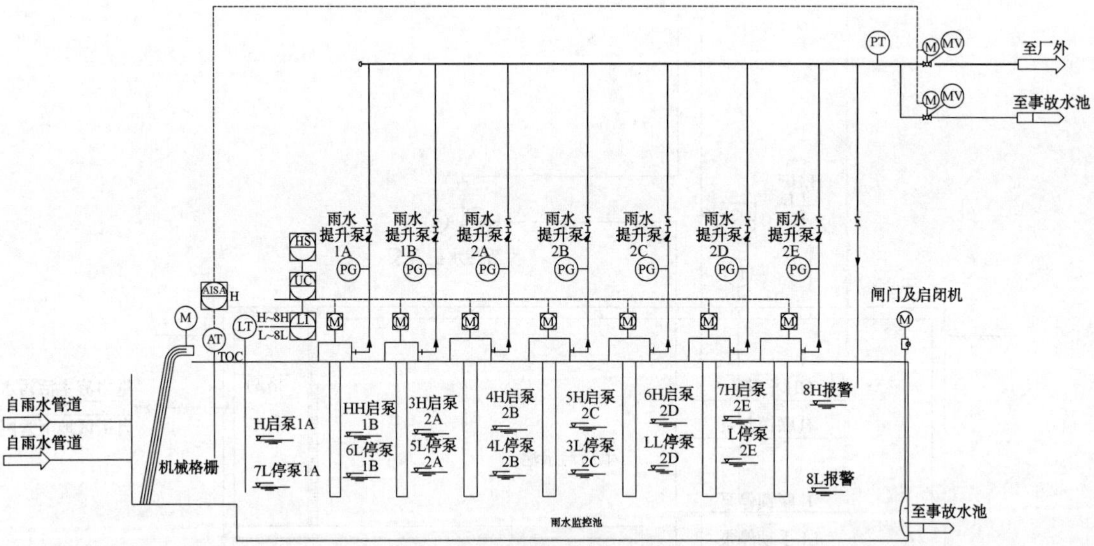


图 9. 3-11　清净雨水收集及排放流程图

## 六、给排水管道布置及材料选用

### 1. 给排水管道布置

乙烯装置内给排水系统繁多，管道布置十分复杂，埋地管道的平面布置和埋深，应根据乙烯装置地形、布置、用水设备负荷、道路型式、冰冻深度、工程地质、管道材质、施工条件等因素综合考虑确定。

对于室外埋地给排水管道，当平行敷设无阀门时，管道敷设应符合下列规定：

① 管径小于或等于200mm时，管道间净距不宜小于0.4m；管径在250~600mm时，管道间净距不宜小于0.5m；管径大于600mm时，管道间净距不宜小于0.6m。

② 管道外壁与相邻管道上的给水排水井外壁的净距不宜小于0.2m。

③ 相邻管道底标高不同时，较深管道宜敷设在较浅管道外缘或管道基础底面外缘的地基土的安息角以外。

当埋地给排水管道交叉敷设时，应符合下列规定：

① 管道间净距不宜小于0.1m。

② 小管径管道宜避让大管径管道，压力流管道宜避让重力流管道。

③ 采用铸铁管或非金属管道的生活给水管道应敷设于污水管道的上面，在交叉处3m范围内不得有管接头。当不能满足要求时，生活给水管道应采取相应保护措施。

重力流管道可采用倒虹管避让其他管道。

给水排水管道不宜在车行道下纵向敷设，如需敷设应根据道路荷载、埋设深度等因素采取相应的加固措施，生产污水管道不应敷设于车行道下。给水排水管道的埋设深度，应根据土壤冰冻深度、外部荷载、管径、管材、管内介质温度及管道交叉等因素确定，并应符合下列规定：

① 不考虑季节性冻土地区，车行道下管顶覆土厚度不宜小于0.7m。

② 考虑季节性冻土地区管道埋深规定如下：

a. 循环水管道可不受冻土深度限制，但对管径较小和间断用水可能冻结的管道应敷设在土壤冰冻线以上。

b. 管径小于500mm的其他给水管道，管顶不宜高于土壤冰冻线。

c. 管径大于等于500mm的其他给水管道，其管底可敷设在土壤冰冻线以下0.5倍的管径处。

d. 无保温措施的重力流管道(如生活污水管道、生产污水管道)的干管、支干管管底可在土壤冰冻线以上0.15m。

e. 雨水管道敷设于土壤冰冻线以上时，应有防止土壤冻胀破坏管道及接口的措施。

f. 埋地敷设的独立消防给水管道应埋设在冰冻线以下，管顶距冰冻线不应小于0.15m。

### 2. 给排水材料选用

(1) 生产给水、循环水管道

埋地敷设的生产给水、循环水管道可采用无缝钢管或埋弧焊钢管，地上部分可采用无缝钢管或直缝管，均为焊接连接。

(2) 生活给水管道

室外埋地敷设的生活给水管道可采用钢骨架聚乙烯塑料复合管，电熔连接。室外地上敷设的生活给水管道可采用内外热镀锌无缝钢管，焊接连接。

室内生活给水系统管道可采用冷热水用聚丙烯 PP-R，S5 系列；热熔连接，与金属管材连接采用法兰连接。

(3) 生产污水、初期雨水管道

室外埋地敷设的生产污水、初期雨水管道可采用无缝钢管或直缝管，焊接连接。

(4) 生活污水管道

室外埋地敷设的生活污水管道可采用球墨铸铁管，K9 级，T 形接口，承插连接。

室内生活污水系统管道可采用硬聚氯乙烯管 PVC-U，粘接连接。

(5) 清净雨水管道

室外埋地敷设的清净雨水管道小口径可采用球墨铸铁管，K9 级，T 形接口，承插连接；大口径可采用埋置式预应力钢筒混凝土管，双胶圈，承插连接。

## 第四节 消防系统

消防系统是预防装置火灾和减小火灾危害、保障生产平稳运行、保护人身和财产安全的重要系统。在乙烯装置中，根据生产过程中的物料特性、生产运行环境、设备布置特点等因素综合考虑，水作为乙烯装置消防的最主要灭火剂是效果最显著、经济最合理的选择。与其他灭火剂相比，水具有可大量储存、可供给时间长、可覆盖范围广、受室外环境影响小、事故后污水易于收集等特点。

### 一、乙烯装置火灾危险性特点及分析

1. 乙烯装置的布置特点

乙烯装置的布置特点是占地面积大，设备数量多且布置密集。主要分为冷区、热区、压缩区、急冷区、裂解炉区及公用工程区等。在各个区域之间均设置了环状消防道路分开。

2. 生产过程中的物料特性

乙烯装置生产过程中，物料种类多、成分复杂、火灾及爆炸危险性大。主要化学品特性见表 9.4-1。

表 9.4-1 主要危险化学品数据表

| 序号 | 物料名称 | 危险化学品分类 | 相对密度 | | 沸点/℃ | 闪点/℃ | 自燃点/℃ | 爆炸极限/%(体积) | | 火灾危险性分类 | 级别 |
|---|---|---|---|---|---|---|---|---|---|---|---|
| | | | 液 | 气 | | | | 上限 | 下限 | | |
| 1 | 氢气 | 易燃气体 | — | 0.1 | -252.8 | 不适用 | 500 | 75 | 4 | 甲 | ⅡC |
| 2 | 一氧化碳 | 毒性气体 | 0.79 | 0.97 | -191.4 | -50 | 607 | 74.2 | 12.5 | 乙 | ⅡB |
| 3 | 氨 | 毒性气体 | 0.82 (-79℃) | 0.6 | -33.4 | — | 651 | 28 | 15 | 乙 | ⅡA |
| 4 | 硫化氢 | 毒性气体 | — | 1.2 | -60.4 | <-50 | 260 | 46 | 4 | 甲 | ⅡB |
| 5 | 甲烷 | 易燃气体 | 0.42 (-164℃) | 0.77 | -161.5 | -188 | 537 | 15 | 5 | 甲 | ⅡA |
| 6 | 乙烷 | 易燃气体 | 0.45 | 1 | -88.6 | -135 | 472 | 15.5 | 3 | 甲A | ⅡA |

续表

| 序号 | 物料名称 | 危险化学品分类 | 相对密度 | | 沸点/℃ | 闪点/℃ | 自燃点/℃ | 爆炸极限/%(体积) | | 火灾危险性分类 | 级别 |
|---|---|---|---|---|---|---|---|---|---|---|---|
| | | | 液 | 气 | | | | 上限 | 下限 | | |
| 7 | 乙烯 | 易燃气体 | 0.61 | 1 | -103.7 | -136 | 450 | 36 | 2.7 | 甲A | ⅡB |
| 8 | 丙烷 | 易燃气体 | 0.58<br>(-44.5℃) | 1.5 | -42.1 | -104 | 432 | 9.5 | 2.1 | 甲A | ⅡA |
| 9 | 丙烯 | 易燃气体 | 0.5 | 1.5 | -47.2 | -108 | 455 | 11.1 | 2 | 甲A | ⅡA |
| 10 | 丙炔 | 易燃气体 | 0.71<br>(-50℃) | 1.4 | -2.3 | -151 | 340 | 11.7 | 1.7 | 甲A | ⅡB |
| 11 | 正丁烷 | 易燃气体 | 0.58 | 2.05 | -0.5 | -60 | 365 | 8.5 | 1.9 | 甲A | ⅡA |
| 12 | 异丁烷 | 易燃气体 | 0.56 | 2.59 | -11.7 | -82.8 | 460 | 8.4 | 1.8 | 甲A | ⅡA |
| 13 | 1-丁烯 | 易燃气体 | 0.67 | 1.95 | -6.1 | -80 | 385 | 10 | 1.6 | 甲A | ⅡA |
| 14 | 异丁烯 | 易燃气体 | 0.67<br>(-49℃) | 1.93 | -6.7 | -77 | 465 | 9.6 | 1.8 | 甲A | ⅡA |
| 15 | 顺-2-丁烯 | 易燃气体 | 0.63 | 1.93 | 3.7 | -73 | 325 | 9 | 1.7 | 甲A | ⅡB |
| 16 | 反-2-丁烯 | 易燃气体 | 0.613<br>(15.5℃) | 1.94 | 1.1 | -58.5 | 324 | 9.7 | 1.8 | 甲A | ⅡB |
| 17 | 1,2-丁二烯 | 易燃气体 | 0.65 | 1.87 | 11 | <0 | 420 | 11.5 | 2.0 | 甲A | ⅡB |
| 18 | 1,3-丁二烯 | 易燃气体 | 0.62 | 1.9 | -4.5 | -78 | 420 | 16.3 | 1.4 | 甲A | ⅡB |
| 19 | 乙基乙炔 | 易燃气体 | 0.67<br>(0℃) | 1.86 | 8 | -6.7 | | — | — | 甲A | ⅡB |
| 20 | 乙烯基乙炔 | 易燃气体 | 0.71 | 1.8 | 2.8 | <-5 | 350 | 100 | 2 | 甲A | ⅡB |
| 21 | 正戊烷 | 易燃液体 | 0.63 | 2.5 | 36.07 | <-40 | 260 | 7.8 | 1.4 | 甲B | ⅡA |
| 22 | 异戊烷 | 易燃液体 | 0.62 | 2.5 | 27.8 | <-51.1 | 420 | 7.6 | 1.4 | 甲B | ⅡA |
| 23 | 环戊烷 | 易燃液体 | 0.75 | 2.4 | 49.3 | <-6.7 | 320 | 8 | 1.4 | 甲B | ⅡA |
| 24 | 1-戊烯 | 易燃液体 | 0.64 | 2.4 | 30.1 | -28 | 275 | 8.7 | 1.6 | 甲B | ⅡA |
| 25 | 环戊烯 | 易燃液体 | 0.77 | 2.3 | 44 | <-30 | 309 | — | 1.5 | 甲B | ⅡA |
| 26 | 环戊二烯 | 易燃液体 | 0.8 | 2.3 | 41.5 | 25 | 465 | — | — | 甲B | ⅡA |
| 27 | 正己烷 | 易燃液体 | 0.66 | 3 | 68.9 | -22.8 | 225 | 7.5 | 1.1 | 甲B | ⅡA |
| 28 | 环己烷 | 易燃液体 | 0.78 | 2.9 | 81.7 | -20 | 245 | 8 | 1.3 | 甲B | ⅡA |
| 29 | 苯 | 易燃液体 | 6 | 2.8 | 80.1 | -11.1 | 498 | 7.1 | 1.3 | 甲B | ⅡA |
| 30 | 正庚烷 | 易燃液体 | 0.68 | 3.5 | 98.3 | -3.9 | 204 | 6.7 | 1.1 | 甲B | ⅡA |
| 31 | 环庚烷 | 易燃液体 | 0.81 | 3.39 | 118.5 | 6.11 | | — | 1.1 | 甲B | ⅡA |
| 32 | 甲苯 | 易燃液体 | 0.87 | 3.10 | 111 | 4.4 | 480 | 7.1 | 1.2 | 甲B | ⅡA |
| 33 | 乙苯 | 易燃液体 | 0.87 | 3.7 | 136.2 | 15 | 432 | 6.7 | 1 | 甲B | ⅡA |
| 34 | 邻二甲苯 | 易燃液体 | 0.88 | 3.66 | 144.4 | 17 | 465 | 6 | 1 | 甲B | ⅡA |
| 35 | 间二甲苯 | 易燃液体 | 0.86 | 3.66 | 138.9 | 25 | 530 | 7 | 1.1 | 甲B | ⅡA |
| 36 | 对二甲苯 | 易燃液体 | 0.86 | 3.66 | 138.3 | 25 | 530 | 7 | 1.1 | 甲B | ⅡA |
| 37 | 苯乙烯 | 易燃液体 | 0.91 | 3.6 | 146.1 | 32 | 490 | 6.1 | 1.1 | 乙A | ⅡA |

续表

| 序号 | 物料名称 | 危险化学品分类 | 相对密度 | | 沸点/℃ | 闪点/℃ | 自燃点/℃ | 爆炸极限/%(体积) | | 火灾危险性分类 | 级别 |
|---|---|---|---|---|---|---|---|---|---|---|---|
| | | | 液 | 气 | | | | 上限 | 下限 | | |
| 38 | 正壬烷 | 易燃液体 | 0.72 | 4.4 | 150.77 | 31 | 205 | 5.6 | 0.7 | 乙A | ⅡA |
| 39 | 氢氧化钠 | 腐蚀性物质 | 2.130 | — | 1390 | — | — | — | — | — | — |
| 40 | 甲醇 | 易燃液体 | 0.79 | 1.11 | 64.8 | 11 | 385 | 44 | 5.5 | 甲B | ⅡA |
| 41 | 氨气 | 毒性气体 | 0.82 | 0.77 | -33 | / | 651 | 28 | 15 | 乙 | ⅡA |

3. 乙烯装置生产运行过程中火灾及爆炸危险性分析：

(1) 裂解炉区

裂解原料经管式裂解炉在高温(800℃以上)条件下反应，生成裂解气，裂解气的成分包括：氢气、甲烷、乙烷、乙烯、丙烷、丙烯、碳四烃、碳五烃，裂解汽油、裂解燃料油等，还有少量碳二和碳三炔烃等。

裂解产物大都属易燃易爆物质，裂解操作温度远远超过物料的自燃点，一旦炉管结焦过热烧穿或炉膛超温烧坏炉管或炉管焊口开裂发生裂解气泄漏，会立即发生自燃；若遇生产过程中停水、水压不足，或误操作导致气体压力高于水汽压力而冷却不下来，也会烧坏设备而引起火灾；若燃料气含氧超过3%，并带液进入炉膛会造成炉膛正压回火，使裂解炉停车，火从观火口外冒，可烧坏炉周围的仪表、电气设备，引起火灾，烫伤人员，严重时造成炉膛爆炸；若燃料油雾化蒸汽中断，燃料油大量进入炉膛，可造成炉管过热烧穿，导致物料大量泄漏引起火灾或爆炸；若裂解炉点火前，未对炉膛内吹扫分析合格，或燃料气夹带液体进炉膛内，点火时易发生火灾、爆炸事故。

高温裂解气通过高压废热锅炉产生超高压蒸汽，并在对流段过热至520℃。因此裂解炉既是高温裂化反应器，又是产生高压蒸汽的动力锅炉。生产过程中物料易燃易爆，属于甲类火灾危险区。若高压废热锅炉供水水质不合格，如$SiO_2$、Fe、Cu及微量氧和电导率等不合格，会造成透平结垢和高压废热锅炉内管腐蚀穿孔等事故。

炉膛火嘴燃烧不均匀，如火焰扑管、偏烧会使炉管局部超温、过热、变形、结焦、堵塞，甚至有烧穿、烧断炉管的危险，处理不及时，会使事故进一步扩大。裂解炉开车、停车、烧焦工况是事故多发过程，操作人员稍有不慎，就会发生烧断辐射段炉管的事故。一旦烧断炉管应迅速关闭裂解气大阀，防止裂解气返窜炉膛燃烧。烧焦过程中，若烧焦罐的气体排放口位置不合理，因烧焦气中可能含有一氧化碳，导致现场人员一氧化碳中毒事故。

(2) 急冷区

从高压废热锅炉出口直到裂解气压缩机一段入口，此过程为裂解气预分馏(急冷)过程。来自裂解炉急冷器200~250℃的裂解气进入急冷油塔和急冷水塔，通过和急冷油及急冷水逆流接触净化和冷却至41℃左右送往压缩单元。

① 急冷过程首先要通过急冷油塔和急冷水塔，将裂解气最终冷却到41℃左右；其次是回收冷凝液；第三是回收低位能热量发生稀释蒸汽(DS)和用于加热；第四是分离裂解汽油、柴油和燃料油。过程物料易燃易爆，属于甲类火灾危险区。

② 急冷油塔塔顶温度控制十分重要。过高的顶温，会使裂解汽油过多进入裂解气中急冷水乳化，重组分后移给汽油加氢装置和裂解气压缩岗位操作运转带来极大的困难，甚至

无法操作。过低塔顶温度，会使水蒸气在塔内冷凝积水产生“爆沸”现象，也会使急冷油乳化，循环泵抽空。

③ 急冷油的黏度过大可对装置生产造成极为不利的影响。如果处理不及时，会造成急冷油管线凝死，急冷油无法循环，可造成全装置长时间停工。为了有效地调节急冷油塔中急冷油的黏度，一部分急冷油送至重燃料油汽提塔用蒸汽进行汽提。汽提出的轻组分返回急冷油塔；汽提后的塔底裂解油经冷却后送出装置。

④ 裂解原料中酸性组分增多，或裂解炉管预硫化使裂解气中酸性物质增加可导致急冷水 pH 值波动，造成管线、设备腐蚀。应严格控制 pH 值以防止 DS 发生系统特别是工艺汽提塔腐蚀穿孔造成停车事故；加强对裂解原料的分析，根据分析结果对急冷水系统 pH 值及时进行调整；增加对轻烃原料硫含量、工艺水 pH 值等项目的分析频次；加强对设备、管线腐蚀的监控力度，有计划地进行更换。DS 发生系统操作失误，DS 带水带油，甚至带 NaOH 都会给裂解炉造成损害。急冷油带碳粒会堵塞 DS 发生器。

(3) 压缩单元

本单元主要包括：裂解气压缩，碱洗、干燥等过程。

① 通过压缩及碱洗单元，首先提高裂解气各组分露点温度；其次在三段和四段之间设碱洗塔，用 NaOH 水溶液脱除 $H_2S$ 和 $CO_2$；第三是在碱洗后经过预冷分离罐和干燥器进一步除去裂解气中的水；过程物料易燃易爆，氢氧化钠具有较强的腐蚀性。属于甲类火灾危险区。

② 裂解气压缩机为五段离心压缩机。裂解气从压缩机三段出口进入碱洗塔入口分离罐，然后进入碱洗塔底部。压缩机是装置的心脏，负责裂解气的压缩。因此无论压缩机本身还是其附属的油系统、蒸汽系统、密封系统故障，将直接造成装置停工。并且如果由于压缩机本身部件故障，维修技术难度大，检修时间长，影响较大。易发生的事故有：a. 高压蒸汽管网吹扫不干净和蒸汽品质不合格导致透平冲蚀和结垢。蒸汽温度低带水进入透平，会损坏透平。b. 压缩机段间罐高高液位联锁停车。c. 压缩机喘振。d. 压缩机入口过滤网破碎，吸入机内损坏密封和轴径。e. 紧急停车时未能连续供润滑油，压缩机主轴弯曲。f. 压缩机叶轮及流道聚合物结垢。g. 切换润滑油泵时裂解气压缩机油压低联锁。h. NaOH 碱液带入压缩机缸内造成腐蚀。

③ 碱洗塔包括三段碱洗和一段水洗。在一定条件下，脱除酸性组分 $CO_2$ 和 $H_2S$。裂解气碱洗不合格，可导致下游碳二加氢催化剂 $H_2S$ 中毒或乙烯产品 $CO_2$ 含量超标。1994 年 5 月 6 日 1：00，某装置碳二加氢反应器曾发生裂解气碱洗不合格导致碳二加氢催化剂硫化氢中毒的事故。1998 年 3 月 19 日 0：30，某装置碱洗塔出口裂解气中的 $CO_2$ 超标，操作人员未及时发现，使 $CO_2$ 带入后系统，导致乙烯产品中 $CO_2$ 超标，乙烯产品不合格 72.5h。因此要严格碱洗塔的操作，特别是在装置运行负荷出现比较大的调整、裂解炉切换原料或原料质量出现比较大的波动、裂解炉进行切换及烧焦操作时，要密切监控进、出碱洗塔裂解气中酸性气体的含量，及时地对碱洗塔的操作进行相应的调整，确保碱洗合格。

④ 碱洗塔工艺气体中含有 $H_2S$，容易生成极易自燃的硫化亚铁。检修过程中塔下部人孔打开后，空气进入塔内流动，硫化亚铁暴露在空气中而自燃。

⑤ 裂解气干燥不合格可导致下游深冷分离系统冻堵，应加强对裂解气气液分离罐的监控，防止液位过高，气相带液。加强对干燥器的管理，确保干燥器的干燥效果。

⑥ 在废碱聚结器中用汽油洗去废碱中的聚合物。汽油与废碱通过在线混合器混合后送入聚结器内。洗涤过废碱的汽油进入废汽油聚结器，使用连排水对废汽油中的废碱进行洗涤，出来的废碱液与废碱聚结器出来的废碱液合并进入废碱脱气罐。废碱脱气罐闪蒸出来的烃气体排放到火炬系统。废碱最终通过废碱泵经液面控制送到废碱处理设施。废碱液在氧化过程中，部分溶解的有机物缩聚生成不溶性物质进入换热器易发生堵塞事故。系统中存在硫化氢等有毒物品，废碱液碱性较强，硫化物及氯离子腐蚀也较强。

(4) 冷分离单元

经裂解气干燥器干燥后的气态裂解气经逐级冷却进冷箱分凝，再经过预脱甲烷、脱甲烷、脱乙烷、碳二加氢、乙烯精馏得聚合级乙烯产品。过程副产粗氢经过甲烷化除去 CO 用于产品加氢，副产 $CH_4$ 进燃料气管网。乙烯压缩机和丙烯压缩机为分离系统提供冷量。本单元过程物料易燃易爆，属于甲类火灾危险区。

① 压缩机为本单元提供基础冷剂，若丙烯压缩机或乙烯压缩机故障停车，分离系统无冷剂，物料无法降温，系统将全面停车。过程物料易燃易爆，属于甲类火灾危险区。易发生的事故有：a. 压缩机段间罐高高液位联锁停车。b. 压缩机喘振。c. 压缩机入口过滤网破碎，吸入机内损坏密封和轴径。d. 紧急停车时未能连续供润滑油，压缩机主轴弯曲。e. 系统积水，降温时发生冻堵事故。f. 制冷压缩机一段入口负压操作漏入空气，引起火灾爆炸事故。

② 冷分离过程主要依靠混合物在特定条件下物质临界温度的不同而分离，系统的温度如氢气分离罐可达-162℃，深冷设备可发生冷脆失效，或低温“冻堵”。冷脆失效可导致设备破裂，冻堵可引起胀裂漏料。深冷系统的冷箱、塔器以及管线发生冻堵，几乎所有的乙烯装置都曾经历过。要严格执行有关的操作规程，特别是检修后开车，深冷系统氮气干燥要彻底，达到规定的露点要求，尽可能避免设备和管线发生冻堵。

③ 预脱甲烷塔、脱甲烷塔、碳二洗涤塔内的介质主要是裂解气，塔顶馏出物为甲烷。由于压力较高，而温度很低，因此对材质的耐低温性能要求很高，如果选材不当、材质质量不符合要求，则生产运行中设备易出现低温裂纹，严重时可能发生低温脆断，导致介质泄漏，而留下火灾、爆炸危险隐患。脱乙烷塔塔顶温度为-18℃，塔底温度为 67℃，设备上部和下部温差达 85℃左右，在不同的温度下，金属材质的膨胀系数不一致，可在设备本体上形成应力，引起设备裂纹扩展。系统运行过程中的物料为易燃易爆物质，若存在设备泄漏或连接部件密封不严情况，可造成液态物料泄漏挥发，极易形成蒸气云爆炸事故。

④ 从乙烯装置低温部分来的氢气包含裂解炉裂解反应生成的一氧化碳，在这个工艺单元氧化碳甲烷反应器里除去氢气中的一氧化碳。氢气与一氧化碳的反应为放热反应，一氧化碳甲烷化反应器在一氧化碳含量增高时，若散热器跟不上，便会发生“飞温”，有可能导致着火爆炸。另外，生产中操作不当、设备超压，也可能导致密封系统或其他零部件泄漏而引发火灾、爆炸事故。

(5) 热分离单元

本部分主要目的为：①脱乙烷塔底组分进入高/低压脱丙烷塔，低压脱丙烷塔底的碳四及以上馏分进入脱丁烷塔，实现碳四与 $C_5^+$ 的分离。②高脱丙烷塔顶组分经碳三加氢反应器后进入丙烷塔，实现丙烯与丙烷的分离。③脱丁烷塔分离裂解汽油中的轻组分。过程物料易燃易爆，属于甲类火灾危险区。

相对于冷分离单元，本单元操作温度相对较高，压力较小。正因为操作条件相对缓和，设计、操作人员未引起足够的重视而引起的事故时有发生。

影响物料分离效果的主要因素有温度、压力和分离塔(精馏塔)高度和形式。操作过程中若出现温度大范围波动，压力失控，可造成丙烯产品不合格，严重时会造成物料泄漏，$C_3$、$C_4$、汽油密度大于空气，泄漏后会在低洼处积聚遇火源引燃爆炸。通过固定床碳三加氢反应器，使脱丙烷塔塔顶物料中的甲基乙炔和丙二烯转化为丙烯和丙烷。碳三加氢反应为放热反应，与碳二加氢反应器类似，若进料中丙炔、丙二烯含量过高，会造成碳三加氢反应器超温或“飞温”。脱丁烷塔长周期运行，丁二烯、戊二烯等发生聚合，聚合物积累在塔盘及再沸器入口格栅处，造成堵塞，导致混合碳四产品中碳五组分含量超标。

4. 乙烯装置火灾事故类型

① 可燃液体大量泄漏到地面或水面上形成液池后，遇到点火源被点燃，产生的池火灾。

② 可燃气体输送设备、管道内发生泄漏时，遇到点火源被点燃，产生的喷射火灾。

③ 可燃气体泄漏后形成的蒸气云，遇到点火源被点燃，产生的闪火。

## 二、乙烯装置消防水系统设计

通过以上的分析，我们发现，乙烯装置占地大，设备台数多，危险物料复杂。整个装置的火灾危险性主要为液化烃、可燃液体、可燃气体火灾。所以，消防水系统的设计应该结合以上的各种因素，合理布置消防设施，以保证有效覆盖装置内主要的危险设备群及建、构筑物主体结构，并为消防人员扑灭初期火灾、展开救援，及时、快速、稳定地提供消防水源。

1. 系统选型

消防水给水系统分为高压消防给水系统、临时高压消防给水系统、稳高压消防给水系统和低压消防给水系统。国内外乙烯装置均使用稳高压消防给水系统，该系统与临时高压消防给水系统相仿，但是管道系统上增设了稳压设施。平时维持管网压力为0.7~1.2MPa，但此时系统不能满足消防用水量的要求。火灾时管网向外供水，系统压力下降，泵站内的消防水泵自动启动，使管网内压力和流量均达到灭火的要求。一般石油化工企业采用此类消防给水系统，既能快速、安全供水，管网又不需要长期保持高压运行，增加能耗，也避免了临时高压消防给水系统启泵达标供水时间长的问题。

2. 消防水量及消防管网布置

乙烯装置属于大型石化装置，应结合装置布置特点，按照占地面积最大的一个工艺分区——压缩区发生火灾时的工况设计。当压缩区发生火灾时，高压消防水系统提供消防水给装置区内的水喷雾系统、高压消防水炮和消火栓系统。按照几个系统同时使用的工况，乙烯装置消防水量按600L/s设计。

乙烯装置中每个工艺分区之间均设置了环状的消防道路，装置内的消防主管网均沿着消防道路进行敷设，形成环状的消防水管网，保证装置内消防水供水的安全性。

3. 消火栓系统

消火栓系统是向消防车供水的主要设施，合理布置消火栓是保证灭火时消防车供水安全的主要措施。

在装置环状消防管网上，沿装置消防道路设置室外消火栓系统，消火栓布置间距按50m进行设计，当躲避设备检修空间时，可适当加大，但间距不超过60m。由于石油化工企业采用稳高压消防系统，供水水压较高，室外消火栓应使用调压减压型。消防管网上设置相应的检修阀门以便系统检修，阀门的设置应该能够保证检修时系统被隔离出来的部分不超过全部管网的50%，消火栓不超过5个。当管网部分发生故障时，其他管网仍能通过100%的消防用水量。

4. 消防水炮

消防水炮是装置消防的主要设施，其可以向火场提供较大量的消防水，对装置的初期火灾进行控制以及灭火的目的。

在乙烯装置设备区的围堰外，沿消防道路设置消防水炮对设备群及高大构架进行保护。消防水炮距离被保护的设备应大于15m，以避免水炮操作人员不受热辐射的影响。水炮的布置设计，应使水炮能够覆盖整个装置的危险设备。消防水炮的射程与消防水在水炮入口处的压力、水炮的仰角有关，同时还要考虑一定的风吹影响。在初步的布置中，一般按照水炮30°仰角下的射程考虑。见图9.4-1。

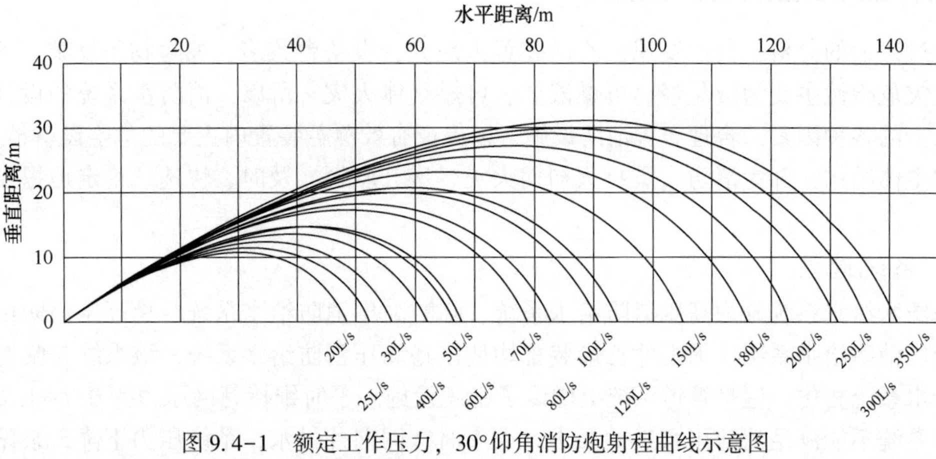


图9.4-1 额定工作压力，30°仰角消防炮射程曲线示意图

某乙烯装置消防设施布置图参见图9.4-2。

当设置在围堰外的消防水炮不能够覆盖所有的高大框架和设备时，应在主管廊的顶部设置远控消防炮(图9.4-3)。此消防炮可以对贴建在管廊附近的高大框架及设备的背侧面进行保护，以达到隔绝火灾蔓延及灭火的目的。

5. 水喷雾灭火系统

水喷雾灭火系统是固定式自动灭火系统的一种类型，是在自动喷水灭火系统的基础上发展起来的。水喷雾灭火系统是高压水通过特殊构造的水雾喷头，呈雾状喷出，水雾喷向燃烧物。在灭火过程中，细小的水雾滴可完全汽化而获得最佳的冷却效果，与此同时产生的膨胀1680倍的水蒸气可造成窒息的环境条件。该系统借用水的冷却、窒息、稀释等作用扑灭火灾。当用于扑救不溶于水的可燃液体火灾时，水雾滴的冲击搅拌作用可使可燃液体表层产生不燃烧乳化层；当用于扑救溶于水的可燃液体时，可产生稀释冲淡的效果。冷却、窒息、乳化和稀释这四种特性在扑救过程中单独或同时发生作用，均可获得良好的灭火结果。

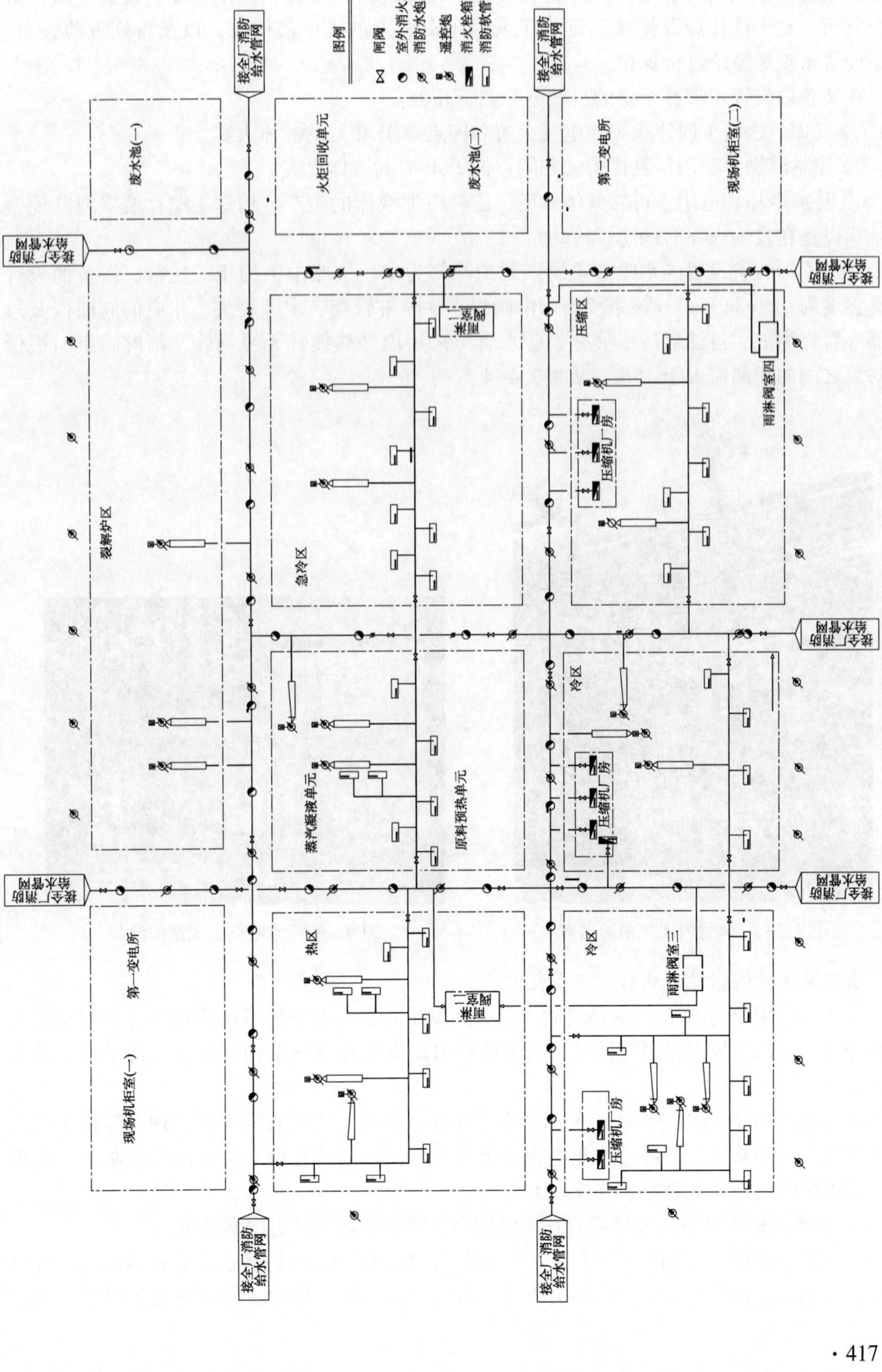


图9.4-2 某乙烯装置消防设施布置图

由于乙烯装置设备数量众多，布置密集，消防水炮的射程不可避免地会存在被遮挡的情况，因此就存在消防水炮保护不到的设备。通过对物料性质、操作温度、火灾危险性等综合分析，对于液化烃及操作温度等于或高于自燃点的可燃液体泵，以及特殊危险设备，需要设置水喷雾系统进行保护。

在装置内设置水喷雾系统的目的分为如下几种：

① 灭火。适用于固体火灾、电气火灾和闪点高于45℃的液体火灾。

② 控制燃烧。适用于气体火灾和闪点低于45℃的液体火灾。

③ 防护冷却。适用于可燃气体和甲、乙、丙类液体的生产、输送、储存装置或其他金属结构设备在发生火灾时的防护冷却。

对于乙烯装置设置的水喷雾系统以防护冷却为主。按照中国的相关规范，设备的设计喷雾强度为9L/min·$m^2$。该系统由雨淋阀组、水喷淋管路、水雾喷头、相应的阀门以及过滤器等管件组成。过滤器后水喷雾消防水管道采用内外热镀锌无缝钢管。雨淋阀组与被保护对象之间的距离应大于15m。见图9.4-4。

图9.4-3 装置内遥控消防水炮

图9.4-4 水喷雾系统保护设备

水喷雾系统的启动方式分为如下几种：

① 与火灾报警系统自动联锁启动。当火灾发生时，火灾报警系统将信号送到控制室火灾报警盘，发出事故声光报警信号，自动联锁启动设置在现场的雨淋阀组，使水喷雾系统投入工作。

② 远程手动开启雨淋阀组，使水喷雾系统投入工作。当火灾发生时，现场巡检人员报告火灾发生或控制室人员通过工业电视系统发现火灾，消防管理人员可以在控制室远程手动开启雨淋阀组，使水喷雾系统投入工作。

③ 现场巡检人员可以通过设置在雨淋阀组上的手动装置开启雨淋阀组。

“三机”(裂解气压缩机、丙烯制冷压缩机、乙烯制冷压缩机)是乙烯装置的心脏，价格昂贵，对乙烯装置乃至石化全厂至关重要。目前，国内外一般设置水喷雾保护措施。典型的水喷淋设计见图 9.4-5，应符合 GB 50219—2014 要求。

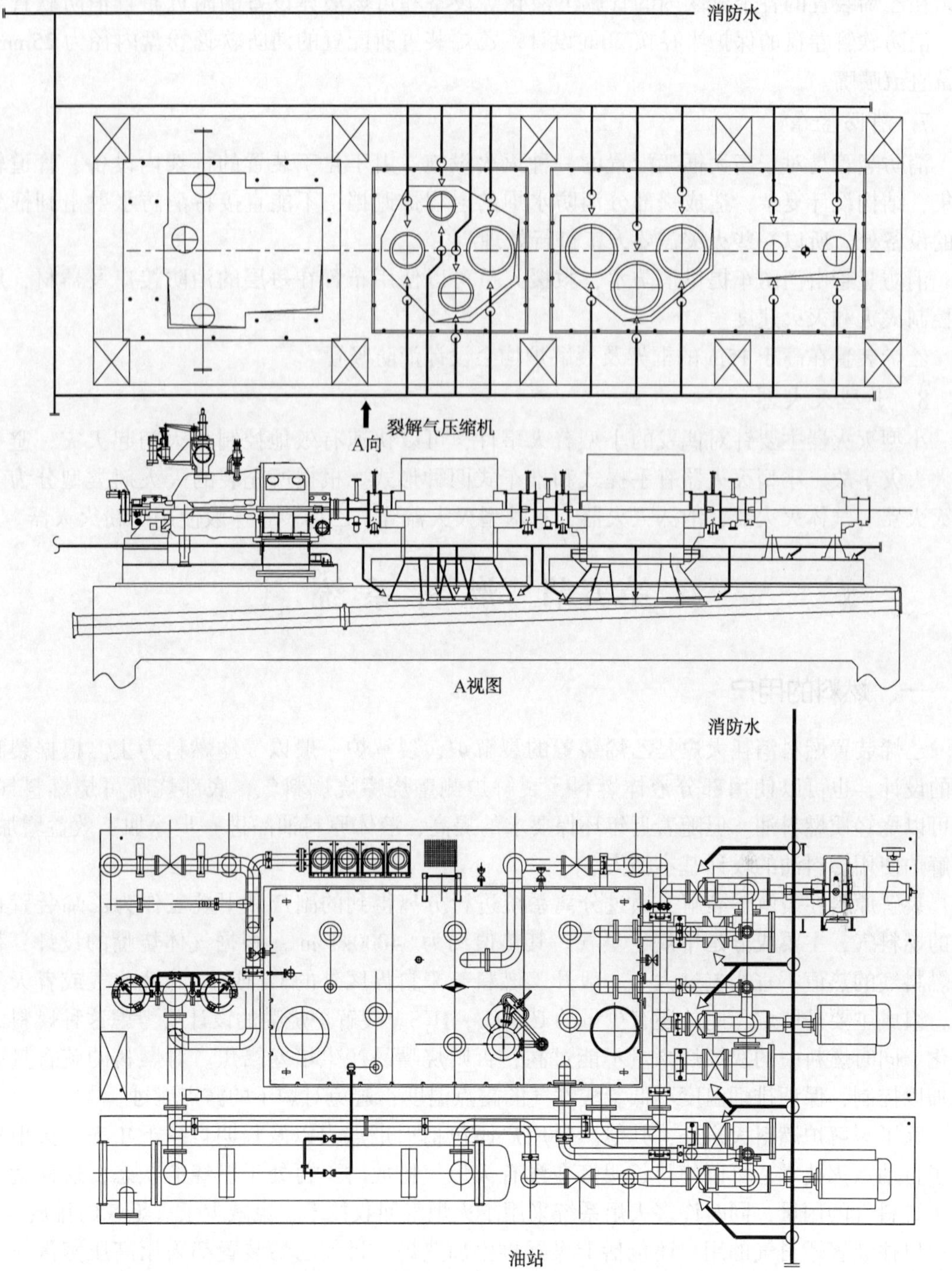


图 9.4-5 裂解气压缩机及油站水喷雾系统平面布置图

## 6. 消防软管卷盘

消防软管卷盘，具有操作方便的特点，能够及时控制初期火灾。当巡检人员发现设备发生泄漏或初期火灾时，可以使用消防软管卷盘对事故点的泄漏物料进行稀释，也可以对于初期火灾加以及时的控制。

在乙烯装置的各个分区内的管廊下液化烃设备和可燃液体设备的附近布置消防软管卷盘。消防软管卷盘的保护半径按 20m 设计。乙烯装置所配置的消防软管卷盘内径为 25mm，配备直流喷嘴。

7. 消防竖管

消防竖管是对于高大框架配置的一种灭火设施。由于化工装置的框架内设备、管道较密集，结构设计复杂，造成一部分消防水炮的射程被遮挡，不能直接将消防水射击到框架内的设备处。所以一些火灾需要人工进行处理。

消防竖管由消防车提供消防水，救援人员可以使用布置在每层的消防接口及器材，加快控制火灾和灭火速度。

乙烯装置在高于 15m 的框架及裂解炉均会设计消防竖管。

8. 小型灭火器

小型灭火器主要针对偶发的小型着火事件，可以快速有效地控制扑灭初起火灾，避免扩大火灾事故。小型灭火器有手提式和推车式两种形式。根据所充装的灭火剂类型分为干粉灭火器、气体灭火器、泡沫灭火器、水基型灭火器等。乙烯装置一般使用干粉灭火器。

## 第五节 燃料系统

### 一、燃料的用户

乙烯装置燃料消耗大户是乙烯装置的裂解炉，裂解炉一般以气体燃料为主。根据裂解炉的设计，也可以使用部分液体燃料，裂解炉侧壁烧嘴烧燃料气，底部烧嘴可烧燃料气，也可以烧轻质燃料油。但随着近年环保要求的提高，液体原料油品进一步深加工效益增加，裂解炉使用燃料油的设计基本消失。

裂解原料在裂解炉裂解，通过分离系统进行分离得到的副产品甲烷氢作为乙烯装置自产的燃料气，主要成分是甲烷、氢气。其热值约为 34000kJ/$m^3$。根据气体烧嘴的设计，替代燃料气的热值不宜相差过大。一般开工燃料气来自界区外的 $C_3$ 或 $C_4$ 的液化气或者天然气，组成主要是甲烷，此外还有少量的 $C_2$~$C_5$，$H_2S$。裂解炉烧嘴的设计要考虑这种燃料的变化。同时燃料中的双烯烃含量不能过高，否则烧嘴易产生堵塞结焦。对燃料的硫含量必须加以控制，保证排烟温度不低于酸性气的露点温度，避免对炉子的露点腐蚀。

除了裂解炉燃料大户外，其他燃料用户还包括火炬点火以及长明灯。近年来，火炬采用了自动点火技术，可以使得长明灯在没有火炬气排放时不再处于燃烧的状态，这样就节省了燃料气的用量，同时许多火炬系统采用了火炬气回收技术，也减少了火炬气的排放。

以往装置燃料气的用户还包括干燥器再生加热炉。目前乙烯装置都采用高压蒸汽或者电加热器进行再生气加热，不再设置再生气加热炉。为了节省投资，并且随着技术进步，以往的乙烯装置设计中的开工锅炉、蒸汽过热炉，这些可以使用重油或者减压渣油、煤油作为液体燃料的用户都逐步被取代。

## 二、燃料气系统的设备及流程

燃料气系统设备包含燃料气罐和燃料气过滤聚结器，有的装置还设置有低压蒸汽过热器。来自冷区的燃料气首先是作为干燥器和反应器的再生气，多余的直接跨线进入燃料气罐，再生后的燃料气进入燃料气罐。此外，脱甲烷系统来的过量氢气和乙烯塔系统来的循环乙烷(正常无流量)也送到燃料气罐。根据乙烯装置的原料不同，所产生的燃料气有时不足以完全满足裂解炉的燃烧需要，短缺的燃料为来自界外的燃料气或者液化气补充。有时过剩的燃料气去界区外。乙烯装置燃料气通常与炼厂低碳燃料气管网互联，进行燃料气平衡。有的装置有两套裂解装置，各自有一套燃料气系统，盈缺不同步，可以互相补充。燃料气罐作为分液罐分出的液体返回急冷水塔，罐顶富甲烷尾气进入过滤聚结器，低 $NO_x$ 燃烧器要求燃料气中无锈蚀颗粒和液滴。因此，燃料气须通过过滤聚积后送到裂解炉，过滤聚结器的分离精度要求大于 0.3μm 的液滴移除率不小于 99.5%，液滴的组成为 $C_3 \sim C_5$ 的烃类，两台聚结器一开一备。分离的液体也返回急冷水塔。聚结器顶部气体一部分去裂解炉烧嘴。一部分作为急冷水塔的保压气。根据乙烯装置的原料，过剩的排火炬或者界外。有的装置去炉子烧嘴前先通过燃料气过热器过热，燃料气过热器的使用可以提高燃料温度，提高显热，避免带液的影响，同时能节省燃料，降低能耗。燃料气管网应该根据需要采取防凝、防冻措施，管网低点有密闭排放措施。乙烯燃料气系统流程见图 9.5-1。

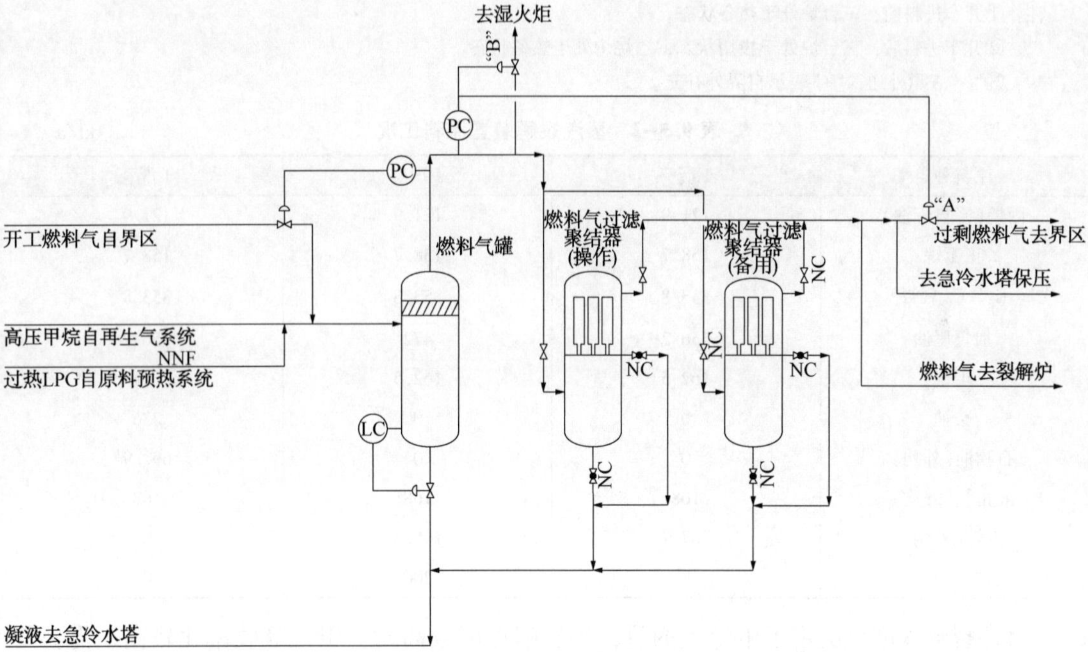


图 9.5-1　乙烯装置燃料气系统

## 三、燃料平衡

燃料气系统的控制就是在保障裂解装置系统稳定的前提下，将燃料气外送到各个用户，提高燃料气的利用率，从而降低乙烯裂解装置中的燃料气系统能耗，增加效益。

不同工况下裂解原料不同，裂解原料和裂解炉的裂解深度决定了燃料气的甲烷氢量。

表 9.5-1 是某 800kt/a 乙烯蒸汽裂解装置的燃料气平衡，表 9.5-2 是这个装置的原料工况，从中可以看出不同裂解原料工况对燃料气平衡的影响。

**表 9.5-1　燃料气平衡**　　$Nm^3/h$

| 正常情况 | | | | |
|---|---|---|---|---|
| 燃料气平衡 | | 工况一 | 工况二 | 工况三 |
| 产气 | 蒸汽裂解装置甲烷尾气 | 61763 | 50319 | 64020 |
| 用气 | 裂解炉 | 54724(无热备)<br>59454(有热备) | 53009(无热备)<br>57739(有热备) | 62147(无热备)<br>66878(有热备) |
| 补充燃料气 | | -7039(外送，无热备)<br>-2309(外送，有热备) | 2690(无热备)<br>7420(有热备) | -1873(外送，无热备)<br>2858(有热备) |
| 开车情况 | | | | |
| 燃料气平衡 | | 进料前(1) | 进料后(2) | |
| 产气 | 蒸汽裂解装置甲烷尾气 | 0 | 0 | |
| 用气 | 裂解炉 | 13049 | 35631 | |
| | 急冷水塔防真空 | 10200 | | |
| 补充燃料气 | | 23249 | 35631 | |

注：①开车进料前，三台炉处于热备状态。

②开车进料后，三台炉处于投用状态，乙烷炉处于热备状态。

③“-”表示外送，“+”表示自界外补充。

**表 9.5-2　蒸汽裂解装置原料工况**　　kt/a

| 原料种类 | 工况一 | 工况二 | 工况三 |
|---|---|---|---|
| 丙烷(来自炼油) | 121.9 | 121.9 | 121.9 |
| 正丁烷 | 158.7 | 158.7 | 158.7 |
| $C_5$、$C_6$ 轻烃 | 353.8 | 353.8 | 353.8 |
| 加氢尾油 | 656.2 | 472 | 656.2 |
| 干气 | 162.5 | 162.5 | 0 |
| 柴油 | 0 | 0 | 236 |
| 石脑油(外购) | 0 | 0 | 692.9 |
| 液化气(外购) | 168 | 168 | 168 |
| 丙烷(外购) | 367.2 | 145.3 | 0 |
| 乙烷(外购) | 0 | 200 | 0 |

另外裂解深度也决定了甲烷氢的量，当裂解深度较高时，甲烷氢收率比较高，需要将过量的燃料气送往装置外，或者排放到火炬；反之，燃料气量不足则要从界外进行补充。所以要控制裂解深度，裂解深度由裂解产物分析仪通过分析裂解气的轻组分来监测，确保烯烃的收率，力求使燃料气系统物料实现平衡，不会造成燃料气过量排放，达到节能降耗的目的。

总之平衡装置的燃料消耗，就是平衡盈亏，降低排放，减少成本高的补充燃料气，尽量使用乙烯装置自产的燃料气。

## 四、燃料系统节能措施

① 选用高选择性炉管，延长裂解炉的运行周期，减少燃料消耗，达到节能效果。辐射段炉管采用强化传热技术，进一步延长运行周期，减少燃料消耗，达到节能效果。

② 优化对流段的管排布置，降低排烟温度，提高热效率。

③ 裂解炉引风机采用变频调速驱动电机来控制炉膛负压。变频电机不仅启动电流低，而且正常运转时比采用挡板控制减少了功率消耗，达到节能降耗的目的。

④ 裂解炉的衬里结构和耐火材料采用陶瓷纤维与隔热耐火浇注料和隔热耐火砖等优质耐火材料的设计，以提高保温隔热效果，降低散热损失，降低炉壁壁温，从而达到节省燃料消耗的效果。

⑤ 充分利用乙烯装置的低温余热，使用空气预热器降低燃料气的消耗。

⑥ 全力稳定在线裂解炉运行，延长裂解炉运行周期的基础上，有装置采用冷备裂解炉减少燃料消耗。

### 参 考 文 献

[1] 王松汉．乙烯装置技术与运行[M]．北京：中国石化出版社，2009：695-753.
[2] 姜凯．FLARENET 在乙烯装置火炬管网设计中的应用[J]．石油化工设计，2013，30(3)：42-45.
[3] 胡杰，王松汉．乙烯工艺与原料[M]．北京：化学工业出版社，2017：744-789.
[4] 李晓辉．乙烯裂解装置燃料气系统的节能降耗的优化方法[J]．化工管理，2014，4：171.

# 第十章　乙烯产品储存和运输

乙烯装置生产所得的主要产品乙烯，一部分作为原料管道输送给下游装置，另一部分作为成品通过槽车、船舶商运销售。为使乙烯装置中乙烯的生产与后续途径可靠衔接，要求产品乙烯在罐区有一定的存储能力。

乙烯装置生产的乙烯产品大都呈低温液态，储存方式主要有两种——加压法和低温法。加压法储存是在加压条件下用球罐储存液态乙烯，球罐的单台存储容积在 1000～3000$m^3$，一般总存储量为 3～5 天的下游装置的用量。此储存法适用于中间储罐，存储的液态乙烯回乙烯装置汽化后送入下游装置。低温法储存是在常压低温的条件下用低温储罐储存液态乙烯。此储存法适用于成品储罐，存储的液态乙烯密度大，相同重量条件下相对加压法的存储体积小，有利于远洋海运的商运销售。两种储存方法的优缺点比较见表 10. 0-1。

**表 10. 0-1　乙烯的两种储存方法比较**

| | 加压法 | 低温法 |
|---|---|---|
| 优点 | ① 可以耐受高压；<br>② 在相同的压力和直径下，球罐内应力最小，钢材消耗最少；<br>③ 占地相对较少；<br>④ 配套设备少，维护简单；<br>⑤ 土建工程量小 | ① 常压储存；<br>② 单台容积较大；<br>③ 有利于乙烯物料的大规模长途运输、装卸，进行乙烯贸易；<br>④ 储存大型化，从而降低储存成本；<br>⑤ 储运安全可靠 |
| 缺点 | ① 设备材质要求高，应力分析设计在我国起步较普通压力容器晚；<br>② 整体热处理复杂；<br>③ 现场安装焊接要求高 | ① 设备材料要求高；<br>② 配套设备多，需要一整套制冷流程；<br>③ 自动化水平要求高 |

目前随着乙烯装置大型化，乙烯的储存能力也随之增加，以上两种存储方法在大型乙烯装置内均有所采用。

除了对以上合格产品乙烯的储存，在原料罐区还会设有不合格乙烯的储罐，用以满足乙烯装置开工、事故处理和生产装置不平稳运行时的不合格乙烯物料的循环回乙烯装置的需要。

对于两种乙烯储存方式的选择，需要从装置间物料需要的缓冲时间、上下游之间乙烯供应的衔接方式、是否有乙烯外售和外购需求等方面进行分析；另外，储存方式也与乙烯产品供应下游的方式相关，不同的外送方式能量消耗差别显著，且对上下游装置的生产有不同程度的影响。了解不同类型储罐的设置原则和不同的乙烯外送方式差别，选择更加节能的工艺方式，对科学合理地规划项目非常重要。

商品乙烯交易过程中，为常压低温液相运输方式，如果规划中的项目有乙烯产品长期外卖计划，则应设置常压低温罐；同样，如果需要长期外购乙烯维持生产或进行分销，也需要设置常压低温罐。这样使装车、装船或卸车、卸船更加便利，且有较充分的缓冲时间保证生产或分销供给。国内化工市场的液体乙烯交易体系目前还不发达，但随着全球经济和中国经济的发展，该体系会日趋完善，未来交易量应有较大增长。面对多变的乙烯上、下游市场，以及生产上时有发生的突发情况，如能拥有液相乙烯产品交易能力，不失为拥有一种更加灵活的应变手段。

当前，单台乙烯球罐的容积只有2000$m^3$或3000$m^3$的成熟规格。在乙烯装置规模较大时，如采用球罐存储，要满足常规储存天数的要求，需要较多的球罐。以1500kt/a乙烯装置为例，为保证乙烯产品3天的缓存时间，需要2000$m^3$的球罐17台。但由于乙烯球罐为特殊型号的低温钢，压力较高、壁厚较厚，导致球罐的工程造价较高。因此，在乙烯产能足够大时，可以采用常压低温罐的储存方案，既可节省项目投资，也可节省占地。视低温罐的罐容，通常一台低温罐可以容纳多台球罐的储量，即通过常压低温罐替代一定数量的球罐。尽管同样乙烯储量下低温罐占地小且投资较少，但它对节能和生产的上下游衔接不一定有利。在占地受限、球罐需要数量过多时，低温罐是一个较好的解决方案。在拥有乙烯生产装置而非外购乙烯的项目中，无论低温乙烯罐的容量多大，均不能没有球罐，要有合适数量的球罐来分别储存合格乙烯和不合格乙烯。

如果设置低温乙烯罐，那么低温乙烯罐只在外卖时充装，不外卖时仅保留一定液位，作为乙烯装置紧急停车时有适量的乙烯能保障下游连续供应的补充。当正常生产时，乙烯装置产出的乙烯应通过球罐进行液相缓冲，然后送回裂解装置汽化回收冷量，采用再送气相管网的方式送至下游用户。这样可以长期保证送至下游的乙烯都是合格的。相比低温储存再汽化外送方式，球罐储存外送工艺可以较大地节省能量消耗。

## 第一节　球　　罐

加压法储存是乙烯存储时的常用方式。输送给乙烯下游装置的作为原料的乙烯以及乙烯装置不平稳运行时需存储的不合格乙烯，都采用这种方式储存。液体乙烯产品是根据它们的性质(例如：闪点、爆炸极限和蒸气压等)来确定其储罐类型的，根据乙烯的饱和蒸气压和蒸气温度的数据，采用了压力球罐的储存方式。加压法储存的优点是球罐储存节省钢材，减少占地面积，承压能力强。其中不合格品的设计容量是根据各乙烯装置对不合格品的处理周期而确定的。

### 一、工艺技术

采用高压乙烯精馏方案时，一般由乙烯精馏塔侧线采出液态乙烯[1.9MPa(G)，-30℃左右]，可以直接送至压力球罐储存，球罐内的液态乙烯经乙烯产品泵加压、加热器汽化和过热并回收冷量后送出。采用低压乙烯加开式热泵的精馏方案时，一般由乙烯制冷压缩机出口冷却后，泵送液态乙烯至球罐，球罐内的液态乙烯经乙烯产品泵加压、加热器汽化和过热并回收冷量后送出。

由乙烯精馏塔侧线采出的乙烯可利用位差流入球罐，也可经输送泵送入球罐。在正常操作时，球罐因冷损失蒸发的气体通过气相管线返回乙烯精馏塔，因此，球罐的储存压力一般略高于乙烯精馏塔的操作压力。在乙烯装置停车时，汽化的乙烯放入火炬系统。在工厂大检修时，火炬系统往往停用，此时可将汽化的乙烯放入单独的临时小火炬。为减少乙烯装置停车期间这部分乙烯的损失，也有不少工厂在乙烯罐区设置专用的制冷装置，将汽化的乙烯液化后返回乙烯球罐。

当乙烯产品不合格时，可用球罐存放不合格乙烯，并由此返回乙烯分离系统进一步加工处理。

液态乙烯产品的汽化和过热常用丙烯冷剂作加热介质，也有的用裂解气加热，以便回收冷量，尤其当输出压力不高时，回收的冷量相当可观。以 800kt/a 乙烯装置为例，如乙烯产品全部以 1.9MPa(G)压力输出，可用丙烯冷剂回收，-22℃冷量约为 32.9GJ/h，相应地可降低丙烯制冷系统功耗约 3650kW。但是，随着输出压力的提高，由于蒸发温度相应提高，回收冷量所节省的功耗将相应减少。

由乙烯装置送至下游加工装置的乙烯一般在常温气态下用管线输送，其输出压力根据下游加工装置的要求而定。图 10.1-1 为某乙烯装置的乙烯产品球罐储存和汽化系统的工艺流程。该装置的乙烯产品分两个压力等级输出，在正常操作条件下，乙烯产品用丙烯冷剂加热和汽化，由此在 1.8MPa(G)乙烯产品汽化时回收-24℃级别的冷量，在 3.5MPa(G)乙烯产品汽化时回收 3℃级别的冷量。汽化后的乙烯用丙烯压缩机四段出口的丙烯气体加热至 30℃后送出界区。当丙烯制冷系统紧急停车或开停车时，为保证乙烯产品仍能送至下游加工装置，设置了低压蒸汽加热的汽化器，以便由丙烯冷剂加热切换为蒸汽加热。

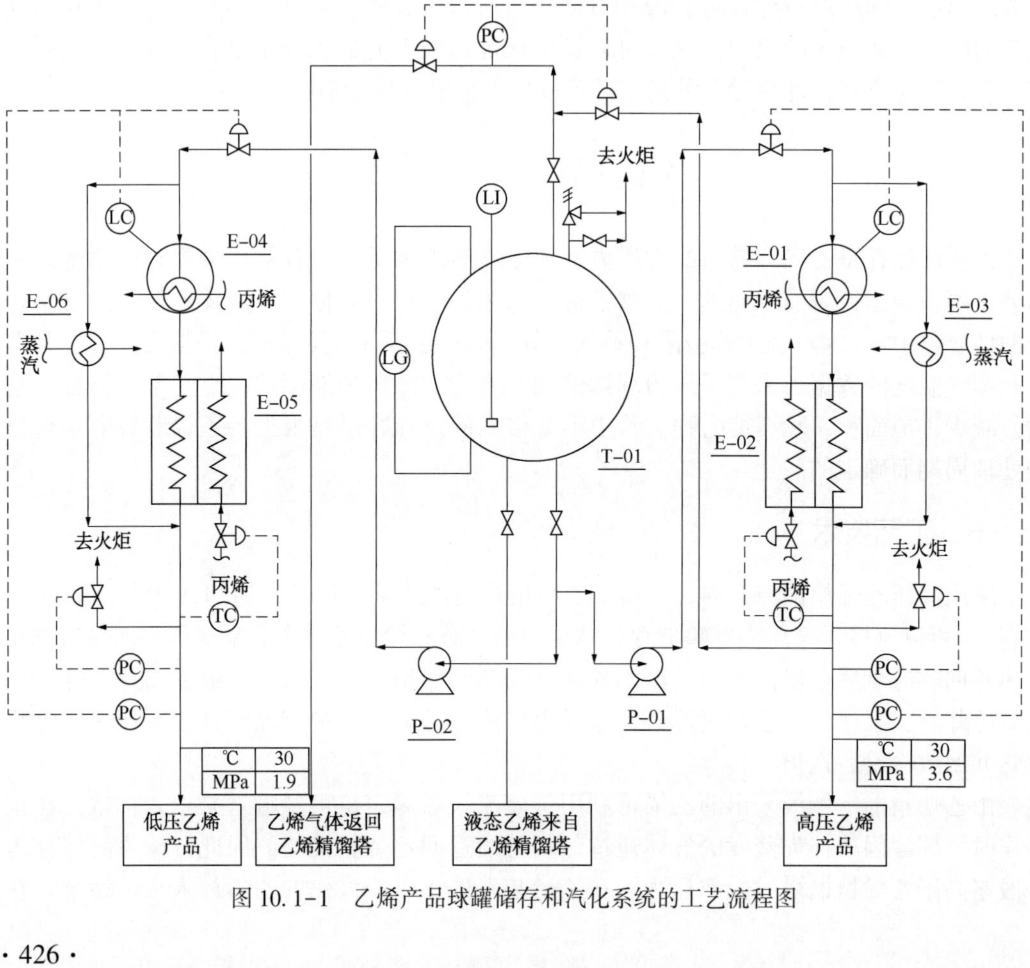


图 10.1-1　乙烯产品球罐储存和汽化系统的工艺流程图

用蒸汽加热汽化液态乙烯，可能在蒸汽加热侧形成冻结，在汽化器设计中应予注意。此外，蒸汽加热的汽化器常因温差大而造成泄漏。为解决这些问题，有些工厂采用了甲醇加热汽化系统。此时，液态乙烯的汽化和过热均用甲醇蒸气加热，冷凝的甲醇再用蒸汽加热，形成甲醇自然循环系统。这种加热汽化方案无冻结问题，操作平稳，但投资较高。

## 二、储存系统

乙烯球罐储存系统主要由球罐、乙烯汽化输送系统、气体回收和乙烯临时卸车系统等组成。

### 1. 乙烯球罐

球罐是一种先进的大型储罐，用于储存带压的气体和液体。与圆筒形储罐比较，在相同的压力和直径下，球罐的内应力最小，故制造球罐的钢材消耗量也最小。此外，球罐还具有占地面积小，维护保养简单，地面基础工程量小等优点。

国内的乙烯装置都设置了压力球罐来储存液态乙烯产品。乙烯球罐最重要的设计参数是设计温度和设计压力。在储存过程中，尽管球罐有保冷设施，但总会吸收环境中的热量使储存介质部分汽化，导致球罐内的压力升高。因此，球罐的设计温度和设计压力需要根据球罐的材质、介质的性质以及工艺要求综合确定。乙烯球罐的操作温度一般为-36～-27℃，设计温度为-45～-35℃，这主要是考虑乙烯球罐出现不正常低温工况时，使球罐有一定的抗过冷能力。球罐的操作压力是操作温度下的饱和压力，球罐设计压力为1.9～2.2MPa(G)。这主要是考虑乙烯球罐低温特性，使操作温度有一个波动范围。

由于乙烯球罐的操作温度约为-30℃，操作压力在1.9MPa(G)左右，因此要求乙烯球罐材料为能耐低温的高强度钢。

球罐选材是否先进，取决于材料的使用压力与温度及设计球罐的容量与壁厚。能否设计成耐较高压力和较低温度的大容量、薄壁球罐，反映出技术上的先进程度。为达此目的，对屈服强度在441N/mm$^2$以上的高强度钢的需求量就日趋增加。用普通的Si-Mn系低碳合金钢进行适当的热处理，在强度方面是不够理想的。还必须另外添加合金元素，通常使用的有Cr、Ni、V、Mo等，而且通常是多元组合。这种低合金高纯度钢，如不进行调质处理，则须加入较多的合金元素以提高铁素基体的强度。但当抗拉强度大于588N/mm$^2$级以后，冲击韧性在0℃时就会大幅度地下降，这又满足不了低温用钢的要求。因此，必须采用调质的方法，以获得优异的综合性能。

经调质处理后的钢材，不仅能用较少的合金元素得到回火马氏体强韧组织，而且可以获得质量波动小的均质钢材。因此，对屈服强度在441N/mm$^2$以上的高强度钢，多数都采用调质处理。乙烯球罐钢材是属于低碳调质高强度钢，它具有良好的综合性能：高的强度，较好的缺口韧性和塑性，耐蚀性及可焊性也较好。这种低碳调质钢在性能上的另一个特点是，它的强度主要不直接取决于合金元素含量，而与含碳量、回火温度和钢的抗回火性能有关。合金元素加入的主要作用是保证淬透性，同时可提高钢的抗回火性能。

焊接时适当加大焊后的冷却速度，避免在中温(500～600℃)发生转变，以防止产生不均匀的混合物组织并降低热影响区的韧性。因此，对线能量要有严格控制。线能量过大，会使过热区晶粒长大，魏氏体组织增多而脆化，降低了冲击韧性；线能量过小，会发生马氏体转变，以致转变后自回火作用发挥不出来，导致冷裂缝的发生。

控制马氏体在相变起始温度(Ms 点)转变，以发挥钢材的自回火作用，减少淬硬性，避免冷裂，保证工艺性能，为此要进行预热。回火温度愈高，钢材的强度和硬度就愈低。当焊接线能量过大时，由于冷却速度很慢，后一层焊道对于前一层焊道来说，就相当于一个高温回火过程，这可能导致接头的软化并产生不均匀组织。

20 世纪 70 年代，我国先后引进了几套乙烯装置，并引进了一些容积在 1500m$^3$左右的大型乙烯球罐，当时，主要是采用国外设计、制造球片，国内安装。80 年代末，我国自行研发了新型低温球罐用钢(07MnNiCrMoVDR)国产 CF-62，并于 90 年代初在大庆用此钢材自行设计并制造出 1500m$^3$乙烯球罐，开创了用国产钢材制造大型乙烯球罐的先例，形成了大型乙烯球罐制造采用国产钢材与进口钢材并存的局面。本世纪，随着钢厂生产能力的不断扩大，品种的逐步增多，大型乙烯球罐用钢已逐步国产化。国内部分低温乙烯球罐用钢的主要参数见表 10.1-1。

**表 10.1-1　国内部分低温乙烯球罐用钢主要参数**

| 钢号 | 化学成分 | | 冲击实验 | | |
|---|---|---|---|---|---|
| | P | S | 板厚/mm | 温度/℃ | 冲击功/J |
| 07MnNiCrMoVDR | ≤0.020 | ≤0.010 | 16~50 | -40 | ≥47 |
| 15MnNiDR | ≤0.025 | ≤0.012 | 6~60 | -45 | ≥34 |
| 09MnNiDR | ≤0.020 | ≤0.012 | 6~120 | -70 | ≥34 |
| 15MnNiNbDR | ≤0.020 | ≤0.010 | 10~50 | -50 | ≥54 |

2. 乙烯汽化输送系统

乙烯装置生产的乙烯送罐区储存。当下游装置需要时，罐区汽化输送系统将乙烯加压、汽化、升温后送下游装置。乙烯汽化输送系统主要包括乙烯蒸发器及乙烯输送泵。

(1) 乙烯蒸发器

由于乙烯的低温性质，乙烯蒸发器需要特殊设计。不选用蒸汽直接加热低温乙烯，而是先用蒸汽加热中间媒介丙烯或甲醇，再用丙烯或甲醇蒸气加热低温乙烯。这主要考虑蒸汽冷凝到低温时会结冰，影响介质的传热。中间媒介的选用比较见表 10.1-2。

**表 10.1-2　乙烯蒸发器中间媒介比较表**

| 名　称 | 操作压力/MPa(G) | 操作温度/℃ | 蒸发器壳层材质 | 有毒介质级别 | 可燃介质级别 |
|---|---|---|---|---|---|
| 甲醇 | 0.5 | 77.0 | 碳钢 | 中度危害 | 甲 B |
| 丙烯 | 34.3/0.5 | 77.0/-38.35 | 碳钢/低温钢 | — | 甲 A |

由表可见，在同样操作温度下，如选用甲醇作为中间媒介，可以降低蒸发器的设计压力；在同样设计压力的条件下，如选用甲醇作为中间媒介，蒸发器可以选用普通碳钢，而选用丙烯则需要低温钢。因此，尽管用甲醇作为中间媒介有一定毒性危害，但通过采取措施，使其密闭循环，可以降低投资。

(2) 乙烯输送泵

乙烯在球罐中是饱和储存的，球罐中液体倒灌入泵。因此，其有效汽蚀余量为：

$$(NPSH)_a=-(Hg_s+Hl_s)$$

式中，$Hg_s$为泵实际几何安装高度，即球罐的最低液面至泵中心线的垂直距离，灌注时为负值，吸上时为正值，m；$Hl_s$为泵进口侧管道系统阻力，m。

根据上式可以看出，泵的有效汽蚀余量即为泵的几何安装高度和泵进口侧管道系统阻力之和。

假设某 2000m$^3$乙烯球罐的安装高度 1.75m，设球罐内液位为 1m，泵入口阻力为 0.4m，则乙烯泵的有效汽蚀余量为：

$$(NPSH)_a=-(-2.75+0.4)=2.35\mathrm{m}$$

考虑安全余量 0.6m，泵必需的汽蚀余量需小于 1.75m，这对一般的离心泵是很难达到的。对于一般常温液化烃球罐可采取一些措施提高泵的有效汽蚀余量，如采用蒸汽增压器增压，或将氮气充入球罐内增压或提高支腿高度等。对于乙烯球罐，由于压力控制范围较小，采用增压器或向球罐内充氮气，会使低温球罐的温度和压力变得不稳定，易引起球罐超压；提高支腿高度对投资影响较大。采用立式筒袋泵就可以有效地解决这个问题。

立式筒袋泵属于多级泵，常埋于地下，见图 10.1-2。从图中可见，第一级叶轮与基准面的高差为 $K$，则筒袋泵的必需汽蚀余量为：

$$(NPSH)_{0r}=(NPSH)_{1r}-K$$

式中，$(NPSH)_{0r}$——筒袋泵必需汽蚀余量，m；

$(NPSH)_{1r}$——常规泵必需汽蚀余量，m；

$K$——筒袋泵第一级叶轮与基准面的高差，m，取值为 0.53~2.56m。

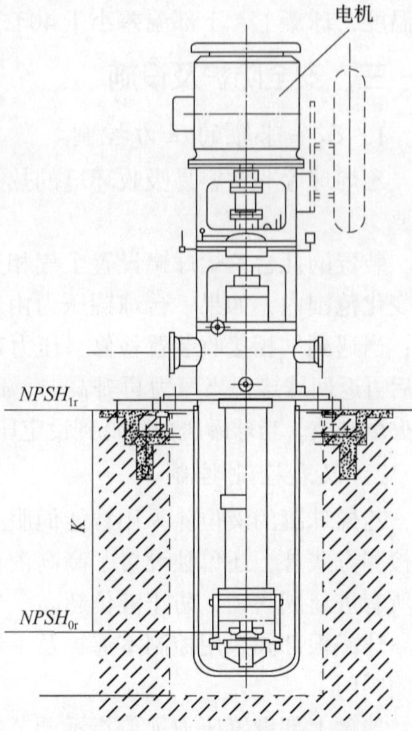

图 10.1-2 立式筒袋泵示意图

不同厂家 $K$ 值不同，$K$ 值可以根据球罐的有效汽蚀余量的要求选择，所有筒袋泵的必需汽蚀余量比常规泵的汽蚀余量小 $K$，完全可以满足泵的汽蚀余量的要求。因此，选择筒袋泵对低温饱和乙烯的输送非常合适。

3. 罐区的气体回收

由于低温球罐中液态乙烯的储存温度低于环境温度，因此，尽管球罐采取保冷措施，在储存过程中还是会与外界发生传热而使部分乙烯汽化。少量低温乙烯汽化后吸热，利用低温乙烯的汽化吸热原理可实现低温乙烯液态储存。但不断汽化的乙烯会使球罐压力升高。保持低温球罐压力平衡的方法有：①将低温球罐中的气相乙烯送往可接收装置；②增加一套小型压缩机系统。对于可接收装置为两套以上装置，当一套检修时，可送往另一套装置的情况，采用第一种办法；对于只有一套接收装置或没有接收装置的情况，可根据球罐乙烯储存量，综合比较后确定采用何种方法。

某厂有 2000m$^3$乙烯球罐 3 台，正常工况下，乙烯球罐的气体送往催化热裂解制乙烯（CPP）装置。在装置检修期间，按每次 20 天计，3 台乙烯球罐的每次排放量约为 340t，2021 年按乙烯吨平均价格 7700 元计，则每次检修损失乙烯的总价值约为 262 万元。一套乙烯气回收系统总投资约250万元，因此，使用一次即可收回投资。

4. 乙烯临时卸车系统

乙烯球罐开工置换一般有两种形式：一种是乙烯装置开车后用装置产生的乙烯气体进行置换；另一种是装置未开工，需用常压低温乙烯罐车中的乙烯对球罐进行置换。如果用球罐中乙烯返回乙烯装置进行倒开车，球罐的置换只能采用第二种方式。

采用常压低温乙烯罐车对乙烯球罐进行置换，需用设置一套卸车系统，系统主要包括一台乙烯卸车加压泵和一套乙烯加热器。

由于乙烯球罐的最低设计温度为-45℃，而常压下乙烯的最低温度可达-104℃，因此，卸车时乙烯进料的相态、温度及球罐的压力需要认真匹配和协调，保证球罐温度不低于设计温度，球罐上、下部温差小于40℃，降温速率≤5℃/h。

### 三、安全防护及设施

1. 乙烯球罐的压力控制

乙烯球罐非常容易吸收环境的热量而使球罐的压力升高，因此，球罐的压力控制非常重要。

装置的几台乙烯球罐设置了气相连通线，此气相连通线通往气相接收装置。正常的压力变化范围内，如果一台球罐压力由于进料等原因升高，则气相连通线可以平衡各罐的压力；当遇到气相接收装置检修，压力升高到设定压力高限时，启动气体回收系统，把气体冷却后再返回球罐；当压力再升高时，通过压控阀放火炬；当压力继续升高时，安全阀起跳，向火炬排放。当球罐压力降低到设定压力低限时，可启动汽化系统对球罐补充气相乙烯。

2. 仪表检测控制

乙烯球罐的液位除采用智能伺服式液位计进行远传液位指示及报警和就地液位指示两种检测方式外，还单独设置了高高液位报警开关及低低液位报警开关。高高液位报警开关与所有进料阀联锁，防止液位超高。当出料阀打开时，联锁自动解开。

球罐根部阀采用控制室遥控及手动双重设置，火灾事故时可在控制室也可在现场及时关闭阀门。

球罐上部设置压力远传指示调节报警，可对球罐的压力进行调节；球罐上部和下部均需设置温度指示，方便了解真实情况。

现场设置可燃气体报警仪和摄像监控设施，可及时发现泄漏，防止事故的扩大。

3. 安全放空设施

乙烯球罐的罐顶设置两个一开一备的安全阀。由于储运系统间断操作的特性，管道中的低温乙烯液体也非常容易吸收外界热量汽化，使管道压力升高超压。因此，进、出罐区及自动切断阀之间管线均根据情况设置了管道安全阀或其他可以泄压的措施。在手动切断阀之间设置了放空，安全阀后气体密闭排放至火炬系统。

## 第二节　常压低温储罐

低温法储存是在接近常压(正常操作压力102~112kPa)下和略低于乙烯的沸点储存。低温储罐容积较大，单台储存容积达到数千立方米至数万立方米，适合需要销售和外购大量乙烯的地区。由于低温储存装置技术复杂、自动化控制水平高，20 世纪我国仅在扬子石化公司和上海石化分公司各建有一套常压低温乙烯储存装置。随着我国石化工业的发展，对乙烯原料的需求日益增多。建设乙烯低温储罐，发展以乙烯为原料的石油化工装置，比直接进口乙烯下游产品具有更好的经济效益。建设乙烯储运装置不但可解决我国乙烯原料缺口问题，同时可调节今后炼化一体化生产弹性。2000 年以来，在各地有多套乙烯低温储存装置建成或在建。

## 一、低温罐类型及选择

### 1. 低温乙烯储罐的类型

低温储罐分为地上储罐和地下储罐两种类型，地上储罐根据其结构形式不同又分为单包容罐、双包容罐、全包容罐三种罐体形式，而地下储罐主要有薄膜罐。四种类型低温储罐的结构简图如图 10. 2-1 所示。

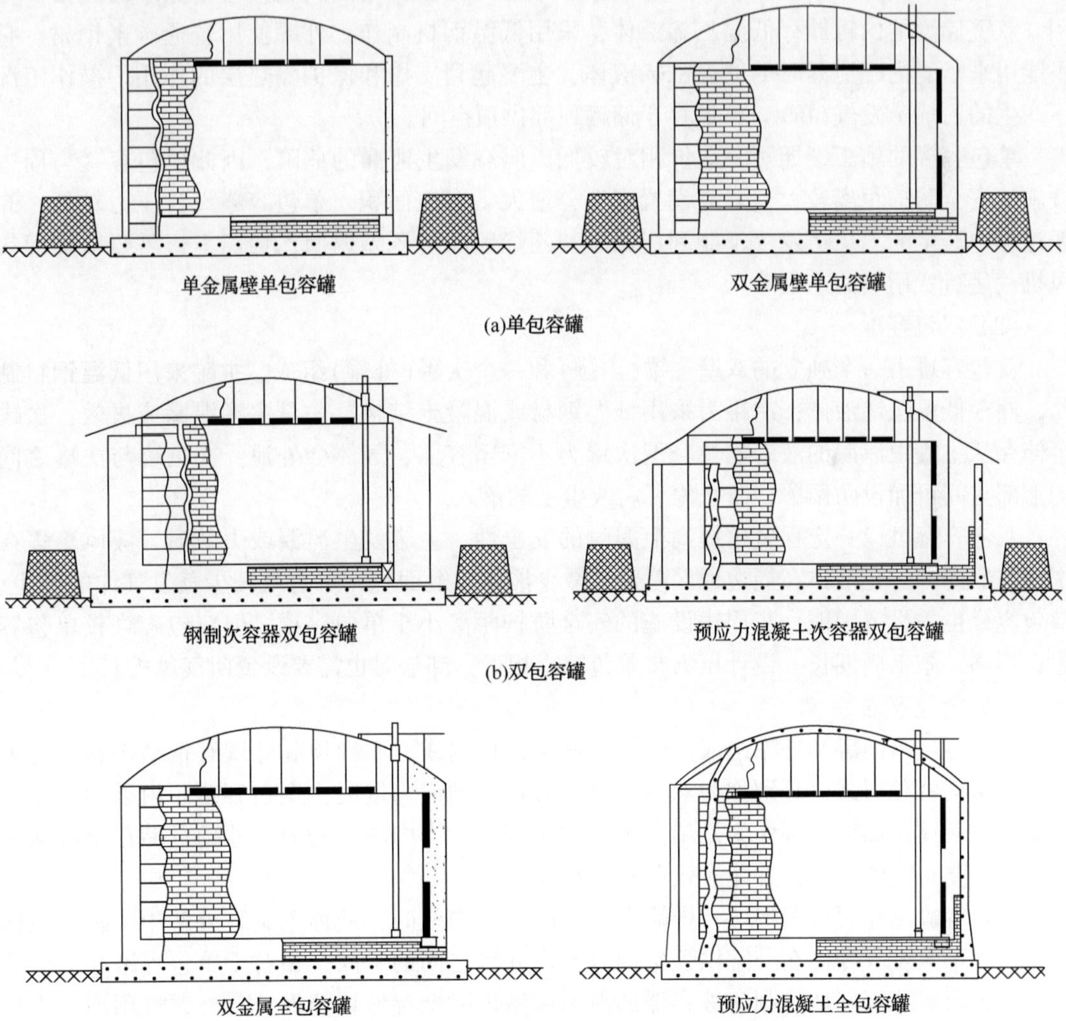

单金属壁单包容罐　　双金属壁单包容罐

(a)单包容罐

钢制次容器双包容罐　　预应力混凝土次容器双包容罐

(b)双包容罐

双金属全包容罐　　预应力混凝土全包容罐

(c)全包容罐

图 10. 2-1　不同类型常压低温储罐的结构简图

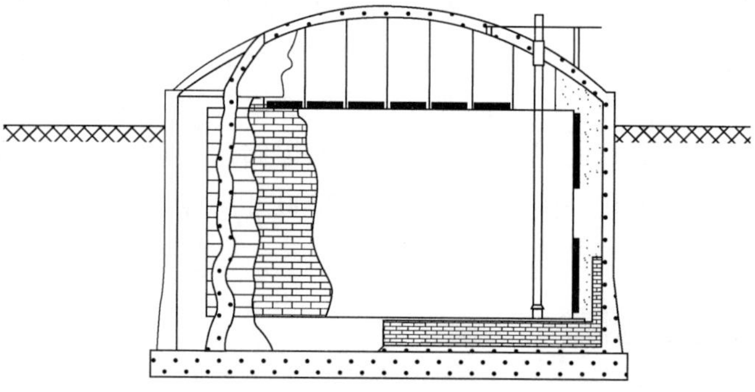

(d)地下薄膜罐

图 10.2-1　不同类型常压低温储罐的结构简图(续)

(1) 单包容罐

单包容罐可分为单壁储罐和双壁储罐。考虑到安全和绝热问题，单壁储罐已经很少使用。双壁储罐的内罐储存低温乙烯液体，采用低温钢材制作；外罐使用普通碳素钢材，它不能用来承受内罐泄漏时的低温乙烯液体，主要起到支撑和保护隔热层的作用。操作工况下产生的乙烯蒸发气(BOG)将储存于储罐顶部拱顶空间。

单包容罐的施工工期短，造价相对较低，但有发生泄漏的危险，因此单包容罐与周边设施的安全防护距离较大，并需设置围堰，增大了占地面积。单包容罐设计压力较低，卸船过程中产生的乙烯蒸发气不能利用储罐与乙烯船间的压差返回乙烯船上，需要增加回气风机，运行费用较高。

(2) 双包容罐

双包容罐由一个独立的双壁主罐(内罐)和一个次罐(外罐)组成。主罐采用低温钢材制作，储存低温乙烯液体；次罐为采用低温钢材或混凝土结构，一旦主罐泄漏或失效，次罐可储存从主罐中泄漏的液态乙烯，但次罐为不密闭容器，气体会外泄。在主罐与次罐之间的上部空间可加设防雨罩，防止雨、雪或尘土的落入。

双包容罐可以一定程度地提高泄漏时的安全性，主罐发生泄漏或失效时，液体聚集在次罐容器内，防止液体在周边地区蔓延，减少液体接触面积，可有效减少蒸发气体的产生。双包容罐也需设置围堰，与周边设施的安全防护距离小于单包容罐。但双包容罐较单包容罐造价高，施工周期长，设计压力与单包容罐相近，卸船时也需要设置回气风机。

(3) 全包容罐

全包容罐由内罐和外罐组成。内罐由低温钢材制成，而罐顶和外罐有钢结构和预应力混凝土结构两种形式，分别称为双金属全包容罐和预应力混凝土全包容罐。内罐用于储存低温乙烯液体，而外罐可作为乙烯蒸发气的主容器，当内罐泄漏时，外罐可储存全部泄漏的液体，防止液体溢出，并能有效存储蒸发气体。

全包容罐不需要设置围堰，内罐发生泄漏或者失效时，液体聚集在外罐中，防止液体溢出，乙烯蒸发气存储在外罐拱顶空间以及内外罐之间的空间。相对于单包容罐和双包容罐，全包容罐能更好地控制盛液容器的泄漏或溢出时低温液体蒸发。若外罐选用混凝土形式，还能更好地抵御爆炸、火灾等外部威胁。相对于单包容罐和双包容罐，同等储存能力的全包容罐占地面积更小，设计压力较单包容罐和双包容罐高，运行费用低。

（4）薄膜罐

薄膜罐多为地下罐形式，与全包容罐相似，主要由混凝土外罐、薄膜内罐、内外罐之间的绝热系统和其他附件组成。外罐为自立式的预应力混凝土形式，其功能主要是为了内罐的流体静力负载及罐外冲击提供结构阻力，作用在薄膜上的全部静压荷载及其他荷载均通过承载绝热层转移至混凝土外罐上。薄膜内罐采用不锈钢膜式结构(1.2~2mm)，通过隔热板紧贴罐体，将罐内荷载全部传递至混凝土外罐上。绝热系统主要由隔热板和隔气层构成，主要是限制混凝土外罐与内罐液体产品之间的热量交换，以确保储罐蒸发率符合要求，同时将罐内荷载从内罐转移至混凝土外罐。

薄膜罐的安全性能和抗震性能好，无论在什么情况下，液体不会溢出到地面上，且设计更为紧凑，净存储量大，若按常规 $16\times10^4m^3$ 的 9%Ni 钢全包容罐尺寸建造薄膜罐，总存储容量可增加约 8%。薄膜罐可在罐底部分设置凹陷的排液槽，将潜液泵安装到排液槽处，降低储罐的最低操作液位，增加有效储存容量。但薄膜罐蒸发率高，导致蒸发气处理设备的增大，投资费用和运行费用较大增加。并且薄膜罐设计专利转让费较高，且没有相应的设计标准，技术可靠性低，因此薄膜罐的使用较少。

2. 低温乙烯储罐的罐型选择

选择何种形式的储罐主要取决于建造成本、运行费用、占地面积、场地地质、环境、与码头的距离以及外界条件对储罐安全的影响等多种因素。几种常见低温储罐罐型的对比见表 10.2-1。

**表 10.2-1　不同类型常压低温储罐的综合比较**

| 内　容 | 单包容罐 | 双包容罐 | 全包容罐 | 地下薄膜罐 | 地上薄膜罐 |
|---|---|---|---|---|---|
| 安全性 | 低 | 中 | 高 | 高 | 中 |
| 占地 | 多 | 中 | 少 | 少 | 少 |
| 技术可靠性 | 高 | 高 | 高 | 中 | 中 |
| 操作压力 | 低 | 中 | 高 | 中 | 中 |
| 投资 | 低 | 中 | 高 | 最高 | 中 |
| 运行费用 | 高 | 中 | 低 | 高 | 高 |
| 施工周期 | 短 | 中 | 长 | 最长 | 长 |
| 施工难易程度 | 低 | 中 | 高 | 高 | 最高 |

目前，这几种罐型中薄膜罐的使用最少，且没有相应的设计标准，技术的可靠性低。地下薄膜罐一般在地震频发区应用，且对地质条件要求较高，造价高，施工周期长。而地上薄膜罐设计专利转让费用高，施工工艺也较为复杂，世界上薄膜罐制造商很少。因此除非有特别需要(如抗震)，一般项目不推荐使用。

在低温储罐发展初期，大部分储罐为单包容罐，随着技术水平的提高和对安全、环保等方面要求的提高，大型储罐已很少使用单包容罐。但单包容罐技术成熟、施工工期短，对于规格不大的低温储罐项目依然具有较强的生命力。

双包容罐的造价较单包容罐高，施工周期长，也没有解决设计压力低带来的问题，因此在国内应用不多。

全包容罐的建造成本高于单包容罐和双包容罐，施工周期长，但全包容罐的安全性高，技术成熟。当外罐采用预应力混凝土结构时，操作压力大幅提高，降低了运行费用及相关设备费用，且不需要设置围堰，场区布局紧凑，是近年来全球大型储罐中广泛应用的储罐形式。

目前国内已经建设的低温乙烯储罐，容积小于30000m³的，多采用单包容罐。大容积低温乙烯储罐多采用全包容罐。国内除台湾外现有的两台50000m³低温乙烯储罐均采用了预应力混凝土全包容罐罐型，内罐材质分别采用了进口5%Ni钢材和9%Ni钢材。国内一些已建成低温乙烯储罐罐型见表10.2-2。

**表10.2-2　国内低温乙烯储罐罐型**

| 项　目 | 容积/m³ | 罐　型 | 投产时间/年 |
|---|---|---|---|
| 青岛海晶 | 50000 | 预应力混凝土全包容罐 | 2016 |
| 扬州奥克 | 50000 | 预应力混凝土全包容罐 | 2014 |
| 上海氯碱 | 30000 | 双金属全包容罐 | 2014 |
| 新浦化学 | 30000 | 单包容罐 | 2013 |
|  | 20000 | 单包容罐 | 2007 |
| 宁波瑞福特 | 20000 | 预应力混凝土全包容罐 | 2011 |
| 镇海炼化 | 30000 | 单包容罐 | 2010 |
| 大沽化工 | 30000 | 单包容罐 | 2009 |

### 3. 低温乙烯储罐罐体用低温钢

通常情况下，我们将储存和输送低温介质以及在寒冷地区服役的设备和管道称为低温容器、低温管道，而用于制造这些低温容器、低温管道所用的钢材统称为低温钢。其温度范围为-273～-10℃，将-196～-10℃温度范围称为“低温”，把-273～-196℃温度范围称为“超低温”。低温钢在低温下应具有足够的强度和充分的韧性，具有良好的工艺性能、加工性能和耐腐蚀性能等特性。其中低温韧性是低温下防止脆性破坏发生和裂纹扩展能力的重要因素。

乙烯常压下的沸点温度为-103.9℃，低温乙烯储罐的操作温度一般为-104℃。低温乙烯储罐若使用无镍低温钢建造，需要选择06AlCuNbN或者牌号更高的低温钢；若使用含镍低温钢建造，需要选择5%Ni钢或者牌号更高的低温钢。目前能源行业-70～-196℃条件下使用的材料多为含镍低温钢，随着Ni含量的增加，钢的冶炼及轧制难度增大。国内主要大型钢厂也一直致力于-120℃使用的5%Ni钢的开发，随着国内冶金工艺及装备的进步，取得了一定的进展，已有企业能生产5%Ni钢，但是产品的性能还不够稳定，并且目前国内还没有相关标准，所以只能从欧洲、美国和日本等国家进口5%Ni钢。

储罐的设计执行标准的选择直接影响低温乙烯储罐罐体低温钢材的选择，API620和EN14620中对于选材标准有很大不同。API620中列出了5%Ni钢，并明确指出5%Ni钢可以用于操作温度-104℃下的乙烯介质，而EN14620则把5%Ni钢统一归入了低Ni钢的类别中(Ⅲ类钢)，最低使用温度为-80℃，并明确列表指出乙烯介质的单、双、全包容罐均需采用9%Ni钢。

青岛海晶化工集团有限公司投资建成的50000m³低温乙烯储罐是除中国台湾外国内最大规模的低温乙烯储罐之一，内罐材质使用了9%Ni钢，这种钢在极低温度下具有良好的韧性和高强度，而且与奥氏体不锈钢和铝合金相比，热膨胀系数小，经济性好，使用温度可达-196℃。国外很多先进钢铁公司都能生产性能稳定的9%Ni钢产品，如安赛乐塔美国分公司、蒂森克虏伯公司、JFE及新日铁等。国内太钢研制开发的低温压力容器用9%Ni钢板在2007年通过了全国锅炉压力容器标准化技术委员会(简称容标委)认证，填补了国内空白，之后鞍钢、南钢等研发的9%Ni钢相继通过了容标委认证。现已纳入GB/T 3531—2014低温压力容器用钢板中，标准牌号为06Ni9DR。

## 二、低温罐储存原理及流程

### 1. 乙烯低温储存原理

乙烯在接近常压和略低于沸点的温度下储存。存储低温乙烯采用压缩、撤热和节流膨胀制冷原理，以达到保温的目的。具体工艺是：储罐顶部挥发的乙烯气体经过压缩机压缩、循环水冷却、冷凝器冷凝后，再经节流膨胀制冷，以达到对储罐中低温液态乙烯的保温。保温冷量的调节是通过对低温液态乙烯储罐顶部的气相乙烯的抽吸、压缩而得到自控调节的。

### 2. 乙烯低温储存工艺流程

图10.2-2是乙烯低温储存系统工艺流程图。乙烯低温储存一般由乙烯进料预处理、储存、汽化/输送、蒸发气处理等工艺系统组成，另外还有安全辅助措施。乙烯低温储罐接收乙烯装置或者码头送来的液体乙烯，加压汽化后送往下游用户。该过程中整个系统从外界吸收热量以及泵运行产生的热量会引起储罐内乙烯部分蒸发，需要将蒸发出的气体(泡点气)加以回收。乙烯泡点气回收系统由乙烯泡点气压缩机、丙烯制冷压缩机、乙烯泡点气冷凝器、乙烯泡点气凝液缓冲罐等部分组成。

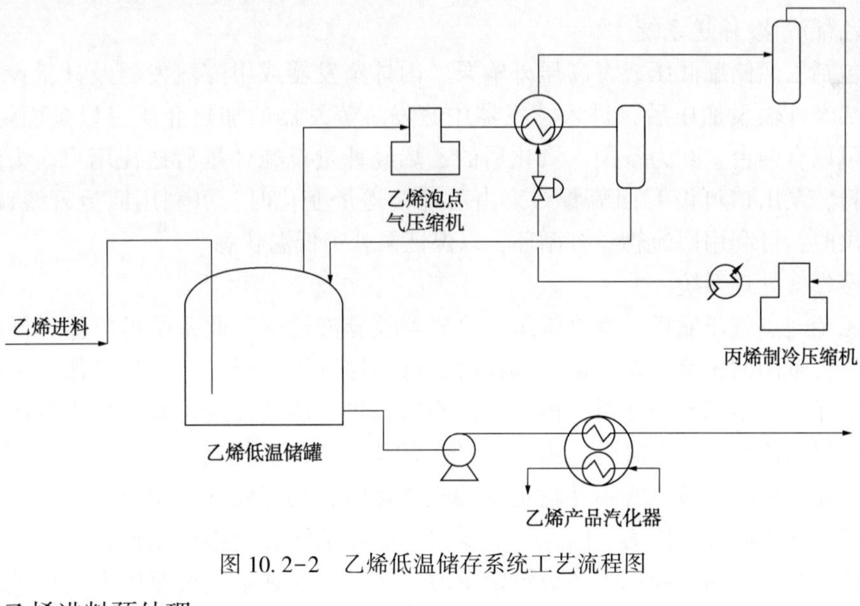


图10.2-2　乙烯低温储存系统工艺流程图

(1) 乙烯进料预处理

由界外送来乙烯进入低温储罐前必须经过降低压力和温度的处理过程。这个处理过程又可以分三种：第一种是无制冷剂的工艺过程，乙烯经膨胀(或节流)后压力和温度下降，再经分离罐分离气液相，液相进入乙烯低温储罐，气相由乙烯压缩系统回收。第二种是使用一种制冷剂的工艺过程，包括采用氨制冷循环、丙烯制冷循环或混合制冷循环的一种，通过制冷剂的压缩、冷却、节流过程获得低温，换热使来料乙烯先降低温度，然后节流减压进入乙烯低温储罐。第三种是使用多种制冷剂的处理过程，这种工艺选用蒸发温度成梯度的一组制冷剂如丙烷、乙烷(或乙烯)，通过多个制冷系统分别与来料乙烯换热，使乙烯温度逐渐降低，最后达到压力温度要求，进入乙烯低温储罐。这种方法通常称复叠式制冷工艺。三种处理工艺比较见表 10.2-3。

**表 10.2-3　乙烯进料三种处理工艺比较**

| 工艺 | 无制冷剂工艺 | 单一制冷剂工艺 | 复叠式制冷工艺 |
|---|---|---|---|
| 优点 | 工艺流程最简单，设备需求最少，运行可靠 | 系统总能耗降低，工艺流程相对简单，乙烯进罐收率提高 | 乙烯进罐收率最高，各制冷系统相对独立，可靠性、灵活性好 |
| 缺点 | 乙烯进罐的收率低，分离出的气相乙烯加大了乙烯泡点气压缩机的负荷，能耗高 | 高速转动部件增多，操作较复杂，设备投资较高 | 工艺相对较复杂，需要两种制冷介质和循环所需的设备，设备投资最高 |

由上表及节能热力学原理可知，复叠式制冷工艺很好地利用了梯级温降，减少了有效能的损失，虽然设备投资大，但能耗大大降低。

(2) 乙烯储存系统

由低温储罐、附属管线及控制仪表组成。乙烯低温储罐采用绝热保冷设计。由于有外界热量或其他能量导入，例如储罐绝热层、附属管件等的漏热、储罐内压力变化及输送泵的散热等，会引起储罐内少量乙烯的蒸发。正常运行时，罐内乙烯的日蒸发率约为0.06%~0.08%。

(3) 乙烯汽化/输送系统

一般包括乙烯储罐低压或者高压外输泵、丙烯蒸发器或甲醇蒸发器及计量设施等。储罐内的乙烯经外输泵加压后，进入蒸发器中蒸发。蒸发器的加热介质可以是丙烯或甲醇，蒸发器也可以有两台，互为备用。汽化后的乙烯经计量设施计量后送往用户。为保证输送泵正常运行，泵出口可设有回流管线。当乙烯输送量变化时，可利用回流管线调节流量。在停止输出时，可利用回流管线打循环，以保证泵处于低温状态。

(4) 蒸发气处理系统

包括乙烯泡点气压缩机、制冷机组、冷凝器及分液罐等。此系统可以保证低温乙烯储罐在一定压力范围内正常工作。正常操作时，低温储罐因冷损失蒸发的气体通过乙烯泡点气压缩机加压，经冷却水冷却后，再经过制冷机提供的冷剂冷凝冷却，最终被回收回到低温储罐。储罐的压力取决于罐内气相(蒸发气)的压力。当储罐处于不同工况，例如储罐有乙烯外输、正在接收乙烯或既不外输也不接收乙烯时，其蒸发气量均有较大差别，如不适当处理，就无法控制气相压力。因此，需要根据储存系统各种操作工况，选定合适的超压值及欠压值，当压力超过或低于各级设定值时，蒸发气处理系统按照压力变化进行相应动作，以控制储罐气相压力。在低温下运行的蒸发气压缩机一般选用往复式压缩机。

(5) 储罐安全辅助系统

为防止乙烯储罐在运行中产生真空，在有的流程中还配有防真空补气系统。补气的气源通常为蒸发器出口管引出的乙烯。

当乙烯储罐内气相空间超压，蒸发气压缩机不能控制且压力超过安全阀设定值时，罐内多余蒸发气将通过安全阀泄放进入火炬中烧掉。当发生诸如翻滚现象等事故时，大量气体不能及时烧掉，则必须采取紧急放空措施排泄。

## 三、主要设备

低温乙烯储存装置的主要设备包括低温乙烯储罐、乙烯泡点气压缩机、制冷机、乙烯输送泵、乙烯蒸发器，共同的特点是在低温或超低温下运行。下面介绍有关主要设备的情况。

### 1. 低温乙烯储罐

低温乙烯储罐是低温乙烯储存装置的关键设备，某 20000$m^3$ 的低温乙烯单包容储罐的工艺设计参数如表 10.2-4 所示。

**表 10.2-4 低温乙烯储罐的工艺设计参数**

| 项　目 | 指　标 | 项　目 | 指　标 |
|---|---|---|---|
| 容积/$m^3$ | 20000 | 设计压力/kPa(G) | 15/-0.5 |
| 介质 | 液态乙烯 | 设计温度/℃ | -105~65 |
| 密度/($kg/m^3$) | 569 | | |

常压低温乙烯单包容储罐的结构如图 10.2-3 所示，为双层外拱顶形式，内罐吊顶悬挂于外罐顶的结构。内罐为圆柱型吊顶式结构的金属罐，罐底、罐壁的材质为 9%Ni 钢，吊顶悬挂在外罐的顶部。外罐为拱顶结构的金属罐，罐底及罐壁的第一层壁板为 9%Ni 钢，其余壁板及罐顶采用普通碳钢。内外罐之间的环形空间填满了珠光砂散料保温材料，内罐底与外罐底座之间的空间采用珍珠岩、矿物棉、干砂、混凝土等保冷结构，内罐顶部装有铝合金吊顶，并有珍珠岩棉保冷。

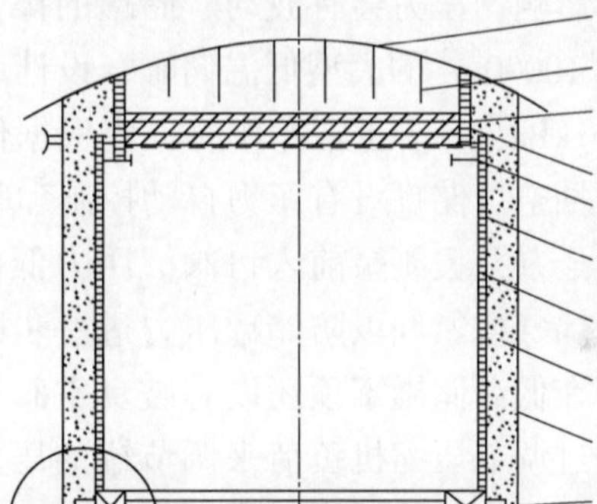


图 10.2-3 常压低温乙烯单包容储罐结构简图

由于常压低温乙烯储罐的储存温度低，在充入乙烯后其内罐收缩量很大。一个 15000t 的常压低温乙烯储罐(直径约 32.8m)如内罐采用不锈钢，其直径收缩量约达 46mm；如内罐采用铝，其直径收缩量约达 90mm 以上。因此，在常压低温乙烯储罐的设计中必须充分考虑到温度变化产生的罐板径向收缩。

### 2. 乙烯泡点气压缩机

乙烯压缩机选型主要考虑流量和排出压力，因所需流量小且出口压力较高，故选用往复式压缩机。为了确保乙烯纯度，压缩机气缸选用无油润滑，同时为防止泄漏，压缩机除填料外还用氮气密封。

### 3. 制冷压缩机

制冷压缩机可选用无油式螺杆压缩机、丙烯冷剂或者氨制冷剂。主要特点是：操作弹性大，通过滑阀调节，负荷可在 10%～100%范围内变化，操作简便，运行稳定，检修周期长。

4. 乙烯输送泵

按照无泄漏、运行周期长、操作方便和节能要求选择多级立式泵。如果在罐外设置立式筒袋泵，由于入口管线的乙烯是靠重力流进入泵的，入口管线必须接在罐的侧壁接近底部的位置，这也是内罐侧壁上唯一的开口，增加了泄漏的风险。出于罐本体安全上的考虑，通常在罐内设置潜液泵，潜液泵出口管线从罐顶将乙烯送出。

5. 乙烯蒸发器

乙烯低温罐中的乙烯液体经输送泵加压后输送到乙烯蒸发器，在蒸发器中经甲醇加热汽化后送至下游生产装置。乙烯蒸发器由三个重叠安装的加热器组成。三个换热器的壳侧由多个管道相连。底层换热器壳侧甲醇由蒸汽加热汽化，汽化的甲醇在中层及上层换热器中被冷凝。在中层换热器管侧，乙烯被甲醇加热汽化，在上层换热器管侧，乙烯被加热到常温后，送出罐区。

## 四、控制及操作

1. 乙烯低温储罐

乙烯低温储罐内罐的压力是主要的控制指标，受进料、出料以及乙烯泡点气压缩机负荷变化的影响，压力会有波动。储罐的操作压力范围是根据罐体的设计压力而定的，对于容积超过 10000$m^3$ 的大型低温储罐，设计压力一般定在 15kPa(G)左右，相应的操作压力一般为 2～11kPa(G)。正常操作时，应根据储罐的压力变化及时调整泡点气压缩机负荷，避免超压或抽空。储罐设有压力自动控制和联锁。罐内压力低低时，将联锁停泡点气压缩机、停乙烯输送泵并关闭泵前入口阀。压力低低低时，为防止储罐出现负压而损坏，可向储罐中充入乙烯气或氮气以防储罐压力进一步降低。若补乙烯气或氮气仍无法解决压力的进一步下降，在低温储罐罐顶还设有破真空阀来保护储罐。当罐内压力升高时，启动泡点气压缩机并通过调节压缩机负荷来调节罐的压力。当泡点气压缩机满负荷操作、低温储罐压力仍继续上升到一定值时，打开压力控制阀排放至低压火炬系统。当压力高高时，将联锁停输送泵、关闭进料阀并打开通往安全阀出口管线的氮气阀(安全阀出口排大气时)。当压力继续升高到安全阀定压时，则安全阀启跳，防止超压引起破罐。

低温储罐内罐的液位也是主要的控制指标，液位过高会造成储罐溢流，而液位过低则会造成空罐损坏输送泵。内罐设有三套液位计，一套伺服液位计和两套雷达液位计。内罐液位受进料及出料的影响。正常操作情况下，内罐液位高高时，将联锁关闭乙烯产品进料阀；当内罐液位低低时，将联锁停乙烯输送泵并关闭泵前入口阀。

储罐的温度是指示储罐是否正常操作的重要指标。正常操作时液态乙烯温度为-103.9℃。为了在开车预冷时保证储罐不同位置能均匀降温，在罐底和罐壁的若干位置安装测温元件，另在罐内的不同高度也装有测温元件，以测量不同液位的液体温度。内罐的气相空间也设有测温元件。同时，在内外罐夹层安装温度计，来监测内罐是否泄漏。

在操作中，操作人员应密切监控储罐的压力、液位、温度。当储罐压力出现波动时应及时调整泡点气压缩机的负荷，防止储罐超压或抽空。当储罐液位变化时，及时调整进料量或外送量，防止储罐溢流或空罐。此外，应密切注意夹层温度，一旦夹层温度出现异常，储罐可能发生泄漏，应迅速上报。

2. 乙烯泡点气压缩机

乙烯泡点气压缩机采用往复式压缩机，有0、50%、75%、100%几档负荷控制。对于泡点气量低于压缩机负荷50%的工况，可在压缩机下游抽出部分乙烯气返回低温储罐，这样压缩机负荷在0~50%之间也可操作。在实际负荷较低时可以避免压缩机频繁启动/停车，有利于平稳操作。

在泡点气压缩机正常操作时，根据乙烯低温储罐的压力，即压缩机一段的入口压力来调整乙烯泡点气压缩机的负荷及最小流量旁路阀的开度。在低温储罐压力不断升高的过程中，根据压力值依次启动压缩机以50%的负荷运行，并打开最小流量旁路阀、关闭最小流量旁路阀、调整负荷至75%、调整负荷至100%。如果低温储罐的压力不断下降，执行上面相反的顺序，直至压缩机停机。泡点气压缩机负荷加载/卸载程序应有一定的保留时间，防止两个负荷档位之间过快的负荷切换。

泡点气压缩机各段出口都有温度计和压力计，任何一段出口温度高高都会联锁停压缩机，对压缩机进行保护。

3. 丙烯制冷压缩机系统

压缩后的乙烯泡点气需要进行降温液化，丙烯制冷系统就是用来提供乙烯泡点气液化所需要的丙烯冷剂。丙烯制冷系统是一个闭路循环系统，主要由丙烯制冷压缩机、油分离系统、冷凝器、经济器和蒸发器组成。丙烯制冷压缩机采用螺杆式压缩机，通过滑阀和热气旁通可实现0~100%的无级调节。压缩机采用有油压缩，设置有油分离系统，实现润滑油与工艺气分离。

乙烯泡点气与-38℃的丙烯冷剂在蒸发器中进行换热，换热后的丙烯气体进入压缩机进行压缩，将丙烯气体的压力由0.05MPa(G)提高至1.56MPa(G)。之后经油分离器后，进入冷凝器，丙烯气在冷凝器中冷凝为液体。丙烯液体之后被送入储罐缓冲。

## 第三节　乙烯输送系统

### 一、低温船运输

乙烯工业是石油化工的龙头，是衡量一个国家石油化工的规模和发展程度的标志，无论发达国家还是发展中国家，凡有条件的都会极力促进乙烯工业的建设和发展。随着中国石化工业和国民经济的持续快速发展，对乙烯的需求持续增加。2021年中国乙烯产量为28257kt，而乙烯进口量为207000kt，仍需依靠大量进口乙烯满足需求。

乙烯的标准沸点为-104℃，在常温条件下为气态，是一种易燃气体。常压下等重量的-104℃液化乙烯体积约为常态下气体乙烯的1/460，液化后的体积大大缩小，对乙烯的储运较为有利。因此世界上常采用低温槽船进行乙烯商业性海运，如美国等发达国家从中东进口液态乙烯，船运回国。

船舶运输石油化工产品，载运量大，运输距离长，是一种能耗少、成本低、投资少的运输方式。由于技术的进步、生产的扩大及市场的开拓，我国沿海和沿江地区都在大力进行储运设施的建设，大型低温乙烯储存装置就是近十多年发展起来的。

船运乙烯是发展较快的一种运输方式。早在20世纪60年代英国和日本就开始用船运方式运输乙烯。第一艘运输乙烯的船采用卧式压力乙烯储槽输送乙烯，储槽在-30℃、1.71MPa(G)的条件下可装乙烯108t。70年代开始出现2000t的乙烯运输船，不久出现洲际航行能力的大型乙烯运输船，在常压、-104℃储存条件下装运16500t。目前，已有125000m$^3$容积的大型乙烯运输船运输乙烯、乙烷或液化天然气。

运输乙烯的船舶结构与运输液化石油气的相似，大型运输乙烯的船舶均采用常压低温储槽，多采用圆柱形的液货舱，液货舱材料用特殊耐低温的合金钢。在海运过程中由于低温乙烯储罐受外界环境热量的侵入，会使罐内液体乙烯汽化产生闪蒸气，也即BOG(boil off-gas)气体。蒸发气体的产生会使液货舱的液货乙烯压力升高，从而导致货舱温度升高。过高的液货舱压力会破坏液货舱的结构，对其维护系统造成危险。但如果任由乙烯BOG排入空气中，不但危险，在经济上也很不合算。因此，从船舶运输的安全性和经济性上考虑，需设置一套特殊的制冷装置和再液化装置，回收这部分BOG，以控制液货舱内的温度和压力，把蒸发的气体冷凝再送回液货舱。由于运输温度低，液货的密度较高，在相同舱容下货运量大，另外液货舱厚度减薄，建造费用降低，这可部分抵消由于低温所需要的制冷设备的投资。

通常，液态乙烯运输船上的BOG再液化装置采用复叠式直接制冷循环，由乙烯BOG再液化系统和制冷剂循环系统构成，即由一个以液货乙烯为制冷介质的开式循环和一个采用R22制冷剂的闭式制冷循环串联而成。图10.3-1为低温乙烯运输船BOG再液化装置的工艺流程图。

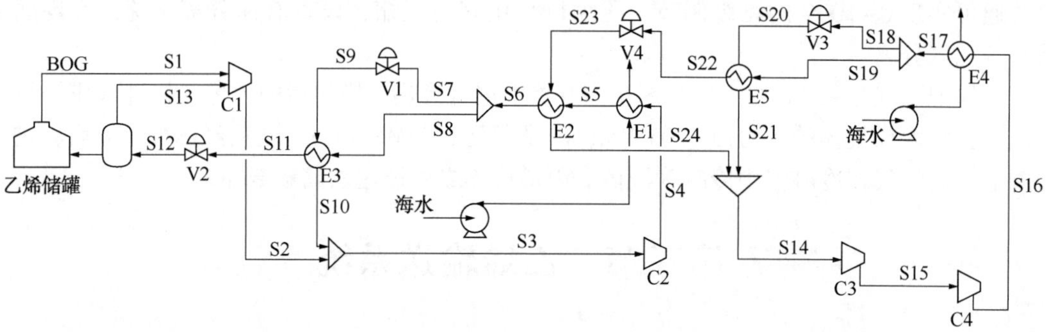


图10.3-1 船运乙烯BOG再液化流程

乙烯BOG再液化流程中，船上乙烯液货罐出来的BOG气体进入一级压缩机C1压缩后，与后续流程的低温反流气S10混合，再进入二级压缩机C2压缩。压缩后的高温高压乙烯气体先与海水换热冷却后，再进入乙烯冷凝器E2，通过与制冷剂R22换热冷却至更低的温度。而后分成两股，一股经过节流降温降压作为冷源，通过中冷器E3利用自身的相变潜热来冷却另一股乙烯S8，使其进一步降温冷凝。冷凝的乙烯经节流后，液相出料进入乙烯液货罐储存。

在制冷剂R22循环系统中，制冷剂气体S24与后续流程的低温返流气S21混合进入压缩机C3、C4，经两级压缩后，与海水换热冷却。而后分成两股，一股经过节流降温降压作为冷源，通过中冷器E5，利用自身的相变潜热冷却另一股制冷剂S19。冷却后的低温制冷剂经过节流进入乙烯冷凝器E2冷却乙烯BOG。换热后的制冷剂混合后再进入一级压缩机，构成封闭式的制冷剂循环体系。

图 10.3-2 为日制乙烯船的示意图。

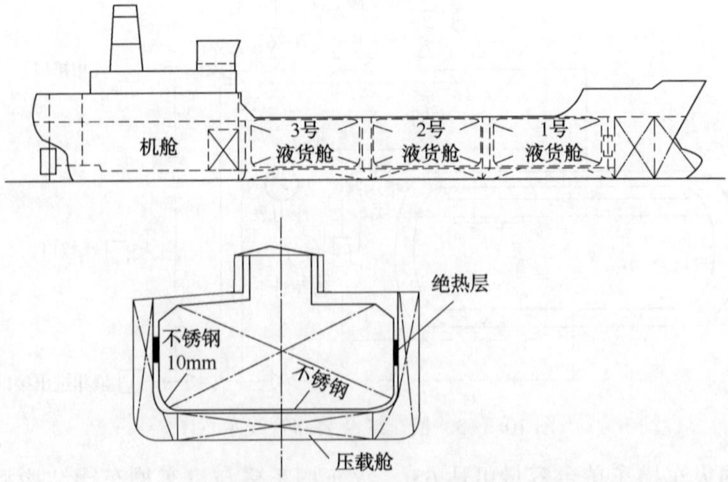


图 10.3-2 日制乙烯船型

船名：太平洋号； 主尺度：总长 73.9m；

建造厂：日本佐世保重工公司； 运输品种：乙烯；

船东：U. U Shokai 公司； 液货舱型式：半薄膜式；

建造年份：1985 年 9 月； 储运温度：-104℃；

货舱容积：1499m³； 储运压力：$4.90\times10^4$Pa

乙烯船运价格主要由运输距离、海船装运能力和燃料价格决定。不同运输方式的能耗和费用相差较大，管线运输的能耗和费用最低。表 10.3-1 为不同运输方式的能耗和相对费用的比较，其中海运方式是以 6000t 海船为基础。

**表 10.3-1 不同乙烯运输方式的能耗和相对费用**

| 运输方式 | 能耗 kJ/(t·km) | 相对费用(对 t·km 而言) | 运输方式 | 能耗 kJ/(t·km) | 相对费用(对 t·km 而言) |
|---|---|---|---|---|---|
| 管线运输 | 1.5 | 1 | 铁路 | 3.0 | 3~4 |
| 海运 | 4.0 | <2 | 公路 | 15~20 | 20~25 |

## 二、槽车运输

在运输量不大时，也可采用汽车槽车或火车槽车运输乙烯。汽车和火车槽车均采用压力储槽装运乙烯。低温液态乙烯在运输过程中因冷损失导致部分乙烯汽化，从而使储槽压力上升。在运输过程中，应使其压力保持在储槽最大操作压力之内，否则乙烯将由储槽的安全阀放空。因此，由于运输时间受到限制，其运输距离也受到限制。

运输乙烯的汽车槽车的储槽为双层储槽，其内胆为低温钢，外壳为碳钢，内胆与外壳之间为固体保冷层或真空绝热层。采用拖车时，槽车罐容积可达 35~40m³。图 10.3-3 所示为槽车罐及装卸管线示意图。

汽车槽车罐的使用压力大多设计为 2.4~2.7MPa(G)，在保温设计良好的条件下，以 1.9MPa(G)注入罐内时，即使在夏日日照情况下，其压力升高速度仍可维持在 0.03MPa/h 以下。表 10.3-2 列出两种汽车槽车罐实例。

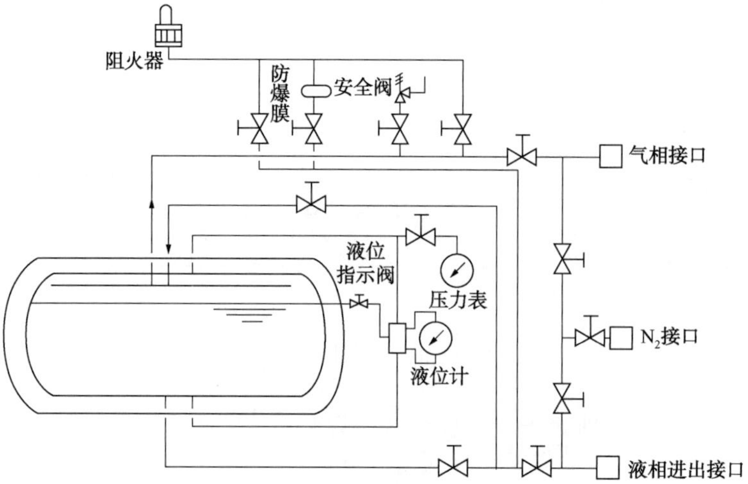


图 10.3-3　槽车罐及装卸管线示意图

运输乙烯的火车槽车单台容量可达65t，火车槽车罐与汽车槽车罐结构相似，也为双层压力罐。通常运输距离在300km以内时，运输量不大，较多采用汽车槽车。运输距离较长(1000km以上)时，火车槽车远比汽车槽车运输更具竞争力。

**表 10.3-2　乙烯汽车槽车罐实例**

| 项　目 | 例 1 | 例 2 |
|---|---|---|
| 容积/$m^3$ | 10.8 | 35 |
| 充填系数/% | 85 | 85 |
| 内胆材料 | SUS3043.6 | TSR460 |
| 内胆壁厚/mm | 12 | 10.96 |
| 内胆水压试验压力/MPa(G) | 3.5 | 3.54 |
| 安全阀定压/MPa(G) | 2.65 | 2.7 |
| 防爆膜定压/MPa(G) | 3.24 | |
| 保温方式 | 夹层真空 | 固体材料保温层 |
| 保温效果 | 注入1.9MPa(G)乙烯后36h压力升高0.16MPa | 24h温度上升低于3℃ |

某槽车罐在日平均气温20℃时，充装乙烯的时间达36.5h，实地测定其压力变化情况见表10.3-3。

**表 10.3-3　汽车槽车压力变化值**

| 停放时间/h | 压力/MPa(G) | 停放时间/h | 压力/MPa(G) |
|---|---|---|---|
| 0 | 1.95 | 17 | 2.03 |
| 1 | 1.96 | 18 | 2.04 |
| 3 | 1.97 | 19 | 2.05 |
| 9 | 1.98 | 21 | 2.06 |
| 13 | 1.98 | 23 | 2.08 |
| 14 | 1.99 | 31 | 2.09 |
| 15 | 2.00 | 33 | 2.10 |
| 16 | 2.01 | 35 | 2.10 |
| 16.5 | 2.02 | 36.5 | 2.11 |

从表 10.3-3 可看出，经过 36.5h 后罐内压力仅升高 0.16MPa。中午前后由于气温较高，罐内压力升高较快(平均速率为 0.029MPa/h)，其余时间压力升高都很缓慢，保冷效果良好。实际运输结果表明，灌装液态乙烯后，在 3～4h 的运输过程中，其压力基本保持不变。

## 参考文献

[1] 王松汉. 乙烯装置技术与运行[M]. 北京：中国石化出版社，2009.
[2] 张园园. 乙烯球罐及罐区设计要点分析[J]. 化工设计，2011，21(1)：10-13.
[3] 窦万波. 我国乙烯球罐现状及国产化中技术要点分析[J]. 压力容器，2006，23(6)：39-42.
[4] 邱传宝，吴罗刚. 典型乙烯球罐储运系统的工艺安全设计[J]. 广州化工，2016，44(24)：107-109.
[5] 王洲晖. 乙烯中间产品存储和外送方式的选取原则[J]. 乙烯工业，2019(2)：11-14.
[6] 丛伟. 低温乙烯储罐的类型及材质简介[J]. 橡塑资源利用，2017，(3)：1-8.
[7] 李亚军，易莉芝. 乙烯 BOG 再液化流程的㶲分析[J]. 低温工程，2009，(5)：45-50.
[8] 高忠信，等. 液态乙烯的装卸与运输[J]. 乙烯工业，1994，6(2)：36-42.

# 第十一章　分析化验

## 第一节　石油化工中心化验室发展历程和趋势

作为石油化工装置辅助设施之一，分析化验室在生产装置的原料保证、生产控制及产品质量检测的全过程都起着重要作用。分析化验室同时可为在线分析仪表提供必要的数据对比和校验工作。

随着石油化工装置的大型化、集成化的发展，传统分析化验室的设计模式和设计理念发生了重大变革。近十多年建成的大型石油化工联合装置通常是采用全厂集中设置一个中心化验室，同时承担全厂所有工艺装置及公用工程和辅助设施的全部分析化验工作。中心化验室对全厂的分析仪器设备进行统一优化，分析仪器设备的优化配置使得投资和定员减少。高度集成和高效、信息化和智能化、更高的 HSE 要求是现代大型石油化工联合装置中心化验室的重要特点。

乙烯装置作为石油化工联合装置的“龙头”，其大部分产品乙烯、丙烯、$C_4$、汽油等是作为下游工艺装置的原料送出，所以乙烯装置分析方法的选择和分析仪器的配置应与下游工艺装置对原料的要求结合起来统一考虑。

为了清楚说明乙烯装置分析方法的选择和分析仪器的配置，需对石油化工联合装置中心化验室的设计模式和设计特点做一介绍和说明。

### 一、中心化验室设计模式的改革

在我国，早期石油化工联合装置分析化验室的设置采用两级管理模式：中心化验室和装置分析化验室。中心化验室主要负责进厂原料和出厂产品的检验，同时负责对全厂各装置化验室进行技术支持和管理；各生产装置同时设置装置分析化验室，负责本装置的进料、生产控制和产品分析。这种设置模式存在的问题是资源浪费，部分仪器设备重复设置，定员人数较多。

20 世纪 90 年代初，国内在中国石化首先提出工厂设计模式改革的理念，并在茂名 300kt/a 乙烯项目进行试点，中心化验室也在设计模式改革上进行了初步探索。2000 年以后，随着上海赛科石化、中海壳牌石化等大型石化一体化合资项目的建设，中心化验室在集成化方面有了更多的借鉴。

随着天津石化、武汉石化、中海油惠州二期、海南炼化、天津南港等百万吨级乙烯联合装置中心化验室的设计和建设，石化行业在中心化验室的集成化、信息化和智能化等方面积累了更多的经验。这些石化项目分析化验室的设置由传统的两级管理改为一级管理模式：即全厂只设一个中心化验室，负责全厂所有工艺装置及公用工程和辅助设施的全部分析工作，分析方法和分析仪器进行全厂统一优化。中心化验室的规模和仪器数量已较传统的分析化验室大为减少，百万吨级乙烯联合装置中心化验室定员已控制在百人以下。

## 二、新建中心化验室的特点和发展趋势

现代石油化工联合装置中心化验室设计的主要特点可总结为：高度集成和高效、信息化和智能化及更高的 HSE 要求。

1. 高度集成和高效

石油化工联合装置中心化验室同时承担着多套工艺装置和辅助设施的分析化验工作。百万吨/年乙烯联合装置一般配套有 10 套以上的工艺装置，包括公用及辅助设施，中心化验室要承担十几套装置的分析化验工作。每套装置都涉及专利商提出的不同分析方法和仪器规格，如果将各装置所需的分析仪器设备进行简单叠加，最终的数量会很庞大，造成投资、定员及操作费用的巨大浪费。

中心化验室需将所有装置所需的分析仪器设备，进行统一优化，在保证完成分析任务的前提下，配置的仪器设备数量最优，投资最少，这是中心化验室设计中最重要的一个程序。

(1) 全厂仪器设备统一优化

中心化验室参照以下原则进行仪器设备的优化：

① 同一样品相同分析项目不进行重复分析。当上游装置的产品为下游装置的原料时，应统一考虑下游各工艺装置的不同要求配置分析仪器，分析数据直接用于下游装置，不进行重复分析。

② 贵重仪器的配置应满足不同的样品分析要求，在满足分析频率要求下，不重复配置。

③ 仪器的配置应充分考虑配置的灵活性，满足不同分析标准和方法的要求，以最大程度上减少仪器设备的数量。

④ 对于炼化一体化项目，当炼油装置和化工装置统一建一个中心化验室时，分析仪器进行全厂统一优化。

⑤ 公用工程装置所需仪器尽量依托工艺装置的仪器设备。

(2) 提高中心化验室的工作效率

① 仪器设备的配置尽可能以能够承担“多重任务”为原则。

② 跟踪技术进步，更多采用仪器分析替代传统的化学分析；采用更精确、高效的分析方法替代低效的分析方法。如用自动电位滴定替代大部分的人工滴定；用自动色度计替代目测比色法等，以提高效率和精度。

③ 投资允许前提下，提高仪器的自动化和智能化水平。

④ 提高中心化验室的信息化水平。

⑤ 中心化验室的功能分区采用大开间分区布置方式，以方便管理、提高工作效率，同时便于设置空调、供水、供气等公用设施。

2. 中心化验室的信息化和智能化

(1) 信息化

实验室信息管理系统(Laboratory Information Management System，LIMS)应用，在实验室

样品管理、数据管理、仪器管理、工作管理及人员管理方面带来了重大变革。同时 LIMS 系统能够实现实验仪器与生产过程信息管理系统和 ERP(联合装置资源计划系统)的集成。

LIMS 的应用提高了实验室的工作效率和分析数据的及时性和准确性。生产装置产品质量的提高和实验室定员的减少，同时会给联合装置带来经济效益。这一系统已在建成的大型石化联合装置中心化验室中得到广泛应用。

在 LIMS 下，以 CDS(Chromatography Data System)为代表的子网络使用，使操作更便捷，管理更有效率。色谱仪是实验室数量最多、最重要的分析仪器，采用 CDS 可实现人机分离，进行远程控制，通过其他电脑进行浏览和管理数据；实现数据集中管理，方便数据备份；进行用户权限和合规性的管理。

除 CDS 外，LIMS 之下网络化的仪器控制和数据管理逐步应用到其他数量较多的分析仪器，如滴定仪、煤质分析仪器等。

(2) 智能化

自动化程度的提高和智能化系统的配置，不仅提高了分析效率，也使得石油化工中心化验室将真正成为智慧化实验室。从样品的分发到样品的分析、数据管理都逐步实现自动化和智能化。

3. 更高的健康、安全及环境要求

健康、安全和环境已经成为设计中首先考虑的因素。由于中心化验室工作场所的特殊性，操作人员可能长时间暴露在危险、有害的工作环境中，设计过程中应充分考虑保障 HSE 的措施。

① 采用仪器分析替代人工分析；投资允许条件下，提高仪器设备的自动化和智能化水平，涉及高频和有毒样品的分析可考虑使用智能化分析系统替代人工分析，以减少操作人员暴露在有害环境中的机会。

② 实验区与办公区分开设置，并避免实验区的气流污染办公区。

③ 产生危险、有害物质的试验和仪器应设局部排风设施，将产生的有害物质及时排出室外，保证实验室内的换气次数。

④ 可能发生危险液体泄溅的场所设置安全淋浴和洗眼器。

⑤ 气体管道及用电的设计和安装应严格遵守相关标准和规范。

⑥ 可能产生危险或有害气体泄漏的场所应安装气体检测报警系统；实验室要设置火灾检测报警系统和消防设施。

⑦ 实验室的设备布置应充分考虑操作的安全性，确保安全的逃生间距。

⑨ 实验室产生的高浓度化学废物要统一收集，集中处理。

⑩ 危险样品要集中储存并设置相应的安全设施(如通风设施、检测报警系统等)。

## 第二节　乙烯装置分离工艺部分对取样分析的要求

不同的工艺专利商采用的乙烯分离流程不尽相同，典型的分离流程包括顺序分离流程、前脱乙烷流程、前脱丙烷流程等，不同分离流程取样点的设置及对取样分析的要求也不同，但取样分析的主要任务是相同的：即在熟悉工艺流程的基础上，根据分离工艺对离线分析的要求，选用适当的分析方法，按照经济合理、先进适用的原则优化和配置分析仪器设备，以满足工艺装置的原材料分析、生产控制分析和产品质量检验的要求。

本章以混合石脑油、加氢尾油、丙烷和LPG为裂解原料，采用中国石化开发的前脱丙烷前加氢的分离流程为例来说明分析方法的选择和分析仪器的优化配置原则，其分离流程包括原料预热及急冷系统、压缩及前脱丙烷前加氢系统、冷分离系统、热分离系统、乙烯塔和热泵系统和丙烯制冷系统等，其他的分离工艺可参考此分离流程的要求，对相应的分析方法和仪器进行调整以满足相应分离工艺对离线分析的要求。

# 第三节　原料预热及急冷系统

本系统主要作用是对裂解原料进行预热，对裂解气进行急冷、降温，同时回收热量。

## 一、原料预热及急冷系统典型取样分析项目

本系统典型取样分析项目见表11.3-1。

表11.3-1　典型取样分析项目

| 序号 | 取样地点 | 分析介质 | 分析项目 | 分析频率 | 分析方法 |
|---|---|---|---|---|---|
| 1 | 石脑油进料 | 石脑油 | 相对密度 | 1次/天 | ASTM D4052 |
| | | | 馏程 | 1次/天 | ASTM D86/ASTM D7096 |
| | | | PONA | 1次/天 | ASTM D5134/ SH/T 0741 |
| | | | 烷烃(P) | | |
| | | | 烯烃(O) | | |
| | | | 环烷烃(N) | | |
| | | | 芳烃(A) | | |
| | | | 雷德蒸气压 | 1次/天 | ASTM D323 |
| | | | 汞 | 按需 | UOP938 |
| | | | 砷 | 按需 | 原子荧光法 |
| | | | 铅 | 按需 | ASTM D3237/ICP |
| | | | 总硫 | 按需 | SH/T 0689 |
| | | | 氯化物 | 按需 | 微库仑法 |
| | | | 赛伯特比色 | 按需 | ASTM D156 |
| | | | 典型氧化物 | 按需 | 气相色谱法 |
| 2 | HVGO | HVGO | 相对密度 | 1次/天 | ASTM D4052 |
| | | | 馏程(D-1160) | 1次/天 | ASTM D7213 |
| | | | BMCI值 | 1次/天 | 计算 |
| | | | 雷德蒸气压 | 1次/天 | ASTM D323 |
| | | | 汞 | 按需 | UOP938 |
| | | | 砷 | 按需 | 原子荧光法 |
| | | | 铅 | 按需 | ASTM D3237/ICP |
| | | | 总硫 | 按需 | SH/T 0689 |

续表

| 序号 | 取样地点 | 分析介质 | 分析项目 | 分析频率 | 分析方法 |
|---|---|---|---|---|---|
| 2 | HVGO | HVGO | 总氮 | 按需 | ASTM D4629/SH/T 0657 |
| | | | 氯化物 | 按需 | 微库仑法 |
| | | | 赛伯特比色 | 按需 | ASTM D156 |
| | | | 氧化物 | 按需 | 气相色谱法 |
| 3 | 丙烷及 LPG<br>自界区外 | 丙烷及 LPG | $C_2H_6$ | 按需 | 气相色谱法 |
| | | | $C_3H_6$ | 按需 | 气相色谱法 |
| | | | $C_3H_8$ | 按需 | 气相色谱法 |
| | | | $C_4H_{10}$ | 按需 | 气相色谱法 |
| | | | $C_5$ | 按需 | 气相色谱法 |
| 4 | LPG 气化罐顶部 | LPG | $C_2H_6$ | 1 次/天 | 气相色谱法 |
| | | | $C_3H_6$ | 1 次/天 | 气相色谱法 |
| | | | $C_3H_8$ | 1 次/天 | 气相色谱法 |
| | | | $C_4H_{10}$ | 1 次/天 | 气相色谱法 |
| | | | $C_5$ | 1 次/天 | 气相色谱法 |
| 5 | 急冷油 | 急冷油 | 黏度 | 1 次/天 | ASTM D445 |
| 6 | 盘油 | 盘油 | 黏度 | 1 次/天 | ASTM D445 |
| 7 | 重燃料油产品 | 重燃料油产品 | 闪点 | 1 次/天 | ASTM D93 |
| | | | 馏程干点 | 按需 | ASTM D86/D7096 |
| | | | 相对密度 | 1 次/天 | ASTM D1298 |
| | | | 低热值 | 按需 | ASTM D240 |
| | | | 黏度 | 1 次/天 | ASTM D445 |
| | | | 总硫 | 按需 | ASTM D3120 |
| 8 | 轻燃料油产品 | 轻燃料油产品 | 闪点 | 1 次/天 | ASTM D93 |
| | | | 硫 | 按需 | ASTM D3120 |
| | | | 相对密度 | 1 次/天 | ASTM D1298 |
| | | | 低热值 | 按需 | ASTM D240 |
| | | | 黏度 | 1 次/天 | ASTM D445 |
| 9 | 急冷水 | 急冷水 | pH | 1 次/周 | ASTM D1293 |
| | | | 水中油 | 1 次/周 | GB/T 12152 |
| 10 | 急冷油塔<br>回流汽油 | 汽油 | API 度 | 1 次/天 | ASTM D287/ASTM D4052 |
| | | | 馏程 | 1 次/天 | ASTM D86 |
| | | | 雷德蒸气压 | 1 次/天 | ASTM D323 |
| 11 | 工艺水泵出口 | 工艺水 | pH | 1 次/周 | ASTM D1293 |
| | | | 水中油 | 1 次/周 | GB/T 12152 |
| 12 | 工艺水<br>出聚结器 | 工艺水 | pH | 1 次/天 | ASTM D1293 |
| | | | 水中油 | 1 次/天 | GB/T 12152 |

续表

| 序号 | 取样地点 | 分析介质 | 分析项目 | 分析频率 | 分析方法 |
|---|---|---|---|---|---|
| 13 | 汽油汽提塔塔釜 | 汽油 | 丁二烯 | 1次/周 | 气相色谱法 |
| | | | 丁烯 | 1次/周 | 气相色谱法 |
| | | | 丁烷 | 1次/周 | 气相色谱法 |
| 14 | 稀释蒸汽发生器进料 | 工艺水 | pH | 1次/周 | ASTM D1293 |
| | | | 水中油 | 1次/周 | GB/T 12152 |
| 15 | 蒸汽 | 蒸汽 | pH | 按需 | ASTM D1293 |
| 16 | 稀释蒸汽 | 稀释蒸汽 | pH | 按需 | ASTM D1293 |
| | | | 水中油 | 按需 | GB/T 12152 |
| 17 | 稀释蒸汽排污 | 水 | pH | 1次/天 | ASTM D1293 |
| | | | 油 | 1次/天 | HJ 637—2012 |
| | | | 挥发酚 | 1次/周 | HJ 503—2009 |
| | | | 苯 | 1次/周 | GB/T 11890 |
| | | | COD | 1次/周 | HJ/T 399—2007 |
| | | | BOD | 1次/周 | HJ 505—2009 |
| | | | TSS/TDS | 1次/周 | GB/T 11901 |

## 二、取样分析的目的、分析方法的选择和仪器配置的建议

### 1. 裂解原料评价

裂解原料评价的分析方法及仪器配置详见《乙烯装置裂解工艺与工程》的第十一章“分析化验”，本部分不再赘述。

### 2. 急冷油和盘油分析

(1) 急冷油和盘油取样分析的目的

裂解气需用急冷油和盘油进行急冷，以将裂解气快速降温，同时回收热量。急冷油的温度在200℃左右，盘油的温度比急冷油略低，一般在150~160℃。急冷油和盘油在使用过程中可能会因重组分自聚等原因造成黏度增加，从而可能造成管道堵塞、泵功耗增加等问题，故需定时取样监测急冷油和盘油的黏度，以便及时通过加入药剂调节急冷油和盘油的黏度。

(2) 分析方法的选择

1) 分析方法说明

测定方法采用ASTM D445《透明和不透明液体运动黏度标准试验方法》，基本原理为：通过检测一定容量液体在自重条件下流过经校正的黏度计毛细管的时间，运动黏度(测定值)是被测液流时间与黏度计校准常数之积。

2) 结果计算

① 根据已测液流时间 $t_1$、$t_2$ 和黏度计常数 $C$，按式(11.3-1)计算各确定黏度值 $\nu_1$ 和 $\nu_2$：

$$\nu_{1,2}=C\cdot t_{1,2} \tag{11.3-1}$$

式中 $\nu_{1,2}$——确定黏度值 $\nu_1$ 和 $\nu_2$，$mm^2/s$；

$C$——黏度计校准常数，$mm^2/s$；

$t_{1,2}$——测量 $t_1$ 和 $t_2$ 液流时间，s；

$\nu_{1,2}$——计算运动黏度结果，是 $\nu_1$ 和 $\nu_2$ 的平均值，$mm^2/s$。

② 根据计算运动黏度 $\nu$ 和密度 $\rho$，按式(11.3-2)计算动力黏度 $\eta$：

$$\eta=\nu \cdot \rho\times10^{-3} \tag{11.3-2}$$

式中 $\eta$——动力黏度，mPa·s；

$\rho$——密度，应处于确定运动黏度的相同温度条件下，$kg/m^3$；

$\nu$——运动黏度，$mm^2/s$。

(3) 分析仪器的配置建议

① 实验室一般采用自动黏度计，仪器应符合 ASTM D445、ISO 3104、GB/T 265、ASTM D7042、SH/T 0870 等标准，玻璃管式黏度计、黏度计夹持器、温度控制槽、温度检测装置和计时装置均应严格符合标准要求。

② 全自动型黏度计可实现包括自动预热、进样、恒温、测定、清洗和干燥的全过程自动测定；可配置样品预热和溢流管加热系统，以满足倾点较高样品的测定要求；也可根据样品数量配置独立控温双浴双黏度计测试系统；配置热敏型传感器可适用于所有种类的透明和深色样品黏度的测定；分析结果可通过 USB、以太网或 LIMS、打印机导出数据。

3. 燃料油分析

燃料油是裂解气冷凝后的重组分，可作为副产品外卖，也可作为开工锅炉的燃料使用，故需测定相应的质量指标。

(1) 闪点的测定

1) 闪点测定的目的

闪点温度是被测样品在可控实验条件下与空气形成易燃混合物的趋势测试，它是评价材料总的易燃危险性的性质之一；闪点被用于物品的储存和运输的安全规定，从而定义易燃物品。燃料油的闪点是储罐设计的重要依据，同时可根据储存对闪点的要求反控燃料油的组成。

2) 分析方法的选择

① 分析方法说明。测定方法采用 ASTM D93《用宾斯基·马丁闭杯闪点测定器测定闪点的试验方法》，基本原理为：用一个特定尺寸的黄铜测试杯，把试样装满到里面环状标记处，配一个特定尺寸的盖子，按照指定的方法(A 或 B)在给定速率下搅拌和加热。在规定的温度间隔，同时间断搅拌的情况下，把点火器引入测试杯，直到检测到闪火，记录引起测试样品蒸气点燃的最低温度，即为闪点，然后校正到在大气压 101.3kPa(760mmHg)下的温度。

② 结果计算。实验过程中观察和记录大气压，当压力偏离 101.3kPa(760mmHg)时，按以下方式来校正闪点：

$$\text{校正的闪点}=C+0.25(101.3-K) \tag{11.3-3}$$

$$\text{校正的闪点}=F+0.06(760-P) \tag{11.3-4}$$

$$\text{校正的闪点}=C+0.033(760-P) \tag{11.3-5}$$

式中 $C$——观测到的闪点，℃；

$F$——观测到的闪点，℉；

$P$——大气压，mmHg；

$K$——大气压，kPa。

在校准了大气压之后，将温度记录。

3）分析仪器配置

① 一般采用自动石油产品闭口闪点测定仪，严格符合 ASTM D93 A&B、ISO 2719 A&B 和 GB/T261 等测试标准，温度传感器、内置大气压传感器、加热速率、点火温度间隔、搅拌速率等应严格符合标准要求。

② 全自动型闪点测定仪具备自动点火、自动重点火、自动终点检测功能，可自动修正到标准大气压下，内置风冷快速冷却，可配置自动预加热功能和电点火和气体点火两种点火方式；仪器可通过 USB/RS232 接口连接 PC 和打印机。

（2）馏程干点的测定

1）干点测定的目的

碳氢化合物的蒸馏（挥发性）特性对它们的安全和性能有重要影响，尤其是燃料和溶剂。沸腾范围提供了燃料在储存和使用期间的组成成分、性能和特点的信息。挥发性是碳氢化合物的混合物产生潜在爆炸性蒸气趋势的主要决定性因素。干点是指在蒸馏时，当液体的最后一滴从蒸馏烧瓶中的最低点蒸发这一瞬间所观察到的已校正的温度计读数。燃料油的干点一般高于197℃，干点温度可为燃料油的用户提供参考数据。

2）分析方法的选择

① 分析方法说明。测定方法采用 ASTM D86《石油产品和液态燃料在大气压力下蒸馏的标准试验方法》，根据样品的组成成分、蒸气压力、期望的初始沸点（IBP）或期望的终点（EP）或两者的结合，样品置于标准方法的四个分组之一内，实验装置的布置、冷凝器温度以及其他操作变量由试样所归入的那一组来确定，在试样归入的一组的规定条件下蒸馏样品的 100mL 样本。旨在提供大约一个理论板式分馏的条件下，在周围常压下在分批蒸馏实验装置内进行蒸馏，对温度读数和冷凝液体积做系统观察，记录残余量和损失量。在蒸馏结束时，按大气压校正所观察的蒸气温度，并审查数据是否符合程序要求，试验结果通常以蒸发百分率或回收百分率相对应的温度来表达。

② 结果计算。按要求观察和记录终点（终沸点）（FBP）或干点，或两者，停止加热。仪器将温度读数校正到 101.3kPa（760mmHg）压力：

$$C_c = 0.0009(101.3 - P_k)(273 + t_c) \tag{11.3-6}$$

式中　$t_c$——观察到的温度读数，℃；

$C_c$——要用代数加到观察到的温度读数上的校正量；

$P_k$——在试验的时间和地点的主要气压，kPa。

3）分析仪器配置建议

① 为保证分析效率和精度，一般采用自动蒸馏仪替代手动蒸馏。自动蒸馏仪符合大多馏程测定标准，如 ASTM D86（group0、1、2、3、4）、GB/T6536、GB/T 7534、SH/T 1053、GB/T 3146.1、ISO 3405、ASTM D850、ASTM D1078、ISO 918、ISO 4626 等。加热控制系统、蒸馏速率、冷凝温度、体积测试系统、内置气压传感器等应严格符合标准要求。

② 全自动馏程仪可自动设置初始加热强度、蒸馏速度，调整最后加热强度，对接收室温度进行程序设置或可根据样品温度进行自动调节，通过内置气压传感器校正结果，并具有自动检测、自诊断功能和自动计算功能，测量结果通过 RS232 接口可连接 LIMS。

(3) 相对密度或密度的测定

1) 相对密度或密度测定的目的

相对密度或密度是最基本的物理性质，与燃料油其他指标一起用于描述产品轻重馏分的特征，测定石油及其产品的相对密度或密度对于将测定的体积转化为标准温度15℃下的体积是非常必要的。

2) 分析方法的选择

① 分析方法说明。传统实验室一般按GB/T 1884、GB/T 1885和ASTM D287，即传统玻璃密度计法测定密度，此方法有以下缺点：

a. 样品用量大，操作人员可能暴露于挥发性样品。

b. 目测可能产生较大误差。

c. 操作繁琐，清洗玻璃器皿的工作量大。

② 新建实验室采用全自动密度仪测定密度，符合ASTM D4052、ASTM D5002、ASTM D1250、DIN 51757、DIN 51757、ISO12185和SH/T0604。其基本原理为采用U形管振荡法：样品受力产生振荡，其振荡周期(频率)的平方与其真实密度成正比。检测充满样品的U形振荡管的振荡周期(频率)计算得出样品密度。此法较玻璃密度计法有如下优点：

a. 样品量小(最小进样量约1mL)。

b. 测定速度快，配置自动进样器，每小时可测量10~30个样品。

b. 自动清洗和吹干。

d. 帕尔贴控温精度高。

e. 全范围的黏度自动校正。

f. 在测量范围0~3g/cm$^3$内可测定不同的液体样品，并且不同单位可自动进行转换。

g. 可兼容LIMS系统。

h. 中心化验室可根据全厂液体样品的数量统一配置自动密度计，不但提高了分析精确度和工作效率，而且减少了样品用量和玻璃器皿清洗量，也改善了实验室的工作环境。

③ 结果计算。采用ASTM D4052自动密度计测定密度，结果按以下计算：

a. 密度：

试验温度 $t$ 下的密度
$$\rho = d_w + K_1(T_s^2 - T_w^2) \tag{11.3-7}$$

b. 相对密度：

试验温度 $t$ 下的相对密度
$$d = 1 + K_2(T_s^2 - T_w^2) \tag{11.3-8}$$

式中 $T_w$——观察到的含水的样品室振荡时间，s；

$T_s$——观察到的含样品的样品室振荡时间，s；

$d_w$——试验温度下水的密度，g/mL；

$K_1$——密度仪器常数；

$K_2$——相对密度仪器常数；

$t$——试验温度，℃。

3) 分析仪器配置建议

① 自动数字式密度计符合ASTM D4052、ASTM D5002、ASTM D1250、DIN 51757、DIN 51757、ISO 12185和SH/T 0604等标准，密度测量范围和精度、控温精度、内置高精密大气压力传感器等严格符合标准要求。

② 自动数字式密度计具有进样自动检测功能；内置恒温控制，自动温度补偿；具有U形管可视功能；可配置样品自动进样器，实现进样、测量、清洗、吹干全自动完成；可自动进行空气校正；可进行自动黏度修正；可通过USB/RS232接口实现数据传输。

（4）燃料油热值的测定

1）热值测定的目的

当燃料油作为燃料油使用时，热值是表示燃料质量的一种重要指标。

2）分析方法的选择

① 分析方法说明。测定方法采用ASTM D240《弹式量热计测定液烃燃料燃烧热的试验方法》，样品在氧弹量热计中在过量氧气中燃烧，测得量热仪的热容量和石油产品的弹筒发热量，计算样品的热值。

② 结果计算。

a. 净热值(低位发热量)计算，试样氢含量$H$(%)按式(11.3-9)计算：

轻质燃料油氢含量 $$H=0.005\times Q_D-41.4 \quad (11.3\text{-}9)$$

重质燃料油氢含量 $$H=0.0047\times Q_D\times 100/(100-W)-37.6 \quad (11.3\text{-}10)$$

式中 $H$——试样氢含量，%；

$Q_D$——试样弹热值，J/g；

$W$——试样水含量，%；

0.005、41.4、0.0047和37.6——经验系数。

b. 试样净热值$Q_J$(J/g)按式(11.3-11)和式(11.3-12)计算：

轻质燃料油净热值 $$Q_J=Q_Z-54H \quad (11.3\text{-}11)$$

重质燃料油净热值 $$Q_J=Q_Z-6(9H+W) \quad (11.3\text{-}12)$$

式中 $Q_J$——试样净热值，cal/g；

$Q_Z$——试样总热值，cal/g；

$H$——试样氢含量，%；

$W$——试样水含量，%；

6——在氧弹中水蒸气每1%(0.01g)在凝结时放出的潜热，cal/g；

9——氢含量百分数换算为水含量百分数的系数。

3）分析仪器配置建议

① 氧弹量热计用于测定燃料油的热值，满足ASTM D240，GB/T 384等标准，工作模式、温度分辨率、测量重复性等严格符合标准要求；因实验中需用到氧气压力高，氧弹的安全性应符合相关压力容器和特种设备(压力容器)的制造许可要求。

② 自动氧弹量热计自动化程度高，可实现自动控制，包括自动温度调节、量热仪内桶自动注水和排空，氧弹和仪器盖自动升降系统；全自动充氧，在分析完后全自动排出气体自动完成压力释放，自动识别氧弹等。

（5）黏度的测定

黏度的测定参见急冷油和盘油的黏度测定，并可共用黏度计。

（6）总硫测定

1）总硫测定的目的

分析和控制燃料油中的硫含量，以保证燃料排放废气中的硫化物含量满足环保要求。

2）分析方法的选择

① 分析方法说明。传统乙烯工厂大部分采用 ASTM D3120 微库仑法测定样品中的硫含量，当样品中硫含量较高时，可以采用微库仑法测定；当硫含量低时，建议参照 SH/T 0689、ASTM D5453、ASTM D6667、UOP 987 采用紫外荧光法测定总硫。其原理为：烃类样品送至高温燃烧管，硫被氧化为 $SO_2$，试样燃烧生成的气体除水后被紫外光照射，$SO_2$吸收紫外光的能量后变为激发态 $SO_2^*$，当激发态的二氧化硫返回到稳定的二氧化硫时发射荧光，并由光电倍增管检测，由信号计算出样品中硫的含量。

② 结果计算。

当采用紫外荧光法测定总硫时，使用标准曲线来标定的分析器来说，试样中的硫含量 $X$(mg/kg)按式(11.3-13)计算：

$$X=(I-Y)/(S\cdot M\cdot K_g)\text{ 或 }X=(I-Y)/(S\cdot V\cdot K_v) \tag{11.3-13}$$

式中 $I$——试样溶液的平均响应值；

$K_g$——质量稀释系数，即试样的质量/试样加溶剂的总质量，g/g；

$K_v$——体积稀释系数，即试样质量/试样加溶剂的总体积，g/mL；

$M$——所注射的试样溶液质量，直接测量或利用进样体积和密度计算，$V\cdot D$，g；

$V$——所注射的试样体积，或者直接测量或利用进样质量和密度计算，$M/D$，μL；

$D$——试验溶液的密度，g/mL；

$S$——标准曲线斜率，响应值/(μg·s)；

$Y$——空白的平均响应值。

3）分析仪器配置建议

① 紫外荧光硫分析仪满足 SH/T 0689、ASTM D5453、ASTM D6667、UOP 987 等标准，裂解炉、灵敏度、进样器严格符合标准要求和样品分析要求。

② 根据样品性质选用进样器，液体样品可选用自动进样器。中心化验室配置的总硫分析仪应根据全厂样品性，配置气、液、固(如需)的进样系统，可同时满足原料、产品和中间控制液体和气体样品中痕量硫的测定任务。

### 4. 急冷水和蒸汽凝液分析

(1) 急冷水、工艺水及蒸汽凝液 pH 值的测定

1）pH 值测定的目的

急冷过程中，急冷水吸收裂解气中的 $CO_2$、$H_2S$ 变为酸性，酸性水可能腐蚀设备，同时如果 pH 值太高也可能产生乳化，故需取样监测水的 pH 值，以便通过及时注入碱性物质，来调节水质的 pH 值，从而使急冷水保持弱碱性。工艺水为急冷水抽出的一部分，进行净化处理后用作发生稀释蒸汽，同样道理，也需监测工艺水及蒸汽的 pH 值，以便及时用碱调节工艺水的 pH 值。

2）分析方法的选择

pH 值的测定可参照 ASTM D1293、GB/T 6904 等标准，其原理为：将指示电极和参比电极侵入同一被测溶液中，成一原电池，其电动势与 pH 值有关。通过测量原电池的电动势即可得出溶液的 pH 值。pH 计和相关的电极用二个参比缓冲液标定，该二个参比缓冲液的 pH 值紧密地涵盖了样品的预期值。样品的测试在严格控制的条件下，以规定的技术进行。

3）分析仪器配置建议

① pH 计满足 ASTM D1293、GB/T 6904 等标准，测量范围为 pH 0～14，测量分辨率可根据测定要求 pH 0.1/0.01/0.001 可选。

② pH 计可自动识别所有电极，自动识别校准缓冲溶液，带温度测量和自动修正和补偿，配置相应电极可扩展作为离子计。

（2）急冷水、工艺水及蒸汽凝液中油含量的测定

1）油含量测定的目的

水中若含有油(烃)时，产生的蒸汽会影响换热，故需取样监测水中的油含量；当水中油含量较高时，需及时用工艺水聚结器除去油，并在聚结器后取样监测除油效果。

2）分析方法的选择

① 分析方法说明。水中油含量的测定可参照 GB/T 12152 采用萃取剂(四氯化碳)萃取—非分散红外吸收法测定，其测定原理为：石油类物质的甲基($—CH_3$)、亚甲基($—CH_2—$)在近红外区(3.4μm)的特征吸收，在一定浓度范围内吸收值与浓度成正比。

② 结果计算。水样中油含量以质量浓度 $\rho_1$ 计，数值以 mg/L 表示，按式(11.3-14)计算：

$$\rho_1 = \frac{1000m}{V_1} \tag{11.3-14}$$

式中　$m$——从标准曲线或线性回归方程中查出相对应的标准油的含量数值，mg；

$V_1$——水样的体积数值，mL。

3）分析仪器配置建议

① 红外光度计应满足 GB/T 15152 等标准，波长范围应覆盖 3.4μm。

② 新型红外油分析仪可配置溶剂(四氯化碳)萃取装置和溶剂回收装置，可最大限度避免操作人员接触有毒萃取剂。

### 5. 急冷油塔回流汽油分析

裂解气急冷产生的回收 $C_5^+$汽油，含较多不饱和组分，分子量较大，芳烃含量较高。取样测定其相对密度、馏程和蒸气压，以为工艺装置的正常操作提供参考信息。

（1）相对密度和馏程的测定

参照燃料油相对密度和馏程的测定方法，且可共用相应的分析仪器。

（2）雷德蒸气压的测定

1）雷德蒸气压测定的目的

蒸气压力是汽油的一个重要物理性质，可用来预测汽油产生汽堵的倾向，同时蒸气压力也用作挥发石油溶剂蒸发率的一个间接的度量法。

2）分析方法的选择

蒸气压测定可参照 ASTM D323 等标准，即将经冷却的试样充入蒸气压测定器的汽油室，并将汽油室与空气室相连接，将该测定器浸入恒温浴(37.8℃±0.1℃)，并定期振荡，直至安装在测定器上的压力表的压力恒定，压力表读数经修正后即为雷德蒸气压。

3）分析仪器配置建议

自动雷德蒸气压测定仪应满足 ASTM D323、ISO3007 等标准；可配置独立的工作站，压力和温度自动控制、数字显示，可配置自动振荡器。

6. 汽油汽提塔塔釜汽油中 $C_4$含量分析

（1）汽油中 $C_4$含量分析的目的

汽油汽提塔塔釜为 $C_5^+$汽油，需控制其中的 $C_4$含量不能太高，以避免 $C_4$的过多损失；因汽油汽提塔塔釜汽油和脱丁烷塔釜汽油一起外送作为加氢原料，故汽油中 $C_4$含量高还会影响下游加氢装置，同时可能造成储罐蒸气压过高。

（2）分析方法的选择

1）分析方法说明

采用气相色谱法，FID 检测器，50m 的 PONA 柱，液体进样器测定汽油中 $C_4$含量。

2）结果计算

采用归一化法进行组分的定量：

$$C_i = \frac{A_i}{\sum A_i} \times 100\% \tag{11.3-15}$$

式中 $C_i$——样品中 $i$ 组分的含量，%（质量）；

$A_i$——样品中 $i$ 组分的峰面积。

7. 稀释蒸汽排污测定

对稀释蒸汽排污水进行取样分析，以监测排污水的水质满足环保要求。

（1）稀释蒸汽排污水 pH 值的测定

参照急冷水、工艺水 pH 值的测定方法。

（2）稀释蒸汽排污水中油含量的测定

1）污水中油含量测定的意义

污水中石油类烃漂浮于水体表面，将影响空气与水体界面氧的交换；分散于水中以及吸附于悬浮微粒或以乳化状态存在于水中的油，它们被微生物氧化分解，将消耗水中的溶解氧，使水质恶化，同时，油中所含芳烃毒性较大。

2）分析方法的选择

① 分析方法说明。污水中的油含量应采用国家环境保护标准 HJ 637—2012 进行测定，其基本原理与测定急冷水和工艺水中的油含量采用的国家标准 GB/T 12152 相似。HJ 637—2012 是先测定总油，除去动植物油类等极性物质后，测定石油类，即用四氯化碳萃取样品中的油类物质，测定总油，然后将萃取液用硅酸镁吸附，除去动植物油类等极性物质后，测定石油类。总油和石油类的含量均由波数分别为 $2930cm^{-1}$（$CH_2$ 基团中 C—H 键的伸缩振动）、$2960cm^{-1}$（$CH_3$ 基团中的 C—H 键的伸缩振动）和 $3030cm^{-1}$（芳香环中 C—H 键的伸缩振动）谱带处的吸光度 $A_{2930}$、$A_{2960}$、$A_{3030}$进行计算，其差值为动植物油类浓度。

② 结果计算。

a. 总油的浓度：

样品中总油的浓度 $\rho_1$（mg/L），按照式（11.3-16）进行计算：

$$\rho_1 = \left[ X \cdot A_{1.2930} + Y \cdot A_{1.2960} + Z \cdot \left( A_{1.3030} - \frac{A_{1.2930}}{F} \right) \right] \cdot \frac{V_0 \cdot D}{V_w} \tag{11.3-16}$$

式中 $\rho_1$——样品中总油的浓度，mg/L；

$X$、$Y$、$Z$、$F$——校正系数；

$A_{1.2930}$、$A_{1.2960}$、$A_{1.3030}$——各对应波数下测得萃取液的吸光度；
$V_0$——萃取溶剂的体积，mL；
$V_w$——样品体积，mL；
$D$——萃取液稀释倍数。

b. 石油类的浓度：

样品中石油类的浓度$\rho_2$(mg/L)，按式(11.3-17)进行计算：

$$\rho_2=\left[X\cdot A_{2.2930}+Y\cdot A_{2.2960}+Z\cdot\left(A_{2.3030}-\frac{A_{2.2930}}{F}\right)\right]\cdot\frac{V_0\cdot D}{V_w} \tag{11.3-17}$$

式中 $\rho_2$——样品中石油类的浓度，mg/L；

$A_{2.2930}$、$A_{2.2960}$、$A_{2.3030}$——各对应波数下测得经硅酸镁吸附后滤出液的吸光度。

其他参数见公式(11.3-16)。

c. 动植物油类的浓度：

样品中动植物油类的浓度$\rho_3$(mg/L)按式(11.3-18)进行计算：

$$\rho_3=\rho_1-\rho_2 \tag{11.3-18}$$

式中 $\rho_3$——样品中动植物油类的浓度，mg/L。

3）分析仪器配置建议

红外光度计可选用同时满足 GB/T 15152 和 HJ 637—2012 等标准要求，仪器可共用，以节约投资。

(3) 稀释蒸汽排污水中挥发酚的测定

1）挥发酚测定的意义

根据酚类能否与水蒸气一起蒸出，分为挥发酚和不挥发酚。挥发酚是指沸点在 230℃以下的酚类，通常为一元酚。酚属高毒物质，可引起中毒，水中含微量酚类，在加氯消毒时，可产生特异的氯酚臭。

2）分析方法的选择

① 分析方法说明。污水中挥发酚的测定应采用国家环境保护标准 HJ 503—2009 进行测定，因污水中挥发酚含量较高，可采用直接分光光度法测定。其基本原理为：用蒸馏法使挥发性酚类化合物蒸馏出，并与干扰物质和固定剂分离，由于酚类化合物的挥发速度是随馏出液体积而变化，因此馏出液体积必须与试样体积相等。被蒸馏出的酚类化合物于 pH10.0±0.2 介质中，在铁氰化钾存在下，与 4-氨基安替比林反应生成橙红色的安替比林染料显色后，于 510nm 波长测定吸光度。

② 结果计算。试样中挥发酚的浓度(以苯酚计)，按式(11.3-19)计算：

$$\rho=\left(\frac{A_s-A_b-a}{bV}\right)\times1000 \tag{11.3-19}$$

式中 $\rho$——试样中挥发酚浓度，mg/L；
$A_s$——试样的吸光度值；
$A_b$——空白试验的吸光度值；
$a$——校准曲线的截距值；
$b$——校准曲线的斜率；
$V$——试样的体积，mL。

3）分析仪器配置建议

① 紫外可见分光光度计是实验室用途非常广泛的分析仪器，仪器的配置应满足不同分析方法和标准的要求，不同的分析方法可以共用分析仪器，以节约投资，提高效率。

② 根据使用要求，波长范围 190～1100nm，带波长扫描，采用光电倍增管或固体检测器(SCD)，配置系统控制及数据处理软件的工作站可以满足大多数紫外可见分光光度法的测定要求。

(4) 稀释蒸汽排污水中苯系物的测定

1）苯系物测定的意义

苯系物通常包括苯、甲苯、乙苯，邻、间、对位的二甲苯、异丙苯，苯是已知的致癌物，其他七种苯系物对人体和水生物均有不同的毒性，故需监测污水中的苯系物。

2）分析方法的选择

① 分析方法说明。苯系物的测定采用 GB/T 11890 进行测定，可采用顶空气相色谱法和二硫化碳气相色法。气相色谱仪为氢火焰离子化检测器(FID)，填充柱，外标法定量。

② 参考标准色谱图见图 11.3-1。

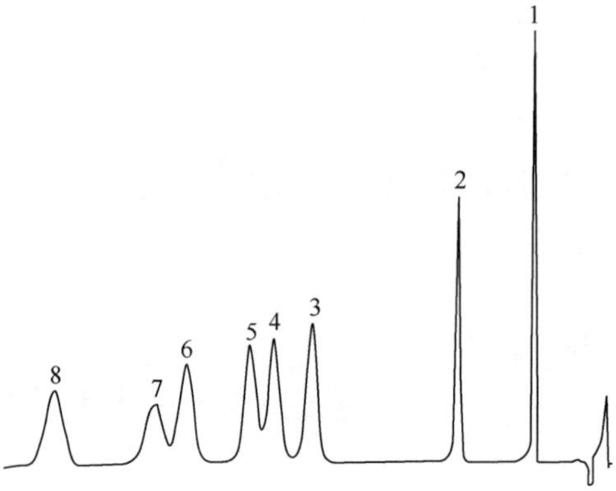


图 11.3-1 苯系物标准气相色谱图

1—苯；2—甲苯；3—乙苯；4—对二甲苯；5—间二甲苯；6—邻二甲苯；7—异丙苯；8—苯乙烯

(5) 稀释蒸汽排污水 COD 的测定

1）COD 测定的意义

化学需氧量(COD)，是指在强酸并加热条件下，用重铬酸钾作为氧化剂处理水样时所消耗氧化剂的量，以氧的 mg/L 来表示。化学需氧量反映了水中受还原物质污染的程度，水中还原物质包括有机物、亚硝酸盐、亚铁盐、硫化物等。COD 是作为水有机物相对含量的指标之一，故需监测污水的 COD。

2）分析方法的选择

① 分析方法说明。COD 测定通常有两个标准：HJ 828—2017 和 HJ 399—2007，其中 HJ 828 是在强酸溶液中，用一定量的重铬酸钾氧化水样中的还原物质，过量的重铬酸钾以试亚铁灵作指示剂，用硫酸亚铁铵溶液回滴。根据硫酸亚铁铵的用量计算水样中还原性物质消耗氧的量。HJ 399 是采用试样中加入已知量的重铬酸钾溶液，在强硫酸介质中，以硫酸银作为催化剂，经高温消解后，用分光光度法测定 COD 值。配置专用消解设备和分光光度计，采用 HJ 399 操作过程更为简单，故现广为采用。

② 结果计算。

在 600nm±20nm 波长处测定时，水样 COD 的计算：

$$\rho(\mathrm{COD})=n[k(A_s-A_b)+a] \tag{11.3-20}$$

在 440nm±20nm 波长处测定时，水样 COD 的计算：

$$\rho(\mathrm{COD})=n[k(A_b-A_s)+a] \tag{11.3-21}$$

式中 $\rho$(COD)——水样 COD 值，mg/L；

$n$——水样稀释倍数；

$k$——校准曲线灵敏度，(mg/L)/1；

$A_s$——试样测定的吸光度值，单位为1；

$A_b$——空白试验测定的吸光度值，单位为1；

$a$——校准曲线截距，mg/L。

3）分析仪器配置建议

① 许多仪器厂商已生产出专用的水质分析仪，在紫外可见分光光度计上按标准分析方法开发、设置相应的分析方法，并提供专用的试剂包，使水质分析变得更简单和便捷。

② 专用水质分析仪（紫外可见分光光度计）配置专用的COD消解器和COD试剂包，采用HJ 399方法能得到和重铬酸钾回流滴定法一致的测定结果。

（6）稀释蒸汽排污水BOD的测定

1）BOD测定的意义

生化需氧量（BOD）是指在规定条件下，微生物分解存在于水中的某些可氧化物质，特别是有机物所进行的生物化学过程中消耗溶解氧的量。污水中的有机物在水体中分解时要消耗大量的溶解氧，从而破坏水体中氧平衡，使水质恶化。生化需氧量可间接来表示水体中有机物的含量，故需监测污水的BOD。

2）分析方法的选择

① 分析方法说明。BOD的测定目前普遍采用HJ 505—2009五日生化需氧量$BOD_5$的稀释与接种方法，即水样充满完全密闭的溶解氧瓶中，在（20±1）℃的暗处培养5d±4h或（2+5）d±4h［先在0~4℃的暗处培养2d，接着在（20±1）℃的暗处培养5d，即培养（2+5）d］，分别测定培养前后水样中溶解氧的质量浓度，由培养前后溶解氧的质量浓度之差，计算每升样品消耗的溶解氧量，以$BOD_5$形式表示。溶解氧的测定要按GB/T 7489采用碘量法测定或按GB/T 1191采用电化学探头法测定试样中的溶解氧。

② 采用HJ 505测定BOD的结果计算。

a. 非稀释法：

非稀释法按式（11.3-22）计算样品BOD5的测定结果：

$$\rho=\rho_1-\rho_2 \tag{11.3-22}$$

式中 $\rho$——五日生化需氧量质量浓度，mg/L；

$\rho_1$——水样在培养前的溶解氧质量浓度，mg/L；

$\rho_2$——水样在培养后的溶解氧质量浓度，mg/L。

b. 非稀释接种法：

非稀释接种法按式（11.3-23）计算样品BOD5的测定结果：

$$\rho=(\rho_1-\rho_2)-(\rho_3-\rho_4) \tag{11.3-23}$$

式中 $\rho$——五日生化需氧量质量浓度，mg/L；

$\rho_1$——接种水样在培养前的溶解氧质量浓度，mg/L；

$\rho_2$——接种水样在培养后的溶解氧质量浓度，mg/L；

$\rho_3$——空白样在培养前的溶解氧质量浓度，mg/L；

$\rho_4$——空白样在培养后的溶解氧质量浓度。

c. 稀释与接种法：

稀释法和稀释接种法按式（11.3-24）计算样品$BOD_5$的测定结果：

$$\rho=\frac{(\rho_1-\rho_2)-(\rho_3-\rho_4)\cdot f_1}{f_2} \tag{11.3-24}$$

式中 $\rho$——五日生化需氧量质量浓度，mg/L；

$\rho_1$——接种稀释水样在培养前的溶解氧质量浓度，mg/L；

$\rho_2$——接种稀释水样在培养后的溶解氧质量浓度，mg/L；

$\rho_3$——空白样在培养前的溶解氧质量浓度，mg/L；

$\rho_4$——空白样在培养后的溶解氧质量浓度，mg/L；

$f_1$——接种稀释水或稀释水在培养液中所占的比例；

$f_2$——原样品在培养液中所占的比例。

③ 按 HJ 505 采用五日生化需氧量测定法，需要 5 天分析周期，操作过程繁琐，因此一些仪器厂商开发出一些快速测定 BOD 的方法，主要包括：

a. 微生物电极法(HJ/T 86—2002)。将微生物膜紧贴在极谱式溶解氧电极的透氧膜表面，即构成微生物电极。仪器采用流通测量方式，即样品以流动方式通过微生物电极，微生物膜里含有大量好氧微生物，在有氧和有机物的环境下非常活跃，并对有机物具有广谱食性，适应性强。由于氧电极的输出电流与溶解氧的浓度成正比，当不含任何有机物的液体通过流通池时，微生物的同化作用很小，因而透过微生物膜的溶解氧几乎没有减少。当含有有机物的溶液经过流通池时，微生物变得异常活跃，消耗大量的溶解氧，在其线性范围内，消耗的溶解氧与有机物的浓度成正比，于是导致透过微生物膜的溶解氧相应减少，溶解氧电极测出溶解氧浓度的变化量，从而计算出 BOD 值。

b. 压差法 BOD 测定仪。原理为：当待测样品中的微生物进行有氧生化反应时，将消耗样品溶液中的溶解氧并释放 $CO_2$，样品瓶中 21%的氧将不断补充进溶液中以达到新的平衡，而释放的 $CO_2$ 被 $CO_2$ 吸收剂所吸收，因此密闭压力系统呈现负压状态，仪器测定系统就是通过测量压力变化，计算出所消耗的 $O_2$ 的量，并换算成 BOD 值。

3）分析仪器配置建议

① 采用 HJ 505 方法所需的主要设备为恒温培养箱(20℃±1℃)和溶解氧测定仪。

② 微生物电极法(HJ/T 86—2002)BOD 微生物法快速测定仪可设计为便携式，采用微电脑控制，测量快速，水样无需前处理。

③ 新型压差法 BOD 测定仪采用无汞式压力探头，安全无毒，样品不需稀释，不需要复杂计算，直接读取 BOD 值。

（7）稀释蒸汽排污水中悬浮物的测定

1）悬浮物测定的意义

水中悬浮物是指水样通过孔径为 4.5μm 的滤膜，截留在滤膜上并于 103～105℃烘干至恒重的物质。

2）分析方法的选择

① 分析方法说明。悬浮物测定参照 GB/T 11901，采用过滤、烘干、称重法。

② 结果计算。水中悬浮物浓度 $C$(mg/L)按式(11.3-25)计算：

$$C=\frac{(A-B)}{V}\times 10^6 \tag{11.3-25}$$

式中 $A$——悬浮物+滤膜+称量瓶质量，g；

$B$——滤膜+称量瓶质量，g；

$V$——试样体积，mL。

# 第四节 压缩及前脱丙烷前加氢系统

本系统的主要作用是将裂解气压缩、脱除酸性气体和干燥及制冷。裂解气的压缩和脱除酸性气体，目的是除去杂质并达到分离所需的压力。裂解气中的酸性气体、水分、炔烃等杂质的存在对深冷分离和烯烃的进一步加工利用妨碍极大，酸性气体不但会使催化剂中毒，还会腐蚀设备管道；脱除 $CO_2$ 和 $H_2S$ 也可避免其进入乙烯和丙烯产品中。在本系统内将裂解气分为 $C_3$ 及更轻组分和 $C_4$ 及以上重组分，并对 $C_2$ 组分进行全加氢（$C_3$ 进行部分加氢），脱除乙炔。

## 一、压缩及前脱丙烷前加氢系统典型取样分析项目

本系统典型取样分析项目见表 11.4-1。

**表 11.4-1 典型取样分析项目**

| 序号 | 取样地点 | 分析介质 | 分析项目 | 分析频率 | 分析方法 |
|---|---|---|---|---|---|
| 1 | 裂解气一段吸入 | 裂解气 | $H_2$ | 按需 | 气相色谱法 |
| | | | CO | 按需 | 气相色谱法 |
| | | | $CO_2$ | 按需 | 气相色谱法 |
| | | | $H_2S$ | 按需 | 气相色谱法 |
| | | | $CH_4$ | 按需 | 气相色谱法 |
| | | | $C_2H_2$ | 按需 | 气相色谱法 |
| | | | $C_2H_4$ | 按需 | 气相色谱法 |
| | | | $C_2H_6$ | 按需 | 气相色谱法 |
| | | | MAPD | 按需 | 气相色谱法 |
| | | | $C_3H_6$ | 按需 | 气相色谱法 |
| | | | $C_3H_8$ | 按需 | 气相色谱法 |
| | | | 丁二烯 | 按需 | 气相色谱法 |
| | | | 丁烯 | 按需 | 气相色谱法 |
| | | | $C_4H_{10}$ | 按需 | 气相色谱法 |
| | | | $C_5$烃类 | 按需 | 气相色谱法 |
| | | | 苯/甲苯 | 按需 | 气相色谱法 |
| | | | $C_6$~$C_8$非芳 | 按需 | 气相色谱法 |
| | | | 二甲苯/乙苯/苯乙烯 | 按需 | 气相色谱法 |
| | | | $C_9^+$ | 按需 | 气相色谱法 |
| 2 | 裂解气二段吸入 | 裂解气 | 组成分析 | 按需 | 气相色谱法 |
| 3 | 裂解气三段吸入 | 裂解气 | 组成分析 | 按需 | 气相色谱法 |
| 4 | 裂解气四段吸入 | 裂解气 | 组成分析 | 按需 | 气相色谱法 |

续表

| 序号 | 取样地点 | 分析介质 | 分析项目 | 分析频率 | 分析方法 |
|---|---|---|---|---|---|
| 5 | 碱洗塔裂解气进料 | 裂解气 | $H_2$ | 按需 | 气相色谱法 |
| | | | CO | 按需 | 气相色谱法 |
| | | | $CO_2$ | 1次/班 | 气相色谱法 |
| | | | $H_2S$ | 1次/班 | 气相色谱法 |
| | | | $CH_4$ | 按需 | 气相色谱法 |
| | | | $C_2H_2$ | 按需 | 气相色谱法 |
| | | | $C_2H_4$ | 按需 | 气相色谱法 |
| | | | $C_2H_6$ | 按需 | 气相色谱法 |
| | | | MAPD | 按需 | 气相色谱法 |
| | | | $C_3H_6$ | 按需 | 气相色谱法 |
| | | | $C_3H_8$ | 按需 | 气相色谱法 |
| | | | 丁二烯 | 按需 | 气相色谱法 |
| | | | 丁烯 | 按需 | 气相色谱法 |
| | | | $C_4H_{10}$ | 按需 | 气相色谱法 |
| | | | $C_5$烃类 | 按需 | 气相色谱法 |
| | | | 苯/甲苯 | 按需 | 气相色谱法 |
| | | | $C_6 \sim C_8$非芳 | 按需 | 气相色谱法 |
| | | | 二甲苯/乙苯/苯乙烯 | 按需 | 气相色谱法 |
| 6 | 碱洗塔顶<br>裂解气出料 | 裂解气 | $CO_2$ | 1次/班 | 气相色谱法 |
| | | | $H_2S$ | 1次/班 | 气相色谱法 |
| 7 | 碱洗塔底废碱 | 废碱液 | NaOH | 按需 | 滴定法 |
| | | | $Na_2CO_3$ | 按需 | 滴定法 |
| | | | $Na_2S$ | 按需 | 滴定法 |
| | | | 油含量 | 按需 | GB/T 12152 |
| 8 | 弱碱液 | 弱碱 | NaOH | 1次/班 | 滴定法 |
| | | NaOH | | | |
| | | $Na_2CO_3$ | | | |
| | | $Na_2S$ | | | |
| | | $H_2O$ | | | |
| 9 | 中碱液 | 中碱液 | NaOH | 1次/班 | 滴定法 |
| | | NaOH | | | |
| | | $Na_2CO_3$ | | | |
| | | $Na_2S$ | | | |
| | | $H_2O$ | | | |
| 10 | 强碱液 | 强碱液 | NaOH | 1次/班 | 滴定法 |
| | | NaOH | | | |

续表

| 序号 | 取样地点 | 分析介质 | 分析项目 | 分析频率 | 分析方法 |
|---|---|---|---|---|---|
| 10 | 强碱液 | 强碱液 | $Na_2CO_3$ | | |
| | | $Na_2S$ | | | |
| | | $H_2O$ | | | |
| 11 | 20%碱 | 碱液 | NaOH | 按需 | 滴定法 |
| | | | 相对密度 | 按需 | ASTM D4052 |
| 12 | 汽油洗涤后废碱 | 废碱液 | NaOH | 按需 | 滴定法 |
| | | | $Na_2CO_3$ | 按需 | 滴定法 |
| | | | $Na_2S$ | 按需 | 滴定法 |
| | | | 油含量 | 按需 | GB/T 12152 |
| 13 | 洗涤后汽油 | 汽油 | pH 值 | 按需 | ASTM D1293 |
| | | 5%的水 | | | |
| 14 | 脱气后废碱液 | 废碱液 | NaOH | 按需 | 滴定法 |
| | | | $Na_2CO_3$ | 按需 | 滴定法 |
| | | | $Na_2S$ | 按需 | 滴定法 |
| | | | 油含量 | 按需 | GB/T 12152 |
| 15 | 裂解气干燥器入口 | 裂解气 | $H_2O$ | 1 次/周 | 露点法/卡尔费休滴定法 |
| 16 | 液体干燥器入口 | 裂解气 | $H_2O$ | 1 次/周 | 卡尔费休滴定法 |
| 17 | 裂解气干燥器中下部 | 裂解气 | 水含量 | 1 次/周 | 露点法 |
| 18 | 裂解气干燥器出口 | 裂解气 | 水含量 | 1 次/周 | 露点法 |
| 19 | 液体干燥器中上部 | 裂解气 | 水含量 | 1 次/周 | 卡尔费休滴定法 |
| 20 | 液体干燥器出口 | 裂解气 | 水含量 | 1 次/周 | 卡尔费休滴定法 |
| 21 | 2%稀释碱 | 碱液 | NaOH | 按需 | 滴定法 |
| | | | 相对密度 | 按需 | ASTM D4052 |
| 22 | 高压脱丙烷塔塔顶 | 裂解气 | 丁二烯 | 1 次/周 | 气相色谱法 |
| | | | $C_4$ | 1 次/周 | 气相色谱法 |
| 23 | 高压脱丙烷塔塔釜液 | 碳三及以上物料 | 甲烷 | 1 次/周 | 气相色谱法 |
| | | | $C_2$ | 1 次/周 | 气相色谱法 |
| | | | 丙炔 | 1 次/周 | 气相色谱法 |
| | | | 丙二烯 | 1 次/周 | 气相色谱法 |
| 24 | 碳二加氢反应器保护床进料 | 裂解气 | 砷 | 按需 | ICP-MS |
| 25 | 碳二加氢反应器保护床 | 裂解气 | 砷 | 按需 | ICP-MS |
| 26 | 碳二加氢反应器进料 | 裂解气 | CO | 1 次/天 | 气相色谱法 |
| | | | 乙炔 | 1 次/天 | 气相色谱法 |
| | | | 丙炔 | 1 次/天 | 气相色谱法 |
| | | | 丙二烯 | 1 次/天 | 气相色谱法 |
| 27 | 碳二加氢反应器一段床层出料 | 裂解气 | 乙炔 | 1 次/天 | 气相色谱法 |
| | | | 丙炔 | 1 次/天 | 气相色谱法 |
| | | | 丙二烯 | 1 次/天 | 气相色谱法 |

续表

| 序号 | 取样地点 | 分析介质 | 分析项目 | 分析频率 | 分析方法 |
|---|---|---|---|---|---|
| 28 | 碳二加氢反应器二段床层出料 | 裂解气 | 乙炔 | 1次/天 | 气相色谱法 |
| | | | 丙炔 | 1次/天 | 气相色谱法 |
| | | | 丙二烯 | 1次/天 | 气相色谱法 |
| 29 | 碳二加氢反应器出料 | 裂解气 | 乙炔 | 1次/天 | 气相色谱法 |
| | | | 丙炔 | 1次/天 | 气相色谱法 |
| | | | 丙二烯 | 1次/天 | 气相色谱法 |
| 30 | 裂解气第二干燥器采出 | 裂解气 | 水含量 | 1次/天 | 露点法 |
| 31 | 裂解气第二干燥器采出 | 裂解气 | 水含量 | 1次/天 | 露点法 |
| 32 | 裂解气第二干燥器出料 | 裂解气 | 水含量 | 1次/天 | 露点法 |
| 33 | 低压脱丙烷塔塔釜液 | 碳四及以上重组分 | $C_2$ | 1次/周 | 气相色谱法 |
| | | | $C_3$ | 1次/周 | 气相色谱法 |
| | | | 丙炔 | 1次/周 | 气相色谱法 |
| | | | 丙二烯 | 1次/周 | 气相色谱法 |
| 34 | 低压脱丙烷塔塔顶冷凝液 | 碳三组分 | $C_2$ | 1次/周 | 气相色谱法 |

## 二、取样分析的目的、分析方法的选择和仪器配置的建议

### 1. 裂解气进料及各压缩段裂解气组成分析

(1) 裂解气组成分析的目的

来自裂解部分的裂解气在压缩机一段吸入前取样分析组成，以使操作人员了解进入压缩机的样品组成情况。随着压缩机逐级加压，每级的压缩比不同，温度也不同，每段压缩都会使部分组分冷凝，其中较重组分如水和汽油首先冷凝下来一部分，因此裂解气的组成是随各压缩段产生微小变化的，需取样分析测定各段压缩后的裂解气组成，以便监测压缩机的工作状况。

(2) 分析方法的选择

1) 分析方法说明

不同取样点裂解气的组成有微小变化，但都可采用裂解气分析仪进行组分测定。裂解气组成主要是甲烷、$C_2 \sim C_5$烃、氢气、少量炔烃、硫化物、一氧化碳、二氧化碳、水分及惰性气体等杂质，可参照标准方法 ASTM D1946、D1945、UOP539 采用气相色谱法测定裂解气的组成。

2) 结果计算

按式(11.4-1)计算标气中各组分的校正因子：

$$F_i = \frac{C_i}{A_i} \tag{11.4-1}$$

式中 $F_i$——组分 $i$ 的外标定量校正因子；

$C_i$——标样中组分 $i$ 的浓度，$mL/m^3$；

$A_i$——标样中组分 $i$ 的峰面积。

被测组分含量由式(11.4-2)给出，并以%表示：

$$C_i = \frac{A_i \times F_i}{\sum_i A_i \times F_i} \times 100\% \qquad (11.4-2)$$

式中　$C_i$——试样中某种组分 $i$ 的含量，$mL/m^3$；

$A_i$——试样中某种组分 $i$ 的面积；

$F_i$——某种组分 $i$ 的校正系数。

3) 参考谱图

参考谱图见图 11.4-1。

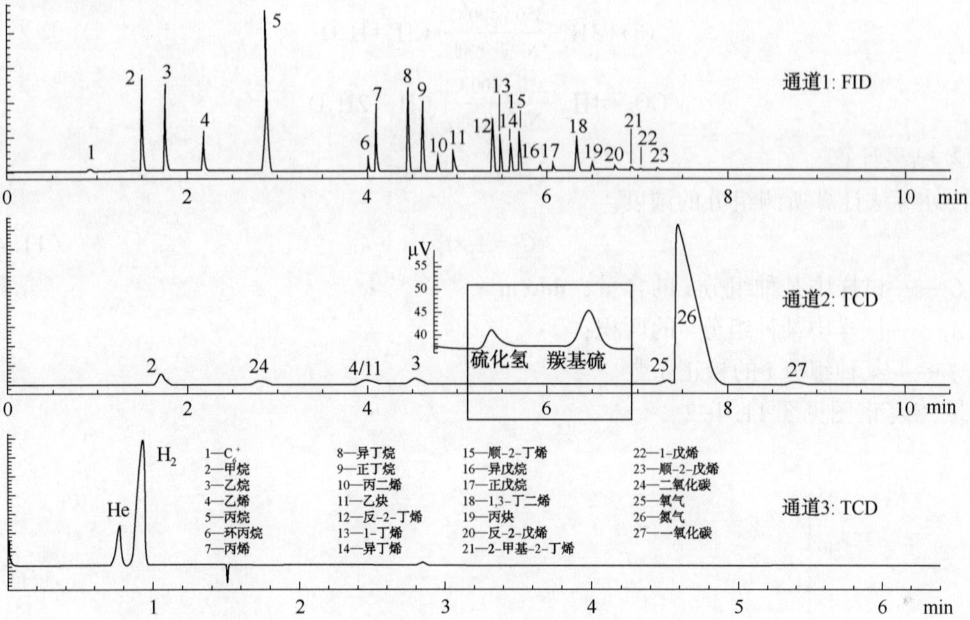


图 11.4-1　标准色谱图

(3) 分析仪器配置建议

① 采用五阀七柱三通道气相色谱仪系统，参照标准方法 ASTM D1946、D1945、UOP539，用于测定裂解气、排放气、清焦气等其他类似气体样品中的氢气、不凝气及轻烃($C_1 \sim C_6^+$)(包括 $H_2S$)，并可扩展分析到苯或甲苯。其中通道一配置 FID 检测器，以氦气为载气，用于烃类组成分析；通道二配置热导检测器(TCD)，以氦气为载气，用于不凝气含量分析；通道三配置 TCD 检测器，以氮气作载气，用于 $H_2$ 含量分析；一次进样可同时实现氢气、不凝气及烃类的分析。

② 因裂解气中含有 $H_2S$，系统要做防腐处理以防止 $H_2S$ 腐蚀。

③ 建议采用色谱分析数据系统(CDS)进行色谱仪的控制和数据处理。

2. 碱洗塔顶裂解气出料裂解气中 $CO_2$ 和 $H_2S$ 的分析

(1) 裂解气中 $CO_2$ 和 $H_2S$ 的分析的目的

在碱洗塔内用 NaOH 脱除 $CO_2$、$H_2S$ 酸性气体，碱洗反应后生成 $Na_2CO_3$ 和 $Na_2S$。分析脱除酸性气体后的裂解气中的痕量 $CO_2$ 和 $H_2S$ 以监测酸性气体的脱除效果。

（2）裂解气中 $CO_2$ 的分析

1）分析方法的选择

① 分析方法说明。脱除酸性气体后的裂解气中的 $CO_2$ 为痕量，分析裂解气的气相色谱的 TCD 通道无法检测痕量的 $CO_2$，故需采用专用气相色谱分别测定痕量的 $CO_2$，参考GB/T 3394、UOP 603 等标准，采用镍催化甲烷化转化器和 FID 检测器，测定痕量 CO 和 $CO_2$。气体样品通过进样装置被载气带入填充柱或毛细管色谱柱，使 CO 和 $CO_2$ 与其他组分分离。CO 和 $CO_2$ 经催化加氢转化为甲烷，用 FID 检测，采用外标法定量。

裂解气样品经自动十通气体进样阀进样，通过四通阀将甲烷组分预切放空，样品经甲烷化转化器后，将其他重组分烃类反吹掉，用外标法计算一氧化碳、二氧化碳的含量。

$$CO+3H_2 \xrightarrow[\text{Ni 催化剂}]{350\sim400℃} CH_4+H_2O$$

$$CO_2+4H_2 \xrightarrow[\text{Ni 催化剂}]{350\sim400℃} CH_4+2H_2O$$

② 结果计算。

按外标法计算所测组分的浓度。

$$C_i = A_i \times f_i \tag{11.4-3}$$

式中 $C_i$——试样中某种组分 $i$ 的含量，mL/m³；

$A_i$——试样中某种组分 $i$ 的面积；

$f_i$——某种组分 $i$ 的校正系数。

③ 参考谱图见图 11.4-2。

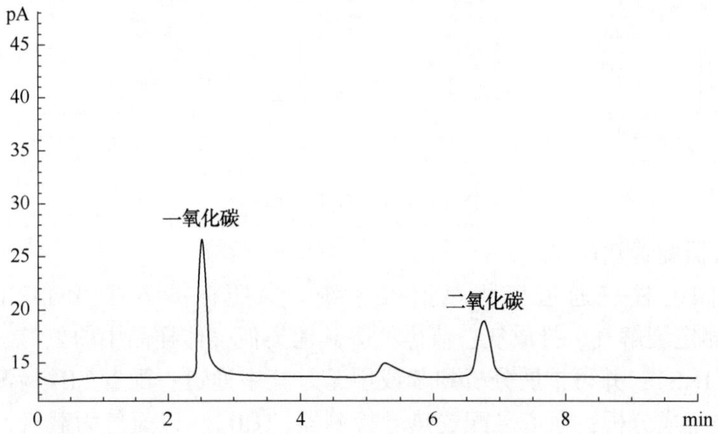


图 11.4-2　标准色谱图

2）分析仪器配置建议

① 气相色谱转化炉和 FID 检测器，气体进样阀，配置反吹阀以实现将甲烷组分预切放空，样品经甲烷化转化器后，将其他重组分烃类反吹掉。

② 建议采用 CDS 工作站对气相色谱仪进行控制和数据处理。

（3）裂解气中 $H_2S$ 的分析

1）分析方法的选择

① 方法说明。脱除酸性气体后的裂解气中的 $H_2S$ 为痕量，分析裂解气的气相色谱的

TCD 通道也无法检测痕量的 $H_2S$，故需参照 GB/T 33318—2016 等标准，采用带硫化学发光检测器(SCD)的气相色谱测定痕量的 $H_2S$。原理为：样品中硫化物通过气相色谱柱分离后进入 SCD，这些化合物在富含氢气的环境中燃烧生成一氧化硫和其他产物，真空泵将燃烧产物抽吸至一个低压反应池，在此处加入过量的臭氧，一氧化硫与臭氧反应生成激发态的 $SO_2^*$，$SO_2^*$ 回到基态时能发出蓝色的荧光信号。发出的能量与样品中硫含量成正比，用光电倍增管检测反应发射光强度，与标准样品发射光强度比较而计算出样品中硫化物含量，其反应式如下：

$$RS+O_2 \longrightarrow SO+\text{其他反应产物}$$

$$RS+O_3 \longrightarrow SO_2^* +O_2$$

$$SO_2^* \longrightarrow SO_2+h\nu(300\sim400\text{nm})$$

式中　RS——硫化物；

$SO_2^*$——激发态二氧化硫；

$h\nu$——光能量。

② 结果计算。

采用外标法定量，硫化物组分 $i$ 的含量按式(11.4-4)计算：

$$\rho_i=\frac{\overline{A}_i}{\overline{A}_s}\rho_s \tag{11.4-4}$$

式中　$\rho_i$——样品气硫化物组分 $i$ 的含量，mg/m³；

$\rho_s$——标准样品中硫化物组分 $i$ 的含量，mg/m³；

$\overline{A}_i$——样品气硫化物组分 $i$ 的响应(色谱峰面积或峰高)值的平均值；

$\overline{A}_s$——标准样品中硫化物组分 $i$ 的响应(色谱峰面积或峰高)值的平均值。

③ 参考谱图见图 11.4-3。

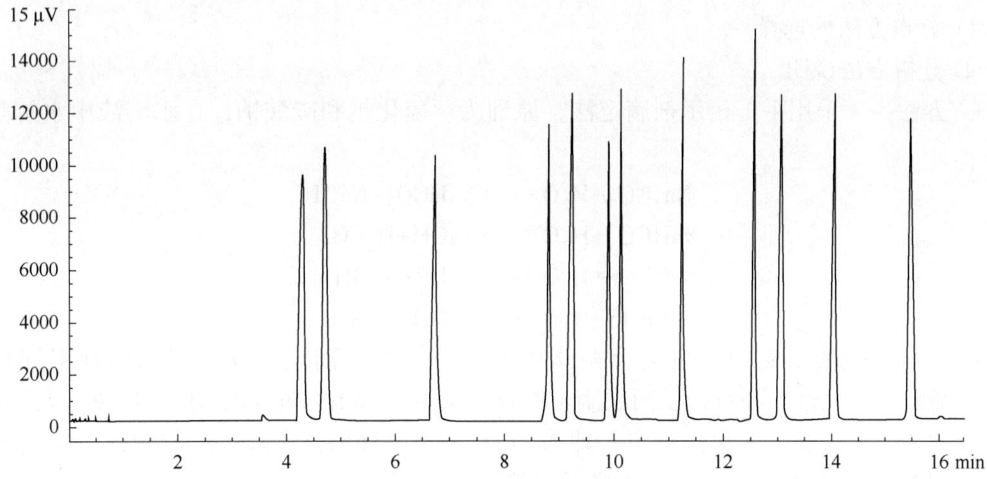


图 11.4-3　标准色谱图

说明：按出峰顺序从左至右依次为：硫化氢、氧硫化碳、甲硫醇、乙硫醇、甲硫醚、二硫化碳、异丙硫醇、正丙硫醇、噻吩、乙硫醚、二甲基二硫醚、四氢噻吩。

2）分析仪器配置建议

① 气相色谱 SCD 检测器，气体进样阀，硫专用色谱柱 60m * 0.32mm ID，另配置一个 10m * 0.32mm ID 色谱柱可以分析总硫含量。参考的色谱流程图见图 11.4-4。

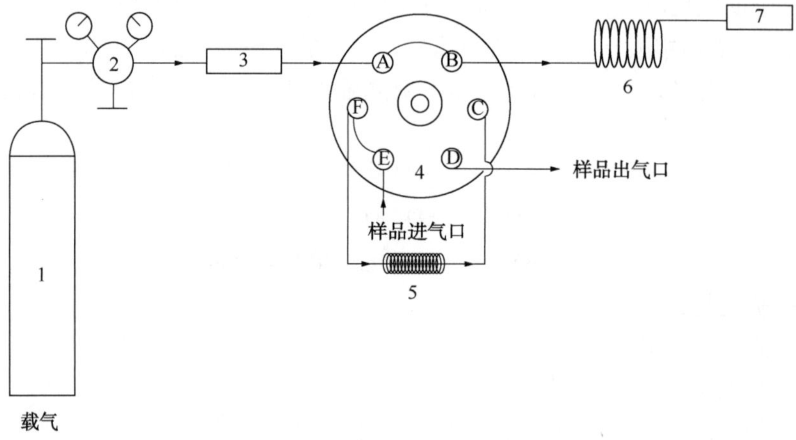


图 11.4-4　色谱流程图

1—载气气瓶；2—减压阀；3—硫净化器；4—六通进样阀；5—定量环；6—色谱柱；7—硫化学发光检测器

② 色谱的气路系统及取样钢瓶均要进行钝化处理。

3. 废碱和洗涤汽油分析

（1）废碱中的 NaOH、$Na_2CO_3$ 和 $Na_2S$ 的测定

1）废碱分析的目的

碱洗后的废碱经汽油洗涤、脱气等处理后要送至废碱氧化单元进行处理，明确废碱的组成，可以为废碱处理提供数据，故需在碱洗塔底、汽油洗涤后及脱气后取样分析废碱液的组成。

2）分析方法的选择

① 分析方法说明。

a. 方法一：采用手工指示剂滴定法，原理为：硫化钠和碳酸钠，在水溶液中水解是分两步。

$$Na_2CO_3+H_2O \longrightarrow NaHCO_3+NaOH$$
$$NaHCO_3+H_2O \longrightarrow NaOH+H_2CO_3$$
$$Na_2S+H_2O \longrightarrow NaHS+NaOH$$
$$NaHS+H_2O \longrightarrow NaOH+H_2S$$

因此当用硫酸滴定时，也会分两步中和，会有两个滴定突跃。利用两种不同指示剂——酚酞、甲基红，即可指示两次滴定终点。又由于 NaHS 和 $NaHCO_3$ 与 $H_2SO_4$ 反应是同时进行的。故在完成第一次滴定时，即 $Na_2CO_3 \longrightarrow NaHCO_3$，$Na_2S \longrightarrow NaHS$ 反应时利用 NaHS 能与甲醛起加成作用，使其生成游离碱。

$$CHH{=}O+NaHS+H_2O \longrightarrow CHHOHSH+NaOH$$

继续滴定生成的 NaOH 即可得 NaHS 量（终点由第一次加入的酚酞显色指示）。溶液继续以甲基红作指示剂，用 $H_2SO_4$ 滴定剩余之 $NaHCO_3$，即可知 $Na_2CO_3$ 含量。

b. 推荐采用第二种方法：自动电位滴定仪方法。

现中心化验室大多采用电位滴定仪的方法替代人工样品滴定分析，分析数据自动处理和传输，优点为干扰少、准确度高、分析效率高、节省人力。采用电位滴定仪进行分析，利用容量分析中的中和法，以 $BaCl_2$ 作为沉淀剂、利用甲醛特有性质进行测定，反应过程原理如下：

$$NaOH+H_2SO_4 \longrightarrow Na_2SO_4+H_2O$$

$$Na_2CO_3+H_2SO_4 \longrightarrow Na_2SO_4+NaHCO_3$$

$$Na_2S+H_2SO_4 \longrightarrow Na_2SO_4+NaHS$$

$$NaHS+HCHO \longrightarrow NaOH+CH_2S$$

$$NaOH+H_2SO_4 \longrightarrow Na_2SO_4+H_2O$$

$$Na_2CO_3+BaCl_2 \longrightarrow BaCO_3\downarrow+NaCl$$

$$NaOH+H_2SO_4 \longrightarrow Na_2SO_4+H_2O$$

$$Na_2S+H_2SO_4 \longrightarrow Na_2SO_4+NaHS$$

② 电位滴定法结果计算。

$$\omega(NaOH)=\frac{0.040\times(V_C-V_B)\times C(1/2H_2SO_4)}{m\times 10}\times 250\times 100\% \quad (11.4-5)$$

$$\omega(Na_2CO_3)=\frac{0.106\times(V_A-V_C)\times C(1/2H_2SO_4)}{m\times 10}\times 250\times 100\% \quad (11.4-6)$$

$$\omega(Na_2S)=\frac{0.078\times V_B\times C(1/2H_2SO_4)}{m\times 10}\times 250\times 100\% \quad (11.4-7)$$

式中　$C(1/2H_2SO_4)$——$H_2SO_4$ 标准溶液的物质的量浓度，mol/L；

$m$——样品质量，g；

$V_A$、$V_B$、$V_C$——滴定消耗的 $H_2SO_4$ 标准溶液体积，mL；

$\omega$——质量分数，%；

0.040、0.106、0.078——分别为 NaOH、$Na_2CO_3$、$Na_2S$ 的分子量除以1000后的值。

3）分析仪器配置建议

自动电位滴定仪，pH 电极和工作站，可根据样品数量配置自动进样器。

（2）废碱中油含量的测定

1）废碱中油含量测定的目的

废碱需用汽油洗涤，以把烃和水分开，取样分析洗涤后碱液中的痕量油，监测洗涤效果。

2）分析方法的选择

油含量的测定同样采用 GB/T 12152 萃取剂(四氯化碳)萃取红外吸收法测定。

3）分析仪器配置建议

可共用测定水中油含量的红外油分析仪。

（3）洗涤后汽油 pH 值的测定

1）洗涤后汽油 pH 值测定的目的

洗涤后的汽油，通过测定其 pH 值来判断洗涤效果，如果 pH 值大，说明汽油中含碱多，洗涤效果不好。

2）分析方法的选择

pH 值的测定同样参照 ASTM D1293、GB/T 6904 等标准测定。

3）分析仪器配置建议

pH 计配置的电极应适用有机溶液。

### 4. 洗涤碱液中 NaOH 浓度测定

（1）碱液中 NaOH 浓度测定

1）NaOH 浓度测定的目的

洗涤碱采用外购 20%碱液稀释为 10%后使用；洗涤过程中，在碱洗塔的不同位置形成不同强度的碱液，测定碱浓度可监测洗涤效果。

2）分析方法的选择

① 参照 GB/T 4348.1《工业用氢氧化钠　氢氧化钠和碳酸钠含量的测定》，以酚酞为指示剂，以盐酸标准溶液进行滴定，原理为：

$$Na_2CO_3+BaCl_2 \longrightarrow BaCO_3+2NaCl$$

$$NaOH+HCl \longrightarrow NaCl+H_2O$$

② 建议参考废碱中 NaOH 的测定方法建立电位滴定法。

3）分析仪器配置建议

自动电位滴定仪，pH 电极和工作站，可根据样品数量配置自动进样器。

（2）外购碱液密度测定

1）碱液密度测定的目的

氢氧化钠水溶液的密度和浓度是有对应关系的，外购 20%碱液除测定 NaOH 浓度外，可结合测定密度判断质量。

2）分析方法的选择和仪器配置的建议

参考燃料油密度的测定，也可采用全自动密度仪测定密度的方法测定密度，配置或共用自动数字式密度计。

### 5. 裂解气干燥前后水含量测定

（1）裂解气干燥前后水含量测定的目的

为脱除裂解气中的水分，裂解气按气相和液相分别经气相干燥器和液相干燥器进行干燥，需分别在气、液相干燥器前后取样测定裂解气中的水含量，以监测干燥器的干燥效果。

（2）气相裂解气中水含量的测定

1）分析方法的选择

① 卡尔费休库仑法测定水含量。

a. 分析方法说明。当气体中水含量较高，不适合采用露点法测定水含量时，如进入干燥器前的裂解气中水分的测定，可采用卡尔费休库仑法测定水含量。可参照 GB/T 3727、ASTM E700 等标准，原理为：被测气体通过卡尔费休库仑分析仪的电解池时，气体中的水与卡尔费休试剂中的碘、二氧化硫在有机碱(如吡啶)和甲醇存在下，发生下列反应：

$$H_2O+I_2+SO_2+CH_3OH+3RN \longrightarrow (RNH)SO_4CH_3+2(RNH)I$$

消耗的碘由含有碘离子的阳极电解液电解补充：

$$2I^- \longrightarrow I_2+2e$$

反应所需碘的量与通过电解池的电量成正比，因此，记录电解所消耗的电量，根据法拉第电解定律，即可求出试样中的水含量。

b. 采用卡尔费休库仑法测定水含量结果计算。

以质量浓度(mg/kg)表示样品中的水含量($C_1$)按式(11.4-8)进行计算：

$$C_1=\frac{m_1}{m} \tag{11.4-8}$$

式中 $m_1$——仪器显示的水分绝对值，μg；

$m$——试样质量，g。

以体积浓度($mL/m^3$)表示样品中的水含量($C_2$)按式(11.4-9)进行计算：

$$C_2=\frac{m_1}{m}\times\frac{M}{18.01} \tag{11.4-9}$$

式中 $M$——样品分子量；

18.01——水分子量。

② 露点法测定水含量。

a. 分析方法说明。气体水含量较低($10^{-6}$)时，如干燥器床的裂解气、干燥器出口的裂解气水含量低，其中干燥器出口水含量最新工艺要求为不大于 $1mL/m^3$，对应的露点在-70℃左右，采用露点法测定水含量。可参照 GB/T 5832.2、ASTM D1142 等标准，测量原理为：当一定体积的气体在恒定的压力下均匀降温时，气体和气体中水分的分压保持不变，直至气体中的水分达到饱和状态，该状态下的温度就是气体的露点。一定的气体水分含量对应一个露点温度，同时一个露点温度对应一定的气体水分含量，因此通过测定气体的露点温度就可以测定气体的水分含量。露点常用氧化铝电容传感器或高分子薄膜传感器、冷镜法检测。

电容式传感器的工作原理是根据水分子的浓度对电容值的变化，从而测量出气体中微量水分的含量；冷镜法是利用光测定露层，因其采用光学测量原理的局限性使其极易受镜面污染物和灰尘的影响，且价格较高，因此氧化铝电容原理或高分子薄膜传感器的露点仪使用更为广泛。

b. 采用露点法测定水含量结果计算：

露点-体积分数的对应关系按式(11.4-10)计算：

$$V_t=\frac{f\cdot e_d}{p-f\cdot e_d}\times10^6 \tag{11.4-10}$$

式中 $V_t$——体积比，μL/L；

$e_d$——在露点温度下的饱和蒸气压，Pa；

$p$——大气压，Pa；

$f$——增强因子。

2）分析仪器配置建议

① 卡尔费休库仑法测定气体中的水含量，测量装置组成见图 11.4-5。

其中加入的样品量也可采用质量流量计的方法进行计量。

② 用露点法测定水含量，选用便携式仪器，以便可以在装置的取样点进行现场检测。仪器应为本质安全型，且防爆安全等级应满足测定样品及工艺装置区危险介质的使用要求。

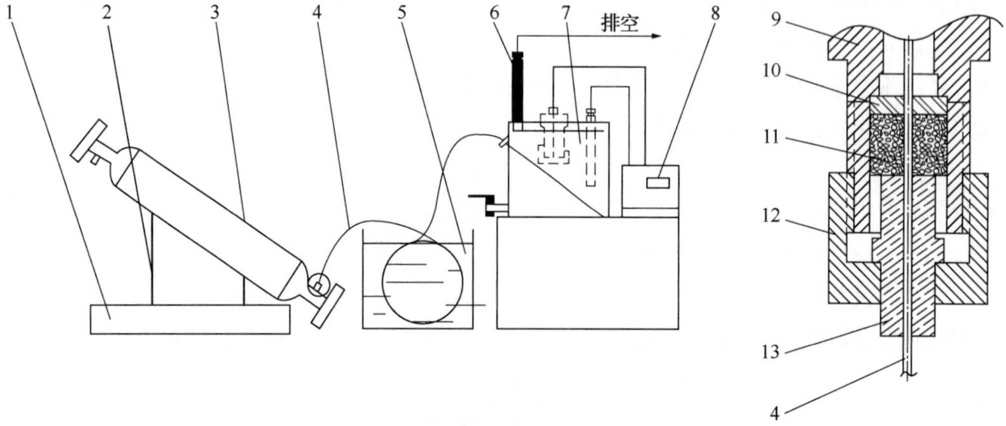


图 11.4-5　卡尔费休库仑法仪器组装及钢瓶毛细管连接口示意图

1—电子天平；2—钢瓶支架；3—进样钢瓶；4—毛细管；5—水浴；6—干燥管；7—电解池；
8—卡尔费休库仑仪主机；9—进样钢瓶口；10—塑料隔垫；11—密封垫；12—压紧螺帽；13—不锈钢卡套

(3) 裂解气冷凝液相物料中水分的测定

1) 分析方法的选择

① 方法说明。液相样品中的痕量水可采用卡尔费休库仑法测定水含量，参照 ASTM E1064、SH/T0246 等标准，原理为：试样中的水与碘、二氧化硫在有机碱和甲醇存在下，发生下列反应：

$$H_2O+I_2+SO_2+CH_3OH+3RN \longrightarrow (RNH)SO_4CH_3+2(RNH)I$$

其中的碘由含有碘离子的阳极电解液电解产生：

$$2I^- \longrightarrow I_2+2e$$

产生的碘的量与通过电解池的电量成正比，因此，记录电解所消耗的电量，根据法拉第电解定律，即可求出试样中的水含量。

② 结果计算。试样中水含量数值以质量浓度 mg/kg 表示，并按式(11.4-11)进行计算：

$$X=\frac{m_1}{m_2} \tag{11.4-11}$$

式中　$X$——样品中水含量，mg/kg；

$m_1$——仪器显示的水分绝对值，μg；

$m_2$——试样质量，g。

2) 分析仪器配置建议

卡尔费休滴定仪配置铂指示电极和发生电极，可配置工作站。

6. 高压脱丙烷塔取样分析

(1) 高压脱丙烷塔塔顶裂解气中的 $C_4$ 分析

1) 高压脱丙烷塔塔顶裂解气中的 $C_4$ 分析的目的

为了脱除丙烷设置高、低压两个脱丙烷塔，其中高压脱丙烷塔应控制塔顶 $C_4$ 的含量，避免塔顶 $C_4$ 含量过高，需取样分析监测塔顶 $C_4$ 的含量。

2) 分析方法的选择

① 分析方法说明。采用气相色谱法 FID 检测器，外标法测定 $C_4$ 的含量。

② 结果计算。按式(11.4-12)计算各组分的绝对校正因子：

$$F_i = \frac{C_i}{A_i} \tag{11.4-12}$$

式中 $F_i$——组分 $i$ 的绝对校正因子；

$C_i$——标样中组分 $i$ 的浓度；

$A_i$——标样中组分 $i$ 的峰面积。

色谱工作站用外标法计算各组分的含量。

③ 参考谱图见图 11.4-6。

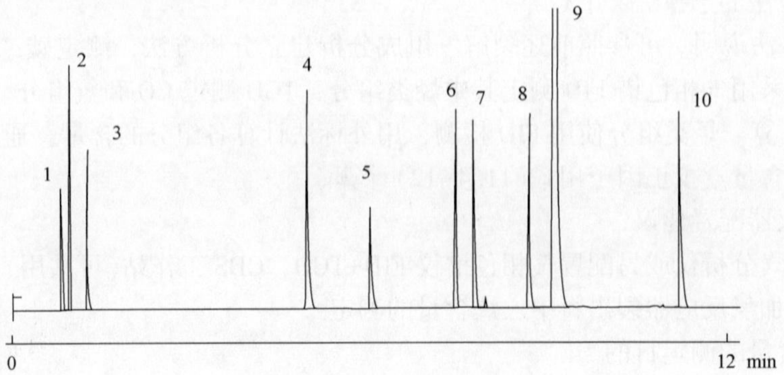


图 11.4-6 标准色谱图

1—甲烷；2—乙烷；3—乙烯；4—正丁烷；5—丙二烯；

6—1-丁烯；7—异丁烯；8—1,2-丁二烯；9—1,3-丁二烯；10—乙烯基乙炔

3）分析仪器配置建议

气相色谱仪，FID 检测器，$Al_2O_3$毛细管柱，CDS 工作站(可共用)。

(2) 高压脱丙烷塔塔釜液中 $C_2$测定

1）高压脱丙烷塔塔釜液中 $C_2$测定的目的

高压脱丙烷塔塔釜液主要为碳三及以上物料，需取样分析釜液样品中的轻烃组分，以便监测和控制塔釜中 $C_2$轻组分含量不能过高。

2）分析仪器配置建议

采用气相色谱法，分析方法和仪器参考上述高压脱丙烷塔塔顶裂解气中 $C_4$ 分析项目，为提高重复性液体样品进样六通阀前配置闪蒸器。

7. 碳二加氢反应器取样分析

碳二加氢反应器通过碳二加氢(碳三部分加氢)反应，脱除乙炔，以获得聚合级的乙烯和丙烯产品。

(1) 碳二加氢反应器保护床进出料中砷含量的测定

1）砷含量的测定目的

砷会造成加氢反应器催化剂中毒，裂解气在进入加氢反应器前脱砷，在反应器保护床的进、出口取样分析裂解气中砷含量，以监测裂解气进料组成和脱除乙炔的效果。

2）分析方法的选择和分析仪器配置

碳二加氢反应器保护床进料要求砷含量<20μg/kg，碳二加氢反应器保护床出口为<1μg/kg，因样品为气态，砷的含量极低，涉及的分析方法复杂，仪器贵重。

北京化工研究院开发了 GC-MS 测定胂和 ICP-MS 测定总砷等分析方法。其中 GC-MS 法需采用最新的高效离子源以保证质谱检测器足够高的灵敏度，流路进行钝化处理，才能满足胂检测限要求；ICP-MS 法采用酸性溶液吸收后用 ICP-MS 进行检测，满足气体样品中 1μg/kg 砷的检测要求。

(2) 碳二加氢反应器裂解气组成分析

1) 碳二加氢反应器裂解气组成分析的目的

进入碳二加氢反应器前需分析裂解气组成，以判断进料组成和乙炔含量；对碳二加氢反应器一段床层和二段床层出料分别取样分析组成，以判断一段和二段床层的反应情况。

2) 分析方法的选择

① 分析方法说明。可参照前述裂解气组成分析建立分析方法，测定碳二加氢反应物料的组成；也可采用气相色谱 FID 测定其中烃类组分，TCD 测定 CO 和氢组分。

② 结果计算。烃类组分使用 FID 检测，用外标法计算各组分的含量，通过 CDS 工作站计算各组分的含量。校正因子用式(11.4-12)计算。

3) 分析仪器配置建议

采用裂解气分析仪或另配置气相色谱仪 FID+TCD，CDS 工作站(可共用)。

(3) 碳二加氢反应器裂出料中乙炔含量的测定

1) 乙炔含量的测定目的

取样分析碳二加氢反应器裂出料中乙炔含量，以判断乙炔脱除是否满足要求[乙炔 $<0.5\times10^{-6}$(摩尔)]。

2) 分析方法的选择

① 分析方法说明。采用气相色谱法 FID 检测器，样品组分经预分离柱分离后，用十通阀将大部分碳二以上组分反吹放空，然后用分离柱将乙烯和微量的乙炔分离，乙炔用氢火焰离子化检测器检测含量。

② 试样中被测组分含量按下式计算：

$$X_i = E_i \cdot \frac{A_i}{A_E} \tag{11.4-13}$$

式中 $X_i$——试样中被测组分的含量，$mL/m^3$；

$E_i$——标准气样中被测组分的含量，$mL/m^3$；

$A_i$——试样中被测组分的峰面积；

$A_E$——标准气样中被测组分的峰面积。

③ 参考谱图见图 11.4-7。

3) 分析仪器配置建议

采用气相色谱仪 FID 检测器，十通阀进样，CDS 工作站(可共用)。

### 8. 裂解气第二干燥器裂解气中水含量测定

(1) 裂解气水含量测定的目的

裂解气经加氢反应除去乙炔后，进入第二干燥器除去水分，分别在进、出口和出料口取样，以监测干燥效果。

(2) 分析方法选择和分析仪器配置

参照前述裂解气中水含量的测定方法，采用露点法测定痕量水含量。

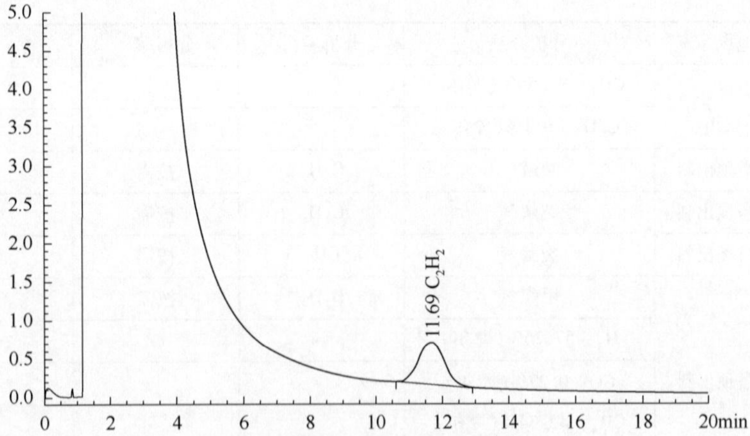


图 11.4-7　标准色谱图

9. 低压脱丙烷塔取样分析

(1) 低压脱丙烷塔塔釜液轻烃分析

1) 低压脱丙烷塔塔釜液轻烃分析的目的

高压脱丙烷塔塔釜物料进入低压脱丙烷塔，在低压脱丙烷塔全部脱除丙烷，塔釜为 $C_4$ 以上重组分，取样分析以便监测和控制塔釜液中的 $C_2$ 及 $C_3$ 为痕量。

2) 分析方法选择和分析仪器配置

参考高压脱丙烷塔塔釜液的分析方法，分析方法采用气相色谱法，FID 检测器，为提高重复性液体样品进样六通阀前配置闪蒸器。

(2) 低压脱丙烷塔塔顶冷凝液 $C_4$ 含量测定

1) 低压脱丙烷塔塔顶冷凝液 $C_4$ 含量测定的目的

取样分析低压脱丙烷塔塔顶中 $C_4$ 含量，以便监测和控制塔顶 $C_4$ 含量不能太高。

2) 分析方法选择和分析仪器配置

同样参考高压脱丙烷塔塔釜液的分析方法，分析方法采用气相色谱法，FID 检测器，外标法测定轻烃组分含量。

# 第五节　冷分离系统

本系统主要作用是脱除甲烷和氢，并对甲烷和氢进行分离后产氢气产品。

## 一、冷分离系统典型取样分析项目

本系统典型取样分析项目见表 11.5-1。

**表 11.5-1　典型取样分析项目**

| 序号 | 取样地点 | 分析介质 | 分析项目 | 分析频率 | 分析方法 |
|---|---|---|---|---|---|
| 1 | 冷箱出口<br>高压甲烷 1 | 高压甲烷 | $C_2H_4$ | 1 次/周 | 气相色谱法 |
| | | $H_2$：6.23%(摩尔) | | | |
| | | CO：0.12%(摩尔) | | | |

续表

| 序号 | 取样地点 | 分析介质 | 分析项目 | 分析频率 | 分析方法 |
|---|---|---|---|---|---|
| 1 | 冷箱出口<br>高压甲烷1 | $CH_4$：93.54%（摩尔） | | | |
| | | $C_2H_4$：0.1%（摩尔） | | | |
| 2 | 碳三洗涤塔顶出料 | 裂解气 | $C_3H_6$ | 按需 | 气相色谱法 |
| 3 | 预脱甲烷塔顶出料 | 裂解气 | $C_3H_6$ | 按需 | 气相色谱法 |
| 4 | 预脱甲烷塔釜出料 | 裂解气 | $CH_4$ | 按需 | 气相色谱法 |
| 5 | 碳二洗涤塔顶出料 | 甲烷氢 | $C_2H_4$ | 按需 | 气相色谱法 |
| | | $H_2$：57.25%（摩尔） | | | |
| | | CO：0.27%（摩尔） | | | |
| | | $CH_4$：42.34%（摩尔） | | | |
| | | $C_2H_4$：0.14%（摩尔） | | | |
| 6 | 脱甲烷塔釜出料 | 碳二 | $CH_4$ | 按需 | 气相色谱法 |
| | | $CH_4$：0.005%（摩尔） | $C_2H_2$ | 按需 | 气相色谱法 |
| | | $C_2H_4$：90.90%（摩尔） | | | |
| | | $C_2H_6$：9.03%（摩尔） | | | |
| | | $C_3H_6$：0.06%（摩尔） | | | |
| 7 | 冷箱出口<br>高压甲烷2 | 高压甲烷 | $C_2H_4$ | 按需 | 气相色谱法 |
| | | $H_2$：3.96%（摩尔） | | | |
| | | CO：0.20%（摩尔） | | | |
| | | $CH_4$：95.39%（摩尔） | | | |
| | | $C_2H_4$：0.46%（摩尔） | | | |
| 8 | 冷箱出口尾气 | 甲烷氢 | $C_2H_4$ | 按需 | 气相色谱法 |
| | | $H_2$：17.22%（摩尔） | | | |
| | | CO：0.39%（摩尔） | | | |
| | | $CH_4$：82.37%（摩尔） | | | |
| | | $C_2H_4$：0.02%（摩尔） | | | |
| 9 | 甲烷化反应器<br>入口粗氢 | 粗氢 | $H_2$ | 1次/周 | 气相色谱法 |
| | | | CO | 1次/周 | 气相色谱法 |
| | | | $CH_4$ | 1次/周 | 气相色谱法 |
| | | | 乙烯 | 1次/周 | 气相色谱法 |
| 10 | 甲烷化反应器<br>出口氢气 | 氢气 | $H_2$ | 按需 | 平衡 |
| | | | CO | 按需 | 气相色谱法 |
| | | | $CH_4$ | 按需 | 气相色谱法 |
| | | | 乙烯 | 按需 | 气相色谱法 |
| | | | 水 | 按需 | 露点法/卡尔费休滴定法 |
| 11 | 氢气干燥器 | 氢气 | 水 | 按需 | 露点法 |
| 12 | 氢气干燥器 | 氢气 | 水 | 按需 | 露点法 |

续表

| 序号 | 取样地点 | 分析介质 | 分析项目 | 分析频率 | 分析方法 |
|---|---|---|---|---|---|
| 13 | 氢气产品 | 氢气 | $H_2O+O_2$ | 1次/周 | 露点法+微氧计 |
| | | | CO | 1次/周 | 气相色谱法 |
| | | | $CO_2$ | 1次/周 | 气相色谱法 |
| | | | 总硫(以 $H_2S$ 计) | 1次/周 | ASTM D5453 |
| | | | 总氯(以 HCl 计) | 1次/周 | 微库仑法 |
| | | | $N_2$ | 1次/周 | 气相色谱法 |
| | | | $H_2$ | 1次/周 | 平衡 |
| | | | $C_2$ | 1次/周 | 气相色谱法 |
| | | | $CH_4$ | 1次/周 | 气相色谱法 |

## 二、取样分析的目的、分析方法的选择和仪器配置的建议

### 1. 高压甲烷中的乙烯含量测定

(1) 高压甲烷中的乙烯含量测定的目的

脱甲烷塔顶物料进入冷箱回收热量前，取样测定其中的乙烯含量，乙烯含量应控制在<0.1%(摩尔)，以避免乙烯过多损失。

(2) 分析方法的选择

1) 分析方法说明

采用气相色谱法 FID 检测器，一根石英毛细管柱 $Al_2O_3$ 50m×0.53mm，根据样品中乙烯含量，采用外标法定量。

2) 结果计算

试样中被测组分的校正因子参考式(11.4-12)进行计算，组分含量根据校正因子由 CDS 工作站计算。

3) 出峰顺序参考谱图(图 11.5-1)

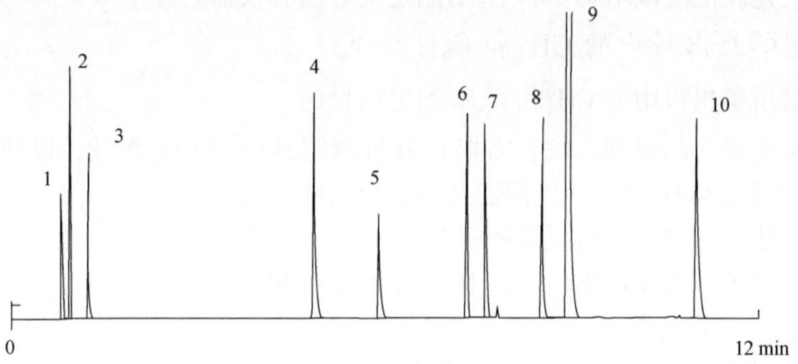


图 11.5-1　标准色谱图

1—甲烷；2—乙烷；3—乙烯；4—正丁烷；5—丙二烯；
6—1-丁烯；7—异丁烯；8—1，2-丁二烯；9—1,3-丁二烯；10—乙烯基乙炔

(3) 分析仪器配置建议

气相色谱仪，FID 检测器，$Al_2O_3$毛细管柱，CDS 工作站(可共用)。

2. 碳三洗涤塔顶出料 $C_3$测定

（1）碳三洗涤塔顶出料 $C_3H_6$测定的目的

碳三洗涤塔顶出料主要为 $C_2$及更轻组分，将进入下游进行再冷分离，取样分析碳三洗涤塔顶出料中 $C_3H_6$的含量，以便控制塔顶 $C_3$含量不能太高。

（2）分析方法的选择和分析仪器的配置

参考上述乙烯含量测定方法和仪器，同样采用气相色谱法 FID 检测器，一根石英毛细管柱 $Al_2O_3$ 50m×0.53mm，采用外标法定量。

3. 预脱甲烷塔顶出料 $C_3$测定

（1）预脱甲烷塔顶出料 $C_3$测定的目的

预脱甲烷塔塔顶主要为 $C_2$及更轻组分，塔顶物料将进入脱甲烷塔，取样分析其中的 $C_3H_6$的含量，以便控制塔顶 $C_3$含量不能太高。

（2）分析方法的选择和分析仪器的配置

参照上述碳三洗涤塔顶出料 $C_3H_6$测定的方法和仪器。

4. 预脱甲烷塔釜出料中的 $CH_4$含量测定

（1）预脱甲烷塔釜出料中的 $CH_4$含量测定的目的

塔釜主要为 $C_2$和 $C_3$，将进入脱乙烷塔进行脱乙烷，取样分析其中的 $CH_4$含量，以便控制甲烷含量不应过高。

（2）分析方法的选择和分析仪器的配置

同样参照上述碳三洗涤塔顶出料 $C_3H_6$测定的方法和仪器。

5. 碳二洗涤塔顶出料甲烷氢中 $C_2H_4$含量的测定

（1）碳二洗涤塔顶出料甲烷氢中 $C_2H_4$含量的测定的目的

碳三洗涤塔顶物料进行渐冷后进入碳二洗涤塔，取样测定塔顶物料中的乙烯含量以保证塔顶物料 $C_2$处于低含量，以避免乙烯损失。

（2）分析方法的选择和分析仪器的配置

同样参照上述碳三洗涤塔顶出料 $C_3H_6$测定的方法和仪器。

6. 脱甲烷塔釜出料中的 $CH_4$和 $C_2H_2$测定

（1）脱甲烷塔釜出料中的 $CH_4$和 $C_2H_2$测定的目的

脱甲烷塔釜主要为乙烯和乙烷，需取样分析测定其中的 $CH_4$含量，以便控制甲烷含量不应过高；同时测定 $C_2H_2$含量，以便能及时发现可能的漏炔。

（2）分析方法的选择和分析仪器的配置

同样参照上述碳三洗涤塔顶出料 $C_3H_6$测定的方法和仪器。

（3）参考谱图（图 11.5-2）

7. 冷箱出口尾气中 $C_2H_4$含量测定

（1）冷箱出口尾气中 $C_2H_4$含量测定的目的

取样测定冷箱出口尾气中 $C_2H_4$含量也是监测其中的乙烯含量，避免乙烯损失。

（2）分析方法的选择和分析仪器的配置

同样参照上述高压甲烷中 $C_2H_4$测定的方法和仪器。

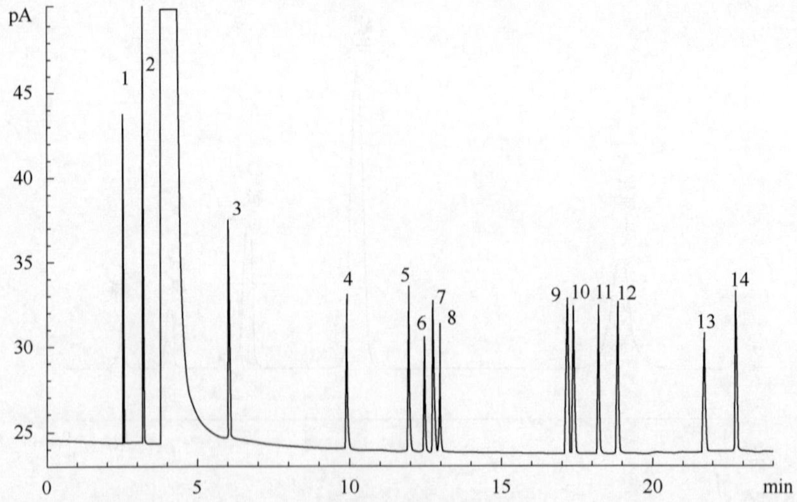


图 11.5-2 标准色谱图

1—甲烷；2—乙烷；3—丙烷；4—丙烯；5—异丁烷；6—乙炔；7—丙二烯；8—正丁烷；9—反-2-丁烯；10—1-丁烯；11—异丁烯；12—顺-2-丁烯；13—甲基乙炔；14—1,3-丁二烯

8. 甲烷化反应器入口粗氢分析

(1) 甲烷化反应器入口粗氢纯度分析的目的

在甲烷化反应器中通过加氢反应除氢中的 CO，反应生成 $CH_4$ 和水，需取样分析进入反应器的粗氢组成。

(2) 分析方法的选择

1) 分析方法说明

采用气相色谱法 FID+TCD 检测器，TCD 用于检测氢气中的不凝气如二氧化碳、甲烷、氮气、氧气等组分；FID 用于检测氢气中的轻烃如乙烯、乙烷、乙炔等组分。

2) 结果计算

试样中被测组分的校正因子参考式(11.4-12)进行计算，组分含量根据校正因子由 CDS 工作站计算。

3) 参考谱图(图 11.5-3)

(3) 分析仪器配置建议

气相色谱仪 FID+TCD，FID 通道采用 $Al_2O_3$ 毛细管柱 30m×0.53mm，TCD 通道采用填充柱，CDS 工作站(可共用)。

9. 甲烷化反应器出口氢气分析

(1) 氢气纯度及痕量 CO 的测定

1) 氢气纯度及痕量 CO 的测定的目的

通过加氢反应除氢中的 CO 后，取样分析氢气中的 CO 含量是否满足要求。

2) 分析方法的选择和分析仪器的配置

除 CO 外，氢气中的轻烃及不凝气组分测定参照上述粗氢的分析方法；痕量 CO 的测定，参考 GB/T 3394、UOP 603 采用镍催化甲烷化转化器和 FID 检测器，分析方法和仪器配置参照前述裂解气中痕量 CO 的测定。

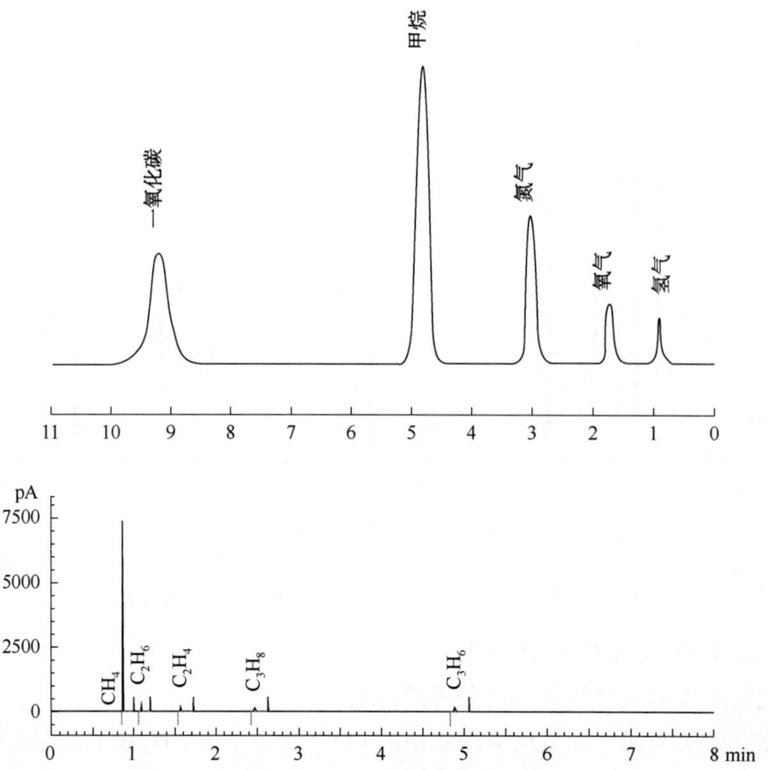


图 11.5-3 标准色谱图

(2) 氢气中水含量的测定

1) 氢气中水含量的测定的目的

因加氢反应生成水，甲烷化反应器出口氢气水含量较高，需在氢气干燥器进行干燥，在进入干燥器前，测定氢气中的水含量。

2) 分析方法的选择和分析仪器的配置

氢气中水分的测定参考裂解气中水含量的测定方法和仪器，当水含量较高时，采用卡尔费休滴定法，水含量较低时，采用露点法。采用露点法时，便携式露点仪应为本质安全型，且防爆安全等级应满足氢气样品及工艺装置区危险介质的使用要求。

10. 氢气干燥器干燥后的氢气中水含量的测定

(1) 氢气中水含量的测定的目的

测定氢干燥器床层及除水后氢气中的水含量，以监测干燥器床层的运行状态和氢气产品的质量。

(2) 分析方法的选择和分析仪器的配置

参照上述氢气中痕量水分的测定方法，同样采用露点法。

11. 氢气产品质量检测

为监测氢气产品的质量，需进行以下项目的测定。

(1) 氢气中水含量的测定

同样采用便携式露点仪测定氢气中痕量水含量。

(2) 氢气中氧含量的测定

1) 分析方法选择

参照 GB/T 6285、GB/T 3396 等标准，采用便携式微氧计测定氢气中的痕量氧含量。微氧计采用电化学原理，较多采用的电化学原理为：当气体以恒定的速率流经装有燃料电池的测量室时，气体中的氧分子扩散透过聚四氟乙烯膜，在不活泼金属的阴极发生还原反应，氧分子在外电路得到电子：

$$4e+2H_2O+O_2 = 4OH^-$$

同时铅阳极与含水胶状电解质中的氢氧化钾发生氧化反应，向外电路输出电子：

阳极反应：$2OH^-+Pb = PbO+H_2O+2e$

电极反应：$2Pb+O_2 = 2PbO$

外电路产生电流的大小与气体中氧的分压成正比，在总压恒定时，电流与气体中氧的浓度成正比，于是通过测定所产生的电流，便可求得气体中的含氧量。

2) 分析仪器配置建议

便携式微氧计，采用电化学法，在正压下全自动测定丙烯气、氮气、氢气等中的微量氧气浓度，配置减压阀和流量计等辅助设施。便携式微氧计应为本质安全型，且防爆安全等级应满足氢气样品及工艺装置区危险介质的使用要求。

(3) 氢气中杂质的测定

对氢气中不凝气杂质如二氧化碳、甲烷、氮气、氧气等组分和轻烃杂质如乙烯、乙烷、乙炔等组分，同样采用气相色谱法 FID+TCD 检测器，详见粗氢杂质的测定方法和仪器。

(4) 氢气中痕量 CO 和 $CO_2$ 的测定

氢气中痕量 CO 和 $CO_2$ 的测定同样采用气相色谱配置镍催化甲烷化转化器和 FID 检测器方法，分析方法和仪器配置参照前述裂解气中痕量 CO 和 $CO_2$ 的测定。

(5) 氢气中总硫含量的测定

参照前述燃料油中总硫的测定方法和仪器，采用紫外荧光法测定总硫，仪器配置气体进样器。

(6) 氢气中氯含量的测定

1) 分析方法的选择

①分析方法说明。参照 ASTM D4929、ASTM D5808、UOP910/779 采用微库仑法，其原理为：试样由载气带入燃烧管与氧气混合并燃烧，其中的微量氯部分转化成氯化氢，燃烧产物随后进入滴定池，与电解液中的离子发生如下反应：

$$Cl^- + Ag^+ = AgCl\downarrow$$

由于电解液中 $Ag^+$ 被消耗，电极对间的电位差发生变化，随即电解电极对有相应的电流通过，在阳极表面发生如下反应：

$$Ag-e = Ag^+$$

当电解产生的 $Ag^+$ 使电解液中 $Ag^+$ 恢复到滴定前的浓度时，电解电极对停止工作，此时所消耗的总电量是试样中氯含量的一个测定值。根据法拉第电解定律及对标样的标定，即可计算出试样中氯含量。

② 结果计算：

$$\omega(Cl)(mg/kg) = C\times1000/V\cdot D\cdot RF \tag{11.5-1}$$

式中　$C$——微库仑显示的氯含量(直接从校准曲线计算)，μg；

$V$——注入的测试样品体积，μL；

$D$——样品密度，g/mL；

$RF$——氯的回收率,%；

1000——μg/mg 转换到 mg/kg 的因子。

2）分析仪器配置建议

中心化验室配置的库仑氯分析仪配置相应的进样系统，可同时满足原料、产品和中间控制液体和气体样品中氯的测定要求。

## 第六节　热分离系统

本系统主要包括脱乙烷塔、丙烯精馏塔和脱丁烷塔，其中脱乙烷塔塔底物料进入碳三加氢系统，将 MAPD 加氢为丙烯和丙烷，脱除 MAPD；丙烯精馏塔分为 2 个塔，其中丙烯产品由 2#丙烯精馏塔侧线采出；低压脱丙烷塔塔底物料进入脱丁烷塔，塔顶物料一部分作为碳四产品，塔底重组分与汽油汽提塔底部液体混合，作为粗汽油产品。

### 一、热分离系统典型取样分析项目

本系统典型取样分析项目见表 11.6-1。

**表 11.6-1　典型取样分析项目**

| 序号 | 取样地点 | 分析介质 | 分析项目 | 分析频率 | 分析方法 |
|---|---|---|---|---|---|
| 1 | 脱乙烷塔塔顶 | 碳二物料 | 甲烷 | 按需 | 气相色谱法 |
| | | 甲烷 $79\times10^{-6}$ | 乙炔 | 按需 | 气相色谱法 |
| | | 乙炔 | 乙烷 | 按需 | 气相色谱法 |
| | | 乙烯 81.7% | 乙烯 | 按需 | 气相色谱法 |
| | | 乙烷 18.2% | 丙烯 | 按需 | 气相色谱法 |
| | | 丙烯 $800\times10^{-6}$ | 丙烷 | 按需 | 气相色谱法 |
| | | 丙烷 $5\times10^{-6}$ | | | |
| 2 | 脱乙烷塔釜液 | 碳三物料 | 乙烯 | 1 次/周 | 气相色谱法 |
| | | 乙烯 $6\times10^{-6}$ | 乙烷 | 1 次/周 | 气相色谱法 |
| | | 乙烷 $394\times10^{-6}$ | MAPD | 1 次/周 | 气相色谱法 |
| | | MAPD 1.88% | 丙烯 | 1 次/周 | 气相色谱法 |
| | | 丙烯 93.2% | 丙烷 | 1 次/周 | 气相色谱法 |
| | | 丙烷 4.7% | | | |
| 3 | 脱乙烷塔回流 | 碳二物料 | 甲烷 | 按需 | 气相色谱法 |
| | | 甲烷 $79\times10^{-6}$ | 乙炔 | 按需 | 气相色谱法 |
| | | 乙炔 | 丙烯 | 按需 | 气相色谱法 |
| | | 乙烯 81.7% | 丙烷 | 按需 | 气相色谱法 |
| | | 乙烷 18.2% | | 按需 | 气相色谱法 |
| | | 丙烯 $800\times10^{-6}$ | | 按需 | 气相色谱法 |
| | | 丙烷 $5\times10^{-6}$ | | 按需 | 气相色谱法 |

续表

| 序号 | 取样地点 | 分析介质 | 分析项目 | 分析频率 | 分析方法 |
|---|---|---|---|---|---|
| 4 | 碳三加氢反应器进料 | 碳三物料 | 丙炔 | 1次/天 | 气相色谱法 |
| | | 乙烯 $6\times10^{-6}$ | 丙二烯 | 1次/天 | 气相色谱法 |
| | | 乙烷 $390\times10^{-6}$ | 丙烯 | 1次/天 | 气相色谱法 |
| | | MAPD 1.88% | 丙烷 | 1次/天 | 气相色谱法 |
| | | 丙烯 93.2% | 碳四 | 1次/天 | 气相色谱法 |
| | | 丙烷 4.7% | | | |
| | | 碳四 0.24% | | | |
| 5 | 碳三加氢反应器出料 | 碳三物料 | $H_2$ | 1次/天 | 气相色谱法 |
| | | $H_2$ 0.14% | 丙炔 | 1次/天 | 气相色谱法 |
| | | 甲烷 0.13% | 丙二烯 | 1次/天 | 气相色谱法 |
| | | 乙烯 $6\times10^{-6}$ | 丙烯 | 1次/天 | 气相色谱法 |
| | | 乙烷 $393\times10^{-6}$ | 丙烷 | 1次/天 | 气相色谱法 |
| | | MAPD $75\times10^{-6}$ | | | |
| | | 丙烯 94.2% | | | |
| | | 丙烷 5.3% | | | |
| | | 碳四 0.24% | | | |
| 6 | 碳三加氢反应器再生尾气管线 | 再生尾气 | $O_2$ | 按需 | 气相色谱法 |
| | | $O_2$ | CO | 按需 | 气相色谱法 |
| | | $N_2$ | $CO_2$ | 按需 | 气相色谱法 |
| | | CO | 烃 | 按需 | 气相色谱法 |
| | | $CO_2$ | | | |
| | | $H_2O$ | | | |
| 7 | 1#丙烯塔灵敏板 | 塔内液相物流 | 丙炔 | 按需 | 气相色谱法 |
| | | 丙炔 0.157% | 丙二烯 | 按需 | 气相色谱法 |
| | | 丙二烯 0.115% | 丙烯 | 按需 | 气相色谱法 |
| | | 丙烯 29.91% | 丙烷 | 按需 | 气相色谱法 |
| | | 丙烷 69.76% | | | |
| | | 碳四 $660\times10^{-6}$ | | | |
| 8 | 1#丙烯塔釜液 | 碳三物料 | MAPD | 1次/周 | 气相色谱法 |
| | | MAPD 0.14% | 丙烷 | 1次/周 | 气相色谱法 |
| | | 丙烯 3% | 丙烯 | 1次/周 | 气相色谱法 |
| | | 丙烷 92.4% | 碳四 | 1次/周 | 气相色谱法 |
| | | 碳四 4.5% | | | |
| 9 | 1#丙烯塔塔顶 | 碳三物料 | 丙烯 | 按需 | 气相色谱法 |
| | | MAPD 0.006% | 丙烷 | 按需 | 气相色谱法 |
| | | 丙烯 91.1% | | | |
| | | 丙烷 8.9% | | | |
| | | 碳四 0.03% | | | |

续表

| 序号 | 取样地点 | 分析介质 | 分析项目 | 分析频率 | 分析方法 |
| --- | --- | --- | --- | --- | --- |
| 10 | 2#丙烯塔釜液 | 碳三物料 | 丙烯 | 按需 | 气相色谱法 |
| | | MAPD 0.007% | 丙烷 | 按需 | 气相色谱法 |
| | | 丙烯 90.4% | | | |
| | | 丙烷 9.5% | | | |
| | | 碳四 0.06% | | | |
| 11 | 丙烯产品 | 丙烯产品 | 丙烯 | 1 次/天 | 气相色谱法 |
| | | 氢气 $5\times10^{-6}$ | 丙烷 | 1 次/天 | 气相色谱法 |
| | | 甲烷 $16\times10^{-6}$ | 甲烷 | 1 次/天 | 气相色谱法 |
| | | 乙烷 $45\times10^{-6}$ | 乙烷 | 1 次/天 | 气相色谱法 |
| | | 丙烯 99.6% | 乙烯 | 1 次/天 | 气相色谱法 |
| | | 丙烷 0.4% | 乙炔 | 1 次/天 | 气相色谱法 |
| | | | 丙炔+丙二烯 | 1 次/天 | 气相色谱法 |
| | | | 丁二烯 | 1 次/天 | 气相色谱法 |
| | | | 丁烯 | 1 次/天 | 气相色谱法 |
| | | | $C_4^+$ | 1 次/天 | 气相色谱法 |
| | | | 氢 | 1 次/天 | 气相色谱法 |
| | | | 一氧化碳 | 1 次/天 | 气相色谱法 |
| | | | 二氧化碳 | 1 次/天 | 气相色谱法 |
| | | | 氧 | 1 次/天 | 微氧计 |
| | | | 水 | 1 次/天 | 露点仪 |
| | | | 甲醇 | 1 次/天 | 气相色谱法 |
| | | | 总氯 | 1 次/天 | 微库仑法 |
| | | | 总硫 | 1 次/天 | ASTM D5453 |
| | | | COS | 1 次/天 | 气相色谱法 |
| | | | 胂 | 1 次/天 | 气相色谱法 |
| | | | 膦 | 1 次/天 | 气相色谱法 |
| | | | MEK | 1 次/天 | 紫外可见分光光度法 |
| 12 | 2#丙烯精馏塔顶气相 | 碳三物料 | $H_2$ | 按需 | 气相色谱法 |
| | | $H_2$ 0.06% | 甲烷 | 按需 | 气相色谱法 |
| | | 甲烷 0.38% | 乙烯 | 按需 | 气相色谱法 |
| | | 乙烯 $115\times10^{-6}$ | 乙烷 | 按需 | 气相色谱法 |
| | | 乙烷 1.26% | MAPD | 按需 | 气相色谱法 |
| | | MAPD | 丙烷 | 按需 | 气相色谱法 |
| | | 丙烯 98.1% | | | |
| | | 丙烷 0.2% | | | |

续表

| 序号 | 取样地点 | 分析介质 | 分析项目 | 分析频率 | 分析方法 |
|---|---|---|---|---|---|
| 13 | 2#丙烯塔回流 | 碳三物料 | 氢气 | 1次/周 | 气相色谱法 |
| | | $H_2$ 0.05% | 甲烷 | 1次/周 | 气相色谱法 |
| | | 甲烷 0.37% | 乙烯 | 1次/周 | 气相色谱法 |
| | | 乙烯 $115\times10^{-6}$ | 乙烷 | 1次/周 | 气相色谱法 |
| | | 乙烷 1.26% | 丙炔 | 1次/周 | 气相色谱法 |
| | | MAPD | 丙二烯 | 1次/周 | 气相色谱法 |
| | | 丙烯 98.1% | 丙烷 | 1次/周 | 气相色谱法 |
| | | 丙烷 0.2% | | | |
| 14 | 冷凝器出口尾气 | 不凝气 | 氢气 | 按需 | 气相色谱法 |
| | | 氢气 17.9% | 甲烷 | 按需 | 气相色谱法 |
| | | 甲烷 17.63% | 乙烯 | 按需 | 气相色谱法 |
| | | 乙烯 $705\times10^{-6}$ | 乙烷 | 按需 | 气相色谱法 |
| | | 乙烷 4.57% | 丙烯 | 按需 | 气相色谱法 |
| | | 丙烯 59.73% | 丙烷 | 按需 | 气相色谱法 |
| | | 丙烷 $995\times10^{-6}$ | | | |
| 15 | 脱丁烷塔塔顶气相 | 丙炔 0.147% | 丙炔 | 按需 | 气相色谱法 |
| | | 丙二烯 0.147% | 丙二烯 | 按需 | 气相色谱法 |
| | | 丙烯 $1\times10^{-6}$ | 丙烯 | 按需 | 气相色谱法 |
| | | 丁二烯 54.02% | $C_5$ | 按需 | 气相色谱法 |
| | | 丁烯 41.87% | | | |
| | | 丁烷 3.87% | | | |
| | | $C_5$0.1% | | | |
| 16 | 脱丁烷塔回流/产品 | 混合 $C_4$ | 碳三 | 按需 | 气相色谱法 |
| | | MAPD 0.15% | 丁二烯 | 按需 | 气相色谱法 |
| | | 丁二烯 54% | 丁烷 | 按需 | 气相色谱法 |
| | | 丁烯 41.9% | 碳五 | 按需 | 气相色谱法 |
| | | 丁烷 3.9% | 总硫 | 按需 | ASTM D5453 |
| | | | 水 | 按需 | 露点法 |
| | | | 总羰基 | 按需 | 紫外可见分光光度法 |
| | | | 典型氧化物 | 按需 | 气相色谱法 |
| 17 | 脱丁烷塔釜液 | 粗汽油 | $C_4$ | 按需 | 气相色谱法 |
| | | | 丁烯 | 按需 | 气相色谱法 |
| | | | 丁烷 | 按需 | 气相色谱法 |
| 18 | 混合粗裂解汽油 | 粗汽油 | $C_4$ | 1次/天 | 气相色谱法 |
| | | | 丁烯 | 1次/天 | 气相色谱法 |
| | | | 丁烷 | 1次/天 | 气相色谱法 |

注：MAPD—丙炔和丙二烯；COS—羰基硫；MEK—羰基化合物。
表中分析介质均为体积分数。

## 二、取样分析的目的、分析方法的选择和仪器配置的建议

### 1. 脱乙烷塔取样分析

(1) 脱乙烷塔塔顶物料组成分析

1) 脱乙烷塔塔顶物料组成分析的目的

预脱甲烷塔塔釜物料($C_2$和$C_3$)进入脱乙烷塔脱除乙烷，脱乙烷塔顶主要为$C_2$，取样分析其中组成，以便控制塔顶物料中丙烷含量<0.02%(摩尔)。

2) 分析方法选择

① 分析方法说明。参考 GB/T 3391 采用气相色谱，FID 检测器，色谱柱 PLOT $Al_2O_3$ 50m×0.53mm，外标法测定各烃类组分含量。

② 结果计算。试样中被测组分的校正因子参考式(11.4-12)进行计算，组分含量根据校正因子由 CDS 工作站计算。

③ 参考谱图见图 11.6-1。

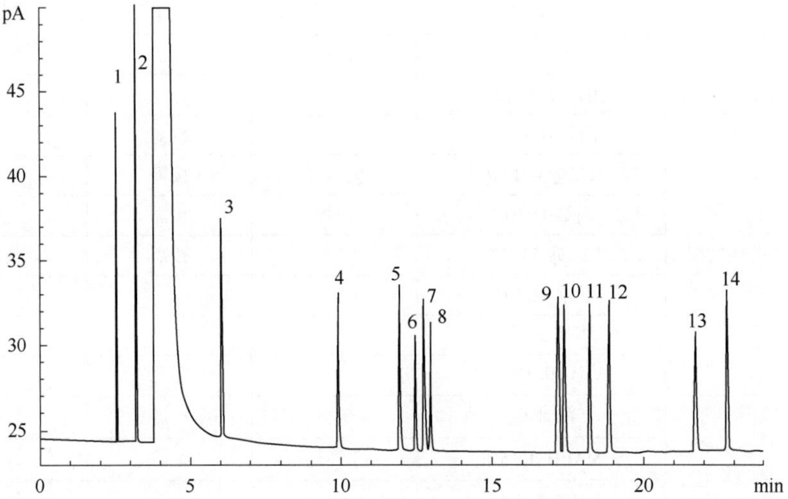


图 11.6-1 标准色谱图

1—甲烷；2—乙烷；3—丙烷；4—丙烯；5—异丁烷；6—乙炔；7—丙二烯；8—正丁烷；9—反-2-丁烯；10—1-丁烯；11—异丁烯；12—顺-2-丁烯；13—甲基乙炔；14—1,3-丁二烯

3) 分析仪器配置建议

参考上述乙烯含量测定方法和仪器，同样采用气相色谱法 FID 检测器，石英毛细管柱 $Al_2O_3$ 50m×0.53mm，采用外标法定量。

(2) 脱乙烷塔釜液组成分析

1) 脱乙烷塔釜液组成分析的目的

脱乙烷塔釜液主要为$C_3$，取样分析其组成，以便控制塔釜液物料中$C_2$含量不能太高。

2) 分析方法选择

① 参考 GB/T 3392 采用气相色谱，FID 检测器，色谱柱 PLOT $Al_2O_3$ 50m×0.53mm，外标法测定各烃类组分含量。

② 结果计算。试样中被测组分的校正因子参考式(11.4-12)进行计算，组分含量根据

校正因子由 CDS 工作站计算。

③ 参考谱图见图 11.6-2。

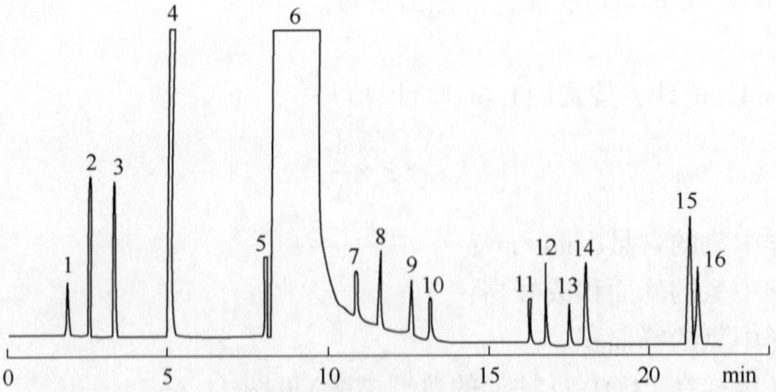


图 11.6-2 标准色谱图

1—甲烷；2—乙烷；3—乙烯；4—丙烷；5—环丙烷；6—丙烯；7—异丁烷；8—正丁烷；9—丙二烯；10—乙炔；11—反-2-丁烯；12—正丁烯；13—异丁烯；14—顺-2-丁烯；15—1,3-丁二烯；16—甲基乙炔

3）分析仪器配置建议

参考上述乙烯含量测定方法和仪器，同样采用气相色谱法 FID 检测器，石英毛细管柱 $Al_2O_3$ 50m×0.53mm，采用外标法定量，为提高分析重复性，配置闪蒸汽化器进样器。

（3）脱乙烷塔回流物料组成分析

1）脱乙烷塔回流物料组成分析的目的

取样分析脱乙烷塔回流物料组成，以监测 $C_3$ 含量。

2）分析方法的选择和分析仪器的配置

分析方法和分析仪器参照脱乙烷塔塔顶物料组成分析。

2. 碳三加氢反应器取样分析

（1）碳三加氢反应器进料组成分析

1）碳三加氢反应器进料组成分析的目的

碳三加氢反应器是采用加氢脱除 MAPD，取样分析以便明确进料组成和丙炔、丙二烯的含量。

2）分析方法的选择和分析仪器的配置

分析方法和分析仪器参照脱乙烷塔釜液组成分析，配置闪蒸汽化器进样器。

（2）碳三加氢反应器进料烃组成分析

1）碳三加氢反应器出料烃组成分析的目的

取样分析碳三加氢反应器出料烃组成，以确定丙炔、丙二烯的含量均小于 $<100\times10^{-6}$（摩尔）。

2）分析方法的选择和分析仪器的配置

烃类组成（包括丙炔、丙二烯）分析方法和分析仪器参照脱乙烷塔釜液组成分析，配置闪蒸汽化器进样器。

（3）碳三加氢反应器出料中氢含量测定

1）碳三加氢反应器出料中氢含量测定的目的

取样测定碳三加氢反应器出料中氢含量，以监测反应后物料中氢的含量。

2）分析方法选择

① 分析方法说明。参考 GB/T 3393—2009 采用气相色谱，TCD 检测器，色谱柱采用 TDX-01 或 PoraPak Q 或 PLOT/Q 柱，外标法定量。

② 结果计算：

氢含量 $\varphi_i$ 以 $mL/m^3$计，按式(11.6-1)计算：

$$\varphi_i = \varphi_s \times \frac{A_i}{A_s} \tag{11.6-1}$$

式中 $\varphi_s$——标样中氢的含量，$mL/m^3$；

$A_i$——试样中氢的峰面积或峰高；

$A_s$——标样中氢的峰面积。

③ 参考谱图(标样在 PLOT/Q 柱上的典型谱图)见图 11.6-3。

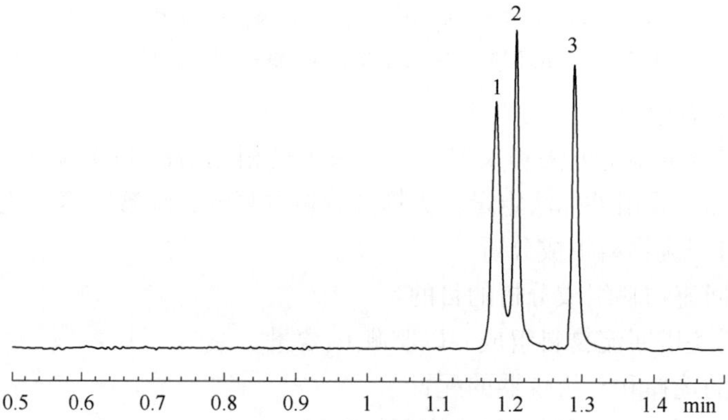


图 11.6-3　标准色谱图

1—氢气；2—氧气；3—甲烷

3）分析仪器配置建议

气相色谱仪，TCD 检测器，十通阀反吹系统，配置闪蒸汽化器进样器。

(4) 碳三加氢反应器再生尾气分析

1）碳三加氢反应器再生尾气分析的目的

需用空气、氢气和水蒸气对碳三加氢反应器的催化剂进行再生，取样分析再生尾气的组成，以便根据再生尾气的组成变化，决定其去向如去火炬、作为燃料气等。

2）分析方法选择

① 可参照 ASTM D1946、D1945、UOP539 采用气相色谱法测定裂解气组成的分析方法，建立方法分别测定不凝气和烃。

② 也可参照气相色谱法测定裂解气的分析方法，另配置气相色谱仪 TCD+FID 方法，其中 TCD 通道用于 $O_2$、CO 和 $CO_2$检测，FID 通道用于烃类杂质检测。

③ 结果的计算和参考谱图可参照炼厂气分析。

3）分析仪器配置建议

① 可共用裂解气分析仪建立相应的分析方法。

② 另配置气相色谱仪 TCD+FID，当样品中水含量过高时，考虑配置预柱脱除水分，以

避免对 FID 通道烃分析柱的影响。

3. 丙烯塔中间控制分析

(1) 1#丙烯塔灵敏塔板处物料组成分析

1) 1#丙烯塔灵敏塔板处物料组成分析的目的

碳三加氢反应出料(已除去 MAPD)进入丙烯塔(主要为丙烯+丙烷)，在灵敏塔取样组成以便监测、控制引出物料中丙烯含量不能太高。

2) 分析方法的选择

① 分析方法说明。参考 GB/T 3392 采用气相色谱法 FID 检测器，外标法测定 $C_4$的含量。

② 结果计算。

按式(11.4-12)计算各组分的绝对校正因子。

③ 参考谱图见图 11.6-4。

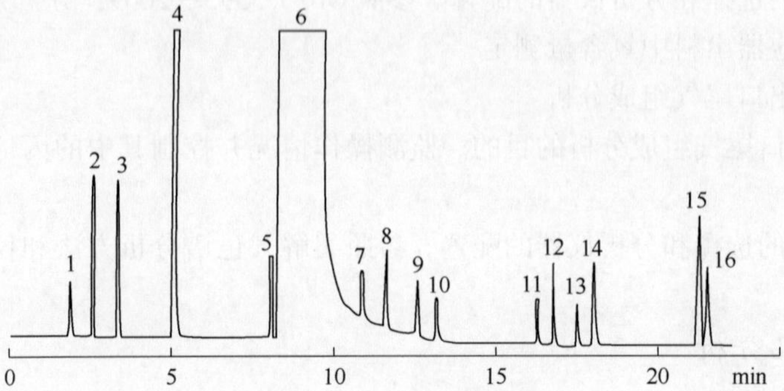


图 11.6-4 标准色谱图

1—甲烷；2—乙烷；3—乙烯；4—丙烷；5—环丙烷；6—丙烯；7—异丁烷；8—正丁烷；9—丙二烯；10—乙炔；11—反-2-丁烯；12—正丁烯；13—异丁烯；14—顺-2-丁烯；15—1,3-丁二烯；16—甲基乙炔

3) 分析仪器配置建议

气相色谱仪，FID 检测器，$Al_2O_3$毛细管柱，闪蒸进样器，CDS 工作站(可共用)。

(2) 1#丙烯塔釜液组成分析

1) 1#丙烯塔釜液组成分析的目的

1#丙烯塔釜液控制主要为丙烷，取样分析组成以便控制其中的丙烯含量不能太高，避免丙烯损失。

2) 分析方法的选择和分析仪器的配置

分析方法和仪器配置均参照上述丙烯塔灵敏塔板处物料组成分析。

(3) 1#丙烯塔塔顶物料组成分析

1) 1#丙烯塔塔顶物料组成分析的目的

分析塔顶物料组成，以便检测和控制塔顶物料中丙烷含量不能太高。

2) 分析方法的选择和分析仪器的配置

分析方法和仪器配置同样参照上述丙烯塔灵敏塔板处物料组成分析。

(4) 2#丙烯塔釜液组成分析

1) 2#丙烯塔釜液组成分析的目的

2#丙烯塔用于将丙烷和丙烯彻底分开，分析 2#丙烯塔釜液组成以便控制其中的丙烷含量不能太高。

2）分析方法的选择和分析仪器的配置

分析方法和仪器配置同样参照上述丙烯塔顶物料组成分析。

（5）2#丙烯精馏塔顶及回流物料组成分析

1）2#丙烯精馏塔顶及回流物料烃杂质分析

① 2#丙烯精馏塔顶及回流物料烃杂质分析的目的。监测物料中丙烷含量，以便控制丙烷含量不应过高。

② 分析方法的选择和分析仪器的配置。参照 GB/T 3392 采用气相色谱法 FID 检测器，外标法测定烃类杂质含量，具体方法和仪器见前述说明。

2）2#丙烯精馏塔顶及回流物料中氢含量分析

① 测定氢含量的目的。监测物料中轻组分氢的含量。

②分析方法的选择和分析仪器的配置。参照 GB/T 3393—2009，分析方法和仪器配置同前述碳三加氢反应器出料中氢含量测定。

（6）冷凝器出口尾气组成分析

① 冷凝器出口尾气组成分析的目的。监测操作情况并控制其中的丙烯不应过高，以避免丙烯损失。

② 分析方法的选择和分析仪器的配置。参照裂解气色谱分析方法和仪器配置，建立相应的分析方法。

4. 丙烯产品分析

2#丙烯塔顶部侧线采出作为丙烯产品，取样分析监测丙烯产品质量。其中丙烯中的部分杂质如乙炔、硫、CO、$CO_2$、胂、膦等会造成下游聚丙烯装置催化剂中毒，所以作为乙烯装置的产品需监测这些项目。

（1）丙烯中烃类杂质分析

1）分析方法的选择

参照 GB/T 3392 采用气相色谱法 FID 检测器，外标法测定烃类杂质含量，具体方法和仪器见上述说明。

2）分析仪器的配置建议

气相色谱仪的配置要求同上，为避免中间样品对丙烯产品的污染，建议采用专用色谱仪或通道分析丙烯产品中烃类杂质。

（2）丙烯中痕量 CO、$CO_2$等的测定

1）分析方法的选择

① 分析方法说明。丙烯中 CO 含量要求$\leq 0.05\times10^{-6}$(摩尔)(部分专利商要求 CO 的含量更低)，采用气相色谱氦离子化检测器，以放电离子化离子化检测器(DID)为例：是一种高灵敏度、通用型的检测器。DID 的检测原理为：放电离子化检测器在放电室内的放电电极上施以电压产生放电，获得一束高能紫外光；电极放电将高纯氦气中的 He 激发至亚稳态 He*；亚稳态 He*通过狭缝被引入电离室，将样品气中各组分电离，离子被电离室内的极化电极收集，经过放大即得到相应的谱峰，采用外标法定量，可同时测定丙烯、乙烯样品中的 CO、$CO_2$、$H_2$、$O_2$、$N_2$、$CH_4$等，检测限可达$10\times10^{-9}$(体积)。

② 结果计算。校正因子按式(11.4-12)计算。

待测组分含量由工作站通过峰面积和校正因子计算得出。

③ 参考谱图见图 11.6-5。

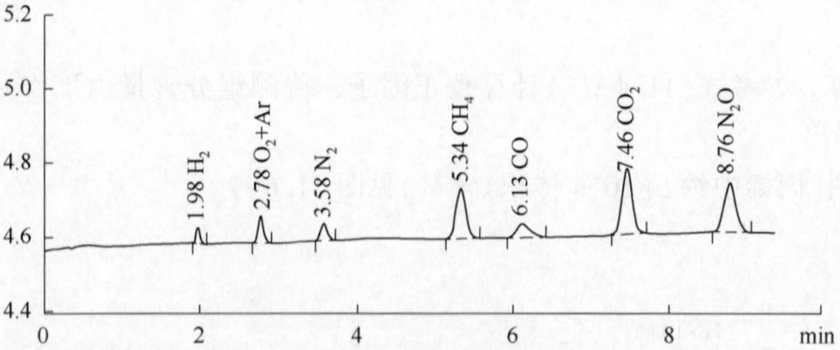


图 11.6-5 标准色谱图

2）分析仪器的配置建议

气相色谱仪氦离子化检测器，配置氦驱动反吹系统以反吹掉样品中的主组分，阀箱将处在氦气的保护之中；所有管路、阀、定量管钝化处理；丙烯样品配置汽化进样器。

(3）丙烯中痕量氢分析

① 当氢含量较高时，可参照 GB/T 3393—2009，分析方法和仪器配置同前述碳三加氢反应器出料中氢含量测定。

② 参照上述 CO 和 $CO_2$测定方法，可同时测定样品中的 $H_2$ 含量，检测限可达 $10\times10^{-9}$(体积)。

(4）丙烯中痕量 $AsH_3$、$PH_3$等的测定

丙烯中 $AsH_3$、$PH_3$含量要求≤$30\times10^{-9}$(摩尔)，检测方法推荐两种。

① 采用气相色谱仪氦离子化检测器方法。

a. 氦离子化检测器(DID)灵敏度高，是一种通用型的检测器。可同时测定丙烯、乙烯样品中的 CO、$CO_2$、$H_2$、$O_2$、$N_2$、$CH_4$等，检测限制可达 $10\times10^{-9}$(体积)。

b. 结果计算。参照式(11.4-12)计算校正因子，待测组分含量由工作站通过峰面积和校正因子计算得出。

c. 参考谱图见图 11.6-6。

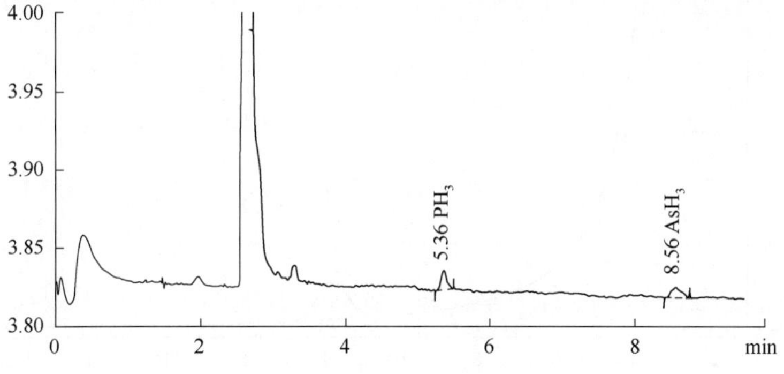


图 11.6-6 标准色谱图

② 采用气相色谱仪质谱检测器(气质联用仪 GC-MS)方法。

a. 最新的高效离子源可保证高的灵敏度，其基本原理为：气相色谱仪分离样品中各组分，通过接口把气相色谱流出的各组分送入质谱仪，质谱仪对接口引入的各组分进行检测，通过外标法定量；采用 GC-MS 同样可以同时检测其他可能对催化剂造成中毒的痕量组分 $H_2S$。

b. 结果计算。参考式(11.4-12)计算校正因子，待测组分含量由工作站通过峰面积和校正因子计算得出。

c. 参考谱图[丙烯中约 $5\times10^{-9}$(体积)含量]见图 11.6-7。

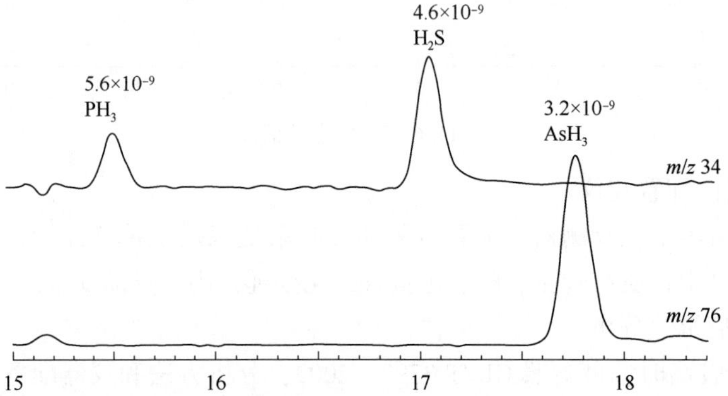


图 11.6-7 标准色谱图

(5) 丙烯中痕量乙炔含量的测定

1) 分析方法的选择

① 分析方法说明。采用气相色谱法 FID 检测器测定丙烯中的乙炔[$\leqslant1.0\times10^{-6}$(摩尔)]，为避免组分本底对乙炔检测的影响，采用预柱分离后，将大部分碳二以上组分反吹放空，然后用分离柱对乙烯和微量的乙炔进行分离，对分离出来的乙炔由氢火焰离子化检测器检测含量，采用外标法定量。

② 结果计算。

试样中被测组分含量按式(11.4-13)计算。

③ 参考谱图见图 11.6-8。

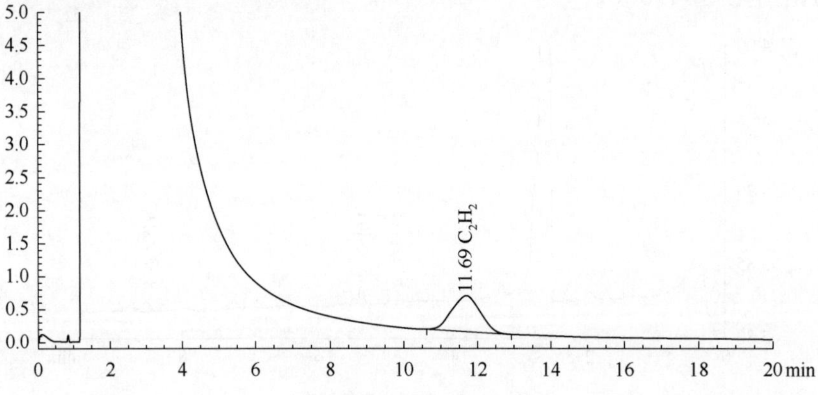


图 11.6-8 标准色谱图

2）分析仪器的配置建议

气相色谱仪 FID 检测器，预柱分离及反吹放空系统，分离柱，汽化进样器，CDS 色谱工作站(可共用)。

（6）丙烯中含氧化合物(甲醇)含量的测定

① 分析方法说明。参考 ASTM D4864、GB/T12701 等标准，采用气相色谱法 FID 检测器测定丙烯中含氧化合物，采用改进的色谱分析方法，直接测定甲醇含量。用预柱进行预分离，采用切割技术将含氧化合物从烃类本底中切割出来，导入分析柱进行分离，采用外标法定量。

② 结果计算。参考公式(11.4-13)计算氧化物(甲醇)含量。

③ 参考谱图见图 11.6-9。

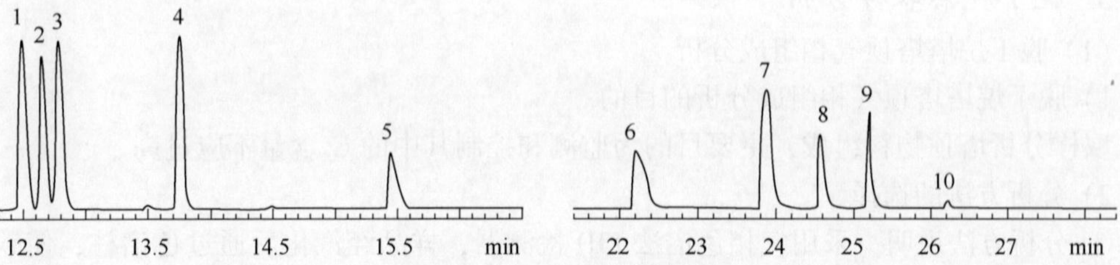


图 11.6-9 标准色谱图

1—乙基叔丁基醚；2—甲基叔丁基醚；3—异丙醚；4—甲基叔戊基醚；5—甲醇；
6—异、正丙醇；7—叔丁醇、仲丁醇；8—正丁醇；9—叔戊醇；10—二甲醚

（7）丙烯中 COS 含量的测定

参照裂解气中含量 $H_2S$ 的分析方法和仪器，参照 GB/T 33318 方法，采用气相色谱仪 SCD 检测器测定 COS，外标法定量，配置闪蒸进样器。

（8）丙烯中痕量氧含量的测定

参照氢气中的痕量氧含量的测定方法和仪器，采用便携式微氧计测定丙烯中的痕量氧含量。

（9）丙烯中痕量水含量的测定

参照氢气和裂解气中微量水含量的测定方法和仪器，采用便携式露点仪测定丙烯中水含量，露点仪应为本质安全型。

（10）丙烯中总氯含量的测定

参照氢气中的总氯含量的测定方法和仪器，采用微库仑法测定丙烯中总氯含量。

（11）丙烯中总硫含量的测定

参照前述燃料油中总硫的测定方法和仪器，采用紫外荧光法测定丙烯中总硫含量。

（12）丙烯中总羰基(以甲醛计)含量的测定

1）分析方法的选择

① 分析方法说明。参照 GB/T 6324.6 方法，采用分光光度法测定丙烯中的总羰基，基本原理为：甲醇试样中的羰基化合物在酸性介质中与 2,4-二硝苯肼发生化学反应，生成 2,2-二硝基苯腙，将溶液转化为碱性后即成红棕色，用分光光度计在波长 430nm 处进行测量，通过标准曲线确定总羰基含量。

② 结果计算。

按式(11.6-2)计算总羰基(以甲醛计)含量:

$$\omega_3=\frac{m\times100\%}{V\rho_t\times10^6} \tag{11.6-2}$$

式中 $\omega_3$——羰基化合物(HCOH 计)质量分数,%;

$m$——从标准曲线上查出的甲醛量，μg;

$V$——甲醇试样的体积，mL;

$\rho_t$——在温度 $t$ 时，甲醇试样的密度，g/cm$^3$。

2）分析仪器的配置建议

紫外可见分光光度计，带 1cm 比色皿及其他辅助设备。

5. 脱丁烷塔取样分析

(1) 脱丁烷塔塔顶气相组成分析

1）脱丁烷塔塔顶气相组成分析的目的

取样分析塔顶物料组成，主要目的为监测和控制其中的 $C_5$ 含量不应过高。

2）分析方法的选择

① 分析方法说明。采用气相色谱法 FID 检测器，样品经汽化后通过色谱柱，使碳四各组分得到分离，用氢火焰离子化检测器检测，将得到的色谱峰面积归一化，得到近似组成。

② 结果计算。

采用式(11.6-3)归一化法进行组分的定量:

$$C_i=\frac{A_i}{\sum A_i}\times100\% \tag{11.6-3}$$

式中 $C_i$——样品中 $i$ 组分的含量,%(质量)。

$A_i$——样品中 $i$ 组分的峰面积。

③ 参考谱图见图 11.6-10。

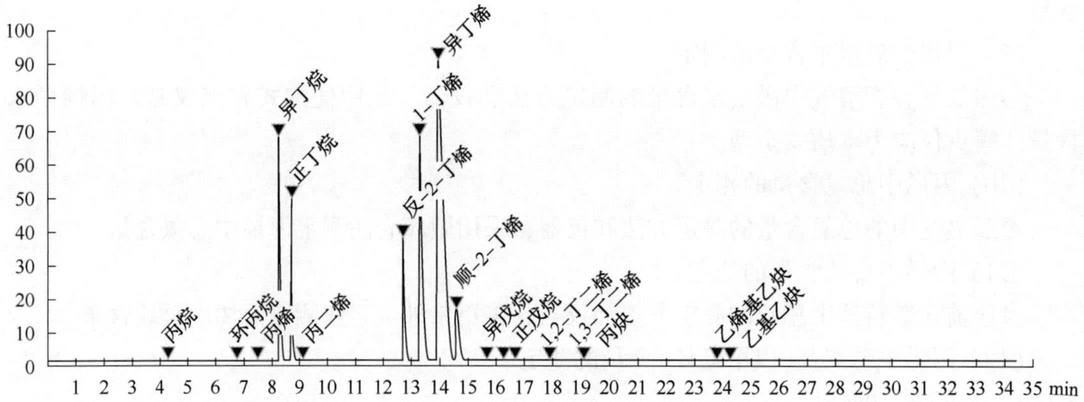


图 11.6-10 标准色谱图

3）分析仪器的配置建议

气相色谱仪 FID 检测器，汽化进样器和六通阀，PLOT $Al_2O_3$ 色谱柱 50m×0.53mm，CDS 色谱工作站(可共用)。

(2) 脱丁烷塔回流/产品分析

脱丁烷塔回流物料一部分作为回流，一部分为混合碳四产品送至丁二烯抽提装置作为原料，故需取样监测其组成和质量。主要分析组成、总硫、水、总羰基和典型氧化物。

1) 脱丁烷塔回流/产品组成分析

参照上述脱丁烷塔塔顶气相物料组成分析，采用配置相同的分析方法和气相色谱仪配置。

2) 总硫含量测定

参照前述燃料油中总硫的测定方法和仪器，采用紫外荧光法测定丙烯中总硫含量。

3) 水含量测定

可参考前述用卡尔费休库仑法测定气相裂解气中水分的方法和仪器。

4) 总羰基含量的测定

分析方法和仪器参考丙烯中总羰基(以甲醛计)含量的测定。

5) 典型氧化物含量的测定

① 分析方法的选择。

a. 分析方法说明。参考丙烯中含氧化合物甲醇含量的测定方法，同样采用气相色谱法FID检测器测定碳四样品中的含氧化合物，即同样用预柱进行预分离，采用切割技术将含氧化合物从烃类本底中切割出来，导入分析柱进行分离，采用外标法定量。

b. 结果计算和参考谱图：计算和参考谱图参见丙烯中含氧化合物甲醇含量的测定方法。

② 分析仪器的配置建议。参考丙烯中含氧化合物含量测定的仪器配置。

### 6. 粗汽油中碳四的分析

(1) 粗汽油中碳四分析的目的

混合粗裂解汽油作为裂解汽油加氢的进料，取样分析以便监测和控制其中的碳四组分含量不应太高，以避免 $C_4$ 的过多损失；同时汽油中 $C_4$ 含量高还会影响下游加氢装置，可能造成储罐蒸气压过高。

(2) 分析方法的选择

1) 分析方法说明

采用气相色谱仪FID检测器，50m PONA柱分离，FID检测，归一化法进行定量。

2) 结果计算

参照公式(11.6-3)采用归一化法计算样品的组分中 $C_4$ 的含量。

3) 分析仪器的配置建议

气相色谱仪FID检测器，50m PONA柱分离，自动液体进样器，工作站及PONA专用软件。

## 第七节　乙烯精馏塔和热泵制冷压缩系统

本系统主要作用是乙烯制冷和乙烯精制产乙烯产品。

### 一、乙烯精馏塔和热泵制冷压缩系统典型取样分析项目

本系统典型取样分析项目见表11.7-1。

表 11.7-1　典型取样分析项目

| 序号 | 取样地点 | 分析介质 | 分析项目 | 分析频率 | 分析方法 |
|---|---|---|---|---|---|
| 1 | 乙烯塔顶气相 | 乙烯 | 乙烯 | 按需 | 气相色谱法 |
| | | | 甲烷+乙烷 | | 气相色谱法 |
| | | | 乙炔 | | 气相色谱法 |
| | | | 氢 | | 气相色谱法 |
| | | | 甲醇 | | 气相色谱法 |
| | | | 氯 | | 微库仑法 |
| | | | 碳三及以上馏分 | | 气相色谱法 |
| | | | 一氧化碳 | | 气相色谱法 |
| | | | 二氧化碳 | | 气相色谱法 |
| | | | 氧 | | 微氧计 |
| | | | 总硫 | | ASTM D5453 |
| | | | 水 | | 露点法 |
| | | | 总氮 | | ASTM D4629 |
| | | | COS | | 气相色谱法 |
| | | | MEK | | 紫外可见分光光度法 |
| 2 | 乙烯塔底液相 | 循环乙烷 | 乙烷 | 1 次/天 | 气相色谱法 |
| | | | 乙烯 | | 气相色谱法 |
| | | | 碳三 | | 气相色谱法 |
| 3 | 液相乙烯产品 | 乙烯 | 乙烯 | 按需 | 气相色谱法 |
| | | | 甲烷+乙烷 | | 气相色谱法 |
| | | | 乙炔 | | 气相色谱法 |
| | | | 氢 | | 气相色谱法 |
| | | | 甲醇 | | 气相色谱法 |
| | | | 氯 | | 微库仑法 |
| | | | 碳三及以上馏分 | | 气相色谱法 |
| | | | 一氧化碳 | | 气相色谱法 |
| | | | 二氧化碳 | | 气相色谱法 |
| | | | 氧 | | 微氧计 |
| | | | 总硫 | | ASTM D5453 |
| | | | 水 | | 露点法 |
| | | | 氮化物 | | ASTM D4629 |
| | | | COS | | 气相色谱法 |
| | | | MEK | | 紫外可见分光光度法 |

注：COS—羰基硫；MEK—羰基化合物。

## 二、取样分析的目的、分析方法的选择和仪器配置的建议

1. 乙烯塔顶气相物料取样分析

乙烯精馏塔进料来自脱甲烷塔釜及脱乙烷塔顶物料，乙烯塔顶气相物料组成与最终的乙烯产品相同，取样分析产品质量，主要分析项目如下。

（1）乙烯中烃类杂质分析

1）分析方法选择

① 分析方法说明。参照 GB/T 3391 采用气相色谱法 FID 检测器，PLOT $Al_2O_3$色谱柱 50m×0.53mm，采用外标法测定烃类杂质含量。

② 结果计算。

校正因子按式(11.4-12)计算，待测组分含量由工作站通过峰面积和校正因子计算得出。

③ 参考谱图见图 11.7-1。

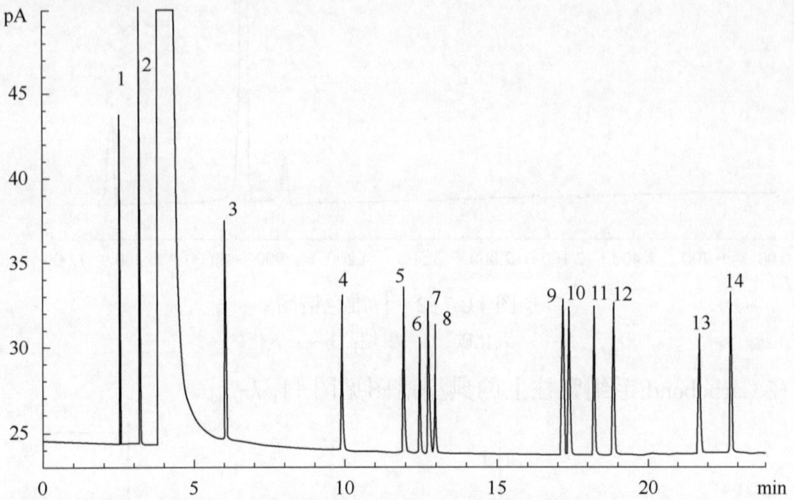


图 11.7-1 标准色谱图

1—甲烷；2—乙烷；3—丙烷；4—丙烯；5—异丁烷；6—乙炔；7—丙二烯；8—正丁烷；9—反-2-丁烯；10—1-丁烯；11—异丁烯；12—顺-2-丁烯；13—甲基乙炔；14—1,3-丁二烯

2）分析仪器的配置建议

气相色谱法 FID 检测器，PLOT $Al_2O_3$色谱柱 50m×0.53mm，六通气体进样阀，CDS 色谱工作站(可共用)，为避免中间样品对乙烯产品的污染，建议采用专用色谱仪或通道分析乙烯产品中烃类杂质。

（2）乙烯中痕量 CO、$CO_2$和乙炔的测定

1）分析方法选择

① 分析方法说明。参照 GB/T 3394 气相色谱仪配置甲烷化炉，FID 检测器。基本原理为：样品通过进样装置被载气带入色谱柱，CO、$CO_2$或乙炔与其他组分分离。CO、$CO_2$经催化加氢转化为甲烷，用 FID 检测，纪录各杂质组分的色谱峰面积，采用外标法定量。CO、$CO_2$经催化加氢转化为甲烷的反应原理已在裂解气中 $CO_2$的分析中说明，测定乙炔不需要连

接镍转化炉。色谱柱可采用 TDX-01 或 Carbonond 柱。

② 结果计算。

CO、$CO_2$ 或乙炔含量 $\varphi_i$ 以 mL/m³计，按式(11.7-1)计算

$$\varphi_i = \varphi_s \times \frac{A_i}{A_s} \tag{11.7-1}$$

式中 $\varphi_s$——标样中 CO、$CO_2$ 或乙炔含量的含量，mL/m³；

$A_i$——被测样品中 CO、$CO_2$ 或乙炔的峰面积；

$A_s$——标样中 CO、$CO_2$ 或乙炔峰的面积。

③ 参考谱图。

a. CO、$CO_2$ 在 Carbobond 毛细管柱上的典型谱图见图 11.7-2。

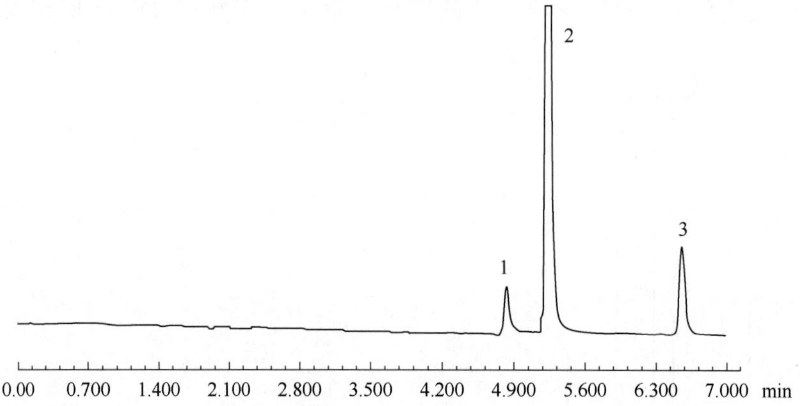


图 11.7-2 标准色谱图

1—一氧化碳；2—甲烷；3—二氧化碳

b. 乙炔在 Carbobond 毛细管柱上的典型谱图见图 11.7-3。

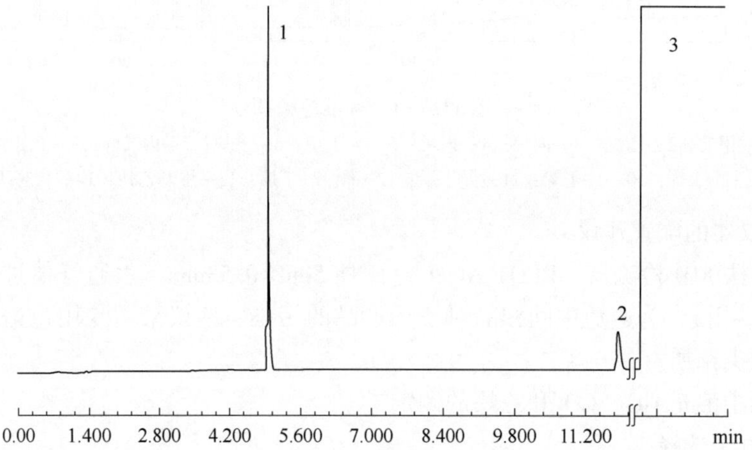


图 11.7-3 标准色谱图

1—甲烷；2—乙炔；3—乙烯或丙烯

2）分析仪器的配置建议

双通道气相色谱法，FID 检测器，镍转化炉，TDX-01 填充柱或 Carbobond 毛细管柱，

十通进样阀，CDS 色谱工作站(可共用)。

(3) 乙烯中氢含量的测定

参照 GB/T 3393—2009，分析方法和仪器配置同前述碳三加氢反应器出料中氢含量测定。

(4) 乙烯中总氮含量的测定

1) 分析方法选择

① 分析方法说明。参照 SH/T 0657、ASTM D4629、ASTM D5762 等标准，采用氧化燃烧和化学发光法测定乙烯中的总氮含量，基本原理为：样品被引入石英裂解管，在 800℃下进行汽化，再经 1050℃高温氧化裂解，使样品中的氮化物定量地转化为 NO，裂解后的反应由载气携带经干燥脱水后进入化学发光反应室，在此与臭氧发生反应，部分 NO 转化为激发态的 $NO_2*$，当 $NO_2*$ 跃回基态时发射出光子。这一光信号被光电管接受，再经微电流放大器放大，数据处理系统处理，转换成与光强度成正比的光学信号，通过测定化学发光强度可以测定样品中的总氮含量：

$$R\text{-}N+R\text{-}S+O_2 \longrightarrow CO_2+H_2O+\cdot NO+SO_2+MO_x$$

$$\cdot NO+O_3 \longrightarrow NO_2*+O_2 \longrightarrow NO_2+h\nu$$

② 结果计算。

氮含量 $N$，单位为 mg/kg：

$$N=(I-I_0)\cdot K/(S\cdot V\cdot D) \text{或} N=(I-I_0)\cdot K(S\cdot M) \qquad (11.7\text{-}2)$$

式中 $I$——检测器平均响应信号，积分值；

$I_0$——校正曲线的截距，积分值；

$K$——稀释倍数；

$S$——标准曲线的斜率；积分值/(ng · N)；

$V$——试样体积，μL；

$D$——试样密度，g/cm$^3$；

$M$——样品质量，mg。

2) 分析仪器的配置建议

化学发光痕量氮分析仪配置不同的进样模块，可检测乙烯工厂的各种液态、固态、气态和液化气样品中的总氮，配置工作站。

(5) 乙烯中的含氧化合物(甲醇)、痕量氧、水、总硫、总氯、羰基硫、总羰基(以甲醛计)等含量的测定分析方法和分析仪器均可参照丙烯中杂质含量的测定方法。

2. 乙烯塔底液相物料的分析

(1) 乙烯塔底液相物料的分析的目的

乙烯塔底液相物料作为循环乙烷要返回到裂解炉，需分析其组成来指导操作。

(2) 分析方法选择

1) 分析方法说明

参照轻烃测定方法，采用气相色谱法 FID 检测器，PLOT $Al_2O_3$ 色谱柱 50m×0.53mm，分析轻烃组分。

2) 计算方法

采用外标法，校正因子的计算参考式(11.4-12)。

3）参考谱图(图 11.7-4)

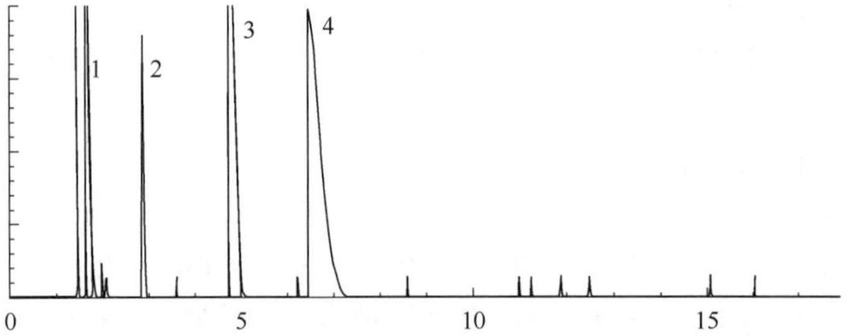


图 11.7-4　标准色谱图

1—甲烷；2—丙烷；3—丙烯；4—乙炔

(3) 分析仪器的配置建议

气相色谱法 FID 检测器，PLOT $Al_2O_3$ 色谱柱 50m×0.53mm，六通气体进样阀，CDS 色谱工作站(可共用)。

3. 液相乙烯产品分析

乙烯塔产品冷却后为液相乙烯作为最终产品，其分析项目、控制指标和分析方法与乙烯塔顶气相物料相同。

# 第八节　丙烯制冷系统

丙烯制冷系统主要作用是采用丙烯压缩制冷，为分离系统提供冷量。

## 一、丙烯制冷系统典型取样分析项目

本系统典型取样分析项目见表 11.8-1。

**表 11.8-1　典型取样分析项目**

| 取样地点 | 分析介质 | 分析项目 | 分析频率 | 分析方法 |
|---|---|---|---|---|
| 丙烯制冷压缩机出口 | 丙烯冷剂 | 乙烯 | 按需 | 气相色谱法 |
| | | 乙烷 | | 气相色谱法 |
| | | 丙烯 | | 气相色谱法 |
| | | 丙烷 | | 气相色谱法 |

## 二、取样分析的目的、分析方法的选择和仪器配置的建议

1. 丙烯冷剂烃类杂质分析的目的

丙烯冷剂采用丙烯产品，其纯度会影响制冷效果，故需取样分析其纯度。

2. 分析方法的选择和分析仪器的配置建议

同前述丙烯中烃类杂质分析方法，即参照 GB/T 3392 采用气相色谱法 FID 检测器，外标法测定烃类杂质含量，具体方法和仪器见上述说明。

# 第九节　其他分析

乙烯装置除上述各部分取样分析外，还需对火炬气、废碱氧化单元的废碱和废水、燃料气、甲醇等进行取样分析。

## 一、其他典型取样分析项目

其他典型取样分析项目见表 11.9-1。

表 11.9-1　其他典型取样分析项目

| 序号 | 取样地点 | 分析介质 | 分析项目 | 分析频率 | 分析方法 |
|---|---|---|---|---|---|
| 1 | 火炬总管 | 火炬气 | $H_2$ | 按需 | 气相色谱法 |
| | | | CO | | 气相色谱法 |
| | | | $CO_2$ | | 气相色谱法 |
| | | | $H_2S$ | | 气相色谱法 |
| | | | $CH_4$ | | 气相色谱法 |
| | | | $C_2H_2$ | | 气相色谱法 |
| | | | $C_2H_4$ | | 气相色谱法 |
| | | | $C_2H_6$ | | 气相色谱法 |
| | | | MAPD | | 气相色谱法 |
| | | | $C_3H_6$ | | 气相色谱法 |
| | | | $C_3H_8$ | | 气相色谱法 |
| | | | 丁二烯 | | 气相色谱法 |
| | | | 丁烯 | | 气相色谱法 |
| | | | $C_4H_{10}$ | | 气相色谱法 |
| | | | $C_5$烃类 | | 气相色谱法 |
| | | | 苯/甲苯 | | 气相色谱法 |
| | | | $C_6\sim C_8$非芳 | | 气相色谱法 |
| | | | 二甲苯/乙苯/苯乙烯 | | 气相色谱法 |
| | | | $C_9^+$ | | 气相色谱法 |
| | | | $H_2$ | | 气相色谱法 |
| 2 | 废碱区污水池泵出口 | 废碱 | $Na_2CO_3$ | 1 次/天 | 滴定法 |
| | | | $Na_2SO_4$ | 1 次/天 | 滴定法 |
| | | | $Na_2S$ | 1 次/天 | 滴定法 |
| | | | $Na_2S_2O_3$ | 1 次/天 | 滴定法 |
| | | | COD | 1 次/天 | HJ/T 399—2007 |
| | | | pH | 1 次/天 | ASTM D1293 |

续表

| 序号 | 取样地点 | 分析介质 | 分析项目 | 分析频率 | 分析方法 |
|---|---|---|---|---|---|
| 3 | 废碱储罐上部 | 废碱 | 游离 NaOH | 按需 | 滴定法 |
| | | | $Na_2CO_3$ | 按需 | 滴定法 |
| | | | $Na_2S$ | 按需 | 滴定法 |
| | | | 油含量 | 按需 | GB/T 12152 |
| 4 | 废碱储罐中部 | 废碱 | pH | 按需 | ASTM D1293 |
| 5 | 进酸中和罐前 | 废碱 | 游离 NaOH | 1 次/天 | 滴定法 |
| | | | $Na_2CO_3$ | 1 次/天 | 滴定法 |
| | | | $Na_2SO_4$ | 1 次/天 | 滴定法 |
| | | | $Na_2S$ | 1 次/天 | 滴定法 |
| | | | $Na_2S_2O_3$ | 1 次/天 | 滴定法 |
| | | | COD | 1 次/天 | HJ/T 399—2007 |
| 6 | 碱中和罐去废水收集总管 | 中和后废水 | pH | 1 次/周 | ASTM D1293 |
| 7 | 燃料气至分配管网总管 | 燃料气 | $H_2$ | 1 次/周 | 气相色谱法 |
| | | | $CH_4$ | 1 次/周 | 气相色谱法 |
| | | | $C_2H_4$ | 1 次/周 | 气相色谱法 |
| | | | CO | 1 次/周 | 气相色谱法 |
| | | | $C_3H_8$ | 1 次/周 | 气相色谱法 |
| | | | $C_4H_{10}$ | 1 次/周 | 气相色谱法 |
| | | | $C_4H_8$ | 1 次/周 | 气相色谱法 |
| 8 | 甲醇注入泵前 | 甲醇 | 水 | 按需 | 卡尔费休滴定法 |

## 二、取样分析的目的、分析方法的选择和仪器配置的建议

### 1. 火炬气组成分析

(1) 火炬气组成分析的目的

乙烯装置一般与其他工艺装置共用一套火炬系统，取样分析火炬气的组成，以确保火炬系统的正常运行。

(2) 分析方法的选择和分析仪器的配置建议

可参照同前述裂解气的组成分析，即同样采用五阀七柱三通道气相色谱仪系统，分析方法和仪器配置同裂解气分析仪。

### 2. 废碱处理单元的废碱和废水分析

(1) 废碱处理单元的废碱和废水分析的目的

应取样分析废碱和废水，以保证排放满足环保要求。

(2) 分析方法的选择和分析仪器的配置建议

1) 废碱的分析方法和仪器配置

可参考本章第三节“压缩及前脱丙烷前加氢系统”中的废碱分析部分。

2）废水的分析方法和仪器配置

可参考本章第二节“原料预热及急冷系统”中稀释蒸汽排污水分析部分。

### 3. 燃料气组成分析

(1) 燃料气组成分析的目的

燃料气为装置自产，分析其组成仅供参考。

(2) 分析方法的选择和分析仪器的配置建议

同样可参考同前述裂解气的组成分析，建立相应的分析方法。

### 4. 甲醇中水含量的测定

(1) 甲醇中水含量的测定的目的

因甲醇凝固点低(-97.8℃)，在乙烯装置中用作防冻液，若甲醇中水含量高，在冷区容易结冰堵管道，故需监测其中的水含量。

(2) 分析方法的选择和分析仪器的配置建议

甲醇中水含量的测定方法和仪器可参考裂解气冷凝液相物料中水分的测定方法，采用卡尔费休库仑法水分滴定仪法。

乙烯装置裂解部分在裂解气、烟气、排污水等处均设有线分析，同时在这些关键位置也都设有取样分析点。在实验室完成的取样分析能够提高更精确的分析结果，可对在线分析仪提供必要的分析结果的对比和校验。

## 参 考 文 献

[1] 王松汉. 乙烯装置技术与运行[M]. 北京：中国石化出版社，2009.

[2] 国家环境保护总局《水和废水监测分析方法》编委会. 水和废水监测分析方法(第四版)[M]. 北京：中国环境科学出版社，2002.

# 第十二章 节能与环保

## 第一节 节 能

乙烯装置是石油化工装置的龙头，也是耗能大户。据统计，乙烯装置分离系统能耗占乙烯综合能耗的45%~55%，对于要求节能降碳和日趋大型化的今天，乙烯装置分离能耗的绝对值不容忽视。目前，乙烯装置分离系统采用的深冷分离法仍然是最成熟、最节能的工艺技术。本节讨论的内容是分离系统节能技术。

我国从20世纪60年代开始引进乙烯生产技术，到2021年，已有50套乙烯装置或生产线在运行，其中前脱丙烷工艺22套，占比最大，其次是顺序分离工艺和前脱乙烷工艺。国外著名的乙烯工艺技术专利商均在我国建有生产装置，其中采用S&W、Lummus工艺技术各15套，KBR工艺技术3套，Linde工艺技术2套。随着国内乙烯技术的开发和应用成功，近十年新建和扩能改造的乙烯装置，国内技术已超过一半，尤其是中国石化和中国石油两大公司，乙烯技术已全部实现国产化，其中采用中国石化SEI技术的有14套(次)、采用中国石油HQ技术的有7套(次)。

传统的乙烯装置主要以石脑油为原料，其分离流程主要有：顺序分离流程、前脱乙烷前加氢流程和前脱丙烷前加氢流程。中国石化SEI拥有前脱丙烷前加氢和顺序分离两种技术供用户选择；Lummus公司以往采用顺序分离流程，近几年采用前脱丙烷流程；Linde公司采用前脱乙烷前加氢的分离流程；TechnipFMC(S&W)、KBR和国内中国石油寰球等都为前脱丙烷前加氢分离流程。乙烷裂解制乙烯的分离工艺路线主要有顺序流程和前脱乙烷前加氢两种。目前拥有分离技术的专利商有：美国3家、欧洲2家、中国2家(中国石化和中国石油)。国内外主要专利商及拥有的乙烯技术见表12.1-1。

**表12.1-1 国内外主要专利商及拥有的乙烯技术**

| 专利商 | 顺序分离技术 | 前脱丙烷技术 | 前脱乙烷技术(气体原料) |
|---|---|---|---|
| Lummus | √ | √ | √ |
| TechnipFMC(S&W) | | √ | √ |
| Linde | | | √ |
| KBR | | √ | √ |
| TechnipFMC(法国) | √ | | |
| 中国石化SEI | √ | √ | √ |
| 中国石油HQ | | √ | √ |

为了提高竞争能力，降低能量消耗，各专利所有者都在开发新技术、新工艺。如，Lummus公司采用低压脱甲烷，开发出二元和三元制冷技术，并同中国石化合作开发了低压激冷及前脱丙烷前加氢流程。Linde公司目前正在开发炉管内侧涂防结焦涂层的裂解炉管，分级注入空气和燃料的烧嘴，以及采用了双辐射段的炉膛结构等。S&W公司在分离流程方面采用了前脱丙烷前加氢和ARS或HRS技术，在能耗方面有一定的节能效果。KBR公司也采用前脱丙烷前加氢工艺，但与S&W的工艺相比，在流程设计和技术细节上两者有所差异。中国石化则开发了多种CBL炉型，可采用扭曲片和原位涂层，在前冷引入碳三、碳二洗涤并采用分凝分馏塔等节能技术。

## 一、各专利商的节能技术

### 1. 混合制冷

乙烯装置中，传统的单组分复叠制冷的冷剂有三种：甲烷、乙烯和丙烯，把其中的两种组分或三种组分按照固定的比例混合在一起，可为乙烯装置提供其中的更大部分或全部温度级别的冷量。将甲烷、乙烯和丙烯三种制冷介质中的任意两种组合在一起的制冷系统即为二元制冷，三种组分全部混合在一起，就是三元制冷。

裂解气冷却过程的物料流冷却曲线是连续平滑的，传统单组分复叠制冷的冷剂供冷曲线则是非连续、级跃式的，见图12.1-1。在换热器中物料与冷剂的平均换热温差较大，传热过程的不可逆性较大，能量利用效率相对不高。混合冷剂的蒸发曲线连续平滑，如果与工艺流体冷却曲线尽量靠近(如图12.1-2)，则可以减少平均换热温差，提高能量的利用效率，减少能耗。二元制冷和三元制冷就是采用此原理，并按照乙烯分离冷剂级别的需要进行设计。

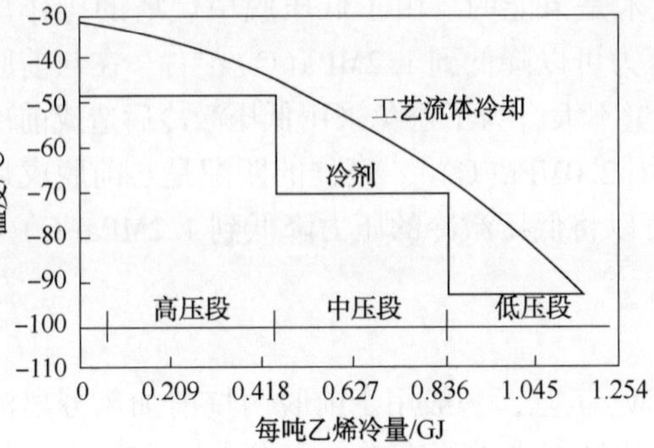


图12.1-1　乙烯制冷循环冷剂温度级位与工艺流体冷却曲线的关系

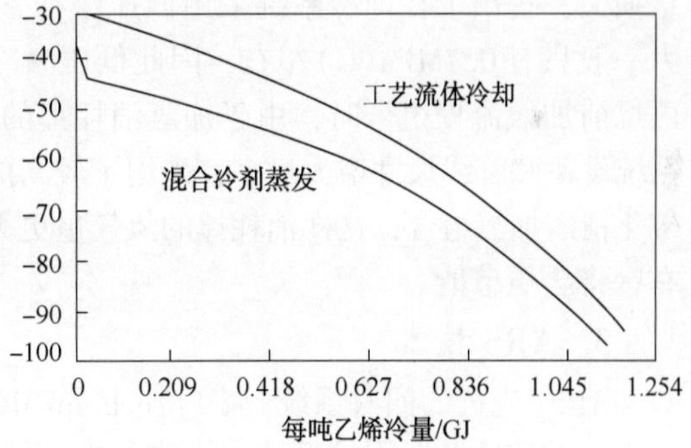


图12.1-2　混合冷剂蒸发曲线与工艺流体冷却曲线的关系

Lummus公司分析认为，在操作稳定的情况下，使用二元制冷，乙烯分离制冷机总功率可减少约2%，使用三元制冷则可减少近5%。目前在乙烯装置中使用混合制冷技术的专利商只有美国Lummus公司。已经工业化的典型二元制冷系统的功能相当于传统流程中的乙烯制冷和甲烷制冷的组合，制冷介质为乙烯和甲烷，并含有少量氢气，是一个密闭的循环系统，可以提供-40～-140℃级位的冷剂，适合应用于低压脱甲烷分离流程。二元制冷系统也可以根据流程优化的需要，采用甲烷/丙烯(已工业化)或乙烯/丙烯为制冷介质。其特点是：①可节省一台制冷机组及其控制系统，节省投资、占地和维护费用；②机组数量减少，装置的运行稳定性增加；③供冷级位为一条曲线，没有热夹点，可节省制冷机功率。

同样三元制冷也适合应用于低压脱甲烷分离流程中。目前已经工业化的三元制冷系统的功能相当于传统流程中的丙烯制冷、乙烯制冷和甲烷制冷的组合，介质为丙烯、乙烯和甲烷，并含有少量氢气，是一个密闭的循环系统，可以提供所有级位的冷剂。在最早的设计中，三元冷剂被分为三股物流，即重冷剂、中冷剂和轻冷剂，重冷剂相当于丙烯制冷机的功能，中冷剂相当于乙烯制冷机的功能，轻冷剂相当于甲烷制冷机的功能。在最近的设计中通过优化，三元冷剂被分为两股物流，即重冷剂和轻冷剂，重冷剂相当于丙烯制冷机的功能，轻冷剂则相当于二元制冷机的功能，流程简化。其特点是：①可节省两台制冷机组及其控制系统，节省投资、占地和维护费用；②机组数量减少了两台，装置的运行稳定性增加；③供冷级位为一条曲线，没有热夹点，可节省制冷机功率；④更适宜于在占地受限的扩能改造装置中使用。由于三元制冷压缩机出口压力较高，控制系统复杂，冷剂的过冷与制冷相互关联，实际的节能效果与操作熟练程度及装置运行稳定性密切相关。

2. 低压激冷技术

低压激冷技术国内首次应用在 Lummus 公司与中国石化合作开发的前脱丙烷前加氢、低压脱甲烷工艺流程中。常规乙烯分离流程中，裂解气需压缩到 3.5-4.0MPa(G)，然后进入冷分离系统进行 $H_2$、$CH_4$、乙烯、丙烯等各种组分的分离。配合低压脱甲烷流程，在低压激冷技术中，物料进入前冷系统的压力只有 2.0MPa(G)左右，经逐级冷却冷凝并经分凝分馏塔分离，将乙烯组分全部分离出来进入脱甲烷塔，使得分凝分馏塔顶部气相物流中不含乙烯，该物流主要为 $H_2$、$CH_4$ 轻组分，经冷量回收并经增压后，分级冷却冷凝，先冷凝下来的物料可作为脱甲烷塔的回流，后冷凝下来的物料分别作为高压甲烷和低压甲烷物流，最后得到的气体是粗氢气产品。对应低压脱甲烷系统，为了减少由于节流阀减压带来的能量损失，提出了在前冷系统采用低压激冷，该技术是节能的。由于低压脱甲烷塔的操作压力一般只有 0.7MPa(G)左右，因此低压激冷的压力可以降低到 1.2MPa(G)左右。在与前脱丙烷前加氢流程组合时，由于加氢消耗掉的氢气量不大，为了避免采用低压激冷后造成前冷系统设备和管线尺寸增大过多，采用了较高的压力[2.0MPa(G)]。最佳的匹配是与前脱戊烷催化精馏加氢组合，这样消耗掉的氢气量更大，可以将低压激冷的压力降低到 1.2MPa(G)左右，将会更节能。

3. ARS 技术

ARS(先进的回收系统)属于 TechnipFMC(S&W)工艺，一般用于前脱丙烷前加氢分离流程中。在前冷和脱甲烷系统中，物料在逐渐冷凝的过程中进行有效的组分分离控制，由核心设备分凝分离器(dephlegmator)来实现分离目标。热分凝分离器顶部温度很低，不含碳三，碳二也大量进入底部液相；冷分凝分离器要控制顶部物料不含碳二，甲烷则按需分配。脱甲烷系统采用高压双塔脱甲烷，预脱甲烷塔要求塔顶物料不含碳三，碳二则按需分配，该股物料进一步冷却后进入到脱甲烷塔；塔釜物料不含甲烷，直接进入脱乙烷塔。由于脱甲烷塔的各股进料都不含碳三，因此其釜液为一股纯碳二馏分，该股物流不再进入脱乙烷塔，而直接进入乙烯精馏系统，使乙烯精馏塔有两股组成不同的进料，分别从不同的位置进料，可减小回流比，节省能耗。

改进的 ARS 首先应用于我国中海壳牌乙烯装置，取消了热分凝分离器，而改用常规的两级气液分离罐进行分离。要求第二级气液分离罐分离出来的气相物料中，不含碳三，碳二则随意分配，两级气液分离罐的作用与热分凝分离器相当。ARS 在前冷和脱甲烷系统中形成了一个局部的渐进分离流程，两台分凝分离器和预脱甲烷塔的组分控制都是非清晰分割，与传统的前脱丙烷前加氢分离流程相比，具有显著的节省冷量消耗的效果。

ARS 的不足主要体现在：①乙烯损失大。由于冷分凝分离器上部存在干壁现象，无法进一步进行分离，所以顶部气相中乙烯含量高。②流程长、设备台数多的缺点也没有完全解决，与传统流程相比，流程明显复杂化。③核心设备分凝分离器采用了单组分冷剂即乙烯冷剂供冷，这就使得分凝分离器的节能效果大打折扣，如和二元制冷或三元制冷相结合，则能更有效地发挥分凝分离器的优势。④由于受分凝分离器结构的影响，传热和传质效果都较差，设备体积庞大，价格昂贵，使得 ARS 的推广受到限制。改进的 ARS 取消了较大的热分凝分离器，而改用两级分离罐，也是不得已而为之，与经典的 ARS 相比，投资虽明显降低，但能耗有所增加。

#### 4. 热集成精馏系统(HRS)

HRS 也属于 TechnipFMC(S&W)工艺，一般用于前脱丙烷前加氢分离流程中。经过对改进的 ARS 进一步优化后，将冷分凝分离器也用常规塔来替代，并对进料方式进行了热集成，使关键组分的分离能耗较常规塔要省，塔顶仍然控制不含碳二，甲烷在塔顶和塔釜按需分配。该分离流程的总思路仍为 ARS 的概念，为克服 ARS 投资高的问题，将 ARS 的核心设备热、冷分凝分离器全部取消。热分凝分离器采用两级气液分离罐来替换，冷分凝分离器采用常规分离塔来替换。HRS 的优点是：①用常规塔替代冷分凝分离器，塔顶乙烯损失得到控制；②投资比 ARS 少得多。缺点是：①由于取消了分凝分离器，能耗有所增加；②流程仍然比较长，设备台数多。

#### 5. 分配分离技术

分配分离技术属于中国石化 SEI 工艺，一般用于前脱丙烷前加氢 LECT(低能耗的乙烯回收技术)分离流程。在前冷系统中，裂解气主要包含氢气、甲烷、碳二和碳三等多组分，传统的乙烯装置中裂解气逐级降温闪蒸分离，并不考虑控制组分在气液相中的分配。研究发现，第一级气液分离后两相物料的组成和流量对分离的能耗均有影响，存在一个最佳点，而乙烯、丙烯是影响能耗的关键组分。因此按最佳点设计分离流程即分配分离流程可使能耗进一步降低。

在 LECT 分离流程的前冷和脱甲烷系统中，物料在逐渐冷凝的过程中实现有效的关键组分分配控制，由碳三洗涤塔和碳二洗涤塔来达到这个目的。碳三洗涤塔控制顶部物料不含碳三，碳二在塔顶和塔釜的分配比例适当；碳二洗涤塔控制顶部物料不含碳二，甲烷在塔顶和塔釜的分配比例适当。脱甲烷系统采用高压双塔脱甲烷，预脱甲烷塔要求塔顶物料不含碳三，进入脱甲烷塔，塔釜物料不含碳一，进入脱乙烷塔，而碳二在塔顶和塔釜的分配比例适当；脱甲烷塔的各股进料都不含碳三，因此其釜液为纯碳二馏分，该股物流不再进入脱乙烷塔，而直接进入乙烯精馏塔系统。LECT 通过碳三洗涤和碳二洗涤技术，配合双塔脱甲烷，实现物料最佳分配，降低能耗。通过以上技术，制冷机负荷可降低 5%~7%。

#### 6. 分凝分馏塔技术

分凝分馏塔(CFT)技术属于中国石化 SEI 工艺，可在其顺序分离的 AERP、前脱丙烷前加氢的 LECT 和前脱乙烷前加氢的 ART 三种分离中使用。最简单的分凝分馏塔由两部分组成，上部是一立装的板式换热器，下部为填料段。板式换热器工艺物流侧为塔内物料，流道内充填翅片或规整填料，气相由下至上流动；冷剂侧流道与工艺物流侧流道交叉布置，流道内充填构件或翅片，冷剂由上至下流动，为工艺物流提供冷量。设置填料段的目的是用于调节分凝分馏塔的总理论塔板数，以满足分离要求。复杂的分凝分馏塔可以有多个板式换热器和多个填料段进行任意组合，以满足流程优化和分离的需要。分凝分馏塔立装的板式换热器结构，决定了分凝分馏塔具有很强的传热和传质性能。板式换热器工艺物流侧流道内充填翅片或规整填料，可以将沿壁冷凝下来的液体迅速分配到整个流道，加强传热效果，同时又可以使流道内气液充分接触，增强传质效果，使工艺物流侧的每个流道都具有一个小填料塔的功能；冷剂侧流道内充填构件或翅片，可以强化传热，增大传热面积，因此分凝分馏塔单段也可以具有较多的理论塔板数。分凝分馏塔的整体结构决定了它是最节能的塔。在常规精馏塔系统中，为了节省能量，往往会设置一些中间冷凝器和中间再沸器，但无论如何都不可能实施在精馏段的每块塔板上都加一台中间冷凝器和在提馏段的每块塔板上都加一台中间再沸器，并且使用级位均不相同的冷剂或热源，以做到最节能；而一台分凝分馏塔就可以完全做到这一点，并且就只有一台塔设备，没有附属的冷凝器、回流罐、回流泵、中间冷凝器、中间再沸器、再沸器等相关设备。但受分凝分馏塔内部结构的限制，分凝分馏塔只能适用于清洁的物流。

7. 改进的脱乙烷塔系统

改进的脱乙烷塔系统属于 KBR 工艺，适合应用于前脱丙烷前加氢分离流程中。传统的脱乙烷塔系统塔顶只采出碳二馏分进入乙烯精馏塔，最新的流程改为塔顶产出聚合级乙烯产品，而侧线采出碳二馏分进入乙烯精馏塔，相当于在传统的脱乙烷塔顶部又增加了一段精馏塔，进一步将已经得到初步分离的碳二馏分精馏分离出乙烯产品。该工艺有效地利用了脱乙烷过程中乙烷和乙烯已被初步分离的结果，可以节省分离过程的冷剂消耗；对于采用低压乙烯塔开式热泵的流程来讲，脱乙烷塔采出聚合级乙烯产品会有效降低开式热泵压缩机的负荷和功率消耗，有利于节省能量。

8. 低压乙烯精馏与乙烯热泵耦合技术

低压乙烯塔和热泵适用于前加氢分离流程中。在采用热泵和乙烯制冷压缩机组合的流程后，乙烯塔的操作参数为：塔顶压力 0.5~1.0MPa(G)，属于低压操作。塔顶乙烯经过热后进入开式热泵压缩机，热泵和乙烯制冷压缩机进行组合。改进后的低压乙烯塔和热泵流程首先应用于我国中海壳牌乙烯装置，该流程将乙烯制冷压缩机和开式热泵分开设置，乙烯塔的操作参数为：塔顶压力 0.98MPa，塔顶温度-52.5℃，塔釜温度-29.8℃，操作压力提高。塔顶乙烯仍然是经过热后再进入开式热泵压缩机。最近在百万吨级乙烯装置中，又重新采用低压乙烯塔开式热泵和乙烯制冷压缩机进行组合的方式，乙烯塔的塔顶压力也恢复到 0.65MPa 左右。乙烯制冷压缩机的制冷级别取决于对整个分离流程的优化，尤其是冷区的换热集成。级别确定后，如果热泵和乙烯制冷压缩机进行组合，那么低压乙烯塔的压力也就基本确定下来，就是要选择压力最高的一级吸入罐来对应低压乙烯塔的压力。低压乙烯塔由于顶温和釜温都很低，并不是最节能的热泵设置条件，只有顶温和釜温分别位于装置热夹点两侧时才是最佳组合；顶温和釜温同时位于低温侧是热泵设置条件中最差的一种，而低压乙烯塔开式热泵恰恰是这种情况。正因为如此，乙烯制冷压缩机和低压乙烯塔开式热泵分开设置时，往往会提高乙烯塔的压力，使操作温度升高，尽量靠近热夹点，以节省能耗。塔顶乙烯采用经过热后进入开式热泵压缩机的方式，其优点是可以减小压缩机该段吸入罐的体积，但会使热泵压缩机功率上升，最终有可能导致既不节省投资又不节能。低压乙烯塔开式热泵和乙烯制冷压缩机进行组合，可以节省一台机组，节省投资和占地，但不可能做到能耗最小；而分开设置时经优化则可以做到尽可能节省能耗，当然其缺点也很明显，就是增加了一台大型机组。

## 二、通用节能措施

### 1. 急冷油塔热量的回收

有液体原料的乙烯装置急冷区一般应设置油洗塔，将裂解气冷却到100℃左右。经一级或多级废锅急冷之后，从裂解炉出来的裂解气初期温度一般为：石脑油原料约370℃、加氢尾油原料在400℃左右，末期温度要更高一些。

可见，油洗过程裂解气大约有300℃左右的温降，同时其中的重质组分如裂解燃料油(PFO)和裂解柴油(PGO)，也会冷凝并分离出来。由于该过程温降跨度较大，热负荷很大，例如对于石脑油原料的1000kt/a乙烯装置，约157MW(相当于发生245t/h的低压蒸汽)。

所以实际操作一般分2~3段取热：第一段用急冷油取热，用于发生170℃的稀释蒸汽，相当于代替了1.2~1.5MPa(G)的中压蒸汽；第二段用盘油(或中油)取热，代替4.5MPa(G)的低压蒸汽作热源；第三段也是最上面一段，用水洗塔来的重汽油取热。重汽油汽化以后再返到水洗塔中冷凝，相当于把这部分热量转让到急冷水中回收。这三部分的热量分配比例一般为急冷油占约2/3、盘油占1/6~1/3、汽油占10%左右。根据温位的不同，使热量得以合理、高效利用。

在急冷油塔下段(急冷油取热段)，用取热后的急冷油冷却裂解气。冷却的方式有两种：一是先与炉区废锅出口的裂解气混合急冷，再一起进入急冷油下部；二是直接或进一步冷却后，急冷油返回急冷油取热段折流板顶部，作为回流与裂解气逆流接触取热。目前运行的流程中，前者占主导，后者作为补充。升温后的急冷油与裂解气在急冷油底部进行汽、液分离，然后经过除焦、急冷泵升压，去发生稀释蒸汽等回收热量后，循环使用(图12.1-3)。

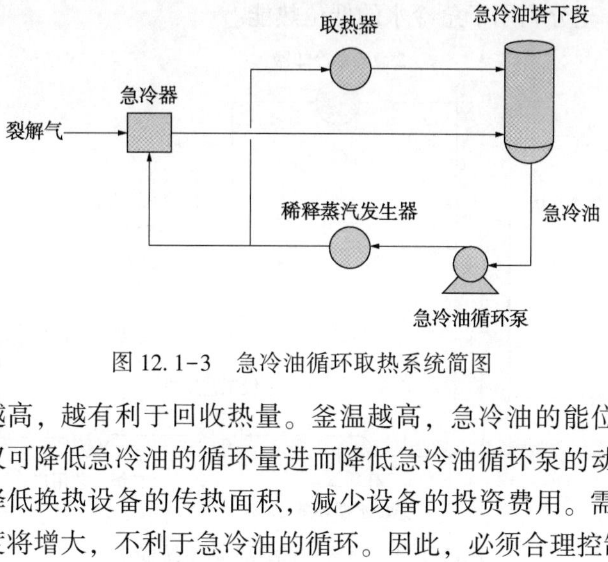


图12.1-3　急冷油循环取热系统简图

急冷油的釜温越高，越有利于回收热量。釜温越高，急冷油的能位就越高，在一定的热负荷条件下，不仅可降低急冷油的循环量进而降低急冷油循环泵的动力消耗，而且因传热的温差变大，可降低换热设备的传热面积，减少设备的投资费用。需要关注的是，釜温升高后急冷油的黏度将增大，不利于急冷油的循环。因此，必须合理控制塔釜的温度。

在急冷油塔的盘油循环段，冷凝一部分轻质燃料油并冷却裂解气。裂解气和蒸汽通过盘油收集盘的升气管进入该段底部，盘油从该收集盘送至盘油循环泵。一部分盘油通过循环泵旁路返至下部急冷油取热段，以平衡盘油槽液位；盘油循环泵送出的大部分循环盘油为工艺水预热器、高/低压脱丙烷塔再沸器等提供热量而被冷却。用户返回来的盘油通过温度控制，在盘油冷却器中冷却，并通过旁路控制温度被送到盘油循环段的顶部(图 12.1-4)。这样可以减少塔顶的汽油循环量，由此可减少塔顶的气相负荷，在设计中可以减小塔径，降低设备投资费用。另外，采用塔中段撤热，可使裂解气从塔底到塔顶逐步冷却，分段采出热量，有利于塔温的合理分布和能量的合理利用。

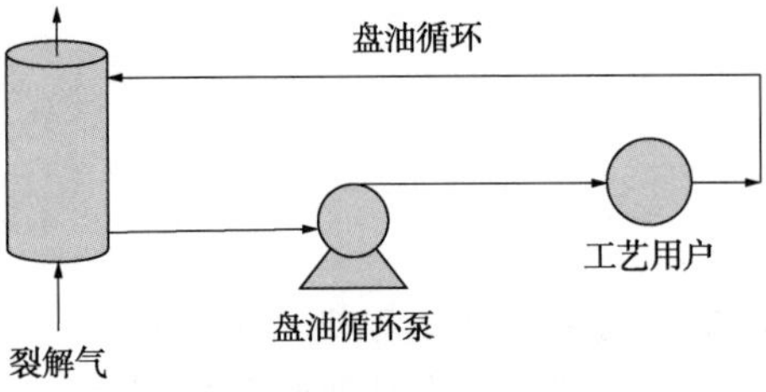


图 12.1-4　盘油循环取热系统简图

## 2. 急冷水热量回收

裂解气自急冷油塔顶出来后进入急冷水塔。在该塔内裂解气直接与循环急冷水接触，被进一步冷却到接近 40℃左右。

在急冷水塔中，裂解气中的稀释蒸汽和重裂解汽油馏分被冷凝，冷凝的烃和水在塔釜分离，塔底特殊结构的挡板对水相和油相的分离有一定的促进作用。分离出来的水相为急冷水，分离出的汽油及溢流水相在急冷水分离罐中被进一步分离，分离出的大部分汽油用于急冷油塔的回流，其余部分用作汽油汽提塔的进料。在分离罐中分离出的工艺水作为稀释蒸汽发生系统的进料。急冷水塔底部的急冷水通过急冷水循环泵送到各工艺用加热器或再沸器，利用后，通过冷却水进一步冷却后循环返回急冷水塔(图 12.1-5)。为防止含油污水的大量排放，急冷水采用闭合循环。

急冷水塔的釜温与裂解原料结构有关，对于液体原料一般为 80~86℃。早期的装置，急冷水用户主要是丙烯塔再沸器，能量利用较低，这不仅损失了热量，而且后续需要大量的冷却水来冷却急冷水，增加了公用工程的消耗。目前流程的用户除了丙烯塔再沸器外，还有石脑油原料加热器、LPG 汽化器、循环丙烷汽化器、气相原料过热器、裂解气加热器、脱乙烷塔再沸器等，充分利用了急冷水的低位热能。

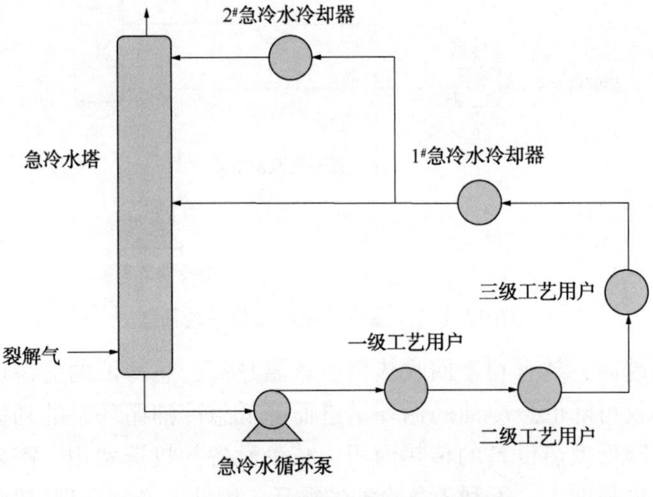


图 12.1-5　急冷水循环取热系统简图

3. 进/出料换热器的利用

对于干燥器再生系统、氢气甲烷化系统、乙炔加氢系统等，进料需要加热、出料又需要冷却，过去单纯的加热与冷却，双向都要消耗能量，目前的方法是设置进/出换热器，使它们首先最大限度地换热，再用加热和冷却补充，双向都节能。

如何强化进/出料换热器传热使温差达到最小，对节能至关重要。例如：甲烷化反应器进/出料换热器一般设置两台串联，进料和出料尽量换热后，进料温度可升至反应器入口所需的温度附近，进料加热器负荷很小，甚至可以不开，这大大节省了中压蒸汽的用量。干燥器再生系统进/出料换热器设置和强化传热(图 12.1-6)，既减少了高压蒸汽的用量，又减少了冷却水消耗，一举两得。乙炔加氢反应器进/出料换热器的设置和强化传热，则大大降低了冷量的消耗。

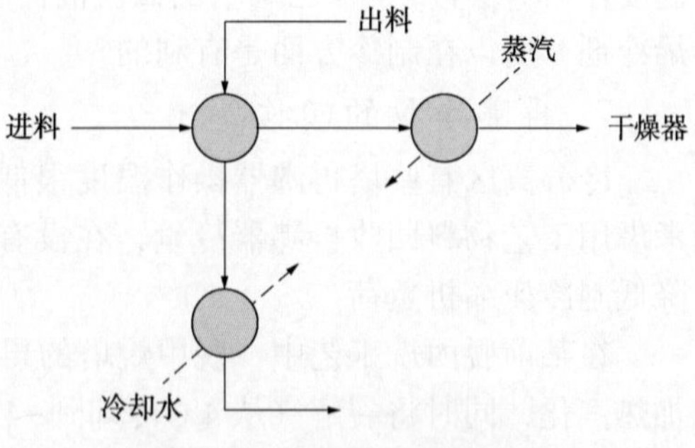


图 12.1-6 干燥器再生系统进/出料换热示意图

4. 低温尾气的冷量回收

乙烯装置的氢气、低压甲烷与甲烷尾气等物流在深冷系统刚分离出来时仍处于低温状态，将其冷量进行充分的回收利用，对降低能耗、降低产品系统的材质要求，是非常重要的。

氢气、甲烷和尾气是在一系列的冷箱换热器中对裂解气、丙烯冷剂、乙烯冷剂、氢/甲烷尾气等物流进行冷却，从而回收冷量。

冷箱内含有多个板翅式换热器甚至分离罐等，内填珠光砂保冷。这是一种高效强化换热设备，传热系数比普通管壳式换热器高十几倍以上，单位体积的传热面积也大为增加，传热温差可小到1~2℃，同时冷箱集中保冷，保冷效果好，冷损小。

5. 循环乙烷冷量的回收

乙烯塔釜出来的低温液相乙烷，自压或经泵加压送至循环乙烷汽化器，冷却裂解气并自身汽化为低温气体。然后，这股低温气体经过冷箱换热器依次冷却裂解气和丙烯冷剂，自身被加热到 30℃从而回收冷量，最后再经急冷水过热后送往炉区循环裂解。

乙烷从液态到气态，从-35℃左右被加热到 60℃，穿越多台不同型式的换热器，有釜式、板翅式、普通管壳式等，以适应不同的换热需求，同时根据循环乙烷物料流量波动较大的特点，换热流道要留有足够的操作弹性。

6. 脱甲烷塔釜液冷量的回收

脱甲烷塔是乙烯装置中操作温度最低的塔，例如在顺序分离流程中的低压脱甲烷塔，塔顶达-130℃左右，塔底也有-50℃。不同分离工艺，塔釜出料去向有所不同，如顺序分离工艺中作为脱乙烷塔进料、前脱乙烷与前脱丙烷工艺中则作为低压乙烯塔的进料。

在某前脱丙烷流程中，脱甲烷塔出来的-9℃的塔釜液分成三股：第一股塔釜液节流膨胀后，进入乙烯回流过冷器，将来自乙烯冷剂收集罐的乙烯液体从-34℃过冷到-51℃，过冷的乙烯液体之后进入乙烯塔塔顶；第二股塔釜液节流膨胀后，进入预脱甲烷塔冷凝器，预脱甲烷塔塔顶气相在冷凝器中经脱甲烷塔釜液部分冷凝后，液相作为回流，气相进入脱甲烷塔作为进料；第三股塔釜液节流膨胀后，进入脱甲烷塔进料过冷器，将来自预脱甲烷塔塔顶气相从-45℃过冷到-51℃，过冷的气液混合物作为进料进入脱甲烷塔。三股脱甲烷塔釜液，在三个换热器里为不同的用户提供冷量，汽化后汇合在一起，进入乙烯塔。

这种流程设置也是一种强化传热的有效措施。因为脱甲烷塔釜液节流膨胀后所使用的温度在-57℃左右，而乙烯塔的回流液需要-35℃冷量产生，前者属于乙烯冷剂，后者为丙烯冷剂，所以在制冷方面是有利的。

7. 再沸冷量的回收

冷分离区有些塔再沸器操作温度很低，对其冷量进行回收利用是必要的。设计中优先考虑用工艺物料回收再沸器冷量，在没有合适的工艺物料情况下可借用制冷系统回收，以降低制冷压缩机负荷。

在某前脱丙烷工艺中，脱甲烷塔的再沸器用裂解气作为热源，-9℃的塔釜液经裂解气加热汽化，同时将裂解气从4℃冷却到-4℃，从而回收冷量。

同样在某前脱丙烷流程中，乙烯热泵/制冷压缩机三段抽出一股乙烯气体作为低压乙烯塔中沸器热源，四段出口气相经多级丙烯冷剂依次脱过热后，一部分气体可作为乙烯精馏塔再沸器的加热介质。在这两组换热器中气相乙烯放出热量被冷凝，从而回收冷量。两组换热器采用板翅式型式，以减少换热温差，提高换热效率。

## 三、特殊节能技术和节能措施

1. 夹点技术

夹点技术(pinch technology)是英国曼彻斯特大学 Bodo Linnhoff 教授及其同事于 20 世纪 70 年代末在前人研究成果的基础上提出的换热网络优化设计方法，并逐步发展成为化工过程能量综合技术的方法论。夹点技术是能量回收系统分析的重大突破，它把整个系统集合起来作为一个有机整体来看待，实现整体设计最优化，达到能耗最低、费用最小和环境污染最少的目的。自 80 年代以来，夹点技术在全世界工业发达国家得到迅速推广应用，被广泛用于新过程的设计和老装置的改造。一些大型工程公司如 Lummus、KBR 公司等都有专门小组从事夹点技术的研究和设计。

英国的 Linnhoff-March 公司通过夹点技术的应用，对若干个大公司的工业生产装置进行换热网络的改造或设计，取得了明显的节能效果，对于新设计还可以节约设备投资。据报道，linnhoff-March 公司已对 500 多家企业的约 1000 套装置中的换热网络进行了改造、设计或可行性研究，平均节能效果(指节约装置加热公用工程和冷却公用工程用量)达 30%以上，改造投资的回收年限只有 0.5~1 年。

(1) 夹点定义与基本原理

化工工艺过程中存在多股冷、热物流，冷、热物流间的换热量与公用工程耗量的关系可用温-焓($T$-$H$)图表示，见图 12.1-7(a)(b)。温-焓图以温度 $T$ 为纵轴，以热焓 $H$ 为横轴。热物流线的走向是从高温向低温，冷物流线的走向是从低温到高温。物流的热量用横坐标两点之间的距离(即焓差 $\Delta H$)表示，因此物流线左右平移，并不影响其物流的温位和热量。多股冷、热物流在 $T$-$H$ 图上可分别合并为冷、热物流复合曲线，两曲线在 $H$ 轴上投影的重叠即为冷、热物流间的换热量，不重叠的即为冷热公用工程耗量。当两曲线在水平方向上相互移近时，热回收量 $Q_R$ 增大，而公用工程耗量 $Q_C$ 和 $Q_H$ 减小，各部位的传热温差也减小。当曲线互相接近至某一点达到最小允许传热温差 $\Delta T_{\min}$ 时，热回收量达到最大（$Q_{R,\max}$），冷、热公用工程消耗量达到最小（$Q_{C,\min}$，$Q_{H,\min}$），两曲线运动纵坐标最接近的位置叫作夹点。

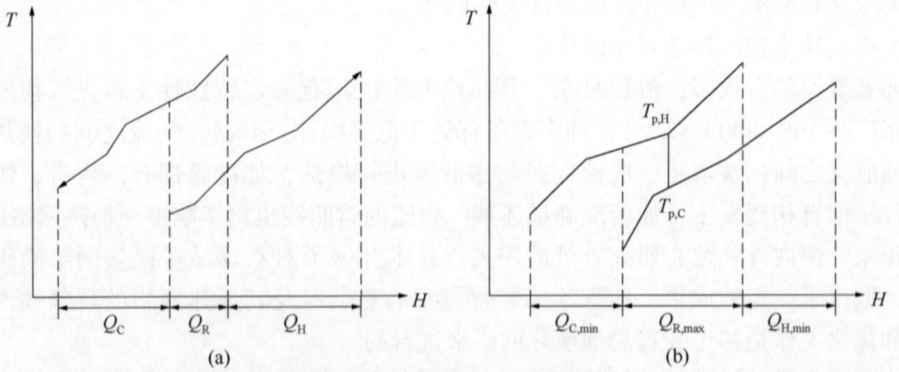


图 12.1-7　换热网络温-焓图

采用复合温焓图可以形象、直观地确定过程系统的夹点位置。当物流较多时，采用复合温焓图很繁琐，且不够准确，此时常用问题表法来精确计算。问题表法的步骤如下：

① 以冷、热流体的平均温度为标尺，划分温度区间。

② 计算每个温区内的热平衡，以确定各温区所需的加热量和冷却量，计算式为：

$$H_i=(\sum CP_C-\sum CP_H)(T_i-T_{i+1}) \tag{12.1-1}$$

式中　$H_i$——第 $i$ 区间所需加入的热量，kW；

$CP_C$，$CP_H$——分别为该温区内冷、热物流热容流率之和，kW/℃；

$T_i$，$T_{i+1}$——分别为该温区的进、出口温度。

③ 进行外界无热量输入时的热级联计算，即计算外界无热量输入时各温区之间的热通量。此时，各温区之间可有自上而下的热通量，但不能有逆向的热通量。

④ 为保证各温区之间的热通量≥0，根据第③步计算结果，确定所需外界加入的最小热量，即最小加热公用工程用量。

⑤ 进行外界输入最小加热公用工程量时的热级联计算。此时所得最后一个温区流出的热量，就是最小冷却公用工程用量。

⑥ 温区之间热通量为零处，即为夹点。

夹点把网络系统分成两个在热力学上相互分离的两个子系统。夹点上方的子系统是热阱系统，热公用工程向其输入热能，而没有任何热能流出；夹点下方的子系统是热源系统，由冷公用工程从系统带走热能，而没有任何热能从外界流入。为了达到最小公用工程消耗，实现最大能量回收，利用夹点技术对换热网络进行设计时，需遵循 3 个基本原则：

① 不应有跨越夹点的传热。

② 夹点之上不应设置任何公用工程冷却器。

③ 夹点之下不应设置任何公用工程加热器。

通过温焓图法或问题表法可以确定满足最小传热温差时的公用工程用量和等级，使换热网络能耗最低。通常 $\Delta T_{\min}$ 越小，满足条件所需的换热面积越大，意味着设备投资费用将增大；但 $\Delta T_{\min}$ 越小表明工艺物流之间换热充分，公用工程用量减少，即操作费用降低。因此当一个最大限度能量回收的初始换热网络建立后，还需要对网络进一步调整优化，进行投资费用、操作费用、可操作性的权衡。具体优化措施包括冷热物流之间的匹配，冷热公用工程的类型和能级选择，个别设备在换热网络中的位置调整等，最终得到一个既满足合理经济要求又具有实际可操作性的最优换热网络。

(2) 夹点技术在乙烯装置中的应用

乙烯装置设备台数多，流程复杂，其换热网络也具有一定特殊性。首先，物流的温度范围分布广(-168~800℃以上)，许多设备都处于低温操作。其次，物流之间的换热不简单局限于两股流之间，常常是一股流同时与多股流进行换热，如冷箱部分。再有，物流间的换热过程多伴有相变发生，能否准确描述某一物流的焓曲线也将影响整个换热网络的合成。

近年来，国内外陆续有研究人员应用夹点技术开展了对乙烯装置换热网络的研究和优化工作，取得了一定的成果。鉴于乙烯装置流程的复杂性及其换热网络的特殊性，大多数的研究和优化工作是基于装置局部换热网络来进行的。

大连理工大学的姚平经教授曾对乙烯装置的换热流程做过优化分析，其工作主要侧重于精馏塔、反应器、压缩机等热量密集型单元与工艺物流之间的热集成。例如，直接用某一工艺物流作为精馏塔再沸器的加热介质或冷凝器的冷却介质，从而达到节约公用工程的目的。在对某115kt/a乙烯装置的节能改造中，结合实际实施了通过夹点分析所得到的调优方案，提高了过程的热量回收能力，降低了公用工程消耗，使得该装置改造后吨乙烯能耗显著降低。

何斌应用夹点分析技术对中国石化广州分公司乙烯装置换热网络进行了研究，发现低温热回收过程存在调优空间，经过换热物流匹配分析，提出“碳二加氢进料预热优化”和“除盐水预热优化”两个换热流程改造措施，为乙烯装置用能优化提供了技术支持。

李彦博在某800kt/a乙烯装置国产化工艺包开发过程中，应用夹点技术对其低温系统的换热流程进行了优化分析。通过总组合曲线确定换热网络所需的不同冷剂等级及负荷，通过有效能组合曲线确定换热器网络的有效能损失。经过调优处理，重新确定合适的制冷系统工艺操作参数，最终达到了优化工艺流程、节能降耗的目的，为乙烯装置工艺包国产化提供了不可或缺的技术支持。

田峻、李琰等对某企业乙烯装置深冷分离系统进行了流程模拟及换热网络用能分析，经过夹点分析明确了深冷系统的换热网络结构优化已难以降低装置能耗，而通过优化深冷系统中各精馏塔以及制冷系统操作参数，优化配置各等级冷剂的使用，能够降低装置能耗。模拟计算表明优化操作参数后，制冷压缩机功率可减少6.64%，深冷系统综合能耗可降低5.46%。

下面以某乙烯装置低温系统换热网络优化为例，具体说明夹点技术在乙烯装置换热网络系统优化中的应用过程。此低温系统的物流基本处于常温以下，其中包括脱甲烷塔，脱乙烷塔，乙烯塔，高、低压脱丙烷塔，冷箱，甲烷压缩机等重要设备。

1) 流程模拟与工艺物流的选取

首先应用流程模拟软件对原有流程进行了模拟计算，并从中选出工艺物流及热性参数(表12.1-2)。根据物流经历的若干换热器，将物流的进、出口温度范围分成若干个温度区间，不同区间内的热量变化等于每个换热器的负荷。对相变物流做分段处理，对精馏塔这样的热量密集型单元设备，把冷凝器工艺侧物流当作热物流，再沸器工艺侧物流当作冷物流。

表 12.1-2　乙烯装置低温系统工艺物流及热性参数

| 物流代码 | 分段区间 | 入口温度/℃ | 出口温度/℃ | 热负荷/($10^6$kJ/h) |
|---|---|---|---|---|
| H01 | 1 | -36.62 | -44.12 | 2.7680 |
| H02 | 1 | -95.65 | -98.27 | 6.0645 |
| H03 | 1 | -15.81 | -17.44 | 38.2767 |
| H04 | 1 | -123.00 | -164.00 | 10.7912 |
| H05 | 1 | -119.51 | -123.00 | 1.6627 |
| H06 | 1 | -98.00 | -113.00 | 4.2180 |
| H07 | 1 | -34.02 | -48.20 | 3.5104 |
| H08 | 1 | -72.00 | -83.61 | 5.8714 |
| | 2 | -83.61 | -98.00 | 6.3362 |
| H09 | 1 | -54.00 | -72.00 | 16.1953 |
| H10 | 1 | 10.87 | -2.00 | 6.9894 |
| | 2 | -2.00 | -17.00 | 8.2233 |
| | 3 | -17.00 | -33.90 | 7.6857 |
| | 4 | -33.90 | -34.02 | 85.0459 |
| H11 | 1 | -45.32 | -47.95 | 4.0903 |
| | 2 | -47.95 | -54.00 | 8.4678 |
| H12 | 1 | -17.24 | -23.21 | 8.8287 |
| | 2 | -23.21 | -37.00 | 20.7206 |
| H13 | 1 | 11.00 | 7.60 | 15.1423 |
| H14 | 1 | 18.21 | 2.00 | 12.6988 |
| H15 | 1 | 45.98 | 17.28 | 21.9805 |
| H16 | 1 | 42.90 | 28.00 | 9.5585 |
| | 2 | 28.00 | 2.00 | 17.1072 |
| | 3 | 2.00 | -6.73 | 18.8758 |
| | 4 | -6.73 | -17.00 | 23.6620 |
| H17 | 1 | -19.73 | -48.00 | 7.9867 |
| | 2 | -48.00 | -48.09 | 67.3793 |
| C01 | 1 | -58.17 | -57.69 | 14.7437 |
| C02 | 1 | -41.27 | -40.58 | 8.8287 |
| | 2 | -40.58 | 30.00 | 2.6123 |
| C03 | 1 | -164.74 | -135.07 | 9.6531 |
| | 2 | -135.07 | -125.00 | 0.4061 |
| | 3 | -125.00 | -116.50 | 0.3391 |
| | 4 | -116.50 | -76.00 | 1.5906 |
| | 5 | -76.00 | -48.00 | 1.0987 |
| | 6 | -48.00 | 30.00 | 3.1449 |

续表

| 物流代码 | 分段区间 | 入口温度/℃ | 出口温度/℃ | 热负荷/($10^6$kJ/h) |
|---|---|---|---|---|
| C04 | 1 | -164.00 | -135.07 | 1.1380 |
| | 2 | -135.07 | -125.00 | 0.4015 |
| | 3 | -125.00 | -116.50 | 0.3417 |
| | 4 | -116.50 | -76.00 | 1.6635 |
| | 5 | -76.00 | -48.00 | 1.1816 |
| | 6 | -48.00 | 30.00 | 3.3873 |
| C05 | 1 | -143.42 | -143.41 | 0.8550 |
| | 2 | -143.41 | -116.50 | 3.5372 |
| | 3 | -116.50 | -76.00 | 2.6173 |
| | 4 | -76.00 | -48.00 | 1.8109 |
| C06 | 1 | -20.88 | 30.00 | 3.4375 |
| C07 | 1 | -10.62 | -10.48 | 18.8758 |
| C08 | 1 | 8.53 | 13.35 | 21.9805 |
| C09 | 1 | -41.6 | -41.3 | 25.1220 |
| C10 | 1 | -54.2 | -52.3 | 75.3660 |

2）目标计算

为保证每两股物流换热时的最小温差是 $\Delta t_{\min}$，在进行目标计算时通常采用虚拟温度，即把热流体的进、出口温度减去 $1/2\Delta t_{\min}$，冷流体的进、出口温度加上 $1/2\Delta t_{\min}$，然后把所有流体的进、出口温度(分段的物流要当作多股物流来看待)从低到高分成若干区间[$t_{i-1}$，$t_i$]，并假定最低温度区间的热负荷为 0。把每个温度区间内的热流体的热负荷相加，再从低温到高温依次累加各温度区间内热流体的热负荷，这样就得到热流体的组合曲线。运用此法也可得冷流体的组合曲线，数学公式表示如下：

$$Q_{\mathrm{HCC},i}=\sum_{j=1}^{i}\sum_{k_j=1}^{h_j}q_{\mathrm{h},k_j}=\sum_{j=1}^{i}(t_j-t_{j-1})\sum_{k_j=1}^{h_j}CP_{\mathrm{h},k_j} \tag{12.1-2}$$

$$Q_{\mathrm{CCC},i}=\sum_{j=1}^{i}\sum_{l_j=1}^{c_j}q_{\mathrm{c},l_j}=\sum_{j=1}^{i}(t_j-t_{j-1})\sum_{l_j=1}^{c_j}CP_{\mathrm{c},l_j} \tag{12.1-3}$$

需说明的是，热流体的组合曲线和冷流体的组合曲线均是从热负荷值等于零时的基准开始，并未体现出二者之间的最小传热温差(此时 $\Delta t_{\min}=0$)，为此需要把冷曲线沿横坐标轴向右平移，平移的距离表明热网络所需最小冷公用工程耗量。如何准确确定这一用量还需通过总组合曲线来实现。根据夹点技术原理有：

$$Q_{\mathrm{GCC},i}=Q_{\mathrm{CCC},i}-Q_{\mathrm{HCC},i}=\sum_{j=1}^{i}(t_j-t_{j-1})\left(\sum_{l_j=1}^{c_j}CP_{\mathrm{c},l_j}-\sum_{k_j=1}^{h_j}CP_{\mathrm{h},k_j}\right) \tag{12.1-4}$$

式中 $Q_{\mathrm{HCC},i}$——与 $t_i$ 对应的 HCC 曲线上的值，kJ/h；

$Q_{\mathrm{CCC},i}$——与 $t_i$ 对应的 CCC 曲线上的值，kJ/h；

$Q_{\mathrm{GCC},i}$——与 $t_i$ 对应的 GCC 曲线上的值，kJ/h；

$q_{\mathrm{h},kj}$——第 $j$ 个温度区间内、第 $k$ 个热流股的热负荷，kJ/h；

$q_{\mathrm{c},lj}$——第 $j$ 个温度区间内、第 $l$ 个冷流股的热负荷，kJ/h；

$CP_{h,kj}$——第 $j$ 个温度区间内、第 $k$ 个热流股的热容流率，kJ/(h·℃)；

$CP_{c,lj}$——第 $j$ 个温度区间内、第 $l$ 个冷流股的热容流率，kJ/(h·℃)；

$h_j$——第 $j$ 个温度区间内的热流股数；

$c_j$——第 $j$ 个温度区间内的冷流股数。

以上计算过程可以通过编程上机操作，计算结果见表 12.1-3。

**表 12.1-3　组合曲线及总组合曲线数据表**

| 温度/℃ | 热负荷/($10^6$kJ/h) | | | 温度/℃ | 热负荷/($10^6$kJ/h) | | |
|---|---|---|---|---|---|---|---|
| | 热组合曲线 | 冷组合曲线 | 总组合曲线 | | 热组合曲线 | 冷组合曲线 | 总组合曲线 |
| -166.0 | 0 | 0 | 0 | -39.3 | 142.031 | 142.42709 | 0.397765 |
| -162.7 | 0.8579 | 0.0000 | -0.8583 | -39.3 | 142.0578 | 142.4296 | 0.3726 |
| -162.0 | 1.0526 | 0.2408 | -0.8123 | -39.0 | 142.3006 | 145.9069 | 3.6050 |
| -141.4 | 6.4693 | 7.7460 | 1.2770 | -38.6 | 143.2134 | 150.8011 | 7.5868 |
| -141.4 | 6.4723 | 8.6047 | 2.1312 | -38.6 | 143.2946 | 151.3161 | 8.0223 |
| -133.1 | 8.6671 | 12.7423 | 4.0740 | -36.0 | 148.4987 | 151.6251 | 3.1277 |
| -125.0 | 10.7912 | 14.4506 | 3.6594 | -35.9 | 237.0110 | 151.6397 | -85.3729 |
| -123.0 | 11.7441 | 14.8739 | 3.1277 | -25.2 | 261.1428 | 152.9306 | -108.2130 |
| -121.5 | 12.4538 | 15.1888 | 2.7341 | -21.7 | 268.9159 | 153.3510 | -115.5654 |
| -115.0 | 12.4538 | 16.5659 | 4.1116 | -19.4 | 273.3835 | 153.6273 | -119.7566 |
| -114.5 | 12.5945 | 16.6718 | 4.0781 | -19.2 | 278.4703 | 153.6516 | -124.8187 |
| -101.3 | 16.3146 | 18.5899 | 2.2735 | -19.0 | 284.2194 | 153.6805 | -130.5381 |
| -100.0 | 23.5582 | 18.7741 | -4.7857 | -18.9 | 287.3756 | 153.6951 | -133.6825 |
| -99.7 | 25.6098 | 18.8248 | -6.7871 | -17.8 | 315.5181 | 153.8965 | -161.6224 |
| -85.6 | 31.7919 | 20.8601 | -10.9323 | -9.6 | 338.5738 | 155.4369 | -183.1352 |
| -74.0 | 37.6633 | 22.5432 | -15.1193 | -8.6 | 341.3577 | 155.6270 | -185.7311 |
| -56.2 | 53.7058 | 25.1484 | -28.5595 | -8.5 | 341.7438 | 176.9175 | -164.8254 |
| -56.0 | 53.8586 | 29.7424 | -24.1171 | -4.0 | 354.0921 | 177.7612 | -176.3313 |
| -55.7 | 54.2924 | 38.1193 | -16.1744 | 0.0 | 365.0968 | 178.5144 | -186.5811 |
| -55.7 | 54.3205 | 38.5443 | -15.7766 | 5.6 | 376.2095 | 179.5691 | -196.6425 |
| -55.3 | 54.7965 | 40.0147 | -14.7801 | 8.9 | 397.2621 | 180.1850 | -217.0792 |
| -52.2 | 59.1774 | 40.4720 | -18.7033 | 9.0 | 398.0284 | 180.2093 | -217.8203 |
| -50.3 | 61.8365 | 116.1156 | 54.2803 | 10.5 | 400.2337 | 180.4974 | -219.7379 |
| -50.2 | 61.9764 | 116.1302 | 54.1547 | 15.3 | 407.0802 | 203.0532 | -204.0283 |
| -50.1 | 62.1577 | 116.1465 | 53.9872 | 15.4 | 407.2347 | 203.3856 | -203.8483 |
| -50.0 | 129.7761 | 116.1671 | -13.6078 | 16.2 | 409.1327 | 203.5477 | -205.5859 |
| -47.3 | 135.2610 | 116.5510 | -18.7117 | 26.0 | 423.0712 | 205.3912 | -217.6821 |
| -46.1 | 135.8975 | 116.7264 | -19.1723 | 32.0 | 431.5164 | 206.5213 | -224.9968 |
| -46.0 | 136.0051 | 116.7440 | -19.2602 | 40.9 | 444.0439 | 206.5213 | -237.5201 |
| -39.6 | 141.7609 | 117.2800 | -24.4814 | 44.0 | 446.4012 | 206.5213 | -239.8816 |

从表12.1-2可知，当$t$等于44℃时，$Q_{GCC}$有最小值。因此冷组合曲线右移239.8816个单位即表现出冷、热流体间存在最小传热温差(图12.1-8)。此时总组合曲线也应右移239.8816个单位(图12.1-9)。从总组合曲线上可以确定不同等级的公用工程用量。

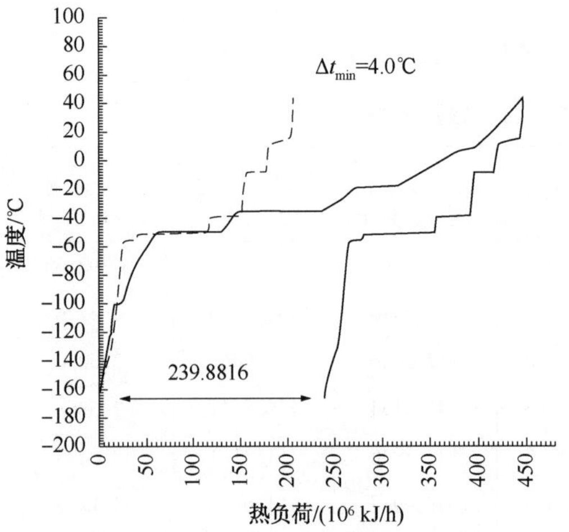


图12.1-8 冷、热流体热组合曲线

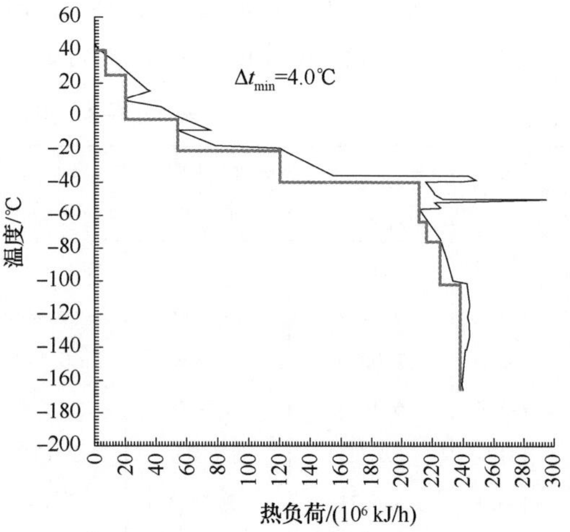


图12.1-9 总组合曲线

因为换热器的传热是不可逆过程，所以利用总组合曲线来确定公用工程等级时，要保证公用工程线与总组合曲线所围成的面积尽可能小。这一点对于低温系统尤为重要，因为面积小就意味着减少有效能损失和节省压缩机的轴功率。从理论上讲，公用工程等级越多，系统的有效能损失就越低，但换热面积和操作复杂性也随之增大。对于乙烯装置的深冷系统，公用工程等级通常有冷却水、四种级别丙烯冷剂和三种级别乙烯冷剂。

3）换热网络有效能分析

有效能定义为与热等当量的功，是为了比较不同等级间的热源(或冷剂)产生(或消耗)机械功的潜能。如果某一过程在恒温$T$下的热量变化为$Q$，则该过程的有效能为：

$$E_x=Q(1-T_0/T) \tag{12.1-5}$$

式中 $E_x$——有效能，kJ/h；

$T_0$——环境温度，K。

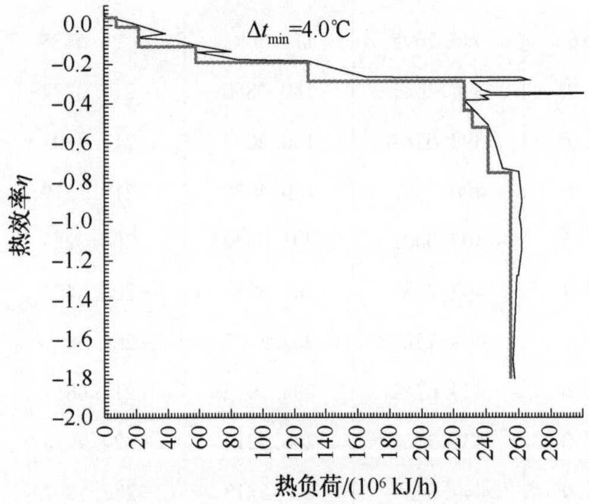


图12.1-10 有效能组合曲线

该过程的热效率($\eta$)定义为，

$$\eta=1-T_0/T \tag{12.1-6}$$

在低温系统中，$E_x$和$\eta$均小于零，这表明系统需消耗外界能量。

Linnhoff发现换热网络的有效能损失可以直接通过有效能组合曲线确定，因此将图12.1-9中的总组合曲线转换成有效能组合曲线(ECC)，如图12.1-10所示。有效能组合曲线与公用工程线所围成的面积即表示该换热网络的有效能损失($\Delta E_x$)。

有效能组合曲线对分析整个换热流程的能量回收与损失很有帮助。对于低温体系，有效能表示体系对环境消耗功的能力。如果该体系从某一状态过渡到环境状态是可逆的，那么体系消耗外功最小，称之为理想功率($W_{id}$)。由于压缩和节流过程的不可逆性，必然产生一定的功损失，即有效能损失，因此有效能损失率($\eta_{ex}$)可表示为：

$$\eta_{ex}=\frac{\Delta E_x}{\Delta E_x+3600W_{id}} \tag{12.1-7}$$

对于乙烯装置的深冷系统，可假设该系统的有效能损失率是不变的，那么该系统消耗的压缩机的轴功率 $W$ 为：

$$W=\frac{1}{\eta_{ex}\times3600}\cdot\Delta E_x \tag{12.1-8}$$

式中 $W_{id}$——压缩机的理想功率，kW；

$W$——压缩机轴功率，kW；

$E_x$——有效能，kJ/h；

$\Delta E_x$——有效能损失，kJ/h；

$\eta_{ex}$——有效能损失率。

4）结论

表 12.1-4 为优化后冷剂等级和最小用量与原方案比较一览表。

**表 12.1-4 冷剂等级优化结果与比较**

| 方案 | 冷剂等级 | 热负荷/($10^6$kJ/h) | 有效能损失/($10^6$kJ/h) |
|---|---|---|---|
| 原方案 | 35℃冷却水 | 7.1439 | -22.7354 |
| | 7℃丙烯冷剂 | 17.9710 | |
| | -7℃丙烯冷剂 | 29.0339 | |
| | -23℃丙烯冷剂 | 66.0843 | |
| | -40℃丙烯冷剂 | 91.0890 | |
| | -62℃乙烯冷剂 | 3.2633 | |
| | -75℃乙烯冷剂 | 10.3545 | |
| | -102℃乙烯冷剂 | 12.9349 | |
| 优化后 | 35℃冷却水 | 7.1439 | -21.3956 |
| | 25℃丙烯冷剂 | 12.9998 | |
| | -2℃丙烯冷剂 | 34.0056 | |
| | -21℃丙烯冷剂 | 66.0843 | |
| | -40℃丙烯冷剂 | 91.0890 | |
| | -64℃乙烯冷剂 | 4.7707 | |
| | -76℃乙烯冷剂 | 8.8471 | |
| | -102℃乙烯冷剂 | 12.9349 | |

在乙烯装置中 $\eta_{ex}$ 为 0.15～0.25，取 $\eta_{ex}=0.2$，则：

$$\Delta W=\frac{(\Delta E_x)_{优化后}-(\Delta E_x)_{原方案}}{\eta_{ex}\times3600}=\frac{22.7354-21.3956}{0.2\times3600}\times10^6=1861(\text{kW})$$

经过夹点分析并对冷剂等级进行优化后，该装置理论上可节省压缩机轴功率 1861kW。

为验证以上理论分析计算的结果，对原流程进行优化调整后重新进行了工艺流程模拟计算，结果表明上述分析可行，结论可靠。

2. 溴化锂制冷技术

溴化锂制冷机组是利用不同温度下溴化锂水溶液对水蒸气的吸收与释放来实现制冷的，这种循环要利用外来热源实现制冷，常用热源为蒸汽、热水、燃气、燃油等。机组可分为直燃型、蒸汽型和热水型。蒸汽型机组主要用在有蒸汽可以利用的场合，如城市集中供热热网、热电冷联供系统、纺织、化工、冶金等行业。热水型机组可利用65℃以上的热水，如地热、太阳能、热能、工业领域工艺过程产生的余热热水制取冷水。直燃型机组可利用燃气为宾馆、医院、写字楼、机场等大型建筑物提供空气调节。由于是以热制冷，溴化锂制冷机还可以利用工业废余热，为工业提供工艺所需冷水或空调。由于溴化锂制冷机具有许多独特的优点，近年发展十分迅速，特别是在空调制冷方面占有显著的地位。自20世纪80年代末以来，我国的溴化锂空调生产商已超过100家，其产品的制造水平和产量仅次于日本而位居世界前列。

(1) 溴化锂制冷机组的工作原理

溴化锂制冷机简称溴冷机，为常用的吸收式制冷机。在真空状态下，溴化锂吸收式制冷机以水为制冷剂，溴化锂溶液为吸收剂，制取0℃以上的低温冷冻水。它是利用了水在高真空状态下沸点变低的特点来制冷。

由于溴化锂水溶液本身沸点很高，极难挥发，所以可认为溴化锂饱和溶液液面上的蒸汽为纯水蒸气；在一定温度下，溴化锂水溶液液面上的水蒸气饱和分压力小于纯水的饱和分压力；而且浓度越高，液面上的水蒸气饱和分压力越小。所以在相同的温度条件下，溴化锂水溶液浓度越大，其吸收水分的能力就越强。这也就是通常采用溴化锂作为吸收剂，水作为制冷剂的原因。

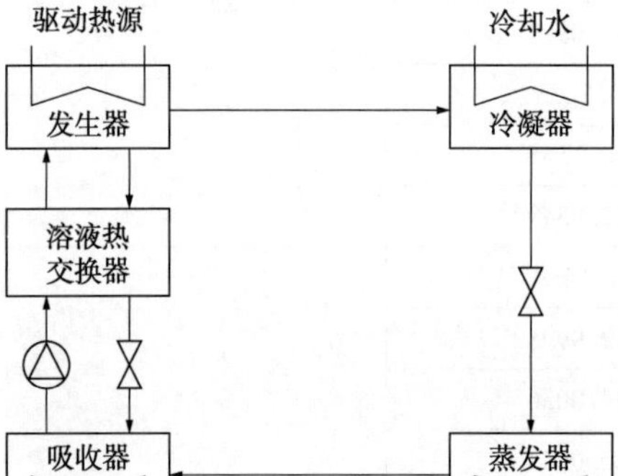


图12.1-11　吸收式制冷机基本组成及工作原理

溴化锂吸收式制冷机主要由发生器、冷凝器、蒸发器、吸收器、换热器、循环泵等几部分组成，如图12.1-11所示。

在溴化锂吸收式制冷机运行过程中，当溴化锂水溶液在发生器内受到加热蒸汽(或其他热介质)的加热后，溶液中的水不断汽化；随着水的不断汽化，发生器内的溴化锂水溶液浓度不断升高，进入吸收器；水蒸气进入冷凝器，被冷凝器内的冷却水降温后凝结，成为高压低温的液态水；当冷凝器内的水通过节流阀进入蒸气发生器时，急速膨胀而汽化，并在汽化过程中大量吸收蒸发器内冷媒水的热量，从而达到降温制冷的目的；在此过程中，低温水蒸气进入吸收器，被吸收器内的溴化锂水溶液吸收，溶液浓度逐步降低，再由循环泵送回发生器，完成整个循环。如此循环不息，连续制取冷量。由于溴化锂稀溶液在吸收器内已被冷却，温度较低，为了节省加热稀溶液的热量，提高整个装置的热效率，在系统中增加了一个换热器，让发生器流出的高温浓溶液与吸收器流出的低温稀溶液进行热交换，提高稀溶液进入发生器的温度。

溴化锂吸收式制冷机是一种必须保持高度真空状态才能进行稳定工作的制冷设备。只有在真空状态下，才能在蒸发器内形成低压环境，从而使冷剂水在低温(4~5℃)的条件下蒸发，以保证所需冷冻水的输出温度和整个机组的制冷能力。为及时排除渗入机组内的空气及不凝性气体，保持机组高度真空状态，溴化锂制冷机组必须配备一套专门抽真空装置。

(2) 溴化锂制冷技术的特点

1) 优点

① 利用热能为动力，无需耗用大量电能，而且对热能的要求不高，可利用各种低位势热能如太阳能、余热、废热等，具有很好的节电、节能效果，经济性高。

② 整个机组除了功率较小的屏蔽泵之外，无其他运动部件，运转安静。

③ 以溴化锂水溶液为工质，无臭、无毒、无害，有利于满足环保的要求。

④ 制冷机在真空状态下运行，无高压爆炸危险，安全可靠。

⑤ 制冷量调节范围广，随着外界负荷变化，机组可在10%~100%的范围内进行冷量无级调节，且低负荷调节时，热效率几乎不下降，性能稳定，能很好地适应变负荷的要求。

⑥ 对外界条件变化的适应性强，可在一定的热媒水进口温度、冷媒水出口温度和冷却水温度范围内稳定运转。

2) 缺点

① 溴化锂水溶液对一般金属有较强的腐蚀性，这不仅影响机组的正常运行，而且还会影响机组的寿命。

② 溴化锂吸收式制冷主机的气密性要求高，即使漏进微量的空气也会影响机组的性能，这就对机组制造提出严格的要求。

③ 浓度过高或者温度过低时，溴化锂水溶液均容易形成结晶，因此防止结晶是溴化锂主机在设计和运行中必须注意的重要问题。

(3) 溴化锂制冷机组在乙烯装置中的应用

由于溴化锂吸收式制冷机组可以利用低品位热能制冷，为工业余热资源的利用创造了有利条件，在余热种类繁多的化工行业中具有广泛的应用前景。目前溴化锂制冷技术已在氯碱、合成氨等工业装置的余热回收中成功应用，成为一项提高能源利用率、实现节能减排的有利措施。

乙烯装置流程复杂，技术成熟，换热网络的不断优化使得装置内的各种余热资源已充分利用，因此溴化锂制冷技术在典型乙烯装置中的应用不多。在特殊情况下，尤其是在非常规非全流程乙烯装置中，如果恰好存在多余而合适的低温余热，那么应用溴化锂制冷来回收热量制造冷量，就成为非常重要的节能手段。

在某公司400kt/a粗裂解气制乙苯/苯乙烯装置中，设有粗裂解气单元。该单元以炼厂富乙烷气为主原料，以一些其他装置的轻烃回收气为辅助进料，经过裂解、压缩、分离流程后制得含乙烯的粗裂解气送往乙苯单元。粗裂解气单元未设置丙烯塔，急冷水的热量回收系统缺少了常规乙烯流程中的重要用户丙烯塔再沸器，因而存在急冷水热量富裕的问题。而乙苯装置也有部分热水的低位能热量需要回收，因而在粗裂解气单元，增设了一个低温热利用包。此包以粗裂解气单元急冷水和乙苯单元热水作为热源，采用溴化锂吸收式制冷技术，制造5℃的低温冷冻水满足三个装置单元的低温冷量需求，实现了装置低温热的集成利用。

粗裂解气单元急冷水进出低温热利用包的温度分别是83℃和58℃，低温冷冻水进出热利用包的温度分别是10℃和5℃。在粗裂解气单元，冷冻水主要用于裂解气压缩机段间常规冷却水换热器下游，以进一步降低压缩机段间温度，从而降低压缩机的能耗。计算结果表明，低温热利用包可生产5℃冷冻水1900t/h，为装置的节能降耗发挥了显著的作用。

3. 装置内外冷量综合利用

在乙烯装置的深冷分离过程中，所需冷量大部分由制冷系统提供，制冷压缩机的能耗是乙烯装置分离系统能耗的重要指标之一。为降低装置总能耗，大型乙烯装置往往会结合装置内外具体条件，寻找可利用的各种冷量资源来替代制冷系统的部分消耗，从而降低制冷压缩机功率，优化匹配全厂的能量综合利用。这类综合利用措施比较典型的是LNG冷量利用，低温乙烷、低温丙烷的冷量利用。详细说明可参见本书第八章。

# 第二节　环　　保

## 一、污染物排放

1. 废水污染物

乙烯装置分离部分产生的工艺污水主要包括稀释蒸汽排污和碱洗塔排放的废碱液。

(1) 稀释蒸汽排污

稀释蒸汽排污来自工艺水系统。工艺水和物料一起在系统中循环，所以其中含有少量有机成分。为了去除工艺水中杂质、保证稀释蒸汽质量、减少对设备的腐蚀，对工艺水先进行汽提，汽提塔塔底出来的工艺水进入稀释蒸汽发生器，由循环急冷油和中压蒸汽汽化。稀释蒸汽发生器排污冷却后，形成含酚污水。污水中酚的浓度与裂解原料的种类有关，一般说来，烷烃裂解污水含酚低，芳烃裂解污水含酚高。正常工况下，稀释蒸汽排污量占稀释蒸汽量的5%左右。而稀释蒸汽量与装置规模、裂解原料、采用的工艺技术路线有关，一般情况下裂解原料越重，所需的稀释蒸汽量越大。典型的稀释蒸汽排污的污染物组成如表12.2-1所示。

**表12.2-1　稀释蒸汽排污组成**

| 名　称 | 组　成 | 名　称 | 组　成 |
|---|---|---|---|
| pH | 8.5~10 | TDS | ≤150mg/L |
| $COD_{Cr}$ | 200~500mg/L | 石油类 | 10~100mg/L |
| BOD | 100~300mg/L | 酚 | 10~50mg/L |
| TSS | ≤200mg/L | 苯 | 5mg/L |

注：TSS—总悬浮固体；TDS—总溶解固体。下同。

该股污水水量与操作状况有关，正常工况下为10.9t/h，高压蒸汽热备情况下为12.9t/h，在开车工况下更大，达76.0t/h。

(2) 碱洗塔排污

乙烯装置的碱洗塔排污来自裂解气中的酸性气的脱除和裂解气干燥单元。裂解气中含有$CO_2$、$H_2S$等酸性气体，工艺流程要求将裂解气中的$CO_2$、$H_2S$脱除至$1mL/m^3$以下。目前广泛采用设置碱洗塔，用 NaOH 溶液洗涤裂解气。不管是两段碱洗还是三段碱洗工艺，其碱洗塔顶部为水洗段，该水洗段一般利用蒸汽凝液或锅炉给水进行洗涤，在洗涤过程中，酸性气体与 NaOH 发生化学反应，从而除去酸性气体，同时产生废碱液和黄油。乙烯废碱液中通常含有 $Na_2S$、NaHS、$Na_2CO_3$、NaOH 等。表 12.2-2 是典型的乙烯碱渣组分情况。

**表 12.2-2　乙烯废碱液组成**

| 名　称 | 组成/%(质量) | 名　称 | 组成/%(质量) |
|---|---|---|---|
| NaOH | 0.95 | 油/油脂 | ≤1000mg/L |
| $Na_2S$ | 1.78 | NaCl | ≤750mg/L |
| $Na_2CO_3$ | 4.75 | 苯酚 | 20~50mg/L |
| TDS | 7.48 | 甲苯 | 5mg/L |
| $COD_{Cr}$ | 10000~35000mg/L | 苯 | 10~30mg/L |
| BOD | 6000mg/L | 乙苯 | 5mg/L |

根据目前乙烯工业的水平，乙烯碱渣将长期存在。表 12.2-3 是近年来国内几套大型乙烯的废碱液排放情况。

**表 12.2-3　国内大型乙烯废碱液排放表**

| 项　目 | 乙烯装置规模/(kt/a) | 废碱液排放量/(t/h) | 备　注 |
|---|---|---|---|
| 赛科 | 900 | 10.59 | 实测值 |
| 茂名 | 640 | 9.7 | 设计值 |
| 福建 | 800 | 12.5 | 设计值 |
| 天津 | 1000 | 13.7 | 设计值 |
| 镇海 | 1000 | 12.7~14.7 | 设计值 |
| 武汉 | 800 | 9~12 | 设计值 |
| 惠炼二期 | 1000 | 10.59 | 设计值 |
| 中化泉州 | 1000 | 7.8~12.6 | 设计值 |

(3) 废碱氧化单元排污

碱洗塔碱洗段排出的废碱液排至废碱处理单元进行处理。目前国内主流的乙烯废碱液处理方法为高压湿式氧化法。废碱液排至废碱氧化单元进行脱烃及氧化处理，经过氧化的废碱液和尾气混合物减压，然后流入分离罐，分离罐排出尾气及处理过的废碱液。经高压湿式氧化后，出水中污染物的典型组成如表 12.2-4 所示。

**表 12.2-4　乙烯废碱高压湿式氧化出水污染物组成**

| 名　称 | 组　成 | 名　称 | 组　成 |
|---|---|---|---|
| 硫化物(以 $S^{2-}$ 计) | <1mg/L | TDS | 100000~140000mg/L |
| 硫代硫酸盐(以 $S^{2-}$ 计) | <100mg/L | 苯酚 | 20~50mg/L |
| $COD_{Cr}$ | 3000~10000mg/L(最大) | 苯 | 1~30mg/L |
| B/C 比 | >0.5 | 氨氮 | <1mg/L |
| 油/油脂 | ≤50mg/L | | |

近年来，国内有的大型乙烯装置采用常温催化氧化工艺来处理乙烯废碱液，脱硫段出水的污染物典型组成如表 12.2-5 所示。

**表 12.2-5 乙烯装置废碱常温催化氧化脱硫段出水污染物组成**

| 名　称 | 组　成 | 名　称 | 组　成 |
|---|---|---|---|
| 硫化物(以 $S^{2-}$ 计) | <50mg/L | pH | 10.5~11.5 |
| 硫代硫酸盐(以 $S^{2-}$ 计) | <7000mg/L | 油/油脂 | ≤100mg/L |
| $COD_{Cr}$ | ~10000mg/L | | |

2. 废气污染源

(1) 加氢反应器再生废气

碳二、碳三加氢反应器的催化剂一般使用 6 个月到一年后，催化剂的活性将会下降，这时应使用蒸汽和空气对催化剂进行再生(前脱丙烷流程乙烯装置中碳二加氢反应器无须再生)，再生过程中将会排出含有痕量 VOC 的尾气，基于目前越来越严格的环保标准，需要处理后排放。

(2) 废碱氧化尾气

废碱氧化单元中经过氧化的废碱和尾气混合物通过减压后进入分离设备，分离出来的含烃尾气需要进行焚烧处理。典型的高压湿式氧化尾气污染物组成如表 12.2-6 所示。

**表 12.2-6 乙烯废碱液高压湿式氧化尾气污染物组成** mL/m³

| 名　称 | 组　成 | 名　称 | 组　成 |
|---|---|---|---|
| 碳氢化合物 | <3000 | 二氧化硫 | <10 |
| 硫化氢 | <1 | 二氧化氮 | <25 |

若废碱采用常温催化氧化工艺处理，典型的尾气污染物组成如表 12.2-7 所示。

**表 12.2-7 乙烯装置废碱液常温催化氧化尾气污染物组成** mL/m³

| 名　称 | 组　成 | 名　称 | 组　成 |
|---|---|---|---|
| 碳氢化合物 | <2000 | 硫化氢 | <1 |

(3) 火炬气

为保护设备和人身安全，乙烯装置在开停车、非正常工况及事故下排放的可燃及易燃气体将排入火炬系统。一般情况下，装置停水事故时排放的火炬气量最大。

3. 固体废物

乙烯装置分离部分产生的固体废物主要有废催化剂、废吸附剂、分子筛、废瓷球和废黄油等。

乙烯装置碳二、碳三加氢反应器和甲烷化反应器使用含贵金属钯或镍的催化剂。装置反应器、干燥器在正常生产时都可切换使用，催化剂和干燥剂都可再生，只是在装置大检修期间才需要更换废催化剂和干燥剂。

废黄油来自裂解气碱洗水洗系统的黄油罐。废碱液在装置内用裂解汽油萃取时生成废黄油，废黄油的产生量与碱洗效果有关，可通过加入黄油抑制的方法减少废黄油的产生。

某 1000kt/a 乙烯装置分离部分产生的固体废物如表 12.2-8 所示。

**表 12.2-8　某 1000kt/a 乙烯装置分离部分产生的固体废物**

| 排放源 | 排放规律 | 排放量/($m^3$/a) | 主要成分 | 去　向 |
|---|---|---|---|---|
| 裂解气干燥器 | 1 次/5 年 | 87.3 | 分子筛 | 外委有资质单位填埋 |
| 裂解气液相干燥器 | 1 次/5 年 | 11.04 | 分子筛 | 外委有资质单位填埋 |
| 裂解气第二干燥器 | 1 次/5 年 | 15.08 | 分子筛 | 外委有资质单位填埋 |
| 氢气干燥器 | 1 次/5 年 | 12.44 | 分子筛 | 外委有资质单位填埋 |
| 乙炔加氢反应器 | 1 次/5 年 | 17.01 | 含贵金属废催化剂 | 外委有资质单位回收 |
| 甲烷化反应器 | 1 次/5 年 | 2.64 | 甲烷化催化剂 | 外委有资质单位填埋 |
| MAPD 加氢反应器 | 1 次/5 年 | 3.76 | 含贵金属废催化剂 | 外委有资质单位回收 |
| 反应器、干燥器等 | 1 次/5 年 | 24 | 废瓷球 $Al_2O_3$ | 外委有资质单位填埋 |
| 废碱液处理系统 | 连续 | 2000t/a | 含芳烃、环烷烃、烷烃的废液 | 作为燃料或界外焚烧 |

### 4. 噪声污染源

乙烯分离部分的高噪声源主要是裂解气压缩机、乙烯/丙烯制冷压缩机、甲烷增压机和机泵等动设备的运转以及物料在管道中流动产生的噪声。

## 二、污染治理措施

### 1. 废水预治理措施

(1) 稀释蒸汽排污水预处理

稀释蒸汽排污在排出装置界区前应先进行冷却，需要冷却至 40℃之后压力排入全厂污水处理场进行后续处理。由于该股废水含酚，为避免与废碱液等污水混合后发生乳化，不利于后续处理，一般都采用单独管线输送的方式。

(2) 乙烯装置废碱液预处理

国内乙烯装置废碱液的处理方法主要包括焚烧法、中和法、氧化法和生物处理法四大类。目前主流的预处理方法为氧化法，氧化法包括湿式氧化(WAO)和催化氧化(CWAO)两种。

湿式空气氧化法是在高温(150~350℃)和高压(0.5~10MPa)条件下，以空气中的氧气为氧化剂，在液相中将碱渣中的无机及有机硫氧化成硫代硫酸盐及硫酸钠，有机污染物氧化为 $CO_2$ 和水或小分子有机物的化学过程。目前建成的乙烯装置废碱液高压湿式氧化单元的操作温度一般在 190~200℃，操作压力一般在 2.7~3.2MPa。

乙烯装置废碱液经过 WAO 处理后，其中的硫化物和硫醇氧化成硫酸盐和磺酸盐，有机物氧化成可生物降解的低分子量羧酸，氧化液中 BOD/COD 值显著提高，可以通过后续污水生物处理装置进行彻底处理。

催化湿式氧化技术通过采用催化剂，使氧化反应在更温和的条件下、在更短的时间内完成。CWAO 技术缓和了反应条件，降低了温度和压力，节省了能量，使反应在较低的温度和压力下就可以达到较好的处理效果。该技术目前在国内大型乙烯装置中已开始逐步应用，配合后续生化处理，处理后的废水可达标排放。该技术是乙烯装置废碱处理工艺的新选择。

2. 废气治理措施

(1) 再生尾气

碳二、碳三加氢反应器催化剂再生时产生的工艺废气，以前在工艺采取控制手段的基础上，通常认为污染物的含量很低，可以符合相关标准的限值要求直排大气。现在最新的设计是返回裂解炉炉膛焚烧，以满足日益严格的环保排放限值要求。

(2) 废碱氧化尾气

废碱氧化单元的尾气中的主要组分为空气或 $N_2$，其 $H_2S$ 的含量小于 $1mL/m^3$，但尾气中烃的含量较高，不能直接排入大气，现在一般将其送到废气焚烧设施或动力中心锅炉焚烧处理。

(3) 火炬气

在装置开停车、非正常工况及事故情况下，乙烯装置排出大量烃类气体，被送往全厂火炬系统进行焚烧处理，将污染降至最低。火炬系统一般主要由分液罐、水封罐、塔架、火炬头、点火系统等部分组成。为了节能减排，全厂建设的火炬系统一般都设有火炬气回收设施，最大限度地对全厂装置正常工况下连续稳定排放或局部小事故状况下排放的火炬气进行回收，进入全厂燃料气系统用作燃料。回收系统一般包括气柜、螺杆压缩机、气体冷却器、气体分离器、后冷器等。

(4) 无组织排放气

按照国家《大气污染防治行动计划》国发〔2013〕37 号文的要求，石化行业需要进行挥发性有机物(VOCs)的综合整治，并开展“泄漏检测与修复”(LDAR)技术改造。对于乙烯装置的涉 VOC 设备与管线组件，根据《石油化学工业污染物排放标准》(GB 31571—2015)的规定，有机气体和挥发性有机液体流经的设备与管线组件，采用氢火焰离子化检测仪(以甲烷或丙烷为校正气体)，泄漏检测值应小于 2000μmol/mol；其他挥发性有机液体流经的设备与管线组件，泄漏检测值应小于 500μmol/mol。这就要求相应设备及配件选型安装时要达到此标准，以减少设备及管线组件的挥发性有机物泄漏及无组织排放。

“泄漏检测与修复”是一项长期的控制 VOCs 排放的管理制度。它通过对涉 VOCs 动静密封点进行标号和标识，采用便携式的测量仪器定期进行泄漏检测，对超标的密封点挂牌并及时修复，来减少和控制 VOCs 的排放。LDAR 主要监测的动静密封点包括泵、压缩机、法兰、泄压设备、取样连接系统、阀门、开口阀或开口管线和连接件等。

3. 固体废物治理措施

废加氢催化剂通常含有贵金属，可以送催化剂制造厂或有相应资质的其他单位回收。其他废催化剂、废吸附剂、分子筛和废瓷球等，一般作为危险固废送当地有资质的第三方做相应处置。

## 三、排放标准

随着石化企业的环保工作受到越来越多的社会关注，其排放标准也日益严格。根据现行的国家标准，乙烯装置一般执行《石油化学工业污染物排放标准》(GB 31571—2015)中规定的污染物排放限值。根据项目所在地的环境要求，分别执行一般排放限值或特别排放限值。但如果项目所在地有更严格的地方标准，则需要执行相应的地方标准，如京津冀地区等。

1. 污水预处理标准

经过预处理的污水出乙烯装置界区的污染物浓度控制，原则上应满足《石油化工给水排水水质标准》(SH 3099—2021)的要求。该标准规定了装置或单元的生产污水排入工艺废水管网的主要污染物控制指标，其控制指标见表 12.2-9。

**表 12.2-9 工艺废水排入工艺废水管网时主要污染物控制指标**

| 污染物种类 | 允许值 | 污染物种类 | 允许值 |
|---|---|---|---|
| pH | 6~9 | 水温/℃ | ≤40 |
| 石油类/(mg/L) | ≤500 | | |

## 2. 污水外排标准

乙烯装置排出的污水经过预处理后，将与其他下游装置排出的污水一并进入全厂污水处理场进行后续处理，达到相关标准后外排或进行回用。

《石油化学工业污染物排放标准》(GB 31571—2015)中，对企业废水总排口的硫化物、挥发酚及石油类的限值见表 12.2-10。

**表 12.2-10 现有和新建企业水污染物排放限值** mg/L

| 污染物项目 | 排放限值 | | 特别排放限值 | | 污染物排放监控位置 |
|---|---|---|---|---|---|
| | 直接排放 | 间接排放 | 直接排放 | 间接排放 | |
| 石油类 | 5.0 | 20 | 3.0 | 15 | 企业废水总排放口 |
| 硫化物 | 1.0 | 1.0 | 0.5 | 1.0 | |
| 挥发酚 | 0.5 | 0.5 | 0.3 | 0.5 | |

## 3. 废气排放标准

乙烯装置分离部分工艺废气排放执行《石油化学工业污染物排放标准》(GB 31571—2015)和《恶臭污染物排放标准》(GB 14554—1993)，与乙烯装置相关的污染物排放限值见表 12.2-11 和表 12.2-12。

**表 12.2-11 《石油化学工业污染物排放标准》的相关排放限值** $mg/m^3$

| 污染物项目 | 一般排放限值 | | 特别排放限值 | | 厂界浓度限值 |
|---|---|---|---|---|---|
| | 废水处理有机废气收集处理装置 | 其他有机废气 | 废水处理有机废气收集处理装置 | 其他有机废气 | |
| 非甲烷总烃 | 120 | 去除效率≥95% | 120 | 去除效率≥97% | 4.0 |
| 二氧化硫 | | 100 | | 50 | |
| 氮氧化物 | | 150 | | 100 | |
| 颗粒物 | | 20 | | 20 | 1.0 |

**表 12.2-12 《恶臭污染物排放标准》的相关排放限值**

| 污染物种类 | 一级 | 二级 | | 三级 | |
|---|---|---|---|---|---|
| | | 新改扩建 | 现有 | 新改扩建 | 现有 |
| 硫化氢/($mg/Nm^3$) | 0.03 | 0.06 | 0.10 | 0.32 | 0.60 |
| 臭气浓度 | 10 | 20 | 30 | 60 | 70 |

如果装置所在地的地方标准对污染物允许排放浓度的要求更严格，则污染物排放浓度应满足地方标准的要求。如北京、天津、河北等地的地方标准中对大气污染物的排放限值都有着更为严格的规定。

## 参 考 文 献

[1] 赵百仁，王振维，王泽尧，等. 多元冷剂过冷中的氢气反凝现象[J]. 化学工程，2008，36(7)：16-19.
[2] 赵百仁，李广华. 三元制冷系统轻冷剂流道堵塞问题的分析与对策[J]. 石油化工，2014，43(8)：948-953.
[3] 盛在行. 二元制冷技术在乙烯装置中的应用[J]. 化工进展，2002，21(9)：663-667.
[4] 李广华，何细藕，盛在行. 乙烯装置技术水平分析及节能措施[J]，石油化工，2009，38(2)：115-123.
[5] 王子宗，王松汉，李广华，等. 分凝分馏塔工业试验[J]，石油化工，2003，32：816-818.
[6] 孙丽丽. 化工过程强化传热[M]. 北京：化学工业出版社，2019：344-358.
[7] Linnhoff B，J R Flower. Synthesis of heat exchanger networks：PartI：Systematic generation of energy optimal networks[J]. AIChE Journal，1978，24：633-641.
[8] Linnhoff B，J R Flower，Synthesis of heat exchanger networks：Part II：Evolutionary generation of networks with various criteria of optimality[J]. AIChE Journal，1978，24：642-654.
[9] 李彦博. 乙烯装置能量优化[J]. 乙烯工业，2005，17(2)：28-32.
[10] 姚平经. 全过程系统能量优化综合[M]. 大连：大连理工大学出版社，1995.
[11] 姚平经，都健. 乙烯装置能量系统优化技术[M]. 北京：石油工业出版社，2018：48-64.
[12] 何斌. 夹点技术在乙烯装置优化换热网络中应用[C]. 第二届中国石油石化节能减排技术交流大会论文集. 福州，2015：840-850.
[13] 田峻，李琰，廖丽华，李东风. 乙烯装置深冷分离系统的优化研究[J]. 石油石化绿色低碳，2019，4(5)：22-28.
[14] 马付贞，尤思泉. 溴化锂制冷技术在氯碱行业余热回收中的应用[J]. 节能技术，1996，(5)：47-48.
[15] 王松汉. 乙烯装置技术与运行[M]. 北京：中国石化出版社，2009.
[16] 张家仁，翟齐，詹鲲，等. 石油石化环境保护技术[M]. 北京：中国石化出版社，2006.
[17] 王松汉，何细藕. 乙烯工艺与技术[M]. 北京：中国石化出版社，2000.

# 第十三章 安全、健康与卫生

## 第一节 概 述

乙烯装置生产规模大，工艺流程复杂，工艺操作条件变化范围大，处理的物质易燃易爆，世界范围内曾发生过多起后果严重的火灾、爆炸事故。

2005 年 10 月 6 日，位于美国得克萨斯州波因特康福特市的台塑集团联合装置的烯烃装置内发生了丙烯泄漏事故，并引起火灾和一连串爆炸。事故导致 16 名员工受伤，其中 1 名伤势严重。此次事故导致的大火整整燃烧了 5 天才最终被扑灭。台塑集团联合装置的烯烃装置损坏严重，停产达 5 个月之久。

2013 年 6 月 13 日，美国威廉姆斯公司烯烃装置采用急冷水加热的丙烯精馏塔塔釜再沸器发生破裂，13.6t 的丙烷、丙烯等物料泄漏，导致持续约 3.5h 的大火，造成 2 人死亡，167 名公司员工和承包商受伤，装置停工 18 个月。

通过以上两起事故可以看出，乙烯装置因为可燃物质引起的火灾、爆炸事故后果严重，影响恶劣，因此防火、防爆是实现乙烯装置安全生产的重要工作之一。

本章节首先介绍乙烯装置存在的危险，然后再介绍采取的防控措施。

## 第二节 危险性分析

### 一、物质的危险性

1. 火灾危险性

燃烧(也称作火)是一种同时有光和热发生的剧烈氧化还原反应，它的发生必须具备可燃物、助燃物(通常为空气)以及点火源这三个要素。三要素缺少一个，就不会发生燃烧。

物质的相态不同，燃烧的发生过程也不同。

可燃气体的燃烧分为扩散燃烧和预混燃烧两种形式。可燃气体与空气通过互相扩散，边混合边燃烧，这种燃烧称为扩散燃烧。可燃气体和空气在遇到点火源前预先混合成混合可燃气体的燃烧称为预混燃烧。可燃气体的爆炸下限越低，越容易被点火源引燃。

可燃液体的燃烧在许多情况下并不是液体本身燃烧，而是在热源作用下由液体蒸发所产生的蒸气的燃烧。可燃液体的挥发性越强，挥发出的可燃蒸气也越多，遇到点火源被引燃的可能性也相对越高。液体的火灾危险性通过液体的闭杯闪点确定，闭杯闪点越低，火灾危险性越大；闭杯闪点越高，火灾危险性相对降低。

乙烯装置的主要原料和产品包括石脑油、燃料气、氢气、甲烷，乙烷和乙烯等碳二主要组分，丙烷和丙烯等碳三主要组分，丁烷、丁烯、1,3-丁二烯等混合碳四主要组分，碳五到碳九的裂解汽油主要组分以及裂解萘馏分、乙烯焦油等。这些物质均具有可燃性。

根据《石油化工企业设计防火标准》对可燃气体火灾危险性的分类要求，燃料气、氢气、甲烷、碳二组分、碳三组分、混合碳四组分的气体的火灾危险性为甲类，说明这些物质的火灾危险性很高。

根据《石油化工企业设计防火标准》对液体的火灾危险性的分类要求，石脑油、裂解汽油的火灾危险性为甲B类，说明石脑油、裂解汽油的火灾危险性很高。裂解萘馏分、乙烯焦油这两种重组分在常温、常压下的火灾危险性较低，但是由于装置内的操作温度较高，这两种物质的火灾危险性会升高到乙A类。

甲烷、碳二组分、碳三组分、混合碳四组分这些烃类物质在常温、常压的大气环境下是气相，但是在乙烯装置内的部分生产单元会通过降低操作温度、升高操作压力的方式，将这些烃类由气相液化为液相。这些液相的烃类如果因为某种原因进入大气环境，会迅速汽化，体积膨胀数百倍。如图13.2-1所示，液化石油气泄漏后在极短的时间内迅速汽化，并剧烈膨胀。由于液化烃的高挥发性，所以液化甲烷、液化碳二组分、液化碳三组分、液化混合碳四组分的火灾危险性比石脑油、裂解汽油这些甲B类的可燃液体高，根据《石油化工企业设计防火标准》，液化甲烷、液化碳二组分、液化碳三组分、液化混合碳四组分的火灾危险性为甲A类。

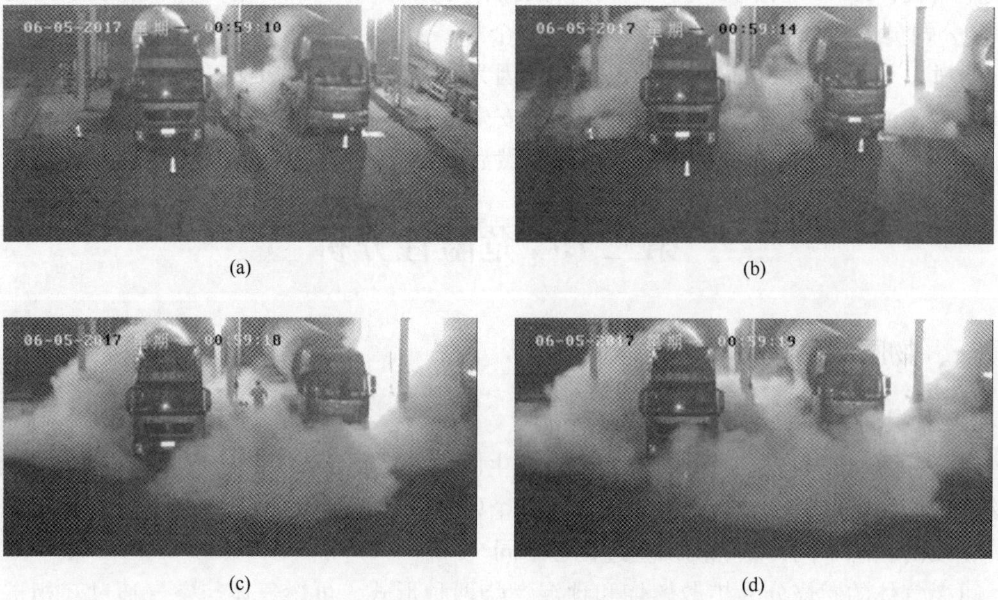


图13.2-1 某企业液化石油气卸车时发生的液化石油气泄漏过程

2. 毒性

乙烯装置的主要原料和产品除了具有较高的火灾危险性外，也具有不同程度的毒性。

混合碳四组分中的1,3-丁二烯和裂解汽油中的苯是国际癌症研究机构定义的明确人类致癌物，因此根据《职业性接触毒物危害程度分级》(GBZ/T 230—2010)，1,3-丁二烯和苯的职业性接触毒物危害程度分级为极度危害。部分设备内可能含有少量的硫化氢和一氧化碳，根据《职业性接触毒物危害程度分级》，硫化氢和一氧化碳的职业性接触毒物危害程度分级为高度危害。其他原料和产品中的主要组成的职业性接触毒物危害程度分级为中度危害或轻度危害，比如，甲苯、二甲苯等为中度危害，甲烷、氢气、乙烷、乙烯、丙烷、丙烯、丁烷、丁烯等为轻度危害。

碱洗使用的氢氧化钠具有腐蚀性，会灼伤接触到的人员。

## 二、泄漏

石油化工装置的火灾、爆炸、中毒事故多数情况是由于可燃、有毒物质的泄漏导致的。泄漏原因主要包括：

① 仪表故障、设备故障、公用工程中断、误操作、杂质等原因造成温度、压力、液位等工艺参数偏离设计意图，并超出设备、管线能够承受的能力，导致设备、管线破裂，造成可燃、有毒物质的泄漏。比如再沸器加热蒸汽的流量控制回路故障导致蒸汽流量增加，造成精馏塔内的温度、压力升高并超过精馏塔的设计压力，导致精馏塔破裂，造成塔内的可燃物泄漏，并引发火灾、爆炸事故。

② 设备、管线、阀门等选材不当会导致可燃、有毒物质的泄漏。乙烯装置部分单元的操作温度极低，如果选材不当，会导致发生低温脆断，并最终造成可燃、有毒物质的泄漏。1944 年 10 月 22 日，美国东俄亥俄州燃气公司液化天然气设施发生的液化天然气爆炸、火灾事故，是由于储罐选用的 3.5%Ni 钢不能承受低温的影响而发生失效，最后导致了爆炸和火灾事故。

③ 根据统计，法兰、阀门、泵和压缩机的密封、取样、仪表接管等是容易发生泄漏的部位。

④ 物料的腐蚀、材质的缺陷、老化会导致材质失效，造成可燃、有毒物质的泄漏。乙烯装置碱洗使用氢氧化钠、产出的氢气等物质会导致材质腐蚀，造成可燃、有毒物质的泄漏。

⑤ 不遵守操作规程作业。

⑥ 自然环境的影响。

⑦ 车辆、掉落的工具等外部撞击。

## 三、火灾、爆炸

1. 火灾

乙烯装置的原料和产品属于可燃物，在正常生产期间，可燃物处于密闭系统，没有同时出现燃烧三要素，因此不会发生火灾事故，但是由于泄漏，可燃物进入大气后与空气混合并达到爆炸极限，此时如果再遇到点火源，三要素同时出现，便会导致火灾的发生。

由于物质相态、操作条件、工艺单元操作等因素的不同，可燃物泄漏后导致的火灾类型也不同。同一种物质处于不同的相态时，导致的火灾类型也存在不同。

乙烯装置可能发生的火灾类型包括喷射火、池火、闪火。

喷射火是具有一定压力的可燃气体或可燃液体朝一定方向持续泄漏并被点火源引燃后导致的湍流扩散燃烧，如图 13.2-2 所示。乙烯装置处理可燃物的大部分设备，比如泵、压缩机、容器、换热器、塔、反应器等，如果发生泄漏可能导致喷射火。

池火是液化烃、可燃液体形成的液池挥发出的可燃蒸气被点火源引燃后导致的湍流扩散燃烧，如图 13.2-3 所示。乙烯装置处理液化烃、可燃液体的设备，比如泵、容器、换热器、塔等，如果发生液体泄漏可能导致池火。

图 13.2-2　喷射火示意图
（非乙烯装置实际发生的喷射火）

图 13.2-3　池火示意图
（非乙烯装置实际发生的池火）

喷射火和池火都属于扩散燃烧，闪火与喷射火和池火不同，属于预混燃烧。闪火发生过程在下一部分“爆炸”中介绍。

喷射火、池火、闪火对周围造成破坏的方式是热辐射。

2. 爆炸

物质由一种状态迅速转变成另一种状态，并在瞬间以声、光、热、机械功等形式放出大量能量的现象叫作爆炸。

爆炸分为物理爆炸、化学爆炸和核爆炸三类。乙烯装置只涉及物理爆炸和化学爆炸。

物理爆炸是由物理变化所致，其特征是爆炸前后系统内物质的化学组成及化学性质均不发生变化。物理爆炸主要是指压缩气体、液化气体和过热液体在压力容器内，由于某种原因使容器承受不住压力而破裂，内部物质迅速膨胀并释放大量能量的过程。乙烯装置的压力容器均具有发生物理爆炸的风险，并且由于物理爆炸的发生，造成设备内的可燃物泄漏，可能引发火灾和化学爆炸。此外，乙烯装置内处理液化甲烷、液化碳二组分、液化碳三组分、液化混合碳四组分液化烃的容器、塔器、换热器、反应器等当液体量较大时，可能发生沸腾液体扩展蒸气爆炸（BLEVE），并由于可燃的液化烃快速大量地泄漏到大气中并被点火源引燃，会发生火球，本章概述中提到的 2013 年 6 月 13 日美国威廉姆斯公司烯烃装置丙烯精馏塔塔釜再沸器的爆炸事故是一起典型的 BLEVE，并且在 BLEVE 发生之后，出现了火球，如图 13.2-4 所示。

图 13.2-4　美国威廉姆斯公司烯烃装置丙烯精馏塔塔釜再沸器发生 BLEVE 之后导致的火球

化学爆炸是由化学变化造成的，其特征是爆炸前后物质的化学组成及化学性质都发生了变化。乙烯装置可能发生的化学爆炸是可燃气体或液化烃和可燃液体的蒸气与空气混合后形成的爆炸性混合物的爆炸。

爆炸性混合物的爆炸的本质是预混燃烧，但是在装置内由于密集布置的管道、设备的存在，不仅使爆炸性混合物的燃烧速度加快，而且也阻碍了火焰和燃烧产物的自由传播，于是导致了爆炸的发生。前述的闪火也是爆炸性混合物的预混燃烧，但是是在没有密集布置的管道、设备存在的情况下发生的预混燃烧，所以闪火发生时的燃烧速度较低，燃烧产物和火焰的自由传播没有受到限制，于是闪火对周围造成破坏的方式是热辐射，爆炸对周围造成破坏的方式是超压以及因爆炸而产生的抛射物。有时，爆炸性混合物被引燃首先发生爆炸或闪火，然后火焰传播到泄漏口处或液池，又导致了喷射火或池火。

在世界范围内发生了多起后果特别恶劣的爆炸性混合物的爆炸，包括 1974 年 6 月 1 日英国的 Flixborough 爆炸事故、1989 年 10 月 23 日美国 Pasadena 的 Phillips 66 爆炸事故，2005 年 3 月 23 日 BP 得克萨斯炼油厂爆炸事故、2005 年 12 月 11 日英国邦斯菲尔德汽油库爆炸等等，这些事故是由液化烃、可燃液体挥发出的蒸气导致的爆炸，也称为蒸气云爆炸（VCE）。

前述的爆炸性混合物的爆炸都是可燃物泄漏到大气环境后导致的，在实际生产过程中，爆炸性混合物的爆炸也可能发生在设备内部。在设备检修前，设备没有与可燃物源头做到安全、有效地隔离、没有进行置换或者置换不合格等原因，导致设备内可燃气体或蒸气与空气混合后形成了爆炸性混合物，并被检修时产生的点火源引燃而导致爆炸的发生。为了避免这类爆炸事故的发生，在设备检修前应对设备进行有效隔离，置换并检测设备内的气体成分，待检测合格后再进入设备作业，在作业期间也应定时检测气体成分并保证通风良好。后续章节对这类爆炸事故的防控措施不再赘述。

3. 点火源

乙烯装置常见的点火源包括：

① 明火设备，如裂解炉。

② 裂解炉的裂解产物在进入急冷器之前的温度超过介质的自燃点，如果泄漏到大气会发生自燃。

③ 雷电。

④ 静电火花。

⑤ 电气设备产生的电火花。

⑥ 动火作业。

⑦ 工器具的撞击火花。

## 四、中毒

作业人员接触到泄漏的不同浓度的有毒物质，会对健康产生影响。

有毒物质可通过呼吸道、皮肤和消化道三种途径侵入人体。乙烯装置内的有毒物质主要以呼吸道和皮肤两种途径对作业人员产生影响。

## 五、其他危害

乙烯装置存在的其他危害包括噪声、高温危害、低温危害、机械伤害、物体打击、高处坠落、电气危害、窒息、粉尘危害等。

(1) 噪声

泵、压缩机、风机、裂解炉的燃烧器是乙烯装置的主要噪声源。装置在开、停车及事故处理过程中，蒸汽及工艺气放空也产生噪声，对人员造成危害。

(2) 高温危害

乙烯装置部分设备操作温度较高，装置内使用的蒸汽温度也较高，可能会造成操作人员烫伤。

装置所在地区如果夏季气温较高，室外作业人员有中暑的风险。

(3) 低温危害

人员接触到泄漏的低温液化烃，可能发生冻伤。

(4) 机械伤害、物体打击

泵、压缩机、风机等设备的转动部位会造成机械伤害。

在装置内设备检修过程中，容易发生机械伤害、物体打击事故，如高处落下的物品可能打伤工人等。

(5) 高处坠落

生产装置的框架净高较高，操作维修人员在高空作业时有发生坠落、造成伤害的可能。

(6) 电气危害

装置中的用电设备，可能会导致电气火灾和人员触电。

(7) 窒息

装置内设备的氮气置换、氮封使用氮气。如果设备检修期间未对氮气管线进行有效隔断导致氮气泄漏进设备内，或者氮气置换后未进行通风，会导致人员窒息。

(8) 粉尘危害

催化剂、干燥剂等在装卸过程中可能会对作业人员产生影响。

## 第三节　安全与职业病防控措施

### 一、防泄漏

根据第二节的内容，乙烯装置的火灾、爆炸、中毒事故源自处理的可燃、有毒物质，因此可以认为，防止可燃、有毒物质的泄漏是避免乙烯装置发生火灾、爆炸、中毒事故的重要方法之一。乙烯装置主要采取了以下防泄漏措施。

① 避免因工艺参数偏离导致的泄漏。通常采用危险与可操作性分析(HAZOP)辨识工艺参数可能导致的偏离，分析导致偏离的原因和可能导致的后果，并考虑安全保护设施降低事故风险的作用，必要时按照最低合理可行(ALARP)的原则提出建议措施进一步降低事故风险。HAZOP 的分析流程如图 13.2-1 所示。

在开展 HAZOP 分析时，需要先将复杂的工艺系统分解成若干“子系统”，每个子系统称作一个“节点”。这样可以将复杂的系统简化，有助于分析，同时也可以充分解释各节点的设计意图。通常节点划分以设备为中心，比如储罐，由塔釜再沸器、塔、塔顶回流罐、塔顶回流泵组成的塔系，由进料换热器和反应器等组成的反应器系统，由压缩机入口分液罐、压缩机、压缩机出口冷却器等组成的压缩机系统等。

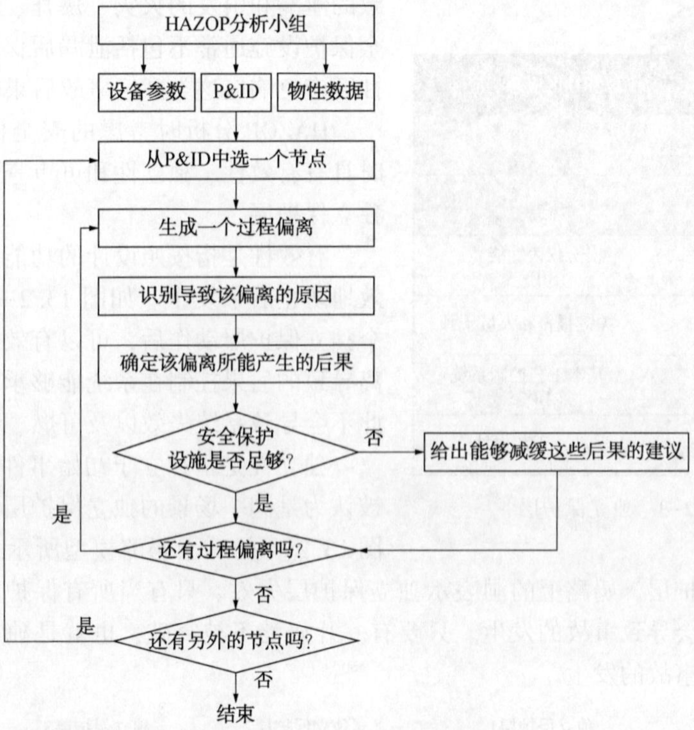


图 13.2-1　HAZOP 分析流程

偏离是指偏离所期望的设计意图，比如设备的高压力。

分析偏离发生的原因时，一般只分析到初始原因，比如，仪表故障等设备失效、误操作等人员因素、环境温度高等环境因素、冷却水中断等公用工程中断，必要时再深入到基本原因。

分析偏离导致的后果是指不考虑安全保护设施的情况下，偏离所导致的不利后果，比如设备破裂，可燃物泄漏，造成火灾、爆炸事故，导致人员伤亡。

安全保护设施分为现有安全措施和建议措施。现有安全措施是指当前设计、已经安装的设施或管理实践中已经存在的安全措施。它是预防事故发生或控制和限制事故后果的工程措施或管理措施。建议措施是指 HAZOP 分析过程中，如果现有安全保护设施不足以将事故的风险降低到可以接受的水平时，所提出的预防或控制和限制危险的措施。

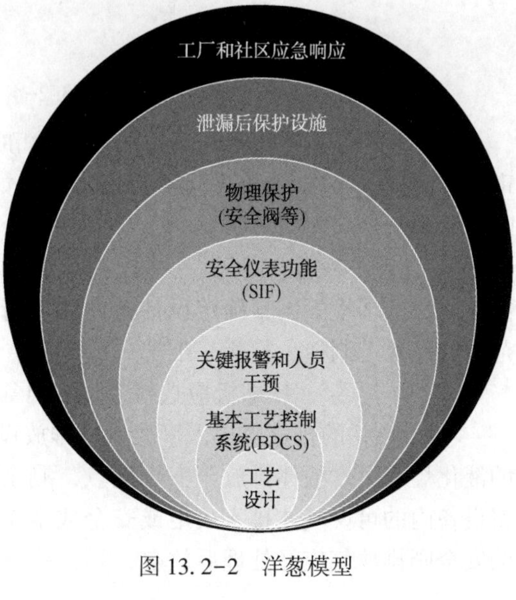


图 13.2-2　洋葱模型

根据图 13.2-2 的洋葱模型，安全保护设施包括工艺设计方面的措施、基本工艺控制系统(BPCS)、关键报警和人员干预、安全仪表功能(SIF)、物理保护(安全阀等)、泄漏后保护设施、工厂和社区应急响应。

通过 HAZOP 分析避免因工艺参数偏离导

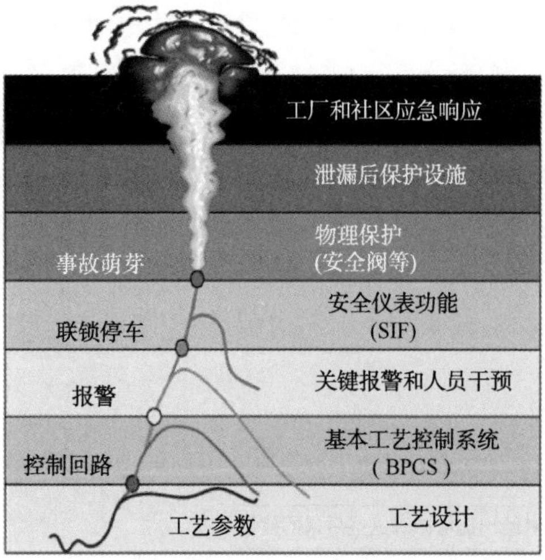


图 13.2-3　独立保护层

致的泄漏和引发的火灾、爆炸、中毒事故时，安全保护设施通常不包括泄漏后保护设施、工厂和社区应急响应这类减轻事故后果的措施。

HAZOP 分析时考虑的安全保护设施应是同时具有有效性、独立性和可审查性这三个性质的独立保护层。

有效性是指按照设计的功能发挥作用，应有效地防止后果发生。如图 13.2-3 所示，当某一个独立保护层动作后，可以有效地将工艺参数偏离导致的后果控制在系统能够承受的范围内，因此不会导致系统失效以及可燃、有毒物质泄漏。

独立性是指独立于初始事件和任何其他已经被认为是同一场景的独立保护层的构成元件。如图 13.2-4 的瑞士奶酪模型所示，图中一片奶酪就是一个独立保护层，奶酪上的洞表示独立保护层失效。只有当所有保护层都失效时，工艺参数的偏离才会导致事故的发生。只要有一片奶酪不被突破，也就是独立保护层起到作用，便不会导致事故的发生。

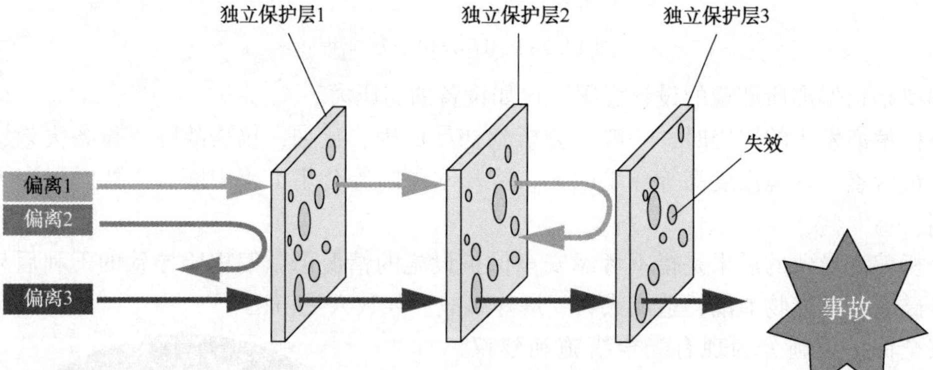


图 13.2-4　瑞士奶酪模型

可审查性是指对于阻止后果的有效性和要求时危险失效概率应以某种方式(通过记录、审查、测试等)进行验证。审查程序应确认如果独立保护层按照设计发生作用，它将有效地阻止后果。

② 设备、管道、阀门、法兰、垫片、管件等根据操作条件、物质的危险性、物质的腐蚀性、自然环境等因素确定设计条件和进行选材，并严格按照相关法律、法规、标准、规范进行设计、制造、检测、维护。

③ 阀门、泵、压缩机应选择安全、可靠的密封形式。尽量采用焊接替代法兰连接。

④ 可燃物的排放应排入事故紧急排放设施。对液化烃或可燃液体设备，应能将设备内的液化烃或可燃液体排放至安全地点，剩余的液化烃应排入火炬。对可燃气体设备，应能将设备内的可燃气体排入火炬或安全放空系统。当选择性催化还原法(SCR)采用氨时，氨的安全阀排放气应经处理后放空。

⑤ 作业人员作业时应严格按照操作规程作业，严禁违章作业。在现场作业期间，应采取措施避免使用的工器具从高处掉落。

⑥ 2005 年 10 月 6 日，位于美国得克萨斯州波因特康福特市的台塑集团联合装置的烯烃装置的火灾、爆炸事故是由于车辆进入装置倒车时撞断放净阀导致的，因此，应严格控制车辆进入装置，规定车辆行驶路线和指定停车区域，必要时考虑防车辆撞击的设施。

## 二、防火、防爆

虽然采取了防泄漏措施降低可燃物泄漏的频率，但是由于各种原因，可燃物的泄漏仍时有发生，而大气环境中空气无处不在，所以从燃烧三要素的角度来看，为了防止火灾、爆炸的发生，必须采取措施控制点火源。

### 1. 点火源的控制

乙烯装置的裂解炉是明火设备，为了降低裂解炉的影响，在裂解炉布置时与周围处理可燃物的设备保持一定的间距，并且宜集中布置在装置的边缘，并且宜位于可燃气体、液化烃和甲 B 类设备、乙 A 类设备的全年最小频率风向的下风侧。

此外乙烯装置采取的其他控制点火源的措施包括：

① 设置防雷、防静电接地措施。

② 根据爆炸危险区域划分的结果，考虑防爆电气设备，或者布置在爆炸危险区域外。

③ 严格执行动火作业的相关规章制度。

④ 采用的工器具应为不发火花的器具。

### 2. 控制泄漏影响的措施

除了采取控制点火源的措施之外，还应采取措施及时发现可燃物的泄漏，并采取措施减少泄漏的可燃物质量，以及控制泄漏出来的可燃物扩散的影响范围。

在乙烯装置内设置固定式的可燃气体检测器用于发现可燃物的泄漏，操作人员巡检时应携带便携式可燃气体检测器。

泵、压缩机的密封处设置相应的检测仪表。

当装置发生较大的泄漏时，流量、压力等工艺参数的变化、装置内设置的电视监视系统也能对泄漏探测起到一定作用。

在发现可燃物泄漏后，应立刻寻找泄漏源并及时做到切断，减少泄漏的可燃物质量。

在本章第一节中提到的台塑集团联合装置的烯烃装置的事故，在车辆撞断过滤器放净阀导致丙烯泄漏后(图 13.2-5)，由于没有及时、有效地对泄漏源进行切断，最后导致了火灾、爆炸事故。而事后调查认为，如果在丙烯产品泵的上游设置了遥控的紧急切断阀，并在丙烯泄漏后能够快速地实现切断，那么泄漏的丙烯质量会明显减少，事故的后果也会明显减弱，甚至都不会发生火灾、爆炸事故。

《石油化工企业设计防火标准》中明确规定，处理液化烃的设备至泵的入口管道应在靠近设备根部设置切断阀，当设备容积超过 $40m^3$ 且与泵的间距小于 15m 时，该切断阀应为带手动功能的遥控阀。

对于已经泄漏出来的可燃物，也应采取措施减少它们带来的影响。装置内地坪竖向和排污系统的设计应减少可能泄漏的可燃液体在工艺设备附近的滞留时间和扩散范围。

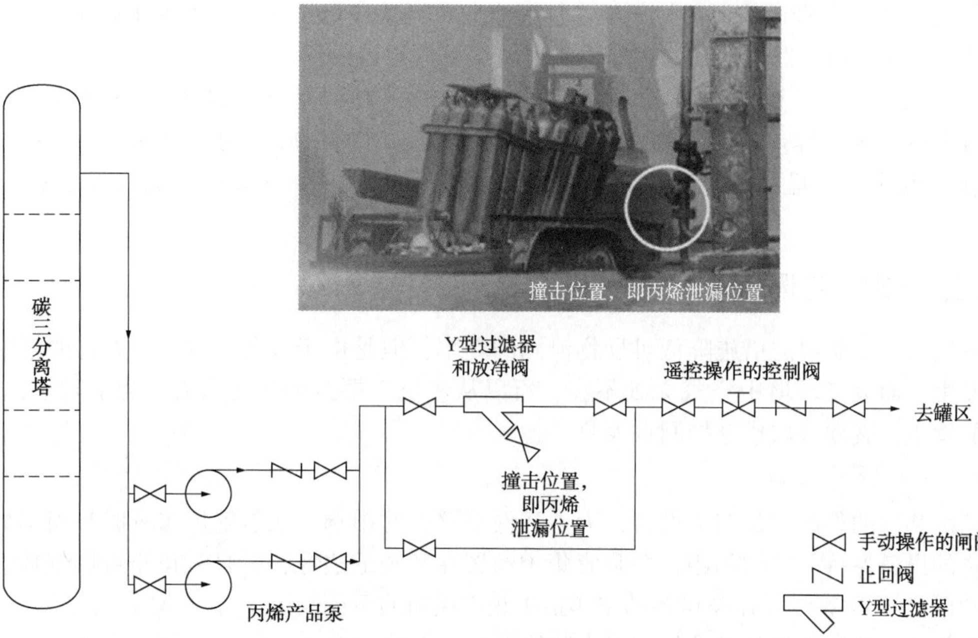


图 13.2-5　台塑集团联合装置的烯烃装置事故中丙烯的泄漏位置

乙烯装置的设备通常采用露天或半露天布置，这有利于通过自然通风的方式稀释泄漏出来的可燃气体和蒸气。由于冬季气温极低，泵和压缩机有时会布置在封闭的厂房内，此时厂房除了考虑正常通风外，还设置事故通风，当探测到可燃物泄漏后，启动事故通风，稀释可燃气体和可燃蒸气的浓度。

### 3. 减轻和控制火灾、爆炸事故后果的措施

虽然已经采取了前述的防止火灾、爆炸发生的措施，但是有时由于现场应急处置不及时或者不当，又或者事故发展迅速，可燃物泄漏后在很短的时间内被引燃，造成火灾、爆炸的发生，此时需要采取措施减轻火灾、爆炸的后果防止事故后果扩大、蔓延。

(1) 减轻和控制火灾事故后果

乙烯装置内设置火灾报警系统，在火灾发生后能够在最短时间内通报火情，并开启紧急切断、装置停车、消防设施的启动、消防队出警及火场处置等应急响应。但是，在这些应急响应发挥作用前，应采取措施使装置在一定时间内能够承受火灾热辐射的影响，而不会发生设备、框架受到火灾烘烤后被破坏和倒塌。

图 13.2-6　台塑集团联合装置的烯烃装置事故现场照片

本章第一节中提到的台塑集团联合装置的烯烃装置的火灾和爆炸事故中，支撑安全阀和紧急放空管线的部分钢结构支撑没有考虑这方面的措施，导致支撑受到火灾烘烤后倒塌(图 13.2-6)，造成一些管线被压断、大型设备破裂，泄漏的物料被引燃，扩大了火势。

乙烯装置设计过程中通常采取的措施包括设置耐火保护，设备设置的安全阀考虑火灾工况等。

乙烯装置设置了消火栓、固定消防水炮、水喷淋、蒸汽灭火系统和灭火器等消防设施，配合消防队的专业装备，可以有效扑灭小火，而对于大火，可以起到冷却设备、控制火势不蔓延的作用。

同时，火灾产生的热辐射随着距离的增加而减少，因此乙烯装置与周边装置、设施在总平面布置时考虑了一定的防火间距，可以防止火势蔓延到周围的装置、设施，在乙烯装置内部，通过消防道路将乙烯装置划分成了多个不同区域，可以防止火势在装置内部蔓延。

（2）减轻爆炸事故后果

爆炸性混合物爆炸后果的严重程度与参与爆炸的可燃物质量、装置内布置的设备、管道的密集程度(也称为拥塞度)有关。

采取前述的减少可燃物泄漏质量的措施，可以降低爆炸后果的严重程度。

降低拥塞度的措施包括设备、管道布置时尽量保持一定的间距，设备单层布置，尽量不设置平台或减少平台的层数，平台采用格栅板而不采用实心的花纹钢板。

当由于自然条件要求，比如冬季低温，处理可燃物的泵、压缩式等工艺设备需要布置在封闭厂房内部时，厂房要考虑爆炸泄压措施。

爆炸超压是爆炸性混合物爆炸对周围的破坏方式之一，超压的破坏随着距离的增加而减少。自 2005 年 3 月 23 日 BP 得克萨斯炼油厂爆炸事故后，石化行业越来越重视爆炸对有人存在的建筑物安全性的影响。我国于 2014 年 12 月 1 日起实施的国家标准《石油化工工厂布置设计规范》(GB 50984—2014)明确要求人员集中场所应远离爆炸危险源。同时，与工厂外防护目标的距离，也应满足国家标准要求的安全防护距离。

综上所示，结合燃烧三要素，乙烯装置防火、防爆的措施依次包括：

① 防止可燃物的泄漏。

② 泄漏探测、紧急切断、泄漏的可燃物的收集和稀释等控制泄漏影响的措施。

③ 火灾报警系统、耐火保护、消防设施、防火间距等减轻和控制火灾事故后果，以及降低装置拥塞度、泄压、总平面布置时远离人员集中场所以及与工厂外防护目标的安全防护距离等减轻爆炸事故后果的措施。

## 三、防中毒

采取的防中毒措施包括消除替代、工程防护、个人防护三类。

（1）消除替代

在可能的情况下，采用毒性较低的物质替代毒性高的物质，这也是实现本质安全的方式之一。

（2）工程防护

工程防护包括预防和控制两个方面的措施。

预防措施主要是防止有毒物质泄漏的措施，具体见前述防泄漏部分的内容。

控制措施包括自然通风和厂房内的机械通风、空气中气体浓度的监测、紧急冲淋器和洗眼器等措施。

（3）个人防护

个人防护措施包括穿戴防毒面具、化学品防护服、防护眼镜、防护手套、防护鞋等个体防护装备。

## 四、其他防控措施

(1) 噪声

采取的降噪、减噪措施包括:

① 在工艺条件允许的条件下，控制管道内气体流速，管道截面不出现突变。

② 在满足工艺流程的前提下，泵、压缩机等噪声源尽量做到集中布置。

③ 设备、管道安装在稳定的基础上。

④ 选用低噪声设备。

⑤ 作业人员佩戴护耳器。

(2) 高温危害

1) 防暑降温措施

合理安排作业时间，避开温度最高时段作业，并配备相应的防暑降温用品。

2) 防高温、防烫措施

设备露天布置，有利于散热。

装置区内的高温设备、管线、阀门的连接处根据处理介质的危险性质、理化性质以及设备、管线、阀门等的操作条件、设计条件选择满足国家标准、规范的密封形式，降低高温物料的泄漏频率。

距地面或工作平面高度 2.1m 以内，或距操作平台或走道边缘 0.75m 以内，表面温度在 60℃及以上的设备、管道，设防烫隔热措施。

(3) 防低温冻伤的措施

处理液化烃的设备、管线根据介质的危险性质、操作条件、设计条件等因素选择满足国家标准、规范的材质和密封形式，降低物料泄漏的频率。

(4) 防机械伤害、物体打击的措施

转动设备设置防护罩。检维修人员应采取措施避免使用的工器具从高处掉落。

(5) 防高处坠落的措施

按《固定式钢梯及平台安全要求　第 1 部分：钢直梯》(GB 4053.1)、《固定式钢梯及平台安全要求　第 2 部分：钢斜梯》(GB 4053.2)、《固定式钢梯及平台安全要求　第 3 部分：工业防护栏杆及钢平台》(GB 4053.3)设计有关直梯、斜梯、防护栏杆和工业钢平台，并采取防滑措施，室外平台采取排雨措施。

(6) 防电气危害的措施

用电设备设置绝缘、漏电保护、接地、过载保护等保护措施。

(7) 防窒息的措施

人员进入设备前，应对设备进行通风，并检测设备内的氧含量和气体成分，待氧含量和气体成分合格后再进入。作业期间也应保证通风良好，并定时检测氧浓度和气体成分。

(8) 粉尘危害

催化剂、干燥剂装卸时降低落差，避免出现扬尘。

从事催化剂、干燥剂装卸的人员应穿戴个体防护装备。

### 参 考 文 献

[1] Case Study Fire at Formosa Plastics Corporation: Evaluating Process Hazards. https://www.csb.gov/file.aspx?DocumentId=5629.

[2] Williams Geismar Olefins Plant Reboiler Rupture and Fire. https://www.csb.gov/file.aspx? DocumentId=6004.
[3] GB 50160—2008(2018年版)石油化工企业设计防火标准[S]. 北京：中国计划出版社，2018.
[4] Xiaole Yang, Linh T T Dinh, Diana Castellanos, et al. Common lessons learned from an analysis of multiple case histories[J]. Process Safety Progress, 2011, 30(2): 143-147.
[5] A W Cox, Frank P Lees, M L Ang. Classification of Hazardous Locations[R]. UK: Butterworth-Heinemann, 1990.
[6] 中国石油化工集团公司安全环保局. 石油化工安全技术 中级本(第二版)[M]. 北京：中国石化出版社，2004.
[7] Delphine M. Laboureur, Nirupama Gopalaswami, Bin Zhang, Yi Liu, M. Sam Mannan. Experimental study on propane jet fire hazards: Assessment of the main geometrical features of horizontal jet flames[J]. Journal of Loss Prevention in the Process Industries, 2016, 41: 355-364.
[8] Phani K. Raj. LNG fires: A review of experimental results, models and hazard prediction challenges[J]. Journal of Hazardous Materials, 2007, 140(3): 444-464.
[9] Joaquim Casal. Evaluation of the Effects and Consequences of Major Accidents in Industrial Plants[M]. The Netherlands: Elsevier, 2008.
[10] 蔡凤英，谭宗山，孟赫，等. 化工安全工程[M]. 北京：科学出版社，2001.
[11] BP America Refinery Explosion Investigation Report. https://www.csb.gov/file.aspx? DocumentId=5596.
[12] Roy E. Sanders. Chemical Process Safety Learning from Case Histories 3rd Edition. USA: Elsevier Butterworth-Heinemann, 2005.
[13] The Buncefield Incident. https://www.icheme.org/media/13707/ buncefield-miib-final-report-volume-1.pdf.
[14] Frank Crawley, Brian Tyler. HAZOP: Guide to Best Practice Guidelines to Best Practice for the Process and Chemical Industries[M]. Netherlands: Elsevier, 2015.
[15] 李冬，王孝民. HAZOP、LOPA和SIL方法在设计中的应用[J]. 云南化工，2019，46(4)：113-114.
[16] 李少鹏，郭森荣，张力. 甲醇制烯烃装置HAZOP研究实例分析[J]. 石油化工安全环保技术，2021，37(1)：1-5.
[17] The Center For Chemical Process Safety (CCPS). Layer of Protection Analysis: Simplified Process Risk Assessment[M]. USA: Wiley-AIChE, 2001.
[18] GB/T 32857—2016 保护层分析(LOPA)应用指南[S]. 北京：中国标准出版社，2016.

# 第十四章 控制与仪表

## 第一节 概　　述

进入21世纪以来，随着世界范围内石油化工生产技术不断进步，石油化工企业正朝着大型化、一体化、园区化、清洁化和智能化等方向发展。传统的石化企业生产过程控制系统和安全仪表系统的设计理念也随之发生了改变。从工厂生产操作、管理、维护的角度出发，要求过程控制系统应具有良好的鲁棒性、实时性、开放性、互操作性和易维护性。从功能安全和风险控制的角度出发，要求安全仪表系统的设计应具有高安全性、高可靠性、高可用性和高分散性。通过生产操作自动化、经营管理信息化，实现企业从原油选择、采购、生产加工过程到石油产品、化工产品出厂全过程的智能化生产及管理，使企业的利润最大化。

近年来，随着“工业化与信息化—两化”的深度融合，世界工业领域涌现出了大量新的技术发展方向，如：工业互联网、物联网、云计算、大数据、能源互联网等，特别是“工业4.0”概念的提出，标志着世界即将进入第四次工业革命时代，这些技术的广泛应用，大大提升了石化工业生产的自动化、智能化和精细化水平。

由于乙烯装置工艺流程长，技术复杂，为了达到安全生产，装置长、满、优、稳定运行和经济效益最佳的目的，势必对控制系统的要求很高。为了提高控制系统的技术水平，关键问题(瓶颈)是如何获得对过程控制对象的准确控制算法和扰动因素，以便将过程控制对象控制在工艺要求的状态之下。针对这一要求，近年来，随着计算机技术、自动控制技术以及过程动态仿真技术的不断发展，先进过程控制技术对流程工业生产装置的安全高效运行起着越来越重要的作用，许多国内外乙烯专利商、工程公司、过程控制软件公司、DCS厂商和乙烯生产企业已不满足单纯从化工生产过程的工艺设计、运用复杂控制、约束控制算法和从生产设备改造上获取经济效益，而是综合应用化学工程技术、计算机应用技术和自动控制技术，对整个流程工业的关键生产过程实行模型化，研究开发了不少先进控制、实时优化等控制算法和应用软件包，深入了解工艺机理和装置实际运行特性，充分发挥设备的内在潜力，以低能耗、低成本消耗和高产出获得了很好的经济效益。

## 第二节 控制系统与仪表选型

### 一、乙烯工厂管控一体化架构

百万吨级乙烯工厂的管控一体化架构如图14.2-1所示，包括：①一个数据平台：即工厂核心数据平台，它是按照工厂核心数据模型建立的工厂核心数据库系统，包括多个实时数据库和多个关系(业务)数据库。②两大应用网络：过程控制网和管理信息网。乙烯工厂信息系统的基础设施以过程控制网和管理信息网为核心，两个网络之间应采取安全隔离措施。③三个工作层：过程控制层、生产执行层、经营管理层。④四个应用系统：过程控制系统、生产执行系统、经营管理系统和综合信息管理系统。

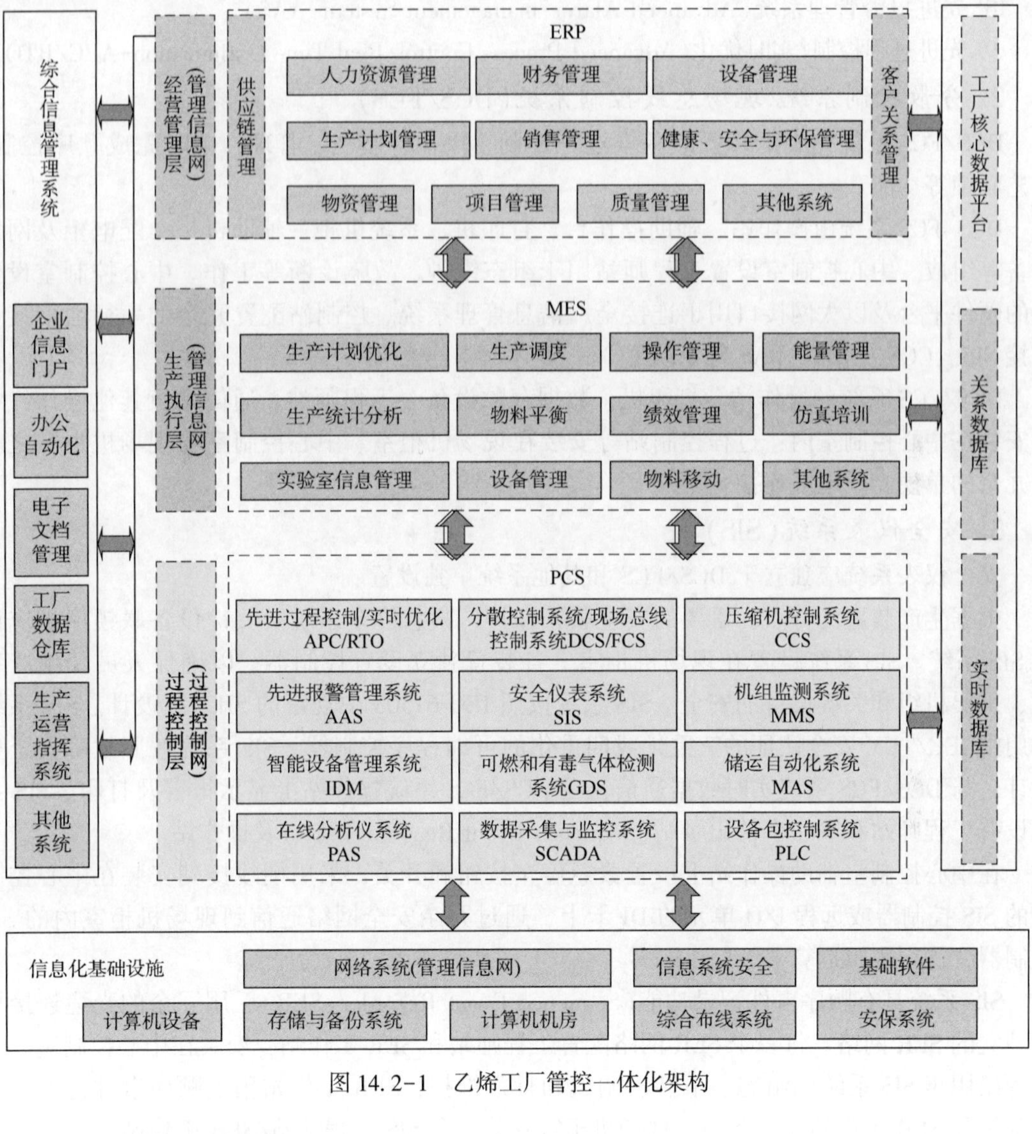


图 14.2-1 乙烯工厂管控一体化架构

## 二、过程控制系统

1. 概况

百万吨级乙烯装置主要包括但不限于下列过程控制系统：

① 分散控制系统/现场总线控制系统(Distributed Control System/Fieldbus Control System-DCS/FCS)。

② 安全仪表系统(Safety Instrumented System-SIS)。

③ 可燃气体和有毒气体检测系统(Gas Detection System-GDS)。

④ 智能设备管理系统(Intelligent Device Management-IDM)。

⑤ 压缩机控制系统(Compressor Control System-CCS)。

⑥ 机组监测系统(Machine Monitoring System-MMS)。

⑦ 在线分析仪系统(Process Analyzer System-PAS)。

⑧ 先进报警管理系统(Advanced Alarm-management System-AAS)。

⑨ 先进过程控制/实时优化(Advanced Process Control/Real Time Optimization-APC/RTO)。

2. 分散控制系统/现场总线控制系统(DCS/FCS)

DCS/FCS系统完成本装置的基本过程控制、操作、监视、管理，同时完成顺序控制、工艺联锁等功能。

DCS/FCS系统由操作站、辅助操作台、打印机、系统机柜、辅助机柜、配电柜及网络设备等组成。中心控制室设置工程师站用于组态维护、故障诊断等工作。中心控制室设公共的硬件平台及以太网接口用于连接全厂信息管理系统。控制站配置冗余的串行通信接口连接SIS、CCS、GDS、PAS等系统。

DCS/FCS系统的操作站、打印机、数据存贮设备、工程师站、通信站及其他操作终端等安装在中心控制室内；过程控制站等安装在现场机柜室。中心控制室与现场机柜室之间用冗余的单模光纤电缆连接。

3. 安全仪表系统(SIS)

安全仪表系统应独立于DCS/FCS和其他系统单独设置。

根据生产装置的特点，重要的安全联锁保护、紧急停车系统及关键设备联锁保护应设置SIS系统。SIS系统设置在现场机柜室，各装置独立设置控制器，以确保人员及生产装置、重要机组和关键设备的安全。SIS系统按照IEC 61508中规定的SIL3级设计。SIS系统采用由IEC/TUV安全认证的三重化或四重化的可编程序控制器。SIS系统按照故障安全型设计，与DCS/FCS系统实时数据通信，在DCS/FCS系统操作站上显示报警及打印。SIS系统设有工程师站和顺序事件记录站(Sequence Event Recorder-SER)及操作站。

在中心控制室辅助操作站上设置紧急停车按钮和开关，采用硬线接到安装在中心控制室的SIS控制器或远程I/O单元的DI卡上，通过冗余安全网络通信到现场机柜室内的SIS控制器，进行逻辑运算。

SIS系统具有顺序事件记录功能(Sequence Event Recorder-SER)，用冗余的光缆连接构成独立的SER网络。每一个SER网络配置工程师站和SER工作站，安装在中心控制室。工程师站用于SIS系统的组态、下装、调试和日常维护，SER工作站用于顺序事件记录。工程师站和SER工作站互为备用。现场机柜室安装一台SIS工程师站/SER工作站。

4. 可燃和有毒气体检测系统(GDS)

在可能泄漏或聚集可燃、有毒气体的场所，应分别设有可燃和有毒气体检测器，并将信号接至GDS系统。GDS系统应独立于其他控制系统单独设置。在中心控制室应设置独立的监视设备进行报警显示；现场应设置一体化声光报警器或区域声光报警器；GDS的报警信息和故障信息应传送至消防控制室的图形显示终端或起集中控制功能的火灾报警控制器上显示。

GDS 宜控制器设置在中心控制室，在现场机柜室设置远程 I/O 单元，可燃气体/有毒气体的检测信号接至 FAR 远程 I/O 单元。

5. 智能设备管理系统(IDM)

IDM 系统是工厂对智能现场仪表、调节阀进行维护、校验和故障诊断的管理系统，是对仪表智能设备进行预测性维护和故障诊断系统的有效工具。

DCS 系统应具备 HART 信号输入卡，直接接受 HART 信号的 DCS 卡件实现 IDM 功能；FCS 系统应能通过 FCS 的 H1 卡实现 IDM 功能。

SIS、GDS、CCS 和 PLC 等采用 HART 协议智能电子式仪表，IDM 宜通过安装在各系统中的 HART 协议多路转换器进行连接，采用串行通信接口 RS-485、Modbus RTU 协议连接至 DCS 通信接口读取数据。

6. 压缩机控制系统(CCS)

压缩机控制系统(CCS)用于完成裂解气压缩机、乙烯冷剂压缩机、丙烯冷剂压缩机等关键透平/压缩机组的调速控制、防喘振控制、负荷控制及安全联锁保护等功能，并与装置的 DCS/FCS 进行通信，操作人员能够在 DCS/FCS 操作站上对机组进行监控。压缩机控制系统采用三重化冗余、容错系统。CCS 系统的控制站设置在现场机柜室(FAR)。

CCS 系统的防喘振控制由特殊的、高速的卡件来完成，CCS 存贮带有工艺气体变化补偿的喘振模型曲线。

7. 机组监测系统(MMS)

MMS 系统用于主要透平机、压缩机和泵等转动设备参数的在线监视，同时对转动设备的性能进行分析和诊断，对转动设备的故障预测维护进行有力的支持。重要转动设备的主要运行参数，包括轴振动、轴位移、转速等直接传送至 MMS 系统。操作人员可以在 MMS 系统中直接读取转动设备参数，并对设备的运行性能进行在线的诊断分析。

8. 在线分析仪系统(PAS)

在线分析仪系统一般包括采样单元、采样预处理单元、分析器单元、回收或放空单元、微处理器单元、通信接口、显示器和打印机等。在线分析仪应带有网络通信接口，通过工业以太网(TCP/IP 协议)或串行通信接口(Modbus RTU)与 DCS/FCS 进行数据通信。

在线分析仪应尽量集中成套安装在现场分析小屋内，现场分析小屋应配采样单元、减压/气化单元、预处理单元、防爆空调、正压通风设施、防爆配电盘、防爆照明、仪表空气分配器、冷却及伴热设施、载气及标准气钢瓶等。在线分析仪应满足所在区域的防爆要求。现场分析小屋成套提供有毒气体、可燃气体及氧气的检测系统，并在分析小屋外设置声光报警设施，同时在 GDS 监视站报警。

在线分析仪的关键组分输出信号采用 4~20mA DC 信号，通过硬线传送至 DCS 系统；分析仪故障信号采用接点信号传送至 DCS 系统报警；其他信号可通过 Modbus RTU 或 PAS 的专用网络协议传送至 DCS 系统。

9. 先进报警管理系统(AAS)

AAS 是对工艺装置的工艺和控制系统报警信息进行整理、分析、过滤及优化的管理系统。AAS 通过报警优先级、报警分类、报警过滤、报警屏蔽及报警信息诊断分析等功能，实现报警管理的持续改进，充分发挥报警系统的功能，提高生产操作安全性。

10. 先进过程控制/实时优化(APC/RTO)

先进过程控制与实时优化详见第五节内容。

## 三、仪表选型

1. 概况

现场仪表原则上选用HART智能电子式仪表或FF现场总线仪表。DCS/FCS系统接收4~20mA DC带HART信号或FF现场总线信号，热电偶/热电阻信号通过温度变送器转换成FF现场总线或4~20mA DC带HART信号；SIS系统模拟输入信号接受4~20mA DC信号，热电偶/热电阻信号通过温度变送器转换成4~20mA DC信号。参与SIS安全联锁的变送器应在现场独立设置。SIS安全联锁回路，应先将信号引入SIS后再接至DCS/FCS，在DCS/FCS系统中完成控制、监视和报警。

2. 流量仪表

流量测量优先选用节流装置和涡街流量计，也可选用面积式流量计(就地指示)、电磁流量计、质量流量计、超声波流量计等流量仪表。低压损流量测量的场合采用文丘里管，高压过热蒸汽场合采用流量喷嘴或文丘里管。高黏度的工艺介质流量测量采用楔式流量计。小流量、测量精确度要求不高时，可选用内藏孔板差压变送器。

测量元件的材质最低为316SS不锈钢，若介质特性要求选取其他材质，应与配管材料等级规定一致。

3. 物位仪表

就地液位指示通常选用磁浮子液位计或玻璃板液位计。液位测量优先选用差压式液位仪表，也可选用浮筒液位变送器，电容式、超声波、雷达等其他液位仪表。对于高温高压等特殊场所应选取适合的液位计形式及附件。

测量元件的材料一般为316SS不锈钢，若介质特性要求选取其他材质，应与配管材料等级规定一致。

4. 压力仪表

压力仪表测量元件的材料最低为316LSS不锈钢。若介质特性要求选取其他材质，应与配管材料等级规定一致或更高。远传选用压力/差压变送器，测量微压选用差压变送器。测量腐蚀性或易堵介质的选用膜片密封压力/差压变送器，必要时应设置冲洗措施。

5. 温度仪表

就地温度指示选用Φ100mm双金属温度计。若安装地点不易通行或观察时，或测量高温介质时，可选用毛细管充填式温度计。

温度测量选用带弹簧压紧式铠装热电阻/热电偶一体化温度变送器。在铠装温度元件顶部接线盒环境温度超过50℃、工艺过程有特殊要求或安装位置不易观察的场合，采用分体式温度变送器。热电偶元件一般选用非接地型，特殊要求场合可选用接地型。

测量多点温度时，选用多点(支)式铠装热电偶。测量裂解炉COT热电偶时，选用专用COT热电偶。

6. 计量仪表

进出装置(工厂)界区的液体及气体原料和产品，作为经济核算依据，选用高精度科里奥利质量流量计或其他高精度流量计。进出装置(工厂)界区的水、蒸汽、气体等公用工程系统的计量仪表选用差压流量仪表带温度、压力补偿装置或电磁流量计、涡街流量计和超声波流量计等。

7. 分析仪表

在线分析仪系统主要用于气相色谱仪、工业质谱仪、红外分析仪、氧分析仪、微量水分分析仪等多流路、多组分的复杂分析仪，宜包括取样单元、预处理单元、分析器单元、回收或放空单元何在线分析小屋等。在线分析仪系统能与 DCS 进行数据通信，带冗余串行通信接口 RS-485、Modbus RTU 或网络通信接口。分析信号应采用 4~20mA DC 信号硬接线与 DCS、SIS 系统连接。

过程分析仪应安装在现场的在线分析小屋内，现场分析小屋应配备电源、空气源、载气、标准气及防爆空调、PLC 等。现场分析小屋的外壳材质采用 304SS 不锈钢。成套提供有毒气体、可燃气体及氧气检测器等安全保护系统，并在分析小屋外设置声光报警，同时在中心控制室显示报警。

在线分析小屋内应安装可燃/有毒气体检测器、氧气检测器及现场声光报警装置，报警信号同时在中心控制室进行显示报警。

8. 控制阀

调节阀通常选用气动薄膜或气缸执行机构，直通、角型、蝶型或偏心旋转型调节阀。优先选用等百分比特性，也可选用线性特性或近似等百分比特性。8″和 8″以下的调节阀优先选用普通调节阀(单/双座或套筒式)。10″和 10″以上口径或低差压情况，可选用蝶型阀或偏心旋转阀。对于介质中含有固体粉末或黏度较大的场合，采用 V 型球阀或偏心旋转阀。对于噪声较大的情况，采用低噪声调节阀。

调节阀设计应使调节阀下游 1m 处和管道表面 1m 处的噪声等级不超过 85dB(A)。间歇使用或紧急操作的调节阀在上述位置的噪声不超过 110dB(A)。

用于安全仪表系统要求严密关闭的阀门应选用单座阀、球阀、蝶阀等。气缸执行机构带弹簧返回装置，或双作用气缸执行机构带空气储罐，保证气源故障时可使阀座处于故障安全位置。紧急停车系统及顺序控制用阀门应装有阀位开关，在 DCS/FCS 系统操作站上可指示出阀门的位置。

当操作温度超过 225℃或低于 0℃时，阀颈应带散热片或延长颈型。阀体材料应符合工艺介质要求，应按管道材料等级规定执行，阀体材料应不低于碳钢。阀内件和阀座材料通常应为 316SS 不锈钢材质。下列场合阀内件应经硬化处理或选用合适的材料。

① 含固体流体、冲刷严重的流体。

② 闪蒸、汽蚀流体。

③ 高压差流体。

④ 高压蒸汽。

⑤ 锅炉给水。

调节阀泄漏等级通常为 CLASS Ⅳ(ANSI/FCI 70-2)，当工艺要求为严密关闭(TSO 时，应选用 CLASS Ⅵ或 CLASS Ⅴ。开关阀泄漏等级应至少为 CLASS Ⅴ。在气源故障时，应保证阀门处于“故障安全”位置。一般情况下，阀门的联锁位置和气源故障位置一致。必要时使用储气罐以确保联锁时位于安全位置。电磁阀失电(非励磁)联锁。空气储罐的制造应符合 ASME Ⅷ或相当的中国标准。操作温度低于200℃密封填料选用聚四氟乙烯人字型填料或聚四氟乙烯混合填料。操作温度为200℃或更高时选用石墨填料。限位开关类型应为干接点接近式，至少为单刀双掷(SPDT)接点。电磁阀应选用24V DC长期带电、低功耗(≤4W)、316SS不锈钢电磁阀。

自力式调节阀仅适用于$N_2$、空气、低压蒸汽和其他辅助用流体等调节要求不高的场合。

### 9. 主要仪表配置

百万吨级乙烯装置(包括：裂解炉/急冷/压缩/分离冷区/分离热区)主要配置的典型仪表清单如表14.2-1所示。

**表14.2-1 百万吨级乙烯装置典型仪表清单**

| 类　型 | 单位 | 数量 | 单价 | 备注 |
|---|---|---|---|---|
| 一、在线分析仪及系统 | | | | |
| 工业色谱分析仪及系统集成 | 套 | 36(26) | | 括弧中为用质谱后色谱数量 |
| 工业质谱分析仪及系统集成 | 套 | 2 | | 2台考虑冗余配置 |
| 傅里叶近红外分析仪及系统集成 | 套 | 1 | | 用于APC分析进料油品 |
| 烟气排放连续监测系统(CEMS) | 套 | 10 | | |
| 热值仪 | 台 | 2 | | |
| 氧化锆氧分析仪 | 台 | 10 | | |
| 溶解氧气分析仪 | 台 | 1 | | |
| pH计 | 台 | 12 | | |
| 电导仪 | 台 | 12 | | |
| 红外分析仪 | 台 | 1 | | |
| 微量水分分析仪 | 台 | 12 | | |
| 黏度计 | 台 | 1 | | |
| TOC分析仪 | 台 | 2 | | |
| 密度计 | 台 | 2 | | |
| 分析小屋及其配套设施 | 套 | 7 | | |
| 点式可燃气体检测器 | 套 | 130 | | |
| 红外线开路式可燃气体检测器 | 套 | 6 | | |
| 有毒气体检测器 | 套 | 10 | | |
| 二、流量仪表 | | | | |
| 节流装置及法兰 | 台 | 220 | | |
| 文丘里和喷嘴 | 台 | 83 | | |
| 涡街流量计 | 台 | 120 | | |
| 电磁流量计 | 台 | 16 | | |
| 质量流量计 | 台 | 68 | | |
| 楔形流量计 | 台 | 32 | | |
| 超声波流量计 | 台 | 8 | | |
| 节流装置及法兰 | 台 | 220 | | |
| 转子流量计 | 台 | 160 | | |

续表

| 类 型 | 单位 | 数量 | 单价 | 备注 |
|---|---|---|---|---|
| 三、物位仪表 | | | | |
| 磁翻板液位计 | 台 | 140 | | |
| 电容式液位计 | 台 | 3 | | |
| 浮筒液位计 | 台 | 40 | | |
| 雷达液位计 | 台 | 27 | | |
| 玻璃板液位计 | 台 | 71 | | |
| 音叉液位开关 | 台 | 2 | | |
| 四、压力/差压仪表 | | | | |
| 压力变送器 | 台 | 593 | | |
| 差压变送器 | 台 | 415 | | |
| 单双法兰变送器 | 台 | 230 | | |
| 就地指示仪 | 台 | 60 | | |
| 现场压力表 | 台 | 1000 | | |
| 五、温度仪表 | | | | |
| 炉管表面热电偶 | 支 | 80 | | |
| 热电偶 | 支 | 1075 | | |
| 热电阻 | 支 | 600 | | |
| 双金属温度计 | 支 | 212 | | |
| 一体化温度变送器 | 台 | 555 | | |
| 分体型温度变送器 | 台 | 1200 | | |
| 六、控制阀 | | | | |
| 国产球形调节阀 | 台 | 360 | | |
| 调节蝶阀 | 台 | 97 | | |
| 防喘振调节阀 | 台 | 16 | | |
| 偏心旋转阀 | 台 | 45 | | |
| 深冷阀 | 台 | 58 | | |
| 8 寸和 600LB 以上大尺寸阀 | 台 | 70 | | |
| 特殊工况阀 | 台 | 60 | | |
| 气动开关球阀 | 台 | 140 | | |
| 气动开关蝶阀 | 台 | 40 | | |
| 电动开关阀 | 台 | 72 | | |
| 自力式调节阀 | 台 | 23 | | |
| 减温减压器 | 台 | 22 | | |

### 10. 各大类仪表和控制系统投资比例

百万吨级乙烯装置一般包括裂解炉、急冷、压缩、分离冷区、分离热区等工艺单元，以及装置界区内的氢气、燃料气、蒸汽、锅炉给水/凝液、循环水、工厂空气/仪表空气、氮气等公用工程系统。各类仪表和控制系统占仪表设备总投资比例如图 14.2-2 所示，其中控制阀占比最高，达 44.75%；然后依次是过程控制系统占 17.49%，流量仪表占 14.17%，过程分析仪系统占 9.98%，温度仪表占 6.94%，物位仪表占 4.49%，压力/差压仪表占 2.18%。

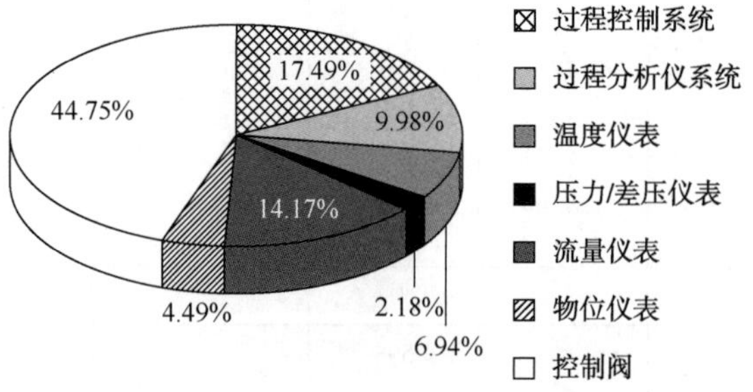


图 14.2-2　乙烯装置各类仪表和控制系统投资比例

# 第三节　过程控制与紧急停车方案

## 一、过程控制方案

百万吨级乙烯装置的分离部分一般包括急冷、压缩、分离冷区和分离热区等工艺单元，本小节仅介绍各工艺单元中主要、关键及典型的工艺系统和设备的过程控制方案。

1. 急冷单元控制方案

（1）急冷油塔控制

1）控制目的

来自裂解炉的裂解气尽管经过 TLE 急冷器急冷，温度仍然很高，大致在 330℃ 左右，而且含有重组分，经过急冷油塔（又称初分馏塔）的控制目标为：

① 将燃料油与裂解气的其他组分分离开，避免下游设备结垢和污染。

② 用循环急冷油把裂解气进一步冷却，并回收大量热量。

③ 保持循环急冷油的质量。

急冷油塔是一个比较复杂的塔，当装置进料组成和流量、总稀释蒸汽和烃比值改变时，汽油回流量，轻、重燃料油抽出速度，调质油加入速度，循环急冷油的流量及分配必须调整，以取得最大限度的热量回收、合格的汽油和燃料油，而且要保持循环急冷油的质量不受影响。

2）控制方案说明

急冷油塔共有 8 个控制回路，均为前馈-串级控制方案，其中 6 个回路的主回路是前馈-反馈设定，另外两个回路仅有前馈设定。由于急冷油塔的进料是裂解炉的裂解气，因此控制回路的前馈模型是利用每台裂解炉的运转参数作为输入数据。8 个控制回路如下：

① 塔釜液位控制回路。

② 4# 塔板气相温度控制回路。

③ 塔顶温度控制回路。

④ 塔釜黏度控制回路。

⑤ 调质油添加量控制回路。

⑥ 塔回流控制回路。

⑦ 轻质燃油采出量设定回路。

⑧ 再蒸馏塔塔底流量设定回路。

（2）急冷水塔控制

1）控制目的

来自急冷油塔的裂解气在急冷水塔中进一步冷却后，裂解气从塔顶送到裂解气压缩机，塔底液在油水分离器中分离出油和水。

在油水分离器中分离出来的大部分水，作为低温热源，通过热交换进一步被冷却，作为冷、热回流返回急冷水塔中。

急冷水塔的控制目的为：

① 使塔底温度稳定。

② 使塔中段温度的控制达到节省能量的目的。

2）控制方案说明

被控变量为塔底温度、塔中段温度，控制变量为热回流量、冷回流量。

以上两个控制变量以冷、热回流系数 $K$ 作为中间变量来计算：

$$K=\text{热回流量}/\text{冷回流量}$$

$K$ 值的计算要根据下游过程需要热量自动选择。

## 2. 压缩单元控制方案

（1）压缩机在乙烯装置中的重要性和特殊性

来自裂解炉的裂解气中许多组分在常压下均为气体，其沸点都很低。如果在常压下进行各组分的冷凝分离，则分离温度很低，需要大量不易获得的冷量。为了使分离温度不太低，乙烯装置采用压缩机来提高裂解气的压力，对裂解气进行压缩，一方面可提高深冷分离的操作温度，从而节约低温能量和低温材料；另一方面加压会促使裂解气中的水与重质烃冷凝，所以可除去相当量的水分和重质烃，从而减少干燥脱水和精馏分离的负担。

乙烯装置中的裂解气压缩机、丙烯冷剂压缩机、乙烯冷剂压缩机(部分工艺流程采用二元冷剂压缩机)统称三大机组。裂解气压缩机位于压缩区，丙烯冷剂压缩机和乙烯冷剂压缩机位于冷区，它们是乙烯装置的心脏。三大机组运行的好坏直接影响到乙烯装置的生产运行，当机组发生喘振时，喘振会引起剧烈流量波动或倒流，管网压力的大幅度波动，压缩机内部温度快速上升。长时间剧烈喘振直接造成压缩机损坏。如果三大机组出现喘振、倒窜等严重问题，则乙烯装置就会被迫紧急联锁停车，造成严重的经济损失。

（2）裂解气压缩机控制

1）控制目的

百万吨级乙烯装置的裂解气压缩机组通常采用三缸五段十四级压缩结构，其中低压缸由第一段组成，采用叶轮背靠背布置双进气结构，二级四个叶轮；中压缸由第二段、第三段组成，叶轮背靠背布置，二段两个叶轮，三段三个叶轮；高压缸由第四段、第五段组成，叶轮背靠背布置，四段三个叶轮，五段五个叶轮。配套汽轮机采用超高压蒸汽驱动。为提高压缩机组的可操作性和稳定性，机组设计了三返一、四返四和五返五 A/B 四个防喘振调节阀，流程简图如图 14.3-1 所示。来自一段吸入罐的裂解气在前三段中被压缩到约 1.5MPa(G)，从第三段出来的裂解气经过碱洗、干燥、前脱丙烷之后，再回到第四段被进一步压缩到约 3.7MPa(G)。

该裂解气压缩机的控制系统要求具有下述四项基本控制功能：

① 汽轮机转速控制，又称调速(SIC)。

② 压缩机负荷控制(PIC)。

③ 压缩机防喘振控制(FIC)。

④ 压缩机过程控制(UIC)。

由于上述四项基本控制功能彼此之间存在着耦合现象，控制系统还必须对其进行解耦，所以该控制系统还应具有先进控制功能。

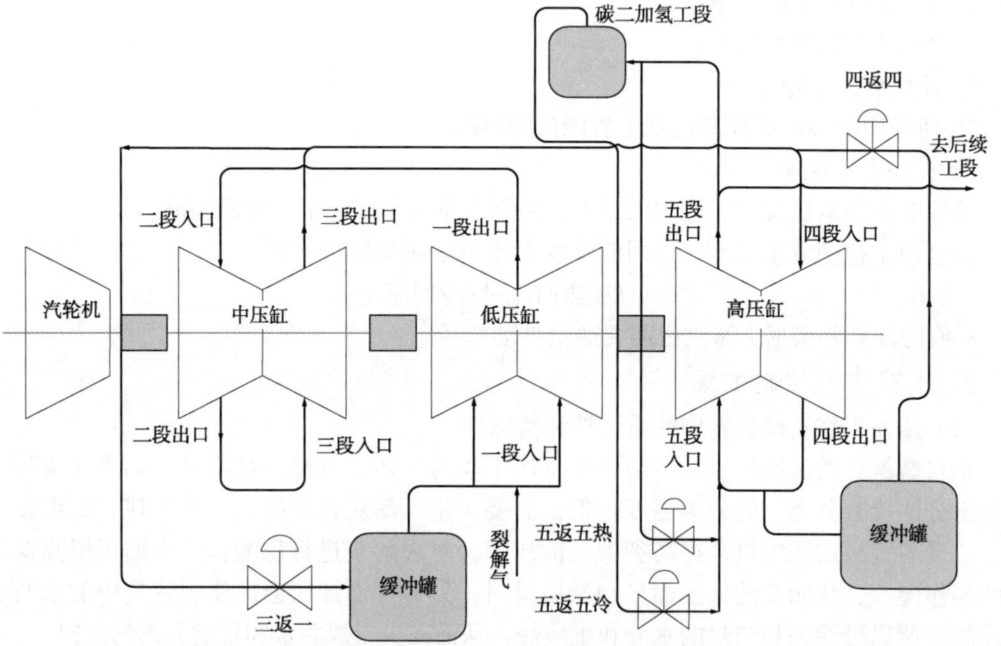


图 14.3-1 裂解气压缩机控制流程简图

2) 控制方案说明

为了实现上述控制目标，在选择该机组的控制系统时，通常采用先进的汽轮机/压缩机综合控制系统(Integrated Turbine/Compressor Control system，ITCC)。由于 ITCC 是采用了冗余冗错全数字化的控制系统，它将上述四项基本控制功能以及解耦等先进控制功能完全融合在一套综合的控制系统中，避免了采用传统的机组控制系统各部分之间的通信延迟和响应时间滞后，消除了各功能之间的负面影响，因此它具有极大的技术和经济优势，是一个最佳方案。

① 汽轮机调速方案。汽轮机调速方案采用了一段吸入压力 PIC 与汽轮机调速 SIC 之间串级，而 SIC 又与汽轮机抽汽压力 PIC 之间采用比值限幅(RL)，此方案既满足了压缩机负荷控制的要求，同时又补偿了由于下游蒸汽管网压力波动造成的不利影响。

② 压缩机负荷控制。压缩机的负荷控制是通过一段吸入压力 PIC 与汽轮机调速 SIC 之间串级来实现的。

③ 压缩机防喘振控制。传统的防喘振控制方案一般采用固定极限流量控制方案，即将FIC中的SP设为一个定值$Q_p$，当实际流量小于极限流量$Q_p$时，防喘回流阀就会打开，使一部分气体回流到压缩机入口，直到实际流量达到或超过$Q_p$为止。只要压缩机在某个转速下运行的任何时刻流量均大于$Q_p$，则压缩机就不会喘振。

由于温度、压力及分子量变化所引起的操作点的变化，先进防喘振控制方案采用了温度、压力及分子量可自动补偿算法。另外，还引入了喘振控制线(SCL)的概念，采取贴近喘振线等距的喘振控制线(SCL)实行防喘振控制，从而可以大大节省能源。

防喘振控制回路由三返一(FIC)、四返四(FIC)和五返五(FIC，包括五返五热、五返五冷两路)组成。实际采用的防喘振控制算法有以下四个：

a. 闭环喘振控制线(SCL控制)。

b. 闭环速率控制。

c. 开环阶跃控制。

d. 喘振监测。

SCL控制和速率控制是最初的两条防喘振防线，开环阶跃控制仅用于为避免过程波动而采取的极端运行工况。

④ 压缩机过程控制。压缩机的过程控制包括各段间罐的液位控制，压缩机进、出口的压力和温度检测及控制等，与上述三项控制功能之间也存在耦合，先在ITCC中进行解耦运算后，输出信号到调节阀。

(3) 丙烯冷剂压缩机控制

1) 控制目的

在乙烯装置中的丙烯、丙烯冷剂压缩机和二元冷剂压缩机(用以替代原乙烯装置中的乙烯冷剂压缩机及甲烷冷剂压缩机)均为冷剂压缩机。在过去的乙烯流程中，丙烯冷剂压缩机与乙烯冷剂压缩机的控制有很大的相似性，但随着工艺的发展，丙烯机增加了二段的抽出线，因此在压缩机的控制中增加了石墙(stone wall)流量的控制，新出现的二元冷剂压缩机的控制也有所变化，因此，目前乙烯流程中的冷剂压缩机的控制方案已有很大的区别。

图14.3-2所示为典型的一台四段丙烯冷剂压缩机的过程控制图，其控制方案与裂解气压缩机有所不同。其透平控制方案与裂解气压缩机控制完全一至，但其作为一个典型的冷剂压缩机，主要包括负荷控制(performance control)、防喘控制(anti-surge control)、石墙控制(stonewall control)和温度控制(quench control)等。

2) 控制方案说明

图14.3-2中PIC-501为丙烯机的负荷控制(performance control)，也称吸入压力控制(suction pressure control)，它的控制的主要目的是让压缩机入口压力稳定在一个使压缩机能工作在一个既稳定又高效的状下，从而达到节能并稳定生产的效果。与裂解气压缩机一样防喘控制、负荷控制、透平调速、压缩机过程控制功能彼此之间存在着耦合现象，控制系统还必须对其进行解耦。这样可以在保证不出现喘振现象下，选择最优的压缩机工作状态。

石墙控制则是新的乙烯流程中丙烯机的控制，主要是因为新的乙烯装置中，多级压缩机在某些工况下一段、二段吸入量过多的冷剂而无法全部压缩进入下一级，因此要在二段至三段之间排出一部分冷剂，返回一段吸入。如果这部分冷剂不排出压缩机，将一直在二段及三段之间循环，每次要进入三段时，就像这部分冷剂撞到墙上一样，因此，这种现象被称为石墙现象。每次出现石墙现象时，压缩机同样会出现振动，对于压缩机本体会有很大的损害。因此，在压缩机可能出现石墙现象时，要将过多的物料排出，返回压缩机入口，在压缩机外循环，而不是在压缩机内部循环流动。

温度控制则是与所有冷剂压缩机的控制一致，从四段吸入罐返回三股液相物料进入压缩机的前部各段吸入罐，进行闪蒸吸热降低温度，从而达到冷却的目的。

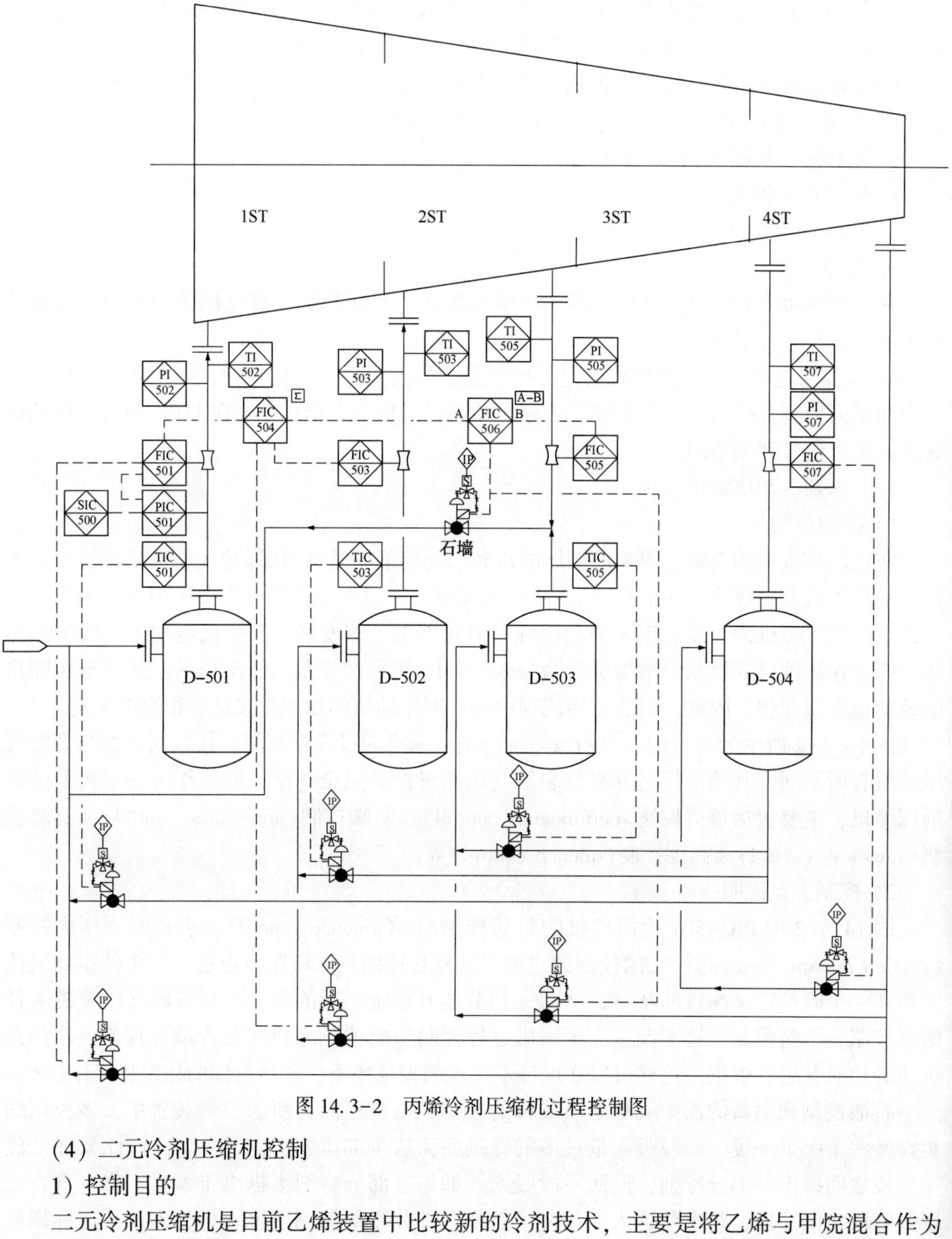


图 14.3–2　丙烯冷剂压缩机过程控制图

(4) 二元冷剂压缩机控制

1) 控制目的

二元冷剂压缩机是目前乙烯装置中比较新的冷剂技术，主要是将乙烯与甲烷混合作为冷剂，来代替原乙烯装置中的乙烯冷剂机及甲烷冷剂压缩机，用于提供低于-40℃的冷剂。还有一种更新的冷剂技术是将丙烯及甲烷混合作为压缩机冷剂来代替丙烯冷剂压缩机、乙烯冷剂压缩机、甲烷冷剂压缩机给整个乙烯装置提供冷量。但是目前这种技术尚无在整体乙烯中使用的先例，多用于乙烯改造时为新增的部分提供冷量，而且国内也尚无正在运行的此类压缩机。

2）控制方案说明

图 14.3-3 所示为典型的二元冷剂压缩机的过程控制图，冷剂为乙烯和甲烷的混合物，含有微量的氢气及乙烷。二元冷剂压缩机大致与原乙烯流程中的乙烯机很相似，同样有防喘控制、性能控制、温度控制等。但是由于二元冷剂压缩机的防喘回流线在全开时，可能会造成压缩机吸入温度过高而导致压缩机损坏的情况，因此，在防喘回流线上增加减温器，喷入液态的二元冷剂闪蒸降温，从而达到保护压缩机的目的。

二元冷剂压缩机开车时，往往采用单纯的乙烯开车，由于乙烯分子量大于二元冷剂的分子量，因此，在开车时实际的喘振曲线将比按照正常运行情况的喘振曲线更加远离运行曲线，所以并没什么影响，当压缩机正常工作之后将甲烷由脱甲烷塔回流罐混入冷剂。

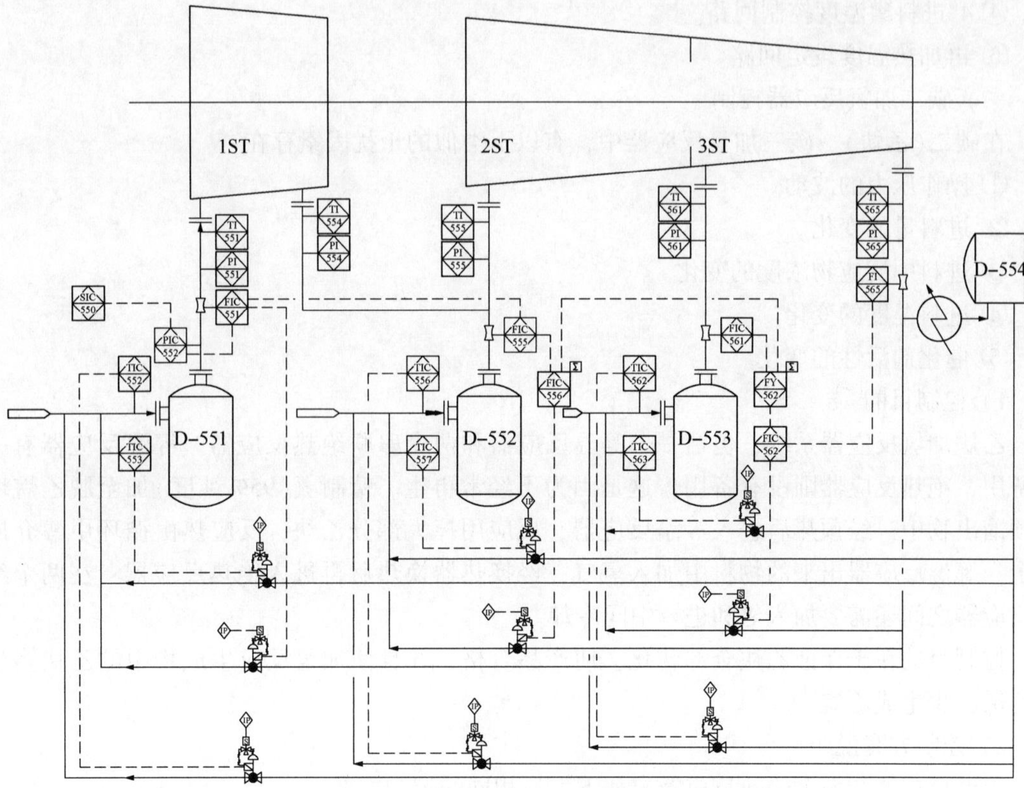


图 14.3-3　二元冷剂压缩机过程控制图

## 3. 分离单元控制方案

(1) 脱甲烷塔控制

1) 控制目的

脱甲烷塔从裂解气中分离出甲烷，釜液到下游工段进一步分离，获得乙烯、丙烯等各种产品。脱甲烷塔是冷量消耗极大的塔，塔的操作即使稍微与最佳状态偏离，冷量消耗的增加也是可观的。因此本塔的控制目的是首先保证分离出甲烷，并减少乙烯的损失量。另外，在运行过程中最大限度节能。为此，控制系统必须着重考虑以下几点要求：

① 塔的操作必须满足塔顶乙烯含量、塔底甲烷含量的要求。

② 第4#脱甲烷塔进料罐温度合适。

③ 塔压控制适当。

④ 脱甲烷塔进料再加热换热器出口温度合适。

2）控制方案说明

脱甲烷塔共有五个控制回路，均为前馈-串级控制方案，其中四个回路的副回路是前馈-反馈设定，另外一个回路的副回路仅有前馈设定。各回路前馈计算公式的基础为物料平衡、传热方程，并辅以数据回归。控制回路如下：

① 塔釜组成控制回路。

② 塔顶乙烯浓度控制回路。

③ 塔压控制回路。

④ 4#进料罐温度控制回路。

⑤ 再加热温度设定回路。

（2）碳二加氢反应器控制

在碳二(乙炔)、碳三加氢反应器中，有以下类似的干扰因素存在：

① 操作压力的波动。

② 进料量的变化。

③ 进料中反应物浓度的变化。

④ 进料温度的变化。

⑤ 催化剂活性的变化。

1）控制目的

乙炔加氢反应器系统，包括一个等温反应器和两个串联绝热反应器。等温反应器有一台备用，绝热反应器则没有备用，这是因为不经常再生。精制氢(95%纯度)加至脱乙烷塔塔顶馏出物中，经预热后进入等温反应器，反应用掉大部分乙炔，反应热由循环甲醇介质移走。等温反应器出来的物料中加入氢气，经换热器换热后再进入绝热反应器，在两个绝热反应器之间还需要加入氢和进行中间冷却。

控制目的在于保证乙炔全部转化，使产品合格，并且使加氢反应生成物中的乙炔多生成乙烯，少生成乙烷。

2）控制方案说明

等温反应器和两个绝热反应器有如下大致相同的控制方案：

① 反应器入口温度/出口组分控制回路。

② 等温反应器温度控制特殊逻辑(仅等温反应器有)。

③ 氢/炔比值控制回路。

④ 等温反应器 CO 控制回路。

⑤ 监督程序。

(3) 碳三加氢反应器控制

1) 控制目的

碳三加氢反应器系统，包括两台串联绝热反应器，生产目的在于脱除脱丙烷塔顶 $C_3$ 馏分中的甲基乙炔、丙二烯(MAPD)，使用催化剂经加氢将其转化成丙烯或丙烷。加氢反应过程是放热反应，方程式如下：

$$C_3H_4+H_2 \longrightarrow C_3H_6+40.5\text{kcal/mol}$$

$$C_3H_6+H_2 \longrightarrow C_3H_8+30.5\text{kcal/mol}$$

控制目的在于保证 MAPD 全部转化，使产品合格，并使反应物尽可能多地生成有用的丙烯，少生成丙烷，即提高选择性。

2) 控制方案说明

通过监视反应器入口、出口的流量、组分等，控制回流量、氢气添加量及运转压力和温度；并通过增加氢气添加量来补偿催化剂活性的降低，以达到上述控制目的。其控制回路为：

① 第 2# 反应器氢流量比控制回路。

② 回流量控制回路。

③ 第 1# 反应器氢流量比控制回路。

④ 平衡罐压力控制回路。

(4) 裂解气干燥器顺序控制

本小节介绍裂解气干燥器和程控阀的顺序控制方案，第二裂解气干燥器(又称保护干燥器)和氢气干燥器的顺序控制方案也类似。

1) 控制目的

乙烯装置的顺序控制系统通常在 DCS 系统中实现。每个顺序控制系统都分为在线操作过程和离线再生过程两个部分。全部顺序控制逻辑由 DCS 程序自动完成，当顺控逻辑无法正常自动完成时，可用 DCS 操作画面上的软手动操作按钮/开关完成。下面将逐个介绍每个部分的顺序控制系统逻辑。

来自干燥器进料分离罐(EV-1306)的裂解气在裂解气干燥器(ER-1350A/B)中干燥。来自冷箱部分的尾气既用作再生气又用作冷却气。裂解气干燥器系统由两个循环使用的干燥器 ER-1350A 和 ER-1350B 组成；当其中一个在线操作时，另一个再生或备用。

在干燥剂达到使用寿命之前，在线干燥器中被干燥的气体水分含量不超过 1μg/g。干燥器上装有三个水分分析器的探头，干燥器出口管线上也装有一个探头。干燥器每 24h 再生一次。“干燥剂达到使用寿命”是指干燥剂需要更换了。一般地，干燥剂的寿命是 3~4 年。出现以下现象时，干燥剂就达到使用寿命了：

① 裂解气干燥 24h 后的水分含量依然在 1μg/g 以上。

② 干燥时间不到 24h。

干燥器上下端的压差显示在 DCS 上。

表 14.3-1 是一个典型干燥器厂家推荐的干燥操作循环时间和再生循环时间及气体流动方向表。

在线操作的干燥器通常用 24h 或更长一些时间从裂解气中吸附水分。干燥循环时间取决于过程进料速率、干燥器水分含量(或温度)和干燥剂条件。

表 14.3-1 干燥操作循环时间和再生循环时间及气体流动方向表

| 顺　　序 | 时间/h | 流动方向 | 顺　　序 | 时间/h | 流动方向 |
|---|---|---|---|---|---|
| 吸收 | 24 | 向下流动 | 再生 | 10 | 向上流动 |
| 总吸收时间 | 24 | | 冷却 | 5 | 向上流动 |
| 再生　干燥器离线 | 0.5 | 停止流动 | 加压 | 2 | 向下流动 |
| 泄压 | 2 | 向下流动 | 备用 | 3.5 | 停止流动 |
| 再生加压 | 1 | 向上流动 | 总再生时间 | 24 | |

裂解气干燥器的程控阀采用带电磁阀的气动切断阀，这些阀用来严密隔离工艺气和再生气。可通过 DCS 系统自动地或通过 DCS 操作画面上的软手动操作按钮/开关手动地使这些电磁阀动作。

干燥器进料和出料的阀门由逻辑控制，这个逻辑系统用来防止工艺气阀与再生气阀同时打开。任何时候，当工艺气进、出口阀打开时，再生气进、出口阀关闭。这个安全系统可以防止由于阀门的误动作而使工艺气对再生系统加过压。而且，在再生温度下，工艺气中的乙烯和其他一些不饱和烃会发生聚合，严重时会使分子筛结垢。

特别重要的是：当在线操作的干燥器离线再生之前，一定要先与备用干燥器一起并联操作；否则，工艺气流会被切断，造成大量碳氢化合物气体排放至火炬；同时，切换操作时要逐步平稳，防止造成工艺系统波动。

2）控制方案说明

图 14.3-4 所示的过程控制图是裂解气干燥器和程控阀的顺序控制(吸收及再生循环过程)的具体步骤。干燥器的操作共分为六步。下面是这六个步骤的具体内容。假设 ER-1350A 在线操作，并准备切换至 ER-1350B；并假设 ER-1350B 已再生完毕处于备用状态。

① 步骤 1：备用干燥器切换至吸收状态。

干燥器 ER-1350A 吸收 24h 或水分分析仪 AI-11005 指示干燥器 ER-1350A 的水分已达到饱和，打开 ER-1350B 工艺气入口和出口阀 XV-11111、XV-11115，干燥器 ER-1350B 投入使用。确定干燥器 ER-1350B 在线，关 ER-1350A 入口和出口阀 XV-11108、XV-11113，干燥器 ER-1350A 离线。这一步大约持续 30min。

② 步骤 2：干燥器泄压。

打开泄流阀 XV-11172，干燥器 ER-1350A 泄压，物料去往急冷水塔。干燥器中裂解气的压力由 1324kPa 降到 138kPa。裂解气由干燥器 ER-1350A 排放到急冷水塔 ET-1202。这一步大约需要 2h。如果在泄压过程中干燥器内有液体，那么从干燥器出口管线低点引出的管道上的手操出料阀将被打开。泄压结束时，关闭手操出料阀。

③ 步骤 3：干燥器再生加压。

干燥器再生加压步骤是应用再生气使裂解气干燥器 ER-1350A 达到正常的再生操作压力。打开干燥器 ER-1350A 的再生加压进料阀 XV-13503，干燥器开始加压。由于干燥器出口阀关闭，干燥器最终会达到正常再生操作时的压力。一旦再生操作压力达到正常，加压进料阀 XV-13503 关闭。这一步大约持续 1h。此时，只要打开再生气进料阀和出料阀 XV-11112、XV-11109，干燥器 ER-1350A 就可开始再生。

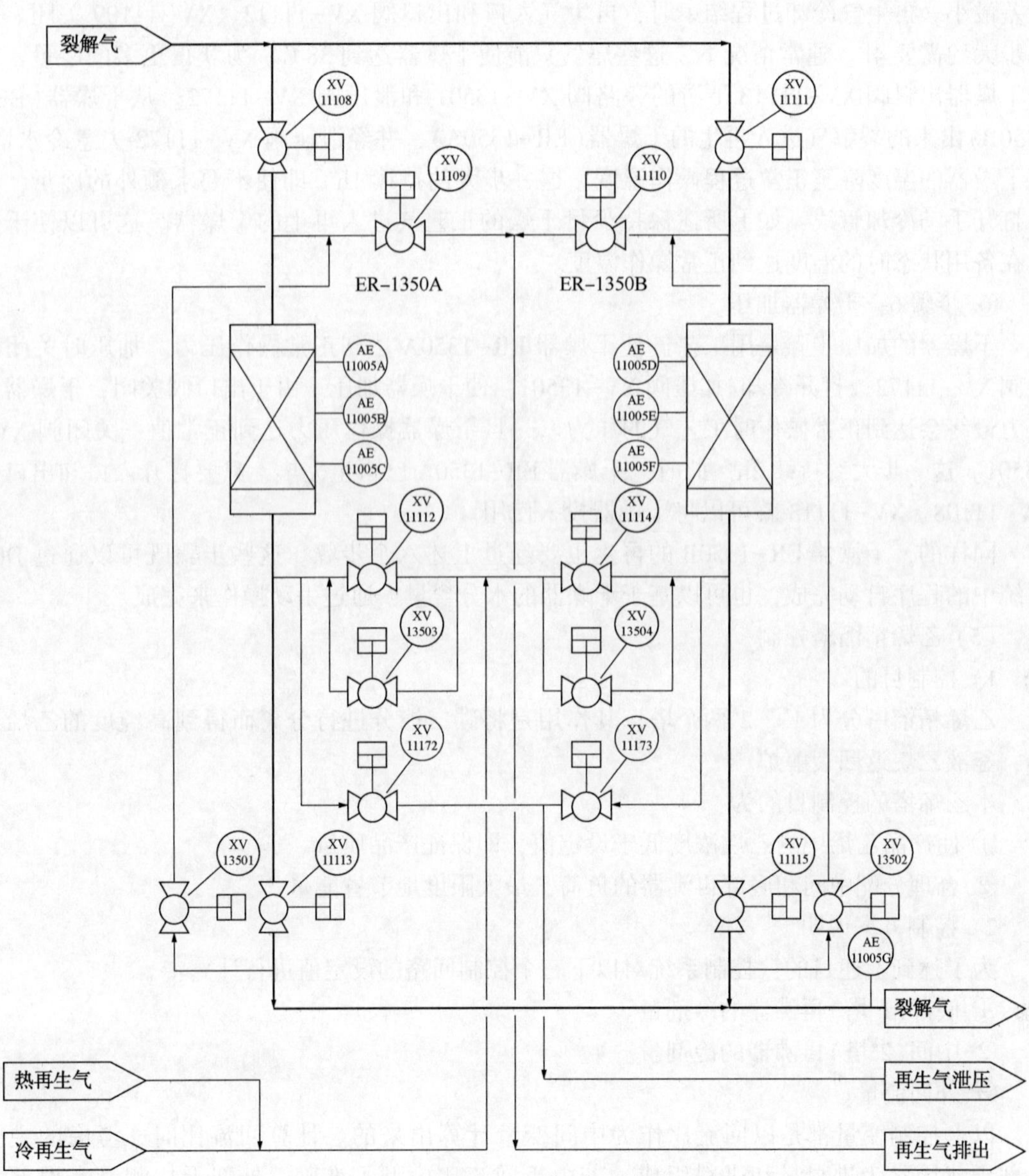


图 14.3-4　裂解气干燥器过程控制图

④ 步骤 4：干燥器再生。

打开干燥器 ER-1350A 的再生进料阀 XV-11112 和再生出料阀 XV-11109，干燥器 ER-1350A 开始再生。再生气是来自冷区的尾气，在再生气加热器(EH-1331)中加热，用来清除干燥器中的水分。再生时，打开再生气加热器(EH-1331)入口阀，关闭再生气加热器(EH-1331)旁路阀。这一步大约持续 10h。

⑤ 步骤 5：干燥器冷却。

用热尾气再生完毕之后，干燥器 ER-1350A 需要降温，大约降至裂解气正常操作时的温度 14℃。干燥器的冷却是用未加热的尾气来完成的。再生气加热器(EH-1331)入口阀关闭，旁路阀打开。进行这一步的目的是通过干燥器的冷却，使得干燥器与冷工艺气之间的温差最小。再生气冷却过程结束时，再生气入口和出口阀 XV-11112、XV-11109 关闭。这一步大约需要 4h。通常情况下，这些尾气只能使干燥器达到 38℃。为获得更多的冷量，打开干燥器出料阀 XV-11113 下游的旁路阀 XV-13501 和泄压阀 XV-11172。从干燥器(ER-1350B)出来的裂解气进入再生的干燥器(ER-1350A)，并经泄压阀 XV-11172 去急冷水塔；把干燥器的温度降至正常过程操作温度。这一步大约持续 1h。即使不要求额外的冷量，也要打开手动冷却管线，如上所述保持少量干燥的工艺气进入再生的干燥器。这可以使干燥器在备用状态时的温度达到正常操作温度。

⑥ 步骤 6：干燥器加压。

干燥器的加压步骤是用工艺气使干燥器 ER-1350A 达到正常操作压力。加压时关闭泄压阀 XV-11172。打开冷却/加压阀 XV-13501，使干燥器加压。由于出口阀关闭，干燥器的压力最终会达到正常操作时工艺气的压力。一旦干燥器操作压力达到正常值，关闭阀 XV-13501。这一步大约持续 2h。此时，干燥器 ER-1350A 已再生完毕，只要打开入口和出口阀 XV-11108、XV-11113 就可以将干燥器投入使用。

同样的，干燥器 ER-1350B 的再生也要经过上述六个步骤。这些步骤既可以通过 DCS 系统中的程序自动完成，也可以基于干燥器的水分含量，通过手动操作来完成。

(5) 乙烯精馏塔控制

1) 控制目的

乙烯精馏塔分为 1#、2#两个塔，其作用是将碳二馏分进行分离而得到高纯度的乙烯产品，釜液乙烷返回裂解炉。

本乙烯塔的控制目的为：

① 使产品乙烯中的乙烷浓度低于设定值，即保证产品质量。

② 合理分配中间和底部再沸器的负荷，最大限度地节省能量。

2) 控制方案说明

为了达到上述目的，控制系统对以下三个控制回路的设定值进行计算：

① 底部(1#塔)再沸器的冷剂量。

② 中间(2#塔)再沸器的冷剂量。

③ 外回流量。

以上控制变量都是以回流比作为中间变量计算出来的。计算回流比时，考虑的主要外部干扰因素为进料量和进料组成。若由于回流比模型不准确，外部干扰测量有误差及其他预料不到的外部干扰而产生偏差，用产品组成反馈补偿设定回流比。以这个回流比为基础进一步进行物料平衡、热量平衡和动态补偿运算，并确定以上三个控制回路的设定值。

## 二、紧急停车联锁方案

百万吨级乙烯装置的分离部分一般包括急冷、压缩、分离冷区和分离热区等工艺单元，本小节仅介绍各工艺单元中主要、关键及典型的工艺系统和设备的紧急停车联锁方案。

### 1. 紧急停车联锁

(1) 要求安全仪表系统及操作人员采取紧急停车联锁措施的界区外公共故障

① 装置蒸汽故障。

② 锅炉给水故障。

③ 燃料气故障。

④ 电源故障。

⑤ 仪表风故障。

⑥ 冷却水故障。

(2) 设有紧急联锁的塔系

在全厂停冷却水和停电故障时，装置设有整体安全停车联锁及分程排放，以降低火炬的负荷。在丙烯冷冻系统及乙烯冷冻系统也设有紧急联锁。此外，为降低火炬的负荷下列塔系设有紧急联锁：

① 急冷油塔。

② 急冷水塔。

③ 脱甲烷塔。

④ 脱乙烷塔。

⑤ 乙烯精馏塔。

⑥ 脱丙烷塔。

⑦ 丙烯精馏塔。

⑧ 脱丁烷塔。

⑨ 脱异丁烷塔。

⑩ 脱乙烯塔。

⑪ 脱丙烯塔。

⑫ 脱戊烷塔。

⑬ 稳定塔。

⑭ 尾气塔。

(3) 上述塔系周围装置包括的系统/设备的停车联锁

① 急冷油循环泵。

② 急冷水循环泵。

③ 工艺水进水泵。

④ 稀释蒸汽发生器进水泵。

⑤ 裂解气压缩机。

⑥ 裂解气干燥器。

⑦ 保护干燥器。

⑧ 氢气干燥器。

⑨ 冷箱。

⑩ 甲烷化反应器。

⑪ 丙冷剂压缩机。

⑫ 乙烯剂压缩机(或二元冷剂压缩机)。

⑬ 乙炔转化反应器。

⑭ MAPD 转化反应器。

⑮ 乙烯产品泵。

⑯ 丙烯产品泵。

⑰ 其他系统/设备。

2. 紧急停车联锁通用说明

装置各种紧急情况的分析及阐明装置处于安全状态必须采取的安全步骤，这些步骤具有通用的特性，并且不包括任何意外事故。操作人员全面理解装置是必不可少的。下面是紧急停车情况的一些普通说明：

① 在紧急停车联锁时，大量轻烃将放至火炬系统中。在紧急事件中，通常要求立即降低送入装置的热量(再沸器热量和加热炉燃料)，因为这样可快速减少火炬的负荷。为使环境影响降至最低，向火炬提供足够消烟蒸汽是至关重要的。对于上面列出的塔系，联锁是在塔内处在高压情况下力图除去供给再沸器的加热介质。

② 在导致紧急状态的每一故障和装置恢复到安全状态后，根据故障原因做出详细分析。在事故原因查明之前，并且研究出纠正行动之前不要急于装置重新开车，防止事故重现。

③ 在所有紧急情况中，都要必须防止重要压缩机和透平受损。润滑油循环和密封气系统应处在工作状态，以便能帮助机器轴承和密封件的冷却。为了避免透平轴可能发生的弯曲，在每次停车后，用转动齿轮的方法低速转动机械，直至压缩机得到充分冷却。

④ 为了保护其他设备，在紧急情况期间，应着手进行装置正常停车步骤。

## 第四节　控制系统设计

### 一、集成控制系统网络架构

百万吨级乙烯装置采用中心控制室(Central Control Room，CCR)和现场机柜室(Field Auxiliary Room，FAR)分离设置方式。生产装置、公用工程及辅助设施等控制系统操作站设置在中心控制室，控制站设置在现场机柜室，现场仪表信号通过电缆连接到现场机柜室，从现场机柜室到中心控制室的信号传输采用冗余光缆双路由敷设。操作管理人员在中心控制室完成生产装置的控制、监测、报警及报表等操作。现场机柜室设有工程师站，用于开车前的系统调试和日常系统维护等工作。中心控制室设置各控制系统的工程师站，用于系统组态维护。

乙烯装置一般设置两个现场机柜室 FAR-101，FAR-102，采用对角线布置。其中 FAR-101 负责裂解炉区、压缩、急冷、原料预处理及蒸汽冷凝处理单元。FAR-102 负责冷分离、制冷、热分离、干气回收及废碱氧化等单元。现场机柜室设置在非爆炸危险区域，采用抗爆结构。

乙烯装置采用集成的分散控制系统/现场总线控制系统(DCS/FCS)及其他子系统，安全仪表系统(SIS)、可燃和有毒气体检测系统(GDS)分别独立设置，通过 Modbus RTU 或 Modbus/TCP 协议与 DCS/FCS 系统实时通信。集成控制系统网络架构如图 14.4-1 所示。

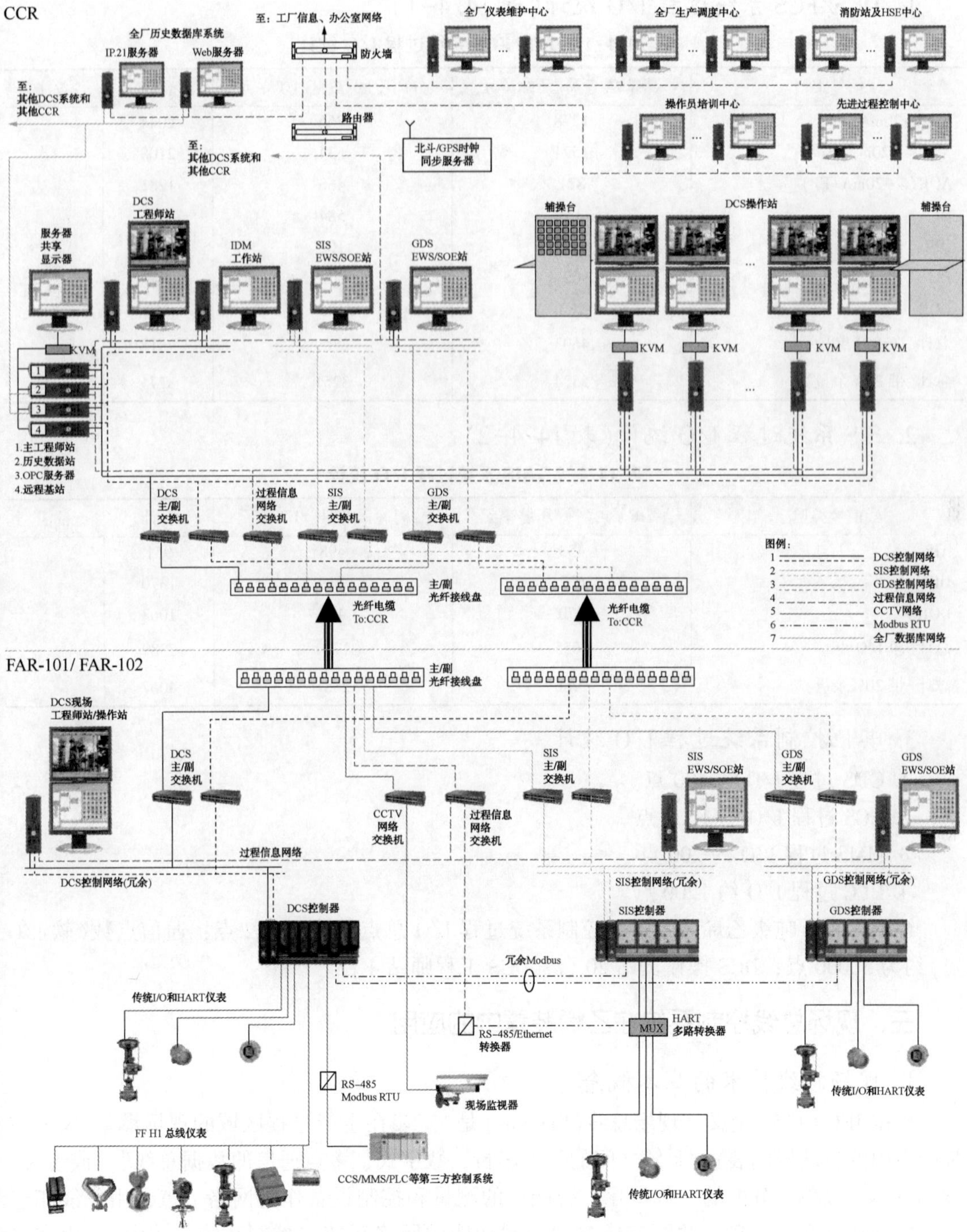


图 14.4-1 百万吨级乙烯装置集成控制系统网络架构

## 二、控制系统组态

### 1. DCS/FCS 系统过程 I/O 统计(表 14.4-1)

表 14.4-1 DCS/FCS 系统过程 I/O 统计

| 信号类型 | 裂解炉/急冷/压缩单元 | 分离冷区/热区/UT 单元 | 合计 | 备注 |
|---|---|---|---|---|
| AI(4~20mA+FF) | 1278 | 766 | 2044 | |
| AIR(4~20mA+FF) | 1574 | 534 | 2108 | |
| AOR(4~20mA+FF) | 821 | 460 | 1281 | |
| DI | 323 | 584 | 907 | |
| DIR | 262 | 102 | 364 | |
| DO | 62 | 78 | 140 | |
| DOR | 283 | 185 | 468 | |
| 总计(净 I/O 点) | 4603 | 2709 | 7312 | |
| 总计(带 20%余量) | 5524 | 3251 | 8775 | |

### 2. SIS 系统过程 I/O 统计(表 14.4-2)

表 14.4-2 SIS 系统过程 I/O 统计

| 信号类型 | 裂解炉/急冷/压缩单元 | 分离冷区/热区/UT 单元 | 合计 | 备注 |
|---|---|---|---|---|
| AIR | 453 | 498 | 951 | |
| DIR | 632 | 738 | 1370 | |
| DOR | 570 | 498 | 1068 | |
| 总计(净 I/O 点) | 1655 | 1734 | 3389 | |
| 总计(带 20%余量) | 1986 | 2081 | 4067 | |

### 3. 其他控制系统过程 I/O 统计

① GDS 过程 I/O 约 400 点。

② CCS 过程 I/O 约 1600 点。

③ MMS 过程 I/O 约 200 点。

④ PLC 过程 I/O 约 1200 点。

综上，百万吨级乙烯装置过程控制系统过程 I/O 总点数为 16242 点；通信点数(软 I/O 点)约为 50000 点；DCS 操作员站 20 台；DCS 工程师站 4 台。

## 三、现场总线控制系统在乙烯装置中的应用

### 1. 现场总线技术的基本概念

根据 IEC 61158 定义，现场总线(fieldbus)是“安装在生产过程区域的现场设备/仪表与控制室内的自动控制装置/系统之间的一种串行、数字式、多点通信的数据总线”。或者说，现场总线是以单个分散的、数字化、智能化的测量和控制设备作为网络节点，用总线相连接，实现相互交换信息，共同完成自动控制功能的网络系统与控制系统。其中，“生产过程”应包括断续生产过程和连续生产过程两类。现场设备/仪表指位于现场层的传感器、变送器、执行机构等设备。因此，现场总线是面向工厂底层自动化及信息集成的数字化网络技术。基于这项技术的自动化系统称为现场总线控制系统 FCS(Fieldbus Control System)。

现场总线技术是20世纪80年代在国际自动化控制领域兴起的一项突破性技术。它集网络技术、通信技术、计算机技术、智能化仪表技术和自动控制技术之大成，组成双向、多节点、全数字的开放式通信系统。FCS位于PCS网络结构的底层，并直接与过程控制对象相连接。

基金会现场总线(简称FF)于1994年由ISP基金会和World FIP(北美)两大集团合并成立FF基金会，其宗旨在于开发出符合IEC和ISO标准的、唯一的国际现场总线(Fundation Fieldbus)。总线(H1)协议已于1996年发表，当前采用的FF技术主要为通信速率为31.25kb/s的H1低速现场总线。FF现场总线的应用领域以过程自动化为主，如：石油、天然气、石油炼制、石油化工、造纸及制药等流程工业领域。

2. FF现场总线技术的主要特点

FF现场总线是过程控制系统(PCS)的现场设备层控制网络，它是DCS系统在现场的延伸，是过程控制领域的一个重要分支。FCS具有下列显著特点：

① 全数字化(数字通信延伸到工业控制系统的最底层——现场设备层)。

② 全分布式控制(各现场设备有足够的自主性)。

③ 双向传输。

④ 很好的开放性(现场总线应成为一种开放技术)。

⑤ 很好的互操作性(保证不同厂家的产品可以互操作和互用)。

⑥ 控制系统结构高度分散性(控制功能分散到现场CIF)。

⑦ 现场设备的高度智能化和自治性。

⑧ 具备高精度、高可靠性和高安全性(测量精度达0.1级，取得SIL3认证)。

⑨ 可节省安装材料、减少调试工作量及缩短开工时间。

⑩ 具有先进诊断及预知性维护功能，可节省维护费用，使工厂生命周期成本降低。

3. 应用FF现场总线技术的FCS与传统的DCS技术经济对比

应用FF现场总线技术的FCS与传统的DCS技术经济对比见表14.4-3。

**表14.4-3　采用FF技术的FCS与传统的DCS技术经济对比**

| 技术特性 | 分散控制系统(DCS) | FF现场总线控制系统(FCS) | 备注 |
|---|---|---|---|
| 传输信号 | 模拟信号或模、数混合 | 全数字信号 | |
| 通信方向 | 单向 | 双向 | |
| 连接方式 | 点对点 | 多节点 | |
| 常规控制 | 在DCS控制器内-集中 | 在现场设备内-分散 | |
| 故障诊断 | 基本诊断 | 先进诊断(带故障预报) | |
| 测量精度 | 一般(≤0.2% FS) | 高(≤0.1% FS) | |
| 测量参数 | 少 | 多(更有利于工厂信息化) | |
| 系统扩容 | 需修改组态，离线下装 | 即插即用，系统自动识别 | 需要DD文件 |
| 互操作性 | 一般 | 很好 | |
| 硬件数量 | 100% | 30%~50% | 据ARC①报告 |
| 电缆配线 | 100% | 30%~50% | 据ARC①报告 |
| 安装成本 | 100% | 约91%(节省9%) | 据ARC①报告 |
| 维护成本 | 100% | 约80%(节省20%) | 据ARC①报告 |

① ARC为国际自动化技术领域权威的咨询公司。

4. 现场总线控制系统在乙烯装置上的应用实例

(1) 上海赛科 900kt/a 乙烯装置

上海赛科 900kt/a 乙烯装置采用 ABB Lummus 乙烯顺序分离工艺专利技术，采用 EMERSON Delta-V 基金会现场总线 DCS 系统。一个 FF 网段最多允许带 12 台 FF 仪表设备，一般情况下，每个网段最多可以设计 9 台 FF 仪表设备，另外 3 个作为备用。每个网段不超过 2 台阀门定位器(带 PID 功能，完成单回路控制，复杂控制回路 PID 功能在 DCS 控制器里完成)，具体数量根据专利商定义控制回路的重要等级来确定。采用 FF 技术的现场仪表设备在乙烯装置各单元应用情况如表 14.4-4 所示。

表 14.4-4 FF 技术在赛科乙烯装置各单元应用情况

| 工艺单元名称 | FF 仪表设备数量 | FF 网段数量 | 备注 |
|---|---|---|---|
| 裂解炉 | 755 | 167 | |
| 急冷 | 164 | 40 | |
| 压缩 | 221 | 65 | |
| 冷区 | 183 | 44 | |
| 热区 | 311 | 76 | |
| 烯烃转换 | 260 | 65 | |
| 汽油加氢 | 136 | 32 | |
| 公用工程及其他 | 142 | 44 | |
| 合计 | 2172 | 533 | 4.1 台/网段 |

(2) 中海油-壳牌(CSPC)南海乙烯装置

中海油-壳牌(CSPC)南海 800kt/a 乙烯装置采用 S&W 前脱丙烷前加氢的乙烯分离工艺专利技术，采用 YOKOGAWA CS-3000 基金会现场总线 DCS 系统。一个 FF 网段最多允许带 10 台 FF 仪表设备，一般情况下，每个网段最多可以设计 8 台 FF 仪表设备，另外 2 个作为备用。每个网段可带 1~3 台阀门定位器(原则上控制回路的 PID 功能均在 DCS 系统控制器内完成)，具体数量根据 HAZOP 定义控制回路的重要等级来确定。FF 技术在乙烯装置各单元应用情况如表 14.4-5 所示。

表 14.4-5 FF 技术在 CSPC 乙烯装置各单元应用情况

| 工艺单元名称 | FF 仪表设备数量 | FF 网段数量 | 备注 |
|---|---|---|---|
| 原料预处理 | 333 | 76 | |
| 裂解炉 | 1388 | 288 | |
| 急冷 | 334 | 61 | |
| 裂解气压缩机、前脱丙烷 | 418 | 84 | |
| 冷分离、热分离 | 605 | 122 | |
| 乙烷、丙烷压缩机 | 126 | 29 | |
| 汽油加氢 | 312 | 49 | |
| 丁二烯 | 509 | 99 | |
| 苯抽提 | 246 | 47 | |
| 公用工程 | 267 | 68 | |
| 空气清焦系统 | 43 | 8 | |
| 合计 | 4581 | 931 | 4.9 台/网段 |

# 第五节　先进过程控制与实时优化

## 一、概述

先进过程控制(Advanced Process Control，简称先进控制)技术是对那些不同于常规单回路控制，例如PID控制，并具有比常规PID控制效果更好的控制策略的统称。先进控制技术通常用来处理复杂的过程控制问题，例如大时滞、非线性，多变量耦合、被控变量和控制变量存在多种约束等。先进控制技术是以常规单回路PID控制为基础的动态协调约束控制，可使控制系统能够快速适应实际工业过程动态特征和操作要求。

先进控制技术的实现，需要建立工业过程模型和有足够计算能力及存储能力的设备作为支撑。由于先进控制技术受算法复杂性和计算能力两方面因素的影响，早期的先进控制策略通常在上位机上实施，例如模型预测控制(MPC)策略。20世纪70年代后期，计算机技术持续发展所带来的强大计算能力和存储能力促进了集散控制系统(DCS)功能不断增强，更多的先进控制策略可以与基础控制回路一起在DCS上实现。

控制理论的发展也为先进控制技术发展提供了很多各具特点的技术和方法，例如基于软测量技术的推断控制技术，基于模糊控制或人工神经网络的智能控制技术，基于模型的预测控制技术，自适应控制和多变量解耦控制技术等。近年来，先进控制软件和产业出现了综合集成的发展趋势，基于DCS的先进控制系统开发日益广泛，许多DCS制造商，如Honeywell公司、Emerson公司和Siemens公司等通过收购从事先进控制、工艺模型和计算机网络通信等专业技术公司，纷纷推出了集硬件和软件一体化的工厂综合自动化全面解决方案。

随着科学技术的飞速发展及其在工业生产中广泛和深入的应用，石油化工生产规模越来越大，生产技术水平越来越复杂。这既表现为工艺技术水平不断提高，也表现在生产过程控制的自动化水平的不断提高。最优化技术被广泛应用于工艺设计中以获得最佳指标的设备和工艺参数，但在运行时，工艺参数、设备性能、工作环境以及原料属性不可避免地会发生变化，与设计工况出现明显差异。另外市场竞争也日益加剧，恒定的参数无法在复杂条件下保持系统最优状态，所以以经济效益和社会效益最大化为目标，对运行的乙烯装置进行先进控制与优化是十分重要的。事实上，近些年先进控制与在线优化技术已经逐渐在乙烯装置得到了应用，并且实现了单元装置先进控制、多单元或全流程先进控制与优化。

## 二、先进控制与实时优化的基本原理

先进控制是对那些不同于常规单回路控制，并具有比常规PID控制更好的控制效果的控制策略的统称，而非专指某种控制算法。由于先进控制的内涵丰富，同时带有较强的时代特征，因此，至今对先进控制还没有严格而统一的定义。尽管如此，先进控制的任务却是明确的，即用来处理那些采用常规控制效果不好，甚至无法控制的复杂工业过程控制的问题。

在图14.5-1所示的企业过程控制系统梯状结构图中，自下而上各级所完成的功能越来越复杂，覆盖的控制面越来越广，计算量越来越大，相应的其执行周期也越来越长。通常所说的先进控制主要处于“先进控制与单元优化”层，其运行基础是“复杂调节控制与软测量”层，又为“多单元协调与全局优化”层提供支撑。

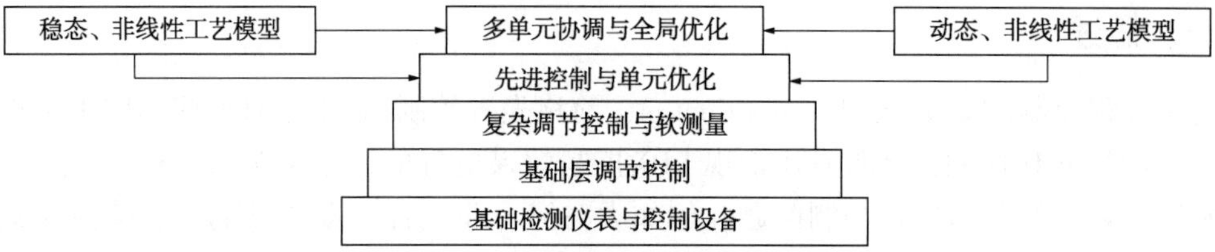


图 14.5-1　典型过程控制梯状结构

与常规控制相比，先进控制的被控变量由传统的温度、压力、流量、液位四大参数扩展到产品质量指标和设备负荷等与生产工艺目标更接近的变量。通过实施更好的控制策略和控制算法，可以改善过程动态特性、减少过程变量的波动幅度，使之能更接近其优化目标值，从而将生产装置推向更接近其约束边界条件下运行，最终达到增强装置运行的稳定性和安全性、保证产品质量的均匀性、提高目标产品收率、增加装置处理量、降低运行成本、减少环境污染等目的。

华东理工大学针对国内乙烯装置特点，以深层工艺机理分析和智能控制技术为基础，研究和开发了拥有自主知识产权的先进控制和优化技术，在国内乙烯装置市场占有率超过60%。国外霍尼韦尔(Honeywell)公司和 AspenTech 公司采用模型预估控制技术和软件在乙烯装置成功实施先进控制与优化技术。下面以 Honeywell 公司的 Profit Controller 为例介绍先进控制的基本原理。

## 三、先进控制与实时优化技术简介

通常先进控制与实时优化技术用于处理复杂工艺过程控制问题，先进控制的优化结果送基础 PID 控制回路作为设定值(SP)。Profit Controller 的输入/输出变量的分类包括被控变量(CV)、操纵变量(MV)和干扰变量(DV)。

① 被控变量(CV)，指需要加以控制以维持其在某一值或一定范围内的变量，例如精馏塔的产品浓度，裂解炉的裂解深度等。这类变量是因变量，通常不能直接进行调节，而只能受到操纵变量或干扰变量的影响而改变。

② 操纵变量(MV)，可由操作人员或控制机构调节的变量，或可以更简单地理解为实际操作过程中的调节手段，如精馏塔顶回流，塔釜再沸器加热量，裂解炉的各组炉管进料流量等。这类变量是先进控制器要调节的，用以维持 CV 值在工艺人员所要求的设定点或一定范围内，以及为了使过程向满足经济目标函数所决定的优化点变化。

③ 干扰变量(DV)，即我们通常提到的可测不可控的变量。如果某变量的变化对 CV 有明显影响，则在先进控制器设计时需要考虑其影响。典型的干扰变量包括环境温度、公用工程的蒸汽压力、燃料气热值等。

Profit Controller 能够利用被控过程对象的动态模型来预估各个 CV 的未来走势，并且确定如何调节控制器的输出，使所有过程变量达到设定值或约束范围内。具体的，Profit Controller 对被控对象的控制被设计为三步走，即首先保证被控过程对象的平稳性，使 MV 的调节幅度尽量小，避免由于控制模型的病态造成的 MV 大幅度调节；然后再完成控制目标，尽可能使所有 CV 都处于其约束限以内；最后，如果控制器完成了控制任务后仍然有剩余的自由度，则可以进行优化操作，例如最大化产品总价值。

Profit Controller 的基本原理是模型预测控制，它继承了最优控制的思想，同时保留了常规控制的精髓——反馈，并且在控制器设计阶段就可以系统地处理约束问题。图 14.5-2 为 Profit Controller 的原理结构图。模型被用于预估过程对象对 MV 和 DV 的响应。整个过程模型由动态子过程模型的矩阵组成，其中每个子模型说明某一独立变量(MV 和 DV)对某一 CV 的影响。预测计算除了利用动态模型进行预估外，也需要根据实测的 CV 值进行反馈校正。优化器则根据目标函数确定经济效益最佳的操作点，并将此最优结果传递给控制器来实现。优化采用多目标分层次的控制算法，即将 CV 控制在规定的设定点或约束范围内，不允许 MV 越过限值，在自由度过剩的情况下才进行 CV 和 MV 的经济优化。控制器则利用动态模型确定 MV 的最佳调节幅度，以实现优化器的优化结果或者将 CV 控制在给定的区域内。在每一个控制周期控制器都要进行多步控制计算和滚动优化，即对每个被控变量 CV 都可以规定一个反馈性能比，它是该 CV 的闭环响应时间与开环响应时间的比值，决定 CV 达到零偏差的时间长短。在每个控制周期根据 CV 的多步预测值与期望值之差，计算使偏差最小的多步优化控制量，然后仅使用第一个控制量去控制，通过这种方式来达到实际的最优控制。

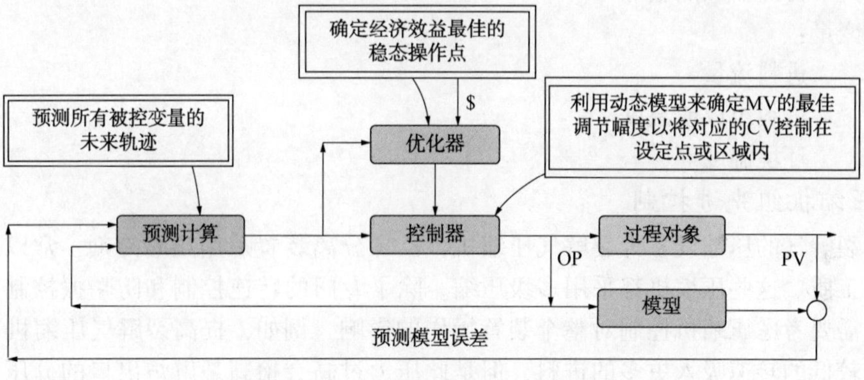


图 14.5-2　Profit Controller 原理结构

## 四、乙烯装置先进控制与实时优化设计

尽管乙烯生产装置的工艺和设计有多种，但是它们的功能单元都十分相似，包括裂解炉、急冷、热区、冷区、压缩机、反应器等几个主要的生产单元或设备。以下分别讨论分离各典型工艺单元的工艺目标、常见约束、先进控制策略设计考虑。

### 1. *初分馏塔和精馏塔先进控制*

从裂解炉出口裂解气要经过急冷、压缩和多个精馏塔才能分离出所需要的目标产品。除了稳定装置操作外，精馏塔先进控制的设计目标通常是在保证产品质量合格的前提下提高目标产品的收率并最小化能耗。从最大化经济效益要求看，有时需要整个乙烯装置尽可能提高处理量，那么不仅裂解炉要提高进料量，后续的精馏塔也需要提高处理能力。在不进行设备改造的情况下，精馏塔处理能力提高往往通过提高能量供给或者降低分离精度来实现。精馏塔先进控制的目标还包括从低价值产品中回收高价值产品，如甲烷中乙烯、循环乙烷中的乙烯、循环丙烷中的丙烯。通过卡边控制减少质量过剩，同时减少冷量需求，从而提高经济效益。虽然这些精馏塔的设备结构和操作压力、温度各有不同，但是从自动控制的角度看还是有些共性的。以下为典型精馏塔先进控制设计。

被控变量：

塔顶产品纯度
塔釜产品纯度
压差
回流罐液位
塔釜液位
其他约束，例如阀位等

操纵变量：

塔顶压力
回流量
塔顶或侧线抽出
灵敏板温度
塔釜抽出
再沸器加热量等

干扰变量：

进料流量
进料组成或温度
环境温度等

2. 压缩机组先进控制

乙烯裂解气的压缩设备为裂解气压缩机，乙烯分离装置采用压缩冷剂，常以乙烯、丙烯为冷剂工质。这些压缩机都采用多级压缩。除了专门的转速控制和防喘振控制外，先进控制设计需要考虑压缩机控制对整个装置操作的影响。例如，提高裂解气压缩机入口压力有利于以较低的转速吸入更多的进料，但是此压力过高会抬高裂解炉出口的分压，导致产品收率降低和炉管结焦速率增加。

3. 加氢反应器先进控制

反应器主要包括乙炔加氢和 MAPD 催化加氢反应器。反应器先进控制的目标为最大化反应器出口乙烯或丙烯增量。典型的反应器先进控制设计如下：

被控变量：

温度差和压力
最大床层温度
出口温度
选择性
转化率
反应器出口组成
其他约束，例如阀位等

操纵变量：

反应温度

氢气流量

抑制剂流量

循环比等

干扰变量：

反应器进料组成

各个单元都实施了先进控制后就可以考虑采用在线优化技术对几个紧密相关的单元，甚至整个乙烯装置，进行统一协调优化。乙烯装置通常处于动态运行中，甚至常常处于负荷过渡过程中，而非稳态。因此，乙烯装置在线优化需要考虑动态控制和动态优化。一般说来，所有的生产过程在其正常操作范围内都有一定的非线性，只不过有些生产过程的非线性强，有些生产过程的非线性弱些。

4. 乙烯全流程实时优化

乙烯装置全流程实时优化需要求解非线性模型，尤其是非线性裂解炉模型。在线修改先进控制器与优化器模型增益无疑是一个有效的解决非线性控制的方法，能够大大增加先进控制的适用范围。通常，新的增益是通过对非线性机理模型进行理论计算得到。这些机理模型一般是各单位自己开发或者从第三方购买的。架构于先进控制之上的在线优化将能够在装置允许的约束范围内最大化产率、在保证裂解炉运行周期的前提下，通过收率优化提高高价值产品的产量、能够从全装置优化的角度最小化能耗。

乙烯装置全流程实时优化包括但不限于下列内容：

① 裂解炉温度与负荷先进控制。

② 裂解炉裂解深度先进控制与实时优化。

③ 冷箱与脱甲烷塔用能优化。

④ 碳二加氢反应器先进控制与优化。

⑤ 碳三加氢反应器先进控制与优化。

⑥ 双塔脱丙烷模拟与过程优化。

⑦ 乙烯精馏塔先进控制与过程优化。

⑧ 丙烯精馏塔先进控制与过程优化。

⑨ 蒸汽管网实时监控与用能优化。

⑩ 乙烯装置协同优化运行技术。

通过实施乙烯装置先进控制与实时优化通常能够增加烯烃产量 2.0%~3.0%；双烯(乙烯+丙烯)收率或高附加值产品收率提高 0.5%~1.0%；平均综合降低能耗 3.0%~5.0%；APC/RTO 系统投用后，预计增加直接经济效益 5000 万元/a 以上。

实践证明，实施先进控制和实时优化技术，首先必须要搞好基础工作，包括：

① 保证仪表自控率，尤其是与先进控制与优化相关控制回路。

② 联锁投运率要高。

③ 在线分析仪表灵敏度、稳定性要满足控制要求。

④ 现场仪表的准确性和重复性要高。

⑤ 工艺设备状态必须处于正常工作状态，工艺生产处于正常生产状态。

## 五、乙烯装置先进控制与优化实例

某百万吨/年乙烯装置采用顺序分离流程工艺，以石脑油为原料，共建设了 9 台裂解炉，其中 1#裂解炉为气相炉，2#裂解炉既可以加工石脑油也可以加工气相进料。装置包含了裂解气压缩机、丙烯冷剂压缩机和乙烯冷剂压缩机，示意流程图如图 14.5-3 所示。生产装置区由裂解区、急冷区、压缩区、分离冷区、分离热区、烯烃转化及汽油加氢等单元组成。

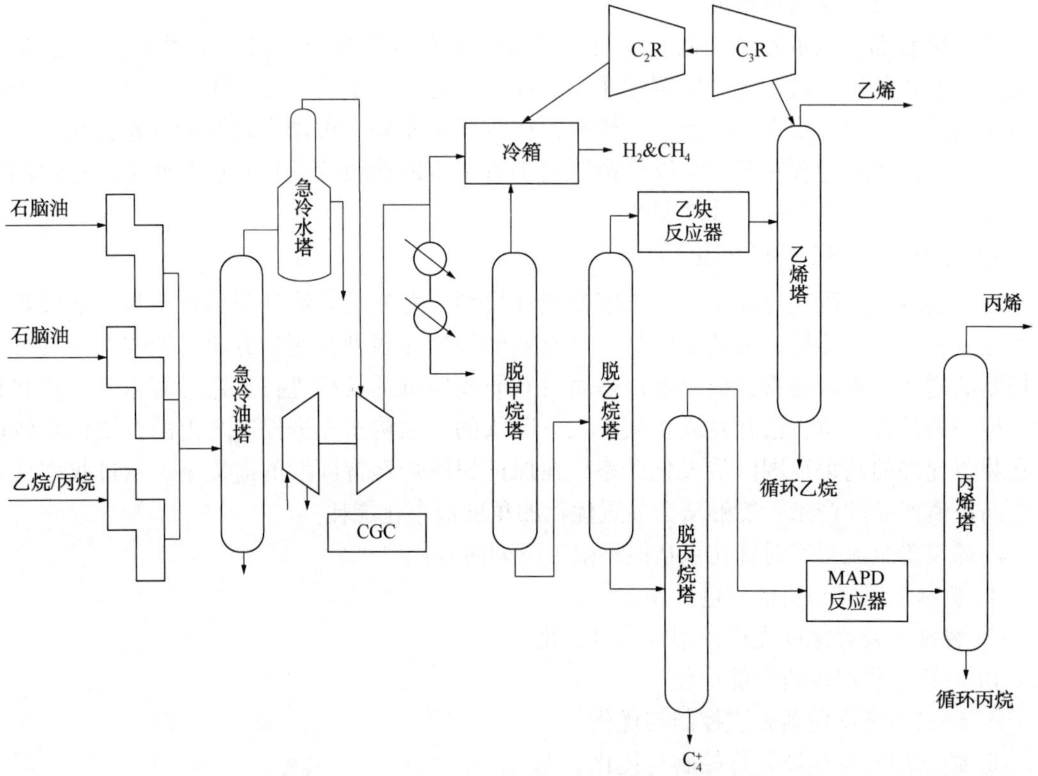


图 14.5-3　某百万吨级乙烯装置简化流程图

通过对本装置生产特点的仔细分析，决定实施覆盖全流程的先进控制与优化系统。选用了霍尼韦尔公司提供的乙烯装置动态优化解决方案，该解决方案的结构如图 14.5-4 所示，其中 Profit Controller 主要应用在单个装置，用于实现装置稳定，从而为上层优化创造良好的条件和作为动态优化实施的基础。Profit Controller 的单装置应用包括裂解炉控制器、急冷塔控制器、凝液汽提塔控制器、脱甲烷塔控制器、脱乙烷塔控制器、乙炔反应器乙烯塔控制器、脱丙烷塔控制器、MAPD 反应器控制器，丙烯塔控制器、脱丁烷塔控制器等。具体的各个先进控制器的变量组成情况见表 14.5-1。

在该方案中除了加氢反应器控制器不包括在优化范围，其余的控制器都包括在 Profit Optimizer 范围内进行优化。

表 14.5-2 给出了部分被控变量在先进控制投运前后的控制效果对比情况。其中统计数据使用先进控制投用以前和先进控制投用以后 6 个月的数据，采样周期为 1h。主要给出在实施先进控制后，装置平稳性改进的数据。表 14.5-3 为优化器投用前十天和投用后十天石脑油进料量及乙烯、丙烯产量均值对比。

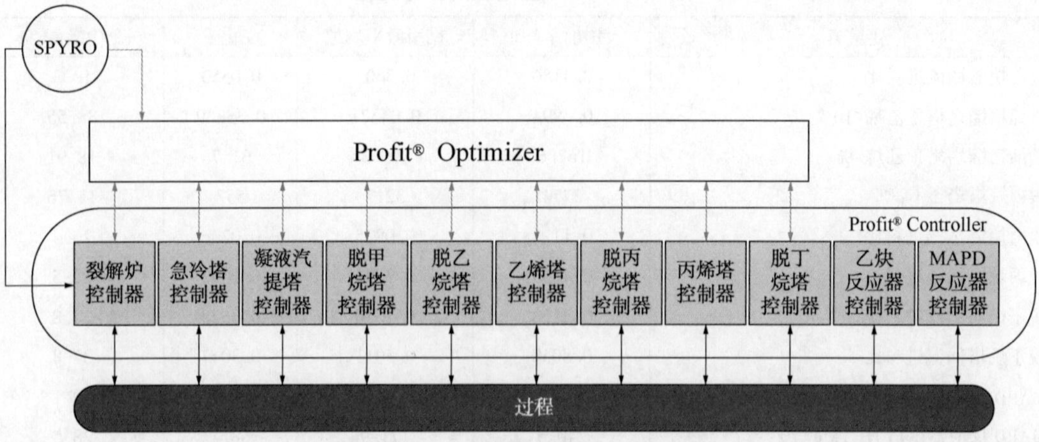


图 14.5-4 乙烯装置动态优化解决方案

**表 14.5-1 乙烯装置先进控制器列表**

| 序号 | 控制器名称 | 描 述 | CV/MV/DV |
|---|---|---|---|
| 1 | 11C01_CTL | 1#裂解炉 | 15/7/5 |
| 2 | 11C02_CTL | 2#裂解炉 | 20/13/5 |
| 3 | 11C03_CTL | 3#裂解炉 | 17/11 |
| 4 | 11C04_CTL | 4#裂解炉 | 17/11 |
| 5 | 11C05_CTL | 5#裂解炉 | 17/11 |
| 6 | 11C06_CTL | 6#裂解炉 | 17/11 |
| 7 | 11C07_CTL | 7#裂解炉 | 17/11 |
| 8 | 11C08_CTL | 8#裂解炉 | 17/11 |
| 9 | 11C09_CTL | 9#裂解炉 | 17/11 |
| 10 | 11C14_CTL | 急冷系统 | 18/8/6 |
| 11 | 11C26_CTL | 裂解气压缩机/凝液汽提塔 | 10/5/4 |
| 12 | 11C31_CTL | 冷箱/脱甲烷塔 | 12/8/3 |
| 13 | 11C40_CTL | 脱乙烷塔 | 13/6/2 |
| 14 | 11C41_CTL | 乙炔反应器 | 20/6/3 |
| 15 | 11C42_CTL | 乙烯精馏塔 | 18/6/5 |
| 16 | 11C45_CTL | 脱丙烷塔/脱丁烷塔 | 16/6/8 |
| 17 | 11C46_CTL | MAPD 反应器 | 9/4/2 |
| 18 | 11C48_CTL | 丙烯精馏塔 | 14/6/5 |

根据乙烯装置各变量在先进控制投运前后的对比情况可知：先进控制系统的实施可以明显提高被控变量的平稳性，标准偏差有明显降低，实现了稳定操作的目的。表 14. 5-2 的数据表明，通过“卡边”优化可以提高高附加值产品的产量也可以降低装置的能耗。表 14. 5-3 数据表明在线优化能够实现最大化装置处理量和提高目的产品产量的目标，从而带来经济效益。

表 14.5-2　产生效益的部分变量

| 变量名 | 投用前平均值 | 投用后平均值 | 变化量 | 变化幅度/% |
|---|---|---|---|---|
| 脱乙烷塔回流进料比 | 0.4156 | 0.3603 | 0.0553 | 13.3 |
| 乙烯精馏塔塔釜乙烯/$10^{-6}$ | 0.3994 | 0.04571 | 0.35369 | 88.55 |
| 乙烯精馏塔塔顶乙烷/% | 167.6 | 199.3 | 31.7 | 18.91 |
| 脱丙烷塔塔釜 $C_3$/% | 3774 | 3217 | 557 | 14.76 |
| 脱丙烷塔蒸汽进料比 | 0.1121 | 0.0825 | 0.0296 | 26.4 |
| 脱丙烷塔回流进料比 | 0.4849 | 0.3757 | 0.1092 | 22.5 |
| 脱丁烷塔蒸汽进料比 | 0.2168 | 0.1630 | 0.0538 | 24.8 |
| 脱丁烷塔回流进料比 | 0.8058 | 0.5011 | 0.3047 | 37.8 |
| MAPD 反应器出口 MAPD 含量/$10^{-6}$ | 949.3 | 577.7 | 371.6 | 39.1 |
| MAPD 反应器出口 $H_2$ 含量/$10^{-6}$ | 240.3 | 171.9 | 68.4 | 28.5 |

注：含量均为摩尔分数。

表 14.5-3　在线优化效益总结

| 项　　目 | 效益优化器关均值/(kg/h) | 效益优化器开均值/(kg/h) | 增加/% |
|---|---|---|---|
| 石脑油投料量 | 322008 | 328779 | 2.10 |
| 乙烯产量 | 112872.9 | 115627.8 | 2.44 |
| 丙烯产量 | 55917.2 | 57205 | 2.30 |

综上所述，先进控制与实时优化技术在乙烯装置上得到了成功应用。先进控制与实时优化技术实施后，重要生产参数自动维持在工艺和设备的许可范围内，使生产更安全，并把生产参数保持在优化区域。过程变量的波动幅度明显减少，提高系统平稳性，许多变量的标准偏差都减少了 50%以上。实行了产品质量的卡边操作，进一步提高了产品产量，从而提高了装置的经济效益，例如在乙烯塔塔顶乙烷含量增加，不仅有利于增加乙烯产量而且减少了塔釜的乙烯损失，在线优化所带来的经济效益十分明显。

# 第六节　乙烯装置智能化

## 一、技术背景

当前，我国石油化工已建成了完整的工业体系，在国民经济中的地位日益增强，但仍面临着众多问题，如能耗物耗较高，安全环保压力较大，生产成本较高，需要加快由大向强转变。但依靠人的知识和经验驱动的生产系统已经达到了生产力的边界，工业遇到的新瓶颈在于技术要素的不可见部分，即人的只是产生和利用效率已经不能满足生产系统的要求，难以使其以最优的效率运行和协同。

对于这一问题，业界普遍认为，随着大数据、5G、人工智能等新技术在石化行业已被应用和探索，数字化、信息化、智能化的发展将给石油石化行业带来重大变革。2020 年 8 月 21 日，国务院国资委发布《关于加快推进国有企业数字化转型工作的通知》，对国有企业数字化转型的基础、方向、重点和举措提出了要求。中国石化制定了“十四五”信息化发展规划及数字化转型战略，加快智能工厂建设，推进智能制造，创新生产方式和运营模式，将新一代信息技术与企业业务进行深度融合，推动企业转型升级、提质增效，并在智能油气田、智能工厂、智能管网、智能加油站、智能研究院等方面进行了有益探索。

随着国内石化行业的蓬勃发展，中国的石化产业已进入大型化、炼化一体化、产业集群化、园区化、基地化的发展模式。乙烯装置作为石化装置的“龙头”，在石化产业链上占有重要的产业位置，加之乙烯装置流程长，设备多，循环物流和能量利用程度高，对数字化和智能化具有较高的要求和迫切的需求。

## 二、发展态势

乙烯装置属于典型的流程工业装置。流程工业是典型的巨系统，存在时间和空间的多尺度问题。随着数字化建设的不断加深，智能化领域的要求也越来越高。不仅仅体现在数据的集成化和一体化，对工艺流程的实时优化、故障诊断、自学习与反馈等方面有进一步的深入要求。

我国流程行业已经具备了从自动化、信息化向网络化、智能化迈进的条件，各企业纷纷投入到智能制造、工业互联网等实践中，并取得了初步成效。但流程行业已有平台仍然存在数据集成度低、知识和模型沉淀慢、业务协同和迭代能力弱和平台开放性不高等问题。实现流程工业高效化和绿色化，必须自主创新适合我国流程工业的智能制造模式。因此，针对流程工业的上述特点，迫切需要提升平台在异构数据全域集成、边云协同高效计算、知识和模型快速沉淀、跨域业务高效协同、业务迭代优化和数字智能融合创新方面的能力。

石油和化工行业应用工业互联网技术应对面临的压力与挑战，提出了以下应用需求：

### 1. 生产运行智能化方面

采用先进的智能分析与优化技术，实现从原料配方到装置生产加工、产品调和及物流出厂过程的生产实时智能控制；将生产计划与装置机理进行关联，进行分子尺度的建模，实现生产计划全流程优化，形成以需求为驱动的敏捷生产；以智能调度指挥系统为核心，实现对各级指令的编制、下发、执行与生产执行系统物流数据的实时闭环；建立面向多数据源的相关性分析模型，运用大数据技术，优化控制参数，指导生产操作。

### 2. 设备管理智能化方面

搭建工厂三维模型，集成设计、采购、施工、试车和维护等各类过程数据，实现数字化交互、可视化管理的虚拟工厂平台；对各类设备资产运营信息全面感知，利用设备特征及故障诊断分析知识库，实现对设备信息自动采集、状态监控、异常预警报警、故障诊断、检维修以及实绩分析的统一闭环管理，实现设备的健康和可靠性管理。

### 3. 安全管理智能化方面

运用物联网技术，对现场作业、关键部位进行实时监管，实现异常主动预警；建立应急指挥体系，建设远程专家支持系统，提高快速响应和协同处置能力；建立职业危害数据库，支撑职业病危害管理和救援救护及调查工作。

### 4. 环保智能化方面

对排放口位置、风险源、废水废气污染物移动等智能实时分析监测及报警管理系统，绘制环境实时监测“环保地图”；建设覆盖企业能源供应、生产、输送、转换、消耗全过程的多介质能源管理系统，同时建立能源、经济和环境的多目标优化模型，实现多介质能源优化和能源梯级利用。

5. 经营决策与产业链协同智能化方面

以效益最大化为目标，建立经营管理辅助决策模型，由传统经验型决策管理模式向智慧决策管理模式转变；建立跨专业、纵向集成的管控一体化管理，将企业要求由决策层传递到管理层、作业层，将效益指标分解为操作指标。通过智能工厂建设带动产业链升级和价值链优化，实现智能工厂与智慧园区、智慧城市的协同发展；建立企业资源协同平台，做好上下游企业之间生产装置的相邻互联、上下互供、管道输送和规模匹配，形成上下游产业链一体化；建立公用服务平台，加强企业间的互动、集成和协作，实现价值链的重构与提升，为企业发展创造更大的价值拓展空间。

## 三、乙烯装置智能化关键技术进展

针对以上需求，乙烯装置智能化关键技术取得了以下进展：

1. 生产运行智能化方面

对于乙烯装置，目前生产运行智能化已经深入到装置级，其中实时优化（RTO）技术是最关键技术之一。

RTO 是以现场操作数据、产品及原料分析数据、物料价格数据为计算输入，以装置模型为计算依据，以效益最大化为目标，对生产装置关键操作参数进行优化计算并自动执行，使装置始终处于高效、低耗和安全的运行状态。在生产计划限制约束下，装置生产安全范围内，以效益最大化为目标，挖掘装置各区域的优化潜力。对于国内乙烯行业，受到国内工业软件发展状态的限制，目前实施的乙烯装置 RTO 项目多为依托国外工业软件平台开展。随着乙烯自有工艺技术的进步，国外工业软件在内置模型与现场实际装置的数据的计算匹配度等方面存在“水土不服”的情况。在这一背景下，结合自有机理模型与工艺技术日益成熟，国内乙烯行业正在探索开展基于自主工艺机理模型的实时优化技术开发。

除 RTO 技术以外，乙烯装置生产运行智能化方面取得的进展还包括：

① 针对乙烯装置流程长，工艺控制要求苛刻，现场人员操作控制负担重的痛点，中国石化工程建设有限公司、安全工程研究院开发了乙烯装置智能化报警辅助操作控制技术，基于自主工艺模型及大数据分析技术，对报警事件数据进行挖掘分析，自动分析报警原因，查找报警产生根源，监控报警处置过程，建立报警处置知识库，为操作人员提供生产辅助，提高报警处置效率，降低无效报警发生率。

② 先进分析技术的开发：针对乙烯裂解装置开发快速气体在线检测技术，研发激光拉曼分析仪器，加快装置优化控制。目前相关研究主要集中在固液体领域。由于气体体积密度小，气体的拉曼散射信号十分微弱，使用大功率激光增强气体信号，以缩短分析数据反馈周期。

③ 节能减排优化技术：通过 APC、RTO 技术与基于自有裂解工艺、分离工艺开发的机理模型相结合，对乙烯装置进行能耗评估，智能化提出节能策略，并对工艺用能和系统用能方案进行优化，实现装置长周期优化运行及装置节能降耗。

2. 设备管理智能化方面

通过搭建工厂三维模型，集成设计、采购、施工、试车和维护等各类过程数据，实现数字化交互、可视化管理的虚拟工厂平台；对各类设备资产运营信息全面感知，利用设备特征及故障诊断分析知识库，实现对设备信息自动采集、状态监控、异常预警报警、故障诊断、检维修以及实绩分析的统一闭环管理，实现设备的健康和可靠性管理。

在乙烯装置设备管理智能化方面，目前业界主要关注点相对集中于乙烯装置关键设备系统的管理智能化。其中包括：

① 裂解炉设备异常工况预警与报警：结合现有控制信息参数，对操作趋势预警及对异常工况的预警和报警。

② 结合机理/数字模型与流程优化监控耦合的乙烯三机远程监测及优化：将现有工艺动态模型、监控系统与压缩机控制监控系统进行有机结合，进行整体监测、分析，实现整体控制操作优化。结合机理和动态模型进行智能化分析，建立专家系统，建立与工艺条件相耦合的故障诊断模型和专家知识库，智能分析故障原因。

③ 电气系统智能化管控：通过供电网络的数字化安全分析，电气自动化系统全域接入电气设备在线监测与云诊断预警系统，为乙烯装置的安全、可靠、稳定运行提出了更完善的解决方案。结合了自有工艺技术提供的用电需求分析、先进感知技术后，有效提升电气设备状态的预警预判能力，提供电气系统的全生命周期智能化管理能力。通过研究局部放电、超声、红外、色谱等 11 类参数融合的电气设备智能运检技术，融合图谱模式识别、阈值判定、专家经验的故障诊断模型及策略，与信息化技术深度融合，开发智能运维管控平台，实现数据驱动的电气设备故障早期预警、精确定位。

④ 仪表系统智能化：通过控制回路性能定量及定级，多维度地控制性能故障诊断，实现控制回路性能优化。基于裂解工艺阀门内漏信号提取处理技术研究，进行裂解阀门内漏声学特征基础数据库开发，研发适应现场环境的滤噪处理技术，有效提取现场不同环境噪声下阀门内漏声学信号，实现内漏识别；开发在线监测设备，设计在役阀门内漏监测布点，通过云平台进行内漏诊断及多台阀门检测漏点定位实现关键工艺阀门内漏在线监测技术应用。

⑤ 动静设备性能的在线计算：基于乙烯裂解装置机理模型，研发乙烯装置动/静设备性能在线计算模型，实现乙烯装置裂解炉、压缩机、换热器及分离塔等设备实际性能的在线计算。具体指标包括：裂解炉热效率；压缩机转速、效率、功耗和压缩比等；分离塔塔板效率和液泛点；换热器污垢系数等。这些性能指标的计算为企业发现关键设备运行是否偏离理想区间提供数据支撑，对换热器是否要清洗、是否需更换塔盘、裂解炉及压缩机节能等提供在线、量化的评估。

### 3. 安全管理智能化方面

运用物联网技术，对现场作业、关键部位进行实时监管，实现异常主动预警；建立应急指挥体系，建设远程专家支持系统，提高快速响应和协同处置能力。采用机理、数据、专家经验相融合的方法，研发物料泄漏检测、直接作业环节管控、裂解炉辐射炉膛安全监控、操作与应急处置等技术，开发气体泄漏大范围快速监测的智能巡检机器人、操作智能导航终端等装备，构建“沉浸式”操作培训系统，从多个方面助力乙烯装置安全智能运行。

在乙烯装置安全管理智能化方面，目前开展工作如下：

① 直接作业环节的智能化安全管控：研发特殊作业过程动态监管、人员定位跟踪与风险管控、违章行为智能分析抓拍、密闭空间移动监控监测等技术，实现特殊作业电子许可管理、复杂环境下自适应空间的人员定位、违章行为智能抓拍和密闭空间的移动监控。结

合 AI、物联网等先进技术，形成直接作业智能化安全管控技术，能够对人员位置、作业行为、作业环境及作业管理四个方面的风险数据进行实时采集与分析，打通“数据采集、动态监测、实时分析、智能预警”的技术环节，突破单一技术对风险判定不够全面的缺陷。

② 裂解炉辐射炉膛安全监控：基于裂解炉炉膛监控系统，包括炉膛内燃烧状态、辐射炉管状态、烟气组成等的综合监测，实现炉膛温度场分布软测量。分析燃烧器燃烧状态和辐射炉管结焦情况，实现辐射炉膛等的安全监控。

③ 机器人综合应用及智能巡检技术：研发智能巡检的ⅡC 级防爆机器人，根据装置现场结构布局、巡检管理需求，规划自主巡检路径，并建立各巡检点自主导航模型；研究适用于乙烯装置现场环境的泄漏目标识别技术，实现智能乙烯工厂气体泄漏大范围快速监测。解决人工巡检劳动强度大、易产生疲劳数据等问题。

④ 乙烯装置的操作程序化表达及关键操作智能化：建立乙烯装置重要操作的标准作业程序，研发操作智能导航终端实现关键操作的智能导航；开发裂解炉切换和化工助剂添加等关键操作的执行算法，实时监控操作进程，并根据装置运行状态自动调整三剂加注量等操作，解决调整滞后的问题，实现上述关键操作的自动实现。

⑤ 乙烯装置突发事件预警与应急联动：建立全要素预警与应急联动平台，实现突发事件下多系统的互联互动和全方位危害监控，满足应急指挥与应急人员的交互化应急处置，为突发事件的有序性和科学性处置提供技术支撑。

⑥ “沉浸式”操作培训：建立二三维融合乙烯装置动态仿真模型，实现开工、停工、操作调整的全过程仿真模拟和内外操的协同操作，降低开停工成本、指导生产操作优化。结合虚拟现实技术与仿真模型，对装置的事故案例进行分类预设和“突发性”“随机性”“多样性”测试，提高操作人员事故判断、处理能力；同时开展对应急事故的仿真模拟，进行协同应急演练和安全救援，降低经济和社会损失程度。开展对内外操作人员的开工、停工、操作调整、事故处置、应急演练等方面培训，并对操作和事故应急处置技能进行量化评估，为操作人员技能考核提供重要支撑。

### 4. 环保智能化方面

在环保管控方面，重点围绕先进检测技术开发，关键污染物如裂解气烟气、废碱等物料的排放开展智能治理，以及碳足迹评价分析进行技术攻关。

乙烯装置环保智能化相关技术进展包括：

① 先进检测技术：业内已经开展基于北斗和微流控技术，定制研发适用于循环水、污水监测的多参数芯片及配套便携式水质检测系统，对循环水、污水进行巡检，实时比对云端数据库，快速发现工艺和排污异常；开发基于微纳传感芯片的高选择性便携式烯烃检测设备，对乙烯泄漏进行针对性识别，为降低石化企业环境及安全事故风险提供保障。

② 裂解炉燃烧控制及烟气智能治理：基于炉膛监控对燃烧状态及炉膛温度场、烟气组成分析，基于机器学习算法，研究低氮燃烧器操作参数（炉膛内温度、氧含量等）与烟气 $NO_x$ 浓度间的对应关系。构建 $NO_x$ 浓度预测模型，根据模型计算的氮氧化物浓度预测值，智能优化低氮燃烧器的操作参数，指导燃烧器的调整，在保障生产工艺平稳的前提下，实现乙烯裂解炉烟气达标排放。

③ 乙烯装置碱洗塔废碱排放：通过开发乙烯裂解气碱洗过程机理模型，结合先进的在线分析与控制技术，开发并实施工艺耦合的优化控制技术，可有效降低不同工况下的废碱排放。

④ 乙烯碳足迹核算：开展 ISO 14067、PAS 2050 等标准适应性研究，通过研究乙烯产品生产、运输、存储、使用全生命过程中的碳足迹，建立乙烯碳足迹评价技术，针对系统模型构建、单元过程数据收集与计算等核算要素，提出工作程序及分析方法；研究构建符合实际排放水平的乙烯碳足迹活动数据及排放因子清单，形成乙烯碳足迹核算方法，开发碳足迹在线核算模型，为定量评价装置主要产品温室气体排放强度和重点环节碳减排优化和控制提供数据支撑。

### 5. 经营决策智能化方面

乙烯装置作为全厂的龙头装置，在生产决策层面智能化可以显著提升全厂的效益水平。在经营决策智能化层面，其主要关注点以效益最大化为目标，建立经营管理辅助决策模型，由传统经验型决策管理模式向智慧决策管理模式转变。

作为单装置来说，业内在乙烯装置经营决策智能化方面的主要进展集中于裂解炉原料与排产优化方面。由于裂解的特性使得裂解炉具有停炉清焦操作的特点，这就是一个典型的流程调度问题。为每台裂解炉选择合适的进料时间以及裂解原料，优化乙烯原料结构对乙烯收益有着直接关系。

研究人员提出了裂解炉群优化调度模型，典型的模型为混合整数非线性规划(MINLP)，解决乙烯裂解炉群优化调度问题。模型的基本功能可以解决炉群调度的经济效益问题，进而显著提升装置的效益。同时，在“双碳”背景下，模型通过增加每批次反应时间约束，使原料反应时间更加符合生产实际，增加碳排放约束条件，并将其运用到乙烯厂，达到牺牲少部分经济利润却能大大减少碳排放等污染物，减轻对环境的污染的目的。并用通用代数建模系统(GAMS)对其进行求解。

## 四、未来发展展望

在未来乙烯装置智能化发展上，一般认为乙烯装置的智能化应与化工行业关注的全厂性“智能工厂”协调进行。目前，中国石化智能工厂已经完成了 1.0 阶段建设，正处于智能工厂 2.0 向 3.0 的过渡阶段。在智能工厂 3.0 阶段，其主要建设重点包括：

① 基于 CPS 的高度自动化工厂，实现产品、设备、人和服务的互联互通。

② 实现业务环节的上下集成和全局优化。

③ 实现泛在的智能服务。

从智能工厂的未来发展趋势来看，未来乙烯智能化主要应在自主学习与智能预测等方面加强研发与应用。

首先，在生产管控一体化优化，结合目前正在开展的乙烯裂解国产化自主机理模型软件工作，将自主机理模型软件与自控领域的过程控制先进技术结合，同时进一步结合乙烯生产大数据与专家库、知识库、规则库等工业知识沉淀，进而形成计划—调度—操作一体化优化技术，今后一步集成安全与环保管控智能化技术，并将设备运行的故障诊断、预知性维修以及能源利用的实时闭环优化等与生产运行优化充分集成，实现安全环保及用能成本最小化条件下的原料采购、炉群计划调度、生产制造到乙烯中间罐区调度的生产全过程智能优化。

其次，应进一步研究并探索乙烯装置机器自主学习和智能预测技术，乙烯装置为典型的复杂炼化生产过程，应探索研发适应于乙烯生产过程特征的智能学习与预测系统，融合机理模型、数据科学和专家经验，并借助人工智能技术实现知识的自动获取、学习、推演、应用和改进。

最后，需要认识到流程工业智能化发展需要一批具有较高知识结构的跨专业人才，着力培养能够适应乙烯生产过程优化智能化、调度优化智能化、资产全生命周期管理智能化等的专业技术人才，确保乙烯装置智能化后的高效运行。

## 参 考 文 献

[1] 王松汉主编. 乙烯装置技术与运行[M]. 北京：中国石化出版社，2009.
[2] 胡杰，王松汉主编. 乙烯工艺与原料[M]. 北京：化学工业出版社，2017.
[3] 黄步余主编. 石油化工自动控制设计手册(第四版)[M]. 北京：化学工业出版社，2020.
[4] 高学武，朱春田，等. GB/T 50609—2010 石油化工工厂信息系统设计规范.
[5] 黄步余，叶向东，等. GB/T 50770—2013 石油化工安全仪表系统设计规范.
[6] 文科武，裴炳安，等. GB/T 50493—2019 石油化工可燃气体和有毒气体检测报警设计标准.
[7] International Society of Automation. ANSI/ISA—95 Enterprise-Control System Integration.
[8] 林融. 智能自动化技术推动石油化工企业数字化转型升级[J]. 自动化仪表，2020，41(6)：1-7.
[9] 李少远. 工业互联网与智能制造推动下的自动化技术. 控制网，2018-04-17.
[10] 钱锋，等. 流程工业智能优化制造的基础理论与关键技术[J]. Engineering，2017，3：154-160.
[11] 钱锋，桂卫华. 人工智能助力制造业优化升级[J]. 中国科学基金，2018，(3)：257-261.
[12] 林融. 石油化工智能化生产技术及其应用[J]. 中国仪器仪表，2010(s1)：29-32，68.
[13] 林融. 智能化生产技术在炼化一体化项目上的应用策略探讨[J]. 乙烯工业，2005，(4)：1-7，11.
[14] 吴青. 智慧炼化建设中工程项目全数字化交付探讨[J]. 无机盐工业，2018，(5)：1-6.
[15] 彭瑜. 流程工业开放自动化的重要发展趋势[J]. 自动化仪表，2019，40(3)：1-6，11.
[16] 林融. 过程自动化技术在石化工业中的应用趋势与战略思考[J]. 石油化工自动化，2011，(3)：1-9，13.
[17] 林融. 中国石化工业实现智能生产的构想与实践[J]. 中国仪器仪表，2016，1：21-27.
[18] IEC 61158-2：2014. 7，Fieldbus Standard for Use in Industrial Control Systems-Part 2：Physical Layer Specification and Service.
[19] 王树青主编. 先进控制技术及应用[M]. 北京：化学工业出版社，2001.
[20] 王振雷，杜文莉，钱锋. 乙烯装置裂解炉智能控制技术[J]. 化工进展，2006，25(12)：1454-1456.
[21] Honggang Wang，Zhenlei Wang，Hua Mei，Feng Qian. Intelligent Severity Control Stabilizes Ethylene Crackers[J]. Oil &Gas Journal，2011，109(6)：104-109.
[22] 陈贵华，王昕，王振雷，钱锋. 基于模糊核聚类的乙烯裂解深度 DE-LSSVM 多模型建模[J]. 化工学报，2012，63(6)：1790-1796.
[23] 刘春平，王昕，王振雷. 基于相关积分优化方法的裂解炉优化[J]. 化工学报，2015，10(6)：4067-4075.
[24] 王振雷，叶贞成，钱锋. 丙烯精馏塔智能控制系统设计及应用[J]. 化工学报，2010，61(2)：347-351.
[25] B Roffel，B H Betlem. Advanced Practical Process Control[M]. Berlin：Springer，2004.
[26] 陆向东，赵亮. 镇海炼化乙烯装置裂解深度实时优化系统应用[J]. 石油石化节能与减排，2016，2：24-29.
[27] 钱利明，王哲. 裂解炉裂解深度控制的应用[J]. 乙烯工业，2013，25(3)：57-61.
[28] 蒋勇，王宏刚，梅华，胡天生. 乙烯裂解炉裂解深度在线优化研究与应用[J]. 化工进展，2010，29(7)：1373-1376.
[29] 石俊学. 吉林石化公司 70 万 t/a 乙烯装置先进控制技术及应用[J]. 化工科技，2014，22(5)：48-53.

# 第十五章 电 气

## 第一节 概 述

电能既可以转化为热能，又可以转化为动能，其无论作为热力能源还是动力能源，与蒸汽、燃气等其他类型能源相比，有着转化效率高、设备简单、易于维护、操作控制灵活的优点。在石油化工行业消耗的能源中，电能占有很大比重。

乙烯装置主要用电设备为异步电动机，用来驱动大量机泵类工艺设备，少量引风机、压缩机类等设备，和为数不多且间断运行的工艺电加热器，以及电动阀、电动吊车等机械设备。近年来，为了满足节水的要求，部分生产装置采用空冷换热器，配置了风扇电动机。

乙烯装置工艺流程长，工艺设备多，存在大量易燃易爆工艺物料，且温度、压力跨度大，设备设计温度最高超过上千摄氏度，最低达零下一百多摄氏度，设备设计压力最高达十几兆帕。正常运行工况下，工艺参数波动小，对设备稳定运行要求高，发生意外停车事故损失巨大。这样，保证电气供配电系统的高可靠性，是乙烯装置电气工程的重中之重。

装置用电负荷工作电源突然中断时，将打乱连续性生产的工艺过程，造成重大经济损失，除装置内的应急照明、工艺主要控制仪表装置等为一级负荷中的特别重要负荷，装置内的其他大部分负荷为一级用电负荷或二级用电负荷。因此，可靠、安全、及时地把电能输送到每个用电设备，是构成乙烯装置供配电系统的基本要求。

1000kt/a 规模乙烯装置，常规工艺方案，总用电负荷约十几兆瓦，具体视装置红线内工作范围、变电所供电范围以及工艺路线，略有区别。

## 第二节 供 配 电

### 一、配电系统设置

1. 系统说明

配电系统以长期安全可靠的供电为基础，坚持安全可靠、持续发展、技术先进的原则。应采用先进可靠的工程应用技术、装备、安防措施，合理布局，保证一定的空间拓展和设备容量设计裕度，并保证所有的操作和维修活动均能安全和方便地进行，以满足乙烯装置长周期连续生产要求，适应企业不断改扩建和智能化信息化工厂建设的发展进程，确保生产装置的安全、可靠、连续运行。

乙烯装置属于连续性生产装置，绝大部分区域划为气体性爆炸危险环境，生产过程对供电的可靠性、连续性要求很高，中断正常供电，将造成重大经济损失，可能引起主要设备损坏，大量产品报废，连续生产过程被打乱，需较长时间才能恢复，企业大量减产。根据国家标准《供配电系统设计规范》(GB 50052—2009)的规定，大部分用电负荷属于一级或二级负荷，需双路及以上等级的电源供电，少数负荷属于一级负荷中特别重要负荷，需由应急电源供电，这些负荷包括：变电所操作/控制电源，安全仪表及控制系统，大型压缩机组的事故油泵，应急照明等。

乙烯装置通常由两路 35kV 进线电源供电，要求引自上级变电所的 35kV 不同母线段，两路电源不应同时中断，且每路电源进线应具有 100%的供电容量。

乙烯装置总用电负荷根据生产规模、工艺包不同相差较大，某 800kt/a 乙烯装置总用电负荷约为 15700kW，某 1200kt/a 乙烯装置总用电负荷约为 20000kW。

典型的乙烯供电系统图可参见图 15-2.1。

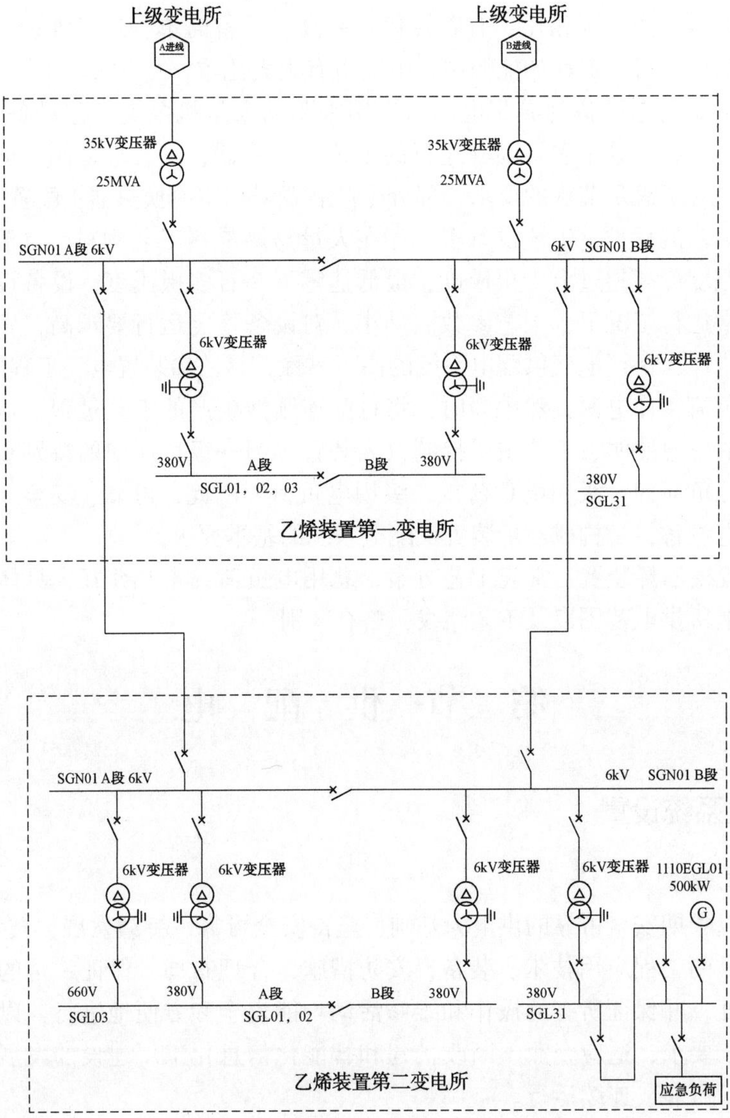


图 15.2-1　典型乙烯装置供电系统图

2. 配电方案

(1) 配电方案考虑因素

乙烯装置的配电需考虑装置的占地面积、生产规模、设备布置等因素，在满足防爆、防火安全距离的前提下，接近负荷中心并使进出线方便，有扩建和发展的余地。变电所尽可能位于主导风向的上风侧，并考虑施工、运输方便，避免西晒。由于乙烯装置占地较大，800kt/a以上规模的乙烯通常设置两座变电所，以满足供电距离尽量不超过500m的要求。

变电所一般采用双层结构，设置电缆夹层，6(10)kV配电装置均采用成套中置式开关柜，户内安装。0.38kV配电装置采用固定式或抽屉式配电柜，户内安装。

变电所配电采用放射式方式。6(10)kV及380V系统均采用单母线分段运行方式，设置电源自动切换装置。对重要的用电负荷采取再启动措施以提高供电可靠性。变电所35kV侧采用线路-变压器组方式，不设35kV配电装置。

35kV变压器采用油浸式，变压器高压侧不设负荷开关。6(10)/0.38kV的变压器采用节能型全密封免维护油浸电力变压器。置于室内的配电变压器可采用干式变压器。乙烯装置35kV变压器的最大容量一般宜不大于25MV·A。6kV变压器的最大容量一般宜不大于2000kV·A。

乙烯装置变电所可按需在6(10)kV和0.38kV母线上采用电容器进行集中功率因数补偿，功率因数应满足相关标准或地方规定的要求，一般不低于0.9。其中0.38kV电容器应带自动投退功能。

(2) 配电、用电设备主要电气参数

变电所内中、低压主要设备选型：

1) 6(10)kV中压开关柜

① 技术性能：

中置式金属封闭型开关柜

五防全绝缘

主回路：选用真空断路器(VCB)

操作机构：弹簧操作机构

保护装置：微机型保护继电器

单母线分段系统

防护等级：IP 4X

② 电气参数：

额定电压：6(10)kV(进口产品的额定电压按最高电压选定)

额定短时工频耐受电压：待定

额定短时耐受电流：待定

2) 继电保护装置

进口微机保护装置

3) 低压开关柜

① 技术性能：

抽屉式和插拔式开关柜

防护等级：IP 4X

② 电气参数：

额定电压：400V

额定短时耐受电流：70kA

4）UPS 电源

非并机型，双机带旁路或单机加 GPS 装置，输出配隔离变压器，输出电压 220V，备用时间 30min，蓄电池为磷酸铁锂免维护型。

5）DC 电源

双机冗余，输出电压 DC110V，备用时间 60Min，蓄电池为磷酸铁锂免维护型。

6）电力变压器

三相油浸铜芯双线圈电力变压器，户外型，有载调压，节能型，自然风冷型。

高压侧额定电压：35kV

低压侧额定电压：6(10)kV

接线组别：Dyn11

7）电力变压器

三相铜绕组双线圈全密闭电力变压器，户外型，无载调压，节能型，自然风冷型。

高压侧额定电压：6kV

低压侧额定电压：0.4kV 或 0.69kV

接线组别：Dyn11

## 3. 电压水平和控制

根据国家相关标准的要求，在系统处于最小短路容量时，交流电动机启动时，乙烯配电母线上的电压不低于以下额定电压百分值：

电动机正常启动时：

| | |
|---|---|
| 频繁启动： | 90% |
| 不频繁启动： | 85% |
| 电动机再启动时： | 85% |

用电设备机端电压偏差允许值(当无特殊要求时)：

| | |
|---|---|
| 电动机正常运行时 | ±5% |
| 照明负载 | ±3% |
| 其他用电设备 | ±2% |

## 4. 继电保护

继电保护，应当满足可靠性、选择性、灵敏性及速动性四项基本要求。

继电保护应能在最短的时间内有选择性地切除故障设备。在任何情况下，动作时间都应能满足设备允许的短路电流承受能力、系统稳定性的要求并在规定的最长故障切除时间之内。

根据短路电流值和系统的接地方式，提供足够的具有选择性的相间短路和接地故障保护。允许由于单台或成组电动机启动时所引起的短时过电流。

应根据其用途选择保护继电器的类型和特性，保护继电器系统应具有选择性，当保护系统或开关设备故障时能提供后备保护。

应分析系统的动态性能，以检查在发生短路故障后保护整定是否能保证系统成功地恢复到稳定的工作状态。

继电保护具体配置：

(1) 6(10)kV 电动机-变压器组保护

保护配置：

① 光纤纵联差动保护 87(线路-变压器组)，动作于跳两侧断路器。

② 低压侧单相接地保护(51G)，延时跳闸。

③ 瓦斯保护：

- 重瓦斯保护(63SP)，动作于断开变压器两侧断路器。
- 轻瓦斯(63GA)，动作于信号。
- 压力释放阀，动作于信号或断开变压器两侧断路器。

④ 温度保护(26Q)：

- 高高限(26QH)，动作于断开变压器两侧断路器。
- 高限(26Q)，动作于信号。

⑤ 纵联差动保护(87M)，动作于跳闸(纵联差动保护用 CT 宜采用自平衡型)。

⑥ 电流速断保护(50)，动作于跳闸。

⑦ 带时限过电流保护(51)，动作于跳闸(提供反时限和定时限两种整定方式)。

⑧ 过负荷保护(49)，动作于报警或跳闸(提供反时限和定时限两种整定方式)。

⑨ 单相接地保护[50(n)]，动作于跳闸。

⑩ 低电压保护(27)，动作于跳闸。

注：动作定值：同步电动机为 50%~70%Ue，异步电动机为 60%~70%Ue。动作时限：不需要再启动的电动机一般 0.5s；需要再启动的电动机根据工艺生产要求确定。

⑪ 其他电动机专用保护。

注：室内变压器压力保护动作于跳闸(若有动作于跳闸的重瓦斯保护时压力保护动作于信号)，室外变压器压力保护动作于信号。

(2) 6(10)kV 电源进线

保护配置：

① 光纤纵联差动保护(87L)，动作于跳闸。

② 带时限的电流速断保护(50)，动作于跳闸。

③ 带时限的过电流保护(51)，动作于跳闸。

④ 单相接地保护(51G)，动作于发信号。

(3) 6(10)kV 母线分段

保护配置：

① 带时限的电流速断保护(50)，动作于跳闸。

② 带时限的过电流保护(51)，动作于跳闸(时间级差不能配合时，过流保护取消)。

(4) 6(10)kV 异步电动机(<2000kW)

保护配置：

① 相间短路保护：

- 电流速断保护(50)，动作于跳闸。

- 纵联差动保护(87M)，当电流速断保护不能满足灵敏性要求时装设，动作于跳闸。

② 带时限过电流保护(51)，动作于跳闸(提供反时限和定时限两种整定方式)。

③ 过负荷保护(49)，动作于报警或跳闸(提供反时限和定时限两种整定方式)。

④ 单相接地保护[50(n)]，动作于跳闸。

⑤ 低电压保护(27)，动作于跳闸。

注：动作定值：60%~70%Ue。动作时限：不需要再启动的电动机一般0.5s；需要再启动的电动机根据工艺生产要求确定。

⑥ 其他电动机专用保护。

(5) 6(10)/0.4kV变压器(800~1600kV·A)

保护配置：

① 电流速断保护(50)，动作于跳闸。

② 带时限的过电流保护(51)，动作于跳闸。

③ 单相接地保护[50(n)]，动作于跳闸。

④ 低压侧单相接地保护(51G)，动作于跳闸。

⑤ 压力释放阀，动作于跳闸。

⑥ 温度保护(26Q)：

- 高高限(26QH)，动作于跳闸。
- 高限(26Q)，动作于信号。

(6) 6(10)/0.4kV变压器(2000~2500kV·A)

保护配置：

① 短路保护：

- 电流速断保护(50)，动作于跳闸。
- 纵联差动保护(87T)，当电流速断保护不能满足灵敏性要求时装设，动作于跳闸。

注：当电流速断灵敏系数不符合要求时，宜装设纵联差动保护。

② 带时限的过电流保护(51)，动作于跳闸。

③ 单相接地保护[50(n)]，动作于跳闸。

④ 低压侧单相接地保护(51G)，动作于跳闸。

⑤ 压力释放阀，动作于跳闸。

⑥ 温度保护(26Q)：

- 高高限(26QH)，动作于跳闸。
- 高限(26Q)，动作于信号。

(7) 6(10)kV电力电容器保护

保护配置：

① 带有短延时的电流速断保护(50)，动作于跳闸。

② 过电流保护(51)，动作于跳闸。

③ 过负荷保护(49)，动作于跳闸。

④ 过电压保护(59)，延时跳闸。

⑤ 低电压保护(27)，动作于跳闸。

⑥ 单相接地保护(50n)，动作于跳闸。

⑦ 不平衡保护(46)，动作于跳闸(双星形接线方式)。

(8) 380V 进线保护

保护配置：

① 带时限的电流速断保护(50)，动作于跳闸。

② 带时限的过电流保护(51)，动作于跳闸(提供反时限和定时限两种整定方式)，动作于跳闸。

③ 单相接地保护[50(n)]，动作于跳闸。

④ 低电压保护(27)，动作于跳闸。

⑤ 可实现 ATS(BZT)功能。

(9) 380V 母线分段保护

保护配置：

① 带时限的电流速断保护(50)，动作于跳闸。

② 带时限的过电流保护(51)，动作于跳闸(时间级差不能配合时，过流保护取消)。

③ 可实现 ATS(BZT)功能。

(10) 低压电动机保护

保护配置：

① 短路保护，动作于断路器跳闸。

② 单相接地保护(专用接地故障互感器输入)，动作于断路器跳闸。

③ 热过载保护，动作于接触器跳闸。

④ 启动超时保护，动作于接触器跳闸。

⑤ 堵转保护，动作于接触器跳闸。

⑥ 断相保护，动作于接触器跳闸。

⑦ 电流不平衡保护，动作于接触器跳闸。

⑧ tE 时间保护，动作于接触器跳闸。

⑨ 欠载保护，动作于接触器跳闸(根据工艺要求设置)。

⑩ 轻载保护，动作于接触器跳闸(根据工艺要求设置)。

(11) 低压配电线路保护

保护配置：

① 短路保护，动作于断路器跳闸。

② 两段定时限过电流保护(51)，动作于断路器跳闸。

③ 多种曲线的反时限过电流保护(51)，动作于断路器跳闸。

④ 两段定时限单相接地短路保护[51(n)]，动作于断路器跳闸。

⑤ 多种曲线的反时限单相接地短路保护[51(n)]，动作于断路器跳闸。

⑥ 单相接地保护(专用接地故障互感器输入)，动作于断路器跳闸。

⑦ 低电压保护，动作于断路器跳闸(按需)。

5. 微机综合自动化系统

电气综合自动化系统采用标准通信网络自动化系统，将 5 遥、继电保护、数据采集及通信等功能综合在一起，通过微机保护型继电器、测量仪表、电气设备、计算机硬件、模块化软件和数据通信网构成一个完整的系统。

## 二、应急电源、不间断电源

对于乙烯装置中的一级负荷中特别重要负荷，根据国家标准《供配电系统设计规范》(GB 50052—2009)的规定，应由应急电源供电。这些负荷包括：变电所操作/控制电源，安全仪表及控制系统，应急照明，大型压缩机组的事故油泵等。根据负荷的特性，分别采用不同种类的应急电源。

1. 变电所操作/控制电源

变电所操作/控制电源是停电后能够继续操作和控制开关设备启动、停止的电源，如中低压开关柜控制电源、柴油发电机组控制电源、继电保护和综合自动化系统的电源等。

2. 安全仪表及控制系统

安全仪表及控制系统包括分散控制系统(DCS)，独立于 DCS 系统和其他系统单独设置安全仪表系统(SIS)、气体检测系统(Gas Detection System，GDS)、在线分析仪系统(Process Analyser System，PAS)、压缩机控制系统(CCS)，仪表设备管理系统(Intelligence Device Management，IDM)等。

分散控制系统(DCS)完成生产装置的基本过程控制、操作、监视、管理，同时完成顺序控制、工艺联锁和部分先进控制等功能。

安全仪表系统(SIS)独立于 DCS 单独设置，以确保人员及设备的安全。SIS 按照 IEC61508/IEC61511 中规定的 SIL3 级设计。

上述系统为保证停电后装置的安全停车，及相应工艺联锁控制等功能，要求应急电源的切换时间尽量短，电源质量高。

3. 应急照明系统

应急照明系统包括备用照明、安全照明和疏散照明。

备用照明是在当正常照明因故障熄灭后，可能会造成爆炸、火灾和人身伤亡等严重事故的场地，或停止工作将造成很大影响或经济损失的场地而设的继续工作用的照明，或在发生火灾时为了保证消防能正常进行而设置的照明，如装置停电失去正常照明后，需要紧急操作和停车的控制室、消防控制室、电气调度控制室等。

安全照明是在正常照明因故障熄灭后，为确保处于潜在危险状态下的人员安全而设置的照明，如正在进行危险作业时、分析化验有毒有害物质时等场所的照明等。

疏散照明是在正常照明因故障熄灭后，为了避免发生意外事故，而需要对人员进行安全疏散时，在出口和通道设置的指示出口位置及方向的疏散标志灯和照亮疏散通道而设置的照明。疏散照明分为两类：一是为标志和指示出口作用的疏散标志灯，二是为疏散通道提供必要的照度。

乙烯装置的应急照明很多时候是上述几类的混合，如机柜间/控制室，既有保证 SIS 系统操作需要的备用照明，又有人员逃离需要的疏散照明，应急照明要按照最严格的要求设置。

4. 大型压缩机组的事故油泵

乙烯装置大型压缩机组包括裂解气压缩机、乙烯制冷压缩机和丙烯制冷压缩机等，一般采用蒸汽驱动，当停电后，为保证压缩机带负荷安全停车，通常设置事故油泵避免压缩机损坏导致的经济损失，需提供应急电源为事故油泵继续供电。

根据上述负荷的特点，采用不同的应急电源供电，安全仪表和控制系统对应急电源的切换时间要求在毫秒级，同时对电源质量的要求很高，一般设置两套交流 UPS 供电。

变电所操作/控制电源采用直流电源和交流 UPS 结合的方式供电，开关柜操作、继电保护、控制一般采用直流电源，电气监控及自动化系统采用交流 UPS 供电。

应急照明一般采用应急电源系统(EPS)提供电源，不同于 UPS，EPS 采用接触器作为切换元件，切换时间在秒级，能满足几类照明的需求。近年来随着国家标准要求提高，乙烯装置建筑物(变电所和机柜间)也开始设置专门的消防应急照明和疏散指示系统。

大型压缩机组事故油泵电机为停电后机组润滑，一般功率不会很大，切换时间要求不高，考虑电机启动电流倍数，采用柴油发电机组或动力型 EPS 提供电源。

## 三、电源故障和分批再启动

### 1. 电源故障和晃电

乙烯装置作为化工工艺装置原料的提供者，一旦停车，下游化工装置将面临原料停供、无法正常运行的风险，因此乙烯装置的运行对整体化工流程异常重要，需要采取多种措施保障装置的平稳运行。其中，用电设备的再启动是重要手段之一。

当乙烯装置供电出现一路电源故障和晃电等状况时，低压电动机回路将出现接触器线圈脱扣、大量机泵停机的现象。

晃电，是指电压波动或短时断电。供电系统产生晃电的基本类型有：电压骤升、电压骤降、短时断电、电压闪变。电压骤升，持续时间 0.5 个周期至 1min，电压上升或下降至标称电压的 110%～180%。电压暂降/骤降是电压有效值降至标称值(nominal value)的 10%至 90%，且持续时间为 10ms 至 1min(典型持续时间为 10～600ms)的电能质量事件之一。短时断电，持续时间在 0.5 个周波至 3s 的供电中断和电压闪变。电压波形包络线呈规则的变化或电压幅值一系列的随机变化，一般表现为人眼对电压波动所引起的照明异常而产生的视觉感受。简单来说，晃电是指系统电网电压瞬时跌落在短时间之内(0～1s)，又恢复正常的现象。电压暂降给各行业带来了严重的经济损失，甚至造成了极坏的社会负面影响，已成为困扰供电企业和电力用户的严重电能质量问题。早在 20 世纪 90 年代，英国的调查结果表明，约 69%的工业用户确信，电能质量问题影响到了其工业生产线的正常运行，而对这些生产事故的调查结果表明，在这些电能质量扰动现象中，因短时电压中断和电压暂降所引起的扰动所占比例约为 83%；而在法国的调查结果表明，大约 44%的工业用户切身感受到电压暂降对其生产线有明显影响，每年平均有 5 起严重电压暂降扰动事件，会造成设备损坏及经济损失。在石油、化工、纺织等行业，对生产连续性要求较高，也极易因电压暂降造成巨大损失。

目前国内外在抗晃电方面的研究主要是备用电源切换系统和电动机再启动等，是传统的基于电压下降作为判据进行备用电源切换的系统，当一回电源发生晃电或故障时，电压下降，系统逻辑进行多种条件的判断，包括电压下降、各级断路器状态、备用电源是否满足要求、保护是否动作等等，满足判据后，切换系统将切断故障电源，投入备用电源，达到恢复供电的目的。下面就晃电过程的时间长短进行简要分析。

① 当晃电过程极短(毫秒级)时，一般的电动机回路接触器线圈将会保持住，各类负荷均不会受影响。此时的晃电对生产过程基本没有影响，切换系统也不会有任何反应。

② 当晃电过程稍长(大于 50ms 而小于 0.4s)时，备用电源切换系统将开始进行判断，

直至晃电结束电压恢复正常，切换系统由于判据不足而停止动作，但此时由于电动机回路接触器线圈的固有特性：电压不小于45%或者是失压时间不大于60ms，仅0.1s内电压的下降就会导致接触器分闸，因此大部分电机的接触器已分闸停车，需要配合再启动措施进行生产恢复。

③ 当晃电过程更长(大于0.4s)或故障时，备用电源切换系统将开始进行判断并动作，备用电源恢复，但由于时间长，基本上所有的电动机都已停车，势必要通过手动或自动再启动的措施逐渐恢复晃电之前的生产运行状态，造成了不必要的损失。

解决晃电的影响，国内目前抗晃电的措施有快速切换装置(简称“快切”)，电动机控制回路抗晃电模块(简称“模块”)，电动机抗晃电接触器等。

(1) 快切装置

快切装置能够实现极快地切换电源，时间一般在40~50ms内，快切装置启动后，会按照一定的顺序操作工作电源断路器和备用电源断路器。提供的自动切换方式包括串联切换方式和同时切换方式。

串联切换方式——装置启动后，先跳开相应的进线断路器，在确认进线跳开后，再根据合闸条件发出合母联断路器命令。

同时切换方式——装置启动后，先发出跳相应进线断路器的指令，不确认进线断路器是否已经跳闸，然后经整定的同时切换合闸延时，再根据合闸条件发出合母联断路器的命令。

快切装置包括快速切换和原理先进的同期捕捉切换两种快速合闸方式以及残压切换这种备用的合闸方式，保证母线最短时间的断电和合闸时最小电流的冲击。

快速切换——快速切换是最理想的一种合闸方式，既能保证电动机安全，又不使电动机转速下降太多。在串联或同时切换方式下，实现快速切换的条件为：母线和待并侧电源频差 $|df|$ <“快速切换频差”且相差 $|dq|$ <“快速切换相差”。快速切换是速度最快的合闸方式。

同期捕捉切换——当快速切换不成功时，同期捕捉切换是一种最佳的后备切换方式。同期捕捉切换的原理是实时跟踪母线电压和备用电压的频差和角差变化，以同相点作为合闸目标点。

残压切换——当母线电压衰减到20%~40%实现的切换称为残压切换。残压切换虽能保证电源切换成功，但由于停电时间过长，电动机自启动成功与否、自启动时间等会受到较大限制。残压切换的实现条件为：母线电压<“残压切换电压幅值”。残压切换实质上就是备用电源切换系统。

综上所述，当能满足一定条件时，快切装置能够在很短时间内成功切换电源，此时接触器有可能保持不分闸；但这种情况只是在一定几率下发生，当不满足快速切换条件时，装置将转为后两种方式，动作时间变长，电动机接触器将分闸，还是转为备自投切换的程序。

(2) 抗晃电模块

抗晃电模块通常是利用小储能元件(电池、电容等)短时内保持接触器线圈的装置，模块需安装在所有电动机二次回路中。当晃电发生时，模块释放储能元件中的能量，保持接触器合闸状态，直至支撑到晃电结束或备用电源切换成功。抗晃电模块可以防止晃电现象造成的接触器意外脱扣，但此时接触器虽然不分闸，但实际上电动机已经在晃电过程中转速降低，电压恢复后再加速至额定工况。当晃电时间稍长或者电源已经发生故障时，电动机转速可能降到较低，当电压恢复后，电动机转为自动全部再起启状态，很可能由于启动电流过大拖垮电网。

(3) 抗晃电接触器

与模块相似，通过电能或机械方式直接改造接触器，使接触器线圈短时间内不脱扣，从而达到支撑晃电过程的目的。弊端与模块相同，可能导致成批电动机再启动拖垮电网，另外接触器本身被改造后，从某种意义上说已经脱离了接触器的本质功能，其型式试验、国际电工委员会(IEC)协调配合关系、性能都有待验证，一些行业和系统甚至不认可此类接触器。

综合以上的叙述，国内对晃电解决方案大部分都是从控制回路着手，立足保持接触器线圈不脱扣，或者加快电源的切换时间，但本质上电动机主回路都处于失电的状态，转速降低甚至停机，电源恢复后自动重新启动，对生产运行都有或多或少的影响，严重时甚至会影响电网的供电。

通过分析，备用电源切换系统不论晃电持续过程的时间长短，均无法保证电动机回路持续运行，一定会有停车后再启动的过程以恢复生产运行，有较大缺陷。

2. 电动机分批再启动

当发生晃电、电源故障时，配电母线上的电动机将停转，设备将停机，此时抗晃电装置或电源备自投装置将启动，母线重新恢复供电，已停机的电动机需要再次启动，装置将过渡到平稳运行的状态，如果同时启动的电动机总功率过大，母线和电动机端电压会大幅下降导致启动过程失败，需要考虑配电变压器容量、电动机数量、启动电流倍数等因素，将电动机按重要性、最大总功率分批次启动，使每批次启动时母线电压均能在合理范围内，保证整个启动过程的顺利完成。

典型的乙烯装置电动机再启动分成三到四批次。

## 第三节 变电所设置

### 一、负荷分配原则

① 根据负荷容量和分布，按照电源深入负荷中心的原则设置变电所。

② 由于乙烯装置占地面积大，用电负荷数量多、分布广，为满足供电要求并保证安全供电，根据配电装置尽量深入负荷中心的原则，在装置界区内设置两座中压变电所，分别为乙烯装置第一变电所和乙烯装置第二变电所。应根据装置布置、供电距离并结合工艺操作要求合理划分两座变电所的供配电范围。

### 二、所址选择

在满足防爆、防火安全距离的前提下，接近负荷中心并使进出线方便，有扩建和发展的余地，有和生产装置同时检修的可能。尽量位于主导风向的上风侧，并考虑施工、运输方便，尽量避免西晒。

## 三、变电所的形式和建筑布置

① 变电所为双层结构，一层为电缆夹层，二层为配电室。

② 变压器室、电容器室宜避免西晒，并保证通风良好，并易于维护、减少污染。

③ 配电装置宜采用户内式；10(6)kV 配电装置采用成套中置式开关柜，户内安装。380V 配电装置采用插拔式或抽屉式配电柜，户内安装。

④ 中低压开关柜顶净空宜不小于 1200mm。

⑤ 当采用电缆夹层时，电缆夹层的梁底净空高度不低于 2000mm。

⑥ 当与爆炸危险区域相邻且位于附加二区内时，配电装置室的地坪宜较室外地坪提高 600mm 以上。

⑦ 露天或半露天变压器的周围应设固定围栏，围栏高度至少为 1.8m。变压器外廓与围栏或建筑物的净距应不小于 1.0m；变压器底部距地面不应小于 0.3m；相邻变压器外廓之间应设防火墙。

⑧ 设置单独的变频器室，集中布置裂解炉风机变频调速装置。

⑨ 根据选定的柴油发电机组型式设置单独的发电机房，或采用箱式柴油发电机组。

## 四、配电装置的布置

① 10(6)kV 配电装置每段母线应预留 1~2 台备用柜和 1~2 个备用位置。

② 低压配电装置每段母线预留 2 台备用柜位置(可根据建筑面积酌情增加)，相同的一次回路按 20%的余量备用，且每种回路至少应备用一个。

③ 配电装置的布置宜避开建筑物的伸缩缝。

## 五、对建筑物的要求

① 配电室宜采用水磨石地面，电气微机室和各辅助房间的地面宜采用耐压、耐磨、防滑、易清洁的材料铺装。

② 变电所内墙面的处理要求如下：

a. 微机室及其他辅助间的墙面和不吊顶的顶棚应抹平并刷白色涂料。

b. 配电室、变频器室和变压器室等配电装置室的墙面应抹平并刷白色涂料。

③ 变电所门窗设置的要求如下：

a. 配电室长度大于 7m 时设两个门且相邻出口之间的距离不大于 40m；配电室隔墙上的门为双向门，通向室外的门均向外开。

b. 当上述建筑物为两层及以上时，楼上一个出口宜通向室外楼梯的平台。该平台同时作为设备的吊装平台。其承重力和尺寸应满足最大设备的重量和尺寸的要求。

c. 配电室和电缆室的通风窗应有防止雨、雪及小动物进入的措施。

d. 所有房间的进出口处均设高度为 600mm 的挡板。

④ 变配电所的电缆沟和电缆夹层应采取有效的防水措施。

⑤ 不允许水、汽等与电气无关的管线从变电所室内通过。

⑥ 配电室、微机室、独立设置的 UPS 室、变频器室等应装设空调。风道不应布置在配电装置正上方。电缆夹层设机械通风。

⑦ 电缆沟宜采用花纹钢盖板，盖板应平整、轻便，并适当布置有检修吊环。

⑧ 防火要求

a. 变配电所建筑物的耐火等级，除油浸变压器室及总事故油池为一级外，其他均为二级。

b. 主变压器等充油电气设备，当单个油箱的油量在1000kg以上时，应同时设置贮油坑及总事故油池，其容量分别不小于单台设备油量的20%及最大单台设备油量的100%。贮油坑的长宽尺寸宜较设备外廓尺寸每边大1m。

c. 变配电所应设火灾报警装置及消防设施。

d. 建筑物中的楼板开孔部位和墙的孔洞应采用防火封堵材料进行封堵，其防火封堵组件的耐火极限不应低于被贯穿物的耐火极限，且不应低于1h。

具体见图15.3-1。

## 六、抗震措施

电气设备的布置、安装、固定、连接应符合国家标准《电力设施抗震设计规范》(GB 50260—2013)、《工业企业电气设备抗震设计规范》(GB 50556—2010)。

## 七、变电站微机综合自动化系统

① 为了提高供配电系统的自动化水平，确保供配电的运行质量和可靠性，在乙烯装置中应设置功能齐全、可靠性高、结构紧凑、操作简单的变电站微机综合自动化系统(SCADA)。

② 变电站微机综合自动化系统旨在实现本站及下级变电所保护、测控、计量等各类设备的标准化配置和使用。具备实时数据采集、实时数据处理、事故追忆、事件及报警、计算和统计、系统监视、操作与控制、通信等功能。

③ 变电站微机综合自动化系统应遵循IEC 60870-5系列标准。设备配置和功能要求应满足无人值班设计要求。

④ 新建系统应采用开放式分层分布网络结构，由站控层、间隔层及网络设备构成。

⑤ 站控层设备宜按变电站远景规模配置，间隔层设备按工程实际建设规模配置，但应考虑终期规模的应用。

⑥ 新建变电所的微机综合自动化系统应采用符合IEC 61850标准的系统结构。

⑦ 乙烯装置低压电气设备数量多、信息量大，低压电动机监控数据应通过专用通信通道上传至变电站微机综合自动化系统的站控层网络。

具体见图15.3-2。

## 八、电气作业安全管控一体化系统

在乙烯装置中宜设置由可视化防误子系统、设备巡检子系统、操作票和工作票管理子系统、地线监测及管理子系统、压板监测及管理子系统、智能锁具管理子系统等部分组成的安全生产管理系统。各子系统紧密关联、数据共享、相互配合，共同完成乙烯装置整个供配电系统的安全生产和运行管理。具体见图15.3-3。

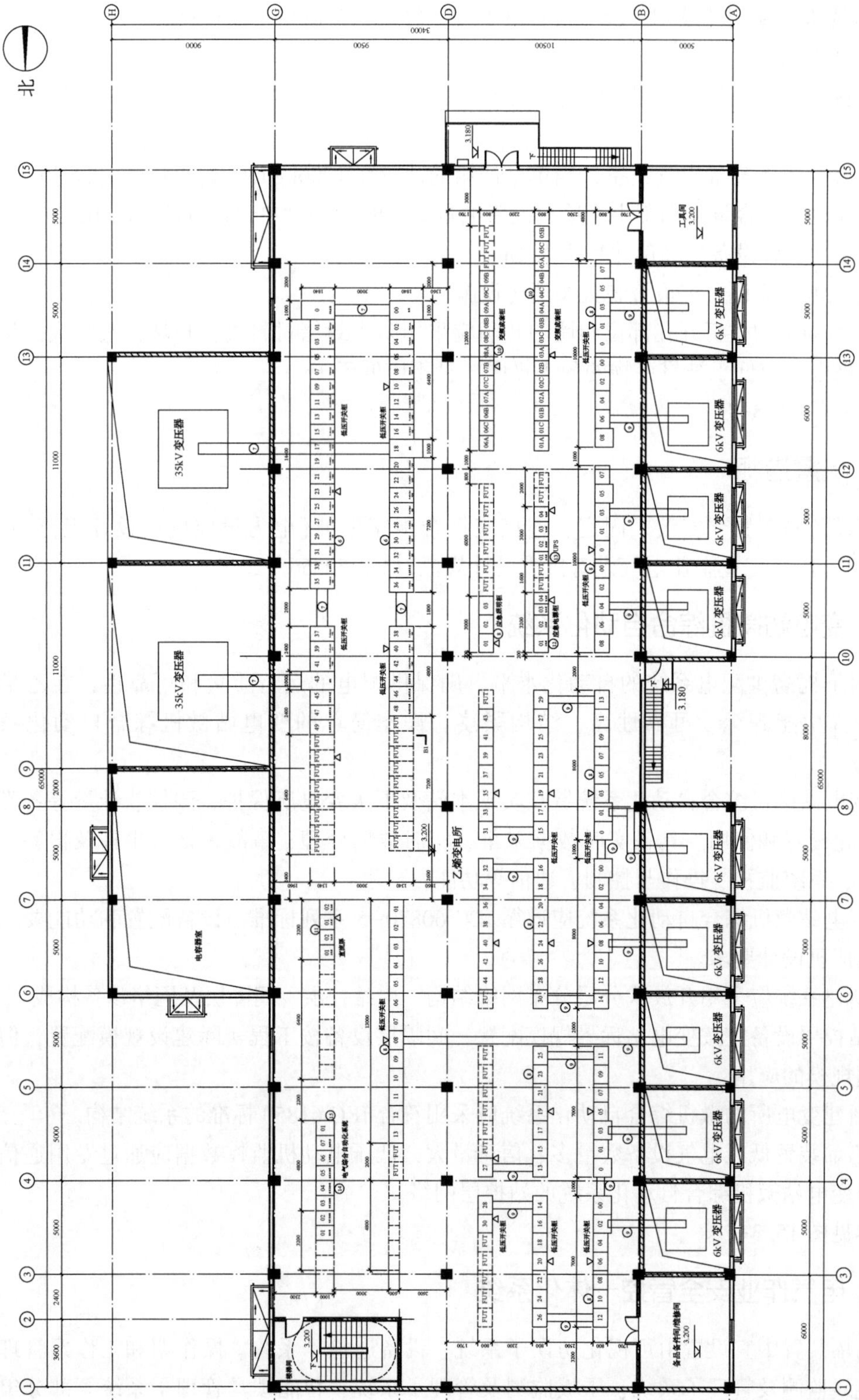


图15.3-1　典型乙烯装置的变电所布置

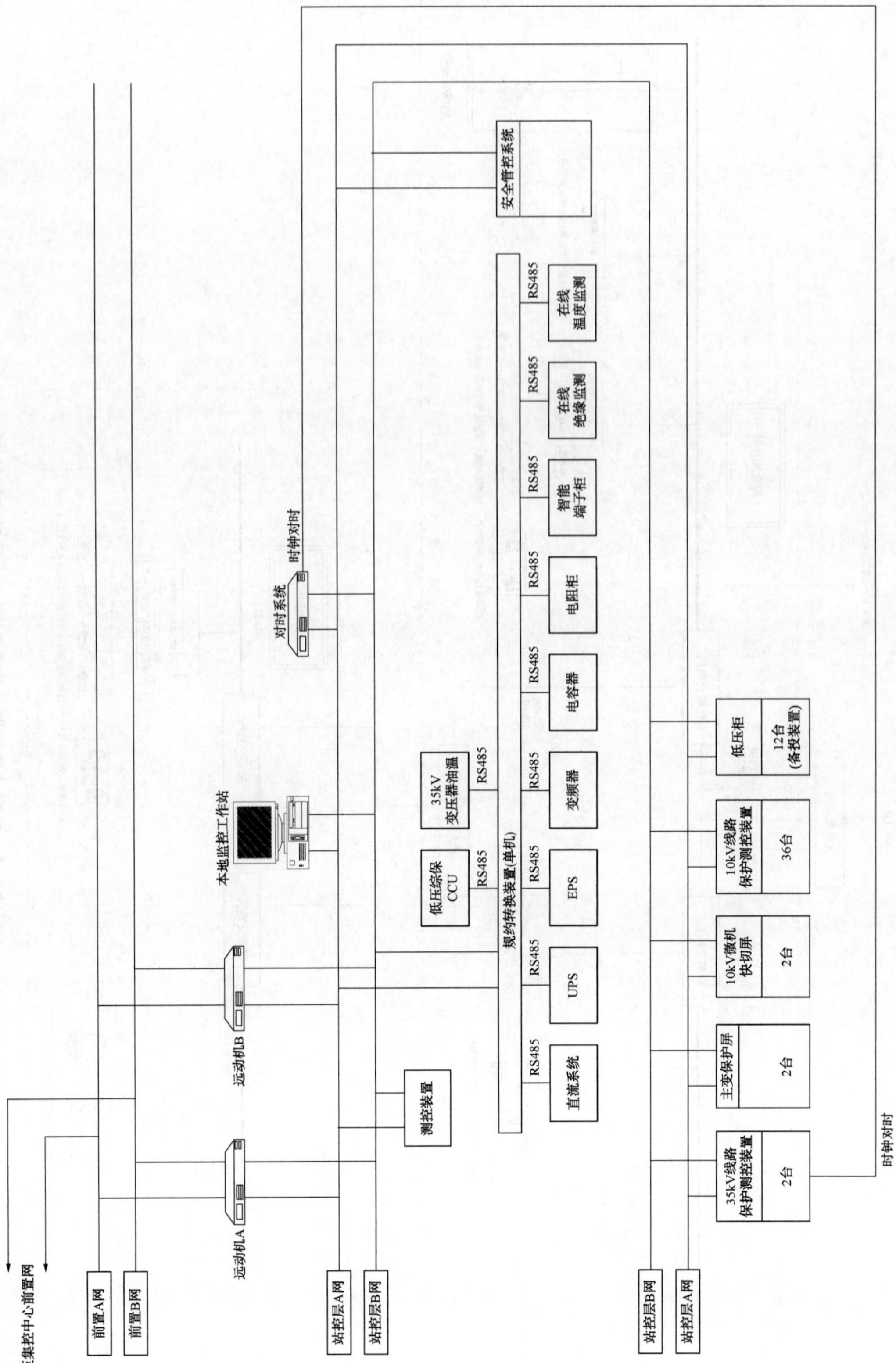


图15.3-2　典型乙烯装置的综合自动化系统拓扑图

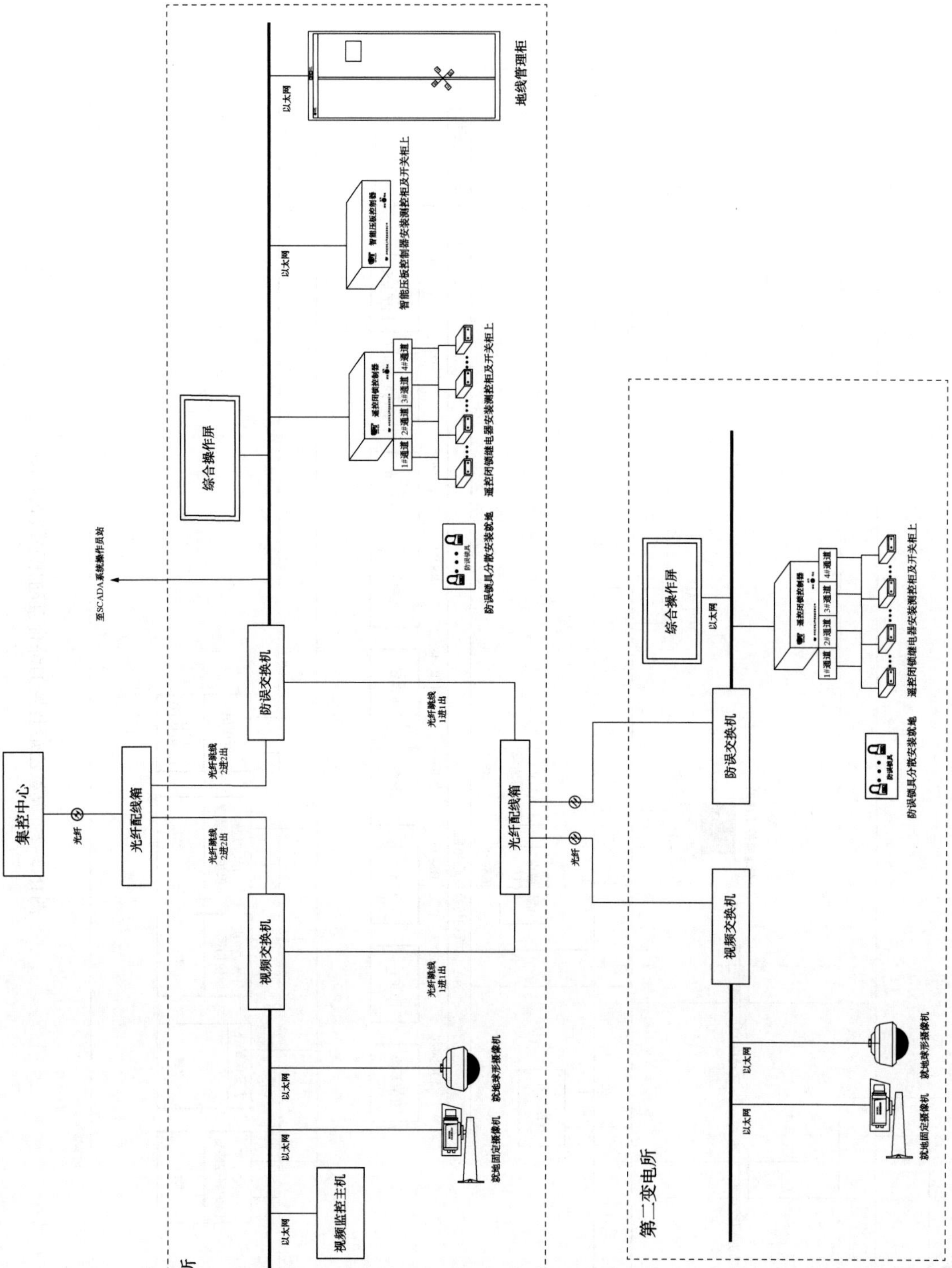


图15.3-3 典型乙烯装置的安全管控一体化系统拓扑图

# 第四节 爆炸危险区与电气设备选型

## 一、爆炸危险区

当易燃物质泄漏，与空气混合形成爆炸性混合气体，如果此时的爆炸混合物浓度处于爆炸极限范围内，并出现可以点燃的点燃源，即可引起爆炸。通常易爆物质、空气、点燃源被称为爆炸三要素。

乙烯工艺生产装置主要的原料有石脑油、加氢尾油、丙烷、LPG、芳烃抽余油、燃料气等，生产过程中间以及最终产品含有氢气、乙烯、丙烯、混合碳四、裂解汽油、裂解燃料油、燃料气、甲烷、乙苯等，存在各种易燃易爆品及混合物。同时，在生产过程中各种管道、容器、机械、电气、仪表等设备都有可能会产生电气火花、静电火花、机械火花、危险高温以及雷电火花等点燃源。

为了防止爆炸的发生，首先应该避免形成爆炸性环境，其次是排除、消除可能的点火源，限制形成爆炸其中一个或几个要素，都可以达到防爆要求。如制造正压、设置爆炸气体浓度监控、限制点燃源。那么，如何识别判断爆炸危险源，找到危险源并采取适当的防范措施，则是石化装置工程安全设计基础。

各类易燃物质特性各不相同，比如闪点、引燃温度、最小点燃电流等参数。从设备防爆角度将不同危险物质按照引燃难易程度进行了级别划分，如ⅡA、ⅡB、ⅡC，见表15.4-1。

**表 15.4-1 乙烯装置典型危险介质表(基于 MESG 和 MICR 的分级)**

| 典型气体 | 最大试验安全间隙(MESG)①/mm | 最小点燃电流比(MICR)② | 中国、IEC、欧洲标准 | 北美标准(Group) | 点燃特性 |
|---|---|---|---|---|---|
| 甲烷 | 1.14 | 1.0 | Ⅰ | D | 难<br>↓ |
| 丙烷 | 0.9<MESG<1.14 | 0.8<MICR<1.0 | ⅡA | D | ↓ |
| 乙烯 | 0.5≤MESG≤0.9 | 0.45≤MICR≤0.8 | ⅡB | C | ↓ |
| 氢气 | MESG<0.5 | MICR<0.45 | ⅡC | B | ↓<br>↓ |
| 乙炔 | MESG<0.5 | MICR<0.45 | ⅡC | A | 易 |

① 最大试验安全间隙(MESG)：在标准规定的试验条件下，标准外壳内所有浓度的被试气体或蒸气与空气的混合物点燃后，通过25mm长的接合面均不能点燃壳体外部爆炸性混合物的外壳空腔两部分之间的最小间隙。

② 最小点燃电流比(MICR)：采用火花试验装置，由电阻电路或电感电路引起爆炸性试验混合物点燃的最小电流。最小点燃电流比(MICR)是相对于甲烷最小点燃电流而言。

按照引燃温度进行组别划分，如T1～T4；针对不同爆炸危险物质的级别、组别需选用不同级别、组别的防爆设备。爆炸混合物温度组别划分见表15.4-2。

对于不同类型的电气设备可以采取不同类型或几种类型的防爆措施和形式，比如：隔爆型、增安型、本质安全型、正压型、充油型、充砂型、无火化型、浇封型、氧密型、特殊型等，说明及图解如表15.4-3所示。

**表 15.4-2　爆炸混合物温度组别表**

| 中国、欧洲、IEC 标准 | 北美标准 | 气体引燃温度 $t$/℃ | 点燃特性 |
|---|---|---|---|
| T1 | T1 | >450 | 难↓↓↓↓↓↓↓↓↓易 |
| T2 | T2 | $300<t\leqslant450$ | |
| — | T2A | $280<t\leqslant300$ | |
| — | T2B | $260<t\leqslant280$ | |
| — | T2C | $280<t\leqslant260$ | |
| — | T20 | $215<t\leqslant230$ | |
| T3 | T3 | $200<t\leqslant215$ | |
| — | T3A | $180<t\leqslant200$ | |
| — | T3B | $165<t\leqslant180$ | |
| — | T3C | $160<t\leqslant165$ | |
| T4 | T4 | $135<t\leqslant120$ | |
| — | T4A | $120<t\leqslant135$ | |
| T5 | T5 | $100<t\leqslant120$ | |
| T6 | T6 | $85<t\leqslant100$ | |

注：引燃温度(AIT)：依据标准规定的方法进行试验时，能够引燃爆炸性气体与空气混合物的热表面最低温度。

**表 15.4-3　电气设备防爆保护类型表**

| 电气设备保护方法 | | | | |
|---|---|---|---|---|
| 防爆类型 | 图　解 | 防爆原理 | 标准编号 | 国际相应标准 |
| 隔爆型<br>Ex-d | 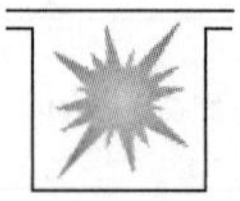 | 将设备在正常运行时，能产生火花电弧的部件置于隔爆外壳内，隔爆外壳能承受内部的爆炸压力而不致损坏，并能保证内部的火焰气体通过间隙传播时降低能量，不足以引爆壳外的气体 | GB3836.2 | IEC60079-1<br>EN60079-1<br>FM3600<br>UL2279 |
| 增安型<br>Ex-e |  | 在正常运行时不会产生电弧、火花和危险高温，在结构上再进一步采取保护措施，提高设备的安全性和可靠性 | GB3836.3 | IEC60079-7<br>EN60079-7<br>FM3600<br>UL2279 |
| 本质安全型<br>Ex-i | 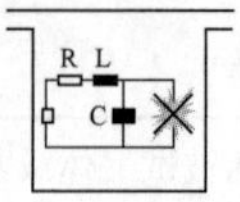 | 设备内部的电路在规定的条件下，正常工作或规定的故障状态下产生的电火花和热效应均不能点燃爆炸性混合物 | GB3836.4 | IEC60079-11<br>EN60079-11<br>FM3601<br>UL2279 |
| 正压型<br>Ex-p | 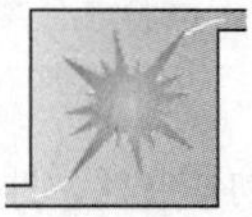 | 保证内部保护气体的压力高于周围以免爆炸性混合物进入外壳或保证足量的保护气体通过，使内部的爆炸性混合物的浓度降至爆炸下限以下 | GB3836.5 | IEC60079-2<br>EN60079-2<br>FM3620<br>NFPA496 |
| 油浸型<br>Ex-O | 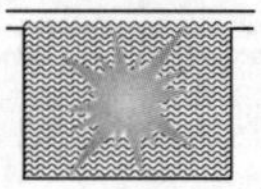 | 将电气设备的部件整个浸在保护液中，使设备不能够点燃液面上或外壳外面的爆炸性气体 | GB3836.6 | IEC60079-6<br>EN60079-6<br>FM3600<br>UL2279 |

续表

| 电气设备保护方法 | | | | |
|---|---|---|---|---|
| 防爆类型 | 图　解 | 防爆原理 | 标准编号 | 国际相应标准 |
| 充砂型<br>Ex-q | 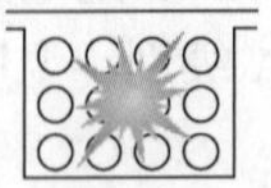 | 将能点燃爆炸性气体的被固定导电部件完全埋入填充材料中，以防止点燃外部爆炸性气体环境 | GB3836.7 | IEC60079-5<br>EN60079-5<br>FM3600<br>UL2279 |
| 无火花型<br>Ex-n | 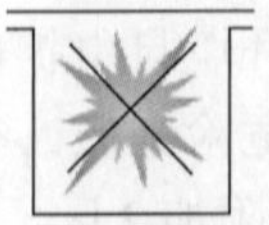 | 电气设备不能点燃周围的爆炸性气体(在正常的工作条件下和在确定的非正常工作条件下) | GB3836.8 | IEC60079-15<br>EN60079-15<br>UL2279 |
| 浇封型<br>Ex-m | 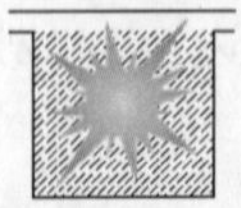 | 将可能产生点燃爆炸性混合物的电弧、火花或高温的部分进行浇封，使它不能点燃周围的爆炸性混合物 | GB3836.9 | IEC60079-18<br>EN60079-18<br>FM3600UL2279 |

根据国家标准，按照爆炸性混合环境出现的频繁程度和持续时间分三类区域：

① 0 区：在正常情况下，爆炸性气体混合物，连续地或长时间存在的场所(参照累计时间 1000h/a)；

② 1 区：在正常情况下，爆炸性气体混合物有可能出现的场所(参照累计时间 10~1000h/a)；

③ 2 区：在正常情况下，爆炸性气体混合物不能出现，仅在不正常情况下偶尔短时间出现(参照累计时间小于 10h/a)。

中国标准与其他国际标准对比见表 15.4-4。

**表 15.4-4　中国标准与其他国际标准对比**

| 中国\IEC\欧洲标准 | 北美标准 | 危险程度 |
|---|---|---|
| 0 区 | Division 1 | 高<br>↓<br>↓<br>低 |
| 1 区 | | |
| 2 区 | Division 2 | |

对于能够释放出爆炸性气体的释放源，按照如下方式定义：

① 连续级释放源：预计长期释放或短时频繁释放的释放源，如：固定顶储罐的上部空间和排气口；油、水分离器等直接与空气接触的易燃液体的表面；经常或长期向空间释放易燃气体或易燃液体的蒸气的自由排气孔或其他孔口等。

② 第一级释放源：预计正常运行时周期或偶尔释放的释放源，如：正常运行时，会释放易燃物质的泵、压缩机和阀门等的密封处；正常运行时，会向空间释放易燃物质、安装在储存有易燃液体的容器上的排水系统；正常运行时会向空间释放易燃物质的取样口。

③ 第二级释放源：预计在正常下不会释放，即使释放也仅是偶尔短时释放的释放源，或划为第二级释放源。如：正常运行时不能出现释放易燃物质的泵、压缩机和阀门的密封处；正常运行时不能释放易燃物质的法兰、连接件和管道接头；正常运行时不能向空间释

放易燃物质的安全阀、排气孔和其他孔口处；正常运行时不能向空间释放易燃物质的取样口。由上述两种或三种级别释放源组成的释放源，称为多级释放源。

乙烯装置的爆炸危险区划分：乙烯装置主要爆炸危险介质除了氢气、甲烷等轻于空气外，其余为大量的乙烯、丙烯、混合碳四等重于空气的危险介质。从上述危险介质级别组划分看，除了氢气为ⅡC 级别，且轻于空气外，其他均为ⅡB～ⅡA 级别，温度组别均不高于 T3，且大部分介质重于空气。

按照以上原则，乙烯装置区内，除地坑、污水池等地坪以下划为爆炸危险 1 区外，其他区域均为爆炸危险 2 区。另外，按照爆炸性气体混合物在户外环境自由扩散的特性，对于乙烯装置内存在高压大容量设备、系统，且其介质为高挥发性危险介质，有可能大量释放并扩散至 15m 以外，另外在地坪高 0.6m，附加 15m 范围，施划附加 2 区。

对于，危险介质物料含氢量摩尔比高于 20%情况下，释放源周边 4.5m 划为ⅡC 区。

### 二、防爆设备选型及供电

按照相关标准，乙烯装置的爆炸危险区内按照如下原则：

① 电动机类设备在爆炸危险 1 区内一般选用隔爆型(Ex-d)，在 2 区可选隔爆型(Ex-d)或增安型(Ex-e)。

② 正常操作时可能产生火花的电气设备，如按钮、开关、插座等选用隔爆型(Ex-d)，操作柱可选用隔爆增安混合型(Ex-de)。

③ 盘、柜选用隔爆型(Ex-d)或增安型(Ex-e)，并尽量选用增安型 Ex-e。

④ 固定安装的照明灯具选用隔爆型(Ex-d)、增安型(Ex-e)。

⑤ 配线材料选用隔爆型(Ex-d)或增安型(Ex-e)。

在爆炸危险区内，低压配电系统一般要求采用 TN-S 系统，各用电设备均敷设专用接地线并做等电位连结。爆炸危险区内配线，为了方便隔离密封，通常选用电缆配线。所有接线盒进线处均要求配置电缆夹紧密封装置。在可能有机械损伤处，对于非铠装电缆，需采取机械防护措施。

## 第五节　防雷与接地

### 一、一般原则

乙烯装置界区内的变配电设施、工艺装置及辅助设施单元等均设工作接地、保护接地、防雷接地、防静电接地，接地采用共用接地网，接地电阻要求满足各类接地的要求。

各建、构筑物及单体主项内按需设电气工作及保护接地、防雷接地、防静电接地，不同用途的接地应使用一个总的接地网，其接地电阻值应符合其中最小值的要求。装置作总等电位连接，并且与周围其他装置连接起来，外引接点不少于 2 点，并尽可能分布在对角处。

### 二、常用工频接地电阻值

常用工频接地电阻值的规定见表 15.5-1。

表 15.5-1 工频接地电阻值

| 序号 | 接地装置名称 | | 接地电阻最大允许值/Ω |
|---|---|---|---|
| 1 | 35kV 变电所(中低压共用时) | | 4 |
| 2 | 10(6)kV 装置电气室(中低压共用时) | | 4 |
| 3 | 单台运行容量为 100kV·A 及以上变压器中性点接地 | | 4 |
| 4 | 电气设备中低压共用接地装置 | | 4 |
| 5 | 小接地电流接地系统电气设备中低压共用接地装置 | | 10 |
| 6 | 1kV 以下重复接地 | | 10 |
| 7 | 防雷接地 | 一类建筑物 | 10① |
| | | 二类建筑物 | 10② |
| | | 三类建筑物 | 30② |
| 8 | 防静电接地 | | 100 |

① 为引下线冲击接地电阻值。根据 GB 50057—2010 条款 4.2.1 第 8 条，在土壤电阻率高的地区，在满足间隔距离的前提下，可适当增加冲击接地电阻值，但在 3000Ω 以下的地区，冲击接地电阻不应大于 30Ω。

② 为引下线冲击接地电阻值。

## 三、建构筑物的防雷分类

乙烯装置界区内的主要建筑物有变电所、机柜间、压缩机厂房；户外装置主要有裂解炉区、塔区及静设备区、机械设备区、框架和管架等。

建筑物和化工户外装置应分别按国标《建筑物防雷设计规范》(GB 50057—2010)和《石油化工装置防雷设计规范》(GB 50650—2011)的规定划分防雷类别。

根据 GB 50057 有关条款规定，变电所、机柜间、压缩机厂房均划分为第二类防雷建筑物。

## 四、户外装置区防雷

(1) 裂解炉区

① 金属框架支撑的裂解炉本体，其框架应采用连接件与接地装置直接相连。

② 每台裂解炉应至少设置两个接地点，且接地点间距不应大于 18m，每根引下线的冲击接地电阻不应大于 10Ω。

③ 炉本体上的金属构件均应与炉子框架做等电位连接。

(2) 塔及静设备

① 独立安装的钢制塔体及封闭式钢制静设备，其壁厚大于或等于 4mm 时，应利用塔体本身或设备本体作为接闪器。

② 塔体或金属静设备本体作为接闪器时，接地点不应少于 2 处，并应沿塔体或静设备周边均匀布置，引下线的间距不应大于 18m。

③ 每根引下线的冲击接地电阻不应大于 10Ω。接地装置宜围绕塔体或静设备敷设成环形接地体。

(3) 机械设备区

① 机械设备和电气设备应位于防雷保护范围内。

② 机械设备和电动机安装在同一个金属底板上时，应将金属底板接地。

(4) 框架、管架和管道

① 钢框架、管架应通过立柱与接地装置相连，接地点间距不应大于 18m。每组框架、管架的接地点不应少于 2 处。

② 混凝土框架及管架上的爬梯、电缆支架、栏杆等钢制构件，均应接地，接地点间距不应大于 18m。

③ 管道防雷设计应符合下列规定：

a. 每根金属管道均应与已接地的管架做等电位连接，多根金属管道可互相连接后再与已接地的管架做等电位连接。

b. 平行敷设的金属管道，其净距小于 100mm 时，应每隔 30m 采用金属线连接；管道交叉点净距小于 100mm 时，其交叉点应采用金属线跨接。

c. 管架上敷设输送可燃性介质的金属管道，在始端、末端、分支处，均应设置防雷电感应的接地装置，其工频接地电阻不应大于 30Ω。

d. 进、出乙烯装置的金属管道，在装置的外侧应接地，并应与电气设备的保护接地装置和防雷电感应的接地装置相连接。

(5) 排放设施

放散管、呼吸阀、排风管、烟囱等物体应按下列方式保护：

① 未装设阻火器的排放爆炸危险气体、蒸气或粉尘的放散管，呼吸阀、排风管等，管口外的以下空间应处于接闪器保护范围内：

a. 当有管帽时，接闪器的保护范围应按表 15.5-2 确定。

**表 15.5-2 有管帽的管口处于接闪器保护范围内的空间**

| 管口内压力与周围空气压力的压力差/kPa | 排放物的相对密度 | 管帽以上的垂直高度/m | 至管口处的水平距离/m |
|---|---|---|---|
| <5 | 重于空气 | 1 | 2 |
| 5~25 | 重于空气 | 2.5 | 5 |
| ≤25 | 轻于空气 | 2.5 | 5 |
| >25 | 重或轻于空气 | 5 | 5 |

注：相对密度≤0.75 的爆炸性气体规定为轻于空气的气体；相对密度>0.75 的爆炸性气体规定为重于空气的气体。

b. 当无管帽时，管口上方半径为 5m 的半球体空间均应处于接闪器的保护范围之内。

c. 接闪器与雷闪的接触点应设在上述空间之外。

② 未装阻火器的排放爆炸危险气体或蒸气的放散管、呼吸阀和排风管等，当其排放物达不到爆炸浓度、长期点火燃烧、一排放就点火燃烧及发生事故时排放物才达到爆炸浓度时，接闪器可仅保护到管帽，无管帽时可仅保护到管口。

③ 未装阻火器的排放爆炸危险气体或蒸气的放散管、呼吸阀和排风管等，位于附近其他接闪器保护范围之内时可不再设置接闪器，但应与防雷装置相连。

④ 排放无爆炸危险气体、蒸气或粉尘的放散管、烟囱和 2 区、21 区爆炸危险环境中装有阻火器的排放爆炸危险气体、蒸气或粉尘的放散管、呼吸阀、排风管等，符合第②条规定的未装设阻火器的排放爆炸危险气体或蒸气的放散管、呼吸阀和排风管应设防雷保护。防雷保护应符合下列要求：

a. 金属物体可作为接闪器与附近生产设备的防雷装置相连。

b. 在已作为接闪器的附近生产设备的保护范围之外的非金属物体应装接闪器，并和附近生产设备的防雷装置相连。接闪器可仅保护到管帽，无管帽时可仅保护到管口。

(6) 户外灯具和电气设备

① 安装在塔顶层平台上的照明灯具、现场操作柱(箱)、航空障碍灯等易遭受直击雷的电气设备，宜采用金属外壳。

② 配电线路应穿镀锌钢管敷设，镀锌钢管应与电气设备的外壳、保护罩相连，保护用镀锌钢管应就近与钢平台或金属栏杆相连。

## 五、压缩机厂房防雷

① 突出屋面的放散管、风管、烟囱等物体应按下列方式保护：

a. 排放爆炸危险气体、蒸气或粉尘的放散管、呼吸阀、排风管等的管口外应装设独立接闪杆或架空接闪线或网做接闪器。当有管帽时，管帽以上的垂直高度为1m，管口处的水平距离为2m；当无管帽时，管口上方半径为5m的半球体空间均应处于接闪器的保护范围之内。

b. 排放无爆炸危险气体、蒸气或粉尘的放散管、烟囱，1区、21区、2区和22区爆炸危险场所的自然通风管，以及排放爆炸危险气体、蒸气或粉尘的放散管、呼吸阀、排风管等，当其排放物达不到爆炸浓度、长期点火燃烧、一排放就点火燃烧，以及发生事故时排放物才达到爆炸浓度的通风管、安全阀及煤气和天然气放散管等，其防雷保护应符合下列要求：

- 金属物体可不装设接闪器，但应和屋面防雷装置相连。
- 在屋面接闪器保护范围之外的非金属物体应装接闪器，并和屋面防雷装置相连。
- 对高层金属构架、壁厚大于4mm的金属密闭容器及管道(油罐除外)，可不装接闪器，但应接地，接地点不应少于两处，两接地点间距离不宜大于30m，冲击接地电阻不应大于30Ω。

② 为防止感应雷击，在建筑物内的金属物体(如设备外壳、管道、金属构架等)需用接地线连接到设在建筑物四周地下的接地环路上。相距100mm及以下平行敷设的金属管道，应每隔20~30m另用16~35mm$^2$的铜芯导线跨接一次。

③ 为防止高电位引入，架空金属管道在进出建筑物处，应与防雷电感应接地装置相连或就近接至防雷或电气设备的接地装置上。其冲击接地电阻不宜大于20Ω。

④ 压缩机厂房宜利用其金属屋面作自然接闪器，并符合表15.5-3的要求。

**表15.5-3　金属屋面接闪器的最小厚度及连接要求**

| 金属屋面板材料 | | 铅板 | 不锈钢板镀锌钢板 | 钛板 | 铜板 | 铝板 | 锌板 |
|---|---|---|---|---|---|---|---|
| 板厚/mm | 屋面板下无易燃物(不防止击穿) | 2 | 0.5 | 0.5 | 0.5 | 0.65 | 0.7 |
| | 屋面板下有易燃物(防止击穿) | — | 4 | 4 | 5 | 7 | — |

注：1. 屋面板间的连接应是持久的电气贯通，例如采用铜锌合金焊、熔焊、卷边压接、缝接、螺钉或螺栓连接。

2. 金属版应无绝缘被覆层，但薄的油漆保护层或1mm厚的沥青层或0.5mm厚的PVC层均不属于绝缘被覆层。

3. 双层夹芯(非易燃物)板，上层厚度应满足本表要求。

⑤ 厂房内的主要金属物，如设备、管道、构架等，均应就近接至防雷装置或共用接地装置上。

## 六、变电所、机柜间防雷

① 宜在建筑物上装设接闪网、接闪带、接闪杆或由其混合组成的接闪器作为外部防雷装置，接闪网(带)应沿屋角、屋脊、屋檐和檐角等易受雷击的部位敷设，并应在整个屋面组成不大于10m×10m或12m×8m的网格。

② 突出屋面的金属物体，如排风管等可不装设接闪器，但应和屋面防雷装置相连。

③ 专设引下线不应少于2根，并应沿建筑物四周均匀对称布置，其间距沿周长不应大于18m。

④ 外部防雷装置的接地应与防闪电感应、内部防雷装置、电气和电子系统等共用接地装置，并应与引入的金属管线做等电位连接。外部防雷装置的专设接地装置宜围绕建筑物敷设成闭合环形。

⑤ 在电气接地装置与防雷接地装置共用或相连的情况下，应在低压电源线路引入的总配电箱、配电柜处装设I级试验的电涌保护器。电涌保护器的电压保护水平值应小于或等于2.5kV。每一保护模式的冲击电流值，当无法确定时应取等于或大于12.5kA。

⑥ 当Dyn11型接线的配电变压器设在变电所内或附设于外墙处时，应在变压器高压侧装设避雷器；在低压侧的配电柜上，应在母线上装设I级试验的电涌保护器，电涌保护器每一保护模式的冲击电流值，当无法确定时应取等于或大于12.5kA。电涌保护器的电压保护水平值应小于或等于2.5kV。

## 七、防静电接地

① 在乙烯装置加工、储存、运输各种可燃气体、易燃液体的金属设备、容器、管道、操作工具及人体等，有可能产生和积聚静电而造成静电危害时，均应采取静电接地措施。接地导体应有足够的机械强度，连接良好，一般应与其他接地系统共用接地。

② 乙烯装置的下列场所应进行防静电接地：

a. 爆炸危险环境内的设备(塔、容器、机泵、换热器、过滤器等)的外壳。

b. 装置界区内输送可燃性气体、液体管线的首末端、分支处，直线段每隔100m处。

c. 进入装置界区的地上工艺管线处、分支处。

d. 平行管道净距小于100mm时，应每隔20m加跨接线。当管道交叉且净距小于100mm时，应加跨接线。

③ 防静电接地应符合下列要求：

a. 容积大于50m$^3$或直径大于等于2.5m的设备，其接地点不应少于2处，接地点应沿设备外围均匀布置，其间距不应大于30m。

b. 有振动性能的固定设备，其振动部件应采用截面不小于6mm$^2$的铜芯软绞线接地。

c. 净距小于100mm的平行或交叉固定，应每隔20m用金属线跨接。

d. 不能保持良好电气接触的阀门、法兰、管箍弯头等管道系统连接处应跨接。

e. 在扶梯进口处，应设置消除人体静电设施。

f. 在爆炸危险区域应选择防爆型消除人体静电设施。

# 第六节　节能与减碳

## 一、节能的主要措施

随着国家节能要求的不断提高，石化企业均采取严格的节能要求。对于电气专业主要节能措施如下：

(1) 供配电系统节能的主要措施

① 确定合理的供电方式，减少配电级数，做到安全可靠、节约能源、技术先进、经济合理。

② 总变、装置变电所的位置深入负荷中心，低压就近供电的原则，减少线路及变压器的损耗。

③ 合理选择配电电缆截面，对于年利用时间长、传输电流大的电缆，按经济电流密度选择或校验。

(2) 合理选用高效节能设备的主要措施

① 采用节能型电力变压器。变压器台数及容量的选择，除满足负荷性质、用电容量、运行方式及电动机启动/再启动要求外，还应对其运行效率进行比较，提高变压器运行效率，减少变压器损耗。

② 采用高效节能电动机。合理选用电动机容量，提高其负载率。

③ 设置并联无功功率补偿装置，提高各配电装置母线的功率因数，降低线路电能损耗。

④ 部分循环水泵等负荷采用蒸汽透平驱动，有效节约电能。

## 二、“双碳”背景下的技术发展

1. 三机的电气化

近年来，为了实现“双碳”目标，各行各业均开展技术创新和大量技术开发工作。对于碳排大户的乙烯行业，具有巨大“减碳”空间。

常规乙烯工艺生产过程中蒸汽裂解炉会产生大量高品质蒸汽，用来驱动大功率压缩机，以实现乙烯装置的蒸汽平衡。为了满足“减碳”要求，可以优化蒸汽裂解工艺，减少燃料消耗。在全厂蒸汽平衡的前提下，提出对乙烯装置内大功率压缩机驱动方式进行调整，由汽驱改为电驱，以实现乙烯装置“减碳”目标。

乙烯装置电气化驱动方案是采用变频器-电动机驱动乙烯装置大型压缩机组，替代常规蒸汽透平驱动。乙烯装置大型压缩机组主要指“裂解汽压缩机、乙烯制冷压缩机、丙烯制冷压缩机”，即所谓乙烯装置“三机”。常规乙烯工艺流程，通常“三机”组中裂解汽压缩机功率最大，乙烯制冷压缩机最小。某 1000kt/a 乙烯装置详见表 15.6-1。

**表 15.6-1　典型乙烯装置压缩机功率表**

| 机　组 | 功率/MW | 转速/(r/min) | 机　组 | 功率/MW | 转速/(r/min) |
|---|---|---|---|---|---|
| 裂解汽压缩机 | 约 65 | 约 3900 | 乙烯制冷压缩机 | 约 17 | 约 5000 |
| 丙烯制冷压缩机 | 约 45 | 约 3600 | | | |

“三机”是乙烯装置生产工艺核心机械，发生故障可造成装置停止进料、生产损失重大，且设备维修成本高，因此电气化驱动方案需重点关注供配电系统、变频器-电动机的可靠性风险。

石化企业供配电系统各种装备，如 110kV GIS、10kV 及 35kV 金属铠装柜、各级配电变压器以及数量庞大的各功率等级电动机，均为通用产品，经过大量实践证明，在正常运行、维护水平下，具有相对较高可靠性。而高压大功率变频器，因系统结构复杂，元器件数量多，工业应用不多，在乙烯电气化驱动方案中需重点研究。

目前，国际上主流大功率高压变频器供应商如 ABB、SIEMENS、GE、TEMIC 等，按照厂商提供资料，各供应商提供的大功率变频器平均故障间隔时间(MTBF)数据不尽相同，都在 10 年以上。并均指出，通过冗余配置，可以提高变频器可靠性。

经过收集数据和调查，目前乙烯装置内常规蒸汽透平机组的 MTBF 时间为 5~7 年。

综合考虑大功率电动机以及配电系统的可靠性数据，从理论上可以推断采用变频器-电动机驱动与常规蒸汽透平驱动的可靠性大致相当。

目前，国内石油化工领域的类似大功率、长周期连续运行的变频器应用场景，最常见的是长距离天然气输送管线上的加压站用压缩机，其功率范围在 20~30MW，产品应用相对成熟，且有国产化制造商产品。

对于 50MW 以上大功率变频器，在乙烯电气化驱动解决方案中，应结合压缩机功率、转速需求，以及高压变频器冗余单元配置、综合技术经济等多项因素合理配置。

对于乙烯装置来说，用电负荷增量很大，供电系统方案需要重新规划，三机的供电需引入 110kV 电源，组成变压器-变频器-电动机单元进行供电。

变电所的设置和占地均需要调整。一种方案是增加变电所占地，以布置压缩机驱动供配电系统，另一种方案是专门设置压缩机驱动变电所，两种方案都需要增加 110kV-GIS 双母线配电装置，双回 110kV 电源引自 220kV 总变 110kV 不同母线段，110kV 馈出回路按变压器-变频器驱动单元数量确定。

变压器-变频器驱动单元由整流变压器、变频驱动柜、中压柜以及辅助系统(包括励磁柜、控制柜、水冷系统等)组成，设备成组布置在变电所内。同时，变电所设置低压配电系统、不间断电源 UPS 系统以及变电所自动化系统等设施。低压配电系统为本变电所内的采暖通风设施以及变频驱动单元辅助设施供电，采用单母线分段接线，双回电源引自附近乙烯装置变电所，每回电源具备 100%供电能力。

对于乙烯及下游所有装置和公用工程，需要增加外电或绿电 150MW，并需调整接入系统 220kV 主变压器的容量和数量。

2. 电裂解的应用

电加热裂解炉技术旨在通过借助绿电代替传统化石燃料加热裂解炉，从而减少甚至消除裂解炉产生的碳排放。目前，国内外多家乙烯裂解专利商均已经开展电加热裂解炉相关技术的研发。通过与绿色电力融合发展，该技术可将裂解环节的碳排放降低约 90%。

根据电加热裂解炉供热方式的不同，可将现有技术分为：反应器(或炉管)通电加热和炉膛电热元件供热两种方式。

传统裂解炉由于辐射段一般只能吸收燃料总放热量的 40%~45%，因此为了提高裂解炉的热效率和降低装置能耗，需要设置对流段：一方面预热裂解原料、汽化并过热至初始裂解温度；另一方面预热锅炉给水，过热稀释蒸汽和高压蒸汽或其他物料(如预热空气)。电加热裂解炉由于不产生高温烟气，因此在裂解炉结构方面可取消对流段设置，裂解炉结构形式更简单灵活，可大大简化生产工艺。

增加了电裂解炉负荷后，装置总负荷预计达到600MW以上，乙烯装置的变电所占地需进一步扩大。炼化全厂总负荷容量翻倍，外供绿电工程规模需同步增加，接入系统的220kV/110kV主变压器容量和数量均大幅提升，且外电网供电能力满足所需增量。

今后应着力研究适应裂解炉供热强度的不同电加热供热方式，研究高温裂解气热量回收的方式和途径，确定合适的电加热裂解炉方案，完成相关技术开发并实现工业应用。

## 参 考 文 献

[1] GB 50052—2009　供配电系统设计规范.
[2] GB 50053—2013　20kV及以下变电所设计规范.
[3] GB 50054—2011　低压配电设计规范.
[4] GB 50055—2011　通用用电设备配电设计规范.
[5] GB 50057—2010　建筑物防雷设计规范.
[6] GB 50058—2014　爆炸危险环境电力装置设计规范.
[7] GB 50059—2011　35kV~110kV变电站设计规范.
[8] GB/T 50064—2014　交流电气装置的过电压保护和绝缘配合设计规范.
[9] GB/T 50065—2011　交流电力装置的接地设计规范.
[10] GB 50217—2018　电力工程电缆设计标准.
[11] GB 50227—2017　并联电容器装置设计规范.
[12] GB 50229—2019　火力发电厂与变电所设计防火标准.
[13] GB 50650—2011　石油化工装置防雷设计规范.
[14] GB 50994—2014　工业企业电气设备抗震鉴定标准.
[15] GB 51309—2018　消防应急照明和疏散指示系统技术标准.
[16] GB 3096—2008　声环境质量标准.
[17] GB 12348—2008　工业企业厂界环境噪声排放标准.
[18] SH/T 3038—2017　石油化工装置电力设计规范.
[19] SH/T 3060—2013　石油化工企业供电系统设计规范.
[20] SH/T 3097—2017　石油化工静电接地设计规范.

# 第十六章　乙烯装置设备布置与配管

## 第一节　设备布置

国内乙烯装置起步于20世纪60年代，自1978年开始进入稳步发展阶段，当时装置规模最大为300kt/a，经过四十多年的发展，特别是2018年以后进入高速发展阶段。目前国内乙烯装置已投入生产的最大规模为1500kt/a，在建项目的最大规模已达1650kt/a。主流工艺技术有美国TechnipFMC(S&W)公司、美国LUMMUS公司、美国KBR公司技术以及由中国石化工程建设有限公司自主开发的技术。工业化的乙烯分离技术路线主要有顺序分离工艺、前脱丙烷工艺、前脱乙烷工艺。

装置设备布置是装置长期安全平稳运行的前提，不仅要求设备布局美观合理，操作维修成本低，更应体现装置运行能耗低的优势。装置界区内占地为正方形或长方形(长边和短边比为1.5∶1)最佳。由于设备台数较多，占地随着装置规模的扩大而增大，如300kt/a乙烯时，占地约50000m$^2$左右，当装置规模达到1000kt/a时，占地面积扩到100000m$^2$以上。为有效利用空间，乙烯装置将可同开同停的装置，如汽油加氢装置、烯烃转化装置(OCU)、炼厂干气回收装置、废碱氧化单元或变压吸附(PSA)工艺单元布置在界区内，构成联合装置，这样可最大限度合理利用土地资源。乙烯分离工艺主要分区有：急冷区、压缩区、冷区(冷分馏)、热区、原料准备单元、火炬回收单元、蒸汽凝液单元，还包括仪表机柜间、变配电室、废水池等辅助设施。详见图16.1-1装置设备布置图。

### 一、装置总平面布置

经过几十年乙烯装置的设计经验积累及不断优化，在乙烯装置布置中重点应考虑以下主要内容。

1. 现场条件分析

根据总图运输专业提供的全厂总平面布置图，弄清与本装置有关的原料及产品罐区、空分装置、火炬、动力站、循环水场、污水处理厂等处于本装置的方位，从而确定以下内容：

① 原料及产品进出界区的位置及输送方法。

② 火炬管线出装置的方位。

③ 循环水进出装置方位及进出形式，是埋地敷设还是架空布置。

④ 公用工程管道进出界区的方位。

⑤ 电气动力电缆进入界区的方位。

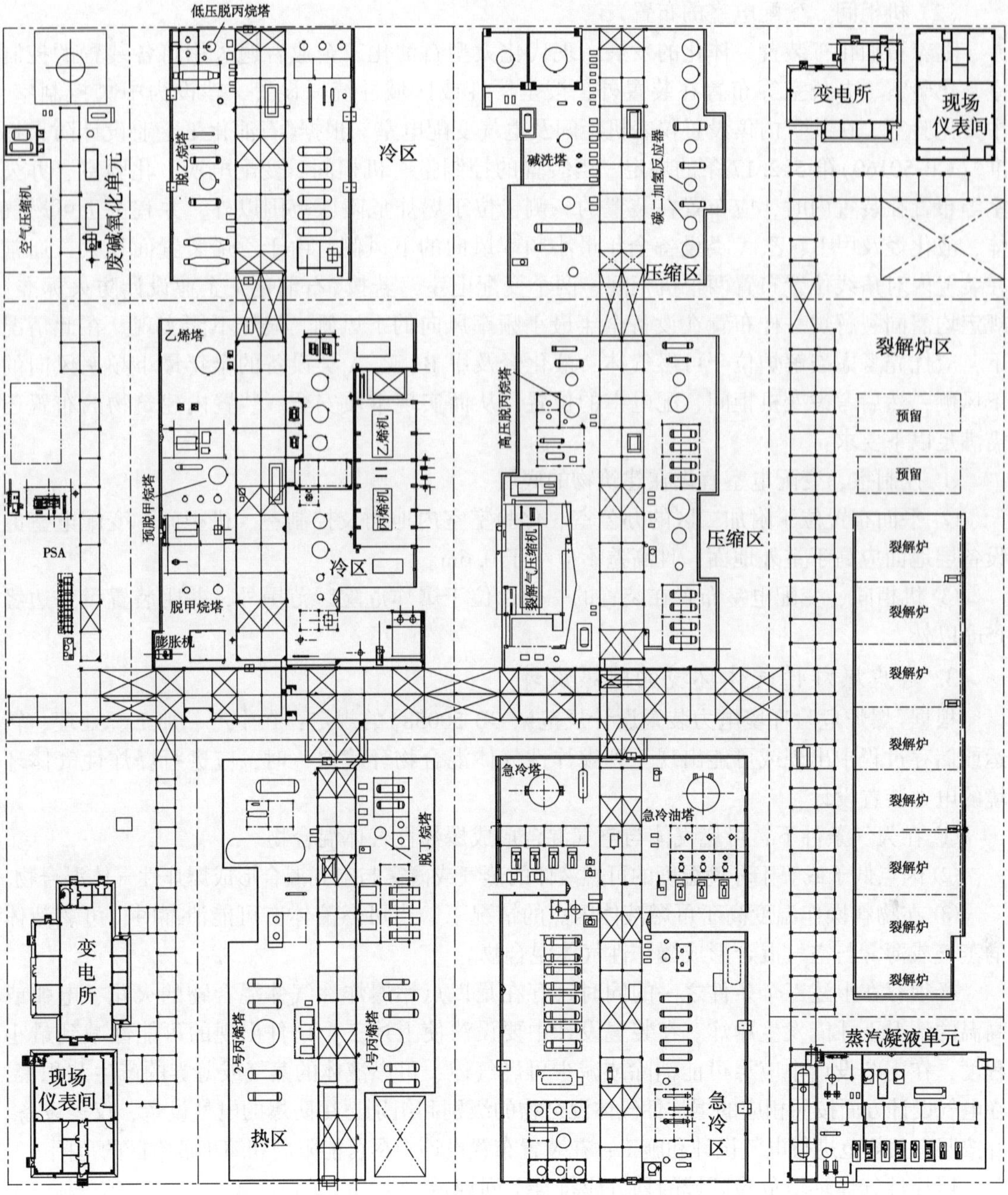


图 16.1-1 乙烯装置平面布置图

## 2. 根据最小频率风向确定裂解炉、机柜间、变配电室的方位

(1) 裂解炉的布置

乙烯装置的裂解炉属明火设备，根据《石油化工企业设计防火标准》(GB 50160) 第 5.2.13 条的规定，明火加热炉宜集中布置在装置的边缘，且宜位于可燃气体、液化烃及甲B、乙A 类设备的全年最小频率风向的下风侧。对于裂解炉布置，还需考虑裂解炉检修、更换炉管、吊装风机所需的吊装空间。因此裂解炉应布置在乙烯装置全年最小频率风向的下风侧的装置边缘，并在裂解炉与装置红线外道路间留出足够的检修空间。

(2) 机柜间、变配电室的布置

随着石油化工装置一体化的发展，现代化大型石油化工企业普遍采用将各装置的控制室、化验室、办公室等布置在装置外，按全厂性或区域性统一设置，建设为中央控制室、中央化验室。在装置内仅设置仪表机柜间及电气变配电室。根据《石油化工企业设计防火标准》(GB 50160)第5.2.17条的规定，当装置的控制室、机柜间、变配电所、化验室、办公室等布置在装置内时，应布置在装置的一侧，位于爆炸危险区范围以外，并宜位于可燃气体、液化烃及甲B、乙A类设备全年最小频率风向的下风侧。由于乙烯装置面积大，通常在装置内对角线位置布置两个机柜间、两个变配电室，若按《石油化工企业设计防火标准》规定均需同裂解炉一样布置在设备全年最小频率风向的下风侧，显然不能实现。在此情况下，应优先考虑裂解炉位于可燃气体、液化烃及甲B、乙A类设备的全年最小频率风向的下风侧，然后考虑变机柜间、配电室的位置，从而实现本质安全。装置内建筑物的布置还需满足以下要求：

① 控制室、变配电室宜设在建筑物的底层。

② 平面布置位于附加二区的办公室、化验室室内地面及控制室、机柜间、变配电室的设备层地面应高于室外地面，且高差不应小于0.6m。

③ 机柜间、变配电室布置在装置的一侧，位于爆炸危险区范围外，并距装置设备边缘15m以外。

3. 考虑爆炸性气体环境的防爆设计

根据《爆炸危险环境电力装置设计规范》(GB 50058)的规定，在生产、加工、处理、转运或储存过程中出现或可能出现下列爆炸性气体混合物环境之一时，应进行爆炸性气体环境的电力装置设计：

① 在大气条件下，可燃气体与空气混合形成爆炸性气体混合物。

② 闪点低于或等于环境温度的可燃液体的蒸气或薄雾与空气混合形成爆炸性气体混合物。

③ 在物料操作温度高于可燃液体闪点的情况下，当可燃液体有可能泄漏时，可燃液体的蒸气或薄雾与空气混合形成爆炸性气体混合物。

必须存在上述三个条件之一的同时还存在足以点燃爆炸性气体混合物的火花、电弧或高温的情况下才能发生爆炸。在装置设计中要设法使上述三个条件出现的可能性减到最小程度，在工艺设计中应尽可能消除或减少可燃气体、可燃液体的蒸气或薄雾的产生和积聚，在电气设计方面按照相应的爆炸性气体混合物的级别和组别选用防爆的电气设备、仪表设备，并按照有关规范进行电气设计和施工；在装置布置设计中尽可能限制和缩小危险区的范围。

爆炸性气体环境危险区域的划分应符合下列规定：

① 乙烯装置设备主要以露天布置为主，仅压缩机布置在半敞开厂房内，主要物料为易燃液体或气体。其中易燃物质轻于空气(如氢气及甲烷)在通风良好条件下以释放源为中心，半径为4.5m，地面或楼板上高度为4.5m，顶部与释放源的距离为7.5m范围划为二区。

② 释放源接近地坪时易燃物质重于空气(如裂解气、乙烯、乙烷、丙烯、丙烷等)，在通风良好的条件下，以释放源为中心，半径为15m地坪上的高度为7.5m顶部范围内划为二区。

③ 根据《爆炸危险环境电力装置设计规范》(GB 50058)，建议在可能释放大量高挥发性产品的位置，考虑附加二区。即以释放源为中心，总半径为30m地坪上的高度为0.6m且在二区以外的范围划为附加二区。所谓高挥发性液体是指在37.8℃的条件下，蒸气绝压超

过 276kPa 的液体，这些液体包括乙烷、乙烯、丙烯、丙烷、丁烷等液化烃，液化天然气，天然气凝液及它们的混合物。

对于乙烯装置通常高挥发性液体设备布置在冷区及热区，因此可在这两个区周边应当考虑附加二区对周边装置的影响，如图 16.1-1 所示，冷区左侧由于有低压脱丙烷塔且与装置北侧厂区道路间距不满足大于 30m，在设计时需与总图运输专业沟通能否调整间距，否则，应与业主确认相关道路不能在生产过程中作为主要通道而必须作限制性道路使用，或类似附图那样将装置辅助设施布置在冷区、热区与厂区道路之间以保证足够的空间。

4. 装置内道路的设置

乙烯装置内道路首先满足消防道路的要求，同时兼顾检修道路。随着乙烯装置规模的扩大(大于 800kt/a)，装置内的设备、建筑物区块占地面积按大于 $10000m^2$ 不超过 $20000m^2$ 布置。设备、建筑物区的宽度不应大于 120m，相邻设备、建筑物区的防火间距不应小于 15m；装置区域划分是决定装置总体布局合理性的关键设计环节，分区的面积不宜太小，分区越多，道路和管廊相应增加，管道材料、钢结构增加；设计时应使分区内设备布置更紧凑，减少占地。

在设备、建筑物区四周设环形道路，道路路面宽不应小于 6m，路面内缘拐弯半径不能小于 6m；考虑消防车及大型检修车辆进出，在装置进出口道路的内缘转弯半径为 12m。根据《石油化工企业设计防火标准》(GB 50160)第 5.2.11A 的规定，当一套联合装置的占地大于 $80000m^2$ 时，应用装置内道路分隔，分隔的每一区块面积不应大于 $80000m^2$，相邻两区块的设备、建筑物之间的防火间距不应小于 25m；分隔道路应与周边道路连通形成环形道路，分隔道路路面宽度不应小于 7m。装置布置时可将裂解炉区、急冷区、压缩区作为一个 $80000m^2$ 分区，与其他设备分区隔开，中间用道路隔开不小于 25m 间距。并利用此空间铺设地下循环水管线。

装置内道路的路面上的净空高度不应小于 4.5m，乙烯装置内净空一般按 5m 设置。

5. 循环水进出装置空间

乙烯装置用水量很大，1000kt/a 以上级装置用水约需 60~100kt/h 水量，设备、建筑物分区确定后，需要依据循环水场位置规划循环水的路由。首先根据设备布置情况，与工艺协商循环水管线分二组或三组进出装置。其次，为了更有效地利用循环水的低温能量减少能耗，装置内分配部分水冷却器出口水作为压缩机透平表面冷却器入口水并作为二次循环水利用，这样装置内一定区域会出现两三根管径 2.2~2.4m 管线并排的现象，同时在装置内道路两侧还需布置消防水、含油污水、清净雨水等管线，这些地下管线与循环水线并列，其占地不能忽略，多数情况可达十几米的空间。因此在装置布置时需充分考虑地下循环水的占地。装置内循环水主管一般采用地下直埋的敷设方式。

6. 管廊的布置

乙烯装置的管廊用于外管网与装置的管道连接、装置内各分区间管道连接以及分区内设备间管道的连接作用。管廊布置合理，可使设备布置紧凑，投资减少，有效节能。管廊布置时应考虑乙烯装置周边相关装置的布局，结合工艺流程的特点，确定工艺物料、公用工程管线及产品走向。原则上在管廊下不宜布置含液化烃的转动设备；若管廊下布置其他工艺设备时要考虑管廊下设备维修通道以及管廊上空冷设备等结构的影响。合理布置界区接点位置，乙烯装置原则上设置3~4个界区接点。

(1) 管廊的宽度

管廊的宽度主要由管道的数量和管径的大小确定，并考虑留有10%~20%的余量。乙烯装置管廊随着规模的扩大，目前大都采用三柱双梁结构形式。两柱跨距一般在6~10m范围内选用，原则上优先选择两侧等距的结构形式，但有时在管廊下布置循环水管线时可选择不等距的结构形式。

(2) 管廊支柱的间距

管廊的柱间距同样是由敷设在其上的管道因垂直荷载所产生的弯曲应力和挠度决定的。通常为6~9m。乙烯装置随着规模扩大，管道尺寸较大、管道数量较多，在确定管廊间距时应结合管廊跨距与结构专业共同协商出经济可靠的管廊间距。若采用柱间距9m，可在两柱之间设置次梁，使较小管道的获得足够支撑。另外管廊支柱的间距，宜与设备构架支柱的间距取得一致，以方便管道通过。

(3) 管廊的高度

管廊的高度是根据下列条件确定的：

① 装置内的消防及检修道路上应不低于4.5m。

② 工厂内道路不低于5.0m。

③ 管廊下不宜布置机泵，当管廊下空间作为机泵的检修通道时，至少需要不低于3.2m净空高度。管廊上管道与分区设备相接时，一般应比管廊横梁高或低1.0~1.5m；目前装置分区管廊最低一层梁顶标高为5.5m较合理，对应街区管廊最低一层梁顶标高为7.0m。

(4) 管廊的层数

乙烯装置的分区管廊层数，通常设置四层为宜，管廊一层布置大直径管线及工艺物料管线；二层布置较小直径工艺管线；三层布置公用工程管线；四层布置火炬管道、冷热排放管道、仪电槽板等。随着装置规模的扩大，管廊层高会相应调整。管廊顶层可设置平台，布置安全阀、减温减压器阀组、调节阀组等。

## 7. 压缩机及厂房布置

乙烯装置的压缩机主要有裂解气压缩机、丙烯机、乙烯机(二元制冷压缩机)，统称为“三机”，装置内还有尾气压缩机、膨胀机。“三机”压缩机介质为裂解气、丙烯、乙烯，都为密度与空气相近或重于空气的甲类可燃气体。压缩机大多采用半露天布置，在严寒或多风沙地区压缩机可布置在封闭式厂房内，封闭式厂房的设计应执行《工业建筑供暖通风与空气调节设计规范》(GB 50019)。

(1) 压缩机厂房布置

裂解气压缩机单独设置一个厂房布置在压缩区；丙烯机、乙烯机(二元制冷压缩机)共用一个厂房布置在冷区。乙烯装置压缩机的布置应符合《石油化工企业设计防火标准》(GB 50160)以及《石油化工工艺装置布置设计规范》(SH 3011)有关规定。

① 压缩机与明火设备防火间距不小于22.5m。

② 压缩机与甲类可燃气体、液化烃及甲B、乙A类可燃液体设备防火间距不小于9m。

③ 压缩机的上方不得布置甲、乙、丙类液体工艺设备，但高位润滑油不受此限制。

④ 当压缩机布置在封闭式厂房内时防火间距应从厂房最外侧轴线计算。

(2) 压缩机安装高度的确定

乙烯装置压缩机管口均在底部朝下布置，压缩机的安装高度应满足以下要求：

① 满足压缩机驱动透平附属设备表面冷凝器的安装高度要求及安装空间；首先应满足表面冷凝器凝液泵的汽蚀余量前提下确定表面冷凝器的高度，若透平有抽汽蒸汽管线管口朝下，还需考虑蒸汽管线布置空间。

② 满足压缩机入口连接管道 $3D \sim 5D$（$D$ 为压缩机进口管口直径）直管段的要求，并适当考虑压缩机入口管线底部排放管线的操作；1000kt/a 规模以上的压缩机二层平台楼面高度可达 12~15m。

（3）压缩机厂房高度的确定

① 确定吊车梁的轨顶标高。选择压缩机及透平的最小起吊高度的最大者，考虑 1~1.5m 裕量，确定吊车的起吊高度；根据压缩机及透平的最大件检修重量，选择合适荷载的吊车，根据吊车的吊钩与吊车轨道梁顶的高度值来确定厂房吊车梁顶标高。

② 确定厂房的顶部最低标高。在吊车梁顶标高确定后，应结合订货厂家资料，保证吊车正常运行的最小净空，最终确定厂房顶部最低梁的标高。

（4）压缩机厂房宽度的确定

压缩机布置在厂房内时，为合理利用空间，压缩机在厂房内是偏置布置，窄的一侧作为操作通道，宽的一侧作为检修通道，用于吊运压缩机部件或大盖的通道或放置检修器械或压缩机部件。厂房除考虑压缩机本身的占地要求外，尚应符合下列要求：

① 通常通道侧布置干气密封盘、注油注水盘，并确保机组必要的检修空间，机组与厂房墙壁的净距不应小于 2m。

② 检修侧应有检修时放置机组部件的场地，以满足最大件及必要检修工具的空间。由于装置规模的大型化，压缩机上盖的重量接近百吨，在二层平台放置上盖结构专业设计平台很困难，目前采用将上盖放置吊装孔或拉至其他安全地方保存的方法。

③ 压缩机厂房宽度除应考虑以上两点外，还应注意跨度尽量按 3m 或 6m 的倍数为模数设计，如 12m、15m、18m 等。

（5）压缩机厂房长度的确定

确定压缩机厂房长度除需考虑压缩机本身的占地要求外，还应考虑吊装透平或压缩机上盖时吊装孔的宽度。特别是当机组大型化后，吊车本身宽度 6~7m，需确保吊车在到达行程限位点前吊钩越过吊装孔的中心线；而在厂房另一端当吊车到达吊车行程限位点，吊钩至少越过透平或压缩机的最远端；1000kt/a 规模以上的厂房吊装孔的两个柱间距应在 8~10m 范围。

## 二、急冷区设备布置

急冷区布置有供裂解炉原料的原料准备单元、急冷油系统、急冷水系统、稀释蒸汽发生系统。主要作用是在急冷油塔中用急冷油喷入自裂解炉产生的高温裂解气中，以快速降低裂解气的温度，分离出裂解汽油、裂解柴油和裂解燃料油。裂解气自塔顶引至急冷水塔进一步冷却，最终自急冷水塔顶以 40℃左右温度引至压缩区的裂解气压缩机一段吸入罐。急冷区可分为三大系统，即汽油分馏塔系统、急冷水塔系统和稀释蒸汽发生系统。急冷区的设备布置见装置布置图中的急冷区。本节主要介绍急冷油系统及稀释蒸汽发生系统的设备布置。

### 1. 急冷油系统

急冷油系统流程：急冷油自急冷油塔底→急冷油泵→旋液分离器→稀释蒸汽再沸器→

部分回流急冷油塔、部分去裂解炉区的急冷器。

急冷油系统有管道直径大，物料黏度大、易堵塞的特点。自塔底来的急冷油中含有大量的焦粒，进入急冷油稀释蒸汽再沸器前需除去大部分焦粒，以保证稀释蒸汽换热器换热管不会堵塞，使装置长期稳定运行。为此在急冷油泵入口增加带刮刀过滤器过滤大的颗粒以确保急冷泵的正常运行。旋液分离器是一种固液分离的设备，急冷油自侧面切线进入设备，急冷油在设备内快速旋转，焦粒在离心力作用下贴近设备内壁螺旋下降到旋液分离器底部，从底部出去后经关联管道(此部分管道内急冷油含有最多的焦粒，最容易堵塞)进入静置器过滤清除焦粒。不含焦粒的急冷油在旋液分离器设备内部旋转向上从顶部出口排出，通过管道去稀释蒸汽再沸器加热工艺水产生稀释蒸汽。

由于急冷油切线进入旋液分离器，急冷油在内部旋转易造成设备或管道的振动，因此在设计时应与结构专业协商，充分考虑防止旋液分离器框架产生振动的措施；另外，急冷油自旋液分离器至静置器应保持一定位差，以使连接管道有足够的坡度。急冷油泵前过滤器及静置器清焦频繁，在布置时应考虑增加吊车便于操作。旋液分离器的平面布置见图16. 1-2，立面布置见图16. 1-3。

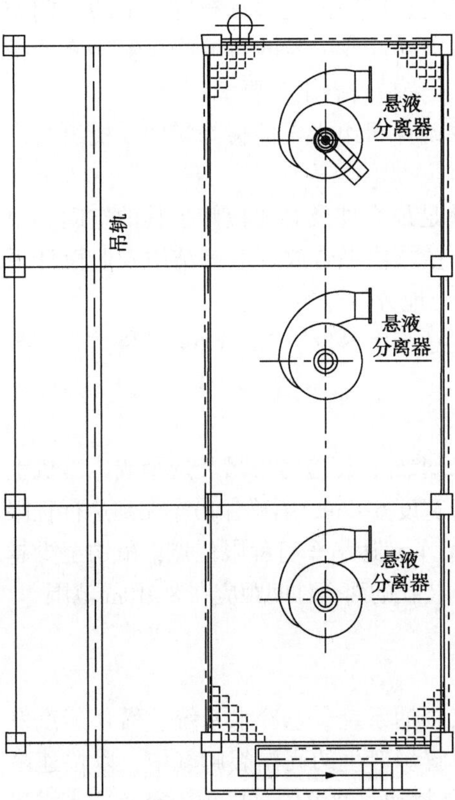


图16. 1-2　旋液分离器框架上部布置

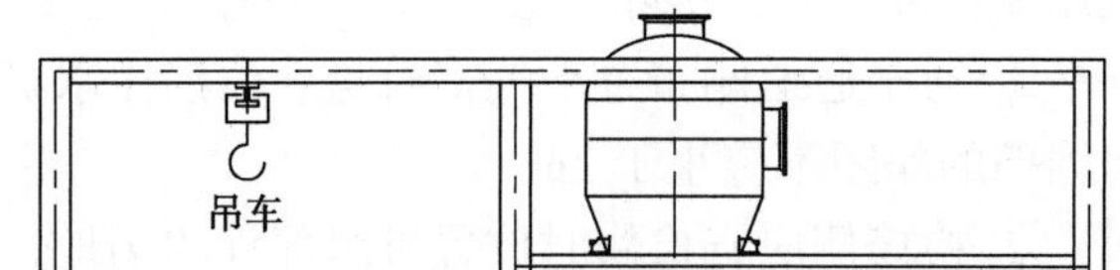


图16. 1-3　旋液分离器框架立面

## 2. 稀释蒸汽发生系统的设备布置

稀释蒸汽发生系统主要有两部分：

① 急冷油作为热源的再沸器发生器，以及用中压蒸汽加热工艺水产生稀释蒸汽作为补充，设备布置见图16. 1-4。

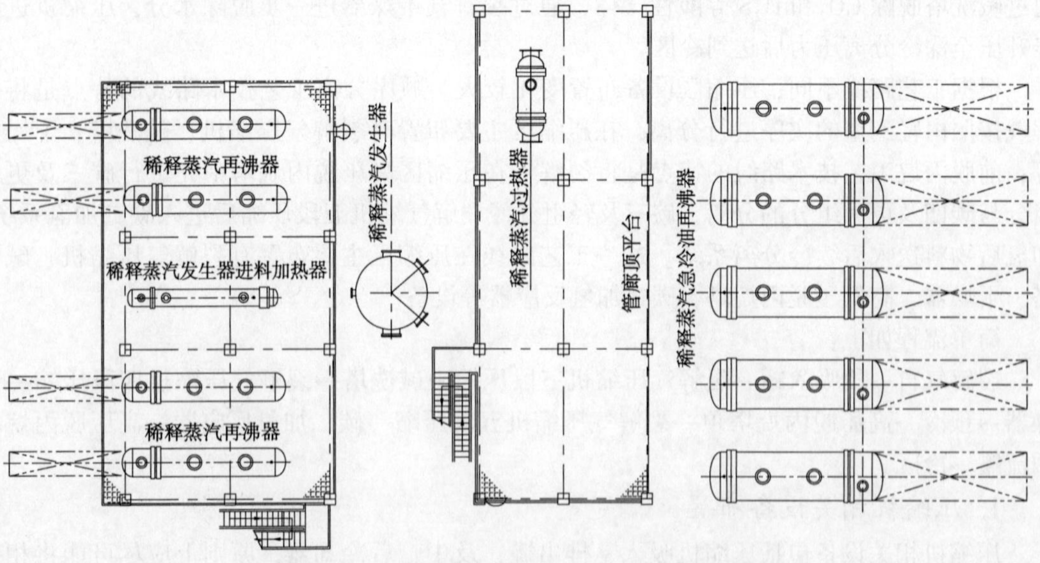


图 16.1-4 急冷油/稀释蒸汽发生系统设备布置

② 有些装置由于原料较轻时急冷油塔底温度低，不足以产生稀释蒸汽，而转为全部由中压蒸汽作为加热再沸器产生稀释蒸汽，设备布置见图 16.1-5。

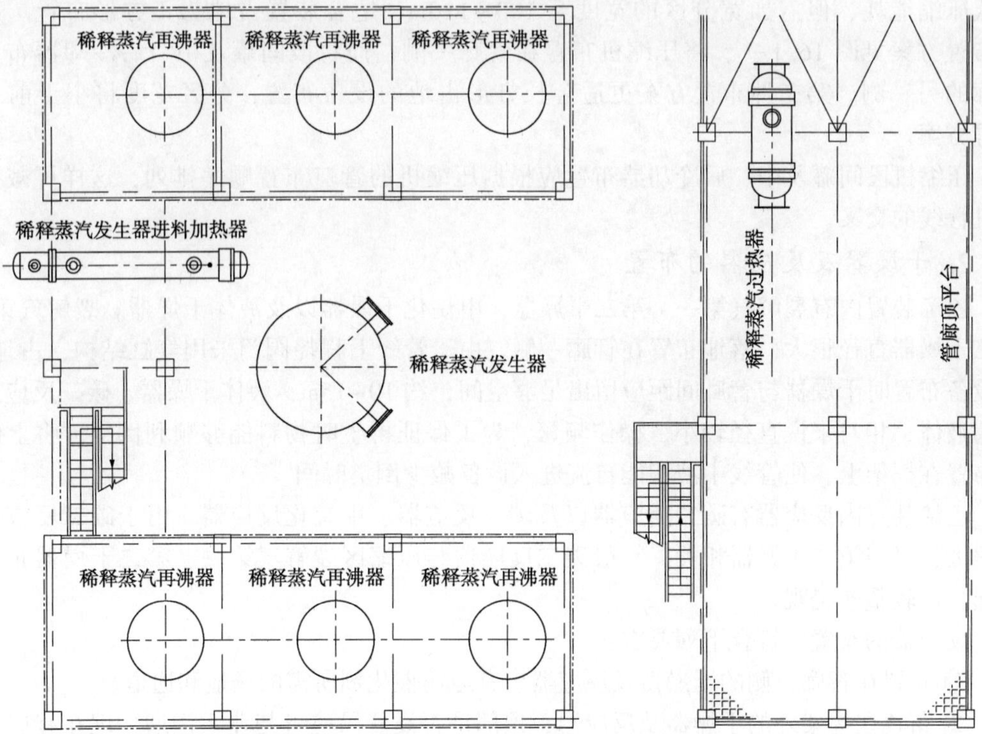


图 16.1-5 中压蒸汽/稀释蒸汽发生系统设备布置

## 三、压缩区设备布置

压缩区主要任务是分离裂解气中水、汽油重组分，裂解气在裂解气压缩机加压过程中

通过碱洗塔脱除 $CO_2$ 和 $H_2S$ 等酸性气体，通过裂解气干燥器进一步脱除水分，压缩机进一步升压至深冷分离压力后送到冷区。

根据工艺路线不同，压缩区设备布置变化较大。顺序分离工艺技术路线的特点是将裂解气按照由轻到重的次序进行分离，在压缩区主要布置有裂解气压缩机、碱洗塔、干燥器等；前脱丙烷工艺技术路线的特点是将裂解气在压缩区高压脱丙烷塔中先进行碳三及更轻组分与碳四及更重组分的分离，碳三及轻组分经裂解气缩机五段压缩后进入碳二加氢系统。加氢后物料送入后续冷分离系统。这一工艺路线在压缩区主要布置有裂解气压缩机、碱洗塔、干燥器、高低压脱丙烷塔，碳二加氢反应器等设备。

简单流程如下：

裂解气自一段吸入罐→裂解气压缩机三段压缩→碱洗塔→裂解气压缩机四段压缩→干燥器→预冷→高压脱丙烷塔顶→裂解气压缩机五段压缩→碳二加氢反应器→高压脱丙烷塔回流罐→冷区

1. 压缩机相关设备布置

压缩机相关设备包括压缩机吸入、排出罐，及中、后冷却器，原则上应尽可能将相关设备靠近压缩机布置，这样可以减少吸入管道的阻力，降低能耗。主要有两种布置方案：第一种布置如图 16.1-1 所示的裂解气压缩机布置方案，即将段间罐与压缩机布置在管廊的同侧，中、后冷却器布置在管廊的另一侧，这种布置方案压缩机吸入管线短，有利于降低压缩能耗，但需加宽分区的宽度至 100~110m，适合装置占地为正方形布置。第二种布置方案见图 16.1-6，将压缩机布置在管廊一侧，而将段间罐及中、后冷却器布置在管廊的另一侧。第二种布置方案更适合长方形占地的设备布置，分区宽度将小于前一种布置方案。

压缩机段间罐及中、后冷却器布置应根据压缩机的管口布置顺序排列，这样可减少压缩机管线的交叉。

2. 干燥器及反应器的布置

乙烯装置内有裂解气第一、第二干燥器，甲烷化干燥器以及液体干燥器。裂解气第一、第二干燥器直径很大，落地布置在管廊一侧。由于管线上程控阀门采用气缸结构，占地大，在设备布置时干燥器与管廊间距应留出足够空间，约 10~15m；液体干燥器、碳三反应器介质为液体，相对来说直径较小，操作频繁，为了保证再生时物料能够顺利倒空，将上侧阀组布置在框架上，使管线中液相能自流进入设备减少倒空时间。

乙烯装置内反应器有碳二反应器以及碳三反应器、甲烷化反应器。由于碳二反应器直径很大，又与第二干燥器相关，一般碳二反应器与压缩区裂解气第一、第二干燥器布置在一起，比较整齐美观。

反应器的布置应符合下列要求：

① 布置在管廊一侧的干燥器及反应器应有运输催化剂所需的场地和通道。

② 布置在构架外的干燥器及反应器，顶部是否设置吊柱可与业主沟通，现在有些装置为加快更换进度，采用吊车装卸催化剂和设备检修。顶部平台设计成方形，以便在顶平台留出放置催化剂的空间和场地。

③ 为便于操作人员切换设备，两个互备的干燥器顶平台及底部平台可连通。

④ 反应器的安装高度应符合下列要求：

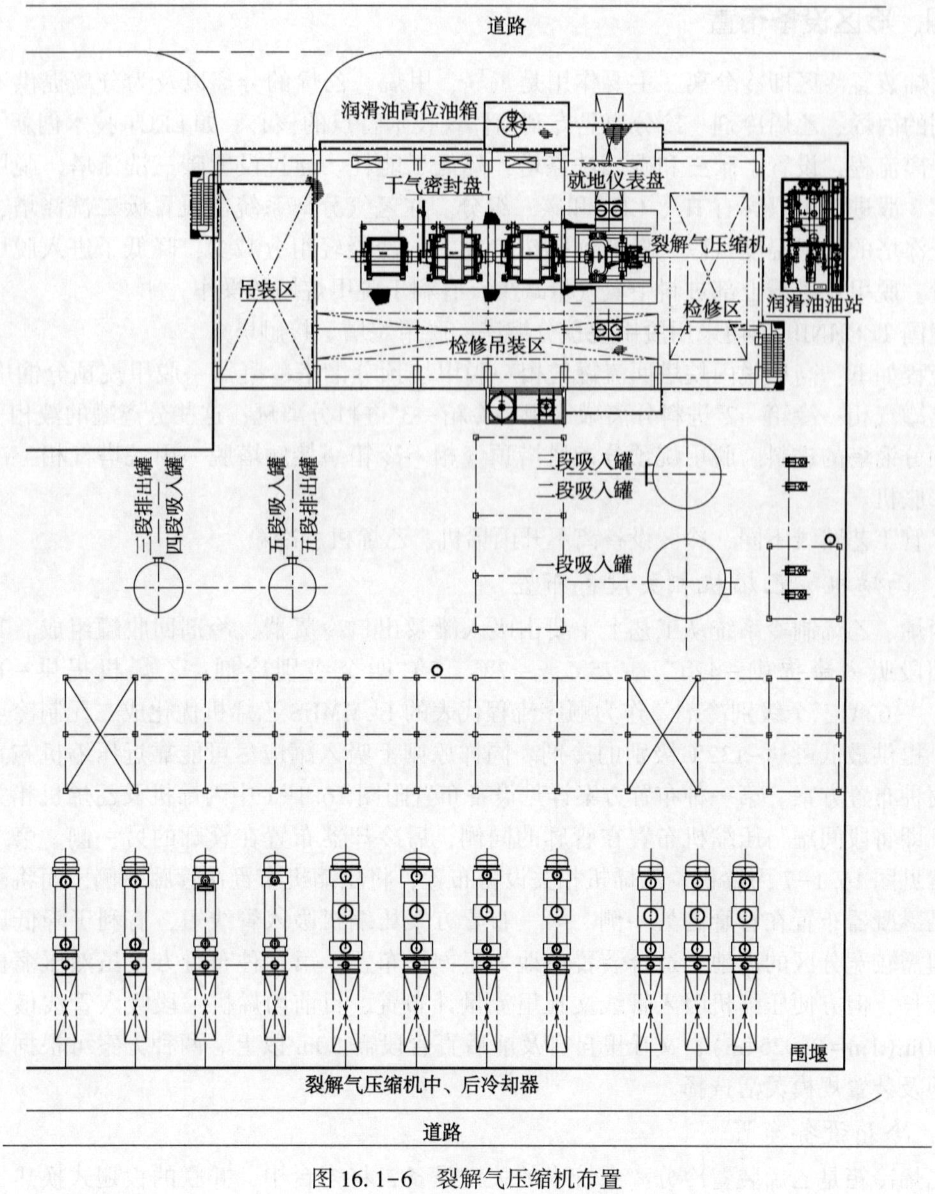


图 16.1-6　裂解气压缩机布置

a. 卸料口在反应器正下方时，其安装高度应能使催化剂的运输车辆进入反应器下方，其净空不宜小于 3m。

b. 卸料口伸出反应器底座外并允许催化剂就地卸出时，卸料口的高度不宜低于 1.2m。

⑤ 反应器的支撑应符合下列要求：

a. 反应器裙座支撑宜采用同径裙座，对小直径或球形底盖的反应器也可用喇叭形裙座。

b. 反应温度 200℃以上的反应器，反应器裙座应有足够高度，使裙座与钢筋混凝土接触处的温度不超过钢筋混凝土结构的允许受热温度。

c. 直径较小的反应器宜采用支腿或支耳支撑。

## 四、冷区设备布置

乙烯装置冷区即冷分离，主要作用是氢气、甲烷、乙烯的分离以及为分离提供不同低温级别的丙烯、乙烯冷剂。冷分离是专利商体现技术特点的核心，如LECT技术创新了冷分深冷分离流程，设置了碳三和碳二洗涤塔，降低了能耗。通过设置碳三洗涤塔，脱甲烷塔的上部3股进料中只含有$H_2$、$CH_4$和碳二组分。在氢气分离系统前设置碳二洗涤塔，进入碳二洗涤塔的物料温度可以只降低到-101℃左右，冷凝轻组分减少，降低了进入脱甲烷塔的液量。脱甲烷塔最上部进料中氢气量减少，有利于脱甲烷塔的操作。

美国TECHNIP公司采用脱甲烷预分馏塔、脱甲烷塔、接触塔。

流程如下：高压脱丙烷塔回流罐气相→脱甲烷预分馏塔冷凝器→脱甲烷预分馏塔1#进料分离罐气相→冷箱→2#进料分离罐气相→冷箱→3#进料分离罐；这些分离罐的液相作为脱甲烷预分馏塔的进料。脱甲烷预分馏塔塔顶气相→冷箱→接触塔脱→甲烷塔气相→冷箱→尾气膨胀机。

尽管工艺路线不同，冷区设备离不开丙烯机、乙烯机、冷箱。

1. 丙烯机、乙烯机相关设备布置

丙烯、乙烯制冷系统从工艺上主要由吸入罐及出口冷凝器、冷剂回收罐组成。其中丙烯机四段吸入罐提供-42℃、-25℃、-7℃、7℃四个级别冷剂；乙烯机提供-101℃、-75℃、-62℃三个级别冷剂。作为顺序流程代表的LUMMUS乙烯机优化成二元制冷或三元制冷，提供最低可达-132℃级别的冷剂。同样原则上吸入罐应尽可能靠近压缩机布置，主要有两种布置方案。第一种布置方案详见设备布置附图16.1-1中丙烯机及乙烯机相关设备布置，即将段间罐与压缩机布置在管廊的同侧，后冷却器布置在管廊的另一侧。第二种布置方案见图16.1-7丙烯机、乙烯机相关设备布置，将压缩机布置在管廊一侧，而将段间罐与出品冷凝器布置在管廊的另一侧。第一布置方案压缩机吸入管线短，有利于降低压缩能耗，但需较宽分区的占地，适合装置占地为正方形布置。第二种布置方案虽然压缩机吸入管线较长，但方便压缩机吸入管线文丘里流量计布置，目前丙烯机一段吸入管线最大直径已达80in(1in=0.0254m)，文丘里自身及前后直管段需20m以上。两种方案可根据装置分区占地及装置规模灵活选择。

2. 冷箱设备布置

乙烯冷箱是乙烯装置冷分离系统中的关键设备，将多台串、并联的板翅式换热器、气液分离罐、甲烷/氢分离罐和相关的管道，放置在一个充满珠光砂隔热材料的钢制壳体。冷箱工作在-165~40℃温度范围内，主要作用是将裂解气和返流产品或丙烯、乙烯冷剂进行换热，使裂解气达到低温分离的温度。冷箱布置的主要任务是冷箱与脱甲烷预分馏塔、脱甲烷塔、接触塔、进料分离罐、膨胀机的合理布置。

1000kt/a规模的乙烯冷箱尺寸可达长5.0m×宽4.5m×高28.5m，通常将冷箱落地布置，并在冷箱四周设置多层框架，便于管道支撑和操作人员通行。单独布置冷箱有以下两种方式：冷箱管口侧垂直管廊布置；冷箱管口侧平行管廊，见图16.1-8。

冷箱内设备的布置由冷箱厂家根据工艺流程图并结合设备特点，在满足工艺要求前提下，做到布局合理、结构紧凑。在设计时应根据厂家提供初步资料调整每层平台的高度，确保冷箱内外两相流管线布置合理以及板翅式换热器与气液分离罐之间的相对位置正确。

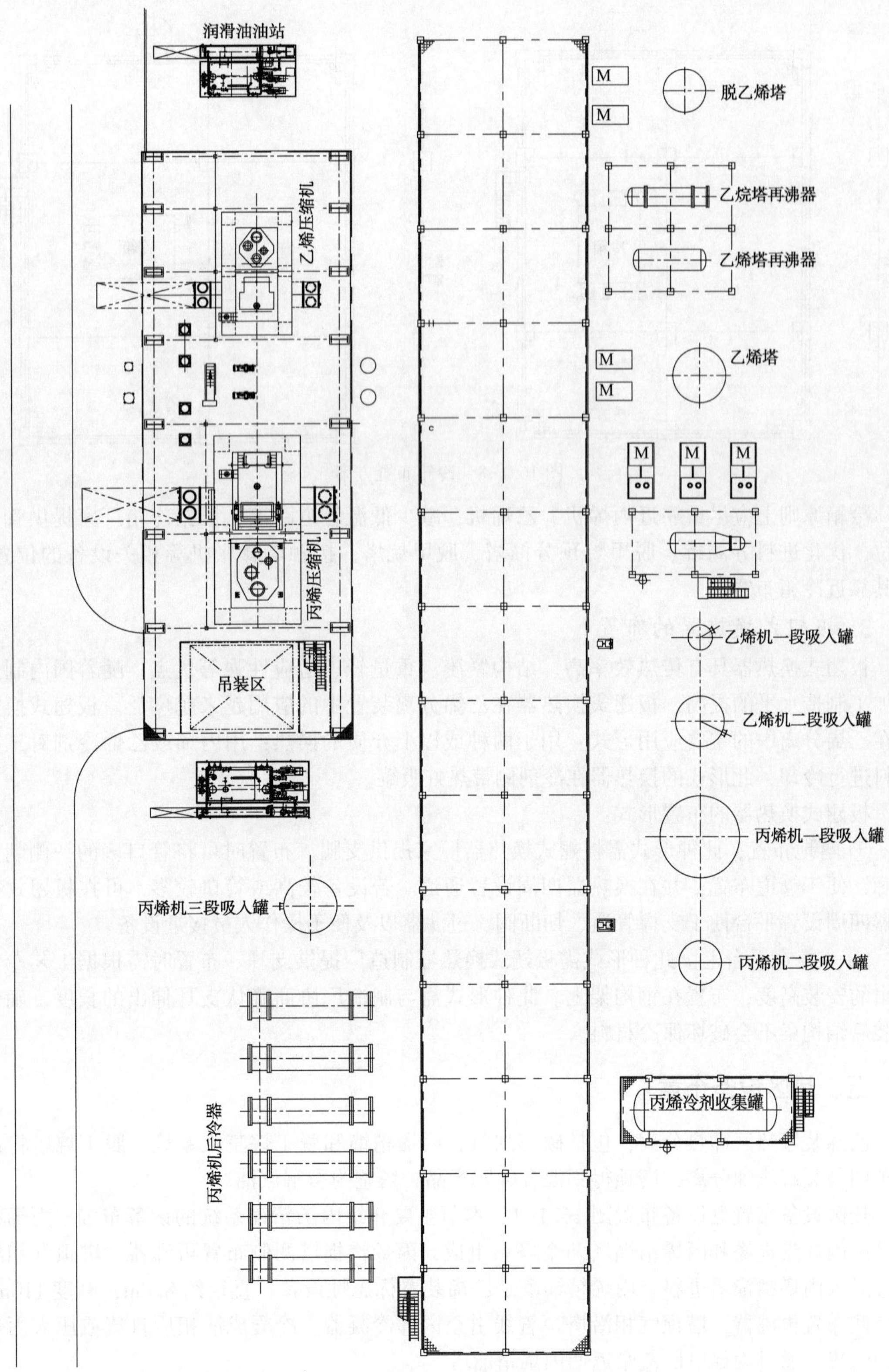


图 16.1-7　丙烯机、乙烯机相关设备布置

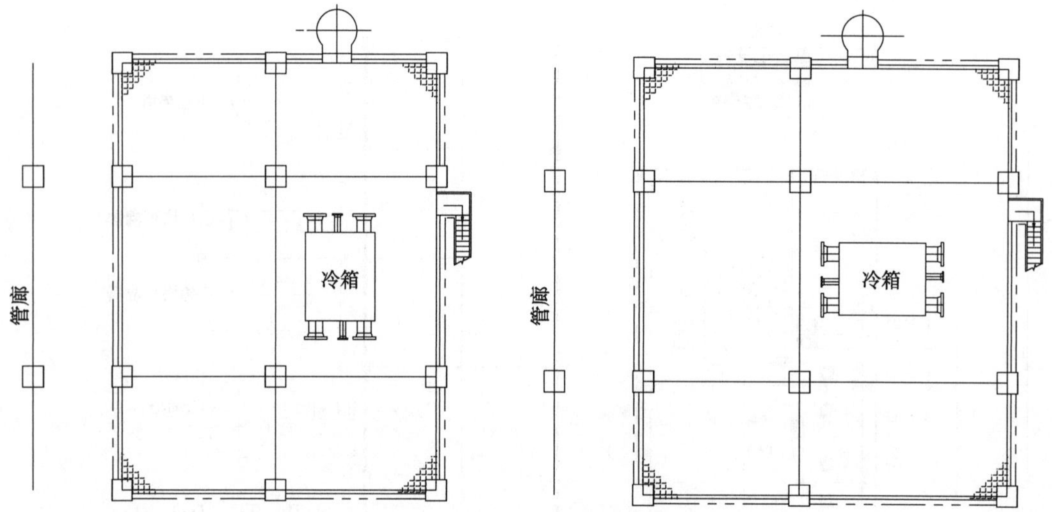


图 16.1-8　冷箱布置方案

冷箱原则上应尽量靠近丙烯机、乙烯机，减少低温管道距离，根据冷箱厂家提供管口方位，优化进料分离罐、脱甲烷预分馏塔、脱甲烷塔、接触塔膨胀机等相关设备的位置，使其靠近冷箱布置。

3. 板翅式换热器的布置

板翅式换热器具有传热效率高、结构紧凑、重量轻、适应性强等优点。随着国内制造厂加工制造水平的提高，板翅式换热器在乙烯分离装置中的应用越来越广泛。板翅式换热器在乙烯分离中的主要应用形式：用于两种或以上介质的换热；用丙烯或乙烯冷剂对工艺物料进行冷却，此形式的换热器在冷剂侧带热虹吸罐。

板翅式换热器的布置形式：

① 落地布置，此种形式需板翅式换热器厂家提供支腿。布置时可将管口多的一侧朝向管廊，便于管道布置，并在换热器四周设置通道。若设备较高或管口较多，可在板翅式换热器四周设置平台便于支撑管道、切断阀、过滤器以及便于操作人员接近设备。

② 支撑在平台上，此种形式需板翅式换热器制造厂提供支耳。布置时需根据工艺专业提出的安装高度，布置在钢构架上。此种形式需与制造厂协商确认支耳伸出的长度，确保安装后结构梁不会破坏保冷材料。

## 五、热区设备布置

乙烯装置热区即热分离，包括碳三加氢、丙烯精馏和脱丁烷三大系统。脱丁烷塔将混合碳四与裂解汽油分离，塔顶得到混合碳四产品，塔釜为裂解汽油。

热区设备布置见设备布置图 16.1-1，本节主要介绍丙烯精馏系统的设备布置。丙烯精馏是由丙烯汽提塔和丙烯精馏塔两个塔系组成，丙烯汽提塔两侧布置再沸器，塔顶气相线直接进入丙烯精馏塔进料。丙烯精馏塔是乙烯装置标志性设备，直径约 8.8m，高度 110m，塔两侧布置再沸器，塔顶气相沿塔顶管线引至丙烯冷凝器，冷凝成液相后自流或压入丙烯塔回流罐，通过丙烯塔回流泵返回丙烯精馏塔。

丙烯塔回流罐高度根据回流泵汽蚀余量要求不低于 10m，这样丙烯冷凝器有两种布置方案，如图 16.1-9 及图 16.1-10 所示。布置方案一优点是空间利用合理，但需提高塔顶压力克服回流罐压差；布置方案二优点是自塔顶气相→冷凝器→回流罐步步低，无需更高塔顶压力，但空间利用不合理。

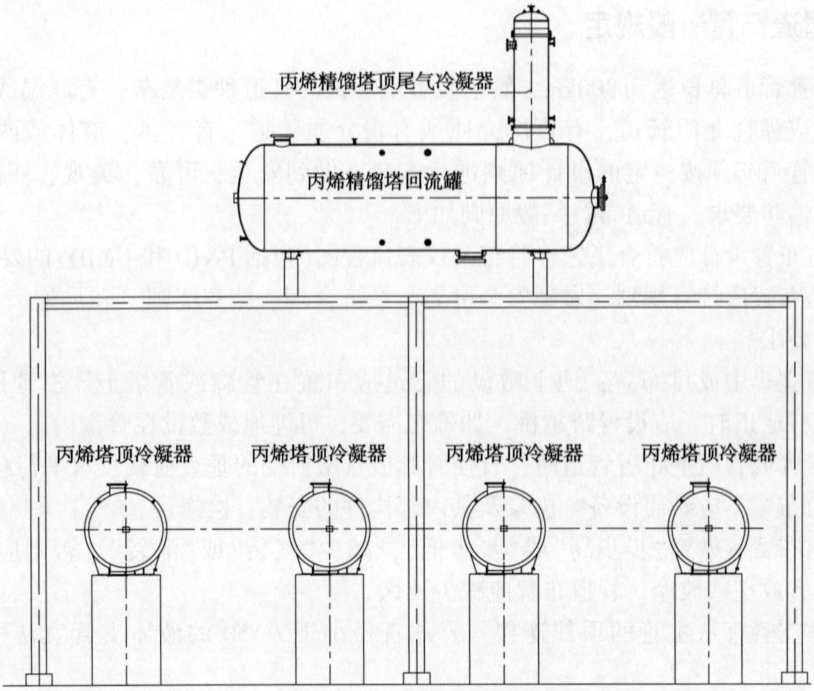


图 16.1-9　丙烯冷凝器与回流罐相对位置一

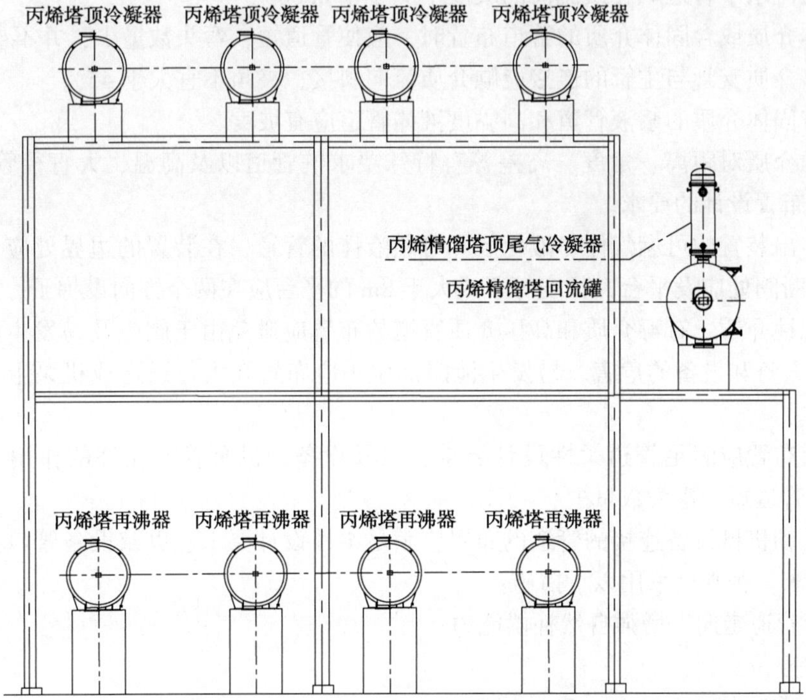


图 16.1-10　丙烯冷凝器与回流罐相对位置二

# 第二节 管道布置

## 一、管道布置一般规定

乙烯装置管道总长达到300km，管道数量上万根。管道种类复杂，有高温或高压管道，有低温介质或黏性介质管道，有可燃介质或有毒介质管道，有气体、液体或两相流管道，等等。这些管道必须按一定的设计原则进行布置，做到安全、可靠、美观、环保，满足操作、维修、消防要求。管道布置一般原则如下：

① 管道布置设计应符合工艺、管道及仪表流程图(包括P&ID和U&ID)的要求。

② 管道布置应统筹规划，做到安全可靠、经济合理、整齐美观，满足施工、操作和检修等方面的要求。

③ 管道宜集中成排布置；地上敷设的管道应布置在管廊或管墩上。沿地面敷设的管道，穿越人行通道时，应设置跨越桥。如确有需要，可埋地或敷设在管沟内。

④ 在管廊或管墩上布置管道时，宜使管廊或管墩所受的垂直荷载、水平荷载均衡。

⑤ 管道布置不应妨碍设备、机泵及其内部构件的安装、检修。

⑥ 管道布置宜做到“步步高”或“步步低”，减少“气袋”或“液袋”。否则应根据操作、检修要求设置放空或放净。管道布置应减少死区。

⑦ 气体支管宜从主管的顶部连接，公称直径小于*DN*50的液体支管宜从主管的顶部连接。

⑧ 气液两相流的管道由一路分为两路或多路时，管道宜对称布置。

⑨ 重力流水平管道顺介质流向的坡度不应小于0.003。

⑩ 固体介质或含固体介质的管道布置时，应使管道短，弯头数量少，并不出现死区。

⑪ 固体介质支管与主管的连接应顺介质流向斜接，夹角不宜大于45°。

⑫ 含有固体介质的浆液管道和高黏度液体管道应有坡度。

⑬ 输送介质对距离、角度、高差等有特殊要求的管道以及高温、大直径管道的布置，应符合设备布置设计的要求。

⑭ 进、出装置的可燃气体、液化烃和可燃液体的管道，在装置的边界处应设隔断阀和盲板，在隔断阀处应设平台，长度等于或大于8m的平台应在两个方向设梯子。

⑮ 腐蚀性介质、有毒介质和高压介质管道的布置应避免由于阀门及易发生泄漏的管道附件造成对人身和设备的危害。易发生泄漏部位不应布置在人行通道或机泵上方，否则应设安全防护。

⑯ 管道布置应满足管道柔性设计要求，以及设备、机泵管口允许的作用力和力矩要求，且应使管道短、弯头数量少。

⑰ 与转动机械设备连接的管道的布置应满足柔性设计要求，以及设备管口允许的作用力和力矩要求。否则可采用以下措施：

a. 改变管道走向，增强自然补偿能力；

b. 设置限位支架；

c. 选用弹簧支吊架；

d. 选用金属波纹管补偿器。

⑱ 往复式压缩机、往复泵等出口易产生振动的管道的转弯处，应采用曲率半径不小于1.5倍公称直径的弯头。

⑲ 振动管道上的分支管不应从弯矩大的部位引出。

⑳ 从有可能产生振动的管道上引出公称直径小于或等于 *DN*40 的支管时，连接处应采取加强措施。

㉑ 管道的抗震设计应符合国家现行标准《石油化工非埋地管道抗震设计规范》(SH/T 3039)的有关规定。

㉒ 管道布置宜利用管道的自身形状实现自然补偿。

㉓ 管道布置和支吊架设置应同时考虑。支承应可靠，不应发生管道与其支承件脱离、管道扭曲、下垂或立管不垂直等现象。

㉔ 管道穿过建筑物的楼板、屋顶或墙面时，宜设置套管，套管与管道间的空隙宜密封。套管的直径应大于管道隔热层的外径，并不得影响管道的移动。管道上的焊缝不应布置在套管内，与套管端部的距离不应小于150mm。套管应高出楼板或屋顶面50mm。管道穿过屋顶时应设防雨罩。管道不应穿过防火墙。

㉕ 安全喷淋洗眼器应根据腐蚀性介质或有毒介质的性质、操作特点和防护要求等设置，其服务半径的范围不应大于15m。

㉖ 软管站应根据需要设置，站内可包括蒸汽、新鲜水、装置空气和氮气，其服务半径的范围不宜大于20m。

㉗ 管道除与阀门、仪表、设备等需要用法兰或螺纹连接者外，应采用焊接连接。但下列场合宜采用法兰、螺纹或其他可拆卸连接：

a. 检修、清洗或吹扫需拆卸的场合；

b. 非金属衬里管道或夹套管道；

c. 管道由两段异种材料组成且不宜用焊接连接者；

d. 公称直径小于或等于 *DN*80 的镀锌管道；

e. 设置盲板(包括“8”字盲板、单盲板和单垫环)的位置。

## 二、管廊上管道布置

乙烯装置有主管廊和各分区管廊，管廊长度方向的柱间距为6~9m，管廊宽度方向一般设置两跨，每跨宽度为6~9m，管廊共计5层或6层。管廊上管道布置原则如下：

① 大直径管道宜靠近管廊柱子布置，小直径、气体管道和公用物料管道宜布置在管廊的中间。

② 需要热补偿的管道宜布置在管廊一侧，便于集中设置“Π”型补偿器。

③ 介质操作温度等于或高于250℃的管道宜布置在上层；布置在下层的介质操作温度等于或高于250℃的管道可布置在外侧，但不应与液化烃管道相邻布置。

④ 蒸汽、装置空气、氮气、仪表空气等公用物料管道及工艺气体管道宜布置在上层。

⑤ 液化烃和腐蚀性介质管道宜布置在下层，但腐蚀性介质管道不应布置在电动机的正上方。

⑥ 低温介质管道宜布置在下层。

⑦ 低温介质管道、液化烃管道和其他应避免受热的管道不应布置在热介质管道的正上方或与不保温的热介质管道相邻布置。

⑧ 工艺管道应根据两端所连接设备管口的标高可布置在上层或下层，以便做到"步步低"或"步步高"。

⑨ 氢气管道与其他管道共架敷设或分层布置时，氢气管道宜布置在外侧和上层。

⑩ 电缆槽架和仪表槽架宜布置在上层，槽架的附近或正下方不应布置有热影响的管道。

乙烯装置主管廊一般为5层，第一层、第二层布置工艺物料管道，第三层布置蒸汽管道和公用物料管道，第四层布置火炬管道、裂解气管道和电气、仪表槽板，第五层部分区域设置操作平台，布置蒸汽减温减压器和安全阀，各层层高一般为3m。分区管廊一般为6层，第一层、第二层、第三层布置工艺物料管道，第四层布置蒸汽管道和公用物料管道，第五层布置火炬管道和电气、仪表槽板，第六层设置操作平台，布置安全阀和紧急排放阀。管廊进出装置界区接点处设置操作平台和检修平台，长度超过8m的平台两端设置梯子，一端为斜梯，一端为直梯。如图16.2-1所示管廊上管道布置。

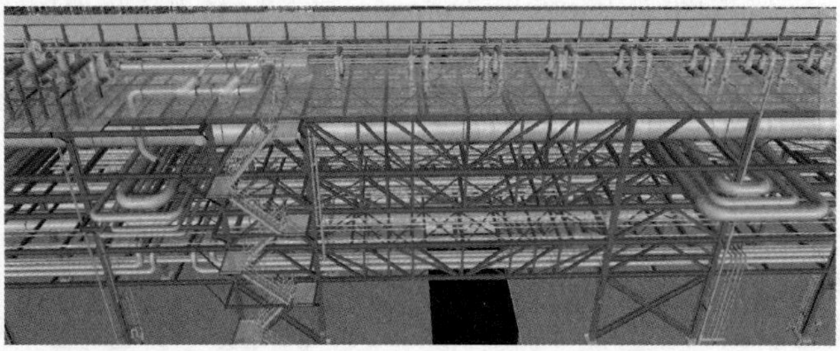

图16.2-1　管廊上管道布置

管廊上蒸汽管道根据应力计算需设置Π型补偿器，靠近Π型补偿器前水平管道上设置蒸汽疏水系统。对于中压蒸汽和低压蒸汽管道，Π型补偿器前设置集液包和疏水阀；对于超高压蒸汽和高压蒸汽管道，Π型补偿器前设置两道凝液排放阀，凝液排入蒸汽排放管。

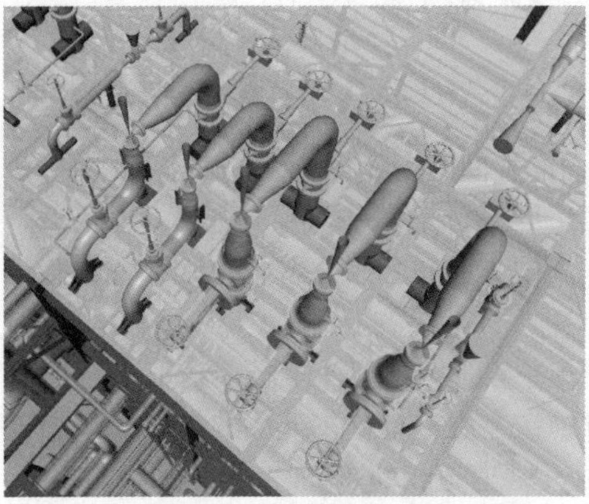

图16.2-2　安全阀进出口管道布置

乙烯装置有两个火炬系统，冷火炬系统和热火炬系统。冷火炬系统收集低温排放介质，热火炬系统收集常温及高温排放介质。火炬管道应有0.002的坡度，坡向火炬罐。各个安全阀出口管道45°斜接在火炬总管的上方，安全阀进出口切断阀阀杆水平安装。但对于低温液体管道，安全阀入口管道切断阀阀杆应垂直向上或斜45°向上，使得靠近阀盖处的低温液体逐渐汽化形成气阻，防止切断阀阀盖处密封材料长时间处于低温状况造成破坏。如图16.2-2所示安全阀进出口管道布置。

## 三、急冷油系统管道布置

急冷油管线的最大管径为$DN$1200，操作压力最高为1.43MPa，操作温度为205℃。从配管的角度看，存在管径尺寸大、操作温度高、介质黏度大等难点。

在满足工艺要求的前提下，急冷油管道布置应尽量避免管线的低袋；如无法避免则需要在低点增加放净并收集，放净管线的尺寸不能小于 *DN*50，以避免管道堵塞。另外，也需要考虑设备切换或装置停车时大量急冷油排放的收集。

由于管径较大，温度较高，并且管道敷设的空间有限，应特别注意在有限的空间内使用自然补偿增加管道的柔性，减小设备管口的受力，并控制在许用应力范围内。

由于空间的限制，如果通过管道自然补偿不能使管道柔性得到足够的改善，应力计算通不过，达不到设备管口受力要求，则需要使用波纹管补偿器提高管道柔性；在使用波纹管补偿器时，应注意在补偿器前后设置具有一定刚度的支架，以避免管道振动。

由于急冷油含有焦粒，急冷油排放管线、安全阀入口管线等正常操作时不流动的管道应有足够的坡度，避免焦粒在管道中积聚堵塞管道。

在急冷油泵的入口管线上，使用了篮式过滤器用于过滤急冷油的焦粒。由于过滤器位置属于急冷油管系中的固定点，所以自汽油分馏塔塔釜至急冷油过滤器的管线需采用自然补偿增加管道的柔性，减小塔釜管口和过滤器管口的受力。自过滤器出口至急冷油泵入口的管线由于空间限制，无法做到自然补偿，经过应力计算使用了波纹管膨胀节，并在波纹管膨胀节本体上增加了弹簧吊架，避免管线的荷载直接作用在泵的管口上；经过应力计算，过滤器出口和急冷油泵入口的受力都在许用应力范围内。如图 16. 2-3 所示急冷油泵入口管道布置。

自急冷油泵出口的急冷油汇合后分别进入 3 台旋液分离器，脱除微小焦粒后汇合送出。3 台旋液分离器成排布置，并在保证旋液分离器及底部过滤器操作和相关管线柔性的情况下，尽量缩小旋液分离器之间的间距。3 台旋液分离器及底部过滤器安装在构架上，上下布置，满足自旋液分离器到底部过滤器的物料自流要求。旋液分离器至底部过滤器的管线布置应尽量使用自然补偿增加管线柔性。自急冷油泵出口至旋液分离器入口和自旋液分离器出口至下游用户的管线分两个管系进行应力计算。经过应力计算，管线在自然补偿情况下，旋液分离器及其过滤器管口的受力均能满足管口许用应力的要求。旋液分离器管道布置如图 16. 2-4 所示。

图 16. 2-3　急冷油泵入口管道布置

图 16. 2-4　旋液分离器管道布置

急冷油黏稠并多焦粒，为防止堵塞换热器，要求旋液分离器与过滤器间的管道水平段尽量短，弯头少，有较大坡度，清除过滤器焦粒时少死区。旋液分离器与过滤器的关系是

“多对多”，除要求管道水平段尽量短外，工艺上还要求对称布置。三组旋液分离器与过滤器相互关联，在其中一个过滤器清除焦粒时，只需将过滤器进出口管线上的球阀关闭，将其本身的急冷油及焦粒倒空即可，并不影响任何一个旋液分离器的操作，这样既方便清焦也大大降低检修用时。

## 四、反应器和干燥器管道布置

反应器和干燥器沿管廊单排一字排开布置。在正常操作情况下，干燥器的入口在顶部，出口在下部，再生工况时则相反。干燥器主要管线为裂解气进口、出口管线，再生气进口、出口管线。这些管线一般沿地面布置，阀门设置在水平管道上。由于管道上弯头转弯半径较大，很难改变管道走向。所以管道布置时需要仔细考虑管线与管廊柱子之间的关系，使管道进入管廊时能够避开柱子。

图 16.2-5　反应器和干燥器管道布置

裂解气与再生气管线上的切断阀阀杆通常在3m以上，所以必须为阀门设置操作平台来满足操作要求。操作平台横跨在管线的上方，阀门布置在平台两侧，阀门手轮相对。当裂解气管道与再生气管道尺寸相差较小时，阀杆高度也相差无几，再生气管道与裂解气管道可水平侧接。当裂解气管道与再生气管道尺寸相差较大时，阀杆高度也相差过大，再生气管道与裂解气管道可斜向上方侧接，使阀门手轮尽量在同一高度上。反应器和干燥器管道布置如图 16.2-5 所示。

在正常操作工况下，干燥器操作温度为12℃，管线与设备绝热类型均为保冷，一般情况下，附设备支架在设备耳板与管架相连接处选用聚氨酯垫块起隔冷作用。但该设备在再生工况下，操作温度为240℃，在此温度下，聚氨酯垫块极易受热损坏，所以在选择管架时应注意此时不要选择带隔冷垫块的支架。另外，需要注意安全阀入口管道跨距问题。安全阀入口管道从干燥器出口管线立管上接出并引至管廊顶部平台，导致其约有8m长的水平管段无法支承，无法满足大于安全阀入口管道管径6″，跨距为6m的要求。为使管道达到支承的要求，可以将此段管道扩大为8″，经过管架之后管道再缩回到6″。

## 五、压缩机管道布置

乙烯装置一般有三大离心式压缩机组，即裂解气压缩机、乙烯制冷压缩机(或二元制冷压缩机)、丙烯制冷压缩机。裂解气压缩机为五段压缩，乙烯制冷压缩机为两段压缩，丙烯制冷压缩机为四段压缩。压缩机管道布置原则如下：

① 压缩机周围的管道布置不应影响压缩机的吊装及检修，并应留有检修空间。

② 压缩机进出口管道的布置在满足管道柔性及管口的作用力和力矩的条件下，应使管道短，弯头数量少。

③ 压缩机进口管道上的过滤器宜设置在水平管道上。若设置临时过滤器，在进口管道上应设置一段可拆卸的短管，在此短管上不宜设置仪表管口和分支管。

④ 离心式压缩机进出口管道对管口的作用力和力矩应符合制造厂的要求。

⑤ 离心式压缩机进口管道的布置应有利于流体分布均匀，进口管弯头与压缩机管口法兰之间应设置一段直管段，直管段的长度应满足制造厂的要求。

由于压缩机是高速运转设备，对管口受力的要求极为苛刻，所以压缩机的进出口管道除了减少阻力降之外，尽量利用管道本身走向的自然补偿以满足制造厂的管口受力要求，另外进出口管道要尽量布置在厂房同侧，使厂房另一侧作为检修通道。

乙烯装置压缩机管道为下进下出。压缩机进口管道为防止偏流，要留有一段 $3D \sim 5D$($D$ 为压缩机进口管口直径)的直管段，异径管靠近弯头布置；其管道上的过滤器要尽量靠近管口，一般布置在吸入管口的正下方，过滤器为端进侧出，型式为正折流，过滤面积相对较大。配管时保证过滤器抽芯侧端盖的开启及滤网的抽出所需要的空间。过滤器下面的支架多为四方限位加弹簧架，注意保证此管架的安装空间位置。由于过滤器位置较高，需设置检修平台。平台高度一般为 1.5m 左右。在 1000kt/a 乙烯装置中，由于裂解气压缩机所有进口管道尺寸均很大，故可设置管道人孔进入管道内部进行清扫，为安全起见，人孔设置在压缩机进口管道靠近吸入罐接近地面的直管段上，开孔方向向上。如图 16.2-6 所示压缩机进口管道布置。

图 16.2-6　压缩机进口管道布置

## 六、汽轮机蒸汽管道布置

### 1. 汽轮机进口蒸汽管道

乙烯装置压缩机由汽轮机推动，裂解气压缩机、丙烯制冷机的汽轮机使用超高压蒸汽(设计压力 13.31MPa，设计温度 535℃)，汽轮机抽气为高压蒸汽；乙烯制冷机的汽轮机使用高压蒸汽(设计压力 4.0MPa，设计温度 400℃)，汽轮机抽气为中压蒸汽或低压蒸汽。汽轮机进口蒸汽管道布置原则如下：

① 汽轮机与其相关联设备的管道布置应统筹规划。

② 汽轮机的进出口管道布置应经柔性计算确定，管道对管口的作用力和力矩应符合制造厂的要求。

③ 汽轮机的进口管道上根部切断阀宜靠近蒸汽总管布置，并应设预热旁路。

④ 汽轮机的进口管道应有排凝设施，以防止启动时凝结水进入汽轮机造成叶片的损坏。

⑤ 靠近汽轮机进口的蒸汽管道上，应设置一个可拆卸的带法兰短节，以便在汽轮机试运行前安装吹扫用临时管道。

汽轮机进口一般向下或水平，进口蒸汽管道应存在低点，低点应设置排凝系统。对于超高压蒸汽或高压蒸汽管道，低点设置排凝管道排入排气筒，排凝管道设置双切断阀。对于中压蒸汽或低压蒸汽管道，低点设置疏水阀，阀后凝结水排入冷凝水管道。汽轮机管道需要无应力配管，所以，管道靠近进口处需要设置弹簧支架。

当汽轮机进汽口为底部双进汽时，首先双进气管口采用对称配管，既保证汽源进汽的对称性，也保证管口受力的对称；管道沿着压缩机混凝土基础进行Π型布置，管道的自然补偿方式很好地吸收了垂直方向管口受力；根据管道应力计算结果确定管道限位架位置，确保汽轮机管口受力和力矩都在许用范围之内。进汽管道应在汽轮机管口附近设置一段可拆卸的法兰短节，以便在试车前安装清扫用的临时管道和方便压缩机停车检修。汽轮机启动前，对蒸汽参数有一定要求，当汽轮机进口蒸汽管道距离较长时，温降较大，需进行暖管和暖机，应在主汽阀前的管道上接出一个带阀门的分支管，引至厂房外放空，其切断阀靠近主管安装，放空管宜设消音器。

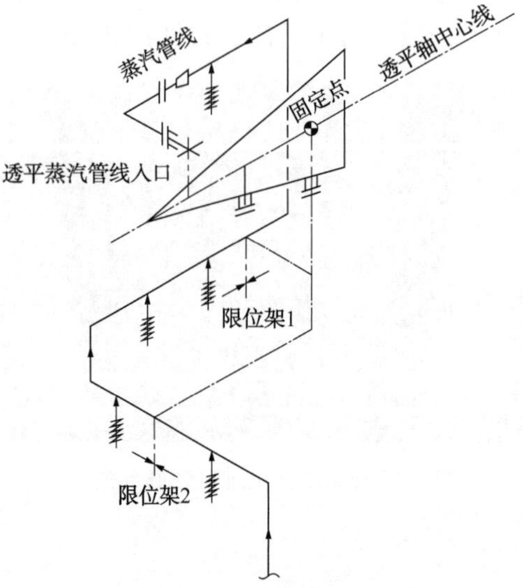


图 16.2-7　汽轮机侧进蒸汽管道走向

当汽轮机进汽口在侧面时，进汽管道走向应使从总管引出的管道绕过压缩机基础中心线和汽轮机轴线上的零位移点(固定点)后连接到进汽管口上。在限位架1点附近做管道轴向限位架，保持靠近管口的管道热位移的方向与管口轴向方向一致且热位移量接近；在限位架2点附近做管道径向限位架，保持靠近管口的管道热位移的方向与管口径向方向一致且热位移量接近，垂直热位移则靠管道走向的自然补偿和弹簧架来吸收。如图 16.2-7 所示汽轮机侧进蒸汽管道走向。

汽轮机进口蒸汽管道在管口附近需设置弹簧支吊架和轴向限位架。轴向限位架的位置优先考虑汽轮机的零位移点上其管道对应的位置。限位架应以拉杆为主，拉杆长度需满足该点管道上的横向位移要求。

### 2. 汽轮机出口蒸汽管道

凝气式汽轮机排汽管道布置原则如下：

① 汽轮机排汽管道不得设置阀门。

② 如果采用水冷凝器，汽轮机出口与冷凝器入口直连，中间设波纹管补偿器。

③ 如果采用空冷器的冷凝方式，空冷器应靠近汽轮机布置，排气管道应尽量短而直。

④ 由于冷凝器在真空状态下工作，凝结水泵的安装位置与高度应考虑泵的汽蚀余量的要求，系统提供的有效汽蚀余量应大于该泵所需汽蚀余量。

背压式汽轮机排汽管道布置原则如下：

① 当汽轮机排汽温度高于所并蒸汽管网的温度时，排汽管道应设置减温器，经减温器后的蒸汽才可并入管网。

② 排汽管道切断阀前应设安全阀，其出口管道应引至厂房外，放空口高过房顶 2.2m。

③ 排汽管道的布置应有一定的柔性，其热补偿应与系统管网分开考虑，即在管道上设固定支架(或限位支架)，靠近排汽管口这段管道应具有足够的柔性，在热态情况下，管系对排气管口的推力和力矩应小于其允许值。

④ 为防止汽轮机突然停机时，与排汽管道相连的管网中蒸汽倒流，造成汽轮机损坏，排汽管道上应设置止回阀，止回阀应靠近蒸汽轮机出口。

汽轮机出口蒸汽管道布置时要满足应力计算和弹簧支吊架设置要求；汽轮机出口蒸汽管道上的止回阀要尽量靠近管口，目的是防止压缩机停车时汽轮机产生停车困难，阀前管道容积要满足制造厂要求。但由于装置大型化管道直径大，实际配管很难满足制造厂的容积要求，当不能满足时，应征得制造厂确认。汽轮机出口蒸汽管道上的安全阀宜设置在压缩机厂房二层平台边缘处，且安全阀出口管道应高出厂房房顶 2m。安全阀的排放反力比较大，所以安全阀出口管道上的管架需克服安全阀排放反力的影响。

## 七、段间换热器管道布置

### 1. 换热器管道布置原则

乙烯装置段间换热器既有单台，也有两台、三台、四台并联的，有的装置段间换热器布置在压缩机同侧，但大多数装置段间换热器布置在管廊对面。换热器管道的布置原则如下：

① 管道布置不应妨碍管束或管壳的抽出、管箱端或封头端的拆卸，并应留出空间，便于操作和检修。

② 换热器周围管道上的阀门、仪表和调节阀组应靠近换热器的操作通道布置。

③ 换热器并排布置时，冷却介质和阀门宜按相同方式布置；换热器两侧操作通道的宽度不应小于 0.8m。

④ 当换热器封头端或管箱端设置拆卸吊柱时，管道布置应避开吊柱的活动范围。

⑤ 管道不宜布置在换热器轴线的正上方。

⑥ 换热器周围的管道标高应与管廊或相邻设备的管道相协调。

⑦ 多台并联操作的两相流换热器，进口管道无控制阀时，管道应对称布置。

⑧ 管道布置应方便换热器的试压和检修：

a. 需要抽芯的换热器管箱上部管口连接管道上可设置拆卸法兰；

b. 对于不需要抽芯的换热器，如果管箱管口连接管道等于或大于 *DN*300，可在管箱上部管口连接管道上设置拆卸短接或在管箱上部管口处设置垫环；

c. 为便于管道进行压力试验，当换热器壳程管口连接管道等于或大于 *DN*500 时，可在换热器壳程管口处设置垫环。

### 2. 换热器管道对称布置

多台换热器应对称布置，换热器的对称布置原则如下：

① 除支管有流量调节外，两台或两台以上并联操作的换热器的入口管道宜对称布置，对气液两相流管道应对称布置。在分支前的总管应设置一段直管段，使之能够等量分配流量。

② 对气液两相流的管道布置应使管道走向短，不宜出现液袋，否则需要考虑低点排液，根据工艺需要决定是否需要设置密闭排放，且管道支架应防止振动。

③ 当单相流体进入并联的换热器，而又无调节手段时，其进出口主管不应变径，见图 16.2-8。当进出管道不能对称布置时，其进出口管道布置应符合图 16.2-9 的要求。

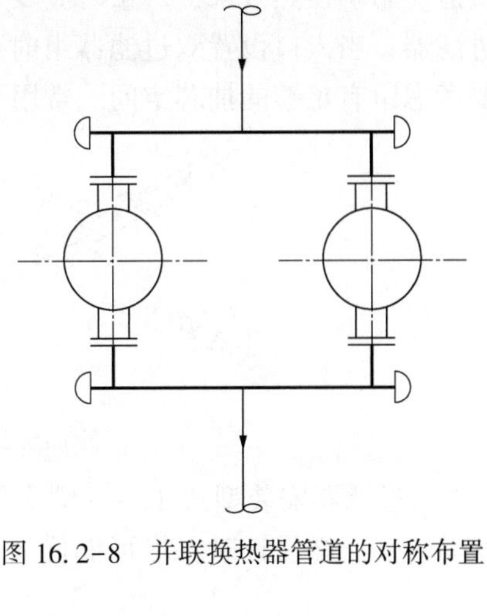

图 16.2-8　并联换热器管道的对称布置

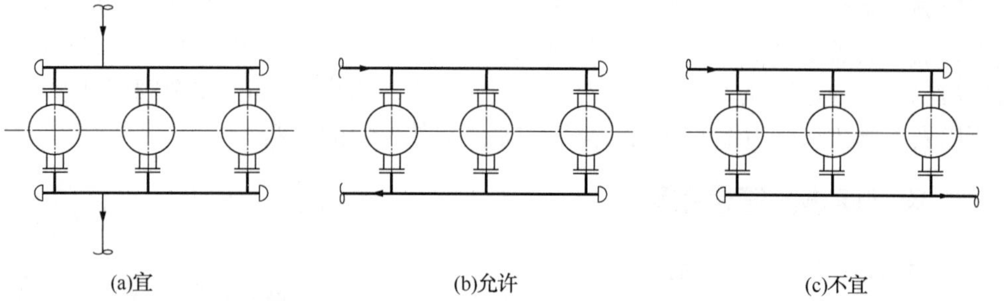


图 16.2-9　并联换热器管道的不对称布置

图 16.2-10　一段压缩后冷却器管道布置

裂解气压缩机一段压缩后冷却器为四台，每台冷却器有两个入口。由于管道尺寸太大，难以做到一分二、二分四完全对称，故设置一根总管，分出四个接头，即一分四，能够做到基本对称，但需征得工艺专业同意。如图 16.2-10 所示一段压缩后冷却器管道布置。

## 八、冷箱管道布置

冷箱是乙烯装置的核心设备之一。乙烯可以使用不同的原料，有不同的制取工艺，但生产的产品混合气必须经过分离、提纯，才能最终得到所需的乙烯产品。在产品混合气的分离过程中，低温分离是所有工艺都必须采用的方法，因此低温分离的主要设备之一——冷箱无疑属于乙烯装置的核心设备。

冷箱配管应先从工艺管线着手，工艺管线配管要按大管径、两相流、低温的次序来进行设计。在工艺管线配管设计过程中，要同时完成冷箱火炬系统的配管设计。在冷箱全部工艺管线及火炬管线都完成配管设计后，再着手进行冷箱 $N_2$ 注入、放空、放净管线的配管设计。

### 1. 冷箱入口管道过滤器

冷箱是由多个板翅式换热器组成。由于设计的流道窄，如果流体中带有杂质，则易堵塞流道，影响换热效果，严重时波及生产，所以在冷箱入口处均设置过滤器，一般应选用 T 型过滤器。当入口设置双过滤器组时可考虑使用锥型过滤器以利于配管。所有过滤器安装时要考虑留有足够的抽芯空间。常用 T 型过滤器型式见图 16.2-11。

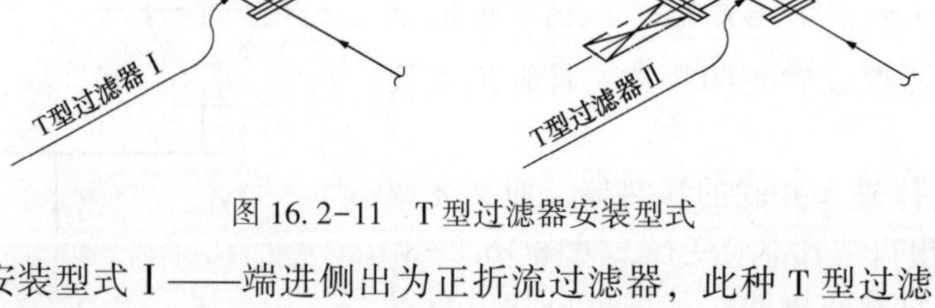


图 16.2-11　T 型过滤器安装型式

T 型过滤器安装型式Ⅰ——端进侧出为正折流过滤器，此种 T 型过滤器效率高，而且也容易清理，在设计时，尽可能优先选用型式Ⅰ。T 型过滤器安装型式Ⅱ——侧进端出为反折流过滤器，反折流过滤器效率不如正折流过滤器，但优于直通式过滤器(端进端出)，某些时候为满足检修或管道应力要求，也会选用反折流过滤器。如图 16.2-12 所示正折流 T 型过滤器管道布置。

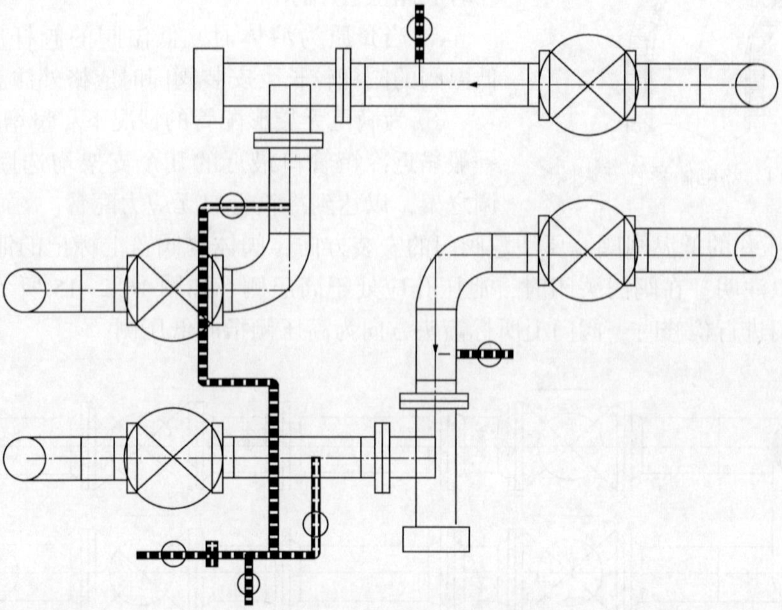

图 16.2-12　正折流 T 型过滤器管道布置

为了方便管道压力试验和开车吹扫，在冷箱工艺设计中，靠近管口处要设置拆卸短节。在拆卸短节上设置¾″(1″=0.0254m)的放空接头，当吹扫冷箱外围管系时，可将冷箱隔离并由此口排放；又可在冷箱内部流道发生冻堵情况时，在进出管口的放空接管上连接压力表，通过压差及时了解冻堵情况。冷箱管口法兰是铝制的，铝制法兰厚度比钢制法兰厚，配套的螺栓应加长。如图 16.2-13 所示冷箱入口管道布置。

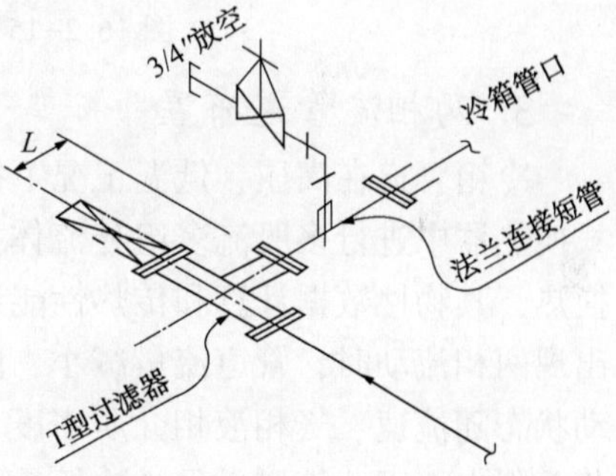


图 16.2-13　冷箱入口管道布置

2. 冷箱附近低温管道布置

低温管道应按下列要求进行管道布置：

① 考虑管道的位移，管道与相邻管道、设备和结构梁之间应留有足够的间隙，给出适当的保冷管道间距。

② 法兰和阀门处的保冷厚度大，配管时应留有足够的间隙。

③ 放空和放净的最小安装尺寸应根据保冷厚度确定。

④ 当保冷管道穿过楼板时，应加大预留孔，配管时应避开梁，注意管道与结构梁之间的距离。

⑤ 低温管道上靠近弯头或三通处不应直接焊接法兰，为拆卸法兰后不破坏管道上的保冷层，需加一段管子后再焊接法兰。

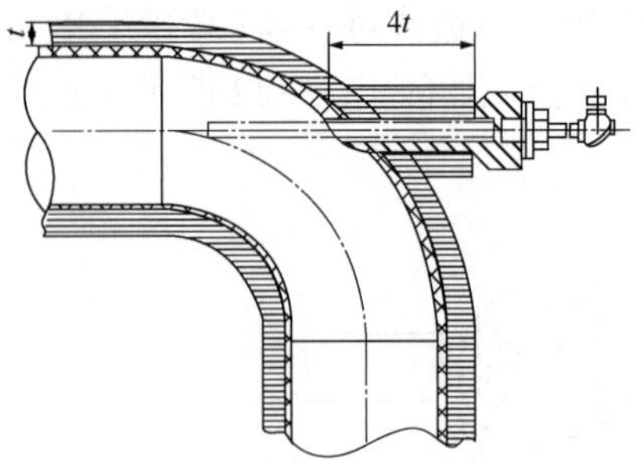


图 16. 2-14　热电偶套管安装图

⑥ 低温管道上仪表管嘴的保冷长度至少为管道保冷厚度的 4 倍，如图 16. 2-14 所示。低温管道中热电偶套管不应安装在垂直位置上，要考虑到保冷层被破坏时底座上会结冰。

⑦ 当介质为液体时，低温阀的阀杆应向上安装，低温阀的阀杆较长，安装阀门时应格外注意。

⑧ 为满足无袋形配管的情况下尽量增加管线柔性，一般靠近冷箱管口最近的几个支架均选用弹簧架或可调之架，以达到冷箱管口无应力配管。

⑨ 带泄压孔的低温闸阀，要注意阀门的安装方向，阀体的阀盖上标记的泄压孔方向要在图纸上加以注明。在阀门关闭时，泄压孔应处于高压侧。如图 16. 2-15 所示，当关闭过滤器两侧阀门进行检修时，阀门上所标箭头方向为高压侧指向低压侧。

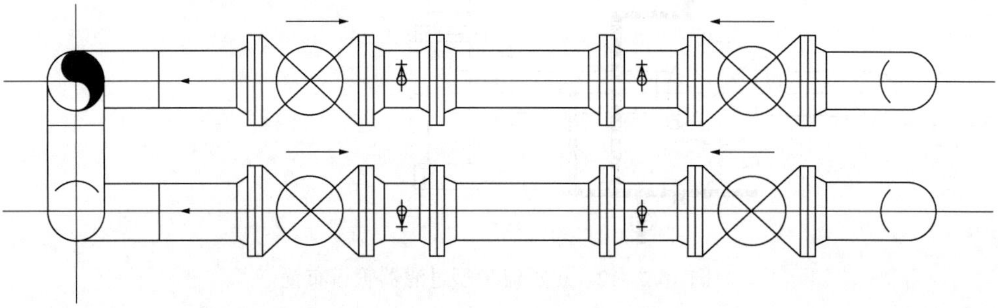

图 16. 2-15　带泄压孔的低温闸阀安装方向示意

### 3. 两相流管道布置

冷箱管道在高压、低温工况下操作，介质是含轻烃复杂混合物，物料在冷箱中的板翅式换热器中进行多股流多组分流体换热，各组分的加热冷却及部分冷凝与部分蒸发的相变换热，其物性数据计算和传热性能计算都较为复杂，两相流动在冷箱低温管道中较为常见。出现两相流动时，管道流量减小，阻力增大，甚至还会产生液击现象。两相流在管内的流动状态随流速、气相液相介质密度、表面张力的不同而变化。由于物料气相和液相的密度相差很大，因此管道极易产生振动。

在乙烯装置运行过程中，负荷的变化影响管内的流速和流动状态。当气液两相体积之比在 85%左右时，管道振动可能较为严重。对于冷箱附近的两相流管道，在气液两相体积之比达到 85%以上时，配管要尽量避免出现袋形，如果连接冷箱的两管口高度极为接近，配管时可出现上袋，不可出现液袋。为避免两相流管道振动，需对管道进行有效固定，设置的支架应有一定的刚度和强度。

### 4. 管道材料和应力的影响

冷箱系统工艺复杂，管道管件所用材料多为价格较贵的不锈钢及合金钢，投资大，在满足应力条件下，管道形状尽量简化，管道长度尽量缩短，从而保持最小的压降和冷量损失以节省投资、降低能耗。

冷箱管道配管设计中要充分利用管道的自然补偿，使管道达到足够的柔性。管道自然补偿结构简单，运行可靠，投资少，是吸收管道冷热补偿和端点位移的最佳方法。由于冷箱管道不使用波纹管膨胀节，且两相流管道又较多，限制了弹簧架的使用，故配管设计应优化管道形状，在保证管道形状尽量简洁的前提下，使其具有良好的柔性。

## 九、丙烯塔系统管道布置

丙烯塔系统包括丙烯精馏塔、塔顶冷凝器、回流罐、回流泵、再沸器等设备。丙烯精馏塔分为2个塔，1#丙烯精馏塔（丙烯汽提塔）和2#丙烯精馏塔。来自1#塔塔顶的气体进料至2#塔塔釜，2#塔塔釜液相经泵送至1#塔顶部，作为1#塔的进料。2#丙烯塔塔顶气相经冷凝器冷凝成液相后进入回流罐，液相碳三经丙烯塔回流泵增压后返回2#丙烯塔。

### 1. 丙烯精馏塔管道布置

塔的管道布置原则如下：

① 塔的周围宜分为配管区和操作区。管道应布置在配管区，仪表、人孔和梯子应布置在操作区。

② 管道的位置应与人孔、仪表、吊柱、平台及梯子统一布置。

③ 管道布置应从塔的顶部到底部进行规划，并应优先布置塔顶管道、大直径管道和有特殊要求的管道。

④ 塔顶至冷换设备间的管道应布置成“步步低”，不得出现“液袋”。塔顶气相管道至多台并联的冷换设备时，宜采用对称布置。

⑤ 塔底出口管道与泵连接时，塔的安装高度应大于泵的必需汽蚀余量的要求；管道在满足柔性的条件下，应使管道短，弯头数量少。

丙烯塔附塔管道不多，靠近管廊侧为配管区，布置物料进料管道、塔顶气相管道和丙烯回流管道，如图16.2-16所示。远离管廊侧为检修区，布置人孔、仪表管口、吊柱和梯子平台，如图16.2-17所示。地面留有检修场地。人孔距平台800～1000mm，梯间平台不超过8m。

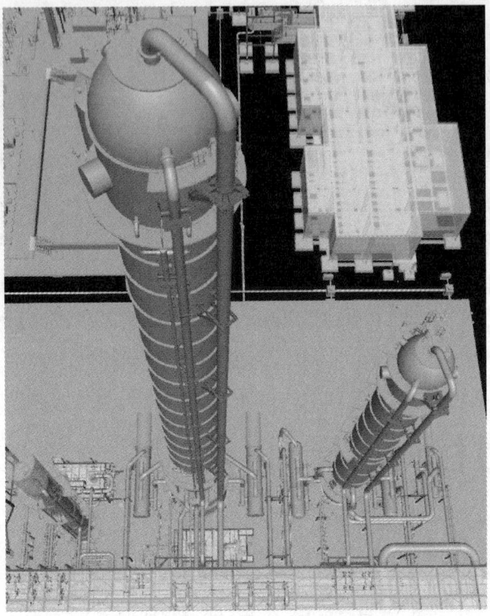

图16.2-16　丙烯精馏塔配管区

图16.2-17　丙烯精馏塔操作区

### 2. 丙烯塔冷凝器管道布置

丙烯塔冷凝器和丙烯塔回流罐布置在一个构架内，根据工艺不同，丙烯塔冷凝器布置在地面或布置在二层平台，相反，丙烯塔回流罐布置在二层平台或布置在地面。当丙烯塔回流罐布置在二层平台时，丙烯靠压力克服静压头自丙烯塔冷凝器进入丙烯塔回流罐。

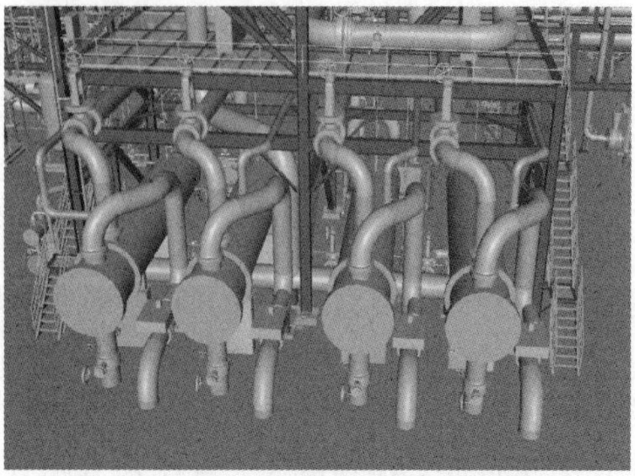

图 16.2-18　丙烯塔冷凝器管道布置

丙烯塔冷凝器四台并联，进出口均为大直径管道，采用对称布置，考虑管系的柔性和经济性，在满足管道柔性及管口许用应力和力矩的前提下，管道尽量短，弯头数量尽量少。带有阀门的管道靠近冷凝器布置，与设备中心线保持平行，且应为封头端的拆卸留出空间，同时避开设备中心正上方以免影响检修。冷凝器入口管线阀门阀杆较长，可在构架平台二层操作。四台冷凝器循环水回水管线靠近地面处需考虑蝶阀阀体及膜头安装空间，留出合适通道位置。如图 16.2-18 所示丙烯塔冷凝器管道布置。

### 3. 丙烯塔回流泵管道布置

丙烯塔回流泵布置在构架和管廊之间，靠近构架布置。泵的管道布置原则如下：

① 泵的进出口管道对管口的作用力和力矩应符合制造厂或 API Std 610 的要求。

② 泵进口管道的压力降应满足工艺要求，且不应存在“气袋”。

③ 对于上进上出立式泵，当进口管道有变径时，同心异径管与泵的进口之间宜设置一段直管段，泵进口管道最小直管段应符合泵制造厂的要求。

④ 泵出口管道上的异径管应靠近泵的出口。

⑤ 泵进出口管道上的管架布置应满足泵检修时支承的要求。

丙烯塔回流泵选用的是上进上出离心泵。泵的入口管线一要满足从回流罐至泵步步低的要求，二要防止偏流和旋涡流，满足制造厂的入口前需要有大于或等于 5 倍管道直径 $D$ 的直管段要求，如图 16.2-19 所示。阀门和过滤器可布置在二层平台上，满足操作和检修要求。泵的出口管线应有一定的柔性。同时应注意压力表的设置要朝向操作侧，同时要注意暖泵线截止阀安装方向应与出口管道流向相反。

图 16.2-19　丙烯塔回流泵管道布置

## 第三节　管道材料设计

### 一、乙烯装置管道材料选用概述

乙烯装置设计条件复杂，材料选用品种多样。管道内输送介质的操作温度在-196～816℃之间变化；操作压力从全真空到 12.0MPa 左右；设计温度范围从-196～816℃，设计压力从全真空到 14.0MPa(G)。管道材料的品种覆盖了碳钢、低温碳钢、合金钢、奥氏体不锈钢、碳钢衬里、镍基材料等。压力等级涵盖了从 150~2500lb。

1. 管道材料选用原则

① 管道材料的选用应符合《压力管道安全技术监察规程——工业管道》TSG D0001 的要求。国内管道材料按 GB/T 20801 和 SH/T 3059 等标准规范进行设计和选用，国外管道材料按 ASME B31.3、ASME B31.1 等标准规范进行设计和选用。

② 按照 GB/T 20801 和 SH/T 3059 等标准规范进行设计和选用的管道组成件，应满足现行国家、行业标准的相关要求。按照 ASME B31.3、ASME B31.1 等标准规范进行设计和选用的管道组成件，应满足 ASTM、ASME、API、MSS 等标准的相应要求。

③ 管道材料应根据管道级别、设计温度、设计压力和介质特殊要求等设计条件以及材料的耐腐蚀性能、加工工艺性能、焊接性能和经济合理性等选用。

④ 输送极度危害介质、急性毒性类别 1 介质、急性毒性类别 2 介质、高度危害介质、及液化烃的压力管道应采用优质钢制造；输送可燃介质的管道不得采用沸腾钢制造。

⑤ 含碳量大于 0.30%的材料，不宜用于有缝管子及焊制管件。

⑥ 输送腐蚀性介质管道用材料应有耐腐蚀能力。除晶间腐蚀和其他局部性腐蚀需按具体情况考虑外，一般可根据介质对金属材料的腐蚀速率选用。

⑦ 低熔点金属材料，不得用于可燃介质管道。

⑧ 高温管道钢材，应符合下列要求：

a. 受压元件的钢材使用温度，不应超过现行《压力管道规范 工业管道》(GB/T 20801)中材料许用应力值所对应的温度上限；ASTM 材料的使用温度不应超过《工艺管道》(ASME B31.3)所规定的温度上限；ASME 材料的使用温度不应超过《动力管道》(ASME B31.1)所规定的温度上限。

b. 非受压元件的钢材使用温度，不应超过钢材的极限氧化温度。

c. 长期使用在高温条件下，碳素钢的使用温度不应超过 425℃，0.5Mo 钢不应超过 468℃。

d. 含铬 12%以上的铁素体不锈钢受压元件，使用温度不宜超过 370℃。

e. 奥氏体不锈钢的使用温度高于 525℃时，钢中含碳量不应小于 0.04%。

⑨ 管道的设计温度低于或等于-20℃的碳素钢、低温碳钢、低合金钢、中合金钢和铁素体高合金钢，母材及其焊缝金属和热影响区应按现行国家标准《压力管道规范 工业管道》(GB/T 20801)的规定进行低温冲击试验。

⑩ 铬镍奥氏体不锈钢母材在设计温度等于或高于-196℃，且满足下列各项要求时，可免做低温冲击试验：

a. 材料含碳量应小于或等于 0.10%。

b. 材料应为固溶热处理状态。

⑪ 对操作温度等于或高于 200℃，介质中含有氢气的碳钢及低合金耐热钢管道，应根据管道最高操作温度加 20~40℃的裕量和介质中氢气的分压，按临氢作业用钢防止脱碳和微裂的操作极限(Nelson 曲线)选择适当的抗氢钢材。

⑫ 对操作温度等于或高于 250℃，介质为 $H_2S+H_2$ 的管道，在满足氢腐蚀的基础上，应根据 Couper 曲线中高温 $H_2S+H_2$ 对各种钢材的腐蚀率来选择适当的材料。

⑬ 对于高温硫和环烷酸腐蚀介质的材料选用，应以该装置的原料、介质的实际含硫含酸量、介质的流速、介质温度等为参数，按《高硫原油加工装置设备和管道设计选材导则》(SH/T 3096)和《高酸原油加工装置设备和管道设计选材导则》(SH/T 3129)标准选取。

⑭ 管道材料的设计寿命宜为 15 年。

### 2. 乙烯装置管道材料选用特点

乙烯装置管道材料选用有以下特点：

① 由于乙烯装置的工艺技术目前还有部分从国外引进，所以在设计的过程中，遇到的问题就是根据工艺条件，按照国内材料的标准，重新进行材料的选用，尽可能最大程度地使用国产材料，进行国产化，以降低费用。

② 在重新进行材料的选用时，首先应对国内外的材料进行化学成分、机械性能、制造工艺、检验要求等一系列的对比，以确保国内材料在装置中的安全使用。其次，考虑到由于国内材料与国外材料在机械性能上有一定的差异，可能会在使用国内材料后，管线等级提高的情况，从而引起投资成本的提高。在经过多年的管道材料选用的实践经验，对国内外牌号材料进行合理的搭配使用，是满足装置工艺要求和降低建设成本的有效方法。

③ 在乙烯装置中，碳钢是使用最多的材料，尺寸为 *DN*15～*DN*3400，从使用工况又细分为普通碳钢、高温碳钢和低温碳钢。而其中大量的材料转换工作就是针对碳钢材料进行的。常用的普通碳钢，美标牌号有：A53 Gr. B、A106 Gr. B、API 5L Gr. B、A333 Gr. 6、A671-CC60 CL22 W/S2 等；国标牌号有：GB/T 3087 20、GB/T 8163 20、GB/T 5310 20G、GB/T 9948 20、GB 9711 L245 等。

a. A53 Gr. B 主要用于水、仪表/装置空气等公用工程系统，镀锌钢管使用的也是该牌号。该牌号的钢管有无缝的，也有焊接的。在设计中通常用国内的相应牌号 GB/T 8163 20 无缝钢管来代用。

b. A106 Gr. B、API 5L Gr. B 无缝管主要用于工艺物料系统和蒸汽系统。一般采用 GB/T 8163 20、GB/T 5310 20G、GB/T 9948 20 来代替 A106 Gr. B、API 5L Gr. B 无缝钢管，但是，通常 GB/T 8163 20 设计温度不宜超过 425℃；GB/T 5310 20G、GB/T 9948 20 主要用于高温高压蒸汽和易燃可燃有毒介质系统的材料代用。在使用国内材料代用时，需要根据国内材料机械性能指标重新核算管道壁厚。

④ 随着乙烯装置的大型化，大量的焊接碳钢管被采用，美标主要选用 API 5L Gr. B，用于工艺物料系统。目前国内有 GB 9711 L245 与 API 5L Gr. B 相对应，其许用应力值与 API 5L Gr. B 基本相当，在设计过程中，已大量进行代用。但从制造角度看，由于受到国内生产钢板的板宽和卷制设备的条件限制，只有为数不多的制造厂可以生产长度不小于 6m 的中间不带环焊缝的焊接钢管，对于大口径碳钢焊管，国内制造厂还需从设备的能力上要有所提高。

⑤ 合金钢钢管主要用于设计温度高于 425℃的工况。在乙烯装置中，通常用于抗氢腐蚀及温度高于 425℃的物料系统以及高温高压的蒸汽系统，压力等级从低压到高压。常用的国外牌号有，无缝管 ASTM A335 Gr. P11、ASTM A335 Gr. P22 和焊接管 A691 GR. 1-1/4CR CL22。目前装置中使用过的低合金钢无缝钢管的最大直径为 *DN*600，最大壁厚可达 90mm，如乙烯装置中的超高压蒸汽系统，由于国内没有和 P11、P22 完全相对应的牌号，只有性能相近的牌号 12Cr1MoV。考虑到低合金钢应用的场合都是装置中较关键部位，要么是腐蚀，

要么是高温高压，所以在设计时对低合金钢材料不考虑代用。由于目前国内制造能力的限制，小口径薄壁无缝合金钢管国内可以生产，但大口径和厚壁无缝钢管，目前还是进口的较多。对于焊接合金钢管，由于目前国内没有相应的焊接合金钢管的标准，所以对国内制造厂来讲还是一片空白。

⑥ 乙烯装置中的低温系统是指设计温度低于-20℃的物料系统。按照材料的实际使用范围分成三个温度级别，即-20~-45℃，-45~-101℃和-101~-196℃。低温碳钢的温度适用范围不低于-45℃。其国外材料为无缝钢管 A333 Gr. 1、A333 Gr. 6，焊接钢管 A671-CC60 CL22 W/S2。低温碳钢材料必须是镇静钢，而且其成品必须通过低温冲击试验，即夏比(V 型缺口)低温冲击试验，其试验结果应符合相应规范的要求。目前国内还没有国家标准的-45℃级的低温碳钢材料，只是少数无缝钢管厂可按美标进行生产。对于低温冲击试验的装备，国内也只有极少数厂家配备。国内目前用于低温系统的材料有 16Mn/16MnD(-40℃)、09MnD/09Mn2VD(-50℃)、09MnNiD(-70℃)均为低合金钢。由于 16Mn/16MnD 无法满足-45℃的要求，而其他材料采购非常困难。所以对于低温碳钢材料，目前没有使用国内材料代替美标材料。对于设计温度为-45~-101℃，以前使用 3. 5Ni 材料，国外牌号 A333 Gr. 3 和 A671-CF71 CL22 W/S2，由于此类材料的用量很少，价格又与奥氏体不锈钢接近，故此种材料在设计过程中通常都不再选用。

⑦ 奥氏体不锈钢在乙烯装置中主要用于介质腐蚀系统、低温深冷系统、润滑油供应系统、化学品系统和高温系统等。普通奥氏体不锈钢如 304SS，316SS 可以用于非高温系统；而高温裂解系统的设计温度通常在 550~760℃，个别工况的设计温度可达 816℃，所以应选用耐高温奥氏体不锈钢如 321H、316H。对于稳定型奥氏体不锈钢具有抗腐蚀性能好，又有较高的高温机械性能。近几年 347H 也开始得到使用，其使用效果好于原先经常使用的 321H、316H，但是 347H 的制造要求高，主要是指热处理，即在完成固溶处理后接着进行敏化处理，这样也就导致其价格高于 321H、316H。由于这部分管线的用量不大，其价格因素几乎可以不予考虑。

⑧ 在目前管道材料国内国外牌号转换过程中，管线压力等级升高的问题是较突出的情况，特别是碳钢管线的材料转换过程中更为突出。我们知道法兰的标准中规定了各种材料不同压力等级法兰的温度压力额定值，其限制了法兰在某一温度下承受的不发生泄漏的最大静压力。国标锻件 20#法兰和美标锻件 A105 法兰，在 150lb 压力等级时，其温度压力额定值的差异非常明显。如果使用 20#锻件的法兰，在一些工况下，20#锻件就不能满足原有设计温度下的设计压力的要求，必然导致管线的压力等级升高，对管线投资的提高不可避免。A105 材料目前在设计中已经大量使用，国内可以大量生产，价格因素的影响已经很小。但是，有一点应引起注意，按照标准，A105 的含碳量最大为 0. 35%，根据我们的经验和国外工程公司的介绍，A105 的含碳量应控制在 0. 25%以下，且碳当量最大为 0. 43，其中：对于普通碳钢的碳当量 $CE=C\%+Mn\%$。这个要求应体现在管道材料等级规定和采购规定中，而且不会对 A105 的使用产生任何影响。

## 二、乙烯装置的管道连接

### 1. 乙烯装置管道连接

① 管道连接形式应根据工艺物料的特性和工艺要求确定。

② 管道的连接形式通常采用下列几种类型：螺纹连接、法兰连接、卡套连接和焊接。

③ 除安装、维护、检修必须拆卸处外，管道应采用焊接连接。

④ 通常情况下，承插焊用于公称直径小于或等于 *DN*40 的管道连接；对焊用于公称直径等于或者大于 *DN*50 的管道连接；承插焊不应用于可能发生间隙腐蚀介质的管道。

⑤ 对于润滑油管道、干气密封管道和有缝隙腐蚀的管道应采用对焊连接或法兰连接。

⑥ 螺纹连接宜用于公称直径小于或等于 *DN*40 的管道，并应符合下列规定：

a. 管螺纹应符合 GB/T 12716 等规定。

b. 螺纹连接的内外管螺纹应采用锥管螺纹。当采用圆锥外螺纹与圆柱内螺纹配合时，其设计温度不得超过 150℃，设计压力不得大于 0. 5MPa，且不得用于极度危害介质、急性毒性类别 1 介质、急性毒性类别 2 介质和高度危害介质管道。

c. 丝堵、放空及放净末端、孔板法兰的取压点和热电偶接口宜采用螺纹连接。

d. 可能发生应力腐蚀或由于振动、压力脉动及温度变化等可能产生交变荷载的部位，不应采用螺纹连接。

⑦ 当工艺有要求在螺纹连接处使用密封焊时，应在密封焊螺纹连接处除去所有的油渍，用扳手拧紧达到全螺纹啮合而不能使用密封剂或聚四氟乙烯密封带。下列介质如果采用锥管螺纹连接时，应在螺纹连接处采用密封焊：

a. 有毒介质及设计压力超过 0. 3MPa(G)蒸汽管道。

b. 所有漏入大气中能自燃的介质。

c. 与压力容器相接，在第一切断阀上游端的管线(包括切断阀)。

d. 对工艺介质及介质渗透性较强或对泄漏率控制较严的管道。

e. 管道试压后的水压试验管帽和丝堵。

f. 压力等级 *PN*110(*CL*600)和更高等级的管道。

⑧ 不做密封焊的螺纹连接处在安装时，应使用聚四氟乙烯密封带。

⑨ 扩口、卡箍及其他特殊管道连接，应按管接头标准规定的压力、温度等使用条件及所连接管子材料、规格要求选用。但当用于极度危害介质、急性毒性类别 1 介质、急性毒性类别 2 介质、高度危害介质、可燃介质或承受压力温度条件剧烈变化的管道时，应经过类似工况条件的性能试验或实际使用证明安全可靠方可采用。

⑩ 除另有规定外，活接头不宜用于有毒介质管道、可燃介质管道、设计温度等于或高于 260℃的管道、压力等级等于或高于 *CL*600 的管道。

2. 乙烯装置支管连接

① 当主管公称直径小于或等于 *DN*40(NPS 1½)时，支管连接应使用三通管件。

② 当主管公称直径等于或大于 *DN*50(NPS 2)时，支管的连接形式可以采用对焊三通、支管台、开孔焊或补强板补强、半管箍或支管台等。

③ 补强板的材质宜与主管道材质相同，补强板的厚度不应小于主管的厚度。

## 三、乙烯装置的阀门选用

阀门是压力管道中的重要组成部件之一，用于启闭、节流和保障管道及设备的安全运行等。阀门是管道元件中相对较复杂的一个元件，它一般是由多个零部件装配而成的组合件，因此它的技术含量较高。工程上应用的阀门种类很多，常用的阀门有闸阀、截止阀、止回阀、球阀、蝶阀、疏水阀、安全阀等。

阀门在材料的设计选用中非常重要，目前乙烯装置设计中的阀门全部都采用了美国石油协会标准 API 标准，所以阀门的材料也都全部使用美标牌号。API 阀门和 GB 阀门相比较，API 阀门主要有以下优点：结构设计合理，例如，$DN\geqslant50$ 闸阀采用了弹性闸板结构，能在高温不均匀热膨胀或制造精度较差的情况下自动调整与阀座的密封面配合，从而可防止抱死，并减少内漏；标准比较齐全、配套；有一个专门的质量和产品认证机构。

1. 主要阀门的选用

(1) 闸阀

闸阀的闸板由阀杆带动，沿阀座密封面做升降运动，可接通或截断流体的通路，它主要用于管道的关断。闸阀与截止阀相比，流阻小、启闭力小，密封可靠，是最常用的一种阀门。但当闸阀部分开启时，介质会在闸板背面产生涡流，易引起闸板的冲蚀和振动，阀座的密封面也易损坏，故一般不作为节流用。常用的阀门标准有 API600 和 ANSI B16.34，前者专用于石油化工装置，后者则使用面比较广。我国的闸阀标准为 GB 12232，与管道的连接可以是螺纹、承插焊、法兰或对焊连接。一般情况下，当 $DN\leqslant40$ 时，多采用承插焊连接，特殊情况下(如需要焊后热处理或要求可拆卸时)，才用法兰连接或螺纹连接。而当 $PN\geqslant CL900$ 时，多采用对焊连接。其他情况则采用法兰连接。

(2) 截止阀

截止阀是向下闭合式阀门，阀瓣由阀杆带动，沿阀座中心线做升降运动。与闸阀相比，截止阀具有一定的调节作用，故常用于调节阀组的旁路。截止阀在关闭时需要克服介质的阻力，因此，截止阀最大直径仅用到 $DN200$。

(3) 止回阀

止回阀又称单向阀，只允许介质向一个方向流动，当介质顺流时阀瓣会自动开启，当介质反向流动时能自动关闭。安装止回阀时，应注意介质的流动方向与止回阀上的箭头方向一致。

① 根据结构型式不同，止回阀有升降式止回阀($DN\leqslant40$)和旋启式止回阀($DN\geqslant50$)两种。升降式止回阀是靠介质压力将阀门打开，当介质逆向流动时，靠自重关闭(有时是借助于弹簧关闭)，因此升降式止回阀只能安装在水平管道上。旋启式止回阀是靠介质压力将阀门打开，靠介质压力和重力将阀门关闭，因此它既可以用在水平管道上，又可用在垂直管道上(此时介质必须是自下而上)。

② 近年来又出现了许多新型止回阀，如对夹式止回阀、梭式止回阀等。前者可以有效地减少阀门占用的空间，便于管道布置，因此已得到推广应用。后者是解决 $DN\leqslant40$ 的升降式止回阀不能用在竖管上的问题。

(4) 蝶阀

蝶阀具有 90°旋转快速开启关闭的特点，而且重量轻，结构尺寸小(尤其是对夹式蝶阀)等优点。但它密封性能不如闸阀可靠，故在石化生产装置上应用的并不多。但随着石化生产装置的大型化，用蝶阀代替闸阀是必然趋势。目前，许多生产厂都在开发生产双偏心或三偏心高性能金属硬密封蝶阀，能较好地解决热胀补偿和磨损补偿的问题，因此，蝶阀也开始逐渐用于油品、油气管道上。但由于双偏心或三偏心蝶板在介质压力的作用下会产生逆密封方向的扭矩而导致蝶阀关闭不严，因此它仍受介质压力和管子直径的限制。可能在不久的将来，蝶阀会在一定范围内代替闸阀。

（5）球阀

球阀的最大特点是在众多的阀门类型中其流体阻力最小，流动特性最好，同时它也具有90°旋转而快速启闭的特点。与蝶阀相比，它的重量较大，结构尺寸也比较大，故不宜用于直径太大的管道。但球阀不存在因介质压力作用而产生逆向扭矩导致关闭不严的问题，故其密封性能较可靠。

① 与蝶阀一样，长期影响球阀不能在石化生产装置上应用的问题是热胀或磨损后会造成密封不严的问题。软密封球阀虽有较好的密封性能，但当球阀用于易燃、易爆介质管道上时，尚须经受火灾安全试验和防静电试验。因此，石化生产装置上球阀应用得也不多。近年来，许多球阀生产厂开发出了一些新型结构的球阀，如轨道球阀、偏心球阀等，一些球阀将阀座设置成金属弹性阀座，使其在热胀和磨损的情况下仍有良好的密封。因此，这些球阀也逐渐在石化生产装置上开始应用。

② 根据球阀阀体结构型式的不同，分为顶装式、两块式（也叫对分式）和三块式三种，其中顶装式是将球体从顶部装入阀体，而阀体为一整体，它一般适用于小直径球阀。两块式球阀是将阀体分成两块以夹持球体，它适用于中档尺寸的球阀。三块式是将阀体分为三块，它适用于大尺寸球阀。

③ 根据球体的固定情况不同，球阀又分为固定球球阀和浮动球球阀两种。前者适用于大口径（$DN \geqslant 100$）情况下，后者适用于小口径情况下。

④ 根据流道通径不同球阀又分为全通径型、常规型和缩径型三种。以常规型应用较多。

2. 疏水阀的选用

当蒸汽流经管道时，因传热作用会出现凝结水。凝结水留在管道的低点时，会产生水击，严重时会导致管子的破坏。蒸汽凝结水流入机械设备时（如蒸汽轮机），会影响其工作效率或导致机械故障，留在伴热道内时，还会降低伴热效果，等等。疏水阀就是用于排除这些凝结水的管道设备。

① 疏水阀的种类很多，常用的有热动力式（如圆盘式）、热静力式（如双金属式）、机械式（如杠杆浮球式、自由浮球式、倒吊桶式）等型式。

② 热动力式（圆盘式）疏水阀主要是利用蒸汽和凝结水的温度不同，使变压室内的压力发生变化，从而达到启闭疏水阀的目的。此种疏水阀具有结构简单、体积小、维修简单等优点。但它同时具有空气流入后不能动作、动作噪声大、背压允许度低、不能在低压（0.03MPa以下）使用、有蒸汽泄漏现象、不适用于大排量情况等缺点。圆盘式疏水阀仅适用于水平安装。

③ 热静力式（双金属式）疏水阀的感温体是双金属板，根据凝结水的温度变化使金属板呈凸形或凹形弯曲，并以此启闭疏水阀。此种疏水阀具有排量大、体积小、动作噪声小、可靠性高、蒸汽损失少、允许背压高、有止回作用、可以在水平管道也可以在垂直管道上安装等优点，因此它成为石化生产装置中应用最多的一种疏水阀。

④ 机械式（杠杆浮球式、自由浮球式、倒吊桶式）疏水阀主要是利用蒸汽和凝结水的密度不同而进行阀门启闭的。由于蒸汽和凝结水的密度相差很大，它们对浮子会产生不同的浮力，使浮子随凝结水位的高低而升降，从而达到启闭阀门的目的。此类疏水阀具有排除

空气能力强、排液能力大等特点，适用于蒸汽用量大的加热设备的疏水，适用于安装在水平管道上。

3. 安全阀的选用

安全阀是保护装置安全生产的重要设备。通常用于化工装置的安全泄压阀的设计制造规范采用 AMSEⅧ篇和 API 520，同时要求安全泄压阀的制造厂必须取得 ASME 证书，以确保产品的设计、制造、材料及检验完全执行 ASME 规范的要求。

① 用于锅炉、汽包和按照 ASME B31.1 规范设计的管道上使用的安全泄压阀采用的规范是 ASME Ⅰ篇，目前只有美国的两家公司取得了相应的证书，可以生产符合 ASME Ⅰ篇的安全泄压阀。国际上取得 ASME Ⅷ证书的安全泄压阀制造厂较多，但是国内没有任何安全泄压阀制造厂取得 ASME Ⅷ证书。

② 在以往的设计中，当受到投资费用和外汇额度限制时，我们首先考虑引进的就是安全泄压阀。尽管国内不少厂家对外宣传可以生产符合 ASME Ⅷ的安全泄压阀，但是从设计角度看，取得 ASME 证书是确定其是否具有生产资格的唯一条件，就像生产 API 阀门的厂家必须取得 API 阀门证书一样。

4. 特殊轴流式止回阀的选用

① 乙烯装置中的离心压缩机组，是乙烯装置的心脏设备，而乙烯装置压缩机用轴流式止回阀，具有流通能力强、流动阻力小、启闭无卡阻、关闭无撞击、密封可靠等优点，对满足机组的安全、稳定、长周期运转至关重要，所以在乙烯装置获得大量应用(图 16.3-1)。

② 大型乙烯装置压缩机用轴流式止回阀长期依赖进口，设备交货期及价格受制于人，设备交货无保障，制约乙烯装置的整体建设和运行。随着国产轴流式止回阀技术水平不断提高，近几年已有国内厂家的产品在 1000kt/a 乙烯装置实现了稳定可靠应用。

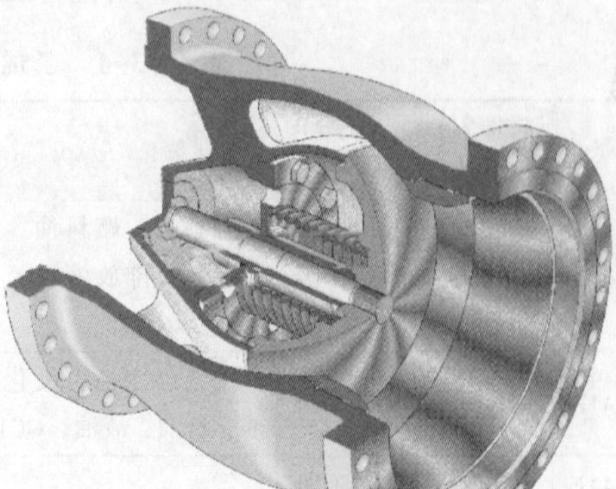

图 16.3-1 轴流式止回阀典型结构图

③ 轴流式止回阀的主要结构特点：单一阀体、单阀瓣、单弹簧结构；球形阀瓣，流线型流道；阻力小，无撞击。

## 四、管道特殊件选用

乙烯装置中常见的管道特殊件主要有过滤器、阻火器、消音器、视镜等。

(1) 过滤器

过滤器是用于滤去管道中的固体颗粒，以达到保护机械设备或其他管道设备目的的管道设备。过滤器的种类很多，一般情况下有临时过滤器和永久性过滤器之分，从形状上分有 Y 型、三通直流、三通侧流、加长型等型式。一般情况下，当管道 $DN \leqslant 80$ 时，应选用 Y 型过滤器。当 $DN \geqslant 100$ 时，应根据管道布置情况选用直流式或侧流式三通型过滤器。当需要较大的过滤面积时，可选用加长型三通过滤器或篮式过滤器。常用的过滤器过滤等级为 30 目，当与之相连的机械对过滤器的滤网有更高的要求时，应根据要求选择相应的滤网目数。

(2) 阻火器

阻火器常用在低压可燃气体管道上，而管道的末端为明火端或者有可能产生明火的设施。当管道中的介质压力降低时，可能会因介质的倒流而将明火引向介质源头而引起着火或爆炸。在这些管道的靠终端处，安装一台阻火器能防止或阻止火焰随介质的倒流而窜入介质的源头管道或设备。由于阻火器是一个安全保护元件，因此阻火器生产厂必须通过消防部门的认证。

(3) 消音器

消音器通常用于介质放空管的终端，以消除可能因高压高速介质的放空而产生的噪音。

(4) 视镜

视镜则通常用于冷却水管道和润滑油管道等，通过其透明的视窗可以观察到管道内循环冷却水或润滑油是否在流动。

## 五、乙烯装置管道材料等级规定

### 1. 乙烯装置典型管道等级规定索引表

乙烯装置一般情况有50个左右管道等级，管道等级规定索引表见表16.3-1。

**表16.3-1 乙烯装置典型管道等级规定索引表**

| 等级 | 腐蚀裕量(CA) | 焊后热处理(PWHT) | 介质 | 基本材料 | 极限温度/℃ | 法兰磅级/lb | 密封面 |
|---|---|---|---|---|---|---|---|
| A1A | 1.5 | PER CODE | 燃料气、燃料油、大气放空、安全放空、含油排放液、氮气、裂解气、稀释蒸汽 | CS | -20~371 | 150 | RF |
| A1D | 1.5 | PER CODE | 烃、急冷油、氢化钙、烃、糠醛、硅油、盘油、渣油、GC1 | CS | -20~425 | 150 | RF |
| A1E | 3 | PER CODE | 氢 | CS | -20~316 | 150 | RF |
| A1K | 3 | PER CODE | 湿火炬、热火炬、油泥、污油、低压尾气、GC1 | CS | -20~260 | 150 | RF |
| A1NR | 3 | TRUE | 废碱(50%碱)、烃、GC1 | CS | -20~177 | 150 | RF |
| A1P | 3 | PER CODE | 裂解气管线、烃、GC1 | CS | -20~425 | 150 | RF |
| A1PA | 3 | PER CODE | 清焦管线、真空管线 | CS | -20~454 | 150 | RF |
| A1WR | 3 | TRUE | 稳定器塔塔顶($H_2S$环境) | CS NACE | -20~260 | 150 | RF |
| A21A | 0 | PER CODE | 脱盐水 | 304SS | -29~204 | 150 | RFLJ |
| A21B | 0 | PER CODE | 除菌溶液、防腐剂、扩散剂、磷酸盐 | 304SS | -29~204 | 150 | RF |
| A21D | 0 | PER CODE | 润滑油及密封油(高压和低压)、干气密封 | 304SS | -29~204 | 150 | RF |
| A21K | 0 | PER CODE | 低温烃、干火炬、液体排放 | 304SS | -101~204 | 150 | RF |
| A21L | 0 | PER CODE | 低温烃、干火炬、液体排放 | 304SS | -196~204 | 150 | RF |
| A2A | 1.5 | PER CODE | 低温烃火炬、液体排放、制冷剂、乙烯冷剂 | LT CS | -45~260 | 150 | RF |
| B1A | 1.5 | PER CODE | 燃料气、燃料油、烃 | CS | -20~425 | 300 | RF |

续表

| 等级 | 腐蚀裕量（CA） | 焊后热处理（PWHT） | 介　质 | 基本材料 | 极限温度/℃ | 法兰磅级/lb | 密封面 |
|---|---|---|---|---|---|---|---|
| B1D | 1.5 | PER CODE | 烃、急冷油、氢化钙、烃、GC1 | CS | -20~425 | 300 | RF |
| B1E | 3 | PER CODE | 氢气(PSA 进料气及产品气) | CS | -20~260 | 300 | RF |
| B1NR | 3 | TRUE | 废碱(50%碱)、GC1 | CS | -20~110 | 300 | RF |
| B21D | 0 | PER CODE | 润滑油及密封油、干气密封 | 304SS | -29~204 | 300 | RF |
| B21K | 0 | PER CODE | 低温烃、干火炬、液体排放 | 304SS | -101~204 | 300 | RF |
| B21L | 0 | PER CODE | 低温烃、干火炬、液体排放 | 304SS | -196~204 | 300 | RF |
| B28A | 0 | PER CODE | 裂解气管线 | 347HSS | -20~750 | 300 | RF |
| B2A | 1.5 | PER CODE | 冷火炬、低温烃火炬、丙烯冷剂、乙烯冷剂、液体排放、低温烃(其中含碱和>5%的苯) | LT CS | -45~316 | 300 | RF |
| B54A | 1.5 | PER CODE | 烃、高温裂解气 | 1¼Cr-½Mo | -29~538 | 300 | RF |
| D1A | 1.5 | PER CODE | 燃料气、燃料油、高压氮气 | CS | -20~425 | 600 | RF |
| D1D | 1.5 | PER CODE | 烃 | CS | -20~425 | 600 | RF |
| D1E | 3 | PER CODE | 氢 | CS | -20~204 | 600 | RF |
| D21K | 0 | PER CODE | 低温烃、冷火炬、液体排放 | 304SS | -101~204 | 600 | RF |
| D21L | 0 | PER CODE | 低温烃、冷火炬、液体排放 | 304SS | -196~204 | 600 | RF |
| D25B | 0 | PER CODE | 再生气炉出口管线 | 304H | -29~649 | 600 | RF |
| D26A | 1 | PER CODE | 裂解气、氢、二段反应器 | 321SS | -101~482 | 600 | RF |
| D2A | 1.5 | PER CODE | 制冷乙烯、丙烯冷剂、液体排放、低温烃(其中含碱和>5%的苯) | LT CS | -45~316 | 600 | RF |
| D54A | 3 | PER CODE | 高压蒸汽、锅炉给水、高压蒸汽凝液 | 1¼Cr-½Mo | -29~538 | 600 | RF |
| D54E | 3 | PER CODE | 氢 | 1¼Cr-½Mo | -29~538 | 600 | RJ |
| D55B | 3 | PER CODE | 再生气炉出口管线 | 2¼Cr-1Mo | -29~630 | 600 | RF |
| D56F | 3 | PER CODE | 烃、高温裂解气 | 5Cr-1Mo | -29~630 | 600 | RF |
| E1D | 1.5 | PER CODE | 乙烯产品、丙烯产品 | CS | -20~427 | 900 | RF |
| E21K | 0 | PER CODE | 低温烃、干火炬、液体排放 | 304SS | -101~204 | 900 | RF |
| E28A | 0 | PER CODE | 横跨管 | 347HSS | -20~775 | 900 | RF |
| E2A | 1.5 | PER CODE | 乙烯冷剂、丙烯冷剂、液体排放 | LT CS | -45~316 | 900 | RF |
| F1A | 1.5 | PER CODE | 锅炉给水、蒸汽、蒸汽凝液 | CS | -20~427 | 1500 | RJ |
| F1AS | 1.5 | PER CODE | 锅炉给水、蒸汽、蒸汽凝液 | CS (ASME SEC. I) | -20~359 | 1500 | RJ |
| F1D | 1.5 | PER CODE | 烃 | CS | -20~427 | 1500 | RF |
| F21B | 0 | PER CODE | 磷酸盐注入 | 304SS | -29~371 | 1500 | RF |
| F54A | 1.5 | PER CODE | 过热蒸汽 | 1¼Cr-½Mo | -29~538 | 1500 | RJ |
| G57A | 1.5 | PER CODE | 超高压蒸汽 | 9Cr-1Mo-V | -29~575 | 2500 | RJ |
| G57AS | 1.5 | PER CODE | 过热蒸汽 | 9Cr-1Mo-V (ASME SEC. I) | -29~575 | 2500 | RJ |

续表

| 等级 | 腐蚀裕量(CA) | 焊后热处理(PWHT) | 介　　质 | 基本材料 | 极限温度/℃ | 法兰磅级/lb | 密封面 |
|---|---|---|---|---|---|---|---|
| H1A | 1.5 | PER CODE | 惰性气、工厂风、无污染生活废水、公用工程用水、废水、冷却水供水(地上)、冷却水回水(地上)、冷却水中间用户(地上)、消防水(地上) | CS | -20~121 | 150 | RF |
| H3A | 1.5 | PER CODE | 仪表风、生活用水 | CS+(Galv.) | -20~121 | 150 | RF |
| H3B | 1.5 | PER CODE | 消防水(地上) | CS+(Galv.) | -20~121 | 150 | RF |

注：PER CODE—依据规范；CS—碳钢；TRVE—要求；RF—突面；RFLJ—突面对焊松套法兰；RJ—环连接。

## 2. 乙烯装置典型管道材料等级表

表16.3-2为乙烯装置裂解气管道材料等级表(含支管表)，基本材质为碳钢，法兰等级为150LB，最大尺寸范围为148″，最大壁厚为25.4mm。

**表16.3-2　乙烯装置裂解气管道材料等级表**

| 等级号 | A1P | 基本材质 | CS | 法兰等级 & 密封面 | 150lb | 腐蚀裕量/mm | 3 | | | | |
|---|---|---|---|---|---|---|---|---|---|---|---|
| 介　质 | | 裂解气管线、烃、GC1 | | | | | | | | | |
| 温度-压力额定值 | 温度/℃ | 38 | 50 | 100 | 150 | 200 | 250 | 300 | 350 | 400 | 425 |
| | 压力/MPa | 1.96 | 1.92 | 1.77 | 1.58 | 1.38 | 1.21 | 1.02 | 0.84 | 0.65 | 0.55 |
| 支管表号 | | HA | | | | 焊后热处理 | | PER CODE | | | |

| 名称 | 公称直径/in | Sch/等级 | 端面 | 描　　述 | 编　　码 | 备注 |
|---|---|---|---|---|---|---|
| 管子 | 0.5~0.5 | SCH160 | PE | SMLS，GB/T 9948 20，SH/T 3405 | PPPSP1007SZZ | |
| | 0.75~1.5 | XS | PE | SMLS，GB/T 9948 20，SH/T 3405 | PPPSP1007SZZ | |
| | 2~24 | STD | PE | SMLS，GB/T 9948 20，SH/T 3405 | PPPSP1007SZZ | |
| | 28~48 | STD | PE | EFW，A672 C60 CL22，ASME B36.10M | PPPFP1536AZZ | |
| | 54~62 | 12.70mm | PE | EFW，A672 C60 CL22，ASME B36.10M | PPPFP1536AZZ | |
| | 66~72 | 12.70mm | PE | EFW，A672 C60 CL22，ASME B36.10M | PPPFP1536AZZ | |
| | 78~96 | 15.88mm | PE | EFW，A672 C60 CL22，ASME B36.10M | PPPFP1536AZZ | |
| | 102~108 | 19.05mm | PE | EFW，A672 C60 CL22，ASME B36.10M | PPPFP1536AZZ | |
| | 114~124 | 20.62mm | PE | EFW，A672 C60 CL22，ASME B36.10M | PPPFP1536AZZ | |
| | 128~148 | 25.40mm | PE | EFW，A672 C60 CL22，ASME B36.10M | PPPFP1536AZZ | |
| 45-弯头 | 0.5~0.5 | CL6000 | SW | NB/T 47008 20，SH/T 3410 | PJEPFS1303CZZL6 | |
| | 0.75~1.5 | CL3000 | SW | NB/T 47008 20，SH/T 3410 | PJEPFS1303CZZL3 | |
| | 2~24 | STD | BW | SMLS，GB/T 9948 20，SH/T 3408 | PJEKSB1007AZZ | |
| | 28~48 | STD | BW | WELD，GB/T 713 Q245R，SH/T 3408 | PJEKWB1204AZZ | |
| | 54~62 | 12.70mm | BW | WELD，GB/T 713 Q245R，SH/T 3408 | PJEKWB1204AZZ | |
| | 66~72 | 12.70mm | BW | WELD，GB/T 713 Q245R，SH/T 3408 | PJEKWB1204AZZ | |
| | 78~96 | 15.88mm | BW | WELD，GB/T 713 Q245R，SH/T 3408 | PJEKWB1204AZZ | |
| | 102~108 | 19.05mm | BW | WELD，GB/T 713 Q245R，SH/T 3408 | PJEKWB1204AZZ | |
| | 114~124 | 20.62mm | BW | WELD，GB/T 713 Q245R，SH/T 3408 | PJEKWB1204AZZ | |
| | 128~148 | 25.40mm | BW | WELD，GB/T 713 Q245R，SH/T 3408 | PJEKWB1204AZZ | |

续表

| 名称 | 公称直径/in | Sch/等级 | 端面 | 描　　述 | 编　　码 | 备注 |
|---|---|---|---|---|---|---|
| 90-弯头 | 0.5~0.5 | CL6000 | SW | NB/T 47008 20，SH/T 3410 | PJEQFS1303CZZL6 | |
| | 0.75~1.5 | CL3000 | SW | NB/T 47008 20，SH/T 3410 | PJEQFS1303CZZL3 | |
| | 2~24 | STD | BW | SMLS，GB/T 9948 20，LR，SH/T 3408 | PJELSB1007AZZ | |
| | 28~48 | STD | BW | WELD，GB/T 713 Q245R，LR，SH/T 3408 | PJELWB1204AZZ | |
| | 54~62 | 12.70mm | BW | WELD，GB/T 713 Q245R，LR，SH/T 3408 | PJELWB1204AZZ | |
| | 66~72 | 12.70mm | BW | WELD，GB/T 713 Q245R，LR，SH/T 3408 | PJELWB1204AZZ | |
| | 78~96 | 15.88mm | BW | WELD，GB/T 713 Q245R，LR，SH/T 3408 | PJELWB1204AZZ | |
| | 102~108 | 19.05mm | BW | WELD，GB/T 713 Q245R，LR，SH/T 3408 | PJELWB1204AZZ | |
| | 114~124 | 20.62mm | BW | WELD，GB/T 713 Q245R，LR，SH/T 3408 | PJELWB1204AZZ | |
| | 128~148 | 25.40mm | BW | WELD，GB/T 713 Q245R，LR，SH/T 3408 | PJELWB1204AZZ | |
| 等径三通 | 0.5~0.5 | CL6000 | SW | NB/T 47008 20，SH/T 3410 | PJTSFS1303CZZL6 | |
| | 0.75~1.5 | CL3000 | SW | NB/T 47008 20，SH/T 3410 | PJTSFS1303CZZL3 | |
| | 2~24 | STD | BW | SMLS，GB/T 9948 20，SH/T 3408 | PJTSSB1007AZZ | |
| | 28~48 | STD | BW | WELD，GB/T 713 Q245R，SH/T 3408 | PJTSWB1204AZZ | |
| | 54~62 | 12.70mm | BW | WELD，GB/T 713 Q245R，SH/T 3408 | PJTSWB1204AZZ | |
| | 66~72 | 12.70mm | BW | WELD，GB/T 713 Q245R，SH/T 3408 | PJTSWB1204AZZ | |
| | 78~96 | 15.88mm | BW | WELD，GB/T 713 Q245R，SH/T 3408 | PJTSWB1204AZZ | |
| | 102~108 | 19.05mm | BW | WELD，GB/T 713 Q245R，SH/T 3408 | PJTSWB1204AZZ | |
| | 114~124 | 20.62mm | BW | WELD，GB/T 713 Q245R，SH/T 3408 | PJTSWB1204AZZ | |
| | 128~148 | 25.40mm | BW | WELD，GB/T 713 Q245R，SH/T 3408 | PJTSWB1204AZZ | |
| 异径三通 | 0.5~0.5 | CL6000 | SW | NB/T 47008 20，SH/T 3410 | PJTRFS1303CZZL6 | |
| | 0.75~1.5 | CL3000 | SW | NB/T 47008 20，SH/T 3410 | PJTRFS1303CZZL3 | |
| | 2~24 | STD | BW | SMLS，GB/T 9948 20，SH/T 3408 | PJTRSB1007AZZ | |
| | 28~48 | STD | BW | WELD，GB/T 713 Q245R，SH/T 3408 | PJTRWB1204AZZ | |
| | 54~62 | 12.70mm | BW | WELD，GB/T 713 Q245R，SH/T 3408 | PJTRWB1204AZZ | |
| | 66~72 | 12.70mm | BW | WELD，GB/T 713 Q245R，SH/T 3408 | PJTRWB1204AZZ | |
| | 78~96 | 15.88mm | BW | WELD，GB/T 713 Q245R，SH/T 3408 | PJTRWB1204AZZ | |
| | 102~108 | 19.05mm | BW | WELD，GB/T 713 Q245R，SH/T 3408 | PJTRWB1204AZZ | |
| | 114~124 | 20.62mm | BW | WELD，GB/T 713 Q245R，SH/T 3408 | PJTRWB1204AZZ | |
| | 128~148 | 25.40mm | BW | WELD，GB/T 713 Q245R，SH/T 3408 | PJTRWB1204AZZ | |
| 同心异径短节 | 0.5~0.5 | SCH160 | PBE | SMLS，GB/T 9948 20，SH/T 3419 | PJSCSP1007HZZ | |
| | 0.5~0.5 | XXS | PLE/TSE | SMLS，GB/T 9948 20，SH/T 3419 | PJSCSG1007HZZ | |
| | 0.75~1.5 | XS | PBE | SMLS，GB/T 9948 20，SH/T 3419 | PJSCSP1007HZZ | |
| | 0.75~1.5 | SCH160 | PLE/TSE | SMLS，GB/T 9948 20，SH/T 3419 | PJSCSG1007HZZ | |
| 偏心异径短节 | 0.5~0.5 | SCH160 | PBE | SMLS，GB/T 9948 20，SH/T 3419 | PJSESP1007HZZ | |
| | 0.5~0.5 | XXS | PLE/TSE | SMLS，GB/T 9948 20，SH/T 3419 | PJSESG1007HZZ | |
| | 0.75~1.5 | XS | PBE | SMLS，GB/T 9948 20，SH/T 3419 | PJSESP1007HZZ | |
| | 0.75~1.5 | SCH160 | PLE/TSE | SMLS，GB/T 9948 20，SH/T 3419 | PJSESG1007HZZ | |

续表

| 名称 | 公称直径/in | Sch/等级 | 端面 | 描述 | 编码 | 备注 |
|---|---|---|---|---|---|---|
| 同心异径管 | 2~24 | STD | BW | SMLS，GB/T 9948 20，SH/T 3408 | PJRCSB1007AZZ | |
| | 28~48 | STD | BW | WELD，GB/T 713 Q245R，SH/T 3408 | PJRCWB1204AZZ | |
| | 54~62 | 12.70mm | BW | WELD，GB/T 713 Q245R，SH/T 3408 | PJRCWB1204AZZ | |
| | 66~72 | 12.70mm | BW | WELD，GB/T 713 Q245R，SH/T 3408 | PJRCWB1204AZZ | |
| | 78~96 | 15.88mm | BW | WELD，GB/T 713 Q245R，SH/T 3408 | PJRCWB1204AZZ | |
| | 102~108 | 19.05mm | BW | WELD，GB/T 713 Q245R，SH/T 3408 | PJRCWB1204AZZ | |
| | 114~124 | 20.62mm | BW | WELD，GB/T 713 Q245R，SH/T 3408 | PJRCWB1204AZZ | |
| | 128~148 | 25.40mm | BW | WELD，GB/T 713 Q245R，SH/T 3408 | PJRCWB1204AZZ | |
| 偏心异径管 | 2~24 | STD | BW | SMLS，GB/T 9948 20，SH/T 3408 | PJRESB1007AZZ | |
| | 28~48 | STD | BW | WELD，GB/T 713 Q245R，SH/T 3408 | PJREWB1204AZZ | |
| | 54~62 | 12.70mm | BW | WELD，GB/T 713 Q245R，SH/T 3408 | PJREWB1204AZZ | |
| | 66~72 | 12.70mm | BW | WELD，GB/T 713 Q245R，SH/T 3408 | PJREWB1204AZZ | |
| | 78~96 | 15.88mm | BW | WELD，GB/T 713 Q245R，SH/T 3408 | PJREWB1204AZZ | |
| | 102~108 | 19.05mm | BW | WELD，GB/T 713 Q245R，SH/T 3408 | PJREWB1204AZZ | |
| | 114~124 | 20.62mm | BW | WELD，GB/T 713 Q245R，SH/T 3408 | PJREWB1204AZZ | |
| | 128~148 | 25.40mm | BW | WELD，GB/T 713 Q245R，SH/T 3408 | PJREWB1204AZZ | |
| 管帽 | 0.5~0.5 | CL6000 | FNPT | NB/T 47008 20，SH/T 3410 | PJKFFN1303CZZL6 | |
| | 0.5~0.5 | CL6000 | SW | NB/T 47008 20，SH/T 3410 | PJKFFS1303CZZL6 | |
| | 0.75~1.5 | CL3000 | FNPT | NB/T 47008 20，SH/T 3410 | PJKFFN1303CZZL3 | |
| | 0.75~1.5 | CL3000 | SW | NB/T 47008 20，SH/T 3410 | PJKFFS1303CZZL3 | |
| | 2~24 | STD | BW | SMLS，GB/T 713 Q245R，SH/T 3408 | PJKESB1204AZZ | |
| | 28~48 | STD | BW | SMLS，GB/T 713 Q245R，SH/T 3408 | PJKESB1204AZZ | |
| | 54~62 | 12.70mm | BW | SMLS，GB/T 713 Q245R，SH/T 3408 | PJKESB1204AZZ | |
| | 66~72 | 12.70mm | BW | SMLS，GB/T 713 Q245R，SH/T 3408 | PJKESB1204AZZ | |
| | 78~96 | 15.88mm | BW | SMLS，GB/T 713 Q245R，SH/T 3408 | PJKESB1204AZZ | |
| | 102~108 | 19.05mm | BW | SMLS，GB/T 713 Q245R，SH/T 3408 | PJKESB1204AZZ | |
| | 114~124 | 20.62mm | BW | SMLS，GB/T 713 Q245R，SH/T 3408 | PJKESB1204AZZ | |
| | 128~148 | 25.40mm | BW | SMLS，GB/T 713 Q245R，SH/T 3408 | PJKESB1204AZZ | |
| 管箍 | 0.5~0.5 | CL6000 | FNPT | NB/T 47008 20，SH/T 3410 | PJCDFN1303CZZL6 | |
| | 0.5~0.5 | CL6000 | SW | NB/T 47008 20，SH/T 3410 | PJCDFS1303CZZL6 | |
| | 0.75~1.5 | CL3000 | FNPT | NB/T 47008 20，SH/T 3410 | PJCDFN1303CZZL3 | |
| | 0.75~1.5 | CL3000 | SW | NB/T 47008 20，SH/T 3410 | PJCDFS1303CZZL3 | |
| 异径管箍 | 0.5~0.5 | CL6000 | SW | NB/T 47008 20，SH/T 3410 | PJCRFS1303CZZL6 | |
| | 0.5~0.5 | CL6000 | FNPT | NB/T 47008 20，SH/T 3410 | PJCRFN1303CZZL6 | |
| | 0.75~1.5 | CL3000 | SW | NB/T 47008 20，SH/T 3410 | PJCRFS1303CZZL3 | |
| | 0.75~1.5 | CL3000 | FNPT | NB/T 47008 20，SH/T 3410 | PJCRFN1303CZZL3 | |

续表

| 名称 | 公称直径/in | Sch/等级 | 端面 | 描　述 | 编　码 | 备注 |
|---|---|---|---|---|---|---|
| 短节 | 0.5~0.5 | SCH160 | PBE | SMLS，GB/T 9948 20，ENGS | PJNCSP1007EZZ | L=100mm |
| | 0.5~0.5 | XXS | POE/TOE | SMLS，GB/T 9948 20，ENGS | PJNCSZ1007EZZ | L=100mm |
| | 0.75~1.5 | XS | PBE | SMLS，GB/T 9948 20，ENGS | PJNCSP1007EZZ | L=100mm |
| | 0.75~1.5 | SCH160 | POE/TOE | SMLS，GB/T 9948 20，ENGS | PJNCSZ1007EZZ | L=100mm |
| 丝堵 | 0.5~1.5 | — | MNPT | ROUND HEAD，NB/T 47008 20，SH/T 3410 | PJLRFM1303CZZ | |
| 支管台 | 0.5~0.5 | CL6000 | FNPT | NB/T 47008 20，GB/T 19326 | PJOOFN1303QZZL6 | |
| | 0.75~1.5 | CL3000 | FNPT | NB/T 47008 20，GB/T 19326 | PJOOFN1303QZZL3 | |
| | 0.5~0.5 | CL6000 | SW | NB/T 47008 20，GB/T 19326 | PJOOFS1303QZZL6 | |
| | 0.75~1.5 | CL3000 | SW | NB/T 47008 20，GB/T 19326 | PJOOFS1303QZZL3 | |
| | 2~8 | STD | BW | NB/T 47008 20，GB/T 19326 | PJOOFB1303QZZ | |
| 90-补强板 | 18~24 | STD | PE | SMLS，GB/T 9948 20，SH/T 3405 | PQBSP1007SZZ | |
| | 28~48 | STD | PE | EFW，A672 C60 CL22，ASME B36.10M | PQBFP1536AZZ | |
| | 54~62 | 12.70mm | PE | EFW，A672 C60 CL22，ASME B36.10M | PQBFP1536AZZ | |
| | 66~72 | 12.70mm | PE | EFW，A672 C60 CL22，ASME B36.10M | PQBFP1536AZZ | |
| | 78~96 | 15.88mm | PE | EFW，A672 C60 CL22，ASME B36.10M | PQBFP1536AZZ | |
| | 102~108 | 19.05mm | PE | EFW，A672 C60 CL22，ASME B36.10M | PQBFP1536AZZ | |
| | 114~124 | 20.62mm | PE | EFW，A672 C60 CL22，ASME B36.10M | PQBFP1536AZZ | |
| | 128~148 | 25.40mm | PE | EFW，A672 C60 CL22，ASME B36.10M | PQBFP1536AZZ | |
| 45-补强板 | 18~24 | STD | PE | SMLS，GB/T 9948 20，SH/T 3405 | PQDSP1007SZZ | |
| | 28~48 | STD | PE | EFW，A672 C60 CL22，ASME B36.10M | PQDFP1536AZZ | |
| | 54~62 | 12.70mm | PE | EFW，A672 C60 CL22，ASME B36.10M | PQDFP1536AZZ | |
| | 66~72 | 12.70mm | PE | EFW，A672 C60 CL22，ASME B36.10M | PQDFP1536AZZ | |
| | 78~96 | 15.88mm | PE | EFW，A672 C60 CL22，ASME B36.10M | PQDFP1536AZZ | |
| | 102~108 | 19.05mm | PE | EFW，A672 C60 CL22，ASME B36.10M | PQDFP1536AZZ | |
| | 114~124 | 20.62mm | PE | EFW，A672 C60 CL22，ASME B36.10M | PQDFP1536AZZ | |
| | 128~148 | 25.40mm | PE | EFW，A672 C60 CL22，ASME B36.10M | PQDFP1536AZZ | |
| 承插焊法兰 | 0.5~0.5 | CL150 | SW/RF | A105，SH/T 3406 | PFFS62R1801SZZ | |
| | 0.75~1.5 | CL150 | SW/RF | A105，SH/T 3406 | PFFS62R1801SZZ | |
| | 0.5~0.5 | CL300 | SW/RF | A105，SH/T 3406 | PFFS63R1801SZZ | |
| | 0.75~1.5 | CL300 | SW/RF | A105，SH/T 3406 | PFFS63R1801SZZ | |
| 对焊法兰 | 2~24 | CL150 | WN/RF | A105，SH/T 3406 | PFFW62R1801SZZ | |
| | 28~48 | CL150 | WN/RF-B | A105，SH/T 3406-B | PFFW62R1801OZZ | |
| | 54~60 | CL150 | WN/RF-B | A105，SH/T 3406-B | PFFW62R1801OZZ | |
| | 2~24 | CL300 | WN/RF | A105，SH/T 3406 | PFFW63R1801SZZ | |
| 盲法兰 | 28~48 | CL300 | WN/RF-B | A105，SH/T 3406-B | PFFW63R1801OZZ | |
| | 56~56 | CL300 | WN/RF-B | A105，SH/T 3406-B | PFFW63R1801OZZ | |

续表

| 名称 | 公称直径/in | Sch/等级 | 端面 | 描　述 | 编　码 | 备注 |
|---|---|---|---|---|---|---|
| 盲法兰 | 0.5~24 | CL150 | RF | A105，SH/T 3406 | PFFB62R1801SZZ | |
| | 26~60 | CL150 | RF | A105，SH/T 3406-B | PFFB62R1801OZZ | |
| | 0.5~24 | CL300 | RF | A105，SH/T 3406 | PFFB63R1801SZZ | |
| 8字盲板 | 0.5~12 | CL150 | FF | A105，SH/T 3425 | PBBG62P1801LZZ | |
| | 0.5~12 | CL300 | FF | A105，SH/T 3425 | PBBG63P1801LZZ | |
| 单盲板&单垫环 | 14~24 | CL150 | FF | A105，SH/T 3425 | PBBF62P1801LZZ | |
| | 14~24 | CL300 | FF | A105，SH/T 3425 | PBBF63P1801LZZ | |
| 缠绕垫片 | 0.5~24 | CL150 | RF | 304/GRAF，OR：304，IR：304，TYPE IR&OR，SH/T 3407 | PGGSD62A6DGDZZ | |
| | 26~60 | CL150 | RFB | 304/GRAF，OR：304，IR：304，TYPE IR&OR，SH/T 3407-B | PGGSD62A6DHDZZ | |
| | 0.5~24 | CL300 | RF | 304/GRAF，OR：304，IR：304，TYPE IR&OR，SH/T 3407 | PGGSD63A6DGDZZ | |
| | 26~60 | CL300 | RFB | 304/GRAF，OR：304，IR：304，TYPE IR&OR，SH/T 3407-B | PGGSD63A6DHDZZ | |
| 螺柱/螺母 | 0.5~60 | CL150 | — | 35CrMoA/30CrMoA，SH/T 3404 | PLLS07SZZ | |
| | 0.5~60 | CL300 | — | 35CrMoA/30CrMoA，SH/T 3404 | PLLS07SZZ | |
| 闸阀 | 0.5~1.5 | CL800 | SW | A105，13Cr/HF(API #8)，BB，OS&Y，API 602 | PVVGB68-S0108FCAD0RV | LOW EMISSION |
| | 0.5~1.5 | CL800 | SW | A105，13Cr/HF(API #8)，BB，OS&Y，FP，API 602 | PVVGF68-S0108FCAD0RV | LOW EMISSION |
| | 0.5~1.5 | CL800 | SW/FNPT | A105，13Cr/HF(API #8)，BB，OS&Y，API 602 | PVVGB68-D0108FCAD0RV | LOW EMISSION |
| | 0.5~1.5 | CL800 | SW/FNPT | A105，13Cr/HF(API #8)，BB，OS&Y，FP，API 602 | PVVGF68-D0108FCAD0RV | LOW EMISSION |
| | 0.5~1.5 | CL150 | RF | A105，13Cr/HF(API #8)，BB，OS&Y，API 602 | PVVGB62-R0108FCAD0RV | LOW EMISSION |
| | 1.5~1.5 | CL150 | RF | A105，13Cr/HF(API #8)，BB，OS&Y，FP，API 602 | PVVGF62-R0108FCAD0RV | LOW EMISSION |
| | 2~14 | CL150 | RF | A216 WCB，13Cr/HF(API #8)，BB，OS&Y，FP，API 600 | PVVGF62-R0308FBAC0RV | LOW EMISSION |
| | 16~24 | CL150 | RF | A216 WCB，13Cr/HF(API #8)，BB，OS&Y，FP，GO，API 600 | PVVGF62-R0308FBAC5RV | LOW EMISSION |
| | 28~48 | CL150 | RF-B | A216 WCB，13Cr/HF(API #8)，BB，OS&Y，FP，GO，API 600 | PVVGF62-U0308FBAC5RV | LOW EMISSION |

续表

| 名称 | 公称直径/in | Sch/等级 | 端面 | 描　　述 | 编　　码 | 备注 |
|---|---|---|---|---|---|---|
| 截止阀 | 0.5~1.5 | CL800 | SW | A105，13Cr/HF(API #8)，<br>BB，OS&Y，API 602 | PVVLB68-<br>S0108FCAD0RV | LOW<br>EMISSION |
| | 2~10 | CL150 | RF | A216 WCB，13Cr/HF(API #8)，<br>BB，OS&Y，BS 1873 | PVVLB62-<br>R0308FCAK0RV | LOW<br>EMISSION |
| | 12~14 | CL150 | RF | A216 WCB，13Cr/HF(API #8)，<br>BB，OS&Y，GO，BS 1873 | PVVLB62-<br>R0308FCAK5RV | LOW<br>EMISSION |
| 止回阀 | 0.5~1.5 | CL800 | SW | A105，13Cr/HF(API #8)，<br>BC，PISTON，SPRING-LOADED，API 602 | PVVCL68-<br>S0108YCAD0ZZ | |
| | 2~12 | CL150 | RF | A216 WCB，13Cr/HF(API #8)，<br>BC，SWING，API 594 | PVVCS62-<br>R0308NCAA0ZZ | |
| | 14~24 | CL150 | RF | A216 WCB，13Cr/HF(API #8)，<br>DUAL-PLATE，API 594 | PVVCD62-<br>R0308XNZA0ZZ | |
| | 28~48 | CL150 | RF-B | A216 WCB，13Cr/HF(API #8)，<br>DUAL-PLATE，API 594 | PVVCD62-<br>U0308XNZA0ZZ | |

90 支管表

| 适用范围 | A1P |
|---|---|

| 主管＼支管 | 0.5 | 0.75 | 1 | 1.25 | 1.5 | 2 | 2.5 | 3 | 4 | 5 | 6 | 8 | 10 | 12 | 14 | 16 | 18 | 20 | 22 | 24 | 26 | 28 | 30 | 32 | 36 | 38 | 40 | 42 | 44 | 46 | 48 | 52 | 56 | 60 | 64 | 68 | 72 | 76 | 80 |
|---|---|---|---|---|---|---|---|---|---|---|---|---|---|---|---|---|---|---|---|---|---|---|---|---|---|---|---|---|---|---|---|---|---|---|---|---|---|---|---|
| 0.5 | T |
| 0.75 | R | T |
| 1 | R | R | T |
| 1.25 | R | R | R | T |
| 1.5 | R | R | R | R | T |
| 2 | S | S | S | S | R | T |
| 2.5 | S | S | S | S | R | R | T |
| 3 | S | S | S | S | S | R | R | T |
| 4 | S | S | S | S | S | R | R | R | T |
| 5 | S | S | S | S | S | B | R | R | R | T |
| 6 | S | S | S | S | S | B | B | R | R | R | T |
| 8 | S | S | S | S | S | B | B | B | R | R | R | T |
| 10 | S | S | S | S | S | B | B | B | B | R | R | R | T |
| 12 | S | S | S | S | S | B | B | B | B | B | R | R | R | T |
| 14 | S | S | S | S | S | W | W | W | W | W | W | R | R | R | T |
| 16 | S | S | S | S | S | W | W | W | W | W | W | W | R | R | R | T |
| 18 | S | S | S | S | S | W | W | W | W | W | W | W | P | R | R | R | T |
| 20 | S | S | S | S | S | W | W | W | W | W | W | W | P | P | R | R | R | T |
| 22 | S | S | S | S | S | W | W | W | W | W | W | W | P | P | P | R | R | R | T |
| 24 | S | S | S | S | S | W | W | W | W | W | W | W | P | P | P | P | R | R | R | T |
| 26 | S | S | S | S | S | W | W | W | W | W | W | W | P | P | P | P | P | R | R | R | T |
| 28 | S | S | S | S | S | W | W | W | W | W | W | W | P | P | P | P | P | P | R | R | R | T |
| 30 | S | S | S | S | S | W | W | W | W | W | W | W | P | P | P | P | P | P | P | R | R | R | T |
| 32 | S | S | S | S | S | W | W | W | W | W | W | W | P | P | P | P | P | P | P | P | R | R | R | T |
| 36 | S | S | S | S | S | W | W | W | W | W | W | W | P | P | P | P | P | P | P | P | P | R | R | R | T |
| 38 | S | S | S | S | S | W | W | W | W | W | W | W | P | P | P | P | P | P | P | P | P | P | R | R | R | T |
| 40 | S | S | S | S | S | W | W | W | W | W | W | W | P | P | P | P | P | P | P | P | P | P | P | R | R | R | T |
| 42 | S | S | S | S | S | W | W | W | W | W | W | W | P | P | P | P | P | P | P | P | P | P | P | P | R | R | R | T |
| 44 | S | S | S | S | S | W | W | W | W | W | W | W | P | P | P | P | P | P | P | P | P | P | P | P | R | R | R | R | T |
| 46 | S | S | S | S | S | W | W | W | W | W | W | W | P | P | P | P | P | P | P | P | P | P | P | P | P | R | R | R | R | T |
| 48 | S | S | S | S | S | W | W | W | W | W | W | W | P | P | P | P | P | P | P | P | P | P | P | P | P | P | R | R | R | R | T |
| 52 | S | S | S | S | S | W | W | W | W | W | W | W | P | P | P | P | P | P | P | P | P | P | P | P | P | P | P | R | R | R | R | T |
| 56 | S | S | S | S | S | W | W | W | W | W | W | W | P | P | P | P | P | P | P | P | P | P | P | P | P | P | P | P | R | R | R | R | T |
| 60 | S | S | S | S | S | W | W | W | W | W | W | W | P | P | P | P | P | P | P | P | P | P | P | P | P | P | P | P | P | R | R | R | R | T |
| 64 | S | S | S | S | S | W | W | W | W | W | W | W | P | P | P | P | P | P | P | P | P | P | P | P | P | P | P | P | P | P | R | R | R | R | T |
| 68 | S | S | S | S | S | W | W | W | W | W | W | W | P | P | P | P | P | P | P | P | P | P | P | P | P | P | P | P | P | P | P | R | R | R | R | T |
| 72 | S | S | S | S | S | W | W | W | W | W | W | W | P | P | P | P | P | P | P | P | P | P | P | P | P | P | P | P | P | P | P | P | R | R | R | R | T |
| 76 | S | S | S | S | S | W | W | W | W | W | W | W | P | P | P | P | P | P | P | P | P | P | P | P | P | P | P | P | P | P | P | P | P | R | R | R | R | T |
| 80 | S | S | S | S | S | W | W | W | W | W | W | W | P | P | P | P | P | P | P | P | P | P | P | P | P | P | P | P | P | P | P | P | P | P | R | R | R | R | T |

T—等径三通；R—异径三通；D—螺纹支管台；S—承插焊支管台；

N—带短管支管台；W—对焊支管台；P—补强板补强；B—开孔焊不加补强板

# 第四节　管道应力分析

管道应力分析是压力管道设计过程中的一项重要工作，是确保乙烯装置安全运行的关键因素之一。随着乙烯装置规模逐渐大型化，需要使用计算机进行详细应力分析的管道数量也显著增加，通常1000kt/a以上规模的乙烯装置有不少于60km的管道需要这种详细应力分析，其中所涉及的材料、温压种类繁多，工况组合多变，基本涵盖了石油化工装置管道应力分析中可能遇到的所有典型情况。

## 一、管道应力分析的安全评定

### 1. 管道应力分析的目的

管道应力分析的主要目的是计算在静、动载荷下管道中的应力，计算支吊架、设备及其他约束的载荷，进而对计算结果做出相应的安全评定，使其满足标准规范的要求，保证管道自身和与其相连的设备、支吊架与结构的安全。目前，管道应力分析软件多采用CAESAR II或AUTOPIPE。

### 2. 压力管道的应力分类

根据产生应力的载荷不同，可以将应力划分为一次应力和二次应力，一次应力是由于压力、重力与其他外力载荷的作用所产生的应力，它是平衡外力载荷所需的应力，随着外力载荷的增加而增加；二次应力是由于热胀、冷缩、端点位移等位移载荷的作用所产生的应力，它不直接与外力平衡，而是为满足位移约束条件或管道自身变形的连续要求所必需的应力。一次轴向应力应小于压力设计时的基本许用应力；二次应力范围应能确保管道处于弹性安定状态。另外，对循环载荷下的交变应力应进行疲劳分析。

### 3. 管道应力计算参数的选取原则

管道计算温度和计算压力应根据工艺条件及下列规定确定：

① 除另有规定外，管道安装温度宜取20℃。

② 对于无绝热层管道，介质温度低于65℃时，计算温度应取介质温度；介质温度高于或等于65℃时，计算温度应取介质温度的95%。

③ 对于有绝热层管道，除另有计算或经验数据外，计算温度应取介质温度。

④ 对于外伴热管道，计算温度应根据具体条件确定。

⑤ 对于安全阀泄压管道，计算温度应取排放时可能出现的最高或最低温度。

⑥ 进行管道柔性设计时，计算温度的选取应计及正常操作温度，还应计及开车、停车、除焦、再生及蒸汽吹扫等工况的温度。

⑦ 管道计算压力应取计算温度下对应的压力。

## 二、设备接管许用外载荷

压力容器的接管可以按表16.4-1、表16.4-2中的规定限制许用载荷。当管径或计算载荷超出规定时，可按照其他权威规则评定接管载荷的安全性，例如WRC297规定的方法，同时应通知压力容器制造厂进一步确认。当按WRC297等规则进行的计算仍无法满足规定时，管道应力工程师将设备接管载荷计算结果提交压力容器制造厂，按照 ASME 锅炉与压力容器规范第Ⅷ卷第 2 册附录 4 中的规则进行详细应力分析，由制造厂决定是否有必要通过增加壳体壁厚或接管补强的方法进一步处理。在乙烯装置中，上述应力分析流程是经常要面对的问题。

**表 16.4-1　管口作用在器壁上的荷载估算**

| 项　目 | 公　式 | 项　目 | 公　式 |
|---|---|---|---|
| 经向弯矩 | $M_L=bx(130xD^2)$ N·m | 经向力 | $F_L=bx(2000xD)$ N |
| 环向弯矩 | $M_C=bx(100xD^2)$ N·m | 环向力 | $F_C=bx(1500xD)$ N |
| 扭矩 | $M_T=bx(150xD^2)$ N·m | 轴向拉力或压力 | $F_A=bx(2000xD)$ N |

**表 16.4-2　“b”值选取**

| 法兰压力等级，PN | “b”值 | | 法兰压力等级，PN | “b”值 | |
|---|---|---|---|---|---|
| | $T_d\leqslant250℃$ | $T_d>250℃$ | | $T_d\leqslant250℃$ | $T_d>250℃$ |
| 2.0MPa(150lb) | 0.8 | 0.6 | 15.0MPa(900lb) | 2.4 | 1.8 |
| 5.0MPa(300lb) | 0.9 | 0.7 | 26.0MPa(1500lb) | 3.0 | |
| 11.0MPa(600lb) | 1.2 | 0.8 | 42.0MPa(2500lb) | 3.3 | |

对于其他设备，例如空冷器、板式换热器、裂解炉、离心泵等，必须由设备制造厂明确接管许用载荷，或者明确所采用的设备制造标准中规定值的倍数。通常在设备的采购技术谈判阶段，应力工程师就要依据经验与制造厂明确上述约定。

近年来，乙烯装置大型化，工艺管道管径也随着变大，如某 1000kt/a 乙烯装置的分离区裂解气管线管径已达 78″，壁厚 15.88mm。大管径、高温、高压管道由于一次应力、二次应力，会对设备管口造成较大的外部作用力，造成设备开孔处局部应力过大、连接法兰的泄漏。一般来说，24″及以下管线先将应力分析结果跟设备专业提供的许用外载荷进行对比，若不满足则跟管道工程师商议进行管线优化；24″以上管线若应力分析结果不满足设备许用外载荷，需先进行管线优化来满足设备许用要求；若依然无法满足，则管道应力工程师将设备管口载荷分析结果提交设备专业，由设备工程师进行应力校核，必要时采用增加壳体壁厚等处理方式。设备管口许用外载荷可以按表 16.4-3 公式进行估算，也可以采用设备专业针对乙烯装置提供的管口许用外部载荷进行校核。

## 三、管道支吊架的分类

管道支吊架是管道系统的重要组成部分，支吊架的设计是管道设计中的重要环节。根据功能和用途可以划分为承重支吊架、限位性支架和减振支架等几类。

① 承重支吊架主要用于支撑管道重量、介质重量、保温保冷层重量和其他外力作用。一般可以划分为弹簧支吊架、刚性支吊架。应力分析时，刚性支架及个别特殊位置的弹簧支架需要考虑摩擦力的影响。摩擦系数见表 16.4-4。

② 限位支架的主要作用是限制管道在一个方向或几个方向的位移，以达到控制管道位移过大或者保护设备管口载荷的目的。一般分为轴向限位架、径向限位架和四向限位架三种形式。

③ 减振管架一般用于需要控制管道振动的地方。

表 16.4-3　接管许用外荷载（$^{*}T_d$>250℃）

| 接管规格 | 各种压力等级法兰接管许用外载荷 | | | | | | | | | | | | | | | | | | | | | | | |
|---|---|---|---|---|---|---|---|---|---|---|---|---|---|---|---|---|---|---|---|---|---|---|---|---|
| | 2.0MPa(150lb) | | | | | | 5.0MPa(300lb) | | | | | | 11.0MPa(600lb) | | | | | | 15.0MPa(900lb) | | | | | |
| | 力/kN | | | 力矩/kN·m | | | 力/kN | | | 力矩/kN·m | | | 力/kN | | | 力矩/kN·m | | | 力/kN | | | 力矩/kN·m | | |
| in | $F_L$ | $F_A$ | $F_C$ | $M_C$ | $M_T$ | $M_L$ | $F_L$ | $F_A$ | $F_C$ | $M_C$ | $M_T$ | $M_L$ | $F_L$ | $F_A$ | $F_C$ | $M_C$ | $M_T$ | $M_L$ | $F_L$ | $F_A$ | $F_C$ | $M_C$ | $M_T$ | $M_L$ |
| 2 | 2.4 | 2.4 | 1.8 | 0.24 | 0.36 | 0.312 | 2.8 | 2.8 | 2.1 | 0.28 | 0.42 | 0.364 | 3.2 | 3.2 | 2.4 | 0.32 | 0.48 | 0.416 | 7.2 | 7.2 | 5.4 | 0.72 | 1.08 | 0.936 |
| 3 | 3.6 | 3.6 | 2.7 | 0.54 | 0.81 | 0.702 | 4.2 | 4.2 | 3.15 | 0.63 | 0.945 | 0.819 | 4.8 | 4.8 | 3.6 | 0.72 | 1.08 | 0.936 | 10.8 | 10.8 | 8.1 | 1.62 | 2.43 | 2.106 |
| 4 | 4.8 | 4.8 | 3.6 | 0.96 | 1.44 | 1.248 | 5.6 | 5.6 | 4.2 | 1.12 | 1.68 | 1.456 | 6.4 | 6.4 | 4.8 | 1.28 | 1.92 | 1.664 | 14.4 | 14.4 | 10.8 | 2.88 | 4.32 | 3.744 |
| 6 | 7.2 | 7.2 | 5.4 | 2.16 | 3.24 | 2.808 | 8.4 | 8.4 | 6.3 | 2.52 | 3.78 | 3.276 | 9.6 | 9.6 | 7.2 | 2.88 | 4.32 | 3.744 | 21.6 | 21.6 | 16.2 | 6.48 | 9.72 | 8.424 |
| 8 | 9.6 | 9.6 | 7.2 | 3.84 | 5.76 | 4.992 | 11.2 | 11.2 | 8.4 | 4.48 | 6.72 | 6.72 | 12.8 | 12.8 | 9.6 | 5.12 | 7.68 | 6.656 | 28.8 | 28.8 | 21.6 | 11.52 | 17.28 | 14.976 |
| 10 | 12 | 12 | 9 | 6 | 9 | 7.8 | 14 | 14 | 10.5 | 7 | 10.5 | 9.1 | 16 | 16 | 12 | 8 | 12 | 10.4 | 36 | 36 | 27 | 18 | 27 | 23.4 |
| 12 | 14.4 | 14.4 | 10.8 | 8.64 | 12.96 | 11.232 | 16.8 | 16.8 | 12.6 | 10.08 | 15.12 | 13.104 | 19.2 | 19.2 | 14.4 | 11.52 | 17.28 | 14.976 | 43.2 | 43.2 | 32.4 | 25.92 | 38.88 | 33.696 |
| 14 | 16.8 | 16.8 | 12.6 | 11.76 | 17.64 | 15.288 | 19.6 | 19.6 | 14.7 | 13.72 | 20.58 | 17.836 | 22.4 | 22.4 | 16.8 | 15.68 | 23.52 | 20.384 | 50.4 | 50.4 | 37.8 | 35.28 | 52.92 | 45.864 |
| 16 | 19.2 | 19.2 | 14.4 | 15.36 | 23.04 | 19.968 | 22.4 | 22.4 | 16.8 | 17.92 | 26.88 | 23.296 | 25.6 | 25.6 | 19.2 | 20.48 | 30.72 | 26.624 | 57.6 | 57.6 | 43.2 | 46.08 | 69.12 | 59.904 |
| 18 | 21.6 | 21.6 | 16.2 | 19.44 | 29.16 | 25.272 | 25.2 | 25.2 | 18.9 | 22.68 | 34.02 | 29.484 | 28.8 | 28.8 | 21.6 | 25.92 | 38.88 | 33.696 | 64.8 | 64.8 | 48.6 | 58.32 | 87.48 | 75.816 |
| 20 | 24 | 24 | 18 | 24 | 36 | 31.2 | 28 | 28 | 21 | 28 | 42 | 36.4 | 32 | 32 | 24 | 32 | 48 | 41.6 | 72 | 72 | 54 | 72 | 108 | 93.6 |
| 24 | 28.8 | 28.8 | 21.6 | 34.56 | 51.84 | 44.928 | 33.6 | 33.6 | 25.2 | 40.32 | 60.48 | 52.416 | 38.4 | 38.4 | 28.8 | 46.08 | 69.12 | 59.904 | 86.4 | 86.4 | 64.8 | 103.68 | 155.52 | 134.784 |

**表 16.4-4　摩擦系数 $\mu$**

| 摩擦类型 | 接触面 | $\mu$ |
|---|---|---|
| 滑动摩擦 | 钢对混凝土 | 0.6 |
| | 钢对钢 | 0.3 |
| | 聚四氟乙烯对不锈钢 | 0.1 |
| 滚动摩擦 | 钢对钢 | ≤0.1 |

## 四、关键管线的应力分析

### 1. 离心压缩机进出口管线的应力分析

裂解气压缩机、丙烯制冷机和乙烯制冷机三台离心式压缩机是乙烯装置的核心动设备，是乙烯装置的心脏。裂解气压缩机常见为三缸五段，管线多，管径大，管壁厚；乙烯制冷机管道温度低，冷缩变形量大；丙烯制冷机管径、操作工况一般介于裂解气压缩机和乙烯制冷机之间。如某 1000kt/a 乙烯装置裂解气压缩机一段入口管道规格 $\Phi$1981mm×15.88mm，五段出口管道规格为管道规格 $\Phi$762mm×17.48mm；乙烯制冷机为两缸，四进三出共七个管口，最大管道规格 $\Phi$711mm×9.53mm，最低温度-101℃，丙烯制冷机为单缸压缩机，三进两出，最大管道规格 $\Phi$1219mm×12.7mm，最低温度-40℃。

压缩机管口受力不应超过制造厂提供的允许值，一般按 API 617 标准校核，API 617 与 NEMAA SM23 的原则相同，只是其允许受力为 NEMA SM23 的 1.85 倍，制造厂可根据实际经验数据提供较大的受力，在应力分析中主要考虑的问题是减小设备管口受力，同时也要考虑在开停车阶段可能出现的振动问题。

下面以某 1000kt/a 乙烯装置裂解气压缩机进出口管线为例，讨论关键管线的应力分析。

(1) 裂解气压缩机一段入口管线(图 16.4-1)

材料：A672 C60，管道规格 $\Phi$1981mm×15.88mm，操作压力 0.03MPa，操作温度 40℃，管口初始热位移-0.54mm。

本管线管径大，管壁厚，刚度大，且管口初始位移向下；入口管线上三通过滤器和集合管为特殊管件，应根据管件制造商提供的实际重量对管道系统进行应力分析，这就需要水平管线上均采用弹簧箱支撑；三通处做四向水平可调限位架来控制管口受力。

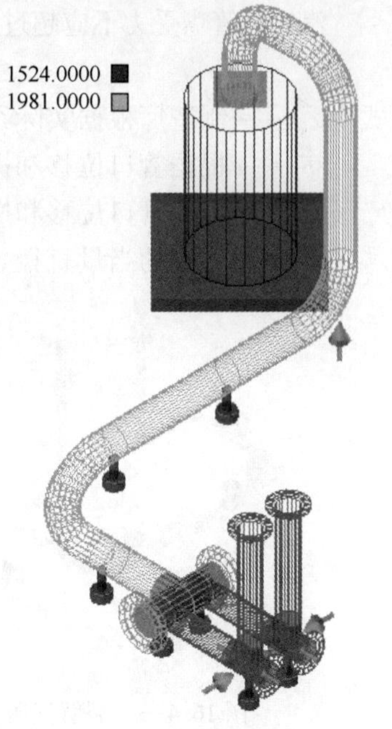

图 16.4-1　裂解气压缩机一段入口管线

(2) 裂解气压缩机五段出口管线(图 16.4-2)

材料：A672 C60，管道规格 $\Phi$762mm×17.48mm，操作压力 3.84MPa，操作温度 51℃。

压缩机出口管道管径大，操作压力高，主要问题是投用初期，压缩机刚开始做功，性能不稳，造成流量不稳定，存在单向阀频繁开闭引起管线振动的情况。因此，在做管道应力分析时，单向阀前后尽量有刚性支架，并在合适位置设置一个固定架或轴向限位架。避免单向阀反力引起的振动影响到压缩机。

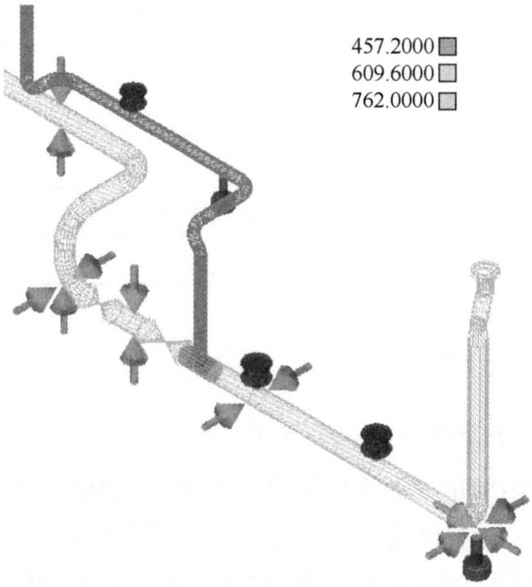


图 16.4-2　裂解气压缩机五段出口管线

## 2. 蒸汽轮机进出口管线的应力分析

乙烯装置一般设有两到三台驱动压缩机的蒸汽轮机设备，通常裂解气压缩机蒸汽轮机是由超高压蒸汽驱动，抽气为高压蒸汽；丙烯制冷机蒸汽轮机由超高压蒸汽驱动，抽气为中压蒸汽；乙烯制冷机蒸汽轮机由高压蒸汽驱动，抽气为低压蒸汽。其中超高压蒸汽管道温度高，管壁厚，管道刚度较大，管口初始位移大，管道布置和应力分析难度最大。进汽管道通常需要经过两次透平中心线，在增加管道柔性的同时确保管道的热膨胀和机组的热位移同步，以降低管口受力。当透平出口蒸汽管线等级较大且厚壁较厚时，管道一般也需要两次经过设备中心线。

汽轮机管嘴受力不应超过制造厂提供的允许值。管口受力的校核采用 NEMA SM23 标准：

$$F_r+1.09M_r \leqslant 29.2f \cdot D_e$$

式中　$f$——制造厂根据实际经验允许的扩大系数；

$F_r$——根据管口位移和操作条件计算出的单个管口的合力；

$M_r$——根据管口位移和操作条件计算出的单个管口的合力矩；

$D_e$——管嘴的当量直径。

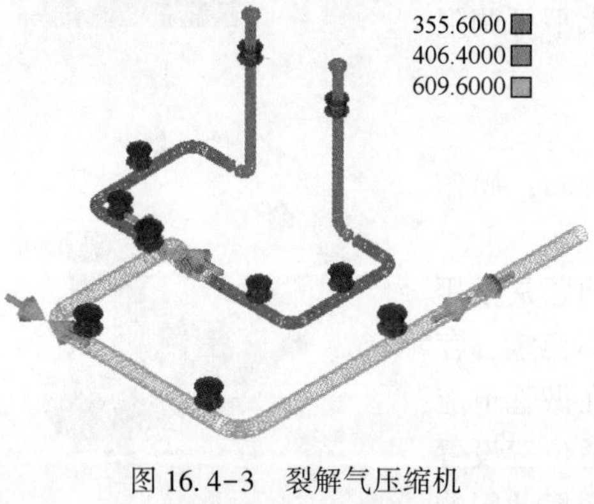


图 16.4-3　裂解气压缩机驱动汽轮机进汽管道

下面以某 1000kt/a 乙烯装置蒸汽轮机进出口管道为例，讨论关键管线的应力分析。

(1) 裂解气压缩机驱动汽轮机进汽管道(图 16.4-3)

材料：P22，管道规格 $\Phi$356mm×44mm，操作压力 11.5MPa，操作温度 520℃。

汽轮机入口管线为双下进方式，两根入口线会互相影响，同时还要受到外围管道的作用。为了减小汽轮机管口受力，采取以下措施：

① 靠近管口第一个支架宜选用刚度较小的弹簧支架。

② 管口周围根据应力分析选用恒力或可变弹簧支吊架。

③ 尽量减少两个管口的彼此影响，在三通、弯头和计算热位移零点处分别做控制热位移的水平可调限位架。

(2) 裂解气压缩机驱动汽轮机抽汽管道(图 16.4-4)

材料：P11，管道规格 $\Phi$610mm×31mm，操作压力 4.3MPa，操作温度 385℃。

排气管口初始位移与排放线热位移相反，管口受力容易受到排放线影响。为了减小汽轮机管口受力，采取以下措施：

① 靠近管口第一个支架选用刚度较小的弹簧支架。

② 第一个弯头处设置可调水平限位架，控制管廊侧管线热位移对透平的影响。

③ 在安全阀抽出管道上，在合适且可实现的地方设置可调水平限位架，控制安全阀管道对透平的影响。

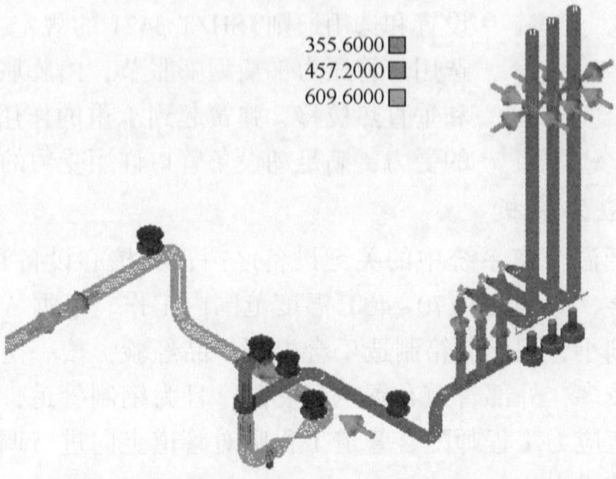


图 16.4-4　裂解气压缩机驱动汽轮机抽汽管道

### 3. 往复压缩机管线的应力分析

乙烯低温罐和丙烯低温罐通常设置配套的往复压缩机，用于回收泡点气。往复压缩机管道系统主要考虑因素是减小管道振动的问题。往复压缩机的管道振动绝大多数都是由管内气柱压力脉动所引起的。按照 API 618 的规定，往复压缩机管道的声学分析、振动分析和防振措施主要由机器制造厂负责，管道的设计工程师在完成进出口管道和支架的设计后，将管道布置及支架设置方案提供给机器制造厂，由制造厂按照 API 618 完成管道的脉动及振动分析计算，并根据分析结果提出有力措施以消减气流脉动和管道振动对压缩机组性能的影响。

往复压缩机管道支架应采用防振管卡或固定支架，压缩机管口的几个支架尤其重要，应设独立基础，避免生根在压缩机及其电机的基础、操作平台和厂房的梁柱上，以防止相互影响扩散振动，防振支架的结构和支架生根部分应具有足够的刚度，支架立柱应采用大规格的 H 型钢或钢筋混凝土制作以保证其足够的刚度和强度。见图 16.4-5。

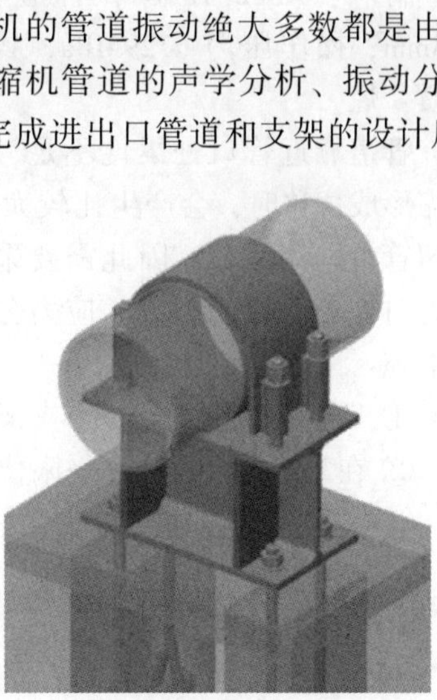

图 16.4-5　往复压缩机管线防振支架

4. 急冷油泵入口管线的应力分析

乙烯装置急冷油泵入口管线管径大，泵设备管口小，过滤器为篮式过滤器，设备布置紧凑，管道一般只能 L 型布置，柔性差。虽然对于急冷油泵、急冷水泵等较大的动设备，制造厂根据其实际经验数据，允许受力比 PAI-610 标准有所放大，但应力分析结果仍难以满足。

图 16.4-6　急冷油泵入口管线

图 16.4-6 为某 1000kt/a 乙烯装置急冷油管道应力分析示例。

材料：A672 C60，管道规格 $\Phi$812mm×15.8mm，急冷油泵管口 $\Phi$406mm×12.7mm，操作压力 0.1MPa，操作温度 215℃，介质：急冷油。

若直接以 L 型管线走向进行应力分析，急冷油泵管口外部载荷远超制造厂要求，这里根据《金属波纹管膨胀节设置和选用通则》SH/T 3421 的规定，结合实际应力分析，选用弯管压力平衡型膨胀节，由膨胀节来吸收管道的水平和垂直热位移，弹簧起到承重的作用，降低急冷油泵管口的受力，满足动设备管口许用受力的要求。

5. 冷箱管道的应力分析

冷箱是乙烯装置低温分离系统中的关键设备之一，其核心设备是铝制板翅式换热器，内部管道通常为铝合金，一般在-170～40℃温度范围内工作。根据 ALPEMA2000 标准，铝合金管口许用载荷特别小，因此冷箱制造厂会根据产品经验，按一定倍数(1.5～2)提供给设计。由于冷箱管口较多，外部管道布置空间受限，且为钢制管道，管口附近管道柔性不能保证，往往需要管道应力工程师配合管道工程师对管道走向进行调整，并利用管道支吊架来降低管道对管口的受力。

图 16.4-7 为某 1000kt/a 乙烯装置冷箱管道应力分析示例。

材料：A312 TP304，管道规格 $\Phi$457.2mm×4.8mm，操作压力 0.29MPa，操作温度-143℃，介质：烃。

管道靠近管口处柔性不足，当管线由于热胀冷缩形成位移时，会产生比较大的水平力及力矩，远超管口许用载荷。因此需要采取措施来消除水平力对冷箱管口的影响。应力分析时采取了下面的措施：

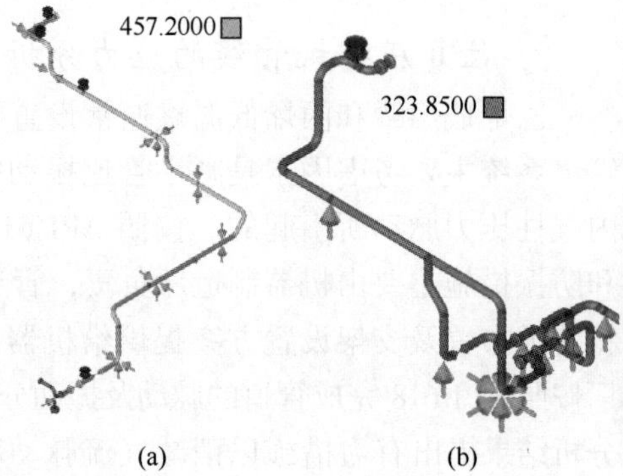

图 16.4-7　冷箱管道

① 靠近管口位置第一个支架选用弹簧，且位置不能距离管口太远。

② 在三通处增加一水平限位支架，将水平力由刚性架吸收，如图(a)所示。

③ 若空间足够时，可以考虑按图(b)方式进行修改，增加管口附近的管线柔性。

## 参考文献

[1] 许永超. 乙烯装置急冷油系统的配管与布置[J]. 石油化工设计，2010，27(4)：42-43.

[2] 王铮. 百万吨乙烯压缩区设备及管道的布置[J]. 乙烯工业，2017，29(3)：38-42.

# 第十七章 分离系统开停工、正常运行操作与异常事故处理

乙烯装置工艺流程长，物料组成复杂，设备多，开车过程复杂，必须进行完整和系统的规划，保证装置在尽量短的时间内安全、平稳开车，降低开车损失和对环境的影响。本章以中国石化工程建设有限公司(SEI)开发的LECT工艺为例介绍乙烯装置分离系统开停车及异常情况处理操作程序，包括急冷、压缩、冷热分离和乙烯低温罐储存系统。

## 第一节 开工操作

### 一、急冷单元开车操作

1. 开车条件确认

① 现场施工完毕，系统复位完，确认急冷单元的所有设备、管线、仪表等都已正确安装。

② 界区盲板拆完，确认各盲板的位置正确，都按开工盲板图的要求改为盲板或孔板。

③ 仪表、电气调试完毕，DCS控制系统已投入使用，各联锁已调校完毕。

④ 公用工程(循环水、工业水、消防水、脱盐水、高压锅炉水、氮气、仪表风、工厂风、电、各等级蒸汽等)已引至界区，具备使用条件。

⑤ 罐区存有可供使用且符合要求的调质油、汽油。

⑥ 化学品注入系统所需药剂已准备到位。

⑦ 透平、泵单试、联试完毕，已加油及盘车，具备使用条件。

⑧ 现场照明、通信系统、消防系统已投入正常使用，现场无障碍物。

⑨ 火炬及排放系统投入使用，具备排放条件。

⑩ 岗位人员熟悉开工方案并持证上岗。

⑪ 急冷系统开车框图如图17.1-1所示。

2. 系统气密置换

(1) $N_2$气密

① 按照要求设定$N_2$气密流程、采样点和置换路线。

② 关上所有裂解气大阀、导淋、放空阀、排放阀、界区阀，急冷油塔、急冷水塔放空阀打盲板。

③ 系统$N_2$充压至0.1MPa。注：本章所有的压力数值均为表压。

④ 所有的法兰、盘根和焊口用肥皂水进行气密。

⑤ 系统充压至0.1MPa，保压8h，压力不下降则气密合格。

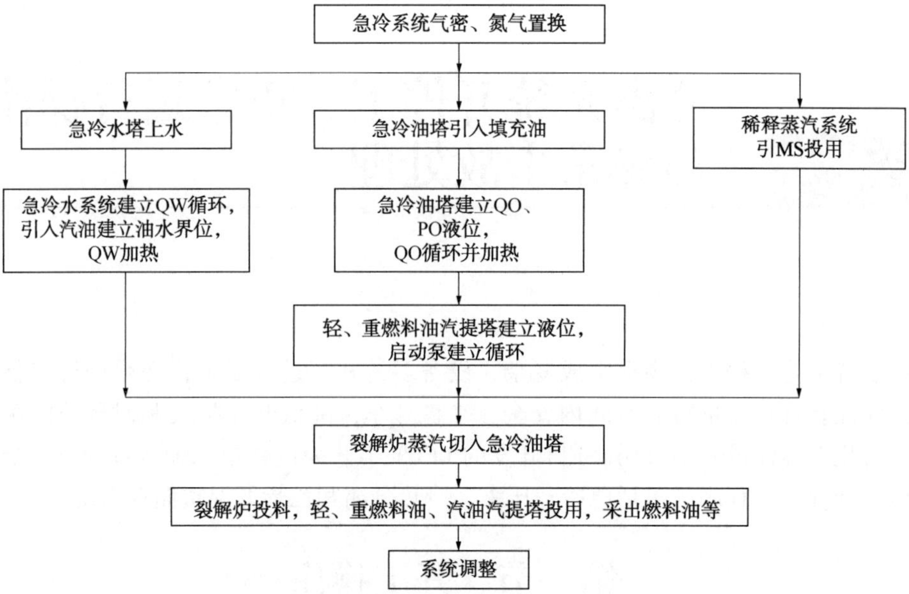


图 17.1-1　急冷系统开车框图

QW—急冷水；QO—急冷油；PO—盘油；MS—中压蒸汽

（2）$N_2$ 置换

① 通过急冷水塔充压阀向系统引入 $N_2$，压力充至 0.08MPa，然后通过急冷水塔顶排火炬阀向火炬排放，采用涨压式置换，系统 $N_2$ 充压→排放→充压→排放→充压→排放，连续置换三次。

② 系统充压至 0.1MPa，从各管线端头导淋排放。

③ 从各管线端头导淋采样分析 $N_2$ 含量>98%时置换合格。

3. 开车准备工作

（1）开车条件确认

① 现场施工完毕，系统复位完，确认急冷系统的所有设备、管线、仪表等都已正确安装。

② 界区盲板拆完，确认各盲板的位置正确，都按开工盲板图的要求改为盲板或孔板。

③ 仪表、电气调试完毕，DCS 控制系统已投入使用，各联锁已调校完毕。

④ 公用工程（循环水、工业水、消防水、脱盐水、高压锅炉水、氮气、仪表风、工厂风、电、各等级蒸汽等）已引至界区，具备使用条件。

⑤ 罐区存有可供使用且符合要求的开工用调质油（高质量的调质油应富含芳烃且不含焦粒和沥青，主要组成：芳烃含量 80%～90%；硫含量能作为合格的燃料；初馏点 205℃，终馏点 340℃）、重整汽油。

急冷油循环和装置开车期间，建议准备开工油为系统装填量的 2 倍量。

⑥ 化学品注入系统所需药剂已准备到位。

⑦ 透平、泵单试、联试完毕，已加油及盘车，具备使用条件。

⑧ 现场照明、通信系统、消防系统已投入正常使用，现场无障碍物。

⑨ 火炬及排放系统投入使用，具备排放条件。

（2）急冷水系统循环

① 确认急冷水循环泵润滑油、冷却水投用。

② 急冷水分离罐设定好引油流程准备引开工汽油。

③ 通知总调度，向急冷水分离罐引开工汽油，汽油储槽建立汽油液位，液位控制在70%左右。

④ 通过开工用锅炉给水线向急冷水塔引入锅炉给水，直至急冷水分离罐建立20%油水界位。打开泵出入口阀向管线、换热器充液，从泵、换热器、管线高点排气。当油水界位达20%时启动急冷水循环泵建立QW循环，各调节阀根据需要打开。如果急冷水液位低于30%，要进行停泵，待急冷水塔釜液位高于80%后进行起泵操作，再次建立急冷水循环。反复多次后，急冷水循环过程中急冷水液位维持在50%以上，可关停开工锅炉给水。

⑤ 油水界位、汽油液位建立后，打开急冷油塔回流泵出入口阀，向管线充液，汽油引至急冷油塔前。

⑥ 急冷水塔充压调节阀投自动，设定0.05MPa。

⑦ 第一急冷水冷却器、第二急冷水冷却器投用循环冷却水，从换热器高点排气。

（3）急冷油塔引开工油建立PO、QO、调质油（FO）系统油循环

1）引急冷油塔开工填充油

① 引调质线管线气密、$N_2$置换完毕。

② 调质油罐至急冷油塔伴热管线投用。

③ 设定好急冷油塔开工填充油流程，准备引开工填充油进急冷油塔。

④ 联系总调度，启动罐区调质泵引开工填充油至急冷油塔。

2）急冷油塔的PO段引入开工填充油建立循环

① 打开盘油循环泵的调质油手阀，向急冷油塔的PO段引入填充油。

② 在PO集液槽液位达80%时，打开盘油循环泵、冲洗油泵的出入口阀，向过滤器、泵、管线、换热器充液，从泵和换热器高点排气，可视情况在设备、管线低点排放。

③ 启动冲洗油泵，投用冲洗油系统，打开所有仪表冲洗油、急冷油泵、重燃料油产品泵和急冷油排放泵的密封油、急冷油循环泵耐磨环注入点的手阀。

④ 启动盘油循环泵，投用盘油循环系统，经过各盘油用户旁路后的盘油返回急冷油塔13#塔盘的上方。盘油循环过程中要注意盘油液位不能低于30%。

3）急冷油塔的QO段引入开工填充油建立循环

① 投用急冷油伴热系统。

② QO段引入开工填充油建立QO液位，通过冲洗油线向各急冷油设备及泵充液，并打开急冷油循环泵入口过滤器、急冷油循环泵、急冷油旋液分离器、急冷油旋液分离器静置器、QO换热器的出入口阀，向过滤器、管线、换热器充液，从过滤器、泵、管线和换热器高点排气。

③ 急冷油循环泵投用密封冲洗油和耐磨环冲洗油前，先从导淋排放检查，确认冲洗油没有固体杂质后才投用。

④ QO液位升至80%时，启动急冷油循环泵电泵建立QO循环，打通裂解炉油急冷器的急冷油旁路返回急冷油塔1的各手阀，用急冷油回流调节阀控制循环量。

⑤ 通过重燃料油汽提塔补液位调节阀向重燃料油汽提塔充液，建立液位后，向重燃料

油产品泵过滤器、重燃料油产品泵充液、排气后，打通重燃料油返回急冷油塔的流程。投用重燃料油产品泵密封冲洗油，投用前先从导淋排放检查，确认冲洗油没有固体杂质后才投用。启动重燃料油产品泵，建立重燃料油汽提塔→急冷油塔循环。

⑥ 通过轻燃料油汽提塔盘油进料线调节阀向轻燃料油汽提塔充液，建立液位后，向轻燃料油产品泵充液、排气后，打通轻燃料油返回重燃料油汽提塔的流程。启动轻燃料油产品泵，建立轻燃料油汽提塔→重燃料油汽提塔→急冷油塔三塔油循环。

⑦ 引油过程全面检查系统有无泄漏。

⑧ 利用急冷油/稀释蒸汽发生器引中压蒸汽倒加热 QO 至 150℃，打通 QO 去盘油回流线(PO 填充线)的流程，引 QO 加热 PO 段和精馏段至塔顶温度达 110℃，启动汽油回流泵控制顶温。

⑨ 校对各液位计、流量计、压力表、热电偶、界位计。

⑩ 在热备裂解炉出口的蒸汽引入急冷油塔之前，必须预热急冷油塔的 QO 和 PO 至水的沸点以上，否则蒸汽会冷凝至油中，当装置开车时，裂解炉出口的蒸汽引入急冷油塔，QO 和 PO 被加热至水的沸点，大量的油中水开始蒸发，急冷油循环泵和盘油循环泵会不上量。

⑪ 急冷油预热通过稀释蒸汽发生器再沸器用中压蒸汽反向加热；盘油预热通过盘油调整冷却器用开工蒸汽加热。急冷油循环过程中要注意盘油液位不能低于 30%。

4. 开车步骤

(1) 裂解炉切入急冷系统

1）具备条件

① QO、PO、QW 循环正常。

② QO 加热至 140℃，急冷油塔塔顶加热至 110℃。

③ 关闭 QO 到塔顶汽油回流线的手阀，防止重组分携带至急冷水塔。

④ 急冷水塔油水界位正常，启动急冷油回流泵。

⑤ 投用急冷水塔充压调节阀，设定为 0.05MPa。

⑥ 从急冷水塔塔釜引低压蒸汽(LS)加热急冷水，尽快把急冷水塔釜温提至正常，以满足丙烯系统开车需要。也可以在工艺水汽提塔底通入低压蒸汽加热急冷水。

⑦ 重燃料油(HFO)、轻燃料油(LFO)、汽油、急冷油排放(QOBD)、急冷水排放(QWBD)流程畅通。

2）裂解炉切入后调整

① 根据装置开车需要把裂解炉切入急冷系统。QO、PO、汽油回流量根据急冷油塔顶、釜温调整。

② 高、低压脱丙烷塔投用 PO 再沸器时会造成 PO 回流温度下降，因此必须降低工艺水 PO 用户水汽提塔进料预热器、稀释蒸汽发生器进料 1#预热器所使用的 PO 量，以满足高、低压脱丙烷塔的需要，必须时打开 PO 填充线向 PO 段补入高温的急冷油，以保证 PO 热量够用，急冷油塔顶温高于 102℃。

③ 第一急冷水冷却器、第二急冷水冷却器根据急冷水塔顶、釜温调整需要投用，两股急冷水回流温度根据需要调整，尽快把急冷水塔釜温提至正常，以满足丙烯系统和碱洗系统开车需要。

④ 在裂解炉蒸汽切入急冷油塔后，根据急冷水的 pH 值，在急冷水循环泵入口注入 2%

(质量)的碱，维持 QW 的 pH 值在 6.5~7.5 之间，在急冷水质量分析合格后向稀释蒸汽发生系统进料。

⑤ 联系化验分析汽油干点，调整急冷油塔顶温及汽油回流量。

(2) 轻燃料油汽提塔开车

① 当裂解炉切入急冷油塔并投料、PO 和 QO 液位稳定后，向轻燃料油汽提塔采出轻燃料油 LFO。

② 启动轻燃料油产品泵，建立燃料油汽提塔 LFO 自循环。

③ 汽提用 LS 暖管后投用，根据 LFO 的闪点调整轻燃料油汽提塔的釜温和蒸汽用量。LFO 闪点不合格时自循环，合格后到轻燃料油冷却器冷却至 90℃送往罐区轻燃料油罐。或者与重燃料油混合到燃料油产品冷却器冷却至 90℃送往罐区重燃料油罐。

(3) 重燃料油汽提塔开车

① 当 QO 黏度达 $500mm^2/s$，重燃料油汽提塔用超高压蒸汽(VHS)开车。

② VHS 管线暖管后，投用 VHS 汽提 QO。

③ 乙烯精馏塔塔釜乙烷正常后，循环气体裂解炉投用乙烷。裂解气切入重燃料油汽提塔，停用 VHS，关上 VHS 管线的手阀，视急冷油黏度调整循环气体裂解炉油急冷器出口温度。

④ 重燃料油 HFO 不合格时返回急冷油塔，合格后到燃料油产品冷却器冷却至 90℃送往罐区裂解重燃料油罐。

(4) 汽油汽提塔开车

① 在裂解炉投料、急冷水塔、裂解气压缩机二段吸入罐有汽油产出时开始进行汽油汽提塔开车。

② 汽油汽提塔再沸用 LS 管线暖管，在汽油送汽油汽提塔并建立液位后投用再沸器，温度控制在指标范围内，汽油送罐区裂解汽油罐。

(5) 稀释蒸汽发生系统(DSG 系统)开车

1) $N_2$ 气密

① 关上所有导淋、放空阀、排放阀、界区阀。

② 系统 $N_2$ 充压至 0.7MPa。

③ 所有的法兰用肥皂水进行气密。

④ 系统充压至 0.7MPa，保压 8h，压力不下降则气密合格。

2) $N_2$ 置换

① $N_2$ 充压至 0.07MPa，然后从换热器、炉区稀释蒸汽(DS)总管两端导淋排放。

② 从各管线端头导淋采样分析 $N_2$ 含量>98%时置换合格。

3) DSG 系统开车

① 从急冷水分离罐引工艺水至工艺水汽提塔建立 80%液位，投用仪表和液位控制。打开稀释蒸汽发生器进料泵进出口阀向泵、换热器和管线充液，从泵、换热器、管线高点排气。工艺水汽提塔汽提蒸汽 LS 暖管并投用，将塔提高到操作温度，汽提出来的烃返回到急冷水塔。

② 工艺水汽提塔液位达 80%时，启动稀释蒸汽发生器进料泵向稀释蒸汽发生罐进水。如果急冷水塔冷凝水量不足够，可利用稀释蒸汽发生罐进料线上的锅炉给水作为补充。

③ 稀释蒸汽发生罐、急冷油/稀释蒸汽发生器、中压蒸汽/稀释蒸汽发生器进水，建立液位，稀释蒸汽排污冷却器投用循环水(CW)，打通排污流程。

④ 投用中压蒸汽/稀释蒸汽发生器，利用MS生产稀释蒸汽(DS)，DS温度、压力控制在指标范围内，充分排凝、暖管后向裂解炉提供蒸汽。

⑤ 裂解炉切入急冷油塔，急冷水塔水质合格后，向稀释蒸汽发生罐送工艺水。

⑥ 根据急冷油塔调整需要，投用急冷油/稀释蒸汽发生器。

(6) 注药系统开车

1) 药液配制

稀释碱罐清洗干净后，从压缩区碱储罐来的20%(质量)的碱溶液，通过碱液进料泵进入稀释碱罐，与锅炉给水混合稀释成2%(质量)的弱碱。然后用碱注入罐搅拌器搅拌10min。

2) 注入系统开车

① 当急冷水塔塔釜出口急冷水需要碱时，把碱注入泵的冲程调至0，启动泵，根据需要调节泵的冲程，向急冷水循环泵入口管线注碱。

② 当工艺水汽提塔工艺水需要碱时，把碱注入泵的冲程调至0，启动泵，根据需要调节的冲程，向稀释蒸汽排污换热器进料管线注碱。

③ 当稀释蒸汽发生器排污需要碱时，把碱注入泵的冲程调至0，启动泵，根据需要调节泵的冲程，向稀释蒸汽发生器进料泵入口管线注碱。

### 5. 开车注意事项

① 对所有的设备都应做好气密工作，严格按开车步骤进行操作，防止跑、冒、滴、漏、窜等现象发生。

② 接受物料前，按要求逐个拆出盲板，逐个消号，不能遗漏，专人负责，三级复查确认。

③ 引入蒸汽不能过快，要充分暖管，防止"水锤"发生。

④ 急冷油塔接收裂解炉蒸汽前，要将塔及相关管线充分预热，把系统存留的水分充分蒸发掉。QO倒加热循环时，升温速度不能过快，防止盘油循环泵、急冷油循环泵抽空。

⑤ 开车过程物料组成变化大，液位计、界位计、流量计的指示不准，工艺操作人员和仪表人员要紧密配合，经常连续地对仪表校正。

⑥ 开车期间QO、PO的回流量不能过小，防止焦粉从急冷油塔带至塔顶。

⑦ 由于裂解炉均是新投料炉子，焦粉脱落较多，要及时清理过滤器。

⑧ 急冷水分离罐的汽油槽一般较小，汽油回流建立时液位控制有一定难度，液位低于20%后要进行停泵操作，因此在裂解气并入系统后要快速调整汽油平衡，确保汽油回流能够稳定建立。

⑨ 投用设备和管线时各高点要充分排气，低点排污。

⑩ 低点排液时严禁随地排放。

⑪ 操作时注意穿戴劳动保护用品，注意保护人身安全和身体健康。

⑫ 开车时注意检查系统的泄漏情况，发现泄漏及时处理。

⑬ 必须使用铜制工具操作，严禁使用有色金属敲打设备。

⑭ 启动泵前要确认泵是否处于正常备用状态方可启动。

⑮ 引开车调质油建立盘油循环后，投用急冷油循环泵的密封油，方可建立急冷油循环。

⑯ 尽可能早建立各种循环，检查各泵、电机的操作以及尽早使用和校对仪表。

⑰ 重燃料油产品泵、急冷油排放罐抽出泵投用密封冲洗油以及急冷油循环泵投用密封冲洗油和耐磨环冲洗油时，先从导淋排放检查，确认冲洗油没有固体杂质后才投用。

⑱ 急冷系统在接受裂解炉炉热备用蒸汽前，应尽早投用汽油回流。

⑲ 蒸汽从裂解炉进入急冷油塔前，QO 的温度要在 120℃以上，防止蒸汽在急冷油塔冷凝，造成盘油泵抽空。

⑳ 引入裂解炉蒸汽后，急冷油塔顶温控制既要考虑汽油干点不能大于 220℃，同时还要考虑顶温高于水蒸气的露点，防止水蒸气在塔中冷凝可能形成真空。

㉑ 裂解炉投料后的裂解气进入急冷油塔、急冷水塔时，要控制塔釜温度在指标范围内；急冷水顶温不能超标，避免过多的重组分携带至裂解气压缩机。

㉒ 裂解炉投料后，根据 QW 的 pH 值调整碱的注入量，维持 pH 值在 6.5~7.5 之间。

㉓ 裂解炉投料后，只有在急冷油塔塔釜温度超过稀释蒸汽的温度时才投用一台急冷油/稀释蒸汽发生器以冷却 QO 并发生 DS。

㉔ 为防止 DS 系统开车后沉积物的积聚，加大稀释蒸汽排污量的同时，从急冷水塔塔釜排放一部分水至 QWBD 中以冲洗 QW 系统中的沉积物。

㉕ 当汽油回流中含有水或水蒸气在急冷油中冷凝下来时压差变化大且顶温下降，此时应立即提高急冷油顶温同时核对急冷水塔油水界位。

㉖ 为保证急冷水塔急冷水的喷淋密度，一级、二级急冷水流量必须保持相对稳定，流量不能过低，防止出现偏流。

## 二、压缩单元开车操作

压缩、分离单元的开工一般可分为有乙烯开车和无乙烯开车。

有乙烯开车也称为倒开车，这种工况下，压缩、分离单元可先利用乙烯和丙烯填充丙烯制冷压缩机、乙烯制冷压缩机、乙烯塔、丙烯塔、脱乙烷塔等并运转正常，等待裂解炉投料，进料之后直接产出合格产品。这种方法具有开车时间短、物料损失少等优点。

无乙烯开车，则需要裂解炉先投料，利用丙烯制冷压缩机分离出合格的碳二组分后，然后利用碳二组分填充乙烯制冷压缩机及乙烯精馏系统，再开乙烯制冷压缩机，产生稳定的乙烯冷剂后分离系统再逐渐调整出合格产品，最后置换乙烯制冷压缩机及乙烯塔。这种开车方式物料放火炬损失大，产品合格时间长，一般不建议采用。

在乙烯槽车、低温乙烯船已经普及的今天，有乙烯开车成为各乙烯装置开工的首选，无乙烯开车不再讨论。

1. 开车应具备条件

① 公用工程水、电、汽、风具备使用条件。

② 系统 $N_2$ 置换、气密、干燥合格。系统露点≤-70℃，处于 $N_2$ 保压状态(0.03MPa)，$N_2$ 线加盲板。

③ 系统单机、联动试车已完成，设备处于完好备用状态。

④ 系统仪表、联锁调校完毕，具备使用条件。

⑤ 供排水系统、供电系统、蒸汽系统、供氮系统、供风系统、火炬及排放系统已投入正常运行。

⑥ 化验分析准备工作已就绪。

⑦ 安全阀试压、调校、定压、铅封完毕。

⑧ 确认碱液已准备好，随时具备接碱的条件。

⑨ 确认干燥器已氮气再生合格。

⑩ 裂解炉、急冷、冷区和热区各系统具备开车条件。

⑪ 保运工作已落实，人员处于随时待命状态。

⑫ 开工物料已准备就绪，并能随时引入系统。

⑬ 投料试车方案已向生产人员交底。

⑭ 压缩系统开车框图如图 17.1-2 所示。

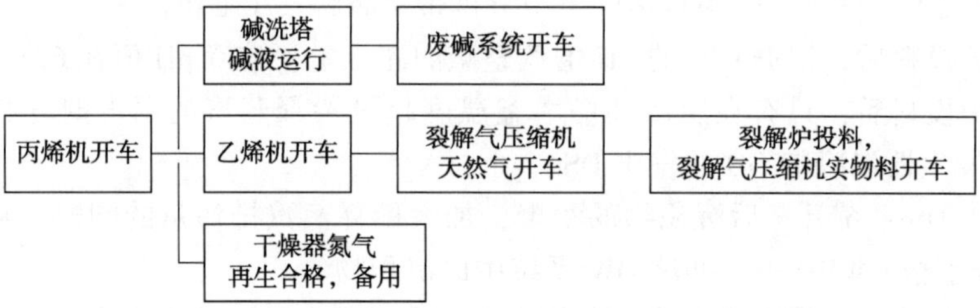


图 17.1-2　压缩系统开车框图

## 2. 压缩系统开车

(1) 丙烯制冷系统开车

1) 引入气相丙烯置换，再引入液相丙烯

关闭各段间罐、各换热器用户去冷排放(CBD)阀门，关闭机体导淋，关闭压缩机出入口电动阀，打开工艺系统控制阀(含有上、下游阀)，关闭旁路阀。系统充压至 0.3MPa，后泄压至 0.03MPa。分析氮气含量，直至小于 1%合格。

将系统充压至 0.5MPa，丙烯冷剂罐单独隔离充压至 1.6MPa，从罐区引入液相丙烯，将丙烯冷剂罐液位设置为 70%，其他各吸入罐液位为 30%。

2) 干气密封投用

按方案投用干气密封系统，但注意，必须先投用干气密封的隔离氮气，再启动压缩机油泵，防止损坏干气密封。

① 低压缸。

a. 一级密封气：

自低压密封盘上的主密封气→工艺气过滤器 A(或 B)→工艺气过滤器压差阀(设定值：50kPa)→低压缸差压调节阀[低压缸工艺气压力调节阀受低压缸密封气压力与平衡管差压变送器(简称 A)和低压缸密封气压力与火炬差压变送器(简称 B)联合控制，信号控制逻辑：IF A>B--THEN B--→差压调节阀；IF A<B--THEN A→差压调节阀]→低压缸驱动端一级密封气流量，低压缸非驱动端一级密封气流量→分别进入驱动端、非驱动端一级密封气腔→绝大部分气体，经过壳体上的迷宫节后进入压缩机的汽缸；另有少量的气体经一级密封端面泄漏后，进入一二级密封之间的腔体，与二级密封气经迷宫泄漏过来的气体混合，排放至火炬系统。

自高压缸密封盘上的低压氮气($p$：600kPa)→氮气过滤器 A(或 B)→氮气过滤器压差变送器(设定值：$p$=50kPa)→分成两路：一路为二级密封气，另一路为隔离气。

b. 二级密封气：

经过滤器过滤后的低压氮气→自励阀(设定值：450kPa)；低压缸驱动端二级密封气流量(低报：19.5Nm$^3$，高报：23.8Nm$^3$)；低压缸非驱动端二级密封气流量(低报：19.5Nm$^3$，高报：23.8Nm$^3$)→二级密封腔→一部分经二级密封端面泄漏后，经迷宫节流后和隔离氮气混合后排放至大气；其余大部分经一二级之间的迷宫密封节流后，和一级密封泄漏气体混合经火炬排放。

c. 隔离气：

高压缸控制盘低压氮气经过滤器过滤后→自力式压力调节阀(设定值：450kPa)→驱动端流量指示计，非驱动端流量计→隔离气腔→与二级密封泄漏出来的气体汇合后，就地排放至安全区域；另有少量的隔离气经轴端迷宫泄漏至大气。

d. 排放火炬气：

二级密封气经过一二级之间的迷宫密封节流后，再与从一级密封泄漏出来的气体汇合→驱动端压力变送器(H：118kPa，设定值：100kPa)，非驱动端压力变送器(H：118kPa，设定值：100kPa)→驱动端流量孔板，非驱动端流量孔板→低压缸驱动端一级密封泄漏压差A/低压缸驱动端一级密封泄漏压差B/低压缸驱动端一级密封泄漏压差C(H：96kPa，HH：118kPa，三取二高高联锁)；低压缸非驱动端一级密封泄漏压差A/低压缸非驱动端一级密封泄漏压差B/低压缸非驱动端一级密封泄漏压差C(H：96kPa，HH：118kPa，三取二高高联锁)→排火炬(火炬背压正常20kPa，最大50kPa)。

② 中压缸。

a. 一级密封气：

自低压密封盘上的密封气→(设定值：3500kPa)→中压缸差压调节阀[中压缸工艺气压力调节阀受中压缸密封气压力与平衡管差压变送器的信号控制(设定值：71kPa，低报：51kPa)]→中压缸驱动端一级密封气流量，中压缸非驱动端一级密封气流量→分别进入驱动端、非驱动端一级密封气腔→绝大部分气体，经过壳体上的迷宫节流后进入压缩机的汽缸；另有少量的气体经一级密封端面泄漏后，进入一二级密封之间的腔体。

自高压缸密封盘上的低压氮气($p$：600kPa)→氮气过滤器A(或B)→氮气过滤器压差变送器(设定值：$p$=50kPa)→分成两路：一路为二级密封气，另一路为隔离气。

b. 二级密封气：

经过滤器过滤后的低压氮气→(设定值：450kPa)；(设定值：600kPa，设定值：500kPa)→中压缸驱动端二级密封气流量(低报：19.5Nm$^3$，高报：23.8Nm$^3$)；中压缸非驱动端二级密封气流量(低报：19.5Nm$^3$，高报：23.8Nm$^3$)→二级密封腔→一部分经二级密封端面泄漏后，经迷宫节流后和隔离氮气混合后排放至大气；其余大部分经一二级之间的迷宫密封节流后，和一级密封泄漏气体混合经火炬排放。

c. 隔离气：

高压缸控制盘低压氮气经过滤器过滤后→自力式压力调节阀(设定值：450kPa)→驱动端流量指示计，非驱动端流量计→隔离气腔→与二级密封泄漏出来的气体混合后，就地排放至安全区域；另有少量的隔离气经轴端迷宫泄漏至大气。

d. 排放火炬气：

二级密封气经过一二级之间的迷宫密封节流后，再与从一级密封泄漏出来的气体汇合→驱动端排火炬气压力变送器(H：118kPa，设定值：100kPa)，非驱动端压力变送器(H：118kPa，设定值：100kPa)→驱动端流量孔板，非驱动端流量孔板→中压缸驱动端一级密封泄漏压差计/中压缸驱动端一级密封泄漏压差计/中压缸驱动端一级密封泄漏压差计(H：96kPa，HH：118kPa，三取二高高联锁)；中压缸非驱动端一级密封泄漏压差计/中压缸非驱动端一级密封泄漏压差计/中压缸非驱动端一级密封泄漏压差计(H：96kPa，HH：118kPa，三取二高高联锁)→排火炬(火炬背压正常20kPa，最大50kPa)。

③ 高压缸。

a. 一级密封气：

自低压控制盘上的密封气→高压缸差压调节阀(高压缸工艺气压力调节阀受高压缸密封气压力与平衡管差压变送器控制)→高压缸驱动端一级密封气流量，高压缸非驱动端一级密封气流量→分别进入驱动端、非驱动端一级密封气腔→绝大部分气体，经过壳体上的迷宫节后进入压缩机的汽缸；另有少量的气体经一级密封端面泄漏后，进入一二级密封之间的腔体，与二级密封气经迷宫泄漏过来的气体混合，排放至火炬系统。

自高压缸密封盘上的低压氮气($p$：600kPa)→氮气过滤器A(或B)→氮气过滤器压差变送器(设定值：$p$=50kPa)→分成两路：一路为二级密封气，另一路为隔离气。

b. 二级密封气：

经过滤器过滤后的低压氮气→(设定值：450kPa)；(设定值：600kPa)；(设定值：500kPa)→高压缸驱动端二级密封气流量(低报：12.5Nm$^3$，高报：18.8Nm$^3$)；高压缸非驱动端二级密封气流量(低报：12.5Nm$^3$，高报：18.8Nm$^3$)→二级密封腔→一部分经二级密封端面泄漏后，经迷宫节流后和隔离氮气混合后排放至大气；其余大部分经一二级之间的迷宫密封节流后，和一级密封泄漏气体混合经火炬排放。

c. 隔离气：

高压缸控制盘低压氮气经过滤器过滤后→自力式压力调节阀(设定值：450kPa)→驱动端流量指示计，非驱动端流量计→隔离气腔→与二级密封泄漏出来的气体混合后，就地排放至安全区域；另有少量的隔离气经轴端迷宫泄漏至大气。

d. 排放火炬气：

二级密封气经过一二级之间的迷宫密封节流后，再与从一级密封泄漏出来的气体汇合→驱动端压力变送器(H：126kPa，设定值：100kPa)，非驱动端压力变送器(H：126kPa，设定值：100kPa)→驱动端流量孔板，非驱动端流量孔板→高压缸驱动端一级密封泄漏压差A/高压缸驱动端一级密封泄漏压差B/高压缸驱动端一级密封泄漏压差C(H：104kPa，HH：136kPa，三取二高高联锁)；高压缸非驱动端一级密封泄漏压差A/高压缸非驱动端一级密封泄漏压差B/高压缸非驱动端一级密封泄漏压差C(H：104kPa，HH：136kPa，三取二高高联锁)→排火炬(火炬背压正常20kPa，最大50kPa)

3）油路系统开车

① 确认油路系统流程已准备好。

② 启动主油泵，确认泵出口压力正常。

③ 高位油箱需充满油。

④ 过滤器前后压差超过0.15MPa，则应及时清理油过滤器。

⑤ 调整油冷器温度和润滑油压力。

⑥ 油路系统启动前应与复水系统一样做好辅泵自启实验。

4）复水系统开车

① 开脱盐水补水阀，向复水器引脱盐水，当复水器热井液面计显示90%时，关补水阀。

② 稍开复水泵出口阀，现场启动复水泵，逐渐开泵出口阀，建立复水系统的正常循环，检查系统泄漏情况。

③ 将液位计设定50%投自动，检查运行情况。

④ 做复水泵自启动、自停止试验完成后现场操作柱将备用复水泵置于自动，处于备用自启动状态。

⑤ 开复水器水封安全阀给水阀，投用水封安全阀。

⑥ 启动开工喷射泵，使复水器真空度达到规定值。

5）蒸汽暖管

① 打开VHS蒸汽总管截止阀下游管线的放空阀，微开至消音器的截止阀。

② 逐渐打开VHS蒸汽总管截止阀的旁路阀开始暖管，直至全开蒸汽总阀的旁路。

③ 暖管合格后，关闭HS蒸汽总管截止阀下游的排凝阀，逐渐打开HS蒸汽总管截止阀以提高压力和温度，关闭VHS蒸汽总管截止阀的旁通阀。

④ 打开抽汽出口止逆阀去消音器阀。

6）压缩机暖机和启动

① 启动盘车电动机，确认盘车装置正在运行。如果盘车装置没有运行，暖机阀不能打开。将盘车装置设在自动。

② 压缩机启动前停止盘车，手动复位按钮。

③ 打开压缩机出入口电动阀。

④ 按下启动按钮，暖机转速应严格按照厂家给定转速暖机，并结合实际运行工况及时调整。暖机期间，室外操作人员(以下简称外操)进行全面检查，注意机组声音是否正常，汽轮机热膨胀及泄漏情况，油箱及复水器液位是否正常。

⑤ 检查机组轴振动、轴位移值是否正常，复水器真空度是否符合要求，油系统是否正常。

⑥ 在升速期间，外操要注意异常声音、轴承温度、油温和油压，室内操作人员(以下简称内操)注意振动、位移，迅速进行所有必要的设置和调整，要迅速通过临界转速区。

⑦ 当压缩机进入可调转速范围后，根据实际工况以及蒸汽管网平衡情况，投用抽汽系统。

⑧ 调整各段防喘振阀开度，防止压缩机喘振。

⑨ 调整各吸入罐液位控制阀和各段吸入、排出压力、温度；一段吸入温度过高时，打开喷淋阀。

⑩ 根据用户需要投用各级丙烯冷剂，调整转速，控制一段吸入压力在设计值。

⑪ 根据各吸入罐液位情况及时补充丙烯冷剂。

7）投用冷用户

根据冷户要求，由高温位到低温位逐个缓慢投用冷户，检查设定值，并按要求设定冷剂液位。

(2）乙烯制冷系统开车

1）丙烯制冷系统正常运行

2）干气密封投用

按方案投用干气密封系统，但注意，必须先投用干气密封的隔离氮气，再启动压缩机油泵，防止损坏干气密封。

3）油路系统开车

① 确认油路系统流程已准备好。

② 启动主油泵，确认泵出口压力正常。

③ 高位油箱需充满油。

④ 过滤器前后压差超过 0.15MPa，则应及时清理油过滤器。

⑤ 调整油冷器温度和润滑油压力。

⑥ 油路系统启动前应与复水系统一样做好辅泵自启实验。

4）复水系统开车

① 开脱盐水补水切断阀，向复水器引脱盐水，当复水器热井液面计显示 90%时，关切断阀。

② 稍开复水泵出口阀，现场启动复水泵，逐渐开泵出口阀，建立复水系统的正常循环，检查系统泄漏情况。

③ 将液位计设定 50%投自动，检查运行情况。

④ 做复水泵自启动、自停止试验完成后现场操作柱将备用复水泵置于自动，处于备用自启动状态。

⑤ 开复水器水封安全阀给水阀，投用水封安全阀。

⑥ 启动开工喷射泵，使复水器真空度达到规定值。

5）蒸汽暖管

① 打开 HS 蒸汽总管截止阀下游管线的放空阀，打开 HS 蒸汽总管截止阀的放空阀，微开至消音器的截止阀。

② 逐渐打开 HS 蒸汽总管截止阀的旁路阀开始暖管，直至全开蒸汽总阀的旁路。

③ 暖管合格后，关闭 HS 蒸汽总管截止阀下游的排凝阀，逐渐打开 HS 蒸汽总管截止阀以提高压力和温度，关闭 VHS 蒸汽总管截止阀的旁通阀。

④ 打打开抽汽出口止逆阀去消音器阀。

6）引气相乙烯置换

① 确认系统处于 $N_2$ 保压(0.03MPa)状态。

② 打开自低温罐来的气相线充压至 0.3MPa。

③ 在各排放点向干火炬系统排放泄压到 0.03MPa。

④ 重复加、减压三次实气置换。

⑤ 在系统各低点导淋处采样分析，氮气含量<1%为合格。

⑥ 若不合格重复以上步骤。

⑦ 系统实气置换合格后，重新充压 0.3~0.5MPa。

⑧ 乙烯外送系统、乙烷系统置换与乙烯制冷压缩机系统同时进行。

⑨ 四段出口缓冲单独隔离充压 1.0MPa 以上。

7）引入液相乙烯

引液相乙烯进入系统，将需要充液的各罐和用户充到合适液位。

8）压缩机暖机和启动

① 确认干气密封系统运转正常，确认油系统、复水系统运转正常、蒸汽系统暖管合格。

② 乙烯压缩机出口三个复叠制冷冷却器投用丙烯冷剂。

③ 启动盘车电动机，确认盘车装置正在运行。如果盘车装置没有运行，暖机阀不能打开。将盘车装置设在自动。

④ 压缩机启动前停止盘车，手动复位按钮。

⑤ 打开压缩机出入口电动阀。

⑥ 按下启动按钮，暖机转速应严格按照厂家给定转速暖机，并结合实际运行工况及时调整，暖机期间，外操进行全面检查，注意机组声音是否正常，汽轮机热膨胀及泄漏情况，油箱及复水器液位是否正常。

⑦ 检查机组轴振动、轴位移值是否正常，复水器真空度是否符合要求，油系统是否正常。

⑧ 在升速期间，外操要注意异常声音、轴承温度、油温和油压，内操注意振动、位移，迅速进行所有必要的设置和调整，要迅速通过临界转速区。

⑨ 当压缩机进入可调转速范围后，投用抽汽系统。

⑩ 调整各段防喘振阀开度，防止压缩机喘振；根据石墙线调整三返三石墙阀开度。

⑪ 调整各吸入罐液位控制阀和各段吸入、排出压力、温度；一段吸入温度过高时，打开喷淋阀。

⑫ 乙烯塔和乙烯机三段为开式热泵系统，升速过程中注意乙烯塔压力、温度，根据塔顶、塔釜和灵敏板温度调整回流量和再沸量。

⑬ 根据用户需要投用各级丙烯冷剂，调整转速，控制一段吸入压力在设计值。

⑭ 根据各吸入罐液位情况及时补充乙烯冷剂。

⑮ 观察在线分析仪表，当乙烯化验指标合格时，改到合格乙烯球罐。

⑯ 乙烯塔釜液位 80%时，启动塔釜泵，将乙烷送至裂解炉。

⑰ 乙烯产品合格后，启用乙烯产品送低温罐自冷器，当温度达到-100℃时送至低温罐。

(3) 碱洗系统开车

① 收碱。

a. 投用罐的氮封，并检查呼吸阀。

b. 确认罐底导淋关闭，罐去新鲜碱泵的根部阀关闭。

c. 确认其他各新鲜碱用户不使用新鲜碱。

d. 联系罐区启泵送碱。

e. 当收碱到 80%的液位后，通知罐区停送碱。

f. 确认罐区停泵后，关闭收碱阀。

② 启动新鲜碱泵将 20%碱液输送至碱洗塔，按照 1∶1 配比锅炉给水的质量经过混合器进入强碱段，通过塔盘溢流至中碱和弱碱段，建立各段液位。

③ 调整弱碱、中碱、强碱补水量，在碱循环泵出口采样点分析各段碱浓度在 1%~3%、3%~5%、8%~10%。

④ 打开碱洗塔釜去废碱脱油罐调节阀，补入加氢汽油，待罐液位达到 50%后，启动循环汽油泵。

⑤ 打开废碱脱油罐去废汽油罐调节阀，按照一定比例补入锅炉给水，洗涤废汽油中碱液，当废汽油罐碱侧液位达到 50%后，打开废汽油罐去废碱脱气罐调节阀。

⑥ 建立废碱脱气罐液位，启动废碱输送泵去废碱氧化系统。

⑦ 安全注意事项。

a. 操作中注意皮肤不能与碱液接触，防止灼伤。

b. 操作中穿戴好防护用具：防酸碱服、防护眼镜、浸塑手套等。

c. 注意碱系统与其他系统隔离，检查单向阀好用，防止串入其他系统。

d. 防止系统跑、冒、漏、窜。

(4) 干燥器系统开车

1) 干燥器氮气再生流程确认

① 确认氮气线，盲板改孔板。

② 确认甲烷再生线来料，孔板改盲板。

③ 确认再生气分离罐顶排放大气线，盲板改孔板。

④ 确认再生气分离罐顶燃料气排放线，孔板改盲板。

2) 氮气置换

① 打开干燥器出口电动阀，打开 6″氮气线阀门，缓慢打开冷再生气调节阀，充压。

② 打开干燥器入口电动阀和再生气分离罐顶排放大气阀，对干燥器进行吹扫半小时。

3) 升温、恒温、降温

① 打开热再生气调节阀，按照 50℃/h 速率升温至设定值 220℃。

② 全开再生气分离罐顶放空阀，打开低点导淋。

③ 观察再生气出口温度表，升温至 190~210℃时，恒温 3h。

④ 再生气出口冷却器管线导淋测水含量，测得水含量小于 $1\times10^{-6}$，恒温结束。

⑤ 按照 50℃/h 降温速率关小热再生气调节阀，观察干燥器出口温度表，达 30℃时，关闭再生气阀，再生完成。

(5) 裂解气压缩机系统天然气开车

1) 开车目的

裂解气压缩机天然气开车的主要目的是在裂解炉投料之前，给冷区系统输送天然气，分离系统运转进一步预冷。同时对压缩机及后续系统内的氮气进行置换，加快实务料开车速度，达到零排放开车的目的。

2) 工艺流程

天然气经过裂解气压缩机压缩，干燥后，送进冷分系统，经冷箱后，流程分为：一部分天然气在低压甲烷压缩机入口前返回压缩机一段吸入罐循环；一部分天然气经脱甲烷塔回流罐通过高压甲烷线进入火炬；一部分天然气经氢气压力控制阀进入火炬系统。

3) 丙烯制冷系统和乙烯制冷系统正常运行

4) 干气密封投用

按方案投用干气密封系统，但注意，必须先投用干气密封的隔离氮气，再启动压缩机油泵，防止损坏干气密封。

5) 油路系统和复水系统投用，蒸汽暖管合格

6) 碱洗系统正常投用，干燥器流程设定完毕

7) 压缩机暖机和启动

① 压缩机启动前停止盘车，手动复位按钮。

② 确认机组启机条件具备；按动中控压缩机控制系统(CCC)上复位按钮，机组复位。

③ 建立启动油，速关油，此时速关阀开，进汽调节阀关，抽汽调节阀在100%阀位。

④ 在CCC系统上提高转速的给定值，现场确认机组是否转动，如出现异常情况，马上停机并查明原因。

⑤ 确认机组正常，暖机转速应严格按照厂家给定转速暖机，并结合实际运行工况及时调整。暖机时间应按照厂家提供的暖机时间进行暖机。

⑥ 低速暖机期间，应认真查看油系统的油压、油温、油量，进行相应调整油冷器水量，一般在40~45℃左右。

⑦ 低速暖机合格后，严格按照升速速率进行升速，升速过程中，密切注意各轴承振动值和轴位移量的变化。

⑧ 升速过程中，对油系统、真空系统、轴封系统应再次进行检查与必要的调整。

⑨ 在通过临界转速的整个过程中，应特别注意轴振动、轴位移值的变化。当出现振动、轴位移值异常增大时，应迅速降速到冲临界前的转速并延长暖机。如果延长暖机时间后，仍出现振动值过大时，则应停机检查。

⑩ 通过临界转速前，保证裂解气压缩机一段天然气补入量，防止喘振。

⑪ 按照升速曲线快速通过临界转速点，通过临界转速后，按升速曲线升速到调速器的最低调速转速后，根据各段防喘振曲线CCC系统自动关小防喘振阀开度，逐渐将压缩机出口压力升至1.1~1.5MPa。前期应当做好防喘振试验。

⑫ 丙烯制冷系统和乙烯制冷系统各用户提高冷剂量，2#氢气和甲烷分离罐温度降到-90℃时裂解气压缩机天然气开车结束。

(6) 裂解气压缩机系统实物料开车

① 裂解气压缩机系统天然气运转，前冷系统天然气预冷到-90℃。

② 丙烯制冷系统和乙烯制冷系统正常运行。

③ 碱洗塔系统和干燥器正常运行，急冷系统全回流运转，裂解炉处于蒸汽开车状态。

④ 裂解炉开始投料，根据三返一防喘振控制器偏差(DEV)值大于0，逐渐关闭开工天然气阀，将天然气切出，并入裂解气。

⑤ 根据压缩机出口温度，开大各段间冷却水换热器进出口阀。

⑥ 根据裂解炉负荷，调整丙烯制冷系统和乙烯制冷系统用户冷剂量，使工艺侧温度和压力满足设计值。

⑦ 外界来料至裂解气实气吹扫至火炬，化验合格后打开阀门并入系统。

⑧ 各段阻聚剂至入口裂解气管线引至1~4段，黄油抑制剂至碱洗塔引至各段碱循环泵前，开始注入。

⑨ 洗油引至裂解气压缩机1~4段，开始注入。

⑩ 裂解炉投料量增加，压缩机转速升高的同时，压缩机排出压力增大，CCC控制系统自动调整防喘振控制阀。

⑪ 压缩机各段间罐液位设定20%投自动。

⑫ 压缩机升速过程中，裂解气通过调整高压脱丙烷塔回流罐顶放火炬，逐渐提高压力设定值为3.6MPa，进行后续操作。

⑬ 压缩机升速正常运行后，将一段吸入压力控制设定在设计值，投自动控制。

⑭ 根据在线水分析仪，分析干燥器出口水含量，大于 $1\times10^{-6}$时，按照裂解气干燥器和液相干燥器再生方案切换备用干燥器。

⑮ 调整碱洗塔补碱量和循环量，注意碱洗塔出口酸性气体含量，使 $H_2S+CO_2$ 含量< $1\times10^{-6}$。

## 三、分离单元开车操作

### 1. 前脱丙烷系统开车

(1) 应具备的条件

① 系统的全面吹扫完毕。

② 对照 PID 图核对系统流程正确无误。

③ 系统氮气置换合格，处于氮气保压状态的。

④ 公用工程(水、电、汽、风)等具备使用条件。

⑤ 现场照明、通信系统、消防系统已投入正常使用，现场无障碍物。

⑥ 阻聚剂注入系统已准备就绪，可根据需要向系统注入阻聚剂。

⑦ 甲醇注入系统已准备就绪，可根据需要向系统注入甲醇。

⑧ 系统联锁试验，仪表调校合格，并已投入可正常使用的状态。

⑨ 计算机控制系统已进入正常工作状态。

⑩ 火炬及排放系统已投入正常使用，露点<40℃。

⑪ 丙烯压缩机系统已正常运转。

(2) 确认事项

① 确认在前期工作中所加的临时盲板与挡板已全部拆除。

② 系统的正式盲板已全部按开工盲板图的要求改为盲板或孔板。

③ 系统前期工作中的临时管线均已拆除。

④ 前期工作中拆下的所有管件已全部正确回装。

⑤ 确认系统气密的情况，气密时出现问题的部位已全部修复。

⑥ 确认转动设备加油完毕，盘车合格。

⑦ QO、PO 系统正常循环，温度适当。

(3) 开车范围

① 高压脱丙烷塔系统。

② 低压脱丙烷塔系统。

(4) 准备工作

① 将备用再沸器与高、低压脱丙烷塔连接管线上的 8 字盲板调为盲板。

② 将高压塔再沸器与高压脱丙烷塔、低压塔再沸器与低压脱丙烷塔连接管线上的 8 字盲板前手阀关死，盲板调为孔板。

③ 将系统的现场压力表、温度计等正确安装完毕，投入使用。

④ 将系统的机泵启动开关打到关闭的位置，并锁定。然后按需要联系供电人员送电。

⑤ 备好必要的安全保护设备。

⑥ 将系统内所有玻璃板液面计投用。

⑦ 碳二加氢系统走旁路。

(5) 流程设定

① 关闭系统的安全阀旁路、安全阀投入使用。

② 关闭系统所有导淋，并戴好管帽。

③ 将前冷汽液相进料各阀关闭，与前冷系统隔离。

④ 关闭高压脱丙烷塔塔釜出料阀，高压脱丙烷塔和低压脱丙烷塔隔离。

⑤ 汽、液相干燥器流程打通。

⑥ 查各甲醇注入线手阀均关闭。

⑦ 系统冷排放(CBD)及热排放(HBD)均关闭待用。

(6) 开车步骤

1) 高压脱丙烷塔系统

① 随着裂解气压缩机的运行，此时高压脱丙烷塔可以进料，流程为：裂解气自气液相干燥器→高压脱丙烷塔→裂解气压缩机五段→碳二加氢反应器旁路→第二干燥器→高压脱丙烷塔回流罐→排火炬。

② 联系丙烯机岗位投用高压脱丙烷塔塔顶冷凝器的丙烯冷剂。

③ 投用高压脱丙烷塔再沸器，打开再沸器盘油进料手阀和旁路阀。联系急冷岗位确认盘油已经通过再沸器。

④ 调整高压脱丙烷塔塔顶冷凝器的丙烯冷剂，当高压脱丙烷塔回流罐液位达到 20%，开回流阀，高压脱丙烷塔建立回流。逐渐打开高压脱丙烷塔回流罐液位调节阀 CBD 管线，把过多的液相排往 CBD。

⑤ 当高压脱丙烷塔塔釜液位达到 10%时。调节再沸器盘油流量，使塔釜温度逐渐达到 75℃，当塔釜液位达到 50%时向低压脱丙烷塔进料。

⑥ 随负荷的不断增加，确保压缩机稳定运行的前提下逐渐关小五返五最小返回阀，同时将排火炬阀按稍低于设计值设定，投自动。

⑦ 当液相干燥器前分液罐中液相烃增多时，打通液相烃去高压脱丙烷塔流程。

⑧ 高压脱丙烷塔塔顶达到-18～-21℃时，采样分析高压脱丙烷塔塔顶气相碳四指标，与分析仪表核对确认合格后，碳二加氢反应器准备进料。

⑨ 逐渐稳定以后，将排火炬阀设定为设计值，保证排火炬阀不再打开放火炬，设定后投自动。

⑩ 系统检查防止跑、冒、漏、窜。

2) 低压脱丙烷塔系统

① 联系丙烯机岗位投用低压脱丙烷塔塔顶冷凝器的丙烯冷剂。

② 将低压脱丙烷塔进料阀手动缓慢打开，低压脱丙烷塔系统开始进料。

③ 将低压脱丙烷塔压控阀按设计值设定后投自动。

④ 投用低压脱丙烷塔再沸器，打开再沸器盘油进料手阀和旁路阀。联系急冷岗位确认盘油已经通过再沸器。

⑤ 低压脱丙烷塔回流罐液位超过 20%时，按程序启动回流泵低压脱丙烷塔建立回流，调整回流调节阀控制回流量，同时注意防止回流罐液位过低。

⑥ 低压脱丙烷塔系统全面调整，使各点温度、压力、流量逐渐稳定，塔釜温度控制在 80℃时，联系化验人员对塔釜、塔顶物料进行分析。

⑦ 低压脱丙烷塔塔釜和低压脱丙烷塔回流罐液位超高时，可根据情况排 CBD、HBD，当物料合格后开脱丁烷塔进料阀缓慢向脱丁烷塔送料。

⑧ 按程序启动低压脱丙烷塔向高压脱丙烷塔的回流泵，先通过返回回流罐返回线建立循环，然后再打开低压脱丙烷塔向高压脱丙烷塔回流阀缓慢返回高压脱丙烷塔，关小最小返回线阀门开度至5%左右。当回流稳定后，将液位设定50%投自动控制。

⑨ 系统全面检查，调整仪表，检查跑、冒、漏、窜。确认各液位计准确。

(7) HSE 注意事项

① 在投用高、低压脱丙烷塔再沸器时一定要缓慢进行，防止塔釜物料聚合。

② 投用塔顶冷剂时一定与丙烯机岗位协调，防止引起丙烯机的波动。

③ 由于高压脱丙烷塔与裂解气压缩机五段构成热泵系统，所以高压脱丙烷塔调整操作中必须保证裂解气压缩机的平稳运行。

④ 检查确认系统排火炬、放空阀、导淋阀、CBD 阀关闭。

⑤ 必要时可投用高、低压脱丙烷塔采用低压蒸汽加热的备用再沸器。

2. 碳二加氢反应器开车

(1) 具备条件

① 乙烯机、丙烯机运转正常，高压脱丙烷塔塔顶冷凝器全部投用。

② 裂解气压缩机运转正常，碳二加氢反应器处于旁路。

③ 系统吹扫、干燥、气密完毕。

④ 设定系统流程准确。

⑤ 系统氮气置换合格，处于氮气保压状态。

⑥ 公用工程(水、电、汽、风)火炬系统等具备使用条件。

⑦ 现场照明、通信系统、消防系统已投入正常使用，现场无障碍物。

⑧ 系统联锁试验，仪表调校合格，并已投入可正常使用的状态。

⑨ 计算机控制系统已进入正常工作状态。

⑩ 高压脱丙烷塔处于全回流操作状态，塔顶已降温至-18℃以下。

⑪ 五段压缩机排出量在正常流量60%以上。五段返五段循环线投用正常。

⑫ 酸性气体脱除系统运转正常，二氧化碳、硫化氢含量已合格。

⑬ 裂解炉已备好二甲基二硫醚(DMDS)注入手段，处于备用状态，可根据情况随时投用注入系统。

⑭ 碳二加氢系统联锁调试完毕，流程设定好。

⑮ 系统已干燥，催化剂按厂家图纸装填好用。

⑯ 系统处于氮气保压状态，且氮气压力高于冷却水系统压力。

(2) 确认事项

① 仪表校验，每个温度指示器都能正确指示。

② 所有联锁阀和联锁系统都能按要求启动，在开工模式和跳车模式下，操作正常，阀门开关正确。

③ 联锁系统可由操作室内 DCS 系统和现场系统启跳，操作正确，三个级别的联锁系统都可正常操作(仪表检验确认)。

④ 裂解气压缩机出口的冷却/加热器可根据温度状态自如地选择蒸汽加热和冷却水冷却。

⑤ 一段、二段、三段在线仪表已投用，可正确指示。

⑥ 温度控制阀功能检测完全适合阀门曲线。

（3）流程设定

1）现场设定

裂解气压缩机开机前，现场流程设定如下：

① 向反应器一段、二段中间冷却器，后冷却器投冷却水，把水量开至最大。

② 反应器之间的手阀全部打开，盲板拆除。

③ 中压氮气、低压氮气线上盲板拆除。

④ 高压乙烯充压线前手阀已打开，后手阀关闭。

⑤ 各排放线、火炬线、导淋阀都已关闭。

2）操作室流程设定

① 碳二加氢进料冷却器投冷却水，碳二加氢进料加热器引低压蒸汽至控制阀前，关闭控制阀。

② 系统处于 SD-2 状态。

（4）HSE 注意事项

① 在反应器中，丁二烯转化成丁烯、丁烷、会放出大量的热，造成催化剂床层过热，同时还会造成床层结炭，因此，在开车时，要注意进入反应器床层的碳四含量(≤0.4mol/L)，必须在高压脱丙烷塔运转正常，塔顶达到设计温度后才可向反应器进料。

② CO 可以起到对催化剂床层钝化的作用，在反应器投用之前要确认 CO 的含量，如果 CO 含量低，要对系统注 CO，保证 CO 含量合乎要求。

③ 投裂解气时采用旁路充压，充压速度一定要快，防止飞温。

④ 在反应器进行联锁复位时，必须确保裂解气压缩机能正常出料，减小压缩机排出压力波动，在关闭旁路同时，必须确保同时打开反应器进料和出料，防止压缩机喘振。

⑤ 推荐反应器的最低反应温度为 52~53℃，但实际的反应温度可能会和该数据有所差异，因此，在投用过程一定要注意床层温度变化，升温速度要缓慢(原则上按照 1~2℃/次)，防止由于升温过快造成飞温。

⑥ 观察各段床层温度，控制反应器入口温度，防止床层飞温。

⑦ 保证碳二加氢负荷不能低于70%，负荷不够情况下打开返回阀保证碳二加氢进口流量。

（5）开工步骤

1）反应器床层充压

① 打开 3″低压氮气线上截止阀，缓慢向碳二反应器充压，压力尽可能高，最好能使反应器压力达到 0.5MPa 以上，充压结束后，关闭氮气阀，然后用中压氮气充压至 1.8~2.0MPa，后关闭中压氮气阀。再用乙烯充压至 3.0MPa 以上。

② 用裂解气旁路实气充压至反应器压力与裂解气压缩机出口压力接近后现场对碳二加氢联锁系统复位(SD-2 复位)。外操确认现场阀门状态。

操作室内，调整反应器一、二、三段温度控制，使裂解气温度尽量低。入口温度控制阀初期控制在 20℃以下。

2）调整操作

调整一段反应器入口温度，观察一段反应器床层温度。

① 逐步调节一段温度控制器的设定温度，把设定温度以每5~10min升2~3℃的速度，把一段反应器的进口温度升至50℃左右。

② 注意观察一、二、三段反应器出口温度是否继续升高，若无温升，以较慢的速度继续升高温度，直至一段反应器床层有反应。

③ 当产生床层温升后，把进料温度保持在床层反应温度，稳定床层。

④ 观察一段反应器出口在线仪表，根据在线仪表检测一段进出口乙炔浓度，确定一段反应器操作是否稳定。

⑤ 一段反应器操作稳定后，调节二段温度控制器，逐步提高二段反应器入口温度，注意观察二段反应器的温升情况，等床层有反应后稳定床层温度。

⑥ 二段反应器出口在线分析仪表来判断乙炔含量的变化情况。

⑦ 待二段反应器操作稳定后，调节三段反应器温度控制器，注意观察三段反应器温升，判断三段反应器加氢情况。

⑧ 根据在线仪表来判断乙炔含量的变化情况，按第一反应器反应60%~70%炔烃、第二反应器反应20%~30%炔烃、第三反应器反应5%~10%炔烃来控制温度梯度。

⑨ 当三个反应器温度稳定后，根据各反应器的转化率和床层温度来控制，三段反应器出口乙炔含量摩尔分数小于$5\times10^{-6}$后联系化验采样分析两次，合格后前冷准备进料。

3. 脱甲烷系统开车

(1) 具备条件

① 系统全面吹扫、干燥、气密完毕。

② 设定系统流程准确。

③ 系统氮气置换合格，处于氮气保压状态。

④ 公用工程(水、电、汽、风)火炬系统等具备使用条件。

⑤ 现场照明、通信系统、消防系统已投入正常使用，现场无障碍物。

⑥ 系统联锁试验，仪表调校合格，并已投入可正常使用的状态。

⑦ 计算机控制系统已进入正常工作状态。

⑧ 丙烯机、乙烯机、碳二加氢系统已正常运转。

⑨ 系统干燥，露点低于-70℃。

⑩ 干燥器运转正常，露点合格。

⑪ 裂解气压缩机已接收裂解气，高、低压脱丙烷塔全回流操作平稳，冷却至正常操作温度。

⑫ 脱甲烷塔回流泵已具备使用条件。

⑬ 酸性气体分析合格，$CO_2+H_2S$含量≤$1mL/m^3$。

⑭ 甲烷膨胀机和再压缩机进出口切断阀已经关闭，膨胀再压缩机处于隔离状态。

(2) 确认事项

① 系统处于$N_2$微正压保压状态，露点低于-70℃。

② 系统仪表调试正常。

③ 联锁调试正常。

④ 冷箱密封氮气已投用，并满足保温要求。

⑤ 在线分析仪表可随时投用。

⑥ 甲醇系统准备完毕，随时可以启动。

(3) 流程设定

1) 现场流程

① 前冷充压 $N_2$ 线手阀关，加盲板。

② 脱甲烷系统包括预脱甲烷塔及其进料冷却器、分凝分馏塔、氢气回收系统、脱甲烷塔、尾气膨胀压缩机及其一系列丙烯、乙烯冷剂换热器相关调节阀的前后手阀开。

③ 氢气去甲烷化手阀关。

④ 甲烷出界区手阀关。

⑤ 碳三洗涤塔、预脱甲烷塔回流线手阀开。脱甲烷塔回流泵至各用户手阀关。

⑥ 低压甲烷去裂解气压缩机一段罐流手操器调节阀手阀关。

⑦ 脱甲烷塔塔釜再沸器投用。

⑧ 去燃烧气系统手阀关。

⑨ 系统内所有冷排放、导淋、安全阀旁路关，安全阀前后手阀开。

2) 操作室操作

① 冷箱出口高压甲烷、低压甲烷、氢气、乙烯等组分排火炬压控阀关。

② 脱甲烷系统包括预脱甲烷塔及其进料冷却器、分凝分馏塔、氢气回收系统、脱甲烷塔、尾气膨胀压缩机及其一系列丙烯、乙烯冷剂换热器相关调节阀根据需要逐步手动开，维持氮气预冷流程，保证前冷及脱甲烷系统流程畅通。

③ 乙烯精馏塔进料阀手动关。

④ 丙烯、乙烯用户冷剂已投用。

⑤ 对冷箱出口各联锁系统复位，打开阀门。

(4) 实气置换

① 测试裂解气干燥器后的裂解气，确认裂解气中的水含量低于 $1\times10^{-6}$。

② 确认碳二加氢合格，观察前冷系统压力，打开前冷进料旁路阀缓慢引裂解气至深冷系统。

③ 关闭乙烯精馏塔气液相进料阀，打开系统内各调节阀，关闭切断与外系统连接的调节阀及手阀，打开冷箱出口氢气、尾气和甲烷排火炬控制阀，各排火炬阀 OP 设定为 50% 置换系统中的氮气。化验分析系统内 $N_2$ 含量小于 1%后停止置换建立系统压力。

(5) 系统充压

① 投用 $H_2$ 压力控制器，并将压力设定 3.2MPa；将第一高压甲烷压力设定为 0.49MPa 投自动；将低压甲烷设定为 0.038MPa 投自动；将第二高压甲烷设定为 0.48MPa 投自动。

② 投用预脱甲烷塔顶压差控制器，并将压差设定为 14kPa 后投自动；投用碳二洗涤塔顶压力控制阀器，并将其压力设定为 3.3MPa 投自动；投用膨胀机入口压力控制器并将其压力设定 3.09MPa 投自动。

③ 随着系统压力升高，当压力达到正常操作压力时，关闭前冷气相进料的 4″旁路手阀，全开进料阀。

④ 在充压过程中应对脱甲烷塔、预脱甲烷塔投少量再沸，防止充压时塔温度下降太低。

⑤ 在系统氮气预冷过程中各冷剂用户需投用，液位控制在 5%~15%之间。

(6) 降温操作

① 系统氮气预冷过程中需投用各冷剂用户的冷剂。

② 当系统压力达到正常值时，打开高压脱丙烷塔回流罐前冷液相进料阀，投用高压脱丙烷塔回流罐液位控制器串级控制前冷进料，前冷开始液相进料。

③ 手动关闭碳三洗涤塔出料调节阀；手动调节-60℃乙烯冷剂控制器，当碳三洗涤塔的液位达到50%时投用液位控制器串级控制冷剂流量，当碳三洗涤塔出现液位时适当开大出料调节阀，当碳三洗涤塔的液位达到50%时，投用液位控制器，设定50%投自动。等碳三洗涤塔出现液位时才能打开出料调节阀，防止窜气。逐渐打开碳三洗涤塔塔顶自回流手阀，回流线上建立正常液封，当液封稳定后全开手阀，并注意观察流量，防止回流波动。

④ 实气进入系统之前关闭预脱甲烷塔塔釜出料阀，关闭脱甲烷塔塔釜出料阀。

⑤ 当预脱甲烷塔中出现液位时，手动缓慢打开40℃丙烯线相关阀，再沸器投用丙烯冷剂，塔釜温度保持在16.7℃左右。

⑥ 逐渐打开塔顶自回流线上手阀，回流线上建立正常液封，当液封稳定后全开手阀，并注意观察回流量，防止回流波动。

⑦ 观察预脱甲烷塔塔釜在线分析仪中的$CH_4$含量，当甲烷含量正常且塔釜温度略高于16.7℃时，开始向脱乙烷塔进料，并投用液位控制器和流量串级控制，设定液位为50%。

⑧ 调节预脱甲烷塔灵敏板温度，并投用温度控制器和冷剂串级控制，逐步使预脱甲烷塔的操作达到正常操作条件。

⑨ 当碳三洗涤塔、脱甲烷塔1#进料罐和脱甲烷塔2#进料罐中出现液位时，将流量控制器分别投自动。稳定后投用液位控制器，设定50%，串级控制将物料送往预脱甲烷塔和脱甲烷塔。

⑩ 当预脱甲烷塔出现液位时，调节再沸器丙烯冷剂控制阀，尽快将流量控制投自动，调节丙烯流量，将塔釜温度增至操作温度。

⑪ 调节脱甲烷塔冷凝器的-100℃乙烯冷剂流量，当冷凝器壳程液位达到50%时，投用液位控制器，设定50%。

⑫ 当脱甲烷塔回流罐液位开始升高时，投用液位控制器，启动回流泵，建立脱甲烷塔回流。

⑬ 当脱甲烷塔塔釜开始积液时，调节再沸器壳侧裂解气的流量，逐步使塔釜温度达到-9.1℃的操作温度。

⑭ 分析脱甲烷塔釜液，甲烷和乙炔含量合格后，塔釜物料送至乙烯塔。调节塔釜物料各控制阀，当换热器内液位达到50%时，把相应的液位控制器投自动，设定50%。

⑮ 当预脱甲烷塔塔釜达到15.6℃的操作温度，塔釜液位达到30%~50%时，调节塔釜出料线各控制阀，把釜液送往脱乙烷塔。注意监测塔釜温度，避免因为温度过低而使甲烷从釜液中带出。将再沸器丙烯冷剂控制器投自动，温度控制器投自动。

⑯ 打开手阀从脱甲烷塔回流泵出口引液态甲烷至碳二洗涤塔，通过流量控制阀控制液位。当塔中出现液位时，将液位控制器投自动，设定50%，将物料送往脱甲烷塔。

⑰ 打开手阀从脱甲烷塔回流泵出口引液态甲烷至膨胀机出口去冷箱的管线，1#氢气/甲烷分离罐罐底调节阀保持适当开度。当1#氢气/甲烷分离罐出现液位时，通过流量控制阀控

制液位。液位稳定后将液位控制器投自动，设定50%。

⑱ 通过焦耳-汤姆逊节流膨胀(J-T)效应和补氢降温，2#氢气/甲烷分离罐的温度会逐渐降低，罐底调节阀保持适当开度。当罐中出现液位时，通过流量控制阀控制液位。液位稳定后将液位控制器和温度控制器投自动。

⑲ 继续对系统降温，将冷箱1#换热器丙烯侧流量控制器投自动，投用高压甲烷出冷箱温度控制器串级控制温度。

⑳ 当脱甲烷塔运行稳定后，根据负荷情况准备开启甲烷膨胀再压缩机。

㉑ 当氢气温度达到-158℃时，联系化验分析氢气中乙烯含量，合格后开甲烷化系统。

(7) HSE 注意事项

① 开车过程中，降温速度不能大于28℃/h，并要随时进行检查，根据系统温度要进行冷把紧。

② 甲烷气并燃料气系统的时间，应根据裂解炉的操作状态和干燥器需要再生的状况来定。

③ 检查确认系统排火炬、放空阀、导淋阀、CBD阀关闭。

4. 甲烷化系统开车

(1) 具备的条件

① 水、电、风、汽正常，具备投用条件。

② 催化剂已经还原，可正常投用。

③ 反应器仪表校验正常，SD-1、SD-2都可正常投用。

④ 脱甲烷系统已正常操作，粗氢温度已降至-162.5℃以下。

⑤ 具备接收氢气的条件。

⑥ 氢气干燥器已干燥再生，处于备用状态。

(2) 确认事项

① 甲烷化系统处于$N_2$保压状态。

② 确认粗氢各组分满足反应器进料要求。

③ 确认氢气罐温度保持在-157℃以下。

(3) 流程设定

室外流程如下：

① 开工用蒸汽、氢气、仪表风及阀门关闭，并加盲板。

② 氢气干燥按正常流程设定，一开一备。

③ 氢气产品线，碳三加氢、汽油加氢氢气线等阀门关闭。

④ 粗氢总阀关闭。

⑤ 冷却器投-1℃丙冷剂。

⑥ MS引至阀前，可正常投用。

操作室内如下：

对反应器进行SD-1复位。

(4) 开工步骤

1) 反应器氮气升温

① 开2″ $N_2$管线上阀门，将$N_2$引入系统。

② 反应器引入 $N_2$，并经反应器出口排火炬阀排往火炬。

③ 对进料加热器投中压蒸汽。

④ 对反应器出料冷却器投用丙烯冷剂。

⑤ 以 30~40℃/h 对床层进行升温，使反应器入口温度达到 170℃。

2）反应器充压

① $H_2$ 引入系统前，关闭 $N_2$ 阀门。

② 慢慢打开系统入口手阀旁路，逐步对反应器充压，当压力升高至 3.3MPa。

③ 当反应器达到正常压力时，全开系统入口手阀，对系统进料。

3）反应器的调整

① 控制好入口温度，根据反应器的温升情况，把反应器的温度升高至 150~170℃。

② 分析反应器出口的 CO 含量。

③ 当甲烷化反应器流出物分离罐液面出现时，先手动控制排放，当稳定后，投用液位控制器，排至急冷水塔。

④ 分析反应器出口的 CO 含量，根据分析结果进一步调整，使 CO 含量合格。

⑤ 观察干燥器出口氢气中水的露点合格后可以向下游供氢气。

（5）注意事项

① 由于氢气中含有 CO，为了防止形成羰基镍，反应器必须用氮气升温至 130℃以上，才能对反应器进料。

② 在氢气升压时必须十分注意阀门的开度，谨防充压过快，造成催化剂床层翻床。

## 5. 脱乙烷塔系统开车

（1）具备的条件

① 裂解气压缩机、丙烯压缩机运转正常。

② 脱甲烷塔系统充压正常。

③ 水、电、风、汽正常，处于可用状态。

④ 冷火炬、冷排放已投用。

⑤ 下游乙烯塔、乙烯机系统具备接料条件。

（2）确认事项

① 系统处于 $N_2$ 微正压。

② 系统干燥，露点低于-50℃。

③ 仪表调试正常。

④ 联锁调试正常。

⑤ 在线分析仪好用。

（3）流程设定

① 塔顶、塔釜出料调节阀关闭。

② 再沸器加热用急冷水已引至阀前，控制阀关。

③ 塔釜出料冷却器冷却水投用正常。

④ 投塔顶冷凝器丙烯冷剂，控制阀关。

⑤ 回流泵出入口阀关。

⑥ 排火炬控制阀关。

(4) 开车步骤

① 通过开工线引乙烯气对脱乙烷塔实气置换。

② 充压 0.3MPa 后，通过排火炬阀排火炬，置换二次，化验分析 $N_2$ 含量<0.1%为合格。

③ 投用脱乙烷塔冷凝器-21℃丙烯冷剂，等冷剂罐建立液位，调节液位控制器来调节压控阀，使对系统出料冷凝。

④ 投用压力控制器，设定 2.4MPa，继续引入乙烯气，向脱乙烷塔充压，充压至 2.4MPa，再关充压阀。

⑤ 脱乙烷塔再沸器投急冷水，通过控制急冷水流量，对塔进行加热。

⑥ 当脱甲烷塔系统进料，预脱甲烷塔建立液位后，且塔釜温度高于 8℃后，开塔釜物料出料阀，向脱乙烷塔进料，送液(预脱甲烷塔液位达到 50%，投液位控制器，串级控制流量)。

⑦ 脱乙烷塔回流罐引气相，对回流泵机体进行预冷，并从 CBD 排放。

⑧ 缓慢提高脱乙烷塔的压力至正常操作压力(2.4MPa)，脱乙烷塔回流罐液位正常后，开泵建立脱乙烷塔回流。

⑨ 调节脱乙烷塔再沸量，维持正常操作温度，当温度稳定后，投温度控制器串级控制流量。

⑩ 脱乙烷塔塔釜液位上升后，通过开工线把不合格 $C_3$ 送往不合格罐。

⑪ 脱乙烷塔回流罐液位上升时，通过 CBD 把不合格 $C_2$ 送 CBD 排放。

⑫ 根据在线仪表分析 $C_2$ 组成，当顶部组成分析数据满足控制指标要求的时候说明 $C_2$ 气相已合格，可以向乙烯塔进料。

⑬ 当氢气合格后，塔釜 $C_3$ 可以向 $C_3$ 加氢系统进料。

6. $C_3$ 加氢系统开车

$C_3$ 加氢系统在裂解炉投料前，催化剂就已还原结束。丙烯机运转正常之后，本系统从罐区引丙烯气进行实气置换，液相循环运转。

(1) 确认事项

① 碳三反应器还原结束，0.03MPa 的 $N_2$ 保压，具备投用条件。

② 系统的全面吹扫、干燥、气密完毕。

③ 系统氮气置换合格，处于氮气 0.03MPa 保压状态。

④ 公用工程(水、电、汽、风)、火炬系统等具备使用条件。

⑤ 现场照明、通信系统、消防系统已投入正常使用，现场无障碍物。

⑥ 阻聚剂注入系统已准备就绪，可根据需要向系统注入阻聚剂。

⑦ 甲醇注入系统已准备就绪，可根据需要向系统注入甲醇。

⑧ 系统联锁试验，仪表调校合格，并已投入可正常使用的状态。

⑨ 计算机控制系统已进入正常工作状态。

⑩ 碳三加氢反应器循环泵具备运转条件。

⑪ 罐区具备收料条件。

(2) 开车步骤

1) 实气置换

① 流程设定。

a. 控制室关闭进、出口和循环阀门，投用碳三加氢出料分离罐压控阀。

b. 现场各阀状态按引液旁路循环流程设定。

② 充压。通过充压线引丙烯气相向反应器充压；当系统压力达 0.5MPa 时，关闭。

③ 泄压。从各 CBD、安全阀旁路排放。

④ 重复②③步骤三次后，化验系统内 $N_2$ 含量<2%，置换合格。

2）引液

① 实气置换合格后，充压 1.0MPa。

② 通过开工引液线引液相丙烯进行实物料填充。

③ 碳三反应器充液。

反应器的充液是从底部进行的，反应器内的气体从安全阀旁路慢慢排放。

a. 打开反应器底部的一个隔断阀，此时反应器顶部的所有隔断阀仍保持关闭状态。

b. 缓慢打开位于反应器底部旁路上的阀直到反应器的压力与系统平衡，操作过程要缓慢，以避免损坏催化剂床层，并使床层温度始终处于 0℃以上。

c. 压力稳定后全开旁阀，然后开安全阀旁路，慢慢排出气体，并经常检查反应器温度。

d. 当反应器内气相全部排空后，关闭安全阀旁路和反应器底部旁路阀。

e. 反应器内装满液态碳三馏分至少保持 8h，以完全浸透催化剂。

④ 当碳三加氢出料分离罐的液位达 80%后，启动碳三加氢反应器循环泵，泵的出料经碳三加氢反应器旁路回流到碳三加氢出料分离罐中，调整液面及流量平稳。

3）循环运转

① 充液结束后，关闭反应器充液线上的阀门，打开反应器的进出口阀，关闭反应器旁路，打通流程，进行封闭循环，投用碳三加氢反应器流出物冷却器冷却水。

② 调整循环流量，使碳三加氢反应器进料流量达到设计要求。

③ 打开隔离阀。

④ 投用碳三加氢出料分离罐压控阀投自动，设定为 1.88MPa。

⑤ 启动泵，建立循环。

4）碳三加氢反应器投用

① 当脱乙烷塔运转稳定后，可以向系统进料，投用在线分析仪表，并将丙烯从反应器出口改不合格罐。

② 根据分析结果，计算出所需 $H_2$ 量，慢慢地加入需用量的 50%，注意观察反应器床层温度。

③ 缓慢增加 $H_2$ 量，直到反应器出口丙炔和丙二烯(MAPD)合格。

### 7. 丙烯精馏系统开车

(1) 确认事项

① 系统的全面吹扫、干燥、气密完毕。

② 设定系统流程准确。

③ 系统氮气置换合格，处于氮气保压状态。

④ 公用工程(水、电、汽、风)、火炬系统等具备使用条件。

⑤ 现场照明、通信系统、消防系统已投入正常使用，现场无障碍物。

⑥ 系统联锁试验，仪表调校合格，并已投入可正常使用的状态。

⑦ 计算机控制系统已进入正常工作状态。

⑧ 泵具备运转条件。

⑨ QW 系统稳定运行，QW 可以使用。

⑩ 丙烯具备收料条件。

(2) 开车步骤

1) 流程设定

① 所有调节阀前后手阀，中控室手动关调节阀。

② 投用丙烯塔顶冷凝器冷却水和再沸器急冷水。

③ 现场确认塔顶不凝气排火炬手阀关。

④ 现场确认所有联锁阀位是否准确。

2) 全回流操作

① 实气置换。联系罐区，通过开工线引丙烯气给系统充压至0.4MPa，对系统进行实气置换(系统压力不得低于0.4MPa)，重复3次置换系统氮气，联系化验分析系统中氮气含量≤1%。

② 系统实气充压至0.4MPa以上，将压力控制器设定1.806MPa投自动，投用2#丙烯塔冷凝器、丙烯产品冷却器冷却水，投用丙烯塔再沸器。

③ 引液。从罐区经开工线引丙烯至回流罐。

a. 当回流罐液位达50%后，启动回流泵向塔打回流，调节回流阀稳定液位，当2#丙烯塔塔釜液位到40%后，启动回流泵向1#丙烯塔回流，调节回流阀稳定液位。

b. 调整系统，稳定全回流操作，观察塔内各段温度变化，系统稳定后，关闭引液相丙烯阀。

3) 进料操作

① 当$C_3$加氢合格后，开始向2#丙烯塔进料，注意塔内温度变化。

② 调整1#、2#丙烯塔再沸器急冷水量。

③ 丙烯不合格，进罐区不合格罐。

④ 当系统稳定，操作指标接近设计值，观察在线仪表分析值，丙烯产品合格后，联系化验人员进行采样分析。分析合格后，联系罐区将丙烯产品改进合格产品罐。

8. 脱丁烷塔开车

(1) 确认事项

① 系统的全面吹扫、干燥、气密完毕。

② 设定系统流程准确。

③ 系统氮气置换合格，处于氮气保压状态。

④ 公用工程(水、电、汽、风)、火炬系统等具备使用条件。

⑤ 现场照明、通信系统、消防系统已投入正常使用，现场无障碍物。

⑥ 阻聚剂注入系统已准备就绪，可根据需要向系统注入阻聚剂。

⑦ 甲醇注入系统已准备就绪，可根据需要向系统注入甲醇。

⑧ 系统联锁试验，仪表调校合格，并已投入可正常使用的状态。

⑨ 计算机控制系统已进入正常工作状态。

⑩ 循环水及LS系统具备使用条件。

⑪ 回流泵具备运转条件。

⑫ 低压脱丙烷塔运转正常，塔釜有足够的液位且不含碳三组分。

⑬ 中间罐区具备收料条件。

⑭ 抗氧剂系统已经准备就绪，可根据需要向系统注入抗氧剂。

⑮ 所有放空阀、放净阀关闭。调节阀前后手阀全开，跨线手阀全关。

(2) 开车步骤

1) 流程设定

① 控制室内关闭进料阀、塔釜出料阀、碳四产品阀、再沸器蒸汽阀门。

② 回流阀手动开 10%。

③ 压控阀设定 0.418MPa 投自动。

④ 回流泵、塔釜出料泵现场开关锁闭，联系送电。

⑤ 投用冷凝器循环水，压控阀前后手阀开。

2) 进料

慢慢打开进料阀向系统进料。

3) 再沸器预热

微开再沸器 LS 给汽阀开始预热。

4) 再沸器投用

① 当脱丁烷塔塔釜液位 40%，慢慢开启 LS 给汽阀；中控控制 LS 量，缓慢升高塔釜温度。

② 注意灵敏板温度。

③ 注意塔压变化(设计 0.418MPa)，当压力建立后，用塔顶安全阀旁路把 $N_2$ 置换至火炬中去。

④ 通过脱丁烷塔回流罐压控阀控制将不凝气排火炬，$N_2$ 置换合格后不凝气送返裂解气压缩机段间。

5) 回流操作

当回流罐液位 60%时，启动回流泵，开始向塔回流，同时观察塔压及各点温度的变化，并作适当调整。

6) 釜液送出

当再沸量基本稳定，塔釜液位有上升趋势时，启动塔釜泵，同时打开回流阀设定最小回流量，同时用控制阀控制向下游送料，当液位稳定至 50%时液位控制器投自动串级控制流量。同时室外打开抗氧剂泵开始注入抗氧剂。

7) 产品送出

回流罐液位有上升趋势时，用流量控制阀控制将不合格 $C_4$ 产品送往不合格罐，当回流罐液位维持在 50%时液位控制器投自动串级控制流量。同时室外打开抗氧剂泵开始注入抗氧剂。

8) 当 $C_4$ 产品分析合格后，通知罐区将产品改进合格罐。

(3) HSE 注意事项

① 脱丁烷塔禁止全回流操作。

② 脱丁烷的全回流操作，它能够在塔内形成浓度很高的乙基乙炔和丁二烯，容易引起爆炸，造成严重的后果。

## 四、20000m$^3$ 低温罐单元开车操作

1. 开工前的准备

(1) 确认公用工程(水、电、汽、风)全部投用

其中大罐置换氮气需保证最小用量≥1200Nm$^3$/h，露点<-70℃，压力≤0.6MPa。

(2) 设备回路测试及联锁测试

在预试车过程中，须对乙烯低温罐系统联锁进行测试[尤其要注意安全仪表系统(SIS)、分散控制系统(DCS)、马达控制系统(MCC)和现场之间的通信]。

测试步骤由以下几个步骤组成：

① 所有电气连接、接地的检查。

② 设定点的检查及回路测试。

③ 根据逻辑图、联锁说明、因果图和PID图对控制系统进行检查。

(3) 乙烯低温罐氮气置换、干燥(图17.1-3)

① 乙烯低温罐进实物料前须经氮气置换、干燥合格。要求低温罐内罐露点达到<-50℃、含氧量<0.5%、氮气含量≥99.5%；内外罐夹层(充填珍珠岩部分)露点达到<-40℃、含氧量<1%、氮气含量≥99%。

② 要求低温罐在充氮置换过程中压力一般应保持在储罐操作压力范围之间。

③ 氮气置换、干燥结束，低温罐保微正压。

④ 低温储罐封罐前，确认各管线与罐本体之间已盲板隔离。仔细检查内罐、内外罐夹层、罐顶吊顶所铺设保温毡干燥度，确保封罐时罐内干燥无明水。

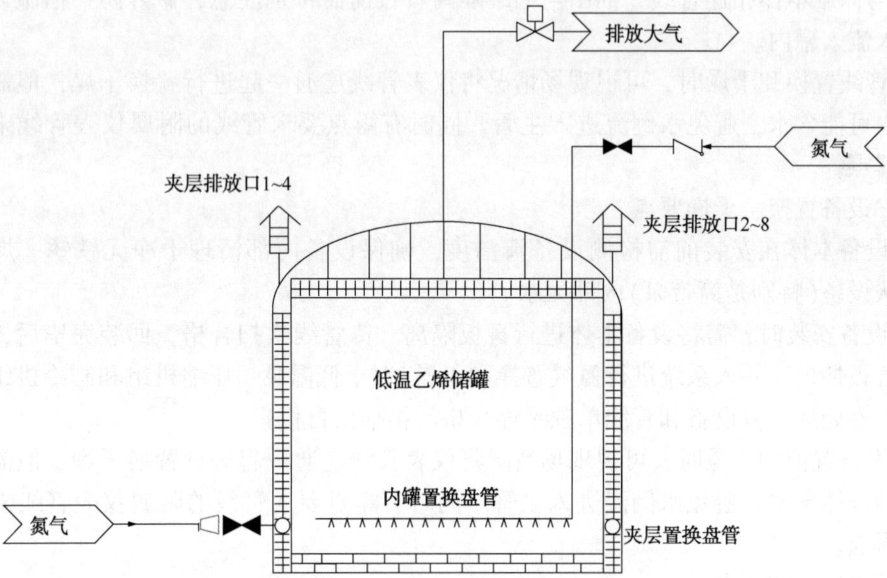


图17.1-3　低温储罐本体氮气置换、干燥流程图

⑤ 置换前对氮气管线和氮气引入途经管线进行置换、干燥，并在各个末端检测露点低于-70℃为合格。

⑥ 置换时，低温罐内罐由罐内底部盘管引入氮气，向内罐底部进行吹扫，从顶部排火

炬线排放大气；内外罐夹层由夹层内盘管引入氮气，缓慢置换、干燥夹层，通过夹层排放口排放大气(由于填充满了小颗粒轻质的珠光砂，在夹层排放口需设置过滤网，防止珠光砂被吹出)。

⑦ 置换时，应严格控制夹层氮气进气量，控制氮气流速，防止因气流过快导致夹层内珠光砂分部不均，影响保冷效果(如果夹层排放口朝上，还需设置防雨罩，避免雨水进入)。

⑧ 储罐本体置换过程中，公用工程系统供给氮气的露点波动会对储罐干燥进度造成较大影响，建议每隔一至两个小时检测氮气总管露点，如有条件建议设置连续监控(如发现氮气露点不合格，及时停止氮气干燥)。

(4) 管线吹扫、置换、干燥要点

① 系统管线投用前要求吹扫、置换、干燥，乙烯系统要求露点达到<-60℃、含氧量<0.2%、氮气含量≥99.8%；丙烯系统要求露点达到<-50℃、含氧量<0.2%、氮气含量≥99.8%。

② 管径大于 *DN*100(4″)的管线需采用爆破吹扫，吹扫排放口建议设置在管线最低点，爆破吹扫过程中可将管线试压时残留的水带出(对于有露点要求的管线，在验收管线吹扫爆破质量时，要求在吹扫、爆破时无杂质、无雾状水汽为宜)。

③ 在管线干燥时，建议选择最低点作为主排放点，所处理管线上所有导淋均保持一定开度，可加快管线干燥速度。在干燥过程中，需将管线内各阀门(含调节阀)缓慢开闭多次，在开关过程中通过改变流道通径调整气流流速，带出阀体内部的残留水分。

④ 检测管线干燥露点前，将需检测管线封闭，管线泄压至微正压后保压 8h 后在低点位置采样分析露点。

⑤ 与储罐本体相连管线，抽出与储罐隔离盲板前需特别注意，做好防护措施，防止罐内打压水流入罐内。

⑥ 管线置换和干燥时，可视现场情况将仪表管线连通一起进行置换干燥，但需注意仪表管线内可能含水，避免水倒流进入主管。同时有露点要求管线的附属仪表管线末端也需要检测露点。

(5) 设备置换、干燥要点

① 设备本体在安装前需检测设备清洁度，确保设备内部清理干净无铁锈、焊渣等杂质，确认设备(特别是筒带泵)内部无水。

② 设备安装时，需将设备本体进行盲板隔离。待管线吹扫合格，回装完毕后，可将设备本体盲板抽出，并入系统进行氮气置换和干燥(对于低温泵、压缩机组和制冷机组建议单独进行干燥处理，待设备和管线单独干燥合格后再抽出盲板)。

③ 设备置换和干燥时，可视现场情况将仪表管线连通一起进行置换干燥，但需注意仪表管线内可能含水，避免水倒流进入主管。同时有露点要求管线的附属仪表管线末端也需要检测露点。

(6) 系统气密要点

① 系统气密过程可与氮气置换同时进行，具体气密步骤按照 GB/T 20801.5 规范执行。

② 由于低温系统要求无水无油，气密介质建议选用氮气，且不建议使用含油式空压机加压。

③ 乙烯 BOG 压缩机气密压力不可超过压缩机一级出口安全阀起跳压力或压缩机缸体设

计压力(取低值)。

④ 气密过程中，应将管线、设备附属仪表带入同时气密，对于各仪表接头应重点检查。

(7) 开工条件确认

① 所有设备、管道等都已安装调试完毕后并验收合格，储罐、管道安全附件完好。

② 整个系统设备单试、联试完毕，仪表系统根据逻辑图、联锁说明和PID图调试完毕具备使用条件。

③ 确认系统气密、吹扫、干燥、置换合格。

④ 蒸汽、氮气、仪表空气、冷却水、消防水和供电等公用工程系统具备使用条件。

⑤ 火炬系统已投用，具备可燃物排放条件。

⑥ 检查机泵的润滑油按规定加满，盘车正常，压缩机、制冷机润滑油温度控制正常等。

⑦ 确认可燃气监测系统、接地和照明系统、水喷淋系统、火灾监测系统、紧急停车系统等设施均投用。

⑧ 核对流程，保证流程畅通。相关装置(岗位)联系完毕并做好输、接物料的准备。

2. 系统开工

(1) 乙烯汽化器的投用

① 乙烯汽化器均为中间介质加热型乙烯汽化器，壳程加热介质为甲醇。汽化器投用前，壳程也需进行干燥置换处理，要求露点达到<-40℃、含氧量<1%、氮气含量≥99%。乙烯管程侧则按照系统管线要求进行处理。

② 确认流程后，进行汽化器甲醇充注，注意保持汽化器壳程压力在操作范围之内，压力过高时通过火炬排放泄压。

③ 充注过程中，观察壳程内甲醇液位情况，充注至操作范围。

④ 甲醇充注完毕后，微开汽化器蒸汽调节阀，引入蒸汽加热甲醇。由于壳程含有大量氮气，在加热甲醇至操作温度过程中，壳程压力会上升，及时排放火炬，避免超压，同时置换壳程内氮气。

⑤ 甲醇温度达到操作温度后，将蒸汽调节阀投自动，关闭壳程火炬排放。乙烯汽化器投用完毕。

(2) 丙烯制冷系统投用

① 本装置所采用丙烯制冷机为往复式压缩机。系统由两台丙烯制冷压缩机(K-666A/B)、一台丙烯冷凝器(E-667)、一台丙烯凝液罐(D-662)、一台乙烯冷凝器(E-664)、一台压缩机吸入罐(D-664)。

② 丙烯制冷系统投用前，经干燥置换处理，露点达到<-50℃、含氧量<0.2%、氮气含量≥99.8%。由于本系统较大，未进行抽真空处理。

③ 丙烯引入前，将系统高压侧和系统低压侧隔离为两个独立的小系统。将丙烯冷凝器(E-667)、丙烯凝液罐(D-662)隔离为高压系统，丙烯充注前使用氮气充压至0.6MPa(G)，避免丙烯进入后产生急冷。将丙烯制冷压缩机(K-666A/B)、乙烯冷凝器(E-664)、压缩机吸入罐(D-664)隔离为低压系统，泄压至微正压(具体流程设置见图17.1-4)。

④ 将D-662压控阀投自动，压力设定为最高操作压力。通过液相丙烯补充线引入液相

丙烯至 D-662。注意控制丙烯引入速度，防止压力上涨过快，导致罐压超压。

⑤ 当 D-662 液位建立至正常操作液位时，微开 D-662 至 E-664 的液位控制阀 LV-66004，将 D-662 中丙烯通过节流膨胀后进入 E-664，节流膨胀后的丙烯冷却后，在 E-664 中建立液位，同时部分丙烯汽化后导致低压系统的压力升高。

⑥ 在 D-664 顶部安全阀、压缩机一段出口安全阀的副线排放火炬，控制低压系统压力在 40kPa(G)。

⑦ E-664 建立液位同时，继续向 D-662 内补充丙烯，至 D-662 和 E-664 均达到操作液位。然后停止 D-662 液位补入，关闭 LV-66004。

⑧ 打开高压缩机出口阀门，启动丙烯制冷压缩机。初次启动丙烯制冷压缩机时，由于压缩机体内含有氮气，各段出口压力、温度可能超标，人工控制各级安全阀副线泄放火炬，保证压缩机正常运行。待压缩机运行正常后，逐渐关闭各火炬排放，将各自控阀门投自动。

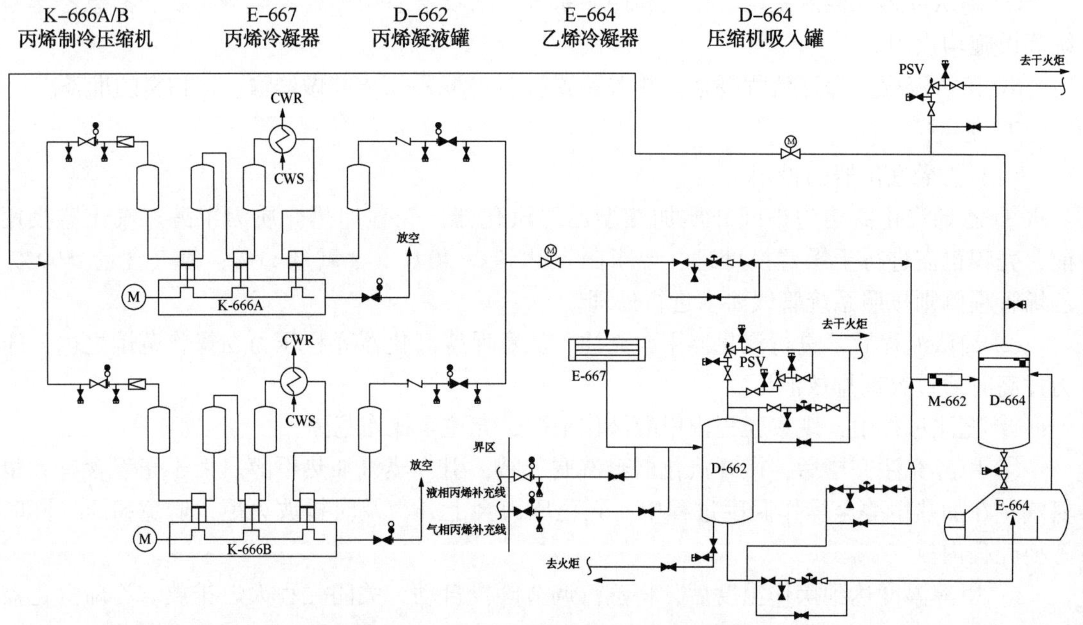


图 17.1-4　丙烯制冷压缩机投用流程图

注：空心阀门为开启阀门，实心阀门为关闭阀门；CWS—循环水给水；CWR—循环水回水；PSV—压力安全阀。

(3) 低温罐本体实气置换

① 低温罐开工液相预冷前，内罐需进行实气置换，使内罐内的乙烯气含量≥98%(体积)。

② 本装置开工使用液相乙烯槽车卸车，经开工乙烯汽化器汽化成为气相乙烯后，通过内罐底部置换盘管进入储罐进行置换，置换气通过罐顶排火炬线排放至低压火炬系统。具体流程设置见图 17.1-5。

③ 控制开工乙烯卸车量在 1~2t/h，控制开工乙烯汽化器出口温度为 10℃左右。缓慢调整开工乙烯汽化器使出口温度按照≤5℃/h 的速率下降，至汽化器出口温度降低至-20℃停止降温，持续进料。利用低温乙烯气与氮气的密度差异，提高置换效果，减少乙烯排放量

(由于气相置换盘管位于罐底，过低温度乙烯进入或乙烯降温过快后可能导致底板收缩过快，底板与罐壁之间的角焊缝应力过大产生罐损伤)。

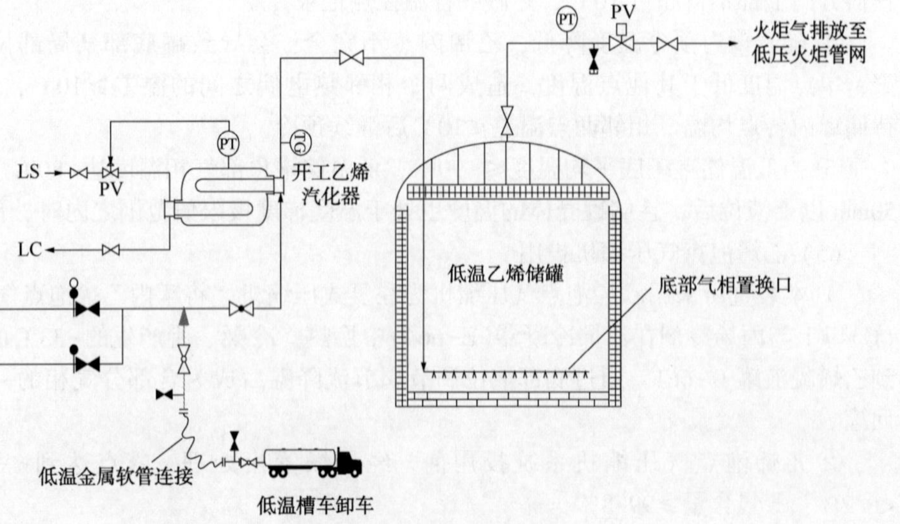


图 17.1-5　低温乙烯储罐实气置换流程图

注：实心阀门为关闭阀门，空心阀门为开启阀门。

④ 注意低压火炬排放气燃烧情况，置换气开始燃烧后，在排放点进行采样分析乙烯含量。至乙烯含量高于 80%后可进行预冷操作。

(4) 低温乙烯储罐的预冷

① T-661 开工液相乙烯卸车前，进行液相预冷，使储罐的温度≤-90℃，防止槽车液相直接进罐时造成储罐急冷。在液相预冷过程中，须保证储罐整体降温，预冷速率控制在 2℃/h，不得高于 5℃/h。

② 本装置开工预冷采用液相乙烯直接预冷，通过内罐顶部喷淋盘管将低温液相乙烯喷洒成雾状，在内罐空间闪蒸为乙烯气体，并吸收大量热量。在预冷过程中，持续调节预冷乙烯进料量，控制储罐预冷速率。低温罐预冷流程如图 17.1-6 所示。

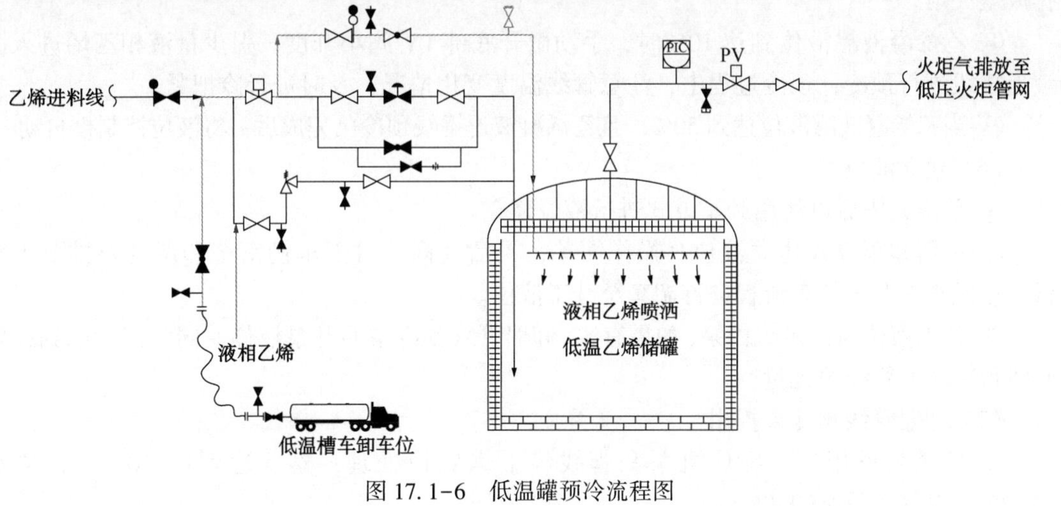


图 17.1-6　低温罐预冷流程图

③ 在罐体预冷操作中，操作人员密切监控低温储罐内侧壁及底部各温度指示，监控储罐的受冷情况，要求两个相邻热电偶之间的温差≤10℃，整个内罐结构上的总温度梯度在任何方向上都不得超过10℃，并做好各温控点记录。

④ 随着罐内预冷温度降低，乙烯闪蒸不完全，会导致罐底部某局部位置产生冷量集聚，单点温度低于其他点温度，造成两个相邻热电偶之间的温差≥10℃，此时停止预冷，待储罐内各点均温。相邻两点温差≤10℃后继续预冷。

⑤ 当低温储罐罐底平均温度≤-90℃，低温储罐顶部气相温度达-80℃，罐液位计出现50mm以上液位后，且储罐壳体的温度也处于温度梯度极限值范围之内时，预冷结束。

(5) 乙烯泡点气压缩机投用

① 本装置所采用乙烯泡点气压缩机为往复式压缩机。将罐内乙烯泡点气加压至1.8MPa(G)以上与丙烯冷剂在乙烯冷凝器(E-664)中换热、冷凝。所产生的-33℃的乙烯凝液收集到乙烯凝液罐D-661，通过底部液位调节阀节流降温后成为含部分气相的-103℃液相乙烯回罐。

② 乙烯泡点气压缩机系统投用前，经干燥置换处理，露点达到<-60℃、含氧量<0.2%、氮气含量≥99.8%。

③ 乙烯低温罐预冷至气相温度≤-80℃后，可投用乙烯泡点气压缩机。

④ 初次投用时，入口管线温度较高，且压缩机系统内全部为氮气，使用氮气工况开机。

⑤ 压缩机运转前，将乙烯泡点气压缩机各段出口安全阀的副线排放火炬打开，将系统内氮气排放至火炬。将凝液收集罐顶部气相排放线压力控制设定值设置为1.8MPa(G)。凝液收集罐液位控制阀手动关闭。

⑥ 压缩机以氮气工况开车后，入口温度降至-40℃以后，逐渐关闭各级出口安全阀旁路，关闭时注意压缩机各级出口温度和压力，避免超温超压，直至各段旁路完全关闭。

⑦ 压缩机运转正常后，将压缩机工况切换至正常工况，以50%低负荷运转，回收乙烯泡点气，此时凝液罐(D-661)逐渐收集到凝液，液位上升，同时由于凝液罐内含有大量氮气，凝液罐压力会持续上涨。压力升至1.8MPa(G)以上后，压力调节阀自动打开，将氮气排放至火炬。

⑧ 乙烯凝液罐液位到达10%时，手动微开底部LV阀小开度，引少量液相乙烯进入凝液返罐线进行预冷，预冷过程中，注意管线温度变化情况，及时进行冷把紧。

⑨ 当乙烯凝液罐液位达到50%，且乙烯凝液返罐线预冷已完成后，将液位控制投自动。

(6) 建立液位

① 预冷完毕后可使用卸车方式进行液位建立。

② 采用卸车方式建立液位，操作简单，灵活性高，对于车辆衔接和调度安排要求较低。按照正常开工卸车流程进行卸车至开工液位。

③ 开工液位需满足罐内泵(如果有)、卸船管线预冷泵的开泵液位，同时需考虑到卸船管线预冷时的管线填充量。

(7) 卸船管线预冷泵投用

① 预冷泵投用前，确认机泵和管线经干燥置换处理，露点达到<-60℃、含氧量<0.2%、氮气含量≥99.8%。

② 机泵预冷时，打开顶部气相排火炬线，微开入口预冷跨线，引液相乙烯进泵，并置换泵体内氮气。通过控制泵入口预冷跨线阀开度控制预冷的温降速度。

③ 降温过程中，要求机泵降温速度不超过5℃/h。检查机泵进出口有无泄漏情况，当温度降至-30℃时，对机泵法兰螺栓进行冷紧。

④ 当泵体温度降至-60℃时，对泵进出口管线进行第二次冷紧。

⑤ 当机泵温度降至-70℃时，关闭泵出口气相排空阀，打开泵入口预冷手阀2~3扣，缓慢引液相乙烯进泵，汽化后升压，从泵顶部气相线返罐，通过控制预冷阀的开度，控制降温速度不超过5℃/h，直至泵体温度降至-90℃，机泵内开始建立液位。

⑥ 缓慢打开泵的入口阀，打开泵顶部排气阀，引液相乙烯进泵，使泵过流元件充分冷却，浸液24h以上。

⑦ 点动机泵，使机泵充分排气，同时检查泵的转向是否正确(从入口侧看的旋转方向为逆时针方向)，至机泵后轴承体温度到-100℃，说明机泵已灌满液体。

⑧ 按照正常开泵流程进行开泵，出口回流回罐，持续运转4h以上进行实物料试车。

(8) 卸船管线的预冷

① 卸船管线由液相线和气相线组成，在码头处设置连通跨线，在置换和预冷时，关闭液相线和气相线在码头至装卸臂的端部阀门，打通连通跨线，将液相线、气相线连通成为一条管线。

② 引乙烯泡点气压缩机出口热的高压乙烯气至乙烯气相线，通过流程置换管线：

乙烯气相线→码头连通跨线→乙烯液相线→低温罐区界区内火炬排放

③ 待管线置换合格后，停止引入乙烯气相，关闭火炬排放阀门。打通乙烯气相线至低温罐流程。

④ 保持预冷泵出口压力稳定，微开预冷泵出口至码头液相线预冷阀，引液相乙烯进入管线进行管线预冷。初始预冷量控制在3t/h。

⑤ 预冷过程中，通过液相线上温度表控制预冷阀的开度。温度下降初期，通过液相线界区位置温度表的全部为气相乙烯时，控制此表温降速率<5℃/h；当液相乙烯通过时，温度降低速率将明显增快，此时前部冷的气相预冷气团已通过界区位置，可逐渐开大预冷阀，将预冷量提高至10t/h左右。

⑥ 随着预冷的进行，大量预冷过程中闪蒸汽化的气相乙烯返回罐内，及时提升泡点气压缩机的负荷，保持罐压处于较低值，防止超压。

⑦ 当液相线至码头各点测量温度≤-80℃，且持续无反复，预冷结束。

⑧ 预冷结束后，继续开启预冷泵，保持低温管线内低温液相乙烯循环，维持低温管线内的温度，至开始卸船操作(为保证管线预冷完全，建议循环24h后再进行卸船操作)。

(9) 低温乙烯卸船

① 低温乙烯卸船前，停止低温乙烯管线预冷循环。关闭气、液相线中间跨线阀。打通液相线卸船进罐流程。

② 连接低温乙烯输油臂至船侧，对输油臂进行氮气置换、干燥和气密操作，露点达到<-60℃、含氧量<0.2%、氮气含量≥99.8%为合格。

③ 输油臂处理合格后，打开码头输油臂前切断阀小开度，打通卸船流程。船方确认卸船泵运转正常后，将卸船阀微开引液相乙烯进液相输油臂进行预冷，预冷过程中，注意对

输油臂进行冷把紧。待输油臂完全结重霜后，打开输油臂两侧阀门。

④ 通知船方按照 30t/h 速率逐渐增大卸船量，直至最大卸船量。卸船过程中，注意观察罐压，及时提升压缩机负荷，保持罐压稳定。

⑤ 卸船完毕后，关闭液相输油臂前切断阀，使用氮气将输油臂中液相乙烯吹扫至乙烯船上，液相乙烯吹扫完毕后，船方将吹扫流程更改至高点放空，持续吹扫 5min 以上，监测吹扫排放气可燃气低于 $100\times10^{-6}$，可拆除输油臂。

⑥ 气、液相线中残留液相乙烯自然回温成为乙烯气相回罐。通过乙烯泡点气压缩机回收回罐。

## 第二节　停车操作

### 一、急冷单元停车操作

1. 停车条件确认

① 倒空 QO 储备。

a. 停工前 1 个月增设 QO 至调质油罐临时停工管线。

b. 停工前 1 个月增设重燃料油罐返回急冷单元开工临时管线。

c. 联系总调度停工前 10 天倒空污油罐和 1 个重燃料油产品罐。

② 装置已进入全面停工状态，裂解炉已切出急冷系统。

③ 急冷油塔接 6 根消防水带，防止塔打开之后内部自燃。

④ 相关的临时管线已配置完毕。

a. 停工前 1 个月现场 QO 倒空临设管线已按“QO 倒空临设管线布置图”施工完毕。

b. 停工前 1 周所有 QO 倒空临设软管已按“QO 倒空临设管线布置图”布置完毕。

⑤ 停工前 1 个月确认急冷油排放罐污油外送泵运行正常，准备两套备件，同时确认另一台污油外送泵备用状态良好，准备一套备用滤网。

⑥ 停工前 2 周确认所有急冷油系统“NNF”线畅通。

⑦ 停工前联系调度储存足够的裂解汽油(500t)，用于停工期间急冷油系统的清洗油。

⑧ QW 系统处于循环中，QW 系统的倒空要等急冷油塔倒油完毕后开始倒空。

⑨ 急冷水分离罐汽油侧汽油全部送至急冷油塔，急冷水塔压力调节阀投自动，氮气线盲板变通板。

⑩ 如果厂区设有异常排污罐，需确认排污水线临时总管至污水提升泵泵出口线和至异常排污罐的临时接口连接完毕，见图 17.2-1。

⑪ QW 外送线边界与 QO 化学清洗高浓度污水外送线连接，见图 17.2-1。

⑫ QW 倒空临时线接好(急冷区一根，热区一根，临时 A、B 泵安装好)，见图 17.2-2、图 17.2-3。

⑬ QW 临时线各低点导淋胶皮管和临时硬管已经接好。

⑭ 排往急冷水塔塔的压缩、分离、急冷各管线均排放干净。确保 QW 倒空时不再向急冷水塔倒液。

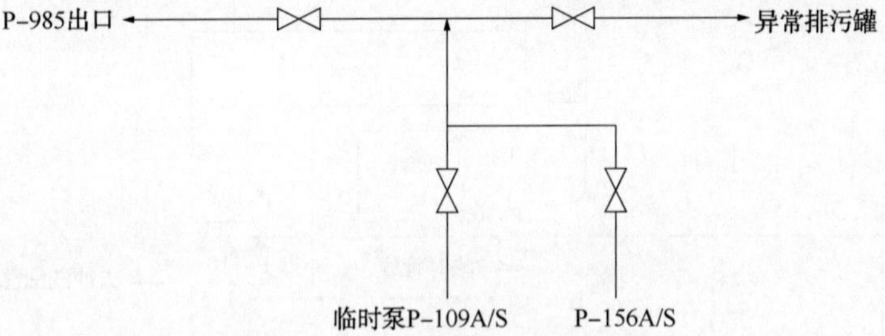


图 17. 2-1　预留临时管线图

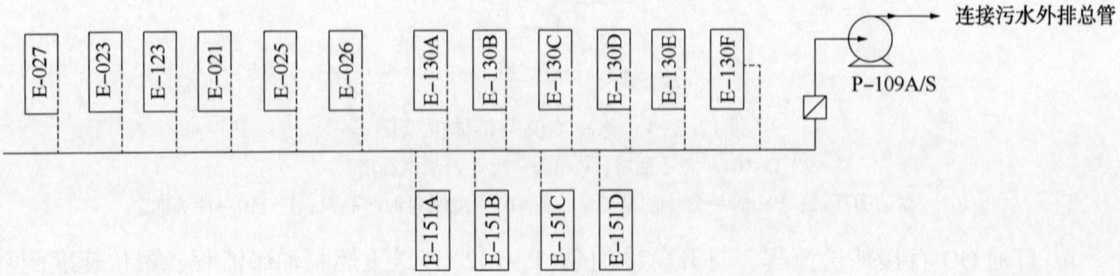


图 17. 2-2　急冷区急冷水低点倒空图

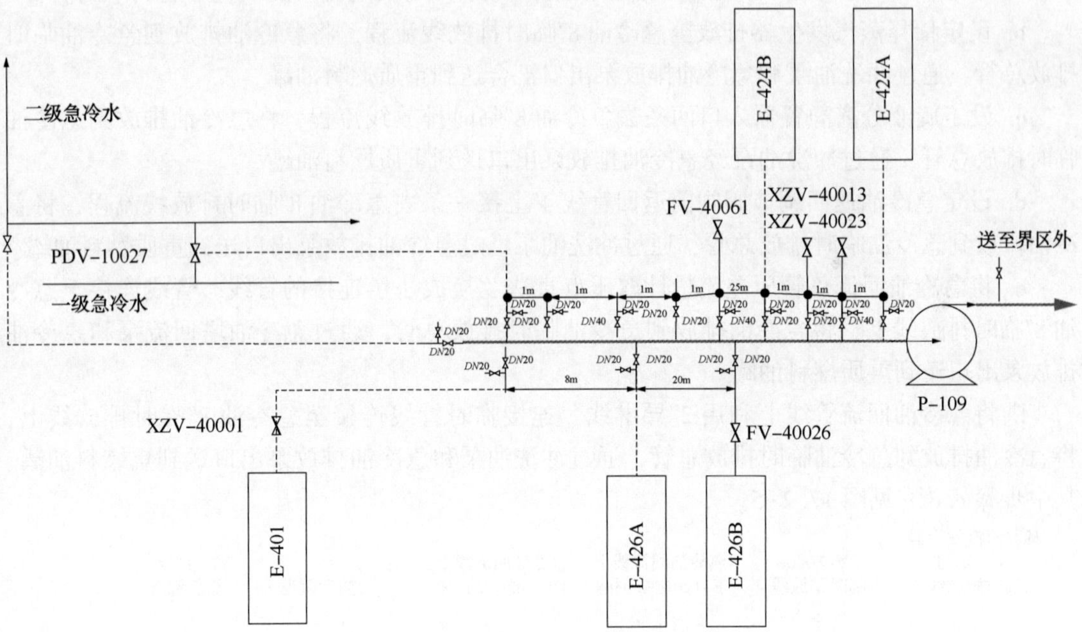


图 17. 2-3　热区急冷水低点倒空图

## 2. 停车步骤

(1) 急冷油系统倒空步骤

① 裂解炉停进料前将急冷液位降至30%±5%，当所有裂解炉切出急冷系统后，停急冷(QO 及 PO)所有伴热。当所有裂解炉切出急冷系统后，急冷油(QO)、重质燃料油(HFO)全部排往重燃料油罐(开车返回罐)，8h 内回收急冷油重组分，主体流程见图 17. 2-4。

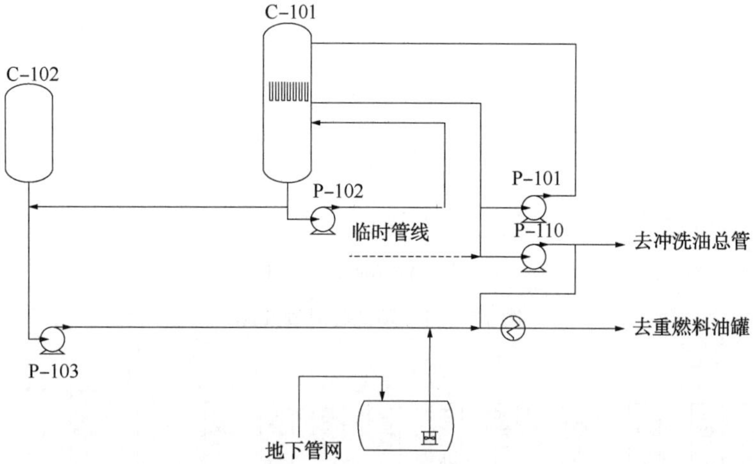


图 17.2-4 急冷油倒空整体框架图

C-101—急冷油塔；C-102—重燃料油汽提塔；

P-101—盘油循环泵；P-102—急冷油循环泵；P-103—重燃料油产品泵；P-110—冲洗油泵

a. 打通 QO 直接外送流程，打开急冷油泵(P-102)直送重燃料油罐流程，最快速度倒空急冷油；同时打开急冷油塔塔釜 6″倒料线的手阀，将急冷油引入重燃料油产品泵(P-103)入口，P-103 泵最大量外送 QO 至重质燃料油罐，视 P-103 泵电流情况调整外送调节阀。

b. 设定稀释蒸汽发生器排放至急冷油 8″临时排放线流程，将急冷油排放到急冷油临时排放总管，通过冲洗油泵和急冷油排放泵出口汇合送到重质燃料油罐。

c. 设定旋液分离静置器入口两条去急冷油 8″临时排放线流程，将急冷油排放到急冷油临时排放总管，通过冲洗油泵经急冷油排放泵出口送到重质燃料油罐。

d. 设定急冷油返回调节阀阀前返回管线 4″上接一条去急冷油 8″临时排放线流程，将急冷油排放到急冷油临时排放总管，通过冲洗油泵经过急冷油排放泵出口送到重质燃料油罐。

e. 将急冷油回流总管压差流量计取压点盲法兰换成法兰连接的管线，管线连接至急冷油 8″临时排放线上，将急冷油排放到急冷油临时排放总管，通过急冷油塔回流泵和急冷油排放泵出口送到重质燃料油罐。

f. 将急冷油回流管线上利用 2″导淋线，连接临时管线连接至急冷油 8″临时排放线上，将急冷油排放到急冷油临时排放总管，通过冲洗油泵和急冷油排放泵出口送到重燃料油罐。其中步骤 c. d. e 见图 17.2-5。

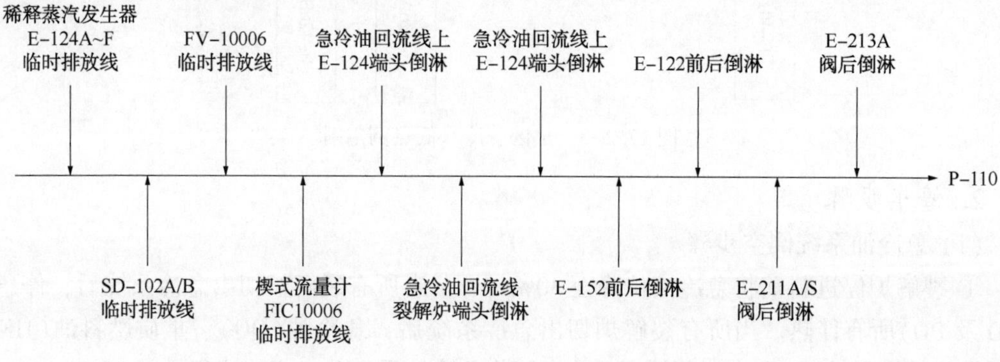


图 17.2-5 急冷油倒空临时管线示意图

② 倒空过程注意控制急冷油泵出口压力(1.10±0.15)MPa，压力过高时停一台急冷油透平，通过调整透平转速和出口阀控制泵出口压力。

③ 急冷油倒空后，全开盘油填充急冷油段调节阀，将盘油注入急冷油系统维持进行盘油循环冲洗，盘油冲洗过程中联系调度将调质油引入盘油段，维持盘油、急冷油液位在15%以上，确保机泵不抽空，循环冲洗过程中将急冷油、盘油用户及回流阀开至最大，裂解炉急冷油返回线全开，保持最大循环冲洗，循环冲洗过程中维持机泵压力稳定，盘油压力控制在(0.9±0.05)MPa，急冷油泵出口压力(1.10±0.15)MPa。

④ 盘油冲洗结束后，急冷油段盘油物料按照前述步骤①~⑥进行倒空。

⑤ 在QO倒空末期注意急冷油循环泵和冲洗油泵现场情况，当泵有抽空迹象时可停泵，待各低点QO汇集之后再度开急冷油塔回流泵和冲洗油泵，同时打开所有能去地罐的阀门，反复几次启动该泵，期间打开QO倒空临设管线总管端头导淋确认，确认所有QO倒空完毕。

⑥ 在进行倒空的同时，因部分低点无临时管线，打开去地罐的阀门，通过急冷油排放泵送出，因急冷油排放泵外送量有限，可同时打通泵出口去燃料油产品冷却器管线流程。

⑦ 系统管线倒空后，临时管线各端点接氮气(图17.2-6)，将管线中的油吹至急冷油排放罐。

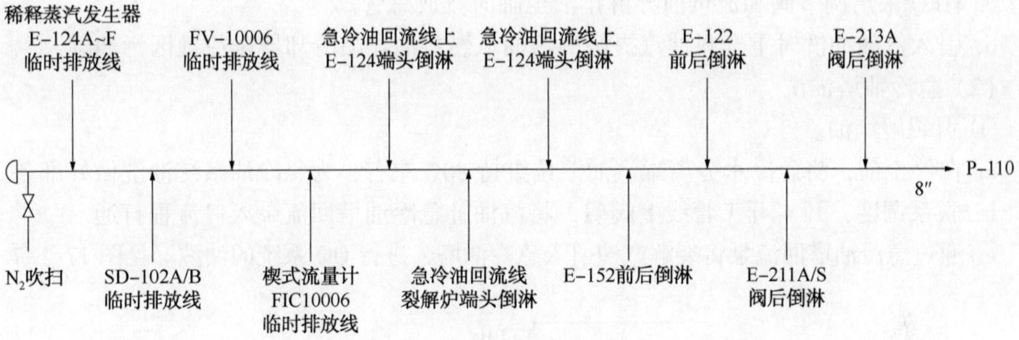


图17.2-6　临时管线端头吹扫氮气

⑧ 监控急冷油排放罐液位，防止满罐，同时防止抽空。因部分低点同时能去急冷油排放罐和冲洗油泵，若急冷油排放罐液位低，可开大阀门，确保两条路线都有足量送出。

⑨ 盘油系统冲洗倒空：

a. 裂解炉停进料前保持盘油液位90%以上，用于盘油冲洗，急冷油物料倒空后倒，盘油系统及急冷油系统按照步骤⑤进行循环冲洗，循环冲洗结束后进行物料倒空。

b. 打开盘油冷却器甩头手阀和前后导淋至急冷油临时排放线总管；打开各换热器的地点排放阀。

c. 当盘油液位下降至无法维持盘油泵运转时，停盘油泵。

⑩ 仪表冲洗油倒空：

a. 在进行最后一台急冷油透平泵运行时，停冲洗油泵，冲洗油通过冲洗油总管倒空。各端点冲洗油让其通过自流倒入总管。

b. 冲洗油通过压控阀前后导淋、泵出口最小流量线导淋连接至QO倒空临设总管，通过急冷油塔回流泵外送。

c. 对部分堵塞或有低点的冲洗油仪表管线，隔离后进行拆除后接桶倒空。

⑪ 轻燃料油(LFO)系统倒空

a. 提前3天通知停止轻质燃料油送罐区，关闭轻质燃料油送罐区的第一道手阀，在导淋接LS往罐区吹扫，在装置节点和罐区节点采样合格后，加盲板隔离。

b. 裂解炉停料后，关闭盘油、轻质燃料油进料阀及气体蒸汽调节阀；LFO经过裂解燃料油冷却器送至罐区。

c. 轻燃料油汽提塔液位低至约1%(泵有抽空迹象)时，停轻质燃料油采出泵，从轻燃料油汽提塔排放线，轻燃料油产品泵底导淋排放至急冷油排放罐。

d. 轻燃料油采出调节阀和流量计前导淋排液至临时排放总管。

⑫ 重燃料油HFO系统倒空。

a. 乙烷炉切出重燃料油塔后，保持其油冷器的急冷循环，加大HFO的采出，HFO由冲洗油泵经过燃料油产品冷却器排往罐区重质燃料油罐。

b. 当急冷油塔急冷油物料基本倒空完毕，乙烷炉油冷器急冷油阀全开，在油冷器前通过蒸汽吹扫将管线中的急冷油排放至重燃料油汽提塔，重燃料油外送泵有抽空迹象时停泵，重燃料油从重燃料油汽提塔经过6″排放线、重燃料油采出过滤器通过排放线和泵底排放线排往急冷油排放罐。

c. HFO采出调节阀和流量前导淋排液至临时排放总管。

d. 引入汽油冲洗时重燃料油汽提塔的污油从燃料油产品冷却器送往罐区污油罐。

(2) 急冷油塔油洗

① 引裂解汽油。

a. 在停工前，将急冷水分离罐汽油液位维持80%左右，为急冷油系统油洗做好准备。

b. 联系调度，开4″开工管线上阀门，将汽油补急冷油塔回流泵入口流程打通。

c. 通过急冷油塔回流泵将裂解汽油引入急冷油塔，进行QO系统的油洗。见图17.2-7。

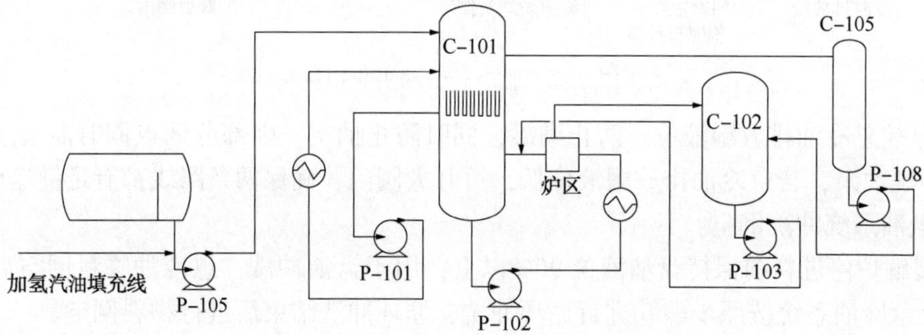


图17.2-7　汽油循环引油流程示意图

C-101—急冷油塔；C-102—重燃料油汽提塔；C-105—轻燃料油汽提塔；P-101—盘油循环泵；P-102—急冷油循环泵；P-103—重燃料油泵；P-105—汽油回流泵；P-108—轻燃料油泵

② 确认急冷油倒空完成后，启动泵急冷油塔回流泵，将裂解汽油补充至急冷油塔。

③ 建立盘油液位至90%后启动盘油循环泵，依次按下列步骤设定盘油系统油洗循环。

a. 第一路洗油进入稀释蒸汽发生器进料1#预热器，全开其旁路阀，经过稀释蒸汽发生器进料1#预热器及其旁路后的洗油，大部分通过送至盘油的二级用户盘油冷却器，水汽提塔进料预热器，高、低压脱丙烷塔再沸器，油洗期间通过调整压差调节阀保证各级用户都能得到同等压差下的洗涤效果，最后洗油调节阀返回急冷油塔。盘油循环泵出口的小部分洗油通过4″管线送至盘油冲洗油系统，并通过调质油线返回至急冷油塔。

b. 从盘油过滤器出口一部分盘油送至冲洗油泵入口，通过冲洗油泵送至冲洗油各用户，并打开冲洗油泵最小返回线，将部分盘油返回盘油循环泵过滤器入口。

c. 第三路在调节阀FV10009控制下，通过盘油线(2″)送至轻燃料油汽提塔。

在建立盘油循环的过程中，持续补充裂解汽油，以维持盘油液位，待盘油液位稳定，设定流程将盘油补充至急冷油段。

d. 在流量控制阀FV-10007的控制下，通过10″盘油返回线将盘油补充至急冷油段。

④ 急冷油塔在急冷油段建立液位至80%，启动急冷油循环泵(调整透平转速)进行循环冲洗。

⑤ 备用的急冷油循环泵进、出口及旁路阀全开，油洗期间急冷油循环泵轮流运转。

⑥ 急冷油液位建立后依次按以下步骤进行急冷油系统的油洗循环：

a. 急冷油塔塔釜清洗油分别经过急冷油过滤器，急冷油循环泵升压后送出，进入旋液分离器，经急冷油旋液分离器后返回急冷油塔。

b. 经过旋液分离器后的一部分清洗油，由顶部排出，大部分通过急冷油/稀释蒸汽发生器后在FV10006控制下通过30″急冷油管线返回至急冷油塔的急冷油循环段的上方，进行急冷油段的回流冲洗。

c. 经过急冷油/稀释蒸汽发生器另一路清洗通过36″急冷油管线送至2#～8#炉，分别打开炉区急冷器前的最小回流线，进行急冷油管线的循环冲洗。

d. 另一部分洗油经1#油急冷器，进入减黏塔进行清洗。

e. 在油洗过程中由于一部分急冷油在急冷油/稀释蒸汽发生器和管线底部形成沉积，因此在部分的管线底部新增临时扰流蒸汽。见图17.2-8。

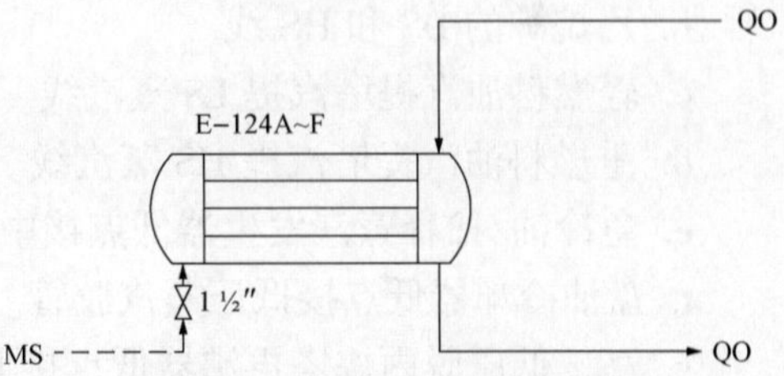


图17.2-8　急冷油/稀释蒸汽发生器接MS扰动油洗

E-124A～F—急冷油稀释蒸汽发生器

⑦ 建立QO、盘油循环后启动冲洗油泵建立急冷油塔、重燃料油汽提塔、急冷油旋液分离器、急冷油/稀释蒸汽发生器及炉区QO线、QO旁路线大循环。塔釜液位低时持续补入裂解汽油。

⑧ 整个油洗系统按先建立盘油循环，然后建立急冷油系统的顺序，建立盘油循环后，冲洗盘油系统。确认急冷油塔塔釜液位80%以上，建立QO循环，在急冷油塔液位稳定后关闭急冷油塔回流泵入口补油线。重燃料油汽提塔、轻燃料油汽提塔液位80%以上后分别启动冲洗油泵和轻燃料油产品泵，洗油返塔进行循环油洗，待急冷油塔盘油段、急冷油段液位稳定后停急冷油塔回流泵，关闭FV-10001。

⑨ 以步骤⑦开始循环油洗4h后结束。

⑩ 油洗期间各设备旁路打开、泵各开30min进行切换一次，保证所有管线清洗到。

⑪ 油洗期间打开各管线和设备低点排急冷油排放罐导淋，确保各支线清洗到。

⑫ 油洗之后的废油按急冷油倒空步骤进行倒空。洗塔汽油去污油罐。

(3) 急冷油系统蒸塔

① 停工前将燃料油产品冷却器出口至界区临时管线配管完成(图17.2-9)，停工期间通

过临时线将清洗污水外送至污水处理单元。

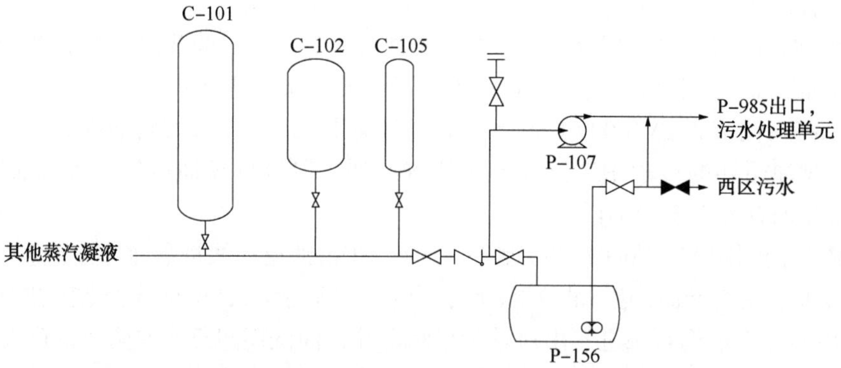


图 17.2-9　蒸汽凝液走向图

C-101—急冷油塔；C-102—重燃料油汽提塔；C-105—轻燃料油汽提塔；
P-107—稀释蒸汽发生罐进料泵；P-156—含油污水泵；P-985—污水提升泵

② 引裂解炉蒸汽前急冷水系统维持正常循环。

从下列各点引蒸汽蒸塔：

a. 炉区两端裂解炉的 DS。

b. 乙烷炉的 DS 和 HS 线。

c. 轻燃料油汽提塔汽提 LS 蒸汽线。

d. 重燃料油汽提塔汽提 HS 蒸汽线。

e. 急冷油/稀释蒸汽发生器低点接中压蒸汽胶管。

f. 盘油冷却器低点接低压蒸汽胶管。

g. 高、低压脱丙烷塔再沸器低点接低压蒸汽胶管。

③ 急冷油系统蒸煮操作：

a. 洗油倒空之后引入炉区端头两台热备的裂解炉，引裂解炉 DS 进行煮塔操作。

b. 打开各台裂解炉 QO 总管吹扫线，反吹至急冷油/稀释蒸汽发生器。

c. 急冷油管线通过急冷油/稀释蒸汽发生器→急冷油旋液分离器→旋液分离器静置器→急冷油塔进行蒸汽吹扫。

d. 炉区急冷油总管及急冷油返回线通过管线末端 MS 反吹。

e. 盘油管线通过在设备导淋接临时软管，通入 LS 进行吹扫。

④ 冷凝液按急冷油倒空流程进入含油污水排放罐或稀释蒸汽发生器进料泵入口，通过含油污水排放泵或稀释蒸汽发生器进料泵送至污水处理。

⑤ 急冷油塔的部分蒸煮蒸汽进入急冷水塔，蒸煮蒸汽在急冷水塔中被循环水冷却，蒸煮阶段进入急冷水塔的蒸汽含有大量的油气，此时急冷水系统仍在循环，通过急冷水分离罐进行油水分离。

⑥ 蒸煮 24h 结束，确认塔及管线冷凝水排尽。急冷油系统蒸煮最后 8h，停止急冷水循环，急冷水系统开始倒空，打开急冷水塔顶火炬排放阀门，将蒸煮汽放火炬。

(4) 急冷油系统水洗

① 确认停工前将燃料油产品冷却器出口至界区临时管线配管完成，停工期间通过临时线将清洗污水外送。

② 从急冷油塔回流泵出口管线预留口(4″提前连接消防水管接口)接两根消防水带，塔本体连接 4 根消防水带，同时给急冷油塔补充消防水。

③ 水洗流程参照油洗流程，依次通过盘油循环流程和急冷油循环流程进行水洗操作。

④ 水洗过程中引入两端两台裂解炉 DS 加热，尽可能将水洗温度提高到 80℃ 左右，提高水洗效果。

⑤ 水洗过程中添加化学药剂进行化学清洗。

⑥ 水洗循环 24h 之后，按急冷油污水倒空步骤倒空，通过冲洗油泵经燃料油产品冷却器临时管线送至污水单元。

⑦ 通过管线和设备低点导淋确认洗水倒空完毕。

(5) 急冷水系统倒空

1) 急冷水系统循环撇油

① 在 QO 系统倒空、油洗及洗油倒空阶段，QW 系统维持运转，处于循环除油阶段。

② 设定好急冷水循环流程。

③ 设定好工艺水系统流程。

④ 各急冷水用户进出口阀全开，一起参与循环除油，期间不断调整急冷水压差控制阀。

⑤ QW 循环除油期间接受来自压缩和分离单元的凝液。

⑥ 利用现有破乳剂流程注入破乳剂。

⑦ 循环除油过程中每 4h 分析急冷水中油含量。

⑧ 循环除油过程在 76h 左右，当 QO 系统蒸煮完成后进行 QW 的倒空操作。

2) 系统倒空

急冷水用户：

① 在急冷油倒空、蒸煮和水洗过程中，保持急冷水运转，急冷水系统进行除油循环。各急冷水用户进出口阀全开，一起参与循环除油。

② 利用现有破乳剂流程注入破乳剂。

③ 开汽油汽提塔塔底产品泵和含油污水排放泵外送流程，根据实际需要选择所送管线方向(如图 17.2-1 所示)。

④ 先通过汽油汽提塔塔底产品泵将 QW 经由临时线送至临时储罐或者污水处理单元，直至含油污水排放泵抽空，QW 系统内各液位计均降至 0 以下，停汽油汽提塔塔底产品泵。

⑤ 打开没有接到临时线可以将 QW 倒到 D-156 各低点导淋，启动 P-156 送至污水处理单位或新增石脑油罐。

⑥ 依次开急冷区各低点导淋到倒 QW 倒空临时线阀门，QW 通过临时线上临时泵 P-109A/S 送往污水处理。

⑦ 依次开分离热区各低点导淋到 QW 倒空临时线阀门，QW 通过临时线上临时泵 P-109A/S 送往污水处理。

⑧ 直到含油污水排放泵和汽油汽提塔塔底产品泵抽空。待半小时后再启动 A、B 泵，反复几次启动该泵直至将系统内水全部送出。

⑨ 间断打开各管线低点导淋，确认没有水排出后倒空完毕。

3）急冷水系统水洗

① 关闭去临时线和去汽油汽提塔塔底产品泵的各低点阀门。

② 开锅炉给水到急冷水塔的两道阀门，设定接水流程，引工业水(TW)。

③ 接至急冷水塔液位达到80%，启动急冷水循环泵循环，液位降至0后，停泵，再进水，需反复几次同样操作，直至急冷水塔液位降到20%，油水分离罐液位到80%。

④ 急冷水循环，急冷水用户进出口阀全开。

(6) $N_2$置换、干燥

1）置换应具备的条件

① 工艺管道及设备倒空、蒸煮、吹扫完毕。

② 设备及管道的放空及导淋阀均处于关闭状态。

③ 空气分离能提供足够的低压$N_2$。

④ 操作人员熟悉工艺流程及范围。

2）置换原则

① 由于急冷系统设备、管线容积较大，宜采取涨压置换的方法。

② 至少三个点同时检测系统可燃气体小于0.2%，置换视为合格。

3）置换操作步骤

① 急冷水塔塔顶压力控制阀投自动，设定0.07MPa。

② 开急冷水塔的氮气补入阀(4″)，将氮气引入急冷系统(急冷油过滤器、旋液分离器静置器等处接临时氮气线，如果充压速度慢可向系统补氮气)。

③ 通过急冷油排放罐罐顶充$N_2$线(2″)，向急冷油排放罐充压。

④ 急冷油、盘油、重燃料油、轻燃料油、急冷水、工艺水汽提系统氮气置换时，可通过下述各点向急冷油排放罐系统泄氮气：

a. 急冷油排放罐系统：打开各设备至急冷油排放罐的排放点，将置换气送至火炬系统。

b. 将急冷系统充压至0.07MPa。

c. 稳定压力30min左右之后，通过急冷水塔塔顶压力控制阀充压排放3次，在以下点处采样分析。

- 急冷油过滤器顶部放空阀。
- 急冷油/稀释蒸汽发生器管程入口导淋。
- 稀释蒸汽发生器进料1#预热器管程出口导淋。
- 水汽提塔进料预热器管程出口导淋。
- 重燃料油汽提塔顶安全阀处导淋。
- 各调节阀前后导淋。
- 急冷水分离罐中间水包处导淋。
- 高压脱丙烷塔再沸器底部处导淋。

⑤ 地下罐系统

a. 地下油系统管线：

- 在系统氮气置换前开始对地下罐系统进行处理。
- 确认所有的去地下罐的用户阀门已经关闭。
- 地下管网系统的端头蒸汽打开，对地下管网进行蒸汽蒸煮(图17.2-10)。

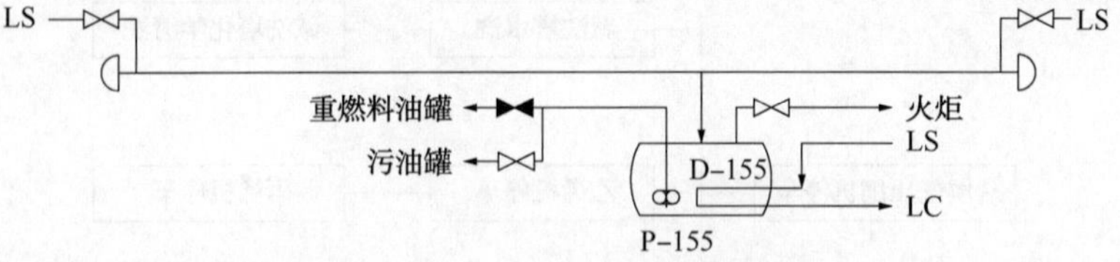


图 17.2-10　地下管网蒸煮流程

D-155—急冷油排放罐；P-155—急冷油排放罐抽出泵

- 打开急冷油排放罐 LS 蒸煮线，将油气蒸煮至火炬系统。
- 急冷油排放罐液位达到 70%时，启动急冷油排放泵将油水混合物排放至污油罐。
- 系统蒸煮 8h 以上后，和急冷油系统同时进行氮气置换(各采样点采样分析，若各采样点分析结果均小于 0.2%，则置换合格。否则，继续进行涨压置换至合格)。

b. 地下水系统管线。

- 在系统氮气置换前开始对地下罐系统进行处理。
- 确认所有的去地下罐的用户阀门已经关闭。
- 地下管网系统的端头蒸汽打开，对地下管网进行蒸汽蒸煮(图 17.2-11)。

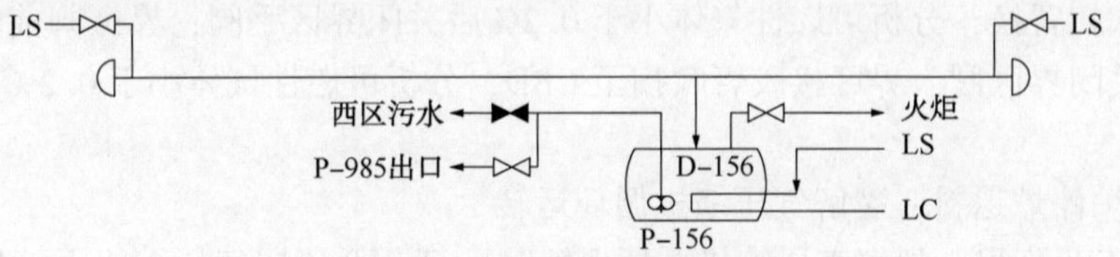


图 17.2-11　地下管网蒸煮流程

D-156—含油污水罐；P-156—含油污水泵

- 打开含油污水排放罐 LS 蒸煮线，将油气蒸煮至火炬系统。
- 含油污水排放罐液位达到 70%时，启动含油污水排放泵将油水混合物排放至污油罐。
- 系统蒸煮 8h 以上后，和急冷油系统同时进行氮气置换(各采样点采样分析，若各采样点分析结果均小于 0.2%，则证明置换合格。否则，继续进行涨压置换至合格)。

## 二、压缩单元停车操作

(1) 压缩系统停工具备条件

① 丙烯制冷系统回收液相丙烯临时管线已配且试压合格，具备投用条件。

② 裂解气干燥器备用台再生完成，处于保压状态。

③ 确认污油排放泵、废碱排放泵和丙烯冷剂收集泵备用正常。

④ 压缩系统停车框图如图 17.2-12 所示。

(2) 压缩系统停车

1) 裂解气压缩机系统停车

停注油、注阻聚剂、注水、注黄油抑制剂、新鲜碱系统：

① 计算好洗油罐和裂解气压缩机阻聚剂液位，在裂解气压缩机停车前一天，洗油和阻聚剂基本用完，裂解气压缩机 1~4 段和碱洗塔停止洗油、锅炉给水、阻聚剂注入，并停洗油泵、阻聚剂泵，关闭机体各注入点阀和注水阀。

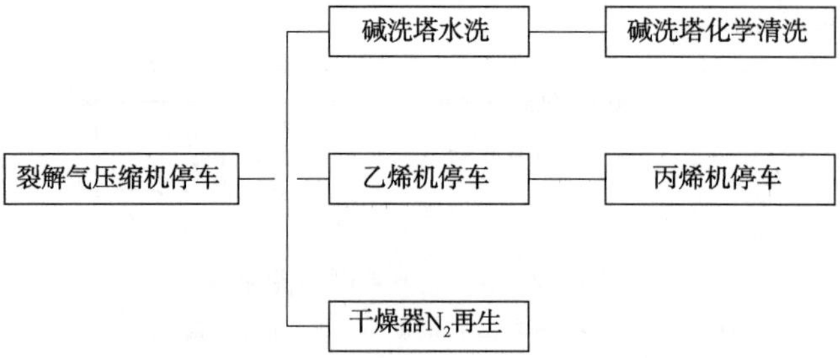


图 17.2-12　压缩系统停车框图

② 计算好黄油抑制剂罐液位，在裂解气压缩机停车前一天，黄油抑制剂基本用完，碱洗塔停止注黄油抑制剂，关闭黄油抑制剂注入点阀。

③ 计算好新鲜碱罐液位，在裂解气压缩机停车前一天，碱液基本用完，待裂解气压缩机停车后，停泵关闭配碱阀。

④ 对药剂系统倒空置换。

2）停止下游装置返回裂解气压缩机段间罐的气相物料

关闭下游不凝气返回段间罐的根部手阀(若下游装置提供气源，段间罐根部管线导淋接胶管至火炬吹扫置换，分析可燃性气体小于0.2%后关闭界区手阀，界区阀前倒盲板，拆除胶管；否则关闭界区阀，界区接胶管吹扫至CBD，分析可燃性气体小于0.2%，界区阀前倒盲板)。

3）裂解炉停炉退料，裂解气压缩机循环运转

① 设定工艺流程，裂解气压缩机循环运转时，打开低压尾气压缩机返一段吸入罐的手操阀，将气相返回至一段吸入罐，补充气量，逐渐降低转速至低速止点，维持裂解气压缩机一段吸入压力在30kPa左右，多余的再生气通过燃料气压差控制阀送至燃料气系统。

② 裂解炉逐渐退料停炉过程中，CCC控制系统应为DEV值大于0，防止压缩机出现喘振。

③ 根据裂解炉退料速度，将产品回收至罐区，逐渐降低去罐区的量，增加燃料气外补量，回收系统中物料，根据化验分析产品指标准备切至不合格罐。

④ 通过将汽油返至汽油汽提塔，水返至急冷水塔，尽量拉低各裂解气压缩机段间罐液位，液位无显示后关闭各液位控制阀，防止串气。

⑤ 当裂解炉退料至一台炉时，碳二加氢系统流量小于最低空速，碳二加氢手动停车，乙烯产品不合格，切断乙烯塔进料。

4）裂解气压缩机手动停车

① 裂解炉继续退料停炉，降速至最小操作转速后，确认工艺设备系统没有问题，手动触发裂解气压缩机停车按钮。

② 确认停车动作是否全部按照设计全部触发，转速降为0，机组停车。

③ 投用盘车装置。按照操作法停复水系统、油路系统、干气密封系统。注意等待汽轮机温度冷却到室温时，停盘车和油路系统。

5）裂解气压缩机系统倒空泄压

① 关闭裂解气压缩机系统外界来料阀门。

② 关闭急冷水塔去一段吸入罐入口电动阀。

③ 打开系统内控制阀机前后手阀。

④ 按照压力由低到高依次打开裂解气压缩机段间罐去污油地罐阀和HBD阀，将罐中的液体倒空。

⑤ 打开系统汽油泵、一段吸入罐底泵和烃凝液泵去污油地罐阀。

⑥ 打开裂解气压缩机机体、吸入排出管线去壳体排放罐阀，待液位上升80%打开壳体排放罐排放污油地罐阀，排完后关闭阀门。

⑦ 裂解气压缩机段间换热器集合管导淋接胶管排至HBD。

烃凝液泵停泵后，关闭运行台液相干燥器的入口阀和出口阀，打开运行台液相干燥器排液CBD阀，将液相干燥器液相烃倒至CBD，排尽液相干燥器内的液相后，关闭排放阀系统排完液后，确认污油地罐去火炬阀打开，打开系统去污油地罐和HBD阀门进行排放，泄压至0.03MPa。

6）裂解气压缩机系统氮气置换，交付检修

① 引入氮气，从裂解气压缩机一段入口氮气线和系统倒淋接氮气临时胶管。

② 确认系统充压至0.30MPa，打开系统去污油地罐和HBD阀门进行排放，泄压至0.03MPa。

③ 关闭上述阀门，系统再次充压至0.30MPa，涨压置换3次，联系化验人员分析可燃气含量，小于0.2%，置换合格。

④ 干燥器热氮吹扫置换。

⑤ 将再生气系统氮气管线盲板改为孔板，再生返回气去燃料气系统阀关闭，再生气分离罐旁路阀放火炬。

⑥ 按照再生步骤对干燥器进行冷再生和热再生(热再生温度控制在150℃)。

⑦ 氮气再生完后，干燥器导淋测氮气含量大于95%，置换合格。

7）碱洗系统停车

① 停止配碱，倒空碱液。

a. 裂解炉停炉退料时减少新鲜碱和配水量，降低碱洗塔和废碱处理系统液位。

b. 计算好新鲜碱罐液位，在裂解气压缩机停车前基本用完。

c. 裂解气压缩机停车前2h，停止新鲜碱和配水量。

d. 裂解气压缩机停车后，停止碱洗塔强中弱碱泵运行，打开碱洗塔水洗段、强中弱碱循环段和废碱处理系统去碱排污罐的阀门，倒空废碱处理系统各罐液位。

② 碱洗系统水冲洗。

a. 接胶管至碱液储存罐UC阀，引工业水进储存罐，启动新鲜碱泵将水注入碱洗塔冲洗。

b. 碱洗塔各碱段建立液位后，启动循环泵，循环足够一段时间之后，从各循环出口管线和废碱系统导淋采样，分析pH值，若pH为7.5~8.5，水冲洗合格。

c. 水冲洗合格后，停止各碱循环泵，将水排放至碱排污罐，倒空系统。

③ 碱洗塔化学清洗。

a. 气相化学清洗流程：连接药剂注入设备→碱洗塔底蒸汽吹扫线→碱洗塔→碱洗塔顶物流冷却器1#→碱洗塔顶物流冷却器2#→裂解气压缩机过冷器缓冲罐→火炬。连接药剂注入设备→碱洗塔壁UC口A/B/C蒸汽吹扫线→碱洗塔→碱洗塔顶物流冷却器1#→碱洗塔顶物流冷却器 2#→裂解气压缩机过冷器缓冲罐→火炬。

b. 工艺流程(图 17.2-13)：吹扫蒸汽从碱洗塔底进入，携裹并雾化从碱洗塔壁 UC 口 A/B/C 注入的试剂往上走，在上升过程中与塔壁和塔盘上的硫化亚铁、硫化氢进行反应，剥离贴附在设备表面的残余碱液、轻烃、苯。蒸汽冷凝液残液从碱洗塔底流出，未冷凝的蒸汽和试剂经过碱洗塔顶管道，再经过碱洗塔顶物流冷却器 1#、碱洗塔顶物流冷却器 2#，进入裂解气压缩机过冷器缓冲罐，产生的残液经外排，未冷凝轻烃和蒸汽进火炬系统燃烧。

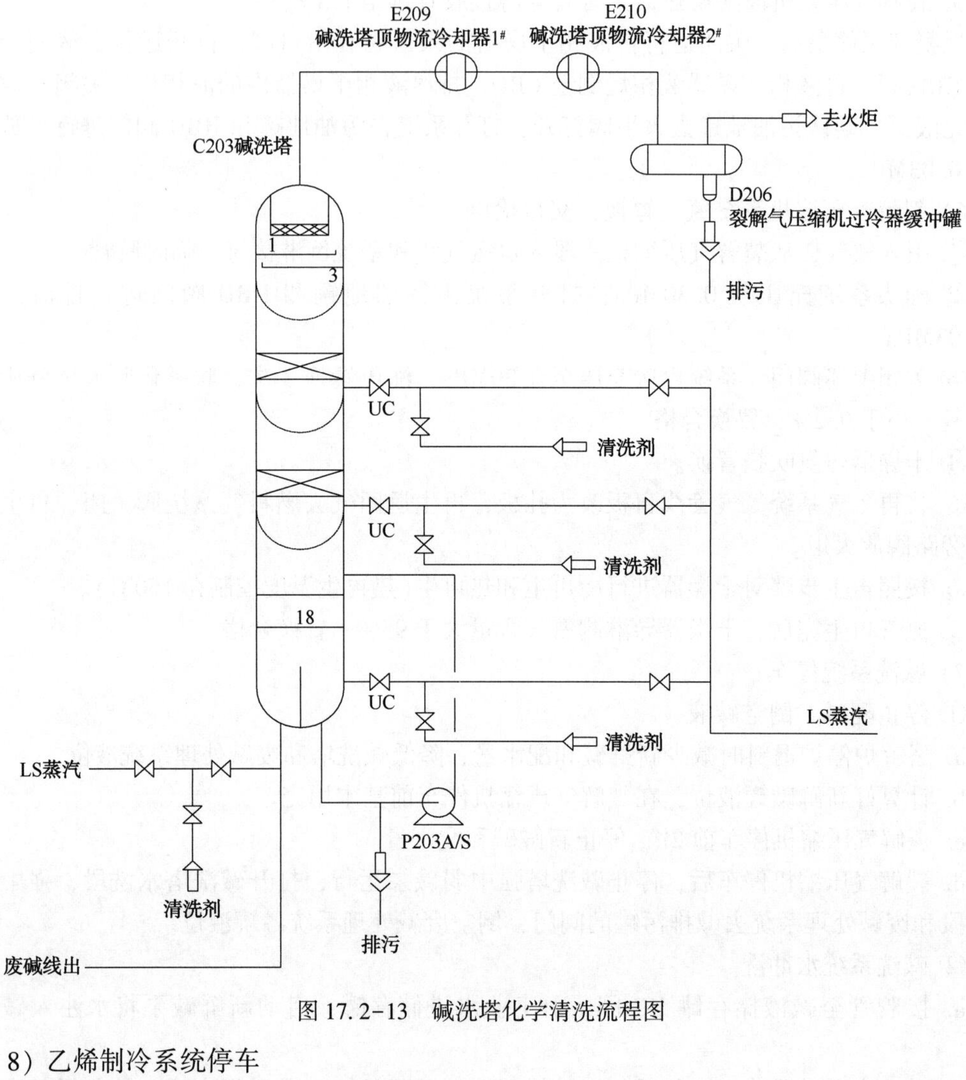


图 17.2-13　碱洗塔化学清洗流程图

8）乙烯制冷系统停车

① 裂解炉停炉退料，乙烯压缩机回收物料，低负荷运转。

a. 裂解炉停炉降负荷，开大各段防喘振阀返回量，CCC 控制系统应为 DEV 值大于 0，一段吸入压力控制压缩机转速，液相喷淋阀保持一定开度，控制一段吸入温度为-90℃左右。

b. 在保持正常运行情况下，尽可能降低乙烯机段间罐、乙烯塔、各用户液位，在保持正常运行情况下，根据负荷减少乙烯塔冷回流量，加大再沸量，乙烯合格产品送至乙烯低温罐，尽量降低乙烯制冷压缩机各段间罐、用户液位。

c. 裂解炉停炉降负荷，关小各用户液位调节阀，当换热器乙烯液位为零时，关闭用户液位调节阀。

d. 碳二加氢系统停车后，切断乙烯塔进料。

e. 根据负荷降低转速，乙烯制冷系统循环操作，将乙烯产品送至低温罐，停止乙烯产品送至乙烯球罐，将循环乙烷送至燃料气系统。

② 乙烯制冷压缩机停车。

a. 乙烯制冷系统液相乙烯回收完毕后，乙烯制冷压缩机准备停车。

b. 乙烯制冷压缩机降速至最小操作转速后，确认工艺设备系统没有问题，手动触发停车按钮。

c. 确认停车动作是否全部按照设计全部触发，转速降为0，机组停车。

d. 投用盘车装置。按照操作法停复水系统、油路系统、干气密封系统。

e. 等待汽轮机温度冷却到室温时，停盘车和油路系统。

f. 关闭乙烯制冷压缩机出入口电动阀，机组和工艺系统隔离，分别置换。注意：打开机体放火炬阀，保证机体压力低于0.5MPa，防止干气密封反串。

③ 乙烯制冷系统倒空泄压。

a. 根据先排液、后泄压的原则，逐渐打开乙烯机系统各段间罐、管线、换热器低点排放至CBD阀，防止管线淬冷。

b. 打开机体倒淋阀排放至制冷压缩机放净罐。

c. 观察乙烯机各段间罐、管线、换热器液位，降到0时，关闭排液至CBD阀。

d. 观察乙烯塔液位，降到0时，关闭排液至CBD阀。

e. 倒液完成后，继续打开各吸入罐、乙烯塔釜和管线低点排CBD阀，泄压至0.1MPa。

④ 乙烯制冷系统氮气置换，交付检修。

a. 系统引入氮气地点：管线和设备倒淋接临时胶管和乙烯塔氮气线。

b. 涨压置换。确认系统充压至0.30MPa。

c. 泄压。打开各段间罐、各换热器、乙烯塔去CBD乙烯产品送下游装置界区倒淋及低温罐阀前倒淋。

d. 泄压时，排入CBD及火炬系统，系统泄压至0.03MPa。系统充压至0.30MPa，重复上述步骤，涨压置换3次，取采样分析可燃气气体含量，小于0.2%，置换合格，如若不合格继续置换。

e. 置换合格后交付检修。

9）丙烯制冷系统停车

① 裂解炉停炉退料，丙烯压缩机回收物料，低负荷运转。

a. 在裂解炉停炉退料、裂解气压缩机降转速时，根据裂解炉退料量逐渐关小各换热器用户的液位控制阀，根据一段吸入压力降低转速，适当开大各段防喘振阀，保持丙烯压缩机CCC系统应为DEV值大于0。

b. 确认丙烯冷剂收集泵预冷合格，将丙烯先积攒至二段吸入罐，再通过二段吸入罐倒液更为合理，防止串液，将系统中液相丙烯回收至中间罐区；丙烯冷剂罐液相通过液位控制阀倒入丙烯制冷压缩机四段吸入罐，降低各段间罐、用户液位。

c. 打开液相喷淋阀控制一段吸入温度为-30℃左右。

d. 裂解气压缩机停车前，关闭各用户液位控制阀，通过裂解气将换热器液相丙烯汽化回收。

② 丙烯制冷压缩机停车。

a. 当丙烯压缩机停车后，丙烯压缩机系统中液相丙烯回收完毕，丙烯压缩机准备停车。

b. 丙烯制冷压缩机降速至最小操作转速后，确认工艺设备系统没有问题，手动触发停车按钮。

c. 确认停车动作是否全部按照设计全部触发，转速降为0，机组停车。

d. 投用盘车装置。按照操作法停复水系统、油路系统、干气密封系统。注意等待汽轮机温度冷却到室温时，停盘车和油路系统。

e. 关闭丙烯制冷压缩机出入口电动阀，机组和工艺系统隔离，分别置换。注意：打开机体放火炬阀，保证机体压力低于0.5MPa，防止干气密封反串。

③ 丙烯制冷压缩机系统液相回收。

a. 依次打开四段吸入罐、三段吸入罐、二段吸入罐、一段吸入罐底去丙烯收集泵阀，将罐存的丙烯液回收至丙烯球罐。

b. 配2″临时管线一端接丙烯压缩机出口冷却器和丙烯冷剂罐去CBD第一道阀后，另一端接至丙烯收集泵过滤器盲法兰，回收换热器、罐和管线液相丙烯，直至系统无液。具体流程见图17.2-14。

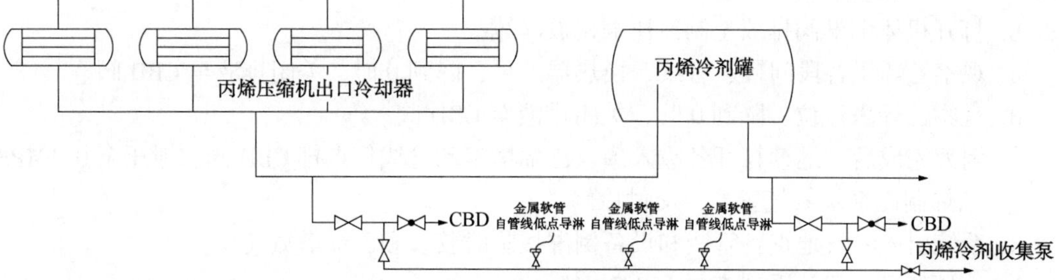


图17.2-14 丙烯排液流程图

④ 丙烯制冷系统倒空泄压。

管线液相丙烯回收完后，打开各换热器用户CBD、段间罐CBD，对系统进行排液泄压，直至系统没液压力泄至火炬压力，关闭各CBD阀。

⑤ 丙烯制冷系统氮气置换，交付检修。

a. 通过丙烯压缩机一段入口电动阀后4″氮气线，作为$N_2$吹扫置换气源。

b. 打通丙烯制冷压缩机系统内部流程，进行涨压置换。全开系统内调节阀和旁路阀，压力充至0.3MPa。

c. 打开各冷剂用户、各段间罐低点CBD进行排放泄压，至0.05MPa。当系统压力降低至0.05MPa时，关闭各冷剂用户、各段间罐低点CBD放火炬阀门。

d. 反复置换3次后，再次将压力充至0.3MPa后，打开各冷剂用户、各段间罐低点CBD进行排放泄压，压力泄至0.05MPa后关闭各CBD。

e. 继续充压置换，在各采样点分析可燃气含量≤0.2%时系统氮气置换合格，泄压后交付检修。如仍不合格则继续涨压置换。对不合格部位，重点进行排放。

f. 置换合格后交付检修。

## 三、分离单元停车操作

1. 准备工作

分离系统的正常停车必须具备下列条件：

① 确定具体停车时间，已有工作票或具体操作指令。

② 炉区降负荷操作，分离系统作相应调整。

③ 冷排放加热系统已正常投用，火炬系统正常，罐区已具备接受不合格各类产品条件。

④ 操作工已熟悉停车各步骤及注意事项，现场对讲系统或无线通信(对讲机)好用。

⑤ $N_2$ 供应量充足，公用工程，水、电、汽、消防系统正常，现场照明正常。

⑥ 停车前30min，联系生产总调度通知加氢罐区随时做好氢气、乙烯、丙烯、混合碳四产品改不合格产品罐准备，产品可能不合格前5min通知生产总调度改不合格产品罐，得到生产总调度指令后，与加氢罐区联系将产品改进不合格产品罐，防止不合格产品污染合格产品罐。

2. 注意事项

① 各系统停车需统筹安排。

② 排液、泄压都要遵循先高压后低压的原则，防止物料互串。

③ $N_2$ 置换时要确保系统压力低于 $N_2$ 管网压力时才能引进 $N_2$。

④ 系统隔离盲板已准备充分。

⑤ 禁止现场就地排放。

⑥ 尽量减少物料损耗，有条件的尽量回收。

⑦ 低点排液要完全，无CBD线的接软管排。

⑧ 采样分析烃(HC)含量时要有代表性。

⑨ 各反应器、干燥器 $N_2$ 保压时注意阀门隔离效果。

⑩ 停车过程中注意安全、环保。

3. 前脱丙烷系统正常停车

(1) 确认事项

① 前脱丙烷系统和其他系统在停车前都要求要有正式指令或工作票下达之后进行。

② 冷排放加热系统已投用。

③ 前脱丙烷系统的停车要与裂解气压缩机同步，并与碳二加氢反应器($C_2RX$)停车统筹安排。

④ 停车前各塔、罐液位尽量降至较低，以减少物料损失。

(2) 停车操作

① 高压脱丙烷塔停车与裂解气压缩机一起进行。

② 高压脱丙烷塔停止低压脱丙烷塔进料后，低压脱丙烷塔系统隔离。

③ 高压脱丙烷塔、低压脱丙烷塔系统分别隔离，先降低塔釜和回流罐液位至20%~30%，停塔釜的再沸加热盘油，停回流泵。

④ 系统隔离后，进行排液。

⑤ 排液完毕，泄压，$N_2$ 置换。

⑥ 高压脱丙烷塔回流罐、低压脱丙烷塔单独隔离，高压脱丙烷塔与裂解气压缩机一起进行排液、泄压、吹扫置换。

⑦ $N_2$ 置换采取加减压法进行，HC 含量<0.2%时为合格。

4. 碳二加氢系统

(1) 确认事项

① 裂解炉已开始降负荷操作。

② 裂解气压缩机系统已在低负荷下运转，最小循环线打开，碳二加氢反应器进料量维持在正常流量的60%。

③ 分离区已开始降液位操作，其目的是尽量回收裂解产品。

④ 乙烯机、丙烯机仍正常运转。

⑤ 备用干燥器再生已结束。

⑥ 进料冷却/加热器已处于最大冷却态。

⑦ 反应器底的排放线排绿油，排完后关闭。

(2) 停车操作

① 接到停车指令后，在操作室内按 SD-2 自动联锁操作按钮选择正常状态，使裂解气走反应器旁路，系统处于最大冷却态。

② 碳二加氢系统压力低至 0.3MPa 时，打开 $N_2$ 线上手阀对反应器吹扫，将床层内裂解气吹至火炬系统，同时也对反应器床层降温。

③ 操作室内将按钮切换至开工态，并进行复位，排火炬阀关。

(3) 氮气置换

① 由一段反应器入口低压氮气线用 $N_2$ 对床层进行充压置换。

② 置换三次，在各低点采样进行 HC 分析，HC 含量<0.2%合格。

③ 关闭各反应器之间手阀，停中间冷却器的冷却水。

④ 全装置停车置换后，关裂解气压缩机五段出口大阀和第二干燥器入口阀，引 $N_2$ 对第二干燥器进行置换，HC 含量<0.2%为合格，隔离 $C_2RX$ 系统。

(4) 注意事项

① 注意与裂解气压缩机岗位联系，防止对裂解气压缩机造成超压波动。

② 停车时注意确认排火炬阀动作正常及后手阀打开。

5. 脱甲烷系统

(1) 确认事项

① 炉区、裂解气压缩机已降负荷。

② 乙烯、甲烷、氢气等产品已停止外送。

③ 干燥器、反应器的再生或活化已完成。

④ 乙烯机、丙烯机正常运转。

(2) 降负荷操作

① 负荷低于 70%，膨胀-再压缩机手动停车，关闭其进出口阀，燃料气(FG)走旁路，机体泄压，$N_2$ 置换合格。

② 对冷剂系统的冷剂液位进行降液位操作，使冷剂的液位降至维持操作的状态。

③ 对系统内物料进行降液位操作，各物料罐、塔降液位至20%以下。

④ 缓慢关小前冷进料阀，减少前冷进料，调整高压脱丙烷塔回流罐压力，使部分裂解气放火炬。

⑤ 粗氢无法维持正常质量时，停止氢气去甲烷化系统，$H_2$ 由压控阀放火炬，甲烷化系统停车处理。

⑥ 在裂解气压缩机停机之前，完成下列操作：

a. 前冷进料阀全关。

b. 系统封闭：前冷各放火炬阀全关。

c. 去 FG 系统手阀关，压控阀放火炬。

d. 现场关闭相应的手阀。

e. 中控内对冷箱联锁动作 SD-1。

f. 检查系统封闭情况，确保压力不要降得太低。

g. 各塔再沸源停。

(3) 排液

① 在系统各低点排液至 CBD 管线。

② 低点控制阀和导淋接软管排液，确保不存液并防止排出气体。

(4) 泄压

① 液体排完后进行泄压，注意速度不能太快，

② 压力降至 0.3MPa 以下，停止泄压。

(5) 氮气置换

① 置换采用加减压方法，3~5 次后采样分析 HC 含量<0.2%为合格。

② $N_2$ 充压至 0.3MPa 保压。

(6) 注意事项

① 系统要先排液，后泄压。

② 排液、泄压都要缓慢进行。

6. 甲烷化系统

(1) 确认事项

① 确认氢气用户及下游装置已切断用氢源或已做好甲烷化停车准备。

② 前冷已降负荷，已通知 FG 系统。

(2) 停车步骤

① 关闭氢气产品外送所有阀门前手阀和旁路阀，氢气改由压控阀送火炬系统。

② 将低温联锁打旁路，对甲烷化反应器降温至150℃以下。

③ 关闭进料手阀，对甲烷化反应器流出物分离罐排液、液面低于 10%时，关闭液位控制阀，向火炬系统排液。

④ 通过压控阀对火炬系统泄压。当甲烷化系统压力低于 0.3MPa，马上从开工线引 $N_2$ 降温，甲烷化系统压力低于 0.5MPa(不得向甲烷化系统从开工线引入 $N_2$，防止氢气返窜入 $N_2$ 管网)，降温速度 50℃/h，床层温度降至 40℃以下。降温操作时由反应器的 CBD 线排 FC。

⑤ 关闭系统内各冷热剂。

⑥ 用 $N_2$ 线加减压操作，置换 HC 含量<1%为合格，选取各低点的 CBD 有代表性采样点采样分析。

⑦ 甲烷化系统 DS-1 联锁，隔离反应器、干燥器，并且用 0.1MPa 的 $N_2$ 保护催化剂和干燥剂，防止空气进入反应器而发生催化剂自燃现象。

(3) 注意事项

① 甲烷化系统泄压时尽可能低点 CBD 管线泄压。

② 反应器必须在 0.1MPa 的 $N_2$ 保护，防止空气进入而发生催化剂自燃现象。

7. 脱乙烷塔系统

(1) 准备工作

① 已进行降负荷降液位操作。

② $C_2RX$ 系统已停车。

(2)停车步骤

① $C_2RX$ 停车时，停止向乙烯塔进料，由压控阀放火炬。

② 关塔釜出料阀，停止向 $C_3RX$ 进料。

③ 回流罐液位过低时，停回流泵，关泵出入口阀。

④ 通过 CBD 线排液，停止再沸热剂。

⑤ 泄压。泄至 0.3MPa，$N_2$ 置换。

⑥ $N_2$ 置换后 HC 含量<1%为合格，充 $N_2$ 保压。

(3) 注意事项

要遵循先排液、再排气的原则，泄压也要缓慢进行，防止造成低温。

8. 碳三加氢系统停车

(1) 确认事项

① 裂解气压缩机已停车。

② 备用反应器 $N_2$ 保压及产品罐可接受不合格丙烯产品。

(2) 停车步骤

① 降液位，碳三加氢出料分离罐液位降至 30%。

② 关闭进料阀，切断进料，启动 SD-1 低流量停车，相关控制阀关闭。

③ 室外停碳三加氢反应器循环泵。

④ 手动启动 SD-2，系统自动隔离、排液。

⑤ 用电磁阀下游阀控制排液量，防止床层温度过高或过低。

⑥ 系统排液压力下降太快时，由丙烯塔补压，防止低温。

⑦ 从各低点确认排液结束后，关补压阀，系统慢慢减压。

⑧ $N_2$ 吹扫、置换。

9. 丙烯精馏系统正常停车

(1) 确认事项

① 确认工作票或操作指令的停车时间。

② 确认罐区有不合格丙烯罐可用于回收不合格丙烯。

③ 系统降液位操作，1#、2#丙烯塔液位降至 10%，回流罐液位降至 5%，注意回流泵在

低液位时抽空，而造成泵损坏。

(2) 停车操作

① $C_3RX$ 已停，出料电磁阀已关。

② 停各底部再沸和中间再沸。

③ 停回流泵，关出入口阀。中控内关闭各相关调节阀，现场关闭其手阀。

④ 系统隔离，CBD 线排液。丙烯塔塔液先通过丙烯线采至不合格罐，塔釜无液位后改至 CBD 线进行排液，确认完毕关闭各排放点，开始泄压。

⑤ 泄压至 0.05MPa 时，系统隔离，$N_2$ 置换至 HC 含量<1%。

(3) 注意事项

严禁泄压过快，造成低温损坏设备。

10. 脱丁烷塔系统停车

(1) 停车工作票或指令已下达

① 停阻聚剂泵，关闭阻聚剂注入阀。

② 确认系统内已在停车前 4h 进行降液位操作，回流罐液位至 30%，脱丁烷塔液位 10%。

(2) 停车操作

① 低压脱丙烷塔底部物料已停。

② 关闭各控制阀。

③ 现场停泵，关闭再沸器的 LS 热源，关闭汽油外采阀。关闭不凝气排放至裂解气压缩机段间阀。

④ 停冷却器的 CW。

⑤ 确认系统停车，隔离完毕，低点排液至 HBD。

⑥ 排液结束各低点泄压至 0.05MPa，关闭阀门。

⑦ 引 $N_2$ 吹扫置换，HC 含量<1%为合格。

(3) 注意事项

① 降液操作时尽量避免塔回流的波动，注意保证出料。

② 由于系统内可能有聚合结焦，故吹扫时应反复确认完全

## 第三节 正常运行

### 一、急冷单元正常运行操作

1. 操作变化及控制

(1) 进料及预热系统

这部分的目的是使进入裂解炉的液体进料、气体进料及循环物料的流量连续而且可控。对于液体进料，系统包括过滤器和预热器。从界区外来的石脑油在进入裂解炉的预热段之前用急冷水先预热到 60℃。而尾油的进料，通常过来的温度为 80℃，可以直接进入裂解炉预热段。内部循环物流(乙烷和丙烷)是乙烯装置内部产生的。从界外来的液化石油气(LPG)汽化后与汽化后的循环乙烷及循环丙烷合并用急冷水预热到 60℃，然后进入裂解炉

的预热段继续预热。所有需要注入 DMDS 的裂解原料都通过用于预硫化的 DMDS 注入系统注入。

操作变化及控制：

LPG 进料从界外来用流量控制，从界外来的 80℃尾油由裂解炉进料流量控制。从深冷系统过来的循环乙烷温度为 30℃，这股从乙烯精馏塔釜来的乙烷为流量控制，用流量和气体炉进料压力组成的串级控制进行控制，并用乙烯精馏塔釜的液位进行低液位超驰控制，以及用循环乙烷汽化器的液位进行高液位超驰控制。循环丙烷自 1#丙烯塔塔釜，由塔釜液位和流量控制组成的串级控制进行控制，当循环丙烷汽化器液位过高时，进行高液位超驰。

（2）急冷油塔、轻燃料油汽提塔及重燃料油汽提塔

为了能够回收裂解炉流出物中的各种裂解产品，裂解炉流出物必须进行快速的冷却以防止二次反应。在废热锅炉(TLE)及急冷混合器中冷却后，自液体裂解炉的裂解气送入急冷油塔；循环裂解炉的裂解气在 TLE 冷却后则送入重燃料油汽提塔。

液体裂解炉的裂解气用急冷油冷却后，通过两条输送管线分别送入急冷油塔。这两条输送管线的接口位于折流挡板的下面。

急冷油塔冷却来自轻油炉和重油炉的裂解气，塔顶出口温度约 101℃，同时回收高位热能和冷凝燃料油组分。它分为急冷油循环(洗涤)段、盘油循环段、精馏段三个部分。急冷油循环段包括 20 层“人”字板塔盘和一个分布器的底段，急冷油分布器位于盘油收集盘下面。裂解气及急冷油在急冷油塔底部进行气、液分离。混合气体上升到急冷油循环段。

201℃的热急冷油用急冷油泵通过急冷油过滤器排出，过滤器用于在回收热量之前将焦炭颗粒从急冷油中除去。大部分热急冷油被送到急冷油/稀释蒸汽发生器中回收急冷油的热量并发生稀释蒸汽。少量热急冷油被送到重燃料油汽提塔被汽提。急冷油发生稀释蒸汽后被冷却到 178℃后返回急冷塔。

在急冷油塔的盘油循环段冷凝一部分轻质燃料油并冷却裂解气。循环段包括塔盘、盘油收集器和盘油分布器。裂解气和蒸汽通过盘油收集盘的升气管进入该段底部，盘油从该收集盘送至盘油循环泵。一部分盘油通过循环泵送到洗涤段，盘油循环泵送出的大部分循环盘油为预热工艺水、高低压脱丙烷塔再沸器等提供热量而被冷却。热用户返回来的盘油通过温度控制，在盘油冷却器中冷却，并通过旁路控制温度到 121℃后被送到盘油循环段的顶部。

进入精馏段的裂解气中的轻燃料油组分在该段被冷凝以维持裂解汽油的终馏点。该段的精馏作用通过来自急冷水塔底部的汽油回流来完成。轻燃料油自该段底部控制流量送到轻燃料油汽提塔。汽提塔顶部的气体返回到精馏段。急冷油塔顶部的裂解气送到急冷水塔。

轻燃料油汽提塔的进料来自急冷油塔精馏段的塔盘抽出。轻组分的汽提通过低压蒸汽实现。汽提出的气相返回急冷油塔的精馏段，塔釜的轻燃料油通过轻燃料油产品泵送出或与重燃料油汽提塔底来的燃料油混合、冷却后送出装置界区。

重燃料油汽提塔系统是从重燃料油中汽提出轻组分再将其返回到急冷油塔。正常情况下汽提介质是来自乙烷炉的裂解气，无乙烷炉的裂解气时用超高压蒸汽作为汽提介质。在重燃料油汽提塔中将轻重组分分离并将气相送入急冷油塔，使急冷油中的组分保持合适的沸程，从而达到黏度控制和最佳的热量回收条件。塔釜的燃料油通过重燃料油产品泵送重燃料油冷却器冷却后送出界区，也可与轻燃料油汽提塔底来的轻燃料油混合经轻燃料油冷

却器冷却后输送到装置界区。

1）操作变化及控制

① 冷却自裂解炉的裂解产物。

② 冷凝并分离裂解产物中的重的副产品。

③ 获取干点合适的汽油及闪点合适的燃料油。

④ 最大限度从裂解产物回收热量。

为了达到上述目的，汽油分馏塔的物料和能量平衡需要优化。

2）产品回收—物料平衡

重燃料油和轻燃料油在急冷油塔里回收。汽油馏分作为塔顶气体的一部分离开急冷油塔。汽油干点会随急冷油塔的操作而变化。重组分的回收效果和组成主要由急冷油塔的运行情况决定，应确保急冷油塔有足够的汽提气和回流。急冷油塔汽提的介质是 TLE 的流出裂解气，塔顶回流来自急冷水塔中冷凝下来的重汽油。改变一个或两个参数将会在一定程度上影响急冷油塔操作状态。和一般精馏塔不同，该塔的平衡必须由操作人员及时进行调整。如果不能恰当地设置物料平衡、回流或汽提蒸汽不足将不能获得合格的产品。

为了优化和保持物料平衡，操作人员需要在几处进行介入。塔的总物料平衡必须提前预测。根据裂解原料组成、流量及裂解条件，可以知道裂解炉里生产的重燃料油和轻燃料油量，这些重油必须通过系统分离出来并送出乙烯装置，可据此给出相关设定值。去重燃料油汽提塔急冷油的流量、去轻燃料油汽提塔的柴油流量以及轻/重燃料油汽提塔塔釜的流量需要设定合理，否则急冷油塔难以正常运转。如果设定流量太低，重物料将累积或进入塔顶产品，影响汽油的干点。如果设定流量太高，进入侧线抽出柴油中的汽油将会比设计值大，不能得到轻燃料油的规定闪点。因此，如果塔的物料平衡条件没有满足，可能会出现下列现象：急冷油塔有足够的汽提气和回流，但产品规格仍达不到。

轻/重燃料油汽提塔也会使平衡发生变化。汽提介质将轻组分和中间组分汽提出来，使轻/重燃料油达到一个可接受的闪点，轻组分和中间组分返回急冷油塔。这些组分在塔里累积，直到一个平衡浓度。汽提量越大，循环量也加大，过大的循环量将导致一些重组分进入急冷油塔的塔顶气，影响裂解汽油规格。

当下列参数如：自急冷水塔去急冷油塔的回流量、注入轻燃料油汽提塔的蒸汽流量以及急冷器出口温度设定后，分馏过程被确定。产品质量一方面受分馏过程的影响，另一方面也受物料强制平衡的影响（如轻/重燃料油采出量及汽提蒸汽流量的设定值）。在急冷系统的产品中，裂解汽油价值最高，重燃料油则最没价值。裂解汽油进入重燃料油或轻燃料油会造成汽油的损失，装置经济效益降低，应当尽量避免。

3）热量回收—能量平衡

急冷区的作用是对热量进行回收，有三种介质依次从裂解气中回收不同温位的热量。从 TLE 流出物含有的热量首先转移到急冷油，然后再转移到盘油，最后转移到急冷水。转移到急冷油的热量用来发生稀释蒸汽。转移到盘油的热量用于预热工艺水、为高低压脱丙烷塔再沸提供热量。转移到急冷水的热量通过给低温度级别工艺用户提供热量来回收，剩余的热量用冷却水吸收。为了优化能量平衡，热量回收必须最大化。

热量回收的主要一步是将裂解气的热量最大化转移到急冷油，其次是转移到盘油。急冷油的热量具有较高的温度级别，有较高的利用价值。急冷水的热量温度级别较低，只有较低的能量价值。盘油的热量温度级别居中，可以作为塔的再沸。影响热量回收的主要变量是急冷油塔的回流量，最小的回流量可使急冷油和盘油回收的热量最大化。

在允许的情况下，尽量提高急冷油塔釜温度和使盘油段进出气相维持在较低的温度有利于热量的回收。急冷油、盘油和回流汽油相互影响，必须综合考虑对塔的影响，在不影响其他工艺要求的情况下(如高低压脱丙烷塔再沸)，调整三股物料的量，使热量回收最大化。

2. 操作指标的控制方法

(1) 汽油干点

急冷油塔回流汽油干点是急冷油塔平稳、正确的主要表征参数，正常与否影响燃料油的闪点、急冷水系统和稀释蒸汽系统结垢、急冷水油水分离效果、热回收效率等。汽油干点设计为204℃，但由于急冷油塔分离效率无法达到设计效果，同时馏程低于204℃的汽油无法在急冷水塔冷凝分离出来，现汽油干点控制在220℃。影响汽油干点的因素有：

① 装置负荷。

② 裂解炉稀释比。

③ 轻燃料油采出量。

④ 盘油回流量和回流温度。

⑤ 汽油回流量和温度。

⑥ 急冷油塔顶温。

(2) 急冷油黏度

急冷油黏度对回收热效率、电耗量影响较大，黏度在60~200$mm^2/s$时急冷油塔运行最稳定，回收热效率最高。高黏度组分来源分两部分：裂解反应生成和轻组分聚合生成。影响急冷油黏度的因素有：

① 急冷器出口温度。

② HFO采出量。

③ 装置负荷。

④ 裂解炉稀释比。

⑤ 原料组成。

⑥ 原料干点。

(3) 急冷油液位

急冷油来源分两部分：裂解反应生成和轻组分(盘油)聚合生成。由于设计上急冷油没有直接采出线，不能通过直接采出急冷油调整液位，如果通过重燃料油调整液位，则会改变急冷油黏度。因此应通过调整补充急冷油的盘油量来控制急冷油液位，即通过调整盘油量控制急冷油液位。

(4) 急冷油塔釜温

急冷油塔釜温是回收热效率的表征参数，提高釜温可提高热回收效率。釜温受原料组成、密度、急冷油黏度、急冷油回流量、补充急冷油的盘油量等因素影响。必须在保证急冷油黏度稳定前提下通过调整急冷油塔入口温度调整釜温。

(5) 急冷水乳化处理

当汽油干点偏高、急冷水含分散剂、急冷水温度偏高、急冷水pH值偏高或偏低时易发生急冷水乳化，处理措施：

① 立即分析汽油干点、急冷水 pH 值，并根据结果进行调整。

② 汽油含水量高或汽油干点高时进行汽油置换。

③ 引工业水置换急冷水。

（6）系统限制

和其他类似的系统一样，急冷系统有自己的限制，如液泛、塔顶水的露点等。某些限制可能共同起作用，判断难度较大。表 17.3-1 归总了这些限制、后果以及操作人员需要采取的动作。

**表 17.3-1　急冷系统限制、后果及需要采取的动作汇总**

| 序号 | 工艺参数 | 限　制 | 误操作后果 | 动　作 |
|---|---|---|---|---|
| 1 | 急冷油塔塔顶温度 | 温度应至少高出水的露点温度（WDPT）5℃以上，WDPT 随着压力的增加而增大，稀释蒸汽比增大，WDPT 也增大 | 水的冷凝会导致发泡问题，还会引起明显的腐蚀问题 | 调整急冷油循环量，保持温度在 WDPT 5℃以上 |
| 2 | 中段塔盘液体流量 | 应该监视柴油抽出塔盘的液位，确保中段塔盘不出现干板 | 操作如出现干板，会引起塔的波动和结垢 | 增大回流量或减少采出量。只有当系统物料平衡显示柴油采出量太大时，才可以改变柴油采出量 |
| 3 | 急冷油塔塔釜温度 | 最大允许的釜温取决于裂解原料。进料越重，允许的塔釜温度越高 | 太高的塔釜温度会引起重组分聚合速度的加快，从而会导致过高的急冷油黏度。塔釜温度太低，则急冷油在稀释蒸汽发生系统放出的热量变少 | 通过重新设定急冷混合器出口的温度来调整急冷油喷入量。降低流量可以提高温度。检查折流挡板上的回流及急冷油循环流量 |
| 4 | 急冷油塔塔底液位 | 液位应该维持在正常值，绝不允许降到最小液位以下 | 低液位会导致急冷油循环泵的有效汽蚀余量减少，这样泵有可能损坏或循环急冷油量减少。流量的损失有可能引起“急冷油故障”而导致停车 | 确定液位下降的原因：是不是柴油侧线抽出量太大？放净阀是否关闭？密切关注泵汽蚀的信号 |
| 5 | 急冷油塔中点温度 | 温度应该维持在正常值或低于正常值 | 太高的温度表明重油组分进入塔的上半部，这会导致结垢以及塔的能力损失。另外，此温度也反映了能量回收效率。这个温度越低，急冷油回收热量越大 | 检查：去折流部分的急冷油是否足够？如果不够，增加到设计值去折流部分的急冷油的温度是否足够低？如果不是，检查盘油/稀释蒸汽预热器的操作。回流是否够？柴油抽出量是否太大？塔釜温度是否太高？ |
| 6 | 循环急冷油黏度 | 正常黏度在 201℃约 1mPa·s，没有必要去保持任何特定值。只要泵及换热器操作正常，黏度都是可以接受的 | 高的急冷油黏度会导致循环量和传热效率的减少，从而使得塔釜温度升高，进而聚合物形成速度加快，这样的话，黏度会继续增大 | 为了降低黏度，调整重燃料油汽提塔操作温度和重燃料油汽提塔进料量。急冷油黏度的变化通常很慢。此系统应密切监视，必要时补调质油 |
| 7 | 循环急冷水 pH 值 | 7~8（常温）<br>6.5~7.5（83℃）<br>pH 值应尽量控制在低值 | pH 值太低，腐蚀加速；pH 值太高导致在急冷水沉降槽里水和烃的乳化 | 通过 pH 分析仪监测急冷水循环泵出口管线上的 pH 值。通过急冷水循环泵入口管线上碱的注入量来控制 pH 值 |

续表

| 序号 | 工艺参数 | 限 制 | 误操作后果 | 动 作 |
|---|---|---|---|---|
| 8 | 稀释蒸汽罐排污 pH 值 | 8.5~9(常温)<br>7~8(168℃) | pH 值太低，腐蚀加速，特别是在中压蒸汽/稀释蒸汽发生器。过多的碱液会导致夹带，对裂解炉的炉管存在潜在的威胁 | 通过 pH 分析仪监测排污线上 pH 值。通过稀释蒸汽进料泵入口管线上碱的注入量来控制 pH 值 |

3. 操作注意事项

(1) 急冷油塔操作注意事项

急冷油塔与重质燃料油汽提塔和轻质燃料油汽提塔在操作上是一个完整的组合体，因此不能孤立地谈论急冷油塔。

① 密切监视急冷油塔塔顶温度，正常操作温度范围为 95~109℃。过低的温度会使蒸汽在塔内冷凝，而过高的温度会使重组分带入急冷水塔。

② 密切监控急冷油黏度的变化，正常的急冷油黏度应低于 $300mm^2/s$。当黏度增加时，应适当减少轻质燃料油的采出。

③ 定期清理急冷油过滤器。

④ 必须保持一定量的轻质燃料油产出，以防止燃料油产品送出管线堵塞。

⑤ 因燃料中含有一定量的萘，所以燃料油产品送出温度应控制在 76℃以上，同时燃料油产品送出线蒸汽伴热必须投用并保持畅通。

⑥ 重质燃料油汽提塔的顶温通常不得低于 270℃，以回收 280~430℃的热量。

(2) 急冷水塔操作注意事项

① 密切监视急冷水 pH 值变化情况，若 pH 值下降，则注入中和胺以控制 pH 值在 6.5~8.0。

② 视急冷水乳化情况，调整破乳剂注入量。

注：油水乳化的主要原因是急冷水 pH 值过高或者有重组分带入。

(3) 稀释蒸汽发生系统的操作注意事项

① 定期分析工艺水中的油含量，确保工艺水汽提塔进料凝结器工作正常。

注：工艺水中的油含量过高，会引起稀释蒸汽发生系统因聚合物的产生而堵塞。

② 确保工艺水汽提塔的除氧剂正常注入，以防止设备腐蚀的发生。

③ 调整稀释蒸汽发生器的碱性 pH 调节剂的注入量，控制排污水的 pH 值在 7.5~8.5。

④ 维持稀释蒸汽发生器的排污率在 10%左右，防止再沸结垢。

⑤ 当有裂解炉烧焦时，应考虑补入锅炉给水，以维持合适的排污量。

## 二、压缩单元正常运行操作

1. 丙烯制冷压缩机制冷系统运行

① 切炉过程中，内操注意调整各段防喘振阀返回量，防止压缩机喘振。并打开各吸入罐液位控制阀分别在 35%后投自动。

② 各罐倒液过程中，联系调度，丙烯冷剂罐从罐区补入液相丙烯，液位控制在 50%~70%。

③ 注意观察各段吸入、排出压力、温度，一段吸入温度偏高，打开淬冷阀，若一段吸入罐积液，打开罐底部汽化阀。

④ 运行期间，丙烯制冷系统内不凝气在丙烯出口冷凝器内积累而影响冷凝，导致排出温度、压力升高，通过丙烯出口冷凝器排气阀排掉。

⑤ 根据用户需要投用各级丙烯冷剂，各吸入罐液位低于 10%、丙烯冷剂罐液位低于 50%，及时联系调度从罐区补入丙烯。

⑥ 调整转速，控制一段吸入压力。

2. 乙烯制冷压缩机制冷系统运行

① 升速过程中，内操注意调整各段防喘振阀返回量，防止压缩机喘振。并打开三段吸入罐、二段吸入罐液位控制阀在 25%后投自动。

② 升速过程中内操注意乙烯塔压力、温度，调整底沸器和中沸器流量、塔顶回流量。

③ 各罐倒液过程中，乙烯冷剂罐液位低于 50%，联系调度从罐区补入液相乙烯。

④ 注意观察各段吸入、排出压力、温度，一段吸入温度偏高，打开淬冷阀，若一段吸入罐积液，打开罐底部汽化阀。

⑤ 运行期间，乙烯制冷系统内不凝气在乙烯冷剂罐内积累而影响冷凝，导致排出温度、压力升高，通过乙烯冷剂罐上的压控阀排放。

⑥ 装置有负荷后，根据需要缓慢投用各级乙烯冷剂，按要求设定冷剂液位。

⑦ 调整转速，控制一段吸入压力。

⑧ 观察乙烯塔顶和乙烯冷剂罐在线分析表，若乙烯含量不合格，进入不合格罐。

⑨ 启用小冷箱自冷器，微调调整各温度控制阀，当乙烯温度达到-100℃左右时送至低温罐。

3. 裂解气压缩机系统运行

① 压缩机转速升高的同时，裂解气压缩机排出压力增大，手动调整防喘振控制阀，以免造成压缩机喘振。

② 切炉时，一段吸入罐和二段吸入罐液位上涨时，按泵启动程序，分别启动罐底备用泵，当液位下降后，停止备用泵。

③ 压缩机升速正常运行后，将一段吸入压力控制设定在设计值，投自动控制。

4. 碱洗塔系统运行

① 注意各段碱浓度，及时补新鲜碱，保证碱浓度在设计范围内。

② 注意碱洗塔顶裂解气在线分析仪、采样点中酸性气体含量，调整碱浓度及循环量，保证 $CO_2+H_2S$ 含量 $<1\times10^{-6}$(摩尔)。

③ 注意各段碱循环泵出口流量，泵不正常时，及时切泵、并清滤网。

5. 干燥器日常操作

① 气、液相干燥器中，3A 分子筛在吸附裂解气及烃凝液中分子水后逐渐饱和，此时需对分子筛进行再生，干燥器的日常操作即是对干燥器的再生操作。再生的过程就是用热 $CH_4$ 使分子筛中吸附的水分子蒸发并从分子筛中脱除带走，同时，高空速的冷 $CH_4$ 可以带走附着在分子筛表面的残留碳四及重烃(绿油)，恢复分子筛吸附活性。一般再生操作分为切换及再生两个过程。以裂解气干燥器 A/S 切换再生过程为例，设此时裂解气干燥器 A 在

线干燥运行，裂解气干燥器 S 切出再生完毕：裂解气干燥器 S 再生完毕(关 S 台冷热 RG 阀及 RG 返回阀，开充压阀，充压)至压力与 A 台相近(关充压阀，开出入口阀，并联)，待高压脱丙烷塔气相进料温度正常(关 A 台入、出口阀，开 A 台泄压阀，切出、泄压)，A 台压力泄至 100kPa 左右(开 A 台冷 RG 旁路，冷 RG 充压)至 RG 管网压力(开 RG 返回阀开冷 RG 阀，冷吹)约 1h 后(开 A 台热 RG 阀，加大热 RG 量，减小冷 RG 量，升温)至 200℃以上(保持干燥器温度)约 2~4h(逐渐加大冷 RG 量，减小热 RG 量，降温)→裂解气干燥器 A 降温至 RG 常温，此时再生完毕，S 台运行末期，准备切换。

② 液相干燥器 A/S 切换再生过程大致与裂解气干燥器 A/S 相同，由于是液相干燥器，在干燥器充压后及泄压前分别有充液及排液步骤，且并联操作时间相对很短。

③ 干燥器再生操作时间安排：根据生产操作连续性原则，一般气相干燥器在线时间为 24h，而液相干燥器为 48h。再生操作安排，若富甲烷气充足时，两台干燥器可同时冷吹、加热、降温；在装置低负荷下，富甲烷气量不足，同时操作已不可能，此时采用分别升温、降温的方法，先气相干燥器，后液相干燥器。正常操作时间安排如表 17.3-2 所示。

表 17.3-2　气相干燥器、液相干燥器再生时间安排

| 项　目 | V-370A/B | V-355A/B | 项　目 | V-370A/B | V-355A/B |
|---|---|---|---|---|---|
| 冷再生气充压 | 0.5h | 0.5h | 充液 | — | 4~5h(3000kg/h) |
| 冷吹 | 1~1.5h | 1~1.5h | 并联 | 1~1.5h | 20min |
| 升温至 200℃ | 6~8h | 7~8h | 切换 | 5min | 20min |
| 恒温 | 2~4h | 2~4h | 排液 | — | 8~10h |
| 降温 | 7~9h(至 25℃左右) | 8~10h(至 31℃左右) | 泄压 | 0.5~1h | 1~2h |
| 备用 | 0~1h | 6~8h | 合计 | 24h | 48h |
| 充压 | 0.5h | 1~2h | | | |

由表可看出，操作时间的可变动性是很明显的，这是由干燥剂使用时间长短、性能、负荷大小以及富甲烷气量大小等条件制约的。实际操作中，在保证再生合格的前提下，可适当压缩或延长某项操作的操作时间，因此操作人员的经验十分重要。

④ 操作重点及难点。再生操作要求各个步骤外操现场开关阀门，并且再生操作对工艺及燃料气系统均有影响，因此主、外操的配合是很重要的，操作中应注意以下几点：

a. 并联，尤其是气相干燥器并联操作。在装置低负荷时，并联操作时，由于高压脱丙烷塔进料量及温度变化，裂解气压缩机五段吸入量降低，为防止压缩机喘振，应适当打开返回线。并联操作对高压脱丙烷塔影响较大，应在操作前通知分离操作人员。

b. 冷吹。由于干燥剂表面吸附重组分，因此冷吹操作会造成燃料气组分变重，使裂解炉 COT 升高很快，操作中应与裂解炉操作人员配合好，并控制冷吹速度。

c. 升、降温速度严格按干燥器再生步骤进行，不宜过快，速度过快易使分子筛破碎，降低干燥剂使用效果。

d. 充液、排液。液相干燥器充、排液步骤设计上通过分别开启充、排液电磁阀完成，在实际操作中由于造成裂解气压缩机过冷器缓冲罐液位波动大，高压脱丙烷塔液相进料不稳，因此要严格控制充、排液速度，避免造成高压脱丙烷塔波动。

e. 绿油排放。在干燥剂干燥效果随使用时间增长而逐渐下降时，其表面吸附绿油积累增多，此时，应在泄压末期，将凝聚的绿油向火炬排放。

## 三、分离单元正常运行操作

### 1. 前脱丙烷系统正常操作

前脱丙烷系统并不是个独立的系统，由于高压脱丙烷塔与裂解气五段构成热泵系统，因而本系统的平稳操作对裂解压缩机的操作影响十分大。在保证各项主要工艺操作参数(工艺指标)的同时，要注意如下几点：

① 确保高压脱丙烷塔底部不含 $C_2$ 的同时，还要确保高压脱丙烷塔顶部不能含 $C_4$ 过多，特别是塔顶气相中丁二烯含量如果过高，将严重影响 $C_2$ 加氢系统的操作，因为丁二烯会在碳二加氢反应器中剧烈加氢反应，因此塔顶气相带来过多的丁二烯会在碳二加氢系统内反应产生大量热量，极易造成反应器“飞温”。

② 注意防止高低压脱丙烷塔内结焦，要按工艺指标严格控制各点温度，避免温度过高引发较多聚合产生而在塔釜结焦。此外，要保证阻聚剂注入泵运行正常，并根据操作状态的变化调整合适的阻聚剂注入量。

③ 高低压脱丙烷塔塔顶温度都可以通过调节回流量的大小迅速控制，但从节能角度考虑，操作时要控制好进出物料热量的平衡。

④ 高压脱丙烷塔受裂解气干燥器和液相干燥器的切换影响较大。因此，在裂解气干燥器和液相干燥器充压并联充液排液操作时，要根据进料量的变化调整再沸量，并将相关情况告知前冷等岗位。

### 2. 碳二加氢系统正常操作

① 在正常操作时，进料 CO 浓度会发生变化，入口温度必须根据 CO 增加而提高来补偿 CO 对催化剂失活抑制作用的影响。进料中 CO 浓度主要取决于裂解炉中生成的 CO 量，而炉中产生的 CO 量主要受裂解炉进料类型炉管使用时间，注入炉管中二甲基二硫(DMDS)量和乙烷炉进料甲醇含量影响。在原始开工时，炉管注硫少，希望生成足量 CO 来抑制新鲜催化剂较高的活性。

② 如果碳二加氢系统发生了飞温，催化剂床层的热电偶会检测出床层温度上升。每个反应器床层在 4 层不同高度的 6 个对等方位上装有 12 个热电偶套管。每个热电偶套有两个热电偶测量点，每个催化剂床层共有 24 个测量点。任何两个热电偶达到设定的高温，碳二加氢联锁系统将会使该单元回到安全状态。催化剂床层温升过高，必须适当降低上游进料换热器的温度，保证催化剂运行平稳。

③ 在正常操作时，应该观察在线分析仪上的分析数据，并定期用中化室分析数据来校验在线分析仪是否准确。各个催化剂床层的进料温度是很重要的，因为碳二加氢反应器为绝热反应器，进口温度控制加氢反应进行程度，影响反应流出物中乙炔含量，所以要常常观察在线分析仪上的分析数据，来调整反应器进口温度。高温会增加催化剂的活性，但降低了选择性，则发生更多烯烃加氢反应。同时，在超高的反应器进口温度操作，会引发无法控制的反应器飞温现象。

④ 当流量变化时，必须仔细检测反应器的温度变化，气体进料每变化 5%，床层进料温度相应调节 1~2℃。

⑤ 在正常操作时，反应器系统按以下基本原则控制：

a. 碳二加氢反应器的总裂解气流量由裂解气压缩机第五段吸入流量控制器来测量，当反应器的流量增加(当有别的裂解炉投用时)，常常需要提高进料温度，来保持反应器出口乙炔的含量合格。

b. 裂解气进入反应器温度要控制在合适的范围，反应器入口温度过低，则反应器出口乙炔含量超标，影响乙烯产品质量；进反应器温度过高，加氢反应过度，乙烯在加氢反应中损失。

c. 反应器的中间冷却器脱除了反应器产生的热量，同时控制下一个反应器进口温度。

d. 反应器后冷器用冷却水来降低裂解气的温度。

e. 反应器中的温度检测器应该定期检查，根据催化剂的使用时间来调节反应器的进口温度，使反应器在较好活性和选择性下操作。

f. 反应器进料 CO 在线分析仪和乙炔在线分析仪要连续监测，并定期根据中化室分析数据校验。确保反应器在较优化的温度下操作，并保持催化剂的选择性。

加氢反应是放热反应。以下是可能同时发生的放热反应：

| 反应物 | 产物 | 反应生成热 | |
|---|---|---|---|
| $C_2H_2+H_2 \longrightarrow$ | $C_2H_4$ | 42.4kcal/mol | (1) |
| $C_2H_2+H_2 \longrightarrow$ | $C_2H_6$ | 33.2kcal/mol | (2) |
| $3(C_2H_4) \longrightarrow$ | $2C+2(C_2H_6)$ | 26.0kcal/mol | (3) |
| $C_2H_4 \longrightarrow$ | $C+CH_4$ | 30.4kcal/mol | (4) |
| $C_2H_4 \longrightarrow$ | $2C+2H_2$ | 12.5kcal/mol | (5) |
| $C_2H_4 \longrightarrow$ | 聚合物 | 放热(放热量是聚合物长度的函数) | (6) |

反应(1)是目的反应，即乙炔加氢转化为目的产物乙烯。反应(2)也会发生，但意味着乙烯收率损失，即乙烯转化为乙烷。反应(3)~(6)是分解反应，这些反应会造成“飞温”。它们发生在温度 400℃或更高温度。

反应器出料的最高温度是 149℃，这温度远低于 400℃，但到达该温度时就容易“飞温”。飞温发生是很快的。因此，如果突然发生剧烈温升至达反应器联锁温度，而反应器没有发生联锁动作时，操作人员应该果断地启动联锁。

⑥ 紧急停车系统。乙炔反应器系统的操作是乙烯装置中最重要的一部分。该控制系统的干扰来源一般如下：

a. 投裂解炉或炉子跳车等引起的裂解气流量变化。

b. 裂解气 CO 含量变化。

c. 裂解炉原料组成变化。

d. 裂解气压缩机喘振故障或跳车。

e. 高压脱丙烷塔回流量变化。

f. 高压脱丙烷塔塔顶气中丁二烯含量变化。

g. 乙炔或一氧化碳测量错误。

h. 催化剂结焦和中毒，引起催化剂的活性降低。

⑦ 由于催化反应为放热反应，而且可能发生“飞温”，设计中已提供了完好的安全措施，可确保反应器安全控制，总结如下：

a. 反应器出口的回流罐有一条裂解气压缩机“五返五”的最小流量线，利用这条返回线可以防止反应器运行空速过低。

b. 有截止阀可把反应器隔离，使物料直接走反应器旁路，当发生飞温或装置停车时，可从中控控制对其泄压放火炬。

c. 反应器入口设计有开工氮气，可对停车的反应器系统进行置换，除去烯烃或除去局部热点。

d. 反应器入口的分程调节阀可按照需要使进料走换热器的旁路，以控制各个反应器的入口温度。

e. 在催化剂床层的热电偶上，有高温报警器。

f. 如果任何一点的床层温度超过正常水平，联锁系统可以自动改变所有进料气的路径，达到最大冷却状态。当达到更高的联锁温度时，则可对反应进行联锁动作，打开反应器旁路，对反应器系统进行隔离，放空泄压。

g. 联锁跳车后，反应器飞温期间，可以用气态丙烯进行快速冷却。用丙烯对反应器快速冷却，可以缩短重新开车的时间。

⑧ $C_2$ 加氢反应器有好几种特殊方法来消除非正常和紧急状态。

a. 假如反应器进料的 CO 量小于 $200\times10^{-6}$(体积)，流量正常，床层温度升高至370℃以上，催化剂的反应常常会自动冷却。但如果进料温度稳定，床层中间或出口温度增加，则应该立刻采取措施来中止反应。

b. 如果温度上升无法用降低入口温度的方法进行操作，那么反应器必须进行联锁动作，使反应器泄压，用氮气冷却。

c. 用以下反应器自动停车系统来保护系统，防止飞温。各反应器 13 个测温点中任两个高温信号都会引发停车程序。

联锁 1：SD-1

温度 150℃时，那么：自动把进料换热器由加热态切换到冷却态，关闭蒸汽阀和凝液阀，打开冷却水阀。大限度地增加各段换热器冷却量，关闭热气体通过的旁路调节阀，全开通过冷却器的调节阀。

联锁 2：SD-2

如果按钮在位置 1(正常)，温度 200℃，那么：关闭反应器进出口截止阀，打开旁路阀，打开阀门向火炬泄压。

⑨ 操作注意要点。

碳二加氢属前加氢，不需配氢，因此碳二加氢反应深度的主要标志是反应床层温度差，其关键是在床层没有“飞温”的危险，同时又保证三段出口 $C_2H_2$ 含量$<1.5\times10^{-6}$(体积)。

a. 三段出口 $C_2H_2$ 含量$<1.5\times10^{-6}$(体积)是个硬性指标，只有保证三段出口 $C_2H_2$ 含量$<1.5\times10^{-6}$(体积)，才能保证乙烯产品中 $C_2H_2$ 含量小于 $5\times10^{-6}$(体积)质量要求。

b. 乙炔含量并不是越低越好，乙炔含量过低会导致乙烯收率降低，减少乙烯收率。

c. 要综合平衡各段之间的反应深度。满负荷时，一、二段反应温差为 20℃，三段反应温差 7℃左右为佳(受高压塔操作影响较大，该反应温差为在催化剂早中期的经验数据，催化剂使用末期应作适当调整。

d. 催化剂受 CO 含量影响较大。CO 会使催化剂暂时中毒，因此，操作过程中，应密切注意 CO 含量变化，并根据其变化值对各段反应器入口温度作适时调整，避免因催化剂活性下降，加氢反应不充分而造成漏炔。一般来说，裂解炉的投炉、原料切换、COT 提升、注硫量不足和乙烷中含甲醇过高都会引起 CO 变化，因此炉区进行这类操作时要提醒分离岗位注意 CO 含量的变化，及时调整反应器入口温度。另外，调整反应入口温度要适度，避免漏炔发生的同时又要避免反应器升温过快而造成“飞温”。

e. 由于受在线分析仪滞后影响，CO 变化时，在线仪表不能够马上显示出来，所以，反应器反应温差或床层温度的变化能最先显示出进料 CO 含量的变化。因此，操作时要密切注意反应温差的变化而不是等到在线仪表显示出来后才做出调整。

f. 从中化采样分析的碳二加氢反应器进出口乙烷含量的变化可以比较准确知道加氢反应是否过量而做出适当的调整。

3. 前冷系统正常操作

① 前冷系统的操作关键是掌握好压力降，建立压力降等级时，要注意处理好各系统之间的关系。各系统之间的压力是由高到低的匹配关系。

② 前冷系统的温度液位检测点受雨水影响比较大，下雨后容易变坏，需要特别注意。

③ 膨胀机正常投用，可以缓解乙烯机丙烯机冷量不足导致的影响。因此，维护膨胀机的正常运转十分重要。正常操作时要注意膨胀机的压力变化、机体振动等情况。

④ 保证脱甲烷塔顶温在-5℃以下是保证甲烷产品合格的关键。

⑤ 各塔的自回流回流量的大小控制是通过控制相应的冷剂量来进行。

⑥ 前冷各系统设计的甲醇注入点，是在系统进料带水，使塔盘管线阀门出现冻堵时使用，注入甲醇后需在低点排甲醇，以免带入下游影响产品质量。

⑦ 低压尾气是再生气的气源，最后进入燃料气(FG)系统。所以保证尾气系统的稳定，可减少 FG 系统的波动，以免发生分离系统影响 FG 系统。FG 系统影响炉的辐射段出口温度(COT)，炉的 COT 波动影响裂解气组分，进而又影响分离系统低压尾气量的恶性循环。

4. 甲烷化系统正常操作

(1) 正常操作

甲烷化反应器进料在甲烷化进出料换热器内预热至 104℃，然后在甲烷化进料加热器用中压蒸汽加热至 160℃。反应器进料温度由甲烷化进料加热器出口的温控阀控制。控制器可打开进出料换热器旁路三通阀，也可控制甲烷化进料加热器的中压蒸汽进料阀。

以下是甲烷化反应器的主反应：

$$3H_2+CO = CH_4+H_2O$$

一氧化碳的转化是强放热反应，在反应器内形成温升。实际温升取决于气体中 CO 的含量。

甲烷化反应器的出料是在进出料换热器与进料换热后从 178℃冷却至 102℃，再在甲烷化出料冷却器用 7℃丙烯冷剂冷却至 11℃。反应形成的水部分在甲烷化出料分离罐中和氢气分开。氢气中的水在氢气干燥器内进一步干燥，送给氢气用户或送出界外。

增加进口温度可补偿催化剂活性的损失，进口温度最大可升高约 10℃。在满足产品中 CO 规格的前提下，一般进口温度应设定在最低温度，因为温度过高会缩短催化剂寿命。

由于反应是强放热的，甲烷化反应器很容易损坏，为了保护反应器，不应该超过设计温度。

裂解炉管中含有金属镍，镍可作为促进形成 CO 的催化剂。当炉管清洁时，如初始开工或裂解炉清焦之后，镍就暴露出来了，裂解炉刚投料时会生成较多 CO。因此要特别注意甲烷化反应器的操作。

通过对冷却的甲烷化流出物中 CO 的在线分析和实验室取样分析来确认产品质量。

(2) 联锁停车系统

甲烷化反应器有两套联锁停车系统。第一套停车系统 SD-1 用于床层超温(210℃)。六个温度开关中任何两个超温将引发甲烷化进料加热器的蒸汽停止，甲烷化反应器进出料阀关闭，甲烷化反应器向火炬泄压。

第二套自动停车系统 SD-2 用于进料温度低于 140℃的情况，防止反应生成羰基镍。

警告：羰基镍是一氧化碳和镍催化剂在低于 140℃状况形成的毒性很大的化合物。羰基镍一定不能送去氢气产品中，因为它会无意中释放到大气中去。

如果检测出反应器入口温度降至 140℃以下，低温联锁系统 SD-2 将使氢气送往火炬。开工时，当反应器加热时，进出料换热器需要从反应器获得热量，去火炬的管线在冷却器的下游，因而将继续换热。氢气产品线在甲烷化出料冷却器上游关死。

(3) 操作要点

① 由于甲烷化反应是放热反应，物料通过反应器时，物料的温度会上升，因此要防止激烈反应，造成“飞温”。一般来说，CO 含量过高、粗氢进料 $C_2H_4$ 超标时要十分注意操作。

② 干燥器进料温度保证在 11℃左右时，脱水效果才能保证。

③ 甲烷化反应器流出物分离罐液位应保持在 15%～30%之间。液位太高，气水分离效果变差，过多的水分将进入干燥器，干燥器不能脱除的水分将进入氢气产品，液位太低，生产波动时氢气易窜入急冷水塔。

④ 干燥器使用周期为 48h，运行 48h 后要切出再生。再生时先冷吹→加热升温→恒温→冷、热降温→冷降温→保压备用。

⑤ 干燥器投用时温度过高，则影响脱水效果，一般要求投用后，两干燥器并联一段时间，待床层温度降下来后才能切出原运行干燥器。

⑥ 氢气压力对前冷影响很大，需密切注意压力变化。开停炉负荷降低时，联系调度密切关注氢气管网压力。

⑦ 膨胀机跳车时，预脱甲烷塔顶部乙烯含量会增加，甚至影响到甲烷化进料的乙烯含量，所以要特别注意。

⑧ 甲烷化系统现场巡检要十分注意泄漏情况。

### 5. 脱乙烷塔的正常操作

① 脱乙烷塔的压力通过压力控制器调节冷剂量来实现，如果压力过高，通过压控阀排不凝气至裂解气压缩机系统。

② 回流罐液位控制正常时，液位控制器串级控制流量实现。当停车时调节脱乙烷塔顶气相排冷火炬(CFL)来实现。

③ 脱乙烷塔顶 $C_3$ 过多影响到乙烯塔操作，必须尽量控制 $C_3$ 含量小些。

④ 灵敏板温度串级控制急冷水流量实现再沸加热量，炉区急冷系统波动时，应注意急冷水的温度变化。

### 6. $C_3$ 加氢反应系统正常操作

(1) 正常操作时的操作参数

① 氢烃比(摩尔比)。氢烃比必须随着每个反应器出口物料的 $C_3H_4$ 分析值做相应的调整。

② 反应器出口的产品规格要求(这些产品规格主要是在装置运转期间通过调整氢与烃的比来获得)：一般出口 MAPD 含量≤$100\times10^{-6}$(体积)。

(2) 循环量

由于 $C_3$ 加氢反应器进料中的 MAPD 含量在 3.0%(质量)以上，而过高的进料 MAPD 含量会大大加剧 MAPD 的反应，产生大量热量，造成反应器内物料大量汽化，引起反应器超压、飞温，而过小的进料流量会由于分布不均造成反应器床层出现热点，增加反应器飞温的可能性。因此，把反应器出口的部分 $C_3$ 循环至入口，对反应器进料的 MAPD 浓度进行稀释[1.8%~2.2%(质量)]，同时增大反应器的流通量，以保证反应器的安全。

(3) 控制要求

① 把产品中 MAPD 的含量减小到指定的水平$<100\times10^{-6}$(体积)。

② 既要使 MAPD 含量符合产品要求也要尽量减小丙烯生成丙烷的转化率。

③ 防止飞温。

(4) 影响因素

① 进料中 MAPD 的浓度。

② MAPD 在反应器混合进料(循环量+进料量)中的浓度。

③ MAPD 在反应器出口物料中的浓度。

④ 进反应器的氢与炔的比。

⑤ 反应器的温度。

⑥ 反应器的压力(通过循环罐压力控制器来控制)。

(5) 反应器飞温处理

MAPD 加氢是一个放热反应，如果反应的温度未能通过限制氢气的供应量和对反应物进行中间冷却来控制，则温度将继续上升，随着反应温度上升，反应变得更激烈，选择性更小，此时丙烯开始反应。如果反应仍然失控(假设有足够的氢气存在)，那么丙烯将产生聚合，最终发生分解。为了在每个反应器可能产生飞温时能检测到，一个大的温度指示和记录网络连接到每一个床层上，由于反应器内热点会经常变动，因此需要在床层上安装大量的热电偶。热点是反应器里一个局部高温地带，这个地带的温度可能比床层的平均温度高出很多。“热点”现象产生了一种这样的需求，也即用一个热电偶网络来代替目前设计中常用的一个床层、一个传感器。

1) 引起反应器飞温的原因

① 新鲜进料太多。

② 进料中 MAPD 的含量太高，从而使从碳三加氢出料分离罐来的循环量不足以把进料中 MAPD 的浓度稀释到正常浓度，达不到要求。

③ 进料中 MAPD 含量升高是由于上游脱丙烷塔故障引起的，也会导致进料中丁二烯含量增大。

④ 进入一段反应器的氢气流量太大。

2) 飞温处理

① 轻度飞温，首先从一级温度报警器检测到，该温度报警器是安装在催化剂床层或反应器出口管线上的温度指示器中的一个。

通过以下方法来控制温度：降低系统的进料流量；增加进反应器的循环量；降低反应

器补充氢的加入量。

② 当反应器出口管线和催化剂床层温度达 75℃时装置将自动启动跳闸程序。

a. 自动切断所有的补充氢进料。

b. 关闭碳三加氢反应器进料隔断阀，确保没有泄漏。

c. 维持反应器的碳三循环。

d. 尽管采取了以上的操作，但反应器的温度仍继续上升，则需将反应器泄压(隔离和排放)。

(6) 防止反应器局部过热方法

① 确保反应器入口总流量不小于最小流量。

② 在增加补充氢的流量之前，一直监视反应器的温度分布情况。

③ 停车时，首先切断补充氢气，并用双重隔离阀进行隔离。

### 7. 丙烯精馏系统正常操作

对于丙烯精馏系统来说，适当的丙烷产品采出是关键，如果丙烷采出过小，丙烷在塔内长期累积必将影响丙烯产品质量；但也不能过大，过大的丙烷采出会增加丙烯损失，降低丙烷纯度。

适当的塔顶产品采出及回流对任何一个精馏塔来说都是重要的，丙烯塔亦是一样，如果丙烯采出过大，回流不足，其结果必然是丙烯中丙烷含量增加。

对高压脱丙烷塔、低压脱丙烷塔及 $C_3$RX 的合理操作可以减少系统中的 $C_4$ 及丙烷含量，这有利于丙烯塔的操作及保障丙烯产品的质量。

适当的 1#、2#丙烯塔塔釜循环量有利于减小丙烯系统的负荷，提高丙烯及丙烷的纯度。

### 8. 脱丁烷塔正常操作

① 稳定的塔压能较好保证脱丁烷塔的顶底产品质量，如果塔压波动则会导致 $C_4$ 产品带重组分，汽油产品带轻组分。

② 裂解炉投料初期，系统的负荷变化较大，要加以注意。

③ 在系统停止进料情况下，脱丁烷塔不宜作长时间的全回流操作，更不能有产品采出，以防止丁二烯在塔内顶部高度浓缩而引起爆炸。

## 四、低温罐单元正常运行操作

### 1. 收付料操作模式(基本模式)

(1) 正常运行模式

乙烯装置分离单元乙烯精馏塔侧线采出乙烯 103t/h，且分两股，一股通过高压乙烯外送泵或乙烯产品泵，经过冷箱等换热器回收冷量后，直接送下游乙烯气管网，作为 LLDPE、HDPE、EO/EG 装置的原料，输送量为 100t/h。另一股经乙烯产品自冷器 E-600 冷却至-98℃后送至低温乙烯储罐，以保持乙烯进料线处在冷备状态，当出现上下游装置停工等异常情况下，可随时投用，以保证上下游装置不致使同时停工，进料线输送量为 3t/h。

(2) 接收乙烯装置 70t/h 乙烯模式(即聚乙烯装置停工或检修情况)

当聚乙烯装置停工或检修情况，乙烯装置需正常运行时，乙烯装置降负荷操作。乙烯装置的(最大量 70t/h)乙烯产品将通过乙烯产品自冷器 E-600 冷却至-98℃后，进入低温乙烯储罐。根据低温储罐的库存量及聚乙烯装置停工或检修情况，具体安排此操作模式。

（3）乙烯卸船模式

根据低温乙烯储罐的库存量及乙烯装置停工或检修情况，安排低温乙烯储罐高压乙烯外送量及进行低温乙烯卸船，以保证下游聚乙烯装置正常运行。

（4）乙烯装船模式

根据低温乙烯储罐的库存量及下游聚乙烯装置停工或检修情况，安排低温乙烯储罐进行低温乙烯装船，以保证上游乙烯装置正常运行。

（5）外送100t/h乙烯至下游乙烯用户模式

当乙烯装置出现停车或检修情况，下游聚乙烯装置需继续生产，低温乙烯储罐将外送高压乙烯100t/h至下游聚乙烯装置和EO/EG装置，以保证其装置正常生产。根据低温乙烯储罐的库存量及乙烯装置停工或检修情况，具体安排此操作模式。

2. 正常运行模式操作

（1）流程说明

① 乙烯装置分离单元乙烯精馏塔侧线采出乙烯103t/h，且分两股，一股通过高压乙烯外送泵或乙烯产品泵(P-403A/B)，经过冷箱等换热器回收冷量后，直接送下游乙烯气管网，作为LLDPE、HDPE、EO/EG装置的原料，输送量为100t/h。另一股经乙烯产品自冷器E-600冷却至-98℃后送至低温乙烯储罐，以保持乙烯进料线处在冷备状态，当出现上下游装置停工等异常情况下，可随时投用，以保证上下游装置不致使同时停工，进料线输送量为3t/h。

② 乙烯在流量控制下被送到低温储罐。通过储罐上的高液位超驰控制来防止溢流。

③ 由于闪蒸液体流入所产生的蒸气、循环的泡点气(BOG)以及环境温度的提高都会使得储罐中的压力升高。储罐中的压力通过乙烯泡点气压缩机的起动和停机来控制。经过压缩的泡点气或者是直接送到输出总管，或者是泡点气都通过压缩而加以冷凝，并且和冷却水以及来自丙烯制冷系统的丙烯换热而加以冷却。液体乙烯则被送回到低温乙烯储罐。

④ 乙烯蒸气产品的输送方法是，用泵将乙烯液体产品抽出，然后用甲醇和低压蒸汽进行间接加热而使之汽化。来自储罐的乙烯产品在输出总管的压力控制下汽化。高压乙烯蒸气的输出温度通过添加冷态的液体乙烯进行温度控制来加以保持。需要有一个最小流量通过蒸发系统，以便将蒸发系统保持在暖态，从而随时能够对总管压力的变化作出响应。

（2）操作注意事项

① 要求操作人员对低温乙烯储罐压力密切监控，及时调整乙烯泡点气压缩机负荷。

② 要求操作人员对低温乙烯储罐罐内、夹层温度密切监控，相邻温度不大于15℃。夹层温度出现异常，及时通知上级。

③ 要求操作人员对乙烯泡点气压缩机及各低温机泵加强巡检。

④ 要求操作人员对低温乙烯储罐系统各汽化器加强巡检，了解甲醇的液面、加热及泄漏等情况，保证汽化器的正常投用。

⑤ 要求操作人员对高压乙烯压力、温度密切监控，保证下游装置的稳定运行。出现变化及时调整。

3. 卸船操作

（1）卸船管线预冷

（2）低温乙烯卸船

4. 装船操作

（1）卸船管线预冷

（2）低温乙烯装船

① 低温乙烯装船前，停止低温乙烯管线预冷循环。关闭气、液相线中间跨线阀。启动低温乙烯装船泵。

② 连接低温乙烯输油臂至船侧，对输油臂进行氮气置换、干燥和气密操作，露点达到<-60℃、含氧量<0.2%、氮气含量≥99.8%为合格。

③ 输油臂处理合格后，打开码头输油臂前切断阀小开度，将乙烯装船泵出口装船调节阀微开，控制装船量5t/h左右。将卸船阀微开引液相乙烯进液相输油臂进行预冷，预冷过程中，注意对输油臂进行冷把紧。待输油臂完全结重霜后，打开输油臂两侧阀门。

④ 按照30t/h速率逐渐增大装船量，直至最大装船量。装船过程中，注意观察罐压，及时降低压缩机负荷或停止压缩机，保持罐压稳定。

⑤ 装船完毕后，关闭液相输油臂前切断阀，使用氮气将输油臂中液相乙烯吹扫至乙烯船上，液相乙烯吹扫完毕后，船方将吹扫流程更改至高点放空，持续吹扫5min以上，监测吹扫排放气可燃气低于$100\times10^{-6}$，可拆除输油臂。

⑥ 打通液相线进罐流程，气、液相线中残留液相乙烯自然回温成为乙烯气相回罐。通过乙烯泡点气压缩机回收回罐。

5. 接收乙烯装置70t/h乙烯操作(即聚乙烯装置停工或检修情况)

（1）流程说明

① 当聚乙烯装置停工或检修情况，乙烯装置需正常运行时，乙烯装置降负荷操作。

② 乙烯装置的(最大量70t/h)乙烯产品将通过乙烯转油管线，经冷箱逐步冷却至-98℃后，进入低温乙烯储罐。根据低温储罐的库存量及聚乙烯装置停工或检修情况，具体安排此操作模式。

（2）操作注意事项

① 在接收乙烯装置70t/h乙烯操作中，要求操作人员及时调节乙烯泡点气压缩机负荷，稳定低温乙烯储罐压力，避免系统超压。

② 在接收乙烯装置70t/h乙烯操作中，要求操作人员对低温乙烯储罐的液面、各温度及时监控，并作好记录。

③ 要求操作人员根据乙烯泡点气压缩机负荷的调整，及时调整丙烯制冷压缩机负荷，稳定低温丙烯储罐压力及其他工艺参数，避免系统超压。

④ 当下游聚乙烯装置停车，低温乙烯储罐接收乙烯最大来料情况下，要求操作人员在过程调整时，监控高压乙烯外送、高压乙烯蒸发系统、蒸汽凝液回收系统、乙烯产品泵及凝液回收泵，并及时调整蒸汽加热量、机泵的最小返回量等。

6. 外送100t/h乙烯至聚乙烯装置操作

（1）流程说明

① 当乙烯装置出现停车或检修情况，下游聚乙烯装置需继续生产，低温乙烯储罐以100t/h将高压乙烯外送至下游聚乙烯装置，以保证其装置正常生产。

② 根据低温乙烯储罐的库存量及乙烯装置停工或检修情况，具体安排此操作模式。

（2）流程设定

确认高压乙烯产品泵处在正常备用状态。

（3）操作步骤

① 调节高压乙烯蒸发系统蒸汽加热量。

② 调整高压乙烯外送量及乙烯产品泵最小返回量，保证乙烯总管压力和乙烯泵出口总流量稳定。

③ 及时关闭乙烯装置乙烯转油进低温乙烯储罐管线上紧急切断阀，避免低温罐内产品污染。

（4）操作注意事项

① 在乙烯装置故障停车后，要求操作人员及时调整高压乙烯外送，稳定外送量、外送温度，以保证下游聚乙烯装置的进料稳定。

② 在乙烯装置故障停车后，要求操作人员及时切断乙烯装置乙烯转油进料。

③ 在外送 100t/h 乙烯至下游聚乙烯装置时，要求操作人员及时调整乙烯泡点气压缩机负荷，稳定低温乙烯储罐压力。

④ 在外送 100t/h 乙烯至下游聚乙烯装置时，要求操作人员密切监控低温乙烯储罐液面，并做好记录。

⑤ 在正常运行过程中，乙烯汽化器出口温度联锁必须投用。

⑥ 操作人员须严格监控乙烯汽化器出口温度，避免管线或下游装置设备出现低温。一旦出现低温，将停止乙烯外送，关闭 E-661 物料进出口阀门，立即通过管线低点 LD 将物料倒空，泄压后 $N_2$ 置换；关闭 E-662 蒸汽进出口阀门，倒空，泄压。

# 第四节　异常事故处理

## 一、急冷单元不正常现象和事故处理

### 1. 急冷油塔(表 17.4-1)

**表 17.4-1　急冷油塔不正常现象和事故处理汇总**

| 事故现象 | 事故原因 | 处理措施 |
|---|---|---|
| 顶温高 | 炉超负荷 | 降低总负荷 |
| | 炉稀释比过大 | 调整炉稀释比 |
| | 汽油回流不足 | 调整汽油回流量 |
| | 汽油回流温度高 | 降低急冷油塔釜温 |
| | PO 回流不足 | 调整 PO 回流量 |
| | PO 回流温度太高 | 调整 PO 回流温度 |
| | LFO 采出量太少 | 调整 LFO 采出量 |
| 釜温低 | 汽油回流量过大裂解炉降负荷或切出 | 降低汽油回流量 |
| | 汽油回流温度太低 | 调整急冷水塔釜温 |
| | PO 回流温度太低 | 调整 PO 回流温度 |

续表

| 事故现象 | 事故原因 | 处理措施 |
|---|---|---|
| 釜温低 | PO 回流量太大 | 调整 PO 回流量 |
| | 汽油回流带水 | 调整汽油质量 |
| | 裂解炉降负荷或切出急冷油塔太慢 | 调整急冷油塔操作 |
| 顶温高 | 急冷油塔进料温度太高 | 降低油急冷器出口器温度 |
| | QO 回流温度高 | 多投用一台急冷器 |
| | QO 黏度太大 | 调整 QO 黏度 |
| | QO 回流量太小 | 调整 QO 回流量 |
| QO 黏度升高 | 炉超负荷 | 降低炉负荷 |
| | 炉稀释比过大 | 降低炉稀释比 |
| | 塔釜温度过高 | 降低塔釜温度 |
| | QO 回流温度过高 | 降低 QO 回流温度 |
| 塔压差波动 | 裂解气压缩机波动 | 配合调整 |
| | 汽油回流带水 | 调整汽油质量 |
| | 塔产生液泛：LFO 采出太少或 PO 采出太少或釜温突然升高或塔负荷太高 | 调整 LFO 采出量；调整 PO 采出量；根据釜温升高原因调整；降低炉负荷 |

## 2. 重燃料油塔(表 17.4-2)

**表 17.4-2　重燃料油塔不正常现象和事故处理汇总**

| 事故现象 | 事故原因 | 处理措施 |
|---|---|---|
| HFO 黏度太大 | 急冷器出口温度太高 | 降低出口温度 |
| | QO 黏度上升 | 降低出口温度 |
| 塔釜泵连续抽空 | HFO 黏度太大 | 降低出口温度 |
| | 脱汽用蒸汽注入量太大 | 降低蒸汽量 |
| | 泵或过滤器有冲洗油进入 | 停用冲洗油 |
| | 乙烷炉切出烧焦投蒸汽时蒸汽带水 | 投高压蒸汽(HS)时必须充分暖管 |
| HFO 黏度太小 | 急冷器出口温度太低 | 提高出口温度 |

## 3. 轻燃料油塔(表 17.4-3)

**表 17.4-3　轻燃料油塔不正常现象和事故处理汇总**

| 事故现象 | 事故原因 | 处理措施 |
|---|---|---|
| 闪点偏低 | 汽提蒸汽太少 | 调整汽提蒸汽 |
| | FO 系统注入太多冲洗油 | 检查系统冲洗油情况 |
| | 急冷油塔顶温太低 | 调整顶温 |
| | 急冷油塔汽油回流量太大 | 调整汽油回流量 |
| 泵连续抽空 | LFO 带水 | 汽提蒸汽温度偏低，排凝 |
| | LFO 含焦粉 | 提高 QO 回流量 |

## 4. 急冷水塔(表 17.4-4)

**表 17.4-4　急冷水塔不正常现象和事故处理汇总**

| 事故现象 | 事故原因 | 处理措施 |
| --- | --- | --- |
| 顶温偏高 | 顶回流太少 | 调整顶回流量 |
| | 顶回流温度偏高 | 调整温度设定<br>降 CW 温度 |
| | 中部回流偏低 | 调整中部回流量 |
| 顶温高而釜温低；QW 乳化 | 顶部回流偏大而中部回偏少 | 调整两股回流配比 |
| | 急冷油塔顶温高 LFO 进入急冷水塔 | 调整急冷油塔顶温 |
| | 急冷油塔汽油回流太大把 LFO 带入急冷水塔 | 调整急冷油塔汽油回流量 |
| | 急冷油 LFO 采出量太少，LFO 从塔顶进入急冷水塔 | 调整急冷油 LFO 采出量 |
| | 换热器内漏 | 检修换热器 |
| | 釜温太高 | 调整釜温 |
| | QW 的 pH 值太高 | 调整 QW 的 pH 值 |
| | 注：乳化严重时用工业水(IW)置换 | |
| 汽油回流带水 | 界位太高带水 | 降低界位 |
| | 油水分离器效果差 | 检查是否有重油进入 QW 中 |
| | 油水乳化 | 按油水乳化处理 |
| | 油水分离器隔板穿孔 | 检修油水分离器 |
| | QW 液位太高油，在水侧分离 | 降低水液位 |
| | 注：油带水严重时引汽油置换 | |
| QW 带油 | 油水分离器效果差 | 检查是否有重油进入 QW 中 |
| | 界位太低 | 调整油水界位 |
| | 油水乳化 | 按油水乳化处理 |
| | E-036 内漏 | 切出换热器检修 |

## 5. DSG 系统(表 17.4-5)

**表 17.4-5　DSG 系统不正常现象和事故处理汇总**

| 事故现象 | 事故原因 | 处理措施 |
| --- | --- | --- |
| 压差大 | 过滤器网堵 | 清过滤器 |
| 工艺水汽塔进料带油 | 聚结器失效 | 更换滤芯 |
| | QW 乳化 | 处理 QW 乳化事故 |
| | 换热器内漏 | 检修换热器 |
| DS 带油 | 进料带油 | 按进料带油事故处理 |
| | 换热器内漏 | 检修换热器 |
| DS 带水 | QO 温度突然升高 | 调整 QO 温度 |
| | QO 循环量加大 | 调整再沸 MS 量 |
| | 再沸 MS 量太大 | 调整再沸 MS 量 |
| | 外补 MS 量太少 | 加大外补 MS 量 |
| | 除沫网失效 | 更换除沫网 |
| | 满罐 | 调整液位 |

## 6. 汽油汽提塔(表 17.4-6)

**表 17.4-6　汽油汽提塔不正常现象和事故处理汇总**

| 事故现象 | 事故原因 | 处理措施 |
|---|---|---|
| 塔顶 $C_4$ 超高 | 塔釜温度偏低 | 调整塔釜温度 |
| 塔釜温度提不起来 | 塔釜液位太低 | 提高塔釜液位 |
| 顶温高，压差大 | 塔内有水 | 打开排水线排水 |

# 二、压缩单元不正常现象和事故处理

## 1. 裂解气压缩机二段罐液位控制(图 17.4-1)

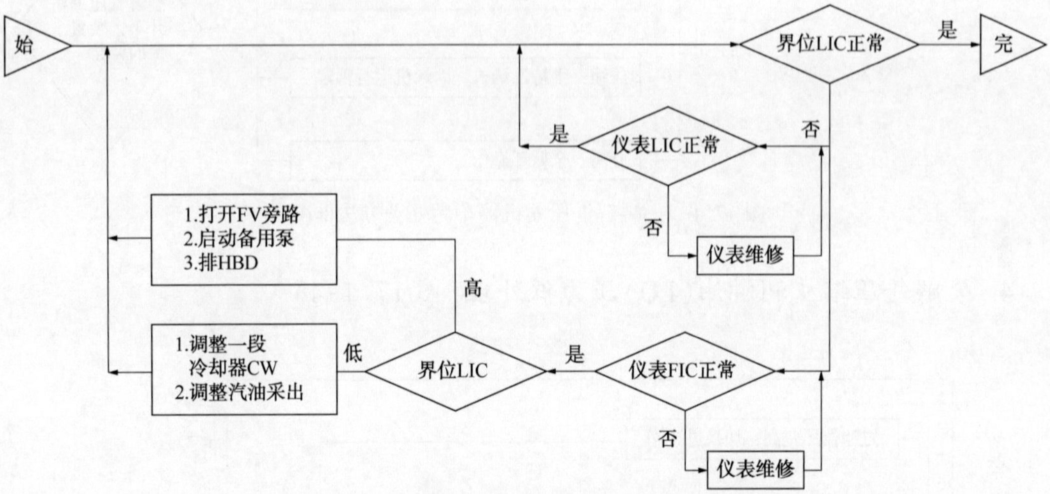


图 17.4-1　裂解气压缩机二段罐液位控制框图

注：FV—流量调节阀；HBD—热排放系统；CW—循环水；LIC—液气控制；FIC—流量控制。

## 2. 裂解气压缩机一段罐液位控制(图 17.4-2)

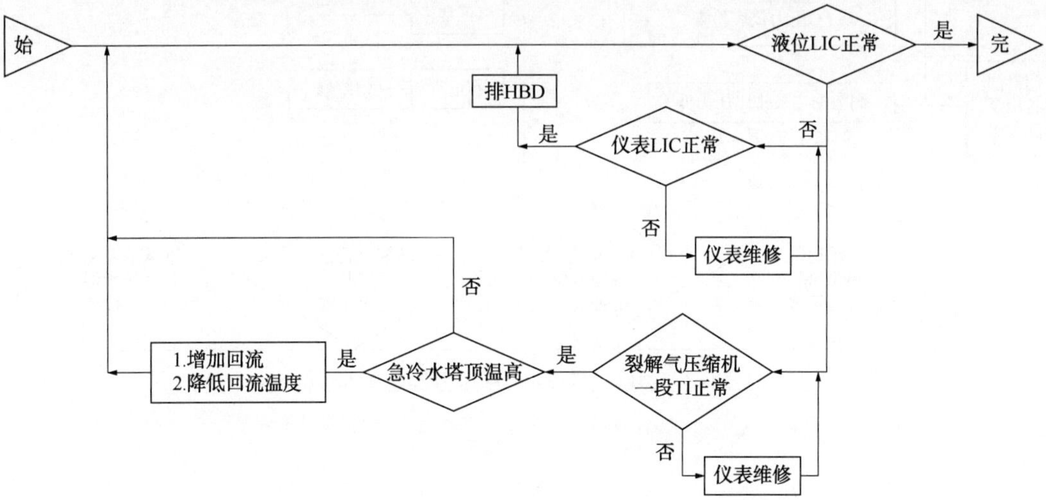


图 17.4-2　裂解气压缩机一段罐液位控制框图

3. 裂解气压缩机停车后处理方法(图 17.4-3)

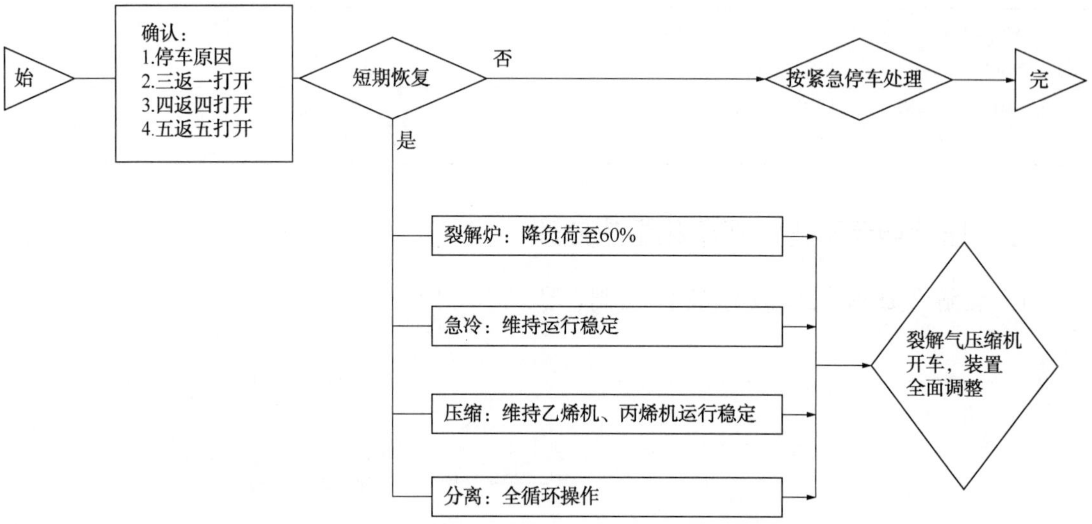


图 17.4-3　裂解气压缩机停车后处理方法框图

4. 裂解气压缩机润滑油(LO)压力低处理(图 17.4-4)

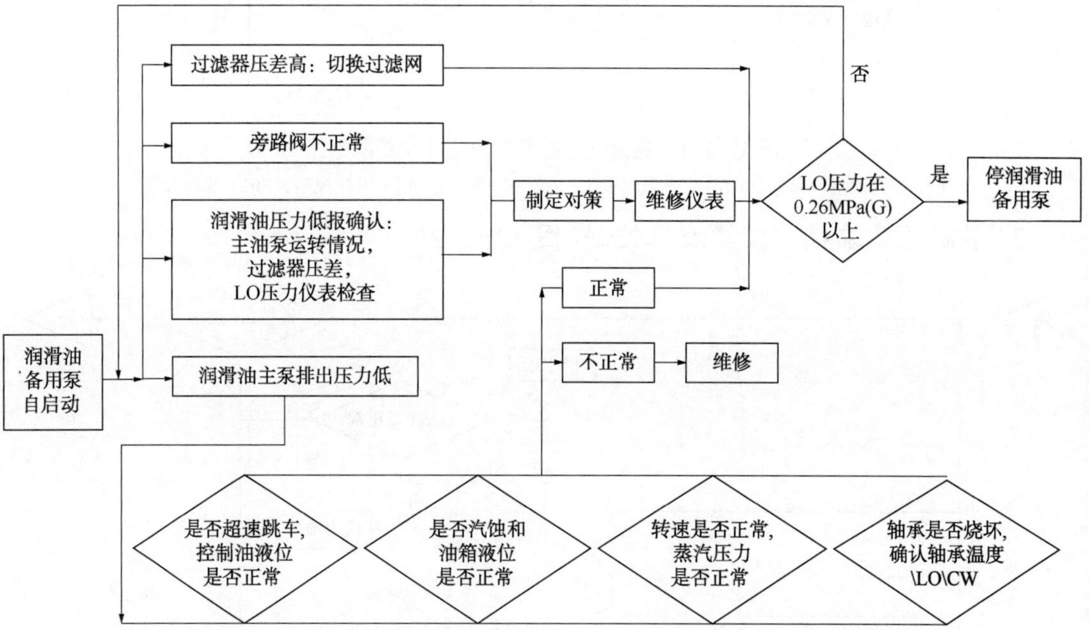


图 17.4-4　裂解气压缩机 LO 压力低处理方法框图

### 5. 裂解气压缩机控制油压力低(图 17.4-5)

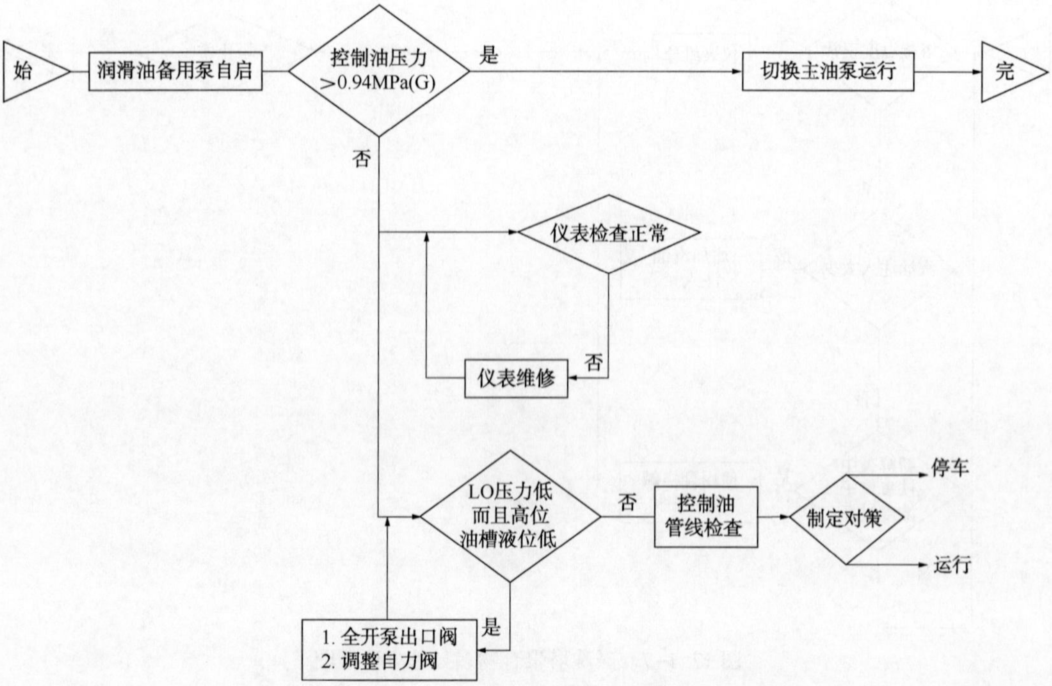


图 17.4-5　裂解气压缩机控制油压力低处理方法框图

### 6. 碱洗塔强碱液位高(图 17.4-6)

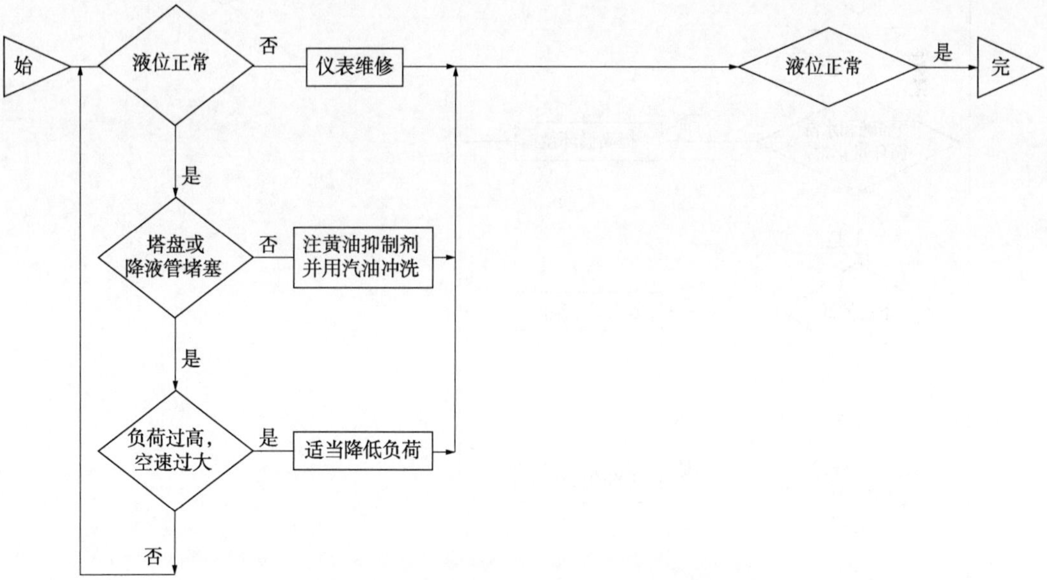


图 17.4-6　碱洗塔强碱液位高处理方法框图

7. 碱洗塔聚合物多(图 17.4-7)

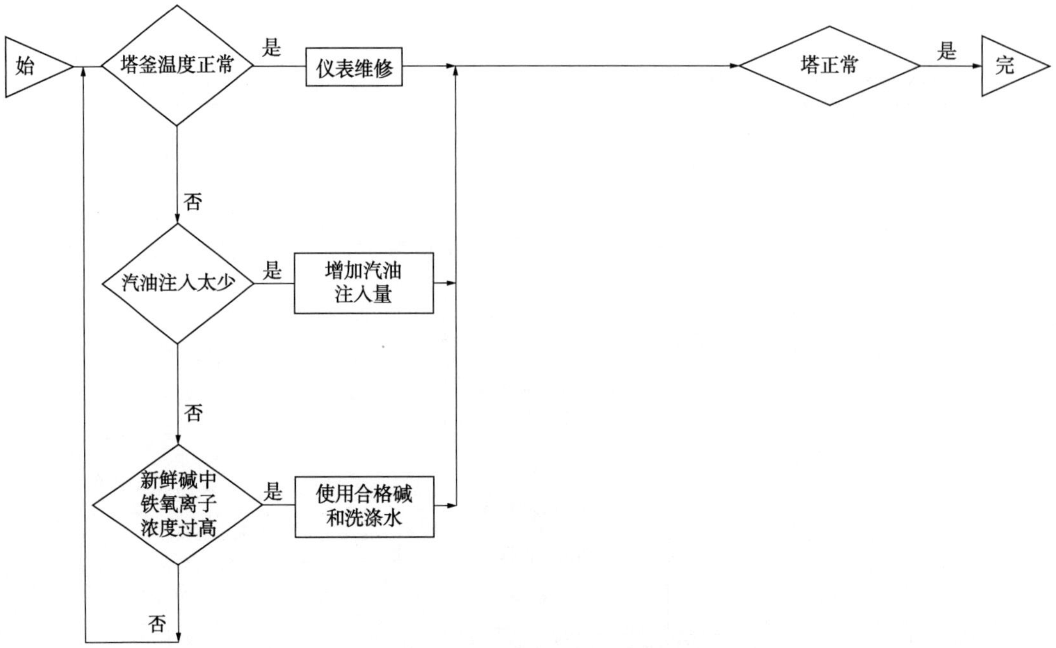


图 17.4-7　碱洗塔聚合物多处理方法框图

8. 碱洗塔出口 $H_2S$、$CO_2$ 超标(图 17.4-8)

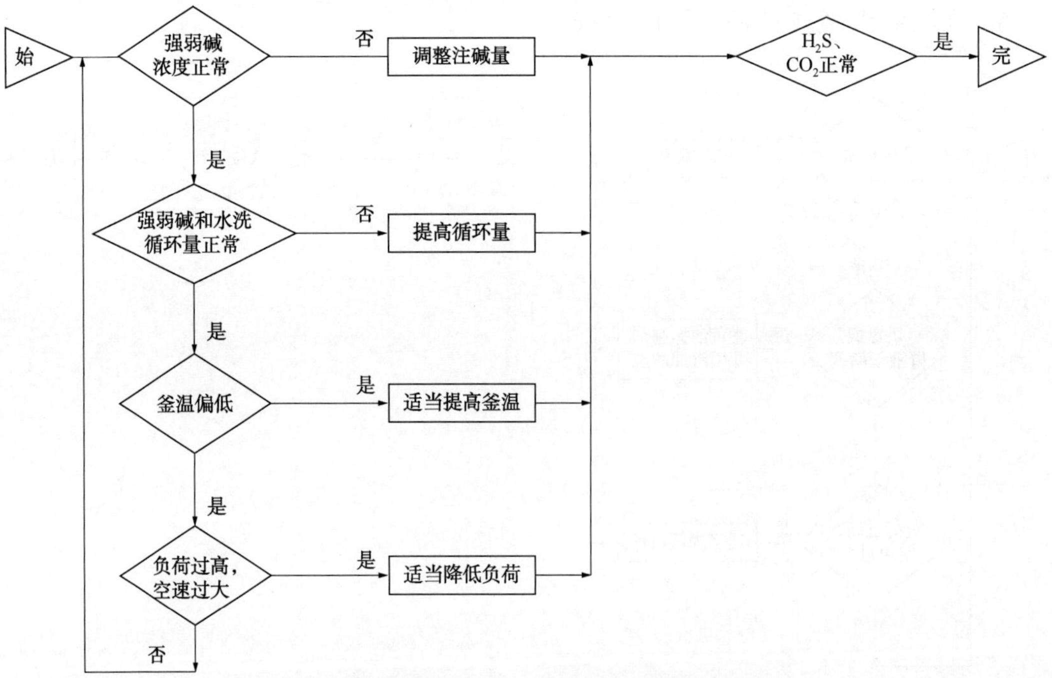


图 17.4-8　碱洗塔出口 $H_2S$、$CO_2$ 超标处理方法框图

9. 碱洗塔弱碱浓度过高(图 17.4-9)

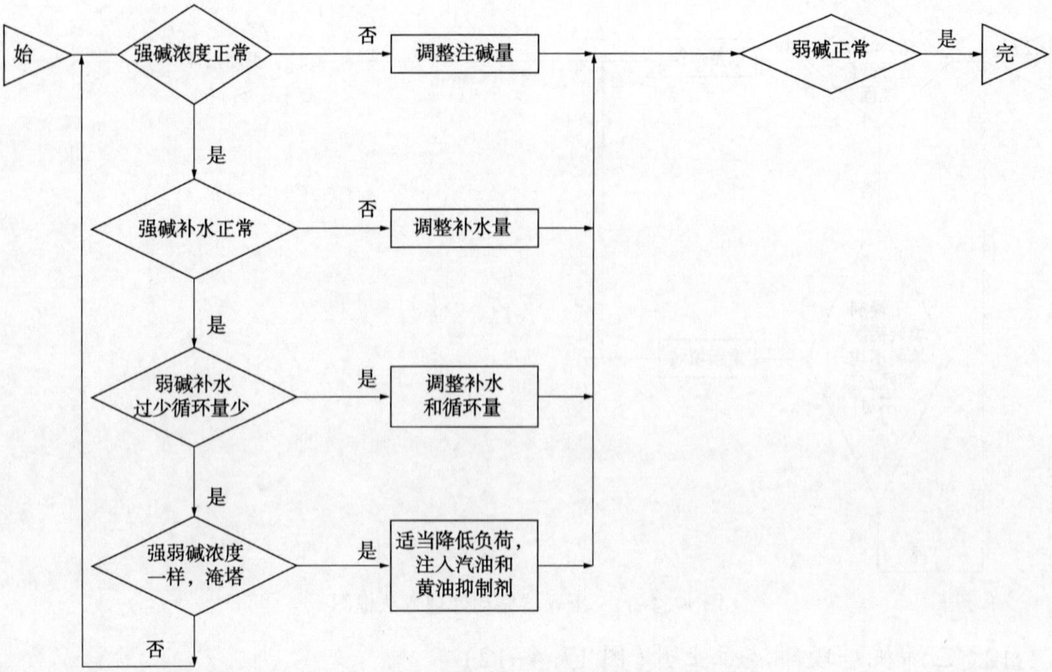


图 17.4-9　碱洗塔弱碱浓度过高处理方法框图

10. 裂解气干燥不合格(图 17.4-10)

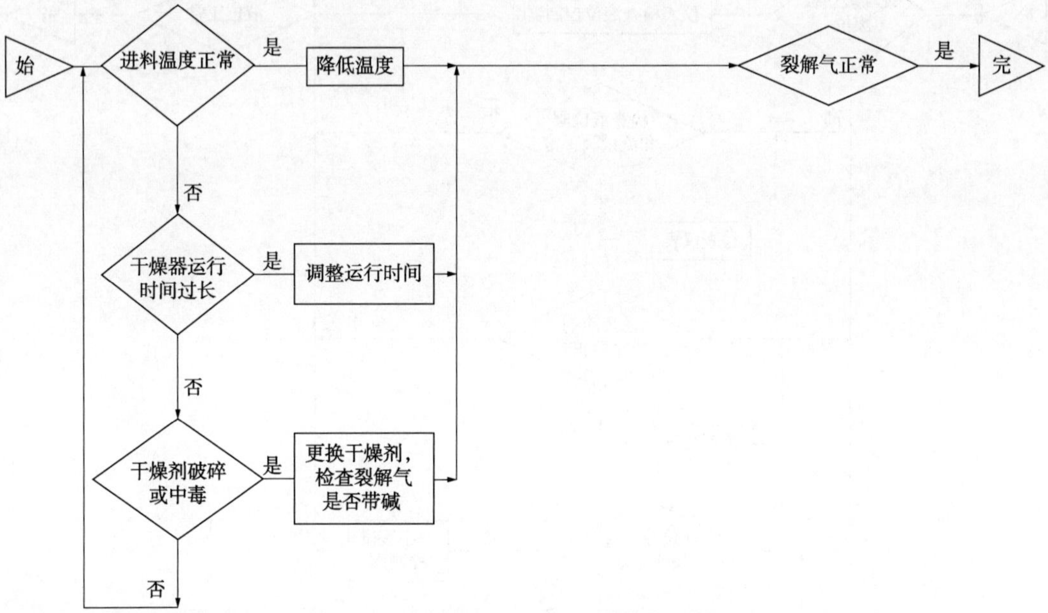


图 17.4-10　裂解气干燥不合格处理方法框图

11. 干燥器振动(图 17.4-11)

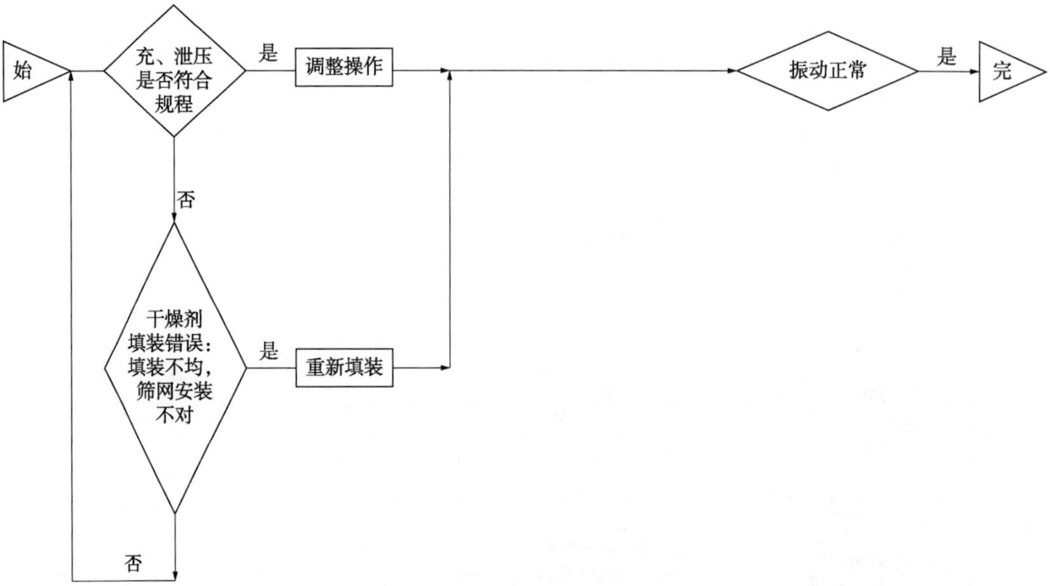


图 17.4-11　干燥器振动处理方法框图

12. 乙烯机一段罐液位上升(图 17.4-12)

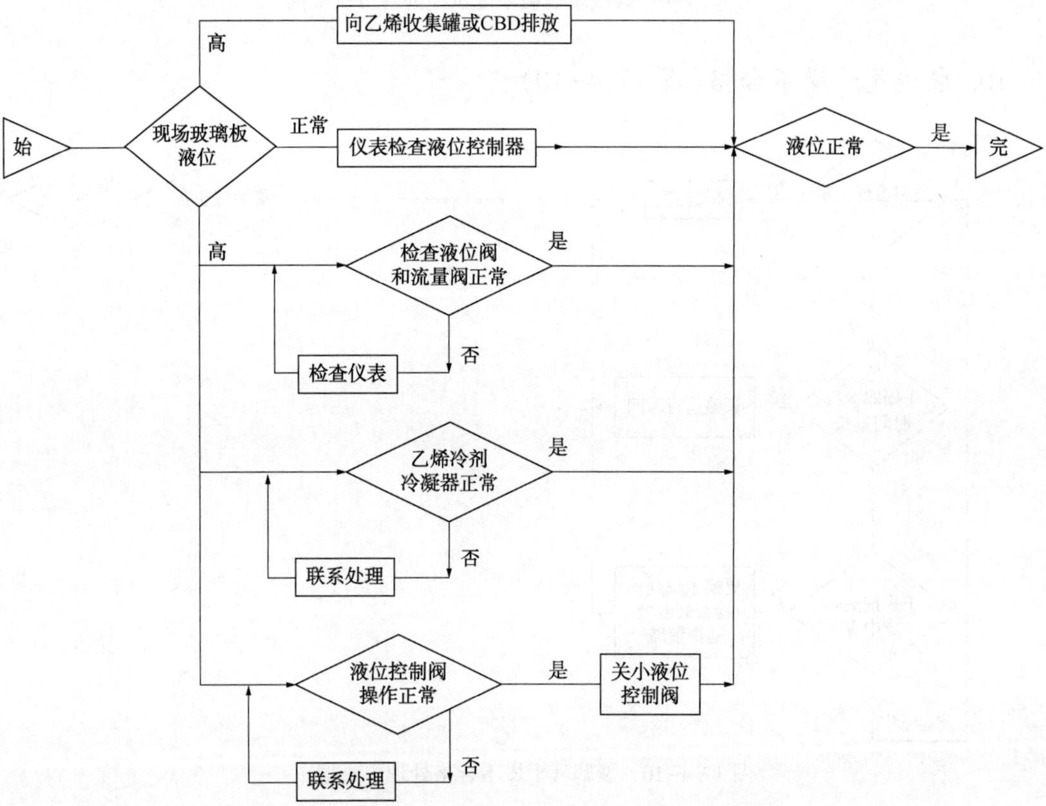


图 17.4-12　乙烯机一段罐液位上升处理方法框图

## 13. 乙烯塔塔釜乙烯超标(图 17.4-13)

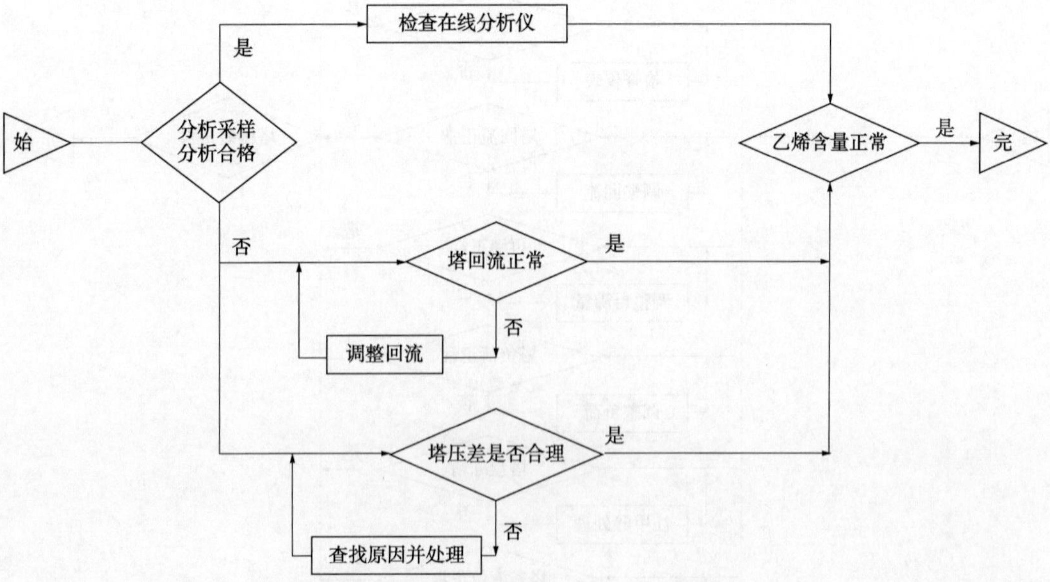


图 17.4-13　乙烯塔塔釜乙烯超标处理方法框图

## 14. 乙烯塔顶乙烷超标(图 17.4-14)

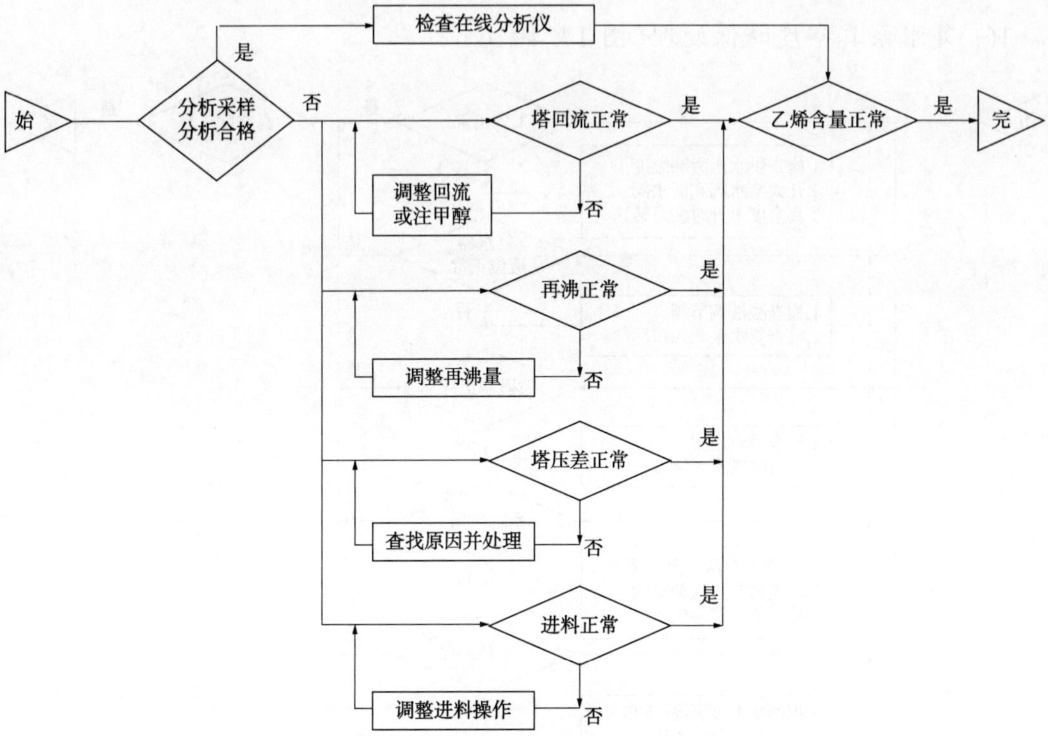


图 17.4-14　乙烯塔顶乙烷超标处理方法框图

15. 乙烯塔压差控制(图 17.4-15)

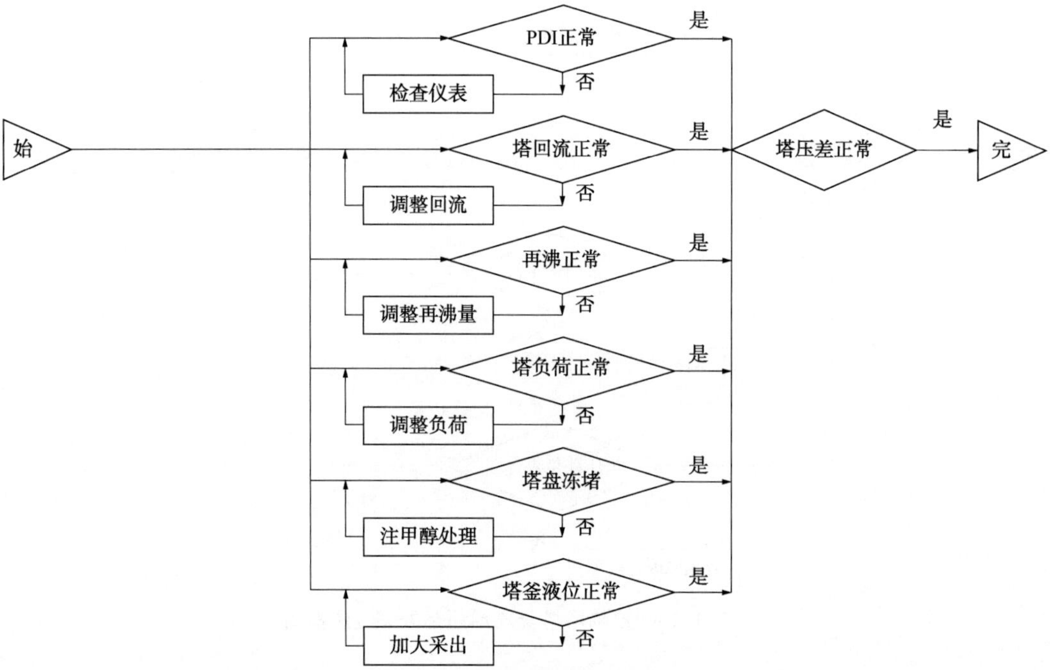


图 17.4-15　乙烯塔压差控制方法框图

注：PDI—压差指示。

16. 复水泵真空度降低处理(图 17.4-16)

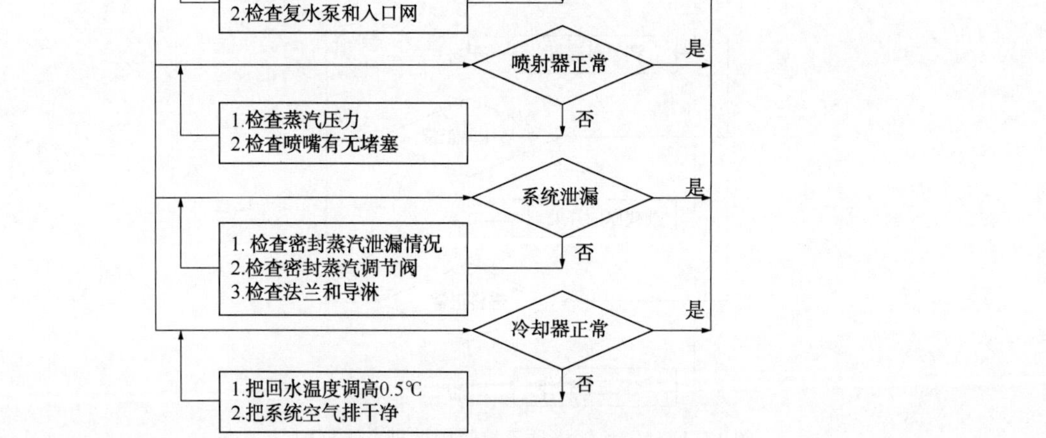


图 17.4-16　乙烯塔压差控制方法框图

17. 压缩机流量降低和排出压力波动(图 17.4-17)

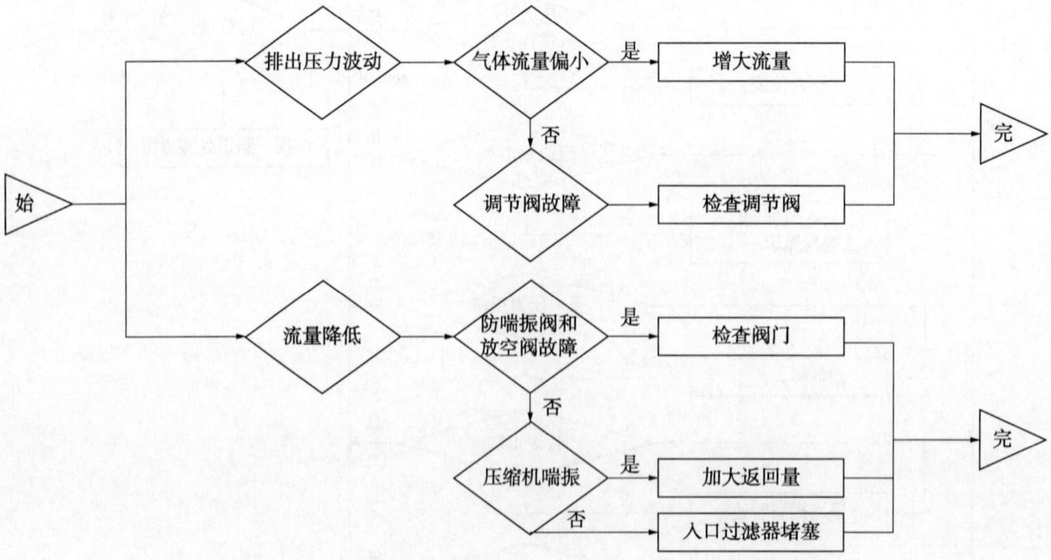


图 17.4-17 压缩机流量降低和排出压力波动处理方法框图

18. 停风停电处理(图 17.4-18)

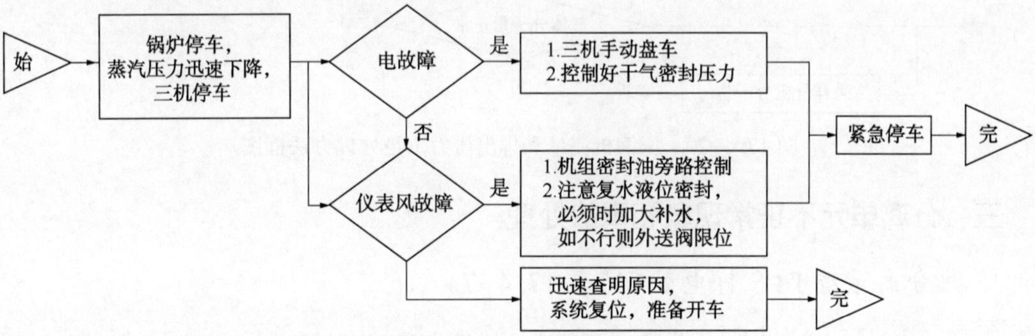


图 17.4-18 停风停电处理方法框图

19. 停蒸汽处理(图 17.4-19)

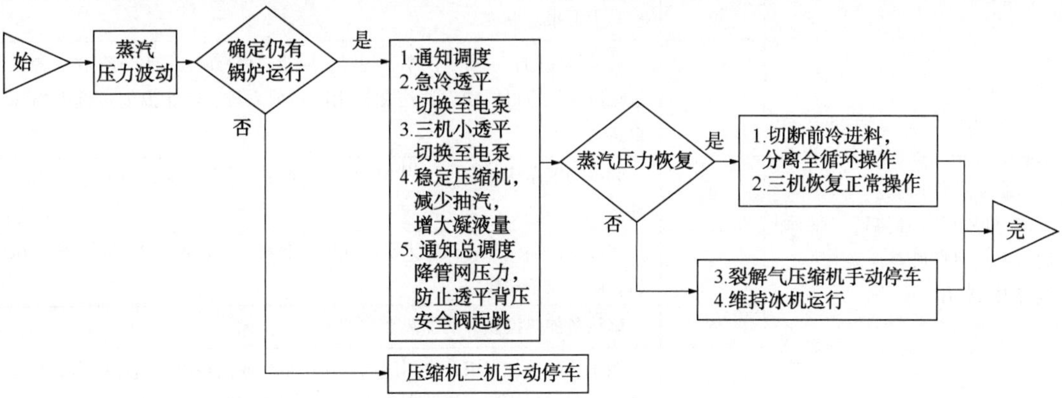


图 17.4-19 停蒸汽处理方法框图

20. 压缩机流量和排出压力不足(图 17.4-20)

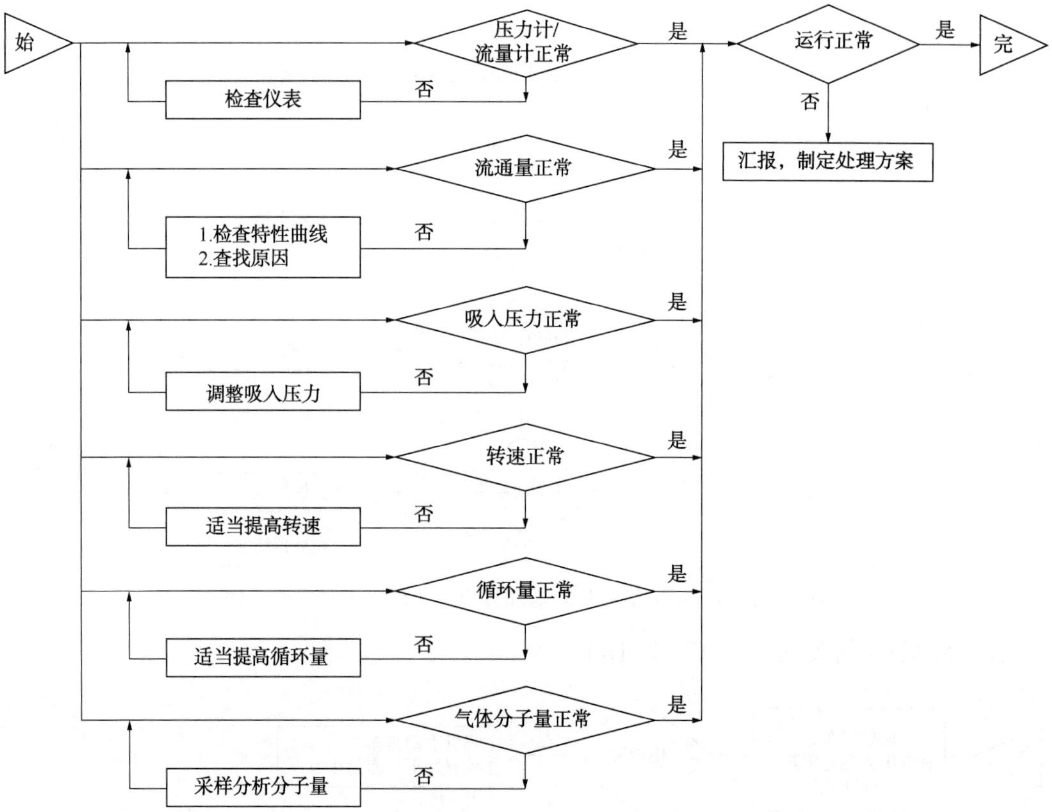


图 17.4-20　压缩机流量和排出压力不足处理方法框图

## 三、分离单元不正常现象和事故处理

### 1. 热分离系统 DCS 停电处理(表 17.4-7)

表 17.4-7　热分离系统 DCS 停电处理方法汇总表

| 现　　象 | 序　号 | 处　　置 |
|---|---|---|
| 主操发现：<br>（1）DCS 停电，仪表系统自动启动备用电源，仪表控制系统仍能维持半小时；<br>（2）停电半小时后，DCS 画面消失，现场所有仪表自控系统将失去作用 | 1 | 到现场指挥，落实工作 |
| | 2 | 马上汇报总调度 |
| | 3 | 若停电时间长，必须停车处理时，应及时做好降负荷停车工作，各系统排液泄压应可能快，并注意控制冷排放系统，防止温度过低而损坏设备 |
| | 4 | 碳二加氢系统停车后，用 $N_2$ 置换、降温、保压，碳三加氢系统停车处理 |
| | 5 | DCS 画面消失后，操作人员应立即赶赴现场，检查各塔、罐液位、压力，防止设备超压 |
| | 6 | 确认各加热换热器的加热介质调节阀已关闭 |
| | 7 | 系统按碳二加氢塔、高压脱丙烷塔、低压脱丙烷塔、丙烯精馏塔进行隔离，裂解气第二干燥器切换隔离，各机泵做好停泵工作 |

## 2. 冷分离系统DCS停电处理(表17.4-8)

**表17.4-8　冷分离系统DCS停电处理方法汇总表**

| 现　　象 | 序　号 | 处　　置 |
|---|---|---|
| 主操发现：<br>(1) DCS停电，仪表系统自动启动备用电源，仪表控制系统仍能维持半小时；<br>(2) 停电半小时后，DCS画面消失，现场所有仪表自控系统将失去作用 | 1 | 到现场指挥，落实工作 |
| | 2 | 汇报生产调度 |
| | 3 | 若停电时间长，必须停车处理时，应按下列步骤对冷系统全面停车：<br>① 甲烷化系统停车处理，并对它进行$N_2$置换保压，氢气干燥器停车处理；<br>② 脱甲烷系统停车，应尽快停塔釜加热再沸器，系统进行保温、保压、保液，若停电时间不长，为了能使制冷压缩机尽快开启，则可考虑适当保压、保液，以便有利于重新开车；<br>③ 脱乙烷塔系统切出隔离，塔釜再沸器关闭，压力泄至2.0MPa以下；<br>④ 脱丁烷塔系统切出，塔釜再沸器关闭，压力泄压0.3MPa以下 |
| | 4 | 冷系统在排放时应防止超低温现象，预防损坏设备 |
| | 5 | DCS画面消失后，岗位人员应赶赴现场，检查现场各设备的压力和液位等情况，必要时进行排放火炬 |

## 3. 热区系统长时间停电处理(表17.4-9)

**表17.4-9　热区系统长时间停电处理方法汇总表**

| 现　　象 | 序　号 | 处　　置 |
|---|---|---|
| 主操发现：<br>(1) 碳二加氢系统SD-2动作；<br>(2) 现场各机泵停止运转，各设备出现超压现象；<br>(3) 碳三加氢系统SD动作；<br>(4) 高低压脱丙烷塔再沸盘油(低压蒸汽)调节阀、丙烯精馏塔再沸急冷水调节阀可能因冷却水故障或者急冷系统的故障而关闭；<br>(5) 丙烯冷剂因丙烯制冷压缩机跳车而减少供给或中断；<br>(6) 乙烯冷剂因乙烯制冷压缩机跳车而减少供给或中断；<br>(7) 公用工程物料减少或中断 | 1 | 向调度、装置汇报：发生停电；<br>联系热电装置查清原因 |
| | 2 | 组织本班员工进行应急处置 |
| | 3 | 到现场指挥，落实工作 |
| | 4 | 碳二加氢系统现场确认联锁动作，并进行$N_2$置换处理 |
| | 5 | 碳三加氢系统现场确认联锁动作，并进行保压、保液处理 |
| | 6 | 高低压脱丙烷塔和丙烯精馏塔再沸器盘油和急冷水调节阀关闭确认 |
| | 7 | 系统压力超高时，从各塔、罐的安全阀旁路和采样线手阀处排放火炬来降低压力 |
| | 8 | 系统按停车隔离措施进行隔离，高压脱丙烷塔回流罐切出实气保压 |
| | 9 | 把现场所有能自启动的机泵由自动位置打至手动位置，做好停泵处理工作 |
| | 10 | 若$N_2$停止供给，应及时联系供应瓶装$N_2$气，对各反应器充$N_2$保护处理 |

## 4. 冷分离系统长时间停电处理方案(表 17.4-10)

**表 17.4-10　冷分离系统长时间停电处理方法汇总表**

| 现　象 | 序 号 | 处　置 |
|---|---|---|
| 主操发现：<br>(1) 系统停止进料；<br>(2) 甲烷化系统手动停车；<br>(3) 尾气压缩机 SD 动作；<br>(4) 冷区的所有冷剂减少或中断，系统压力升高；<br>(5) 脱乙烷塔回流泵停运，脱乙烷塔压升高；<br>(6) 若停电涉及仪表信号发送，则系统各调节阀失控；<br>(7) 脱乙烷塔再沸急冷水调节阀因冷却水故障而自动关闭；<br>(8) 公用工程各物料可能减少或中断供给 | 1 | 向调度、装置汇报：发生停电；<br>联系热电装置查清原因 |
| | 2 | 组织本班员工进行应急处置 |
| | 3 | 到现场指挥，落实工作 |
| | 4 | 现场确认甲烷化联锁动作正常，按停车步骤处理 |
| | 5 | 确认前冷气液进料切段，预脱甲烷塔、脱甲烷塔再沸关闭，系统防超压，必要时手动开冷箱前放火炬阀、安全阀旁路和 CBD 线进行泄压 |
| | 6 | 尾气压缩机及膨胀再压缩机按现场停车步骤处理 |
| | 7 | 高压甲烷线切出燃料气系统 |
| | 8 | 冷分离系统尽可能保液保压，等待开车 |
| | 9 | 若 $N_2$ 停止供给，应及时联系供应瓶装 $N_2$，对甲烷化反应器和冷箱充 $N_2$ 保护处理 |

## 5. 热分离系统处理锅炉跳一台炉事故方案(表 17.4-11)

**表 17.4-11　热分离系统处理锅炉跳一台炉事故方案汇总表**

| 现　象 | 序 号 | 处　置 |
|---|---|---|
| 主操发现：<br>(1) 高压脱丙烷塔塔的进料、塔压、再沸等因炉区和裂解气压缩机波动而出现严重波动，甚至引起裂解气压缩机跳车；<br>(2) 整个系统因进料和裂解气压缩机的波动而出现大的波动，如进料急剧减少、组分变化、再沸量不够等 | 1 | 向调度、装置汇报：发现装置波动；<br>联系热电装置查清原因 |
| | 2 | 组织本班员工进行应急处置 |
| | 3 | 到现场指挥，落实工作 |
| | 4 | 根据实际适当降低高压脱丙烷塔再沸量，调节塔回流，确保其分离效果，若裂解气压缩机停车则按停车方案处理 |
| | 5 | 密切注意碳二加氢进口温度过高，床层温升过大时按停车处理 |
| | 6 | 调整碳三加氢配氢量、各塔再沸量及回流，以保证系统加氢和分离效果 |

## 6. 冷分离系统处理锅炉跳一台炉事故方案(表 17.4-12)

**表 17.4-12　冷分离系统处理锅炉跳一台炉事故方案汇总表**

| 现　象 | 序 号 | 处　置 |
|---|---|---|
| 主操发现：<br>(1) 系统进料减少、负荷降低，膨胀再压缩机转速急降；<br>(2) 因制冷压缩机波动而引起各冷剂用量的波动，严重时乙烯制冷压缩机/丙烯制冷压缩机跳车，裂解气压缩机也可能跳车； | 1 | 向调度、装置汇报：发现装置波动；<br>联系热电装置查清停蒸汽原因 |
| | 2 | 组织本班员工进行应急处置 |
| | 3 | 到现场指挥，落实工作 |
| | 4 | 密切观察冷箱顶温度，确保<-110℃，否则可通过加大冷剂配给、加大冷箱顶送燃料气和适当降甲烷化出口压力措施进行调整 |

续表

| 现　象 | 序　号 | 处　置 |
|---|---|---|
| （3）甲烷化温度可能因蒸汽波动而降低 | 5 | 打开膨胀再压缩机压缩侧返回量，确保其能维持运转 |
| | 6 | 甲烷化床温度可适当提高入口温度设定而得到保证，必要时现场打开甲烷化进料加热器的蒸汽倒淋以增加加热蒸汽的量 |
| | 7 | 联系各氢用户的用氢量，必要时要求停汽油加氢的用氢量 |
| | 8 | 若较长时间的低负荷（总投料小于5台炉），膨胀再压缩机按停车处理，以保证冷区系统的压力控制 |
| | 9 | 若裂解气压缩机停车，按停车方案处理 |

## 7. 热分离系统处理蒸汽系统发生波动事故方案（表17.4-13）

**表17.4-13　热分离系统处理蒸汽系统发生波动事故方案汇总表**

| 现　象 | 序　号 | 处　置 |
|---|---|---|
| 主操发现：<br>（1）高压脱丙烷塔的进料、塔压等因裂解气压缩机波动而波动，严重时裂解气压缩机会跳车；<br>（2）低压脱丙烷塔、脱丁烷塔、碳三加氢和丙烯精馏系统也因进料量或冰机波动而波动 | 1 | 向调度、装置汇报：发现装置波动；<br>联系热电装置查清停蒸汽原因 |
| | 2 | 组织本班员工进行应急处置 |
| | 3 | 到现场指挥，落实工作 |
| | 4 | 密切高压脱丙烷塔、碳二加氢操作，防止碳二加氢入口温度调节的大波动，引发碳二加氢系统的跳车 |
| | 5 | 系统其他部位会因冰机波动和进料变化而受影响，必须做好再沸、配氢、冷剂供给和防超压工作 |
| | 6 | 若发生裂解气停车按停车方案处理 |

## 8. 冷分离系统处理蒸汽系统发生波动事故方案（表17.4-14）

**表17.4-14　冷分离系统处理蒸汽系统发生波动事故方案汇总表**

| 现　象 | 序　号 | 处　置 |
|---|---|---|
| 主操发现：<br>（1）进料急剧减少，粗氢产量急剧减少；<br>（2）因冰机波动，冷分离系统各温度难以维持；<br>（3）甲烷化温度因蒸气通过量减少而降低 | 1 | 向调度、装置汇报：发现装置波动；<br>联系热电装置查清停蒸汽原因 |
| | 2 | 组织本班员工进行应急处置 |
| | 3 | 到现场指挥，落实工作 |
| | 4 | 联系生产总调度，减少产品氢用户的用量，必要时切断产品外送，保证裂解气压缩机五段压力 |
| | 5 | 打开尾气膨胀再压缩机压缩侧返回线，利于系统压力控制 |
| | 6 | 据冷箱顶温情况，适当调整冷箱顶采出量，满足粗氢量或尾气再压缩机的运行 |
| | 7 | 系统内各物料量相应降低，防止采空 |
| | 8 | 通过提甲烷化入口温度或现场打开甲烷化入口加热器蒸汽倒淋保证甲烷化系统温度 |
| | 9 | 裂解气压缩机停车时按停车方案处理 |

## 9. 热分离系统处理外界供给蒸汽全部中断事故方案(表17.4-15)

表17.4-15 热分离系统处理外界供给蒸汽全部中断事故方案汇总表

| 现　象 | 序　号 | 处　置 |
|---|---|---|
| 主操发现：<br>(1) 碳二加氢系统跳车；<br>(2) 高压脱丙烷塔因裂解气压缩机停车而进行停车处理；<br>(3) 低压脱丙烷塔进料中断，脱丁烷塔再沸蒸汽较大波动；<br>(4) 碳三加氢配氢很快中断；<br>(5) 脱丁烷塔进料，碳三加氢进料很快中断；<br>(6) 系统丙烯冷剂供给很快中断 | 1 | 向调度、装置汇报：发现装置波动；<br>联系热电装置查清停蒸汽原因 |
| | 2 | 组织本班员工进行应急处置 |
| | 3 | 到现场指挥，落实工作 |
| | 4 | 高压脱丙烷塔回流罐物料改放火炬，停止往冷区进料 |
| | 5 | 各系统隔离，按正常停车处理，第二干燥器切出隔离 |
| | 6 | 低压脱丙烷塔尽可能保持液位和压力，碳三加氢系统打内循环，丙烯精馏系统、脱丁烷塔系统保液保压 |
| | 7 | 系统因丙烯冷剂中断可能使低压脱丙烷塔超压，必要时从安全阀旁路、采样线或CBD线处泄压 |

## 10. 冷分离系统处理外界供给蒸汽全部中断事故方案(表17.4-16)

表17.4-16 冷分离系统处理外界供给蒸汽全部中断事故方案汇总表

| 现　象 | 序　号 | 处　置 |
|---|---|---|
| 主操发现：<br>(1) 系统进料中断，各物料采出减少；<br>(2) 各冷剂很快中断，系统压力上升；<br>(3) 甲烷化进料温度下降，可能引起联锁动作 | 1 | 向调度、装置汇报：发现装置波动；<br>联系热电装置查清停蒸汽原因 |
| | 2 | 组织本班员工进行应急处置 |
| | 3 | 到现场指挥，落实工作 |
| | 4 | 甲烷化温度维持不了或冷箱顶温>-110℃后，进行停车处理 |
| | 5 | 膨胀再压缩机手动跳车处理，并注意尾气压控 |
| | 6 | 加大出冷箱物料采出防止冷分离系统温度上升，各外送停止 |
| | 7 | 高压甲烷切出燃料气系统并降低冷箱出口压力至0.1MPa |
| | 8 | 系统内隔离保液保压，等候重新进料开车 |

## 11. 热分离系统停冷却水事故处理预案(表17.4-17)

表17.4-17 热分离系统停冷却水事故处理预案汇总表

| 现　象 | 序　号 | 处　置 |
|---|---|---|
| 主操发现：<br>(1) 碳二加氢系统联锁动作；<br>(2) 高压脱丙烷塔随裂解气压缩机停车降压，塔釜再沸PO调节阀联锁关闭；<br>(3) 脱丁烷塔压力高过进料压力而进料中断；<br>(4) 低压脱丙烷塔系统进料中断，压力超高，塔釜再沸PO调节阀联锁关闭；<br>(5) 碳三加氢系统二段进料温度超高，进料中断；<br>(6) 丙烯精馏系统再沸QW调节阀联锁关闭 | 1 | 向调度、装置汇报：发现冷却水停止 |
| | 2 | 组织本班员工进行应急处置 |
| | 3 | 到现场指挥，落实工作 |
| | 4 | 低压脱丙烷塔系统尽可能保液保压，从低压脱丙烷塔回流罐罐顶压力控制阀、采样线或者塔顶安全阀旁路泄压 |
| | 5 | 脱丁烷塔再沸蒸汽全关，尽可能保液保压 |
| | 6 | 碳三加氢立即切离，进行内循环，切断配氢 |
| | 7 | 丙烯精馏系统防止超压，从塔顶安全阀旁路、采样线和回流罐气相泄压，尽量保液保压 |
| | 8 | 生产恢复前，碳二加氢系统停车$N_2$置换，第二干燥器切出并实气隔离 |
| | 9 | 高压脱丙烷塔回流罐往前冷的进料确认关闭，物料排CBD |

## 12. 冷分离系统停冷却水事故处理预案(表 17.4-18)

**表 17.4-18　冷分离系统停冷却水事故处理预案汇总表**

| 现　　象 | 序　号 | 处　　置 |
|---|---|---|
| 主操发现：<br>(1) 系统进料中断，冷剂很快中断，压力上升，1[#]氢气分离罐温度迅速上升；<br>(2) 膨胀再压缩机联锁停车；<br>(3) 脱乙烷塔再沸急冷水调节阀联锁关闭 | 1 | 向调度、装置汇报：发现冷却水停止 |
| | 2 | 组织本班员工进行应急处置 |
| | 3 | 到现场指挥，落实工作 |
| | 4 | 甲烷化联锁停车处理 |
| | 5 | 高压甲烷尾气切出燃料气系统，降燃料气出冷箱压力 |
| | 6 | 加大冷箱顶采出，尽量保持冷箱温度 |
| | 7 | 各采出点关闭，系统尽量保液保压 |

## 13. 热分离系统停氮气事故处理预案(表 17.4-19)

**表 17.4-19　热分离系统停氮气事故处理预案汇总表**

| 现　　象 | 序　号 | 处　　置 |
|---|---|---|
| 主操发现：<br>对本工段内部影响不大，只是威胁停车时的碳二/碳三加氢系统的安全 | 1 | 向调度、装置汇报：发现 $N_2$ 停止 |
| | 2 | 组织本班员工进行应急处置 |
| | 3 | 到现场指挥，落实工作 |
| | 4 | 一旦在无 $N_2$ 情况下碳二加氢停车，应密切床层温度，必要时开消防水喷淋反应器及管线进入冷却，碳三加氢反应器也应如此处理 |
| | 5 | 联系组织瓶装 $N_2$，对碳二/碳三加氢反应器进行 $N_2$ 置换 |

## 14. 冷分离系统停氮气事故处理预案(表 17.4-20)

**表 17.4-20　冷分离系统停氮气事故处理预案汇总表**

| 现　　象 | 序　号 | 处　　置 |
|---|---|---|
| 主操发现：<br>(1) 根据冷箱局部温度变化情况，提高冷剂供给，保证分离效果，必要时联系炉区降负荷处理；<br>(2) 联系提供瓶装 $N_2$，对冷箱系统 $N_2$ 封处进行供 $N_2$ 切换工作，保证冷箱 $N_2$ 封得到保证；<br>(3) 一旦甲烷化停车，密切床层温度，必要时用消防水喷淋反应器降温度，甲烷化停车后，用瓶装 $N_2$ 对反应床层进行 $N_2$ 置换和隔离 | 1 | 向调度、装置汇报：发现 $N_2$ 停止 |
| | 2 | 组织本班员工进行应急处置 |
| | 3 | 到现场指挥，落实工作 |
| | 4 | 岗位人员现场检查各泵，密封气丙烯制冷压缩机泄漏气情况，进行现场操作 |
| | 5 | 操作工现场关闭各塔、罐 $N_2$ 补充阀，防止有机气体窜入 $N_2$ 管网 |

## 15. 热分离系统停仪表风事故处理预案(表 17.4-21)

**表 17.4-21　热分离系统停仪表风事故处理预案汇总表**

<table>
<tr><th>现　　象</th><th>序　号</th><th>处　　置</th></tr>
<tr><td rowspan="8">主操发现：<br>(1) 碳二加氢系统 SD-2 联锁动作；<br>(2) 高压脱丙烷塔因裂解气压缩机系统停车而压力自动降低，高压脱丙烷塔回流罐气液采出关闭；<br>(3) 碳三加氢联锁阀动作；<br>(4) 各塔回流、碳三加氢系统回流，塔压控制阀均为“风关”阀，仪表风停时均自动打开；<br>(5) 其他自动控制阀也处于设计的安全状态；<br>(6) 系统冷剂供给中断；<br>(7) 各调节阀失去遥控作用</td><td>1</td><td>向调度、装置汇报：发现仪表风停止</td></tr>
<tr><td>2</td><td>组织本班员工进行应急处置</td></tr>
<tr><td>3</td><td>到现场指挥，落实工作</td></tr>
<tr><td>4</td><td>碳二加氢按正常停车处理，碳三加氢 SD-1 停车，系统隔离</td></tr>
<tr><td>5</td><td>检查各设备压力、温度，防止超压或过冷</td></tr>
<tr><td>6</td><td>中控设定好各调节阀，防止仪表风恢复时系统失控</td></tr>
<tr><td>7</td><td>塔、罐液位空时应及时停泵，防止泵抽空而损坏机泵</td></tr>
<tr><td>8</td><td>全面确认各阀门动作是否正确，必要时外操与主操确认并给予纠正</td></tr>
</table>

## 16. 冷分离系统停仪表风事故处理预案(表 17.4-22)

**表 17.4-22　冷分离系统停仪表风事故处理预案汇总表**

<table>
<tr><th>现　　象</th><th>序　号</th><th>处　　置</th></tr>
<tr><td rowspan="7">主操发现：<br>(1) 甲烷化系统按 SD-2 动作；<br>(2) 冷分离系统各压控阀处于全开状态，脱乙烷塔回流全开；<br>(3) 膨胀再压缩机联锁跳车；<br>(4) 各塔再沸器自行关闭；<br>(5) 系统冷剂供给中断，各调节阀失去遥控</td><td>1</td><td>向调度、装置汇报：发现仪表风停止</td></tr>
<tr><td>2</td><td>组织本班员工进行应急处置</td></tr>
<tr><td>3</td><td>到现场指挥，落实工作</td></tr>
<tr><td>4</td><td>密切关注各设备压力，防止系统超压，必要时开泄压阀泄压，中控设定好各调节阀开度，防止仪表风恢复时系统失控</td></tr>
<tr><td>5</td><td>甲烷化按正常停车处理</td></tr>
<tr><td>6</td><td>冷区系统压力降至 1.5MPa 以下时，可手动缓慢关闭各压控阀，尽量保证冷分离各设备压力和液位，以利于系统重新开车</td></tr>
<tr><td>7</td><td>膨胀再压缩机按正常停车处理</td></tr>
</table>

# 四、低温罐区不正常现象和事故处理

## 1. 低温罐区乙烯汽化器出口低温应急处理程序

① 立即关闭乙烯汽化器入口紧急切断阀，停止进料。

② 关闭乙烯汽化器入口压力调节阀和温度调节阀。

③ 调整乙烯输送泵出口最小回流，保持乙烯输送泵流量稳定。

④ 通知下游装置注意物料来量变换。

## 2. 低温罐区发生火灾急处理程序

① 停止所有运行机泵、压缩机。

② 立即向调度部门和上级汇报，并通知火警、救护。

③ 对于初期火灾应采取紧急措施扑灭。

④ 立即对着火地点进行隔离，切断所有物料来源。

⑤ 对于大面积泄漏则必须首先切断物料来源，控制一切可能产生火花的着火源(包括来往车辆、穿戴的化纤类衣物、可能发生碰撞的黑色金属等)。

3. 低温罐区乙烯汽化器壳体发生大量甲醇泄漏事故应急处理程序

① 立即关闭汽化器蒸汽调节阀，停止低压蒸汽进入换热器。

② 立即关闭乙烯进料紧急切断阀，停止低温乙烯进入乙烯汽化器。

③ 现场打开安全阀旁路对乙烯汽化器壳体进行泄压。

④ 现场人员必须在穿戴好劳动保护用品和有相关防护措施(包括氧气呼吸器、防毒面具、防冻服装手套)的情况下才能进行现场事故紧急处理。

4. 低温罐区发生全装置停电事故应急处理程序

① 关闭低温乙烯自乙烯装置、低温乙烯自码头来紧急切断阀，关闭罐根出料紧急切断阀，切断罐进出料阀门。

② 中控密切注意低温罐本体压力，如发现超压，现场立即由罐顶放空阀进行泄压。

③ 关闭乙烯汽化器蒸汽控制阀。

④ 关闭丙烯蒸发器液位控制阀、乙烯凝液罐液位控制阀。

⑤ 打开所有机泵回流线阀门，防止憋压。

⑥ 班长及外操应立即到现场检查各电磁阀、控制阀的开关情况是否正确。

⑦ 手动关闭乙烯泡点气压缩机系统和丙烯制冷系统的紧急切断阀。

⑧ 密切注意乙烯凝液罐、丙烯凝液罐压力及液位变化，压力超高即时泄压。

⑨ 确认乙烯输送泵体排气线上手阀开启。

⑩ 检查确认压缩机停车状况是否正常，电机温度是否正常。

⑪ 检查乙烯泵停车状况是否正常，电机温度是否正常，盘车检查乙烯输送泵轴是否正常，有无卡死现象。

5. 低温罐本体发生泄漏急处理程序

① 停止乙烯泡点压缩机系统和丙烯制冷压缩机系统；关闭罐顶乙烯进料线、开工预冷线、压缩机及码头乙烯的切断阀；注意观察切断的管线内压力情况，如果压力较高须及时进行泄压，防止液相乙烯回温汽化导致管线胀裂。

② 密切关注罐内压力，如果罐压高于9kPa(G)时，开启泄压阀泄压至低压火炬；罐压低于4kPa(G)时，应即时补入氮气。

③ 联系调度安排尽最大量将乙烯倒入中间罐区乙烯球罐，同时通知下游聚烯烃装置提高负荷。

④ 当液位送至1m以下后，停止输送，待乙烯自然蒸发排放至无液位。

⑤ 使用氮气置换低温罐，合格后开人孔通风，准备检修。

6. 低温乙烯输送泵密封发生泄漏急处理程序

① 主操在中控室中远程停低温乙烯输送泵，按下辅操台紧急关闭罐根出料阀按钮，关闭泵回炼调节阀、出口至乙烯汽化器紧急切断阀。

② 通知电气切断低温乙烯输送泵电源。

③ 外操在蒸汽稀释掩护下切断低温乙烯输送泵进出口手阀及排气线阀门，打开低温乙烯输送泵排放火炬线阀门；在泵入口接低压氮气，将泵体液体吹扫至火炬系统。

④ 使用氮气置换泵体，合格后进行盲板隔离。

7. 低温罐区停循环水急处理程序

① 停止乙烯泡点气压缩机、丙烯制冷压缩机，关闭乙烯泡点气压缩机系统和丙烯制冷系统的紧急切断阀。

② 停止乙烯输送泵，关乙烯汽化器蒸汽入口压控阀。

③ 密切注意低温罐压力变化，压力超高开启低温罐顶火炬排放阀泄压。

④ 密切注意乙烯凝液罐、丙烯凝液罐压力及液位变化，压力超高即时泄压。

⑤ 确认乙烯输送泵泵体排气线上手阀开启。

⑥ 检查确认压缩机停车状况是否正常，电机、润滑油温度是否正常。

⑦ 检查乙烯泵停车状况是否正常，电机、密封油罐、轴承温度是否正常，盘车检查乙烯输送泵轴是否正常，有无卡死现象。

8. 低温罐区停氮气急处理程序

① 关闭乙烯泡点气压缩机和冷冻机压缩机。

② 关闭乙烯泡点气压缩机和冷冻机压缩机进出口切断阀。

③ 关闭丙烯蒸发器液位控制阀、乙烯凝液罐液位控制阀。

④ 密切注意低温罐压力变化，压力超高开启低温罐顶泄压阀泄压；如果压力降低，可根据实际情况考虑停止乙烯输送泵，防止压力低低。

# 第十八章 塔器计算及设计

## 第一节 乙烯装置中塔器的特点

乙烯装置的生产流程长，设备结构复杂。乙烯分离系统中的精馏设备——塔器数量多(15~21 台)、规模大，要求的分离精度高，对装置的稳定运行、产品质量、装置能耗起着决定性作用。随着生产规模的扩大、原料的变化，为生产合格的乙烯和丙烯产品，对塔设备提出了更高的要求，所以塔器技术的研究和实践工作越来越受到行业的重视。

虽然中国石化 SEI、Lummus、Technip、Linde 和 Kellogg Brown & Root 的乙烯技术和装备都各有特色，但就塔设备而言，不同的工艺流程都有相似之处。各流程中常见的塔内件如表 18. 1-1 所示。

**表 18. 1-1　乙烯装置中常用的塔内件**

| 序号 | 名称 | 常用塔内件 |
|---|---|---|
| 1 | 汽油分馏塔 | 填料、固定阀、筛板、波纹筛板、正交波纹筛板、穿流塔板、折流板、格栅等 |
| 2 | 急冷水塔 | 散堆填料、格栅填料、折流板等 |
| 3 | 工艺水汽提塔 | 浮阀、筛板等，国内常用浮阀 |
| 4 | 汽油汽提塔 | 浮阀、筛板等，国内常用浮阀 |
| 5 | 燃料油汽提塔 | 浮阀、筛板等，国内常用浮阀 |
| 6 | 碱/水洗塔 | 泡罩、筛板、波纹筛板、浮阀、固阀、散堆填料等 |
| 7 | 凝液汽提塔 | 浮阀、筛板等，国内常用浮阀 |
| 8 | 脱甲烷塔 | 散堆填料或浮阀、筛板等 |
| 9 | 脱乙烷塔 | 浮阀、筛板等 |
| 10 | 乙烯精馏塔 | 浮阀、筛板等 |
| 11 | 高压脱丙烷塔 | 浮阀、固定阀或筛板 |
| 12 | 低压脱丙烷塔 | 浮阀、固阀、筛板或浮阀+筛板组合 |
| 13 | 丙烯汽提塔 | 浮阀、筛板等 |
| 14 | 丙烯汽提塔 | 浮阀、筛板等 |
| 15 | 丙烯精馏塔 | 浮阀、筛板等 |
| 16 | 脱丁烷塔 | 浮阀、筛板等 |

从表中可以看出，浮阀、筛板和散堆填料为乙烯装置中常用的塔内件。本章将针对乙烯装置中的常见塔进行分析，并结合实际工程，介绍应用于该塔的高效塔内件。

塔器要满足气液接触和传质过程的要求，应当具有以下基本性能：

① 生产能力足够大。塔径一定的情况下，气相和液相的通过能力大，单位体积设备的生产能力高。

② 传质效率足够高。提供尽可能大的相际接触表面，并能保证气液两相充分接触及传质后的及时分离。

③ 弹性足够大，操作稳定。保证在工艺要求的气液负荷波动范围内，仍能保持在较高的传质效率下稳定操作。

④ 流体的流动阻力足够小，即流体通过塔设备的压力降小。降低动力消耗，减少操作费用。

⑤ 结构简单可靠，金属耗用量小，易于加工制造，制造成本低。

⑥ 安装及检修方便。缩短检修时间，增加设备的有效运行时间是企业提高效益的重要手段。塔器没有备用设备，要求稳定工作时间长，可靠性好，不允许经常检修，要求在保持其他性能的同时尽可能使结构简单。

⑦ 特殊工况可能还要满足耐腐蚀、抗堵塞的要求。

以上原则，同时也适用于塔设备的评价及选型。

塔器主要分为两大类：板式塔和填料塔。塔板按传质元件的种类可分为泡罩、筛孔、浮阀、固定阀和穿流板等，其中应用最多的是筛孔和浮阀。填料则可分为散堆填料和规整填料两大类。在工业应用中，任何一种塔型都难以同时达到上述的各项要求，而是各有一定的独到之处。对于具体的应用体系，也不是对上述各项要求等同，而是有所偏重的。如急冷油塔和急冷水塔一般要求降低压降、改善传热、传质和抗堵塞。汽油汽提塔塔内负荷变化大，凝液汽提塔实际操作负荷变化大，因此，这两个塔应选用操作弹性高的塔盘型式。碱洗塔易发泡，易产生黄油，设计时需考虑抗堵，低压脱丙烷塔下段和脱丁烷塔需考虑抗堵等。

用户要充分掌握各种塔型的特点，分析具体应用体系的要求，选择适宜的塔型。

## 第二节　塔内件选型

塔型的选择是塔设计中关键的一步，包含两个选择：首先是决定采用板式塔还是填料塔；其次是决定选用哪种塔板或填料。用户要充分掌握各种塔型的特点，分析具体应用体系的要求，综合考虑物料性质、操作条件及加工、安装、维修和经济性等多种因素，合理选择塔内件，并尽可能采用经工业装置验证过的高通量、高效、节能的塔内件。

### 一、板式塔和填料塔的比较和选型

板式塔和填料塔的简单比较见表 18.2-1。

**表 18.2-1　板式塔和填料塔的比较**

| 参数 | 板式塔 | 填料塔 |
|---|---|---|
| 压降 | 压降比一般填料塔大 | 压降小，适用于要求低压降的场合 |
| 空塔气速(处理能力) | 空塔气速大 | 空塔气速小 |
| 塔效率(放大效应) | 效率较稳定 | $\Phi$1500mm 以下效率高，塔径增大，效率常会下降 |

续表

| 参数 | 板式塔 | 填料塔 |
|---|---|---|
| 液气比 | 适应范围较大 | 对液体喷淋量有一定要求 |
| 持液量 | 较大 | 较小 |
| 材质要求 | 一般用金属材料 | 可用非金属耐腐蚀材料 |
| 安装维修 | 较容易 | 较困难 |
| 造价 | 直径大时一般比填料塔造价低 | $\Phi$800mm 以下，一般比板式塔便宜；直径增大，造价显著增加 |
| 重量 | 较轻 | 重 |

1. 板式塔和填料塔的特性

① 板式塔设计中气液流量的操作弹性范围比填料塔大。

② 填料塔中持液量明显地少于板式塔。对于处理含有有毒物质、热敏性物料较为有利。

③ 填料塔比板式塔压降低(相同平衡级)。真空系统或对压降要求高的系统(如压缩机上游塔系)，应优先考虑填料塔。

④ 分离物系可能引起沾污或含有固体时，板式塔便于清洗。但对于小直径塔(小于800mm)，采用填料塔可能造价低廉，一旦沾污，可更换填料。

⑤ 当塔内部需要设置换热元件，或有侧线采出、多股进料时，采用板式塔较方便。

⑥ 处理腐蚀液体时，因填料可采用耐腐蚀的非金属材料制作，一般填料塔的造价比板式塔便宜。

⑦ 填料塔内气相不以气泡形式通过液相，故填料塔更适宜于处理起泡物系。

⑧ 板式塔的板效率推算比填料塔等板高度(或传质单元高度)的推算更为可靠。

⑨ 对大直径的塔器(大于1500mm)，板式塔的设计比填料塔的设计更成熟(如何使直径较大的填料塔整体维持良好的液体分布技术已经成熟，但研究课题仍在完善)。

⑩ 对小直径的塔器(小于800mm)，填料塔的设计和板式塔的设计同样成熟。小直径板式塔要采用卡式结构，安装、检修均复杂，且价格也比较贵。

2. 优先选用填料塔的工况

① 分离精度要求高，且物系清洁。

② 系统要求低压降。

③ 含腐蚀性物料。

④ 易发泡物系。

3. 优先选用板式塔的工况

① 操作弹性较大。

② 气液比大。

③ 物系不干净。

④ 内部需要设置换热元件、多股进料、侧线采出口。

⑤ 高压系统。

在板式塔和填料塔均可满足要求时，塔型式的选择主要取决于价格，其次是设计者和用户的使用经验。

对于工艺条件沿塔高变化较大的塔，在不同的塔段可以根据具体工艺情况采用不同的塔板或填料。

## 二、各类板式塔的选型

### 1. 新塔的设计

大多数工况，应首选 F1 型圆浮阀或一般条型浮阀，因这种浮阀塔的设计方法可靠、应用经验成熟，既适应装置供料量在一定范围内的变化，又可为今后留有改扩建潜力。

当装置对操作弹性的要求不很高时，可选择廉价的筛板或固阀塔板。

对具体工况，板式塔的选型可参考下述规则：

① 当体系气液比较大，开孔率高，气速较高时，条形浮阀不会因旋转而脱落，操作的可靠性优于 F1 型浮阀。

② 对易聚合、易粘结、带有结晶或固体颗粒的物系(如急冷油塔)，宜首先选用固定阀类塔板。

③ 对液体流路长的塔板，为减小液面梯度，宜选用有导向作用的阀件，如：导向浮阀、浮舌、BJ 条阀、斜孔塔板等。

④ 对一些以传热、洗涤为主的塔，宜选用人字形挡板、圆盘~环形挡板、缺圆挡板等开孔面积大的塔板(如急冷油塔油洗段)。

⑤ 对体系压力高、液气比大的工况，宜采用浮阀塔。设计时考虑降低浮阀腿高，保证鼓泡面积，避免液体穿流，提高塔板效率。

### 2. 旧塔的改造

对于旧塔的改造，应本着满足扩能的前提下，尽量减少施工量的原则。

① 当液相通量够、气相通量不够时，降液管可利旧，改造塔板。

a. 仍用原板型，加大开孔率、优化板上结构(堰、导流装置、鼓泡促进器)；

b. 改用高通量塔板，同时优化板上结构。

② 降液管支撑利旧，改造塔板及降液管(液相、气相通量增加 20%左右)。

a. 仍用原板型，加大开孔率、优化板上结构、改进降液管形式；

b. 改用高通量塔板，优化板上结构、改进降液管形式。

③ 保留塔体和部分支撑，更换内件(液相、气相通量均增加 30%左右)。

换成高效、高通量塔板(如：第三代以上 SUPERFRAC 塔板、VGPLUS 塔板、MD 塔板、DJ-3 以上塔板)，优化板上结构、改进降液管形式。

## 三、填料塔的选型

填料塔内所使用的填料应根据生产工艺技术的要求，对填料的品种、材质及尺寸(规格)进行综合考虑。应尽量选用技术资料齐全、使用性能成熟的填料。对性能相近的填料，应根据它们的特点进行技术经济评价，使所选用的填料既满足生产要求，设备的投资和操作费用也较低。

具体工况，也可参考如下规则选型：

① 通常，规整填料的生产能力和分离效率较散堆填料高 10%~20%。因此，对于分离要求高、塔高受到限制、老塔改造可选用规整填料。

② 据美国蒸馏研究公司(FRI)的研究表明，在液体喷淋密度大于 $110m^3/(m^2 \cdot h)$ 时，金属孔板波纹填料 250Y 的生产能力小于#25 鲍尔环填料的生产能力。因此，这类工况应优先选用散堆填料。

③ 凡易结焦或带有固体颗粒的塔段(如汽油分馏塔的急冷油循环段)，应选用抗结焦、抗结垢性能良好的大尺寸、小比表面积填料，如格栅类填料，其空隙率高，适用于高通量、大液量及较脏的系统。

④ 填料的尺寸对塔的操作和设备的投资有直接影响。同一种填料，尺寸小、比表面积大的，其分离效率也较高。但分离效率高的填料，通常造价也较高。因此，在保证工艺要求的前提下，尽量选用尺寸大的填料。

⑤ 新塔设计，中等比表面积的填料较经济。选用散堆填料的尺寸范围在 25~50mm 间，以 38mm 为最佳。规整填料中，Mellapak 250Y、350Y 最经济。

⑥ 与规整填料比，散堆填料对液体分布器的要求低一些，具有一定的抗污垢能力，可清洗。常选用鲍尔环和 IMTP 这两类。新塔设计中，考虑价格因素，国外多选用鲍尔环；在国内，因鲍尔环和 IMTP 的差价小，且 IMTP 比同型号的鲍尔环处理能力大、效率高、压降低，因此多选 IMTP 填料。

⑦ 对于规整填料，丝网波纹填料较孔板波纹填料效率高，但丝网波纹填料的价格是相应孔板波纹填料的 2~4 倍，对体系清洁程度的要求也更高，因此尽量选用孔板波纹填料。

⑧ 规整填料对液体自均匀性较差，故对液体分布器的要求高。它不抗污垢，且不能清洗，对分离物系的清洁要求高，比散堆填料价格高。但其分离效率明显优于散堆填料。因此，在干净物料、且要求分离度高的体系中，选用规整填料。

最常用的规整填料是孔板波纹填料；

⑨ 大尺寸散堆填料用于小直径的塔，会产生液体的不良分布及严重的壁流，使塔的分离效率降低。一般推荐塔径与填料公称尺寸的比值 $D/d_p$ 如下：

拉西环填料　　$D/d_p \geqslant 8 \sim 10$

其他填料　　$D/d_p \geqslant 8$

⑩ 小尺寸散堆填料(公称尺寸为 10mm 以下的小型填料)颗粒尺寸小，比表面积大，对液体分布的要求非常敏感，塔的放大效应非常显著。使用小尺寸散堆填料时，塔直径不宜超过 150mm。

⑪ 填料塔相应的塔内件(如：支承板、分布器、再分布器、压板等)要与所选的填料匹配。

⑫ 精馏塔多采用金属填料。金属填料的材质主要包括碳钢、铝及铝合金、0Cr13 低合金钢和 1Cr18Ni9Ti 不锈钢等。金属材质的选用应考虑物料的腐蚀性，其使用温度应<500℃。

本章针对乙烯装置中用到的塔板和填料进行分析和讨论。

# 第三节　板式塔

## 一、板式塔的分类

按塔板上传质元件结构不同来分，有泡罩、筛孔、浮阀、固定阀、网孔、穿流栅板等。

其中应用最多的是筛孔和浮阀，见图 18.3-1。

按塔内气液两相流动方式来分，有错流式塔板(有降液管塔板)和逆流式塔板(无降液管塔板)，见图 18.3-2。现在工业生产中应用的塔板多为错流式塔板。

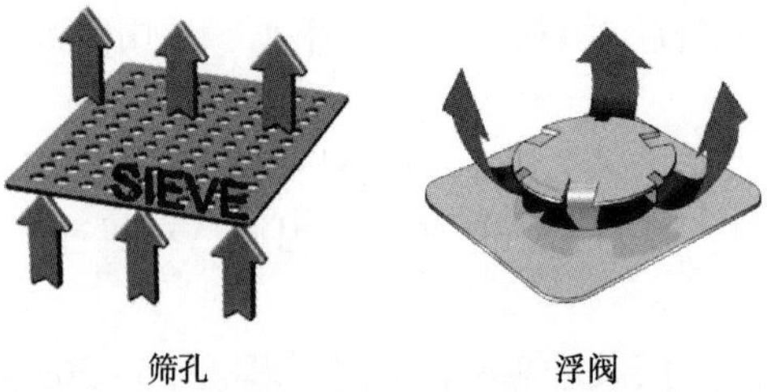


图 18.3-1　应用最多的筛孔和浮阀

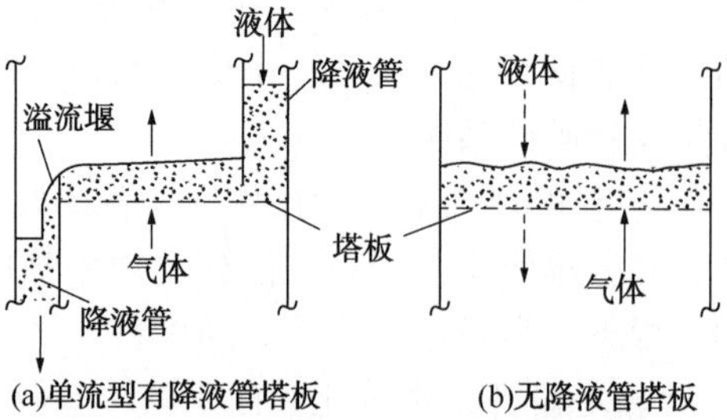


图 18.3-2　有降液管和无降液管塔板

按塔板上液体流动型式来分，有单溢流、U 型流、双溢流、四溢流等，见图 18.3-3。另随着设备的大型化，目前设备中也逐渐开始广泛应用三溢流、六溢流以及多降液管塔板。

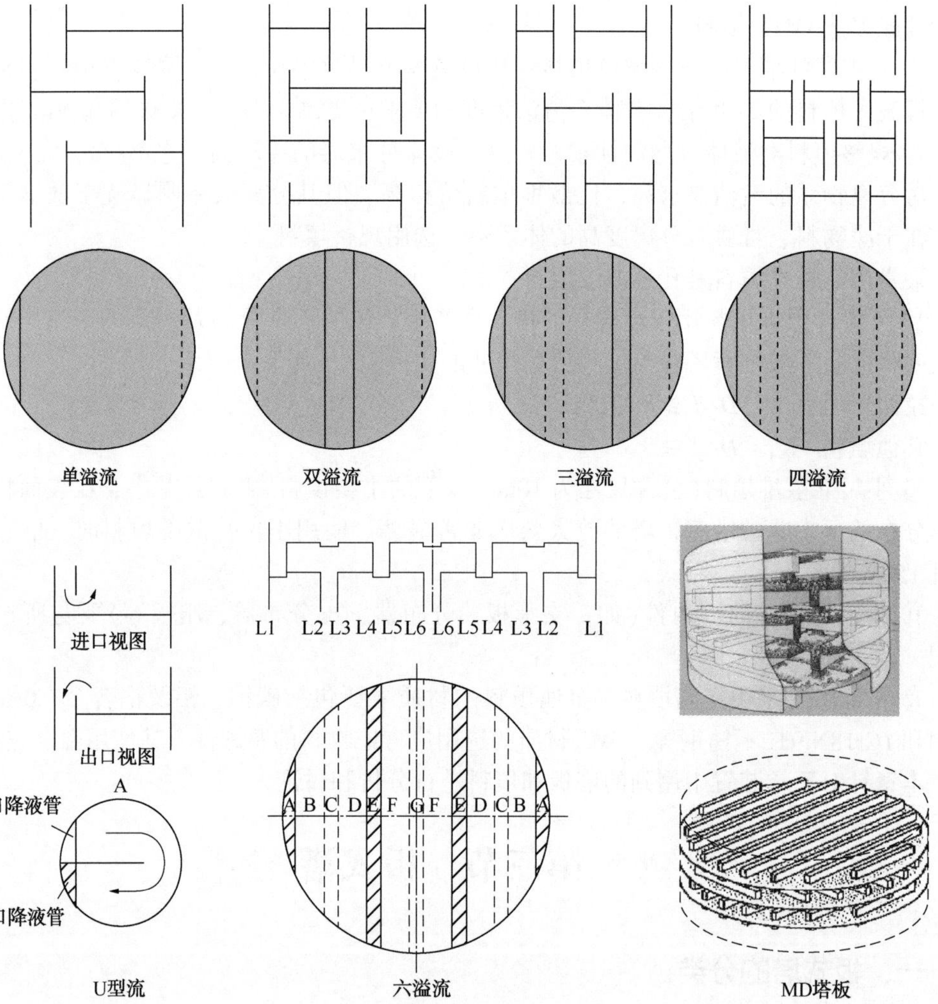


图 18.3-3　塔板上的溢流程数

单溢流塔板有1个A鼓泡区，液体从塔板一端的受液盘横向流过整个塔板，然后落入塔板另一端的降液管中，液体几乎流经整个塔径的距离，流程较长，塔板效率较高，结构简单。但是当塔径或液相量过大时，板上液面梯度较大，容易导致气液分布不均匀或造成降液管液泛。

U型流塔板，用高于液层的挡板沿直径控制液流呈U型流，降液管和受液盘都在塔板同一端的弓形区，一半作为受液区，一半作为降液区。U型流塔板的鼓泡面积大，液体流道长，可有较高的塔板利用率。但这种流型液面梯度较大，只适用于小直径塔和液气比很小的工况。

双溢流塔板，有2个A鼓泡区，将液体分为一分为二。自上一层塔板的液体分别从左右两端降液管进入塔板，流经大约半径的距离后，两股液体进入同一个中间降液管。下一层塔板上的液体流向则正好相反，即从中间流向左右两边降液管。与同样直径的单溢流塔板相比，双溢流的降液管面积和堰长均增加一倍，堰上的液体量减半，流径长也减为一半，从而使降液管负荷和液面梯度大大降低。适用于大塔径和液气比较大的工况。双溢流塔板完全对称，不易产生不良分配，应用较为广泛。液相负荷再增大时，还可采用三溢流、四溢流等多溢流塔板。

三溢流塔板单层是非对称结构，每层塔板有1个边降液管和1个偏心降液管。设计中，应合理分配这两种降液管的面积和位置，以保证塔板上各个降液管和各个通道上的气液两相达到合理的分配。主要有两种方法：等鼓泡面积法和等流径长度法。由于三溢流塔板自身结构的不对称性，不良分配严重，因此对于大塔径塔盘设计，设计者通常跳过三溢流塔板而使用四溢流塔板。

四溢流塔板，有4个鼓泡区，2个A区2个B区，将液体一分为四，进入塔板的四个区。与同样直径的双溢流塔板相比，四溢流的堰长增加一倍，堰上的液体量减半，流径长也减为一半，从而使降液管负荷和液面梯度大为下降。适用于更大塔径和液气比较大的工况。

六溢流塔板：对于一些实际的大规模工业过程，尤其是高液相量的装置中，从经济性方面考虑，需要应用六溢流塔板。六溢流塔盘可以缩短塔盘流道长度，降低塔盘上的液面落差，从而使塔盘操作更加稳定。然而随着溢流程数的增加，六溢流塔盘结构变得复杂，液流的流程长度减短，易导致传质效率降低，尤其较难实现气液两相在塔盘各通道的均布。通过等鼓泡面积法和等通道长度法合理分配鼓泡区和降液管位置与面积，保证各通道气液比相等。

多降液管：以UOP公司的MD塔板(Multi-Downcomer)为代表。这种塔板与传统塔板的不同之处主要有两点：一是具有多根矩形降液管，因而有很长的溢流周边和优良的流体力学性能，可以承受很大的液体负荷。二是降液管悬挂于塔板下的气相空间，塔板上不再设受液盘，增大了鼓泡区面积。为了使液体分布良好，相邻两层塔板的降液管互成90°交叉。多降液管塔板的结构特点决定了它具有通量大、液面梯度低、压降低、板间距小和操作稳定等优点。用于新建装置，可以缩小塔径，降低塔高，减少投资。用于扩能改造，可以不改动塔体，只更换塔板。但由于液流路程较短，塔板上的返混较大，且液流旋转90°流动存在局部缓流区，因此，多降液管塔板效率要略低于一般的筛板和浮阀塔板。但是，此缺点可通过增大回流比和较小的板间距得以弥补，故对塔的总高影响不大。

## 二、塔板结构参数

虽然塔板的传质元件结构各异，但板面的总体布置及降液管部分的结构是有很多共同特点的，本节介绍板式塔的这些共同特性。

工业上应用的大多数塔板是有降液管的错流塔板，这类塔板的板面结构十分相近，其中单溢流、双溢流塔板的结构如图 18.3-4 所示。

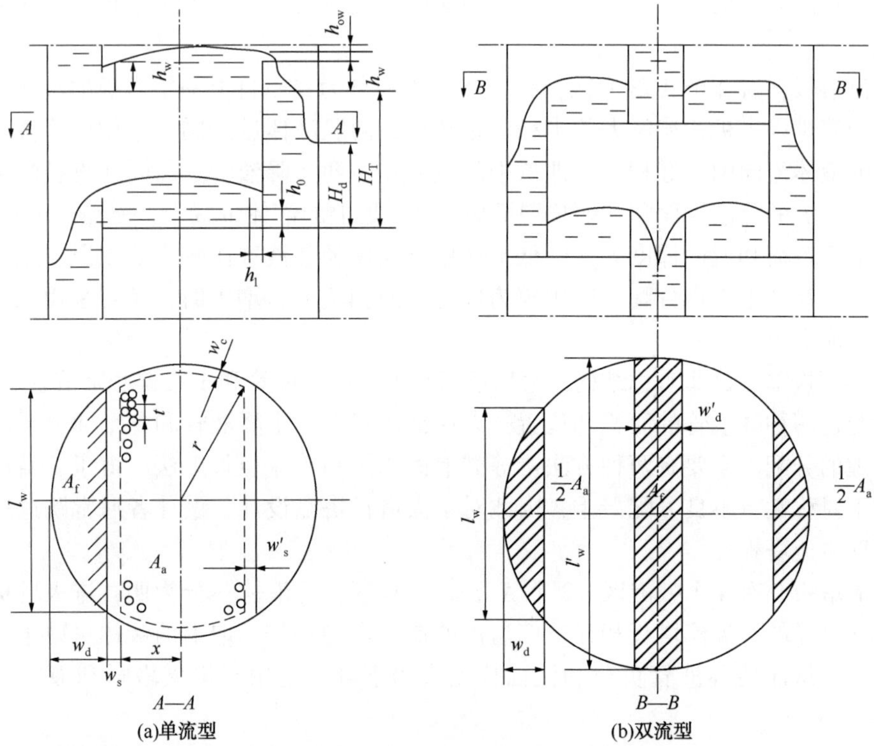


图 18.3-4　板面结构参数

图 18.3-4 中，$A_a$——鼓泡区(包括：安定区、边缘区、开孔区)面积，$m^2$；

$A_f$——降液管区和受液盘区面积，$m^2$；

$w_s$，$w'_s$——安定区宽度，m；

$w_c$——边缘区宽度，m；

$w_d$，$w'_d$——侧(弓形)降液管宽度、中间降液管，m；

$H_T$，$H_d$——塔板间距、降液管内清液高度，m；

$l_w$——溢流堰长度，m；

$h_w$——溢流堰(出口堰)高度，m；

$h'_w$——内堰(进口堰)高度，m；

$h_{ow}$——堰上液头高度，m；

$h_o$，$h_1$——降液管底隙、侧隙，m。

开孔区内布置传质元件(如：筛孔、浮阀、泡罩等)；边缘区用于支撑塔板；安定区提供一个不鼓泡地带，目的是使即将进入降液管的液体充分脱气并使进入塔板的液体分布均匀。

降液管是液体由上一块塔板流入下一块塔板的通道，它有圆形和弓形两种。弓形降液管还有垂直式和倾斜式之分。倾斜式降液管的进口截面积大于出口截面积，有利于向下流动液体泡沫的分离。

塔板出口处装有出口堰，其作用是保持塔板上适当的液层高度和液相停留时间。

在降液管下方有受液盘，可分为平受液盘和凹受液盘。凹受液盘便于液体的侧线抽出，在低液流量时仍能形成正液封，但不适用于易聚合物系以及有悬浮固体的场合，因易形成死角而堵塞。

## 三、板式塔的性能指标和典型变量

### 1. 性能指标

衡量塔的主要性能指标是其处理能力(生产能力)、传质效率和能耗(压降)。其中处理能力和传质效率是标志塔设备投资的重要指标，直接与塔径、塔高以及塔内件相关，而塔板压降是标志操作费用的组成部分之一，同时也是制约塔板操作性能重要指标。此外，衡量塔板操作性能特点的性能指标是操作弹性和操作稳定性。前者是塔设备对于负荷变化的适应能力，后者是指对操作条件波动的适应性。一般来说，塔板压降越高，塔板的操作稳定性或操作适应性越好，操作弹性越高。

### 2. 描述塔板操作性能的典型变量和流体力学参数

(1) 操作气速

塔内操作气速是最基本的操作变量，其大小直接影响塔设备的操作性能。针对不同的塔内气体流通面积，有多种定义方法。以单溢流塔板(图 18.3-5)为例，各气速定义如下：

空塔气速：基于全塔截面积　$u_s=\dfrac{V_G}{A_T}$

基于鼓泡面积　$u_b=\dfrac{V_G}{A_b}$

基于气体有效流通面积　$u_N=\dfrac{V_G}{A_N}$

过孔气速：基于塔板开孔面积　$u_H=\dfrac{V_G}{A_H}$

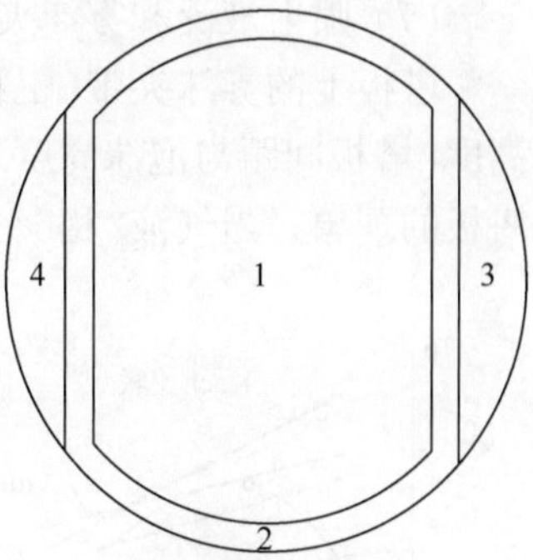


塔总截面积$A_T$（1+2+3+4）
降液管面积$A_D$（3）
支撑区面积$A_s$（2）
受液盘面积$A_p$（4）
鼓泡区面积$A_b$（1+2）
有效面积$A_N$（1+2+3）

图 18.3-5　单溢流塔板

(2) 能力因子(capacity factor)

能力因子是反映塔内最大气相处理能力的参数。

$$C_s=u_s\sqrt{\frac{\rho_G}{\rho_L-\rho_G}} \tag{18.3-1}$$

(3) 动能因子(kinetic factor)

动能因子是基于能力因子的简化，在中低压下操作的塔设备，由于液相密度远大于气相密度且压力对液相密度的影响极小，从而$\sqrt{\rho_L-\rho_G}\approx\sqrt{\rho_L}$。动能因子是决定塔设备操作性能的重要参数，用于表征操作气速的影响，分为孔动能因子和空塔动能因子。

孔动能因子：
$$F_H=u_H\sqrt{\rho_G} \tag{18.3-2}$$

空塔动能因子：
$$F_s=u_s\sqrt{\rho_G} \tag{18.3-3}$$

（4）液流强度

液流强度 $L=\frac{V_L}{l_w}$，即单位堰长上的液体体积负荷。液流强度的大小制约了塔板清液层高度和降液管液相负荷，是传统上有溢流塔板表征液相能力的主要变量。

其中，$L$ 为液流强度，$m^3/m\cdot h$；$V_L$为液体体积流量，$m^3/h$；$l_w$为出口堰长，m。

（5）流动参数

$$F_p=\frac{V_L}{V_G}\sqrt{\frac{\rho_L}{\rho_G}}=\frac{u_L}{u_s}\sqrt{\frac{\rho_L}{\rho_G}} \tag{18.3-4}$$

式中 $F_p$——流动参数，m；

$u_L$——液相流速，m/s；

$u_s$——气相流速，m/s；

$\rho_L$，$\rho_G$——液相和气相密度，$kg/m^3$。

流动参数实际上就是液体动能因子与气体动能因子之比。

（6）Froude 准数

采用 Froude 准数来描述错流塔板上气液动量传递的相互关系可能更为确切。

$$Fr=\frac{\rho_G u_b^2}{\rho_L g h_L} \tag{18.3-5}$$

其中，$Fr$ 为 Froude 准数；$h_L$为塔板清液层高度，m。

Froude 准数目前已用于塔板上的状态转变和泄漏的关联式中，并且以后在其他塔板流体力学性能描述中的应用可能更为广泛。

（7）喷射液泛和雾沫夹带

塔板上的雾沫夹带（也称液沫夹带）是由于操作气速较高，气液接触传质后，分离空间高度（塔板间距与泡沫高度之差）不足，气液“相”分离不完全引起的气体将液滴携带到上层塔板的现象。当气液“相”分离失效引起进入塔板的液相全部被气体携带到上层塔板（即雾沫夹带达到 100%）时，发生喷射液泛。喷射液泛意味着塔板上的操作气速对液相的携带能力大于进入塔板上的流率，导致塔板上发生“吹干”现象，喷射液泛的初始点为 100%雾沫夹带，因此也称为雾沫夹带液泛。

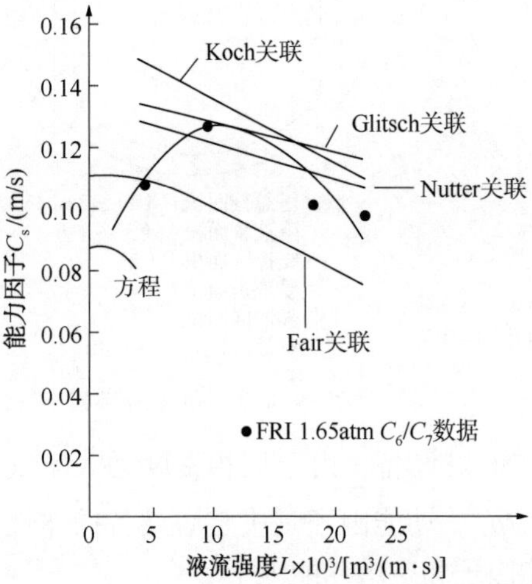


图 18.3-6 典型的喷射液泛关联结果的结比

关于塔板上喷射液泛有多种预测方法，几种典型的关联结果对比见图 18.3-6。

雾沫夹带是塔内纵向返混的形式之一。由于相分离不足使得轻组分浓度较低液滴随着气相夹带进入塔板后，理论上会降低塔板的传质推动力，从而导致塔板传质效率降低。当雾沫夹带量相对低时，传质推动力不会有明显降低，塔设备仍属于正常的操作，因此塔设备操作允许一定的雾沫夹带。

为了保证传质效果和产品质量，正常操作的塔设备应该对塔板上的雾沫夹带进行控制。20 世纪 60

年代，原北京石油学院经过理论分析实验发现，对于分离因子在 1 左右的操作体系，当塔板上雾沫夹带率小于 10%时，塔板效率降低不超过 10%。1995 年，美国 Nutter 公司的 Perry 在总结 FRI 和 Nutter 公司的冷模和热模精馏实验数据时发现当塔板雾沫夹带接近 10%时，恰恰处于塔板效率开始下降的点，并推荐以雾沫夹带 10%作为精馏塔设计的真实操作上限。

雾沫夹带的计算式很多，常用 Hunt 关联式和 Fair 关联图(图 18. 3-7)。

$$e_v=\frac{0.0057}{\sigma}\left(\frac{u_N}{H_T-h_f}\right)^{3.2} \tag{18. 3-6}$$

式中　$e_v$——雾沫夹带量，kg 液/kg 气；

$\sigma$——液体的表面张力，dyne/cm；

$u_N$——基于有效截面积的气体流速，m/s；

$H_T$——板间距，m；

$h_f$——塔板上的泡沫层高度，m，一般按表观清液层高度($h_{ow}+h_w$)的 2. 5 倍估算。

Hunt 关联式第一项是对表面张力的修正，第二项表示夹带推动力(气速)与夹带阻力(分离空间高度)之比，具有一定的物理意义。

而 Fair 关联图则更适用于欧美塔设备设计的观点，该图涉及了流动参数和泛点率。

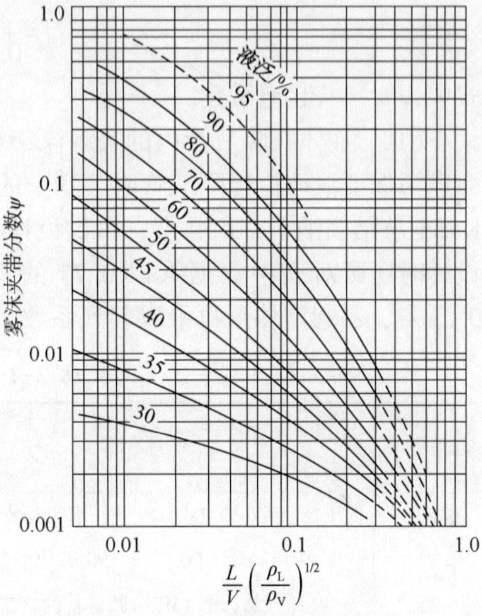


图 18. 3-7　Fair 雾沫夹带关联图

(8) 泄漏率

当塔板在低气相负荷下操作时，塔板处于泄漏状态。这时气液接触极不充分，产生的气液相界面积较小，塔板效率降低。过量的泄漏会造成下一层塔板传质推动力的降低，降低塔板效率。塔板泄漏也是塔内纵向返混的形式之一。

与雾沫夹带相同，实际塔板允许一定的泄漏发生。研究表明，若按照塔板效率降低 10%为限制来考虑，当分离因子在 1～1. 5 范围内时，以泄漏 10%作为精馏塔板的操作下限是可靠的；当分离因子小于 1 时，允许的泄漏率将大于 10%；当分离因子大于 1. 5 时，允许的泄漏率将小于 10%。对于吸收、解吸及部分严重非理想系统，以泄漏 10%作为塔板的操作下限，应当注意塔板效率可能会有大幅度的降低。

关于塔板上泄漏的关联大多是根据经验关联的方式，可靠性较差，实际塔板设计仍然按经验考虑。

(9) 降液管液泛

喷射液泛和降液管液泛是错流塔板的操作上限。前者是塔板上气相中的液滴“相”分离能力丧失而引起的，而后者则是液相中的气泡“相”分离能力分离不足和/或降液管尺寸不足而成为塔板间正常液体流动的“瓶颈”等两方面等引起的，降液管液泛常常发生在加压和高液相负荷操作的塔设备中。

普遍认为，当降液管泡沫高度超过降液管高度(塔板间距+堰高)时，发生降液管液泛。

流过降液管的阻力包括塔板压力降、降液管出口处的塔板液层压头和从降液管流出的流动阻力。因此降液管中的清液层高度包括三个部分：塔板上的清液层高$h_L$；塔板压降$h_{\Delta p}$；液体流过降液管底隙的阻力损失$h_d$。如式(18.3-7)所示。

$$H_d = h_L + h_{\Delta p} + h_d \tag{18.3-7}$$

由于降液管中的液体流速很低，沿程阻力很小，流动阻力只需考虑从降液管底隙流出的阻力。如式(18.3-8)所示。

$$h_d = 0.153\left(\frac{L_s}{h_o l_w}\right)^2 \tag{18.3-8}$$

式中 $h_o$——降液管底隙，m；

$L_s$——液相流量，$m^3/s$；

$l_w$——降液管底部堰长，m。

传统的降液管液泛率计算方法是以降液管中的清液层高度与降液管高度的一半之比作为降液管的泛点率$f_d$，如式(18.3-9)所示。

$$f_d = \frac{H_d}{0.5\phi_1(H_S + h_w)} \times 100\% \tag{18.3-9}$$

式中 $\phi_1$——起泡系数。

(10) 液体在降液管内的表观流速和停留时间

为保证液体流经降液管时，其中的气相能充分逸出，对于液体在降液管中的表观流速，Kister 总结归纳了一组数据，可供设计参考，如表 18.3-1 所示。Kister 认为，为保险起见，设计时还可对表中数据乘以 0.75 的安全因子。有些手册则推荐按一般物系限定上限为 0.2m/s，易起泡体系再乘以起泡系数。

**表 18.3-1 降液管中的最大表观流速**

| 起泡程度 | 实例 | 降液管内最大允许表观液速/(m/s) | | |
|---|---|---|---|---|
| | | 板间距 450mm | 板间距 600mm | 板间距 750mm |
| 低 | 低压轻烃类(<0.7MPa)空气-水实验装置，醇类 | 0.12~0.15 | 0.15~0.18 | 0.18~0.21 |
| 中 | 中压轻烃类(0.7~2.1MPa)原油蒸馏 | 0.09~0.12 | 0.12~0.15 | 0.15~0.18 |
| 高 | 高压烃类(>2.1MPa)胺，甘油，二元醇 | 0.06~0.075 | 0.06~0.075 | 0.06~0.09 |

板上呈乳化态接触状态时，不易起泡物系也会呈现出与易起泡物系类似的现象，即降液管底部气含率随表观液速增大而很快上升。当表观液速从 0.1m/s 增大到 0.2m/s 时，降液管底部气含率明显增大。可见降液管液体的限速还应更加严格，否则，引起气相纵向返混，对塔板通量和传质效率都会有很大影响。

限定了降液管中的表观液速，也就限定了液体在降液管中的表观停留时间。因为表观停留时间$\tau$与表观液速$u_L$是相关的，$\tau = \dfrac{H_T}{u_L}$。如表观液速为 0.1m/s，板间距$H_T$为 0.5m，则表观停留时就是 5s。一般物系限定表观停留时间不小于 3~5s。易起泡物系应加长停留时间。

(11) 扼流现象和临界液流强度

扼流现象即降液管管口堵塞现象。对于一定宽度的降液管，当液流强度增大到一定值时，液体在降液管口会发生堵塞现象。此时堰上液高急剧上升，板上液层也急剧升高，板压降则迅速增大。扼流现象很容易诱发各种液泛现象，破坏塔的正常操作，所以必须设法避免。

扼流现象发生时，降液管内的液流速度一般都已超过 0.2m/s，即已超过降液管的允许液速。这也是扼流一度不被设计者担忧的原因。但扼流一旦发生，后果非常严重，堰上液高随着液流强度呈 2 次方或大于 2 次方的速度上涨，很快就会发生液泛。对于设计者，应仔细校核，选取的液流强度应远低于临界液流强度。

(12) 塔板压降

塔板压降是指在塔板上有液层的情况下，气相通过塔板开孔构件，与液相接触后离开液层的压力损失之总和，反映的是塔板的操作性能，是重要的流体力学参数之一。塔板压降不仅关系到塔顶与塔底的压差、塔板降液管的设计、塔板上气相分布，而且还影响到物系气液平衡、热量平衡以及塔系的能耗。对于减压塔系塔板压降至关重要。

塔板压降的计算公式颇多，通常用加和模型计算：

$$\Delta p=\Delta p_{c}+\Delta p_{l}+\Delta p_{r} \tag{18.3-10}$$

干板压降 $\Delta p_c$ 是气体通过塔板上的机械开孔所产生的阻力损失，反映的是传质元件的性能，因而随塔板传质元件结构而异。

$\Delta p_l$ 是气体穿过液层的压降，为克服板上液层高度的损失。

残余压降 $\Delta p_r$ 为孔口气泡形成时需要额外克服表面张力的压降，与表面张力、开孔尺寸、塔板厚度有关。这个值相对比较小，尤其是大孔，工程设计时往往忽略。

(13) 塔板持液量 $h_L$

塔板持液量也称清液高度，其定义为塔板上持液的澄清高度。塔板上的持液量决定了塔板的流体力学性能和传质效果，是最重要的塔板水力学参数之一，决定了塔板的压降、雾沫夹带、泄漏和传质效率。塔板上持液的不均匀分布是导致板式塔放大效应的主要原因。

关于塔板持液量模型的理论表征通常采用 Francis 堰流式的形式。

$$h_L=(1-\bar{\varepsilon}_G)(h_w+h_{ow}) \tag{18.3-11}$$

式中 $h_L$——塔板持液量，m；

$\bar{\varepsilon}_G$——塔板上的平均气含率；

$h_w$——出口堰高，m；

$h_{ow}$——堰上液头高度，m。

不同塔板型式的气含率是不同的，通常可由实验测得，或取经验值。

(14) 堰上液头高度 $h_{ow}$

溢流堰上液层高度即堰上液高直接影响塔板持液量。堰上液高越高，板上持液量越多，气液两相接触机会相应增加，传质效率提高，但湿板压降也相应增加。因此，堰上液高是塔板设计时需要综合考虑的一个性能参数。

对于弓形降液管平堰，堰上液高可用式(18.3-12)计算：

$$h_{ow}=0.00284E\left(\frac{L_h}{l_w}\right)^{\frac{2}{3}} \tag{18.3-12}$$

式中 $L_h$——液体的体积流量，$m^3/h$；

$l_w$——堰长，m；

$E$——弓形降液管平堰上收缩系数，由图 18.3-8 查得，一般情况下可取 $E=1$，对计算结果影响不大。

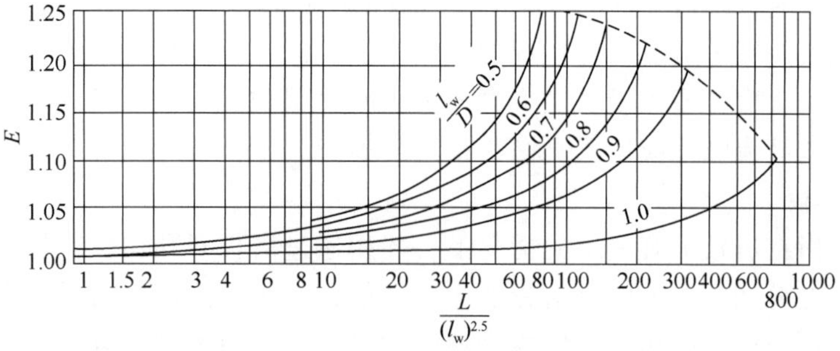


图 18.3-8 弓形降液管平堰上收缩系数

一般设计时，$h_{ow}$不宜超过 60~70mm。过大时，应改为双溢流或多溢流。当流过塔板的液量较小时，$h_{ow}$将降低。当堰上液高小于 6mm 时，堰上溢流容易受到制作或安装水平度偏差的影响而分布不均匀，此时建议采用齿形堰。齿形堰的齿深$h_n$一般为 10~15mm。堰上液高是从齿底算起的。当堰上液高不超过齿顶时[图 18.3-9(a)]：

$$h_{ow}=1.17\left(\frac{L_s h_n}{l_w}\right)^{\frac{2}{5}} \tag{18.3-13}$$

当堰上液高超过齿顶时[图 18.3-9(b)]：

$$L_S=0.735\left(\frac{l_w}{h_n}\right)\left[h_{ow}^{2.5}-(h_{ow}-h_n)^{2.5}\right] \tag{18.3-14}$$

式中 $L_S$——液体的体积流量，$m^3/s$；

$h_n$——齿深，m。

由式(18.3-14)求堰上液高时，需用试算法，或可由图 18.3-10 查得。

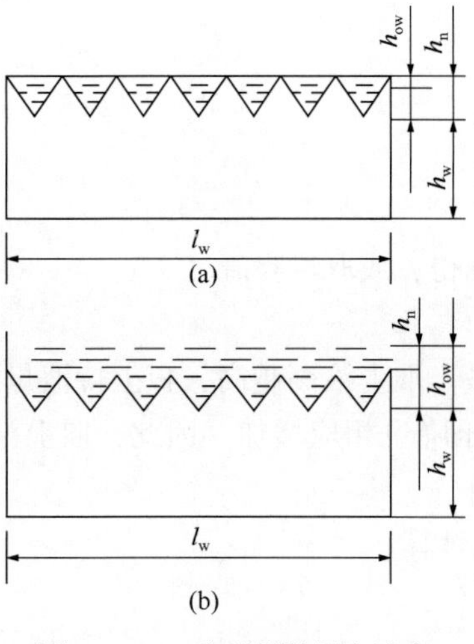


图 18.3-9 齿形堰的堰上液高

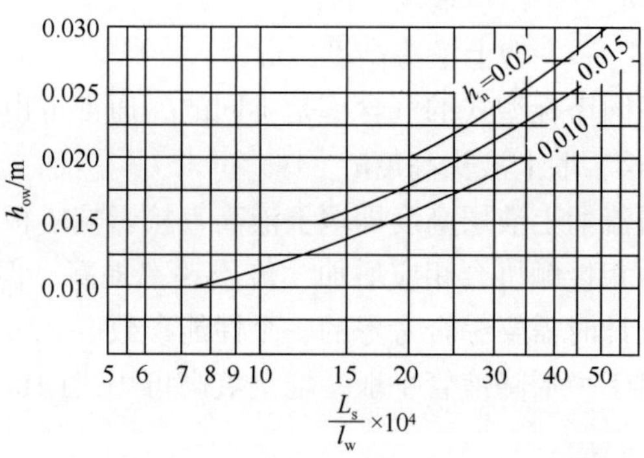


图 18.3-10 溢流层超过齿顶时的堰上液高

通常，只在液量很小时采用圆形降液管。若无弓形辅堰，其堰上液高可用式(18.3-15)计算。

$$h_{ow}=0.14\left(\frac{L_h}{d}\right)^{0.704} \tag{18.3-15}$$

式中　$L_h$——每个降液管的液体体积流量，$m^3/h$；

$d$——圆形降液管直径，mm。

该式只适用于$h_{ow}<0.2d$的情况。当$h_{ow}>0.2d$时，应考虑放大降液管直径，以免发生降液管口堵塞。一般设计时，圆形降液管直径应满足$d>6h_{ow}$。

(15) 液面梯度

液体横向流过塔板，由于存在阻力，将在塔板上形成一定的液面梯度，又称液面落差。对于小塔或液体流径较短的塔板，液面梯度很小，可以忽略。当液量特别大或液相流径较长时，可按式(18.3-16)计算：

$$\Delta=\frac{0.215(250b+1000h_f)^2\mu_L\times10^3L_hZ_1}{(1000bh_f)^3\rho_L} \tag{18.3-16}$$

式中　$\Delta$——液面梯度，m；

$b$——平均液流宽度，m，对单溢流$b=\frac{D+l_w}{2}$；

$D$——塔径，m；

$l_w$——堰长，m；

$h_f$——鼓泡层高度，m，一般可取鼓泡层的相对密度为0.4，即$h_f=2.5h_L$；

$\mu_L$——液相黏度，mPa·s；

$L_h$——液相流量，$m^3/h$；

$Z_1$——液相流径长度，m；

$\rho_L$——液相密度，$kg/m^3$。

在塔径较大且液体流量较大的情况下，液面梯度将导致板面上气体的不均匀通过，影响效率。为防止这一情况，一般要求液面梯度不超过干板压降的50%。

对于塔板的液面梯度，塔板设计时通常是通过选取适宜的流径长度或增加导向阀孔得以控制。

## 四、筛孔塔板

筛孔塔板如图18.3-11所示，简称筛板。其结构简单，历史悠久，至今仍是应用广泛的传质分离设备之一。近百年来，对筛板的流体力学和传质性能的研究已取得了很大进展，因而筛板的设计方法已渐趋成熟。至今，许多新型塔板都采用筛板的水力学计算模型作为研究基础和工程设计参照模型。据不完全统计，目前欧美许多国家工业应用的板式塔中，60%内件都是筛板及其改进型，国内在运行的板式塔中筛板型也占很大比例。

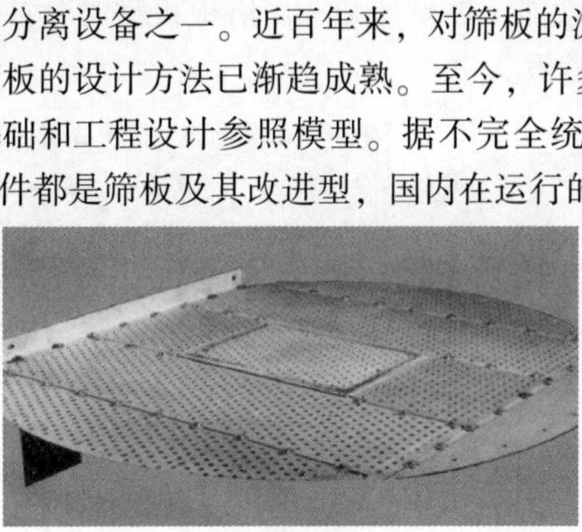

筛孔塔板照片

筛孔的气液接触形式

图18.3-11　筛孔塔板

筛孔是筛板上的传质元件。筛孔直径可以在很宽的范围内选取，一般为3~25mm。清洁物系可以选小一点的孔径，易堵物系则应选取大一些的孔径。为了减少加工量，近代生产装置多采用偏大的孔径(10~13mm)。实验研究和生产实践表明，大孔径(大于12mm)筛板的板效率并不低于小孔径筛板，只是更容易漏液，有更多的雾沫夹带。因此，大孔径筛板的漏液线要高一些，雾沫夹带线要低一些，也就是操作范围要比小孔径筛板小。现代化生产装置对塔器操作范围的要求一般是60%~120%，也即要求操作弹性一般是2左右，不大于2.5。大孔筛板虽然达不到浮阀类塔板的操作弹性(约3~4)，但完全能满足现代化生产装置的操作弹性要求。

筛孔的孔间距要考虑塔板上气液两相接触的要求。孔间距过小，会加剧穿过相邻筛孔的气泡相互撞击和聚并，增加板压降和雾沫夹带。孔间距过大，会使鼓泡不均匀，孔-孔间液层出现死区，影响气液接触传质，降低传质效率。一般孔间距为孔径的2.5~4倍，最佳为3~4倍，如果对效率要求不高，孔间距也可扩大范围到孔径的2~5倍。

筛孔的排列方式有正三角形、等腰三角形、矩形三种，设计中多采用正三角形，这种排列最为均匀。为了调整开孔率，有时也采用等腰三角形，应尽量避免矩形排列。

正三角形排列，若孔间距 $t$ 和筛孔孔径 $d_o$ 已定，则开孔率 $\varphi$ 可由式(18.3-17)计算：

$$\varphi=\frac{A_o}{A_a}=\frac{0.907}{(t/d_o)^2} \tag{18.3-17}$$

式中 $A_o$——每层塔板上筛孔总面积，$m^2$；

$A_a$——每层塔板上开孔区总面积，$m^2$。

## 五、浮阀塔板

### 1. 概述

浮阀塔板开发应用于20世纪50年代，传质元件是安置在开孔板上能上下浮动的浮阀，见图18.3-12。由于浮阀与塔板之间流通面积能随气体负荷变动自动调节，因而在较宽的气体负荷范围能保持稳定操作；同时气体为水平方向吹出，气液接触时间长，雾沫夹带少，具有良好的操作弹性和较高的塔板效率；浮阀的尺寸都是大于阀孔尺寸，且向下一个角度，迫使气体在液层中时间延长，气液接触充分，离开液层时气速明显衰减，雾沫夹带减少，具有较高的塔板效率。浮阀型塔板优异的综合性能，在设计和选用塔板板型时常被作为首选，成为国内乙烯装置中应用最为广泛的一种塔板。

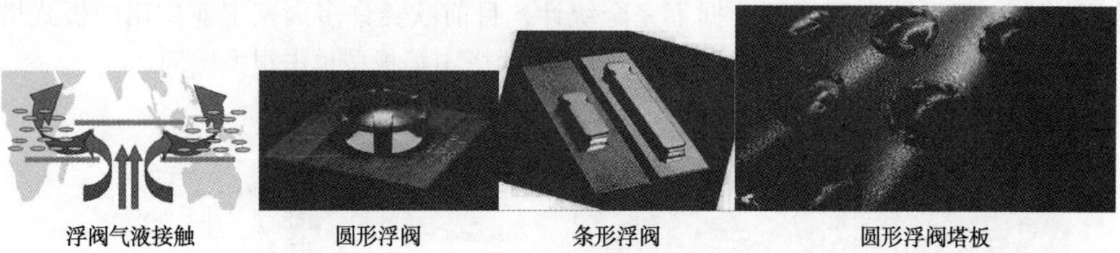


图18.3-12 应用最多的浮阀塔板

浮阀塔板相对泡罩、筛板有如下特点：

① 生产能力比泡罩塔板高20%~40%，与筛板相近。

② 总操作弹性比泡罩、筛板都大，但气相下限不如泡罩。

③ 在可操作范围内，压降比泡罩低，比筛板高，这个弱点妨碍了它在真空塔及节能要求高的塔系中的应用。

④ 在可操作范围内，塔板效率稍有优势。

⑤ 造价是泡罩的 60%~80%，筛孔的 120%~130%。

⑥ 对于黏度稍大及有一般聚合现象的系统(如丁二烯精馏)，浮阀塔板优于泡罩和筛板。

浮阀塔板被广泛应用半个多世纪，开发出的种类很多，按浮阀的形状分为圆型和条型两大类，它们都是在 50 年代问世的 F1 圆阀和早期 Nutter 条阀基础上改进而来。迄今为止，在国内除了 F1 为通用浮阀外，其余种类浮阀都带有其各自开发商的专利权，因此，在基础工程设计文件中所指的浮阀，除非特指，一般指 F1 浮阀。

浮阀塔板种类虽然繁多，操作性能也各异，但只需掌握这类塔板基本结构参数的意义，即可基本判断出它的操作性能。

(1) 浮阀阀片的结构

对阀片结构的改进，都是为了使气液接触状态更佳，提高塔板效率。见图 18.3-13。

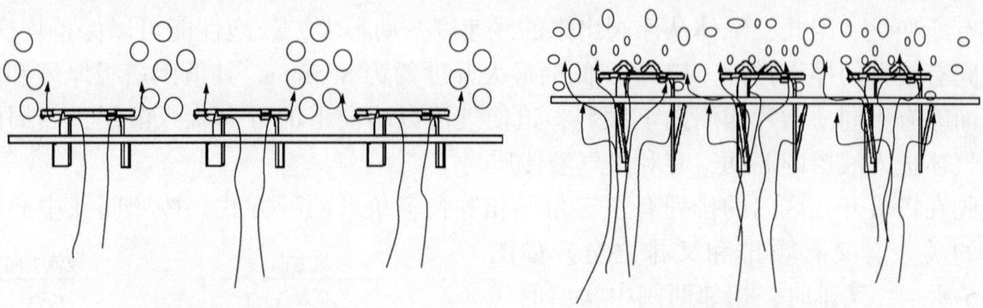

(a)阀片上开导向孔前　　(b)阀片上开导向孔后

图 18.3-13　相同尺寸浮阀开孔前后气液接触状况

(2) 阀片的排列方式

对一定形状的阀片，排列方式的不同直接影响着浮阀塔板上两相流动、鼓泡状态，与传质效率和处理能力紧密关联。如：圆形浮阀叉排较顺排优；条形浮阀“T”排优；板面上增加导流阀或导流装置有利于气液两相的均匀分布等等。

(3) 浮阀的重量

这是浮阀的一个重要参数，浮阀过重则使干板压降增大；过轻则由于惯性小而使浮阀在操作时产生频繁的上下脉动，并且在低气速下泄漏严重，导致操作弹性范围减小。

(4) 浮阀的尺寸

浮阀尺寸小，同等塔径下布阀较多，气液间的有效接触面积大。因此，同类浮阀尺寸小的性能优，但造价高。

(5) 浮阀的最小开度

浮阀没开启时，阀片与塔板间的缝隙高度即为浮阀的最小开度。该结构一是为保证浮阀与塔板间不发生粘结；二是当气体负荷低时，仍可使液层鼓泡，而不发生脉动。

(6) 浮阀的最大开度

当浮阀被气流托起，阀脚勾住塔板的下沿时，浮阀升起的高度即为浮阀的最大开度。这个开度是要与进口堰高关联的，因为静液封高度(堰高)与阀的最大开度之差决定着气液两相接触的时间与充分程度。

本小节介绍几种乙烯装置中出现频率较高的几种浮阀塔板。

## 2. F1 型浮阀

F1(V-1)型圆阀(图 18.3-14)开发应用最早，国内外对其性能研究及设计模型开发也最为完善，是国内唯一已颁布行业标准(JB/T 1118—2001)的浮阀。

图 18.3-14 F1 型浮阀

F1 型浮阀的阀片与三个阀腿整体冲压而成。阀片周边还冲有四个下弯的小定距片，在阀片关闭阀孔时，使阀片与塔板保留一较小的间隙，即最小开度为 2.5mm，使气量较小时，阀片虽不浮起，气体仍能由此进入液层鼓泡，避免了阀件启闭不稳产生的脉动现象。同时，小定距片保证了阀片与塔板成点接触，避免阀片粘在塔板上无法浮起。气量较大时，阀片平稳上升，直至阀腿勾住塔板，浮阀升到最高位置为止。塔板上浮阀开启的数量按蒸汽量的大小而有所变化。因此，气体从浮阀出来的线速度变动不大，鼓泡性能可以保持均衡一致，使得浮阀有较大的操作弹性。F1 型浮阀的最大开度约为 8.5mm，其值因塔板厚度和阀腿长度不同而略有不同。阀片四周向下倾斜，迫使气流以略向下的方向吹入液层，四周的锐边加强了气体进入液层的湍动，有利于气液传质。

浮阀在塔板开孔区内的排列有正三角形和等腰三角形两种方式，按照阀孔中心线与液流方向的关系，又有顺排和叉排之分。如图 18.3-15 所示。叉排时，相邻两阀中吹出的气流搅拌液层的作用更显著，气液接触效果较好，故一般情况下均采用叉排方式。对于整块式塔板，多采用正三角形叉排，孔中心距为 75~125mm；而对于分块式塔板，宜采用等腰三角形叉排，此时常把同一排的阀孔中心距 $t$ 定为 75mm，而相邻两排的距离 $t'$ 可取为 65mm、80mm、100mm 等几种尺寸，必要时可作调整。浮阀塔的开孔率一般为 4%~15%。

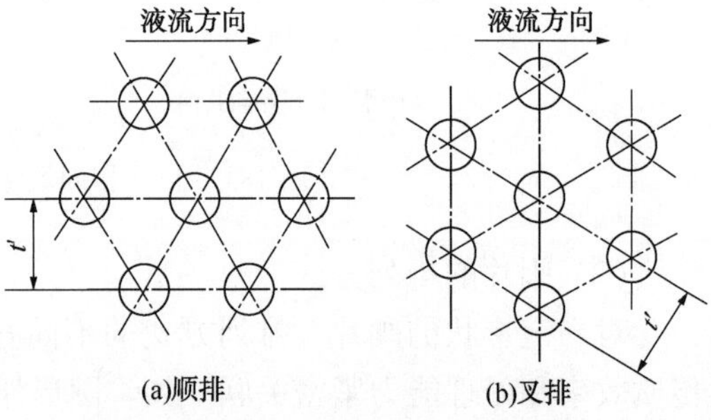


图 18.3-15 F1 型浮阀的排列形式

根据工业生产的数据，F1 浮阀，当板上所有浮阀刚刚全开时，阀孔动能因子数值在 9~12，设计时可在此范围内选择适宜的孔动能因子，再用式(18.3-18)计算阀孔气速：

$$u_o = F_o / \sqrt{\rho_v} \qquad (18.3\text{-}18)$$

式中 $u_o$——阀孔气速，m/s；

$F_o$——阀孔动能因子，(m/s)·(kg/m$^3$)$^{0.5}$。

## 3. V-4 型浮阀

V-4 型浮阀(图 18.3-16)将塔板上的阀孔冲成向下弯曲的文丘里型，以减小气流通过阀孔的阻力。相应地其阀腿长度也要增加，以保持必要的浮阀开度。V-4 型浮阀只有轻阀一种，其余结构尺寸与 F1 型浮阀相同。V-4 型浮阀主要用于减压系统。为了便于加工，塔板材料采用碳钢时厚度为 3mm，采用不锈钢时厚度为 2mm。

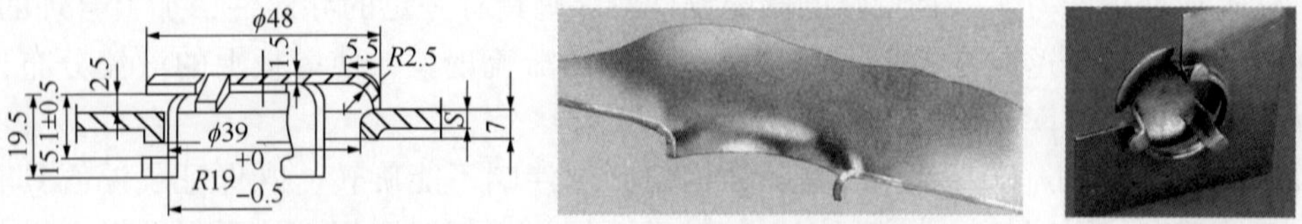


(a)V-4型浮阀结构　　(b)V-4型文丘里型阀孔　　(c)V-4型浮阀塔板

图 18.3-16　V-4 型浮阀

## 4. 十字架型浮阀

国外称为 T 型浮阀，见图 18.3-17。它是由无阀腿的拱形阀片和具有四只脚的十字形挡架所组成，挡架的脚是固定在塔板上的，对阀片起定位和导向的作用。这种浮阀的优点有：①阀片结构简单，易于加工；②阀片为拱形，在操作中较其他阀片的稳定性能要好；③由于阀片无支腿伸入塔板阀孔中，因此它不仅适用于清洁物系，还适用于结晶或易聚合的物系；④由于支架重量不直接作用于物系，浮阀的压降较 V 型浮阀要小；⑤阀片与支架分开，高温下不用产生热变形。其缺点是支架结构较为复杂。

十字架型浮阀在塔板上的开孔有平孔和翻边孔（文丘里型）两种，平孔直径为 39mm，文丘里孔直径为 36mm，如图 18.3-18 所示。阀片直径为 50mm，阀片周围有三个小凸起，使阀片在关闭时，与塔板之间有一定的间隙，供少量蒸汽通过，所以即使气量很小时，浮阀也能平稳地工作。阀片的最高升程为 8mm。阀片多用不锈钢制成，分轻重阀两种。可将轻重阀与堰平行地交替排列在一块塔板上，当气体负荷达最大负荷的 20%~30%时，轻阀开启；达最大负荷的 50%~70%时，重阀也开启。在这种轻、重阀共用的情况下，塔板的操作弹性明显增大，并能始终保持气液的良好接触。减压操作时，应选用轻阀和文丘里型阀孔的塔板结构，以减小阻力。

图 18.3-17　十字架型浮阀塔板

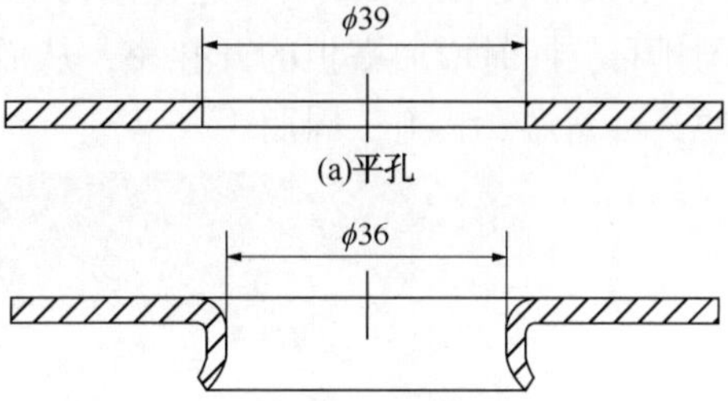


(b)文丘里型孔

图 18.3-18　十字架型浮阀塔板的开孔

## 5. ADV®微分浮阀塔板[30]

20 世纪末，北京泽华化学工程有限公司对传统的 F1 型浮阀及常规塔板技术做了认真剖析，又在大量实验的基础上，对其加以改造、创新，研发出一代高性能浮阀塔板——ADV®（advanced dispersion valve）微分浮阀塔板（以下简称“ADV®塔板”）。

ADV®塔板的浮阀有圆形和矩形两种，如图 18.3-19（a）、（b）所示。对于这两种不同形状的 ADV®浮阀，结构的优化主要有两个方面：一是在阀面上增加一个或几个切口，气流通过切口细碎分散，可消除传统浮阀顶部的传质盲区，如图 18. 3-13(b)所示，从而提高塔板效率；切口气体分流可降低边缘气流的速度，有利于降低雾沫夹带，也减少压降、增大允许气速或处理能力。二是特殊的阀腿设计使浮阀具有一定的导向性，加上合理的排布，可在很大程度上减少返混合塔板上局部区域的液体滞流现象，使塔板上的液流分布比较均匀，从而提高塔板效率。

在 ADV®塔板上，独特设计的阀腿结构使圆形浮阀不能旋转，既保证了浮阀具有的导向性能，也避免了浮阀与阀孔之间因浮阀转动而发生的相互磨损，从而保证塔器设备的长周期正常运行。

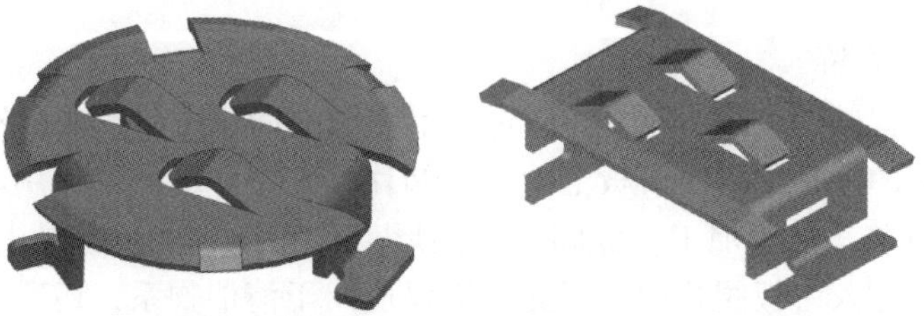

(a)圆形ADV®浮阀　　(b)矩形ADV®浮阀

图 18. 3-19　ADV®浮阀

此外，ADV®塔板在液体入口区设置鼓泡促进装置，见图 18. 3-20(a)。鼓泡促进装置的作用有三：一是利于气流将从降液管流出的液体吹松，易于形成鼓泡；二是可防止或减少液体入口区漏液；三是促使气流分布得更加均匀。因此这种结构对改善分离效率、提高处理能力、增大操作弹性都有裨益，见图 18. 3-21(a)。

降液管下部多折边，改变降液管出口的截面形状，以提高降液管的通过能力、增大塔板上鼓泡区的面积；在降液管液体出口处设置鼓泡促进器，改善液体的初始分布，从而使塔板的生产能力和分离效率提高，见图 18. 3-21(a)。

ADV®塔板常使用铰接式塔板连接结构，见图 18. 3-20(b)。此种结构，使整个塔板上浮阀均匀排布，同时增加塔板的开孔率，从而提高处理能力和分离效率。另外，由于安装更加方便，可缩短安装施工周期。

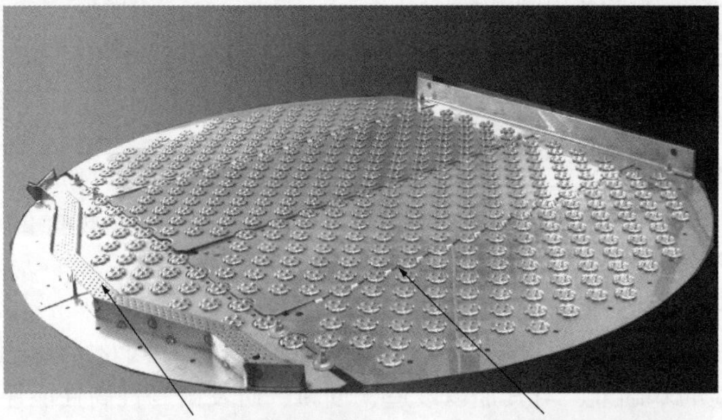

(a)液体入口区设置鼓泡促进装置　　(b)塔板连接处安装浮阀

图 18. 3-20　ADV®微分浮阀塔板的鼓泡促进装置和塔板连接结构

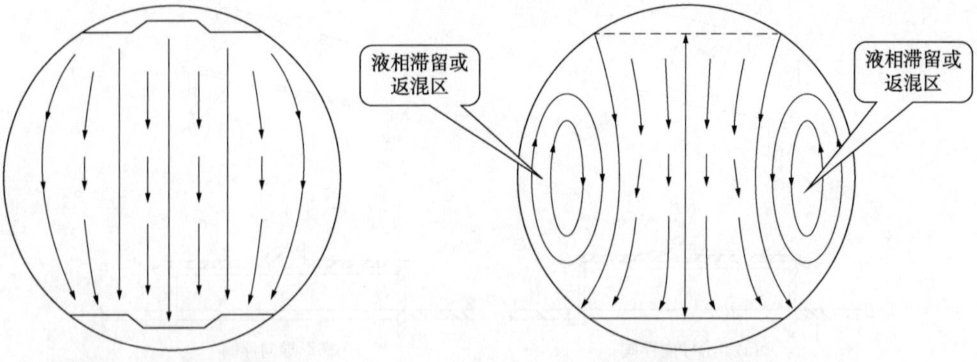


(a)高效塔板力求达到的液相分布　　(b)普通塔板的液相分布

图 18.3-21　塔板上液相分布

6. 条形浮阀

条形浮阀，也称矩形浮阀，在开有长方形阀孔的塔板上，覆以长条形浮阀。同圆形浮阀一样，也采用阀周冲以几个向下的小凸起作为最低限位，用阀脚勾住塔板作为最高限位。有的条形浮阀做成重量不对称，气量小时，只一端浮起，当气量增大到一定程度时，才使整个条形浮阀浮起。

BDH 条形浮阀(图 18.3-22)为 Sulzer 公司的专利产品。由于条形浮阀长轴与液流方向水平，气体均匀地自两侧吹入液层，气液流动方向垂直，所以塔板上的液体返混小于圆形浮阀，效率相对较高；可以排出较圆孔更大的开孔率，从而提高处理能力。条形浮阀与液流方向平行，气体侧向释放以及闭式上游边缘使漏液降至最低。较之常规圆阀，条形浮阀的效率和处理量有所提高，且具有更高的操作弹性。条形浮阀具有较宽的阀脚，且不会旋转，降低了浮阀的损坏和磨损。

图 18.3-22　BDH 条形浮阀

但是，条形浮阀和圆形浮阀类似，阀盖上方无鼓泡区，造成塔板传质效率降低；由于大多采用矩形阀腿，且前后阀腿宽度一样，气流不能绕过前阀腿，阀前端存在传质死区；虽然其返混较圆形浮阀小，但对塔板弓形区的返混无太大改进；长条形阀孔的四个锐角会形成严重的应力集中，易引起塔板的机械损坏。因此，国内针对条形浮阀的这些不足之处开发出多种形式的条形浮阀。

7. 导向组合浮阀

导向组合浮阀塔板是 20 世纪 90 年代初国内研究开发的，它揉合了条形浮阀和导向筛板的一些优点。与 F1 浮阀塔板相比，导向组合浮阀塔板在提高生产能力的同时，也可使效率提高、阻力降低、操作弹性增大，具有优良的综合性能，成为目前国内应用很广的浮阀之一。

导向组合浮阀，在塔板上开有矩形和梯形两种阀孔，分别置以矩形和梯形浮阀，两侧为阀腿，见图 18.3-23，其中矩形浮阀上开有一个(称 A 型)或两个(称 B 型)导向孔，见图 18.3-24，梯形浮阀上只开一个导向孔，其开口方向与液体流动方向一致，见图 18.3-23(b)。

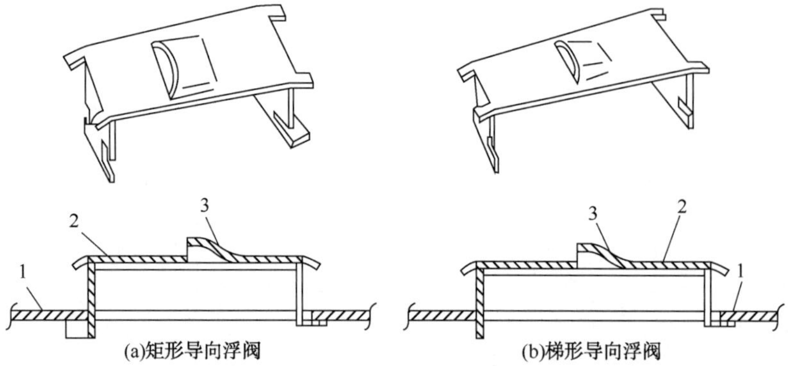


图 18.3-23　矩形导向浮阀和梯形导向浮阀

1—阀孔板；2—阀盖；3—导向孔

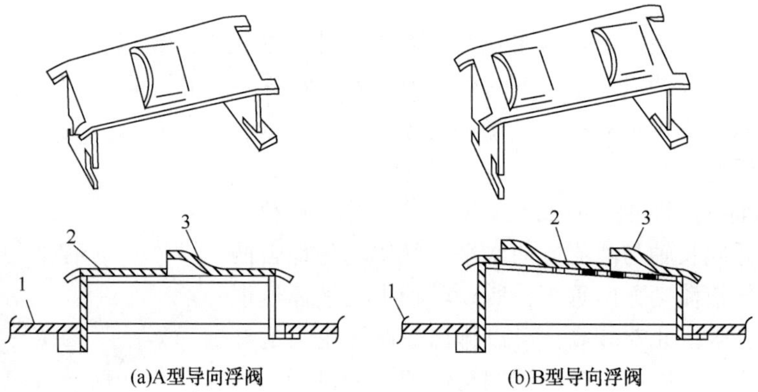


图 18.3-24　矩形导向浮阀(A 型和 B 型)

1—阀孔板；2—阀盖；3—导向孔

国内拥有这类组合浮阀专利的有：华东理工大学、天津大学以及一些个人，各家在浮阀结构尺寸上稍有差异，但在整体塔板设计合理的前提下，它们的性能接近，应用者需对各家导向浮阀细小的结构尺寸差异加以注意。

导向组合浮阀塔板较早期条形浮阀塔板的改进点及改进目的如下：

① 阀片上增开导向孔，目的是改善板上气液接触状态和减小液面梯度，提高塔板效率，增大操作弹性范围，如图 18.3-13 所示，同时也保证阀片关闭时的最小开度。

② 阀片更宽，且向下一个角度，迫使气体在液层中时间延长，气液接触充分，离开液层时气速衰减，减少雾沫夹带，提高塔板效率。

③ B 型导向阀采用前后阀腿升程不同，减小液面梯度。

④ 改进浮阀形状，开发梯形导向浮阀，减小液面梯度。

⑤ 多种组合排列，减小液面梯度和尽量消除或减小塔板上液流滞留区。

导向组合浮阀塔板有两种组合方式，第一种是矩形导向(A 型)浮阀和梯形导向浮阀按适当比例组合而成，这种组合导向浮阀塔板的排布特点如下：

① 塔板上以一定的配比分布矩形(A 型)导向浮阀和梯形导向浮阀，梯形导向浮阀与塔板上的浮阀总数之比，称为组合配比，简称配比，以 $K$ 表示。当液流强度较大或液体流路

较长时，$K$ 值适当增大；反之，$K$ 值适当减小，以适应消除塔板上的液面梯度的需要。

② 相对塔板两侧的弓形区与塔板上的中央区，弓形区内梯形导向浮阀所占比例较大，以满足消除塔板上液体滞止区的需要。

③ 当塔内部分塔板的液流强度较大，或部分塔板的液流强度较小，可采用不同的组合配比以适应不同的需要。

第二种组合方式，也称为 B 型组合，在塔板上，浮阀均为矩形，A 型和 B 型导向浮阀按适当的比例组合。A 型导向浮阀上设有一个导向孔，浮阀全张后，浮阀的前端和后端最大升程相同，阀盖与阀孔板基本平行。B 型导向浮阀上设有两个导向孔，并且前端的阀腿较长，浮阀全张开后，阀盖与水平方向成一个适当的仰角。在操作中，除了从 B 型导向浮阀的导向孔流出的气体推动塔板上的液体流动之外，从浮阀两侧流出的气体，还存在一个向前的分力。与 A 型导向浮阀相比，B 型导向浮阀对塔板上液体的推动力明显增大，其功能与梯形导向浮阀相同。

实践证明，两种组合的导向浮阀塔板，其操作性能基本相同，但第二种导向组合浮阀的阀孔均为矩形，加工制造、安装都更为方便一些而更受用户欢迎。

### 8. 波纹导向组合浮阀塔板

波纹导向浮阀是华东理工大学近年来新开发的一种高效导向浮阀，有两种型号，如图 18.3-25 所示。无孔波纹导向浮阀是波纹导向浮阀的基本型号，板上波纹的“V”形结构夹角为 120°，阀腿上增加了裙边以提高整个阀体的强度；有孔波纹导向浮阀是波纹导向浮阀的衍生型号。在波纹导向浮阀波纹的斜面上开有导向筛孔，孔的方向与液流方向一致，它的作用和导向浮阀的导向孔类似，浮阀及阀孔尺寸与其矩形导向浮阀及阀孔相同，塔板也是两种型号波纹导向浮阀按比例排布。

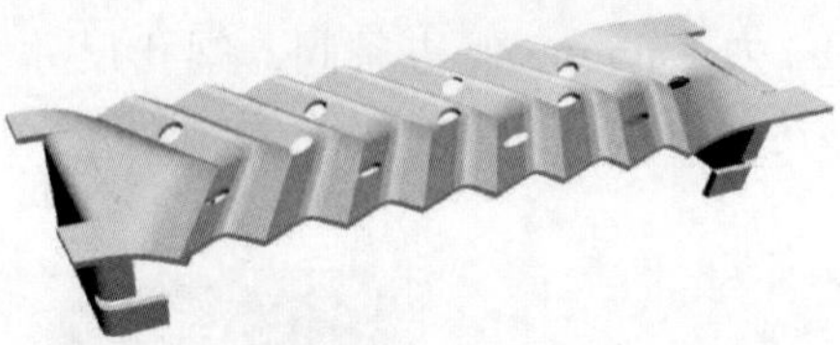

(a)有孔波纹导向浮阀

(b)无孔波纹导向浮阀

图 18.3-25　波纹导向浮阀

(1) 波纹导向浮阀的开发思想及目的

① 浮阀上波纹的“V”形起伏结构，使气体出阀孔时被分割成许多股小气流，改善气液接触状态，且增大气液接触比表面积，提高塔板传质效率；浮阀的波纹“V”形槽结构，也使气体通过浮阀的阻力降低。

② 导向气流沿着和塔板成锐角的方向吹出，和液流方向成 60°的夹角，产生向前的推动力。此时气流对液体的作用力可分解为两个分力：一个分力垂直于液体流向，起到分散和均布液体的作用；另一个分力则平行于液流流向，具有向前推动作用，有利于克服液体滞流和返混现象，减小液面落差。

(2) 组合波纹导向浮阀塔板的排布特点

① 所有波纹导向的开口方向和液流方向一致，从而沿波纹方向吹出的气流可以分解成

垂直液流和平行液流向前的两个作用力。前者消除液面梯度，后者使液相充分湍流，增大气液相接触面积，提高传质效率。

② 塔板上有孔波纹导向和无孔波纹导向按一定的比例交错分布，避免导向气流相互对冲，减少冲撞引起的液滴飞溅，减小雾沫夹带，改善流体力学性能。

③ 塔板入口侧一般是带孔波纹导向浮阀，靠浮阀的导向孔来直接减少液面落差，减少塔板的泄漏，推动塔板液体的流动，使塔板液体更均匀地分布，提高传质效率。

④ 在滞流区斜向分布波纹导向浮阀，直接加大滞流区的液相推动力，加快液相流速，避免在该区域形成“返混”，影响传质效率。

9. 微型浮阀

塔板上的气液两相间传递速率和其他的水力学特征(如压降和雾沫夹带)一样，主要取决于气液间的有效接触面积大小和相互间混合的程度。

浮阀型塔盘，阀盖迫使气相沿塔板横向流动，冲进塔板上的泡沫层中，造成强烈的气液混合，完成两相之间的良好传热传质过程。然而，由于浮阀的制造和安装成本较高，也受机加工能力的限制，性价比较优的浮阀，阀孔直径约 40mm，远远大于普通筛孔的直径(约 12mm)。因此，常用浮阀塔板气液间的有效接触面积小于普通筛板，但气液两相间混合的程度明显优于普通筛板，两种因素的结合使得普通浮阀塔板和普通筛孔塔板的分离效率和处理能力差不多，只是在操作弹性和压降上各占优势。

意识到浮阀尺寸是可改进的突破点之一以后，塔板专利商纷纷在其高效塔盘上采用微型浮阀，进一步提高了塔盘的汽液流通量和传质效率。与常规塔板相比，可以提高处理能力 25%~30%，压降减 10%以上，塔板效率提高 5%~10%，成为优异的改造型塔板之一。应用者注意，高效塔板造价明显高于普通高效塔板。

图 18.3-26 是三种目前国内外应用中的高效微型浮阀塔板。图(a)为 Koch-Glitsch 微型圆阀，阀孔直径 25mm，阀片厚度 1.2mm；图(b)为 Kaiining 弧边条阀，阀孔尺寸 30mm×26mm，阀片厚度 1.2mm；图(c)为 Sulzer 的伞形迷你浮阀。

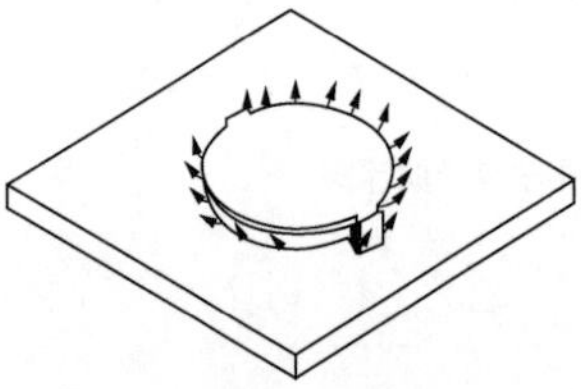

(a)Koch-Glitsch高效微型圆阀塔板

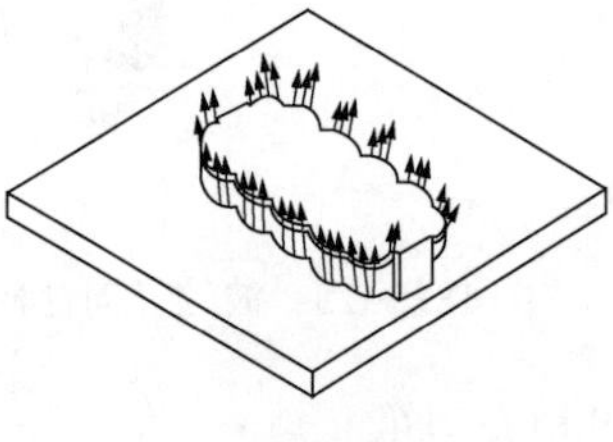

(b)Kaiining 高效微型条阀塔板

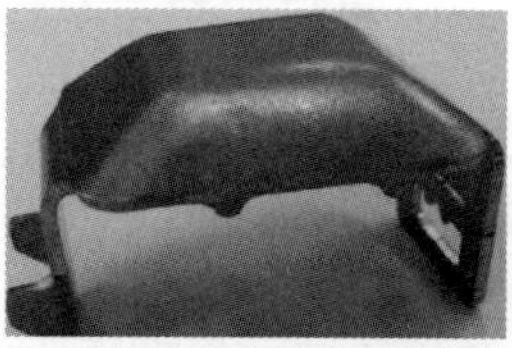

(c)Sulzer 伞形迷你浮阀塔板

图 18.3-26 高效微型浮阀

## 六、固定阀型塔板

固定阀塔板，其传质元件——固定阀是在塔板上直接冲压而成，与塔板成一个整体，结构简单，造价较低，应用也较为广泛。总体来说，由于阀体是固定的，特别适合于物系较脏、易堵塞、结焦的体系。固定阀塔板就气体流动方式而言是介于浮阀和筛板之间的一种塔板，见图 18.3-27，操作弹性也是介于两者之间。阀体的结构种类很多，按形状有舌形、圆形、矩形、梯形等等。大多数固定阀塔板都带有其各自开发商的专利权。

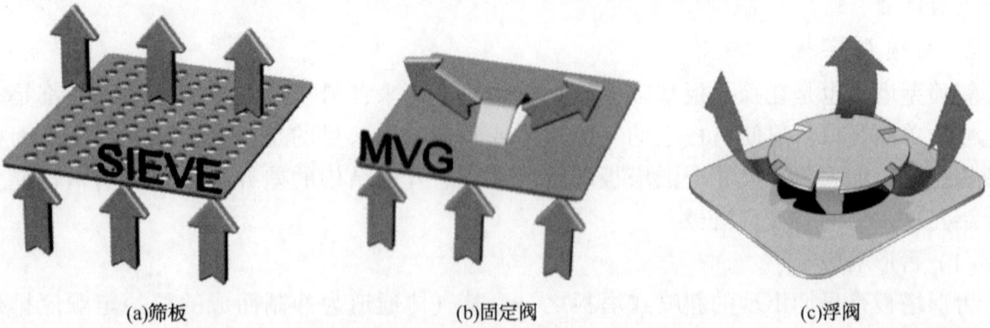


图 18.3-27 三种传质元件气体流动方式

固定阀的开发，都是因应用体系的需要，为保留筛板或浮阀的优点，改善筛板或浮阀的弱点。因此，有基于筛板改进而来，有基于浮阀改进而来。固定阀型塔板种类虽然繁多，操作性能也各异，但和浮阀一样只需掌握这类塔板基本结构参数的意义，即可基本判断出它的操作性能。

本小节介绍几种工程中出现频率较高的固定阀型塔板。

1. 导向筛板

导向筛板是 Linde 公司在 20 世纪 60 年代开发的，故也称林德(Linde)筛板。国内对导向筛板也做了多年的研究。其结构简图见图 18.3-28。

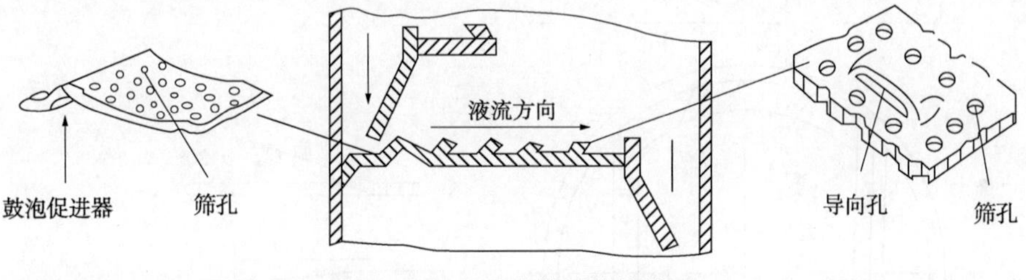


图 18.3-28 导向筛板结构简图

与普通筛板相比，导向筛板在结构上做了如下两点改进：

① 在液体进入区，将塔板制成凸起的斜台式鼓泡装置，称之为鼓泡促进器。该装置能促进气液在进口区的充分接触。

普通筛板在操作时，因液面落差在进口处液层较高，因而在该处易造成漏液，气体将从此处进入，从而形成非鼓泡区。把液体进口区塔板抬高的目的在于降低该区的液层高度，液体一进入塔板，从筛孔升起的气体就在液层中鼓泡，使整个鼓泡区气液接触更加均匀。

② 在塔板上开设一定数量的导向孔，导向孔的开孔方向与液体在塔板上的流动方向一致。气体通过导向孔推动液体，可以减少液流死区和返混、降低液面梯度，提高板效率。

因为导向筛板的压降低，故适用于真空精馏操作。在一定的允许压降下可以有较多的理论塔板数。又因为导向筛板能保证液流均匀，因此可用于液体负荷较大的场合。此外，导向孔的合理布置可以消除液体在弓形区的滞止状态，使液流在整个塔板上均匀分布。实践证明：这种塔板可适用于减压蒸馏和大型塔器，大孔导向筛板处理易堵、易聚的物料体系塔也有优势。

2. 斜喷型塔板

斜喷型塔板也是在筛孔板基础上做了重要研发而来，斜喷型塔板的传质元件都是在塔板上冲制单向开口，迫使塔板上的气流水平或斜向喷出，目的是减少雾沫夹带，液面梯度和液相返混，加大单孔尺寸增强塔板的抗堵性能。开口结构的差异决定这类塔板性能。下面介绍几种常见的斜喷型塔板。

(1) 舌形塔板

舌形塔板是早期出现的斜喷式塔板之一。其气体通道为冲制而成的按一定顺序排列的舌片(图 18.3-29)，舌片开启一定的角度，舌孔方向与液流方向相同，故气流从舌孔喷出可推动液体，液面梯度较小，液层较低，处理能力大，压降低，且结构简单，安装维修方便。缺点是，板上液流不断被加速，停留时间短促；且气液喷流在塔壁遇阻后形成液沫浓集区，使液沫夹带增大，并妨碍降液管内气液分离。这些都会导致传质效率下降。乙烯装置中很少单独使用舌形塔板，一般局部使用，用于改善塔板上液面梯度和返混，或作为换热塔板。

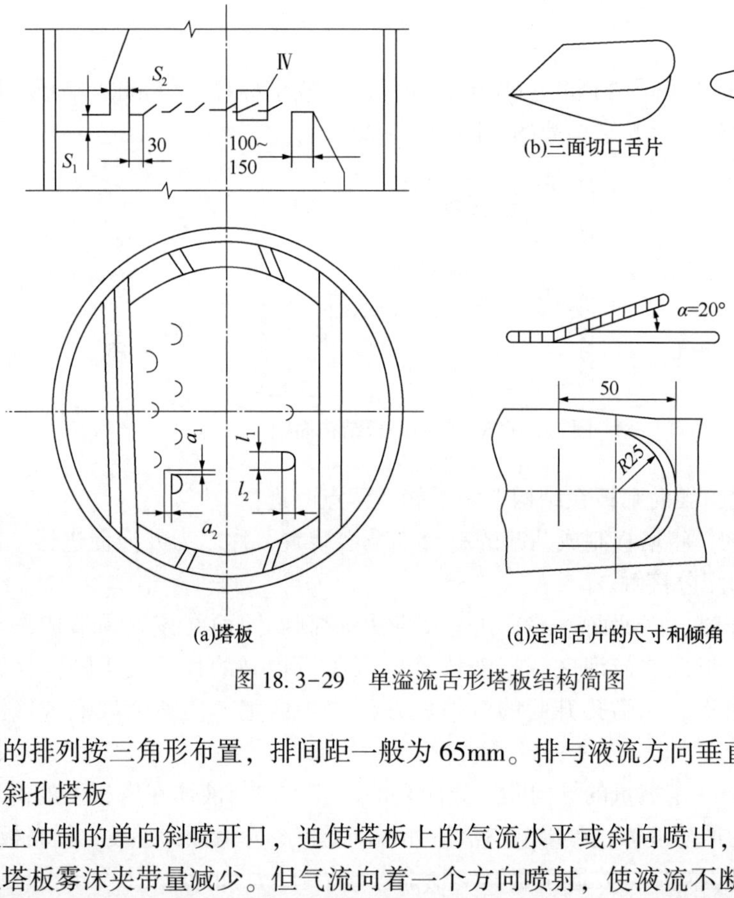


图 18.3-29　单溢流舌形塔板结构简图

舌孔的排列按三角形布置，排间距一般为 65mm。排与液流方向垂直。

(2) 斜孔塔板

塔板上冲制的单向斜喷开口，迫使塔板上的气流水平或斜向喷出，较气流垂直向上喷出的筛孔塔板雾沫夹带量减少。但气流向着一个方向喷射，使液流不断加速，气液两相充分接触被减弱，降低板效率。斜孔塔板开发者做了三项改进，一是开口尺寸在机械冲压允许范围尽可能缩小；二是开口方向与液流主流方向相垂直，且相邻两排开口方向相反(图

18.3-30)，平稳板上液速，气液两相充分接触；三是不同气液负荷下，溢流方式的多样化，处理更高的气液负荷。

斜孔塔板与普通筛板相比，具有塔板压降低，雾沫夹带、漏液量小，操作弹性高(约2.5~3)，板效率高等优点。

实践证明：这种塔板适用于减压蒸馏和大型塔器，较大的开口尺寸对处理易堵、易聚的物料体系具有优势。在国内，尤其是石油炼制、石油化工方面获得较广泛的应用。

斜孔有开型(K型)和闭型(B型)两种，见图18.3-31。K型前端开口，两侧也不封闭；而B型两侧是封闭的。工业设计中多采用K型。图18.3-32为K型斜孔的结构尺寸图。斜孔与平面的夹角一般为26°~28°，根据设计需要，单孔面积可以通过改变开孔的高度(夹角)来调整。

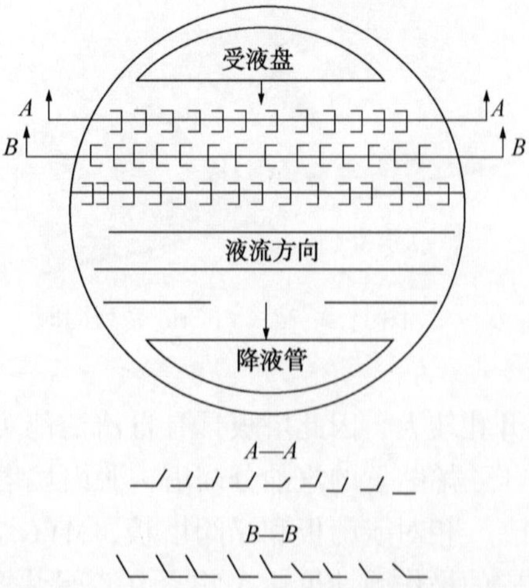

图18.3-30 斜孔塔板

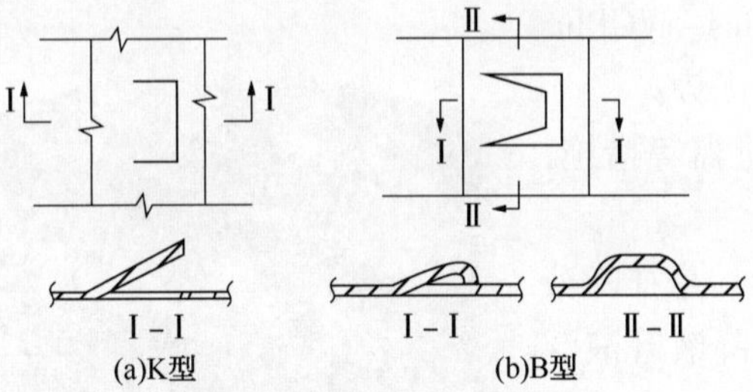

图18.3-31 斜孔型式

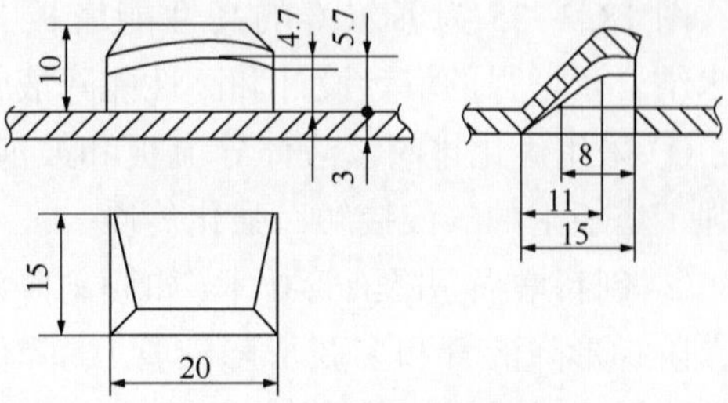

图18.3-32 K型斜孔

## 3. V-0型固阀

V-0型固阀是为适应高黏度有聚合物系，在F1型浮阀基础上开发，阀片是由塔板直接向上冲出，三个阀腿与塔板连在一起，见图18.3-33，阀孔尺寸和升程等同标准F1型浮阀。与F1型浮阀相比，压降、操作弹性减小，处理能力效率相当，抗堵性增强，塔板造价降低。为了便于加工，塔板材料为碳钢时厚度为3mm，不锈钢时为2mm。

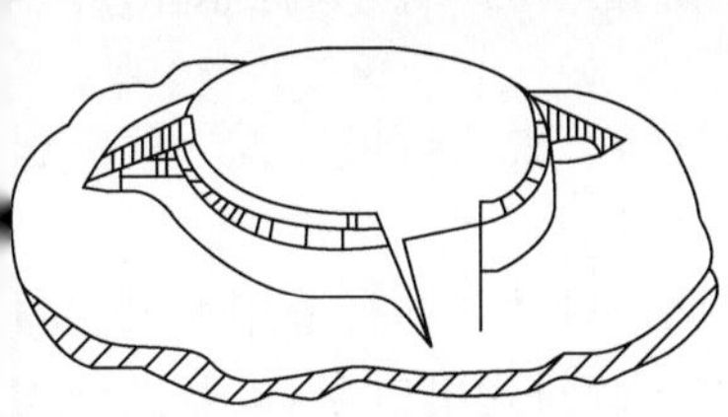
图18.3-33 V-0型固阀

## 4. V-Grid系列固阀

苏尔寿V-Grid固阀技术结合了筛板和浮阀的特点。它直接在塔板上冲压而成，从侧面看似V形，因此得名。在运行时液体流动的方向和阀片平行。这些特点使它与传统筛板相比具有以下优势：

① 气相水平释放与液体接触使泡沫层高度更低，雾沫夹带更少。

② 处理能力和操作弹性更高。

③ 由于改善了气液相的接触，使得它在很宽的操作范围内都保持了高效率。

④ 具有极高的机械稳定性，且没有活动部件，避免了磨损。

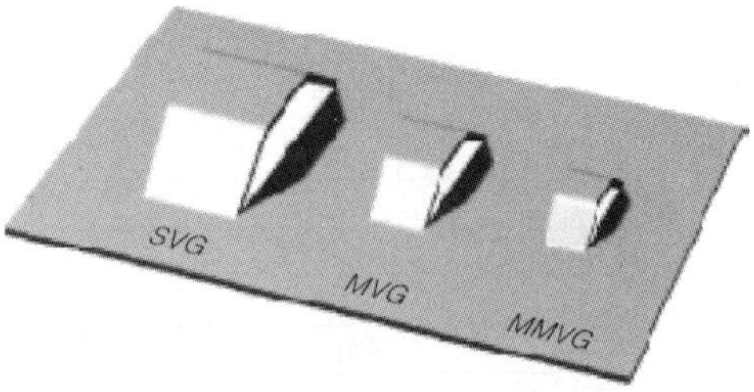

图 18.3-34　V-Grid 系列固阀

⑤ 具有出色的抗堵性能。

V-Grid 固阀家族有 3 种阀孔尺寸，从大到小分别为 SVG、MVG 和 MMVG。阀孔尺寸越小，其处理能力越高。这是因为小阀的压降和雾沫夹带率更低。阀孔尺寸越大，其抗堵性能越好。设计者应根据不同体系的具体要求来优化，并选择最适合的阀尺寸。见图 18.3-34。

SVG 是 V-Grid 系列的最大固阀。由于侧面开孔较大，因此塔板具有自清洁能力，抗堵能力出色，保证了塔长时间运行。已成功应用于乙烯装置的汽油分馏塔、脱丙烷塔底部、脱丁烷塔中。

相对于筛板和浮阀塔板，MVG 具有更高的处理能力，同时分离效率更高、压降更低。它的操作弹性可达 3∶1，在乙烯装置丙烯精馏塔中已有成功应用经验。FRI 测试数据表明，相比筛板，MVG 的处理能力和效率提高了 20%。

MMVG 适用于气相处理能力要求极高的场合。能够在保持相同的效率的情况下，处理能力在 MVG 的基础上再提高 7%。

图 18.3-35 为苏尔寿的高性能塔板 VGPlus。VGPlus 技术结合了增强的塔盘设计和高性能降液管的优势：

① 采用优化排阀、液体导流板和鼓泡促进器等措施，加强了塔板上的气液接触，强化传质。

② 创新增强型降液管技术(如倾斜降液管、悬挂降液管、阶梯形降液管和多弦形降液管)，降低了降液管液泛和持液量，同时增加了鼓泡区面积。

图 18.3-35　高效 VGPlus 塔盘

以上这些特点最大地提高了处理能力和塔盘效率，相比普通塔盘，VGPlus 具有以下优点：

① 增加约 30%的处理能力。

② 降低约 20%的操作压降。

③ 传质效率等同或更高。

④ 液面梯度更低。

⑤ 液相和气相分布更均匀。

VGPlus 塔盘已成功用于乙烯装置中 $C_2$ 和 $C_3$ 分离塔、甲烷塔、脱乙烷塔、脱丙烷塔和脱丁烷塔等。

VG AF(抗堵)塔盘是 VGPlus 塔板家族中的一员，专为抗堵而设计。结合采用大尺寸固阀(SVG 或 XVG)、高性能降液管技术、改良的出口堰(阶梯型或倾斜式出口堰)以及助推阀等技术，使该塔盘不仅具备高处理能力和高分离效率，而且具有超强的抗堵性能，增加了塔盘在易堵场合的运行时间。

5. 微型固阀

Koch-Glitsch 和 Kaiining 公司在开发了微型浮阀的同时也开发了其对应的固定阀，见图 18.3-36，阀体尺寸与升程等同其浮阀，与其浮阀相比大大降低了成本，增加了抗堵性能，处理能力相当，牺牲了些操作弹性，效率也稍低。苏尔寿的 MMVG 从尺寸来说(27mm×13mm)也属于微型固阀。

(a)Koch-Glitsch高效微型圆阀

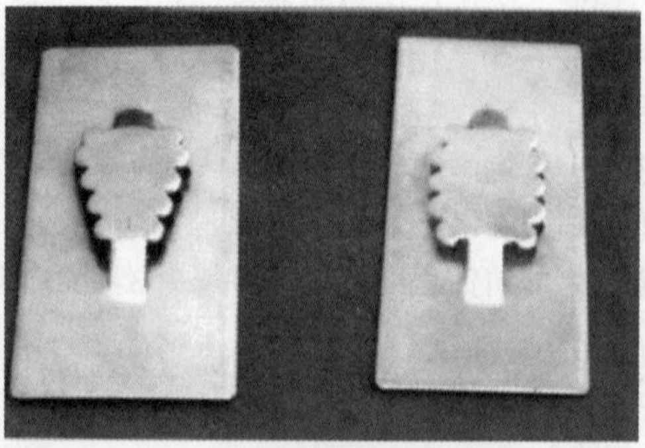
(b)Kaiining高效微型固阀

图 18.3-36 高效微型固阀

## 七、泡罩塔板

1813 年泡罩塔板就有了工业塔中应用的案例，是工业上应用最早的塔型之一。

泡罩塔板如图 18.3-37 所示。液体溢流方式和降液管的设置与一般塔板无异。鼓泡元件主要由升气管及泡罩构成，泡罩安装在升气管的上方，气体由升气管上升，经泡罩和升气管之间的回转通路，由泡罩下部的齿缝溢出液层。泡罩有圆形和条形两种，圆形最为普遍，有碳钢和不锈钢两种材质。泡罩的下部裙边可为光边，也可开设齿缝。泡罩直径多根据塔径大小加以选择，其参考值见表 18.3-2，对传质效率要求高的塔系选择直径小的泡罩。

图 18.3-37 泡罩塔板

表 18.3-2 泡罩直径选取

| 塔径/m | 泡罩直径/mm |
|---|---|
| 1.2 | 80 |
| 1.0~3.0 | 100 |
| 3.0 以上 | 150 |

泡罩塔板的优点是操作稳定弹性大，特别是操作下限低，气液接触充分，塔板抗油污，不易堵塞。它致命的缺点是结构复杂耗材多，造价高，塔板压降大，能耗高。20 世纪 50 年代起，经济的筛孔塔板技术逐渐成熟而被广泛应用，效率高、弹性大的浮阀塔板出现并迅速推广，传统的泡罩塔板逐渐被取代。但在一些特殊场合，如在液量很小的体系(碱洗塔水洗段)，泡罩塔仍然有其优势。一些改进型的泡罩塔板：如：S 型泡罩，简化了泡罩结构、降低造价，抗堵性能强，在生产中也有一定的应用价值。

泡罩在塔板上的排列通常为正三角形，也可为等腰三角形。泡罩间距的大小对于所需的塔的尺寸和鼓泡效果都有显著的影响。泡罩间距大，能减少塔板上的液面落差，但需要较大的布置泡罩面积，即增大了塔径。而且液体在泡罩间与气体的接触可能很差。若泡罩间距过小，由相邻泡罩齿缝吹出的气泡将相互干扰、聚合起来，影响气液接触，使塔板效率降低。因此，需选择适当的泡罩间距。Lockart 认为泡罩中心距为泡罩直径的 1. 33~1. 67 倍最好。Zenz 认为采用泡罩间距须大于设计齿缝开度的 2 倍。Bolles 则建议取泡罩直径的 25%、31%、37. 5%或 50%为泡罩间距。

由于升气管的结构，使泡罩塔板成为唯一的一种无泄漏的塔板。为了在检修时能放空塔板上的液体，在塔板上要专门开设排液孔，也称泪孔。排液孔一般设在靠近出口堰的附近，根据物系的清洁程度，孔径可选为 3~8mm。

## 八、穿流塔板

### 1. 穿流塔板

穿流塔板是一种没有降液管的多孔塔板，也称无溢流塔板。气液在塔板上呈逆流流动，如图 18. 3-38 所示。由于液体是穿过塔板的部分孔淋降到下一层塔板上，因此，这种塔板又称作淋降塔板。这是板式塔中结构最简单的一种塔板，它的优点是：

图 18. 3-38　穿流塔板

① 生产能力较大，因一般单溢流塔板的弓形降液管要占去塔板总面积的 15%~20%左右，双溢流或多流溢所占去的比例更高。

② 压降较小，因具有较大的开孔率。

③ 结构简单，加工容易，安全检修简便，投资省。

④ 耐污垢和腐蚀性较好，不易堵塞。

穿流塔板的主要缺点是在接近液泛时的高效区范围非常窄。在此高效区范围之外，效率下降得很快。因此，穿流塔板的操作范围较窄，弹性较小，传质效率较低，在工业上的应用受到一定的限制。主要适用于分离要求不高，液相负荷较大的解吸、水洗和换热体系等，如急冷水塔和汽油分馏塔。

穿流塔板上的气液通道可为圆形，也可为条形。圆孔一般由冲压而成，根据物系的清洁程度，孔径可在 3~25mm 范围内选取，常用 5~12mm。筛孔越小，操作下限越低；筛孔越大，越容易出现喷射状态。对于高表面张力的物系(如水)，为使液体能通畅地穿过筛孔下流，建议采用较大的孔径。孔间距为 1. 7~3 倍的孔径，通常取 2~2. 5 倍。开孔率通常取 15%~30%。开孔率过低会产生过高的泡沫层高度；开孔率过高，则板效率会下降。

穿流塔板上的筛孔或栅缝与有降液管塔板不同，气液都要通过筛孔或筛缝流动。对同一个孔，不可能同时既通液又通气。对每一个孔，可能处于通液状态，也可能处于通气状态，还可能既不通液又不通气，处于阻塞状态。阻塞状态可以认为是筛孔在通液和通气交替变化的间歇状态。液体在塔面上以一定的频率呈波浪式摆动。当液体在波浪中形成波峰，就会瞬时脉冲地通过孔群流下去。而随着液体流出，该处的波峰很快转变为波谷，气体从同一处孔群中喷出，并夹带液滴向上喷溅。接着液体又冲向波谷，再形成波峰。如此交替变换位置，以及气液在塔板上的横向窜动完全是随机变换的。

在减压和常压操作的塔内，穿流塔板上液体的波浪式流动和气体的喷溅都比较明显。从塔板流下的液体流股也往往会被上升气体破碎成大液滴，淋入下一塔板的泡沫层中。而在加压操作的塔内，由于气液流动参数较大，也即液体动量较大，气速较低，气液两相的接触窜动状态要缓和得多，且无喷溅现象。这与有降液管塔板上的乳化态相似。

2. 波纹筛板

为了避免大塔因水平度偏差而引起板上气液接触不均匀，也为了扩大操作范围，出现了波纹板穿流塔板[图 18. 3-39(a)]。它将平的筛板改为波纹型筛板，气体由波峰和侧处的孔通过，喷入液体中；液体由波谷的孔降落，从而避免了穿流筛板中气液两相从同一筛孔通过造成的操作不稳、操作弹性小的缺陷，也克服了大直径塔板由于制造、安装偏差造成的气液分布不均，从而影响板效率的缺点。

波纹一般为正弦曲线型，波高 13～38mm，半波长 38～64mm。波纹板的波形可有四种[图 18. 3-39(b)]，可根据液体负荷或清液层高的大小进行选择，液量越大，设置波纹深度越大。安装时，相邻两层塔板的波纹方向呈 90°交错排列，这样可以使液体分布均匀，增加湍动。波纹不仅可以提高对气液负荷变化的适应性，同时还增加了塔板的刚性。塔板的材质通常采用不锈钢，厚度≤2mm。

在处理清洁液体时，可选小孔径。若体系易堵，则选用大孔径；也可参考穿流塔板来定孔径和孔间距。

我国引进的乙烯装置中，S&W 公司一般在汽油分馏塔和碱/水洗塔中全部使用波纹筛板，在某套乙烯装置中，S&W 公司甚至将波纹筛板应用于整套装置的塔中。

(a)波纹筛板

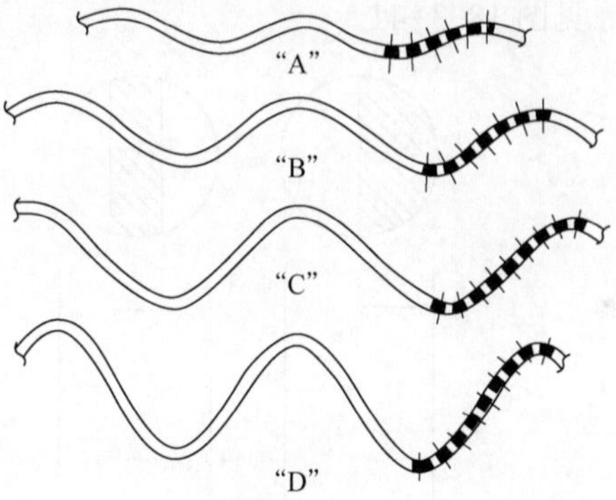


(b)四种波型

图 18. 3-39 穿流塔板

3. 正交波纹筛板塔板

正交波纹筛板塔盘(OWT)是中国石化工程建设有限公司(SEI)和北洋国家精馏技术工程发展有限公司共同开发的新一代波纹筛板塔盘，除具有普通波纹筛板的优势外，还具有操作弹性更大、抗堵塞能力更强、效率更高的显著特点(图 18. 3-40)。与填料塔和固舌塔板、大孔穿流筛板塔盘相比，具有如下主要优势：

① 在保持高传质效率下，操作弹性更大，可较传统塔板处理能力提高 20%～40%。

图 18. 3-40 正交波纹筛板塔盘

② 具有自净功能，抗堵塞性突出，明显优于穿流筛板、固舌塔板和填料塔。

③ 单板压降比大孔穿流筛板低。

④ OWT 的特殊凹凸结构，可保证塔盘安装的水平度要求。

⑤ 采用曲面设计，结构强度大。

OWT 于 2014 年在天津大学进行了中试试验，利用直径为 600mm 的有机玻璃塔，对正交波纹板的流体力学性能进行了研究，同时将实验数据进行了回归分析，得到了相应的经验关联式，其计算结果与实验数据吻合良好，可作为后续应用和设计的计算依据。

该技术应用于某公司乙烯装置脱瓶颈改造项目的急冷油塔(C-101)($\Phi$11500mm)中，其装置处理量由 800kt/a 乙烯扩能改造至 1100kt/a 乙烯。目前装置已成功开车，负荷达到 1100kt/a，塔顶和塔釜温度达到设计值，汽油干点满足要求，全塔压降小于 7kPa，充分体现了正交波纹筛板塔盘在处理能力、抗堵塞性能等方面的优势。

4. 折流挡板或角钢板

折流塔盘是使得液体在基本并列式和盘环式塔盘中沿塔自上而下流动，从一块折流板飞溅到紧邻的下一块折流板，并形成“液帘”。上升的气体穿过液帘，实现气相和液相传质与传热的目的。对高液体流率，部分液体流过堰到达下一块折流板时形成液帘。在这种情况下，气体被迫穿过液体喷淋区和液帘。实验表明，气体流过的开口面积相同时，并列式比盘环式折流塔盘具有更高的处理能力。

实际应用中，随着塔径增大，可将折流挡板分割成多块，从而使折流塔盘具有较大的液帘面积。见图 18.3-41。

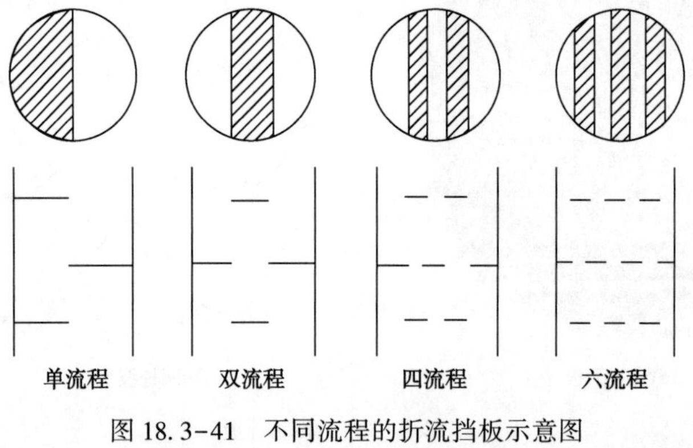


图 18.3-41　不同流程的折流挡板示意图

折流塔盘开口面积大，处理能力高，压力降低，非常适用于结垢严重的体系。但由于气液接触面积小，其效率较低。折流塔盘在传热应用方面，已经用于急冷水塔下段和汽油分馏塔的急冷油循环段。

## 九、多降液管塔板

1. MD 塔板

多降液管塔板(简称 MD 塔板，见图 18.3-42)的结构特点是每层塔板上可以有多个降液管，且降液管悬挂于塔板下的气相空间。降液管底部不是全部敞开，而是分段开了一些缝状开口，液流从这些开口降至下一块塔板，为此要求降液管必须有自封作用。同时，塔板上不再设受液盘。为了使液体分布良好，相邻两层塔板的降液管互成90°交叉。开孔区内的传质元件与一般塔板相同，可以是筛孔、固定阀、浮阀等各种型式。它具有通量大、压降低、板间距小和操作稳定的优点，适用于液气比很大的场合。但由于液流路程较短，板上液相传质的接触时间较短，对于液膜控制的物系，塔板效率有所降低，文献报道对丙烯精馏塔，板效率为65%左右。实际上板效率较低的缺点可由板间距较小而得以弥补，故对塔总高影响不大。

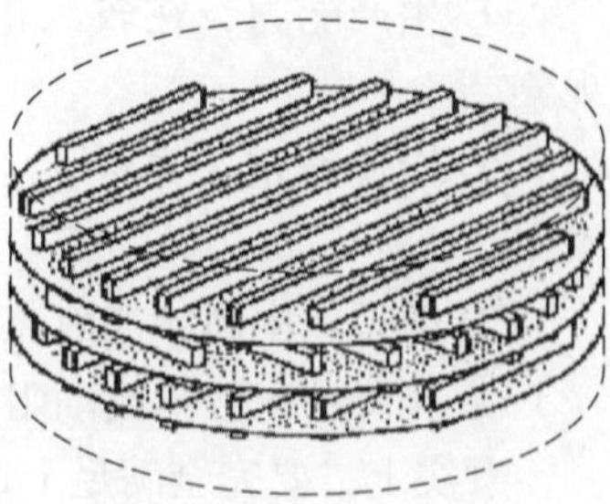

图 18.3-42 MD 塔板

近三十年来，随着生产装置的大型化，MD 塔板的改进型不断出现，主要的改进围绕着以下几个方面：改变鼓泡元件来降低雾沫夹带和提高塔板的效率；增设防冲击漏液装置，减少液体短路；采用降液管新结构来改善流体力学性能；复合填料来提高塔板的效率和操作弹性等。各种 MD 塔板都带有其各自开发商的专利权。如美国 AMT 公司的 MP 塔板，我国浙江工业大学的 DJ 塔板系列，清华大学的斜孔 MD 塔板，UOP 公司的 ECMD、VGMD 塔板，壳牌的 HiFi 塔板等等。这些改进型的 MD 塔板，在性能上都有不同的改善，但也都仍具备这类塔板的共性。

2. 六溢流塔板和八溢流塔板

随着乙烯装置规模的不断增大，丙烯塔也越来越大型化，直径已达到 12m 以上。某 1650kt/a 乙烯装置，S&W 工艺包，丙烯汽提塔和丙烯精馏塔采用四溢流塔板进行初步设计，塔径分别为 8200mm 和 12500mm。过大的塔径和塔设备重量，导致运输和吊装难度和成本飙升。

丙烯精馏塔液相量比较大，为液相控制塔。采用六溢流(图 18.3-43)设计，液流强度比四溢流大大降低，同时优化降液管结构，平衡各鼓泡区的气液比例，降低各段板间距。项目中，丙烯精馏塔塔径由四溢流的 12500mm(S&W 设计)缩减为 10600mm，塔切线高从 94250mm 缩短为 88000mm。

由于丙烯和丙烷的相对挥发度小，分离需要的理论板数较多，尽量缩小塔径，能大幅度地降低投资。随着装置大型化，乙烯装置、丙烷脱氢、气分等装置中的丙烯塔直径也越来越大，多溢流塔盘在丙烯精馏塔中有广阔的应用前景。Koch-Glistch 已将八溢流塔板(图 18.3-44)成功应用于直径 10.2m 的丙烯精馏塔中，板效率达 90%以上。

图 18.3-43 六溢流塔板

图 18.3-44 八溢流塔板

## 十、板式塔的设计

对一种塔板进行性能评价，通常会考核以下几个主要的性能指标：

① 生产能力，在较大的气液流量下仍不会发生大量雾沫夹带、液泛等不正常操作现象。

② 操作稳定、弹性大，当气液负荷量有较大波动时，仍能以较高的传质效率稳定操作。

③ 塔板效率高，气液充分接触。

④ 压降小，液体流动阻力低。

事实上，要完全满足上述条件是很困难的。设计时要根据具体分离工艺要求与物系特性在某些方面进行取舍，总的目标是建造、维修和操作费用最低，即以投资和寿命期总成本最低为目标的优化设计。

根据上述要求，一个完整的塔板设计，工艺设计者在设计中应确定影响分离过程的全部因素，这就是工艺设计的内容：

① 塔径。

② 板间距。

③ 塔板流动型式。

④ 开孔率。

⑤ 降液管型式和面积。

⑥ 出口堰型式、长度和堰高。

⑦ 降液管底隙。

⑧ 受液盘型式和尺寸。

在进行塔板设计时，首先需向设计者提供如下设计工艺条件：

① 塔板位置和范围。

② 塔板数 $N_p$。

③ 操作压力及温度。

④ 气相 $V_G$、液相 $V_L$ 负荷，kg/h 或 $m^3/h$。

⑤ 气相密度 $\rho_V$、液相密度 $\rho_L$，$kg/m^3$。

⑥ 气相黏度 $\mu_G$、液相黏度 $\mu_L$，Pa · s。

⑦ 液相表面张力 $\sigma$，N/m。

⑧ 全塔允许压降，Pa。

⑨ 操作弹性范围。

⑩ 塔板材质。

1. 塔径估算及板间距初选

Smith 法对塔径粗估的方法：

根据适宜的空塔气速 $u$ 和气体流量 $V_s$，按下式求出塔径 $D$：

$$D=\sqrt{\frac{V_s}{0.785u}} \tag{18.3-19}$$

$$u=(0.6\sim0.8)u_{G,max} \tag{18.3-20}$$

式中 $u$——空塔气速，m/s。

$u_{G,max}$——最大有效空塔气速，m/s。可用 Souders-Brown 式计算：

$$u_{G,max}=C_\sigma\sqrt{\frac{\rho_L-\rho_V}{\rho_V}} \quad (18.3-21)$$

$$\frac{C_{0.02}}{C_\sigma}=\left(\frac{0.02}{\sigma}\right)^{0.2} \quad (18.3-22)$$

式中　$C_{0.02}$——表面张力为0.02N/m时的经验系数，可查图18.3-45，或用其回归式计算；

$H_T$——板间距，m；

$h_L$——板上清液层高，m；

$\rho_L$，$\rho_V$——气、液相密度，kg/m$^3$。

求$C_\sigma$时，需预先假设板间距和清液层高度的值，参考表18.3-3和表18.3-4。

**表18.3-3　板间距初选**

| 塔径 $D$/m | 0.3~0.5 | 0.5~0.8 | 0.8~1.6 | 1.6~2.4 | 2.4~4.0 | 4.0~6.0 |
|---|---|---|---|---|---|---|
| 板间距 $H_T$/mm | 200~300 | 250~350 | 300~450 | 350~600 | 400~600 | 600~800 |

**表18.3-4　清液层高度初选**

| 操作压力 | 常压操作 | 加压操作 | 减压操作 |
|---|---|---|---|
| $h_L$ 初值/m | 0.05~0.07 | 0.06~0.10 | 0.03~0.04 |

最后，将计算塔径进行圆整。

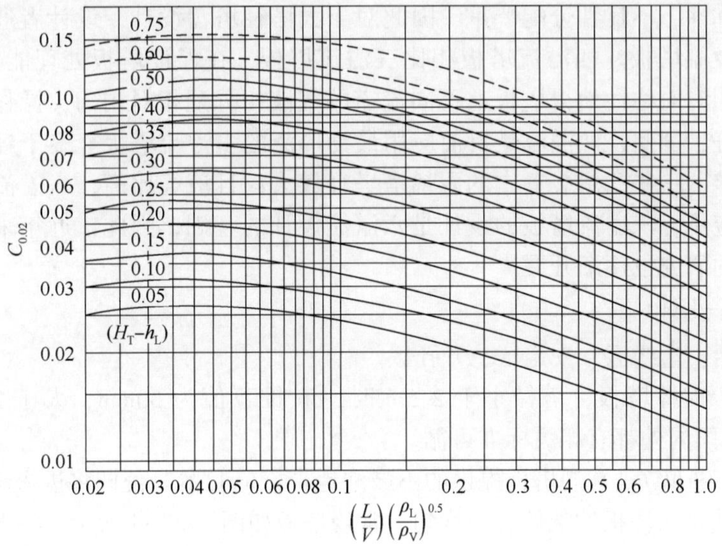


图18.3-45　Smith法中的$C_{0.02}$值

塔板间距的大小与液泛和雾沫夹带两种现象有密切的关系。塔板间距大，对生产能力、塔板效率、操作弹性和安装检修都有利。但板间距增大后会增加塔的高度，从而增加造价。板间距的合理选择应通过塔板水力学计算和经济核算而定。

平田光穗建议，板间距$H_T$和塔径$D$具有下列关系：

$$D\sqrt{H_T}=常数 \quad (18.3-23)$$

对于塔板数较少的大塔，板间距可以超过600mm。

2. 塔板结构和型式的选择

塔板可分为可拆卸式(分块式)和不可拆卸式(整块式)两种。

可拆卸式为把塔板分成好几块，这些塔板块的大小要能通过人孔。塔板的各部分用螺栓连接。各部分的尺寸设计得能通过人孔卸出。这种塔板易于安装、维护和检修。但只限于塔径大于800mm的塔，因为小于这个尺寸，人不能在塔内工作。

不可拆卸式塔板，即整块式塔板，塔板被焊到塔壳上。在较大的装置中，在塔内可设有通道，使人可以进入塔中各层板观察或小修。这种结构的成本最低，但塔板的观察、清理或修理都困难且费用高，因此，除非对很干净且无腐蚀的体系，一般不推荐使用这种结构的塔板。

在板式塔分类时，我们曾提到，按液体的流动型式可将塔板分为单溢流、双溢流、多溢流或U型流等。在选择塔板的溢流程数时，原则上应尽量用小值。因为液流程数的增加，塔板结构变得复杂，液流的流径长缩短，各鼓泡区面积不等或不对称，使各区气液分布不均匀度增加，都有可能降低塔板效率。塔板溢流程数的粗略估算，可取溢流堰的溢流强度在60~115$m^3$/(m·h)范围内，原则上板间距小于450mm取低值；新建塔并且材质要求不高时取低值；扩能改造塔可取高值；效率要求不高的洗涤塔可取高值。另外，应避免液流长度过短，当小于450~550mm时会造成传质效率的下降。一般还建议，塔径小于2m用单溢流，大于2.2m才考虑用双溢流，大于3.4m才考虑用四溢流。

双溢流塔板完全对称，不易产生不良分配，应用较广泛，但处理量较小。三溢流塔板自身结构不对称性，不良性分配严重，因此对于大塔径塔盘设计，设计者通常跳过三溢流塔板而使用四溢流塔板。四溢流塔板相比三溢流塔板，在保证塔板处理能力相当的同时，由于其结构的相对对称性使得塔板上不同流道的气液相分配相对均匀，操作弹性和稳定性较三溢流塔板好，因此，四溢流是目前应用最为广泛的多溢流塔板。鉴于经济性以及塔径增大的趋势要求，一些乙烯装置中的丙烯塔塔径较大，且液气比高，六溢流塔板甚至八溢流也逐渐得到应用。三溢流塔板的设计是六溢流设计的基础，因此，近年来对三溢流塔板和六溢流塔板的研究也逐渐开展。

3. 鼓泡区设计

鼓泡区包括：边缘区、安定区、开孔区。

边缘区用于支撑塔板，塔径小于2.5m时，$W_c$推荐值为50mm，大于2.5m时，可取60mm或更大，国内外都有相关标准可循。

安定区($W_s$和$W'_s$)是常规塔板提供的不鼓泡地带，$W_s$目的是使即将进入降液管的液体预脱气，$W'_s$是为使进入塔板的液体分布均匀。常规塔板如图18.3-4所示，一般降液管与开孔区之间的安定区宽度$W_s$取50~100mm，受液盘与开孔区之间的安定区宽度$W'_s$取70~100mm，或取$W_s=W'_s=75$mm，在小塔中，两安定区宽度可适当缩小，对某些塔，两区甚至可以取消。

为了减少液面梯度造成的降液管出口处的局部漏液，进一步提高塔板处理能力，20世纪80年代起国内外塔板研究者开发了在$W'_s$内设置鼓泡促进器，在$W_s$内设置附加降液管。见图18.3-46，这区域内的改进也成为高通量高效塔板特性之一。

鼓泡促进器的作用，见图18.3-46(a)，使刚刚流出降液管的液体能在瞬间和气体混合，消除降液管出口处静压头高、气体分布的死区。

附加降液管用于扩能改造，见图 18.3-46(b)，在原有降液管前的安定区内附加一盒式降液管，以增加液相流通能力，这种改造可以不涉及与塔壁的任何焊接工作。

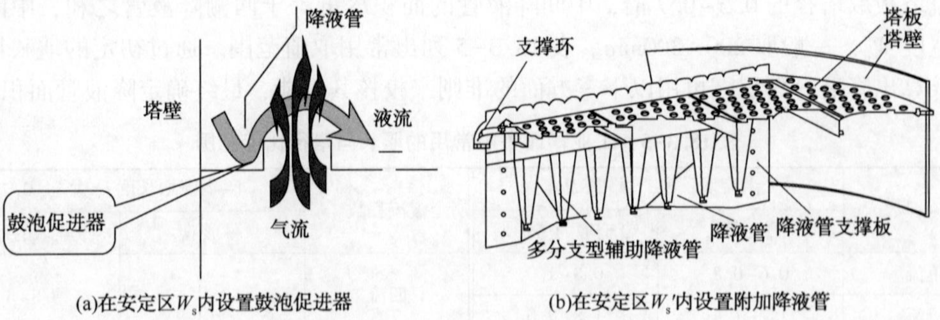


图 18.3-46　塔板安定区内新结构

开孔区内布置传质元件(如：筛孔、浮阀、泡罩等)，传质元件的布置是塔板性能保证的重要因素，包含三个参数，开孔率、孔间距、排布方式。这三个参数与传质元件结构有关，也是各种高效塔板开发点之一。

4. 降液管和受液盘

降液管是塔内各层塔板间液体流动的通道，也是溢流液体中夹带的气体得以分离的场所。降液管的结构参数包括降液管型式的选择、面积大小以及下端与板面间距离(简称底隙)的确定。

(1) 降液管型式的选择

各种不同的降液管结构型式示于图 18.3-47。

弓形垂直降液管[图(a)]：堰与塔壁间的全部截面均作降液之用，结构简单，安装方便，应用最广。

管式降液管[图(b)~(d)]：适用于液体负荷极小或塔径较小的场合，在降液管前方设置的溢流堰，是为增加溢流强度并提供足够的分离空间。

弓形倾斜降液管[图(e)~(f)]：当降液管面积占塔板面积 12%以上时，选用倾斜式，以扩大塔板的有效面积，同时，由于出口截面积减少，有利于下流液体的泡沫分离。倾斜降液管顶部截面积与底部截面积之比推荐取 1.5~2.0(通常取 1.7)，直管段一般取 1/3 板间距，应用也比较广。

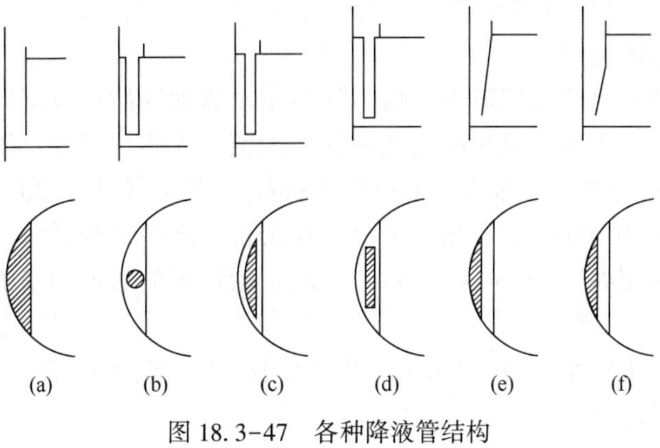


图 18.3-47　各种降液管结构

（2）确定降液管尺寸

降液管的尺寸一般通过取降液管的堰长 $l_w$ 来量化，单溢流塔板取塔径的 0.6~0.8 倍；双溢流塔板取塔径的 0.5~0.7 倍，中间降液管的面积尽量等于两侧降液管之和，中间降液管的宽度 $W_d$，一般取 200~300mm。表 18.3-5 列出常用取值范围。通过初定的堰长用数学方法计算出降液管面积，再用以下三方面的准则来校核其性能，最终确定降液管面积大小。

**表 18.3-5　工业精馏塔中常用的堰长与塔径比值范围**

| 液流程数 | 溢流堰长度 $l_w$/塔径 $D_T$ | | 液流程数 | 溢流堰长度 $l_w$/塔径 $D_T$ | |
|---|---|---|---|---|---|
| | 弓形堰 | 带辅堰的弓形堰 | | 弓形堰 | 带辅堰的弓形堰 |
| 单流 | 0.6~0.8 | 0.8~1.0 | 四流 | 3~4 | 3.8~4.0 |
| 双流 | 1.2~1.4 | 1.8~2.0 | | | |

① 降液管中液体线速度 $u_d$ 宜在 0.1m/s 以下。

② 液体在降液管内的停留时间一般应大于 3~5s，对于易起泡的体系，停留时间更要长些。

$$\tau=\frac{A_f \cdot H_T}{L_s}\geqslant 3\sim 5 \tag{18.3-24}$$

式中　$H_T$——板间距，m；

$A_f$——降液管截面积，$m^2$；

$L_s$——液相流量，$m^3/s$。

③ 溢流堰上液流强度 $i$ 小于 60~115$m^3/(m \cdot h)$，原则上板间距小于 450mm 取低值；新建塔且材质要求不高时取低值。

$$i=\frac{L_h}{l_w} \tag{18.3-25}$$

式中　$L_h$——液相流量，$m^3/h$；

$l_w$——堰长，m。

对于工业上应用最广的弓形降液管，随降液管截面积的减小，降液管的宽度比长度缩短得更快。过窄的降液管对于泡沫、结垢和杂物的堵塞很敏感，受加工精度的影响也大。过小的降液管对板上的液流分布也不利，易造成死区，降低传质效率。因此，降液管截面积不应取得过小，一般不宜小于塔截面积的 5%~8%，可在 5%~25% 塔截面积的范围内选取。

（3）降液管底隙的确定

这个参数由降液管出口局部阻力、物系的结垢和腐蚀性质以及降液管的液封决定。前两个因素决定底隙的最小值，液封决定底隙的最大值。大多数工况，用结构最简单的平受液盘。如图 18.3-48(a)所示，取 $h_0=h_w-(6\sim13\text{mm})$，且 $h_0$ 不小于 20~25mm，液体流经底隙的速度不超过 0.3~0.45m/s，一般在 0.07~0.25m/s 之内认为适宜。遇到液气比小或液相量过大的工况，采用如图 18.3-48(b)~(c)所示的设置内堰或凹受液盘结构都是有效的方法。

降液管底隙一般不宜小于 20~25mm，以免太小时易被锈屑堵塞，或因安装偏差而使液流不畅，容易造成液泛。

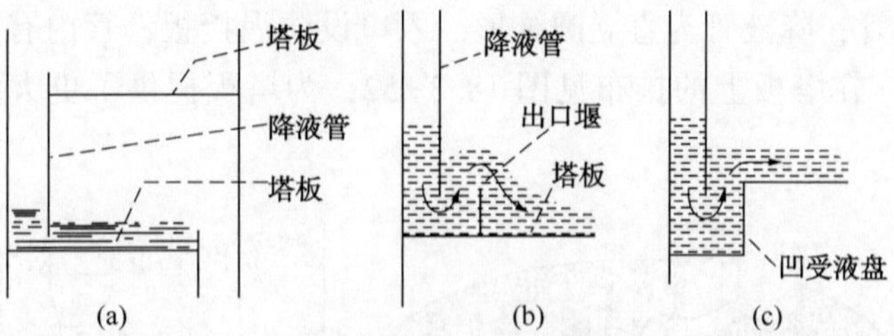


图 18.3-48　受液盘型式

在塔最终一层塔板的降液管下部，应设液封盘，以保证降液管出口处的液封，如图 18.3-49 所示。值得注意的是，终板降液管底隙和侧隙的尺寸要较其他塔板取值保守一些，因为终板受液盘需要考虑再沸器返回的两相流对受液盘的冲击，它也是全塔开车初期建立液封的起点。

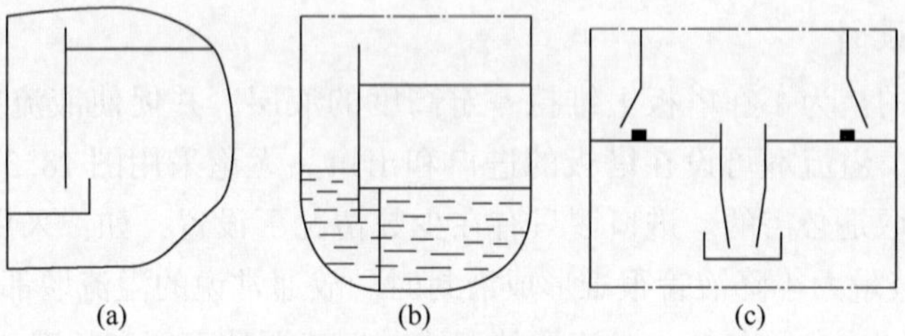


图 18.3-49　终板受液盘型式

降液管的底隙和侧隙在塔板安装中，其偏差是非常重要的控制值，为保证其准确性，常常在降液管底部增加定距板结构。

（4）降液管的新结构

为了进一步提高塔板的处理能力和塔板效率，近年来国内外塔板研究者开发了多种新型降液管，成为高通量高效塔板特性之一，常见的有：

① 悬挂式降液管，取消传统的受液盘，将降液管底端封闭，液体通过底板上的开孔，因阻力而形成自封，见图 18.3-50。增加塔板鼓泡区面积，提高处理能力。

② 扇形或多折边式降液管，改变降液管下部结构为扇形或多折边，一使液体以更接近于塔径的流宽进入塔板，改善初始液体分布；二使受液区变窄，扩大开孔区面积。见图 18.3-51，以提高处理能力和塔板效率。

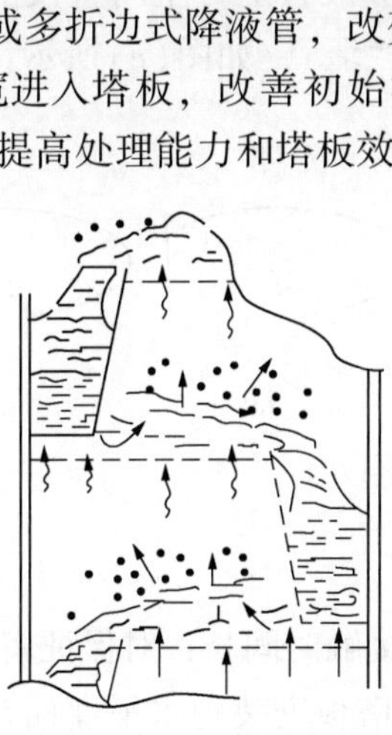

图 18.3-50　悬挂式降液管

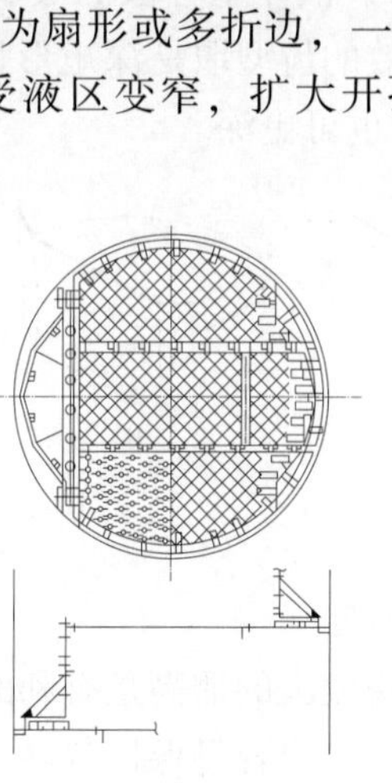

图 18.3-51　改变出口结构的降液管

③ 旋流式降液管，降液管为直立圆锥形，入口设防涡挡板，管内有导液片，以促进降液管内的气液分离，在塔板上的排布见图 18.3-52，为塔板提供了更大的溢流堰长。也采用悬挂式。

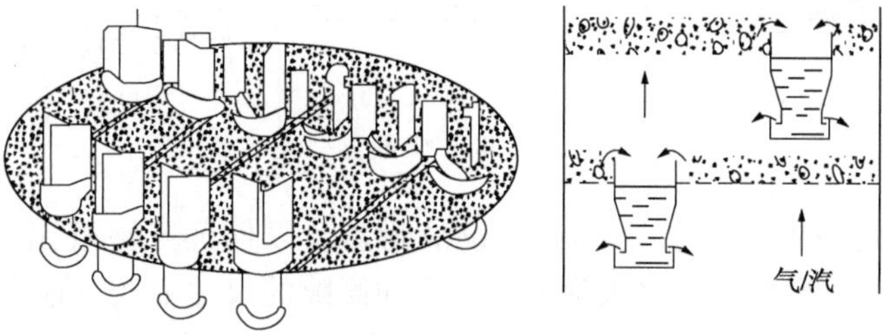


图 18.3-52　旋流式降液管

5. 溢流堰的设计

设溢流堰的目的是为了在塔板上维持一定高度的液层，并促使液流在板上均匀分布以保证气液接触良好。溢流堰可设在塔板的进口和出口。无论采用图 18.3-47 所示的哪种型式的降液管，出口堰是必需的。进口堰只有在少数情况下设置，如：采用图 18.3-47(b)～(d)所示降液管或液量太小降液管很难形成液封时。故通常说的溢流堰都是指出口堰。

溢流堰的主要结构参数包括：溢流堰的型式、溢流堰的高度和长度。

(1) 溢流堰的型式

生产装置中一般都用弓形溢流堰，常用的型式如图 18.3-53 所示，大多数工况下用平堰[图(a)]，当液流强度太大时用辅堰[图(b)]来增加堰长减小液流强度，当液流强度小于 3.5～4.5$m^3$/(m·h)或堰上液层高度小于 6mm 时，安装、制造的偏差对溢流液体分布影响变得很敏感，建议采用齿型堰。在泡沫态操作时，液体是流经溢流堰而进入降液管的，设置三角形连续[图(e)]或间断的齿型堰[图(d)]，对低液流强度下的液体能起到均布的作用，齿深为 25～50mm，齿的疏密由需要的挡液量而定。在喷射态下操作时(低液流强度下很可能是喷射态)，液体呈分散的液滴群跃过溢流堰从降液管上方空间直接沉降进入降液管，此时唯一有效的齿型堰是深矩形齿堰(通常称为栅栏堰)，如图(c)所示，齿深一般在 150～200mm 间，也可更深。

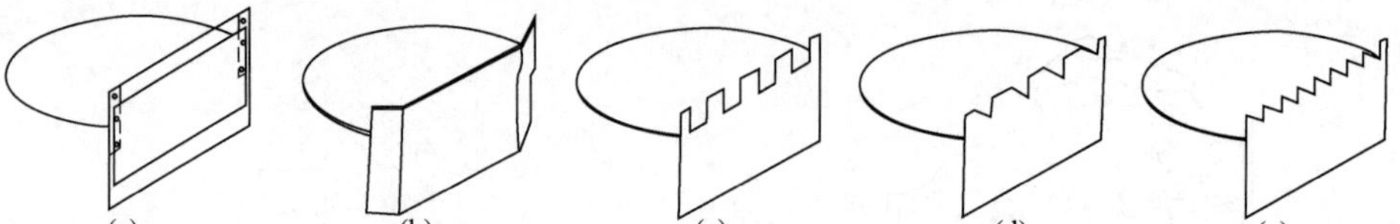


图 18.3-53　弓形溢流堰型式

(2) 堰高的确定

一般来说选择较大的堰高是有利的，堰较高则气液接触时间长，对保证塔板效率有利；在液相负荷较低时，也容易保证气液接触均匀，同时对塔板安装的水平度偏差也不那么敏感。但另一方面，液层高度的增加也使得塔板压降、降液管中液层高度、雾沫夹带量和漏液倾向均增加，从而导致板效率降低。因此，单从板效率而言，堰高也并非越高越好；若再考虑压降，堰高在这两者之间的权衡、选择则尤为必要。相反，堰太低，塔板上液层太薄，气量大时可能出现液层破裂，形成气柱、飞溅和气相短路，液沫夹带也会增加。因此，堰的高度需要在两者之间权衡。

常压塔或高压塔堰高一般在 50~100mm，其中一些板上需要液体较长的停留时间的体系，如：有化学反应的吸收或解析体系，堰高取 75~100mm，大多数常压塔堰高取 50mm 左右。有些板数较多或板间距较小的体系，也会适当降低堰高，但一般不建议小于 30mm。

对于减压塔，降低塔板压降相当重要，所以堰高宜取低些。由于减压体系常常在喷射态下操作，堰高对板上液层高度影响不大。堰高取 19~25mm 为佳，最小推荐值为 12.5mm。塔板安装时，堰的水平度偏差是个很重要的控制值，一般不大于 3mm。

(3) 堰流堰长度的确定

溢流堰长度通常由堰上液流强度决定，以至少维持堰上液层高度 6~12.5mm 为准，最大液流强度不宜超过 100~130m$^3$/(m·h)。为了不使液流强度超限，可采用设置辅堰[图 18.3-53(b)]或选用多溢流塔板。

6. 流体力学性能及计算方法

塔板的形式虽然很多，但它们之间有许多共性，例如：在塔内的气液接触状态、分布状态、气流对液体的夹带、溢流堰上的溢流规律、降液管内的液体流动等，它们都遵循同样的水力学规律。通过对塔板水力学共性的分析，可以了解板式塔板的设计原理。我们还是以应用最多的普通筛板和 F1 型浮阀为基础讨论、研究。

(1) 塔板上气液两相的接触状态

筛板塔和浮阀塔的生产实践和对其研究中发现，从严重漏液到液泛的整个操作范围中，存在着五种气液接触状态，见图 18.3-54。

图 18.3-54 塔板上典型的气液接触状态

鼓泡状态：当气速较低时，气相被分散成断续的气泡群以鼓泡的形式穿过板上液层，此时液层比较平静，有清晰的表面，起泡表面为气液传质界面。见图 18.3-54(a)。这种状态只有当气体流量很小时才会出现。

蜂窝泡沫状态：气速和液相中的气体滞留量增大会使小气泡聚合，但当气泡聚合受阻时则可能会发生各种类型的泡沫。当气液负荷较低时所形成的气泡呈多面体，液体成薄膜位于泡沫间，泡沫顶层会有些波动，但仍能维持一定的界面。这种状态易在小塔中有水相存在时发生。见图 18.3-54(b)。

泡沫状态：随着气速的增加，上述两种状态将转化为泡沫状态，此时气体被分散成大小不同的气泡在液体中作不规则上升运动，而液体大多呈薄膜状存在于气泡之间。泡沫层的剧烈运动致使其上层界面不断波动，其高度难以测定，见图 18.3-54(c)。在某些情况下，如不易发泡的液体或较纯的液体，板上液层比较高，环流比较激烈时，泡沫状态也可由鼓泡状态直接转变来，而不经历蜂窝泡沫状态。泡沫状态是工业塔板上重要的接触状态之一。

喷溅状态：上述三种接触状态所形成的分散体系是液相为连续相，气相被分散。当气速进一步增大而液相流率相对较低时，情况则正好相反，气相是连续相，液体被气流分散成小液滴。此时液体并不是连续地流经出口堰，而是被抛射入降液管，见图 18.3-54(d)。这种分散体系使液相的比表面积大大增加，为气液传质创造了良好的条件，是工业塔板上理想的接触状态之一。

乳化状态：当气速较低而液体负荷相对较大时，塔板上液体流动的剪切作用会将尚未形成正常尺寸的气泡切断，从而使气泡的尺寸变小，成为小气泡夹带在液流中，形成了均匀的两相流体，呈现出某种“乳化”的特征，见图 18.3-54(e)。

塔板上气液两相的操作状态主要取决于流体的流动速度、气液两相的物性、塔板的结构等。同时，它又直接影响着塔板上两相的流体力学及传质性能，如塔板上泡沫层高度、清液层高度及雾沫夹带的计算等都因两相操作状态而异。

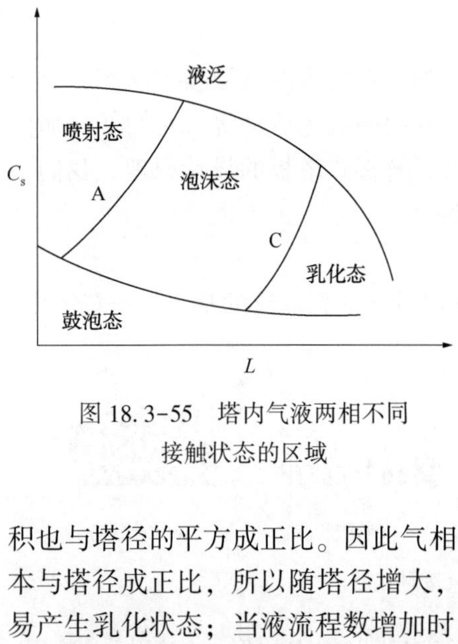


图 18.3-55　塔内气液两相不同接触状态的区域

五种状态在塔中可能出现的区域示于图 18.3-55，塔设计应使两相流处在泡沫和喷射态。减压和低压有利于喷射态形成，因它们的能力因子 $C_s$($C_s = u_0\sqrt{\frac{\rho_G}{\rho_L-\rho_G}}$)大而堰上液流强度 $L$ 小；而高压体系易形成泡沫态，再加上高液体负荷则可能形成乳化态。影响相转变的主要因素有如下几方面：

① 液气比 $L/V$。$L/V$ 大，易呈现泡沫状态。在精馏塔中，精馏段的 $L/V$ 往往较小，易呈现喷射态，而提馏段较易呈现泡沫状态。

② 塔径。在同样的 $L/V$ 和泛点百分率条件下，$V$ 和 $L$ 的变化与塔径的平方成正比，塔中气相流动面积也与塔径的平方成正比。因此气相流动情况与塔径无关，但在液流程数恒定时，堰长基本与塔径成正比，所以随塔径增大，堰上的液流强度也按比例增大。从图 18.3-55 可见，易产生乳化状态；当液流程数增加时，液流强度的变动将减缓。

③ 板间距。在同样的 $L/V$ 和泛点百分率条件下，减小板间距将使液泛速度下降，操作气速同样变小，由图 18.3-55 可见易形成泡沫态或乳化态。相反，增大板间距则易形成喷射态。

④ 筛孔直径。大孔径有利于喷射态形成，因此图 18.3-55 中分界线 A 将相应地右移。未发现分界线 C 受孔径的影响。

⑤ 开孔率。开孔率低易形成喷射态，相应的图 18.3-55 喷射态与泡沫态的分界线 A 随开孔率的降低而右移。泡沫态与乳化态间转相未发现受开孔率的影响。

⑥ 溢流堰高。堰高的增大略微有利于泡沫态的形成，对泡沫态与乳化态间的转相未发现有影响。

预测相转变的关联式及深入的研究，可参见文献。

（2）塔板上气液两相的分布状态

使气液两相在塔板上分布均匀，是塔板研究者毕生的研究目标，如图 18.3-56(a)，图 18.3-21(a)所示。但常用的塔板结构，采用垂直弓形和倾斜弓形降液管，如图 18.3-47 (a)、(e)、(f)所示，塔盘上总归会形成一定程度的气液不均匀分布。

气相在塔板上的分布状态，见图 18.3-56(b)，在降液管出口处，液体速度高，静压头大，气体难以通过，为气体流动的死区，漏液源于此处。进入降液管前，静压头低，液层薄，气体离开液层速度大，雾沫夹带源自此处。

液相在塔板上的分布状态，图 18.3-21(b)，在塔盘的两侧，由于流出降液管两侧的液体较少，易形成液体流动的死区（滞留或返混），这两大死区的存在减小了有效鼓泡面积，减少了气液接触时间，降低了气液分离的效率。

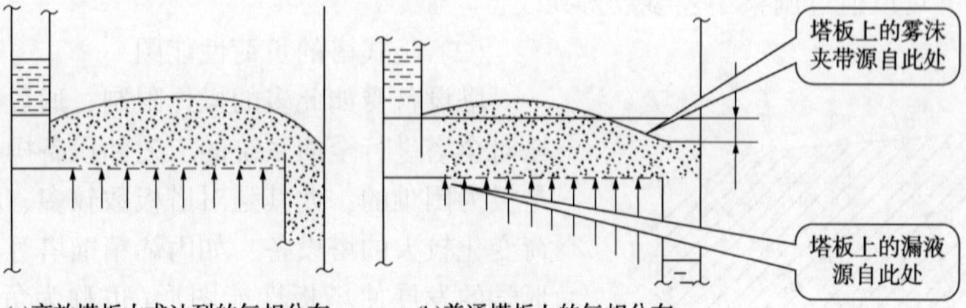


(a)高效塔板力求达到的气相分布　(b)普通塔板上的气相分布

图 18.3-56　气相在塔板上的分布

使气液两相在塔板上分布均匀，尽量消除气液死区的方法如下：

① 避免气相死区：入口设安定区、增加溢流程数、设置鼓泡促进器、适宜的开孔率。

② 避免液相死区：入口设安定区、增加溢流程数、增加导向孔、采用导向阀、合理的导向板或阀孔布置、改变降液管下部形状。

## 7. 塔的操作极限与负荷性能图

（1）塔板的操作限制

塔设备的操作不仅要维持正常的理想流动，同时也要保证正常的高效操作，因此塔设备操作受塔板流体力学和工艺传质效率要求两方面限制，综合各种影响因素，分别归纳出板式塔的流体力学限制和传质限制，详见表 18.3-6 和表 18.3-7。

表 18.3-6　塔板流体力学操作限制

| 工质 | 属性 | 水力学限制 | 操作现象 |
|---|---|---|---|
| 气相 | 上限 | 喷射液泛 | 喷射液泛相当于 100%雾沫夹带，制约了塔内正常气液流动 |
| | 下限 | 泄漏液塞点 | 操作在液塞点附近的塔板发生压力波动，引起机械振动 |
| 液相 | 上限 | 降液管入口液泛 | 太高液相负荷将阻滞降液管气体的分离，造成降液管入口堵塞 |
| | 下限 | 最小堰上流动 | 最小液量保证正常、均匀的堰上液体流动 |
| 气液两相 | 上限 | 降液管液泛 | 操作在高板压降下，压力平衡制约了降液管液体流动，降液管泡沫高度不超过降液管高度，否则将引起降液管液泛 |
| | 下限 | 降液管液封 | 太低气相流量或塔板压降和液相流量，不足以产生降液管液封，会使气体短路 |

**表 18.3-7 塔板传质操作限制**

| 工质 | 属性 | 传质限制 | 操作现象 |
|---|---|---|---|
| 气相 | 上限 | 雾沫夹带 | 雾沫夹带引起塔内重组分纵向返混，降低上一层塔板传质推动力，不仅如此，过量的雾沫夹带也将引起液泛问题 |
| | 下限 | 泄漏 | 泄漏引起塔内轻组分纵向返混，降低下一层塔板传质推动力 |
| 液相 | 上限 | 降液管气体夹带 | 气体夹带会引起塔内轻组分纵向返混，降低下塔板传质推动力，同时会降低降液管的处理能力 |

无论是塔板流体力学限制还是传质限制，一般上限限制对于塔设备操作来讲是致命的，而处于下限状态操作的塔板大多数可以操作，虽然传质性能和可操作性能较差，但一般是非致命的，并可以通过调整工艺参数得到改善。

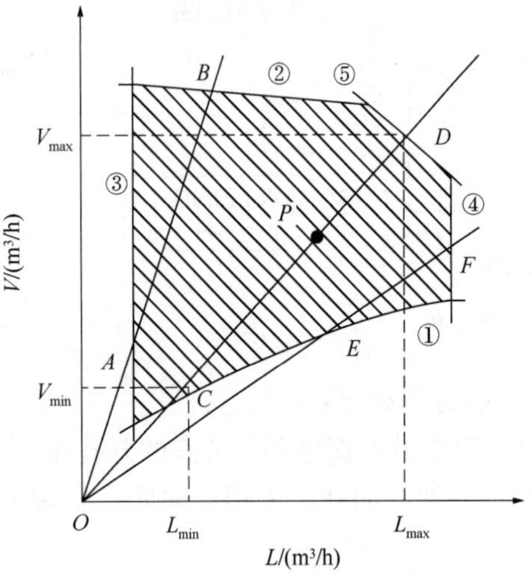


图 18.3-57 塔板负荷性能图

(2) 板式塔的负荷性能图

塔设备受如此多的操作限制，通过计算数据表格对全塔进行全面系统的工艺和设备操作性能分析是极为困难的，尤其是对塔板数较多、塔内气液负荷变化较大的塔设备，如丙烯精馏塔等。计算机图形学的发展使塔板性能图形(也称为负荷性能图)分析方法成为综合分析塔设备操作效果最直观、简单的方法。见图 18.3-57，图中阴影区域是塔的稳定操作区，若出此区，则将出现液泛、过量雾沫夹带、干吹、漏液等现象。线①~⑤分别表示了各种不正常流体力学状态的界限，即气液相负荷的操作极限。各线意义及计算分述如下。

1) 漏液线(图 18.3-57 中标号①为漏液线)

当通过筛孔或者阀孔的气速过低时，液体从筛孔或阀孔流下，形成漏液。线①代表发生漏液时气相流量 $V$ 和液相流量 $L$ 的关系。低于此线，气液两相不能正常进行接触。

为保证塔板不漏液的下限气速为 $u_{om}$，对筛板，$u_{om}$ 按下面的经验公式计算：

$$u_{om}=4.4C_o\sqrt{\frac{(0.0056+0.13h_L-h_\sigma)\rho_L}{\rho_V}} \tag{18.3-26}$$

当$h_L$<30mm，或筛孔孔径$d_o$<3mm 时，可用

$$u_{om}=4.4C_o\sqrt{\frac{(0.0051+0.05h_L)\rho_L}{\rho_V}} \tag{18.3-27}$$

对于孔径$d_o$>12mm 的大孔筛板，可用

$$u_{om}=4.4\beta C_o\sqrt{\frac{(0.01+0.13h_L-h_\sigma)\rho_L}{\rho_V}} \tag{18.3-28}$$

以上三式中　$u_{om}$——漏液点的筛孔气速，m/s；

$h_L$——板上清液层高，m；

$\beta$——修正系数，可取$\beta=1.15$；

$C_o$——筛孔的孔流系数，见图 18.3-58；

$h_\sigma$——与液体表面张力相当的液柱高度，m 液柱，由式(18.3-29)计算：

$$h_\sigma=\frac{4\sigma}{9810\rho_L d_o} \tag{18.3-29}$$

式中　$\sigma$——液体表面张力，N/m；

$d_o$——筛孔孔径，mm。

实际孔速与下限孔速之比称为稳定系数 $K$，即

$$K=\frac{u_o}{u_{om}} \tag{18.3-30}$$

$K$ 值应大于 1。当要求较大的操作弹性时，$K$ 可取 1.5~2.0。

浮阀塔板由于浮阀可随气速变化升降，所以漏液量相当小，阀重对漏液也有影响。实验表明，当阀重大于 30g 时，阀重再增加，漏液量也不会减少。所以对于阀重为 30~34g 的阀，可取阀孔动能因子$F_{om}=5\sim6$ 作为气相负荷下限。

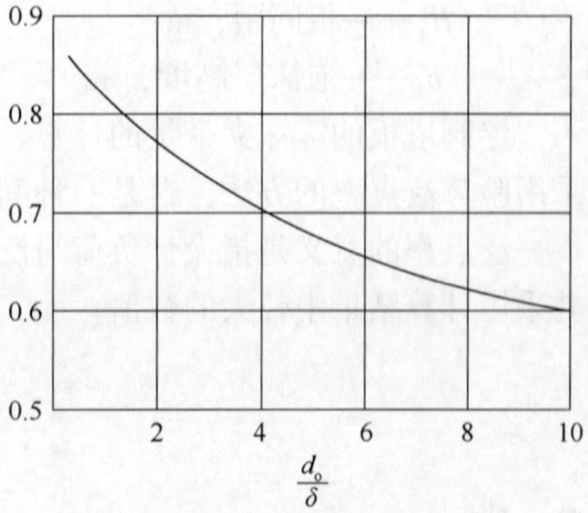

图 18.3-58　干筛孔的流量系数

显然，该线为一水平线。实际上用$F_o$判断漏液是一种较为简便的方法，实验测定，对于筛板和斜孔，漏液 10%时的孔动能因子$F_{om}=8\sim10$。

沈复等以空气-水系统和空气-柴油系统进行试验，得出 F1 重阀(32~34g)的漏液点阀孔动能因子为

$$F_{om}=2.968\varphi_a^{0.19}h_w^{0.027}i^{-0.219} \tag{18.3-31}$$

式中　$\varphi_a$——以塔板鼓泡区面积计的开孔率；

$i$——液流强度，$i=\frac{L}{l_w}$，$m^3/(h\cdot m)$；

$h_w$——堰高，mm。

应强调，所谓漏液点孔速实为使塔板刚好不漏时的孔速。研究表明，一定塔板的均匀漏液，对板效率影响不大；只是在低气速下的非均匀漏液，尤其是在进口堰附近的局部漏液，对塔板效率下降有明显影响。

2）过量雾沫夹带线(图 18.3-57 中标号②为过量雾沫夹带线)

一般规定过量雾沫夹带量 $e_v$ 的上限值为 0.1kg 液/kg 气，将该值代入公式算出过量雾沫夹带时的 $u$，从而可得出此时 $V$ 与 $L$ 的关系。亦可规定雾沫夹带分数为 0.15。雾沫夹带量的计算常采用 Hunt 法[式(18.3-6)]或 Fair 图(图 18.3-7)。Hunt 法出现最早，形式简单易用，在国内一些生产塔中校核结果，较符合实际，因而应用最多；当计算要求较高时，可考虑采用 Fair 法。

用 Hunt 计算时，曾发现$\frac{u_G}{H_T-A_f}>12$ 时，$e_v$ 不再显著上升。当筛孔孔径在 12mm 以上时，雾沫夹带量与空塔气速的关系可能是大于 3.2 次方，这方面的定量关联尚待进一步的工作，

但初步可得$e_v=0.1$时的关联式。

$$0.1\sigma=0.00855\left(\frac{u_{G,m}}{H_T-h_f}\right)^{3.2} \tag{18.3-32}$$

因此可用夹带量$e_v=0.1$时的气速作为设计的上限负荷。该气速为

$$u_{G,m}=2.16\sigma^{0.312}(H_T-h_f) \tag{18.3-33}$$

式中 $u_{G,m}$——由雾沫夹带控制的上限气速，m/s；

$\sigma$——液体表面张力，N/m；

$H_T$——板间距，m；

$h_f$——泡沫层高度，m。

浮阀塔板的雾沫夹带量的计算，国内外做过不少研究，但适用于工业装置的计算仍宜采用验算泛点率的方法，这是一种间接判断雾沫夹带量的方法。

泛点率的意义是指设计负荷与泛点负荷之比，以百分率表示。泛点率由以下公式求出，并采用计算结果中较大的数值。

$$F_1=\frac{100C_V+136L_sZ_1}{A_bKC_F} \tag{18.3-34}$$

或

$$F_1=\frac{100C_V}{0.78A_TKC_F} \tag{18.3-35}$$

式中 $F_1$——泛点率,%；

$C_V$——气相负荷因子，$C_V=V_s\sqrt{\frac{\rho_v}{\rho_L-\rho_v}}$，$m^3/s$；

$V_s$，$L_s$——气相及液相流量，$m^3/s$；

$A_b$——液流面积，$m^2$；

$A_T$——全塔截面积，$m^2$；

$K$——物性系数，可由表18.3-8查得；

$C_F$——泛点负荷因子，见图18.3-59。

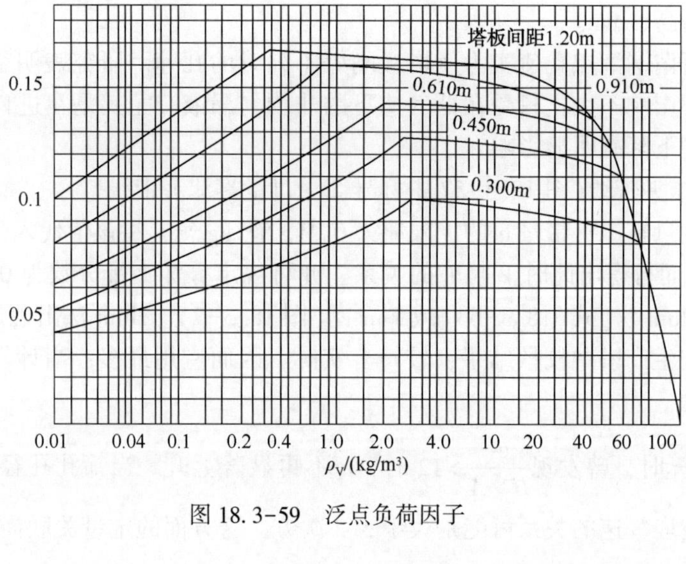


图18.3-59 泛点负荷因子

在单溢流塔板中，

$$Z_1=D-2W_d \tag{18.3-36}$$

$$A_b=A_T-2A_f \tag{18.3-37}$$

在双溢流塔板中，

$$Z_1=\frac{1}{2}(D-2W_d-W'_d) \tag{18.3-38}$$

$$A_b=A_T-2A_f-A'_f \tag{18.3-39}$$

**表 18.3-8　物性系数 *K***

| 系　　统 | $K$ | 系　　统 | $K$ |
| --- | --- | --- | --- |
| 无泡沫，正常系统(如丙烯塔，乙烯塔) | 1 | 重度起泡物系(如碱洗塔) | 0.65 |
| 低起泡物系(如脱丙烷塔，脱丁烷塔等) | 0.9 | 严重起泡物系(如甲乙酮装置) | 0.60 |
| 中等起泡物系(如脱甲烷塔) | 0.85 | 形成稳定泡沫物系(如碱再生塔) | 0.30 |

根据 Glistch 公司的建议，当雾沫夹带量控制在 0.1kg 液/kg 气以下时，$F_1$的数值规定如下：

对于一般的大塔，$F_1$<80%~82%；

对于负压操作塔，$F_1$<75%~77%；

对于直径小于 900mm 的塔，$F_1$<65%~75%。

3）液相下限线(图 18.3-57 中标号③为液相下限线)

液相负荷很小时，易造成塔板上液流不均匀，有时还会出现“干吹”现象，降低塔板效率，为此要保证一定的堰上液流高度$h_{ow}$。一般取$h_{ow}$=6mm 作为液相下限。此时，应将平堰改为齿形堰。

当采用圆形降液管时，为避免管口发生液阻现象，$h_{ow}$应小于圆形降液管内径的 1/6~1/5。$h_{ow}$的计算见式(18.3-12)~式(18.3-15)。

4）液相上限线(图 18.3-57 中标号④为液相上限线)

塔板上最大允许液相负荷主要受降液管限制，通常可按如下原则确定：

① 出口堰上的液流强度一般不宜超过 $60m^3/(h\cdot m)$；

② 降液管内液体流速不宜超过 0.1m/s；

③ 降液管内清液高度不宜超过板间距 $H_T$的一半；

④ 降液管内液体停留时间一般应大于 3~5s。

不同情况的最小停留时间数据如下：

不起泡物系，$\tau$>3s；

微起泡物系，$\tau$>3.5s；

中等起泡物系，$\tau\geqslant$4~5s；

严重起泡物系，$\tau$>7s；

高压烃类和其他特殊物系，$\tau$>6~7s。

一般情况下，根据以上停留时间的要求，按公式(18.3-24)即可作液相上限线。超过此线，易造成气相返混、效率降低或降液管液泛。

另外，最大允许液相负荷还受到液流越堰时抛距 $S_t$(图 18.3-60)的限制。此抛距必须

小于降液管宽度，否则液流封闭降液管口，气体难以逸出，也造成液泛。抛距可用下式计算

$$S_t = \sqrt{h_{ow}(H_T + h_w - H_d)} \tag{18.3-40}$$

式中 $S_t$——液流抛出距离，m；

$h_{ow}$——堰上液流高度，m；

$H_T$——塔板间距，m；

$h_w$——出口堰高，m；

$H_d$——降液管内液层高度，m。

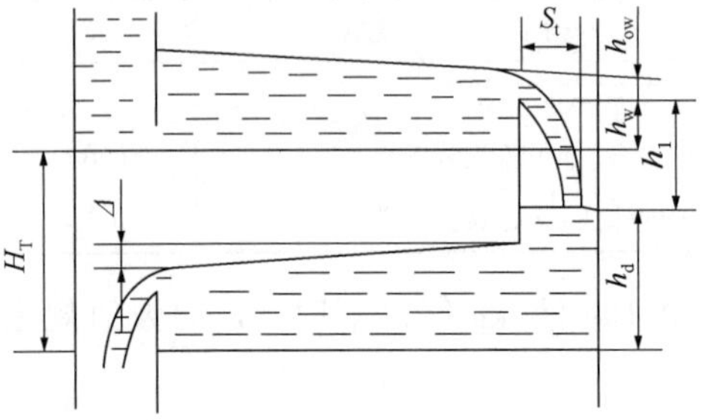


图 18.3-60　塔板上液面示意图

最大抛距不应超过降液管宽度的 60%，对于易起泡的物系，最大抛距不应超过降液管宽度的 30%～40%。

5）液泛线(图 18.3-57 中标号⑤为液泛线)

液泛有两种：一种是因为气相负荷过大造成的夹带液泛；另一种是因液相负荷过大引起的降液管液泛。为避免降液管液泛，板式塔设计中应保证：

$$H_T + h_w \geqslant \frac{H_d}{\phi} \tag{18.3-41}$$

式中 $\phi$——泡沫层的相对密度，又称起泡系数。对易起泡的物系，$\phi=0.3\sim0.4$；对一般物系，$\phi=0.5$；对不易起泡物系，$\phi=0.6\sim0.7$。

按式(18.3-41)可作出线⑤。

工业上由气量过大导致的夹带液泛更为常见，为避免这种情况发生，设计时应先从不发生雾沫夹带入手定出气速，由此算出塔径后，再根据液相流量对降液管进行校核。

6）操作线与操作弹性

① 操作线。对于一定液气比的操作过程(如一定回流比的蒸馏过程、一定溶剂比的吸收过程)，$V/L$ 为定值，故塔板的操作线在图 18.3-57 上为通过原点、斜率为 $V/L$ 的直线。操作线与图中气液两相操作极限线的交点，才是该具体工艺条件下实际允许的正常操作范围。如图中 $OCD$ 线，气相负荷从 $V_{min}$ 到 $V_{max}$；液相负荷从 $L_{min}$ 到 $L_{max}$。同时，各线的上、下限均有其特定意义：

$OAB$ 操作条件——上限 $B$ 为雾沫夹带控制，下限 $A$ 为最小液量控制；

$OCD$ 操作条件——上限 $D$ 为液泛控制，下限 $C$ 为漏液控制；

$OEF$ 操作条件——上限 $F$ 为最大液量控制，下限 $E$ 为漏液控制。

② 操作弹性。操作弹性规定以气相负荷的变化范围来表示，即定义为气相负荷上限与下限之比。如图 18.3-57 中，操作线 $OCD$，$D$ 点对应的 $V_{max}$ 与 $C$ 点对应的 $V_{min}$ 之比，即为该 $V/L$ 下的操作弹性。

塔的实际操作弹性要比极限负荷之比小，因为在极限负荷条件下，塔的操作稳定性差，板效率往往较低。

操作弹性大的塔，适应性好，但绝不意味着操作弹性也越大越好。以蒸馏为例，若操作范围很宽，势必要求再沸器、冷凝器等附属设备都很大，这是很不经济的。

气液负荷的设计点又称操作点(图 18.3-57 中的点 $P$)。若操作点落在稳定操作区的适中位置，可望获得良好的操作弹性，而操作点紧靠某一极限线的情况是设计中应该避免的。此时，可通过适当调整塔板的结构参数而得以改善，以得到满意的结果。例如，加大板间距，会使液泛线和雾沫夹带线上移；加大降液管，会使最大液量线右移等。但同时应注意各结构参数间的相互制约关系及设计的优化等。

综上所述，利用负荷性能图，可以方便地实现塔结构设计的优化。若作出不同塔型在同一工艺条件下的负荷性能图，还可为塔型选择及设计评价提供依据。

负荷性能图的可靠性取决于各条线所代表的流体力学规律研究的深入程度。应用者仔细对塔板专利商的负荷性能图中各线定义加以论证。

## 十一、板式塔的优化设计

石油化工企业塔设备中板式塔约占 90%以上，日益增长的分离需求促进了新型塔板技术的发展。塔板改进的方向主要有：增加有效传质面积、降低压力降、降低板上液面梯度、减少板上滞留返混合增加气液相接触面积等。

### 1. 增加有效传质面积

提高鼓泡区占比是增加有效传质面积最直接的方式。一般弓形降液管占整个塔截面积的 10%~20%。为了控制非传质区域的面积，各厂家开发了各种形状的降液管(图 18.3-61)，如环形降液管、扇形或多折边式降液管、多弦形降液管，这些改进的降液管一方面使受液区变窄，扩大鼓泡区面积，提高处理能力；另一方面，液体以更接近于塔径的流宽进入塔板，改善初始液体分布(图 18.3-21)，提高塔板效率。

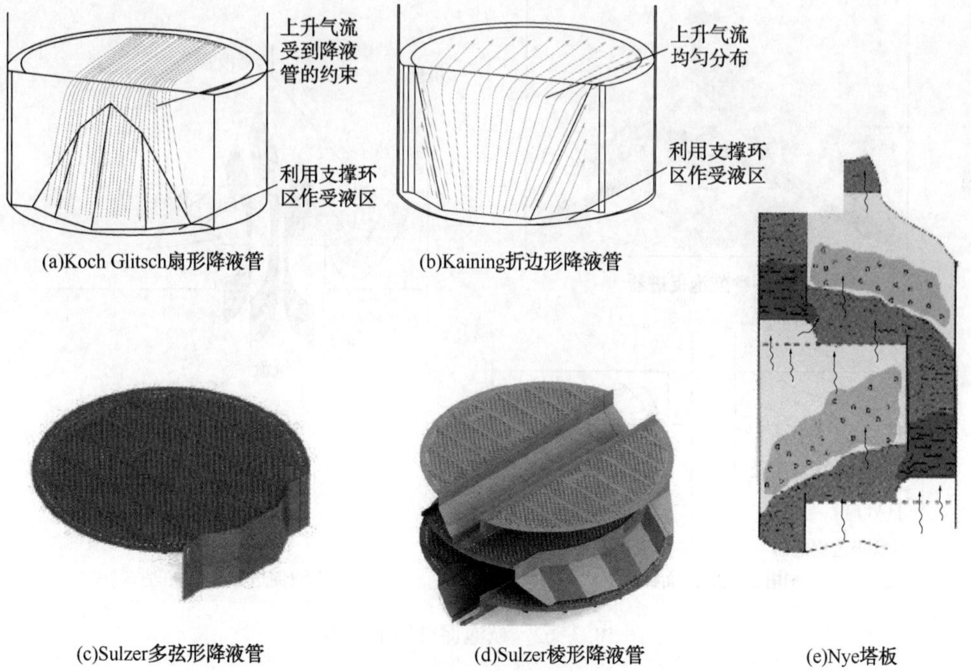


图 18.3-61　新型降液管

除了缩小降液管和受液区面积，利用悬挂降液管，取消传统的受液盘也能有效地增加传质面积。通常的做法是设置一块高于塔板一定高度的进口板用以替代原有受液盘的承液功能，典型代表为 Nye Tray，塔板降液管的底部被升高，原有的受液盘被改造为开孔区，从而在不损失效率的前提下，提高处理能力。

2. 降低板上液面梯度和减少板上滞留返混

液体横向流过塔板，由于存在阻力，将在塔板上形成一定的液面梯度。对于小塔或液相流径较短的塔板，液面梯度很小，可以忽略。百万吨乙烯分离装置中的关键塔，塔径基本在 3m 以上，甚至达到 10m 以上，在塔径较大且液体流量较大的情况下，塔板上会形成较大的液面梯度，导致气体鼓泡不均匀，有时还会形成局部漏液，降低传质效率。

通常通过选取适宜的流径长度、采用带导向作用的传质元件和安装鼓泡促进器等措施来降低塔板上的液面梯度。

一般的弓形降液管，会在塔盘的两侧形成液体流动死区(滞留或返混)，减少有效鼓泡面积，降低气液分离效率。一般认为，板上液体作平推流流动更有利于提高传质效率。

使气液两相在塔板上分布均匀，尽量消除气液死区的方法：入口设安定区、增加溢流程数、设置鼓泡促进器、增加导向孔或导向阀、合理的导向板或阀孔布置、改变降液管下部形状等。

图 18.3-62 为一种鼓泡促进器的示意图，鼓泡促进器使刚刚流出降液管的液体能在瞬间和气体混合，消除降液管出口处静压头高和气体分布的死区，减少液面梯度造成的降液管出口处的局部漏液，进一步提高塔板处理能力。

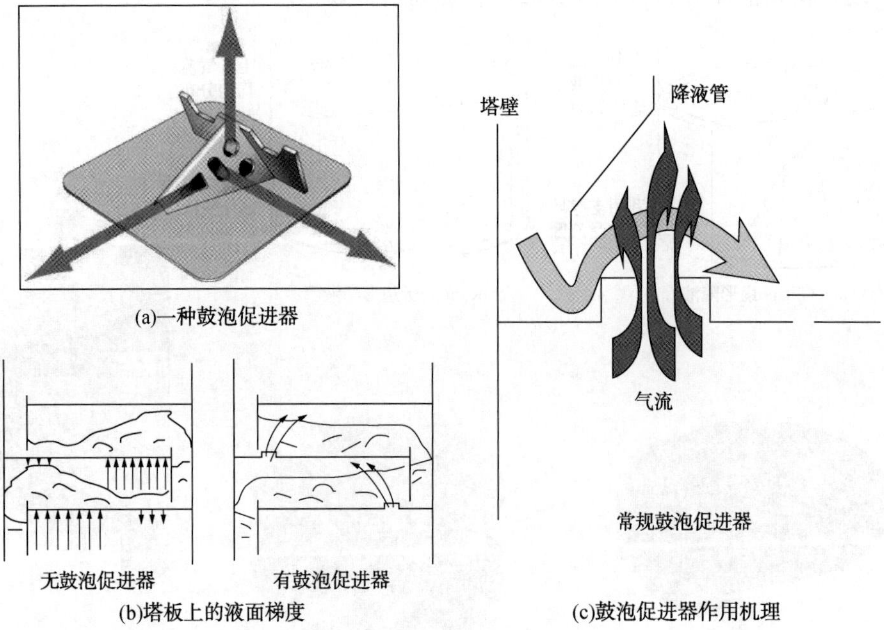


图 18.3-62 鼓泡促进器示意图

图 18.3-63 为 Sulzer 公司的 VGPlus 塔板及塔板上的液体流速分布。可见，在降液管出口区加了导流板后，使得塔板上的液体分布更为均匀，减少液体死区。

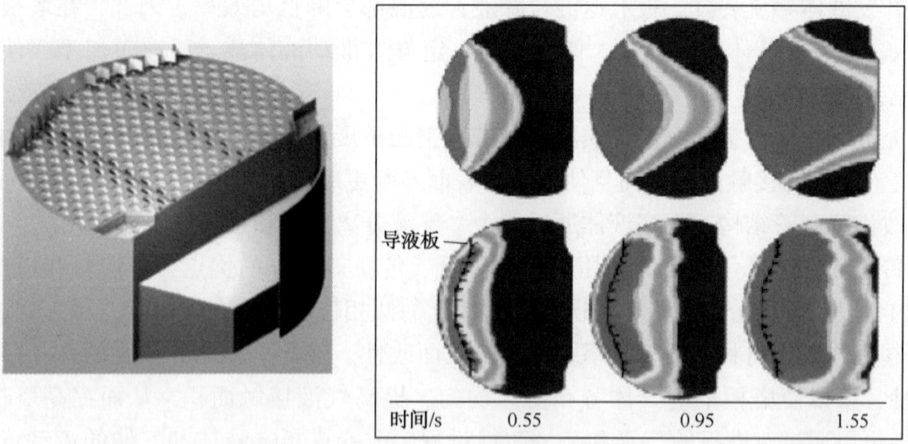


图 18.3-63　VGPlus 塔盘上的液体分布

### 3. 增加气液相接触面积

随着气相负荷的增加，塔板上的气液接触状态依次为鼓泡态、蜂窝态、泡沫态和喷射态四种。其中，泡沫态是最理想的气液传质状态，此时的相界面密度最大，塔板的传质效率也最高。喷射态时，液体被气流分散成小液滴，液相的比表面积大大增加，为气液传质创造了良好的条件，是工业塔板上理想的接触状态之一。为了进一步增加塔板在鼓泡态和蜂窝态时的传质效率，通过减小初始鼓出气泡的体积，可以有效改善在低气速操作状态下的塔板传质效果，提高塔板操作弹性。传质元件的微型化是减小鼓出气泡体积最直接的办法，但这种方式会大幅度增加塔板制作费用，也会引起堵塞和高压降的问题。新型微分传质元件的开发可以很好地解决以上问题。

### 4. 增加液相停留时间

分析现有的塔板技术，用于增加液相停留时间的方法有两类：一类是通过设置挡板强制增加液相在塔板上的液流强度。将塔板的受液区和降液区放置在塔板的同一侧，中间以隔板相隔，塔板的一部分也被挡板隔开，此时液相流动路径为 U 形。这种塔板型式虽然提高了液相停留时间，但同时也加重了液面梯度和滞留返混，适用于液流强度很小的场合。另外一类是通过利用板间空间辅助以特殊设计的传质元件形成液相拉升和降落过程，从而提高液流长度，如日本的垂直筛板和河北工业大学的 CTST 塔板。

### 5. 板式塔的未来发展趋势

随着传质理论和传质技术的不断进步，新型塔板的开发正越来越受到广大传质工作者的重视，尤其是在老装置的改造过程中，由于受到现场情况等诸多因素的限制，需要用传质效率高、通量大的塔板来更换普通浮阀或筛孔塔板，所以开发结构简单、传质效率高、通量大的板式塔具有重要意义。

通过对新型塔板的分析研究，得出今后板式塔的研究方向是：

① 传质元件结构的改进。消除塔内液体梯度和液体滞留区，开发结构简单的传质元件，使气液接触更充分，提高塔的传质效率。

② 优化板面结构，充分利用板上区域，增加气液接触的机会，扩大传质面积，从而提高通量，改善气液流动状况。

③ 开发液体导流装置。板上返混合降液管返混都会降低塔效率，因此，在塔板上和降液管的入口区设置液体导流装置，使气体按一定方式推动液体流动，改善流型，使板上接近活塞流，减少返混。

④ 充分利用塔板空间。使传质区域向塔板空间扩展，塔板结构趋向于立体结构，大幅度提高气液两相的接触面积，而且使液滴的表面不断更新，有利于提高传质效率。

⑤ 改进降液管结构。提高液体通过能力、气液分离效果和抗液泛能力。

⑥ 传质元件复合化。充分利用填料压降低、传质效果好的优点，将填料和塔板复合，满足塔内各段不同的分离要求和工况，强化板上的两相传质，提高处理能力和分离效果。

⑦ 阀孔或塔板材料的改进及塔板材料的表面改性。泡沫材料具有较大的开孔率和气体微分特性，可以使塔板上的气体分布更为均匀、提高气液接触面积，从而提高塔板效率。表面改性可以通过对塔板的疏水和疏油改性过程，改变塔板上液体和气体的流动行为，进而对塔板的流体力学性能和传质性能产生影响。

## 十二、板式塔的其他辅助装置

工业中的塔器，除塔壳和塔板及填料等传质元件外，还需要一些不可缺少的内件和辅助装置。对板式塔，有除沫器、液体收集再分布及气液进出料管件等，塔釜的结构设计也很关键。

### 1. 板式塔进料结构

进料分布管的结构见图 18.3-64，进料分布管结构的三大组成部分：壳体管口部分、分布支管部分、进料分布管部分。壳体管口与分布支管用对片法兰连接，壳体管口伸入长度 150~200mm，进料分布管底部开溢流孔，顶部末端开放气孔。分布支管与进料分布管连接处不开孔区规定见图 18.3-64 中详图。

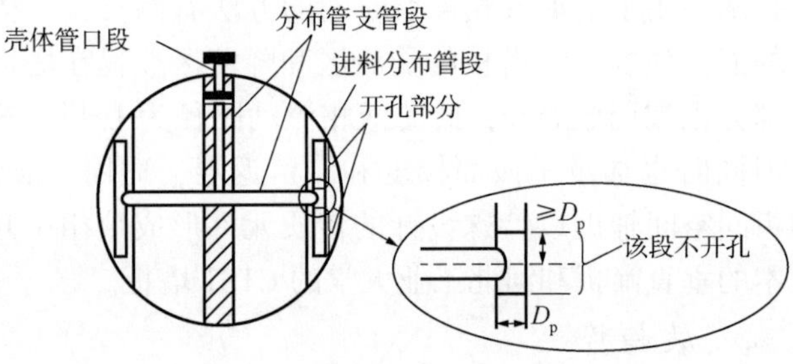


图 18.3-64　进料分布管的结构

进料分布管的型式见图 18.3-65。

图 18.3-65 设计说明：

① 首选设计(a)和(b)。(b)设计对占位要求高，对管口方位要求低；若(a)设计和(b)设计均无法实现，若塔径比较大选用(c)设计，塔径比较小选择(d)设计。

② 不推荐(e)设计。

③ 若(a)、(b)、(c)、(d)均无法设计，则选用(f)设计。(f)设计需使用限流孔板。

④ (b)设计和(c)设计中直段越长越好，最小为管径的两倍。

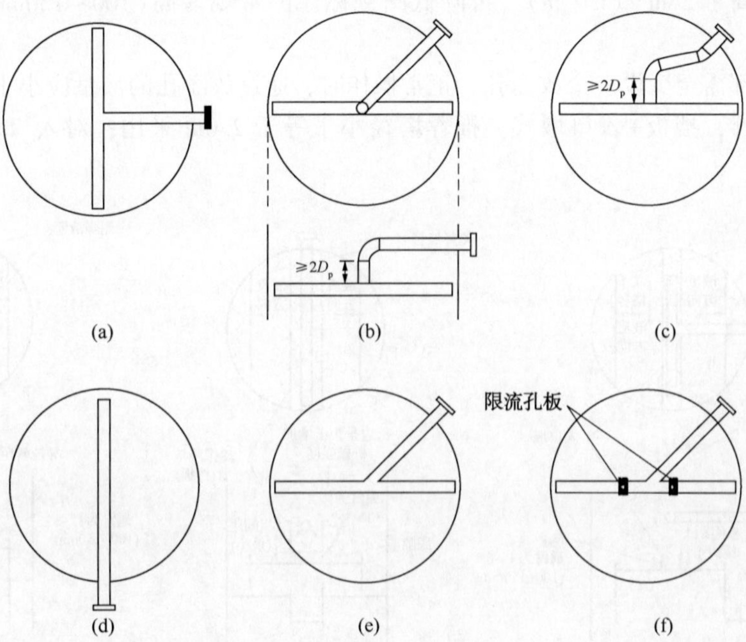


图 18.3-65 进料分布管的型式

(1) 顶部塔板进料

常用的顶部塔板进料结构有三种情况，回流或无闪蒸进料、有闪蒸进料、两相流进料，见图 18.3-66~图 18.3-72。

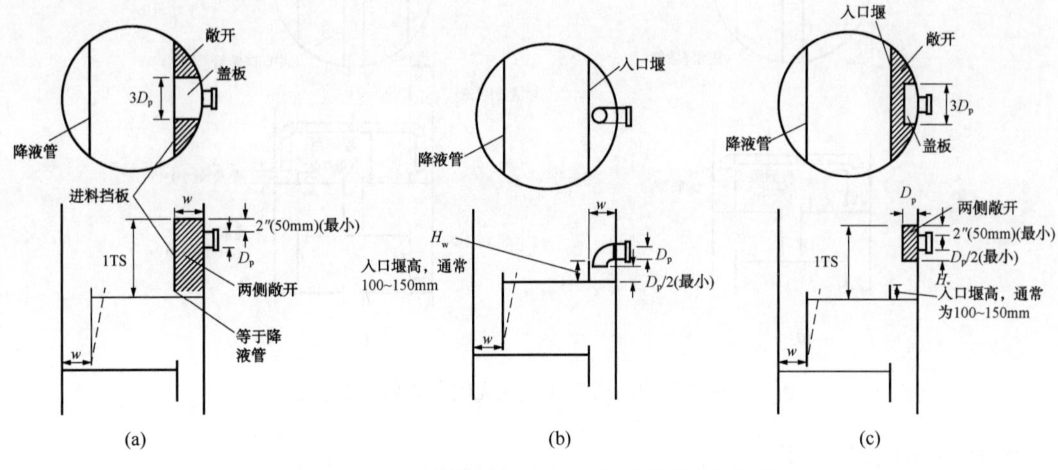


图 18.3-66 顶部塔板回流或无闪蒸进料(单溢流)

图 18.3-66 设计说明：

① (a)设计，虚拟降液管式，推荐塔径大于等于 2.0m 采用。

② (b)设计，入口堰式，进料管口流速小于等于 1.5m/s；

对低液体流率工况，可以省去弯头；

液流强度低于 9$m^3$/(h·m)时，采用齿形或栅栏堰；

液流强度高于 $27m^3/(h \cdot m)$，可降低图例标注的常规堰高(100~150mm)或选择(a)设计；

入口堰底部需至少设一个放净孔，正常操作时，通过放净孔的液量应小于10%。

③ (c)设计，挡板+入口堰式。推荐塔径小于等于2.0m采用；对入口堰的要求等同(b)设计。

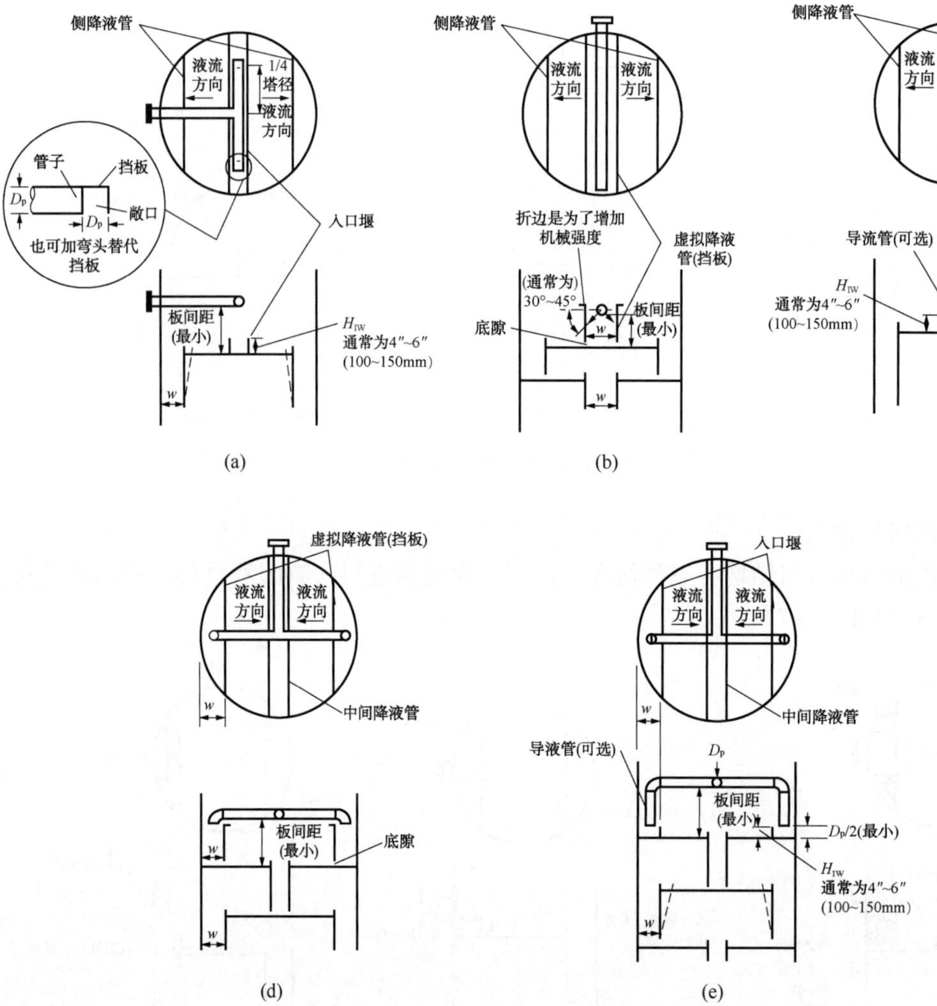


图 18.3-67　顶部塔板回流或无闪蒸进料(双溢流)

图18.3-67设计说明：

① (a)、(b)、(c)设计进料落至中间降液管受液区，新塔设计首选这类设计；(a)设计和(c)设计是入口堰式，(b)设计是虚拟降液管式。

② (d)、(e)设计是进料落至两侧降液管受液区；(d)设计是虚拟降液管式，(e)设计是入口堰式。

③ (a)、(c)、(e)设计中的入口堰，进料管口流速小于等于1.5m/s；液流强度低于 $9m^3/(h \cdot m)$，采用齿形堰或栅栏堰；液流强度高于 $27m^3/(h \cdot m)$，可降低图例标注的常规

堰高；发泡系统应加弯管或导液管；入口堰底部需至少设一个放净孔，正常操作时，通过放净孔的液量应小于 10%。

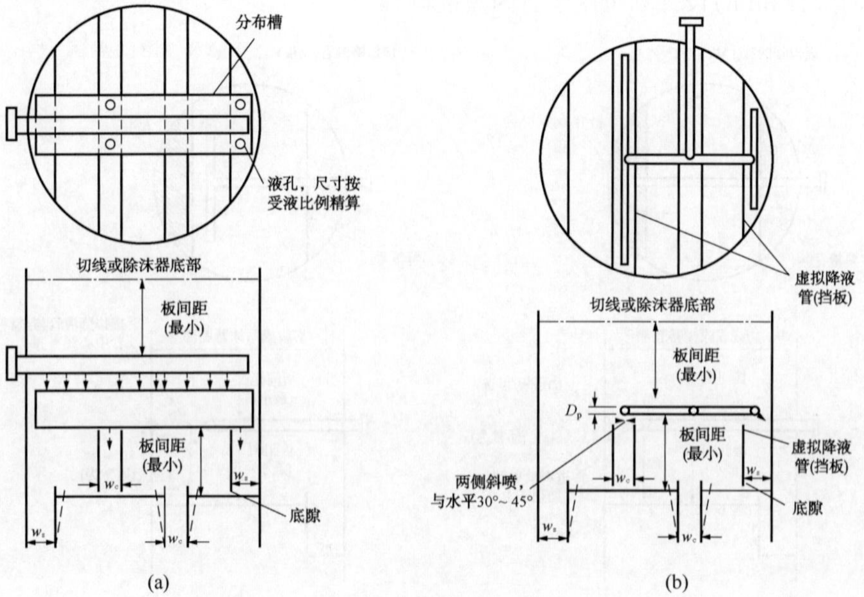


图 18. 3-68　顶部塔板回流或无闪蒸进料(三溢流)

图 18. 3-68 设计说明：

① 首选(a)设计。(b)设计非不得已可用于改造塔，需按受液比例精算管径和孔径。

② (a)设计和(b)设计均可用于轻度闪蒸进料。

③ (a)设计和(b)设计均需做流量测试。

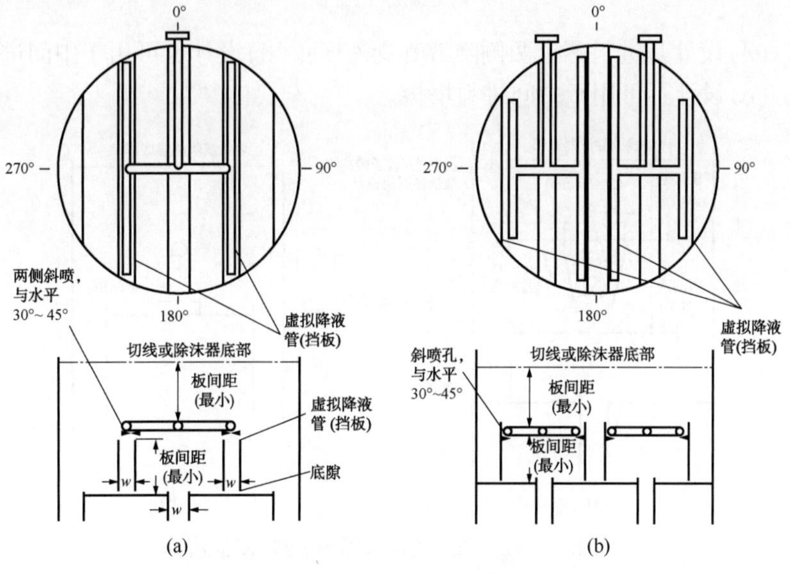


图 18. 3-69　顶部塔板回流或进料(四溢流)

图 18.3-69 设计说明：

① 首选(a)设计。(b)设计可用于改造塔。

② (a)设计和(b)设计均可用于有闪蒸进料。

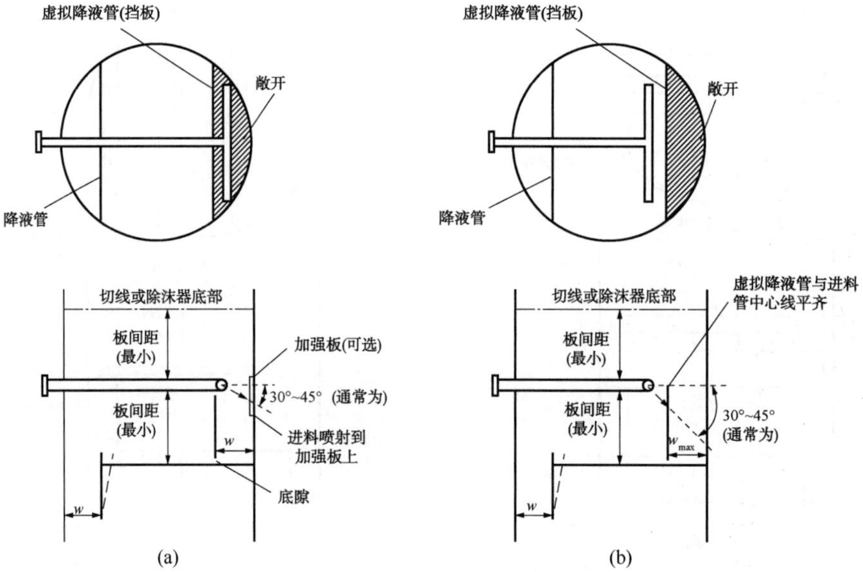


图 18.3-70 顶部塔板有闪蒸进料(单溢流)

图 18.3-70 设计说明：

(b) 设计也可用于中间塔板进料。

图 18.3-71 设计说明：

① (a)、(b)设计是进料落至中间降液管受液区，新塔设计首选这类设计，(b)不推荐使用。

② (c)、(d)设计是进料落至两侧降液管受液区；(d)设计也可用于中间进料板。

③ (a)、(c)设计不可用于中间进料塔板。

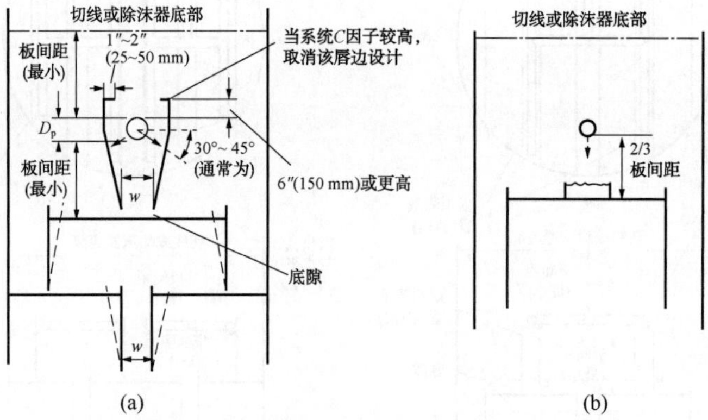


图 18.3-71 顶部塔板有闪蒸进料(双溢流)

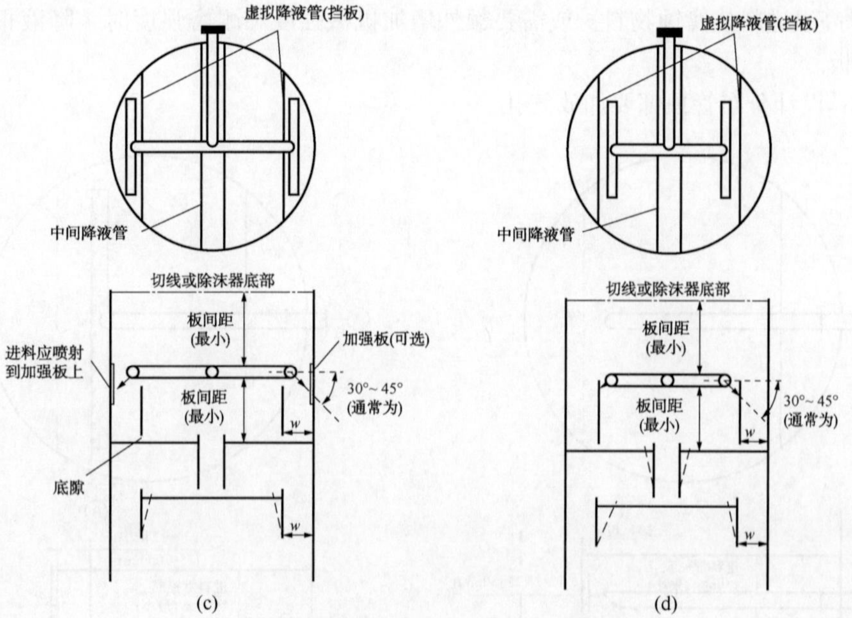


图 18.3-71　顶部塔板有闪蒸进料(双溢流)(续)

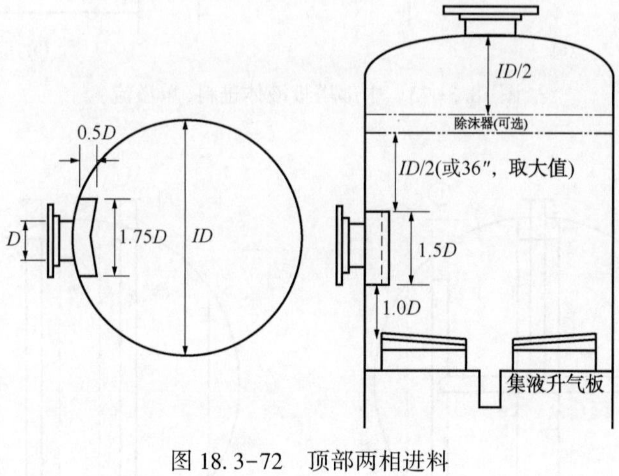


图 18.3-72　顶部两相进料

图 18.3-72 设计说明：

① 进料管口动量 $\rho V^2 \leqslant 4500\text{Pa}$。

② V 形挡板两侧出口气速满足：$\rho V^2 \leqslant 3400\text{Pa}$。

③ V 形挡板可用叶片式分布器代替。

(2) 中部管口进料

常用的中部塔板管口进料结构见图 18.3-73~图 18.3-79。

图 18.3-73 设计说明：

① 当进料液体小于进料板上液体量的 10%时，可选用(a)设计；当中间进料液体量超过 10%时，且降液管长度超过 1.5m 或要求中间进料液体混合更均匀时(如溶剂萃取精馏塔)，宜选用带分布管的(b)设计。

② 对高温进料或腐蚀物料，或需要额外增加机械强度和耐磨强度时，降液板上应增加隔热加强板。

③ (b)设计分布管顶部要加放气孔。

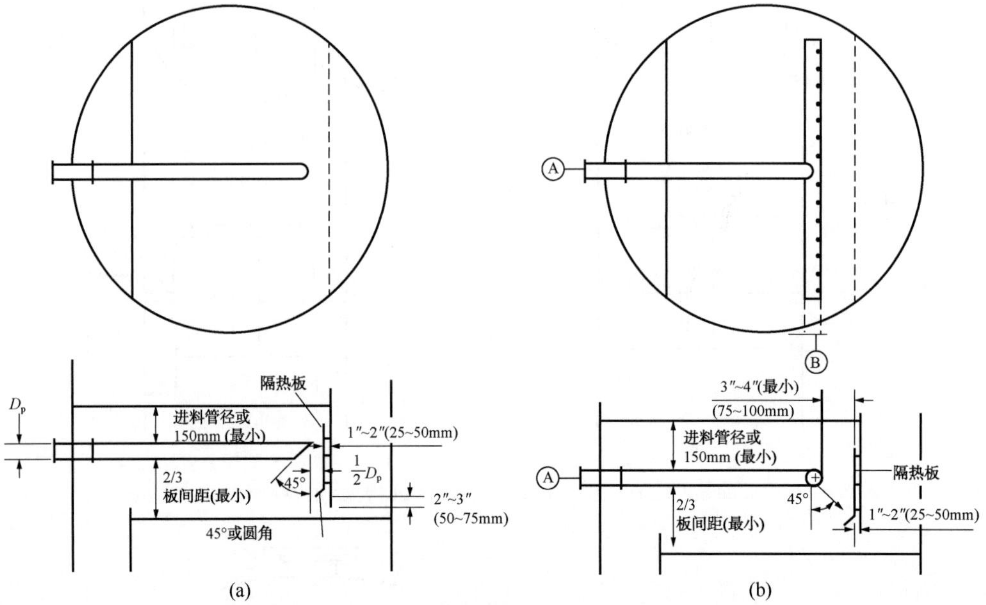


图 18.3-73　中部塔板液体进料(单溢流)

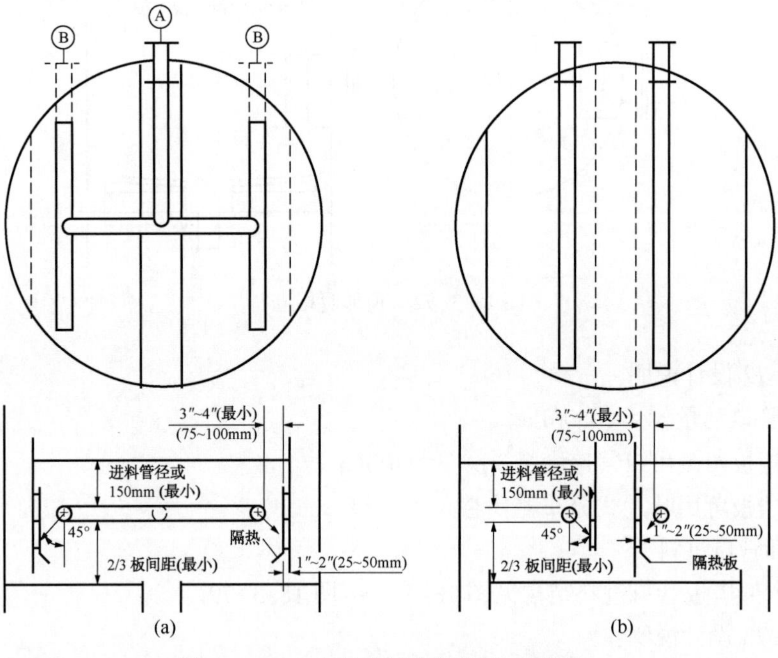


图 18.3-74　中部塔板液体进料(双溢流)

图 18.3-74 设计说明：

① (a)设计是进料落至两侧降液管受液区；新塔设计首选这类设计。

② (b)设计是进料落至中间降液管受液区；要求确保两个区域的进料平衡。

③ 对高温进料或腐蚀物料，或需要额外增加机械强度和耐磨强度时，降液板外侧应增加隔热加强板。

④ 分布管顶部要加放气孔。

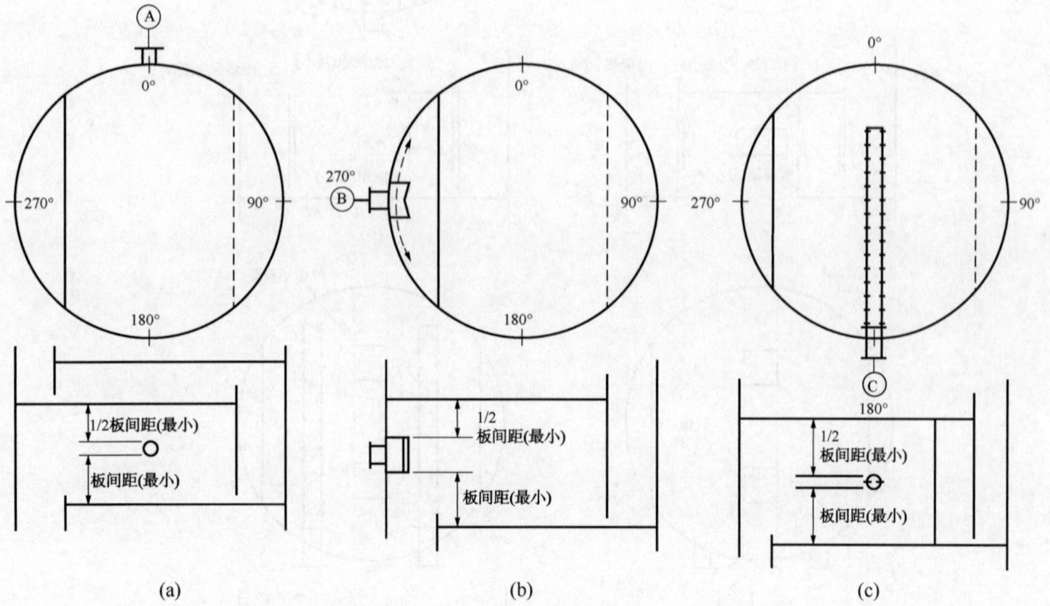


图 18.3-75　中部塔板气体进料(单溢流)

图 18.3-75 设计说明：

① $\rho V^2 \leqslant 3700\text{Pa}$。

② (a)设计要求进料气体量小于总量的 10%。若超过 10%，则需增大板间距。(a)、(c)设计进料管口布置在 0°或 180°方位附近为宜。

③ (a)设计若进料管口布置在 270°方位，则上层下来的降液板外侧须增加隔热加强板。

④ (b)设计进料管口布置在 270°方位附近为宜；V 形挡板两侧开口面积各应为 1.0~1.5 倍管口面积。

图 18.3-76 设计说明：

① (a)、(b)设计是进料至有两侧降液管的塔板下方；新塔设计首选这类设计。

② (c)、(d)设计是进料至有中间降液管的塔板下方；中间降液管加气相平衡管。

③ (a)、(b)、(d)设计的降液板外侧应增加隔热加强板。

图 18.3-77 设计说明：

① 推荐 A 方位；

② 降液板上增加隔热加强板；

③ 更多指导见图例上的注释。

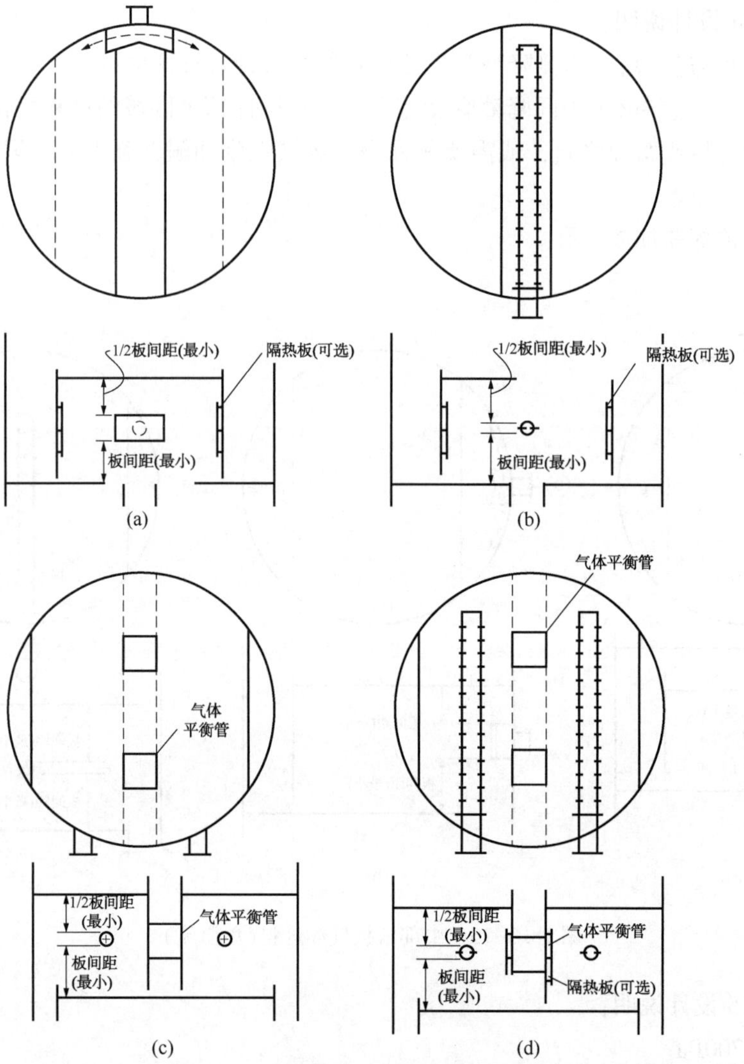


图 18.3-76　中部塔板气体进料(双溢流)

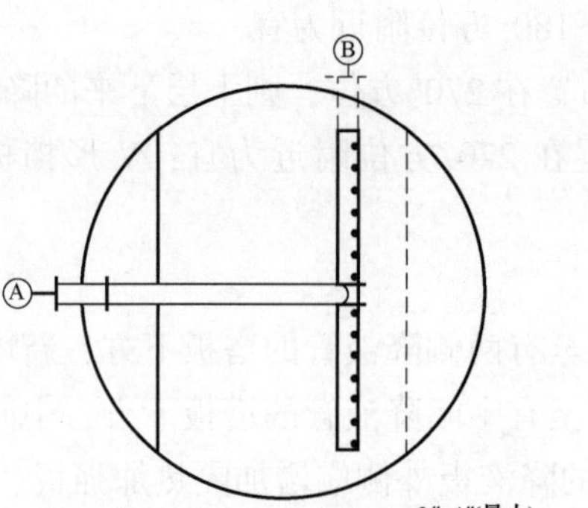


图 18.3-77　中部塔板气液混相进料(单溢流)

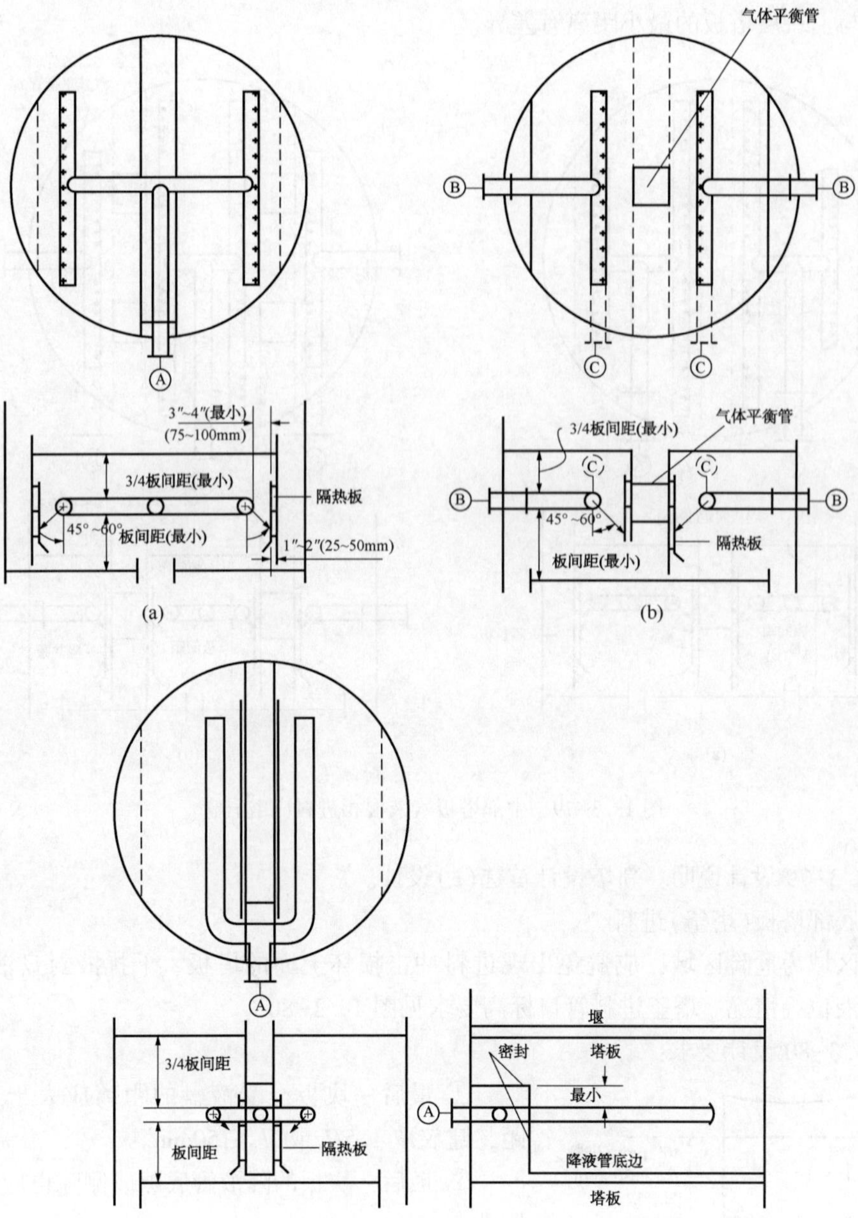


图 18.3-78　中部塔板气液混相进料(双溢流)

图 18.3-78 设计说明：

① (a)设计是进料至有两侧降液管的塔板下方，新塔设计首选。

② (b)、(c)设计是进料至有中间降液管的塔板下方，中间降液管加气相平衡管，通常用于改造塔。

③ 降液板上增加隔热加强板。

④ 进料管口的安装方位如图所示。

⑤ 进料分布管型式虽然与纯液相或纯气相进料相似，但管口下方与塔板的最小距离及管口上方与上一层塔板的最小距离有差异。

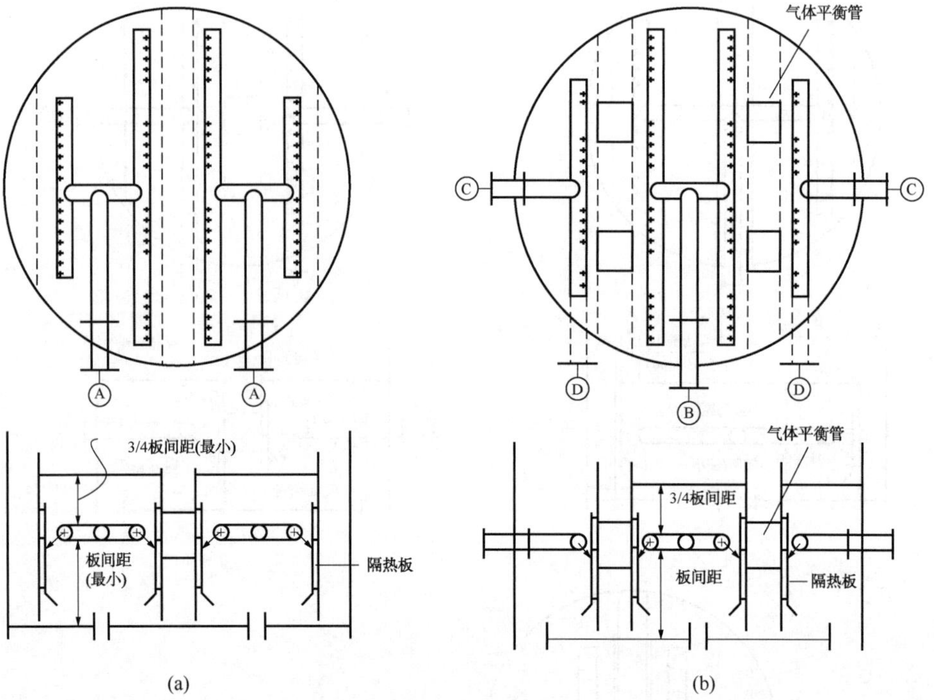


图 18.3-79　中部塔板气液混相进料(四溢流)

图 18.3-79 设计说明：新塔设计首选(a)设计。

(3) 底部塔板(塔釜)进料

底部区域为危险区域，应避免出现进料冲击损坏上面的塔板、干扰液封盘液流稳定、冲击塔釜液位等情况。塔釜进料管口标高要求见图 18.3-80。

图 18.3-80 设计要求：

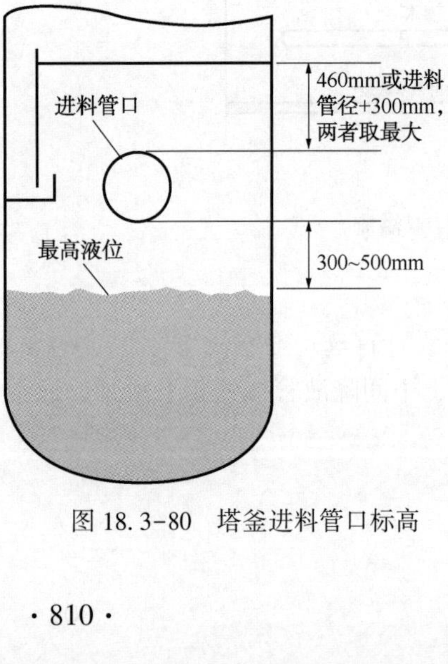


图 18.3-80　塔釜进料管口标高

① 最后一块板至受液盘的距离应大于正常板间距，建议取 1.5$H_T$或 $H_T$+150mm。

② 最后一块板的降液管底隙或侧隙也应大于正常底隙。

③ 定位管口标高时，应从管口上沿或下沿开始计算，而非管口中心。

塔釜进料结构主要分为两大类：直接进入式(图 18.3-81)和带有内置分流结构的分布器(图 18.3-83，图 18.3-86，图 18.3-89 和图 18.3-91)。

当进料来自热虹吸式再沸器时，应避免使用任何类型的带有内置分流结构的分布器。新塔设计首选直接进料式。

直进式塔釜进料(图 18.3-81、图 18.3-82)设计说明:

① 宜用于直径 3.5m 以下单溢流或双溢流;建议 $\rho_M V^2 \leqslant 3700\text{Pa}$。

② 进料管口宜平行于降液管进入。若方位无法满足,须考虑加挡板以免进料气体冲击受液盘下来的液体,或将受液盘设计成缺口型式并加挡板。

③ 单溢流或双溢流双降液管式塔盘,进料口标高可在受液盘之上;双溢流中间降液管或多溢流塔盘,进料口标高宜在受液盘下方。

图 18.3-81 直进式塔釜进料

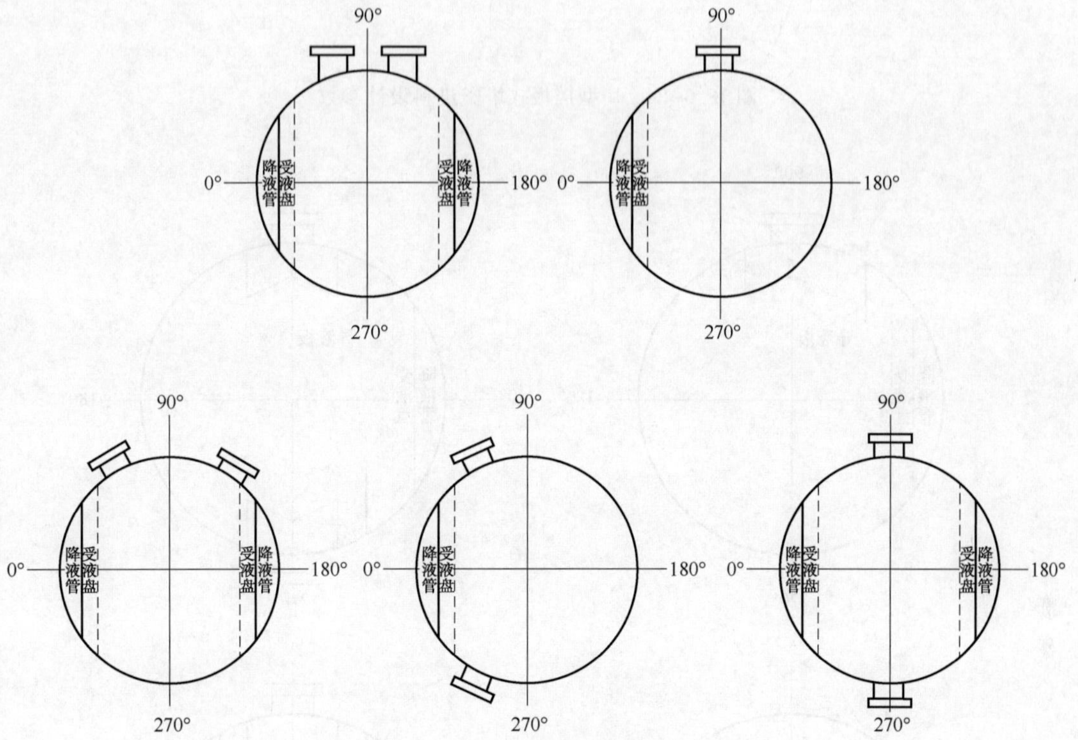


图 18.3-82 直进式塔釜进料建议方位

图 18.3-83 底部进料结构(V 型挡板式)

V 型挡板式塔釜进料(图 18.3-83)设计说明:

① V 型挡板两侧开口,上下封闭,开口总面积不小于管口截面积的 2 倍。

② 当管径大于 900mm 时,须对 V 型挡板加强,避免因振动造成塔壳体损坏。

③ 具体设计参数和方位参见图 18.3-84 和图 18.1-85。

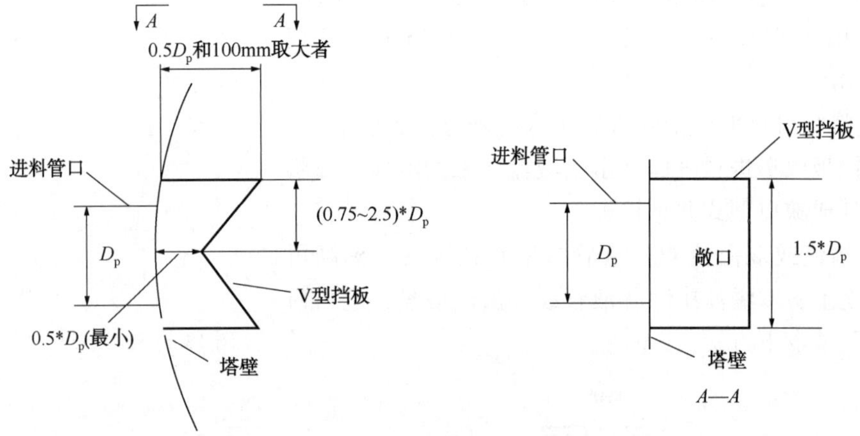


图 18.3-84　V 型挡板式塔釜进料设计参数

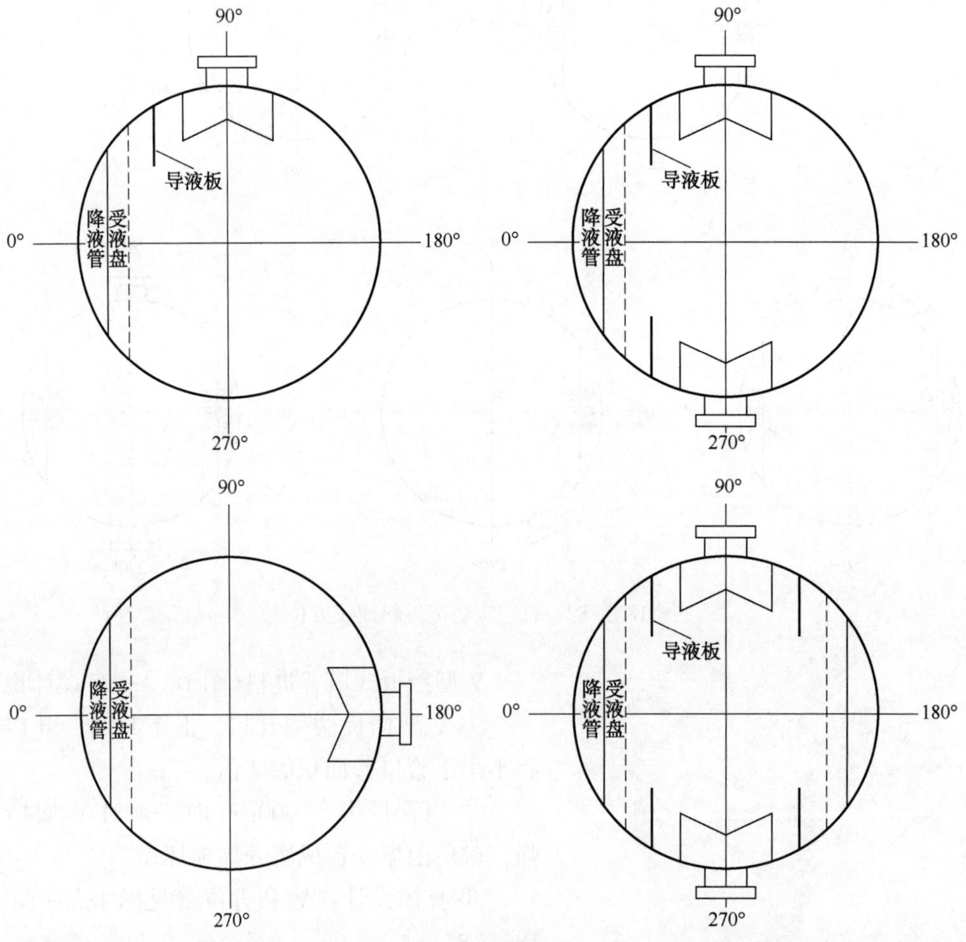


图 18.3-85　V 型挡板式塔釜进料方位要求

图 18.3-86 为分布管式塔釜进料，分布管两侧开孔或槽。设计说明如下：

① 建议槽或孔的 $\rho_M V^2 \leqslant 3700Pa$。

② 槽或孔方向可以向上、向下、两侧或斜向下 30°~45°。见图 18.3-87。

图 18.3-86　分布管式底部进料结构

③ 开孔方向向上时，需在分布管上方设置一个半圆形挡板(图 18.3-88)，以免上升气体直接冲击其上方的塔板，并且防止上面流下来的液体直接落入分布孔中，并被气体夹带。分布管底部还需设置放净孔。

④ 开孔方向竖直向下或斜向下时，均需保证分布管到塔釜最高液位有足够的距离，或设置水平挡板(图 18.3-88)以免进料气体冲击液位。

⑤ 直径小于 3m 的小塔，直接采用图 18.3-86 所示的直管分布器；大于 2.5m 的塔，可采用 T 型管或 H 型管分布器。

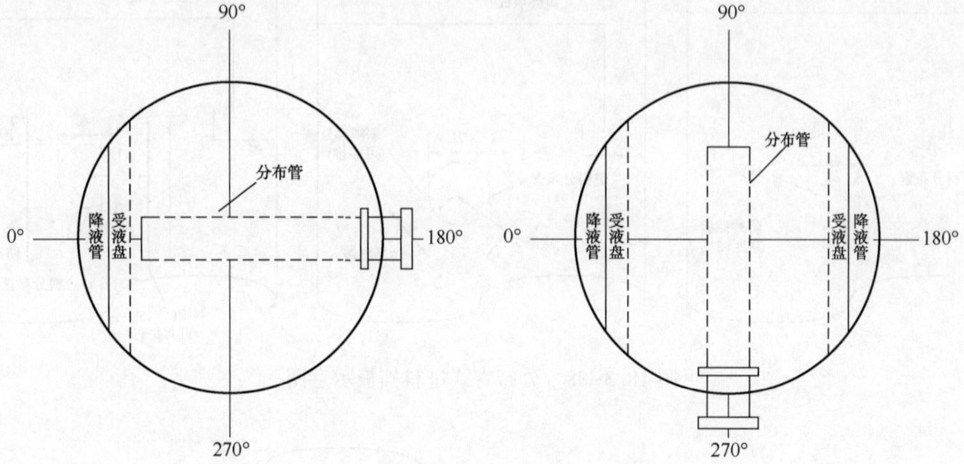


图 18.3-87　分布管式底部进料方位

叶片式气体分布器见图 18.3-89。常用于多溢流大塔中，当对气体分布要求很高，或要求塔釜区域的液相夹带量最小时，也可用于单溢流或双溢流塔板中。设计良好的叶片式分布器的分布性能、两相分离能力以及降低动能和夹带方面都优于其他大部分的管式分布器。

设计说明：

① 叶片式分布器无法校正入口管线布置造成的涡流等不规则流动，因此应避免在入口附近设置水平弯头。

② 最大入口速度不超过 30m/s。

③ 一般位于密封盘下方，应确保密封盘流下来的液体不会直接落入气相通道。

④ 为了保证气体分布均匀，分布器到最后一块塔盘的最小距离见图 18.3-90。

⑤ 叶片角度、支撑及加强筋设置须合理，避免损坏或吹翻。

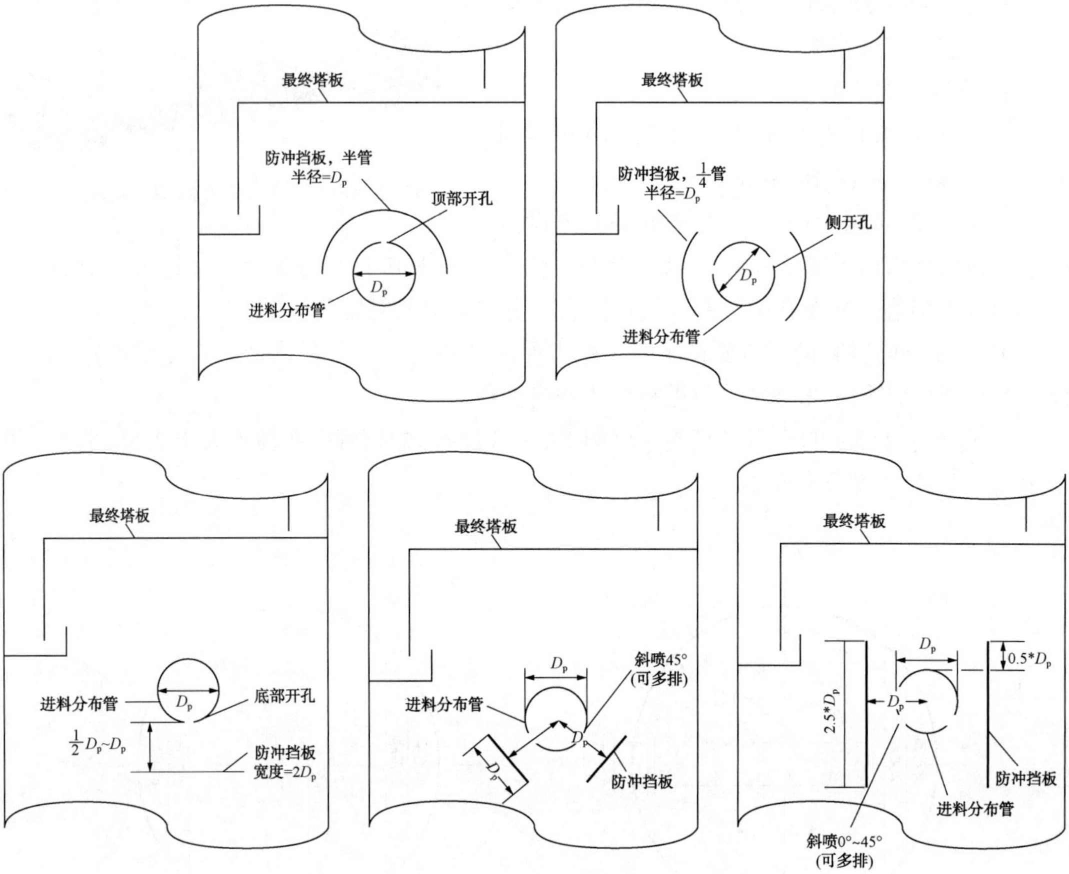


图 18.3-88　分布管式进料挡板示意图

图 18.3-89　叶片式底部进料结构

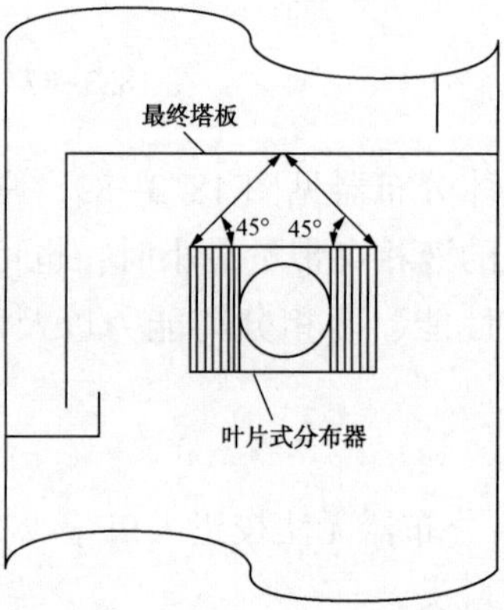


图 18.3-90　叶片式分布器标高示意图

切向号角式底部进料结构见图 18.3-91。设计说明如下：

① 位于密封盘下方。

② 切向进料。

③ 须安装防涡流板。

④ 可用于入口气速大于 30m/s 的体系，$\rho_M V^2 \leq 9700Pa$。

⑤ 塔壁须加耐磨板，以免被腐蚀或损坏。

⑥ 分布器本身的结构须加强，避免腐蚀或机械损坏。

⑦ 分布器上沿距最后一块塔盘距离大于 1.5 倍进料管管径，下标高等同其他结构。

⑧ 须注意液体不被气体夹带；气相不能冲击其下方的液位。

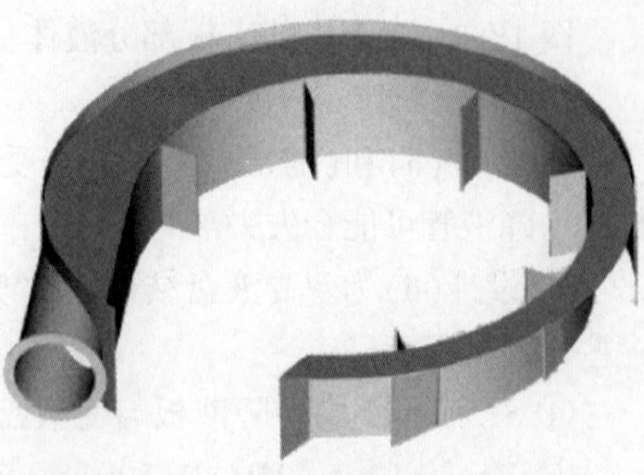

图 18.3-91　切向号角式底部进料结构

2. 全部或部分抽出塔板

中部塔板液体全部或部分抽出常用的方式有降液管受液盘和烟囱塔板。受液盘为降液管的延伸，可提供的停留时间较短，因此气液来不及分离，抽出的液体中可能含有气体；烟囱塔板可以提供足够的停留时间，可以抽出清液，但缺点是会增加塔高和费用。

图 18.3-92 和图 18.3-93 所示为从侧降液管受液盘和中间降液管受液盘抽出部分液体的几种设计。

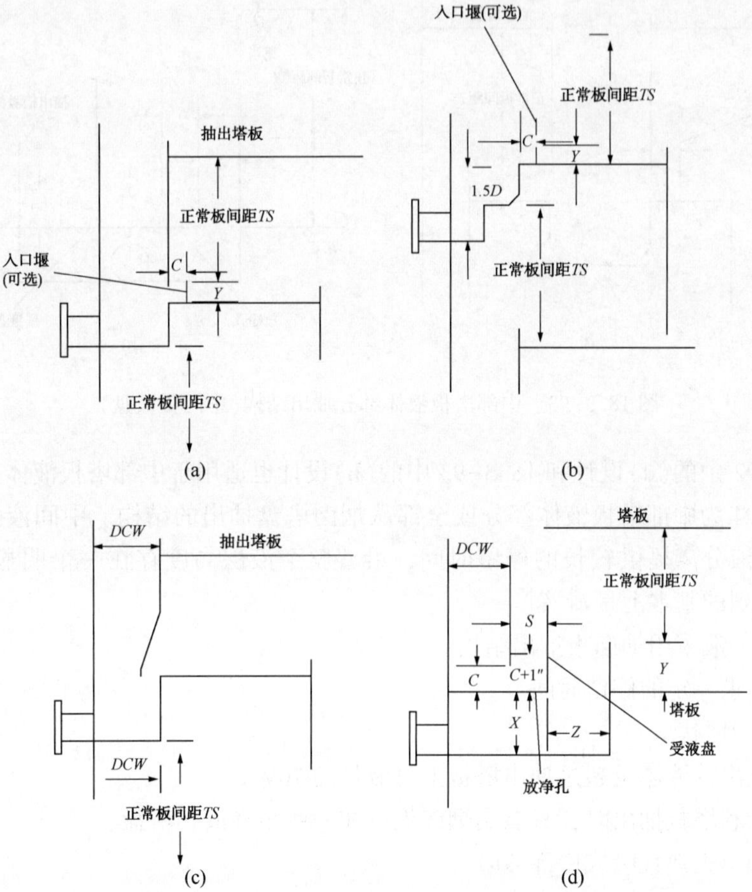


图 18.3-92　中部塔板液体部分抽出结构(侧受液盘)

图 18.3-92 为中部塔板部分液体从侧受液盘抽出结构，设计说明如下：

① 首先设计(d)。

② 设计(a)和(b)的缺点是，当受液盘有泄漏或抽出流速过大导致降液管内液位高度过低时，降液管可能会失去液封。

③ 设计(d)为双受液盘结构，对改善降液管液封和抽出液体脱除气体有利，但会损失一些鼓泡区面积。

④ $S$ 为设计(d)中降液板与受液盘之间的水平距离，一般取 $S=C+13\text{mm}$。

⑤ $X=\max(1.5\sim2D,\ D+50\text{mm})$。

⑥ $Y=3C+25\text{mm}$。

⑦ $Z\geqslant100\text{mm}$。

图 18.3-93 为中部塔板部分液体从中间受液盘抽出结构，该设计与图 18.3-92 中的设计(a)和(d)类似。设计说明中的符号取值也相同。对双溢流塔板，宜在中心降液管下方设置抽出槽，而不是从侧降液管抽出。对四溢流塔板，宜在两个偏心降液管下方设置抽出槽。

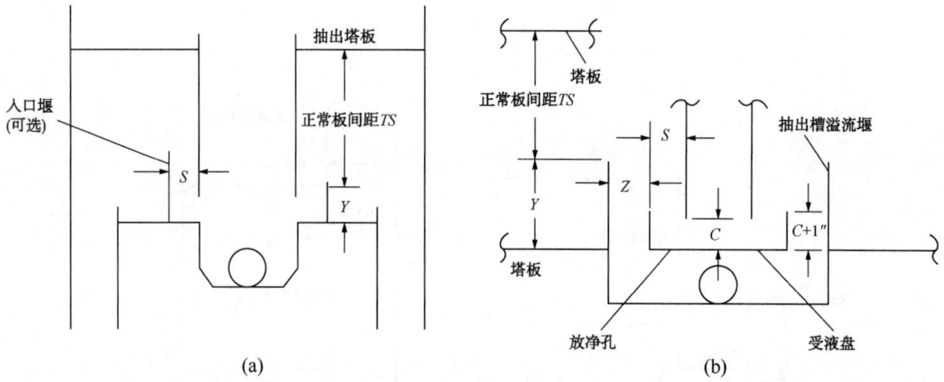


图 18.3-93　中部塔板液体部分抽出结构(中间受液盘)

图 18.3-92 中的(d)设计和 18.3-93 中的(b)设计也适用于中部塔板液体全部抽出。

图 18.3-94 为中部塔板液体部分或全部从烟囱塔盘抽出的结构。中间液体抽出采用烟囱板可以为气液分离提供较长的停留时间，沿着整个液层高度存在一个明显的密度梯度，在抽出管处得到的基本上是清液。

以下情况一般采用烟囱板抽出结构：

① 体系要求一定的停留时间。

② 不允许泄漏。

③ 部分抽出的液体量超过抽出塔板上总液量的 70%。

④ 一些专利塔板抽出时，只能用烟囱板，如一些多降液管塔盘。

⑤ 中部抽出去热虹吸式中沸器时。

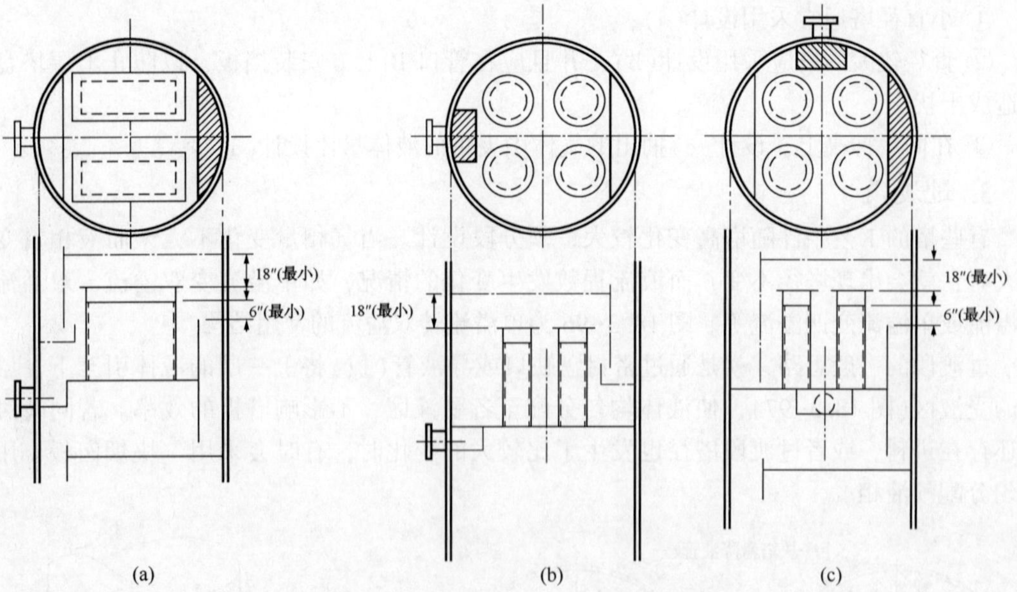


图 18.3-94　中部塔板液体抽出结构(烟囱板)

图 18.3-94 设计说明：

① 设计(a)和(c)为部分抽出，首选设计(a)；设计(b)为全部抽出。

② 设计(a)和(b)上一层塔板采用受液盘结构，可以确保降液管液封。但是密封盘下来的液体会导致液体飞溅或起泡，在应用于起泡体系时，应尽量降低落液高度。

③ 设计(c)上一层塔板降液管直接延伸到下一层烟囱板，设计不当容易造成降液管液泛。

④ 升气管的总面积通常占塔截面积的 15%~25%，升气管可以是圆形的，也可以是矩形的。

⑤ 升气管顶部与帽罩之间的环隙面积应大于等于升气管面积的 1.25 倍。

⑥ 对泄漏量有要求时，应采用密封焊。

中部塔板气相部分抽出结构见图 18.3-95，设计说明如下：

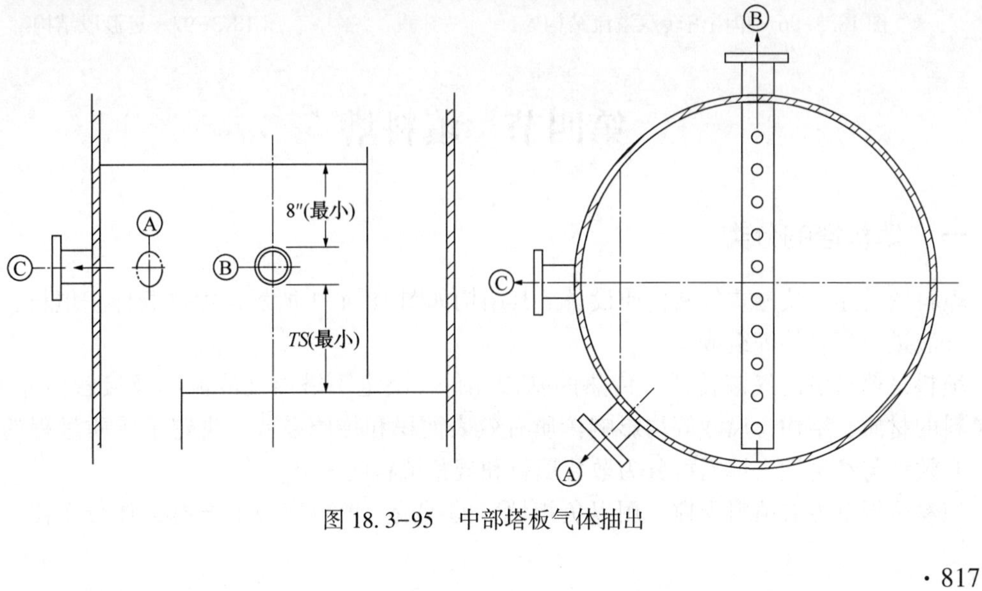


图 18.3-95　中部塔板气体抽出

① 小直径塔通常采用设计(a)；

② 直径较大的塔应采用设计(b)，并且应在管口 B 上方安装挡板，以防止上层塔盘漏液造成干扰。

③ 在同一标高上，设计(c)抽出的气体中夹带的液体量比设计(a)少。

3. 过渡段

有些塔的工艺条件随塔高变化较大，须分段设计。当气相量变化不大，而液相量变化较大时，就会出现塔径不变，而液流程数发生变化的情况，如单溢流变双溢流，双溢流变四溢流或单溢流变四溢流等。图 18.3-96 为单溢流转双溢流的常用结构。

过渡段的一般思路，就是通过密封盘缺口或导液管(板)将上一层的液体引至下一层塔板的受液区(图 18.3-97)，使液体均匀分配至各受液区，不影响塔板的效率。若同时过渡段还存在进料，或者过渡段塔径也发生了比较大的变化时，有时会采用一块烟囱板，用来均匀分配气液相。

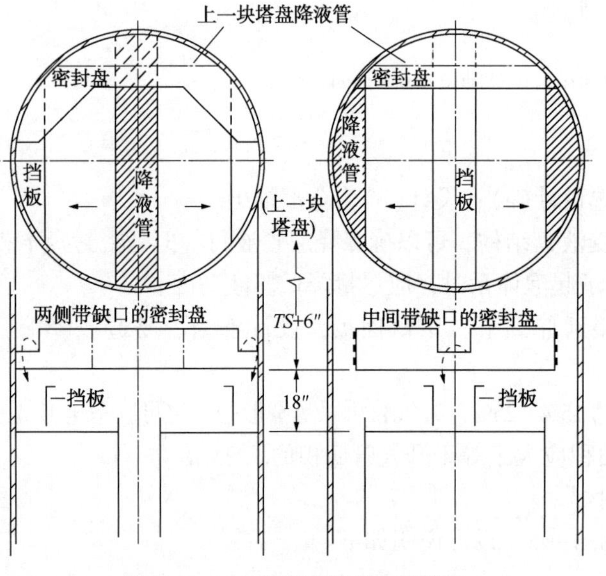


图 18.3-96　单溢流转双溢流结构

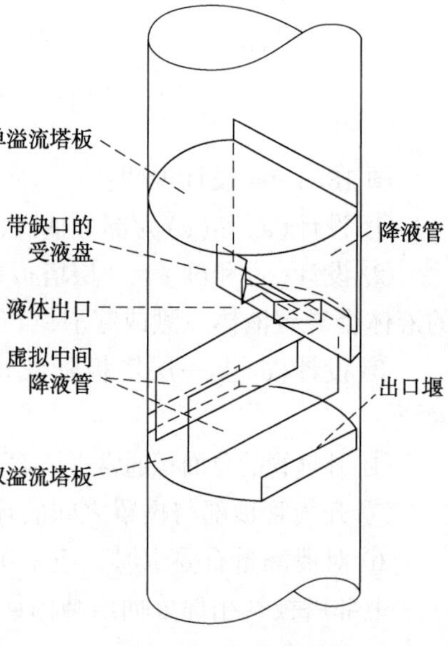


图 18.3-97　过渡段结构

# 第四节　填料塔

## 一、填料塔的分类

填料塔是连续接触式气液传质设备。其结构如图 18.4-1 所示，由塔壳体、填料、塔内件、气液进出口管件等组成。

填料是填料塔内气液传质、传热的基础元件，决定了塔内气液流动及接触传递方式，故填料的材质、结构、尺寸等均影响传质有效表面积和传质系数，决定了传质过程的适应性、有效性与经济性。填料可分为散装填料和规整填料两大类。

填料床层下方有填料支撑，用以负担填料的重量。填料床层上方有液体分布器，其作用是将进口的液体均匀地分布在整个填料的横截面上，保持良好的初始分布。由于液体在填料层内的流动过程中有壁效应且形成沟流，故过高的填料层在其中间应设液体再分布器，使液体重新均匀分布。

大直径塔内放置薄层的高孔隙率填料时，易引起气流在塔截面上分布不均匀，从而影响填料的传质效率，此时还应设置进口气体分布器，使进料管内高速气流均匀分布在塔的横截面积上。

为防止高速气流将填料层吹动或吹起，填料层顶端设有填料压圈或床层限位器。此外，为引出侧线，需要液体收集器。

有关这些部件的设计，将在以后小节中详述。

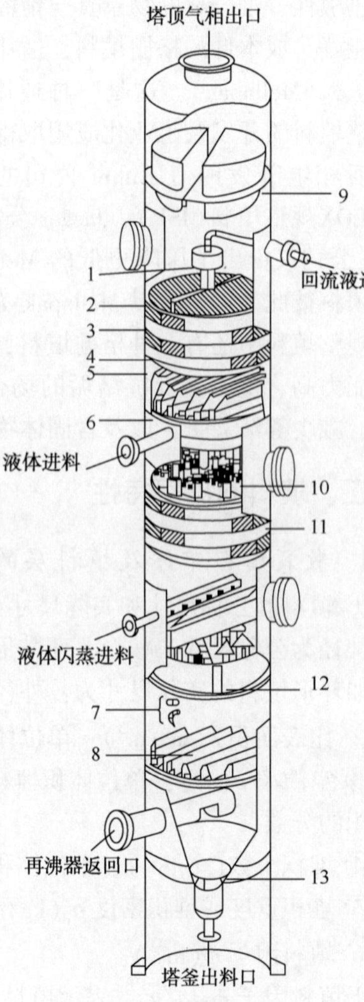


图 18.4-1　填料塔的结构

1、10、12—液体分布器；2—填料压板；3、11—规整填料；4—填料支撑；5—液体收集器；6—集液槽；7—散装填料；8—填料支撑板；9—除沫器；13—防涡流器

1. 散装填料

最初的散装填料可追溯到使用焦炭、石块等不定形物的原始阶段。1914 年环状实壁填料-拉西环(Raschig ring)的开发应用，大大提高了散装填料的比表面积和孔隙率，使填料塔的压降大大降低，效率和通量有了大幅度提高，从此散装填料的研究开发进入了科学的轨道。1948 年德国 BASF 公司在拉西环基础上开发了在环壁上开窗、环内带有舌片的鲍尔环(Pall ring)，增加了填料内部横向的气相湍流和液体润湿性，散装填料的性能再次得到大幅度提高，随后不同的开发商继续改进鲍尔环结构衍生出哈埃派克(Hy-Pak)和阶梯短环(CMR)等等，性能上都较鲍尔环有所提高。30 ~ 40 年代间还开发有贝尔弧鞍(Bell saddles)和矩鞍环(Intalox saddles)鞍型填料，鞍型填料间的气液体分布性能优于环形填料，但通量却受到了限制。1977 年美国 Norton 公司推出了 IMTP(intalox metal tower packing)，在我国称为：金属环矩鞍填料。它巧妙地将环形结构和鞍形结构结合在一起，集开槽环、鞍型、低高径比填料的优点于一身，又一次获得散装填料性能上的显著提高，80 年代开发的鞍环型填料还有 Nutter ring 等等，这类散装填料至今在金属散装填料的工业应用中占有明显优势。

2. 规整填料

规整填料是一种在塔内按均匀几何结构排布，整齐堆砌的填料。它规定了填料层内的气液接触路径，避免了沟流和壁流出现，比表面积大、孔隙率高、压降小，可保证大直径下塔内较高的传质、传热效果。

规整填料的起源，可以追溯到 20 世纪初，但是直到 60 年代才有实质性进展。1962 年，Sulzer 报道了效率高、通量大、压降低、持液量小的金属丝网波纹填料，特别适用于沸点接近，热敏性、难分离的物系真空精馏。同期，美国 Glitsch 公司研制出高通量、低压降、抗堵性能好、成本低的格栅填料，适用于物料较脏的场合。70 年代末，Sulzer 开发了板片波纹型填料(Mellapak)。这是一种通用型填料，在若干工业领域取代板式塔和散堆填料塔，使规整填料的开发及工业化应用取得突破性进展。此后，规整填料新品种层出不穷。80 年代以后相继开发的有 Kuhni 公司的 Rombopak、Montz 公司的 Montz-pak、Norton 公司的 INTALOX规整填料(ISP)、Jaeger 公司的 Max-pak、Raschig 公司的 Ralu-pak 等。近 20 年，Sulzer 公司又推出了压降更低的 Mellapakplus，KG 公司也推出了同类产品 FLEXIPAK HC。这些填料彼此类似，多以 Mellapak 为雏形。

规整填料中还有一种格栅填料，格栅填料具有空隙率大、比表面积小的特点，适用于处理能力高、抗堵塞、抗结垢的场合，但是它的效率非常低。主要用于直接进行热交换、洗涤、减少雾沫夹带，以及含固体物料和易结垢的场合。

## 二、填料的几何特性

1. 散装填料单体及填料层的几何参数

① 填料的公称尺寸和实际尺寸(mm)：公称尺寸表示填料的大小规格。环形、球形填料以外径为公称尺寸。鞍形、环鞍形以腰径为公称尺寸。实际尺寸表示填料特征的主要尺寸，如环形填料的实际尺寸为：外径($d_p$)×高度($H$)×厚度($\delta$)。以上尺寸均以 mm 为单位。

② 比表面积 $a$($m^2/m^3$)：单位体积填料中的填料表面积。

③ 空隙率 $\varepsilon$(%)：单位体积填料层中空隙部分的体积，或空隙体积(自由空间)占填料层体积的分数。

④ 堆积个数(个/$m^3$)：单位体积中填料个数 $n$。

⑤ 堆积重度或堆积密度 $\rho_P$($kg/m^3$)：单位体积填料的重量。

⑥ 填料因子 $\phi$($m^{-1}$)。

干填料因子 $\phi=a/\varepsilon^3$：表示填料流体力学特性的数据。

实测填料因子 $\phi$ 与填料特性参数、体系物性、气液流率有关。

需要说明，以上 $a$、$n$、$\varepsilon$、$\rho_P$诸值与塔径及填料装填方式有关，因为塔边壁处的空隙率常较塔中央部分为大，装填方式也影响各填料单体间的紧密度，故测定以上参数时，塔器与填料公称尺寸之比至少大于 8，高度大于塔径 2 倍，填料干装并整平时的堆积个数要较湿装(塔内充水)略高。

2. 规整填料层的几何参数

规整填料中以波纹填料应用最广。本章仅介绍这种填料的几何参数。

波纹填料是由若干平行排列的波纹片组成，波纹片上开有小孔(或根据需要不开孔)，波纹顶角 $\alpha$ 约 90°，波纹形成的通道与垂直方向成 30°或 45°，相邻的两波纹片流道成 90°，上下两盘填料旋转 90°叠放，使流体在塔内充分混合。见图 18.4-2。

表征波纹填料特性的参数有：

① 波峰高 $h$(mm)。

② 波距 $2B$(mm)：相邻两波峰之间的距离，一般为峰高的 2 倍左右。

③ 板厚 $\delta$(mm)：波纹片的厚度，通常在 0.1~0.2mm。

④ 齿顶角 $\xi$。

⑤ 波纹倾角 $\alpha$。

通常波纹填料的 $B\approx H$，$\xi$ 为 75°~90°，常用 78°~81°，$\alpha$=45°(Y 型)、30°(X 型)。

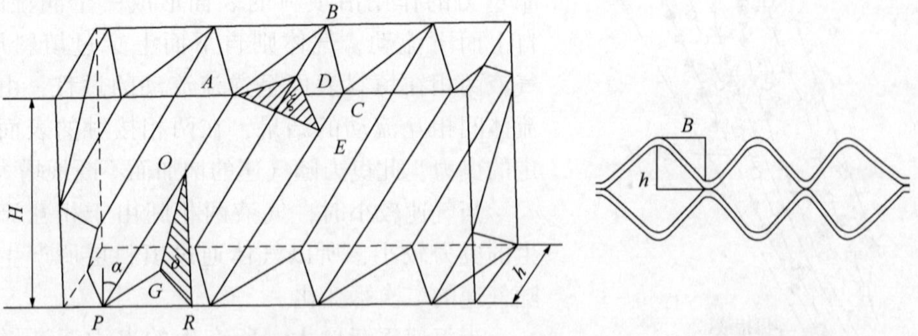


(a)波纹片　　(b)两波纹片相叠

图 18.4-2　波纹板示意图

⑥ 开孔率 $\varphi$：波纹片上开孔的面积除以波纹片一个面的表面积。

⑦ 比表面积 $a$($m^2/m^3$)：即单位体积填料的表面积。

$$a=\frac{2S}{hB}(1-\varphi) \tag{18.4-1}$$

式中，$S$ 为波纹的边长(图 18.4-2 中的 $DE$)；$\varphi$ 为波纹片上的开孔率，约为 10%。现有一些填料虽开孔，但未将金属片冲去(如 Intalox 规整填料)，此时 $\varphi=0$。

⑧ 空隙率 $\varepsilon$($m^2/m^3$)：即单位体积填料的空隙体积。

$$\varepsilon=1-\frac{a\delta}{2} \tag{18.4-2}$$

⑨ 堆积密度 $\rho_p$($kg/m^3$)：单位体积填料的质量。$\rho_M$ 为填料材质密度，$kg/m^3$。

$$\rho_p=(1-\varepsilon)\rho_M \tag{18.4-3}$$

⑩ 水力学(当量)直径 $d_h$(mm)：表征规整填料单元流体通道的大小，按流体力学规则可导出。

$$d_h=\frac{4\varepsilon}{a}=\frac{4}{a}-2\delta \tag{18.4-4}$$

上述参数中，波纹片的峰高是波纹填料的基础数据。它反映出填料气液流道的大小、处理能力、传质效率以及应用范围等。而波纹片的峰高与填料的比表面积呈比例关系，因此在实际应用中将波纹填料按比表面积进行分类。

## 三、填料塔的性能参数

在填料塔内，流体连续通过填料层的流动状况，虽因填料的几何结构、装填状况及流体性质的不同而千差万别，但基本规律是一致的。

### 1. 填料塔操作特性

压降是塔设计中的重要参数。填料塔内气液两相的流动状况，基本上可以用气体通过填料层产生的压降随气体流速的变化关系进行描述，如图 18.4-3 所示。

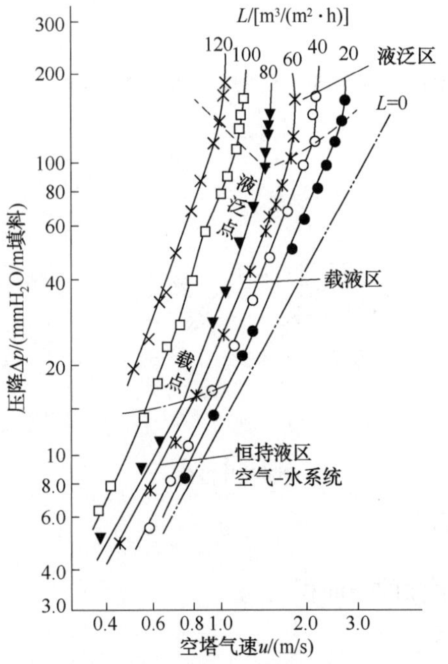


图 18.4-3　填料塔压降和空塔气速关系图

当气体通过干填料层时，由于填料层阻力，使气体压力下降，压降随气速的 1.8~2 次方上升(见图 18.4-3 中 $L=0$ 线)。当有一定的液体喷淋时，液体靠重力的作用沿填料的表面形成一个润湿的液膜，自上而下流动，气体则自下而上穿过填料层流动。气液两相在填料表面呈逆流流动的过程，由于两相流体间相互流动的结果，在两相接触的表面产生一定的曳力，此曳力随气速的增加而不断地增大。

当气速较小时，气液两相间由于相互流动而产生的曳力较小，所以气体通过填料层所产生的压降随气速的二次幂变化。

当气速逐渐增大，所产生的曳力逐渐增加以至能影响塔内液体的顺利下流，使填料层中填料表面或空隙间的流体逐渐增多，使气体流过填料通道的截面积变小，会使气体通过填料层的阻力增大，指数升值到 3。

如气速再继续增大，当气液两相间的曳力增大到液体下流遇到困难时，则造成填料层内液体急剧的积累。由于局部液体的增多，形成填料层顶部的溅液，以至使填料层内产生液体的晃动。此时气体通过填料床层的阻力急剧增加，两相间流动的正常渠道遭到堵塞，因而使填料塔无法操作。此时塔内的操作状况成为液泛，发生液泛时的气速称为液泛气速或称泛点气速。

在一定的液体喷淋密度下，随着气速增加，填料塔内气液两相流动过程，通过两个转折点分成三个阶段。第一个转折点称为载点，在载点以下的气速操作时，两相间的曳力较小，填料表面液膜的厚度不随气速的变化而发生变化，所以气体通过填料床层的压降仅随气速的二次幂变化。第二个转折点是泛点，泛点是填料塔操作的极限，也是填料塔正常操作的极限气速。当气速达到泛点气速时，气液相中间的相互运动所产生的曳力足以阻止填料层内液体的正常下流，此时气体通过填料层的阻力呈直线上升的趋势，破坏了塔的正常操作。因此，填料塔的正常操作，一定要严格控制在泛点气速以下，一般控制为泛点气速的 50%~80%。

当液体喷淋密度发生变化时，由压降与气速的变化关系又可以作出另一条线。且喷淋密度的加大，同一气速下压降值也增大。如图 18.4-3 所示，不同喷淋密度下压降随气速变化的曲线大致可以认为是一些近似平行的曲线。

上述填料层内气液两相流动状况的描述，适用于各种填料层内气液两相逆流流动过程。但对不同类型、不同尺寸的填料，泛点气速及填料层压降要进行实测，通过对实测数据按一定的计算方法进行归纳整理，得出各种计算常数或系数。

故填料塔操作时有以下三种流体力学状态：

① 恒持液量状态。此时气速低于载点气速，气体对液体的曳力小，填料上液膜厚度基本不变，持液量不变，见图 18.4-4。

② 载液状态。气速在载点以上泛点以下，液膜加厚，且发生波动，持液量随气速上升。传质状况良好。

③液泛状态。液相转为连续相，气体呈鼓泡态，湍动强烈，填料层中返混剧烈，传质恶化，压降剧增。

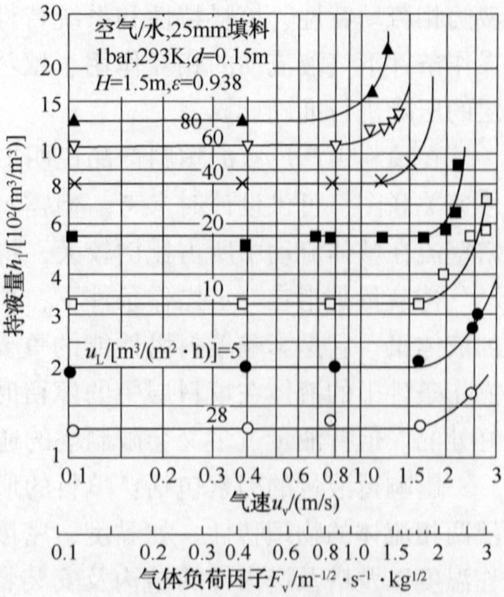


图 18.4-4 填料层持液量

2. 填料塔的流体力学

填料塔的流体力学性能主要包括压降 $\Delta p$、持液量、载点及泛点等。这些参数均与填料塔的流体力学状态有关。

对大多数气液传质过程来说，填料塔中气、液呈逆流操作。决定填料层操作状态的流体力学参数有：

① 气体空塔气速 $u$(m/s)

$$u=\frac{V_s}{\pi/4D^2} \tag{18.4-5}$$

式中 $V_s$——气体体积流量，$m^3/s$；

$D$——塔内径，m。

② 液体喷淋密度 $l$[$m^3/(m^2 \cdot h)$]

$$l=\frac{L_h}{\pi/4D^2} \tag{18.4-6}$$

式中 $L_h$——液体体积流量，$m^3/h$。

③ 流动参数 $F_p$

$$F_p=\frac{L}{G}\sqrt{\frac{\rho_G}{\rho_L}} \tag{18.4-7}$$

④ 气体负荷因子 $C_s$(m/s)

$$C_s=u\sqrt{\frac{\rho_G}{\rho_L-\rho_G}} \tag{18.4-8}$$

⑤ $F$ 因子[$m/s \cdot (kg/m^3)^{0.5}$]

$$F_s=u\sqrt{\rho_G} \tag{18.4-9}$$

式(18.4-7)~式(18.4-9)中，$L$，$G$——分别为液相和气相体积流量，$m^3/h$；

$\rho_L$，$\rho_G$——分别为液相和气相密度，$kg/m^3$；

$u$——空塔气速，m/s。

研究者曾对各种填料在不同条件下进行了大量实验研究，得出了压降、持液量、泛点等大量数据，并在此基础上提出了计算填料塔的流体力学与传质模型。常用的流体力学模型有 Billet 模型、SRP-II 模型，S-B-F 模型、Eckert 通用关联式、Bain-Hougen 公式以及 FRI 模型等。

填料层压降决定了填料塔操作的可靠性和经济性，影响填料层压降的因素主要包括气液两相流动特性、填料特性和系统特性。由于气体通过填料层的流动通道非常复杂，加之操作条件下气液流动的相互作用、填料润湿表面和缝隙的改变，因而难以对气体通过填料层的压降进行准确计算。

在填料生产厂家的填料产品说明书上，通常会提供水-空气在实验装置中实测的压降-气速关联图，可供设计时参考。但需特别注意的是，实验装置塔径通常较小，此时气相沿塔壁流在整体流动中所占比例较大，将导致试验塔测定压降会低于工业塔实际压降。

持液量是指在一定操作条件下，单位体积填料层内，在填料表面和填料空隙中所积存的液体量。它是影响填料塔性能的重要参数，不但影响压降、分离效率和通量，还决定了操作条件下的液体在填料层中的停留时间。适当的持液量对填料塔的稳定操作和传质是有好处的。但持液量过多又会限制塔的通量和传质速度。

影响持液量的因素包括：填料的形状和尺寸、填料的材质、表面特性及填料特性；气、液两相流体的物理特性，如黏度、密度、表面张力；塔的操作条件，如气液两相流量及操作温度以及塔及塔内件的结构及安装特性等。根据前面对填料塔操作特性的讨论，可以将填料层内持液量的计算分别按载点以下、载点到泛点中间及液泛三种情况来计算。

液泛时填料塔的极限操作状态，正确地估算泛点气速对于填料塔的设计和操作十分重要。填料塔的最大操作气速可为泛点气速的95%，而较经济可靠的最大操作气速为泛点气速的70%左右，即在载点左右。所以填料塔设计的首要任务是根据所选用的填料类型，将其在操作条件下的泛点气速算出，再确定适宜的塔径和塔内设计操作气速下的填料层压降。

3. 填料塔的传质性能

填料传质性能的指标通常为：传质单元高度（$HTU$ 或 $H_{OG}$、$H_{OL}$）和当量高度（或称等板高度 $HETP$），二者是计算传质所需填料层高度 $Z$ 的重要参数。

$$Z = H_{OL}N_{OL} = H_{OG}N_{OG} = HETP \cdot N_T$$

其中，$N_{OL}$、$N_{OG}$、$N_T$分别为分离所需的液、气相传质单元数和理论板数，计算方法可查阅相关文献。

许多学者对填料塔的传质系数、传质单元高度和 $HETP$ 进行了大量的研究工作，发表了许多计算模型及数据，由于影响传质性能的因素错综复杂，在应用这些计算公式和数据时，一定要研究其实验条件和应用范围与工业设计过程是否类似。适用于现代的高空隙率开窗散堆填料和规整填料的计算模型有 Billet 模型、SRP-II 模型、修正的恩田模型以及 FRI 模型等。

由于这些模型仅在一定条件下才能得到正确的结果，所以通过实验室或生产装置所测得的传质性能数据更具有重要的参考价值。

## 四、乙烯装置中常用的散装填料

1. 金属鲍尔环

鲍尔环（Pall ring）是在拉西环基础上开发的，在环壁上有上下两层内弯舌片的窗孔。每层各 5 个窗孔，上下错开，如图 18.4-5 所示。窗孔面积约为全部环壁面积的 35%。虽然同尺寸鲍尔环与拉西环几乎具有相同的比表面积和孔隙率，但由于它的环壁窗口打开，填料内部的气液分布得到改善，通量提高了 30%以上，压降明显降低，传质效率也大大提高。

以后环形填料的发展多是在鲍尔环的基础上改进衍生而来，同尺寸填料性能上也没有太大的突破。20世纪50~70年代，鲍尔环在金属散装填料工业应用中占据绝对优势，至今仍占一定份额。各种新型散装填料的性能都是在与鲍尔环性能进行对比中说明其优劣。

金属鲍尔环的几何特性数据见表18.4-1，外形见图18.4-5。

图18.4-5　金属鲍尔环

**表18.4-1　金属鲍尔环填料的特性参数**

| 公称尺寸 $DN$/mm | 外径×高×厚/mm | 堆积密度/(kg/m$^3$) | 堆积个数 $n$/(个/m$^3$) | 比表面积 $a$/(m$^2$/m$^3$) | 孔隙率 $\varepsilon$/% | $a/\varepsilon^3$/m$^{-1}$ |
|---|---|---|---|---|---|---|
| 16 | 16×16×0.4(0.3) | 527(396) | 214000 | 371(362) | 93.3(94.9) | 457(423) |
| 25 | 25×25×0.6(0.5) | 471(393) | 51940 | 223(219) | 94.0(95) | 268(255) |
| 38 | 38×38×0.8(0.6) | 424(318) | 15180 | 149(146) | 94.6(95.9) | 176(165) |
| 50 | 50×50×1.0(0.8) | 393(314) | 6500 | 110(109) | 95(96) | 128(124) |
| 76 | 76×76×1.2(1.2) | 384(308) | 1830 | 72(71) | 95.1(96.1) | 84(80) |

注：括号内的数据为不锈钢，其他为碳钢。若采用同样厚度的其他材质时，对铜、镍及蒙乃尔合金乘以1.14，对铝乘以0.34。

## 2. 阶梯短环

阶梯短环(cascade mini ring)简称CMR，是美国Glitsch公司把原先的高径比1∶2改为1∶3，且将原先的一端翻边改为两端翻边。见图18.4-6。特性数据见表18.4-2。

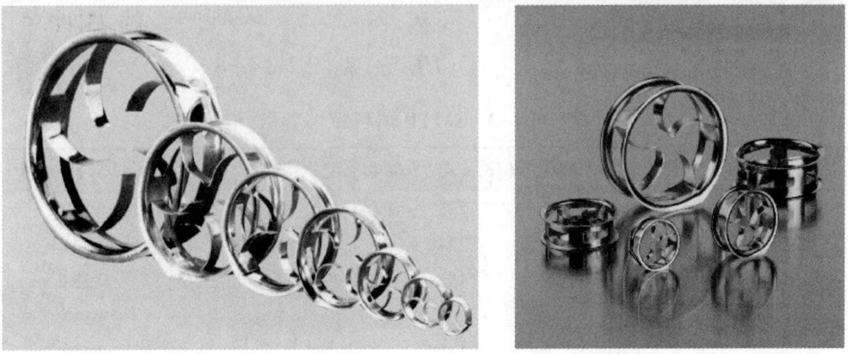

图18.4-6　金属阶梯短环

表 18.4-2　金属阶梯短环特性数据

| 型号 | 厚度/mm | 比表面积/($m^2/m^3$) | 堆积密度/($kg/m^3$) | 孔隙率 $\varepsilon$/% |
|---|---|---|---|---|
| No. 0 | 0.4 | 427 | 640 | 92 |
| No. 1 | 0.55 | 230 | 433 | 95 |
| No. 2 | 0.7 | 164 | 400 | 95 |
| No. 3 | 0.9 | 105 | 353 | 96 |
| No. 4 | 1.25 | 79 | 336 | 96 |

由于高径比变低，与阶梯环相比，堆积密度相等而比表面积扩大了20%，孔隙率也略有提高。填料的重心更低，CMR 的高径比小，壁面开槽，因而气体绕流的路径短，气体的阻力低，填料表面的润湿率高。两端翻边结构，可以增加填料的机械强度、增大填料堆积时填料间的空隙、改善液体的分布。

CMR 具有通量大、压降低、效率高和操作弹性大的特点。其液气比可在 0.05～50 范围内操作，很适合在大液量和高真空下应用，其抗污性能优于其他散装填料。

3. 环鞍型填料

环鞍型填料是环型填料与鞍型填料的结合体，将开孔环型和一般矩鞍型填料的结构巧妙地揉在一起，既有类似开孔环型填料的圆环、开孔和内伸的舌片，亦有类似矩鞍型填料的侧面。这种填料的侧壁极为开敞，有利于气体和液体通过，环形使填料不易叠加，在填料层内极少产生滞液的死角。因此，此类填料与之前的填料相比，阻力减小、通量增大、效率提高。此类填料的开发成功，再配合一些新型的塔内件使散堆填料的应用有了很大的发展。Norton 公司的金属 Intalox(IMTP)、Nutter 公司的 Nutter 环以及华东理工大学研制开发的共轭环都属于环鞍型填料。

(1) 金属 Intalox(IMTP)

金属 Intalox 是美国 Norton 公司 20 世纪 70 年代末开发的环鞍型填料，外观见图 18.4-7，它集中了开槽环、矩鞍、低高径比三者的优点于一身，具有低压降、高通量、液体分布性能好、传质效率高、操作弹性大等优良的综合性能。

图 18.4-7　金属 IMTP

IMTP 填料有六种型号，即#15，#25，#40，#50，#60 和#70，其外形见图 18.4-7，特性数据见表 18.4-3。各种尺寸的 IMTP 的等板高度(*HETP*)见图 18.4-8。

表 18.4-3　IMTP 填料特性参数

| 型号 | 比表面积/($m^2/m^3$) | 孔隙率/% | 堆积密度/($kg/m^3$) | 堆积个数/(个/$m^3$) | 湿填料因子 $\Phi$ | *HETP*/mm |
|---|---|---|---|---|---|---|
| #15 | — | 96 | 283 | 381500 | 549 | 250～320 |
| #25 | 203.4 | 97 | 224 | 168425 | 441 | 355～485 |
| #40 | 150.9 | 98 | 153 | 50140 | 258 | 460～610 |
| #50 | 98.4 | 98 | 166 | 14685 | 194 | 560～740 |
| #60 | — | 99 | 137 | — | 172 | — |
| #70 | ～60 | 98 | 124 | 4625 | 129 | 790～1060 |

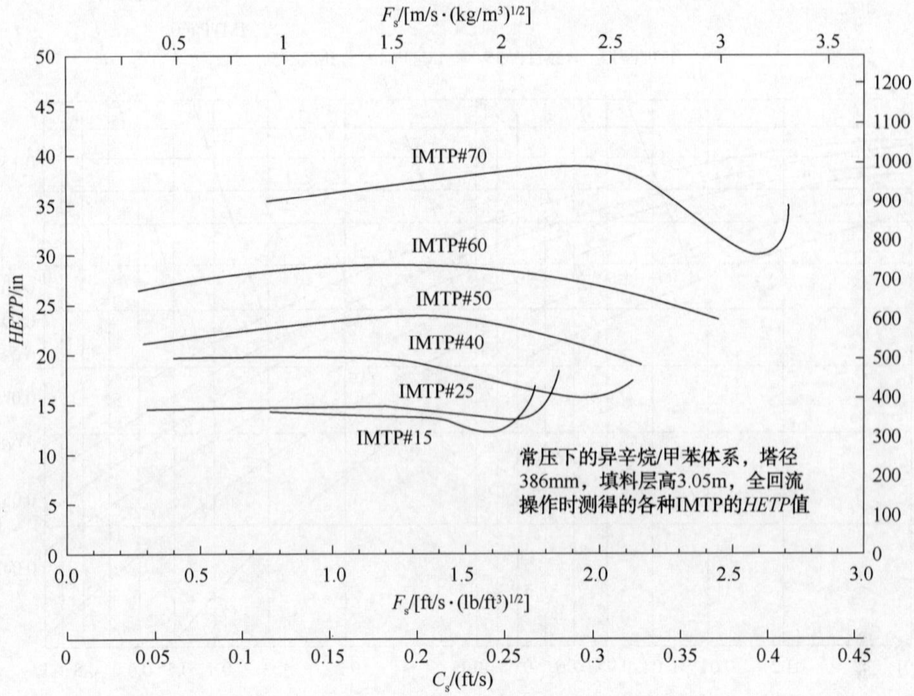


图 18.4-8　金属 IMTP 的 *HETP*

图 18.4-9 为 IMTP 的最高效率通量 $C_0$，校正后的最高效率通量 $C_{sc}$ 可由下式计算得到：

$$C_{sc}=C_0\left(\frac{10^3\sigma}{20}\right)^{0.16}\left(\frac{10^3\mu}{0.2}\right)^{-0.11} \tag{18.4-10}$$

当$\left(\frac{10^3\sigma}{20}\right)^{0.16}\left(\frac{10^3\mu}{0.2}\right)^{-0.11}\geqslant 1.03$ 时，取 $C_{sc}=C_0\times 1.03$。

在假定气液均匀分布的前提下，Norton 公司给出 *HETP* 关联式如下：

当 $\mu\leqslant 0.4\text{mPa·s}$ 时，$HETP=A\left(\frac{\sigma}{20}\right)^{-0.16}(1.78)^{\mu}$；　(18.4-11)

当 $\mu>0.4\text{mPa·s}$ 时，$HETP=B\left(\frac{\sigma}{20}\right)^{-0.19}\left(\frac{\mu}{0.2}\right)^{0.21}$。　(18.4-12)

关联式数据范围：

$$2.0\leqslant\sigma\leqslant 26.6,\ 0.06\leqslant\mu\leqslant 0.83$$

使用范围：

相对挥发度<3，当 $\sigma>27$ 时，取 $\sigma=27$。

不同尺寸的 IMTP 的 $A$、$B$ 值见表 18.4-13。

图 18.4-10 为其压降关联图。

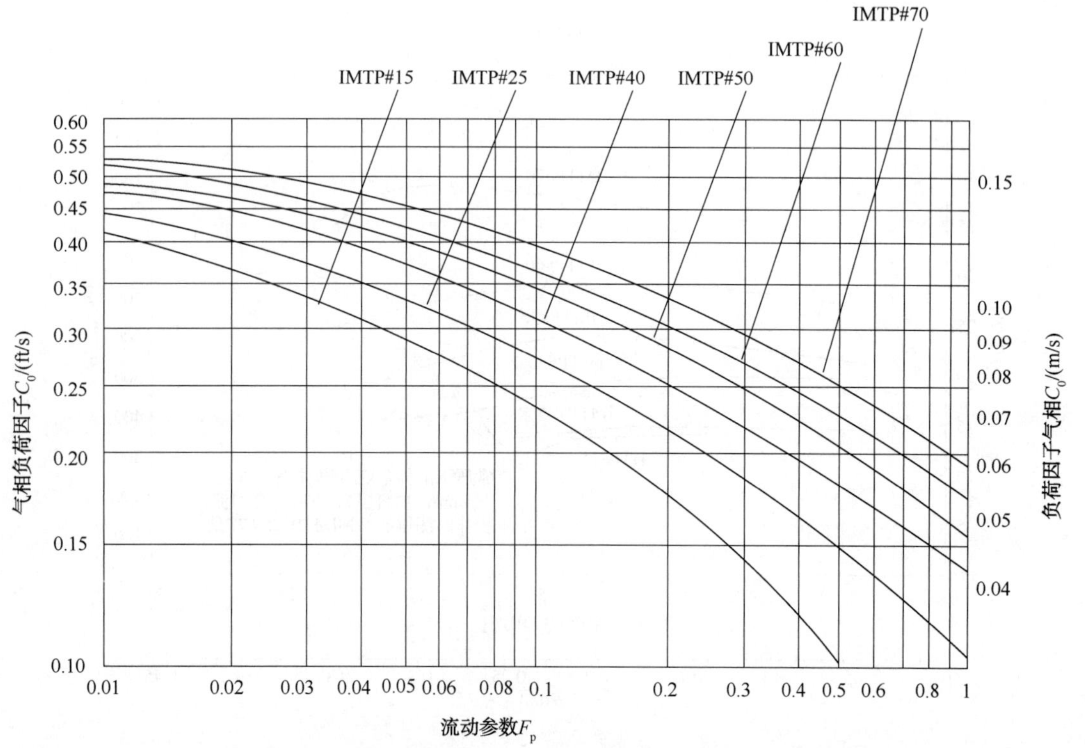


图 18.4-9　IMIP 的最高效率通量

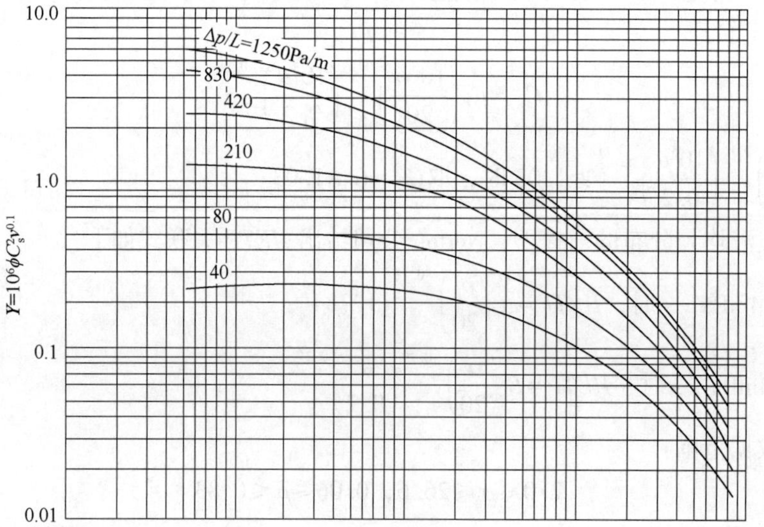


图 18.4-10　通用压降关联图

（2）国产金属环矩鞍填料

国产金属环矩鞍填料与 IMTP 形状很相似，但也有差别，尤其是堆积个数相差很大，如 #50IMTP 较国产金属环矩鞍堆积个数多出近 1/3，应用中应加以注意。

国内研制的环矩鞍填料特性数据见表 18.4-4。

**表 18.4-4　国产金属环矩鞍填料的几何特性(干装乱堆)**

| 规格 | 比表面积/($m^2/m^3$) | 孔隙率/% | 堆积密度/($kg/m^3$) | 堆积个数/(个/$m^3$) | 干填料因子/$m^{-1}$ |
|---|---|---|---|---|---|
| 25 | 185.0 | 96 | 409 | 101160 | 209.1 |
| 38 | 113.0 | 96 | 365 | 24680 | 126.6 |
| 50 | 74.9 | 96 | 291 | 10400 | 84.7 |
| 76 | 57.6 | 97 | 244.7 | 3230 | 63.1 |

注：堆积密度指碳钢和不锈钢，若采用同样厚度的其他材质时，对铜乘以 1.14；对铝乘以 0.34；对镍和蒙乃尔合金乘以 1.14。

(3) 纳特环填料

纳特环(Nutter ring)是美国纳特公司的产品，该公司现已合并到瑞士 Sulzer 公司。该填料经美国精馏研究公司(FRI)和工业实践测试，证实它也是性能较优异的散装填料之一。

它有六种规格，外形结构见图 18.4-11，其几何特性数据见表 18.4-5。

与相应尺寸的鲍尔环相比，其通量可增 10%，而压降仅为鲍尔环的 30%~40%。其结构形状的刚度很好，因此填料可以比较薄，节省材料，填料层高度可达 15m。也由于其形状上的特点，在安装时填料很容易均匀布置于塔内。

在内径为 760mm 的常压塔内，测试介质为轻油-空气系统，测试结果表明：纳特环的压降比相同尺寸的鲍尔环的压降低、效率高、操作弹性大。

图 18.4-11　金属 Nutter 环填料

**表 18.4-5　金属纳特环填料的几何特性数据**

| 型号 | 比表面积/($m^2/m^3$) | 孔隙率/% | 堆积密度/($kg/m^3$) | 堆积个数/(个/$m^3$) | 相对 *HETP* 值/m |
|---|---|---|---|---|---|
| No. 0.7 | 226.4 | 97.8 | 176.2 | 167392 | 0.72 |
| No. 1.0 | 167.3 | 97.8 | 177.8 | 67098 | 0.83 |
| No. 1.5 | 124.7 | 97.8 | 181.0 | 26839 | 0.94 |
| No. 2.0 | 95.1 | 97.9 | 173.0 | 13596 | 1.00 |
| No. 2.5 | 82.0 | 98.2 | 144.2 | 8829 | 1.18 |
| No. 3.0 | 65.6 | 98.4 | 133.0 | 4238 | 1.40 |

## 五、乙烯装置中常用的规整填料

规整填料在整个塔截面上几何形状规则、对称、均匀，规定了气液流路，改善了沟流和壁流现象，持液量低，压降低。在相同的处理能力和压降下，能较散装填料提供更多的比表面积，在同等容积中也可达到更高的传质、传热效果。在与散装填料具有相同的比表面积时，其孔隙率更大，通量更大，故其综合处理能力比板式塔和散装填料塔大很多。

由于规整填料结构均匀、规则、对称性，因此具有以下特点：

① 规整填料持液量低、压降低，适用于热敏性物料的真空精馏。

② 规整填料对气膜控制的吸收性能较好。

③ 规整填料对易发泡物料的处理较散装填料或塔板为好。

④ 波峰高度较大的金属板波纹填料，具有一定的抗污性。格栅填料在高气速下喷射操作，具有自洁能力，抗污堵性好。而各种网、刺孔板或表面够深的规整填料，抗污堵性差，不能用于有固体颗粒或易结焦的场合。

⑤ 规整填料的装填较散装填料困难，卸出更难，且易损坏，不易清洗。

规整填料种类很多，其分类及详细介绍见有关专业手册，本章仅介绍近几十年来乙烯装置中常用的一些规整填料。

1. 金属板波纹填料

金属板波纹填料是一种通用型填料，它具有通量大、压降低、传质效率高及抗堵性能良好等优点。板波纹填料根据比表面积和波纹倾角来确定型号，主要有 125Y、250Y、350Y、500Y、700Y 以及相应的 X 型，X 型填料的通量比 Y 型高，效率则低一些，可根据具体的分离任务来选用。

目前在工业中广泛应用垂直排列的金属板波纹填料，其主要品种有瑞士 Sulzer 公司首创的 Mellapak 填料，美国 Glitsch 公司开发的 Gempak 填料(现已与 Koch 公司合并为 Koch-Glitsch 公司，该型号也更新为 FLEXIPAC)，Norton 公司开发的 Intalox 规整填料(也已被合并到 Koch-Glitsch 公司)等。我国生产的金属板波纹填料也有诸多规格和型号，但其基本几何形状和性能与 Sulzer 公司的 Mellapak 相似。1977 年国内开发研究成功的金属压延刺孔板波纹填料，是在金属板上先压碾出密度很大的 $\Phi 0.4 \sim 0.5$mm 的小刺孔，然后把多刺孔板片压制成波纹形。其分离能力类似于网波纹填料，但抗堵能力比网波纹填料强，价格便宜。

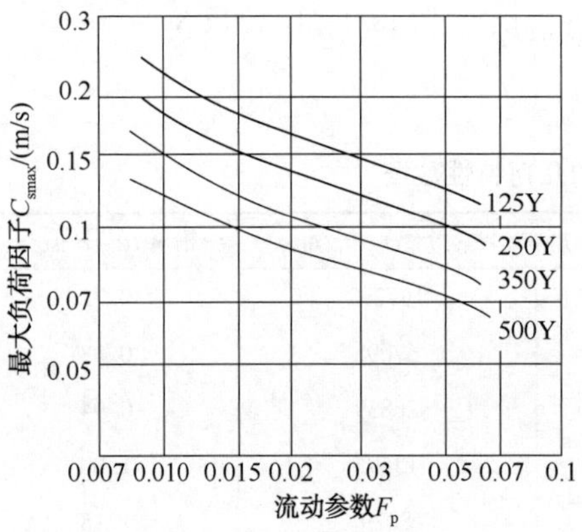


图 18.4-12 Mellapk 填料的 $C_s$-$F_p$ 关联曲线

(1) 金属板波纹填料的流体力学性能(压降、持液量、通量)

1) 填料的通量

气体动能因子 $F$、气相负荷因子 $C_s$ 均为表征填料通量的性能参数，可以通过查阅气体动能因子与压降、持液量、理论板数的关联图、通量性能图或计算泛点气速等方式获取填料的通量性能数据。

图 18.4-12 是表征填料通量性能的负荷因子与流动参数 $F_p$ 的关联曲线。一般设计选用的 $C_s$ 值为最大值的 75%~80%。

图中，流动参数 $F_p = \frac{L}{G}\left(\frac{\rho_V}{\rho_L}\right)^{0.5}$，最大能力因子

$$C_{Smax} = u_{max}\left(\frac{\rho_V}{\rho_L - \rho_V}\right)^{0.5}$$

$$C_L = l\left(\frac{\rho_V}{\rho_L - \rho_V}\right)^{0.5}$$

式中　$L$，$G$——分别为液、气相质量流量，kg/s；

$u_{max}$——允许的空塔气速，m/s；

$l$——液体喷淋密度，$m^3/(m^2 \cdot s)$。

在各种型号的金属板波纹填料中，对 250Y 的研究最多。以 250Y 的通量为基准，通过换算系数 $K$(表 18.4-6)可求得其他各型号金属板波纹填料的通量。

$$C_G = KC_{G,250Y}$$

**表 18.4-6　Mellapak 填料系列的 $K$ 值**

| 填料型号 | 125X | 125Y | 250X | 250Y | 350X | 350Y | 500X | 500Y |
|---|---|---|---|---|---|---|---|---|
| $K$ | 1.5 | 1.25 | 1.25 | 1.0 | 1.1 | 0.85 | 1.0 | 0.7 |

注：表中数据适用于黏度小于 2mPa·s、分子量 60~150、压力小于 0.2MPa 的场合。

泛点气速关联式可利用贝恩-霍根公式得到。对 250Y 填料，常数 $A=0.291$，计算泛点气速值与实测值相比，平均偏差为 2.5%，最大偏差为 4%。

$$\lg\left(\frac{u_{Gf}^2}{g}\times\frac{a}{\varepsilon^3}\times\frac{\rho_G}{\rho_L}\times\mu_L^{0.2}\right) = A - 1.75\left(\frac{L}{G}\right)^{0.25}\left(\frac{\rho_G}{\rho_L}\right)^{0.125} \quad (18.4-13)$$

式中　$u_{Gf}$——泛点空塔气速，m/s。

2) 压降

填料的压降是指气液介质通过填料层时气相所克服的阻力。它直接反映了气体通过填料层时能耗的大小，是填料塔的重要特性之一。

气体流速的增加及体系压力的增加，均引起填料压降的上升。在相同的气速下，填料的压降随比表面积的增加而增加。由于金属板波纹填料的几何结构，使得该填料可以在较大的气液负荷下不发生液泛，泛点动能因子 $F$ 与填料压降的关系不是很敏感，在泛点范围内存在一个较稳定的区域。

Kister 等将规整填料的流体力学数据按通用关联图的形式加以整理，见图 18.4-13。

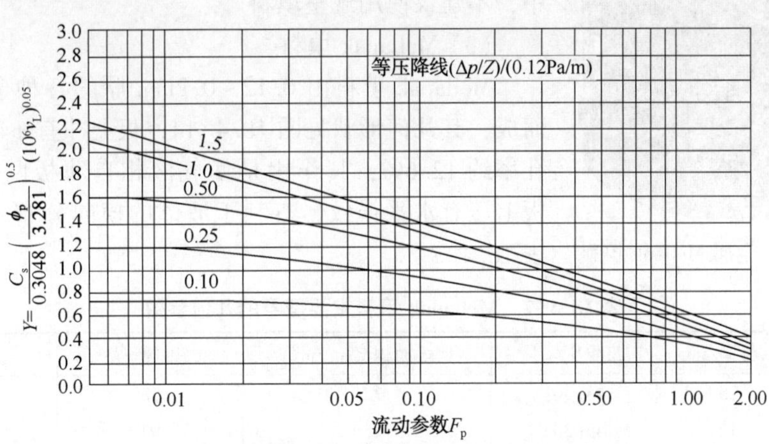


图 18.4-13　规整填料压降通用关联图

图中，横坐标为流动参数 $F_p$，纵坐标 $Y$ 为通量参数。

$$Y=\frac{C_s}{0.3048}\left(\frac{\phi_p}{3.281}\right)^{0.5}(10^6\nu_L)^{0.05} \tag{18.4-14}$$

式中 $\phi_p$——表征填料结构形状和尺寸特性的实验填料因子，$m^{-1}$；

$\nu_L$——液体运动黏度，$m^2/s$。

图 18.4-13 所得数据与实验值的误差绝大多数均在±15%范围内。

在相关文献中可以查得各种填料的试验通用压降关联图。

文献用空气-水体系测定了国产板波纹填料 250Y 的压降，得到 250Y 填料压降的关联式：

干填料压降
$$\Delta p_d=802F^{1.72} \tag{18.4-15}$$

湿填料压降
$$\Delta p=948\times10^{4.46\times10^{-3}u_L}F^{(1.72+3.8\times10^{-3}u_L)} \tag{18.4-16}$$

式中 $F$——气体动能因子，$m/s\cdot(kg/m^3)^{0.5}$；

$u_L$——液体喷淋密度，$m^3/(m^2\cdot h)$。

规整填料压降也可用 Billet、SRP-II 模型计算。

3）持液量

根据实验结果，可得出以下与填料持液量相关的结论：

① 填料持液量随气相负荷的增加而增加，并出现拐点，这说明当气相负荷增大至泛点附近时，易引起液泛。

② 对相同比表面积的填料，Y 型的持液量大于 X 型。

（2）金属板波纹填料的传质性能

传质效率决定床层高度。传质效率主要与填料尺寸、平衡线的斜率和液气比相关。对真空到中压体系，同一种填料的 *HETP* 接近。但是随着压力的增加，大部分规整填料会出现一个 *HETP*“驼峰”。有些研究机构的现有关联式能预测驼峰发生的可能性和可能的范围，但是至今为止还无法预测驼峰区域的 *HETP*。因此，在高压精馏和高液体流率的应用中，不建议使用规整填料。

图 18.4-14　金属 Mellapk 填料

（3）Mellapak 填料

Mellapak 填料由 0.12~0.2mm 厚的各种金属薄板冲压而成，其几何形状见图 18.4-14，板上冲有 $\phi$4mm 小孔，开孔率约 12.6%，其作用是使气液相自薄板两侧相互贯通，板上压有水平横纹，有利于液体的横向分布。几何参数见表 18.4-7。

**表 18.4-7　Mellapak 填料主要型号的几何参数**

| 型号 | 波峰高/mm | 波倾角/(°) | 比表面积/($m^2/m^3$) | 空隙率/% | 堆密度/($kg/m^3$) |
|---|---|---|---|---|---|
| 125Y(X) | 25 | 45(30) | 125 | 98 | 85~100 |
| 250Y(X) | 12 | 45(30) | 250 | 97 | 170~200 |
| 350Y(X) | 9 | 45(30) | 350 | 94~95 | 240~280 |
| 500Y(X) | 6.3 | 45(30) | 500 | 91~93 | 170~200 |

注：常用的金属片厚度：不锈钢 0.1~0.2mm、碳钢 0.3mm、铝片 0.6mm。

由于金属板波纹填料具有整齐的几何结构和规则的排列，改善了沟流、壁流现象，压降很小，防堵性能好却又可以提供更多的比表面积。与散堆填料相比，在同等比表面积时，金属板波纹填料的空隙率更大，具有更大的通量，综合处理能力比板式塔和散堆填料塔大得多。其中 250Y 最早研制并应用于生产，通过多年的研究及工业应用，其良好的特性已得到充分的体现，可用它代替若干工业范围的通用型散堆填料及某些板式塔。

(4) 刺孔板波纹填料

在厚度为 0.1mm 的不锈钢薄带上辊压出每平方厘米约 70 个小孔，两面贯通(保留毛刺)。而后将其压成波纹板，组装成盘。该填料由于表面特殊的刺微孔结构，增强了填料的毛细作用，使填料的润湿性能提高，所以在精馏和吸收实验中呈现出良好的分离性能。主要型号有 4.5、6.3 和 10 型三种，其主要特点是流量较大时保持了金属丝网波纹填料的优良分离性能，又省去了拉丝编网的复杂工序，降低了填料造价。

该填料传质效率高，压降低，但因其毛刺对污垢颗粒有附着作用，宜用于清洁的物料。其几何特性参数见表 18.4-8 和表 18.4-9。

**表 18.4-8　按峰高分类的刺孔板波纹填料**

| 型号 | 峰高/mm | 波距/mm | 板厚/mm | 盘高/mm | 倾角/(°) | 开孔/mm | 孔间距/mm | 比表面积/($m^2/m^3$) | 当量直径/mm | 空隙率/% | 干填料因子/mm | 密度/($kg/m^3$) |
|---|---|---|---|---|---|---|---|---|---|---|---|---|
| 4.5 | 4.5 | 4.5 | 0.1 | 51 | 45 | 0.4×0.4 | 1.2 | 534 | 7.5 | 97 | 580 | 230 |
| 6.3 | 6.3 | 6.3 | 0.1 | 53 | 30 | 0.4×0.4 | 1.2 | 483 | 8.3 | 97 | 521 | 200 |
| 10 | 10 | 10 | 0.15 | 100 | 45 | 0.8×0.8 | 2.0 | 298 | 14.9 | 98 | 318.5 | 174 |

**表 18.4-9　按比表面积分类的刺孔板波纹填料**

| 型号 | 理论级数/$m^{-1}$ | 空隙率/% | 比表面积/($m^2/m^3$) | 压力降/$10^6$(Pa/m) | 密度/($kg/m^3$) | 液体喷淋密度/[$m^3/(m^2 \cdot h)$] | 最大 $F$ 因子/[$m/s \cdot (kg/m^3)^{0.5}$] |
|---|---|---|---|---|---|---|---|
| 700Y | 5~7 | 85 | 700 | $9.3\times10^{-4}$ | 240~280 | 0.2~100 | 1.6 |
| 500X | 3~4 | 93 | 500 | $2.0\times10^{-4}$ | 170~200 | 0.2~100 | 2.1 |
| 250Y | 2.5~3 | 97 | 250 | $3.0\times10^{-4}$ | 85~100 | 0.2~100 | 2.6 |

(5) Gempak 填料

Gempak 填料是美国 Glitsch 公司开发的一种金属板波纹填料。它同 Mellapak 填料的主要区别在于表面结构，但性能基本相似。

Gempak 填料金属板片厚 0.1~0.15mm，板上均布有 $\phi$4.5mm 小孔，开孔率约为 10%。板片上且有长约 5mm 的窄缝，缝宽约 0.5mm，缝间距约 2~3mm，上下两排缝间的板片左右倾斜，以便增加填料表面对液体的润湿性并迫使液体不断渗透过板面至另一侧，以加强液体的混合与湍动。型号有 1A、1.5A、2A、2.5A、3A、4A，其几何结构特性参数见表 18.4-10。

**表 18.4-10　Gempak 填料的几何结构特性参数**

| 型号 | 波峰高/mm | 波倾角/(°) | 比表面积/($m^2/m^3$) | 空隙率/% | 盘高/mm | 堆密度/($kg/m^3$) |
|---|---|---|---|---|---|---|
| 1A | 25.4 | 45 | 114.83 | 约 98.5 | 177.8 | 81 |
| 1.5A | 18.0 | 45 | 160.11 | 约 98.5 | 179.4 | 76 |
| 2A | 12.7 | 45 | 219.8 | 约 98.5 | 177.8 | 110 |
| 2.5A | 10.8 | 45 | 250.0 | 约 98.0 | 177.8 | 127 |
| 3A | 9.5 | 45 | 299.87 | 约 98.5 | 177.8 | 115 |
| 4A | 5.5 | 45 | 453.09 | 约 97.5 | 176.2 | 184 |

(6) Intalox 规整填料

Intalox 规整填料是美国 Norton 公司开发的一种金属板波纹填料。该种填料隔一定长度后，波峰与波谷交错，其间形成菱形通道，以利气液的横向混合，金属板表面压有特殊的纹理，故有较大的传质表面积。该填料有 1T、2T、3T、4T、5T 等规格，其中 2T 较常见。其几何参数见表 18.4-11，结构见图 18.4-15。

**表 18.4-11　Intalox 2T 填料的几何结构特性参数**

| 波峰高/mm | 波纹底边长/mm | 波纹斜边长/mm | 波倾角/(°) | 比表面积/($m^2/m^3$) | 空隙率/% |
|---|---|---|---|---|---|
| 10.4 | 39 | 22.3 | 45 | 220 | 97 |

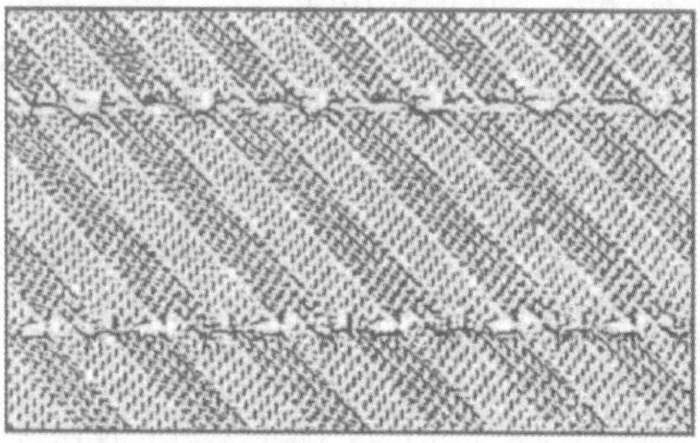

图 18.4-15　金属 Intalox 规整填料

2. 栅格填料

栅格填料多以金属带压成带有叶片的条状单元或斜板、斜波纹单元结构组合而成。栅格填料的比表面积较小、空隙率大，因而压降低、通量大，一般操作气速高，气液呈喷雾操作，故该填料抗污堵能力强，主要用于对分离效率要求不高而负荷大、防堵及要求低压降的场合。

栅格填料的几何结构主要由以条状单元结构为主、以大峰高板波纹单元为主或斜板状单元为主进行单元规则组合而成，因此结构变化颇多，但其基本用途相近。其中美国 Glitsch 公司于 20 世纪 60 年代首先开发成功的格里奇格栅(Glitsch Grid)，最具代表性。我国 20 世纪 90 年代研制的蜂窝格栅也可达到同样的分离效果。详见表 18.4-12。

**表 18.4-12　国内外主要栅格填料型号及开发公司**

| 公司 | 填料名称 | 型号 | 开发年代(20 世纪) |
|---|---|---|---|
| 美国 Glitsch | Glitsch Grid | C 型、EF-25A 型 | 60 年代 |
| 德国 K. Hoppe，Germania | Perform Grid Packing | 5 型、10 型、23 型、25 型 | 70 年代 |
| 美国 Koch | Flexigrid | | 80 年代 |
| 美国 Nutter | Snap-Grid | | 80 年代 |
| 德国 Envicon | Jaiousiepacking | | 90 年代 |
| 中国 | 蜂窝格栅 | FG 型 | 90 年代 |
| 瑞士 Sulzer | Mellagrid | MG40Y、MG64X/Y、MG90X | 90 年代 |

(1) Glitsch 栅格填料

Glitsch 栅格填料有两种结构，一种为 C 型，另一种为 EF-25A 型。这两种填料的结构及性能相差不大，C 型压降小些，EF-25A 型传质效率高些(为 15%~20%)，常用 EF-25A 型。

图 18.4-16 Glistch 栅格填料

EF-25A 型栅格填料(图 18.4-16)由许多栅格元件平行拼接而成，每个元件由 1.5~2mm 厚、高 6mm、宽约 57mm 或 67mm 的钢带冲压有垂直的、水平的和倾斜的定向舌片，舌片翻转 90°、上下两舌片翻转方向相反，对称于栅格元件的中心线，每两个元件间通过联结爪焊在一起，联成一体。上下两层栅条排列方向旋转 45°角，其几何结构特性参数见表 18.4-13。

表 18.4-13 EF-25A 型 Glitsch 栅格填料的几何结构特性参数

| 材质 | 规格/mm | 堆密度/(kg/m$^3$) | 比表面积/(m$^2$/m$^3$) | 空隙率/% | 干填料因子/m$^{-1}$ |
|---|---|---|---|---|---|
| 碳钢 | 67×60×2 | 272.2 | 40.66 | 98.2 | 50.68 |
| | | 318 | 44.7 | 95.9 | |

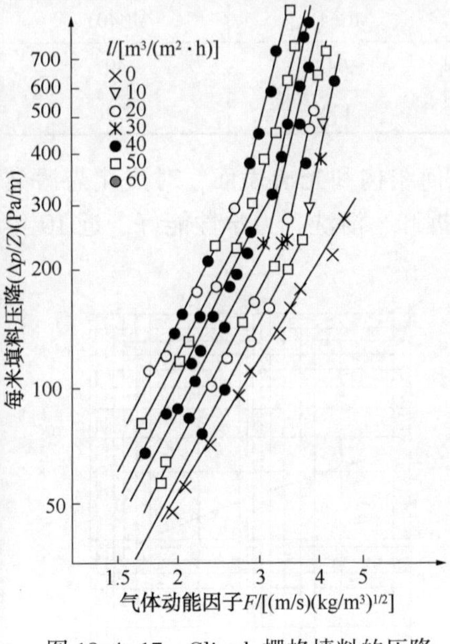


图 18.4-17 Glistch 栅格填料的压降

据研究栅格填料有两种操作状态：低气速时，液体沿着上、下舌片两侧形成一层很薄的液膜，在栅条壁面及舌片边缘部分，液膜逐渐增厚并形成小的液滴流至下层栅条，气体通过舌孔向上，气液之间形成滴状或膜状接触。随着气速增加，液体开始湍动，塔内出现液滴积累，气液处于喷射接触状态。在压降线上出现转折点，转折点对应的气体负荷(或动能因子)作为该填料的操作负荷。负荷上限不是受液泛控制，而是由雾沫夹带控制。工业上认为气液处在喷射接触状态下操作较好。

Glitsch 栅格填料的压降曲线如图 18.4-17 所示，可用以下关联式计算：

$$\Delta p=9.8Al^{\alpha}F^{\beta}+BF^{\gamma} \tag{18.4-17}$$

式中 $\Delta p$——每米填料压降，Pa/m；

$F$——气体动能因子，m/s·(kg/m$^3$)$^{0.5}$；

$l$——液体喷淋密度，m$^3$/(m$^2$·h)。

$A$、$B$、$\alpha$、$\beta$、$\gamma$ 的值见表 18.4-14。

表 18.4-14 Glitsch 栅格填料压降关联式中的常数

| 状态 | $A$ | $B$ | $\alpha$ | $\beta$ | $\gamma$ |
|---|---|---|---|---|---|
| 喷射点前 | $1.5\times10^{-3}$ | 1.36 | 1.61 | 3.02 | 1.96 |
| 喷射点后 | $3.19\times10^{-6}$ | 1.36 | 1.95 | 7.18 | 1.96 |

Glitsch 栅格填料的通量上限受雾沫夹带控制，在实际操作中选择喷射点的 $F$ 因子为该填料的操作负荷。为了使用方便，将压降公式转换成操作负荷，可得：

$$F_{喷射}=4.39l^{-0.817} \quad (18.4-18)$$

在工业装置中，Glitsch 栅格填料适用的最大气体动能因子 $F=4.64m/s \cdot (kg/m^3)^{0.5}$，一般操作气液动能因子为 $F=3.05\sim3.90m/s \cdot (kg/m^3)^{0.5}$，最低液体喷淋密度为 $0.588m^3/(m^2 \cdot h)$，压降范围为160~307Pa/理论级。

图 18.4-18　Sulzer 栅格填料

Glitsch 栅格填料的结构及由其决定的特性，使它特别适用于要求压降低、通量大、含有固体杂质物系的精馏、吸收、洗涤、急冷及除雾等传质、传热过程。乙烯装置的急冷油塔和急冷水塔下段有大量使用该填料的实例。

（2）Sulzer 栅格填料

Sulzer 的栅格填料 Mellagrid（图 18.4-18）是由金属带压制成大峰高的波纹栅条后组成，波纹倾角较小，表面光滑，波峰较大。故该填料压降小、通量大、抗堵性能强，适用于气液负荷大、物料脏和黏的场合。其规格见表 18.4-25。

**表 18.4-15　Mellagrid 填料的技术数据**

| 型　号 | MG90X | MG64X | MG64Y | MG40Y |
|---|---|---|---|---|
| 比表面积/($m^2/m^3$) | 90 | 64 | 64 | 40 |
| 填料单元高度/m | 140 | 220 | 130 | 200 |

压降和通量见图 18.4-19 和图 18.4-20。由于其几何结构和光滑表面，对焦化与污染不敏感，比传统栅格填料有较好的除雾和分离效率，易拆卸、清洗，力学性能好。近10年来，在急冷水塔下段应用比较多。

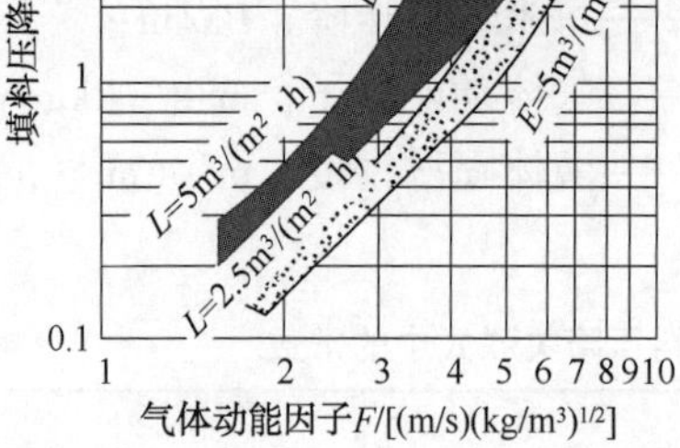


图 18.4-19　Mellagrid 填料的压降性能

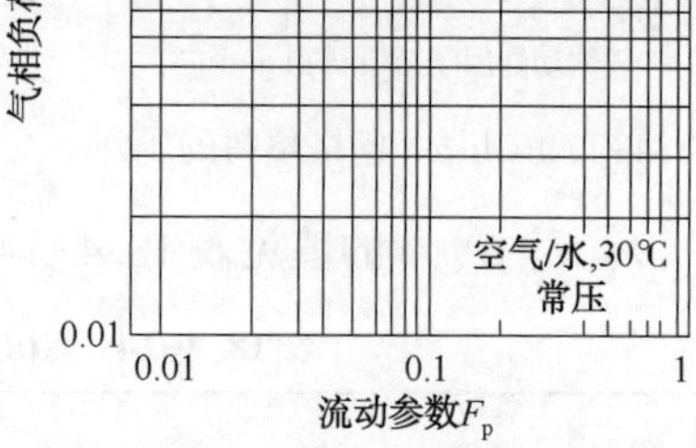


图 18.4-20　Mellagrid 填料的通量

（3）其他栅格填料

1）Flexigrid

Flexigrid 栅格填料如图 18.4-21 所示。由焊接横梁构成坚固的框架，上面安装矩形或三角形斜面平行的许多小叶片，叶片下端呈锯齿形，塔内安装时每层格栅填料交叉 45°，用以增大紊流和气液接触。该填料有 2 型和 3 型两种结构形式，栅条尺寸均为 1524mm×406mm×70mm。2 型栅格填料开有三角齿，它的特点是处理量大、压降小(仅为 3 型的 10%，处理量却高 74%)。3 型填料上开有矩形齿，它的特点是局部速度高，压降增大，但效率也高。该填料用碳钢、不锈钢、铝等材料制造均可，安装时底层需用环形支承环或支承梁。Flexigrid 栅格填料具有通常栅格填料的特性，可用于急冷油塔和急冷水塔的下部。

2) Snap-Grid

Snap-Grid 栅格填料如图 18.4-22 所示。由特殊结构的长条形开条形孔的金属弯片相互紧扣而组成一组栅格填料，然后相互组装成填料层。其特点是开孔率大，并能在低气液负荷时润湿填料表面，压降低，结构强度高。

图 18.4-21　Flexigrid 栅格填料

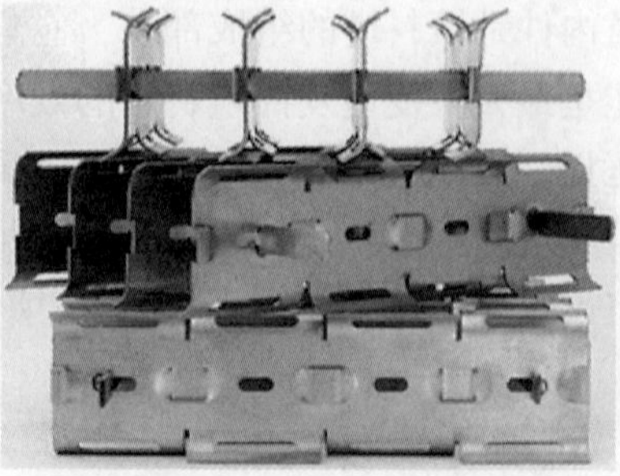

图 18.4-22　Snap-Grid 栅格填料

### 3. 改进型板波纹填料

由于每个填料单元的上部和下部结合处，突然的方向变化阻碍了逆向气液流动的接触，在层界面的相互作用减弱限制了填料的通量。当液体流动受阻于上升的气体时，在层截面处液体开始聚集，压降开始增加，可能会导致早期液泛。随着塔器大型化带来的投资增加和对以前老装置处理量增加等改造的进行，瑞士 Sulzer 和 KOCH-Glitsch 公司先后开发出新一代增强型填料 MellapakPlus 和 FLEXIPAC HC，分别见图 18.4-23 和图 18.4-24。

图 18.4-23　MellapakPlus 填料

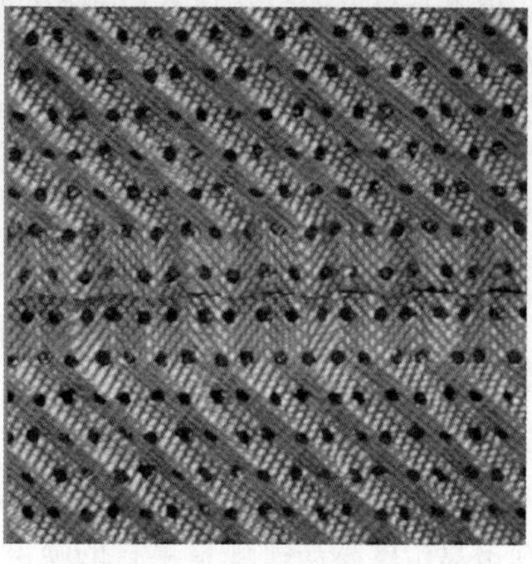

图 18.4-24　FLEXIPAC HC 填料

这两种改进型填料的特点是在每盘填料层的界面处做了细小的改变，在每个单元的上部和下部，波纹的方向渐渐接近轴的方向。这样改进的优点是：

① 气流在相邻填料单元连接处慢慢改变方向，消除了气液流动方向上的突然变化。

② 在填料连接处气流近似平行塔的轴方向，与填料内部的气流相比，气速降低了约25%。

以上两点降低了压降和剪切力，这对于存在厚而不稳定液膜的填料连接处非常重要，这样就不用担心填料连接处的早期液泛了。

国内孔板波纹填料也报道有类似的改进型，可咨询相关专利商。

改进型填料与原填料内部结构相似，分离效率相当，但通量大大提高，压降也降低了。金属孔板波纹填料的特性数据和设计方法同样适用于其改进型。

## 六、塔内件与辅助装置

塔内件是填料塔的组成部分，它们与填料及塔体共同构成一个完整的填料塔。塔内件的功能是最大限度地发挥填料塔的效率和生产能力，主要包括：液体分布器、填料支撑板、填料压板、液体收集再分布装置、进出料装置、气体分布器和除雾沫装置等。

填料塔内件设计是否完善，是保证填料达到预期性能的主要条件。例如，分布器设计不当将严重影响填料的传质效率，填料支撑设计不当将使填料层提前液泛，影响其生产能力。

### 1. 液体分布器

液体分布器置于填料层上方，它将回流液体或液相进料均匀地分布到填料层顶部，使进入填料层的液体有良好的初始分布。因为在填料塔的操作中，液体的初始分布对填料塔性能的影响最大，故液体分布器是填料塔中最重要的内件。因此，从分布器的选型、设计到制造、安装都要给予足够的重视。

液体分布器按常见的结构型式可分为：喷射式、管式、槽式和盘式等。

按出液推动力可分为：重力型和压力型。槽式和盘式为重力型分布器，喷淋式有重力型也有压力型。

按出液方式可分为：孔口式(液体从被淹没的小孔中流出)；溢流堰式(液体从开口堰中溢出)。

(1) 对液体分布器的基本要求

液体分布器一般应满足以下要求：

1) 分布均匀性

液体分布均匀有三条标准：足够的喷淋点密度DPD(drip point density)，指每平方米塔截面上的喷淋点个数；喷淋点在整个塔截面上排列均匀，位置对称；每个喷淋点的液体流率要均匀。

① 喷淋点密度(DPD)。达到一定分布质量所需的喷淋点数，尚无定论。它与填料类型及其尺寸有关，还与塔径大小、操作条件等有一定关系。一般来说，填料的比表面积越大，所需的喷淋点密度越高；规整填料的喷淋点密度大于散装填料、环形填料大于鞍形填料、液体喷淋密度低的大于液体喷淋密度高的。表18.4-16为各填料公司推荐的喷淋点密度值。而每一个分布器所能提供的喷淋点密度与分布器的类型和结构、气液流量大小以及流体物性等密切相关。

表 18.4-16　喷淋点密度推荐值

| 推荐公司 | 喷淋点密度/(个/$m^2$) | 适用场合 |
|---|---|---|
| Koch | ≤65 | 液体喷淋密度大于 $50m^3/(m^2 \cdot h)$ |
|  | >65 | 液体喷淋密度约为 $2.5m^3/(m^2 \cdot h)$ |
| Norton | 100 | 各种填料 |
| Glitsch | 161~215 | 根据流量和堵塞可能性选择 |
| Nutter | 100 | 大多数散堆和规整填料 |
| Sulzer | ≥100 | Mellapak 250Y |
|  | ≥200 | BX(500)丝网填料 |
|  | ≥300 | CY(700)丝网填料 |

图 18.4-25 为喷淋点密度对金属板波纹填料效率的影响。对于比表面积大的 M350Y 填料，DPD 值不应低于 160/$m^2$，否则效率下降。而对 M170Y 填料，DPD 值可低到 80/$m^2$仍保持效率不变。DPD 值的选取还与填料层高度有关，由图 18.4-25 可以看出，同样的 M170Y 填料，低床层必须有较高的 DPD 来维持较高效率。对于 M250Y 填料，DPD 值应取 100 以上，而 CY 型丝网波纹填料，DPD 值应大于 300。散堆填料的 DPD 值为 50~150，填料尺寸越小，则 DPD 值应取大些，公称直径 50mm 的散堆填料 DPD 值可取 100。

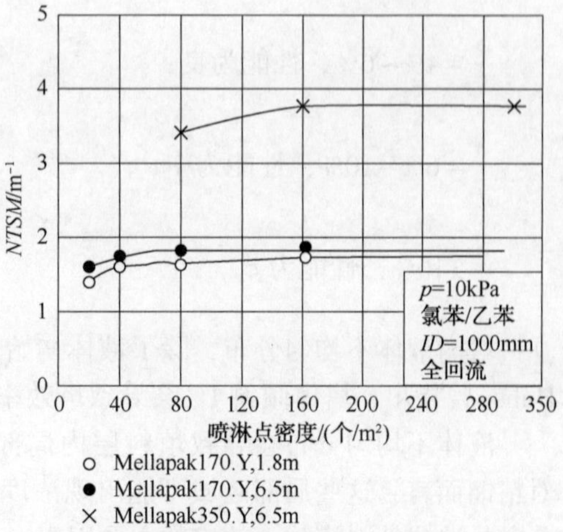


图 18-4-25　喷淋点密度对金属板波纹填料效率的影响

综上所述，液体初始分布至关重要，对于难分离物系，需要较多理论级，应考虑选用高性能液体分布器。对于填料层中理论级数多，且接近回流比的操作，DPD 值应尽可能大。对于易分离物系或理论级数少的填料塔，不要一味追求高性能液体分布器，因为分布器性能越高，其结构就越复杂，造价也就越高。

② 喷淋点在塔截面上均匀分布。喷淋点在塔截面上的几何均匀分布是比喷淋点密度更为重要的问题。喷淋点排布一般以正三角形或正方形分布，以求几何上的均布。要特别注意塔壁附近有足够的喷淋点密度，因为尽管塔壁数厘米范围的宽度不大，但占塔截面积的比例较高。一般喷淋点位置可距塔壁 40~50mm，但须防止液体斜射到塔壁上。

③ 各喷淋点液体流量均匀。需对液体分布器进行合理设计、精准冲孔和正确安装，保证要求的水平度和防止堵塞。高性能液体分布器各喷淋点流量与平均流量的误差应小于 6%。

通常可以对液体分布性能进行实测标定。测量液体分布器的各分布点上液体的流率 $l_1$、$l_2$、$l_3$、…、$l_n$(也可以在单位面积内如 0.1~0.2$m^2$左右的面积内来测取)。应该大致均匀地在整个塔截面上取 $n$ 个样品点，测取的分布点数应不低于总分布点数的 15%(以面积来测取时，则应不低于总塔截面积的 30%)。对于槽式分布器，每个二级槽都必须有样品测取点。

然后对 $n$ 个样品的流率 $l_1$、$l_2$、$l_3$、…、$l_n$取算术平均值：

$$\bar{l}=\frac{\sum_{1}^{n} l_i}{n} \tag{18.4-19}$$

对上述 $n$ 个样品的流率 $l_1$、$l_2$、$l_3$、…、$l_n$再求标准偏差：

$$S=\sqrt{\frac{\sum_{1}^{n}(l_i-\bar{l})^2}{(n-1)}} \tag{18.4-20}$$

$S/\bar{l}$可作为对液体分布器性能的评价，Spiegel 认为：

$\frac{S}{\bar{l}}<4\%$，性能为优；

$\frac{S}{\bar{l}}=4\%\sim6\%$，性能为良；

$\frac{S}{\bar{l}}=6\%\sim10\%$，性能为中；

$\frac{S}{\bar{l}}>10\%$，性能为差。

塔内液体不均匀分布，除了液体初始分布不佳外，塔体不垂直也是原因之一。Meier 和 Huber 曾指出，塔体倾斜 1%会导致塔效率降低到正常值的 50%~70%。

液体不均匀分布会导致填料层内局部区域的气液比与全塔宏观的气液比有显著差别。对精馏而言，这些局部区域可能出现浓度夹紧点，从而降低全塔总传质效率。液体不均匀分布是造成填料塔放大效应的主要因素。

从图 18.4-26 可以看出，当液体初始分布质量下降到 40%时，20 理论级的填料层会下降到 10 理论级；而 8 理论级会下降到 5 理论级。所以填料层中理论级数越多，液体分布质量的影响也越大。Spiel 和袁孝敬也指出，当填料层小于 5 个理论级时，不良分布的影响很小。

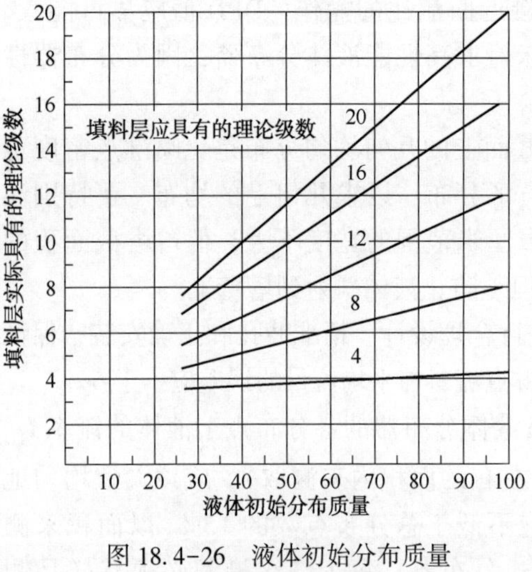


图 18.4-26　液体初始分布质量对填料性能的影响

2）合适的操作弹性

分布器的操作弹性定义为：能满足各项基本要求的条件下，液体最大流量与最小流量之比。通用型液体分布器的弹性在 1.5~4 范围内能满足连续生产的要求，当操作弹性比超过 3 时，分布器需特殊设计。

3）足够的气流通道面积

若气流通道面积太小，气速过高，分布器压降太大。当其压降超过液体压头时，某些情况下会发生局部液泛，最终导致全塔液泛。某些情况下气速过高会导致严重的雾沫夹带。此外升气通道的不均匀，可使上层填料进气分布不均，且会干扰液体分布器排液口下落液流的正常流动，造成液体分布不均和带液。因此，要严格控制气速。

4）分布器操作的可行性

保持分布器各流道畅通无阻，防止结垢、结焦、结晶、聚合等现象产生堵塞。防止飞溅、夹带、雾化、发泡、孔口腐蚀等影响产品质量和正常操作，更不能发生变形、倒塌等严重事故。

5）结构紧凑，占空间小

6）制造容易，安装、检修方便，易调整水平

（2）液体穿孔和越堰流动

1）孔口(管嘴)流出

孔口流出是一种射流现象，从典型的射流稳定性曲线(图 18.4-27)看，它划分为 4 个区域：滴流区(*AB*)、层流区(*BC*)、湍流区(*DE*)、韦伯控制区(*E* 以后)。稳定性曲线受液体的流动特性(*Re* 和 *We*)、孔口型式(锐口、斜口、圆口)和尺寸(孔径、板厚、管长)的影响。与之相对应的 4 种流型如图 18.4-28 所示：滴流、层流、湍流和雾化。显然，在液体分布器中，一般来说仅第 2 种或第 3 种流型是允许的。

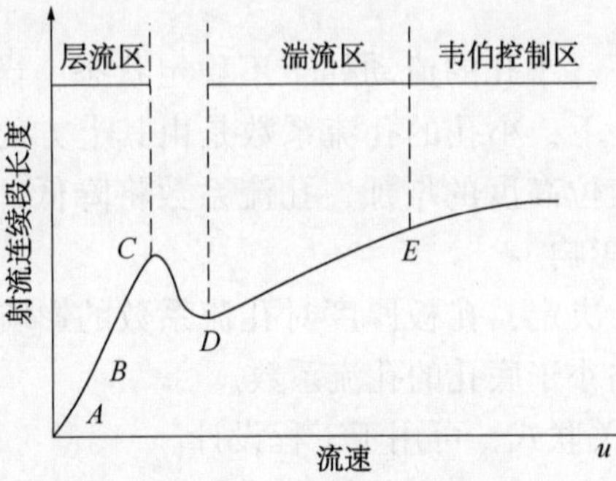


图 18.4-27　射流的稳定性曲线

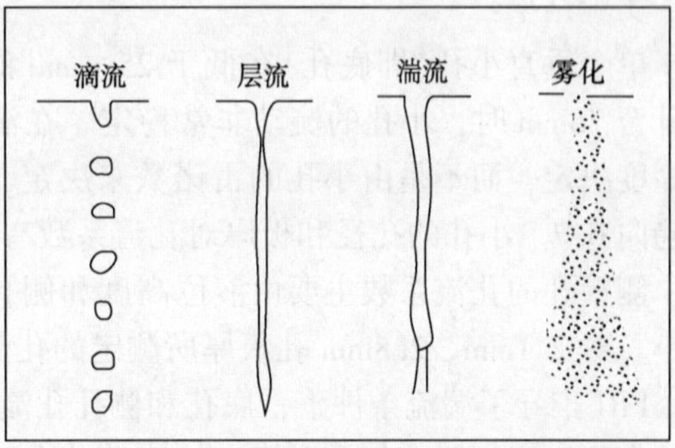


图 18.4-28　孔口的 4 个流动区域

孔口流出的水力学现象比较复杂，对其研究已有很长的历史了。在水力学中孔口有小孔和大孔之分；还有薄壁孔和厚壁孔(含管嘴)的区别，它们的流动规律是不同的。这里仅就液体分布器中的孔口流量计算方法作简要介绍。

液体穿孔(小孔口)的流量计算公式为：

$$q = C_d A_o \sqrt{2gh} \tag{18.4-21}$$

式中　$q$——流量，$m^3/s$；

$C_d$——流量系数；

$A_o$——出口截面积，$m^2$；

$g$——重力加速度，$m/s^2$；

$h$——液头高度，m。

液体流过孔的方式可以是溢流(如液体流过一个 V 形槽)，也可以通过在分布器侧壁或底部浸没在液体中的孔向下流动。确定小孔的正确尺寸和合理地布置小孔是成功地设计分布器的基本条件。正确地计算液体流过小孔的量，是确保液体良好分布的关键因素。下文中将讨论各种孔口的孔流系数的影响因素，以及分布盘或分布槽中液体的横向流动速度对

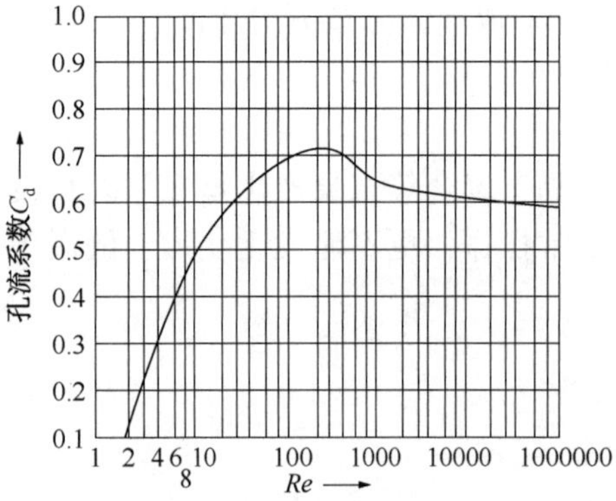


图 18.4-29 孔流系数 $C_d$ 随雷诺数 $Re$ 的变化曲线

孔流系数的影响。

不同小孔口流出的流量计算，都使用相同的公式，区别在于流量系数的取值差异。以前一般认为孔流系数$C_d$主要与雷诺准数相关(图 18.4-29)，雷诺数通常大于 1000，对于钻孔 $C_d$ 可取为 0.61～0.62，冲孔可取为 0.7。为了保证小孔质量，小孔应采用冲制或激光切割方式，并要求冲孔方向一律由槽内侧向外冲。

只有在精细化工中，物料非常洁净时，小孔直径允许小于 3mm，一般不宜小于 5mm。往往宁可减小 DPD 值，而取稍大的孔径，否则小孔堵塞后，造成的不均匀分布更严重。对于有特殊要求的场合，应采用特殊结构的布液装置。

FRI 通过研究湍流状态下，单个垂直、侧面的小孔流动特性以及多孔梯形分布槽中的流动特性来认识盘式和槽式液体分布器的分布规律。

实验结果：

单个垂直小孔(即底孔)在低于 25.4mm 的液位下，小孔的流动处于不稳定状态，当液位升至 76mm 时，小孔的流动非常稳定。在湍流条件下，小孔的孔流系数是由其上方的液位高度决定，而不是由小孔的雷诺数来决定，随着液位高度的增加，孔流系数将降低，最终趋向 0.7。小孔的孔径和板厚对孔流系数有一定的影响。

侧壁孔的孔流系数主要由液位高度和侧孔的孔径决定，孔板厚度对孔流系数的影响非常小。对 2.1mm、2.8mm 孔板厚所测定的孔流系数略小于底孔的孔流系数。

FRI 推导了湍流条件下，底孔和侧孔孔流系数的关联式，可用于工程设计。

在研究底部开孔的梯形槽内的流动分布时发现，自上一级进料管来的液体，其引入梯形槽的方式对液体分布的效果有很大的影响，当液体直接引入梯形槽时，液体分布的效果很差；当液体引入缓冲区域并越过溢流堰进入梯形槽时，液体分布的效果较好。

2）越堰溢流

溢流式分布器适用于大液量或物料较脏的场合，溢流口形状有矩形、三角形和梯形三种(图 18.4-30)。

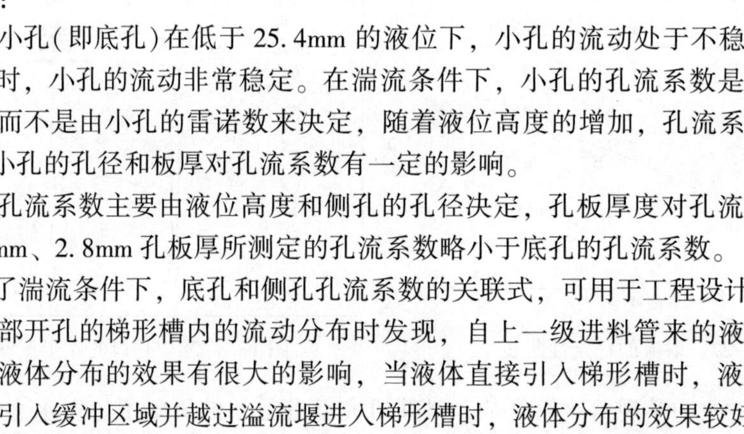


图 18.4-30 三种形状溢流堰

液体从堰口溢流下的水舌型式有：贴壁水舌、挤压水舌和自由水舌三种(图 18.4-31)。自由水舌的形成条件是其上下压力相同，这种水舌是非常稳定的；形成挤压水舌的条件是上下存在压差，将水舌挤向溢流堰方向，由于压差会发生变化，故这种水舌的稳定性较差；

当液体的溢流强度很小时会形成贴壁水舌，是表面张力使水舌保持“贴壁”状态，这种水舌的稳定性最小，因为堰壁上一旦充气，水舌就会离开。对于液体分布器而言，若液体流动控制在贴壁、挤压两个区域，液体沿壁下流，可以得到准确的落点；否则应假设挡板或导流板，控制落点。

图 18.4-31　三种水舌结构

液体溢流过各种形状堰时的流量计算公式如下：

矩形堰：
$$q=\frac{2}{3}C_dB\sqrt{2g}h^{\frac{3}{2}} \tag{18.4-22}$$

三角形堰：
$$q=\frac{8}{15}C_d\sqrt{2g}\,\text{tg}\frac{\theta}{2}h^{\frac{5}{2}} \tag{18.4-23}$$

梯形堰：
$$q=\frac{2}{3}C_d\sqrt{2g}h^{\frac{3}{2}}\left(L+\frac{4}{5}h\,\text{tg}\frac{\theta}{2}\right) \tag{18.4-24}$$

式中　$q$——流量，$m^3/s$；

$C_d$——流量系数；

$B$——矩形堰宽度，m；

$h$——堰上液头高度，m；

$\theta$——三角形或梯形堰夹角，(°)；

$L$——梯形堰底宽度，m。

因此，堰流和孔流一样，计算中的关键问题是确定流量系数$C_d$。相关文献中提供了一些计算流量系数的经验公式，可供设计者使用。

从式(18.4-21)~式(18.4-24)可以看出，通常情况下，通过圆孔的流量与液头的1/2次方成正比，通过矩形堰和梯形堰的流量与液头的3/2次方成正比，通过V形槽的流量与液头的5/2次方成正比。因此，越堰溢流的分布器对液面波动和分布器的水平度更为敏感。例如，一组间距同为2m长的孔和堰，若液头高度$h$均为50mm，因为安装误差，一端下降了5mm，另一端升高5mm，计算结果表明，三种情况两头的流量差分别为10%、35%和64%。由此可见，在堰槽结构设计中，调节水平度的措施非常重要，这在大塔设计中尤其值得注意。文献指出，对于堰型分布器，只要有25~50mm的不水平，足以破坏正常分布。

即使采用孔口流动方式，当液头高度很小，液体无法淹没孔口时，液体会沿孔(或管)壁流下，孔口流动转换为堰流；再则，设在侧壁上的开孔堰，当流量很大时，液体淹没了溢流堰，流动失去了堰流特性。一旦这种转换发生，分布器上排液口的流量会发生突变，伴随着液头高度的急剧变化，这是在分布器的设计中必须十分注意的问题。

3) 其他流出方式

除了通过孔口和堰外，还有借助于毛细管、导流板、导流管等排出液体的方式。

毛细管流程适用于液体喷淋密度非常小[ $\leqslant 0.5\ m^3/(m^2 \cdot h)$ ]的场合，允许每个喷淋点的流量低达0.05~0.5L/h。在毛细管中液体的流动，由于受到液体表面张力的影响，故其运动规律有别于通常遇到的管流，必须使用毛细流体动力学来描述。

分布器液体出口增设导流板或导流管来提高液体的均布程度，减少出口气体中的雾沫夹带量，增大分布器的气流通道，是不少新型液体分布器专利中所常常看到的。液体在垂直或倾斜平板上呈薄膜流动是流动中的一种特殊情况，在这种流动中液体的黏度和表面张力起着重要作用。

(3) 喷射式液体分布器

喷射式液体分布器是在压力下通过喷嘴将液体分布到填料层上方。其结构如图18.4-32所示。为了避免雾沫夹带及喷溅，建议喷射压降不要超过100kPa。液体喷淋密度最小为$15m^3/(m^2 \cdot h)$，操作弹性为2。其操作上限是液体雾化造成夹带。因为通过喷嘴的液体，在管内压力的作用下呈锥状被喷射到填料层顶面，如图18.4-33所示，所以每个喷嘴的液体喷射区远大于其他管式分布器一个分布点的淋降区。因此，其结构十分紧凑，只要使用不多的喷嘴即可覆盖很大的塔截面。安装所占空间小，且因其受安装水平度的影响甚小，故常用于大直径塔中。它最适用于传热和洗涤操作中使用，而在精馏中并不多见。急冷油塔中常用该分布器。精馏塔和吸收塔一般不采用这种分布器。它不适用于含气液体操作，进料还有固体时应设置过滤装置。

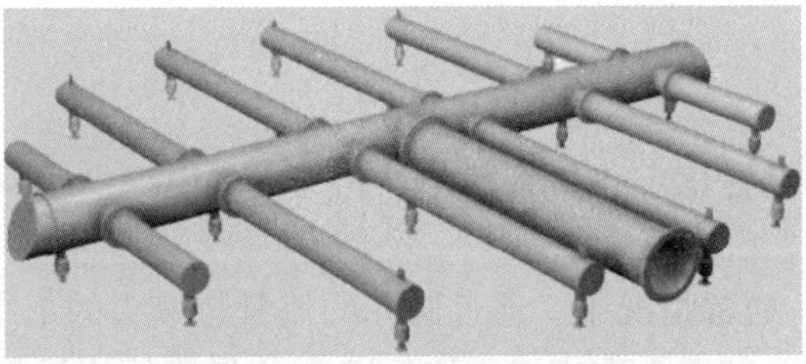

图18.4-32 喷射式分布器

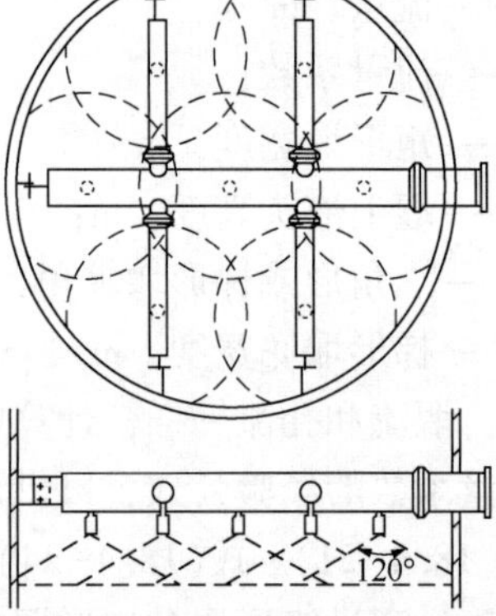


图18.4-33 喷射式分布器喷射示意图

喷射式分布器的分布质量低于其他型式分布器。这是因为由液体喷射锥所构成的喷淋区内部，液体分布是不均匀的，各区中间亦难达到均匀分布。此外，大量液体还会直接喷向塔壁。喷射角、喷嘴离填料层高度、喷嘴结构和型式均会影响分布质量，且这些影响因素难以捉摸，设计方法必须针对喷嘴结构专题研究。

对喷射式分布器的选择、设计和操作，以下是值得注意的几个要点：

① 关于喷嘴：通用的喷嘴张角是120°，喷射压降约35~210kPa；当使用多个喷嘴时，确保所形成的各股喷射锥的均匀性十分重要，否则将降低分布的均匀性。

② 喷嘴安装：为使液体分布良好，喷嘴离填料层顶面高度须控制在300~900mm，最好大于600mm，以使得每个喷嘴的喷淋面积在$0.5 \sim 0.9m^2$范围；Albright认为液体喷射在填料层顶面所产生的喷射圆相交叠有利于均布，Strigle推荐交叠率约100%，这样对分布有利。

根据以上原则，可以确定喷嘴间的距离。

③ 壁区喷淋：要防止壁区喷淋过量或不足，它们均会降低分布质量。

④ 操作弹性：喷射式分布器的弹性为 2。流量太大有严重雾沫夹带问题，太小则喷射锥直径缩小，分布恶化。因此，喷嘴尺寸不宜太大。

⑤ 流动液体：喷嘴式分布器不适于含气液体操作，液体中夹带固体杂质，轻则影响喷嘴的喷射性能，重则造成填塞，均应避免。或在分布器前设置过滤器，将杂质分离，也有采用防堵喷嘴的，但性能不可靠。液体对喷嘴的腐蚀或侵蚀，同样会破坏其喷射性能，故为保持正常操作，喷嘴的选材极其重要。

⑥ 水力实验：通过水力实验考察喷嘴式分布器的水力学性能，是行之有效的方法。除了将单个喷嘴连接在水管上观察其流动模型，检测其分布的均匀性外，有条件时最好在安装现场通水考核整个分布器的总体性能。

(4) 管式液体分布器

管式液体分布器有重力型和压力型两种形式，但其液体流出方式均为孔流式。这类分布器的优点是：气流通道大、气阻小、结构简单、加工方便、易于支承、造价较低、占空间小、喷淋点较多、对水平度的要求较低，在设计的流量范围内分布质量好。其缺点是：允许的液体喷淋密度≤25m$^3$/(m$^2$·h)，操作弹性比较小，为 2~2.5，孔口流速不得高于 1.2~1.8m/s，设计的工艺计算比较复杂，对物料的要求高，不允许含固体杂质、不能夹带气(汽)体、不能对孔口有腐蚀和侵蚀使孔径变大。分布器排液口下端到填料上端面的间距应控制在 150~200mm。

1) 重力型管式液体分布器

适用于操作弹性大，物料较洁净的中、小液量负荷。

结构形式与特点：图 18.4-34 为排管式液体分布器结构。进液口一般呈漏斗形，内置丝网过滤器，以防止固体杂质进入分布器。排管底部开有小孔，以将液体分布到填料层顶部。在漏斗形进液口与下方直立管连接处靠下 20mm 处开设 3~4 个直径 5mm 左右的呼吸孔，以便排出气体，使液体能稳定进入分布器。对大直径或大液量的塔，可采用双立管或多立管结构进料。直径小于 250mm 的小塔，可制造成十字头形液体分布器。如图 18.4-35 所示。

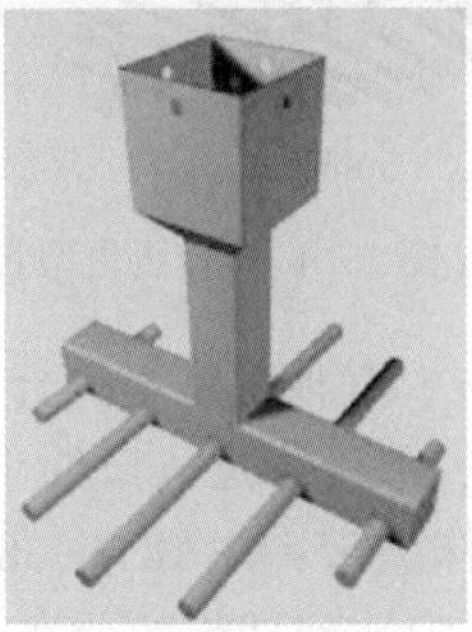

图 18.4-34 排管式分布器

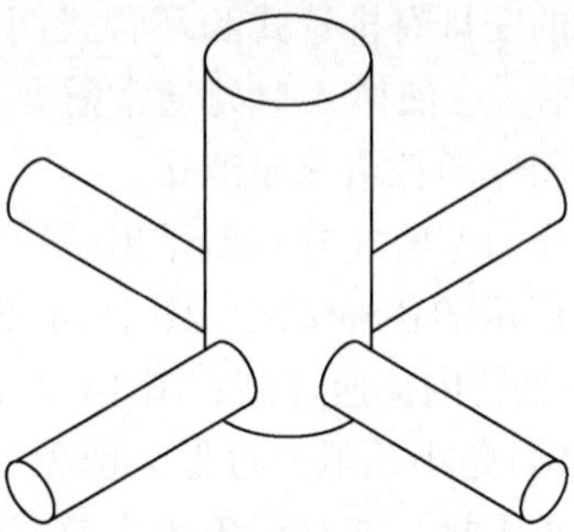

图 18.4-35 十字形液体分布器

排管式液体分布器的立管可以较高，一般根据操作弹性可取 200~500mm，操作弹性可达 1∶2.5。立管较高可降低对安装水平度要求，且分布质量较好。

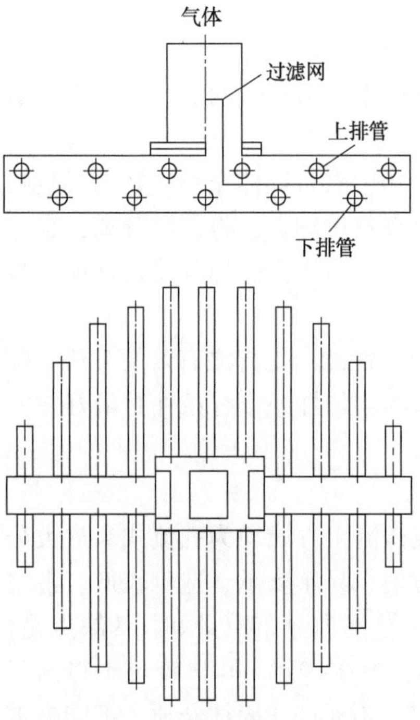


图 18.4-36　双层排管式液体分布器

设计时立管和主横管内液体流速应小于或等于0.2m/s。每根布液管的流通截面积应大于其上布液孔总面积的2倍以上。排管直径不宜过大，应使气体通过的自由截面积大于塔截面积的50%以上，以减小压力降和雾沫夹带。

排管上小孔孔径的计算仍采用式(18.4-21)，孔径取3mm以上为宜。

从式(18.4-21)可以看出，液量与液位高度的平方根成正比，因此依靠改变液位高度不能大幅度改变分布器的操作弹性。为了满足较高的操作弹性要求，可将排管式液体分布器设计成双层，如图18.4-36所示。其特点是立管做成套筒式、主横管做成双层，立管内筒与主横管的下层相通，并与下层排管相通。而立管的外管与主横管的上层相通，并与上层排管相通。上层排管要布置在下层排管的间隙中，互相错开一个位置。

进料首先进入内立管，使下层排管工作。当液量增大时，内立管中液位上升，液量大到一定程度，内立管中液体溢流到外立管，这时上层排管也开始工作。这种双层排管式液体分布器的操作弹性可达1∶8。

2）压力型管式液体分布器

压力型管式液体分布器稳定性较差，易受泵压头的变化及塔操作变化的影响。一般用于填料萃取塔、吸收塔和直接接触式的冷却塔中，精馏塔中一般不宜采用。特别适用于气相质量流率较高或要求气相通过自由截面积超70%，从而避免局部区域液泛。其优点是结构简单，便于安装，占空间小。适用于带有压力(35~135kPa)的液体进料，其操作弹性建议为1∶2.5，因为液量过高会造成雾沫夹带，而过低会分布不均。通常液体喷淋密度不大于24.5m$^3$/(m$^2$·h)。

压力型管式分布器是靠泵的压头或高液位通过管道与分布器相连，将液体直接送到填料层上方。根据管的安排有排管式和环管式两种，如图18.4-37所示，在液体入口处通常需要加设过滤器，以避免固体颗粒堵塞布液孔。

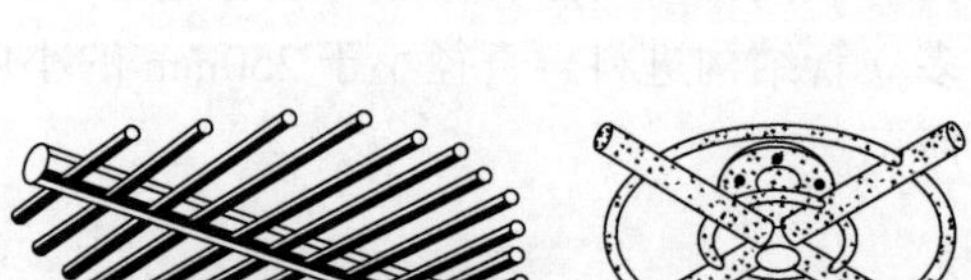

(a)排管式　　(b)环管式

图 18.4-37　压力型管式分布器

液体在压力型管式分布器排出时可能会出现图18.4-38所示的各种情况。图18.4-38(a)是理想情况，其他都是不符合要求的分布。图18.4-38(b)是管内流速过高；图18.4-38(c)流速更高，致使靠近入口处小孔倒吸入气体；图18.4-38(d)是小孔阻力过低，但阻力过大会造成雾沫夹带；图18.4-38(e)是接近进口处流体有严重干扰，如有锐角弯头或高阻力的管件等。为达到理想的分布，液体通过小孔的压降应是14~137kPa，过小会使液体分布不均，过高会造成雾沫夹带；小孔中流速不宜超过1.2~1.8m/s；进料中不能含有气相或固体颗粒；排管距填料层上端150~200mm。

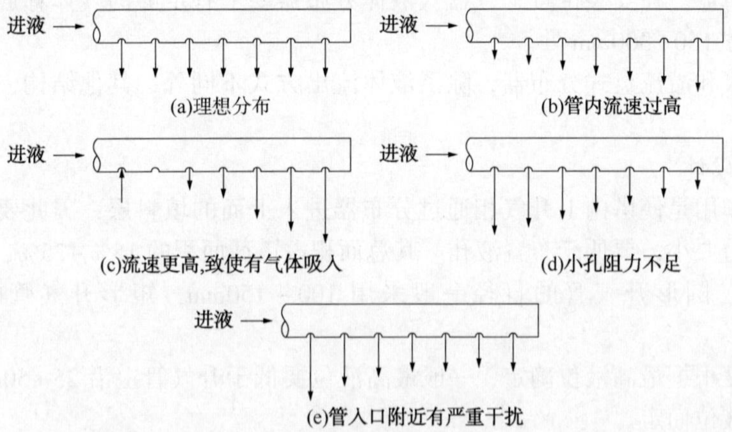


图 18.4-38　孔流型管式分布器液体出口处的流型

(5) 盘式液体分布器

盘式分布器为重力型分布器，主要构件有液体分布盘和升气管。根据布液孔型式可分为盘式孔流(孔盘式)和盘式溢流(溢流盘式)两种，见图 18.4-39。孔盘式的盘底均布有许多淋液孔，而溢流盘式则于升气管顶端侧壁开三角形溢流堰。升气管可圆可方，高度 250mm 左右，由物系和操作弹性决定，最高液位要低于升气管上沿 25~50mm。操作弹性由最高和最低液位决定。

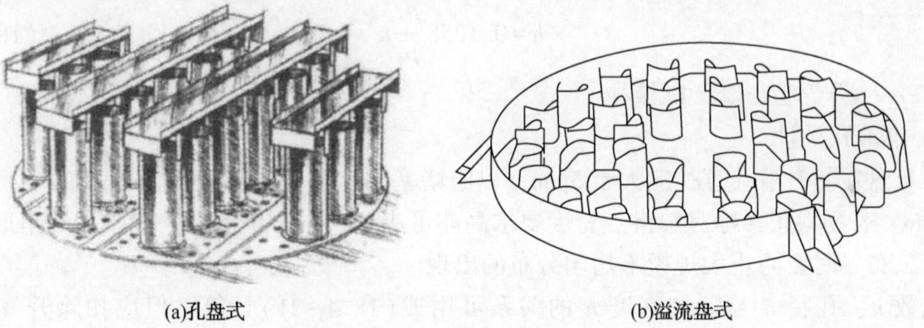


图 18.4-39　盘式液体分布器

由于所有布液孔处于同一高度，理论上讲孔盘式分布器是所有分布器中均布性能最好的一类分布器。而且这种分布器气液分流，互不干扰，操作弹性较大。不过由于受结构上的限制，气流通道、支撑圈、支撑梁等要占据一定空间，影响了液体喷淋点的合理设置；此外，孔口易被固体颗粒堵塞、物料腐蚀，安装水平度等均会影响液体的均匀分布，故应精心设计才能保持其优良的均布性能。孔盘式分布器可处理较大流量，最大液体喷淋密度达 $75m^3/(m^2 \cdot h)$。但流量增大，液位升高，分布器所占塔内空间加大。

溢流盘式分布器将排液口提高到升气管的上端，克服了盘上孔口易被堵塞、腐蚀而影响分布等弊病。带来的问题是气液在同一通道内呈逆流运动，两相流动相互干扰，最大负荷互相牵制，允许负荷下降等问题。

盘式分布器最大的缺点是用作再分布器时，液相浓度混合较差；气相通过的阻力要高于其他类型分布器。在安装位置上，盘式液体分布器要求有足够的气体释放空间，一般安置在填料层上方 150~300mm 处。

比较孔盘式和溢流盘式分布器，除了液体流出方式不同外，其他结构、性能和设计方法等是类似的。

1）升气管设计

升气管的作用是使塔内上升气相通过分布器进入上面的填料层，因此要求它能均匀分布气相，且阻力要小，要便于布置液孔。其总面积占塔截面积的 15%~25%，常采用圆形或矩形两种截面。圆形升气管的直径一般采用 100~150mm，矩形升气管的宽度一般在 80~150mm。

升气管高度根据最高液位确定，一般最高液位要低于升气管上沿 25~50mm。操作弹性由最高和最低液位而定。

升气管设计的关键是压降$\left(\dfrac{\Delta p}{\rho_L g}\right)$，要求压降尽可能低$\left(\dfrac{\Delta p}{\rho_L g}\leqslant 6.5\text{mm 液柱}\right)$，否则将成为塔操作的瓶颈，而且压降大，液位高度也相应增大。升气管压降可按以下两式计算：

$$\Delta p=\xi\frac{1}{2}\rho_V u^2 \tag{18.4-25}$$

式中　$\Delta p$——升气管气流阻力，Pa；

$u$——升气管气速，m/s；

$\xi$——当升气管上部有挡液板时，$\xi\approx 2.5$，否则 $\xi\approx 1.5$。

$$h=0.1258\frac{\rho_V}{\rho_L}u^2 \tag{18.4-26}$$

式中　$h$——升气管压降，m 液柱。

2）淋液孔设计

分布盘底的淋液孔直径应大于 5mm，以防堵塞。对喷淋点密度要求不高的塔，孔径可达 12mm。若物料很洁净且喷淋点密度要求高亦可小到 3mm。淋液孔一般采用三角形或正方形布置，布置时要防止大规模不均匀分布的出现。

孔数 $n$、孔径 $d$ 与液位高度 $h$ 的关系可用式(18.4-21)计算，但应扣除升气管压降 $\Delta p$，即

$$q=C_d n\frac{\pi}{4}d^2\sqrt{2g\left(h-\frac{\Delta p}{\rho_L g}\right)} \tag{18.4-27}$$

可见，当压降很大时，液流推动力下降，严重时可造成分布器液泛。

3）溢流式分布器

溢流式分布器多在升气管上端开 V 形切口作为溢流口，这样气、液同走升气管易形成雾沫夹带甚至液泛，故只适用于低气速的场合。合理的设计是在盘上设许多溢流管，在分布盘上方一定高度开直径>3mm 的小孔(可开多排孔)，溢流管下端距填料表面 10~30mm。这种形式的盘式分布器操作弹性可达 10，不易堵塞，可防止夹带，性能较好。

溢流式分布器的流量计算公式参见式(18.4-21)~式(18.4-24)，但其推动力应修正为$\left(h-\dfrac{\Delta p}{\rho_L g}\right)$。

4）进料管设计

进料不合适会引起盘中液体被搅动，液面产生波动和出现过大的液面梯度，造成液体分布不均匀，甚至分布盘上局部区域过早出现液泛。

进入分布盘的液体必携带和卷吸入一部分气泡，在低压操作且液体流量不大时，气泡易于从液体中脱出，不会给分布器的正常操作带来麻烦。但若操作压力较高或液体流量较大或液体易于发泡，则带进的气泡难于解脱出来，会形成稳定的泡沫液。这必然促使分布器的液位上升，甚至过早进入液泛，破坏了正常操作。

对于大部分直径小于 1.2m 的小塔，液体可以直接加到分布盘的合适位置上；1.2m 以上的大塔则需要设置分流盒，分流入盘。液体从进料管流出的速度不能超过 3m/s，尽量控制在 1.2~1.5m/s 以下。进料管出口与分布盘顶边的间距控制在 50~200mm 范围。图 18.4-40 所示为两种加料方式，(a)是正确的，而(b)因分布管不设弯头，出口液流比较分散，会直接进入升气管，故不合理。

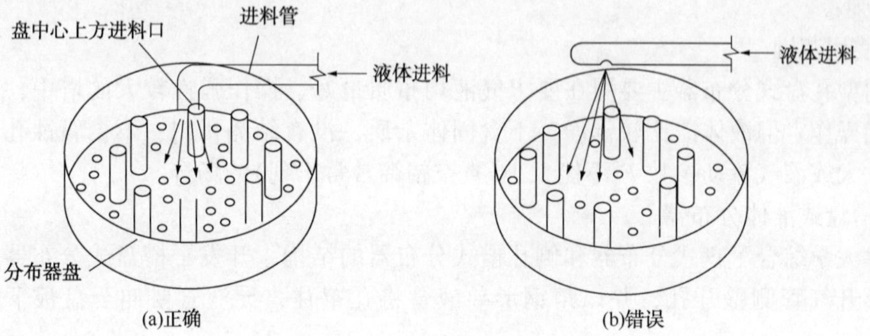


图 18.4-40　简单的加料管布置

5）操作弹性比

孔盘式分布器的操作弹性比较大，通用型设计可达 4∶1。弹性比的变化通过改变盘和升气管高度来实现。高度愈大，弹性比愈高。

6）防止堵塞和腐蚀问题

孔盘式分布器要尽可能避免用于易堵塞和有腐蚀的介质。因为其排液口设于盘的底面，易被固体颗粒堵塞；它属于重力型，一旦堵塞无法通过外压疏通，要等停车后再作清理；再则，孔口的堵塞和腐蚀均会恶化液体分布，直至破坏正常操作。

有一些防止堵塞的措施，一种是进料管线上增设液体过滤器，最好是带有自动清洗的过滤器，可以保持长期正常操作；另一种是在盘上设置排液短管，管口高过盘的底面，让固体可以沉积于底部，清液流进排液短管；还有其他一些措施。但这都会使结构更加复杂，设备投资增大。

7）支承和水平度

分布器支承装置的设计要解决 3 个问题：支承方式；安装高度；水平度及其调节。

支承方式有：支撑圈、支耳或设置分布器塔节通过法兰与上、下塔体连接。此外，对于大塔还应设置中间支撑梁。第一种是最常见的支承方式，便于安装，操作可靠，但塔周易形成气液死区，特别当塔径较小时，所占截面比例相当可观。第二种方法克服了支撑圈的缺点，扩大了气流通道，但仅用于小塔。最后一种克服了上述两种方法的缺点，检修者不必进入塔而将分布器卸出塔外，清理十分方便，不过水平度的调节比较困难。

分布器的安装高度指排液口下缘到填料层顶部之间的距离。直接将分布器置于填料层顶部是不可取的，因为它使分布器在安装时难以定位，阻碍了气体从填料层上升，恶化了气流分布，促使填料层顶部过早液泛；安装高度过大则会浪费有效空间，还会使得液体落点偏离设计位置，恶化液体分布，射流分裂、易于形成泡沫层、液体对填料层的冲击力增大而引起飞溅，从而导致气流中的雾沫夹带增大，促进液泛的产生。这些都会降低填料塔的分离效率。

许多学者对安装高度的取值进行了研究，但所得结论并不一致。Kister 从防止雾沫夹带、泡沫形成、飞溅角度考虑，建议值为 150~200mm；Norton 公司强调了气流畅通取较大值 150~300mm；Moore 为确保液体的高性能分布选较小值 100~150mm；董谊仁等对此进行了专题研究，建议根据射流稳定性长度大小来确定安装高度。

分布盘的安装水平度必须严加控制，液位高度处于上限极限位置时，水平度对分布质量最为敏感。

8）使用范围

通用型孔盘式分布器主要用在要求气液均布质量好、操作弹性较大的塔中，对易起泡体系也能操作。但液体需比较干净，不含固体杂质，没有结晶析出，不会腐蚀孔口；气液比不能太大或液气流动参数 $F_p$ 不能太小(真空精馏常常出现)的场合。

9）槽盘式液体分布器

天津大学综合了盘式分布器和侧孔槽式分布器的结构，开发了槽盘式分布器。其特点是在矩形升气管侧壁开孔，并以角钢形导液管将孔罩住，导液管要伸至盘板下方，见图 18.4-41。

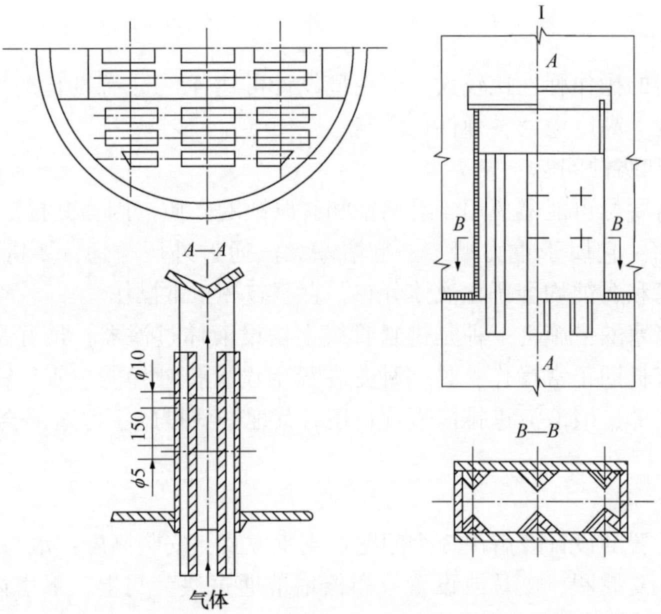


图 18.4-41　槽盘式液体分布器

因其小孔不在底板上，故有很好的防堵塞性能；可以开多排布液孔，操作弹性可增大至1∶5，但要注意防止分布盘底板泄漏。

槽盘式分布器兼具液体收集、液体分布和气体分布三种功能，占位高度低、防夹带、抗堵塞、操作弹性高、分布质量好。但是它依然属于盘式分布器的变形，气相阻力大，对水平度依赖程度高，而且结构较为复杂，制造质量要求高。

(6) 槽式液体分布器

槽式液体分布器为重力型分布器，以液位作为推动力。典型的槽式液体分布器(图18.4-42)是由进料分布管、主槽和分槽组成。气体自下而上穿过槽间空隙通道流动；液体通过进料分布管、主槽和分槽后均匀淋降到填料层顶部。

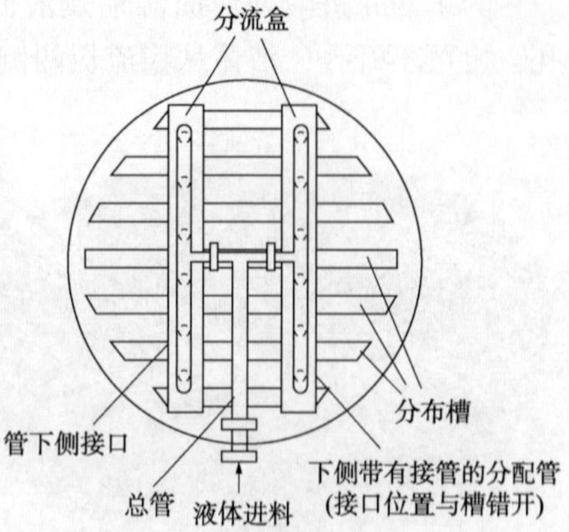


图18.4-42　槽式液体分布器

槽式分布器具有较大的气流通道，结构比较简单、紧凑、占空间不大，易于支承调平，常用于体系对压降要求高或大直径填料塔中。它的分布质量较高，压降低，适用的液体负荷较大，防堵性能好，操作稳定，弹性大。

根据主槽位置不同可分为单级槽式和二级槽式分布器。

1) 二级槽式分布器

图18.4-43和图18.4-44为两级槽式液体分布器。它由主槽(一级槽)和分槽(二级槽)组成。主槽置于分槽之上。对于大直径或大液量的塔，可设两个或多个主槽。

图18.4-43　两级槽式液体分布器

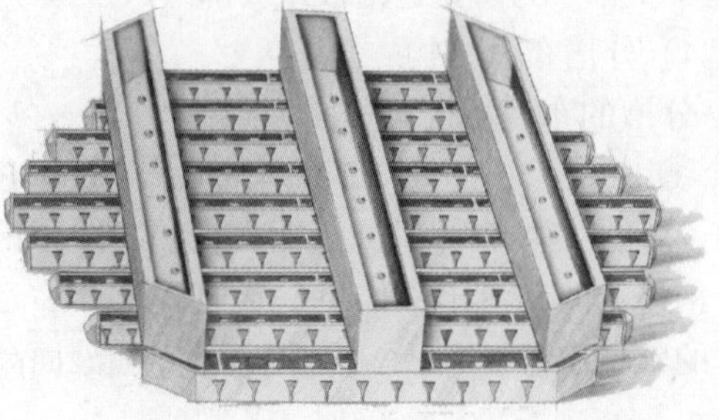

图18.4-44　溢流槽式液体分布器

回流或进料液体通过置于主槽上方的进料分布管进入主槽，再由主槽按比例分配到分槽中。主槽和分槽的结构尺寸由液体流率、塔径、操作弹性以及对分布质量的要求而定。两级槽式液体分布器结构简单，易于从人孔进入塔内组装，升气通道均匀，自由截面积大，易调平。缺点是占塔空间较大(尤其是用于液体再分布时，需在其上方增加一个液体收集装置)。

主槽通常为矩形截面的敞开式结构，底部或侧壁开有布液孔。槽内设预分布缓冲装置，以免进口液体的局部冲击影响液体的均匀分布。液体在主槽内的流速不得超过0.4m/s，否则会引起较大的液面落差，降低液体分布质量。

分槽的作用是将来自主槽的液体均匀地分布到填料表面上，故分槽对液体分布是至关重要的。其长度由塔径及排列情况而定，宽度因塔径、液体流量和要求的停留时间而不同，一般为30~100mm，高度与操作弹性有关，一般在200~400mm。

为了防止进液处液面湍动及液面落差，分槽内可设稳流板，板上可开大于 $\phi$10mm 的孔，也可不开孔，液体从稳流板两侧流入槽中。

图 18.4-45　一级槽式液体分布器

为了防止高液量时液体从槽顶部不均匀溢出，在槽顶部设溢流孔。溢流孔一般采用倒三角结构。

分槽上的布液结构对分布质量至关重要，后面将详细介绍。

2）单级槽式分布器

单级槽式液体分布器也即连通槽式分布器，见图 18.4-45。其结构紧凑，占位低，槽间互相连通，各处液位高度一致，液体分布均匀。布液结构和主槽内预分布缓冲装置同二级槽式分布器。

3）主槽布液结构

液体由进料分布管进入主槽后，由液位控制通过主槽底部的布液孔将液体分配到各分槽中。由于各分槽长短不等，要求分配到各分槽的液量也不同，因而对应于各分槽的布液孔数量或尺寸也各异。主槽底部布液孔有侧孔式和底孔式，如图 18.4-46 所示。侧孔式是在对应各分槽的导液槽的侧面开设布液孔(孔中心距底板 30~50mm)，底孔式是在对应于各分槽的主槽底部开孔，主槽内不设导液槽。侧孔式导液槽兼作主槽与分槽的定位装置，底孔式主槽下面可不设导液槽而只设简单的定位板。侧孔式结构虽复杂，但它允许固体杂质沉积于主槽底部而不堵塞布液孔。布液孔直径应大于 5mm。对于直径大于 4m 或大液量的塔，可设置两个主槽。为防止进槽液量局部过大及减小槽内液面落差，每个主槽可设置多个进液点。

4）分槽布液结构

分槽的布液结构有不同型式：

① 底孔式。底孔式布液结构见图 18.4-47，其结构简单，制造容易，适用于液体分布要求不太严格的场合。但抗堵能力较差。图中两种型式性能基本相同，其中(a)的抗堵能力较(b)稍差，但其流出液体不易被气体夹带，还可加宽分槽打双排孔，适用于大液量的场合。(b)的分布质量略好于(a)，但其落点随液面高度变化，且高气速下，(b)易造成雾沫夹带。

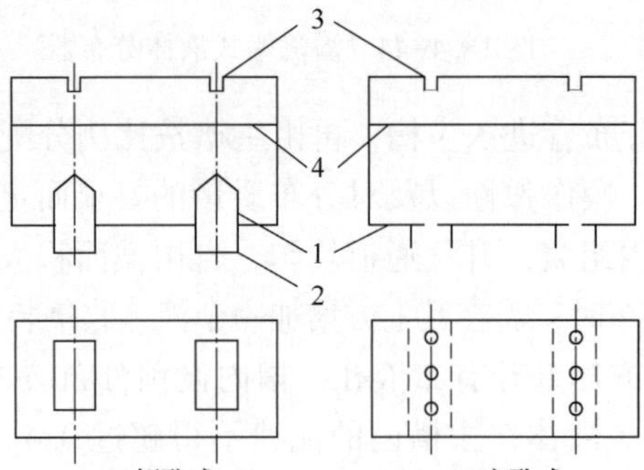


图 18.4-46　主槽布液装置

1—布液孔；2—导液槽定位板；3—溢流口；4—防冲板

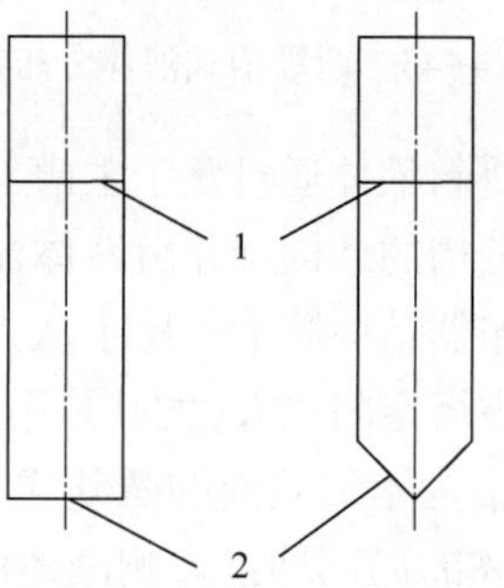


图 18.4-47　底孔式布液结构

1—稳流板；2—布液孔

② 内管式。图 18.4-48 为内管式布液结构。它允许固体杂质沉积于槽底，小孔不易堵塞。若在管的不同高度开两层或多层孔，则可加大操作弹性。管内流通面积应大于管上全部小孔面积之和。要尽量减小分槽中液体流动的液面落差。

③ 侧孔导管式。有三种型式，见图 18.4-49。布液孔开在槽侧壁，导液管罩在孔上并将液体引至填料层上表面。其结构较复杂，分布质量较好，流出的液体不易被气体夹带。导液管直径应大于布液孔直径，与分槽连接处不要满焊以便排气，防止造成不稳定流动。弯管式由于位置略高，抗堵性能优于直管式，但直管式的导管简单。角钢板式可将槽满时溢流的液体导至分布点，但分布点的安排受槽宽限制。

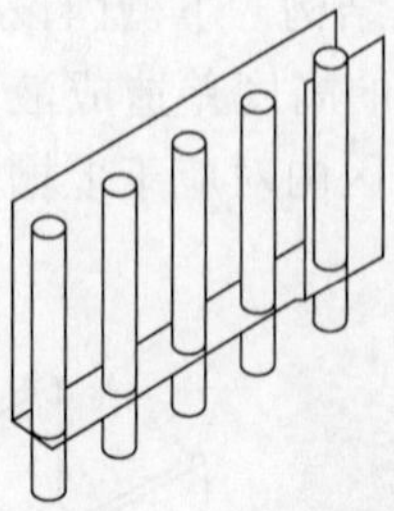

图 18.4-48 内管式布液结构

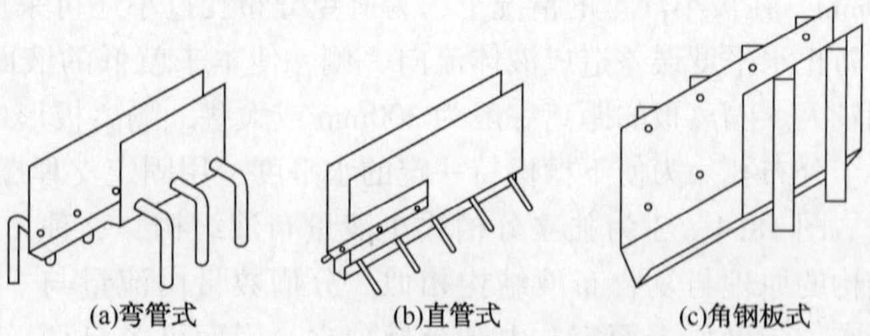


图 18.4-49 侧孔导管式布液结构

④ 侧孔挡板式。有两种型式，见图 18.4-50。自分槽侧壁的布液孔流出的液体喷射到导液侧板上，并呈膜状散开流下滴落至填料表面，液体由点分布变为线分布，更适用于规整填料上方的液体分布器。导液板在安装时应与最上层填料片垂直或成一个角度，即尽量使每个填料片的缝隙都有液体流入。封闭式不宜采用双板，否则气体通道太小，气相阻力增大。双板敞开式对气相阻力小。

⑤ 溢流孔式。溢流槽式液体分布器与其他槽式孔流型分布器结构基本相似，只是将孔流型变成槽上端的溢流孔。溢流孔形式如图 18.4-51，有矩形堰、倒三角形堰和圆底矩形堰等。适用于大液量或物料较脏的场合。这种溢流型堰口的操作弹性较大，可达 1∶4，但是分布质量较差，一般用于对传质要求不高的填料塔中。

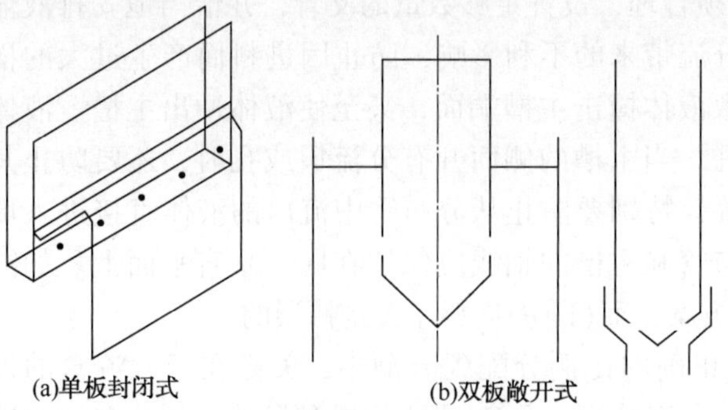


图 18.4-50 侧孔挡板式布液结构

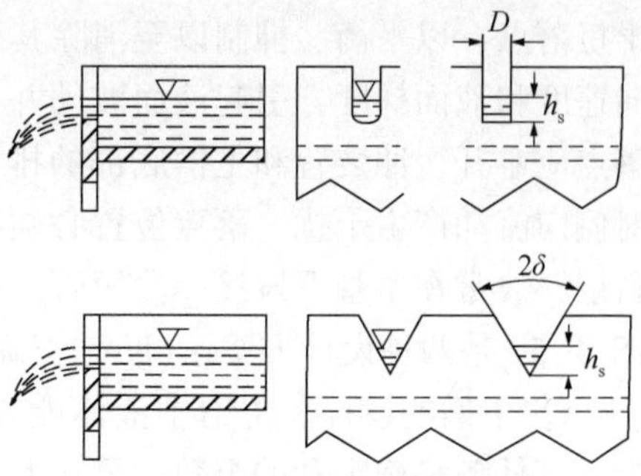


图 18.4-51 溢流式布液结构

⑥ 复合式。除上述的结构外，对于小液量的分布器，可采用复合式布液结构。

前面所讨论的槽式分布器的布液结构都是靠一定高度的液位(正常操作时液位一般在 30mm 以上)保证液体分布的均匀性。液位越高，分布器尺寸误差及安装水平度所造成的影响越小。在相同液体流量下，液位越高，则布液孔直径越小或布液孔数越少。对于一定型

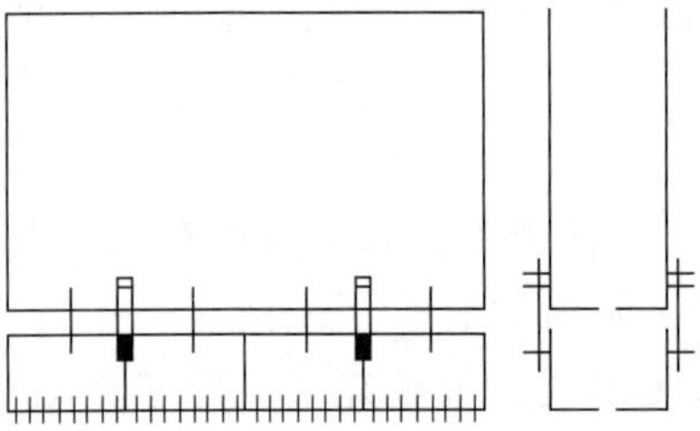

图 18.4-52　复合式布液结构

号的填料要求喷淋点密度也基本一定，因此若维持流量不变，则只有减小布液孔直径。但当喷淋密度极小时，则难以同时保证分布点数及较大的布液孔直径，在这种情况下可采用图 18.4-52 所示的复合式布液结构。上槽分布点数较少以保持高液位及大孔径，由于液位较高则分布相对均匀，而大孔径又增加了抗堵塞能力，因而可避免大尺度不良分布；下槽布液点数则应按填料要求设计，为使分布孔直径较大，可使液位降低，设计为30mm，在极小液量的情况下，为避免分布孔过小还可采用溢流孔结构。下槽内设置隔离板以防止水平度误差造成液体流向一侧，使本来就低的液面出现大的高度差造成液体分布差别较大。隔离板的距离一般为 300mm 或大些，隔离板形成的每个区内对应于上槽的一个或多个分布孔。为使下槽保持一定的水平度，用固定支耳螺钉调节。

图 18.4-53 为独立分槽式小液量布液结构，这种结构的原理与复合布液结构相似。分槽数量由流量与分布均匀度要求而定。由于分槽独立，因而可各自调整水平度。这种结构形式复杂，适用于要求分布点数不多、喷淋密度又极小的情况。

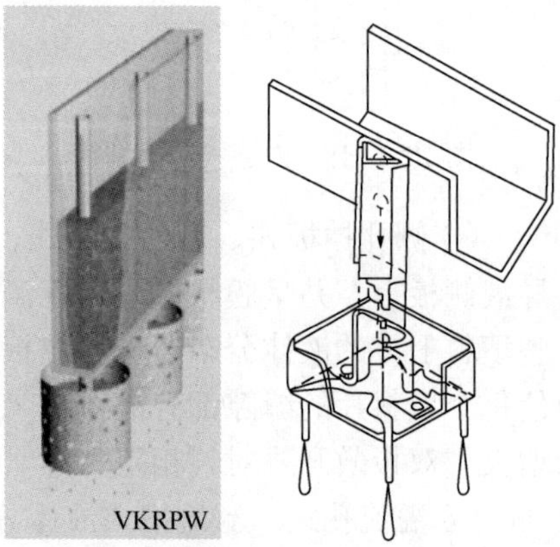


图 18.4-53　小液量布液结构

5）槽式分布器的设计

① 进料分布管的设计。液体通过进料分布管平稳地进入主槽，而后按设计要求的比例分流入每一根分槽。这一目标能否实现，进料分布管的正确设计是一个重要环节。首先，要控制液体出口流速和出口与主槽液面的距离。液体出口流速过大，意味着进入主槽的液体机械能过大，在槽内容易激起波浪，形成漩涡，卷入气流，分流目标难以实现。Norton 公司提出流速不能大于 3m/s，Fade 建议最好保持在 1.2~1.5m/s 以下。其次，分布管设计必须合理，设置足够数量的支管，并恰当地安排液体出口落点，以平衡、抑制以至消除其对分流带来的不利影响，防止因进料而产生过大的横向速度和液面梯度，引起液面波动并导致液体撞击主槽端面，甚至使液体冲出主槽。液体落点应避开缓冲装置和主槽底部的排液孔。当主槽的侧面开有分流堰或孔时，还要防止其对侧向流动产生干扰。落点位置必须准确，特别要防止从分布管中流出的液体直接进入填料层，故常在主管下段接一段短管。分布管和主槽的轴线应保持在同一垂直平面上。如图 18.4-54 是两种设计方案：(a)是正确的方案；而(b)的进料布置是错误的。

② 主槽的设计。主槽中液体能否按正确的比例分配到分槽中，关键在于分流盒的设计，其任务是确定盒的个数、尺寸大小、布液结构、孔口(堰)位置和尺寸，预分布缓冲装置的设计以及分流盒的固定位置、方法等。

主槽中液位高度的控制是很重要的。若操作时液位太低，则无论是安装水平的偏差，还是各种原因产生的液面波动均会严重影响分流目标的实现；液位过高，液体会满出主槽，破坏了正常的分流，严重影响分流质量，直至构成大规模不良分布，降低塔的分离效率。

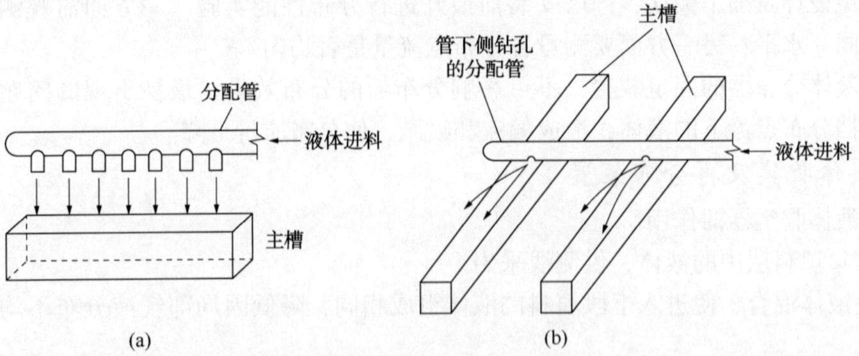


图 18.4-54 进料管布置

要避免液体在主槽中产生液面波动，必要时通过试验加以观察，一旦出现，解决的办法是调整分布管位置或增设抗扰动挡板。

分流盒常在其底面开孔口，亦可在侧面设 V 形堰、矩形堰或孔，或兼而有之。在底部开孔口是最合理的，因其对分槽中的液体流动干扰最小，落点较易控制，对主槽的安装水平度要求较低，如果能在孔口处加接管将液流引入槽的液面以下则更为理想。

③ 分槽的设计。分布器的分布质量能否达到设计要求，最终取决于分槽的设计。设计包括：确定分槽数量、布置、尺寸大小；选择布液孔的型式，计算布液孔数量和尺寸并给予合理布置，最后还要考虑支承、固定和调节水平度方法等等。

分槽数目主要根据塔径大小来确定，各分槽平行、对称排列，相互间保持同一距离，所有槽的横截面积是相等的，但长度由所在位置确定，以在塔内便于安装，端部又不留过大空隙为原则。槽的宽度大小对分布质量的影响十分敏感，若增加宽度，则槽中液体纵向流动速度减小，液面平稳，有利于各孔口液体的均匀流动；但根据槽式分布器的特点，液体喷淋点间的距离和气流通道宽度均受槽宽的制约，过大的宽度不仅会导致液体喷淋点密度和分布均匀性难以达到要求，而且还增加了气流通道设计的困难，这些因素均易于导致其下方出现大规模不良分布区域。从这些方面考虑宜设计为窄槽。综合以上因素，一般要求液体在分槽内的流速不得超过 0.4m/s。与宽度比较，高度对流动的影响相对小些，但足够的高度无论对于稳定流动还是沉积固体残渣都是必要的。

④ 布液孔尺寸及溢流堰的计算。槽式分布器靠槽内液位分布液体，液位一般不能低于30mm，且必须大于布液孔直径的两倍以上，否则会对分槽的安装水平度和液面落差很敏感。最高液位由操作弹性、塔内允许高度及造价而定，一般取 200mm 左右。设计液位高度应取槽有效高度的 70%，在接近槽上边缘处开设溢流孔，以便液量过大时可溢流分布。

液体穿孔或越堰计算公式参见式(18.4-21)~式(18.4-24)，设计者可根据排液口型式选择。

⑤ 槽式液体分布器的调试与固定。为了保证槽式液体分布器的分布质量，除分布点数外，最重要的是各分布点具有相同的流量，为此要求布液孔(或溢流孔)直径(或尺寸)相同，而且应处于同一水平面上；一级槽液体分配要均匀；要保持各槽的水平度在 0.3%以内，以免形成槽两端过大的液面落差。目前布液孔加工方式有三种：钻孔、冲孔和激光切割。钻孔成本低，但由于钻头磨损易造成较大的加工误差，应尽量避免使用。

为避免设计及加工失误，进塔安装前最好进行分布性能实验。一方面需观测各槽液位是否处于同一水平；另一方面要测量各分布点流量是否均匀。

槽式液体分布器的固定装置，不可影响分布器的分布效果。最易出现的问题是填料固定栅板阻挡分布点流下的液体，造成偏流和喷溅，使分布质量下降。

2. 液体收集及再分布装置

（1）液体收集器的作用

① 收集填料层中的液体，供侧线采出。

② 使液体混合，使进入下段填料的液体组成相同，降低因局部气液分布不均而造成的效率损失。

（2）液体收集器的形式

1）斜板式

结构见图 18.4-55，以斜板接收从填料层中下流的液体，导入塔周边的环形集液槽，由此引出塔外或引至再分布器。斜板在塔截面上的投影要覆盖整个塔截面，并稍有重叠。

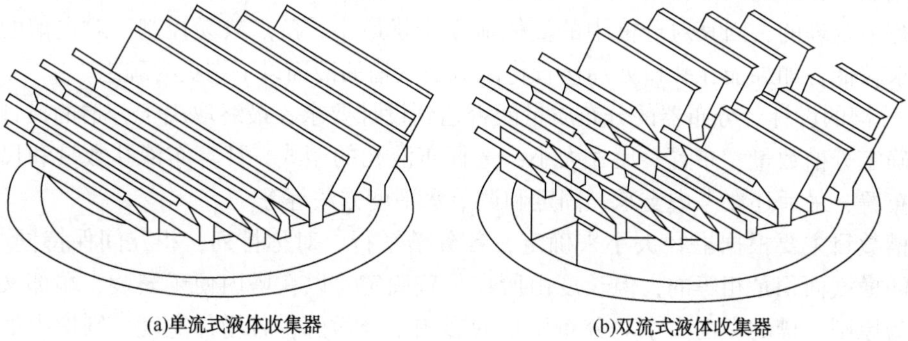

(a)单流式液体收集器　　(b)双流式液体收集器

图 18.4-55　斜板式液体收集器

斜板收集器的特点是：自由截面大、气阻小、适用于真空操作。它兼具收集液体、均布气流、促进混合、减少气液相互夹带等多项功能。它的气流通道大，占塔截面积比例常超过 90%，压降很低，一般小于 20Pa，尤其适用于真空精馏操作。占位低、造价较低。不足之处是塔径小时易形成偏流，收集大液量有困难，漏液难以避免，液体没有足够的停留时间以完全分离其中夹带的气泡。

图 18.4-56　升气管式液体收集器

2）升气管式

如图 18.4-56 所示。主要构件有集液盘、升气管和集液槽。其结构与升气管盘式液体分布器类似，只是升气管上方要设挡液板，以防液体从升气管中落下。如要求液体全部抽出，则盘上不开布液孔。集液盘的作用是收集、混合来自上段的液体和再分布上升气流，被收集的液体或流入设于下方的液体分布器进行再分布，或作为中间出料引出塔外。

采用集液盘的好处是收集、混合液体效果

好，又具气体再分布功能，可保持液体不泄漏和在盘上有足够的停留时间将液体所夹带的气泡分离出来。适用于各种液体负荷，有足够的缓冲体积，便于填料塔的中间出料，还具有承受负荷波动能力强、操作控制容易等优点。不足之处是占空间大，投资相对昂贵，另外对气流压降大，故主要用于常压和加压操作中。

### 3. 液体再分布器

液体再分布器的结构原则上和前面讨论的液体分布器相同，但需与适当的液体收集器配套使用。总的要求是收集与混合液体，消除壁流，实现液体的均匀分布，且要求气阻小，占塔内空间少。

1）盘式液体再分布器

也有孔盘式和堰盘式，结构、设计方法等与盘式液体分布器没有大的差别，只不过为了防止液体从上层填料直接落进升气管，故在其顶上设有帽盖。升气管帽除了挡液外，还可改变上升气流的方向，促进其横向混合。

盘式液体再分布器，具有结构简单、安装方便、占位高度小等优点，流体混合和均布性能较好，但随着塔径增大，其结构的复杂性增加，使用效果也受影响。

2）槽式液体再分布器

结构类似于槽式液体分布器。但槽式液体分布器无法有效收集从上段填料层流下来的液体，故在填料支承和分布器中间需增设液体收集器。

槽式液体再分布器适用于大塔径，无论是简单的再分布，还是兼有中间加料或出料的再分布，均能达到理想的效果，且气流通道大，阻力小。缺点是结构复杂，占位高度偏高。

3）管式液体再分布器

重力型管式液体分布器也可以和收集器组成液体再分布器。这种组合兼有最大的气流通道，可以满足很小液量的均布要求，结构简单、安装方便，尤其适用于作为高真空精馏塔的再分布器，但对于大液量则不宜使用。

4）壁流收集再分布器

小直径塔，壁流占总液量的比例很大，对传质效率的影响也大。故收集壁流使其回归填料中甚为重要，其形式有截锥式与玫瑰花式，见图 18.4-57 和图 18.4-58。玫瑰花式具有自由截面较大、分布点较多、液体处理能力较大和不易堵塞等优点。

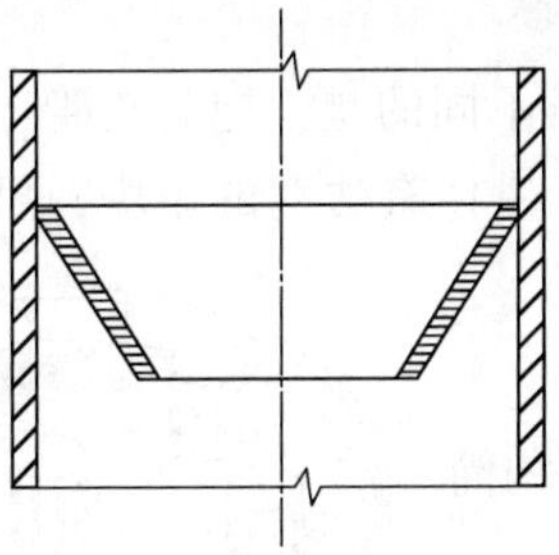

图 18.4-57　截锥式壁流收集器

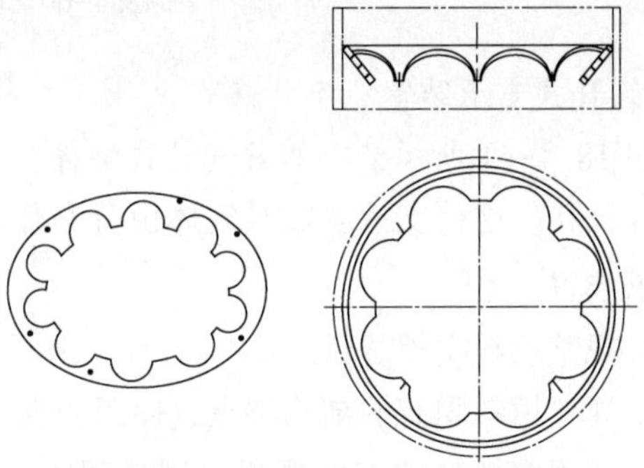

图 18.4-58　玫瑰花式壁流收集器

### 4. 填料支承装置

填料支承的作用是托起并支承填料层及其所持液体的重量。对其要求有：①足够的强度和刚度；②能阻止填料落下而其自由截面大于填料空隙率，防止在填料与支承的交界面处首先发生液泛，进而导致整个填料层的液泛；③阻力小($\Delta p<20\text{Pa}$)；④有利于气、液的均布；⑤结构简单、易于安装；⑥耐腐蚀。

目前常用的填料支承装置类型有：孔板型、栅板型、气液分流型、栅梁型等。

选用哪一种类型的填料支承装置，主要根据填料种类、型号、气液流率、物性、塔径、塔的能力及效率等而定。现分别介绍如下：

(1) 散堆填料支承装置

散堆填料在装入塔内时，由于其随机性，极易堵塞支承装置的部分气液通道，故设计时应加以考虑。

图 18.4-59　栅板型支承

1) 栅板型支承装置

如图 18.4-59 所示，是结构最简单、最常用的填料支承装置。用扁钢或其他栅条垂直排放组合而成，栅条间距小于填料尺寸，或覆以粗网，以阻止散堆填料落下，其高度按简支梁均布载荷计算。在栅条下面开锯齿，可使液体易于流下且较均匀。

2) 气液分流型支承装置

随着新型散堆填料的开发，要求高通量、低压降的支承装置。气液分流型支承装置应运而生。这种支承装置的特点是支承面高低不一，气体由上部(峰)射出，液体由下部(谷)流下，互不干扰，避免液泛。流通截面可超过 100%，因而通量大、阻力小。这种支承装置主要有波纹式、驼峰式(气体喷射式)和管孔式等(图 18.4-60)。

图 18.4-60　驼峰式支承

3) 管孔式支承装置

如图 18.4-61 所示，类似升气管式液体分布器，所不同的是，把升气管上口封死，在管壁上开长孔。这种支承装置对气体由分布作用，对于塔体有法兰的小塔，可采用这种形式的支承装置。

(2) 规整填料支承装置

由于规整填料固有的结构特点，使用的支承装置结构简单，波纹形规整填料的支承栅板，栅条间距为 50~100mm，栅条下段呈锯齿状，以便液体由齿尖均匀流下。基本结构同用于散堆填料的栅板型支承装置。

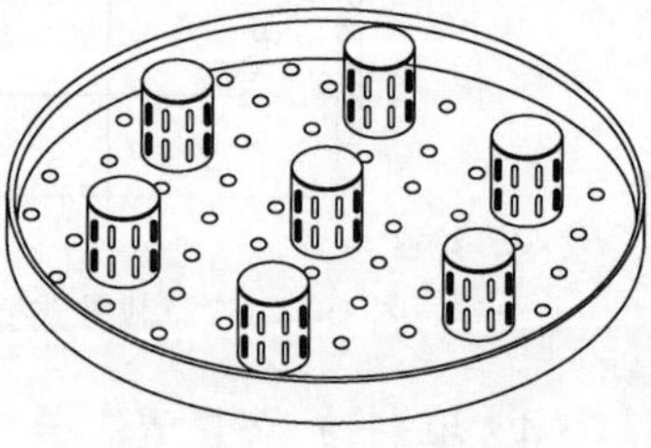

图 18.4-61　管孔式支承

### 5. 填料压板和床层限位器

为了保持填料塔正常稳定地操作，在填料层上端必须设置填料压紧器或床层限位器，不然在高气速或负荷突然波动时，填料层会发生松动，甚至填料遭到破坏、流失。对于不同类型、不同材质的填料，使用不同的填料压紧器或床层限位器。通常对陶瓷、石墨等脆性散堆填料使用填料压紧器，而对金属、塑料散堆填料及所有规整填料则使用床层限位器。

图 18.4-62 为常见的床层限位器。

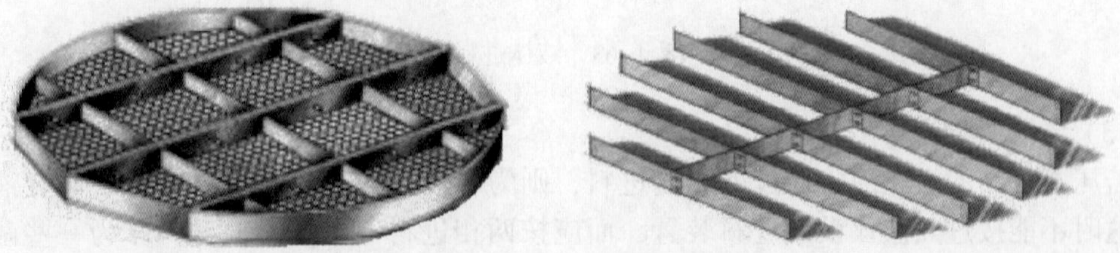

图 18.4-62　床层限位器

### 6. 液体进料装置

进料装置随液体进料状态而异。单一液相进料时，可直接进入分布器或集液槽中。若闪蒸进料，首先需确定闪蒸率

$$\lambda = \frac{V_F}{V_T} \times 100\%$$

式中　$\lambda$——闪蒸率，%；

$V_F$——进料中闪蒸的气量，kg/h；

$V_T$——进料中以上的气相负荷，kg/h。

(1) 单一液相进料

① 料液直接进入分布器，如图 18.4-63(a)所示，适合温度在泡点以下没有闪蒸的进料。常用于塔顶回流液的分布。若用于中间进料，则收集的上段填料下来液体也一起汇合进入分布器进行再分布。

② 料液进入遮板式集液器的环形集液槽中，如图 18.4-63(b)所示，是较常用的进料装置，适合中间进料，与从上段填料收集的液体在环形槽中汇合，再进入分布器进行再分布。进料入口处上方有挡板，以防止液体飞溅。闪蒸率低于 10%的过热液体进料，也可采用这种结构。

(2) 过热液体进料

若料液通过预热器后的温度超过塔内泡点稳定，在输送管道内并不汽化，但当进入塔内时，因压力降低，此液体呈过热状态，部分液体会闪蒸，设计时要考虑这种情况。通常采用环形周边进料，如图 18.4-63(c)所示。允许闪蒸率为 10%左右。环形管上开孔，开孔尺寸及数量由液量和压力而定。应当指出，这种结构不允许管内有气相存在。因过热液体喷射出来的速度较高，周边需设置防冲板。

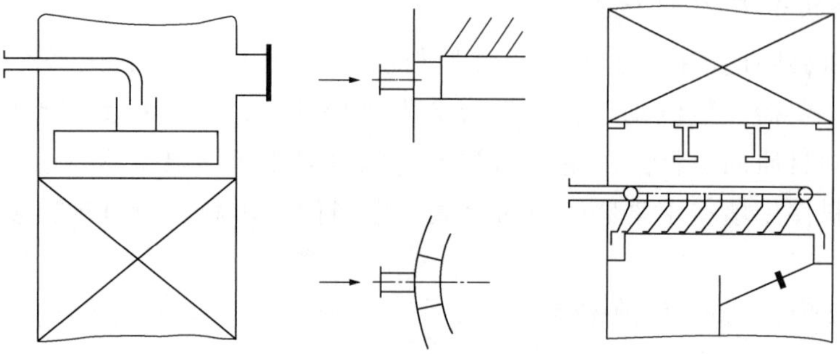


图 18.4-63　液体进料结构

(3) 气液两相进料

若压力较高的过热液体通过减压阀进料，则为气液两相进料。进料时仍有部分液体闪蒸，这时不能按过热液体设计进料装置，而应按两相进料考虑。图 18.4-64 为一些两相进料装置。

图 18.4-64(a)为中心管两相进料装置，它允许气液两相同时从进料管进入，进料管直径应按含有气体的进料计算。

图 18.4-64(b)为以气相为主体并含有液相的进料装置，其设计可参照气相进料一节。为了使气液达到完全分离，它应有足够的空间。对于大塔或进料量较大的塔，可采用两个相对的进料口。缓冲板是为了使料液从两侧进入，见图 18.4-64(c)。

图 18.4-64(d)为双盘式两相进料装置。气液两相在上板空间分离，上板气体通道开孔率(即八角形通道)为 50%，下板为液体分布板，上下板分布固定支承在塔圈上。

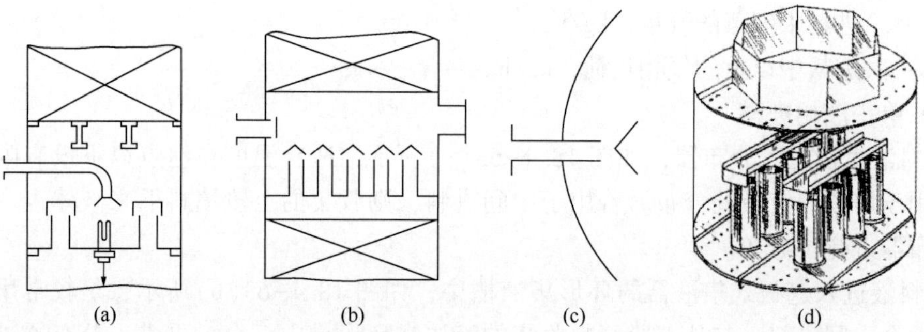


图 18.4-64　两相进料装置

(4) 塔外两相分离进料

对于进料液体闪蒸率大于 20%及塔径小于 2m 时，过热液体或两相直接进入塔中会影响塔的正常稳定操作，故采用闪蒸罐在塔外将两相分开，使气液分别进入塔中。闪蒸罐的大小由进料状态、进料量及闪蒸率而定。

7. 气相分布装置

为使填料塔获得最佳性能，气相入塔装置及分布装置非常重要。随着低压降、大空隙率填料的开发，以及大直径、浅床层填料塔的推广应用，气体分布问题已日益突出。曾有报道，在直径4.5m、高2.0m的填料吸收塔中，用乙醇胺吸收$CO_2$的试验发现，由于侧向进气引起塔内气体横向流动的不均匀性，使得整个填料床层中靠进气口半边塔的传质效率较另半边高出30%。可见气体分布不均匀会造成填料层内气液分流，使分离效率下降。

综合有关填料塔气体分布技术的研究，可以看出：

① 低压降填料床层中应考虑气体初始分布问题，Homer建议以每米填料层高度压降小于82Pa为界限。

② 浅床层填料塔应考虑气体初始分布问题，可以将高径比小于0.5~1.0的床层高度作为划分浅床层的界限。

③ 大直径填料塔即使填料层的高径比远大于1，气体初始分布同样是很重要的，不良气体初始分布会使传质效率显著下降。

④ 气体不均匀流入填料层，是床层内气体分布不均匀的主要原因。

因此研究填料塔内气流分布，主要是研究低压降、浅床层、大直径填料塔内气体的预分布和在床层内均布过程，以及达到均匀预分布应采用的分布装置的结构和设计方法。

气相进入填料塔一般有两种情况：一是塔底进入，包括气相进料与气液两相进料；二是填料层间气相进料。气相入塔装置及分布装置就是为了使不同情况下气相入塔达到稳定、均匀分布。气相进入装置有多种形式，它取决于气相状态(纯气相还是两相)、应用场合(精馏、吸收等)、气相负荷、操作压力(与气体密度有关)、允许压降、技术参数及质量要求、塔径等条件。特别对于低阻力的填料，气相进入与分布显得更为重要，因此用高效填料改造原有塔器，对于气相进料及分布装置的设计应予以足够的重视。

(1) 气流在填料层内的均布过程及其影响因素

国内外许多研究者，在小型冷模和大型工业塔中，采用多种结构的气体预分布装置、各种结构和尺寸的塔填料、高低不等的床层高度，在不同气、液流动工况下，对气流的均布过程及其影响因素进行了探讨，所得主要结论有：

① 如果流入填料层的液、气初始分布均匀，则通过填料层的气流分布也会趋向均匀，该特性同液体分布有很大差别。

② 气体的不均匀分布通常出现于进口区、再分布区和塔的变径段，当进气口速度高时尤其是这样，它们的几何结构、尺寸大小、安装位置等均对分布产生影响，故应合理设计。

③ 尽管不均匀的气流分布进入填料层后，会迅速往径向均布，但要完全消失分布的不均匀性，需经历一定的流动高度，此高度与塔径大小有关。试验规模小塔约0.5~1.0的塔径高度；大直径塔此值要大得多。

④ 气体的再分布靠纵向和横向压力梯度间的平衡来实现。横向压力梯度与塔径大小有关，故塔径增大，梯度迅速减小，均布难度增加；单位高度填料层阻力下降，即纵向压力梯度下降，同样对气流分布不利。影响均布的另一个重要因素是填料层内形成漩涡引起气体回流，这已经被一些研究者的测量所证实。

⑤ 填料类型、结构、尺寸大小的影响：对于散堆填料，尺寸越小，则均布所需的填料层高度越低。填料的开孔结构，有利于气流的横向流动，从这个角度分析均布所需的层高可下降；波纹类规整填料，盘高通常在200~250mm范围，相邻盘呈正交堆放。鉴于这类填料的特点，不均匀气流分布难以在一盘内被径向分布所消除，均化作用主要在盘间完成，这一点也可从实测到的塔截面上浓度分布的不均匀性看出。

⑥ 当气流通量大时，液体的不良分布常导致气体的不良分布，高持液量区较之低持液量区对气流的阻力要大，这会驱使更多的气体流入低持液量区，因液体有聚壁流动的趋向，故在中心区较壁区气流通量更大。

⑦ 气相出料口的不合理设计，同样会影响填料层中的气流分布，故对于塔顶或侧线排气结构的设计也必须重视。

⑧ 和液体不均匀分布一样，气体不均匀分布同样要产生有害的夹点效应，使塔效率下降。

（2）填料塔的气体分布装置

完整的气体分布装置包括：进气结构；气体分板；气体分布器；排气结构。

性能优良的气体分布装置应能同时满足下列各项要求：

① 均布性能好，即气体能均匀的流入填料层。评价气流均布性能有各种指标，最常用的指标是分布不均匀系数$M_f$，此值越大，分布越不均匀，一般认为，$M_f<0.1$时分布已比较均匀。

② 流动阻力小，在能满足均布要求下有较小的阻力。

③ 占塔内空间小，高度低，这对于浅床层、大直径填料塔尤为重要。

④ 能有效地防止气液相互夹带。

⑤ 操作可靠，不易持液、结焦、堵塞等。

⑥ 结构简单，安装维修方便。

上述要求中，均布性能好和阻力小是基本的要求，其余各项在不同场合应有所侧重，如要求占塔内空间小在旧塔改造时很有可能是必须首先满足的条件，而在直径不太大的新塔设计时并不是十分重要的因素。

1）小塔进气及分布装置

当塔径小于2.5m时，可采用简单进气分布装置。

① 气相直接进入塔内。如图18.4-65所示，直径1m以下的塔，常用这种进料方式。它是最简易的进气方式，进气速度不宜太高，其$F$因子应小于$25Pa^{0.5}$，或取10~18m/s气速计算进气管直径。进气口距填料层底部的高度大些较好，使气体能较均匀地进入填料层。对于小塔，一般等于塔径。若从塔底进气，则进气管下缘距塔底最高液位应不小于300~500mm。

② 具有缓冲挡板的简单进气。如图18.4-66所示，气相进入时，由于缓冲挡板的阻挡，使气体从两个侧面环流向上，并均匀进入填料层。这种进气方式用于塔内空间受限制的情况，如旧塔改造时希望增加填料层高度，因而空间较紧。若气量较大，可采用相对两个进料口。

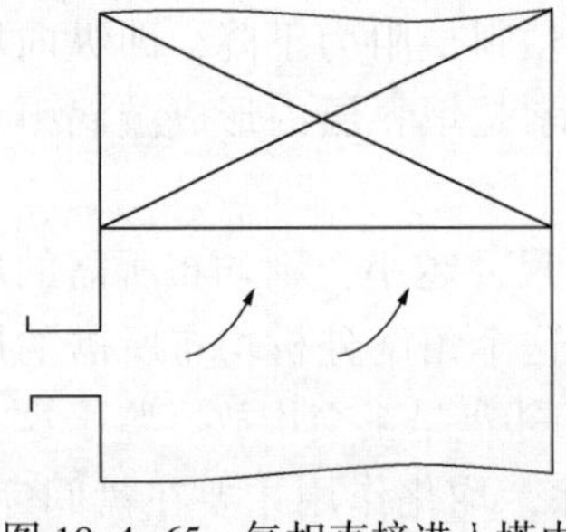

图18.4-65 气相直接进入塔内

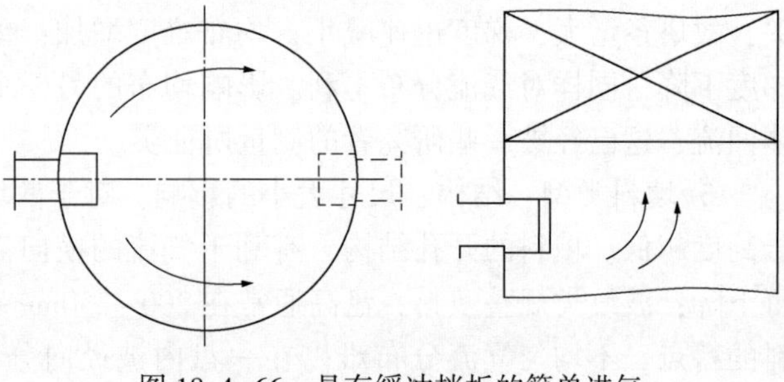

图18.4-66 具有缓冲挡板的简单进气

③ 孔管式气相进料分布器。如图 18.4-67 所示，在分布管上设置两排侧孔(或槽)，将气相分成多股流上升至填料层底部。进料仅为气相，不含液相，其压降较大。

2）大塔进气及分布装置

当塔径大于 2.5m 时，上述及其结构不宜采用，这时应采用底部开缺口敞开式进气管，如图 18.4-68 所示。管端封口作为缓冲挡板。这种进气结构性能较好，应用也较广。对于大塔径、高气相负荷更为适用。它有各种变体以适用不同的需要。进气管中心距离塔底液面的高度以不小于 1.7 倍塔径为宜。

① 具有中间缓冲挡板的气相进口。其结构如图 18.4-69 所示，它将进口管直接放大，在缺口部分加一中间缓冲挡板，挡板仅挡住管的下部，进入气体被挡住一部分，其余部分则从其上部通过，进入第二个进口，这样气体能较均匀地分配入塔。

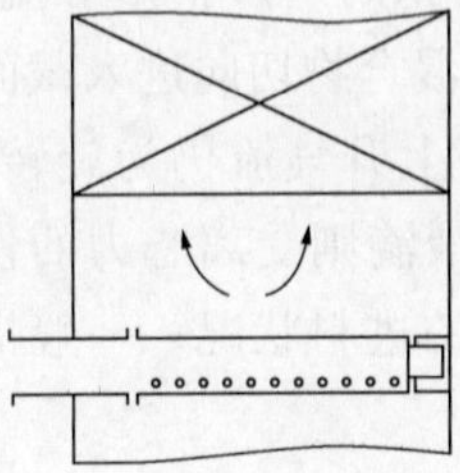

图 18.4-67　孔管式气相进料分布器

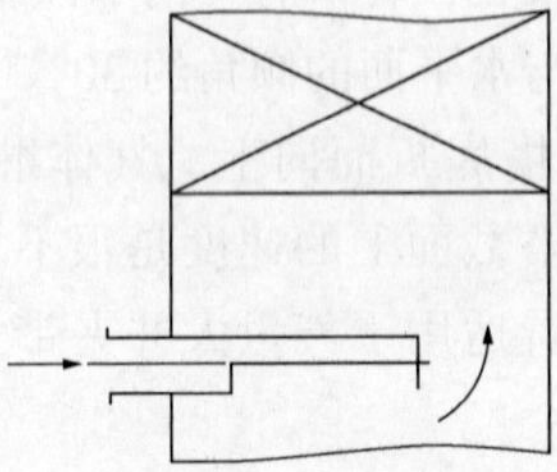

图 18.4-68　底部开缺口敞开式的气相进口

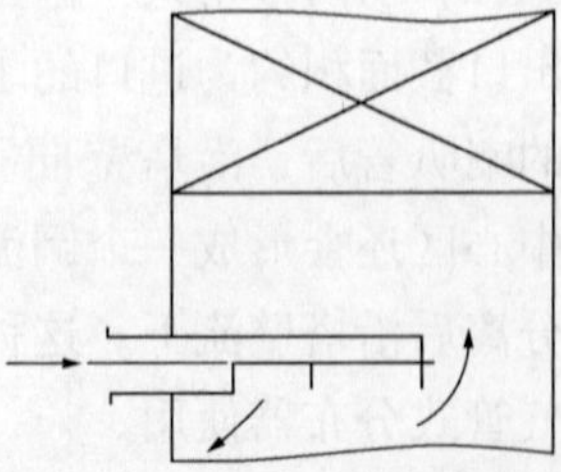

图 18.4-69　具有中间缓冲挡板的气相进口

② 气体双进口管。如图 18.4-70 所示，用于较大直径的塔，它比图 18.4-69 所示的具有中间缓冲挡板的进气管对气体分布的性能好，但塔外管线连接较为复杂。

③ 与升气管式气体分布器结合的进气装置。对气相分布均匀性要求很高的场合，图 18.4-69 及图 18.4-70 所示结构用于塔内空间限制而达不到要求，可采用图 18.4-71 所示的进气装置，但其阻力较大。

④ 段间进气装置。两段填料层之间为纯气相进料，可采用图 18.4-72 所示的进气装置，进气管开两道横槽，气体由两侧进入塔中，槽的方位如图中 *A-A* 所示，大小由气体流量而定。

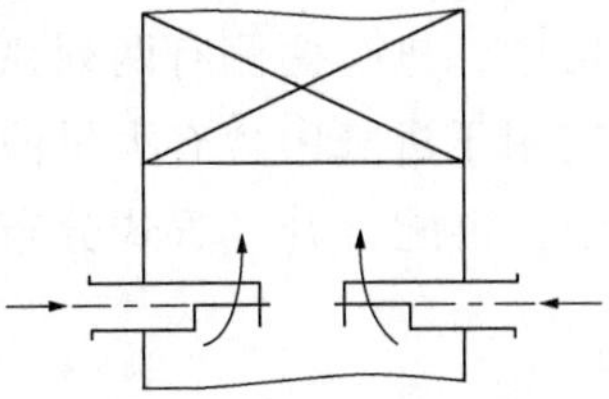

图 18.4-70　气体双进料管示意图

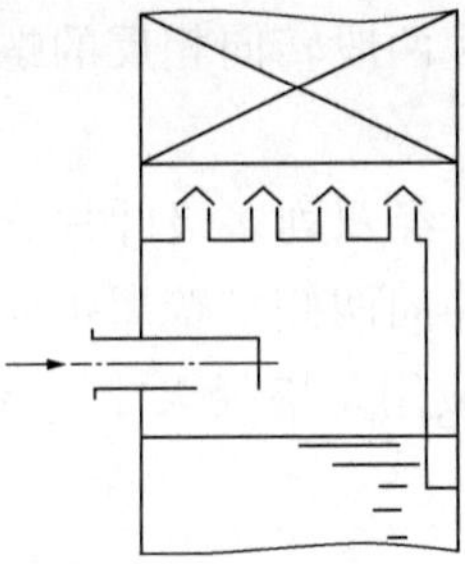

图 18.4-71　与升气管式气体分布器结合的进气装置

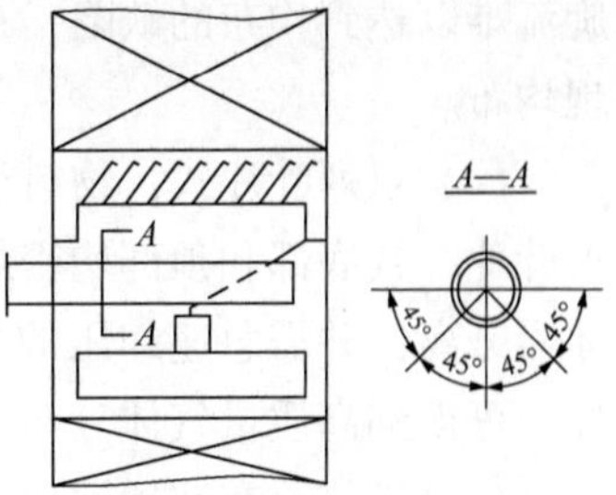


图 18.4-72　段间进气装置

(3) 特殊进气分布装置

若入塔气流中夹带有液相甚至固体杂质，则应使气体通过分布装置时得到有效分离。

图 18.4-73 为常采用的结构。在炼油厂和大型石化装置中，塔底常为两相进料，由于塔径较大，对气相分布均匀性要求又高，故常用图 18.4-73 中分布装置与升气管式分布器配合进料。

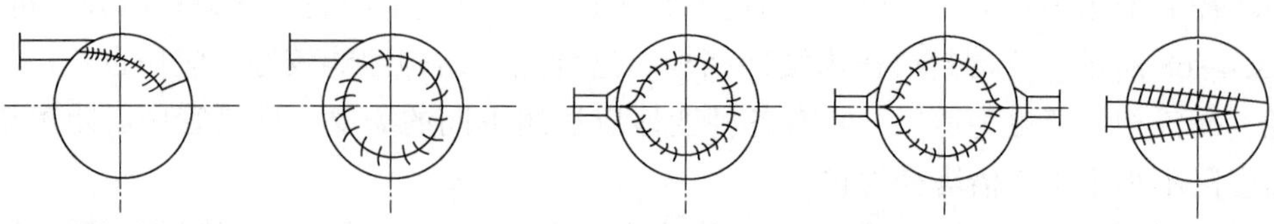


图 18.4-73 特殊进气分布装置

(a) 切向号角式：进料管切向设置，管口有一向下倾斜并逐渐扩张的“号角”形导流罩，其出口截面积约为进口的 1.8 倍，与水平面的倾角约 30°。高速气液混合物切向进入截面渐扩的喇叭管后，沿塔壁向下旋转至塔底折而向上，气体继续上升，上升气流仍为旋转流，塔中心区还会形成一个倒流区，故塔截面上的速度是很不均匀的。液滴则受离心力的作用被分离后沿塔壁流下。这种进料装置适用于气量大并夹带大量液相的进料状况。一般搭配升气管式分布器使用。

(b) 单切向环流式：切向进料，经由塔壁、内筒、顶盖所组成的环室，环室内环流途中由低到高设置若干弧形叶片导流向下，并逐步减速，到达塔底后再折而向上，进入中心区。由于四周气流涌向中心，故中心区气速最高，液体受离心力作用沿塔壁流下。这种分布器的均布性能较切向号角式好，液体同样能得到分离，但气液流在环道中的流动阻力较大。

(c) 双切向环流式：与单切向环流式比较，差别在于改为径向进料，入塔前有一椭圆喇叭形扩张管，气液两相在此得到减速，避免突然扩张，物料入塔处设一人字形分流板将进料分成对等的两股，两股环流沿相反方向流动，途中逐步被特殊设计的弧形导流板转向塔底，继而折转向上，液滴靠惯性力作用从气流中分离出来，汇入塔底。

(d) 对向双进口环流式：Muir 对 36 种进气结构的分布性能进行测试后得出结论：一般来说，两个进料口的分布情况比一个进料口均匀。双进口分布器的设计思想也许是针对螺旋流难以达到均布的缺陷，在塔内产生两股转向相反的螺旋流以克服气流的旋转运动来实现均布。

(e) 双列叶片式：物料径向流入，经双列多级叶片分流进入塔中，进口两侧有两列弧形叶片，其底部和顶部均密封。气流冲向两侧塔壁后折而向上。它用于进气中含有大量液体需分离，并需急速卸压的情况。一般用于塔径大于 2.5m 的塔中，再配合升气管式分布器，可得到高质量气体分布。

(4) 进气分布装置评价

文献研究了图 18.4-74 所示的四种进气管。其中直管(a)、斜口管(b)气体流动情况类似，气流冲击前方塔壁，折而向上；缺口管(c)、弯管(d)气流冲向塔底然后反折向上。测得四种结构的不均匀度，对比得出：缺口管(c)较其他三种进气管均匀，弯管(d)次之，直管(a)和斜管(b)最差。进口管伸入塔中或切成斜口均无必要。

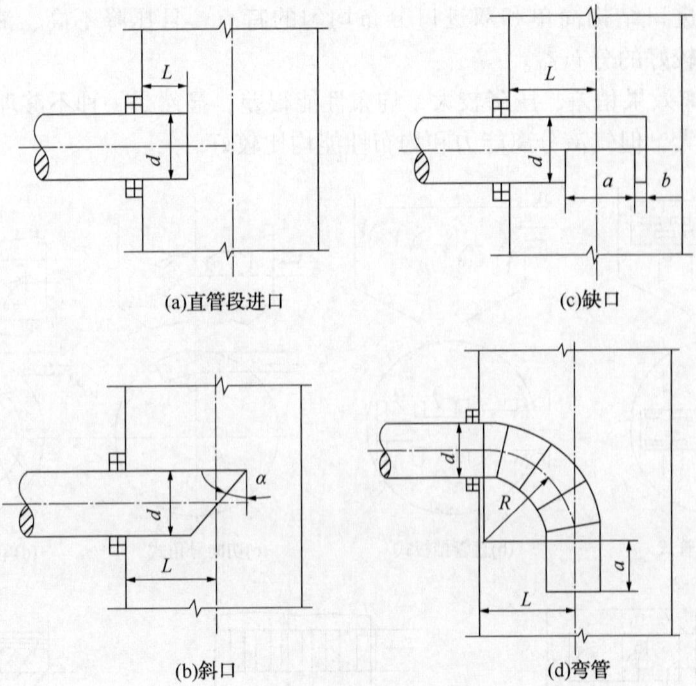


图 18.4-74　进气管

文献在 $\Phi$600mm 的模型塔中研究了七种减压蒸馏塔气体分布器(见图 18.4-75)的不均匀度与气液混合物进料时的液沫夹带率和压降。图 18.4-75(a)为多孔直管式，进口动能因子 $F=33\sim44\text{m/s}\cdot(\text{kg/m}^3)^{0.5}$，管下方及侧方开长条孔，开孔面积为进口管截面的 2.8 倍；图 18.4-75(b)为直管挡板式，直管下半部切去，设四块弧形挡板，其位置沿气流方向逐步升高；图 18.4-75(c) 为切向号角式；图 18.4-75(d)为单切向环流式；图 18.4-75(e)为双切向环流式；图 18.4-75(f)为双列叶片式；图 18.4-75(g)在双列叶片上方加相互垂直的两排角钢格栅，使气流缓冲减速匀化。用热线风速仪测定了入口上方 150mm 断面上的风速分布和液沫夹带率，在空塔动能因子 $F=7.2\text{m/s}\cdot\left(\frac{\text{kg}}{\text{m}^3}\right)^{0.5}$、液气比 1.33 时，各型分布器的不均匀度 $M_f$、压降 $\Delta p$ 和液沫夹带率 $e_v$ 见表 18.4-17。

**表 18.4-17　图 18.4-75 中各种分布器的性能比较**

| 分布器型式 | (a) | (b) | (c) | (d) | (e) | (f) | (g) |
|---|---|---|---|---|---|---|---|
| $M_f$ | 2.0 | 2.0 | 1.97 | 0.52 | 0.37 | 1.8 | 0.33 |
| $e_v$/% | 5.3 | 1.3 | 0 | 0 | 0.1 | 0.6 | 约 0 |
| $\Delta p$/Pa | 2740 | 843 | 10 | 49 | 15 | 30 | 216 |

研究发现：

(a) 和(b)气液分离效果差、压降大、均布性能很差。

(c) 具有优良的气液分离效果，压降很小，但均布性能很差，不宜作为填料塔的进气分布器。

(d) 除了保持优良的分离效果外，明显地提高了均布性能，但压降较大。

(e) 兼有单进口结构简单和双进口分布均匀的特点，且压降不高、液体夹带量不大，是一种综合性能较好的分布器。

(f) 气液分离效果稍差，压降较大，均布性能很差，显然是一种不够理想的分布器。

(g) 压降稍大，但气液分离能力和均布性能均比较好。

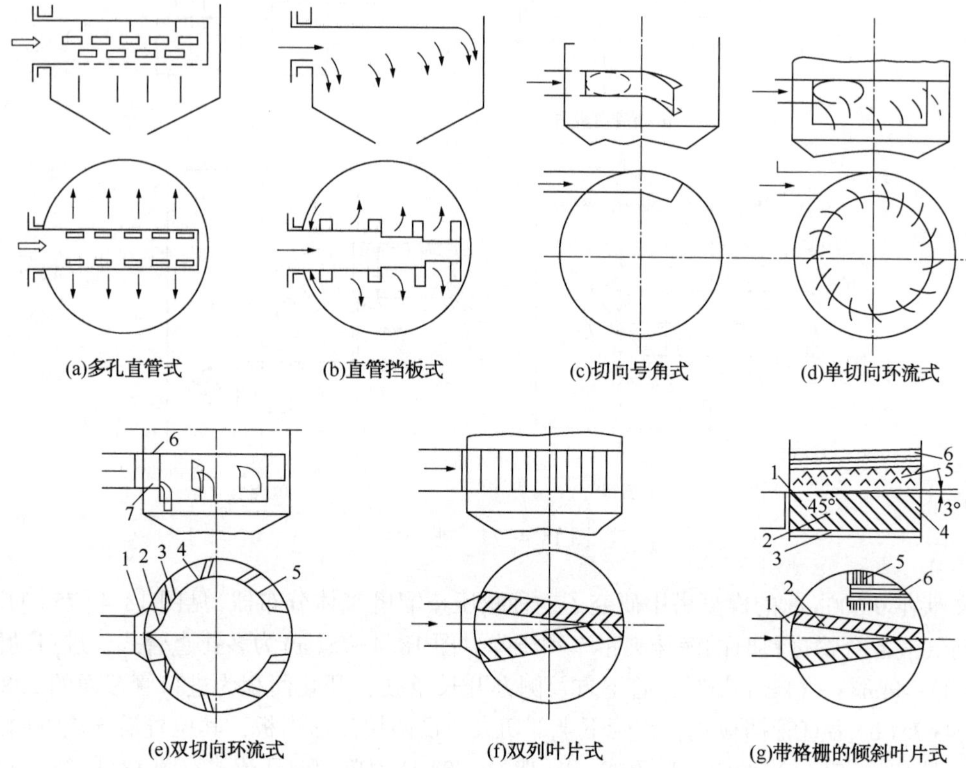


图 18.4-75　七种气体分布器

(e) 1—扩张管；2—人字形分流板；3—弧形转向板；4—切向除沫板；5—内筒；6—顶板；7—底板

(g) 1—扩张管；2—叶片；3—支梁；4—盖板；5—纵格栅；6—横格栅

图 18.4-76 为新型轴径向气体分布器，由进气管、辐射器、导流器及填料捕液器组成。它是径向式气体分布器的发展，是一种轴对称、导流型、辐射式分布器，有多种型号。其结构独特，性能优良。在 $\Phi$1000mm 塔内，用空气-水冷模实验测得 $M_f<0.4$；压降 $\Delta p \leqslant 38$Pa；雾沫夹带量 $e_v \leqslant 0.1\%$。

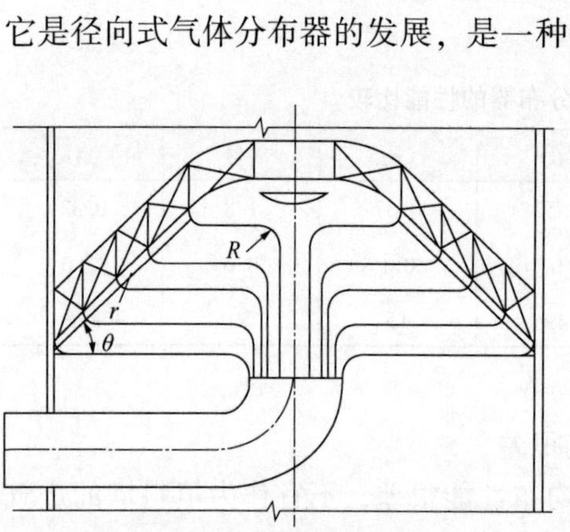


图 18.4-76　轴径向气体分布器

## 七、填料塔的设计

### 1. 塔的工艺模拟

根据原料组成、分离要求、操作条件与设计的工艺要求，进行塔的工艺模拟计算，确定最优条件下全塔的物料流量(流速)分布、温度分布及所需的各种物性参数。

## 2. 填料塔的设计考虑因素

填料塔的基本结构可参见图 18.4-1。塔体部分主要内件包括：塔填料、液体分布器、液体收集与再分布装置、填料支撑与紧固装置、气体分布装置等。填料塔的综合性能固然与填料自身的性能有关，但与之匹配的塔内件，特别是液体和气体分布装置更为重要。尤其是大直径、多侧线、浅床层的塔器，气液分布装置往往是成败的关键。为了设计好一个填料塔，需要仔细评估下列因素：

① 散堆填料、规整填料和塔板的比较；②填料的类型；③填料的尺寸；④填料床层的高度；⑤液体分布；⑥液体再分布；⑦液体收集装置；⑧操作弹性；⑨气体分布；⑩填料支撑；⑪填料压紧装置；⑫特殊设备，如中间部分抽出设备；⑬填料装填方法(散堆填料)；⑭安全因子；⑮腐蚀；⑯固体和潜在的结垢问题；⑰填料起火；⑱费用。

（1）选择合适的填料

①~③为内件选型的内容，详见本节第二部分。

选用的填料应当满足生产工艺要求(如物料特性、生产规模、分离要求、操作条件等)，又要使设备的投资及操作费用最低。

填料的选择包括材质、种类与构型和尺寸的选择。

同类型的填料(如 Mellapak)，比表面积大者虽然其分离能力较大，但其单位分离能力的质量和比表面积也较大，因而费用也较高。同时比表面积大的填料，一般通量小，要求的塔径大，要求液体分布器的喷淋点密度大，分布性能好。液体分布器等塔内件的费用与塔径的平方成正比，塔体的造价与塔径和塔高的乘积成正比。选用填料时，必须从经济角度对其进行评价，既要考虑填料的费用，又要考虑塔体的造价和分布器的费用。

对于初始设计，一般推荐使用中等比表面积的填料，大比表面积填料可用于一些分离要求高、塔高受限制的场合。而比表面积小的填料，其孔隙率大，可用于高通量、大液量及物料较脏的场合。高压塔的壁厚随塔径变大而迅速增加，应选用比表面积小、通量大的填料以缩小塔径，降低设备投资。对于老塔改造，塔高和塔径已定，须采用一定规格的填料来满足新工艺要求。

对于吸收塔，选用填料时应考虑分离过程及分离对象的特点。对于气膜控制的吸收过程，规整填料的性能优于散装填料。例如用 NaOH 溶液吸收 $CO_2$，250Y 板波纹填料的效率较 $D_g$50mm 鲍尔环高一倍；而对于气液膜阻力相当的物系，250Y 板波纹填料的效率较 $D_g$50mm鲍尔环效率相当；对于液膜控制的吸收塔，$D_g$50mm 鲍尔环效率高于 250Y 板波纹填料。

有学者对 9 种填料的 10 个性能指标，用模糊数学方法进行综合评估，得出如表 18.4-18 所示的结论。可见丝网波纹填料最好，拉西环最差。但设计填料塔时，选择填料往往要考虑很多因素，如处理易堵物系就不能选用丝网波纹填料；处理强腐蚀性介质时，应采用瓷质填料。但在一般情况下，选择中等性能的填料为宜，一是投资少，二是适应能力强。因此规整填料的设计往往选用 250Y 板波纹填料，而散装填料塔的设计，选用 IMTP、阶梯环和鲍尔环填料。

表 18.4-18 9 种填料的综合性能评估

| 排序 | 填料 | 评估值 | 评价 | 排序 | 填料 | 评估值 | 评价 |
|---|---|---|---|---|---|---|---|
| 1 | 丝网波纹 | 0.86 | 很好 | 6 | 金属鲍尔环 | 0.51 | 一般好 |
| 2 | 孔板波纹 | 0.61 | 相当好 | 7 | 瓷 Intalox | 0.41 | 较好 |
| 3 | 金属 Intalox | 0.59 | 相当好 | 8 | 瓷鞍型环 | 0.38 | 略好 |
| 4 | 金属环矩鞍 | 0.57 | 相当好 | 9 | 瓷拉西环 | 0.36 | 略好 |
| 5 | 金属阶梯环 | 0.53 | 一般好 | | | | |

(2) 填料层高度

有限的实验结果表明，当填料床层高度增加时，填料的有用处理能力会稍稍下降，尤其是在高压和高液体流率体系中。在不同压力下，当散堆填料床层高度由 3.7m 增加至 5.7m 时，*HETP* 都增加了 25mm；在规整填料塔中，对低液体流率的真空系统，当床层高度从 1.7m 增加到 5.7m 时，*HETP* 将增加大约 20%。可以预料到，对大液体流率的高压系统，其 *HETP* 对床层高度将更加敏感。此外，FRI 的实验结果表明，床层底部的分离效率不如床层顶部的分离效率，大液体流率的加压系统尤其如此。由此猜测随着床层深度的增加，液体有些分布不良。对于产品纯度要求很高或操作在夹点附近(靠近最小回流比)的应用场合，液体不良分布更加敏感。

事实上填料床层高度与填料类型和尺寸、塔径、分布质量、体系分离的难度、分离压力等诸多因素相关。有些填料具有较好的径向分布能力，它们会消除形成的径向浓度梯度，还有一些填料不易形成壁流。这些填料的床层高度可适当加高。对同一类型的填料，一般来说，尺寸较小、效率较高的填料比尺寸较大、效率较低的填料要求的床层更低。

通常用经验法来确定床层高度。

目前为止，工业上确定间隔多久进行再分布时，最常用的经验法是设定一个允许的最大床层高度。通常取值范围为 6~9m。但是，对新型的金属散堆填料和规整填料，工业中已有床层高为 12~14m 的成功应用实例。另外，也经常有这么高的床层性能不好的报道。

另一种最大床层高度的经验法基于理论级数，它可以取代最大床层高度经验法，也可以和最大床层高度经验法结合在一起使用。这种经验方法仅对精馏设备有效，不能用于汽提塔、吸收塔或急冷塔。采用理论级数法的优点是它考虑到了不良分布对工艺方面的影响。这个经验方法通常推荐每段填料床层为 10~15 个理论级，还有专利商推荐的最大值为 20 个理论级。有文献数据表明，在低压小直径规整填料塔中，每一段填料多达 32 个理论级，也能得到很好的性能。大多数情况下，采用每段填料 12 个理论级。当使用的填料的 *HETP* 值为 0.61m 时，床层高度接近于 7.6m，这正是许多公司推荐使用的经验值。

早期课本里经常采用固定的床层高度与塔径之比。这个比值通常在 6(适用于拉西环)到 10(适用于目前使用的鲍尔环)之间变化。这个经验方法考虑到了壁流效应及其随填料类型的变化而有所变化。它要求塔径与填料尺寸之比遵循一定的值。通常对鲍尔环，塔径与填料尺寸之比不小于(10~12)：1，而对拉西环，塔径与填料尺寸之比可达 30：1。如果相对塔径来说，填料尺寸过大，就会很快地形成严重的壁流，因此要求填料层高度要小于上述经验方法确定的值。文献数据表明，只要遵循推荐的塔径与填料直径之比，那么床层高度与塔径之比在 5~15 的范围内是没有影响的。

(3) 液体分布、液体收集器和再分布器

良好的液体分布是得到填料床层所期望的 *HETP* 值的关键。在每一种可能出现的液体流率下，液体分布器都必须能够均匀地分布液体，而且有足够数量的喷淋点和足够大的开孔率，从而不至于限制塔的操作能力和性能。

分布器设计标准主要有四条：流动均匀；喷淋点密度；塔壁区域的喷淋和用于气相流动开孔面积。流动均匀通过流过喷淋点的液体流量的标准偏差来测量。在所有可能的流量下，对传质或温度很接近的传热过程，从喷淋点取样测得的液体流量的标准偏差应小于平均流量的5%；对一般的传热过程，从喷淋点取样测得的液体流量的标准偏差应小于平均流量的10%。

分布器底部与填料层顶部的距离，以及分布器的开孔面积都要设计好，以避免过量的液体夹带。夹带的液体常常会增加分布器的液体负荷。如果没有事先考虑到这个额外的负荷，可能会导致分布器的性能很差。

FRI 的试验表明，随着填料层高度的增加，填料的分离效率会有所下降。因此应每隔一定的床层高度设一个再分布器。此外，为了满足结构强度要求，或存在侧线进料/侧线采出时，可能也需要有再分布器。再分布器的设计和安装应和填料层顶部的分布器的设计和安装一样仔细。

对有液相部分抽出的塔、在液体再分布器上方进料或塔板和填料的过渡段，必须有集液器。集液器需具备的特征包括：利于气体流动的高开孔面积；很低的气相压力降；液体流向抽出管口时的阻力很低；再分布区域具有良好的液体混合性能。为了保证抽出管口上方具有合适的液压头，在集液器的设计中通常还会同时设计集液槽。有时可使用组合的液体收集器和再分布器，如带升气管帽的盘式分布器。

(4) 操作弹性

液体分布器通常会成为操作弹性的限制因素。分布器的设计受过孔流动公式控制，在这个公式中，液位与流量平方成正比，结合孔流系数因素，实际在高流量时，液位会更高。例如，操作弹性为4∶1时，上限和下限的液位比超过16∶1，此时分布器的占位高度会非常高，不仅分布器本身造价比较高，还会造成塔壳体增高，增加投资。因此，当操作弹性要求大于3∶1时，分布器需采用特殊设计以降低占位高度。显然选取操作弹性时，应仔细考虑，避免出现大而昂贵的液体分布装置。

(5) 气体分布

塔中气相不良分布同样会严重影响塔的效率，尤其是大直径浅床层时(高径比小于0.5)，情况会更严重。气相负荷较高时，气相不良分布也会造成液相不良分布，使液体靠近塔的周边流动，而气体在塔的中部流动。有文献指出，气相一旦达到均匀分布后，它会一直保持均布状态，无须进行气相再分布。直径大于2m的塔，或进气口气体动能因子很高(大于 $27Pa^{0.5}$)时，在塔底气相进口处要考虑气体分布问题。

(6) 填料支撑板

填料塔的支撑板必须具有足够的结构强度来支撑填料床层以及具有足够大的开孔面积以避免限制填料塔的性能。支撑板不能影响分布到填料层的气体的均匀性。它对液体向下流动的阻力要低，在比较高的塔中，为了满足结构强度的要求，可能有必要在不同的间隔处增加额外的支撑设备。

(7) 填料压紧装置

压紧装置的目的是约束填料并防止填料床层移动。为了避免限制填料的处理能力，这种装置必须有足够大的开孔面积，并且必须采用适当的方法来限制填料床层的移动。填料压紧装置不能干扰液体从分布器向填料层顶部的自然流动。

(8) 特殊设备

如果需要在一个填料层的中间进料或侧线抽出，就有必要采用液体收集器和再分布器等将好几种功能组合在一起的特殊装置。在这种情况下，每一项单独设计的考虑都必须应用到这个特殊装置中。

(9) 散堆填料的装填方法

有两种装填方法。一是将填料从运输容器倒入塔内时，塔内充满了水，这种方法就是“湿法装填”。在装填陶瓷填料时，必须采用这种方法，以避免填料单体破碎。另一种装填方法是干法装填，采用这种方法时，将一定量的填料直接倒入塔中，然后沿塔截面方向扒平，重复这个过程，直至达到需要的填料层高度。金属填料选择干法装填。由于塑料填料的密度很低，所以一般采用干法装填。

选择哪种装填方法会影响填料层的密度，并且会影响为达到需要的填料层高度所需的填料单体的数量。填料床层密度差异会影响床层的压力降和效率。

(10) 安全因子

设计过程中使用安全因子有三个主要目的：

① 允许在设计关联式中存在实验误差。

② 允许设计中包含的参数存在不确定性因素。

③ 作为风险因子，允许操作条件偏离塔的设计条件。

为了使安全因子更加有效地发挥作用，应根据需要的置信度将安全因子用于最适当的设计环节中，避免滥用安全因子。

(11) 固体和潜在的结垢

实践证明，液体分布器中的污垢和堵塞是非常麻烦的。虽然清洗液体分布器可能是可行的，但是对填料的清洗却非常困难，尤其是规整填料，几乎不可能清洗。处理含有固体和污垢的体系时，特殊设计的塔板要比填料好得多。对外部进料和回流，建议使用并联的外部过滤器，因为对外部过滤器的清洗和维护比对液体分布器和填料的清洗要容易得多。

(12) 填料着火

随着采用薄的、大比表面积的规整填料的增加，填料塔着火的危险也增加。填料比塔盘更容易聚集易燃物，更难清洗和检查。

填料着火和两个不同的原因有关。最明显的着火原因是易燃物+引燃+空气。很少有人知道也不了解的另一种火灾是由化学反应引起的。要从根本上防止火灾的发生，必须消除以下条件中的至少一个：

① 氧气。

② 易燃物。

③ 引燃源。

④ 易反应的化学物质或金属。

（13）费用

规整填料的费用比塔盘和散堆填料高得多，特别是大直径塔。仅根据成本来选择填料时，应考虑塔径、填料类型和尺寸以及金属类型。

3. 填料塔的设计计算

（1）塔径的确定

一般精馏、吸收塔的塔径都由下式计算：

$$D=\sqrt{\frac{V_s}{\frac{\pi}{4}D^2u}} \quad (18.4\text{-}28)$$

式中　$V_s$——气体体积流量，$m^3/s$，一般按塔内最高流量计算；

$D$——塔内径，m；

$u$——操作气速，m/s，一般取液泛气速的50~85%，即 $u=(0.50\sim0.85)u_f$。

对于易起泡的物系，操作气速取低值 $0.50u_f$；对不起泡的物系，取 $(0.75\sim0.85)u_f$。若有压降限制，还要根据压降计算来确定气速。

液泛气速 $u_f$ 的计算，可选用文献中的各种流体力学模型，或根据填料专利商提供的经验数据，如最大 $F$ 因子（$F_f=u_f\sqrt{\rho_V}$）或 $C$ 因子（$C_f=u_f\sqrt{\frac{\rho_V}{\rho_L-\rho_V}}$）计算，计算出的塔径要按国家规定的筒体标准（GB/T 9019）进行圆整。

（2）所需填料层高度的确定

填料塔效率与填料层内气液分布均匀程度密切相关，并随物系不同而有所变化。物系的影响主要是温度、液体浓度、黏度和表面张力的影响。

目前尚无可靠准确的方法来计算填料的 *HETP* 值。一般的方法还是从工业应用的实际经验中选取 *HETP* 值。模拟计算所得的理论板数与 *HETP* 的乘积，即为填料层高度。

（3）填料层持液量的计算

填料塔持液量是影响塔性能的重要参数之一，它对分离能力、物料在塔内停留时间、塔压降和最大允许通量等都有影响。对于热敏性物系，除全塔压降外，填料层持液量是选择填料的重要准则。填料塔持液量包括液体分布器等塔内件持液量和填料层持液量。填料层持液量可分为静持液量 $h_s$ 及操作持液量或称动持液量 $h_0$ 两部分，两者之和成为总持液量 $h_L$，持液量的单位为 $m^2/m^3$ 或%。

静持液量指填料层充分润湿后，停止气液两相进料并经过适当长的时间，从填料层下端排液，直至不再有液体流出时，存留在填料层中的液量结尾静持液量。动持液量是指填料层停止气液两相进料后，在适当长时间内从填料层下端收集到的液量。静持液量与填料比表面积、表面粗糙度、液体与表面接触角有关。此外，各填料颗粒之间结合部位形成的毛细作用力，也造成持液。通常良好设计的单个填料本身不应有液体停滞的死区。动持液量是液体流率的函数，在载点以下范围，气体流率对持液量的影响很小。

小尺寸填料的开孔部分易被高黏度液体“架桥”，会导致由于液体流率增加使气体通过能力下降。因此，当液体黏度大于等于50mPa·s时，应采用 $D_g$38mm 或更大的填料。

通过填料层的压降，不仅有摩擦损失，而且还有动持液量对气体施加的力。这样，在相同的压降下，与水相比，密度高的液体，持液量大。当负荷小于70%液泛点时，持液量受气相负荷的影响不明显，而只受液相负荷和填料尺寸及材质的影响。

通常金属板波纹填料的操作负荷低于75%极限负荷时，其持液量为3%~5%，金属丝网波纹填料为4%~6%，陶瓷波纹填料为8%~15%。

（4）填料层压降的计算

填料层压降主要由塔内件压降和填料压降构成。塔内件除大塔的气体分布器必须有一定阻力外，其他塔内件设计时应尽量考虑低阻力，这些内件的压降往往可以忽略。对于结构复杂、阻力大的塔内件，在真空精馏时，也必须考虑其压降。填料层的压降，与选用填料的类型、尺寸及材质有关，填料厂家应提供填料性能的实测数据及性能曲线，得出填料层压降，然后根据操作推荐做必要的修正。

## 参考文献


[1] 兰州石油机械研究所．现代塔器技术(第二版)[M]．北京：中国石化出版社，2005.

[2] 王子宗．石油化工设计手册(修订版)：第三卷：化工单元过程(下)[M]．北京：化学工业出版社，2015.

[3] 俞晓梅，袁孝竞．塔器[M]．北京：化学工业出版社，2010.

[4] 中国化工学会．李鑫钢，高鑫，漆志文，等．蒸馏过程强化技术[M]．北京：化学工业出版社，2020.

[5] Kister H Z. Distillation Design[M]. New York：McGraw-Hill，Inc.，1992.

[6] Kister H Z. Distillation Operation[M]. New York：McGraw-Hill，Inc.，1990.

[7] 莱恩哈特·毕力特．填料塔(中译本)[M]．北京：化学工业出版社，1998.

[8] 王树楹．填料塔技术指南[M]．北京：中国石化出版社，1998.

[9] Zuiderweg F J. Sieve trays：A view on the state of the art. Chem. Eng. Sci，1982，37(10)：1441-1464.

[10] 张治和，陈丙珍，沈复．V-1型浮阀塔板的传质性能及其适宜区域研究[D]．北京石油学院，1965.

[11] Bolles W L，Smith B D. Design of Equilibrium Stage Process[M]. New York：McCraw-Hill，1963.

[12] Lockhart F J，Leggett C W，Kobe K A，Mcketta J J. Advance in Petroleum Refining and Chemistry，1sted[M]. Interscience Publishers Inc.，1958.

[13] 路秀林，赵培，李玉安．导向浮阀塔板的性能和工业应用[J]．全面腐蚀控制，1994(4)：1-7.

[14] 赵培，路秀林，李玉安，等．导向浮阀塔板的性能和工业应用[J]．化工进展，2002，(z1)：231-234.

[15] 董谊仁．填料塔液体分布器的设计[J]．化工生产与技术，1998，1：1.

[16] 董谊仁，丁示波．填料塔液体分布器设计中一些问题的探讨——穿孔射流研究[J]．浙江工学院学报，1994，(1)：44.

[17] Homer G. How to select internals for packed columns[J]. Process Eng，1985，66(5)：79.

[18] Lockett M J，Gharani A AW. Downcomer Hydraulics at High Liquid Flowrates[C]. l. Chem. E. Symposium，Series[J]. 1979，56，2. 3/43-64.

[19] 周海龙，徐世民．降液管结构优化进展[J]．石油化工设备，2004，33(6)：45-48.

# 第十九章 传热计算及换热设备设计

热交换器(简称换热器)是工艺生产中实现物料之间换热过程的设备，在石油、化工、医药、动力等许多工业部门广泛应用。在化工生产装置中，每一个生产过程都有热量的传递，需要热交换器来实现，同时热交换器也是提高能源利用率的主要设备。热交换器的种类繁多，在化工生产过程中，适用于不同介质、不同工况、不同温度、不同压力的热交换器，其结构型式不同。

在石油、化工工艺过程中，热交换器是保证工艺系统正常运行、工艺介质温度合理、节约能源及回收余热的关键设备，其金属消耗、动力消耗和投资方面在整个石油、化工装置中占有重要份额。据统计，在一般石油化工装置中，热交换器的投资占全部设备投资的25%~45%。目前，在"双碳"目标下，以能源为中心的社会、经济、环境等绿色问题尤为突出，能源的节约和合理利用尤显重要。在石油化工装置特别是乙烯装置中占有重要地位的热交换器作为能量传递的基础设备，其传热性能的好坏对"双碳"目标的实现有着重要的意义，因此，热交换器先进合理设计和选用日益重要。

管壳式热交换器又称列管式热交换器，是以封闭在壳体中管束的壁面作为传热面的间壁式热交换器。管壳式热交换器的应用已有悠久的历史，其操作可靠，可用于各种结构材料(主要是金属材料)制造，能在高温、高压下使用，清洗方便，适应性强，处理量大，因而作为一种传统的标准换热设备在许多工业领域大量使用，尤其是石油、化工及能源行业应用广泛。随着石油化工装置的工艺规模和操作节能降耗要求的提高，热交换器在石油化工装置中工艺性能越来越受到业界的重视，管壳式热交换器趋向大型化、高效率、紧凑化。中国经济快速增长，与国际技术交流活跃，技术发展日新月异，热交换器领域新型高效传热管、新型强化元件和内部结构的优化，使管壳式热交换器的应用领域和范围得到扩大，各种新结构高效异型管热交换器、高效冷凝器、高效再沸器、低阻力降的螺旋折流板式热交换器在乙烯装置中普遍采用。热交换器设计水平、研究手段和制造能力的提高，促进了石油化工产业的进步和创新。

本章重点介绍乙烯装置分离工艺中主要应用的管壳式热交换器和强化热交换器。

## 第一节 管壳式热交换器

### 一、管壳式热交换器特点

管壳式热交换器主要由壳体、管束(换热管和折流板)、管板、前管箱、后管箱和接管等零部件组成。壳体内装有管束，常规管束是由许多无缝钢管两端固定在管板上组成，换热管与管板的连接可用胀接连接(强度胀接、贴胀等)、焊接连接(强度焊接、密封焊接、内孔焊等)或胀焊并用等。这些部件的组合选择取决于操作压力与温度、流体的腐蚀特性、结垢性、机械清洗要求、是否存在循环载荷、热应力以及制造费用等因素。

化工装置中热交换器按能承受压力的大小，分为四个压力等级：

低压　　0.1MPa≤压力<1.6MPa

中压　　1.6MPa≤压力<10MPa

高压　　10MPa≤压力<100MPa

超高压　压力≥100MPa

管壳式热交换器在中压和低压下应用广泛和最为合适。超高压热交换器一般采用管式。

在乙烯装置分离工艺中，管壳式热交换器占热交换器比例约为80%左右。主要基于以下原因：通用的工作条件，100年以上的设计经验，经过实践检验的设计方法，符合规范和标准的设计惯例。通过合理选择热交换器的型式、结构参数、材料和正确的设计，能够为工艺装置的长周期运行提供良好的保证。管壳式热交换器在定量上有通用的程序完成传热计算，定性上可根据设计者的经验评价。

管壳式热交换器中一种流体通过管内流动，其行程称为管程；另一种流体在壳体与管束间隙流动，其行程称为壳程。流体流经管程或壳程的选择，应从流体的性质、传热特性、耐用性、减少污垢、压降和便于机械清洗等方面考虑。一般遵循如下原则：

① 易结垢、不清洁的流体走管内，以便于机械清洗(U形管束除外)和增大流速，使污垢和悬浮颗粒的沉积减少。例如冷却水一般走管内。

② 腐蚀性流体走管内，以免壳体和换热管同时受腐蚀，换热管也利于清洗和检修，同时节省耐腐蚀材料用量。

③ 毒性流体走管内，以减少泄漏机会。

④ 高温流体、要求特殊材料者走管内，以节省材料，利于保温。

⑤ 高压流体走管内，以减少壳体厚度。

⑥ 高黏度流体走壳程，以易于湍流，提高传热效果。

⑦ 若冷热流体温差较大，从减缓热应力考虑，应使传热系数大的流体走壳程，以减少管壁与壳体的温差，相应减少管束与壳体间的相对膨胀长度。若冷热流体温差不大，而传热系数相差很大，应使传热系数高的流体走管内，以利于管外采用强化措施。

⑧ 饱和蒸汽宜走壳程，以便于及时排除冷凝液，且蒸汽较洁净，对清洗无要求。

⑨ 被冷却的流体宜走壳程，可利用外壳向外散热，以增强冷却效果。

⑩ 设计时让流量较低的流体走壳程通常较经济，并且可以防止流动诱发振动。壳侧流体湍流的临界雷诺数200左右，如果流体走壳程还是层流状态，最好选择流体走管内，因为管内流体传热和流动分布更容易准确判断。

## 二、管壳式热交换器类型

管壳式热交换器按传热种类分为：无相变热交换器、加热器和冷却器，有相变热交换器、冷凝器和再沸器。再沸器又分为釜式热交换器、热虹吸再沸器、蒸发器、废热锅炉等。

管壳式热交换器按结构分为：固定管板式热交换器、U形管式热交换器、浮头式热交换器和填料函式热交换器。

管壳式热交换器按换热管和管板的安装形态以及补偿措施分为：

(1) 固定管板式热交换器

管束两端的管板与壳体连成一体，管板直接焊接在壳体上，因此管束与壳体的周边缝隙最小，任何管程数都可以采用。适用于中等温差的热膨胀补偿，对无热膨胀节结构通常管、壳侧金属壁温差建议小于50℃，有膨胀节的大约能达到80℃温差。此种热交换器结构简单，造价和U形管热交换器类似。特殊情况可以采用双管板结构，主要应用于管程和壳程的流体严格禁止掺混的场合，并且壳侧流体清洁和不易结垢，即壳侧流体不需要考虑机械清洗的流体。

(2) U形管热交换器

每根换热管弯成U形，两端分别固定在同一管板上下或左右两区，通过管箱内分程隔板分隔管程流体，省去了一端管板和管箱，采用偶数管程数，考虑换热管最小弯曲半径造成的加工难度，通常最多采用六管程。特殊情况可以采用双管板结构。管束和壳体是分离的，在受热膨胀时，彼此间不受约束，因而可消除热应力。但是生产中仍应避免管程间温差过大产生的应力集中，致使管子与管板密封失效引起的泄漏。U形管热交换器结构简单，重量轻，适用于高温和高压的工况。但管程不易机械清洗，因管子有一定弯曲半径，管板利用率低，且当热交换器直径较大时，换热管的无支撑跨距可能会超过GB/T 151的要求且易产生管束振动，此时可考虑在U形管的尾部增加必要的辅助支撑。当管束重量较大时，为了方便管束抽芯，可在壳程壳体上设置纵向轨道或者滑轮支撑。由于U形管式热交换器的管板无法得到换热管的支撑，因此管板的厚度一般会大于同等工况下固定管板和浮头热交换器的厚度。

U形管热交换器是解决热膨胀问题最好的选择。

(3) 浮头式热交换器

管束一端的管板由螺栓固定，另一端管板可自由浮动，当管束和壳体伸长时，两者互不牵制，因而完全消除热应力。浮头式热交换器有内衬垫片钩圈结构(S，T)和填料函结构(P，W)。浮头部分可拆卸连接，因而整个管束可从壳体中抽出，管壳程都易于机械清洗和检修。浮头式热交换器可以采用奇数管程数，单管程的浮头式热交换器的出口端需要设计特殊的拆装结构，或者设计单独填料连接。浮头式热交换器适用于壳体和管束温差大或壳程流体需要考虑机械清洗要求。缺点是结构复杂，金属耗量多，造价高。浮头端直径通常比壳体直径大100mm，便于管束抽出，但此会造成旁路间隙漏流导致传热效率降低，传热设计需要考虑采用旁挡封堵漏流。运行中浮头处易发生泄漏，不易检查处理。在某些工况，浮头式热交换器可能也解决不了热膨胀造成的应力问题，例如多管程温差大且管程传热效率高时，在浮动管板可能被施加一个扭转力阻碍浮动管板的自由运动。

上述三种管壳式热交换器，国内有系列化标准，具体可参见GB/T 28712.1《热交换器型式与基本参数　第1部分：浮头式热交换器》，GB/T 28712.2《热交换器型式与基本参数　第2部分：固定管板式热交换器》，GB/T 28712.3《热交换器型式与基本参数　第3部分：U形管式热交换器》，GB/T 28712.4《热交换器型式与基本参数 第4部分：立式热虹吸式重沸器》。

## 三、GB/T 151 热交换器

GB/T 151《热交换器》主要是非直接火焰加热的金属制热交换器的通用要求、管壳式热交换器制造过程（即指设计、制造、检验和验收工作）中应遵循的相关要求。GB/T 151 与 GB/T 150《压力容器》配套使用，是规范在中国境内制造或使用的热交换器设计、制造、检验和验收的主要技术要求。但是 GB/T 151 不能作为具体管壳式热交换器的设计手册，热交换器传热设计应由拥有传热理论、有工程应用经验且娴于规范应用的技术人员针对具体工艺要求设计。热交换器设计过程中应符合 GB/T 151 的技术要求，不得违背 GB/T 151 禁用规定。

GB/T 151 适用的参数范围：管壳式热交换器的公称直径≤4000mm；管壳式热交换器的设计压力≤35MPa；且满足设计压力（MPa）与公称直径（mm）的乘积≤27000。

适用的设计温度范围按金属材料允许的使用温度确定。超出上述范围的管壳式热交换器，也可参照 GB/T 151 进行建造。其中卷制、锻制圆筒，以内径（mm）作为管壳式热交换器的公称直径。管材制圆筒，以外径（mm）作为管壳式热交换器的公称直径。

直接火焰加热的热交换器，烟道式余（废）热的热交换器，核能装置中存在的种子辐射损伤失效风险的热交换器，非金属制热交换器，制冷空调和行业中另有国家标准或行业标准的热交换器等以上各类管壳式热交换器不属于 GB/T 151 规定范围。

采用铝、钛、铜、镍和锆等金属制管壳式热交换器或受压元件除应符合 GB/T 151 要求外，还应符合相应管材的标准要求。

GB/T 151 管壳式热交换器用三个字母组合来表示。第一个字母代表前端管箱类型（A、B、C、N、D）；第二个字母代表壳体类型（E、F、G、H、J、K、X）；第三个字母代表后端管箱类型（包括管束）（L、M、N、P、S、T、U、W）。详见表 19.1-1。

1. 壳体

GB/T 151 标准中规定了七种壳体类型，且代号和名称分别是：

E　单程壳体

F　带纵向隔板的双程壳体

G　分流壳体

H　双分流壳体

J　无隔板分流壳体

K　釜式重沸器壳体

X　穿流壳体

各种壳体如下：

(1) E 型壳体

E 型壳体首选考虑，单程壳体，适用于所有传热流体。如果管程为单管程，冷热流体接近纯逆流，此时可以允许出现冷热流体的温度交叉（即冷流体的出口温度高于热流体的出口温度）。

(2) F 型壳体

F 型壳体中间设置一块纵向隔板，将热交换器分隔成上下两部分，壳侧入口接管和出口接管位于同一端。一般该热交换器的管程也为两管程或以上，以保障冷热流体为纯逆流，实现最大传热性能。F 型壳体用于流体温差和压差都不大的场合。F 型壳体传热量多于 E 型壳体，但是建议慎重采用，因为会存在如下问题：

表 19.1-1　GB/T 151 结构型式及代号

| 前端结构型式 | | 壳体型式 | | 后端结构型式 | |
|---|---|---|---|---|---|
| A | 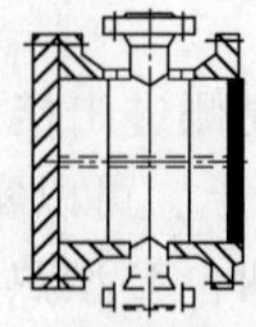 平盖管箱 | E | 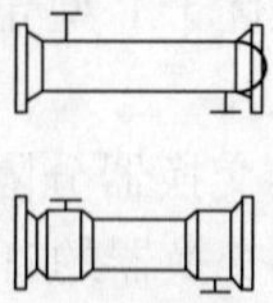 单程壳体 | L | 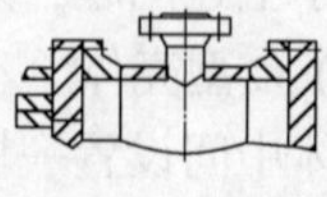 固定管板　与A相似的结构 |
| B | 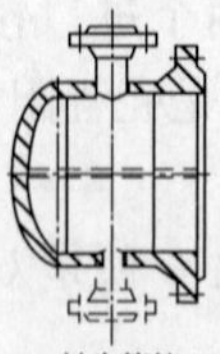 封头管箱 | F | 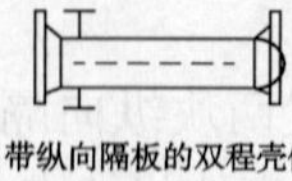 带纵向隔板的双程壳体 | M | 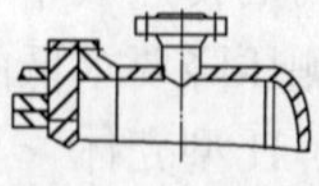 固定管板　与B相似的结构 |
| C | 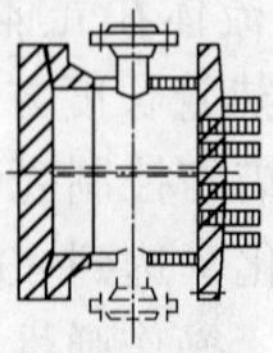 可拆管束与管板制成一体的管箱 | G | 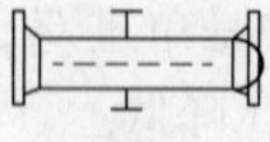 分流壳体 | N | 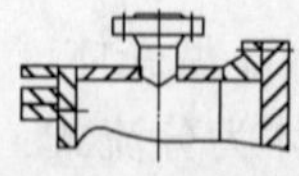 固定管板　与N相似的结构 |
| N | 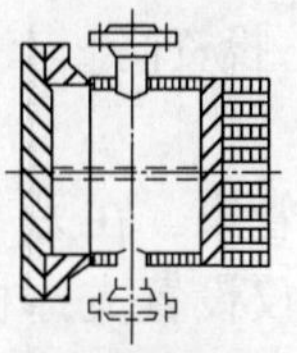 与固定管板制成一体的管箱 | H | 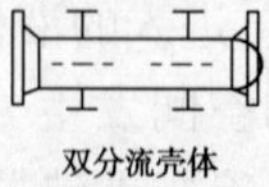 双分流壳体 | P | 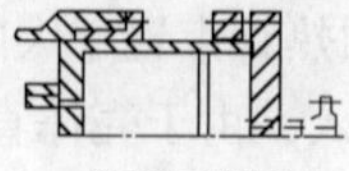 外填料函式浮头 |
| D | 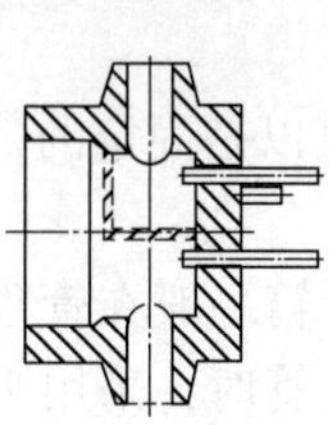 特殊高压管箱 | J | 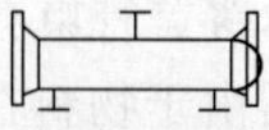 无隔板分流壳体 | S | 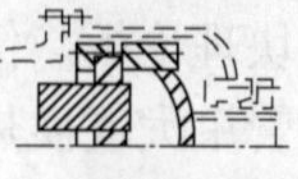 钩圈式浮头 |
| | | K | 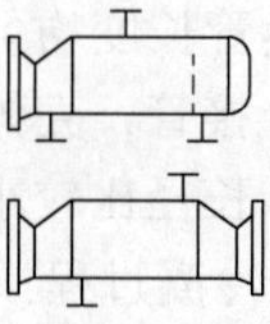 釜式重沸器壳体 | T | 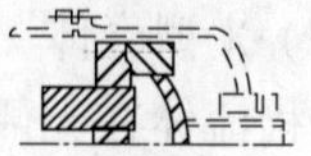 可抽式浮头 |
| | | X | 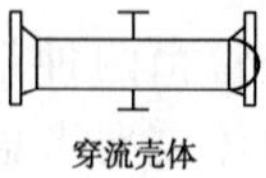 穿流壳体 | U | 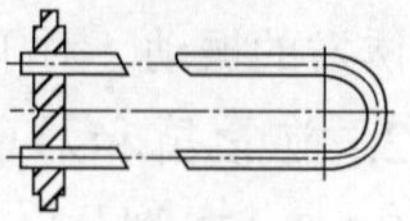 U形管束 |
| | | | | W | 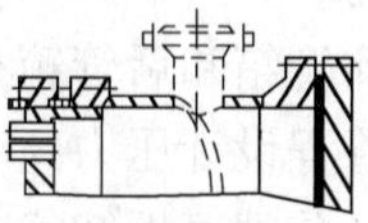 带套环填料函式浮头 |

① 壳程纵向隔板在壳侧流体温差大时存在温度梯度，经过纵向隔板有热传导发生。

② 纵向隔板有可抽出式和固定式。当纵向隔板采用可抽出式或密封不好时，纵向隔板会存在泄漏，需要在机械设计中采取适当措施，使泄漏减少到可接受的程度。且在传热设计阶段需要考虑泄漏量的因素。当纵向隔板采用可抽出式，壳程流体计算压降建议小

于 50kPa。

③ 壳程纵向隔板的变形。

由于上述问题，采用多个壳体串联优于 F 型壳体。

(3) G 型壳体

壳体中间设置一块纵向隔板，将热交换器分隔成上下两部分，壳侧进出接管位于壳体中央，流体进入壳体后分流。一般该热交换器的管程也为两管程或以上，可以实现纯逆流。优点是高的传热效率和低阻力，单台 G 型热交换器传热效果等同于两台 E 型热交换器，适用于壳侧压降要求低的工况。缺点同 F 型壳体，存在纵向隔板泄漏的问题。

(4) H 型壳体

类似 G 型壳体，但是壳体中间设置两块纵向隔板，对应壳侧有两个进口接管和两个出口接管，流体进入壳体后双分流。H 型壳体优缺点类似 G 型壳体，只是壳程阻力降更低。

(5) J 型壳体

壳体为分流式，有两种型式，一种是单进双出，记作 J12 型；另一种是双进单出，记作 J21 型。J 型壳体同 E 型壳体相比，压降低。

(6) K 釜式重沸器壳体

加热管束置于大的壳体中，热流体走管内，冷流体在壳程。冷流体在壳体底部(或侧部)进入，由于壳体直径较管束直径大，进入的液体围绕管束及其换热管长度方向形成循环的池式沸腾，生成的气体在液相上部的空间发生分离，通过一定的措施控制壳体顶部出口的气体携带液体量在一定的范围内。K 釜式重沸器可使壳侧出口汽化率达到 80% 以上，相当于一块理论板。优点是维修和清洗方便，传热面积大，汽化率高，操作弹性大。釜式热交换器管束大或换热管紧密时由于气体覆盖管束会限制沸腾流体的热通量。相对于其他型式的重沸器(又称再沸器)，釜式重沸器由于物料在壳体停留时间长，更易于重组分集聚和结垢，造成传热效率下降。釜式热交换器占地面积大，金属耗量高，投资高。

(7) X 型壳体

壳程流体在壳侧一端进入，沿换热管长度均匀分布，错流流过管束，在另一端壳侧出口流出，壳体入口和出口都可设置多个接管，壳体不适用折流板，仅设置支撑板。壳体设计中要避免流体流动分布不均匀问题，长径比较小。优点是壳程流体压降低，可消除壳侧流体诱发的振动。对于含不凝气的部分冷凝过程，不凝气不容易排放。

### 2. 前管箱和后管箱

GB/T 151 划分出前管箱和后管箱。前管箱是固定的，后管箱可以是固定的，也可以是浮动的。

前管箱和后管箱有封头管箱和平盖管箱两种基本型式。封头管箱一般在管程流体较清洁或管程设计压力高时采用。当管程流体需要考虑清洗或检查换热管时，采用平盖管箱可仅拆开前端可拆卸式盖板，不用拆开管程接管管线就能接近换热管进行检修。

前管箱和后管箱的形式选择原则：

① 管程和壳程机械清洗要求。

② 热膨胀。

③ 管程和壳程设计压力。

④ 流体的危害性。

⑤ 设备造价。

不同管箱对比见表 19. 1-2。

表 19. 1-2　不同管箱对比

| 管箱型式 | 概述 | 优点 | 缺点 | 适用范围 |
| --- | --- | --- | --- | --- |
| A，L | 管箱两端均有法兰，一端法兰通过螺栓固定在管板上，另一端和平板封盖用法兰连接 | (1)方便清洗和检查换热管，维修方便<br>(2)管箱占用空间小 | (1)造价仅次于 D 型管箱，管箱费用高<br>(2)不太适用管程设计压力高场合，管程流体有通过垫片泄漏的可能性 | 管程设计压力不高，需要考虑换热管清洗方便的情况 |
| B，M | 管箱一端采用螺栓与壳体连接，另一端为椭圆封头 | (1)成本低<br>(2)管箱泄漏的可能性降低 | 不利于换热管的检修和清洗，换热管的机械清洗需要拆卸相连接的管线 | 管程设计压力适中 |
| C | 可拆管束与管板制成一体，管板再与壳体用法兰螺栓连接。移去壳体后，整个管箱、管束及相连接的管线系统可不动 | (1)方便清洗和检查换热管束，维修方便<br>(2)当管程为高压和高危介质(适当)时采用有优势 | (1)造价高<br>(2)管箱材料与管板材料必须相互可焊接<br>(3)由于管箱与管板一体，不便于管侧的维护和保养 | (1)管内压力较高或走有毒有害流体场合，此时管箱螺栓连接最少<br>(2)高压、管束重量大，维修时仅需移走壳体<br>(3)壳程流体需要经常清洗 |
| N | 管箱与壳体制成一体 | (1)成本低<br>(2)无须拆卸管线就可清洗或检查换热管 | 管箱材料与管板材料必须相互可焊接 | 壳程流体清洁，同时管程流体需要考虑机械清洗且压力较高时适用 |
| D | 特殊高压管箱，管箱焊在管板上 | 不易泄漏 | 应用场合特殊 | 操作压力大于或等于 6MPa(A)时应用 |
| P | 后管箱类型，后管箱与壳体采用填料进行密封，填料采用带螺栓的密封环连接到壳体法兰上予以压紧 | | (1)易于泄漏，不能用于壳程为高压或有害介质的工况<br>(2)成本高<br>(3)管束与壳体间隙大 | 很少使用 |
| S | 后管箱类型，钩圈式浮头，钩圈由两个圆环组成，采用螺栓降浮头管板夹紧。将浮头管板的螺栓拆卸后，即可将管束从壳体抽出 | (1)可以消除冷热流体温差大产生的应力，消除金属热膨胀冷缩对换热设备的影响<br>(2)管程和壳程都可进行机械清洗 | (1)结构复杂，造价高<br>(2)后封头比壳体直径大，管束与壳体间隙大于固定管板热交换器<br>(3)浮头端内部垫片的泄漏易造成管程流体和壳程流体之间的内漏 | 适用于冷热流体温差大，需要考虑热膨胀的工况。管壳程流体同时需要考虑机械清洗工况 |

续表

| 管箱型式 | 概述 | 优点 | 缺点 | 适用范围 |
| --- | --- | --- | --- | --- |
| T | 后管箱类型，与 S 型后封头类似，但其后封头尺寸和壳体直径相同，封头和管束可以直接抽出 | 抽芯方便 | (1)受力情况不如 S 型封头<br>(2)相同壳径时，换热面积小<br>(3)造价高<br>(4)内部垫片的泄漏易造成管程流体和壳程流体之间的内漏 | 常用于釜式再沸器，一般不选用 |
| U | U 形管结构，仅需要一块管板 | (1)造价低<br>(2)管束容易抽出，便于维修清洗<br>(3)U 形换热管可自行伸缩，解决热膨胀冷缩问题 | (1)管程流体无法机械清洗<br>(2)U 端容易损伤<br>(3)大直径要特别考虑 U 端支撑和振动问题 | 适用于冷热流体温差大，需要考虑热膨胀的工况。壳程流体需要考虑机械清洗要求的工况 |
| W | 后管箱类型，带套环填料函式浮头，即浮头管板和壳体采用填料密封 | 所有浮动管箱中成本最低 | 填料密封处易泄漏 | 很少使用，仅用于管程流体和壳程流体均为低压且为无害流体的场合 |

## 四、热交换器选型导则

1. 热交换器根据工艺条件选型步骤

① 优先选用常规管壳式热交换器。

② 管壳式热交换器优先选用 E 型。

③ 单台管壳式换热面积一般不超过 $3000m^2$。

④ 估算的传热面积<$2m^2$时，选用蛇管热交换器或套管热交换器。

⑤ 估算的传热面积<$10m^2$时，选用多管式套管热交换器。

⑥ 估算的传热面积>$4000m^2$，且布置空间有限时，如果物流较洁净，可选用板式、板翅式、绕管式或板壳式等紧凑型热交换器。

⑦ 工艺物流被加热，出口温度>240℃时，一般不适用蒸汽加热。

⑧ 当使用高于碳钢的材质时，或者两流体传热温差<5℃时，可以考虑使用板式或者类似的热交换器。当设计温度>200℃或设计压力>1.5MPa(G)时，需要考虑焊接板式热交换器。

⑨ 宽沸程有相变流体，往往传热系数较低，若物流较洁净，可考虑强化换热管。

⑩ 在缺水地区，或者冷却或冷凝过程的终温>50℃时，可以考虑使用空冷器代替水冷器。

⑪ 选用高效或紧凑型热交换器时，要和常规管壳式热交换器方案进行比选。当高效或紧凑型热交换器有显著优势时，才可以选用。

2. 无相变热交换器的选型导则

① 壳体壁面和换热管壁面的金属壁温温差<50℃时，可采用固定管板热交换器；若温

差≤50℃采用固定管板热交换器必须加膨胀节。壳侧设计压力>3.0MPa 时，一般不选用带膨胀节的固定管板热交换器。

② 热交换器固定管板与换热管的连接一般采用胀管的方式。如果工艺物流泄漏时有危险，采用全焊接或者双管板的型式。

③ 冷热流体需要逆流操作时，选用固定管板热交换器、单管程浮头式热交换器或者双(多)壳程式热交换器(包括固定管板式、U 形管式、浮头式)。

④ U 形管式热交换器一般不适合管侧机械清洗。

## 五、热交换器的传热设计方法

### 1. 流程及其设计说明

热交换器的设计是在一定的约束条件下，最合理地满足装置的需求。热交换器是乙烯装置分离工艺与工程系统的一部分，热交换器设计的结果要明确地表示系统或部件的结构、尺寸和性能，以及后续制造和操作的数据，通过明确的设计方法来实现。

热交换器的设计要与整个装置系统的设计相一致。热交换器设计初期，要充分了解装置的特点、装置的要求、工艺流程图、装置公用工程条件(蒸汽、水、空气、冷冻水等的公用工程的规定)、相关设计文件规定、与业主用户进行交流。在此基础上，进行设计的选择，初步设计和详细设计，完成设计计算和方案优化比较，推荐最优设计方案，与此同时，还要进行工程方面的考虑(传热设计方法的可靠度和合理性，加工、制造、操作的可行性)。设计方案通过工艺专业、设备专业、配管专业、业主和制造厂的反馈，按照约束条件，进行重复验算，直到所有的要求都在允许的合理范围内。

热交换器的设计依据成熟的计算机软件进行计算，设计成果以设计者的经验进行评估。计算机软件进行热力学(传热)、水力学(压降)和流体诱发振动(振动和声振)的计算。

### 2. 传热计算

(1) 总传热系数

热交换器总传热系数就是传热涉及的热阻总和之倒数。

$$\frac{1}{K}=R_{\mathrm{i}}+R_{\mathrm{fi}}+R_0+R_{\mathrm{f0}}+R_{\mathrm{m}} \tag{19.1-1}$$

式中　$K$——基于换热管外表面的总传热系数，W/(m²·℃)；

$R_{\mathrm{i}}$——管程膜传热阻，m²·℃/W；

$R_{\mathrm{fi}}$——管程污垢热阻，m²·℃/W；

$R_0$——壳程膜传热阻，m²·℃/W；

$R_{\mathrm{f0}}$——壳程污垢热阻，m²·℃/W；

$R_{\mathrm{m}}$——换热管金属热阻，m²·℃/W。

热交换器管程膜传热系数和壳程膜传热系数根据不同的传热工况，有不同的计算方法，通常通过计算机程序计算。为了适应快速估算的要求，表 19.1-3 给出乙烯装置在合理设计下管程膜传热阻和壳程膜传热阻的大致正确估算值。表 19.1-4 给出乙烯装置常见物流的污垢热阻值。表 19.1-5 给出换热管金属壁热阻值。根据表 19.1-3、表 19.1-4 和表 19.1-5 可以大致求出以下表中组合流体的总传热热阻，进而得出总传热系数值。当总传热系数小于 1000W/m²·℃或热通量小于 60000W/m²时，在粗估总传热系数值时换热管金属壁热阻可以忽略不计。

**表 19.1-3　管程膜传热阻和壳程膜传热阻**　　$m^2 \cdot ℃/W$

| 液体 | R | 气体 | | R | 冷凝 | R | 蒸发 | R |
|---|---|---|---|---|---|---|---|---|
| 水 | 0.00012 | 烃 | 低压 | 0.002 | 水蒸气 | 0.00012 | 水 | 0.00012 |
| 急冷水 | 0.00015 | | 高压 | 0.0013 | 裂解气 | 0.0026 | 工艺水 | 0.00026 |
| 汽油 | 0.00118 | 乙烯 | | 0.002 | 烃 | 0.0005 | 稀释蒸汽 | 0.0002 |
| 石脑油和轻馏分 | 0.0006 | 轻烃 | | 0.001 | | | 轻烃 | 0.0002 |
| 盘油 | 0.0014 | 再生气 | | 0.0025 | | | 烃 | 0.00035 |
| 丙烯 | 0.0003 | LPG | | 0.002 | | | LPG | 0.0015 |
| 裂解柴油 | 0.004 | 甲烷 | | 0.0015 | | | 汽油 | 0.0008 |
| 裂解燃料油 | 0.003 | 氢气 | | 0.001 | | | 丙烯冷剂 | 0.0005 |
| 裂解汽油 | 0.0008 | 干气 | | 0.0015 | | | | |
| 烃 | 0.0007 | 冷火炬气 | | 0.002 | | | | |

**表 19.1-4　乙烯装置常见物流的污垢热阻**　　$m^2 \cdot ℃/W$

| 介质名称 | R | 介质名称 | R | 介质名称 | R | 介质名称 | R |
|---|---|---|---|---|---|---|---|
| 水 | 0.00034 | 水蒸气 | 0.00009 | 工艺水 | 0.00053 | 乙烷 | 0.00026 |
| 急冷水 | 0.00053 | 盘油 | 0.00053 | 稀释蒸汽 | 0.00053 | 乙烯 | 0.00009 |
| 汽油 | 0.0003 | 裂解柴油 | 0.00088 | 甲烷 | 0.00009 | 丙烯 | 0.00009 |
| 石脑油和轻馏分 | 0.00035 | 裂解燃料油 | 0.0011 | 氢气 | 0.00009 | 轻烃 | 0.00018 |
| LPG，$C_3$，$C_4$ | 0.00026 | 急冷油 | 0.0007 | 再生气 | 0.00018 | 烃 | 0.00035~0.00053 |
| 裂解气 | 0.00035 | 裂解汽油 | 0.00053 | 干气 | 0.00035 | 冷火炬气 | 0.0004 |

**表 19.1-5　换热管金属壁热阻**

| 换热管材质 | 导热系数/[W/(m²·℃)] | 换热管金属壁热阻/(m²·℃/W) | |
|---|---|---|---|
| | | $\phi$19mm×2mm | $\phi$25mm×2.5mm |
| 碳钢 | 46.7 | 0.000048 | 0.00006 |
| 铬钼钢 | 43.3 | 0.000052 | 0.000064 |
| 不锈钢 | 19 | 0.00012 | 0.00015 |

（2）流体温度关系

近 30 年传热计算主要采用加权平均温差的方法，即式(19.1-2)。

$$WMTD = \frac{Q_{total}}{\sum_{i=1}^{n}\left(Q_i \big/ LMTD_i\right)} \tag{19.1-2}$$

式中　$Q$——热负荷，W；

$LMTD$——对数平均温差，℃；

$WMTD$——加权平均温差，℃。

热交换器传热温差计算基于冷热流体的热负荷曲线，分段计算，最后加权平均得出。

热流热负荷：

$$Q_h = W_h \cdot \Delta H_h \tag{19.1-3}$$

冷流热负荷：

$$Q_c = W_c \cdot \Delta H_c \tag{19.1-4}$$

式中　$W_h$，$W_c$——冷热流质量流量，kg/s；

$\Delta H_h$，$\Delta H_c$——冷热流焓差，J/kg。

设计热交换器时，以热流体的热负荷作为总热负荷值 $Q_{total}$，这样比较安全，冷热物料的热负荷相对误差应≤±10%，过大的误差需要检查工艺条件是否正确。

对于单相流体传热，可以从传热书籍或手册中获得传热温差校正系数值。而对于冷凝或沸腾传热这些有相变的流体，流体沿轴向的性质变化较大时，在整个换热管长度方向上，流态可能会发生改变，因此采用定性温度下的物性计算出的膜传热系数不能代表真实情况，需要沿着换热管长度分成若干段，算出每段的给热系数，然后按长度进行加权。加权计算平均传热温差方法最适合计算机计算。

多管程热交换器内，各程内都存在顺流和逆流。按纯逆流计算的对数平均温差乘对数平均温差校正因子来获得校正后的对数平均温差。对于设计优良的热交换器温差校正因子应接近 1，但是对于热交换器漏流严重的、流体温度变化大的，温差校正因子会变小。合理设计的热交换器温差校正因子应大于 0.8，否则热交换器需要很大面积，且不经济。对于 F 型壳体型式还要检查纵向隔板泄漏的校正因子对总温差校正因子的影响。

换热面积 $A$：

$$A = \int \frac{dQ}{K \cdot \Delta t} + \text{面积富裕量} \tag{19.1-5}$$

热交换器设计根据经验、控制方案和现场反馈等因素，选取一定的面积富裕量。

3. 压降计算

(1) 管程压降

管壳式热交换器管程压降包括以下几部分：

$$\Delta p(\text{管程}) = \Delta p_1 + \Delta p_2 + \Delta p_3 \tag{19.1-6}$$

管程进出口接管压降 $\Delta p_1$

$$\Delta p_1 = \frac{1.5G^2}{2\rho \cdot g_c} \tag{19.1-6a}$$

回弯压力降 $\Delta p_2$

$$\Delta p_2 = \frac{G^2}{2\rho \cdot g_c}(4N) \tag{19.1-6b}$$

管程内一般(无相变)压降 $\Delta p_3$

$$\Delta p_3 = \left(\frac{4f \cdot L}{d} + K_v\right)\frac{G^2}{2\rho \cdot g_c} \tag{19.1-6c}$$

式中　$\Delta p$——压降，Pa；

$G$——换热管内质量流速，$kg/m^2 \cdot s$；

$\rho$——定性温度下密度，$kg/m^3$；

$g_c$——单位换算常数，$g_c = 1$；

$N$——管程数；
$f$——范宁摩擦系数；
$L$——换热管长度，m；
$d$——换热管当量直径，m；
$K_v$——突然扩大、突然缩小及改变流向时的速度头数(动量损失)。

(2) 壳程压降

管壳式热交换器壳程流体压降是由流体从壳程接管进入管束，在管束中折流流动，最终从壳程接管流出的摩擦压降损失和动量变化引起的。

管子布置和管心距对管束压降影响较大。管束压降由错流压降和顺流压降两部分组成。在有弓形折流板的管壳式热交换器中的管束，折流板重叠部分是错流压降，在切口区则为顺流压降。计算时，切口处可作为流向改变、扩大缩小等引起的局部压降来处理。

$$\Delta p=(4f\cdot N_x)\cdot\frac{G_x^2}{2g_c\cdot\rho} \tag{19.1-7}$$

$$G_x=\frac{W_x}{S_x} \tag{19.1-8}$$

$$S_x=\frac{D_x}{X_t}\cdot S_{mt}\cdot L \tag{19.1-9}$$

式中 $f$——范宁摩擦系数；
$G_x$——错流质量流率，kg/m$^2$·s；
$\rho$——流体密度，kg/m$^3$；
$g_c$——$g_c=1$；
$W_x$——错流流量，kg/s；
$S_x$——错流面积，m$^2$；
$D_x$——错流流道(管束)宽，m，对于管束，$D_x$取错流的平均弦长，近似地为

$$D_x=\frac{\pi}{4}\cdot D_b;$$

$L$——管长，m，有折流板时，则为折流板间距；
$D_b$——管束直径 m；
$X_t$，$S_{mt}$——与排列方式有关的尺寸，m；
$N_x$——错流的管排数。

对高为$H_x$，且无中间分隔的管排，流过的管排数为

$$N_x=\frac{H_x}{X_l} \tag{19.1-10}$$

对无折流板的管束，平均高度$H_x=\frac{\pi}{4}D_b$；对有折流板的管束，$H_x$为：

$$H_x=D_s(1-2BC)-H_p \tag{19.1-11}$$

式中 $X_l$——平行于流体方向的特性尺寸，m；
$D_s$——壳体内径，m；
$BC$——折流板切口的弦高与壳内径的比值；
$H_p$——垂直流动方向的通道分隔总宽度，m。

4. 流体诱发振动

在管壳式热交换器中换热管是弹性元件，在流体流入和流过换热管的过程中，最易引起换热管的振动。管壳式热交换器的振动破坏通常表现为以下几种类型：

类型1　碰撞损坏：换热管的振幅大到足以使相邻的换热管彼此碰撞或撞击外壳，换热管管壁会随时间减薄，最终裂开。换热管的相互撞击会产生特有的菱形状磨损。

类型2　折流板损坏：折流板或支撑板支持换热管的部位损坏。根据 GB/T 151 折流板或支撑板管孔通常比换热管大 0.4~0.7mm，便于换热管的组装，这样也造成了换热管在折流板或支撑板管孔的自由移动，尤其当折流板或支撑板采用的材质比换热管硬度大时，设计不好的振动中的换热管就会被折流板或支撑板减薄，割破，发生泄漏。

类型3　换热管疲劳：如果应力足够高和换热管振动时间足够长，换热管的重复弯曲会导致换热管断裂。由于流体的腐蚀和冲蚀，换热管的疲劳破坏会加快。

类型4　管接头损坏：换热管与管板接头处发生泄漏。一种可能性是振动使胀接接头脱开，另一种可能性是振动使从管板伸出的换热管受到管孔对管壁的切割作用。

类型5　声振动：热交换器产生强烈噪声，对人的耳朵造成损伤，通常不会对热交换器造成破坏。

管壳式热交换器在操作中受到的振动破坏，在设计阶段通过设计考虑是完全可以避免的。与管壳式热交换器管线相连的其他设备的振动造成管壳式热交换器的振动破坏不在本节振动破坏分析范围内。

管壳式热交换器初步结构设计完成后，就要进行流体诱发振动分析。在管壳式热交换器壳体中，流体横向流过管束时，流体诱发振动的四个主要成因：卡门旋涡激振(有声振动或无声振动)，湍流抖振(有声振动或无声振动)，流体弹性不稳定，声共振。

上述流体诱发振动的四个主要成因，适用于不同的流体流动状态，具体见表 19.1-6。

**表 19.1-6　流体不同流动状态下适用的振动机理**

| 流动状态 | | | 卡门旋涡激振 | 湍流抖振 | 流体弹性不稳定 | 声共振 |
|---|---|---|---|---|---|---|
| 轴向流 | 管内 | 液体 | 不考虑 | 应考虑 | 有可能 | 最重要 |
| | | 气体 | 不考虑 | 有可能 | 有可能 | 最重要 |
| | | 两相流 | 不考虑 | 应考虑 | 有可能 | 有可能 |
| | 管外 | 液体 | 不考虑 | 应考虑 | 应考虑 | 最重要 |
| | | 气体 | 不考虑 | 有可能 | 有可能 | 最重要 |
| | | 两相流 | 不考虑 | 应考虑 | 有可能 | 有可能 |
| 横向流 | 单根管外 | 液体 | 最重要 | 应考虑 | 不考虑 | 有可能 |
| | | 气体 | 应考虑 | 有可能 | 不考虑 | 有可能 |
| | | 两相流 | 有可能 | 应考虑 | 不考虑 | 不考虑 |
| | 管外 | 液体 | 应考虑 | 应考虑 | 最重要 | 有可能 |
| | | 气体 | 有可能 | 有可能 | 最重要 | 最重要 |
| | | 两相流 | 有可能 | 应考虑 | 最重要 | 不考虑 |

注：重要程度排序：最重要、应考虑、有可能。

（1）卡门旋涡激振

当流体横向冲刷管束时，在管束的下游交替产生旋涡，形成周期性的旋涡尾流，使圆管上的压力分布也呈周期性的变化。压力不同会产生垂直于流向的升力，其大小与方向随旋涡的脱落不断变化。升力的周期性变化使圆管产生垂直于流向的振动。由于旋涡脱落，导致流动阻力周期性变化，使圆管产生流向上的振动。对于单根换热管，通常用 Strouhal 数来确定：

$$f_v = St \frac{V}{d_0} \tag{19.1-12}$$

式中 $f_v$——卡门旋涡频率，Hz；

$St$——Strouhal 数，无因次；

$V$——横流速度，根据管间的最小自由界面计算，m/s；

$d_0$——换热管外径，m。

（2）湍流抖振

在管壳式热交换器中，为了提高传热效率，经常使流体产生较大程度的湍流，而换热管本身实际上也起湍流发生器的作用。湍流的流体与换热管表面接触时，流体中部分动量转换为脉动压力，造成在相当宽的频带范围之内对换热管施加随机作用力，进而激发了管子振动。但是该种形式的振动不是很规律，很少导致大范围共振响应。湍流抖振不是造成换热管破坏的主要原因，而是引发流体弹性不稳定性振动的重要因素。

（3）流体弹性不稳定

管束中任何一根换热管的运动都会改变与其相邻换热管的周围流场，使流场呈非对称的振荡变化，流体力也随着改变。变化的流体力会驱使该管附近的换热管也运动起来。这些换热管的运动反过来又改变流场以及作用在原来那根换热管上的流体力。因此，一根弹性管的位移会导致邻近换热管也产生弹性位移。换热管上的流体力不仅仅与换热管本身的位移有关，且与邻近换热管的位移也有关。该种流体力与弹性位移之间相互作用产生的振动就是通常所称的流体弹性不稳定性。这种振动具有以下特征：当横流速度超过某一界限，即临界速度$V_c$时，换热管的振幅会陡然增大，当阻尼不太大时，产生的振幅会一直增大到管子互相碰撞。而且该种振动在流体速度减小到远低于初始速度时仍会继续。研究表明，流体速度较低时，振动可能会由卡门旋涡激振或湍流抖振引起，而在速度较高的区域，诱发振动的主要原因是流体弹性不稳定性。

$$V_c = \beta_s f_n D_0 \sqrt{\frac{W_e \delta_0}{\rho_s D_0^2}} \tag{19.1-13}$$

式中 $V_c$——临界横流速度，m/s；

$D_0$——管外径，m；

$\beta_s$——相关常数，无量纲；

$f_n$——管子自然频率，Hz；

$W_e$——单位长度有效重量，kg/m；

$\delta_0$——管束的对数减量；

$\rho_s$——壳程流体密度，kg/m³。

（4）声共振

当热交换器壳侧的气体或蒸汽通过换热管时，在与流体和换热管轴线均垂直的方向上会形成声学驻波，并且在壳程筒壁之间穿过管束来回反射。当声学驻波的频率与卡门旋涡的频率比值在 0.8～1.2 之间时，可能会形成强烈的声学共振和噪声。当壳侧流体为液体时，由于声波在液体中的传播速度较大(波长很大)，而热交换器的直径相对较小，因此很难满足形成驻波的条件。

声共振与热交换器结构、几何尺寸和雷诺数等相关。激振能量通常用 Chen 数表示：

$$\Psi=\frac{Re}{St}\left(1-\frac{D_0}{ln_1}\right)\frac{D_0}{n_t t} \tag{19.1-14}$$

式中　$\Psi$——Chen 数，无量纲；

$Re$——雷诺数；

$St$——Strouhal 数，无量纲；

$l$，$t$——纵向、横向管心距，m；

$D_0$——管外径，m；

$n_1$——常数；

$n_t$——常数。

热交换器设计的经验是：在频率匹配的前提下，$\Psi$ 小于 1300，不会发生声共振；$\Psi$ 在 1300～4000 时，可能发生声共振；当 $\Psi$ 大于 4000 时，极有可能发生声共振。

热交换器的振动分析需要根据上述振动机理分析完成，通常情况下是上述两种以上振动机理的混合作用。热交换器的设计者必须计算分析诱发振动的各种可能性，在设计阶段将振动破坏降低到允许的范围内。

在管壳式热交换器中最常见且最具有破坏性的就是流体弹性不稳定。当壳程流体横流速度大于临界速度时，换热管振幅陡然增大，换热管短时间便遭到破坏。准确预测临界值需要计算两个参数：流体弹性不稳定参数和对数衰减。流体弹性不稳定参数与换热管间距、换热管排列角度和流体流动状态(液体、气体、两相流)等有关。对数衰减与支撑换热管束阻尼和流体黏性阻尼有关。

换热管振动频率、换热管固有频率、声频三者一致时，换热管很快遭到破坏。当换热管振动频率低于换热管固有频率和声频时，不会产生振动破坏。热交换器在操作现场一旦受到振动破坏，需要付出很大的代价维修且非常困难，而在设计阶段避免振动破坏而进行振动分析相对简单。

管壳式热交换器中流体诱发振动作为专门的研究领域，从形成、发展到逐渐成熟迄今已有 60 年的历史。GB/T 151 从以下六个方面给出了解决管壳式热交换器避免振动破坏的解决依据：流体诱发振动的计算，换热管固有频率的计算，对数衰减率的计算，振幅的计算，振动的判据和防振措施。

管壳式热交换器投入使用后，如果发现有严重的振动破坏，可以采取如下的设计修改和现场补措施：

措施 1　用绕带或在换热管间嵌入棒、板或楔子来加强管束，防止换热管移动和增加换热管固有频率。此方法会导致壳程流体压力降的改变。

措施 2　排除外源传给热交换器的振动。

措施 3　堵塞换热管。

措施 4　降低壳程流体的流速。

措施 5　有效拆掉部分换热管，形成旁流。此方法需要由热交换器设计人员分析后确定拆掉换热管的位置，同时此方法会降低换热的传热效果和压力降性能。

措施 6　更换管束。有时振动问题唯一的解决方法只能是重新设计和安装一个有效考虑防振问题的新管束。

从上述分析可以看出在设计阶段进行避免振动分析非常重要，预防比修复简单。对已经发生振动破坏的热交换器进行修复费用昂贵且困难。

# 第二节　冷凝器

冷凝为气体变为液体的相变过程。冷凝器，既包括蒸气全部凝结为液体，也包括蒸气部分凝结为液体，未凝结的部分为不凝气。冷凝的方式分为膜状冷凝和滴状冷凝。冷凝液润湿壁面，在壁面上形成一层完整液膜，称为膜状冷凝。工业设计多数为膜状冷凝。冷凝液不润湿壁面，由于表面张力的作用，在壁面上形成液滴并沿壁面流下，称为滴状冷凝，传热系数是膜状冷凝的几倍甚至几十倍。目前乙烯装置应用比较普遍的高效冷凝管为近似滴状冷凝。

在常规的管壳式热交换器设计中最常用的是膜状冷凝，因此其原理为本节主要介绍内容。

## 一、冷凝器型式和特性

管壳式热交换器的冷凝器有许多型式，对于特定的工艺条件，最适合的冷凝器型式主要取决于允许压降值、冷剂的条件和材料的限制等。

冷凝器的型式和特点见表 19. 2-1。

**表 19. 2-1　冷凝器的型式和特点**

| 工艺条件 | 冷凝器的型式 | | | | | |
|---|---|---|---|---|---|---|
| | 卧式 E 型壳（壳侧） | 卧式 J 型壳（壳侧） | 卧式 X 型壳（壳侧） | 立式 E 型壳（壳侧） | 立式管内（向下流） | 卧式管内 |
| 操作压力： | | | | | | |
| 中等 | 很好 | 尚可 | 尚可 | 好 | 好 | 好 |
| 接近临界压力 | 尚可 | 尚可 | 尚可 | 尚可 | 好 | 很好 |
| 低 | 尚好-差 | 很好 | 好-尚可 | 尚好-差 | 好 | 好 |
| 高真空 | 差 | 尚好-差 | 好-很好 | 差 | 好-很好 | 尚好 |
| 过冷/过热降温： | | | | | | |
| 中等过冷 | 尚好-好 | 尚好-好 | 好 | 好 | 好 | 尚好 |
| 大的过冷 | 差 | 差 | 好 | 好 | 很好 | 尚好 |
| 大的过热降温 | 很好 | 尚好 | 差 | 好 | 尚好 | 尚好 |
| 宽的冷凝范围 | 很好 | 好 | 尚好-好 | 尚好-差 | 尚好 | 尚好 |
| 不可凝气体： | | | | | | |
| 中等量 | 很好 | 好 | 尚好-差 | 差 | 好-尚可 | 好 |
| 大量 | 很好 | 好-尚好 | 差 | 好 | 尚好 | 好 |

续表

| 工艺条件 | 冷凝器的型式 | | | | | |
|---|---|---|---|---|---|---|
| | 卧式 E 型壳（壳侧） | 卧式 J 型壳（壳侧） | 卧式 X 型壳（壳侧） | 立式 E 型壳（壳侧） | 立式管内（向下流） | 卧式管内 |
| 混合物冷凝范围： | | | | | | |
| 小-中等 | 很好 | 好 | 尚可 | 好 | 好-尚可 | 好-尚可 |
| 宽 | 小心设计 | 小心设计 | 小心设计 | 小心设计 | 很好 | 好 |
| 冷却介质结垢 | 很好 | 好 | 好-尚可 | 好 | 差 | 差-尚好 |
| 冷凝液有锈蚀 | 尚可 | 尚可 | 尚可 | 尚可 | 很好 | 好 |
| 冷凝液有结冻 | 很好 | 好 | 尚好 | 好 | 差 | 差 |

## 二、传热计算

冷凝传热热负荷 $Q$

$$Q=K\cdot A\cdot \Delta t=W(C_{PV}\Delta t_{过热}+\Delta\lambda+C_{Pl}\Delta t_{过冷}) \tag{19.2-1}$$

式中　$Q$——热负荷，W；

$K$——基于换热管外表面的总传热系数，W/(m²·℃)；

$A$——换热面积，m²；

$W$——质量流量，kg/s；

$\Delta t_{过热}$——气体入口温度与饱和温度之差(即过热度)。高于露点的过热蒸汽进入冷凝器后，有一个显热降温过程。与总冷凝负荷相比，过热段的显热负荷通常相当小，因此不会严重影响冷凝器的面积。如果进入冷凝器的是过热蒸汽，壁温低于露点温度时，过热蒸汽在管壁上冷凝，此为“湿壁”。其膜传热系数的计算与饱和蒸汽冷凝时相同，用露点温度计算平均温差；如果壁温高于露点温度，不发生冷凝，称为“干壁”，膜传热系数的计算应与无相变气体相同，用实际的入口蒸汽温度来计算平均温差，℃；

$\Delta t_{过冷}$——液体饱和温度与液相出口温度之差(即过冷度)。全凝器往往有一定的过冷，以防止在冷凝液排放系统中出现汽化。由于过冷段液体流速低、传热效率低，一般不希望有太大的过冷度。如果过冷段较长，最好单独设计一台后冷器来解决。冷凝器有过冷要求时，建议采用立式管内冷凝，水平管内冷凝效果最差。壳侧冷凝时，采取浸没部分管子来达到过冷的目的，℃；

$\Delta\lambda$——冷凝潜热，kJ/kg；

$C_{PV}$——过热气体的比热容，kJ/(kg·℃)；

$C_{Pl}$——液相比热，kJ/(kg·℃)。

管壳式热交换器的冷凝过程主要有水平管内冷凝、水平管外冷凝、立式管外下流式冷凝、立式管内下流式冷凝、立式管内回流冷凝和管外回流冷凝。在乙烯装置中应用的主要为前三种冷凝形式。

蒸汽与低于露点温度的壁面接触时即发生冷凝，冷凝膜覆盖于表面，膜的厚度取决于冷凝速率和凝液被带走的方式(是重力还是剪力)。汽体与液膜之间形成两相界面。实际上，界面热阻很难确定，但是除液态金属的冷凝外，其他介质的界面热阻很小，在设计时可以忽略不计。据此可假定界面温度等于饱和温度。

冷凝的 Nusselt 数表示：

$$\frac{h_{cf} \cdot \delta}{k_l} = \phi_c \tag{19.2-2}$$

式中 $h_{cf}$——冷凝膜给热系数，$W/m^2 \cdot K$；

$k_f$——液体导热系数，$W/m \cdot K$；

$\delta$——液膜厚度，m；

$\phi_c$——液膜流态的函数。

预测流态对冷凝给热和压降的计算是非常重要的，计算所用公式类型完全取决于流态。流态是剪力控制时，凝液和汽体沿剪力方向流动；重力控制时，凝液沿重力方向流动，可能汽体和液体分离。

当液膜的重力大于汽流剪力时，冷凝液膜呈层流状态时：

$$Nu = \frac{h_{cf} \cdot d_g}{k_l} = 1.47 Re^{-1/3} \tag{19.2-3}$$

在冷凝过程中随着凝液量的增加，一旦达到临界 $Re$ 时，液膜由层流变为湍流。此时的膜传热系数由下式计算：

$$\frac{h_{cf} \cdot d_g}{k_l} = c_2 (Re_l)^m (Pr_l)^n \tag{19.2-4}$$

当冷凝过程蒸汽速度非常大，以至液膜重力分量可以忽略不计时，膜传热系数剪力控制公式计算：

$$\frac{h_{cf} \cdot (d_i/2) \cdot (1-\sqrt{R_v})}{k_l} = C_3 \cdot (Re_l)^m . (Pr_l)^n \tag{19.2-5}$$

式中 $C_1$，$C_2$，$C_3$，$m$，$n$——常数；

$R_v$——气相体积分数。

(1) 水平管内冷凝

水平管内冷凝给热系数相对误差较大。因为重力控制时，水平管内出现分层流和塞状流的可能性更大。但在剪力控制时为均相流动。见图 19.2-1。

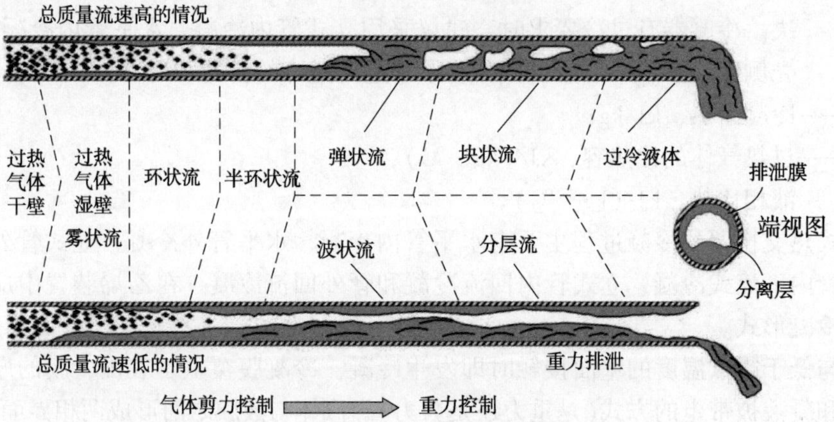


图 19.2-1 水平管内冷凝两种典型流态

介质在管内冷凝时可以简化单管进行计算。这里通常引用一个无因次的气体速度参数 $J_{tf}$，从而对冷凝过程判断是剪力控制还是重力控制。

$$J_{tf}=\frac{y\cdot G_t}{[d_i\cdot g\cdot\rho_v(\rho_l-\rho_v)]^{0.5}} \tag{19.2-6}$$

式中　$J_{tf}$——水平管内流体参数，无因次；

$d_i$——管内径，m；

$y$——气相分率(重量)；

$G_t$——管内质量流速，kg/m$^2$·s；

$S_t$——管程流通面积，m$^2$。

当 $J_{tf}\leqslant 0.5$ 时，为重量控制；当 $J_{tf}\geqslant 1.5$ 时，为剪力控制；当 $0.5<J_{tf}<1.5$ 时为过渡区。

剪力控制时，冷凝液不易在管子底部沉积，可采用对流模型计算冷凝液膜传热系数。

重量控制流动时，考虑到水平管内冷凝时管子底部有冷凝液聚集，可通过修正努赛尔特冷凝模型得到传热系数计算模型。

如果处于过渡区，先分别计算剪力控制和重力控制，然后进行经验插值计算。

$$h_{tt}=h_{tt}-(1.5-J_{tf})\cdot(h_{si}-h_{gi}) \tag{19.2-7}$$

式中　$h_{tt}$——水平管内过渡区冷凝膜传热系数，W/m$^2$·℃；

$h_{is}$——水平管内剪力控制冷凝膜传热系数，W/m$^2$·℃；

$h_{gi}$——水平管内重力控制冷凝液膜传热系数，W/m$^2$·℃。

(2) 水平管外冷凝

由于复杂的、不规则的壳侧几何形状，水平管外的冷凝比管内冷凝更难正确计算。需要分段计算考虑气相分率的情况。同样和管内冷凝一样，也需要根据流动状态是剪力控制还是重力控制，采用不同的关联式。见图 19.2-2、图 19.2-3。

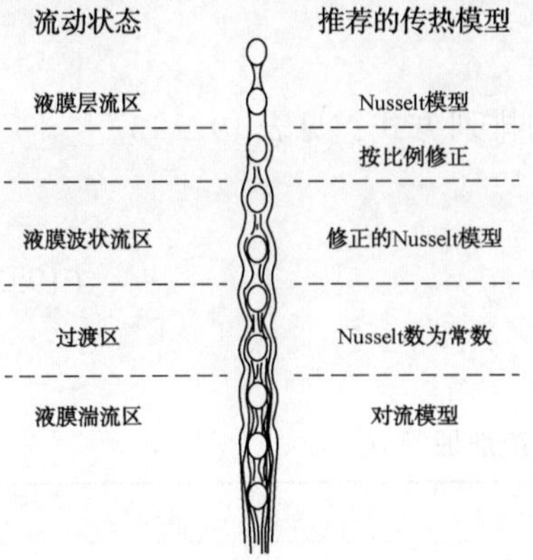


图 19.2-2　重力控制管内冷凝

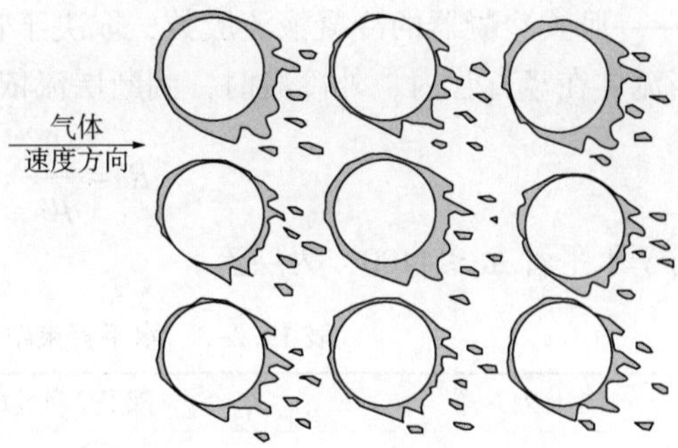


图 19.2-3　剪力控制管外冷凝

(3) 立式管外下流式冷凝

立式管外的冷凝，由于折流板可阻断冷凝液膜并加剧流体湍流，使冷凝传热的效果更好。根据流态选择关联式：在重力控制时，冷凝机理类似于立式管内冷凝；在剪力控制时，冷凝机理类似于水平管外冷凝。对于立式管外的冷凝，当冷凝为纯组分时，折流板间距宜采用最大允许板间距，切口也可用最大切口，以便冷凝液流动为顺流。对宽组分混合物和有不凝汽系统，折流板的间距和切口可适当小一些，以提高气相给热系数。

为了方便手算，对于单组分饱和蒸汽的冷凝，给出了公式：

层流时

$$\bar{\alpha}=1.5\phi\left(\frac{4W_g}{\mu_l}\right)^{-1/2}\left(\frac{\lambda_l^3\rho_l g}{\mu_l^2}\right)^{1/3} \tag{19.2-8}$$

此公式由 Nusselt 理论导出，适用于立管及横管管内外壁的冷凝。

紊流时

$$\bar{\alpha}=0.0077\left(\frac{4W_g}{\mu_l}\right)^{0.4}\left(\frac{\lambda_l^3\rho_l^2 g}{\mu_l^2}\right)^{1/3} \tag{19.2-9}$$

上式适用于立管内外的冷凝。物性的定性温度取 $1/2(t_s+t_w)$，$t_s$ 为蒸汽饱和温度。

$W_g$ 为冷凝负荷，等于冷凝液流量[kg/(m·s)]除以湿周 $U$。$U$ 的算法如表 19.2-2 所示。

下角标 l 表示该物理量用液相相应的值。

**表 19.2-2 湿周 $U$ 的计算**

| 冷凝面型式 | 流程 | $U$/m |
|---|---|---|
| 竖管、倾斜管 | 管程 | $\pi d_i n$ |
| | 壳程 | $\pi d_o n$ |
| 水平管 | 管程 | $0.5Ln$ |
| 单层水平管 | 壳程 | $Ln$ |
| 水平管束 | 壳程 | $Ln_s$ |

表 19.2-2 中：

$n$——总管数；

$L$——水平管长度；

$n_s$——卧式冷凝器的冷凝液流股数，取决于管子的排列方式，见表 19.2-3。

当流体在竖直管内、外冷凝时，判断层流依据：

$$Re=\frac{4W_g}{\mu_l}<2200 \tag{19.2-10}$$

对于水平管 $Re \leqslant 4400$，为层流。

**表 19.2-3 水平管束中冷凝液流股股数 $n_s$**

| 管束排列方式 | 管子排列形式图 | $n_s$ |
|---|---|---|
| 正方形排列 | 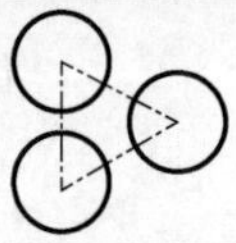 | $1.288n^{0.480}$ |
| 转角正方形排列 | 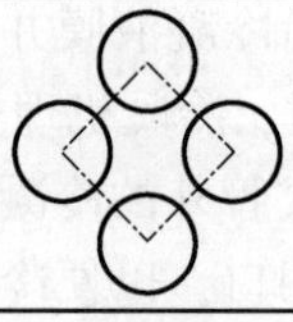 | $1.370n^{0.513}$ |

续表

| 管束排列方式 | 管子排列形式图 | $n_s$ |
|---|---|---|
| 正三角形排列 | 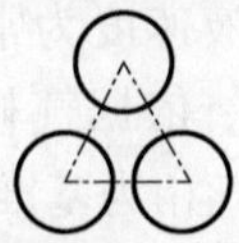 | $1.022n^{0.513}$ |
| 转角正三角形排列 | 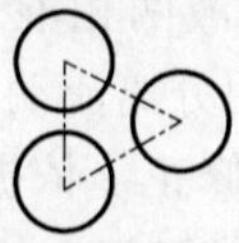 | $2.080n^{0.495}$ |

## 三、压降计算

冷凝过程主要由三部分压降组成：摩擦压降、动量和静压头。

$$\Delta p_{tp}=\Delta p_{tpf}+\Delta p_{tpm}+\Delta p_{tps} \tag{19.2-11}$$

式中 $\Delta p_{tp}$——冷凝过程总压降；

$\Delta p_{tf}$——摩擦压降；

$\Delta p_{tm}$——动量损失；

$\Delta p_{ts}$——静压头。

冷凝过程为气-液两相流(简称两相流)同时在一个流道内流动的过程，其特性不仅与总流量有关，而且还与两相的相对速度和界面特性有关。气液两相流的传热和压降计算，取决于两相速度的确定。两相流基本模型：均匀流动模型和分离流动模型。

均匀流动模型假定气相和液相的速度相等，即 $V_v=V_l$，均匀密度 $\rho_H$ 计算公式：

$$\rho_H=\frac{1}{\dfrac{1-y}{\rho_l}+\dfrac{y}{\rho_v}} \tag{19.2-12}$$

大多情况下，两相流中气相要比液相流得快，会产生液体的“滞留”，导致实际密度显著大于均匀流密度 $\rho_H$，分离流动模型 $\rho_{tp}$ 计算公式：

$$\rho_{tp}=R_l\cdot\rho_l+R_v\cdot\rho_v \tag{19.2-13}$$

$$V_v=\frac{G_t\cdot y}{\rho_v\cdot R_v} \tag{19.2-14}$$

$$V_l=\frac{G_t(1-y)}{\rho_l\cdot R_l} \tag{19.2-15}$$

式中 $G_t$——总质量流速，$kg/m^2\cdot s$；

$R_v$——实际气相体积分数；

$R_l$——实际液体体积分数；

$y$——分段气相质量分数；

$\rho_{tp}$——实际两相密度，$kg/m^3$。

(1) 摩擦压降

一般来说，摩擦损失压力降在总压力降中的占比较大。冷凝时的摩擦损失压力降与单相流类似，分为直管段和回弯压力降两部分。在计算回弯压力降时认为气液两相充分混合。

而直管段摩擦损失压力降的计算主要有两种模型——均匀流动模型和分离流动模型。均匀流动模型就是把两相流体视为一种具有平均性质的单向流动。分离流动模型是人为地将两相流动系统分为气、液两股流体，假设气液速度为常数但不一定相等。应用经验公式表示两相摩擦因子与流动独立变量之间的关系。依据气相分率和冷凝液膜雷诺数的不同，细分为以液相为基准的两相分离流动模型和以气相为基准的两相分离流动模型。当 $y_{av} \geq 0.7$ 时，气液两相处于雾状流或环雾流，可认为气液两相混合比较均匀，采用均匀流动模型计算。当 $y_{av}<0.7$ 时，气液相混合程度较差，采用分离流动模型计算。分离流动模型常用的形式是在气液单相流压力降的基础上进行两相流修正。依据液相雷诺数的不同，分离流动模型又分为以液相为基准的两相分离流动模型和以气相为基准的两相分离流动模型。

(2) 动量损失

两相流冷凝过程中由于流体流速的变化而产生动能损失，其动能损失压力降为负值，使得冷凝过程的总压力降减小。此值一般较小，如果允许总压力降不是特别小，可以不进行计算。也就是说总压力降值偏大，设计会偏保守，这在实际工程设计中是可行的。动能损失压力降可由下式计算。

$$\Delta p_{tpm} = -G_t^2 \cdot (y_{in}-y_{out}) \cdot \left(\frac{1}{\rho_v}-\frac{1}{\rho_l}\right) \tag{19.2-16}$$

(3) 静压头

对于卧式冷凝器，此项一般可忽略不计。

## 四、乙烯分离装置重要冷凝器

乙烯分离装置中重要位置的冷凝器：裂解气压缩机段间后冷器，高低压脱丙烷塔冷凝器，丙烯塔冷凝器，丙烯冷剂冷凝器。

### 1. 裂解气压缩机段间后冷器

乙烯分离装置典型的裂解气压缩工艺，从降低能耗和限制裂解气在压缩过程中的温升考虑，均采用多段压缩，段间设置裂解气压缩机段间后冷器。通常采用四段或五段压缩工艺流程，裂解气压力逐段升高，后冷器的裂解气入口温度大约 90℃左右，裂解气出口温度一般要求 38~39℃，采用冷却水作为冷却介质。裂解气中含有二烯烃，在高温下容易聚合，裂解气和冷却水都要求考虑机械清洗，热交换器通常采用浮头型式。裂解气压缩过程中，随着压力的升高，裂解气在段间热交换器中允许压降值也是逐段提高，因此裂解气压缩机段间后冷器传热设计中的传热效果应逐段提高。裂解气压缩机一段后冷器和裂解气压缩机二段后冷器裂解气侧允许压降值较低，热交换器设计需要考虑采用特殊设计的低阻力降型式，同时还应特别注意热交换器的防振设计。可以考虑采用折流杆或螺旋折流板等强化措施解决压降和振动问题。

### 2. 高低压脱丙烷塔冷凝器

乙烯分离工艺中脱丙烷塔采用高低压脱丙烷塔。前脱丙烷分离流程中，低压脱丙烷塔冷凝器的工艺侧($C_3$)操作压力大约 730kPa(G)，入口温度 14℃，塔顶用大约 7℃的丙烯冷剂进行冷凝。热交换器总传热温差只有 4℃，热交换器最小端部温差只有 2.5℃。高压脱丙烷塔塔顶冷凝器的工艺侧操作压力大约 3650kPa(G)，入口温度-3.5℃，用大约-21℃的丙烯冷剂进行冷凝。热交换器最小端部温差只有 3℃。降低脱丙烷塔操作压力解决了脱丙烷塔再沸器中因二烯烃聚合产生的结垢和堵塞问题，但是随着操作压力的降低，热交换器总传热温差减小，丙烯侧沸腾强度降低，通常只能考虑采用高热通量热交换器。采用高热通量热交换器，提高了传热强度，减少了丙烯冷剂的消耗，减少了换热面积，同时减小了设备尺寸。降低脱丙烷塔操作压力和塔顶温度，增加了相对挥发度，降低了塔的回流量，因此相应节省了能耗。低压脱丙烷塔釜物料冷却后送到脱丁烷塔，也将有利于改善脱丁烷塔的操作。

3. 丙烯塔冷凝器

丙烯精馏塔塔顶冷凝器采用水冷，冷却水走管内，丙烯较清洁走壳侧，采用 NEN 型式。丙烯产品纯度高，塔顶冷凝温度大约 45℃，冷凝压力大约 1.8MPa(G)。百万吨乙烯冷凝负荷较大，总传热温差在 10℃左右，热交换器总传热面积将达到上万平方米。如果丙烯精馏塔塔顶冷凝器采用普通的管壳式热交换器，则设备台数多、占地面积和投资大。因此通常情况下选择高效冷凝热交换器来优化冷凝传热和设备布置。

4. 丙烯冷剂冷凝器

乙烯装置分离过程在低温下进行，乙烯制冷系统提供 2~3 不同等级的冷量，温度范围-40~-100℃。丙烯制冷系统提供 3~4 级不同等级的冷量，温度范围 15~-40℃。在制冷过程中，冷剂在换热器前进行节流膨胀，节流压降的大小决定了冷剂的温度，进而影响换热的平均温差、换热面积及尺寸。节流压降大，换热器传热平均温差大，换热器设计容易实现，但是会造成制冷压缩机吸入压力低，制冷压缩机能耗大。节流压降小，换热器传热平均温差小，常规管壳式换热器需要极大的换热面积且难于满足换热要求，通常制冷系统只能采用板翅式换热器。因此需要合理配置制冷系统冷剂的温度等级和负荷。通常采用高效传热的板翅式换热器用于降低整体换热网络的传热温差，这样可以减少压缩机的能量损失，降低整个乙烯装置的能耗。

丙烯制冷压缩机出口通常设置丙烯冷剂冷凝器，作用是将丙烯制冷压缩机出口的气相丙烯全部冷凝。丙烯冷剂冷凝器采用冷却水进行冷却，将 70℃左右的气相丙烯冷凝冷却到 40℃，丙烯侧操作压力 1.76MPa(G)左右。丙烯冷剂较干净，可不考虑机械清洗要求，设置走壳侧；冷却水需要考虑机械清洗要求，设置走管内。百万吨乙烯丙烯冷剂冷凝器负荷都在 100MW 左右，总传热温差 5~9℃，需要的总换热面积约上万平方米。如果采用普通光管形式的管壳式热交换器，根据热交换器设备尺寸的限制通常设备台数要选择 4~6 台，而选择高效冷凝冷凝管的热交换器，冷凝侧传热强化可提高 10 倍左右，总传热系数强化 3~5 倍，因此总换热面积可以减少一半。从减少设备台数、优化布置、节省占地和节约设备投资考虑，采用高效冷凝换热管强化手段优势明显，同时传热性能有利于稳定丙烯制冷系统的操作。

# 第三节　再沸器

## 一、再沸器型式和特性

再沸器用于给塔底物流提供汽化潜热。一般有三种类型：热虹吸式再沸器，釜式再沸器，强制输送式再沸器。安装方式见图 19.3-1。再沸器的特性见表 19.3-1，再沸器的选型见表 19.3-2。

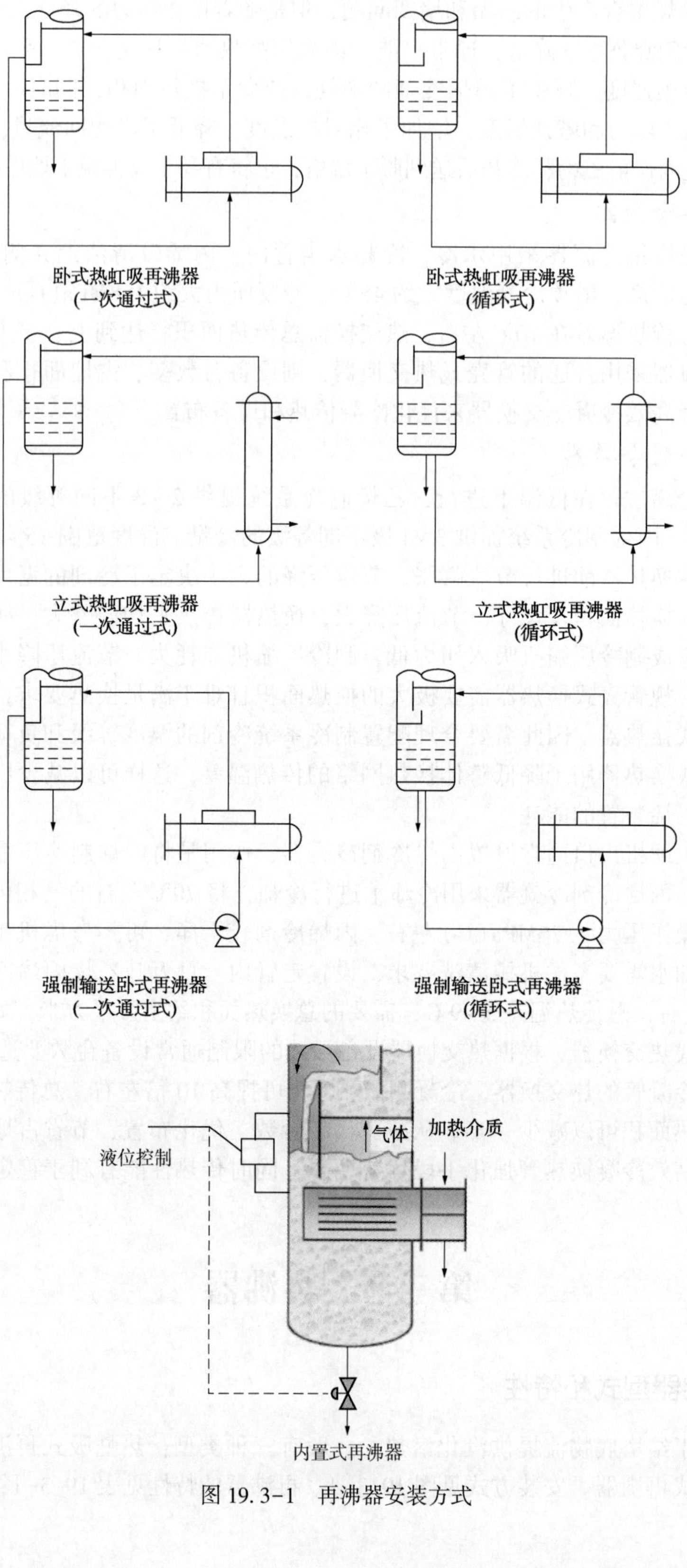


图 19.3-1　再沸器安装方式

表 19.3–1　再沸器的特性

| | 类型 | 优点 | 缺点 |
|---|---|---|---|
| 池沸 | 釜式 | (1)容易维护和清洗<br>(2)有气液分离空间<br>(3)相当于一块理论板(传热面积大) | (1)需要较多的管线、仪表和空间<br>(2)易结垢<br>(3)对很宽沸程流体蒸发适应性较差，尤其不适用含有不蒸发黏性流体的工况<br>(4)投资高，金属耗量大<br>(5)占地面积大 |
| 池沸 | 内置式 | (1)没有壳体，费用低<br>(2)需要的管线少和空间小，本身有汽液分离空间<br>(3)容易维护和清洗 | (1)易结垢流体<br>(2)因塔径一定，直径和长度有限制<br>(3)对很宽沸程流体蒸发适应性较差，尤其不适用含有不蒸发黏性流体的工况 |
| 流动沸腾 | 水平热虹吸 | 沸腾传热系数较高 | (1)需要较多的管线和空间<br>(2)只有在高循环量时，相当于一块理论板 |
| 流动沸腾 | 立式热虹吸 | (1)配管简单，紧凑<br>(2)管内容易清洗 | (1)需要高的塔裙<br>(2)只有在高循环量时，相当于一块理论板 |
| 流动沸腾 | 强制循环 | (1)适用于高黏度液体和热敏性液体，可减少结垢<br>(2)可控制循环量 | (1)泵的投资和操作费用较高<br>(2)泵处有潜在的泄漏可能(包括正压时外漏和负压时环境向系统漏气) |

表 19.3–2　再沸器的选型

| 工艺条件 | 再沸器型式 | | | | | |
|---|---|---|---|---|---|---|
| | 釜式或内置式 | 卧式热虹吸（壳侧） | 立式 E 型壳（壳侧） | 立式热虹吸（管内） | 强制循环（管内） | 降膜蒸发（垂直管内） |
| 操作压力： | | | | | | |
| 中等操作压力 | 尚可 | 好 | 尚好 | 好 | 尚可 | 尚可 |
| 接近临界压力 | 很好—尚可 | 不推荐 | 不推荐 | 小心设计 | 尚可 | 不推荐 |
| 高真空 | 好 | 很好-好 | 不推荐 | 小心设计 | 尚可 | 很好 |
| 设计温差： | | | | | | |
| 中等设计温差 | 尚可 | 好 | 尚好 | 很好 | 尚可 | 尚可 |
| 大的设计温差 | 很好 | 好-小心设计 | 尚好 | 尚好-小心设计 | 尚可 | 差 |
| 小的设计温差 | 好-尚好 | 好 | 小心设计-差 | 小心设计 | 小心设计 | 好 |
| 很小的设计温差 | 尚好-差 | 尚好 | 小心设计-差 | 差 | 差 | 很好 |
| 结垢： | | | | | | |
| 清洁 | 好 | 好 | 尚好 | 好 | 尚可 | 尚可 |
| 中等 | 小心设计 | 好 | 尚好 | 很好 | 尚可 | 好 |
| 重 | 差 | 小心设计 | 小心设计 | 很好 | 好 | 好 |
| 严重 | 差 | 差 | 差 | 小心设计 | 很好 | 小心设计 |

热虹吸式再沸器是最常用的类型。热虹吸式再沸器内，要提供足够的液压头以保证沸腾介质能够自然循环，返回塔内。液压头是由塔釜内操作液面与再沸器的高差来确定的，一般通过水力模拟计算或可靠的经验值来确定塔底与再沸器的安装高差。按照工艺过程，

热虹吸式再沸器可分为一次通过式和循环式；按照热虹吸式再沸器安放位置可分为卧式热虹吸式再沸器和立式热虹吸式再沸器。

釜式再沸器带有扩大的壳体和较大的汽液分离空间，汽化率高。

强制输送式再沸器即用泵强制输送塔底介质通过再沸器，介质在再沸器内受热沸腾后返回塔内的一种再沸器。强制循环能够克服静压头限制，但会增加操作费用。按照工艺过程，强制输送式再沸器也可分为一次通过式和循环式。

对于热虹吸再沸器，热虹吸管线的设计与传热方面的设计同等重要，热虹吸再沸器的配管方案也是重要的考虑方面。热虹吸再沸器难以掌握的东西在于细节设计，通常在详细设计阶段根据配管专业返回的单线图详细核算。

再沸器的控制方案是决定再沸器设计裕量的影响因素。再沸器通常有两种控制方案：饱和蒸汽通过调节阀的阀前控制和控制再沸器液位的阀后控制。饱和蒸汽通过调节阀的阀前控制为温控方案调节过程，即通过调节阀控制热源蒸汽的操作压力，从而改变再沸器的传热温差来实现再沸器面积的调节。控制再沸器液位的阀后控制，通过调节阀控制再沸器壳侧液位控制器，塔板温度进行串级控制，改变再沸器传热面积，因此阀后控制方案，要求再沸器必须留有足够的面积裕量，用于面积控制。在全部外界条件相同情况下，阀后控制方案要求的再沸器面积裕量要大于阀前控制方案。

设计合理的热虹吸再沸器必须达到的要求：

① 热虹吸回路足够的水力学特性。

② 立式管内沸腾的热虹吸再沸器设计的热通量不能太小，以便提供良好的虹吸循环。但是也不能超过或接近临界最大热通量值，否则会造成操作不稳定。

③ 再沸器返回塔的管线不能采用倾斜的配管方式，即两相流管线只能水平或垂直。两相流的垂直管线要检查流型，避免块状流或柱塞流。

④ 再沸器返回塔的管线要管件最少、长度最短、弯头最少，即管线压降要尽可能小。

⑤ 当有多条管线并联时，应尽量对称配管。

⑥ 再沸器的热虹吸管线及与塔相连接接管应由热虹吸设计者计算决定，并尽量保持一致。

⑦ 塔的标高主要取决于热虹吸再沸器的管长。

设计再沸器不仅要审核传热程序的计算结果，还要从工艺条件、操作条件(开停车条件)、塔的条件、物料性质和结垢情况等，全面考虑再沸器的弹性能力，从而保证再沸器高效长周期运行。

## 二、传热计算

再沸器传热主要分为以泡核沸腾为主要机理的池式沸腾和以两相对流为主要特征的流动沸腾。

### 1. 池式沸腾

流体在加热表面没有明显的速度，但是由于气泡的运动和自然对流而产生了液体的扰动。

图 19.3-2 中，曲线上 $D$ 点所对应的热强度即为最大热强度，是 $C$-$D$ 泡核沸腾区的上限。建议设计的再沸器维持在泡核沸腾状态下操作。与最大热强度相对应的沸腾温差即为临界温差，是决定加热温度的重要参数。

从图 19.3-2 可以看出，传热计算取决于沸腾状态：自然对流传热、核态沸腾、膜态沸腾。

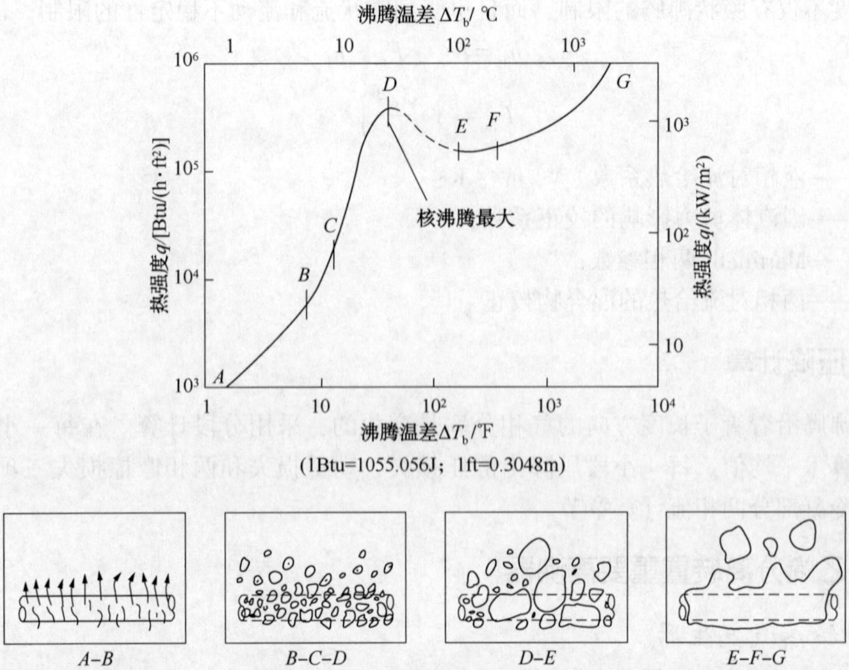


图 19.3-2　池沸曲线(水，常压)

影响沸腾传热的主要因素有介质组分、压力、换热表面状态、换热管束等。

混合物沸腾比单组分沸腾的给热系数低。压力的影响表现在：随着压力的增加，池式沸腾的给热系数增加。换热表面粗糙度、沸腾表面的微观孔穴及分布对沸腾影响很大，尤其在小沸腾温差时。由于管束对蒸汽释放的阻碍，管束的最大热强度比单管低，但是整体管束的沸腾给热系数比单根管高。

水平单管外的池式沸腾基于对比压力最大热强度计算公式：

$$q_{单根管,\max}=304Pr^{0.28}(1-Pr)^{0.73}\cdot p_c \tag{19.3-1}$$

$$Pr=p/p_c \tag{19.3-2}$$

式中　$p$——系统的操作压力，kPa；

$p_c$——临界压力(混合物为摩尔分数平均值)，kPa；

$Pr$——对比压力，无因次。

烃类物质的对比性质法计算公式：

$$h_c=0.048q^{2/3}\cdot p_c^{0.48}\cdot F_p \tag{19.3-3}$$

$$F_p=2.717\frac{0.12+Pr^{0.4}}{(1-Pr)^{0.3}} \tag{19.3-4}$$

式中　$q$——泡核沸腾热强度，W/m²；

$F_p$——压力校正系数；

$p_c$——临界压力(混合物为摩尔分数平均值)，kPa；

$Pr$——对比压力，$Pr=p/p_c$。

2. 流动沸腾

流动沸腾的流体被限制在流道中，流体的流动状态对传热的影响更为明显。管内流动沸腾热强度不仅有膜状沸腾的限制，而且也受到雾状流和流动不稳定性的限制。

$$h_{tp}=F_{mv}\cdot F_{tp}\cdot h_l \tag{19.3-5}$$

$$F_{tp}=\left(1+\frac{3.4}{X_{tt}}\right)^{2/3} \tag{19.3-6}$$

式中 $h_l$——液相对流给热系数，$W/m^2\cdot K$；

$F_{tp}$——因汽体剪力影响的校正系数；

$X_{tt}$——Martinelli 两相参数；

$F_{mv}$——两相对流给热的混合物校正。

## 三、压降计算

流动沸腾沿着管子长度方向的气相分率是变化的，采用分段计算。在每一小段中汽化分率采用算术平均值。每一小段压降由静压损失、动量损失和两相摩擦损失三项构成，压降计算同冷凝部分两相流计算章节。

## 四、乙烯分离装置重要再沸器

1. 稀释蒸汽发生器

在蒸汽裂解工艺的乙烯分离装置中，裂解原料进入裂解炉时需要注入稀释蒸汽。含有蒸汽的裂解产物通过轻重燃料油汽提塔脱除裂解燃料油和柴油。为实现节能降耗和降低污水排放的要求，通常采用稀释蒸汽发生系统回收稀释蒸汽供裂解炉循环使用。稀释蒸汽发生器使用急冷油或中压蒸汽作为热源，由工艺水产生稀释蒸汽。急冷油/稀释蒸汽发生器中急冷油温度通常200℃，中压蒸汽/稀释蒸汽发生器中中压蒸汽温度在200℃以上。百万吨乙烯中急冷油/稀释蒸汽发生器与中压蒸汽/稀释蒸汽发生器需要产生大约170℃，200t/h 的稀释蒸汽，总热负荷大约180MW。稀释蒸汽发生器壳体材质 Q345R，管侧材质 10。稀释蒸汽中溶解了裂解原料中较低分子量的环烷酸烃、脂肪酸或苯酚、硫化氢、碳酸等腐蚀性物质和酸性物质。稀释蒸汽中的酸性物质是在热裂解阶段产生的，一般通过在工艺水中添加化学品，控制 pH=7~9。同时在稀释蒸汽发生器设置连续或间断的排污管线，防止工艺水中杂质的积累，造成热交换器的腐蚀和泄漏。稀释蒸汽发生器热交换器型式的选择中要考虑采用产生稀释蒸汽的工艺水侧机械清洗的要求。生产过程中，当工艺水呈酸性时，可能造成氢腐蚀；当工艺水呈碱性时，可能造成 $OH^-$ 腐蚀，特别是当热交换器温度在185~200℃以上时，腐蚀性大大增强，热交换器的腐蚀速度增大。因此稀释蒸汽发生器的设计中要避免温度的不均匀分配。稀释蒸汽发生器与稀释蒸汽发生器罐形成热虹吸系统，通常稀释蒸汽发生器设计为4~6台，并考虑一台备用，使得管线布置复杂。如何保证配管管线配置合理而顺利产生稀释蒸汽，也是稀释蒸汽发生器设计中需要考虑的重要因素。为了保证稀释蒸汽发生器和稀释蒸汽过热器在运行中不发生腐蚀泄漏问题，在乙烯装置的运行中需要关注稀释蒸汽系统的除杂质管理，同时控制稀释蒸汽发生器的排污量，对工艺水质进行监测。建议稀释蒸汽发生器和稀释蒸汽过热器采用电化学保护等措施。

急冷油系统的急冷油是乙烯分离装置重要的热载体。急冷油的主要成分为芳香族物质，自身含有大量烯烃、二烯烃及环烯烃等不饱和烃和杂环化合物。急冷油在循环过程中，如果工艺控制不当生成大分子化合物，造成芳烃组分减少，胶质和沥青质组分增加，使急冷油黏度超出合理范围，极易发生工艺水在高温的腐蚀泄漏破坏设备。同时急冷油向工艺水侧泄漏，造成工艺水侧传热效率降低。即导致急冷油/稀释蒸汽发生器传热效率降低和同时发生堵塞，急冷油的热量不能有效通过急冷油/稀释蒸汽发生器产生稀释蒸汽，将严重影响裂解炉操作和急冷油泵的运行效率。工艺操作过程中，急冷油循环量的减少和温度升高都将影响其黏度(重烯烃发生聚合)，使其黏度增大，因此工艺过程中采取急冷油减黏手段是十分必要的。急冷油/稀释蒸汽发生器内热介质急冷油和冷介质工艺水都要考虑机械清洗要求，因此需要选用浮头式换热器。急冷油走管内，换热管采用直径25mm，卧式壳侧热虹吸型式。当急冷油系统能够有效稳定急冷油黏度，维持重质稠环芳烃比例，换热器型式可采用U型管，急冷油走管内，卧式壳侧热虹吸型式。急冷油如果控制得好，不需要考虑机械清洗，推荐采用立式管内热虹吸，此时急冷油走壳侧，工艺水走管内，减少工艺水在换热器内的停留时间，且工艺水走管内不存在死区，综合看减少设备腐蚀泄漏风险。因此急冷油黏度是急冷系统装置运行的重要技术指标，同时也决定了急冷油/稀释蒸汽发生器的设计和选型，决定是否能取得满意的节能减排效果。

2. 高低压脱丙烷塔再沸器和脱丁烷塔再沸器

乙烯热分离系统重要再沸器为高低压脱丙烷塔再沸器和脱丁烷塔再沸器等。

高低压脱丙烷塔再沸器通常用盘油作为热源，物料走壳侧，采用卧式热虹吸形式。脱丁烷塔再沸器通常用饱和减压蒸汽作为热源，物料走管内，采用立式热虹吸形式。高低压脱丙烷塔和脱丁烷塔塔釜物料中含有烯烃，主要为丁二烯和戊二烯，因此热分离区再沸器多发生烯烃自聚，使得塔底再沸器发生结焦，降低再沸器的热效率。高低压脱丙烷塔再沸器和脱丁烷塔再沸器结焦，表现出传热阻力大，加热量不足，热源调节阀阀位变大的同时，流量不增加等现象。一般而言，都要考虑设置备用再沸器保证装置稳定运行。从乙烯分离装置的运行经济性和能量消耗角度来说，热区热交换器的良好运行，首先能保证乙烯装置的产品质量，相对降低塔釜再沸器和塔顶冷凝器的热负荷；同时也能稳定塔的处理量，在乙烯装置高负荷运行中尤为重要；另外，可以同时减少设备的维护、检修费用。乙烯装置热分离区高低压脱丙烷塔釜再沸器和脱丁烷塔釜再沸器的运行情况，备用再沸器切换频率，是衡量乙烯装置热分离区运行效果的重要指标，是节能增效的重要点。

## 第四节　高效热交换器

高效热交换器是指传热效率比普通热交换器更高的传热设备，它的特点是由于强化传热，导致传热面积减少，热强度提高，有利于充分提高过程的热回收率，减少公用工程消耗或降低等级。尤其在低温差、高黏度、热交换器大型化方面更具优越性。

高效热交换器正确选用包括对管壳式热交换器合理选型和结构优化。一般来说，当管内、外传热热阻(膜热阻加污垢热阻)相差2倍以上时，适宜采用强化技术。

主要强化途径：改变流体的传热机理或流态，如高冷凝管使冷凝由膜状冷凝转变为滴状冷凝；通过扩展表面，增加传热表面积(如翅片管，螺纹管等)；采取措施减轻结垢程度，如弹簧在线清洗，壁面加防垢涂层或加大流体对壁面的冲刷，减少死区，防止污垢沉积。强化措施可以单独采用，也可以复合在一起。应视具体问题灵活掌握。

## 一、高热通量管热交换器

多孔金属材料是一种兼具功能和结构双重属性的新型工程材料。多孔表面是各种各样特殊处理换热表面的一种，一般分为多孔覆盖层表面和开孔多孔表面，采用多孔覆盖层表面有烧结型表面、火焰喷涂表面、钎焊表面、电镀表面；采用开孔多孔表面的多孔管有机械加工表面多孔管、化学腐蚀表面多孔管、激光加工表面多孔管。见图 19.4-1。

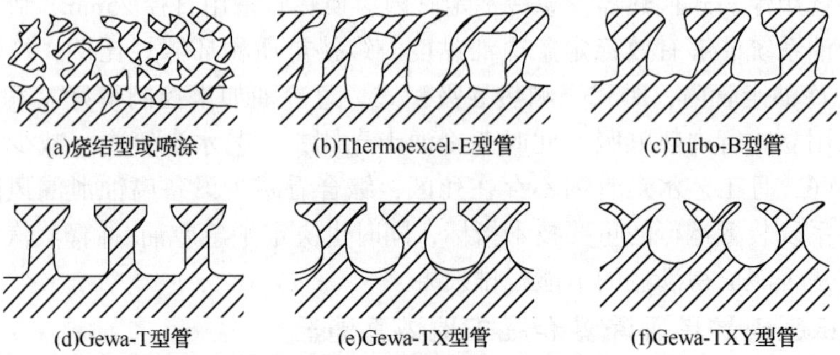


图 19.4-1　常见的多孔管示意图

高热通量管为沸腾表面采用喷涂或烧结多孔表面，特别适用于低温差沸腾传热。

高热通量管的发展是从带烧结覆盖层的多孔表面开始的，后来出现火焰喷涂型多孔表面、电镀型多孔表面、机械加工型多孔表面。乙烯分离中常采用烧结法或火焰喷涂法制造、带金属覆盖层的表面多孔管。

烧结法：粉末烧结多孔表面的制备首先要除去金属基体表面的锈和油垢，然后在基体表面上均匀地涂上一层粘结剂溶液，再将金属粉末有序地粘在金属表面上，当粘结剂溶液风干后，将其放在烧结炉内，在充有保护气体的气氛下加热至金属粉末表面有熔化趋势，恒温一段时间使粘结剂分解挥发，金属粉末烧结成一体并烧结在基体上，这样就在金属基体表面形成一层多孔金属覆盖层。

火焰喷涂法：采用特殊的火焰喷涂枪，利用特定的火焰将不同粒度的金属粉末(不锈钢粉等)和辅助造孔剂的有机高分子材料粉末或低熔点金属粉末混合物，高速地喷射到经过严格清洁处理并预热过的被加工金属外表面基体上，使之产生一定的化学冶金结合。然后再用火焰将多余的有机高分子材料粉末烧掉或用酸溶液将低熔点金属溶解清除。

将具有较高结合强度的复合粉末，通过烧结或喷涂在换热管表面，涂层的厚度、均匀度、孔隙率和孔结构均需作严格控制。使用与换热管相同材料金属粉末加工的多孔表面，具有和基管相同的热膨胀率，因而更加不易脱落。

烧结型多孔表面孔隙率高，传热效果好，但是成本高。火焰喷涂型多孔表面，效果不如烧结型多孔表面孔，但是成本低，对于某些沸腾流体已经达到很好的效果。见图 19.4-2。

根据烧结或喷涂表面不同，分为内多孔管和外多孔管。表面多孔管用在强化沸腾传热，能在很小温差下，保持高效核状沸腾，使沸腾放热系数比光管提高 4~5 倍，临界热通量高，是强化沸腾传热最有效的手段，因此，表面多孔管又称高热通量管。

(a)热喷涂多孔层　　　　(b)烧结型多孔层

图 19.4-2　多孔层的微观形貌

如图 19.4-3 所示高热通量管表面形成多孔的隧道，这种特殊结构提供了大量理想的汽化核心，同时气泡喷出时产生一定的局部负压，周围较低温度液体涌入微孔内，形成持续不断的沸腾，使沸腾传热得到了很大的强化。图 19.4-4 为光滑表面与多孔表面沸腾时气泡脱离时间及气泡生长过程。在相同的热流密度下，通过高速摄影统计光滑铜表面和烧结微多孔层表面的气泡脱离的整个过程，发现光滑表面上气泡的生长周期要长于多孔层表面，而且基本上是相互孤立的气泡；而多孔层的沸腾产生的气泡生长的周期较短，气泡之间并不是相互孤立的，而且出现了气泡合并的情况。这种气泡之间的相互合并与彼此孤立相比，能够带走更多的热。这主要由于多孔层表面的气泡在生长过程中相互影响，在未脱离加热表面时，已经相互结合，形成更大的气泡，因此可以带走更多的汽化潜热。此外，沸腾气泡小、分布均匀，以及从小孔喷出的冲刷力量都对表面有清洗作用，防垢能力好；沸腾效率高使管外表面温度更低；微小孔径的毛细作用使管表面容易润湿。在相同的热流强度下，可把沸腾温差减少到只为光管的 1/7~1/10 左右，可实现小温差沸腾传热，这对于蒸发和蒸汽压缩式热泵蒸发等节能措施十分有利。内外表面多孔管的制造已实现国产化并已成功应用。

图 19.4-3　高通量管强化沸腾的机理

1—管子基体；2—烧结多孔层；3—内凹孔穴；4—气泡；5—液体

图 19.4-5 所示为一种典型的烧结型多孔表面的沸腾曲线与光滑表面的对比。从整个沸腾曲线上来看，烧结微多孔表面具有明显的强化传热效果，烧结微多孔表面的壁面过热度仅仅为光滑表面的 1/10；在较低的壁面过热度下，光滑表面往往还没有进入到核态沸腾阶段，而烧结微多孔表面早已进入到核态沸腾阶段。与此同时，烧结微多孔表面的起始沸腾过热度要比光滑表面低得多，沸腾传热的临界热流密度（CHF）也要远远高于光滑表面。不同结构参数的烧结微多孔表面在相同的条件下，其所对应的传热性能有所差异，主要体现在起始沸腾过热度、传热系数以及临界热流密度。各种因素对多孔管的影响程度不一样，对其影响最大的是特征参数。表面张力和导热系数较大的液体（如水）孔穴的尺寸可适当增加。表面张力和导热系数较小的液体，孔穴尺寸则可小些。对于多孔层来说存在一个对换热最有利的厚度，以最优厚度与颗粒直径比$\frac{\delta_{opt}}{d_p}$去表征多孔层对换热沸腾换热系数的影响。

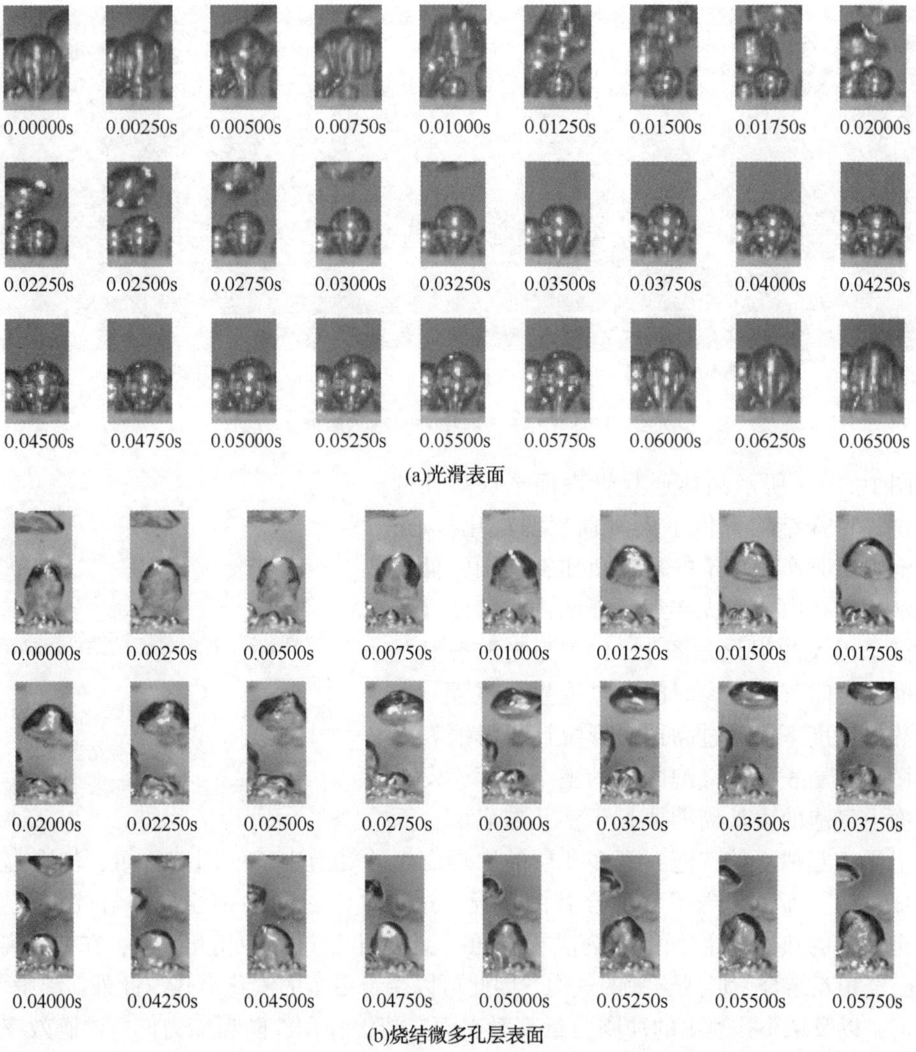


图 19.4-4　光滑表面与多孔表面沸腾时气泡脱离时间及气泡生长过程

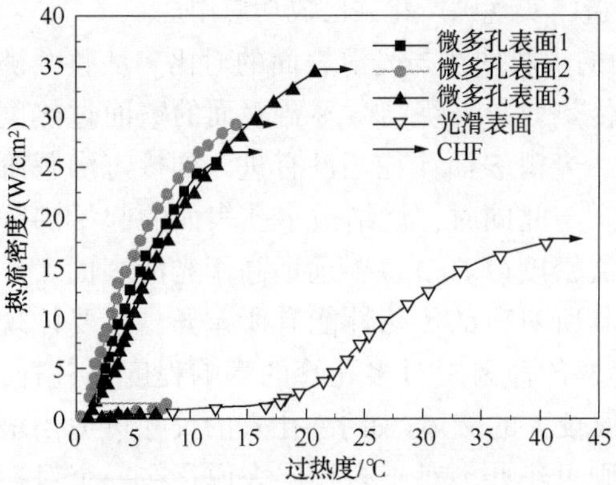


图 19.4-5　典型的多孔表面池沸腾曲线
（有机工质-FC72）

对于表面多孔管强化沸腾传热机理，前人进行了一系列研究，同时也提出了一些简单的沸腾传热物理模型，对于喷涂及烧结型表面多孔管提出了如 O'Neill 单气泡模型、Gottzmann C F 修正的单气泡模型、Cornwell 模型等沸腾传热模型。

1. O'Neill 单气泡模型

O'Neill 等首先提出了关于烧结型表面多孔管的单个气泡成长模型。该模型认为：蒸汽由毛细通道壁上的液膜蒸发而产生，并通过阻力较小的孔排出。气泡在活性孔中的生长和脱离引起了气泡核的膨胀和收缩，新鲜液在这种

“泵”的作用下，通过非活性孔流入多孔层中，并在隧道中迅速加热汽化。

该模型认为传热阻力主要有两个：保持气泡所需的过热度 $\Delta T_s$ 和隧道壁面上薄膜温度降 $\Delta T_f$，总传热壁面过热度即为两者之和。

$$\Delta T=\Delta T_s+\Delta T_f=\frac{2\sigma}{r_e m}+\frac{Q\beta r_e^2}{A\lambda_1} \tag{19.4-1}$$

式中　$\sigma$——表面张力，N/m；

$r_e$——当量半径，m；

$Q$——电功率，W；

$A$——多孔层基底面积，$m^2$；

$\lambda_1$——液体导热系数，W/(m·℃)；

$\beta$——与几何结构及活化孔数有关的参数；

$m$——特征参数，$m=\left(\frac{d_p}{d_T}\right)_s=\frac{h_{fg}\upsilon_1\upsilon_v}{T_s(\upsilon_v-\upsilon_1)}$；

$d_p$——金属颗粒的平均直径，m；

$d_T$——气泡脱离直径，m；

$h_{fg}$——汽化潜热，J/kg；

$\upsilon_v$——蒸汽容重，$N/m^3$；

$\upsilon_1$——液体容重，$N/m^3$。

将式(19.4-1)对 $r_e$ 求导，并使其等于零，可求得最小沸腾换热壁面过热度下所需的换热系数最大时的最佳当量孔穴半径 $(r_e)_{opt}$，即

$$(r_e)_{opt}=\left[\frac{\lambda_1\sigma}{m\beta(Q/A)}\right]^{1/3} \tag{19.4-2}$$

将式(19.4-2)代入式(19.4-1)可以求得最小壁面过热度 $\Delta T_{min}$：

$$\Delta T_{min}=3\left(\frac{\sigma}{m}\right)^{2/3}\left(\frac{\beta q}{\lambda_1}\right)^{1/3} \tag{19.4-3}$$

式中，$q$ 为单位面积换热量，即热通量或热流密度（$W/m^2$）。由 $\alpha_{max}=\frac{Q}{A\Delta T_{min}}$ 可得到理论上的最高沸腾传热系数：

$$\alpha_{max}=\left(\frac{\lambda_1 m^2 q^2}{27\beta\sigma^2}\right)^{\frac{1}{3}} \tag{19.4-4}$$

### 2. Gottzmann C F 修正的单气泡模型

Gottzmann C F 提出改进的 O' Neill 模型，此模型考虑多孔层厚度 $\delta$ 和孔径分布影响，并且增加了经验常数。

$$\Delta T=\Delta T_s+\Delta T_f=\frac{4C_1\sigma T_s(\gamma_1-\gamma_v)}{h_{fg}\cdot d_e^3}+\frac{d_e^2 q}{C_2\delta\lambda_1} \tag{19.4-5}$$

即

$$q=\frac{C_2\delta\lambda_1}{d_e^2}\left[\Delta T-\frac{4C_1\sigma T_s(\gamma_1-\gamma_v)}{h_{fg}\cdot d^3}\right] \tag{19.4-6}$$

式中 $T_S$——饱和温度,℃;

$\lambda_l$——液体导热系数，W/(m·℃);

$d_e$——孔穴当量直径，m;

$C_1$，$C_2$——常数。

3. Cornwell 模型

Cornwell 等通过对多孔层进行观察，发现在各种热流密度下多孔层中都存在着液体区和蒸汽区，且换热面上平均蒸汽占有面积与换热总面积之比与热流密度 $q$ 成正比。该模型认为蒸汽通过多孔层孔隙时所受阻力对沸腾换热起着主要作用，并提出如下关联式：

$$q = k_1 h_{fg}\left(\frac{A_v}{A}\right)\left(\frac{\Delta p_v}{\delta}\right)^{\frac{1}{2+m}} \tag{19.4-7}$$

式中 $k_1 = \left(\frac{2\rho_v \mu_v m}{k_0 d_p m}\right)^{\frac{1}{2+m}}$;

$\rho_v$——蒸汽密度，$kg/m^3$;

$\mu_v$——蒸汽黏度，$N \cdot s/m^2$;

$d_p$——平均孔径，m;

$k_0$、$m$——与多孔层结构有关的常数;

$A_v$——蒸汽区面积，$m^2$;

$\Delta p_v$——气泡内外表面的压差，Pa。

4. 翟贵立等的改进模型

翟贵立等提出了改进模型，该模型认为：多孔层内的相变传热是多孔表面强化沸腾传热的主要因素。除多孔层的导热占一定份额外，假定通过层内液膜蒸发形成气泡将潜热带入池中的热量为 $q_b$，通过固体颗粒及层内液体的导热向池中液体传递的热量为 $q_{cd}$，则 $q_b$ 和 $q_{cd}$分别为：

$$q_b = \frac{c h_{fg} v_0}{R T_s}\left(p_l + \frac{2\sigma}{r_e}\right) \tag{19.4-8}$$

式中 $c$——经验常数;

$p_l$——液体压力，$N/m^2$;

$v_0$——多孔层孔穴通道蒸汽平均流速，m/s;

$r_e$——当量半径，m。

$$q_{cd} = \frac{[\lambda_p(1-\eta)+\eta\lambda_l](T_w - T_l)}{\delta}\left(1 - \frac{A_{vT}}{A}\right) \tag{19.4-9}$$

式中 $A_{vT}$——多孔层气区在基底的投影面积，$m^2$;

$\lambda_p$——粒子导热系数，W/(m·℃);

$\eta$——多孔层孔隙率,%;

$T_w$——壁温,℃;

$T_l$——液体温度,℃。

由于多孔表面强化过程比较复杂，各种传热模型均对其进行了一定程度的简化。模型的理论计算与实际相差较大，因此采用实验加分析拟合的方法获得传热关联式对于工程实际应用具有重要的现实意义。

高热通量管适用于润湿性好的干净介质的沸腾传热，尤其适用于低品位能量回收、蒸发负荷大的场合。乙烯分离装置中，由于冷剂的温位限制和从制冷压缩机节能角度考虑，有些热交换器最小端传热温差在2.6~5.2℃之间。乙烯分离装置中釜式再沸器一般应保持在核状沸腾区内操作，流体沸腾需要一定的热强度。当传热温差较小时，泡核发生点的数据很少，甚至没有，传热速率明显低于泡核沸腾曲线的外推值。高热通量管在较小的温差下，同样能提供大量且稳定的汽化核心，其最小传热温差可以达到2℃，甚至可以接近1℃，在此情况下采用高通量管是个很好的选择，有效解决了采用普通光管沸腾热强度不足问题。但是高通量管价格较贵。乙烯分离装置中外表面多孔管多用在卧式管外沸腾热交换器中，如脱乙烷、丙烯分馏塔再沸器，换热管材质一般使用碳钢。

乙烯分离中低品位温位沸腾传热已经广泛采用高热通量管，实现了大量低温能源的回收和利用，在福建乙烯、赛科乙烯、天津乙烯、镇海乙烯和武汉乙烯的应用情况看性能良好。某乙烯装置采用多孔表面高热通量管与采用光管的方案对比，见表19.4-1。

**表19.4-1　高热通量管与光管的方案对比**

| | 换热管型式 | 台数 | 设备尺寸/mm | 重量/(t/台) |
|---|---|---|---|---|
| 脱乙烷塔冷凝器 | 光管 | 2 | 1600/2900×13000 | 55 |
| | 高通量管 | 2 | 1400/2600×8000 | 31 |
| 乙烯冷剂冷凝器 | 光管 | 4 | 1500/2600×9000 | 40 |
| | 高通量管 | 2 | 1400/2800×6000 | 29 |

从以上比较可看出，高通量管热交换器比普通光管热交换器设备大小和重量明显减小，优化布置和安装。

## 二、高效冷凝热交换器

卧式管外冷凝强化传热最有效的方法可以通过低翅片管来实现。

按照层流膜状冷凝 Nusselt 理论，对于直径为 $d$ 的卧式冷凝管，当翅片高度为 $e$ 时的外低翅片管，其冷凝膜传热系数与光管的强化传热比应为$(0.943/0.728)(d/e)^{1/4}$。对于典型的常用低外翅片管而言，当管径为25mm、翅高为1mm时，其强化比可达2.9倍。这是由于在翅尖与翅基附件，两者之间存在着一冷凝膜压力梯度所致。可见管上除了存在冷凝液的重力作用外，还有一个翅片的附加表面张力作用凝液的排除机理存在。像重力作用排液那样，表面张力冷凝排液效应，都必须是翅片高度 $e$ 应足够低，使得翅片间的冷凝膜曲率是连续地变化的，以便在整个翅面上建立一冷凝膜压力梯度，并避免因在管子翅片间的毛细管作用而引起的对冷凝液的捕集那样的表面张力持负面效应存在。

高效冷凝管主要利用冷凝液的表面张力冷凝排液的基本原理来强化冷凝传热。

翅宽 $w$ 的二维翅，翅尖半径为 $r_1$，由于表面张力 $\sigma$，冷凝液压力 $p_1$ 大于蒸汽压力 $p_v$，可以建立起压力和表面张力间的力平衡方程：

$$(p_1-p_v)2rw=2w\sigma \tag{19.4-10}$$

即

$$p_1-p_v=\frac{\sigma}{r} \tag{19.4-11}$$

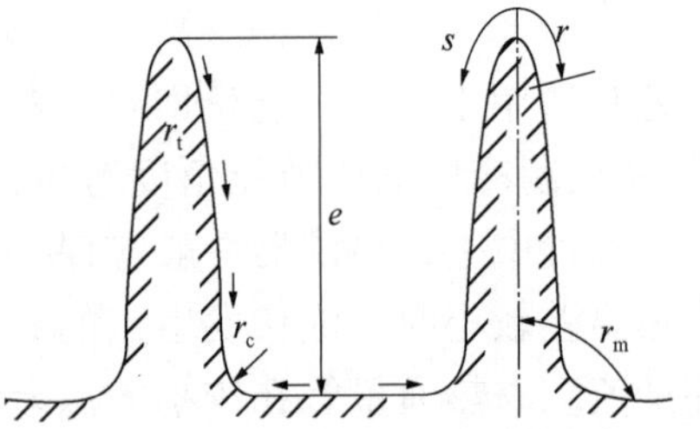

图 19.4-6　翅片冷凝液膜流动示意图

如图 19.4-6 所示，翅尖半径 $r_t$ 很小，$r$ 是一个连续变化的值，随着翅尖向翅基距离不断增加，该局部半径 $r$ 不断增加到翅基处，即当 $\theta=\theta_m=\pi/2$ 时，翅半径 $r\to\infty$。从上述方程可见，由于翅面冷凝液局部半径的不断增加，冷凝液压力随翅尖到翅基距离的不断增加而不断减小。这意味着在翅面上的冷凝液将从翅尖向翅基排去。由上述方程可得：

$$\frac{dp}{ds}=\sigma\frac{d(l/r)}{ds} \tag{19.4-12}$$

可见，最大的压力梯度在翅尖，此外 $r$ 为最小，该压力梯度随翅高 $e$ 而不断减小。同理在翅基凹谷处，冷凝液压力梯度就应该是如式(19.4-13)所示：

$$\frac{dp}{ds}=-\sigma\frac{d(l/r)}{ds} \tag{19.4-13}$$

即在翅基处，冷凝液压力则随着半径 $r$ 减小的方向而不断减小，导致此处的翅基处冷凝液向翅基角排去。

冷凝液压力梯度越大，翅面上的冷凝液膜厚度 $\delta$(m)也就越薄，如假设冷凝液膜呈层流状态流动，则翅面上的局部传热膜系数 $h$ 为：

$$h=k_1/\delta \tag{19.4-14}$$

式中　$k_1$——冷凝液导热率，W/(m$^2$·℃)。

较强的表面张力所引起的压力梯度将导致翅管上高的冷凝传热膜系数。

翅尖尺寸同样对冷凝有较大的影响，图 19.4-7 为沿翅面弧长翅半径连续增加的断面冷凝图，翅断面半径 $r$ 为 $s$ 的函数，翅尖处 $s=0$ 和 $r=r_0$，而翅基处 $\theta=\pi/2$，$s=s_m$，$r\to\infty$，选取翅段面形状使 $dp/ds$=常数，则：

$$\frac{dp}{ds}=\sigma\left[\frac{\frac{1}{r_{s_m}}-\frac{1}{r_0}}{s_m-0}\right]=-\frac{\sigma}{r_0 s_m} \tag{19.4-15}$$

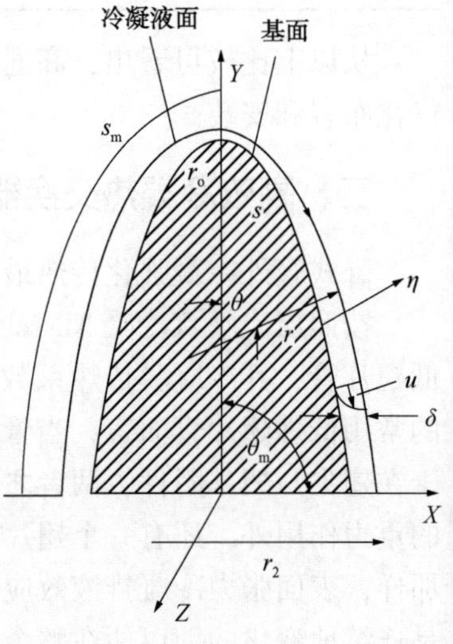

图 19.4-7　翅尖半径连续增加的断面冷凝示意图

于是可将冷凝液重力排除动量方程中重力$(p_1-p_v)g$ 项以表面张力项 $\sigma/r_0 s_m$ 代替，而后从 0 到 $s_m$ 积分，故可得整个翅面长度 $s_m$ 上的平均冷凝传热膜系数 $h$ 为：

$$h=0.943\left[\frac{k_1^3\rho_1\sigma h_{fg}}{\mu_1(T_s-T_w)r_0 s_m^2}\right]^{1/4} \tag{19.4-16}$$

式中　$T_s$，$T_w$——分别表示饱和蒸汽温度和管壁温度，℃；

$h_{fg}$——冷凝潜热，kJ/kg；

$\mu_1$——冷凝液动力黏度，Pa·s。

由上式可见，减小翅尖半径 $r_0$ 值，就可以得到高的冷凝传热膜系数。

尽管经最近 50 余年不少国内外学者的不断研究，但至今还没有一个较为完整的满意的翅片冷凝理论模型。对于高速蒸汽对冷凝液的剪切效应，一些模型中都很少考虑，通常的实验也大都是在蒸汽速度较低，主要是重力控制或表面张力控制条件下进行的。

翅的最佳几何结构包括翅形、翅密度等参数与冷凝介质的物性相互对应，这对整体翅片管的高冷凝性能是非常重要的。所以实际设计高效冷凝器时也需要采用传热实验结合工程经验分析拟合的方法。

随着加工技术的发展，管外冷凝强化换热管的开发和应用也日趋成熟。从二维到三维，由简单到复杂，乙烯装置中使用的高冷管(整体式低翅片管)是基于普通翅片管发展出的三维翅片管。相比于普通翅片管，三维翅片管拥有更高的冷凝传热系数。见图 19.4-8。

(a)翅片C管　(b)CCS管　(c)锯齿形翅片管　(d)花瓣形翅片管

(e)A形翅片管　(f)斜翅管　(g)矩翅管

图 19.4-8　各类强化冷凝翅片管

环球油品公司(UOP)推出高冷凝管，其冷凝传热接近滴状冷凝，其冷凝膜传热系数为光管 10~20 倍，其冷凝传热强化的优势非常明显，但是目前对 UOP 公司高冷凝管的文献报道很少。德国 Weiland 公司开发适用于制冷剂和轻质烃(如乙烯、丙烯、乙烷、丙烷等)冷凝过程的高冷凝管 GT-MCP，GT-MCP 管的翅片间距比常规国产螺纹管间距更小，翅片高，其翅片的顶端形成锯齿状小翅，翅片根部形成完美的弧形，扩展传热面积比螺纹管显著，同时呈流线型的翅片拉薄冷凝液膜，从而使冷凝液的流动呈扰动状态，促进冷凝液膜的对流传热，使得整个冷凝过程进行更充分的换热，整个冷凝过程保持高效冷凝。GT-MCP 管的丙烯冷凝膜系数为光管 7~10 倍以上。UOP 和 Weiland 公司的高效冷凝管对管外冷凝传热都有显著的强化作用。

如图 19.4-9 所示翅片结构，增加传热面积的同时，隔断冷凝液膜的连续性，实现强化传热。

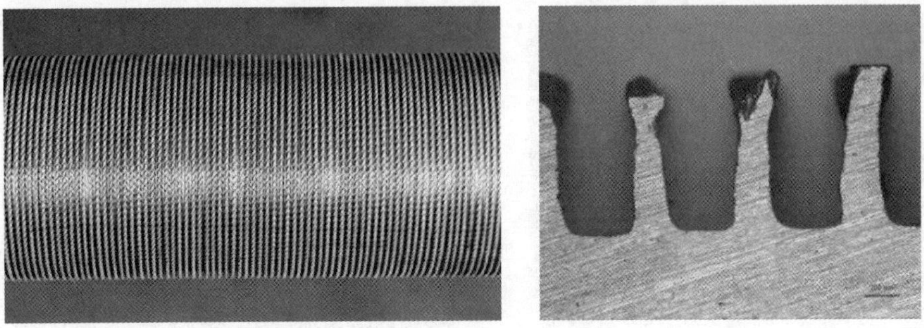

图 19.4-9　高效冷凝管剖面微观图

图 19.4-9 为在乙烯装置中使用成熟的高效冷凝管，该管型增加传热面积的同时，隔断冷凝液膜的连续性，实现强化传热。主要适用于表面张力小的轻烃类工质，其几乎不存在冷凝液滞留效应的影响。但是对于水蒸气等表面张力大的工质，冷凝液在高效冷凝翅片管作用下，冷凝液会滞留在翅片凹槽内而影响传热效率，这种影响的强弱主要取决于翅片的几何尺寸及冷凝液表面张力大小，翅片间距小，翅片高的管型其影响比翅片间距大、翅片低的管型要严重得多。冷凝介质冷凝液的表面张力越大影响也越严重。

中国石化工程建设公司(SEI)设计的某化工装置采用 UOP 工艺包，其中脱丙烷塔冷凝器采用 UOP 公司的高效冷凝管。从表 19.4-2 看，UOP 公司的高冷凝管强化效果为最优。

**表 19.4-2　高效冷凝管与螺纹管、光管的方案对比**

| 方案 | 1 | 2 | 3 |
|---|---|---|---|
| 制造厂商 | UOP 高冷凝管 | 螺纹管，翅化比 2.2 | 光管 |
| 设备型式 | AES | AES | AES |
| 外形尺寸/mm | 2200×6000 | 2100×8000 | 2100×11000 |
| 台数 | 2 | 2 | 2 |
| 总传热面积/$m^2$ | 3608 | 4914 | 7091 |
| 采用传热系数/(W/$m^2$·s) | 1119 | 766 | 555 |
| 设备重量/(t/台) | 56 | 72 | 93 |

## 三、螺旋折流板热交换器

为了强化壳程传热，除改变管子外形或在管外加翅片外，另一途径就是改变壳程挡板或管间支撑物。为了克服单弓形挡板的缺点，先后开发了双弓折流板、三弓折流板、折流杆、窗口不排管和波网(Nest)等新壳程结构。随后有人设计了一种“外导流筒”结构，接着又出现了整圆槽孔折流栅板。ABB 鲁姆斯公司最早推出螺旋折流板结构。实践证明，这些改进都大大降低了流体在壳程中的阻力。流体在壳程中作纵向流动是管壳式热交换器中的最理想结构形式，如果壳程流体流量足以保证在湍流条件下作纵向流动，这种选择理论上是有利的。为了强化壳程传热，目前，壳程设计也在向各种强化结构组合的方向发展。

图 19.4-10 所示螺旋折流板热交换器自 20 世纪 90 年代引入中国，得到越来越多的应用。目前欧洲、美国、日本已经广泛使用，国内处于开发阶段。国内乙烯装置对鲁姆斯公司和国内开发的新型螺旋折流板都有成功使用经验。

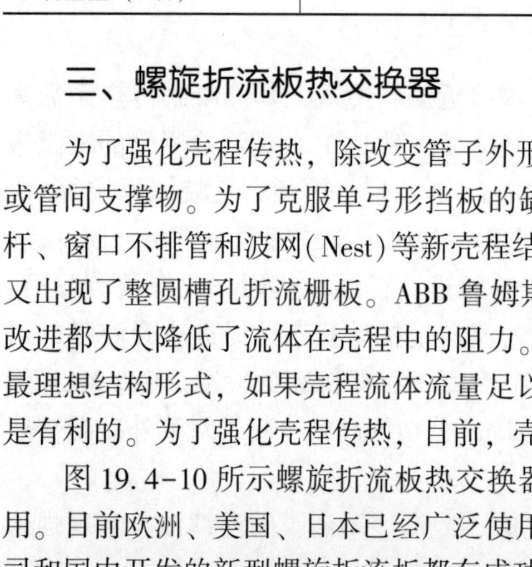

图 19.4-10　螺旋折流板示意图

螺旋折流板热交换器与传统管壳式热交换器相比的优势：

① 提高单位压降下传热效率。由于离心力的作用，壳侧外部流体要比内部压力高，流体在内外压差作用下从外侧向内侧流动，而中心处流体会出现回流，形成二次流动，使湍流度大幅增加。

② 无声振破坏。螺旋流平稳的流动特点，压降小，提出了压降不增加，但是可以提高流速

的可能性。螺旋折流板的固有频率比弓形折流板提高 9 倍。

③ 阻力小。不存在速度和压力的突变，因而在管间流动速度变化比较平缓。

④ 壳侧流体不易污垢沉积。螺旋流较小的平轴旋转流动将易沉积于管道底部的粗粒拖拽“旋浮”于主流之中，因而能提高输送浓度并降低输送能耗。

螺旋折流板热交换器适用于无相变换热及两相流换热。在壳程压力降或污垢限制比较严格的场合，在流体诱导振动比较严重的场合尤其显出其优越性。但对于较大直径热交换器，径向流速不均匀，传热设计需要封堵中心区漏流。

壳侧理想的连续螺旋面在实际加工中很难实现，目前应用最广泛的是四分之一非连续螺旋折流板热交换器。非连续螺旋折流板热交换器随着设备大型化的发展，其相邻板片间的三角形区域漏流现象也会逐步显现，从而削弱了热交换器的传热能力，致使该技术无法在大直径热交换器上应用。SEI 和抚顺化工机械设备制造有限公司共同通过国产化攻关对大直径螺旋折流板热交换器重点研究内部结构设计，避免三角形区域等区域发生漏流现象，实现大直径螺旋折流板热交换器技术的国产化。SEI 依托中国石化天津中沙 1300kt/a 乙烯改造项目，成功地将大直径螺旋折流板式热交换器应用于急冷水 2# 冷却器。这台冷却器公称直径达到 2400mm，是迄今国内采用螺旋折流板热交换器技术直径最大的热交换器之一。

图 19.4-11 是在实验平台上螺旋折流板流路实验照片。以水为实验介质，在进口注入红色墨水，对优化结构后的螺旋折流板管束壳程流动状态进行可视性观察，通过螺旋流动红色线迹迅速均匀分布，且没有发现三角区漏流，观察到壳侧的流动更接近理想螺旋流。

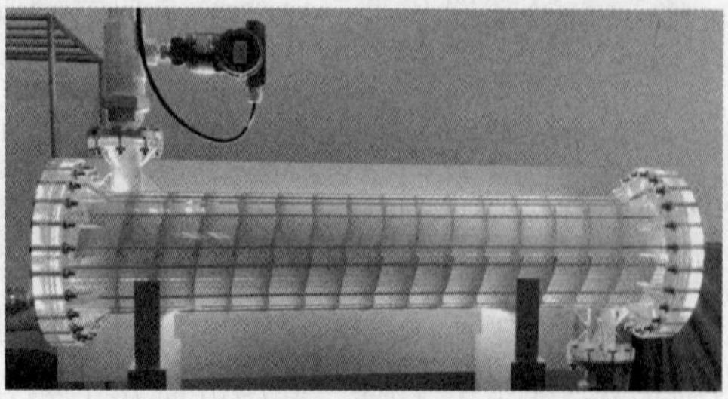

图 19.4-11　优化后的螺旋折流板流动实验

热交换器中的流体的流动和传热过程必然满足流体力学的基本方程，包括质量守恒方程、动量守恒方程、能量守恒方程和湍流输送方程等。

质量守恒方程：
$$\frac{\partial}{\partial x_i}(\rho u_i)=0 \tag{19.4-17}$$

式中，$\rho$ 为流体密度，$u_i$ 为三个坐标方向的速度分量，$x_i$ 为坐标三个方向的长度。

动量守恒方程：
$$\frac{\partial}{\partial x_i}(\rho u_i u_k)=\frac{\partial}{\partial x_i}\left(\mu\frac{\partial u_k}{\partial x_i}\right)-\frac{\partial p}{\partial x_i} \tag{19.4-18}$$

式中，$p$ 是流体微元上的压力，$u_k$ 为各速度分量对应的源项，$\mu$ 为动力黏度。

能量守恒方程：
$$\frac{\partial}{\partial x_i}(\rho u_i t)=\frac{\partial}{\partial x_i}\left(\frac{k}{C_p}\cdot\frac{\partial t}{\partial x_i}\right) \tag{19.4-19}$$

式中，$t$ 为流体温度，$C_p$是流体的比定压热容，$k$ 为导热系数。

由于壳侧折流板为平的，所以实际壳侧螺旋折流板螺距离($H_s$)与连续螺旋折流板理想螺距($H_{lead}$)是不同的，其中 $C_F$ 为搭接率。

传热和阻力计算中螺旋流动的流通面积 $S_{xh}$：

$$S_{xh}=\left(\frac{D_S}{2}-W_{seal}\right)H_S \tag{19.4-20}$$

式中，$D_S$为壳内径，$W_{seal}$ 为在轴向的密封宽度。

质量流速：
$$G_{xh}=\frac{W_S}{S_{xh}} \tag{19.4-21}$$

式中，$W_s$ 为质量流量。

壳侧雷诺数：
$$Re_s=\frac{\pi D_0 G_{xh}}{2\mu} \tag{19.4-22}$$

式中，$D_0$为换热管外径，$\mu$ 为流体黏度。

乙烯分离装置急冷系统的作用是分离出裂解气中的汽油、柴油和燃料油，回收高温裂解气的能量，同时发生裂解炉需要的稀释蒸汽。乙烯分离急冷系统换热器主要为稀释蒸汽发生系统、急冷水系统和急冷油系统服务。急冷系统换热器设备尺寸大，台数多，如果系统中工艺水中油分处理不彻底，其中的酚类在工艺水汽提塔釜再沸器、工艺水预热器、稀释蒸汽发生器和急冷水冷却器中等处发生聚合，产生的聚合物黏附在换热器上，会严重降低换热器效率并造成腐蚀泄漏。因此，采用先进的乙烯分离工艺，优化操作条件和换热器设计，能够有效降低乙烯分离装置的能耗和物耗。

在蒸汽裂解工艺的乙烯分离装置中，急冷水塔底的急冷水经急冷水泵送入原料预热器、石脑油原料加热器、LPG 汽化器、循环丙烷汽化器等用于急冷水换热的设备，然后经过第一急冷水冷却器和第二急冷水冷却器冷却后回急冷水塔作为回流。百万吨乙烯装置中急冷水冷却器冷却负荷大，热交换器作用非常重要。乙烯分离装置中第一急冷水冷却器采用二次水冷却，急冷水温度从 80℃冷却到 50℃左右，百万吨乙烯装置中一级急冷水量大约 4000t，急冷水允许压降 50~70kPa；二次水入口 38℃，出口温度 43℃，最大量时通过上万吨，总热负荷 100 多兆瓦。第二急冷水冷却器采用冷却水冷却，急冷水温度从 50℃冷却到 35~38℃，百万吨乙烯装置中二级急冷水量大约 1000t 左右，急冷水允许压降 50~70kPa；冷却水消耗量上千吨，总热负荷几十兆瓦，总传热温差 5~7℃。第一急冷水冷却器和第二急冷水冷却器设备型式选择中，冷却水和急冷水侧都要考虑机械清洗要求，通常采用浮头式热交换器，且冷却水走管内。设备台数根据装置布置要求，常规管壳式热交换器第一急冷水冷却器需要设计 4~6 台并联，第二急冷水冷却器设计 4 台并联，且热交换器直径都在 2m 以上。第一急冷水冷却器和第二急冷水冷却器急冷水通过量大，热交换器尺寸大，都需要考虑热交换器的防振动措施。急冷水系统 pH 值一般控制在 8~9，如果急冷水 pH 值控制不好高于 11，很容易造成急冷水系统乳化，会危害急冷水系统热交换器用户的安全，直接或间接地造成很大的经济损失，通常采用注氨水的方法控制 pH 值。第一急冷水冷却器和第二急冷水冷却器可以采用螺旋折流板热交换器，选择急冷水走壳侧，以急冷水压降降低的同时急冷水流速并没有降低，螺旋通道内高速旋转的介质流可冲刷走颗粒物和沉积物，消除壳侧死区即减少壳侧急冷水污垢在死区沉积的可能性，增加了有效传热面积，减少腐蚀造成泄漏的危害，从而也降低了操作成本费用，降低热交换器振动可能性，提高单台热交换器的传热能力。为了减少占地、管线和基础等的布置投资，百万吨乙烯装置中采用 2 台并联的联螺旋折流板热交换器。螺旋折流板热交换器在乙烯分离装置急冷水冷却器中有成功的使用业绩。但是，需要注意当百万吨乙烯装置采用大直径螺旋折流板热交换器时，如果内部结构设计不合理，会出现换热效率不如普通弓形折流板的情况。螺旋折流板热交换器设计要规避壳侧介质流体在相邻折流板间形成三角空间短路，因此造成的主流道螺旋流减少，壳侧介质流速降低，换热效率下降等不良后果。某乙烯装置急冷水冷却器见图 19.4-12。

图 19.4-12　某乙烯装置急冷水冷却器现场图片

## 四、螺旋槽管热交换器

螺旋槽管是在换热管内外表面轧制形成螺旋槽道，适用于有相变和无相变管壳侧流体的双面强化。

螺旋槽使近壁处流体螺旋运动，产生局部二次流；螺旋槽又导致形体阻力，产生逆向压力梯度，使边界层分离。这两种流动型式共同作用，强化了热交换器的换热性能。流体在管内流动时受螺旋槽纹的引导，顺槽旋转以及螺旋形的凸起使流体产生周期性的扰动，有利于减薄流体边界层以及引起边界层中流体的扰动，使管内换热效果得到加强。管外当壳程有冷凝相变时，螺旋槽成为排放凝液的通道，可使凹槽两边的冷凝液膜减薄，提高冷凝给热系数。

图 19.4-13 为内凸纹外凹槽螺旋管结构，波峰外径 $D$，波谷深度 $\varepsilon$，螺距 $P$，换热管长度 $L$。

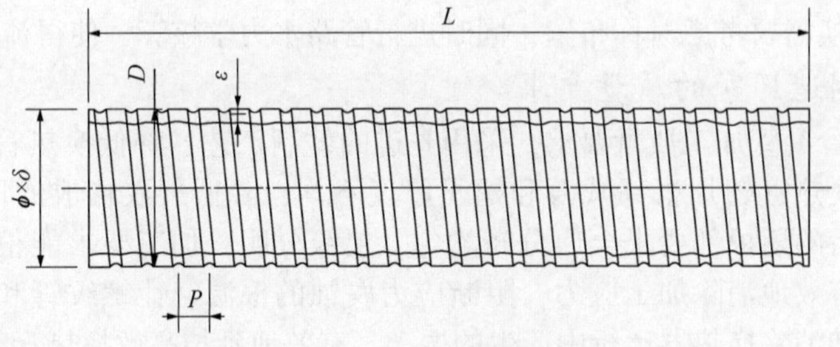


图 19.4-13　内凸纹外凹槽螺旋管结构

内凸纹外凹槽螺旋管的管内壁几何曲率变化较大，管内流体流场的速度梯度和压力梯度都很大。通过 CFD 分析传热和压降特性趋势如图 19.4-14、图 19.4-15 所示。

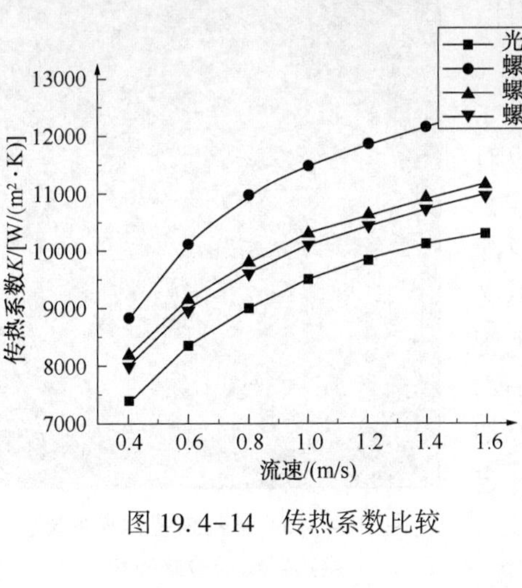


图 19.4-14　传热系数比较

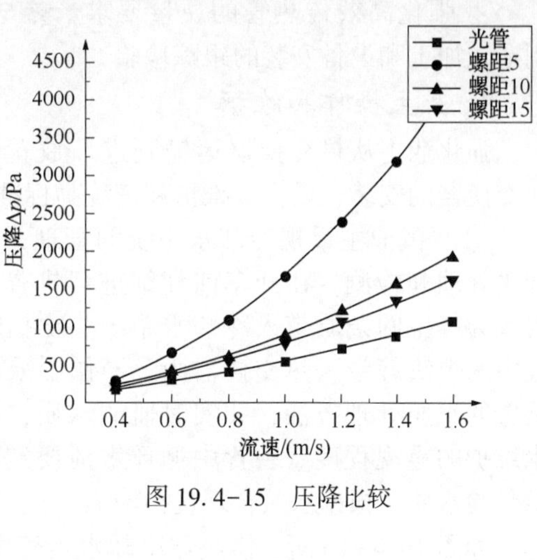


图 19.4-15　压降比较

采用水为介质，流速0.4~1.6m/s范围内对内凸纹外凹槽螺旋管的流动特性与传热特性进行模拟，结论如下：

内凸纹外凹槽螺旋管能够改善管内流体流动特性，增大对流传热系数。与光管相比，相同流速时，螺距5的内凸纹外凹槽螺旋管的对流换热系数提高了121%。

在流速<1.0m/s的低流速范围内，螺距5的内凸纹外凹槽螺旋的压降为光管压降的234%；在流速≥1.0m/s的高流速范围内，螺距5的内凸纹外凹槽螺旋的压降为光管压降的346%。

所以乙烯装置在压降允许的合适位置可以采用内凸纹外凹槽螺管来提高换热效率。

## 五、高效热交换器应用建议

为了保证乙烯分离装置中强化元件的高效运行，建议从设计质量、配管布置、厂家制造要求以及业主操作和维护各个环节把好质量关，使高效热交换器得以稳定高效运行，以避免不必要的能耗和损失，从而达到节能和降低成本的目的。

1. 传热设计优化

① 考虑热交换器的控制和物性模拟准确的要求。

② 对热交换器进行振动分析，采用防振动措施，避免操作中振动破坏。

③ 在使用冷却水作冷媒的热交换器中，冷却水宜走管侧，控制管内流速大于1m/s。

④ 并联热交换器要考虑对称布置，同时进行管路水力学核算，使得流量均匀分布。

2. 加强对制造厂家的质量要求

① 重视高效冷凝管加工质量要求，采用先进的轧制工艺，降低换热管在使用过程中的应力集中，控制换热管翅片根部减薄和翅下厚度不均，降低裂纹形成的风险和翅下腐蚀。例如翅片管加工后的翅根部要求金属分布均匀，层级分明，加工要求能很好地保护金属原有的层级，从而有效地消除加工应力，阻断应力腐蚀的根源。让螺纹管和高效冷凝管在使用中，充分吸收和消除换热器运行中产生的振动，有效地延长高效换热管的使用寿命。

② 高效冷凝换热管要进行涡流检测来实现无损探伤。利用涡流检测换热管表面及亚表面的缺陷，保证每根换热管的质量。

③ 提高换热管管头和管板的焊接质量。

④ 强化高效传热管的质量要求，参与机械设计、制造、加工和设备安装的跟踪检验

3. 业主操作和维护

强化业主从热交换器运输到进厂放置的管理。对热交换器的安装、操作、维护和清洗高标准、严要求。

① 提醒业主重视冷却水系统的管理，主要涉及冷却水处理和检测。在开车前仔细进行排查，避免不必要人为产生的杂质带入冷却水系统。吹扫时要避免管线中的焊渣等带入热交换器内。操作中采用适用于本装置的水质处理方法，并实时监测水质，提高对冷却水维护的重视程度。装置中循环水池要定期排污，定期化验水质，根据水质合理选择药剂。

图19.4-16　某乙烯装置水系统换热器现场检修照片

如图19.4-16所示换热器冷却水走管内，两管程，

冷却水下进上出。前管箱(冷却水侧)第一管程杂质(塑料布、抹布、木屑)堵塞管侧通道，堵塞面积达到流通面积80%以上，导致冷却水在第一程布管区内分布不均匀，被堵塞换热管内冷却水流速降低，金属壁温升高，水中碳酸盐析出且沉积在换热管内壁，会造成换热管内沉积污垢和产生垢下腐蚀。换热器整体表现为冷却水流动阻力增加，传热效率降低，无谓的能源消耗，严重与设计值偏离。

② 提高热交换器保护措施，避免放置、安装和清洗过程中受到损害。建议业主做好热交换器开车前的维护和保养工作，同时重视运行中的检查，确保热交换器的质量。

③ 建议冷却水在冬天操作时的流速要控制在1m/s以上，防止热交换器发生沉积积垢现象。

## 第五节　空冷器

### 一、空冷器

空冷器是利用空气作为冷却介质，将工艺介质(热流)冷却(或冷凝)到所需要的温度(终冷温度)的设备。空冷器不仅是保证工艺流程和条件所广泛使用的设备，也是开发利用工业二次能源、实现热回收和节约能源的主要设备。在乙烯装置中急冷水冷却器和稀释蒸汽排污冷却器从能源的利用和总体投资考虑，越来越普遍采用空冷式热交换器。

空冷器中工艺介质与空气通常为错流流动，即热流体从管束顶部流入，底部流出，空气由下向上流动进行冷却。空冷器主要由管束、通风机和构架三部分组成，如图19.5-1所示。风机驱动空气流过管束，百叶窗通过调节进入空冷器的空气流量来改善空冷器的适应性能，构架是支撑管束、风机、百叶窗以及其他附属件的钢结构，风箱用于导流空气。

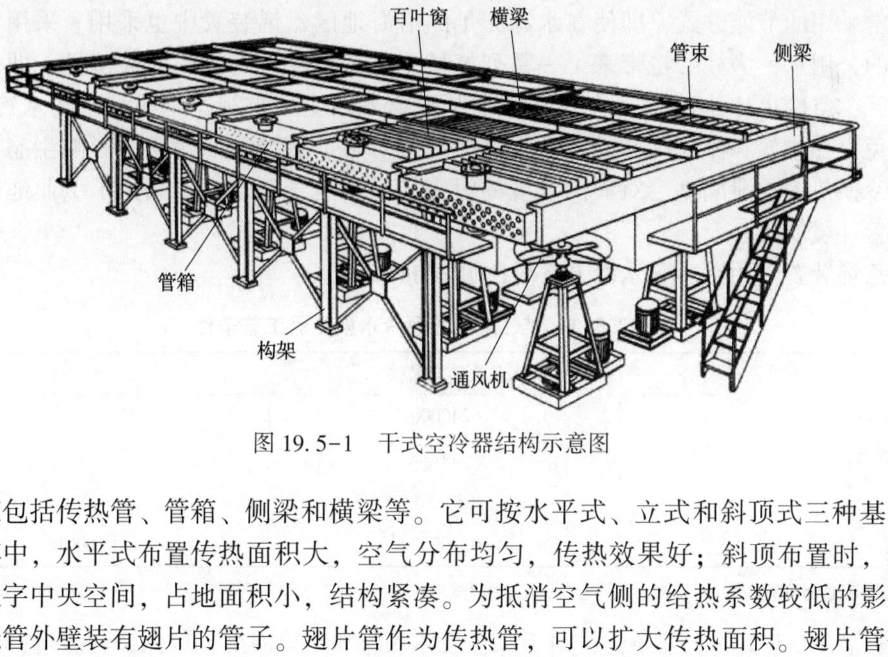


图19.5-1　干式空冷器结构示意图

管束包括传热管、管箱、侧梁和横梁等。它可按水平式、立式和斜顶式三种基本形式布置。其中，水平式布置传热面积大，空气分布均匀，传热效果好；斜顶布置时，通风机安装在人字中央空间，占地面积小，结构紧凑。为抵消空气侧的给热系数较低的影响，通常采用光管外壁装有翅片的管子。翅片管作为传热管，可以扩大传热面积。翅片管分层排列，其两端用焊接或(和)胀接方法连接在管箱上。翅片管是空冷器的核心元件，其形式和材料直接影响设备性能。管子可用碳钢、铜、铝和不锈钢等制成；翅片材料根据使用环境和制造工艺来确定，大多用工业纯铝。翅片管的基本形式有：绕片式、镶片式、轧片式等。

空冷器的管内外热交换过程属于间壁对流传热。空冷器总传热系数以光管外表面为基准的总传热系数的表达式如下：

$$K=\frac{1}{\frac{A_0}{A_i}\cdot\left(\frac{1}{h_i}+r_i\right)+\left(\frac{1}{h_o}+r_o\right)+r_w+r_j} \tag{19.5-1}$$

式中 $h_i$——管内流体膜传热系数(以管内壁表面积为基准)，W/(m$^2$·K)；

$h_o$——管外流体膜传热系数(以管外壁表面积为基准)，W/(m$^2$·K)；

$r_i$——管内流体的结构热阻(以管内壁表面积为基准)，m$^2$·K/W；

$r_o$——管外流体的结构热阻(以管外壁表面积为基准)，m$^2$·K/W；

$r_w$——管壁的结构热阻(以管外壁表面积为基准)，m$^2$·K/W；

$r_j$——翅片间隙热阻，又称接触阻，m$^2$·K/W，对于光管式传热管则无此项；

$A_o$——单位长度基管外表面的面积，m$^2$/m；

$A_i$——单位长度基管内表面的面积，m$^2$/m。

空冷器的初期投资成本高于采用管壳式换热器型式的水冷器，然而从装置整个生命周期看，水冷器需要连续提供操作用循环水使得装置操作成本高于空冷器，因此从装置的长期总投资角度空冷方案会优于水冷器方案，且空冷器负荷符合装置节能减排的绿色发展要求。

乙烯装置中急冷水冷却器多用水冷器取走热量，从节能考虑逐渐采用空气冷却器取代传统的水冷却方式。对于出口温度高于空气温度且负荷超过10MW以上的选用空气冷却方式通常比水冷较为经济。在乙烯装置的急冷水冷却器选用空冷主要有以下三个原因：一是节约了大量工业用水，缓解供水不足。乙烯装置中采用空气冷却器来承担部分冷却负荷为一个经常采用的节能方式，即使在水源充足的沿海地区乙烯装置中也采用。采用空冷节省了大量的公用水，为社会也带来了一系列好处。二是空冷具有较高的经济性，即使水源充足的地区，空冷也比水冷经济。三是环境保护越来越受到重视，企业如采用水冷的方式，不可避免存在排放和循环冷却系统，本身会产生对附近区域的热污染，影响生态平衡，装置中水冷换热器的泄漏则会对周围环境的污染加重。空气冷却方式减少了工业地区的水污染，改善环境质量。

某乙烯装置采用空冷和水冷方案对比见表19.5-1。

**表19.5-1 某乙烯装置急冷水换热器工艺条件**

| 项　目 | 工艺流体，急冷水 | 空　气 |
|---|---|---|
| 流量/(kg/h) | 6240000 | |
| 允许压降/kPa | 60 | |
| 温度/℃ | 63→50 | 33 |
| 污垢系数/(m$^2$·K/W) | 0.00053 | 0.00018 |

注：热负荷95MW。

根据表19.5-1的工艺条件，由于工艺流体入口和出口温度比较低，初步选择为干式水平式引风空冷器，由于要求的热负荷比较大，采用多单元组合结构。由于管内急冷水比较脏，采用25mm规格的换热管和可拆改盖板式管箱，满足管内急冷水机械清洗的要求。

采用空冷器后如表19.5-2中所示，大幅度降低了循环冷却水的消耗量。节省循环冷却水的消耗量约8000t/h。乙烯装置单位产品能源消耗限额(GB 30250—2013)中标明循环水的折算系数为0.1kg标油/t。因此在循环冷却水贡献的能耗计算中，每吨乙烯可节省能耗3.88kg标油/t乙烯产品(乙烯装置的产能为206.25t/h)。

**表19.5-2　急冷水换热器空冷与水冷器方案对比**

| 项　目 | 空冷方案 | 水冷器方案 |
|---|---|---|
| 公用工程消耗量 | 用电1140kW | 冷却水用量8000000kg/h |
| 尺寸/mm | 44片，3000×16000 | 4台，AES，2300×9000 |
| 总传热面积(光管)/$m^2$ | 14129 | 12298 |
| 公用工程温度/℃ | 空气侧温度30→48 | 冷却水侧温度30→40 |

同时，采用空冷器后，电力消耗有所增加。如表19.5-2中所示，用电消耗增加了1140kW。乙烯装置单位产品能源消耗限额(GB 30250—2013)中标明电的折算系数为0.233kg标油/kW·h。因此在用电的能耗计算中，每吨乙烯可增加能耗1.29kg标油/t乙烯产品(乙烯装置的产能为206.25t/h)。

通过对比发现，采用空冷器后，乙烯装置的综合能耗有所降低的，降低约2.59kg标油/t乙烯产品，经济效益明显，装置的市场竞争力增强。

## 二、复合型高效空冷器

复合型高效空冷器是采用水的蒸发潜热为机理，将湿式空冷器与蒸发冷、传热与传质过程融为一体的新型节能换热设备。

复合型高效空冷器的工作原理如图19.5-2所示。其冷凝盘管分为两部分：位于上部的是空冷翅片管束，位于下部的是蒸发光管管束，两部分通过接管相连。高温介质首先通过

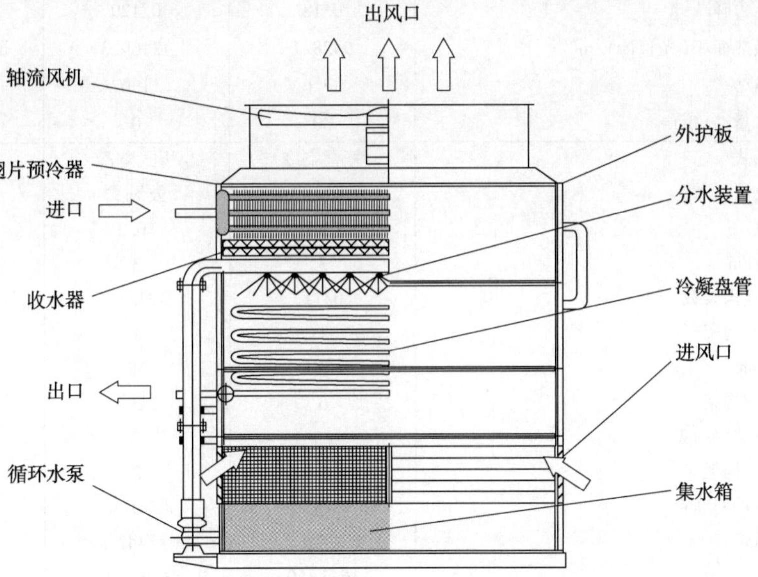


图19.5-2　复合型高效空冷器结构示意图

空冷翅片管束降温，再进入蒸发光管管束冷凝(却)，在使介质达到设计冷却出口要求时再流出设备。设备底部是集水箱，水通过水泵及泵路达到蒸发光管管束之上的喷淋分水装置，将水均匀分布到蒸发光管管束表面。设备顶部安装有轴流风机，将通过冷凝盘管的湿空气抽出。

空冷器和复合冷的对比方案分析：以某项目乙烯装置中一级急冷水工位分别采用空冷器和复合冷，对比结果如表 19.5-3 所示。

**表 19.5-3　空冷器和复合冷方案对比**

| 项　　目 | | 复合冷 | 干空冷 | 备注 |
|---|---|---|---|---|
| 热流体 | 流率/(kg/s) | 1669.962 | 1669.962 | |
| | 进口温度/℃ | 76.2 | 76.2 | |
| | 出口温度/℃ | 56.3 | 56.3 | |
| | 进口气相质量分数 | 0 | 0 | |
| | 出口气相质量分数 | 0 | 0 | |
| | 垢阻/[W/($m^2$·K)] | 0.00053 | 0.00053 | |
| | 管内传热膜系数(光管计)/[W/($m^2$·℃)] | 6347.3 | 7763.27 | 减少 18.2% |
| 空气侧 | 流率/(kg/s) | 1689 | 6211.718 | |
| | 进口温度/℃ | 28(湿球) | 35.2(干球) | |
| | 相对湿度/% | 75 | 75 | |
| | 出口温度/℃ | 53 | 57.44 | |
| | 垢阻/($m^2$·℃/W) | 0.0002 | 0.0002 | |
| | 管外传热膜系数(光管计)/[W/($m^2$·℃)] | 1580 | 1034 | 提高 52.8% |
| 综合性能参数 | 清洁的传热系数[W/($m^2$·℃)] | 1139 | 849.77 | 提高 34% |
| | 实际的传热系数[W/($m^2$·℃)] | 586.2 | 541.92 | 提高 8.17% |
| | 有效温差/℃ | 25.2 | 19.6 | 提高 28.6% |
| | 热负荷/MW | 139.012 | 139.012 | |
| | 管内计算压力降/kPa | 47 | 64 | 压降降低 26.6% |
| | 空气侧压力降/kPa | 0.18 | 0.129 | |
| | 所需总换热面积(光管计)/$m^2$ | 9428.7 | 13169.3 | 面积可减少 39% |
| | 面积裕量/% | 24.6 | 11.07 | |
| | 平均耗水量/(t/h) | 80 | 0 | |
| 结构参数 | 空冷器形式 | 复合空冷 | 干式空冷 | |
| | 通风形式 | 引风式 | 鼓风式 | |
| | 设备长度/m | 16.3 | 16.3 | |
| | 设备宽度/m | 3 | 3 | |
| | 开式/闭式构架数 | 0/11 | 21/1 | |
| | 管束数量/构架 | 1 | 2 | |
| | 管心距/mm | 58 | 58 | |
| | 风机台数/构架 | 6 | 3 | |
| | 单台风机功率/kW | 15 | 37 | |
| | 水泵台数/构架 | 2 | 0 | |
| | 单台水泵功率/kW | 15 | 0 | |
| | 总功率/kW | 1320 | 2442 | 节能 46% |
| | 总占地/m | 16.3×60 | 16.3×132 | 节约占地 55% |

注：电费按 0.75 元/kW·h、脱盐水按 8 元/t、年运行按 8400h 计。

复合型高效空冷器相对于常规空冷器的对比结果如下：

① 利用干、湿球温度的差异，其传热有效温差 $\Delta T$ 提高了28.6%。

② 通过管外传热的强化，其管外传热膜系数提高了52.8%，综合洁净传热系数可提高34%，同样传热要求下可降低所需换热面积39%。

③ 节约平台及占地55%(节省12跨平台)，综合投资可节约20%；节能46%，年节运行费用23%。

## 第六节　热交换器金属学问题

乙烯装置中热交换器在使用中当暴露在腐蚀性介质中(如酸、碱、氯化物)，在一定的温度和硬化温度下，或应力交变或流体的冲蚀条件下，会造成热交换器的腐蚀泄漏。

乙烯分离热交换器通常遇到如下金属学问题：

(1) 脆裂

物理或化学变化，金属正常延展性(韧性)下降。通常与金属材料的制造、滚轧及表面缺陷的清除有关。在热交换器选材中要注意特定材料的操作温度且与熟悉操作工况的材料工程师协商。

(2) 应力腐蚀

金属表面有明显的裂纹而失效，通常是由腐蚀和应力(外部的应力和内部的残余应力)共同作用。奥氏体不锈钢容易发生应力腐蚀，在热交换器停车期间，换热管特别注意防止氯化物的腐蚀。

(3) 氢蚀

原子氢扩散进金属的晶格而引起的损伤称为氢蚀。碳钢、低合金钢、铁素体钢和马氏体不锈钢易受氢蚀。含有氢气的流体要注明氢气分压，当氢气分压超过700kPa，操作温度220~360℃时，扩散氢与金属中碳发生化学反应。当流体中存在扩散的氢时，热交换器中高强度和高应力部件，例如浮头型热交换器的螺栓，对于氢脆特别敏感。热交换器材质根据流体操作温度、氢分压和材料曲线严格选择，同时在生产操作中经常进行全面的维修检测。

(4) 点蚀

集中在金属表面个别小点上深度较大的腐蚀称为点蚀。在金属上可能会发生迅速的穿透，最终导致金属穿孔。金属表面的不均匀，表面沉积或钝化膜上的裂纹，都会发生点蚀。腐蚀强度与阴极区面积、阳极区面积和环境有关。氯离子会促进点蚀，且一旦点蚀发生，由于点蚀处底部氧气很难进入，会发生浓差电池反应。

不锈钢防锈的机理是合金元素形成致密氧化膜，隔绝氧接触，阻止继续氧化。所以不锈钢并不是“不锈”。不锈钢在氯离子存在下的环境中，腐蚀很快，甚至超过普通的低碳钢。冷却水系统采用不锈钢材质热交换器，在低流速或热交换器的死区会引起点蚀；而很高的流速会延缓腐蚀性流体沿表面的浓缩，减缓腐蚀的趋势。目前从文献报道看，304和316不锈钢的点蚀是不可避免的。随着超级铁素体不锈钢的诞生，这一局面将可能会彻底打破。

冷却水系统热交换器，如果采用冷却水走壳侧，采用常规折流板，无论采用什么合金材料，都会发生点蚀。如果采用冷却水走管内，只要选择合适的材料，保持一定的流速，水质得到有效控制，在热交换器适用前和检修期间保持金属表面的清洁，就可以避免点蚀发生。乙烯装置中为了节水和保护环境，如果水系统补充水氯离子浓度高，从综合平衡角度考虑，提高关键部位热交换器材质也是可取的方法。

热交换器的金属学问题还要注意全面腐蚀(均匀腐蚀)、缝隙腐蚀、应力腐蚀、磨蚀、腐蚀破裂、蠕变和蠕变断裂寿命等。

乙烯装置个别位号热交换器存在普遍的腐蚀泄漏问题，例如裂解气压缩机段间热交换器、急冷水冷却器、丙烯冷剂冷凝器、丙烯精馏塔冷凝器、脱丙烷塔冷凝器和稀释蒸汽发生器热交换器。在对腐蚀泄漏原因分析中，工艺流体的酸性腐蚀，工艺操作的参数控制，循环水系统水质的影响，换热管内水流速的控制，设备的质量，生产操作前、中及其检修期间的管理，水中微生物的检测控制和药剂的添加的合理性等都是引起的设备腐蚀泄漏的主要原因。通过控制引起设备腐蚀泄漏的主要因素，工艺条件的改进，对碳钢材质热交换器采用牺牲阳极电化学保护等方法，提高热交换器的可靠性。

## 参 考 文 献

[1] GB/T 151—2014.

[2] 孙兰义，马占华，王志刚，张骏驰．换热器工艺设计[M]．北京：中国石化出版社，2015.

[3] 聂清德，谭蔚．管壳式换热器流体诱导振动[M]．北京：中国石化出版社，2014.

[4] 李修伦，黄鸿鼎．两相流及传热(四)冷凝传热[J]．石油化工设备，1985，14(5).

[5] 刘巍．冷换设备工艺计算手册(第2版)[M]．北京：中国石化出版社，2008.

[6] 兰州石油机械研究所．换热器上册[M]．北京：烃加工出版社，1986.

[7] 黄风廉，黄鸿鼎．两相流及传热(三)两相流压降的计算[J]．石油化工设备，1985，14(4).

[8] O'Neill P S，Gottzmann C F，Terbot J W. Heat Exchanger for NGL [J]. Chemical Engineering Progress, 1971, 67(7): 80-82.

[9] Gottzmann C F. Theory and Application of High Performance Boiling Surface to Components of Absorption Cycle Air Conditioners [C]. Proceeding Conference of National Gas Researching Technology, Chicago. 1971.

[10] Cornwell K, Nair B G, Patten T D. Observation of Boiling in Porous Media [J]. International Journal of Heat Mass Transfer, 1976, 19 (7): 236-238.

[11] 翟贵立．多孔表面管强化沸腾传热的研究[D]．天津：天津大学，1982.

[12] Webb R L, Kim N H. Principles of Enhanced Heat Transfer[M]. Taylor & Francis, 2005.

[13] 许文．新编换热器选型设计与制造工艺实用全书[M]．北京：北方工业出版社，2006.

[14] 林梦，欧阳新萍，袁道安．管外冷凝强化换热管的结构及发展趋势[J]．能源研究与信息，2015，31(3)：6.

[15] 阎皓峰．新型换热器与传热强化[M]．北京：宇航出版社，1991.

[16] 赖周平，张荣克．空气冷却器[M]．北京：中国石化出版社，2010.

# 第二十章　流体输送设备

## 第一节　过程流体机械概述

### 一、过程流体机械的含义

石油、石化、化工都属于流程工业，其产品生产往往按工艺流程由多个复杂的生产环节联接而成，或由主、辅生产环节相互呼应，并以大型化、管道化、连续化、快速化、自动化为其主要特征。过程装备如转动设备、静设备、管道、仪器仪表等是流程工业的生产工具，是实现生产的物质条件。过程流体机械是以流体(气体、粉体或液体)为工作介质，对流体进行处理与输送的机械，它是过程装备的重要组成部分，应用极为广泛。

过程流体机械一般分为水力机械、风力机械、透平机械等，主要包括汽轮机、压缩机、燃气轮机、膨胀机、水轮机、风机、泵等转动设备。过程流体机械在工作时，其零部件、构件多在高速地运动着，并与所输送的流体发生相互作用，比过程装备中的静设备、管道、工具和仪器仪表等复杂得多，对这些流体机械所实施的控制也复杂得多。流体机械往往被认为是装置或工厂的心脏，是提供动力的关键设备。

在乙烯装置中，原料、半成品和产品基本都是气相、液相或混相的流体，需要根据不同的操作参数选择不同类型的流体机械对介质进行增压与输送。由于乙烯装置要为下游聚丙烯、聚乙烯等装置提供原料，装置的长周期稳定运行尤为重要，要求机械设备有高可靠性；同时，装置内流体机械输送的多为易燃、易爆、有毒介质，要求机械设备的设计制造有较高的安全性。目前国际上把一个国家的乙烯生产水平作为衡量这个国家的经济发展水平标志之一，“安、稳、长、满、优”已经普遍成为乙烯装置生产的要求和目标，这给流体机械的选型、设计、制造、使用提出了越来越高的要求。乙烯装置中使用的流体机械通常有一百多台套，涉及的种类较多，通常包括了工业汽轮机、离心压缩机、往复式压缩机、膨胀机、各类离心泵、计量泵等，这些流体机械在生产中发挥着极其重要的作用，占整个乙烯装置的建设投资比重通常达到15%左右。

### 二、流体机械的分类

过程流体机械的分类方法有很多，按照不同的原则可以有不同的分类。这里介绍三种常见的分类。

(1) 按流体状态

流体泛指能流动的物质，是一种在微小剪切力的作用下发生连续变形的物体，通常指具有良好流动性的液相物质和气相物质。在某些情况下会存在不同相态的混合流体，如气固、液固两相流体或气液固多相流体。按流体的物理状态，可以将流体机械大致分为三类：以气相为工作介质的机械如压缩机、风机等；以液相为工作介质的机械如各类泵；以多相流体为工作介质的机械如分离机等。

（2）按能量转换

流体机械工作的本质是实现流体的能量转换，按能量转换的方式可将流体机械分为原动机和工作机。原动机又称动力机，将流体的能量转变为机械能，用来输出动力，如汽轮机、膨胀机、液力透平等。工作机将机械能转变为流体的能量，用来改变流体的状态（提高流体的压力、使流体分离等）和进行流体输送，如压缩机、泵、分离机等。

（3）按工作原理

流体机械按工作原理可以分为容积式流体机械和速度式流体机械（也称为动力式流体机械）两大类。

容积式流体机械是通过运动部件和静止部件之间，或者两个运动部件之间的有效工作容积的周期性变化来实现流体能量交换的机械，机械和流体之间的相互作用力主要是静压力，可分为往复式和回转式两大类，主要用在中小流量和高压力的场合，如往复压缩机、螺杆泵、螺杆压缩机、往复泵、滑片泵、罗茨风机等。

速度式流体机械首先使流体介质获得一定的速度，然后通过合适的机械结构使流体速度降低，从而把动能转化为压力能，如离心压缩机、轴流压缩机、离心泵等。

## 三、石油、石化行业流体机械发展趋势

随着国民经济的发展和机械加工、信息控制、材料加工等工业技术的进步，各工业领域内的流体机械得到了飞速发展。以石油、石化领域为例，其近年来的迅猛发展不仅增加了对流体机械的数量需求，更对其性能、质量和可靠性提出了更高的要求。国内流体机械行业顺应发展需要，在产品和技术创新方面取得了明显突破和进展，乙烯三机、高活塞力往复机、大型挤压造粒机等关键装备在引进和学习国外技术的基础上不断创新进步，并依托大型工程成功实现了国产化研制和应用，填补了国内空白，为国家节省了大量外汇，也促进了民族装备制造业的发展。随着石油、石化工业装置的大型化、现代化以及节能减排要求的提高，国内流体机械向着如下方向发展：

（1）高参数化

进入21世纪，我国的石油、石化装置快速向着大型化发展，进入了大炼油、大乙烯的时代，一大批千万吨级炼油、百万吨级乙烯装置炼厂建成投产；当前国内炼化一体化规模达到了单系列20000kt/a炼油、1500kt/a乙烯，而且规模还在不断扩大。装置规模的扩大，使得流体机械向着大流量、高压力、高转速、大功率的高参数方向发展，如某1500kt/a乙烯装置的裂解气压缩机入口流量达到545000$m^3$/h，驱动功率达到90MW，某乙烯装置丙烯制冷压缩机入口流量达到313000$m^3$/h，某甲烷膨胀-再压缩机转速达到45000r/min。更高的操作参数给流体机械的设计、制造、热处理、安装、调试等方面带来挑战，国内科研院所和制造企业需要在理论研究、装备制造等方面加大力度，紧跟国家和行业发展的需要。

（2）绿色低碳

当前，石油、石化企业正在加速向安全清洁绿色高效生产转型，不断加大安全环保、节能降耗等方面的资金投入和技术、装备的选用，这是企业实现可持续发展的需要，也是

行业健康发展的迫切要求。流体机械是装置内最大的能耗用户、噪声的主要来源、跑冒滴漏的多发点，国内正加大高效节能、绿色环保方面技术的研究应用，如提高流体机械的效率是石化装置节能的主要方向，以一台轴功率70000kW年运行8000h的裂解气离心压缩机为例，若效率提高1%，每年可节约560万kW·h，相当于减少二氧化碳排放量约5600t，减少碳粉尘排放约1500t，并可节省装置运营成本近500万元人民币。

(3) 长周期运行

曾有机构调研了中国石化共约1400台压缩机组，2008—2010年平均故障率27.13%；2007—2010年，中国石化加氢裂化、乙烯裂解、聚丙烯、重整、催化裂化等重要装置因设备故障造成的非计划停工为156次，其中因动设备故障导致的非计划停工占21.15%，是造成装置非计划停工的第二大原因，影响了装置的安全长周期运行。当前，国内大型乙烯装置的大检修周期已经由3年提高到4~5年，这要求关键流体机械如大型压缩机组具有更高的可靠性和连续运行周期。

(4) 数字化设计

最近30多年来，计算机辅助设计技术在流体机械的应用中取得巨大进步，突出表现在计算机计算软件和制图软件的普遍使用，极大减少了设计中的理论计算和建模绘图所需要的时间。流体机械在设计技术方面已经历了数字化图纸、数字化模型、数字化计算、数字化加工阶段，现正在经历数字化仿真、数字孪生、工程交付物数字化等数字化进程，并朝着基于知识驱动的智能化方向发展。2018年住建部发布了国家标准《石油化工工程数字化交付标准》，填补了国内外在该领域上的空白，该标准也为流体机械本体设计与工程建设之间的数字化搭接提出了更具体的要求。数字化设计技术已成为流体机械技术创新和进步的主要手段，成为行业中重点研究开发领域。

(5) 智能化运维

随着人工智能、数据挖掘、神经网络等技术的进步，流体机械的智能化水平在不断提高，加强智能化技术在设备运维中的运用，提升全生命周期管理成为重要趋势。数字化网络化监测与早期预警、基于机理和数据分析的溯源诊断、基于大数据与风险的智能联锁、仿生人工自愈与故障自愈调控系统等智能化技术正在改变传统的机械运维方式，变定期停机大修为预防性维修、预知性维修、故障自愈，降低了运行维护成本，延长了机械寿命和装置运行周期。

(6) 竞争国际化

当前，石油、石化装置中绝大多数的流体机械都已经实现了国产，乙烯装置中的国产化率达到90%以上。在国内一些大型工程项目中，国产品牌和进口品牌同台竞技的现象屡见不鲜；而且，中国制造的压缩机、泵等逐渐开始走向海外，参与到国际市场的竞争。

## 四、乙烯装置主要流体机械

乙烯装置中包括了多种常用的过程流体机械，采用不同的工艺技术，流体机械的种类和数量会有所差别，但总体差别不大。通常乙烯分离部分都包括核心的“乙烯三机”即裂解气压缩机、丙烯制冷压缩机、乙烯制冷压缩机(现在乙烯装置广泛采用乙烯热泵/制冷压缩机代替单纯的乙烯制冷压缩机，降低能耗，也有个别工艺设置二元制冷压缩机、三元制冷压缩机、甲烷制冷压缩机)，以及低压甲烷压缩机(工艺流程需要时)、甲烷尾气膨胀机-再压缩机(采用高压脱甲烷工艺时)、计量加药系统、计量泵、各类离心泵、自吸泵、屏蔽泵，低温罐区部分通常包括丙烯制冷压缩机、乙烯泡点气压缩机、乙烯产品泵，火炬系统的火炬气回收压缩机，废碱处理部分的空压机。乙烯装置中通常涉及的流体机械主要类型如表20.1-1所示。

表 20.1-1　乙烯装置主要流体机械

| 名　称 | 类型 | 驱动机 |
|---|---|---|
| 裂解气压缩机 | 离心式压缩机 | 抽凝式汽轮机 |
| 丙烯制冷压缩机 | 离心式压缩机 | 抽凝式汽轮机 |
| 乙烯制冷/热泵压缩机(或二元/三元制冷压缩机) | 离心式压缩机 | 抽凝式汽轮机 |
| 低压甲烷压缩机 | 离心式压缩机 | 电动机 |
| 甲烷尾气膨胀机-再压缩机 | 离心式压缩机 | 膨胀机 |
| 工艺流程泵 | 离心泵、屏蔽泵、计量泵、自吸泵等 | 背压式汽轮机、电动机 |
| 计量加药系统 | 包设备 | 电动机 |
| 低温罐区丙烯制冷压缩机 | 迷宫式压缩机或螺杆式压缩机 | 电动机 |
| 低温罐区乙烯泡点气压缩机 | 迷宫式压缩机 | 电动机 |
| 低温罐区乙烯产品泵 | 潜液泵或VS6泵 | 电动机 |
| 火炬气回收压缩机 | 多为螺杆式压缩机 | 电动机 |
| 废碱氧化处理空压机 | 多为活塞式压缩机 | 电动机 |

# 第二节　压缩机

## 一、压缩机类型及基本计算

### 1. 压缩机的基本类型

(1) 压缩机种类

压缩机的基本用途是通过压缩气相介质，达到提高压力和输送介质的目的。在近代工业特别是在石油、石化、冶金工业中，压缩机得到了广泛的应用，压缩机的设计、制造及试验技术也得到了快速发展。压缩机通常是工厂里最关键的设备，处于装置工艺流程的核心部位。

压缩机的种类较多，了解各类压缩机的基本原理和特点对于压缩机的正确选择非常重要。按工作原理和结构特点可以分为两大类：容积式压缩机和速度式压缩机(也称动力式压缩机)。容积式压缩机是通过活塞的往复运动或者转子的回转运动，直接使气相介质的体积压缩来提高介质压力。速度式压缩机是通过高速旋转的叶轮使气相介质获得一定的速度，然后使高速气流在扩压器中速度降低，使介质的动能转换成压力能来提高介质压力。两类压缩机又包括多种不同型式的压缩机，如图20.2-1所示。

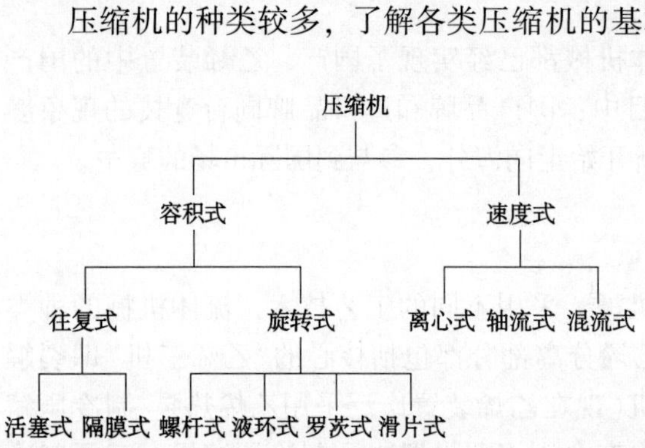


图 20.2-1　压缩机分类

（2）不同类型压缩机的特点

不同类型的压缩机由于工作原理和机械结构的不同，具有不同的应用特点，表 20.2-1 对各类主要的压缩机进行了特点介绍和比较。

**表 20.2-1 不同类型压缩机的特点及比较**

| 压缩机类型 | | 特点 |
|---|---|---|
| 容积式压缩机 | 活塞式 | 1. 转速不高，外形尺寸较大，重量大；<br>2. 惯性力较大，不好平衡；<br>3. 结构复杂，易损件多，检维修工作量大；<br>4. 适用于中小气量，压力范围宽，尤其适用于高排气压力；<br>5. 排气不均匀，气流脉动较大 |
| | 隔膜式 | 1. 膜片将介质与润滑油完全隔开，介质无润滑油污染，密封性能好；<br>2. 容积效率高，换热效率好，单级压比大，压力范围较广，可以达到 300MPa；<br>3. 受隔膜头材料、结构等因素限制，吸气能力有限，适用于小气量；<br>4. 适于高纯度气体、稀有气体、有毒气体、易爆的气体 |
| | 螺杆式 | 1. 转速高，体积小，重量轻；<br>2. 结构简单，易损件少，相对运动部件之间摩擦损失小，可靠性较高，检维修方便；<br>3. 没有不平衡惯性力，运动平稳，振动小，噪声较大；<br>4. 转子型线复杂，加工精度要求高；<br>5. 适用于中、小气量和中、低压力工况，允许介质带液 |
| | 液环式 | 1. 结构简单，零部件少，气缸不需要润滑；<br>2. 液环可以充分冷却气体介质，排气温度低，吸入气体允许带液；<br>3. 液环带来的能量损失大，效率低，等温效率通常在 0.3~0.45；<br>4. 适用于高温下易分解或易聚合的气体、易燃易爆气体、不含固体颗粒、不溶或微溶于工作液的气体；<br>5. 适宜做吸入为真空状态的压缩，或直接作为真空泵 |
| | 罗茨式 | 1. 结构简单，制造容易，维修方便；<br>2. 等容压缩，效率较低，一般绝热效率 0.50~0.70，功率消耗大；<br>3. 噪声大，需要考虑隔音罩、消音器等降噪措施；<br>4. 适用于低压比工况，单级压比通常小于 2 |
| | 滑片式 | 1. 结构简单，易损件少，检维修方便；<br>2. 气流较均匀，无须安装缓冲罐；<br>3. 没有往复惯性力，动平衡性好；<br>4. 滑片与定子之间摩擦损失大，机械效率低，排气压力不高；<br>5. 转速受滑片材料限制，滑片最大圆周速度一般在 10~15m/s 内 |
| 速度式压缩机 | 离心式 | 1. 结构简单，易损件少，外形尺寸小，重量轻；<br>2. 转速高，动平衡性好，振动小，多变效率 0.75~0.87；<br>3. 操作范围由机组的性能曲线决定，存在喘振现象；<br>4. 气流方向基本是径向流动，排气均匀无脉动；<br>5. 适于较大流量，中、高压排气工况 |

续表

| 压缩机类型 | | 特　点 |
|---|---|---|
| 速度式压缩机 | 轴流式 | 1. 结构简单，易损件少，外形尺寸小，重量轻；<br>2. 转速高，动平衡性好，振动小；<br>3. 效率高，单机多变效率可达 0.83~0.93；<br>4. 静叶固定式压缩机的稳定操作范围较窄，等转速曲线较陡，恒转速时流量调节范围小，存在喘振现象；<br>5. 气流方向基本是轴向流动，排气均匀无脉动；<br>6. 单级压比低，适于大流量、低排气压力工况 |
| | 混流式 | 兼有离心式压缩机和轴流式压缩机的特点，吸取了二者的长处，弥补不足 |

(3) 压缩机的选用

在工程设计中，根据介质组成和操作参数正确地选择压缩机类型非常重要。总体来说，往复式压缩机适用于中小流量、大压比，对气体组成不敏感；离心式压缩机适用于大流量、小压比，对气体组成敏感。在相同的操作参数下，往往会有多种类型的压缩机满足要求，这就要求压缩机选型设计时除了考虑压缩机本身的工况适应性外，还应考虑压缩机自身的特点、布置、占地、采购成本、节能、环保及操作维护等，优先考虑综合评价最优的方案。不同类型压缩机的常规型谱范围见图 20.2-2，该图及表 20.2-1 可以作为选型设计时的参考。

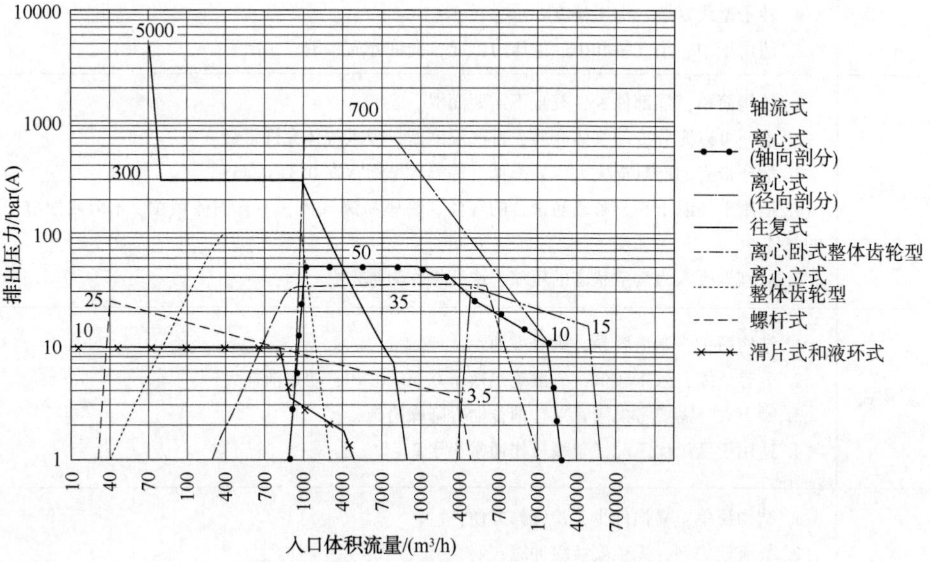


图 20.2-2　压缩机选型示意图

(1bar = $10^5$ Pa)

## 2. 压缩过程基本计算

气体压缩包括三种压缩过程，即等温压缩、绝热压缩和多变压缩。

(1) 等温压缩

等温压缩是指气体压缩过程中气体温度维持不变，是理论上压缩功耗最小的过程。等温压缩在实际中并不存在，但可以作为一种有用的理论分析方法，在压缩机的设计时设法使压缩过程接近等温压缩，可以降低压缩机的能耗。

等温压缩时有：

$$p_1V_1=p_2V_2=\text{常数} \tag{20.2-1}$$

等温压缩时所消耗的理论功率：

$$N=16.67p_1V_1\ln\varepsilon \tag{20.2-2}$$

式中 $N$——理论功率，kW；

$p_1$——吸气压力，MPa；

$V_1$——吸入状态下的体积流量，$m^3/min$；

$p_2$——排气压力，MPa；

$\varepsilon$——压缩比，$\varepsilon=p_2/p_1$。

（2）绝热压缩

绝热压缩是指气体压缩过程中气体与外界环境不发生热量交换，随着压力的不断增加，气体温度不断上升。绝热压缩过程是理论上压缩功耗最大的过程。

绝热压缩时有：

$$p_1V_1^k=p_2V_2^k=\text{常数} \tag{20.2-3}$$

式中 $k$——绝热指数，对理想气体 $k=C_p/C_v$；

$C_p$——气体的比定压热容，kJ/(kg·℃)；

$C_v$——气体的比定容热容，kJ/(kg·℃)。

气体的绝热指数 $k$ 和气体组分和温度有关，常压下各种常用气体在不同温度下的绝热指数 $k$ 可由图 20.2-3 查得。

从图中可以看出，空气、氧气、氮气等气体的绝热指数在常用的范围内基本上不随温度而变化；氢气在温度较低时，绝热指数随温度的变化而显著变化；乙烯装置中的乙烯、丙烯、甲烷在压缩机操作范围内，绝热指数随温度有一定变化，但变化不大。裂解气压缩机、火炬气回收压缩机所压缩的介质是多组分的混合气体，混合气体的绝热指数可按式(20.2-4)计算：

$$\frac{1}{k-1}=\sum\frac{y_i}{k_i-1} \tag{20.2-4}$$

式中 $k$——混合气体的绝热指数；

$k_i$——$i$ 组分的绝热指数；

$y_i$——$i$ 组分在气体中的摩尔分数。

绝热压缩中，气体的温度会发生变化，压缩后的排气温度可按式(20.2-5)计算：

$$T_2=T_1\varepsilon\,\frac{k-1}{k} \tag{20.2-5}$$

式中 $T_1$——压缩机吸气温度，K；

$T_2$——压缩机排气温度，K。

绝热压缩时所消耗的理论功率：

$$N=16.67p_1V_1\,\frac{k}{k-1}(\varepsilon^{\frac{k-1}{k}}-1) \tag{20.2-6}$$

式中 $p_1$——吸气压力，MPa；

$V_1$——吸入状态下的体积流量，$m^3/min$。

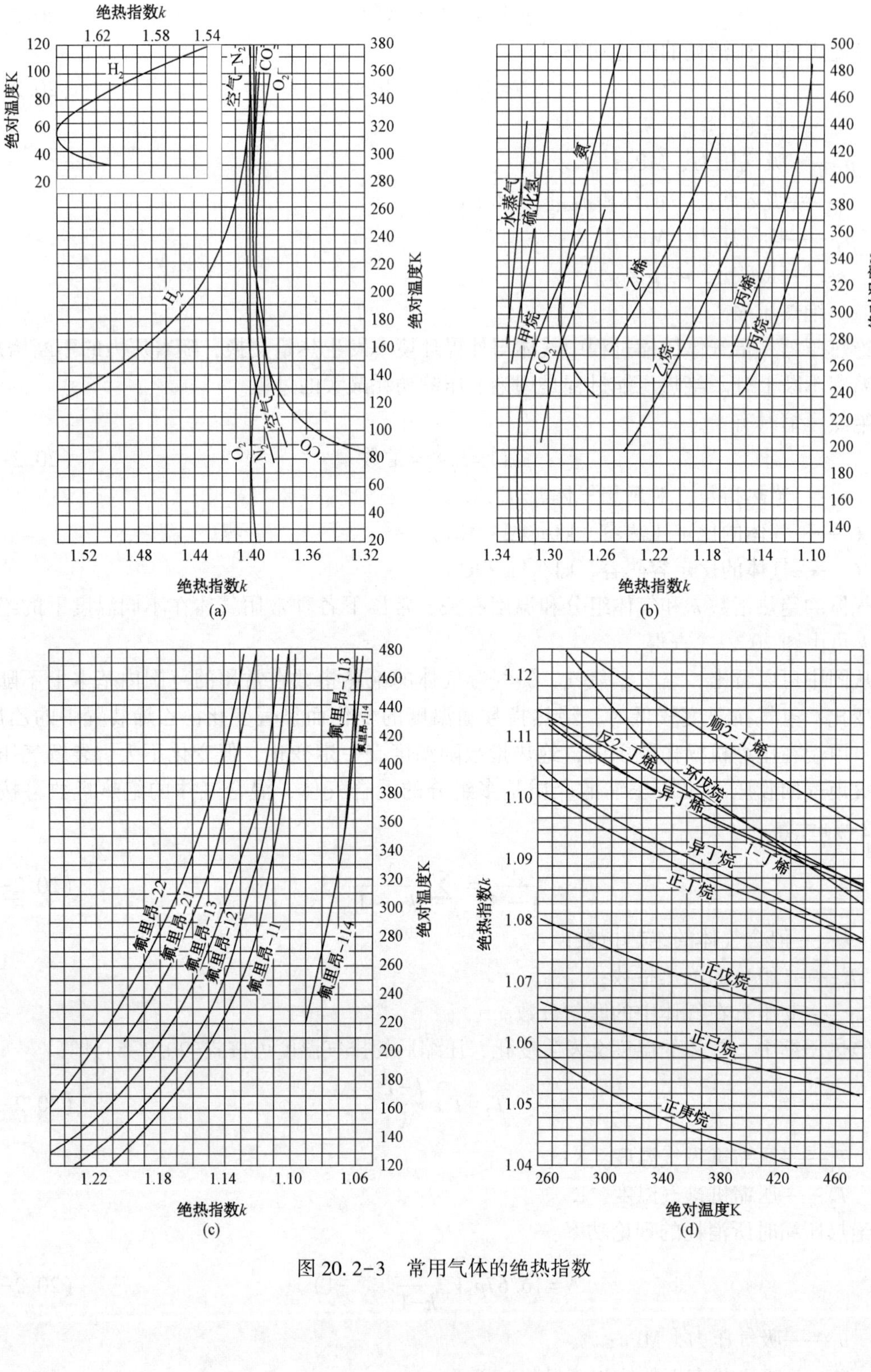


图 20. 2-3　常用气体的绝热指数

（3）多变压缩

多变压缩是介于等温压缩和绝热压缩之间的压缩过程，压缩过程中气体和外界存在热交换，实际上压缩过程均为多变压缩。

多变压缩时有：

$$p_1V_1^m = p_2V_2^m = \text{常数} \quad (20.2\text{-}7)$$

式中　$m$——多变指数。

多变指数和绝热指数之间有如下的关系：

$$\eta_p = \frac{\dfrac{m}{m-1}}{\dfrac{k}{k-1}} \quad (20.2\text{-}8)$$

式中　$\eta_p$——多变效率。

多变效率是将气体由 $p_1$ 压缩提高到 $p_2$ 所需的多变压缩功与实际所消耗的功之比，是反映压缩机能耗水平的重要参数，体现了多变指数和绝热指数之间的关系。多变效率、绝热指数、多变指数可以通过查阅图表（图 20.2-4）快速获得其大致数值。具体应用中，多变指数和多变效率都是实验值。

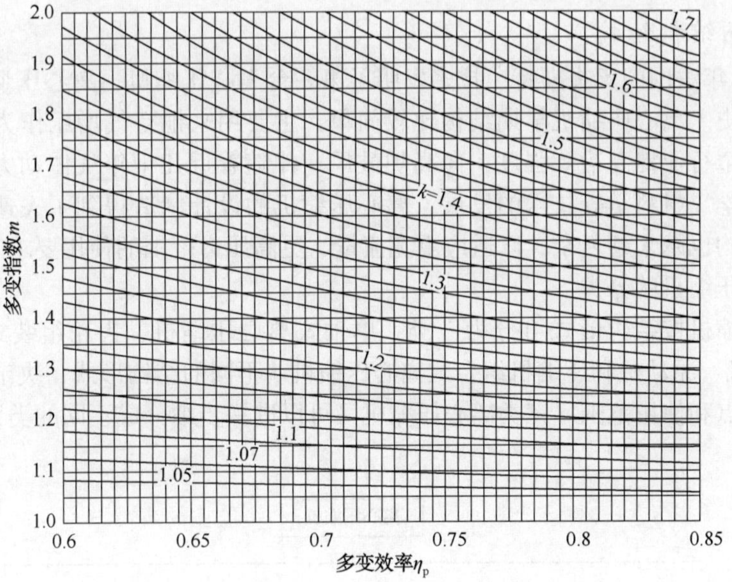


图 20.2-4　多变指数、绝热指数、多变效率的关系

由于热交换存在方向性，因此多变压缩相应存在两种情况：

1）外界环境取走热量时

$$1 < m < k \quad (20.2\text{-}9)$$

此时的压缩终温低于绝热压缩，功率消耗也低于绝热压缩。在工程设计中，当压缩比（简称压比）较大时通常会采用多段压缩，段间设置换热器取走部分介质热量，降低介质温度，这种设计可以降低压缩机的能耗，起到比较明显的节能效果。

2）外界环境向气体传递热量时

$$k<m \tag{20.2-10}$$

此时的压缩终温高于绝热压缩，功率消耗也大于绝热压缩。例如在离心式压缩机中，当高速气流通过扩压器、弯道和回流器的过程中会有摩擦损耗，这部分摩擦损耗都转化为热量，相当于一个外界供热的多变压缩过程。因此离心压缩机的压缩终温高于按绝热压缩公式算出的结果，功率消耗也大于按绝热压缩公式计算的结果。在乙烯装置中的丙烯制冷压缩机和乙烯制冷压缩机(或多元制冷压缩机)，其介质入口温度为低温，为避免环境向压缩机内的介质传热，通常会包覆保冷材料，这也是一种节能考虑。

在多变压缩中，压缩后的排气温度可按式(20.2-11)计算：

$$T_2=T_1\varepsilon\frac{m-1}{m} \tag{20.2-11}$$

多变压缩时所消耗的理论功率：

$$N=\frac{16.67p_1V_1\dfrac{m}{m-1}(\varepsilon^{\frac{m-1}{m}}-1)}{\eta_p} \tag{20.2-12}$$

## 二、离心式压缩机

### 1. 离心压缩机结构

自从1899年法国的奥古斯特·拉多发明了第一台离心压缩机，离心压缩机已经有一百多年的发展历史。离心压缩机早期结构比较简单，主要用来把空气增压作为空气动力机来使用，或为冶金行业提高冶炼强度，向高炉鼓风。伴随着近几十年气体动力学、工程热力学、转子动力学、材料学等技术的发展，离心压缩机的设计制造得到了飞速发展，其种类逐渐增多，结构也越来越复杂，以适应更宽流量、更高压力范围的使用要求。

(1) 离心压缩机的分类

离心式压缩机按结构形式可分为三类：单轴式离心压缩机、齿轮组装式(也称为多轴式)离心压缩机、原动机和压缩机组合式离心压缩机。不同的结构形式，决定了三类压缩机不同的性能特点和使用范围。三类离心压缩机又可以进一步细分成不同的类别，如图20.2-5所示。

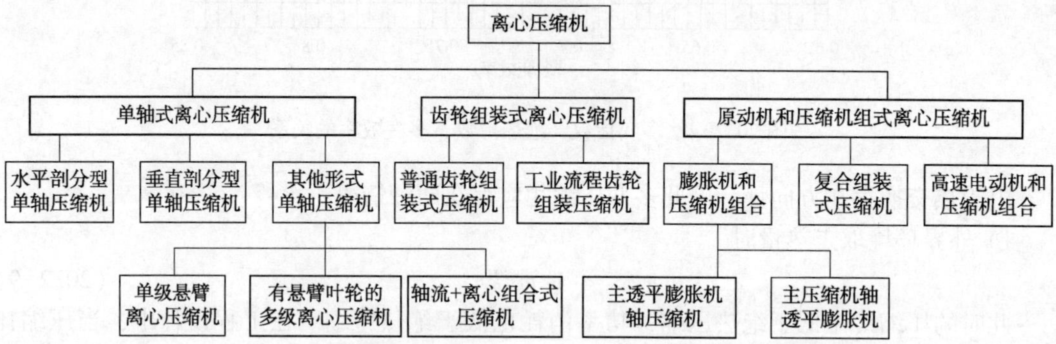


图20.2-5 离心式压缩机分类

不同类型的压缩机各有特点及适用的领域，这里简要介绍乙烯装置通常会涉及的几种类型。

1）水平剖分型离心压缩机

水平剖分型离心压缩机是单轴式离心压缩机的一种，也是工业中应用最广泛的结构形式，其机壳、隔板等定子部件被通过轴线的水平剖分面分为上下两部分。在拆装维护过程中，仅需拆卸掉上半部分定子件，即可对转子和气体密封等易损件进行检修更换，并可整体起吊转子件。水平剖分型多用于低、中压工况。水平剖分型离心压缩机进排气口一般设在下机壳上，转子由机壳两端的轴承支撑，一端设有推力轴承承载转子的轴向推力。除特殊操作参数外，乙烯三机及低压甲烷压缩机基本都采用水平剖分型(图 20.2-6)。

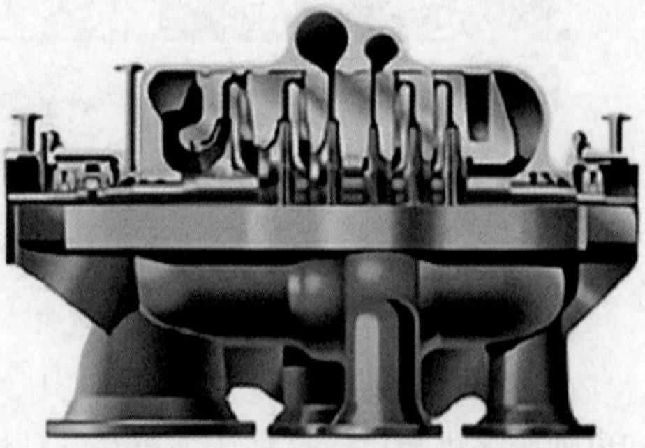

图 20.2-6　水平剖分型离心压缩机

2）垂直剖分型离心压缩机

垂直剖分型离心压缩机，又称为筒型压缩机，这种压缩机机壳强度大，刚性好，对气体的密封性能好，适用于低分子量气体、有毒气体、腐蚀性气体的压缩以及高压工况。筒形机壳有铸造、钢板卷制、锻造三种制造形式。铸造与钢板卷制的制造成本较低。铸造机壳便于批量生产，但是受铸件质量所限容易出现不合格铸件，适用压力较低的应用场合。而钢板卷制机壳受卷板设备的限制，且卷制机壳的消应力要求苛刻，也制约了卷制机壳的应用。一般情况下，机壳内壁压应力超过 62MPa 时，筒型压缩机必须采用锻造机壳。筒形机壳的端盖设计也分为单端盖和双端盖两种形式，当压力低于 35MPa 时一般采用双端盖结构，反之通常采用一个端盖的结构形式，该机壳又称为杯型机壳或钟型机壳。若符合下面条件之一，压缩机壳体应采用径向剖分结构：

① 介质中氢分压超过 1.38MPa(G)。

② 介质中氢气浓度超过 70%。

乙烯装置下游的裂解汽油加氢装置中的二段循环氢压缩机就是这种形式的压缩机(图 20.2-7)。

3）膨胀机和压缩机组合式

乙烯装置中的甲烷尾气膨胀机-再压缩机是一种原动机和压缩机组合在一起的型式，膨胀机作原动机(图 20.2-8)。这种膨胀机和压缩机组合结构不仅可以缩小占地面积，还可以省去或简化轴端密封系统，减少压缩机日常维护工作量。透平膨胀组合式压缩机一般分为两种：一种是以透平膨胀机为主，压缩机或发电机仅作为膨胀机的制动机；另一种是以压缩机为主，膨胀机作为辅助驱动机，用来回收能量。乙烯装置的膨胀机-再压缩机，兼具冷量回收和增压机功能。随着磁力轴承技术的成熟，该类型的机组采用磁力轴承可以取消润滑油系统，减少日常维护的费用。

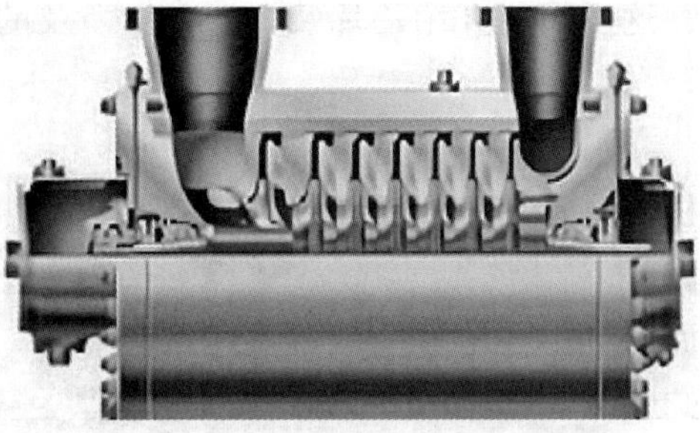

图 20.2-7　垂直剖分型离心压缩机

图 20.2-8　膨胀机和压缩机组合式

4）齿轮组装式离心压缩机

在石化装置中，齿轮组装式离心压缩机多用作公用工程中的空气压缩机、氮气压缩机。和单轴压缩机相比，这种压缩机在气动性能方面有以下优势：

① 齿轮的变速比可以根据需要进行设计，压缩机可实现多转速，各级叶轮可选择最佳转速设计。

② 每级叶轮可实现轴向进气，有利于提高叶轮效率。

③ 气体经每级压缩后都可以冷却，使压缩过程接近等温压缩，可以降低压缩机能耗。

④ 每一级都可以采用半开式叶轮，通过提高叶轮周速来提升单级压比。

⑤ 方便配置进口导叶，为固定转速压缩机的性能调节提供有利条件。

(2) 主要结构部件

虽然离心式压缩机可以细分为不同的结构类型，但总体来说结构上都分为定子部分和转子部分，如图 20.2-9 所示。定子部分的所有零部件均不能转动，主要包括机壳、隔板(包括扩压段、弯道和导流叶片)、蜗室、级间密封(迷宫式密封)和轴承。转子部分是离心式压缩机的主要转动部件，包括叶轮、主轴、轴套(级间轴套和轴端轴套)、平衡盘和联轴器。

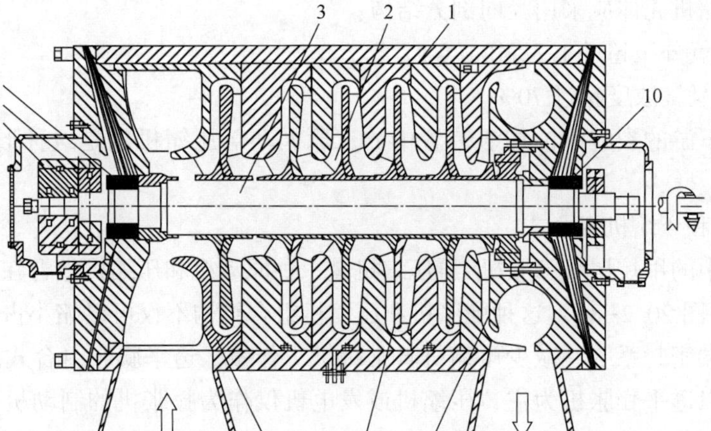


图 20.2-9　离心压缩机剖面图

1—壳体；2—叶轮；3—主轴；4—轴端密封；5—径向轴承；
6—推力轴承；7—吸入蜗壳；8—隔板；9—排气蜗壳；10—轴端密封

1）转子部分

① 叶轮。叶轮是离心式压缩机中最重要的部件，通过高速旋转将机械能转变为气体的动能。叶轮按照结构形式可以分为开式叶轮、半开式叶轮和闭式叶轮；按照弯曲形式可以分为前弯叶轮、径向叶轮、后弯叶轮；按照加工方法可以分为铆接叶轮、焊接叶轮和整体叶轮。各种类型叶轮的特点见表 20.2-2。

**表 20.2-2　叶轮型式及特点**

| 分类原则 | 型式 | 简图 | 特点 |
|---|---|---|---|
| | 开式叶轮 | 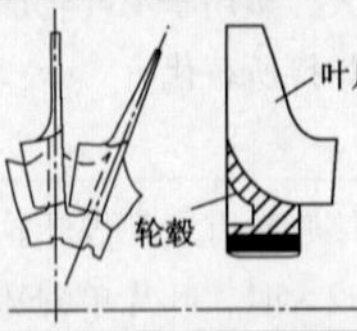  | 仅由轮毂和径向叶片组成，气体通道由叶片槽道和与叶轮前后存在间隙的机壳内壁构成，气体能量损失很大，效率最低，在压缩机中很少被采用 |
| 结构形式 | 半开式叶轮 | 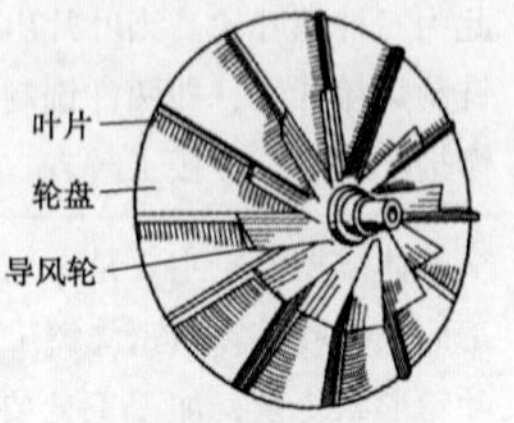  | 叶轮由叶片、轮盘等构成，没有轮盖。轮盘封闭了一侧流道，减少了流动损失，但由于没有轮盖，内泄漏损失大，叶片顶部有气体潜流损失，效率低于闭式叶轮。由于轮盖内孔应力往往最大，是限制叶轮圆周速度的主要原因，因而半开式叶轮允许圆周速度高，可达 320~500m/s，单级压比高。多用于单级或悬臂式压缩机 |
| | 闭式叶轮 | 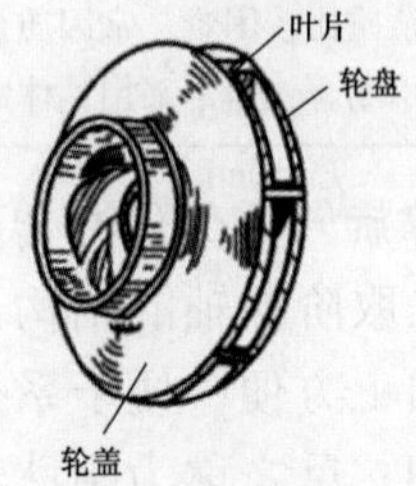  | 叶轮由轮盘、叶片和轮盖等构成。结构对气体流动有利，轮盖上可设气体密封，减少了泄漏损失，没有叶片槽道间潜流损失，效率高。叶轮与隔板间的间隙不像半开式叶轮那样要求严格，可以较大，检修方便，实际应用最广。因轮盖口圈处应力较大，一般圆周速度≤320m/s |
| | 前弯叶轮 | 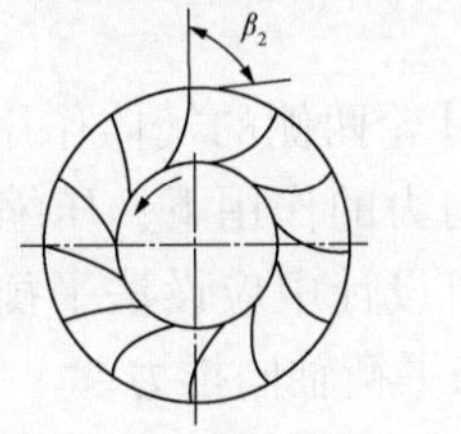  | 叶片出口角 $\beta_2>90°$。做功能力强，但效率非常低，在压缩机中通常不使用，仅有时在通风机或低压鼓风机上使用 |
| 弯曲形式 | 径向叶轮 | 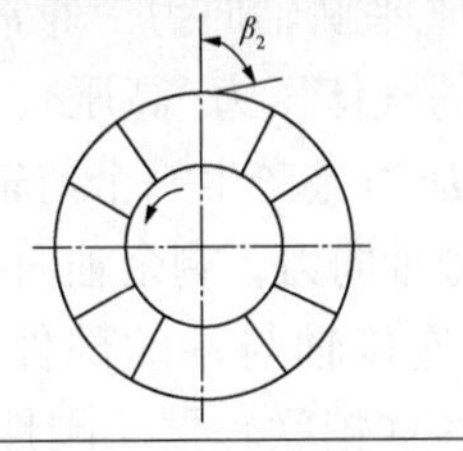  | 叶片出口角 $\beta_2=90°$。径向叶轮一般效率较低，石化工业的压缩机中应用较少。对于运输设备上的压缩机，例如航空、船舶等内燃机的增压，移动式小型燃气轮机的压缩机等，为了力求做到体积小、重量轻，同时又能保证一定的效率，径向半开式叶轮就采用得比较广泛 |
| | 后弯叶轮 | 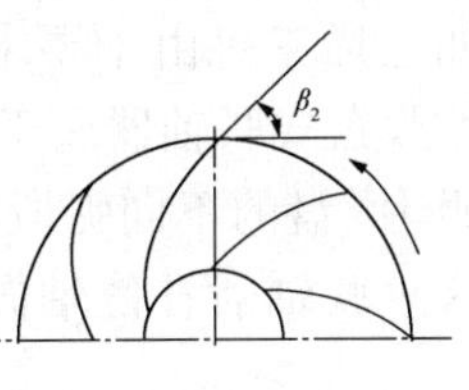  | 叶片出口角 $\beta_2<90°$。对于后向叶轮，当 $\beta_2$ 在 30°~60°时，称为正常后弯型叶轮或压缩机型叶轮。当 $\beta_2$ 在 15°~30°时，称为强后弯型叶轮或水泵型叶轮。后弯叶轮效率较高，广泛用于石化压缩机，且通常前几级采用正常后弯型叶轮，而后几级采用强后弯型叶轮，越到后面几级的叶轮，叶片出口角逐渐减少 |

续表

| 分类原则 | 型式 | 简图 | 特点 |
|---|---|---|---|
| 加工方法 | 铆接叶轮 | 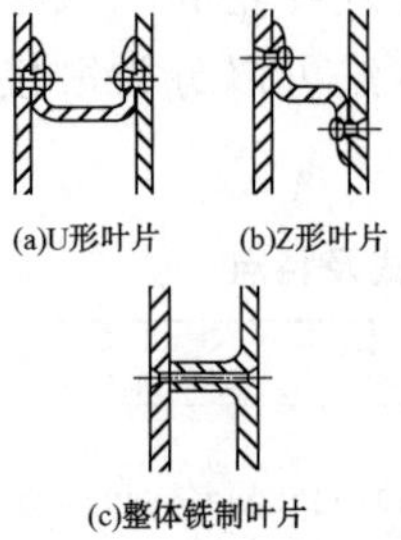 (a)U形叶片 (b)Z形叶片 (c)整体铣制叶片 | 铆接型叶轮分为一般铆接和整体铣制铆接。一般铆接叶轮在早期压缩机常采用，有多种形式，U形和Z形最常用，强度低，多用在低中压压缩机中叶片比较宽的情况下。铣制叶轮的叶片在轮盘上直接铣出，再和轮盖铆接，比一般铆接叶轮强度高、级效率高约2%，但材料浪费大，多用于窄叶轮加工。随着焊接工艺的发展，逐渐被焊接所替代 |
| | 焊接叶轮 |  | 焊接叶轮有三件焊叶轮、两件铣制焊接叶轮。出口宽度比较大时，叶片单独压制后分别与轮盘、轮盖焊接，此为三件焊叶轮。当叶片出口宽度较小时，多采用整体铣制焊接叶轮，即两件铣制焊接叶轮。焊接叶轮强度比铆接叶轮高，焊接工时省，是叶轮的主要加工工艺 |
| | 整体叶轮 |  | 整体成型叶轮主要是采用精密浇铸和其他特殊工艺加工而成的叶轮。精密浇铸工艺既省工时又省料，但由于叶轮形状复杂，加工工艺要求高，要保证铸件无气孔、无杂质比较困难，常因质量问题影响叶轮的强度。重要应用场合，通常采用整体锻造铣制叶轮 |

② 主轴。主轴上安装所有的旋转零部件，支撑旋转零部件并传递扭矩，其轴线确定了各旋转零件的几何轴线。主轴通常为整体锻造，采取阶梯轴的结构，各阶梯轴肩起轴向定位作用，方便于零件安装。光轴因为形状简单、加工方便、便于系列化的特点，近来也有采用。当工作转速高于一阶临界转速时称为挠性轴，反之称为刚性轴。乙烯三机及低压甲烷压缩机通常都是挠性轴。

③ 平衡盘。在离心式压缩机中，由于每级叶轮两侧的气体作用力大小不等，转子会受到一个指向低压端的合力，称为轴向力。在轴向力的作用下，压缩机的转子会向低压端窜动，甚至与机壳发生碰撞，造成事故，在压缩机设计中应设法平衡或消除轴向力。通常采取设置平衡盘或采用背靠背的叶轮布置的方式来平衡轴向推力。

平衡盘的工作原理是利用其两侧气体压力差来平衡轴向力，通常设置在高压端。平衡盘一侧的压力可以认为是末级叶轮轮盘侧的间隙中的气体压力(高压)，另一侧与大气或进气管联通，其压力是大气压或进气压力(低压)，两侧压力差产生一个与轴向力反向的力，其大小取决于平衡盘的受力面积。平衡盘通常只平衡部分轴向力，剩余轴向力由止推轴承承受。

④ 联轴器。联轴器用来传递扭矩，是一种连接轴与轴的部件。联轴器的型式有很多种，包括膜片/膜盘式联轴器、齿式联轴器、弹性柱销联轴器、刚性联轴器等。石化装置中的离心压缩机多采用膜片式联轴器，大型机组如乙烯三机由于要求联轴器传递的扭矩大、适应不对中能力强，多采用膜盘式联轴器。膜片/膜盘式联轴器属于挠性联轴器，在半联轴器间或半联轴器与隔套间有一组弹性膜片/盘，膜片/盘的不同弧段交错受到拉伸和压缩应力。拉伸部分传递扭矩，压缩部分趋向皱折。这种联轴器补偿轴向和角度位移的能力大，运行时对在设备附加负荷小，不用润滑。

2）定子部分

① 机壳。机壳也称为气缸，是定子中最大的零件，多数为铸件，大型机壳为焊接件。机壳主要有水平剖分型和垂直剖分型两种。前面已经介绍，这里不再赘述。

② 隔板。隔板是由扩压器、弯道、回流器所组成的气流通道，与相应的叶轮组成级。隔板安装在气缸内，通常水平剖分，如图 20. 2-10 所示。

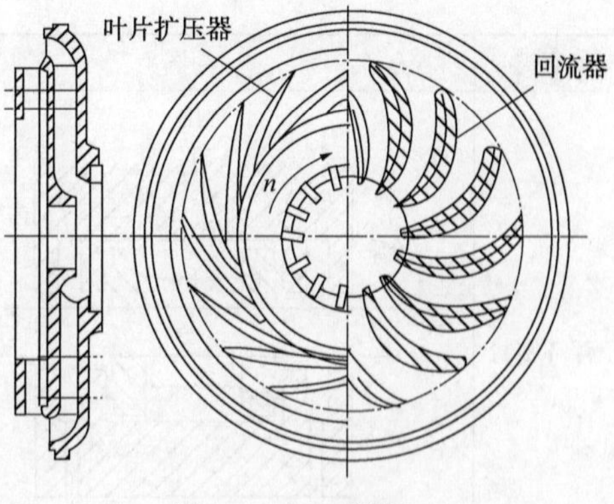

图 20. 2-10　隔板

扩压器位于叶轮出口的隔板环形空间，流通面积逐渐扩大，这种结构使得叶轮出口的高速气流降速，将动能转变成压力能。扩压器有无叶扩压器、叶片扩压器、直壁扩压器等多种型式。直壁扩压器实际上是叶片扩压器的一种变型。叶片扩压器的级效率比无叶扩压器的级效率高 3%～5%，但运行范围窄，对气流角变化敏感，扩压器叶片数少于叶轮叶片数且应互为质数。

弯道是由机壳和隔板构成的弯环形空间，气体流经弯道并拐弯。

回流器的作用是使气流按所需的方向均匀地进入下一级。回流器中设有回流叶片，叶片通常为铸造或经机加工后与隔板组装成一体，隔板借销钉或外缘凸肩与机壳定位。气流在回流器中的流速基本不变或稍有减少，通常气流出口方向为轴向。为了气量调节的需要，有的回流器出口段叶片做成可调的，改变叶片的出口角，可使下一级叶轮进口产生预旋，从而得到不同的级性能。回流器的叶片数一般为 12～18。

③ 蜗室。蜗室的作用是收集压缩介质、引导介质流向并进一步增压，即把扩压器或叶轮后面的气体汇集起来，引导其流向气体输送管道或流向换热器去进行换热。通常情况下，由于蜗室外径的逐渐增大和通流截面的渐渐扩大，也对气流起到一定的降速增压作用。

④ 密封。密封的作用是防止压缩机内的气体泄漏到大气环境，防止级间气体互窜和防止润滑油等进入压缩机内。离心压缩机的密封包括轴端密封、隔板密封和轮盖密封。密封的种类有很多，包括迷宫密封、浮环密封、机械密封、干气密封等，几种主要密封的原理及特点如表 20. 2-3 所示。

**表 20. 2-3　密封型式及特点**

| 型式 | 简图 | 原理及特点 |
|---|---|---|
| 迷宫密封 | 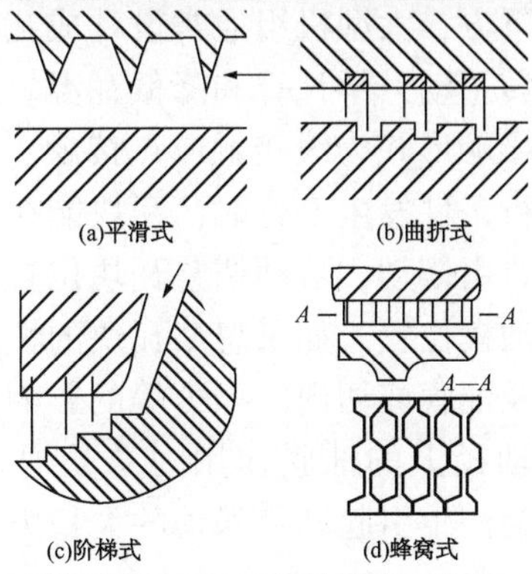 | 迷宫密封用于级间或轴端密封，多用铝、铜或不锈钢加工而成。其工作原理是节流减压，能量耗散，即气体通过狭窄缝隙节流增速，压力能转化为速度能，气流从缝隙进入密封片空腔时形成强烈的旋涡，速度能转化为热能并耗散，压力明显降低。这样经过多个迷宫腔的减压，气体泄漏就很微小。<br>迷宫密封有多种型式，蜂窝式密封效果最好，一般用在平衡盘处，运行时即使发生磨损也不会改变齿型；曲折式与阶梯式效果次之，曲折式用于级间或轴端密封，阶梯式用于叶轮的口圈处；平滑式效果较差，多用于级间 |

续表

<table>
<tr><th>型式</th><th>简图</th><th>原理及特点</th></tr>
<tr><td>浮环密封</td><td>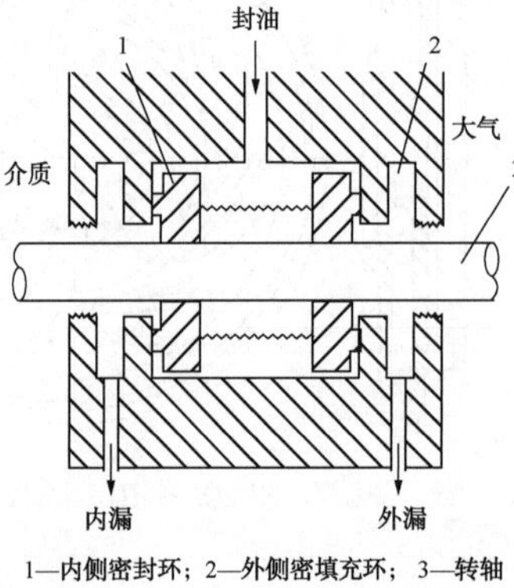

1—内侧密封环；2—外侧密填充环；3—转轴</td><td>浮环密封是一种湿密封，径向非接触型。运行时在密封环与轴之间的间隙中产生油膜，使密封环在主轴上浮动，同时浮动环与静端面有贴合面，封住气体。浮环密封的泄漏量略大于机械密封，耗功小于机械密封。浮环密封是压缩危险气体离心压缩机轴端密封的传统型式，正逐步被更先进密封型式所替代</td></tr>
<tr><td>机械密封</td><td>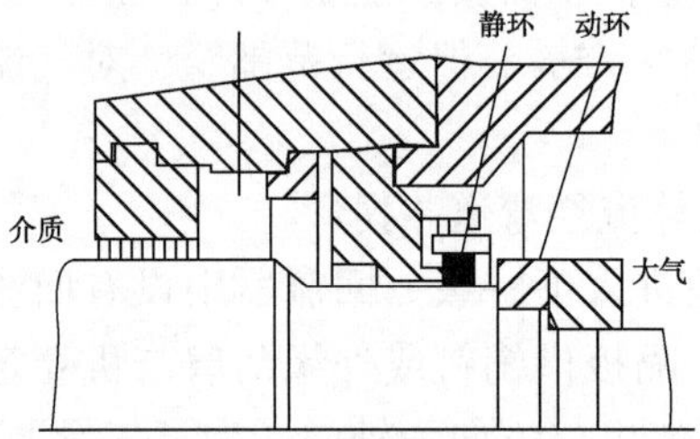
</td><td>机械密封是端面接触型密封。运行时动环随主轴转动，动环与静环接触构成一对摩擦副。由弹簧预紧力和介质压力压紧密封，动静环摩擦产生的热量由密封液带走。静环与动环的浮动可保证端面摩擦副的良好贴合，机械密封的泄漏率明显低于浮环密封</td></tr>
<tr><td>干气密封</td><td>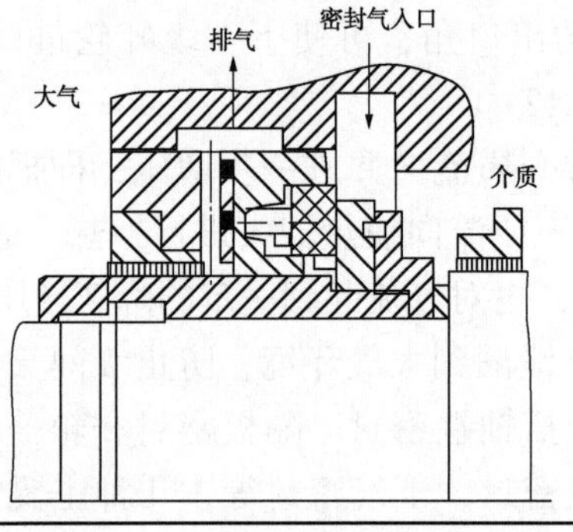
</td><td>干气密封为端面非接触型密封。在动环的工作面(端面)上刻有深度2~10μm的螺旋槽，旋转时由于气体动压效应在螺旋槽根部产生一定压力的气坝，其压力与弹簧力、介质压力平衡。干气密封的功率消耗小，仅为接触式机械密封的5%左右，气体泄漏量小，密封气可以采用自身工艺气体或其他洁净气体，可避免对工艺流程的污染，可靠性高。广泛应用于离心压缩机轴端密封</td></tr>
</table>

⑤ 轴承。离心式压缩机有径向轴承和止推轴承。径向轴承用来支持转子使之高速运转，一般采用多油楔可倾瓦轴承(图20.2-11)，由3~5块瓦组成，大部分为5块瓦，各瓦块沿轴颈圆周均匀分布，小型机组有一块瓦在轴颈的正下方，大型机组通常设计成瓦间支撑，更有利于转子动力学计算和降低瓦温。瓦背与轴承箱孔的接触形式为线接触或点接触。当载荷、转速等运行条件发生变化时，瓦块能在轴承箱的支撑面上自由摆动，自动调整瓦块位置，以达到最佳承载油楔位置。如果忽略瓦块的惯性、支点的摩擦力及油膜剪切内摩擦力等的影响，每个瓦块作用到轴径上的油膜作用力总是通过轴径的中心，不会产生引起轴径涡动的失稳力，因此具有

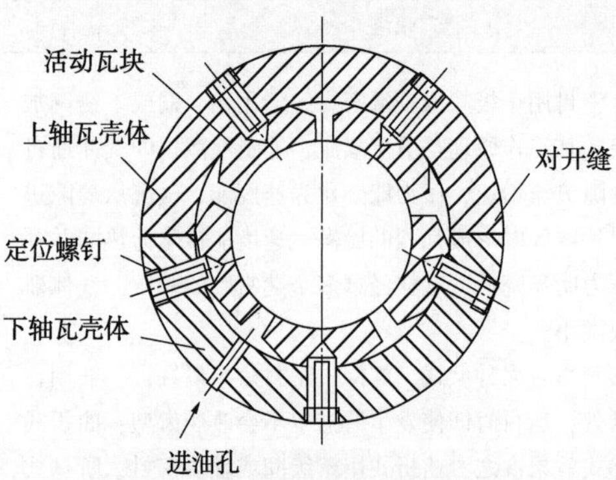

图20.2-11　多油楔可倾瓦轴承

较高的稳定性，理论上可以避免油膜震荡的产生。此外，由于瓦块可以自由摆动增加了支撑柔性，还具有吸收转轴振动能量的能力，即具有很好的阻尼性。可倾瓦轴承有许多优点，但不足之处是结构复杂、安装检修较困难、成本较高。但是，随着大功率机组在轴承稳定性、功耗及承载力等方面的要求愈来愈高，可倾瓦轴承正在被越来越多的大功率机组采用。

止推轴承用来承受转子上的剩余轴向力。离心压缩机中通常采用流体动压止推轴承，常用的是米契尔式和金斯伯雷式(表 20.2-4)。

**表 20.2-4 止推轴承常用型式**

| 型式 | 简图 | 原理及特点 |
| --- | --- | --- |
| 米契尔式 | 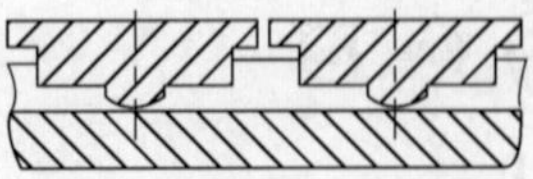 | 止推瓦块同基环直接接触的单层结构，当止推瓦块承受推力时，可以自动调整止推瓦块的位置，形成有利的油楔。止推盘两侧分置主止推瓦块和副止推瓦块。正常情况下，转子的轴向力通过止推盘经过油膜传给主止推瓦块，然后通过基环传给轴承座。在启动或甩负荷时可能出现的反向轴向推力由副止推瓦块来承受。止推瓦块与止推盘的接触面衬有 1~1.5mm 的巴金合金。<br>该种型式的优点是结构简单，轴向尺寸小；缺点是当瓦块厚度稍有差别或轴承基环与止推盘平行度有误差时，每个瓦块间负荷不能调节，会造成部分瓦块过载 |
| 金斯伯雷式 | 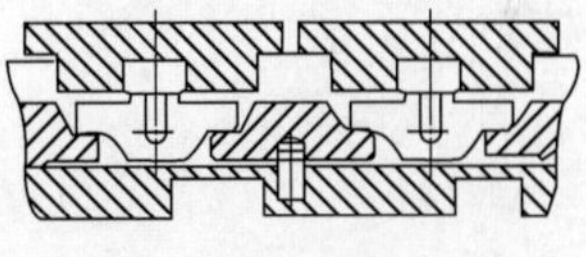 | 止推瓦块下面有上水准块、下水准块，然后才是基环，属于三层结构。止推瓦块与垫在下面的上水准块、下水准块和基环，它们之间采用球面支点接触，保证止推瓦块、水准块可以自由摆动，使载荷分布均匀。止推瓦块上面浇注 1~1.5mm 的巴氏合金。止推盘与止推瓦块之间留有 0.25~0.40mm 的间隙，可以保证止推盘和瓦块之间形成油楔，承受转子的轴向推力。<br>该种型式的优点是瓦块间载荷分布均匀，调节灵活，能自动补偿转子不对中、偏斜；缺点是结构复杂，需要轴向安装尺寸较长 |

(3) 辅助系统

1) 润滑油系统

离心式压缩机通常要配置润滑油系统，给轴承提供强制润滑(图 20.2-12)。润滑油系统一般由油站、高位油箱、供回油管路和相关仪表、阀门组成。油站由油箱、油泵、油冷却器、油过滤器以及指示和控制仪表组成，并集成安装在同一底盘上。石化装置中的润滑油系统通常执行 API 614 标准。

润滑油泵通常设置主、辅两台油泵，泵型通常采用螺杆泵，也有用齿轮泵、离心泵。每台油泵的流量至少为正常所需流量的 120%，运行时可以自动切换。为确保油泵的长周期运行，规避停电的影响，关键压缩机的主油泵通常采用汽轮机驱动，备用油泵采用电机驱动，乙烯三机通常还会设置事故油泵。随着电网稳定性的提高，为避免汽轮机带来的检修不便等问题，越来越多的用户倾向于主油泵也采用电机驱动。

油箱的最小滞留容量应该至少满足油泵 8min 正常流量，同时还要考虑停机时高位油箱、管路及设备的腔室运行时存油的容积。油箱设有液位计、排烟风机、滤油机接口、氮封接口等，根据需要设置电或蒸汽加热器。

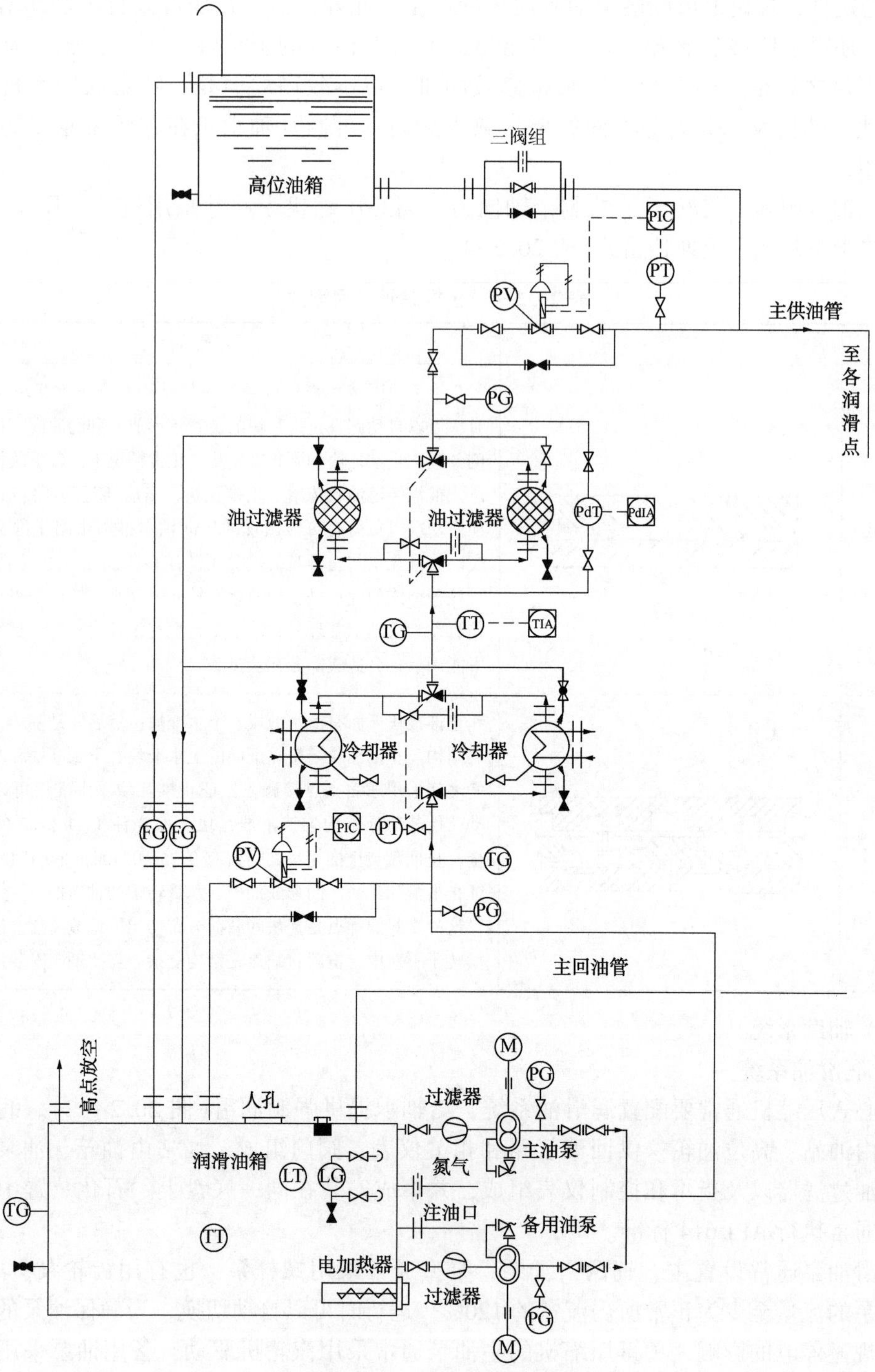


图 20.2-12　润滑油系统示意

油冷却器和过滤器通常按一开一备设置。油过滤器设在油冷却器的下游，可以在线切换和更换滤芯。

高位油箱是在油站停电、停汽等事故停车惰转时，确保机组各润滑部位(主要是轴承)

有必要量的润滑油。高位油箱的容积至少满足设备所需的3min正常油量，其安装高度应满足油压的要求。大部分机组在润滑油系统中设有蓄能器，确保在油泵切换时，系统油压在10%以内波动，一般取4~6s的正常油量。一般蓄能器安装在过滤器下游的总供油管上。

2）状态监测系统

离心压缩机组作为装置的关键设备，一旦出现故障，将造成巨大的损失。对大型转动设备进行运行监测，掌握设备运行状态，及时采取安全保护措施，可以有效避免设备事故的发生。同时，在减少非计划停工、缩短故障停机时间、优化生产操作、降低维修费用等方面，状态监测具有不可替代的作用。

离心压缩机状态监测的重点是轴承温度、轴振动、轴位移、键相、转速等物理量，主要由相应的传感器、变送器和显示器组成。当压缩机出现异常，相关物理量的监测数值超过设定值时，监测仪表会发出报警信号，提醒操作人员进行辨别和处理。如果情况继续恶化并超过联锁值就会进行联锁停机，以避免出现严重事故。

3）干气密封系统

干气密封系统对于干气密封的正常使用起着极其重要的作用。对于不同型式的干气密封，其系统配置会有所不同，但要实现的功能基本相同，包括：为干气密封提供所需的流量稳定、清洁干燥的密封气；监测干气密封的泄漏量；隔离润滑油，防止其进入干气密封；调节密封气的压力，确保各级气体压差稳定。为了实现这些功能，干气密封系统通常配置聚结器、过滤器、压力调节阀、差压调节阀、监测仪表等，在密封气压力不够时需要设置增压泵。干气密封系统集成安装于一个公共底盘上，靠近压缩机布置。

4）控制系统

随着计算机技术的发展，离心压缩机的稳定运行已经基本通过控制系统来自动实现，不再过多地依赖人员的现场操作。离心压缩机的控制系统具备的功能主要包括性能调节、防喘振控制、超速保护、状态监测、紧急停车等。控制系统的形式与它所控制的过程对象的复杂程度密切相关，应当根据不同的对象和不同的控制要求，选择不同型式的控制系统。不同控制系统的特点见表20.2-5。

**表20.2-5　主要控制系统型式**

| 型式 | 简　介 |
| --- | --- |
| 集散控制系统（DCS） | DCS控制系统采用分散控制、集中管理，具有较高的稳定性，主要依赖于工业计算机的集中控制，通过网络将硬件连接起来。集散控制系统具有操作方便简单、维护方便、功能强大及易于扩展等特点。DCS作为全装置的控制系统，可以兼顾小型、控制逻辑相对简单的压缩机组的控制，可以简化控制系统数量、节省投资。缺点是对调速、防喘振等复杂控制组态的专业性不强 |
| 压缩机控制系统（CCS） | CCS是基于可编程控制器(PLC)的压缩机专用控制系统，目前已经成为大型汽轮机驱动离心压缩机主要的控制方式。CCS可以实现与上位机计算机的通信，还可以实现与其他系统(旋转机械的振动、位移监测系统)的通信，根据工业设备及现场的环境条件选择控制器的硬件，再根据实际控制要求选择软件进行编程，不仅能实现复杂的逻辑控制，还能完成各种顺序或定时的闭环控制功能。具有结构紧凑、运行速度快、稳定性高、接线简单、功能强大、价格低廉等特点，得到广泛应用 |
| 现场总线控制系统(FCS) | 现场总线控制系统是继集散控制系统之后出现的新一代分布式控制系统，是一种全数字化、分散式、可相互操作和开放式互联网络的控制系统，结构模式为工作站和现场总线智能仪表两层结构。这种系统还处在一个不断完善和持续改进的阶段 |

2. 离心压缩机性能

(1) 热力计算

离心式压缩机的压缩过程为多变过程，计算功率及排气温度时应考虑真实气体的压缩系数、绝热指数等的影响。要求计算精度不是特别高时，可以按照多变压缩的热力计算公式(20.2-11)和式(20.2-12)进行近似计算。实际功率消耗 $N_s$ 还必须考虑机械效率和传动效率。

$$N_s = \frac{N}{\eta_g \cdot \eta_c} \tag{20.2-13}$$

式中 $\eta_g$——机械效率，一般取0.94~0.98；

$\eta_c$——传动效率，直接传动时可取为1.0，齿轮箱传动时取0.93~0.98。

离心压缩机的能量头 $H_p$ 相当于离心泵的扬程，由式(20.2-14)计算：

$$H_p = \frac{m}{m-1} zRT_1 \left[ \left( \frac{p_2}{p_1} \right)^{\frac{m-1}{m}} - 1 \right] \tag{20.2-14}$$

式中 $z$——压缩性系数；

$R$——气体常数。

(2) 喘振与堵塞

任何离心压缩机按其结构尺寸，在某一固定的转速下，都存在一个最小流量和最大流量，分别称为喘振流量和堵塞流量。

当离心压缩机入口流量低于最小流量时，气流在叶轮叶片流道入口、出口处的相对流速减小，使气流的冲角大大增加，从而引起边界层严重分离，如果流量再进一步减少，脱离的气流就会以一定的传递速度向邻近的气流通道扩展，占据大部分叶道甚至整个环流面积，形成旋转脱离。气流脱离一般在叶片扩压器内先发生，这时机组的出口压力下降，且有明显的波动，随着旋转脱离的加剧，流动严重恶化，出口压力大幅下降，由于压缩机总是和管网系统联通，这时管网中的压力并不会马上减低，于是管网中压力较高的气流就会倒流入压缩机内部，这时机组因气流加大，旋转脱离减弱，出口压力回升，流经压缩机的流量再度减少。如此反复出现，使压缩机组与排气管路中的气流产生周期性震荡，同时伴随着巨大的声响和振动，这一现象称为喘振。持续喘振会损坏机组。

堵塞工况产生的原因主要是压缩机吸入流量过高，跟喘振情况相反。当流量不断增大时，气流产生较大的负冲角，气流在叶轮内流动偏向其中某一面而在另一面因为边界层过厚而产生分离，使叶轮内流动恶化，当流量达到最大，叶轮做功全部转化为能量损失，压力不再升高，流量不再增加。有时气流在压缩机流道的最窄处如弯道回流处等地方，气流速度很高，甚至达到当地声速，马赫数接近或等于1，会有强烈的震波产生，阻碍流量的进一步增加，造成堵塞。堵塞工况也会造成压缩机强烈震动，但较喘振危害稍低，流道分离现象也比喘振时弱。

(3) 性能曲线

对离心式压缩机来说，压力、效率、轴功率及流量是反映其性能的最主要参数。在某个转速及进口气体状态下，把不同流量时的出口压力、效率、能量头、轴功率与进口流量的关系，用曲线形式表示出来，就得到压缩机的性能曲线。

图20.2-13为某压缩机在不同转速下的性能曲线，每条曲线对应于不同的运行转速(曲

线右侧标注数值为转速)。将每条曲线的最左端相连所成的曲线为压缩机的喘振线(也称为飞动线)，喘振线的左侧是喘振区域。喘振对机组的危害极大，为确保机组的安全运行，一般在喘振线的右侧保留5%~10%的安全余量设置防喘振线，也称为喘振控制线，压缩机正常操作应工作在防喘振线的右侧。API 617中定义额定排气压力下的喘振流量 $Q_1$ 与额定流量的比值百分数为机组的降量率，也理解为机组的调节范围。降量率应低于80%为宜。额定转速下的喘振流量 $Q_2$ 与额定流量的比值以百分数表示，称为操作稳定性。

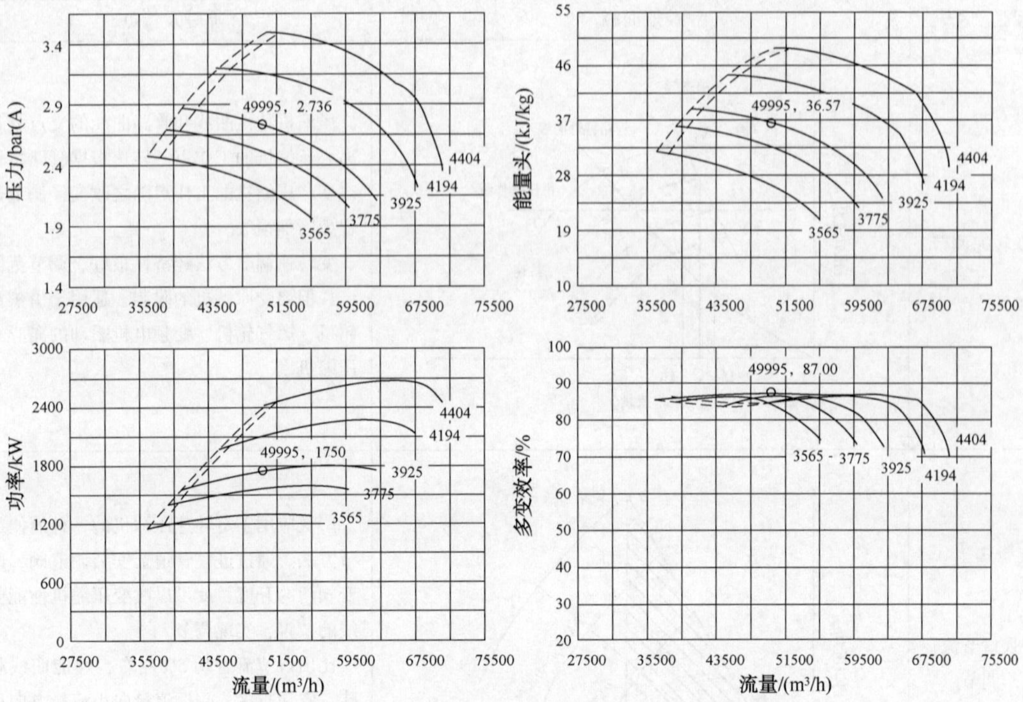


图 20.2-13　离心式压缩机的性能曲线

($1bar=10^5Pa$)

压缩机性能曲线的左边受到喘振工况的限制，右边受到堵塞工况的限制，在这两个工况之间的区域称为压缩机的稳定工作范围。压缩机变工况的稳定工作范围越宽越好。对于多级离心压缩机，级数越多，压缩机的综合性能曲线越陡，喘振流量越大，堵塞流量越小，其稳定工作范围也就越窄。

性能曲线上效率最高的点称为最佳工况点，一般应是该机器设计计算的工况点。为了尽量节能降耗，在压缩机选型时，尽量使压缩机运行在最佳工况点上或尽量靠近最佳工况点，以减少能量的消耗。

(4) 流量调节

在压缩机的实际运转中，由于装置负荷或其他需要，压缩机的操作参数可能要调整，例如要求气体的流量或压力有所增减，这时就需要移动工作点，这种改变操作点在压缩机性能曲线上的位置，以适应新的工况的方法就叫作调节。按照调节要求的不同，可以分为等压力调节(保持压力不变，不管流量如何变化)，等流量调节(保持流量稳定，不管压力如何变化)，比例调节(保证压力比例不变，或保证所压送的两种气体的容量百分比不变)。

如防喘振调节就是一种比例调节。

离心压缩机常用的流量调节方法有变转速调节、入口节流调节、出口节流调节、入口导叶调节、可转动扩压器叶片调节、旁路调节等。旁路调节是将出口气体引回入口的调节方式，会白白消耗功率，单独采用这个方法的很少，一般作为防喘振措施使用。其他的调节方法特点见表 20. 2-6。

**表 20. 2-6 离心压缩机调节方法**

<table>
<tr><th>调节方法</th><th>性能曲线</th><th>原理及特点</th></tr>
<tr><td>变转速调节</td><td>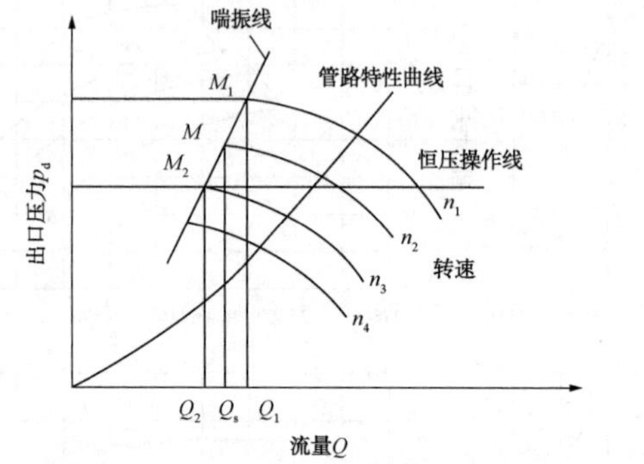
</td><td>压缩机特性曲线和管路曲线的交点就是离心压缩机的工作点。转速根据管路特性改变，压缩机的工作点随之改变，调节过程无附加损失。<br>变转速调节方法经济性最好、调节范围广，但要受原动机的限制，适用于由蒸汽轮机、燃气轮机、变频电机驱动的离心式压缩机</td></tr>
<tr><td>入口节流调节</td><td>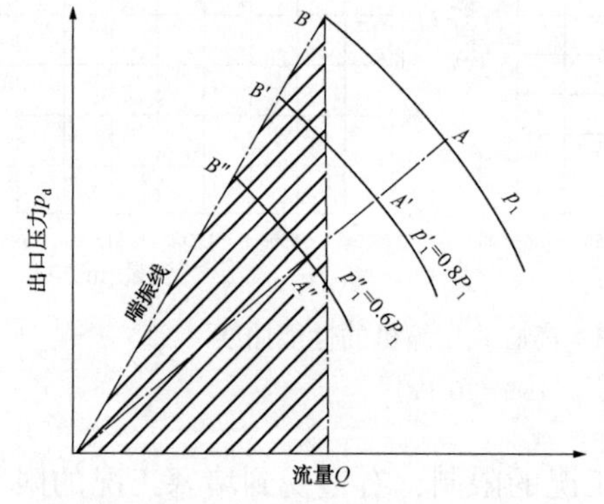
</td><td>广泛应用于定转速压缩机的一种简便调节方法。通过进气管道上安装调节阀，改变阀门的开度，就可以改变压缩机性能曲线的位置，实现调节。<br>比出口节流省功 5%左右，性能曲线越陡，省功越多。喘振流量向小流量方向移动，使压缩机可以在更小的流量下工作。但节流阀带来一定节流损失，且阀门后需要足够长度的直管段确保流动的均匀</td></tr>
<tr><td>出口节流调节</td><td>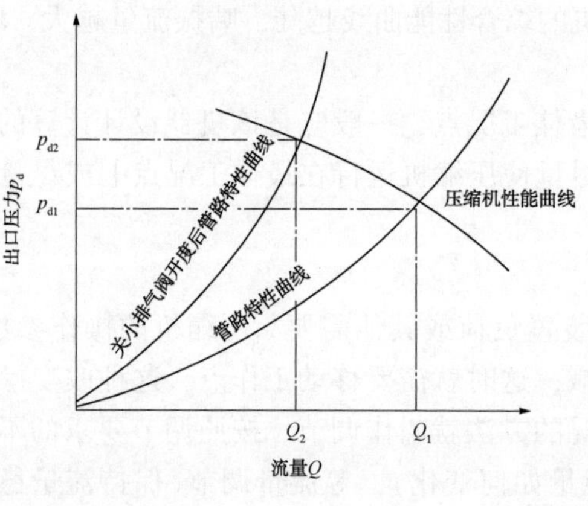
</td><td>在压缩机出口管道安装调节阀，改变出口压力，以调节压缩机的流量。这种调节方法实质是改变管网性能曲线，而不改变压缩机的特性曲线。<br>这种调节方法经济性差，当压缩机性能曲线较陡，而调节的流量又较大时，缺点就更突出。应用较少，仅用于小功率压缩机</td></tr>
</table>

续表

| 调节方法 | 性能曲线 | 原理及特点 |
|---|---|---|
| 入口导叶调节 | 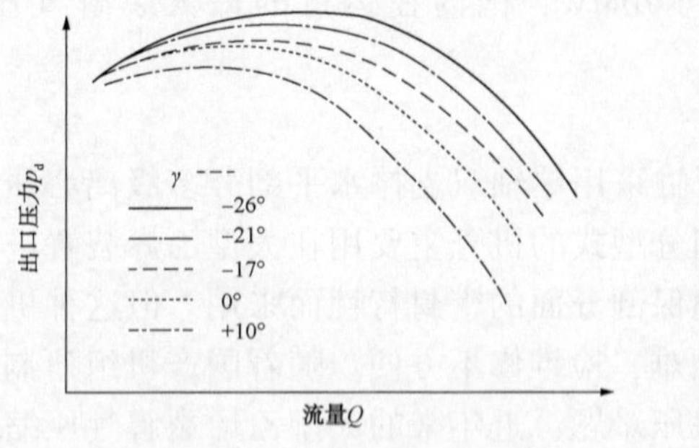 | 一种在压缩机叶轮进口处安装导向片，通过改变导叶角度使气流产生预旋来改变压力和气量的调节方法，也称为进气预旋调节。<br>经济性比入口节流效率高，但结构复杂。多用于单级压缩机或多级压缩机的首级 |
| 可转动扩压器叶片调节 | 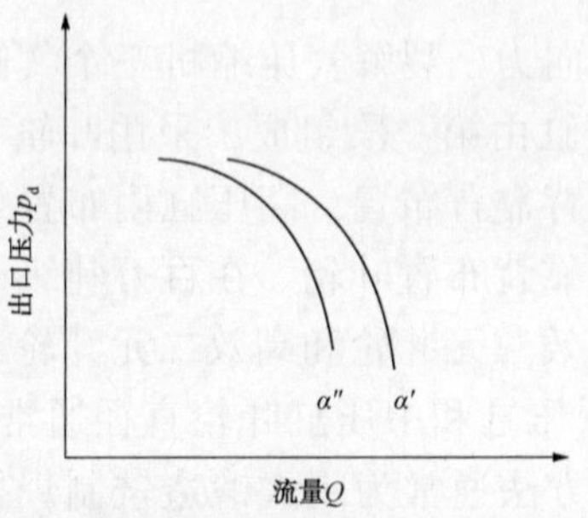 | 扩压器叶片制成可转动调节的结构。减小叶片安装角，性能曲线向小流量区移动，效率和能量头变化小，喘振流量减小，稳定运行范围扩大，但改变出口压力的作用很小。<br>这种调节方法结构复杂，很少单独使用。静叶和动叶可调多用于轴流压缩机和风机 |

3. 乙烯三机及低压甲烷压缩机

乙烯装置中最核心的离心压缩机是“乙烯三机”包括裂解气压缩机、丙烯制冷压缩机、乙烯制冷/热泵压缩机(现在乙烯装置广泛采用乙烯热泵/制冷压缩机代替单纯的乙烯制冷压缩机，降低能耗，也有个别工艺采用设置二元制冷压缩机或、三元制冷压缩机、甲烷制冷压缩机)。此外还有低压甲烷压缩机，这四台压缩机都是单轴式离心压缩机。

“乙烯三机”是乙烯装置的心脏设备，其结构复杂、设计制造难度大、可靠性要求高，代表着炼化装备制造业的发展水平，被誉为乙烯工业“皇冠上的明珠”。长期以来，“乙烯三机”的设计计算和加工制造技术被美国、德国、日本等少数几个国家垄断。1983 年国家将 300kt/a 乙烯成套设备列入 10 个重大装备研制项目，中国石化总公司也成立了重大装备国产化领导小组，对包括“乙烯三机”在内的一些石化装置关键设备进行国产化调研和可行性研究，开启了“乙烯三机”的国产化之路。20 世纪末，沈阳鼓风机(沈鼓)为大庆 480kt/a 乙烯装置改造项目提供的裂解气压缩机(180kt/a 乙烯能力)成功运行，实现了“乙烯三机”国产化领域零的突破。“十一五”期间，分别依托天津乙烯、镇海乙烯和抚顺乙烯三大百万吨级乙烯工程实现了百万吨级乙烯三机的国产化，近年依托中海油惠州乙烯、镇海二期乙烯实现了 1200kt/a 乙烯的三机国产化，现在正在开展 1500kt/a 规模的三机国产化研制。目前在世界范围内，能够设计制造大型乙烯“三机”的制造商主要有三菱重工(MHI)、埃利奥特(Elliott，现被日本荏原收购)、GE、西门子和中国沈鼓这五家公司。

(1) 裂解气压缩机

裂解气压缩机是乙烯装置的原料气压缩机，将来自裂解炉并经过急冷油塔和急冷水塔冷却后的裂解气进行压缩，提高压力后输送至下游流程进行不同组分的分离。近年来的大型乙烯装置根据采用的工艺技术的不同，裂解气压缩机有三缸四段压缩或三缸五段压缩，入口压力通常为0.12~0.13MPa(A)，出口压力通常为4MPa(A)左右，转速在4000~5000r/min，国产机组的最大轴功率已经达到70MW，国内在运行的最大裂解气压缩机轴功率达到90MW。

1）选型配置

裂解气压缩机的低压缸、中压缸采用单轴双支撑水平剖分多级离心压缩机，高压缸采用水平剖分或者垂直剖分。垂直剖分型式的机壳主要用在大型乙烯装置进行裂解气压缩机国产化研制的早期项目中，为了确保剖分面的密封特性而采用。但这种机壳检维修时抽转子需要较大的检修空间，且抽芯困难，检维修不方便。随着国产机组研制水平提高，成功解决了水平剖分高压缸水压试验保压难题，近年来的大型乙烯裂解气压缩机高压缸基本都采用水平剖分型式。

为优化联轴器力矩传递、便于平衡轴向力，裂解气压缩机三个气缸通常自驱动机侧根据功率大小，按中-低-高进行布置，低压缸由第一段组成，采用叶轮背靠背布置双进气结构，中压缸由第二段、第三段组成，叶轮背靠背布置，高压缸内布置第四段或者第四段和第五段，根据轴向力情况顺序布置或者背靠背布置叶轮。在百万吨级及以上规模的大型乙烯装置的裂解气压缩机中，叶轮都采用高效三元叶轮和高效二元叶轮，以提高压缩机的效率，降低能耗；叶轮数量在13~15个；低压缸和中压缸叶轮直径通常在1.2m以上，高压缸的叶轮直径通常在1m以上。叶轮加工方法通常为闭式锻造铣制焊接叶轮，焊接为两件焊。中、低压缸选材需要考虑硫化氢产生的应力腐蚀，叶轮通常选用FV520B(相当于美国牌号17-4PH)沉淀硬化不锈钢，高压缸叶轮选材应考虑设计温度的要求。主轴为锻钢轴带不锈钢轴套。随着机组不断大型化，转子重量不断增加，大型乙烯装置的裂解气压缩机转子需要配置顶轴油系统，大部分单独设置，也可以和汽轮机共用。

裂解气压缩机采用抽汽凝汽式汽轮机驱动；轴端密封采用带中间迷宫的串联干气密封，通常采用双向旋转型以避免反转损坏密封，主密封气通常采用洁净的乙烯气，压缩机出口气作为为备用气源，也有因乙烯装置裂解气的组分合适而采用压缩机出口气作为主密封气的情况；径向轴承为可倾瓦式动压滑动轴承，止推轴承为金斯伯雷式双作用自平衡流体动压轴承；采用膜盘式联轴器，带无火花全封闭防护罩。流量调节方式为变转速调节，转速调节范围通常为80%~105%。

裂解气压缩过程中，随着温度、压力的升高，介质中的不饱和烃如丁二烯、苯乙烯会出现聚合结焦，不但会使压缩机的通流面积降低，对气体的流动产生影响，增加能耗；更严重的是，结焦物如果分布不均匀或者产生脱落，会破坏转子的动平衡、造成压缩机振动加剧，甚至发生严重事故。为了防止裂解气结焦，裂解气压缩机采用注水、注油技术，注水、注油喷头可在不停机的状况下更换，注水、注油采用不同的喷头及控制盘。注水技术是利用水的蒸发潜热，在叶轮出口下游弯道处注入适量的雾化水，水从介质中吸收大量热量汽化，从而降低介质温度，避免结焦。注油技术是通过注入易溶、无腐蚀的雾化洗油，一方面冷却介质，抑制聚合反应产生；另一方面可以浸润、冲刷聚合物，并在压缩机内形成一层保护油膜，减少聚合物黏附。

综上，裂解气压缩机组主要由压缩机、汽轮机、凝汽系统、油系统(含润滑油系统、控制油系统、顶轴油系统)、干气密封系统、注油系统、注水系统、控制系统组成。

2）布置

整台机组安装在室外，有遮棚，双层布置，其中压缩机、汽轮机及其辅助设施布置在二层平台，干气密封盘离开机组布置在厂房一侧，润滑油站和表面冷凝器布置在一层地面。压缩机和驱动汽轮机分别采用单独底盘，通常采用三个底盘：汽轮机单独底盘，中压缸单独底盘，低压缸与高压缸公共底盘。机组的进、排气口均指向底座下方。如图 20.2-14 所示。

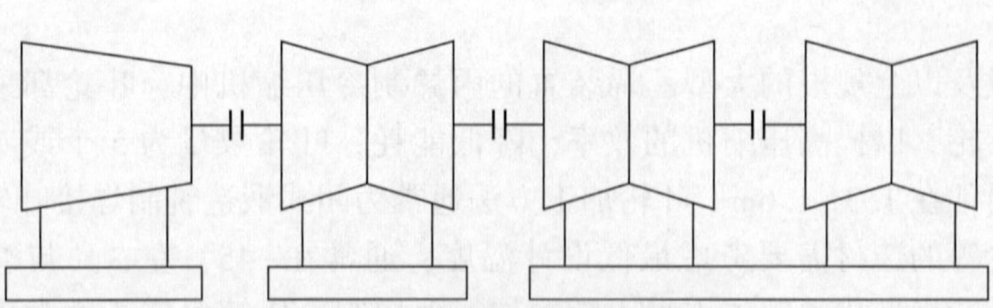


图 20.2-14　裂解气压缩机布置简图

3）防喘振控制

裂解气压缩机的防喘振控制回路设置与所采用的工艺流程有关，但总的设计思路是依据流程中气体流量在流程中是否发生较大变化来划分回路。对于三缸五段的裂解气压缩机，在采用顺序流程时，前三段当中无补充气体，除了各段吸入罐会分离出少量冷凝下来的液相外，可以认为气量基本不变，因此前三段设置一个防喘振回路，即“三返一”；三段出口气体通过碱洗系统，因脱除了 $CO_2$、$H_2S$ 等酸性气体，裂解气量有所减少，四段和五段的气体流量基本相同，因此在后二段设置一个防喘振回路，即“五返四”。对于前脱丙烷流程，由于流程的差异设置“三返一”“四返四”“五返五”三个防喘振，且“五返五”为满足防喘振和避免对碳二加氢反应器的影响，通常设置 A/B 两个防喘振阀和相应的返回线。A 阀门通流量大，需要满足防喘振所需最大流量的要求，并且能够调节碳二加氢空速，但返回线比较长，其开启动作在 B 阀门之前，如及时抑制了喘振则不必再开 B 阀门；B 阀门为防止对碳二加氢反应器的影响，通流量较小，但流程短，动作迅速，为快开线，在 A 阀门开启后操作流量继续减小，达到 B 阀门开启设定值时 B 阀门迅速开启。如图 20.2-15 所示。

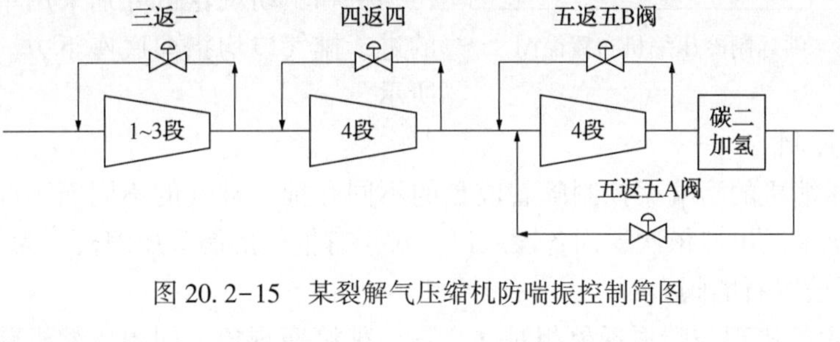


图 20.2-15　某裂解气压缩机防喘振控制简图

（2）丙烯制冷压缩机

丙烯制冷压缩机是丙烯制冷系统的核心设备，为乙烯分离装置提供-40℃以上各温度级的冷量。对于不同的工艺流程，设置的温度等级不同，压缩机的段数会有差别，但丙烯制冷压缩机均采用单轴双支撑水平剖分式多级离心压缩机，入口压力通常为 0.126MPa(A)，出口压力通常为1.78MPa(A)左右，转速通常在3000~4000r/min，在运行国产机组的最大轴功率已经达到45MW，在研制的1500kt/a乙烯用的丙烯制冷压缩机轴功率达到60MW，为目前最大的丙烯制冷压缩机。

1）选型配置

在运行的乙烯装置，丙烯制冷压缩机均采用单缸，但随着装置规模的扩大，压缩机一段入口的体积流量越来越大，给压缩机的结构设计带来诸多挑战，某1500kt/a乙烯装置中压缩机一段入口流量达到313000m$^3$/h，从气动设计、可靠性等多方面考虑，首次采用两缸配置。

在百万吨级及以上规模的大型乙烯装置的丙烯制冷压缩机中，叶轮都采用高效三元叶轮和高效二元叶轮，以提高压缩机的效率，降低能耗；叶轮数量为5个或6个，按顺序布置，叶轮直径通常在1.3~1.6m。叶轮加工方法通常为闭式锻造铣制焊接叶轮，焊接为两件焊。缸体、叶轮等的选材需要考虑最低设计温度，通常在-45℃左右。与裂解气压缩机类似，随着机组不断大型化，转子重量不断增加，丙烯制冷压缩机转子通常也需要配置顶轴油系统。

丙烯制冷压缩机采用抽汽凝汽式汽轮机驱动；轴端密封采用带中间迷宫的串联干气密封，通常采用双向旋转型以避免反转损坏密封，主密封气采用压缩机出口丙烯气，氮气作为备用气源；外引丙烯气作为开车用密封气，可以避免大量不凝气进入制冷系统。径向轴承为可倾瓦式动压滑动轴承，止推轴承为金斯伯雷式双作用自平衡流体动压轴承；采用膜盘式联轴器，带无火花全封闭防护罩。流量调节方式为变转速调节，转速调节范围通常为80%~105%。

综上，丙烯制冷压缩机组主要由压缩机、汽轮机、凝汽系统、油系统(含润滑油系统、控制油系统、顶轴油系统)、干气密封系统、控制系统组成。

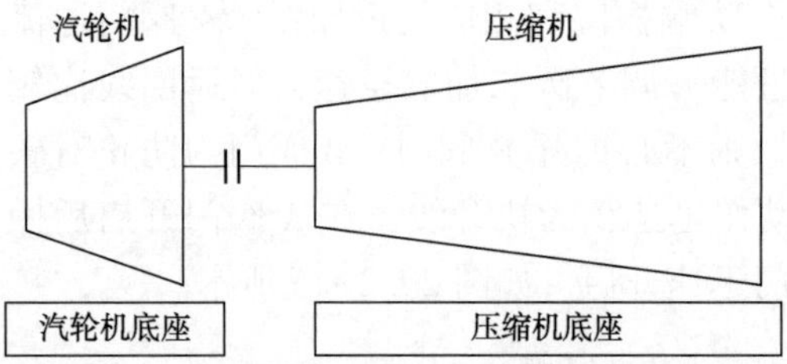

图20.2-16　丙烯制冷压缩机布置简图

2）布置

整台机组安装在室外，有遮棚，双层布置，其中压缩机、汽轮机及其辅助设施布置在二层平台，干气密封盘离开机组布置在厂房一侧，润滑油站和表面冷凝器布置在一层地面。压缩机和驱动汽轮机分别采用单独底盘。机组的进、排气口均指向底座下方。如图20.2-16所示。

3）防喘振控制

丙烯制冷压缩机的防喘振控制随着段数的不同和抽、补气的不同而不同。通常，防喘振回路由压缩机末段出口依次返回各段入口，对于有抽气的制冷压缩机，为了防止出现“石墙”现象，需要设置石墙阀。

“石墙”产生的机理与喘振现象相对立，是一种堵塞现象，即当压缩机前面的几段吸入的气体流量超出了下一级叶轮的最大吸入能力时，气流在该级入口处好像撞到一堵墙一样。对于正操作需要抽出一定量的气体的制冷压缩机，下游各级的气动性能基于抽出后的流量进行设计，当开车阶段零抽出或生产波动造成抽出量明显减少时，就会发生“石墙”现象，造成压缩机振动甚至损坏。为了避免这种现象，在抽出口设置“石墙线”，调节石墙阀的开度使多余的流量进行回流，防止机组进入超流量区域。图 20.2-17 为某两次补气一次抽气的丙烯制冷压缩机防喘振和石墙线设置简图。

(3) 乙烯制冷/热泵压缩机

乙烯装置中传统的单组分冷剂一般有三种：甲烷、乙烯和丙烯，可以组成二元冷剂、三元冷剂，相应的压缩机称为二元制冷压缩机、三元制冷压缩机。但最常用的还是以乙烯作为冷剂的乙烯制冷压缩机。通常会将乙烯塔和乙烯制冷压缩机组成开式热泵系统，称之为乙烯制冷/热泵压缩机。

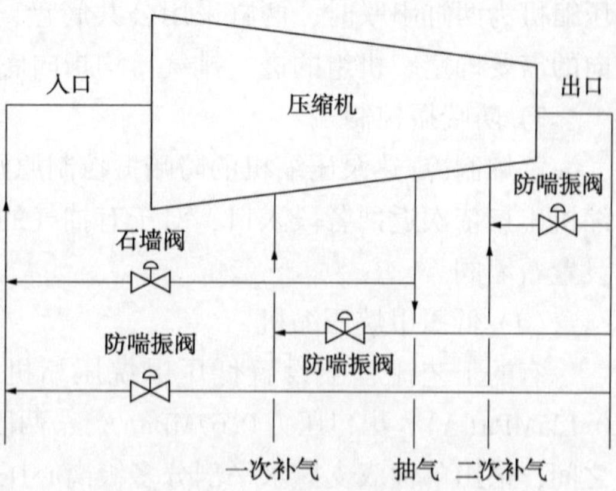

图 20.2-17 某丙烯制冷压缩机防喘振及石墙线简图

与丙烯制冷压缩机类似，对于不同的工艺流程，设置的温度等级不同及末段出口压力不同，压缩机的段数、缸数会有差别，但均采用单轴双支撑水平剖分式多级离心压缩机，入口压力通常为 0.106MPa(A)，出口压力根据热泵用户需求而有所不同，通常为 1.8~4.2MPa(A)之间，转速根据不同的工况差异较大，通常在 5000~9000r/min，国内在运行机组的最大轴功率已经达到 25MW。

1）选型配置

在运行的乙烯装置，乙烯制冷/热泵压缩机采用单缸或两缸串联。该压缩机设计制造的难点在于入口介质的低温，通常入口操作温度为-101℃，设计温度-115℃，设计制造中需要解决大范围温度场下形变和应力、低温下材料的强度和刚度、低温材料开发及热处理等技术难题。国产化研制初期，机壳、主轴、叶轮均需要从国外进口，近年来随着国内技术的进步，已经逐渐实现了国内制造，但材料大多还需要进口。

在百万吨级及以上规模的大型乙烯装置的乙烯制冷/热泵压缩机中，叶轮都采用高效三元叶轮和高效二元叶轮，以提高压缩机的效率，降低能耗；叶轮数量为 7~11 个，叶轮直径通常在 0.6~0.8m。叶轮加工方法通常为闭式锻造铣制焊接叶轮，焊接为两件焊。缸体、叶轮等的选材需要考虑最低设计温度，通常在-115℃左右。该机组通常不需要配置顶轴油系统。

乙烯制冷/热泵压缩机采用抽汽凝汽式汽轮机驱动；轴端密封采用带中间迷宫的串联干气密封，通常采用双向旋转型以避免反转损坏密封，主密封气采用压缩机出口乙烯气，氮气和外引乙烯作为备用气源；径向轴承为可倾瓦式动压滑动轴承，止推轴承为金斯伯雷式双作用自平衡流体动压轴承；采用膜盘式联轴器，带无火花全封闭防护罩。流量调节方式为变转速调节，转速调节范围通常为 80%~105%。

综上，乙烯制冷/热泵压缩机主要由压缩机、汽轮机、凝汽系统、油系统(含润滑油系统、控制油系统)、干气密封系统、控制系统组成。

2）布置

乙烯制冷/热泵压缩机通常和丙烯制冷压缩机布置在一个压缩机厂房内，有遮棚，双层布置，其中压缩机、汽轮机及其辅助设施布置在二层平台，干气密封盘离开机组布置在厂房一侧，润滑油站和表面冷凝器布置在一层地面。压缩机和驱动汽轮机分别采用单独底盘，压缩机为两缸串联时，两缸采用公共底盘，两缸的排列顺序根据轴向力平衡和管道布置走向的需要确定。机组的进、排气口均指向底座下方。

3）防喘振控制

乙烯制冷/热泵压缩机的防喘振控制原则同丙烯制冷压缩机基本一致，防喘振回路由压缩机出口依次返回各段入口，对于有抽气的制冷压缩机，为了防止出现“石墙”现象，需要设置石墙阀。

（4）低压甲烷压缩机

有的工艺流程会设置低压甲烷压缩机，该机组相比三机要简单得多，通常入口压力0.125MPa(A)，出口压力0.67MPa(A)，两段8级或9级叶轮压缩，转速在10000~13000r/min之间，采用单轴双支撑水平剖分多级离心压缩机，两层布置，进气口和排气口朝下。

该机组采用电机驱动，配置增速齿轮箱；膜片式联轴器带无火花全封闭防护罩；轴端密封多采用双端面干气密封，密封气采用氮气；径向轴承为可倾瓦式动压滑动轴承，止推轴承为金斯伯雷式双作用自平衡流体动压轴承；流量调节采用进口节流和旁路调节；机组多采用DCS控制，防喘振控制可以在DCS中实现或采用独立的防喘振控制模块，防喘振回路为“二返一”，从二段出口返回一段入口。随着装置规模的扩大，该机组功率也越来越大，出于节能降耗和启动方便考虑，也可考虑用变频电机或液力耦合器驱动。

4. 膨胀机-再压缩机

很多大型乙烯装置中的深冷分离流程都用到了高压脱甲烷工艺，所产生的高压尾气压力在3MPa(G)以上，主要成分是甲烷和氢气，甲烷往往占到90%(摩尔)以上。这股尾气可以用来膨胀制冷，为深冷分离系统提供高位级的冷量，并且可以降低装置能耗。

高压脱甲烷塔尾气的膨胀制冷通常有两种方式：一种是利用焦耳-汤姆逊节流膨胀阀即J-T阀来实现，在国内一些比较早期建设的装置中多采用这种方式；另一种是利用气体膨胀机来制取低温，同时带动压缩机给燃料气增压。两种方式中，由于J-T阀的节流膨胀是等焓膨胀，无法对外做功，效率较低；而膨胀机制冷是等熵膨胀，可以实现在膨胀降温的同时对外做功进行能量回收，制冷效果更好，能耗更低，还可以提高乙烯收率。因此在如今采用高压脱甲烷工艺的乙烯装置中，均采用膨胀机来制冷。

（1）工艺概述

图20.2-18为高压甲烷尾气膨胀系统的主要工艺流程。在高压脱甲烷塔中，塔顶物料用-101℃的乙烯冷剂进行冷却，冷凝下来的液相经回流罐返回脱甲烷塔作为回流，其余以甲烷为主要组分的气相尾气送入膨胀机进行膨胀做功，获取-140℃左右低温，膨胀后的甲烷为气液两相，在膨胀机分离罐中进行分离，气相部分物料进入冷箱，进行冷量回收换热，之后进入再压缩机增压后作为再生介质或燃料气。膨胀机出口的液相循环甲烷经过汽化、加热，然后循环回裂解气压缩机去回收乙烯。当膨胀机发生故障时，将切换到J-T阀进行节流膨胀，用以提供装置所需的冷量，但此时制冷效率降低，制冷量减小，乙烯损失增大。

随着乙烯装置规模的扩大，使用膨胀机所获得的节能效果也越来越明显。如表20.2-7为国内某1000kt/a乙烯装置内膨胀机的主要操作参数。仅考虑尾气的膨胀对外做功，就可以回收功率近1000kW，以年工作8000h计算，可以节约费用约700多万元。

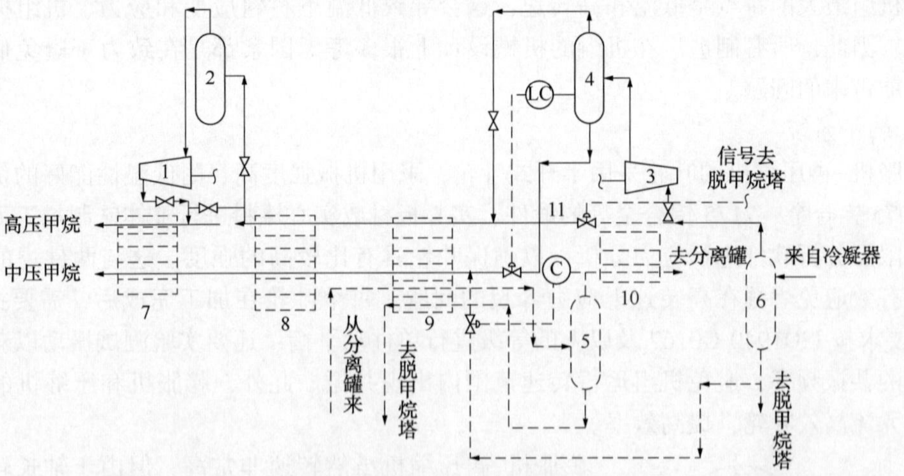


图 20.2-18　尾气膨胀系统

1—再压缩机；2—再压缩机入口吸入罐；3—膨胀机；4—膨胀机出口分离罐；
5—分离罐；6—回流罐；7，8，9，10—冷箱；11—J-T 阀

**表 20.2-7　某膨胀机操作参数**

| 项目 | 膨胀机 | 再压缩机 | 项目 | 膨胀机 | 再压缩机 |
| --- | --- | --- | --- | --- | --- |
| 入口压力/MPa(A) | 3.16 | 0.36 | 流量/(kg/h) | 34891 | 30791 |
| 入口温度/℃ | -91.8 | -10 | 转速/(r/min) | 26500 | 26500 |
| 出口压力/MPa(A) | 0.475 | 0.604 | 效率/% | 84.6 | 73.1 |
| 出口温度/℃ | -140.5 | 37.2 | 轴功率/kW | 961 | 959 |

（2）机械设计

乙烯装置中使用的膨胀机为透平式气体膨胀机，操作温度低，机组转速高，轴功率较大，国产膨胀机目前还缺乏成熟的设计制造和使用业绩，主要依托于国外进口。国外主要的制造厂有法国的低温星(CRYO-STAR)。美国的 MAFI- TRENCH、ROTOFLOW 公司，德国 MAN TURBO 公司等。国内的杭氧股份有限公司等以生产空分设备为主的几家公司在引进国外设计技术的基础上，开发了空分装置上的系列制冷膨胀机，但尚未成功应用于乙烯装置。

1）机械组成

乙烯装置的甲烷尾气膨胀机-再压缩机组采用的是同轴式结构，即膨胀机的叶轮和压缩机的叶轮安装在同一根轴上，分别位于两端，构成转子系统。如图 20.2-19 所示为某乙烯装置上的膨胀机-再压缩机的结构图，可以将其主体的机械结构划分成三大基本部分：膨胀机定子部分、压缩机定子部分和同轴转子系统。

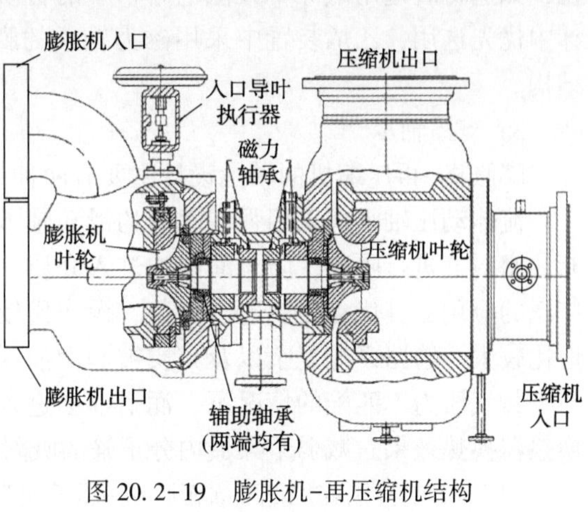


图 20.2-19　膨胀机-再压缩机结构

该机组最大的特点是低温和高转速，这会导致低温下材料应变和应力、机组振动等系列问题。因此，所有制造厂在机组的机械设计上很多考虑因素都是在致力于避免低温和高转速可能带来的问题。

2）转子系统

膨胀机-再压缩机的叶轮采用半开式叶轮，采用机械强度高、耐低温性能好的优质铝合金如7075铝合金、7175铝合金等的锻件、实心板材或实心棒料进行整体铣制加工而成，并使用有限元分析软件进行应力分析，以确保叶轮具有比较高的强度。这与两件焊的叶轮相比，可有效避免焊缝在高转速下应力开裂的问题。每个叶轮在加工完成后，需要按照API 617的要求按ISO1940 G0.67及以上的等级进行单件动平衡，还要实验测试振动以获得叶片和轮盘的共振频率，避免机组运行转速范围内出现共振。此外，膨胀机和压缩机的叶轮均采用三元流高效叶轮，提高效率。

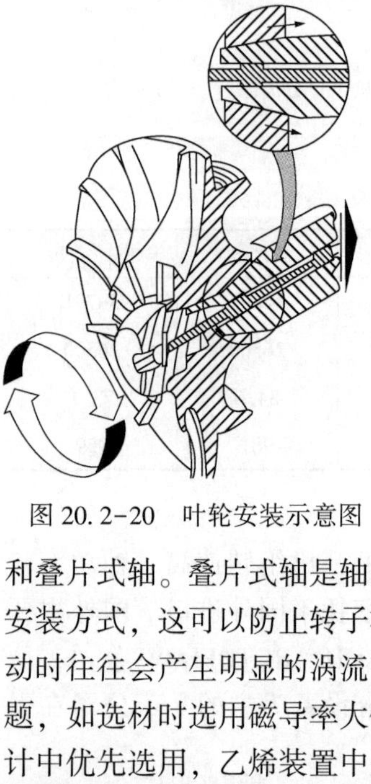
图20.2-20　叶轮安装示意图

膨胀机-再压缩机虽然转速非常高，但由于轴长较短，转子的最大连续转速往往在一阶弯曲临界转速和扭转临界转速之下，即为刚性轴，但在设计中需要注意核实隔离裕度应满足API617的要求。轴端设计成锥形并用柱形键或齿形键来安装叶轮，这种设计可以避免花键及传统键槽所带来的应力集中。同时，两端叶轮通过共用的中心拉伸螺栓固定到轴端锥形结构上，拉伸螺栓在转子安装时应适当预紧，这样可以为每个叶轮施加恒定的预紧力以确保在所有的极端温度和转速下叶轮与轴能够紧密贴合。轴的材质多采用高强度、耐低温的材料，如果采用磁力轴承，轴的材料还应具有强磁性，如沉淀硬化不锈钢、HY-130等。如图20.2-20所示。

磁力轴承膨胀机-压缩机的轴在机械结构上可分为实心轴和叠片式轴。叠片式轴是轴的外部套有磁性材料加工而成的叠片式轴套，采用过盈配合的安装方式，这可以防止转子在高速转动时轴套与轴脱落发生打滑。实心式金属轴在高速转动时往往会产生明显的涡流，从而干扰磁场力并产生较高的热量，在设计时应考虑这些问题，如选材时选用磁导率大但电导率小的材质。叠片式结构轴的电涡流损耗低，一般在设计中优先选用，乙烯装置中采用磁力轴承的膨胀机-压缩机组的轴基本上都是这种叠片式结构。

3）支撑轴承

膨胀机-再压缩机的轴承设计主要有两种方案：流体动压轴承和磁力轴承。

流体动压轴承即采用强制润滑的滑动轴承，配置独立的润滑油站给轴承供油，轴封处充注密封气进行隔离，防止润滑油进入介质，这种支撑方案在较早的乙烯装置中得到比较广泛的应用，其优点是制造、安装、操作比较简单，机组采购成本相对较低，但也存在占地比较大、管路系统复杂以及介质被润滑油污染的隐患等弊端。特别是隔离气失效或油压与密封气压力不匹配的情况下，润滑油会进入甲烷尾气介质当中，污染并堵塞冷箱，降低换热器换热效果，减弱干燥器内分子筛的吸附能力。

API617中特别在“第四章膨胀机-压缩机”中提到“膨胀机-压缩机系统使用磁力轴承的原因有很多，最重要的是即使透平膨胀机在运行中受到严重损坏，也可以从根本上消除在低温系统中产生油污染和堵塞的潜在风险。”正是因为磁力轴承支撑设计具有运转更加稳定、结构紧凑、从根本上实现绝对无油从而避免介质污染等明显优势，近年来在乙烯装置尾气膨胀机-再压缩机上得到了广泛推广。

乙烯装置上的膨胀机-再压缩机组采用的是主动磁力轴承，轴承体的两端是径向磁力轴承，中间设置止推磁力轴承，详见图 20.2-21。考虑到磁力轴承断电情况下，悬浮的转子会因磁力消失受重力作用突然坠落，导致动静部件的损伤，因此需要设置辅助支撑的径向轴承，通常这种辅助支撑轴承可以承受至少 5 次的突然失电。辅助轴承一般为干式双列角接触球轴承，滚球为钢珠或陶瓷珠，当转子未受到磁力作用悬浮时，由辅助轴承进行支撑，正常运行时辅助轴承不发生转动。在磁力轴承通电时，磁力轴承的定子线圈产生强磁场，由于转子上套有强磁性叠片，在磁场力的作用下会使轴悬浮并保持在特定位置。

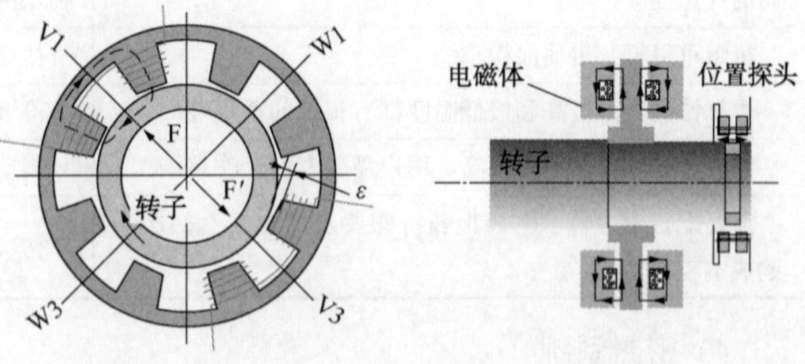

图 20.2-21　磁力轴承简图

乙烯装置上的膨胀机-再压缩机采用的是主动磁力轴承，也称为有源磁力轴承，轴承位置采用闭环控制，如图 20.2-22 所示为控制流程的示意图。轴承上设有专门的位置传感器对转子的位置进行连续监测并输出信号，该信号会与基准信号即转子的设计悬浮位置(径向和轴向)进行比较。当两个信号之间存在差异时，将会输送误差信号给控制器。控制器对误差信号进行相应的分析计算后，发出调整指令给功率放大器，增大或者减小磁力轴承上某个电磁铁的电流，从而改变对转子磁场浮力，使其回到正常位置。

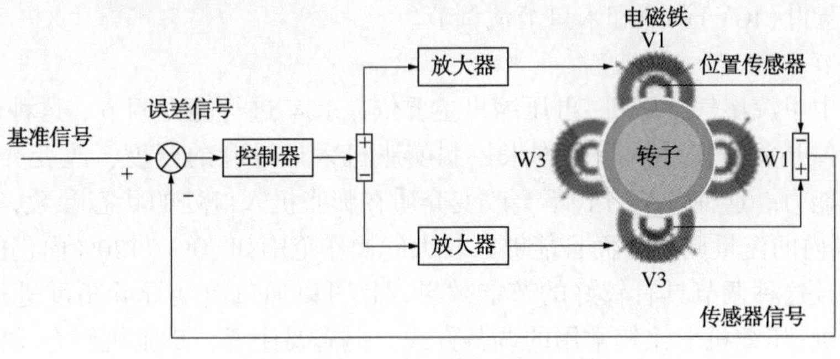

图 20.2-22　磁力轴承控制流程

表 20.2-8 对两种轴承的主要特点进行了对比。

**表 20.2-8　两种轴承性能对比**

| 磁力轴承 | 润滑油轴承 |
|---|---|
| 完全无油，不会污染介质 | 存在润滑油污染工艺介质的风险 |
| 转子不接触轴承，轴承没有磨损，轴承寿命长，振动和噪声小 | 轴承有磨损，轴承寿命低于磁力轴承，振动和噪声相对大 |
| 摩擦功耗小 | 摩擦功耗是磁力轴承 10 倍以上 |

续表

| 磁力轴承 | 润滑油轴承 |
| --- | --- |
| 转子速度仅受材料抗拉强度的限制，转子可以达到很高的线速度 | 同等材料、相同轴径时，滚动轴承转子线速度只有磁力轴承的20%，滑动轴承转子线速度只有磁力轴承的40% |
| 机组重量轻，占地面积小 | 往往需要油站，占地大 |
| 可靠性高，对极高和极低温度都有很好的适用性 | 检维修工作量大，轴承使用受介质温度影响 |
| 制造、安装、开车要求高，用户需要专门操作培训 | 制造、安装、开车要求低，用户不需要特殊培训 |
| 需要配置磁力轴承电控柜和特殊要求的电缆，初次采购成本较高 | 初次采购成本低 |

4）密封系统

乙烯装置中甲烷尾气膨胀机-再压缩机的膨胀机侧介质温度远低于压缩机侧介质温度，需要在设计中防止低温冷量沿着轴向压缩机侧进行传递，也要避免低温介质进入轴承腔；此外磁力轴承在工作中会产生一定的热量，必须将热量及时带走，避免磁力轴承过热。因此，机组通常会配置一套带密封气的迷宫密封系统。密封气的温度和轴承类型有关，对于传统油轴承，密封气的温度在30～40℃；对于磁力轴承，密封气温度使用范围相对较宽，一般在20℃左右。密封气一般就使用膨胀机入口的低温甲烷尾气，使用加热器进行加热到允许的使用温度，然后通过差压调节阀把密封气调节到合适的压力后引入密封腔。为保证密封气的洁净度，需要配置密封气过滤器。密封气温度、密封气与密封腔之间的压差是密封系统正常使用的两个关键参数，通常会在控制系统中设置密封气温度和差压联锁停机控制。

(3）性能调节

在实际操作中，膨胀机-再压缩机的能力经常需要进行调整，工程设计中最常选择的调节方法是入口导叶(IGV)调节和入口节流调节。

1)IGV 调节

乙烯装置中甲烷尾气膨胀机-再压缩机主要依靠IGV进行能力调节。这种调节方式是通过一个带有限位开关的气动执行机构来控制膨胀机入口导叶的开度，改变介质通流面积，从而改变机组能力。这种调节方式不会改变介质在膨胀机入口处的状态参数，可以实现0～125%设计范围内的流量调节，而且能够在较大的操作范围如70%～120%内仍能够保证机组有较高的效率。这种调节具有较好的节能效果，且可以通过改变导叶角度进行比较精准的调节，是膨胀机-压缩机上比较常用的调节方式。但需要注意，膨胀机侧介质温度极低，为避免导叶动作杆大气侧在低温下结冰卡死，要设置伴热措施。

2）入口节流调节

在膨胀机入口管路上设置调节阀，通过改变阀门开度来调整进入膨胀机的介质压力，从而改变膨胀机的能力。这种调节方式会使介质的有效焓降减少，从而降低等熵效率，不是很经济。但这种调节方式操作简单，因此在个别机组的工程设计上仍会采用。

(4）其他

1）防喘振

同其他离心式压缩机组一样，膨胀机-再压缩机需要在工程设计上考虑避免机组喘振。由于工况点往往较多，在机组设计时，需确保所选机型的各个工况操作点远离压缩机的喘振线。此外，设置从压缩机出口返回入口的防喘振回路，该回路上配置防喘振阀门，阀门全开的响应时间应在2s之内。防喘振的控制可通过压缩机控制系统(CCS)实现，也可以在集散控制系统(DCS)中实现。当使用DCS进行控制时，需要制造厂提供完整的控制逻辑以及相应的防喘振算法。因此，国内的工程设计上膨胀机-压缩机的防喘振多在CCS中进行，或配置单独的防喘振控制器专用于防喘振控制，其余机组所需要的控制通过DCS实现。

2）磁力轴承电控柜

当采用磁力轴承时，其电控柜需要安装在非防爆区域。电控柜中包括有电源放大器、备用电池、PID控制器、电流/电压调整器。由于该电控柜既需要接入强电，又有仪表信号进出，因此该电控柜是安装在马达控制中心(MCC)还是现场仪表机柜间(FAR)中，需要工程设计单位、用户及制造厂根据安放位置的距离、用户操作维护制度等因素来共同商定。不管放在MCC还是FAR中，出于特殊电缆的成本考虑，尽量确保距离机组的距离不超过400m，如果距离超过400m，需要另外设置信号放大和过滤元件，特殊电缆的成本也会增加。当放置在FAR当中时，需要将该电控柜与其他仪表柜之间保持适当的距离，以免强电对其他仪表信号产生干扰。

5. 离心压缩机振动问题

离心式压缩机在石化等工业领域中应用极为广泛，在生产中往往处于核心地位，其运转可靠性往往直接影响到企业的经济效益。以乙烯装置为例，乙烯三机的非计划停车往往会造成每天上千万元的经济损失。了解并能准确辨识故障、及时采取防范措施，使其安全、稳定、长周期运行，成为制造厂、工程公司以及生产用户非常关心的课题。离心式压缩机结构复杂，各个零部件在使用中会出现各种类型的故障，但最普遍且容易带来严重后果的是机组振动，很多零部件的损坏带来的表现也是机组振动变大，如轴承损坏、叶轮损坏等，机组进入异物也会引起振动。离心压缩机产生振动的原因比较多，在出现振动故障时能够根据故障的表面特征迅速辨识故障原因从而及时采取对策非常重要。

(1) 转子不平衡

1) 机理

离心式压缩机是旋转式压缩机，当转子存在不平衡时将存在振动。由于受原材料、加工工艺等因素的限制，转子存在原始不平衡；机组运转过程中发生物料的不均匀结垢或叶轮不均匀磨损/腐蚀，会产生渐发性不平衡；零部件损伤脱落或进入异物会带来突发性不平衡。可以说，不平衡是离心压缩机不可避免的一种特性。当不平衡质量产生的偏心距达到一定程度时，将使转子旋转时形成比较明显的周期性离心力，从而使机器产生较大振动。

2）辨识

识别离心压缩机振动是否由转子不平衡产生，主要通过振动频谱图、时域波形和相位进行判定。

由转子不平衡产生的原因可知，质量不平衡所产生的离心力始终作用在转子上，转子每旋转一周，就产生一次响应，即转子不平衡的表征是振动频率与转子的基频相等，等同于转速。图20.2-23为典型的不平衡振动频谱图，可以看出基频成分的幅值明显占据主导地位，这是判断振动是否由不平衡引

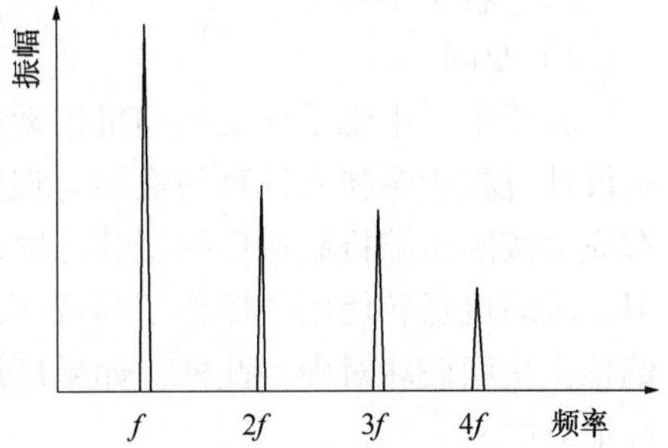

图20.2-23　振动频谱图

起的最重要依据，图中出现的多倍频成分是由轴系振动的非线性所产生。从理论上来说，不平衡带来的振动不可能引起基频以外频率的振动。此外，不平衡振动的振幅对转速比较敏感，转速下降，振幅将随之明显下降。

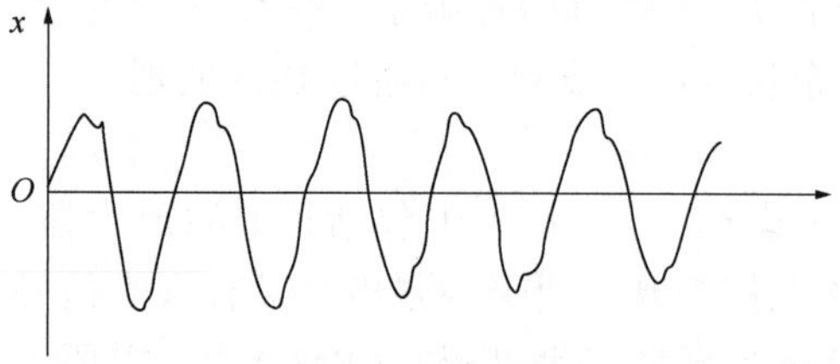

图 20. 2-24　不平衡振动时域波形

单纯由不平衡带来的振动体现在时域波形图上都是相对规则的正弦波，这是因为转速多倍频的幅值都很小，对波形影响小，如图 20. 2-24 所示。

转子不平衡振动的相位比较稳定，轴心轨迹多为椭圆或圆形，转轴同一截面相互垂直的两个振动监测探头测得的相位差是 90°。

3)预防和应对措施

对于原始不平衡，除应在压缩机设计中避免不合理的结构设计，采用先进的加工工艺来降低制造过程的误差之外，应采取合适的动平衡措施并达到足够的精度。API 617 中对石油化工用的离心压缩机组的动平衡做出了比较详细的规定，例如：在转子装配前，叶轮、平衡鼓、轴等主要转动部件都应按 ISO1940 的 G0. 67 或更高等级进行单面动平衡；在转子装配时要在多个校正平面内进行动平衡，且每装上 1~2 个主要转动件后就必须进行一次动平衡，平衡校正只能在刚装上的零件上进行。每个平面上最大残余不平衡量应根据式(20. 2-15)或式(20. 2-16)进行计算。

$$U_r = 6350W/N_{mc} \tag{20. 2-15}$$

$$U_r = W/3.937 \tag{20. 2-16}$$

式中　$U_r$——平面上的残余不平衡量，g · mm；

$W$——转子轴颈处的静载荷，kg；

$N_{mc}$——转子最高连续转速，r/min。

在 $N_{mc}$<25000r/min 时用式(20. 2-15)；$N_{mc}\geq$25000r/min 时用式(20. 2-16)。

对于渐发性不平衡，可以在设计中采取减缓结垢或腐蚀/磨蚀的措施，例如乙烯装置中裂解气压缩机往往采用压缩机注油、注水、加注阻聚剂等措施，来减缓机体内的介质结垢；国内外一些压缩机厂也研发了防止叶片结垢的涂层技术，效果很好但涂层的使用寿命还无法与压缩机的设计寿命一致，往往使用几年后就需要重新喷涂，而且喷涂成本较高。但当压缩机转子上结垢或腐蚀/磨蚀到一定程度时，就需要停机进行维护。

发生突发性不平衡时，往往振动会突然增大，需要进行停机检查。

(2) 转子不对中

1) 原因

转子不对中也是诱发压缩机振动的常见因素之一。产生转子不对中的原因除了在压缩机设计过程中热膨胀计算与实际有误差之外，往往是由于压缩机在安装或检修的过程中没有完全按照压缩机制造厂的安装标准来进行，会产生较大的对中误差；即使安装时对中好，但在压缩机运转使用中操作不当或压缩机负荷过高等因素，也会使压缩机的转子位置产生偏移，从而破坏对中。此外，如果压缩机的导向系统不能很好地锁紧，那么转子也不能很好地对中。

常见的转子不对中表现为三种：联轴器两端轴存在一定的平行度时是平行不对中，两端轴存在夹角时是角度不对中，二者并存时为组合不对中，如图 20. 2-25 所示。

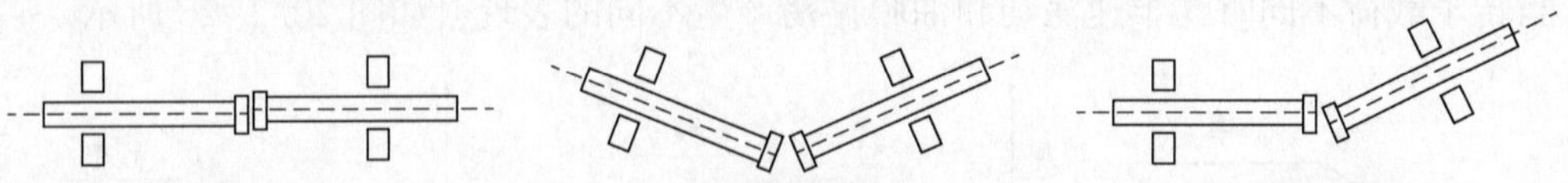


图 20. 2-25 转子不对中类型

2）辨识

由于不对中引起的压缩机振动，可以从如下几方面进行辨识：

① 振动趋势上，由不对中引起的振幅随着转子负荷的提高而增大。

② 振动频率上，压缩机振动的频率是转子工作频率 2 倍左右。

③ 相位上，联轴器同侧成 90°夹角的两个方位上，基频相位差恰好是 2 倍频的一半。联轴器两端同方位处的相位在平行不对中、角度不对中、组合不对中时分别为 0°、180°和 0~180°之间。

④ 当发生不对中时，中心高相对低的轴承被架空，油膜稳定性降低，因此中心高相对低的轴承振幅比中心高相对高的轴承振动要大。

⑤ 最大振动往往是发生在不对中的联轴器两端的轴承。

3）预防和应对措施

为了避免不对中带来的振动故障，应当在机组设计时考虑精确对中的措施，如设计定位凸台、圆柱定位销或键等。在安装时严格按照压缩机厂的标准来进行；认真核对冷态和热态的对中数据；检查调整基础沉降情况。在运行过程中，注意监测压缩机负荷波动时轴承油膜压力的变化趋势，油膜压力升高，说明轴颈外表面与下半轴承体内表面之间的间隙变小，与此相反就说明间隙变大；通过监测和分析振动信号来判断不对中故障，并及时采取应对措施。

(3) 半速涡动和油膜震荡

1）机理

半速涡动及油膜振荡都是压缩机的流体动压轴承高速旋转时所产生的特有故障，是由油膜压力分布不均所导致的自激式振动。

压缩机运转过程中，受到外界扰动使得转子中心发生偏离时，轴承中的高速流动的润滑油的压力分布就会发生变化，产生一个垂直于偏移方向的失稳分力。这个失稳分力会破坏转子在轴承内的转子稳定性，使转子产生涡动，且频率接近转速的 1/2，故称为半速涡动。

转子出现半速涡动已经意味着失稳，但对有些轻载转子，半速涡动在较低转速就产生了，却没有产生较大的振动，这是因为油膜自有刚性和阻尼会对转子涡动产生抑制作用。但在转速逐渐升高的同时，半速涡动的幅度也会变大，当转速接近于 2 倍的第一阶临界转速，涡动频率恰好等于一阶临界转速，此时半速涡动将伴随共振的产生而迅速被放大，二者相互促进，转子表现为剧烈的振动，这就是油膜振荡。

2）辨识

半速涡动的频率为转速的一半或略低；半速涡动与转速有直接关系，转子转速达到失稳转速后，振幅会突然增加，但当转速下降时，振幅不会立即下降，而是继续下降到某一数值时，振动突然降低而消失；半速涡动往往与油温的变化有明显关系。

当转子载荷不同时，半速涡动和油膜振荡产生不同的表现，如图 20.2-26 所示。

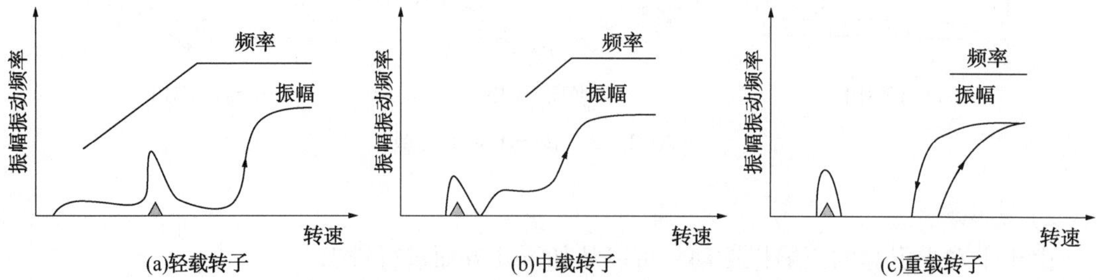


图 20.2-26　转子载荷不同时的油膜振荡曲线

从图上可以看出，轻载转子在转速尚未达到一阶临界转速(▲处)时半速涡动就已经产生，但从振幅上看却并不明显；当转速与一阶临界转速重合时，转子发生共振，振幅激增，但冲过临界点之后振幅就会锐减；转速升高到接近 2 倍的一阶临界转速时，半速涡动的频率和一阶临界频率重合，振幅急剧增加，说明此时发生了油膜振荡。重载转子会在轴承中产生比较明显的偏心，这有利于提高转子稳定性，因此在转速不是特别高时不会发生半速涡动，有时即使转速达到 2 倍的一阶临界转速振幅也不明显，只有转速继续升高到某个门槛值油膜振荡才出现，并且升速、降速两个过程中油膜振荡出现/消失的转速值往往不同。

判断振动是否为油膜振荡所引起，关键看当时的压缩机转速是否接近振动频率的 2 倍，但需要注意动静部件的碰磨也为半频振动，判断时需要注意将二者区分开来：首先甄别振动频率幅值是否以工频为主，波形图上是否存在“削波”；其次判别半速涡动有无发生。此外，油膜振荡会在频谱、波形、轴心轨迹上表现出明显特征：油膜震荡发生时径向振动振幅明显，0.42~0.5 倍频分量在频谱中特征明显；涡动频率下轴向振动分量不明显；观察轴心运动轨迹杂乱而不固定或呈双椭圆形；振动的周期性信号在时域波形上占主导，转子每转一周峰值往往少于一个，不存在明显的加速度冲击。

3）预防和应对措施

发生油膜振荡时，由于会与共振彼此促进，导致转子很高的振幅，造成压缩机部件的损坏，如烧毁轴承、损坏干气密封甚至造成整个机组的毁坏，因此必须从多个环节进行有效防治：压缩机操作时应避开共振区，避免工作转速接近 2 倍一阶临界转速；提高轴承比压，增强轴承油膜稳定性；降低轴承间隙以提高产生油膜振荡的转速门槛；轴瓦设计时使瓦块内表面曲率半径大于轴承内圆半径，增加转子偏心距；选择减振效果好、运行更稳定的多油楔轴承等。

（4）密封流体激振

1）机理

近年来由于密封流体激振引起的失稳，在大型高速叶轮机械上常有发生，已成为影响大功率高速叶轮机械转子工作可靠性的重要原因之一。

密封流体激振和半速涡动、油膜振荡类似，都属于自激振动，都是由于腔室内流动介质的周向压力分布不均所导致。气相介质在压差的作用下通过各个密封腔，不但轴向速度大，而且在转子高速旋转等因素的影响下产生较高的周向速度，这使气流在转子周向上的压力分布和转子/密封腔间隙值之间的变化趋势存在不一致，从而导致在与偏心位移相垂直的方向上产生一个切向力，在该切向力的作用下转子会产生涡动，这个切向力是导致自激振动的激振力，当该力高于系统阻尼力时就会发生失稳，造成压缩机损坏。

2）辨识

近年来，国内外对叶轮机械的密封激振问题进行了深入研究，发现密封气体激振一般有如下特征：

① 主要振动频率往往低于转子工频，即多为亚异步振动。

② 存在门槛值，当转速或负荷频率高于该值时，振幅迅速增大；反之则振动明显变弱。而且这种振动一旦发生，转速升高会导致振幅增大，但振动频率不受影响。

③ 对压缩机的负荷变化比较敏感，且具有良好的复现性。

④ 受气流激振力影响，机组工作在额定转速/负荷以内时，转子振动的低频成分在频谱图上可以观察到，但此时的幅值一般较小，只有当机组负荷达到特定界限才会突然增大，此时压缩机发生剧烈振动。

⑤ 振动的能量来自系统自身产生的激振力，无法用动平衡来消除振动的能量来源。

⑥ 流体流过密封腔体时的速度、压力等数值越高，产生的切向激振力越大。因此，这类振动多发生在一些高参数、大型机组的高、中压转子上。

3）预防和应对措施

通常从两个方面考虑来减弱或消除密封流体激振：设法降低腔体内流体产生的激振力，提高转子稳定性：

① 改进密封结构：密封体的物理结构会影响密封的刚度、阻尼，进而影响产生的激振力大小、转子临界转速。近年来压缩机密封技术不断发展，刷式密封、蜂窝密封、孔型密封等动力学特性更优的高效阻尼密封代替普通迷宫密封不断得到推广应用，抑振效果明显。

② 增大系统阻尼：转子系统的稳定性与系统能够提供的阻尼大小密切相关，大阻尼会提高系统抵抗外界干扰的能力。压缩机最主要的阻尼来自轴承，设计、研发人员往往从轴承着手来提高系统稳定性：为机组选用稳定性更好的轴承(如可倾瓦轴承)，这会降低油膜交叉项与自身激振力之间的耦合程度；调整轴承的长径比、采用黏度合适的润滑油可以增大轴承阻尼；增大轴承比压等。

③ 减小气流激振力：API 684 中介绍了降低密封气流激振力的几种方法，其中比较典型的是反旋流法和止涡法，这两种方法都是为了减小密封腔中气流的周向旋转速度。此外，还可以适当增大密封与静止部件之间的间隙，也会明显降低流过腔体的气流速度；减小转子偏心位移等。

（5）喘振

1）机理

喘振是离心式、轴流式压缩机和风机运行中最严重的问题，机理前面已经讲述。管网系统容积的大小会影响喘振频率和振幅，越大的容积意味着内部气体积蓄的能量越高，能够产生的振幅就越大，但喘振频率却会变低。

2）辨识

压缩机发生喘振时，有如下明显特征：

① 喘振的振动频率较低，一般为 1~30Hz。

② 发生喘振时，进气端的流量与排气端的压力会产生较大的周期性脉动。

③ 管道中产生的噪声加剧，而且时高时低。

④ 喘振时，壳体与轴承处的振幅均明显变大，呈现周期性变化的特点。与其他振动不同的是，喘振会带来明显的轴向振动，轴位移变大，推力轴承荷载增加。

3）预防和应对措施

喘振造成的后果往往非常严重，会使压缩机的转子经受交变应力而断裂，使得压缩机强烈振动，导致密封及轴承损坏，动静部件碰撞，造成严重事故，应尽力防止压缩机出现喘振。

预防喘振现象，首先除了在压缩机本体设计时加宽稳定操作范围外，还应当为离心式压缩机组设置防喘振放空或回流旁路，设置回流旁路是目前石油化工装置上离心压缩机组的常用做法。其次是在压缩机性能曲线上保留足够的裕度来设置防喘振控制线，API 617 上规定以预期的喘振流量 10%来设置防喘振控制线；并在进出口设置压力变送器、温度变送器、流量变送器，经过防喘振控制器进行防喘振阀门的自动控制。操作人员在开车、停车或者负荷调整操作中严格遵循“升压过程先升速，降速过程先降压”的原则，负荷调整操作缓慢、均匀。

喘振发生后，一般不需要马上停车，而应立刻打开防喘振控制阀，加大入口流量，消除喘振现象，这个过程一般由防喘振控制系统自动实现。然后检查发生喘振的原因，采取相应的消除措施。如果喘振重复出现，或造成了设备损坏，就需要停车检查。

（6）其他

除上述常见的振动诱因之外，还有转子与定子部件的碰磨、进入异物、轴承故障、管路共振、转子出现裂纹等可能的原因，都会引起压缩机的振动，应根据相应的故障特点进行判断，并及时采取应对措施。

## 三、活塞式压缩机

### 1. 活塞式压缩机结构

活塞式压缩机是应用最早和最广泛的一种机型，气体的压缩是依靠在气缸内作往复运动的活塞来完成的。活塞压缩机适用的压力范围十分广泛，其出口压力可以从几个大气压到 3000 大气压以上的超高压。目前石油化工装置上使用的最高压力达 350MPa，用于高压法合成聚乙烯。

（1）活塞式压缩机分类

1）按进口状态下的排气量

可以分为微型、小型、中型和大型压缩机，如表 20.2-9 所示。

**表 20.2-9　活塞式压缩机分类**

| 类型 | 微型压缩机 | 小型压缩机 | 中型压缩机 | 大型压缩机 |
|---|---|---|---|---|
| 排气量/($m^3$/min) | <1 | 1~10 | 10~60 | >60 |

2）按气缸中心线的相对位置

分为立式、卧式、角度式、对称平衡式和对置式几种型式，各种型式特点如表 20.2-10 所示。

表 20.2-10　不同布置型式的活塞压缩机特点

| 型式 | 特　点 |
| --- | --- |
| 立式 | 一般用于中小型压缩机。气缸中心线和地面垂直。由于活塞环的工作表面不承受活塞的重量，气缸和活塞的磨损较小，改善了活塞环的工作条件，能延长使用年限。立式压缩机的负荷使机身主要产生拉伸和压缩应力，机身形状简单，重量轻。往复运动的惯性力垂直作用在基础上，而基础抗垂直振动的能力较强，基础小，占地面积少。但大型的立式压缩机安装、维修和操作都较困难，一般不采用 |
| 卧式 | 一般用于小型高压压缩机。气缸中心线和地面平行，分单列卧式和双列卧式。优点是管理维护方便，曲轴、连杆的安装拆卸都较容易。缺点是惯性力不能平衡，转速受到限制，导致压缩机、原动机和基础的尺寸及重量较大，占地面积大，不用于大、中型压缩机 |
| 角度式 | 一般用于中小型压缩机。各气缸中心线彼此成一定的角度，结构比较紧凑，动力平衡性较好。由于气缸中心线相互位置的不同，又分 L 型、V 型、W 型、扇型等 |
| 对称平衡式 | 使用广泛，特别适用于大中型往复式压缩机。惯性力可以完全平衡，机器的转速可以大大提高，压缩机和电动机的外形尺寸和重量可显著降低；相对两列的活塞力相反，能互相抵消，改善了主轴的受力，减少主轴颈和主轴承之间的磨损。缺点是运动部件和填料的数量较多，机身和曲轴的结构比较复杂 |
| 对置式 | 对置式主要用于超高压压缩机。气缸分布在曲轴的两侧，按相对列气缸中心线的位置可分为奇数列和偶数列两种，相对列气缸中心线不在一条直线上，制成 3、5、7、9 等奇数列；相对列气缸中心线在一条直线上制成偶数列。具有卧式压缩机的优点，且机身与曲轴的刚性比对称平衡型好；两相对列活塞上气体作用力可以相互抵消一部分，改善了运动部件的受力情况，同时采用多列结构以后，切向力的均衡性也能得到改善。主要缺点是惯性力的平衡性较差，而且主轴承的数目较多，曲轴和机身的制造精度相应地要求较高 |

3）按气缸容积利用方式

按气缸容积利用方式，活塞式压缩机可分为单作用、双作用、级差式三种。单作用是只有气缸的一侧才有进、排气阀，活塞经过一次循环，只能压缩一次气体。双作用则是指气缸的两侧都有进、排气阀，活塞往返运动时，都可以压缩气体。级差式是同列一侧中有 2 个以上不同级的活塞装在一起工作。

4）其他分类方式

此外，按压缩级数分为单级、双级和多级；按冷却方式分为风冷式和水冷式；按安装方式不同可分为固定式和移动式等。

（2）基本结构

活塞式压缩机的机械结构主要由机身(曲轴箱)、曲轴、连杆、十字头、中间接筒、气缸、活塞、活塞杆、填料、气阀等部件组成，如图 20.2-27 所示。在系统中还包括每级气缸进出口的缓冲罐、级间冷却器和分液罐以及机身润滑油站、气缸和填料的注油器等部件。

1）气缸

气缸是活塞式压缩机的最重要并且复杂的零部件之一，是组成压缩容积的主要部分，活塞在气缸内进行往复运动，从而完成对气体的压缩。气缸的主要要求是：要有足够大的气道通流面积和气阀安装面积，以降低气体流动时的阻力；合理增大阀腔容积，降低气体压力脉动；尽量减少余隙容积；冷却通道布置合理，将气体压缩和活塞摩擦产生的热量导走；有足够的刚度和强度。按冷却方式不同，可以分为风冷和水冷两种，风冷气缸主要用于微型和小型移动式压缩机，通过在缸盖和缸体外表面上设置散热片进行换热；水冷气缸多用于大、中型压缩机。气缸因工作压力、介质物性的不同而选用不同材料，通常低压气缸一般由铸铁制成，中压气缸用铸钢或球墨铸铁浇铸，而高压气缸则采用碳钢锻造。铸造气缸的气体通道必须光洁，无型砂等铸造残留物存在，否则在使用过程中，这些残留物会进入气缸中而损坏活塞、气阀等部件。

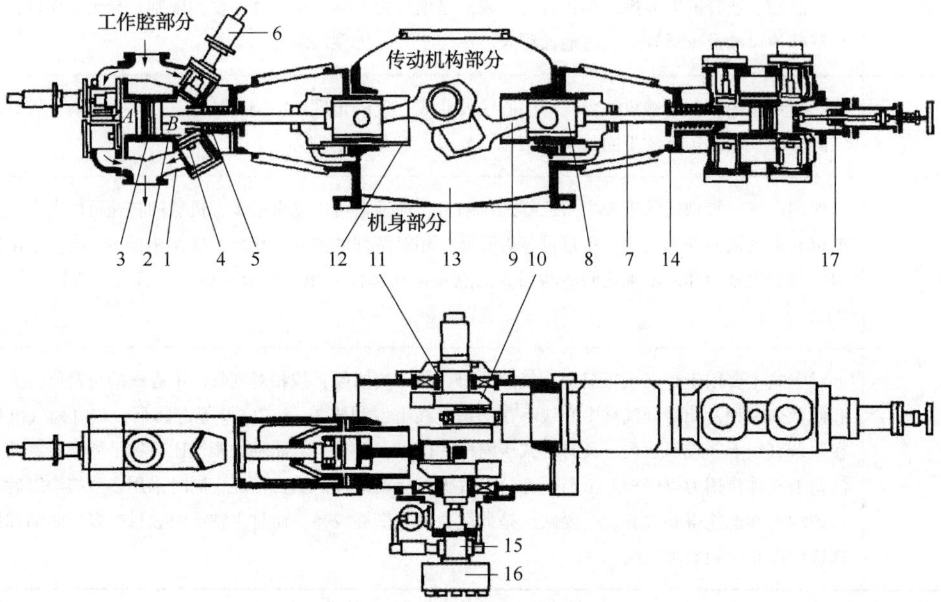


图 20.2-27 活塞式压缩机典型结构

1—气缸；2—气缸套；3—活塞；4—气阀；5—填料；6，17—调节机构；7—活塞杆；8—十字头；9—连杆；10—曲轴；11—主轴承；12—滑道；13—机身；14—中间接筒；15—油泵；16—注油器

2）气阀

气阀是压缩机重要部件之一，活塞式压缩机的气阀均为自动阀，气阀随气体压力变化而自行启闭，其性能好坏直接影响压缩机的工作性能。气阀按气体流动特点可分为回流阀和直流阀二大类，常用的结构型式主要有环状阀、网状阀和直流阀，环状阀、网状阀都属于回流阀（表 20.2-11）。

**表 20.2-11 气阀主要类型**

| 类型 | 简图 | 原理及特点 |
|---|---|---|
| 环状阀 | 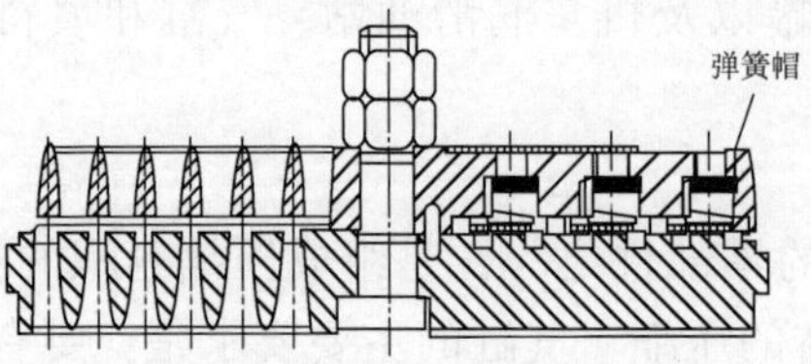 | 结构简单、制造容易，流通面积大，适用于在中低压范围内使用。环状阀可起气垫作用，有缓冲和降低噪声的功能 |

续表

| 类型 | 简图 | 原理及特点 |
| --- | --- | --- |
| 网状阀 | 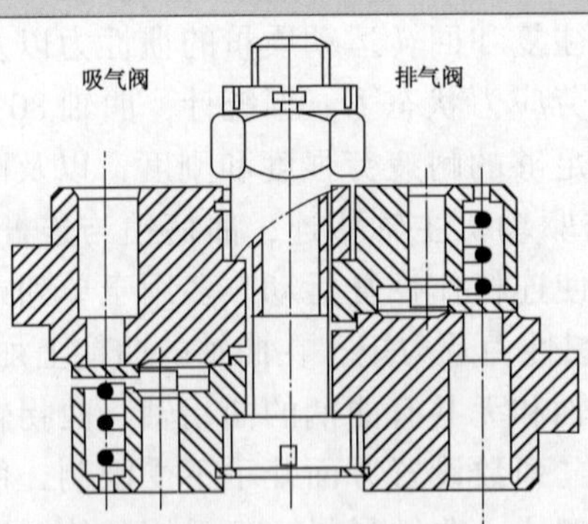 | 网状阀在结构上与环状阀的区别在于阀片各环连在一起，呈网状，并有缓冲片，阀片与缓冲片不需要导向块即能很好地导向，避免了导向块与阀片之间的摩擦。缓冲片可减小阀片对升程限制器的冲击，从而延长气阀的寿命。流量系数高，噪声小。缺点是结构复杂，加工制造要求高；效率低于直流阀；多处应力集中，运行中易损坏 |
| 直流阀 | 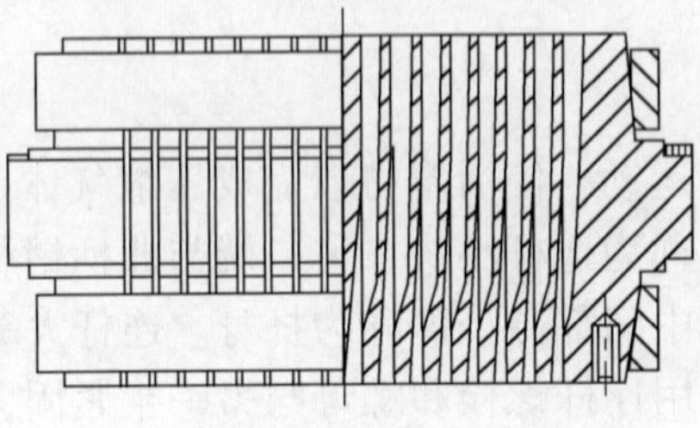<br>圆形直流阀 | 流量系数高，压力损失小，经济性好；阀片和阀座不易磨损，寿命较高；运动零件少，重量轻，适用于高转速的压缩机。缺点是阀片薄，较高压力工况时有困难；加工制造要求高；不能采用压开吸气阀来调节流量 |

3）活塞

活塞与气缸配合形成压缩容积，与压缩机的性能(如排气量等)有很大关系。活塞与活塞环、刮油环、活塞杆或活塞销等主要零件组成活塞组件。活塞设计时必须满足：有良好的密封性；足够的强度和刚度；重量尽量轻，以减少往复惯性力；与活塞杆或活塞销的连接和定位要安全可靠。活塞种类较多，常用的活塞型式有筒形活塞、盘形活塞、级差式活塞、隔距环组合式活塞、柱塞。活塞常用的材质有球墨铸铁、铝合金、铸钢、锻钢等。

4）活塞环

活塞环是活塞与气缸间的密封件，防止气体通过活塞与气缸工作面之间的间隙泄漏。活塞环必须密封性好，耐磨性好。活塞环可以做成整体式或分瓣式。对活塞环寿命起主要作用的是活塞环的材料，及其与气缸或气缸套材料的匹配性。活塞环的材料有金属和非金属两种，应用最多的还是金属材料，如灰铸铁、球磨铸铁、青铜等，目前应用最广泛的是灰铸铁环。球墨铸铁的耐磨性能高于普通灰铸铁，用于制造中、高压级活塞环，同等条件下较灰铸铁活塞环，环和摩擦副的磨损量均大约减小50%。青铜活塞环亦具有高的耐磨性，有时用于高压情况。

5）填料函

填料函是指密封气缸和活塞杆之间间隙的整个结构，其中容纳有密封元件，密封元件又称为填料，应能自动补偿磨损，其材料有金属或非金属两种。填料函的密封元件有平面形和锥面形两种，应用最广泛的是平面形密封元件。为使填料函有良好导热性能，需要采用通油或者通水冷却措施。对压缩有毒、易燃、易爆和腐蚀性气体时，应设置中间隔离室，在填料函外端设前置填料函，将泄漏气体引至气缸入口、火炬或经处理后排入大气中。

6）曲轴

曲轴是由驱动机的扭矩形式输入动力，并将旋转运动变为活塞的往复运动而做功。曲轴的工作状态是在不断周期性变化的气体力、往复和回转运动质量的惯性力以及它们的力矩共同作用下工作的，既扭转又弯曲，处于疲劳应力状态下。据统计，曲轴80%左右的破坏是由疲劳弯曲所产生的。因此曲轴必须具有足够的耐疲劳强度和刚度，以及耐磨性。曲轴主要有两种形式：一种是曲柄轴，其主轴与驱动机主轴相连，曲柄销与连杆大头相连，当曲轴旋转时，驱动连杆大头绕其中心旋转，使连杆作往复运动，多用于单列或双列压缩机。为了消除曲轴旋转质量和往复质量引起的惯性力及力矩，在曲轴的曲柄上加有平衡铁。另一种是曲拐轴，它可分为有共有曲柄的曲拐轴和无共有曲柄的曲拐轴。曲拐轴虽然较为复杂，但结构紧凑，受力合理，重量轻，在气缸列数设置方面几乎不受限制，便于满足各种压缩机的要求，是目前压缩机中应用最多的型式。曲轴材料一般采用整体锻造的45钢、42CrMo钢等金属材料。

7）连杆

连杆将输入压缩机的旋转运动转化为往复运动，使活塞得以完成压缩气体。因此，连杆一端与十字头销或活塞销相连作往复运动，称为连杆小头；另一端与曲柄销相连，作旋转运动，称为连杆大头；连接连杆两端轴承的中间部分，即称为杆身。连杆大头有开式和闭式两种，开式连杆其大头是剖分的，大头盖用连杆螺栓和螺母与另一半紧固，是压缩机中最常用的连杆结构型式。连杆材料通常用锻钢或球墨铸铁。

8）十字头

十字头连接连杆和活塞杆，在十字头滑道上作往复运动，起导向作用。十字头由十字头本体、滑履、十字头销和连接器或其他连接机构组成，也有十字头与滑履做成一体的。十字头材料可用铸铁、球墨铸铁、铸钢。

9）机体

机体包括机身、中体、机座、曲轴箱、中间接筒、端接筒等部件。机体是传动机构的定位、导向部分和承受作用力的部分。机体作为气缸的支撑座，连接一些辅助系统，如润滑系统、盘车系统、冷却系统等，组成整台机器。机体要求有足够的强度和刚度；结构简单、加工工艺性好；应满足压缩机运转稳定以及受内应力、温度变化而引起的结构变形最小等。机体材料一般采用灰铸铁。

(3) 辅助系统

活塞式压缩机的辅助系统通常包括润滑油系统、冷却水系统、仪表监测及控制系统等。

润滑油系统可以分为气缸润滑系统和机体上运动部件润滑系统两部分。气缸润滑系统的注油系统，主要给气缸和填料函供油润滑，通过注油器进行注油，注入的油会随气体带走，不作循环使用。当气缸、活塞、填料按无油润滑结构进行设计时，可以不配置注油系统。机体上的运动部件润滑系统一般是由油泵、油箱、滤油器、油冷却器、止回阀等组成机体上的运动部件的润滑系统，通常用曲轴箱作为油箱，除曲轴驱动的主油泵外，其他所有压力润滑系统设备安装在一个独立的底座上。

活塞式压缩机的冷却水系统可由中间冷却器、气缸和填料函的水套、润滑油冷却器、后冷却器、水管路以及其他附件组成。对于关键的机组或中大型机组，通常会设置软化水站，提供水质较好的软化水给气缸夹套和填料函进行冷却。软化水站包括碳钢水箱、水泵、冷却器、过滤器、温控阀、仪表、阀门、管路，通常除水箱外安装在一个独立的公共底座上。

活塞式压缩机通常配置振动、轴承温度、活塞杆下沉、油温、油压、气体温度和压力等监测仪表，监测机组的运行状态，出现异常及时报警和联锁停车。活塞式压缩机的控制通常采用DCS进行控制，也有采用PLC进行控制的做法。

2. 活塞式压缩机性能

(1)热力计算

1)热力过程

活塞压缩机的工作原理是通过曲柄连杆机构驱动活塞在气缸内做往复运动，造成气体在气缸内的封闭容积变化，从而压力得到改变。如图20.2-28所示，当活塞自左向右移动时，封闭容积变大，内部压力小于吸气管路压力，气体以压力$p_1$进入气缸，4-1称为进气过程；然后活塞自右向左运动，气缸容积变小，气体被压缩，1-2称为压缩过程；当气体压力达到排气压力$p_2$后，气体开始被活塞推出气缸，2-3称为排气过程；如此循环，形成周期性的吸气、压缩、排气和膨胀等过程。

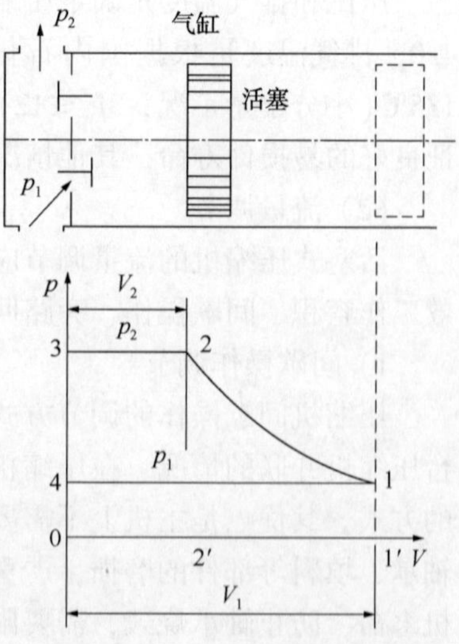

图20.2-28　气缸的理想循环过程

然而在实际压缩机中，为避免活塞与缸盖相撞，以及气阀结构限制和气阀安装的需要，在气缸端部需要留有一定的空隙，称为余隙容积$V_c$，如图20.2-29所示。余隙容积内的气体在吸气过程开始时先行膨胀，占去了活塞运动的一部分行程，造成实际进气量减少了$\Delta V_1$；气体流经气阀都有压力损失，吸气过程结束时，气缸内的压力低于名义的进气压力，实际的吸气容积减少了$\Delta V_2$；由于吸气过程中与气缸的热交换，进气温度对容积的影响计为$\Delta V_3$；由于填料、活塞环以及气阀的泄漏，引起实际气量的减少计为$\Delta V_4$。把这四个影响因素分别用四个系数来考虑，其乘积定义为吸气系数，则实际的排气量$V$用式(20.2-17)计算：

$$V=V_s\cdot\lambda \tag{20.2-17}$$

式中　$V_s$——实际的活塞行程容积；

$V$——实际排气量；

$\lambda$——吸气系数。

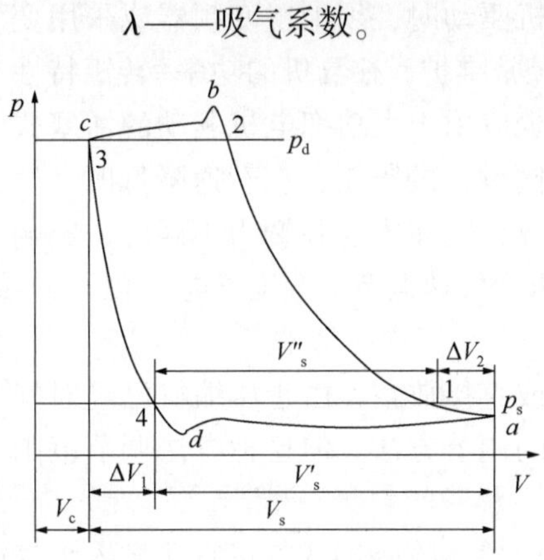

图20.2-29　气缸的实际循环过程

2）功率、排气温度

石化装置中的往复机尺寸通常都比较大，气缸夹套冷却水所带走的热量十分有限，实际的压缩过程基本上都接近于绝热过程，理论排气温度和轴功率可以分别按式(20.2-5)和式(20.2-6)进行近似计算，但需要注意压比应采用包括进、排气阀压力损失在内的往复式压缩机实际压比。

与离心式压缩机相同，活塞式压缩机的实际功率消耗$N_s$还必须考虑机械效率和传动效率，可按式(20.2-13)计算，只是式中机械效率和传动效率的取值不同：对于大中型压缩机，机械效率一般取0.9~

0.95，对小型压缩机取0.85~0.9；直连的传动效率取1.0，对皮带传动取0.96~0.99，齿轮传动取0.97~0.99。选择原动机的功率时，应考虑留10%~25%的裕量。

压比和排气温度是确定压缩机级数的主要依据，活塞压缩机最大的单级压比不宜超过4.0，排气温度是根据国内石化厂的运行经验，有油润滑的气缸允许的最大排气温度为135℃（小分子量工况，$M_w \leqslant 12$），而无油润滑的气缸最大排气温度最好不超过130℃，以保证良好的易损件寿命，其他情况最大排气温度不要超过150℃。

（2）流量调节

活塞式压缩机的流量调节应用比较多的是改变转速、改变活塞有效工作行程来改变有效工作容积、间歇操作、旁路回流进行流量调节这四类方法。

1）间歇操作调节

压缩机间歇操作的调节方式又称为“启-停”调节，主要应用于小功率的压缩机或者多台压缩机并联的情况。在压缩机功率较小，且下游配有较大的储气罐时，多采用间歇操作的方式。其优点是主机上不需要增加任何辅助设施，但频繁的启停会影响电机寿命，加剧轴承、填料等部件的磨损，严重时会烧毁轴承，此外启动过程的能耗比较大。为了保证电机寿命，防止轴承烧毁，需要限制压缩机间歇操作的频率，设计容积尽量大的储气罐，配置启动卸荷设施如排气端放空。对于大型压缩机，高启动扭矩会导致电机启动电流过大，频繁启动会对电网造成较大冲击，在石化装置中除非是多台压缩机并联，否则不采用间歇操作的调节方式。

2）变转速调节

变转速调节是通过改变单位时间内活塞压缩气体的次数达到流量调节的目的，其优点是调节过程连续，在多级压缩时不会改变各级压比分配，不需设置压比调节机构，并且由于下述原因，在降低转速进行调节时，压缩机的功率消耗小，经济性更好。

① 压缩机转速降低，流经压缩机的气体流速降低，在气阀、管路中的压力损失相应降低。

② 压缩机转速降低，气体流经冷却器的时间增加，热交换更加充分，冷却效果更好。

③ 机械摩擦功耗与压缩机的转速近似正比关系，转速降低，功耗相应减小。

变转速调节不需要设置专门的调节机构，但受到驱动机类型的限制。由于活塞式压缩机的转速较低，故很少使用汽轮机驱动。当压缩机为电机驱动时，须配置变频器或采用变频电机，由于大功率、高压变频器价格昂贵，而且需要经常维护；往复机的功率-转矩特性也不适宜变频电机大范围操作。因此，变转速调节也很少应用于大功率电机驱动的活塞式压缩机。此外，变转速调节在一定程度上受到压缩机气阀设计的限制，在转速降低时，气体对阀片的顶推力随着转速的降低而呈平方关系降低，导致气体力与弹簧力不匹配，影响气阀正常的工作规律，降低气阀工作的可靠性，这就要求变转速调节的幅度不能过大。

3）旁路调节

旁路调节就是把压缩完的气体的一部分送回到入口或直接放空，由于压缩机已经对气体压缩做功完毕，所以旁路调节并不省功，是最不经济的调节方法。但这种方法调节范围大，比较可靠，也简便易行，可以实现无级自动调节。

① 直接放空。这种调节方法是在压缩机出口加放空管路，将一部分气量直接排入大气或火炬系统，通过放空管路上的调节阀控制放气量来调节装置用气量。对于直接放空的调

节方法，最好将放空管路位于压缩机各级出口冷却器之前，这样可以减少冷却水的耗量。直接放空可以实现压缩机流量的连续自动控制，并且在开机和事故工况下卸荷迅速。

② 出、入口连通旁路调节。将压缩机末级出口与首级入口用旁路连通进行调节。这种调节方式可以保证压缩机在各级工况(温度、压力)都不变的情况下工作，并且可以通过控制旁路阀的开度实现流量的连续调节，但一般需要增设后冷却器，将末级出口气体温度降低到入口温度。

③ 多级返回旁路调节。在大型多级活塞式压缩机中，经常采用这种调节方法，还可以用于压缩机启动时卸荷，以及调节各级压比，如图 20.2-30 为某三级压缩机的调节示意图。当压缩机的级数比较多时，若在每级之后都设回流旁路，虽然调节方便，但管线会变得很复杂，因此应根据工艺需要，选择若干级设回流旁路。

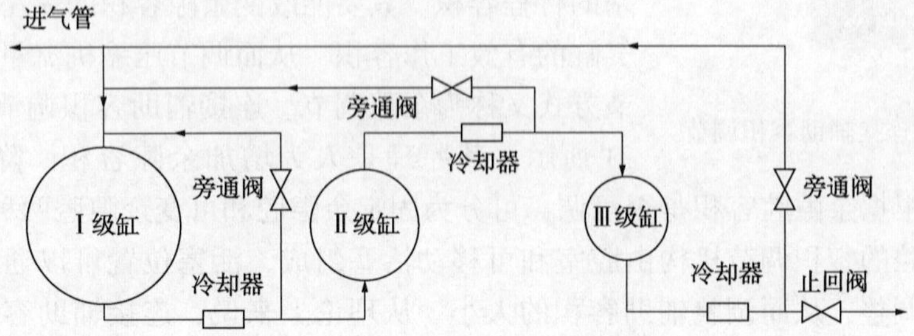


图 20.2-30 多级返回旁路调节

4) 改变气缸有效工作容积

根据活塞式压缩机的工作原理，改变气缸的有效工作容积，就可以改变压缩机的流量，常用的是顶开吸气阀和连接辅助容积进行调节。

① 顶开吸气阀调节。顶开吸气阀调节的原理是：气体吸入气缸后，活塞进行压缩动作时，通过气阀顶开机构使其保持打开的状态，从而将部分或者全部吸入的气体又通过吸气阀排除，从而实现气量调节。根据吸气阀被压开过程的长短，可分为全行程压开吸气阀和部分行程压开吸气阀两种方式。

全行程压开吸气阀：在活塞动作的全过程中，始终使吸气阀处于完全开启的状态，气体可以自由地从吸气阀吸入并排出。这种调节方法结构简单，能量损失主要在于克服气阀阻力，功耗较小，投资也不大。这种方式属于有级调节，例如当每级有一个双作用气缸时，若只顶开活塞一侧的进气阀，气量降低 50%，如果两侧同时顶开，则排气量为零，这样可实现气量 0，50%，100% 三级调节；当每级有两个双作用气缸时，就可以实现气量 0，25%，50%，75%，100%五级调节。可见，全行程压开吸气阀的调节间隔较大，适用于流量粗调，且不适合长期操作，那会在一定程度上降低气阀的使用寿命。

部分行程压开吸气阀：调节原理与全行程压开吸气阀类似，但它通过控制压缩行程中吸气阀的关闭时刻，控制返回气量的多少，从而可以实现气量连续调节，属于无级调节。从原理上来看，这种调节是一种理想的调节方式，但是需要精确计算气阀开启与闭合的时间，且要求执行机构能够快速响应，对调节系统的控制器和执行机构都提出了很高的要求。随着近年来相关领域技术的快速发展，国内外均有成熟的部分行程压开吸气阀式气量无级调节系统，并已经成功应用于多套石化装置中，取得了明显的节能效果。

理论上，对于顶开吸气阀调节流量的方法，由于从气阀回流的气体没有被压缩，只是在吸气阀处进进出出，因此不耗功。但实际上，由于气体进出气阀通道时会产生摩擦以及存在的通流阻力还是会消耗掉一部分功，并且会产生热量累积，使进、排气温度有所升高。总的来说，由于活塞式压缩机的轴功率消耗几乎与流量成正比，因此对于要求调节范围较大的大中型压缩机，这种调节方式的节能效果显著，并且可以作为卸荷空载启动之用。但由于部分行程压开吸气阀的无级调节方式需要增加精度较高的执行机构、控制系统，增加相应的成本，因此在选用时需要考虑其成本的回收周期。

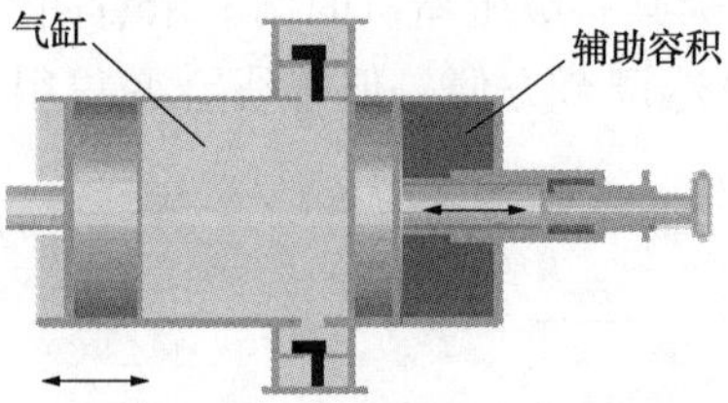


图 20.2-31　连接辅助容积调节

② 连接辅助容积调节。活塞式压缩机的气缸中有一定的余隙容积，这使得活塞在压缩结束开始吸气时，由于余隙容积中高压气体膨胀，使得气缸有效工作容积少于活塞的行程容积。只要能改变余隙容积的大小，就可以改变气缸的有效工作容积，从而调节压缩机流量，因此这种调节方式又称为余隙调节。连接辅助容积调节，如图 20.2-31 所示，其原理是人为增加余隙容积，降低容积效率，减少排气量，根据余隙腔容积是否可调，可分为固定余隙腔和可变余隙腔两种。

可变余隙腔的容积调节机构由腔室和可移动活塞组成，活塞位置可以通过手动或自动执行机构进行调整，从而调整辅助容积的大小。从理论上来说，连接辅助容积调节可以实现 0~100%范围内的分级调节或连续调节，经济性也比较好，并且不会降低气阀的使用寿命。但当压缩机需要调节的流量范围较大时，需要的辅助容积就会很大，从而使得外形尺寸加大，因此余隙腔的容积比例不能过大，而且当级压比较小(例如压比小于 2)的时候，余隙腔的作用会显著降低。这种调节方法多用于大型压缩机，且调节范围不大的情况。

5）几种调节方式的比较

选择合适的调节方式来满足装置中往复式压缩机的操作要求，是压缩机选型设计中需要考虑的重要问题，表 20.2-12 列出了不同调节方式的主要优缺点及适用范围。

**表 20.2-12　不同调节方式的比较**

| 调节方式 | 优点 | 缺点 | 适用范围 |
|---|---|---|---|
| 间歇操作 | 不需要辅助设施，投资小 | 频繁启停会影响电机、轴承等寿命 | 小型压缩机或多机并联 |
| 变转速 | 调节连续，不需要调节机构 | 受原动机型式及气阀设计限制 | 电机驱动的小型压缩机及调节幅度较小时 |
| 旁路调节 | 简单可靠，调节范围大 | 能耗最大，最不经济 | 启动及事故卸荷，小幅度辅助调节 |
| 全行程顶开吸气阀 | 简单易行，投资较小，能耗小 | 调节间隔大，影响气阀寿命，不宜长期操作 | 压缩机流量的粗调 |
| 部分行程顶开吸气阀 | 无级调节，能耗小 | 初始建设投资大 | 大中型压缩机，流量精确调节 |
| 连接辅助容积 | 能耗较小 | 辅助机构尺寸大，且笨重 | 大中型压缩机且调节范围不大时 |

3. 乙烯装置活塞式压缩机

（1）乙烯泡点气压缩机

乙烯常用球罐高压储存，但是低温常压储罐有单罐储存容积大、可以进行贸易等优点，因而在大型乙烯装置中越来越多地设置乙烯低温罐区，这就要用到乙烯泡点气(BOG)压缩机，最常用的是迷宫式压缩机。

1）基本结构

迷宫压缩机属于活塞式压缩机的一种，但气缸与活塞间、活塞杆与密封填料间均采用非接触式迷宫密封，没有活塞环和支撑环。

迷宫压缩机为立式安装，结构如图 20.2-32 所示，与普通活塞压缩机的工作原理相同，传动机构为曲轴、连杆、十字头等，属于有油润滑区域。导向轴承布置在十字头上方，保证活塞杆的上下往复运动。中间体为过渡段，以隔离有油区和无油区。活塞和气缸组成无油区域，完成气体的压缩。如果压缩机机身为承压结构，其曲轴箱需承受一定的压力，轴端采用机械密封，则称为闭式迷宫压缩机，否则称为开式压缩机。

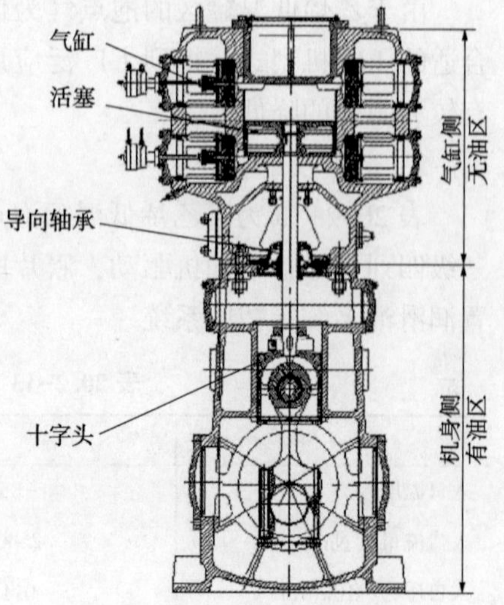


图 20.2-32　迷宫压缩机结构

2）主要特点

迷宫压缩机主要有以下特点：

① 立式结构节省压缩机的占地面积。

② 压缩过程无油，而且气缸内不产生任何粉尘磨屑，对压缩介质无任何污染，适用于有洁净度要求的气体压缩。

③ 无活塞环，对介质中含有少量固体颗粒物不敏感。

④ 活塞、填料等密封部分是非接触式的迷宫密封，无磨损，转速可以更高，能保证较长的运行时间。图 20.2-33 为二者的结构对比。

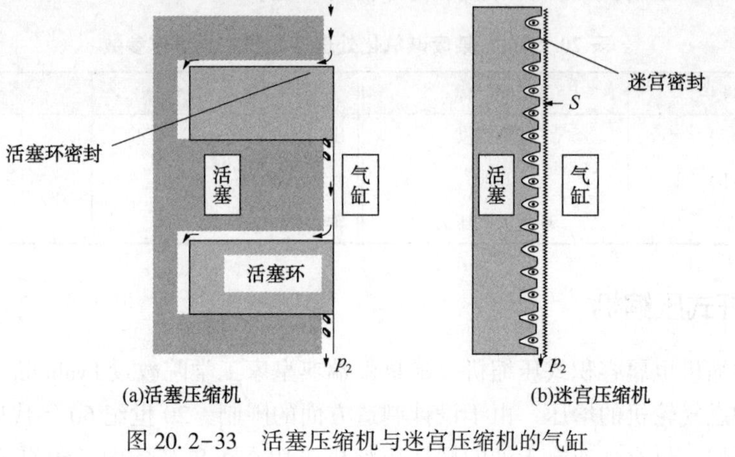


图 20.2-33　活塞压缩机与迷宫压缩机的气缸

⑤ 比活塞环式压缩机更宽的温度使用范围。因工作腔可完全采用金属材质，只要选择合理的材料，即可实现高温、低温等与普通温度范围相差较大介质的压缩，目前可实现-190~300℃的压缩机温度范围。

⑥ 整个机组对外界只有一道结合面(气缸与机身的链接)，整体密封性能很好，机身易于设计成整体密闭式，在压缩易燃易爆、烃类气体、剧毒气体、特种工艺气体、腐蚀性气体及氧气，或在超高温、超低温工况及压缩绝对干燥气体(如氮气)时，具有较高的安全可靠性。

⑦ 加工制造要求高，成本比活塞式压缩机高。

由于乙烯低温罐区的泡点气为低温乙烯，不允许介质被污染，因此迷宫压缩机是非常合适的压缩机型式，得到了广泛应用。近年来已经逐步实现了国内制造，机组的采购成本有较为明显的降低。

3）选型及配置

表 20.2-13 为某乙烯低温罐泡点气压缩机的操作参数，压缩机选用立式迷宫式压缩机，三级四列压缩，电动机驱动，膜片联轴器连接。压缩机采用有级卸荷调节，DCS 控制，配置润滑油系统等辅助系统。

**表 20.2-13　某乙烯泡点气压缩机主要操作参数**

| 项　目 | 指　标 | 项　目 | 指　标 |
|---|---|---|---|
| 入口温度/℃ | -85 | 出口压力/MPa(A) | 3.7 |
| 入口流量/($Nm^3$/h) | 2540 | 转速/(r/min) | 740 |
| 入口压力/MPa(A) | 0.1 | 轴功率/kW | 415 |

(2) 废碱氧化空压机

在有的乙烯装置废碱液处理工艺流程中会用到废碱氧化空压机，如湿式氧化处理工艺，多采用活塞式压缩机。表 20.2-14 为某废碱氧化空压机的操作参数。该压缩机压比大，采用卧式活塞压缩机，四级四列压缩，电动机驱动，膜片联轴器连接。压缩机有级卸荷调节和放空调节，DCS 控制，配置润滑油系统等辅助系统。

**表 20.2-14　某废碱氧化处理空压机主要操作参数**

| 项　目 | 指　标 | 项　目 | 指　标 |
|---|---|---|---|
| 入口温度/℃ | 环境温度 | 出口压力/MPa(A) | 3.9 |
| 入口流量/($Nm^3$/h) | 2500 | 转速/(r/min) | 420 |
| 入口压力/MPa(A) | 环境大气压力 | 轴功率/kW | 500 |

## 四、螺杆式压缩机

螺杆式压缩机也属容积式压缩机，最早由瑞典皇家工学院教授 Lyaholm 于 1934 年发明，用于柴油机和燃气轮机的增压。由于设计制造方面的限制，20 世纪 60 年代以前，螺杆式压缩机的发展缓慢，只有高速、无油的螺杆压缩机应用在军事装备中。60 年代初，喷油技术开始应用于螺杆压缩机，降低了对螺杆转子型线加工精度的要求，同时对机组的噪声、结构、转速等都产生了有利影响，这种机型迅速走向民用市场，现在广泛应用于石化等行业。我国的螺杆压缩机的设计制造起步于60年代中期，80年代后快速发展，从仿制走向独立自主开发，设计制造水平大大提高。

1. 螺杆式压缩机原理及结构

石化装置中通常使用螺杆压缩机对燃料气增压、回收尾气、制冷等。

工业螺杆压缩机分为干式螺杆压缩机和湿式螺杆压缩机。两者的特点见表20.2-15。

表20.2-15　干式/湿式螺杆压缩机特点

| 型式 | 特　点 |
| --- | --- |
| 干式 | 同步齿轮进行阴阳转子之间的动力传递，且阴阳转子的间隙之间没有液体密封，转子齿面没有直接接触 |
| 湿式 | 没有同步齿轮，阴阳转子之间的动力传递由齿面啮合完成，因此阴阳转子之间必须喷入具有润滑性的液体，同时起润滑、密封、冷却和降噪的作用 |

国内普遍应用的工艺螺杆压缩机是干式和湿式相结合的形式，即采用干式结构，设置同步齿轮来传递功率和扭矩，阴阳转子之间不接触，同时转子之间喷入少量的液体，不过液体只用来密封、冷却和降噪，不传递动力和润滑。如火炬气回收压缩机、丁二烯的气体压缩机等均为这种型式。

(1) 结构及原理

螺杆式压缩机主要由缸体、阳转子、阴转子、轴承、轴端密封等组成，干式螺杆压缩机还有同步齿轮。在压缩机气缸内平行布置着一对按一定传动比相互啮合反向旋转的螺旋形转子，节圆外具有凸齿的叫阳转子，通常为主动转子；节圆外具有凹齿的叫阴转子，通常为从动转子。主动转子与原动机连接，功率由此输入。螺杆式压缩机的阳转子与阴转子的齿数比为3/3、3/4、4/6、5/6和6/8，一般取4/6或5/6。见图20.2-34。

压缩机工作时，随着转子的运动，在吸气口处相互啮合的一对齿逐渐脱离而形成齿间的基元容积，这个容积逐渐扩大形成一定的低压区，由于与吸气孔口连通，吸气腔内气体便在入口压力的推动下流入，直到阳转子从阴转子的齿槽中脱离出来与吸气腔脱离；基元容积脱离吸气孔口后，随着转子的旋转，阳、阴转子的齿相互嵌入对方的齿槽，致使齿间容积逐渐缩小，实现齿间容积内气体的压缩过程；直到该基元容积与排气口连通之后即开始排气，随着齿间容积的不断缩小，具有排气压力的气体通过排气孔口被排出，这个过程一直持续到齿末端的型线完全啮合。这就是螺杆压缩机吸气、压缩、排气的工作过程。理想吸气过程的结束点是齿间容积在与吸气腔断开的同时达到最大，理想的排气结束点是与排气孔口脱离的同时封闭容积变为零。工作过程见图20.2-35。

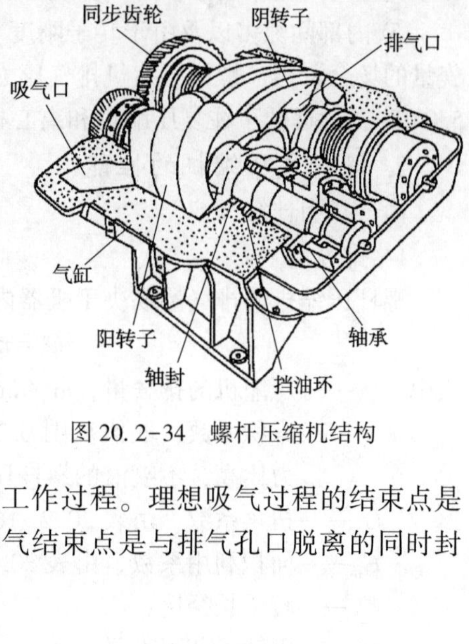

图20.2-34　螺杆压缩机结构

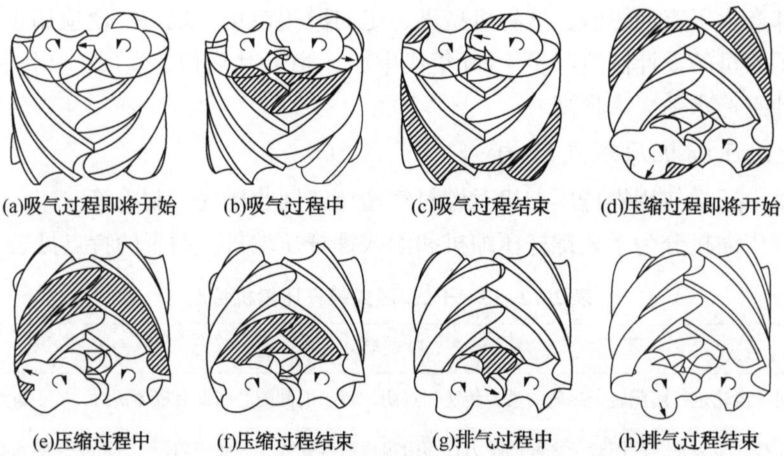


图 20.2-35　螺杆压缩机工作过程

(2) 特点

从工作原理可以看出，螺杆式压缩机是一种容积式气体压缩机，气体的压缩是依靠容积变化来实现，而容积的变化又是借助阴阳转子在机壳内做回转运动来达到。因此，螺杆压缩机兼有容积式压缩机和离心式压缩机两者的特点。除表 20.2-1 中所说明的特点外，还有：

① 气流近似于连续流动，气流脉动较小。

② 喷油螺杆压缩机允许有更高的单级压缩比，单级压缩比可以达到 10 以上，而且能保持很高的容积系数。

③ 可以允许多相混输。因为螺杆转子之间存留有间隙，能耐液体冲击，可输送含液气体、含粉尘气体、易聚合气体。

④ 螺杆压缩机可以在较宽的工况范围工作，仍能保持较高的效率，没有离心式压缩机在小流量时的喘振现象，对气体组分变化不敏感。

⑤ 内部间隙多以及由于转子刚度方面的限制，不能应用于高压场合，也不能用于微小气量的场合。国产螺杆压缩机排气压力一般不超过 2.5MPa，国外产品最高排气压力不超过 5.0MPa，远远低于往复压缩机和离心机的应用范围。

2. 螺杆式压缩机的性能

(1) 热力计算

1) 排气量

螺杆压缩机的排气量取决于机器内部结构参数，可以由式(20.2-18)计算。

$$Q_v = \eta_v C_\phi \cdot C_n \cdot n \cdot \lambda \cdot D_1^3 \tag{20.2-18}$$

式中 $Q_v$——压缩机的排气量，$m^3/min$；

$\eta_v$——容积系数，取值范围 0.75~0.95，一般来讲，运行转速低，容积流量小，压力比高，不喷液的螺杆压缩机容积效率较低；

$C_\phi$——扭角系数，由表 20.2-16 选取；

$C_n$——面积利用系数，由表 20.2-17 选取；

$\lambda$——转子长径比；

$D_1$——阳转子节圆直径，m。

表 20.2-16　常见型线的扭角系数

| 转子型线 | 扭角系数 $C_\phi$ | | | | | |
|---|---|---|---|---|---|---|
| 阳转子扭转角/(°) | 双边对称圆弧型线 | 单边不对称摆线-销齿圆弧型线 | SRM-A | GHH | SRM-D | 日立型线 |
| 240 | 1.0 | 0.9989 | 0.9992 | 1.0 | 0.995 | 1.0 |
| 270 | 0.996 | 0.9905 | 0.9907 | 0.9976 | 0.9916 | 0.9987 |
| 300 | 0.9769 | 0.971 | 0.9711 | 0.9841 | 0.9726 | 0.987 |

表 20.2-17　常用型线的面积利用系数 $C_n$

| 转子型线 | 双边对称圆弧型线 | 单边不对称摆线-销齿圆弧型线 | Atlas-X | SRM-A | GHH | 复盛 | SRM-D | 日立型线 |
|---|---|---|---|---|---|---|---|---|
| 面积利用系数 | 0.4889 | 0.4696 | 0.4856 | 0.5009 | 0.4495 | 0.4474 | 0.4979 | 0.4013 |

注：国内工艺螺杆压缩机普遍采用的 SRM-A 型单边不对称型线，其阳转子扭转角为 300°。

2）轴功率

螺杆压缩机的绝热功率计算与活塞式压缩机相同，可以用式(20.2-6)进行近似计算。实际功率消耗 $N_s$ 还必须考虑绝热效率和传动效率，用式(20.2-19)进行近似计算。

$$N_s = \frac{N}{\eta_{ad} \cdot \eta_c} \tag{20.2-19}$$

式中　$\eta_{ad}$——绝热效率，低压比、大、中容积流量时，一般取 0.75~0.85，高压比、小容积流量时，一般取 0.65~0.75；

$\eta_c$——传动效率，直接传动时可取为 1.0，齿轮箱传动时取 0.93~0.98。

3）排气温度

干式螺杆压缩机气体流经气缸的时间非常短，气体被冷却的时间很短，排气温度的计算与活塞式压缩机类似，可按绝热过程计算式(20.2-5)，排气温度主要取决于输送介质的物性和压比。

湿式螺杆压缩机的排气温度与干式压缩机有明显不同，不仅取决于介质物性、运行压比，也取决于所喷入的液体性质和喷入量。由于机组转速较高，在实际的压缩过程中，喷入的液体与介质之间的热交换很不充分，往往在压缩过程结束时，气体温度会明显高于液体的温度，然后在排气过程中以及在排气腔的充分混合，最终实现热平衡。对于喷油螺杆压缩机，额定的排气极限温度一般按 100℃ 设计，正常操作时的排气温度一般低于 85℃。

（2）流量调节

螺杆式压缩机常用的流量调节方法有变转速调节，入口节流调节，滑阀调节，旁路调节。

1）变转速调节

螺杆压缩机的气量与转速成正比，改变压缩机转速就可以达到调节气量的目的。变转速调节用于可变转速的驱动机。但由于螺杆压缩机靠间隙来进行密封，若速度低于一定数值后，效率将明显下降，经济的调速范围是额定转速的50%~100%之内。

2）入口节流调节

利用安装在压缩机入口管道上的蝶阀进行调节，这种调节方法虽然简单，但经济性差，通常只限于在小型压缩机中使用。

3）滑阀调节

滑阀调节是在压缩机壳体的排气侧安装滑阀调节装置，可沿气缸轴线平行移动，如图20.2-36所示。滑阀移出气缸外，形成与吸气腔的旁通孔，齿间气体可以通过旁通孔返回到入口，只有在滑阀下游形成的封闭容积中的气体才能被排出压缩机，这样通过控制滑阀在气缸中的位置可以实现气量的连续调节。为避免热量和液体在气缸中的积聚，滑阀调节必须保证有一定的排气容积。在完全空载的情况下，喷入的液体和循环热量将导致机组无法运行。

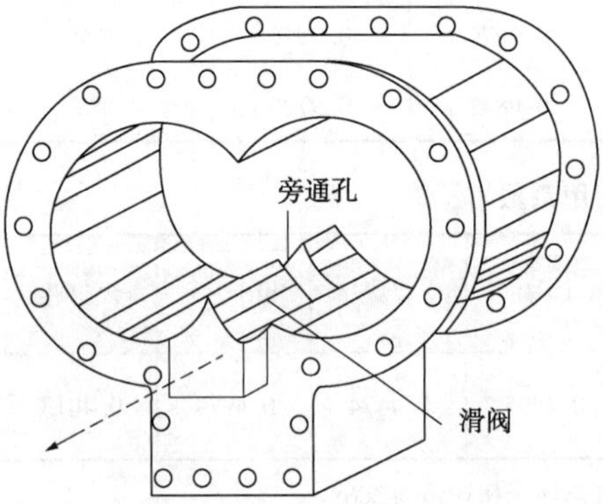

图20.2-36　滑阀结构示意图

滑阀调节的范围一般为10%~100%。滑阀调节的经济性较好，能实现无级调节，但结构复杂。滑阀的移动需要润滑，因此滑阀调节只用于湿式结构螺杆压缩机，例如制冷压缩机，工艺气压缩机则较少采用。

4）旁路调节

这种调节方法最简单，压缩机运行最稳定。需要调节时，打开旁路返回阀，多余气体经过返回阀流回吸入口，压缩机一直在最大气量下操作，存在一定的能量损失。

### 3. 乙烯装置用螺杆式压缩机

乙烯装置分离部分几乎用不到螺杆式压缩机，只有极少装置的低压甲烷压缩机选用过螺杆式压缩机，采用干式结构螺杆压缩机并带喷液冷却。国内乙烯装置的火炬气回收压缩机多数都采用螺杆式压缩机，也有部分工厂采用活塞式压缩机或液环式压缩机。

乙烯装置火炬气的组分以氢气、氮气、甲烷及各种烃类为主，通常入口温度10~40℃，入口压力为0.1MPa(A)，出口压力0.5~0.7MPa(A)，压比大，气量波动性大，气体中经常会夹带各种杂质、粉尘等，要求压缩机的选择上要有很高的操作灵活性、可靠性和有效性，并且要求维护成本低，以带来更好的经济效益。这种操作条件和要求下，干式结构螺杆压缩机并带喷液冷却是很好的选择。通过在压缩机腔内喷入冷却液，使压缩过程成为具有冷却的多变压缩过程，在同样的压比下，其温升较小，可以控制在90℃以内，很大程度上解决了压缩过程中某些不饱和烯烃组分聚合焦化的问题。

螺杆式火炬气回收压缩机采用电动机驱动，膜片联轴器连接，轴端密封采用前置迷宫密封+双端面干气密封，氮气作密封气，流量调节方式为回流调节。压缩机壳体为铸钢，转子及轴为整体锻造。机组配置润滑油系统、喷液系统、干气密封系统、冷却水系统及相应的监测仪表。

# 第三节　泵

## 一、泵的分类

### 1. 泵的分类

泵是把原动机的机械能转换成液体的能量，用来增压输送液体的机械。泵属于通用流体机械，广泛应用于石油、石化等行业当中，仅乙烯装置中各种型式的泵有上百台。

泵的种类很多，其分类方法也多，根据泵的工作原理和结构型式可以把泵简单分为叶片式泵、容积式泵和其他类型泵三大类。

(1) 叶片式泵

叶片式泵工作原理和速度式压缩机类似，也称为动力式泵，这种泵通过旋转可以连续地给液体介质进行能量转换。

(2) 容积式泵

工作原理和容积式压缩机类似，通过封闭容积的周期性变化，不连续地给液体介质进行能量转换。

(3) 其他类型泵

采用其他工作原理的泵，如射流泵、电磁泵等。

泵的详细分类如图 20.3-1 所示。

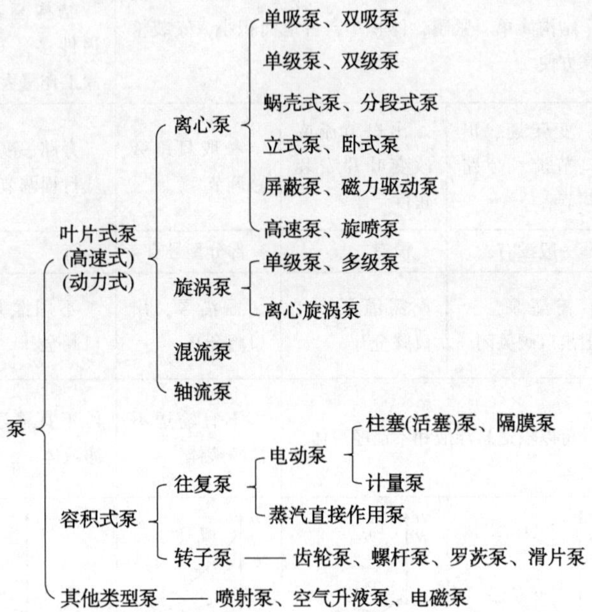


图 20.3-1　泵的分类

### 2. 泵的特点

各种类型的泵因结构不同，表现出不同的特性。表 20.3-1 为几种主要泵型的特性。

**表 20.3-1　常用泵型的特性**

| 类　型 | | 叶片泵 | | | 容积式泵 | |
|---|---|---|---|---|---|---|
| | | 离心泵 | 轴流泵 | 旋涡泵 | 往复泵 | 转子泵 |
| 主要构件 | | 泵体、叶轮、主轴 | | | 泵体、柱塞 | 泵体、转子 |
| 比转数 | | 30~300 | 500~1000 | 10~40 | — | — |
| 流量 | 均匀性 | 流量均匀 | | | 不均匀，有脉动 | 比较均匀 |
| | 稳定性 | 流量随管路特性变化而变化 | | | 流量稳定，几乎不随管路特性变化而变化 | |
| | 范围/($m^3$/h) | 1.6~30000 | 150~245000 | 0.4~10 | 0~600 | 1~600 |
| 扬程 | 特点 | 取决于叶轮外径和转速，特定流量对应特定扬程 | | 取决于叶片数和转速，特定流量对应特定扬程 | 对应一定流量可达到不同扬程，由管路系统特性、泵的动力、强度确定 | |
| | 范围 | 10~2600m | 2~20m | 8~150m | 0.2~100MPa | 0.2~60MPa |
| 效率 | 特点 | 在设计点最高，大型泵效率高 | | 在设计点最高，小流量下效率高于离心泵 | 效率较高，效率随扬程增加而降低，但变化幅度小 | 效率随扬程增高和流量减少而降低 |
| | 范围(最高点) | 0.5~0.85 | 0.7~0.9 | 0.25~0.5 | 0.7~0.85 | 0.6~0.8 |
| 适用黏度/($mm^2$/s) | | <150，最高不宜超过 650 | | <55 | <850 | 适于高黏度 |
| 结构特点 | | 结构简单、紧凑，体积小，占地面积小，安装检修方便 | | | 结构复杂，易损件多，安装检修工作量大 | 结构复杂，易损件多，安装检修工作量大 |
| 操作 | 流量调节 | 变转速、出口节流、旁路调节 | 出口节流或改变叶片安装角度 | 一般只用旁路调节 | 旁路、变转速、变行程调节 | 旁路、变转速调节 |
| | 自吸作用 | 一般没有 | 没有 | 部分型号有 | 有 | 有 |
| | 启动 | 需灌泵，一般出口阀关闭 | 需灌泵，出口阀全开 | 需灌泵，出口阀全开 | 不用灌泵，出口阀全开 | 一般不需要灌泵，出口阀全开 |
| 适用液体洁净度 | | 可以输送悬浮液和不洁净液体 | | 不宜输送不洁净液体 | 不宜输送不洁净液体 | 不宜输送非润滑性和不洁净液体 |
| 性能曲线 H—扬程 Q—流量 η—效率 N—轴功率 | | 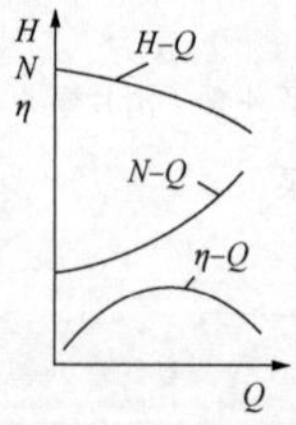 | 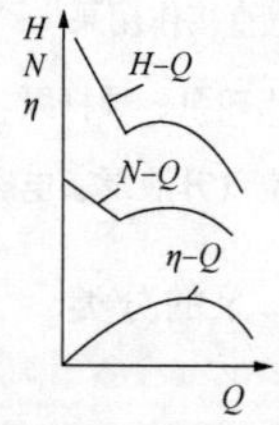 | 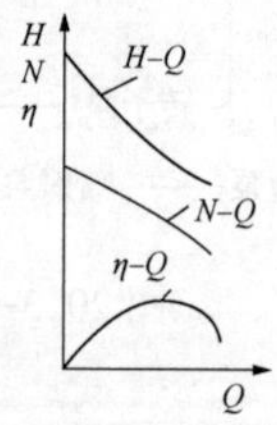 | 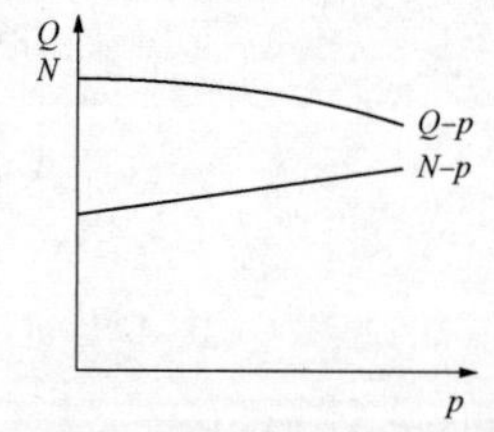 | |

主要泵型的流量扬程适用范围也可以参考图 20.3-2。

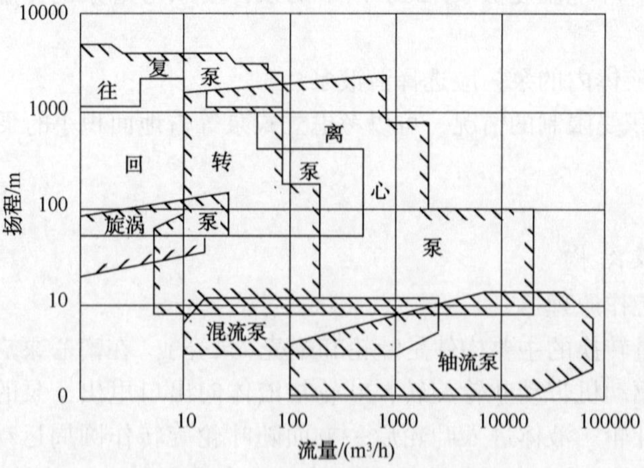


图 20.3-2 主要泵型的流量扬程范围

3. 泵的选用

在石化装置的工程设计中，根据介质物性和操作需要等因素正确地选择泵类型及材质非常重要。泵选型时需要综合考虑各方面因素，主要有：

(1) 介质物性

① 泵输送介质为易燃、易爆、有毒或贵重介质时，应选择轴封可靠(双封)的离心泵或采用无泄漏泵，如屏蔽泵、磁力驱动泵、隔膜泵等。

② 介质具有腐蚀性时，泵的过流部件应采用耐腐蚀材料。

③ 对输送含固体颗粒介质的泵，要求过流部件采用耐磨材料并采用耐磨结构，必要时轴封应采用清洁液体冲洗。

④ 介质黏度较大(>650$mm^2/s$)时，可考虑选用转子泵。

⑤ 对于乙烯、丙烯等极易汽化且汽化吸收大量热量的介质，材质应考虑汽化造成的低温影响。

(2) 操作要求

① 必须满足流量、扬程、压力、温度、汽蚀余量等工艺参数的要求。

② 介质中含有气相时，应考虑能够气液混输的泵型，如旋涡泵、滑片泵等。

③ 应选择高效率、高质量的泵，并尽可能地使其处在高效区运行。

④ 有计量要求时，应选择计量泵。

⑤ 有自吸要求时，应选择自吸泵。

⑥ 对于卸车、卸船用途的泵或上游储液罐液位高度要求较低时，避免采用进口在顶部型式的泵。

(3) 执行标准

① 石化装置中的化工流程泵通常遵守 API 系列标准。

② 雨水泵、污水泵等公用工程泵，可以执行 GB 等相关标准。

(4) 现场安装条件

① 对安装在有腐蚀性气体存在场合的泵，应采取防大气腐蚀的措施。

② 对安装在室外环境温度低于-20℃以下的泵，要求考虑泵的冷脆现象，采用耐低温材料。

③ 对于安装在液体内的泵，应选择潜液泵。

④ 对于占地面积受限制的情况，可以考虑立式泵等占地面积小的泵型。

## 二、离心泵

### 1. 工作原理及结构

(1) 离心泵的工作原理

离心泵进行能量转换的主要构件是叶轮和蜗壳(泵壳)。在离心泵启动前需要将泵内充满液体，即灌泵。驱动机带动叶轮旋转，叶轮将液体向出口甩出，泵的吸入口处就形成低压区，液体被吸入叶轮。液体进入叶轮后一方面随叶轮旋转作圆周运动，同时在叶轮离心力的作用下沿叶片作径向运动流向叶轮出口处。这个过程中叶轮旋转将能量传递给液体，将机械能转化为速度能和压力能。当液体流出叶轮进入蜗壳时，因蜗壳的流道截面逐渐增大，液体的速度能逐渐转变为压力能；流至蜗壳出口处时压力能变为最大值，这就是离心泵产生的总扬程。

(2) 离心泵的基本结构

离心泵有多种结构类型，但基本结构是相似的，主要部件都有泵壳、叶轮、主轴、轴承、轴承箱和轴端密封等。

1) 泵壳

泵壳承受全部的工作压力和液体的热负荷。按照剖分型式，泵壳分为轴向剖分式和径向剖分式两种，工艺流程泵有如下之一的工况，应选择径向剖分的泵壳：

① 操作温度≥200℃。

② 输送易燃或有毒液体，且在泵送温度下的相对密度小于0.7。

③ 出口压力(表压)高于10MPa。

大多数单级泵的壳体都是蜗壳式的，多级泵径向剖分壳体一般为环形壳体或圆形壳体。当泵出口尺寸大于等于*DN*100时，通常采用双蜗壳泵。一般蜗壳式泵壳内腔呈螺旋型液道，用以收集从叶轮中甩出的液体，并引向扩散管至泵出口。

2) 转子

离心泵的转子由主轴、叶轮、平衡鼓等组成，转子部件根据结构型式，需要进行整体或局部动平衡，平衡精度通常为ISO 1940-1 G2.5。对于最大连续转速大于3800r/min的单级泵或两级泵或三级及以上的多级泵，转子应做低速动平衡。

叶轮是离心泵对液体做功的部件。叶轮型式有闭式、开式、半开式三种。闭式叶轮由叶片、前盖板、后盖板组成，半开式叶轮由叶片和后盖板组成，开式叶轮只有叶片，无前后盖板。闭式叶轮效率较高，开式叶轮效率较低。石化装置中的离心泵绝大多数都是闭式叶轮。

叶轮应进行动平衡，平衡精度为ISO 1940-1 G2.5。转速越高，叶轮直径越大，能够获得的扬程也就越高，但叶轮受材料抗拉强度的限制，为确保叶轮部件的安全，国外有的标准或规定中会限制特定转速下的叶轮直径，国内SH/T3139中规定了几种常用材质的叶轮顶端线速度的限值，见表20.3-2。

表 20.3-2　叶轮顶端线速度限值

| 材　　料 | 线速度/(m/s) | 材　　料 | 线速度/(m/s) |
|---|---|---|---|
| 铜 | 45 | 碳钢 | 70 |
| 奥氏体不锈钢 | 65 | 12%铬钢 | 80 |

3）轴承

泵的轴承包括径向轴承和推力轴承。不同的泵型中，径向轴承和推力轴承选择滚动轴承或滑动轴承。API610 中规定泵的额定功率(kW)和额定转速(r/min)的乘积为能量密度，如果能量密度≥4000000，应使用流体动压径向轴承和推力轴承。

轴承常用的润滑形式有稀油自润滑、加压强制润滑、油雾润滑、油脂润滑。石化装置中根据轴承型式，多采用稀油自润滑或加压强制润滑。近年来，油雾润滑作为减少轴承故障的重要有效手段，逐步在石化装置中得到推广应用，不仅可以大幅提高轴承的寿命，同时可以减少润滑油和循环冷却水的消耗。

4）轴端密封

轴封有机械密封、填料密封、动力密封等型式。一般泵均设计成既能装填料密封，又能装机械密封。机械密封(也称端面密封)的密封效果好，泄漏量很小，寿命长，但价格贵，加工安装维修保养比一般密封要求高。机械密封适用于输送石油及化工介质，可用于各种不同黏度、腐蚀性及含颗粒的介质，应用范围比较广泛。在石化装置中，除了部分水泵还采用填料密封外，绝大多数的离心泵都采用机械密封(包括泵用干气密封)。随着安全环保要求的不断提高，对于易燃、易爆、有毒的危险介质，均采用双端面机械密封，配置密封冲洗系统和相应的监测仪表。石化装置的机械密封通常按照 API682 标准进行设计。

(3) 离心泵的主要类型

离心泵的分类方法很多，可按叶轮级数、工作介质、结构型式等进行分类，在石化装置中普遍采用 API610 标准中按泵的结构型式进行的分类，详见图 20.3-3。石化装置中应用最多的是 OH2、OH6、BB2、BB5、VS6 这几种泵型，其他型式的泵应用相对较少，通常在特殊情况下使用，如 VS1、VS2、VS4 泵多用作污油罐等地罐的排放泵，泵头的叶轮位置在液下，由于检维修不便，正逐渐被自吸泵所取代。

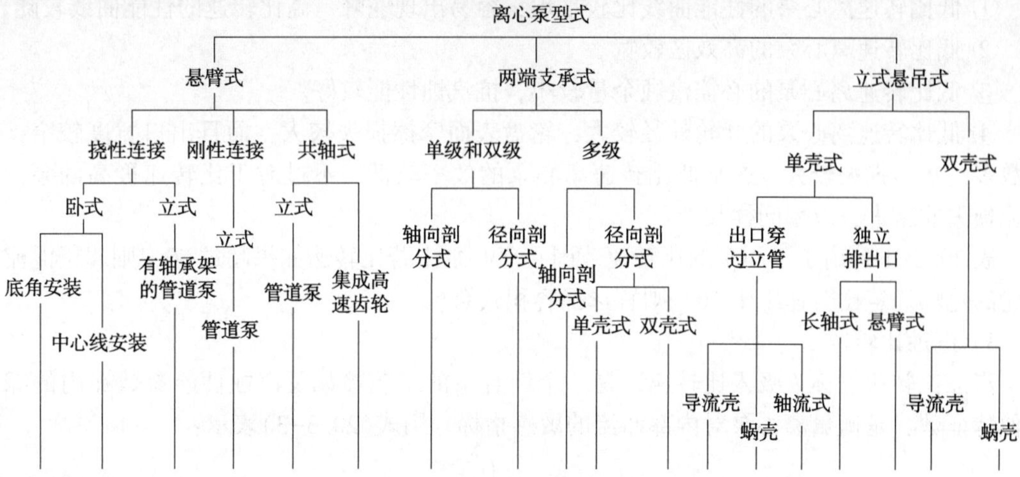


图 20.3-3　API610 标准对离心泵的分类

乙烯装置中半数以上的泵采用 OH2 型式的泵，急冷油循环泵、急冷水循环泵、盘油循环泵为 BB2 型式，超高压锅炉给水泵为 BB5 型式，循环乙烷泵、丙烯冷剂收集泵等低温泵多采用 VS6 型式，冲洗油泵等流量小、扬程高的泵多采用 OH6 型式的高速泵。

2. 性能

(1) 主要计算

1) 扬程

扬程是指单位质量液体通过泵后获得的有效能量，通常以介质的液柱高度表示，根据式(20.3-1)进行计算，单位为 m 液柱。

$$H=\frac{p_2-p_1}{\rho \cdot g} \tag{20.3-1}$$

式中 $p_2$——泵的出口压力，Pa；

$p_1$——泵的入口压力，Pa；

$\rho$——液体密度，kg/m$^3$；

$g$——重力加速度，m/s$^2$。

2) 比转速

比转速也称为比转数，是反映泵相似工况的一个特征参数。相似工况下的离心泵的比转速基本相等，也是选型的一个重要依据。比转速按泵壳所能安装的最大直径叶轮、最佳效率点的流量和扬程进行计算，用式(20.3-2)表示：

$$N_s=n \cdot \frac{Q^{0.5}}{(H/i)^{0.75}} \tag{20.3-2}$$

式中 $N_s$——比转速；

$n$——运行转速，r/min；

$Q$——最大叶轮最佳效率点的流量，m$^3$/s，如果为双吸泵，$Q$ 取总流量的一半；

$H$——最大叶轮最佳效率点的扬程，m；

$i$——级数。

比转速反映的是离心泵的性能特点：

① 低比转速离心泵的性能曲线比较平坦，容易出现驼峰，高比转速的性能曲线较陡。

② 低比转速离心泵的高效区较宽。

③ 低比转速离心泵的必需汽蚀余量较小，抗汽蚀性能较好。

④ 低比转速离心泵的叶轮外径较大，轮盘表面摩擦损失较大，而且出口宽度较窄，叶片数多，水力损失较大，通常低比转速离心泵的效率较低，不过对于比转速极高的泵，其涡流损失非常大，效率同样较低。

表 20.3-1 列出了不同泵的比转速范围，离心泵中若比转速如果超过 80，则属于混流式叶轮的范畴。若比转速小于 10，则宜选择容积式泵。

3) 汽蚀比转速

汽蚀比转速也称为吸入比转速，是一个综合泵的工艺参数及汽蚀性能参数在内的综合相似特征数，是衡量离心泵对内部回流的敏感指标。用式(20.3-3)表示：

$$S=n \cdot \frac{Q^{0.5}}{NPSH_r^{0.75}} \tag{20.3-3}$$

式中 $S$——汽蚀比转速；

$n$——运行转速，r/min；

$Q$——最大叶轮最佳效率点的流量，$m^3/s$，如果为双吸泵，$Q$ 取总流量的一半；

$NPSH_r$——最大叶轮最佳效率点的流量下对应的必需汽蚀余量，也记作 $NPSH_3$，m。

虽然汽蚀比转速是为衡量离心泵的汽蚀性能而定义的，但近年来大量的研究和经验表明，其与离心泵的操作稳定性密切相关，选择合适的汽蚀比转速的离心泵可以大大降低泵的故障率。根据统计，若汽蚀比转速位于159~238之间，该泵的可靠性远远高于运行在其他区域的泵。工程设计中通常要求制造商报价的汽蚀比转速小于213。

4）轴功率

泵的轴功率 $N$ 通过式(20.3-4)进行计算。

$$N=Q\cdot\rho\cdot gH/(1000\cdot\eta) \tag{20.3-4}$$

式中 $N$——轴功率，kW；

$Q$——流量，$m^3/s$；

$\rho$——密度，$kg/m^3$；

$g$——重力加速度，$9.8m/s^2$；

$H$——扬程，m；

$\eta$——效率。

（2）性能曲线

离心泵的性能曲线主要反映在恒转速下离心泵的扬程 $H$、效率 $\eta$、轴功率 $P_a$ 和必需汽蚀余量 $NPSH_r$ 与流量 $Q$ 之间的关系，是进行离心泵选型的重要依据。图20.3-4是某离心泵的性能曲线(图中A、B、C表示不同的叶轮直径)。

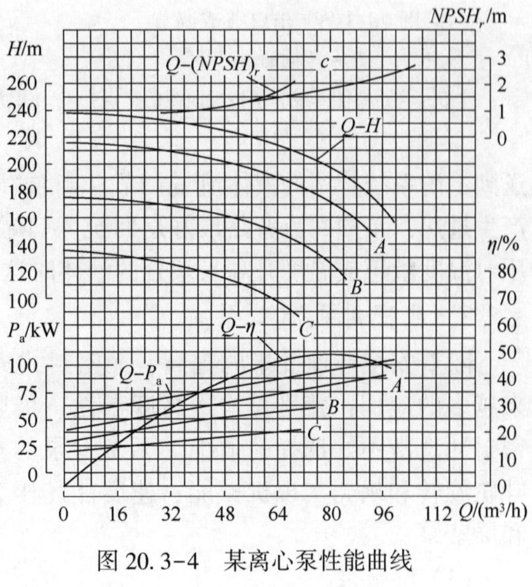

图20.3-4　某离心泵性能曲线

在进行离心泵的选型时，需要考虑如下几点：

① 额定流量点宜处于最佳效率点流量的80%~110%之间的高效区间，正常工作点宜在最佳效率点的左侧。

② 从额定点到关死点的扬程曲线应是连续上升的，不得出现驼峰曲线，驼峰会造成泵不稳定运行。为了方便对流量进行调节，扬程上升幅度最好在10%~20%之间。

③ 泵的最小连续稳定流量宜小于工艺的最小操作流量，否则应在工艺流程中设计泵的旁路。

④ 额定点的必需汽蚀余量应比有效汽蚀余量至少低0.6m。

⑤ 输送运动黏度大于 $20mm^2/s$ 的液体时，应对曲线进行修正。

⑥ 额定叶轮下的扬程至最大叶轮下的扬程至少有5%的升量。

（3）流量调节

离心泵的流量调节方式较多，本质上是改变泵的性能曲线或者装置的管路特性曲线。

切割叶轮的调节方法适用于泵的改造，改变叶片角度调节、改变前置导叶叶片角度调节主要用于轴流泵和斜流泵，入口节流调节可能导致泵的汽蚀，通常不采用这种调节方法。常用的调节方法有变转速调节、出口节流调节、旁路回流调节。

1）变转速调节

变转速调节是通过改变驱动机的运行转速来调节离心泵的性能，在保证泵送系统的最低扬程前提下，调节泵的转速使泵的出口流量减少或增大，而泵的扬程也同时降低或升高。变转速调节是最经济的调节方式，适于大功率和扬程变化大的工况。电机驱动时，可以通过变频或者增加耦合调速器来实现；汽轮机、液力透平等变速驱动机来驱动时，可以直接通过其调速功能来实现。

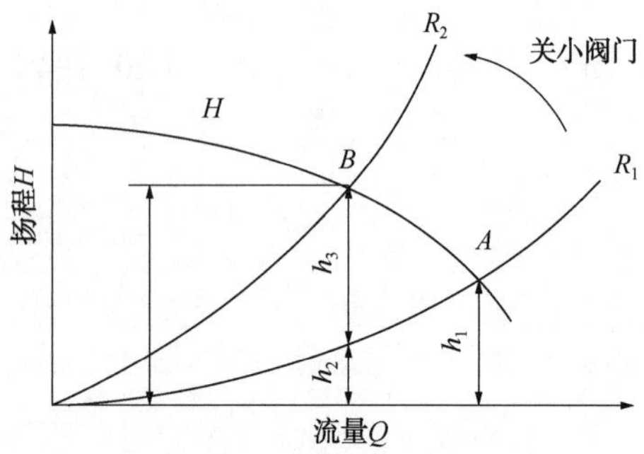


图 20.3-5　出口节流调节

$R_1$、$R_2$—不同的阀门开度；

$A$、$B$—管路特性曲线和泵特性曲线的交点；

$h$—扬程

2）出口节流调节

出口节流是离心泵最常用而又最简单的调节方法。由于泵的工作点为管路特性曲线和泵性能曲线的交点，通过改变出口阀门的开度，就可以改变管道系统的阻力，从而改变管路特性曲线的位置而泵的性能曲线不变，从而调整泵的流量，如图 20.3-5 所示。出口节流功率损失大，不经济，一般应用于流量范围变化较小的工况。

3）旁路回流调节

旁路回流调节是在泵出口设置旁路阀，通过打回流进行流量调节的方法。控制出口旁路阀的开度，可以调节回流到泵入口侧流量的大小，实现输送到下游系统管网的液体流量调节。当泵额定流量较小而回流量较大时，需要注意避免泵产生过热，泵的回流旁路最好返回至入口罐，不宜直接回到入口管道，对于输送饱和蒸气压对温度敏感或温度升高易聚合的液体时这点需要特别注意。

### 3. 无密封式离心泵

随着安全环保要求的提高，无密封式离心泵(简称为无密封泵或无泄漏泵)得到了越来越多的应用，特别是输送高度毒性、极度毒性的液体以及介质物性如采用离心泵机械密封冲洗液不好选择的情况。无密封泵的水力学部分与普通离心泵一样，也是通过离心叶轮旋转和蜗壳实现机械能、速度能、压力能之间的转换。无密封泵分为两种：磁力泵和屏蔽泵。

（1）屏蔽泵

1）工作原理

屏蔽泵是无密封泵的一种，石油化工的屏蔽泵通常执行 API685 标准进行设计。屏蔽泵主要由电机和泵两大部分组成，泵的叶轮直接安装电机转子上，定子和转子之间用非导磁性耐腐蚀的屏蔽套进行隔离，动力通过定子磁场传递给转子，转子由前后轴承支承浸没在液体中，这种结构只有静密封，没有轴封和联轴器，能做到完全无泄漏。电机定子位于屏蔽套外，屏蔽套被定子在外部加强，可以应用到很高压力的场合。当屏蔽套发生破损，电机外壳可以作为第二道保护，泵送介质不会泄漏到大气环境。图 20.3-6 为典型屏蔽泵的结构剖视图。

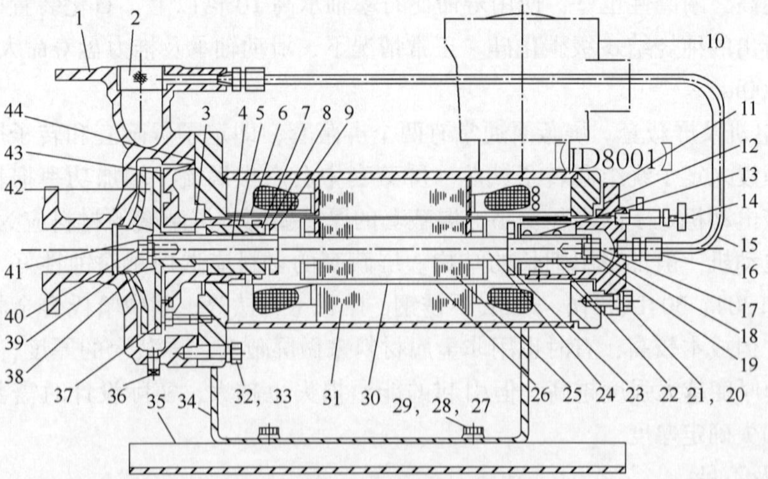


图 20.3-6　基本型屏蔽泵结构

1—泵体；2—过滤器；3—调整垫片；4、22—轴套；5—垫；6—紧定螺钉；7，13—轴承；8、23—推力盘；9—销；10—接线盒；11—RB 端盖；12，44—密封垫圈；14—排气阀；15—循环管；16—活接头；17、21、29、32、37、40—螺栓；18、39—止动垫圈；19、27、38—垫圈；20、28、33—弹簧垫圈；24—轴；25—转子；26—转子屏蔽套；30—定子屏蔽套；31—定子；34—机架；35—底座；36—塞子；41—键；42—叶轮；43—FB 端盖

屏蔽泵的种类较多，包括基本型、内循环型、逆循环型、高温分离型、高熔点型等，需要根据不同的介质物性和操作工况进行选择。

2）技术难点

① 轴向力平衡。相比普通的离心泵，轴向力对无泄漏泵的影响更大。由于整个转子都浸没悬浮于有压力的介质中，若轴向力不平衡会直接导致零部件的碰磨从而引起汽蚀、振动和超电流等现象，极易导致泵的损坏，而无密封泵的检维修比离心泵难度大，屏蔽泵经常需要返厂维修，这会对装置的正常生产带来影响。因此，应对整个转子进行受力计算，采取设置叶轮后口环、平衡孔、平衡管或叶轮背叶片以及轴向力自动平衡机构等措施以平衡轴向力。若泵型设计以常温水为基准，当输送介质为极易汽化的轻烃(相对密度<0.5)等与水差异较大的特殊介质时，轴向力应重新进行核算并调整平衡措施。

② 冷却润滑。正常工作状态下，屏蔽电机绕组有铜损，前后滑动轴承、推力盘工作状态下也有一定的发热。屏蔽泵的结构设计中采用泵本身输送的液体(特殊情况下用外部注入液体)作为循环冷却液带走热量，同时对前后滑动轴承、推力盘起到滑润作用。根据屏蔽泵的发热量和允许温升，就可以计算出所需要的循环冷却液的流量，通常为泵流量的 1%～5%，但对小流量无泄漏泵来说，应增加循环液的比例，以满足循环液温升 $\Delta T<3\sim5℃$。对于易汽化、易聚合的介质，需要合理设计冷却循环回路和冷却液流量，确保升温尽量小，以免造成汽化、聚合损坏泵。

③ 滑动轴承及推力盘。滑动轴承及推力盘是屏蔽泵故障率较高的部件，应通过设计润滑“油槽”、足够的承载能力、适当的材料配对，防止过载、碰磨，及提高耐磨性。径向滑动轴承常用的材料有两种：一种为石墨浸渍耐蚀树脂(酚醛或呋喃树脂)；另一种为碳化硅，

其强度比石墨高，耐磨性也好，使用寿命比石墨轴承高10倍以上，石化装置中通常采用无游离硅离子析出的纯烧结α级碳化硅。正常情况下，滑动轴承及推力盘寿命大于8000h，最长的可达80000h。

④ 屏蔽电机及屏蔽套。屏蔽泵通常有两个屏蔽套，即定子屏蔽套和转子屏蔽套，用来防止工作介质浸入定子绕组和转子铁芯。屏蔽套中会产生涡流，增加功率损耗。在设计时必须注意屏蔽电动机定子的内径要小，屏蔽套的厚度要薄，屏蔽套的材料应为非导磁材料。因此，屏蔽电动机一般都采用细长的结构。屏蔽套的材料应选用耐腐蚀性好、强度高的非导磁材料，如304、304L、316、316L不锈钢、哈氏C、钛等。其中哈氏合金材料产生的涡流损失较小，但成本较高，有时也用非金属材料来做屏蔽套。屏蔽套的厚度，一般为0.2~1mm，屏蔽套厚度越大强度越高，但引起的能量损失也越大，实际设计时需要综合考虑安全性和功率损失确定厚度。

3）优点及不足

屏蔽泵主要有以下优点：

① 安全性高，适用范围广。屏蔽泵仅有静密封，泵壳可以作为二次承压设计，防止介质发生泄漏，且可以应用于真空、高温、高压、低温等多种工况。

② 结构紧凑，占地面积小。

③ 安装方便，检维修工作量小。没有联轴器的对中问题，安装容易；没有密封、联轴器，零部件少，日常维修工作量少。

屏蔽泵主要有以下不足：

① 由于屏蔽电机的效率低于普通电机，屏蔽泵的效率通常低于有密封的离心泵，但在中、小功率的情况下相差不大。

② 由于采用滑动轴承，且通常用被输送的介质润滑，故对润滑性差的介质就不适宜采用屏蔽泵输送，一般适合的介质黏度范围为0.1~20mPa·s。

③ 屏蔽电泵不能输送易结晶的液体和含固体颗粒的液体，不宜输送易聚合且聚合温度不高的介质、常温易汽化的介质。

④ 流量应高于最小连续流量，这点对屏蔽泵尤为重要，在小流量情况下，泵效率较低且会导致发热，使流体蒸发而造成泵干转，引起滑动轴承的损坏。

(2) 磁力泵

磁力泵即磁力驱动离心泵，通过结构上只有静密封而无动密封而实现介质的无泄漏，和屏蔽泵类似。

1）工作原理

磁力驱动离心泵是利用磁力联轴器传递电机转矩，驱动泵的叶轮旋转。电动机通过联轴器和外磁钢联在一起，叶轮和内磁钢联在一起。在外磁钢和内磁钢之间设有全密封的隔离套，将内、外磁钢完全隔开，内磁钢处于介质之中，电动机的转轴通过磁钢间磁极的磁场力带动叶轮转动。泵侧主轴由两只碳化硅滑动轴承支承，通常采用泵送介质进行润滑冷却，介质温度较高时通常从泵出口引出一路分支经过冷却器冷却后再注入内磁钢体进行冷却。外置轴承采用普通的球轴承，脂润滑或油环润滑。图20.3-7为典型磁力泵的结构示意图。

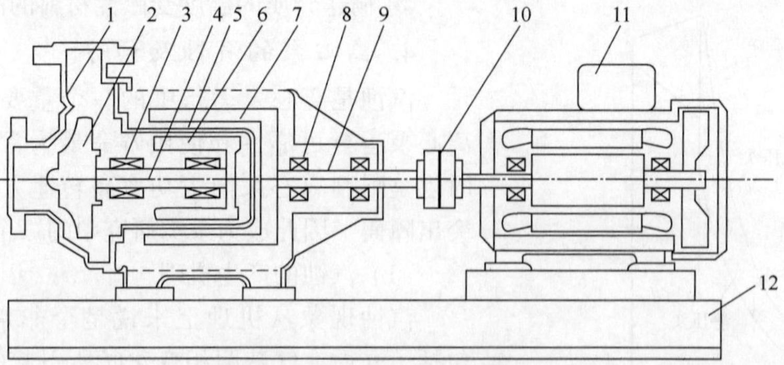


图 20.3-7　磁力泵结构示意图

1—泵体；2—叶轮；3—滑动轴承；4—泵内轴；5—隔离套；6—内磁钢；
7—外磁钢；8—滚动轴承；9—泵外轴；10—联轴器；11—电机；12—底座；

2）技术难点

和屏蔽泵相同，磁力泵设计时需要特别注意轴向力平衡、冷却润滑、滑动轴承及推力盘方面的设计。此外，磁力泵设计时需注意：

① 隔离套的设计。隔离套有金属和非金属两种，石化装置中多采用哈氏合金、钛合金等材料的金属隔离套。在磁力联轴器工作时，金属隔离套处于正弦交变的磁场中。由电磁感应定律可知，在垂直于磁力线方向的截面上会感应出涡电流并产生热量，称为涡流发热。涡流发热将造成功率损失，泵效率降低，如不及时冷却还可能引起磁钢退磁失效、隔离套过热损坏、滑动轴承碎裂、汽蚀等问题。此外，隔离套的厚度与工作压力和使用温度有关，太厚增加内、外磁钢的间隙尺寸，从而影响磁传动效率；太薄则影响强度。

② 磁钢使用温度。所有磁性材料都存在一个从铁磁性转变为顺磁性的临界温度，称为居里温度，达到居里温度的永久磁体将失去磁性。在居里温度以下，磁性随温度上升线性下降。因此，磁力泵的应用环境受温度的限制，常用的钕铁硼工作温度在150℃以下，钐钴合金磁性材料工作温度可达300℃。

3）优点及不足

磁力泵主要有以下优点：

① 可以实现介质的无泄漏，安全性高。

② 磁力联轴器在传递动力时有过载保护作用。

③ 维护和检修工作量小，检修难度低于屏蔽泵。

④ 除磁性材料与磁路设计有较高的要求外，其余部分技术要求不高。

磁力泵主要有以下不足：

① 隔离套的壁厚受到结构上的限制，其承受介质压力不能太高，此外受磁性传送的限制，磁力泵的工作压力及扬程不能太高，通常用于1.6MPa以下的低压环境。

② 磁力泵的效率比普通离心泵低。

③ 按单隔离套设计时，如材料选择不当或制造质量差时，隔离套经不起内外磁钢的摩擦很容易磨损，一旦破裂所输送的介质就会泄漏。

④ 通常不输送易结晶的液体和含固体颗粒的液体，不宜输送易聚合且聚合温度不高的介质、常温易汽化的介质。

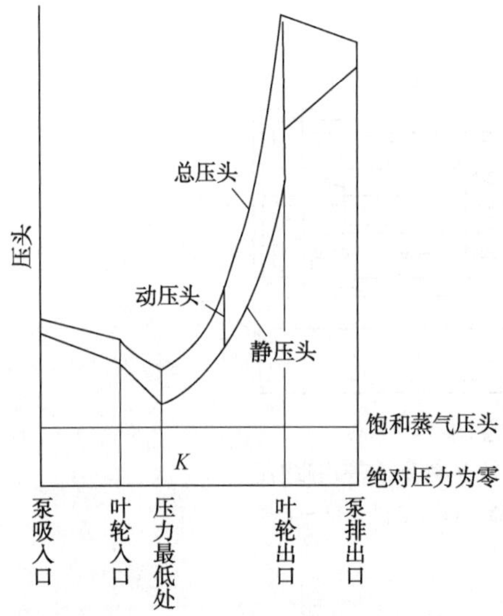


图 20.3-8 离心泵内的压力曲线

⑤ 输送介质的温度受磁性材料的温度限制。

4. 离心泵的汽蚀及预防

汽蚀是离心泵运行中的一个重要现象，是影响离心泵运行可靠性和使用寿命最为常见的问题，同时也是限制离心泵向大功率高转速方向发展的一个突出障碍，因此成为泵类研究中的一个突出课题。

(1) 汽蚀的产生机理

汽蚀现象从机理上来说是个非常复杂的过程，包括了介质在气液两相变化时所引起的物理、化学、电学、力学以及声学等诸多现象。根据物理学知识可以知道，对于某种液相介质，在一定温度下对应着一定的饱和蒸气压 $p_v$，当介质的压力小于 $p_v$ 时就会发生汽化。图 20.3-8 为离心泵运转时，泵内介质的压力变化曲线。可以看出，介质进入泵入口后压力首先逐渐降低，在叶轮入口附近的 $K$ 点压力降至最低为 $p_k$，若 $p_k<p_v$，介质就发生汽化，同时溶解在介质中的气体也可能逸出，这样就会形成很多小气泡。$K$ 点以后，转动的叶轮对介质做功，介质压力迅速上升，这些气泡随着介质进入压力较高的区域即 $p>p_v$ 时，气泡又会重新凝结成为液相，瞬间形成大量的空穴，而周围的液相介质以高速冲向空穴相互撞击，使得空穴处的局部压力骤增。这种液击是一种高强度、高频率的冲击，当发生在叶轮表面附近时，叶轮材料就会在长久地冲击下发生局部疲劳剥落，形成点蚀，进而影响到叶轮尤其是叶片的强度。在有些工况下，泵送介质中可能溶有活性气体(如氧气等)，在由气相变成液相时会释放大量的热量，使得局部温度迅速升高，并发生电解，对金属产生电化学腐蚀，加速腐蚀破坏的速度，严重时就会造成叶片的断裂。这种在泵内出现的液相介质汽化、凝结、冲击，从而造成金属材料腐蚀破坏的现象就是离心泵的汽蚀。

(2) 汽蚀对离心泵的危害

汽蚀会影响离心泵的正常运行，引发许多严重后果。

1) 损坏过流部件

由于汽蚀过程中伴随着机械点蚀和电化学腐蚀，长期作用时会在离心泵的过流部件如叶轮、蜗壳等的金属材料表面逐渐产生许多小麻点，继而麻点不断发展扩大呈沟槽状或蜂窝状，严重时就会形成空洞，甚至造成叶轮的断裂，损坏离心泵的过流部件，甚至影响泵的使用寿命。图 20.3-9 为某离心泵产生汽蚀一段时间后的照片，可以看出汽蚀造成叶片表面的金属材料产生了剥落。

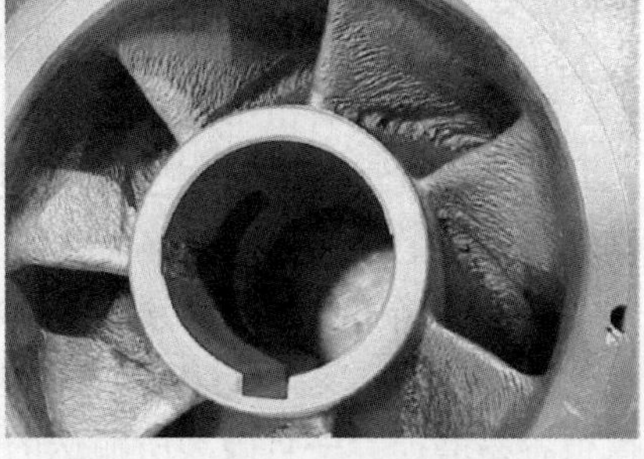

图 20.3-9 汽蚀造成离心泵叶片材料的损坏

2) 降低离心泵的性能

离心泵是通过叶轮的旋转将能量传递给介质，转化为介质的压力能，但汽蚀会对叶轮和液体之间的能量传递造成严重干扰。由于汽蚀发生时会在介质中产生大量的气泡，使得介质的通流面积大为减少，并在局部产生旋涡，这些会破坏泵内介质的连续流动，增大流动损失，使泵的流量、扬程和效率均有所下降。由于离心泵叶轮的形状通常长且窄，汽蚀严重时，大量气泡很快就会堵塞整个流道，造成断流，使离心泵无法正常工作。从图 20.3-10 离心泵的性能曲线上来看，在汽蚀比较严重时，性能曲线发生陡降。

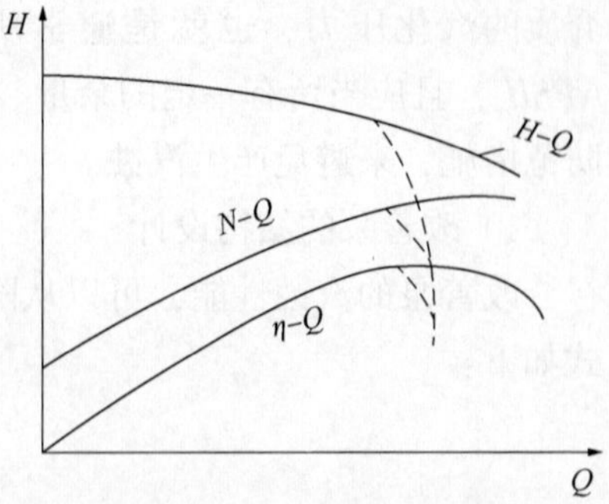

图 20.3-10　离心泵的性能曲线

3）产生噪声与振动

由汽蚀产生的气泡在破裂时，高频的液击会产生各种噪声，同时诱发泵体振动，而泵体的振动又会加速气泡的产生与破裂。当液击的频率与泵体的固有频率相同时，就会发生共振，使振幅迅速增大，若要保护离心泵不会发生振动破坏就必须停泵进行检查。

4）制约离心泵的发展

随着现代工业的高速发展，要求泵送介质的流量也越来越大，扬程越来越高。对离心泵而言要增大流量和扬程，就需要提高液体介质的流速；根据流体力学，液体流速越高，入口压力损失越大，就更加容易产生汽蚀。提高泵抗汽蚀性能，研究汽蚀机理，是离心泵发展中的重要研究课题。

（3）离心泵汽蚀的识别

及时识别出汽蚀的发生，便于采取相应的防范措施，对此国内外进行了大量研究，并取得了丰富的研究成果。但根据可行性，实际生产中往往采取如下几种办法判别是否发生了汽蚀。

1）根据扬程识别

从图 20.3-10 可知，在汽蚀发生时，离心泵的扬程会急剧下降。在 API610 标准中，将离心泵扬程(对于多级泵而言是首级扬程)下降 3%，作为性能断裂的标志，并用于在汽蚀试验中判定离心泵的必需汽蚀余量 $NPSH_r$($NPSH_3$)的数值。通常，工程技术人员在离心泵特性曲线上取扬程下跌 3%的点认为是其发生汽蚀的临界点。但是，在泵发生汽蚀的初始阶段，离心泵扬程的变化并不是很明显，当扬程变化明显时，汽蚀已经发展到了一定程度。所以，用扬程来判断离心泵的汽蚀具有一定的滞后。但是这种方法简便易行，在石化、冶金等行业得到了广泛的应用。

2）根据振动识别

离心泵的汽蚀伴随着泵体的振动，因此可以在泵体上加装振动传感器，当泵运行时发现振动有异常，应该首先考虑是否发生了汽蚀。在实际生产中，装置的操作人员往往可以根据经验现场感觉出泵体振动的不同，从而初步判定是否产生了汽蚀。

3）根据噪声识别

汽蚀发生时由于液击会产生各种噪声，并且当汽蚀严重时，可听到泵内发出类似于爆竹的噼噼啪啪的声音。操作人员可以据此进行汽蚀的判断。

（4）泵汽蚀的防范措施

根据汽蚀产生的机理，若要避免离心泵内产生汽蚀，应当使泵内最低点处的压力高于介质的汽化压力，也就是通常所说的有效汽蚀余量高于泵的必需汽蚀余量即 $NPSH_a >$ $NPSH_r$，且应当留有一定的余量。据此，可以在离心泵的设计、制造、使用过程中采取各种防范措施，来避免产生汽蚀。

1）改善泵的结构设计

改善泵的汽蚀性能，可以从降低泵的必需汽蚀余量着手。离心泵必需汽蚀余量计算公式如下：

$$NPSH_r = \lambda_1 \frac{V_0^2}{2g} + \lambda_2 \frac{W_0^2}{2g} \tag{20.3-5}$$

式中 $V_0$——叶轮进口平均流速，通常指叶轮喉部液体绝对速度，m/s；

$W_0$——叶轮进口处液体的相对速度，m/s；

$\lambda_1$——因液体从泵入口到叶轮进口段速度增大和流向改变引起能量损失的校正系数；

$\lambda_2$——流体绕过叶片头部的压降系数，与冲角、叶片数、叶片头部形状等有关。

从公式看出，$NPSH_r$ 仅与泵本身的结构有关，而与介质的性质无关。根据公式(19.3-5)，可以从如下几个方面改进泵的结构，降低 $NPSH_r$：

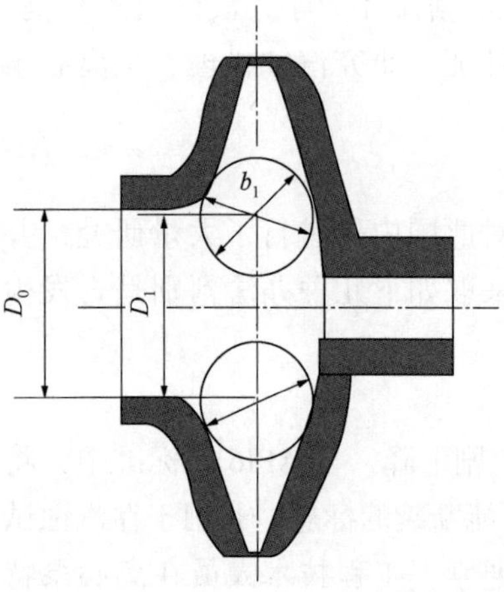

图 20.3-11 离心泵叶轮结构示意图

① 适当增大叶轮入口直径 $D_0$，可使叶轮进口流速 $V_0$ 减小；或者适当增大叶轮叶片入口边宽度 $b_1$，可使叶轮入口处液体的相对速度 $W_0$ 减小。这样实质是改善了叶轮的吸入特性，但需要注意 $D_0$ 和 $b_1$ 并非是越大越好，而是有最佳的设计范围，二者取值过大时，必需汽蚀余量反而会增加。见图 20.3-11。

② 选用双吸叶轮，这样介质从叶轮两侧流入，相当于增大了叶轮的入口面积，使流经叶轮每一侧的流量减少，从而降低叶轮的 $V_0$、$W_0$ 和 $\lambda_2$。

③ 适当增大叶轮盖板进口段的曲率半径；将叶片尽可能向叶轮入口边扩展；提高叶轮和叶片进口部分表面光洁度；增大叶片进口角和采用正冲角。这些措施可以使介质流动更加平稳，降低流动损失，从而降低泵的 $NPSH_r$。

④ 为离心泵安装诱导轮，可以对介质进行预增压，增大了叶轮入口处的介质压头，可以显著降低 $NPSH_r$，有时可以降低 70%以上。但诱导轮会增加轴向的安装尺寸，且安装了诱导轮的离心泵在小流量运行时，扬程会降低，从曲线上表现为出现了“驼峰”，在标准 API610 中并不推荐离心泵加装诱导轮。

2）提高装置有效汽蚀余量

在进行装置的设计时，尽可能进行优化设计，以提高泵吸入口的有效汽蚀余量 $NPSH_a$：

① 适当增大泵吸入管路的直径，降低管路内表面的粗糙度，减少不必要的弯头、阀门等，以减少泵入口管段的管路损失，从而提高 $NPSH_a$。

② 增大泵吸入储罐介质压力，来提高 $NPSH_a$。

③ 当装置能提供的 $NPSH_a$ 不能满足泵要求时，可以选择合适的泵型如筒袋泵，来降低泵的安装高度，提高泵吸入口处的压力。

3）使用抗汽蚀材料

有时离心泵受到安装、使用条件的限制，不能完全避免汽蚀的发生，可以采用抗汽蚀性能良好的材料来制造叶轮，以延长叶轮的使用寿命。实践证明，材料的强度、硬度越高，韧性越好，化学性能越稳定，材料的抗汽蚀性能就越好。常用的材料如含有镍铬的不锈钢、铝青铜、高镍铬合金等。

4）加强对泵的操作管理

在离心泵运行过程中，注意对泵的正确操作，不当操作会人为诱发离心泵的汽蚀。

① 保证离心泵在允许工作区内工作。当离心泵工作流量过大时，$NPSH_r$ 会迅速增大，使 $NPSH_r>NPSH_a$，从而产生汽蚀；当泵工作流量低于最小连续稳定流量时，过小的流量会导致叶轮轮盘与介质之间的摩擦热以及其他损失产生的热量不能及时排出，介质温度升高，介质的饱和蒸气压 $p_v$ 升高，如前面所述 $p_k<p_v$ 时，将导致汽蚀产生。

② 避免使用入口节流的方法的来调节泵的流量，入口节流会增大入口压力损失，降低 $NPSH_a$。

③ 泵关阀启动的时间不能过长。离心泵在启动时，为了降低启动电流，通常采取关闭出口阀门启动的方式，但若阀门关闭时间过长，机械损失等产生的热量使得介质温度升高，诱发汽蚀。

④ 对于变速调节的泵，应避免泵的转速过高。根据汽蚀相似定律，$NPSH_r$ 与转速的平方成正比，因此泵的操作转速不应高于允许的转速。

## 三、计量泵

容积式泵的种类较多，但在乙烯装置中用得非常少，通常只有药剂注入等用途会用到往复式计量泵。这里简单介绍计量泵，在乙烯装置中几乎用不到的螺杆泵、齿轮泵等容积泵型式不在这里介绍。

计量泵也称定量泵或比例泵，用于精确计量所输送的液体介质流量，通常要求其稳定性精度不超过±1%。计量泵在石油化工装置中经常使用，用于计量输送易燃、易爆、剧毒、腐蚀、含有固体颗粒的液体。

1. 计量泵种类

计量泵有往复式计量泵、齿轮式计量泵等型式，往复式计量泵应用最广泛，乙烯装置中使用的计量泵都是往复式计量泵。往复式计量泵根据液力端的结构类型，常分为柱塞式、液压隔膜式、机械隔膜式和波纹管式四种。表 20.3-3 为几种型式计量泵的特点。

**表 20.3-3　计量泵主要类型及特点**

| 类型 | 特　点 |
|---|---|
| 柱塞式 | 结构和普通往复泵基本一样，液力端由液缸、柱塞、吸入和排出阀、密封填料等组成，除应满足普通往复泵液力端设计要求外，还应对泵的计量精度有影响的吸入阀、排出阀、密封等部件进行精心地设计与选择。<br>因柱塞与缸体之间设有填料密封（动密封），输送介质容易在密封处泄漏，不适于输送危险介质；能输送高黏度介质；价格较低 |

续表

| 类型 | 特　点 |
|---|---|
| 液压隔膜式 | 柱塞前端用隔膜将介质与液压油完全隔开，介质腔连接泵吸入阀和排出阀；液压腔内充满液压油，并与泵体上端的液压油箱相通。当柱塞前后移动时，通过液压油将压力传给隔膜并使之前后挠曲变形引起容积的变化，起到输送液体的作用并满足精确计量的要求。有单隔膜、双隔膜结构，双隔膜计量泵可靠性更高，当其中一片隔膜破裂时可以通过压力仪表或化学检验等方法及时报警。<br>应用广泛，介质被封闭在介质腔中，没有动密封，密封性极好，可用于输送易燃、易爆、有毒的介质；适于输送中等黏度的介质；价格较高 |
| 机械隔膜式 | 隔膜与柱塞机构相连，柱塞的前后移动直接带动隔膜前后挠曲变形，无液压油系统。<br>无动密封，介质无泄漏；隔膜承受高应力，隔膜寿命较低；能输送高黏度介质、磨蚀性浆料和易燃、易爆、有毒介质；价格较低 |
| 波纹管式 | 结构与机械隔膜计量泵相似，以波纹管取代隔膜，柱塞端部与波纹内管固定在一起。当柱塞往复运动时，使波纹管被拉伸和压缩，从而改变液缸的容积，达到输液与计量目的。<br>出口压力较低，通常在0.4MPa(G)以下；计量精度较低；无动密封，介质无泄漏；价格较低 |

2. 液压隔膜计量泵的结构

乙烯装置中使用的计量泵都为液压双隔膜式计量泵。计量泵的结构分为液力端(图20.3-12)和动力端(图20.3-13)两大部分。

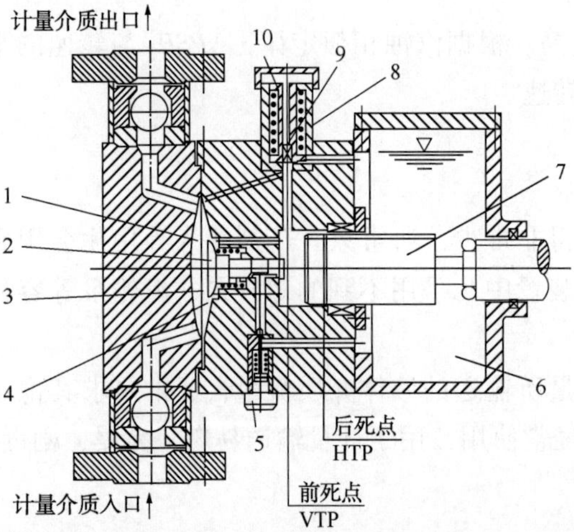


图20.3-12　液压隔膜计量泵液力端

1—介质腔；2—控制阀；3—膜片；4、6—储油腔；5—补油阀；7—柱塞；8—组合阀；9—排气阀；10—压力限制阀

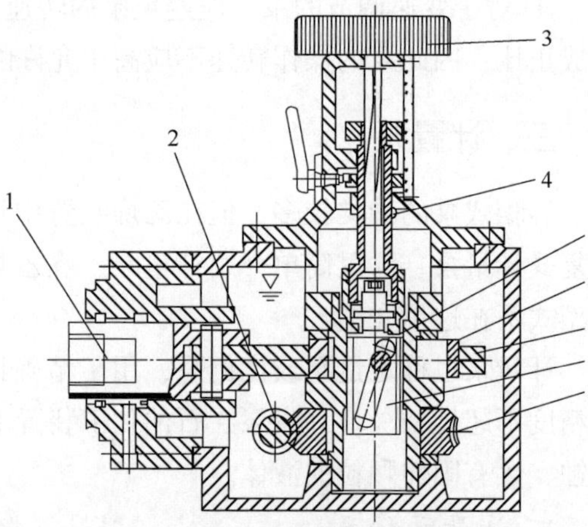


图20.3-13　液压隔膜计量泵动力端

1—十字头；2—蜗杆；3—调节手轮；4—调节丝杠；5—空心轴；6—偏心块；7—连杆；8—斜槽轴；9—蜗轮

液力端的腔室有三部分，介质腔、液压腔、储油腔。介质腔与液压腔被膜片完全隔开，避免了介质的泄漏。在液压腔和储油腔之间由柱塞、组合阀(包括压力限制阀和排气阀)、补油阀及控制阀隔开。这些阀门的作用是精确控制膜片的位移及保护计量泵避免过载误操作。柱塞的往复运动经由液压腔内的液压油将容积变化传递到膜片，再由隔膜直接作用于输送介质，从而形成了输送过程。隔膜常用的材料有聚氯乙烯(PVC)、高密度聚乙烯(HDPE)、聚四氟乙烯和金属，其中以聚四氟乙烯应用最多，在泵流量非常小且精度要求非常高时为避

免非金属材料自身的形变影响精度，多采用金属隔膜。

双隔膜结构有两种。一种是两个隔膜分开安装，两个隔膜之间充注液压油。当其中一片隔膜破裂时，如介质侧隔膜破裂，则两隔膜之间的液压油则与被输送介质相混；反之，则与液压油相混。单侧隔膜破裂，计量泵能正常工作，因此这种双隔膜比单隔膜可靠性提高了，但仍有可能出现单隔膜泄漏、污染环境的情况。此外，隔膜的运动是通过两次液压传递，计量不准。这种型式的双隔膜现已应用较少。

另一种双隔膜结构是两片隔膜重叠在一起，膜片之间设置监测和报警仪表。通常有以下方法：

① 两个隔膜之间填充电导液如软水、酒精、芳香烃、脂肪烃等。当其中一片隔膜破裂，电导液的电导率发生变化，通过声光或电信号发出报警。

② 两膜片之间抽真空重叠在一起，当其中一片隔膜破裂，膜片之间压力升高，通过压力变送器/压力开关报警或压力表监测。

动力端利用曲柄连杆传动原理，蜗杆与电机轴相连并将旋转运动通过蜗轮空心轴传递给偏心块，后者通过连杆作用在十字头上。柱塞行程长度可以进行调节，通过调节丝杠和斜槽轴沿轴向运动，这个位移再由穿过斜槽轴的斜槽销钉，造成偏心块径向位移，形成偏心。

3. 计量泵流量调节

基于计量泵的工作原理，计量泵常用的流量调节方式有调节柱塞行程、调节柱塞往复次数(即调节转速)或两种方法组合，可实现调节范围为0~100%，其中调节行程的方式应用最广。该方法简单、可靠，在小流量(小行程)时仍能维持较高的计量精度。

调节行程包括停机手动调节、运行中手动调节、运行中自动调节。自动调节常用气动控制和电动控制两种方式，通过气动信号或者电信号控制调节机构进行行程调节。

4. 计量精度

计量泵的计量精度是稳定性精度、复现性精度和线性度的总称，是衡量计量泵计量准确性和优劣的重要依据。

API675标准规定，计量泵在0~100%额定流量范围内可调节，且在10%~100%额定流量下，稳定性精度不超过±1%，复现性精度和线性度不超过±3%。目前国内外生产的计量泵，其计量精度一般为±1%。计量泵在10%额定流量以下操作时，计量精度下降较大，一般不宜在泵型额定流量的10%以下操作。设计选型时最好考虑泵的操作点在30%额定流量以上。

## 四、乙烯装置典型泵

1. 急冷油/急冷水循环泵

急冷油循环泵和急冷水循环泵是乙烯装置中的关键泵，其稳定运行直接关系到下游工艺流程及装置的正常运转，如果出现故障，将造成装置降负荷运行甚至停工，除造成重大经济损失外，还会带来诸多安全问题。

(1) 急冷油循环泵

百万吨级及以上规模乙烯装置的急冷油循环泵，介质为温度约190℃的急冷油，额定流量在3000$m^3$/h左右，扬程约123m，装置有效汽蚀余量$NPSH_a$在9.5m左右，进料中可能含有直径 5mm 及以下的焦粒。与普通化工流程泵相比，急冷油循环泵的泵体、叶轮等过流零部件结构尺寸更大；大流量、高温、磨蚀、高汽蚀等苛刻的应用环境对泵零部件的承压、承载、耐疲劳能力提出了更高的要求。由于技术含量高，在乙烯工艺流程中的作用重要，大型乙烯装置中的急冷油循环泵多采用进口泵或进口技术，如 FLOWSERVE、EBARA、SNM 等国外品牌。近年来，国内开始大型急冷油泵的国产化研制，并逐渐在百万吨级乙烯装置上投入使用，打破了国外品牌的技术垄断。

根据急冷油循环泵的操作条件，通常的设计方案为：

① 泵型选择 API610 的 BB2 泵型，即径向剖分两端支承离心泵，中心线安装。典型剖面图见图 20.3-14。

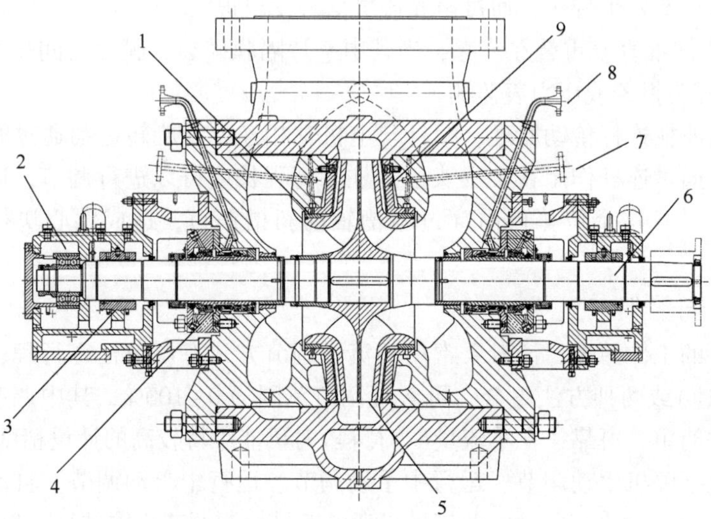


图 20.3-14　急冷油循环泵剖面图

1—口环；2—推力轴承；3—径向轴承；4—机械密封；5—叶轮；
6—轴；7—口环冲洗；8—主密封外冲洗；9—耐磨衬板

② 为满足汽蚀余量的要求，通常采用单级双吸叶轮，降低转速为 1480r/min 左右。

③ 为解决颗粒磨蚀，泵壳、叶轮等过流部件采用耐磨性好的 12%铬钢，配置可更换的耐磨衬板。

④ 为避免颗粒在口环处积聚，设置口环冲洗。

⑤ 急冷油为易燃、高温、含颗粒介质，机械密封采用双端面机械密封，冲洗方案通常为 API682 标准的 PLAN32+53。

⑥ 急冷油循环泵的径向轴承可采用滚动轴承或者套筒式滑动轴承，推力轴承一般为滚动轴承。

⑦ 泵体设置暖泵线和暖泵孔板，用于开机前进行暖泵，特别是自动启动备用泵的在线暖机备用。

⑧ 为避免断电影响，通常采用汽轮机驱动+电动机驱动相组合的方案，汽轮机采用背压式汽轮机。

⑨ 急冷油循环泵通常需要自动启动，驱动机的功率应大于泵额定转速下曲线末段所需功率。

(2) 急冷水循环泵

相比急冷油循环泵，急冷水循环泵的操作条件要好得多，介质为温度约 80~110℃的急冷水，额定流量在 2800$m^3/h$ 左右，扬程约 120~150m，装置有效汽蚀余量 $NPSH_a$ 在 13~15m。在设计难度上，急冷水循环泵比急冷油循环泵要简单不少，近年来的乙烯装置中基本都采用国内生产。

根据急冷水循环泵的操作条件，通常的设计方案为：

① 泵型选择 API610 的 BB2 泵型，即径向剖分两端支承离心泵，中心线安装。典型剖面图参见图 20.3-14(但没有口环冲洗)。

② 为满足汽蚀余量的要求，通常采用单级双吸叶轮，降低转速为 1480r/min 左右。

③ 泵的材质通常采用 API 610 代号为 S-6 或 C-6 的材质配置。

④ 机械密封采用单端面机械密封，冲洗方案通常为 API682 标准的 PLAN21 或 PLAN23 方案。

⑤ 急冷水循环泵的径向轴承可采用滚动轴承或者套筒式滑动轴承，推力轴承一般为滚动轴承。

⑥ 为避免断电影响，通常采用汽轮机驱动+电动机驱动相组合的方案，汽轮机采用背压式汽轮机。

⑦ 急冷水循环泵通常需要自动启动，驱动机的功率应大于泵额定转速下曲线末段所需功率。

2. 超高压锅炉给水泵

超高压锅炉给水泵也是乙烯装置中的关键泵，其稳定运行直接关系到下游工艺流程及装置的正常运转。近年来的大型乙烯装置中，多采用国内制造。

百万吨级及以上规模乙烯装置的超高压锅炉给水泵，介质为温度约 115~145℃的锅炉给水，额定流量在 250~400$m^3/h$ 左右，扬程通常约 1700~1800m，装置有效汽蚀余量 $NPSH_a$ 通常在 10m 以内，根据需要有的乙烯装置中会在泵中间过流段抽出一股高压锅炉给水。

根据超高压锅炉给水泵的操作条件，通常的设计方案为：

① 泵型选择 API610 的 BB5 泵型，即径向剖分两端支承双壳体多级离心泵，中心线安装。轴功率在 2000kW 左右。典型剖面图见图 20.3-15。

② 泵的进出口压差大，平衡轴向力非常重要，一般通过外接平衡管和平衡盘鼓相结合的形式平衡轴向力，残余轴向力由推力轴承承受。

③ 泵的扬程高，叶轮级数多，通常在 10 级叶轮左右，转速 2980r/min 左右，叶轮直径 350mm 左右。

④ 泵的材质通常采用 API 610 代号为 C-6 的材质配置。

⑤ 机械密封采用单端面机械密封，冲洗方案通常为 API682 标准的 PLAN23 方案。

⑥ 超高压锅炉给水泵的能量密度大，径向轴承采用滑动轴承，推力轴承采用瓦块自平衡滑动轴承。

⑦ 泵体通常会设置暖泵线和暖泵孔板，用于开机前进行暖泵，特别是自动启动备用泵的在线暖机备用。

⑧ 为避免断电影响，通常采用汽轮机驱动+电动机驱动相组合的方案，汽轮机采用背

压式汽轮机。

⑨ 超高压锅炉给水泵通常需要自动启动，驱动机的功率应大于泵额定转速下曲线末段所需功率。

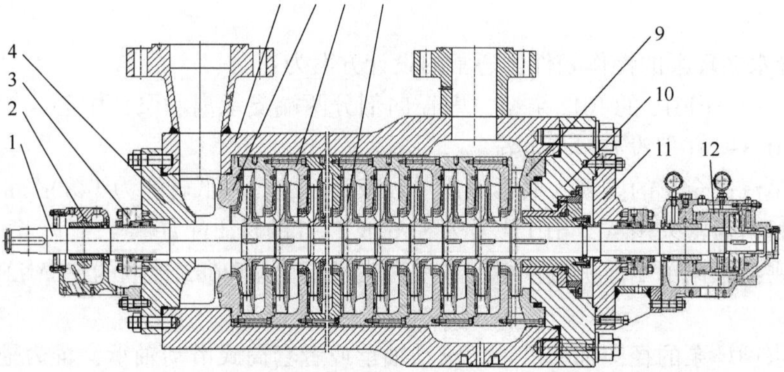


图 20.3-15　超高压锅炉给水泵剖面图

1—轴；2—径向轴承；3—机械密封；4、10—端盖；5—筒体；6—吸入函体；7—隔板；8—叶轮；9—排出函体；11—机封压盖；12—推力轴承

### 3. 低温立式筒袋泵

在乙烯装置中，碳三以上组分可在常温下分离，碳二组分需要在-40℃左右的温度条件下进行分离，甲烷及氢的组分则需要在-100℃以下的低温中才能分离出来，这时就需要能适应低温介质的泵进行循环和加压。此外，乙烯、丙烯在储存时，也有采用低温状态的，此类介质的装车、储运、卸车过程也需要低温泵。在乙烯装置的机泵中，低温泵的工况条件比较苛刻，因而对设计和操作都提出了比较高的要求。

(1) 低温泵的操作特点

1) 极低的操作温度

表 20.3-4 为某乙烯装置中主要的低温泵，从表中可以看出，泵送介质的温度非常低，都在-40℃以下，其中脱甲烷塔回流泵温度达到了-131.4℃，普通材料在如此低的温度下会发生冷脆，这给泵本体材料选择和加工制造提出了更严格的要求。

**表 20.3-4　某乙烯装置中的低温泵**

| 设备名称 | 介质 | 入口温度/℃ | 流量/($m^3$/h) | 密度/($kg/m^3$) |
|---|---|---|---|---|
| 脱甲烷塔釜泵 | $C_2 \sim C_3$ | -50.9 | 380 | 536 |
| 脱甲烷塔回流泵 | 烃 | -131.4 | 11 | 392 |
| 高压乙烯产品泵 | 乙烯 | -103.9 | 184.6 | 570 |
| 乙烯进料泵 | 乙烯 | -103.9 | 315 | 570 |
| 预冷泵 | 乙烯 | -103.9 | 24.3 | 570 |
| 丙烯产品泵 | 丙烯 | -45 | 85 | 609 |

2) 介质压力高

无论乙烯、丙烯还是甲烷塔塔釜液，在常温状态下均为气态，为保证其处于液态，泵的吸入压力都比较高，而且乙烯装置中低温泵往往需要满足高扬程的工艺要求，出口压力也非常高。因此，泵体应能承受高压，且密封结构也应适于高压。

3）装置汽蚀余量低

低温泵泵送介质通常来自乙烯装置中储罐或分馏塔塔底，而在储罐和分馏塔中，液面上的压力是饱和蒸气压，装置的汽蚀余量很低，以泵吸入口为基准的有效汽蚀余量 $NPSH_a$ 往往接近零。这就要求采取有效措施来提高 $NPSH_a$，防止产生汽蚀。

4）介质极易汽化

表 20.3-4 中低温泵输送介质为轻烃类，在常温状态下汽化压力很高；即使在工况温度下，泵入口处的介质也已非常接近饱和状态，介质也很容易汽化。介质汽化会恶化泵的运行，诱发振动、机封端面磨损等问题。此外，由于低温介质通常处于饱和状态或微量过冷的状态，该状态下的介质汽化压力对温度变化很敏感，一般温度变化 25% 时，汽化压力可变化 100%～200%，如图 20.3-16 所示为乙烯汽化压力随温度的变化曲线。因此，这些低温泵就要能够有效保冷，避免大的温度波动；同时泵本体结构应力求对称，以便在冷态下能均匀变形，泵体也应具有较高的强度。

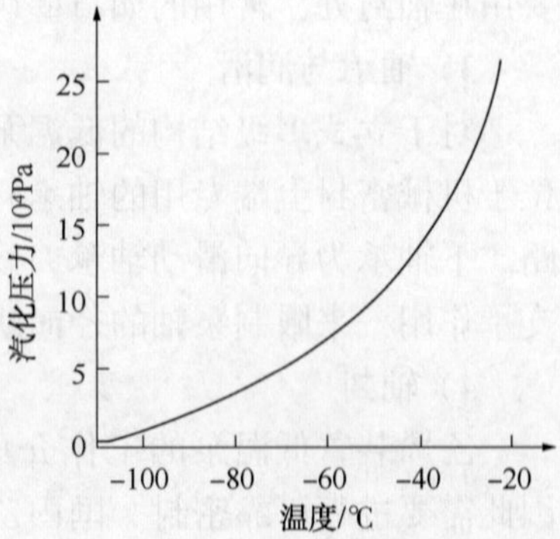


图 20.3-16 乙烯温度-汽化压力变化曲线

5）介质密度小

低温泵输送的介质都是轻烃，密度比水小得多，对于通常以水为介质进行设计的泵型而言，在轴向力计算上存在较大差异。对于轻烃低温泵，在设计时需要复核轴向力的计算，否则极容易造成推力轴承过载、轴封损坏，介质一旦泄漏存在极大安全隐患。

6）操作周期长

通常来说乙烯装置都需要连续运转 3 年以上，尽管多数低温泵都采用一开一备的形式，但因为低温泵本身需要保冷，使得现场拆装困难；低温泵的倒空、预冷都需要很长的时间，开车时故障率也高。这就要求泵组有很高的可靠性，尽量延长运行周期。

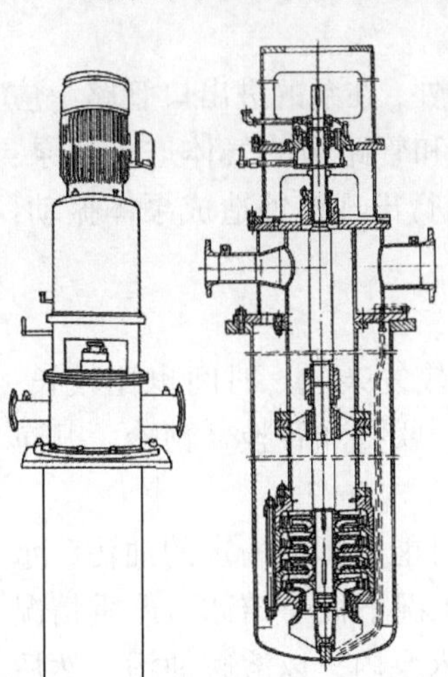

图 20.3-17 低温筒袋泵基本结构

（2）低温泵的选型

1）基本结构

为适应低温泵苛刻的工作条件，通常在乙烯装置中选择双层壳体的立式筒袋泵（脱甲烷塔回流泵多采用立式屏蔽泵），即 API610 中的 VS6 或 VS7 型离心泵，如图 20.3-17 所示。这主要因为用卧式泵输送低温介质时，处于冷态下的机械密封难以确保密封性能；并且介质中的不溶性气体如氢气或局部汽化的气态介质难以排除；同时泵体的保冷比较困难。而选用立式筒袋泵时，可以增大机械密封与低温介质的距离；排气也方便；泵体部分埋于地下，不受电机热风、空气温度、日照的影响，易于保冷；且泵体结构十分对称，在温度变化时变形也比较均匀；立式结构使其最适合于装置汽蚀余量低的场合，首级叶轮处于最低的位置，首级叶轮与泵吸入口中心线之间的位能差增加了液体灌注头，大大增加了首级叶轮入口处的 $NPSH_a$；双层壳体的内壳全部浸没于介质中，外壳只承受吸入压力，内外壳之间相对的压差减小，有利于提高整体的强度。

2）材料

为确保泵长期稳定运转，低温工况下的材料选择是非常重要的问题。通常与介质接触的金属材料选择奥氏体不锈钢，如 0Cr18Ni9，0Cr18Ni12Mo2 等；低温泵中的非金属材料主要用在轴封处，常用的如石墨(最低-240℃)、玻璃纤维增强聚四氟乙烯(最低-212℃)等。

3）轴承与润滑

对于立式多级结构的低温泵，轴承主要分为上轴承和下轴承。上轴承一般为滚动轴承，位于机械密封上端专用的轴承箱内，并采用稀油润滑，若有必要应增加轴承箱辅助冷却管路。下轴承为导向滑动轴承，浸没于低温介质中，并由介质进行润滑；下轴承主要起中间支承作用，来限制泵轴的径向跳动，可根据泵轴长短不同设置不同数量的轴承。

4）轴封

乙烯装置低温泵的工作介质多为易燃易爆介质，且极易汽化，若发生泄漏会很危险，因此需要进行可靠密封。国内乙烯装置中多采用串联式机械密封或干湿组合密封，但这种配置应避免在频繁启停的工况时使用，同时应确保泵侧主密封的密封面处于良好的冲洗之中，有足够的蒸气压力裕量；随着泵用干气密封技术的逐渐成熟，干湿组合密封的应用逐渐增多，由于干气密封属于非接触式密封，允许流过密封端面的介质闪蒸成气体，在输送低温易汽化介质时应用效果较好，但泄漏率比接触式湿密封要大。当泵送介质允许少量隔离液进入介质中时，可以采用有压式双端面机械密封，在两道密封之间充入带压隔离液，使隔离液的压力高于介质汽化压力，防止其汽化造成密封面磨损；同时即使密封损坏发生泄漏，由于隔离液压力高于密封介质压力，也不会使得泵送介质向外泄漏，从而保证密封性能，避免出现安全事故。

(3) 低温泵的操作

1) 低温泵的辅助管路

低温泵的辅助管路系统，除密封辅助系统、轴承冷却管路之外，在泵的进出口管路上应有排气口，便于泵在预冷时检查预冷效果以及开车时排净泵体和管路中的气体进行灌泵；泵体上应有气相线接口，通常接到塔或罐的顶部，用于防止泵运行出现汽蚀造成泵体振动；为便于开车清洗吹扫和空气置换，有时也设有吹扫管口。

2）低温泵的开车

相比较而言，在乙烯装置的机泵当中，低温泵的开车是比较复杂的，时间也比较长，初次开车可能需要 24h 甚至更长，开车过程通常需要经历清洗、吹扫和置换、预冷、开车等几个主要步骤。

① 清洗。低温泵在制造、安装及储运的过程中，泵体内有可能会积存一定的油污、水分等杂质，在投入运行前需要清洗干净，否则这些杂质在低温工况下极易结冰，严重情况下会影响泵的安全使用。清洗时，先将溶剂(一般使用汽油)注入泵内，以溶解油污，然后用干燥的氮气将溶剂吹扫干净。接着注入无水甲醇，以吸收任何水分，再将甲醇吹扫干净。

② 吹扫和置换。为了确保泵内清洁，通常在清洗之后要进行至少 1h 干燥的氮气吹扫。由于低温泵输送多为易燃易爆的介质，若泵体内积存一定量的空气，就极易产生爆炸，因

此运转前要通入干燥的氮气，把泵体里面的空气置换出来，将泵体内含氧量控制在允许范围以内。此外开车前用低温氮气置换也可以起到初步预冷的效果。

③ 预冷。泵体预冷是低温泵特有的一个开车过程，也是一个非常关键的过程。这主要有两方面的原因，一是由于工况温度很低，若直接开始输送物料会造成温度变化过大而使得泵轴受冷不均发生弯曲变形，因此需要进行预冷使得泵体各部件均匀变形；二是乙烯极易汽化，且汽化压力受温度变化影响明显，为了避免运行时产生大量气体，第一次使用前或每次检修后再启用前要进行长时间的预冷。可以说如果能顺利通过泵体的预冷，开车成功的几率就很大了。

预冷流程包括气相预冷和液相预冷前后两个部分，需注意在预冷同时也应将密封辅助系统投入使用，包括防止轴端结冰的加热、氮气吹扫(API 682 Plan62)措施。

首先进行气相预冷，气相来源可以是通过微开泵入口阀门，使得通入的少量介质发生汽化，产生足够的气相介质来进行预冷；也可以直接使用低温介质储罐罐顶的气相物料。气相预冷应使得泵的所有过流部件浸在低温气态介质中，以保证各部件都可以均匀变形；此外应保证充足的预冷时间，这是因为气相介质的热容量较小，因此泵轴、过流部件、滑动轴承等部件的温升也较为缓慢，时间太短的话无法保证预冷效果，实际操作时通常按照5℃/h 的速度进行，直至泵的排出端和密封腔下部全部被冰霜覆盖，这就表示预冷得比较充分了。气相预冷时应进行泵体排气，以确保泵内介质始终处于汽化状态。

气相预冷合格后，逐步加大进液量，同时关闭泵体排气阀门，进行液相预冷。液相预冷时应使泵内所有过流部件逐步自下向上浸没于低温介质中，且加液过程同样需要缓慢进行；在进液同时，逐步打开泵体气相线阀门以排除泵内气体，并维持阀门的常通状态。最后，少量地打开出口管线的排气线阀门，以排出低温泵出口段内的气体，当发现放空管线外面迅速结霜时，意味着气体基本上已经排净，关闭放空管线阀门。

预冷合格后，仍需保持泵内充满低温介质 2~3h，以确保泵的各个部件达到稳定的温度。在整个预冷过程中，其间要不断地盘车，以防止局部冷却而使泵轴及其他部件变形，若发现泵轴弯曲而不能盘车，应减慢预冷速度。

④ 开车。当预冷结束后，确认轴封处不存在结冰，并进行盘车，没有问题就可以开车；如果不能盘动车，可能是因为预冷效果差引起变形不均或泵轴本身质量存在问题，需要将介质全部放掉，泵恢复常温后进行检查。

开车前，应对有关参数进行确认，如仪表联锁设定、电气保护设定、密封辅助系统压力、轴承加注润滑油等。在开车后 1h 内，应密切注意记录有关的运行参数如出口压力、轴承温度、泵体振动、密封辅助系统的状况等，直到低温泵稳定运转，如出现异常应紧急停车。

4. 小流量高扬程泵

乙烯装置中有一些小流量高扬程操作工况的泵如 $C_3$ 回收泵、冲洗油泵等，需要结合具体操作参数和用户的操作习惯进行合理选型。可以用来达到小流量高扬程工艺要求的泵型有很多，比较常用的有高速泵、多级泵、往复泵、旋涡泵以及近年来逐渐兴起的旋喷泵等。

(1) 高速泵

高速泵是离心泵的一种，根据离心泵的水力学基本方程式——欧拉方程，其理论扬程：

$$H_T=\frac{1}{g}(C_{2u}U_2-C_{1u}U_1) \tag{20.3-6}$$

式中 $H_T$——离心泵的理论扬程，m；

$C_{1u}$——介质在叶轮入口处圆周方向的分速度，m/s；

$C_{2u}$——介质在叶轮出口处圆周方向的分速度，m/s；

$U_1$——叶轮入口处的圆周速度，m/s；

$U_2$——叶轮出口处的圆周速度，m/s；

$g$——重力加速度，$m/s^2$。

从式(20.3-6)可看出，离心泵的理论扬程与泵的转速及几何尺寸有关，且当介质在叶轮入口无预旋时，理论扬程与转速的平方成正比。高速泵正是据此提高泵转速，进而提高泵的扬程。但从结构上与普通离心泵相比，高速泵又有其独特的特点：

① 图20.3-18为某高速泵的性能曲线，从曲线上看当流量很小时，扬程会下降，即出现“驼峰”。驼峰现象是低比转速离心泵的常见现象，与通常要求离心泵应具有连续上升的流量-扬程曲线相背，驼峰会造成高速泵运行不稳定，在实际操作时应避免工作在扬程下降的小流量区域内，或在选型时选择无驼峰泵型。另外，高速泵的曲线较平坦，其理论曲线为直线，这是因为高速泵叶轮出口角理论值为90°，其理论扬程仅与转速有关，对于特定转速，理论曲线即为直线，但实际高速泵设计、制造过程中，出口角会小于90°，故实际曲线会有一定的扬程升量。

高速泵性能的另一特点是扬程中断特性，即当流量高于一定值时，扬程会急剧下降，这是由于高速泵过流部件中存在锥形扩压管引起的，扩压管的喉径尺寸对泵性能有重要影响，如图20.3-19所示高速泵的过流部件图。当介质在扩压管喉部的流速等于或大于叶轮出口处的速度时，介质流动的连续性遭到破坏，扬程急剧降为零，造成扬程中断，该点流量为中断流量。扩大喉径尺寸，可使中断流量变大。高速泵BEP(最佳效率点)点通常在中断流量点附近，在选型和操作时最好选择操作流量略低于BEP点流量的泵型，避免运行不稳定及断流处汽蚀产生噪声。

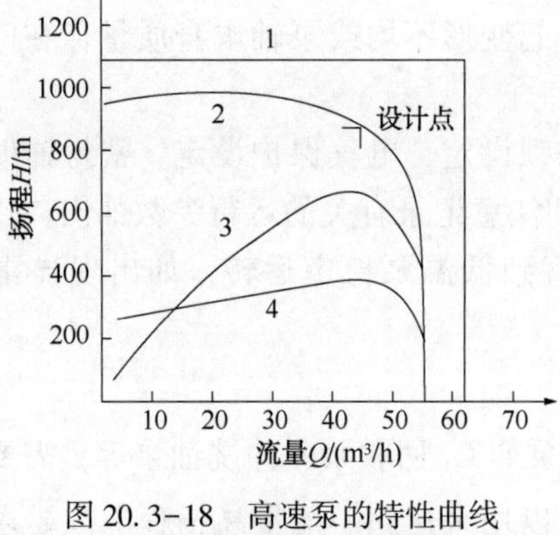


图20.3-18 高速泵的特性曲线

1—理论特性；2—实际特性；3—效率；4—功率

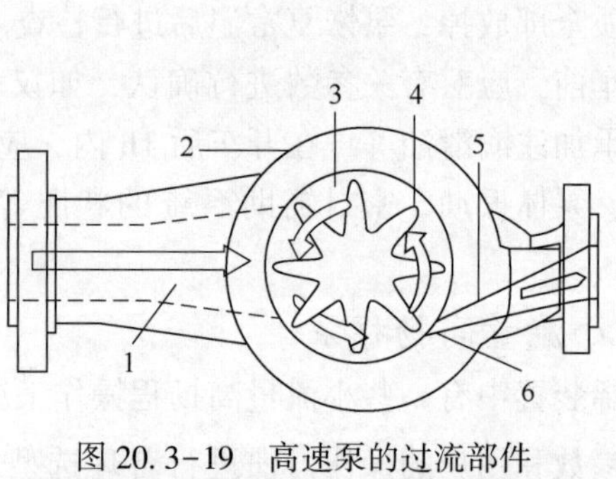


图20.3-19 高速泵的过流部件

1—吸入端；2—泵体；3—环形空间；4—叶轮；5—锥形扩压管；6—扩压管喉部

② 高速泵的扩压管数量一般有1~2个，大流量时会有多个，在高速泵运转时，介质在

叶轮外周的环形空间流动，只在扩压管入口处有小部分介质流出去，大部分介质仍在泵壳内的环形空间内旋转，而普通离心泵介质全部通过出口端流出，因此高速泵更适合小流量的工况，并且由于这个结构特点，高速泵也称部分流泵。

③ 高速泵多采用开式叶轮，可显著降低叶轮所产生的轴向力，改善高转速、高压头情况下推力轴承的工作条件。高速泵的叶片主要有径向直叶片和后弯式长短复合叶片。采用后弯式叶片可以改善泵内流场分布，有效阻止涡流及脱流的产生和发展，减少水力损失，提高泵的扬程系数及效率；还有助于进一步降低最小连续稳定流量，消除驼峰，使高速泵可应用在超低比转速的场合，拓宽了使用范围。但这种叶轮加工制造成本比直叶片叶轮要高很多，目前在石化装置中应用还不是很多。

④ 高速泵多采用诱导轮，改善泵的吸入性能，降低泵必需汽蚀余量 $NPSH_r$。由于高速泵为部分流泵，不需要担心内漏，所以叶轮与壳体间不需要设耐磨环，可以存在较大的间隙。因此，高速泵可用于输送有效汽蚀余量 $NPSH_a$ 较低、含有小颗粒或黏度较大的介质。

⑤ 高速泵的布置有立式和卧式两种，当电机功率比较大时，电机过重，要求立式结构高速泵的轴承箱支架有较高的强度或单独设电机支撑，也不便于检修，此时采用卧式结构更好。依据使用经验，建议对于电机功率 160kW 以上且空间要求不大时，优先采用卧式结构。

整体来说，高速泵具有单级扬程高、结构紧凑、适用范围广等特点，成为目前石化装置中应用最多的低流量高扬程泵。

（2）多级泵

多级泵是依靠多个叶轮串联和逐级增压达到较高扬程。与高速泵相比，多级泵的特点有：

① 安装及检修工作量相对较大。石化装置中的多级泵均采用闭式叶轮，为了减少内漏、提高效率，在叶轮及泵体上均设置有耐磨口环。由于多级泵叶轮数量较多，而口环间隙又有严格要求，这就增加了安装及检修的工作量。

② 轴承跨距大。多级泵的叶轮数量多，使得轴较长，轴承跨距大，在泵运行过程中更容易产生振动和噪声的问题。API610 标准中要求，对于三级及以上级数的多级泵，需进行转子双端面动平衡，且应当达到要求的平衡精度。

③ 低流量时的效率比高速泵略低。这是由于多级泵的叶轮数量多，低流量时轮盘摩擦损失相对突出，降低了泵的效率，因此在小流量高扬程工况下效率会比高速泵低一些，有时会低 10%以上。但随着流量的增大，多级泵的效率会显著提高。

④ 多级泵的叶轮可以采用背靠背的布置形式，来平衡轴向力，减小推力轴承的负荷。

低流量高扬程工况下，多级泵与高速泵两者的选择上没有严格的界限，在流量高于 $40m^3/h$ 且扬程与流量的比值小于 15 时，多级泵效率较高，建议采用多级泵。此外，当泵送低温介质时考虑保冷方便或为满足汽蚀余量要求，可选择立式多级泵。

（3）旋喷泵

旋喷泵是一种极低比转速泵，利用皮托管原理研发而成，又称皮托管泵、旋壳泵，最早由德国在 1939—1945 年因航空和火箭领域发展的需要开始研制，20 世纪 80 年代后期我国首次在炭黑工艺上引进了该种泵型。由于旋喷泵用于低流量、高扬程工况时有其独特的特点，近几年来被逐渐应用于如丁二烯、芳烃抽提等石化装置。

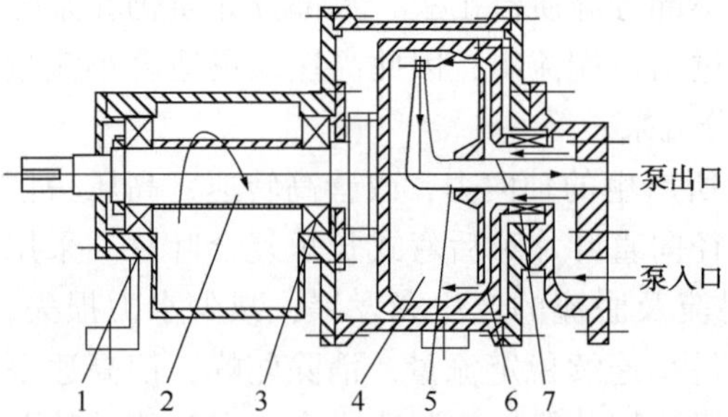


图 20.3-20　旋喷泵的结构示意图

1—轴承箱；2—主轴；3—轴承；
4—转子腔；5—集流管；6—叶轮；
7—机械密封

图 20.3-20 为旋喷泵的结构图。与离心泵不同的是，叶轮与转子腔连接在一起构成转子，在转子腔内的集流管静止不动，随着转子的高速旋转，介质不断从泵的入口吸入，并获得能量从而具有很高的动能，高速介质进入集流管后发生能量转化，动能转化为压力能，成为平稳的高压介质输出。

旋喷泵主要特点是：

① 与高速泵、多级泵相比，结构比较简单，占地小，检、修工作量较小。

② 从图上可以看出，旋喷泵只在入口处有一个机械密封，密封承受入口较低的压力，改善了密封工作环境，因此机械密封的寿命相对较长。

③ 泵特性曲线平滑，无脉动，更适于要求平稳输送介质的工况。

④ 在流量较小如 $<6m^3/h$ 时，泵的效率明显比多级泵、高速泵要高，可以节约能耗。这是因为对于低比转速泵，圆盘损失是影响效率的重要因素，由于旋喷泵转子腔和叶轮一同旋转，基本消除了圆盘损失，因此在低流量时泵效率较高。

旋喷泵在石化装置的具体应用中，也有一定的不足，需要进一步的改进：

① 在检修机械密封时，需要将出入口侧的法兰端盖拆卸下来，由于管路安装时通常都要求无应力配管，这就增加了检修完复位时的工作量。

② 从泵结构看，检修时转子腔内介质的放净不方便，当泵输送易燃易爆有毒介质时，这种不足尤为明显。

③ 对泵送介质的洁净程度要求较高。由于是壳体旋转，任何细小的悬浮颗粒都会被离心力甩在内壳的外圆，一是会磨损壳体内圆；二是随着固体物积聚，动平衡一旦遭到破坏会诱发泵的振动。

④ 不适合输送含气介质。

(4) 往复泵

在泵设计允许的情况下，往复泵出口压力取决于系统背压，此外受到泵缸体工作容积和往复频率的限制，一般泵送流量较小，也是比较常见的小流量高扬程泵。往复泵性能及操作特点有：

① 往复泵的工作原理决定了其扬程理论上可以达到无限大，因此出口必须设置安全阀，防止超压发生事故。

② 介质的吸入和排出存在脉动，尤其是出口压力脉动，会诱发泵体及管线的振动，需要在设计时增设缓冲罐，将脉动控制在允许范围内。

③ 与离心泵不同，往复泵必须开阀启动，以免造成泵体、电机、下游管路、阀门等的损坏。

④ 柱塞的往复运动会加剧磨损密封填料，此外，泵的阀门由于频繁开启、闭合，也容易损坏。当采用隔膜泵时，膜片在运行中往复运动，容易疲劳损坏。因此往复泵的易损件较多，维修较频繁。

⑤ 当输送剧毒易燃易爆的介质时，多采用隔膜泵，有效防止介质泄漏到环境中。

⑥ 在流量特别小、扬程特别高时，如当 $H/Q>500$ 时，往复泵的效率会高于离心泵。

(5) 旋涡泵

旋涡泵是叶片式泵的一种，也叫涡流泵，最早出现在 20 世纪 20 年代，也是一种小流量高扬程泵。与普通离心泵相比，当比转速低于 20(这里比转速用如下单位计算而得，转速：r/min，流量：$m^3/s$，扬程：m)时，旋涡泵的效率高于离心泵。

如图 20.3-21 所示，介质进入泵内后，在泵腔体内分为了两部分：相邻叶片间的介质和流道内的介质。在驱动机的驱动下，叶轮旋转使介质产生离心力，由于叶片间介质的圆周速度高于流道内介质的圆周速度，因此叶片间的介质受到的离心力大于流道内介质离心力，这使得介质产生圆环形运动，称为纵向旋涡。在纵向旋涡的作用下，介质会多次进出叶轮，直至到达泵出口，这样介质在随叶轮旋转一周的同时得到了多次增压，从而可以达到比较高的扬程。

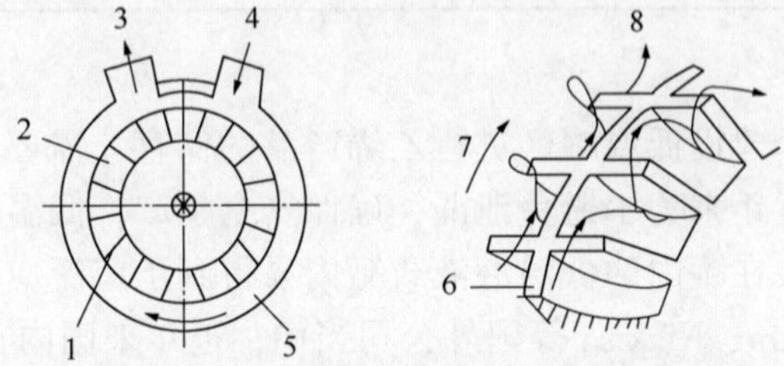


图 20.3-21　旋涡泵结构及工作原理示意图

1—叶片；2—叶轮；3—出口；4—入口；5—流道；6—轮盘；7—转向；8—纵向旋涡

根据旋涡泵的特点，在选型及使用时应注意：

① 旋涡泵适于比转速 40 特别是 20 以内的情况，效率一般在 20%～50%之间，在比转速超过 40 时，效率远低于离心泵效率，不宜选用。

② 性能曲线比较陡，流量改变时扬程变化比较大，工作区较窄。

③ 抗汽蚀性能比离心泵差。

④ 在介质黏度大时，旋涡泵的扬程和效率会急剧下降，不适于输送黏度大于 115mPa·s 的介质。

⑤ 叶轮与泵体的间隙很小，叶轮与隔板之间的径向间隙一般在 0.3mm 以内，轴向间隙在 0.15mm 以内，对加工和装配精度要求较高，否则易发生碰磨。

⑥ 旋涡泵不能输送有颗粒的介质，否则会磨损造成泵与壳体间间隙变大，降低效率。

表 20.3-5 列出了五种泵的适用范围和主要性能特点。

**表 20.3-5　五种泵型的比较**

| 名称 | 高速泵 | 多级泵 | 旋喷泵 | 往复泵 | 旋涡泵 |
|---|---|---|---|---|---|
| 适用范围 | 流量 0.6～160$m^3/h$，单级扬程<2000m，黏度较低的介质 | 流量 5～1000$m^3/h$，扬程<2500m，黏度较低介质 | 流量<110$m^3/h$，扬程<2000m，洁净且不含气体的介质 | 流量 0～600$m^3/h$，扬程理论上可无限大，实际取决于系统背压、电机功率及泵体，适于洁净介质 | 流量 0.4～40$m^3/h$，扬程<250m，洁净低黏度介质 |

续表

| 名称 | 高速泵 | 多级泵 | 旋喷泵 | 往复泵 | 旋涡泵 |
|---|---|---|---|---|---|
| 效率范围 | 0.15~0.6 | 0.1~0.8 | 0.3~0.6 | 0.7~0.9 | 0.2~0.5 |
| 结构特点 | 泵转速高，配有齿轮箱，多数有诱导轮，大多数泵型需要强制润滑，轴向力小，结构复杂 | 多级叶轮串联，结构复杂，轴向力较大，易损件相对较多，占地大 | 结构简单(转速高时需要齿轮箱或变频电机)，占地小，仅入口侧有机械密封，机封寿命较长 | 体积、重量相对较大，进出口往往需要缓冲罐，出口配安全阀，密封多采用填料密封 | 结构比较简单，加工、装配精度要求高，占地小 |
| 操作特点 | 关闭出口阀启动，流量变化大时易导致泵性能不稳定。 | 关闭出口阀启动，检修工作量大 | 关闭出口阀启动，操作简单，检修工作量小 | 出口阀全开启动，填料易磨损，检修周期短，检修复杂 | 泵具有一定自吸能力，可不灌泵，出口阀全开启动，检修方便 |

5. 低温罐内泵

乙烯装置通常会配套建设低温罐区进行乙烯产品的储存，需要泵来进行输送。以前多采用罐外立式筒袋泵，近年来为了避免泄漏、确保安全生产，低温储罐大都采用密闭全包容罐的型式，这使得安装在罐内的低温潜液式罐内泵得到了广泛应用。低温潜液泵的设计制造技术主要掌握在 Ebara、Nikkiso 等国外公司当中，近年来国内在 LNG 罐内泵上进行了国产化研制及应用，在乙烯罐上国内产品也有少量使用。

(1) 低温潜液泵的结构

图 20.3-22 为低温潜液泵的结构，其主要结构有：主轴、电机、轴承、诱导轮、推力自平衡机构、泵起吊及支撑系统、底阀、顶盖、低温电缆等。泵与电机共用一根轴，轴承和所有其他组件浸没在低温液体介质之中，没有动密封。

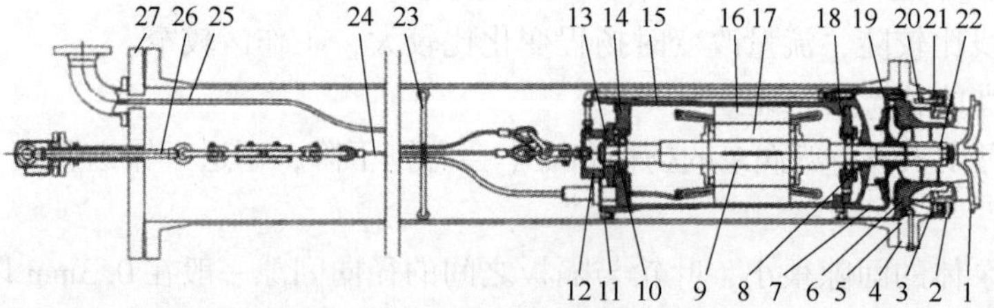


图 20.3-22 低温潜液泵的结构

1—底阀体；2—底阀密封；3—盘架；4—阀底座；5—垫片；6—泵吸入口；7—蜗壳；8—衬套；9—主轴；10—球轴承；11—导轮；12—盖板；13—平衡套；14—护板；15—电机外壳；16—电机定子；17—电机转子；18—护板；19—叶轮；20—导向螺栓；21—弹簧；22—诱导轮；23—滚轮臂；24—支撑钢缆；25—低温电缆；26—支撑杆；27—顶盖

低温潜液泵安装在泵井内，坐于泵井底部的底阀上并将底阀压开，通过泵井和储罐上部的管道将低温液体排出罐外。在检维修时将泵吊起，底阀失去泵的压力，在弹簧力的作用下关闭，泵井关闭。

(2) 低温潜液泵的材料

低温潜液泵零部件的选材主要考虑低温、强度、介质物性等方面。通常，泵壳体、叶轮、诱导轮、扩压器采用重量轻、耐低温的铝合金，主轴采用耐低温、强度高的17-4PH沉淀硬化不锈钢，顶板和底阀通常为304不锈钢，轴承为陶瓷或不锈钢材料。

（3）低温潜液泵的技术要点

1）提高防汽蚀能力

为了提高低温乙烯罐的有效工作容积，通常希望乙烯罐的最低液位尽量低，这样能提供的有效汽蚀余量 $NPSH_a$ 就非常有限，甚至在0.5m以内。为防止潜液泵发生汽蚀，会在泵叶轮的吸入口设置带有螺旋叶片的诱导轮，将液体进行升压后进入泵叶轮，从而提高 $NPSH_a$。轴流螺旋式诱导轮采用铸造，吸入性能好，操作范围宽，可靠性高。

2）电缆密封

潜液泵将泵与电动机整体安装在密闭金属容器内，没有轴封，不存在轴封的泄漏问题；泵的进、出口用法兰结构与泵井相连，密封性也相对可靠；主要的密封问题是电缆连接处的密封。

为防止乙烯沿着电缆从连接处泄漏到接线盒遇到火花发生爆炸，通常在外接电缆与接线盒处设置氮气吹扫保护，并设置相应的监测仪表。

3）轴向力平衡

由于电机转子与叶轮同轴，其轴向力受力不平衡直接影响泵和电机的寿命。此外，由于轴承是由低温乙烯介质进行润滑，轴向力将影响液膜的状态，极易造成严重的磨损。

潜液泵在结构上普遍采用推力平衡机构来平衡轴向推力。虽然不同品牌潜液泵的轴向力平衡机构有所差异，但基本原理都一样。图20.3-23为某潜液泵的轴向力平衡机构，由于上磨损环直径大于下磨损环，这样在泵高速转动过程中形成的合力向上，推动泵转子向上移动，此时叶轮的节流环调节缩小它与固定板的间距，限制通过磨损环的流动，并引起上闸室压力增加。由于上闸室压力的增加，此时推力向下，旋转部件又向下移动，固定板与叶轮节流环间的距离又变大，上闸室压力减小。经过反复连续的自调节，最终达到平衡状态，使推力轴承在近乎零轴向推力状态下运转，极大地提高了轴承的可靠性。

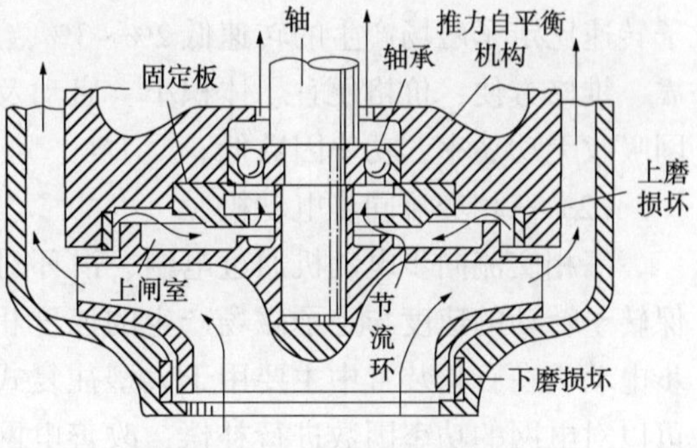

图20.3-23　轴向力平衡机构

4）低温电机及电缆

低温泵的电动机转矩与普通电动机不同，在低温状态下，由于其电阻和磁力特性的变化，电动机的电力特性在低温下会发生改变，使得转矩有较大降低，在设计电机时需要考虑低温的影响，并考虑变频等软启动措施。

电机浸没在低温液体中，为了确保电机的绝缘性能，电机绕组线圈都进行绝缘喷涂和低温处理。低温供电电缆的设计既要满足低温环境下绝缘特性，又要在低温时保持良好的柔韧性和弹性。通常结构上分为四层，最外层为特氟龙（聚四氟乙烯）与不锈钢网壳，用来保持电缆的强度；中间两层为绝缘层，分别为聚乙烯复合纸和聚酯带；最中间为金属导线。

## 第四节 驱动机

流体机械的驱动机种类较多，有电动机、汽轮机、燃气轮机、膨胀机、液力透平等。乙烯装置中的压缩机、泵等的驱动机主要有电动机、工业汽轮机。

### 一、电动机

1. 常用电动机类型

电动机的分类方法较多，按照工作电压可以分为交流电动机、直流电动机，按工作环境分为防爆电动机、非防爆电动机；按用途分为驱动用电动机、控制用电动机；按转子的结构可以分类为笼型感应电动机、绕线转子感应电动机；按运转速度可以分类为高速电动机、低速电动机、恒速电动机、调速电动机。乙烯装置乃至石化装置应用最多的是三相交流鼠笼式异步电动机、三相交流同步电动机，根据防爆分区选择合适的防爆类别。

（1）三相交流鼠笼式异步电动机

鼠笼型电动机是最常用的电机型式，广泛用于驱动各类泵、风机、离心压缩机、中小型往复机等设备。这类结构特点是转子为鼠笼型，鼠笼上不绕线，定子上嵌线，并通过接线盒与外部电源连通。通电后，定子线圈产生磁场，转子便产生切割磁力线而转动，但转子转速比定子磁场产生的转速低2%~3%，所以又称异步电动机。它具有结构简单、运行可靠、维修方便、价格便宜、体积小、启动及操作较方便的优点，但调速性能较差，要从电网吸收无功功率，功率因数低。

（2）三相交流同步电动机

三相交流同步电动机通过电刷、滑环对转子通电，使转子产生磁场，通过励磁系统确保转子转动的速度与定子磁场产生的速度相同，即转子的转速与定子的磁场转速同步。同步电动机在石化装置中主要用于大型往复式压缩机，这是因为同步电动机的超前功率因数可以对电网的功率因数进行补偿，改善电网的作业。同步电动机要有专门的励磁系统、滑环或整流器，铜铁材料消耗大，价格高。

2. 电动机的选择

（1）电机功率

电动机的额定功率通常在被驱动设备所需轴功率的基础上放大一定余量，来确定电动机的额定功率。石化装置中常按表20.4-1来确定电机功率。

**表20.4-1　电机功率的安全系数**

| 机泵类型 | 机泵轴功率/kW | 电动机安全系数 |
|---|---|---|
| 离心泵 | <3 | 1.5 |
| | 3~20 | 1.25~1.3 |
| | 21~74 | 1.25~1.3 |
| | ≥75 | 1.1 |
| 容积式泵 | | 1.1~1.25 |

续表

| 机泵类型 | 机泵轴功率/kW | 电动机安全系数 |
|---|---|---|
| 离心通风机 | | 1.15~1.25 |
| 罗茨鼓风机 | | 1.1~1.25 |
| 液环压缩机 | | 1.1~1.25 |
| 往复压缩机 | | 1.1~1.15 |
| 离心压缩机 | | 1.1~1.15 |

(2) 电机防护

电机的防护分一般环境和特殊环境两种形式：一般环境防护是指对人身或异物、风沙和水对电机密封影响采取的措施；特殊防护是指高湿度、高温度、腐蚀性、高原、机械损坏对电机防护的要求。电机的外壳防护是针对前者，在密封的材料和涂层上选用适于特殊环境防护的是针对后者。外壳防护等级代号由特征字母 IP 和 2 个防护特征数字组成，石化装置中户外安装的电动机多采用 IP55 或 IP56 的防护等级。在一般环境保护的基础上，如考虑特殊环境保护能力需要加上电机的特殊环境代号，常用的有 G 表示高原用，W 表示户外用，H 表示海上用，TH 表示湿热带用，F 表示防腐用，TA 表示干热带用。特殊环境保护代号可以组合来表示防护要求，如 WTH 表示户外湿热带环境。

(3) 电机防爆

根据电机安装位置的防爆及火灾危险环境分区、爆炸性气体的分级和分组等条件，选择合适的电动机防爆要求。乙烯装置中大部分设备位于 2 区，爆炸性混合物级别多为 IIB 或 IIC，引燃温度组别多为 T3。从安全性、价格、操作和维护方面考虑，乙烯装置中绝大多数的电机采用隔爆型电机，如 dIIBT4 或 dIICT4 的隔爆电机。由于增安型电动机在启动时可能会产生火花，因此要求增安型电动机在启动前都要像正压通风型电动机那样向机壳内充以惰性气体或不含危险气体的空气，充分吹扫之后才能启动电动机，操作不便，现在乙烯装置中已经较少使用增安型电机。

(4) 电机冷却

电动机的冷却有风冷、水冷，小型电机通常采用风冷，大型电机一般采用水冷。水冷式要求冷却水的水质好，否则会随运转时间的加长结垢逐渐严重，造成冷却效果降低；此外要有漏水监测和保护措施，防止水箱一旦泄漏，冷却水进入电机中造成事故。风冷式电动机体积要比水冷式大，结构也稍复杂一些，冷却风扇造成噪声偏大，对于大功率电机冷却效果也不如水冷。国产同步电动机的励磁机布置在电动机非驱动端的尾部，不适合在轴端再安装一台冷却风机，同步电动机一般采用水冷结构。

(5) 电机启动形式

电机启动包括直接启动和降压启动。直接启动也称为全压启动，根据电压波动要求，保证有一定的电压水平，且能保证有足够的启动转矩，此时电动机应为直接启动。若直接启动不满足电压水平的要求，则需采取降压启动，采取 Y-△(星-三角形)启动器，或装有自耦变压器、电抗器、变频起动器等启动设备，实现电动机顺利启动的目的。

## 二、工业汽轮机

在乙烯装置中，乙烯三机及急冷油泵、急冷水泵、超高压锅炉给水泵的主泵通常都采用工业汽轮机进行驱动。

工业汽轮机是指除电厂用汽轮机、船舶用汽轮机以外的，主要用于工业生产中作为自备电站或驱动用的变转速汽轮机。与电厂用固定转速的汽轮机相比，工业汽轮机具有启动扭矩大、便于直接驱动高速设备、转速调节范围大、能较好地利用装置余热、操作可靠、维修费用低等优越性。

### 1. 工业汽轮机的分类

工业汽轮机的分类方法较多，表 20.4-2 简要介绍从工作原理、热力过程、结构特点和应用范围四个方面的分类。

**表 20.4-2　工业汽轮机分类**

| 分类 | 型式 | 简要描述 |
| --- | --- | --- |
| 按工作原理 | 冲动式 | 蒸汽主要在汽轮机级的喷嘴中膨胀或在动叶中有少量膨胀。转子采用转盘式，主轴上可设置一个或多个转盘 |
| | 反动式 | 蒸汽在汽轮机级的喷嘴和动叶中都进行膨胀。转子采用转鼓结构，有些机组的调节级采用冲动级或速度级，而非调节级采用反动级也一并称为反动式汽轮机 |
| 按热力过程 | 凝汽式 | 工作蒸汽在真空状态下全部排入冷凝器凝结成水 |
| | 抽汽凝汽式 | 在汽轮机的中间抽出蒸汽供其他用户使用，其余蒸汽继续做功后进入冷凝器。抽汽压力通常要求在一定范围内可调节 |
| | 背压式 | 做过功的蒸汽在高于大气压下排出机外 |
| | 抽汽背压式 | 工作蒸汽在机组的某中间级抽出供工业用汽，其余蒸汽继续做功后在高于大气压下排出机外 |
| 按结构特点 | 单级式 | 由一个冲动级或一个双列速度级组成 |
| | 多级式 | 由多个级首尾相连组成 |
| 按应用范围 | 发电用 | 工厂自备电站带动发电机用工业汽轮机，要求为恒定转速 |
| | 驱动用 | 用于化工、石油等工业企业中用以驱动泵、压缩机等的工业汽轮机，要求变动速度以适应从动机械变负荷的要求 |

### 2. 抽汽凝汽式汽轮机

乙烯三机通常采用抽汽凝汽式汽轮机驱动。抽汽凝汽式汽轮机正常工作需要由汽轮机、凝汽器(通常为表面式)、抽汽器、凝结水泵、调速系统、紧急切断阀及相应的仪表和监测系统、管道、阀门等组成。抽汽凝汽式汽轮机的系统非常复杂，这里不再一一介绍。

## 参 考 文 献

[1] 姜培正．过程流体机械[M]．北京：化学工业出版社，2001.
[2] 周祖德．数字化制造[M]．北京：科学出版社，2004.
[3] 张克危．流体机械原理[M]．北京：机械工业出版社，2000：89-97.
[4] 中国石化工程建设有限公司，中国寰球工程有限公司．GB/T 51296—2018 石油化工工程数字化交付标

准[S]. 北京：中国计划出版社，2018.
[5] 白桦. 利用智能化技术提高石化设备管理水平——第十届石油化工设备维护检修技术交流会综述[J]. 中国石化，2019，(11)：61-63.
[6] 陈如意，简建明. 大型氢气隔膜压缩机的开发及应用[J]. 压缩机技术，2014，(03)：47-50.
[7] 马源，杨炎锋. 液环式压缩机的特点及性能对比[J]. 河南化工，2006，(06)：48-49.
[8] 朱有庭，曲文海，于浦义. 化工设备设计手册[M]. 北京：化学工业出版社，2005.
[9] 郭祖樑. 石油化工工程师实用技术手册[M]. 北京：化学工业出版社，2005.
[10] 王学军，郑治国，葛丽玲. 离心压缩机结构形式发展现状与展望[J]. 化工设备与管道，2015，52(02)：1-13
[11] 祁大同. 离心式压缩机原理[M]. 北京：机械工业出版社，2019.
[12] 王松汉. 乙烯装置技术与运行[M]. 北京：中国石化出版社，2009.
[13] 邹余敏，王淇汶，孙晶磊，李强. 乙烯装置中尾气膨胀制冷及对深冷分离的影响[J]. 石油化工，2000，29(9)：686-688.
[14] 李志权，邢桂坤，付大春，肖峰. 磁力轴承透平膨胀机再压缩机组的选型探讨[J]. 化工设备与管道，2009，46(1)：31-34.
[15] 侯建军，蒋培. 磁浮轴承技术综述[J]. 科技创新导报，2007，(34)：60-61.
[16] 吕峰，丁予展，高澜庆. 磁悬浮轴承的原理与应用[J]. 机械，1994，21(6)：40-43.
[17] American Petroleum Institute. API Standard 617 Axial and Centrifugal Compressors and Expander-compressors [S]. 2014.
[18] 李金波. 乙烯装置低温膨胀机-再压缩机的工程设计探讨[J]. 石油化工设备技术，2018，39(6)：28-32.
[19] 邓慷. 离心式压缩机振动分析及处理方法[J]. 甘肃科技，2010，26(17)：64-65.
[20] 徐洪森. 离心压缩机振动故障分析与处理[D]. 辽宁：沈阳工业大学，2009.
[21] 王春生. 离心压缩机振动分析[D]. 天津：天津大学，2004.
[22] 陈军，綦耀光，刘新福，等. 基于弹性体振动理论的抽油杆柱三维振动分析[J]. 石油矿场机械，2009，38(2)：15-19.
[23] 温磊，鲍连欣. 关于离心压缩机振动的分析和对策[J]. 科技创新导报，2014，16：67.
[24] 高松竹，汪玉春. 离心式压缩机的振动故障分析[J]. 天然气与石油，2002，20(1)：38-41.
[25] 杨程. 石化行业离心压缩机常见振动故障分析及处理方法[J]. 中国石油和化工标准与质量，2014，34(8)：252-252.
[26] 陈虹微. 离心压缩机油膜振荡原因分析及结构改进[J]. 噪声与振动控制，2011，6：176-179.
[27] 金琰，袁新. 转子密封系统流体激振问题的流固耦合数值研究[J]. 工程热物理学报，2003，24(3)：395-398.
[28] 田爱梅，郑赟韬，朱梓根. 涡轮机械转子/密封稳定性研究综述[J]. 燃气涡轮试验与研究，2003，16(3)：56-61.
[29] 王维民，宋慧斌，陈立芳，高帅. 离心式压缩机振动阻尼设计、辨识理论与方法发展综述[J]. 风机技术，2015，57(6)：63-75.
[30] 李金波. 叶轮机械中基于蜂窝密封和合成射流技术的流场控制方法研究[D]. 北京：北京化工大学，2008.
[31] 杨建刚. 旋转机械振动分析与工程应用[M]. 北京：中国电力出版社，2007.
[32] 魏统胜，郝点，于海明，苏金华. 迷宫密封气流激振效应对转子振动响应影响的实验研究[J]. 石油大学学报(自然科学版)，2000，24(3)：70-75.
[33] 杨利伟. 离心式压缩机振动故障现象分析及处理[D]. 北京：北京化工大学，2014.

[34] American Petroleum Institute. API Standard 684 Tutorial on the API Standard Paragraphs Covering Rotor Dynamics and Balancing: An Introduction to Lateral Critical and Train Torsional Analysis and Rotor Balancing [S]. Reaffirmed, 2010.
[35] 徐忠．离心式压缩机原理[M]．北京：机械工业出版社，1990.
[36] 李金波．离心压缩机组振动故障机理、辨识和应对措施[J]．石油化工设备技术，2019，40(01)：22-26.
[37] 王迪生，杨乐之．活塞式压缩机结构[M]．北京：机械工业出版社，1988.
[38] 林梅，孙嗣莹．活塞式压缩机原理[M]．北京：机械工业出版社，1987.
[39] 石油化学工业部石油化工规划设计院．压缩机工艺计算[M]．北京：石油化学工业出版社，1978.
[40] 李金波．往复式压缩机的流量调节方式探讨[J]．石油化工设备技术，2013，34(01)：45-46.
[41] 邢子文．螺杆压缩机——理论、设计及应用[M]．北京：机械工业出版社，2000.
[42] 陈亚林．离心压缩机控制系统发展现状和趋势[J]．真空与低温，2010，16(01)：51-54.
[43] 江泽洲，程亮，刘厚涛，鲁卫国．裂解气压缩机防喘振系统优化[J]．乙烯工业，2018，30(03)：56-59.
[44] 王宇．离心压缩机组控制系统的研究与设计[D]．沈阳：东北大学，2012.
[45] 徐建明．乙烯装置裂解气压缩机长周期运行的问题解析[J]．化工设计通讯，2019，45(03)：116.
[46] 陈思诗．丙烯制冷压缩机石墙阀控制设计与实现[C]．第十七届沈阳科学学术年会论文集．沈阳：沈阳市科学技术协会，2020：226-231.
[47] 周原成．乙烯装置三机的自动控制系统[J]．乙烯工业，2003，(02)：35-40.
[48] 马源，杨炎锋．液环式压缩机的特点及性能对比[J]．河南化工，2006，(06)：48-49.
[49] 魏振强，于卿，王晓文．压缩机在火炬气回收系统的选型浅析[J]．压缩机技术，2011，(05)：28-31.
[50] 柴卓，郭殿文．立式迷宫压缩机的结构特点[J]．科技资讯，2013，(25)：86.
[51] 刘绍叶，朱达昇等．泵、轴封及原动机选用手册[M]．北京：石油工业出版社，1999.
[52] 关醒凡．现代泵技术手册[M]．北京：宇航出版社，1995.
[53] 全国化工设备设计技术中心站机泵技术委员会．工业泵选用手册[M]．北京：化学工业出版社，2008.
[54] American Petroleum Institute. API Standard 610-2010 Centrifugal Pumps for Petroleum, Petrochemical and Natural GasIndustries[S]. 2010.
[55] American Petroleum Institute. API Standard 682-2014 Pumps-Shaft Sealing Systems for Centrifugal and Rotary Pumps[S]. 2014.
[56] American Petroleum Institute. API Standard 685-2011 Sealless Centrifugal Pumps for Petroleum, Petrochemical, and Gas Industry Process Service[S]. 2011.
[57] American Petroleum Institute. API Standard 675-2012 Positive Displacement Pumps-Controlled Volume for Petroleum, Chemical, and Gas Industry Services[S]. 2012.
[58] 李金波．离心泵的汽蚀现象及相应防止措施探讨[J]．石油化工设备技术，2011，32(06)：40-42.
[59] 王寒栋．泵与风机[M]．北京：机械工业出版社，2009.
[60] 孙寿．泵汽蚀研究现状与展望[J]．水泵技术，2008，1：1-5.
[61] 吴仁荣．离心泵的汽蚀和诱导轮设计[J]．机电设备，1998，6：3-7.
[62] 汪浩．离心式水泵的汽蚀与避免措施[J]．煤矿机械，2008，29(10)：166-167.
[63] 于新华．泵的汽蚀因素、危害和防止措施[J]．内蒙古水利，2004，2：112-113.
[64] 韩建宇．低比转速离心泵性能曲线驼峰问题的探讨[J]．水泵技术，.2004，4：24-27.
[65] 李金波，陈亚林．乙烯装置低温泵的选型与操作问题探讨[J]．石油化工设备技术，2010，31(04)：

24-26.

[66] 盛在行，王振维．乙烯装置顺序分离技术(一)[J]．乙烯工业，2009，21(1)：61-64.

[67] 张建峰，孟东旺，贾世宇，沈军宏，王义明．乙烯装置低温泵[J]．水泵技术，2001，2：6-13.

[68] 孙宏宇，李德徽，李春明，张艳．立式筒袋泵在低温乙烯卸车装置中的应用[J]．聚氯乙烯，2003，2：51-55.

[69] 朱忠华．乙烯深冷泵的操作和维修[J]．金山油化纤，2000，2：47-49.

[70] 李金波．某立式多级筒袋泵的轴向力问题及处理措施[J]．石油化工设计，2019，36(02)：10-14.

[71] 王乐勤，朱祖超，刘浩．低比转速高速泵复合叶轮的设计理论与工业应用[J]．流体机械，1998，27(11)：18-22.

[72] 李金波，陈彪．石化装置低流量高扬程常见泵型的特点及比较[J]．石油化工设计，2013，30(01)：23-26.

[73] 刘桂年，李金波，蒲旭亮，韩勇．低比转速旋转喷射泵的原理与特点[J]．化工机械，2013，40(06)：838-840.

[74] 朱祖超，程常杰．超低比转速离心泵设计概述[J]．水泵技术，1999，3：7-9.

[75] 许洪元，王晓东，朱卫华，赵啸冰．旋转喷射泵的研究开发进展[J]．农业工程学报，2002，18(2)：188-190.

[76] 修宝清．旋转喷射泵的工作原理、特点及设计中几个问题的探讨[J]．机械·设备，1996，3(3)：184-187.

[77] 刘长治．小流量高扬程旋转喷射泵[J]．石油化工设备技术，1994，15(4)：36-37.

[78] 董颖，施卫东，沙毅，等．旋涡泵的研究现状与发展趋势[J]．农机化研究，2004，3：74-76.

[79] 张宇鹏．低温潜液泵结构与应用研究[J]．水泵技术，2018，(02)：1-5.

[80] 郑学鹏，白岩，王自球．炼油厂机械设备设计[M]．北京：中国石化出版社，2017.

[81] 王学义．工业汽轮机技术[M]．北京：中国石化出版社，2011.

[82] American Petroleum Institute. API Standard 614-2008 Lubrication, Shaft-sealing and Oil-control Systems and Auxiliaries[S]. 2008.

[83] 中华人民共和国工业和信息化部．SH/T 3139—2019 石油化工重载荷离心泵工程技术规范[S]. 2019.

# 第二十一章 静设备

## 第一节 概 述

目前在建和已投产运行的单套乙烯装置规模已达到百万吨(最大为1600kt/a)级，装置大型化不可避免地会给静设备的材料选择、设计、制造、检验、安装等增加诸多的难度。乙烯装置静设备的突出特点是直径或尺寸规格大、材料和设备类型多、温度跨度大，设备内多盛装易燃、易爆和毒性危害程度较高的介质，因此对设备密封和使用安全性有较高的要求。需要结合当前最新发展的技术和结构特点，从经济性、可靠性、先进性角度出发，提出可行的设计、制造、检验、运输和安装要求。

## 第二节 材料选择

设备材料选择主要依据设备设计压力、设计温度和工艺介质特性及国内材料生产情况来确定。

### 一、一般材料选择

依据设计温度，材料选择通常如下：

① $-196℃ \leqslant T < -100℃$，奥氏体不锈钢或铝材(板翅换热器用)。

② $-100℃ \leqslant T < -70℃$，3.5Ni 钢或奥氏体不锈钢。

③ $-70℃ \leqslant T < -40℃$，0.5Ni 低合金钢，如 09MnNiDR。

④ $-40℃ \leqslant T < -20℃$，低温低合金钢，如 16MnDR。

⑤ $-20℃ \leqslant T \leqslant 420℃$，碳素钢或低合金钢。

⑥ $420℃ < T \leqslant 550℃$，Cr-Mo 钢或者奥氏体不锈钢。

⑦ $T > 550℃$，耐热奥氏体不锈钢。

### 二、低温材料选择

乙烯分离冷区有大量的低温深冷设备，低温材料的应用比较多。近20年来，0.5Ni 钢板(09MnNiDR)、锻件(09MnNiD)、换热器用低温钢管(09MnNiD、09MnD)和焊接材料已全部国产化，在乙烯装置中得到了广泛工程实际应用。

1. 奥氏体不锈钢

通常在-70℃以下的选材主要是奥氏体不锈钢 S30408 或 S31608。设备大型化后，对于较高压力的设备壳体的厚度可能会超过 100mm 以上，超出目前 GB/T 24511《承压设备用不锈钢和耐热钢钢板和钢带》中不锈钢厚度 80mm 的上限；GB/T 24511 中规定采用连铸坯或钢锭的压缩比应不小于 3.0，由于每炉钢重量的限制，实际上也很难达到 80mm 的厚度。由于这些厚钢板的质量性能有时难以保证，不得已需要从国外进口钢板。这也就要求国内的不锈钢钢板生产企业需要加大低温用不锈钢超厚钢板的开发，提高产品质量稳定性。

目前国内工程界一般认为奥氏体不锈钢在-196℃及以上的低温场合的应用是令人满意的；奥氏体不锈钢在临氢状态下可以不考虑氢损伤；但事实上这种理解并不全面。对于低温工况下冷加工变形较大的奥氏体不锈钢元件，如 S30408 材质封头，需根据具体情况考虑是否进行成型后的固溶处理。按照 GB/T 150.4 的规定，奥氏体性不锈钢板制受压元件在温度不低于-100℃且变形率不超过 15%时可不进行恢复性能热处理。但凸形封头在冷加工成型过程中，其所实际经历的变形率会超过依据 GB/T 150.4 中公式的计算值，S30408 封头面临较大的低温脆断风险。从稳定程度讲，奥氏体不锈钢性可分为稳态不锈钢(如 S310)的和亚稳态的奥氏体不锈钢(如 S304 和 S321)。亚稳态型奥氏体不锈钢在室温时是奥氏体，但在冷加工时部分奥氏体就会转变成形变马氏体。形变马氏体可以使材料的硬度、脆性变大并产生铁磁性。封头在冷加工过程中的模具挤压会使折边段产生比较大的塑性变形；形变马氏体的形成比率随着元件的变形率的增大而增加，并与元件的化学成分、冷加工形式、冷加工时温度、加工速度、加工次数等因素有关。

乙烯装置冷区的很多低温容器中含有较高比例的氢气。对于亚稳定型奥氏体不锈钢，充氢之后会表现出明显的塑性损失，也可能发生氢致断裂，即氢脆现象；奥氏体不锈钢长期在临氢工况下使用时可能在组织内部产生马氏体转变。尤其是当临氢、低温同时存在的情况下，封头的脆断失效的可能性更为突出。对于此种情况，对冷加工成型元件采用固溶处理是较为安全的做法。

近年来，在采用奥氏体不锈钢开平板制造封头过程中发现：与轧制板相比，开平板成型后开裂明显增多，而且在采用奥氏体不锈钢开平板成型封头制造的低温压力容器使用过程中出现了成型封头开裂失效的案例。这是因为开平板的冷加工变形度高于轧制板，这对材料的性能会产生一定的影响。

2. 3.5Ni 钢

3.5Ni 钢的强度和许用应力都高于 S304，可以有效减小元件厚度，用于替代 S304 厚钢板，从而有效节约投资。目前 3.5Ni 板材(08Ni3DR)和锻件(08Ni3D)已经实现国产化，但相应的钢管和焊接材料还没有完全国产化。3.5Ni 钢目前已在惠州 1000kt/a 乙烯装置的预脱甲烷塔和乙烯精馏塔得到了推广应用，经济效益显著。

## 第三节 塔 器

### 一、概述

一般乙烯装置的塔器有 20 台左右(随工艺不同略有差别)，工艺路线不同，百万吨乙烯装置塔器的设计参数和规格尺寸虽有所差别，总体特点都是尺寸大，结构复杂。表 21.3-1、表 21.3-2 分别列出了镇海 1200kt/a 乙烯(顺序分离法)和惠州二期 1000kt/a 乙烯(前脱丙烷法)两套百万吨乙烯装置主要的大型塔器的规格尺寸。

表 21.3-1　镇海乙烯 1200kt/a(顺序分离法)的主要塔器规格

| 设备名称 | 设备直径×切线长/mm | 主体材质 | 塔内件 | 净质量/t | 热处理 | 容积/$m^3$ |
|---|---|---|---|---|---|---|
| 汽油分馏塔 | $\phi$13200×65800 | Q345R | 20 层固阀塔盘,20 层人字板 | 1075 | 焊前预热 | 7410 |
| 急冷水塔 | $\phi$11400×60525 | Q345R | 三段散堆填料 | 767 | 焊前预热 | 5004 |
| 碱洗塔 | $\phi$11400×60525 | Q345R | 两段散堆填料，3 层泡罩塔盘，15 层浮阀塔盘 | 336 | 是 | 1487 |
| 乙烯精馏塔 | $\phi$6000×103500 | 09MnNiDR | 78 层浮阀塔盘 | 850 | 是 | 2678 |
| 1#丙烯精馏塔 | $\phi$6600×66700 | Q345R | 93 层浮阀塔盘 | 597 | 是 | 1952 |
| 2#丙烯精馏塔 | $\phi$7800×109850 | Q345R | 170 层浮阀塔盘 | 1320 | 是 | 4747 |

表 21.3-2　惠州二期 1000kt/a 乙烯(前脱丙烷法)的主要塔器规格

| 设备名称 | 设备直径×切线长/mm | 主体材质 | 塔内件 | 净质量/t | 热处理 | 容积/$m^3$ |
|---|---|---|---|---|---|---|
| 汽油分馏塔 | $\phi$10000/11300×41100 | Q345R | 22 层波纹塔盘 | 820 | 焊前预热 | 4531 |
| 急冷水塔 | $\phi$8300/10600×36400 | Q345R | 两段散堆填料,一段规整填料 | 580 | 焊前预热 | 3387 |
| 碱洗塔 | $\phi$4200×51800 | Q345R | 48 层波纹塔盘 | 229 | 是 | 737 |
| 乙烯精馏塔 | $\phi$6000×76100 | 08Ni3DR | 142 层筛板塔盘 | 433 | 是 | 2208 |
| 丙烯精馏塔 | $\phi$9000×113300 | Q345R | 178 层筛板塔盘 | 2100 | 是 | 6573 |

塔器直径的大型化导致塔体及塔内件的设计、制造、运输、安装、施工等方面均存在诸多困难，需要充分考虑制造厂的制造能力、大型设备运输、吊装机具和起吊能力等，对各个环节进行实际考察，并仔细分析合理性、可行性、先进性，提出更为具体、准确的要求。

## 二、大高径比塔器设计

乙烯装置中高塔及高径比大的塔器比较多，例如镇海乙烯装置中2#丙烯塔直径 $\phi$7.8m，高度近 110m，干气脱甲烷塔直径 $\phi$1.3m，高 40m，其高径比超过 30。当塔器的绝对高度或高径比较大时，发生振动的可能性也随之增大。

1. 高耸塔器横风向共振的判别

露天放置的塔设备在风力作用下，将在两个方向上产生振动。一种是顺风向的振动，振动的方向与风的流向一致；另一种是横风向的振动，振动的方向与风的流向垂直。前一种振动是常规设计的主要内容，后一种振动也称为风诱发的振动。由于雷诺数的不同，在横风力作用下的塔器，旋涡形成的情况也不同。工程上一般划分为三个临界区域：亚临界区，通常取 $300<Re<3\times10^5$。由于受到旋涡周期性形成脱落影响，将产生周期性的振动。过渡区，通常取 $3\times10^5<Re<3.5\times10^6$。在过渡区，由于旋涡脱落不规则，将产生不规则的随机振动。超临界区，通常取 $Re>3.5\times10^6$。在超临界区，将又出现周期性的振动。

按照 NB/T 47041 规定，当塔器 $H/D>15$ 且 $H>30$m 时，除计算顺风向风载荷之外，还应进行横风向共振计算。在工程中经常出现高塔振动甚至导致塔壳体、裙座损坏的情况。自支承式塔式容器横风向共振时的风力和风弯矩的计算前，需先进行共振的判别。塔式容器共振时的风速称为临界风速。临界风速计算式：

$$v_{ci} = \frac{D_o}{T_i St} \times 10^{-3} \tag{21.3-1}$$

式中 $T_i$——第 $i$ 振型的自振周期，s；

$St$——斯特罗哈数，按 GB 50009 对圆截面的塔式容器取 $St=0.2$；

$v_{ci}$——第 $i$ 阶振型共振时的临界风速，m/s；

$D_o$——塔壳的外径，对于敷设保温层的塔式容器，取保温层外表面处的直径，对变截面塔计算横风向载荷时，取顶部塔壳外直径加 2 倍保温层厚度，mm。

判别时取 $v$(设计风速)为塔式容器顶部风速，即取 $v=v_H$，m/s。

塔式容器顶部风速值计算：

$$v_H = 1.265\sqrt{f_t q_0} \tag{21.3-2}$$

式中 $f_t$——塔式容器顶部风压高度变化系数；

$q_0$——当地的基本风压值；

若设计风速 $v < v_{c1}$，可不考虑塔式容器的共振；

若 $v_{c1} \leqslant v < v_{c2}$，应考虑塔式容器的第一振型的振动；

若 $v \geqslant v_{c2}$，除考虑塔式容器的第一振型外还应考虑第二阶振型的振动。

2. 塔器横风向共振失效的预防措施

(1) 预防高耸塔器横风向共振失效的原则

为减缓或防止由于横风向共振引起塔器的局部失效，在对高耸塔器设计时除按 NB/T 47041 进行塔器操作工况时的横风向共振计算，同时还应考虑裸塔、检修工况的横风向共振计算和塔顶挠度控制。裸塔(即无保温、无平台梯子、无管道连接、无介质的塔器)的横风向共振计算时，一阶振型的阻尼比取值不应高于正常操作工况时的阻尼比。此外，在裸塔现场就位后，不允许裸塔长时间竖立搁置，应尽快将管道及相关设施安装就位，以减缓或防止由横风向共振引起塔器局部的疲劳损坏。虽然安装过程中裸塔工况时塔器发生横风振动概率最大，但工程实践中塔体通常是与平台、梯子及附塔管线同期安装，鲜有裸塔长时间竖立的情况；即使在安装阶段裸塔发生横风共振，也便于采取如临时设置纤绳等措施予以解决，故塔器横风向共振疲劳设计计算中主要考虑操作与检修工况。

尽管按 NB/T 47041 的理论计算，塔会发生横风向共振，但在安装就位后只要外部风的条件不具备，塔不一定发生共振；而在外部风的条件适当时(尽管风力不大)，共振就有可能发生，且无法避免。为了稳妥起见，当计算显示塔器在现场安装或操作过程中有可能产生横风共振时，应按 SH/T 3098 附录 F 的规定采取相应措施，如设置扰流措施等。

塔设备防振措施主要有采用扰流装置、减小塔的自振周期及增加塔器的阻尼等。所以国内外相关抗风设计标准中，高耸塔器的减振措施主要包括刚度、气动、阻尼等措施，其中调整结构参数、设置塔箍为刚度措施，设置扰流片为气动措施，而增设调频质量阻尼器为阻尼措施。SH/T 3098 参照 NB/T 47041 标准释义给出了轴向翅片及螺旋形翅片的结构尺寸，推荐优先采用螺旋翅片结构的扰流器。标准所列的内容只是提示性和建议性的防范措施，设计者可酌情进行选择，以减缓由于横风向共振造成塔器的局部损伤甚至失效。

(2) 翅片式塔器扰流器结构设计

在塔的上部 1/3 塔高的范围内安装轴向翅片或螺旋形翅片的扰流器，可减缓或防止塔的共振。常用的翅片形式分为轴向翅片和螺旋形翅片(图 21.3-1)。

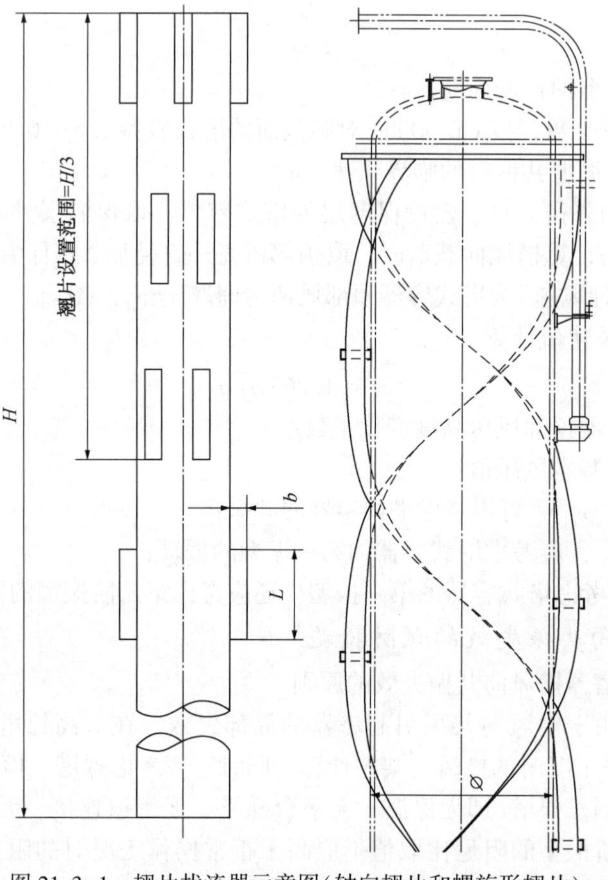


图 21.3-1　翅片扰流器示意图(轴向翅片和螺旋形翅片)

常规设计中，轴向翅片的长度 $L$ 为塔径 $D$ 的 0.75~0.9 倍，宽度 $b$ 为 $D$ 的 0.09 倍，同一圆周上的翅片数为 4，相互之间的夹角为 90°，相邻圆周上的翅片彼此错开 30°角。很多研究表明，装有轴向翅片的塔设备，共振时的振幅将减少 1/2 左右。工程设计时通常令螺旋形翅片的螺距 $L$ 为直径 $D$ 的 5 倍，翅片宽度为直径 $D$ 的 0.1 倍。螺旋形扰流翅片的头数一般为 3 个，相互之间排开 120°布置，安装时应尽量避开接管、外压加强、操作平台等外部附件。研究表明螺旋形翅片比轴向翅片的效果更好，共振时的振幅将减少 2/3 左右，因此其中螺旋形翅片应用得更为广泛。扰流翅片的起点和终点应各设置一块端部环板，端部环板与接管或塔顶吊柱等外部件相干涉时可适当断开，位于下侧的端部环板须沿圆周方向均匀开设泪孔。

实际上，最经济与最有效的防振措施乃是在设计阶段认真地对塔设备进行振动分析。如果塔设备不会发生共振，或虽发生共振，但塔的振幅与所受的载荷均未超过规定的界限，则无须采取进一步的防振措施。

(3) 防止横风向共振的调频质量阻尼器设计

调频质量阻尼器(Tuned Mass Damper Control)简称 TMD，是一种经济、有效、可靠性强的可适用于高耸塔器的抗风减振措施。调频质量阻尼器的减振原理是利用主体结构振动时，它与结构做相对运动，质量块与主体结构运动存在相位差对主体结构产生的惯性力，从而达到抵消干扰力、吸能减振的目的。悬吊式 TMD 一般通过若干根弹簧和阻尼器并联，由吊绳和质量块组成。它在受到激励时产生惯性力作用在塔上，从而达到对结构施控的目的。由于重力的影响，质量块具有自复位功能。质量块在平面内各方向均能较自由的运动，从而抑制塔在各方向的风振反应。调频质量阻尼器已在建筑工程领域如高层钢结构、电视塔、演播塔等高耸结构的抗风减振中得到广泛应用，国内已有大学和工程设计单位联合开发并在石化装置中尝试应用。通常情况下，塔器的第一阶振动下的振幅最大，故调频质量阻尼器一般设置在塔器的顶部。

通过调频质量阻尼器的合理设计与设置，能有效地降低塔器的横风振动响应，从而确保塔器在设计使用年限内不发生横风振动疲劳失效。当塔器设有调频质量阻尼器后，塔器的自振特性包括自振周期、振型值以及塔器横风振动响应均会发生改变。阻尼器的相关结构与性能参数需根据设有阻尼器的塔器在横风作用下的减振效果以及塔器危险区域的疲劳评定结果确定。实际工程中，高耸塔器的调频质量阻尼器主要由质量环、阻尼弹簧、悬吊结构组成，其常用结构如图 21.3-2 所示。调频质量阻尼器的设置宜靠近塔器顶部，具体位置根据开口管线、平台布置确定。

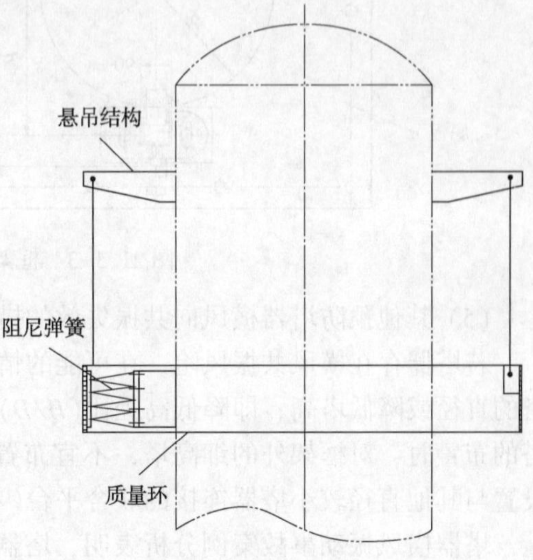

图 21.3-2　调频质量阻尼器结构示意图

工程设计中，带有调频质量阻尼器减振装置的高耸塔器，可采用动力学分析方法，建立塔器和阻尼器组合结构模型，进行设有阻尼器后的塔器的自振特性与横风减振分析。为保证减振装置在塔设备各个阶段的作用，至少需分析裸塔、空塔、操作塔三种工况，分别确定阻尼比。各工况下的质量组成不同，故其自振周期、振型、阻尼比等均存在一定差异，从而会影响高耸塔器的横风振动判别与横风振动载荷计算结果。

分析塔器在不同工况时的振动情况时，可将其质量用等效密度分配到其所在位置的分段壳体中。分析时优先选用梁单元，边界条件为裙座底面全约束，采用子空间法进行模态分析，通过扩展模态求解。确定结构承受周期性载荷的周期响应时可使用谐响应分析。在风载荷激励作用下，做谐响应分析，可确定塔在一阶共振下，塔顶的共振振幅。谐响应分析后，读取裸塔、空塔、操作塔加装减振装置后的有限元谐响应结果。计算证明，在加装调频质量阻尼器后，塔器底部截面的弯矩、塔顶振幅都有明显的降低。

需要注意的是，设置调频质量阻尼器后塔器的其他载荷如自重、地震载荷、顺风载荷均可能会发生变化，因此应建立塔器和阻尼器组合结构模型进行动力分析并重新评定。其内容至少包括：塔器质量分布计算；设有阻尼器的塔器自振特性分析，包括自振周期与振型；塔器的横风振动响应计算；塔器的自重、地震以及顺风载荷计算；塔器危险区域的横风向振动疲劳评定；塔器危险截面的强度与稳定性校核等。

(4) 防共振塔箍设计

对于框架内的塔，为避免塔顶的晃动(特别是细高塔)，可在框架楼板上增设一支点(塔箍)，由于增加了一个支点，内载荷和地震载荷的作用将通过塔箍传递到框架，因此可降低和减小塔的挠度、壁厚和裙座的应力，减小地脚螺栓的尺寸或数量。需要注意的是采用了塔箍的塔器其力学模型与 NB/T 47041 中的不一致，设计者可参考有关文献进行设计，并应考虑塔箍对塔体的作用力。对于框架内的塔器，必要时可参照图 21.3-3 设置塔箍。

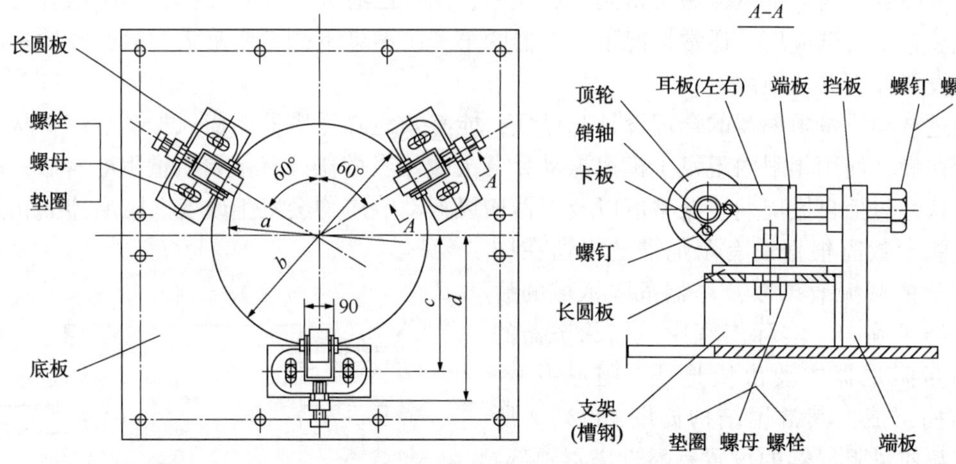


图 21.3-3　框架内塔箍的结构示意图

(5) 其他预防塔器横风向共振失效的措施

若塔器存在横风共振风险，在可能的情况下，可与工艺专业(或主导专业)协商，增加塔的直径或降低塔高，即降低高径比($H/D$)。对于群塔，建议相关专业(工艺专业等)在群塔的布置时，对框架外的细高塔，不宜布置在一条直线上。在塔高二分之一以上部位不宜设置与其他直径较小塔器连接的联合平台(不包括相连接的斜梯)，应设置单独的塔平台。

塔器横风振动事故案例分析表明，塔器横风振动疲劳裂纹多发生在塔器局部结构不连续处如变径段大小端、不等厚度筒体连接处、裙座筒体与塔器下封头连接处。因此有必要对塔器的焊接结构形状，尤其是裙座筒体与塔器下封头连接处的焊接结构以及焊接质量提出相应要求，以提高塔器抗疲劳性能。对于存在横风共振风险的塔器，其裙座壳体和塔器下封头、裙座与基础环板宜采用全焊透结构。裙座筒体与下封头焊接接头应按受压元件的焊缝要求施焊，焊前的焊接工艺评定应按 NB/T 47014 进行，且应由考核合格的焊工施焊；焊接接头的表面应打磨光滑，并与下封头外表面圆滑过渡。然后进行 100%表面无损检测(MT 或 PT)Ⅰ级合格，必要时还应参照 NB/T 47013 进行 20%超声检测(UT)Ⅱ级合格。塔体上的变径段宜采用带折边锥壳结构，并对其与圆筒体的焊接接头进行 100%射线检测(RT)或 100%超声检测(UT)。

塔器横风振动监测与事故案例分析表明，失效裂纹往往在塔器振动持续较短时间内发生。裂纹一般沿壳体厚度方向起裂，具有单通、平直和尖端尖锐等特点，与疲劳裂纹特征相符。故设计时除了应进行横风弯矩与其他载荷组合下塔器的强度和稳定性评定外，必要时还可进行塔器危险区域的横风向振动疲劳校核。当疲劳评定不合格时，可调整结构参数或设置减振设施，并重新进行横风向振动疲劳评定直至通过。

进行横风向共振塔器危险区域的疲劳评定时，首要问题是确定横风向共振的预计发生次数。横风振发生的预计循环次数除了与高耸塔器的设计使用年限、自振频率、临界风速密切相关外，还与塔器所在地的风速变化相关。而风速是一个随时间、空间变化的随机变量，现有 GB 50009《建筑荷载规范》仅给出统计周期内的极大值即基本风速或者基本风压。而横风振一般发生在 $0.9v_{cri}$ ~ $1.3v_{cri}$ 风速（$v_{cri}$ 为临界风速）范围内。因此有必要确定当地的风速风向联合分布函数。常用的方法是根据建设地气象站的历年来的风速风向统计资料，采用相应的统计方法，建立合理的风速风向联合分布函数。塔器的设计使用年限通常为 15~20 年，故气象统计数据不宜小于 10 年。当无气象统计数据时，工程设计中保守处理，即认为塔器一直处于单一方向的临界风速下。

3. 塔顶挠度控制

控制塔顶部挠度的目的是为保证塔板效率以及工艺操作的稳定性，同时也应考虑挠度引起的附加弯矩、设备及检修人员的安全。但塔顶挠度如何控制是个经常遇到的问题。从大量计算结果来看，大直径低矮的塔器，其挠度控制容易满足，而小直径或细高的塔器要满足一定挠度控制值，往往要在原计算壁厚的基础上再增加厚度；如果挠度控制偏严，其厚度可能增加到不合理的程度。国内外工程公司对塔的挠度控制值并不一致，因此难以确定一个统一的、合理的控制值。

塔顶挠度计算按 NB/T 47041 计算。等直径等壁厚的塔式容器顶部挠度：

$$Y=\left[\frac{11\times(p_t-p_0)}{120}+\frac{p_0}{8}\right]\frac{H^4}{E^tI} \tag{21.3-3}$$

等直径不等厚度塔式容器顶部挠度计算：

$$Y=\left[\frac{11\times(p_t-p_0)}{120E^t}+\frac{p_0}{8E^t}\right]\times\left[\sum_{i=1}^{n}\frac{H_i^4}{I_i}-\sum_{i=2}^{n}\frac{H_i^4}{I_{i-1}}\right] \tag{21.3-4}$$

不等直径且不等厚度塔式容器顶部挠度计算：

$$Y=Y_1+Y_2+Y_3$$

式中　$E_t$——材料在设计温度下的弹性模量，MPa；

$H$——塔式容器的总高度，mm；

$H_i$——塔式容器顶部距离第 $i$ 段底截面的距离，mm；

$n$——塔体在载荷作用区外分段数；

$p_0$——距地面 10m 高处单位长度的风载荷，N/mm；

$p_t$——塔式容器顶部单位长度的风载荷，N/mm；

$I$——塔式容器截面惯性矩，$mm^4$；

$I_i$——塔式容器第 $i$ 段截面惯性矩，$mm^4$；

$Y$——塔式容器顶部挠度，mm。

塔顶挠度控制值应根据工程设计实际需要确定。按照 SH/T 3098 的要求，内有塔盘的塔顶挠度控制值为：

① 当 $DN\leqslant1000$mm 时，$Y_D\leqslant H/100$；

② 当 1000mm$<DN\leqslant2000$mm 时，$Y_D\leqslant10\times(H/DN)$；

③ 当 $DN>2000$mm 时，$Y_D\leqslant H/200$。

式中，$DN$ 为塔的公称直径，mm；$H$ 为塔的总高度（包括裙座高度），mm。

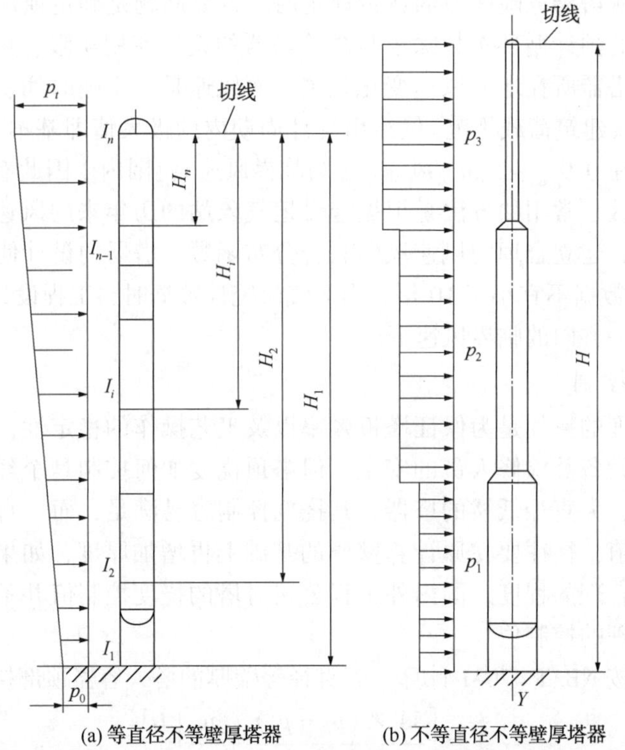


图 21.3-4 等直径和不等直径的塔器不等壁厚时挠度计算示意图

内装有填料的塔顶挠度控制值可适当放宽。

## 三、塔内件设计

装置大型化后原有适用于中、小型塔器的分布器和支撑梁结构已难以满足工艺、设备要求，大型塔内件的设计关键在于解决好“放大效应”问题，即克服塔器直径增大后，塔内的气液分布不均匀、塔盘水平度难以保证、支撑件尺寸增大、整塔效率降低等问题。

### 1. 液体分布器

图 21.3-5 三级溢流式槽式液体分布器示意图

液体分布器是大型填料塔中最重要的部件，其液体分布效果的优劣直接影响填料性能的发挥。目前多种形式的分布器，如三级溢流式槽式液体分布器(见图 21.3-5)、槽盘式气液分布器等都具有塔内占用空间低、液体分布均匀、压降小、便于安装、现场焊接组装工作量小等优点，在乙烯装置大型填料塔中得到较普遍的应用。

对于设备直径大、液相喷淋密度较小、对淋降均匀度要求高的塔器液体分布器，乙烯装置中经常使用悬挂式二级窄槽液体分配器(图 21.3-6)。这种分配器主要由管式预分布器、一级液体分布槽、下层小分布槽和吊梁组成。下层分布槽的结构则类似于窄槽分布器，并悬吊在钢梁上。

图 21.3-6 二级窄槽液体分配器结构示意图

二级窄槽液体分配器主要具有以下优点：①缓冲式多级槽设计，保持了液位稳定、限制了偏流；②升气区面积大，可超过 50%，气体压降低；③悬挂式支撑结构不占据分配器与填料层之间的空间，占位较低；④水平度更容易控制。该分布器结构简单，将常规盘式分布器对面水平度的要求简化为对线水平度的要求。溢流点分布、悬挂窄槽高度、侧壁缺口面积等是该种分配器设计的关键点，以使大塔整个截面上的喷淋点完全均匀分布。

水力学试验结果表面，优秀的二级窄槽液体分配器的各喷淋点分布均匀喷淋量的标准均方差可以在 5%以内；各分配槽间的液位偏差在±13mm 以内。

2. 高效分离元件

大型板式塔中多种高效分离元件也应用于气液传质过程，如导向梯形浮阀、波纹导向浮阀、ADV 微分浮阀等。这些高效分离元件与传统的 F1 浮阀相比，在同等的操作条件下使气液两相均匀接触，降低塔板上的液面梯度，提高传质效果，分离效率、处理能力及操作弹性也都得到大幅度地提高。

## 四、塔内件支撑结构

1. 塔内件支撑的设计原则

大直径塔内件对支撑结构的刚度要求比较高，挠度控制也比较严格。如果一味加大梁的截面积来满足要求，就会影响塔器的工艺性能。与传统实腹梁相比，桁架梁结构能较好地解决大跨度、大载荷问题，并且由于其空腹结构可克服传统工字梁气相流动阻力大、气体的横向混合能力低以及用料多、重量大的不足。桁架梁已逐渐成为内径大于 7000mm 以上的塔器支撑梁的首选。

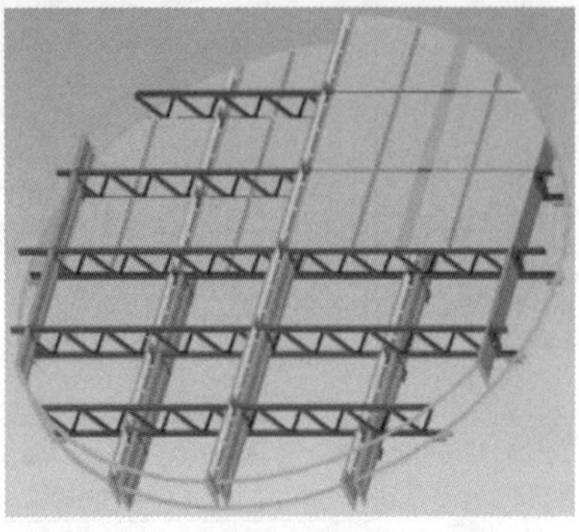

图 21.3-7 汽油分馏塔的一托二桁架梁支撑示意图

在桁架梁设计时，不但需要核算桁架梁结构的强度，还需重视其结构的整体稳定性、局部稳定性以及局部屈服问题等。

乙烯装置中大型板式塔(如汽油分馏塔、丙烯精馏塔)采用的是一托二双效桁架支撑梁(图 21.3-7)，其结构设计巧妙，即采用一层桁架梁支撑两层塔盘，支撑梁占据的高度降低，从而可降低全塔的高度。

大型填料塔如镇海乙烯装置中急冷水塔底部第 3、4

段填料床层支撑也采用了桁架梁支撑，其设计跨度达 11400mm，线载荷达 70kN/mm，塔横截面的单位重量达到了 36.7kN/m$^2$。采用桁架梁支撑结构后可大大减少材料使用量，结构更灵活，也更适应大型化设备现场施工要求。

2. 急冷油塔(汽油分馏塔)的塔盘支撑

急冷油塔通常是乙烯装置中直径最大的塔器，800kt/a 乙烯装置中该塔的直径通常超过 10000mm，因塔盘的跨度大，对支撑的强度和刚度(挠度)要求较高。SH/T 3088《石油化工塔盘设计规范》对塔盘支撑圈的水平度、安装后的水平度公差提出了具体要求，但对急冷油塔由于直径如此之大，设计时需要提出更为针对性的措施和要求。

如某乙烯装置中急冷油塔的设计温度 340℃，直径为 11500mm，塔盘间距 900mm，采用的一托二双效桁架支撑梁总高为 1120mm，梁长度为 11070mm，上下弦梁均采用 220mm 槽钢背对背组成的工字形截面，腹杆采用 $L$80mm×80mm 的角钢。设计时考虑液体密度 870kg/m$^3$，重点需核算桁架梁的上下弦杆，主要依据钢结构设计标准 GB 50017《钢结构设计规范》。工程中一般采用有限元分析来进行设计温度下的强度和刚度及稳定性分析，对上下弦杆的构件进行结构优化。建立力学模型时桁架梁上下弦杆采用梁单元，而对于中间的撑杆应采用杆单元，桁架梁上下弦杆的加载应采用线载荷(N/mm)方式加载，并考虑载荷不均匀分布的因素。分析结果应显示桁架梁的上下弦杆的弯矩图与剪力图、腹杆(撑杆)的轴力图。对于撑杆与上下弦杆梁连接的角焊缝，应根据撑杆的轴力校核其剪切强度；焊缝抗剪许用应力取为 0.4$S_y$($S_y$ 为设计温度下材料的屈服强度)。对于梁支座的校核按得到梁座处反力，按弯、剪组合校核本体、角焊缝处的强度。图 21.3-8 为该急冷油塔的二溢流塔盘桁架梁支撑的竖向位移图。

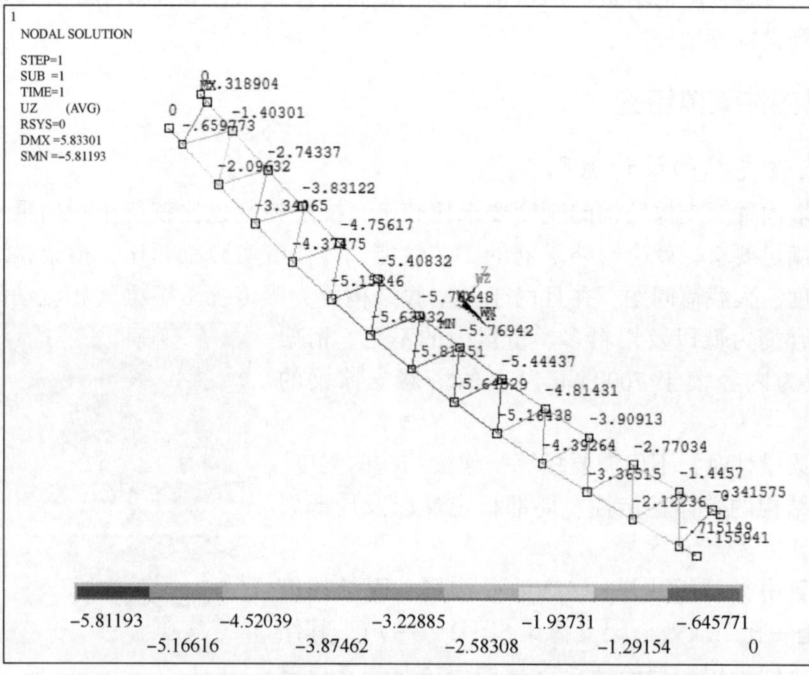


图 21.3-8　急冷油塔的二溢流塔盘桁架梁支撑的竖向位移图

### 3. 大型填料塔的填料支撑

乙烯装置中急冷水塔通常采用填料塔，镇海 1200kt/a 乙烯装置中急冷水塔直径达到了 11400mm。随着装置规模的不断大型化，“放大效应”问题成为塔器大型化的主要难点。由于直径大、填料装填段较高，支撑梁的尺寸也越来越大、数量增多，填料支撑的设计和制造要求更高。但加大梁的尺寸会直接影响介质的流通面积，造成气体涡流，同时也会影响传热传质效果；如果增加支撑梁的数量，会减少塔截面内有效布孔区域，降低塔截面上布孔的均匀性，从而影响气液的有效接触和传热传质效果。为了让塔内气体流速更为均匀、防止塔盘被吹翻等，工程上除了桁架梁之外，也可以使用蜂窝梁作为塔盘或填料的支撑结构。

(1) 蜂窝梁的主要结构特点

蜂窝梁是将宽翼缘工字钢(或 H 型钢)按一定的折线或圆弧线切割后错位焊接而成的空腹梁。蜂窝梁的截面高度 $h$ 与原工字钢的截面高度 $H$ 之比称为扩张比，一般 $h/H$ 在 1.2~1.7 之间，常用的扩张比为 1.5。由于扩张后的截面高度较原工字钢有较大的增加，从而提高了梁的刚度和承载能力，既节省了钢材，又减轻了梁体本身的自重：空腹梁通常可比实腹梁节约钢材 25%~30%。与组合桁架梁相比，蜂窝梁构造简单，防腐性能更好。由于上述独特优点，近年来蜂窝梁在工程实际中得到了越来越广泛的应用，取得了较好的经济效益。蜂窝梁在应用于塔内件支撑时还有一项优势，孔洞的存在促进了气液两相介质充分有效接触，减轻了涡流现象，提高了传热、传质效果。

蜂窝梁腹部的空洞通常为六边形或圆形、椭圆形。在蜂窝梁的空腹部分，由上翼缘或下翼缘与部分腹板所组成的 T 形截面的等截面部分称为“梁桥”，蜂窝梁的实腹部分称为“桥墩”，桥与墩相接处称为“桥趾”。相对多边形孔蜂窝梁而言，圆孔型蜂窝梁避免了多边形孔角部位的应力集中，因此结构更加合理、承载能力更高(可提高 10%~15%)，尤其适用于塔内件的支撑。

(2) 蜂窝梁的强度计算

蜂窝梁属于多次超静定结构，应力分布比较复杂。出于工程应用方便可简化处理，但至少以下部位的强度需要核算。

① 梁跨中截面的正应力。当开孔为跨中布置，即跨中弯矩最大处为梁墩时，此处的正应力计算可视同于实腹梁。

② 靠近跨中截面附近开孔。主要校核孔桥截面正应力、剪应力、折算应力，两孔之间的连线(梁墩截面)的剪应力。

③ 梁支座附近开孔。主要校核孔桥截面正应力、剪应力、折算应力，梁墩截面的剪应力。

④ 支座所在截面的剪应力。

除基本弯曲理论法外，工程中也经常对蜂窝钢梁的强度进行有限元分析(FEA)。有限元法来分析蜂窝梁的强度分析结果比较精确，与试件试验的结果比较接近，只是计算过程比较复杂。

(3) 蜂窝梁整体稳定性分析

蜂窝梁的局部稳定性的校核方法与实腹梁类似。相对而言，蜂窝梁的整体稳定性分析对于塔内件支撑结构而言更为关键和复杂。整体稳定性分析是指在外载荷作用下，对承载结构能否发生整体屈曲或丧失稳定的评估。对于蜂窝梁而言，尤其是长细比较大的大跨度蜂窝梁，整体稳定性能是非常重要的考核方面。由于腹板上孔洞的存在，蜂窝梁的整体稳定性计算是比较复杂的。目前国内外学者对蜂窝梁强度、刚度方面的研究较多，但是对整体稳定性分析还比较少。

1）蜂窝梁整体稳定性分析的传统方法

我国现行的钢结构理论认为，蜂窝梁的整体稳定性分析可以用当量实腹梁代替(与蜂窝梁截面尺寸相同的实腹梁)。

但是工字形钢梁的腹板开孔后，其整体稳定性必然会有所下降。国外的有关设计规范对蜂窝梁的稳定性计算也提出了解决方案。苏联钢结构规范指出，蜂窝梁稳定性计算可利用实腹梁的公式，但其几何特征必须按带空腹部分的梁截面计算。英国 BS5950 规范指出，对于不完全的侧向约束蜂窝梁，可使用实腹梁的有关规定验算其侧向扭转屈曲；但等效的长细比应按孔洞中心连线的截面性质进行计算。

2）蜂窝梁整体稳定性的有限元分析

无论是利用平衡法或能量法，以解析法来求解蜂窝梁稳定性极限载荷的函数表达式都是非常困难的。随着计算机技术的发展，数值法成为解决稳定性问题的又一有效途径，并可以更方便地得到蜂窝梁的稳定性极限值；实际分析时，常采用较为快捷的线形特征值屈曲分析法。

大量的有限元分析证明，工程上常用的蜂窝梁的一阶失稳一般发生在平面外，以弯扭变形为主，如图 21.3-9 所示。图 21.3-10 是跨度 7.2m 蜂窝梁的一阶失稳形态。蜂窝梁的二阶失稳一般为平面外的弯扭失稳。

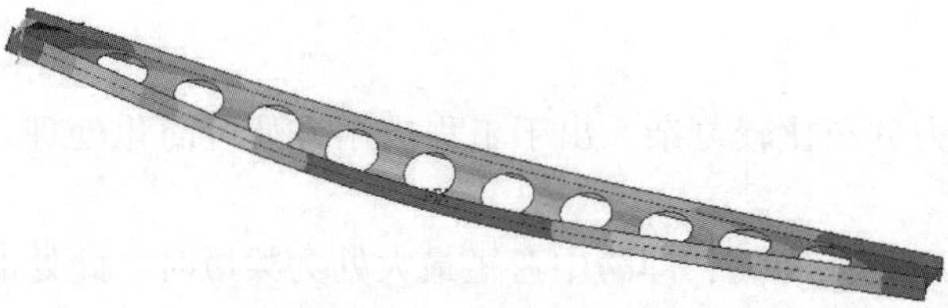

图 21.3-9　蜂窝梁的一阶失稳形态(平面外失稳)

图 21.3-10　跨度 7.2m 蜂窝梁一阶失稳形态

## 五、大直径塔盘的防吹翻设计

### 1. 塔盘的防吹翻结构要求

在大型乙烯装置中由于急冷油和急冷水塔的气体流量很大且不稳定，高速气流会对塔内件造成很强的冲击和扰动，常出现塔盘、分布盘等塔内件被吹翻的情况，如图 21.3-11 所示，对塔器工艺性能造成了负面影响。为了使塔盘能够抵御强气流冲击、塔内气体分布均匀，需要合理设计进气分布器，保证塔盘自身强度和连接件的可靠性。

当塔盘受到气体冲击力时，在内部会相应地产生力与弯矩。如果塔盘自身的强度和刚度较弱，则会发生破坏或导致弯曲变形。在通常情况下塔盘厚度与支撑长度之比非常小，而且要求塔盘的挠度要很小。因此在我们在进行塔盘内力计算时可以采用弹性力学中的薄板理论，可以采用小变形、直法线等假设进行理论简化。虽然这些假设与真实情况有稍许差异，但由于误差很小故仍可以用来工程设计。

在实际设计中，提高塔盘的刚度可以有效提高其抗冲击能力。提高塔盘刚性的途径有很多，其中最有效的途径是增加折边，以提高横截面对中性轴的惯性矩，如图 21.3-12 所示。但需注意折边的高度和宽度要有一定的限制。

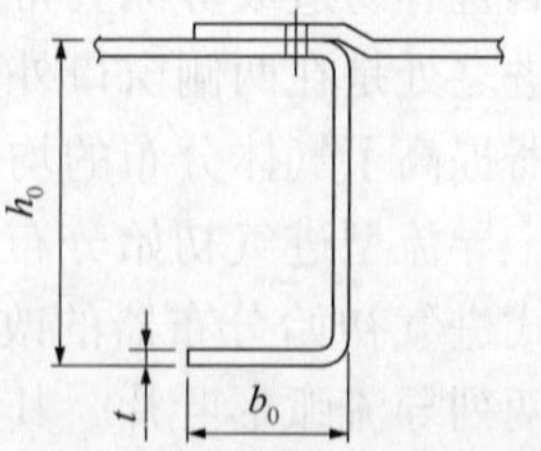


图 21.3-11　塔盘翻边的结构示意图　图 21.3-12　塔盘变形脱落实例图

2. 塔盘防吹翻的工艺操作要求

汽油分馏塔是一个传热控制的“传热-分馏型”塔器。该塔的下段用循环急冷油来冷却乙烯裂解气，称为急冷油循环段；上部分馏段用回流汽油进一步冷却裂解气；个别乙烯装置还在中间设置了中油循环段。200~220℃的裂解气在塔内被冷却至 100~110℃，并在冷却过程中分馏出燃料油、裂解柴油等裂解气中的重组分。急冷油循环段位于乙烯裂解气进料管的上方，受到气体的直接冲击。该段塔盘需具有较强的抵抗聚合物堵塞的能力和优良的空间传热/传质效果，因此大多采用穿流型塔盘。穿流型塔盘属于一种板式无溢流塔盘，包括波纹穿流筛板、大孔穿流筛板和角钢塔盘等多种形式。有的专利商在急冷油循环段使用多层折流板，个别专利商甚至直接选用格栅填料。急冷水塔的主要目的是将裂解气中的轻汽油和稀释蒸汽冷凝下来。

经过对多个乙烯车间的调查发现，塔盘吹翻均不是发生在正常操作工况下，而是发生在特殊工况中。比如：①开车工况，在开车时裂解气从炉区冲入到汽油分馏塔中，经常形成脉冲进料，这对急冷油循环段塔盘或填料床层造成很大的冲击；因此乙烯装置在制定开车方案时应尽可能做到缓和进料，使裂解气的流量缓慢增加。②裂解炉切换工况，大乙烯装置的单台裂解炉的设计产量很大，如很多乙烯装置中每台裂解炉的设计乙烯产量为 150kt/a；当某台裂解炉清焦后进行切换时，炉区出口的裂解气会形成瞬时脉冲流，瞬时气体增量约能占到正常流量的 20%。③此外在开车时裂解气压缩机的升速不可过快，比如对于乙烯水洗塔而言，开车时压缩机瞬间提速会使塔顶压骤然降低 70%左右。这种瞬间抽吸对塔内件的稳定性也是巨大的考验。因此应当首先从工艺操作方面采取措施，控制好进气量，避免使塔内件受到骤然冲击或倒抽。同时，在设计时工艺专业应当向设备专业提出塔器的气体流量峰值。

3. 急冷油塔和急冷水塔的入口管设计

对于汽油分馏塔和急冷塔，入口裂解气量大且温度高，需要设置气体分布器来缓解气体的冲击力。气体分布器的结构设计也非常重要。如果气体进塔后分布不均匀，不但影响塔器的分离效率而且也容易将个别塔盘吹翻。良好进气结构的主要特点是：均布性能好、流动阻力小、雾沫夹带少。

(1) 高气量大型塔器的气体分布器结构

高气量大型塔器常用的进气分布器形式有：多孔直管式、水平喷辐射式、双列叶片式和双切向环流式。这些分布器的特点各异，适用场合也各有不同。

多窗口直管式：进气管径向入塔后延伸至塔中央，管上开有向上或向下的窗口。多孔直管式[图 21.3-13(a)]的结构比较简单、应用非常普遍，但其缺点是近塔壁处气速较高，管上方易形成旋涡且容易造成雾沫夹带。在茂名乙烯急冷水塔中使用了改进的直管式进口分布器，它的改进之处是在两侧窗口外增加了导流片，使气体气流由窗口喷出后沿导流片流动。这种分布器提高了气体分布的均匀度，减弱了涡流现象。水平喷辐射式气体分布器是一种轴对称类、导流型进气初始分布器。它主要由进气管、分液器、辐射器、伞形导流器组成，是径向式进气初始分布器的改进型。双列叶片式[图 21.3-13(b)]：物料径向入塔，进口两侧有两列导流弧形叶片，其顶部、底部均封闭，气流沿两列叶片左右分开，冲向塔壁后向上流动。双列叶片式近年来应用较多，其优点是液沫夹带量少、阻力较少，其缺点是两侧边壁气速较高而存在一定的气速分布不均。

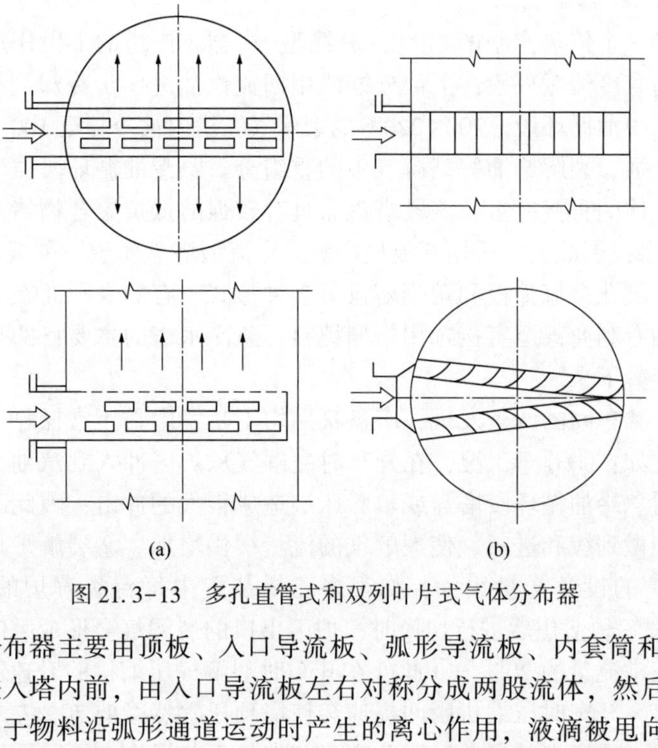

(a) (b)

图 21.3-13　多孔直管式和双列叶片式气体分布器

双切向环流分布器主要由顶板、入口导流板、弧形导流板、内套筒和外套筒(塔壁)组成。气液两相流进入塔内前，由入口导流板左右对称分成两股流体，然后进入内外套筒之间的弧形通道，由于物料沿弧形通道运动时产生的离心作用，液滴被甩向塔壁并沿塔壁流下，弧形导流板位置高度沿环形通道逐渐升高，气体则依次被弧形导流板截流剖分成多股流体并沿导流板弯向流向塔底，再折而向上，经由内套筒喷出进入分布器上方空间。弧形通道、弧形导流板、塔底空间和分布器上方均布空间的共同作用使进料气体在塔内均匀分布。这种进气分布器的特点是：气速分布较均匀、液沫夹带量少、阻力较小。双切向环流分布器因为其综合性能优越而逐渐成为工程上的首选。图 21.3-14 为某乙烯装置中使用的双切向环流分布器。

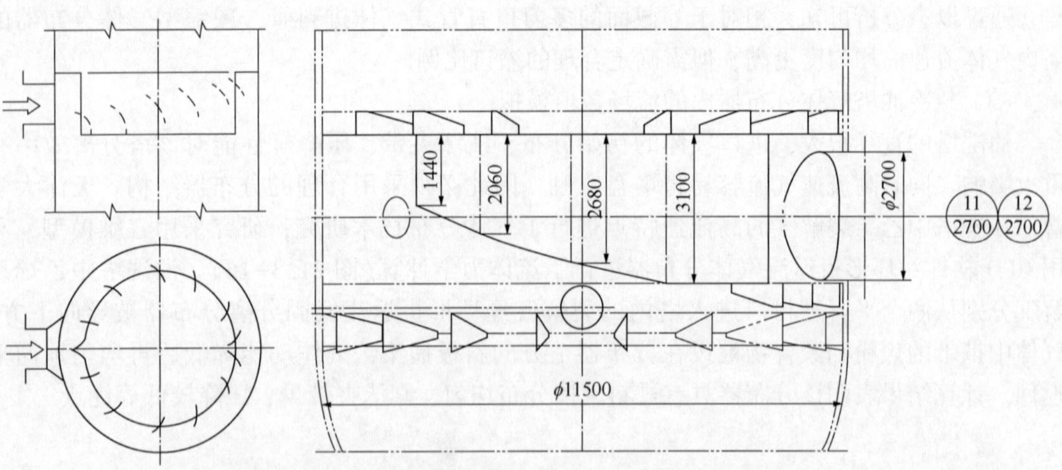


图 21.3-14　双切向环流分布器概念和应用示例图

为了满足大型塔器对良好气体初始分布的要求，必须合理选择进口分布器的形式并且根据具体条件进行设计优化。由于气体进塔后流动情况非常复杂，因此有必要利用计算机软件进行数值模拟。在设计中可以首先根据经验设定分布器的主要结构尺寸，在经计算得到压力降、不同高度截面上气体分布的均匀度之后，再逐步调整分布器的结构参数，以不断其改善分布性能。

此外在设计时要慎重确定气体分布器中心线到塔盘之间的净空高度。如果此高度过小则无法发挥空间效应、气体分布非常不均匀，而且对塔盘的冲击很大；但净空高度过大会无谓增加塔器高度，造成经济上的浪费。从此角度上讲，进行详细的流体力学分析或数值模拟也是很有必要的。

（2）急冷水塔气体分布器内的流场数值模拟

利用计算流体动力学（Computational Fluid Dynamics，CFD）能够精确、恰当地描述复杂的流动现象，以能够得到有价值的计算结果，并能实现流动现象的可视化预测。对于油洗塔、水洗塔这样的复杂塔器而言，利用 CFD 技术进行入口管设计开发是实现结构的优化的重要手段。某乙烯装置的急冷水塔底部采用多窗口直管式进气分布管，图 21.3-15 是 FLUENT 软件对其分布效果进行空间流场分析；分析对比了两个进气管结构模型，分别是等截面积进气管、渐缩型进气管。渐缩型多窗口直管式进气分布管的截面为渐缩形式，缩口比例 50%（末端与进口端直径之比）。

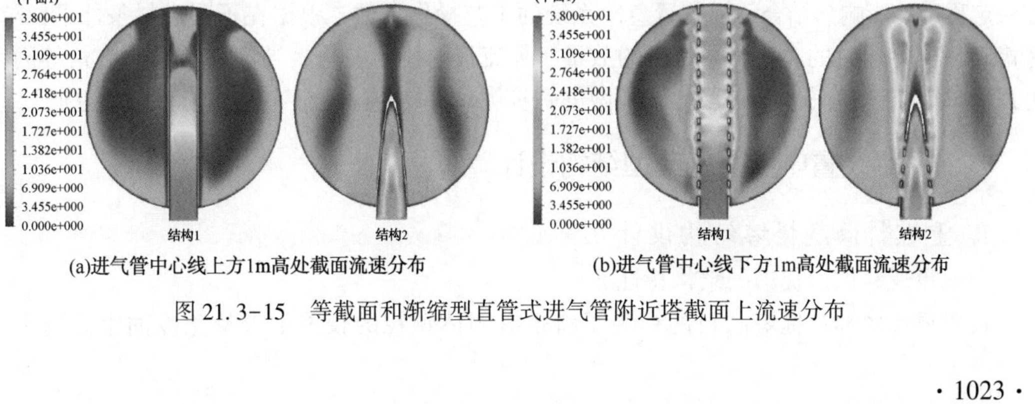


图 21.3-15　等截面和渐缩型直管式进气管附近塔截面上流速分布

通过以上分析可知，相对于等截面的多窗口直管式气体进料管，减缩型气体分布器的塔内气体流速的均匀度更高，但需确定合理的缩口比例。

(3) 急冷油塔气体分布器内的流场数值模拟

油洗塔的直径很大，进口气体的初始分布、液沫夹带、压降等性能对该塔分离效率有重大影响。同时高流速气流容易将塔盘吹翻，因此必须采用合理的分布器结构。天津大学曾对油洗塔中乙烯裂解气的高流速特点进行了气体分布技术研究；研究采用三维模型，利用 CFD 软件对环形折返流气体分布器进行了流体力学计算(图 21.3-16)。油洗塔中乙烯裂解气分别从两个平行进料口进入塔内的裂解气经环形折返流气固分离分布器被导向下方，气体中携带的焦粉和聚合物被设在分布器下方的斜板捕集，气体动能降低后再均匀地向上返回。计算结果表明该分布器具有进料气体分布均匀、雾沫夹带少、压降较低等优点。

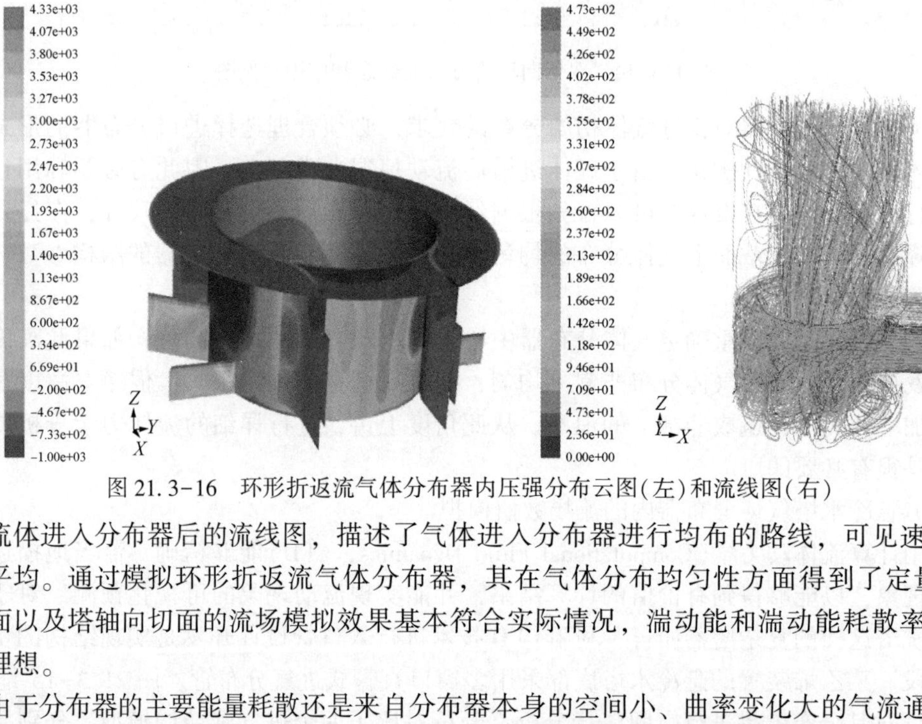

图 21.3-16　环形折返流气体分布器内压强分布云图(左)和流线图(右)

流体进入分布器后的流线图，描述了气体进入分布器进行均布的路线，可见速度分布比较平均。通过模拟环形折返流气体分布器，其在气体分布均匀性方面得到了定量考证，塔截面以及塔轴向切面的流场模拟效果基本符合实际情况，湍动能和湍动能耗散率的分布比较理想。

由于分布器的主要能量耗散还是来自分布器本身的空间小、曲率变化大的气流通道，因此需要对分布器中央内通道的流线形状进行优化，包括气体入口处的弧形处理，整个分布器内流环道下松上紧的类弧状变化，处理后大大减小了分布器的能量损失，这在以后的分布器设计中是值得借鉴和推广的。分布器的导流板数量，轴向倾角以及径向夹角对分布器性能存在一定程度的影响。结合乙烯装置急冷系统的工艺操作参数，根据在不同进料条件下，综合考虑环形流体通道的宽度、导流板的数量、导流板的径向夹角、导流板的轴向夹角等因素，可以对环形折返流气体分布器的结构做进一步优化，使得速度分布更均匀、压降更低。

## 六、乙烯装置中塔器的典型结构设计

### 1. 重燃料油汽提塔结构设计

(1) 重燃料油汽提塔的结构特性

设置重燃料油汽提塔的目的是为了将带有固体颗粒的较重组分从急冷油中分离出来，

从而降低急冷油的黏度，因此常被称为减黏塔。该塔不设塔板，顶部为旋风分液器结构(图21.3-17)，底部设有高压蒸汽补充口，顶部气体返回急冷油塔，底部液体送至重燃料油泵。该塔进料为气液混相，固体颗粒含量不超过进料物流的0.15%(质量)，最大允许粒径10mm。本塔的分离性能要求是：粒径大于等于200μm的颗粒99.9%脱除，平均粒径等于20μm的颗粒95%~96%脱除，粒径等于1500μm的颗粒100%脱除。

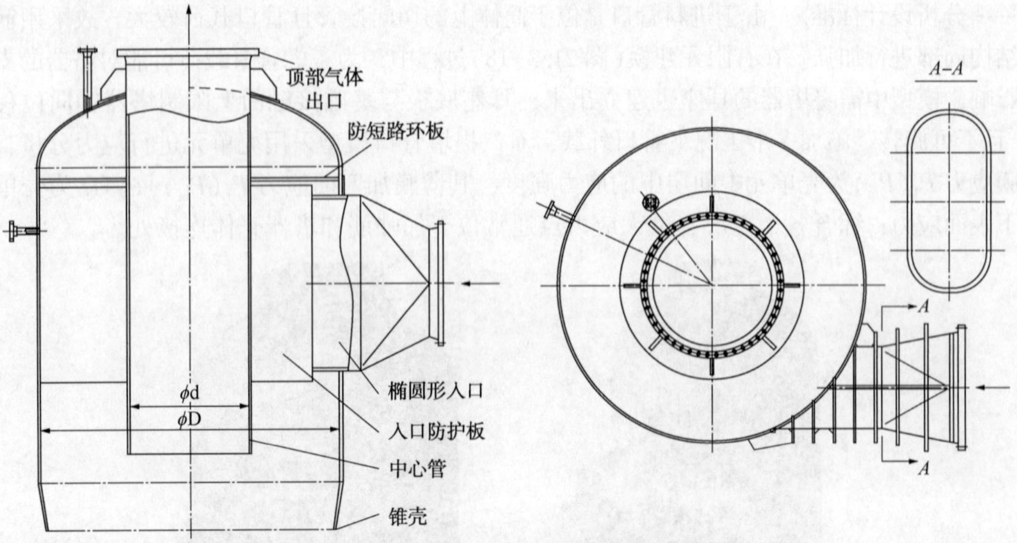


图21.3-17　重燃料油汽提塔顶部分离结构

分离性能计算时先需要计算出最大气相流量、最大筒体截面速度，通过选择合适的入口截面比 $K$ 和中心管下口直径 $d$ 来优化该裂解燃料油汽提塔的分离效率和压降。截面比 $K$ 定义为黏度控制筒体段内截面积与其椭圆形入口截面积的比值。为满足分离效率和保证塔的稳定可靠操作，从下列几方面进行考虑：

① 为满足处理负荷变化较大的要求，利用尺寸分离优化设计理论对裂解燃料油汽提塔进行尺寸优化核算，使各种工况下的入口气速维持在一个合适的范围内，从而使分离器有较高的分离效率和合适的压降。

② 设置顶部防短路环形板。旋风分离器在出口管与顶部及器壁形式的环形区域内，由于顶部下面有一个流动缓慢的边界层，它的静压随半径 $r$ 的变化比强旋流中的变化为平缓，于是促使外侧静压较高的流体向上流入此边界层内，并沿边界层向内侧流动，经出口管外壁而转折向下，形成了局部环流，也称Ⅰ涡流。这种短路流把一部分已浓集在旋风分离器器壁处的细颗粒和雾滴向上带到顶板附近，而形成了“上灰环”，并不时被带入上升的中心气流中逸出出口管，影响了分离效率。为此，在封头内加一平板结构，以减少短路流。

③ 采用椭圆形入口形式和180°蜗壳入口。为了提高分离效率，物料入口管适宜设计成椭圆形管(长圆形)，在设计中采用从圆形管道到椭圆形管道过渡结构。由于压力降与入口线速的平方成正比，该长圆形入口结构可在保证满足分离效率的前提下降低压降。为了引导一定宽度含有液滴和固体颗粒的气体在离心力场内有效地浓集到器壁，而且在这个过程中要尽可能离出口管远些，所以可选用180°蜗壳的入口形式。考虑到入口切向冲刷作用，在内部贴一层防护板。

④ 锥体角度优化。汽提塔下部的锥体角度对于塔的分离性能具有重要影响。为了减少

该角度，提高液体在锥体壁面的流动性，在设计中可适当减少筒体段高度，增加锥体段高度，尽量保证液滴在减黏塔内的顺利排出，避免固相挂壁现象发生。

(2) 重燃料油汽提塔进料口的强度设计

重燃料油汽提塔的进料口和塔顶出口管的直径较大，管口外载通常较大，工程中常采用有限元分析的方法对这两个管口进行校核，各个部位的应力评定参照 JB4732《钢制压力容器——分析设计标准》。由于进料管口是位于筒体上的切向接管且管口载荷较大，故采用筋板对结构局部进行加强。在有限元建模(图 21.3-18)过程中，为考虑管口载荷可能对塔器的支座的影响，模型中需将塔器的耳座也建立出来，耳座底板与基础接触面上限制塔器轴向位移为 0，且不可旋转。施加多个工况下管口外载，对汽提塔管口模型采用壳单元进行应力分析，其薄膜应力 $P_L(P_m)$ 为壳单元中间层中的应力强度，其薄膜加弯曲应力 $P_L(P_m)+P_b+Q$ 为壳单元上下表面应力；综合各个工况，最大应力点通常位于加强筋和塔器壳体连接处。

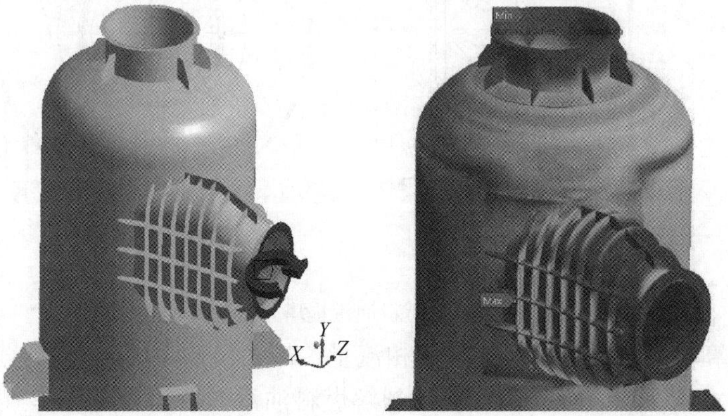


图 21.3-18 重燃料油汽提塔进料口的结构及应力云示意图

## 2. 急冷油塔进料管的补强设计

急冷油塔的进料管(图 21.3-19)来自裂解气急冷器，一般设有 2 根管且直径非常大，如海南 1000kt/a 乙烯装置中急冷油塔进料管直径达 $DN$2700mm。由于管路温度高，该管口的外载荷(包括弯矩和推力)比较大，设计时需做特殊考虑。

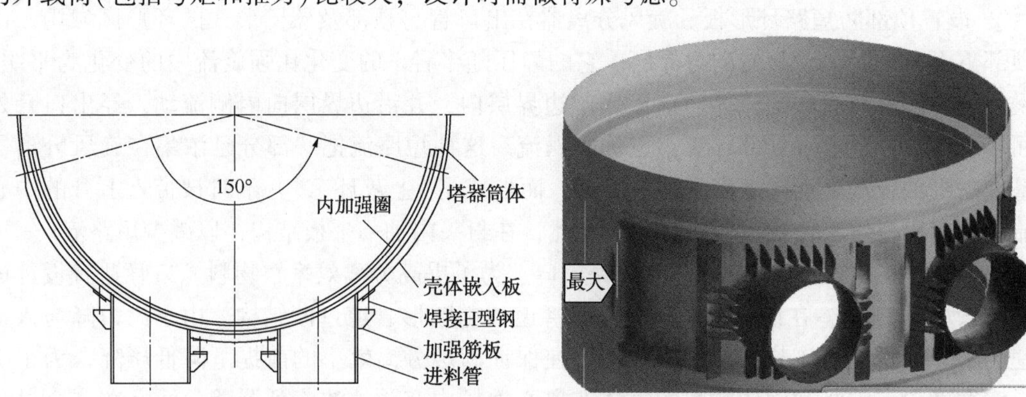


图 21.3-19 急冷油塔进料管口加强结构和应力云示意图

由于该塔有负压工况设计，因此需要设置外压加强圈。在进料口的上下对称位置宜设置两个内加强圈，管口外部设置加强筋板和焊接 H 型钢作为加强。为了降低壳体的总体薄膜应力，进料管口附近的筒体上可以嵌入一片较厚的壳体(弧形方板)。

由于结构复杂，此处优先使用有限元分析。整体建模时可采用 SOLID185(8 节点实体单元)对模型进行网格划分，沿壁厚划分为 3 层，在局部部位对网格进行细化。设定边界条件时，令筒体底部限制其轴向位移为 0；加载时令筒体端部、接管端部表面施加当量压力，按不同的工况在管口上施加外载。根据求解、应力分布情况可对加强结构做进一步优化。

3. 大型塔器的裙座设计

对于乙烯装置中高塔、重型塔器经常需要使用锥形裙座，以减轻对基础的压强，减小地脚螺栓直径、更多地布置地脚螺栓。锥形裙座的半锥顶角不宜超过 15°，原因是随着半顶角的增加，锥形裙座在轴向力作用下临界许用应力降低，筒体厚度将增大，同时塔的基础尺寸也将相应加大，工程使用实践证明半锥顶角最大至 15°，已能满足使用需要。

NB/T 47041《塔式容器》给出了两种连接形式，即裙座与塔体的对接和搭接形式。考虑到乙烯装置中塔器的操作工况较为苛刻，因此多采用对接结构。若采用搭接结构，将使搭接接头处的受力状态变得恶劣(既有内压产生的薄膜应力又有不连续应力及温差应力等)，当在设计或制造上处理不当，很容易发生搭接焊缝处的失效或断裂。当塔内装有易爆或有毒介质、设计温度低于-20℃或设计温度较高以及塔器操作条件比较苛刻时，常采用图 21.3-20 中(a)型结构，实现裙座和塔器壳体连接接头的全焊透；对于承受横风向共振且进行疲劳设计的塔器，优先采用图 21.3-20 中(b)型结构，裙座壳内壁和封头外部的焊缝可以实现圆角过渡，提高此连接接头承受疲劳载荷的能力。

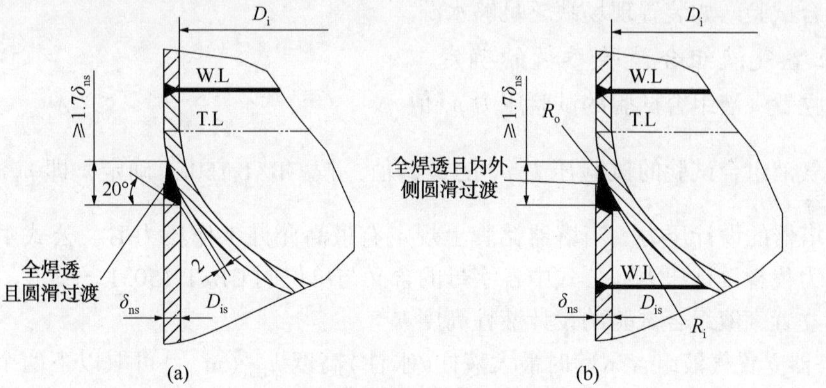


图 21.3-20　裙座和塔壳体的连接结构

$D_i$—塔壳圆筒内直径，mm；$D_{is}$—裙座壳底部内直径，mm；$\delta_{ns}$—裙座壳的名义厚度，mm；$R_o$—焊缝外侧过渡圆角半径，mm；$R_i$—焊缝内侧过渡圆角半径，mm；W. L—焊缝线；T. L—切线

为减小裙座与塔釜封头连接部位的温差应力，当塔釜设计温度达到某一数值时，需要在裙座顶部设置隔热空间(hot box 或 air pocket)，它是由裙座、封头和弧形板(也称隔气圈)构成的近似三角形空间，即隔热箱。由于隔热箱的区域内无保温层，塔釜封头的热量可以通过对流和辐射方式传到裙座筒体上，改善该部位的传热条件，从而可降低温度梯度和温差应力。需注意，对于工作温度很高，且温度变动频繁的塔器，还应注意裙座与壳体连接处的热疲劳问题。此时建议采用有限元应力分析方法进行温度场和热应力的分析计算，并作疲劳分析。

NB/T 47041《塔式容器》中规定采用对接型式时，裙座壳的外径宜与相连塔壳封头外径相等，这样可使两者焊接接头与塔釜封头外壁圆滑齐平过渡。但乙烯装置中由于有些重型塔器的壁厚较大，裙座上部筒体厚度与塔釜封头厚度差异大，应以中径对齐为宜。因为裙座上部筒体中径与塔釜封头直边段中径越接近，其连接处的附加弯矩越小(参见德国 AD 及英国 PD5500 等规范)。国外一些工程公司的标准(如 KELLOGG、BP 公司)规定裙座筒体的中径应等于塔壳体的中径。

## 七、高耸塔器的气液组合试验

1. 立置气液组合试验的适用条件

实际工程设计应考虑塔器在装置现场投用前或使用一段时间后，用户对塔器进行立置耐压试验的情况。当符合以下任意一条时，可选择立置气液组合试验作为塔器耐压试验方式，耐压试验所使用的液体一般为洁净水。

① 由于结构原因，塔器不能承受立置状态下全充满液体的耐压试验时，可选择气液组合试验。具体判断原则，示例如下：液压试验压力按 GB/T 150.1 设计，然后校核塔器的各受压元件在试验条件下的应力水平。例如对于下封头、最下段筒节，需校核最大总体薄膜应力。此时的计算压力需计入包含塔器总高度的液柱静压力。当受压元件在液压试验工况下应力校核不合格时，为了不增加受压元件壁厚(对设备投资造成显著影响)，可选择气液组合试验。

② 当塔器的土建基础无法承受充满液体的耐压试验时，可选择气液组合试验。

③ 当由于其他无法克服的原因，不能在立置状态下全充满液体进行耐压试验时，可选择气液组合试验。如装置现场缺乏足够水源。

2. 立置气液组合试验参数的确定

(1) 立置气液组合试验的试验压力 $p_T$ 值

立置气液组合试验的试验压力 $p_T$ 的最低值，按 GB/T 150.1 确定，即 $p_T=1.1p\dfrac{[\sigma]}{[\sigma]^t}$，其中 $p$ 为塔器的设计压力。当塔器铭牌上规定有最高允许工作压力时，公式中应以最高允许工作压力代替设计压力；公式中各字母的含义与单位同 GB/T 150.1。

(2) 立置气液组合试验的设计液柱高度 $h$

① 塔器立置气液组合试验时最大液柱(水柱)高度 $h_{max}$(m)，可取以下两个条件下计算高度之小者。液柱高度为耐压试验时液面到下封头切线之间的距离(m)。

a. 先假设最大液柱高度 $h_{max}$，得到最下一段筒节的计算试验压力 $p_{计}$(MPa)，取 $p_{计}=p_T+\rho h_{max}g\times10^{-6}$，其中 $\rho$ 为试验液体的密度($kg/m^3$)。下封头的计算试验压力亦按上述方法取值，并考虑封头深度。最后按 GB/T 150.1 校核最下一段筒节和下封头的最大总体薄膜应力，使得最大总体薄膜应力 $\sigma_T$ 逼近 $0.8R_{eL}\Phi$($R_{eL}$为屈服强度下限)。

b. 根据土建基础的承载能力，计算出气液组合试验时所允许的最大液柱高度 $h_{max}$。

气液组合试验时的设计液柱(水柱)高度 $h$ 不得超过 $h_{max}$，并根据情况圆整。

② 设计液柱高度 $h$ 不得小于以下任一情况下的液柱高度。

a. 若塔器在操作工况下的最高液位为 $h'$，则 $h\geqslant h'\dfrac{\rho_L}{\rho}$，$\rho_L$为液相介质的密度。

b. 若工艺专业要求塔器考虑发生液泛的可能性，则先确定液泛时的介质密度(已考虑介质中的气相比例)$\rho_X$，取 $h \geq H\dfrac{\rho_X}{\rho}$，式中，$H$ 为塔器的切线长度(m)。若计算出的液柱高度 $h$ 超过 $0.9H$ 或者 $h \geq 80$m 时，该塔器仍适合采用液压试验。

采用气液组合试验时需在设计文件中说明试验压力和设计充液高度(距底封头切线)，现场气液组合试验时，需采用必要的安全防护措施。

3. 采用立置气液组合试验时车间内耐压试验参数的确定

(1)车间内卧置液压试验

塔器出厂之前在制造厂进行耐压试验时，优先选用液压试验。车间内卧置液压试验压力值 $p_L$应由以下步骤试算得到。

① 令 $p_L=p_{L1}$，$p_{L1}=p_T+\rho(h-D)g\times10^{-6}$，其中 $p_T$、$h$、$\rho$ 分别为立置气液组合试验时的试验压力、设计液柱高度和试验所用液体的密度，$D$ 为塔器的内直径(m)。

② 按 GB/T 150.1 校核塔器各受压元件在计算试验压力 $p_x$下的应力，$p_x=p_L+\rho Dg\times10^{-6}$。此时受压元件的有效厚度应计入塔器的腐蚀裕量(取元件未腐蚀之前的实际厚度)。

③ 若应力校核不合格，则降低 $p_{L1}$取值(即降低 $h$)，直至满足校核条件为止。例如使壳体的最大总体薄膜应力 $\sigma_T$ 逼近$\leq 0.9R_{eL}\Phi$。但 $p_L$ 的取值不得小于 $p_{L2}$，$p_{L2}$按 GB/T 150.1 计算，即：$p_{L2}=1.25p\dfrac{[\sigma]}{[\sigma]^t}$。

④ 若 $p_L=p_{L2}$时应力校核仍不合格，则改为车间内的卧置气液组合试验。

(2) 车间内卧置气液组合试验

① 当塔器在车间无法进行液压试验时，例如因为塔器本体结构、水源不足或基础承重等原因无法实现全充满液体进行耐压试验时，可选用气液组合试验。试验压力同气压试验(即塔器进行立置气液组合试验时的压力)$p_T$；试验时最大允许装量系数由试算得到。

② 为了尽量减小气相空间，塔器试验前应充液至现有条件所允许的最大液位高度 $h_X$(对应最大允许装量系数)；该充液量不应超过塔器本体和基础承重所允许的最大充液量。简便计算时，可取塔器立置气液组合试验的充液量。

③ 车间内卧置气液组合试验同样需按 GB/T 150.1 校核各受压元件在计算试验压力 $p_y$下的应力，$p_y=p_T+\rho h_X g\times10^{-6}$。此时受压元件的有效厚度应计入塔器的腐蚀裕量(取元件未腐蚀之前的厚度)。若应力校核不合格，则逐步降低 $h_X$ 值(m)，直至满足校核条件。例如使壳体的最大总体薄膜应力 $\sigma_T$ 逼近$\leq 0.8R_{eL}\Phi$。气液组合试验时，需采用必要的安全防护措施，这样做的目的是在保证安全、可行的情况，最大程度上检验了承压元件的强度，达到了适当超压的试验目的。

## 八、塔器制造

1. 超大型塔器的制造方式

乙烯装置中超大型塔器的制造主要包括制造厂预制、现场分段组对和制造厂整体卧式组装、运输和吊装两种方式。其中制造厂整体卧式组装方式由于在制造厂整体制作，从塔体尺寸公差保证、焊接质量、热处理效果等方面都有着现场制造无法比拟的优势，工期更容易控制，人员的安排更加方便，但这对制造厂的地址、装备以及水压试验地基要求都很高，因此目前国内的大型塔器制造商都集中设置在沿江沿海，距离码头也较近。然而整体运输要比分段运输困难更大，比如码头、道路排障等，还需要采用大吨位履带吊整体吊装。

镇海乙烯装置中几台超大型塔器主要采用的是制造厂预制、现场分段组对方式，在保证质量前提下也能有效节省时间和费用。而惠州二期乙烯装置中所有超大型塔器都是采用的制造厂整体制造运输，各有利弊，最终方案需要综合考虑车间制造的质量保证、人员安全保证、现场码头、道路的运输条件以及安装等因素。大型塔器的吊装安全性，是制造和施工单位需要关注的重点事项，吊装前需仔细校核吊耳的强度和塔体连接部位的局部应力。

2. *超大型塔器的热处理方式*

随着塔器尺寸的大型化，整体热处理炉的尺寸规格很难满足要求。在此情况下，采用“卧置内燃法”进行整体热处理是一种较可行的解决方案。但在卧置热处理时如何控制塔体各位置温度均匀和塔体变形，是比较关键和不易解决好的问题。

大型塔器的内燃法一般采用高温烟气法，其基本原理是燃气（天然气、液化石油气、燃料油蒸气等）在外置的燃烧室燃烧后，将产生的高温烟气引入塔内。塔器外部保温，内部采取烟气均布，高温烟气冲刷器壁，使其均匀升温，换热后的烟气排出，高温烟气法不存在火焰辐射换热。乙烯装置中的丙烯塔由于长度较大，常采用卧置的高温烟气法进行分段热处理。

为保证热处理能够达到最佳效果，宜在理论仿真计算的基础上，优化热处理工艺方案，确保塔器各段热处理温度的均匀性。图 21. 3-21 是某乙烯装置中丙烯塔热处理有限元模拟情况。模拟情况显示，分段塔器的金属壁温最低 607. 46℃，最高 633. 58℃；塔器位移变形量模拟径向位移量为 46mm，满足设计要求。

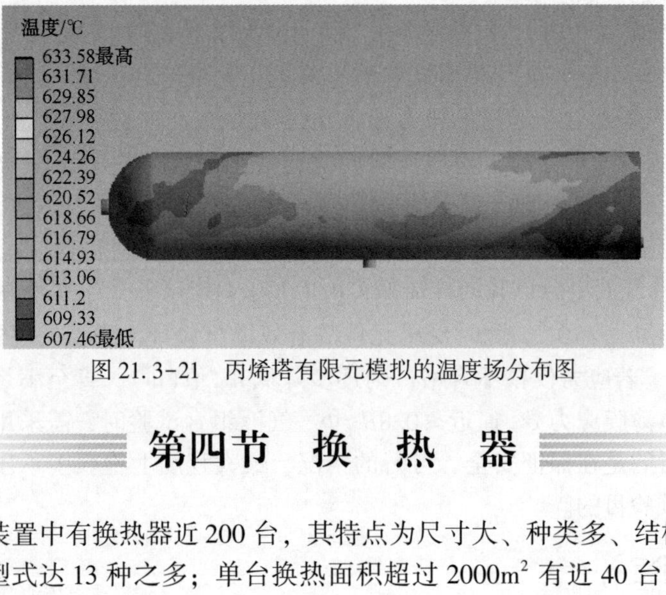


图 21. 3-21　丙烯塔有限元模拟的温度场分布图

## 第四节　换　热　器

百万吨乙烯装置中有换热器近 200 台，其特点为尺寸大、种类多、结构复杂。按 TEMA 标准划分换热器型式达 13 种之多；单台换热面积超过 2000m$^2$ 有近 40 台；50t 以上的换热器约占总台数的 1/3。

### 一、高效换热器的应用

装置大型化在换热器上主要表现为换热面积增大，若采用普通管壳式换热器则需要比较大的规格尺寸，不仅占地大，设备布置不便，而且从节能、节约材料和投资角度来说也不经济。因此多种高效换热器（如铝制板翅、高通量、螺纹管及高冷凝管、螺旋折流板等）

在大型乙烯装置中都得到了应用。

1. 铝制钎焊式板翅换热器

铝制钎焊式板翅换热器具有结构紧凑、传热效率高、节能效果明显、所占空间小、安装费用低、维护使用方便等优点，其主要用于低温物料介质的传热，如乙烯精馏塔再沸器、乙烯精馏塔放空冷凝器等。

乙烯装置中经常用到使用铝制板翅换热器作为芯体的板壳式换热器，常称为 CIV 或 CIK 式换热器。钎焊的板翅式换热器可视为换热器的“管程”，外部的压力容器壳体可视为壳程。该种换热器的壳体常采用奥氏体不锈钢，克服壳程和管程的热膨胀差是关键问题。在管程进出壳程壳体处，通常要设置钢铝接头来承载温差载荷。这种钢铝接头通常采用摩擦焊制造，加工要求高，一般是从国外进口。

2. 高通量换热管换热器

高通量换热管比一般的光管有更高的热通量。常见的高通量管是一种烧结型外表面多孔换热管，采用粉末冶金的方法在普通换热管表面烧结一薄层具有特定结构的多孔表面高效换热管。表面多孔层的凹穴与孔隙相互连通，可以显著强化沸腾传热。与光管相比，烧结型表面多孔管具有如下优越性：①能显著地强化沸腾给热，其沸腾传热系数比光管提高 4~10 倍，减少所需换热面积一半左右。②可以在很小的温差下维持沸腾，对低品味能量的回收和低温沸腾换热有很大的价值，应用于再沸器时可以降低所需加热蒸汽的等级；可以有效解决换热器端部传热温差很小、普通光管沸腾热强度不足的问题。③临界热通量高，临界热负荷比普通管高 50%以上。④具有良好的阻垢性能。

沸腾传热系数可比光管提高一个数量级并制成高通量高效换热器，在大型乙烯装置中应用前景广阔，如丙烯精馏塔再沸器。近年来高通量管的加工工艺日渐成熟，国产高通量管换热器在大型乙烯装置上曾运行 12 年以上，多孔层未脱落，传热性能未下降。

以高通量管换热器为例，与普通光管换热器相比较(表 21.4-1)，其设备尺寸减少很多，甚至可以减少设备台数。

**表 21.4-1　高通量管与普通光管换热器相比较**

| 设备名称 | 换热管型式 | 台数 | 设备直径×管长/mm | 重量/(t/台) |
|---|---|---|---|---|
| 1#丙烯精馏塔再沸器 | 光管 | 2 | $\Phi$2200×9000 | 95 |
| | 高通量管 | 2 | $\Phi$1800×8000 | 54 |
| 2#丙烯精馏塔再沸器 | 光管 | 2 | $\Phi$1800×6000 | 45 |
| | 高通量管 | 1 | $\Phi$1600×8000 | 43 |

3. 螺纹管及高冷凝管换热器

螺纹管及高冷凝管的外表面为螺纹状的整体低翅片管，主要用于强化表面张力较低的轻烃类介质的冷凝，如丙烯精馏塔冷凝器。采用螺纹管及高冷凝强化换热管与常规光管比较的优势：①冷凝传热效率高，选用不同类型的高效冷凝强化换热管的强化效果是普通光管的 7~10 倍。②小温差冷凝强化传热效率高，同时扩展冷凝表面积。③减少设备台数，有利于优化设备布置，进而节约布置投资。④换热管外壁的抗污垢性能优于普通光管。

4. 螺旋折流板换热器

螺旋折流板换热器在乙烯装置的应用逐渐增多。采用螺旋折流板换热器与常规弓型折流板换热器优势：①强化壳侧传热，壳体呈螺旋状推进，流型成涡旋状，从圆心到半径方向存在较大的速度梯度，从而在管子表面产生湍流，使边界层减薄。②避免振动破坏。壳侧连续的螺旋支撑，减少了管束跨距，使得管子的固有频率避开了流体的抖振频率，避免了因共振引起的破坏。③避免壳侧结垢，增加热稳定性。壳侧螺旋运行有效冲刷，减少了污垢沉积，换热器长期运行在高效状态，从而节能。

螺旋折流板换热器尤其适合于壳侧压降和污垢限制比较严格的场合。由于增加了有效传热面积、减少腐蚀造成泄漏的危害，从而降低操作成本和维修费用，提高单台换热器的传热能力，有利强化传统管壳式换热器在一个操作周期传热效率不降低。例如乙烯装置中的急冷水换热器：急冷水选择走壳侧，采用常规的弓型折流板存在死区，造成污垢的沉积影响换热效率，在设备长期运行过程中存在污垢沉积处腐蚀泄漏的风险。螺旋折流板换热器目前在多个乙烯装置中有成功应用。

## 二、换热器结构优化设计

### 1. 大直径U形管式换热器

对于大直径U形管式换热器，尾部弯管段的结构尺寸之和通常都超过GB/T 151规定的最大无支撑跨距，这时需要考虑在弯管部分加特殊的尾部支撑。以镇海乙烯装置中脱甲烷塔再沸器为例，换热器直径为$\Phi$1800mm，换热面积为1980m$^2$，重51t，在其U形管的尾部采用了特殊的支撑(图21.4-1)用以加固管束。

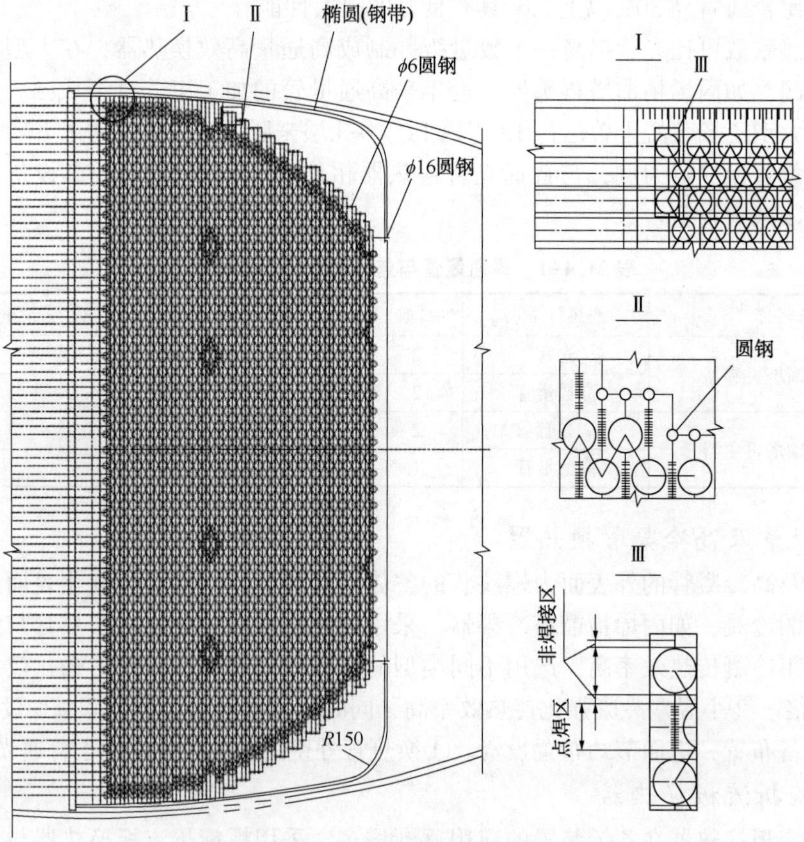


图21.4-1　U形管的尾部支撑结构

2. 带外导流筒的热交换器设计

当壳程入口处流体流速大、$\rho v^2$ 值大的场合，为了使管板区域内多布置换热管，常会用带外导流筒的换热器(图 21.4-2)，如裂解气压缩机的段间冷却器。导流筒为壳程壳体外加夹套和两个环形板组成，并在两个环形板间的壳体上开设物料出、入缺口。导流筒的设置可以使工作介质的进出口面积加大、进出口压降变小并减少入口流体引起的振动；由于不必考虑出入口的最小面积要求，布管数量可以明显增加。外导流筒一般有双侧开口、单侧开口、栅板式入口三种形式。

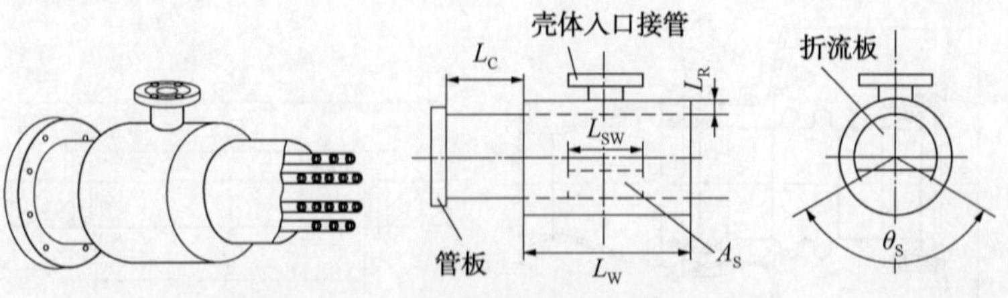


图 21.4-2　带导流筒换热器结构示意图

3. 换热管束防冲结构优化

换热器壳程流体若直接流入会对换热管造成冲蚀和振动，换热管由于不均匀加热也会产生热应力，因此通常需要在壳程入口处设置防冲结构，以起到保护换热管的作用。目前常用的防冲板结构型式主要是普通的防冲板和防冲杆结构，对于普通防冲板结构，壳程流体压力损失较大；对于防冲杆结构，壳程流体对管束的冲击速度较大；此外还有一种新型穿孔式防冲板结构，即在普通防冲板结构的基础上开孔。

采用 CFD 数值分析技术，借助流体分析软件对不同防冲板结构型式下管壳式换热器的性能进行对比，可以获得相关规律。

图 21.4-3 是某乙烯装置中换热器入口防冲结构的数值模拟情况对比。普通防冲板结构虽然对换热管的保护较好，但流体的压力损失较大；对于穿孔式防冲板或防冲杆结构，入口流体受到阻挡，只能先从空隙中穿过，然后进入到管束区域，增大了流体的停留时间，既削弱了流体对管束的冲击作用，又能使流体较为均匀地流到管束区域，充分地进行换热，属于较为理想的防冲结构。

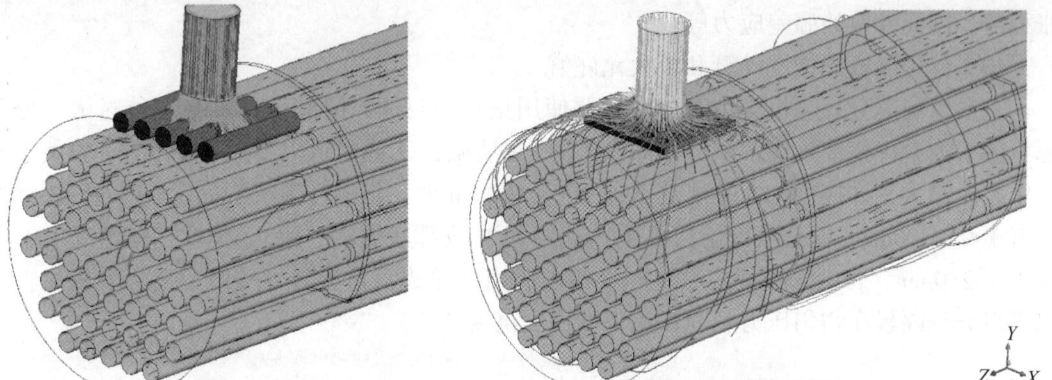


图 21.4-3　采用防冲杆和多孔防冲板时的壳程流体迹线图示意

### 4. 单管程浮头换热器的结构特点

在大型乙烯装置中经常会用到单管浮头式换热器，此类换热器有效地结合了浮头换热器和固定管板换热器的优点。例如可以适用于管壳程金属壁温差异较大的场合，吸收温差应力条件，换热管可以进行机械清洗，管束对管板有一定的支撑作用，因此可以用于设计温度和压力较高、温差较大的场合。常见的单管程浮头换热器的管程出口端结构型式有三种，填料函式、同时夹紧内外垫圈的凸缘法兰式、夹持环形板式。图 21.4-4 是使用夹持环形板的一种单管程浮头式换热器。

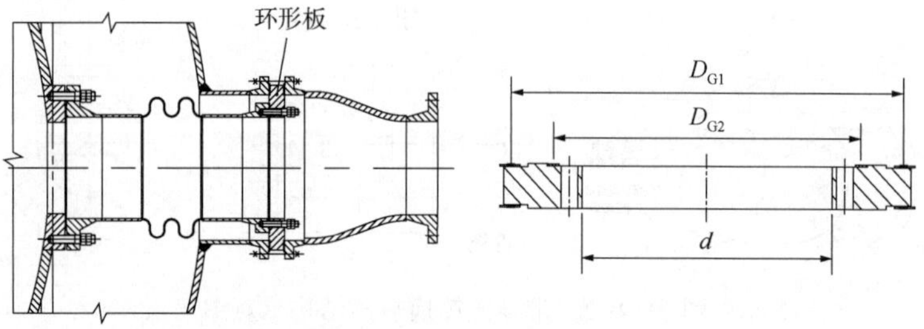


图 21.4-4　带夹持环形板单管程浮头式换热器端部结构示意图

### 5. 大直径换热器管箱分程隔板设计

(1) 分程隔板设计的主要问题

分程隔板是多程管壳式换热器当中的必不可少的零件，对于有效隔绝各程间介质掺混有着重要作用。但在设计工程设计中，分程隔板经常被忽视；近年来国内管壳式换热器分程隔板失效的情况时有发生。在我国管壳式换热器分程隔板多是按照 GB/T 151 进行设计的。但实践证明仅仅满足 GB/T 151 的要求是不够的，尤其是对于直径超过 1500mm 的大型换热器。若确保分程隔板正常发挥作用必须从应力和刚度计算、结构设计等多方面深入考虑。

GB/T 151 对分程隔板的强度设计源自经典的矩形平板在均匀压力载荷作用下所需最小厚度的计算公式，仅考虑了分程隔板两侧压力差而导致的弯曲应力。分程隔板在实际工作中的受力状况是比较复杂的，除了受到来自隔板两侧介质的压力差之外还受到介质流动带来的冲击力(对于入口管处隔板而言)、管箱筒体膨胀带来的拉应力、分程隔板与筒体热膨胀程度不同而导致的温差应力等。

(2) 分程隔板的挠度计算和最大允许值

一般情况下分程隔板至少有一端是要使用垫片密封的，故其侧向变形不能过大。分程隔板的最大允许挠度 $Y$ 在 GB/T 151 标准中尚未明确，工程中可以借鉴 GB/T 151 中关于平盖中心处最大允许挠度 $[Y]$ 的规定，即 $DN \leqslant 600$mm 时，需有 $Y \leqslant 0.8$mm；$DN>600$mm 时，需有 $Y \leqslant b/800$mm，$b$ 是隔板结构尺寸(矩形隔板中支撑较弱的一边)。但在任何情况下 $Y$ 不应大于 2.0mm，否则隔板很容易从隔板槽内脱出，导致密封失效。按照经典力学理论，可以求得分程隔板在均匀压力载荷作用下的最大挠度公式。

$$Y=\phi \cdot \left(\frac{\Delta p}{E}\right)\frac{b^4}{\delta^3}$$

式中　$\delta$——隔板厚度，mm；

$E$——隔板材料的弹性模量，MPa；

$\phi$——尺寸系数（无量纲）；

$\Delta p$——隔板两侧压力差值，MPa；

$b$——隔板结构尺寸，mm；

$Y$——隔板挠度，mm。

$\phi$ 与隔板的长短边比例及周边支撑形式有关，分为三边支撑一边自由、两长边支撑两短边自由、两短边支撑两长边自由等三种情况。$\phi$ 的取值可参考有关设计手册。理论上讲，筒体作用在分程隔板上的拉伸应力对隔板的侧向变形亦有影响，但是量级较小，因此在计算挠度时可以不予考虑。

（3）分程隔板设分程隔板计算压力的确定

在 GB/T 151 和美国 TEMA 标准中均未明确分程隔板两侧压力差值 $\Delta p$ 的取值方法。在 API 660—2003 中规定用于计算分程隔板厚度的计算压力应为通过该分程隔板的净压力降的 2 倍；在 API 660—2007 则将该计算压力修改为换热器管程的总压力降。对于两管程换热器而言，隔板的计算压力自然应该取管程的总压力降；对于多管程换热器而言这种做法未免显的保守。尤其是对于大直径多管程换热器，若以管程总压降来计算分程隔板，则其厚度可能会变得很大。仔细分析管程介质的流动过程可以发现，在 4 管程换热器中管程介质折返了 2 次，同样 6 管程换热器中管程介质折返了 3 次。因此每隔板两侧的压力差应为 $\Delta p=\Delta p_t\div(n/2)$，其中 $\Delta p_t$ 是管程总的最大压力降，$n$ 是换热器的程数。考虑到实际操作时的压力波动，在计算时应适当留有裕度，一般可考虑 1.5 倍的安全系数，即 $\Delta p=1.5\left(\frac{2\Delta p_t}{n}\right)=\frac{3\Delta p_t}{n}$。

但当管程介质的流速较快时，介质对入口管处的第一块分程隔板的冲击可能比较大，可进一步增大安全系数，尤其是当进料介质为气、液两相流的场合。

（4）管箱分程隔板的加强设计

若分程隔板的计算挠度超出最大允许挠度限制时，或流体脉动场合，则应增加隔板厚度或采用其他合适的加强形式。对于大直径换热器的分程隔板，增加厚度往往并非优选，因为这不仅会增加成本也会增加隔板对筒体的变形约束；此时采取其他加强措施往往效果更佳、经济性更好，如在每块分程隔板上设置加强板（可采用扁钢或角钢等型材）、在平行的分程隔板之间设置横向连接筋板等，如图 21.4-5 所示。

图 21.4-5　分程隔板失效实例和加强结构图

此外在操作状态下，隔板与筒体之间连接焊缝承受着比较大的应力，因此必须保证该焊缝的强度。隔板端部(靠近分程垫片处)一段焊缝承受的弯矩往往最大，更应该高度重视，从垫片密封面起50mm范围内应该为全焊透焊缝。

6. 热交换器管板与壳体整体焊接的结构优化

随着管壳式热交换器的大型化，热交换器管板与两侧壳体采用整体式连接的结构逐渐增多。当热交换器内压较高且直径较大时，采用管板与两侧壳体焊接的整体式连接方式，主要是考虑大直径法兰的密封垫片加工困难，法兰密封性较难保证，操作过程中易造成泄漏。此外，相对于延伸部分兼作法兰的管板，这种连接方式因为没有设备法兰，因此可以不考虑法兰力矩的作用，管板的厚度以及造价也会降低。但在管板和筒体连接处存在着总体结构不连续，为了满足变形协调要求会产生很大的局部应力。对于操作压力较高的热交换器，在管板和筒体连接处必须设置圆角过渡或结构槽。当热交换器内压很高时，GB/T 151中推荐的$R=12$mm的圆角半径已经不能满足要求，应视具体情况增大。图21.4-6是国内某乙烯装置中一台热交换器的管板与筒体连接结构示意图，其管程设计压力为12.75MPa，设计温度530℃，壳程设计压力为0.92MPa，设计温度280℃。在此连接结构中，采用了$R=25$mm的过渡圆角。结构槽(应力释放槽)的存在使得布管限定圆缩小，会减少布管根数。为了能满足换热管的数量以及结构对过渡圆角的要求，管箱的内直径比壳程增大了50mm。

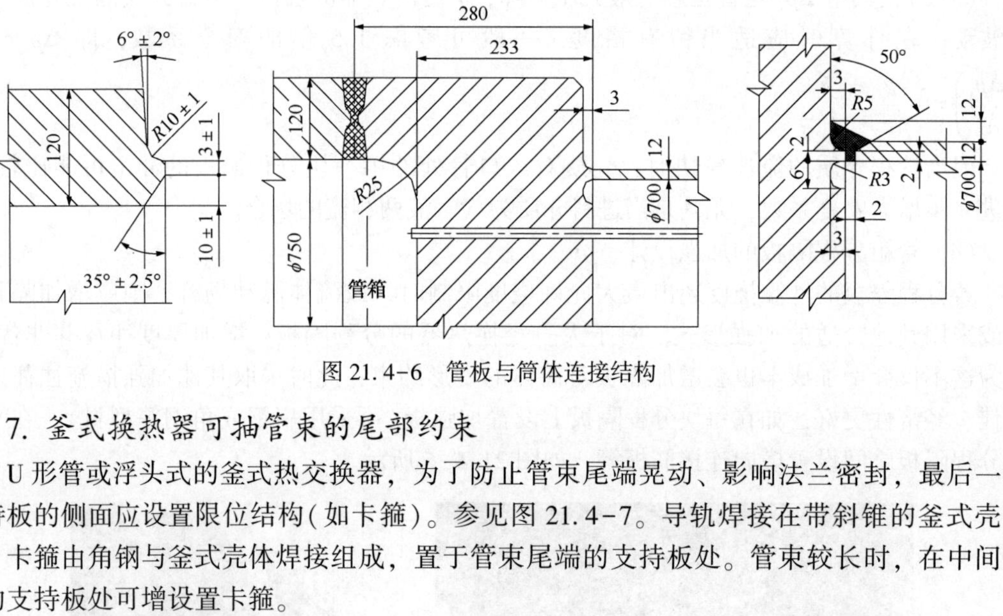


图21.4-6 管板与筒体连接结构

7. 釜式换热器可抽管束的尾部约束

U形管或浮头式的釜式热交换器，为了防止管束尾端晃动、影响法兰密封，最后一块支持板的侧面应设置限位结构(如卡箍)。参见图21.4-7。导轨焊接在带斜锥的釜式壳体上，卡箍由角钢与釜式壳体焊接组成，置于管束尾端的支持板处。管束较长时，在中间部位的支持板处可增设置卡箍。

8. 重叠式换热器

由于换热面积大，乙烯装置中经常使用重叠式换热器。重叠热交换器的上、下热交换器之对应接管直接相接时，接管伸出长度应比支座稍大，接管伸出长度一般比支座高度长5mm。重叠支座间的调整板应由数块厚度不一的垫板组成(总厚度按装配要求决定)，以便调节上、下台热交换器接管的连接，保证其密封性；重叠式热交换器应在出厂前进行预组装，并进行醒目标记。

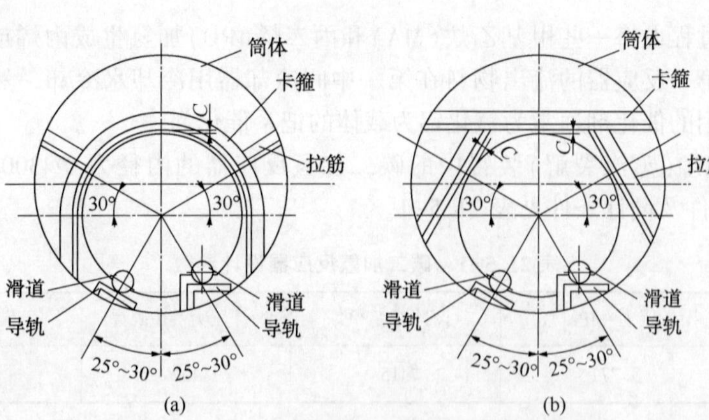


图 21.4-7 釜式换热器可抽管束的卡箍示意图

当三重叠或更多换热器重叠时，还应该考虑重叠在上面的换热器对其下部单体换热器的影响，并对下方的鞍座的各结构元件进行强度校核。如果使用常规型式的鞍座，下部换热器的筒体的应力水平可能超限；尤其是对于直径较大的换热器，这种危险更是不可忽视。除了增加筒体壁厚之外，更经济的一种方法是采用连通支座。这种鞍座的垫板及腹板的包角是 180°，这样中、下部换热器上、下两侧的鞍座恰好对接；上一层换热器的重量可以几乎是直接通过鞍座传递到下一层换热器，从而改善了鞍座处筒体的受力。

## 三、波齿密封垫片的应用

设备大型化和高参数对设备密封垫片的性能和使用寿命都提出愈来愈高的要求，传统的金属包垫属于金属对金属的宽面接触密封，在实际预紧和操作过程中，金属包垫所包覆的石墨往往被压坏而失去作用，导致金属包垫弹性减小而容易丧失其密封性。而膨胀石墨填充的缠绕式垫片存在所谓“散架”和“压溃”的弱点，特别是大规格的缠绕式垫片问题更突出，而且运输和安装都困难。

波齿复合垫片(图 21.4-8)的密封机理是指一道道金属骨架的尖齿峰连同被高度压缩的膨胀石墨材料构成一道道严密的密封，整个复合垫片实际上具有多道金属密封与膨胀石墨材料密封的联合作用。而特殊构造的金属骨架就像弹性元件一样使复合垫片具有良好的弹性。

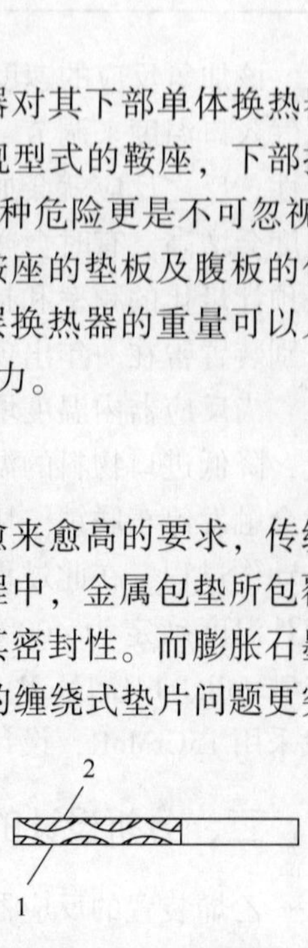


图 21.4-8 波齿复合垫片的断面结构示意图

1—膨胀石墨材料；

2—特殊构造的金属骨架

由于波齿复合垫片具有一系列较优异的性能，特别是作为高参数的法兰联接密封件，它能克服缠绕式垫片容易“散架”和“压溃”而带来的设备泄漏和安全上的隐患。而且它的安全可靠性与使用金属垫片如齿形垫等无异，但密封性能好得多，寿命长，能适应生产工艺参数变化的场合。目前波齿复合垫片已在新建乙烯装置和改造装置中逐步推广使用，并获得良好的效果。

# 第五节 反应器和干燥器

## 一、反应器的选材

在前脱丙烷前加氢工艺乙烯装置中，最大的反应器通常是碳二加氢反应器，其设计温度确定和选材值得高度重视。碳二加氢反应器的作用是把裂解气当中的乙炔加氢生成乙烯或乙烷，另外该过程也将一些甲基乙炔(MA)和丙二烯(PD)加氢生成丙烯或丙烷。加氢反应是放热反应，第一反应器的流出物料在第一中间冷却器用冷却水冷却，然后流入第二反应器。该过程使用的催化剂通常为氧化铝为载体的钯系催化剂。

某800kt/a乙烯(蒸汽裂解)装置中的碳二加氢反应器的内径为$\Phi$4300mm，切线长度5800mm。操作条件及设计条件见表21.5-1。

**表21.5-1 碳二加氢反应器设计参数**

| 操作温度/℃ | 操作压力/MPa(G) | 设计温度/℃ | 设计压力/MPa(G) | 工作介质 |
|---|---|---|---|---|
| 70~90 | 3.771 | 415 | 4.2 | $H_2$，$C_1$~$C_3$ |

该加氢反应的速度必须控制在设计范围内，其速度依靠反应器内一氧化碳的浓度、裂解气入口温度来调节。设备正常操作温度是70~90℃。一氧化碳的浓度升高会抑制催化剂活性，反之反应就会加速。如果一氧化碳的浓度降低，则反应会加速(该反应为放热反应)，温度会增高。有时会产生所谓的“飞温”。飞温这种异常情况主要和现场操作情况有关，无法预计量化的频率和持续时间。根据以往类似装置的运行记录，曾多次出现过飞温情况，个别装置曾在一年出现过3次。

当反应器内温度增高180℃之后，热电偶发出信号，系统会增加前置换热器的冷却水流量，降低进口物料的温度，从而抑制反应速度。如果反应器内温度继续升高，超过240℃，就会触发停车联锁。切断进料控制阀和出口阀，反应器内物料排火炬。由于切断阀门有一个动作过程，在此过程中反应器内部压力还会继续增高。因此工程设计时一般将该设备的设计温度确定为400℃以上。根据此工艺条件，该反应器的壳体选材可以选择Q345R、15CrMoR、14Cr1MoR。实际工程中可以结合反应器壁厚、经济性比较来确定具体材料。一般采用15CrMoR，设计文件中需提出更具针对性的技术要求，以提高设备的安全性。

## 二、分析设计的应用

乙烯装置的反应器和干燥器都采用的是轴向流固定床结构，工艺流体从底部通过催化剂(或干燥剂)床层到顶部流出。

在一个操作周期后，需要对催化剂(或干燥剂)进行采用加热氮气反方向进行再生。因此这些反应器和干燥器基本都承受干燥和再生工况的压力载荷的循环波动，在整个设备生命周期(通常按20年计)，当压力载荷波动次数超过1000次以上时(如裂解气干燥器、氢气干燥器等)，就属于疲劳设备。其设计标准已超出了GB/T 150常规设计的范围，需要采用分析设计标准进行设计。借助ANSYS有限元软件对整台设备进行力学建模和应力分析，并按照分析设计标准对各项应力进行强度分析和疲劳评估。

具体应力分析前，应根据结构、材料、载荷的特点，合理简化结构，建立各分析部位的几何模型；选用相应的计算单元，并对材料赋予相应的材料特性参数，形成有限元模型；在有限元模型上按各设计工况分别施加载荷和边界约束条件，求解得出分析结果。根据分析结果，分别在各分析结构的相应部位设置应力线性化的路径，并通过软件沿路径应力线性化的功能，将沿壁厚的路径上各类应力分类计算。

针对这些承受循环载荷的反应器和干燥器，需要从结构和制造角度提出相应的技术要求，如所有对接焊接接头表面应与母材表面齐平，不允许保留余高，所有接管与壳体焊缝为全截面焊透结构；接管内壁和接管与壳体焊缝打磨圆滑过渡；所有焊缝都必须100%检测等。

## 三、高效支撑内件的应用

### 1. V型丝网格栅结构

乙烯装置中固定床式反应器和干燥器的催化剂和干燥剂支撑，以往通常采用的是在普通焊接格栅上铺两层孔径不同的不锈钢丝网，要求格栅的空隙率大于80%。随着装置规模的大型化，若要满足格栅的有效空隙率，格栅的间距将不得不加大。这种情况下丝网的刚度将达不到要求而容易造成催化剂流失，还会容易阻塞造成阻力降增加，而且维护和更新都不方便。

V型丝网格栅(图21.5-1)是采用将V型金属丝焊接在支撑杆上构成筛网，将丝网和格栅的作用合为一体，催化剂或分子筛与网面仅有两点接触，可以防止堵塞，并且提供了更大的流通面积；V型丝网格栅因其强度高、耐腐蚀、耐高温、防阻塞、抗磨损、使用寿命长的优点，在乙烯装置中已基本取代传统丝网，得到普遍使用。

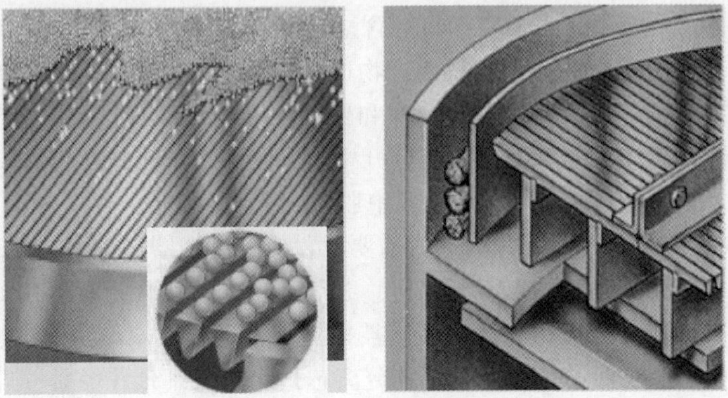

图21.5-1　V型丝网格栅的结构示意图

### 2. V型丝网支撑格栅的强度校核和制造

由于乙烯装置中碳二加氢反应器的操作温度高、载荷大，对V型丝网支撑格栅的焊接强度提出了较高要求。必要时需对V型网丝、格栅、支撑梁的强度进行结构力学和热力学有限元分析，以计算产品各部分的变形和应力分布，有利于验证结构设计的合理性。通常V型丝网格栅的焊接都是采用传统的热导焊，而热导焊技术存在焊接效率低、熔深浅、焊接强度低等缺点，在再生高温受载的条件下容易脱焊，严重时引起格栅垮塌，造成损失。相对而言，激光焊接(图21.5-2)技术具有焊接效率高、大熔深、焊缝强度高、速度快、自动化程度高的特点，能解决热导焊的不足。V型网丝通过激光焊接方式焊接在垂直排列的支撑杆上，形成连续均匀的缝隙，保证V型丝网格栅的整体强度。激光焊V型丝网的加工精度高、网丝间隙均匀、格栅平整度控制好，技术优势较为明显，例如可实现网丝焊接接头的单点抗拉强度大于3000N，丝网缝隙公差精度均小于0.04mm，表面光洁度可达1.6μm以上，整体平面度小于0.5mm。

图 21.5-2　V 型丝网与格栅之间的激光焊接

# 第六节　聚结器和急冷油旋液分离器

## 一、聚结器

典型乙烯装置中的聚结器包括工艺水汽提塔进料聚结器、烃凝液聚结器和燃料气过滤聚结器，其中工艺水汽提塔进料聚结器的设计难度较大。工艺水汽提塔进料聚结器的作用是将烃类从工艺水中除去，一般要求出口烃含量不得大于 $20\times10^{-6}$。该聚结器内部装有聚结芯，物料由内向外流经聚结芯。当进料混合物通过聚结芯表面的化学处理层时，分散相的微小液滴被捕捉并逐渐长大聚结成液珠，水和聚结长大的油珠直接流向分离沉降区，根据两者的密度差在沉降区中使水和油得到充分分离，保证水中较低的含油量。

烃凝液聚结器的作用则是从烃类凝液中脱除游离水。进料中的水滴直径通常为 1 ~ 5μm，含水量不超过 3%。当含水量较高时需要设置前置过滤器。该聚结器正常操作时容器内全充满液体，烃类为连续相、水为分散相，出口游离水含量不应超过 $10\times10^{-6}$。当进料混合物通过聚结芯表面时，分散相的微小液滴被捕捉并逐渐长大聚结成水珠，烃和聚结长大的水珠直接流向带有另一种分离功能基团的分离芯，此基团只允许烃通过且具有疏水功能，因此水滴不能通过。在功能基团的作用下，烃与水得到充分分离，以保证烃中较低的游离水含量。

## 二、急冷油旋液分离器和过滤器

乙烯装置的急冷油泵后过滤系统属于装置中的关键设备，一般由急冷油旋液分离器和急冷油旋液分离器静置器组成。急冷油旋液分离器的作用是从循环急冷油中分离出焦炭颗粒，入口的急冷油液体由上游的循环泵直接泵入；经过分离后，急冷油旋液分离器的溢流返回到急冷油的主循环系统中，即向上流出物是循环急冷油主物流。焦炭颗粒则经旋液分离后随着一小部分急冷油向下流出，并被输送到急冷油旋液分离器静置器中，在急冷油旋液分离器静置器中焦粒会被排出到系统以外。如海南 1000kt/a 乙烯装置中，急冷油旋液分离器 SRC-102A/B/C 需要每周分离出 350kg 焦粒，焦粒密度约 $1200kg/m^3$，焦粒尺寸分布在 50μm ~5mm 之间。

急冷油旋液分离器静置器的作用是处理来自急冷油旋液分离器底流口的含渣量较大的急冷油，在中科 800kt/a 蒸汽裂解装置中静置器 SRD-102A/B 上部滤网过滤精度设计为

300μm，底部滤网过滤精度为200μm，均采用约翰逊网。经过急冷油旋液分离器过滤器的过滤，把急冷油中99%的固体颗粒除去，经过急冷油旋液分离器过滤器处理后的急冷油直接流回急冷塔内或泵前，除去的焦粒通过过滤器底部的排渣口排出。

急冷油旋液分离器(图21.6-1)的原理是利用离心沉降原理从悬浮液中分离固体颗粒的设备。料液由圆筒部分以切线方向进入，作旋转运动而产生离心力，下行至圆锥部分更加剧烈。料液中的固体粒子或密度较大的液体受离心力的作用被抛向器壁，并沿器壁按螺旋线下流至出口(底流)。澄清的液体或液体中携带的较细粒子则上升，由中心的出口溢流而出。此种结构的优点是构造简单、体积小、生产能力大、分离的颗粒范围广。

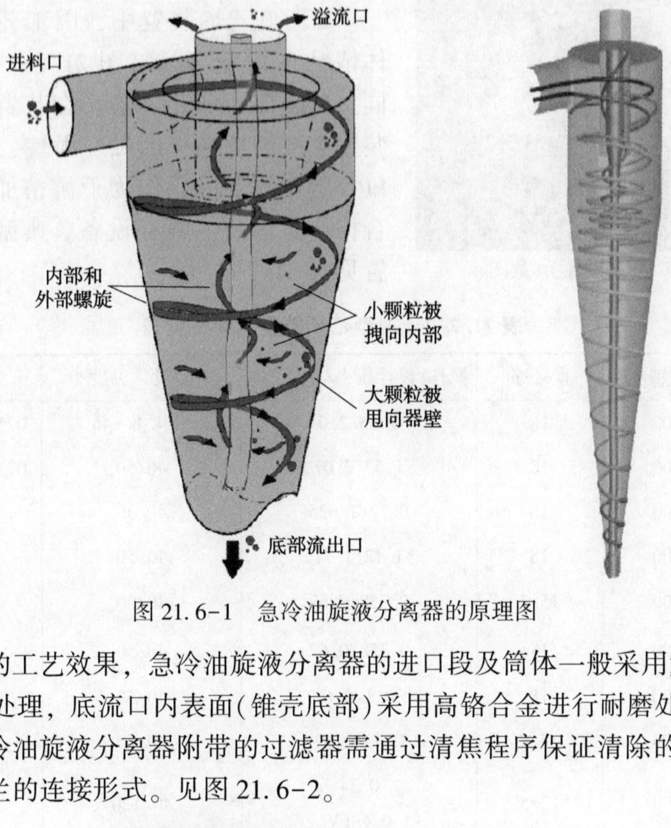


图21.6-1　急冷油旋液分离器的原理图

为达到预期的工艺效果，急冷油旋液分离器的进口段及筒体一般采用复合耐磨板(6mm+6mm)进行耐磨处理，底流口内表面(锥壳底部)采用高铬合金进行耐磨处理，以保证设备的使用寿命。急冷油旋液分离器附带的过滤器需通过清焦程序保证清除的胶粒为干粉，排渣口采用快拆法兰的连接形式。见图21.6-2。

图21.6-2　急冷油旋液分离器系统简图

急冷油泵前的过滤器一般采用刮刀形式，因为急冷油的黏度比较大(最大黏度可达到5mPa·s)。主过滤器的马达驱动可以采用气动或电动，过滤精度一般为5mm，副过滤器的过滤精度一般为2.5mm。运行过程中如遇到堵塞，切出后需用蒸汽进行吹扫。

# 第七节 球　罐

图21.7-1　典型球罐示意图

## 一、概述

百万吨乙烯装置中，因工艺路线及各装置具体情况的不同，球罐(图21.7-1)的配置也不尽相同。球罐作为储存容器，在装置中主要用来储存装置生产的乙烯、丙烯、丙烷、氢气、$C_4$、$C_5$及LPG等中间产品，作为下游精加工装置的原料或合格产品售前的暂存设备。典型乙烯装置球罐配置见表21.7-1。

**表21.7-1　典型乙烯装置球罐一览表**

| 介质 | 公称容积/$m^3$ | 直径/m | 操作/设计压力/MPa(G) | 操作/设计温度/℃ | 主体材料 | 壁厚/mm |
|---|---|---|---|---|---|---|
| 乙烯 | 3000 | 18 | 1.65/2.0 | -34.4/-45 | 07MnNiMoDR | 46 |
| 丙烯 | 3000 | 18 | 1.57/2.07 | 40/50 | 07MnNiMoDR | 48 |
| 饱和LPG | 3000 | 18 | 0.72/1.625 | 40/50 | Q370R | 46 |
| 丙烷 | 3000 | 18 | 1.12/1.71 | 40/50 | Q370R | 48 |
| 混合$C_4$ | 2000 | 15.7 | 0.358/0.62 | 40/50 | Q345R | 24 |
| 混合$C_4$ | 3000 | 18 | 0.358/0.62 | 40/50 | Q345R | 24 |
| 轻石脑油 | 3000 | 18 | 0.1/0.6 | 40/60 | Q345R | 24 |
| 1-丁烯 | 2000 | 15.7 | 0.34/0.62 | 40/50 | Q345R | 24 |
| 1-己烯 | 1000 | 12.3 | 0.34<br>0.4/FV | 40/120 | Q345R | 20 |
| 异戊烷 | 200 | 7.1 | 0.4<br>0.45/FV | 40/50 | Q345R | 18 |
| 丁二烯 | 3000 | 18 | 0.1/0.62 | 10/50 | Q345R | 24 |
| $C_5$ | 3000 | 18 | 0.4<br>0.45/FV | 40/50 | Q345R | 26 |

球罐壳体受力均匀，在相同直径和相同工况下，其薄膜应力仅为圆筒形容器环向应力的一半，相应承压能力强，且相同容积下球壳表面积最小，重量轻。球罐占地面积小，有利于地表面积的利用。但因球罐通常容积较大，需在制造厂先成型球壳板，安装单位现场组焊，制造安装有一定难度，技术要求相对较高。

乙烯装置常见储存介质球罐的设计参数见表21.7-2。

表 21.7-2　常见储存介质球罐的设计参数

| 项目 | 乙烯 | 丙烯 | 丙烷 | C4 |
|---|---|---|---|---|
| 设计压力/MPa | 2.0 | 2.07 | 1.71 | 0.62 |
| 设计温度/℃ | -45 | -45/50 | 50 | 50 |
| 常用公称容积/$m^3$ | 2000/3000 | 3000/4000 | 3000 | 4000 |

## 二、选材

球罐是压力容器的一种结构形式，因而在选用材料的基本要求方面与压力容器相同。球罐用钢的选择原则是在满足强度要求的前提下，应保证有良好的成型性、优良的焊接性能、足够好的缺口韧性值和长期可靠的使用性能，同时还应考虑材料的供给可靠性及经济性等。球罐用钢是球罐设计和制造的主要参数，对其质量优劣具有举足轻重的影响。

球罐的人孔、接管多采用锻件。人孔结构采用锻件可避免补强结构，使人孔以对接焊的形式与球壳板连接，达到减少结构应力的目的。接管采用锻件，增大自身补强，达到减少应力突变的目的。

## 三、结构设计

球罐制造和安装较其他形式储罐困难，主要原因是它的壳体为空间曲面。压制成型、安装组对及现场焊接难度较大。而且，由于球罐绝大多数是压力容器，它盛装的物料又大部分是易燃、易爆物，且装载量大，一旦发生事故，后果不堪设想。结构设计要围绕如何保证安全可靠而实施。

球罐结构的合理设计必须考虑多种因素：盛装物料的性质、设计温度和压力、材质、制造装备和技术水平、安装方法、焊接和检验要求、操作方便可靠性、自然环境的影响(风载荷、地震载荷作用，大气的自然腐蚀)等。要做到满足各项工艺要求，具有足够的强度和稳定性，结构尽可能简单，使其压制成型、安装组对焊接和检测、操作、监测和检修实施容易。

随着国内制造企业装备水平和生产能力的提升，制作球壳液压机的大型化催生了球壳压片的大型化。以前由于钢板尺寸和压片设备的限制，2000$m^3$ 的球罐需要分四带，现在3000$m^3$ 的球罐大都可采用三带，减少了焊接工作量，也减少了潜在的焊接缺陷。与此同时，锻件的生产水平也有较大提高，以前锻件与壳体相焊大都采用角接接头，随着数控加工技术的应用，可以加工出形状复杂、尺寸精度要求高的锻件，从而使锻件与壳体的连接结构可改进为对接接头，提高了焊接接头的质量和球罐的整体安全性

## 四、工厂制造及现场组焊

### 1. 球罐组装及施焊

球罐一般在现场组装、施焊(图 21.7-2)，有的还需要现场整体热处理。工厂中的制造主要是指球壳瓣片的下料成型、坡口加工、极板

图 21.7-2　球罐现场组装焊接示意图

与接管的组焊、赤道板与支柱的组焊及其他附件的加工，以及相应的焊后消除应力热处理。球瓣加工后尚需对坡口进行防锈处理，出厂前必须对球壳板瓣片进行妥善包装，以保证在运输过程中球壳板瓣片不产生变形及损伤。

球罐的现场组装工程是整个建造工程的关键，而采取的组装手段是否恰当，能否与焊接、检验等工序相结合，充分利用资材条件，使生产达到最高效率，是组装工程的主要内容。球罐的组装过程往往涉及焊接、检验等工序。

2. 球罐无损检测

球罐的无损检测主要在制造厂和组焊现场完成，对于不同材质、不同制造阶段、不同的检测条件下，检测方法的选择也会有所不同。球罐制造过程中常用的检测方法见表21.7-3。

表21.7-3　球罐制造常用检测方法

| 对照项目 | 射线检测 | 超声波检测（A型扫描） | 磁粉检测 | 渗透检测 | 涡流检测 |
|---|---|---|---|---|---|
| 方法原理 | 射线透过工件，使胶片感光，以测定缺陷 | 以测定异质界面超声反射波的位置和高度，检测缺陷 | 以测定漏磁场吸附磁粉为基础，来检测缺陷 | 以毛细管原理为基础，来测定缺陷 | 以测量感生电流的大小为基础，来测定缺陷 |
| 主要用途 | 探伤和结构分析 | 探伤测厚（非A型） | 探伤 | 探伤 | 探伤测厚和材料分选 |
| 检测对象 | 表面及内部缺陷 | 表面及内部缺陷 | 表面及近表面缺陷 | 表面开口缺陷 | 表面及近表面缺陷 |
| 检测材料 | 所有固体材料 | 所有固体材料 | 铁磁性材料 | 非多孔性（非疏松性）材料 | 导电材料 |
| 缺陷载体 | 焊接件，铸件和结构件 | 焊接件，铸件锻件，轧制件和结构件 | 焊接件，铸件锻件，轧制件和结构件 | 焊接件，铸件锻件，轧制件和结构件 | 焊接件，铸件锻件，轧制件和结构件 |
| 检测效率 | 低 | 高 | 高 | 较高 | 高 |
| 检测缺陷 | 气孔、疏松、夹杂（或夹渣）、未焊透、未融合裂纹 | 气孔、疏松、夹杂（或夹渣）、未焊透、未融合裂纹 | 裂纹、夹渣、折叠、重皮、冷隔和应力集中 | 裂纹、夹渣、疏松、针孔、折叠、重皮和冷隔 | 裂纹、夹渣、疏松、针孔、折叠、重皮、应力集中和冷隔 |
| 缺陷显示 | 直观 | 不直观 | 直观 | 直观 | 不直观 |
| 缺陷显示方法 | 缺陷图像 | 电脉冲波 | 附着的磁粉 | 回渗的渗透液 | 感生电压和其相位变化 |
| 缺陷显示器材和物资 | 感光胶片 | 荧光屏 | 磁粉 | 显像剂和渗透剂 | 电压表、示波器记录仪 |
| 污染程度 | 高 | 无 | 低 | 较高 | 无 |

在 GB/T 12337—2014 中，列入了《固定式压力容器安全技术监察规程》中规定的三种超声检测方法后，共包含射线检测、衍射时差法超声检测(TOFD)、可记录的脉冲反射法超声检测、不可记录的脉冲反射法超声检测、磁粉检测和渗透检测。其中射线检测、TOFD、可记录的脉冲反射法超声检测、不可记录的脉冲反射法超声检测主要用于检测内部缺陷，考虑到采用不可记录的脉冲反射法超声检测时检测结果无直接见证记录，要求采用射线检测或 TOFD 进行附加局部检测作为质量控制的补充措施；磁粉检测和渗透检测主要用于检测表面缺陷，并明确了铁磁性材料优先选择磁粉检测，考虑到球罐内侧光线不如外侧，宜采用荧光磁粉检测。

关于无损检测方法的选用，考虑近年的工程实践，尤其是大量低合金高强钢的使用，结合无损检测技术的发展，无损检测方法的选用原则为：

① 由于奥氏体不锈钢材料晶粒粗大，其焊接接头进行超声检测较为困难，优先选择射线检测。

② 对于铁磁性材料的表面检测，优先选择磁粉检测，比较有利于表面质量控制和近表面缺陷的检测。

③ 射线检测对圆形缺陷比较敏感，TOFD 对线性缺陷比较敏感。

近年来的工程实践表明，TOFD 技术具有缺陷检出率较高、实时成像记录、对人和环境无害、检测速度快、检测结果可靠的特点。随着技术的发展，TOFD 技术的检测结果更利于球罐的安全运行，因为厚度方向的缺陷尺寸对质量的影响更大。目前国内对 TOFD 技术的引进和吸收进行了多年，国家组织培养了一批 TOFD 检测人员，国内已有一些单位取得了 TOFD 检测资质，NB/T47013. 10—2015《承压设备无损检测第 10 部分：衍射时差法超声检测》已发布实施，该技术已经具备了投入使用的条件。对碳素钢和低合金钢应优先采用衍射时差法超声检测。而 $\gamma$ 射线全景曝光射线检测时，存在散射线导致底片曝光的问题，对检测结果有一定的影响，故不宜采用 $\gamma$ 射线全景曝光射线检测。目前球罐焊接基本上还是以焊条电弧焊为主，焊接质量与每个焊工的状态有很大关系，因此，局部无损检测应包括每个焊工所施焊的部分部位。

乙烯球罐所采用的 07MnNiMoDR 具有延迟裂纹倾向和再热裂纹倾向，应在焊接结束至少 36h 以后进行无损检测，并应在整体热处理后及水压试验后，进行 100%表面检测。

## 五、分析设计应用

随着有限元等应力分析工具的广泛采用，以及国内压力容器设计水平的不断提高，分析设计方法也在球罐的国产化和大型化进程中扮演了重要的角色，如 SEI 在采用新材料建造乙烯、丙烯球罐时，就利用基于有限元的分析设计对球罐整体建模进行应力分析(图 21.7-3 ~图 21.7-6)，完成了多台球罐的设计，既确保了球罐的安全，又减薄了厚度，降低了投资，取得明显的经济效益。目前正在执行的某项目中，就再一次采用分析设计，实现了 4000$m^3$ 丙烯球罐的设计。

目前的球罐设计方法已形成了常规设计为主，分析设计异军突起，解析方法和有限元应力分析并驾齐驱的设计模式，可有效满足各种球罐的设计需求。

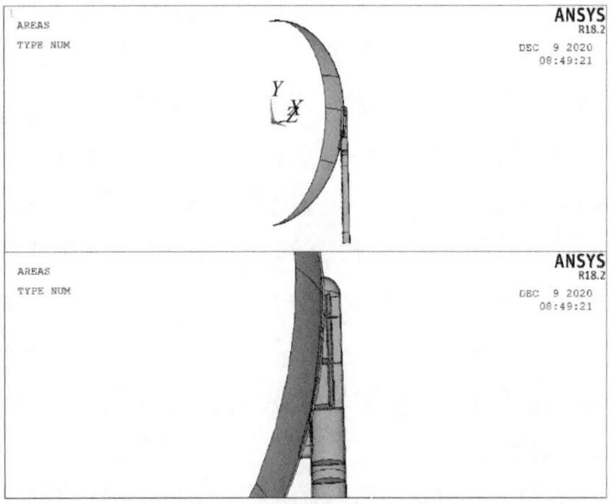


图 21.7-3　U 形托板支柱模型

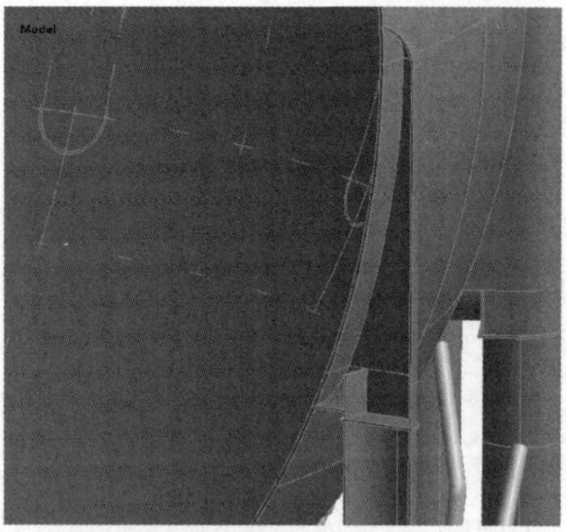


图 21.7-4　长圆形支柱模型

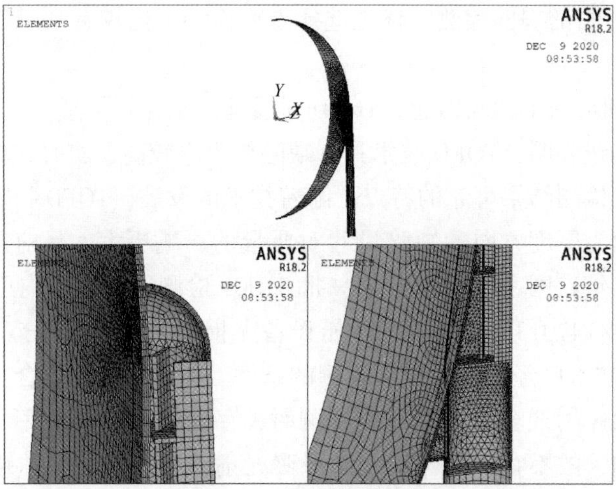


图 21.7-5　网格示意图

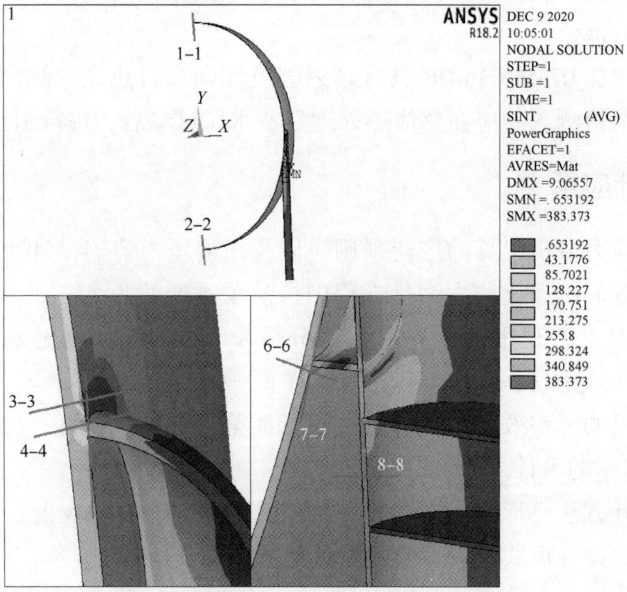


图 21.7-6　应力云图

## 六、乙烯球罐的国产化过程

20 世纪 80 年代中期，随着我国改革开放领域的扩大以及工业的快速发展，对大型球罐的需求日益增加，同时，为了节省外汇，对球罐的国产化程度也提出了更高的要求。另外，这一时期内，我国的乙烯工业开始加速发展，乙烯产品采用带压储存，乙烯球罐是百万吨级乙烯装置必不可少的关键设备，其设计参数主要取决于所储存乙烯介质的工作状态。目前乙烯球罐操作参数主要分为两类：一类操作温度约-30℃，设计温度一般为-40℃，设计压力 2.2MPa；另一类多为操作温度约-40℃，设计温度一般为-45 ~ -50℃，设计压力 1.55 ~1.9MPa，需要选用-50℃级别的低温高强钢。因此，乙烯装置的建设需要大量采用乙烯球罐等低温球罐，但由于我国这一阶段尚不能生产低温球罐用高强度钢材，因此乙烯球罐还需要从国外引进。这一阶段，比较有代表性的球罐包括：1985 年，大庆石化总厂从法国引进 4 台 $1500m^3$ 的 9%Ni 钢制乙烯球罐，其设计温度为-46℃，直径 14300mm，厚度约 33mm，按当时的英国标准 BS5500 设计制造。1986 年，燕山石化公司从法国引进 4 台 $1500m^3$ 的 9%Ni 钢制乙烯球罐，按西德 AD 规范制造，直径 14450mm，厚度约 28mm。1983 年，上海石化引进德国产 $2000m^3$ 乙烯球罐，采用 STE36 建造。这阶段内，从世界工业发达国家，如美国、法国、英国、意大利、日本等国先后引进了两百多台各种球罐。这些球罐的引进，既满足了工业发展和民用需求，又直接促进了我国球罐技术的发展，对我国下阶段球罐建造向大型化、高参数方向发展积累了经验，打下了一定的基础。

随着乙烯球罐需求量的增加，我国开始国产 CF-62 钢、DG50 钢并展开国产 $1500m^3$ 乙烯球罐的科研攻关。1993 年 1 月，由合肥通用机械研究所按 GB 12337—1990 设计、金州重型机器厂制造的 $1000m^3$ 丙烯球罐在湖南巴陵石化建成投产，这是我国首次采用国产 CF 钢制造的低温球罐。为了实现大型乙烯球罐的国产化，1991 年国务院重大技术装备领导小组办公室下达了国家“八五”重大技术装备科技攻关项目“CF-62 钢制 $1500m^3$ 大型乙烯球罐研制”课题。通过几年攻关，于 1993 年 12 月，采用国产材料 CF-62 钢(武钢生产的 07MnNiCrMoVDR 钢板，厚 44mm)设计制造了 $1500m^3$ 乙烯球罐，代表了国产球罐低温用钢的技术水平。该球罐于 1995 年 2 月在大庆石化总厂化工一厂投入使用，标志着-40℃低温钢级别、$1500m^3$ 的低温乙烯球罐国产化成功，从而结束了我国低温球罐主要依靠进口的历史。至 1994 年，国内采用 CF 钢制造的球罐已超过 40 台。1994 年，将满足 - 20℃ 和 - 40℃ 低温钢级别的球罐用国产 CF 钢分别命名为 07MnCrMoVR 和 07MnNiCrMoVDR，并将其列入 GB 150 和 JB 4732—1995 正文中，成为中国球罐专用钢材。在此期间，由中国石化总公司编制的行业标准 SHJ 512—1990《球形储罐工程施工工艺标准》于 1990 年开始使用，我国第一部球罐专用的国家标准 GB 12337—1990《钢制球形储罐》也于 1991 年 2 月 1 日发布实施，第一部球罐施工标准 GBJ 94—1986《球形储罐施工及验收规范》也已实施，这些标准的编制实施对我国球罐建造的标准化和安全性发挥了至关重要的作用。

1998—2018 年乙烯球罐等低温球罐实现完全国产化，结束了长期依靠进口的历史，球罐向大型化、结构多样化发展。球罐专用设计标准和施工标准逐步完善，球罐设计手段多样化，设计方法也逐渐向国外先进国家看齐。乙烯球罐由于运行压力高、温度低、介质易燃易爆，其建造技术难度较大。因此一个国家大型乙烯球罐的建造水平在很大程度上反映其建造球罐的技术水平。受国内低温高强钢研制水平的限制，2007 年以前，国内大型乙烯项目的乙烯球罐主要采用进口材料，如日本钢板 JFE-HITEN610U2L、N-TUF490 建造。从 2005 年开始，武钢和宝钢先后分别开发出-50℃低温钢级别、厚度为 12~50mm 的低温高强钢 15MnNiNbDR 和 07MnNiMoDR（旧钢号 07MnNiMoVDR）、07MnNiVDR（旧钢号 07MnNiCoMoVDR-40℃）钢板。随后，首钢、湘钢、舞钢、包钢、南钢、兴澄、沙钢、济钢、新余、鞍钢等也先后研制出上述钢板，并均通过了全国锅炉压力容器委员会的评审。由于这些国产低温高强钢产品质量和稳定性屡上台阶，且在多个钢厂实现批量生产，市场供应稳定可靠，因此 07MnNiMoDR 等牌号写入了 GB12337 和 GB/T150 等压力容器国家标准，完全可以替代国外同类的 CF 钢。这阶段内，乙烯球罐的发展取得了 2 个标志性的突破，一是 2008 年选用 07MnNiMoVDR、15MnNiNbDR 等材料实现了设计温度为-45℃、2000m$^3$ 的乙烯球罐国产化。二是 2010 年采用 09MnNiDR 材料建造了设计温度为-67℃的 2000m$^3$ 乙烯球罐。此后，2012 年又采用 09MnNiDR 材料建造了 3000m$^3$ 的乙烯球罐。2007 年，在日本钢厂供货无法保证项目进度的情况下，中国石化工程建设有限公司、合肥通用机械研究所开展的采用 07MnNiMoVDR、15MnNiNbDR 钢板建造乙烯、丙烯球罐的国产化开发工作获得成功，并在茂名乙烯、惠州石化、天津乙烯、镇海乙烯、武汉乙烯、靖边 DCC 制乙烯等装置中，采用武钢等厂家生产的 15MnNiNbDR 建造了 11 台 2000m$^3$ 乙烯球罐，采用宝钢等厂家生产的 07MnNiMoVDR 建造了 17 台 2000m$^3$ 乙烯球罐。至此，大型低温乙烯球罐 510MPa 强度级别的低温钢板完全实现了国产化和工程应用，代替了进口。与国外材料，如日本 JFE-HITEN610U2L 相比，国产的 B610CF-L2（07MnNiMoVDR）钢板含镍量稍高，强度相当，但实物冲击韧性和 P、S 控制水平稍低。茂名、天津、镇海等乙烯球罐经过多年运行，开罐检验表明，国产球罐的应用状况良好，完全能满足使用要求。

在乙烯球罐用板材国产化的同时，配套锻件和焊材的国产化也同步获得成功。如研制了-50℃级 10Ni3MoVD 锻件，江苏昆山京群焊材科技有限公司与合肥通用机械研究院等单位联合开发了 GER-N（J607RHDQ）高韧性超低氢型专用焊条，试验结果表明，其熔敷金属和焊接接头的性能均满足乙烯球罐的技术要求。其中 10Ni3MoVD 锻件与国产钢板配套用在了上述全部球罐的建造中。GER-N27 M（J607RHDQ）焊条于 2013 年应用于宁夏宝丰、陕西清城、浙江兴能源等项目的 16 台丙烯球罐中，大西洋焊材厂也成功开发了专门用于 07MnNiMoDR 材料的球罐焊材，并逐渐推广使用。

## 第八节　双壳低温储罐

### 一、概述

乙烯装置中的乙烯储存既可用压力球罐方式，也可用常压低温储罐方式。随着常压低温储存技术的发展，新建乙烯装置使用常压低温罐代替传统的压力球罐储存方式也日渐增多。与压力球罐(一般 2000m³/台)储存方式相比，低温储罐在接近常压和略低于沸点(-104℃)的条件下储存乙烯，容量大大(通常 20000m³/台以上)增加，且储运成本较低，节省投资和运行费用。乙烯装置正常操作时，乙烯由乙烯装置直接送下游装置；当不正常时，启动低温储存系统的汽化系统，由乙烯低温罐向下游供乙烯。当下游装置故障时，乙烯装置产的乙烯可送入乙烯低温罐储存。乙烯低温罐储存系统降低了上、下游装置在生产负荷上的互相制约和影响，方便调节乙烯上下游装置的物料平衡。

目前国内已建乙烯装置中乙烯低温罐容积为 20000 ~120000m³。

## 二、低温罐的类型及其选择

### 1. 低温罐的类型

低温罐型有单容钢罐、双容钢罐、全容钢罐、全容预应力混凝土罐。目前用得比较多的为单容钢罐、全容钢罐和全容预应力混凝土罐。

① 单容钢罐由一个具有液密性的主储罐、一个气密性的外储罐和防火堤组成。内罐储存低温介质，外罐仅用于支撑保护或密闭常温蒸发乙烯气体，不能包容内罐泄漏后的低温液体。单容罐因外罐是普通的低合金钢，其造价较低。

② 全容钢罐(图 21.8-1)由一个具有液密性的主储罐和具有液密性和气密性的次储罐组成。次储罐不仅能包容内罐泄漏的全部液体，还要包容泄漏液体蒸发气，并实现泄漏液体蒸发气的可控排放。全容罐不需设置防火堤，安全性相对单容罐高。

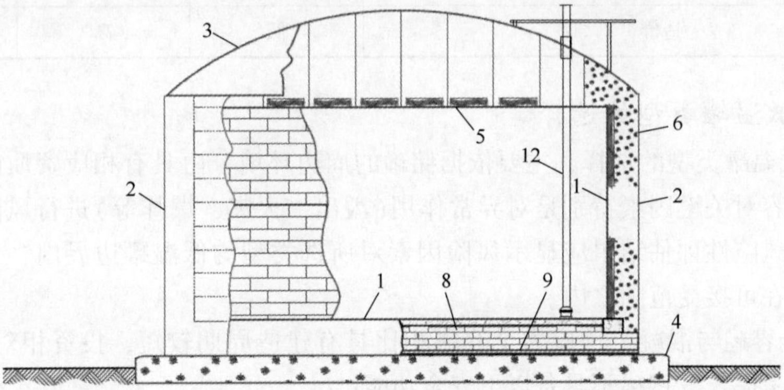


图 21.8-1 全容双钢罐示意图

1—主容器(低温钢)；2—次容器(低温钢)；3—热挥发气容器(顶)；4—混凝土基础；5—吊顶(含绝热)；6—保冷(环隙空间)；8—底部保冷；9—二次底(低温钢)；12—泵井

③ 全容预应力混凝土罐由一个具有液密性的钢制主储罐以及具有液密性和气密性的混凝土外罐组成。预应力混凝土外罐可耐较高的内压，还可以抵抗一定周边爆炸形成的飞行物的撞击，并承受一定的爆炸冲击波，在火灾情况下混凝土外罐顶可承受较高的热辐射不易塌陷，安全性较高，但比较而言其制造周期比钢储罐长。宜根据风险评估、用户需求、造价及占地面积等综合因素来选择低温罐的类型。

### 2. 不同类型的乙烯低温罐优缺点对比

不同类型的低温罐在安全性、制造周期、经济性等方面各有自己优势，选型时应综合考虑。常见类型低温罐优缺点对比见表 21.8-1。

表 21.8-1　常见类型低温罐优缺点对比

| 项目 | | 单容钢罐 | 全容钢罐 | 预应力混凝土全容罐 |
|---|---|---|---|---|
| 安全性 | 爆炸荷载：<br>10kPa 压力以三角形形态对外罐施压，持续时长为 100ms | 不耐 | 不耐 | 耐，计算考虑 |
| | 冲击负荷：<br>冲量 50kg，45m/s，直径 100mm | 不耐 | 不耐 | 耐，计算考虑 |
| | 耐火性：<br>罐顶可承受 2h 时长的泄压阀火灾，且通量应在 32kW/m$^2$ 左右；罐壁可承受热负荷 32kW/m$^2$，时间 6h | 不耐 | 不耐 | 耐，计算考虑 |
| | 内罐全泄漏 | 不考虑 | 考虑<br>承受内压低 | 考虑<br>承受内压高 |
| 承受内压 | | 低 | 低 | 高 |
| 占地 | | 大<br>需设置围堰 | 根据安全评估<br>确定是否需设置 | 小<br>无围堰 |
| 制造周期 | | 短 | 短 | 长 |
| 造价 | | 低 | 高 | 高 |

### 3. 乙烯低温罐类型的选择

① 乙烯低温罐类型的选择，主要依据储罐的周边环境，由具有相应资质的第三方评价单位按标准内容对关键因素特别是对异常作用(溢出，火灾，爆炸等)进行风险识别并进行风险性评估。风险性评估结果应显示风险因素对所选类型的低温罐边界内、外的人身和财产的危害风险在可接受范围之内。

② 双钢全容罐与混凝土预应力全容罐相比具有建造周期较短、投资相对较低的优点，但从安全角度考虑，双钢罐不具备以下安全功能：

当外部发生火灾时，承受火灾产生的热辐射，保持结构必要的承载能力；当外部爆炸时，承受爆炸面冲击载荷、飞行物件撞击荷载等，可以保持结构功能完整。

若选择双钢全容罐，需由具有相应资质的第三方评价单位按标准内容进行安全风险评估，出具具有明确结论的评价报告，确保双钢罐具有足够安全的建设条件。评价报告至少应对以下内容进行评价，保持外罐完整性的液密性和气密性，以便在一定时间内将罐内的LNG 安全转移：

a. 周边装置设施事故状态下辐射热影响范围，对临近乙烯低温罐的影响，评估双钢罐的热辐射承受强度问题。

b. 周边装置存在事故工况下会产生蒸气云爆炸(VCE)的风险，事故工况下会产生较大的冲击压力，评估双钢罐的抗冲击问题。

c. 周边装置是否存在事故工况下因爆炸导致管道阀门等飞行物对双钢外罐产生冲击破坏。

## 三、乙烯低温罐的结构及材料

低温储罐结构比较复杂，由内罐、外罐、悬挂在外罐顶部的吊顶、内外罐之间的保冷系统组成，并设置了仪表、安全阀等安全防护系统。乙烯一般不设置密度测量计预防翻滚，但在内外罐环隙设置温度计进行乙烯介质泄漏监测。单容低温钢罐内罐材料为奥氏体不锈钢或 9%Ni 等耐低温钢材，外罐为低合金钢。全容钢罐内、外罐均为奥氏体不锈钢或 9%Ni 等耐低温钢材。外罐罐顶根据环境温度选材，若为全容钢罐还要根据内罐泄漏后的温度场分析进行选材。吊顶材料为铝合金，内罐顶部吊顶上铺设玻璃棉。内、外罐环隙之间填充膨胀珍珠岩，内、外罐底部之间铺设玻璃砖对整个内罐进行保冷。为避免内罐预冷后收缩和升温后热胀导致膨胀珍珠岩对内罐壁产生较大的外部压力，在内罐壁外壁设置弹性毡来降低膨胀珍珠岩对内罐壁的压力。内伸的冷管做保冷处理。

## 四、乙烯低温罐的设计

### 1. 设计载荷

乙烯低温罐因类型不同，所能承受并考虑的载荷不同，详细见表 21.8-2。

**表 21.8-2 常见不同类型乙烯低温罐设计载荷**

| 项目 | 双钢单容 | 双钢全容 | 预应力混凝土全容罐 |
|---|---|---|---|
| 永久荷载(各部件自重) | √ | √ | √ |
| 内压(正常操作及水气压试验时气体压力) | √ | √ | √ |
| 内部负压 | √ | √ | √ |
| 水压试验及正常操作时储存液态乙烯的液柱压力 | √ | √ | √ |
| 罐顶活载荷 | √ | √ | √ |
| 雪载荷 | √ | √ | √ |
| 风载荷 | √ | √ | √ |
| 地震载荷 | √ | √ | √ |
| 热效应 | √ | √ | √ |
| 保冷层压力 | √ | √ | √ |
| 爆炸载荷 | — | — | √ |
| 飞行物冲击载荷 | — | — | √ |
| 火灾 | — | — | √ |
| 内罐全泄漏 | — | √ | √ |

注：“√”表示应考虑，“—”表示不考虑。

2. 金属部件设计

乙烯低温罐的设计分内、外罐金属主体的强度设计和保冷系统设计。内、外罐金属部件的强度设计主要考虑内压、介质的静压力，还要考虑风载、地震(偶遇地震、罕遇地震、余震)、雪载、管道力、罐顶平台附件等载荷组合。

低温罐内伸接管，其顶部固定在常温外罐顶的套管上，内伸部分固定在低温的内罐壁上。固定在内罐壁的支撑，当内罐储存低温乙烯时会冷缩向内偏移，同时接管比较长还会向上收缩，但与罐顶的固定点为常温固定不动，在设计接管支撑结构时，需采取特殊的结构解决位移问题。

乙烯低温罐多数为底部进料，采用潜液泵通过泵井顶部出料。泵井为压力容器，在出料时承受较高的压力和-103℃低温，不工作时为常温。为保证泵井顶部密封面的安全可靠，一般螺栓采用应变强化的不锈钢螺栓。同时泵井顶部法兰密封面与泵井侧向出口保持足够的距离，避免顶部法兰承受低温。

双钢全容罐和预应力混凝土全容罐内罐抗震设计时应尽量避免设置锚带，可通过调整内罐边缘板厚度，罐高径比或设置隔振支座等避免。当抗震计算内罐不稳定时，内罐需设置锚带。

内伸至内罐的接管，设置支撑时应考虑内罐承受液柱压力(图 21.8-2)及不同部分冷缩的协调性，避免产生局部较高应力。泵井管承受较高的内压，其壁厚按压力容器方法确定。同时为保证其内部潜液泵顺利安装，还需对其垂直度，内径的椭圆度、最小内径等进行较严格的要求。

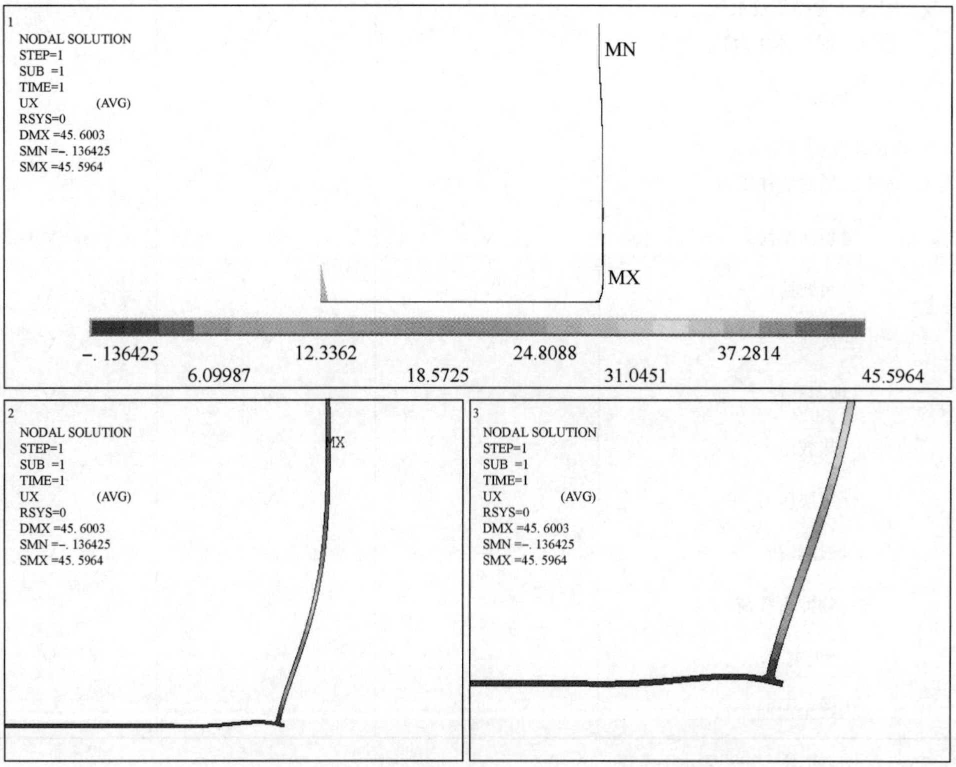


图 21.8-2 乙烯内罐液柱压力下罐壁的径向(水平)位移

### 3. 保冷系统设计

(1) 乙烯低温罐常用保冷材料(表 21.8-3)

**表 21.8-3 各部件常用保冷材料**

| 项目 | | 环梁 | 罐底部 | 吊顶 | 罐体/罐壁保温隔热 | | 接管 | 二次隔离或热角保护系统 |
|---|---|---|---|---|---|---|---|---|
| | | | | | 内空间 | 罐壁内侧 | | |
| 珍珠岩混凝土块/梁 | | √ | | | | | | |
| 硬木块 | | √ | | | | | | |
| 混凝土块/梁 | | √ | | | | | | |
| 泡沫玻璃砖 | | √ | √ | | | | | √ |
| 干砂 | | | √ | | | | | |
| 膨胀珍珠岩 | | | | √ | √ | | | |
| 玻璃棉 | | | | √ | | | √ | |
| 弹性毡 | | | | | | √ | √ | |
| PUF | 中密度喷涂/块 | | | | | √ | | √ |
| | 高密度喷涂/块 | √ | √ | | | √ | | √ |
| PIR | | | | | | | √ | |

注:"√"表示可用。PUF—聚氨酯泡沫;PIR—聚异氰脲酸酯。

(2) 保冷系统的热工设计和强度设计

① 低温罐的保冷系统设计和容器的保冷不同,不是容器的附属而是重要组成部分,可采用多种保冷材料。各种不同的材料之间,材料性质迥异,即使在同类材料间也存在较大差别,应根据热工计算和强度计算来选择保冷材料和结构。

② 热工计算是保证整个低温罐的冷损失率低于规定极限值,并保证外罐表面不结冰不结露,储罐底部地基/土壤的冷却,避免因冻胀而损坏。外罐顶的接管若为内伸到吊顶下的冷管,为防止冷量传递至常温外罐顶,需将接管通过套管与外罐顶连接。冷管外伸出套管部分保冷,套管作为散热元件不保冷,通过温度场分析(图 21.8-3),确定套管的外伸高度及套管直径保证套管与外罐顶连接处温度高于零度不结冰。

③ 内、外罐壁要考虑足够的高度差保证膨胀珍珠岩的储备,用来填补因内罐受冷收缩后膨胀珍珠岩的下降及自身在长期自重的压力下破损导致的内、外罐之间的膨胀珍珠岩下降。

④ 不同地区因温度,湿度不同,各部件的结构(保冷材料厚度,高度等)需根据热工计算来进行调整。对于钢制外罐特别要注意不同地区的湿度,保证其外表面不大量结露。

⑤ 保冷系统还要对罐底环梁及罐底保冷等进行强度计算。罐底环梁及罐底保冷要考虑介质的静载荷及地震载荷,保证强度满足计算要求。同时要计算内外罐环隙膨胀珍珠岩对内罐产生的外压和对弹性毡、玻璃布等产生的垂直力。

乙烯低温罐为液态存储,设计寿命一般同乙烯装置,为 20~25 年,中间无法定期检修,

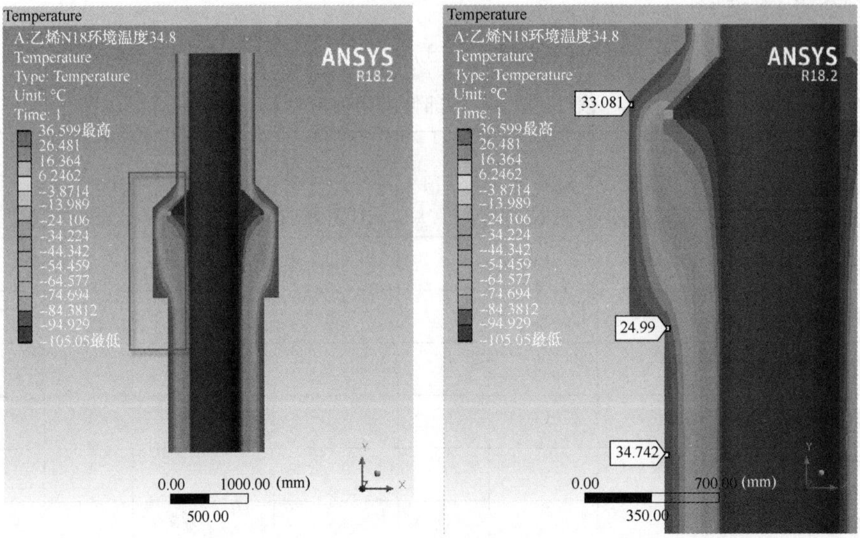


图 21.8-3　接管温度场分布云图示例

而其一旦泄漏后易燃易爆的乙烯在常温下会迅速汽化，造成灾难事故，所以其在选型，设计和制造过程中要综合考虑各种因素和多种工况，确保低温罐的安全长期使用。

## 参　考　文　献


[1] GB/T 151—2014 热交换器.

[2] GB 50094—2010 球形储罐施工规范.

[3] NB/T 47013—2015 承压设备无损检测.

[4] NB/T 47041—2014 塔式容器.

[5] GB/T 12337—2014 钢制球形储罐（标准释义）.

[6] EN 14620—2006 Design and manufacture of site built, vertical, cylindrical, flat-bottomed steel tanks for the storage of refrigerated, liquefied gases with operating temperatures between 0℃ and -165℃.

[7] API 625 Tank Systems for Refrigerated Liquefied Gas.

[8] TSG 21—2016(1#修改单)　固定式压力容器安全技术监察规程.

[9] 王嘉麟，侯忠贤主编. 球形储罐焊接工程技术[M]. 北京：机械工业出版社，1999.

# 第二十二章　冷箱及板翅式换热器

## 第一节　概　　述

在低温分离装置中，原料气各组分在低温下根据其沸点的不同进行精馏或闪蒸分离。原料气的冷却、分离出的产品气(或部分产品气)的复热，都需要低温换热器。铝制板翅式换热器作为一种高效、紧凑、低成本的传热设备，被广泛使用，各股物流通过换热器进行热量的交换。换热、气液分离过程在低温下完成，通常操作温度范围为+40～-190℃，为减少冷量损失，需要用保冷材料将低温设备进行包裹。冷箱，即为低温传热、传质设备的集合体，实现工业介质分离、液化、纯化等功能。

冷箱是将换热器、低温塔器、气液分离器、闪蒸罐、管道、支架、一次仪表(温度、压力、流量测量)及阀门等放置在一个钢制保冷框架里，通过在设备和钢结构外壁之间填充隔热效果很好的保冷材料，比如珠光砂、超细玻璃棉等，来达到保冷的目的。某些特定装置的冷箱，将低温泵、膨胀机等机组的主机也放置在其中，并用隔箱与换热器、塔器等主要设备分隔开，以方便维护、检修。

乙烯冷箱是乙烯装置低温分离系统的关键设备之一，在冷箱中将裂解气混合物与返流产品或其他制冷剂等物流进行热交换从而降低温度，为低温分离做准备。精馏塔通常放在冷箱外单独保冷。裂解气混合物按照乙烯装置的流程设计进行换热降温或进入闪蒸罐进行分液分离，然后罐顶气体继续换热降温，再进入闪蒸罐进行分液分离，以达到低温分离原料气各组分的目的。除上述布置多台设备的乙烯装置冷箱外，工程实践中，有时也将低温分离系统中的“单台板翅式换热器+超细玻璃棉(或聚氨酯泡沫)+薄铝板保护外壳”的集合体，称为冷箱。乙烯冷箱通常在+40～-170℃温度范围内工作，包括多台串、并联的板翅式换热器、气液分离器和连接设备的管道，以及一个钢制保冷壳体。

乙烯冷箱的内部核心设备是换热效率高、体积较小的板翅式换热器，此外还有闪蒸罐及两相冷物流气液均布用的气液分离器等压力容器。这些换热器和容器通过管路连接起来，再根据工艺流程设置阀门、仪表等，就是完整的乙烯冷箱。

换热器的换热不完全(热端温差)、保冷的跑冷损失，及系统低温外抽产品带走的冷量，需要采用外补冷方式，比如压缩丙烯、乙烯节流制冷，或高压气体膨胀制冷；冷箱换热器其实就是压力能制冷的能量转化场所。

国内早期的乙烯装置，冷箱都从国外进口，因其价格高昂且冷箱直观地只能看到一个巨大的钢壳保冷箱而始终被当成“黑匣子”。当时，冷箱内部的核心设备——板翅式换热器在国内还无法设计、制造，相关技术完全由国外公司掌握。经过一系列科技攻关，并引进真空钎焊炉及板翅式换热器工艺计算软件，通过乙烯冷箱国产化项目的实践，国内制造商掌握了乙烯冷箱换热器的设计、制造技术，已经完成多套百万吨等级及以上规模大型乙烯装置冷箱的设计、制造并成功运行，达到国际水平。现在乙烯冷箱绝大部分为国内制造商设计、制造，并且实现了乙烯冷箱出口。

图 22.1-1 为典型的乙烯装置用板翅式换热器产品。图 22.1-2 为运行中的 1500kt/a 乙烯装置冷箱。

图 22.1-1　乙烯装置用多股流板翅式换热器

图 22.1-2　1500kt/a 乙烯装置冷箱运行中

# 第二节　冷　　箱

## 一、冷箱工作原理

乙烯装置的工艺流程有多种。乙烯装置分离工艺包专利商，国内有中国石化建设工程有限公司(SEI)等，国外有鲁姆斯(Lummus)、德西尼布(Technip FMC，原 S&W)和凯洛格·布朗·路特(KBR)等。不同的工艺流程其乙烯冷箱配置也不同。

以鲁姆斯为例的工艺流程中，乙烯冷箱主要是将裂解气先降温冷凝，然后进入闪蒸罐进行气液分离，罐顶气相再继续降温冷凝进闪蒸罐气液分离，如此重复以实现不同沸点组分的分离。裂解气的降温过程一般采用板翅式换热器换热，冷量由分离后液体经过节流降压得到的两相流蒸发以及返流气相复温来提供，不足部分由循环冷剂提供。该流程将大部分流体集中到一台复杂冷箱中换热，换热器的流股数较多。

以德西尼布为例的工艺流程，则采用不同的思路，冷箱/换热器按需就近布置，冷箱流程简单，换热器的流股数相对较少。大部分冷箱外板翅式换热器采用按需配置，采用单组分制冷剂，多为流股数较少的热虹吸换热器。

乙烯冷箱的关键技术包括设计技术和制造技术。设计技术包括板翅式换热器工艺性能设计和结构设计、传热元件的开发、冷箱设计，以及和冷箱外围设备间的协同设计。制造技术包括翅片加工成型技术、芯体钎焊技术与冷箱的组装技术等。冷箱核心设备是板翅式换热器，它的传热性能设计、机械结构设计非常关键。冷箱内管路系统因在装配时为常温、运行时为低温，故在管路设计时应考虑温度变化产生的二次应力和位移，进行管路柔性计算。乙烯冷箱在乙烯装置中为重要过程设备，所以对乙烯冷箱的质量可靠性要求很高，包括设计质量和制造质量。

## 二、乙烯冷箱介绍

1. 冷箱组成

冷箱通常包括：板翅式换热器、气液分离器、冷箱管道、设备支架、冷箱框架、平台栏杆、梯子，以及冷箱附件如人孔、安全阀、珠光砂排放口、地脚螺栓等，还包括在现场装填的冷箱保冷用绝热材料-珠光砂(膨胀珍珠岩)。典型的冷箱结构如图 22.2-1 所示。

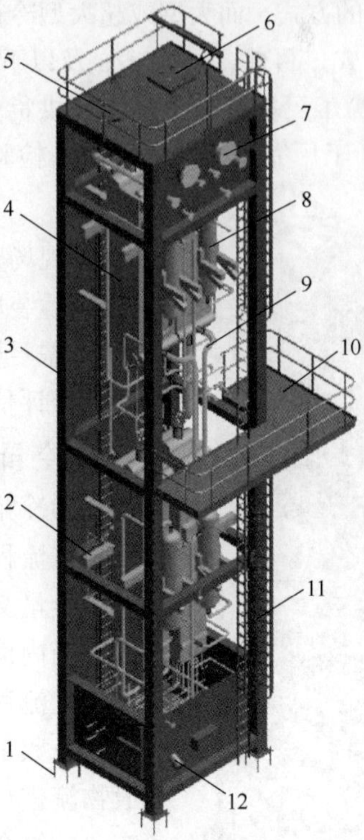


图 22.2-1　典型冷箱结构示意图

1—地脚螺栓；2—设备支架；3—冷箱框架；4—板翅式换热器；5—安全泄放装置；6—人孔；7—工艺管口；8—气液分离器；9—冷箱内管道；10—平台栏杆；11—梯子；12—珠光砂排放口

乙烯装置分离系统选择不同的工艺流程，冷箱的数量将有差异。例如，杭州中泰深冷技术股份有限公司为 1500kt/a 乙烯工程项目提供了 7 台冷箱、11 台冷箱外板翅式换热器和 1 台立式 PFV 换热器，其中最大的冷箱包含 15 台板翅式换热器、2 台闪蒸罐和 1 台气液分离器。该装置采用德西尼布公司开发的工艺包。而杭州中泰深冷提供的某 1000kt/a 乙烯工程项目则包含了 3 台冷箱、3 台冷箱外板式换热器、2 台立式罐内置板翅式换热器(PFV)和 1 台分凝分馏塔(CFT)，其中 PA-301 冷箱包含 6 台板翅式换热器、2 台闪蒸罐、3 台气液分离器，该装置采用中国石化工程建设有限公司的工艺包。

2. 冷箱的供货方式

(1) 冷箱的供货方式分类

① 工厂撬装后整体出厂：工厂完成冷箱组装、质检、试压、氮封后整体交付项目现场。陆路运输无法实现但水路运输不受限制的，则可以在码头附近组装后运输。

② 部分撬装到现场组合：受运输尺寸限制，工厂内完成部分撬装，再到现场进行整体组合。

③ 散件供货到现场组装：对于超大型冷箱，板翅式换热器及容器按单台设备发运，冷箱框架及附件、管道等以散件形式发货至项目现场，在现场完成冷箱的组装、检查、试压等工作。

随着乙烯装置规模的不断扩大，乙烯冷箱体积也逐渐往大型化发展。每个乙烯装置项目的实际情况不同，乙烯冷箱的供货方式也会有差异。通常体积小的冷箱都采用工厂撬装后整体出厂的方式，而大型或超大型冷箱受运输条件限制，则采用部分撬装或散件供货到现场组装的方式。目前，1500kt/a 及以下规模的乙烯装置冷箱可以采用撬装整体供货的方式。

(2)工厂撬装后整体出厂供货方式的特点

① 工厂完成所有的组装、检验等工作，不受环境和天气影响，施工质量和冷箱内洁净度有保证。

② 现场整体就位，工作量少。

③ 撬装后冷箱尺寸大，涉及大件运输。

④ 需要相应的大型吊装机具。

综合评估，在工厂内撬装后出厂更易于保证冷箱的产品质量。

3. 冷箱内设备布置

乙烯冷箱工艺流程不同，单台冷箱所布置的设备数量也不同。

工艺流程简单的冷箱，板翅式换热器数量少(1~2 台)，板翅式换热器中热量交换的物流数量也少，因此板翅式换热器通道排列相对容易，冷箱内设备布置简单、管道走向简洁、冷箱体积相对较小。

工艺流程复杂的冷箱，其内部单元设备众多，包括十多台板翅式换热器及数量不等的气液分离器。复杂的单台板翅式换热器同时有十多股物流进行热量交换，因此板翅式换热器通道排列要求高；冷箱设备布置应结合工艺的需求，考虑流体分布、气液两相、热虹吸等，管道相对复杂、冷箱体积庞大。图 22.2-2 是典型复杂乙烯冷箱三维图。

图 22.2-2 复杂乙烯冷箱三维图

4. 冷箱部件及附件介绍

(1) 板翅式换热器

板翅式换热器是乙烯冷箱的核心设备，通道多、结构复杂，多股物流在换热器内进行热交换并伴有相变，冷、热物流在换热器相邻通道中利用隔板及翅片进行热量交换，冷物流被加热而实现冷量回收，热物流被冷却。单台换热器的物流股数理论上可以不受限制，流股数越多板翅式换热器的传热设计、结构设计和制造难度越大。本章第三节将对铝制板翅式换热器进行详细的介绍。

(2) 气液分离器

气液分离器的作用是将两相物流进行气、液分离。

液体蒸发的相变潜热远远大于单相的显热，气液两相分布不均匀时，不利于板翅式换热器的换热。设置气液分离器的目的是对冷流体进行气、液相简单分离，分离后的气体和液体分别进入板翅式换热器，并在专用结构里实现流体均布，帮助板翅式换热器达到高效换热的效果。

气液分离方法有多种，乙烯冷箱内的气液分离器通常采用的是重力沉降。

(3) 设备支架

设备支架对板翅式换热器或气液分离器等设备起到支撑作用。大多数乙烯冷箱内设备的工作温度在-20℃以下，设备支架常用不锈钢材料制作，设备支座与支架之间设置绝热块，防止因“冷桥”而在冷箱壁面出现“冒汗”、结霜现象。

(4) 管道支架

管道支架对管道起到固定、承重或导向作用。管道支架的设置，应结合管道应力分析结果进行。

(5) 冷箱框架

冷箱框架是一个方形的密闭钢制壳体，内部填充保冷材料对低温设备、管道进行保冷，以减少装置的冷量损失。冷箱框架的主体材料通常为碳钢，用型钢(方管或槽钢或工字钢、角钢)制作冷箱骨架，并在骨架四周铺设4~6mm钢板，钢板与型钢骨架进行连续焊接以实现冷箱壳体的密封性。冷箱的顶盖为单向倾斜或双向倾斜结构，实现自动排水(防止雨天积水)。

冷箱面板的平整度影响冷箱外观质量，冷箱的密封性影响保冷效果。冷箱框架除了承受设备、介质重量等载荷外，还需考虑风、雪、地震载荷。冷箱框架选材，还需考虑寒冷地区的环境温度影响。

(6) 冷箱附件

冷箱附件，包括冷箱安全泄放装置、呼吸阀、人孔，以及冷箱各工艺管道的穿壁结构、珠光砂排放口、冷箱吊耳等。

(7) 平台梯子

平台梯子是操作、维护人员对冷箱进行操作、检查、维护时的通道，通常由碳钢材料制成，平台铺设钢格板。

(8) 保冷材料

低温分离装置冷箱常选用珠光砂(膨胀珍珠岩)作为保冷材料，填充在钢制壳体与设备之间的空隙中，以达到减少冷量损失的目的。珠光砂的堆积密度、颗粒度、质量含水率、安息角、导热系数是几项关键指标。

珠光砂装填：冷箱现场就位并经检查合格、冷箱投运之前进行珠光砂的装填。装填前应检查珠光砂包装完好、干燥等；应选择晴好天气进行珠光砂装填，严禁雨天进行。

(9) 冷箱油漆

油漆可保护由碳钢制成的冷箱框架在大气环境中不产生锈蚀，以达到结构设计年限。油漆的选择与涂覆，需考虑环境气候，特别是海洋性气候环境的影响。

## 三、乙烯冷箱设计

乙烯冷箱的设计包括板翅式换热器设计、两相流气液均布设计、冷箱设备布置、管道布置、冷箱框架结构设计、辅助系统和安全泄放装置设计等。

板翅式换热器的设计以及两相流气液均布设计详见本章第三节。

### 1. 冷箱设备布置

冷箱设备布置，应依据工艺流程图并结合单元设备特点，在满足工艺要求前提下，做到布局合理、结构紧凑。由于乙烯装置存在大量两相流换热的场景，因此两相流设计是乙烯装置板翅式换热器及冷箱设计的重点之一。

典型冷箱内设备布置见图 22.2-3、图 22.2-4。

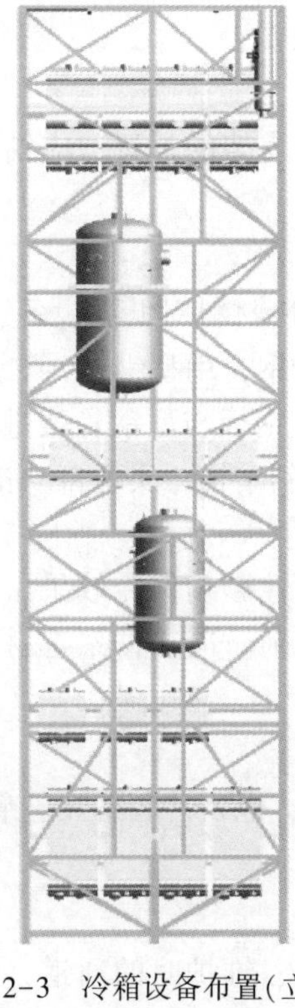

图 22.2-3　冷箱设备布置(立面图)

图 22.2-4　冷箱设备布置(轴侧图)

(1) 板翅式换热器的“串联”“并联”

依据冷箱工艺流程，从热区到冷区的各温度区间的板翅式换热器，以串联的形式进行连接、布置，犹如“冰糖葫芦串”，见图 22.2-5；当工艺有特殊要求，也可调整不同温度区间板翅式换热器的布置顺序。

同一温度区间的板翅式换热器，当单台板翅式换热器尺寸超过特定限制时，将进行拆分并设计成相同尺寸、多台并联的板翅式换热器，见图 22.2-6。

图 22.2-5　板翅式换热器串联

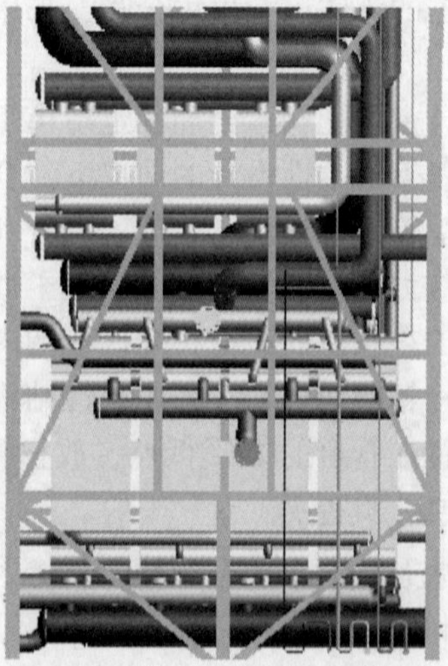

图 22.2-6　板翅式换热器并联

(2) 气液分离器的布置

气液分离器液相出口与关联的板翅式换热器该股物流入口的位置关系由板翅式换热器工艺计算确定，确保液体有足够的静压头来克服气液均布结构中的阻力降。

(3) 单元设备间距

单元设备之间的距离，应根据单元设备的工作温度来确定。同一温度区间，单元设备外壁的间距满足安装施工所需即可，比如多台并联的板翅式换热器；不同温度区间，单元设备外壁的间距，通常建议大于100mm。

单元设备外壁与冷箱壁的直线距离，应结合设备工作温度确定，低温区域通常建议大于300mm。当工程规定有要求时，应优先满足工程规定的要求。

2. 管道布置

管道布置是在相对狭小的空间里进行管道走向设计并满足工艺要求和管道低温补偿需要。大型乙烯冷箱单元设备众多，管道是冷箱的“血管”。管道连接实现板翅式换热器的串、并联布置，以及气液分离器与板翅式换热器的联通。

(1) 冷箱管道布置具有一定的复杂性和难度

① 冷箱换热器进行串、并联的台数较多，管道布置时须考虑流体的均匀分布，避免流体偏流而出现换热器局部负荷分布不均、偏离设计工况，导致换热效率下降。

② 单元设备多，进、出冷箱的物流股数多，冷箱管口数量多(法兰结构，与外部管路连接)。

③ 与冷箱连接的外部管道密集，工程设计单位对冷箱接管的管口布置有一定的要求。

④ 部分管道内的流体处于气液混合状态，管道布置需结合工艺专业要求并考虑两相流流动。

⑤ 流体温度低、压力高，冷箱内部空间有限，管道布置需考虑柔性补偿。

⑥ 部分换热器利用了热虹吸原理，系统阻力降要求严苛，需要管道布置时弯头尽量少，与低温管道的柔性补偿需求形成冲突。

(2) 管道布置应与工艺专业、单元设备专业密切配合

① 并联换热器的流体进、出集合管，采用合适的布管方式，使得流经换热器组每个单元的流体分布均匀。

② 与工程设计密切配合，合理确定冷箱工艺管口方位。

③ 在满足低温管道柔性设计的前提下，合理布管以满足工艺需求。

④ 依靠三维配管设计软件，合理、充分利用冷箱内部空间。

⑤ 进行管道应力分析，解决低温管道柔性补偿需求。

⑥ 控制冷箱工艺管口的载荷在允许范围内。

⑦ 管道穿过冷箱壁面处，多采用柔性结构，避免产生附加载荷。

⑧ 导淋管设置在管道的 U 形低点，放空管设置在管道的倒 U 形高点。

### 3. 冷箱框架结构设计

冷箱框架结构设计包括冷箱壳体设计、设备支架、管架设计、平台梯子设计。

(1) 结构设计的主要规范

GB 50017 《钢结构设计标准》(附条文说明)

GB 50011 《建筑抗震设计规范》(附条文说明)

GB 4053. 1 《固定式钢梯及平台安全要求 第 1 部分：钢直梯》

GB 4053. 2 《固定式钢梯及平台安全要求 第 2 部分：钢斜梯》

GB 4053. 3 《固定式钢梯及平台安全要求 第 3 部分：工业防护栏及钢平台》

HG/T 20546. 2 《化工装置设备布置设计规定》

YB/T 4001. 1 《钢格栅板及配套件 第 1 部分：钢格栅板》

YB/T 4001. 3 《钢格栅板及配套件 第 3 部分：钢格板楼梯踏板》

(2)结构设计要求

① 设备支架需考虑单元设备操作重量、地震载荷。

② 冷箱框架需考虑单元设备操作重量，风、雪、地震载荷。

③ 平台梯子需满足人员操作、维护设备和通行的需求，保证人身安全。

### 4. 辅助系统

冷箱充氮系统属于辅助系统，是保障冷箱安全的一项重要措施。

(1) 充氮系统作用

干燥密封氮气通过充氮系统持续不断地输入冷箱保冷空间，使冷箱壳体内保持微正压，防止潮湿空气进入冷箱，使珠光砂始终保持干燥，确保珠光砂具有良好的保冷效果。

密封氮气由冷箱下部进入，从冷箱顶部呼吸阀排出。因此在介质有微量泄漏时可稀释保冷空间内介质浓度，将泄漏介质带出冷箱，减小危险介质积聚所带来的危害。

(2)冷箱充氮系统组成

冷箱充氮系统包括冷箱外调节系统(关断、减压、计量仪表)和冷箱内氮气输送、分配管网。

通常，冷箱外调节系统包括截止阀、自力式调阀、流量计和压力表，各部件用碳钢管道连接，在工厂预制、现场安装。典型冷箱充氮系统 P&ID 示意图见图 22. 2-7，配管结构见图 22. 2-8。

冷箱内的氮气输送、分配管网，根据冷箱体积大小进行氮气分配结构的布置，合理布置冷箱密封氮气分配结构，使冷箱保持微正压。基本要求是保证氮气能到达冷箱的每个角落。

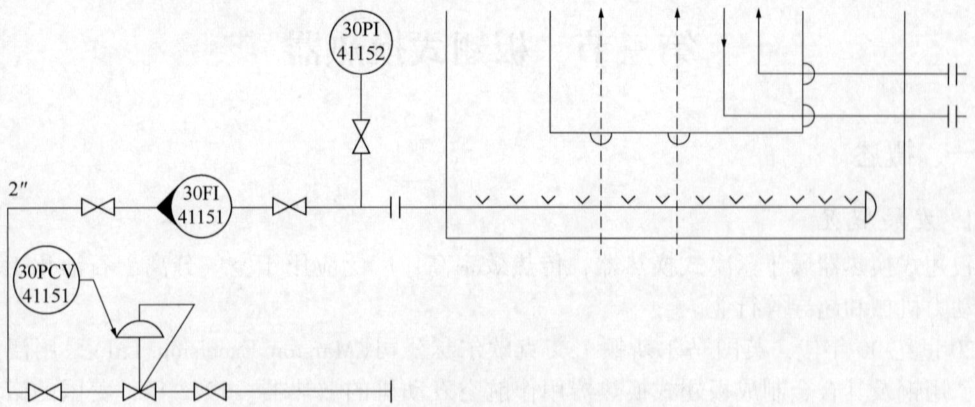


图 22.2-7　充氮系统 P&ID 示意图

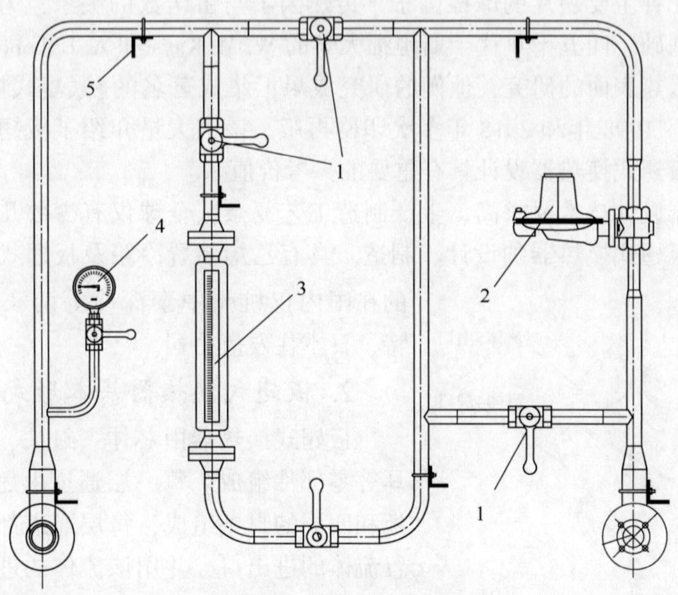


图 22.2-8　充氮系统配管图

1—截止阀；2—自力式调阀；3—流量计；4—压力表；5—支架

结合冷箱高度，在冷箱上部(及中部)、下部设置 2~3 个取样分析口，不定期检测冷箱内部氮封气氛的组分，用于判断冷箱内部是否发生泄漏。可在冷箱顶部的呼吸筒附近设置可燃气体检测仪表，用于在线监控由此排出的冷箱气氛；冷箱底部和顶部通常设置高低压报警用的压力变送器、信号进入 DCS 系统，在线监控冷箱内氮封气氛的压力变化。

### 5. 工艺系统安全泄放装置

与冷箱各通道连接的外部工艺管路系统必须设置安全泄放装置以确保乙烯冷箱的安全运行。

工艺系统安全泄放装置进行计算或选型时，泄放压力值不能大于板翅式换热器对应通道的最大允许工作压力，否则将给冷箱内板翅式换热器、气液分离器及管道带来安全隐患。安全泄放装置的压力设定值和泄放量，必须符合有关规范的要求。冷箱的安全泄放应考虑低温工况。

# 第三节　板翅式换热器

## 一、概述

### 1. 发展概况

板翅式换热器属于紧凑式换热器，传热效率高，广泛应用于空气分离、石油化工、制冷、动力机械和超导等行业。

20世纪30年代，英国马尔斯顿·艾克歇尔瑟公司(Marston Excelsion. Ltd)采用浸渍钎焊法，用铜及其合金制成板翅式换热器用作航空发动机的散热器。1942年，美国的诺利斯(R. H. Norris)首先进行了平直翅片、锯齿翅片、多孔翅片、波纹翅片和钉状翅片的传热机理研究，找出了几种主要翅片的摩擦因子、传热因子与雷诺数的关系，为后来的研究与设计进一步打下了基础。四五十年代，斯坦福大学的W. M. Kays和A. L. London主导的研究小组进行了紧凑式传热表面的研究，他们的研究成果汇集成著名的《紧凑式换热器》，此书于1964年、1984年、1998年和2018年多次印刷再版。该书大量介绍了板翅式换热器翅片的试验数据，对于板翅式换热器设计具有重要的参考价值。

板翅式换热器设计技术要求高、生产制造工艺复杂，全球仅有少数几家公司从事石化装置用铝制钎焊板翅式换热器的设计、制造。具有乙烯装置冷箱及板翅式换热器制造业绩的在国内仅杭州中泰深冷等两家，国外有美国查特、日本住友等公司。

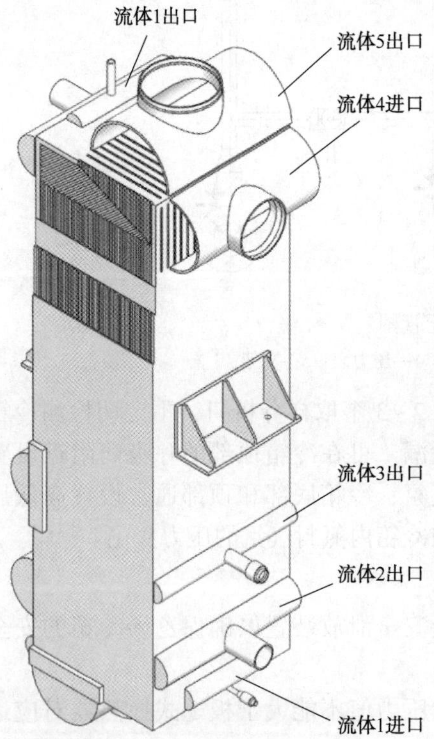


图22.3-1　典型的多股流板翅式换热器示意图

### 2. 板翅式换热器基本形式

板翅式换热器由芯体、封头、接管、支座及吊耳等零部件组成。每一层通道由翅片、导流片、隔板和四周的封条组成，每层通道都在特定方位上设置流体的进出口，并用该流体的进出口封头分别包容每层的进出口，焊上接管而组成。图22.3-1为典型的多股流板翅式换热器示意图。

如图22.3-1中所示，流体1经接管进入封头，然后经封头分配到流体1所有层的入口导流片，再经导流片均匀分配到换热器流动宽度上，通过传热翅片(二次换热表面)、隔板(一次换热表面)与相邻的热流体进行热量的交换。翅片的竖向作为二次表面，增加了传热表面积，而且使流体通过翅片时产生扰动，破坏了边界层，强化了传热；同时，翅片还起到了加强筋的作用，使得很薄的材料可以承受很高的压力。

### 3. 板翅式换热器的特点

铝制板翅式换热器具有高效、紧凑的特点，综述如下：

① 传热效率高。由于翅片的特殊结构，使流体在流道中形成强烈扰动，有效降低了热阻，提高了传热效率。

② 结构紧凑。单位体积换热面积为管壳式换热器的 5 倍以上，最大可达几十倍。管壳式换热器一般为 150~200m²/m³，而板翅式换热器因为翅片具有扩展二次表面的特点，传热表面积达到 1500~2500m²/m³，最高可达~4500m²/m³。

③ 轻巧、牢固。铝制板翅式换热器的翅片和隔板都很薄，且经钎焊成为一个整体，因而重量轻、强度高，同等负荷条件下，重量约为管壳式换热器的 1/10。

④ 适应性大。适用于多股流体同时换热，且可实现多股热流与多股冷流同时换热；适用于不同流体相态的换热以及有相变的换热；根据温度场的需要，可以很方便地设置中间抽口或注入口，进行流体的中抽或加入；根据不同的流道布置模式，很方便地实现并流、逆流、错流和混合流换热；通过换热器的串联、并联或串并联的组合，满足各种工况和规模的需求。

⑤ 经济性好。由于结构紧凑、体积小、重量轻，大大降低了设备投资费用。

⑥ 防堵、防腐要求高。板翅式换热器因翅片节距狭小，易被堵塞。铝制翅片和隔板都很薄，要求介质清洁、干燥、对铝合金无腐蚀性。一旦发生机械杂质堵塞或因腐蚀而造成通道互漏，维修处理困难。

⑦ 制造工艺复杂，需要专用设备及材料，并严格控制制造过程。

⑧ 传热设计技术、翅片成型技术、钎焊技术等的提升需要不断的工程实践与经验的积累、迭代。

## 二、板翅式换热器的结构特点

### 1. 基本结构

板翅式换热器是一种间壁式换热器，结构型式很多，但是单元基本结构相同，如图 22.3-2 所示。它由导流翅片(常简称导流片)、传热翅片(也称翅片)、隔板和封条等组成。在相邻两隔板之间放置翅片、导流片和封条，组成一个通道；按传热设计计算的要求，对各层通道进行层叠装配，安装夹具系统和测温元件，放进真空钎焊炉钎焊成芯体(也称板束)；在芯体上的流体进出口处安装上封头，就形成了完整的板翅式换热器。

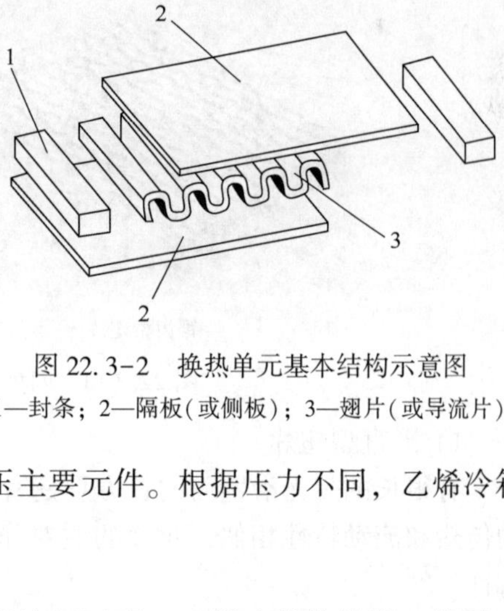


图 22.3-2　换热单元基本结构示意图

1—封条；2—隔板(或侧板)；3—翅片(或导流片)

(1) 隔板

主要用于介质的分隔，同时也是热量传递和承压主要元件。根据压力不同，乙烯冷箱换热器选用的隔板厚度一般在 1.2~2.0mm 之间。

(2) 封条

在每层通道的周边起密封和支撑作用，高度与翅片相匹配。乙烯冷箱换热器，按承受压力不同，通常选用 15~35mm 宽度的封条。

(3) 翅片

换热器最基本的传热元件，并对隔板起加强作用。翅片高度通常在 2.5~12mm 之间，厚度在 0.2~0.6mm 之间。尽管翅片厚度很薄，但因其节距小，故也能够承受较高的压力。

（4）导流片

布置在每层流体通道的进出口，起到流体的均匀分配与汇集作用，通常选用多孔型或平直型翅片。节距较大，厚度一般选用 0.4~0.6mm。

（5）侧板

也称盖板，是换热器最外侧平板，在换热器制造、安装和运输过程中起保护作用，也用于在其上焊接换热器支座等附件，厚度通常在 5~6.35mm 之间。

2. 翅片的型式与选用

（1）翅片的型式

乙烯冷箱换热器的翅片型式很多，常用的有平直型翅片、多孔型翅片、锯齿型翅片和波纹型翅片四种型式。根据介质种类、压力、温度、阻力降等要求不同，选用不同结构型式的翅片。每种型式的翅片因高度、节距和材料厚度等的不同，又可分为多种规格。翅片型式如图 22.3-3 所示。

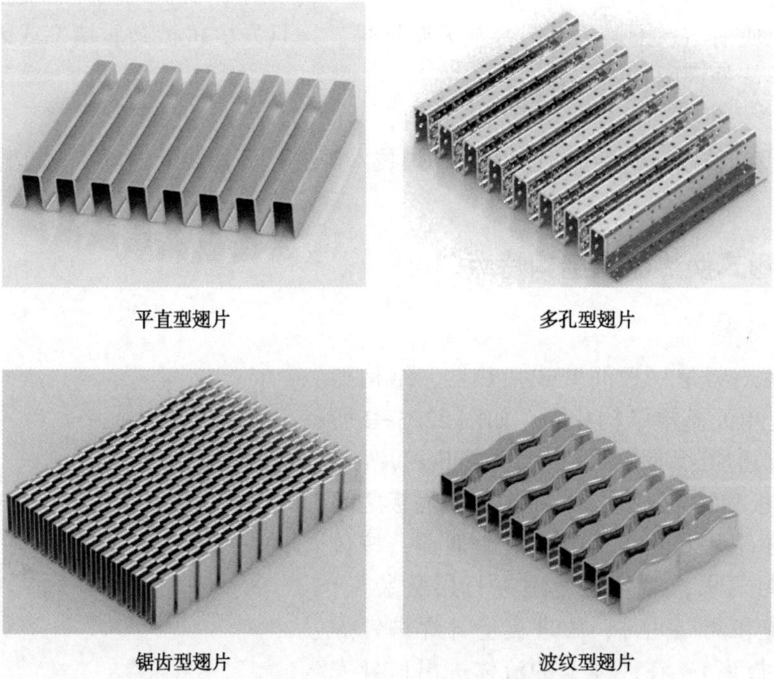


图 22.3-3　四种常见的翅片(引用自 NB/T47006)

1）平直型翅片

有很长的带光滑壁面的长方形翅片，其传热特性和流体流动特性与流体在圆形管道中的传热和流动特性相似，翅片的主要作用是扩大传热表面，具有低阻力降、低传热性能的特性。

2）多孔型翅片

是在平直型翅片上冲出许多孔洞而形成的。翅片上的大量孔洞使介质的流动边界层不断发生破坏，增加了流体的扰动，从而提高传热性能，也有利于流体均匀度的再分配。常用于流体的进、出口导流片段，流体有相变(冷凝、蒸发)的场合。多孔型翅片开孔率一般在2%~25%之间，孔的排布方式通常有正三角形、长方形、平行四边形等多种型式。

3）锯齿型翅片

翅片沿长度方向相隔一定距离被切断并使之向流道内突出，其目的是破坏传热边界层和增加流体的湍动程度，从而达到强化传热的目的，使之传热效率提高。锯齿形翅片的传热性能和切开长度密切相关，切开长度越短，其传热性能越好，但阻力降亦随之增加。从锯齿型翅片的 $f$ 因子、$j$ 因子与 $Re$ 数曲线可以发现，介质流动从层流区过渡到湍流区时不会出现像多孔型翅片或平直型翅片那样因流动特性不稳定而使传热因子降低的现象。

4）波纹型翅片

翅片冲制成一定的波形（如人字形），使流体在弯曲流道中不断改变流动方向，以促进流体的湍动，分离和破坏传热边界层，波纹越密、波幅越大其传热性能越好，阻力降也越大。

在上述常用的四种翅片中，锯齿型翅片与平直型翅片比较，在压力降相同条件下，放热系数提高了30%以上，因而被称为“高效翅片”。通常在相同高度、节距、翅厚的条件下，从传热性能的角度来说，四种翅片从优到差依次为锯齿型翅片、波纹型翅片、多孔型翅片、平直型翅片，而从阻力降的角度来说，正好反序排列。

（2）翅片的选用

板翅式换热器的传热过程主要依靠翅片和隔板来完成，其传热机理如图22.3-4所示。热流体的大部分热量经翅片传递到隔板再传递给冷流体，而不像隔板是直接传热的（称为“一次传热表面”），故翅片又称“二次表面”。二次表面传热表面积与总传热表面积之比最大时可达到90%以上。

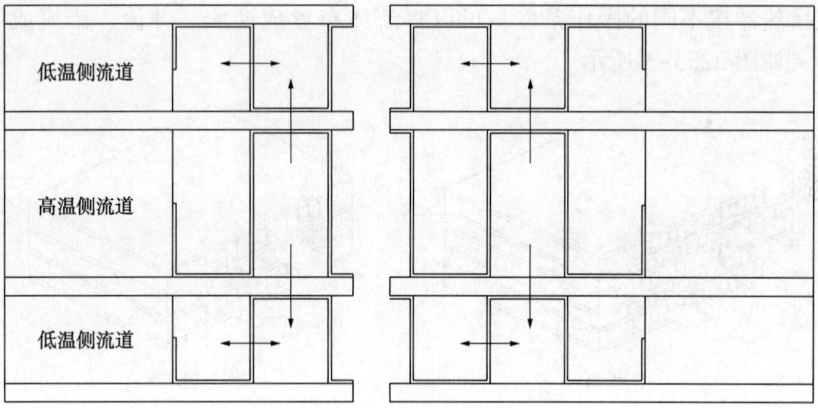


图22.3-4　翅片表面传热的机理

翅片的选用，需要根据通道的设计压力、流体的物性、传热特性、允许阻力降等因素来考虑。为了充分发挥翅片的作用，使其具有较高的翅片效率，在放热系数大的场合，选用低而厚的翅片；在放热系数小的场合，选用高而薄的翅片为宜，以增加换热面积来弥补放热系数的不足。翅片的结构形式还需考虑流体的物性和实际使用条件等因素来选定。

3. 翅片特性参数

部分翅片几何尺寸参数见表22.3-1。

表 22.3-1　部分常用翅片的几何尺寸参数

| 翅片高度 $H$/mm | 翅片厚度 $t$/mm | 翅片节距 $P$/mm | 当量直径 $De$/mm | 通道截面积 $f_i$/$m^2$ | 传热表面积 $F_i$/$m^2$ | 二次表面与总面积之比 $F_2/F_i$ |
|---|---|---|---|---|---|---|
| 3.8 | 0.2 | 1.4 | 1.80 | 0.00308 | 6.85 | 0.75 |
| 5.0 | 0.2 | 1.0 | 1.37 | 0.00384 | 11.20 | 0.857 |
| 5.0 | 0.2 | 1.4 | 1.92 | 0.00411 | 8.57 | 0.800 |
| 5.0 | 0.3 | 2.0 | 2.50 | 0.0040 | 6.40 | 0.734 |
| 6.35 | 0.15 | 1.0 | 1.50 | 0.00527 | 14.10 | 0.879 |
| 6.35 | 0.2 | 1.4 | 2.01 | 0.00527 | 9.50 | 0.820 |
| 6.35 | 0.2 | 1.7 | 2.41 | 0.00543 | 9.00 | 0.804 |
| 6.35 | 0.25 | 1.7 | 2.34 | 0.0052 | 8.88 | 0.809 |
| 6.35 | 0.5 | 1.5 | 1.71 | 0.0039 | 9.13 | 0.854 |
| 6.35 | 0.5 | 2.5 | 2.98 | 0.00468 | 6.28 | 0.745 |
| 6.35 | 0.6 | 4.2 | 4.43 | 0.00493 | 4.45 | 0.616 |
| 9.5 | 0.20 | 1.0 | 1.47 | 0.0079 | 20.20 | 0.917 |
| 9.5 | 0.20 | 1.2 | 1.80 | 0.00775 | 17.20 | 0.903 |
| 9.5 | 0.20 | 1.4 | 2.12 | 0.00797 | 15.00 | 0.886 |
| 9.5 | 0.20 | 1.7 | 2.58 | 0.0052 | 12.70 | 0.861 |
| 9.5 | 0.20 | 2.0 | 3.02 | 0.00837 | 11.10 | 0.838 |
| 9.5 | 0.60 | 4.2 | 5.13 | 0.00763 | 5.95 | 0.713 |

## 4. 芯体的结构

(1) 按流体的流动形式

板翅式换热器按不同的操作条件，可以将流体布置成逆流、并流、错流或混合流等形式。各种形式如图 22.3-5 所示。

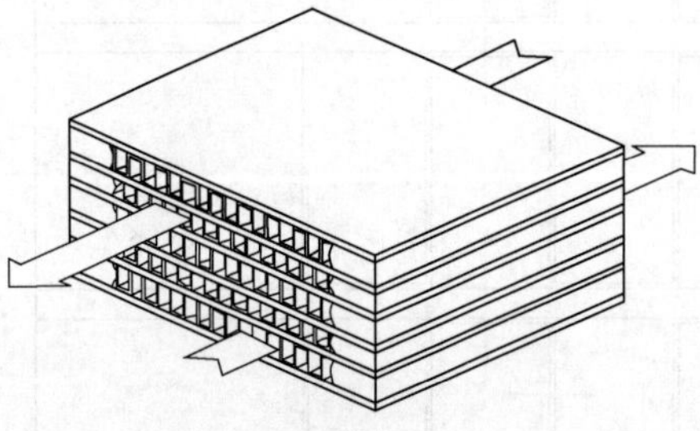

(a)逆流

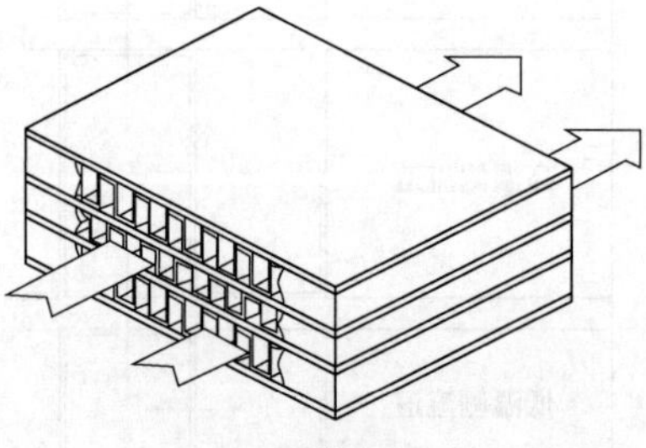

(b)并流

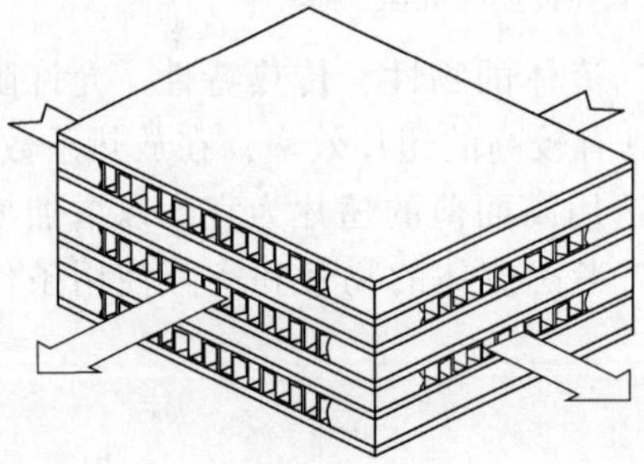

(c)错流

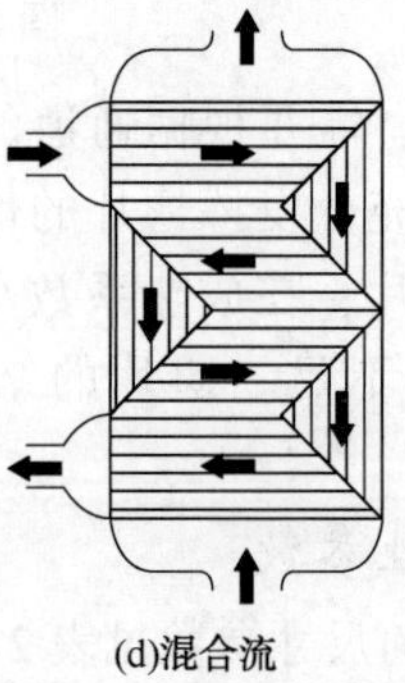

(d)混合流

图 22.3-5　流体流动的布置形式

两流体平行逆向流动称为逆流。逆流时冷流体的出口温度可以高于热流体的出口温度但低于热流体的进口温度。

两流体平行同向流动称并流。并流时冷流体出口温度总是低于热流体出口温度，所以平均温差最小。

图 22.3-6 表示了逆流和并流换热时冷、热流体沿换热器长度方向的温度变化。

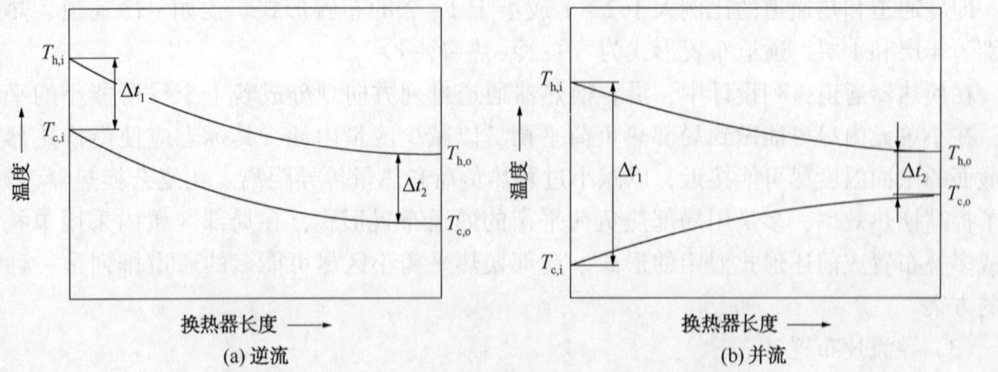


图 22.3-6　冷、热流体沿换热器长度方向的温度变化

在冷、热流体的性质、流量、进口温度及换热面积都相同的条件下，并流布置时冷热流体间平均温差最小，换热能力最低。而逆流时，流体的速度能较好地与传热效能相结合，使换热器的结构较紧凑合理。

两流体垂直交叉流动称错流。错流平均温差可看作是在逆流时平均温差的基础上，用小于 1 的系数修正，所以错流的平均温差介于并流和逆流之间。混合流是一部分流体呈逆流，一部分流体成错流，采用这种布置形式最大优点是多种流体能同时进行热交换，合理分配传热表面积，使设备布置更加紧凑，因而混合流布置特别适用于多股流换热器中的流体布置。

为了提高换热效率，板翅式换热器一般采用逆流布置。由于结构或其他因素影响而无法采用逆流时应尽量采用错流或混合流，避免采用单纯的并流。如一些装置的乙烯塔顶冷凝器采用卧式罐内置板翅式换热器，流体采用错流布置的形式。而直接放置在塔顶的冷凝器，例如采用单组分冷剂的 CFT 塔冷凝器，则会采用并流立式布置的模式。

（2）通道排列

板翅式换热器的通道排列会直接影响换热器的传热效果，是换热器的设计关键点之一。当通道排列偏离理想布置时，局部的热负荷不平衡会产生温度交叉和冷量内耗，使换热器的传热效率降低，甚至无法用增加传热表面积的富裕量来弥补损失。文献资料指出，当传热单元数 $N_{tu}=10$，$C_{min}/C_{max}=0.8$（$C_{min}$ 为流体中热容流量数小值，$C_{max}$ 为流体中热容流量数大值）时，传热表面积增加 50%，仅能使热负荷增加 3%。大量的多股流换热器有上百个通道，在换热器的设计中应评估换热器的局部热不平衡对于换热器效率的影响，需要对每一层通道位置的布置做周详考虑。

换热器的通道排列形式有多种，目前常用的有单叠、复叠和多叠。

1）单叠布置

冷通道与热通道相间隔排列，通道布置形式为“冷-热-冷-热-冷”，具有避免温度交叉，减少冷量内耗，获得较大换热效果的优点。

2）复叠布置

即冷通道与热通道比例为 2∶1 或热通道与冷通道比例为 2∶1 的布置形式。比如冷通道、热通道分别为 2 层和 1 层，通道布置形式为“冷–热–冷”。

3）多叠布置

即冷通道和热通道的比例大于 2∶1 或小于 1∶2 的布置形式。比如，冷通道、热通道分别为 4 层和 1 层，通道布置形式为“冷–冷–热–冷–冷”。

在换热器通道排列设计中，沿着换热器通道排列方向划分成若干个尽可能小的平衡单元，在小单元内尽可能做到局部热负荷平衡，以减少冷量内耗，其标志应使沿换热器同一横截面的壁面温度尽可能接近，以减小过剩热负荷和热量传导距离。在复杂换热器设计时，为了提高换热效率，多采用局部热负荷平衡的通道布置形式，在局部区域内采用单叠、复叠或多叠布置或前述形式混用的形式。局部换热平衡小区尽可能多的通道排列是一种较优化的方案。

（3）导流片布置

导流片布置在换热器流体进出口、中抽或中间注入口，把流体均匀分配到换热翅片的流道或将流体汇集于封头中。通常，导流片采用节距较大、厚度较厚的多孔型翅片，它还起保护换热翅片在制造时免受损坏的作用。

### 5. 换热器组合

真空钎焊炉的可钎焊极限尺寸直接决定了板翅式换热器芯体的最大尺寸。目前全球各制造商的真空钎焊炉尺寸和内部结构不尽相同，因此其可供最大芯体尺寸也不同。为了满足制造大型芯体的要求，在截面方向，有的制造商采用增加堆叠高度，有的制造商则增加宽度，有的制造商同时增加堆叠高度和宽度，以加大单个芯体的截面积，从而增加体积，提高单台换热器的处理能力。

随着乙烯装置的大型化，当单台换热器不能满足换热及阻力降要求时，往往需要通过多台串联或并联组合来满足工艺要求。在多台换热器并联时，需注意使流体在各个芯体中能够均匀分配。

多台换热器并联的集合管布管型式通常有三种，对称型、U(对流)型和 Z(并流)型。如图 22.3–7 所示。从流体均布的角度出发，应避免使用并流型配管。实际制造过程中各单元的流体阻力有差异，组合时应注意主要流道的阻力降匹配，工艺管道的布置也需注意这点。

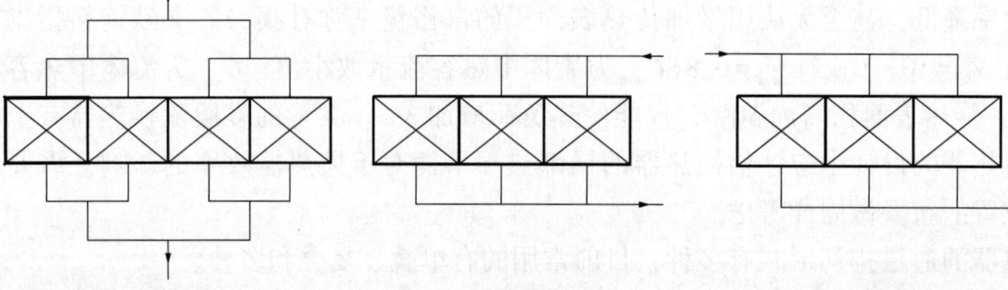

(a)对称型　　(b)对流型　　(c)并流型

图 22.3–7　单元组合方式

## 三、板翅式换热器的工艺设计

### 1. 传热计算

板翅式换热器的设计，主要是选择一组合适的翅片、合理的层结构和通道排列以满足工艺流程所需要的传热性能要求及阻力降要求。计算过程如下：

① 根据流体的特性、设计压力，初步选择翅片类型、确定翅片参数。

② 确定流体的布置形式，选择逆流、并流、错流或混合流。

③ 做出流体放热曲线 $Q-T$ 图，计算冷热流体之间的传热温差。

④ 初步确定通道数，选择换热器的有效宽度。

⑤ 根据通道布置的原则，初步确定通道排列。

⑥ 计算传热表面积和流道长度。

⑦ 根据初步计算的结果调整通道数、翅片的类型和结构参数、通道布置方式，进行迭代计算，直到各段冷热流体的计算长度基本接近为止。

⑧ 确定最终通道传热长度，计算流体阻力降。如果满足工艺要求，则设计完成。

随着工艺流程及换热器复杂程度的增加，装置对工艺流程计算、换热器设计计算精度要求越来越高，工艺流程的模拟及板翅式换热器的设计计算都采用计算软件来完成。通常，专业制造商都会有其自行研发的软件，或在商业开发软件(如 EDR、HTRI 等)的基础上进行二次开发的软件用于板翅式换热器的设计。每个制造商因其翅片加工工艺、加工精度控制、芯体钎焊工艺等的差异，对各种翅片都有该制造商特有的 $f$、$j$ 因子数据。

### 2. 对流放热系数计算

由于影响对流放热系数的因素太多，要建立一个通式来求各种条件下的放热系数是很困难的。目前常用因次分析法将众多的影响因素组合成若干个无因次数群(准数)，然后用试验的方法来确定这些准数之间的关系，即得到不同情况下的对流放热系数的关联式。在许多专著中有对流放热系数的计算方法介绍，比如《换热器》(兰州石油机械研究所主编，中国石化出版社出版)第四篇 第五章“板翅式换热器”和英国传热协会(HTFS)MUSE 软件资料等，在工程实践中有多种不同的简化计算方法。

### 3. 多股流换热

在乙烯装置深冷分离冷箱中的换热器通常是多股流换热，并伴有相变(冷凝或蒸发)。在传统的换热器设计计算中，多股流换热器设计计算是把多股流拟合成两股流进行设计。

① 把几股正流体(热流体)和几股返流体(冷流体)分别拟合成一股相当的正流体和一股相当的返流体，这样就把多股流换热转化为两股流换热。

② 按热负荷把热流体分成多股，分别与相应的每股冷流体换热，把多股流换热转化成两股流换热。

③ 以流体进、出口和流体的露点、泡点为界划分为若干段，逐段求出每段各股传热面积，然后迭加得到每股流体所需的传热面积，以所需传热面积最大一股流体作为换热器长度的设计基准。

设计中尽量使换热器内各股流体的有效换热长度基本相同，并校核各股流体的压力降均应在允许范围内，否则应通过调整通道数、翅片型式或几何参数等，经过反复计算，最终确定换热器结构参数和几何尺寸。

多股流换热器物流布置示意图和 $Q-T$ 图如图 22.3-8、图 21.3-9 所示。

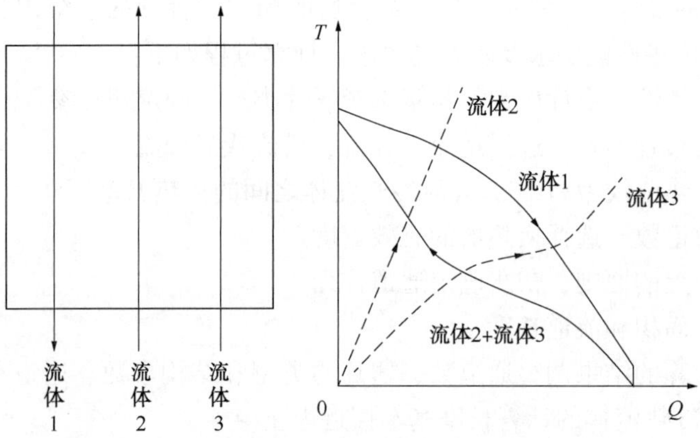


图 22.3-8　3 股流换热器流体布置示意图和 $Q-T$ 图

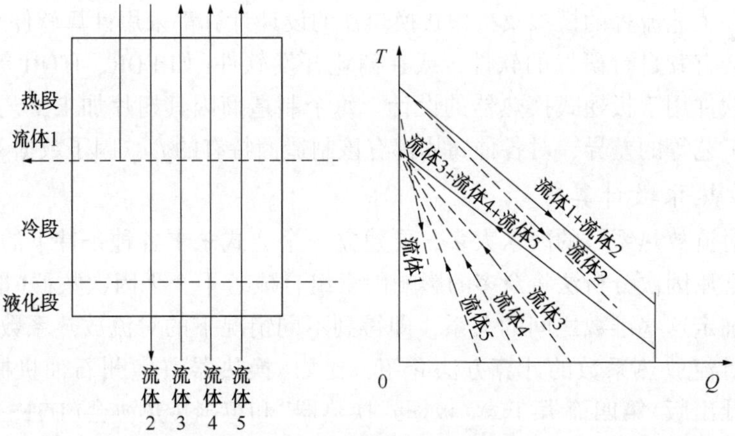


图 22.3-9　5 股流换热器流体布置示意图和 $Q-T$ 图

## 4. 阻力降计算

冷箱阻力降计算范围为入口法兰到出口法兰，总阻力降包括从入口到出口通过总管、管道、换热器的压力损失。换热器的阻力降包括接管进出封头、封头进出导流片的流速变化、导流片、导流片进出传热翅片的流速变化、传热翅片等各部分的阻力降。两相流的阻力降还包括摩擦阻力降、静压头、流体加速损失等效应。

## 5. 结构设计和强度计算

(1) 结构设计

板翅式换热器芯体部件是通过钎焊结合在一起，当换热器被同时引入不同温度的几股流体时，会使其构件因热胀冷缩而产生内部热应力。热应力叠加承压产生的应力后的总应力水平必须控制在所用材料的允许范围内，否则必须改变流程条件或改变换热器的设计结构，以减小温差应力，所以在结构设计时应予特别注意。

① 一般在稳定状态下，冷热流体之间的最大断面温差为50℃，在两相流、瞬变或循环变化等较为苛刻工况条件下，温差应小些，一般控制在20~30℃。

② 换热器并联组合时，为使流体均布，应使同一股流体的各个单元阻力基本相同，同时需要合理采用集气管的布置形式。

③ 对于两相流，特别是液相负荷占较大比例时，必须考虑液体的均布。

④ 板翅式换热器一般采用铝材，外部管路一般为钢材，在设计中需要注意到铝合金材料的强度远小于钢材。

⑤ 为了保护有效通道，除了罐内置板翅式换热器外，通常考虑在换热器最外侧设置一定数量没有工艺介质流过的无效通道，称为工艺层。布置在某一个层内的无效换热区域应与外界畅通连接，该区域和工艺层均可称为工艺空腔。

(2) 强度计算

乙烯装置用板翅式换热器属于压力容器，其机械设计须遵循相关压力容器设计规范。封头、接管和法兰应根据 NB/T 47006、JB/T 4734 和 GB/T 150 或按 ASME 规范第Ⅷ卷第1分册/第Ⅷ卷第2分册进行强度计算。支座等结构件的计算按照有关的标准进行。

板翅式换热器芯体是钎焊结构，各个承压元件的厚度无法采用常规的公式法进行计算。在结构设计规范中一般都规定采用爆破试验来确定包括翅片在内结构的最高允许设计压力。产品按中国标准规范设计的翅片按 NB/T47006 的附录进行爆破试验。产品按 ASME 规范第Ⅷ卷第1分册设计的翅片按 UG-101(m)进行爆破试验。

## 四、板翅式换热器的制造与检验

1. 材料

板翅式换热器的材料应根据换热器的用途和操作条件选用。常用的材料有：铝及铝合金、铜及铜合金(黄铜等)、镍、钛、不锈钢等。其中因铝及铝合金具有较好的钎焊性和成型性、较高的机械强度、良好的耐蚀性和导热性，而且具有延展性和抗拉强度随温度降低而提高的特性，所以在世界各国的板翅式换热器设计、制造中，特别是低温板翅式换热器，获得最为广泛的应用。

一般来说，制造板翅式换热器芯体(翅片、封条、隔板)的常用材料为3003，封头体、接管和法兰的材料是5083、5052、5454和6061。相关规范中规定的金属设计温度范围见表22.3-2。

表22.3-2 规范规定典型材料的金属设计温度范围

| 材料 | ASME | AD-MERKALATT | GB/T 3880 |
|---|---|---|---|
| 3003 | -269/+204℃ | -270/+65℃ | -269/+200℃ |
| 5083 | -269/+65℃ | -270/+80℃ | -269/+65℃ |
| 5052 | -269/+204℃ | — | -269/+200℃ |
| 5454 | -269/+204℃ | — | -269/+200℃ |
| 6061 | -269/+204℃ | — | -269/+200℃ |

各国铝制板翅式换热器常用铝合金的化学分成，见表22.3-3。

**表22.3-3 铝合金化学成分**

| 国家规范 | 牌号 | 化学成分/% | | | | | | | | | |
|---|---|---|---|---|---|---|---|---|---|---|---|
| | | Al | Mn | Si | Fe | Cu | Zn | Mg | Cr | Ti | 其他(单个/合计) |
| 美国 ASME | 3003 | 余量 | 1.0~1.5 | 0.6 | 0.7 | 0.05~0.20 | 0.10 | — | — | — | 0.05/0.15 |
| | 5052 | 余量 | 0.10 | 0.25 | 0.40 | 0.10 | 0.10 | 2.2~2.8 | 0.15~0.35 | — | 0.05/0.15 |
| | 5083 | 余量 | 0.40~1.0 | 0.40 | 0.40 | 0.10 | 0.25 | 4.0~4.9 | 0.05~0.25 | 0.15 | 0.05/0.15 |
| | 5454 | 余量 | 0.50~1.0 | 0.25 | 0.40 | 0.10 | 0.25 | 2.4~3.0 | 0.05~0.20 | 0.20 | 0.05/0.15 |
| | 6061 | 余量 | 0.15 | 0.40~0.8 | 0.7 | 0.15~0.40 | 0.25 | 0.8~1.2 | 0.04~0.35 | 0.15 | 0.05/0.15 |
| 欧盟 EN AW | 3003 | 余量 | 1.0~1.5 | 0.6 | 0.7 | 0.05~0.2 | 0.10 | — | — | — | 0.05/0.15 |
| | 5083 | 余量 | 0.4~1.0 | 0.40 | 0.40 | 0.10 | 0.25 | 4.0~4.9 | 0.05~0.25 | 0.15 | 0.05/0.15 |
| | 5754 | 余量 | 0.50 | 0.40 | 0.40 | 0.10 | 0.20 | 2.6-3.6 | 0.30 | 0.15 | 0.05/0.15 |
| 中国 GB | 3003 | 余量 | 1.0~1.5 | 0.6 | 0.7 | 0.05~0.20 | 0.10 | — | — | — | 0.05/0.15 |
| | 5052 | 余量 | 0.10 | 0.25 | 0.40 | 0.10 | 0.10 | 2.2~2.8 | 0.15~0.35 | — | 0.05/0.15 |
| | 5083 | 余量 | 0.40~1.0 | 0.40 | 0.40 | 0.10 | 0.25 | 4.0~4.9 | 0.05~0.25 | 0.15 | 0.05/0.15 |
| | 6061 | 余量 | 0.15 | 0.40~0.8 | 0.7 | 0.15~0.40 | 0.25 | 0.8~1.2 | 0.04~0.35 | 0.15 | 0.05/0.15 |

## 2. 制造工艺

板翅式换热器制造主要工艺过程：零件制造，零件清洗，芯体组装，芯体真空钎焊，封头、支座、吊耳等附件的组装焊接(简称总装)、试验和检验，通道干燥，通道充氮密封，装箱。

(1) 芯体零件制造

主要包括翅片、导流片、封条、隔板等的制造。板翅式换热器的芯体部分通常是3003材质的铝合金板材和型材、3003+4004隔板。封条由铝型材加工厂根据要求定制。隔板为三层结构，中间层为母材，上下两层为铝合金钎料。这些零件通过专用机床切割下料得到所需零件。翅片、导流片在专用冲床上冲制成型，经过切割后得到所需尺寸的零件。上述零件经清洗去油后进入下一道工序。

(2) 芯体组装

根据芯体图逐个零件、逐层装配芯体，并用夹具夹紧。

(3) 真空钎焊

芯体钎焊是板翅式换热器制造过程最重要工序之一。真空钎焊是目前最常用的钎焊方法。在钎焊前应制定钎焊工艺，在钎焊过程中严格按钎焊工艺操作，确保产品的钎焊质量。

(4) 封头制造

封头的主要材料多采用5083材质，法兰通常采用6061或5083材质的锻件。封头上的接管一般采用管材加工或板材卷制，封头体、封瓦采用板材卷制成半圆管或管材对剖加工，半圆板采用板材切割，然后焊接成一体。法兰和封头上的接管一般采用对接焊接结构。对接焊缝需进行X射线检测，角焊缝需表面渗透检测。

(5) 总装

芯体钎焊后，封头、支座等零部件通过熔焊的方法与芯体组装焊接。

(6) 检验和烘干

强度试验和气密性试验在无损检测合格后进行。采用液压试验的产品或者对露点温度有严格要求的产品在试验完成后烘干。

(7) 氦质谱检漏

根据合同约定进行相关流道的氦质谱检漏，进行流道泄漏率的定量检测。

真空钎焊铝制板翅式换热器的制造工艺流程见图 22.3-10。

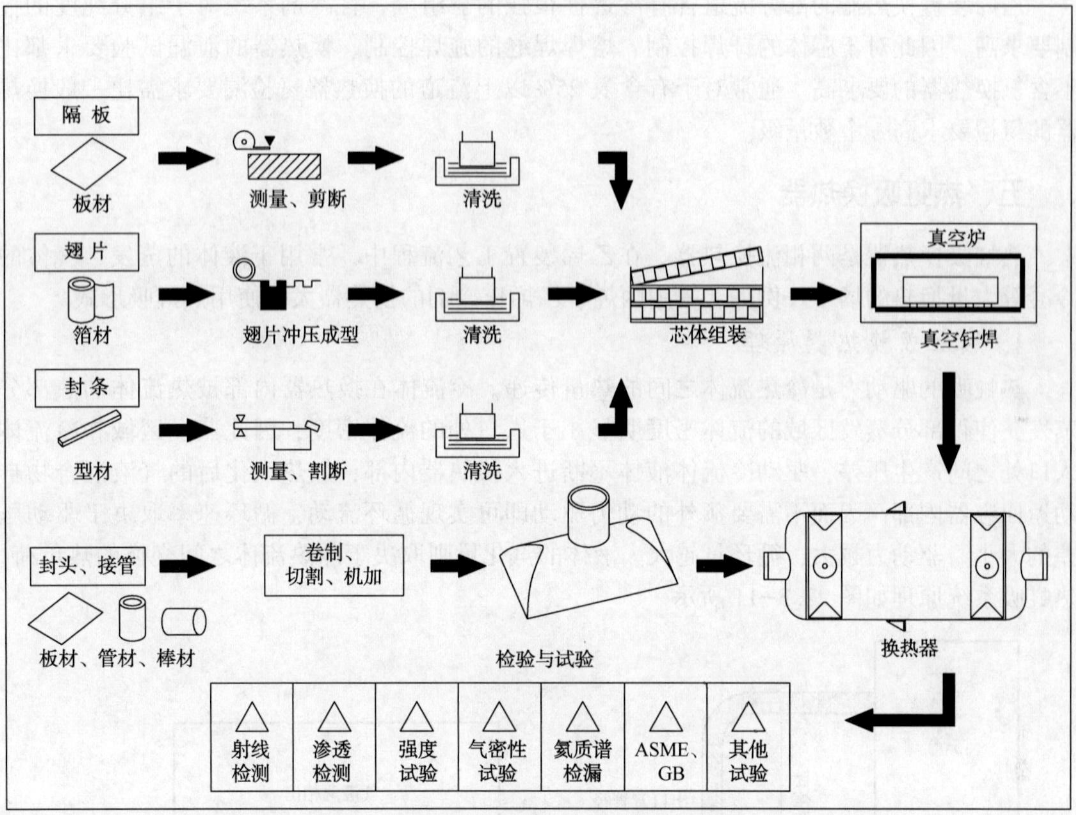


图 22.3-10 真空钎焊铝制板翅式换热器的制造工艺流程

乙烯装置冷箱所涉及的板翅式换热器的最高设计压力通常为 3.0~5.0MPa(G)，这一类换热器通常归类为中高压换热器，且多为多股流有相变换热器，结构复杂。装置大型化后，板翅式换热器截面尺寸也越来越大，其制造难度要高于其他应用领域的大多数换热器。

3. 检验与试验

NB/T47006《铝制板翅式热交换器》是我国板翅式换热器现行的行业标准，出口换热器一般按照 ASME 规范进行检验与试验，ALPEMA 可供参照执行。

板翅式换热器的检验与试验包括原材料检验、零部件质量检验和成品质量检验。零部件质量检验主要是翅片几何形状和尺寸检验、封条和隔板尺寸检验、封头尺寸检验以及焊缝的无损检测等。成品质量检验主要是外观检验、尺寸检查、清洁度检查、零部件与芯体的焊缝无损检测、耐压试验、泄漏试验(包括气密性试验、氦检漏试验等)、气阻试验及通道内部干燥度检查等。

对于 3 台及以上并联的板翅式换热器单元或设计有要求时，对换热器的相关流道用空气进行阻力降测试。多台换热器并联时需要根据主要流体的气阻试验结果进行换热器布置的安排，确保换热器在实际运行时偏流情况趋于最小。

对于介质泄漏控制要求严格的换热器，在气密性试验合格后用氦质谱检漏设备进行检漏。氦质谱检漏包括内漏检测和外漏检测。内漏检测是检查流道之间的互漏，外漏检测是检查换热器流道向周围环境的泄漏。通常，制造商与买方在合同中单独约定氦质谱检验要求。

乙烯装置换热器的部分流道含有渗透性很强的氢组分，且冷剂系统对于组分纯度的控制要求高，因此对于芯体的钎焊控制、熔焊焊缝的施焊控制、换热器的泄漏试验要求都比不含氢换热器的要求高。通常对于有含氢 25%以上流道的换热器氦检漏要求需比一般换热器的氦检要求高一个数量级。

## 五、热虹吸换热器

热虹吸换热器是两相流换热器。在乙烯装置工艺流程中，常用于液体的蒸发、气体的冷凝等大量换热的场合。例如，采用丙烯、乙烯作冷剂的换热器大量使用热虹吸形式。

1. 热虹吸换热器原理

热虹吸的驱动力是冷热流体之间的热量传递。冷流体在换热器内部被热流体加热部分蒸发，使得部分蒸发区域的流体密度明显小于入口处的流体密度，因此蒸发区域和冷流体入口处之间产生压差，驱动冷流体液体不断进入换热器内部，加热汽化后的气液混合物自动返回容器内部，因而不需要额外的动力驱动即可实现循环流动，循环速率取决于驱动压差的大小。驱动力越大，循环量越大。液体的汽化量则取决于冷热流体之间交换的热负荷。热虹吸系统原理如图 22. 3-11 所示。

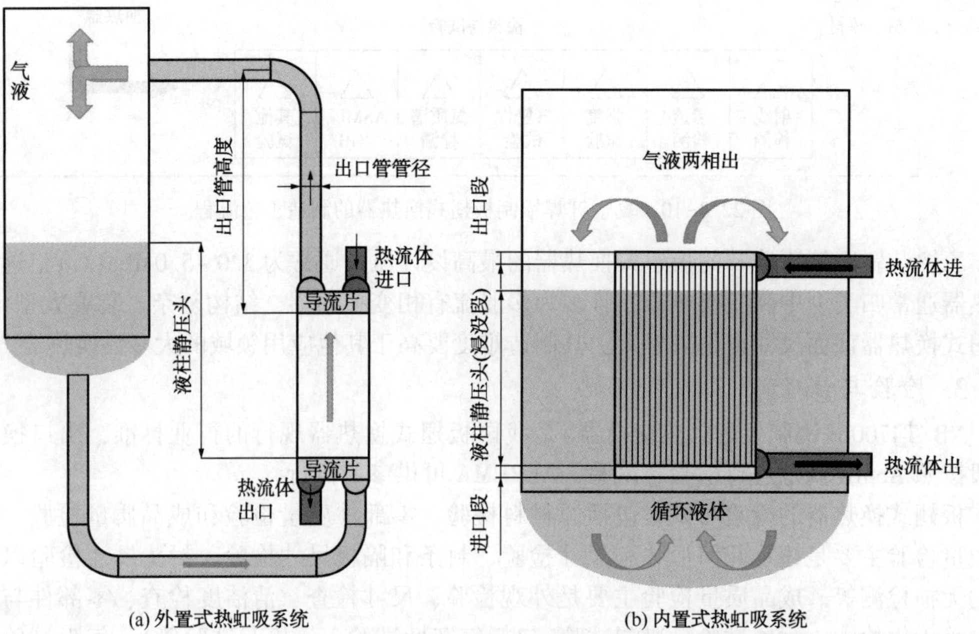


图 22. 3-11　热虹吸系统原理图

热虹吸换热器通常包括罐内置热虹吸换热器和外置式热虹吸换热器。在乙烯装置中，常见的外置热虹吸换热器包括乙烯塔再沸器、乙烯塔中间再沸器等。常见的罐内置换热器包括预脱甲烷塔顶冷凝器、脱甲烷塔冷凝器、乙烯塔顶冷凝器、$C_3$ 洗涤塔冷凝器等。

2. 罐内置板翅式换热器

在罐内置板翅式换热器被应用于工业装置前，热虹吸换热场合大量使用管壳式换热器。由于管束的单位体积换热面积与板翅式换热器的相比有较大的差距，因此在装置大型化或者装置扩能改造而场地受限时，板翅式换热器代替管束就具有很大的优势。一般来说，罐体采用低温碳钢或不锈钢制造，板翅式换热器采用铝合金制造。热流体的管线采用不锈钢-铝合金过渡接头进行铝合金与不锈钢的转换。对于特殊场合，罐体也可以采用铝合金制造，此时就不需要采用过渡接头。

不锈钢-铝合金的过渡接头用于限制使用法兰连接的场合。不锈钢和铝合金难以用熔焊的方法直接焊接，通常有以下四种不锈钢-铝合金的过渡接头的制造工艺：

① 盐浴钎焊工艺。用钎焊解决不锈钢和铝合金件的密封问题，用法兰结构加强钎焊面的强度问题，法兰螺栓采用防松结构，这是较早期的工艺。

② 爆炸焊工艺。不锈钢板和铝板间通常根据需要加入 1~3 层的过渡金属板来解决不锈钢和铝合金表面亲和力差的问题。采用大张板整体爆炸焊，再根据需要分切加工为环状，最后加工为法兰盘形状。乙烯装置中规定不能选用含银的材料接触工艺物流。

③ 套接工艺。用铝合金件内插入、套接不锈钢件，再机加工为加厚管件。铝合金线膨胀系数比不锈钢的大，在低温下有自紧的效果。

④ 摩擦焊工艺。不锈钢和铝棒摩擦焊后加工为管件。

这几种工艺里面，爆炸焊工艺和套接工艺应用较多，摩擦焊工艺在较小直径时有应用，盐浴钎焊工艺基本不采用。相关产品如图 22.3-12 所示。

(a) 套接工艺的产品

(b) 爆炸焊工艺的产品

图 22.3-12　钢铝接头

不锈钢-铝的过渡接头为免维护产品，一旦损坏无法维修。须将加载在钢铝过渡接头的力和力矩控制在规定的范围内，还必须控制不锈钢和铝的结合面的温度不能超过规定值，特别是在接头附近维修焊接的热量输入时。通常情况的铝制板翅式换热器的最高金属温度限定在+65℃，这个温度对钢铝接头是安全的。

冷剂在罐内的操作液位建议控制在 40%~80%之间。在运行时，可依据实际换热负荷要求、换热器的实际运行性能表现调节冷剂液位高度。

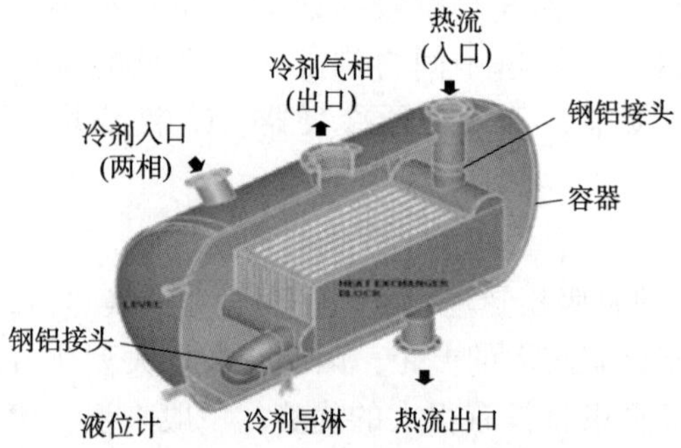


图 22.3-13　卧式罐内置板翅式换热器内部结构示意图

如前所述，罐内置板翅式换热器常用的布置形式有两种：卧式布置和立式布置。

卧式罐内置热虹吸换热器常被称为 CIK(core in kettle)、PFK(plate-fin in kettle)或 PFV(plate-fin in vessel)。图 22.3-13 为卧式罐内置板翅式换热器的内部结构示意图。板翅式换热器为两股流错流布置结构，隔板采用立式布置。热流体水平方向流动；冷流体则是液体从底部进入，蒸发后两相流体从上部出换热器。热流体进出口管线穿过筒体或封头；冷剂通常为液体经调阀减压后以两相流的形式进入罐内，通常进口设置在气相空间；冷剂气相出口设置在筒体顶部，筒体最低处设置导淋口，用于停车时排液。筒体上设置有液位计和液位远传接口。为了设备检修的需要，通常在封头或筒体上设置人孔。运行工况下，芯体应可以水平滑动。钢铝接头布置在管线上应力较小处。

图 22.3-14 为典型的丙烯蒸发乙烯冷凝的 PFV 换热器，其筒体直径 3m、长度 16m，空重约 63t。

图 22.3-14　卧式罐内置热虹吸换热器(PFV 换热器)

立式热虹吸罐内置板翅式换热器，芯体部分或全部浸没在冷剂中，热流体自上而下流动或从下往上流动并部分冷凝，冷流体在通道向上流动并部分汽化。图 22.3-15 为某脱甲烷预分馏塔冷凝器，采用立式罐内置板翅式换热器结构，直接放置在脱甲烷预分馏塔的顶部，冷热两股流体逆流换热布置。结构设计时，塔顶冷凝器需要和塔体一起进行强度计算。为防止可燃性气体在塔顶冷凝器裙座中积聚，设置有充氮系统。

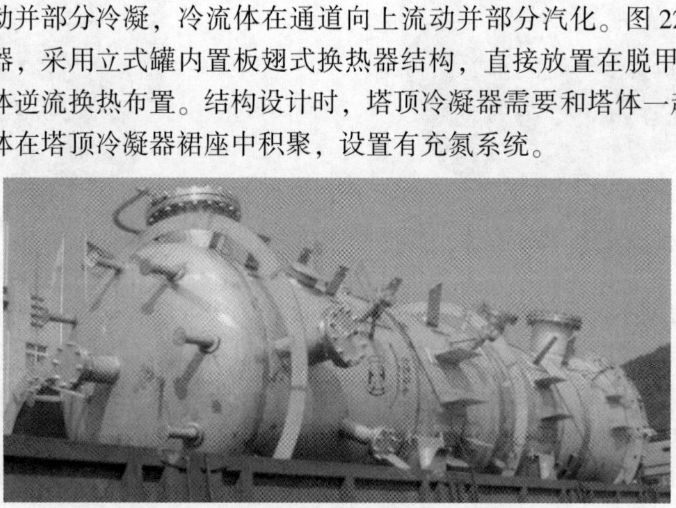

图 22.3-15　立式罐内置板翅式换热器

外置式热虹吸换热器在乙烯装置中是很常见的。图 22.3-16 为乙烯塔的塔底再沸器和中沸器。

在外置式热虹吸系统的设计中，需要充分考虑到下述影响因素：

换热器与容器之间的相对安装高度。由于热虹吸是需要冷剂液柱静压头来提供其流动的驱动力的，因此需要冷剂液面与换热器液体入口处存在一定高差。热虹吸系统阻力降包括液相管路、板翅式换热器冷剂蒸发通道、气液两相返回管路的阻力降。容器内操作液面液柱静压头产生的驱动力会直接影响冷剂循环倍率。如图 22.3-17 中所示，若液位 $A'$ 过高，液柱静压头导致冷剂通道内液体过冷段 $H_{BC}$ 过长，会影响到换热器的有效蒸发段 $H_{CD}$ 的传热长度，即会导致换热面积不够。如果液位 $A$ 过低，则可能会驱动力不够而导致汽化率很高甚至不能形成热虹吸循环而出现干蒸发。罐的位置、换热器设计和配管设计三者密切相关。

图 22.3-16　乙烯塔再沸器和中间再沸器

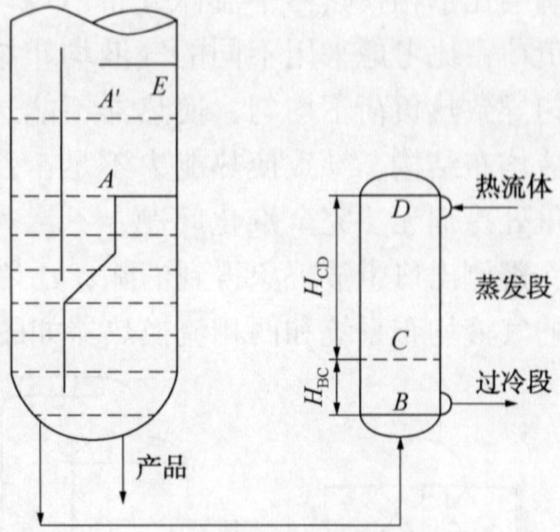


图 22.3-17　蒸发段和过冷段计算示意图

### 3. 罐内置热虹吸板翅式换热器的制造与检验

罐内置热虹吸板翅式换热器的制造核心是板翅式换热器的制造和板翅式换热器在罐内的组装。由于板翅式换热器是安装在容器内部的，因此它的泄漏性试验要求更为严格。如前所述，设备的安装环境温度和使用温度是不同的，因此，设备的组装需要严格按照设计文件的规定，钢铝接头与其两端管道的焊接应严格按照焊接工艺要求操作，防止钢铝接头的钢铝接合部位超温。

罐内置热虹吸板翅式换热器的检验主要包含以下内容：内部装配尺寸检查、外部安装尺寸检查、无损检测、压力试验、气密性试验和通道内露点检测。设备检验试验合格后，对内部板翅式换热器应做好运输支撑保护。运输前，各通道应充氮保护。

## 六、乙烯装置板翅式换热器的两相流设计

乙烯装置冷箱/换热器多个位号中都存在两相流换热的场景。冷箱内换热器多为多组分、多股流的两相流换热器。

两相流换热器中的流体主要有以下 6 种形式：

① 进入换热器时流体为气相，出换热器时为气液两相的部分冷凝。

② 流体以气液两相形式进入换热器，出换热器时为单一液相的部分冷凝。

③ 流体以气液两相形式进入换热器，出换热器时仍是气液两相，但气相流量减少的部分冷凝。

④ 进入换热器时流体为液相，出换热器时为气液两相的部分蒸发。

⑤ 流体以气液两相形式进入换热器，而以气相形式流出换热器的部分蒸发。

⑥ 流体以气液两相形式进入换热器，出换热器时仍是气液两相，但液相减少的部分蒸发。

在乙烯装置冷箱/换热器中，上述情况均有可能出现。换热器设计时需要针对不同的场合采用不同的设计方法。

1. 常规两相流换热器的设计

流体分布均匀是传热计算的假定前提之一。两相流换热中，气液分布不均匀对换热器性能的影响会比单相换热器中流体分布不均匀的影响更大。在换热器设计中，不同的气液比例及热负荷占比考虑采用不同的气液均布结构。案例显示装置在实际运行中，因气液分布的不均匀导致热负荷不均匀，换热器不能达到设计性能。某乙烯装置乙烯塔顶冷凝器因未设置气液均布结构，导致换热能力不足，乙烯塔顶操作压力偏高，冷剂用量偏离设计值且存在出口处冷剂无法完全汽化问题，乙烯收率不达标。增加两相流均布结构后，乙烯塔顶冷凝器冷剂侧出口带液现象得到消除，乙烯塔顶操作压力下降，乙烯塔产能提高明显。

典型的气液均布系统和两相流换热器如图 22. 3-19 所示。

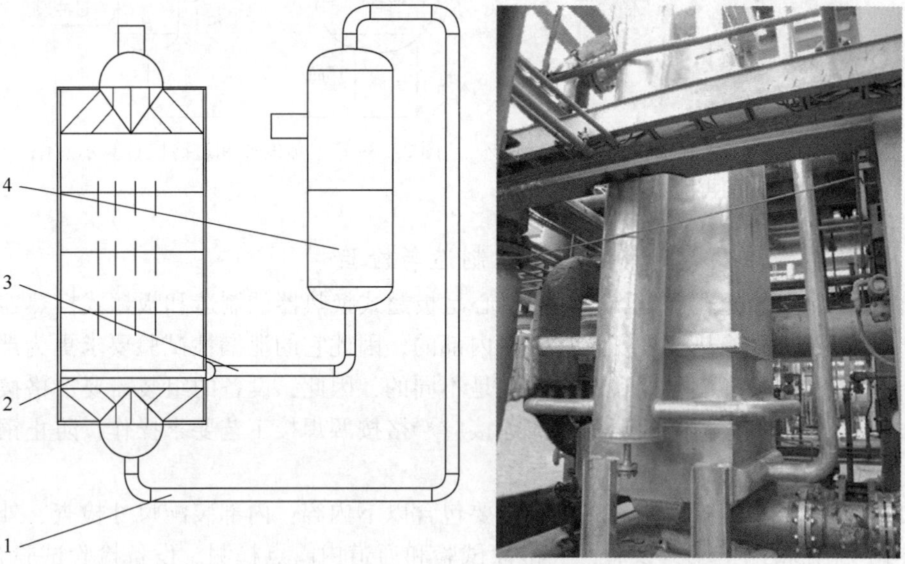


图 22. 3-19　典型的气液均布系统和两相流换热器

1—气相管路；2—换热器内注液均布结构；3—液相管路；4—气液分离器

2. 乙烯冷箱的设计

乙烯冷箱的设计包括多股流相变板翅式换热器的设计、两相流冷流体的均布结构设计（包括气液分离器、换热器内部的气液均布结构）、冷箱内设备的布置、冷箱配管设计、冷箱钢结构设计、仪表选型以及冷箱充氮保护系统等辅助系统设计。每一个部分都是冷箱设计中不可或缺的，而前面五大部分则是设计的核心内容。

乙烯装置中大量存在两相流换热器的场合，两相流均布的设计是乙烯装置板翅式换热器及冷箱设计的重点。在需要设置气液均布结构时，采用一种阻力降合理且液体分布效果好的结构非常必要。同时，气液分离器与换热器之间合理的相对位置很重要。

## 第四节 冷箱及板翅式换热器的安装、运行和维护

设备制造商在设备交付时都同步提供设备安装、运行和维护说明书，该文件通常描述了设备交付现场后各阶段的注意事项，用户在设备安装、使用前应仔细阅读。本节简要介绍各个阶段的注意事项。

### 一、设备安装简述

乙烯装置换热设备的安装包括板翅式换热器、冷箱和 PFV 换热器等的安装。下面分别描述各自的安装要求。

设备吊装由安装公司完成。起吊前，安装公司应充分了解设备吊装要求。吊装机具应具备足够能力。

1. 板翅式换热器的安装

板翅式换热器吊装前应检查包装箱内换热器完好，外表无损伤；管口装有氮封压力表的换热器，检查各管口氮封压力表的显示；未安装氮封压力表的换热器，可通过止回阀确认通道内有无氮封压力。如果出现通道内没有压力的情况，应及时联系制造商。发泡保冷的换热器在吊装前还应检查发泡外壳，如有损伤应及时联系制造商。

换热器上有起吊装置或吊耳时应采用起吊装置或吊耳吊装。如果没有起吊装置或吊耳，应采用对铝合金表面无损伤的软性吊带起吊换热器。通常，不允许采用钢索直接起吊。如果用钢索起吊，应注意保护好换热器以免受损。换热器吊装时不得损坏换热器管口及其他附件，尤其是小直径的接管。

换热器就位后，外围管路与换热器的接管相连时需按制造商或工程公司提供的配管安装要求进行。注意事项：所有工作都必须在换热器内氮封气体释放完毕后才能进行，防止人员窒息。配管时严禁强力安装。

为了防止固体颗粒杂质进入换热器，换热器的入口处应设置过滤器。过滤网至少应能清除直径大于 0.18mm 的颗粒杂质。外围管道上的管道过滤器应尽可能靠近换热器管口安装，并有单独的支撑，或必须使由于安装了管道过滤器而施加在换热器管口上的附加载荷及其他外部载荷的总和在设计允许的范围之内。

与换热器管口连接前，外围管道必须事先彻底清除内表面的颗粒杂质，例如氧化皮或砂粒、焊渣等，否则机械杂质有可能堵塞板翅式换热器流道。

在换热器接入工艺系统前，应确保系统内其他设备、外围管线阀门等已经吹扫干净，以去除管道和设备内残存的水分、灰尘、锈粉和焊渣等杂质。

换热器的氮封盲板法兰不得用于在用户现场进行的压力试验和气密性试验，否则会对人身安全造成威胁。

低温操作的板翅式换热器是严禁水或水汽进入其流体通道及工艺空腔。在用户现场，应注意换热器管口的封闭保护。当换热器未能及时进行现场保冷施工时，必须注意防止换

热器工艺空腔进水，否则开车过程中可能因水结冰膨胀损坏换热器。如果发现换热器有进水的迹象，应做好烘干处理，避免开车过程中因水结冰膨胀损坏换热器。

如果换热器上有标记要求在安装后、现场保冷前开启或去除的，必须按此标记要求开启或去除相关的物件。比如按总图图示或产品上的标记去除换热器工艺空腔开口处的覆盖物。

2. 冷箱的安装

(1) 冷箱吊装前的检查

外观检查：包括钢制保冷箱无破损、外表无明显变形、油漆完好、冷箱附件无损伤等。

氮封检查：管口装有氮封压力表的换热器，检查各管口氮封压力表的显示；未安装氮封压力表的换热器，可通过止回阀确认通道内有无氮封压力。

如冷箱有损伤或异常之处应及时联系制造商，以尽快得到妥善处理。

(2) 冷箱吊装

冷箱吊装操作应非常小心：吊装时应吊在设备制造商设置的吊耳上，禁止利用冷箱外伸接管进行吊装；须保证钢索不与冷箱各管口以及呼吸阀、冷箱安全泄放装置等冷箱附件相碰；吊装过程中必须保证冷箱底部不与地面或其他东西相碰。冷箱从运输车辆上卸车时的吊挂建议参照图 22.4-1，从暂时存放地吊装至最终位置就位时的吊挂建议参照图 22.4-2。

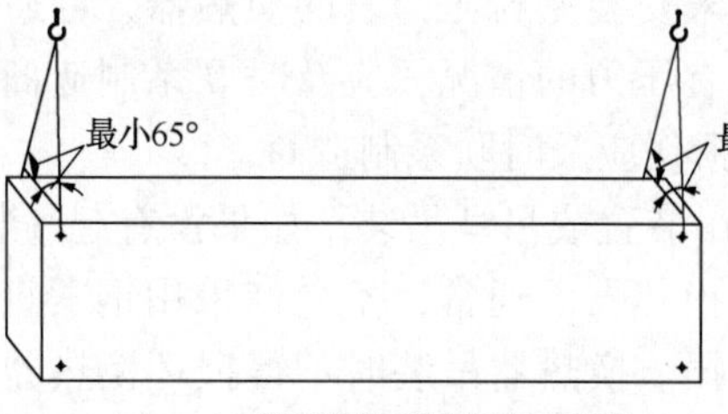


(a) 较长冷箱平吊吊挂示意图

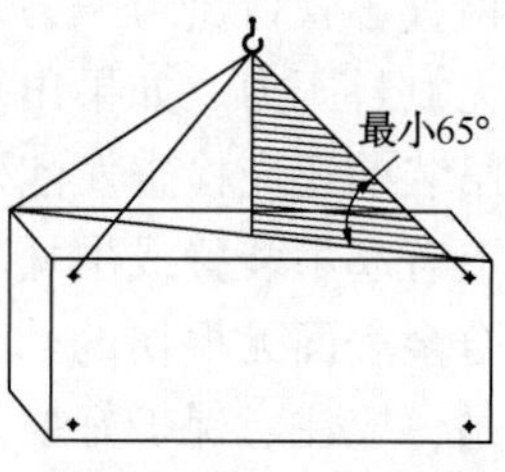


(b) 较短冷箱平吊吊挂示意图

图 22.4-1 冷箱平吊吊挂建议

冷箱就位后，用户需按技术协议的要求完成需要在现场完成的工作。冷箱外围管路与冷箱管口相连需严格按设备制造商和工程公司的安装要求进行，不得强力安装。除冷箱安全阀的检查外，其他所有与冷箱内容器相关的工作都必须在冷箱内容器中的氮封气体全部泄放后才能进行，以防止发生人身安全事故。前述换热器安装的注意事项也适用于冷箱相关安装内容。

为了保持珠光砂的干燥度，装填工作在冷箱临近开车前完成，并及时充氮；装填前，包括冷箱在内的系统气密性试验已合格。珠光砂应符合采购技术条件的要求，装填前应检查珠光砂包装完好、干燥，若受潮不允许使用。装填过程中应保持珠光砂干燥。严禁袋装珠光砂未拆封整袋装入冷箱内，以防砸坏冷箱内小直径管线和线缆等。

由于珠光砂的流动性非常好，一旦操作人员陷入其中不能及时救出，很容易发生窒息死亡事件。人工装填珠光砂时，应做好安全和个人防护措施，充填口安装安全网等。

充氮系统使用前应确认氮气气源压力符合要求，否则有损坏充氮系统及冷箱壳体的可能。

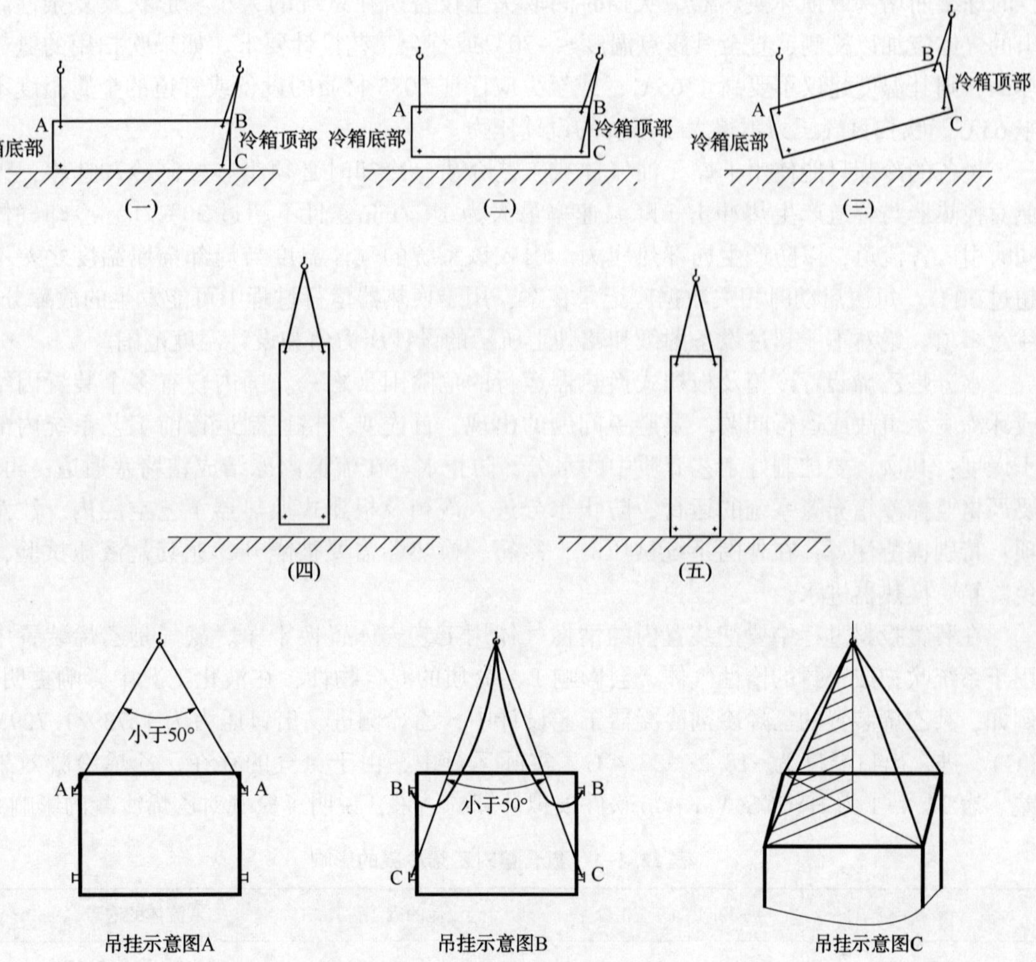


图 22.4-2　冷箱安装就位吊挂建议

说明：

① 吊装顺序：(一)➡(二)➡(三)➡(四)➡(五)。

② 吊装示意图 A 为开始吊装冷箱时冷箱底部吊挂示意。

③ 吊装示意图 B 为开始吊装冷箱时冷箱顶部吊挂示意。

④ 吊装示意图 C 为冷箱吊装就位时冷箱顶部吊挂示意。

⑤ 吊装时应充分考虑冷箱的重量、尺寸和最后安装位置，选用合适的吊车、吊具等。

### 3. 罐内置换热器和外置热虹吸系统的安装

罐内置换热器安装就位后，应拆除内部换热器的临时运输支撑，并松开板翅式换热器的定位螺栓，使板翅式换热器在低温运行时可以沿设备支撑移动。

外置热虹吸系统的设备安装及配管应严格满足设计的规定。不符合设计要求的施工可能会严重影响热虹吸系统的正常运行。

## 二、设备运行

### 1. 设备的启动

启动前，设备需用洁净无油干燥氮气吹扫，以去除系统中的残余水分，避免水分在运行时冻结而堵塞或损坏换热器。吹扫时间取决于设备所在系统的大小、形状及复杂性。吹出的气体应加以检测，直至其露点温度≤-70℃或符合工艺设计要求。如果吹扫用的氮气是热的，则其温度建议不要高于65℃，或至少应保证5083材质的设备或管道的金属温度不高于65℃。吹扫氮气压力不得大于系统的设计压力。

设备的冷却只能使用干燥无油气体或工艺介质。冷却时必须小心控制冷却速率，以避免对换热器与管道产生热冲击。降温速率最大为1℃/min，且不超过30℃/h。冷却气体应同时引入各流道，以防产生局部热应力。引入该系统的气体温度与局部金属温度之差不能超过30℃。每次启动时相关数据应记录在案，用于换热器运行过程中可能发生的故障分析。注意事项：绝对不能超过设备图纸和铭牌上所示的设计压力值和设计温度范围。

水分是乙烯装置冷箱及板翅式换热器运行的危险因素之一。国内曾有多个装置因结霜或冰冻发生事故或运行问题。要避免问题的出现，首先要严格控制运行前工艺系统内部的干燥度；其次，要控制好工艺介质中的水分，防止水分在流道内冻结成霜堵塞通道；再次，要严格监控冷箱充氮系统的运行，防止水分进入冷箱及板翅式换热器工艺空腔内。注意事项：特别提醒注意，在外围系统试压时，冷箱、换热器需要被隔开，尤其是液压试验，避免冷箱、换热器进水。

在装置投料过程中要把装置内的惰性气体用工艺气体置换干净。氮气是乙烯装置中常用于系统吹扫或密封的惰性气体，会影响工艺介质的混合物性，在液化工况中影响更明显。例如，某乙烯装置的乙烯冷剂冷凝器工艺设计中，乙烯侧进、出口压力为1.739/1.729MPa(G)，进、出口温度为-18.2/-33.4℃。实际运行中，由于氮气的存在，乙烯冷凝效果变差。表22.4-1为HYSYS(Ver.11)软件模拟计算的结果，说明了氮气对乙烯冷凝的影响。

**表22.4-1 氮含量对乙烯冷凝的影响**

| 氮含量/%(摩尔) | -33.4℃的气相分率 | 流体的露点温度/℃ | 流体的泡点温度/℃ |
|---|---|---|---|
| 0.1 | 0 | -31.92 | -32.50 |
| 0.2 | 0 | -31.97 | -33.14 |
| 0.3 | 0.0203 | -32.02 | -33.79 |
| 0.4 | 0.0542 | -32.07 | -34.44 |
| 0.5 | 0.0882 | -32.11 | -35.11 |
| 0.6 | 0.1222 | -32.16 | -35.79 |
| 0.7 | 0.1562 | -32.21 | -36.48 |
| 0.8 | 0.1901 | -32.26 | -37.17 |
| 0.9 | 0.2241 | -32.31 | -37.89 |
| 1.0 | 0.2581 | -32.35 | -38.61 |
| 2.0 | 0.5979 | -32.83 | -46.52 |
| 3.0 | 0.9376 | -33.31 | -55.92 |

而纯组分的乙烯在 1.739MPa(G)压力下的饱和温度为-31.87℃。从表中可见，氮含量越高，冷凝温度越低，当冷侧温度不变时，换热器温差变小，冷凝量变少，出口处不凝气体增加。

2. 正常运行

在设备运行时，应尽可能保证装置操作工况稳定在设计工况。如出现大幅偏离设计工况的情况，建议把操作数据反馈给制造商，以分析产生该现象的原因。

进入换热器的各种流体应当是流动稳定的，必须避免来自压缩机或泵的脉冲或喘振。如有脉冲或喘振，需在冷箱或换热器前设置缓冲罐来避免其对换热系统产生影响。

为了防止超压，用户有责任在各种流道中安装适当的压力泄放装置。其泄放压力不能超过冷箱内换热器的最高允许工作压力。

3. 停车、加温

"设备启动"中所述的启动注意事项也适用于停车。特别是，为了防止热冲击，加温/降温应缓慢进行，在换热器上适当部位测得的升温/降温速率不能超过 1℃/min，且不超过 30℃/h，否则有损坏换热器的可能。紧急停车时应尽可能满足该速率控制要求。

加温冷箱系统应使用气体，而且必须先排净冷箱内换热器和其他容器中的所有液体。当换热器达到常温时，应用露点温度为-40℃以下的洁净氮气吹扫。吹扫达到要求后，换热器应用盲板封闭。如果需停车一段时间，设备的各流道应用干燥氮气加压至 0.02~0.12MPa(G)，同时注意操作压力不得高于流道相应的设计压力。如果采用加温氮气吹扫，5083 材质的设备、管道金属温度不得高于+65℃。

## 三、冷箱的日常维护

除了本节所述的说明与建议之外，冷箱/换热器不需要日常维护。对于可能会影响换热器的所有其他设备的运行情况应做好记录。记录表上应记录设备启动、停车、设备任何故障的详情以及日常操作数据。在正常操作下，板翅式换热器很少会出问题，如果出了问题，建议尽快咨询设备制造商。在咨询设备制造商之前，建议不要擅自处理问题。

① 工艺操作数据发生严重偏离时(比如某一股流体的出口压力或温度严重偏离设计工况)，应做好记录，并分析原因。如果与冷箱系统故障相关，应立即通知制造商。

② 用户应经常检查冷箱充氮系统是否工作正常。在正常操作状态下，冷箱充氮系统的氮气流量应符合制造商提供的公用工程要求。装置停车时也应保证氮气充入冷箱，以保证珠光砂不会受潮。应经常检查各工艺管线进出冷箱的函箱是否漏气，如有漏气应及时处理。

③ 保冷箱外表面建议涂银灰色面漆，或者黑度系数较低的油漆。

④ 用户应随时检查冷箱内珠光砂沉降情况，如有明显沉降应给予补充，防止冷箱上部设备因裸露而保冷不足。

⑤ 用户应注意保冷箱顶部有没有积水。如果存在积水则应采取措施避免，确保冷箱顶部不会发生渗水现象，以防止珠光砂受潮，降低保冷效果。

⑥ 冷箱四周应保持干燥，严防有水渗入冷箱基础内，以防止冻坏冷箱基础(混凝土基础)。

⑦ 冷箱外壁如发现有挂霜或结冰，应做好记录并设法查明原因。如果挂霜或结冰范围继续扩大，应设法消除，同时检测冷箱内的气氛，以判断工艺系统是否发生泄漏。如外壁

挂霜或结冰消除后结冰现象再次发生并继续扩大，同时冷箱内气氛异常，应立即通知制造商，同时做好停车检修准备。

⑧ 如果冷箱充氮系统的压力正常却发生冷箱安全泄放装置起跳现象，用户应立即检查充氮系统的工作状态(流量、自力式调阀阀后压力)以及冷箱内的气氛，并判断是否发生工艺系统泄漏。如工艺系统有异常泄漏，应立即通知制造商，同时做好停车检修准备。检查并排除故障后方可复原冷箱安全泄放装置。在此过程中应做好冷箱的防潮、防雨措施。

## 四、检修

乙烯装置周期性停车检修时，如果整个运行周期中冷箱设备没有发现故障或问题，一般不建议对冷箱设备卸除保冷材料进行检查。如果冷箱不需要检修，建议在系统氮气置换合格后用盲板把冷箱与周边管路系统断开并充氮保护。

装置停车检修时，系统通常需要打开与大气相通，甚至有可能出现雨水、机械杂质等进入设备内部。如前所述，板翅式换热器和冷箱系统需要严格防止游离水或机械杂质等进入内部。

对于装置因故停车需要进入冷箱进行检修时，应根据现场情况首先做好检修预案。装置停车后，应先进行工艺介质的排放，然后进行工艺系统的复温、氮气置换。工艺介质排净并用氮气置换合格后方可考虑卸除珠光砂或拆除保冷材料、断开设备周围工艺管线。进入冷箱前需先分析检测冷箱内的气氛，碳氢化合物、氧等含量合格后方可进入冷箱，以免发生人身安全事故。冷箱检修完成后再次装填珠光砂，应确认原有的珠光砂满足相关技术要求的规定，否则需更换珠光砂。

所有在现场参与施工作业的人员应具备相应的资质，并完成相应的安全培训。冷箱内部为受限空间，有施工作业时，冷箱外部必须有监控人员在场，以防突发事故。

当换热器芯体因隔板损坏出现通道互漏时，可采用堵通道修补方案，并由制造商对堵通道的影响进行评估。当发生严重泄漏，修补十分困难或已无法满足工艺设计要求时，应更换该单元设备。当发生外漏时，可采用氩弧焊补焊。维修工作需要由专业人员来完成。

## 五、经验和建议

乙烯冷箱内部的主要设备是板翅式换热器、气液分离器和闪蒸罐。对于气液分离器和闪蒸罐，除非因超压、管口载荷超过设计要求等出现破坏外，一般来说不需要特别关注。

以下是一些关于板翅式换热器有益的经验和建议，供用户在使用、维护过程中参考执行。

1. 板翅式换热器内的热应力

和其他换热器一样，板翅式换热器每个部件的应力都必须控制在允许的范围内。介质压力、外加载荷和部件之间的温差都会产生应力，而这些应力叠加后的最大值必须控制在许用应力之下，以防部件损坏或出现故障。制造商根据设计压力进行板翅式换热器设计，并向用户提供可以施加在换热器上或对外连接管口法兰面上的管口许用载荷。换热器在正常工作时可能引起的热应力，制造商在设计时已经考虑，用户必须在操作时按照要求执行。

(1) 机械失效

板翅式换热器各部件是紧密刚性焊接或钎焊的，因此，在换热器各部件内和部件间产生的局部金属温差会引起很大的温差应力。

局部金属温差是因这些部件或部分部件随热量的输入以不同速度变热或冷却而引起的。这些温差使部件内或部件间产生瞬间膨胀或收缩，因机械结构限制部件的热变形而导致部件内产生热应力。如果局部金属温差过大，则热应力和其他外部载荷造成的应力之和就会超过材料的屈服强度，并有可能超过材料的极限抗拉强度。

由于下述原因，换热器部件内或相邻部件之间的温差会产生很大的热应力：

① 连续不稳定工况：如大流量波动、沸腾通道中的不稳定流动、设备控制系统配备不适当。

② 瞬间变化工况：如启动、停车、装置非正常工况、解冻、冷却和加温等。

连续剧烈不稳定工况会产生超过屈服强度的循环应力，并可能导致设备因疲劳而失效。瞬间变化工况时，如果组合应力超过材料的极限拉伸强度，部件就可能损坏。

(2) 几项建议

为减少板翅式换热器部件在使用时损坏或出故障，建议采用如下几种方法：

① 用户必须把介质压力和外加载荷限制在允许范围内。

② 和其他换热器一样，使用时也须使板翅式换热器慢慢地进入使用工况或解冻工况，以避免产生过大的热应力，尤其当导入热容量很大且传热迅速的液体或两相流时。

③ 换热器任何部位两股相邻流体之间的温差应限制在设计规定的范围内。

④ 须特别注意液体在换热器内完全蒸发的工况，蒸发过程中会产生很大温差，并引起流动不稳定。须严格遵守完全蒸发换热器所建议的允许温差，工艺装置的设计须确保流动稳定。

⑤ 设计和操作工艺设备以及与换热器连接的管道都必须防止偏流或流动不稳定(例如，进入换热器的液体出现间断性滞流等)，这对蒸发流体尤其重要。

⑥ 任何流体周期性的或频繁出现的温度波动必须限制在±1℃/min 的范围内。超出该要求的数据应被记录在案，以备后续分析需要。

案例：

某乙烯装置进口冷箱，使用后出现氢气流道和丙烯液相通道之间互漏。氢气进入丙烯中成为不凝气影响到丙烯冷剂的过冷，临时采取旁通丙烯维持装置运行。按原工艺参数设计、更换的新冷箱投运后相同流道间再次发生互漏，根据冷箱工艺数据核算，发现丙烯通道与氢气通道之间存在大温差，导致局部芯体元件出现损坏。

总之，板翅式换热器是紧密刚性结构，如果一直处于间断性或持续不稳定的工况，该换热器会因产生过大的热应力而损坏。遵循上述建议，避免过大热应力，有助于确保板翅式换热器的使用寿命。

### 2. 板翅式换热器的污垢和通道堵塞

(1) 污垢

由于对使用介质有洁净要求，正常情况下，板翅式换热器不会碰到污垢问题。但是如果流道压降未增加而传热性能下降，则有可能是污垢问题，因此，在决定采用板翅式换热器前，必须确认流体中是否存在使用时会形成沉积的外来物，特别是在低温区更应注意。

典型例子是丙烯冷剂压缩机的密封油，它会以固态形式沉积在翅片表面上，降低换热器的传热性能。

(2) 堵塞

堵塞即固体颗粒进入换热器内部或工艺介质中某些组分在低温下固化而阻塞了翅片间隙。

板翅式换热器如被堵塞，其后果是非常严重的。因为堵塞，介质不可能均布到各通道中和每一通道的整个宽度方向上，造成各个通道流体的分布不均匀，同时还会使被堵塞通道的压降增加。

例如，工艺系统中介质的操作温度低于水、二氧化碳等杂质的凝固温度，设备运行时，随着介质温度降低，这些杂质会凝固并吸附在翅片表面上，随着时间的推移，凝固物越来越多，导致换热器的换热能力和流通能力下降，表现为换热效果差，阻力降增大。

板翅式换热器的堵塞问题可通过下述方法预防：

① 制造时，板翅式换热器的接管或开口处必须保持封闭，直到接管或法兰与设备的管路系统相连接，以防机械杂质或灰尘进入换热器内。

② 安装时，吹扫连接管路并检查其清洁度，确保铁锈、碎片和灰尘等不会进入换热器。

③ 在可能会使工艺介质受污染的任何地方，在流道进口处，设置管道过滤器。管道过滤器可根据操作条件和技术要求由制造商提出滤网要求。

④ 控制工艺介质的组分。

3. 腐蚀问题

在乙烯装置中可能存在的腐蚀包括汞腐蚀和大气腐蚀等。

(1) 含汞的工艺环境

在乙烯装置换热器设计时，专利商会提出换热器的防汞腐蚀需求。采取有效的保护措施后，换热器可以应用于含少量汞的场合，但建议换热器不要用于含汞超过 0.1μg/$Nm^3$ 的应用场合。超过这个限制，则须安装脱汞装置，同时换热器设计时要考虑防汞腐蚀措施。

(2) 大气或环境腐蚀

板翅式换热器一般没有明显大气腐蚀的迹象。但如果把换热器放在有温度变化的潮湿环境中，换热器表面就会因湿汽的凝结而引起的轻微自然腐蚀。

如果将换热器暴露在含有盐分的水雾或含盐大气的环境中，例如将换热器长期存放在位于沿海地区的现场或海上运输而没有适应海运的包装，则必须采取特殊保护措施。如果海上运输成套换热器，换热器到达现场后，则应立即用无氯水(含氯量$<25\times10^{-6}$)冲洗换热器的所有表面。冲洗后，换热器表面必须彻底晾干。同时必须保证换热器的工艺空腔和介质通道不得进水。

由于很难确保换热器的绝热层(保冷材料层)不渗水，因此若发生换热器的绝热层起火，不能用水(包括海水、咸水或其他形式的含盐的水以及自来水)来灭火。这些水有可能被吸收积聚在换热器绝热层和换热器表面之间，从而引起换热器表面腐蚀。

## 参考文献

[1] W M Kays, A L London. Compact Heat Exchangers(Third Edition)[M]. Florida: Krieger Publishing Compa-

ny，1998.
[2] 王松汉，等．板翅式换热器[M]．北京：化学工业出版社，1984.
[3] 刘巍，邓方义，等．冷换设备工艺计算手册[M]．北京．中国石化出版社，2008.
[4] NB/T 47006 铝制板翅式热交换器 [S]．2019.
[5] The Standards of The Brazed Aluminum Plate-Fin Heat Exchanger Manufacturers' Association(ALPEMA) 3rd Edition[S]．2010.
[6] 张国兴，张淑文．齐鲁石化乙烯装置扩容冷箱的设计[J]．深冷技术，2006，5：42-47.
[7] 闫振贵．板翅式换热器翅片性能的比较和选择[J]．深冷技术，2007，6：18-21.
[8] 兰州石油机械研究所．换热器(第二版)(上册)[M]．北京：中国石化出版社，2013.

# 第二十三章　催化剂

## 第一节　乙炔选择加氢

### 一、概述

乙烯工业装置上液态烃类裂解产生的裂解气中含有乙炔 0.15%~0.5%(摩尔分数，下同)，丙炔、丙二烯(以下称 MAPD)0.25%~0.9%，炔烃的含量随着裂解深度的增加而增加，对于较高的裂解深度，乙炔含量甚至可以高达 0.9%。为获得聚合级的乙烯、丙烯产品，必须将乙炔、MAPD 脱除至要求指标。脱除裂解气碳二馏分中微量乙炔的方法包括催化加氢法、溶剂吸收法、氨化法、乙炔铜沉淀法、低温精馏法、络合吸收法等，其中，催化加氢法是通过使用催化剂将乙炔选择性加氢为乙烯，该方法工艺流程简单、能耗低、投资少且环境友好，是目前工业上最常采用的脱炔方法。乙烯分离流程技术主要分为三大类，分别为顺序分离技术、前脱丙烷前加氢技术和前脱乙烷前加氢技术。碳二馏分脱除乙炔根据反应流程的不同，又分为后加氢和前加氢两种工艺，前加氢工艺的加氢反应器位于脱甲烷塔之前，后加氢工艺的加氢反应器则位于脱甲烷塔之后。应用于顺序分离流程中的碳二加氢又称为碳二后加氢，前脱丙烷前加氢和前脱乙烷前加氢中的碳二加氢技术又称为碳二前加氢。

前加氢工艺流程是裂解气经碱洗脱除二氧化碳、硫化氢等酸性气体后，未经精馏分离出氢气、甲烷等轻质馏分即进行加氢脱除炔烃的过程。在这种情况下进入加氢反应器的原料气中，除含有乙烯、丙烯、乙烷、丙烷外，还含有氢气和甲烷，乙炔含量通常为 0.3%~1.2%，乙烯浓度大于 50%，氢气浓度大于 15%，CO 含量为 $10^{-4}$~$2.7\times10^{-3}$。由于物料中含有大量的氢气，所以前加氢工艺的反应器存在飞温的风险。前加氢工艺的优点在于其分离流程简化，设备投资少，操作能耗低，利用物料自身含有的氢气，不需外加氢气，也无须补加 CO 来调节催化剂的选择性。另外，前加氢催化剂绿油生成少，运行周期长，操作简单，在新建的乙烯装置中，前加氢工艺占有主导地位。

后加氢工艺是分离出裂解气中所含氢气、甲烷等轻质馏分后，再将氢气适量配入分离所得的碳二或碳三馏分中进行加氢的过程。原料中乙炔含量通常为 0.5%~2.5%，乙烯浓度大于 70%。与前加氢不同的是后加氢的碳二馏分中无氢气和一氧化碳，因此，必须配入适量的氢气以对乙炔进行加氢。由于后加氢过程所需氢气是根据炔烃含量定量配入，床层温度容易控制，不易发生飞温的问题。在目前已建成的乙烯装置中，后加氢工艺占有主导地位。

## 二、乙炔选择加氢反应的机理

碳二馏分选择加氢反应主要包括以下系列放热反应：

主反应：　$C_2H_2+H_2 \longrightarrow C_2H_4+174.3kJ/mol$　(1)

副反应：　$C_2H_4+H_2 \longrightarrow C_2H_6+136.7kJ/mol$　(2)

$C_2H_2+2H_2 \longrightarrow C_2H_6+311.0kJ/mol$　(3)

$C_2H_2+nC_2H_2+H_2 \longrightarrow C_{2n+2}H_{2n+4}$　(4)

$2C_2H_2+H_2 \longrightarrow C_4H_6$　(4-1)

$C_4H_6+nC_2H_2+H_2 \longrightarrow C_{2n+4}H_{2n+8}$（链增长）　(4-2)

当温度高于 315℃时，还可能发生下列副反应：

$C_2H_2 \longrightarrow 2C+H_2+227.8kJ/mol$　(5)

$C_2H_4 \longrightarrow CH_4+C+125.5kJ/mol$　(6)

$mC_2H_2+nH_2 \longrightarrow$低聚物(绿油)　(7)

在上述这些强放热反应中，既有竞争反应[如反应(1)与反应(2)]，又有串联反应[如反应(3)]，还有平行反应[如反应(4)、反应(4-1)、反应(4-2)]。从上述热力学数据看，乙炔比乙烯更易于发生加氢反应。然而由于碳二馏分中乙烯的大量存在，从反应速度的角度来讲乙烯加氢进一步生成乙烷的可能性也很大，乙炔生成乙烷比只生成乙烯的可能性大得多，加氢除炔的同时可能会造成乙烯的损失，因此副反应进行的难易程度决定生成乙烯的选择性高低。根据反应速度比较，乙烯加氢生成乙烷的反应速度比乙炔加氢生成乙烯反应速度快 10~100 倍，这表示乙烯的消失比生成更迅速。解决这些不利因素的关键是要使乙炔选择加氢生成乙烯，而乙烯不再或尽可能少地继续加氢生成乙烷，同时应尽量避免副产物绿油的生成。绿油会污染催化剂，覆盖活性中心，降低催化剂加氢性能，缩短使用周期。

在催化加氢过程中，乙炔加氢的选择性往往取决于催化剂表面上乙炔、乙烯、乙烷等不同的吸附物种的相对覆盖度，而吸附物种在催化剂表面的覆盖度取决于其吸附性能。围绕上述(1)~(7)的宏观反应，关于催化剂吸附和反应机理的研究者提出了不同理论。目前被广泛接受的是 Horuiti-Polanyi 机理，即顺序加氢机理，主要分为以下三步：

首先，气相中的 $C_2H_2$ 和 $H_2$ 扩散到催化剂表面的活性中心，形成吸附态的 $C_2H_2*$ 或 $H_2*$。

$H_2+2* \rightleftharpoons 2H*$　(8)

$C_2H_2+* \rightleftharpoons C_2H_2*$　(9)

然后，$H_2$ 分子解离的 $H*$ 原子与相近的 $C_2H_2*$ 结合形成中间体 $C_2H_3*$，该中间体 $C_2H_3*$ 再继续和最近的 $H*$ 原子结合形成吸附态 $C_2H_4*$。

$C_2H_2*+H* \rightleftharpoons C_2H_3*+*$　(10)

$C_2H_3*+H* \rightleftharpoons C_2H_4*+*$　(11)

最后，吸附态 $C_2H_4*$ 从催化剂表面活性位上脱附 $C_2H_4(g)$，若吸附态 $C_2H_4*$ 不能及时从表面脱附，则可能进一步加氢形成 $C_2H_6$后再脱附。

$C_2H_4* \rightleftharpoons C_2H_4(g)+*$　(12)

$C_2H_4*+H* \rightleftharpoons C_2H_5*+*$　(13)

$C_2H_5*+H* \rightleftharpoons C_2H_6*+*$　(14)

$C_2H_6* \rightleftharpoons C_2H_6(g)+*$　(15)

此外，吸附在催化剂表面活性位的 $C_2H_2$ 或 $C_2H_3$ 会发生聚合反应形成绿油，进而堵塞催化剂孔道、覆盖在活性表面以及抑制氢扩散从而使催化剂失活。有研究表明，1,3-丁二烯($C_4H_6$)是绿油形成的前驱体。$C_2H_2$ 聚合形成 $C_4H_6$ 有三种路径：第一种是吸附态 $C_2H_2$ 发生自耦合形成 $C_4H_4$，$C_4H_4$ 经两步加氢形成 $C_4H_6$；第二种是吸附态 $C_2H_2$ 和 $C_2H_3$ 聚合形成 $C_4H_5$，$C_4H_5$ 加氢形成 $C_4H_6$；第三种是吸附态 $C_2H_3$ 自耦合形成 $C_4H_6$。

Borodzinski 等的乙炔加氢两位点理论研究认为在乙炔反应初期积炭的形成导致 A 位点和 E 位点的形成。其中积炭之间较小的缝隙会形成 A 位点，位阻效应的存在使得 A 位点只能吸附乙炔；而积炭之间较大的缝隙会形成 E 位点，较大的空间位置使得 E 位点对乙炔和乙烯都能吸附，活性位点形成机理如图 23.1-1 所示。要想将催化剂的选择性提得越高，催化剂中 A 位点的数目就要远远大于 E 位点的数目。另外，对催化剂的修饰和改性可以影响 E 位点的数目，进一步影响对乙炔和乙烯的吸附能力，从而提高催化剂的乙烯选择性。

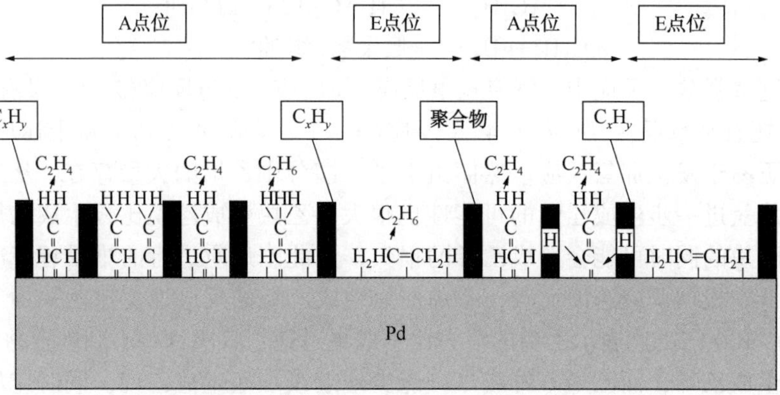


图 23.1-1 A、E 活性位点形成的机理

J. Wood 等认为在乙炔加氢过程中催化剂表面可能存在以下几种吸附模式。首先，乙炔在催化剂表面通过 $\pi$ 键吸附形成如图 23.1-2 所示的 1 物种，吸附在催化剂表面的乙炔通过 Pd 的作用三键断裂生成新物种，该物种在催化剂表面为 di-$\sigma$ 吸附，如图 23.1-2 中 2 所示。在通入氢气后氢气在催化剂表面裂解，该物质通过添加一个 H 原子后，反应物转变为乙烯基，该物质在催化剂表面转为 $\sigma$ 吸附，如图 23.1-2 中 3 所示。生产的乙烯基有两条催化途径，该物质既可以加氢生成乙烯又可以加氢生成亚乙基，吸附模式如图 23.1-2 中 4 所示。亚乙基经过脱氢可以生成次乙基，如图 23.1-2 中 5 所示。通过端基碳原子形成的多位吸附物种，该物质在催化剂表面的吸附模式如图 23.1-2 中 4 和 5 所示，该物种易深度加氢生成乙烷。在一定条件下，吸附的碳碳键也可能会发生断裂产生积炭或生成具有单个碳原子的物种(如：甲烷、丙烷等)。除此之外，图 23.1-2 中 3 的乙烯基还可能发生聚合反应生成绿油的前驱体 1,3-丁二烯。同时催化剂表面解离吸附的乙炔和亚乙烯基也被认为是多聚物绿油和苯的前驱体。

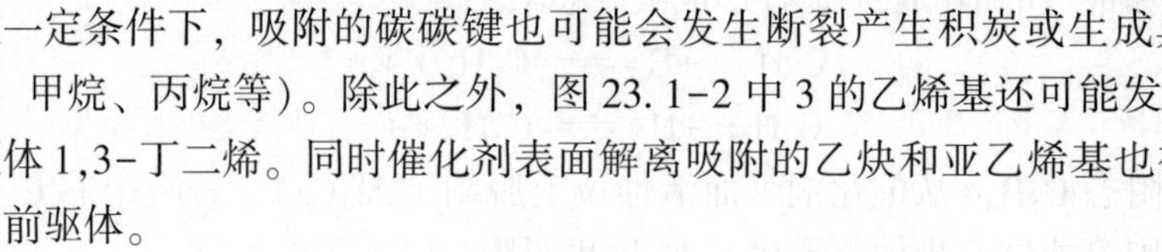

1 2 3 4 5 6 7

图 23.1-2 乙炔加氢过程中催化剂表面可能存在的吸附物种

实现原料乙烯中微量乙炔脱除的目标路径是乙炔选择加氢生成乙烯，如何抑制乙炔经乙烯或中间体生成乙烷以及如何抑制乙炔发生聚合反应形成绿油，都是在碳二选择性加氢反应中需要考虑的两个关键问题。在 $Pd/Al_2O_3$ 催化剂上存在着吸附强弱顺序：$C_2H_2>>CO>C_2H_4$、$C_4H_6$，因此工业操作中为尽量减少乙烯损失，采用过向碳二馏分中添加 CO 的做法，利用 CO 排斥乙烯在活性位上的吸附，从而起到减少乙烷生成量、提高选择性的作用。但工业使用中也发现，当氢炔比处于较低状态时，由于 CO 抑制催化剂的活性，催化剂无法有效脱除乙炔，致使乙炔转化率低；为阻止漏炔需提高反应温度，但提温后绿油生成量增加，又会缩短催化剂的运行周期和使用寿命。

根据吸附强弱顺序 $C_2H_2>>C_2H_4$，催化剂表面上乙炔作为强吸附质易于取代弱吸附质乙烯，易于发生乙炔加氢反应；同时，乙炔的脱附能力弱于乙烯，因此反应生成的乙烯也很容易脱附。改进催化剂时常采取添加助催化剂组分的做法，目的之一就是强化竞争吸附，降低催化剂对乙烯的吸附，并使乙炔加氢生成的乙烯能够很快从催化剂上脱附，减少乙烯被进一步加氢生成乙烷的机会，达到提高选择性的目的。

## 三、乙炔选择加氢催化剂研究进展

碳二馏分选择加氢催化剂的研究及应用始于 20 世纪 40 年代，由早期的硫化物系列催化剂、负载型非贵金属催化剂逐渐发展为负载型贵金属催化剂。纵观碳二选择加氢催化剂的发展历程，活性组分普遍采用过渡金属，在这其中，以贵金属 Pd 的加氢活性及选择性为最佳。因此，负载型 Pd 催化剂是工业上最先采用的碳二选择加氢催化剂，也是目前工业上使用最为广泛的碳二选择加氢催化剂。

随着乙烯技术的不断发展和进步，对碳二加氢催化剂的性能要求愈发提高。近些年来，研究人员对碳二加氢催化剂性能的优化工作主要围绕添加助剂、改进载体、采用新型制备方法、改变活性组分种类等方面展开。

众所周知，虽然 Pd 在碳二加氢反应中表现出良好的催化性能，但由于 Pd 原子极强的氢吸附能力以及 Pd 表面易发生齐聚反应生成绿油，纯的 Pd 基催化剂存在乙烯选择性不高、稳定性差等问题。在 Pd 催化剂中加入助活性组分则可以有效调节和改善催化剂性能。助活性组分对催化剂性能的调控一般包含两个方面：几何效应和电子效应。所谓几何效应，即利用助活性组分将连续的加氢活性位点分离；电子效应则是利用助活性组分对主活性组分的电子性质进行修饰，两者皆通过影响乙炔和乙烯在催化剂表面的吸附来调控催化剂性能。助活性组分的选择范围很宽，常见的有 Ag、Ni、Cu、Zn、Au、Ga 等，其中，工业催化剂中采用最多的是 Ag。Pachulski 等人对 $Pd-Ag/Al_2O_3$ 催化剂的表征结果表明，Ag 的加入可以有效稀释催化剂表面 Pd 原子浓度，降低乙炔发生齐聚反应生成绿油的可能性，使得催化剂可以长周期稳定运行。Eills 等人利用原子尺寸较小的 Li 和 B 作为助剂对 Pd/C 催化剂进行改性。Li 和 B 能够进入 Pd 晶格的八面体间隙中形成间隙原子，一方面导致 Pd 的电子结构发生改变；另一方面，可以阻止次表层对氢原子的吸附，因而能有效提高催化剂的加氢选择性。实验结果表明，在相同的反应条件下，用 Li 和 B 改性的催化剂可以将乙烯选择性由原来的 50%提高到 80%。He 等人通过在 $Al_2O_3$ 表面原位生长层状双金属氢氧化物(LDH)的方式制备了在 $Al_2O_3$ 载体上的 MgGaAl-LDH，然后经过浸渍、还原过程制备了不同钯镓比的 $Pd-Ga/MgO-Al_2O_3$ 催化剂。实验发现，在相同的反应条件下，钯镓比为 0.2 的 Pd-Ga/

$MgO-Al_2O_3$ 催化剂其乙烯选择性比单 Pd 催化剂（$Pd/MgO-Al_2O_3$）高出 27%。研究者认为，Pd 与 Ga 形成的双金属纳米合金及其在载体表面的高分散性是造成选择性优异的主要原因。

载体是负载型催化剂的组成部分之一，主要用于支撑和分散活性组分。虽然载体本身并不具有催化活性，但其在赋予催化剂特定形状并提供比表面、孔结构及机械强度等物理性质的同时，也可以通过与活性组分间的化学相互作用产生新的活性中心，因而会对催化剂性能产生重要影响。用作碳二选择加氢催化剂的载体材料主要有 $Al_2O_3$、$SiO_2$ 及 $TiO_2$ 等，其中，应用最广的是 $Al_2O_3$ 载体，这也是目前工业上使用最多的载体。$Al_2O_3$ 载体的物性会因制备方法不同而不同，对催化剂性能造成的影响也不同。Komhom 等人的研究结果表明，与溶胶凝胶法和沉淀法制备的 $Al_2O_3$ 载体相比，通过溶剂热方法制备的 $Al_2O_3$ 载体其比表面积适宜，孔径分布集中，Pd 粒子可以在其表面高度均匀分散，催化剂的选择加氢性能更优异。$Al_2O_3$ 载体成型工艺简单、物化性质可控，美中不足的是，其表面的 B 酸和 L 酸中心容易在反应过程中引发聚合反应，造成催化剂性能下降。$Al_2O_3$ 载体的表面改性工作是碳二加氢领域一个重要的研究方向，常用的改性方法有添加碱或碱土金属、添加稀土元素等。Panpranot 课题组对 $Pd/TiO_2$ 加氢催化剂进行过深入系统的研究。实验结果表明，载体表面的 $Ti^{3+}$ 物种可以有效促进活性组分 Pd 的分散，且可以增强载体与 Pd 之间的相互作用。他们将溶胶-凝胶法制备的 $TiO_2$ 载体分别在氢气、氮气、氧气和空气条件下进行预处理，发现经氢气和氮气处理的载体具有更多的 $Ti^{3+}$ 缺陷，对应的催化剂也具有更高的活性及选择性。

催化剂的制备方法也是影响其催化性能的重要因素之一。浸渍法是碳二加氢催化剂最常用的制备方法，具有生产工艺简单、成本低等优点。不过，采用该方法制备的催化剂往往存在活性组分分散度低、催化性能差的问题。通过调整制备方法对活性组分的形貌、分布等进行优化从而提高催化剂的性能，是近年来碳二加氢领域的研究热点。Guo 等人研究了大气放电等离子体处理对 $Pd/TiO_2$ 催化剂性能的影响，发现与未经处理的催化剂相比，经等离子体处理的催化剂 Pd 的分散度更高且金属-载体间相互作用更强，因而具有更高的加氢活性和乙烯选择性。Ma 等人通过控制活性组分前驱体的还原速率分别制备了纳米花状和八面体状的 Pd-Au 双金属纳米颗粒。催化性能测试结果表明，在相同的载体上，纳米花状的 Pd-Au 颗粒表现出更高的活性、选择性及稳定性。纳米花状颗粒更高的表面缺陷浓度、独特的形貌及结构稳定性是造成上述结果的主要原因。Kim 等人通过改变预处理方法，制备了立方体状[主要暴露晶面为(100)晶面]和球状[主要暴露晶面为(111)晶面]的 Pd 纳米颗粒。实验发现，立方体上的 Pd-H 相可以在更低温度下分解，且乙烯在催化剂表面的吸附更弱，因而催化剂具有更高的乙烯选择性。可以看出，活性组分微晶晶面及表面缺陷位的选择性构造也是调控催化剂性能的重要手段之一。

虽然 Pd 在碳二催化加氢领域占有绝对优势地位，但一直以来科研人员也很重视可对 Pd 进行替代的其他活性组分的研发工作。据文献报道，Au 对碳二选择加氢反应有良好的催化性能，虽然反应需要较高的温度，但乙烯选择性通常可达 100%；相比之下，Pt 催化剂上很容易发生过加氢反应，其催化加氢选择性远低于 Pd 催化剂。与昂贵的贵金属催化剂相比，成本低廉的非贵金属催化剂的研发更受科研人员的青睐。Bridier 等人制备了一种用于炔烃选择加氢的 Cu-Ni-Fe 三元催化剂，其中，Cu 用作加氢活性中心，Ni 用来增加氢的覆盖度以减少绿油的生成，Fe 则用作结构助剂。在该催化剂表面，乙炔发生完全转化时，乙烯的选择性可达 80%。Vilé 等人的研究表明，$Ce_2O$ 可以在炔烃加氢反应中表现出良好的催化性能，缺点是氢气在其表面的解离吸附需要在高温下进行。

以上所述均为碳二加氢热催化体系所用的催化材料。采用电催化选择性加氢除炔的方法及其反应系统与材料的研究也十分值得关注。

在电催化选择加氢除炔研究方面，意大利帕多瓦大学 Binbin Huang 等人报道了利用 Cu 电极和 Ag 电极在 DMF 溶剂中电催化选择性还原乙炔得到乙烯的方法。宋秀丽等人的研究表明乙炔分子在 Pd(111)面上呈平行桥键构型时最稳定，钯电极在硫酸溶液中可将乙炔电还原为乙烯。西北工业大学张健报道了一种在环境条件下选择性地将含有杂质的乙炔还原为乙烯的电催化半加氢化的方法。对于含有 1%乙炔的粗乙烯流，电化学沉积的铜(Cu)枝晶表现出 97%的高选择性，可在 $9.6\times10^4$ mL/(gcat · h)的大空速下连续产生聚合物级乙烯流($4\times10^{-6}$乙炔)，并且具有优异的长期稳定性。通过理论和实际电化学拉曼光谱研究表明，由于 Cu 催化剂对乙炔的放热吸附和乙烯的脱附，使得其电催化乙炔半加氢化时具有优异的性能。以此研究为基础，该团队已申请相关中国专利(CN112301373A)。中科院理化所张铁锐报道了一种基于层状双氢氧化物(LDH)衍生的铜催化剂在室温下电化学乙炔还原(EAR)制取乙烯的系统。该催化剂具有高达约 80%的乙烯法拉第效率(FE)，并且抑制烷烃和氢气的生成。该系统在模拟气体进料中以 50mL/min 的流速提供超过 99.9%的乙炔转化率和 90.1%的乙烯选择性，产生乙烯/乙炔体积比超过 105，且可忽略残余氢气[0.08%(体积)]的高纯度乙烯，这些乙炔转化指标优于大多数的乙炔加氢技术。以此研究为基础，目前该团队已申请相关中国专利两篇(CN112853383A、CN113026037A)。中科院大连化学物理研究所邓德会、于良团队提出室温下直接用水做氢源的高效电催化乙炔加氢制乙烯新路径。通过优化 Cu 微粒催化剂，暴露更多的活性面来促进乙炔相对于氢的竞争吸附，并利用气体扩散层，可实现气/液/固三相界面的形成以及乙炔的传质。该过程在-0.6V(vs. RHE)和 29mA/cm$^2$ 电流密度下，乙烯产物的法拉第效率高达 83.2%，且几乎无过度加氢产物乙烷的生成。原位光谱表征结合理论计算研究发现，Cu 表面向吸附态乙炔分子的电子转移促进了乙炔的优先吸附和加氢，从而抑制了析氢副反应。该过程通过电子耦合质子转移机制，实现了高选择性电催化乙炔加氢制乙烯。

## 四、碳二前脱丙烷前加氢催化技术

前加氢流程包括两种：前脱丙烷前加氢和前脱乙烷前加氢。碳二前脱丙烷前加氢催化技术可用于前脱丙烷前加氢分离流程的乙烯装置中碳二碳三馏分脱除乙炔和部分 MAPD，该工艺的原料中一般含有摩尔分数为 1.0%以下的乙炔。由于该馏分中氢气和 CO 含量远远高于后加氢工艺，同时没有备用床反应器，因此对于催化剂性能要求更高。通过在反应器内进行加氢反应，可将产物乙烯中的乙炔含量降至小于 $0.5\times10^{-6}$甚至更低。

近些年来，国内新建的乙烯装置普遍采用前脱丙烷前加氢流程，开发此流程技术的公司主要有 S&W 公司、KBR 公司和中国石化等。前脱丙烷前加氢流程的特点是：先将 $C_3$ 以上的轻组分和 $C_4$ 以下的重组分分离开。具体流程如图 23.1-3 所示，来自裂解炉的裂解气经压缩、碱洗、干燥后首先送入脱丙烷塔，将碳三及轻组分与碳四及重组分进行分离，将分离出的碳三及轻组分进行碳二加氢，然后送入深冷系统。该工艺具有流程简单、设备投资相对少，操作能耗低等特点，同时氢气来源于原料自身因此乙烯纯度不会受到外补氢气的影响，在此工艺中使用的碳二加氢催化剂一般不需要再生能连续运行 3 ~5 年。

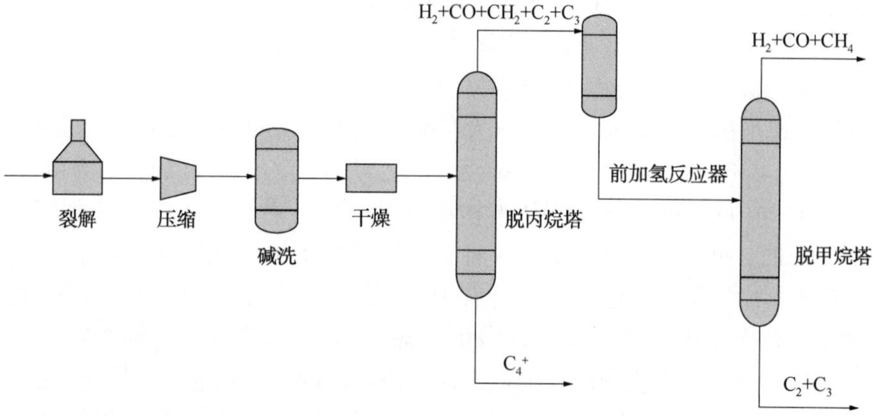


图 23.1-3 前脱丙烷前加氢除乙炔工艺流程简图

前脱丙烷前加氢的流程特点决定了碳二原料中除了乙炔外，还含有一定量的氢气、MAPD 和碳四组分，因此在前脱丙烷前加氢工艺中除前述(1)~(7)乙炔加氢反应外，还存在 MAPD 和碳四加氢反应，具体如下：

主反应：
$$CH_3—C\equiv CH+H_2 \longrightarrow C_3H_6+165kJ/mol \quad (8)$$
$$CH_2=C=CH_2+H_2 \longrightarrow C_3H_6+173kJ/mol \quad (9)$$
副反应：
$$C_3H_6+H_2 \longrightarrow C_3H_8+124kJ/mol \quad (10)$$

在裂解气加氢工艺中还有下列反应：

主反应：
$$CH_2=CH—C\equiv CH+H_2 \longrightarrow CH_2=CH—C=CH_2+208kJ/mol \quad (11)$$
$$CH_3—CH—C\equiv CH+H_2 \longrightarrow CH_3—CH—C=CH_2+166kJ/mol \quad (12)$$
副反应：
$$CH_2=CH—C=CH_2+H_2 \longrightarrow CH_2=CH—CH_2—CH_3+107kJ/mol \quad (13)$$
$$CH_3—CH—C=CH_2+H_2 \longrightarrow CH_3—CH_2—CH_2—CH_3+135kJ/mol \quad (14)$$
$$nC_4H_6 \longrightarrow (C_4H_6)_n(\text{聚合反应}) \quad (15)$$

在前脱丙烷前加氢工艺中由于碳二加氢物料中富含氢气和 MAPD，所以可以利用物流自身含有的氢气进行加氢反应，不用外补氢气，除对乙炔加氢外还对 50%以上的 MAPD 加氢，下游的碳三加氢系统负荷降低。但是也正因为碳二物料中大量过量的氢气组成，使得加氢反应在高温下更不易控制，容易发生“飞温”的问题，这就要求催化剂的稳定性和选择性更高，否则会造成乙烯和丙烯的损失，严重时还会导致反应温度失控，催化剂床层飞温，甚至威胁到生产安全，这就对碳二前脱丙烷前加氢催化技术提出了更高的要求。

1. 国外工业催化剂技术现状

德国 Süd-Chemie 化学品公司是一家世界一流的化学、石化、环保和能源催化剂公司，可提供多个系列的碳二选择加氢催化剂。该公司早年收购过美国 Girdler 公司、美国 CCI 公司，旗下的选择加氢催化剂已历经三代，型号众多。该公司后来被瑞士 Clariant 特种化工产品公司收购，更名为 Clariant 催化剂公司，并对原催化剂产品的编号进行了重新调整。具体见表 23.1-1。Clariant 公司的碳二前加氢催化剂 OleMax251(原 G-83C)是以银为助剂、以氧化铝为载体的钯催化剂。活性相对 OleMax250 催化剂有所降低，但选择性有所提高，从而提高了催化剂的稳定性。我国采用前脱丙烷前加氢分离流程的乙烯装置在早期使用进口催化剂时，大多选用 OleMax251 催化剂。OleMax252 是一种含有助剂的浅灰色球形钯催化剂，堆密度 0.74g/mL，比表面积 3.3m$^2$/g。OleMax253(原 G-83C TH)是一种具有三孔结构、用压片法制备的含助剂的钯催化剂，堆密度 0.91g/mL，具有较低的床层压降，非常适合等温床反应器。OleMax254 是一种含助剂的圆柱形钯催化剂，该催化剂加大了温度操作窗口的宽度，降低了催化剂在高浓度和低浓度 CO 情况下对 CO 的敏感度。OleMax254 催化剂的工业应用结果表明，该催化剂的选择性比 OleMax251 催化剂高 20%，且选择性的降低速率更慢。

**表 23.1-1 Clariant 催化剂公司的碳二选择前加氢催化剂**

| 新名称 | 旧名称 | 形状 | 备注 |
|---|---|---|---|
| OleMax101 | C36-1-02 | 8mm 球形 | 镍催化剂 |
| OleMax102 | C36-2-02 | 8mm 球形 | 镍催化剂 |
| OleMax103 | C36-3-02 | 8mm 球形 | 镍催化剂 |
| OleMax250 | G-83A | 4mm×4mm 片状 | 钯催化剂 |
| OleMax251 | G-83C | 4mm×4mm 片状 | 钯催化剂 |
| OleMax252 | 新产品 | 3~5 球形 | 钯催化剂 |
| OleMax260 | 新产品 | 3~5 球形 | 钯催化剂 |

CRI KataLeuna 催化剂公司是英荷 Shell 公司全资拥有的生产和经营化工催化剂的专业公司，是世界乙烯工业著名催化剂供应商。在欧洲乙烯行业中获得领导地位，受到世界著名乙烯公司如 DOW、BP、BASF、Basell 等公司的肯定。该公司为蒸汽裂解装置气相加氢过程开发了一系列改进型催化剂，并已经投入工业应用。其中前脱丙烷前加氢除乙炔 KL7741B-T5 型催化剂通过新型助剂的添加在抗 CO 干扰性能上表现出良好性能，该催化剂可减少用剂过程中的积炭，工厂运行周期达五年后积炭为 3.8%(质量)。KL7741B-T 催化剂在国内华锦、大庆、兰州石化、四川石化、神华宁煤等前脱丙烷前加氢装置上进行了工业应用，在开车时该催化剂需要注入 CO 进行钝化后使用。

美国 Chevron Phillips 化学公司 20 世纪 90 年代推出的 E-系列碳二前加氢催化剂在 Phillips 石油公司已经工业应用多年，使用结果显示它具有优越的稳定性，活性及选择性不会衰减，对于乙烯具有相当高的选择性，部分用户如表 23.1-2 所示。前脱丙烷前加氢催化剂 FE E-DC3 相对于钯-银前加氢催化剂具有更低的乙炔脱除温度和更宽的温度操作窗口。在实际工业应用中，E-DC3 催化剂的选择性下降缓慢，对 CO 浓度变化不敏感。由于 E-系列催化剂的价格较高，目前该催化剂在国内乙烯装置上只有少量使用。

**表 23.1-2 E-系列催化剂国外部分工业应用情况**

| 工业装置 | 年份 | 工业装置 | 年份 |
|---|---|---|---|
| Equistar-Louisiana, USA | 2000 | Fina Antwerp Olefins-Belgium | 2004 |
| Dow-Texas, USA | 2000 | Titan-Malaysia | 2004 |
| Titan-Malaysia | 2001 | Dow-Louisiana, USA | 2005 |
| Dow-Netherlands | 2002 | Borealis-Sweden | 2005 |
| Dow-Texas, USA | 2002 | Asahi Kasei Chemical-Japan | 2006 |

Johnson Matthey 公司于 1817 年建立于英国伦敦，是一家全球性专用化学品公司，致力于开发催化剂、贵金属和精细化学品核心技术。它开发的碳二前加氢催化剂是 PRICAT PD-308 系列。其中用于前脱丙烷前加氢工艺的催化剂主要有 3 种，分别为 PRICAT PD 308/1、PRICAT PD 308/4、PRICAT PD 308/6，均为圆柱形的压片助剂型钯催化剂。其中 308/1 既适用于等温管式反应器又适用于绝热固定床反应器，选择性高，耐受 CO 范围宽。PRICAT PD 308/1 催化剂曾在大庆石化的乙烯装置上进行工业应用。PRICAT PD 308/4 催化剂还可用于裂解气加氢工艺。

2. 国内工业催化剂技术现状

20 世纪 90 年代末期我国开始引进前脱丙烷前加氢分离流程的乙烯装置，碳二馏分中的乙炔采用前加氢方式脱除。中国石化北京化工研究院从 1999 年开始进行碳二前加氢催化剂的研发。由于碳二前加氢反应器进料中含有大量氢气，进料中的一氧化碳浓度发生变化时会引起催化剂活性的变化，容易导致漏炔和飞温，从而影响装置平稳运行，因此研究人员通过加入金属助剂改变一氧化碳在钯上的吸附能力，使之对一氧化碳浓度波动不敏感，进而保证装置稳定运行。此外还通过调整载体的组成和结构、金属活性组分的分散度、活性组分在载体内分布，使催化剂具有适宜比表面、孔结构、钯分散度，从而抑制绿油生成。开发出的碳二前脱丙烷前加氢催化剂主要有：球形载体的 BC-H-21A 催化剂和异形载体的 BC-H-21B 催化剂。BC-H-21B 催化剂选用异型载体，降低了催化剂床层压降。该催化剂已在国内多套工业装置应用。目前国内市场主要竞争对手是 Clariant 公司 OleMax254 催化剂，CRI 公司的 KL7741B 催化剂和 Chevron-Phillips 公司的 E 系类催化剂。

BC-H-21B 催化剂，具有如下特点：①使用条件范围宽，稳定性好，适用空速高。②选择性高，可获得更高的乙烯收率。③原料中 CO 含量波动时，既不易飞温，也不易漏炔。④绿油生成量低，组分轻，且绿油不易在催化剂表面聚集，减少了催化剂积炭，延长了催化剂的使用寿命。BC-H-21B 催化剂性能和物性指标分别见表 23. 1-3 和表 23. 1-4。

**表 23. 1-3 BC-H-21B 催化剂性能**

| 项目 | 指标 | 项目 | 指标 |
|---|---|---|---|
| 入口温度/℃ | 55~120 | 再生周期/月 | 无须再生 |
| 空速/$h^{-1}$ | 8000~15000 | 使用寿命/年 | ≥5 |
| $C_2$ 馏分加氢后的乙炔含量 | $<0.5\times10^{-6}$ | | |

**表 23. 1-4 BC-H-21B 催化剂物性**

| 项目 | 指标 | 项目 | 指标 |
|---|---|---|---|
| 外观 | 浅黄灰色齿形 | 堆密度/(g/mL) | 0. 6~0. 8 |
| 组成 | Pd-助催化剂/$Al_2O_3$ | 压碎强度/(N/颗) | >40 |
| 粒度/mm | $\Phi$2. 5~5. 0 | | |

中国石油兰州石化研究院从 2007 年开始进行前加氢催化剂的研究，开发了 PEC-21 催

化剂。该催化剂在 2017 年在大庆石化 270kt/a 乙烯装置碳二前加氢一段反应器上首次进行了工业应用。PEC-21 催化剂 1600h 长周期运行期间，在一段反应器反应压力 3.4MPa(G) 和入口温度 64.5℃工艺条件下，平均入口温度 64.5℃，乙炔转化率 55.7%，乙烯选择性 94.8%，丙烯选择性 97.8%。

## 五、碳二前脱乙烷前加氢催化技术

前脱乙烷前加氢技术在国内常作为石脑油蒸汽热裂解领域分离工段的一个选项，该技术在国内的应用晚于顺序流程后加氢及前脱丙烷前加氢。我国乙烯装置的裂解原料长期以原油馏分油为主，重组分比例偏高。1999 年，国内乙烯原料开始向轻质化方向发展，至 2016 年，轻柴油占比降至 9%，轻烃占比升至 14%，占比最大的石脑油维持在 48%。除原油馏分油外，还有两大类裂解原料，即天然气和炼厂气。受本土资源和国际市场影响，这两类原料在国内尚未得到大规模使用，天然气目前在裂解原料中占比仅 4%。国外以石脑油为主要裂解原料的还有日本、西欧和亚太地区。

前脱乙烷流程以 Linde 公司开发的前脱乙烷技术为此类分离流程的典型代表。具体流程如图 23.1-4 所示，从压缩单元来的裂解气经初步碱洗、干燥、预冷后进入脱乙烷塔系统，将 $C_2$ 与 $C_3$ 分离开来，塔顶包含 $C_2$ 以及比 $C_2$ 更轻的甲烷、氢气等组分，塔釜包含 $C_3$ 以及比 $C_3$ 更重的组分，脱乙烷塔塔顶物流进入碳二前加氢乙炔反应器，物料中的乙炔与原料中的氢气反应，生成乙烯和乙烷。由于加氢脱炔在脱甲烷塔之前，加氢原料气中自带氢气，无须外加，流程相对简化。该方案的短板是，乙炔加氢后系统内氢气大量剩余。氢气对反应的影响很大，却不能作为调节手段，反而成为影响系统稳定的不利因素。由于前脱乙烷流程将乙烷提前脱除，使得重组分不进入深冷分离单元，降低了制冷功耗，因此前脱乙烷流程被认为更适合于以乙烷为裂解原料的乙烯装置，该流程的裂解原料主要是轻烃、石脑油、加氢尾油等，但也有公司将其用于以石脑油液体为原料的乙烯装置，国内吉林和独山子的乙烯装置就采用了此流程。

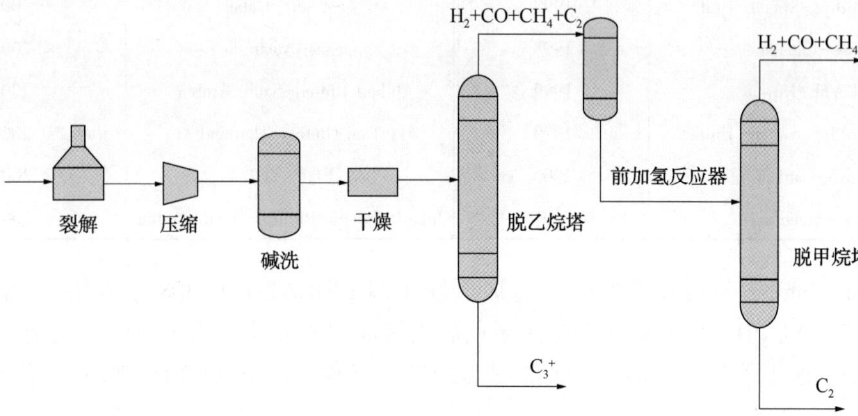


图 23.1-4 前脱乙烷前加氢除乙炔工艺流程简图

### 1. 国外工业催化剂技术现状

德国 Clariant 公司用于前脱乙烷前加氢催化剂主要有：OleMax 252，OleMax 253，OleMax 254。其中，OleMax 252 还可用于前脱丙烷前加氢，OleMax 253 可用于裂解气加氢，

OleMax 254 可用于前脱丙烷前加氢和裂解气加氢。OleMax 253(原 G-83C TH)是一种具有三孔结构、用压片法制备的含助剂的钯催化剂，具有较低的床层压降，非常适合等温床反应器。OleMax 253 催化剂用于独山子石化公司乙烯装置时，推荐的操作条件：氢气分压 3.43MPa 以下，反应器入口温度为 60～65℃。国外某装置，采用前脱乙烷流程，等温床反应器，使用 OleMax 253 催化剂，与 Clariant 公司前一代催化剂相比：OleMax 253 催化剂稳定性显著提高，用户操作简易便捷，CO 波动时无须或只需很细微地调整温度，选择性提高约 20%。碳二前加氢催化剂 OleMax 254 是一种含助剂的圆柱形钯催化剂，该催化剂加大了温度操作窗口的宽度，降低了催化剂在高浓度和低浓度 CO 情况下对 CO 的敏感度，适合在前脱乙烷前加氢分离流程中使用。

CRIKataLeuna 公司的碳二前加氢催化剂 KL7741 系列也可用于脱乙烷前加氢中，其中 KL7741B-R 型催化剂可应用于前脱乙烷前加氢除乙炔装置，在工业化装置改扩建时可利用旧反应器作为并行反应器，满足改扩建要求。该催化剂为负载于特制氧化铝载体上的 Pd 基催化剂，呈环形片状，外径 5.4mm，内径 2.6mm，堆密度约为 0.68g/$cm^3$。该催化剂据称能严格控制乙烯产品中的炔烃含量，同时可降低前加氢除炔工序的飞温危险，压降较传统催化剂降低 35%～40%，乙炔脱除温度与飞温临界温度之间的最佳稳定区域较宽，且在任何 CO 含量下都具有较高的稳定性和活性，可在等温和绝热床上应用。该催化剂曾在吉林石化公司乙烯装置和独山子石化公司乙烯装置上运行。

美国 Chevron Phillips 化学公司开发的 E-系列碳二前加氢催化剂在前脱丙烷前加氢工艺上应用外，在多家前脱乙烷前加氢工业装置上也已经应用多年。该催化剂在国内连云港石化乙烯装置上使用，国外部分用户如表 23.1-5 所示。

**表 23.1-5 E-系列催化剂国外部分工业应用情况**

| 前脱乙烷前加氢工业装置 | 年份 | 前脱乙烷前加氢工业装置 | 年份 |
|---|---|---|---|
| Chevron Phillips-Sweeny Unit24 | 1995 | BP-Scotland | 2001 |
| Chevron Phillips-Sweeny Unit22 | 1998 | Q-Chem-Qatar | 2003 |
| Dow-Canada | 1998 | Qenos-Australia | 2003 |
| EQUATE-Kuwait | 1999 | Jubail United-Saudi Arabia | 2004 |
| Chevron Phillips-Sweeny Unit33 | 1999 | Thai Olefins-Thailand | 2004 |
| Nova-Canada | 2000 | EQUATE2 | 2007 |
| Dow-Argentina | 2001 | Jubail Chevron Phillips-Saudi Arabia | 2007 |

Johnson Matthey 公司开发的碳二前加氢催化剂 PRICAT PD-308 系列中，PRICAT PD 308/1 和 PRICAT PD 308/6 催化剂除用于前脱丙烷前加氢外还可用于前脱乙烷前加氢工艺，PRICAT PD 308/1 催化剂适用于 CO 浓度高的工艺条件，PRICAT PD 308/6 催化剂适用于 CO 浓度低的工艺条件。

2. 国内催化剂技术现状

中国石化北京化工研究院为了满足国内裂解原来轻烃化和新工艺的需求，已经完成了碳二前脱乙烷前加氢催化剂的小试研发工作，开发的 BC-H-22A 前脱乙烷前加氢催化剂已应用于工业装置。

## 六、碳二后加氢催化技术

碳二后加氢除乙炔技术可用于顺序分离流程的乙烯装置中碳二馏分脱除乙炔，该工艺的碳二原料中一般含有摩尔分数为2%以下的乙炔，其余是大量的乙烯和乙烷。向碳二后加氢反应器注入适量的氢气，通过加氢反应可将产物中的乙炔含量降至小于$1\times10^{-6}$甚至更低。碳二后加氢反应器可根据原料中乙炔的浓度设计为单段床、双段床或三段床，并且根据工艺的需要，可以将反应器设计为绝热反应器或等温反应器。绝热反应器操作相对比较简单，等温反应器由于可以及时移出部分反应热量，因此选择性更高。

顺序分离流程是应用最早且较广泛的一种，按照裂解气的组分从轻到重顺序分离出氢气、甲烷、乙烯、丙烯等各个产品。它的典型代表流程是 Lummus 公司开发的顺序分离流程，这也是目前国内乙烯装置应用较多的一个流程。具体流程如图 23.1-5 所示，从压缩单元来的裂解气经初步碱洗、干燥、预冷后进入脱甲烷塔，塔顶甲烷和氢气进入深冷系统继续分离，塔底液相进入脱乙烷塔；脱乙烷塔塔顶气相物料进入乙炔加氢反应器，脱除乙炔。顺序分离流程工艺简单，操作调节性强，适用于所有裂解原料。

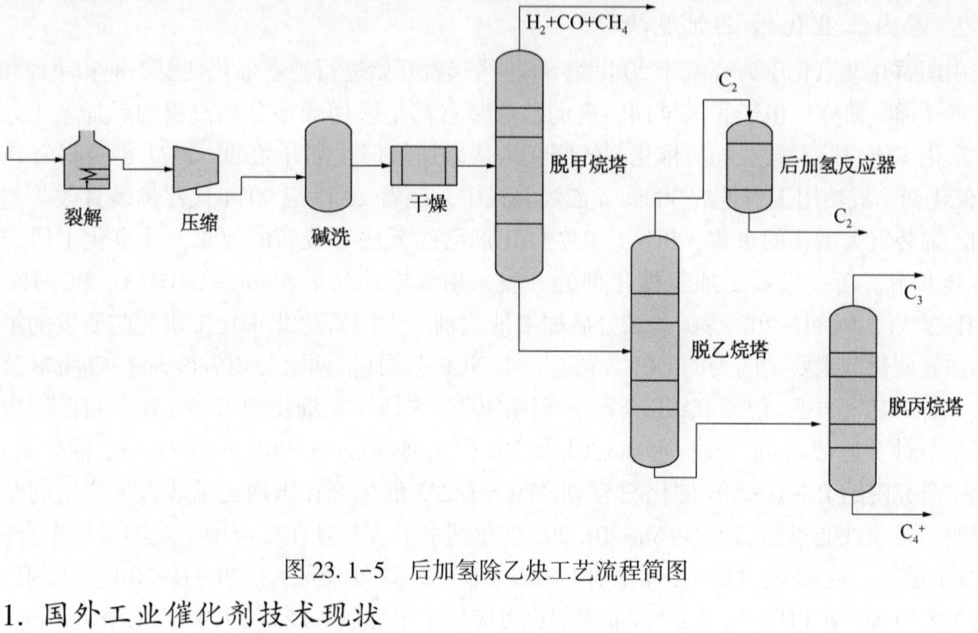


图 23.1-5　后加氢除乙炔工艺流程简图

### 1. 国外工业催化剂技术现状

Clariant 公司的碳二后加氢催化剂为 OleMax201（原 G-58C）和 OleMax202（改进 G-58C），该催化剂是以银为助剂以氧化铝为载体的钯催化剂。国内早期碳二后加氢工业装置使用进口催化剂时，大多数选用的是 OleMax201 或 202。这两种催化剂推出时间是 1980 年。后来在 1987 年推出的 OleMax 203（原 G-58D）是一种片状催化剂；在 1989 年推出了 OleMax 204/205（原 G-58E）；2002 年推出的 OleMax 206（G-58CTH）是一种具有三孔结构的片状钯催化剂，这种设计可使压降降低 30%~40%，提高乙炔加氢装置的流率，而无须增加催化剂的量。2006 年又推出了 OleMax 207。

BASF 公司作为一家世界领先的德国化工企业，一直向客户提供一系列的高性能产品，并且涵盖化学品、塑料、特性产品、作物保护产品以及原油和天然气。它开发的碳二选择后加氢催化剂主要有：HO-11，HO-21，HO-24。早期国内碳二后加氢装置上使用 HO-11

催化剂，如广州石化。后来 BASF 公司开发了 $C_2$ 加氢催化剂 HO-21，解决了原先 HO-11 催化剂添加 CO 量不能准确控制的问题。HO-21 采用活性组分钯和新型助催化剂，使用氧化硅为载体。侧线试验表明 HO-21 显示出很好的催化活性和选择性。HO-21 催化剂堆积密度为 500kg/m$^3$，与市场上其他最低堆积密度(700kg/m$^3$)的催化剂相比，HO-21 的堆积密度低 28%，对一个给定体积的 $C_2$ 加氢反应器来说，HO-21 的装填重量只有其他催化剂的 72%，具有较高的性价比。该催化剂在欧洲、韩国、印度已顺利开车。

法国石油研究院(IFP)是一个从事石油、天然气和发动机领域科研开发、工业发展、教育培训和信息研究的独立机构。IFP 开发了多个碳二后加氢催化剂牌号。Axens 隶属于 IFP Energies Nouvelles 集团旗下，于 2001 年由 IFP 旗下的 Procatalyse 催化剂与吸附剂分公司与 IFP 旗下的技术许可和技术服务业务分部合并而成。该公司的后加氢碳二选择 LT-261 催化剂早期占有市场多年，并被证明是很有竞争力的催化剂，也为国内的一些厂家所采用。后来又专门设计和生产了 LT-279 型催化剂，与 LT-261 型催化剂相比，它有比较高的乙烯收率和较长的运转周期。Axens 公司还在 LT-279 型催化剂的基础上设计和生产了 LT-289 型碳二选择加氢催化剂。

2. 国内工业化催化剂现状

中国石化北京化工研究院于 20 世纪 60 年代起就开始进行钯系催化剂上不饱和炔烃和二烯烃的选择加氢研究。由于我国早期引进的乙烯装置都是采用顺序分离流程的后加氢工艺，因此北京化工研究院对碳二加氢催化剂的研究是从后加氢催化剂开始的。1977 年研制出 BC-1-037 催化剂，成功用于引进的 300kt/a 乙烯装置中。随着 20 世纪 90 年代乙烯装置改扩建的开始和乙烯装置大型化的进程，BC-1-037 催化剂已经无法适应新的要求，北京化工研究院在 1996 年开始了新一代碳二加氢催化剂的开发，相继成功研究出 BC-1-037A、BC-H-20A、BC-H-20A1、BC-H-20B 等碳二馏分后加氢催化剂。中国石化北京化工研究院研发的第一代选择加氢催化剂主要是同美国 UCI 公司、日本 NGC 公司(前两家公司后被 Sud-Chemie 公司收购)、法国 IFP 公司、德国 BASF 公司争夺国内碳二选择加氢催化剂市场份额。目前国内市场主要竞争对手是 Clariant 公司 OleMax201 和 202 催化剂(原 Sud-Chemie 的 G-58C 催化剂)。北京化工研究院的 BC-H-20B 催化剂与 OleMax201/202 催化剂在国内乙烯装置上应用的结果对比表明，各项性能指标达到 OleMax201/202 催化剂水平，并且在反应中生成副反应聚合物(绿油)分子量低、数量少，绿油在催化剂上附着量低，乙炔处理量大。BC-H-20B 催化剂已占领国内主要市场并出口国外，同时该催化剂也可应用于甲醇制烯烃装置中的乙烯净化领域。

BC-H-20B 催化剂是一种多金属复合催化剂，具有如下特点：①使用条件范围宽，操作弹性大。②选择性高，可获得更高的乙烯收率，并且无须注入 CO 调节选择性。③绿油生成量低，组分轻，且绿油不易在催化剂表面聚集，减少了催化剂积炭，延长了催化剂的再生周期及使用寿命。BC-H-20B 催化剂的性能和物性指标分别见表 23.1-6 和表 23.1-7。

**表 23.1-6　BC-H-20B 催化剂的性能**

| 项目 | 指标 | 项目 | 指标 |
|---|---|---|---|
| 入口温度/℃ | 25~95 | 聚合级乙烯精制后乙炔含量 | $<0.1\times10^{-6}$ |
| 空速/h$^{-1}$ | 2000~6500 | 再生周期/月 | 6~12 |
| $C_2$ 馏分加氢后的乙炔含量 | $<1\times10^{-6}$ | 使用寿命/年 | ≥5 |

表 23.1-7　BC-H-20B 催化剂物性指标

| 项目 | 指标 | 项目 | 指标 |
|---|---|---|---|
| 外观 | 浅灰色齿形 | 堆密度/(g/mL) | 0.6~0.8 |
| 组成 | Pd-助催化剂/$Al_2O_3$ | 压碎强度/(N/颗) | >40 |
| 粒度/mm | $\Phi$2.5~5.0 | | |

中国石油兰州石化研究院自 1995 年开始进行碳二后加氢催化剂的研究，已开发出 LY-268A 和 LY-268B 等催化剂，曾先后在工业装置上进行了工业试验，并针对上两次工业应用的经验又开发出以 Pd、Ag 为主活性组分并添加第三组分的新型 $C_2$ 选择加氢催化剂 LY-C2-02，在兰州石化、辽阳石化、大庆石化公司后加氢工艺的乙烯装置进行了工业应用。

# 第二节　丙烯和丙二烯选择加氢

## 一、概述

乙烯裂解装置中，蒸汽裂解得到的以丙烯为主的碳三馏分组成通常为：微量乙烷、2.9%~3.5%(摩尔分数，下同)丙烷、93%~96%丙烯、1%~5%丙炔(MA)和丙二烯(PD)、小于 0.5%碳四及以上组分。丙烯产品中过量的 MAPD 会影响下游丙烯的聚合反应，增加聚丙烯催化剂的消耗，降低催化剂的活性。因此，为满足下游丙烯深加工装置对原料丙烯纯度的要求，丙烯中 MAPD 的含量需要脱除至摩尔分数小于 $5\times10^{-6}$。催化选择加氢是乙烯装置普遍采用的技术，将 MAPD 选择加氢转化为丙烯，将其从碳三馏分中脱除。

碳三馏分催化选择加氢分为气相加氢和液相加氢两种工艺。气相选择加氢脱除 MAPD，就是加氢反应在气相中进行。这种工艺方法是最早被提出的，该工艺与液相选择加氢工艺相比，具有反应器结构简单、容易操作、控制稳定、催化剂成本低等优点，但也存在着相当多的弊端，第一，碳三馏分要先经过一步汽化才能进入反应器，加氢反应后从床层流出后还要经过液化才能进入精馏塔分离，前后两次相变消耗了不必要的能量。第二，气相加氢反应条件苛刻，操作安全性不高，同时还会产生大量的绿油，影响后续操作。第三，这种工艺所需的催化剂量大，使用寿命短，加氢设备大，设备投资高。我国上海石化、吉林石化曾采用过该工艺，但是，由于反应温度高，绿油生成量大，不利于丙烯收率增加，且会造成运转周期缩短，一般运行周期也仅 1~3 个月，目前基本被淘汰。后来，法国石油化工研究院提出了用于液相加氢反应的催化剂，并开发了相关工艺。脱丙烷塔塔顶采出的碳三物料可以不经过气化而直接进入液化加氢反应器。同样，氢气也按一定比例通入反应器内。这种工艺一般选用固定床反应装置，在较低的温度下即可反应。相比气相，反应产生的绿油量减少。同时由于液体的流动，会将绿油溶解，脱离催化剂表面，不会给催化剂带来影响，从而延长了其寿命。

## 二、丙烯和丙二烯选择加氢反应的机理

碳三馏分选择加氢过程主要发生以下反应：

主反应：　$$CH_3—C\equiv CH+H_2 \longrightarrow C_3H_6+165kJ/mol \qquad (1)$$

$$CH_2=C=CH_2+H_2 \longrightarrow C_3H_6+173kJ/mol \quad (2)$$

副反应：

$$C_3H_6+H_2 \longrightarrow C_3H_8+124kJ/mol \quad (3)$$

$$nC_3H_4 \longrightarrow (C_3H_4)_n(\text{低聚物}) \quad (4)$$

$$C_4H_6 \longrightarrow \text{高分子聚合物} \quad (5)$$

反应(1)、(2)是主要反应，可以生成丙烯，提高丙烯收率。反应(3)、(4)、(5)是副反应，导致丙烯过度加氢生成丙烷，甚至生成副产物“绿油”。MAPD加氢过程是强放热过程，碳三原料中MAPD的含量越高，反应放热量越多，使反应器内部温度升高，导致副反应加速进行。副反应会消耗碳三原料中的丙烯，降低丙烯收率。同时副反应生成的聚合物会覆盖催化剂表面的活性中心，减少反应物料与催化剂活性中心的接触几率，降低催化效率，导致催化剂活性降低，缩短催化剂寿命。

副反应中产生的聚合物，是丙炔和丙二烯在催化剂表面进行聚合反应生成的，从反应机理来讲是由被吸附在催化剂上的半氢化状态的自由基与相邻的丙炔或丙二烯反应的结果。高温有利于自由基的生成，所以在碳三选择加氢反应过程中，应及时有效移除反应热，控制反应温升，减少副反应的发生，减少丙烯损失，增加目标产物收率。此外，原料中含有如碳四等重组分，也易形成覆盖催化剂活性表面的聚合物，一般工业加氢原料中重组分含量应限制在0.5%以内。

关于丙炔和丙二烯在催化剂上的选择加氢气相反应过程人们做了很多研究。碳三选择加氢反应催化剂多采用是贵金属催化剂。碳三原料中各组分催化剂上的吸附能力次序是：丙炔>丙二烯>丙烯>丙烷。当碳三原料经过催化剂床层时，吸附能力较强的MAPD会快速吸附到催化剂活性组分上，反应生成丙烯。反应生成的丙烯相对MAPD吸附能力较弱，从催化剂表面脱附较快，可避免过度加氢，增加目标产物收率。但是在MAPD的加氢过程中，加氢反应不是唯一可能的反应；由于半氢化状态自由基互相发生反应，热聚合及催化聚合的连续反应亦可能同时存在，在某些不利的反应条件下，可加速$C_6$烃类甚至$C_9$烃类的生成，特别是正己烯、甲基戊烯以及其他的$C_6 \sim C_9$烯烃，随着碳链增长，生成$C_{12} \sim C_{24}$低聚物烃类。S. David Jackson和Neil J. Casey在研究丙炔加氢反应的机理时，通过对活塞流反应器、静态反应器以及催化剂表面红外分析的实验结果进行分析指出，丙炔加氢反应过程中，反应物在催化剂表面形成了三种中间物质即$CH_3—CHM—CH_2M$、$CH_3—CH_2—CM_3$和$CH_3—CC—M$，然后这三种物质加氢反应后分别得到了产物丙烯和丙烷。D. R. Kennedy等人通过脉冲实验研究$Pd/Al_2O_3$和$Pt/Al_2O_3$两种催化剂上丙炔加氢反应过程，发现在丙炔催化加氢过程存在着两种位点：Ⅰ型和Ⅱ型，如图23.2-1所示，其中Ⅰ型和Ⅱ型两种位点都存在于丙炔加氢反应中，Ⅰ型位点会引起丙炔过加氢生成丙烷的副反应，Ⅱ型位点是提高丙烯选择性的关键。在加氢反应初期，丙炔在催化剂金属表面吸附形成的$C_xH_{y(ad)}$才能被吸附到Ⅱ型活性位点上得到丙烯。同时发现催化剂活性组分和载体对于$C_xH_{y(ad)}$的形成影响很大，从而影响丙烯选择性。R. Marshall等人在上述研究基础上，又对Pd/C催化剂进行了研究，发现氢气浓度对于反应中丙烯收率影响很大，也进一步验证了在Pd/C催化反应中两点位理论，同时说明丙炔加氢反应与Borodzinski提出的乙炔加氢反应两点位理论的一致性。

碳三液相催化加氢反应由于存在气、液、固三相相互作用，因此在反应过程中还存在气液相际、液固相际传质和固相内部传质。首先，氢气要溶解到液相当中，再由液相扩散到催化剂表面，然后经过催化剂表面向催化剂内部扩散。液相中的 MAPD 需通过液-固界面传递到催化剂表面，进而扩散到催化剂主体。氢气与催化剂结合形成活性位点，与传递过来的 MAPD 发生反应，产生的丙烯再从催化剂主体扩散返回液-固界面，传递到液相中。

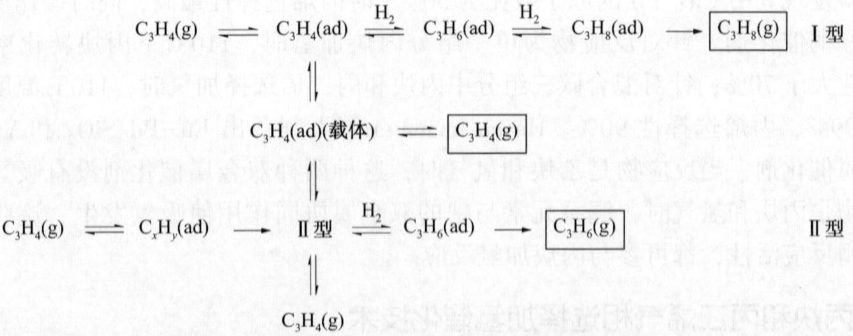


图 23.2-1 丙炔加氢反应过程示意图

## 三、丙炔和丙二烯选择加氢催化剂研究进展

在选择加氢脱炔烃反应中，金属作为主催化剂的活性由高到低的顺序是：Pd>Pt>Ni>Rh>Co>Fe>Cu、Au。金属催化剂用于选择加氢脱炔，研究比较多的是贵金属催化剂。基础研究及应用实例证明：贵金属钯作为选择加氢脱炔催化剂的主催化剂时，加氢活性良好。所以以钯为主催化剂的各种选择加氢催化剂在工业上广泛应用。

负载型催化剂除了活性组分外，载体的性质对于催化性能影响也很大，因此载体的选择很重要。一般选择载体时考虑的因素主要分为化学与物理两个方面。载体化学性质方面需要考虑的是：其与活性组分之间的作用，制备过程中与浸渍液或反应物是否有反应等。物理性质方面要考虑到：比表面积，孔容，孔径分布，颗粒尺寸与形状，机械稳定性，热稳定性，堆密度等。MAPD 选择加氢催化剂通常采用负载型的贵金属催化剂，采用多孔材料作为载体，要求催化剂具有较高的活性及选择性，也要求催化剂具有良好的机械强度和热稳定性。因此，碳三加氢催化剂要求载体具有合适的比表面积、孔径和孔容及低的表面酸度。碳三选择加氢脱除 MAPD 采用的催化剂可用的载体一般有：氧化铝、氧化钛、氧化硅、碳酸钙、分子筛、石墨、活性炭等。有研究发现对 MAPD 的加氢选择性由低至高的几种载体顺序是：$\beta$ 分子筛、$TiO_2$、碳纤维、$\alpha$-$Al_2O_3$。

早期的碳三选择加氢催化剂主要以单一贵金属催化剂为主，其中以钯最为常用，载体主要以氧化铝、氧化硅等无机氧化物为主。近年来，国内外通过加入助剂、改性载体、改变制备方法等手段改进催化剂的性能。Michael F. Friedrich 等人利用浸渍法成功地制备出了一种带有 1,3-二甲基咪唑甲基磷酸酯离子液体层的 $Pd/Al_2O_3$ 固体催化剂，应用于气相丙炔选择加氢过程。他们研究表明，1,3-二甲基咪唑甲基磷酸酯对于丙炔的溶解度是丙烯的 20 倍，利用该物质的这种特性可以显著提高丙烯选择性，同时还能够减少副产物聚合物的生成。通过与 CRI 公司的钯催化剂进行实验比较，结果发现丙烯选择性提升了 23%，同时还发现通过提高反应中的氢炔比可以抑制副产物 $C_6$ 聚合物的生成。Mingyu Chu 等人研究了单分子层纳米颗粒钯和氧化镓对于丙炔加氢的作用。通过实验和计算发现在制备的纳米颗粒

$Pd_xGa_y$中PdGa合金和$Ga_2O_3$联合存在，实验结果表明$Pd_{0.34}Ga_1$纳米粒子在30℃时丙炔转化率为96.6%，丙烯选择性可以达到98.2%。经过密度泛函计算进一步发现了在催化剂钯镓催化剂表面丙炔加氢存在着两种反应方式：$CH_3CHCH*+H$和$CH_3CCH_2*+H$。Alan J. McCue等人制备了一种Cu-Pd/$Al_2O_3$双金属催化剂，发现Cu：Pd原子数比例影响丙炔加氢的选择性，实验发现其中Cu：Pd的原子数比为50：1时丙烯选择性最高，同时操作温度也要远远低于单一铜催化剂。针对反应物为单一组分丙炔加氢时，110℃下丙炔转化率为100%，丙烯选择性大于70%；针对混合碳三组分中丙炔和丙二烯选择加氢时，110℃温度下丙炔转化率大于99%，丙烯选择性90%。Hayao Imamura等人制备出Eu-Pd/$SiO_2$和Yb-Pd/$SiO_2$两种双金属催化剂，当反应物是乙炔和氢气时，这种两种双金属催化剂没有吸氢发生，但是当反应物是丙炔和氢气时，镧系元素与钯的双金属协同作用使吸氢发生。这些被吸收的氢气具有高反应活性，都可参与丙炔加氢反应。

## 四、丙炔和丙二烯气相选择加氢催化技术

碳三气相加氢过程是从脱乙烷塔塔釜或者脱丙烷塔塔顶分离得到的碳三馏分，首先加热汽化变为气体，再通入气相加氢反应器。同时氢气按一定比例通入加氢反应器。二者在高温高压的条件下，在催化剂的作用下发生反应，碳三馏分中的MAPD因为加氢反应而被脱除。反应器出口物料再放热液化，然后进入后续精馏塔分离制取丙烯。20世纪70年代前建设投产的乙烯装置多采用此法，目前国内都已停车，只有欧洲少数较早建设的装置仍在使用此工艺。

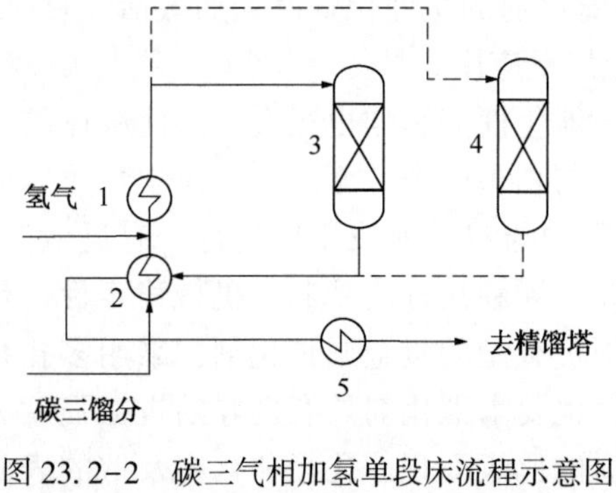


图23.2-2　碳三气相加氢单段床流程示意图

1—进料加热器；2—进出料换热器；3—碳三反应器；4—碳三反应器备用床；5—出料冷却器

碳三气相加氢工艺流程根据碳三馏分中丙炔、丙二烯的含量多少决定采用单段床或双(多)段床加氢工艺，如图23.2-2所示为气相加氢单段床工艺，当碳三馏分中MAPD含量小于1.2%(摩尔)时可采用此工艺。此工艺条件如下：反应器入口温度60~90℃，反应器出口温度小于135℃，操作压力：1.66~1.8MPa(G)，气体空速1500~2500$h^{-1}$。

目前工业化的碳三气相加氢催化剂国外厂家主要有Clariant公司、BASF公司和CRI公司等，国内主要是中国石化北京化工研究院开发的BC-821，BC-H-33催化剂。

### 1. 国外催化剂的技术现状

德国Clariant公司的碳三气相加氢催化剂OleMax301(原C31-1-01)、OleMax300(原G55A)、OleMax302(原G55B)、OleMax301和OleMax302都是3~5mm球形催化剂，OleMax300是4.5mm片状催化剂。OleMax300、OleMax302是两种Pd-Cr/$Al_2O_3$，国内燕山石化和上海石化工业装置早期曾使用过OleMax301。

BASF公司在气相绝热反应工艺中，应用一种全新的概念开发出一种新型碳三选择加氢催化剂H0-30TL。该催化剂解决了常规催化剂中多孔载体容易捕集炔烃或烯烃，导致绿油生成量增加以及氧化铝等多孔载体酸性中心会进一步增加绿油生成量的问题。BASF公司开发的薄层催化剂(TLC型)，钯被浸渍在一种“纤维”上，“纤维”具有很大的表面积，从而为

钯及钯组成的活性中心提供了足够的空间，但这种材料是无孔的，与常规催化剂相比，该催化剂具有选择性高、压降低和低失活速率的优点。报道称该催化剂在路德维希港 BASF 公司乙烯装置上使用一年多后没有压降增高和活性降低的迹象。

CRIKataLeuna 公司的碳三加氢催化剂有：KL7741、KL7741A、KL7741R、KL7743、KL7751、KL7752、KL7753 等系列钯催化剂。其中 KL7743 催化剂是在 KL7741A 催化剂的基础开发出的新牌号催化剂。它是 5mm×5mm 的圆柱形状，相对于 KL7741A 具有更好的稳定性和更低绿油，从而也具有更长的催化剂寿命。

法国 IFP 旗下的 Axens 公司的碳三气相加氢催化剂 LT-279 是一种促进型单钯催化剂，以氧化铝为载体，直径 3mm 球形，可应用于气相双段床，显示出低温催化高活性的特点，MAPD 脱至 $<10\times10^{-6}$。同时该催化剂也可以用于碳二加氢。

2. 国产催化剂的技术现状

目前国内乙烯装置大多采用碳三液相加氢工艺，只有吉林有机化工厂和上海石化曾有两套碳三气相加氢装置。国产的碳三气相加氢催化剂是由中国石化北京化工研究院开发的 BC-821 及 BC-H-33 两个牌号。国产碳三气相加氢催化剂具有活性高、选择性好、寿命长等优点，在吉林有机化工厂和上海石化乙烯装置成功替代了进口催化剂。

BC-821 催化剂的加氢工艺条件为：一段或两段绝热床反应器，反应器入口温度 60～90℃，反应压力 1.6～1.9MPa(G)，氢炔摩尔比 1.4～2.0，气体体积空速 1300～2000$h^{-1}$；BC—H—33 催化剂的加氢条件为：一段或两段绝热床反应器，反应器入口温度 60～100℃，反应压力 1.6～1.9MPa(G)，氢炔摩尔比 1.3～1.6，气体体积空速 1300～3500$h^{-1}$。加氢后碳三馏分中的 MAPD 由 0.5%～3.5%(摩尔)降至 $10\times10^{-6}$以下。

## 五、丙炔和丙二烯液相选择加氢催化技术

碳三液相催化加氢是目前国际上比较流行的工艺。根据反应器型式和工艺条件的不同，70 年代碳三液相加氢方法有两种，一种是德国拜耳(Bayer)和勒纳(Leuna)的方法，采用列管式单段床等温反应器，管间用丙烯制冷，反应压力 0.9～1.3MPa(G)，反应温度 10～20℃。加氢后丙炔和丙二烯残留量较高(小于 $40\times10^{-6}$)。该系统由于反应器比较复杂，催化剂不易装填，致冷剂消耗大，因此很少被采用。另一种是法国石油研究院(IFP)的方法，其特点是：采用非列管式绝热双段床反应器，各段进料温度和反应压力不同，一段进口温度 10～20℃，压力 1.0～2.4MPa(G)，二段进口温度 20～40℃，压力 1.9～2.7MPa(G)，液体空速 50$h^{-1}$，在此条件下，一段反应器转化率一般为 65%～90%，二段反应器将剩余的炔烃和双烯烃分别脱除至小于 $10\times10^{-6}$或小于 $5\times10^{-6}$。IFP 双段床加氢工艺流程见图 23.2-3。

双段绝热滴流床反应器制造成本比列管式反应器低，催化剂装填均匀，床层内各点阻力相同，因而物料分布也均匀。由于 IFP 的方法具有较多的优点，因此被世界上许多乙烯工厂采用。但是 IFP 工艺仍存在两点不足：①进口温度为 10～20℃，物料进反应器前必须用丙烯制冷，一个碳三馏分处理量为 220kt/a 装置，就需要 6℃的丙烯 23.5t/h。②采用二段床加氢才能使碳三馏分中的丙炔和丙二烯含量降至小于 $10\times10^{-6}$，二段进料中 MAPD 总含量一般为$(1000～3000)\times10^{-6}$，要使其降至 $10\times10^{-6}$以下，在第二段加氢反应器要保持一定氢分压，因而造成一定量丙烯的损失。

70 年代初开始，随着我国石油化工的发展，大量引进国外技术和生产装置。当时引进

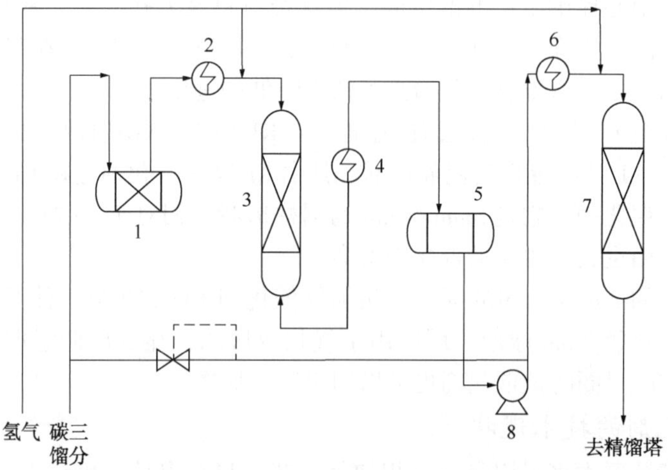


图 23.2-3 IFP 双段床碳三馏分液相加氢工艺流程简图

1—水聚结器；2，6—进料加热器；3—碳三加氢反应器一段；4—冷却器；5——段加氢产品储罐；7—碳三加氢反应器二段；8—进料泵

的 10 套乙烯装置中有 7 套都是采用法国 IFP 的液相加氢技术。为节省能量，提高设备的生产能力，减少投资，提高经济收益，使我国的技术在国际市场上具有竞争力，北京化工研究院和美国 Lummus 公司合作，研究开发出碳三馏分液相加氢新工艺。具体为：①采用单段绝热式滴流床反应器，气、液、固三相反应，气相是连续相，液相是分散相，反应物料在催化剂表面形成一层均匀的薄膜，反应在固体催化剂表面进行。在滴流床反应器中，反应物料气液相并流，向下流过催化剂床层。碳三馏分以液态流经催化剂床层，催化剂的表面不断被冲刷，同时碳三馏分本身也是一种溶剂，催化剂上的绿油可被溶解下来，得到较好的清洗，使用寿命得到延长。采用单段反应器，减少设备数量，简化流程，降低投资。②提高液体体积空速至 50~170$h^{-1}$，是国外工艺的 2~6 倍，质量流速可高达 98800kg/h，催化剂用量可以大大减少，反应器体积相应减少，生产能力可以大幅提高。③提高反应器物料进口温度至 30~45℃，可不用丙烯制冷而改用水做冷剂，降低能耗。由于部分物料由液相变为气相移走了反应热，所以反应温度能保持在较低水平，避免副反应发生，“绿油”生成量明显减少。④反应压力提高至 2.2~2.5MPa(G)，保证反应物料为液相，同时保证装置操作的安全性。碳三馏分液相选择加氢新工艺的流程见图 23.2-4。

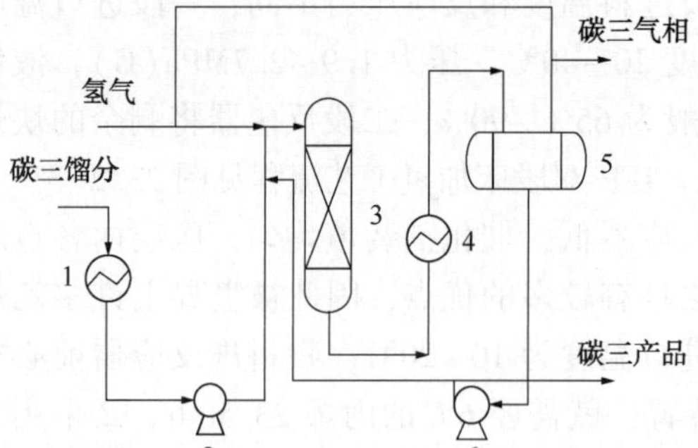


图 23.2-4 碳三馏分液相选择加氢新工艺流程简图

1—原料冷却器；2—碳三进料泵；3—碳三加氢反应器；4—反应物冷却器；5—气液分离罐；6—循环泵

碳三液相加氢新工艺和催化剂与国外双段床加氢技术和加氢指标对比见表 23.2-1。碳三馏分选择加氢脱除丙烯、丙二烯新工艺具有空速大、设备少、反应器体积小、能耗低的特点，进口温度范围较宽，操作条件有较大的灵活性，优点较为明显，丙烯收率可显著提高，1985 年后陆续在国内外乙烯装置上推广应用。

表 23.2-1 碳三液相加氢新工艺和催化剂与国外双段床加氢工艺和加氢指标对比

| 项目 | 碳三液相加氢新工艺 | 国外双段床工艺 | |
|---|---|---|---|
| 使用催化剂 | BC-L-83 | 进口催化剂 | |
| 反应流程 | 单段床 | 双段床 | |
| 设备总台数/台 | 5 | 8 | |
| 液体空速/$h^{-1}$ | 50~100 | 24 | |
| 原料中 MAPD 含量/%(摩尔) | ≤2.5 | ≤2.5 | |
| | | Ⅰ段反应器 | Ⅱ段反应器 |
| 反应器进口温度/℃ | 30~45 | 10~20(一般为 14℃) | 10~38 |
| 反应压力/MPa(G) | 2.2~2.5 | 0.98~2.45 | 2.45 |
| 氢炔摩尔比 | 1.2~2.5 | 0.9~1.2 | 7~12 |
| $C_3H_4$ 转化率/% | 100 | >70 | 100 |
| 反应后剩余丙炔/$10^{-6}$ | <5 | 1000~3000 | <5 |
| 反应后剩余丙二烯/$10^{-6}$ | <5 | 1000~3000 | <10 |
| 丙烯含量变化/% | 增加 0.3~2.0 | 损失约 1.0 | |

## 1. 国外催化剂的技术现状

目前国外工业化的碳三液相加氢催化剂生产厂家主要有德国 Clariant 公司、BASF 公司、法国 IFP 旗下的 Axens 公司、CRI 国际公司等，目前这些国外公司生产的工业化碳三选择加氢催化剂一般都是贵金属钯催化剂。

德国 Clariant 公司开发的碳三液相加氢催化剂有 OleMax350(原 G68-HX)、OleMax353。OleMax353 是单钯催化剂，主要适用于绝热床反应器，具有高比表面积，催化活性和选择性都比较高。兰州石化工业装置使用过 OleMax350 催化剂。

德国 BASF 公司开发的碳三液相催化剂牌号有 HO-31、HO-32、HO-33、HO-35。HO-31 催化剂是一种浸渍在氧化铝载体上的钯催化剂，与其他催化剂相比，选择性有很大改善，且对碳三馏分中丙烷含量的变化有很好的适应性。该催化剂已应用于 BASF 公司在路德维希港乙烯装置上。

CRIKataLeuna 催化剂公司的碳三液相加氢催化剂 KL7752 是一种 3mm×3mm 的圆柱形钯催化剂，再生周期最长可达到 5 年。目前在国内市场，该催化剂公司是国产碳三加氢催化剂的主要竞争对手之一。

法国 IFP 旗下 Axens 公司开发的碳三液相加氢早期牌号是 LD-265，它是一种单钯催化剂，后又开发了添加助剂的改性钯催化剂 LD-273。新的助剂型钯催化剂 LD-273 选择性高，绿油生成量低，比原来的单金属催化剂型 LD-265 丙烯收率提高 1%左右，LD-273 对于毒物杂质特别是羰基硫(COS)更稳定。这两种催化剂主要应用于碳三液相双段床工艺。国内广州石化、大庆石化、上海石化、扬子石化、齐鲁石化等乙烯装置上的碳三液相加氢反应器都曾使用过 LD265，目前 LD-265 在国内乙烯装置上仍有使用。

Johnson Matthey 公司开发的碳三液相加氢催化剂牌号有 PD309/3、PD468、PD469，其中 PD309/3 是一种单钯催化剂，为三叶挤压块状，比表面积 $110m^2/g$，堆积密度 $610kg/m^3$，压碎强度 24N/mm。该催化剂在国内广州石化双段床工业装置曾使用过。PD468 和 PD469

都是添加了助催化剂的球形钯催化剂，均以氧化铝为载体。

2. 国产催化剂的技术现状

目前国内乙烯装置大多采用碳三液相加氢工艺。国产碳三液相加氢催化剂主要是由中国石化北京化工研究院研制开发。中国石化北京化工研究院致力于碳三加氢催化剂技术的开发，拥有50余年的研发经验，成功开发了多种牌号的性能优良的催化剂。研制的第一代碳三液相加氢催化剂BC-L-80成功替代了国内多套乙烯装置上的进口催化剂。在此基础上，1983年北京化工研究院成功研发了BC-L-83催化剂，并与Lummus公司合作开发出碳三液相加氢新工艺——碳三单段床液相加氢工艺，新的单段床工艺和新型BC-L-83催化剂在国内已被大多数厂家使用并出口海外。

BC-L-83催化剂具有如下特点：①高活性、高选择性和良好的稳定性，聚合物生成量少。②催化剂再生周期长，正常工况条件下，再生周期在6个月以上，使用寿命3年以上。③工艺技术先进，采用单段床反应器，与国外广泛使用的双段床液相加氢工艺相比，具有设备少、投资低、操作方便等特点。④液体体积空速大，催化剂用量少。⑤能耗低，允许反应器进料温度25~45℃，不用丙烯制冷，减少能耗。⑥适用于各类乙烯装置，可生产化学级或聚合级丙烯。

同时，为了适应碳三馏分中高浓度MAPD物料的需求，中国石化北京化工研究院研发了BC-H-30A，在多套大型乙烯装置项目上工业应用。后续又采用电离辐照新的制备技术研发了低钯含量的BC-H-30B催化剂，并已在上海石化工业装置连续运转三年没有再生。近期北京化工研究院研发低钯的BC-H-30C催化剂也完成了工业应用试验。目前北京化工研究院的碳三液相催化剂已占领国内主要市场并成功在国外十多套工业装置上应用，其催化性能处于世界领先水平。中国石化碳三液相加氢催化剂主要牌号及物性详见表23.2-2。

**表23.2-2　中国石化碳三液相加氢催化剂牌号**

| 项目 | 物性指标 | | | | |
|---|---|---|---|---|---|
| 牌号 | BC-L-83 | BC-H-30A | BC-H-30B | BC-H-30C | BC-H-30AG |
| 外观 | 黄褐色球形 | 褐黑色球形 | 灰色齿球形 | 浅灰色齿球形 | 灰黑色齿球形 |
| 组成 | $Pd/Al_2O_3$ | Pd-助剂/$Al_2O_3$ | $Pd/Al_2O_3$ | Pd-助剂/$Al_2O_3$ | Pd-助剂/$Al_2O_3$ |
| 再生周期 | 6~18月 | | | | |
| 寿命 | >5年 | | | | |

中国石油兰州化工研究院研发的LY-C3-17催化剂是一种三金属钯催化剂，以三叶草挤条形氧化铝为载体，用于碳三液相加氢，2002年在兰州石化160kt/a乙烯装置上进行了工业应用试验，并与进口催化剂G-68HX进行性能对比，表明其加氢性能与进口催化剂相当。后又采用新型指标工艺研发了以乙酸钯为活性组分前体的碳三液相加氢催化剂LY-C3-A，并进行了1000h工业侧线试验评价，结果表明丙烯选择性50%~85%，MAPD转化率75%~99%，具备工业应用条件。2022年，研发的碳三加氢催化剂PEC-31在兰州石化240kt/a乙烯装置首次实现工业应用，填补了中国石油天然气集团有限公司在碳三加氢领域的技术空白。

# 第三节 甲烷化催化剂

在裂解原料(如石脑油、轻柴油、减压柴油等)蒸汽裂解分离制取乙烯、丙烯的过程中，伴随副产相当数量的富氢馏分。这种富氢馏分(又称“粗氢”)是乙烯分离过程中各种不饱和烃加氢的必要原料，其组成大致为：90% ~96%(摩尔分数，下同)氢气、4% ~9%甲烷、(1000 ~10000)$\times10^{-6}$(通常小于 5000$\times10^{-6}$)的一氧化碳和二氧化碳等杂质。如果这种氢气产品不经处理直接供给下游用户使用，会给后续过程造成很大的负面影响，因此对于粗氢的提纯处理十分必要。一般对于大多数的下游用户，要求经过提纯处理后氢气产品中一氧化碳和二氧化碳的总量小于(5 ~10)$\times10^{-6}$，甚至小于 1$\times10^{-6}$。甲烷化反应过程的主要作用是将混合气中对后续过程使用的催化剂具有毒害作用的一氧化碳和二氧化碳转化为惰性气体甲烷，最终得到纯度 95% ~98%的氢气。世界上最早开展甲烷化工作的是 Satatier 和 Senderens，后来众多学者又进行了大量研究，使得这种气体净化方法在 20 世纪 50 年代就被广泛采用，至今仍是氢气净化的主要方法之一。

由于制备氢气的原料和方法不同，除了通过甲烷化反应提纯氢气的方法，还有几种不同的分离提纯氢气的工艺。其中因变压吸附制氢(SPA-$H_2$)装置的工艺和操作简单，允许压力变化范围广，对原料气的要求相对宽松，得到的氢气产品纯度高，使 SPA-$H_2$ 成为氢气净化的主要方法之一。表 23.3-1 列出了几种氢气纯化技术，并对不同方法的特点及适用范围进行了简单的比较。

表 23.3-1 几种氢气纯化技术比较

| 项目 | 膜分离 | 变压吸附 | 深冷分离 |
|---|---|---|---|
| 规模/($Nm^3$/h) | 100~10000 | 100~100000 | 5000~100000 |
| 氢气纯度/%(摩尔) | 80~99 | 99~99.999 | 90~99 |
| 氢气回收率/% | 75~85 | 80~95 | 最高 98 |
| 操作压力/MPa | 3~15 或更高 | 0.5~3.0 | 1.0~8.0 |
| 压力降/MPa | 高，原料成品压力比为 2~6 | 0.1 | 0.2 |
| 原料氢气最小含量/%(摩尔) | 30 | 15~20 | 15 |
| 原料预处理 | 需要 | 可不需要 | 需要 |
| 产品中一氧化碳摩尔分数 | 原料气中一氧化碳的 30% | <10$\times10^{-6}$ | (1000~10000)$\times10^{-6}$ |
| 操作弹性/% | 2~100 | 10~100 | 50~100 |
| 投资 | 低 | 低 | 较高 |
| 能耗 | 低 | 低 | 较高 |
| 操作难易 | 简单 | 简单 | 较难 |

## 一、甲烷化反应

甲烷化反应是在催化剂存在下，用氢气还原一氧化碳和二氧化碳生成甲烷和水的反应。

一氧化碳、二氧化碳甲烷化主要反应为：

主反应：

$$CO+3H_2 \rightleftharpoons CH_4+H_2 \quad \Delta H_{R,298}=-206kJ/mol \tag{1}$$

$$CO+H_2O \rightleftharpoons CO_2+H_2 \quad \Delta H_{R,298}=-49kJ/mol \tag{2}$$

$$CO_2+4H_2 \rightleftharpoons CH_4+2H_2O \quad \Delta H_{R,298}=-165kJ/mol \tag{3}$$

副反应：

$$C_2H_2+H_2 \rightleftharpoons C_2H_6 \quad \Delta H_{R,298}=-136kJ/mol \tag{4}$$

反应(1)和反应(3)均是强放热反应，据反应热计算得知，在绝热条件下，大约每转化1%(摩尔)的一氧化碳和二氧化碳，温升分别是75℃和60℃。因此，对于绝热式反应器，富氢气中的一氧化碳、二氧化碳含量不宜过高，以确保操作安全。此外，乙烯装置分离技术中应尽量避免富氢馏分中夹带乙烯。甲烷化反应中，乙烯加氢生成乙烷也是强放热反应，大约每转化1%(摩尔)的乙烯，温升为71℃左右，会加剧反应器的温升，高温时乙烯裂解生成的碳会附在甲烷化催化剂上，使催化剂性能下降。

对于一氧化碳和二氧化碳的催化甲烷化过程，大体上基本遵循表面$C_{ads}$的加氢机理。但由于两者在结构上的差异，其吸附活化加氢过程是不同的。一氧化碳的C为sp杂化，与O形成C═O键，并有一个孤电子，这个孤电子容易与催化剂表面的金属结合，成为吸附态的一氧化碳，强吸附的一氧化碳解离形成表面$C_{ads}$和$O_{ads}$，表面的$C_{ads}$与活化氢经多步结合形成甲烷。二氧化碳的C为$sp_2$杂化，二氧化碳分子存在着离域的π键体系，在催化剂表面的吸附形式有多种，形成的活化中间物也有$^*CO_2$或$^*CO_3$或表面甲酸盐等多种形式，生成的中间产物经多步脱氧加氢最后生成具有稳定结构的甲烷。对于一氧化碳和二氧化碳同时存在的竞争性甲烷化过程，Fujita认为催化剂对一氧化碳的弱吸附作用对表面$C_{ads}$的加氢具有抑制作用，导致一氧化碳的甲烷化选择性下降，而弱吸附的抑制作用对二氧化碳的甲烷化反应影响不明显，所以一氧化碳的弱吸附作用是造成一氧化碳甲烷化选择性下降的重要原因之一。

一氧化碳吸附在催化剂表面发生歧化反应，生成表面碳$C_{ads}$，表面碳再与氢作用生成甲烷，催化反应过程由下列基元反应构成：

$$CO+S \longrightarrow CO_{ads}$$

$$H_2+S \longrightarrow 2H_{ads}$$

$$CO_{ads}+S \longrightarrow C_{ads}+O_{ads}$$

$$2H_{ads}+O_{ads} \longrightarrow H_2O+S$$

$$O_{ads}+CO_{ads} \longrightarrow CO_2$$

$$C_{ads}+nH_{ads} \longrightarrow CH_{nads}+nS$$

$$CH_{ads} \longrightarrow \text{碳氢化合物}$$

式中，S表示表面。

由以上的机理可以得出，一氧化碳首先被催化剂的活性中心吸附并发生离解形成表面碳和表面氧，表面碳进一步与被吸附离解的氢发生反应生成表面碳氢物种。当$n=4$时，即生成甲烷被脱附，同时也可形成碳数稍多的碳氢化合物。

对于一氧化碳的甲烷化催化机理，在镍催化剂上的表面碳机理得到比较普遍的认可，它能够较好地解释一氧化碳的脱氧加氢甲烷化过程，但与二氧化碳共存条件下的竞争性甲烷化机理仍有待于进一步研究。

甲烷化反应实际上是属于费-托合成中的一种特例。尽管甲烷化反应动力学的研究很早，但至今没有一个公认的动力学方程，目前仅在以下几点达成了共识：

① 甲烷化反应速率对一氧化碳和二氧化碳浓度为一级反应，二氧化碳甲烷化速率比一氧化碳甲烷化速率慢。

② 在 300~400℃温度范围内，若甲烷化反应温度升高，则反应速率常数增大，反应速率加快。

③ 甲烷化反应速率与系统压力的 0.2~0.5 次方成正比，压力增加可加快反应速率。

④ 传质过程对甲烷化反应速率有显著影响，一氧化碳含量在 0.25%以上时，反应属于内扩散控制；而一氧化碳含量低于 0.25%时，属于外扩散控制。因此，可以通过减小催化剂粒径，提高原料空速的途径，提高甲烷化反应速率。

## 二、甲烷化工艺

在中国引进的乙烯装置中，富氢气体甲烷化有高温和低温两种甲烷化工艺，高温甲烷化反应工艺的流程示于图 23.3-1。

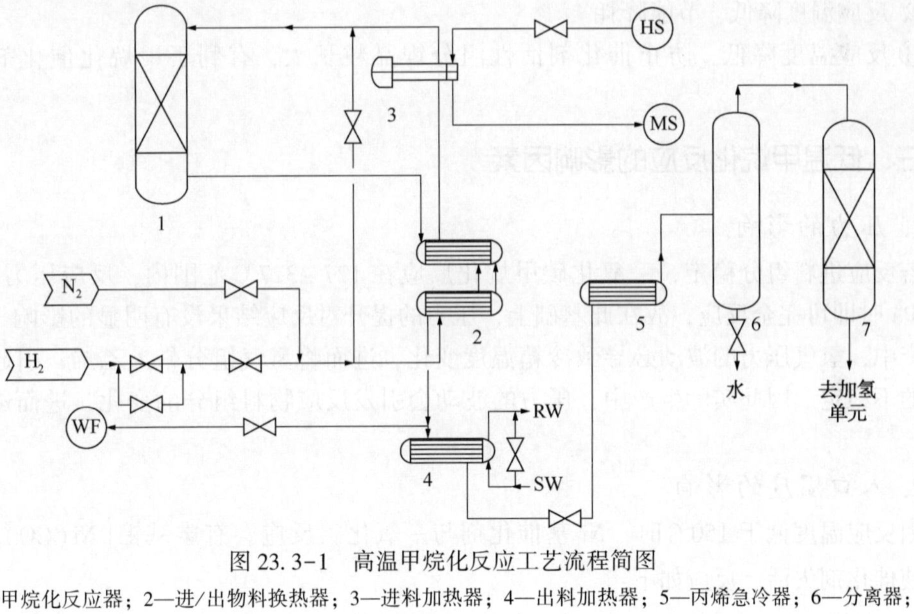


图 23.3-1 高温甲烷化反应工艺流程简图

1—甲烷化反应器；2—进/出物料换热器；3—进料加热器；4—出料加热器；5—丙烯急冷器；6—分离器；7—氢气干燥器；HS—高压蒸汽；MS—中压蒸汽；WF—火炬；SW—循环水上水；RW—循环水回水

### 1. 高温甲烷化反应工艺

甲烷化反应的起始温度要求在 260℃以上。从冷箱出来的粗氢气的温度为 30℃，压力为 3.14MPa。氢气首先在甲烷化反应器进/出料换热器中被反应器出口物料加热，然后再用高压蒸汽在甲烷化反应器进料加热器中进一步加热至 280℃左右。该系统要求严格控制温度。反应进料需要高温，但是过分加热使催化剂处于不利环境中，而使系统更易出现操作问题。要注意控制，并及时调节进入甲烷化反应器进料加热器的高压蒸汽的流量。如果在不用高压蒸汽加热的情况下入口温度仍很高，去甲烷化反应器的物流就由旁路绕过甲烷化反应器进/出料加热器和甲烷化反应器进料加热器。

在甲烷化反应器进/出料换热器中，反应器出料通过与进料换热进行冷却，之后在甲烷化反应器出料冷却器中用冷水冷却。这股氢气物流在氢气急冷器中再由丙烯冷剂进一步冷却，然后送往水分离和干燥装置。从干燥器出来的氢气产品被送入碳二和碳三加氢装置使用。剩余部分在流量控制器控制下送给其他用户。少量含一氧化碳的氢气在甲烷化反应器进/出料换热器入口之前分出，与进行了甲烷化反应之后的氢气混合，作为碳二加氢反应器的进料。这些少量的一氧化碳用于控制碳二加氢反应生成乙烯的选择性，防止乙炔过度加氢转化成乙烷。

2. 低温甲烷化反应工艺

甲烷化反应进料温度一般为150~200℃，从冷箱出来的粗氢气首先在甲烷化反应器进/出料换热器预热，然后在甲烷化反应器进料加热器用中压蒸汽加热至170℃。在甲烷化反应器进/出料换热器中，反应器出料通过与进料换热进行冷却，不经过冷却水冷却这股氢气物流直接在氢气急冷器中由丙烯冷剂进一步冷却，然后送往水分离和干燥装置。

低温甲烷化工艺的优点如下：

① 进料加热蒸汽由高温甲烷化工艺的超高压或者高压蒸汽降低为中压蒸汽，提高了装置运行的安全性。

② 反应温度降低，节能降耗。

③ 反应温度降低，防止催化剂活性组分镍晶粒长大，有利于甲烷化催化剂的长期运行。

## 三、低温甲烷化反应的影响因素

1. 压力的影响

若反应进料组分稳定，一氧化碳甲烷化反应在127~327℃范围内，反应压力在0.1~2.0MPa时即可完全反应，故在此基础上，压力的提升对反应结果没有明显的影响。但在实际生产中，氢气压力的波动必导致冷箱温度变化，进而将氢气组分带入乙烯，引起反应器运行的不稳定。因此实际生产中，压力的波动会引发反应物料组分的变化，进而影响反应效果。

2. 入口温度的影响

因反应温度低于150℃时，Ni基催化剂与一氧化碳反应会有羰基镍[$Ni(CO)_4$]生成，从而使催化剂失活。反应如下：

$$Ni+4CO \rightleftharpoons Ni(CO)_4$$

此外，一氧化碳也会被还原生成中间产物，如：①甲酰中间物；②碳化物、碳炔、碳烯中间物；③羟甲基、羟亚甲基中间物。为了应对工艺/操作波动的影响，设定20℃的操作安全范围，将甲烷化催化剂入口温度设定在170℃，然而，此低温催化剂也可在高温下使用，最高床层温度可以达到400℃。

3. 一氧化碳浓度的影响

在石脑油裂解特别是在深度裂解的过程中，不可避免地生成了一氧化碳和二氧化碳。二氧化碳在上游工艺(碱洗段)中已基本彻底脱除，为了将反应器出口一氧化碳含量控制在合格范围，较高的一氧化碳势必需要提高反应器入口温度。与高温催化剂相比，低温催化剂有更为宽阔的调节空间，避免了高温催化剂反应条件下高温联锁事故的发生，为装置的稳定运行提供了保障。

## 四、甲烷化装置开停车注意事项

① 硫、氯、砷是甲烷化催化剂的毒物，注意进入甲烷化反应器的气体不应含有以上毒物。储存甲烷化催化剂时，不可与上述化学品混装在同一仓库。

② 由于粗氢气中含有一氧化碳，为了防止形成羰基镍，依据甲烷化工艺和甲烷化催化剂供应商的要求，反应器必须用氮气升温至安全温度，才能对甲烷化反应器进料。

③ 停车时，为了防止形成羰基镍，应在甲烷化反应速度降至安全温度之前，必须切换为氮气继续降温。

④ 当从反应器中卸出催化剂时，必须对催化剂进行氧化处理，待温度降至常温后，方能将催化剂卸出。

⑤ 在催化剂从反应器卸出的过程中，周围环境应不含有一氧化碳气体，以免生成危及人体生命的剧毒羰基镍。

## 五、商业化甲烷化催化剂

国内乙烯工业上常用的甲烷化催化剂分为高温甲烷化催化剂和低温甲烷化催化剂。两类催化剂均以氧化镍为主要活性组分，负载于氧化铝、氧化硅或铝酸钙水泥等载体上。有的还可以加入碱金属、碱土金属、稀土金属等作为稳定剂或促进剂。

### 1. 国外甲烷化催化剂

国际市场上商品化的甲烷化催化剂有美国联合碳化物(UCI)公司的C13-4、G-65，帝国化学工业集团(ICI)公司的ICI11-3，巴斯夫(BASF)公司的RK-10，法国石油研究院(IFP)及普罗催化剂(Procatalyse)公司的MT15，丹麦托普索(Topsφe)公司的PK-2和PK-3，还有苏联的TQ-2、HKM-4和HKM-4A。使用较多的高温甲烷化催化剂有德国南方公司的C13-4、G65和J103H催化剂，低温甲烷化催化剂为日本Nikki公司的N111催化剂和壳牌公司的甲烷化催化剂。

### 2. 国产J系列高温甲烷化催化剂

中国的甲烷化催化剂开发于1966年，至今我国已定型的产品有J101、J103、J104、J105和J106等。J101甲烷化催化剂应用于中、小型合成氨厂。J102型是J101催化剂采用耐热材料的改进产品，做过侧线实验，未工业化。J104、J105、J106三种产品在J101型的基础上添加了稀土金属氧化物，降低了氧化铝的含量。稀土金属与氧化镁的联合作用，使这些甲烷化催化剂有优异的活性和热稳定性，可供大型氨厂使用。J104型催化剂以水泥为载体。

### 3. 中国石化低温甲烷化催化剂

中国石化北京化工研究院进行了新型低温甲烷化催化剂的研究，开发出了BC-H-10低温甲烷化催化剂。该催化剂以Ni为主要活性组分，通过改进载体和催化剂的制备方法，加入适量的活性促进剂，提高了甲烷化催化剂的低温活性和稳定性，是一种拥有完全自主知识产权、可在150~200℃下使用的低能耗、高安全性的甲烷化催化剂。在反应温度160℃、反应压力2.80MPa、气态空速2000~8000$h^{-1}$的条件下，反应器出口处一氧化碳的含量稳定

在 $1\times10^{-6}$(摩尔)以下。工业应用结果表明，BC-H-10 低温甲烷化催化剂具有良好的活性和稳定性，不仅能在低于 200℃的温度下保证对原料粗氢中一氧化碳的净化指标，而且具有对高空速的适应性。BC-H-10 低温甲烷化催化剂已经成功应用于中原石化、广州石化、天津石化、扬子石化、福建联合石化、中韩(武汉)石化、上海石化、独山子石化、浙江石化、古雷石化、中科炼化、茂名石化、镇海炼化等乙烯装置，在工业应用中表现出了反应温度低、高空速适应性、不使用高压或超高压蒸汽等特点，且高温工艺转为低温工艺不需要更换反应器，催化剂使用前不需要进行专门的还原操作，节省蒸汽、开车时间和氮气消耗，具有节能降耗、安全环保的优势。表 23.3-2 列出了 BC-H-10 低温甲烷化催化剂物理特性。

**表 23.3-2　BC-H-10 低温甲烷化催化剂物理特性**

| 项目 | 数据 | 项目 | 数据 |
|---|---|---|---|
| 颜色及形状 | 黑色齿状 | Ni 含量/%(质量) | 40~50 |
| 颗粒强度/(N/颗) | ≥40 | 催化剂寿命 | 不小于 5 年 |
| 外形尺寸/mm | $\Phi$3.0~4.5 | | |

BC-H-10 低温甲烷化催化剂反应操作条件：

反应器入口一氧化碳含量：<0.5%(摩尔)

反应器入口温度：160~200℃

反应压力：3.0~3.5MPa

反应空速：2000~8000$h^{-1}$

反应器出口一氧化碳含量：<$1\times10^{-6}$(摩尔)

BC-H-10 与高温催化剂相比，操作温度要低 100 多度；与进口低温催化剂相比，操作空速大 2~3 倍。BC-H-10 低温催化剂可以适应更苛刻的操作条件，整体性能优于同类进口催化剂，更利于原有乙烯装置甲烷化单元由高温工艺改造成低温工艺，新建装置采用 BC-H-10，冗余大，操作更安全。进口低温催化剂主要不足在于其操作空速小，为达到同样效果，其催化剂装填量是 BC-H-10 的 2~3 倍，反应器设计和催化剂使用成本明显高于 BC-H-10 低温催化剂。

## 第四节　净化催化剂

裂解原料中存在砷、汞、磷、硫等杂质，这些杂质对后续过程中的加氢催化剂有毒性，导致催化剂中毒或降低反应活性。部分国外公司加氢催化剂对毒物的含量要求如表 23.4-1、表 23.4-2 所示。

**表 23.4-1　BASF 公司某加氢催化剂对毒物含量(质量分数)的要求**

| 项目 | 指标 | 项目 | 指标 |
|---|---|---|---|
| As | <$5\times10^{-9}$ | Pb | <$0.1\times10^{-6}$ |
| $H_2S$ | <$5\times10^{-9}$ | Hg | <$0.1\times10^{-6}$ |
| COS | <$5\times10^{-9}$ | V | <$0.1\times10^{-6}$ |
| $H_2S$+COS | <$5\times10^{-9}$ | Sb+Pb+Hg+V | <$0.1\times10^{-6}$ |
| Sb | <$0.1\times10^{-6}$ | | |

表 23.4-2 美国 UCI 公司乙炔加氢催化剂对毒物含量的要求

| 项目 | 指标 | 项目 | 指标 |
|---|---|---|---|
| As | <$5\times10^{-9}$(质量) | Hg | <$1\times10^{-9}$(质量) |
| S | <$5\times10^{-9}$(体积) | Pb | <$5\times10^{-9}$(质量) |

中国石化北京化工研究院碳二、碳三、碳四加氢催化剂对毒物含量的要求见表 23.4-3~表 23.4-5。

表 23.4-3 碳二催化剂对杂质含量的要求

| 项目 | 指标 | 项目 | 指标 |
|---|---|---|---|
| $H_2S$ | <$1\times10^{-6}$(体积) | $H_2O$ | <$5\times10^{-6}$(质量) |
| COS，$CS_2$ | <$25\times10^{-9}$(体积) | Pb | <$3\times10^{-9}$(质量) |
| Hg | <$5\times10^{-9}$(质量) | As | <$2\times10^{-9}$(质量) |
| $O_2$ | <$1\times10^{-6}$(体积) | As，Sb，Pb，V(总计) | <$10\times10^{-9}$(质量) |

表 23.4-4 碳三催化剂对杂质含量的要求

| 项目 | 指标 | 项目 | 指标 |
|---|---|---|---|
| S | <$5\times10^{-6}$(质量) | As，Sb，Pb，V(总计) | <$10\times10^{-9}$(质量) |
| Hg | <$30\times10^{-9}$(质量) | As | <$3\times10^{-9}$(质量) |
| COS | <$25\times10^{-9}$(体积) | | |

表 23.4-5 碳四选择加氢催化剂对杂质含量(质量分数)的要求

| 项目 | 指标 | 项目 | 指标 |
|---|---|---|---|
| S | <$1\times10^{-6}$ | As，Sb，Pb，V(总计) | <$10\times10^{-9}$ |
| As | <$3\times10^{-9}$ | COS | ≤$25\times10^{-9}$ |

为了达到相关反应装置和后续催化剂对杂质的要求，需要将裂解气进行净化处理。本节主要通过毒物的种类，介绍净化反应机理以及部分相关的国内外催化剂，让读者对乙烯装置中的催化净化剂有初步的认识。

## 一、脱砷催化剂

砷是一种加氢反应中的常见毒物，同时砷也是一种会使贵金属催化剂永久性失活的毒物。以钯系催化剂为例，三价砷具有的孤对电子极易与钯的空 d 轨道形成配位键，使得催化剂的活性降低，从而导致催化剂失活的情况发生。同时，由于砷与钯形成的配位键键能很高，导致其很难断裂，钯催化剂在失活之后很难通过活化或再生，使催化剂重新具备初始的活性，因此，在加氢工艺之前，需要将原料中的砷净化到贵金属催化剂可以接受的范围内。裂解气中常见的砷化物的相关物性见表 23.4-6。

表 23.4-6 裂解气中常见的砷化物的相关物性

| 名称 | 化学式 | 分子量 | 沸点/℃ | 闪点/℃ |
|---|---|---|---|---|
| 砷化氢 | $AsH_3$ | 77.95 | -62 | |
| 甲胂 | $CH_3AsH_2$ | 91.97 | 1.189 | |
| 二甲基胂 | $(CH_3)_2AsH$ | 106 | 35.999 | -39.248 |
| 乙基胂 | $C_2H_5AsH_2$ | 106 | 36.982 | -40.97 |
| 三甲基胂 | $(CH_3)_3As$ | 120.03 | 53.828 | -29.279 |
| 三苯胂 | $(C_6H_5)_3As$ | 306.23 | 373 | 174 |

砷通常以化合态形式出现，而其中更多的是以三价砷的形式出现。

在乙烯装置中，为了满足砷含量的指标，通常需要设置脱砷保护床用以降低裂解气中的砷含量，保证后续催化剂的高效、稳定、长期运行。目前最主要的除砷方式是用吸附剂进行化学吸附脱砷，相应的吸附剂可称为脱砷剂。市场上主要的脱砷剂是以氧化铜为主要有效组分，原料中的三价砷与氧化铜反应形成固态砷化铜而被脱除，反应式如下：

$$3CuO+2AsH_3 \longrightarrow Cu_3As_2+3H_2O$$

BASF 公司的 PuriStar R3-22 型脱砷剂就是以 CuO 作为活性组分，在加氢反应器之前脱除砷。

除了以氧化铜为活性组分的脱砷剂之外，Axens 公司的 ACT-969S 催化剂以镍作为活性组分，通过反应与三价砷结合形成镍化砷，从而达到脱砷的目的。

$$3Ni+2AsH_3 \longrightarrow Ni_3As+\frac{3}{2}H_2$$

除了这两种较为常见的脱砷剂之外，也可使用铅系催化剂进行脱砷，原理与铜系催化剂、镍系催化剂相同。相对于铜系催化剂而言，铅系催化剂在含有炔烃的条件下，不会发生相应的加氢反应。

中国石化北京化工研究院的 BC-DTE-97 催化剂是具有自主知识产权的低温脱砷催化剂，适用于石脑油等裂解原料油品中的砷化物的脱除。该催化剂可以低温操作，不会吸附油品中的硫，活性组分不会由于硫的析出而流失。BC-DTE-97 已经先后用于天津乙烯装置和吉化乙烯装置的石脑油脱砷。

UOP 公司生产的 GB-238 吸附剂，物性如表 23.4-7 所示。

表 23.4-7 UOP GB-238 吸附剂

| 项目 | 7×14 目颗粒 | 5×8 目颗粒 |
|---|---|---|
| 堆密度/($kg/m^3$) | 801 | 801 |
| 压碎强度/kg | 3 | 4.5 |

该催化剂拥有较好的孔径分布，使得吸附容量更高；高表面积可以使活性金属氧化物更好地与砷接触，从而达到更理想的吸附效果。

## 二、脱汞催化剂

汞是一种用途广泛的重金属元素，在化工、医疗、军工上都有应用。由于汞是唯一一种常温下以液态形式存在的金属元素，因此，汞具有一般金属元素所不具备的性质。但同时，汞是一种具有剧毒性质的重金属元素，不但对人体健康有影响，同时，在乙烯装置中，汞的存在会导致后续加氢催化剂中毒，因此在乙烯装置中，将原料中的汞脱除很有必要。汞和部分汞化合物的物性见表 23.4-8。

表 23.4-8 汞和部分汞化合物的物性

| 名称 | 化学式 | 分子量 | 沸点/℃ |
|---|---|---|---|
| 单质汞 | Hg | 200.59 | 356.67 |
| 单甲基汞 | $HgCH_3$ | 215.62 | — |
| 二甲基汞 | $Hg(CH_3)_2$ | 230.66 | 93-94 |
| 二异丙基汞 | $Hg(C_3H_7)_2$ | 286.77 | 190 |

在裂解原料中，汞通常以单质的形式存在，但也有一部分与原料中的有机物质反应，形成几种有机化合物，存在于裂解气原料中。

在加氢催化剂中，活性组分多为贵金属，汞会与催化剂活性中心发生反应，导致催化剂的活性中心失活。以钯催化剂为例，钯与汞在催化剂内部会发生反应，形成相应的钯汞络合物，导致催化剂改性，钯的活性位点减少，催化剂失活，且失活无法通过催化剂再生恢复活性，因此，这种失活是催化剂的永久性失活。

目前，市面上脱汞催化剂所使用的活性组分大部分为锰基催化剂、铜锌催化剂、铁系催化剂等。以某脱汞剂为例，其使用 CuO 作为活性组分，根据 Mars-Maessen 机理，CuO 可以将汞氧化，形成氧化汞(HgO)，从而实现脱汞。反应式如下：

$$Hg(g) \longrightarrow Hg(ads)$$

$$Hg(ads)+2CuO \longrightarrow HgO(ads)+Cu_2O$$

$$HgO(ads) \longrightarrow HgO(g)$$

除此之外，BASF 公司的 PuriStar® R3-15S 催化剂，使用硫化氧化铜/氧化锌作为反应活性物质，反应温度在 100℃左右，通过铜硫键的断裂，生成相应的硫化汞，将 Hg 脱除。由于使用的是硫化氧化铜，因此，需要控制裂解气中空气的含量，防止其活性组分的消耗。同时，BASF 公司还提供了一种干气脱汞的活性炭选择吸附剂 Selexsorb® HG，可以在干燥的情况下，将汞蒸气脱除到 $0.1\times10^{-9}$(体积)以内，从而满足后续生产的要求。

美国 UOP 公司的吸附剂 GB-346S，是一种球形金属硫化物吸附剂，该催化剂部分物性如表 23.4-9 所示。

表 23.4-9 UOP GB-346S 吸附剂

| 项目 | 指标 | 项目 | 指标 |
|---|---|---|---|
| 堆密度/($kg/m^3$) | 850 | 压碎强度/kg | 4 |

这种吸附剂是一种非再生吸附剂，可以用作保护床脱除不含硫化氢的工业物料中的汞杂质。

除了单独的脱汞催化剂之外，还有部分复合脱除的催化剂。大唐集团研制出的一种脱硝脱汞催化剂，在脱除硝的同时，可以将烟气中的单质汞脱除，效率高于 97.2%，同时，脱硝活性高于 98.1%。清华大学研制出的一种中低温脱硝协同脱汞催化剂，两者的脱除效果均能维持在80%以上，成本低廉，可以用于大规模生产应用。

## 三、脱磷催化剂

磷是一种非金属元素，在裂解气中，通常由原料进入乙烯装置生产流程。磷在裂解气中通常以有机化合态形式存在，部分含磷物质的物性如表23.4-10所示，其中，裂解气中的磷主要以磷化氢的形式存在。由于磷与会与钯在内的贵金属加氢催化剂发生反应，造成催化剂的快速永久性失活，因此，需要在裂解过程中，将含磷物质脱除，从而保证后续加氢过程的稳定、长期、安全运行。

**表23.4-10　裂解原料及裂解气中部分含磷物质的物性**

| 名称 | 化学式 | 分子量 | 沸点/℃ | 闪点/℃ |
|---|---|---|---|---|
| 磷化氢 | $PH_3$ | 34.00 | | |
| 甲基膦 | $CH_3PH_2$ | 48.02 | -13.157 | -54.155 |
| 乙基膦 | $C_2H_5PH_2$ | 62.05 | 24.486 | -31.39 |
| 三甲基膦 | $(CH_3)_3P$ | 76.08 | -86 | 38-40 |
| 苯基膦 | $C_6H_5PH_2$ | 110.09 | 160 | -28.89 |
| 三乙基膦 | $(C_2H_5)_3P$ | 118.16 | 127-128 | -17.22 |

磷中毒的反应机理与砷相似。以钯系贵金属催化剂为例，磷可以将与钯的空电子d轨道形成很强的配位键，使催化剂失活。配位键键能过高，很难断裂，因此，催化剂会由于这一情况，导致催化剂难以再生，从而造成永久性失活。

由于磷与砷的性质相似，反应机理相似，因此，绝大多数的脱砷催化剂在试剂反应的过程中，均可以同时脱除三价磷，如BASF公司的PuriStar® R3-12催化剂，使用氧化铜和氧化锌作为主要组分，使三价磷与铜形成磷化铜。

$$3CuO+2PH_3 \longrightarrow Cu_3P_2+3H_2O$$

除去铜基催化剂，BASF公司同时还开发了Prosorb® P镍基的吸附剂，这种吸附剂可以在室温至60℃下，吸附烯烃，主要为碳四中的磷化氢。

现在的乙烯装置中，并没有单独设置脱磷装置，主要是因为在磷与砷性质相似，绝大部分气相脱砷催化剂可以同时脱除相关的磷化物。

## 四、脱硫催化剂

硫是一种会使催化剂中毒的非金属物质，在裂解原料中主要以硫化氢、硫化碳、二硫化碳等化合物存在。部分硫的化合物的物性如表23.4-11所示。

**表23.4-11　裂解气中部分硫的化合物的物性**

| 名称 | 化学式 | 分子量 | 沸点/℃ | 闪点/℃ |
|---|---|---|---|---|
| 硫化氢 | $H_2S$ | 34.076 | -60.4 | |
| 羰基硫 | COS | 60.07 | -50 | |
| 二硫化碳 | $CS_2$ | 76.131 | 199.6 | 74.5 |
| 甲硫醇 | $CH_3SH$ | 48.107 | 6 | |
| 甲硫醚 | $(CH_3)_2S$ | 62.134 | 38 | -36.67 |

在乙烯装置中，经过了碱洗塔后的裂解原料气，含硫量基本满足后续流程中催化剂的耐硫程度，其中，硫化氢的含量可以降至0.2×$10^{-6}$。因此，在大多数的乙烯装置中，不单独增设脱硫床或脱硫塔。硫化物COS的沸点与丙烯相近，而生产聚丙烯的高活性催化剂对硫很敏感，大部分要求含硫量小于0.03×$10^{-6}$(质量)，在此时，就需要注意产品丙烯中的含硫量，对高于标准的硫进行脱硫处理，保证后续生产的顺利进行。

BASF公司生产的Zn 9201催化剂，以氧化锌为活性组分，将裂解气中的硫化氢固定，生成硫化锌，反应式如下：

$$ZnO+H_2S \longrightarrow ZnS+H_2O$$

该催化剂可以将硫化氢脱除到相对较低的水准，可以满足后续下游的聚合装置的要求。

## 五、结语

乙烯装置中，原料的杂质并不仅仅局限于上述四种，还有包括铅、氯、溴、一氧化碳等物质。但最重要的，也是在乙烯生产流程中，对后续加氢催化剂危害最大的几种毒物，都已列举。净化催化剂的目的，不仅仅降低毒物对乙烯生产流程中的影响，更是为下游的生产提供优质的原料，为生产出高端的烯烃制成品提供保障。

## 参 考 文 献


[1] 王松汉. 乙烯装置技术与运行[M]. 北京：中国石化出版社，2009.

[2] 张勇. 烯烃技术进展[M]. 北京：中国石化出版社，2008.

[3] Horiuti I, Polanyi M. Exchange reactions of hydrogen on metallic catalysts[J]. Transactions of the Fataday Society, 1934, 30: 1164-1172.

[4] Emanuele Vignola, Stephan N Steinmann, Ahmad Al Farra, et al. Evaluating the Risk of C-C Bond Formation during Selective Hydrogenation of Acetylene on Palladium[J]. ACS Catalysis, 2018, 8(3): 1662-1671.

[5] Andrzej Borodziński, Geoffrey C Bond. Selective Hydrogenation of Ethyne in Ethene - Rich Streams on Palladium Catalysts. Part 1. Effect of Changes to the Catalyst During Reaction[J]. Catalysis Reviews, 2006, 48(2): 91-144.

[6] Andrzej Borodziński, Geoffrey C Bond. Selective Hydrogenation of Ethyne in Ethene - Rich Streams on Palladium Catalysts. Part 2.: Steady-State Kinetics and Effects of Palladium Particle Size, Carbon Monoxide, and Promoters[J]. Catalysis Reviews, 2008, 50(3): 379-469.

[7] J Wood, M J Alldrick, J M Winterbottom, et al. Diffuse reflectance infrared Fourier transform spectroscopy (DRIFTS) study of ethyne hydrogenation on Pd/$Al_2O_3$[J]. Catalysis Today, 2007, 128(1): 52-62.

[8] Pachulski A, Schödel R, Claus P. Performance and regeneration studies of Pd-Ag/Al2O3 catalysts for the selective hydrogenation of acetylene[J]. Applied Catalysis A: General, 2011, 400: 14-24.

[9] Ellis I T, Wolf E H, Jones G, et al. Lithium and boron as interstitial palladium dopants for catalytic partial hydrogenation of acetylene[J]. Chemical Communications, 2017, 53: 601-604.

[10] He Y, Liang L, Liu Y, et al. Partial hydrogenation of acetylene using highly stable dispersed bimetallic Pd-Ga/MgO-$Al_2O_3$ catalyst. Journal of Catalysis[J]. 2014, 309: 166-173.

[11] Komhom S, Mekasuwandumrong O, Panpranot J, Praserthdam P. Influence of preparation method on the nanocrystalline porosity of $\alpha$-$Al_2O_3$ and the catalytic properties of Pd/$\alpha$-$Al_2O_3$ in selective acetylene hydrogenation[J]. Industrial & Engineering Chemistry Research, 2009, 48: 6273-6279.

[12] Riyapan S, Boonyongmaneerat Y, Mekasuwandumrong O, et al. Improved catalytic performance of Pd/$TiO_2$

in the selective hydrogenation of acetylene by using $H_2$-treated sol-gel $TiO_2$[J]. Journal of Molecular Catalysis A: Chemical, 2014, 383: 182-187.

[13] Riyapan S, Boonyongmaneerat Y, Mekasuwandumrong O, et al. Effect of surface $Ti^{3+}$ on the sol-gel derived $TiO_2$ in the selective acetylene hydrogenation on Pd/$TiO_2$ catalysts[J]. Catalysis Today, 2015, 245: 134-138.

[14] Guo Z, Huang Q, Luo S, Chu W. Atmospheric discharge plasma enhanced preparation of Pd/$TiO_2$ catalysts for acetylene selective hydrogenation[J]. Topics in Catalysis, 2017, 60(12): 1009-1015.

[15] Ma C, Du Y, Feng J, et al. Fabrication of supportedPdAu nanoflower catalyst for partial hydrogenation of acetylene[J]. Journal of Catalysis, 2014, 317: 263-271.

[16] Kim S. K, Kim C, Lee J H, et al. Performance of shape-controlled Pd nanoparticles in the selective hydrogenation of acetylene[J]. Journal of Catalysis, 2013, 306: 146-154.

[17] Bridier B, Perez-Ramirez J. Cooperative effects in ternary Cu-Ni-Fe catalysts lead to enhanced alkene selectivity in alkyne hydrogenation[J]. Journal of the American Chemical Society, 2010, 132(12): 4321-4327.

[18] Vilé G, Bridier B, Wichert J, et al. Ceria in hydrogenation catalysis: high selectivity in the conversion of alkynes to olefins[J]. Angewandte Chemie, 2012, 124(34): 8748-8751.

[19] Carrasco J, Vilé G, Fernández-Torre D, et al. Molecular-level understanding of $CeO_2$ as a catalyst for partial alkyne hydrogenation[J]. The Journal of Physical Chemistry C, 2014, 118(10): 5352-5360.

[20] Huang B, Durante C, Isse A A, et al. Highly selective electrochemical hydrogenation of acetylene to ethylene at Ag and Cu cathodes[J]. Electrochemistry Communications, 2013, 34: 90-93.

[21] 宋秀丽，贾瑞龙，解学佳，等．乙炔电还原制备乙烯的反应机理[J]．化工学报，2016，67(4)：8.

[22] Bu J, Liu Z, Ma W, et al. Selective electrocatalyticsemihydrogenation of acetylene impurities for the production of polymer-grade ethylene. Nature Catalysis, 2021, 4(7): 557-564.

[23] Shi R, Wang Z, Zhao Y, et al. Room-temperature electrochemical acetylene reduction to ethylene with high conversion and selectivity[J]. Nature Catalysis, 2021, 4(7): 565-574.

[24] Wang S, Uwakwe K, Yu L, et al. Highly efficient ethylene production via electrocatalytic hydrogenation of acetylene under mild conditions[J]. Nature Communications, 2021, 12(1): 1-9.

[25] S Dvaid Jackson, Neil J Casey. Hydrogenation of Propyne over Palladium Catalysts[J]. J. Chem. Soc. Faraday Trans., 1995, 91(18): 3269-3274.

[26] D R Kennedy, G Webb, S D Jackson, D Lennon. Propyne hydrogenation over alumina-supported palladium and platinum catalysts[J]. Applied Catalysis A: General, 2004, 259: 109-120.

[27] R Marshall, G Webb, S D Jackson, D Lennon. Propyne hydrogenation: characteristics of a carbon-supported palladium catalyst that exhibits a kinetic discontinuity effect[J]. Journal of Molecular Catalysis A: Chemical, 2005, 226: 227-230.

[28] Michael F Friedrich, Martin Lucas, Peter Claus. Selective hydrogenation of propyne on a solid Pd/$Al_2O_3$ catalyst modified with ionic liquid layer(SCILL)[J]. Catalysis Communications, 2017, 88: 73-76.

[29] Mingyu Chu, Qi Pan, Wenyi Bian, et al. Strong metal-support interaction between palladium and gallium oxide within monodisperse nanoparticles: self-supported catalysts for propyne semi-hydrogenation. [J]. Journal of Catalysis, 2021, 395: 36-45.

[30] HayaoImsmurs, Masazumi Suzuki, Yoshihisa Sakata, Susumu Tsuchiya. Hydrogenation behavior of propyne on supported Eu-Pd and Yb-Pd bimetallic catalysts with anomalous hydrogen uptake[J], Journal of Alloys and Compounds, 2000, 303-304: 514-519.

[31] 中国石油化工总公司．脱除气体中碳氧化物的催化剂：中国，101062480A[P]．2009-05-27.

[32] 张文胜，戴伟，王秀玲，等．新型甲烷化催化剂的研究[J]．石油化工，2005，34(增刊)：115-116.

[33] 刘先壮，于泳．低温甲烷化催化剂的工业应用[J]．乙烯工业，2010，(3)：57-60.
[34] 王秀玲，等．BC-H-10低温甲烷化催化剂的侧线评价和工业应用，石油化工，2013，42(3)：316-319.
[35] 彭晖，卫国宾，易水生，等．碳三加氢催化剂的常见毒物[J]．当代化工，2014，43(5)：849-852.
[36] 杨春生．乙烯装置加氢催化剂的毒物及脱除方法[J]．乙烯工业，2000，(01)：24-28.
[37] Du Wen，Yin Libao，Zhuo Yuqun，et al. Performance of $CuO_x$-neutral $Al_2O_3$ sorbents on mercury removal from simulated coal combustion flue gas[J]. Fuel Processing Technology，2015，131：403-408.
[38] 南军，合金．乙烯装置前脱砷工艺探讨[J]．辽宁化工，1999，(03)：13-15.
[39] 张海波，王辉．脱砷技术在汽油加氢装置上的应用[J]．石油化工设计，2020，37(02)：35-36+5.
[40] 中国石油化工股份有限公司．一种轻质烃类脱砷剂及其制备方法：中国，CN 1611566A[P]．2005-05-04.
[41] 清华大学盐城环境工程技术研发中心．一种中低温脱硝协同脱汞催化剂制备工艺：中国，CN 108993523A[P]．2021-11-16.
[42] 大唐南京环保科技有限责任公司．一种协同脱硝脱汞催化剂及其制备方法：中国，CN 110327910A[P]．2022-04-12.
[43] 大唐南京环保科技有限责任公司．一种脱硝脱汞催化剂及其制备方法：中国，CN 109692684A[P]．2022-03-04.
[44] 天津浩创节能环保设备有限公司．一种脱硝脱汞催化剂及其制备方法：中国，CN 110548501A[P]．2019-12-10.
[45] 中国石油天然气股份有限公司．一种铜基脱汞吸附剂的脱汞及再生方法：中国，CN 106215845A[P]．2016-12-14.
[46] 大唐环境产业集团股份有限公司．一种脱汞吸附剂的再生方法：中国，CN 112657479A[P]．2019-10-16.
[47] 任赏赏，刘学武，陈淑花，等．氧化铜脱汞剂的制备及其脱汞研究[J]．现代化工，2020，40(02)：132-136+142.
[48] Zhao Lili，Huang Yu，Chen Haoyi，et al. Study on the preparation of bimetallic oxide sorbent for mercury removal[J]. Fuel，2017，197：20-27.
[49] 中国石油化工股份有限公司．一种脱硫催化剂的制备方法：中国，CN114100632A[P]．2022-03-01.
[50] 福州大学．一种金属掺杂有序介孔碳脱硫催化剂及其制备方法和应用：中国，CN 114192175A[P]．2022-03-18.
[51] 王成，邵春宇，姚劲，等．二硫化碳对 $Ni/Al_2O_3$ 加氢催化剂中毒机理的研究[J]．当代化工，2019，48(11)：2445-2448.
[52] 北京化工大学．一种脱砷催化剂及其制备方法：中国，CN 11672533B[P]．2021-07-13.

# 第二十四章　乙烯装置改扩建

## 第一节　概　　述

### 一、改造的必要性及意义

石化工业是关系国家经济命脉和安全的支柱产业，在促进国民经济和社会发展中具有重要地位和作用。乙烯是石油化学工业的一种最重要的基础原料，乙烯工业的发展水平总体上代表了一个国家石化工业的水平。

我国的乙烯工业自20世纪60年代起步至70年代初引进燕山石化300kt/a乙烯装置以后，经过半个多世纪的快速发展，到2021年底国内乙烯装置在运49套，其中中国石化16家(19套)、中国石油7家(15套)、中国海油2套、中化1套、北方华锦1套、宁煤1套、万华1套、民企9套(浙石化2+新浦1+恒力1+宝来1+卫星1+华泰1+龙油1+鲁清1)。2021年，我国乙烯产能41680kt/a，产量37470kt，与居世界第一的美国仅一步之遥，但我国当年乙烯当量消费58320kt，自给率约64%，仍具有一定的扩张发展空间。

从1992年开始，我国对乙烯装置进行了较大规模的改造和扩建(表24.1-1)，其目的一方面是为了提高生产能力，另一方面则是为了提高技术水平，降低物耗、能耗，提高企业的经济效益。

**表24.1-1　我国乙烯装置扩能改造情况**　　kt/a

| 序号 | 装置名称 | 原设计能力 | 改造后现能力 | 改扩建情况 |
|---|---|---|---|---|
| 1 | 燕山乙烯 | 300 | 710 | 1994年改450，2001改660 |
| 2 | 扬子乙烯 | 300 | 800 | 1995年改400，2002年并线改700，2013改新线扩至800 |
| 3 | 盘锦乙烯 | 130 | 180 | 1996年和2006年 |
| 4 | 抚顺乙烯 | 115 | 140 | 1996年 |
| 5 | 吉化1#乙烯 | 110 | 150 | 1997年改150 |
| | 吉化2#乙烯 | 300 | 700 | 2001年改380，2005并线改700 |
| 6 | 兰化乙烯 | 80 | 240 | 1997年改160，2003年和2020年改240 |
| 7 | 辽化乙烯 | 70 | 200 | 1997年、2001年和2007年 |
| 8 | 齐鲁乙烯 | 300 | 800 | 1998年改450，2004年改720 |
| 9 | 上海2#乙烯 | 300 | 700 | 1998年改400，2002年并线改700 |

续表

| 序号 | 装置名称 | 原设计能力 | 改造后现能力 | 改扩建情况 |
| --- | --- | --- | --- | --- |
| 10 | 大庆乙烯 | 300 | 1200 | 1999 年并线改 480，2004 年改 600，2012 年并 3#改 1200 |
| 11 | 茂名乙烯 | 300 | 1000 | 1999 年改 360，2006 年并线改 1000 |
| 12 | 中原乙烯 | 140 | 180 | 2000 年 |
| 13 | 天津乙烯 | 140 | 200 | 2001 年 |
| 14 | 独山子 1#乙烯 | 140 | 220 | 2002 年 |
| | 独山子 2#乙烯 | 1000 | 1100 | 2019 年 |
| 15 | 广州乙烯 | 150 | 210 | 2003 年 |
| 16 | 赛科乙烯 | 950 | 1190 | 2009 年 |
| 17 | 扬巴乙烯 | 600 | 740 | 2010 年 |
| 18 | 惠州 1#乙烯 | 800 | 1000 | 2010 年 |
| | 惠州 2#乙烯 | 1000 | 1300 | 预计 2023 年 |
| 19 | 福建乙烯 | 800 | 1100 | 2013 年 |
| 20 | 中沙乙烯 | 1000 | 1280 | 2020 年 |
| 21 | 武汉乙烯 | 800 | 1100 | 2020 年 |
| 22 | 镇海 1#乙烯 | 1000 | 1300 | 预计 2023 年 |
| 23 | 华泰乙烯 | 600 | 820 | 预计 2024 年 |

对已有装置进行扩能改造，除了提高产量的要求之外，投资相对较低也是有吸引力的重要因素。据介绍，本世纪初欧洲和北美新建乙烯装置投资为 550~750 美元/t 乙烯，改扩建的投资为 300~500 美元/t 乙烯；按裂解原料的不同，投资有所差异，气体原料(乙烷)的投资低，液体原料的投资高。可见，改扩建的投资为新建投资的 55%~67%左右。因此，通过改扩建来增加乙烯的生产能力显得更经济和更有吸引力，如表 24.1-2 和表 24.1-3 所示。

**表 24.1-2　国外乙烯装置(2000 年)新建与改造的投资比较(NAP 原料)**

万美元/t 乙烯

| 建设方法 | 北美 | 欧洲 | 亚洲 |
| --- | --- | --- | --- |
| 新建 | 750 | 1251 | 721 |
| 扩建 | 471 | 759 | – |

注：当时汇率约 1 美元=8.3 元人民币。

**表 24.1-3　国内乙烯装置单位投资(混合原料)**　　万元/t 乙烯

| 建设方法 | 世界先进水平 | 国内 A 厂 |
| --- | --- | --- |
| 新建 | 5976 | 6100(预可研) |
| 扩建 | 3900 | 4930 |

扩能改造节省投资的原因主要是可依托老装置的条件，例如对总体设施、运输系统、公用工程系统、辅助车间、操作管理、服务设施和占地等的挖潜利用。这些可使生产装置外的投资节省 50%以上。

装置的规模越大，建设成本越低，如表24.1-4所示，这就是装置的规模效用。

**表24.1-4　乙烯装置规模与成本的关系**

| 装置规模/(kt/a) | 100 | 200 | 300 | 450 | 750 |
|---|---|---|---|---|---|
| 相对成本 | 1.0 | 0.96 | 0.90 | 0.87 | 0.82 |

世界乙烯装置规模越来越大。2020年，全球共有384套乙烯蒸汽裂解生产装置，平均规模为570kt/a，同比增长2.1%。目前世界最大的单系列乙烯装置是2000kt/a。在建的单系列规模最大的乙烯装置是俄罗斯西布尔公司建设中的阿穆尔气体化工厂，乙烯规模将达到2300kt/a。

我国早期建设的乙烯装置规模普遍偏小，300kt/a以下的小装置，目前还有10多套仍在运行。这些装置的技术已经落后，安全环保理念也已达不到当下要求。为此，工信部《产业结构调整指导目录》要求加快300kt/a及以下乙烯装置淘汰退出，新建石脑油裂解制乙烯装置规模不得低于800kt/a。所以，对于已有的规模较小乙烯装置通过采用新技术扩能改造以提高产量更有其必要性和迫切性。

从1993年开始的一段时间时，欧洲几乎没有建设新的乙烯装置，主要是对已有装置进行扩能改造来提高生产能力。例如荷兰壳牌公司的一套乙烯装置，1974年投产时生产能力为450kt/a，1978年改造到590kt/a，1987年改造至700kt/a，2000年又改造到950kt/a。英国BP公司的一套乙烯装置1992年投产时生产能力为350kt/a，1996年改造到450kt/a，2000年改造到700kt/a。

1992—2000年，美国乙烯的生产能力增加5820kt/a，其中3290kt/a来自老装置的改扩建，占新增能力的一半以上。BP公司的一套乙烯装置，1978年投产时生产能力为900kt/a(2条线)，经1987年和1996年2次改造，能力达到1440kt/a。可见美国这一段时间，也是以改扩建为主来提高乙烯产能。

我国上世纪建设的乙烯装置几乎全部进行了一轮甚至多轮扩能改造，例如齐鲁乙烯从300kt/a扩能到目前的800kt/a，大庆乙烯从300kt/a甚至扩能到了1200kt/a，能力提高1倍甚至几倍。进入本世纪以后，我国新建乙烯装置规模普遍增大，很多达到了世界级规模，工艺技术也由完全引进，过渡到了可以自主开发。运行一段时间以后，这些装置[如惠州1#乙烯、赛科乙烯、福建乙烯、独山子2#乙烯和中沙(天津)等]也都大部分进行了扩能改造，或者正在扩能改造的研究当中，以提高产能，节省占地和投资，降低能耗物耗，增强企业的整体竞争力。

扩能改造也有利于副产品的综合利用，提升副产品的利用价值。例如，当乙烯装置规模小时，混合碳四、粗裂解汽油、裂解柴油和燃料油等的产量小，不宜建设适当规模的装置进行进一步加工，只能把裂解汽油经全加氢混合到汽油池中，把丁二烯作为混合碳四组分一起出售等。随着乙烯装置规模的扩大，副产品的产量也相当可观，混合碳四可首先进行丁二烯抽提，分离出丁二烯用于橡胶工业等，抽余液再经MTBE或脱异丁烷/1-丁烯装置，充分利用异丁烯，分离出1-丁烯作共聚单体；粗裂解汽油只进行中心馏分加氢，分离出环戊二烯、双环戊二烯、苯乙烯，抽提出苯、甲苯和二甲苯等重要的化工原料；裂解柴油和燃料油富含烯烃、二烯烃等，分离出来可用于精细化工产业等。这些下游加工措施的实施，可大大提高副产物的利用价值，从而可提高企业的整体经济效益和市场竞争力。

## 二、改造的一般原则

① 乙烯装置改造以低投入、多产出、适时投入、高速产出为目的，提高装置产能，争取在最短的时间内提高企业经济效益。

② 利用国内外先进技术将现有装置进行改造，增加技术内涵，节能降耗，提高产品质量，努力跟踪世界先进水平，使改造后装置的主要技术经济指标达当代水平。

③ 充分利用现有设备条件，挖潜扩能，消除瓶颈，节省建设投资。

④ 大力促进引进技术的消化吸收，以国产化为主，自己可做的不引进工艺包。工程设计和生产设备上充分贯彻国产化方针，必须引进的技术装备应先进可靠，节省外汇，减少工程投资。

⑤ 装置设计要严格执行国家现行有关的安全法规，采用安全可靠的技术措施。

⑥“三废”治理要做到三同时，即同时设计、同时施工、同时投产的方针，并考虑环保的综合治理，改善装置区的环境现状。

⑦ 改造方案要兼顾生产与施工的需要，尽量减少施工与生产的交叉，要做到统一规划，分步实施，产扩结合，关键设备的改造将利用检修期来完成。

建议的总体改造方案见表 24.1-5。

**表 24.1-5　扩能幅度与建议的改造方案**

| 改造幅度 | 建议改造方案 | 优劣说明 |
|---|---|---|
| 在设计余量以内，如<10% | 局部消瓶颈 | 投资最省 |
| ≤37% | 主设备不更换，只改内件 | 单位投资额低于新建 |
| 38%以上 | 并线 | 单装置投资比新建略高，但公用工程省投资，总投资要省一点 |
| | 更换 | 单装置投资比新建高，但占地省 |

# 第二节　乙烯装置扩能 50%项目简介

乙烯装置扩能 50%已经大幅度超出了原装置常规的设计余量，通过改造或更换内件的方法来实现主要设备产能提升的方法很难实现，可选择的改造方案只能是更换、并线或二者兼而有之。下面以燕山石化 300kt/a 乙烯的第一轮扩能改造为例，来介绍这一增幅的乙烯装置改造情况。

## 一、燕山石化乙烯装置改造的方案研究

燕山石化 300kt/a 乙烯装置采用美国 Lummus 公司技术，由日本东洋工程公司(TEC)承建，1976 年投产，当时属于世界级大型乙烯装置。该装置以轻柴油(AGO)为主要原料，公称规模 300kt/a 乙烯，设计余量 10%，年操作 8000h。其技术路线是蒸汽裂解、裂解气五段压缩、高压脱甲烷、碳二后加氢、低压单塔脱丙烷、乙烯/丙烯复叠制冷的顺序深冷分离流程。装置开车后，由于脱甲烷塔等部位存在着“卡脖子”问题，初期运行没有达到设计的生产能力，最大只达到 280kt/a 乙烯。针对装置投产后存在的问题，1987 年进行了以消除瓶

颈、降低能耗为目的的技术改造。经过初步改造后，装置的生产能力、能耗都达到了设计值，但与当时的世界先进水平相比，仍存在较大的差距。

为了充分挖掘现有装置的潜力，最大限度地发挥资产效益，缩小和消除与世界乙烯技术水平的差距，向国际乙烯装置的大型化、规模经营的发展趋势靠拢，1992—1994 年，燕山石化乙烯装置进行了大规模的技术改造，较大幅度地扩大了乙烯生产能力。

1. 改造方案研究的必要性

乙烯装置改造在实施之前要先编制可行性研究报告，研究其投资、消耗、内部收益率等可行性，而工艺改造方案是可行性研究的前提。工艺方案也是总体改造方案制定的协调工具、掌握和控制的手段。工艺方案往往不止一种方案或工艺技术流程，在技术上可行的方案可能有多种。因此，需要找出技术上可行、经济上合理、实施难度小等的方案。工艺技术方案一定产生在工艺物料、能量衡算之后。工艺方案的物料、能量衡算的基本参数，不仅为确定工艺设备的改造提供基础，而且还提出了改造后的原料、燃料、辅助材料、水、电、蒸汽、装置空气、仪表风和氮气的消耗量以及三废排放量等，为乙烯装置的辅助系统编制相应的改造方案提供了基础数据，也为编制实施改造的施工工程计划、投资估算提供了基础。

2. 方案研究基础

乙烯装置改造是在原装置基础上的改造，充分利用和依托原装置及配套设施，认真调查分析全厂乙烯装置及其下游装置、公用工程等现状是制定企业长远规划的前提，也是研究乙烯装置改造工艺方案的基础。

(1)对装置现状的调查

① 原料——现有和可能提供的原料量、种类、规格并粗估可能达到的各种裂解产物分布。

② 装置能力——各区段、各系统、各设备在现有原料条件下的性能表现及最大能力。例如：测试裂解气组成、“三机”能力、透平最大输出功率、塔的分离能力、换热器负荷与压差等判断设备性能与能力的参数。必要时对装置进行一次高负荷标定或者“爬坡”测试，对装置的最大能力及存在的“瓶颈”要做到心中有数，改造要有的放矢。

③ 燃料——现用和可能提供的燃料规格、性能、数量及供给系统的能力。

④ 公用工程——水、电、汽、气规格，系统能力。

⑤ 储运——现有储运系统的能力。

⑥ 总图——总图(含地上、地下)现状、土建外管现状、可能提供且可利用的面积。装置改造方案与设备布置密切相关，所以工艺方案的研究，配管设备布置专业必须同时参与。

⑦ 控制系统——现有控制系统的水平和存在的问题。

⑧ 分析化验——现有分析化验的水平和存在的问题。

⑨ 环保——装置所在地环境现状、污染源及主要污源物，环保标准和检测手段。

⑩ 产品——现有产品质量规格，市场需求。

(2) 方案研究结合企业长远规划

企业长远规划既为具体装置的改扩建工艺方案提供基础，又对制定工艺方案起指导作用。企业长远规划是根据国家法令政策，经过市场调查和预测、企业现状调查和分析，对整个企业的原料、产能、工艺及产品回收等进行经济评估之后制定的企业长远发展规划。

燕山石化公司根据当时国际石化企业乙烯装置挖潜增效，搞规模化经营，向大型化发展的趋势，以及国内“八五”期间对乙烯的需求，并结合自身发展需要，为解决“七五”末期存在的丙烯、碳四、芳烃等物料不平衡现象，充分挖掘老装置的潜力，增加企业效益，提出了改造扩大现有乙烯装置的建议。

3. 改造规模及原料工况的确定

乙烯装置改扩建的经济规模是一项关联因素多、特别复杂的问题，既要考虑乙烯装置的经济规模，也要考虑下游装置的经济规模，以及原料供应、公用工程、投资能力、产品结构、副产品综合利用、能耗、投资额、生产成本、乙烯改造所需周期、停工时间、国家有关法令政策等因素。通过初步研究，乙烯装置内部挖潜最大可改造到约380kt/a 乙烯，放开扩能限制，可考虑50%的产能增幅即450kt/a 乙烯。通过以下五个方面的对比论证，得出450kt/a 比380kt/a 投资省，规模经济，风险小，可依托老厂优势充分发挥企业内在潜力的结论。

① 单位乙烯产量的投资省。对比380kt/a 和450kt/a 单位乙烯产量的全厂投资，后者要比前者省。每万吨乙烯产量投资约少9%。

② 整体经济效益好，能使化工原料短缺状态得到彻底改变，使下游化工生产装置吃饱开足。

③ 便于装置稳定操作，设备能力留有一定余地，可避免卡边操作。

④ 改造风险小。增加新区后，老装置的炉区、急冷区和裂解气压缩系统基本上不做改动。丙烯制冷压缩机保持基础不动。

⑤ 乙烯装置更具经济规模。当今世界新建的乙烯装置愈来愈大，从经济规模的观点来看，宜选择450kt/a 的方案。

关于原料工况的确定。新建装置一般选择轻重至少两种设计工况，留有一定的操作适应性。将来实际运行原料只要落于这些工况之间，操作就不成问题。对于扩能改造装置，若改造方案为挖潜、脱瓶颈，就不再多留设计余量，所以设计取一种实际运行工况即可。当然若改造方案多以并线和更换为主，扩能幅度较大，则工况的选择和设计余量的设定仍可参照新建装置执行。

燕山石化乙烯装置根据现状和预测原料在改造后几年可能发生的变化，先用可能性最大的原料作为装置设计的基准原料，并根据原料的种类、数量和裂解深度划分几种不同工况。装置改造的设备、管线、仪表及控制系统的设计和选用，要能满足几种工况的原料条件和产量要求，以增强装置对原料变化的适应能力。

针对燕山石化乙烯装置改扩建，共考虑了5种操作工况，表24.2-1所列为其中3种主要设计工况(年运行时间8000h)。

表24.2-1　三种方案研究工况

| 项目 | 基准工况 | 替代工况1 | 替代工况2 |
|---|---|---|---|
| 裂解原料 | 轻柴油 | 石脑油281+轻柴油 | 石脑油281+轻柴油 |
| 裂解深度 | 中等 | 高 | 低 |
| 乙烯产量 | 461.4 | 461.4 | 450.0 |
| 丙烯产量① | 252.3 | 226.4 | 255.4 |
| 下游返回乙烯回收 | 8.6 | 8.6 | 0 |
| 乙烯总产能 | 470 | 470 | 450 |

① 所有工况下，化学级丙烯产量均为50kt/a，其余为聚合级丙烯。

4. 确定改造方案考虑的主要因素

(1) 原料的优化

原料的优化要考虑现有装置原设计加工原料的性能。如果现有装置原是中深度裂解轻柴油设计，改为石脑油高深度裂解，即使维持原乙烯产量，装置也要进行改造，改造的重点在裂解炉；如果稍许增加乙烯产量，压缩区和分离冷区也要改造。

原料的优化还要考虑下游装置的消化能力及配套改造。改扩建裂解原料的优化使产品分配不等比例变化，要对后加工装置的现状和未来进行调查和预测，寻求最优经济点。

燕山乙烯装置改扩建后，乙烯产量将逐步扩大到450kt/a，乙烯裂解原料量也要相应由1100kt增加到1550kt。在上游原油加工量只增加500kt/a的情况下，要保证裂解原料的供应，必须对裂解原料进行优化。燕化公司新建设的600kt/a连续重整和1000kt/a中压加氢改质两套装置，为裂解原料的优化提供了可能。经过优化调整，在保证原有油品质量的同时，每年利用石脑油180.2kt、重整拔头油51.7kt、重整抽余油55.3kt、常一和常二线轻柴油1008.4kt、加氢改质尾油254.4kt，合计共1550kt可作裂解原料，使原料轻质化、多样化，从而满足改扩建裂解原料的供应需求。

(2) 装置操作的灵活性

所谓装置操作的灵活性是装置对原料的灵活性。在我国油气资源匮乏的大背景之下，乙烯装置的原料规划必须具有多样性。装置的灵活性与投资成正比，灵活性是以经济上的代价换来的，灵活性越高，设备越大越复杂，投资就越大。因此，装置的灵活性也存在一个适度的问题。装置的灵活性与投资比率的关系见图24.2-1。

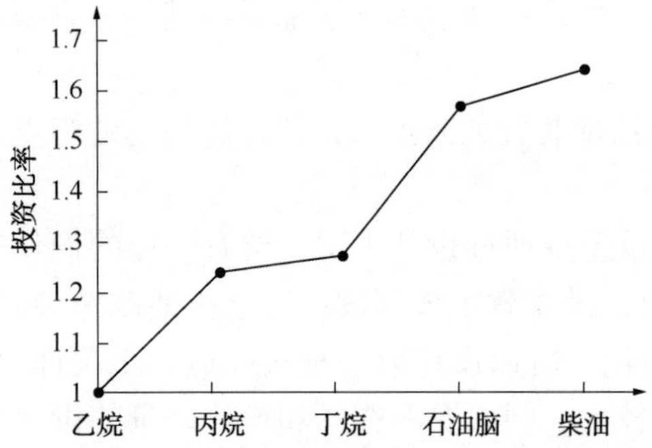

图24.2-1 装置的灵活性与投资比率的关系

由图24.2-1可看出，以乙烷为裂解原料的装置在增加原料品种后改造投资的上升趋势。选择相近两、三种原料作为装置灵活性考虑是较为经济的。

同时装置原料的灵活性或适应性还与专业性、专一性相矛盾，专业性或专一性往往带来高效率，相对低能耗。所以从这个方面讲，原料的适应性也要适度。

(3) 停工时间

停工时间取决于施工期最长的项目。根据以往经验，长周期设备“乙烯三机”改造是乙烯装置施工的关键点，即使在基础不做变动的前提下，其停车施工期也需要近30天。如果停工时间超过45天，则停工损失过大，这种工艺方案的经济性降低，甚至不可取。停工时间甚至会制约乙烯装置最大经济规模的选择。为此燕山石化乙烯装置改扩建原有装置区的施工，包括两台制冷机的改造，安排在1993年、1994年两个年度检修期进行。

(4) 可靠性

为了实现乙烯改扩建的最佳经济效益，可能采用多种工艺方案及技术手段。在采纳某种方案或设计及采用某种设备或技术时，在多种可能性存在的前提下，要考虑技术的可靠性因素。大型乙烯装置实施技术改造，如因某项技术不成熟、不可靠，开工时达不到原设计的要求，不仅装置本身要陷入困境，还要殃及整个石油化工联合装置。不可靠、不成熟的技术，不允许在大装置上试验。

引进的技术也并非全是成熟、可靠的。在采纳一项新技术时，不能仅根据技术商品的广告，重要的是看其实际应用效果。因此，要搜集和掌握足够的、可靠的信息，避免选择的失误，减小风险，提高可靠性。

（5）系统性

技术的要素之间，各种技术之间，关系复杂，经常处于相互矛盾之中。在制定工艺技术方案时，应从装置的全局出发，命名工艺设备、仪表控制、分析化验、公用工程、储运等各个系统的各个方面协调匹配，结构合理，功能优化，充分发挥效能，获得一个最佳总体效益。如：压缩机驱动透平系统改装电子调整器与工艺控制 DCS 系统的匹配；高能量管换热器与工艺上游油滴捕集器的匹配；IMTP 高效填料与优良的气液分布器匹配等。

（6）低投资和低能耗

乙烯改扩建技术方案的价值是工艺上的有效与投资回报的有机统一。衡量技术先进性的重要标准，就是低投资和低能耗。低投资指实施改造的工程费用要低；低能耗是指装置改造运转后每吨乙烯燃动能耗值要比改造前低。改造投资与降低能耗的关系见图 24.2-2。

在制定燕山石化乙烯装置工艺改造方案中考虑了一些节能措施，最终乙烯生产能力提高 50%，总的制冷功率仅增加 10%。由于改造投资与对进一步降低能耗的要求存在着相互关联和制约的关系，因此，我们应注意改造投资与进一步降低能耗值的比率问题，尽可能选择在 *A*、*C* 点处。

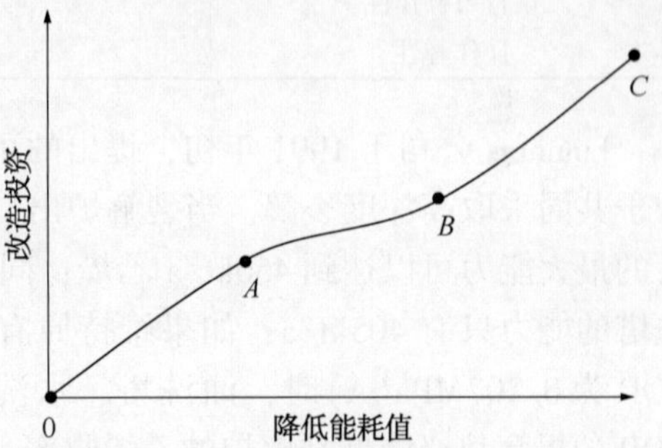

图 24.2-2　改造投资与降低能耗的关系曲线

## 5."两头一尾"总体工艺布局的确立

燕山石化乙烯装置 300kt/a 至 450kt/a 改造，又称第一轮扩能改造，经可行性研究与论证，在进行技术、经济等方面比较的基础上，确定了"两头一尾"的总体布局，选择了美国 Lummus 公司的 MCET 技术。之所以选择此方案，是由于改造原有炉区、急冷区潜力不大；又能满足 450kt/a 乙烯的生产负荷要求，压缩区场地也十分紧张，要在不影响装置运行的条件下，仅靠 2~3 个检修期间完成这样大的工作量是相当困难的。从布局合理、施工容易、投资省、可靠性高、操作弹性大等多方面考虑，最终选择了"两头一尾"的扩能方案。

所谓"两头一尾"的总体布局，其中的"两头"是将现装置(老线)东侧预留空地辟作新区，另建一套 150kt/a 的新裂解炉区、急冷区与裂解气压缩机系统，新线裂解气与老线裂解气于现有裂解气干燥器前汇合，一并进入后续系统。

（1）裂解炉区

将原装置能力增加到 450kt/a，炉区应主要依靠增加新炉子，即并线方案来实现；若依靠老裂解炉改造，将 SRT-Ⅱ型炉改造成 SRT-Ⅳ型炉，改造 8 台炉子增加的乙烯产能仅 30kt/a，投资约需 3000 万元(不包括废热锅炉 TLE)，比新建一台炉子的费用还要多，经济上不划算。另外，如此大面积的改造，对原装置的运行影响太大。

在燕山石化乙烯装置东侧一块 85m×120m 的预留空地上，布置几台裂解炉有富余，还能为配套的急冷区及裂解气压缩机提供场地。新增裂解气则可以就近并入冷区的裂解气干燥器。由此可见，增建炉区新线才是实现裂解炉能力扩大的捷径，经济上最合算。这一另辟新区的方案为“两头一尾”总体工艺布局奠定了基础。

(2) 急冷区

改扩建急冷区有两个可供选择的方案：①改造原有急冷区；②与新建炉区呼应，另建一个能力为150kt/a乙烯的急冷区。表24.2-2为两种方案的对比。

**表24.2-2 改扩建急冷区两个方案对比**

| 项目 | 改造原急冷区 | 另建小急冷区 |
|---|---|---|
| 投资 | 少 | 多 |
| 风险性 | 大 | 小 |
| 施工 | 难 | 易 |
| 装置内停车期施工量 | 大 | 很小 |
| 场地布置 | 难 | 易 |
| 能力 | 高深度裂解及提高出口压力的前提下：≤450kt/a | ≥450kt/a |
| 运行可操作性 | 低 | 高 |
| 操作弹性 | 差 | 好 |

Lummus公司于1991年初，提出的可行性研究报告表明，改造原炉子炉管，并与新建炉子共同采取高深度裂解，当裂解炉出口压力(COP)提高至0.240MPa(A)时，油洗塔改造后的最大能力可以达到450kt/a乙烯；同样裂解深度，若将COP降至0.207MPa(A)时，油洗塔的能力只有405kt/a；如果维持原有裂解炉操作现状，新建裂解炉以高深度裂解，当COP为0.207MPa(A)时，油洗塔、水洗塔及稀释蒸汽发生系统的能力仅为360kt/a。而COP的提高势必降低裂解炉的乙烯收率，该方案所获得的能力是以牺牲乙烯收率为代价的。显然，仅通过提高COP而实现急冷区扩能能力，是不经济的。

因此，从布局合理、施工容易、可靠性高、操作弹性大等方面考虑，以与新建炉区衔接，增加一个新急冷区为宜。

(3) 裂解气压缩区

该系统的扩建方案有：①改造或更换原有压缩机；②新增并列压缩机组。表24.2-3为两种方案的对比。

**表24.2-3 改扩建裂解气压缩区两个方案对比**

| 项目 | 改造或更换压缩机 | 新增并列压缩机组 |
|---|---|---|
| 投资 | 少 | 多 |
| 风险性 | 大 | 小 |
| 施工 | 困难 | 容易 |
| 装置内停车期施工量 | 大 | 很小 |
| 装置内停车施工期 | 长 | 较短 |
| 场地布置 | 非常困难 | 容易 |
| 能力 | ≤450kt/a | ≥450kt/a |
| 运行可靠性 | 低 | 高 |
| 操作灵活性 | 高 | 低 |

1）改造或更换原有压缩机

通过更换现有压缩机及透平的转子、内件等，在原有裂解炉改造且与新建裂解炉一并以高深度裂解及提高 COP[0.241MPa(A)]的条件下，能力提高约为 20%左右，可以达到年产 450kt 乙烯的扩建目标。若不对旧裂解炉进行改造，即使将 COP 提高至 0.207MPa(A)，压缩机的能力也只能增大 13%左右。而且受低压缸管口流速的限制，满足不了压缩机能力的要求，需用能力较大、效率更高的压缩机更换低压缸。

采用效率更高的压缩机，最主要的目的还是降低驱动透平的负荷，使透平经过改造后满足需要。原有透平经改造，最大功率可达 25000kW。

无论是对压缩机进行改造还是改造的同时更换低压缸，都要增大压缩机段间冷却器的面积，即须加大或新增换热器，段间吸入罐也需要更换或新增并列，它们的基础、支承和和配管等均要相应地重新考虑。鉴于当时的技术水平，原压缩机系统场地已是十分紧张，要想在不影响老装置运行的前提下，仅用两个检修期来完成扩能改造，是相当困难的。

2）新增并列压缩机组

新增并列压缩机组的功率约为 8000kW。这一方案包括新建压缩机段间冷却器、吸入排出罐和碱洗塔等，其突出优点是：①与新建炉区、急冷区相呼应；②尽管投资较高，但能力富余量大，限制条件少；③完全在新区施工，老装置内的改造不大，基本上不影响原有装置的运行，且停车期间施工量少；④改造风险小；⑤操作灵活性好，新、老线的负荷可以相互照应。

由表 24.2-3 的比较也不难看出，较理想的方案应是新增并列压缩机组。

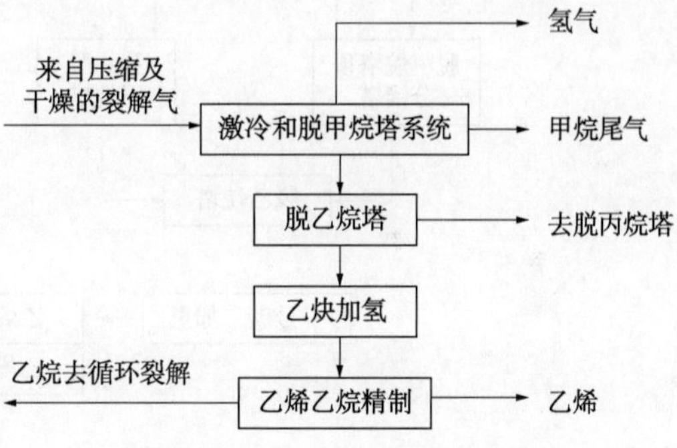


图 24.2-3　Lummus 工艺流程

总之，根据以上分析可见，新建一套能力为 150kt/a 的新裂解炉区、急冷区及裂解气压缩机系统的方案稳妥可靠，易于实现，优点明显。大部分改扩建的工作在新区完成，对老区改造不大，基本上不影响原有装置的运行；改造的风险小，设计、施工和运行都有较大的灵活性；可使装置能力大幅度提高，达到甚至超过 450kt/a 乙烯，为装置后期进一步扩大产能留有余地。扩建的裂解新区部分工艺、公用工程及控制室等均依托老区，虽然投资比原老区改造高，但低于新建项目，且避免了对急冷区和压缩机系统的难以实施的改造。

该方案与 ExxonMobil 公司位于美国路易斯安那州的 Beaumont 乙烯装置的改造情况基本相同，即之前国外已有应用成功的先例。

### 6.“两头一尾”总体方案中的“一尾”方案研究

燕山石化原 300kt/a 乙烯装置从裂解气干燥之后的分离部分，没有连续的较大可用地块，扩能 50%方案中，大幅度改造内件、更换和局部并联设备兼有。

（1）冷区改造方案

冷区对美国 Lummus 和 S&W 两家专利商提供的改造方案进行了对比。

1）MCET 技术改造方案

Lummus 公司的 MCET(最大能力扩建技术)改造方案的核心：主要依托现有设备优化工艺组合，通过对设备的改造、更换及适当并列新增来实现扩能。因此装置基本维持原流程不变，现有设备得到充分利用，设备潜力得到最大限度的挖掘，投资少，施工容易。工艺流程见图 24.2-3。

原装置深冷分离部分的激冷链与脱甲烷塔系统是技术改造的最复杂和关键部位，风险较大。Lummus 方案对裂解气压缩机出口压力及激冷系统换热器温度做了适当调整，使进入分离系统和预脱甲烷塔的物料温度和压力稍有变化，以改变预脱甲烷塔、脱甲烷塔和脱乙烷塔的物料分配比例，最大限度地减少这几个塔的改造工作量。

2）ARS 技术改造方案

ARS 是美国 S&W 公司开发以分凝分离器(dephlegmator)为核心的先进回收技术，一般应用在其前脱丙烷前加氢分离工艺中。S&W 对燕山石化 300kt/a 乙烯的顺序分离的激冷及脱甲烷系统提出了采用 ARS 技术的扩能改造方案。

原冷箱全部更换，改为三个冷箱和一台分凝分离器。原脱甲烷塔作为第一脱甲烷塔，增加一个第二脱甲烷塔和一个第二脱甲烷塔进料精馏器，其他设备也作相应的更改，以适应冷箱和脱甲烷塔的要求。新增一套碳二加氢系统，与现有碳二加氢系统并列，供来自第二脱甲烷塔釜的纯碳二物料加氢脱除乙炔之用。改造后的冷区流程见图 24.2-4。

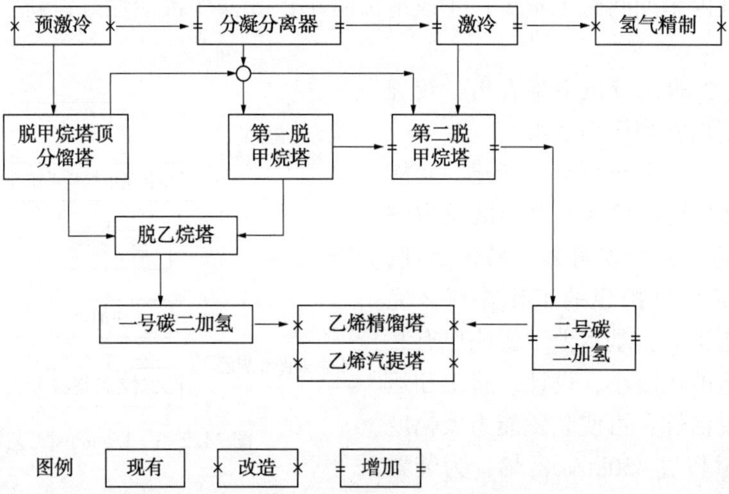


图 24.2-4 S&W 的 ARS 技术改造工艺流程

3）冷区改造方案对比

在冷区改造方面，S&W 方案以分凝分离器的使用为核心，采用独家 ARS 技术，使冷区改造与 Lummus 方案明显不同。ARS 技术改造方案对进料激冷链及脱甲烷塔系统的原流程有较大改动，两个冷箱共 9 台板翅式换热器仅留一台继续使用，新增及闲置设备较多，故设备投资高，施工难度大，改造工作量多。Lummus 的 MCET 技术改造方案主要依托现有设备优化工艺组合，通过对设备的改造、更换和新增并列来实现扩建能力。装置基本维持原流程不变，原有设备得到充分利用，投资低，施工容易，工作量小。分离部分的两种改造方案设备利用情况见表 24.2-4。

表 24.2-4　分离部分的 Lummus 与 S&W 两方案设备利用情况对比表

| 方案 | 改造项目 | 冷区 | 热区 | 小计 | 总计 |
|---|---|---|---|---|---|
| S&W | 新增 | 33 | 12 | 45 | 69 |
| | 改造 | 11 | 2 | 13 | |
| | 移位 | 3 | | 3 | |
| | 闲置 | 8 | | 8 | |
| Lummus | 新增 | 23 | 11 | 34 | 56 |
| | 改造 | 16 | 2 | 18 | |
| | 移位 | 2 | | 2 | |
| | 闲置 | 2 | | 2 | |

注：该表内容为老区改造技术报价谈判后的统计数字。

对后系统热分离区的改造，两家均采用常规的改造方案，即就近新并和原位改造或更换等，因而热区设备改造情况几乎一样。

在扩能潜力方面，ARS 技术改造方案使激冷系列工艺趋于简化，装置仍有扩建至更大能力如 550kt/a 的潜力。Lummus 的 MCET 技术方案，已经把原装置的潜力挖潜到最大，进一步改造很困难。见表 24.2-5。

表 24.2-5　采用 ARS 方案所能达到的能力　　kt/a

| 主要设备 | 预计最大能力 | 所需改造 |
|---|---|---|
| 脱甲烷塔 | >600 | 无明显“瓶颈” |
| 脱乙烷塔 | >600 | 无明显“瓶颈” |
| 乙烯精馏塔 | 550 | 汽提下塔再增塔盘 |
| 乙烯制冷压缩机 | 550 | 改造压缩及透平 |
| 丙烯制冷压缩机 | 550 | 更换压缩机及改造透平 |

在实施风险方面，S&W 的 ARS 技术改造方案，实施的风险性要比 Lummus 的 MCET 技术改造方案大得多。ARS 技术虽然先进，但当初是针对前脱丙烷前加氢工艺开发的，应用到顺序分离工艺的燕山石化乙烯装置上，需对原装置冷区深冷分离系统进行大面积翻新，施工量巨大，停车损失重，改造要冒很大的风险。

冷区改造的 MCET 和 ARS 两个方案的对比情况见表 24.2-6。

表 24.2-6　改扩建冷区的两方案对比

| 项目 | MCET 方案 | ARS 方案 |
|---|---|---|
| 投资 | 少 | 专利费多 100 万美元 |
| 风险性 | 小 | 大 |
| 施工 | 容易 | 困难 |
| 装置内停车期施工量 | 小 | 较大 |
| 装置内停车施工期 | 较短 | 长 |
| 场地布置 | 容易 | 困难 |
| 能力/(kt/a) | 450 | 550 |
| 总制冷系统消耗净增 | 约 30% | 9.6%(450kt/a) |
| 运行可靠性 | 高 | 较低 |
| 操作弹性 | 低 | 高 |

Lummus 公司和 S&W 公司都拥有世界先进的乙烯改扩建技术，工艺路线及技术特点各有千秋。鉴于 S&W 的 ARS 改造方案实施风险大及合同价格高，故最终选择了 Lummus 的 MCET 技术。

(2) 制冷系统改造方案的确定

工艺流程和工艺条件决定了工艺设备的选择，工艺技术过程要通过工艺设备实现。改扩建工艺方案决定了工艺设备的改造方案是更换、改造、移位还是重新组合，因此，工艺设备要经济合理地满足工艺过程的要求。这就要对多种方案、多种技术进行比较分析，并从中选择出一个最佳方案。工艺设备的优化成为工艺方案优化的主要内容。

1) 丙烯制冷压缩机系统

装置能力提高到 450kt/a 乙烯，经模拟计算，丙烯制冷压缩机系统的负荷要提高 30%左右，仅靠改造压缩机转子和内件的方法，难以达到要求。丙烯制冷压缩机组本身的改造方案主要有：①改造压缩机转子与内件，同时并联一二段小压缩机，解决其一段、二段能力不足的问题；②更换能力较大的、效率更高的压缩机，同时相应地改造驱动透平；③新加并列的丙烯制冷压缩机。

新加并联小压缩机的方案，是一个较为节省投资的方案，而且透平的改造量很小。其缺点是并列压缩机一二段，机组操作比较复杂，运行效率有所降低，仍要对原来的丙烯压缩机转子和内件进行改造。

整台丙烯制冷压缩机更换的方案，一段、二段吸入管线要加粗，透平作适当的改造。该方案投资比前一方案高(比例为 0.7：1 左右)，但易于操作，效率高，能耗低，可靠性高，能力富余量较大，不新增占地，原系统改造工作量不大。

并联丙烯制冷机的方案，制冷机本身投资略省，但加上配套，以及新增占地、新建基础等，投资并不低。两组压缩机管线多，操作管理复杂，Lummus 公司、S&W 公司与压缩机制造厂商都不太推荐此方案。

通过比较，最终选择了更换效率更高压缩机的改造方案。日本各制造厂商改造的经验也说明，选用这一方案是切实可行的。

2) 乙烯制冷压缩机系统

关于乙烯制冷机，由于原机组设计余量较大，经仔细核算，只要改造压缩机内件和转子即可达到 450kt/a 的产能，而且有一定的富余量。其蒸汽透平也只需做很小的改造就可满足扩能要求。

## 二、燕山石化乙烯装置改造的主要内容

### 1. 采用先进的工艺和技术

本装置改造采用的技术路线仍然是管式蒸汽裂解、顺序分离流程。即原料先通过管式蒸汽裂解炉裂解，产生的裂解气通过废热锅炉发生超高压蒸汽。超高压蒸汽用于驱动压缩机。急冷后的裂解气再经油洗和水洗，进入裂解气压缩机压缩，压力升高到约 3.9MPa，冷却后经干燥、激冷进入脱甲烷塔。各组分按 $C_1$、$C_2$、$C_3$、$C_4$ 及粗裂解汽油的次序分离。本装置改扩建中采用的先进工艺和设备如下：

① 裂解炉采用 SRT-Ⅳ-HC 型裂解炉，每台炉子的生产能力为 60kt/a 乙烯。每台炉子有 6 组炉管，每组炉管按 8-4-1-1 排列，其中有一组炉管能裂解循环乙/丙烷。炉子对流

段设有超高压蒸汽过热段，使得新炉区不需要另建乙烷裂解炉和蒸汽过热炉。炉子对流段段设有稀释蒸汽二次注入。因此，炉子对裂解原料的适应性强，既能裂解石脑油(Nap)、轻柴油(AGO)，也能裂解减压柴油(VGO)和加氢尾油(HCR)。炉管的清焦周期较长，轻柴油50天，石脑油达60天。

② 裂解炉废热锅炉可在线清焦。新炉区三台裂解炉均应用BASF在线清焦技术。该工艺过程包括一系列步骤，首先对裂解炉辐射段炉管清焦，然后再对废热锅炉清焦。在清焦过程中，蒸汽和空气的量是变化的，以便取得预想的清焦效果。在线清焦使得裂解炉没有升降温过程，不仅延长了炉管的使用寿命，在线清焦所需时间大大缩短，并且大大减少了废热锅炉机械清焦的工作量。因此可延长裂解炉的开车时间，提高开工率，增加乙烯产量，并可降低检修费用。

③ 采用高效填料。本装置新增油洗塔、水洗塔、碱洗水洗塔及老区改造的脱甲烷塔均采用高效填料IMTP。这种填料可提高塔的分离效率，在同样塔高下可增加理论板数，降低回流比；塔的处理能力大，比一般浮阀塔大出20%以下；塔的阻力降大大减少，可节省能耗。

④ 设置了急冷油黏度控制系统。由于增设了一台黏度控制塔，可以确保急冷油循环系统和油洗塔的正常运行，并且不需要加入调质油。

⑤ 水洗塔系统取消了油水分离罐。水洗塔底部设计成扩大了的球形状，用于分离急冷水、工艺水和裂解汽油，从而减少了占地面积和投资。

⑥ 裂解气压缩机驱动透平采用背压式，可省去表面冷凝器、热井泵等系统，大大节省设备投资与占地，同时能耗也有所下降。裂解气压缩段间冷却采用低阻力降换热器。一般情况下，五段裂解气压缩机前三段能耗约占压缩机能耗的65%，低压段压力低，压降损失对压缩机功率影响更大，因此在低压段降低段间阻力降是很重要的。在此，前三段后冷器均采用了低阻力降换热器，使得裂解气压缩机总能耗有较大下降。

⑦ 五段凝液加热汽化、闪蒸系统进行改进。裂解气压缩机五段凝液在一釜式换热器中由急冷水加热汽化，气相返回裂解气压缩机五段出口罐；液相返回裂解气压缩机四段出口罐闪蒸之后，液相汇同四段凝液一起进凝液汽提塔。因此，大大减少了返回裂解气压缩机四段入口的气量，节省了裂解气压缩机的功耗。

⑧ 不设汽油汽提塔。裂解气压缩机前三段凝液在一釜式换热器中由低压蒸汽加热汽化，气相返回裂解气压缩机一段入口，液相则由泵送出界区，由于用一釜式换热器取代了汽油汽提塔，有利于节省投资。

⑨ 老区改造采用Lummus公司的MCET技术，其核心是在现有装置上优化工艺流程，辅以采用其他先进技术改造卡脖子部位。这样可以使原流程基本不变，设备改动最小，充分利用现有设备，最大限度地发挥现有设备能力。

⑩ 采用MD塔盘。脱乙烷塔和乙烯精馏塔采用UOP公司的MD塔盘(多降液管塔盘)，以提高塔的处理能力，使其满足改造后450kt/a乙烯的需要。脱丁烷塔采用美国Glitsch公司的高能力塔盘(型式410S)更换原有浮阀塔盘，提高塔的处理能力，可满足改造后的需求。这样，避免了全塔更换或另增新塔，节省了投资和占地。

⑪ 采用双塔脱丙烷技术。脱丙烷塔釜液中含有大量双烯烃，容易生成聚合物，为此在过去的设计中有两种操作压力。一种是高压，塔顶用循环冷却水冷凝，由于釜温较高，脱

丙烷塔需要备用提馏段和备用再沸器，以便结焦时切换清理；另一种是低压法，塔顶用丙烯冷剂冷凝，由于釜温低，不需要备用提馏段，但低压脱丙烷塔的冷量消耗大，增加了丙烯制冷机的负荷。本工艺采用高、低压双塔脱丙烷技术，现有塔仍在低压下操作，塔顶用丙烯冷却；另外增高一台高压脱丙烷塔，塔顶用循环水(CW)冷却。两塔的总塔板数增加，系统的处理能力提高。这样，不仅充分利用了原有脱丙烷塔达到了扩能目的，而且也解决了物料聚合结焦及能耗问题。

⑫ 丙烯制冷压缩机增设采出口。现有丙烯制冷压缩机是三进一出，本次改造压缩机需要更换，借此将三段由吸入改为采出，即新更换的丙烯制冷压缩机为二进二出，从中引出一股压力为0.7MPa、温度为39℃的气相丙烯，用于装置改造冷分离用户调整后冷量的回收，可降低丙烯制冷压缩机的总功率。另外，丙烯制冷压缩机整机更换，乙烯制冷压缩机更换转子改造，都可采用最新的设计与技术，压缩机多变效率达到了当代的制造水平，从而装置能耗大大下降。

另外，乙烯汽提塔再沸器、乙烯精馏塔塔顶冷凝器、乙烯制冷机出口冷凝器等，都采用了高能量换热管，提高了换热效率，减少了设备尺寸，解决了改造装置占地困难的问题。

2. 设备布置与配管特点

(1) 新区设备布置特点与考虑因素

乙烯新线有炉区、急冷和压缩 3 个区，其相对位置符合流程顺序，与老区连接顺畅，布置比较紧凑。新区设备布置的关键是裂解炉、急冷区的汽油分馏塔和急冷水塔两个大塔、裂解气压缩机，它们的位置以及防火防爆要求。裂解炉布置在东北侧，东面靠主马路，施工与检修方便。压缩机南边靠主马路，便于吊装。

界区内各区都设有主管廊，互相连通，新区和老区由界区管廊连接。

(2) 老区设备布置特点及主要考虑因素

在老区(自裂解气干燥器之后的分离部分)改造的 3 个区(冷分离区、热分离区和制冷系统)中，设备布置难度最大的是冷区。该区原有设备布置密集，改造中新增设备又多，而且大部分是卧式换热器。如碳二加氢进/出料换热器 EA-403、碳二加氢出料冷却器 EA-405 和乙烯塔冷凝器 EA-411A/B，最经济的改造方案应该是分别增加一台并联换热器，但布置很困难，有的牵涉周围其他设备移位，引起许多配管修改，有的要引起地下管网的修改。所以，改造区域的设备布置比较复杂，需要根据现场具体情况分别对待。对 EA-403、405 取消并联，以一台大设备代替，EA-411A/B 按原型式换成大设备也没有空间，须采用两台高效换热器。可见，改造项目设备布置有它的特殊性，不能完全按常规依据流程要求布置设备，常常还要根据现场实际情况调整改造方案。

另外，考虑到老区施工期短，取消旧设备更换新设备时，要尽可能利用原有的基础或进行加固。

(3) 配管原则

老区配管，原有低温钢多，改造用不锈钢，施工难度大。配管改造范围大，管道修改多，设计工作量大。应力管道多，原管道布置密集，设计难度大。时间紧，设计、采购、施工交叉进行，对设计质量要求高。

配管改造中有的纯属拆除；有的需扩径，把老管线拆除，安装新管道；有的因施工安装要求，需要先拆除，然后再复位或移位；有的是新增管道。其中以新增和扩径管道为主，这些管道分散布置在原有管廊空位或部分另设管架。

3. 工艺装置主要改造内容

(1) 炉区、急冷与压缩新线

新炉区增三台SRT-Ⅳ型裂解炉，每台60kt/a乙烯能力，可满足增加150kt/a乙烯的裂解能力。

新急冷区，设置汽油分馏塔系统、急冷水塔系统以及工艺水处理、稀释蒸汽发生系统等，能力150kt/a乙烯。汽油分馏塔上部采用IMTP填料，下部为折流板；设急冷油黏度控制塔以降低急冷油黏度；不再独立设置油水分离器，急冷水、工艺水和汽油均由水洗塔底部采出；新增一台处理能力450kt/a乙烯的脱乙烷塔再沸器，以新区急冷水为热源，充分利用急冷水热量；不加三剂，适当增加工艺汽提塔塔顶气相管线壁厚并适时更新，加大工艺水汽提塔塔径。

裂解气压缩系统工艺路线与老区基本相同，仍以离心式压缩机分五段将裂解气压缩至要求的压力。压缩机采用背压透平，透平调整系统采用先进的电子调速器；以釜式再沸器代替汽油汽提塔；碱洗水洗塔三段碱洗均采用IMTP填料。

(2) 激冷及脱甲烷系统

裂解气干燥器FA-209A/B干燥剂更换3A-EPG分子筛。在脱甲烷塔1#进料分离罐FA-305上游新增一台激冷换热器EA-361(用-40℃丙烯冷剂)，将原换热器EA-307移至循环乙烷汽化器EA-306的上游。原冷箱“B”(包括4台板翅式换热器EA-310、311、313和318)更换。分离罐增设或更换高效捕沫网。将脱甲烷塔中间再沸器移作预分馏塔再沸器，与原再沸器并联使用。脱甲烷塔增加第四股进料。预分馏塔两层再分配器扩孔改造。脱甲烷塔床层自上而下A、B、C用IMTP50填料更换，床层D用IMTP70#填料更换，塔下部4层再分配器改造。增设脱甲烷塔回流泵C。氢气干燥器更换为UOP公司的3A分子筛。

(3) 碳二系统

脱乙烷塔由填料改造成MD塔盘，回流罐FA-401增加捕沫网，冷凝器并联一台EA-402B，新增急冷水(QW)加热的再沸器EA-401B，并改用新线急冷水。碳二加氢系统的进/出料换热器、出料冷却器更换，乙炔转化器DC-401A/B一开一备两台，每台两段加氢，各段催化剂床层由原来的3000mm增高到3910mm，两段之间的中间冷却器EA-407A/B更换管束，壳体不动。用IMTP50#高效填料更换绿油DA-403R吸收塔原有塔盘，绿油吸收塔釜洗液泵利旧。乙烯干燥器FA-402的干燥剂用UOP公司的3A分子筛更换。乙烯精馏塔DA-402的119块塔盘用119块UOP公司的MD塔盘更换以扩大产能，新增乙烯汽提塔DA-402B，自塔釜与乙烯精馏塔串联，以提高乙烯塔产能，并弥补UOP塔盘板效率的下降。乙烯塔塔顶冷凝器EA-411A/B更换为高能量换热器，中沸器EA-410移作再沸器之用并增加EA-410B与之并联操作，原再沸器EA-409更换为高能量换热器后移作乙烯汽提塔再沸器之用。增加一组乙烯塔釜泵，乙烯塔回流泵新并GA-403C。低压乙烯产品汽化系统的汽化器EA-414、过热器EA-415及急用LS(低压蒸汽)汽化器EA-426，均并联一台B备用。

(4) 热区

自凝液汽提塔塔釜来的物料增加一台冷却器，用CW作冷却介质。脱丙烷系统改成双塔脱丙烷，原有塔作为低压脱丙烷塔，用3℃丙烯冷剂作塔顶冷凝介质；新增加一套高压脱丙烷塔系统，冷却水冷凝，低压蒸汽再沸。碳三加氢反应器新增一台进料预热器，用急冷水加热；碳三加氢反应器中间冷却器更换；碳三加氢进/出料换热器改造；碳三绿油返回新增的高压脱丙烷塔。丙烯干燥器干燥剂更换为 UOP 的 3A 分子筛。甲烷汽提塔（$C_3$ 绿油塔）塔顶冷凝器更换为负荷更大的换热器。丙烯精馏塔增加一个化学级丙烯采出口，并新增配套的化学级丙烯输送泵 GA-462A/B 和冷却器 EA-465。丙烯塔系统增加一台冷凝器 EA-425E，与原有 4 台冷凝器并联使用；新增一组聚合级丙烯输送泵 GA-462A/B，原有 GA-406A/B 仅作为回流泵。

脱丁烷塔 DA-405 所有浮阀塔盘更换为 Glitsch 公司的 NYE 高能力塔盘，并换大塔顶冷凝器。脱戊烷塔 DA-430 塔顶采出碳五，增设一条去新区燃料油系统的管线。

（5）制冷系统

丙烯制冷压缩机 GB-501 整机更换，采用三元切削叶轮；驱动透平 GT-501 更换转子，透平调速系统改装电子调速器。丙烯机三段由吸入改为抽出，用于回收冷量。丙烯冷剂冷凝器再新并两台 EA-502D/E。由于丙烯机一段气相量增加较大，丙烯一段吸入新增一台 FA-501B，与原 FA-501 并联使用；丙烯压缩机二段吸入罐增设捕沫网。

乙烯压缩机及透平更换转子，透平调速系统改装电子调速器。乙烯机出口脱过热器 EA-601 用新的换热器更换。在 EA-601 下游增加密封油过滤器 FA-660，除去可能夹带的油雾。乙烯压缩机冷剂冷凝器 EA-605 更换为高能量换热器。乙烯机表面冷凝器 EA-607 更换。

4. 公用工程改造简述

公用工程扩能改造的原则是尽量利用原有设施挖潜改造，以节省投资。

（1）给排水

给水必须满足工艺安全生产和公用卫生设施的需要，并适当留有发展余地；符合总体设计规则，尽量做到节约用水。主干管通过用水量较大的用户，减少绕弯，缩短管线，达到经济、实用、施工及维修方便。排水要清污分流，减少污染，保护环境，经济合理。循环水只能用于设备的冷却水，不得用作冲洗或外排，要求全部回到本系统，提高重复利用率。充分依托老厂，立足于现有的设施挖潜改造，达到投资少、建设速度快、效益高的优点。

改造共增加循环水近 10kt/h，排污水也相应有所增加。

（2）供电

本工程范围主要包括原乙烯装置变电所、控制室的改造和新区变电所，乙烯工艺装置区改造和扩建部分供配电、照明、防雷、接地等全部电气。新增锅炉给水泵及辅机的电气设计也属于本工程范围。电源外线属于全厂供电内容，不包括在本工程范围之内。

乙烯装置生产过程连续性强，对供电可靠性要求较高，中断供电将造成重大经济损失，按照当时的化工设计标准《化工企业供电设计技术规定》（CD90A5—85），乙烯装置的用电负荷等级主要应划分为重要负荷。另外，当工作电源突然中断时，为保证安全停车，尚有少量保安负荷。

乙烯装置改造部分新增用电需要容量约为 720kW；乙烯装置新区部分用电需要容量约为 2560kW；乙烯装置改造总保安负荷约为 70kW；乙烯装置改造共增加用电约为 3350kW；改造后乙烯装置总用电约为 7850kW。

(3) 供汽

蒸汽系统利用原来的开工锅炉产生的蒸汽变动较少，只增加某些辅助设施，节省了大量投资。增加的主要是两台锅炉给水泵，驱动方式一汽一电，其型号与原有的两台泵一样。

扩能改造后，乙烯装置增加超高压蒸汽(11.6MPa)约62.0t/h，中压蒸汽(1.52MPa)约15.8t/h。

(4) 火炬气系统

新增一套湿火炬排放系统，用于炉区、急冷与压缩新线的火炬排放。采用仪表减排措施，如再沸器采用塔顶压力三取二变送器，保证信号传递，及时切断加热热源等，以尽可能减少原有系统与新增单元的火炬排放量。经核算，新增火炬排放量不多，原火炬总管可以不动。

## 三、燕山石化乙烯装置改造效果

1. 一次投料开车成功

作为改扩建工程核心的乙烯装置，于1994年9月22日投料试车，当日16时28分产出合格丙烯，17时产出合格乙烯，提前三天实现了“94·9”一次投料开车成功的既定目标。10月12日15时30分，乙烯装置新区正式投油，新区与乙烯装置老区裂解气当日并网成功。至此，燕化300kt/a乙烯改扩建工程胜利实现竣工投产。工程总投资没有超过28亿元，施工周期没有超过28个月。

2. 通过性能考核

1995年3月20-23日，中外各方有关专家对燕山450kt/a乙烯装置进行了为期72h的装置性能考核。经过计算、复核，装置的产品——乙烯、丙烯等产量均达到设计保证值；产品质量达到设计保证值；界区条件满足设计要求；公用工程系统基本达到设计要求；重要的工艺控制参数达到设计保证值；设备性能基本达到设计能力；工业卫生、环保等指标基本达到装置设计要求。这表明装置的性能总体上达到了设计能力。

## 四、两头一尾改造模式总结

对于乙烯产量增幅较大的改造，如本文的扩能50%，只用新技术和挖潜原装置裕量难于达到扩能目标，这时可以采用在分离系统的某个工序之前并列一条新线，之后再合并的方法，即“两头一尾”的改造模式来实现。

上述介绍的燕山石化乙烯装置，就是采用的这一方案，炉区、急冷与压缩并联新线，自裂解气干燥开始合并，并作相应的扩能改造，将乙烯产量由300kt/a扩建到450kt/a，实现了50%的产能增幅。齐鲁石化乙烯装置第一轮改造和大庆石化1#乙烯装置改造也采用了这一模式，分别将原300kt/a乙烯，扩建到了450kt/a和480kt/a乙烯。不过，由于各装置的具体情况不同，尾部的大小、一尾内部的改造方案不尽相同。燕山和齐鲁乙烯装置都是从裂解气干燥开始合并在一起，尾部较大；大庆乙烯装置改造直接脱丁烷塔才合并，尾部较小。

燕山石化乙烯改扩建设备变动总台数257台，其中新增设备225台，改造设备32台。装置的新增乙烯能力为150kt/a(公称)，实际可以达到180kt/a。开车后的实际乙烯产量已达到530kt/a。齐鲁石化乙烯的改扩建情况与燕山石化相似，2000年的乙烯产量达到501kt。

大庆乙烯在完成“两头一尾”改造后，于1999年底投产，2000年的乙烯产量达到480kt。

从这三套乙烯装置改造后的实际产量计算的吨乙烯投资来看，都在4400 ~5200元之间，低于当时新建装置的吨乙烯投资5500 ~6000元，而且综合能耗降低了3% ~11%不等。

# 第三节　百万吨级乙烯装置改造项目简介

## 一、概况

随着技术和制造水平的提高，乙烯装置产能进入百万吨级甚至更大的年代，但是通过装置改造获取投资最大效益的方法仍然没有变。由于设备和管线尺寸增大，百万吨级乙烯装置的扩能改造对于新增设备、设备尺寸扩大和管线增粗会受到现场空间、检修和应力方面的限制，必须在方案研究阶段进行充分论证。中国石化工程建设有限公司(SEI)通过对一系列百万吨级乙烯装置的改造，积累了丰富的经验，形成了百万吨级乙烯装置的改造成套工艺技术。

某合资炼化企业建设800kt/a乙烯装置，装置占地425×250m$^2$(B. L线，含500kt裂解汽油加氢装置占地9045m$^2$)，工艺包由外国专利商完成。以轻、重石脑油，加氢尾油，炼厂$C_3$、$C_4$轻烃等作为裂解原料，主要产品为聚合级乙烯及丙烯，副产品为氢气、混合碳四、粗裂解汽油等，设计规模为年产800kt聚合级乙烯。乙烯装置正常工况输出常温乙烯气相、常温丙烯液相产品，当下游装置为减负荷工况，乙烯装置输出低温乙烯液相、低温丙烯液相产品去界区外低温乙烯、丙烯产品储罐。800kt/a乙烯装置于2009年9月建成投产。

为了进一步挖掘装置潜力，优化产品结构，消除某些瓶颈，公用工程及辅助系统主要依托现有设施，对现有乙烯装置进行改造方案研究。合资公司经过中外方的工艺技术方案分析对比确定改造工艺技术采用国产化乙烯工艺技术，乙烯装置的规模由800kt/a乙烯改造到1100kt/a乙烯，于2013年12月乙烯装置改造后一次开车成功顺利产出合格产品。

乙烯装置改造采用中国石化裂解炉和乙烯分离工艺技术，由SEI完成工艺包和工程设计。改造范围在原乙烯装置主装置区内进行，不新增占地和定员，确定改造乙烯装置生产能力1100kt/a乙烯，乙烯装置能力的增幅约为37.5%。按原料和乙烯产品产量分为2个工况：基础工况和校核工况，基础工况为保证工况，每个工况又分为2个子工况共有4种工况物料平衡。正常产出1100kt/a乙烯气相产品送下游装置。当下游装置为减负荷工况时，产出700kt/a乙烯气相产品和400kt/a乙烯低温液相产品送低温罐。

## 二、改造方案确定及改造涉及设备汇总

合资公司要求在进行800kt/a乙烯装置改造方案研究过程中寻求最佳经济效益点，为此委托了原工艺包专利商和中国石化SEI，各自背靠背做改造方案研究，SEI结合裂解炉的配置情况，进行了4个能力规模的方案研究：950、1000、1040、1100kt，根据原料性质选择合适炉型，通过专有软件确定裂解气组成，根据规模确定各种原料裂解气组成及流量，分离流程模拟。根据模拟结果核算设备能力：关键设备如压缩机、塔、反应器、冷箱提供工艺负荷数据等请原供货商进行能力核算，并要求初步商务报价，以便估算投资。其余设备和系统由设计人员进行核算。尽量通过改内件实现增加能力的要求；结合费用、布置、可

操作性，并对供货商的技术方案进行分析后确定设备改造方案。

方案研究进行改造设备台数、改造工程量、投资和效益分析，寻求最佳的改造规模和效益点，从原设计的800kt/a扩能到950 ~1100kt/a，增产乙烯150 ~300kt/a，相差近一半，但改造方案却相差不大，投资差别也不明显。所以从投入产出比上考虑，四个改造规模中，1100kt/a乙烯应该优先予以推荐，因此最终确定乙烯装置由800kt/a改造到1100kt/a。

合资公司的乙烯装置脱瓶颈改造分为裂解炉和分离回收两大部分，改造涉及设备200台/套，裂解炉区3台/套，分离回收部分197台/套。裂解炉部分新增2台裂解炉采用中国石化开发的150kt裂解炉(轻质原料、重质原料各1台)，改造1台乙烷炉，其中150kt重质原料裂解炉是国内首次建设，并在大型裂解炉辐射段、对流段同时实现模块化设计，实现了大型裂解炉系列化。

乙烯分离回收部分仍以顺序分离工艺流程为基础进行改造，维持主分离流程不变，通过管线水力学分析、设备改造方案和在线仪表方案的优化，做到了主要工艺管线不扩不并、基本利旧，进而节省了投资，降低了配管设计和施工的难度。如三机和主要塔壳体不动，裂解气等大直径管线尽量不扩径，通过仅对“三机”进行内部改造，塔通过更换高效塔盘和填料及相关内件，以提高处理能力。深冷系统新增一台冷箱外不并新线，反应器和干燥器通过更换催化剂、干燥剂，调整操作周期来满足工艺要求，罐内更换或新加高效除沫器等。新增部分换热器和更换换热器采用高效换热器以满足工艺要求。乙烯装置的改造流程简图如图24.3-1所示。乙烯装置改造设备汇总表如表24.3-1所示。

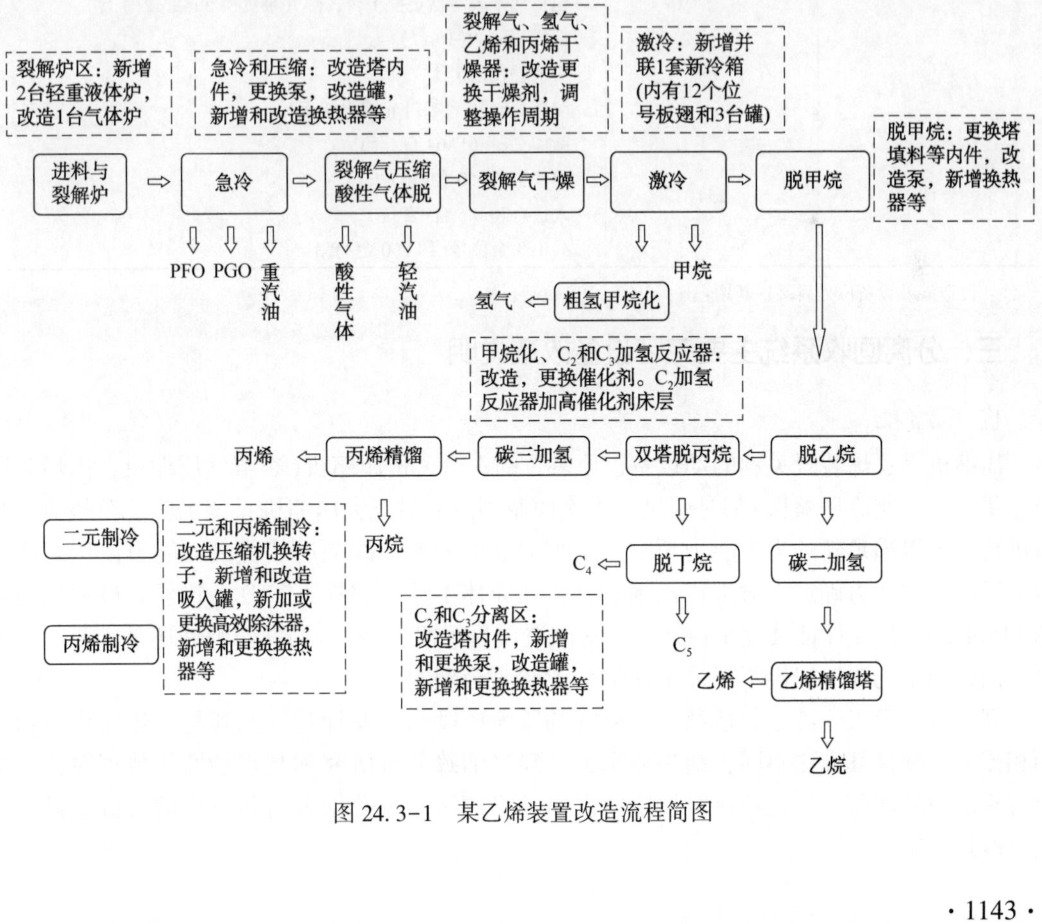


图24.3-1　某乙烯装置改造流程简图

**表 24.3-1　某乙烯装置脱瓶颈改造设备汇总表**

| 设备类型 | 原 800kt 位号 | 改到 1100kt 位号(台/套) |
|---|---|---|
| 裂解炉 | 8 | 新增：2 台<br>单台能力：150kt/a 乙烯(双炉膛，1 轻 1 重)<br>改造：1 台(乙烷炉) |
| 分离部分主要设备 | | |
| 塔 | 16 | 改造：14 台<br>更换：1 台 |
| 冷箱 | 2 | 新增 1 台冷箱(内有 12 个位号的板翅和 3 台新罐) |
| 换热器 | 82 | 新增/并：34[36 台，含 3 台板翅/内置板翅的换热器(CIV)，5 台高效]<br>更换：12(15 台，含 2 台高效)<br>改造：12(16 台，含 1 台高效) |
| 反应器类 | 3 | 改造：3(5 台)(甲烷化更换低温催化剂，$C_2$ 加氢加高催化剂床层，碳三加氢更换新型号催化剂) |
| 干燥器类 | 4 | 改造：4(7 台)(更换干燥剂，调整操作周期) |
| 罐类 | 65 | 新增：15(含 2 台聚结器)<br>改造：24(换高效除沫器，扩管口等) |
| 其他(过滤器、混合器等) | 12 | 更换：4(6 台) |
| 压缩机+透平 | 4+3 | 更换：1 台(电机驱动)<br>改造：3 台压缩机+3 台透平(更换转子等)<br>包括透平表冷器更换 1 台，热井泵更换和改造 2(4 台) |
| 泵 | 55 | 新增/并：9(10 台)<br>更换：13(26 台)<br>改造：5(10 台换叶轮或电机等) |
| 合计 | 254 | 新增/并：61(64 台/套)<br>更换：32(50 台/套)<br>改造：70(86 台/套)<br>共 163 个位号(约 200 台/套) |

注：改造涉及设备位号后缀：新增：N；更换：R；改造：M。

## 三、分离回收系统主要工艺设备改造说明

### 1. 压缩机

压缩机是乙烯装置关键的动设备，原装置的 3 台关键压缩机(裂解气压缩机、丙烯制冷压缩机、二元制冷压缩机)都是引进，本次脱瓶颈改造对三大压缩机系统工艺负荷核算，都需进行改造以满足新的生产能力要求。根据以往的经验，改造后装置最大能力由压缩机改转子后的最大能力确定。对于该乙烯装置，在壳体不动的前提下，改换转子后最大能力可达 1160kt/a。但要保证装置平稳运行，对改造项目保留 5%左右的操作弹性还是必要的。可见，因此确定的改造规模不超过 1100kt/a 乙烯是合理的。

裂解气管径大，考虑尽量利旧，裂解气压缩机段间压差计算，尤其是换热器出口物料两相流，压降计算方法不同，结果差别大，经过细致分析研究和与现场操作数据对比，确定合理的段间压差，经过项目级评审后提出准确的压缩机数据表给制造厂进行机械设计和确定改造方案。

该合资公司的乙烯装置脱瓶颈改造在国内乙烯行业首次在一套特大型乙烯装置中实现“三机”的全部扩能改造，采取了改造换转子等内件的方案，同时改造3台压缩机的透平。充分考虑现有系统的可复用性，机组原有的润滑油、干气密封等辅助系统利旧。在项目团队、业主、厂家多方的共同努力下，三大压缩机组顺利改造成功，成为保证整套乙烯装置生产能力达标的先决条件。

2. 塔

塔是乙烯装置中传质分离的重要设备，共有16台塔，碱洗塔利旧，不需改造，原燃料油汽提塔拆除更换新塔，其余14台塔都是利用原塔壳体，改造采用更换塔板或填料及内件，大部分采用高效填料IMTP和高效塔板如MD、ECMD塔板等更换原有填料或塔板，以满足改造后负荷和效率提高的要求，同时尽量减少改造的施工难度和工程量。

3. 冷箱

冷箱是乙烯装置深冷分离系统中的关键热交换设备，由多个板翅式换热器和气液分布器等组装在一个钢壳内构成冷箱，钢壳内充珠光砂保冷材料。板翅式换热器具有传热效率高、结构紧凑、适应温度变化范围大、换热温差小和温度变化快的特点。冷箱内换热介质种类较多、操作温度低、操作压力较高、通道多而复杂、冷损小，设计和制造难度大。根据新的工艺负荷核算原有冷箱及相关设备能力，原冷箱和单台板翅式换热器不可能拆分改造，因此改造深冷分离确定新增并联1套裂解气深冷系统，即裂解气去新冷箱系统约30%，去老冷箱系统约70%。新增的裂解气深冷系统相对独立，可以实现老系统先开车，流程打通系统平稳后再提负荷并入新裂解气深冷系统。

虽然新增裂解气深冷系统与原有裂解气系统流程基本相同，但在局部做了优化调整，新增了一路中压甲烷流道满足去EO/EG的甲烷要求，新冷箱没有丙烯产品减负荷，所以新冷箱的流道设计与老冷箱有区别，新冷箱(PA30301N)有关工艺物料和二元冷剂的工艺流程见图24.3-2和图24.3-3。

新冷箱的二元冷剂流道设置大部分与老冷箱相似，设计时根据新的裂解气深冷需要冷量和二元制冷系统改造要求进行匹配，新增二元冷剂脱不凝气罐D55555NX(放在新冷箱内)，新冷箱内冷凝的二元冷剂进入原二元冷剂液体收集罐D55554。新老冷箱系统来的二元冷剂分别进入二元制冷系统的各段吸入罐，因新冷箱中二元冷剂用户进入一段罐的气量大大增加，需要新增一段吸入罐D55551N。

新增大冷箱(PA30301N)含12个位号的板翅，新增深冷分离相关罐的3台新罐(位号后缀X)移进新冷箱内，这3台罐操作温度低于-140C℃、尺寸较小，移进冷箱内有利于新增冷箱和深冷分离相关设备的布置和减少冷损，新冷箱外形尺寸为5.4m×3.8m×35m，图24.3-4为新冷箱(PA30301N)现场照片。

4. 反应器和干燥器

3个位号(5台)反应器：经过催化剂厂家核算改造后负荷，乙炔加氢转化器需要更换新型号的催化剂，并改造内件加高催化剂床600mm。碳三加氢转化器不改造设备本体，更换新型号的催化剂。甲烷化反应器不改造设备本体，由原高温催化剂更换新开发的低温催化剂，反应温度降低，相应调整温度控制方案和安全联锁设定值，进料加热器的热源由超高压蒸汽改为高压蒸汽，不仅节省能耗，且安全性更高。

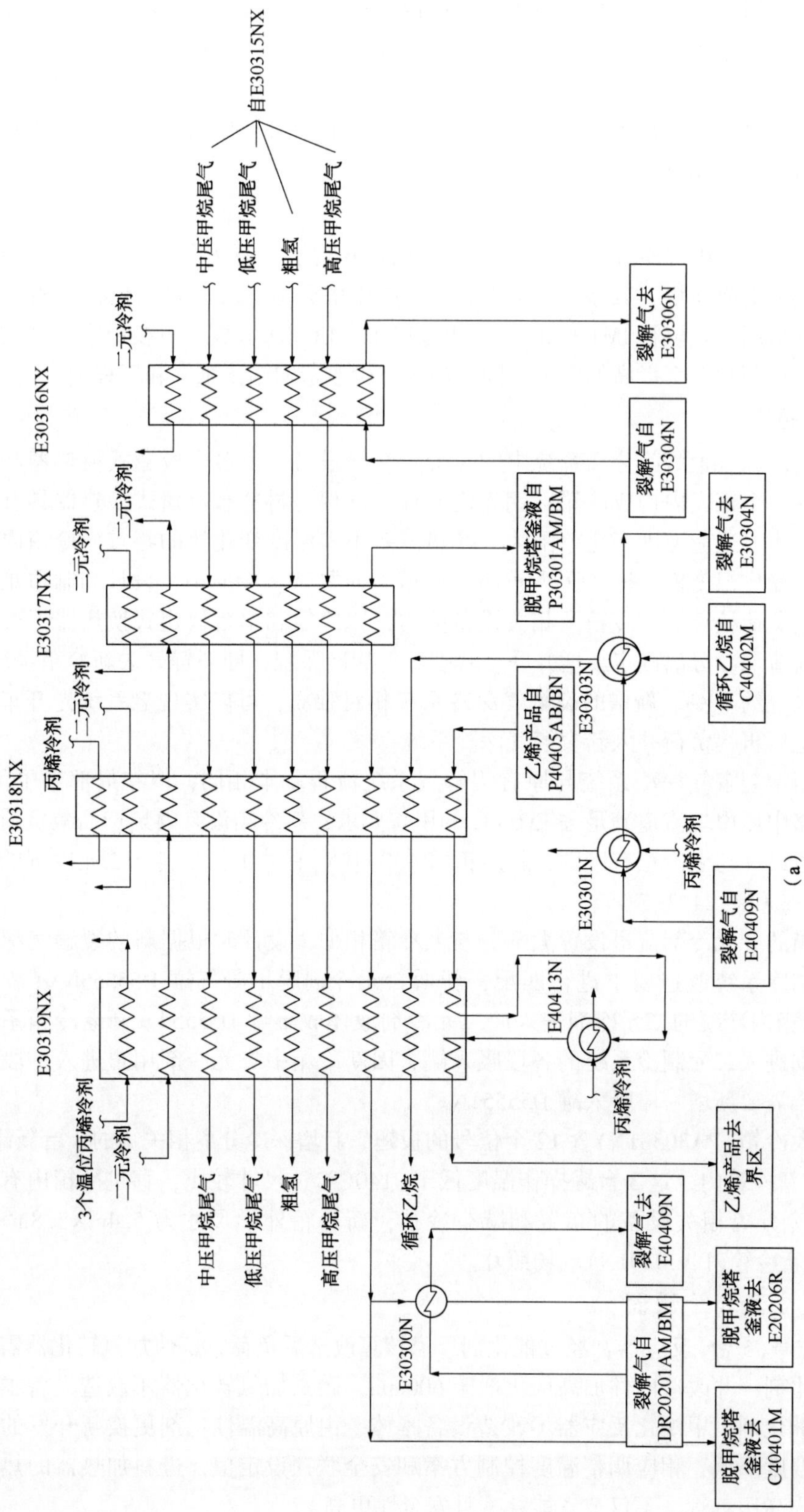
自E30315NX
中压甲烷尾气
低压甲烷尾气
粗氢
高压甲烷尾气
二元冷剂
E30316NX
裂解气去
E30306N
裂解气自
E30304N
二元冷剂
二元冷剂
E30317NX
脱甲烷塔釜液自
P30301AM/BM
裂解气去
E30304N
二元冷剂
丙烯冷剂
E30318NX
乙烯产品自
P40405AB/BN
E30303N
循环乙烷自
C40402M
E30301N
丙烯冷剂
裂解气自
E40409N
E30319NX
3个温位丙烯冷剂
二元冷剂
E40413N
丙烯冷剂
乙烯产品去
界区
中压甲烷尾气
低压甲烷尾气
粗氢
高压甲烷尾气
循环乙烷
裂解气去
E40409N
E30300N
裂解气自
DR20201AM/BM
脱甲烷塔
釜液去
E20206R
脱甲烷塔
釜液去
C40401M
（a）

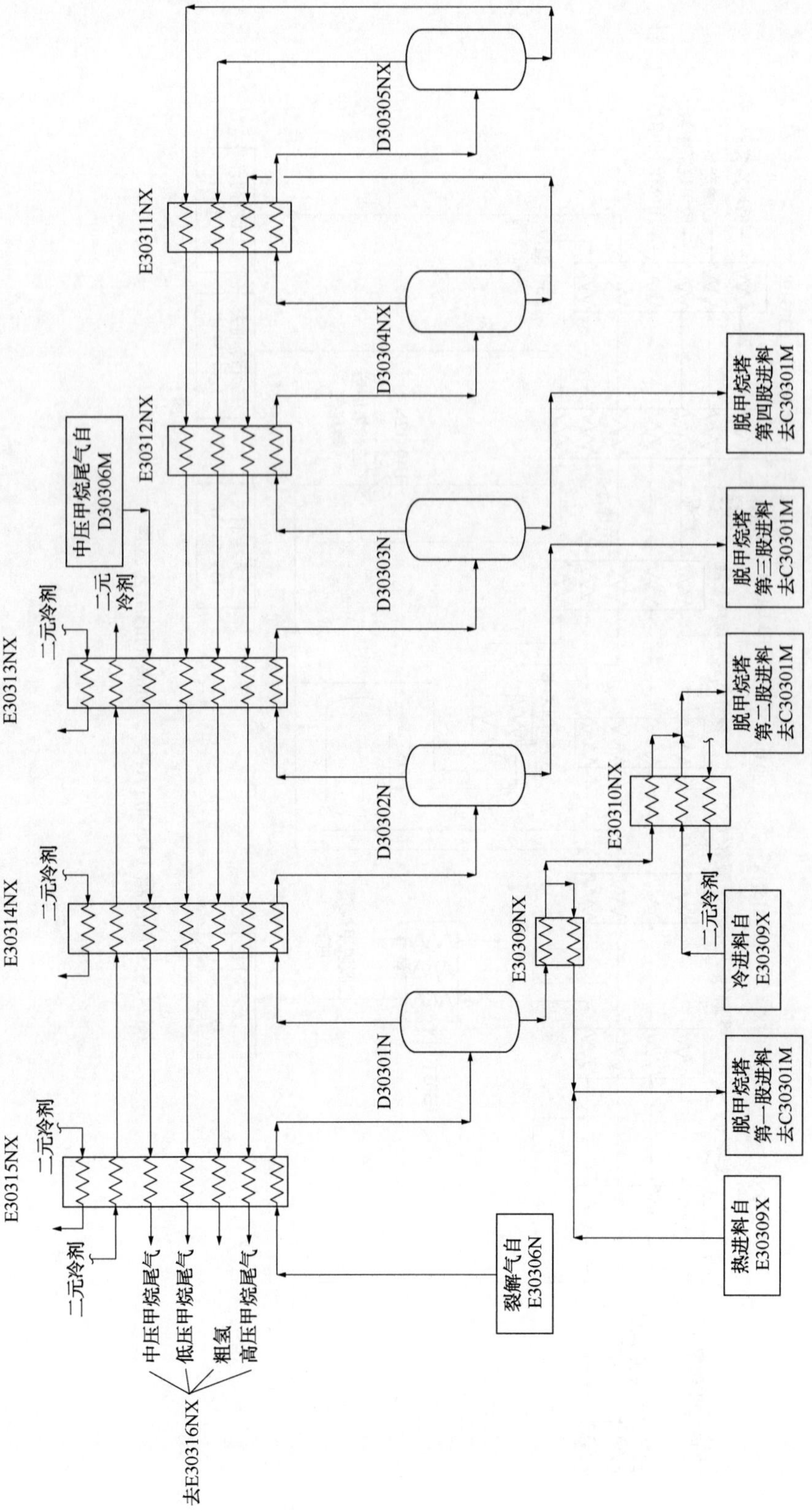


（b）

图24.3-2　新冷箱（PA30301N）工艺物料的工艺流程简图

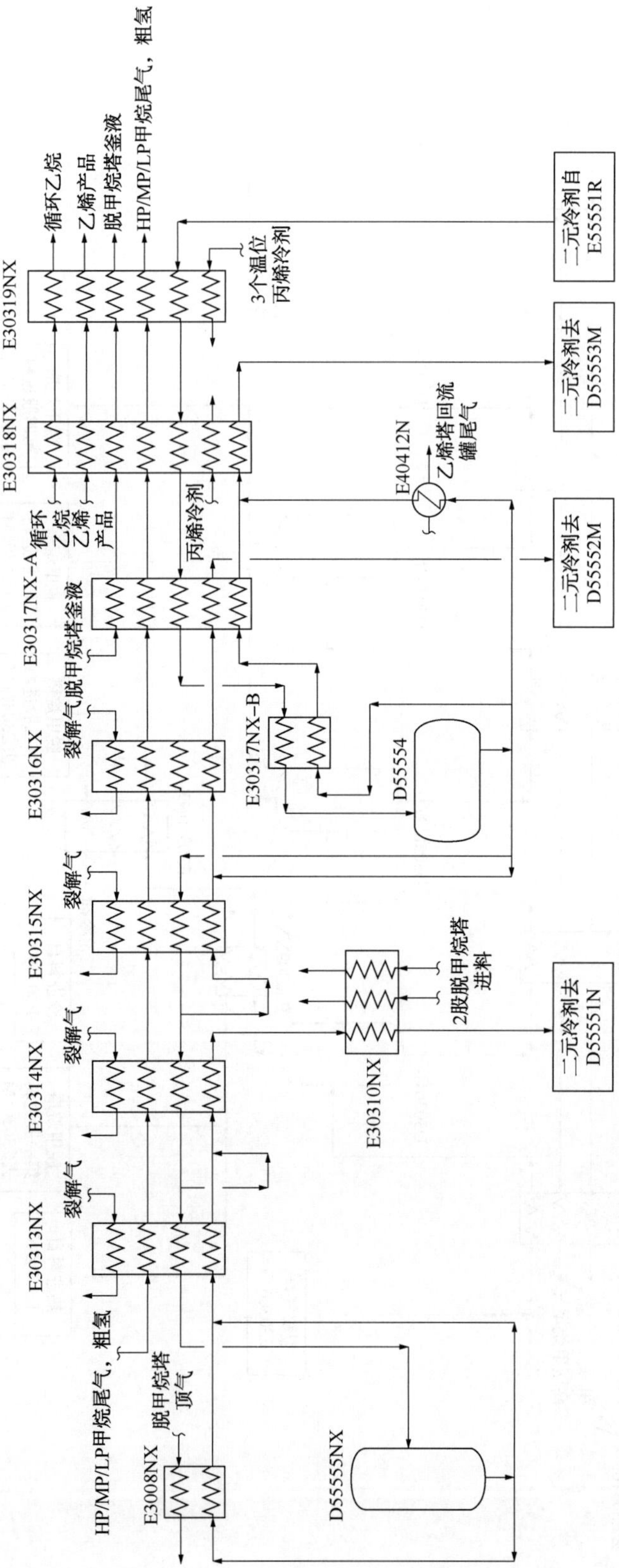


图24.3-3 新冷箱（PA30301N）二元冷剂的工艺流程

4个位号(7台)干燥器：裂解气干燥器、氢气干燥器、乙烯干燥器、丙烯干燥器经过分子筛吸附剂厂家核算改造后负荷，设备本体不需要改动，改造更换新型号的分子筛吸附剂，调整操作周期来满足改造要求。

5. 辅助系统

辅助系统也是尽量依托原有设施，大部分基本不改动。下面说明改造量较大的火炬系统改造方案。

为了控制乙烯装置的总火炬排放量，不改动界区外火炬总管和火炬设施，减少改造的工程量和节省改造周期，既降低了投资，也避免了新增征地。本次乙烯装置改造利用仪表SIS系统减火炬负荷，采用火炬减排措施后现有的湿火炬总管、湿火炬排放罐和总火炬总管不改造，只局部改造接入新增的排放点。

图24.3-4　新冷箱(PA30301N)现场照片

因本次新增深冷线和冷分离系统改造量大，为了减少原有冷火炬干管和冷火炬罐的负荷和改造工作量，新增一根干火炬总管和干火炬罐及汽化器，改造中新增的干火炬排放量由该系统承担。

## 四、性能考核及总结

1. 性能保证指标

2013年12月乙烯装置脱瓶颈改造后一次开车成功，2014年9月对装置进行性能考核，主要产品乙烯、丙烯的产量，主副产品规格，乙烯产品、丙烯产品回收率，装置综合能耗等各项指标优于合同技术附件保证值要求，也优于采用国外技术的同类其他装置。改造后装置稳定运行和性能考核结果表明，装置综合能耗降低约8%，原料适应性提高，技术成熟可靠，技术水平领先。

2. 设备及设备内件、催化剂实现国产化

无论是新增或更换设备及改造设备内件都达到设计要求，催化剂全面国产化，尤其是复杂换热设备冷箱及板翅式换热器，塔内件如汽油分馏塔、急冷塔、脱甲烷塔、脱乙烷塔、高低压脱丙烷塔、乙烯塔、丙烯塔改造采用高性能填料及塔板，不仅施工进度有保证，而且开车后工艺性能优良，对乙烯装置的产能达到改造目标起到了关键作用。改造采用国产催化剂和干燥剂，性能完全满足工艺要求，价格和供货周期比进口催化剂和干燥剂有较大优势，也为乙烯装置的技术国产化提供有力支持。

3. 具有重要的示范意义

首次采用国产化成套乙烯工艺技术对合资公司的乙烯装置扩能改造，得到合资外方及中方业主的高度认可，取得了很好的经济效益和社会效益。

## 五、百万吨级乙烯装置改造成套技术推广应用

1. 某1000kt/a乙烯装置扩能到1300kt/a

继百万吨级乙烯改扩建成套技术首次成功应用于某合资公司800kt/a乙烯装置脱瓶颈改

造到1100kt/a乙烯产能并取得了良好的经济效益和社会效益之后，另外一家乙烯合资公司决定利用其1000kt/a乙烯装置2020年大检修期对乙烯装置进行扩能改造，仍选用国产化的乙烯裂解炉和分离工艺技术将乙烯装置的公称能力扩大到1300kt/a乙烯，裂解炉部分新增加1台公称能力为200kt/a轻油炉，并具备分炉膛烧焦的功能，改造2台气体炉。

乙烯分离部分仍以顺序分离工艺流程为基础进行改造，维持顺序分离流程不变，公用工程及辅助系统利旧及依托原有系统。关键的3大压缩机如裂解气压缩机、丙烯制冷压缩机、二元制冷压缩机在壳体不动的前提下通过改造换转子及相关设备、零部件等方式以扩大处理能力。塔利用原壳体通过改造塔内件，如更换高效塔板或填料，改造分布器、进料管等塔内件来提高处理能力和满足新的进料条件。原有罐如压缩机段间罐、吸入罐等需要新加或更换成高效除沫网，部分冷却水走管程的管壳式换热器可采用通过改造更换管束来满足增加了的负荷要求。根据泵的性能曲线和改造负荷要求，部分泵可采用改造换叶轮、电机等方式满足新的能力要求，部分泵不能通过改造达到新能力，则更换新泵或加1台新泵。重要塔系的再沸器、冷凝器等根据工艺负荷通过并联以满足新的负荷要求，回流泵、产品泵、回流罐等相关设备，根据需要新增、改造来满足新的能力要求。

冷箱及前冷系统无法通过自身改造达到要求，考虑并联新设备。原冷箱是多台板翅式换热器芯组合装在有保冷材料的钢壳体内，不能拆分改造，因此需要新增一条并联的裂解气深冷分离系统，新冷箱主要与新增裂解气深冷分离线和相关的丙烯及二元制冷系统配套。新增的裂解气深冷系统相对独立，可以实现老系统先开车，流程打通系统平稳后再提负荷并入新裂解气深冷系统。

该1000kt/a乙烯装置的分离系统改造4台压缩机、13台塔器、50余台换热器等累计百余台动静设备的改造，另外还涉及大量仪表及管道的改造，因新增冷箱系统设备布置需要，原甲烷化和氢气干燥器系统设备移位布置，乙烯装置改造设备汇总表如表24.3-2所示。乙烯装置大检修后于2020年7月顺利产出合格乙烯产品，标志着装置一次开车成功，5个月之后新建裂解炉和新冷箱投用，乙烯产能达到设计能力，该乙烯装置也成为目前采用国产化乙烯技术以液体原料为主的单套产能最大乙烯装置。

**表24.3-2 乙烯装置扩能改造设备汇总表**

| 设备类型 | 原800kt位号 | 改到1100kt位号(台/套) |
|---|---|---|
| 裂解炉 | 11 | 新增：1台(200kt/a乙烯，轻油炉，双炉膛)<br>改造：2台(气体炉) |
| 分离部分主要设备 | | |
| 塔 | 18 | 改造：12台<br>新增：1台 |
| 冷箱 | 3 | 新增2台冷箱(大冷箱内有10个位号的板翅和3台新罐) |
| 换热器 | 85 | 新增/并：15(15台，含1台CIV)<br>更换：37(58台，含2台CIV、2台板翅、12台高效)<br>改造：6(6台，移位) |
| 反应器类 | 3 | 改造：3(5台)(移位甲烷化反应器，$C_2$加氢、$C_3$加氢加高催化剂床层) |
| 干燥器类 | 4 | 改造：4(8台)(移位氢气干燥器，更换干燥剂，调整操作周期) |

续表

| 设备类型 | 原 800kt 位号 | 改到 1100kt 位号(台/套) |
|---|---|---|
| 罐类 | 65 | 新增：9(含 3 台大冷箱内罐)<br>更换：5<br>改造：18(换高效除沫器，扩管口等) |
| 其他(过滤器、混合器等) | 36 | 新增：7(9 台，含悬液分离器、过滤器、聚结器、注入包、减温器等)<br>更换：5(8 台，含过滤器、混合器等) |
| 压缩机+透平 | 6+3 | 更换：1 台(电机驱动)<br>改造：3 台压缩机+3 台透平(更换转子等)<br>包括透平表冷器更换 1 台，热井泵更换和改造 2(4 台) |
| 泵 | 47 | 新增/并：4(4 台)<br>更换：4(8 台)<br>改造：6(12 台换叶轮或电机等) |
| 合计 | 291 | 新增/并：47(50 台/套)<br>更换：58(91 台/套)<br>改造：53(61 台/套，含移位：6 台)<br>共 158 个位号(约 202 台/套) |

## 2. 某 800kt/a 乙烯装置扩能到 1100kt/a

2013 年 8 月首套全部采用国产化乙烯生产工艺技术 800kt/a 乙烯装置(含低温罐)建成投产，裂解炉采用中国石化 CBL 裂解技术的裂解炉，分离系统采用中国石化低能耗分离技术(简称 LECT)。该 800kt/a 乙烯装置共有 8 台公称能力为 120kt 裂解炉，分离部分采用前脱丙烷前加氢工艺流程。该装置实现了乙烯装置工艺技术的全面国产化，首次实现了裂解气压缩机、丙烯制冷压缩机、乙烯热泵、制冷压缩机即“三机”国产化，碳二前加氢、碳三加氢及低温甲烷化催化剂全部国产化，同时首次由同一家工程公司作为专利商、设计院和 EPC 总承包商完成全部工作。该乙烯装置年操作时间为 8000h，年生产能力为 800kt 聚合级乙烯和 400kt 聚合级丙烯，乙烯装置建成投产后成立了合资公司运营该装置，2017 年公司规划利用乙烯装置 2020 年检修期进行脱瓶颈改造，装置公称规模由 800kt/a 乙烯改造到 1100kt/a 乙烯，乙烯装置能力的增幅约为 37.5%。设计有基础工况和重工况两种原料工况，改造在原乙烯装置主装置区内进行，改造工艺技术仍采用中国石化技术。

该 800kt/a 乙烯装置在首次开车运行后立项增加了 1 台 150kt 的轻油裂解炉，2018 年脱瓶颈改造设计再增加 1 台 200kt 重油裂解炉，增加的 2 台裂解炉均为双炉膛裂解，分炉膛烧焦。分离部分的急冷系统、压缩系统、前脱丙烷前加氢系统、热分离系统、乙烯热泵及制冷系统、丙烯制冷系统仍按原流程，主要通过改造设备内件提高生产能力，如更换压缩机和透平转子等，利旧压缩机的干气密封、润滑油等辅助系统，更换高效塔板，罐内新增或更换高效除沫网等。新增并联部分设备包括冷箱、换热器、分离罐等。换热器的改造方案根据布置和能力要求确定是新增还是更换。改造尽量利用原设备壳体和其基础，减少改造的工程量，缩短改造需要的时间。新增一条并联的裂解气深冷分离系统，新冷箱主要与新增裂解气深冷分离线和相关的丙烯及乙烯制冷、甲烷尾气膨胀再压缩机系统配套。干燥器设备本体不改造，通过调整操作周期、更换干燥剂来满足新的生产能力要求。甲烷化反应器和碳三加氢反应器设备本体不改造，通过增加催化剂装填高度来满足扩能要求。$C_2$ 加氢反应器因原设备制造有缺陷按换新考虑以满足改造后新的能力要求，催化剂也全部是国产化。分离系统改造或更换涉及静设备：塔、反应器、干燥器、容器、换热器、过滤器等共106 台/套，新增 30 台/套，合计 136 台/套。分离系统静设备汇总表如表 24.3-3。

**表 24.3-3　分离系统静设备汇总表**

| 设备类型 | 利旧 | 改造/更换 | 新增 | 总台(套)数 |
|---|---|---|---|---|
| 塔器 | 5 | 13 | 1 | 19 |
| 分离换热器 | 96 | 56 | 16 | 168 |
| 分离容器 | 50 | 20 | 12 | 82 |
| 反应器 | 3① | 3 | 0 | 6 |
| 干燥器 | 2 | 6② | 0 | 8 |
| 过滤器 | 16 | 8 | 1 | 25 |
| 包设备 | 7 | | | 7 |
| 其他 | | 2 | | 2 |
| 总计 | 181 | 106 | 30 | 317 |

① 其中 3 台反应器在建，概算不计算在 2018 年脱瓶颈改造项目中。

② 干燥器改造方案按 6 台加高床层考虑。

动设备中关键的 3 台大压缩机：裂解气压缩机、乙烯制冷压缩机和丙烯制冷压缩机原先就是全部国产化，改造仍由原厂家进行设计制造，最初的改造原则是在壳体不动的前提下通过改造换转子及相关设备、零部件等方式以扩大处理能力，但制造厂从整机效率和返厂检修时间等方面进行综合分析，认为壳体整体更换方案具有明显的总体经济效益优势。原有甲烷尾气膨胀/再压缩机利旧，新增 1 台甲烷尾气膨胀/再压缩机，电机驱动的低压甲烷压缩机更换以满足新的能力要求。根据泵的性能曲线和改造负荷要求，部分泵可采用改造换叶轮、电机等方式满足新的能力要求，部分泵不能通过改造达到新能力，需更换为新泵，改造或更换共 28 台泵，利旧 53 台。分离系统动设备汇总见表 24.3-4。

**表 24.3-4　分离系统动设备汇总表**

| 设备类别 | 设备台数 | 说明 |
|---|---|---|
| 工艺泵 | 81 | 其中 28 台改造，53 台利旧 |
| 注入系统 | 7 | 利旧 |
| 裂解气压缩机/汽轮机 | 1 | 压缩机更换壳体和转子 |
| 乙烯制冷/热泵压缩机/汽轮机 | 1 | 压缩机更换壳体和转子 |
| 丙烯制冷压缩机/汽轮机 | 1 | 压缩机更换壳体和转子 |
| 膨胀/再压缩机 | 2 | 1 台利旧，1 台新增 |
| 低压甲烷压缩机 | 1 | 整机更换 |

2020 年 12 月该合资公司的乙烯装置脱瓶颈改造后一次成功开车，5 个月左右新建裂解炉和新冷箱系统投用，装置乙烯产能由 800kt/a 增加到 1100kt/a。

### 3. 某1000kt/a乙烯装置原料轻质化适应性改造

某公司现有1000kt/a乙烯装置(含炼厂干气精制单元)即1#乙烯装置是中国石化2010年4月20日建成投产的一套百万吨级乙烯装置，工艺为ST/Lummus合作开发的专利技术，裂解采用SL-1型和SL-4型裂解炉，分离系统采用顺序分离流程，低压脱甲烷、二元制冷和回收炼厂干气。该乙烯装置主要包括：原料预热系统，裂解炉区，急冷与稀释蒸汽发生系统，压缩、碱洗及干燥系统，激冷、脱甲烷与甲烷化单元，脱乙烷、乙炔加氢与乙烯精馏系统，脱丙烷、$C_3$加氢、丙烯精馏和脱丁烷塔系统，二元制冷及丙烯制冷系统，废碱氧化及中和系统，炼厂干气精制系统，以及燃料气、火炬排放、锅炉给水、蒸汽与凝液系统等公用工程和辅助设施。该乙烯装置初始设计有11台裂解炉，2013年脱瓶颈改造增加了一台裂解炉，采用CBL-R型，以气体原料为主，双炉膛，加上增加的1台裂解炉共有12台裂解炉。

为了进一步挖掘装置潜力，优化产品结构以及节能减排，1#乙烯装置拟进行原料轻质化适应性改造，公用工程及辅助系统主要依托现有设施。改造工艺技术采用中国石化技术即ST乙烯生产工艺技术，裂解炉不再新增，在裂解气压缩机、老冷箱不改动的前提下，新增炼油富乙烯气预分离单元，分离系统改造乙烯产品产量由1000kt/a乙烯提高到1300kt/a乙烯。本次原料轻质化适应性改造项目主要是新增富乙烯气预分单元，含3个分离塔系和1套冷箱，通过回收炼油富乙烯气中的$C_2$增加乙烯产能，富乙烯气中乙烯、乙烷预分离，富乙烯物料进入原乙烯装置的脱乙烷塔顶作为塔回流，分出的富乙烷物料经过新冷箱回收冷量汽化过热后去裂解炉。新增的3台DCC富乙烯气预分塔系主要与丙烯制冷及二元制冷系统相关。乙烯装置原有设备主要通过改造设备内件提高生产能力，经过原压缩机厂家核算和进行改造方案设计，确定更换丙烯制冷压缩机壳体和转子、更换二元制冷压缩机转子、改造透平等，改造4台塔内件如更换高效塔板或填料，部分罐内更换或新加高效除沫器等。新增并联部分设备如泵、换热器、分离罐等。根据布置和能力要求，部分换热器等设备考虑更换。部分新增或更换的换热器考虑采用高效换热器，以减小设备尺寸，方便设备布置。

裂解炉的原料增加了富乙烷气、饱和LPG用量，原料轻质化，减少了重原料，根据裂解原料性质和原料量，裂解收率提高，裂解炉不新增，原料预热系统也利旧，基本不改造。

急冷、压缩及热分离系统的物料量增幅在原设计值内，改造量不大，原有催化干气精制单元不改造。裂解气压缩机、老冷箱及裂解气深冷系统、脱丙烷塔、丙烯塔、脱丁烷塔系统利旧，基本不改造。为了适应原料多样性，解决急冷油塔的塔板结垢堵塞和裂解气干燥器切换周期短等问题，急冷油塔和汽油汽提塔、裂解气干燥器进行了改造。深冷分离相关的冷箱及脱甲烷塔系统基本不改造，利旧原设备，氢气分离及甲烷化反应系统、低压甲烷压缩机系统根据新的负荷要求进行了改造，甲烷化反应器设备本体不需改造，但更换为低温甲烷化催化剂，更换进料加热器，调整甲烷化反应操作参数和联锁设定值。碳二分离回收系统进行了扩能改造，脱乙烷塔、乙烯塔更换塔内件，加高碳二加氢催化剂床层，更换了部分换热器。丙烯、二元制冷系统根据新的负荷要求进行改造。该乙烯装置改造的设备汇总表如表24.3-5所示。

表 24.3-5　乙烯装置改造设备汇总表

| 设备类型 | 原 1000kt 位号 | 改到 1300kt 位号(台/套) |
|---|---|---|
| 塔 | 22 | 新增：3 台<br>改造：4 台 |
| 冷箱 | 3 | 新增 1 台冷箱(内有 7 个位号的板翅和 3 台冷剂罐) |
| 换热器 | 90 | 新增/并：14(16 台，含 3 台高效)<br>更换：9(13 台，含 2 台单板翅) |
| 反应器类 | 7 | 改造：2(3 台)(甲烷化更换低温催化剂，$C_2$ 加氢加高催化剂床层) |
| 干燥器类 | 5 | 改造：1(2 台)(裂解气干燥器加高干燥剂床层，改造管口) |
| 罐类 | 90 | 新增：9(不含 3 台冷箱内罐)<br>更换：1<br>改造：9(换高效除沫器，扩管口等)<br>移位：1 台 |
| 表冷器 | 2 | 更换：1 |
| 压缩机+透平 | 5+3 | 更换：1 台透平驱动<br>改造：1 台压缩机+2 台透平(更换转子等)<br>1 台(电机驱动，压缩机改造，电机更换) |
| 泵 | 70 | 新增/并：6(10)<br>移位：1(2 台) |
| 合计 | 332 | 新增/并：33(39 台/套)<br>更换：13(17 台/套)<br>改造：21(24 台/套，含移位：3 台)<br>共 67 个位号(约 80 台/套) |

新增的富乙烯气预分单元相对独立，可以实现老系统先开车，流程打通系统平稳后再并入系统。

该乙烯装置原料轻质化适应性改造项目计划在 2023 年 1 季度乙烯装置停车大检修期实施，已完成该项目的基础设计审批和长周期及部分次长周期设备的订货，正在进行详细设计工作。

## 参　考　文　献


[1] 杨春生，方加录，曹杰．我国乙烯装置改造扩建述评[J]．当代石油化工，2004，12(5)：13-19.

[2] 段国华．国外乙烯装置改造的经验[J]．乙烯工业，2000，12(1)：18-23.

[3] 吕常钦，谢国学．燕山石化乙烯装置改扩建工程评述[J]．乙烯工业，1995，7(4)：1-11.

[4] 李光松．燕山乙烯改造[J]．化工进展，2001，(9)：39-42.

[5] 王松汉，李广华，宋加波．燕山石油化工公司 30 万 t/a 乙烯装置改造[J]．石油化工，1995，(10)：733-739.

[6] 卢慧．关于燕化公司乙烯改扩建工程前期工作[J]．石化技术，1994，(2)：86-89.

[7] 王松汉，李广华．燕山 30 万吨/年乙烯装置改造的设计思路[J]．乙烯工业，1995，7(1)：15-20.

[8] 王松汉．我国乙烯装置改造的探讨[J]．乙烯工业，1999，11(4)：6-8.

[9] 李劲松，徐兴年，朱宏林，等．从世界乙烯的发展趋势谈齐鲁乙烯的进一步改造[J]．齐鲁石油化工，2002，30(2)：132-135.

[10] 朱长城，毛思杨．齐鲁石化公司乙烯装置的技术改造[J]．石油化工，1998，(7)：521-525.

[11] 雷正香．福建乙烯装置改造塔内件技术特点选择[J]．石油化工设备技术，2015，36(2)：62-66.

[12] 雷正香．乙烯装置改造冷区工艺设计[J]．乙烯工业，2015，27(1)：27-32.

[13] 雷正香．乙烯装置急冷系统改造工艺设计[J]．石油化工设计，2015，32(2)：6-9.

# 第二十五章　低碳烯烃其他生产技术

## 第一节　丙烷脱氢制烯烃

丙烷脱氢制丙烯(PDH)，原料是丙烷，主要产品是丙烯，收率可达80%以上。PDH原料来源有保障，产品单一，收率高，是目前最有效的丙烯生产方法。

丙烷脱氢技术在20世纪80年代开发，90年代初实现工业化，21世纪后得到迅速推广应用。1990年，第一套PDH装置在泰国PTTGC开车，105kt/a丙烯，采用UOP技术。2013年，中国第一套PDH装置(天津渤化600kt/a丙烯)投产，采用Lummus技术。目前世界上已工业化的丙烷脱氢制丙烯工艺至少有5种：

① UOP公司的Oleflex工艺。

② ABB Lummus公司的Catofin工艺。

③ Krupp Uhde(伍德)公司的STAR工艺。

④ Linde-BASF-Statoil共同开发的PDH工艺。

⑤ 俄罗斯雅罗斯拉夫尔研究院(Yarsintez)与意大利Snamprogetti工程公司联合开发的FBD-3烷烃脱氢技术等。

各工艺的典型特征见表25.1-1。

**表25.1-1　丙烷脱氢工艺的典型特征**

| 工艺 | 开发商 | 反应器类型 | 催化剂 | 反应条件 |
|---|---|---|---|---|
| Oleflex | UOP | 移动床 | $Pt/Al_2O_3$ | 550~650℃，>0MPa(G) |
| Catofin | ABB Lummus | 绝热固定床 | $Cr_2O_3/Al_2O_3$ | 560~620℃，>-0.05MPa(G) |
| STAR | Krupp Uhde | 等温固定床 | $Pt/Sn/Zn/Al_2O_3$ | 500℃，0.25MPa(G) |
| PDH | Linde-BASF-Statoil | 固定床 | $Cr_2O_3/Al_2O_3$ | 590℃，>0MPa(G) |
| FBD-3 | Snamprogetti-Yarsintez | 流化床 | $Cr_2O_3/Al_2O_3$ | 540~590℃，0MPa(G) |

但总体来讲，按PDH反应类型可划分为三大类，即移动床、固定床和流化床，它们的典型反应产物产品气组成如表25.1-2所示。

**表25.1-2　PDH产品气组成(干基)对比表**

| 组成/%(摩尔) | 移动床 | 固定床 | 流化床 |
|---|---|---|---|
| $H_2$ | 44.32 | 30.44 | 25.15 |
| $N_2$ | 0.00 | 0.59 | 3.06 |

续表

| 组成/%(摩尔) | 移动床 | 固定床 | 流化床 |
| --- | --- | --- | --- |
| $O_2$ | 0.00 | 0.00 | 0.02 |
| CO | 0.00 | 0.90 | 0.00 |
| $CO_2$ | 0.00 | 0.14 | 0.03 |
| $H_2S$ | 0.01 | 0.00 | 0.00 |
| $CH_4$ | 2.47 | 2.37 | 2.37 |
| 乙烯 | 0.06 | 1.67 | 0.81 |
| $C_2$ | 1.47 | 0.56 | 1.32 |
| MAPD | 0.01 | 0.00 | 0.00 |
| 丙烯 | 12.93 | 26.78 | 22.42 |
| $C_3$ | 38.63 | 34.81 | 44.58 |
| 丁二烯 | 0.00 | 0.08 | 0.00 |
| 丁烯 | 0.02 | 1.26 | 0.20 |
| $C_4$ | 0.06 | 0.32 | 0.00 |
| $C_5$ | 0.02 | 0.07 | 0.04 |
| 合计 | 100.00 | 100.00 | 100.00 |

对比三种类型产品气中的丙烯含量，移动床的最低，固定床的最高，所以单从反应产物的分离系统来看，移动床的最难，能耗应该最高；固定床的最容易，能耗应该最低；液化床则介于两者之间。

丙烷脱氢产品气中的组分比较集中，碳三占50%~67%(摩尔分数，下同)，氢气占25%~44%，剩余5%左右为其他组分，所以所采用的分离方法比较一致，就是压缩干燥、深冷分离出氢气等轻组分、脱乙烷分离出碳二、丙烯/丙烷精馏得聚合级丙烯产品，另外还有脱除 $C_4$ 及以上重组分的原料预处理系统等。但不同类型丙烷脱氢技术，根据三种产品气组成的差异，各单元的具体工艺实施细节又各有特色。

## 一、移动床 PDH 技术

移动床丙烷脱氢以 Oleflex 工艺为代表，采用 Pt 系催化剂。该工艺类似连续重整技术，采用多级脱氢反应器，每级为一个径向移动床反应器，物流采用级间加热，满足脱氢的吸热反应。催化剂与反应物流同向移动，催化剂连续再生和返回。在连续催化重整(CCR)装置中催化剂再生，进行烧炭、铂组分重新分配，除去过多的水分。催化剂再生工艺独立进行自动控制操作，可在最好条件下进行催化剂再生。

移动床丙烯脱氢对丙烷原料中重组分及杂质要求比较严格，所以首先要对原料进行脱氮、脱重金属、干燥等处理，并与循环丙烷一起进行较严格的重组分脱除；而脱氢反应单元则要注硫、注氯等，所以产品气在进入深冷之前，还需进行脱氯、脱硫、二次干燥等。即原料与产物都要分别进行杂质脱除与干燥，流程设置上复杂了一点。

移动床 PDH 反应所含水量很小，脱硫采用吸附床技术，再对再生气进行碱洗，避免了直接碱洗带入水分而大幅增加干燥的负荷。

移动床 PDH 的脱丙烷负荷比较大，UOP 技术采用双塔串/并联流程，设置中沸器，采用丙烯热泵加热，以减小再沸所需低压蒸汽的消耗量，同时由于碳四及以上的重组分占比很小，下塔塔径可大为缩小；进料先用产品气压缩机排出的热物料预热，以节能降耗。

移动床脱氢反应需要配一半以上摩尔比的氢，所以产品气的深冷分离负荷较大。根据氢气含量高的特点，可采用膨胀机或多元制冷的方式以获取所需的深冷冷量。原料丙烷配氢以后，与产品气"碳三+氢气"组成更相近，原料的汽化与产品气的液化逆向而行，原料汽化释放出的冷量正好用于产品气液化，既节省汽化热源又节省了液化冷量，这一方法确实很巧妙。

移动床丙烷脱氢流程简图见图 25.1-1。

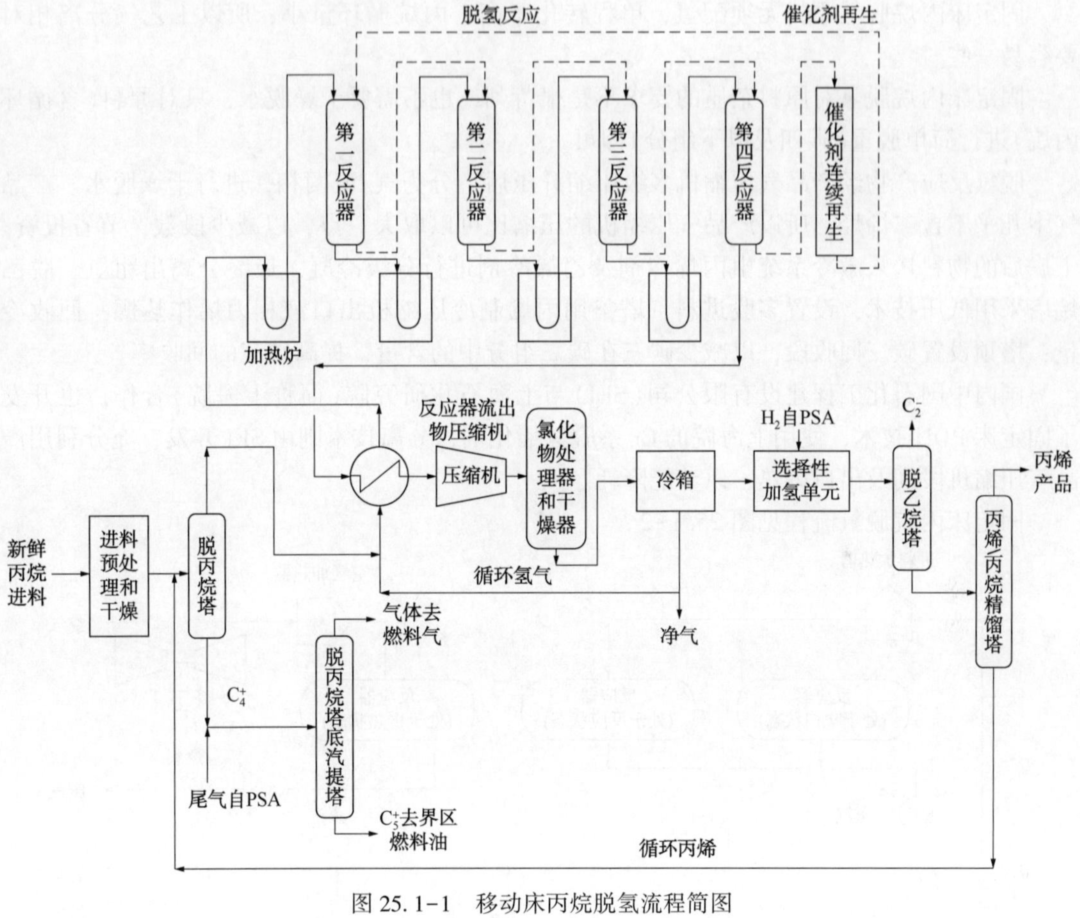


图 25.1-1　移动床丙烷脱氢流程简图

深冷系统分离出的液相碳三送入高压脱乙烷塔，该塔塔釜用低压蒸汽作再沸热源，塔顶用循环冷却水冷凝，并设置碳三回收塔，采用丙烯冷剂作冷源，回收气相中携带的碳三。

移动床 PDH 丙烷转化率仅三分之一左右，丙烷循环量很大，造成丙烯塔进料中丙烷浓度达到丙烯的 3 倍之多，所以丙烯塔分离负荷非常大，一般采用低压丙烯精馏，并带丙烯热泵，以减小塔径，节省能耗。UOP 技术的丙烯双热泵为其专利，一段出口由丙烯塔再沸器冷凝，二段出口作脱丙烷塔再沸器热源，凝液一并作丙烯塔的回流及采出聚合级丙烯产品。

移动床 PDH 产品气含有少量 MAPD，需要进行选择性加氢，以保证丙烯产品的合格及减少脱氢反应的结焦。

## 二、固定床 PDH 技术

固定床丙烷脱氢以 Lummus 公司的 Catofin 工艺为代表，采用 Cr 系催化剂，负压操作。该工艺采用多台固定床反应器系统，单台间歇反应，多台并联确保连续操作。脱氢反应、蒸汽吹扫、催化剂烧焦与蓄热、喷射泵抽真空和 $H_2$ 还原五个步骤，程控阀顺序控制，自动切换操作。该工艺催化剂为非贵金属催化剂，成本低，固定床无催化剂损失，单程转化率高，通常在 50%以上，烯烃选择性比其他工艺高 1%~2%。

固定床丙烷脱氢原料无须配氢，单程转化率高，丙烷循环量小，所以工艺气分离相对要容易一些。

固定床丙烷脱氢对原料杂质的要求不是很苛刻，也不需要干燥脱水，只对原料(含循环丙烷)进行简单脱重(碳四及以下组分)即可。

脱氢反应产物经产品气压缩机多级压缩升压后，分为气/液两相，进行干燥脱水。产品气中几乎不含二烯烃，所以产品气压缩机的压缩比可以取大一点，以减少段数，节省投资。干燥后的物料送入激冷系统由丙烯冷剂及乙烯冷剂进行分级冷凝，最终分离出粗氢。脱乙烷塔采用低压技术，设置多股进料，塔釜用丙烯制冷压缩机出口液相丙烯作热源，回收冷量；塔顶设置碳三回收段，以减少碳三在碳二组分中的含量，提高碳三的回收率。

国内中国石化工程建设有限公司(SEI)与上海石化研究院(简称上海院)合作，也开发了固定床 PDH 技术，使用上海院的 Cr 系脱氢催化剂，分离技术则由 SEI 开发，充分利用产品气压缩机段间及出口废热，以节能降耗。

固定床丙烷脱氢流程见图 25.1-2。

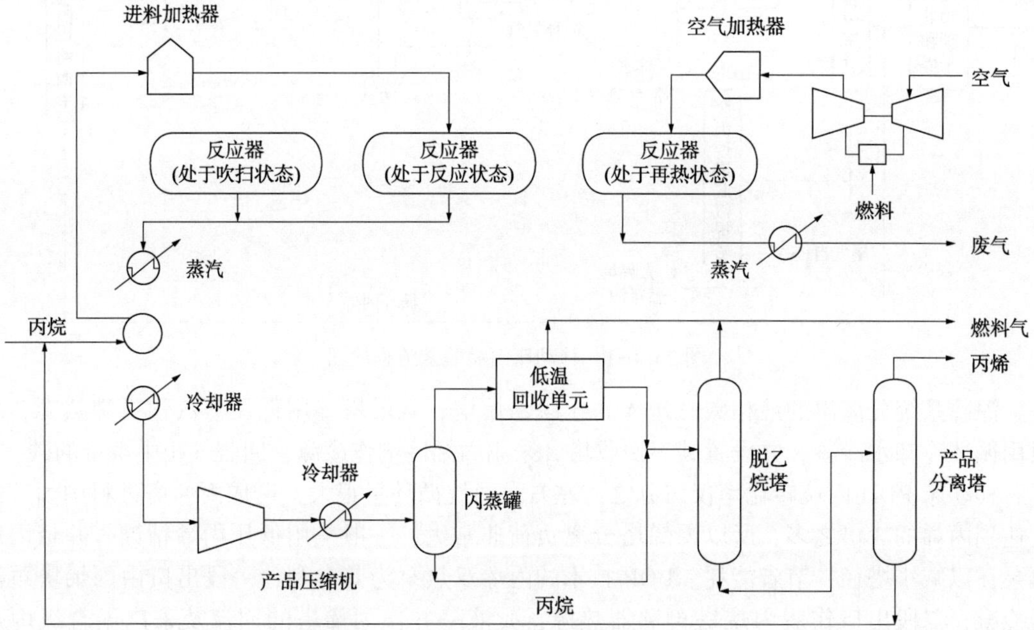


图 25.1-2　固定床丙烷脱氢流程示意图

Lummus 技术丙烯精馏采用其传统的高压法，双塔串联操作，塔顶使用循环冷却水冷凝；塔釜再沸的负荷很大。Lummus 采用其专利技术，用工艺气压缩机表冷器、丙烯制冷压缩机出口冷凝器及表冷器作热源，不足部分用低压蒸汽再沸器补充。这样做既节省了丙烯塔再沸所需要的低温热源，又节省了透平表面冷凝器及丙烯机出口所需要的循环冷却水用量。

SEI 采用带热泵的低压单塔丙烯精馏技术，大幅降低能耗。

## 三、流化床 PDH 技术

流化床工艺的核心是反应-再生系统，采用类似催化裂化 FCC 双器反应与再生技术。反应温度 580 ~630℃，反应压力 0. 018 ~0. 047MPa(G)，丙烷单程转化率 40%，丙烯选择性约 80%。

流化床 PDH 原料不需要配氢，反应产物(工艺气)中碳三含量最高，可采用与固定床 PDH 相似的分离技术。不过由于流化床反应器在反应-再生过程中，会带出催化剂粉尘，需要设置过滤降尘设施；还可能会残存微量空气，因此工艺气中杂质(如 $N_2$、$O_2$、$NO_x$ 等)较多，需要增加一些杂质脱除设施。

俄罗斯雅罗斯拉夫尔研究院与意大利 Snamprogetti 工程公司联合开发的流化床丙烷脱氢技术 FBD-3 工艺流程如图 25. 1-3 所示。

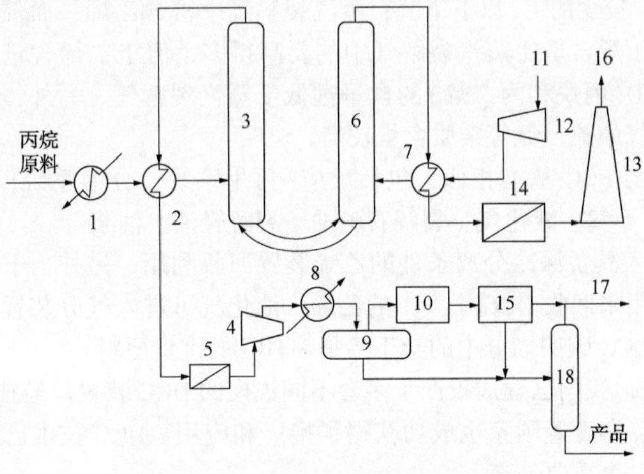


图 25. 1-3 FBD-3 工艺流程示意图

1—原料汽化器；2—换热器；3—反应器；4—压缩机；5—过滤器；6—再生器；7—热交换器；8—冷却器；9—分离器；10—干燥器；11—再生空气；12—空气压缩机；13—烟囱；14—烟道气过滤器；15—冷箱；16—烟道气；17—轻组分；18—脱丙烷塔

丙烷脱氢分离技术未来发展的方向，仍然是优化工艺，降低投资，节省能耗，以提高装置的竞争力。

# 第二节 催化裂解技术

## 一、DCC/CPP

重油催化裂解生产轻质烯烃工艺是以流化催化裂化技术为基础，采用特殊的分子筛催化剂，以乙烯、丙烯、丁烯以及高辛烷值汽油和/或芳烃为目的产品的新型系列工艺。其中，催化裂解技术(Deep Catalytic Cracking，DCC)和催化热裂解技术(Catalytic Pyrolysis Process，CPP)由中国石化石油化工科学研究院(RIPP)开发，是重油催化裂解制低碳烯烃工艺技术中获工业化应用的典型代表。

1. DCC

DCC由RIPP于20世纪80年代末开发成功，是一项以重质原料生产轻烯烃的工艺技术。它是采用常规催化裂化(FCC)工艺流程以及提升管加密相流化床反应器，在专门研制的择形分子筛催化剂作用下，对重质石油烃进行裂解的过程。DCC-Ⅰ型催化裂解工艺以生产最大量丙烯为目的，DCC-Ⅱ型催化裂解工艺以生产最大量丙烯、异丁烯和异戊烯，兼产高辛烷值优质汽油为目的。

DCC工艺采用的原料是各种重质油，其中以石蜡基原料油最适宜于催化裂解。以DCC-Ⅰ技术为例，由石蜡基原料油催化裂解可以得到高气体烯烃的产率，其三烯(乙烯、丙烯、丁烯)产率超过40%(相对于原料)，其中乙烯6%左右，丙烯可超过21%。

催化裂解与蒸汽裂解的主要不同点，在于它要使用专门研制的催化剂，可在低得多的反应温度下操作。DCC工艺催化裂解反应温度比FCC反应温度略高30~50℃，大约为540~560℃，远低于乙烯装置蒸汽裂解反应温度(800℃)。与蒸汽裂解气相比，催化裂解气中含有较多的$C_3$和$C_4$，较少的$C_2$以下干气；蒸汽裂解气中富含乙烯，而催化裂解气中富含丙烯；催化裂解气中丁烯含量比蒸汽裂解气中的要高得多，但丁二烯含量要少得多；催化裂解气中乙炔和MAPD(丙炔和丙二烯)的含量远低于蒸汽裂解气。另外，由于催化裂解的原料为重质油，裂解气中硫、氮等杂质含量较高。

DCC工艺流程与FCC基本相似，包括反应-再生系统、分馏系统以及吸收稳定系统。装置产品包括DCC干气、液化气、裂解石脑油、裂解轻油、油浆等。

DCC干气可送入具备深冷分离条件的乙烯装置回收利用。另外，干气制乙苯技术、干气芳构化技术均可用来回收DCC干气中的乙烯。液化气可进入气分装置进一步分离出丙烯产品和碳四产品。DCC碳四馏分中的异丁烯是MTBE的宝贵原料。

自1990年至今，我国已建成投产了多套不同规模的DCC装置。经技术转让许可，DCC技术在泰国、沙特、印度等国家也成功获得了推广和应用。DCC技术已成为全球丙烯和芳烃生产技术路径的一个重要补充。

2. CPP

在DCC技术基础上，通过对工艺、工程及催化剂的进一步改进，RIPP又开发了重油原料直接制取乙烯的催化热裂解技术，在2000年成功进行了工业示范试验。2009年7月，第一套工业化CPP装置在我国东北某石蜡化工有限公司建成投产并一次开车成功。

CPP工艺主要目的是生产乙烯，兼产丙烯。它具有使用重质原料、反应温度介于催化裂解和蒸汽裂解之间、连续反应再生等特点。CPP与DCC和蒸汽裂解的主要技术特征对比见表25.2-1。

RIPP选用大庆蜡油、减压渣油和大庆石脑油为原料，对CPP、DCC和蒸汽裂解三种工艺的主要产品组成分布做了比较，具体数据见表25.2-2。

CPP工艺流程的前半部分与DCC类似，包括反应-再生系统和分馏系统，而后半部分为了获得聚合级乙烯产品需要对裂解气进行更复杂的精制与分离。

**表 25.2-1 催化热裂解与催化裂解和蒸汽裂解的特征**

| 工艺技术 | 催化路线 | | 热加工路线 |
|---|---|---|---|
| | 催化热裂解 CPP | 催化裂解 DCC | 蒸汽裂解 |
| 化学反应 | 催化反应兼热反应 | 催化反应 | 热反应 |
| 反应器 | 提升管 | 提升管+流化床层 | 管式炉 |
| 反应机理 | 正碳离子兼自由基 | 正碳离子 | 自由基 |
| 烧焦模式 | 连续烧焦 | 连续烧焦 | 间断烧焦 |
| 原料 | 重油 | 重油 | 粗石脑油为主 |
| 催化剂 | 有 | 有 | 无 |
| 裂解反应温度/℃ | 610~640 | 540~560 | 800 |
| 产品中丙烯/乙烯比 | 0.9~1.6 | 3~4 | 0.5~0.6 |

**表 25.2-2 催化热裂解与相关技术主要产品收率对比**

| 工艺技术 | 催化热裂解(CPP) | 催化裂解(DCC) | 蒸汽裂解(SC) |
|---|---|---|---|
| 原料油 | 大庆蜡油掺30%减压渣油 | 大庆蜡油 | 大庆石脑油 |
| 产品收率/% | | | |
| 干气 | 41.12 | 11.91 | 52.20 |
| 氢气 | 0.95 | 0.24 | 0.88 |
| 甲烷 | 11.19 | 3.24 | 16.17 |
| 乙烯 | 24.27 | 6.10 | 31.30 |
| 乙烷 | 4.71 | 2.33 | 3.85 |
| 液化气 | 24.58 | 42.22 | 26.17 |
| 丙烯 | 14.17 | 21.03 | 15.21 |
| 丙烷 | 1.06 | 3.32 | 0.28 |
| 丁烯 | 6.77 | 14.22 | 5.49 |
| 丁二烯 | 2.40 | 0.08 | 5.00 |
| 丁烷 | 0.18 | 3.57 | 0.19 |
| $C_5$~205℃ | 11.88 | 26.60 | 11.80 |
| >205℃ | 12.87 | 12.67 | 3.86 |

(1) 反应-再生与分馏

1) 反应-再生系统

CPP 反应-再生部分借鉴了流化催化裂化技术，采用提升管反应器以及催化剂流化输送的连续反应-再生循环方式操作。重质原料油经预热炉加热和水蒸气雾化后，通过高效雾化喷嘴进入提升管反应器的底部，与从再生器来的高温催化剂接触进行反应。在提升管底部还注入预提升蒸汽或干气以保证催化剂在提升管反应器内流化均匀，也可以采用 $C_4$ 和/或

$C_5$ 馏分回炼作为预提升介质。而在提升管的中部和上部注有急冷介质，急冷介质可以是水、裂解石脑油或裂解轻油。反应油气、水蒸气和带焦炭的待生催化剂在提升管顶部分离，反应油气经急冷器冷却后进入产品分离回收系统，而待生催化剂经水蒸气汽提后进入再生器内进行烧焦再生。再生催化剂经过错流短接触快速汽提器脱除携带的大部分烟气后再返回提升管底部循环使用。

2）急冷与分馏系统

与常规催化裂化类似，分馏系统的功能是将反应部分产生的气态产物，根据组分沸点范围分割成富气、粗汽油（裂解石脑油）、轻循环油（裂解轻油）、重柴油、回炼油和油浆等馏分。

CPP 工艺由于反应温度高，反应深度大，反应产物热裂化导致缩合结焦的趋势更大，塔底油中的结焦前身物浓度更高。一方面反应部分所需热量更多；另一方面，反应油气的急冷终止过裂化与热裂化较常规催化裂化和 DCC 等工艺要求更为严格。因此，在反应器出口处设置油气急冷器，尽快将油气急冷并终止过裂化和热裂化反应。

油气急冷器的流程大致为：反应器顶旋风分离器分离出来的油气经反应器内集气室、升气管进入油气急冷器，自分馏部分来的油浆分上、下两部分进入，回炼油注入底部稀释，自上部返急冷器的油浆在油气急冷器内与高温油气逆流接触，在冷却高温油气的同时将油气中的催化剂细粉洗涤下来。急冷器下部通入搅拌蒸汽，油浆下返塔（含回炼油）注入油气急冷器底部液位以下，起搅拌作用。急冷器顶部油气温度降至 300~330℃进入分馏塔，急冷器底部油浆自流至分馏塔底部，进入油浆循环系统。

为降低油气分压以改善产品分布、提高目的产品产率，CPP 工艺需要注入较大量的水蒸气。在较低的反应压力下，分馏塔顶水蒸气分压的提高，使水蒸气露点和塔顶温度接近，甚至塔顶部出现游离水，导致上部塔板结盐堵塞，影响装置的正常运转，故需要在分馏塔顶冷凝冷却系统采取一些与常规催化裂化装置不同的技术措施。

由于 CPP 工艺注蒸汽量多、转化深度大、气体产率高，其分馏塔顶油气组成与常规催化裂化有很大的不同。针对油气中不凝气（$H_2$~$C_4$）和水蒸气含量大、液体产品（裂解石脑油）少的特点，则采用裂解工艺常用的油气直冷塔分离，可以有效地降低油气系统压降，减少裂解气压缩机功耗。

分馏塔顶油气（约 110℃）进入油气直冷塔，在其上部和中部分别注入急冷水，在油气直冷塔中与裂解气逆流接触。急冷塔底约 80℃，分出轻质油品（粗石脑油）和换热水。直冷塔底部换热水经换热水循环泵抽出，一部分经换热升温，送往后部烯烃分离单元作热源，换热并冷却后返回直冷塔。另一部分经冷却至 40℃后送往污水汽提装置。自直冷塔底分出的粗石脑油抽出后冷却至 40℃，进入分馏塔顶回流罐。回流罐底部油品经分馏塔顶冷回流泵抽出后分成两股：一股送至烯烃分离单元，另一股送至分馏塔顶部作为冷回流。从直冷塔顶出来的裂解气进入裂解气压缩机。分馏塔顶油气直冷流程示意见图 25.2-1。

（2）裂解气精制与分离

1）CPP 裂解气的组成特点及分离流程

CPP 裂解气经过急冷和分馏后的组成与蒸汽裂解的裂解气相类似。从主要产品来说，不同之处主要表现在乙烯/丙烯的比例方面，通常石脑油蒸汽裂解产品中乙烯/丙烯比为 2，CPP 裂解气中乙烯/丙烯比为 1 或小于 1。同时因 CPP 反应部分的特性，裂解气中会带来蒸汽裂解的裂解气中所没有的氧、氮氧化物等杂质。因此 CPP 裂解气精制与分离技术与蒸汽裂解制烯烃分离技术大同小异。主要的差别在于 CPP 裂解气中所含的杂质较多，因此杂质脱除的流程较复杂。主要的杂质包括：氧、氮氧化物、硫醇、羰基硫、砷、汞等。

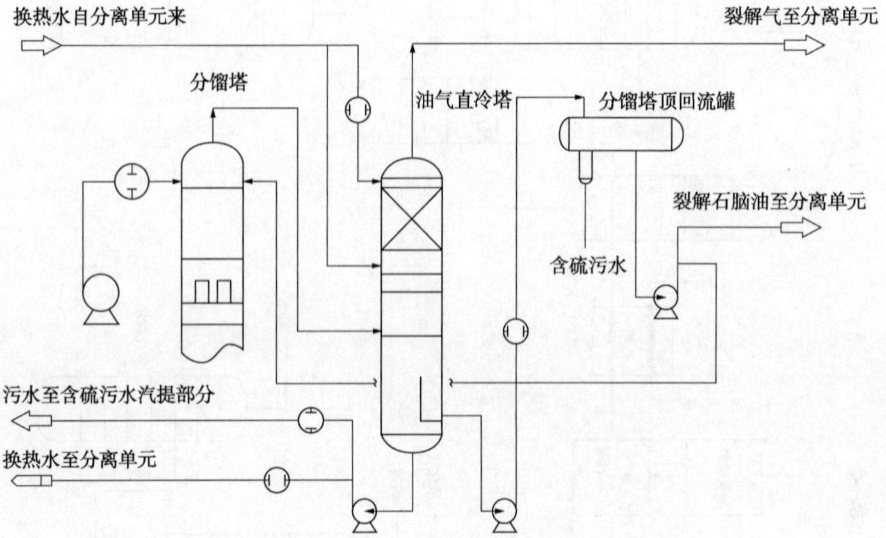


图 25.2-1　CPP 分馏塔顶油气直冷流程示意图

CPP 催化热裂解得到的裂解气是一个复杂的混合物，为获取聚合级乙烯和丙烯产品，并使裂解气中的其他烃类得到合理利用，必须对裂解气进行精制和分离。到目前为止深冷分离方法是分离类似裂解气最成熟和节能的途径。深冷分离是利用混合气中各组分相对挥发度的不同，用精馏法在低温下将各组分加以分离。深冷分离过程主要由三大区组成：压缩区(含裂解气压缩系统和制冷系统)、气体净化区、精馏分离区。压缩区的主要任务是将裂解气加压以及通过分别压缩乙烯和丙烯获取分离所需的不同级位冷剂，为深冷分离创造条件；气体净化区通过物理和化学的方法，去除那些含量不大但对后续操作和产品规格有影响的杂质；精馏分离区由冷箱和一系列的精馏塔组成，是分离的主体。通过精馏塔把裂解气中各有用组分进行分离，并实现生产聚合级乙烯和丙烯产品的目的。这三个区中由于各个单元操作组合所处的位置不同，形成了各种不同的深冷分离流程。目前深冷分离技术主要有顺序分离(含“渐近”分离)、前脱丙烷前加氢、前脱乙烷前加氢等 3 种分离技术路线。

根据 CPP 裂解气组成特点，由于丙烯含量较石脑油蒸汽裂解要大，并依据氧气、氮氧化物脱除杂质的反应催化剂对碳四烯烃的限制条件，CPP 选择前脱丙烷流程比较合适。目前国内已建成的 CPP 制乙烯装置其分离部分均采用了前脱丙烷的流程。

CPP 装置典型的流程简图见图 25.2-2。

CPP 裂解气分离流程主要特点如下：

① 采用前脱丙烷前加氢流程，在进入除杂质系统之前先将 $C_4$ 及更重的组分脱除，避免了大量二烯烃进入脱氧反应器，从而有效控制了在有氧条件下二烯烃的聚合，延长了催化剂的运行周期，同时也减轻了深冷分离的负荷，减少了冷量消耗。

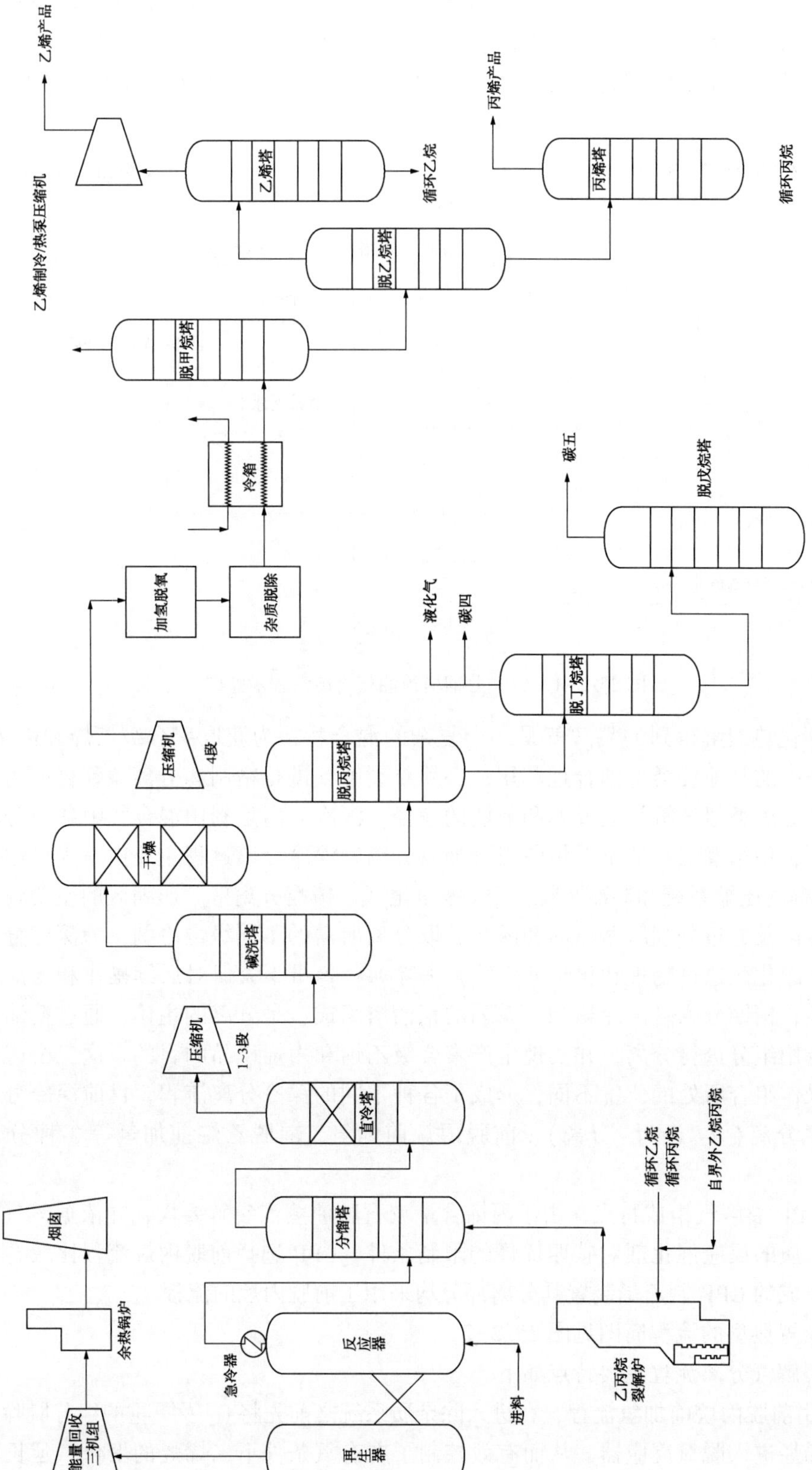


图25.2-2 CPP装置流程简图

② 裂解气压缩机采用四段压缩。前三段采用注水冷却技术，通过注入适量的水来降低压缩机各段内部裂解气压缩温升，缓解二烯烃的聚合，可延长压缩机连续运行的周期。

③ 乙烯塔和乙烯制冷压缩机组成开式热泵系统，乙烯塔在低压下操作，回流比降低，可以节省冷量消耗。热泵系统也可使制冷机总功率减少，节省能耗。乙烯塔的热泵压缩机与乙烯制冷压缩机共用一台压缩机，则可减少一套压缩机组，节省投资、占地及总功率消耗。

④ 带膨胀/再压缩机的脱甲烷塔系统，脱甲烷塔采用高压操作，设置膨胀/再压缩机，塔顶气体通过膨胀机制冷，尽可能多地回收冷量，提高乙烯产品的回收率。

⑤ 裂解气压缩机和丙烯制冷压缩机驱动透平采用抽凝式，优化了装置蒸汽平衡，使各压力等级蒸汽分配更趋合理，降低了装置能耗。

2）裂解气压缩和精制

① 裂解气压缩系统。裂解气压缩机系统采用四段压缩。在三段与四段之间设有碱洗塔、干燥器和脱丙烷塔。

自反应-再生系统油气直冷塔顶出来的裂解气，与凝液汽提塔塔顶出来的气体汇合后一同进入一段吸入罐，分离气体中夹带的液滴。罐顶出来的裂解气进入压缩机一段。经一段压缩后的裂解气用冷却水冷却后，进入二段吸入罐，在二段吸入罐中分离出冷凝的烃和水。二段吸入罐中的水返回一段吸入罐，通过一段吸入罐底泵将一段吸入罐中的液体送到反应-再生系统的油气直冷塔。

二段吸入罐中冷凝的烃送到凝液汽提塔，该塔另外一股进料是来自反应-再生系统的裂解汽油。在凝液汽提塔中，控制塔釜物流中的 $C_3$ 含量，塔顶轻组分被汽提出来，并与裂解气汇合一同进入压缩机一段吸入罐。塔底 $C_4$ 及以上重烃通过泵被输送到脱丁烷塔。凝液汽提塔再沸器通过低压蒸汽提供热源来进行重沸。

二段吸入罐顶出来的裂解气进入压缩机二段，压缩后在二段后冷器中被冷却水冷却，之后进入三段吸入罐。三段吸入罐底凝液返回二段吸入罐闪蒸，并在二段吸入罐中进行烃水分离。三段吸入罐顶气体继续进入压缩机三段。经过三段压缩后的裂解气被冷却水冷却后进入酸性气体分离罐。罐底分离出的凝液返回三段吸入罐，罐顶裂解气则通过裂解气进料预热器由急冷水加热后进入碱洗塔系统，通过三段碱洗脱除酸性气体。脱除酸性气之后，裂解气还要经过干燥器脱水，然后再进入脱丙烷塔，通过脱丙烷塔将 $C_3$ 及更轻组分与 $C_4$ 及更重组分分离。脱丙烷塔顶的气体 $C_3$ 及更轻组分进入裂解气压缩机四段，经过四段压缩后压力达到 3.78MPa(G)，之后进入杂质脱除系统。

为防止压缩机喘振，裂解气压缩机共设了三个防喘振最小流量循环系统，即二返一、三返三和四返四。其中压缩机四段的防喘振线设有两条：一条从四段出口直接抽出，用于保证对压缩机喘振做出快速反应；另外一条从乙炔加氢反应器下游抽出，以保证氧加氢反应器和乙炔加氢反应器所需最小空速的要求。

② 酸性气体脱除系统。设置碱洗塔的目的是用来除去在裂解炉和 CPP 反应器中生成的二氧化碳和硫化氢。从裂解气中除去酸性气体是为了达到下列目的：a. 满足聚合级乙烯、丙烯产品质量规格；b. 保护下游的催化剂操作，因为硫可使催化剂中毒；c. 防止在深冷系统形成干冰而堵塞设备或管道。

从酸性气体分离罐出来的裂解气在裂解气进料预热器中由急冷水加热到 50℃后进入到

碱洗塔底部。该塔由上下两部分组成：在塔的下部分别用强碱、中碱和弱碱的循环碱液洗涤裂解气，以脱除酸性气体；上部为水洗段，用来洗涤碱洗后的裂解气中夹带的碱液，以防止碱液滴被带到下游设备中。

裂解气进入碱洗塔的底部与循环的弱碱溶液逆向接触，在气体向上流动时，裂解气直接被循环的弱碱洗涤，除去其中的部分酸性气体。弱碱用弱碱循环泵打循环。

被弱碱洗涤后的裂解气向上进入中碱洗涤段，用中碱洗涤除去其中部分酸性气体。中碱由中碱循环泵打循环。带有少量酸性气体的裂解气向上进入强碱洗涤段与循环的强碱溶液接触除去裂解气中剩余的酸性气体，强碱用强碱循环泵打循环。

碱洗塔顶部为水洗段，使用冷却后的循环洗水洗去裂解气中夹带的碱液滴。水洗还可以将裂解气冷却至接近烃的露点，在裂解气离开碱洗塔之前，去除其中过量的水汽。

塔底出来的废碱液与粗裂解汽油混合，通过萃取洗去废碱液中的聚合物，再进入废碱除油罐中除油。之后废碱液减压进入废碱脱气罐中，闪蒸出来的烃气体放到热火炬系统，废碱液用泵加压送往界外废碱处理单元。废碱除油罐中分出的废油相送到反应-再生系统的分馏塔。

来自界外的新鲜碱液[20%(质量)]先进入新鲜碱罐。用泵加压后，碱液与洗水混合稀释到10%(质量)左右，之后进入碱洗塔强碱段。循环洗水的补充水采用锅炉给水。

③ 裂解气干燥、脱丙烷和第四段压缩系统。来自碱洗塔的裂解气在进入脱丙烷塔之前，要先被干燥，除去水分，防止在下游低温系统中形成烃水合物，堵塞管道和设备。

碱洗塔顶部出来的裂解气在干燥器进料冷却器中由丙烯冷剂冷却，再进入干燥器分离罐。分离出的凝液返回压缩机三段吸入罐，罐顶裂解气则直接进入裂解气干燥器中干燥。干燥后的气相经过丙烯冷剂部分冷凝后进入下游脱丙烷塔。

裂解气干燥器系统设有两台干燥器，内装3A分子筛干燥剂。一台进行干燥操作，另一台进行再生后备用。每台干燥器又由主床和保护床组成，在主床和保护床之间设有水分分析仪，以便及时监测主床水的渗漏情况。

脱丙烷塔顶的 $C_3$ 及更轻组分进入裂解气压缩机四段继续压缩，塔釜 $C_4$ 及更重组分物流送往热分离单元脱丁烷塔。塔釜再沸器由低压蒸汽提供热源，加热再沸。

④ 氧加氢反应器系统。经裂解气压缩机四段压缩后的裂解气，先在氧加氢反应器进出料换热器中，与反应器出料换热。之后经氧反应器蒸气加热器由高压蒸气进一步加热到反应所需温度(190~250℃)，该温度通过与高压蒸气流量串级控制。随后，裂解气进入氧加氢反应器。该反应器内装填镍系或铜系专用加氢催化剂，用来促进氧气、$NO_x$ 和乙炔组分的选择性加氢。

$NO_2$ 会在酸性脱除设备中进行脱除，而 NO 和 $O_2$ 则不能被脱除，NO 和氧气在低温下会进一步反应生成 $N_2O_3$。当温度降低时，反应速度提高。因此，最高反应速度发生在装置的最冷段中。生成产物 $N_2O_3$ 作为固态或液态可能沉积下来。当 $N_2O_3$ 形成时，其会冻结，并且沉积在管线、阀门和冷箱等换热器中。其危险性是除了堵塞设备外，当其遇到重质二烯烃时，会和二烯烃化合物形成 $NO_x$ 胶质，遇到氨时会和氨形成氨基盐。当装置发生故障或操作的波动时会导致重质二烯烃到达这些更冷的区域。二烯烃将与 $N_2O_3$ 快速发生反应，并且形成胶质。这些胶质的稳定性极差，甚至在低温下能够分解爆炸。$N_2O_3$ 也能够与氨发生反应，形成不稳定的氨基盐。这些氨基盐危险性小一些，但是当温度升高到环境温度时，能够快速分解，并且释放出大量的热。为避免上述危险发生，需要在进入低温系统之前将裂解气中的氧气和$NO_x$加氢去除。

在反应器中发生下述反应：

氧气　$O_2+2H_2 \longrightarrow 2H_2O$(主反应)

乙炔　$C_2H_2+H_2 \longrightarrow C_2H_4$(主反应)

$NO_x$　$NO_x+H_2 \longrightarrow NH_3+xH_2O$(主反应)

乙烯　$C_2H_4+H_2 \longrightarrow C_2H_6$(副反应)

加氢反应是放热的，因此，在床层上会出现温度升高。床层上设有温度检测，当床层或出口温度达到设定的高温值后，将会引发报警甚至连锁，以保护反应器和催化剂的安全。

需要设置二甲基二硫化物(DMDS)注入包，在采用镍系催化剂时，用来向氧加氢反应器进料中注硫。在正常操作时，通过注入DMDS控制催化剂的活性，以抑制副反应，保持催化剂的选择性。在每次催化剂还原之后也需要注入DMDS，以实现催化剂的预硫化。

两台反应器可以串联操作。反应进料中氧气浓度取决于CPP催化剂的再生方式，如果检测到反应进料中氧气浓度远低于500μL/L且能够保持连续稳定，则只需一台反应器运行即可，前提是要保证反应出料中氧浓度小于规定的1μL/L。催化剂再生需要2~3天的时间，在一台反应器催化剂再生期间，只有一台单独在线操作，装置也可短时间维持运行。这种情况下需要适当放宽要求，反应出料中氧浓度升到大约5μL/L，该浓度仍是系统安全运行和产品规格所允许的，因此，无须设置备用反应器。催化剂的预计寿命超过4年，在此期间，可以用氮气和空气反复多次再生。每次催化剂再生之后需要还原和硫化。反应器设有固相取样口，在停车期间可以取出少量催化剂样品送实验室分析，以判断是否需要更换新的催化剂。

反应器的流出物料通过与进料热交换而被冷却，然后通过反应器出料冷却器被冷却水进一步冷却。随后冷却的反应器流出物料进入干燥器的进料分液罐。罐底分离出的水和重烃，返回裂解气压缩机三段吸入罐，罐顶气体进入裂解气第二干燥器以脱除反应过程生成的水分。

⑤ 裂解气第二干燥器系统。第二干燥器系统设有两台干燥器，一开一备。干燥器内装填一个复合床和保护床，复合床包含两种吸附剂：上层的3A分子筛用来去除水，下层的汞吸附剂HgSiv-3用来去除痕量汞和水。在汞吸附床层下面，设有6 h的3A分子筛保护床，两个床层间设有水分分析仪进行检测。

⑥ 脱羰基硫(COS)/硫醇(RSH)反应器系统。第二干燥器出口的裂解气随后进入脱COS/RSH反应器系统。该系统设置两台反应器，并联操作，但也可以一台运行时，另一台再生。反应器内上部是Selexsorb-CD吸附剂，下部是Selexsorb-COS吸附剂，中间以金属丝网相隔。这些吸附剂能够清除COS、RSH、$H_2S$、$CO_2$、氨和甲醇。其中一台再生操作时，再生介质使用装置自产燃料气，加热时，再生气自下而上通过，冷却时再生气自上而下通过。

反应器底部出来的裂解气，经过杂质分析合格后送到乙炔加氢反应器。

⑦ 乙炔加氢反应器系统。为了使乙烯产品中的乙炔含量达到规定的指标，在脱COS/RSH反应器之后还需设置乙炔加氢反应器系统，以除去氧加氢反应后剩余乙炔和部分丙炔(MA)/丙二烯(PD)。该系统只有一台乙炔加氢反应器在线运行，不设备用。催化剂不需要在线再生，达到寿命期限后直接运送到装置外处理。

自脱 COS/RSH 反应器出来的裂解气温度是约 40℃。乙炔加氢反应需要的温度在反应初期(SOR)是 50℃，反应末期(EOR)是 80℃。为了达到反应所需温度，裂解气需要经过预热器由低压蒸气加热。预热温度是通过调整进预热器及其旁路的裂解气流量分程控制的。

乙炔加氢反应器中装有两个催化剂床层，下部的大床层含脱砷催化剂，上部的小床层含乙炔加氢催化剂。砷化氢能使乙炔加氢催化剂中毒，因此裂解气自下而上，先经过脱砷床，再进入加氢反应床。经过反应器后，裂解气中乙炔浓度降到 1μL/L。

脱除杂质后的裂解气，在乙炔加氢反应器后冷器中由冷却水冷却，然后裂解气由丙烯冷剂冷却并部分冷凝，经脱丙烷塔回流罐分离，凝液主要作为回流返回脱丙烷塔，少量凝液和气相进入冷分离系统。

3）冷分离系统

① 冷箱及脱甲烷塔系统。由于采用了前脱丙烷技术路线，低温冷箱及脱甲烷塔系统的进料基本上是 $C_3$ 和更轻的组分。

来自脱丙烷塔回流罐的裂解气被丙烯冷剂和乙烯塔釜液在脱甲烷塔进料 1#及 2#冷却器中逐步冷却后，进入脱甲烷塔第 1 进料分离罐。脱丙烷塔回流罐底多余的液体在脱甲烷塔板翅式换热器(冷箱内)中冷却，之后与冷却后的气体汇合，一同进入第 1 进料分离罐。

第 1 进料分离罐的液体作为脱甲烷塔的第一股进料；第 1 进料分离罐的部分气体通过乙烯精馏塔进料加热器由乙烯精馏塔进料冷却冷凝，另一部分经冷箱冷却冷凝，而后一起进入脱甲烷塔第 2 进料分离罐。

第 2 进料分离罐的液体作为脱甲烷塔的第二股进料；第 2 进料分离罐的气体在冷箱中由最冷级位的乙烯冷剂及其他冷物流冷却冷凝后进入脱甲烷塔第 3 进料分离罐。

第 3 进料分离罐的液体作为脱甲烷塔的第三股进料；第 3 进料分离罐的气体在进入第 4 脱甲烷塔进料分离罐之前，在冷箱中由脱甲烷塔第 4 进料分离罐的复热液体及其他冷物流冷却冷凝。

来自第 4 进料分离罐中的气体，先在冷箱中回收部分冷量，然后与脱甲烷塔顶气体汇合，一同进入膨胀/再压缩机系统。第 4 进料分离罐的液体经冷箱回收部分冷量复热后作为脱甲烷塔的第四股进料。

来自 4 个进料分离罐的液体在冷箱系统和脱甲烷塔之间的压差的作用下进入脱甲烷塔的不同部位。脱甲烷塔顶部设置一个内置自流式冷凝器，采用由最低温度级位乙烯冷剂提供冷量的板翅式换热器，用来为脱甲烷塔提供必要的回流液。自流式冷凝器作为脱甲烷塔顶部的一部分，实质上是一个安装在塔顶部的换热器，可以节省低温回流泵。

脱甲烷塔再沸器使用气相丙烯冷剂作为加热介质，通过丙烯冷凝提供热量。塔底物流主要由 $C_2$、$C_3$ 组分构成，进入下游脱乙烷塔系统。

② 膨胀/再压缩机系统。膨胀/再压缩机系统采用两级膨胀/再压缩机。脱甲烷塔顶气相与在冷箱中复热的第 4 进料分离罐顶气体甲烷氢汇合，一同进入第一级尾气膨胀机。物料经膨胀降温后，进入冷箱回收冷量复热，然后再进入第二级膨胀机。二级膨胀后的尾气再回到冷箱回收冷量，经逐级加热，达到尾气再压缩机入口的温度后，进入再压缩机。经两级压缩之后的尾气作为各干燥器及脱 COS/RSH 反应器的再生气，而后进入燃料气系统，部分作为本装置的燃料，其余送往界外的燃料气管网。

当膨胀/再压缩机不开时，装置依然可以稳定运行。在这种情况下，冷箱所需冷量由甲烷氢尾气通过 Joule-Thompson 节流膨胀来提供，不足部分由最低温度级位乙烯冷剂在脱甲烷塔顶冷凝甲烷，液相甲烷节流供冷补充。

③ 脱乙烷塔系统。脱甲烷塔底部出料进入脱乙烷塔中，脱乙烷塔顶部物流用丙烯冷剂冷凝提供回流，塔釜再沸器用低压蒸气加热再沸。塔顶 $C_2$ 物流进入乙烯精馏塔，底部 $C_3$ 物流进入丙烯塔。

④ 乙烯精馏塔及热泵/乙烯制冷系统。乙烯精馏塔采用低压操作，塔顶设置开式热泵，并与乙烯制冷压缩机进行组合。

脱乙烷塔塔顶冷凝液闪蒸到乙烯精馏塔的操作压力进入乙烯精馏塔中部。该操作压力是基于热泵/乙烯制冷压缩机二段吸入压力而确定的。乙烯精馏塔塔顶气相进入热泵/乙烯制冷压缩机二段。二段出口抽出的气体作为乙烯精馏塔再沸器的加热介质提供热量，自身冷凝后再被部分乙烯塔进料进一步过冷，之后作为回流返回乙烯精馏塔，回流不足部分由来自乙烯冷剂收集罐的一股液相乙烯，并由-68℃乙烯冷剂过冷后作为补充。

经过压缩，从热泵/乙烯制冷压缩机三段出来的乙烯气体，根据需要，可以一部分作为气相乙烯产品直接送出界区，进入下游装置。其余乙烯气体先后在乙烯冷剂 1#脱过热器和 2#脱过热器中由不同级位的丙烯冷剂提供冷量而脱过热。之后由最冷温度级位的丙烯冷剂(-38℃)冷凝，并送到乙烯冷剂收集罐中。根据需要，乙烯产品也可以液态方式从这个收集罐采出，直接送去球罐储存，再用乙烯产品泵加压汽化后送出装置，或由最冷温度级位的乙烯冷剂过冷后送去低温储罐。

乙烯冷剂收集罐中其余液相乙烯一部分作为补充回流进入乙烯精馏塔，其他全部作为乙烯冷剂送到各冷剂用户。

乙烯精馏塔底采出的乙烷，在乙烷汽化器中由气相丙烯冷剂汽化，然后在冷箱中继续回收冷量并过热。过热后的乙烷循环进入裂解炉原料预热系统，与循环丙烷一起在 $C_2/C_3$ 过热器中进一步过热，最后进入蒸汽裂解炉中裂解。

4）热分离系统

① 丙烯精馏系统。脱乙烷塔底部的 $C_3$ 物流进入丙烯精馏系统。该系统由双塔组成，丙烯汽提塔和丙烯精馏塔。丙烯汽提塔顶部的物流进入丙烯精馏塔，丙烯精馏塔顶部的物流由冷却水提供冷量而全部冷凝，并通过丙烯回流/产品泵提供回流。丙烯精馏塔底部的物流经泵送到丙烯汽提塔的顶部，聚合级丙烯产品从丙烯回流/产品泵出口采出。

丙烯汽提塔釜再沸器主要采用反应-再生系统急冷水作为热源进行再沸，不足部分由低压蒸气在蒸气再沸器中补充。

丙烯汽提塔底部的丙烷经汽化后循环返回到蒸汽裂解炉进行裂解。

② 脱丁烷塔和脱戊烷塔系统。凝液汽提塔底部和脱丙烷塔底部的物料进到脱丁烷塔中，脱丁烷塔顶部的物料通过冷凝器用冷却水进行冷却冷凝，塔釜再沸器用低压蒸汽作为热源再沸。脱丁烷塔塔顶 $C_4$ 一部分返回到 CPP 单元反应器中循环裂化，另一部分作为混合 $C_4$ 产品送出界区储存；而塔底的 $C_5$ 及更重组分则送到脱戊烷塔。

脱戊烷塔顶物料通过冷凝器用冷却水进行冷却冷凝，塔釜再沸器用中压蒸汽作为热源再沸。塔顶部的物料 $C_5$ 烃返回到 CPP 单元反应器中循环裂化，塔底的 $C_6$ 及更重组分作为裂解汽油产品送出界区储存。

5）制冷系统

装置所需冷量除少量由相匹配的内部工艺物流的制冷提供外，其余全部来自乙烯制冷系统和丙烯制冷系统。

乙烯制冷系统是与乙烯精馏塔组合起来的热泵/乙烯制冷综合系统。气相乙烯经压缩后通过冷凝器由丙烯冷剂提供冷量冷却冷凝，然后利用液态乙烯节流，在不同压力下汽化，为工艺用户提供两个温度级位的乙烯冷剂：-68℃和-101℃。

丙烯制冷系统则是一个密闭的循环回路，以聚合级丙烯为制冷剂，利用蒸汽透平驱动的三段离心式压缩机在环路中循环制冷。丙烯制冷系统气相丙烯经压缩后通过冷凝器由冷却水提供冷量冷却冷凝，然后利用液态丙烯节流，在不同压力下汽化为工艺用户提供三个温度级位的丙烯冷剂：7℃、-17℃和-38℃。

## 二、K-COT

美国KBR公司开发的催化裂解制烯烃(K-COT)技术，以石脑油、$C_6$非芳烃为原料，采用流化催化裂化工艺生产乙烯、丙烯，其流程包括K-COT两器、轻烃裂解炉、急冷、压缩、冷分离、$C_2$系统、丙烯塔及丙烯制冷、火炬系统等主要单元，是FCC技术与蒸汽裂解(裂解炉、深冷分离)技术的结合。

K-COT装置由转化部分和烯烃回收部分组成，如图25.2-3所示。其中，转化部分包括：

① 转化单元：含进料预热，反应-再生，烟气及催化剂处理；蒸汽裂解炉。

② 急冷单元：急冷油塔系统，急冷水塔系统，稀释蒸汽发生系统，$C_6$汽油汽提，$C_4$精馏及$C_4$加氢。

烯烃回收部分包括：

① 工艺气压缩、碱洗、干燥及前脱丙烷单元。

② 冷分离单元。

③ $C_2$系统单元。

④ 丙烯塔及丙烯制冷单元。

⑤ 火炬系统单元。

1. 转化单元

(1) 进料预热

来自界区外储罐的石脑油和本装置所产芳烃汽油经芳烃抽提装置抽提后返回的$C_6$非芳烃一起进入进料缓冲罐，由石脑油进料泵抽出，先用富芳烃汽油预热，再用急冷油汽化。如果$C_4$产品回炼，$C_4$经低压蒸汽汽化、过热。

汽化后的石脑油与过热后的$C_4$以及来自石脑油汽提塔的$C_5$气相汇合后注入稀释蒸汽，然后再用高压蒸汽过热至240℃，过热后的进料注入二甲基二硫醚(DMDS)以控制K-COT转化器和下游急冷换热器中的结焦，正常注入DMDS量控制进料中硫含量75μg/g。

(2) 反应-再生

K-COT工艺是一种流化催化裂化(FCC)工艺，其结构类似于炼油厂的催化裂化(FCC)装置。由于K-COT反应产生的焦炭不足以维持两器热平衡，需向再生器内补充燃料油燃烧，以满足工艺反应所需的热量。

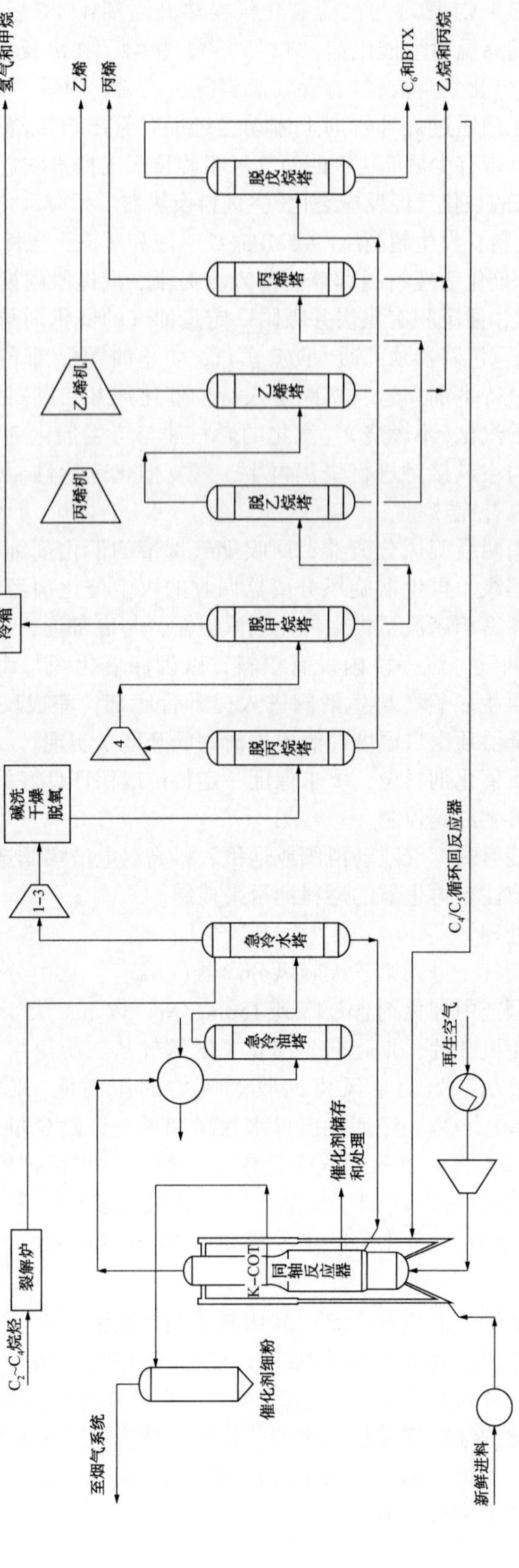


图25.2-3　K-COT装置流程示意图

过热后的石脑油及 $C_4 \sim C_6$ 循环与高温裂化气换热升温到433℃后，经提升管下部进料喷嘴喷出与来自再生器的高温再生催化剂(732~743℃)接触，在高反应温度和大剂油比(剂油比26~30)的条件下，催化裂解成轻质产品(燃料气、乙烯、丙烯、芳烃汽油)。

反应裂化气携带催化剂通过提升管向上流动经过提升管出口沉降器粗旋，分离出的大部分催化剂流入汽提段。带有少量催化剂的油气经粗旋顶部出口直联进入沉降器顶旋风分离器进一步分离，分离出来的裂化气经反应裂化气-进料换热器、反应裂化气蒸汽发生器，工艺裂化气的热量依次加热进料、发生超高压[9.5MPa(G)]饱和蒸汽，急冷后的裂化气进入急冷油塔。回收下来的小部分催化剂经料腿和翼阀落入汽提段。汽提段内设有填料，在汽提段不同部位送入中压汽提蒸汽，使沉积有焦炭并吸附一定量油气的催化剂与汽逆流接触，除去催化剂所吸附和夹带的油气。沉降器顶部通入防焦蒸汽，防止油气在沉降器内结焦。

汽提后的催化剂通过待生剂立管、塞阀落入待生催化剂井，燃料油注入待生催化剂井与高温待生催化剂接触并汽化(不燃烧)，汽化的燃料油与待生催化剂一起经待生催化剂井顶部进入再生器床层，与主风接触进行烧焦再生，恢复催化剂活性。燃料油也可以直接注入再生器床层进行燃烧以补充热量。

再生烟气经再生器内两级旋风分离器，回收烟气携带的催化剂细粉后，经再生器外集气室进入第三旋风分离器级。再生器旋风分离器回收的再生催化剂经料腿落入再生器密相床，再生催化剂从再生器密相床流至再生催化剂汽提器，与底部通入的汽提蒸汽逆流接触，脱出再生催化剂夹带的烟气，汽提段内设有填料，以确保催化剂与汽提蒸汽良好的接触。汽提后的再生催化剂经再生斜管、再生滑阀进入提升管底部，完成反应-再生催化剂的循环。催化剂循环量由沉降器顶出口温度控制再生滑阀的开度来实现。

塞阀用来控制汽提段催化剂料位，要求保证一定料位以保证良好的汽提。

沉降器出口温度由再生滑阀控制。

再生器顶压力由三旋后的烟气双动滑阀或烟机入口高温电液蝶阀选择控制。

再生器温度通过调节注入再生器的燃料油量来控制。

(3) 烟气及催化剂处理

来自再生器的高温烟气，进入第三级旋风分离器(三旋)，从中分离出大部分细粉催化剂，使进入烟气轮机的烟气中催化剂含量降到150mg/Nm³ 以下，大于10μm 的催化剂颗粒基本除去，以保证烟气轮机叶片长期运转。净化了的烟气从三旋出来分为两路：大部分轴向进入烟气轮机膨胀做功，驱动主风机回收烟气中的压力能，做功后的烟气压力从0.15MPa(G)降至0.015MPa(G)，经烟机出口水封罐和另一旁路少量烟气经双动滑阀、降压空板室调节放空的烟气汇合，进入烟气余热锅炉依次经过水保护段-蒸汽过热段-蒸发段-SCR 脱硝反应区-省煤段后回收烟气显热，发生并过热超高压蒸汽，烟气温度降至约177℃进入湿法脱硫除尘系统。净化后的烟气满足：$SO_2 \leqslant 50mg/Nm^3$，$NO_x \leqslant 100mg/Nm^3$，颗粒物$\leqslant 10mg/Nm^3$。

在烟气轮机前的水平管道上装有高温电液切断蝶阀及高温电液调节蝶阀，切断蝶阀是在事故状态下紧急切断之用，调节蝶阀是改变开度用于适应再生压力之用。从第三级旋风分离器出来夹带有催化剂细粉的约3%烟气进入第四级旋风分离器，将烟气与催化剂细粉进一步分离，分离出的催化剂细粉连续排入细粉收集罐，然后排入细粉储罐，回收的催化剂定期用净化风送回废催化剂罐。烟气从四旋顶排出经临界流速喷嘴至锅炉入口烟道，此喷嘴在高线速下操作，需考虑耐磨措施。

开工用新鲜及平衡催化剂由汽车运至装置内加料间并用压缩风送入新鲜催化剂罐和废催化剂罐，再用压缩风由催化剂罐输送至再生器。为保持反应所需要的催化剂活性及藏量，需定期补充新鲜催化剂至再生器，正常使用催化剂自动加料器补充新鲜催化剂至再生器床层。

(4) 裂解炉

界外来的丙烷、丁烷原料经急冷水汽化后与界外来的乙烷原料混合，然后经急冷油加热后进入气体原料裂解炉，原料首先进入第三急冷换热器预热，预热后再分别经流量控制进入对流段盘管。稀释蒸汽通过流量调节注入预热后的原料中，气体裂解炉采用稀释蒸汽一次注入方式。原料、稀释蒸汽混合物在对流段进一步过热，每组物料再均匀分配至每组辐射段炉管入口管中。从辐射段出来的裂解气进入第一、第二急冷换热器(TLE)冷却，余热用于发生超高压蒸汽，裂解气冷却后进入下游分离系统。

由急冷换热所产生的9.3MPa(G)超高压蒸汽通过热虹吸进入一个共用汽包中，锅炉给水在对流段中经预热后进入汽包。从汽包中出来的蒸汽进入对流段进一步过热，通过控制注入减温器的锅炉给水量来控制过热的超高压蒸汽温度为520℃。

汽包设有连续排污和间歇排污，间歇排污量由汽包液位来调节，通过连续排污控制排出量。

裂解炉设置有底部燃料气烧嘴。燃料气分别经调节后去侧烧嘴。

燃料燃烧后产生的烟气经对流段换热后，由引风机排至约50m高的高空。

烧焦时，产生的清焦气经清焦阀后进入清焦罐，降尘后在清焦罐上方排空。

### 2. 急冷单元

(1) 急冷油塔系统

裂化气(390℃)进入急冷油塔底部，在急冷油塔将裂化气进一步急冷并回收热量，通过洗涤脱除夹带的催化剂细粉，同时冷凝燃料油组分为反应-再生热平衡提供燃料油。急冷油塔下部设有8层挡板，中部及上部分别设有规整填料，对应设置了3段回流。

下部回流通过循环急冷油对裂化气在塔下部挡板逆流接触进行急冷和洗涤，进一步冷却并脱除催化剂细粉。急冷油经急冷油循环泵抽出，分为三路分别汽化石脑油、过热裂解炉进料及发生低压饱和蒸汽，降温后的急冷油(163℃)返回急冷油塔挡板上部。开工时，倒引中压蒸汽至低压蒸汽发生器用来倒加热急冷油。

中部回流用来自上部的干净轻油进一步洗涤除去裂化气夹带的催化剂细粉。中部回流经急冷油塔侧线泵抽出分为两路，大部分作为回流返塔，少量至渣浆罐与渣浆混合后至再生器燃烧。

顶回流用以控制汽油干点。急冷水塔底汽油组分作为冷回流打入急冷油塔顶，与裂化气在上部填料段进行精馏以控制汽油干点。

从装置外连续引入一股燃料油至急冷油塔底作为再生器燃料的补充。塔底通入低压蒸汽作为搅拌用。急冷油塔底抽出一股含较高催化剂细粉的油浆去油浆过滤器，过滤后油浆经过滤器顶出来返回急冷油塔底部，底流为过滤下来的渣浆，进入渣浆罐，由渣浆泵送至再生器燃烧。富含催化剂的渣浆送至再生器有两个作用：向再生器补充燃料油满足反应-再生热平衡，并回收裂化气带出的催化剂。同时设置油浆冷却器和油浆储罐以备装置波动裂化气携带过量催化剂时用。

(2) 急冷水塔及稀释蒸汽发生器

来自急冷油塔顶的裂解气和来自裂解炉的裂解气进入急冷水塔，在急冷水塔内裂化气与循环急冷水接触，被进一步冷却到38℃。

在急冷塔中，裂解气中的稀释蒸汽和汽油馏分被冷凝，冷凝下来的烃和水在塔底急冷水分离罐中分离，分离出的汽油组分由急冷油塔回流泵抽出，一部分用于急冷油塔的回流，另一部分作为汽油汽提塔的进料。

分离出的急冷水通过急冷水循环泵抽出，先用低压蒸汽加热，然后作为丙烯塔重沸器热源温度降为60℃，再分为两路：一路直接循环回流返回急冷水塔中部；另一路再分别作为脱乙烷塔重沸器热源、汽化裂解炉 LPG 进料、预热碱洗塔弱碱洗段进料、预热碱洗塔强碱洗段进料，利用急冷水低温位热能后，通过冷却水冷却至 35℃后分为两部分，大部分作为循环回流返回急冷水塔顶，一小部分工艺水先作为氧化物水洗塔的吸收水，再作为稀释蒸汽发生器系统的进料。

工艺水由氧化物水洗塔进料泵抽出，先通过洗涤水过滤器，然后作为氧化物水洗塔的洗涤水，塔底富洗涤水先被稀释蒸汽排污水加热，再用低压蒸汽加热，然后进入工艺水汽提塔，使用过热后的稀释蒸汽加热汽提，在工艺水汽提塔中残留的烃、酸性气体被汽提出来，与剩余的过热稀释蒸汽汇合在一起作为稀释蒸汽注入 K-COT 进料系统。

工艺水汽提塔底泵将汽提后的工艺水送至稀释蒸汽罐，稀释蒸汽罐设有稀释蒸汽发生器，用中压蒸汽作为热源，稀释蒸汽罐中的工艺水通过稀释蒸汽发生器加热产生稀释蒸汽，从罐顶出来的饱和稀释蒸汽用高压蒸汽过热后，作为裂化反应器和裂解炉的稀释蒸汽，及工艺水汽提塔的汽提汽。底部排污通过工艺水汽提塔进料-排污换热器和工艺废水冷却器冷却后排到污水处理系统。由于在急冷水循环、工艺水气体塔及稀释蒸汽发生器系统有酸性气，因此需再注入胺中和以控制腐蚀。

(3) 汽油汽提塔及 $C_4$ 精馏

自急冷水塔底分离罐收集的汽油和工艺气压缩机二段入口分液罐的烃凝液在汽油汽提塔中脱除 $C_3$ 及以下的轻组分，汽油汽提塔重沸器用中压蒸汽作为热源。塔底富含芳烃的汽油用泵抽出后先预热石脑油进料再经水冷器冷却至 40℃作为芳烃汽油送至汽油加氢装置，塔顶 $C_3$ 及以下轻组分至工艺气压缩机二段入口，从塔中下部抽出一股富含 $C_5$ 的气相至裂化反应器回炼。

从塔中上部抽出富含 $C_4$ 的馏分至 $C_4$ 精馏塔，低压脱丙烷塔底液进入 $C_4$ 精馏塔中部，$C_4$ 精馏塔釜液用 $C_4$ 精馏塔底泵返回汽油汽提塔。

$C_4$ 组分从精馏塔顶馏出，经水冷器冷却至 40℃进入 $C_4$ 精馏塔顶回流罐，一部分用回流泵加压作为塔顶回流，另一部分经泵抽出后，用低压蒸汽加热后，进入 $C_4$ 加氢反应器，选择性加氢把二烯烃(主要是丁二烯)转化为丁烯，加氢后的 $C_4$ 经水冷后进入 $C_4$ 加氢循环罐，用 $C_4$ 加氢循环泵抽出送至裂化反应器回炼，也可以作为产品出装置。

### 3. 烯烃回收部分

(1)工艺气压缩、碱洗、干燥及前脱丙烷单元

急冷水塔的塔顶气体进入工艺气压缩机，在四段离心式压缩机中压缩，段间用冷却水冷却。三段压缩出来的工艺气进入氧化物水洗塔，水洗脱除反应产生的氧化物，氧化物水洗塔顶的工艺气经过热后进入碱/水洗塔下段，用碱/水洗以脱除工艺气中的酸性气体。碱/水洗塔下段出来的工艺气去乙炔/氧去除反应器系统，脱除乙炔和氧的工艺气经过热后再进入碱/水洗塔上段，碱/水洗塔上段出来的气体经冷却分为气相和液相，气相进入工艺气干燥器，液相进入液相干燥器。

碱/水洗塔排放的废碱脱气后进入废碱储罐，然后送入废碱处理系统。

干燥后工艺气和工艺凝液进入高压脱丙烷塔，高低压脱丙烷塔用来将 $C_3$ 和 $C_4$ 组分分离，高压脱丙烷塔顶的气体是 $C_3$ 及更轻的组分，此物流被送入工艺气压缩机四段进行压缩，低压脱丙烷塔塔釜的物流为 $C_4$ 及更重的组分，它们被送至 $C_4$ 精馏塔。

工艺气压缩机四段出来的气体用丙烯冷剂冷却冷凝后进入脱丙烷回流罐，罐中轻烃液体部分作为脱丙烷塔回流，其余液体去脱甲烷塔进料。

（2）冷分离单元

冷分离单元的目的是将工艺气分离为粗氢、富甲烷尾气和 $C_2/C_3$ 物流。

高压脱丙烷塔回流罐顶部气相被循环乙烷和丙烯冷剂冷却并部分冷凝，被冷却的物料送入脱甲烷塔第一进料罐，罐底部液相通过液位控制被送入脱甲烷塔。高压脱丙烷塔回流罐底部液相通过液位/流量串级控制进入脱甲烷塔的同一块板。

脱甲烷塔第一进料罐顶气相用乙烯冷剂冷却，冷凝的液相在脱甲烷塔第二进料罐中被分离出来并通过液位/流量串级控制送入脱甲烷塔。脱甲烷塔第二进料罐顶部气相被乙烯冷剂部分冷凝后送入脱甲烷塔第三进料罐中进行气液分离，罐底液相通过液位/流量串级控制送入脱甲烷塔，罐顶气相在冷箱中被复热的冷物流部分冷凝，从冷箱出来的气液两相物流进入脱甲烷塔第四进料罐中进行气液分离。脱甲烷塔第四进料罐底部液相在冷箱中被加热并通过液位/流量串级控制送入脱甲烷塔，顶部部分气相通过流量控制送入甲烷膨胀机，剩余的气相进入冷箱。

脱甲烷塔顶部气相由乙烯冷剂部分冷凝，脱甲烷塔压力通过调节膨胀机进料控制。脱甲烷塔由冷凝的丙烯冷剂作再沸器加热热源，冷剂的流量通过控制塔底部位置灵敏板的温度调节。

（3）$C_2$ 系统单元

$C_2$ 系统最主要的特点就是先进的脱乙烷塔、乙烯精馏塔热泵和液相乙烯产品送出。脱乙烷塔是 KBR 的专利技术，在向乙烯精馏塔和 $C_3$ 回收系统进料的同时能生产约 30% 的乙烯产品。这种设计能够降低乙烯精馏塔的冷量需求和尺寸，通过将脱乙烷塔冷凝器、乙烯精馏塔和乙烯冷剂冷凝系统结合在一起可以降低设备费用，乙烯精馏塔与乙烯压缩机的热泵构成低压开式循环系统。

脱甲烷塔底部物料与乙烯制冷压缩机抽出的气相进行热交换并被全部汽化后送入脱乙烷塔作为进料。脱乙烷塔顶产出部分聚合级乙烯产品送至乙烯机。脱乙烷塔侧线抽出作为乙烯塔进料。一部分脱乙烷塔侧线抽出的液体被脱甲烷塔进料汽化，另一部分过冷乙烯塔回流被汽化，剩下的部分直接送入乙烯塔。脱乙烷塔塔釜物流作为丙烯塔进料送出。

乙烯塔顶气相送往乙烯机。乙烯塔再沸有两个来源，一部分来自冷却脱甲烷塔进料，另一部分由乙烯机抽气冷凝获得。乙烯塔再沸器冷凝的乙烯液体被乙烯塔进料过冷，然后作为乙烯塔的回流。回流的补充由乙烯冷剂收集罐的乙烯液体提供。塔釜循环乙烷汽化后去裂解炉。

乙烯制冷压缩机为三段压缩，通过调节透平转速控制吸入压力。三段排出气相由低温位丙烯冷剂进行冷凝，然后送入乙烯收集罐。乙烯收集罐中的乙烯冷剂通过流量控制由泵返回至脱乙烷塔做回流。收集罐中的乙烯液相产品通过液位/流量串级控制由泵增压至界区所需压力并作为乙烯产品送出。

（4）丙烯塔及丙烯制冷单元

脱乙烷塔釜物流主要组成为 $C_3$，被送入丙烯精馏塔。丙烯精馏塔塔顶气相由冷却水冷凝后送至丙烯精馏塔回流罐。丙烯精馏塔的温度被用于调节塔釜再沸器的热负荷，通过调节进入再沸器热侧的急冷水流量。丙烯塔温度的调整取决于塔釜物流中丙烯组分的含量。$C_3$ 精馏塔回流罐底物流部分由 $C_3$ 精馏塔回流泵通过流量控制作为 $C_3$ 精馏塔的回流，其余液相通过回流罐上的液位和产品流量串级控制，作为聚合级丙烯产品送至界区。$C_3$ 精馏塔底部物流为循环丙烷，通过 $C_3$ 精馏塔塔釜液位和流量控制返回至裂解炉裂解。

丙烯制冷压缩机(PRC)为三段压缩，通过调节透平转速控制一段吸入压力。通过控制丙烯冷剂冷凝器上游的热气体旁路来控制抽出压力。至各段的最小流量通过喘振保护系统(压缩机控制系统)进行控制。各吸入罐的液位通过下一级高压力级别进行补液保持稳定。

(5) 火炬系统单元

装置内火炬系统由冷、热火炬罐，冷火炬汽化器，冷火炬过热器组成。

## 第三节　甲醇制烯烃

### 一、生产技术

MTO(Methanol to Olefins)是甲醇制烯烃的简称，是由甲醇转化制取乙烯和丙烯的工艺技术，采用流化床的连续反应-再生方式，对甲醇进行转化，生产乙烯和丙烯等基本有机化工原料。

1. MTO 装置组成

典型的 MTO 装置由甲醇转化部分和轻烯烃回收部分组成。

(1) 甲醇转化部分

① 进料汽化和反应-再生单元：包括原料汽化与过热、反应-再生、烟气能量回收和余热锅炉部分。

② 产品分离单元：包括工艺气急冷和分离、产品水汽提处理、氧化物回收等部分。

(2) 轻烯烃回收部分

① 工艺气压缩及碱洗单元。

② 冷分离单元。

③ 热分离单元。

④ 丙烯制冷单元。

2. MTO 反应机理

甲醇制烯烃是一个非常复杂的反应体系，除生成烯烃的主反应外，还存在分解、自催化、加氢、烷烃裂解等副反应。一般认为反应式分为两个过程，先是脱水反应，然后是裂解反应，同时伴随着各种副反应。

其反应基本机理如下：

(1) 脱水阶段

$$2CH_3OH \longrightarrow CH_3OCH_3+H_2O+Q$$

(2) 裂解反应阶段

该反应过程主要是脱水反应产物二甲醚和少量未转化的原料甲醇进行的催化裂解反应，包括：

1) 主反应(生成烯烃)

$$nCH_3OH \longrightarrow C_nH_{2n}+nH_2O+Q$$

其中，$n$=2、3 和 4 是主要反应，可以表示为：

$$2CH_3OH \longrightarrow C_2H_4+2H_2O \quad \Delta H=-11.75kJ/mol(470℃)$$
$$3CH_3OH \longrightarrow C_3H_6+3H_2O \quad \Delta H=-31.31kJ/mol(470℃)$$
$$4CH_3OH \longrightarrow C_4H_8+4H_2O \quad \Delta H=-40.21kJ/mol(470℃)$$

以上各种烯烃产品均为气态。

2) 副反应(生成烷烃、芳烃、碳氧化物并结焦)

$$CH_3OH \longrightarrow CO+2H_2$$
$$CH_3OCH_3+2H_2 \longrightarrow 2CH_4+H_2O$$
$$CO+H_2O \longrightarrow CO_2+H_2$$
$$2C_3H_6 \longrightarrow C_2H_4+C_4H_8$$
$$C_4H_8 \longrightarrow 2C_2H_4$$
$$CH_3OH+C_2H_4 \longrightarrow C_3H_6+H_2O$$
$$CH_3OH+C_3H_6 \longrightarrow C_4H_8+H_2O$$
$$C_2H_4+H_2 \longrightarrow C_2H_6$$
$$C_3H_6+H_2 \longrightarrow C_3H_8$$
$$C_4H_8+H_2 \longrightarrow C_4H_{10}$$

以上产物有气态($CO$、$H_2$、$H_2O$、$CO_2$、$CH_4$ 等烷烃、芳烃等)和固态(大分子量烃和焦炭)之分。

从反应机理的角度看，整个 MTO 反应过程可分为如下三步：①在分子筛表面生成甲氧基；②生成第一个 C—C 键；③生产 $C_3$、$C_4$ 及 $C_5^+$。

3. MTO 工艺技术

甲醇制烯烃技术包括甲醇转化部分和轻烯烃回收部分。目前，甲醇转化部分比较成熟的工艺包括：①中国石化自主开发的 S-MTO 工艺；②环球油品公司(UOP)工艺；③中国科学院大连化学物理研究所开发的 D-MTO 工艺。轻烯烃回收部分比较成熟的工艺包括：①中国石化自主开发的 S-MTO 前脱乙烷工艺；②Lummus 公司的前脱丙烷流程；③KBR 公司的前脱丙烷技术等。

MTO 反应产物中富含乙烯、丙烯的气体通常称为工艺气，工艺气中包含一定量的 $C_4$、$C_5$ 烯烃类，将此部分烃类进一步转化，可提高目的产品乙烯和丙烯的收率。目前，具有代表性的几种烯烃催化裂解工艺有：①Lurgi 公司的 Propylur 工艺；②UOP 的 OCP 工艺；③中国石化自主开发的 OCC 工艺。

S-MTO 工艺是由上海石油化工研究院(SRIPT)、中国石化工程建设有限公司(SEI)和燕山石化公司三家单位联合开发的技术，2007 年在燕山石化建设了一套 100t/天甲醇制烯烃(S-MTO)中试装置。该中试装置在 2007 年 11 月 4 日至 2008 年 6 月 30 日、2010 年 10 月至 12 月期间进行了三个阶段的工业化试验，从试验中得到了完整的工业数据，积累了开工和操作经验，为大型工业化装置设计、建设和运行提供了坚实的基础和有力保障。第三个阶段试用了改进型催化剂。三个阶段的工业化试验标定表明：乙烯+丙烯选择性、甲醇转化率等均优于国内外其他的 MTO 工艺。

在中国石化中原石化分公司乙烯原料路线改造项目中，采用了 S-MTO 技术，使用外购产品甲醇作为原料，由中国石化工程建设有限公司负责实施，建设一套处理量为 600kt/a 甲醇制烯烃(S-MTO)装置，此项目已于 2011 年 10 月顺利投产，一直正常生产。中天合创能源有限责任公司在内蒙古鄂尔多斯市采用S-MTO技术建设二套1800kt/a甲醇制烯烃装置，该项目已于2016年10月顺利投产，一直正常生产。采用中国石化工程建设有限公司(SEI)自行开发的轻烯烃回收技术的江苏斯尔邦石化有限公司900kt/a甲醇制烯烃(MTO)装置(甲醇转化部分采用UOP工艺包)已于2016年12月开车。中安联合煤化有限责任公司在安徽淮南市采用S-MTO技术建设一套1800kt/a甲醇制烯烃装置，该项目已于2019年7月顺利投产，一直正常生产。2021年2月，乌兹别克吉扎克(Jizzakh Petroleum)甲醇制烯烃S-MTO装置工艺包合同的顺利签署，使S-MTO工艺成为中国石化第一个走出海外的成套自有技术。另外，随着中国石化自主开发的OCC工艺的顺利商业化，且可兼顾利用S-MTO的轻烯烃回收部分的相关分离工艺，使得与OCC相结合的S-MTO工艺得以进一步升级，提高了该技术的市场竞争力。

## 二、工艺流程简介

以中石化自主开发的S-MTO流程为例，配合烯烃催化裂解(OCC)工艺，其工艺流程简图见图25.3-1。

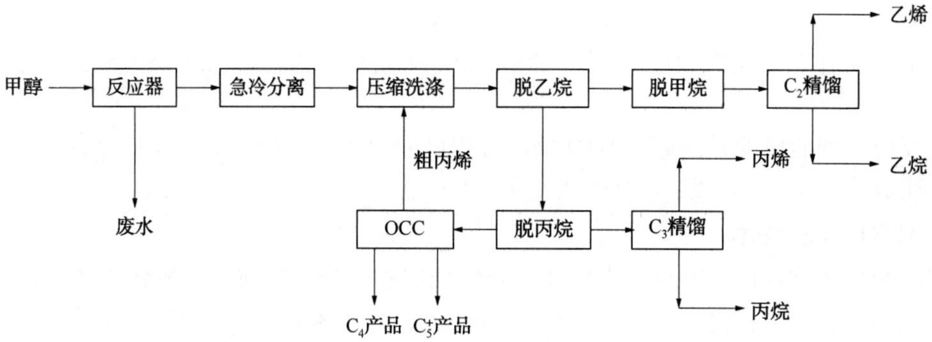


图25.3-1　S-MTO装置工艺流程简图

### 1. 甲醇转化部分

甲醇转化部分流程简图见图25.3-2。

甲醇转化部分包括：进料汽化和反应-再生单元和产品分离单元。

(1) 进料汽化和反应-再生单元

来自甲醇缓冲罐的甲醇经过甲醇进料泵加压后，依次与分离塔一中回流、产品水汽提塔底水、氧化物汽提塔顶气换热后进入甲醇进料闪蒸罐，罐底设置甲醇汽化器，由中低压蒸汽提供热源。罐底同时用泵抽出饱和甲醇与中低压蒸汽换热，部分被汽化返回至甲醇进料闪蒸罐。闪蒸罐顶饱和甲醇气进入甲醇过热器，由中压蒸汽过热后送至反应器。

自甲醇过热器来的气态甲醇与从再生器经过再生剂脱气罐脱气后来的再生催化剂、反应器外取热器来的催化剂、反应器循环催化剂在下部的反应器充分混合并发生反应，然后进入上部反应器。上部反应器主要是使工艺气与催化剂分离，分离出来的催化剂经二密床大部分通过循环斜管返回下部，增加下部反应器的催化剂通量，而且满足反应所需的空速、温升、催化剂积炭等要求。下部反应器出口温度通过反应器外取热器的取热量控制。

反应器外取热器利用甲醇转化反应产生的过剩热发生中压饱和蒸汽，除氧水自反应器外取热器汽包由循环热水泵送入反应器外取热器管束，产生的水汽混合物返回反应器外取热器汽包。

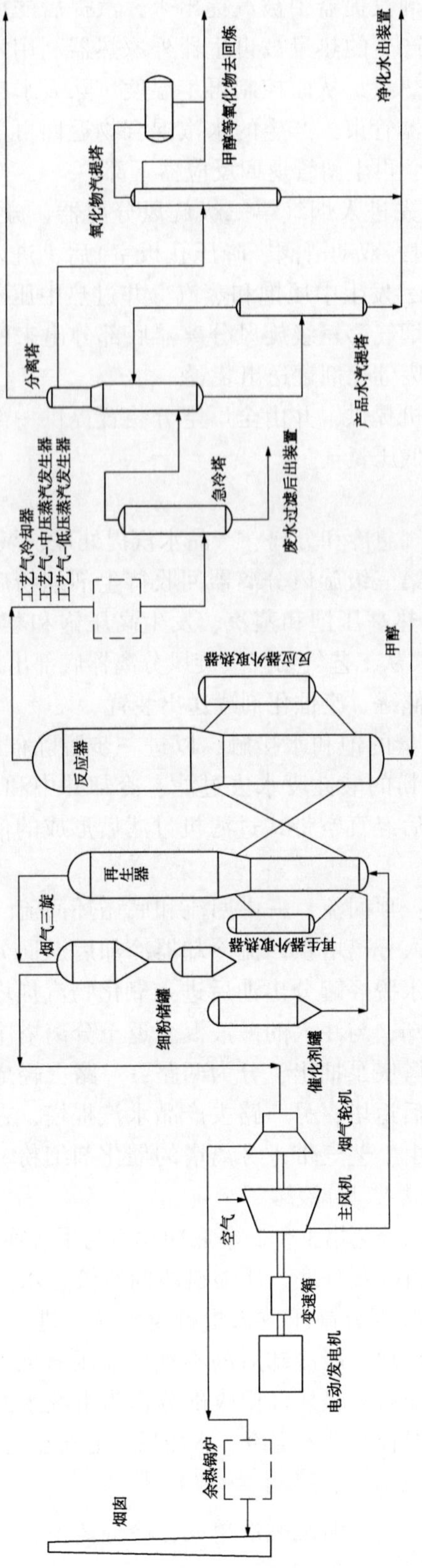


图25.3–2　甲醇转化部分流程简图

待生剂夹带的烃类在待生剂汽提器中被汽提出来，汽提后的待生催化剂通过待生催化剂斜管送至再生器。焦炭燃烧产生的热量被再生器外取热器利用发生中压饱和蒸汽，通过调整取热器流化氮气量控制取热量，从而控制再生温度。除氧水自再生器外取热器汽包由循环热水泵送入再生器外取热器管束，产生的水汽混合物返回再生器外取热器汽包。烧焦后的催化剂通过再生剂脱气罐、再生斜管返回反应器下部。

来自再生器的高温烟气首先进入烟气第三级旋风分离器，分离出大部分催化剂细粉，烟气通过烟气轮机(注：开工时经双动滑阀、降压孔板室)后，进入余热锅炉回收烟气显热(完全再生烟气，含有过剩氧)，发生中压饱和蒸汽，并过热中压蒸汽，烟气经余热锅炉降至150~180℃后排入烟囱。从烟气第三级旋风分离器底部分出来的催化剂细粉自流进入再生器，或连续排入细粉储罐、废催化剂罐送出装置。

再生器烧焦用空气由主风机提供，并由全厂空分装置提供一部分氮气进入再生器；外取热器流化介质是工厂提供的低压氮气。

(2) 产品分离单元

产品分离单元包括：工艺气急冷和分离、产品水汽提处理、氧化物回收等部分。

反应器出口物料经工艺气第三级旋风分离器回收待生剂细粉后进入工艺气冷却器，工艺气冷却热量的利用依次为过热高压饱和蒸汽、发生高压饱和蒸汽、发生低压饱和蒸汽，温度降至220℃后进入急冷塔。从工艺气第三级旋风分离器底部出来的催化剂细粉自流进入反应器，或连续排入待生细粉储罐、废催化剂罐送出装置。

工艺气进入急冷塔后与大量的饱和水接触，以进一步脱除催化剂细粉后进入分离塔，急冷塔底含较高浓度催化剂细粉的酸性废水去过滤、冷却并中和后出装置去污水处理场，过滤后的滤渣被反冲洗水稀释后经真空带式过滤机过滤后形成的催化剂泥外运填埋，过滤清水进入地下收集罐。

分离塔设置三个中段回流：顶回流、一中回流和底循环回流。顶回流由分离塔上部抽出，经分离塔顶回流泵后，进入分离塔顶回流冷却器冷却后返回分离塔顶，泵出口抽出一部分进入全充满卧式的顶循环水脱烃罐分出油后进入氧化物汽提塔；分离塔一中回流自塔抽出与甲醇换热后经空冷器冷却，与注入的碱液混合返至分离塔中部；分离塔下部设置底循环回流，底循环回流经分离塔底泵抽出，分为两路，一路去轻烯烃回收部分为重沸器提供热源后，经空气冷却器冷却后返塔；另一路去产品水汽提塔，在分离塔底水循环中，设置分离塔底水旋流器，以除去由工艺气带入分离塔的催化剂细粉。分离塔塔顶工艺气去轻烯烃回收部分工艺气压缩机一段入口分液罐。

产品水汽提塔顶汽提气进入分离塔上部，塔底净化水与甲醇换热后送至污水处理场。

从分离塔顶循环、甲醇进料闪蒸罐底、压缩机段间凝液、水洗水来的含有不同有机氧化物浓度的物流以及轻烯烃回收部分高压放火炬罐凝液等，进入氧化物汽提塔不同位置，氧化物汽提塔塔顶设置回流，塔顶冷凝冷却后的不凝气去压缩机入口，液体返回至反应器回炼；塔底水一股经换热、冷却后去轻烯烃回收部分作为水洗水，另一部分与氧化物汽提塔进料换热与汽提后的净化水混合，进入空冷、水冷后一起送至污水处理场。

### 2. 轻烯烃回收部分

轻烯烃回收部分包括：工艺气压缩及碱洗单元，冷分离单元，热分离单元，丙烯制冷单元。轻烯烃回收部分流程简图见图25.3-3。

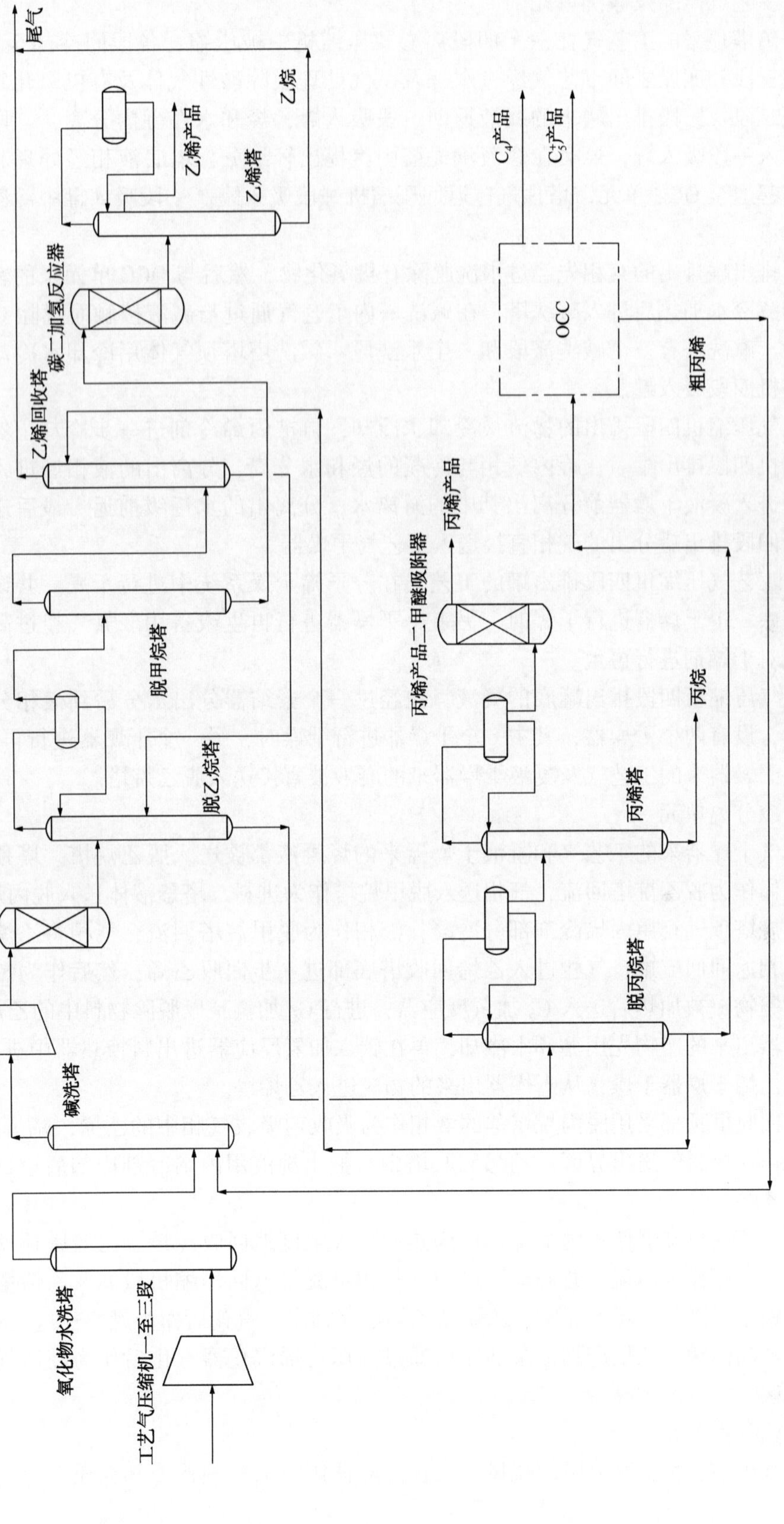


图25.3-3 轻烯烃回收部分流程简图

(1) 工艺气压缩及碱洗单元

由分离塔顶来的工艺气在一个四段离心式压缩机中被压缩，各段间冷却至40℃左右，在压缩机三段和四段之间工艺气经过水洗及碱洗处理脱除酸性气体及有机氧化物。从工艺气压缩机二段及三段排出罐来的凝液返回二段吸入罐，烃和水在罐内分离，二段吸入罐中的水相送入一段吸入罐，烃类在烃液汽提塔中汽提出轻组分，塔底液相经处理和脱丙烷塔釜液相一起送至OCC单元，塔顶气体返回压缩机一段吸入罐。一段吸入罐中冷凝的水用泵送回急冷塔。

三段排出罐排出的气相先经过水洗脱除有机氧化物，然后与OCC单元来的粗丙烯物料混合，用急冷水加热后进入碱洗塔，在碱洗塔内工艺气通过与碱液接触而脱除$CO_2$等酸性气体组分。碱洗塔有三个碱洗涤段和一个水洗段。碱洗塔塔顶气体用冷却水冷却后进入工艺气压缩机四段吸入罐。

工艺气压缩机四段排出的物流被冷却水冷却，再被丙烯冷剂进一步冷却，然后进入工艺气压缩机四段排出罐。在罐内气相与冷凝的烃和水分离，分离出的液相烃进入烃液聚结器以便在进入凝液干燥器前分离出其中的游离水，分离出的水逐级前返，最后送入压缩机一段罐，四段排出罐分出的气相直接送入工艺气干燥器。

来自工艺气压缩机四段排出罐的工艺气在分子筛干燥系统中进行干燥。共设有两个干燥器，其中一个干燥器进行干燥时，另一个干燥器进行再生或备用。氮气经过高压蒸汽加热后用来对干燥剂进行再生。

工艺气压缩机四段排出罐底的凝液，先经过一个聚结器分出水分后到液相分子筛干燥系统干燥，设有两个干燥器，其中一个干燥器进行干燥时，另一个干燥器进行再生或备用。从工艺气干燥器来的工艺气及凝液干燥器来的凝液被直接送入脱乙烷塔。

(2) 冷分离单元

工艺气干燥器来的工艺气和凝液干燥器来的烃凝液都被送入脱乙烷塔。塔顶气相部分冷凝，液体作为脱乙烷塔回流，气相送入脱甲烷塔作为进料，塔釜液体送入脱丙烷塔。

脱甲烷塔顶气相用丙烯冷剂部分冷凝，液相作为脱甲烷塔回流，气相将乙烷汽化后变两相，液相返回回流罐，气相进入乙烯回收塔底部进一步回收乙烯，然后作为燃料气送出界区，塔釜物流被加热后送入$C_2$加氢反应器，进行$C_2$加氢，以脱除物料中的乙炔。

反应器出来的产物先用循环水冷却，再在碳二加氢反应器进出料换热器中进一步冷却，之后送入乙烯干燥器干燥，从干燥器出来的物流进入乙烯塔。

乙烯回收塔顶部采用脱丙烷塔釜的液相作为吸收剂吸收气相中的乙烯，减少乙烯损失，塔顶气相作为燃料气送出界区。乙烯回收塔中部抽出洗液用丙烯冷剂冷却后返回，塔釜液相返回脱乙烷塔。

乙烯塔塔底再沸器使用丙烯冷剂作为热源最大限度地回收冷量。乙烯塔顶气相被丙烯冷剂冷凝，液相作为回流，并回流到塔内，气相不凝气返回压缩机段间。乙烯塔侧线采出乙烯产品送至界区外乙烯产品罐，乙烷从乙烯塔底抽出，汽化后作为燃料气送出界区。

来自产品储罐的乙烯产品被泵加压后通过高压乙烯汽化器汽化后作为高压气相乙烯产品输出界区。

(3) 热分离单元

脱乙烷塔塔底物料进入脱丙烷塔，塔顶冷凝器用丙烯冷剂作冷却介质，冷凝的液体一部分作为回流，另一部分送入丙烯精馏塔。塔底用急冷水加热，塔底物料一部分送至 OCC 单元，另一部分作为乙烯回收塔吸收剂，送入乙烯回收塔顶部。

丙烯精馏塔运用双塔系统将进料分离成聚合级丙烯产品和丙烷塔底物流。丙烯塔操作在适宜的压力下，使得第二丙烯精馏塔的整个塔顶气相由冷却水全部冷凝。循环急冷水向丙烯精馏塔提供再沸器热量。

聚合级丙烯产品经二甲醚吸附床后由回流泵送出界区。

(4) 丙烯制冷单元

丙烯制冷系统是一个闭环四段系统，丙烯经压缩机加压后冷凝，然后逐级节流为工艺提供冷量。系统可提供三级制冷，冷却水用来冷凝压缩机的排出气体。

冷量的回收是通过加热脱甲烷塔再沸器、乙烯塔再沸器、乙烯产品汽化器和过热器来实现的。丙烯制冷系统的每一级都设置有吸入罐，用作各级用户的缓冲和减少液体夹带入压缩机。

### 3. 烯烃催化裂解(OCC)单元

OCC 装置分为四个单元，第一部分为 $C_4^+$ 选择加氢单元，第二部分为催化裂解反应/再生单元，第三部分为压缩单元，第四部分为预分离单元。OCC 工艺流程简图见图 25.3-4。

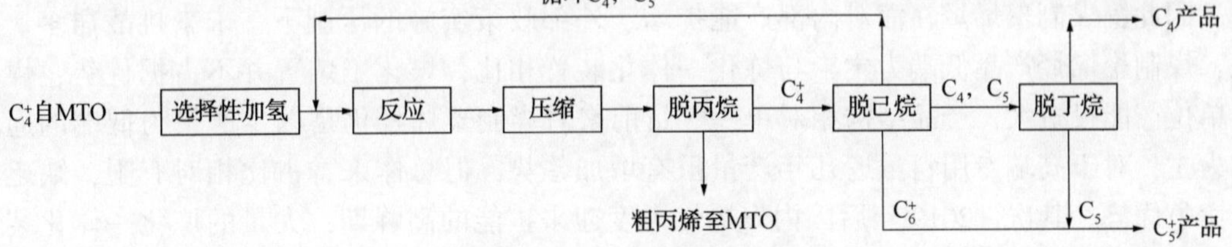


图 25.3-4　OCC 工艺流程简图

自 MTO 来的 $C_4^+$ 经加氢进料泵升压后与冷分离罐底的液相循环料及氢气混合后，经反应进出料换热器和进料加热器加热后，进入加氢反应器。反应产物经进出料换热器和水冷器冷却后进入冷分离罐进行气液分离。自冷分离罐中分出的液相通过泵分为两股，一股作为循环料，另一股作为加氢产品加热后送至烯烃催化裂解反应/再生单元进料缓冲罐；顶部出来的气相送至燃料气管网。

OCC 反应单元包括原料蒸发、反应器进/出物料换热、反应器进料加热、催化裂解反应器、反应产物冷却以及再生系统等部分。在进料缓冲罐汽化后的原料和循环料混合后送至反应产物进/出料换热器与反应器出口物料换热，然后再通过加热器加热到反应所需温度后进入反应器进行催化裂解反应。反应器出口产物和反应进料换热后，利用冷却水冷却至压缩机入口所需的温度，进入压缩单元。反应系统采用连续切换再生的方式运行，因此反应器进/出料换热器、进料加热器、反应器均采用一开一备的操作方式。

压缩单元主要为反应气体压缩机系统及再生氮气循环压缩机系统。通过反应气体压缩机，反应气相产物被加压后送至预分离单元，压缩机段间凝液经泵送至预分离单元。

预分离单元包括脱丙烷塔、脱己烷塔和脱丁烷塔。由反应气体压缩机增压后的反应产物先送至脱丙烷塔，脱丙烷塔顶馏出物为气相粗丙烯，返回至轻烯烃回收部分进行进一步分离。脱丙烷塔的塔釜物料进入脱己烷塔，脱己烷塔釜液主要为 $C_6$ 烷烃、$C_7$ 及以上馏分的

富芳 $C_6^+$；塔顶气相馏出物作为循环料循环至进料缓冲罐，塔顶液相馏出物主要为 $C_4 \sim C_5$ 的混合烃。该 $C_4 \sim C_5$ 混合烃送入脱丁烷塔，脱丁烷塔顶分离出 $C_4$ 产品送至罐区，塔釜分离出 $C_5$ 产品，和脱己烷塔塔釜的 $C_6^+$ 合并后作为 $C_5^+$ 产品至罐区。

### 三、经济性及前景展望

相对于其他制乙烯、丙烯工艺路线，MTO 原料大多来源于煤炭，属于煤化工范畴。

MTO 技术的经济性除受装置本身的建设成本、运行费用影响外，原料甲醇与原油价格的相对关系是一个非常重要的影响因素。目前，国内 MTO 装置的原料基础一般由煤气化、合成得到。因此，原料煤与原油价格的相对变化将显著影响 MTO 技术的经济性。

中国煤化工是碳排放大户，在煤制烯烃过程中，每产出 1t 烯烃，就会排放约 5. 8t 二氧化碳(不包含烯烃的下游使用)，而乙烷制烯烃与石脑油制烯烃的排放量分别为 0. 78t 和 0. 93t。即烯烃产量相同的条件下，煤制烯烃是乙烷制烯烃二氧化碳排放量的 9 倍多，是石脑油制烯烃排放量的 7 倍多。自 2014 年后，随着国家对新型煤化工项目的鼓励发展，多套 MTO 装置迅速建成投产煤制烯烃发展迅速，随着带来的碳排放量亦是逐年增加。

2020 年 9 月 22 日在第七十五届联合国大会上，中国向世界承诺，将力争于 2030 年前达到碳排放峰值，并努力争取 2060 年前实现碳中和。

因此，煤制聚烯烃在面对内部产能扩增、外部政策实施的压制下，未来挑战居多。首先，煤制聚烯烃产品低端为主，与炼化一体化装置相比，煤化工装置并不占据优势，煤化工单位产能投资大，产品结构相对单一。目前来看煤制聚烯烃仍是以生产较为低端的通用料为主，对于高端专用料虽近几年产量虽有增加趋势，但总体来看占比相对有限，缺乏市场竞争优势。其次，2019 年后国内聚烯烃再度迎来扩能的高峰期，大量的炼化一体化装置投产。大型的炼化一体化大型项目的快速发展使得石油化工与煤化工产品交叉重叠，必然造成更加激烈的市场竞争。再次，为保障以及提高自身盈利水平，目前不少聚烯烃民营企业延伸产业链，同时大家也在积极调整销售模式，打破原有的销售模式，积极向下游高附加值产品延伸，整个市场竞争氛围日益激烈。

为实现 2030 年碳达峰，能耗“双控”、碳交易及绿色金融将成为重要抓手。未来煤制聚烯烃在碳排放方面存在较大压制，目前为配合碳中和目标的实现，内蒙古等地部分企业受“双控”影响，装置有所降负荷生产。但从较长时间来看煤制聚丙烯将受到国家环保力度以及碳中和目标的压制，而碳中和前期的碳达峰过程中价格必将面临压制。

## 第四节　甲醇制丙烯

甲醇制丙烯(Methanol to Propylene)技术是通过甲醇在催化作用下进行脱水反应生成丙烯、水和其他烃类，然后经过分离得到聚合级丙烯的技术，是利用天然气和煤生产化工品的关键技术之一。

目前采用的催化剂均为分子筛类催化剂。甲醇制烯烃催化剂的研究主要集中在沸石催化剂上。早期研究发现，很多微孔分子筛都可以催化甲醇到烯烃的转化，其中大孔分子筛孔道尺寸大，择型效果较差，容易副产异构烷烃和芳香烃，导致低碳烯烃的选择性低，因此，目前甲醇制烯烃催化剂的研究主要集中在中孔和小孔分子筛，以 ZSM-5 和 SAPO 系列分子筛为代表。ZSM-5 分子筛于 1972 年由 Mobil 公司开发成功，一直是甲醇制烯烃最主要的催化剂之一。对催化剂选择性有影响的因素主要是孔径、酸性和催化剂粒径。ZSM-5 催化剂为交叉孔道，孔径一般在 0.5 ~0.6nm，可抑制大分子如芳烃的生成，提高低碳烯烃选择性。研究表明，随硅铝比的增加，低碳烯烃的收率也随之增加。这表明 ZSM-5 的酸量过高，较低的酸密度有利于低碳烯烃的形成，当 ZSM-5 的硅铝比达到 360 时，丙烯的选择性可以高达 51.5%(460℃，甲醇：水=1：5 进料，重量空速 $0.75h^{-1}$)。Prinz 和 Riekert 的研究表明 ZSM-5 的粒径越小，反应的烯烃选择性越高，因此，人们致力于合成更小粒径的纳米级分子筛，纳米级 ZSM-5 的反应活性和丙烯选择性都高于传统的微米级分子筛。ZSM-5 经过改性后，性能进一步提高。ZSM-5 催化剂的改进主要集中在通过各种方法来降低 ZSM-5 的酸强度和修饰分子筛的孔道。主要的改性方法有水热处理，引入磷和碱土金属等碱性物质修饰酸性，以及对分子筛孔道进行修饰等。

## 一、反应机理

反应机理研究方面，所提出的理论很多，获得广泛认知的有下列 5 种。

(1) 氧鎓内鎓盐机理

氧鎓内鎓盐机理是颇受关注的理论之一，Van den Berg 等认为二甲醚与固体催化剂 Bronsted 酸性中心作用生成二甲基氧鎓离子，进一步与另一个二甲醚反应生成三甲基氧鎓离子，三甲基氧鎓离子接着在碱性位脱掉质子形成表面相连的二甲基氧鎓甲基内鎓盐。下一步通过分子结构上的 Stevens 重排生成二甲醚或通过分子间的甲基化生成乙基二甲基氧鎓离子，两者都通过 $\beta$-消除反应生成烯烃。但也有人认为并不需要 Stevens 重排。

(2) 碳烯离子机理

该理论认为，在沸石催化剂酸、碱中心的协同作用下，甲醇经 $\alpha$-消除反应脱水得到碳烯($CH_2$)，然后通过碳烯聚合反应或者是碳烯插入甲醇或二甲醚分子中即可形成。可由下式表示：

$$[\text{Zeo—O}_4^- \longleftarrow \text{H—CH}_2\text{—OH} \longrightarrow \text{H—O—Zeo}] \longrightarrow H_2O + :CH_2$$

Salvador 和 Kladnig 认为碳烯是通过由最初的甲醇化学吸附在沸石上生成的表面甲氧基的分解反应得到的。

(3) 正碳离子机理

该机理由 Ono 和 Mori 提出，还没有得到实验验证。他们认为，表面甲氧基和自由甲基阳离子的作用相同，都可以插入二甲基醚的 C—H 键形成 5 价的正碳离子过渡态，继续转移掉一个质子完成反应。Smith 和 Futrell 做了相关的研究，将甲基正碳离子与甲醇反应，氢化形成甲烷和 $CH_2OH^+$ 为主要反应(85% ~ 90%)，甲基阳离子向甲醇的质子转移偶尔发生(7%)，并未发现 $C_2$ 物质。

(4) 自由基机理

由 Zatorski 和 Krzyzanowski 提出，但并未给出实验上的证明。

(5) 碳池机理

该理论认为，甲醇制烯烃反应过程可以分为三步：第一步是在分子筛表面生成甲氧基；第二步是生成第一个 C—C 键；第三步是生成 $C_3$ 及 $C_4$。

## 二、工艺技术简介

甲醇制丙烯反应器类型分为固定床反应器和流化床反应器。在国内实现工业应用的技术有鲁奇 MTP 技术和清华大学的 FMTP 技术。

1. 鲁奇 MTP 技术

德国鲁奇公司(Lurgi)开发的 MTP 技术采用绝热固定床反应器、德国南方化学 ZSM-5 催化剂。其反应分两步进行，原料甲醇首先在预反应器中转化为二甲醚，然后再进入主反应器进行脱水。

主要反应如下：

预反应，甲醇转化为二甲醚：$2CH_3OH \longrightarrow CH_3OCH_3+H_2O+Q$

主反应，二甲醚转化为烯烃：$nCH_3OCH_3 \longrightarrow 2C_nH_{2n}+nH_2O+Q$

预反应温度：275℃

预反应压力：1.6MPa(G)

反应温度：400~500℃

反应压力：0.15MPa(G)

因为主反应的放热量大，考虑到尽量缓和反应器中的温升，反应器采用多股进料方式。反应器内的催化剂多层水平布置，每层厚度 500~1000mm，新鲜物料自催化剂层间进入，与反应物料混合后进入下层催化剂床层，新鲜进料起到淬冷剂的作用，可确保反应器床层温升控制在合理范围内。固定床反应器存在定期再生问题，所以必须配置备用反应器。鲁奇 MTP 技术回收分离部分采用鲁奇公司开发的前脱丙烷技术，工艺流程较为复杂(图 25.4-1)。

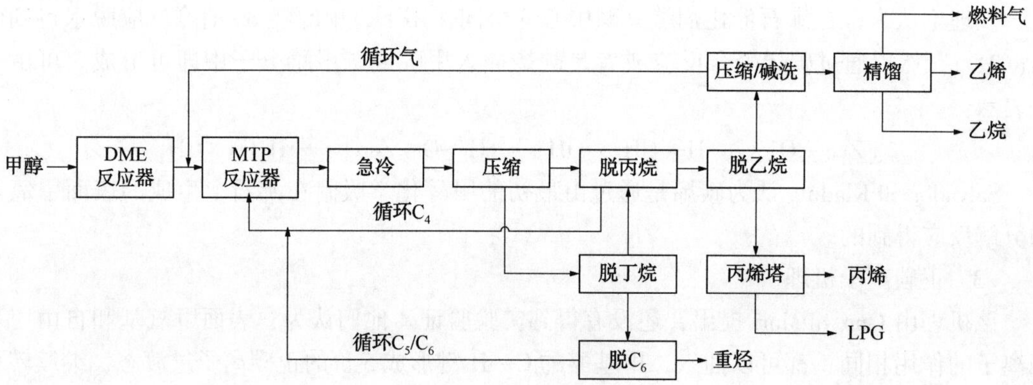


图 25.4-1　MTP 流程示意图

(1) 装置范围

① 反应系统。

② 压缩系统。

③ 分离系统。

④ 制冷系统。

(2) 附属设施

① 给排水系统。

② 消防和消防水分配系统。

③ 供电系统(含配电间)。

④ 蒸汽和凝结水系统。

⑤ 仪表空气和装置空气系统。

⑥ 氮气系统。

⑦ 化学品注入系统。

⑧ 放火炬系统(指装置界区内的火炬管网及放火炬分液罐)。

(3) 工艺简介

1) 反应与急冷部分

原料甲醇预热到260℃后进入固定床绝热式二甲醚(DME)预反应器。除甲醇原料外，进入预反应器的物料还包括来自甲醇回收塔的回收甲醇。在预反应器内，高活性、高选择性的催化剂将75%甲醇转化为二甲醚和水，反应物流与自分离系统返回的碳二、碳四、碳五和碳六继续预热到470℃后进入MTP反应器。在MTP反应器内，99%以上的甲醇和二甲醚得到转化。固定床反应器再生周期较短，设计为30天，为保证后续分离系统稳定操作，反应器两开一备。每台反应器下游配置一台预急冷塔，预急冷塔的作用是对反应器出料进行脱过热，然后进入急冷塔进一步降温，并使反应生成的水大部分冷凝。经过两个串联的急冷塔，物料的温度降至40℃左右，反应产生的水大部分在急冷塔内冷凝，经汽提后送出装置。汽提塔顶气相中甲醇含量较高，可返回反应部分回炼。急冷系统通过急冷水回收热量，急冷水可作为后续分离系统的热源。

急冷塔出来的气体进入压缩系统，采用离心式压缩机，经过多级压缩后压力达到2.2MPa(G)。段间设置冷却器和分离罐。

2) 分离部分

经过压缩升压后的气体冷却后在分离罐中进行气液分离，罐顶气相进入干燥器干燥后，进入脱丙烷塔，液相经干燥后进入脱丁烷塔。脱丁烷塔顶物料中仍含有碳三，也需要进入脱丙烷塔处理。脱丙烷塔使碳三及轻组分与碳四及重组分分离，脱丙烷塔顶物料进入脱乙烷塔。脱乙烷塔釜为碳三组分，进入丙烯塔进一步分离得到产品丙烯。脱乙烷塔采用了开式热泵技术降低能耗，其塔顶物料首先经过压缩机提压后再用冷剂冷却，冷却产生的液相作为塔顶回流。气相进入碱洗塔以脱除反应生成的酸性气$CO_2$。碱洗后的气体大部分返回反应部分回炼以提高丙烯的收率，一小部分进入脱甲烷塔。脱甲烷塔顶轻组分作为燃料气送出界外，塔釜物料中只含有乙烯和乙烷，送入乙烯塔。在乙烯塔内乙烯和乙烷分离，塔顶得到聚合级乙烯，塔釜乙烷与脱甲烷塔顶产物一起作为燃料送出界外。脱丙烷塔釜物料一部分作为LPG产品与丙烯塔底丙烷一起送出界外，一部分经水洗后回反应器回炼。脱丁烷塔塔釜组分送入脱碳六塔，脱碳六塔顶的碳五和碳六一部分返回反应部分回炼，另一部分经稳定塔处理后作为汽油产品送出界区。脱碳六塔釜液与稳定塔釜液作为汽油产品送出界区。

3) 制冷系统

丙烯制冷系统是一个闭环系统，丙烯经压缩机加压后由冷却水冷凝，然后逐级节流为工艺用户提供不同级位的冷量。系统可提供多级制冷。

采用德国鲁奇技术在我国建设有两套相同规模的装置：神华宁煤500kt/a MTP装置

2010 年 10 月开车，设计生产能力为 20kt/a 乙烯、474kt/a 丙烯。大唐多伦煤化工公司 MTP 装置于 2007 年 8 月开工建设，2011 年开车。

2. 清华大学 FMTP 技术

流化床甲醇制烯烃(FMTP)技术由中国化学工程集团公司、清华大学和淮化集团联合开发，三方在安徽淮南建设甲醇处理量 30kt/a 的 FMTP 中试装置，于 2008 年底建成，截至 2009 年 8 月，该装置已完成 11t 催化剂生产任务，进行了二次流态化试车，全面打通了系统工艺流程。

该技术采用 SAPO-18/34 分子筛催化剂和流化床反应器，与 MTO 工艺一样。但是通过把生成物中的丙烯分离出之后，使 $C_2$ 组分和 $C_4$ 以上组分进入一个独立的烯烃转化反应器使其转化成丙烯。

该技术可调节丙烯/乙烯比例，从 1.2：1 到 1：0(全丙烯产出)均可实现。利用该技术生产以丙烯为目标产物的烯烃产品，丙烯总收率可达 77%，原料甲醇消耗为 3t/t 丙烯。利用该技术生产以丙烯为主的烯烃产品，双烯(乙烯+丙烯)总收率可达 88%，原料甲醇消耗为 2.62t/t 双烯。

(1) FMTP 主要技术创新点

① 开发了 SAPO-18/34 交生相混晶催化材料，该催化剂不仅三烯选择性高，而且使甲醇制烯烃的反应产物中丙烯与乙烯的含量比达到 1.20，这对实现甲醇制丙烯是十分有利的，单产丙烯时总收率可达 77%；原料甲醇消耗小于 3t/t 丙烯。在甲醇制丙烯中使用上述催化剂使副产物中不含高碳烷烃和异构芳烃，为提高丙烯的总收率创造了条件。

② 把与目的产物丙烯分离后的 $C_2$、$C_4$ 以及 $C_4^+$ 的烯烃组分，进入一个独立的烯烃转化反应器，在同一催化剂下进行烯烃转化，丙烯、乙烯生产量可调节范围大，乙烯/丙烯可在 0.02~0.85 范围内调节。随着规模不同，可以单独生产丙烯，或者以生产丙烯为主，适当生产乙烯，产双烯时总收率可达 88%。原料甲醇消耗小于 2.62t/t 双烯，还可通过控制操作条件，高选择性地生产丙烯，以提高丙烯的收率。

③ 采用独特的双层气固逆流接触的流化床反应器，降低物料的返混，抑制了氢转移、烯烃聚合等副反应，反应温度易于控制，包括反应温度、反应压力、空速等的调节，使各反应器均处于最佳的工作状态，有利于提高原料转化率及目的产物丙烯的选择性，有利于提高目的产物丙烯的总收率。

(2) FMTP 主要技术特点

① 采用 SAPO-18/34 交生相混晶分子筛使反应的低碳烯烃收率提高，为提高丙烯的总收率创造了条件。

② 丙烯、乙烯生产量可调节范围大，乙烯/丙烯比可在 0.02~0.85 范围内调节。

③ 可以使用粗甲醇、二甲醚等多种进料，有利于降低成本。

④ 减少了高碳烃的副产物，为通过低碳烷烃的转化进一步提高丙烯收率创造了条件。

⑤ 采用流化床反应器，使装置易于放大。

FMTP 工艺流程示意见图 25.4-2。

2021 年 12 月 31 日，中国华能华亭煤业公司年产 200kt 聚丙烯流化床甲醇制丙烯(FMTP)科技示范项目投料一次成功(图 25.4-3)。

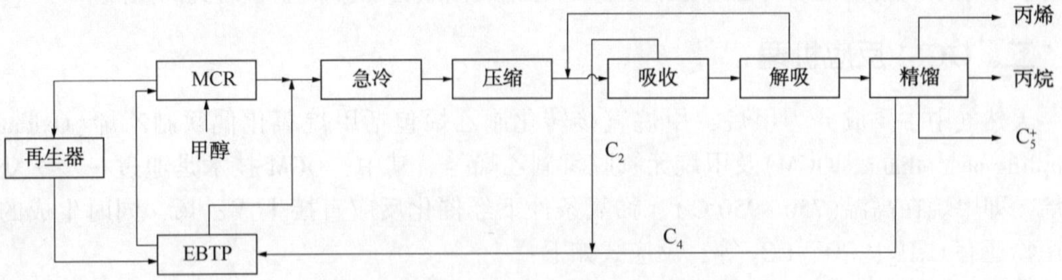


图 25.4-2　FMTP 工艺流程示意图

MCR—甲醇转化反应器；EBTP—碳二碳四转化丙烯

图 25.4-3　FMTP 工业装置

# 第五节　甲烷氧化偶联制乙烯

## 一、技术背景

目前全球乙烯的生产以蒸汽裂解路线（油基原料）和 MTO 路线（天然气、煤炭原料）为主，但上述路线或是原料来源受到石油供应限制，或是利用过程加工路线长、环保问题较为突出，因此业界一直在探索更高效更清洁的乙烯生产路线。天然气资源如页岩气、天然气水合物等不仅清洁环保，而且来源丰富，目前全球已探明的天然气总量为 $2.3\times10^6$ 亿 $m^3$。近年来中国鼓励天然气利用和消费的政策密集出台，力度不断加强，国内勘探频频发现大气田，具备了在 2035 年自产 2500 亿 ~2800 亿 $m^3$/a 天然气的规模和条件。进口管道气规模也已初步形成，LNG 进口配套基础设施不断完善，接收能力不断提升。在此背景下，是否可以利用资源丰富且相对廉价的天然气直接作为绿色制取乙烯的新原料，利用好天然气以缓解石油紧缺及价格波动对乙烯原料的影响也正逐渐成为乙烯工业中研究的焦点。

## 二、OCM 反应机理

天然气中主要成分为甲烷，甲烷直接转化制乙烯包括甲烷氧化偶联制乙烯(Oxidative Coupling of Methane，OCM)及甲烷无氧脱氢制乙烯等。其中，OCM 技术是通过一步法获取乙烯，即甲烷在高温(750 ~950℃)、临氧条件下经催化反应直接生成乙烯，同时生成的氧化产物还有 $C_2H_6$、CO、$CO_2$ 等，反应式如下：

$$CH_4+1/2O_2 \longrightarrow 1/2C_2H_4+H_2O \quad \Delta G^\circ_{298}=-143kJ/mol$$

$$CH_4+1/4O_2 \longrightarrow 1/2C_2H_6+1/2\ H_2O \quad \Delta G^\circ_{298}=-64kJ/mol$$

$$CH_4+3/2O_2 \longrightarrow CO+H_2O \quad \Delta G^\circ_{298}=-543kJ/mol$$

$$CH_4+2O_2 \longrightarrow CO_2+2H_2O \quad \Delta G^\circ_{298}=-800kJ/mol$$

OCM 以其工艺流程简捷的优势和潜在的经济价值，受到了世界各国的普遍关注。自 1982 年 Keller 等首次提出 OCM 技术成果以来，世界各国科研院所及公司等经过四十年的研究，取得了显著的成就。然而，由于甲烷性质十分稳定，其选择性活化和定向转化十分困难，影响着 OCM 工业化的进程。

OCM 过程的反应机理较为复杂，一般认为，甲烷氧化偶联是催化剂表面活性氧化物种引发的多相-均相自由基反应。催化剂表面的活性氧化物种夺取 $CH_4$ 的一个 H 原子产生 $CH_3$·，两个 $CH_3$· 在气相中发生偶联反应生成 $C_2H_6$，后者经脱氢得到乙烯。甲烷、$CH_3$·、乙烯及乙烷在催化剂表面及气相中的深度氧化必然会生成 CO 和 $CO_2$。从上述反应式中甲烷氧化生成一氧化碳和二氧化碳的吉布斯自由能也可以看出，深度氧化是不可避免的。因此若要在 OCM 反应之后获得纯度较高的乙烯产品，必须脱除产品混合物中一氧化碳和二氧化碳等组分。同时，为进一步提高整个过程的碳原子利用效率，还需要进一步考虑对其中的一氧化碳和二氧化碳进行回收循环利用。

不同催化剂在 OCM 反应中有着不同的机理，目前普遍应用的有 4 种机理模型：Mars-Van Krevelen 机理模型、Langmuir-Hinshelwood 机理模型、Eley-Rideal 机理模型、Rideal-Redox 机理模型，四种机理模型均得到广泛应用。

## 三、OCM 反应催化剂

虽然目前高活性和高选择性的 OCM 催化剂已经被开发和研制出来，但该反应不可避免地会生成深度氧化反应产物 CO 或 $CO_2$，这使得乙烯和乙烷的选择性提高受到限制。高效催化剂是 OCM 技术能否实现工业化的关键，一般认为，甲烷的单程转化率在 35%以上，碳二烃收率和选择性必须分别在 30%和 85%以上才能真正满足工业化的要求。业内比较看好的催化剂有碱金属-碱土金属、稀土金属、过渡金属氧化物和具有特定结构的复合金属氧化物等几大体系的催化剂。OCM 催化剂中性能较为突出的是 $NaWMnO/SiO_2$ 类催化剂，甲烷的转化率和乙烯的选择性与催化剂表面 W 的存在形态和次表面的 Mn 含量有直接关联性。

美国 Siluria 公司利用生物模板工艺路线和高通量技术，研制出了纳米线催化剂，开发出具有广泛工业前景的甲烷直接制乙烯技术。该技术的反应温度较其他催化剂可明显降低，约为 200~300℃，反应压力为 0.4~0.9MPa(G)，具有成本低、温室气体排放少、经济价值高、节能等优势，但根据目前公开的数据分析，其在产物收率方面相对高温路线并未占有优势。

## 四、OCM 反应器

目前研究可用于 OCM 反应工艺的反应器型式有一段或多段固定床反应器、流化床反应器、膜反应器等。OCM 是在高温条件下的快速、强放热反应(>292.6kJ/mol)。大量反应热的放出，造成催化剂床层温度急速升高，易因分布不均而产生热点，严重影响催化剂的活性，同时给反应器材质的选择带来困难。因此选择合适的反应器型式并能有效撤走热量的温度控制工艺是 OCM 反应器研究的关键问题。

中国石化工程建设有限公司发明了一种用于 OCM 的固定床反应器，其包括反应器壳体和设置于反应器壳体内的催化剂床层，多个 U 型取热管束、高压蒸汽过热段。该反应器具有反应温升小、取热效果好、乙烯选择性高、控制方案方便可调等优点。

中石化上海工程公司发明了一种甲烷氧化偶联制乙烯的反应工艺，该反应工艺采用绝热薄床层的固定床反应器，段间设置急冷器及温度控制系统，可将床层温升保持在 100～200℃，中间反应器经各段急冷换热器换热后可快速冷却至 700～800℃。

屯特大学的 Tiemersma 博士提出了将放热的 OCM 反应和吸热的甲烷蒸汽重整反应(SRM)相耦合，使得合成乙烯的过程有效降温，叠加了后续 SRM 反应能有效提高烃的收率。制备了可用于同时进行 OCM 和 SRM 两个反应的 $Mn/Na_2WO_4/SiO_2$ 颗粒催化剂，并表征了其性能。针对上述耦合反应的特点，开发了填充床膜反应器，可最大限度地减小返混并均匀分布氧气。该反应器工业应用推广的难点在于开发一种能在严苛的反应条件下具有长周期稳定性的氧气分布膜。

美国 Siluria 公司根据其研制的催化剂以及反应的特点开发了固定床 OCM 反应器，甲烷和氢气从反应器顶部进入，催化剂装填在反应器的上半段，气相在此发生 OCM 反应；下半段补入乙烷，利用 OCM 反应放出的热量，发生乙烷脱氢反应，进一步生成乙烯和氢气。

## 五、OCM 产物分离工艺

OCM 反应的产物与传统的乙烯裂解炉流出物相比，成分并不算复杂，但由于同样要将甲烷和乙烯等分离开来，与传统的乙烯分离流程有着诸多相似之处。典型的 OCM 分离工艺包含如图 25.5-1 所示步骤。

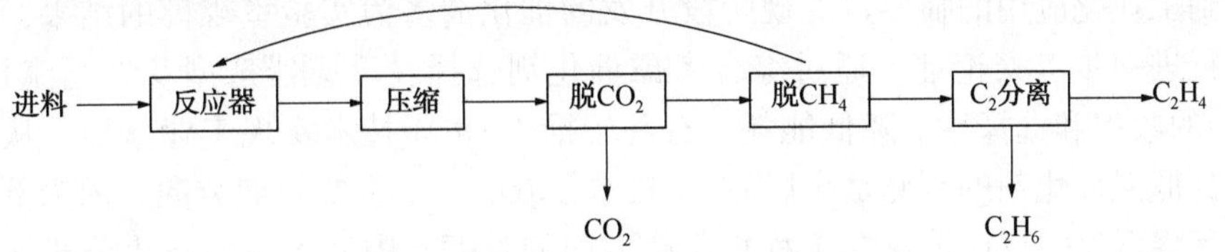


图 25.5-1　典型的 OCM 乙烯分离流程

柏林工业大学的 Nghiem 博士提出了 OCM 产品吸附分离技术，利用沸石和活性炭进行产物分离的模拟研究。反应器出口的混合气先进入吸附分离床，部分吸附分离出乙烷，然后进入二氧化碳分离单元。脱除了二氧化碳的碳二混合物进一步进入压缩区。流程中增加吸附分离操作时，压缩机组的规模可减小至不到传统流程中压缩机组的十分之一。若进一步联合乙烯塔热泵技术，压缩机仅需要三级压缩便可将混合气压缩至1.9MPa(G)。

宾夕法尼亚大学的Fini等设计了一套年产450kt乙烯的OCM流程，该流程的催化剂为LiMgO，反应器为固定床，这样一套装置每年消耗约4130kt的甲烷和2100kt的氧气。分离的大致流程为：从反应器流出的混合气先进入冷凝分离器分离出液相的水，气相进入两级压缩机升压至1.9MPa(G)。经进一步降温后，气相进入变压吸附单元脱除二氧化碳及残余水分。低温精馏系统则用于分离出产品乙烯，制冷系统的冷剂包含丙烷、乙烯和甲烷。没有转化的甲烷被送去燃烧产生蒸汽用于电厂发电，装机容量可达108MW。经济性分析表明，该厂可实现盈利，投资回报率为25.61%，净现值可达5.172亿美元。然而，上述设计是较为理想的，反应器的收率和选择性是基于实验室规模的设备，且设计方案中所使用的分离膜也还不能进行工业化量产。

## 六、OCM工业应用

Siluria公司于2015年在得克萨斯州La Porte宣布投产世界上第一套OCM技术商业化应用示范装置，包含反应单元、工艺气压缩和精制单元、产品分离回收单元以及制冷单元。该工艺对原料要求包括天然气及乙烷，氧源既可以是纯氧也可以是富氧空气。该示范装置的成功运行对OCM技术深入发展提供了参考。

随着OCM研究的不断深入，除了传统纯乙烯生产路线外，研究人员开始思考一些能直接利用稀乙烯进行合成的技术，类似炼厂干气中稀乙烯利用技术。中科院兰州化物所进行了OCM尾气中的乙烯不经分离直接合成环氧乙烷的研究，尾气中的甲烷并不会影响乙烷环氧化过程；英国牛津大学的Green研究小组将甲烷氧化偶联制乙烯、甲烷部分氧化或二氧化碳重整制合成气与乙烯氢甲酰化制丙醛3个反应有机联合起来。如果OCM中乙烯收率达到20%时，丙醛的收率可达28%，因此提高OCM过程中乙烯收率至关重要；中科院大连化物所研制出用于稀乙烯制乙苯的抗硫耐水新型长寿高硅沸石催化剂，其选择性高达80%～90%，产物经分离可得到脱氢制苯乙烯的原料级别；美国Arco公司提出在OCM反应过程中用甲烷和空气交替供料的方式，先制取烯烃，然后齐聚生产汽油；此外澳大利亚CSIRO以也针对这一反应进行了流化床工艺研究与开发。

## 七、OCM技术展望

OCM工艺对于天然气资源丰富的国家，具有重要的战略价值，然而短期内OCM路线仍然未达到工业化应用的临界点。现阶段开发的催化剂多为实验室规模的结果，其反应数据仍需进行进一步考察论证。通过综合考虑催化剂选择、反应器选型及工艺流程的设计，提高$C_2$烃的收率和选择性，降低能耗，有利于推进OCM技术实现工业落地。从目前的研究趋势看，低温催化剂的研究是今后OCM技术领域的一个重要发展方向，因为低温反应系统可以显著降低这一反应体系在工程化实施方面的难度。国外大型的石化公司如埃克森美孚、雪佛龙、壳牌等都有相关方面技术开发及知识产权，国内如中国石化，中国科学院兰州化学物理研究所、大连化学物理研究所等也都取得了较为突出的进展。中国科学院山西煤炭化学研究所和山西潞安集团就OCM技术开发及工业中试开展论证会，携手庄信万丰共同推进OCM技术的应用。

# 第六节 由合成气制乙烯

## 一、技术现状

合成气是煤炭等资源转化利用的主要中间体之一，其催化转化的相关研究已有近百年历史。根据工艺与催化剂体系的区别，合成气制烯烃可分为直接法、间接法两种工艺类型。前者将合成气转化与烯烃生成耦合于同一反应体系，以一段反应或多段反应串联的方式，实现合成气直接转化制烯烃；后者主要包括合成气经甲醇的间接技术，包括甲醇合成、甲醇制烯烃(MTO、MTP)。

目前以CTO/MTO为代表的合成气经甲醇间接法制烯烃工艺技术，在国内已形成大量产能，并取得较好的经济效益。但在实际工业应用中，多段法工艺将导致设备投资的成倍增加。与CTO/MTO技术相比，合成气直接制烯烃工艺有三大优点：一是省去甲醇合成、提纯等步骤，可以摆脱CTO/MTO工艺中对国外甲醇合成技术、海外进口甲醇的依赖，降低技术、经济风险，提升技术经济独立性；二是降低水煤气变换需求，避免水资源浪费；三是实现多步反应的集成，有利于热量的集中收集、利用，同时减少分离次数，降低能耗。

目前已有的合成气直接制取低碳烯烃的技术路线主要包括：①合成气经费托合成路线制烯烃(FTO)；②合成气经双功能催化体系耦合转化制烯烃(STO)。

## 二、费托合成路线

现有合成气直接制烯烃技术主要采用费托合成(FTO)路线。该技术主要使用Fe/Co基催化剂，其他催化剂体系中研究较为广泛的有Ni、Ru等金属，并通过添加一些其他如碱金属(Na、K等)、过渡金属(Mn、Ru等)或非金属组分来提高选择性。费托合成路线具有较高的CO转化率，但反应产物分布广，并且受Anderson-Schulz-Flory分布(ASF分布)的限制。

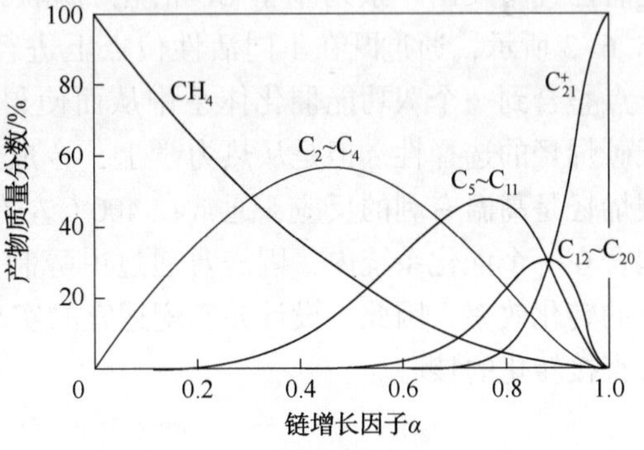


图 25.6-1 费托合成产物的 ASF 分布

如图25.6-1所示，当链增长因子α在0.4~0.5之间时，低碳烃(烯烃和烷烃)的选择性最高为57%，同时甲烷选择性为30%左右。还可以看出，需降低链增长因子α以提高低碳烯烃的选择性，但甲烷选择性随链增长因子α的减小会进一步增加。因此，选择合适的催化剂，打破ASF分布，提高低碳烯烃的选择性是目前研究面临的主要挑战。Ru、Rh等催化剂具有较高的链增长活性和长链烃类选择性，但该类催化剂昂贵的价格限制了其工业应用。Ni基催化剂加氢能力强，主要用于甲烷化反应，并不适合用于费托合成反应。相比之下，Fe和Co是最适合用于费托合成反应的两种催化剂体系。

费托合成反应过程比较复杂，目前碳化物机理被广泛接受，其反应机理模型如图25.6-

2所示。CO先吸附解离成吸附态的碳和氧，吸附态的氧原子有两种反应途径，一种加氢生成$H_2O$，另一种是和CO反应生成$CO_2$。吸附态的碳原子($C^*$)首先加氢形成吸附态的亚甲基($CH_2$)或甲基($CH_3$)。其中甲基可加氢形成$CH_4$，或与亚甲基发生C—C耦合形成中间体$C_2H_5{}^*$。$C_2H_5{}^*$可脱去一个H生成乙烯，或是加氢生成乙烷，抑或继续与亚甲基耦合使碳链继续增长形成$C_3$中间体$C_3H_7{}^*$。如此反复可生成丙烯、丙烷、丁烯、丁烷等烃类化合物。但是，生成的烯烃还可以在催化剂表面发生二次吸附。烯烃先与吸附态$H^*$进行结合生成的中间体继续加氢生成烷烃，或者继续与亚甲基结合进行碳链的增长。

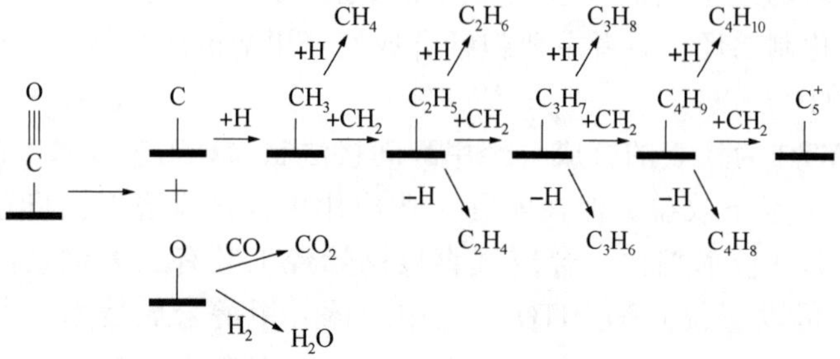


图25.6-2　费托合成机理示意图

尽管费托合成制低碳烯烃技术近年来取得了显著进展，其优势为反应条件较为温和且转化率高，但由于费托合成反应机制的限制使得$C_2$~$C_4$低碳烯烃的选择性始终无法有重大突破。

## 三、合成气耦合转化制烯烃

在费托合成催化剂表面会同时出现费托合成反应中两个关键组分，即CO加氢形成的$CH_x$组分以及偶联形成的含C—C键组分。由于对这两种组分缺乏限制作用，导致难以精确控制C—C耦合程度。近年来，基于"中间产物的定向二次转化"这一科学思想，国内外研究者已经开发出一系列基于CO活化-偶联策略的合成气转化制烯烃双功能催化剂。如图25.6-3所示，通过既在不同活性位点上进行CO活化和C—C键偶联，同时又将这些活性位点整合到一个双功能催化体系中从而使得能够精确调控C—C键耦合，继而提高$C_2$~$C_4$低碳烯烃的选择性。但是从热力学上，合成气制甲醇反应是低温有利的反应，而甲醇制低碳烯烃是高温有利的反应，通常在400℃左右进行。如果将合成气制甲醇和甲醇制低碳烯烃耦合在一个催化系统内，则需要通过甲醇制低碳烯烃反应来拉动甲醇合成反应，促进合成气的转化效率。因此，设计并匹配适宜的实现CO活化和C—C键偶联的催化组分是实现高效直接转化的核心。

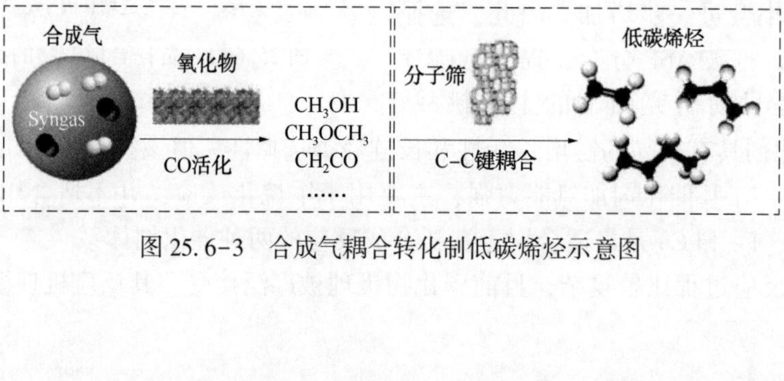


图25.6-3　合成气耦合转化制低碳烯烃示意图

目前，中国处于合成气耦合转化制烯烃路线研究的领先地位。2016 年，国际知名学术期刊 Science 报道了中国科学院大连化学物理研究所(简称大连化物所)开发的一类新型双功能 ZnCrOx/SAPO-34 耦合催化剂，实现了合成气对低碳烯烃高选择性转化(低碳烯烃在有机产物中的选择性可达 80%)，同时 CO 转化率可达 17%，极具应用潜力，吸引了众多研究者的关注。2017 年 5 月，大连化物所与陕西延长石油集团就合成气制低碳烯烃技术签订了合作意向开发书，同年 12 月签署技术合作开发协议。2018—2019 年，二者合作在陕西靖边能源化工综合利用产业园区建设了合成气直接制低碳烯烃 1000t/a 中试装置，包括反应单元和分离单元。据公开报道，2019 年 9 月，该中试装置进行了开车试验，CO 单程转化率超过 50%，$C_2 \sim C_4$ 低碳烯烃选择性优于 75%。

2015 年初，中国石化开始自主开展合成气直接制低碳烯烃的催化剂及工艺技术研究。研究团队筛选了系列 CO 活化催化剂，开发了 ZnCr 氧化物、ZnAl 氧化物、InZr 氧化物、K 改性的硫化钼催化剂等四个系列的耦合催化剂体系。创新开发了拥有片状形貌、弱酸性的 AlPO-18 分子筛，与 ZnCr 氧化物耦合后，拥有最佳的 CO 转化率和 $C_2 \sim C_4$ 烯烃选择性，性能远高于国际同类研究水平。2017 年，中国石化开始自主开展反应器设计方案研究，初步采用固定床列管反应器。模拟结果显示，尽管反应放热量大、绝热温升高，但在一定的传热系数下反应温度相对可控。后续分离系统采用脱 $CO_2$、脱合成气、压缩干燥、深冷分离的技术方案，根据模拟结果测算，低碳烯烃产品乙烯和丙烯的一次回收率分别达到 97.2% 和 99.8%。2019 年，中国石化开展 STO 项目固定床中试试验，已完成了催化剂的百公斤级放大合成研究，解决了催化剂粉体制备和颗粒成型过程中面临的关键问题。目前，中试装置已完成工程设计和施工建设。

## 四、结论与展望

目前，国内外合成气直接制低碳烯烃的研究大部分仍处于实验室开发阶段，工业应用实例较少。最近研究工作表明，与传统的费托合成路线(FTO)相比，通过双功能催化剂体系耦合转化制烯烃(STO)的技术路线具有很强的竞争力，尤其在产物分布上有较大优势，因此相关的研究也不断深入，为合成气直接制低碳烯烃实现工业化奠定了理论基础。

目前已有工作充分证实双功能催化剂中氧化物的组成和结构、分子筛孔道结构和酸性，以及两个组分之间的匹配对催化活性和选择性有明显的影响，但仍然需要进一步提高 CO 的转化效率和$C_2 \sim C_4$产物选择性来提高双功能催化体系的技术竞争力。针对氧化物组分，需要进一步对 CO 和 $H_2$ 的活化机制进行深入的研究，以阐明 CO 和 $H_2$ 的活化位点、活性结构以及催化反应机理，从而可以指导设计综合性能优异的催化材料，提高双功能催化剂的整体催化性能。另外，还可以通过调控分子筛催化性能来改变 CO 活化性能，分子筛酸性和孔道结构是调变催化性能的关键因素，孔道结构显著影响产物的选择性。双功能催化体系中联系氧化物和分子筛的反应中间体目前还存在争议，虽然已有计算研究对反应中间体结构和反应机理提供了深入系统的原子分子水平的认识，然而真实的催化体系结构复杂可变，研究所使用的模型体系与真实的催化体系结构之间可能还存在差异，同时，催化反应条件对结构和反应机理的影响也不能忽视。最后，在双功能催化体系反应中，如何减少产物 $CO_2$ 的选择性，降低 $CO_2$ 排放，在当前“双碳”目标背景下显得更为重要。

## 第七节 炼厂干气回收技术

炼厂干气是炼油厂在原油加工过程中所产生的各种含烃尾气，主要来源于催化裂化、延迟焦化、加氢裂化、催化重整等原油的二次加工过程，其中催化裂化的干气量较大，一般占原油加工量的3%~5%。炼厂干气中含有氢气、甲烷、乙烷、乙烯、丙烷、丙烯等大量轻质烃类资源，早期因缺少经济实用的回收技术，炼厂干气一般作燃料气烧掉，造成资源的严重浪费。随着石油资源的日益紧张和环保法规的日趋苛刻，世界炼化工业正面临着严峻的挑战，炼厂干气的合理利用也受到了前所未有的高度重视，并逐渐成为炼化企业降低生产成本和实现资源有效利用的重要手段。

目前，炼厂干气的回收利用技术主要分为两大类：一是对干气中的乙烯、乙烷等进行浓缩，再通过分离回收得到富碳二气的提浓技术；二是直接用干气作为原料，利用其中的稀乙烯通过化学反应来生产乙苯、二氯乙烷、环氧乙烷、丙醛等的直接加工技术。

从炼厂干气中提浓碳二且已实现工业化的技术主要有深冷分离法、吸收分离法、吸附分离法等。此外，还出现了膜分离法、水合物分离法等新技术。

### 一、深冷分离法

早在20世纪50年代，人们就开发了常规深冷分离工艺。这是一种低温分离工艺，利用原料中各组分相对挥发度的差异，通过气体透平膨胀制冷，在低温下将干气中各组分按工艺要求冷凝下来，然后用精馏法将其中的各类烃依其蒸发温度的不同逐一分离。

为降低传统深冷分离法的能耗，美国空气产品公司和Mobil公司联合开发开发了深冷分凝分离工艺，并于1987年投入工业化生产。Mobil和Stone&Webster工程公司对深冷分凝分离工艺进行了改进，开发了ARS(Advanced Recovery System)工艺。该工艺的技术核心是分凝分离器，它将热传导与蒸馏结合起来，通过部分冷凝可高效地将气体混合物分开，因此能耗较低，比常规的深冷分离技术节能15%~25%。近年，Stone &Webster公司又提出以热集成精馏系统(HRS)为核心设备的第二代ARS技术。HRS与分凝分离器相比，传热效率约为分凝分离器的10倍，可大幅减少设备尺寸、降低投资。

深冷分离法经过数十年的发展，技术成熟、工艺完善，而且产品纯度和回收率都很高，是广泛应用的一种技术。深冷法干气预处理技术主要包括以下几部分。

1. 压缩、碱洗、脱氧

来自界区的炼厂干气首先经压缩机增压后进入碱/水洗塔以脱除其中的酸性气，碱洗塔的碱洗段为填料，水洗段为塔板。经两段碱洗后脱除 $CO_2$ 和 $H_2S$ 的炼厂干气在碱洗塔中部采出并用中压蒸汽加热后进入杂质吸附床脱除杂质。然后由脱氧转化反应器进料/流出物换热器预热，再经进料加热器用高压蒸汽加热后进入脱氧反应器。在脱氧反应器中氧气和乙炔被炼厂干气自身所含的氢气加氢后脱除，砷和磷化物被催化剂吸附后脱除。反应流出物经反应器进料/流出物换热器冷却后，再经冷却水后返回碱洗塔强碱洗涤段。

2. 干燥和脱除杂质

来自碱洗塔塔顶的炼厂干气经丙烯冷剂冷却后进入干燥器进料罐，干燥器进料罐底分出凝结水，罐顶气相进入干燥器/后处理器。干燥器中的干燥剂进一步脱除干气中的水分，后处理器中的吸附剂脱除炼厂干气中的 RSH、HCN、有机硫、腈、$NO_x$、COS 等杂质。

3. 汞吸附系统

自后处理器来的炼厂干气，进入汞吸附器。汞吸附器是炼厂干气净化的最后一步，汞吸附处理后的炼厂干气进入脱甲烷塔回收乙烯、乙烷和丙烯。

4. 脱甲烷塔

脱汞床处理后的精制炼厂干气经冷箱预冷后进入脱甲烷塔，脱甲烷塔液为富 $C_2$ 物料，该物流经冷箱回收冷量送至乙烯装置的脱乙烷塔分离。脱甲烷塔顶排出尾气主要为 $H_2$、$N_2$ 和 $CH_4$ 等组分，经冷箱回收冷量后作为燃料气产品。

## 二、吸收分离法

吸收分离法主要是利用炼厂干气中各组分在吸收剂中溶解度的不同来进行分离，可分为物理吸收法和化学吸收法，其中物理吸收法主要包括油吸收法和 Mehra 溶剂抽提工艺。

1. 油吸收法

油吸收法又称为吸收-精馏法，通常以碳三、碳四及芳烃等作为吸收剂，在吸收塔内将炼厂干气中的碳二及以上组分吸收下来，并脱除甲烷、氢气、氮气和一氧化碳、二氧化碳等不凝气，然后通过精馏方法把吸收剂里溶解的组分逐一解吸出来，从而达到气体分离的目的。依据吸收操作温度的不同，油吸收法可大致分为深冷油吸收(一般低于-80℃)、中冷油吸收(一般为-20～-40℃)和浅冷油吸收(一般高于0℃)3 种工艺。

(1) 深冷油吸收法回收炼厂干气工艺

Lummus 公司开发的低压深冷吸收脱甲烷工艺是深冷油吸收法回收炼厂干气的典型代表。它是一种将炼厂干气回收与蒸汽裂解分离系统相结合的工艺，在 0.4～0.5MPa(G)、-98℃的条件下，以碳三和碳四混合组分为吸收剂将干气中的碳二及以上烃类吸收，从而与氢、氮、甲烷等轻组分分离。为保证吸收效果，深冷油吸收法需要在比较低的温度下操作，消耗冷量大，制冷负荷重，故而该工艺的能耗往往较大。同时，深冷油吸收法对原料气中的杂质含量要求比较严格，需要进行深度预处理。

(2) 中冷油吸收法回收炼厂干气工艺

中国石化洛阳石化工程公司在深冷油吸收工艺的基础上，开发出了中冷油吸收法提浓催化干气中乙烯的成套技术。该技术将吸收温度提高到-40℃，在干气压力不低于 3.3MPa(G)的条件下以碳五馏分吸收干气中的碳二及以上烃类并脱除不凝气，然后再将被吸收的组分解吸、回收送至乙烯装置分离系统。该技术能耗仍然较高，而且烯烃损失较大。

上海东化环境工程有限公司开发了新型中冷油吸收技术(NORP)工艺。该工艺通过在吸收塔顶增设膨胀机-冷箱系统来降低吸收尾气中乙烯的损失量，可将乙烯回收率提高到 90%～98%。NORP 工艺对原料预处理的要求低于深冷油吸收工艺，流程较为简单，能耗比传统中冷油吸收工艺降低约 10%～15%。

中国石化北京化工研究院从 20 世纪 70 年代开始进行裂解气中冷油吸收的研究，并在此基础上不断完善流程和改进工艺，开发了用于催化干气回收乙烯的中冷油吸收工艺，其流程示意如图 25.7-1 所示。该工艺由于控制冷箱的最低操作温度(-95℃)高于 $N_2O_3$ 的凝固点温度(-102℃)，故而 $N_2O_3$ 不会在冷箱内聚积，消除了油吸收装置的安全隐患，可以保证装置安全稳定地运行。

(3) 浅冷油吸收法回收炼厂干气工艺

为进一步提高吸收温度、节省低温冷量消耗，中国石化北京化工研究院在中冷油吸收工艺的基础上开发了用于回收干气的浅冷油吸收工艺，其流程示意如图 25.7-2 所示。原料干气经压缩机升压到 3.4~3.9MPa(G)，用低温水冷却至 10~15℃后送入吸收塔，塔顶打入炼厂碳四作为吸收剂，与干气逆流接触，吸收其中的碳二及以上组分后借助压差从塔釜进入解吸塔进行分离。解吸塔顶得到的混合碳二提浓气送入粗分塔(或直接送入乙烯装置)，塔顶分离出的粗乙烯和塔底分离出的粗乙烷分别送入乙烯装置的碱洗塔和乙烷炉；解吸塔塔釜采出的不含碳二馏分的贫吸收剂经逐级换热、冷却后返回吸收塔内循环使用。吸收塔顶采出的富含甲烷、氢气和氮气等不凝气的吸收尾气送入再吸收塔，利用稳定汽油作为再吸收剂来回收尾气中夹带的碳四组分，不凝气从再吸收塔顶进入燃料气管网，含有少量碳四吸收剂的塔釜富汽油返回炼厂吸收稳定系统(或单设汽油稳定塔回收碳四)。

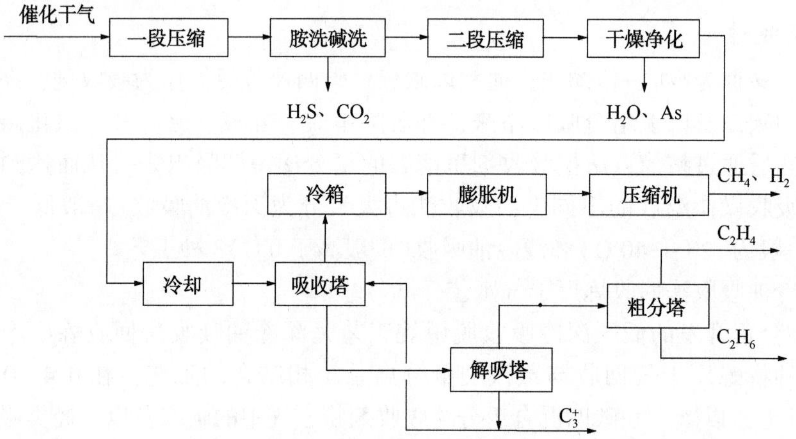


图 25.7-1　中冷油回收炼厂干气工艺流程示意图

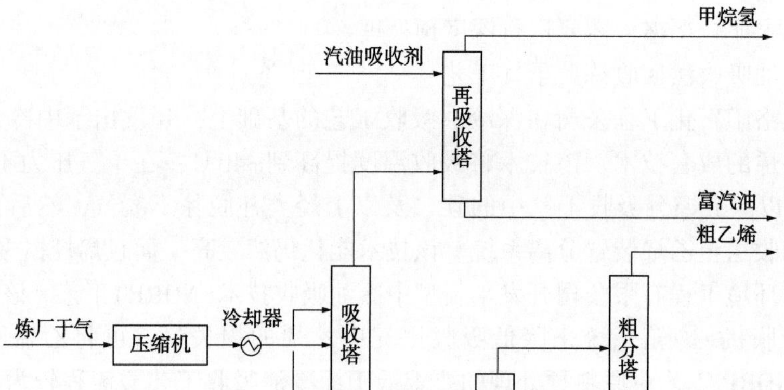


图 25.7-2　浅冷油回收炼厂干气工艺流程示意图

浅冷油吸收法回收炼厂干气工艺的特点是：①碳二提浓气中甲烷含量小于5%(摩尔)，可有效降低乙烯装置的能耗；②采用炼厂碳四作为吸收剂来回收干气中的碳二，吸收剂原料容易获得，成本低廉；③可充分利用炼厂大量富余的低温余热，通过溴化锂吸收式制冷提供7℃冷量，节能效果显著；④碳二回收率较高，乙烯+乙烷回收率可大于95%；⑤装置操作简便，对原料适应性强，稳定性高，可实现长周期连续运行。因此，浅冷油吸收法回收炼厂干气工艺是目前最具发展潜力和市场竞争力的干气回收技术之一，具有良好的应用前景。首套浅冷油吸收法催化干气回收装置于2011年在中国石化齐鲁分公司建成投产，年处理量100kt/a，乙烯回收率大于93%，装置运行平稳，经济效益可观。国内已有多家石化企业采用浅冷油吸收工艺进行炼厂干气的回收。

(4) 浅冷油吸收法饱和轻烃回收一体化组合技术

常规轻烃回收装置主要回收炼厂二次加工气体中的液化气组分，干气在脱硫后送至燃料气管网作为补充燃料，干气中的碳二组分没有得到有效回收，造成了资源的浪费。随着炼化融合的发展，炼化一体化成为发展趋势，进一步回收炼厂气中的碳二资源，为乙烯装置提供轻质化的乙烯裂解料，对减少乙烯料外购、提高炼厂经济效益有着重要的影响，越来越得到炼厂的重视。越来越多的化工型炼厂选择新建一套碳二回收装置，通过外补碳四作为吸收剂来回收碳二组分，得到富乙烷气/富乙烯气。尽管装置能够稳定运行，但是从总流程上看，传统轻烃回收+新建碳二回收路线，存在着组分二次分离问题，对于精馏过程而言，增加了分离能耗。

以加氢裂化装置为例，加氢裂化硫化氢汽提塔塔顶产品为富气、粗烃，塔底为混合油品，初步实现了液化气组分与石脑油组分的分离。富气与粗烃经过吸收稳定的吸收塔，又以混合石脑油为吸收剂，实现碳二组分与液化气组分的分离，再经过稳定塔实现液化气组分与石脑油的分离。吸收稳定的目的是得到干气与液化气，此过程中液化气组分与石脑油存在二次分离问题。吸收稳定后的干气经过脱硫后，进入碳二回收装置，采用浅冷油吸收技术回收碳二组分，吸收剂通常为碳四组分，在碳四吸收碳中吸收碳二后，再经过碳四解吸塔解吸得到富碳二产品气。分析全流程可以发现，碳二组分在吸收稳定的吸收塔中已经与碳四组分实现了分离，为回收碳二，在碳二回收的吸收塔内以碳四为吸收剂再次混合，最终经由碳四解吸塔分离碳四与碳二，此过程存在碳二组分与碳四的二次分离问题。

由上述分析可以看出，对于炼化一体化型炼厂，需要回收碳二作为乙烯料时，吸收稳定的设置存在关键组分的多次分离问题，增加了能耗及投资。2018年，SEI通过对目前轻烃回收工艺技术进行详细研究，开发出了饱和轻烃综合回收工艺技术，可实现液化气和碳二资源的集中、统一回收，该技术可以避免现有流程中存在的石脑油与碳三/碳四组分、碳二组分与碳三/碳四组分的二次分离问题，同时可以降低投资、占地和能耗，且该技术乙烷组分回收率不低于97%，丙烷及更重组分回收率不低于98%。

SEI和中国石化北京化工研究院进行强强联合，在SEI的饱和轻烃综合回收工艺技术和北化院的浅冷油吸收法回收炼厂干气技术的基础上，进一步优化工艺技术方案，合作开发了“浅冷油吸收法轻烃回收一体化组合技术”。该技术采用高压吸收+低压解吸的技术路线，可进一步降低能耗。与现有技术相比，可以进一步降低投资、占地和能耗。

浅冷油吸收法轻烃回收一体化组合技术和传统轻烃回收路线对比如图25.7-3所示。

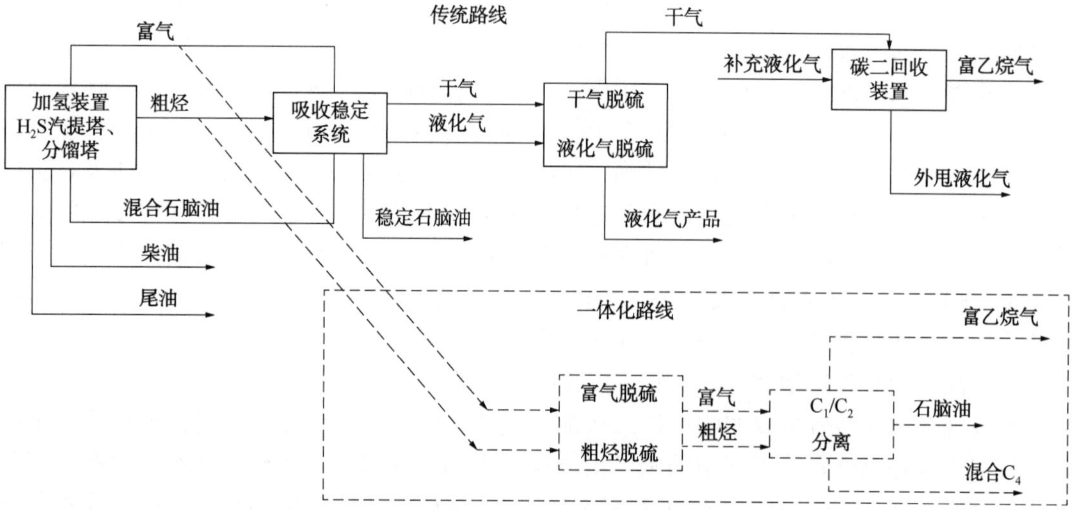


图 25.7-3　饱和轻烃回收路线对比

从上图可以看出，与传统流程相比，该技术改变了组分分离顺序，将组分分离改为碳一组分与碳二及以上组分的分离问题，提出模糊分离的概念，即碳二以上组分均可以作为乙烯料，或者根据炼厂需要，进一步分离 $C_2/C_3/C_4/C_5^+$。该技术具有如下优势：不设置吸收稳定系统，统筹考虑 $C_2/C_3/C_4$ 回收；不需外补 $C_4$ 吸收剂，自身所含 $C_4$ 完全满足要求；模糊分离 $C_2/C_3/C_4$，降低低温位冷量需求。根估算，此工艺投资较传统路线降低 10%；能耗较传统路线降低 15%～20%。

（5）催化裂化分离与轻烃回收一体化工艺技术

目前国内外催化裂化（裂解）装置反应产品分离流程一般都是采用分馏-富气压缩-吸收稳定-双脱-气体分馏，得到汽油、柴油、干气、丙烯、丙烷和碳四等产品，其中干气含有乙烯、乙烷、甲烷、氢气和部分非烃，一般是作为燃料气使用。催化裂化装置干气产率一般在 3%（质量分数，下同）左右，干气中乙烷+乙烯约占 40%；催化裂解装置干气产率则达到 10%左右，干气中乙烷+乙烯约占 55%，回收这部分碳二具有很高的经济效益。

随着国内外炼油产能过剩，炼油转化工的发展趋势日益明显，并且随着炼化一体化发展，通过在气体分馏后部增设碳二回收单元，进一步回收催化干气中的碳二组分，对干气中的乙烯和乙烷进一步回收利用，从而提高碳二组分的附加值。

中国石化在世界范围内首次提出了催化裂化（裂解）反应产品分离与轻烃回收一体化技术，针对催化裂化（裂解）装置优化整合分馏、吸收稳定、双脱、气体分离和碳二回收流程，并依次分离出甲烷氢、碳二、丙烯、丙烷、碳四和稳定汽油产品，提高产品附加值；形成了催化裂化（裂解）反应产品分离与轻烃回收一体化新工艺流程，如图 25.7-4 所示。

与传统工艺流程相比，催化裂化（裂解）反应产品分离与轻烃回收一体化技术工艺具有如下特点和优势：

① 将碳二、碳三、碳四回收统筹纳入轻烃一体化回收流程中，不单独设置吸收稳定系统，流程大幅缩短；解决了现有催化裂化/催化裂解吸收稳定、双脱、气分和碳二回收单元循环物流多、循环量大、碳二和碳四多次分离等突出问题，分离塔数量由 12 个减少至 7 个，能耗降低 10%～20%，节约投资和占地。

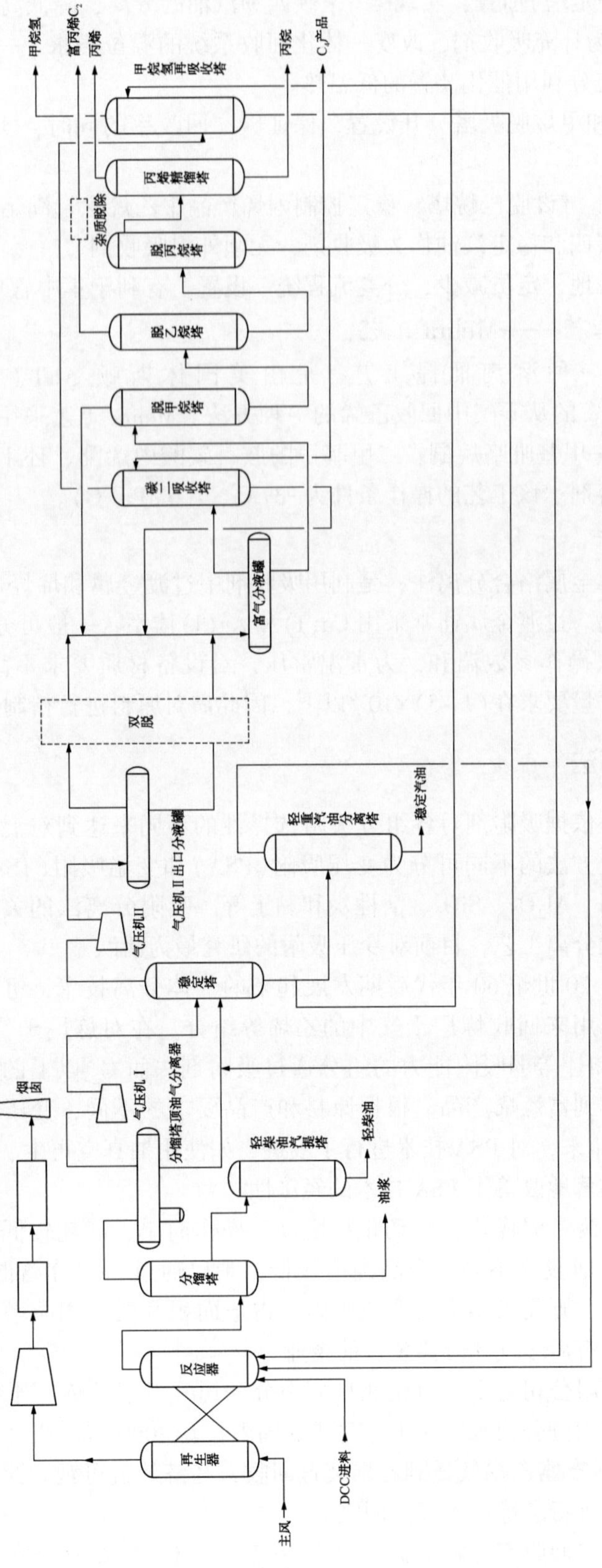


图25.7-4 催化裂化/催化裂解反应产品分离与轻烃回收一体化新工艺流程

② 脱丁烷塔(稳定塔)前置，实现碳一~碳四和汽油的分离，降低高温位热源用量。

③ 碳四循环作为补充吸收剂，改变一体化回收系统的温位需求，一体化回收系统成为低温热阱，有利于充分利用催化装置的低温热。

④ 碳二吸收塔和甲烷脱吸塔分开设置，保证碳二回收率的同时，实现碳二、碳三中甲烷的稳定控制。

⑤ 丙烯精馏塔上游设脱乙烷塔，稳定控制丙烯产品中乙烷含量满足聚合级丙烯要求。

⑥装置自产的碳四和稳定汽油作为吸收剂，无须外引吸收剂。

⑦流程优化，占地、定员减少，分离流程统一设置，有利于集中管理。

2. 溶剂抽提工艺——Mehra 工艺

Mehra 工艺是一种溶剂抽提工艺，是由美国休斯顿 AET(Advanced Extraction Technologies)公司开发的从干气中回收乙烯的一种方法。Mehra 工艺采用的溶剂一般为聚烷撑二醇二烷基醚、*N*-甲基吡咯烷酮、二甲基甲酚胺、碳酸丙烯酯、环丁砜或乙二醇三乙酸酯等，或者是复合溶剂。该工艺的操作条件为-37℃、1.6MPa(G)。

3. 化学吸收法

化学吸收法又称金属络合分离法，是利用吸收剂中过渡金属和烯烃形成π-络合物，使烯烃与其他组分分离。过渡金属通常采用Cu(Ⅰ)和Ag(Ⅰ)体系，一般可分为水溶液和非水溶液两种体系。此方法操作参数温和，为常温常压，对设备材质要求不高，普通碳钢即可，但对原料中水和硫含量要求在$(1\sim5)\times10^{-6}$以下，因此需对原料进行精制。

## 三、吸附分离法

吸附分离主要是依据吸附剂对各组分吸附选择性的不同来达到对混合气进行分离的目的。根据吸附剂再生方法的不同可分为变压吸附(PSA)和变温吸附(TSA)等。所用吸附剂主要有分子筛、树脂、$Al_2O_3$、$SiO_2$、活性炭和黏土等。吸附分离法的关键是开发好的吸附剂和与之适应的高效分离工艺，目前对变压吸附的研究最为活跃。

变压吸附技术是20世纪60年代后期发展起来的气体分离技术，可用于分离提纯混合气体中的氢气，也可用来回收炼厂干气中的乙烯等组分。在对炼厂干气进行变压吸附时，$H_2$、$O_2$、$N_2$、CO、$CH_4$ 等弱吸附能力的组分通过吸附剂，而 $C_2$ 以上的组分被吸附，通过收集解吸组分，可得到富乙烯产品。根据原料和产品要求的不同，变压吸附可采用8塔流程或10塔流程。近年来，对PSA技术进行了改进，如使用抽真空再生、吸附剂改进、多床多次均压等技术，显著地改善了PSA技术的经济性。

变压吸附法可实现常温操作，自动化程度高、操作简单、能耗较低，但设备庞杂、装置稳定性较差、乙烯回收率不高、产品纯度较低，难以通过一次分离得到高纯度的产品。如要进一步提高纯度，则需采用多级变压吸附，占地面积及投资相应增加。一般单纯的变压吸附工艺适合用于有后续气体分离装置的企业。

四川天一科技有限公司与中国石化北京燕山分公司开发了从炼厂干气回收乙烯的两段PSA法工艺，北京燕山分公司采用该工艺建成的国内首套30000$Nm^3/h$干气提浓乙烯工业装置于2005年投产，所产富乙烯气送到乙烯装置回收，经济效益可观。此后，国内又有几家石化企业采用该工艺进行了炼厂干气的回收。

为进一步提高碳二回收率并降低提浓气中甲烷的含量，PSA复合常温油吸收工艺被开发出来。该工艺采用一段 PSA 与常温油吸收工艺相复合，$C_2$ 回收率大于 93%，提浓气甲烷含量小于 3%(摩尔)，为炼厂干气回收乙烯提供了一种选择。

## 四、其他方法

炼厂干气回收技术除了已经工业化的深冷分离法、吸收分离法、吸附分离法等方法外，膜分离法、水合物分离法等新方法也在积极研究之中。

膜分离法是利用气体中各组分在膜中渗透速率的差异而进行的，渗透推动力是膜两侧的分压差。膜分离法具有工艺简单、能耗低和操作弹性大等特点，同时膜分离操作中不引入杂质，不产生二次污染，表现出较大的发展潜力。但膜受原料中杂质的影响很大，需对原料进行特殊处理，设备投资很高，若工业化应用还需要进一步研究和开发。

近年来，水合物分离气体混合物技术在国内外受到广泛关注。水合物法可以在 0℃ 以上的温度下进行，具有压力损失小、分离效率高等优点，可以简化流程，节省投资，适合于炼厂干气等低沸点气体混合物的分离，具有良好的开发潜力。但目前水合物法分离技术还不成熟，未达到工业化应用的阶段。

为了提高分离效果、降低成本、获得最佳效益，现阶段可考虑采用一些联合工艺，如 PSA 与精馏联合、膜分离与 PSA 联合、冷凝分离与 PSA 联合、PSA-精馏-冷凝三者联合分离等，以此来达到炼化企业节能减排和资源综合利用的目的。

## 五、小结

随着石油资源的日益紧张和环保法规的日趋苛刻，加强对炼厂干气的综合利用是炼化企业实现节能减排、提高经济效益的一个重要举措。当前已经实现工业化的炼厂干气回收技术主要有深冷分离法、吸收分离法、吸附分离法等，各种方法各有其特点。炼厂干气的回收利用是一个涉及炼化企业上下游诸多因素的复杂问题，在实际操作中应结合炼化企业的自身特点来选择合适的干气回收工艺，以得到最佳的经济效益和环境效益。

## 参 考 文 献

[1] 朱义才. 丙烷脱氢制丙烯技术经济分析[J]. 当代石油石化，2012，8(212)：36-42.

[2] 周巍. 丙烷脱氢制丙烯技术浅析[J]. 石油化工设计，2013，30(3)：36-38.

[3] 周保国. 丙烷脱氢制丙烯技术的工业化应用[J]. 乙烯工业，2011，23(2)：11-12.

[4] 马艳萍，杨茹欣，赵燕. 丙烷催化脱氢制丙烯生产技术及工业应用进展[J]. 广东化工，2012，39(231)：87，115.

[5] 盖希坤，田原宇，夏道宏. 丙烷催化脱氢制丙烯工艺分析[J]. 炼油技术与工程，2010，40(12)：27-32.

[6] 陈建九，史海英，汪泳. 丙烷脱氢制丙烯工艺技术[J]. 精细石油化工进展，2000，1(12)：23-28.

[7] 谢朝钢，汪燮卿，郭志雄，等. 催化热裂解(CPP)制取烯烃技术的开发及其工业试验[J]. 石油炼制与化工，2001，32(12)：7-10.

[8] 汪燮卿，舒兴田，等. 重质油裂解制轻烯烃[M]. 北京：中国石化出版社，2014：296-297，465-489.

[9] 王子宗. 乙烯、丙烯生产技术及经济分析[M]. 北京：中国石化出版社，2014：79-87.

[10] "碳中和"目标下煤制聚烯烃的挑战与机遇[EB/OL]. http://www.chemmade.com/news/detail-00-131020.html.

[11] Koempel H, Liebner W. Lurgi´s methanol to propylene(MTP®) report on a successful commercialisation [J]. Studies in Surface, Science and Catalysis, 2007, 167: 261-267.

[12] Bjørgen M, Svelle S, Joensen F, et al. Conversion of methanol to hydrocarbons over zeolite H-ZSM-5: On the origin of the olefinic species[J]. Journal of Catalysis, 2007, 249(2): 195-207.

[13] 林玉霞，徐德义，等．甲醇制丙烯过程研究进展[J]．化学反应工程与工艺，2021，37(4)：363-372.

[14] 周守为，朱军龙，单彤文，等．中国天然气及 LNG 产业的发展现状及展望[J]．中国海上油气，2022，34(1)：1-8.

[15] Keller G E, Bhasin M M. Synthesis of ethylene via oxidative coupling of methane: I. Determination of active catalysts[J]. Journal of Catalysis, 1982, 73(1): 9-19.

[16] 张志翔，王凤荣，苑慧敏，等．甲烷氧化偶联反应制乙烯的研究进展[J]．现代化工，2007，27(3)：20-25.

[17] 李鹏，张明森，武洁花．甲烷氧化偶联制乙烯机理和动力学研究进展[J]．石油化工，2018，47(9)：1005-1012.

[18] 张伟．甲烷氧化偶联制乙烯的研究进展[J]．石化技术，2021，4：157-159.

[19] 潘丽．甲烷氧化偶联制乙烯技术进展[J]．山西化工，2018，38(1)：38-39，44.

[20] 聂毅强，王振维，丁利伟，等．一种用于甲烷氧化偶联反应的固定床反应器及甲烷氧化偶联制乙烯的方法：中国 CN 111744434 A.

[21] 吴曦，堵祖荫，徐尔玲，等．甲烷氧化偶联制乙烯反应工艺．CN 106831306 B.

[22] Tiemersma T P. Integrated autothermal reactor concepts for oxidative coupling and reforming of methane[D]. University of Twente, 2010.

[23] 唐绮颖，堵祖荫，徐尔玲，等．甲烷氧化偶联制乙烯反应产物的分离工艺．CN 106831292B.

[24] Nghiem X S. Ethylene Production by Oxidative Coupling of Methane: New Process Flow Diagram Based on Adsorptive Separation[D]. Technische Universität Berlin, 2014.

[25] Fini T, Patz C, Wentzel R. Oxidative Coupling of Methane to Ethylene [R]. University of Pennsylvania, 2014.

[26] 谢光全．甲烷氧化偶联制乙烯进展[J]．天然气化工，1999，25(4)：34-39.

[27] Khodakov A Y, CHU W, Fongarland P. Advances in the development of novel cobalt Fischer-Tropsch catalysts for synthesis of long-chain hydrocarbons and clean fuels[J]. Chemical Reviews, 2007, 107(5): 1692-1744.

[28] Torres G H M, Bitter J H, Khare C B, et al. Supported iron nanoparticles as catalysts for sustainable production of lower olefins[J]. Science, 2012, 335(6070): 835-838.

[29] Torres G H M., DE JONG K P. Catalysts for production of lower olefins from synthesis gas: A Review[J]. ACS Catalysis, 2013, 3(9): 2130-2149.

[30] Yang J I, Yang J H, Kim H J, et al. Highly effective cobalt catalyst for wax production in Fischer-Tropsch synthesis[J]. Fuel, 2010, 89(1): 237-243.

[31] Zhong L S, Yu F, AN Y L, et al. Cobalt carbide nanoprisms for direct production of lower olefins from syngas[J]. Nature, 2016, 538(7623): 84-87.

[32] Zhao Z, Lu W, Yang R, et al. Insight into the formation of Co@ $Co_2C$ catalysts for direct synthesis of higher alcohols and olefins from syngas[J]. ACS Catalysis, 2017, 8(1): 228-241.

[33] Zhou W, Cheng K, Kang J, et al. New horizon in C1 chemistry: breaking the selectivity limitation in transformation of syngas and hydrogenation of $CO_2$ into hydrocarbon chemicals and fuels[J]. Catalysis Science and Technology, 2019, 48(12): 3193-3228.

[34] 程金燮，胡志彪，王科，等．我国合成气一步法制低碳烯烃催化剂研究新进展[J]．化工进展，2016，35(08)：2439-2445.
[35] Pan X L，Jiao F，Miao D Y，et al. Oxide-zeolite-based composite catalyst concept that enables syngas chemistry beyond Fischer-Tropsch synthesis[J]. Chemical Reviews，2021，121(11)：6588-6609.
[36] 马光远，徐艳飞，王捷，等．合成气直接法制取低碳烯烃铁基催化体系研究进展[J]．化工进展，2018，37(3)：992-1000.
[37] Friedel R A，Anderson R B. Composition of synthetic liquid fuels. I. product distribution and analysis of C5-C8 paraffin isomers from cobalt catalyst [J]. Journal of the American Chemical Society，2002，72(3)：1212-1215.
[38] Cheng J，Hu P，Ellis P，et al. Chain growth mechanism in Fischer-Tropsch synthesis：a DFT study of C-C coupling over Ru，Fe，Rh，and Re surfaces[J]. The Journal of Physical Chemistry C，2008，112(15)：6082-6086.
[39] 李娟，吴梁鹏，邱勇，等．费托合成催化剂的研究进展 [J]．化工进展，2013，32(z1)：100-109.
[40] Jiao F，Li J J，Pan X L，et al. Selective conversion of syngas to light olefins [J]. Science，2016，351(6277)：1065-1068.
[41] Cheng K，Gu B，Liu X L，et al. Direct and highly selective conversion of synthesis gas into lower olefins：design of a bifunctional catalyst combining methanol synthesis and carbon-carbon coupling[J]. Angewandte Chemie International Edition，2016，55(15)：4725-4728.
[42] Zhu Y F，Pan X L，Jiao F，et al. Role of manganese oxide in syngas conversion to light olefins[J]. ACS Catalysis，2017，7(4)：2800-2804.
[43] Li N，Jiao F，Pan X L，et al. Size Effects of ZnO nanoparticles in bifunctional catalysts for selective syngas sonversion[J]. ACS Catalysis，2018，9(2)：960-966.
[44] Su J J，Zhou H B，Liu S，et al. Syngas to light olefins conversion with high olefin/paraffin ratio using ZnCrOx/AlPO-18 bifunctional catalysts[J]. Nature Communications，2019，10(1)：1297.
[45] Liu X L，Zhou W，Yang Y D，et al. Design of efficient bifunctional catalysts for direct conversion of syngas into lower olefins via methanol/dimethyl ether intermediates [J]. Chemical Science，2018，9(20)：4708-4718.
[46] 张敬升，李东风．炼厂干气的回收和利用技术概述[J]．化工进展，2015，34(9)：3207-3215.
[47] 张礼昌，李东风，杨元一．炼厂干气中乙烯回收和利用技术进展[J]．石油化工，2012，41(1)：103-110.
[48] 李立新，邹余敏．分凝分馏器运行性能分析与设计改进[J]．乙烯工业，2004，16(1)：14-16.
[49] 张勇．烯烃技术进展[M]．北京：中国石化出版社，2008：252-256.
[50] 王红光，王立国．炼厂干气回收轻烃技术评述[J]．炼油技术与工程，2009，39(12)：8-11.
[51] 中国石油化工股份有限公司北京化工研究院．回收干气中碳二组分的方法和装置：中国，CN112725032B[P]．2022-03-29.
[52] 孙丽丽．轻烃加工工艺与工程[M]．北京：中国石化出版社，2020：297-303.
[53] 宋以常，杨远行，石培华．两段变压吸附及产品气净化技术在催化裂化干气提浓乙烯装置上的应用[J]．炼油技术与工程，2012，42(7)：34-37.
[54] 孙吉庆．PSA 复合常温油吸收工艺技术回收炼厂干气中乙烯资源[J]．乙烯工业，2017，29(3)：1-7.
[55] Dragonir R M，Drnevich R F. Refinary gas upgrading via partial condense and PSA：WO，2008070714A2[P]．2008-12-06.